제12장 가설흙막이구조물

제13장 기초

제14장 암반 및 터널이론

제15장 보강토옹벽

제16장 연약지반

제17장 액상화

제18장 비탈면안정

안세천(팔로우 테르자기) 저

수정판

지반공학 이해

도서출판
구미서관

Preface

머리말

"지반공학이해"라는 책은 1권~3권으로 구성되어 있습니다. **1권 · 2권은 지반공학의 문제점을 해결하기 위한 기본적인 지식과 개념으로 구성**되었다면 **3권은 이러한 기본적인 지식과 개념을 이용하여 실무에서 발생되는 지반공학의 문제를 직접적으로 다룬 것**이라 독자들은 이해하면 좋을 것입니다.

먼저, 지반공학이해 3권에 대한 개략적인 소개를 하면 다음과 같습니다.

제12장 흙막이 구조물, 지반공학이해 2권 제11장 토압이론을 근간으로 가설흙막이 구조물 및 어스앵커에 대한 설계개념을 주된 내용으로 다루고 있고,

제13장 기초공학, 얕은기초와 깊은기초에 대한 설계개념을 주된 내용으로 다루고 있습니다. 제13장은 지반공학이해 2권 제10장 전단이론의 연장선상에 있다라는 사실을 독자들은 학습을 통해 느낄 수 있을 것입니다.

제14장 암반 및 터널이론, 토질역학에 대비되는 지반공학의 큰 줄기인 암반역학을 근간으로 터널의 설계개념에 대한 세부적인 내용으로 구성되어 있습니다. 암반역학에 대한 올바른 이해를 돕기 위해 토질역학과의 차이점을 중점적으로 비교하였고, 터널 설계 및 암반사면에 대한 안정해석에 대한 이해를 높이기 위해 지반공학이해 1권 제1장 지반설계를 위한 지반모델링과 연계하여 설명하였습니다.

제15장 보강토옹벽, 실무에서 옹벽대용으로 많이 사용되고 있는 보강토옹벽의 설계개념을 다루고 있는 장으로서 독자들의 폭 넓은 학습을 위하여 토목섬유에 대한 개념을 별도로 정리하여 수록하였습니다.

제16장 연약지반, 지반공학이해 2권 제9장 압밀이론과 연계된 내용으로서 연약지반 처리공법인 프리로딩+PBD 공법에 대한 설계개념을 위주로 설명하였고, 연약지반상 성토구조물에서 발생되는 측방유동에 대해서는 별도로 정리하였습니다.

제17장 액상화(Liqufaction), 지반공학이해 3권에서는 지면의 부족으로 인하여 내진설계에 대한 내용을 수록하지는 못하였으나 연약지반에서의 지반공학적 문제에 해당되는 액상화에 대해서는 제16장 연약지반과 별도로 제17장에서 그 내용을 다루었습니다.

제18장 비탈면안정, 지반공학이해 1권 7장 투수이론, 지반공학이해 2권 10장 전단이론에서 다루어졌던 강우 시 침투를 고려한 비탈면 안정해석에 관하여 종합적으로 다시 한번 체계적으로 정리하였으며, 비탈면 안정해석을 위한 지반조사 및 시험에 대하여 구체적으로 설명하였습니다. 독자들은 비탈면 안정해석을 위한 지반조사 및 시험에 대해서는 지반공학 이해 1권 제3장 지반물성 평가·지반조사와 연계해서 학습하면 효과적일 것입니다.

지반공학 이해 3권을 집필하는 과정 많은 부분에서 실무적인 경험의 부족함을 느꼈습니다. 이 책을 읽게 되는 독자들이 대부분은 필자와 같은 실무적인 경험이 다소 부족한 조건이 아닐까 생각됩니다. 물론 많은 실무적인 경험을 가질 수만 있다면 지반공학 이해 3권에서 다루어지고 있는 실무적인 내용에 대한 이해도가 높을 것임은 분명한 사실입니다. 그러나 **다소 실무적인 경험이 부족하여도 지반공학 이해 1~2권을 바탕으로 한 이론적인 지식을 바탕으로 지반공학 이해 3권의 실무적인 내용 또한 충분하게 이해할 수 있다라는 것도 분명한 사실임을 독자들에게 강조하고 싶습니다.**

독자들이 지반공학 이해 3권을 학습할 때 반드시 지반공학 이해 1~2권과 연계될 수 있도록 해당 페이지 및 내용을 수록하였습니다. 독자들은 반드시 **"개념과 실무의 연계"라는 관점**에서 지반공학 이해 3권을 정독한다면 효과적인 학습이 될 것이라 생각됩니다.

끝으로 지반공학의 다양한 실무적인 경험의 차이에 따른 이 책의 부족함에 대해서는 **"엔지니어가 필요한 실무와 관련된 도서는 엔지니어가 직접 만들어야 한다"**라는 숙명적 과제의 차원에서 독자들의 깊은 이해와 넓은 양해를 다시한번 부탁드리면서 지반공학이해 3권을 집필하는데 도움을 주신 김성년·김대길 토질 및 기초 기술사님께 깊은 감사의 말씀을 올립니다.

대표저자 안세천
(토질 및 기초 기술사)

Contents

목 차

제12장에 대한 목차

제12장

가설흙막이구조물

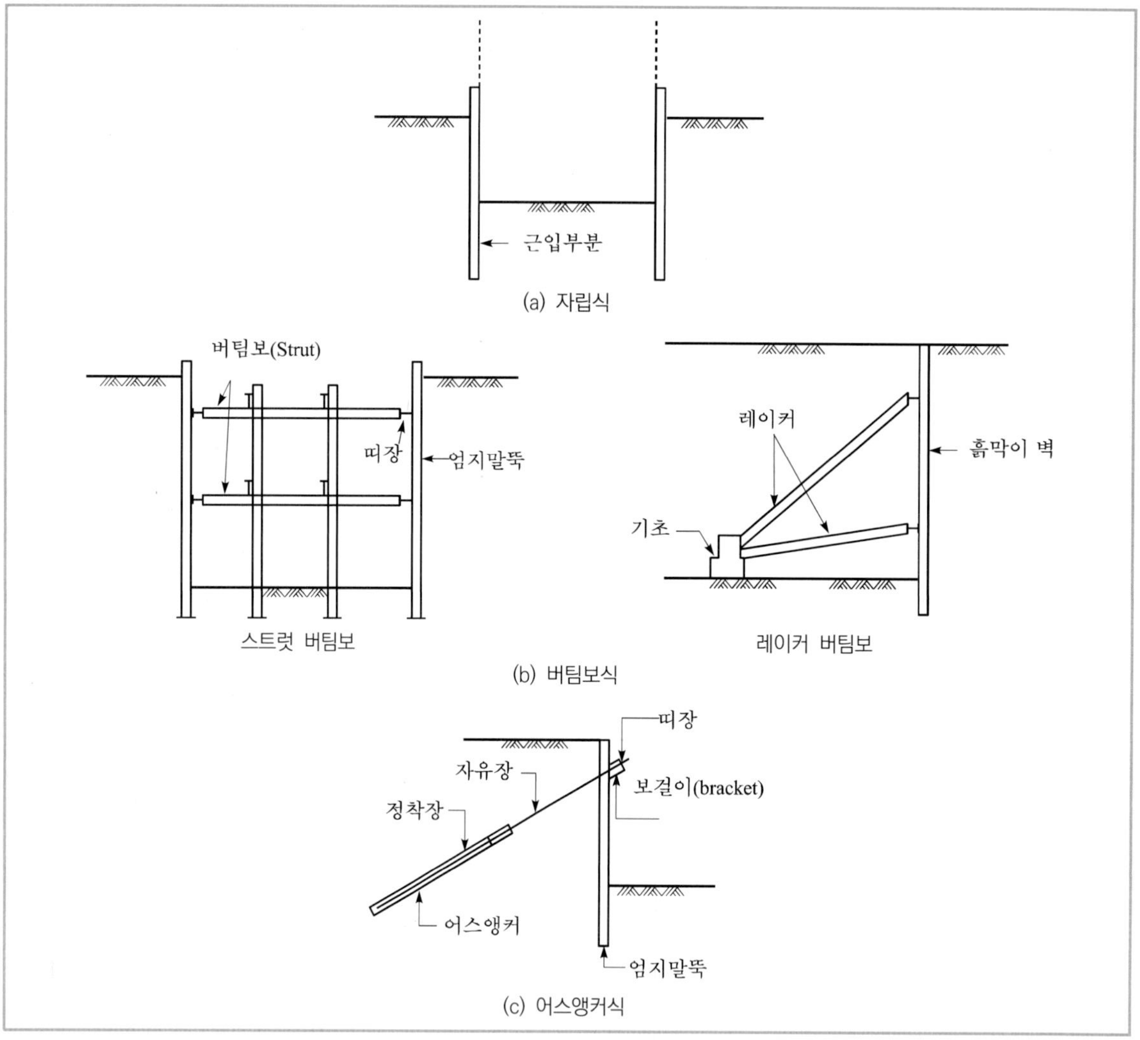

근입부분

(a) 자립식

버팀보(Strut)
띠장
엄지말뚝
스트럿 버팀보

레이커
흙막이 벽
기초
레이커 버팀보

(b) 버팀보식

띠장
자유장
보걸이(bracket)
정착장
어스앵커
엄지말뚝

(c) 어스앵커식

그림 12.1-1 흙막이 공법의 지지원리

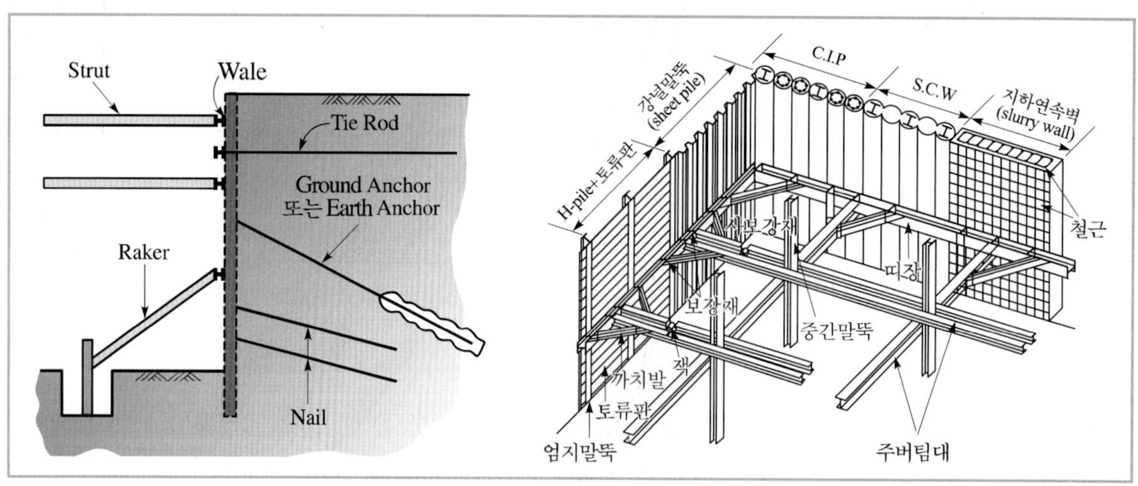

그림 12.1-2 버팀시스템구조도 및 흙막이벽체의 종류에 따른 구조도

12.1 흙막이공법의 지지원리

1 흙막이 공법이란?

- 흙막이 공법은 흙막이 벽을 먼저 지중에 설치하고, 설치된 흙막이벽 안쪽을 단계적으로 굴착하게 된다. 굴착이 진행되면 원지반 쪽과 굴착된 지반 쪽에 불평등 하중이 작용된다. 다시 말하여 **흙막이 벽은 하중을 받아주는 보(beam)**로 간주될 수 있으며 **배면지반은 보에 작용되는 하중**으로 대치된다.
- **이 하중을 우선적으로 흙막이 벽이 받아주고 흙막이 벽에 작용되는 하중을 궁극적으로 받아주는 주체에 따라서 다음의 세 가지 공법으로 나뉜다**(말뚝기초편에서 설명하였듯 이 말뚝은 사실상 상부하중을 지반에 깊게 전달해주는 매개체로 작용하는 원리와 비슷하다. (그림 12.1-1 참조)

2 자립식 흙막이 공법

- 자립식 흙막이 공법은 그림 12.1-1a 같이 배면토압이 흙막이벽에 작용되면 우선은 흙막이벽의 휨저항으로 버티고 궁극적으로는 굴착 저면부 흙의 수동토압으로 버티며 굴착을 진행하는 공법이다.
- 수동토압으로 버티려면 지반자체도 양호해야 하며, **수동토압이 유발되기 위해서는 벽체의 변형이 상대적으로 커야 한다**. 따라서 적용성에는 한계가 있다.

3 버팀보식 흙막이 공법

- 그림 12.1-1b 같이 벽체에 작용되는 하중을 궁극적으로 버팀보(strut) 또는 레이커(raker)로 전이시켜서 버팀보가 최종하중을 받거나 아니면 레이커 시스템인 경우 결국 레이커 기초를 통하여 근입부 지반이 하중을 받는 경우이다.
- 레이커인 경우는 벽체 변형을 상대적으로 크게 유발하므로 스트럿 시스템이 주로 사용된다.

4 어스앵커식 흙막이 공법

그림 12.1-1c 같이 흙막이벽 외측 지중에 앵커를 설치하여서 앵커의 인발저항력(인발말뚝과 같은 개념)으로 흙막이벽에 작용되는 하중을 궁극적으로 지지하는 구조를 말한다.

5 흙막이 구조물 or 가설흙막이구조물 용어의 구분

- 흙막이 구조물이란? **성토공법**에 해당하는 널말뚝, 옹벽(강성옹벽, 보강토 옹벽)과 **절취(절토)공법**에 해당하는 가설흙막이구조물을 포함하는 포괄적 개념이다. 성토공법에는 **이론적인 토압을 적용**하는 것에 비해, 절취(절토)공법에는 **변화되는 토압인 경험토압을 적용**한다.
- 제12장은 흙막이 구조물 중에서 **가설흙막이구조물**을 중심으로 설명될 것이다. 지금부터 사용하는 흙막이 구조물(벽)이라는 용어는 가설흙막이구조물로 이해하기 바란다. 참고로 구조물기초설계기준(2018)에서는 옹벽과 가설흙막이구조물을 구분해서 서술하고 있다.

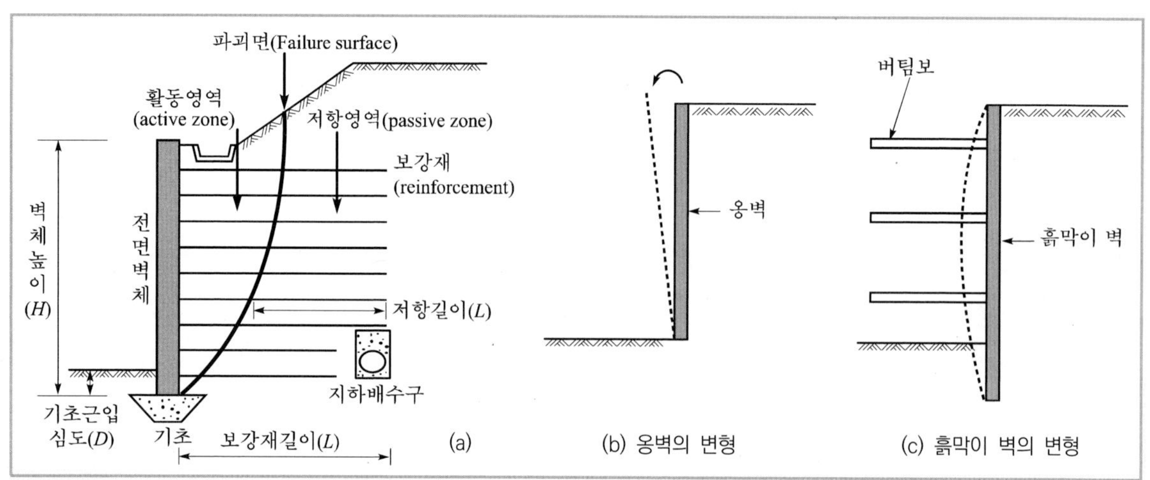

그림 12.2-1 보강토 옹벽, 강성옹벽, 흙막이 벽

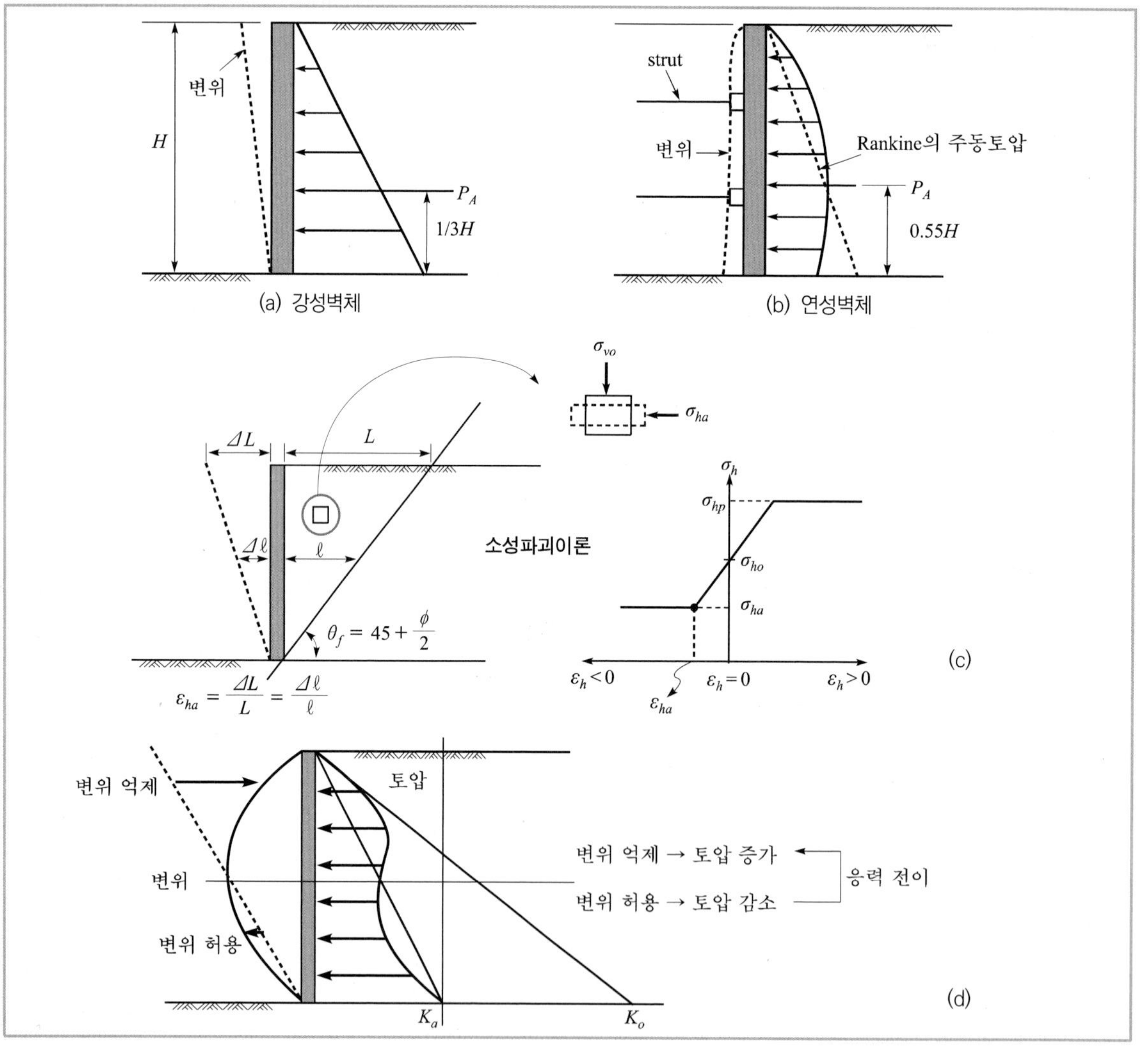

그림 12.2-2 옹벽의 거동양상

12.2 흙막이 벽의 거동양상

1 흙막이 벽 거동의 근간

- 그림 12.2-1b 같은 **옹벽구조물**은 그 자체가 콘크리트 구조물로서 강성(rigid) 구조이므로 옹벽 자체가 변형하는 것이 아니며, 옹벽에 작용되는 하중을 견디도록 벽체의 두께 및 철근 배근을 완성한다. 단지, 옹벽에 작용되는 토압에 대하여 거대한 옹벽구조물 자체가 전도, 활동, 지지력 파괴와 같은 외적 안정성에 충분한 안정성을 갖도록 해야 한다. 또한 옹벽의 시공순서를 보면, 터파기 후에 옹벽 기초를 시작으로 **옹벽구조물을 완성한 후에 뒤채움**을 하게 된다. 즉, **옹벽 시공 중에는 배면 토압이 없다.**

- 이에 반해 그림 12.2-1a 같은 **보강토옹벽**은 토압을 보강재 자체가 전부흡수해서 **전면벽체에는 어떤 하중도 작용되지 않도록 해야 한다.** 보강토옹벽 또한 뒤채움 성토와 동시에 전면벽 및 보강재를 설치하므로 **성토지반으로서 처음에는 배면에 토압이 없다.**

- 한편, 그림 12.2-1c 같은 **흙막이벽**은 먼저 지중에 흙막이 벽을 설치하고 굴착면 쪽을 **단계적으로 굴착**한다. 따라서 굴착 전에 흙막이벽에는 정지토압이 좌우 동일하게 작용되고 있다. 즉, 시작점이 無가 아니라 有(in-situ mechanics)로부터 굴착으로 인하여 굴착되는 쪽은 토압이 제거되며(unloading, 有→無), 배면 쪽은 **흙막이벽의 거동 양상에 따라 변위가 발생함에 따라서 정지토압으로부터 주동토압까지 감소되기도 하며, 벽체 배면 쪽으로 하중을 가하는 경우는 오히려 토압이 수동토압까지 증가할 수도 있다.** 따라서 흙막이벽은 시공 중 변화되는 토압이 작용하게 된다.

- 또한, 옹벽구조물과 비교하여 **흙막이벽은** 강성이 상대적으로 작기 때문에 **연성(flexible)으로 거동**한다. **얕은기초편의 전면기초에서 소개한 Winkler기초** 또는 **수평하중을 받는 말뚝의 지반반력법과 같은 개념**으로 생각하면 될 것이다. **단 하나 차이점은** 지반반력법에서는 보(말뚝)에 작용되는 하중을 말뚝의 자체 강성과 함께 스프링으로 모사한 지반의 저항력으로 버티어주는 데 반해 흙막이벽에 작용되는 하중은 궁극적으로 띠장을 거쳐 버팀보(strut)나 앵커의 인발저항력으로 버티어준다는 점이 다르다.

2 흙막이 벽의 토압 분포

- 지반공학이해Ⅱ 제11장에서 설명한 대로 Rankine의 삼각형 토압 분포를 보이려면 그림 12.2-2c 같이 벽체 하단을 중심으로 회전하여서 상단에서의 변형이 제일 크고 하단으로 갈수록 작아져야 한다. 옹벽에 작용하는 토압이 이 범주에 속한다.

- 이에 반하여 **흙막이벽**은 상대적으로 강성이 작은 **연성구조물**이므로 굴착중에 벽체의 변형이 발생하며 **옹벽에 작용되는 토압의 분포와 다름**이 보통이다. 그림 12.2-2d 같이 변형이 커지면 커질수록 토압은 작아지게 된다. 흙막이 벽의 경우는 하단으로 갈수록 상부보다는 변형이 커짐이 일반적이다. 물론 **시공조건**과 **벽체의 강성정도** 및 **굴착 단계**에 따라서 토압은 많이 달라진다.

개념정리 ① 벽체의 강성에 따른 토압분포

1 개요

- 벽체의 강성에 따라 강성벽체와 연성벽체로 나누는데 옹벽과 같이 변위를 거의 허용하지 않는 벽체를 **강성벽체**, 흙막이 벽체와 같이 변위를 어느정도 허용하는 벽체를 **연성벽체**라 한다.
- 흙막이벽에 작용하는 토압은 앞부리 끝을 중심으로 회전하는 옹벽처럼 삼각형으로 분포하지 않고 그림 12.2-2d 같이 대략 포물선 모양을 한다는 것이 계측결과에 의해 밝혀졌다(Terzaghi,1943). 이것은 변위가 옹벽과는 달리 버팀대에 의해 억제되기 때문이다. 또한 **흙막이 벽에 작용하는 전체토압은 옹벽에 작용한다고 본 주동토압보다 더 크다.**
- 흙막이 벽체에 작용하는 외력으로서 가장 큰 요소는 토압이고 **굴착진행에 따른 토압분포의 변화**는 **지지구조 설치 전·후의 벽체 거동(변위)에 따라 달라진다.** 토압분포는 변위가 크게 허용되면 토압은 적게 작용하고, 반대로 변위가 억제되면 토압은 크게 작용하게 된다.

2 벽체 강성에 따른 토압분포

- 강성벽체의 토압분포 (그림 12.2-2a,c 참조)

  옹벽과 같은 강성벽체의 변위는 옹벽의 앞굽을 중심으로 상부에서 크게 일어나므로 토압은 Rankine이나 Coulomb의 토압이론과 같은 삼각형분포를 나타낸다.

- 연성벽체의 토압분포 (그림 12.2-2b,d 참조)

  연성벽체의 변위는 흙의 종류, 굴착깊이 그리고 지지구조의 종류 등과 같은 여러 요소들의 영향을 받는다. 벽체의 변형이 대단히 큰 벽체의 굴착면에서는 **토압의 재분포 및 아칭(arching)효과** 등으로 횡토압이 Rankine의 주동토압보다 대체적으로 작으며, 그 결과 횡토압의 분포는 옹벽의 경우에서 가정된 선형분포와 비교하면 상당히 차이가 난다.

구분	강성벽체	연성벽체
변위	옹벽하단을 기준으로 벽체변위 발생 (상단 大, 하단 小)	벽체의 강성, 버팀방식과 버팀시기 및 Prestressing 유무에 따라 변위형태가 다름
토압분포	삼각형 분포	대체로 포물선 분포, 아칭영향 크게 받음
토압의 작용점	1/3H	0.55H
토압이론식	Rankine 토압과 Coulomb 토압	1) **굴착단계별 토압** : Rankine-Resal의 삼각형 토압 2) **굴착완료 후 토압** : 경험토압(Terzaghi-peck, Tschebotarioff, 일본식)

표 개념 ①-1 강성벽체와 연성벽체 비교

3 실무적용

- **옹벽과 같은 강성벽체**는 Rankine이나 Coulomb의 토압을 적용하고, **토류벽과 같은 연성벽체는** 굴착단계별 또는 근입깊이 검토시에는 **고전적 삼각형 토압분포를 적용**하고(Rankine-Resal 토압) 굴착 및 지지구조설치가 완료된 경우에는 **경험토압을 적용**함이 안전상 유리하다.
- 국내 설계사례를 살펴보면 연성벽체의 경우 **굴착단계별 검토**와 **굴착완료시 검토**를 **동시에 수행**한 후 그 결과를 종합하여 설계를 수행하는 것이 일반화되어 있다.

개념정리 ② 연성벽체(가설 흙막이 구조물)에 적용하는 토압의 적용(외력)

1 설계시 흙막이 벽(가설흙막이구조물)에 적용해야 하는 외력? 토압+수압+상재하중

2 흙막이 벽(가설흙막이구조물)에 외력을 적용하는 설계단계?

① **굴착저면의 안정성을 검토**하여 **근입깊이를 결정**하는 경우

② 가설흙막이구조물의 **구조해석을 통해 부재단면을 결정**하는 경우

3 굴착저면의 안정성을 검토하여 근입깊이를 결정하는 경우 적용토압

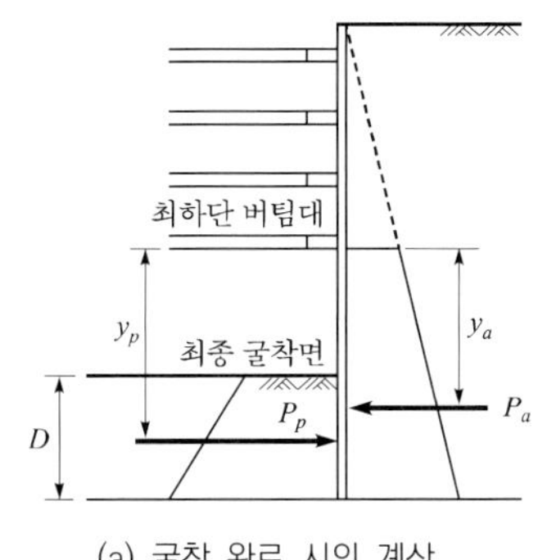

(a) 굴착 완료 시의 계산
(최하단 버팀점에서의 계산)

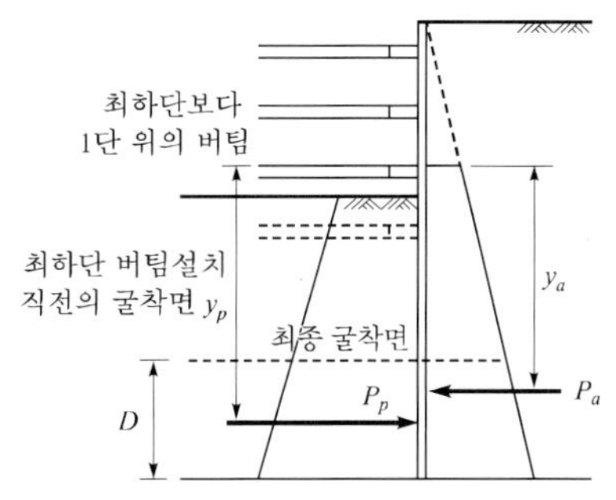

(b) 최하단 버팀 설치 직전의 계산
(최하난 버림에서 1단싱의 버딤짐에의 게신)

검토단면	적용토압
① 최종굴착 완료단계에서의 안정성 검토 → $M_a(P_a \times y_a) = M_p(P_p \times y_p)$ (최하단 버팀대 설치 후 최종굴착 저면)	Rankine-Resal 토압
② 최종굴착 전 단계에서의 안정성 검토 → $M_a(P_a \times y_a) = M_p(P_p \times y_p)$ (최하단 버팀 1단상의 버팀 설치 후 최종굴착 전단계 저면)	Rankine-Resal 토압

표 개념 ②-1

4 가설흙막이구조물의 구조해석을 통해 부재단면을 결정하는 경우 적용토압

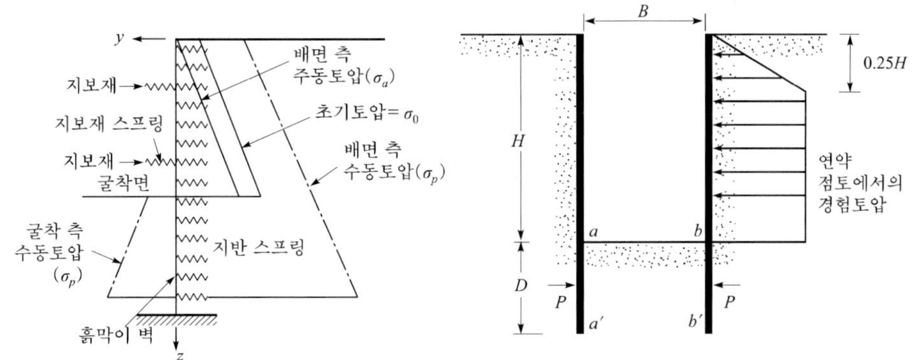

검토단면	적용토압
① 변화되는 토압에 따라 굴착단계별 굴착해석	Rankine-Resal의 토압
② 굴착이 완료된 다음 경험토압과 같이 재분포된 완성단면에 대한 벽체해석	경험토압

표 개념 ②-2

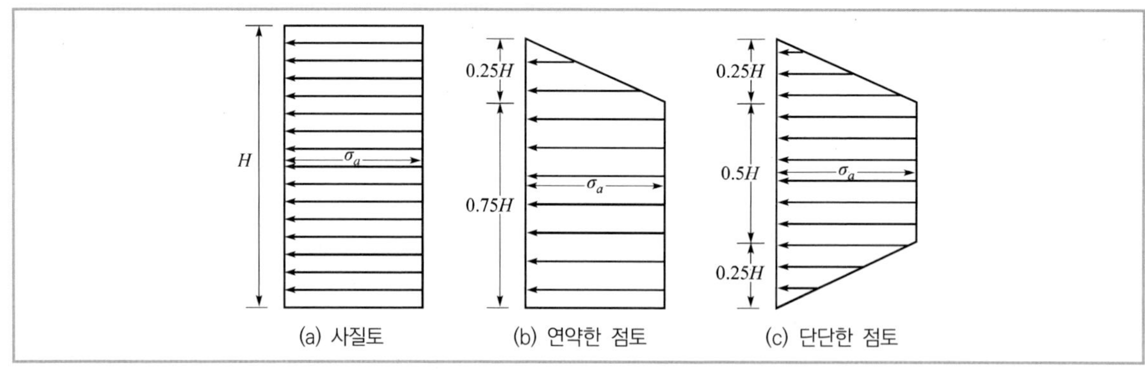

그림 12.3-1 Peck이 제안한 토압분포

※ 그림 12.3-1에 대한 설명

- 사질토에서의 경험토압

$\sigma_a = 0.65 K_a \gamma H$ 식 12.3-1

여기서, γ = 흙의 단위중량, H = 굴착깊이

K_a = Rankine의 주동토압계수 = $\tan^2(45 - \frac{\phi}{2})$

- 점토지반에서의 경험토압

① 연약~중간 정도 점토 $\frac{\gamma H}{c_u} > 4$ 인 경우

여기서, c_u = 점토의 비배수전단강도, 토압은 다음 중 큰 값을 사용한다.

$\sigma_a = \gamma H[1 - \frac{4c_u}{\gamma H}] = \gamma H - 4c_n$ 식 12.3-2 또는 $\sigma_a = 0.3\gamma H$ 식 12.3-3

② 단단한 점토 $\frac{\gamma H}{c_u} \leq 4$ 인 경우

$\sigma_a = (0.2 \sim 0.4)\gamma H$ 식 12.3-4

해설 12.3-1

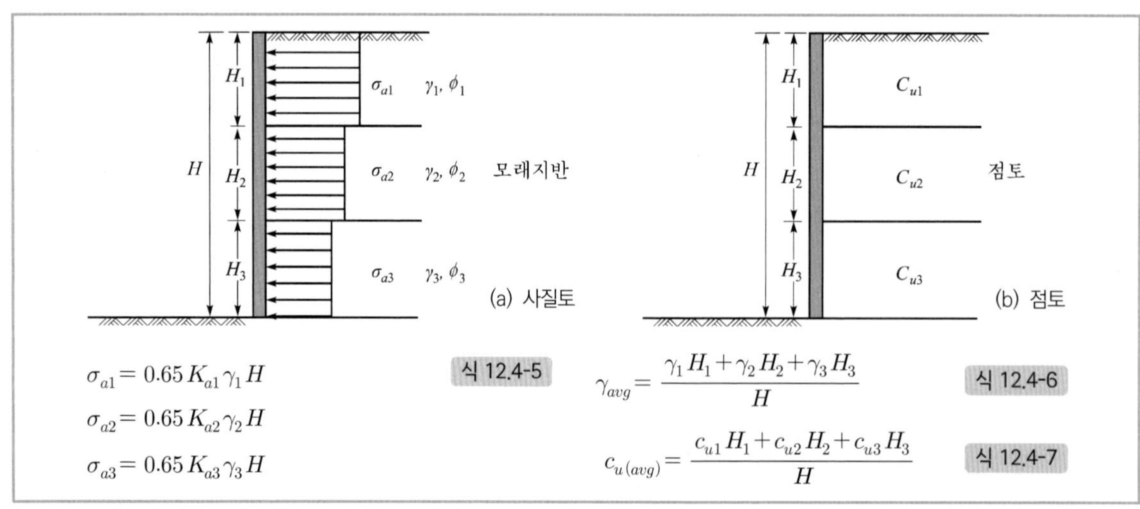

$\sigma_{a1} = 0.65 K_{a1} \gamma_1 H$ 식 12.4-5

$\sigma_{a2} = 0.65 K_{a2} \gamma_2 H$

$\sigma_{a3} = 0.65 K_{a3} \gamma_3 H$

$\gamma_{avg} = \frac{\gamma_1 H_1 + \gamma_2 H_2 + \gamma_3 H_3}{H}$ 식 12.4-6

$c_{u(avg)} = \frac{c_{u1} H_1 + c_{u2} H_2 + c_{u3} H_3}{H}$ 식 12.4-7

그림 12.3-2 다층지반에서 토압분포

12.3 흙막이 벽의 굴착완성 단면 및 굴착단계에서의 토압분포(1)

1 굴착 완성 단면에서의 토압분포

■ 소요 굴착 깊이까지 굴착이 완료된 흙막이벽의 토압분포는 앞에서 설명한 대로 Rankine의 토압분포와 다른 경우가 많다. **실제 현장계측 결과를 토대로** 경험적인 토압분포가 제시된바 가장 많이 통용되는 Peck(1969)의 경험적 토압분포를 소개하면 그림 12.3-1 과 같다.

■ 사질토에서의 토압분포

사질토 지반에서의 경험적 토압분포는 그림 12.3-1a 와 같으며, 토압은 식 12.3-1 으로 표시된다.

■ 점토지반에서의 토압분포

Peck(1969)은 연약~중간 정도의 점토(그림 12.3-1b)와 단단한 점토(그림 12.3-1c) 각각에 대하여 다른 토압분포을 제시하고, 토압은 식 12.3-2 ~ 식 12.3-4 와 같이 제안하였다.

Peck(1969년)의 경험토압식에 대한 정리

$$\sigma_a = a \times K_a \times \gamma \times H$$

구분		제1항 a	제2항 K_a
사질토		$a = 0.65$	$K_a = \tan^2(45° - \frac{\phi}{2})$
점성토	연약~중간	$a = 1.0$	$K_a = 1 - \frac{4\,c_u}{\gamma H}$
	단단한	$a = 0.2 \sim 0.4$	$K_a = 1$

- 이론적으로 지하수위 아래 조건의 투수성이 좋은 사질토 지반에서의 경험토압 적용시 식 12.3-1 에서 γ는 γ_{sat} 일까 γ_{sub} 일까? → γ_{sub}적용 + 별도수압 고려
- 그러면, 같은 조건에서 투수성이 불량한 점토지반에서 경험토압 적용시 식 12.3-2 ~ 식 12.3-4 에서 γ는 무엇일까? → γ_{sat} 적용 + 별도수압 미고려

■ 다층지반에서의 토압 분포

① **사질토** : 그림 12.3-2a 같이 단위중량과 내부 마찰각이 다른 세 개의 층으로 이루어졌을 때, 각 층에서의 토압은 식 12.3-5 같이 따로 계산할 수 있다. **여기서 주의해야 할 중요한 사항**은 토압계산 시에 굴착깊이는 반드시 총 깊이인 $H\,(H_1, H_2, H_3$ 가 아님)를 사용하여야 한다는 점이다.

② **점토** : 한편 그림 12.3-2b 같은 점토층의 경우는 식 12.3-6 같이 평균 단위중량(γ_{avg}), 식 12.3-7 같이 평균 비배수전단강도($c_{u\,(avg)}$)를 이용하여서 평균 물성으로 이루어진 토압분포를 이용하면 편리하다.

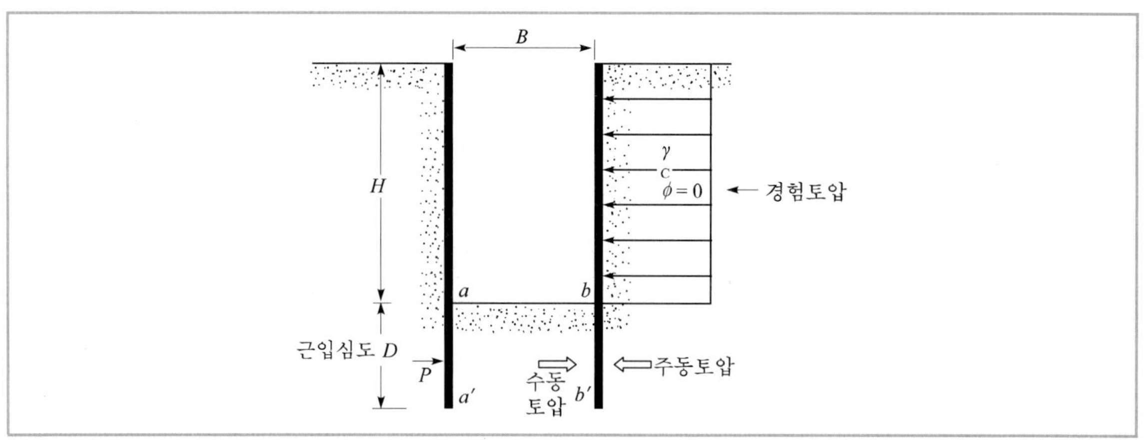

그림 12.4-1 근입된(근입장 D) 흙막이 벽 개요

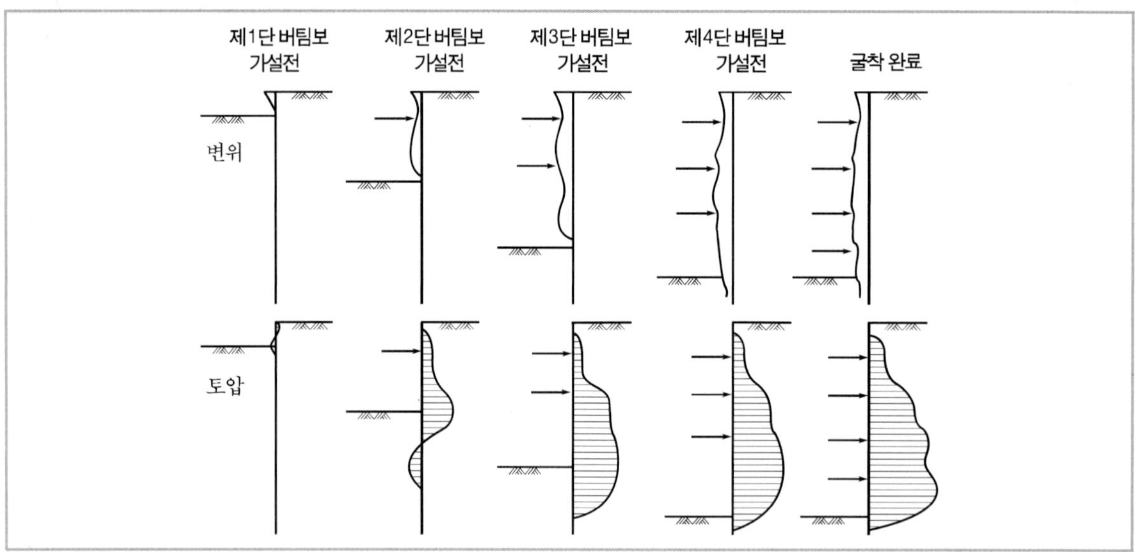

그림 12.4-2 굴착단계별 변위 및 토압변화 양상(선행하중 가하는 경우)

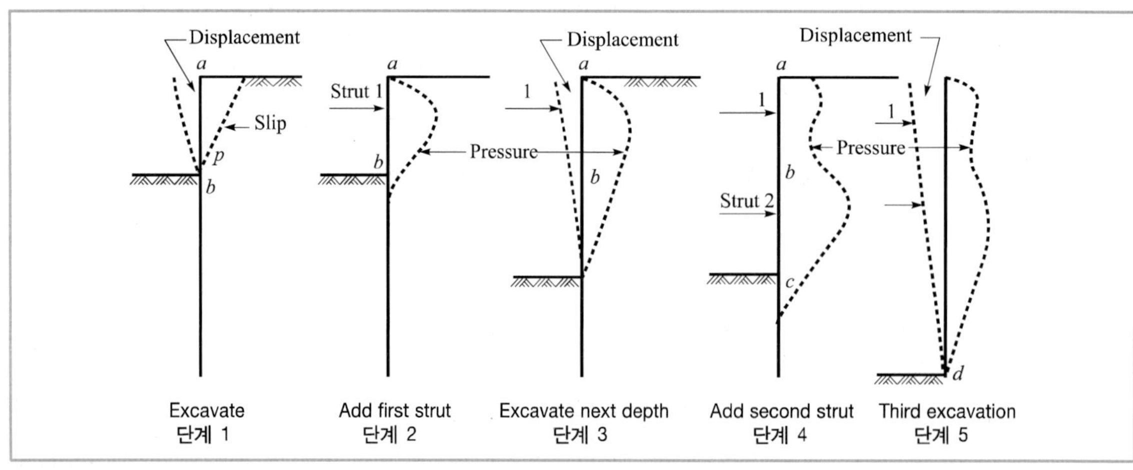

그림 12.4-3 굴착단계별 굴착시 토압 및 벽체의 변위 변화 (J.E Bowles,1988)

12.4 흙막이 벽의 굴착완성 단면 및 굴착단계에서의 토압분포(2)

2 굴착단계에서의 토압분포

■ 앞에서 제시한 그림 12.3-1 같은 **경험토압 분포**는 흙막이벽을 설치한 후 **소요 굴착 깊이까지 굴착이 완료된 상태에서의 경험적인 최종토압분포**를 보여주는 것이다. 실제의 흙막이 공법에 작용되는 토압분포는 **아래의 관점에서도 고려가 필요**하다.

① 우선, 비록 제안된 경험적인 토압분포는 지표면부터 굴착 깊이까지라 하더라도(즉, 그림 12.4-1 에서 깊이 H까지) **흙막이벽체는 굴착심도 보다 더 깊게 삽입**하는 것이 일반적이다. 그러면 굴착 깊이 하(下)에서도 토압은 있기 마련이다. 배면쪽은 주동토압에 가깝고, 굴착 측은 벽체가 안으로 밀려들어오는 형상이므로 토압이 오히려 최대수동토압까지 증가될 것이다.

② **선행하중을 각 단계마다 주는 경우 벽체의 변위양상 및 토압분포 양상**의 개요도가 그림 12.4-2 에 표시되어 있다. 하부로 갈수록 흙의 자중에 의하여 토압이 증가하는 것은 사실이나 벽체의 변위 때문에 삼각형 분포는 아닌 것을 알 수 있다.

■ Bowles(1988)는 단계별 굴착 시 연성흙막이벽체에 작용하는 Rankine 또는 Coulomb의 이론토압이 그림 12.4-3 과 같은 개념으로 달라진다는 것을 설명하였다.

① 1단계–1단계 굴착

벽체는 주동토압을 받고 변위를 일으키며, (즉, 항복을 일으키며 점선은 소성파괴 영역을 의미) 이 때의 횡방향 변위는 b지점(굴착면 하단)을 기점으로 회전하게 되며 이 때의 횡방향 변위는 흙과 캔틸레버 벽체의 상호작용에 지배된다.

② 2단계–1단 버팀보 설치

1단 버팀보가 설치되면 변위가 원래 상태로 회복되는데, 이때 버팀보에 가해지는 힘은 단계1에서의 주동토압보다 더 큰 힘이 작용해야 벽체를 원래상태로 회복시킬 수 있으므로 그 크기는 버팀보에 가해진 초기하중에 좌우된다.

③ 3단계–2단계 굴착

2단계 굴착을 계속 하면 b와 c사이에 수평변위가 발생하고, c지점을 기점을 벽체가 회전하게 된다. 이때 1단 버팀보 배면의 지반이 하부로 이동하고 또 크리프도 발생하게 되어 1단 버팀보의 축력이 다소 감소할 수 있다. 굴착면 부근은 변위증가로 주동토압보다 작아지게 되고, 버팀보 부근은 아칭효과에 의해 b~c구간의 토압 일부가 버팀보 쪽으로 이동하여 정지토압에 가까워진다.

④ 4단계–2단 버팀보 설치

2단 버팀보를 설치하고 초기하중을 가하면 1단 버팀보를 설치하였을 때와 같은 양상으로 토압이 주동토압보다 증가된다. 이때의 토압 역시 정지토압에 가깝다.

7.3.2 연성벽체에 작용하는 토압을 적용함에 있어서 다음 사항을 고려한다.

(1) 가설 흙막이벽체에 작용하는 토압은 벽체의 종류와 시공방법, 지지구조물의 종류, 설치위치, 설치시기 등에 따라 변화하므로 지반조건, 지하수위, 주변 상황 등을 고려하여 **시공 단계별 토압분포를 검토**한다.

(2) 흙막이 벽체를 설계함에 있어 굴착 및 해체 단계별 검토 시와 **굴착 및 버팀구조가 완료된 후의 안정해석**에는 **경험토압을 적용**할 수 있다.

(3) **굴착단계별 토압, 근입깊이 결정 및 자립식 널말뚝의 단면 계산**은 Rankine Resal, Caquot 및 Kerisel 등의 삼각형분포 토압을 적용할 수 있다.

(4) **경험토압 적용 시 고려사항**은 다음과 같다.

① 경험토압분포는 **굴착과 지지구조 설치가 완료된 후**에 발생할 것으로 예상되는 토압 분포로서 대부분 굴착 깊이가 6m 이상이고, 폭이 좁은 버팀굴착공법에서, 지하수위가 최종 굴착면 아래에 있으며, 간극수압을 고려하지 않은 상태의 토압분포이다.

② **사질토나 자갈층투수계수가 큰 지층지반**에서 흙막이벽이 차수를 겸한 흙막이 벽체인 경우에는 경험토압분포에 수압을 별도로 고려한다.

③ **암반층을 포함한 대심도 굴착 시** 경험토압을 적용하면 실제보다 과다한 토압이 산정될 수 있으므로, 토압크기 적용 시 신중을 기하여야 한다.

해설 12.5-1 구조물 기초설계기준(2018)

※ Rankine Resal 토압에 대한 설명

① $\sigma_{ha} = \gamma z \tan^2(45 - \frac{\phi}{2}) - 2c\tan(45 - \frac{\phi}{2}) = \gamma z K_a - 2c\sqrt{K_a}$ 식 12.5-1

② $\sigma_{hp} = \gamma z \tan^2(45 + \frac{\phi}{2}) + 2c\tan(45 + \frac{\phi}{2}) = \gamma z K_p + 2c\sqrt{K_p}$ 식 12.5-2

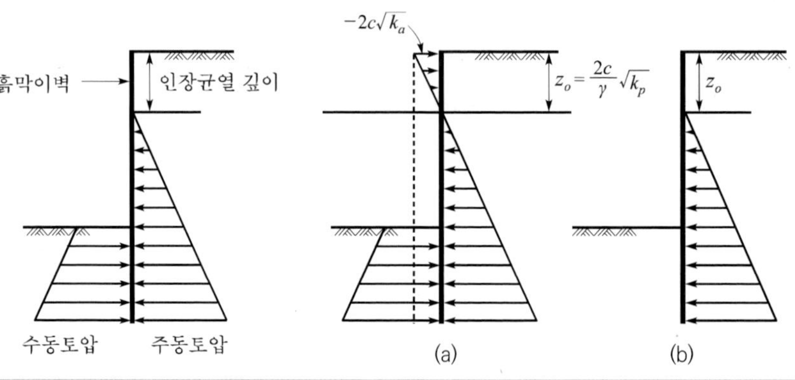

그림 12.5-1 Rankine Resal 토압

위의 식으로 점착력을 가진 지반의 주동토압을 구하면 그림 12.5-1a 같은 분포를 한다. 그러나 실제는 지표면에서 인장균열깊이까지는 점착력이 작용하지 않으므로 그림 12.5-1b 같은 토압분포를 가진다고 본다.

해설 12.5-2

12.5 흙막이 벽의 굴착완성 단면 및 굴착단계에서의 토압분포(3)

⑤ 5단계–3단계 굴착

계속해서 다음 단계를 굴착하면 c와 d구간에 수평변위가 발생하며 이 과정이 전체 굴착단계까지 진행된다. 따라서 **흙막이 벽의 배면에서 토압을 측정한다면 그 크기는 흙막이 벽에 변위를 일으켰던 주동토압이 측정되는 것이 아니라, 버팀보 초기하중에 의한 증가된 토압이 측정되는 것이다.**

3 해설 12.5-1의 구조물기초설계기준(2018)을 통한 경험토압 실무적용에 대한 이해

- (1)항의 **시공 단계별 토압분포를 검토해야 하는 이유**에 대해서는 그림 12.4-1과 그림 12.4-2를 통해 확인할 수 있었다.

- 단계적 굴착에서 연성벽체에 작용하는 토압은 **전 단계 지지구조 설치완료 후**와 **다음단계 굴착진행 중인 때** 즉, 지지구조 설치를 위한 시공공간 확보를 위해 지지구조 위치보다 깊게 굴착한 경우의 **토압분포가 경험토압분포와 서로 같지 않을 것이라는 것**과 **또 후자가 더 큰 토압을 벽체에 작용**시키는 것으로 알려져 있다. Peck(1967), Peck(1969), Tschebotarioff(1973) 등은 단계적으로 지지구조를 설치하는 굴착에 있어 파괴시의 거동은 옹벽(강성벽체)의 경우와 크게 다르다는 점에 착안하여 **계측한 결과를 토대로 지지구조의 설치가 완료된 경우의 토압분포는** 사각형, 사다리꼴 및 삼각형 형태의 **경험토압 분포를 제안**하였고 이를 **(2)항**과 같이 **흙막이 벽체를 설계시 굴착 및 버팀구조가 완료된 후의 안정해석에는 경험토압을 적용**하고 있다.

- 굴착과 지지구조 설치가 진행되는 동안의 토압분포는 굴착 및 지지구조 설치가 완료된 후의 토압분포와 같지 않다. **(3)항**과 같이 국내에서는 **단계별 굴착**, **근입깊이 결정** 및 **자립식 널말뚝의 단면계산**은 Rankine–Resal 삼각형 토압을 주로 사용하고 있다. 즉, **흙막이 벽체를 설계함에 있어 굴착단계별 검토에는 삼각형 토압분포를 적용**하고 **굴착 및 버팀구조가 완료된 후에는 경험토압을 적용**하는 것이 범례화되어 있다.

- 굴착단계별 토압분포(시공 중 변화되는 토압인 Rankine–Resal 토압)에 대해서는 후술되는 **탄·소성해석법**을 통해 설명될 것이다.

- 경험토압분포는 계측을 통하여 얻어진 것으로 대부분 **굴착깊이가 6m 이상**이며, **폭이 좁은 굴착공사**의 가시설 흙막이벽을 **버팀대로 지지**한 경우로서 계측된 현장은 **지하수위가 최종굴착면 아래**에 있으며, **모래질은 간극수가 없고**, **점토질은 간극수압을 무시한 조건**이므로 **(4)항** ①과②에서는 **경험토압 적용시 별도의 수압고려가 필요**함을 설명하고 있다(12.6~12.7을 통해 후술됨). **(4)항** ③에서는 대심도 굴착 시 경험토압을 적용시 과다한 토압이 산정되지 않도록 다층지반 또는 암반에서의 경험토압 고려 필요성에 적용하는 방법에 대해 나타내고 있다(12.8~12.9를 통해 후술됨).

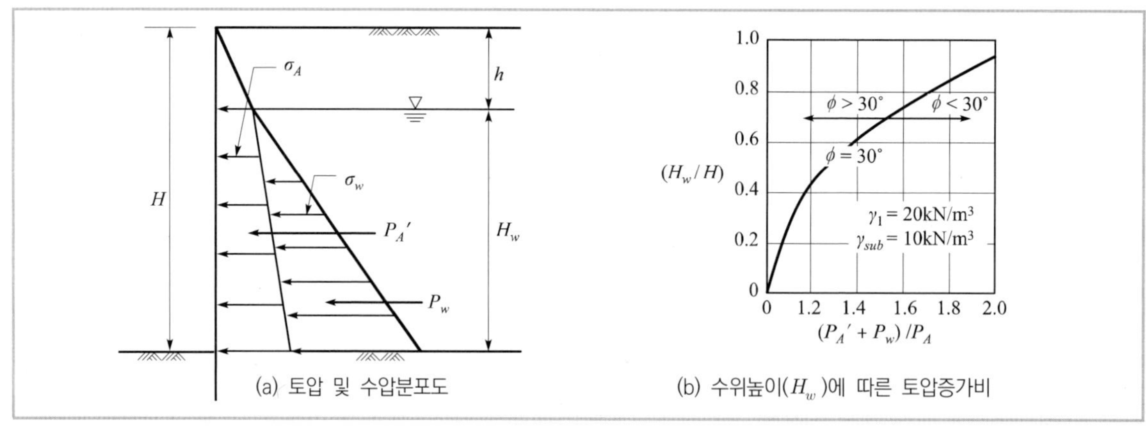

그림 12.6-1 지하수위에 따른 주동토압의 변화

※ 그림 12.6-1에 대한 설명

토압 및 수압분포는 일반적으로 차수벽이 설치된 사질토 지반에서 배수가 되지 않은 경우의 주동토압분포는 그림 12.6-1a같이 나타낼 수 있으며, 굴착깊이(H)와 지하수의 수위높이(H_w)의 비(H_w/H)를 종축으로 하고, 지하수가 무시된 전토압(P_A)에 대하여 지하수압이 고려된 전토압[$(P_A' + P_W)/P_A$)]의 비를 횡축으로 하여 이들의 관계를 나타낸 것이 그림 12.6-1b이다.

해설 12.6-1

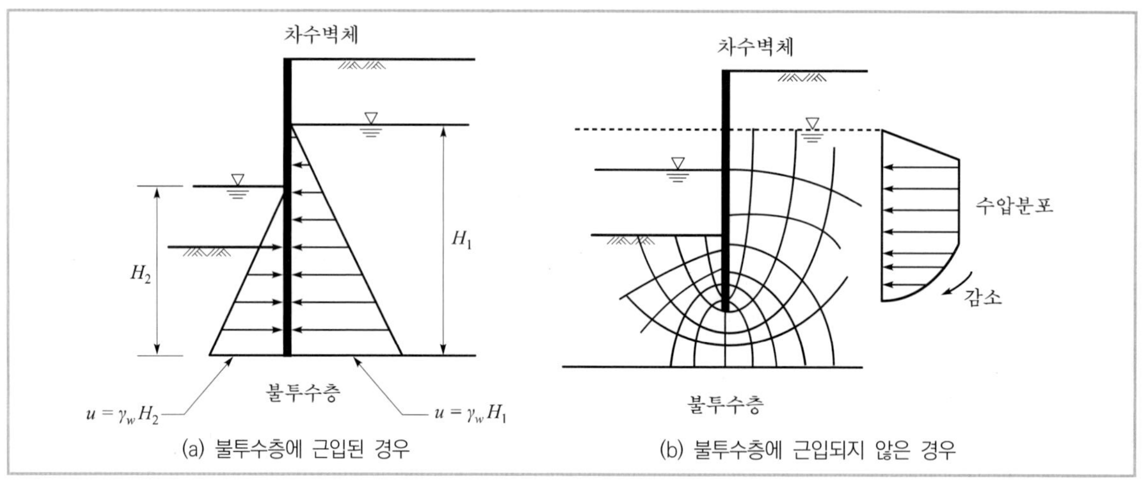

그림 12.6-2 차수성 흙막이 벽의 수압분포

※ 점토에서의 수압고려 여부에 대한 설명

① 식 12.3-2 ~ 식 12.3-4 에서 γ의 적용

실제로 완전점토(fat clay)에 지하수가 존재한다고 해서 이로 인하여 수압이 흙막이 벽에 작용되는 경우는 거의 없다. 독자들은 행여나 식 12.3-2 ~ 식 12.3-4 에서의 γ를 γ' 으로 대체하고 수압을 따로 고려하는 모순을 범하지 않기를 바란다.

해설 12.6-2 완전점토에서의 수압고려 여부

12.6 흙막이 벽의 수압을 고려하는 방법(1)

1 경험토압 적용시 수압의 고려 필요성

- 12.5 3에서 설명하였듯이 경험토압분포는 지지구조의 설치가 완료된 후, 파괴 시에 발생하는 벽체의 변위를 측정한 결과와 벽체에 분포하는 토압분포임을 확실히 알아야 한다. **설계자가 경험토압 분포이론을 적용 시** 위에서 언급된 조건들(지하수위를 무시한 조건 등)과 설계현장 조사 자료를 비교하여 **지하수위가 굴착면 상부에 있을 경우 토압 외에 수압을 고려하여 설계**하여야 한다.

- **사질토나 자갈층(투수계수가 큰 지층)에서 흙막이벽이 차수를 겸할 경우에는 이들 토압분포에 수압을 별도로 고려하여야 한다.** Peck의 경험토압분포는 차수벽이 설치된 사질토지반 그림 12.3-1a에서 주동토압 산정 시 수압에 $a=0.65$ 등의 계수를 곱하여 산정하는 것은 사각형에 0.65를 곱하여 삼각형으로 간주하는 불합리한 형식이므로 수압($\gamma_w \cdot H$)은 삼각형 분포로 적용함이 타당하며 상재하중($q \cdot K_a$)의 경우도 마찬가지이다.

2 수압고려 방안

> 흙막이벽에 사용하는 수압은 **지하수위 아래 토층의 투수성에 따라 결정**되며 **투수성이 있는 토사지반에서는 수압을 적용**하고 **투수성이 매우 작은 암반층에서는 수압을 적용하지 않는 것이 일반적**이다. (그러나 **절리가 발달된 암반의 경우** 절리면을 따라 지하수가 유출되어 양압력이 작용될 수 있으므로 정수압을 고려한 것이 안전측) 토압산정 시 **수압이 작용하는 토층의** 흙의 단위중량은 γ'**을 사용**하고, **수압을 적용하지 않는 토층의** 흙의 단위중량은 γ_{sat}**을 사용**한다.

- 토압 및 수압분포는 일반적으로 차수벽이 설치된 사질토 지반에서 배수가 되지 않은 경우의 주동토압 및 수압의 분포는 그림 12.6-1a 같이 나타낼 수 있다. 이 그림을 통해 수압고려가 중요함을 알 수 있다.

3 차수벽체의 근입 조건에 따른 수압분포

- **차수성 흙막이벽체가 암반 등의 불투수층까지 설치**되어 지하수가 굴착측으로 이동할 수 없게 되어 지하수위의 변화가 없는 갈수기의 경우, 흙막이벽체에 작용하는 수압을 정수압으로 표시한 것이 그림 12.6-2a 이다.

- 이때 배면 흙으로 인한 토압은 유효응력이므로 식 12.3-1 에서 단위중량은 수중단위중량(γ')으로 대치하여야 한다. 그림 12.6-2a 같이 불투수층까지 흙막이 벽이 근입되었고, 전혀 누수가 없다고 가정하면 정수압이 작용되므로 배면 측 정수압에서 굴착 측 정수압을 뺀 수압을 흙막이 벽에 작용시켜야 한다. 실제현장에서 간극수압계를 설치하여 실측한 수압이 **정수압의 70~80% 정도로 감소**하는 경우가 있는데, 이는 지하수의 유동동성과 불투수층에서의 미세한 투수현상 등의 지반여건에 기인된 것이다. 그러나 **홍수기에서는** 차수벽체 주변에서 지하수위 상승현상이 발생되어 **양압력이 발생**될 수 있음에 유의하여야 한다.

② 지반조건이 완전점토가 아닌 점성토인 경우, 즉 $c-\phi$ soil인 경우

문제는 지반조건이 완전점토가 아닌 점성토인 경우, 즉 $c-\phi$ soil인 경우이다. 이 경우에 대한 경험토압이 제시된 경우는 거의 없다. 이인모 교수 "기초공학의 원리"에서 제시한 방법을 소개하면, 우선 Rankine 토압이 작용된다고 가정하여 유효토압은 다음 식으로 계산한다.

$$\sigma_a = K_a\gamma' z - 2c'\sqrt{K_a} \quad \text{식 12.7-1}$$

여기서, $K_a = \tan^2(45 - \frac{\phi}{2})$

ϕ', c' = 유효응력 강도 정수

여기에 수압은 따로 고려하여 흙막이 벽의 안정성을 검토하며, 식 12.3-2 ~ 식 12.3-4 로 계산된 전응력 해석 결과와 '유효토압(식 12.7-1)+수압'으로 계산된 유효응력 해석 결과 중에서 불리한 쪽을 택하면 무리가 없다라고 제시하고 있다.

해설 12.7-1 완전점토가 아닌 점성토에서의 수압고려 방법

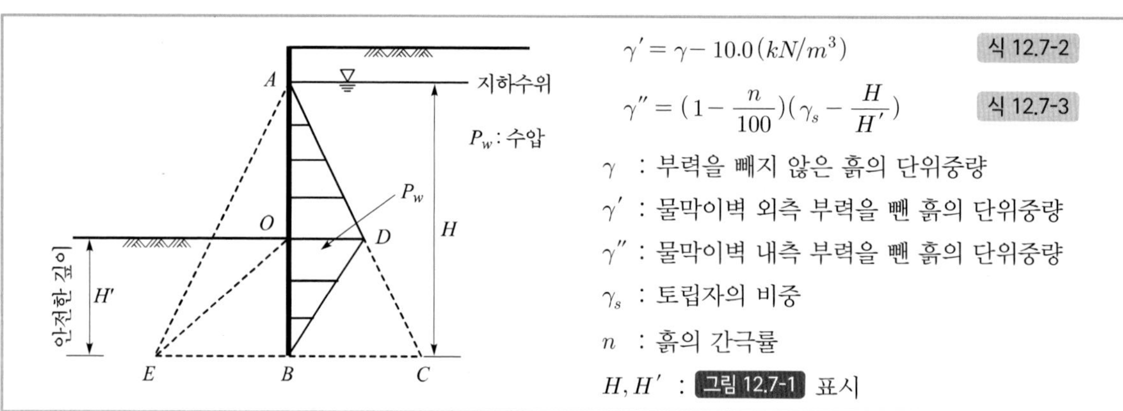

$$\gamma' = \gamma - 10.0(kN/m^3) \quad \text{식 12.7-2}$$

$$\gamma'' = (1 - \frac{n}{100})(\gamma_s - \frac{H}{H'}) \quad \text{식 12.7-3}$$

γ : 부력을 빼지 않은 흙의 단위중량

γ' : 물막이벽 외측 부력을 뺀 흙의 단위중량

γ'' : 물막이벽 내측 부력을 뺀 흙의 단위중량

γ_s : 토립자의 비중

n : 흙의 간극률

H, H' : 그림 12.7-1 표시

그림 12.7-1 강널말뚝에 작용하는 수압분포도

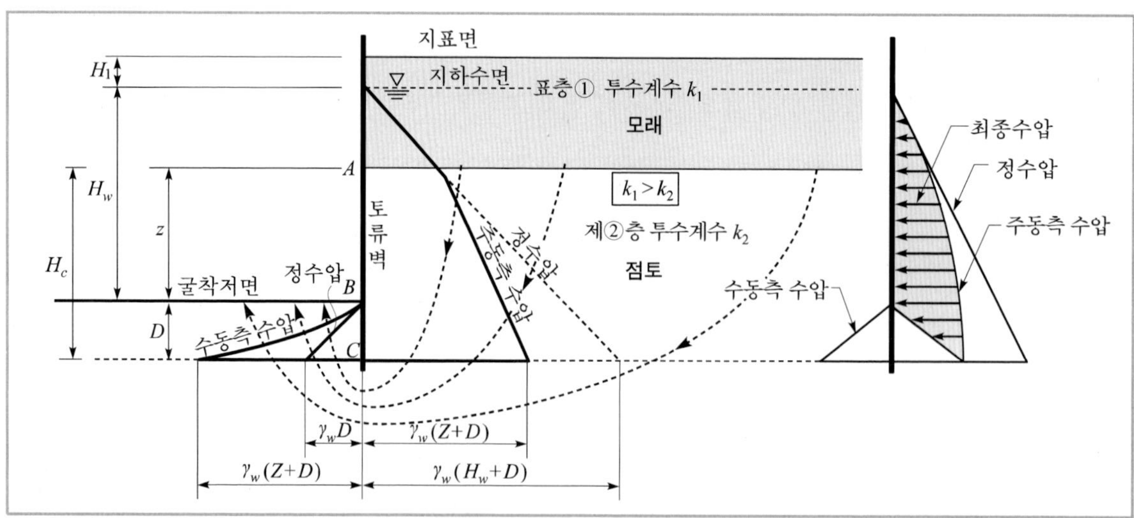

그림 12.7-2 투수계수가 다른 다층토에서의 수압분포도

12.7 흙막이 벽의 수압을 고려하는 방법(2)

- 12.6의 그림 12.6-2b 는 **차수성 흙막이벽이 불투수층에 도달하지 못해 침투가 발생한 경우**로서(지반공학이해 I 7.31~7.32 625p~626p 참조) 흙막이벽에 작용하는 유선망 형태의 수압을 나타낸 것이다. 그림과 같이 수압은 깊이의 증가에 따라 증가하다가 다시 감소하여 흙막이 벽체의 하단에서는 0으로 된다. 이것을 정수압과 비교해 보면 침투류로 인한 손실로 인하여 수압이 상당히 감소되었음을 알 수 있다(여기서는 하향침투 흐름).

- **감소된 수압의 정량적 계산**은 **유선망의 작도** 또는 **유한요소법에 의한 침투해석**을 통해 수압을 예측하여서 이 수압이 흙막이 벽에 작용되도록 해야 한다. 그러나 **암반층이 존재하는 경우 절리 등에 따라 크게 달라질 수 있으므로** 해석에 의한 수압계산은 해석에 적용한 지반조건이 얼마나 실제와 부합되느냐에 따라 달라진다.

4 점토에서의 수압고려 여부

- 사질토 경우는 '유효응력+수압'이 흙막이벽에 작용되므로 지하수에 대한 고려가 비교적 명확하다. 그러나 점토지반에서의 수압고려 방안은 간단하지가 않다. 우선 경험적으로 세안된 식 12.3-2 ~ 식 12.3-4 같은 토압공식은 c_u , 즉 **비배수전단강도를 사용하므로 전응력 해석을 해야 한다.**

- 즉, 지하수위가 존재하든, 아니든 상관없이 단위중량은 γ(또는 γ_{sat}), 강도는 c_u 를 사용하여 전응력만이 작용되는 것으로 보고 해석한다. 즉, **수압을 아예 고려하지 않는다. 이를 전응력 해석법**이라고 한다.

- 점토지반의 경우 수압고려의 구체적인 방법에 대해서는 해설 12.6-2, 해설 12.7-1 을 통해 설명하였다.

3 가물막이 강널말뚝에 작용하는 수압

- 가물막이 강널말뚝에 작용하는 수압은 설계수위 이하의 정수압을 고려 삼각형 분포로 한다. 설계수위는 지상부에서는 지하수위로 하고, **하천에서는 계획고 수위에 1m 정도의 여유를 예상할 필요가 있다.**

- 그림 12.7-1 에서 강널말뚝에 가해지는 수압은 강널말뚝 하단위치의 수압 $\overline{EB} = \overline{BC}$ 로 예상한 경우 강널말뚝 외측에 가해지는 수압($\triangle ABC$)과 내측에 가해지는 수압($\triangle OBE$)의 차($\triangle ABD$)에 의한 분포가 된다. 또 이와 같은 수압분포에 따라 흙의 부력을 뺀 유효중량은 식 12.7-2 , 식 12.7-3 과 같다.

4 다층토에서의 수압분포

그림 12.7-2 는 투수계수가 다른 2개의 토층에서 작용하는 토압의 분포를 나타낸 것으로 **상부토층의 투수계수가 하부토층의 투수계수보다 클 경우** 상부토층에서는 손실 없이 거의 정수압이 작용하나 하부토층에서는 지하수가 굴착면으로 이동함에 따라, 즉 하향침투흐름에 의한 수두손실이 발생된 것을 보여주고 있다.

개념정리 ③ 가설흙막이구조물에 작용하는 수압분포 유형

가시설 설계 시 수압분포는 토사와 암반으로 구분하여 검토하여야 하며, 수압분포 유형은 표 개념③-1과 같다.

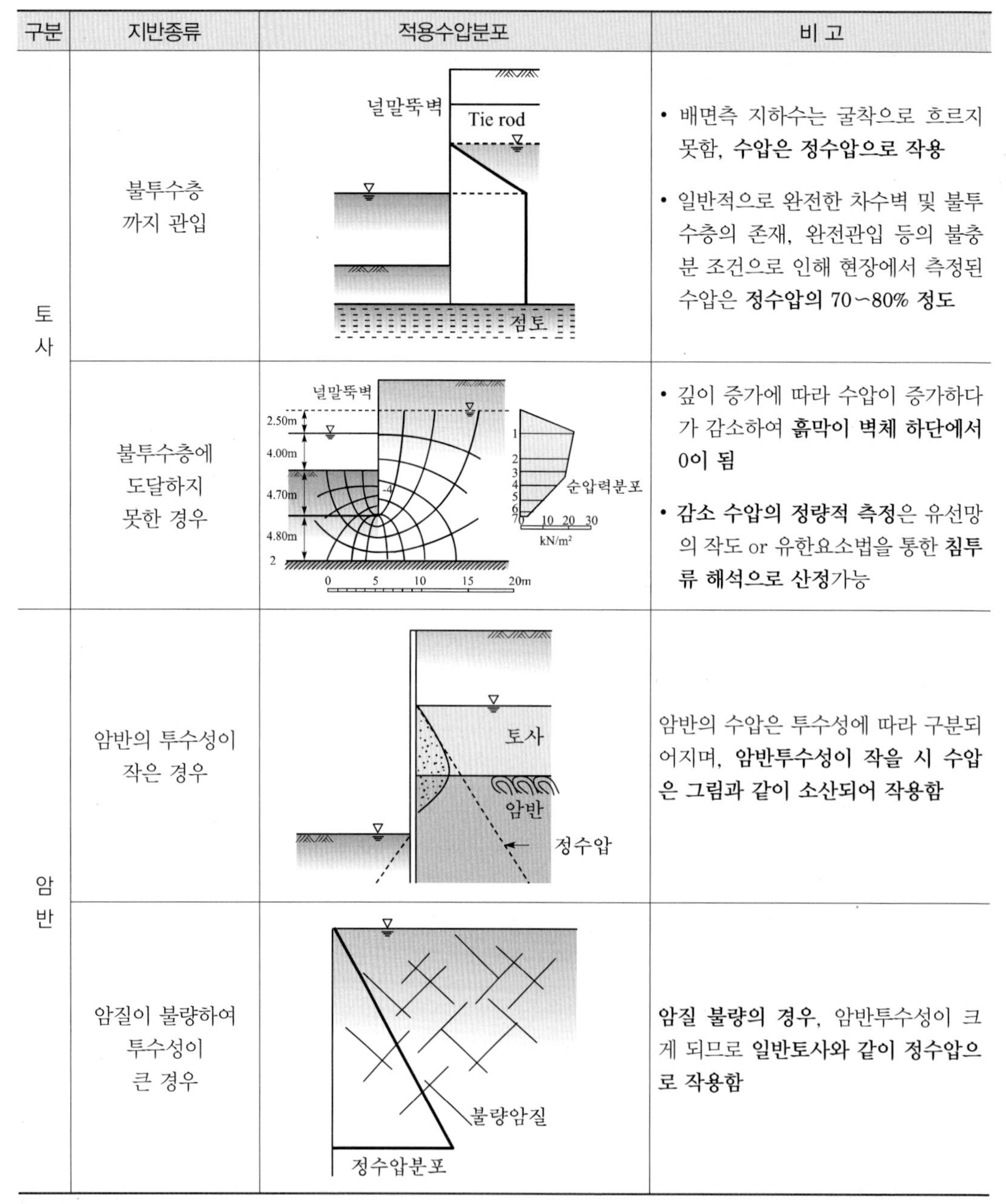

구분	지반종류	적용수압분포	비 고
토사	불투수층까지 관입		• 배면측 지하수는 굴착으로 흐르지 못함, **수압은 정수압으로 작용** • 일반적으로 완전한 차수벽 및 불투수층의 존재, 완전관입 등의 불충분 조건으로 인해 현장에서 측정된 수압은 **정수압의 70~80% 정도**
	불투수층에 도달하지 못한 경우		• 깊이 증가에 따라 수압이 증가하다가 감소하여 **흙막이 벽체 하단에서 0이 됨** • **감소 수압의 정량적 측정**은 유선망의 작도 or 유한요소법을 통한 **침투류 해석으로 산정**가능
암반	암반의 투수성이 작은 경우		암반의 수압은 투수성에 따라 구분되어지며, **암반투수성이 작을 시 수압은 그림과 같이 소산되어 작용함**
	암질이 불량하여 투수성이 큰 경우		**암질 불량의 경우**, 암반투수성이 크게 되므로 **일반토사와 같이 정수압으로 작용함**

표 개념③-1 수압분포 유형

개념정리 ④ REV 개념을 이용한 암반에서의 토압과 수압의 적용

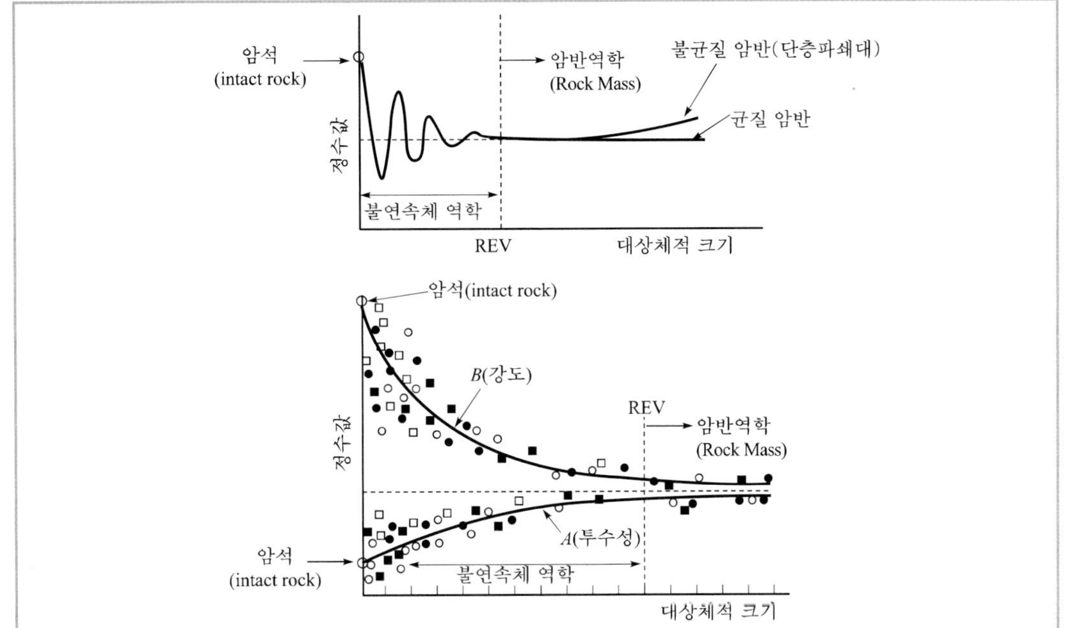

그림 개념 ④-1

[1] 신선한 암석(연속체 modeling)

① 토압 : **암반에 작용하는 수평토압은 무시**할 수 있다. 이 경우는 바로 설명될 구조물기초설계기준(2018)에서 제시하고 있는 "12.9 암반층을 포함한 대심도 굴착 시 경험토압 적용방법 [2] 암반지반에 경험토압 분포식을 적용할 경우 3가지 고려방법"에 해당한다고 볼 수 있다. 그러나 유의해야 할 사항은 **암반 굴착면에서의 절리면을 따라 활동하는 경우**는 수평토압이 작용될 수 있다.

② 수압 : 지하연속벽과 같은 차수벽으로 설치되는 경우 벽체하부 암반에서는 **암반의 투수성이 작은 경우**로서 (정수압×0.7~0.8)로 감소되더라도 **정수압이 작용하는 것으로 고려**할 수 있으며 그 이유는 암반에서도 절리면을 따라 지하수가 유출되어 양압력은 그대로 다 작용된다라고 생각할 수도 있기 때문이다.

[2] REV 이하의 2~3개 불연속면이 존재하는 암반(불연속체 modeling)

① 토압 : **점착력을 무시하고, ϕ만을 고려 수평토압 산정**

② 수압 : 암반내에 파쇄대가 발달한 경우에는 **파쇄대에 흐르는 지하수 특성에 따라 정수압 또는 피압수압 적용**

[3] REV 이상의 무수히 많은 불연속면이 존재하는 암반(의사 연속체 modeling)

① 토압 : **RMR분류법에 의해 c, ϕ값을 결정하여 수평토압 산정**하거나(→과소산정 우려), RQD=0인 원형 파괴에 해당하는 경우에는 연속체모델의 개념에서 견고한 지반, 자갈지반으로 평가하여 수평토압을 산정 할 수 있다.(→$c=0$가정한 경험토압 적용하는 경우로 과대산정 우려)

② 수압 : **암반의 투수성이 큰 경우로서 정수압을 적용**

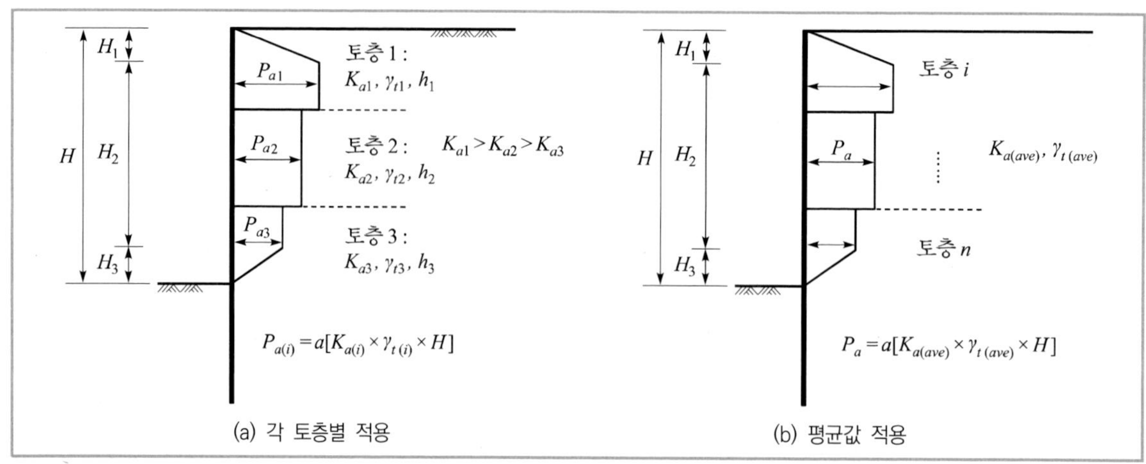

그림 12.8-1 토압계수 및 흙의 단위중량 적용방법

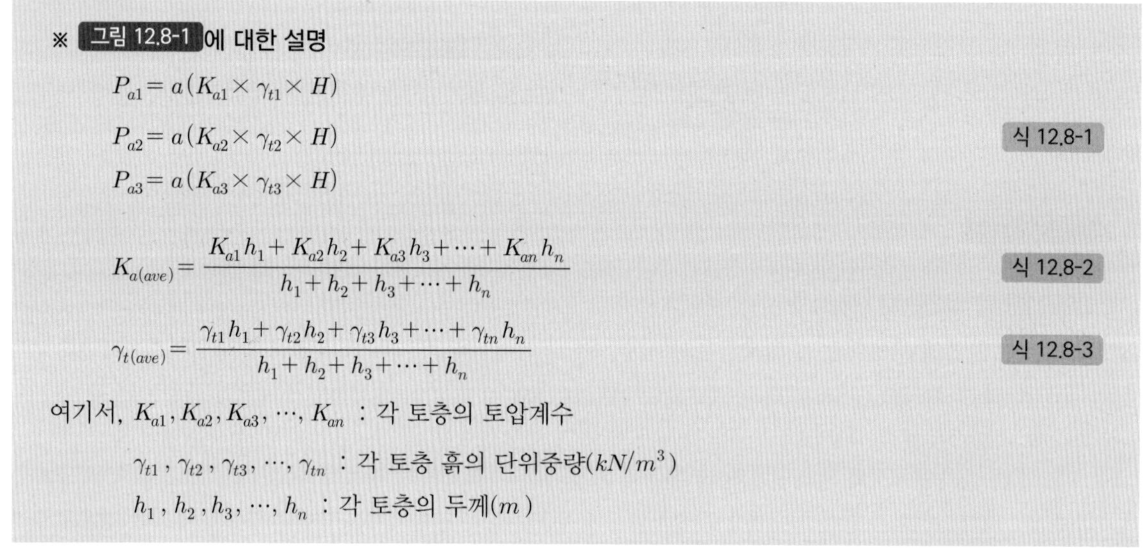

※ 그림 12.8-1에 대한 설명

$$P_{a1} = a(K_{a1} \times \gamma_{t1} \times H)$$
$$P_{a2} = a(K_{a2} \times \gamma_{t2} \times H) \quad \text{식 12.8-1}$$
$$P_{a3} = a(K_{a3} \times \gamma_{t3} \times H)$$

$$K_{a(ave)} = \frac{K_{a1} h_1 + K_{a2} h_2 + K_{a3} h_3 + \cdots + K_{an} h_n}{h_1 + h_2 + h_3 + \cdots + h_n} \quad \text{식 12.8-2}$$

$$\gamma_{t(ave)} = \frac{\gamma_{t1} h_1 + \gamma_{t2} h_2 + \gamma_{t3} h_3 + \cdots + \gamma_{tn} h_n}{h_1 + h_2 + h_3 + \cdots + h_n} \quad \text{식 12.8-3}$$

여기서, $K_{a1}, K_{a2}, K_{a3}, \cdots, K_{an}$: 각 토층의 토압계수

$\gamma_{t1}, \gamma_{t2}, \gamma_{t3}, \cdots, \gamma_{tn}$: 각 토층 흙의 단위중량(kN/m^3)

$h_1, h_2, h_3, \cdots, h_n$: 각 토층의 두께(m)

해설 12.8-1

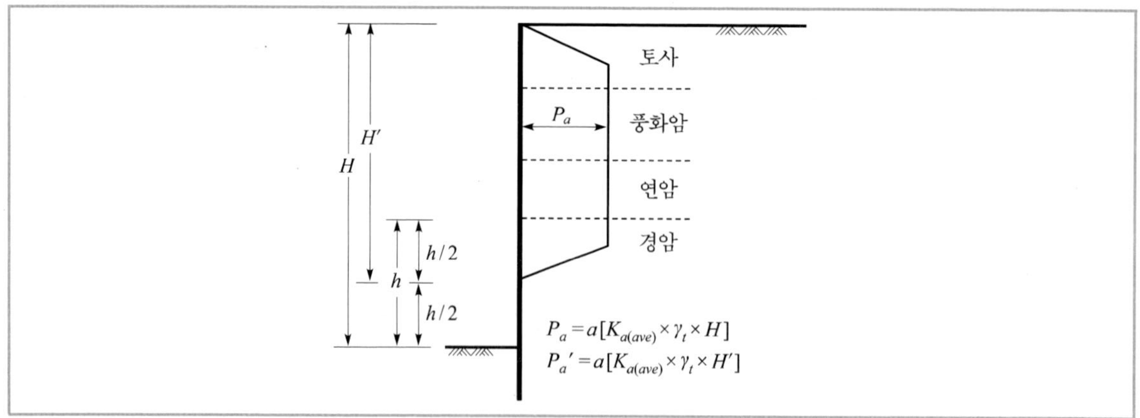

그림 12.8-2 토압작용 깊이를 경암층 1/2깊이까지 적용시킨 경우

12.8 암반층을 포함한 대심도 굴착 시 경험토압 적용방법(1)

암반층을 포함한 대심도 굴착 시 경험토압을 적용시 아래와 같은 어려움이 존재하며 일반적으로 **실제보다 과다한 토압이 산정**될 수 있다.

① 지층구성이 동일지층이 아닌 이질층으로 구성되어 있으므로 **지반물성치 평가가 어렵다.**

② 경험토압은 암반층을 사질토 지반으로 가정하므로 암반층에서의 점착력을 무시하는 경우는 **과다토압 산정이 우려**되고, 점착력을 고려하는 경우는 **과소평가될 우려**가 있다.

③ 경험토압은 토사지반을 대상으로 제안된 식이므로 굴착깊이가 깊고 암반이 상부에서부터 존재할 경우 경험토압을 사용시 **암반에서의 토압이 작용되는 깊이를 적용**하는데 어려움이 있다.

따라서, 경험토압크기 적용 시 다음과 같이 두 가지 부분에 대해 신중을 기해야 한다.

첫째, 토압계산 시 각 토층의 토압계수 및 흙의 단위중량은 ① 각 토층별 토압계수 및 단위중량 사용 및 ② 토압작용 깊이까지의 평균값 사용과 같은 2가지 방법에 의해 적용할 수 있다. → 1**에서 구체적 설명됨**

둘째, 경험토압식은 토사지반을 대상으로 제안된 식이므로 토사지반 하부에 암반층이 존재할 경우 전체 굴착깊이에 대한 작용토압은 암반의 단위중량이 커서 큰 토압이 작용하게 되므로 과대평가될 우려가 있다. 따라서 암반지반에 경험토압 분포식을 적용할 경우 ① 토압작용 깊이를 경암층의 약 $\frac{1}{2}$ 깊이까지 적용하는 방법 ② 암반층의 토압을 고려하지 않는 방법, ③ 일정크기의 하중을 균등하게 작용시키는 방법과 같은 3가지 방법으로 고려할 수 있다. → 2**에서 구체적 설명됨**

1 토압계산 시 각 토층의 토압계수 및 흙의 단위중량 적용방법

① 각 토층별 토압계수 및 단위중량 사용

지반이 여러 토층으로 구성된 경우 토압계수 및 흙의 단위중량을 그림 12.8-1a와 같이 토층별로 적용할 수 있다. 그림 12.8-1a는 3개의 토층으로 구성된 이질토층의 토압계수 및 흙의 단위중량을 각각 적용한 경우로 P_{a1}, P_{a2}, P_{a3} 은 식 12.8-1 과 같다.

② 토압작용 깊이까지의 평균값 사용

지반이 다층지반일 경우 토압계수 및 흙의 단위중량은 해설 식 12.8-2, 식 12.8-3 과 같이 평균값을 적용할 수 있다(그림 12.8-1b).

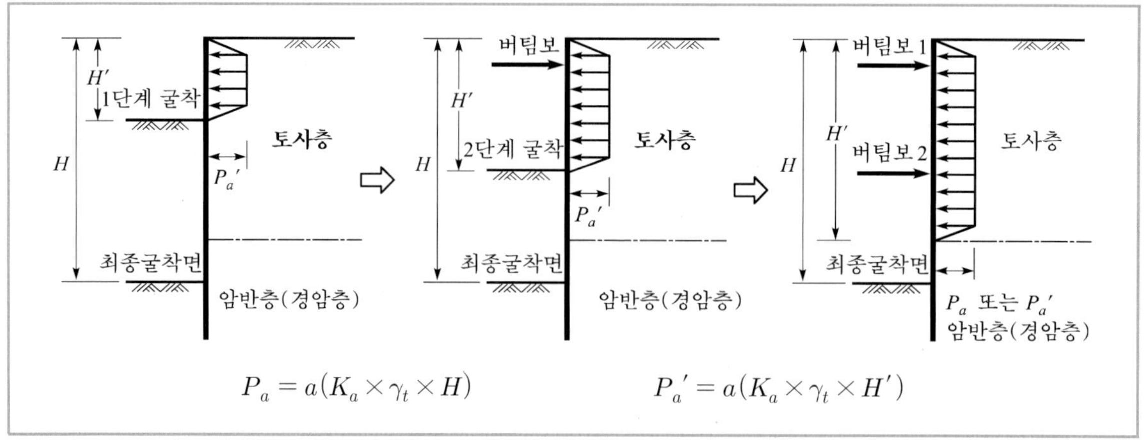

그림 12.9-1 암반층의 토압을 고려하지 않는 경우

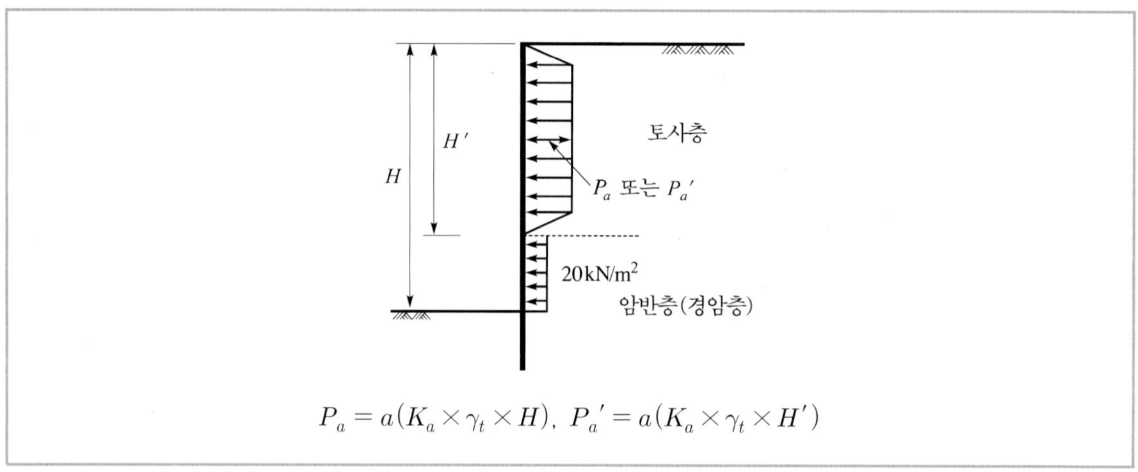

그림 12.9-2 암반에 일정크기의 하중을 작용시키는 경우

※ 암반지반에서의 REV개념을 적용한 토압적용 방법에 대한 설명

- 시추조사 결과에 나타난 RQD, 코어 회수율, 절리 및 단층 지질구조, 불연속면 등을 관찰하여 불연속면 방향성과 경사각의 임계 파괴면을 충분히 고려하여 적용한다.
- 암반파괴형상이 원형파괴에 해당하는 **RQD가 거의 0인 상태, 파쇄가 심한 경우**에는 토사와 같이 연속체 모델로 적용될 수 있으며, 견고한 지반이나 자갈지반으로 평가하여 수평토압을 산정한다
- **뚜렷한 방향성의 불연속면이 존재하는 경우** 점착력은 0이므로 전단저항각 ϕ만 고려하여 수평토압을 산정한다.
- 암반의 불연속면이 거의 없고 방향이 특정방향이 아닌 경우**(신선한 경우) 암반의 수평토압은 무시된다.**
- **불연속면이 적당히 있을 경우** 암반의 평정 분류인 RMR을 이용하여 강도정수(c, ϕ)값을 산정하여 이를 이용하여 암반의 수평토압을 산정한다.

해설 12.9-1

12.9 암반층을 포함한 대심도 굴착 시 경험토압 적용방법(2)

2 암반지반에 경험토압 분포식을 적용할 경우 3가지 고려방법

① 토압작용 깊이를 경암층의 약 $\frac{1}{2}$ 깊이까지 적용하는 방법

경험토압을 암반지반에 적용 시 토압작용 깊이는 암반전체를 고려하는 것이 아니라 그림 12.8-2 같이 경암층의 약 $\frac{1}{2}$ 정도까지 고려하여 작용시키는 방법이다. 이 경우 안전하고 합리적인 설계 및 시공을 위해서 NX **규격의 Trippie Core Barrel을 사용하여 채취된 시료의 정밀조사를 시행하고 코어회수율이 90% 이상, R.Q.D가 60~80% 정도인 암반층이 출현하는 심도까지 고려**하는 것이 좋다.

② 암반층의 토압을 고려하지 않는 방법

그림 12.9-1 같이 굴착이 진행됨에 따라 토사구간의 토압은 모두 고려해 주고 암(경암층 이상)의 토압은 고려하지 않는 방법으로 이 경우를 적용시에는 세심한 주의를 요한다. 이는 암반의 굴착 중 조직이 팽창하거나 굴착면측으로 단층 및 절리면이 형성되어 있는 경우 이면을 따라 암괴가 활동하여 상당히 큰 토압이 작용할 수 있기 때문이다. 또한 **이 방법에 의해 토압산정 시 토압적용 깊이**는 최종굴착깊이(H)까지 고려하는 경우와 토압을 적용시키는 경암층 최상부까지의 깊이(H')로 고려하는 두 가지 방법이 있으며 안전측 설계를 위해 토압적용 깊이를 최종굴착 깊이(H)까지 고려하는 것이 유리하다.

③ 일정크기의 하중을 균등하게 작용시키는 방법

지하철 설계 시 경암에서는 이완된 부분의 토압으로서 그림 12.9-2 같이 20kPa 정도를 균등하게 작용시키기도 하는데, 이 경우도 굴착 시 암반의 불연속면(절리, 층리 등)의 존재, 풍화정도, 초기 지중응력, 지하수 용출 등에 의해 영향을 받게 되며 특히 **불연속면의 규모나 거동은 큰 토압을 유발시키므로 신중한 선택이 요구**된다. 또한 이 방법에 의해 토압산정 시 전술한 바와 같이 토압작용 깊이를 최종 굴착깊이(H)와 암반층 최상부까지의 깊이(H')로 고려하는 두 가지 방법이 있다.

3 암반지반에서의 REV개념을 적용한 토압적용 방법

- 해설 12.9-1 같이 암반지반의 REV개념에 따른 암반지반에서의 토압적용 방법을 정리하면 **신선한 암석**(암반에 작용하는 토압 무시), **REV이하의 불연속면에 지배되는 경우**(점착력을 무시하고, ϕ만을 고려 수평토압 산정), **REV이상의 응력지배되는 경우**(RMR분류법에 의해 c, ϕ값을 결정하여 수평토압 산정)로 구분하여 토압을 적용한다. 또한 RQD=0인 원형파괴에 해당하는 경우는 연속체 모델의 개념에서 견고한 지반, 자갈지반으로 평가하여 수평토압 산정 할 수 있다.
- 23p 개념정리 ④와 연계학습할 것

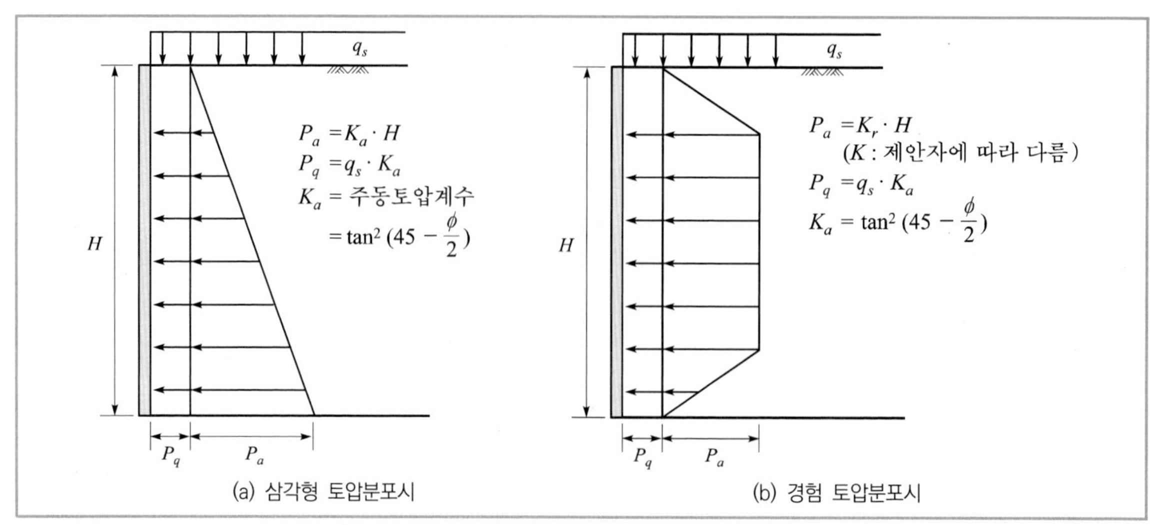

그림 12.10-1 Rankin-Resal 토압 및 경험토압에서의 과재하중

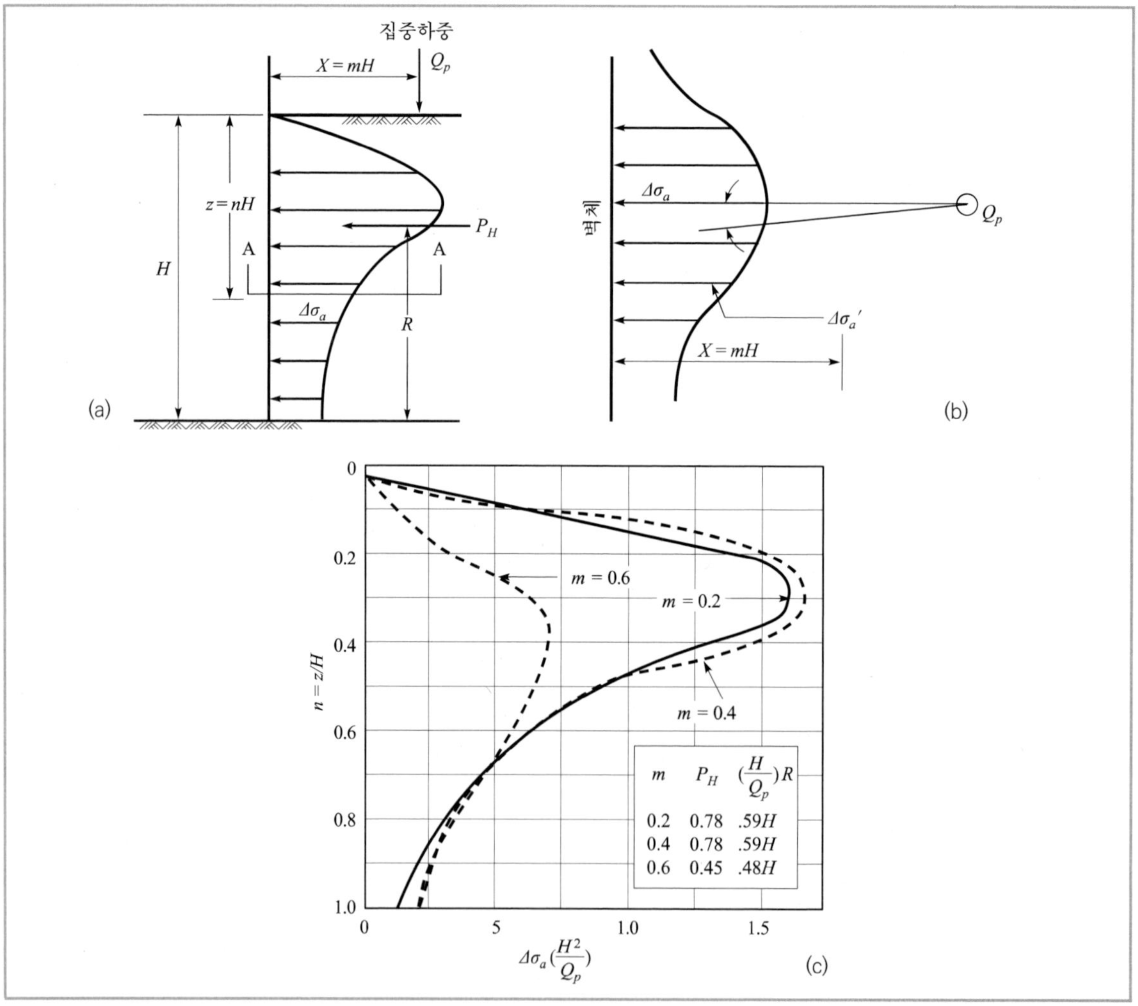

m	P_H	$(\frac{H}{Q_p})R$
0.2	0.78	.59H
0.4	0.78	.59H
0.6	0.45	.48H

그림 12.10-2 흙막이 벽체에 집중하중이 작용할 때 횡방향 압력의 영향

12.10 상재하중에 의한 토압 산정방법(1)

지표면에 **등분포 상재하중이 작용할 경우**에는 등분포 상재하중에 적합한 토압계수를 곱하여 수평토압으로 환산한다. **집중하중이나 선하중 및 국부분포하중이 작용하는 경우에는 탄성이론이나 한계이론에 의하여 수평토압**을 구한다.

일반적으로 **지표면에 균등분포하중이 작용할 경우**에는 **토압계수(K_a 나 K_o)를 곱하여 유효수평토압으로 환산하는 방법**을 고려하게 된다. 그러나 **집중하중이나 선하중이 상재되는 경우**는 이에 대한 엄밀해가 제안되어 있지 않으므로 실험자료를 이용하여 지반탄성계수가 깊이에 따라 선형적으로 증가하는 개념인 수정된 **탄성론적인 방법** [Terzaghi(1954), Spangler(1968)]을 적용하여 접근할 수 있다.

지표면이나 지중에 가해지는 하중을 수평토압으로 환산하는 방법은 탄성이론이나 한계이론(limit theory)에 의한 방법으로 크게 구분되며, 이들을 적용할 경우 현장의 각종 하중조건에 적합한 방법을 선정하여야 한다.

1 등분포 상재하중의 경우

등분포 상재하중의 경우 그림 12.10-1 같이 Rankine-Resal의 삼각형분포 토압 및 Peck등이 제안한 사각형 사다리꼴 경험토압분포에 추가되는 등분포하중과 토압계수를 곱하여 추가로 계산

2 집중하중이 작용하는 경우

- 집중하중 Q_p가 작용하는 경우는 지표면으로부터 $z = nH$ 깊이에서의 토압증가량 $\Delta\sigma_a$와 관계되는 식은 실험에 근거하여 Boussineq식을 수정한 식은 다음과 같다.

$$\Delta\sigma_a(\frac{H^2}{Q_p}) = \frac{0.28\,n^2}{(0.16+n^2)^3} \quad (m \le 0.4 \text{ 인 경우}) \qquad \text{식 12.10-1}$$

$$\Delta\sigma_a(\frac{H^2}{Q_p}) = \frac{1.77\,m^2\,n^2}{(m^2+n^2)^3} \quad (m \ge 0.4 \text{ 인 경우}) \qquad \text{식 12.10-2}$$

- 벽체높이 H에 따른 토압증가량 분포와 벽체 저면으로부터 전 주동토압 증가량(P_H)의 작용위치 R은 m=X/H의 크기에 따라 그림 12.10-2 같다.

3 선하중이 작용하는 경우

선하중 Q_L가 작용하는 경우의 지표면으로부터 $z = nH$ 깊이에서의 토압증가량 $\Delta\sigma_a$은 그림 12.11-1 에서 실험에 근거한 Boussineq식을 수정한 식과 전토압 증가량을 사용하여 구할 수 있다.

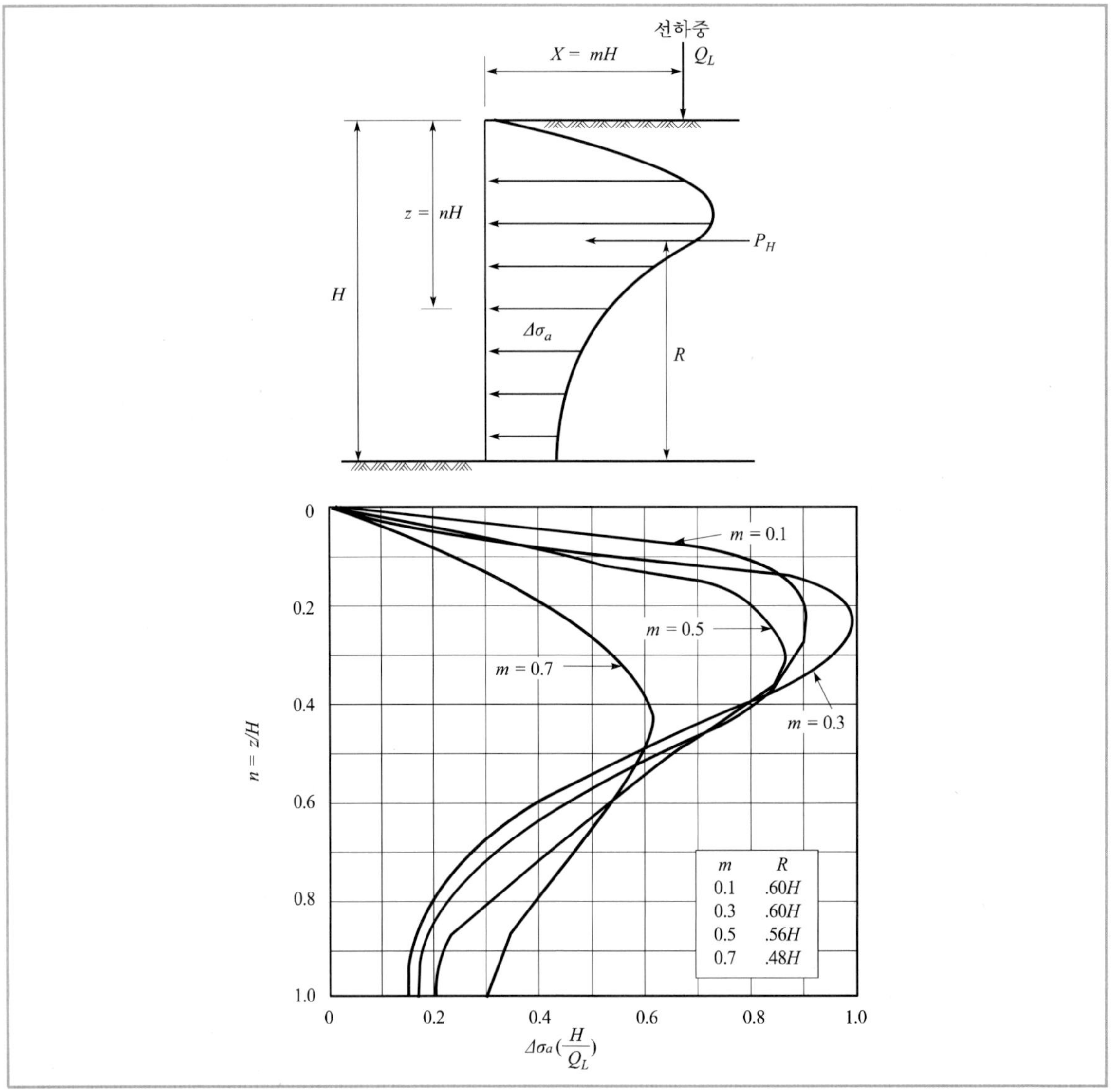

m	R
0.1	.60H
0.3	.60H
0.5	.56H
0.7	.48H

그림 12.11-1 흙막이 벽체에 선하중이 작용할 때 횡방향 압력의 영향

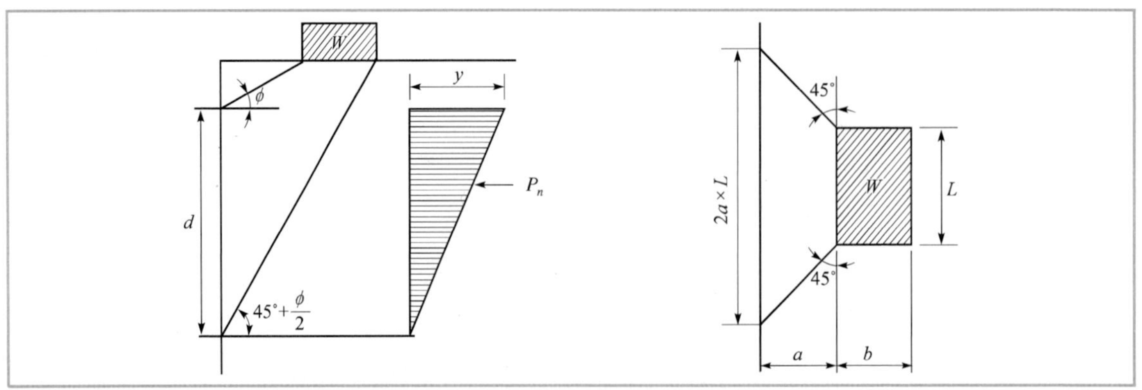

그림 12.11-2 흙막이 벽체에 부분분포 하중이 작용할 때 횡방향 압력의 영향

12.11 상재하중에 의한 토압 산정방법(2)

$$\triangle\sigma_a(\frac{H}{Q_L}) = \frac{0.20\,n}{(0.16+n^2)^2} \quad (m \le 0.4 \text{ 인 경우})$$ 식 12.11-1

$$\triangle\sigma_a(\frac{H}{Q_L}) = \frac{1.28\,m^2\,n}{(m^2+n^2)^2} \quad (m \ge 0.4 \text{ 인 경우})$$ 식 12.11-2

$$P_H = 0.55\,Q_L \quad (m \le 0.4 \text{ 인 경우})$$ 식 12.11-3

$$P_H = \frac{0.64\,Q_L}{(m^2+1)} \quad (m \ge 0.4 \text{ 인 경우})$$ 식 12.11-4

■ 벽체높이 H에 따른 토압증가량 분포와 벽체 저면으로부터 전 주동토압 증가량(P_H)의 작용위치 R은 m=X/H의 크기에 따라 그림 12.11-1 같다.

4 부분분포 하중이 작용하는 경우

부분분포 하중이 작용할 대는 중첩의 원리로 흙막이 벽에 미치는 압력을 계산할 수 있으며, 이때 깊이의 증가에 따른 하중의 소산을 고려하여야 한다. 이처럼 소산을 고려하는 방법에는 여러 가지가 있지만 다음은 비점성토에 대하여 설계할 때, 그림 12.11-2 같이 Krey가 제안한 방법이다.

① 벽체의 단위 길이당 하중 : $P = \frac{W}{L+2a}$ [kN]- 지중응력 변화 고려

② P에 의하여 벽체에 작용하는 전 주동토압 : $P_n = P \times \tan(45 - \frac{\phi}{2})$

이러한 힘의 압력분포도 삼각형이며, 길이 $2a+L$에 대하여 벽의 단위 길이당 크기는

$P_n = \frac{1}{2} \times y \times d$ 이므로

③ 상단토압(y) : $y = \frac{2P_n}{d}$ [kN/m]와 같으며, 토압의 분포에 산술적으로 더하여야 한다.

5 실무에서의 지표면 상재하중 고려

가시설 상단부에 작용하는 것으로 가정하는 **지표면 상재하중의 경우 주변조건 고려요소에 대한 명확한 적용기준이 없어 상재하중이 상이(q=10~30 kN/m^2)하게 적용**되고 있으나 아래와 같은 기준을 적용하여 적절한 값을 적용함이 타당하다.

① 지표면에 10 kN/m^{2}의 상재하중 적용하고

② 자동차, 중기 및 건축물 등이 근접하는 경우 별도의 적절한 값 적용

③ 건설용 중기(크레인 등)의 작업하중은 필요에 따라 검토하여 적용

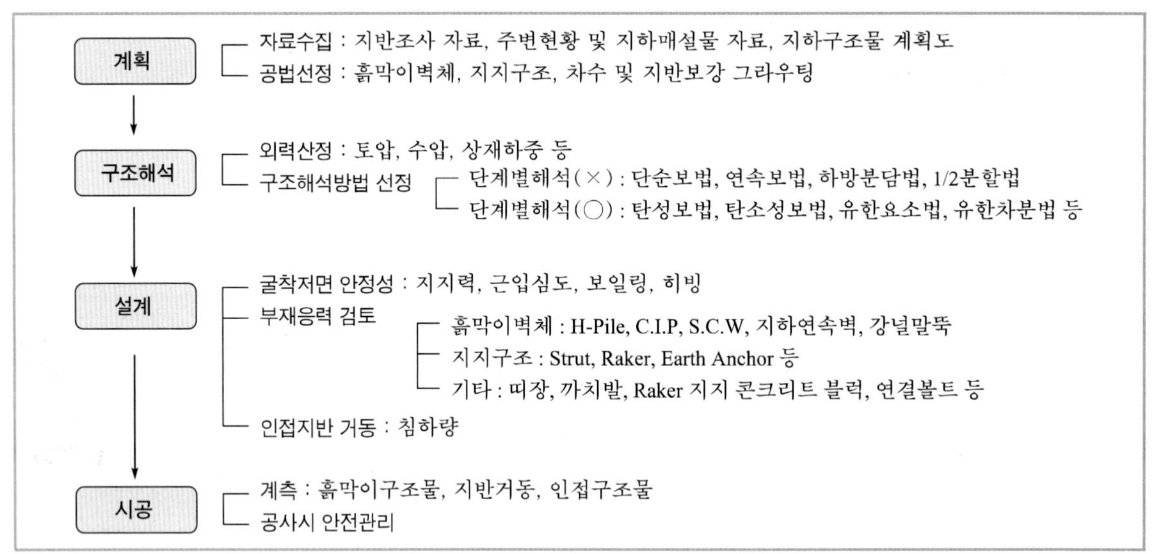

표 12.12-1

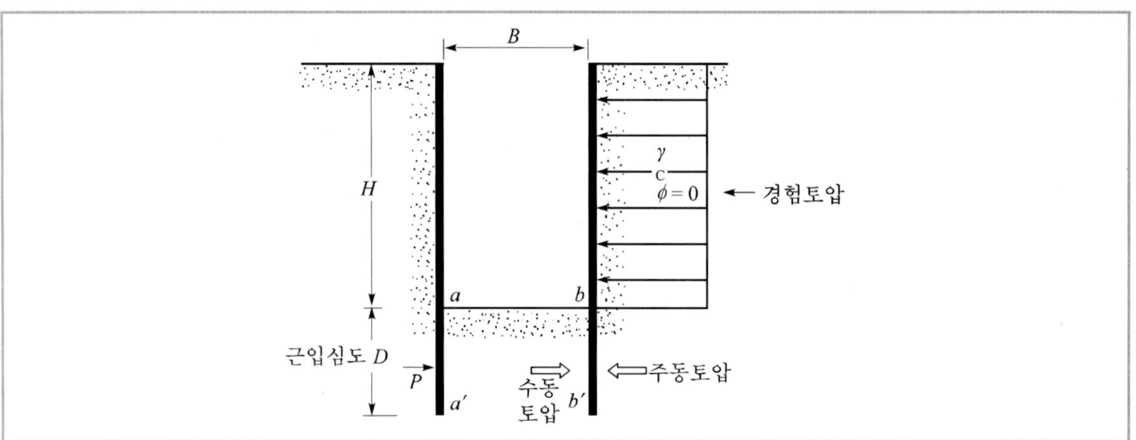

그림 12.12-1

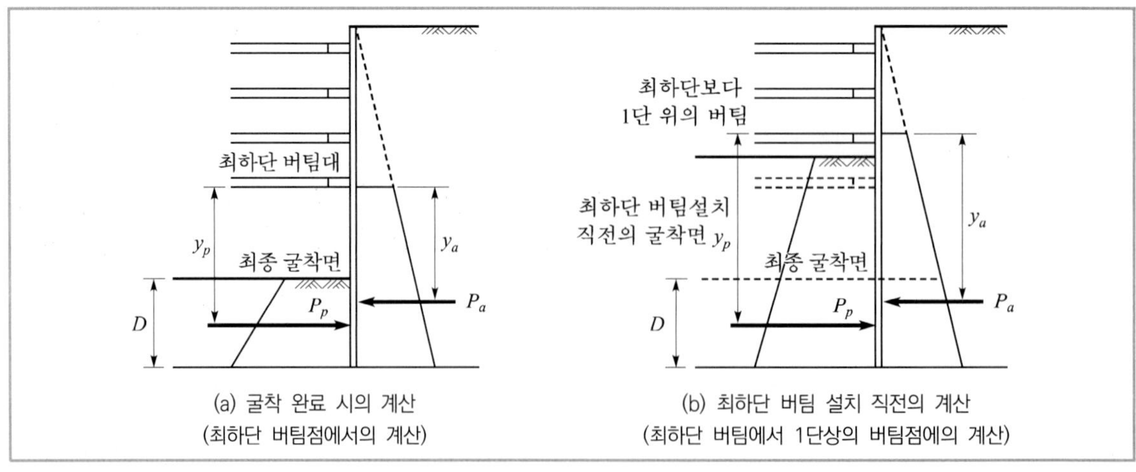

(a) 굴착 완료 시의 계산
(최하단 버팀점에서의 계산)

(b) 최하단 버팀 설치 직전의 계산
(최하단 버팀에서 1단상의 버팀점에의 계산)

그림 12.12-2 굴착저면 안정성 검토시 근입깊이 계산방법

12.12 흙막이 벽 설계의 기본개념 이해(1)

1 흙막이 벽 설계의 근간이 되는 2가지 해석방법

- 첫 번째 방법은, **벽체를 보로 취급하여 해석하는 방법**이다. 벽체에 작용하는 토압 및 수압은 탄성보에 작용하는 하중으로 간주한다. **하중만 결정되면 보해석은 구조해석**으로서 가능하다. 다만, **배면 및 굴착 하부지반을 스프링으로 모사할 경우** 스프링 계수, 즉 지반반력 계수에 대한 고려가 필요하다. 이는 지반공학이해Ⅰ 148p~155p에서 이미 설명하였다.
- 두 번째 방법은, **벽체와 지반을 연속체로 동시에 해석하는 방법**(흙-구조물 상호작용을 고려한 해석법)이다. 굴착단계별로 벽체를 해석하며, 벽체뿐만 아니라 지반거동도 예측할 수 있다는 장점이 있다. 이는 유한요소법과 같은 수치해석법으로만 가능하며, 수치해석에 입력되는 변수가 신뢰성을 가지지 않는 한 해석 결과 또한 많은 불확실성을 내포한다.
- 지금부터는 전자, 즉 **벽체를 보로 가정하는 방법**에 대하여 주로 설명할 것이다.

2 설계에 필요한 해석의 순서 → 표 12.12-1 참조

- 첫째로, 그림 12.12-2 같은 방법에 의해 흙막이 벽의 **근입깊이를 결정**한다.
- 둘째로, **흙막이 벽과 띠장, 버팀보(또는 앵커)의 안정성을 검토**한다. 흙막이 벽 안정성 검토에는 **굴착을 완료한 완성 단면뿐만 아니라 굴착단계별 안정성도 검토**하여야 한다.
- 셋째로, 흙막이 벽 인근에 인접 구조물이 존재할 경우 배면지반의 변형(수평 변형 및 침하)을 검토하여 **인접 구조물에 미치는 영향을 검토**하여야 한다.

3 흙막이 벽 근입깊이의 결정

흙막이 벽은 굴착심도까지만 근입하는 것이 아니라 **굴착저면이 안정**하도록 깊게 근입해야 한다. 근입깊이는 다음을 만족하도록 설정한다.

① 첫째로, 근입깊이는 우선적으로 굴착저면의 **수동토압이 배면의 주동토압을 견딜 수 있는 깊이까지 근입**한다. → (그림 12.12-1)참조

② 둘째로, 위에서 구한 근입깊이까지 근입되었다고 가정하고 근입된 흙막이 벽에 대하여, 연직방향 극한지지력을 구하여서 **지지력 파괴에 대한 안정성을 검토**한다. 극한지지력은 말뚝의 극한지지력 편을 참조하면 된다. 흙막이 벽 상부에 작용될 수 있는 실제 하중을 예측하고 지지력 파괴에 대한 안전율이 2 이상이 되도록 한다.

③ 셋째로, 침투가 일어나는 모래지반의 경우 **보일링(boiling)에 대한 안정성을 검토**한다.

④ 넷째로, 연약한 점토지반에 흙막이 벽을 설치하는 경우 **히빙(heaving) 현상에 대한 안정성을 검토**한다.

결론적으로, **위 네 경우의 안정성을 모두 만족하는 근입깊이를 설정**한다.

※ 그림 12.12-2 **근입부에 작용하는 모멘트 평형으로부터 근입깊이 설정에 대한 설명**

① 그림 12.12-2a 같이 최하단 버팀대에 대한 모멘트 평형과 그림 12.12-2b 같이 최하단 버팀대에서 1단상의 버팀대를 설치하고 굴착은 최하단 버팀설치 직전의 굴착저면 위치까지 이루어진 상태에서의 모멘트 평형을 이룰 수 있는 이론근입깊이($D= D_{theory}$)를 구한다.

② 그림에서, $M_p = P_p \cdot y_p = P_a \cdot y_a = M_a$ 가 되도록 D_{theory}를 구한다.

③ 설계근입깊이 D_{design}는 D_{theory}의 1.2배로 한다(즉, **근입깊이에 대한 안전율은 1.2로 한다**).

해설 12.13-1

지반의 상태	사질토	50≥N>30	30≥N>10	N≤10
	점성토	N>8	8≥N>4	N≤4
토압의 작용폭		플랜지폭의 3배	플랜지폭의 2배	플랜지의 폭

표 12.13-1 근입부의 안정검토시 수동토압의 작용폭(서울지하철 설계기준, 1990)

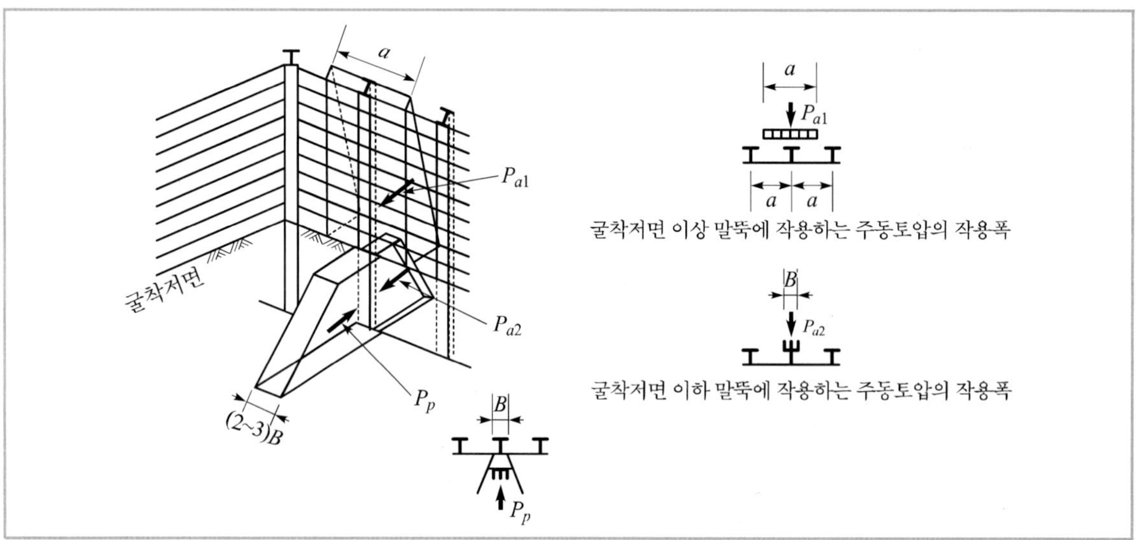

그림 12.13-1 엄지말뚝의 토압작용폭

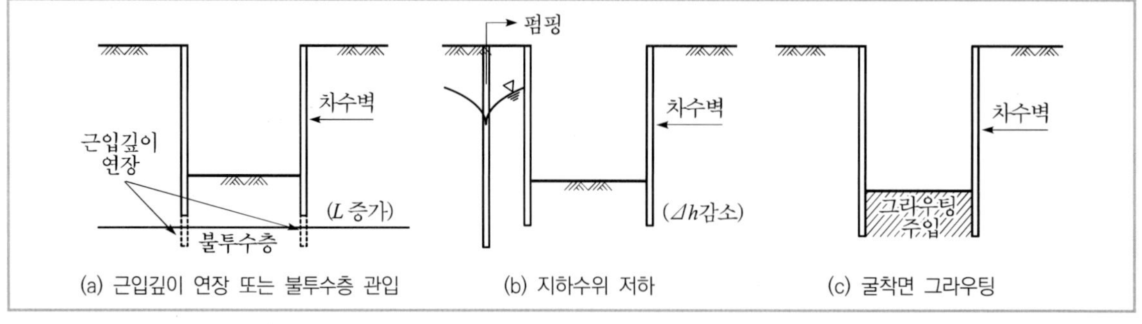

그림 12.13-2 보일링 대책

12.13 흙막이 벽 설계의 기본개념 이해(2)

■ 근입부에 작용하는 주동토압과 수동토압에 대한 안정

① 흙막이말뚝 혹은 흙막이벽은 근입부의 토압 및 수압에 대하여 충분히 안전한 깊이까지 도달하도록 근입장을 결정해야 한다.

② 우선 근입부에 작용하는 토압으로는 흙막이 배면측에 작용하는 주동토압과 굴착측에 작용하는 수동토압 및 말뚝의 저항력을 생각할 수 있다.

③ 필요 근입장은 **굴착완료** 혹은 **최하단 버팀보 설치직전의 상태**에서 이들 토압에 의한 모멘트평형이 되도록 결정한다. 이때 모멘트의 중심은 최하단 버팀보의 위치 혹은 최하단보다 한단 위의 버팀보 위치로 취한다. 즉, 그림 12.12-2에서 $M_p = M_a$ 가 되도록 근입장 D 를 구하면 된다.

④ 만약, **흙막이벽체가 엄지말뚝+토류판인 경우** 그림 12.13-1 같이 H-pile의 근입깊이 산정에는 굴착면 위의 **주동토압 계산 시** 단위길이(1m)당이 아니고 **H-pile 간격(a)을 고려**하고, 굴착면 아래의 **주동토압 계산에서는 H-pile폭(B)을 고려**하며, **굴착면 아래의 수동토압 계산시**에는 표 12.13-1 을 이용하여 **H-pile폭의 2~3배를 고려**한다.

⑤ 안정성검토시 기본사항은 다음과 같다. 말뚝근입깊이는 균형깊이의 1.2배로 한다.(즉, $F_s = 1.2$ 를 의미), 근입깊이는 굴착완료시 및 최하단버팀 설치직전 위치 양자에 대해서 실시하고 큰쪽의 근입깊이를 취한다. **균형깊이를 구할 때의 토압은 주로 Rankine-Resal의 토압을 사용**한다.

■ 보일링에 대한 안정성 검토

① 사질토지반을 굴착하는 경우 가설흙막이 배면의 수위와 굴착내의 수위차가 생기면 이 수두차에 의해 **굴착면에는 상향의 침투류**가 생긴다. 이 침투력과 굴착면의 유효중량과의 균형이 파괴되면 굴착저면에 특히 흙막이 말뚝부근의 흙은 마치 액체와 같이 되어 끓어오르는 현상이 발생한다. 이와같은 현상을 **보일링**이라 하며, 일단 **보일링이 발생하면 그 부근의 흙은 전단강도를 상실**하게 되므로 종국에는 **흙막이 붕괴**로 연결된다.

② 앞에서 구한 근입깊이 D_{design} 가 1차적으로 구해진 다음 **침투가 발생하는 사질토인 경우 상방향 침투수력에 의한 보일링에 대한 안정성을 검토**하여야 한다. 보일링 현상에 대하여는 지반공학이해 I 614p~619p 상세히 설명하였으므로 이를 연계하면 될 것이다. 보일링에 대한 안전율은 1.5 이상이 되도록 하여야한다.

③ **보일링 검토방법**에는 Terzaghi**의 방법**과 **한계동수경사에 의한 방법**이 대표적이다.

④ **보일링에 대한 대책**은 그림 12.13-2 같이 (a) 흙막이벽 근입깊이를 연장하거나(동수경사감소) 불투수층까지 관입시킨다. (b) 배수공법을 사용하여 흙막이벽 뒤쪽의 지하수위를 낮춘다. (c) 약액(시멘트그라우트)을 주입하여 굴착면을 불투수층으로 만든다.

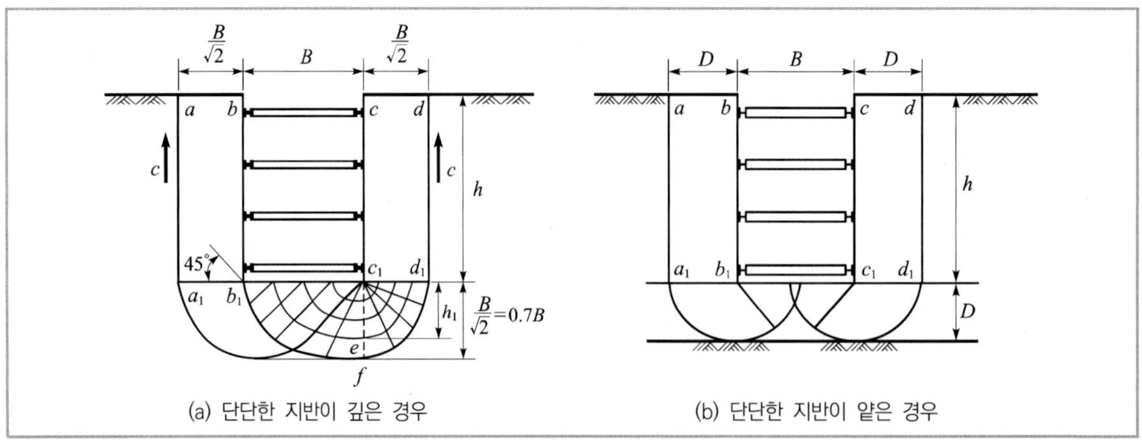

그림 12.14-1 Terzaghi-Peck의 히빙 검토 방법

※ 그림 12.14-1에 대한 설명

① 단단한 지반이 깊은 경우 : 그림 12.14-1에서 dd_1 면에는 점착력 c가 작용하므로 c_1d_1 면에 작용하는 전 재하중 P는

$P=\dfrac{B}{\sqrt{2}}\gamma H-cH$ 따라서 재하하중 강도 P_v는 다음과 같다(여기서, $P_v=\dfrac{P}{A}$).

$P_v=\gamma H-\dfrac{\sqrt{2}\,cH}{B}$ 그리고 굴착면 아래 지반의 지지력은 Terzaghi의 지지력공식에 의하여 $q_d=5.7c$를 적용하면, 히빙에 대한 안전율은 다음과 같이 구할 수 있다

$$F_s=\frac{q_d}{P_v}=\frac{5.7c}{\gamma H-\dfrac{\sqrt{2}\,cH}{B}}$$ 식 12.14-1

② 단단한 지반이 얕은 경우 : 만약 얕은 위치에 견고한 층이 존재하거나 모래층이 있는 경우는 다음 식을 이용한다.

$$F_s=\frac{5.7c}{\gamma H-\dfrac{cH}{D}}$$ 식 12.14-2

해설 12.14-1

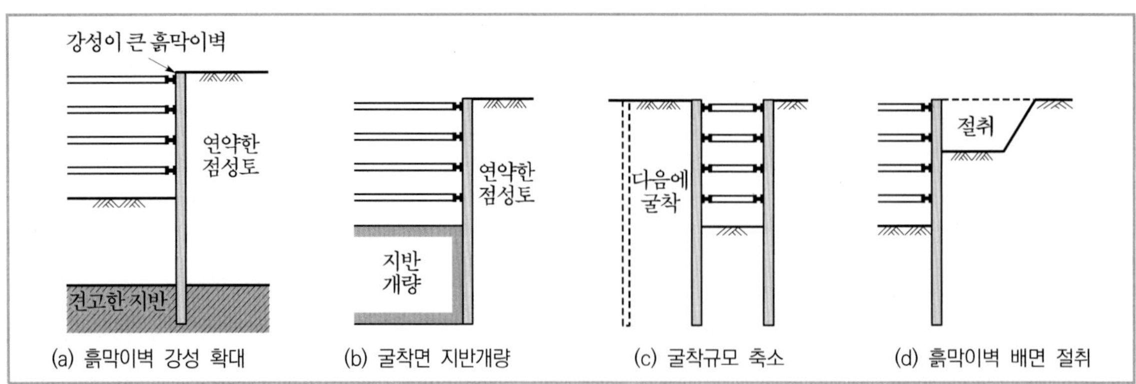

그림 12.14-2 Heaving 대책

12.14 흙막이 벽 설계의 기본개념 이해(3)

■ 히빙에 대한 안정성 검토

① **연약한 점토지반을 굴착할 때** 흙막이 배면토의 중량이 굴착바닥면 아래 지반의 극한 지지력보다 크게 되면 배면토의 하중에 의한 모멘트에 의하여 활동이 일어나 **굴착바닥면이 부풀어 오르는 현상**이 발생하는데 이것을 **히빙(heaving)**이라고 한다.

② **히빙 검토방법**은 여러 가지가 제안되어 있으며 대표적인 것은 그림 12.14-1 같은 Terzaghi-peck의 식, Tschebotarioff의 식, Bjerrum, O.Eide의 식 및 일본건축학회의 규준식 등이 있다. 그런데 이 방법들은 말뚝의 강성 혹은 근입깊이가 고려되지 못하고 계산방법에 따라서는 아무리 강한 말뚝을 깊게 근입시키더라도 계산상 히빙이 발생하는 것으로 검토될 수가 있다. 이와 같은 불합리함을 피하기 위해서 **히빙에 대한 안정성 검토를 말뚝의 강성과 근입깊이를 고려한 방법을 사용하는 것이 좋다.**

③ 히빙현상에 대하여는 지반공학이해 I 620p~623p 상세히 설명하였으므로 이를 연계하면 될 것이다. 히빙에 대한 안전율은 1.5 이상이 되도록 하여야한다.

④ **히빙에 대한 대책**은 그림 12.14-2 같이 (a) 흙막이벽의 근입깊이와 강성을 크게 한다 (b) 굴착바닥면 아래의 점토를 개량하여 전단강도를 크게 한다. (c) 굴착깊이를 작게 하거나 굴착평면 규모를 축소한다. (d) 흙막이벽 배면 지반을 절취한다. (e) 흙막이벽 안쪽 하단의 흙을 일부 남긴다.

■ 지지력파괴에 대한 안정성 검토

① 각종 조사결과 및 시공경험상 흙막이 말뚝의 지지력은 $N > 30$ **사질토층**과 **고결 점토층 및 $N > 10$ 점토층에 3m 이상 관입시킨 경우**에는 지지력을 계산하지 않아도 된다.

② **여기서 관입이란?** Auger등으로 Pre-boring한 것이 아니고 타격에 의해 관입시킨 것이다. 근입깊이에 연약지반이 있는 경우에는 허용지지력을 계산하여 축방향 수직력에 충분히 안전해야 한다. 일반적으로 양질의 지반에 3m이상 관입시킨 경우에는 극한지지력을 계산에 의해 구하고 그 값을 안전율 2로 나눈 값을 허용지지력으로 한다.

③ **극한 지지력**은 다음의 정역학적 공식에 의해 구하는 것이 가장 보편적이다.

$$Q = A \times q_d + \alpha \times \beta \times R_t \quad \text{식 12.14-3}$$

여기서, Q : 극한지지력

A : 말뚝의 양 플랜지로 둘러싸인 면적(m^2)

α, β : 시공에 따른 상수 표 12.15-1 을 이용

q_d : 말뚝의 선단지반의 극한 지지력(kN/m^2)

R_t : 극한 주면마찰력($R_t = U \times l \times c$)

α	Pre-boring에 의한 시공	몰탈충진	0.8
		모래충진	0.5
	충격에 의한 시공(Vibration Hammer 시공)		1.0
β	말뚝주위에 흙이 있을 때		1.0
	말뚝의 한면이 굴착될 때(흙막이 말뚝의 굴착부분)		0.5

표 12.15-1 흙막이 말뚝시공에 따른 상수

구분	벽체를 보로 가정하는 해석법 (실제토압에 의한 방법)	흙-구조물 상호작용을 고려한 해석법 (수치해석에 의한 방법)
1 개요	• 흙막이 벽체를 단순보 또는 연속보로 간주하고, 벽체 배면에 작용하는 **횡토압을 하중으로 모델링**하는 방법 • 탄성보법이나 탄소성보법은 **경험토압이 아닌 Rankine-Resal 또는 Coulomb의 삼각형토압을 사용**하는 해석 방법이며 지보공의 축력과 흙막이 벽의 응력-변위를 구할 수 있는 방법.	• 흙막이 벽체의 변형과 관련 **흙과 흙막이구조물의 상호관계를 고려한 해석**방법 • 굴착공사 중 연성벽체 배면지반의 변위를 계측을 통해 알아내고, 유한요소법이나, 유한차분법 등의 수치해석모델에 근거한 해석기법을 적용하여 굴착배면을 중심으로 **주변지반에 대한 변위를 정량적으로 추정** 할 수 있는 해석
2 활용	최근에는 탄소성보법을 이용한 프로그램이 많이 보급되어 **단계별 굴착과 되메우기 과정의 해석**에 널리 이용	흙막이벽의 응력, 변형뿐만 아니라 주변의 **지반과 기존구조물의 변형도 동시에 해석**되므로 주변지반이나 인접구조물에 대한 영향이 큰 문제가 되는 대규모, 대심도의 토류벽 설계 및 주변지반의 거동분석에 많이 적용
3 특징	이 해석법의 경우 해석과정에서 흙의 파괴 저항력과 **벽체의 변형에 따라 변화하는 토압을 파악하기 곤란**하여 해석결과에 대한 신뢰성이 저감되는 문제가 발생	• 이 해석법은 **횡토압을 사용하는 대신**에 지반의 탄소성 특성과 흙막이벽체 및 지지구조의 탄성특성을 고려하여 응력-변형거동을 해석하는 방법이다. • 따라서 대상지반 및 흙막이 구조물의 거동을 정확히 나타낼 수 있는 **응력-변형률 관계(수치구성식 모델=구성방정식)가 필수적으로 요구되며 이에 필요한 지반정수의 정확한 산정**(지반시험을 통한 지반설계 파라미터 결정)이 필요하다. • 시공 중 계측결과를 분석하여 설계에서 실시한 구조해석 내용과 비교함으로서 해석상의 문제점을 보완할 수 있다.
4 종류	탄성지반상 연속보 해석 탄소성지반상 연속보 해석 가상지점법	수치해석법 (유한요소법, 유하차분법 등)
5 실무 적용	탄소성지반상 연속보 해석을 통한 **흙막이벽체의 굴착저면의 안정성 및 구조해석**	**흙막이벽 변위에 따른 배면지반 침하와 인접구조물에 대한 변형검토**

표 12.15-2 흙막이 벽 해석방법(구조해석) 비교

12.15 흙막이 벽 설계의 기본개념 이해(4)

④ **축방향 수직력**은 흙막이 말뚝에 작용하는 수직력으로 노면 복공자중과 그 위에 상재하게될 자동차 하중 및 중장비 자중의 합으로 계산될 수 있다. 또한 강말뚝 배면 흙이 배수 등으로 침하될 우려가 있는 경우에는 **부마찰력을 축하중으로 가산**해야 한다.

$$f_n = S \times L \times U$$ 식 12.15-1

여기서, f_n : 부의 주면마찰력, S : 흙의 전단저항력

L : 말뚝의 관입깊이, U : 말뚝의 주변장

4 흙막이 벽의 안정성 검토 (흙막이 벽 구조해석→부재단면 결정)

흙막이 벽의 구조해석은 흙막이 벽을 먼저 설치한 다음 굴착을 진행하면서 변화하는 토압에 따라 **굴착단계별로 해석**을 실시해야 하며, 이와 별도로 **굴착이 완료된 다음 경험토압과 같이 재분포된 완성단면에 대하여도 안정해석을 수행**하여야 한다.

결론적으로, 흙막이 벽의 구조해석을 통해 구한 최대모멘트와 최대전단력, 축압축력, 축인장력에 의해 벽체에 발생하는 응력이, 벽체재료의 허용응력을 초과하지 않도록 **흙막이 구조물(벽, 버팀대, 띠장 등)의 부재단면이 결정**되게 된다.

① 흙막이벽의 단면결정

단순보로 가정한 단면에 작용하는 휨모멘트를 구한다.

최대모멘트, M_{max} 를 결정한다.

널말뚝, 엄지말뚝의 단면계수, Z 를 구하고 이에 맞는 H 형 강말뚝을 선정한다.

② 버팀대(strut)의 단면결정

압축력, 자중이나 상재하중으로 휨응력 및 전단응력이 작용한다.

③ 띠장단면의 결정

띠장은 연속수평부재이지만 버팀대 위치에서 힌지로 되어 있다고 가정하여 단순보로 취급한다.

④ 띠장의 최대모멘트를 구하고 필요한 단면계수 Z 를 구한다.

흙막이 벽의 (구조)해석방법에는 표 12.15-2 같은 벽체를 보로 가정하는 해석방법과 흙-구조물 상호작용을 고려한 해석방법이 있다.

① 벽체를 보로 가정하는 해석방법 : 탄성보법, 탄소성보법, 가상지점법

② 흙-구조물 상호작용을 고려한 해석방법 : 유한요소법(FEM), 유한차분법(FDM)

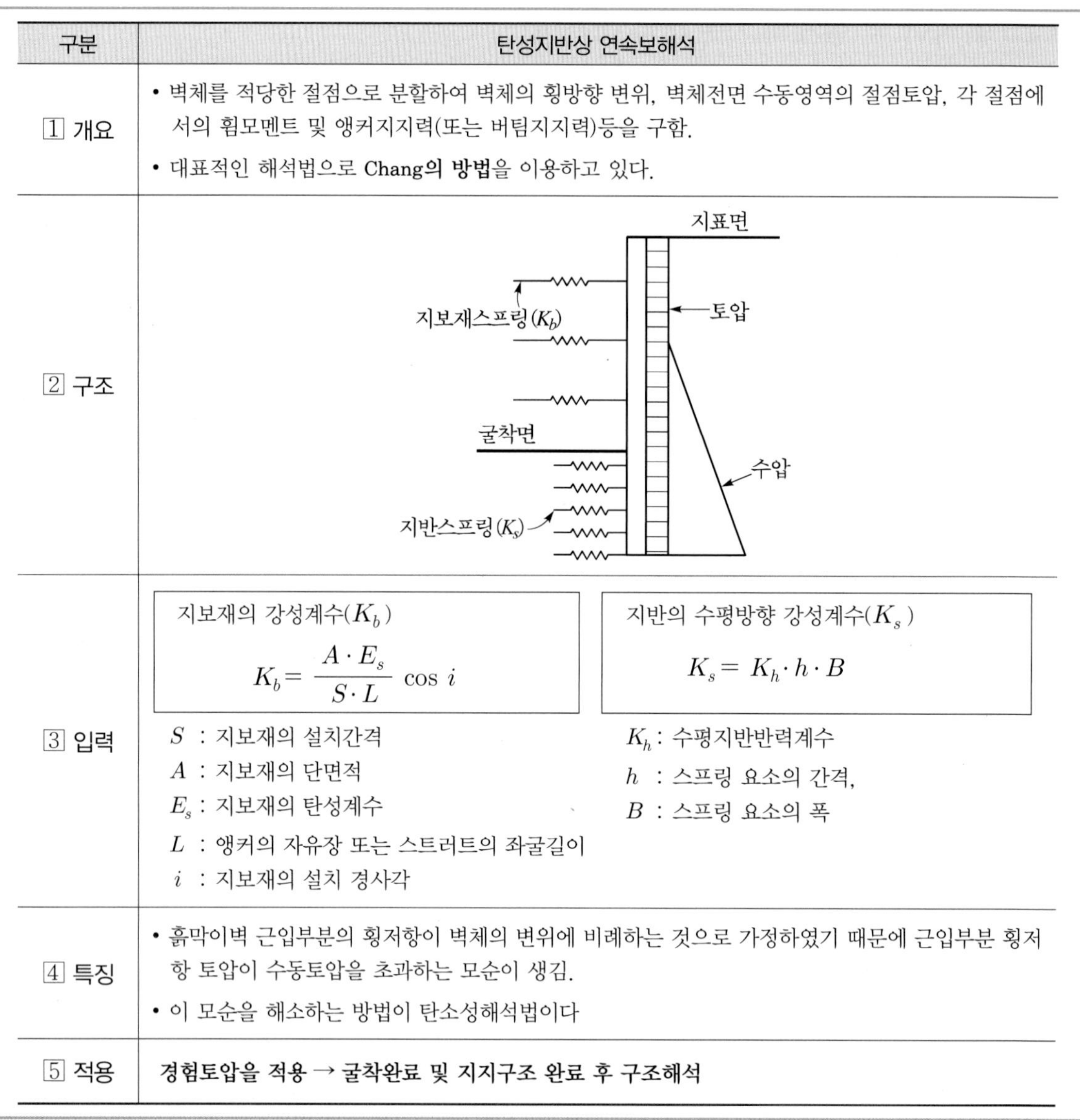

구분	탄성지반상 연속보해석
1 개요	• 벽체를 적당한 절점으로 분할하여 벽체의 횡방향 변위, 벽체전면 수동영역의 절점토압, 각 절점에서의 휨모멘트 및 앵커지지력(또는 버팀지지력)등을 구함. • 대표적인 해석법으로 **Chang의 방법**을 이용하고 있다.
2 구조	
3 입력	지보재의 강성계수(K_b) $K_b = \frac{A \cdot E_s}{S \cdot L} \cos i$ S : 지보재의 설치간격 A : 지보재의 단면적 E_s : 지보재의 탄성계수 L : 앵커의 자유장 또는 스트러트의 좌굴길이 i : 지보재의 설치 경사각 지반의 수평방향 강성계수(K_s) $K_s = K_h \cdot h \cdot B$ K_h : 수평지반반력계수 h : 스프링 요소의 간격, B : 스프링 요소의 폭
4 특징	• 흙막이벽 근입부분의 횡저항이 벽체의 변위에 비례하는 것으로 가정하였기 때문에 근입부분 횡저항 토압이 수동토압을 초과하는 모순이 생김. • 이 모순을 해소하는 방법이 탄소성해석법이다
5 적용	**경험토압을 적용 → 굴착완료 및 지지구조 완료 후 구조해석**

표 12.15-3 탄성지반상 연속보 해석

구분	탄소성지반상 연속보 해석
1 개요	• 각 단계별 굴착완료 및 지지구조 설치후의 토압분포는 흙막이 안정에 필수적인 것이지만 보다 더 불리한 경우는 다음단계 **지지구조를 설치하기 위하여 굴착을 진행 중인 과정**이다. 이 경우의 토압분포는 추정하기 어려울 뿐 아니라 벽체의 변위에 따라 다르기 때문에, 이와 같이 **변화되는 횡토압을 고려**하여 **굴착단계별로 해석**하는 방법이 탄소성 지반상 연속보 해석법이다. • 이 해석법은 지반을 굴착함에 따라 단계적으로 변하는 응력이나 변위 및 토압 등을 비교적 충실하게 계산할 수 있다.

표 12.15-4 탄소성지반상 연속보해석 비교 (1)

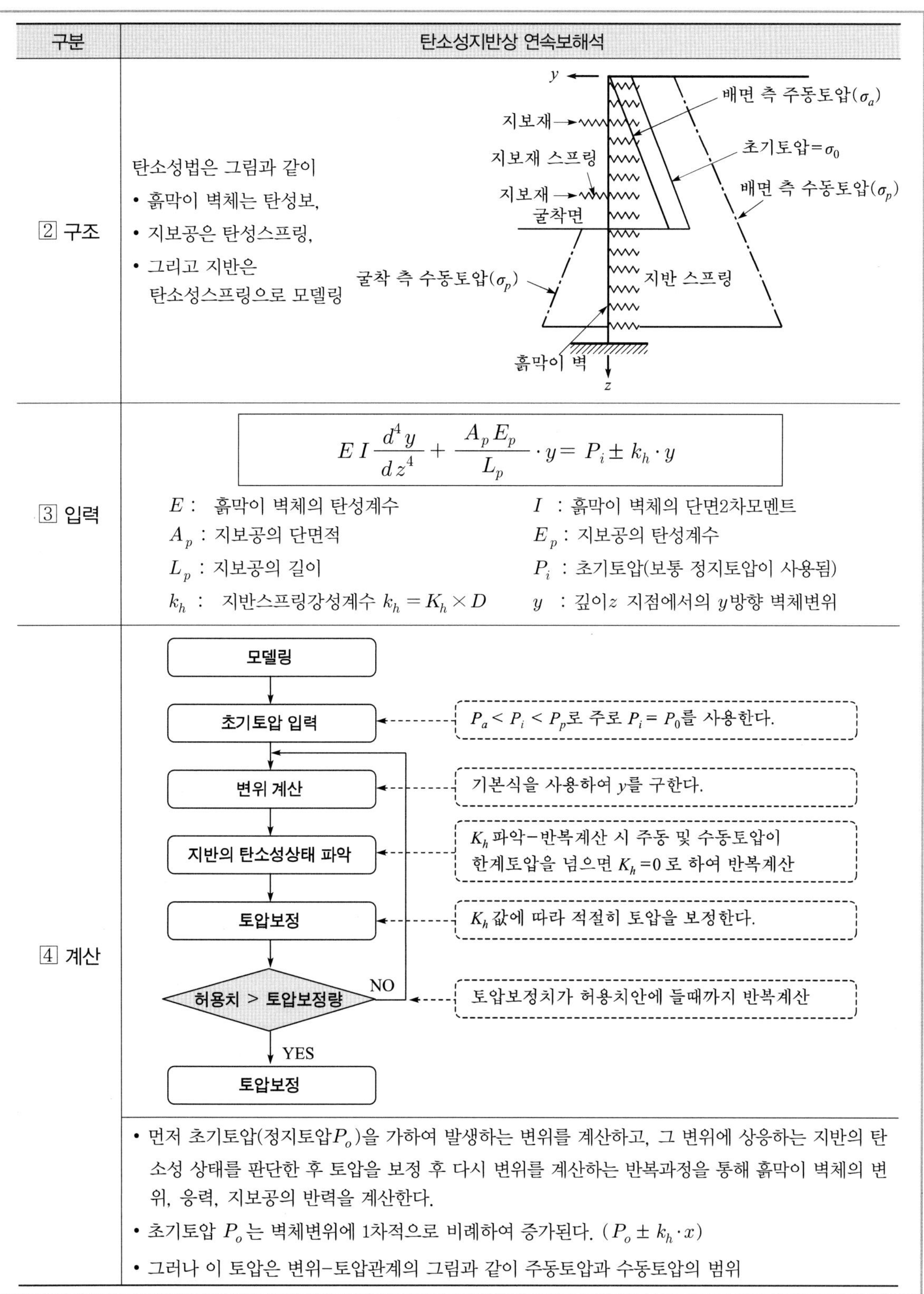

구분	탄소성지반상 연속보해석
② 구조	탄소성법은 그림과 같이 • 흙막이 벽체는 탄성보, • 지보공은 탄성스프링, • 그리고 지반은 탄소성스프링으로 모델링 y 지보재 지보재 스프링 지보재 굴착면 배면 측 주동토압(σ_a) 초기토압$=\sigma_0$ 배면 측 수동토압(σ_p) 굴착 측 수동토압(σ_p) 지반 스프링 흙막이 벽 z
③ 입력	$$EI\frac{d^4y}{dz^4}+\frac{A_pE_p}{L_p}\cdot y=P_i\pm k_h\cdot y$$ E : 흙막이 벽체의 탄성계수 I : 흙막이 벽체의 단면2차모멘트 A_p : 지보공의 단면적 E_p : 지보공의 탄성계수 L_p : 지보공의 길이 P_i : 초기토압(보통 정지토압이 사용됨) k_h : 지반스프링강성계수 $k_h=K_h\times D$ y : 깊이z 지점에서의 y방향 벽체변위
④ 계산	모델링 ↓ 초기토압 입력 ← $P_a < P_i < P_p$로 주로 $P_i = P_0$를 사용한다. ↓ 변위 계산 ← 기본식을 사용하여 y를 구한다. ↓ 지반의 탄소성상태 파악 ← K_h 파악−반복계산 시 주동 및 수동토압이 한계토압을 넘으면 $K_h=0$ 로 하여 반복계산 ↓ 토압보정 ← K_h 값에 따라 적절히 토압을 보정한다. ↓ 허용치 > 토압보정량 ← 토압보정치가 허용치안에 들때까지 반복계산 NO → 변위 계산으로 되돌아감 ↓ YES 토압보정
	• 먼저 초기토압(정지토압P_o)을 가하여 발생하는 변위를 계산하고, 그 변위에 상응하는 지반의 탄소성 상태를 판단한 후 토압을 보정 후 다시 변위를 계산하는 반복과정을 통해 흙막이 벽체의 변위, 응력, 지보공의 반력을 계산한다. • 초기토압 P_o는 벽체변위에 1차적으로 비례하여 증가된다. ($P_o \pm k_h\cdot x$) • 그러나 이 토압은 변위−토압관계의 그림과 같이 주동토압과 수동토압의 범위

표 12.15-4 탄소성지반상 연속보해석 비교 (2)

구분	탄소성지반상 연속보해석
5 계산	• $P_a \le (P_o \pm k_h \cdot y) \le P_p$ 이내에 있어야 하며, 그 범위를 벗어나는 변위 발생시는 한계토압으로 되고 지반반력계수를 0으로 한 후 반복계산을 계속한다 • 그 전 반복계산시의 토압과 현재 계산시의 토압의 차이가 미리 정해둔 오차 이내일 때 계산을 종료한다.
6 특징	• 탄소성법은 합리적인 해석방법이긴 하나 지반정수의 추정오차에 민감하여 그 결과에 영향을 미치기 때문에 **신중한 지반정수의 선택이 중요**하다. • 탄소성법은 흙막이구조물의 해석에만 한정되고 **주변지반이나 인접 구조물의 거동을 해석할 수 없다.** • 지반조건이 양호할 때에는 실측치보다 과다 설계되는 경향이 있다.
7 적용	**변화되는 토압을 이용하여 굴착 단계별 굴착저면 안정성 해석 및 구조해석**

표 12.15-4 탄소성지반상 연속보해석 비교 (3)

개념정리 ⑤ 가상지점법 (I)

1 개요

■ 단순보법, 연속보법에 의한 **흙막이벽의 설계법**은 지표면으로부터 굴착 바닥면까지는 지보를 지점(R_i)으로 하고, 굴토 바닥면 아래에서는 **굴착 바닥면보다 1~2m 아래 위치(R_z)**에, **혹은 주동토압(E_a)=수동토압(E_p) 깊이에 지점을 가정**하여 응력계산 한다. 이러한 굴착 바닥면 아래에 가정한 지점을 **가상지점**이라 한다.

■ 마치 굴착면 아래에 버팀보가 설치되어 있는 것과 같이 **굴착에 따른 수평변위가 발생하지 않는**($\varepsilon_h = 0$) **지점을 말한다.**

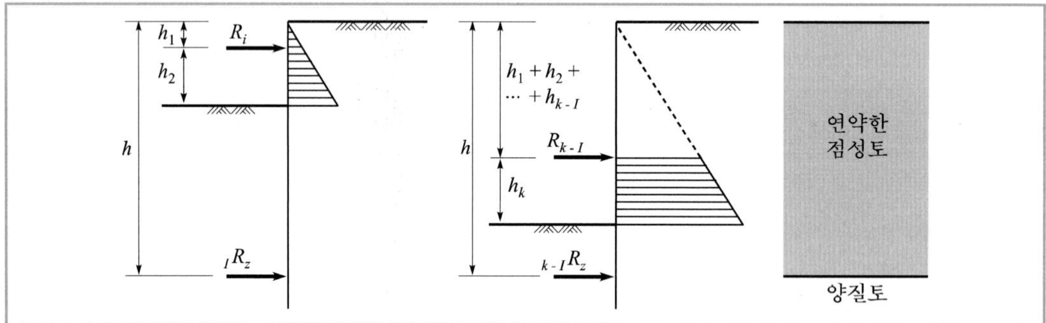

그림 개념 ⑤-1

2 가상지점을 결정하는 방법

■ 경험적인 방법 :

① 표준관입시험 N치를 이용하는 방법 : N>10 이상인 **양질의 지반 상단으로부터 약 1m 아래**로서 수평이동이 발생하기 어려운 위치. 그림 개념 ⑥-1a 참조

개념정리 ⑥ 가상지점법 (2)

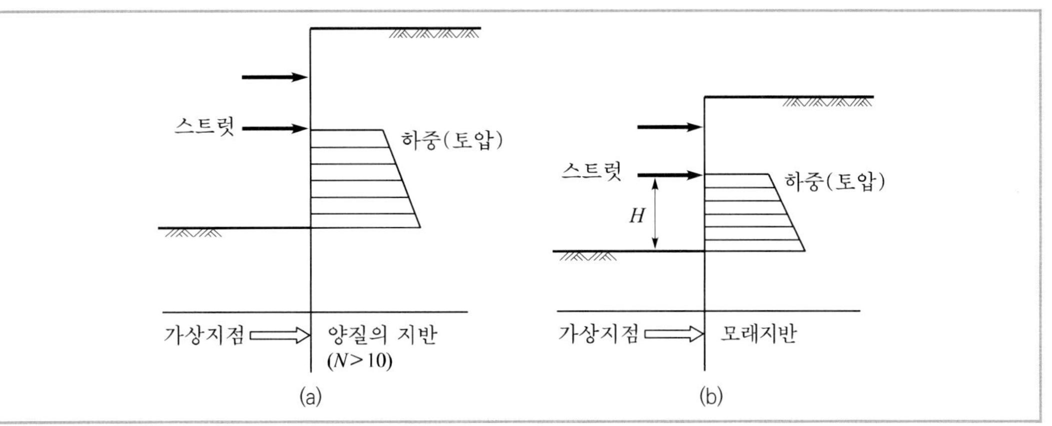

그림 개념 ⑥-1

② Lohmeyer 방법 : 모래지반인 경우 Lohmeyer는 ϕ값으로 가상지점을 추정하는 방법을 제안

ϕ	20°	25°	30°	35°
가상지점 깊이	0.25H	0.16H	0.08H	0.035H

H : 최하단 버팀과 굴착저면과의 거리. 그림 개념 ⑥-1b 참조

- Rankine이나 Coulomb 토압론에 따라 구하는 방법 (수동토압의 합력위치) :
  최하단 버팀대를 중심으로 하는 주동측 모멘트 ($M_a = P_a l_a$)와 수동측 모멘트($M_p = P_p l_p$)가 평형을 이루는 깊이를 구하여 수동측 저항의 합력작용 위치를 가상지점 위치로 한다.

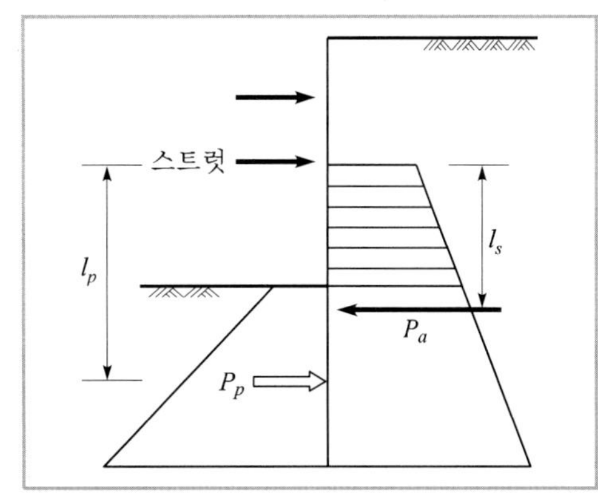

그림 개념 ⑥-2

3 실무설계시 유의사항

- 가상지점법을 이용하여 토류벽체를 설계하는 경우에 있어서 가장 중요한 문제는 가상지점의 위치를 결정하는 것이다.
- **흙막이벽은 시공 중 토압의 형태가 단계별로 변화하므로 완공 후에 대한 설계는 위험을 초래**할 수 있다. 따라서 **시공 중 변화하는 토압을 고려한 단계별 설계가 바람직하며 가상지지점도 단계별로 적정한 가상지지점을 잡아 설계해야 한다.**
- **가상지점**이란 굴착이 진행되더라도 **수평방향의 변위가 발생하지 않는 굴착면 아래의 임의지점으로서** 일반적으로 **N치 10이상의 지층에 위치**하게 된다.

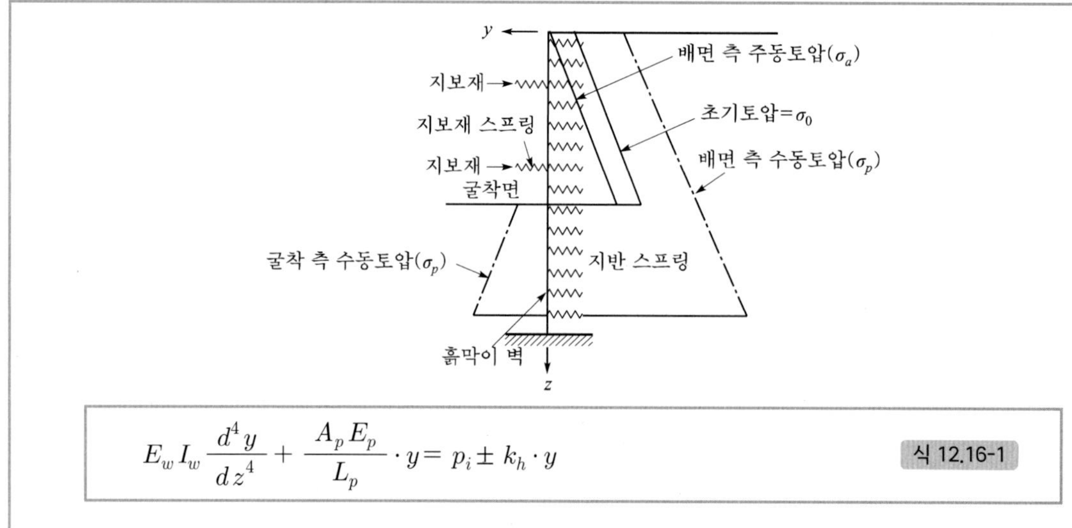

$$E_w I_w \frac{d^4 y}{dz^4} + \frac{A_p E_p}{L_p} \cdot y = p_i \pm k_h \cdot y$$ 식 12.16-1

여기서, E_w, I_w = 흙막이 벽체의 탄성계수 및 단면 2차 모멘트

A_p, E_p, L_p = 지지구조(지보재)의 단면적, 탄성계수 및 길이

P_i = 초기토압(굴착 전 초기토압은 정지토압이다=σ_o)　k_h = 지반스프링 강성계수 $k_h = K_h \times D$

그림 12.16-1 탄소성법의 기본 구조모델

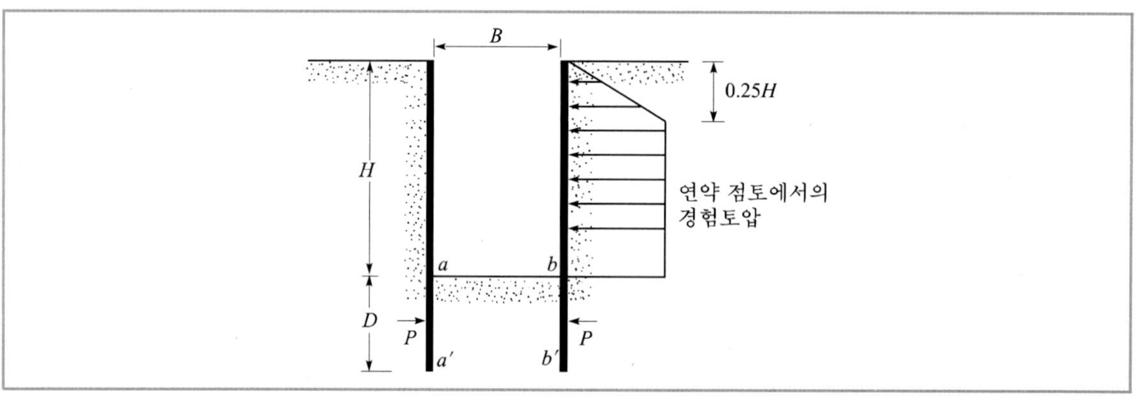

그림 12.16-2

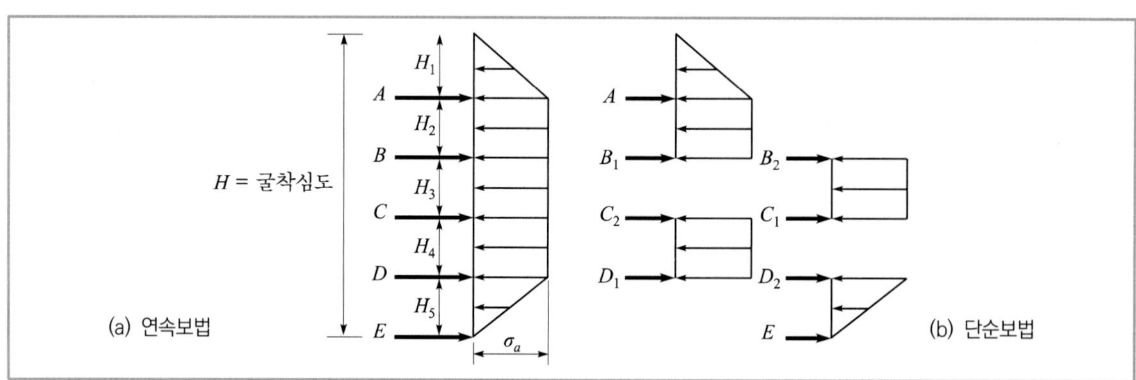

그림 12.16-3

12.16 흙막이 벽 설계의 기본개념 이해(5)

■ 굴착단계별 벽체해석(구조해석)

① **각 굴착단계에서의 한계상태**는 다음 단계의 버팀구조(스트럿 또는 앵커)를 설치하기 위해서 **굴착은 완료하고 버팀보를 설치하기 직전의 상태**이다. 단계별 구조해석을 위해 **탄소성지반상연속보 해석**을 주로 실시한다.

② **전면기초나 수평방향 하중을 받는 말뚝 설계에 사용되는 지반반력법과 흡사**하다. 지반은 스프링으로 모사하되, 횡방향 토압은 정지토압으로 시작하여 벽체가 굴착 측으로 밀려나가는 경우는 토압이 작아지나 주동토압이 한계이며, 반대로 배면 측으로 밀려들어오는 경우는 토압이 계속 증가하나 결국은 수동토압 이상은 커질 수 없다(그림 12.16-1). 즉, 최저 및 최고 토압한계를 설정한 점이 다르다. **탄소성보의 기본 방정식**은 식 12.16-1 과 같다. 식 12.16-1 을 풀기 위한 범용 소프트웨어가 이미 개발되어 실무에 적용되고 있다(예, SUNEX, EXCAV, MIDAS GeoX 등). 식 12.16-1 을 풀면 각 단계별 벽체의 횡방향 변위, 벽체에 작용되는 전단력 및 모멘트, 지보재에 작용되는 축력 등을 얻게 된다. 이로부터 안정성을 검토하는 것은 일반 구조검토와 동일하다.

■ 굴착완료 후의 벽체해석(구조해석)

① 앞에서 구한 단계별 굴착해석으로부터 마지막 단계에서의 벽체 안정성 또한 평가할 수 있다. 이에 추가하여 굴착이 완료된 후 시간이 경과하면서 경험토압으로 응력이 재분배된다고 가정하고 **경험토압에 대한 흙막이 벽 및 지보재의 안정성을 평가**하여, 위의 두 경우 중에서 불리한 쪽으로 설계한다.

② 경험토압은 벽체가 굴착면까지만 근입 되었다고 가정하고(굴착저면부는 생략)보해석을 실시한다. 단, 앞에서 설명한 바와 같이 연약한 점토층에서 히빙에 대한 안정성에 문제가 있는 경우에는 그림 12.16-2 같이 보의 길이를 근입깊이 까지 고려된 추가하중도 함께 고려하여야 한다.

③ 하중이 정해지면 보해석을 실시한다. 보는 그림 12.16-3a 같이 연속보로 해석할 수도 있고, 그림 12.16-3b 같이 단순하게 단순보로 해석할 수도 있다. 여기에서는 단순한 예로서 단순보에 의한 해석만을 설명하고자 한다. 이 경우는 지지점 사이를 그림 12.16-3b 같이 단순보로 가정한다. 캔틸레버 보를 제외한 단순보는 힌지로 가정한다.

ⓐ 단순보를 풀어서 지보재에 작용되는 하중을 구한다.

$P_A = R_A \cdot S$=지보재 작용반력×지보재 수평 간격 　　식 12.16-2

ⓑ 위에서 구한 지보재에 작용되는 축력($P_A \sim P_E$)을 견딜 수 있는 버팀보(H형강의 strut)나 또는 앵커를 설계한다.

ⓒ 벽체에 작용하는 최대 휨모멘트 $M_{\max}$ 을 구해 흙막이 벽의 단면(Z)을 설정한다.

개념정리 ⑦ 구조물기초설계기준해설 이해를 통한 흙막이 벽 설계의 기본개념정리 (I)

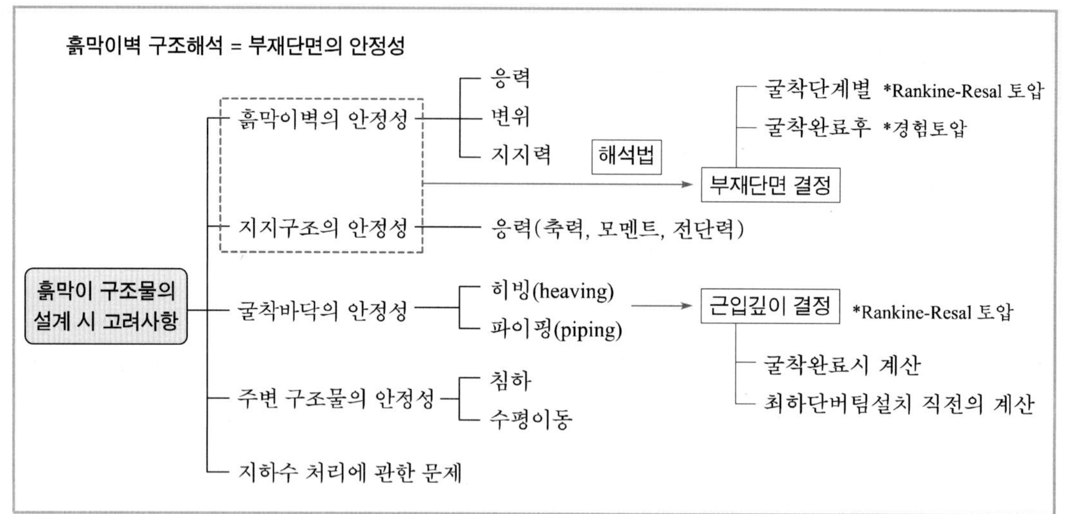

표 개념 ⑦-1 굴착공사 시 흙막이벽의 설계 검토항목

> 7.1.3 가설 흙막이구조물 설계에서는 **굴착공사 단계별로 벽체자체의 안정성을 검토**하고 **지하매설물과 인접구조물에 미치는 영향을 검토**하여 대책을 강구한다.
> 7.1.4 **설계 시 계측 및 분석계획을 수립하여 시공 중 안전성을 확보**할 수 있는 방안을 강구한다.

① 7.1.3에서 **굴착공사 단계별로 벽체자체의 안정성 검토란?** 흙막이 벽의 근입깊이 결정을 위한 굴착바닥의 안정성 검토(12.12 2 첫 번째 설계순서 연계)와 부재단면 결정을 위한 흙막이 벽 구조해석(12.12 2 두 번째 설계순서 연계)을 의미한다. 이 2가지 검토시에는 **굴착을 완료한 완성단면뿐만 아니라 굴착단계별에 대해서도 검토**(개념정리 ②연계)하게 된다.

② 7.1.3에서 **지하시설물과 인접구조물에 미치는 영향 검토란?** 흙막이 벽 배면지반의 변형을(수평변형 침하) 검토하여 인접 구조물에 미치는 영향에 대한 검토를 말하며 향후 설명될 **12.18~12. 흙막이 구조물의 안정관리와 연계**된다.

> 7.3.1 **가설 흙막이구조물에 작용하는 설계외력**은 토압, 수압, 상재하중(장비하중 포함), 굴착영향 범위 내의 건물하중, 교통하중 등을 포함한다.

① 7.3.1 가설 흙막이구조물에 작용하는 설계외력에 대해서는 12.3~12.11을 통해 경험토압, 수압, 암반지반 경험토압 적용방법, 상재하중에 의한 토압산정 방법에 대해 설명한 부분이다.

② 구조물기초설계기준해설에서는 7.3.2~7.3.4에서 설명되고 있음.

12.17 흙막이 벽 설계의 기본개념 이해(6)

$$Z = \frac{M_{\max}}{\sigma_{allow}}$$ 식 12.17-1

여기서, σ_{allow} = 재료의 허용휨응력

④ 식 12.17-1 에서 구한 단면계수를 갖는 엄지말뚝이나 널말뚝을 선정한다.

⑤ 띠장의 단면을 결정한다. 띠장은 지보재를 연결하는 부위에 설치하는 연속 수평부재이다. 보통은 지보재 위치에서 힌지로 되어 있다고 가정하며, 단순보로 취급하여 띠장에 작용되는 최대 휨모멘트를 구한다.

$$\text{띠장 A} : M_{\max} = \frac{R_A \cdot S^2}{8}$$ 식 12.17-2

5 배면지반의 변형(수평변형 및 침하)을 검토하여 인접 구조물에 미치는 영향 검토

가설흙막이구조물 설계과정에서 첫째, 흙막이 벽의 **근입깊이를 결정**, 둘째, **흙막이 벽과 띠장, 버팀보(또는 앵커)의 안정성을 검토(여기서,** 흙막이 벽 안정성 검토는 **굴착완료한 완성단면뿐만 아니라 굴착단계별 안정성도 검토)**가 되었다면 마지막 세 번째 단계로 흙막이 벽 인근에 인접 구조물이 존재할 경우 **배면지반의 변형(수평 변형 및 침하)을 검토**하여 **인접 구조물에 미치는 영향을 검토**하여야 한다.

여기서, **흙막이 벽 인근에 인접 구조물이 존재할 경우란?** 근접시공을 의미한다. **근접시공이란** 지반 굴착으로 인해지반을 변형시키고 인접구조물 혹은 지하매설물이나 사람에게 위해를 줄 가능성이 있는 시공을 말하며 근접시공 시에는 **가설흙막이구조물 자체의 안정성**(굴착저면의 안정성+구조해석)과 **굴착 및 해체에 따른 인접구조물에 미치는 영향**을 검토해야 한다.

근접시공은 **기존구조물–신설구조물–지반의 상호작용에 관한 문제로서 그들 사이에 불확정 요소가 많이 게재되어 있다.** 특히, 지반과 기존 구조물에 대한 상황판단 또는 파악이 매우 중요하다.

지금부터는 **흙막이 구조물의 안정관리 관점**에서 별도의 12.18~12.25절에서 설명될 것이다. 우선 **근접시공시 불확정 요소들**에 관한 사항에 대해 설명한 후, **주변지반의 침하와 인접구조물에 대한 영향 예측방법**에 대하여 설명할 것이다.

주변지반의 침하 예측방법은 **이론적 및 경험적 추정방법 및 수치해석에 의한 방법**이 있다. 굴착에 의한 배면지반의 변위를 파악 후, **허용변위량을 기준으로 인접구조물의 손상여부를 분석**하고 필요시 대책을 강구하게 된다.

개념정리 ⑧ 구조물기초설계기준해설 이해를 통한 흙막이 벽 설계의 기본개념정리 (2)

7.3.2 **연성벽체에 작용하는 토압을 적용**함에 있어서 다음 사항을 **고려**한다.

(1) **가설 흙막이벽체에 작용하는 토압**은 벽체의 종류와 시공방법, 지지구조물의 종류, 설치위치, 설치시기 등에 따라 변화하므로 지반조건, 지하수위, 주변 상황 등을 고려하여 **시공 단계별 토압분포를 검토**한다.

(2) 흙막이 벽체를 설계함에 있어 굴착 및 해체 단계별 검토 시와 **굴착 및 버팀 구조가 완료된 후의 안정해석**에는 **경험토압을 적용**할 수 있다.

(3) **굴착단계별 토압, 근입깊이 결정** 및 자립식 널말뚝의 단면 계산은 Rankine Resal, Caquot 및 Kerisel 등의 **삼각형분포 토압을 적용**할 수 있다.

(4) **경험토압 적용 시 고려사항**은 다음과 같다.

① 경험토압분포는 굴착과 지지구조 설치가 완료된 후에 발생할 것으로 예상되는 토압 분포로서 대부분 굴착 깊이가 6m 이상이고, 폭이 좁은 버팀굴착공법에서, 지하수위가 최종 굴착면 아래에 있으며, 간극수압을 고려하지 않은 상태의 토압분포이다.

② 사질토나 자갈층투수계수가 큰 지층)지반에서 흙막이벽이 차수를 겸한 흙막이 벽체인 경우에는 **경험토압분포에 수압을 별도로 고려**한다.

③ **암반층을 포함한 대심도 굴착 시 경험토압을 적용**하면 실제보다 과다한 토압이 산정될 수 있으므로, 토압크기 적용 시 신중을 기하여야 한다.

① 7.3.2은 가설흙막이구조물 설계시 적용해야 하는 설계외력인 토압 및 수압에 대한 사항으로 (1)~(3)은 개념정리②와 연계되는 사항이며,

② (4)는 12.6~12.7 흙막이 벽의 수압을 고려하는 방법과 연계되며, 12.8~12.9 암반층을 포함한 대심도 굴착 시 경험토압 적용방법과 연계된다.

7.3.3 굴착 배면의 지하수위는 강우조건, 굴착심도, 지반의 특성, 흙막이벽체의 종류 등에 따라 변하므로 이를 감안하여 **벽체에 작용하는 수압을 결정**한다.

7.3.4 지표면에 등분포 **상재하중이 작용할 경우**에는 등분포 상재하중에 적합한 토압계수를 곱하여 **수평토압**으로 환산한다. 집중하중이나 선하중 및 국부분포하중이 작용하는 경우에는 **탄성이론**이나 한계이론에 의하여 수평토압을 구한다.

① 7.3.3은 12.6~12.7 흙막이 벽의 수압을 고려하는 방법과 개념정리③과 연계되는 사항이다.

② 7.3.4는 12.10~12.11 상재하중에 의한 토압 산정방법을 통해 설명한 사항과 연계된다.

7.4.1 **흙막이벽체의 안정성 해석은** 벽체의 종류, 지지구조, 지반조건 및 **근접시공 여부 등을 고려**하여 실시한다.

7.4.2 **흙막이벽체의 안정성을 해석하는 방법**으로는 **벽체를 보로 취급하는 관용적인 방법**과 **흙-구조물 상호작용을 고려하여 벽체와 지반을 동시에 해석하는 방법**이 있으며 설계자는 현장조건에 가장 적합한 해석법을 적용한다.

개념정리 ⑨ 구조물기초설계기준해설 이해를 통한 흙막이 벽 설계의 기본개념정리 (3)

> 7.4.3 지지구조를 가지는 버팀 흙막이 벽체형식에 대해서는 굴착진행과 버팀보 해체에 따라 **변화하는 토압에 대하여 단계별로 해석**하며 해석방법은 **탄소성 지반상 연속보해석법과 유한요소법 및 유한차분법** 등이 있다. 이때 자립식 또는 앵커지지, 타이로드로 지지되는 널말뚝 벽체형식에 대해서는 관용법을 적용할 수 있다.
>
> 7.4.4 **굴착이 끝나고 버팀구조가 완료된 후의 벽체해석**에는 **경험토압을 적용**하며, 단순보해석, 연속보해석 및 **탄성지반상 연속보 해석법** 등을 적용한다. 이때 **수압**, 토층분포 등의 현장조건과 해석조건을 **고려하여 설계**한다.

① 7.4.2는 **표 12.15-2**를 통해 구분 설명한 사항으로 현재 실무적으로 **흙막이 벽의 근입깊이 결정을 위한 굴착바닥의 안정성 검토**(12.12 [2] 첫 번째 설계순서 연계)와 **부재단면 결정을 위한 흙막이 벽 구조해석**(12.12 [2] 두 번째 설계순서 연계)은 벽체를 보로 취급하는 관용적인 방법인 **탄소성지반상 연속보해석**(근입깊이 결정 및 부재단면 결정시 굴착단계별 검토시) 및 **탄성지반상연속보해석**(부재단면결정시 굴착완료 후 검토)을 하며 수치해석법에 해당하는 **흙-구조물 상호작용을 고려하여 벽체와 지반을 동시에 해석하는 방법**은 흙막이벽 변위에 따른 배면지반 침하와 인접구조물에 대한 변형검토에 주로 이용된다.

② 7.4.3~7.4.4. 탄소성지반상 연속보해석을 통한 굴착단계별 검토시 **변화되는 토압이 적용**되며, 탄성지반상연속보해석을 통한 굴착완료 후 검토시에는 **경험토압이 적용**된다.

> 7.5.1 흙막이 구조체 설계 시 **굴착저면의 안정성, 부재단면의 안정성**과 **지하수처리** 등을 검토한다.
>
> 7.5.2 **지반정수는** 지반조사 자료와 문헌자료 등을 종합적으로 검토하여 선정하고, 지반조사 자료와 문헌자료가 상이할 경우 지반조사 자료를 우선적으로 적용한다.
>
> 7.5.3 **굴착저면의 안정성검토**는 최소근입장의 확보여부와 **히빙 및 파이핑의 발생 가능성**에 대하여 실시한다. 단 굴착저면의 지층이 풍화암 이상의 단단한 지반으로 구성되어 있는 경우에는 히빙과 파이핑에 대한 안정성 검토를 생략할 수 있다. 또한 굴착저면 지반의 지하수위 상승으로 인한 **양압력 발생 가능성에 대하여 부력방지 대책**방안도 마련할 수 있도록 한다.
>
> 7.5.4 **굴착현장에 인접하여 건물이나 주요 지하지장물이 존재하는 경우** 건물이나 지장물의 침하(부등 및 균등침하)에 대한 안정성을 검토한다. 이때 흙막이벽체 변위는 단계별 굴착에서 지하구조물 시공을 위한 버팀보 해체완료 시까지 누적 변위를 기준으로 한다.

① 7.5.1과 7.5.3은 12.12 [3] 흙막이 벽 근입깊이의 결정과 연계되는 내용이며, 7.5.2는 흙막이 구조물 설계시 요구되는 지반물성(지반파라미터)의 결정방법을 설명하는 것으로 지반공학이해 I 제3장 지반물성평가 및 지반조사와 연계되는 사항이다.

② 7.5.2의 지하수처리에 대해서는 **개념정리 ⑪~⑫**를 통해 정리하였다.

개념정리 ⑩ 구조물기초설계기준해설 이해를 통한 흙막이 벽 설계의 기본개념정리 (4)

7.6.1 **가설 흙막이구조물의 단면설계는 허용응력 설계법을 적용**한다. 다만, 지하연속벽과 같은 강성벽체는 강도설계법으로 설계할 수 있다.

7.6.2 **가설 흙막이 부재의 허용응력은** 다음 사항을 고려하여 정한다.

(1) 강재 및 콘크리트재의 허용응력은 **영구구조물에 대한 허용응력보다 50% 큰 값을 적용**하며 **구재를 사용하는 경우** 부재의 재사용이나 단면의 감소에 따른 **허용응력 저하를 고려**한다.

(2) 공사기간이 2년 미만인 경우에는 가설구조물로, 2년 이상인 경우에는 영구구조물로 간주하여 설계한다. 단 가설구조물이라도 2년을 경과하면 안전점검 또는 안전진단을 실시하여 보수 및 보강대책을 실시하여야 한다.

① 7.6.2와 관련 재사용 H형강에 적용되는 허용응력기준은 신재와 달리 허용응력 저하를 고려하여야 하므로 실무적으로 허용응력 저하값은 장기허용응력에 해당하는 도로교설계기준 값을 적용함이 타당하다.

② 관련기준 정리

구분	구조물 기초 설계기준 해설 (국토부 2018)	고속도로 설계실무지침서 (도로공사 2008)	가설 공사 표준시방서 (건교부 2006)
신 강재	【가시설 사용기간 2년 미만】 – 가설구조물 단기허용응력 (도로교설계기준 값 × 1.5) 【가시설 사용기간 2년 이상】 – 영구구조물 장기허용응력 (도로교설계기준 값)		–
재사용 강재	부재 재사용이나, 단면의 감소에 따른 허용응력저하 고려		장기허용응력 (도로교설계기준 값)

개념정리 ⑪ 굴착공사시 지하수 처리방법 (1)

1 개요

굴착 및 흙막이공사는 계획수립시 **지하수의 유무**를 정확히 확인하여야 하며, 지하수가 있는 경우 토압과 **별도로 수압을 고려**해주어야 할 뿐만 아니라 **지하수 처리에 대한 적절한 대책이 수립** 되어야 한다.

2 굴착공사에서의 지하수처리 문제

투수성이 낮은 지반(점성토지반)

① 투수성이 낮은 지반의 경우 용수량이 적고 침투수의 영향이 작기 때문에 일반적으로 굴착저면에 피트(pit)를 파고 물을 집수하여 펌핑처리하는 방법을 사용한다(그림 개념 ⑫-1a).

② 점성토지반이라도 그림 개념 ⑫-1b 같이 굴착면 직하부에 대수층이 있는 경우에는 수압에 의해 점성토층이 부풀어 올라 **지반팽창(heaving)**을 일으키고 토사를 포함한 다량의 물이 솟아나와 흙막이 붕괴사고로 이어질 우려가 있다.

개념정리 ⑫ 굴착공사시 지하수 처리방법 (2)

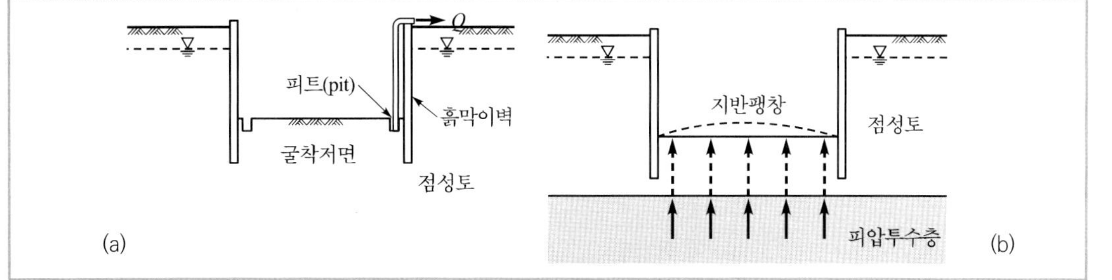

그림 개념 ⑫-1

투수성이 좋은 지반(사질토지반)

① 투수성이 좋은 지층은 굴착시 그림 개념 ⑫-2a 같이 다량의 침투유량이 발생되고 흙막이벽을 따라 용수가 집중하여 토사가 유실되거나 **굴착저면으로 보일링**을 일으켜 지반의 안정성에 큰 영향을 미친다.

② 또한 그림 개념 ⑫-2b 같이 비탈면개착공법에 의해 비탈면을 형성하여 굴착하는 경우에도 침투수가 많으면 비탈면 하부 부근의 토사유출로 인한 **비탈면안정을 저하**시켜 비탈면붕괴가 발생할 수 있다.

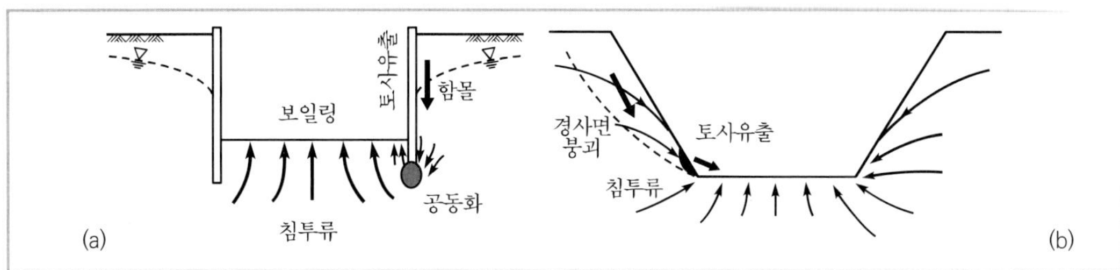

그림 개념 ⑫-2

3 지하수처리대책

배수공법

① 웰포인트(well point)공법

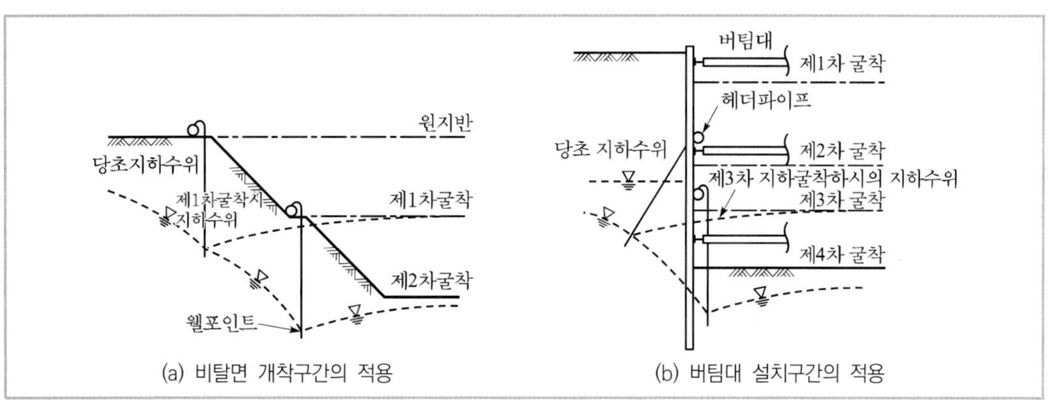

그림 개념 ⑫-3 웰포인트공법에 의한 수위저하

개념정리 ⑬ 굴착공사시 지하수 처리방법 (3)

웰포인트공법은 지중에 소구경의 우물을 다수 삽입설치 하고 진공 흡입하여 강제적으로 양수하는공법이다. 이 공법은 대부분의 토질의 적용이 가능하고 시공이 용이하여 실무에서 많이 이용되고 있다. 비탈면개착공법에 적용시는 소단을 이용하고 흙막이벽체가 시공된 경우 굴착내층으로부터 배면 원지반을 향해 웰포인트가 타설된다.

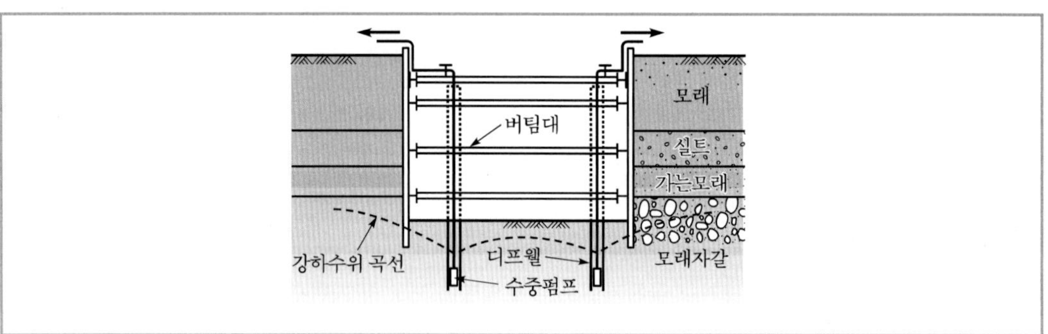

그림 개념 ⑬-1 디프웰공법에 의한 수위저하

② Deep Well공법

Deep Well공법은 굴착내측에 우물을 만들고 배수펌프에 의해 양수하여 지하수위를 저하시키는 공법으로 다량의 양수가 가능하고 넓은 범위에 걸쳐 지하수를 큰 폭으로 저하시킬 수 있다.

차수공법

① **배수공법은 지반침하 및 지하수 고갈의 문제점**이 있어 이에 대한 대안으로 차수흙막이 공법을 많이 사용한다.

② 차수공법은 굴착내측으로 지하수의 유입을 차단하기위해 흙막이벽체를 차수벽으로 설치하는 공법으로 **널말뚝, 지하연속벽, 주열식벽체(CIP, SCW 등) 및 고압 분사공법 등**이 주로 사용된다.

③ 히빙이나 보일링이 우려되는 지반은 **차수벽을 불투수층까지 근입**시켜 물의 침투를 방지해야한다.

약액주입공법

보일링 또는 히빙방지를 위해서 굴착저면에 약액을 주입하여 차수성을 증대시킨다.

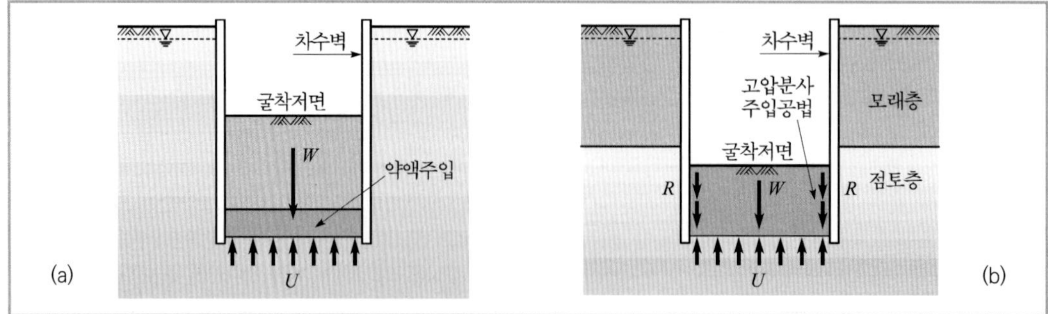

그림 개념 ⑬-2 약액주입공법 및 고압분사주입공법 적용예

개념정리 ⑭ 흙막이 구조물의 구조세목 이해

CHAPTER 12

1 흙막이 벽의 단면결정(H-Pile+토류판)

① 간격 : 1.5m 표준 (1.0~2.0m 제한)

② 휨 응력 검토 : $\sigma_b < \sigma_{allow}$ $(\sigma_b = \frac{M_{\max}}{z} \times a)$, 전단응력 검토 : $\tau_b < \tau_{allow}$ $(\tau_b = \frac{S_{\max}}{A_s} \times a)$

2 흙막이 벽의 근입깊이

① 최소근입 깊이는 양호한 지반에서 1.5m 이상

② 연약지반에서는 3.0m 이상 이어야 한다.

③ 강널말뚝의 경우는 수위의 변동을 고려 최소근입깊이는 3.0m 이상

3 띠장의 단면결정(H-Pile+토류판)

① 간격 : 말뚝머리-1.0m 이내에 1단 띠장을 설치를 원칙, 수직간격 3.0m 이내

② 띠장의 수평이음은 6.0m 이상

③ 휨모멘트와 전단력 검토로 단면을 결정

4 버팀보의 단면결정

① 간격 : 수평간격 5.0m 이하, 수직간격 3.0m 이내

② 휨 압축부재 설계+좌굴에 대한 검토

③ 버팀보는 이음을 하지 않는 것이 원칙이며, 부득이 한 경우 이음의 위치는 띠장 등으로 구속된 부근 1.0m 이내에 설치하는 것이 바람직

④ **버팀보를 설치하기 위한 굴착저면은 일반적으로 버팀보 보다 1.0m 정도 아래로 한다.**

5 모서리 버팀대(corner strut)의 띠장 설계

① 보통 띠장의 설계는 버팀대가 띠장에 대하여 직각으로 설치되고 따라서 설계하중으로서 버팀대 사이를 단순보 혹은 연속보로 취급하여 해석하여 띠장은 휨모멘트만을 받는 부재로 설계된다. 그러나 아래 그림과 같이 모서리 버팀대를 설치하는 경우 띠장재는 직각하중 이외에 축방향력을 동시에 작용하므로 이를 고려하여 설계해야 한다.

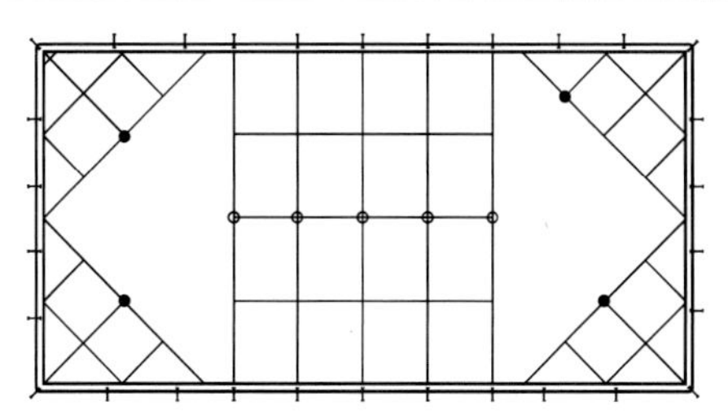

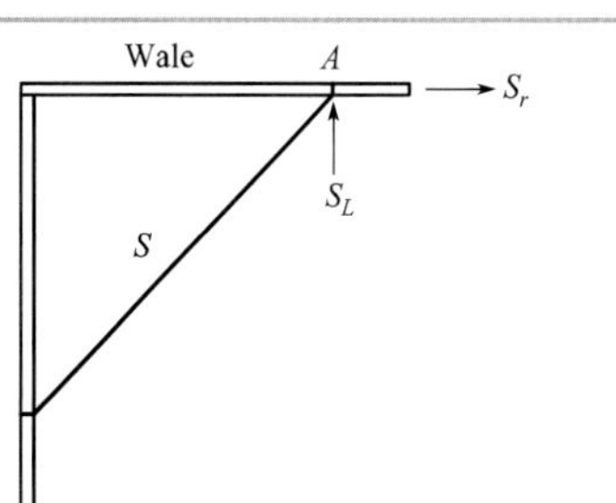

그림 개념⑭-1

② 직각 버팀보만 지지하는 띠장 설계 : $\sigma = \pm \frac{M_{\max}}{z} < \sigma_a$

③ 모서리부 버팀보를 지지하는 띠장 설계 : $\sigma = \pm \frac{M_{\max}}{z} + \frac{S_T}{A}$

※ 구조물기초설계기준해설에서 설명하는 근접시공 관련 내용

7.8.1 근접시공 시에는 가설흙막이구조물 자체의 안정과 인접구조물에 미치는 영향을 검토한다.

7.8.2 근접시공 시에는 **지반특성, 횡토압, 지반진동, 지하수위 변화와 지반손실, 굴착이 주변지반에 미치는 영향, 대상구조물의 특성 등을 고려하여 설계**한다.

7.8.3 근접시공으로 인한 지하수위 변화가 인접 시설물에 영향을 미치는 경우에는 **차수식 벽체로 설계**하는 것이 바람직하며, 이때 지하수에 의한 **배면수압을 고려**한다.

7.8.4 **주변 지반 침하 예측 방법**은 이론적 및 경험적 추정 방법이 있으며, 이 중 설계자가 현장여건, 지층조건, 굴착방법, 흙막이벽체와 지지구조의 형식을 종합적으로 고려하여 선택한다.

7.8.5 굴착에 의한 배면 지반의 변위를 산정한 후, 허용변위량을 기준으로 인접 구조물의 손상여부를 분석하고 필요시 대책을 강구한다.

7.8.6 필요시 3차원적인 지반거동도 고려하여 설계한다.

해설 12.18-1 근접시공

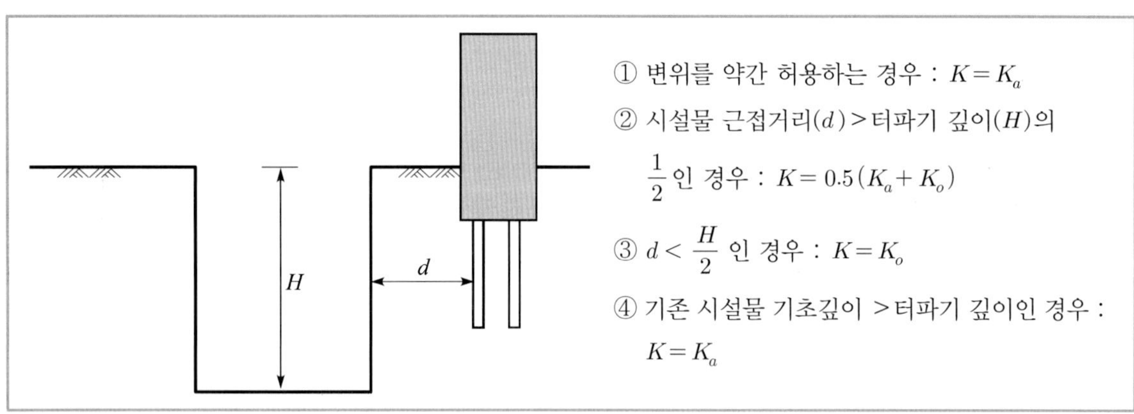

그림 12.18-1 토압계수의 적용문제

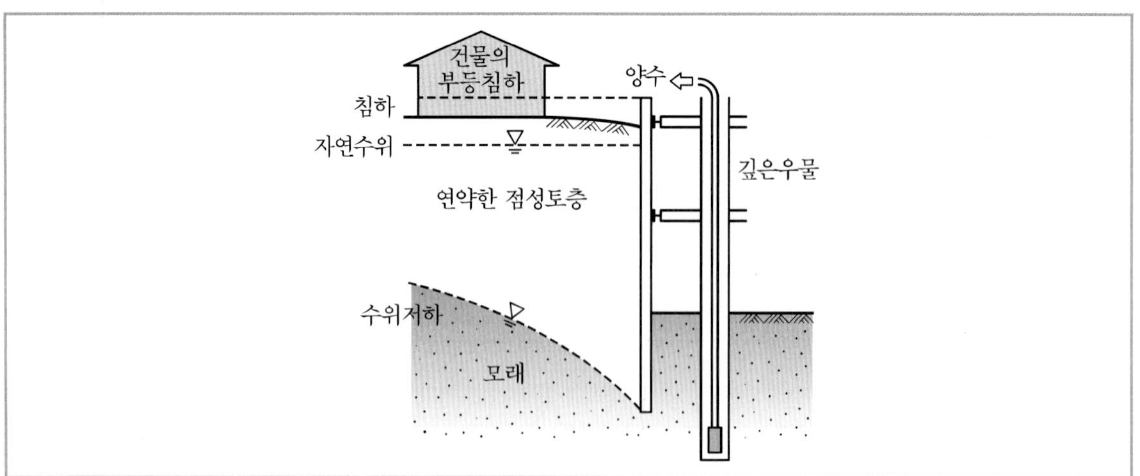

그림 12.18-2 배수에 의한 지반침하

12.18 흙막이 구조물의 안정관리(1)

해설 12.18-1 은 구조물기초설계기준에서 제시하고 있는 근접시공에 관한 내용으로 **근접시공 이란?** 지하층 시공에서 지반을 변형시키고 인접구조물 혹은 지하매설물이나 사람에게 위해를 줄 가능성이 있는 시공을 말하며 근접시공 시에는 가설 흙막이구조물 자체의 안정성과 굴착 및 해체에 따른 인접구조물에 미치는 영향을 검토해야 함을 명시하고 있다. 지금부터는 **흙막이 구조물 안정관리 관점**에서 1 근접시공시 문제점과 고려사항 2 지반굴착에 따른 흙막이벽의 거동 3 주변지반의 침하와 인접구조물에 대한 영향 예측방법 4 계측관리 순으로 설명 될 것이다.

1 근접시공 시 지반-흙막이 구조물 사이의 불확정 요소(근접시공 시 문제점과 고려사항)

근접시공의 문제점은 근본적으로 지반조건과 가설구조물 및 대상인접구조물 상호 작용에 관한 문제로서 그들 사이에 **불확정 요소가 많이 게재**되어 있으며 중요한 부분을 요약하면 다음 ①~⑥과 같다.

① 지반특성을 파악하는 문제 : 지반구성이나 지반특성의 정량적 파악이 예측정도에 직접적으로 연결되는 것은 명백하다. 그러나, 통상적 지반조사·시험은 주로 전단강도를 추정하기 위한 것이 대부분이고 변형해석을 위한 것이 아니기 때문에 이를 위하여 특별한 시험을 통하여 토질정수를 결정해야 하지만 쉬운 일이 아니다. 또 대부분 토질정수의 추정을 원위치 시험결과에 의존하는 형편인데 시험자체가 많은 문제점을 내포하고 있으므로 추정된 토질정수가 절대적인 값도 아니다. 특히 우리나라는 대부분 지표로부터 매립토, 풍화토(잔류토), 풍화암, 연암 및 경암 순으로 구성된 **다층지반인 경우에는 지반정수 추정이 매우 어려운 일**일 뿐 아니라 하중으로서의 **토압이 구조물과 지반상호간의 관계로부터 변화되기 때문에 합리적 적용이 어렵다.** 따라서 근접시공을 해야 하는 경우(**배면지반 및 인접구조물에 대한 수치해석을 통한 변위해석 필요시**) 위에서 언급한 여러 측면을 고려하여 **합리적인 지반정수를 추정이 어렵다.**

② 횡토압의 적용 : **가설흙막이벽에 대한 토압과 수압의 적용문제**는 설명된 바와 같이 흙막이벽체를 보로 취급하는 해석법(탄소성지반상 연속보해석)에서 특히 중요한 요소가 된다. 근접시공이나 중요구조물의 피해를 예방하는 방법은 벽체의 변위를 최소화하는 것이다. 이를 위하여 토압계수를 큰 값으로 선택하는 것이 안전측이나 이로인해 비용이 증가하므로 토압계수 선택에 신중을 기해야 한다. K_o는 K_a보다 크므로 중요한 구조물이나 노후화된 구조물에 인접하여 시공할 경우 K_o를 사용하여 설계할 수 있고 벽체 변위의 허용정도에 따라서 K_o와 K_a의 평균값 ($(K_a+K_o)/2$)을 적용하거나 K_a를 적용할 수 있다.

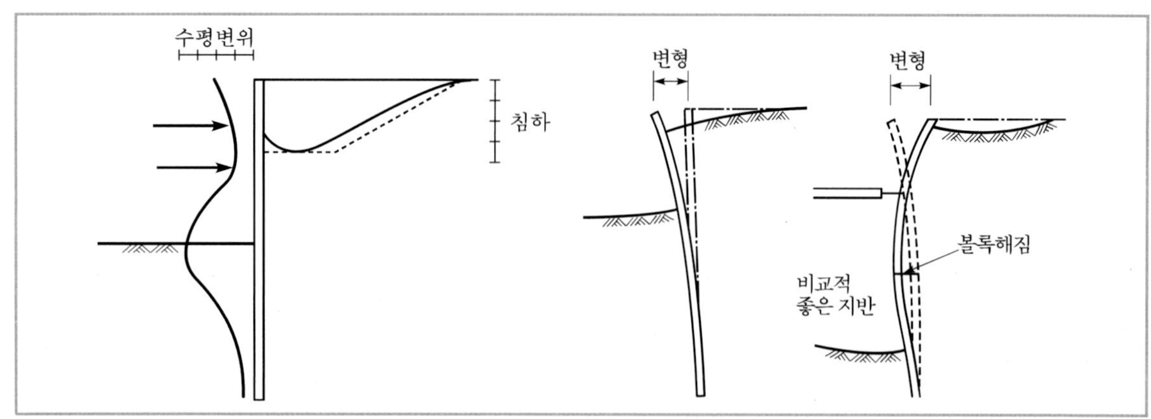

그림 12.19-1 흙막이벽의 변형에 따른 지반침하

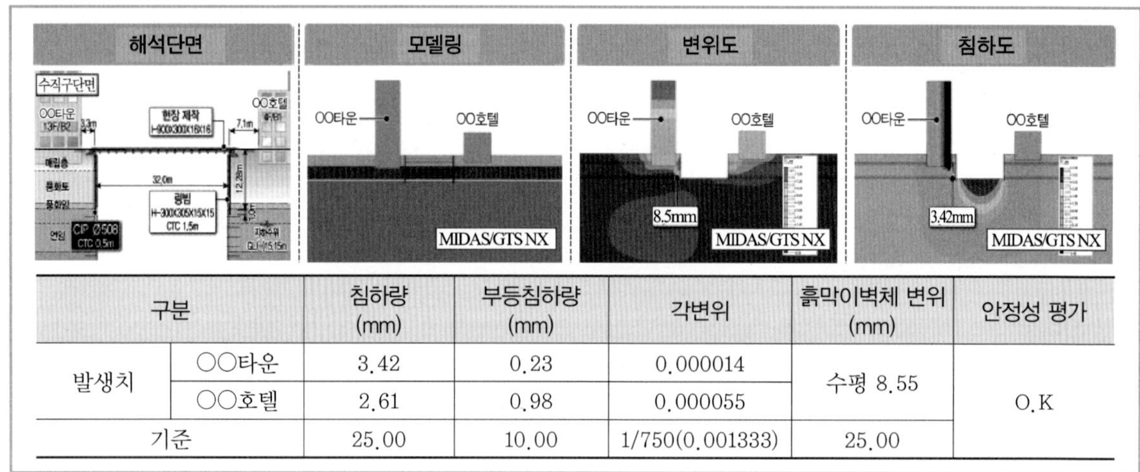

구분		침하량 (mm)	부등침하량 (mm)	각변위	흙막이벽체 변위 (mm)	안정성 평가
발생치	○○타운	3.42	0.23	0.000014	수평 8.55	O.K
	○○호텔	2.61	0.98	0.000055		
기준		25.00	10.00	1/750(0.001333)	25.00	

그림 12.19-2

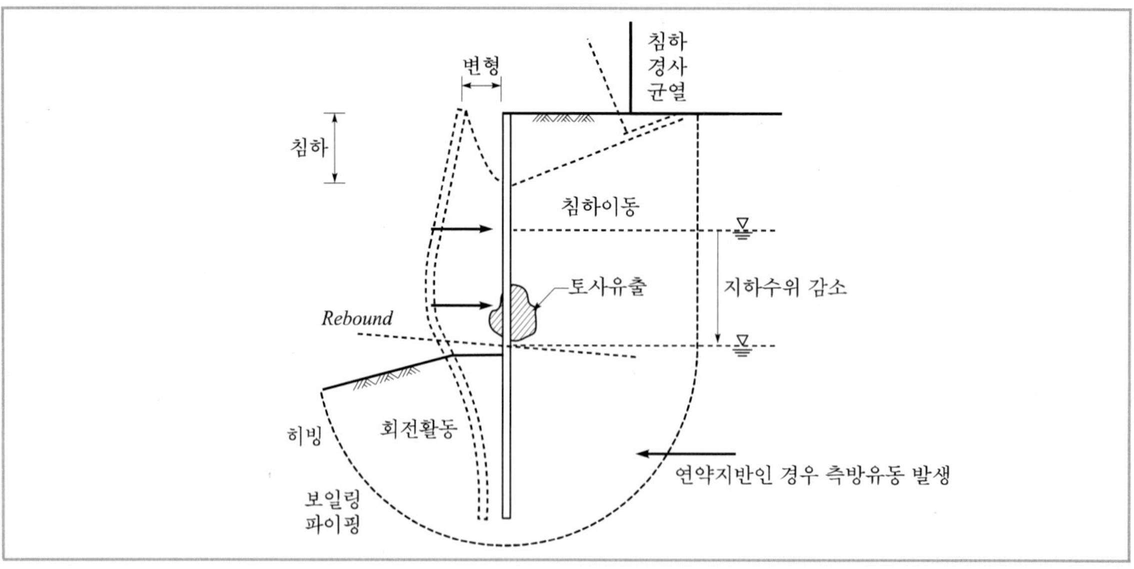

그림 12.19-3 지반굴착에 따른 흙막이벽의 여러 거동현상

12.19 흙막이 구조물의 안정관리(2)

이는 벽체의 변위에 의해 발생하는 인접구조물의 피해정도와 관련 되며, 인접구조물의 피해는 건물의 강성, 즉 건물의 노후화 등 여러가지 요인에 의해 결정되므로 **인접구조물의 특성을 파악하는 것이 필요**하다. 그림 12.18-1 참조

③ 지반진동 : 진동이 흙막이벽에 미치는 요인은 크게 차량·열차등 외부발생 동하중과 공사를 위해 발생하는 대형장비운용, 발파등 내부발생 동하중으로 구분할 수 있다. 현장조건에 따라서는 **진동이 큰 동하중으로 작용하여 예상치 못한 흙막이벽체의 변형이나 안정을 저해할 수 있으므로 설계, 시공단계에서 이에 대한 진동영향평가와 대책을 수립**하여야 한다.

④ 지하수위 저하와 지반손실 : 굴착공사 중 굴착면 유입지하수를 펌핑하여 유도 배수할 경우 **지하수위 저하에 따라 인접지반의 침하가 발생**될 수 있다. 이는 지하수량의 배제에 따른 체적감소와 지하수출이 토사유출을 유발시켜 지반체적을 손실시키기 때문이다. **근접시공에서 인접지반의 침하는 인접구조물에 피해를 야기**시켜 민원의 원인이 되므로 **설계시 이를 고려**하여야 한다. 그림 12.18-2 참조

⑤ 굴착에 의한 주변지반의 영향 : 그림 12.19-1은 **벽체 변위에 따른 인접지반의 침하거동**을 보여주고 있는데, 이로 인하여 인접지반에 축조된 구조물이 피해를 볼 수 있으므로 **벽체변위에 따른 배면 침하에 대한 영향검토는 근접시공에서 필수불가결한 요소**이다. 배면지반 침하량을 예측하는 방법은 지반조건, 벽체 변위해석 방법 등에 따라 달라지므로 근접시공 시 여러 방법으로 추정하여 합리적인 침하량을 예측하여 피해방지 대책을 강구하여야 한다. 그림 12.19-2는 **근접시공에 따른 안정성 검토의 예**(즉, 수치해석을 통한 흙막이벽 주변지반의 침하와 인접구조물에 대한 영향 검토를 말함)를 보인 것이다.

⑥ 근접시공 시 지하수위의 변화 : 근접시공으로 인한 **지하수위 감소**는 토사유출을 동반한 지반손실을 초래 침하를 유발할 수 있으며, **갑작스런 수위증가는** 토압이 증가하여 흙막이 구조물의 안정을 위해할 가능성이 크므로 **지반조건, 인접건물 및 주변여건에 따라** 가능한 **차수식 벽체로 설계**하는 것이 바람직, 이때 **토압 이외에 변화하는 지하수에 의한 배면수압을 고려**한다.

2 지반굴착에 따른 흙막이벽의 거동

- 그림 12.19-3은 지반굴착에 따른 흙막이벽의 여러 거동현상을 나타낸 것이다. 주된 지반거동은 ① **흙막이벽체 변위에 따른 배면지반의 침하**, ② **굴착저면의 히빙과 파이핑 문제**, 흙막이벽 사이로 배면지하수와 함께 유출되는 토사에 의한 ③ **지반손실(ground loss)문제** 등이다. 또한 굴착지반이 연약한 경우에는 배면측의 연직토압에 의하여 ④ **근입부에 측방유동이 작용**할 수 있고, 이 경우 흙막이벽체 파괴거동은 그림 12.19-3과 반대로 배면으로 변위가 발생되어 파괴에 이를 수도 있음을 유의하여야 한다.

Structures
② 배면지반의 지반침하
Ground Settlement
Differential settle
흙막이벽 강성 부족
버팀보 변형 좌굴
부재단면 결정
Displacement
& Bending
Movement
왜?
① 흙막이벽체
변형 좌굴
σ_v
σ_h
σ_h
σ_v
④ 지하수위
저하
압밀침하
→ 주변지반 침하
측방유동
→ 흙막이벽체 변형유발
흙막이벽 근입길이 부족
흙막이벽 지지력 부족
근입길이 결정
⑤
Earth Anchor Block : 파괴
Earth Anchor 자유장 길이 부족
원호활동 파괴
③ 굴착저면의 Heaving Bolling 사력층 피압에 의한 융기
Ground Heave
Anchor Group Effect 고려 설계
Anchor의 자유장 길이 결정

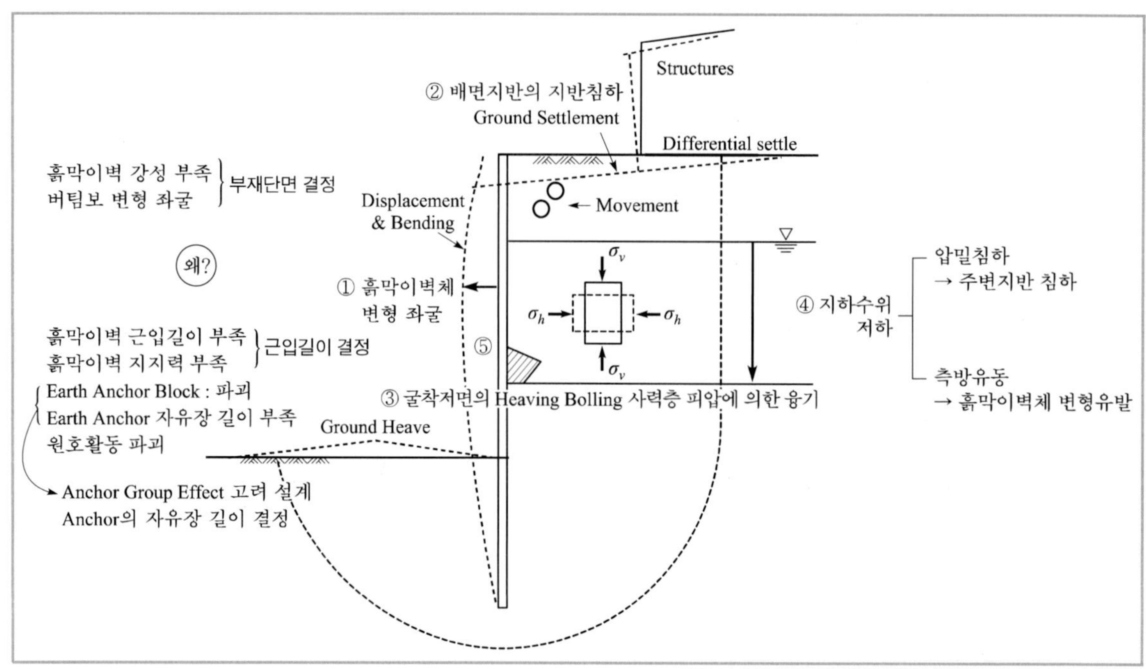

그림 12.20-1 지반굴착에 따른 흙막이벽의 여러 거동현상 원인

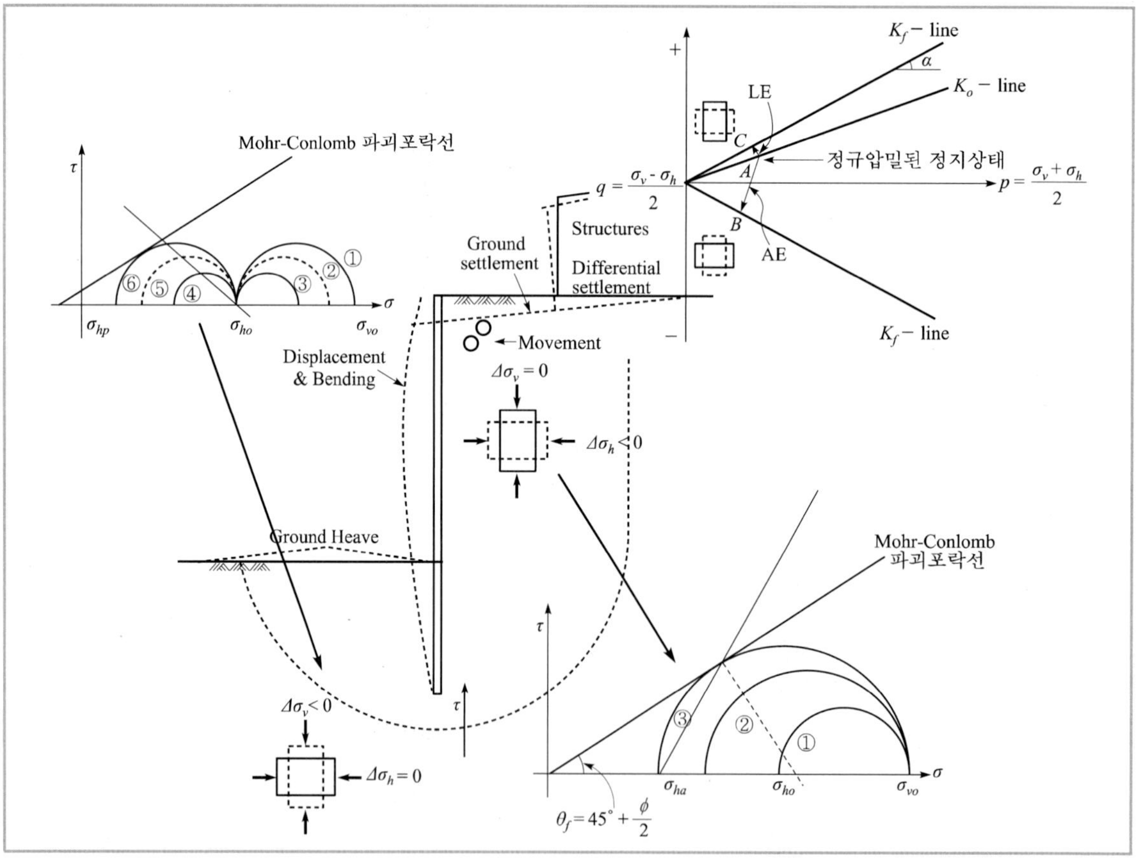

K_f − line
α
K_o − line
LE
C
A
B
AE
정규압밀된 정지상태
$q = \frac{\sigma_v - \sigma_h}{2}$
$p = \frac{\sigma_v + \sigma_h}{2}$
K_f − line
Mohr-Conlomb 파괴포락선
τ
σ
σ_{hp}
σ_{ho}
σ_{vo}
① ② ③ ④ ⑤ ⑥
Structures
Ground
settlement
Differential
settlement
Displacement
& Bending
Movement
$\Delta\sigma_v = 0$
$\Delta\sigma_h < 0$
Ground Heave
$\Delta\sigma_v < 0$
$\Delta\sigma_h = 0$
Mohr-Conlomb
파괴포락선
τ
σ
σ_{ha}
σ_{ho}
σ_{vo}
$\theta_f = 45° + \frac{\phi}{2}$

그림 12.20-2

12.20 흙막이 구조물의 안정관리(3)

■ 그림 12.20-1 은 그림 12.19-3 의 지반굴착에 따른 흙막이벽의 **여러 거동현상 원인을 도시한 것**이다. **지반침하발생의 주된 요인**으로는 **벽체의 수평방향 변위**, **지하수 흐름에 따른 유출**, 그리고 **점성토 지반인 경우에는 저면 융기** 등을 들 수 있으나, 연약한 점성토 지반이나 침투에 의한 토사 유출의 가능성이 큰 지반에서의 굴착과 같은 특수한 경우를 제외하고는 **흙막이벽체의 수평방향 변위가 굴착 인접 지반침하에 가장 큰 원인**이 된다. **거동현상별 주요원인과 대책**을 정리하면 아래와 같다.

원 인		대 책
① 흙막이벽의 변형·좌굴에 의한 ② 배면지반의 침하 (흙막이벽체의 강성부족, Strut의 압축, 좌굴, 설치지연 등)		• 강성이 큰 흙막이벽을 사용 (지하연속벽 > CIP > SCW > Sheet Pile > H-Pile) • 버팀대의 단수를 증가시킴 • 버팀대에 선행하중을 가함
③ 굴착저면의 보일링· 파이핑· 사력층 피압에 의한 융기		• 흙막이벽의 근입깊이와 강성을 크게 함 • 굴착바닥면 아래의 점토를 개량하여 전단강도를 크게 함 • 굴착깊이를 작게 하거나 굴착평면 규모를 축소함 • 흙막이벽 배면의 흙을 절취하거나, 굴착면 양쪽에 소단을 둠 • 굴착주변 지반을 되도록 흐트러뜨리지 않음
④ 지하수위 감소에 의한 압밀침하 및 측방유동으로 흙막이벽의 변형유발		• 차수식 흙막이공법을 선정 (지하연속벽, SCW > Sheet Pile > CIP, H-pile+토류판)
시공성과 관련	토류벽 타입시 진동 유발	• 선굴착공법 채택, 타입식 장비보다 압입식 장비 채택
	⑤ 토사의 유실 (지하수 유출, 이음부 부실시공)	• 지수성이 큰 토류벽을 설치하여 지하수 유출을 최소화함 • 토류벽 이음부 시공을 철저히 함
	배면 공극채움 불량	• 토류판 배면 메움 철저
	배면 상하수도 파손	• 사전에 지장물 조사를 철저히 하여 지하매설물 파손에 유의
	토류벽 인발시 진동 유발	• 인접시설에 인접한 강말뚝이나 널말뚝을 인발하지 않는다
	계측관리 소홀	• 지속적인 계측관리로 관리기준치 초과시 즉시 대책 수립

표 12.20-1

■ 그림 12.20-2 는 흙막이 구조물 배면(주동측)과 전면(수동측)지반의 파괴메카니즘을 Mohr의 응력원 및 응력경로로 도시한 것이다. 이 그림을 통해 **배면(주동측)지반의 파괴상태는 측방향인장파괴(LE)의 경로를** 따르는 반면 **전면(수동측)지반의 상태는 축방향인장파괴(AE) 경로**를 따름을 알 수 있다.

굴착에 따른 지반 검토범위 선정방법

① 해당사업의 지반조건을 확인하여 Ⅰ, Ⅱ, Ⅲ 지역으로 구분

② Ⅰ지역 : 굴착면으로 부터의 거리/최대 굴착고 = 2.0, 검토범위 = 최대굴착고 × 2.0

③ Ⅱ지역 : 굴착면으로 부터의 거리/최대 굴착고 = 4.0, 검토범위 = 최대굴착고 × 4.0

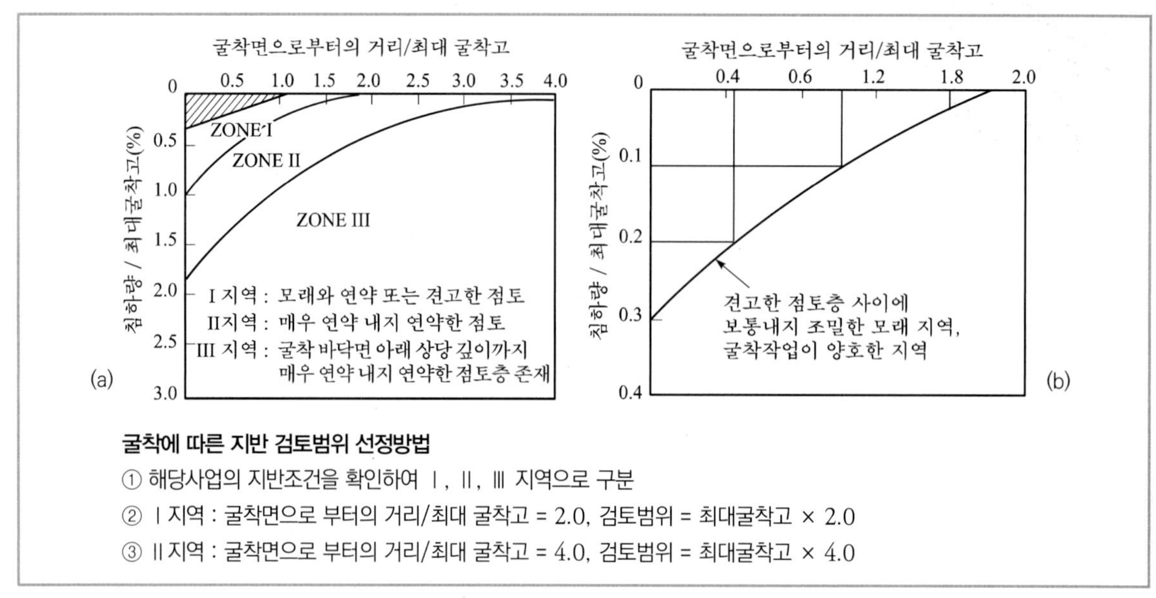

그림 12.21-1 흙막이벽 배면 지반침하 예측(Peck,1969)

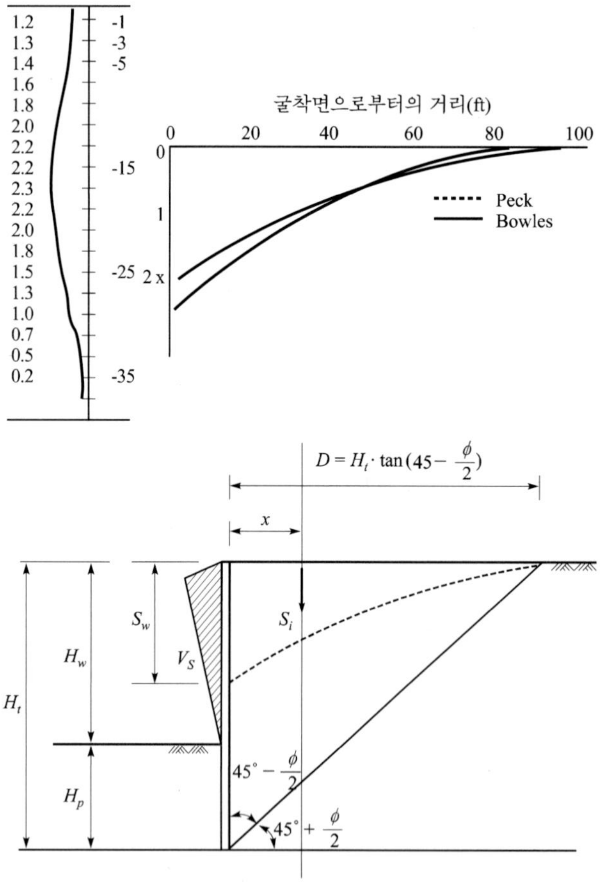

그림 12.21-2 벽체배면에서의 거리별 침하량 (Caspe, 1966)

12.21 흙막이 구조물의 안정관리(4)

3 굴착에 의한 배면지반의 침하량 예측방법

흙막이벽의 변위에 따른 주변지반의 침하에 대한 예측은 흙막이벽 변위의 실측 또는 계산에 의하여 구한 값으로부터 주변지반 침하를 추정하는 **이론식 및 경험적 추정방법**(Peck(1969)의 곡선방법, Caspe(1966)의 방법, Clough 등(1990)의 방법)과 버팀구조와 주변 지반을 일체로 하여 유한요소법 또는 유한차분법으로 **수치해석하는 방법**이 있다.

이론식 및 경험적 추정방법은 다층 복합지반 조건 및 흙막이 벽체 공법 등 실제 현장조건과 다소 차이를 보일 수 있으나 인접건물, 지하매설물 등의 노후화 정도를 감안할 때 보수적인 접근이 필요하므로 **대상지역의 설정을 위한 가이드라인으로 활용**하고, **수치해석에 의한 방법**을 활용한 산정결과와 **비교하여 안전측으로 적용**한다.

■ Peck(1969)의 곡선 – 그림 12.21-1 참조

Peck(1969)의 곡선방법은 현장에서 시공되고 있는 흙막이 가시설 벽체 인접지반에 대해 현장 계측결과로부터 지반 조건별 굴착심도에 따른 거리비로 침하량 분포를 제시함 Peck의 곡선은 그림 12.21-1 같이 지반조건별로 Ⅰ~Ⅲ지역으로 구분

■ Caspe(1966)의 방법 – 그림 12.21-2 참조

Caspe(1966)의 방법은 강널말뚝의 변위와 포아송비를 사용하여 벽체배면의 지반침하량 분포범위를 제안함 굴착에 따른 지반 검토범위 선정방법은 아래와 같다.

① 횡방향 벽체 변위를 계산(예측치 또는 계측치)

② 횡방향 벽체 변위를 합하여 변위 체적 V_s 구함

③ 침하 영향권의 횡방향 거리 추정

④ 굴착심도 H_w 계산

⑤ 굴착영향 거리 $H_t = H_p + H_w$

$\phi = 0$ 인 경우 : $H_p = B$ (굴착폭)

$\phi > 0$ 인 경우 : $H_p = 0.5B\tan(45° + \phi/2)$ 식 12.21-1

⑥ 침하영향 거리 D 계산 : $D = H_t \tan(45° - \phi/2)$ 식 12.21-2

⑦ 벽체에서의 표면침하량 S_w 계산 : $S_w = \dfrac{2v_s}{D}$ (즉, $v_s = \dfrac{1}{2} \cdot S_w \cdot D$) 식 12.21-3

⑧ 벽체에서 x 되는 거리별 침하량 S_i 계산 : $S_i = S_w\left(\dfrac{D-x}{D}\right)^2$ 식 12.21-4

$$S_w : \left(D \times \frac{D}{2} \times \frac{1}{2}\right) = S_i : \left\{(D-x)\frac{(D-x)}{2} \times \frac{1}{2}\right\}$$

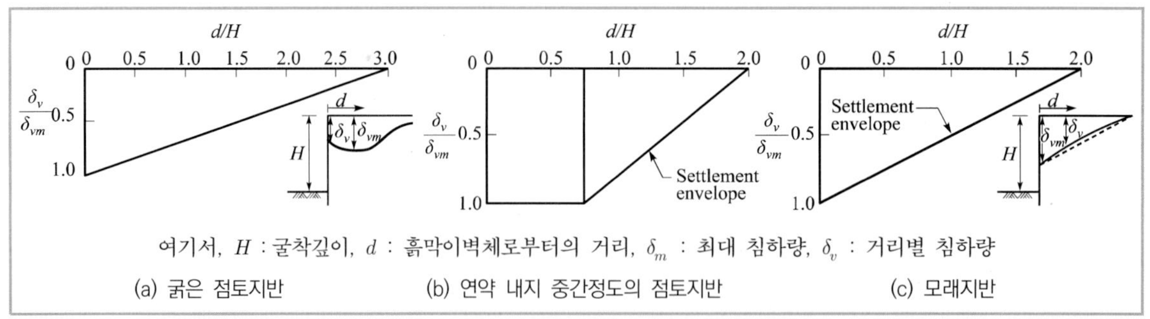

그림 12.22-1 토질조건에 따른 거리별 침하량(After Clough et al,1990)

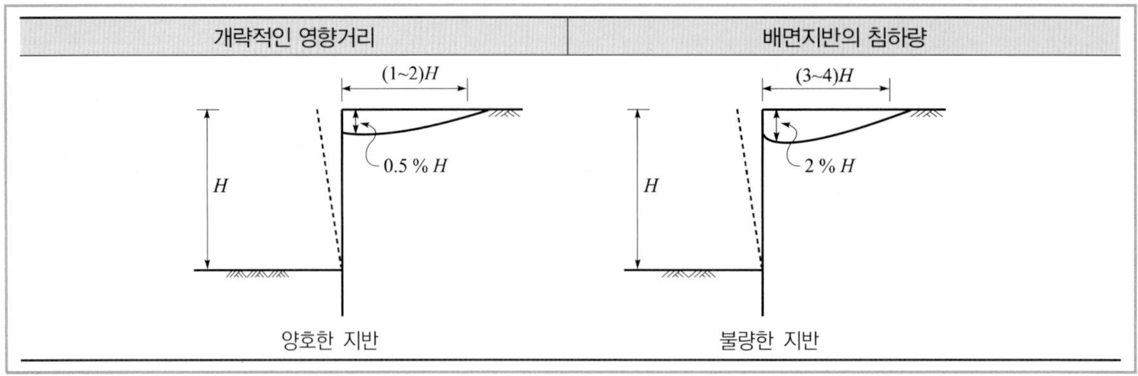

그림 12.22-2 개략적인 굴착에 의한 주변지반의 영향범위 및 침하량

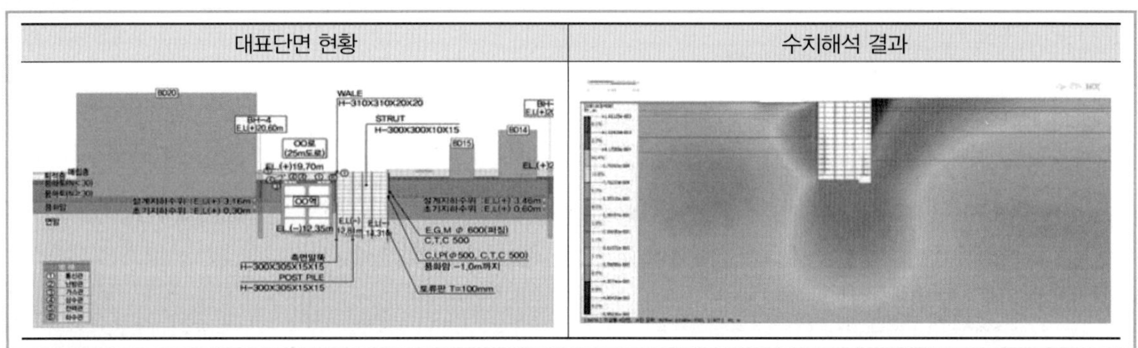

그림 12.22-3 대표단면 및 수치해석 모델링 및 결과

지표침하 발생 결과	영향거리 산정 방법
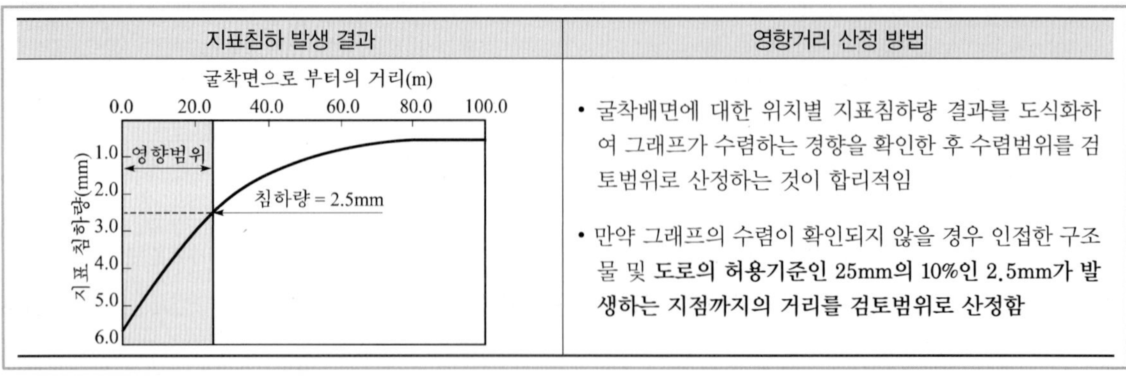	• 굴착배면에 대한 위치별 지표침하량 결과를 도식화하여 그래프가 수렴하는 경향을 확인한 후 수렴범위를 검토범위로 산정하는 것이 합리적임 • 만약 그래프의 수렴이 확인되지 않을 경우 인접한 구조물 및 **도로의 허용기준인 25mm의 10%인 2.5mm가 발생하는 지점까지의 거리를 검토범위로 산정함**

그림 12.22-4 대표단면 수치해석에 의한 지반 검토범위 산정 결과

12.22 흙막이 구조물의 안정관리(5)

■ Clough 등(1990)의 방법 – 그림 12.22-1 참조

Clough 등(1990)의 방법은 지반굴착에 따라 흙막이벽체 배면에서 거리별 침하량을 지반조건별 현장 계측결과 및 유한 요소해석을 활용하여 제시함. Clough 등에서 제시한 지반조건은 모래지반, 연약내지 중간정도의 점토지반, 굳은 점토지반으로 구분함

■ 개략적인 굴착에 의한 주변지반 영향범위 – 그림 12.22-2 참조

① 실무에서는 개략적인 굴착에 의한 주변지반의 영향범위를 그림 12.22-2 같이 산정하고 있다.

② 지반이 양호한 경우

- 영향거리 : L≒2H (H : 굴착깊이)
- 침하량 : 0.5%H

③ 지반이 불량한 경우

- 영향거리 : L≒4H (H : 굴착깊이)
- 침하량 : 2%H

■ 수치해식에 의한 방법 – 그림 12.22 3 참조

① **수치해석법**은 **지반 전체와 가시설 전체를 일체로 모델화**하여(지반공학이해 I 45p에서 설명한 완전수치모델링법) **굴착 단계별로 배면지반 침하나 수평변위 등을 구할 수 있다.** 이는 지반과 흙막이벽체+지지구조를 **동시에 고려한 지반–구조물 상호거동을 고려한 해석**이 된다.

② 즉, 표 12.15-2 에서 흙–구조물 상호작용을 고려한 해석법(수치해석에 의한 방법)을 말한다. 그러나 이 해석방법은 **지반 및 흙막이 구조물의 거동을 정확히 나타낼 수 있는 응력–변형률 관계를 파악하는데 필요한 제반 정수들의 정확한 추정이 요구**된다.
(지반공학이해 I 167p 개념정리⑳와 반드시 연계할 것)

③ 실무에서 수치해석 방법은 국내의 복합지반 특성을 감안 그림 12.22-3 같이 가장 취약한 단면에 대한 2차원 수치해석수행 결과로부터 **굴착에 따른 검토범위를 산정**하는데 이용되고 있다. (**지하안전영향평가**에서 **지반안전성 검토를 위한 대상지역 설정**시 이론식 및 경험적인 추정방법의 결과와 수치해석 결과를 비교하여 안전측으로 설정하도록 규정하고 있음)

> ※ 지하안전영향평가에서 지반안전성 검토를 위한 대상지역 설정
>
> **이론식 및 경험적 추정방법**은 다층 복합지반 조건 및 흙막이 벽체 공법 등 실제 현장조건과 다소 차이를 보일 수 있으나 인접건물, 지하매설물 등의 노후화 정도를 감안할 때 보수적인 접근이 필요하므로 대상지역의 설정을 위한 가이드라인으로 활용함. 그림 12.22-3 같은 **수치해석에 의한 방법**을 활용한 산정결과와 비교하여 안전측으로 적용하도록 제시하고 있음.

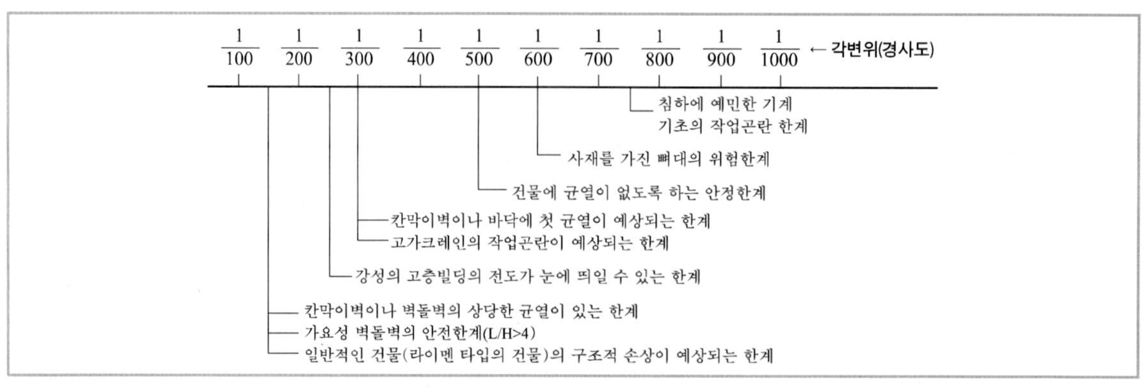

그림 12.23-1 Bjerrum(1981)이 제안한 각 변위 한계

침하형태	구조물의 종류	최대침하량
전체침하	배수시설	15.0~30.0cm
	출입구	30.0~60.0cm
	조적 및 벽돌구조	**2.5**~5.0cm
	뼈대 구조	5.0~10.0cm
	굴뚝, 사이로, 매트	7.5~30.0cm
부등침하	빌딩의 벽돌벽체	0.005S~0.002S
	철근콘크리트 뼈대구조	**0.003S**
	강뼈대구조(연속)	0.002S
	강뼈대구조(단순)	0.005S

주) S: 기둥 사이의 간격 또는 임의의 두 점 사이의 거리

표 12.23-1 구조물의 허용침하량(Sowers, 1962)

기준		독립기초	확대기초
각 변 위		1/300 (L : 임의의 기둥간격, δ : 부등침하량)	
최대 부등침하량	점토	44mm(38mm)	
	사질토	32mm(25mm)	
최대침하량	점토	76mm(64mm)	76~127mm(64mm)
	사질토	51mm	51~76mm(38~64mm)

표 12.23-2 구조물의 손상한계(Skempton, 1955) ( ) 내의 값은 추천되는 최댓값임

Son & Cording(2001)의 건전도 평가도표	건전도 평가 등급	
	$\varepsilon_p(\times 10^{-3})$	등급
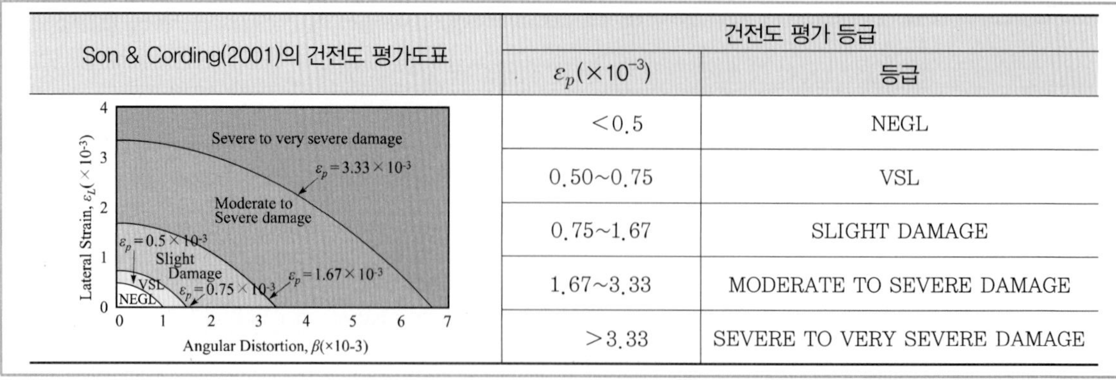	<0.5	NEGL
	0.50~0.75	VSL
	0.75~1.67	SLIGHT DAMAGE
	1.67~3.33	MODERATE TO SEVERE DAMAGE
	>3.33	SEVERE TO VERY SEVERE DAMAGE

표 12.23-3 수평변형율 기준

12.23 흙막이 구조물의 안정관리(6)

4 인접구조물의 손상여부 분석 (지반안전성 검토에 적용한 구조물에 대한 손상도 기준)

> 7.8.5 굴착에 의한 배면 지반의 변위를 산정한 후, 허용변위량을 기준으로 **인접 구조물의 손상여부를 분석**하고 필요시 대책을 강구한다.
> 7.8.6 필요시 **3차원적인 지반거동도 고려하여 설계**한다.
> 7.8.7 **배면지반 침하와 인접구조물에 대한 영향 예측**
> (1) 흙막이벽의 변위에 따른 주변 지반의 침하는 실측 또는 계산에 의하여 구한 **흙막이벽의 변위로부터 주변지반 침하를 추정하는 방법**과 **버팀구조와 주변 지반을 일체로 하여 구하는 유한요소법 또는 유한차분법으로 해석하는 방법**이 있다.

- 7.8.5에서 굴착에 의한 배면지반의 변위를 산정한 후, 허용변위량을 기준으로 **인접 구조물의 손상여부를 분석**한다는 뜻은
- 12.21~12.22에서 설명한 **이론식 및 경험적 추정방법** 또는 **수치해석에 의한 방법**을 통해 굴착에 의한 배면지반의 변위를 산정한 후 그림 12.23-1 같은 인접구조물의 각 변위 한계, 표 12.23-1 와 표 12.23-2 같은 구조물종류별 허용침하량과 구조물의 손상한계와의 비교를 통해 지반안전성을 검토한다는 것을 말한다. 결국 **허용변위량 기준**이란 ? **구조물 손상도 기준을 의미**하는 것으로 그 기준으로는 **각 변위 기준**(그림 12.23-1), **최대침하량** 및 **부등침하량** 기준(표 12.23-2), **수평변형률**(Son & Cording(2001)) 기준(표 12.23-3)이 있다.
- Son & Cording(2001) 및 Mair(1998) 등이 제시한 건전도 평가등급 중 NEGL(무시) 등급에 해당하는 수평변형율 1/2,000을 허용기준으로 적용하고 있다.

※ 지반침하위험도평가에서 지반안전성 검토를 위한 구조물 손상도 기준

구분	허용기준	비고
최대침하량 (δ_{max})	25mm	Sowers
부등침하량 ($\delta\Delta$)	0.003S	Sowers
각변위 (w_θ)	1/500	Bjerrum
수평변형률 (ε_h)	1/2,000	Son & Cording

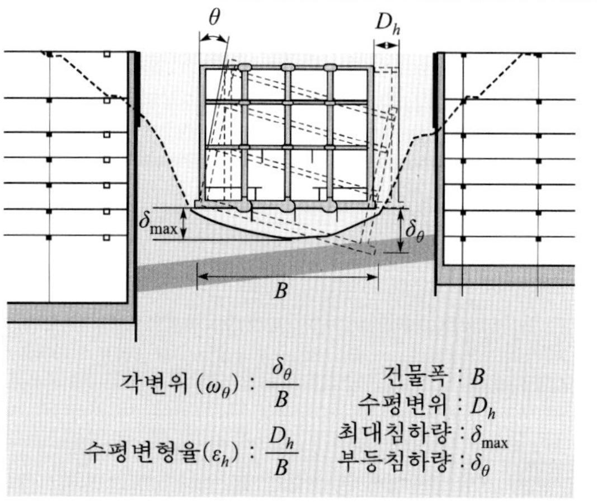

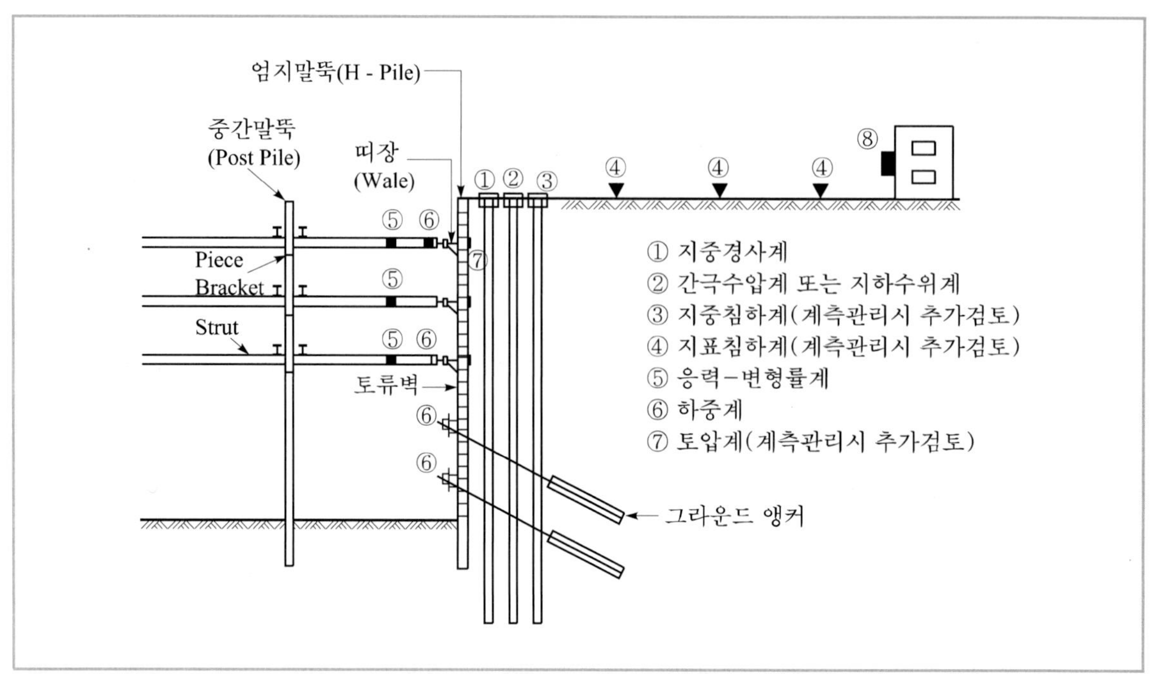

그림 12.24-1 흙막이 구조물 계측기 설치 개념도

종 류	측정용도	특 징
① 지중경사계 (Inclimoneter)	배면 지반의 수평거동	• 견고한 부동층까지 천공 후 매설 • 변위량 뿐만 아니라 변위속도도 검토
② 지하수위계 간극수압계	지하수위, 간극수압	• 수위변화에 따른 배면지반의 거동 및 흙막이벽체에 미치는 영향을 예측
③ 지중침하계	지반의 연직 변위	• 1개 위치에 여러 심도, 같은 심도에 설치
④ 지표침하계	지표면 침하량 변화	• 토류벽 배면, 동결심도보다 깊게 설치
⑤ 변형률계 (Strain gauge)	버팀보 혹은 띠장의 축력	• 버팀보, 주형보, 엄지말뚝, 띠장 등에 설치 • 강재 자체의 허용상태, 인접 구조물이나 지반의 거동 유추, 추후의 거동 예측 등
⑥ 하중계 (Load cell)	버팀보 혹은 지반 앵커의 축력	• 축하중을 측정하여 부재의 안정성 여부를 판단
⑦ 토압계	벽체에 작용하는 토압	• 하중으로 인한 토압의 변화를 측정하여 토류구조체가 안정한지의 여부를 판단
⑧ 건물경사계 (Tiltmeter)	인접구조물의 기울기	• 굴토공사로 인한 인접구조물, 옹벽 등의 주요 건물의 경사를 측정하여 구조물의 안전도 파악

표 12.24-1 계측기의 종류 및 특성

12.24 흙막이 구조물의 안정관리(7)

5 계측치를 이용한 안전관리기법

■ 계측의 주된 목적

설계 시 고려하지 못한 불확실성과 제한사항 및 **시공시** 발생되는 변화 등에 기인된 **변동사항을 파악**하여 **가시설의 안정성을 확인**하는데 있다.

■ 계측기의 설치지점

① 그림 12.24-1 같이 설치목적에 부합되도록 ⑦**토압계를 중심**으로, 좌측 버팀보측에 ⑤변형률계, ⑥하중계를 설치하고, 우측 배면측 지중 및 지표면에 ①지중경사계, ②지하수위계·간극수압계, ③지중침하계, ④지표침하계를 설치한다.

② ⑤변형률계와 ⑥하중계 설치위치는 토압과 밀접한 관계가 있으므로 ③지중침하계 매설지점과 가까운 곳에 설치하여 지반거동상태를 상호 연관하여 분석하여야 한다.

계측기의 설치목적

① **지중경사계** : 인접지반의 지중에 설치하여 **지반의 횡방향 변위와 변위속도를 측정**한다. 지중 횡방향 변위는 굴착벽체의 변형과 지반침하와 관련되므로 지표침하계와 토압계, 변형률계 등과 연계하여 해석하여야 한다.

⑤ **변형률계** : 흙막이구조물의 지지체인 버팀보, 복공구간의 I 빔, 엄지말뚝 및 띠장 등의 표면에 부착하고 그로부터 변형률을 측정하여 부착된 **부재의 응력이나 휨모멘트를 파악함**으로써 강재 자체의 응력이 허용범위인지를 판단함은 물론 인접된 구조물이나 지반의 거동을 유추하고 나아가서는 추후의 거동을 예측하여 관리치로 삼기 위한 목적으로 사용된다.

⑦ **토압계** : 굴착벽체에 설치하여 **굴착공사 중 벽체에 작용하는 토압의 변화를 측정**한다. 토압계의 결과는 변형률계와 응력계의 결과와 상호 연관되므로 종합적인 검토가 요구된다.

② **간극수압계** : 지반이 연약할 경우 **간극수압의 변화를 측정**하기 위하여 설치한다.

② **지하수위계** : 굴착공사에서 지하수 처리와 관련된 공법이 시행되면서 배면지반의 지하수의 수위변화는 굴착벽면의 안전과 배면지반의 침하에 영향을 미치는 요소이다. 따라서 지하수위의 변화를 주기적으로 측정하여 **지하수위의 증감이 흙막이 벽체와 배면지반 및 환경에 미치는 영향을 검토**한다.

⑥ **하중계(load cell)** : 그라운드 앵커의 인장 시 설치되는 본 계기는 그라운드 앵커의 반력을 측정하여 **배면지반 및 흙막이구조물의 거동과 정착부의 이상 유무 등 그라운드 앵커 구조체의 전반적인 사항을 살펴볼 수 있는 가장 신뢰성 있는 계측기기**이다. 또한 버팀대의 선단에 본 계기를 설치하게 되면 버팀대에 가해지는 축력을 측정할 수 있어 버팀대의 안정관리에 적절하게 이용할 수 있다.

구분	절대치 관리	예측 관리
① 관리방법	• 절대치 관리방법이란 **시공 전에 미리 설정한 관리기준치**와 **계측결과로 얻어진 실측치**를 **비교검토**하여 **그 시점에서의** 공사의 안정성을 평가 • 관리기준치＞실측치	• 예측관리 방법이란 시공 중 관측설계법으로 얻어진 **다음 단계의 예측치**와 **관리기준치를 비교**하여 예측치가 관리기준치 이내가 유지되도록 **공사 이전에** 공사의 안정성을 관리하는 방법 • 관리기준치＞예측치
② 관리기준치 및 예측치	설계서에서 나타난 허용치의 80%(1차 관리 기준치)~100%(2차 관리 기준치) 설정	공사중 실시한 계측결과로부터 설계시 결정한 지반파라미터를 재평가하고, 설계를 재검토 하는 것을 관측설계법이라 하고 **관측설계법에서 얻어지는 예측치를 이용**
③ 문제점	• 설계서에서 나타난 허용치로부터 관리기준치에 대한 결정문제 • 실측시＞관리기준치 경우의 대처곤란	• 관측설계법에서의 역해석 어려움 • 계측시스템의 대규모에 따른 비용증가

표 12.25-1 계측관리 기준

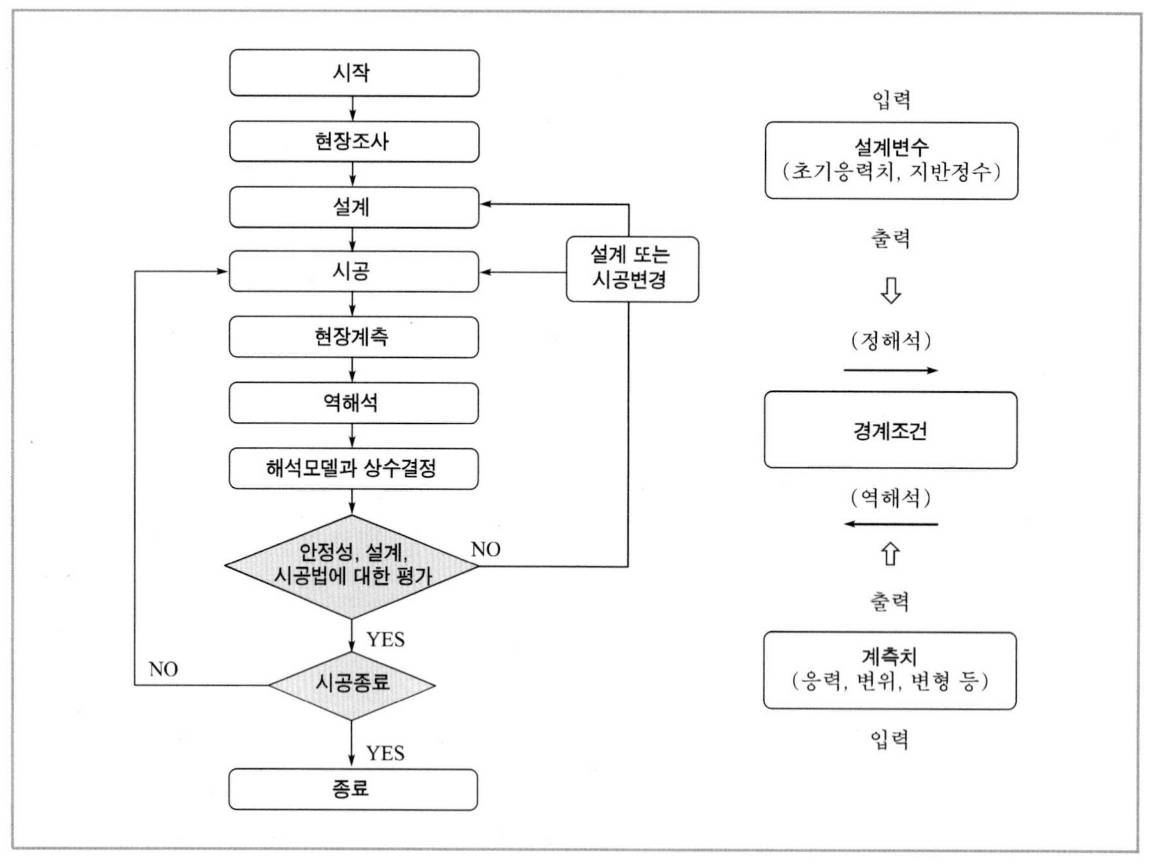

그림 12.25-1 관측설계법 개념도 및 역해석 기법

12.25 흙막이 구조물의 안정관리(8)

⑧ 건물경사계 (tiltmeter) : 인접건물과 구조물의 바닥 또는 벽에 부착하여 기울어짐을 측정하고 전술한 각종 허용 기준치와 비교함으로써 안정한지를 검토하여 적절한 조치를 취하기 위하여 설치한다.

■ 계측관리 기준

표 12.25-1 같이 **절대치 관리방법**과 **예측 관리방법**이 있다. 예측 관리방법은 관측설계법에 의한 설계변수의 재평가로부터 얻어진 **예측치**를 사용해야만 하는 경우로서 **역해석**(Back analysis) **적용이 필수적**이다.

6 관측설계법과 역해석

■ 그림 12.25-1 같이 공사 중에 실시한 계측결과로부터 설계정수를 재평가하고, 설계를 재검토하는 것을 **관측설계법**이라 한다.

■ 즉, 조사, 설계, 시공 시에 부득이 하게 발생하는 오차나 설계, 시공상의 오류를 보완하고 부족한 지반조건에 대한 정보에 기초한 설계상의 결함을 시공 기간 중에 제거하기 위해서 시공단계별로 계측을 실시하고, 얻어진 계측자료를 이용하여 지반물성을 재 산정하여 현재 단계에서의 안전성 확인과 잔여공사단계에서의 예측의 신뢰성을 높이기 위한 관측설계법이 필요하다.

※ 흙막이 구조물 설계시 실제거동이 설계시 거동과 차이가 나는 이유
① 불확실한 지반정수의 사용
② 해석모델의 불완전 모사
③ 시공과정에서 단계별 굴착깊이, 지보공설치 순서 등을 설계와 다르게 시공할 경우
④ 과재하중, 지하수위 등이 설계시 가정과 다를 경우 등

■ 관측설계법에 의한 설계변수 재평가를 위해서는 **역해석 기법**(Back analysis)을 적용함이 필수적이다.

※ 역해석 기법(Back analysis)의 예
① **비탈면안정** : 비탈면이 붕괴되는 경우 $F_s = 1$로 하여 c이나 ϕ을 역산한다.
② **연약지반 성토** : 경사계의 변위로부터 측방유동압 산정, 침하량과 시간그래프로 c_c, c_v를 역산
③ **흙막이 가시설** : 변위를 측정해 실제 작용토압을 산정 → 특히, 다층지반의 경우 효율성이 크다.
④ **터널** : 내공변위로부터 탄성계수(또는 변형계수)를 역산한다.

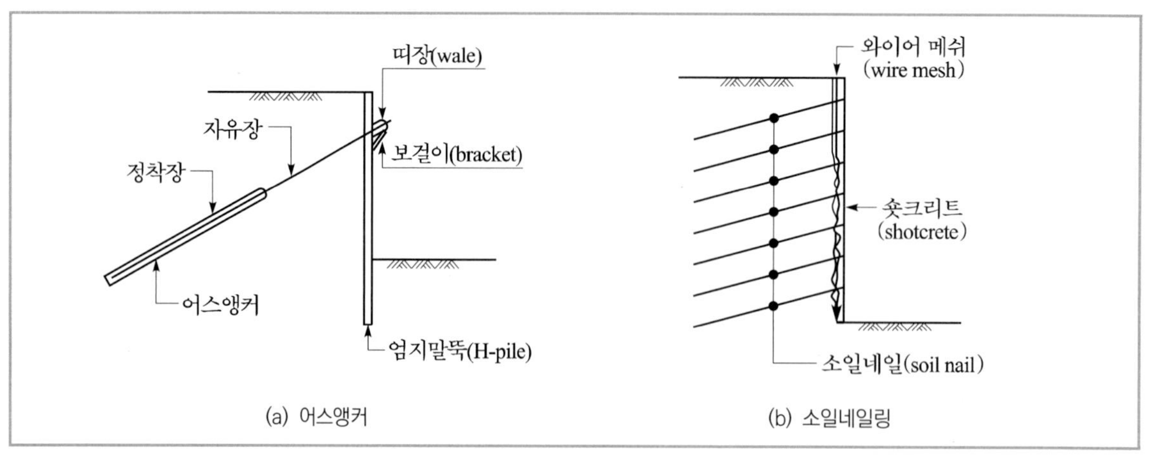

그림 12.26-1 흙막이 지지공법

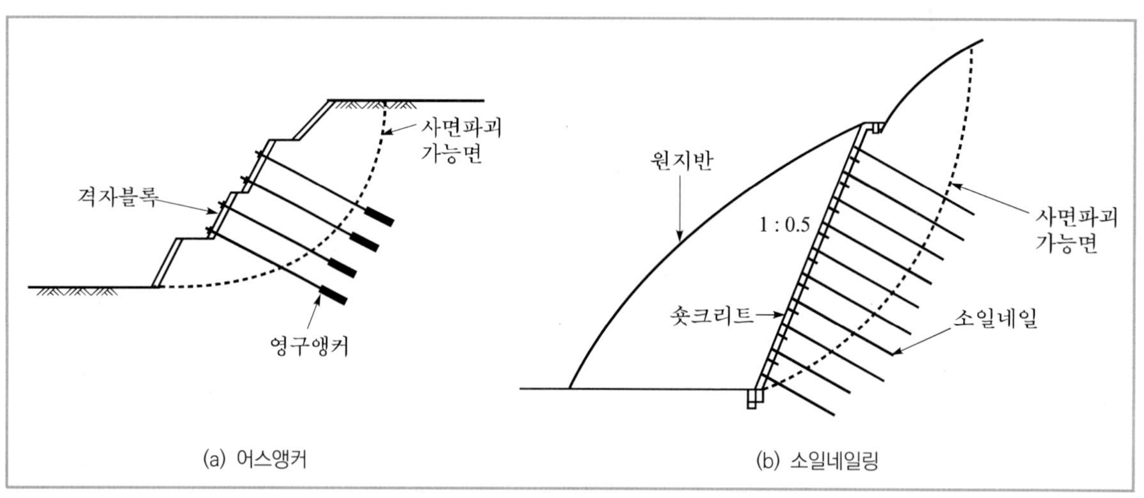

그림 12.26-2 사면보강공법

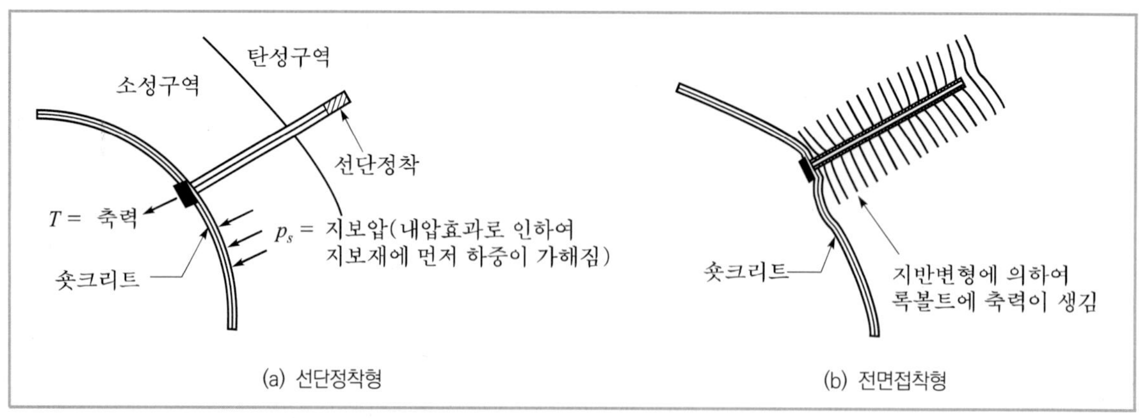

그림 12.26-3 선단정착형 록볼트와 전면접착형 록볼트

12.26 Earth Anchor와 soil-nailing(1)

1 정의

- 어스앵커는 그림 12.26-1a 같이 흙막이공에서 버티어주어야 하는 하중을 굴착면 내부에 설치하는 **버팀보(strut) 대신**에 흙막이 벽 배면쪽을 미리 천공하고 인장재를 삽입한 다음, 정착부를 시멘트 현탁액으로 주입하여 정착시켜서 버티도록 유도하는 공법이다. 어스앵커는 흙막이공법으로 사용 또는 그림 12.26-2a 같이 산사태 방지용 보강공법으로 쓰이기도 한다.

- 소일네일링은 지반을 천공하고 보강재를(주로 이형철근) 비교적 촘촘히 삽입하고 그라우팅을 하는 **지반보강 공법**이다. 그림 12.26-1b 같이 흙막이 공법으로 사용하거나 또는 그림 12.26-2b 같이 어스앵커와 마찬가지로 산사태 방지용 보강공법으로도 자주 쓰인다.

2 어스앵커와 소일네일링의 공통점

어스앵커와 소일네일링은 지반보강 공법으로서, 근본적으로 원지반을 굴착함으로써 발생하는 연직면 또는 경사면을 보강한다는 점에서 공통점이 있으며(즉, **절취면 보강공법**), 성토면을 보강하는 보강토 옹벽과는 뚜렷한 차이가 있다.

3 흙막이 공법에서의 두 공법의 차이점

- 흙막이 공법으로 두 공법에는 뚜렷한 차이점이 있다. 우선, **어스앵커 공법은 지보재로서 버팀보 대용으로 이용**된다. 시공순서를 보면 흙막이공에서의 필수요소인 흙막이 벽(엄지말뚝, 주열식 흙막이 벽, 강널말뚝, 지하연속벽)을 우선설치하며, 굴착면 굴착시 발생하는 배면토에 의한 **토압을 흙막이 벽 → 띠장 → 어스앵커(버팀보 대신) 순으로 지지**하게 된다.

- 이에 반해 **소일네일링 공법은 흙막이 벽이 없다.** 굴착과 동시에 굴착 전면에 숏크리트(뿜어붙임 콘크리트)를 먼저 타설하고 보강재로서 네일을 지중에 설치하기는 하나, 숏크리트로 형성된 벽체는 흙막이 벽과는 거리가 멀다. **'전면숏크리트+소일네일'로 이루어진 전체시스템이 중력식옹벽과 같이 거동**하여서 토압을 견딘다고 보면 될 것이다.

4 터널 NATM 공법과의 상호 비교

- 터널굴착 공법에서 대표적으로 NATM 공법과 TBM을 사용하는 기계화 시공법이 있다. 이중 NATM 공법은 '터널을 굴착하고 → 버럭처리 → 지보재 설치'를 반복하는 공법으로서, 터널을 1차로 지지하는 것은 지반의 아칭이며, 지보재는 보조적인 지지개념을 갖는다. 지보재로는 대표적인 숏크리트, 록볼트, 강지보재가 있다.

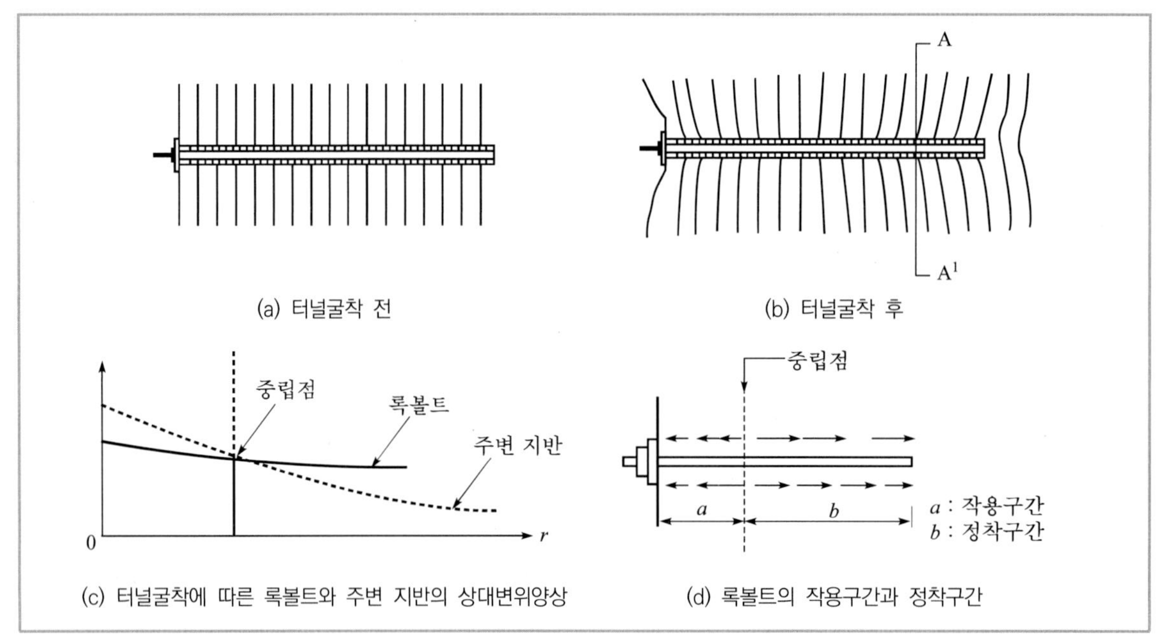

그림 12.27-1 전면접착형 록볼트의 작동원리

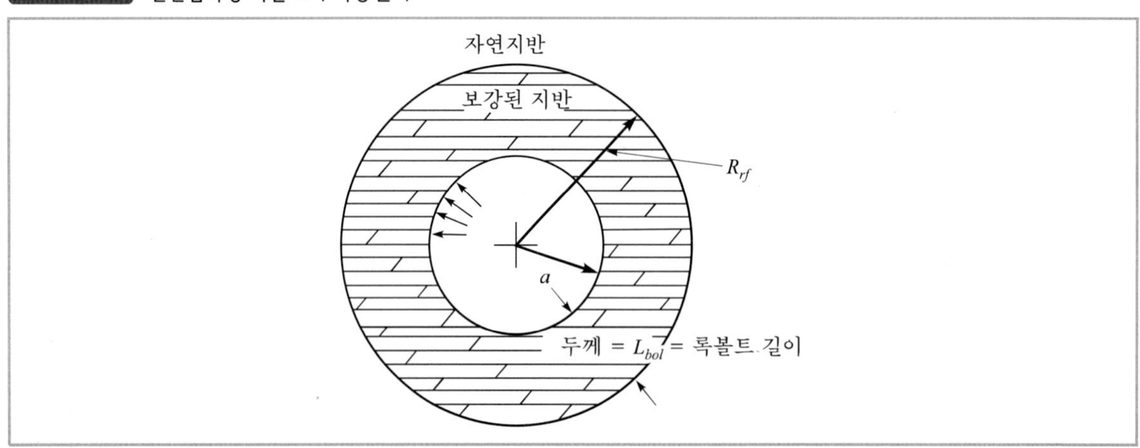

그림 12.27-2 전면접착형 록볼트로 보강된 지반

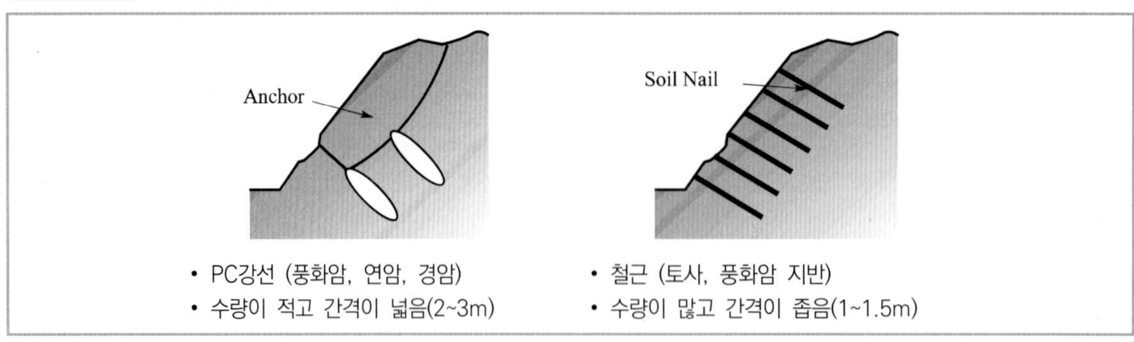

그림 12.27-3 어스앵커와 소일네일링

12.27 Earth Anchor와 soil-nailing(2)

- 이중 록볼트는 그림 12.26-3a 같은 **선단 정착형 록볼트**와 그림 12.26-3b 같은 **전면접착형 록볼트**가 있다. 굴착면에는 숏크리트가 타설되어 있다. 선단 정착형 록볼트는 일명 **주동볼트**라고도 하며, 그림 12.26-3a 와 같이 볼트선단을 소성영역 바깥쪽에 정착시킨 후, 두부에서 pre-tension을 준다. 결국 굴착으로 인하여 록볼트 두부에 작용되는 축력을 정착부에서 저항하는 시스템이다. 주동볼트는 비교적 견고한 지반(경암)에서 주로 채택하여서 불연속면을 봉합하는 역할을 동반한다.

- 이에 반하여 전면 접착형 록볼트는 일명 **수동볼트**라고도 하며, 록볼트 주면 전길이를 시멘트 현탁액으로 그라우팅 해준다, 또한 통상 록볼트에 프리텐션은 가하지 않는다. 수동볼트는 상대적을 덜 견고한 지반에서 채택한다. 전면 접착형 록볼트가 기능을 발휘하기 위해서는 주변 지반이 먼저 변형해야 하며, 특히 그림 12.27-1 같이 **록볼트와 주변 지반사이에 상대변위가 존재**하여야 한다. 그림 12.27-1c 에서 보여주는 대로 지반이 록볼트 보다 더 많이 변형을 해야 록볼트에 마찰저항하는 힘이 발휘된다. (이는 말뚝기초에서 주면마찰력이 발휘되는 원리와 동일하다. $A-A'$ 단면 왼쪽은 부주면 마찰상태, 오른쪽은 정주면 마찰상태이다.)

- 지금부터 설명될 **어스앵커는 선단 정착형 록볼트와 유사**하며, **소일네일링은 전면접착형 록볼트와 유사**하다고 할 수 있다. 전면 접착형 록볼트는 그림 12.27-2 같이, 이를 지보재로 간주하지 않고 록볼트로 지반이 보강된 것으로 간주하기도 한다. 소일네일링의 경우도 네일로 보강된 지반을 중력식옹벽과 같이 보강된 지반구조물로 볼 수도 있다.

5 비교정리

구분	Earth Anchor	soil-nailing
① 공통점	절취면 보강공법(흙막이 지지공법 또는 사면안정 공법으로 이용)	
② 차이점	지보재 개념(버팀보 대용)	지반보강(지반+네일) 개념
③ 시공방법	굴착 → 흙막이 벽 설치 → 지보재설치(어스앵커)	굴착과 동시에 숏크리트 타설 → 보강재 설치(네일)
④ 구속응력	프리텐션	지반-보강재(네일)의 상대적 변위
⑤ 거동개념	인장력에 의한 구조체 개념	복합지반에 의한 중력식 옹벽 개념 (보강토옹벽과 같이 중력식 구조물)
⑥ NATM 연관	선단정착형 록볼트	전면 접착형 록볼트
⑦ 말뚝기초 연관	주동말뚝	수동말뚝

표 12.27-1

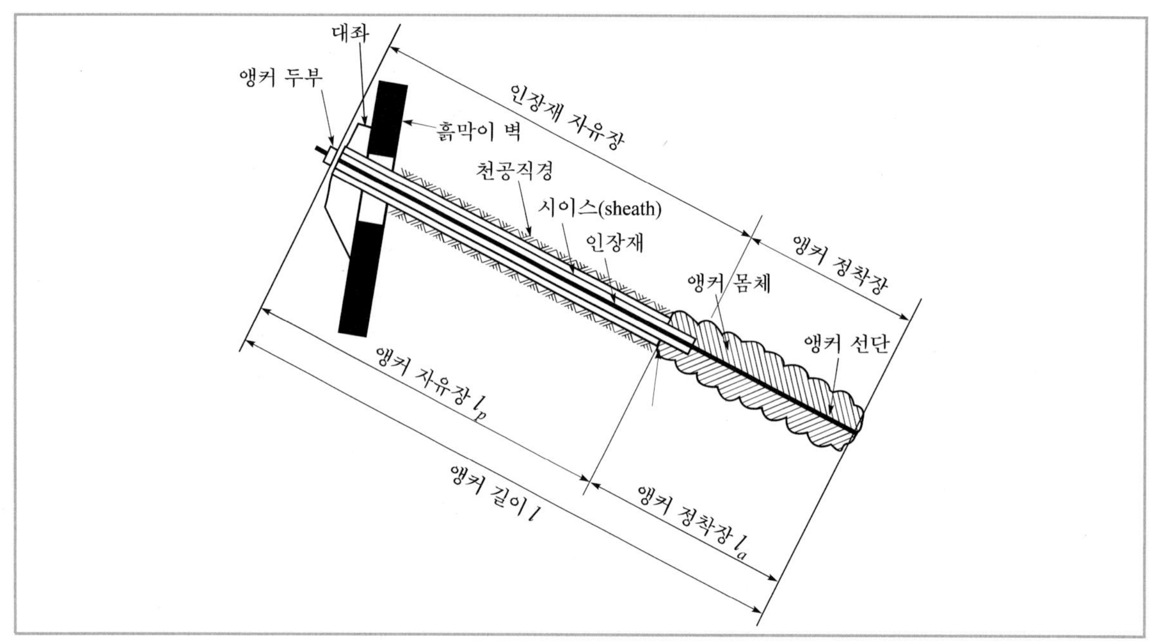

그림 12.28-1 어스앵커의 구조

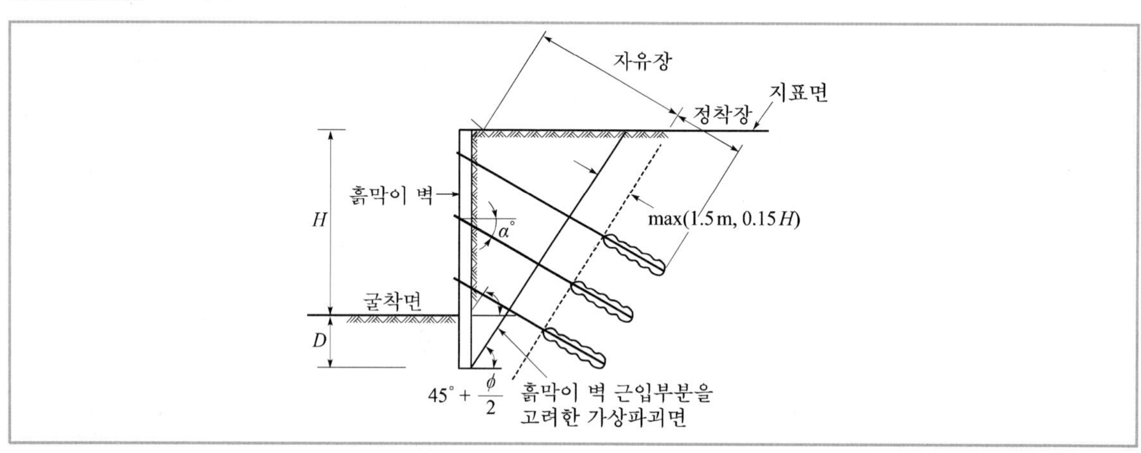

그림 12.28-2 어스앵커의 자유장과 정착장

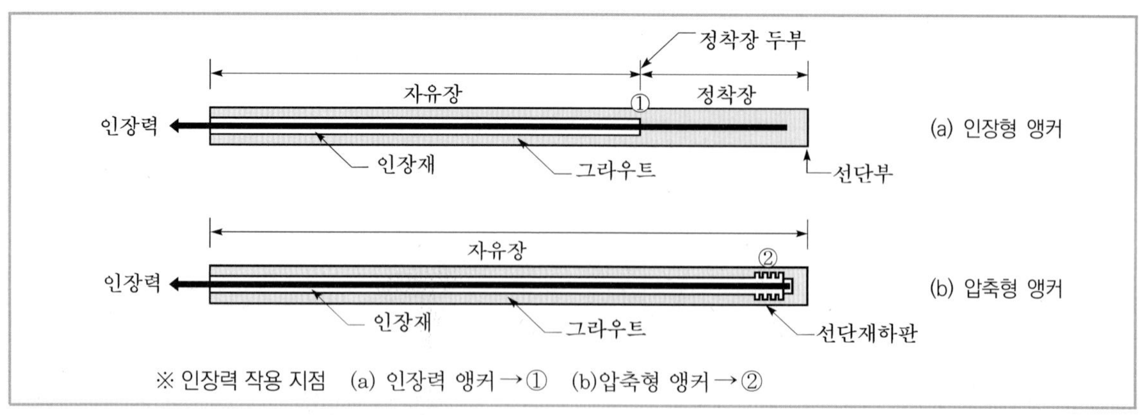

그림 12.28-3 인장형 앵커와 압축형 앵커

12.28 Earth Anchor의 개괄(1)

1 어스앵커의 구성요소

■ 어스앵커의 구조는 크게 앵커체, 인장부 및 앵커 두부로 구성되며 앵커 각부의 명칭은 그림 12.28-1 같다.

① **앵커의 설치간격**은 지반조건, 부재단면, 경제성 등을 감안하여 결정하여야 하며, 통상 1.5~2.5m **사이에서 결정**한다(**수평간격** 1.5~2.0m, **연직간격** 2.0~3.0m 등).

② **앵커 설치각도**는 일반적으로 10~45° **사이**에서 정해진다.

③ **천공직경**은 통상 $\phi = 100mm$ 또는 $\phi = 135mm$ 로 하며, 인장재로는 PC 강연선으로서 $\phi = 12.7mm$ 를 **4~6가닥 설치**한다.

■ 자유장과 정착장 : 그림 12.28-1에서 **전체 앵커길이** l = **자유장** l_p + **정착장** l_a로 이루어진다(그림에서와 같이 앵커체 길이와 인장재 자체의 길이는 다를 수 있다). 앵커 자유장은 인장재가 관통하고 있을 뿐이고 지반의 인발저항력을 발휘할 수 없는 부분을 말한다. 즉, **앵커는 정착장 부위에서의 인발저항력으로 저항한다.**

① 앵커 정착부는 파괴가능면 밖에 설치해야 기능을 하기 때문에 흙막이공의 경우 **자유장 길이**는 그림 12.28-2 같이 **파괴가능면으로부터 1.5m 또는 굴착깊이의 15%(0.15H) 중 큰 값만큼 길게** 구한다.

② 또한 **앵커 자유장은 원지반에 유효 프리스트레스를 주기 위하여** 적어도 4.0m 이상은 되어야 하며, 통상 5.0m를 **최소자유장**으로 한다. 실제로 앵커로서의 기능은 그림 12.28-2 같이 정착장 부위에서 이루어진다.

2 인장형 앵커와 압축형 앵커

■ 인장형 앵커

① 그림 12.28-3a 같이 또는 그림 12.28-1, 앵커 두부에서 하중을 가하면(인장력→압축력 전환 의미) 정착장 전면부에 하중이 전달되어 정착부의 두부부터 하중을 받아서 앵커 선단부로 전달된다. 인장형 앵커에 대한 하중전달 메카니즘의 개략도를 그려보면 그림 12.29-1a 와 같다.

② 그림을 보면 **인발하중이 정착장 두부에서 최대로 작용**하고 그라우트재와 주변지반과의 마찰저항에 의하여 **선단으로 갈수록 감소**함을 알 수 있다. 즉, 인장재를 통하여 인발력을 작용시킨다는 의미(즉, 인장재를 포함한 앵커 정착장 내부에는 인장력이 작용)에서 인장형 앵커로 불린다.

③ 인장형 앵커에 **인발력을 가하면 그라우트재에 인장균열이 발생**하는 단점이 있다. 또한 인장형 앵커는 정착장 두부에 과도한 인장력이 작용(즉, 인장력 작용지점이 그림 12.28-3a 에서 ①지점 생각)하므로 두부근처에서의 단위면적당 유발되는 주면마찰저항값이 마찰저항으로 최대로 버틸 수 있는 극한 마찰저항력에 도달하게 되고, 일단 극한값에 도달하면 계속하여 선단쪽으로 하중이 과하게 전달되어 소위 말하는 **진행성 파괴양상**을 띠게 된다.

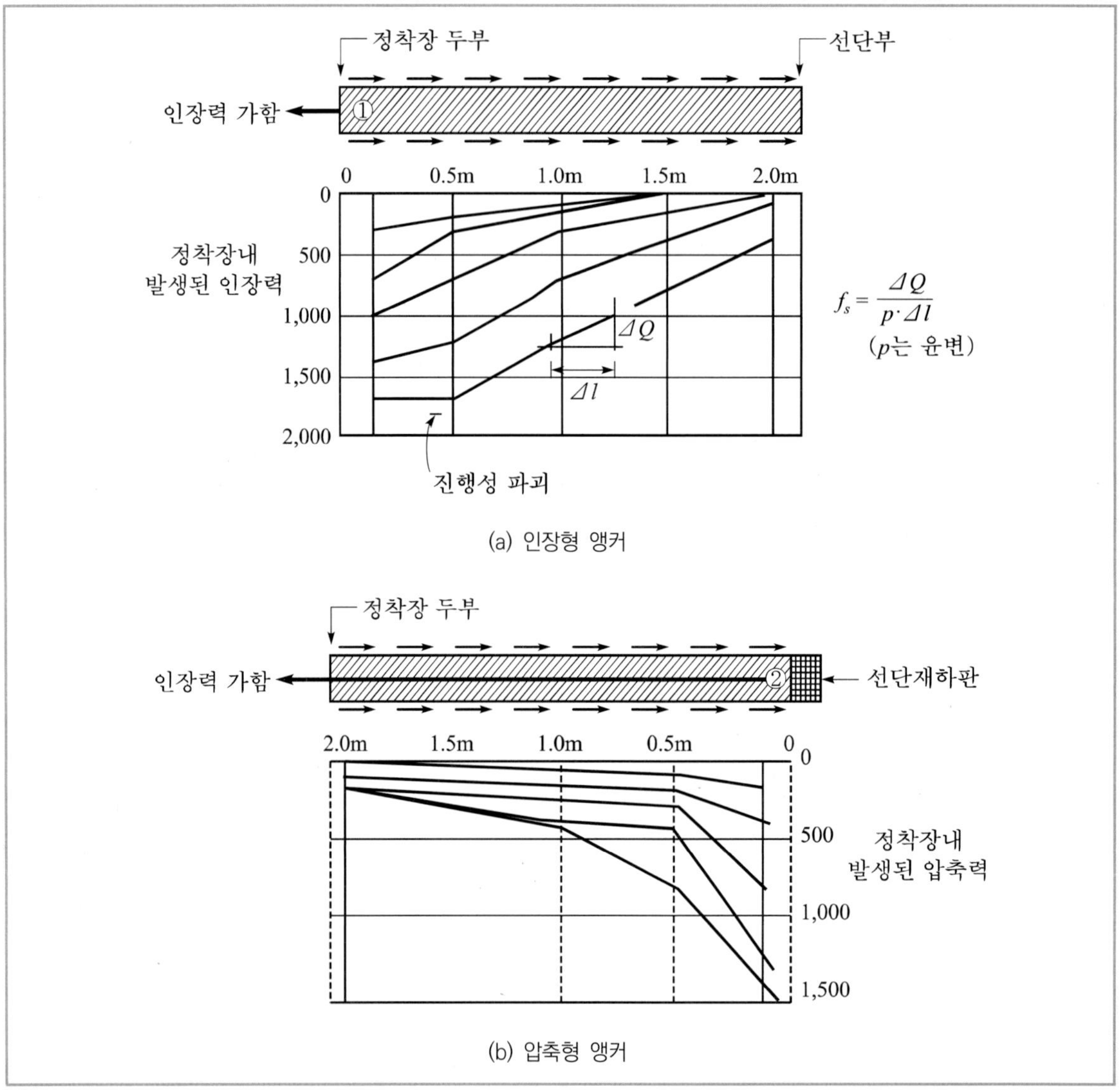

정착장 두부
선단부
인장력 가함
①
0 0.5m 1.0m 1.5m 2.0m
0
500
1,000
1,500
2,000
정착장내 발생된 인장력
ΔQ
Δl
$f_s = \dfrac{\Delta Q}{p \cdot \Delta l}$
(p는 윤변)
진행성 파괴

(a) 인장형 앵커

정착장 두부
인장력 가함
②
선단재하판
2.0m 1.5m 1.0m 0.5m 0
0
500
1,000
1,500
정착장내 발생된 압축력

(b) 압축형 앵커

그림 12.29-1 인장형 앵커와 압축형 앵커의 하중전달 메커니즘

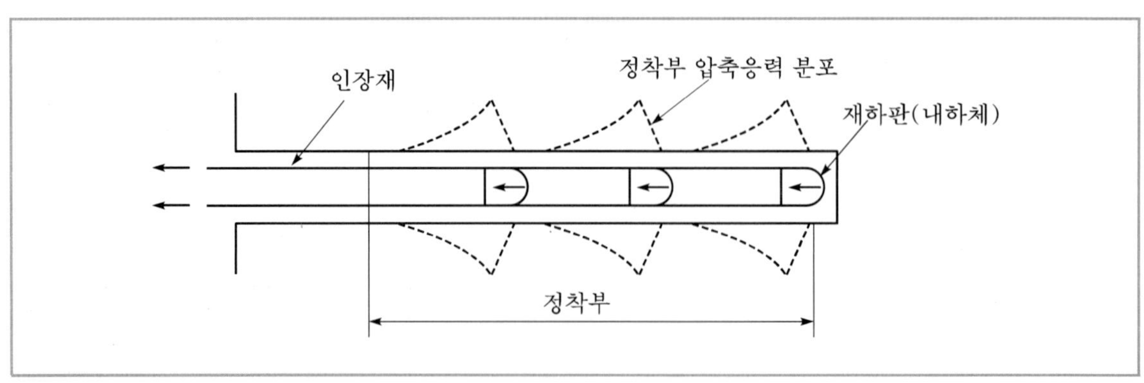

그림 12.29-2 하중분산형 압축앵커에서의 인발 시 저항하중 분포도

12.29 Earth Anchor의 개괄(2)

④ 따라서 **정착장의 길이를 증가시킨다고 해서 정착장 길이에 비례해서 인발저항력이 증가하는 것은 아닌 것으로 알려져 있다.** 선단까지 하중전달이 되지 않기 때문이다.
일반적으로 **정착장은 10.0m이하로 제한**함이 보통이다.

⑤ 반대로 정착장이 너무 짧으면 시공부주의나 지반이 불균질할 경우, 인발저항력이 설계인발력보다 작아질 수도 있으므로 최소길이도 제한을 둠이 보통이다. 우리나라의 경우 4.0m를 **최소길이로 제한**하고 있다.

■ 압축형 앵커

① 그림 12.28-3b 같이 앵커 선단에 강선을 고정하는 선단 재하판을 이용한다. 따라서 압축형 앵커는 전장이 자유장으로 형성되어 앵커 두부에서 가한 하중를 직접 앵커 선단부에 먼저 가해줄 수 있도록 한다. 앵커 선단에 가해준 하중은 앵커의 그라우트에 압축력을 발생시키며 선단에서 최대로 작용되고, 그라우트재와 주변지반과의 마찰저항에 의하여 앵커체 두부로 갈수록 감소함을 알 수 있다(그림 12.29-1b).

② 주면마찰력은 인장형 앵커와는 반대로 그라우트 주변지반에 압축력을 유발시키므로 압축형 앵커로 불린다. 다시 말하여, 앵커 두부에 가해진(즉, 인장재에 가해준 하중은) 분명 인장력이나 그라우트 앵커체에는 압축력으로 바꾸어 작용한다.

③ 압축으로 저항하므로 상대적으로 진행성 파괴의 위험성이 적고, 또한 인장형 앵커에서 흔히 발생될 수 있는 인장균열이 없어서 상대적으로 안정되게 저항할 수 있어 특히 영구앵커로도 많이 쓰인다.

④ 다만 앵커에서의 그라우트 작업은 인장형 앵커에서는 정착장만 이루어져도 되나(많은 경우 전장에 걸쳐 이루어지기는 한다), 압축형 앵커는 전 길이에 걸쳐 그라우팅 작업을 해주어야 한다. 정리해보면 압축형 앵커는 인장형 앵커의 단점을 보완할 수 있는 장점이 많은 앵커로서 판단할 수 있다.

■ 하중분산형 압축 앵커

① 일명 U-turn anchor로 앵커력을 지반에 확실히 분산·전달하기 위하여 재하판을 선단에만 설치하는 것이 아니라, 여러개로 분산하여 설치하므로 한 개만 설치하였을 때는 그림 12.29-1b 와 같이 선단부분에 하중이 집중되는 약점을 보완하여 분산시킬 수 있는 장점을 가진 압축형 앵커이다.

② 즉, 하중의 국부적인 집중현상을 방지할 수 있는 장점을 가진 압축형 앵커이다. 즉, 하중의 국부적인 집중현상을 방지할 수 있는 구조적으로 유리한 형식으로 볼 수 있다. **하중분산형 압축앵커**의 하중전달 메커니즘의 개략도를 그려보면 그림 12.29-2 와 같다.

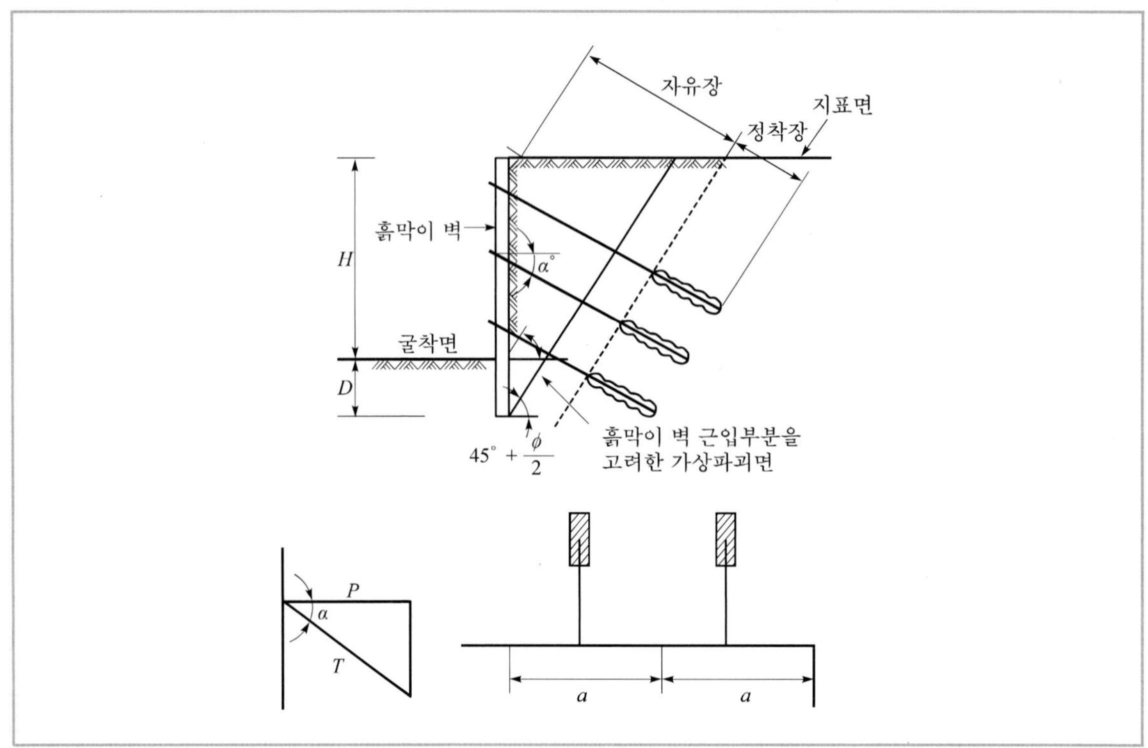

그림 12.30-1 흙막이공에서의 어스앵커 개요도

①항 ②항 ③항 ④항

$$P_{(.)w} = \frac{P_{(.)} \times a}{\cos\alpha} = T_a = \frac{\tau_u \times \pi \times (D_a) \times (l_a)}{F_s} = \tau_{pg} \times \pi \times (d_p) \times (l_p) \times n$$

①항 : 설계앵커력 → 지보재의 축력 식 12.30-1 에서 $P_{(.)w}$를 산정

②항 : T_a=앵커인장재의 허용인장강도

③항 : 그라우트재와 주변지반사이의 허용인발저항력 식 12.30-6 에서 Q_{allow}

④항 : 앵커인장재와 주입재 사이의 허용부착력 식 12.30-4 에서 $P_{ad.allow}$

①–②항 식 12.30-2 에서 $P_{(.)w} \le T_a$ → 설계앵커력 < 앵커인장재 허용인장강도

①–③항 식 12.30-1 에서 $P_{(.)w} \le Q_{allow} = \dfrac{Q_u}{F_s}$

→ 설계앵커력 < 그라우트재와 주변지반사이의 허용인발저항력 → 마찰저항길이(l_a)

①–④항 식 12.30-4 에서 $P_{(.)w} \le P_{ad.allow}$

→ 설계앵커력 < 앵커인장재와 주입재 사이의 허용부착력 → 부착저항길이(l_p)

마찰저항길이(l_a)와 부착저항길이(l_p) 둘 중에서 큰 값을 설계에 적용한다.

해설 12.30-1

12.30 Earth Anchor의 안정성 검토(1)

1 부재단면 설계

■ 흙막이공에서 (•)단의 지보재가 받아주어야 하는 지보재의 축력 $P_{(.)}$으로부터, 경사각 α로 설치된 어스앵커가 받아주어야 하는 설계앵커력 $P_{(\cdot)w}$은 식 12.30-1 로 표시된다.

$$P_{(\cdot)w} = \frac{P_{(\cdot)} \times a}{\cos \alpha}$$ 식 12.30-1

여기서, $P_{(\cdot)}$ = (.)단 지보재에 작용되는 힘

a = 앵커의 수평방향 설치간격 → $P_{(.)} \times a = kN/m \times m = kN$

α = 앵커의 설치 각도

$P_{(\cdot)w}$ = (.)단에서의 설계앵커력

주어진 설계앵커력에 대해서 설치된 어스앵커가 안정성을 가지려면 다음의 ①~③ 조건을 만족하여야 한다. 해설 12.30-1 은 ①~③의 내용을 이해하기 위해 식으로 정리한 사항이다. 반드시 이해하기 바란다.

① 앵커인장재(주로 PC강연선)의 허용인장강도가 설계앵커력보다 커야 한다.

$$P_{(.)w} \le T_a$$ 식 12.30-2

여기서, T_a= 앵커인장재의 허용인장강도로서 다음 식으로 구할 수 있다.

$$T_a = \sigma_{allaw} \times \frac{\pi}{4}(d_p)^2$$ 식 12.30-3

여기서, d_p=인장재의 직경, σ_{allow}=인장재의 허용응력으로서 다음을 표준으로 한다.

$$\begin{cases} \sigma_{allow} = 0.80 \times \sigma_y & \text{가설앵커의 경우} \\ \sigma_{allow} = 0.75 \times \sigma_y & \text{영구앵커의 경우} \end{cases}$$

여기서, σ_y=인장재의 항복응력

② 앵커인장재와 그라우트 주입재 사이의 부착강도가 설계앵커력보다 커야 한다.

$$P_{(.)w} \le P_{ad.allow}$$ 식 12.30-4

여기서, $P_{ad.allow}$= 앵커인장재와 주입재 사이의 허용부착력으로 다음 식으로 구할 수 있다.

$$P_{ad.allow} = \tau_{pg} \times \pi \times (d_p) \times (l_p)$$ 식 12.30-5

여기서, τ_{pg}= 인장재와 그라우트재 사이의 허용부착강도

d_p = 인장재의 직경

l_p = 인장재의 부착길이

실제로는 앵커인장재와 그라우트 주입재 사이의 부착강도가 문제가 되는 경우는 많지 않다.

CHAPTER 12 13 14 15 16 17 18

개념정리 ⑮ 어스앵커의 자유장, 정착장 검토 (I)

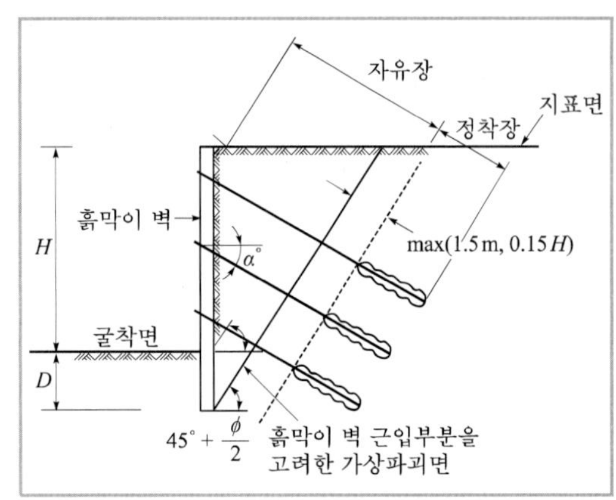

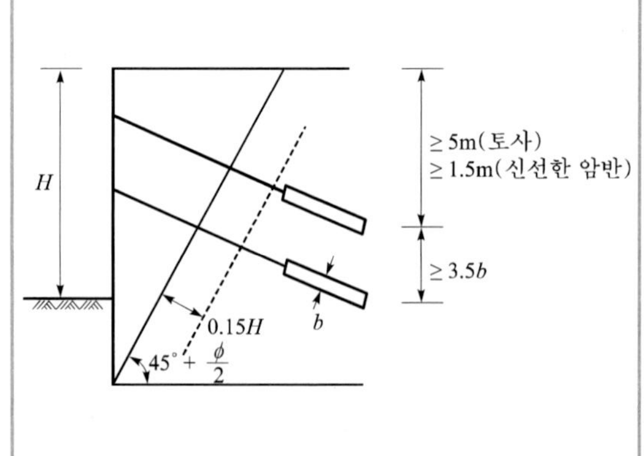

그림 개념 ⑮-1 한계평형 평면 파괴시 어스앵커의 자유장 그림 개념 ⑮-2 자유장길이 산정

1 자유장 검토

- 앵커 자유장은 인장재가 관통하고 있을 뿐이고 설계계산상 지반에 대하여 힘의 전달이 행하여지고 있지 않는 부분의 길이이다.

- 앵커의 자유장은 그림 개념 ⑮-1, 그림 개념 ⑮-2같이 가상 활동면으로부터 1.5m 또는 굴착깊이에 0.15H(H=굴착깊이)를 더한 값 중 큰 값을 적용하되 최소 4.0m 이상으로 한다. 최소자유장에 대한 표 개념 ⑮-1같은 대표적인 외국기준에 근거하여 국내 여러 기관에서 혼용하여 적용하고 있으나 과거보다 다양한 조건하에서 공사가 수행되므로 최소치는 조정하여 적용한다.

외국기준	자유장
JSF(DI-88)	4m 이상을 표준으로 한다. 단, 앵커체의 위치가 파괴활동면보다 깊도록 한다.
FHWA	암반,토사 : 파괴활동면의 위치로부터 1.5m 이상 옹벽 : 파괴활동면의 위치로부터 옹벽높이의 1/5을 더한 길이

표 개념 ⑮-1 앵커의 자유장(외국기준)

2 정착장 검토

- 지반앵커의 정착장은 마찰저항 길이(l_a)와 부착저항(l_p) 길이 중 큰 값으로 하고 최소 정착장은 표 개념 ⑮-2같은 대표적인 외국기준에 근거하여 토사층인 경우 4.0m 이상으로 한다.

외국기준	정착장
JSF(DI—88), BS 8081(1989), FIP(프랑스)	3.0~10m
FHWA(1999)	4.5~12m
PTI(1972)	4.6m 이상

표 개념 ⑮-2 앵커의 자유장(외국기준)

개념정리 ⑯ 어스앵커의 자유장, 정착장 검토 (2)

■ 그림 개념 ⑯-1 같이 앵커체의 위치에 따른 진행성파괴의 양상을 보면 정착장이 약 10m 이상이 되면 극한인발력은 거의 변화하지 않는 것으로 나타나므로 통상 앵커체 정착장은 10m 이하로 제한하는 것이 좋다.(앵커체 정착장이 10m이내인 경우 진행성파괴 검토를 생략. 정착장이 10m를 초과하는 부분에 대해서는 진행성파괴로 인하여 극한인발력의 증가가 없는 것으로 간주하여 설계)

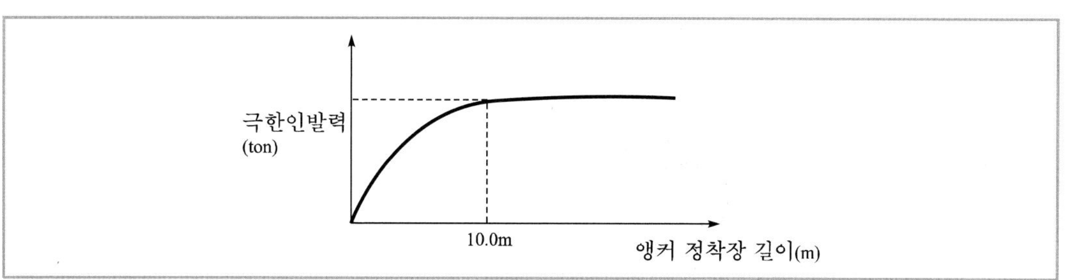

그림 개념 ⑯-1

3 그림 개념 ⑮-1과 그림 개념 ⑮-2에 대해 생각해볼 문제 → 가상 파괴면 기준점

■ **앵커의 자유장 검토시 가상 파괴면 기준점 위치가 아래와 같이 설계기준별로 불분명**

구분	구조물기초 설계기준	고속도로 설계실무지침서
앵커 자유장	• 가상활동 파괴면 + (1.5m 또는 0.15H 중 큰 값)	
가상 파괴면 기준점	• **불 분명**(굴착면, 파일선단)	• **파일 선단**

■ 개념적으로는 지하굴착 공사 시 **가장 위험한 단계는 최종 굴착면을 굴착한 후**이며, 이때 굴착면의 파괴 형태는 평면파괴 형태를 가정하여 **가상파괴면이 발생되는 기준을 굴착면으로 설정**한다. 즉, 굴착면 기준의 가상파괴면에 여유장을 합산시켜 앵커의 자유장을 계산하게 된다.

개념정리 ⑰ 어스앵커의 자유장, 정착장 검토 (3)

■ 그러나 위와 같은 개념으로 계산하여 (자유장 길이= 굴착면 기준 파괴면+여유장) 설계하였음에도 불구하고, **앵커의 정착장이 파괴면 내에 위치할 경우**, 굴착면을 기준으로 한 평면파괴 형태로 가정한 내용은 실제와 다르게 되는 것으로 볼 수 있다. **예를 들면 연약지반의 심도가 깊은 지반에 쉬트파일을 시공하고 앵커를 설치한 붕괴현장에서 앵커의 정착장이 파괴면 내에 위치한 경우를 볼 수 있다.** 이때 발생된 파괴면은 굴착면을 기준으로 발생된 것이 아니고 파일의 선단을 기준으로 발생된 것이기 때문에 이 경우에는 자유장의 길이를 확대시키는 것이 바람직하다.

■ 아래 그림과 같이, **앵커의 자유장 길이를 결정할 때 굴착면을 기준으로 파괴면을 가정**하고, 단, 굴착심도보다 깊은 연약지반에서 쉬트파일+어스앵커로 설계할 경우(쉬트파일은 강성이 작고, 변형이 크므로) 쉬트파일의 선단을 기준으로 파괴면을 가정하여 설계하는 것이 안정성 측면에서 타당할 것이다.

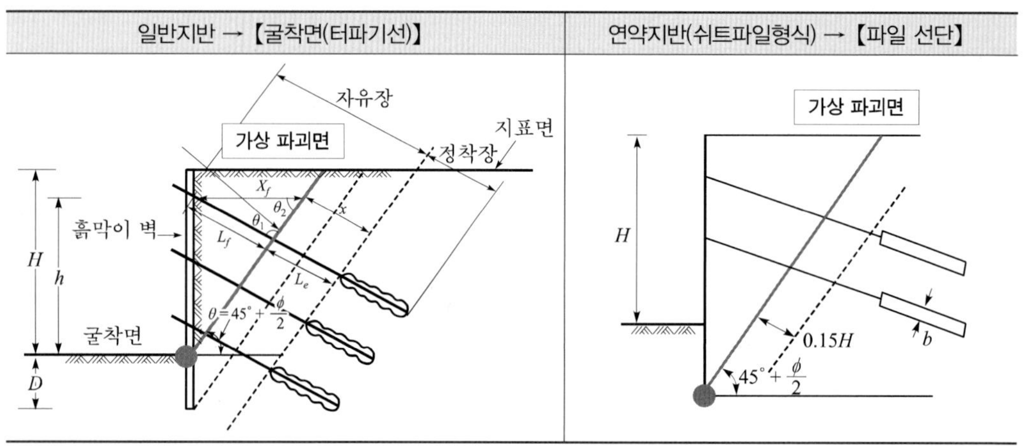

■ 정리하면, 앵커의 **지반 조건별로 기준점을 구분 적용하는 것을 원칙**으로 하되, 토질 조건(이탄질·점토질·사질 지반 등), 현장여건 등이 불리한 경우 파일 선단을 파괴면 기준점으로 적용.

구분	일반 지반	연약 지반
가상 파괴면 기준점	굴착면(터파기선) (모든 형식 가시설)	파일 선단 (쉬트 파일 형식)

개념정리 ⑱ 어스앵커의 설치각도

■ 앵커의 인발저항을 크게 하기 위하여 되도록 측압의 작용방향과 평행하게 앵커를 타설하는 편이 좋으나 현장여건, 즉 인발저항을 기대할 수 있는 지반의 위치나 매설물의 위치 및 시공성의 문제 등의 제한사항을 고려하여 허용 가능한 범위에서 결정한다.

■ 설치각도를 크게 잡는다는 것은 힘의 손실과 더불어 흙막이벽에 작용하는 연직방향 분력을 증가시켜 흙막이벽의 변형과 주변지반 침하 촉진요인이 되므로 **앵커설치 각도는 10~45° 범위로 한다.**

12.31 Earth Anchor의 안정성 검토(2)

③ 그라우트재와 주변지반 사이의 허용인발저항력이 설계앵커력보다 커야 한다.

$$P_{(.)w} \leq Q_{allow}$$ 식 12.31-1

여기서, $Q_{.allow}$= 그라우트재와 주변지반 사이의 허용인발저항력으로 다음 식과 같다.

$$Q_{allow} = \frac{Q_u}{F_s}$$ 식 12.31-2

여기서, Q_u=앵커의 극한인발저항력

F_s=안전율

앵커 설계에서 가장 중요한 것은 Q_u, 즉 극한인발저항력을 예측하는 것이다. 대부분의 경우 앵커의 정착력을 결정하는 것은 Q_u이다.

2 어스앵커의 극한인발저항력

- 어스앵커이 극한인발저항력 Q_u는 다음 식으로 표시할 수 있다.

$$Q_u = \tau_u \times \pi \times D_a \times l_a$$ 식 12.31-3

여기서, τ_u = 어스앵커의 단위인발저항력

D_a = 어스앵커의 직경(또는 천공직경)

l_a = 어스앵커의 정착길이

식 12.31-1 에서 **가장 중요한 것은 τ_u, 즉 어스앵커의 단위인발저항력을 예측하는 일**이다. 가장 대표적으로 Littlejohn(1990)이 제시한 τ_u은 다음과 같다.

$$\tau_u = c_a + K \times \sigma_n \times \tan\delta$$ 식 12.31-4

여기서, K = 토압계수

σ_n = 앵커체 정착장에서의 수직응력

δ = 그라우트체와 지반사이의 벽면마찰각 → ϕ 볼 수 있음

c_a = 그라우트체와 지반사이의 부착력 → c 볼 수 있음

$$\tau_u = c + K \times \sigma_n \times \tan\phi$$ 식 12.31-5

3 표 12.32-1 를 이용 식 12.31-4 에서 τ_u를 산정하는 실무적용시 중요한 몇 가지 문제점

① 이 표에서 제시한 값들은 근본적으로 **가압 그라우팅을 한 앵커에만 적용되는 값**이다. 앵커 시공 시 그라우트재를 주입하고 가압을 전혀 하지 않은 중력식 그라우팅에서는 단위인발저항력이 훨씬 적다.

지반의 종류			마찰저항(MPa)
암반	경암		1.00~2.50
	연암		0.60~1.50
	풍화암		0.40~1.00
자갈	N치	10	0.10~0.20
		20	0.17~0.25
		30	0.25~0.35
		40	0.35~0.45
		50	0.45~0.70
모래	N치	10	0.10~0.14
		20	0.18~0.22
		30	0.23~0.27
		40	0.29~0.35
		50	0.30~0.40
점성토			1.0c

* 무가압형 지반앵커(ground anchor)에서는 위 표의 값을 사용하지 말고 별도의 경험치 또는 분석이 필요하다.

표 12.32-1 구조물기초설계기준에서 제시한 어스앵커의 단위인발저항력(τ_u)

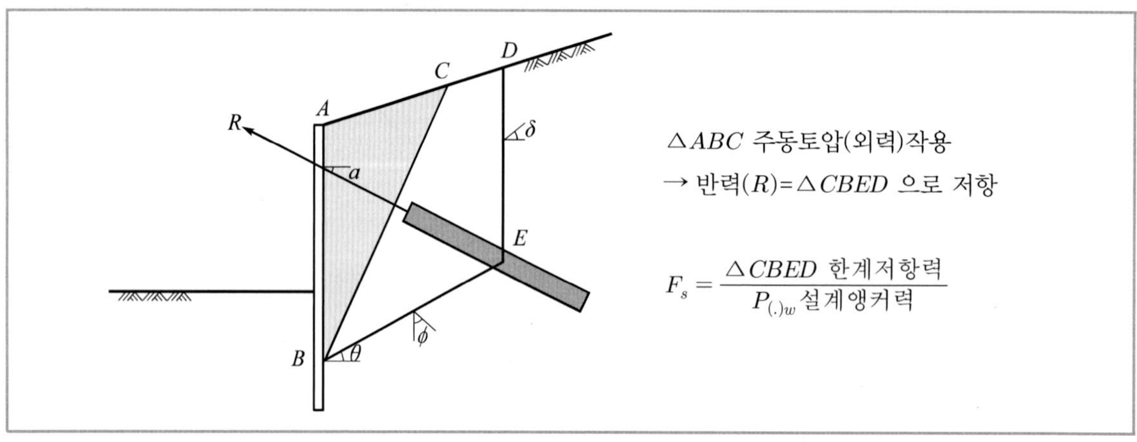

그림 12.32-1 Kranz의 내적안정 검토법

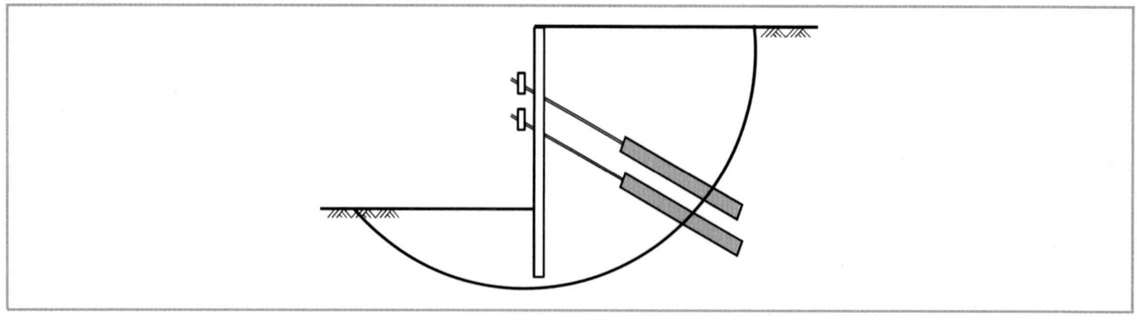

그림 12.32-2 원호활동법에 의한 외적안정의 검토

12.32 Earth Anchor의 안정성 검토(3)

② **두 번째 문제는 N값에 대한 것**이다. N값은 해머에너지 효율에 절대적으로 영향을 받으므로 효율 60%, 즉 N_{60}을 표준으로 한다. 표 12.32-1에서 제시된 N값은 일본에만 적용되는 값으로 보아야 하며, 일본에서의 평균에너지 효율은 73.8%로 아주 높다. 이에 반하여 우리나라에서의 효율은 52.5%정도로서 상대적으로 낮다. 따라서 에너지 효율 보정 없이 그대로 표 12.32-1을 사용하면 실제보다 아주 큰 τ_u값을 설계값으로 사용하게 됨을 주지하여야 한다.

③ 사질토에서의 단위마찰저항력은 이론적으로 보면 식 12.31-4에서 제시된 대로 앵커체에 작용되는 수직응력에 비례해야 하는데, 표 12.32-1에서 **제시된 값은 σ_n은 전혀 고려하지 않고 N값에만 의존하는 것으로 되어 있다**(인발 시 주변지반이 팽창하면 팽창으로 인한 압력이 앵커면에 추가 수직응력으로 작용되며, 이로 인하여 인발저항력 증가를 가져온다). 말뚝의 축방향 극한지지력(선단지지력, 주면마찰력 공히)은 수직응력에 계속 비례하는 것이 아니라 한계깊이($20D$)이하에서는 거의 동일하다고 가정한다(실제로는 한계깊이 개념의 오류). 이 이론은 앵커에서의 극한인발저항력에도 그대로 적용된다. 특히 가압형 앵커는 가압으로 인하여 수직응력의 변화를 가져오므로 초기의 수직응력에 의한 영향을 적게 받는다.

4 내적안정 검토와 외적안정검토

■ 내적안정 검토

① 내적안정계산이란 그라운드 앵커와 흙막이벽 관입부분 가상지점 사이의 깊은 활동면의 안정계산을 뜻한다. 가장 일반적인 내적안정 계산방법으로는 Kranz의 간이계산법이 사용된다.

② Kranz의 방법은 앵커체의 중앙점과 흙막이벽의 가상지점을 연결한 직선(BE)을 깊은 활동면이라고 가정하였을 때 지반(ABED)의 내부에 주동활동면(BC)이 발생하면 흙막이벽(AB)에 주동토압이 발생하여 앵커지점에 반력(R)이 발생한다. 이 반력(R)은 E점에서 앵커를 통해 지반으로 힘을 전달한다. 이때 반력(R)이 지반(CBED)로 저항한다는 가정하에 지반(CBED)의 한계저항력을 구하고 그 수평력과 앵커의 설계력과의 비를 안전율로 하는 것이다. 한계저항력의 수평분력(R_{hmax})은 그림 12.32-1 같이 구할 수 있다. (사질토지반의 경우 c=0으로 한다.)

■ 외적안정 검토

① 외적안정의 구체적인 계산방법은 그림 12.32-2 같이 **원호활동법**으로 수행하는 것이 일반적이다. 즉, 원의중심을 중심에서부터 앵커선단 바깥쪽으로 바꾸어 가면서 안전율을 구한 뒤 그 중 최소값을 외적안정계산의 원호활동에 대한 안전율로 한다.

② F_s값은 가설흙막이의 경우 1.2, 옹벽의 경우 1.5로 하며, 비탈면의 경우 건기 시에 1.5로 우기 시에는 해석방법에 따라 1.2 또는 1.3을 사용한다.

개념정리 ⑲ 지반에 타설된 어스앵커의 파괴메카니즘

1 앵커체와 인장재의 인강강도 부족에 따른 파괴 :

인장강도를 고려한 강연선의 본수 결정 $n = \dfrac{P_{(.)w}}{\tau_{pg} \times \pi \times (d_p) \times (l_p)}$

2 l_p=인장재의 부착길이 부족으로 인한 파괴 : $l_p = \dfrac{P_{(.)w}}{\pi \times (d_p) \times \tau_{pg} \times n}$

3 l_a= 어스앵커의 정착길이 부족으로 인한 파괴 : $l_a = \dfrac{P_{(.)w} \times F_s}{\tau_u \times \pi \times (D_a)}$

4 자유장 길이 부족에 따른 파괴 :

평면(직선)파괴 뿐만 아니라, 원호활동파괴에 대해서도 안정해야 한다. 따라서 앵커의 자유장은 가상 활동면으로부터 1.5m 또는 굴착깊이에 0.15H (H=굴착깊이)를 더한 값 중 큰 값을 적용하되 최소 4.0m 이상으로 한다

5 진행성 파괴 :

지표면에 가까운 쪽의 앵커체로부터 인장력이 부담하고, 인장력이 전단강도 초과시 앵커 선단부로 인장력의 분포가 이동함. 설계시 동시파괴 개념으로 전채의 앵커정착길이가 유효한 것으로 고려하나 인장력에 따라 진행성파괴가 발생하게 됨. 따라서 정착길이는 10.0m이내로 제한하고 있음.

6 어스앵커의 정착지반의 Block 파괴 :

앵커체가 근접해 있을 경우 앵커 1개당 극한인발력이 감소되는 현상으로, **Group Effect 고려 설계필요**

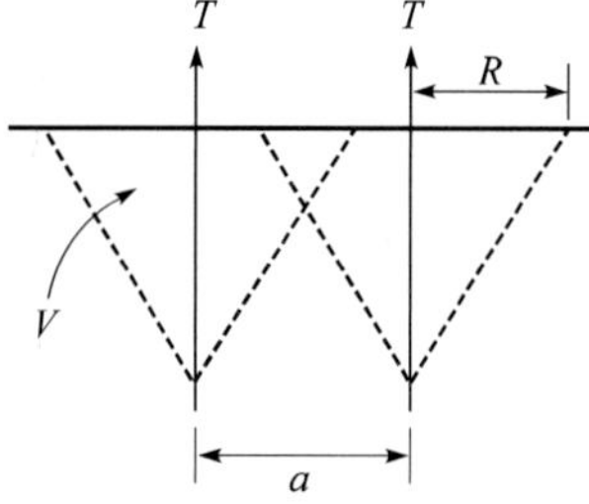

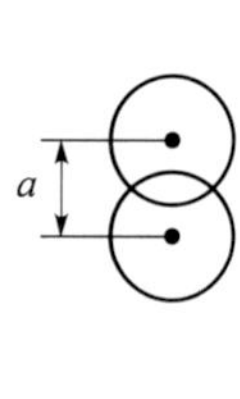

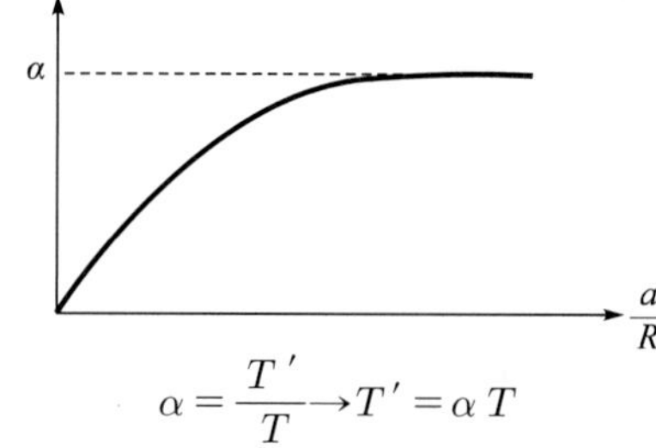

$\alpha = \dfrac{T'}{T} \rightarrow T' = \alpha T$

Group Effect에 의한 극한인발력의 저감율 α고려, 자유장+정착장 길이를 30m이내로 제한

개념정리 ⑳ 다음 질문에 대해서 답을 해보자. (1)

질문 Earth Anchor를 다음 조건에 의거하여 계산하시오.

조건 굴착고 : G.L−8.0m, 반력 : 30 ton

엄지말뚝간격 : 2.0m, 배면토의 내부마찰각 : 30°

Earth Anchor 설치 각도 : 30° Earth Anchor 위치 : G.L−1.0m

천공직경 : 10cm, 정착부의 주면마찰력저항 : 2kg/cm^2

(1) 자유 길이 (2) 정착 길이 (3) 앵커력

개념정리 ㉑ 다음 질문에 대해서 답을 해보자. (2)

그림 개념㉑-1에서 어스앵커의 설치각은 30°로서 10°~45°사이에 있으므로 적정하고, Earth Anchor 1단 위치는 지표면에 −1.0~−1.5m 사이에 위치하므로 적정하다.

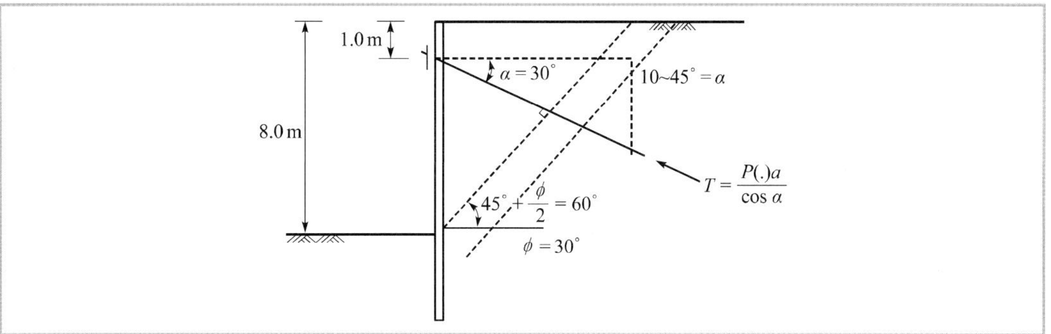

그림 개념㉑-1

자유장 길이 계산

$\phi = 30^\circ$ 이므로 $\theta = 45 + (30/2) = 60^\circ$ 따라서 $(7m \times \sin 30) + (0.15 \times 8$ 또는 $1.5m) = 5.0m$ 자유장의 길이는 최소 4.0m이상 되어야 하므로 **자유장 길이=5.0m** O.K

정착장 길이 계산

① 설계앵커력 $P_{(.)w} = \dfrac{P_{(.)} \times a}{\cos\alpha} = \dfrac{30}{\cos 30^\circ} = 69.3\text{ton}$

② 정착장의 길이 $l_a = \dfrac{P_{(.)w} \times F_s}{\tau_u \times \pi \times (D_a)} = \dfrac{69.3 \times 1.5}{20 \times \pi \times 0.1} = \dfrac{103.95}{6.28} = 16.5m$

③ **정착길이=16.5m**로서(10.0m 이상이므로 N.G) 진행성파괴 가능성을 고려 가급적 10.0m이내 제한이 필요. 따라서 앵커간격 축소 및 직경확대 검토 필요. 어스 앵커의 간격은 수직방향으로 $3.5D$, 수평방향으로 $4.0D$ 이상 확보한다.

자유장+정착장 길이 제한

천공각 오차가 그림 개념㉑-2 같이 2°날 경우 간섭영향(Group Effect)에 의한 극한인발력의 저감율 α고려, 자유장+정착장 길이를 30m이내로 제한한다.

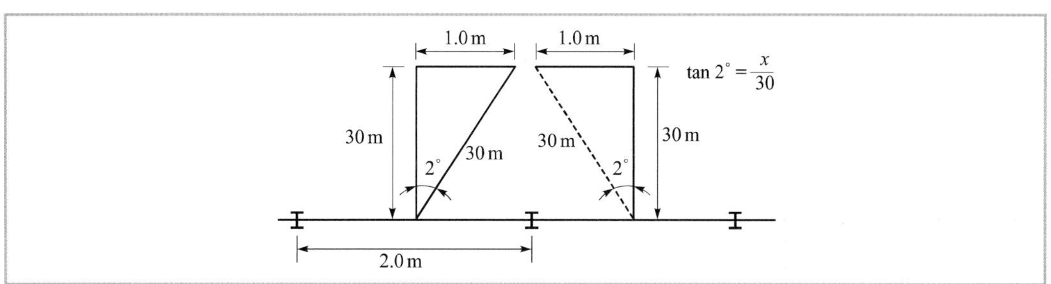

그림 개념㉑-2

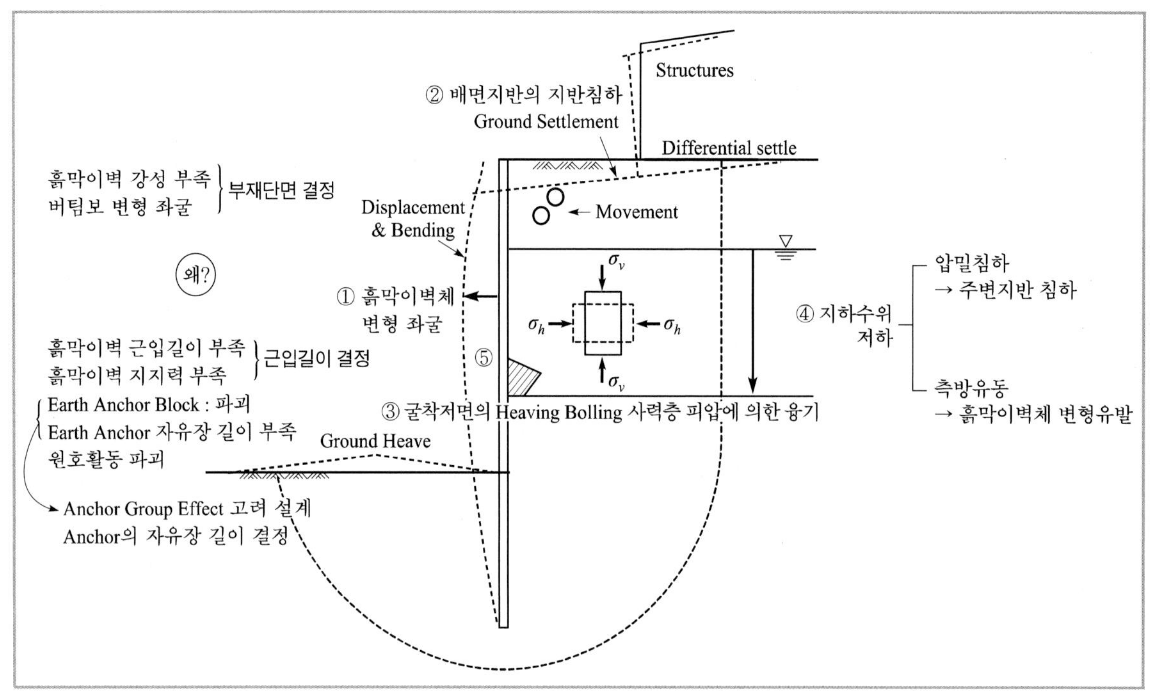

그림 12.33-1 지반굴착에 따른 흙막이 벽의 여러 거동현상 원인

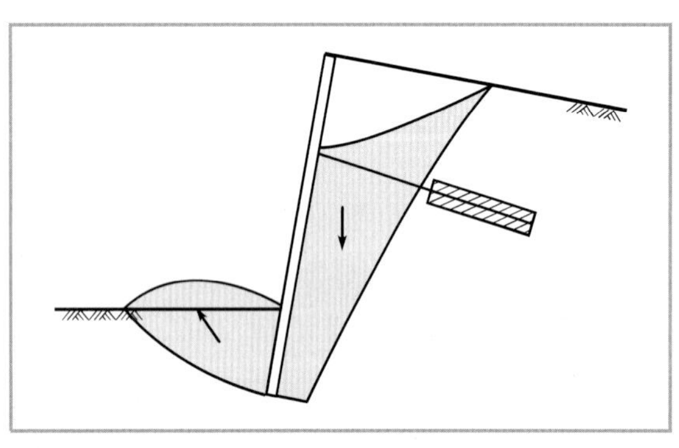

그림 12.33-2 흙막이벽 근입깊이 부족

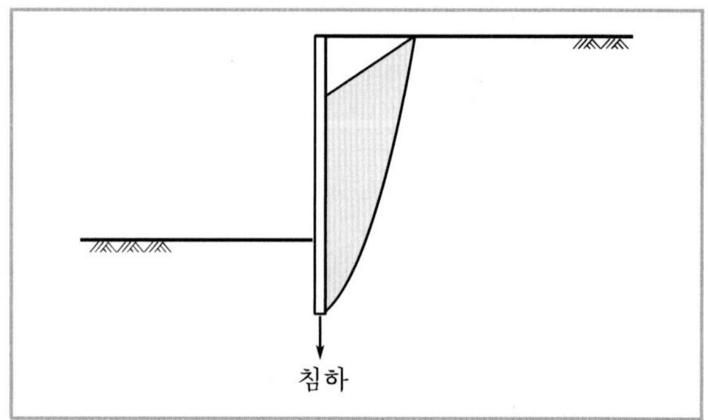

그림 12.33-3 흙막이벽 지지력 부족

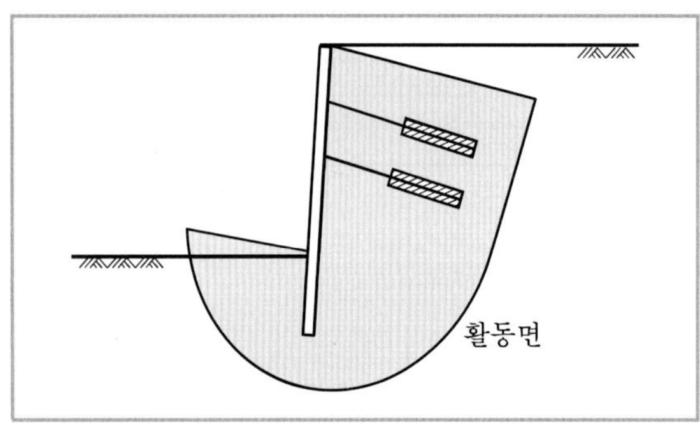

그림 12.33-4 원호활동 파괴

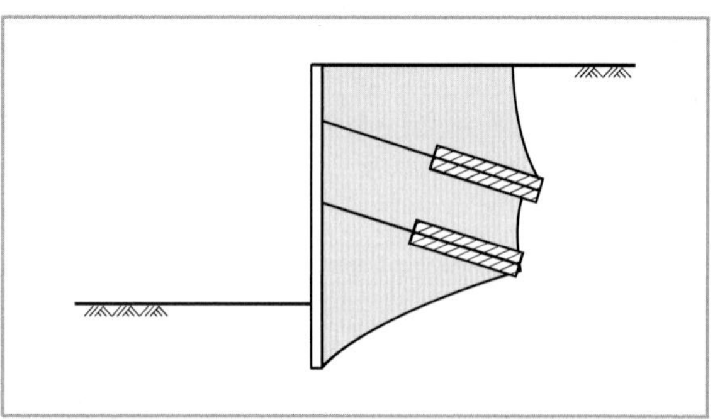

그림 12.33-5 어스앵커 정착지반의 Block파괴

12.33 흙막이벽 수평변위 발생원인(12.20과 연계학습)

그림 12.33-1 을 통해 지반굴착에 따른 흙막이벽의 여러 거동현상 원인을 설명하였고, **지반침하발생의 주된 요인**은 **벽체의 수평방향 변위, 지하수 흐름에 따른 유출**, 그리고 **점성토 지반인 경우에는 저면융기** 등이 있다, 연약한 점성토 지반이나 침투에 의한 토사유출의 가능성이 큰 지반에서의 굴착과 같은 특수한 경우를 제외하고는 **흙막이벽체의 수평방향 변위가 굴착 인접 지반침하에 가장 큰 원인**이라고 설명되었다.

지금부터는 이 중에서 **흙막이벽체의 수평방향 변위발생 원인에** 대해 Earth Anchor를 연계하여 설명할 것이다

[1] 흙막이벽의 강성부족으로 인한 벽체의 휨 변형

흙막이벽체의 휨은 버팀대 변형과 일체로 나타나며, 휨 량은 굴착시 최하단 **버팀대 위치에서 굴착밑면 가상지지점까지의 거리**와 흙막이벽체의 강성과 지반조건에 따라 상이하게 된다.

※ 벽체의 강성 : H−Pile+토류판 → 쉬트파일 → S.C.W → C.I.P → 지중연속벽

[2] 버팀대의 변형 및 좌굴(탄소성 변형)

[1]과 [2]의 사항은 흙막이 구조물의 설계과정에서 부재단면 결정과 관련된 사항임

[3] Earth Anchor의 Block 파괴

개념 정리 ⑲ 지반에 타설된 어스앵커의 파괴메카니즘에 해당하는 사항임

[4] 버팀대의 설치의 시간적 지체 및 과굴착

[5] 흙막이 벽체 근입깊이 부족

흙막이벽체의 근입깊이가 부족하면 근입부가 이동, 변형하여 하부지반을 활동 회전시키거나 흙막이벽의 변형이 크게 발생한다. 이 영향은 비교적 광범위하고 그 양도 크다. 특히 근입깊이가 부족하게 되면 사질토지반에서 보일링이나 점성토지반에서 히빙이 발생될 수 있으므로 이에 대한 고려가 필요

[6] 흙막이 벽의 지지력 부족

[5]과 [6]의 사항은 흙막이 구조물의 설계과정에서 근입깊이 결정과 관련된 사항임

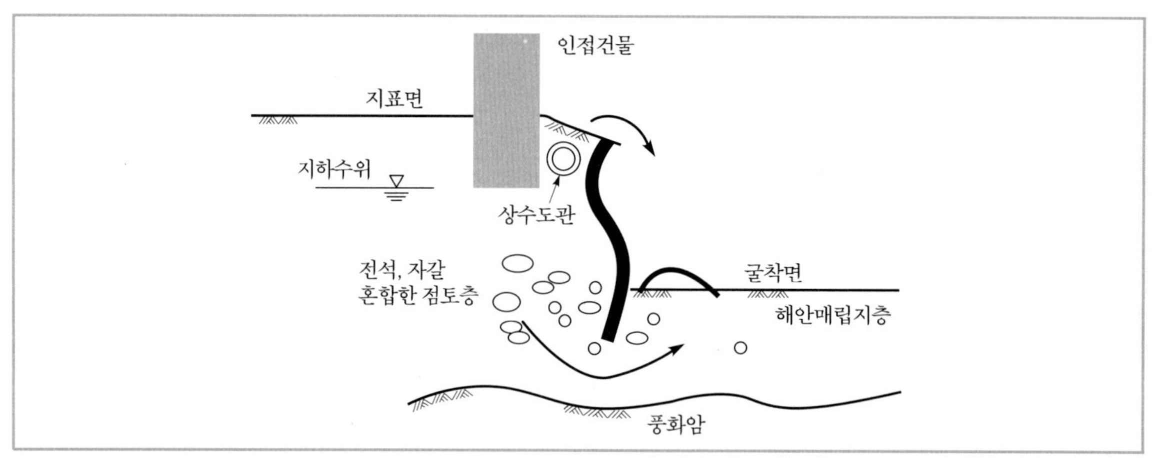

그림 12.34-1 주변오수관 이설공사 영향에 따른 붕괴사례

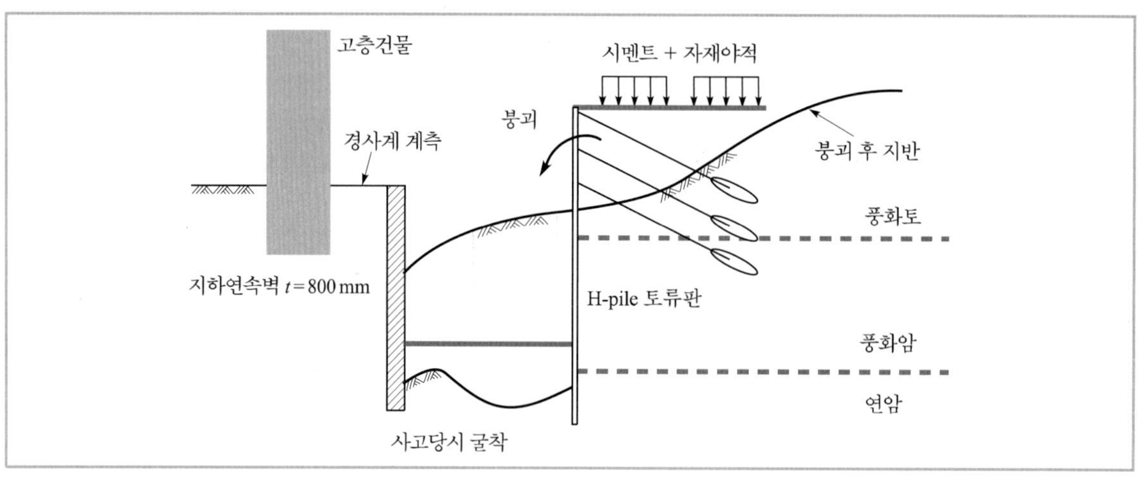

그림 12.34-2 복합벽체와 복합지지방식에서의 붕괴사례

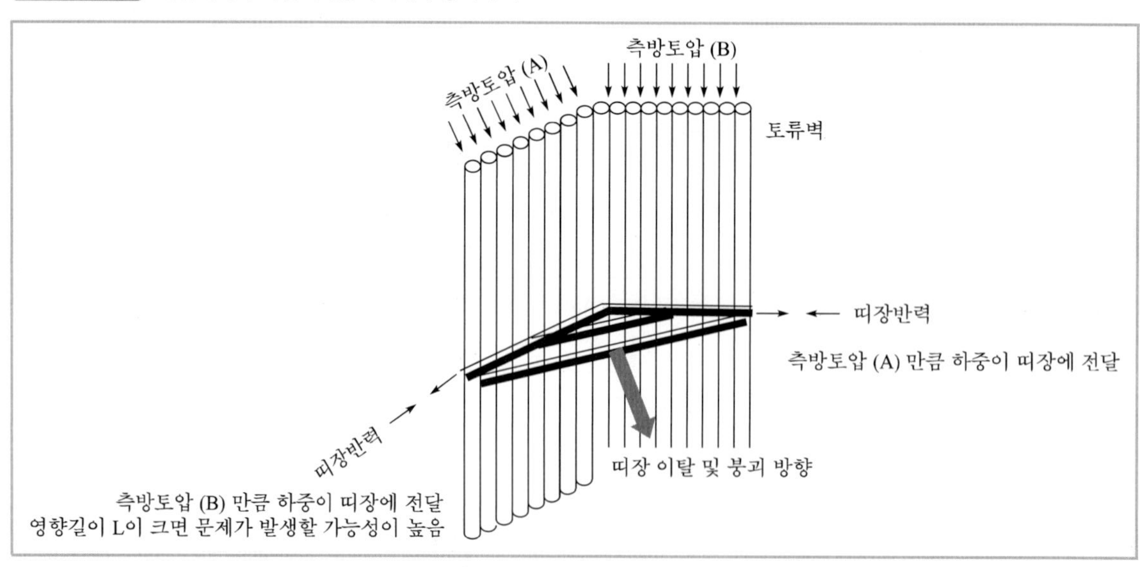

그림 12.34-3 모서리 스트럿 붕괴사례

12.34 흙막이 구조물의 붕괴유형에 대한 분석사례(1)

1 그림 12.34-1 주변오수관 이설공사 영향에 따른 붕괴사례

① 4층 건물이 토류벽 붕괴로 굴착측 내로 전도되는 피해 발생

② 붕괴의 원인으로는 전석, 자갈이 혼합된 점토층에 sheet pile **시공불량**으로 벽체의 불연속 부분을 통해 **지하수와 토사유출(Boiling)**, **벽체의 강성부족**으로 벽체변위가 컸고, 지하수와 토사유출로 상수도관의 침하촉진 및 상수도관의 부등침하로 연결부(joint) 파손과 상수도 수압으로 **벽체를 순식간에 붕괴**시킴

③ 이 현장에서는 **인접건물 보호를 고려한 설계 및 계측이 미비**했던 것이 대형사고를 예방하지 못한 이유로 분석됨

2 그림 12.34-2 복합벽체와 복합지지방식에서의 붕괴사례

① 34m 굴착 중 대부분의 굴착장비와 스트럿, 중간말뚝 등이 파손되었다.

② 건물 반대측 배면에 **시멘트와 자재야적 등으로 토압이 증가**되고, **어스앵커의 정착장**이 움직이며 순식간에 건물 측으로 붕괴, 고층건물측은 **지하연속벽**이 암반까지의 보강(underpining)기능으로 지지하고 있어 고층건물에 피해가 없었음

③ **도심지 굴착시 공간부족**으로 **자재 및 건설장비 등을 벽체부근에 야적**하게 되면 **앵커의 하중이 크게 증가**할 수 있음

④ 건물측은 **지하연속벽**, 반대측은 H-pile+**토류판공법**이 사용되고 상부앵커 지지와 하부 스트럿 복합지지로 **변형해석이 용이치 않음**

⑤ **풍화토, 풍화암은 굴착 후** 지하수로 인하여 습윤, 건조 및 수축이 반복되어 **급속하게 풍화토로 변질**되며 **강도가 상당히 저하**될 가능성이 있음

⑥ 45m 길이 스트럿의 좌굴길이(l)과 모멘트($\frac{wl^2}{12}$) : **스트럿과 중간말뚝의 연결 강성문제**

3 그림 12.34-3 굴착면을 향한 단층점토층 협재에 의한 붕괴사례

① **모서리(corner)의 스트럿 활동**으로 인해 붕괴가 발생한 사례

② 측방토압(A)와 (B)의 띠장이 견딜 수 없을 정도로 토압이 크거나 띠장 반력이 부실한 상태에서 측방토압(A)와 (B)의 하중이 전달되어 모서리 코너 스트럿이 이탈되어 붕괴된 사례이다.

③ 이러한 모서리 스트럿 활동은 굴착심도가 클수록 코너 배면 지반의 붕괴와 토류구조 전체의 연쇄파괴가 발생할 가능성이 높다.

④ 굴착 전 띠장 반력이 가능한지 점검하고, 측방토압이 띠장 압축허용치를 초과하지 않도록 코너 스트럿 길이 제한해야 한다.

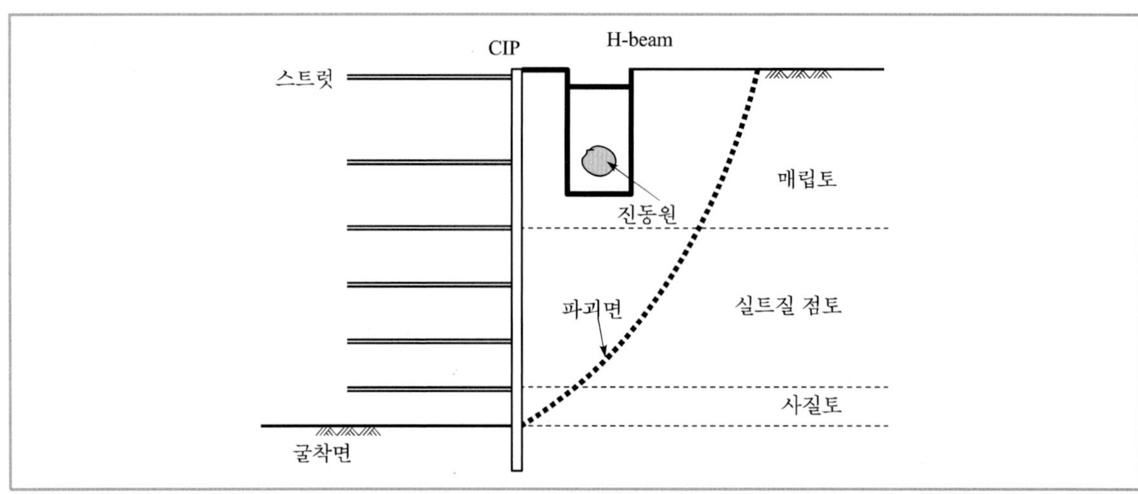

그림 12.35-1 주변 오수관 이설공사 영향에 따른 붕괴사례

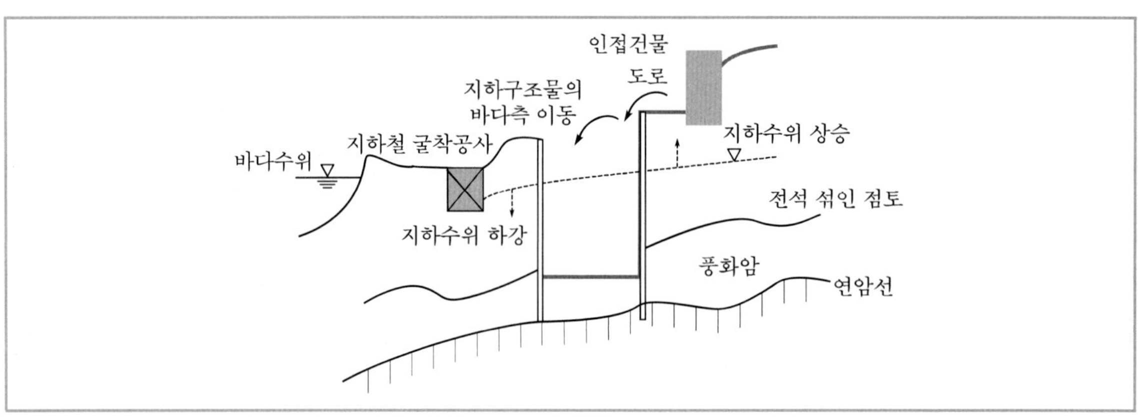

그림 12.35-2 지하연속벽+스트럿의 경사면 공사의 붕괴사례

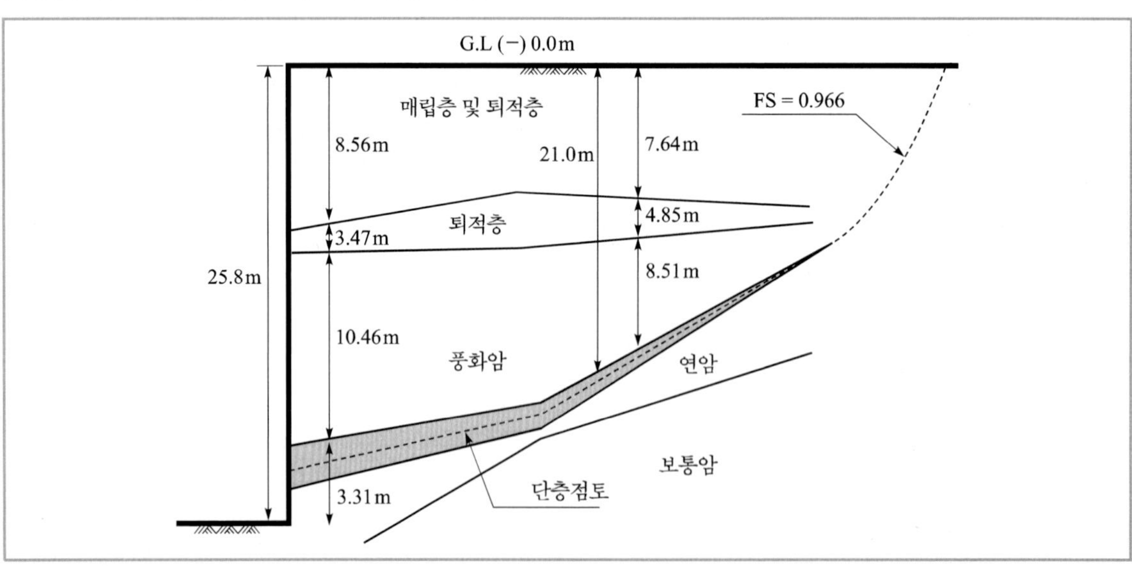

그림 12.35-3 굴착면을 향한 단층점토층 협재에 의한 붕괴사례

12.35 흙막이 구조물의 붕괴유형에 대한 분석사례(2)

CHAPTER 12

3 그림 12.35-1 주변 오수관 이설공사 영향에 따른 붕괴사례

① CIP 벽체와 지하매설물 공사가 진행 중이던 OO 현장의 붕괴면은 그림 12.35-1과 같이 Φ600 오수관이 현장내에 설치되어 있고, **CIP 벽체의 품질관리에 문제가 있었다.**

② 벽체 배면에서 1.7m 떨어진 곳에서 새로이 Φ600 흄관을 신설하는 과정에서 흄관 설치용 에어해머(air hammer)와 에어 콤퓨레셔(air compressor)건 등이 작용하였고 **가상파괴면 내의 동적응력(dynamic stress)은 과잉간극수압 발생과 전단강도 저하를 유발**하였을 것이다. (파괴면내의 **점토층에서 진동을 가함**으로써 강도의 저하와 충격하중을 작용시킴)

③ 주변 오수관 이설공사의 영향으로 주변 **상수도가 파열**되고 이에 따른 **수압의 작용이 벽체의 안전에 영향을 줌.** (주변 상수도의 손상으로 **주변지하수위 상승에 대한 수압고려가 설계시에 미비**하였으며 계측이 실시되지 않았음)

4 그림 12.35-2 지하연속벽+스트럿의 경사면 공사의 붕괴사례

① 경사면에 지하연속벽과 스트럿 지지공법을 적용한 현장의 붕괴사례는 그림 12.35-2와 같다. 이 현장에서는 해안매립지반과 연결된 경사면에 지하연속벽을 암반까지 근입시킨 후 스트럿으로 지지하여 24m까지 굴착을 진행하였다.

② 이때 차수벽인 지하연속벽의 시공으로 산측에서 바다로 흐르는 지하수가 차단되어 **산 측 지하수위는 상승하고 바다 측 지하수위는 하강**하여 산측 도로가 굴착현장으로 붕괴되는 사고가 발생되었다.

5 그림 12.35-3 굴착면을 향한 단층점토층 협재에 의한 붕괴사례

① 현장 시공상황은 흙막이 벽체(나대지구간 : H-PILE+흙막이판, 지하철구간 : 지중연속벽)를 축조하고 G/A(Ground Anchor)로 흙막이 벽체를 지지하면서 굴토공정이 이루어지고 있었다. 붕괴당시 **최종 굴착심도에서 약 1.0m 정도 남겨둔 상태**이다. 사고발생 전 계측결과는 별다른 이상 징후없이 안정적인 상태를 나타내고 있었으나, 흙막이벽체 **배면지반에서 급격한 인장균열 발생**과 동시에 흙막이벽체의 수평변위가 발생되어 **흙막이 벽체가 붕괴되고, 배면토사는 유실**되었다.

② 배면 지반 내에 **굴착면을 향해 경사진 단층점토층이 협재**되어 있었다. 단층점토층은 점토와 흑연을 함유한 단층마찰면이 수동저항역할을 하던 하부 지반으로 부터 굴착과 동시에 저항력이 급격히 상실 되어 붕괴된 것으로 보임.

③ 붕괴사고 분석결과 첫째로는 **시추조사방법이 부적합**하였고(BX-Boring), 둘째로는 **조사내용이 부실**하였음(지반조사심도가 굴착깊이보다도 짧게 함에 따라 **단층점토구간을 확인할 수가 없었다**)

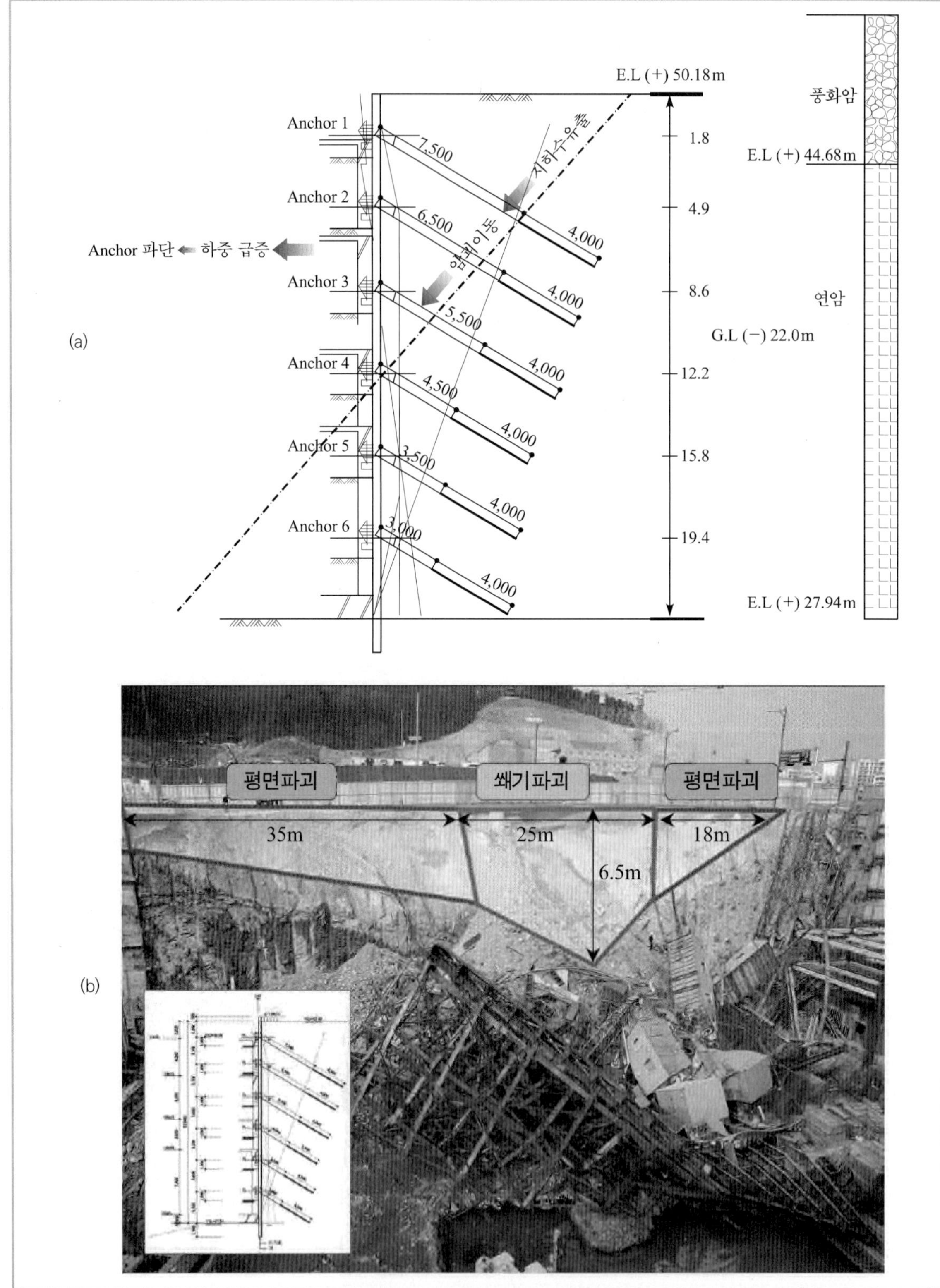

E.L (+) 50.18m
풍화암
Anchor 1
1.8
7,500
E.L (+) 44.68m
지하수유출
Anchor 2
4.9
6,500
4,000
Anchor 파단 ← 하중 급증
암괴이동
Anchor 3
4,000
8.6
연암
5,500
G.L (−) 22.0m
(a)
Anchor 4
4,000
12.2
4,500
4,000
Anchor 5
15.8
3,500
4,000
Anchor 6
3,000
19.4
4,000
E.L (+) 27.94m
평면파괴
쐐기파괴
평면파괴
35m
25m
18m
6.5m
(b)

그림 12.36-1

12.36 흙막이 구조물의 붕괴유형에 대한 분석사례(3)

6 그림 12.36-1 지하연속벽+스트럿의 경사면 공사의 붕괴사례

① 본 사례는 그림 12.36-1b 같이 지하 5층 약 22m 깊이 굴착이 진행 중 암반의 파괴가 발생하였다. 당 현장은 택지개발지구내로서 주변에는 다수의 신축건물 굴착공사가 진행되고 있다.

② 그림 12.36-1a 같이 **흙막이 벽체**(H-Pile + **흙막이판)축조 후** Earth Anchor(6단) 시공하고 중앙부 복공작업을 위해 복공구조물시공 중 근접 철골(복공)구간이 붕괴되면서 흙막이 벽체가 붕괴되었다. 그림 12.36-1b 에 도시된 바와 같이 길이 78m 폭 6.5m이 붕괴되면서 철골(복공)구간 상·하부에서 작업중이던 근로자가 사망한 사고였다.

③ 본 현장은 붕괴 전에 이상 징후가 발생되었고 흙막이 벽체의 변위가 계속 진행되었으나, 일부구간에서는 굴착공사가 완료되었고 붕괴구간에서는 굴착공사가 마지막 단계이므로 빨리 구조물 공사를 하는 것이 유리하다고 판단하여 공사를 진행하던 중에 있었다.

④ 또한 이 지역에 몇일 간격으로 많은 비가(약 30mm)내려 **다량의 우수가 흙막이 벽체 배면의 암반 파쇄대로 유입**되어 **암반 파괴면에 윤활유 역할**을 하였던 것으로 나타났다.

⑤ 붕괴 원인으로는 첫째로 **암반의 절리면에 대한 평가부족**을 포함한 지반조사 부실과, 둘째로는 **설계에 적용한 암반정수의 부적합성**이다. 그리고 셋째로는 **이상 징후에 따른 변위 발생 후 신속한 조치를 실시**하여 추가적인 붕괴사고를 방지하지 못하였다.

개념정리 ㉒	소단(Berm) (1)

1 소단의 역할
① 압성토 형태로 버팀보 설치전 지지역할
② 수동토압으로 작용하여 근입깊이 증대 및 안정성 확보 역할

2 주의사항
① 과굴착 주의 – 과도한 굴착은 변형과 과다응력을 발생시킴으로 흙막이 벽의 변위 및 침하를 유발하며 심한 경우 붕괴까지 진행됨
② 굴착중 소단의 교란발생에 주의
③ 굴착지반 소단경사는 일반적으로 토사인 경우 1:1 정도를 유지함
④ 우기시 소단부 유실 방지 시설 필요
⑤ heaving과 piping 발생에 주의함

개념정리 ㉓ 소단(Berm) (2)

3 소단의 설치

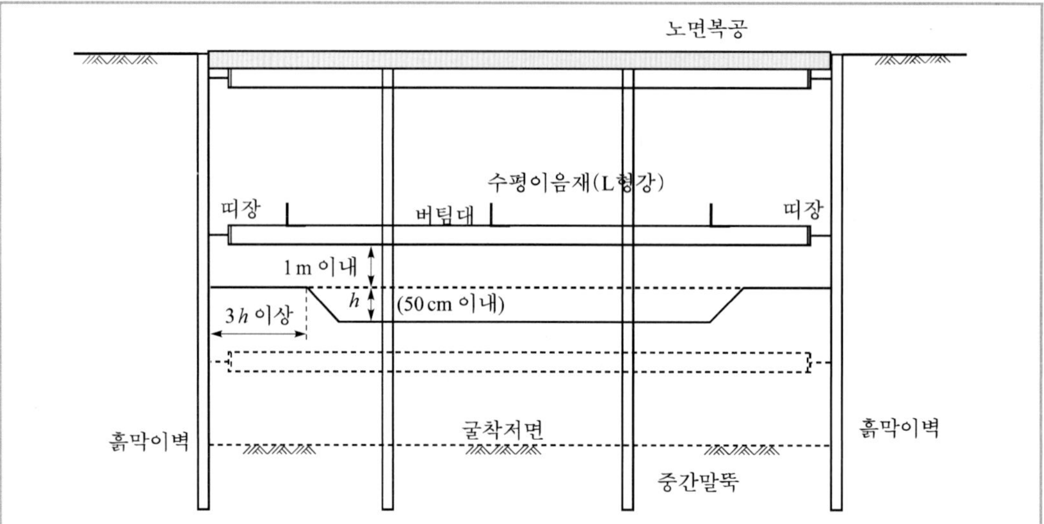

그림 개념㉓-1

① 소단은 일반적으로 $H=50cm$ 정도 과굴착을 실시함

② 소단의 길이는 $3H$이상 충분히 확보함

③ 사면경사는 1:1~1:1.3(토사지반)정도로 함

4 안정검토

① 근입깊이 산정시 소단에 의해 수동토압이 감소되며 이를 저감계수를 이용하여 고려함

② 수동토압 저감계수 $\alpha = \dfrac{S_1 - S_2}{S_1}$

여기서, △OBD의 면적 = S_1,

△ABC의 면적 = S_2

③ 저감된 수동토압

$P_p = (r \cdot H \cdot K_P + 2 \cdot c \cdot \sqrt{K_P}) \times \alpha$

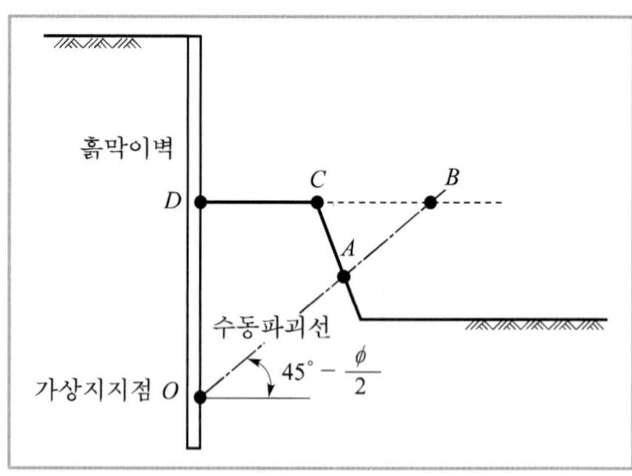

그림 개념㉓-2

개념정리 ㉔ 다음 질문에 대하여 답해보자 (1)

질문 계곡부에 근접하여 그림 개념㉔-1 같이 앵커지지형식의 가시설이 시공되었다. 집중강우발생 후 지중경사계를 이용한 계측분석결과 관리기준치 이상의 과다변위가 발생되었다. 가시설 벽체 변위발생 원인 및 대책공법에 대해 생각해보자.

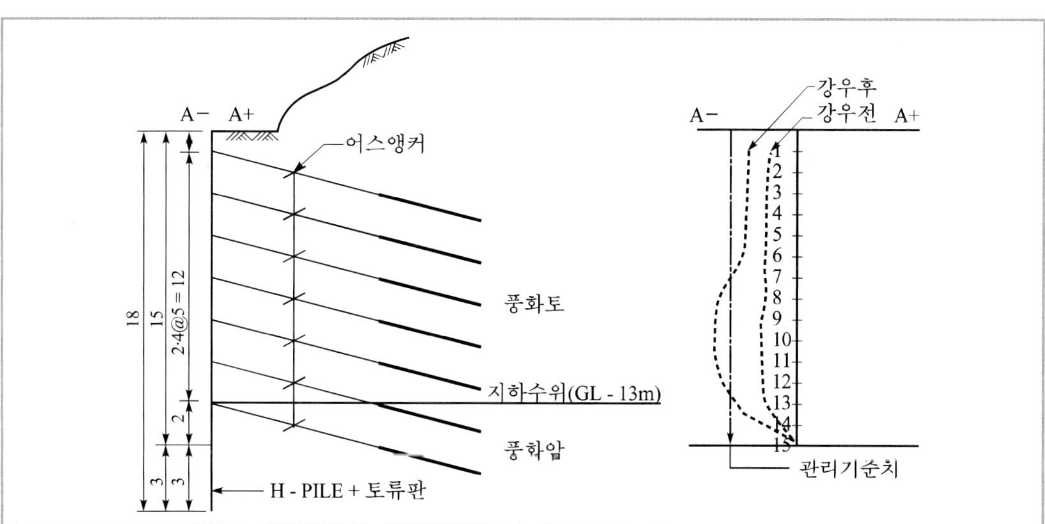

그림 개념㉔-1

왜 가시설 벽체의 변위가 발생되었을까?

① 문제에서 주어진 조건에서 집중호우 발생 후 과다변위가 발생점을 고려시 외력으로서 수압의 증가와 내력으로서 $Q_{allow} = \dfrac{Q_u}{F_s}$ 에서 그라우트재와 주변지반사이의 허용인발저항력(τ_u) 감소를 생각할 수 있다.

② 즉, 어스앵커의 극한인발저항력 $Q_u = \tau_u \times \pi \times D_a \times l_a$에서 가장 중요한 요소인 어스앵커인 단위 인발저항력은 $\tau_u = c_a + K \times \sigma_n \times \tan\delta \rightarrow \tau_u = c + K \times \sigma_n \times \tan\phi$ 로서 여기서 c , ϕ값이 그림 개념㉔-2 같이 집중호우로 인한 전단강도 감소가 주원인이 될 수 있다.

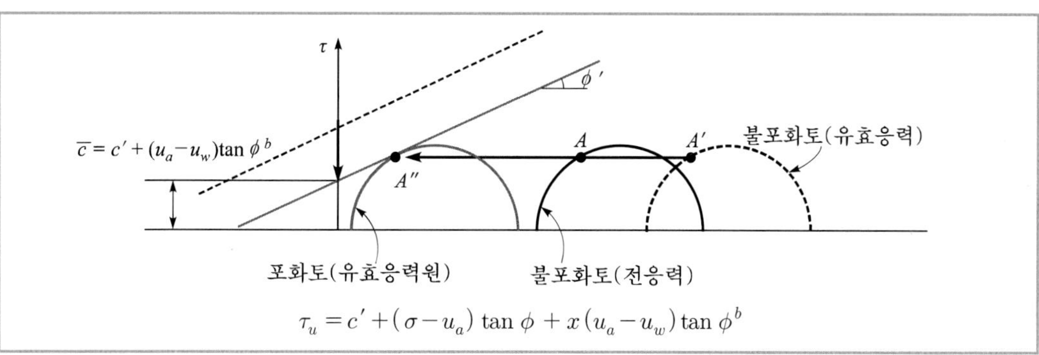

그림 개념㉔-2

개념정리 ㉕ 다음 질문에 대하여 답해보자 (2)

그럼 설계시 어떻게 고려해야 할까?

① 첫 번째 앵커지지형식의 가시설 설계시 외력으로서 지하수위 상부 풍화토구간에 대해서도 강우침투로 인한 전단강도의 저하를 고려하여 **경험토압 적용시 반드시 수압을 별도로 고려**하여 주어야 한다.

② 두 번째 어스앵커의 단위 인발저항력($\tau_u = c + K \times \sigma_n \times \tan\phi$)산정시 실무에서 적용하고 있는 표 12.32-1 에 대한 주의를 요한다. 즉, 표 12.32-1 은 가압 그라우팅을 한 앵커에만 적용되는 값으로서 앵커 시공시 그라우트재를 주입하고 가압을 전혀 하지 않은 중력식 그라우팅에서는 단위인발저항력이 훨씬 적다. 또한 표 12.32-1 은 일본에서의 N값을 기준으로 한 것으로 일본과 국내의 에너지효율 차이로 인해 보정없이 사용시 실제보다 아주 큰 τ_u값을 설계값으로 사용하게 될 수 있다.

③ 세 번째 설계시 강우침투로 인한 전단강도 저하를 고려하기 위해 배수공을 설계하여야 한다.

개념정리 ㉖ 다음 질문에 대하여 답해보자 (1)

질문 버팀보 지지흙막이 공사에서 토류벽 배면에 지중수평변위계(Inclinometer)를 매설하여 계측된 결과는 그림 개념㉖-2 같다. 각 각의 경우에 대해 변위발생 원인과 대책에 대해 생각해보자.(단, 아래 그림에서 ①, ②는 굴착단계 계측결과, ③은 굴착완료 후 계측 결과임)

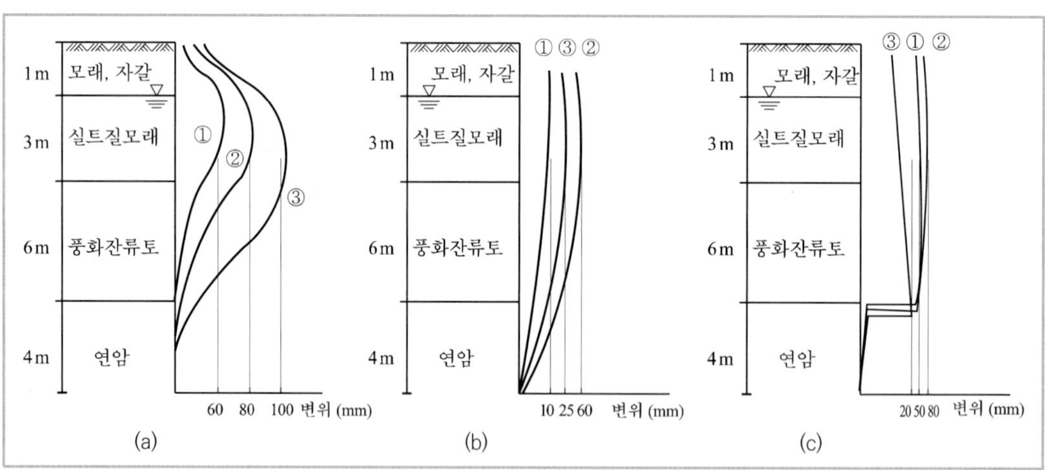

그림 개념㉖-1 (a) 일반적 변위, (b) 연암부 과다변위, (c) 지층경계부 이상변위

개념정리 ㉗ 다음 질문에 대하여 답해보자 (2)

흙막이 구조물의 수평 변위가 왜 발생? 대책? 에 대하여 생각해보자.

(a) 일반적 변위

① 흙막이 지보상태 :

상부는 Tie-Rod Ancor에 의한 지지된 상태이나 하부는 버팀보 또는 어스앵커로 아직 지지되지 못한 상태에 따라 흙막이 벽 변위가 발생됨

② 원인 :

굴착진행과 굴착완료 후에 수평변위가 계속 누적되고 최대 약 100mm 발생. 모래 자갈층과 연암사이에서의 변위는 상대적으로 실트질 모래나 풍화전류토 보다 적음. 실트질 모래와 풍화잔류토층에서 흙막이 배면 **지하수위에 의한 수압발생 및 상재하중에 의한 과다측압이 발생**되어 변위발생된 것으로 추정됨.

③ 대책 :

흙막이 벽은 기 시공되었으므로 G.L(−1m~−4m)구간에 **어스앵커 설치**. 어스앵커가 지하수위로 설치 곤란할 경우 **버팀보 간격이 축소**하여 설치

(b) 연암부 과다변위

① 흙막이 지보상태 : 버팀보 및 어스앵커에 의해 지지된 상태

② 원인 :

연암위 지층에서는 어스앵커 또는 버팀보 설치로 인하여 비교적 변위가 적으나 연암층에 상대적으로 변위가 큼. 연암의 암질일 양호하여 불연속면이 적은 Masinve한 상태로 판단하였으나 실제 상태는 불량하여 측압이 발생된 것으로 추정. 결국 **연암부 근입장 부족 및 최하단 버팀보 간격 불량, 과굴착이 원인으로 추정**됨

③ 대책 :

근입깊이 확보 및 **최하단 버팀보 설치간격 조정**, **굴착면 Berm설치** 등으로 연암부 변위를 억제시켜야 함

(c) 지층경계부 이상변위

① 흙막이 지보상태 : 버팀보 및 어스앵커에 의해 지지된 상태

② 원인 :

전체적인 변위량은 그리 크지 않으나 연암경계부에서 수평 변위량이 급격히 변함, 굴착완료 후가 적은 변위를 나타내는 것은 버팀보 또는 어스앵커가 보강력을 발휘하고 있기 때문임. 연암은 암질이 대단히 양호하여 측압이 비교적 적은 상태로 판단됨. 연암 위 풍화잔류토 지층에서 상대적 큰 변위 발생은 굴착시 흙막이 벽체의 과도한 수평변위가 발생된 것으로 추정됨. **과도한 수평변위의 원인**으로는 과굴착과 버팀보 설치지연, 흙막이 벽체 누수에 의한 파이핑발생, 어스앵커의 시공불량(또는 Group Effect)에 의하여 과다변위가 발생한 것으로 추정됨

③ 대책 :

버팀보 간격 조정, 어스앵커 정착장 확보, 흙막이 벽 차수성 확보하거나 아니면 **배면 그라우팅에 의해 부분 누수에 의한 파이핑현상을 사전에 예방**

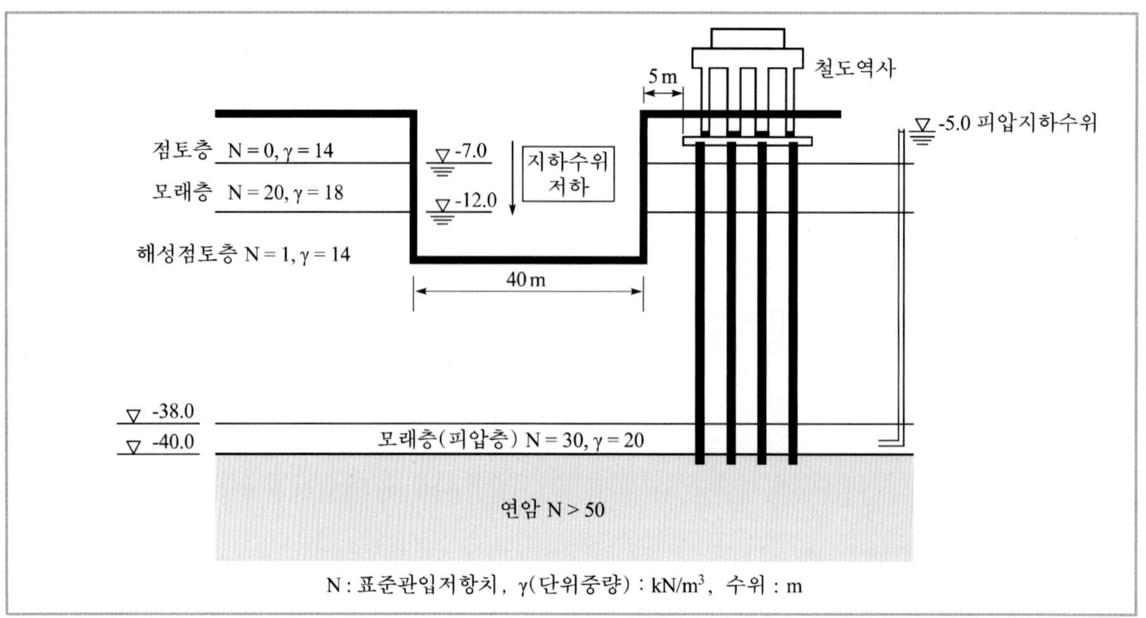

그림 12.37-1

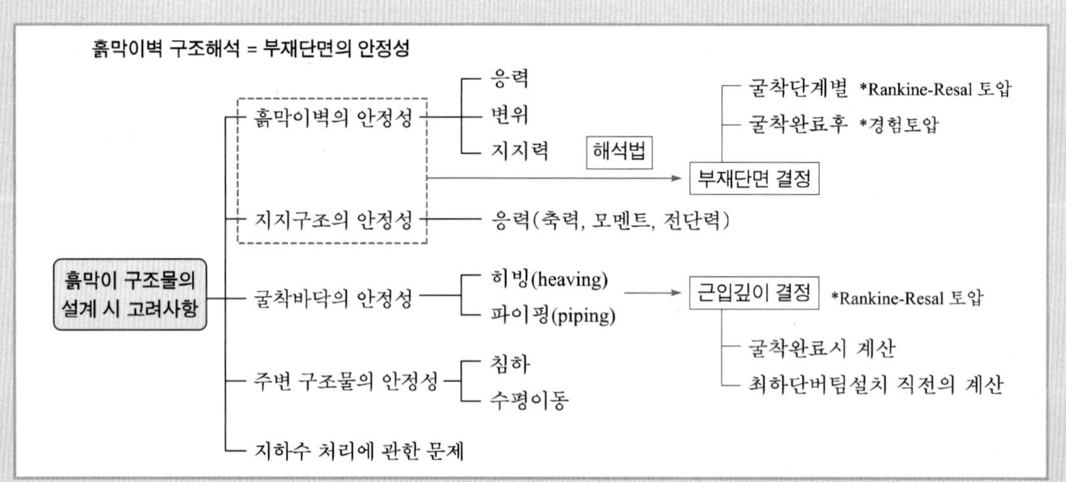

- 12.17절을 통해 이미 설명 하였듯이 가설흙막이구조물 설계과정은 첫째, 흙막이 벽의 **근입깊이를 결정**, 둘째, **흙막이 벽과 띠장, 버팀보(또는 앵커)의 안정성을 검토(여기서,** 흙막이 벽 안정성 검토는 **굴착완료한 완성 단면뿐만 아니라 굴착단계별 안정성도 검토)**가 되었다면 마지막 세 번째 단계로 흙막이 벽 인근에 인접 구조물이 존재할 경우 **배면지반의 변형을(수평 변형 및 침하) 검토**하여 **인접 구조물에 미치는 영향을 검토**하여야 한다.
- 그림 12.37-1 같은 현장조건에서는 **근접시공의 관점**에서 "굴착공사시 흙막이 구조물 자체의 안정성뿐만 아니라 흙막이 벽의 변위에 따른 주변지반 및 구조물의 안정성을 동시에 만족시키는 설계가 이루어지도록 해야한다."

해설 12.37-1

12.37 연약지반에서 흙막이 구조물의 문제점 및 대책(1)

1 그림 12.37-1 관련하여 근접시공의 문제점 및 대책에 대해 생각해보자

- 그림과 같이 철도역사에 근접하여 지하구조물을 축조하기 위해 흙막이 구조물을 설치하고자 한다. 지반조건은 연약한 점토지반으로서 굴착저면 아래에는 피압층이 존재한다.

- 다음과 같은 질문에 대하여 생각해보자.

> ① 굴착공사 설계(흙막이 구조물 설계 의미)에 있어서 **검토해야 할 사항**과 이때 **필요한 조사 및 시험항목**에 대해 정리해보자.
> ② 굴착공사 시공 시 철도역사에 가해지는 **영향을 추정하고 대책여부를 판단하는 방법**을 정리해보고 또 **굴착 시 예상되는 토류벽 및 철도역사 기초말뚝의 변형도**를 나타내어 보자.
> ③ ①과 ②에 의거 본 공사에 **적용할 수 있는 토류벽 공법을 한 가지 선정하고 선정사유를 설명**해보자. 또한 **시공 상의 유의점**을 생각해보자.

2 굴착공사 설계(흙막이 구조물 설계 의미)에 있어서 검토해야 할 사항

- **굴착저면의 안정** : 연약한 점토지반의 굴착시 Boiling에 대한 검토와 G.L−38m 이상 심도에서 피압모래층이 있기 때문에 피압층에 의한 Heaving 및 굴착저면의 안전성을 검토해야 한다. 이 검토는 해설 12.37-1에서 **첫 번째 설계과정인 흙막이 벽의 근입깊이 결정(굴착바닥의 안정성)과정에서 이루어진다.**

- **지하수위 저하안정** : 굴착에 따른 G.L−7~−12m의 모래층의 지하수가 저하하는 경우 점토의 압밀침하가 우려되기 때문에 **공법 선정시 흙막이 벽의 차수성을 검토할 필요**가 있다. 이 사항은 지하안전영향평가에서 지하수 변화에 의한 영향검토에 의한 차수공법과 연계되는 내용이다. **여기서 주의해야 할 사항은 차수공법 적용시 외력으로서 수압은 반드시 고려해야 된다.** 즉, 해설 12.37-1에서 두 번째 설계과정인 흙막이 벽과 띠장, 버팀보(또는 앵커)의 부재단면 안정성 검토(흙막이벽의 구조해석)시 반드시 외력으로서 수압을 고려해야 해야 한다는 뜻이다.

- **주변지반의 영향** : 주변지반의 영향으로는 흙막이 벽의 변형 및 굴착으로 인한 Heaving과 지하수위 변동에 따른 지반침하가 우려된다. 이 검토는 해설 12.37-1에서 **세 번째 설계과정인 배면지반의 변형(수평 변형 및 침하) 검토하여 인접 구조물에 미치는 영향을 검토하는 과정에서 이루어진다.**

3 지반조사 및 시험항목

- 시추조사 및 전기비저항 탐사를 통한 지하수위 및 지반의 지층구성상태 파악

① 지층의 모델링에 필요한 → 지층별 물성, 초기지중응력, 지하수상태 파악
② 지반거동 모델링에 필요한 → 지반파라미터 결정을 위한 시료채취 및 SPT

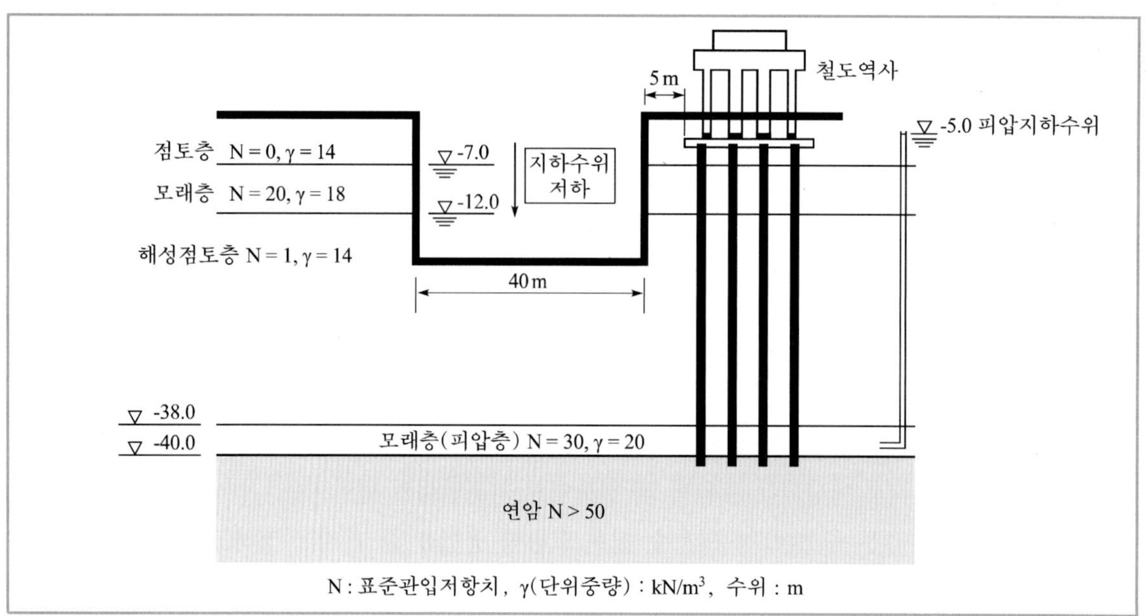

그림 12.38-1

- 흙막이벽의 변위에 따른 주변지반의 침하에 대한 예측은 흙막이벽 변위의 실측 또는 계산에 의하여 구한 값으로부터 주변지반 침하를 추정하는 **이론식 및 경험적 추정방법**(Peck(1969)의 곡선방법, Caspe(1966)의 방법, Clough 등(1990)의 방법)과 버팀구조와 주변 지반을 일체로 하여 유한요소법 또는 유한차분법으로 **수치해석하는 방법**이 있다.
- **이론식 및 경험적 추정방법**은 다층 복합지반 조건 및 흙막이 벽체 공법 등 실제 현장조건과 다소 차이를 보일 수 있으나 인접건물, 지하매설물 등의 노후화 정도를 감안할 때 보수적인 접근이 필요하므로 **대상지역의 설정을 위한 가이드라인으로 활용**하고, **수치해석에 의한 방법**을 활용한 산정결과와 **비교하여 안전측으로 적용**한다.

해설 12.38-1

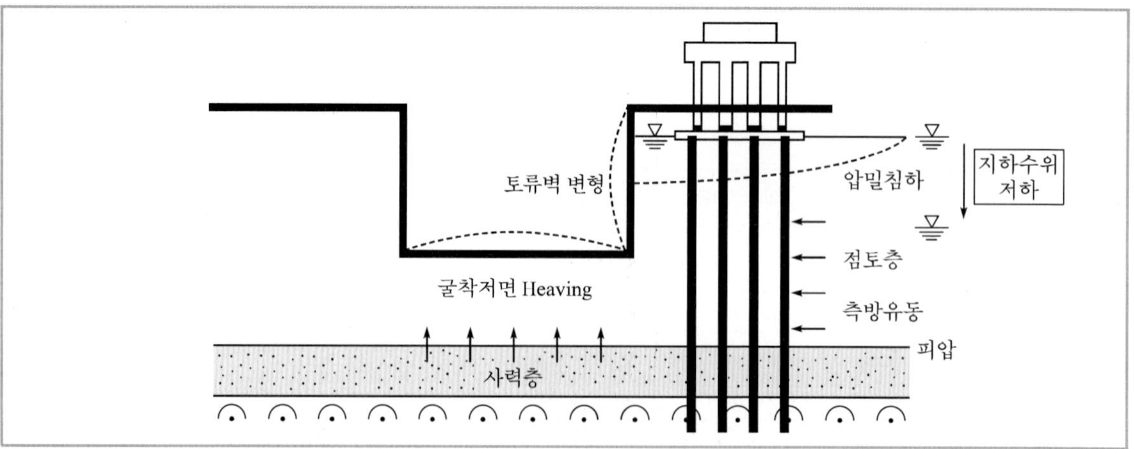

그림 12.38-2

12.38 연약지반에서 흙막이 구조물의 문제점 및 대책(2)

외력으로서 토압의 산정

> 경험토압 : $\sigma_a = a \times K_a \times \gamma \times H$
>
> Rankine Resal 토압 : $\sigma_{ha} = \gamma z \tan^2(45 - \frac{\phi}{2}) - 2c\tan(45 - \frac{\phi}{2}) = \gamma z K_a - 2c\sqrt{K_a}$

① 지반 상태를 정의하는 지반물성 파악(비중, 밀도, 입도 액성한계, 상대밀도 등)

② 지반 강도를 나타내는 지반파라미터인 c, ϕ 값 산정(삼축압축시험 또는 N값 이용) → 외력인 토압 산정 및 히빙검토

③ 시추조사를 통한 지반의 지층구성상태 파악 및 암반분류(RMR) → 암반에 적용하는 토압결정

■ 외력으로서 수압의 산정

투수시험 및 양수시험을 통한 지하수 수리특성 파악 및 시추조사를 통한 지하수위를 파악하여 → 침투해석 → 외력인 수압산정 및 보일링 피압에 의한 Heaving 검토

■ 지반반력계수 산정

$$EI\frac{d^4y}{dz^4} + \frac{A_pE_p}{L_p} \cdot y = P_i \pm k_h \cdot y$$

지반반력계수(K_h) 산정 → $k_h = K_h \times D$ → 변화되는 토압을 이용하여 굴착 단계별 안정성 해석(구조해석) → 탄소성지반상 연속보 해석법

■ 지반변형 특성을 나타내는 지반파라미터(μ, E) 산정

수치해석에 의한 굴착 배면지반의 침하량 예측에 이용

■ 압밀특성을 나타내는 지반파라미터(c_v, c_c, c_r, c_a) 산정

압밀시험을 통해 지반파라미터를 산정 → 압밀침하 해석

3 철도역사의 영향을 추정할 수 있는 방법과 판단방법

> **흙막이 벽의 변형에 의한** 철도역사 구간의 **압밀침하**와 **말뚝기초의 측방유동**이 철도역사에 영향을 줄 수 있는 굴착공사에 있어서의 문제점이다.
>
> 따라서 **굴착공사에 있어서 주변지반의 영향을 검토**해야 된다. 주변지반의 영향을 검토하는 방법은 흙막이벽의 변형에 의한 지반의 변위로부터 지표면의 침하량을 측정하는 방법은 있지만(즉, 해설 12.38-1에서 **이론식 및 경험적 추정방법**을 뜻함), 본 지반 구조물은 말뚝기초이기 때문에 이 방법으로는 영향을 검토하기에는 한계가 있다. 따라서 **다음과 같은 수치해석법 방법으로 영향검토를 추정해야 한다.**

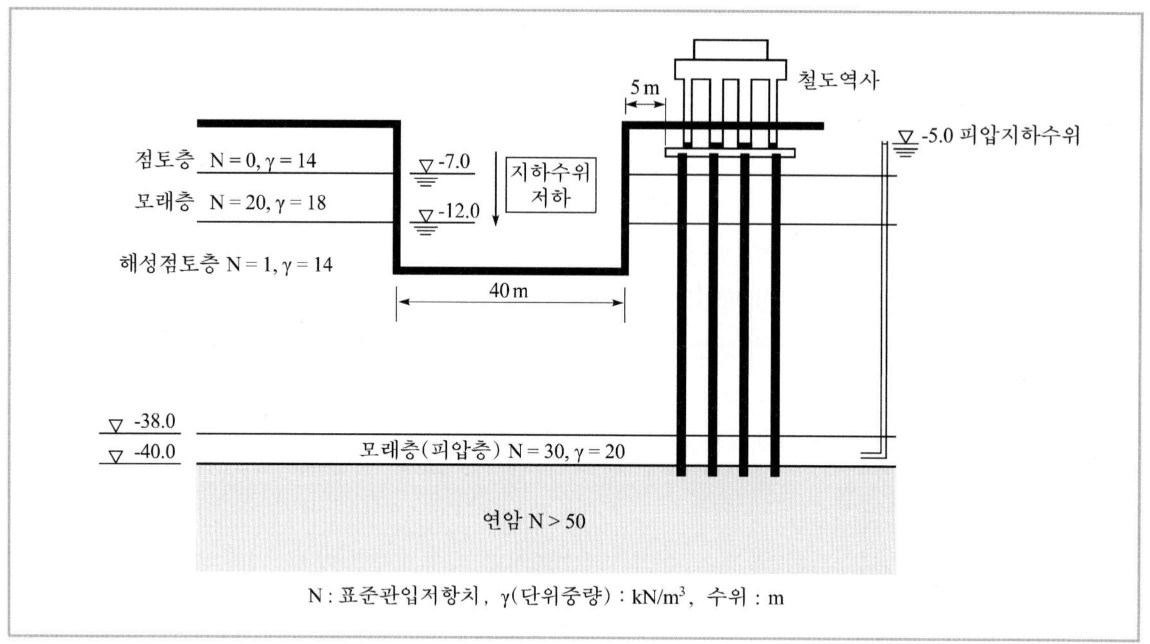

그림 12.39-1

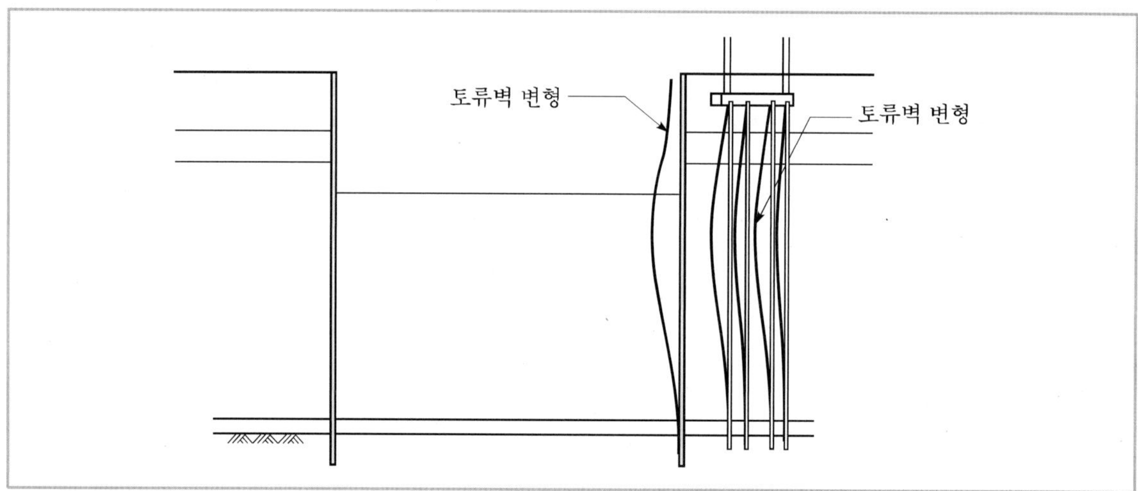

그림 12.39-2

① 굴착저면의 안정성 : 히빙, 보일링 검토

② 압밀침하 및 말뚝기초의 측방유동 방지를 위한 흙막이 벽의 변형억제 : 강성이 큰 지중연속벽

③ 해성점토층, 사력층, 연암층에 대한 위치 및 두께 파악 : 시추조사 및 전기비저항탐사

④ 인접지반 및 구조물에 대한 안정성 검토 : 완전수치해석법을 이용

⑤ 계측관리 : 절대치 관리방법 대신 관측설계법에 의한 예측 관리방법을 추천

해설 12.39-1

12.39 연약지반에서 흙막이 구조물의 문제점 및 대책(3)

■ 철도역사의 영향을 추정할 수 있는 방법(수치해석)

① 탄소성 해석법에 기초한 시공단계 별 상세 흙막이 벽의 변위를 예측한다.

② 흙막이 벽의 변형을 입력변위별 철도역사를 모델화하고 유한요소해석을 시행하고 구조물의 변위량, 말뚝에 발생하는 증가응력을 계산한다.(완전 수치해석법을 뜻함)

③ 변위에 있어서는 구조의 허용변위와 철도운영상의 허용변위에 대하여 검토한다.
더욱이 발생응력에 대해서는 상시응력과 증가응력에 상관관계를 조사해야 하며 그 안정성 여부를 판단해야 한다.

④ 수치해석결과 철도역사 기초 말뚝의 변형도는 그림 12.39-2 와 같다.

■ 계측을 통한 흙막이 구조물의 안정관리

① 설계가 적절하게 되었다하더라도 모든 지층조건에 대한 고려의 어려움, 해석의 제약성, 토질정수평가의 문제(특히, 수평방향 지반반력계수), 시공시 과굴착, 이음처리미숙 등으로 과대토압 또는 큰 변형이 유발될 수 있음.

② 흙막이 벽에 대해 토압계, 하중계, 변형률계를 계측하고 토류벽 배면지반에 대해 지중경사계, 지하수위계, 간극수압계, 지표침하계를 계측함. 지하철 Box에는 건물경사계, 균열부의 균열발전양상 판단을 위해 Crack Gage 부착 등을 계측함

③ 지중경사계, 지하수위계, 변형률계, 철도역사 건물경사계, 균열계는 특히 중요하므로 정성스런 계측이 되도록 해야 함. 계측기는 가급적 공사초기에 매설하고 굴착과 병행되는 하중계, 변형률계는 계측기 매설 지연으로 초기치 기록이 누락되지 않도록 해야 함. 계측 결과에 대해 사전에 시나리오를 작성해 몇 가지 대책을 준비하고 조속한 보강이 되어 안전시공이 되도록 해야 함

※ 12.24의 그림 12.24-1 과 12.25의 표 12.25-1 을 연계시킬 것

4 본 공사에 적용할 수 있는 토류벽 공법을 한 가지 선정하고 선정사유

■ **지중연속벽공법을 선정** : 흙막이 벽의 변형에 의한 압밀침하와 말뚝기초의 측방유동을 설계시 고려하기 위해서는 강성이 큰 지하연속벽과 같은 흙막이 공법을 적용하는 것이 필수적이고, 탄소성해석을 하여 시공단계별 응력-변위 관계를 파악하고 필요시 기존 철도역사 구간에 Under pinning을 적극 검토해야 함

■ **심층혼합처리 및 고압분사공법을 선정** : 굴착저면의 안정성을 확보하기 위해서는 기본적으로 지중연속벽을 연암까지 근입시켜야 하나 본 현장은 지중연속벽을 사력층에 관통하면 피압으로 지중연속벽 시공자체가 곤란하게 되므로 심층혼합처리 및 고압분사공법을 이용 굴착저면의 전단강도를 증가시킨다.

5 설계 및 시공 상의 유의점 : 해설 12.39-1

제13장에 대한 목차

제13장

기 초

구분	얕은기초 (직접기초)	깊은기초	
		말뚝기초	케이슨기초
개념도	전단저항 저면저항 (a)	주면 마찰저항 선단저항 (b)	측면 저항 전단저항 저면저항 (c)
하중지지 개념	• 연직력 : 지반반력 • 수평력 : 기초저면 전단저항 및 교대부 수동토압	• 연직력 : 선단 + 주면마찰 • 수평력 : 말뚝 휨강성 및 주변 지반의 수동저항	• 연직력 : 지반반력 • 수평력 : 측면반력 및 전단저항(마찰저항)
공법별 구분	• 독립기초 • 복합기초 • 줄기초 • 전면(Mat)기초	• 항타말뚝 • 매입말뚝 • 현장타설말뚝	• 오픈케이슨 • 공기케이슨 • 특수케이슨 • 강널말뚝웰
적용기준	• 지표에서 8m 이내의 심도 • 동상방지를 위해 1m 이상의 근입심도 필요 • 터파기 영향권 내 장애물이 없고 시공중 배수처리가 용이할 것 • N>50이상의 양호한 지층	• 지지층 8m 이상에서 현장 여건 고려 • 현장조건에 따라 기성말뚝과 현장타설말뚝으로 나누어 적용 • N>50이상의 양호한 지층	• 지지층심도 : 7.0~30.0 m • 연직하중이 상당히 큰 구조물로 하상, 수상 등 말뚝기초 형식 적용이 곤란한 지역에 적용

표 13.1-1 기초의 종류

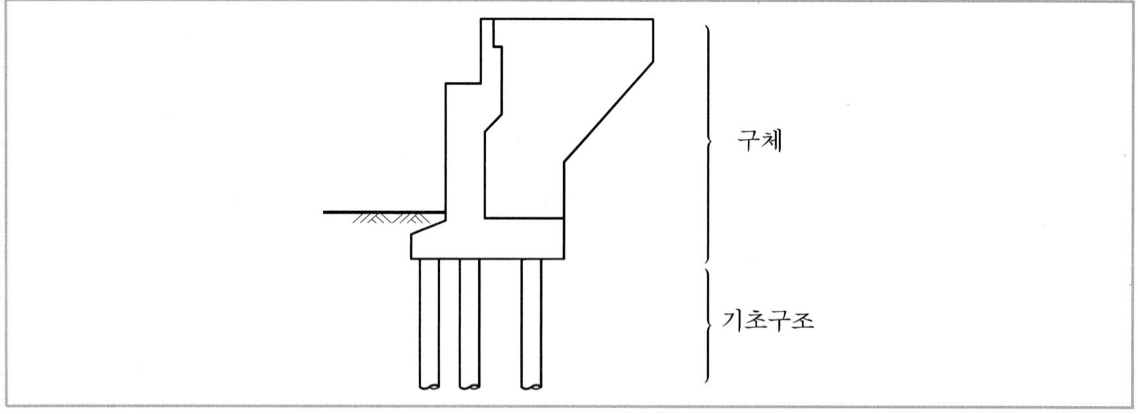

그림 13.1-1 하부구조의 구분(도로교 설계기준)

13.1 기초의 개념

1 기초(foundation)의 정의

아파트 빌딩(building)과 같은 건축구조물이나 교량과 같은 토목구조물은 '無에서 有'로의 창조이므로 필연적으로 하중을 동반한다. 이 구조물 하중은 건축구조물에서는 궁극적으로 기둥이나 내력벽(shear wall)에, 교량에서는 교대 또는 교각에 하중이 모아지게 된다. 이 **상부 구조물 하중을 지반에 전달하는 기능을 갖는 구조부재를 기초**(foundation)라고 한다.

2 기초(foundation)의 구분

- 기초에는 **얕은 기초**(shallow foundation)와 **깊은 기초**(deep foundation)가 존재한다. 얕은 기초는 상부구조물의 하중을 슬래브 형태의 매개체를 통하여 지반위에 직접 전달하는 구조를 말한다(표 13.1-1a). 얕은 기초는 지반에서 직접 하중을 전달하는 기초라는 의미에서 '**직접 기초**'로 불리기도 한다.
- 이에 반하여 표 13.1-1b 및 표 13.1-1c에 표시된 깊은 기초는 상부지반이 견고하지 못하여 상부지층의 지지력만으로 충분히 하중을 견디지 못할 때 선택하게 된다. 깊은 기초에는 대표적으로 말뚝기초와 케이슨 기초가 있는 바, 지지층까지의 깊이가 깊은 경우에는 **말뚝기초**를, 비교적 깊지 않은 곳에 단단한 지지층이 존재하는 경우에는 **케이슨 기초**를 이용한다.

3 기초(foundation)와 지반과의 관계

- 여기서, 한 가지 반드시 알아두어야 할 것은 비록 슬래브, 또는 말뚝의 기초구조물을 지중에 설치한다고 해도 **결국 마지막 단계에서 상부구조물의 하중을 담당하는 것은 지반이라는 점**이다.
- 얕은 기초의 경우 기초(슬래브 형태)의 하부 지반에서 접지압으로 저항하며, 깊은 기초의 경우는 말뚝의 주면에 작용하는 지반의 마찰력과 말뚝 선단 저면에서의 접지압으로 저항하게 된다. 케이슨 기초의 경우는 주면마찰력보다는 선단저면에서 접지압으로 저항함이 일반적이다. 여기서 **접지압이란 무엇인가?** 접지압의 단위는 kN/m^2으로서 지금부터는 **접지압과 극한지지력의 개념**에 대해서는 바로 후술될 것이다.

4 기초(foundation)에 대한 설계개념

- 그림 13.1-1같이 하부구조를 구체와 기초구조로 나누는 것으로 했지만 이들 구조는 상부구조에서의 하중이나 토압, 지진력 등의 외력을 기초지반에 충분히 전달함과 동시에 필요한 강성을 갖도록 상부구조, 하부구조를 포함한 구조물 전체로서 **안정**(safty)과 **변형**(deformation)에 대하여 안전성을 확보할 수 있게 설계해야 한다.
- 이와 관련 지반공학이해 I 7p 1.1 지반문제 편을 다시한번 연계하기 바란다.

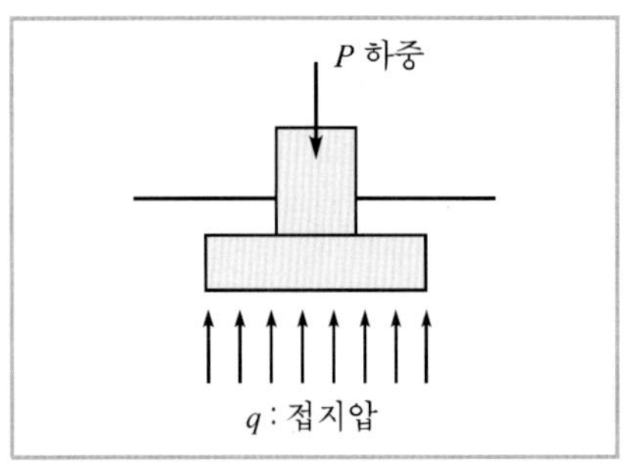

그림 13.2-1 하부구조의 구분

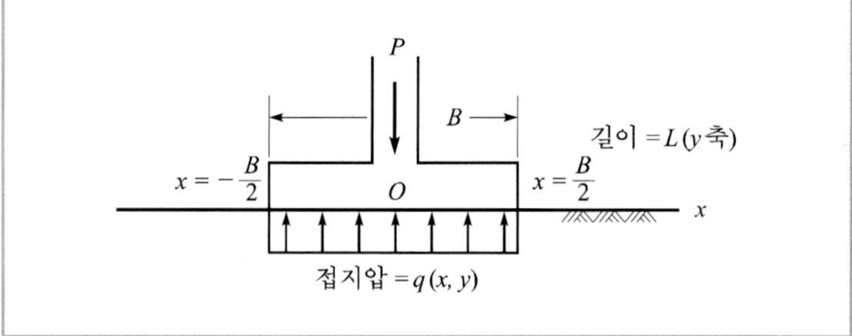

그림 13.2-2 접지압

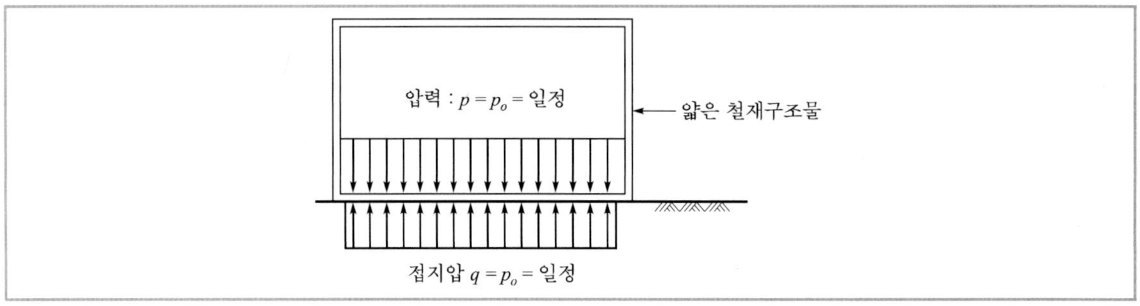

그림 13.2-3 얇은 철재구조물(연성기초)에 하중이 작용되는 경우

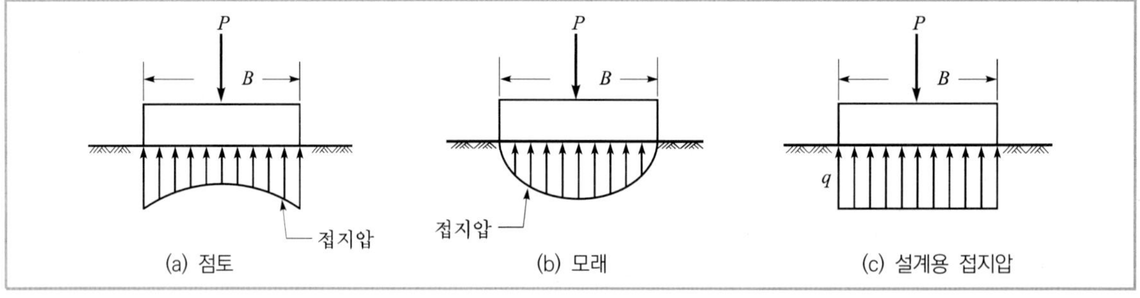

그림 13.2-4 접지압 분포

※ **그림 13.2-4에 대한 이해**

- 그림(a)같이 점토지반에 강성기초가 놓인 경우의 접지압 분포는, 가운데는 지압이 적고 기초 가장자리 부근에서 접지압이 집중되는 분포를 띠게 된다. 이는 탄성론에 근거한 탄성해와 흡사한 분포를 이루는 것이다. 점토는 점착력으로 인하여 입자가 서로 부착되어 있으려고 하는 경향이 있다. 그러나 가장자리 부근에서 기초 아래쪽은 응력이 존재하고 그 밖에서는 응력이 없으므로, 부근의 흙입자는 바깥쪽으로 움직임을 유발하는 모양이 된다. **흙 자체는 점착력으로서 움직이는 것을 방지하려는 경향**이 강해지며 이로 인하여 응력은 집중된다.
- 이에 반해 모래의 접지압 분포는 그림(b)같이 오히려 가운데 부분에 큰 접지압이 작용하고 가장자리로 갈수록 접지압은 작아진다. 모래는 점착력이 없으므로 실제로 압력이 작용하면 가장자리 부근에 있는 흙입자는 바깥쪽으로 약간 움직이게 된다. 일단, 움직임이 발생하면 압력은 줄어든다.

해설 13.2-1

13.2 접지압과 극한지지력(1)

단순한 예로 그림 13.2-1 같은 건축구조물의 기둥에 연직하중 P만이 작용하는 경우를 예로 **접지압과 극한지지력에 대한 개념**을 이해해보자.

1 기초 설계용도 하중 P

- 기본적으로 기둥에 작용하는 하중 자체도 구조부재 설계용 하중과 기초 설계용 하중이 다르다. **기초 설계용 하중은 하중계수(Load factor)를 적용하지 않는다.**

- 즉, 예를 들면 기둥에는 사하중 D와 활하중 L이 작용된다고 하면 기둥 설계용 하중은 $P=D+L$이다.

2 접지압

- 그림 13.2-2 같이 기둥하중(P)에 대한 기초 면적이 $A=B \cdot L$ 이라고 하면, 기초의 면적효과로서 기둥에 작용하던 집중하중 P 는 분포하중으로서 접지압인 $q=q(x, y)$ 로 작용한다. 물론 식 13.2-1 같이 접지압의 합력은 집중하중 P 와 같을 것이다.

$$P=\int_{-\frac{L}{2}}^{\frac{L}{2}}\int_{-\frac{B}{2}}^{\frac{B}{2}} q(x,y)dx\,dy \qquad \text{식 13.2-1}$$

- 문제는 기초 자체가 철근콘크리트 구조물과 같이 **강성기초(rigid foundation)인 경우에는 토질의 종류 및 기초의 강성에 따라 접지압 분포가 달라진다.** 그림 13.2-3 같이 **얇은 철재로 이루어진 연성기초의 경우에만 접지압이 일정**하다. 이에 관해서는 지반공학이해 I 439P 5.23 기초의 강성효과 편에서 이미 설명된 바 있다.

- 이에 관해서 다시한번 반복 정리하면 강성기초인 경우에는 그림 13.2-4 같이 토질의 종류에 따라 접지압 분포가 달라진다. 해설 13.2-1 을 통해 점토지반(a), 모래지반(b) 위에 강성기초가 놓인 경우의 접지압 분포에 대해 각각 설명하였다.

- 일반적으로 지반은 완전점토 또는 완전한 모래라기보다는 혼합토인 경우($c-\phi$ soil)가 많다. 이 혼합토는 점토와 모래의 중간자로서 오히려 접지압이 등분포에 가까운 경향을 띠게 된다. 또한 기초설계 시에 토질 종류에 따른 접지압 분포를 다르게 적용하는 것은 쉽지 않으므로 **접지압은 비록 강성기초라 하더라도** 그림 13.2-4c 같이 **등분포로 가정함이 일반적**이다. 즉, 접지압은 개략적으로 다음과 같이 가정한다.

$$q=\frac{P}{A}=\frac{P}{B \cdot L} \qquad \text{식 13.2-2}$$

※ 접지압과 극한지지력의 개념을 체계화 해보자

- 외력의 개념

접지압 (kN/m^2) : 상부구조물의 하중은 지반에 얼마만큼의 kN/m^2으로 하중을 전달할까?

- 저항력 개념

극한지지력 (kN/m^2) : 지반은 상부구조물의 하중이 지반에 전달되는 접지압 만큼의 하중강도를 지지할 수 있는 **충분한 능력**을 가지고 있을까?

- 안전율 개념

$F_s = \dfrac{q_{ult}}{q}$ → 지반의 최대저항력(극한지지력)은 상부구조물의 하중이 지반에 전달되는 접지압의 $\times F_s$배 만큼을 안전율의 개념으로 나타낸 것이다.

- 만약 $F_s = 3$라고 가정하면, $q = \dfrac{q_{ult}}{3}$ → 이때 $q = q_{allow}$라고 정의할 수 있다.

해설 13.3-1

※ 지반과-구조물의 상호거동과 접지압 연결해서 이해하기

- 지반과-구조물의 시스템거동은 지반과 구조물의 **상대강성(relative stiffness)**에 의해 영향을 받는다. **상대강성의 크기에 따라 침하의 형상과 크기**, 그리고 **접촉응력의 분포 특성(접지압)**이 크게 변화한다. 기초, 흙막이 벽, 터널 라이닝 등의 지반 구조물의 상호작용 거동은 지반과 구조물의 상대강성에 따라 다음 두 가지로 살펴 볼 수 있다.
  ① 상호작용 문제 : **기초의 강성이 연성인 경우 기초와 지반의 상대강성이 변형을 지배**하는 경우로서 기초의 변형과 지반의 변형이 서로 영향을 미치게 된다. 휨성 확대기초 등
  ② 비 상호작용문제 : **기초의 강성이 완전연성이거나 완전강성인 경우** 지반의 변형은 기초의 강성이 아닌 접지압에 의해 지배된다. 이 경우 기초변형과 지반변형간에는 상관성이 없다. 성토제방의 멤브레인 기초, **유류저장 탱크의 기초**, **강성 매트기초** 등이 예이다.

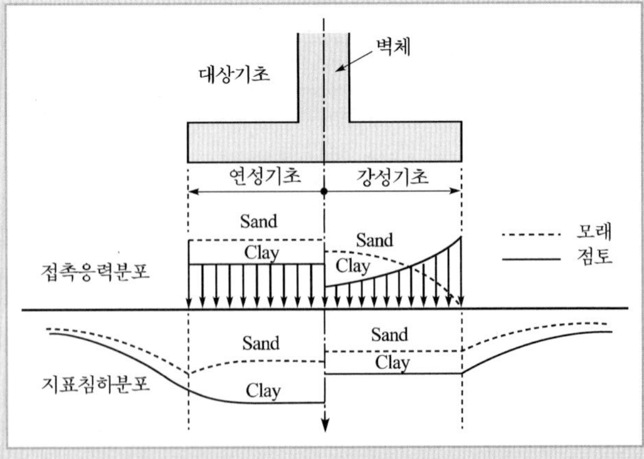

- 오른쪽의 그림은 기초-지반이 일체가 되어 탄성거동을 한다는 가정하에 원형기초의 두 극단적인 강성에 대한 접지압의 분포와 변형 특성을 보인 것이다. **강성기초는 기초저면 침하, 연성기초는 접촉응력 분포가 일정하게 나타난다.**
- 따라서 지반에 구조물 기초를 설치하면 구조물에 의한 하중이 추가되어 기존의 지반응력 상태에 변화가 생겨 새로운 평형 상태를 이루게 된다. 이때 구조물에 의해서 지반 내에 추가되는 응력의 크기는(즉, 접지압) 지반과 구조물의 상호작용에 의하여 결정된다.

해설 13.3-2

13.3 접지압과 극한지지력(2)

3 하중과 저항력

■ 기둥설계하중 P(working load)로 인하여 지반에 $q = P/A$ 의 **접지압이 하중으로 작용(상부구조물의 하중은 지반에 얼마만큼의 kN/m^2으로 하중을 전달할까?)**한다.

지반에 가해진 이 접지압은 지반 자체로부터 생성되는 저항력으로 견디어야 한다. 지반이 최대로 버틸 수 있는(지지할 수 있는) 저항력을 **극한지지력(ultimate bearing capacity)**이라고 한다. 기둥에 작용하는 하중을 기초 하부의 지반에서 완전히 전단파괴가 발생할 때까지 계속적으로 증가시켜 주어서 하중(Q_u)에서 파괴가 되었다고 하면 극한지지력은 $q_{ult} = Q_u/A$ 가 될 것이다. 그렇다면 가해준 하중에 의하여 지반이 받아주는 접지압은 q이고, 최대로 저항할 수 있는 지지력은 q_u 이므로, 이 기초는 다음의 기초파괴에 대한 안전율을 갖는다.

$$F_s = \frac{q_{ult}}{q}$$ 식 13.3-1

■ 일반적으로 기초파괴에 대한 안전율은 3이나 그 이상 되어야 하는 것으로 알려져 있다. 사면파괴에 대한 안전율이 1.3 ~ 1.5 정도인 것을 감안하면 **기초파괴에 대한 안전율은 상당히 큰 편이다.** 만일, 기초의 지지력파괴에 대한 안전율을 3으로 보면 허용안전율 q_{allow} 은 다음 식으로 표시된다.

$$q_{allow} = \frac{q_{ult}}{3}$$ 식 13.3-2

■ 이렇게 구해진 **허용지지력 q_{allow} 은 상부하중으로 인하여 지반에 전달된 접지압 q와 같거나 커야 기초파괴에 안전**하다고 볼 수 있다. 즉, 다음 식을 만족하여야 한다.

$$q \leq q_{allow}$$ 식 13.3-3

4 구조 설계 용도 하중과 접지압

■ **기초의 크기는 지반의 지지력뿐만 아니라 침하에 대한 고려도 해야 한다.** 기초의 크기가 결정되었으면 기초의 높이, 철근배근 등의 철근콘크리트 부재 설계가 이어져야 한다. **철근콘크리트 부재 설계 목적으로서의 하중은 하중계수를 곱해준 값이어야 한다**(물론 재료강성에는 감소계수 ϕ를 곱해준다). 즉, 부재 설계용 하중 P_u 는 사하중(D)와 활하중(L)에 하중계수를 반영하여 다음과 같다.

$$P_u = 1.4D + 1.7L$$ 식 13.3-4

따라서 **부재 설계용 접지압**은 다음과 같다.

$$q = \frac{P_u}{BL}$$ 식 13.3-5

■ **기초 설계(즉, 허용지지력 및 침하검토를 통해 기초의 크기 결정)**을 위한 하중은 $P = D + L$로서 하중계수를 적용하지 않은 사항중과 활하중의 합이다. 이에 반하여 기초의 높이, 철근배근 등을 위한 부재 설계를 위한 하중은 하중계수를 적용한 식 13.3-4 임을 구분하여 이해하기 바란다.

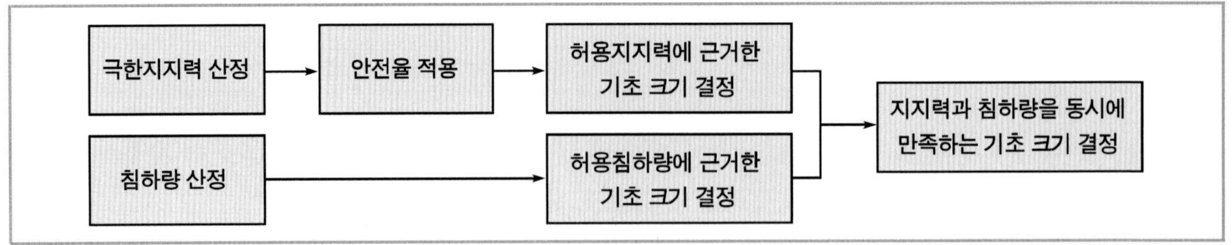

그림 13.4-1 얕은기초설계의 순서

① 기초지반이 전단파괴에 대하여 안전하도록 한다,
② 과도한 침하나 부등침하가 발생하지 않도록 한다,
③ 기초가 경사진 지반에 설치될 경우 기초하중에 의한 비탈면 활동 및 지지력의 감소가 발생하지 않도록 한다.

※ 얕은기초는 지표면 가까운 곳에 적당한 지지층이 존재하고 그 아래 압축성이 큰 토층이 존재하지 않아 침하량이 허용치를 초과할 가능성이 없을 때 사용한다. 지지층 아래 압축성이 큰 토층이 있다면 깊은 기초를 선택하거나 지반개량을 전제로 한 얕은기초를 고려해 보아야 한다. 또한, 기초가 경사진 지반에 설치될 경우에는 지반의 경사도를 고려한 지지력 검토분만 아니라 기초하중을 고려한 비탈면 활동을 검토해야 한다.

해설 13.4-1

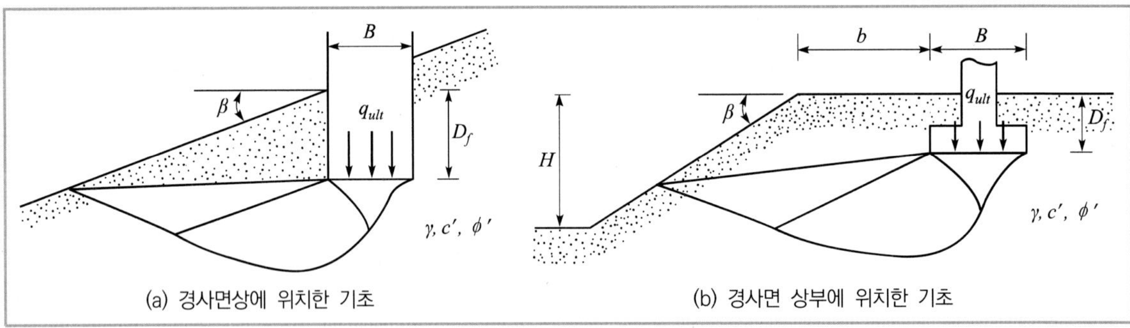

그림 13.4-2 경사면에 축조된 기초지반의 파괴면 양상

① $q \le q_{allow} = \dfrac{q_{ult}}{F_s} \rightarrow q_{ult} = cN_c s_c d_c i_c + qN_q s_q d_q i_q + \dfrac{1}{2}\gamma B N_\gamma s_r d_r i_r$ 에서

점착력(c)과 내부마찰각(ϕ)으로부터 N_c, N_r, N_q 산정

② $S \le S_{allow}$에서 S = 즉시침하 + 1차압밀침하량 + 2차압밀침하량이므로

즉시침하량 $S_e = q_{net} B \dfrac{1-\nu^2}{E} I_s \rightarrow$ 변형계수(E)

1차압밀침하량 $S_c = \dfrac{c_c}{1+e_o} H_o \log \dfrac{\sigma_{vo}' + \Delta\sigma_v}{\sigma_{vo}'} \rightarrow$ 압축지수(c_c 또는 c_r)

③ 지반반력계수($K_v = \dfrac{p}{\delta}$) → 스프링 계수 $k = K_v \times B$

해설 13.4-2

13.4 얕은기초 설계의 개념

[1] 13.1 [4] 기초(foundation)에 대한 설계개념에 대한 구체적 표현

- **기초의 안정성을 위한 기본 요소**는 식 13.3-3 ① $q \le q_{allow}$ 만으로는 충분하지 않다. 기초는 상부하중을 지반이 충분히 지지할 수 있는 능력을 갖추어야 할 뿐 아니라, 가해준 상부하중에 대하여 침하가 과도하지 않아야 한다. 즉, 침하량이 ② $S \le S_{allow}$ 표시되는 바와 같이 허용침하량 이하이어야 한다.

- 기초설계에서 ① 지지력 기준 $q \le q_{allow}$ 보다는 ② **침하기준 $S \le S_{allow}$이 설계를 지배**할 때가 더 많은 것으로 알려져 있다. 기초설계의 과정을 도표로 일목요연하게 표현하면 그림 13.4-1과 같다.

[2] 해설 13.4-1에 대한 이해 (구조물기초설계기준에서 얕은기초 설계시 검토사항)

- ①항은 지지력에 대한 검토 → $q \le q_{allow}$ 를 의미하고, ②항은 침하에 대한 검토 → $S \le S_{allow}$ 를 의미한다.

- ③항과 관련 지반의 지표면이 수평이 되지 못하고 그림 13.4-2 같이 경사면에 놓여 있거나 경사면 상부에 위치한 경우는, 그림과 같이 **파괴면이 기초를 중심으로 양쪽으로 다 형성되지 못하고 사면방향으로만 형성**될 것이다. 따라서 **이 경우의 극한지지력은 수평면인 경우보다 작아질 수 밖에 없을 것이며**, 지지력을 산출함과 동시에 **비탈면의 안정에 대하여 검토**해야 한다.

- 얕은기초는 원칙적으로 양질의 지지층에 지지시켜야 한다. 따라서 실무적으로 양질(점성토 N>20, 사질토 N>30)인 지반이 지표면 아래 5m 이내에 있으면 얕은기초로 할 수 있지만 중간층을 지지층으로 하는 경우, 물막이 등이 곤란한 경우 또는 지표면 아래 5~10 m에 지지층이 있을 경우 충분히 검토한 후에 근입깊이를 정해야 한다.

[3] 얕은기초 설계를 위한 지반정수

- 해설 13.4-2 같이 얕은기초 설계에 필요로 하는 지반정수는 시추조사결과, 실내 토질시험 및 원위치시험(CPT, PMT, DMT, SPT) 결과를 종합적으로 판단하여 산정하여야 한다.

- **실무적으로 현재까지는 표준관입시험(SPT)이 가장 널리 사용되고 있다**. 이 때문에 제반정수나 설계에 쓰이는 지지력 등의 수치도 SPT에서 얻어지는 N값과 연관시키는 일이 많고, N값을 앎으로써 필요로 하는 여러 정수를 얻을 수 있게 된다, 그러나 N값 그 자체가 정확도가 있다고 해서 반드시 SPT이 모든 것을 대표하는 시험이 될 수 없으며, 각종의 시험을 병용하여 종합적으로 평가함으로써 실제의 지반조건을 파악할 수 있게 된다. **다시 말해서 SPT는 필요한 최소한의 시험이며 N값을 과신함은 위험하다.**

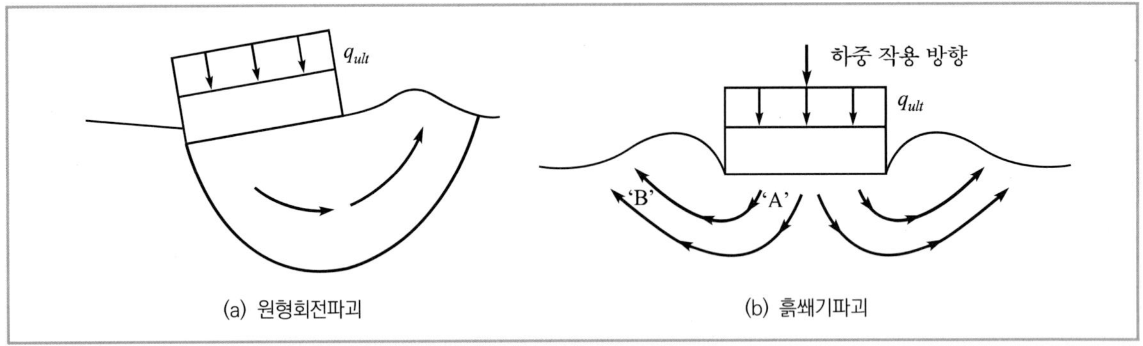

그림 13.5-1 기초의 파괴 유형

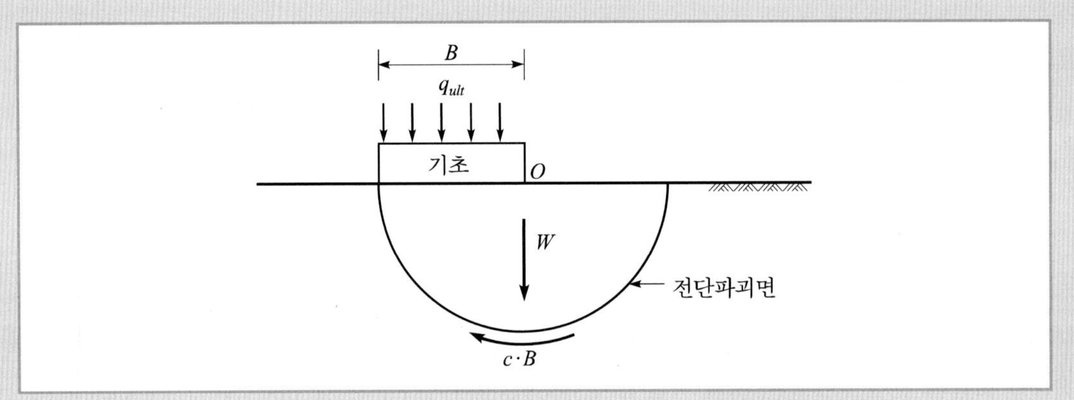

① 점착력 c (또는 비배수전단강도 c_u)를 가지는 점토지반에 위 그림과 같이 얕은 기초(줄기초: 대상하중)를 설치하는 경우 기초에 가할 수 있는 최대상부하중 q_{ult} 는 다음과 같이 **원형파괴의 중심점 O을 중심으로 하여 모멘트 평형조건으로 구할 수 있다.** 그림에서 원형파괴면 안에 존재하는 흙은 좌우 대칭이므로 흙의 무게 자체는 좌우 평형조건을 이루기 때문에 고려하지 않아도 될 것이다.

② 그림에서 극한하중으로 인한 **작용모멘트(driving moment)**는 다음과 같다.

$$D.M = (q_{ult} \cdot B) \cdot \frac{B}{2} = q_{ult} \cdot \frac{B^2}{2}$$ 식 13.5-1

③ 한편, 이에 대한 저항력은 점토의 점착력으로 인한 **저항모멘트(resisting moment)**로서 다음과 같다.

$$R.M = (\pi \cdot c \cdot B) B = \pi c B^2$$ 식 13.5-2

④ 극한지지력이란 저항모멘트가 최대로 발휘되는, 즉 작용모멘트와 저항모멘트가 같을 때의 값이므로 다음 식으로부터 구한다.

$$D.M = q_{ult} \cdot \frac{B^2}{2} = \pi c B^2 = R.M$$ 식 13.5-3

⑤ 위의 식으로부터 극한지지력 q_{ult} 는 $q_{ult} = 2\pi c \fallingdotseq 6.28c$ 식으로 표시된다.

해설 13.5-1 점토의 원형회전파괴 유형에서의 극한지지력 공식 유도(1)

13.5 얕은 기초의 파괴유형으로부터 극한지지력 공식 유도(1)

극한지지력이란 기초에 하중을 계속 증가시켜서 기초 밑의 지반이 완전히 **전단파괴(shear failure)가 일어날 때의 하중**을 말한다. 따라서 **지반의 전단파괴 양상으로부터 극한지지력을 구해야 함을 당연할 것이다.** 따라서 지지력은 전단강도 정수 c, ϕ의 함수임은 유추할 수 있을 것이다.

1 기초의 파괴유형

- 그 첫째는 **원형회전파괴**로서 지반이 강체(rigid body)로 거동할 경우는 그림 13.5-1a와 같이 회전형태로 파괴된다. 이 유형은 모래지반에서는 거의 발생되지 않고, **점착력을 가진 점토 지반에서 발생될 수 있다. 점토의 원형회전파괴 유형에서의 극한지지력 공식 유도**에 대해서는 해설 13.5-1 및 해설 13.6-1를 통해 정리하였다.

- 그 둘째는 **흙쐐기파괴** 유형이다(그림 13.5-1b). 기초 위에 작용하는 상부하중을 증가시켜 극한지지력에 도달하면 기초하부 지반은 가라앉고, 주위의 흙은 옆으로 밀려나가서 급기야 기초 옆 부분이 부풀이 오르게 되는 파괴유형을 말하며 **사질토는 대부분 이 유형으로 진단파괴됨이 일반적**이며, 점토로만 이루어진 지반도 원형회전파괴와 함께 쐐기파괴도 종종 일어나는 것으로 알려져 있다. 이 경우에 대한 극한지지력을 유도하는 것은 그리 쉽지가 않다.

- 그림 13.5-1b같이 하중 작용 방향은 연직 방향이다. **기초 바로 밑('A' 부분)에서는** 역시 연직방향이 최대주응력 방향이 될 것이다. 이를 **주동 상태(active state)**라고 한다. 그러나 **기초에서 떨어진 'B' 부분에서는** 변형이 주로 수평방향으로 일어나므로 최대주응력 방향은 수평방향이 된다. 이는 **수동 상태(passive state)**이다. 즉, 극한지지력이 유발되면 지반에는 최대주응력이 'A'부분에서는 연직방향으로, 'B'부분에서는 수평방향으로 발생하며, 'A'와 'B'사이에는 주응력 작용방향이 90° 회전하게 되는 구간이 존재할 수밖에 없다. 따라서 이 경우는 힘의 평형이나 모멘트 평형 하나만을 이용하여 극한지지력을 구하는 것은 사실상 불가능하다.

2 흙쐐기 파괴시의 극한지지력 공식(Bell의 해) 유도

- **흙쐐기 파괴 시의 극한지지력 산정시 Bell의 해는** 해설 13.6-2에서 보여주는 바와 같이 주동영역과 수동영역 사이에 존재하는 천이구역을 제거한, 즉 구역 I 의 주동영역에서 구역 II의 수동 영역으로 갑작스럽게 변한다는 가정으로 극한지지력을 구한 방법이다. 즉, **천이구역이 존재하지 않고 그림의 'IJ'면 왼쪽에서는 주동토압이 오른쪽에서는 수동토압이 작용하므로 'IJ'면에서 수평방향 힘의 평형조건을 이용하여($\sum F_H = 0$)극한지지력을 구할 수 있었다.** 그러나 그림 13.5-1의 'A'와 'B' 사이에 천이구역이 존재하는 경우는 Bell의 해와 같이 평형조건을 쉽게 적용할 수 없다. 지금부터는 **이에 대한 상세한 유도과정을 설명**할 것이다.

⑥ $q_{ult} \fallingdotseq 6.28\,C_u$ **식을 물리적으로 설명**하면 다음과 같이 표현된다. 즉, 점토의 점착력(비배수전단강도)의 약 6배 정도가 줄기초의 상부하중으로 작용되면 기초지반이 전단강도를 넘게 되어 완전히 파괴가 일어난다는 것이다. 식 13.5-3 식을 좀 더 일반적인 식으로 표현하면 다음과 같다.

$$q_{ult} = c \cdot N_c \qquad \text{식 13.6-1}$$

여기서, N_c 는 점착력에 대한 지지력계수라 불린다. N_c 값은 쐐기파괴형태 또는 원형회전파괴등의 파괴형태에 따라 5.14~6.3 정도의 값을 가지는 것으로 알려져 있다.

해설 13.6-1 점토의 원형회전파괴 유형에서의 극한지지력 공식 유도(2)

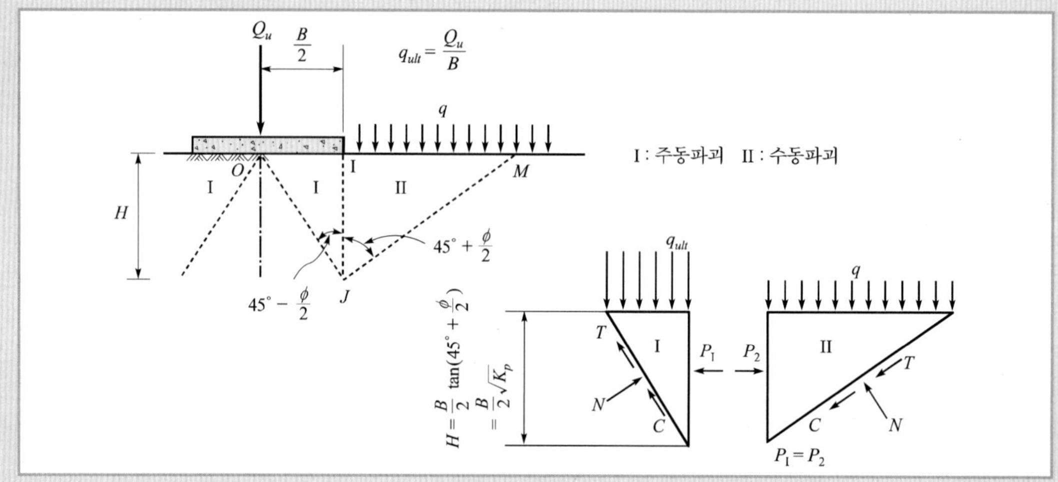

① (구역I) 구역I 은 주동상태이므로 IJ 면에는 주동토압이 작용한다. 상재압력과 지표면에 작용하는 상재하중 q_{ult} 에 의한 주동토압은 다음과 같다.

$$P_I = \frac{1}{2} K_a \gamma H^2 - 2c\sqrt{K_a}\,H + K_a q_{ult} H \qquad \text{식 13.6-2}$$

② (구역II) 구역II 는 수동상태이므로 IJ 면에는 수동토압이 작용한다. 만일 지표면 q 의 상재하중이 작용된다면 수동토압은 다음과 같다.

$$P_{II} = \frac{1}{2} K_p \gamma H^2 + 2c\sqrt{K_p}\,H + K_p q H \qquad \text{식 13.6-3}$$

③ 위의 식에서 $H = \frac{B}{2}\tan(45 + \frac{\phi'}{2}) = \frac{B}{2}\sqrt{K_p}$ 이므로 극한지지력 q_{ult} 는 $P_I = P_{II}$ 관계식을 이용하면 다음식과 같이 나타낼 수 있다.

$$q_{ult} K_a H = 2c\sqrt{K_p}\,H + 2c\sqrt{K_a}\,H + qK_pH + \frac{1}{2}\gamma H^2 K_p - \frac{1}{2}\gamma H^2 K_a$$

$$q_{ult} = c(2K_p^{\frac{3}{2}} + 2K_p^{\frac{1}{2}}) + qK_p^{2} + \frac{1}{2}\gamma B(\frac{1}{2}K_p^{\frac{5}{2}} - \frac{1}{2}K_p^{\frac{1}{2}}) \qquad \text{식 13.6-4}$$

$$= cN_c + qN_q + \frac{1}{2}\gamma B N_\gamma$$

여기서, N_c, N_q, N_r 는 **지지력 계수**라 하며, **흙의 내부 마찰각 ϕ 의 함수**이다.

해설 13.6-2 흙쐐기 파괴시의 극한지지력(Bell의 해) 공식의 유도

13.6 얕은 기초의 파괴유형으로부터 극한지지력 공식 유도(2)

- 내부마찰각을 갖는 사질토의 경우는 그림 13.5-1b 에서의 개략파괴유형과 같이 쐐기형태를 가진다. 쐐기형태의 파괴유형에서 가장 단순한 파괴형태가 해설 13.6-2 에 그려진 것과 같은 유형으로서 이를 통칭 Bell의 해라고 한다. 그림에서 구역 I은 연직방향으로 힘이 가해지는 형태로서 주동(active)상태가 되며, 반면에 구역 II는 수평방향으로 힘이 가해지는 형태이므로 수동(passive)상태가 된다. 만일 지반의 강도정수가 c, ϕ 라고 하면 해설 13.6-2 같이 소성평형론으로 극한지지력 q_{ult} 를 구할 수 있다.

- 해설 13.6-2 에서 식 13.6-4 를 줄기초(대상하중이 작용되는 경우)의 극한지지력 공식이라 하며, 식을 보면 **극한지지력은 다음의 세 요소로 이루어져 있음**을 알 수 있다.

① 첫째 항 : 흙의 점착력에 의하여 저항하는 요소($= cN_c$)
② 둘째 항 : 지반 위에서 작용되는 상재하중에 의한 요소($= qN_q$)
③ 셋째 항 : 흙의 자중으로 견디는 요소이며 기초의 폭에 비례하여 증가($= \frac{1}{2}\gamma BN_\gamma$)

- 위의 세 요소 중 두 번째 항인 상재하중 q 는 실제로 지표면에 임의로 상재하중 q를 가해준다기 보다, 기초를 D_f 만큼 깊게 묻었을 때, 흙 자체의 상재압력 $q = \gamma D_f$ 으로 적용될 때가 대부분이다.

3 허용지지력

- 허용지지력은 식 13.6-1 및 식 13.6-4 로부터 구한 극한지지력을 적당한 안전율로 나눈 값을 말한다. 즉, 허용지지력 q_{allow} 는 다음 식으로 표시된다.

$$q_{allow} = \frac{q_{ult}}{F_s}$$ 식 13.6-5

- **여기서 2가지의 주목할 사실이 있다.** 첫째는 기초가 D_f만큼 파묻혀 있고, 순하중 $q_{net} = q - \gamma D_f$가 작용되는 경우에는 **허용지지력을 순하중, 순 극한지지력 개념으로 정의하여야 한다.**

$$q_{allow(net)} = \frac{q_{ult(net)}}{F_s} = \frac{q_{ult} - \gamma D_f}{F_s}$$ 식 13.6-6

이때 설계목적상으로 볼 때, **실제로 기초에 작용되는 순 하중은 순 하중 개념의 허용지지력보다 작아야 한다.** 즉, $q_{net} \leq q_{allw(net)}$

- 둘째는 $q_{allow} = \frac{q_{ult}}{F_s}$ 의 개념과 $F_s = \frac{q_{ult}}{q}$ 을 연계해서 생각해보면 결국, **F_s 의 개념은 외력에 해당하는 구조물하중의 접지압에 대한 지반의 극한지지력(q_{ult})을 작게 고려하는 개념임을 이해**하기 바란다.

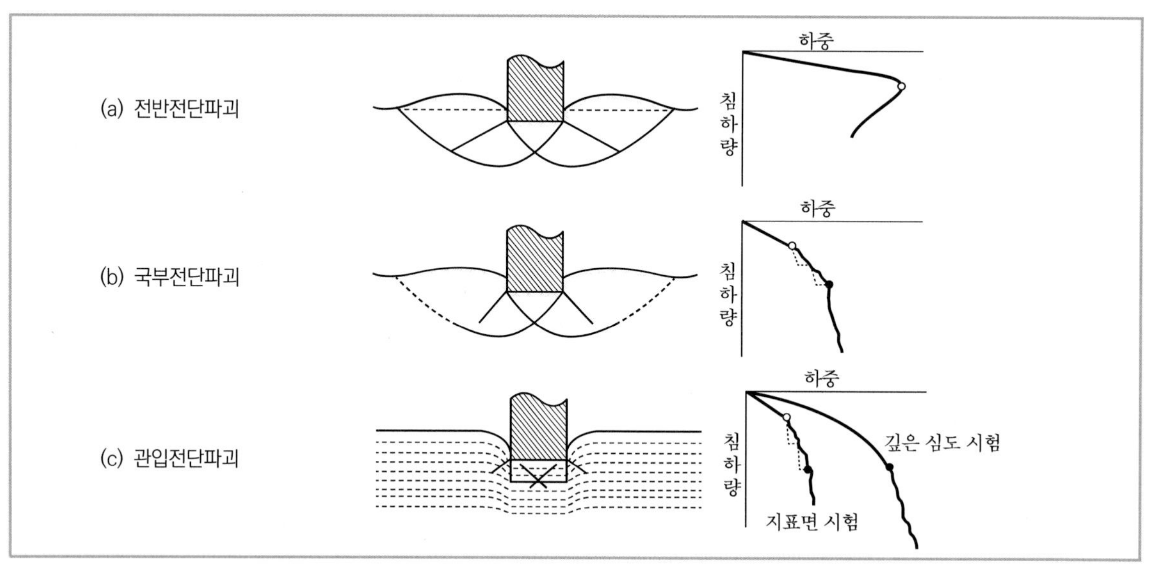

그림 13.7-1 하중-침하량 곡선과 파괴 유형

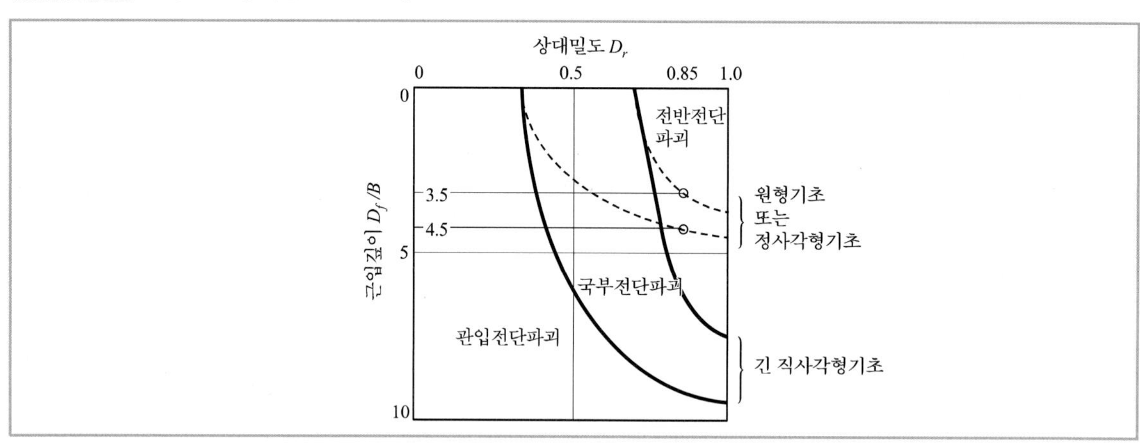

그림 13.7-2 모래지반의 상대밀도와 근입깊이에 따른 파괴 형태(Vesic, 1973)

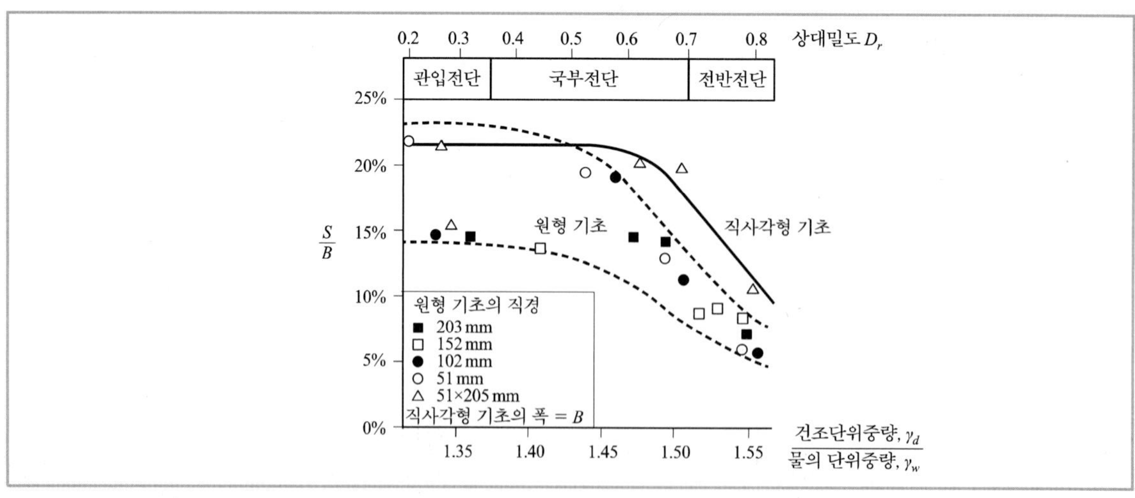

그림 13.7-3 모래지반의 극한지지력을 유발하기 위한 기초의 소요침하량

13.7 얕은 기초의 파괴유형에 심도있는 이해

1 하중-침하량 곡선과 파괴 형태

■ 흙쐐기 유형의 경우에 기초에 작용하는 상부하중을 계속 증가시켜 전단파괴를 유도할 때 기초 침하량과 상부하중과의 관계와 그때의 파괴형태를 나타내면 그림 13.7-1과 같다.

■ 그림 13.7-1a는 **전반전단파괴**라고 하고, 지반이 비교적 단단하고 촘촘해서 압력이 첨두(peak)를 나타낼 때까지 증가하다 파괴 후 감소하는 형태이며, 지반은 그림과 같이 전체가 전단파괴가 된다. 그림 13.7-1b는 **국부전단파괴**로서 일반적인 지반에서 일어나며, 그림과 같이 흙 속에서 국부적으로 전단파괴가 일어나는 현상을 말한다. 지반이 대단히 느슨한 경우에는 하중작용 시 그림 13.7-1c와 같이 기초가 지반 속으로 쏙 들어가고 마는 경우가 있으며, 이를 **관입전단파괴**라고 한다.

2 상대밀도(D_r)-근입깊이(D_f)-지지력 파괴형태와의 상관관계

■ 그림 13.7-2은 **모래의 상대밀도(D_r) 및 기초의 근입깊이(D_f)에 따른 지지력 파괴 형태와의 상관관계**를 나타낸 것이다. 이제까지는 기초를 지표면 위에 설치하는 것으로 가정하였으나 실제로는 아무리 얕은 기초라 하더라도 D_f 만큼 매입함이 일반적이다. 우선적으로 고려되는 것은 동결심도이며, 기초는 동결심도보다 깊게 설치해야 한다. 물론 지표면 근처의 토질이 상대적으로 연약하여 지지력에 확신이 없을 때는 양질토가 출현하는 깊이까지 근입시켜 주어야 한다.

■ 그림 13.7-2로부터 **유추할 수 있는 개념**은 지반이 연약할수록, 근입깊이가 깊을수록 전반전단파괴 < 국부전단파괴 < 관입전단파괴 순으로 일어난다는 점이다. 근입깊이가 얕을수록 전단파괴면이 지표면까지 연결되며, 반대로 비교적 양호한 지반이라 하더라도 근입깊이가 깊으면 파괴면이 지표면까지 도달하기는 어렵다. 가장 극단의 예로서 깊은 기초의 경우(말뚝기초) $D_f > B$ 이므로 이 경우는 대부분 관입전단파괴가 발생한다고 볼 수 있다.

3 변위-극한지지력의 상관관계

■ **기초 지반이 극한지지력에 도달하기 위해서는 전단 파괴면에서 상대변위가 발생하여야 한다.** 이를 위해서는 그림 13.5-1b의 'A'부분에서는 연직하(下)방향으로 지반이 움직여야 하며, 'B'부분에서는 수평으로 움직임이 있어야 한다.

■ 그림 13.7-3은 모래지반의 지표면에 설치된 원형 또는 직사각형 기초가 극한지지력에 도달했을 때의 침하량을 표시한 것이다. **전반전단파괴의 경우**는 지반이 상대적으로 단단하므로 침하량이 **기초폭의 5~10% 정도 발생하여야 지지력이 발휘**된다. 극한지지력을 유발하는 침하량은 대부분 아주 크다. **관입전단/국부전단 유발에 소요되는 침하량**은 그림 13.7-3 같이 더욱 크다.

■ 이런 연유로 실제로 **얕은 기초의 설계를 지배하는 주요 인자는 지지력보다는 침하량인 경우가 더 많다.**

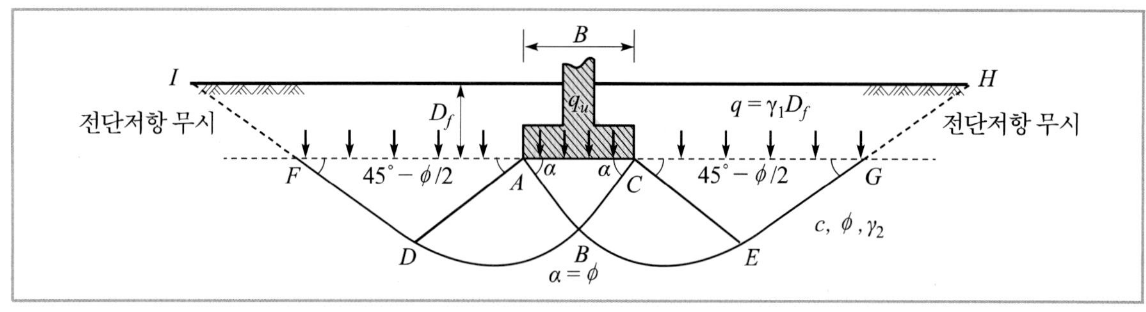

그림 13.8-1 Terzaghi의 전반전단파괴모델

- $D_f < B$
- 거칠고 수평인 기초 저면
- 평면 변형률 조건
- 연직하중이 푸팅 도심에 작용
- 등방의 균질한 지반
- 수평의 지표면

① 전반전단파괴

$$q_{ult} = \alpha c N_c + q N_q + \beta \gamma_2 B N_r$$

② 국부전단파괴

$$q_{ult} = \alpha c' N_c' + q N_q' + \beta \gamma_2 B N_r'$$

해설 13.8-1 Terzaghi가 제시한 기초의 지지력 공식의 기본가정과 지지력 공식

형상계수	연속기초	원형기초	정사각형기초	직사각형기초
α	1.0	1.3	1.3	1+0.3B/L
β	0.5	0.3	0.4	0.5−0.1B/L

주) B : 푸팅의 폭, L : 푸팅의 길이

표 13.8-1 Terzaghi의 기초형상계수

내부마찰각(°)	N_c/N_c'	N_q/N_q'	N_γ/N_γ'	$K_{p\gamma}$
0	5.7/5.7	1.0/1.0	0.0/0.0	10.8
5	7.3/6.7	1.6/1.4	0.5/0.2	12.2
10	9.6/8.0	2.7/1.9	1.2/0.5	14.7
15	12.9/9.7	4.5/2.7	2.5/0.9	18.6
20	17.7/11.8	7.4/3.9	4.0/1.7	25.0
25	25.1/14.8	12.7/5.6	9.7/3.2	35.0
30	37.2/19.0	22.5/8.3	19.7/5.7	52.0
35	57.8/25.2	41.4/12.6	42.5/10.1	82.0
40	95.7/34.9	81.3/20.5	100.4/18.8	141.0
45	172.3/51.2	173.3/35.1	297.5/37.7	298.0
48	258.3/66.8	287.9/50.5	780.1/60.4	−
50	347.5/81.3	415.1/65.6	1153.2/87.1	800.0

표 13.8-2 Terzaghi의 지지력계수(전반전단파괴/국부전단파괴)

13.8 Terzaghi의 극한지지력 공식(1)

1 Terzaghi의 극한지지력 공식의 기본가정

- 1943년 제안된 Terzaghi 지지력공식은 편심이 아닌 수평기초에 한하며, 경사하중이나 편심하중에 의하여 모멘트가 작용하는 기둥이나 경사기초 등에는 적합하지 않다. 그러나 **극한지지력 산정 결과가 매우 안전측**이며 계산이나 도표이용이 용이하므로 현재까지 널리 이용되고 있으며, 근입깊이와 기초폭의 비(D_f / B)가 1 이하인 얕은기초가 점착력이 큰 지반에 설치된 경우에 주로 적용된다.

- **Terzaghi(1943)는 기초에 의한 지반파괴의 형상**을 그림 13.8-1 같이 **직선과 대수 나선의 결합**으로 보고, **기초저면 위쪽 흙의 자중을 고려**할 수 있는 극한지지력공식을 유도하였다.

- Terzaghi가 제시한 기초의 지지력 공식은 해설 13.8-1 과 같은 가정을 통해 극한지지력공식을 전반전단파괴 및 국부전단파괴로 구분하여 제시하였다. 이러한 기본 가정과 상이한 경우에는 지지력 공식에 대한 보정을 실시하여 사용해야 한다.
  → 이에 대한 사항에 대해서는 13.12 다양한 조건에서의 지지력을 통해 후술 될 것임

- Terzaghi는 그림 13.8-1 같이 **기초 저면보다 위쪽에 있는 두께 D_f 인 지반의 전단저항은 무시**하였으며, **기초저면 상부 지반을 단순히 상재하중($q = \gamma D_f$)으로 간주**하여 지지력을 **전반전단파괴**와 **국부전단파괴**로 구분하여 산정하였다.

2 전반전단파괴(general shear failure)

- 전반전단파괴의 경우에 극한지지력 q_{ult} 는 식 13.8-1 로 계산할 수 있으며, **첫 번째 항**은 지반의 점착력 c, **두 번째 항**은 푸팅근입깊이 D_f 에 따른 상재하중의 영향, **세 번째 항**은 기초폭 B 에 의한 파괴체 크기를 나타낸다.

$$q_{ult} = \alpha c N_c + q N_q + \beta \gamma_2 B N_r \quad \text{식 13.8-1}$$

여기서, γ_1 : 기초저면 상부 지반의 단위중량

γ_2 : 기초저면 하부 지반의 단위중량

q : $\gamma_1 D_f$

α, β : 형상계수(shape factor) (표 13.8-1 참조)

- 여기서, N_c, N_q, N_r 는 **전반전단파괴에 대한 지지력계수**로 식 13.9-1 ~ 식 13.9-3 로 계산하거나 표 13.8-2 및 그림 13.9-1 으로부터 구할 수 있다.

CHAPTER 12 13 14 15 16 17 18

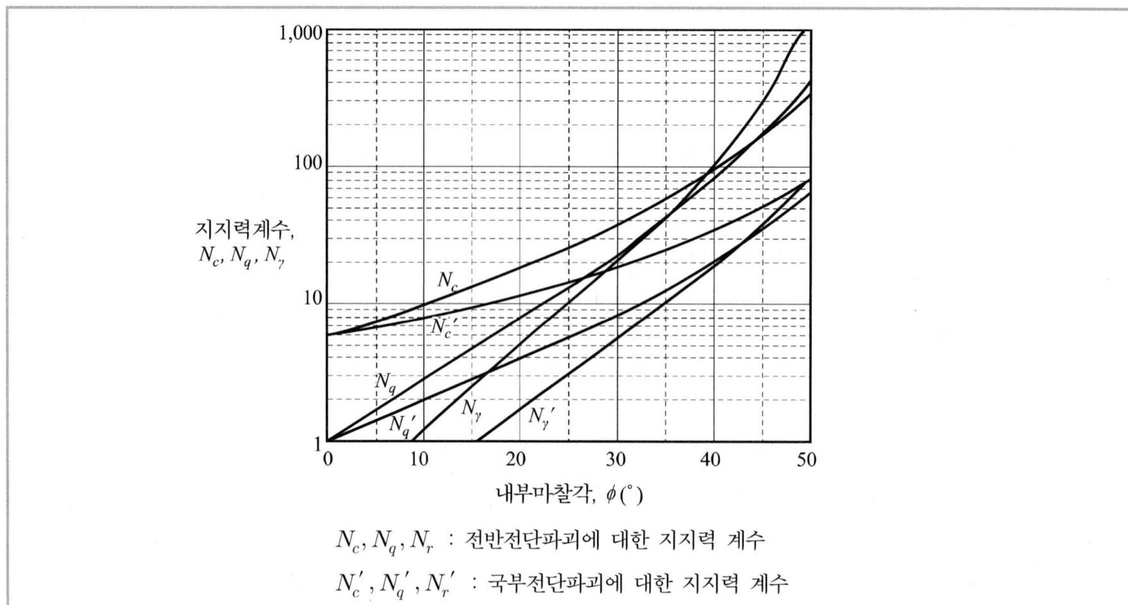

그림 13.9-1 Terzaghi의 지지력계수(전반전단파괴/국부전단파괴)

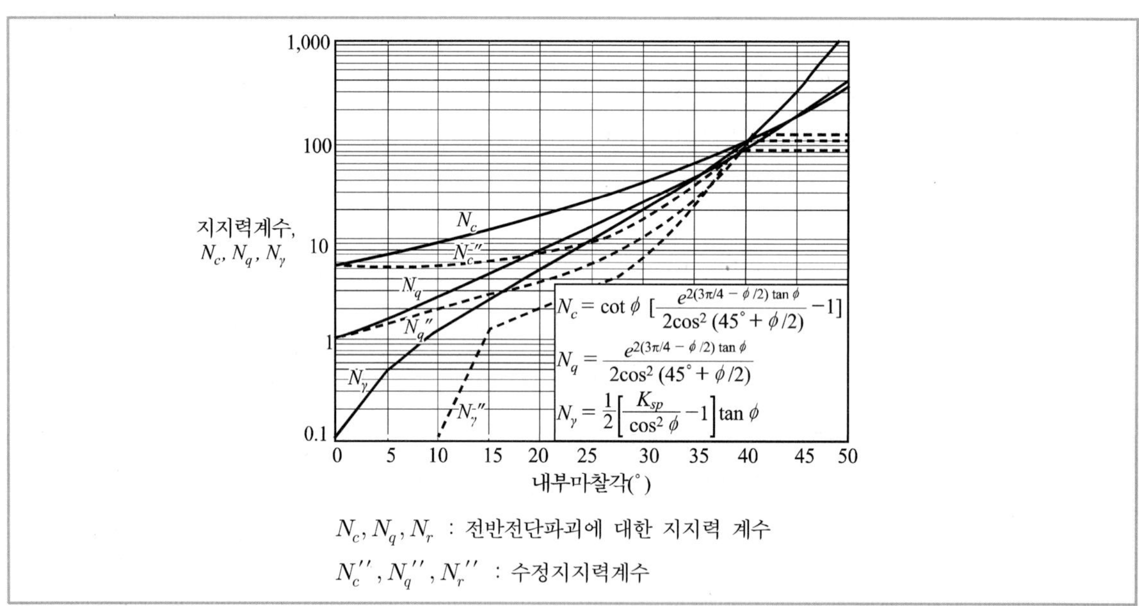

그림 13.9-2 Terzaghi의 수정지지력계수

지지력계수	ϕ=0	5	10	15	20	25	28	32	36	40 이상
N_c''	5.3	5.3	5.3	6.5	7.9	9.9	11.4	20.9	42.2	95.7
N_q''	1.0	1.4	1.9	2.7	3.9	5.6	7.1	14.1	31.6	81.2
N_γ''	0	0	0	1.2	2.0	3.3	4.4	10.6	30.5	114.0

표 13.9-1 Terzaghi의 수정지지력계수

13.9 Terzaghi의 극한지지력 공식(2)

$$N_c = \cot\phi\left[\frac{e^{2(3\pi/4-\phi/2)\tan\phi}}{2\cos^2(45+\phi/2)} - 1\right] = \cot\phi(N_q - 1)$$ 식 13.9-1

$$N_q = \frac{e^{2(3\pi/4-\phi/2)\tan\phi}}{2\cos^2(45+\phi/2)}$$ 식 13.9-2

$$N_r = \frac{1}{2}\left[\frac{K_{pr}}{\cos^2\phi} - 1\right]\tan\phi \approx \frac{2(N_q+1)\tan\phi}{1+0.4\sin(4\phi)}$$ 식 13.9-3

3 국부전단파괴(local shear failure)

- 국부전단파괴에 대한 극한지지력 산정식이 제시되어 있지 않으므로 전반전단파괴에 대한 식 13.8-1의 극한지지력 산정식을 식 13.9-4 으로 변형시킨 후 국부전단파괴에 대한 극한지지력을 산정한다.

$$q_{ult} = \alpha c' N_c' + qN_q' + \beta\gamma_2 BN_r'$$ 식 13.9-4

여기서, 감소 점착력 : $c' = \frac{2}{3}c$ 식 13.9-5

감소 내부마찰각 : $\phi' = \tan^{-1}\left(\frac{2}{3}\tan\phi\right)$ 식 13.9-6

- 식 13.9-4 에서 c', ϕ'을 각각 점착력 및 내부마찰각의 **감소강도정수**라고 하며, 식 13.9-5, 식 13.9-6 같이 산정한다. **국부전단파괴에 대한 지지력계수** N_c', N_q', N_r'은 식 13.9-6 을 이용하여 내부마찰각을 감소시킨 후 이 감소된 내부마찰각을 전반전단파괴에 대한 지지력계수 산정 방법인 식 13.9-1, 식 13.9-2, 식 13.9-3 에 대입하여 구한다. 이러한 방법으로 산정한 국부전단파괴의 지지력계수N_c', N_q', N_r'은 표 13.8-2 및 그림 13.9-1 과 같다.

4 Terzaghi 수정지지력계수

- Terzaghi 지지력 산정식에서는 지지력계수가 전반전단파괴와 국부전단파괴에 대해 각기 다르게 주어져 있으나, **실제의 파괴가 내부마찰각의 크기에 따라 어떤 형태로 일어나는지는 예측하기가 어렵다.** 즉, 내부마찰각이 몇 도에서는 전반전단파괴가 일어나고 몇 도에서는 국부전단파괴가 일어나는지 명확히 구분 할 수 없다.

- 따라서 두 가지 파괴형태를 모두 수용할 수 있도록 **내부마찰각이 작을 때에는 국부전단파괴에 대한 식이 적용되고 내부마찰각이 어느 값에 이르면 전반전단파괴식이 적용**되도록 합성된 실용적인 **Terzaghi의 수정지지력 산정식**(modified formula of bearing capacity)이 제시되어 있다. **Terzaghi의 수정지지력계수** N_c'', N_q'', N_r''은 그림 13.9-2 및 표 13.9-1 과 같다.

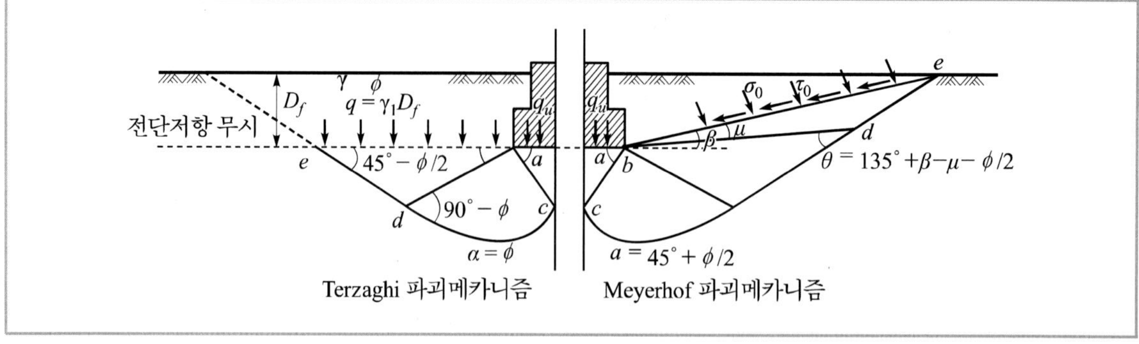

그림 13.10-1 Meyerhof의 전단파괴 메커니즘

- $D_f < B$
- 균질한 지반
- 지하수위가 d_o 보다 깊음 → 여기서, d_o는 기초저면 아래 전단파괴면의 최대깊이를 의미
- 연직하중이 푸팅 도심에 작용
- 푸팅 측면의 부착력과 마찰력 무시
- 기초지반의 토질 정수는 c, $\varnothing$, γ

① 연직하중 작용시 $q_{ult} = cN_c s_c d_c i_c + qN_q s_q d_q i_q + \frac{1}{2}\gamma B N_\gamma s_r d_r i_r$

② 경사하중 작용시 $q_{ult} = cN_c s_c d_c i_c + qN_q s_q d_q i_q + \frac{1}{2}\gamma B' N_\gamma s_r d_r i_r$

해설 13.10-1 Meyerhof가 제시한 기초의 지지력 공식의 기본가정과 지지력 공식

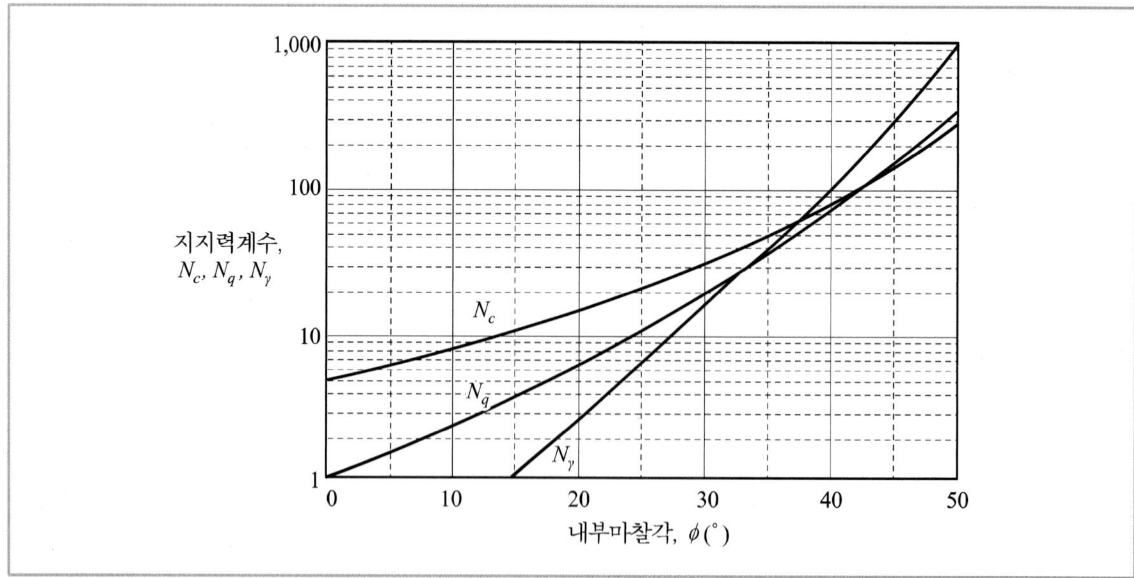

그림 13.10-2 Meyerhof의 지지력계수

13.10 Meyerhof의 일반적인 극한지지력 공식(1)

1 Meyerhof의 일반적인 극한지지력 공식의 기본가정

- Meyerhof는 그림 13.10-1 과 같이 전단파괴의 형상을 가정하고 식 13.10-1 같은 극한지지력 공식을 유도하였다. 이 유도과정에서 가정된 조건은 해설 13.10-1 과 같다.

- Meyerhof(1965)는 Terzaghi의 파괴메커니즘과 유사하지만, 기초바닥 바로 아래에는 쐐기형 파괴체이면서 대수나선과 직선으로 교차하여 **지표면까지 연장된 파괴형상을 가정**하여 극한지지력공식을 유도하였다. 기초바닥 아래의 쐐기형 파괴체에 대해서 Terzaghi는 각도 $\alpha = \phi$로 하였으나 Meyerhof는 $\alpha = 45^\circ + \phi/2$ 로 하였다.

- 그리고 Terzaghi는 기초저면보다 위쪽에 있는 지반의 전단저항을 무시하고 단순히 상재하중으로 처리하였으나, **Meyerhof는 기초저면보다 위쪽에 있는 지반의 전단저항을 고려**하였다.

2 Meyerhof의 일반적인 극한지지력 공식

- Meyerhof는 극한지지력공식을 식 13.10-1 과 같이 제시하였다(Bowles, 1996).

연직하중 작용시 : $q_{ult} = cN_c s_c d_c i_c + qN_q s_q d_q i_q + \frac{1}{2}\gamma B N_\gamma s_r d_r i_r$ 식 13.10-1

경사하중 작용시 : $q_{ult} = cN_c s_c d_c i_c + qN_q s_q d_q i_q + \frac{1}{2}\gamma B' N_\gamma s_r d_r i_r$ 식 13.10-2

여기서, c, ϕ, γ : 흙의 점착력, 내부 마찰각, 단위 중량

q : 상재하중 　　B : 기초의 폭(직사각형인 경우 작은 폭)

N_c, N_q, N_r : 지지력 계수 　　s_c, s_r, s_q : 형상계수

d_c, d_r, d_q : 근입깊이계수 　　i_c, i_r, i_q : 경사하중계수

※ Meyerhof의 일반적인 극한지지력 공식에서는 **경사하중이 작용될 경우**에는 식 13.10-2 같이 **기초 폭 B 대신 유효 기초 폭 B'을 사용한다.**

- 여기서 N_c, N_q, N_r 는 식 13.10-3 ~ 식 13.10-5 로 구할 수 있으며, 산정 결과는 그림 13.10-2 및 표 13.11-1 과 같다.

$N_c = (N_q - 1)\cot\phi$ (단, $\phi = 0$ 일 때, $N_c = 5.14$) 식 13.10-3

$N_q = e^{\pi \tan\phi} \tan^2\left(45^\circ + \frac{\phi}{2}\right)$ 식 13.10-4

$N_r = (N_q - 1)\tan(1.4\phi)$ 식 13.10-5

- Meyerhof는 실험에 근거하여 **형상계수(s), 근입깊이 계수(d), 경사계수(i)를 도입하여 극한지지력을 산정하도록 제시**하였다.

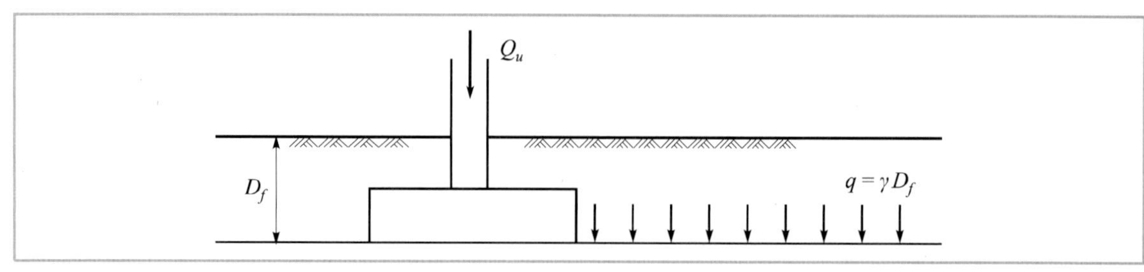

그림 13.11-1 기초의 근입깊이

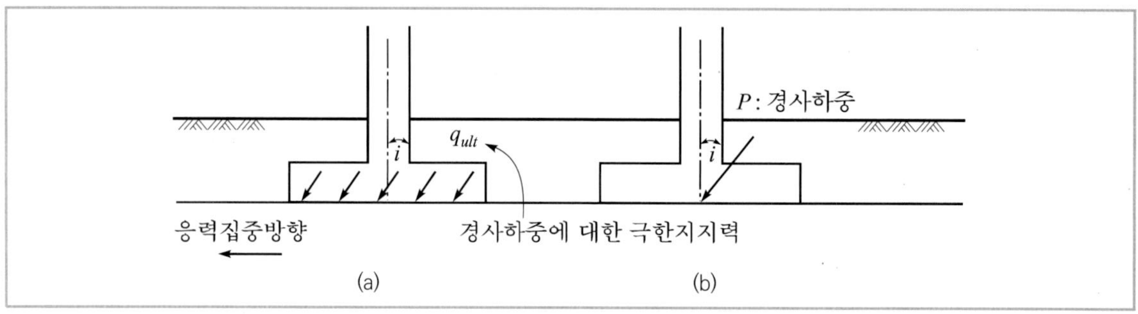

그림 13.11-2 경사하중 작용 시의 극한지지력

ϕ	N_c	N_q	N_γ	ϕ	N_c	N_q	N_γ	ϕ	N_c	N_q	N_γ
0	5.14	1.00	0.00	17	12.34	4.77	3.53	34	42.16	29.44	41.06
1	5.38	1.09	0.07	18	13.10	5.26	4.07	35	46.12	33.30	48.03
2	5.63	1.20	0.15	19	13.93	5.80	4.68	36	50.59	37.75	56.31
3	6.19	1.43	0.34	20	14.83	6.40	5.39	37	55.63	42.92	66.19
4	6.19	1.43	0.34	21	15.82	7.07	6.20	38	61.35	48.93	78.03
5	6.49	1.57	0.45	22	16.88	7.82	7.13	39	67.87	55.96	92.25
6	6.81	1.72	0.57	23	18.08	8.66	8.20	40	75.31	64.20	109.41
7	7.16	1.88	0.71	24	19.32	9.60	9.44	41	83.86	73.90	130.22
8	7.53	2.06	0.86	25	20.72	10.66	10.88	42	93.71	85.38	155.55
9	7.92	2.25	1.03	26	22.25	11.85	12.54	43	105.11	99.02	186.54
10	8.38	2.06	0.86	27	23.94	13.20	14.47	44	118.37	115.31	224.64
11	8.80	2.71	1.44	28	25.80	14.72	16.72	45	133.88	134.88	271.76
12	9.28	2.97	1.69	29	27.86	16.44	19.34	46	152.10	158.51	330.35
13	9.81	3.26	1.97	30	30.14	18.40	22.40	47	173.64	187.21	403.67
14	10.37	3.59	2.29	31	32.67	20.63	25.99	48	199.26	222.31	496.01
15	10.98	3.94	2.65	32	35.49	23.18	30.22	49	229.93	265.51	613.16
16	11.63	4.34	3.06	33	38.64	26.09	35.19	50	266.89	319.07	762.89

주) 위의 값은 식 13.10-1 로 직접 구한 값임

표 13.11-1 Meyerhof의 지지력 계수(단, m =0, β =0)

13.11 Meyerhof의 일반적인 극한지지력 공식(2)

① 형상계수 : 기초 폭 B와 길이 L의 비(B/L), ϕ의 크기에 따라 형상계수 제시

$$s_c = 1 + 0.2 N_\phi \left(\frac{B}{L}\right), \text{ 모든 } \phi \text{에 대하여 적용} \quad \text{식 13.11-1}$$

$$s_q = s_r = 1, \ \phi = 0^\circ \text{ 일 경우에 적용} \quad \text{식 13.11-2}$$

$$s_q = s_r = 1 + 0.1 N_\phi \frac{B}{L}, \ \phi > 10^\circ \text{ 일 경우에 적용} \quad \text{식 13.11-3}$$

② 깊이계수 : 근입깊이 D_f와 기초 폭 B의 비(D_f/B), ϕ에 따라 근입깊이계수 제시

$$d_c = 1 + 0.2 \sqrt{N_\phi} \left(\frac{D_f}{L}\right), \text{ 모든 } \phi \text{에 대하여 적용} \quad \text{식 13.11-4}$$

$$d_q = d_r = 1, \ \phi = 0^\circ \text{ 일 경우에 적용} \quad \text{식 13.11-5}$$

$$d_q = d_r = 1 + 0.1 \sqrt{N_\phi} \frac{D_f}{L}, \ \phi > 10^\circ \text{ 일 경우에 적용} \quad \text{식 13.11-6}$$

③ 경사하중계수 : 연직방향과 하중 작용방향 사이의 각도 α와 내부마찰각 ϕ를 고려

$$i_c = i_q = \left(1 - \frac{\alpha}{90}\right)^2, \text{ 모든 } \phi \text{에 대하여 적용} \quad \text{식 13.11-7}$$

$$i_r = \left(1 - \frac{\alpha}{\phi}\right)^2, \ \phi = 0^\circ \text{ 일 경우에 적용} \quad \text{식 13.11-8}$$

$$i_r = 0, \ \alpha > 0^\circ, \ \phi > 10^\circ \text{ 일 경우에 적용} \quad \text{식 13.11-9}$$

3 Meyerhof의 일반적인 극한지지력 공식에서 지지력에 영향을 미치는 요소를 고려한 내용

① 기초형상에 따른 영향 : 그림 13.8-1과 같이 줄기초의 경우는 지반의 저항력이 2방향에서만 발생되나 **직사각형의 경우는 네 방향에서 저항할 수 있으므로 극한지지력은 커지게 된다.**

② 기초 근입깊이에 따른 영향 : 그림 13.8-1과 같이 기초의 근입깊이가 D_f인 경우, 이를 $q = \gamma D_f$의 상재하중으로 고려하였다. 수많은 모형실험에 의하면 그림 13.8-1에서 'GH'부분(또는 'FI'부분)의 전단저항을 무시한 영향 등으로 인하여 **근입깊이가 깊어질수록 지지력은 커진다**고 알려져 있다.

③ 경사하중의 영향 : 그림 13.10-1으로부터 유도된 극한지지력은 하중 q를 연직방향으로 증가시키어 파괴가 이를 때의 저항력 q_{ult}를 구한 것이다. 만일 가해준 하중의 작용방향이 연직이 아니라 그림 13.11-2a 같이 연직방향과 $i(^\circ)$만큼 기울었다면 지반에 응력이 한쪽으로 쏠리게 되어 **연직방향에 비하여 극한지지력이 작아지는 것**으로 알려져 있다. 물론 그림 13.11-2a의 응력은 그림 13.11-2b의 하중을 기초면적으로 나눈 것으로서 작용점은 중심에 있는 경우에 한한다. 편심하중이 작용하는 경우는 다음 절에서 따로 설명될 것이다.

개념정리 ① **지지력계수에 대한 이해**

1 Terzaghi(1943)는 지지력계수 N_c, N_r, N_q를 ϕ만의 함수로 보고 제안식을 제시함

2 Meyerhof(1963)는 Terzaghi(1943)의 ϕ만의 함수에 대한 반론을 제시함

- 지지력 계수 중 N_c, N_q 는 파괴형상과 관계가 없지만 N_r은 **파괴형상에 크게 영향을 받는다고 반론을 제시함**

- 즉, **기초하부 파괴면의 형상이 약간만 달라져도 N_r은 상대적으로 큰 차이를 보이게 된다는 뜻**이다. 따라서 ϕ값의 결정에 주의를 기울여야 한다.

3 제안자별 지지력계수 N_r

① Terzaghi(1943) $N_r = \frac{1}{2}(\frac{K_{pr}}{\cos^2\phi} - 1)\tan\phi$

② Meyerhof(1963) $N_r = (N_q - 1)\tan(1.4\phi)$

③ Hansen(1970) $N_r = 1.5(N_q - 1)\tan\phi$

④ Vesic(1973) $N_r = 2(N_q + 1)\tan\phi$

4 지지력 계수 N_r에 대한 올바른 이해

- 이러한 지지력계수는 내부마찰각의 함수로서 내부마찰각이 작은 경우에 대한 지지력 계수의 차이는 미소하나 **내부마찰각이 커지는 경우 이러한 지지력 계수에 차이가 발생**한다고 알려져 있다.

- 예를 들어 ϕ값이 30°에서 40°로 약 33% 증가하는 경우 지지력 계수 N_r의 경우 488%(Meyerhof), 433%(Hansen) 증가하여 내부마찰각의 결정에 매우 유의해야 함을 알 수 있다.

- 현재에도 흙의 내부마찰각 ϕ에 따른 방정식에는 다소 모순들이 있다고 보며, N_c, N_q는 원래의 Prantl과 Reissner의 식을 주로 사용하고, N_r은 Meyerhof(1963), Hansen(1970), vesic(1973)등의 식들이 주로 사용된다.

① Prantl(1921) $N_c = (N_q - 1)\cot\phi$ → Meyerhof(1963)의 값과 동일

② Reissner(1924) $N_q = e^{\pi\tan\phi}\tan^2(45 + \phi/2)$ → Meyerhof(1963)의 값과 동일

③ Hansen(1970) $N_r = 1.5(N_q - 1)\tan\phi$

개념정리 ② 제안자별 지지력 공식(이론적인 지지력 공식)에 따라 지력값이 차이가 나는 이유? (1)

[1] 구조물기초설계기준(2018)에서 설명하고 있는 이유

- 극한지지력은 지반이 전단파괴가 일어날 때까지 저항할 수 있는 최대하중지지능력을 말하는 것으로 극한지지력은 **지반조건, 기초의 활동면의 가정과 파괴모드, 하중조건, 형상조건, 근입깊이 영향, 지하수의 영향** 등이 고려하여 산정되어야 한다,
- 여기서, 제안된 이론적인 지지력공식은 제안자별로 위에서 설명한 **"고려조건"이 서로 상이**하므로 **제안자별로 지지력값의 차이가 발생**될 수밖에 없다. 즉, 제안자별로 지지력 계수 N_c, N_r, N_q이 상이함을 의미한다.

[2] 제안자별 지지력공식의 특징

- **Terzaghi의 공식**은 비교적 일찍 제안되었고 또 **대단히 안전측**이기 때문에 지금까지 널리 사용되어 왔다.

$$q_{ult} = \alpha c N_c + q N_q + \beta \gamma_2 B N_r$$

- **Meyerhof의 공식(일반적인 지지력공식)**은 **기초의 형상**(s), **근입깊이의 영향**(d), **경사하중**(도심에 작용하는 하중 i)을 **고려**하고 있기 때문에 최근에 널리 사용되고 있다. Meyerhof는 경사하중이 작용할 경우에는 기추 폭 B대신 유효 기추 폭 B'를 적용하는 식을 함께 제안

$$q_{ult} = cN_c s_c d_c i_c + qN_q s_q d_q i_q + \frac{1}{2}\gamma B N_\gamma s_r d_r i_r \quad \text{(연직하중 작용시)}$$

$$q_{ult} = cN_c s_c d_c i_c + qN_q s_q d_q i_q + \frac{1}{2}\gamma B' N_\gamma s_r d_r i_r \quad \text{(경사하중 작용시)}$$

- **Hansen의 공식**은 다양한 하중 및 지반조건에 대하여 적용할 수 있으나 식이 복잡한 단점이 있다. Hansen의 지지력계수는 N_c, N_q를 계산할 때 Prantl의 공식을 사용하도록 추천하는데 이는 Meyerhof가 제안한 지지력 계수 N_c, N_q와 일치한다. **N_r에 대해서는 기초하부 파괴면의 형상을 고려 아래와 같이 제안**

  ① Prantl(1921) $N_c = (N_q - 1)\cot\phi$ → Meyerhof(1963)의 값과 동일

  ② Reissner(1924) $N_q = e^{\pi\tan\phi}\tan^2(45+\phi/2)$ → Meyerhof(1963)의 값과 동일

  ③ Hansen(1970) $N_r = 1.5(N_q - 1)\tan\phi$

  또한, Meyerhof는 형상계수(s) 산정시 실제의 기초폭(B)과 길이(L)를 사용한 반면 **Hansen의 의 경우에는 실제 기초폭을 사용하지 않고 유효 기초 폭(B')과 길이(L')을 사용**하였다.
  지반이 경사져 있을 경우를 고려하여 **지반경사계수(g)**와 하중방향의 경사뿐만 아니라 기초의 경사에 대한 보정계수 즉 **기초경사계수(b)**를 지지력 공식에 새로이 도입하였다.

$$q_{ult} = cN_c s_c d_c i_c g_c b_c + qN_q s_q d_q i_q g_q b_q + \frac{1}{2}\gamma B N_\gamma s_r d_r i_r g_r b_r$$

- **Vesic**은 Hansen의 계수와 상이한 형상계수, 하중경사계수, 기초경사계수, 지반경사계수를 제시하였으며 근입깊이계수는 동일한 값을 사용하였다. Vesic은 Hansen과 달리 형상계수 산정기 유효 기초 폭(B')과 길이(L')를 사용하지 않고 **실제 기초폭(B)과 길이(L)를 직접적으로 사용**하였다,

$$q_{ult} = cN_c s_c d_c i_c g_c b_c + qN_q s_q d_q i_q g_q b_q + \frac{1}{2}\gamma B N_\gamma s_r d_r i_r g_r b_r$$

개념정리 ③ 제안자별 지지력 공식(이론적인 지지력 공식)에 따라 지지력값이 차이가 나는 이유? (2)

3 이론적인 지지력공식으로 구한 지지력과 실제와의 일치성

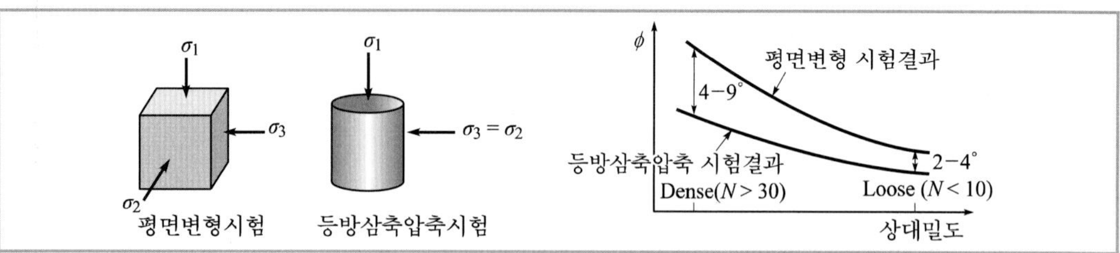

그림 개념 ③-1

- 이론적인 지지력공식들은 삼축압축시험으로부터 얻어진 ϕ값을 사용하기 때문에 현장조건이 평면변형조건일 경우에는 (즉, 줄기초=연속기초 조건을 의미) 대단히 안전측 결과를 얻게 된다,
- 만약 현장의 연속기초 조건을 감안하여 삼축압축시험으로부터 얻어진 ϕ값을 이용해서 평면변형조건의 ϕ값을 아래와 같은 경험식을 이용하여 산정할 수 있다.

$$\phi_{pl} = (1.1 - 0.1\frac{B}{L}) \times \phi_{trial}$$

4 이론적인 지지력공식의 지지력 값 차이가 실제 설계시 큰영향을 미치지 않는 이유

- 안전율의 여유 : $q_a = \frac{q_{ult}}{F_s}$ 여기서 $F_s = 3$
- 이론적인 지지력공식에 적용되는 ϕ값은 실제 ϕ값보다 작다. → 연속기초일 경우의 평면변형조건과 현장시험에 의해 산정된 지지력의 값이 이론적인 지지력 공식에 의해 산정된 값보다 크게 나오기 때문
- 사질토 지반에서는 지지력보다 침하에 더 민감하기 때문에 지반의 지지력 부족으로 인한 전단파괴에 의한 안정성의 문제보다는 과도한 침하에 의한 변형이 더 중요시되기 때문

개념정리 ④ 극한지지력에 영향을 미치는 요소 (1)

Terzaghi 등의 극한지지력공식은 하중이 기초의 도심에 연직으로 작용하며, 지하수위가 기초폭 보다 더 깊은 곳에 위치하고 있는 경우의 전반전단파괴에 대한 극한지지력을 구하는 식이다. 따라서 이와 같은 조건을 만족하지 못하는 경우에는 적절한 수정이 필요하며, 제안자별로 **극한지지력에 영향을 미치는 요소들을 고려**한 이론적인 극한지지력 공식을 제안

이론적인 Vesic 의 지지력공식으로부터 그 영향요소를 설명해라

$$q_{ult} = cN_c s_c d_c i_c g_c b_c + qN_q s_q d_q i_q g_q b_q + \frac{1}{2}\gamma B N_\gamma s_r d_r i_r g_r b_r$$

1 기초의 형상

- Terzaghi(1943) : α, β → 표 13.8-1 Terzaghi의 기초형상계수
- Meyerhof(1963) : 형상계수(s) → 실제의 기초폭(B)과 길이(L)를 사용
- Hansen(1970) : 형상계수(s) → 유효 기초 폭(B')과 길이(L')을 사용
- Vesic(1973) : 형상계수(s) → 실제의 기초폭(B)과 길이(L)를 사용

개념정리 ⑤ 극한지지력에 영향을 미치는 요소 (2)

[2] 지반의 파괴 형상

- 전단전단파괴 형태를 대수나선과 직선을 이용하여 가정

[3] 하중경사 → 하중이 경사져 작용하는 경우가 연직으로 작용하는 경우보다 지지력이 훨씬 작다.

- Terzaghi(1943) 연직하중만 고려 → Meyerhof(1963) 이후 경사하중(i)을 고려

[4] 편심하중 → 13.13 [2] 편심하중을 받는 기초의 극한지지력 연계

- **편심하중을 받는 기초의 접지압**

  옹벽과 같은 기초는 연직하중에 추가해서 모멘트를 받는다. 이 경우에는 접촉압력의 분포가 균등하지 않으며 최대 및 최소접지압은 식 13.13-1 ~ 식 13.13-2 사용하여 계산할 수 있다.

- **편심하중을 받는 기초의 극한지지력**

  편심하중이 작용하는 기초의 지지력은 Meyerhof(1953)**가 제안한 유효면적법을 사용**하여 구할 수 있다. 식 13.13-3 ~ 식 13.13-5 참조

[5] 근입깊이 → 근입깊이가 증가할수록 지지력은 커진다

- Terzaghi(1943) : D_f → Meyerhof(1963) 이후 : 깊이계수(d)를 고려
- 얕은기초의 근입깊이는 세굴, 동결융해, 풍화의 영향을 받지않는 위치에 설치해야 한다.

[6] 지하수위 영향 → 13.12 [1] 지하수가 존재하는 경우의 극한지지력 연계

- 지지력 공식에 사용되는 흙의 단위중량은 유효단위중량이므로 기초 부근에 지하수위가 존재하면 지지력은 감소하게 된다.
- 따라서 지하수위가 기초에 근접해 있다면 지하수위의 위치에 따라 지지력공식을 수정해야 한다.

[7] 지반의 강도정수(c , ϕ)

개념정리① 지지력계수에 대한 이해 연계 지반공학이해 I 390p "기초지반의 공학적 특성치" 연계

- Terzaghi 등의 극한 지지력 산정식은 평면변형조건인 세장기초에 대하여 유도된 식이다. 따라서 지지력계수를 구할 때 사용되는 전단저항각은 평면변형조건에서 구한값을 사용해야 한다.
- 만약 표준삼축압축시험으로 구한 강도정수를 사용하려고 할 경우에는 다음과 같이 수정하여 사용하여야 한다.

$$\phi_{pl} = (1.1 - 0.1\frac{B}{L}) \times \phi_{trial}$$

- 지지력계수는 내부마찰각의 함수로 내부마찰각이 작을 때에는 평면변형조건과 삼축압축 조건에서 구한 지지력계수의 차이는 크지 않으나 내부마찰각이 클수록 지지력계수의 차이가 크게 나타난다.

개념정리 ⑥ 극한지지력에 영향을 미치는 요소 (3)

8 기초의 폭(B) → 평판재하시험(PBT) 연계

- 사질토 : $q_{u(f)} = q_{u(p)} \times \dfrac{B_f}{B_p}$ 기초의 폭에 비례
- 점성토 : $q_{u(f)} = q_{u(p)}$ 기초의 폭과 무관

9 지반의 경사 → Hansen(1970) 이후 지반의 경사계수(g)를 고려

기초저면 지반형태에 따른 영향

직접기초를 **경사진 암반상에 설치할 경우 저부로 작용하는 수평력에 의해 지지력이 감소**될 수 있으며, 요철부의 경우 기초 저면과 암반의 접촉불량으로 인해 지지력 감소요인이 될 수 있으므로 기초부 처리를 하여야 한다

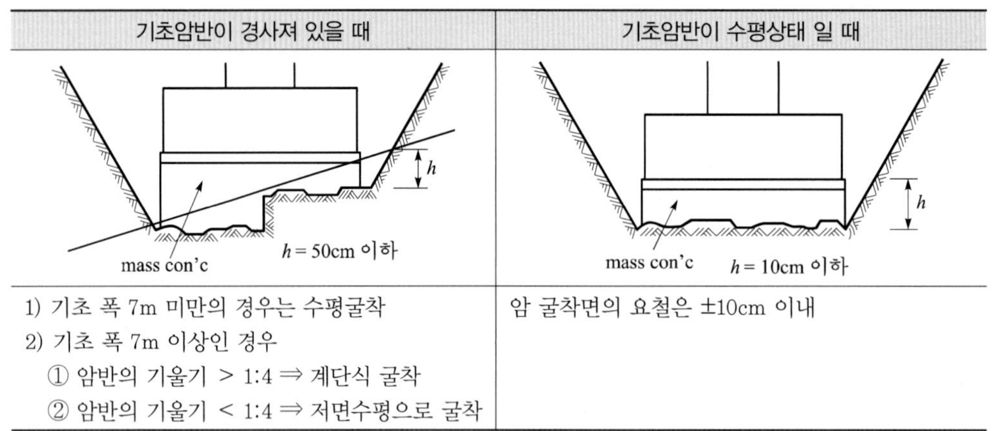

기초암반이 경사져 있을 때	기초암반이 수평상태 일 때
1) 기초 폭 7m 미만의 경우는 수평굴착 2) 기초 폭 7m 이상인 경우 ① 암반의 기울기 > 1:4 ⇒ 계단식 굴착 ② 암반의 기울기 < 1:4 ⇒ 저면수평으로 굴착	암 굴착면의 요철은 ±10cm 이내

10 기초의 경사 → Hansen(1970) 이후 기초의 경사계수(b)를 고려

11 지반의 불균질성에 대한 영향 → 13.14 3 층상(이질층)지반에서의 극한지지력 연계

12 인접 footing의 영향

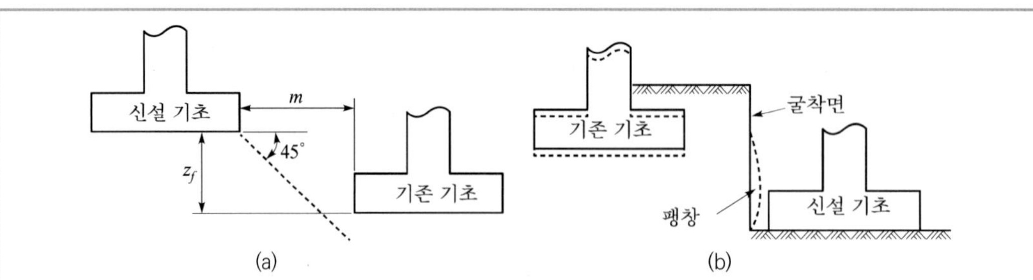

① 기존기초 구조물에 인접하여 기초를 설치 할 때는 위 그림(a)와 같이 새로이 설치하는 기초의 저면과 기존의 기초 모서리 사이에 연결한 선을 수평면과 45° 이하의 경사를 이루도록 설치하여야 한다. 이 경우 m은 두 기초의 고저차 z_f보다 커야 한다.

개념정리 ⑦ 극한지지력에 영향을 미치는 요소 (4)

② 그림(b)와 같이 기존기초 하부를 굴착할 경우 굴착에 의해 수평지지력이 없어지게 되므로 안정성 검토 후 굴착하여야 한다.

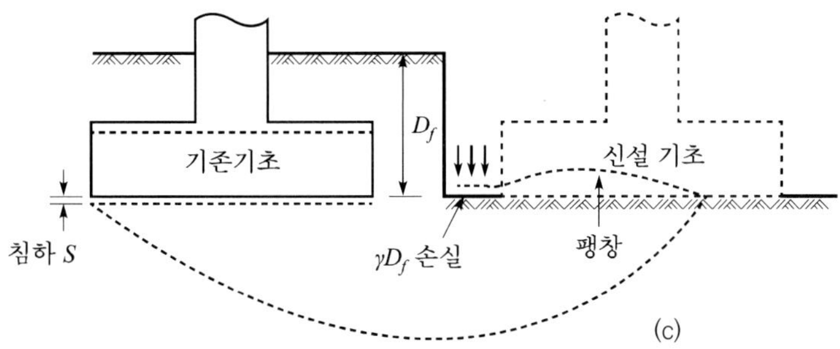

(c)

③ 기초 신설시 그림(c)와 같이 기존기초 가까이 굴착을 하면 지지력 공식에서 $\gamma \times D_f$가 감소하여 기존기초의 지지력이 작아지고, 침하(s)가 증가하여 굴착저면의 융기가 발생할 수 있으므로 굴착면에서 정지토압(K_o)상태가 유지될 수 있도록 강널말뚝과 같은 흙막이 벽을 사용하여야 한다.

13 기초저면의 거칠기의 영향

접합부 지반–구조물 상호거동

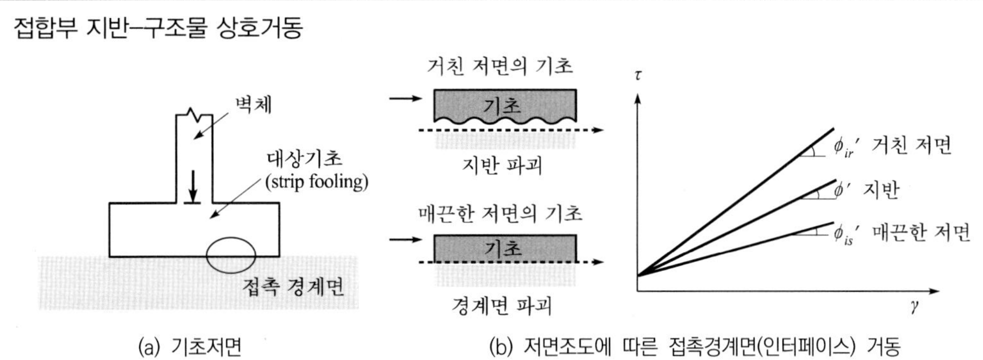

(a) 기초저면 (b) 저면조도에 따른 접촉경계면(인터페이스) 거동

① 일반적으로 구조물의 강성은 흙 지반의 강성보다 훨씬 크다. 따라서 구조물에 수평력이 작용하면 구조물보다는 구조물과 지반의 접촉경계면 또는 하부지반에서 전단이 일어날 가능성이 크다. 예로 위 그림과 같이 수평력이 작용하는 기초의 거동을 살펴보면 **저면이 거친 경우** 지반재료와 구조물간의 마찰각(δ)이 지반의 마찰각(ϕ)보다 커서 파괴면은 기초아래 지반에서 형성될 것이다. 반면에 **매끈한 저면의 기초**는 일반적으로 지반과 저면의 마찰각(δ)이 지반(ϕ)보다 작거나 같아서, 접촉면에서 미끄러짐 상대변위가 발생할 수 있다.

② 이러한 파괴 메카니즘의 차이 때문에 기초공학에서는 기초 저면이 **거칠거나(일체거동, Full bonded) 매끈한 경우(분리거동, slip)**를 구분하여 다루는 경우가 많다.

③ 암반과 같이 지반강성이 충분히 커서 변형이 작은 경우는 **일체거동**으로 볼 수 있으나, 흙 지반의 경우에는 **분리거동이 일어날 수 있다.**

- 125p 식 13.8-1 $q_{ult} = \alpha c N_c + q N_q + \beta \gamma_2 B N_r$

여기서, γ_1 : 기초저면 상부 지반의 단위중량

γ_2 : 기초저면 하부 지반의 단위중량

q : $\gamma_1 D_f$

α, β : 형상계수(shape factor) (표 13.8-1 참조)

- 줄기초에 대한 식으로 나타내면 $q_{ult} = c N_c + (\gamma_1 \times D_f) N_q + \frac{1}{2} \gamma_2 B N_r$

여기서, N_c, N_q, N_r : 기초바닥면 아래의 ϕ_1을 가지고 구함

c : 기초바닥면 아래의 c_1 임

$q = \gamma_1 D_f$: γ_1은 기초바닥면 위의 γ_1

$\gamma_2 B N_r$: γ_2은 기초바닥면 아래의 γ_2

해설 13.12-1 Terzaghi가 제시한 기초의 지지력 공식에서 지지력 계수 및 지반물성 산정 방법

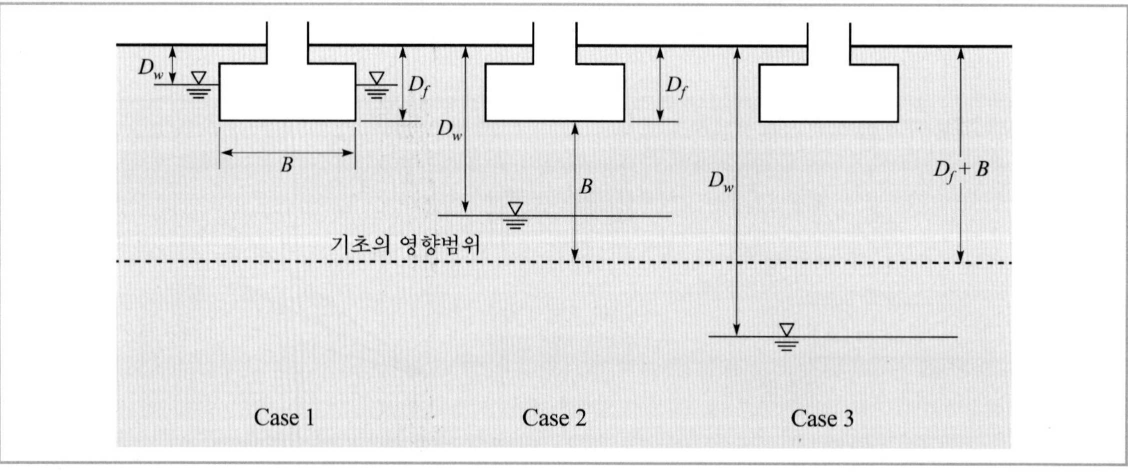

그림 13.12-1 지하수위 위치에 따른 지지력공식의 수정

※ **그림 13.12-1 지하수위 위치에 따른 지지력공식의 수정에 대한 이해**

- Case 1 ($D_w \le D_f$ 인 경우) : $q = \gamma_t \times D_w + \gamma'(D_f - D_w)$, $\gamma_2 = \gamma'$
- Case 2 ($D_f < D_w \le D_f + B$ 인 경우) : $q = \gamma_t \times D_f$, $\gamma_2 = \gamma_{avg}$ 이용

$\gamma_{avg} \times B = \gamma_t \times (D_w - D_f) + (D_f + B - D_w) \times \gamma'$

$\rightarrow \quad \gamma_{avg} = \dfrac{\gamma_t \times (D_w - D_f) + (D_f + B - D_w) \times \gamma'}{B}$

- Case 3 ($D_w > D_f + B$ 인 경우) : $q = \gamma_t \times D_f$, $\gamma_2 = \gamma_t$

해설 13.12-2

13.12 다양한 조건에서의 지지력(1)

1 지하수가 존재하는 경우의 극한지지력

- 해설 13.12-1에서 알 수 있듯이 **극한지지력의 유도는 근본적으로 지하수는 전혀 존재하지 않는다는 연속체 역학에 근거한 것이다.** 지반문제에서는 언제나 그렇듯이 지하수로 인한 물 문제는 항상 있을 수 있다. **지하수위의 변동은 지반의 강도정수인 점착력과 내부마찰각뿐만 아니라 단위중량에도 큰 영향을 미친다.**

- 점착력의 경우, 포화도(함수비)에 따라서 깊이별로 다른 값을 보이므로 정확한 지지력 산정을 위해서는 시험을 통하여 산정해야 한다. 내부마찰각은 점착력에 비하여 지하수위에 큰 영향을 받지 않는 것으로 알려져 있으므로 점착력이 없는 모래지반의 지지력을 산정할 경우에는 단위중량을 수정하여 사용하면 된다.

- 지하수위 위치를 그림 13.12-1와 같이 세 가지 경우로 구분할 수 있으며, 지하수위 위치에 따른 단위중량은 다음과 같이 산정할 수 있다.

① Case 1 ($D_w \le D_f$ 인 경우) : 기초바닥이 지하수위 아래에 위치할 경우

지하수위 위쪽 지반의 단위중량은 $\gamma_1 = \gamma_t$ 를 사용하고, 지하수위 아래쪽 지반의 단위중량은 $\gamma_2 = \gamma'(= \gamma_{sat} - \gamma_w)$을 사용하여 극한지지력을 산정한다.

$$q_{ult} = cN_c + [\gamma_t D_w + \gamma'(D_f - D_w)]N_q + \frac{1}{2}\gamma' B N_r \quad \text{식 13.12-1}$$

식 13.12-1에서 볼 수 있듯이 단위중량은 지하수위 위치에 따라서 쉽게 계산할 수 있으나, 점착력의 경우에는 직접 시험을 통하여 결정해야 한다. 이러한 내용은 모든 경우에 적용됨을 유의해야 한다.

② Case 2 ($D_f < D_w \le D_f + B$ 인 경우) : 지하수위가 기초바닥과 기초의 영향 범위($D_f + B$) 사이에 위치할 경우

$$q_{ult} = cN_c + \gamma_t D_f N_q + \frac{1}{2}[\{\gamma_t(D_w - D_f) + \gamma'(D_f + B - D_w)\}/B]BN_r \quad \text{식 13.12-2}$$

③ Case 3 ($D_w > D_f + B$ 인 경우) : 지하수위가 기초의 영향범위($D_f + B$)보다 깊게 위치할 경우 지하수위에 대한 영향을 고려할 필요 없다. 이 경우에는 $\gamma_2 = \gamma_t$ 를 사용하여 지지력을 산정한다.

④ 위에서 기술한 내용은 물의 흐름이 발생하지 않는 정수압을 받고 있는 지반의 경우에 적용할 수 있다. **만약 물의 흐름이 지속적으로 발생할 경우에는 파괴영역에서 발생하는 동수경사를 적용하여 단위중량을 보정한 후 극한지지력을 산정해야 한다.**

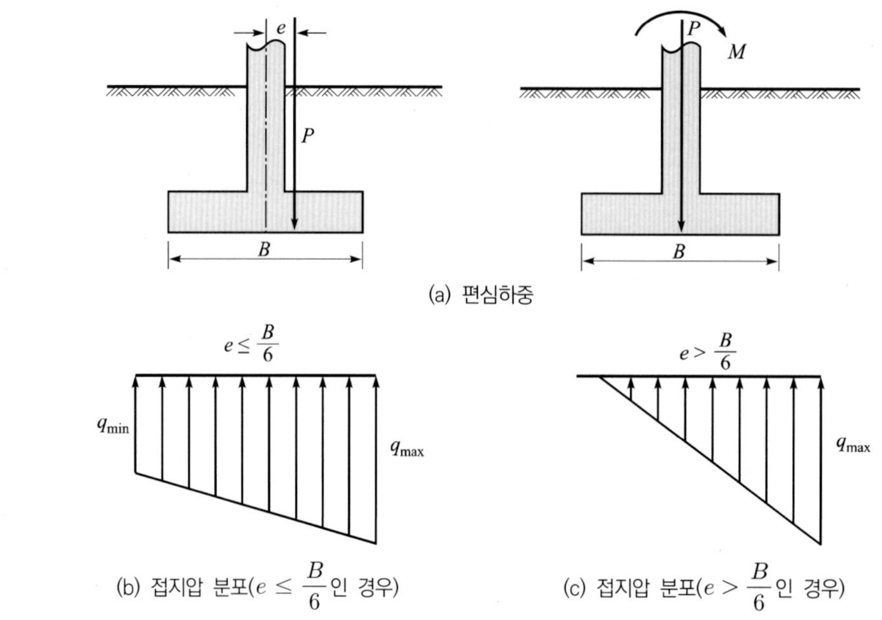

(a) 편심하중

(b) 접지압 분포($e \le \frac{B}{6}$인 경우) (c) 접지압 분포($e > \frac{B}{6}$인 경우)

① 그림(b)에서 보여주는 바와 같이 접지압이 사다리꼴 분포를 이루는 경우의 최대 접지압과 최소 접지압은 다음과 같이 구할 수 있다.

$$q_{\max} = \frac{P}{BL} + \frac{6M}{B^2L} = \frac{P}{BL}\left(1 + \frac{6e}{B}\right)$$ 식 13.13-1

$$q_{\min} = \frac{P}{BL} - \frac{6M}{B^2L} = \frac{P}{BL}\left(1 - \frac{6e}{B}\right)$$ 식 13.13-2

② 여기서, $P=$ 기초에 작용하는 축하중(설계축하중), $M=$ 기초에 작용하는 모멘트(설계모멘트)
e = 편심(M/P)

그림 13.13-1 편심하중 작용 시의 접지압 분포

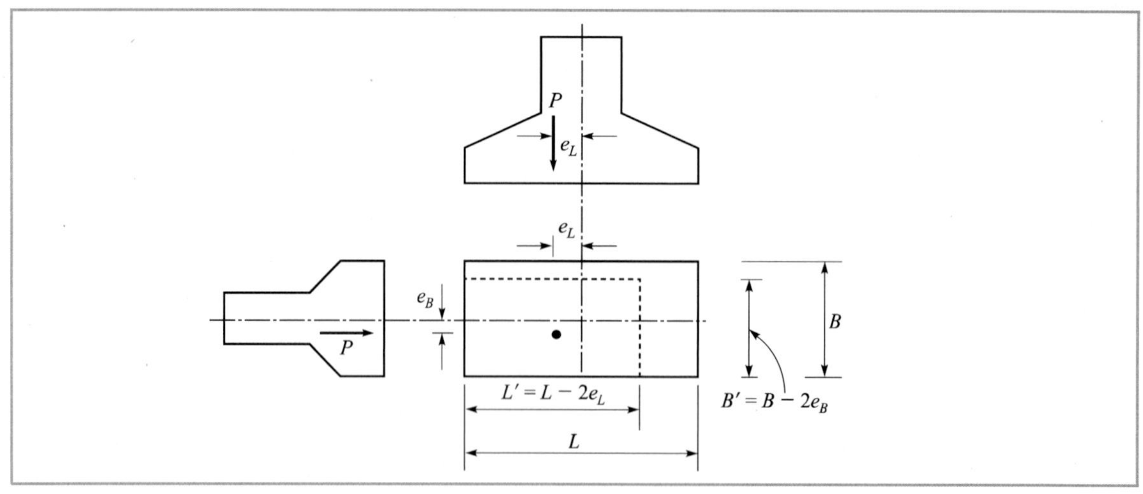

그림 13.13-2 편심하중을 받을 때의 유효폭과 유효길이

13.13 다양한 조건에서의 지지력(2)

2 편심하중을 받는 기초의 극한지지력

- 이제까지 설명하였던 접지압과 극한지지력은 기본적으로 하중이 기초 중심에 작용되는 경우였다 (Meyerhof의 경사하중도 이 경우에 해당).

- 기초에 작용하는 하중이 그림 13.13-1a와 같이 편심하중으로 인하여 연직하중과 함께 모멘트로 작용되는 경우는(편심 $e=\dfrac{M}{P}$) 접지압과 극한지지력이 달라질 수밖에 없다.

① 접지압

접지압 분포는 더 이상 그림 13.2-2에서 제시한 등분포를 이루지 않고 그림 13.13-1b에서 보여주는 바와 같이 사다리꼴 분포를 이룬다. 그림 13.13-1b에서 최대접지압과 최소접지압을 식 13.13-1 과 식 13.13-2 같이 구할 수 있고, 위의 식으로 구한 기초의 접지압이 허용지지력보다 작은 값이 되어야 한다.

② 극한지지력

편심 하중을 받는 기초의 극한지지력은 기초 중심에 하중이 작용되는 경우와 비교하여 **편심으로 인하여 하중을 지지할 수 있는 면적이 작아지는 것으로 이해하면 될 것이다.** 그림 13.13-2 같이 직사각형 기초에 폭/길이 방향으로 각각 e_B, e_L의 크기로 편심하중 P가 작용된다고 하자. **편심으로 인한 기초의 유효 폭 B'과 유효 길이 L'은 다음과 같다.**

$$B' = B - 2e_B \quad \text{식 13.13-3}$$

$$L' = L - 2e_L \quad \text{식 13.13-4}$$

이때의 극한지지력 공식은 식 13.10-1 을 다음과 같이 수정하면 될 것이다.

$$q_{ult} = cN_c I_{cs} I_{cd} I_{ci} + qN_q I_{qs} I_{qd} I_{qi} + \frac{1}{2}\gamma B' N_\gamma I_{\gamma s} I_{\gamma d} I_{\gamma i} \quad \text{식 13.13-5}$$

즉, 유효폭에 가장 영향을 받는 요소는 흙의 자중으로 견디는 위 식의 세 번째 요소이다. 한편, **영향계수는 형상계수만이 기초폭의 영향을 받으므로** I_{cs}, I_{qs}, $I_{\gamma s}$를 구할 때는 유효크기 B', L'을 사용해야 하며, 깊이계수 I_{cd}, I_{qd}, $I_{\gamma d}$를 구할 때는 B, L을 그대로 사용한다.

③ 식 13.13-5 로서 극한지지력 q_{ult}를 구했다면 기초가 저항할 수 있는 극한하중 Q_u는 다음 식으로 구할 수 있다.

$$Q_u = q_{ult} \cdot B' \cdot L' \quad \text{식 13.13-6}$$

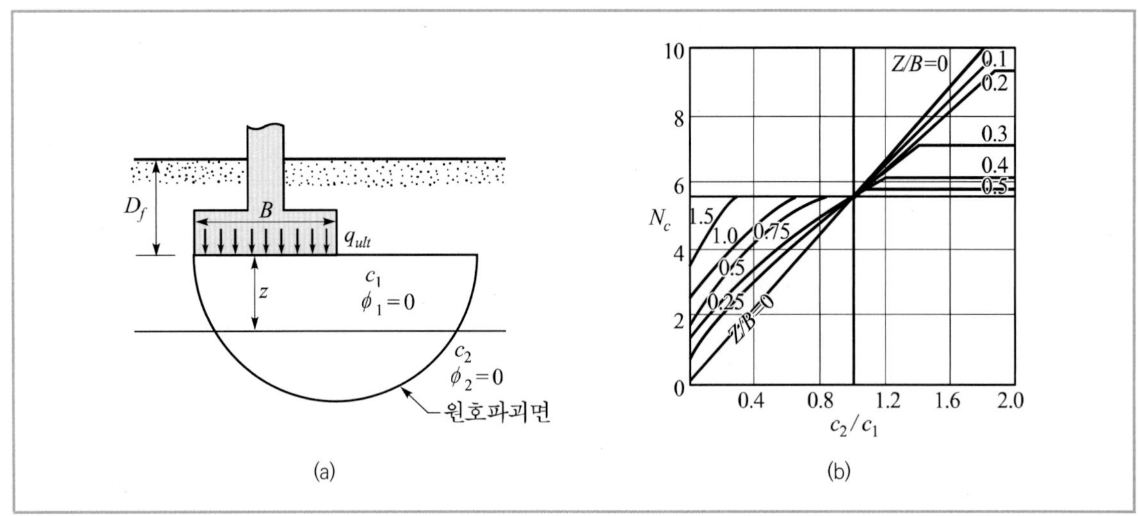

그림 13.14-1 ϕ=0인 2개의 이질층의 점성토에 대한 지지력계수

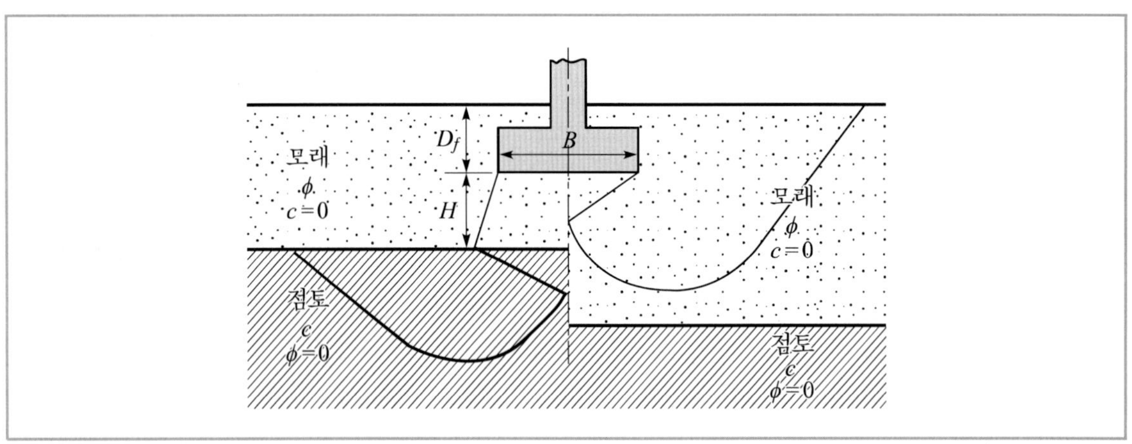

그림 13.14-2 모래층 아래에 점토층이 존재하는 경우

모래의 마찰각, ϕ	K_s
20	1.89
25	2.22
30	3.06
35	4.45
40	6.95
45	11.12
50	19.15

표 13.14-1 식 13.14-3 에 적용하는 관입저항 전단계수의 값(Meyerhof, 1974)

13.14 다양한 조건에서의 지지력(3)

3 층상(이질층)지반에서의 극한지지력

■ 실제 지반은 다층지반으로 이루어진 경우로 하부로 갈수록 단단한 지반으로 변해가는지 혹은 오히려 연약한 지반이 출현하는지의 여부에 따라 거동이 달라질 것이다.

① $\phi = 0$ 인 2개의 이질층 점성토 지반의 극한지지력 → 그림 13.14-1

Reddy & Sr inivasan(1967)은 층을 이룬 점성토 지반에 설치된 기초의 지지력을 구하는 식을 제안. 상하층의 점착력을 각각 c_1, c_2 라고 하면 기초의 극한지지력은 다음과 같다.

$\phi = 0$ 이면 표 13.8-2 에 따라 $N_r = 0, N_q = 1$ 이므로

$$q_{ult} = cN_c + \gamma_t D_f \quad \text{식 13.14-1}$$

여기서, 지지력계수 N_c 는 $\frac{c_2}{c_1}$ 과 $\frac{Z}{B}$ 의 함수로서 그림 13.14-1 의 도표로 구할 수 있다.

② 모래층 아래에 점토층이 존재하는 경우 → 그림 13.14-2

좌측 그림과 같이 모래층의 두께가 비교적 얇으면 파괴면이 점토층까지 확장되지만, 우측 그림과 같이 모래층의 두께가 두꺼우면 파괴면은 모래층에만 나타난다.

- **모래층이 두꺼운 경우**(사질토 두께 > $2B$ 인 경우) 점토층은 지지력에 아무런 영향을 주지 못하므로 사질토층에 대한 지지력만 산출하면 된다.

$$q_{ult} = \frac{1}{2}\gamma_2 BN_r + \gamma_1 D_f N_q \quad \text{식 13.14-2}$$

- **모래층이 얇은 경우** 모래층은 관입파괴가 발생하며, 이때 파괴면이 점토층을 통과하게 되므로 이에 대한 보정이 필요하다. Meyerhof는 이런 경우에 대한 연속기초의 지지력 공식을 다음과 같이 제안하였다.

$$q_{ult} = cN_c + \gamma_2 H^2 \left(1 + \frac{2D_f}{H}\right) K_s \frac{\tan\phi}{B} + \gamma_1 D_f \quad \text{식 13.14-3}$$

여기서, ϕ : 모래의 전단저항각, γ : 모래층의 단위중량, K_s : 관입저항 전단계수

위의 식으로 구한 값이 $q_{ult} = \frac{1}{2}\gamma_2 BN_r + \gamma_1 D_f N_q$ 보다 작아야 한다.

③ c, ϕ 를 동시에 가지는 흙이 여러개의 층으로 이루어져 있는 경우

각 토층의 토질정수 γ, c, ϕ 를 근사적으로 평균하여 지지력을 산정할 수 있다.

$$c_{avg} = \frac{c_1 H_1 + c_2 H_2 + \cdots + c_n H_n}{H} \quad \text{식 13.14-4}$$

$$\tan(\phi)_{avg} = \frac{\tan\phi_1 H_1 + \tan\phi_2 H_2 + \cdots + \tan\phi_n H_n}{H} \quad \text{식 13.14-5}$$

위의 식을 적용시 유효 깊이는 대략 $0.5B\tan(45° + \phi/2)$ 로 한다. 가장 위에 있는 토층의 두께가 이 깊이보다 크면 단일층으로 간주하여 지지력을 계산할 수 있다.

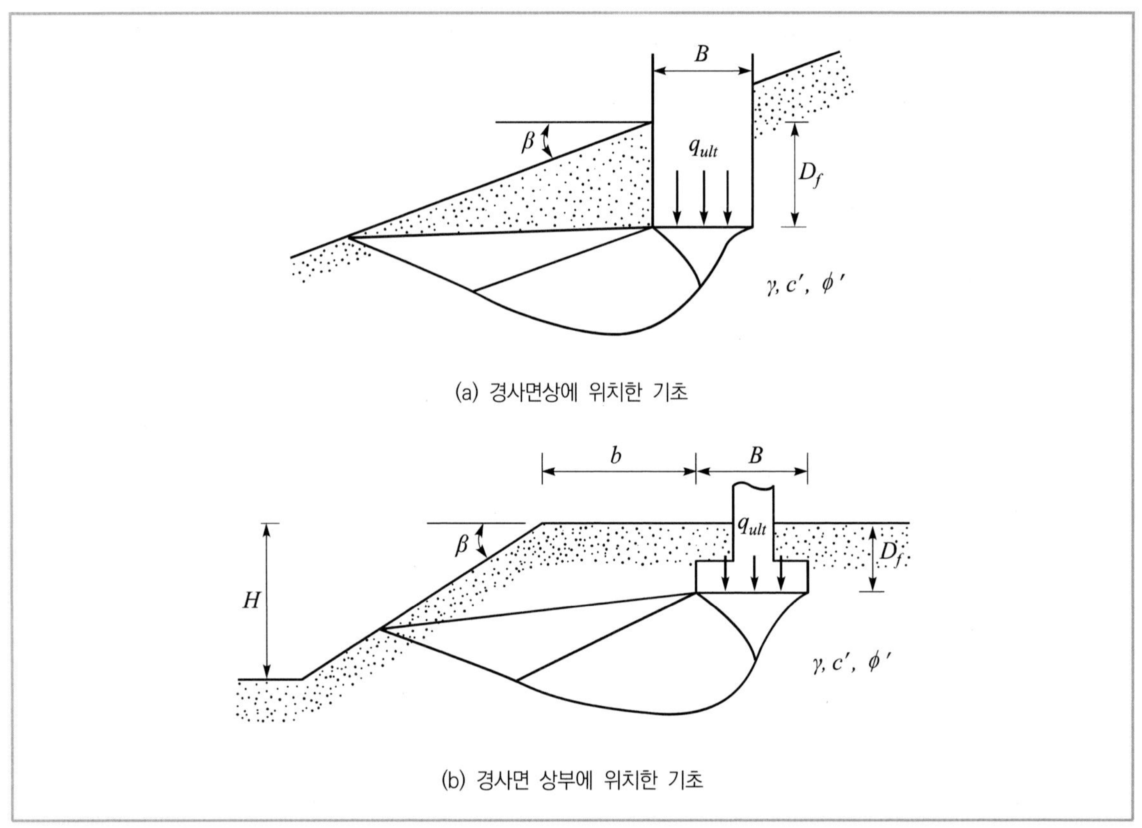

그림 13.15-1 경사면에 축조된 기초지반의 파괴면 양상

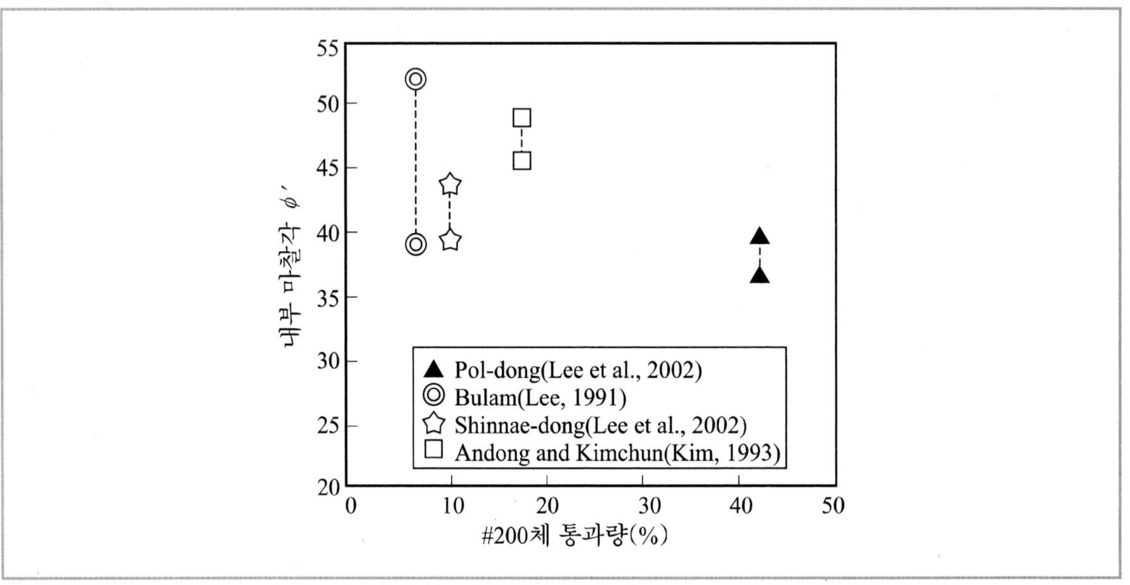

그림 13.15-2 재성형된 화강풍화토(decomposed granite soil)의 내부 마찰각(Lee와 Cho, 2008)

13.15 다양한 조건에서의 지지력(4)

[4] 경사면 위에 기초가 설치되는 경우

- 비탈면에 인접한 기초는 전단저항면과 토피압의 감소로 인해 지지력이 저감된다. 지반의 지표면이 수평이 되지 못하고 그림 13.15-1 같이 경사면에 놓여 있거나 경사면 상부에 위치한 경우는, 그림에서 보여주는 바와 같이 **파괴면이 기초를 중심으로 양쪽으로 다 형성되지 못하고 사면방향으로만 형성될 것이다. 따라서 이 경우의 극한지지력은 수평면인 경우보다 작아질 수밖에 없을 것이다.**
- Meyerhof(1957), Shields(1977) 등에 의하여 이 경우의 극한지지력이 소개되었으며, 구조물 기초 설계기준 해설(2018.3)을 참조하기 바란다. **여기서 유의해야 할 사항은 지지력을 산출함과 동시에 비탈면의 안정에 대하여 검토해야 한다.**

[5] 화강풍화토에서의 지지력

- **화강풍화토**는 화강암 또는 화강편마암이 풍화되어 형성된 **잔류토(residual soil)**이다. **이 흙은 모래와 점토의 중간자적 성격을 갖고 있다.** 모암에 따라 사질토에 가까운 성질을 띠는 경우도 있고, 오히려 점성토적 성질을 가진 것도 있다. 또한 **모암의 풍화 정도에 따라 완전히 잔류토로 된 경우**도 있으나, **풍화가 완전히 진행되지 않아서 모암조직이 남아 있는 경우**도 있다. **전자는 잔류토로서 흙으로 분류**되는 것이 당연하나, **모암조직이 있는 경우는 풍화암으로 보는 것이 더 타당**할 것이다.
- 현재 실무적으로는 표준관입시험 N값이 $N < 50/15$ (즉, 15cm 관입에 50타 미만)인 경우는 **풍화토**로, $N \geq 50/15$ 인 경우는 **풍화암**으로 구분하고 있으나 공학적 근거는 없다고 생각한다. 다음과 같이 **TCR과 RQD로 분류하는 것이 더 합리적**이다.

① 풍화토 : TCR＝RQD＝0%(암편 존재하지 않음)
② 풍화암 : 0%＜TCR＜30%, 0%＜RQD＜10%

- 풍화토의 경우에 보통 현장에서 채취한 시료를 95% 정도의 다짐토로 재성형하여 강도정수를 구한 경우는 그림 13.15-2와 같다. 그림에서 보듯이 #200번체 통과량이 많으면 많을수록 ϕ값이 감소함을 알 수 있다.
- 만일, **현장 시료를 채취한 그대로 직접전단 실험을 하면 c값이 있는 것으로 실험 결과가 얻어질 것이다. 이는 대부분 잔류토의 점착력이 아니다. 불포화토를 포화시키지 않고 그대로 실험한 결과로 인한, 즉 불포화된 흙에서 필연적으로 존재하는 표면장력에 기인한 겉보기 점착력이다.** 시료를 완전히 포화시킨 후 삼축압축시험을 해보면 $c \fallingdotseq 0$에 접근함을 알 수 있다. ϕ값만이 존재하는 흙으로 극한지지력을 구하는 것이 타당할 것이다. 실무에서는 그림 13.15-2에서와 제시된 ϕ값보다 작은 값들을 설계 ϕ값으로 적용한다.
- 풍화암의 경우도 이론적 공식을 이용하여 극한지지력을 구할 수 있다. 다만, **모암조직이 살아 있음을 감안하여 점착력이 존재한다는 점이 잔류토와 다르다.**

지지층	현장 연경도 상태	허용지지력(kPa)	
		범위	추천값
괴상의 결정질 화강암, 변성암 : 화강암, 섬록암, 현무암, 완전히 고결된 역암	경질의 신선한 암	6,000~10,000	8,000
엽리성의 변성암 : 슬레이트, 편암	중간경질의 신선한 암	3,000~4,000	3,500
퇴적암 : 시멘트화된 경질의 셰일, 실트암, 사암, 공동이 없는 석회암	중간경질의 신선한 암	1,500~2,500	2,000
풍화되거나 파쇄된 모암, 이질암(셰일)이외의 모든 암, RQD<25	연암	800~1,200	1,000
컴팩션 셰일(compaction shale)이나 신선한 이질암	연암	800~1,200	1,000
입도분포가 양호한 세립토 모래자갈의 혼합물 : 빙하 퇴적물, 하드팬(hardpan), 점성토 섞인 자갈(GW-GC, GC, SC)	매우 조밀함	800~1,200	1,000
자갈, 자갈-모래 혼합물, 호박돌-자갈 혼합물 (GW, GP, SW, SP)	매우 조밀함 중간정도 조밀 느슨함	600~1,000 400~700 200~600	700 500 300
입자가 굵거나 중간정도의 모래, 자갈이 약간 섞인 모래(SW, SP)	매우 조밀함 중간정도 조밀 느슨함	400~600 200~400 100~300	400 300 150
가는 모래, 실트질이나 점토질 중간정도 입도가 굵은 모래(SW, SM, SC)	매우 조밀함 중간정도 조밀 느슨함	300~500 200~400 100~300	300 250 150
균질한 점토, 모래질이나 실트질, 점토	굳음 중간정도 굳음 느슨함	300~600 100~300 50~100	400 200 50
실트, 모래질 실트, 점토질 실트, 교호된(varved) 실트-점토-세사층	매우 굳음 중간정도 굳음 연함	200~400 100~300 50~100	300 150 50

* 유의 사항

1. 푸팅의 크기, 깊이와 배열을 감안한 허용지지력은 13.15②와 같은 절차에 따라 수정한다.
2. 함수비, 밀도, 성토고를 관리하여 다진 성토층의 지지력은 동일한 연경도를 갖는 자연지반의 지지력과 동등한 것으로 간주한다.
3. 압축성이 큰 세립토의 허용접지압력은 구조물의 총침하량을 고려하여 제한한다.
4. 유기질 지반이나 다짐을 하지 않은 성토층의 허용지지력은 각 경우에 따라 별도 조사하며 결정한다.
5. 위 표에 추천된 암반의 허용지지력이 암시편의 일축압축강도를 초과하면, 일축압축강도를 허용지지력으로 취한다.

표 13.16-1 확대기초의 지지력 경험치(U. S. Navy, 1982)

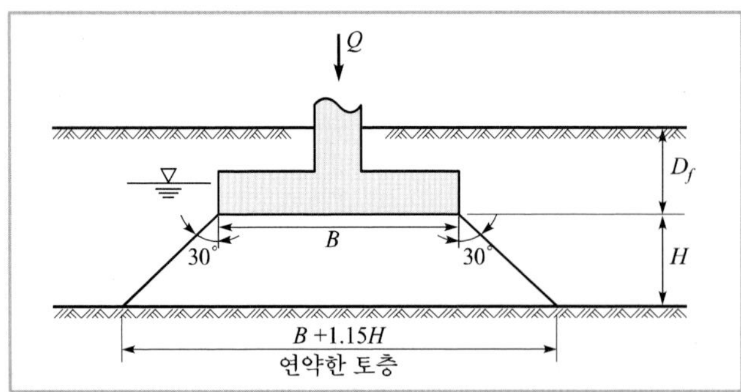

그림 13.16-1 지지층 아래 연약한 층이 있는 경우

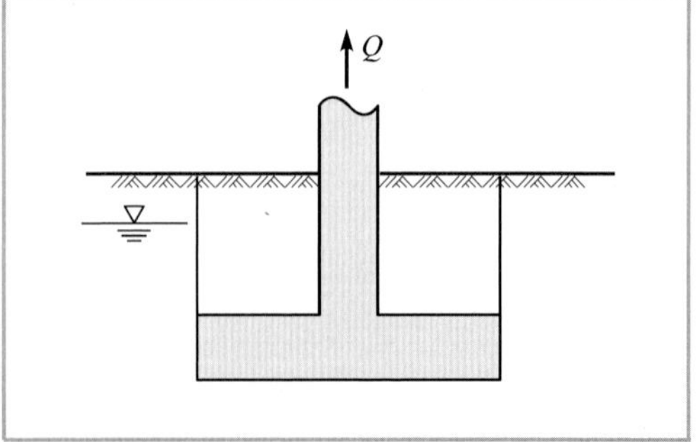

그림 13.16-2 푸팅이 양압력을 받는 경우

13.16 얕은 기초의 경험적인 방법에 의한 극한지지력 산정

CHAPTER 13

1 경험적인 지지력 산정방법을 적용할 수 있는 경우

① 기초폭의 2배까지 지반이 균질한 경우	② 지표와 지층경계면이 거의 수평인 경우
③ 기초의 크기가 큰 경우	④ 규칙적인 동하중을 받지 않는 경우
⑤ 개략적인 지지력 예측이 필요한 경우	⑥ 정밀한 조사가 불가능한 경우

2 경험적인 지지력 산정방법의 산정 절차

- 경험적 지지력은 **기초의 크기, 근입깊이, 지하수위** 등에 따라 **경험값을 아래 순서에 따라 수정하여 적용한다.** 매우 연약한 점토로부터 중간 정도 굳은 세립토의 지지력 경험값은 신뢰도가 떨어져 이론적 지지력 산정을 통해 검토하여야 한다.
- 기초설계의 초기단계에 강도시험을 수행할 여건이 안 될 경우, 표 13.16-1에 제시된 경험값을 이용하여 기초 크기를 설계 및 조정할 수 있다. **아래와 같은 항목에 따라 표 13.16-1에 제시된 공칭 경험값을 수정하여 사용**한다.

① 일반 활하중 및 영구 횡하중을 포함한 편심하중에 의한 푸팅의 **최대 접지압력**이 표 13.16-1의 공칭 경험값을 초과해서는 안 된다.

② 바람이나 지진과 같은 일시적 하중에 의한 접지압은 공칭 경험값의 1/3을 초과할 수 있다. 이 경우 허용지지력은 공칭 경험값에 1/3을 할증하여 사용한다.

③ 기초는 인접 최저 지표고에서 **최소 0.5m는 근입**되어야 한다.

④ 연암이나 사질토 지반에서는 ③에서 규정한 최소 근입깊이(0.5m)로부터 근입깊이가 0.3m 증가할 때마다 공칭 경험값의 5%를 할증하여 사용한다.

⑤ 표 13.16-1의 경질 또는 중간 정도 경질인 암에서는 기초가 암 표면에 놓일 경우 표 13.16-1에 제시된 경험값을 사용하고, 근입깊이가 암 표면으로부터 0.3m 증가할 때마다 공칭경험값의 10%를 할증한다.

⑥ **지지층 아래 연약한 층이 있을 때**, 허용지지력은 식 13.16-1와 같이 결정한다. 그림 13.16-1에 도시한 바와 같이 한 푸팅의 하중확산면적(30°로 확산)과 다른 인접 푸팅의 하중확산면적이 서로 간섭을 일으키면 안 된다.

$$\frac{Q}{(B+1.15H)(L+1.15H)} \leq \text{허용지지력의 공칭값} \qquad \text{식 13.16-1}$$

여기서, Q : 기초의 자중을 포함하지 않은 기초 작용하중 , L : 기초길이

⑦ 기초가 지속적인 **양압력을 받을** 때 양압력에 대한 극한저항은 다음과 같이 계산한다.

$$\text{안전율} = \frac{W}{Q} \geq 2 \qquad \text{식 13.16-2}$$

여기서, Q : 양압력에 의한 상향하중

W : 기초저면과 두 연직면 내의 흙과 콘크리트의 총유효중량

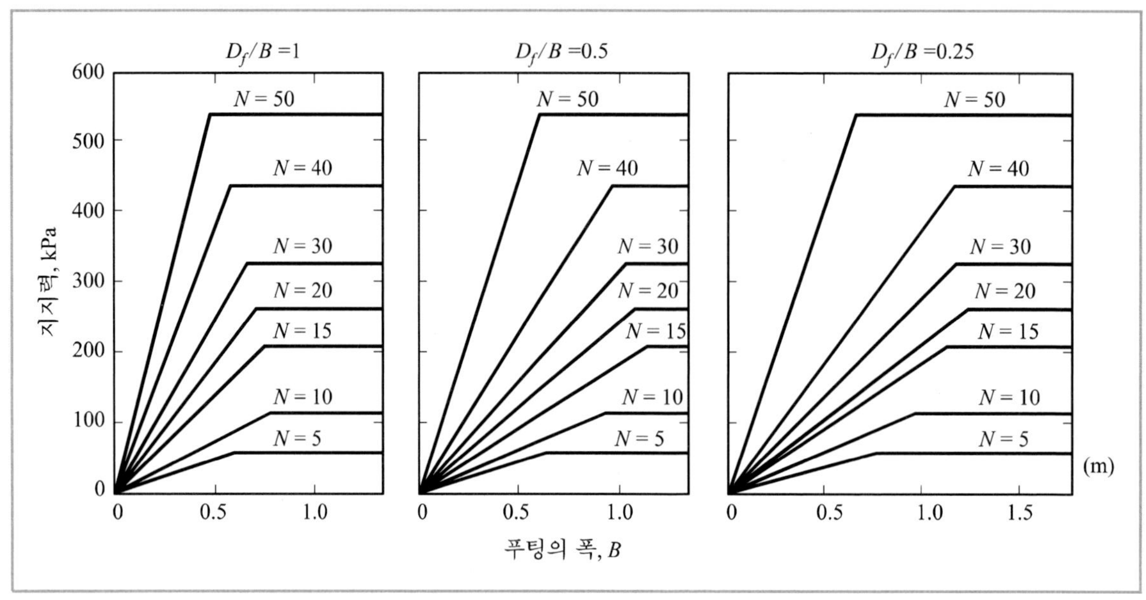

그림 13.17-1 사질토 위의 푸팅 설계표(Peck et al., 1974)

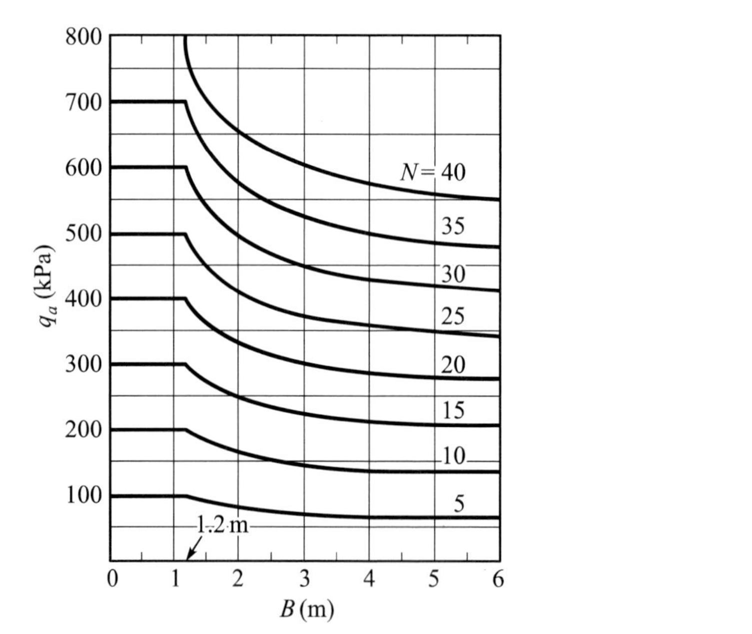

- 위 도표는 Bowles(1982) 제안한 식 13.17-1 ~ 식 13.17-3 을 도표화 한 것이다.
- Bowles(1982)은 N값으로 추정한 Meyerhof의 허용지지력이 대략 50% 증가되도록 수정제안한 것임.
- 식 13.17-1 ~ 식 13.17-3 의 N값은 기초바닥 위로 0.5B와 아래로 2B까지의 평균값임.

그림 13.17-2 침하량 25mm를 기준할 때 지표면에 놓인 기초의 허용지지력(Bowles, 1982)

13.17 얕은 기초의 현장시험에 의한 극한지지력 산정(1)

1 표준관입시험

■ 표준관입시험의 결과를 이용하여 기초의 허용지지력을 산정할 수 있으며 유효상재하중, 롯드길이 등에 대한 N값의 보정은 필요한 경우에만 적용한다. 표준관입시험을 이용한 방법에는 Terzaghi & Peck **방법(1948)**, **수정Meyerhof 방법(1974)** 등이 있다.

① Terzaghi & Peck 방법

사질토 지반의 허용지지력(최대침하량 25mm를 전제로 한 것임), q_{all}는 표준관입시험 결과로부터 그림 13.17-1과 같이 표준관입시험 N값과 푸팅 폭과의 관계로부터 추정할 수 있다. 이와 같이 결정한 q_{all}값은 지하수위가 기초저면아래 매우 깊은 곳에 위치하는 경우의 허용지지력이다. **만약 지하수위가 기초저면까지 상승한다면 그림 13.17-1에서 얻은 허용지지력의 50%를 사용한다.**

② 수정 Meyerhof 방법 (Bowles(1982))

Bowles(1982)는 아래 식과 같이 표준관입시험 N값으로부터 **최대침하량 25mm를 전제**로 한 허용지지력을 추정하는 공식을 제시하였다.

$$q_{all} = 19NK_d\,, \qquad B < 1.2m \text{ 인 경우} \qquad \text{식 13.17-1}$$

$$q_{all} = 12NK_d\left(\frac{B+0.3}{B}\right)^2, \qquad B \geq 1.2m \text{ 인 경우} \qquad \text{식 13.17-2}$$

$$K_d = 1 + 0.33D_f/B \leq 1.33 \qquad \text{식 13.17-3}$$

여기서, N : SPT 관입치 　　 K_d : 깊이 계수(depth coefficient)

D_f : 근입깊이(m) 　　 B : 기초의 최소폭(m)

■ 적용시 유의사항

① 표 13.17-1, 표 13.17-2를 보면 기초폭 B는 허용지지력을 결정하는데 크게 영향을 끼친다는 것을 알 수 있다. 사질토의 경우 Terzaghi와 Meyerhof의 지지력 공식에 의하면 기초폭이 증가할수록 지지력이 증가하는게 분명하다. 그러나 기초바닥 위에 놓인 하중은 기초폭이 증가할수록 지중으로 응력이 전달되는 깊이가 커지므로 결과적으로 기초폭이 크면 오히려 침하량이 증가할 수도 있다.

② 표준관입시험은 많은 오류를 수반하므로 N값의 신뢰도가 높지 못하다. N값과 ϕ의 상관관계가 우수하지 못한 이유가 여기에 있다. 그러므로 신중을 기하여 N값으로부터 허용지지력을 추정하여야 한다. 현재 N값으로 기초를 설계하고 있는 실정인 데, N값뿐만 아니라 시추 주상도를 참조하여 보다 신뢰할 수 있는 공학적 판단을 내려 기초 설계에 임해야 한다. **N값은 점성토 지반의 지지력 추정에는 적합하지 않다.**

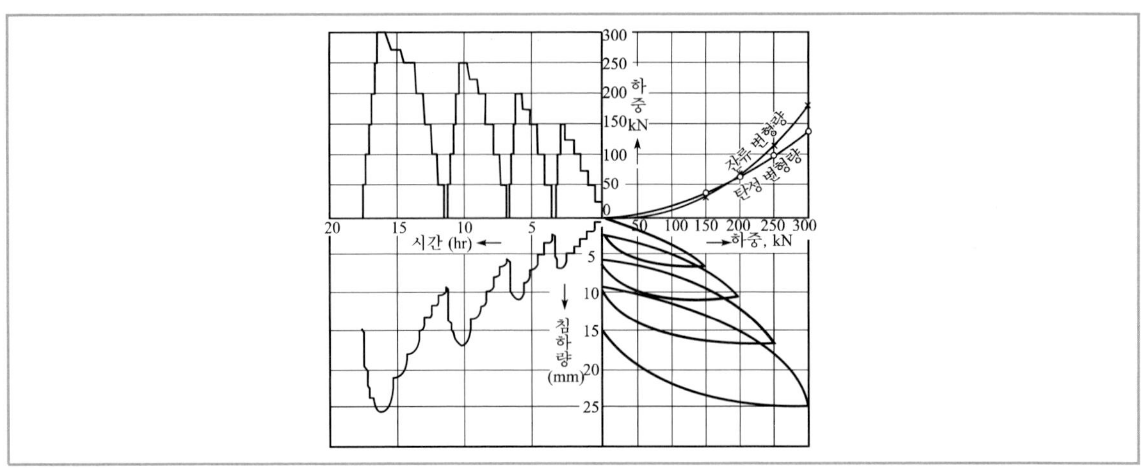

그림 13.18-1 평판재하시험의 결과

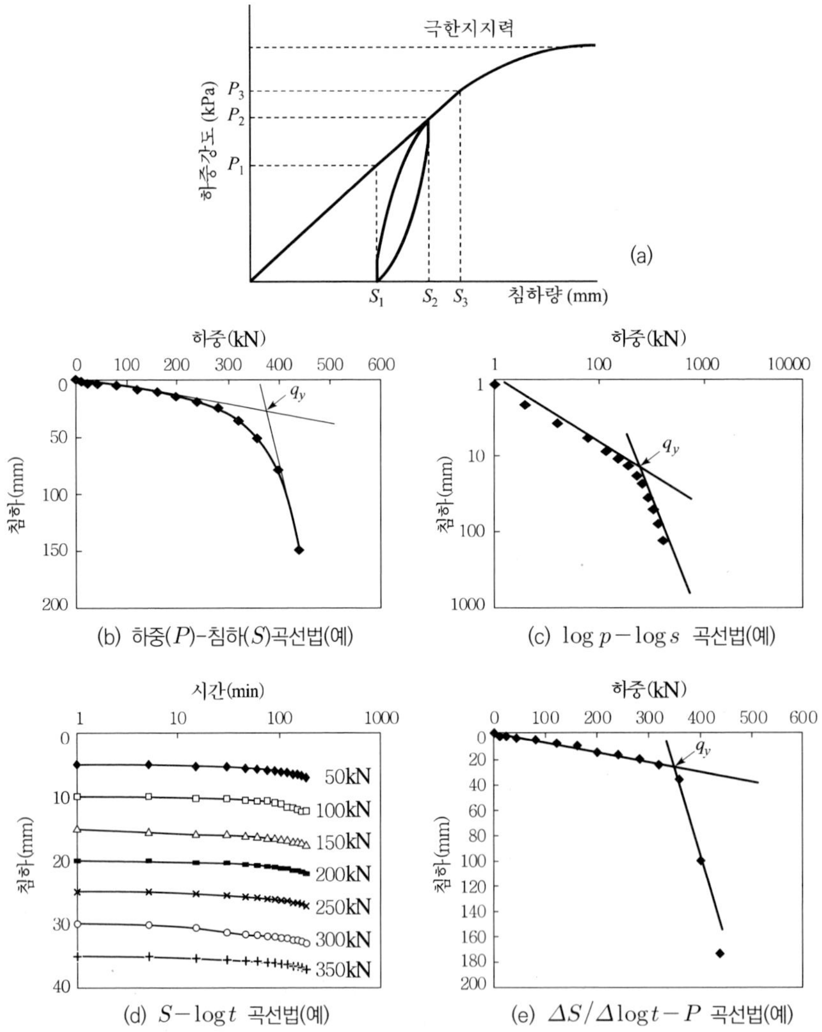

극한지지력

하중강도 (kPa)

침하량 (mm)

(a)

(b) 하중(P)-침하(S)곡선법(예)

(c) $\log p - \log s$ 곡선법(예)

(d) $S - \log t$ 곡선법(예)

(e) $\Delta S/\Delta \log t - P$ 곡선법(예)

그림 13.18-2 항복하중의 결정방법

13.18 얕은 기초의 현장시험에 의한 극한지지력 산정(2)

2 평판재하시험

■ 평판재하시험의 결과를 이용하여 하중–침하곡선, 시간–하중곡선, 시간–침하량곡선을 얻을 수 있으며, 이들 곡선으로부터 지지력을 산정할 수 있다(그림 13.18-1).

① 극한하중의 결정

원칙적으로 **하중–침하곡선의 최대 곡률점**을 찾아서 극한지지력을 구한다(그림 13.18-2a). 재하판에 인접한 지반에 설치한 변위계의 측정치가 수렴하거나, 처음에는 침하하다가 융기되면서 초기치에 도달하는 순간이 극한하중이 된다. 그러나 대개의 시험에서는 최대곡률점이 쉽게 찾아지지 않으며 재하량이 부족하여 극한지지력이 구해지지 않는 경우가 있는데, 이때에는 측정치를 그림 13.18-2b ~ 그림 13.18-2e 등으로 **곡선을 그려서 이들 곡선의 꺾이는 부분을 항복하중으로 하고 항복하중의 1.5배를 취하여** 극한하중으로 하거나 **재하판 직경의 10%, 즉 0.1B의 하중강도**를 극한하중으로 한다.

② 허용지지력의 결정

일반적으로 기초의 지지력을 구할 때에 **장기 허용지지력**과 **단기 허용지지력**으로 구분하며 허용지지력은 극한하중을 안전율로 나누어서 구한다. 보통 **단기 허용지지력은 항복하중강도**로 하며, **장기허용지지력은 항복하중강도를 안전율 2로 나눈 값과 극한지지력을 안전율 3으로 나눈 값을 비교하여 작은 값**을 취한다.

③ 구조물 기초폭의 2배에 해당하는 깊이까지 균질한 지반인 경우

- 건물의 경우

  장기허용지지력 : 극한지지력의 1/3 또는 항복하중의 1/2 에서 작은 값을 P 라고 할 때

  $$q_a = P + \frac{1}{3} N_q{}' \gamma D_f (kPa) \quad \text{식 13.18-1}$$

  단기허용지지력 : 극한지지력의 2/3 또는 항복하중 중에서 작은 값을 P' 라고 할 때

  $$q_a = P' + \frac{1}{3} N_q{}' \gamma D_f (kPa) \quad \text{식 13.18-2}$$

- 토목구조물의 경우

  상시 허용지지력 : 극한지지력의 1/3 (단, 수평력이 작을 경우)

  지진시 허용지지력 : 극한지지력의 1/2 (단, 수평력이 작을 경우)

④ 침하량을 기준으로 장기허용지지력을 정할 경우

침하량 20mm 또는 25mm에 해당하는 하중의 1/2를 장기허용지지력으로 정한다. 또한 앞에서 구한 장기허용지지력과 침하를 기준으로 정한 장기허용지지력을 비교하여 작은 값을 장기 허용지내력으로 정한다.

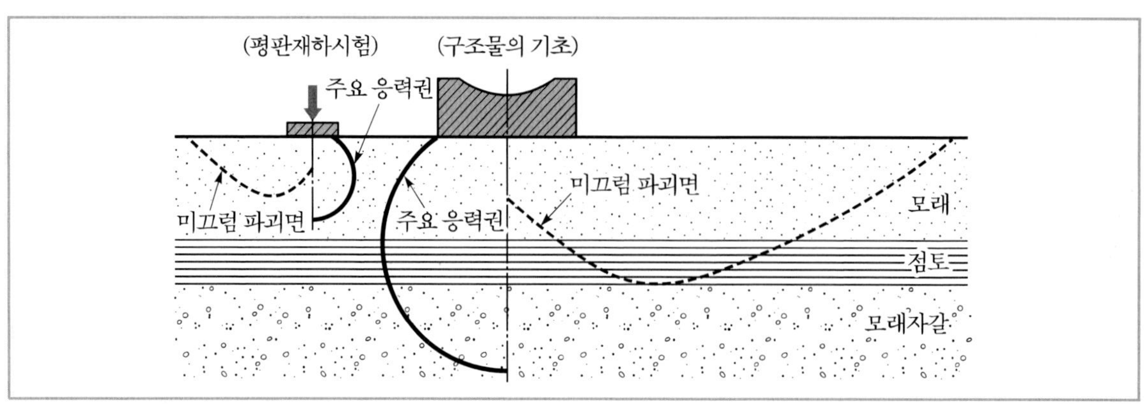

그림 13.19-1 재하판 크기와 구조물 기초의 크기영향

기초의 지지력	기초의 즉시침하량
• 점토 : $q_{u(f)} = q_{u(p)}$ • 모래 : $q_{u(f)} = q_{u(p)} \times \dfrac{B_f}{B_p}$	• 점토 : $S_f = S_p \times \dfrac{B_f}{B_p}$ • 모래 : $S_f = S_p \times \left(\dfrac{2B_f}{B_f + B_p} \right)^2$
지지력에 미치는 영향	
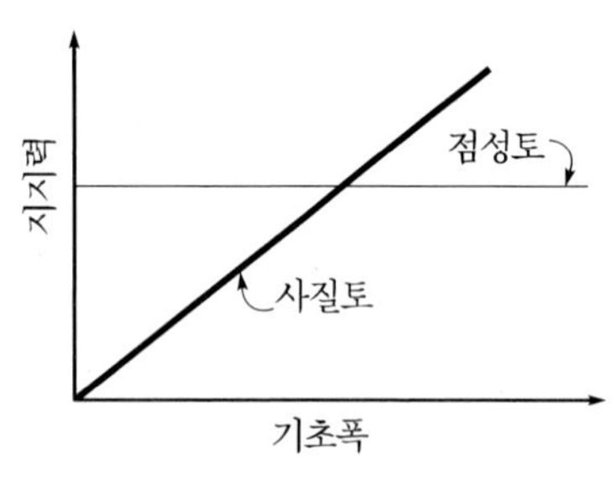 	• 사질토의 경우 : 재하판에 비례하여 증가 $q_{ult} = q_{uo} \dfrac{B_f}{B_p}$ • 포화된 점성토의 경우 : 재하판의 폭과 무관 $q_{ult} = q_{uo}$ 여기서, B_o : 재하판의 폭 B_f : 실제 기초의 폭 q_{uo} : 재하시험 결과로부터 얻은 극한지지력
Terzaghi & peck(1967)의 제안식	
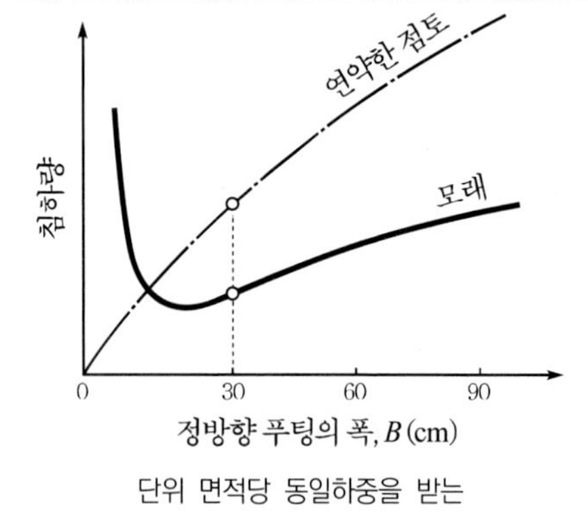 단위 면적당 동일하중을 받는 정방형 푸팅의 치수와 침하의 관계	• 사질토의 침하량은 재하판 크기가 클수록 증가하나 비례하지는 않음 $S_i = S_{30} \left(\dfrac{B}{B+0.3} \right)^2$ • 점성토의 침하량은 재하판 폭에 비례하여 증가 $S_i = S_{30} \left(\dfrac{B}{0.3} \right)$ 여기서, S_{30} : 30cm 재하판의 침하량 B : 실제 기초폭

표 13.19-1 scale effect를 고려한 기초의 지지력 및 침하량 산정

13.19 얕은 기초의 현장시험에 의한 극한지지력 산정(3)

■ 평판재하시험 결과 이용시 주의사항

지반의 지지력은 지반의 성질 이외에도 기초의 근입깊이와 형상, 폭, 길이 및 지하수위 등에 의해 영향을 받으므로 **실제기초보다 크기가 작은 재하판으로 행한 평판재하시험의 결과를 실제 기초에 그대로 적용하기가 어려우며 다음의 영향을 고려해야 한다.**

① 기초의 크기효과(scale effect)

기초구조에 의하여 지중응력이 증가되는 범위는 대체로 기초폭의 2배 깊이므로 재하시험에서 재하판의 크기가 크면 클수록 지중으로 미치는 지중응력의 범위가 커지기 때문에 지지력과 침하량에도 그림 13.19-1과 같이 영향을 미치게 된다. 따라서 **기초폭의 2배 깊이의 지반성상은 지반조사를 통하여 파악**하고 있어야 한다. 그런데 평판재하시험은 실제보다 작은 크기의 규격화된 재하판으로 실시하므로 실제기초의 지지력은 기초의 크기에 의한 영향을 고려하여 시험치를 보정해야 한다.

- **지지력에 미치는 영향**

  사질토지반의 지지력은 기초폭(재하폭)에 비례하여 증가하나, 점성토는 기초폭과 무관하다. 표 13.19-1 참조

- **(즉시)침하량에 미치는 영향**

  표 13.19-1 Terzaghi & Peck(1967) 제안식과 같이 사질토 지반은 재하판 크기가 크면 약간 크지만 비례하지 않고, 점성토 지반의 경우 재하판 폭 B에 비례하여 침하량이 커짐.

② 지하수위

지지력공식에 사용되는 흙의 단위중량은 유효단위중량이므로 기초부근에 지하수위가 존재한다면 지지력에 크게 영향을 끼친다. 지하수위가 지표에 가까운 지반에서 지하수위가 상승하면 지반의 지지력이 대략 반감하므로 이를 고려하여 기초의 지지력을 판정한다.

③ 재하시험 결과 $P-S$ 곡선에서 구한 극한지지력은 주어진 재하판의 영향범위에 대한 것이라는 것을 주의해야 한다.

④ 지지력 산정시 근입깊이가 있는 실제기초에서는 근입심도를 고려해야 한다.

⑤ 재하시험은 특정지점의 단기지지력 특성을 대표한다는 것에 유의해야 한다.

⑥ 재하시험은 짧은 기간에 실시하므로 압밀침하량을 예측할 수가 없다.

⑦ 재하판의 영향이 미치지 않는 깊이에 연약지반이 있으면 재하시험에서는 그 영향이 나타나지 않으나 실제기초에서는 그의 영향으로 기초침하가 예상보다 크게 발생할 수 있으므로, 연약층의 전단 및 압축특성을 파악한 후에 실제기초의 지지력을 산출한다.

$$q_{all} = 0.1\, q_{cone}$$ 식 13.20-1

여기서, q_{all} : 허용지지력, q_{cone} : 콘의 전단저항

해설 13.20-1

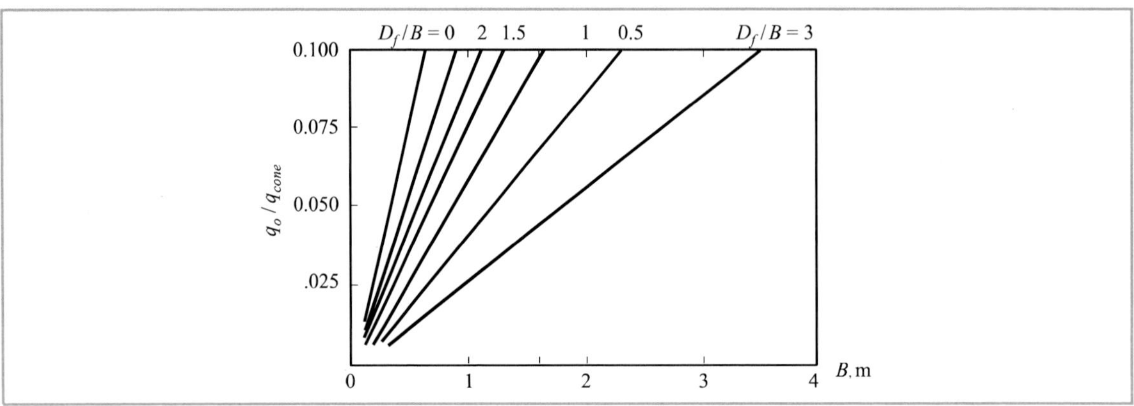

그림 13.20-1 콘 관입시험에 의한 허용지지력

$$q_{ult} = 5\mu C_u(1 + 0.2\frac{D_f}{B})(1 + 0.2\frac{B}{L}) + \sigma_o$$ 식 13.20-2

여기서, q_{ult} : 극한지지력, μ : 베인 저감계수(그림 13.20-1 참조)

σ_o : 기초 저판의 깊이에서 전체 상재하중

해설 13.20-2 현장 베인시험에 의한 지지력

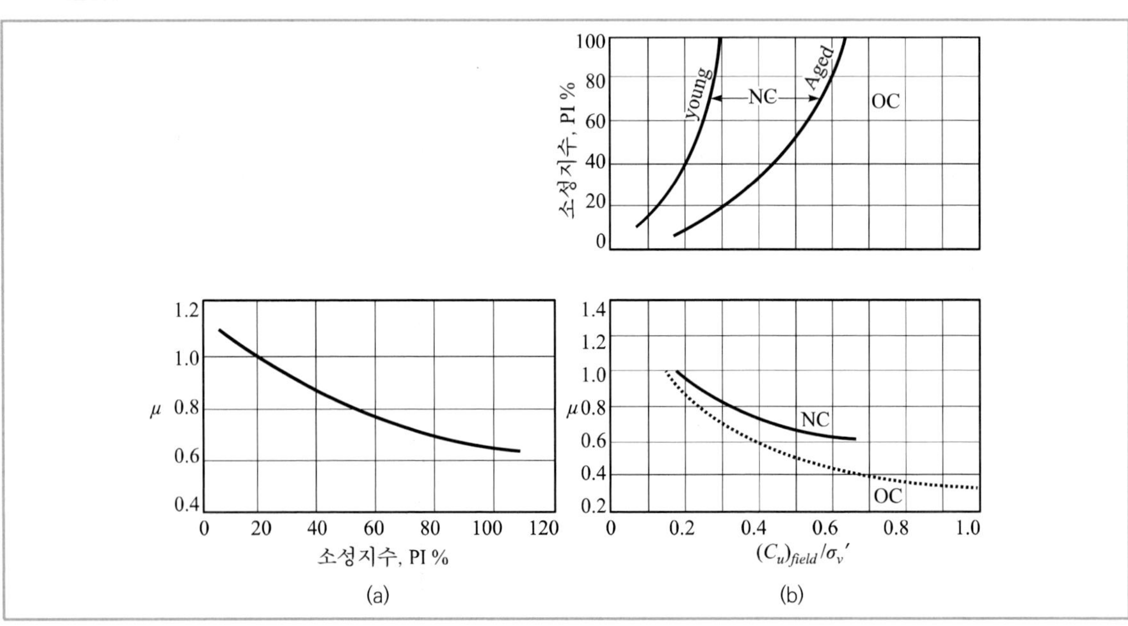

그림 13.20-2 베인 저감계수(Bjerrum, 1972: Aas et al., 1986)

13.20 얕은 기초의 현장시험에 의한 극한지지력 산정(4)

3 콘관입시험

■ 콘관입시험 결과로부터 기초의 허용지지력을 추정할 수 있으며, 조밀한 지반이나 자갈이 섞여 있는 지반에서는 주의하여 적용한다. 사용하는 표준 콘은 단면적이 $10cm^2$ 이고 콘의 각도는 60°이다. 근입깊이 1m의 얕은기초에서, 허용지지력은 해설 13.20-1 의 식 13.20-1 같은 관계에서 추정할 수 있다.

■ 식 13.20-1 은 신중하게 사용하여야 하고 간단한 경우에만 사용한다. 그 밖의 다른 경우에는 그림 13.20-1 에서 추정한다.

■ 정적콘관입시험 결과는 표준관입시험 만큼 오차가 크지는 않다. 콘관입시험은 깊은 세립토층에 사용하도록 개발되었기 때문에 느슨하고 균질한 비점성 지반에서 효과적이며 신뢰성 높은 결과를 얻을 수 있으나, 조밀하고 혼합된 토질에서는 시험에 어려움이 있다.

4 현장베인시험

■ 점토지반에서는 현장베인시험 결과로부터 지반의 비배수전단강도를 구하고 이를 보정하여 기초의 지지력을 추정할 수 있다.

■ 점토지반에서는 지지력이 단기안정조건에 의해 좌우된다. 이 조건에 적합한 비배수강도, C_u는 현장베인시험으로 측정할 수 있다. 지지력은 해설 13.20-2 의 식 13.20-2 를 이용하여 구한다.

5 공내재하시험

■ 현장시험이 어려운 모래 자갈지반에서는 공내재하시험 결과로부터 기초의 허용지지력을 추정할 수 있으며, 실제 크기(full scale model)시험 결과로부터 설계방법이 정립되었다(Menard, 1965 : Baguelin et al., 1978).

■ 극한지지력은 식 13.20-3 같이 한계압력(limit pressure) P_L과 비례한다.

$$q_{ult} = K_g(P_L - P_o) + \sigma_o \quad \text{식 13.20-3}$$

여기서, q_{ult} : 극한지지력

P_L : 프레셔미터 한계압력(기초바닥의 아래위로 푸팅 폭의 1.5배 범위의 값)

P_o : 전체수평압력(기초 위치에서 측정한 값)

K_g : 지지력 계수(기초형상과 토질 종류의 함수)

σ_o : 기초 위치의 전체 상재하중

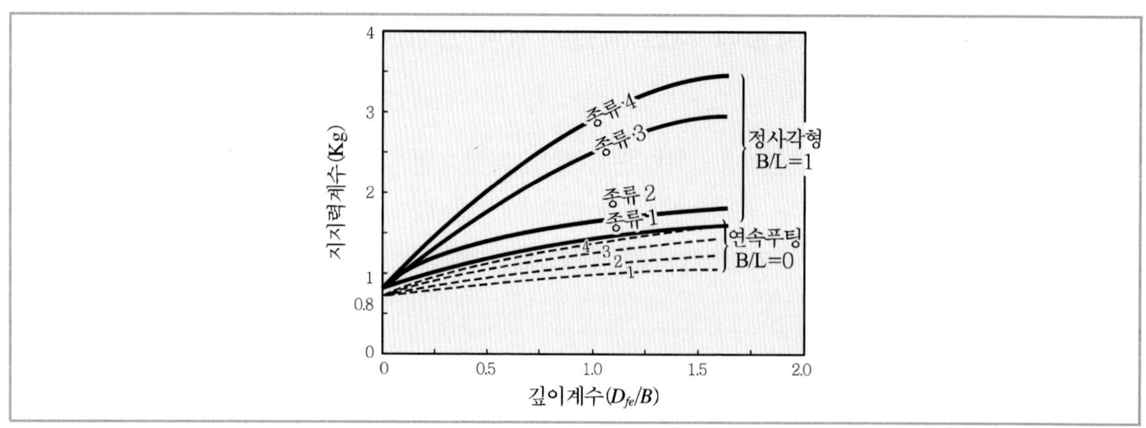

그림 13.21-1 지지력 계수 K_g

종류(번호)	지반	순한계압력(kPa)
1	연약한 정도로부터 중간 정도 굳은 점성토	0~1,200
	실트	0~700
2	굳은 점성토	1,800~4,000
	조밀한 실트	1,200~3,000
	느슨한 모래	400~800
	매우 약한 강도의 암반	1,000~3,000
3	모래와 자갈	1,000~2,000
	약한 암반	3,000~6,000
4	매우 조밀한 모래와 자갈	3,000~6,000
	중간부터 높은 강도의 암반	6,000~10,000 이상

표 13.21-1 지반 분류

현장시험으로부터 지반의 지지력을 다음과 같이 산정할 수 있으며, 허용지지력은 지반상태, 경계조건, 시험특성를 고려하여 결정하여야 한다.

① 기초지반에 대한 **평판재하시험**에서 얻은 하중-침하량 곡선으로부터 허용지지력을 구하고 **기초의 크기효과를 고려**하여 설계지지력을 산정한다.

② **표준관입시험**의 결과를 이용하여 기초의 허용지지력을 산정할 수 있으며, 유효상재하중, 롯드길이 등에 대한 ***N*값의 보정**은 필요한 경우에만 적용한다.

③ **콘관입시험** 결과로부터 기초의 허용지지력을 추정할 수 있으며, **조밀한 지반이나 자갈이 섞여 있는 지반에서는 주의를 요한다.**

④ 점토지반에서는 **현장베인시험** 결과로부터 지반의 **비배수전단강도를 구하고 이를 보정**하여 기초의 지지력을 추정할 수 있다.

⑤ **공내재하시험** 결과로부터 기초의 허용지지력을 추정할 수 있으며, 다른 종류의 **현장시험이 어려운 모래, 자갈 등에 적용할 수 있다.**

해설 13.21-1

13.21 얕은 기초의 현장시험에 의한 극한지지력 산정(5)

■ 식 13.20-3 에서 $(P_L - P_o)$ 항은 순한계압력(net limit pressure)이라 부른다. 보통 $K_g(P_L - P_o)$에 안전율 3 이상 적용하여 허용지지력을 구한다.

① 등가한계압력 (equivalent limit pressure)

강도가 변하는 지반위에 기초가 놓일 때, 등가의 순한계 압력, $P_{\leq}$ 를 허용 지지력 공식에 사용하여야 한다.

$$P_{\leq} = \sqrt{P_{L1} \cdot P_{L2} \cdot P_{L3}} \quad \text{식 13.21-1}$$

여기서, $P_{L1} \cdot P_{L2} \cdot P_{L3}$ 는 각각 기초면 위쪽 B되는 곳, 기초면, 그리고 기초면 아래쪽 B되는 곳의 한계압력(net limit pressure)이다. 순한계압력은 각 위치에서 측정한 전체한계압력에서 전체수평압력을 뺀 값이다.

② 기초 깊이(depth of the foundation)

기초 깊이는 보통 기초 저판의 근입깊이로 한다. 그러나 지반의 강도가 깊이에 따라 변하고 등가한계압력을 사용하면 식 13.21-2 와 같은 등가기초깊이(equivalent depth of the foundation)를 사용하여야 한다.

$$d_e = \frac{1}{P_{Le}} \int_0^{D_f} P_L(z)dz \quad \text{식 13.21-2}$$

③ 지지력 계수

지지력 계수, K_g 는 기초의 기하학적 제원(폭, 길이, 깊이)과 지반의 종류에 따라 다르다. 그림 13.21-1 에서 4종으로 분류한 지반조건과 기초형상(연속과 정사각형)에 대한 K_g 를 구할 수 있다. 구형기초는 K_g 가 B/L 에 일차적으로 비례한다고 가정하여, 보간법으로 지지력 계수를 결정한다. 4종의 지반분류는 표 13.21-1 과 같다.

■ 공내재하시험 결과 이용시 주의사항

① 공내재하시험은 특수 장비를 사용하므로 시험결과는 시추공의 상태에 따라 매우 다르다. 토질전문가가 이 시험을 수행하고 결과를 검토해야 한다.

② 이 시험은 **다른 현장시험으로 불가능한 지반(모래, 자갈, 빙하 퇴적층)에 적용이 가능한 장점**이 있다.

6 현장시험으로부터 얕은기초의 허용지지력 산정시 주의사항

■ 해설 13.21-1 참조

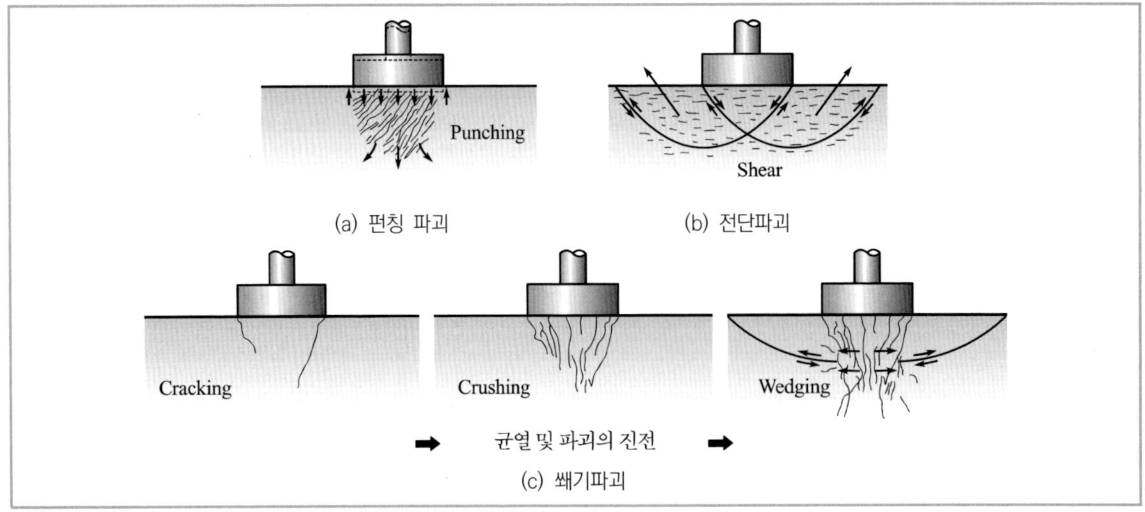

그림 13.22-1 암지반의 기초 파괴유형

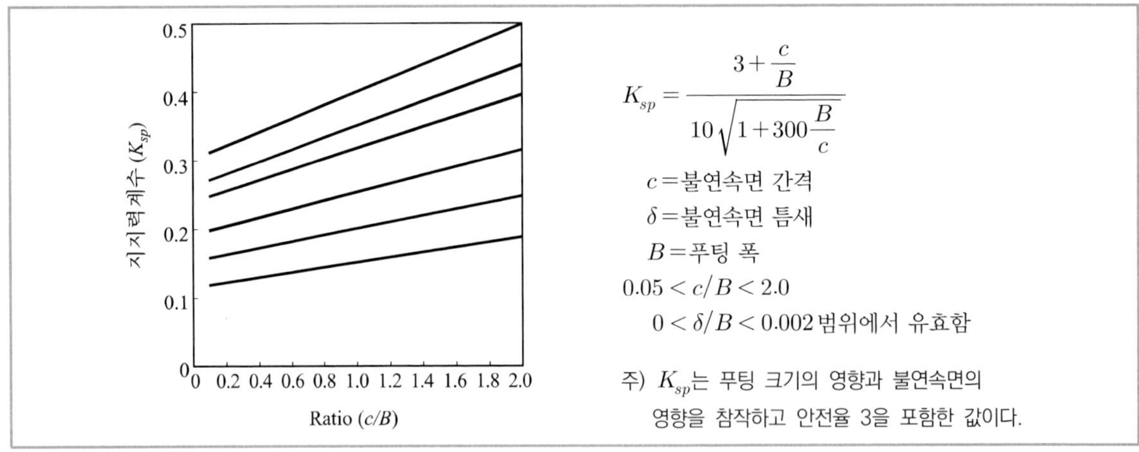

그림 13.22-2 지지력계수 K_{sp}

불연속면 간격	간격(m)	K_{sp}
비교적 좁음	0.3 ~ 1	0.1
넓음	1 ~ 3	0.25
매우 넓음	> 3	0.4

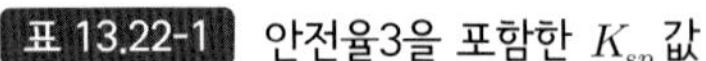

표 13.22-1 안전율3을 포함한 K_{sp} 값

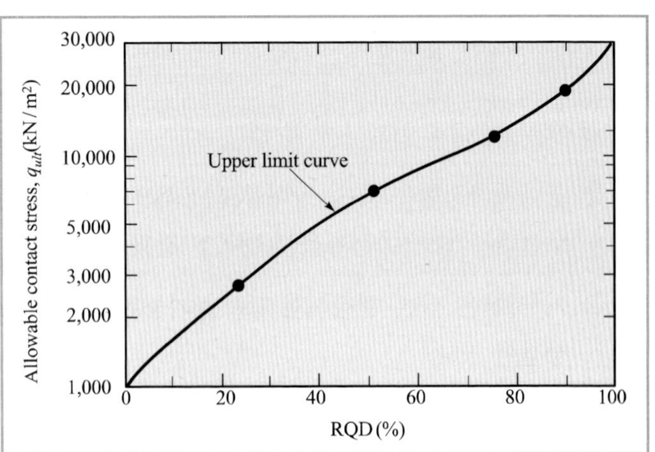

그림 13.22-3 신선한 암반에 놓이는 기초의 허용접지압, Peck, et, al.(1974)

13.22 암반위에 놓인 직접기초의 지지력 산정(1)

암반은 보통 가장 좋은 기초지반으로 생각되나 설계자는 불량한 암반조건과 연계된 위험성을 숙지하여야 한다. 왜냐하면 **암반의 과도한 응력 부하는 과도한 침하나 갑작스런 파괴를 초래할 수 있기 때문이다.** → 그림 13.22-1은 암지반의 3가지 기초 파괴유형을 보여주고 있다.

따라서 암반위에 기초를 설계할 때에는 암석의 강도, 불연속면의 간격 및 방향, 불연속면의 틈새, RQD, 풍화정도, 충전물질, 지하수 등을 고려하여 아래와 같은 방법으로 암반의 지지력을 산정해야 한다.

1 일축압축강도를 이용하는 방법 (양호한 암반인 경우)

- **강도가 크고 불연속면의 간격이 넓으며 틈새가 작은 암반**이 여기에 해당한다.

$$q_a = K_{sp} \cdot q_{u-core}$$ 식 13.22-1

여기서, q_a : 허용지지력

K_{sp} : 인진율 3을 포함한 경험적 계수, 범위는 0.1∼0.4

q_{u-core} : 코어의 평균 일축압축강도

- 계수 K_{sp}에 영향을 주는 인자는 그림 13.22-2와 같다. 이 관계는 불연속면 간격이 0.3m 이상이고 틈새가 5mm 이내(또는 충진물이 있을 경우 25mm 이내)이며 기초폭 이 0.3m 이상일때 유효하다. 지지력계수는 푸팅크기와 불연속면의 영향을 고려하고 기초 암반의 허용지지력 하한치에 안전율 3을 적용한 값이다. 그러므로 전반전단파괴에 대한 안전율은 10 이상일 수 있다.

2 Terzaghi 지지력공식 이용하는 방법 (불량한 암반인 경우)

- **암이 연약하고, 불연속면 간격이 매우 좁고, 풍화되거나 조각조각 세편화된 지반의 경우 암반을 토사로 간주하여 기초를 설계**한다. 암반의 지지력은 암석시편에 대한 삼축압축 시험으로 강도정수 (c, ϕ)를 구하고 Terzaghi의 지지력 공식을 이용한다.

$$q_{ult} = cN_c + \frac{1}{2}\gamma B N_r + \gamma D_f N_q$$ 식 13.22-2

여기서, $N_c = 5\tan^4(45+\phi/2)$, $N_q = \tan^6(45+\phi/2)$, $N_r = N_q + 1$

- 위의 지지력계수를 사용하면 아주 큰 지지력이 얻어지며, 안전율은 6~20의 큰 값을 사용하여야 한다.

3 RQD에 의한 방법(Peck, et al., 1974) (그림 13.22-3을 이용하는 경우)

- Peck(1974)은 **신선한 암반에 대하여 RQD를 이용하여 허용접지압을 구하는 방법.**

암반 등급	일반사항	RMR 등급	NGI 등급	RQD (%)	N_{ms}				
					A	B	C	D	E
우수	절리간격 3m 이상의 신선암	100	500	95~100	3.8	4.3	0.5	5.2	6.1
매우 양호	절리간격이 0.9~3m이며, 절리면이 거칠며 치밀하게 밀착되어 있고 풍화되어 있지 않음.	85	100	90~95	1.4	1.6	1.9	2.0	2.3
양호	절리간격 0.9~3m이며, 절리면이 약간 교란되고 풍화된 신선암	65	10	75~90	0.28	0.32	0.38	0.40	0.46
보통	절리간격 0.3~0.9m의 여러 세트의 적당히 풍화된 절리를 가진 암석	44	1	50~75	0.049	0.056	0.066	0.069	0.081
불량	절리간격이 0.02~0.5m의 약간의 충전물이 있으며 풍화된 절리를 가진 암석	23	0.1	25~50	0.015	0.016	0.019	0.020	0.024
매우 불량	0.05m 보다 작은 수없이 많은 풍화된 절리를 가진 암석	3	0.01	< 25	상응하는 사질토의 극한지지력을 사용				

표 13.23-1 파쇄나 절리가 발달한 암반에 놓인 기초의 극한지지력 산정을 위한 N_{ms} 계수, Hoek(1983)의 자료 수정

암반 분류	일반사항	암석명	q_{u-core} (MPa)	암반 분류	일반사항	암석명	q_{u-core} (MPa)
A	잘 발달된 결정질 벽개를 가진 탄산염암	돌로마이트 석회암 대리석	33.6 ~ 315 24.5 ~ 294 38.5 ~ 245	D	세립질의 화성암 결정질 암석	안산암 휘록암	98 ~ 182 21.7 ~ 581
B	점토질암	점토암 이회암 천매암 미사암 셰일 점판암	1.4 ~ 8.4 53.2 ~ 196 24.5 ~ 245 9.8 ~ 119 7 ~ 35.7 147 ~ 210	E	조립질의 화성암과 변성암의 결정질 암석	각섬암 반려암 편마암 화강암 석영섬록암 편암 섬장암	119 ~ 280 126 ~ 315 24.5 ~ 315 14.7 ~ 343 9.8 ~ 98 9.8 ~ 147 182 ~ 434
C	강한 결정과 약한 벽개를 가진 사질 암석	역암 사암 규암	33.6 ~ 24 67.9 ~ 175 63 ~ 385				

표 13.23-2 암석의 종류에 따른 일축압축강도의 대표적인 범위

13.23 암반위에 놓인 직접기초의 지지력 산정(2)

[4] 암반등급분류를 이용하는 방법 (암반분류법을 이용하는 경우)

- 암반등급분류에 의해 암반상태를 정량적으로 평가한 경우, 암반의 극한지지력 q_{ult} 은 식 13.22-1 을 사용할 수 있으며, 최소 안전율을 3으로 한다(AASHTO, 1996).

$$q_{ult} = N_{ms} \cdot q_{u-core} \qquad \text{식 13.23-1}$$

여기서, 계수 N_{ms} 는 표 13.23-1 에서 구할 수 있으며

q_{u-core} 의 값은 기초바닥면으로부터 기초폭의 2배 깊이 이내에서 채취한 암석코아에 대한 실내시험결과(일축압축강도)이어야 하며, 이 구간에서 강도의 변화가 있을 경우 최소값을 사용하여 극한지지력을 구하여야 한다. 예비설계단계에서는 표 13.23-2 을 참조하여 q_{u-core} 값을 사용할 수 있다.

- 암석의 강도가 매우 약하며, 불연속면의 간격 또한 매우 좁고, 풍화되어 쪼개진 암석으로 이루어진 암반으로서 메우 불량한 암질로 분류되는 경우의 극한지지력은 암반을 사질토로 취급하여 일반적인 토질역학의 극한지지력공식을 사용하여 구한다.

[5] 암반의 상태를 판정하기 어려운 경우

- 암반의 상태를 정량적으로 평가할 수 있을 경우에는 앞에서 설명한 방법으로 지지력을 산정할 수 있으나 그렇지 못한 경우에는 지지력 결정 시 유의해야 한다.
- 즉, 암반 판정이 모호한 경우, 지질학적으로 해명이 안 되는 경우, 암석이 심하게 교란된 경우, 절리나 층리가 지표의 경사와 유사한 경우, 암의 표면이 30° 이상 경사진 경우에는 암반의 지지력 결정에 유의해야 한다.

[6] 정리

① 강도가 크고 불연속면의 간격이 넓으며 틈새가 작은 암반일 경우에는 **양호한 암반으로 판정하고 기초의 지지력을 산정**한다. → [1] 방법

② 강도가 작고 불연속면의 간격이 매우 좁으며 풍화상태가 심하거나 세편상태인 **암반은 불량한 암반으로 판정하고 기초의 지지력을 산정**한다. → [2] 방법

③ 암반의 상태를 정량적으로 등급화하고 그에 따라 등급별로 암반의 극한지지력을 정하여 기초를 설계할 수 있다 → [4] 방법

④ 암반 판정이 모호한 경우 → [5] 방법

※ 독자들은 위의 정리된 내용을 암반역학에서 공부한 대표단위 체적(REV) 그래프와 연계해서 정리해보면 좋을 것이다

개념정리 ⑧ 다음의 질문에 답해보자 (I)

질문

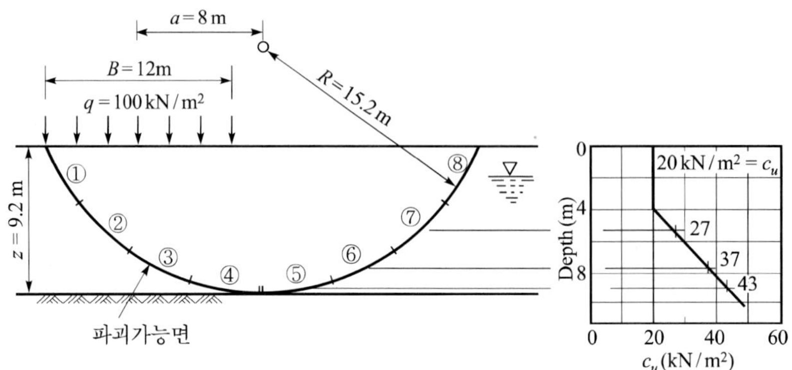

위 그림과 같이 줄기초에 대상하중 $q = 100kN/m^2$이 작용되고 있다. 지반은 점토로 이루어져 있고 4m 깊이까지는 비배수전단강도가 일정하나 그 하부로는 선형적으로 증가한다.

1 그림의 가상 파괴면에 대하여 극한지지력을 구하라

2 기초의 안전율을 구하라

답

1 **그림에서 가상 파괴면을 8개 요소로 나눌 수 있다**(한 요소의 길이 $\triangle l = 4.6m$)

① 그림에서 극한하중으로 인한 작용모멘트(driving moment)는 다음과 같다.

$$D.M = (q_{ult} \cdot B) \cdot a = (q_{ult} \cdot 12) \times 8 = 96\, q_{ult}$$

② 한편, 이에 대한 저항력은 점토의 점착력으로 인한 저항모멘트(resisting moment)

$$R.M = R \sum c_u \triangle l = 15.2 \times 2 \times (20 + 27 + 37 + 43) \times 4.6 = 17.760kN$$

③ 극한지지력이란 저항모멘트가 최대로 발휘되는, 즉 작용모멘트와 저항모멘트가 같을 때 값이므로 다음 식으로부터 구한다.

$$D.M = R.M \quad q_{ult} = \frac{17,760}{96} = 185kN/m^2$$

2 **작용 상부하중에 의한 접지압** : $q = 100kN/m^2$

① 극한지지력 : $q_{ult} = 185kN/m^2$

② 안전율 $F_s = \frac{q_{ult}}{q} = \frac{185}{100} = 1.85$

개념정리 ⑨ **다음의 질문에 답해보자 (2)**

질문

원형기초의 직경은 2m이다. 이 기초를 지지하고 있는 기초지반의 내부마찰각(ϕ)은 30°이고 점착력(c)은 $20kN/m^2$이다. 이 기초의 근입깊이(D_f)는 2m이고 지하수위는 지표면아래 3m에 위치해 있다. 지하수위 상부 흙의 단위중량(γ)은 $18kN/m^3$이고 지하수위 아래의 흙의 포화단위중량(γ_{sat})은 $20kN/m^3$일 때, 상기 원형기초에 작용할 수 있는 전 허용하중을 결정하시오.
(단, F_s= 3.0, 전반전단파괴를 가정하며, N_c=33, N_q=20, N_r=18 사용)

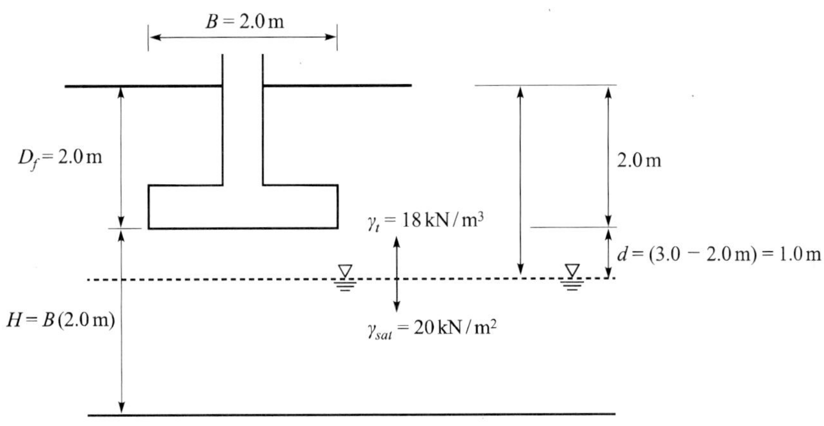

답

이 문제에서 **원형기초 조건이 주어졌으므로 Terzaghi의 수정지지력공식을 적용**할 수 있으며 이때 형상계수 $\alpha = 1.3$, $\beta = 0.3$일 것이다. 그리고 지하수위의 위치가(지표면 아래 3m) 근입깊이 바닥에서 기초의 폭(2m) 이내에 위치하므로 **지하수위의 영향을 고려**할 필요가 있다.

1 Terzaghi의 수정지지력공식에서 $q_{ult} = \alpha c N_c + qN_q + \beta \gamma_2 B N_r$

① $\alpha = 1.3$, $\beta = 0.3$이고, $q = \gamma_1 \times D_f = 18 \times 2 = 36$

② $\gamma_2 = \gamma_{2(avg)} = \dfrac{\gamma_t \times d + \gamma'(B-d)}{B} = \gamma' + \dfrac{d}{B}(\gamma_t - \gamma') = 10 + \dfrac{1}{2}(18-10) = 14kN/m^3$

③ $q_{ult} = (1.3 \times 20 \times 30) + (36 \times 20) + (0.3 \times 14 \times 2 \times 18) = 1{,}729.2kN/m^2$

2 문제에서 요구한 원형기초에 작용할 수 있는 전 허용하중을 결정하기 위해서는

① $q_a = \dfrac{q_{ult}}{F_s} = \dfrac{1729.2}{3} = 576.4kN/m^2$

② $Q_a = q_a \times A = q_a \times \dfrac{\pi}{4}d^2 = 576.4 \times 3.14 = 1{,}810kN$

개념정리 ⑩ **다음의 질문에 답해보자 (3)**

질문

다음과 같은 조건에 직사각형(2×4m) 얕은기초를 설계하려고 한다. 기초의 전체하중 $Q=2{,}400kN$, 한방향 모멘트 $480kN \cdot m$가 작용할 경우 아래에 주어진 계수를 이용하여 일반적인 지지력공식을 이용하여 허용지지력(q_a)를 구하고, 기초의 안정을 판단하라.

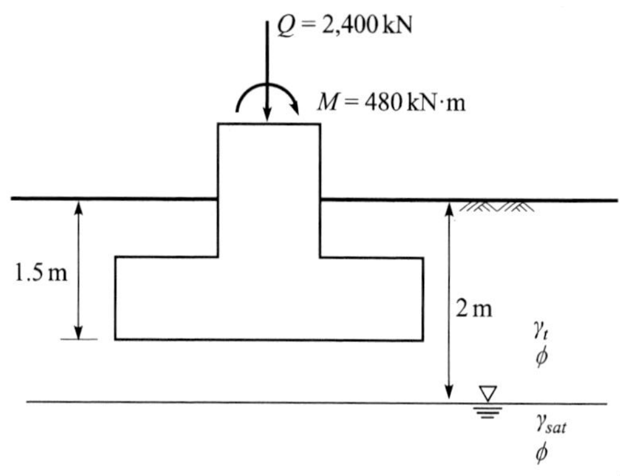

기초의 근입깊이 $D_f=1.5m$, 지하수위는 지표면으로부터 $2.0m$ 아래

지하수위 상부지반은 $\gamma_t=18.0\text{kN/m}^3$, $\phi=34^\circ$, $c=0$

지하수위 하부지반은 $\gamma_{sat}=20.0\text{kN/m}^3$, $\phi=34^\circ$, $c=0$

형상계수 $F_{cs}=1+0.2K_p\dfrac{B}{L}$, $F_{qs}=F_{\gamma s}=1+0.1K_p\dfrac{B}{L}$

깊이계수 $F_{cd}=1+0.2\sqrt{K_p}\dfrac{D_f}{B}$, $F_{qd}=F_{\gamma d}=1+0.1\sqrt{K_p}\dfrac{D_f}{B}$

(단, $\gamma_w=10.0\text{kN/m}^3$, $\phi=34^\circ$일 때 $N_c=42.16$, $N_q=29.40$, $N_\gamma=31.15$)

답

이 문제에서 일반적인 지지력공식이란 Meyerhof의 지지력공식을 의미한다. 한방향모멘트가 작용한다는 의미는 편심하중이 작용한다는 뜻을 의미한다, 또한 Meyerhof의 지지력공식 적용시 편심하중에 대한 유효면적을 형상계수에서만 고려하고 깊이계수에서는 고려하지 않음에 유의해야 한다.

1 접지압(q) 구하기

$$q_{\max}=\frac{P}{B\times L}+\frac{6M}{B^2\times L}=\frac{P}{B\times L}(1+\frac{6e}{B})=\frac{2{,}400}{2\times 4}+\frac{6\times 480}{2^2\times 4}=480$$

2 극한지지력(q_u) 구하기

① 유효면적 : $B'=B-2e=2-2\times(\dfrac{480}{2400})=1.6$

개념정리 ⑪ **다음의 질문에 답해보자 (4)**

② 수동토압계수 : $K_p = (\frac{1+\sin 34}{1-\sin 34}) = 3.537$

③ $B \times r_1 = d_1 \times r_t + d_2 \times r'$ =0.5×18+1.5×10=24 $r_1 = 24/2 = 12$

※ 기초바닥면 하부(폭B깊이만큼)의 평균 단위중량 적용개념

④ 계수 : $F_{qs} = F_{rs} = 1 + 0.1 \times 3.537 \times \frac{1.6}{4}$=1.141

※ 형상계수는 편심에 의한 유효면적을 고려(따라서 B'=1.6)

$F_{qr} = F_{rd} = 1 + 0.1 \times \sqrt{3.537} \times \frac{1.5}{2.0}$=1.141

※ 깊이계수는 편심에 의한 유효면적과 무관(따라서 B=2.0)

⑤ $q_u = \frac{1}{2} B' \times r_1 \times N_r \times F_{rs} \times F_{rd} + D_{f \times} r_t \times N_{q \times} F_{qs} \times F_{qr}$

= 0.5×1.6×12×31.15×1.141×1.141+1.5×18×29.4×1.141×1.141

= 1,422

⑥ q_a = 474(1,422/3)

[3] 기초의 안정성 판단

$q(480) \geq q_a(474)$ ∴ N.G

추가적인 질문에 답해보자

극한 지지력에 대하여 소정의 안전율을 가지며, 침하량이 허용치 이하가 되게 하는 하중강도 중의 최대의 것을 **허용 지내력**이라고 할 때 점성토와 사질토 지반에서 기초폭과 하중강도 사이에는 각각 아래의 그림과 같은 도식적 관계가 있다. 이 그림에 대하여 지지력 공식과 침하량 계산식을 이용하여 **이러한 관계가 갖는 공학적 의미를 구체적으로 설명**하시오.

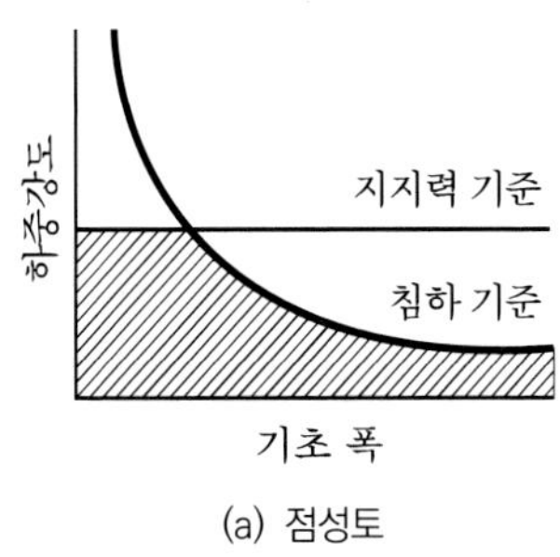

(a) 점성토

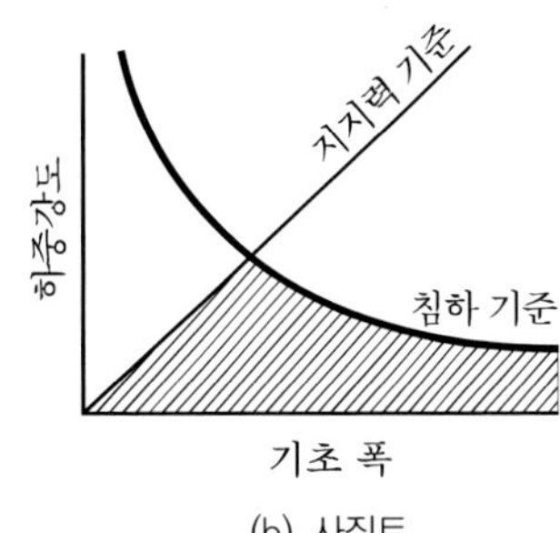

(b) 사질토

※ 13.33 얕은기초의 설계 및 시공 [1] 얕은기초의 설계순서를 참고할 것

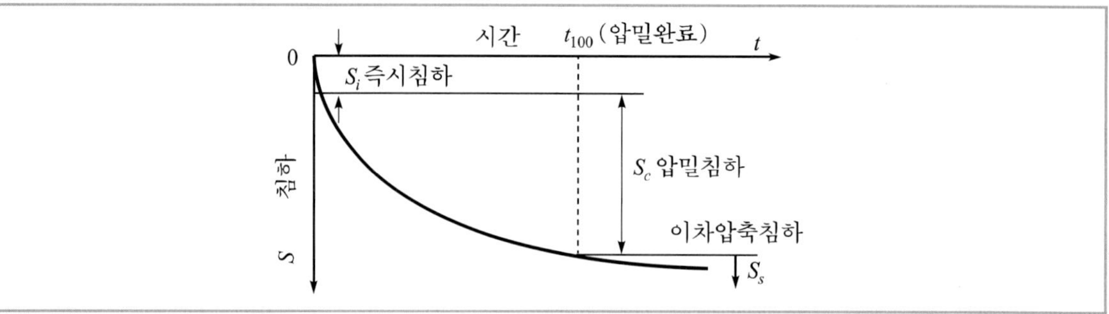

그림 13.24-1 기초의 침하-시간곡선

※ 그림 13.24-1 에 대한 설명

- 얕은기초의 침하는 재하순간에 지반이 탄성적으로 압축되어 일어나는 **즉시침하** S_i (immediate settlement)와 시간이 지남에 따라 지반 내 간극의 물이 빠져나가면서 **간극의 부피가 감소**하여 일어나는 **압밀침하** S_c (consolidation settlement), 유기질토나 점성토에서는 여기에 **이차압밀침하** S_s (secondary compression)가 추가된다. → $S = S_i + S_c + S_s$
- **즉시침하**는 재하즉시 발생하고 지반의 **형상변화에 기인**하는 경우가 많으며, 포화도가 낮거나 점성이 없는 흙에서는 침하의 대부분이 즉시침하이다.
- **압밀침하**는 외력에 의하여 발생된 과잉간극수압(excess pore water pressure)때문에 수두차가 발생되어서 간극의 물이 배수되어 일어난다. 따라서 압밀침하속도는 배수가능성(지반의 투수성과 경계조건)에 의해 좌우된다. 투수계수가 큰 조립토에서는 간극의 물이 쉽게 빠져나가므로 압밀침하는 재하직후에 완료된다.
- **이차압축침하**는 **흙구조골격의 압축특성**에 따라 결정된다. 압밀 침하에서 이차압축침하로 변하는 시간은 보통 과잉간극수압이 영(0)이 되는 시점을 기준으로 한다.

해설 13.24-1

※ 지반의 종류에 따른 침하량의 크기

- 즉시침하란 외부하중이 지반에 가해짐과 동시에 일어나는 침하를 말하며, 흙의 실제의 거동과는 다소 차이가 있지만 탄성론에 의거하여 침하량을 추정한다.
- 사질토와 같이 투수계수가 큰 흙이나 포화도가 90%이하인 세립토는 즉시침하가 중요하다.
  ① 모래지반 : 전체침하량 = 즉시침하량
  ② 과압밀점토 : 전체침하량 = 즉시침하(60%) + 압밀침하(40%)
  ③ 정규압밀점토 : 전체침하량 = 즉시침하(10%) + 압밀침하(90%)
  ④ 유기질토 : 2차압밀 침하가 대부분을 차지

해설 13.24-2

13.24 얕은 기초의 침하 개요

얕은기초의 침하는 **즉시침하, 1차압밀침하, 2차압밀침하**를 합한 것을 말하며, 기초하중에 의해 발생된 **지중응력의 증가량**이 초기응력에 비해 상대적으로 작지 않은 **영향깊이** 내 지반을 대상으로 **침하를 계산**한다.

성토층에 높이는 구조물은 성토층 자체의 장기침하량(creep 침하)을 고려해야 한다.

CHAPTER 13

1 즉시침하, 1차압밀침하, 2차압밀침하란?

■ 그림 13.24-1 및 해설 13.24-1을 통해 지금까지 설명된 내용을 다시한번 정리하였다.

2 기초하중에 의해 발생된 지중응력 증가량 이란?

■ 13.2 2에서 설명된 **접지압을 통해 지반에 전달되는 기초하중**에 의해 발생된 **지중응력 증가량**을 의미한다. 따라서 기초 구조물과 같은 강성기초의 접지압을 어떻게 볼 것인가? 그리고 지중응력 증가량은 어떻게 산정할 것인가? **중요한 관점**이다.

■ 결론적으로 이야기하면 지반공학이해 I 439p 5.23 기초의 강성효과를 통해 설명되었듯이 **기초 설계시 접지압은 강성기초라 하더라도 등분포로 가정**하고, 지중응력 증가량은 지반공학이해 I 제5장 지중응력편을 통해 설명되었듯이 **탄성이론에 해당하는 Boussnesq의 식으로 지중응력 증가량을 산정**하게 된다.

■ 여기서 독자들은 **지반공학이해 I 437p 5.22 다층토에서의 지중응력 증가량을 반드시 연계**해야 할 것이다. 이번 지반공학이해 III 제13장에서는 **개념정리 ⑫~개념정리⑬**을 통해 접지압 개념을 좀 더 상세하게 설명 될 것이다.

3 영향깊이란?

■ 침하에 영향을 미치는 지중응력 증가량($\Delta\sigma_v$)의 깊이를 의미하는 것으로 **지반공학이해 I 421p 제5장 5.14 등압선과 압력구근의 내용과 연계**해서 이해하면 좋을 것이다.

■ 이번 지반공학이해 III 제13장에서는 구조물기초 설계기준에서 설명하고 있는 "**침하한계깊이**"와 "**Shmertmann의 하중에 의한 침하발생범위 산정 방법**"에 대해 추가적으로 설명 될 것이다.

4 침하의 계산

■ 압밀침하에 대해서는 지반공학이해 II 제9장 압밀이론편에서 다루어졌고, 지반공학이해 III 제13장에서는 탄성침하에 해당하는 즉시침하 산정방법에 대해서 설명될 것이다.

■ 사실 이 부분에 대해서는 지반공학이해 II 9.59~9.62(p141~148) 흙의 탄성변형 이론편을 통해 설명된 내용이므로 다시한번 독자들은 연계해서 반복학습하길 바란다.

■ 해설 13.24-2는 지반의 종류에 따른 침하량의 크기를 비교한 것이다.

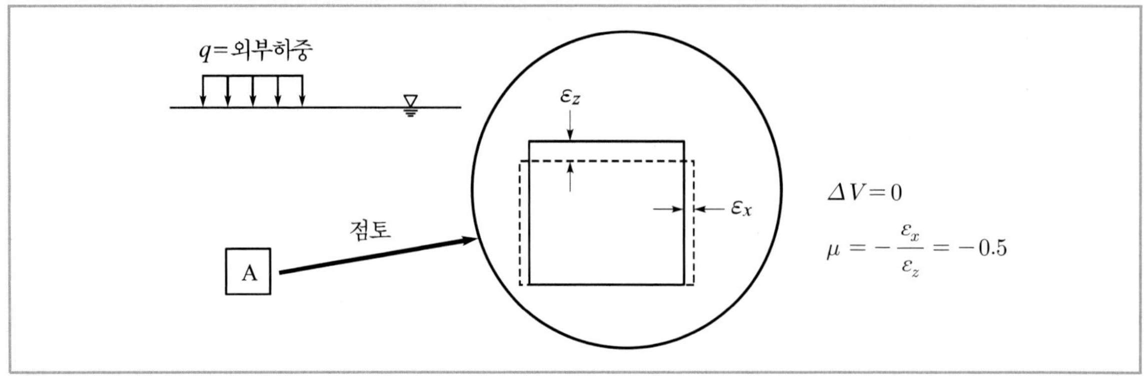

그림 13.25-1 포화점토지반의 유한면적 하중재하시 즉시침하 양상

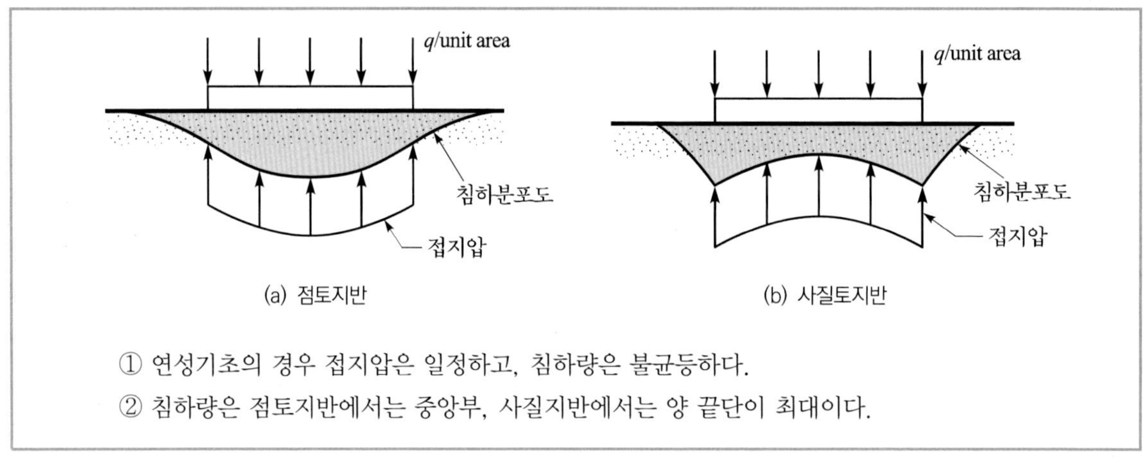

그림 13.25-2 연성기초의 침하량 분포

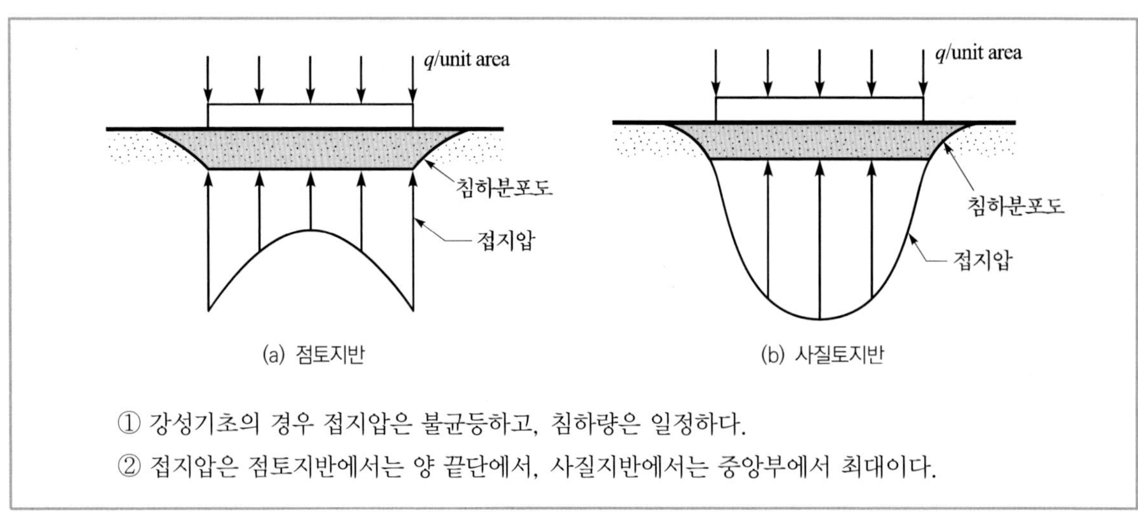

그림 13.25-3 강성기초의 침하량 분포

13.25 즉시침하

1 토질에 따른 즉시침하의 양상

- 모래지반 : 모래지반에서는 하중증가와 동시에 물이 배수될 수 있기 때문에 지하수의 존재와 무관하게 즉시침하가 발생하고, 이 즉시침하가 전체침하량과 같다. 침하량은 탄성이론에 의하여 구한다(**탄성침하량**).

- 불포화점성토지반 : 점토지반에 지하수가 없다면 공기가 쉽게 빠져나갈 수 있으므로 역시 즉시침하가 발생하며, 이때의 침하역시 전체침하량과 같다. 침하량은 탄성이론에 의하여 구한다(**탄성침하량**).

- 포화점성토지반(유한면적에 하중이 작용할 때) : 포화점토지반의 과잉간극수압이 소산되면서 발생하는 압밀침하가 대부분이지만, **확대기초와 같이 국부적인 하중을 받은 경우 즉시침하가 발생한다.** 이때의 즉시침하는 투수계수가 작기 때문에 배수가 일어나지 않은 상태, 즉 그림 13.25-1 같이 **체적변화가 없는 상태에서 발생하는 침하를 말하며** 하중이 가해지는 방향으로 흙이 침하되나 침하된 체적만큼 다른 방향으로 팽창하여 **전체 체적의 변화는 발생하지 않는 침하**를 말한다. 포화 점토지반에서 즉시침하가 발생되기 위해서는 반드시 흙입자가 수평방향으로 변형을 해야 한다. 침하량은 탄성이론식과 Janbu 공식으로 구한다(**소성침하량**).

2 즉시침하량(탄성침하) 산정방법

- 즉시침하는 탄성침하와 소성침하로 구분되는데, **사질토와 불포화 점토의 경우 탄성침하와, 포화점토의 경우 횡방향 변위를 유발하는 소성침하가 발생**한다.

- 즉시침하량 산정방법은 다음과 같이 편의상 탄성론에 의하여 산정한다.

① **이론적인 공식에 의한 방법** 사질토 지반–Harr의 공식 포화된 점성토 지반에서 유한면적 하중 작용시–Janbu의 공식 ② **경험적인 방법** : Schmertmann의 영향계수(사질토 지반에서) ③ **현장시험에 의한 방법** : 평판재하시험, 표준관입시험

3 즉시침하량(탄성침하)의 형태

- 연성기초의 경우 점토지반에서의 탄성침하는 그림 13.25-2a 같이 재하 중심부에서 크고 양단에서는 작게 일어나며 재하면적의 바깥쪽까지 침하가 일어난다. 사질토지반에서의 탄성침하는 기초의 구속효과 때문에 재하 중심부에서의 탄성계수가 양단보다 커져서 그림 13.25-2b 같이 재하중심부의 침하가 양단에서 보다 작게 일어난다.

- 철근콘크리트 기초와 같은 강성기초의 탄성침하는 그림 13.25-3 같이 토질에 상관없이 균등하게 일어난다.

개념정리 ⑫ 접지압에 대하여 정리해 보자 (I)

[1] 접지압의 정의

- 기초의 하중($p = kN$)이 작용하는 경우 지반의 전달되는 압력(응력 kN/m^2)
- $q = \dfrac{p}{A} = \dfrac{kN}{m^2}$

[2] 접지압의 분포 양상

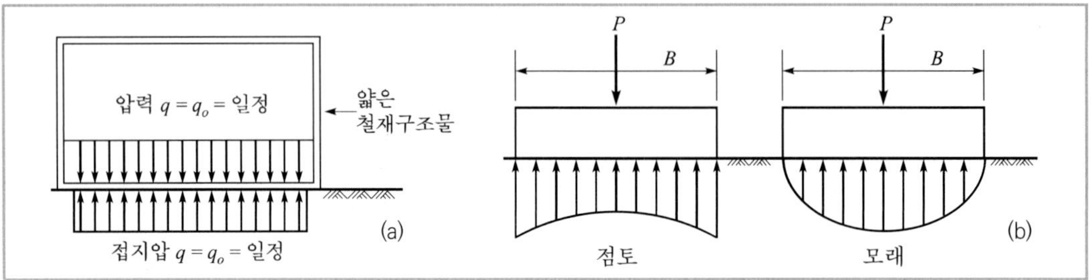

그림 개념 ⑫-1

① 그림 개념 ⑫-1a 같이 **얇은 철재구조물과 같은 연성기초**에 등분포하중이 작용하면 기초아래의 접지압력은 지반의 종류에 상관없이 균등하게 작용한다. 하지만, 전면기초와 같이 매우 넓은 기초는 접지압의 불균등성을 고려하여 설계하는 것이 타당하다.

② 그림 개념 ⑫-1b 같이 **철근콘크리트 구조물과 같은 강성기초**의 경우에는 토질의 종류에 따라 접지압력 분포가 달라진다. 포화된 점토지반에서는 양단의 접지압력이 중심부보다 더 크게 작용하고, 모래지반에서는 양단보다 중심부가 더 크게 작용한다.

[3] 왜? 접지압을 알아야 할까?

① **접지압을 알아야 기초의 지지력에 대한 안정성을 검토 할 수 있다.** → $F_s = \dfrac{q_{ult}}{q}$ 개념에서

→ $q \le q_a = \dfrac{q_{ult}}{F_s}$

② **기초의 즉시침하량을 산정할 수 있다.** → $S_i = \dfrac{q_{net} \times B}{E_s}(1-\mu^2)\, I_s$

③ 기초설계 시 기초바닥에 작용하는 접지압력을 알아야 기초의 휨모멘트와 전단력을 산정(**기초의 부재설계**)할 수 있다. 휨모멘트와 전단력은 기초의 두께와 철근량을 산정하는데 필요로 하다. → 특히 **전면기초 부재의 단면력을 계산하기 위한 접지압**은 **연성기초 설계법**으로 즉, $q = k \times z$로 산정한다. 여기서 스프링계수로(k)=지반반력계수(K_v)×기초 폭(B)

※ 연성기초의 처짐 지배방정식 $EI\dfrac{d^4 z}{dx^4} = -z \times (K_v \times B_1) = -z \times k$

[4] 실무에서의 접지압 분포 설계적용

- 실무에서 확대기초를 설계할 경우 기초 아래의 접지압력을 지반의 종류나 기초의 강성에 상관없이 균등 또는 직선적으로 분포한다고 가정하는 것이 일반적이다, → 강성기초판 설계법

개념정리 ⑬	접지압에 대하여 정리해 보자 (2)

구분	등분포 접지압	직선분포 접지압
가정	그림 개념 ⑬-1a	그림 개념 ⑬-1b
용도	**지지력 계산,** 지반의 허용응력 계산	침하량 계산, **기초의 부재 단면력 계산**

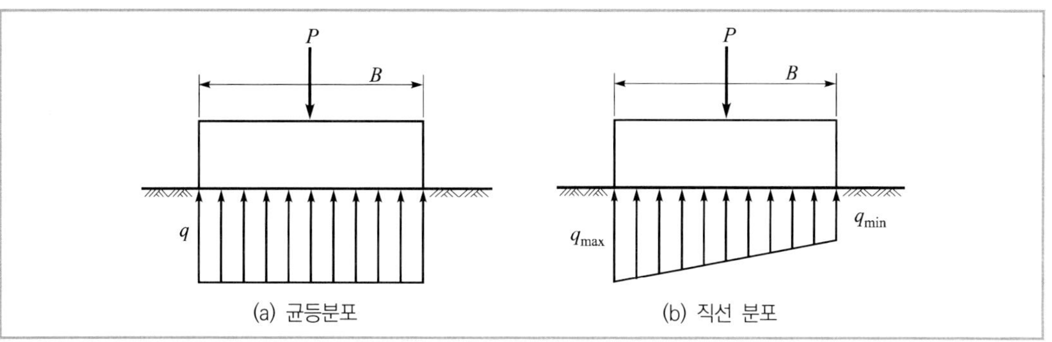

그림 개념 ⑬-1

- 설계시 접지압의 분포를 등분포로 가정하면 사질지반에서는 안전측이지만 점토지반에서는 불안전측일 수도 있다.
- 따라서, **전면기초와 같이 매우 넓은 기초는 접지압력의 불균등성을 고려**하여 **이형분포 접지압**으로 설계하는 것이 타당하다. → 연성기초판 설계법

※ 지반공학이해 I 159p 2.40 지반반력계수 이용하여 지반-구조물 상호작용을 고려한 연성법에 의한 설계법과 지반공학이해 I 315p 3.59 평판재시험(4)과 반드시 연계학습 할 것.

5 접지압에 영향을 미치는 요소

① 지반의 종류 : 점성토, 사질토

② 기초의 강성 : 연성기초, 강성기초

③ 근입깊이 : D_f가 증가할수록 접지압의 불균등 분포가 감소된다. 즉, 접지압이 일정해진다.

④ 하중의 크기

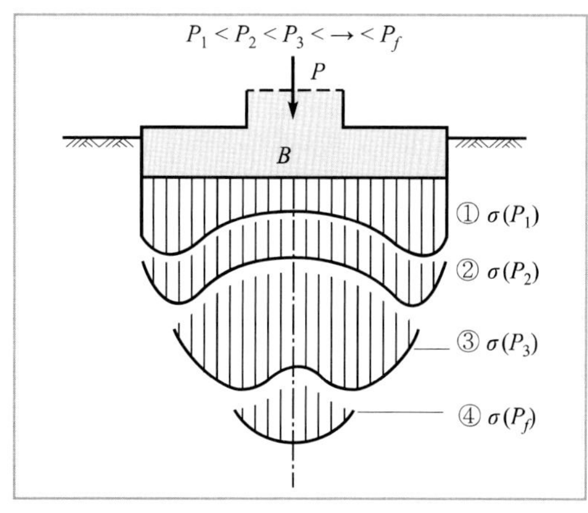

그림 개념 ⑬-2 하중의 크기에 따른 접지압의 변화

개념정리 ⑭ 기초강성에 따른 설계법 (I)

1 기초의 구조적 강성 구분방법

- 기초설계시 기초의 구조적 강성에 따라 강성기초와 연성기초로 구분한다. 기초를 강성기초로 설계해야 할지 아니면 연성기초로 설계해야 할지는 다음의 식으로 결정할 수 있다.

$$\beta = \sqrt[4]{\frac{BK_v}{4EI}} \quad \text{(ACI committee 436)}$$

- 강성기초를 적용하기 위해서는 기둥의 간격이 규칙적이며 기둥간격이 $\frac{1.75}{\beta}$ 보다 작고, 인접기둥간격이 20%이상 차이가 나지 않아야 한다.
- 강성기초 조건을 만족하지 않을 경우에는 연성기초로 설계하여야 한다.

2 얕은기초 설계법

구분	강성기초 설계법	연성기초 설계법(Winkler 방법)
개요	• 전면기초가 강체임 • 지반이 선형탄성체임	지반을 탄성스프링으로 대체하고, 기초판이 무한개의 스프링으로 지지된 것으로 가정함
상대적 강성	기초의 강성 > 지반의 강성	기초의 강성 < 지반의 강성
접지압 분포	균등 또는 직선적 분포 Q_1 Q_2 Q_3 q_{max} q_{min}	불균등 분포 또는 곡선적 분포 Q_1 Q_2 Q_3
접지압 산정	$q_{max} = \frac{Q}{A}(1 \pm \frac{6e}{B})$	$q = k \times z$ **스프링계수(k)=지반반력계수(K_v) × 기초 폭(B)**
장점	• 접지압 분포계산 간편 • 상대적으로 기초강성 큰 경우 타당함	• **지반-구조물 상호작용 고려** • 접지압 분포 합리적 산출
단점	• 지반-구조물 상호작용 무시 • 지반반력을 단순화 • **침하검토 병행해야 함**	• **지반반력계수(K_v) 필요** • 지반지지력 만족되어야 함 • 스프링을 독립적으로 취급
설계적용	• 독립기초 • 단경간 BOX • 옹벽기초(연속기초)	• 전면기초 • 다경간 BOX • 지하철 정거장

표 개념 ⑭-1

개념정리 ⑮ 기초강성에 따른 설계법 (2)

3 강성법의 문제점

- 강성법은 기초가 강체이며 지반이 선형탄성체이고 기초저면의 접지압 분포가 선형이라고 가정한다. 그러나 실제기초는 강체가 아니므로 기둥위치에서 가장 큰 침하가 발생하여 접지압이 선형이 아닌 경우가 많다.

- 따라서, **전면기초등의 유연성 기초를 강성법으로 설계할 경우**
  ① 지반-구조물상호 관계를 고려할 수 없고,
  ② 지반반력을 단순화하여 정확한 접지압을 구할 수 없으며
  ③ 침하량을 별도로 검토해야하는 등의 문제점이 있다.

4 대책

① 지반-구조물상호작용을 고려한 연성기초설계법 및 수치해석법 적용

② 독립기초, 단경간 box는 강성기초판에 의해도 적정 설계가 가능하나, 건물 mat 기초, 지하철 정거장과 같이 큰 기초는 강성기초로 하면 과다설계가 될 수 있으므로 연성기초로 설계하여야 한다.

※ 말뚝의 특성치(β)의 공학적 이용 → 지반공학 이해 I 154p~155p 연계

① 얕은기초에서 지반의 변형계수(E_s)의 산정과
깊은기초에서 지반반력계수(K_h)의 산정

② 전면기초를 강성기초설계법 또는 연성기초설계법으로 설계할지에 대한 결정기준으로 이용

③ 긴말뚝과 짧은말뚝을 구분하는 기준

④ 말뚝의 수평지지력 분담길이(말뚝의 가상지지점) 산정

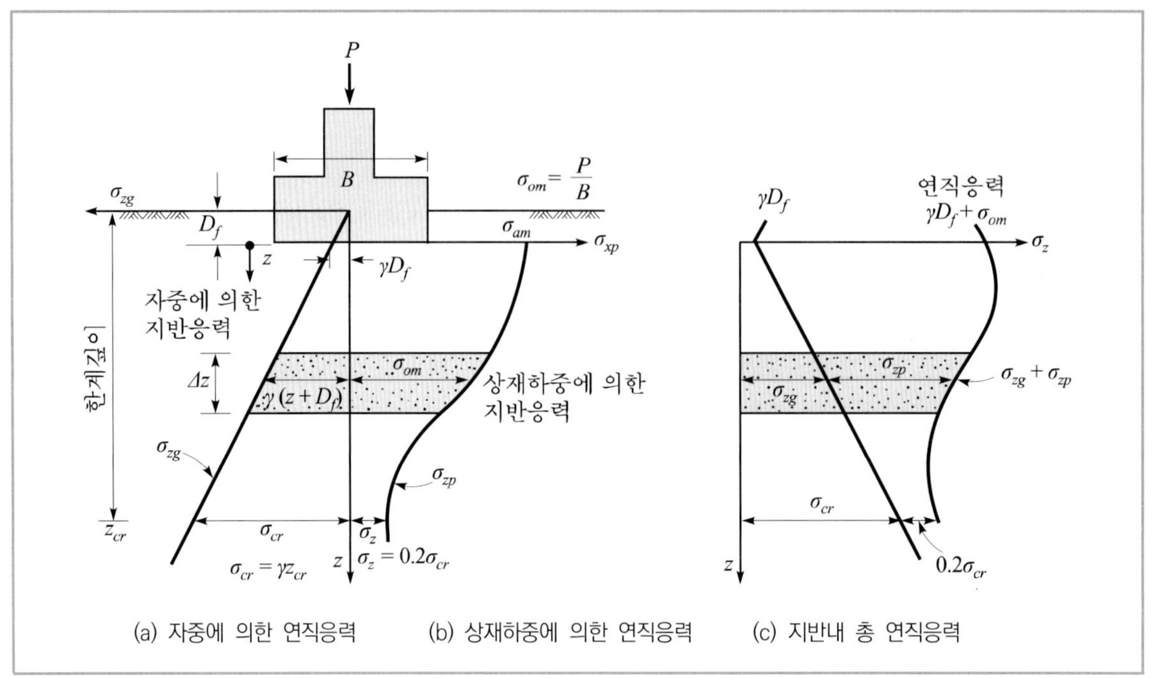

그림 13.26-1 지반 내 연직응력과 한계깊이

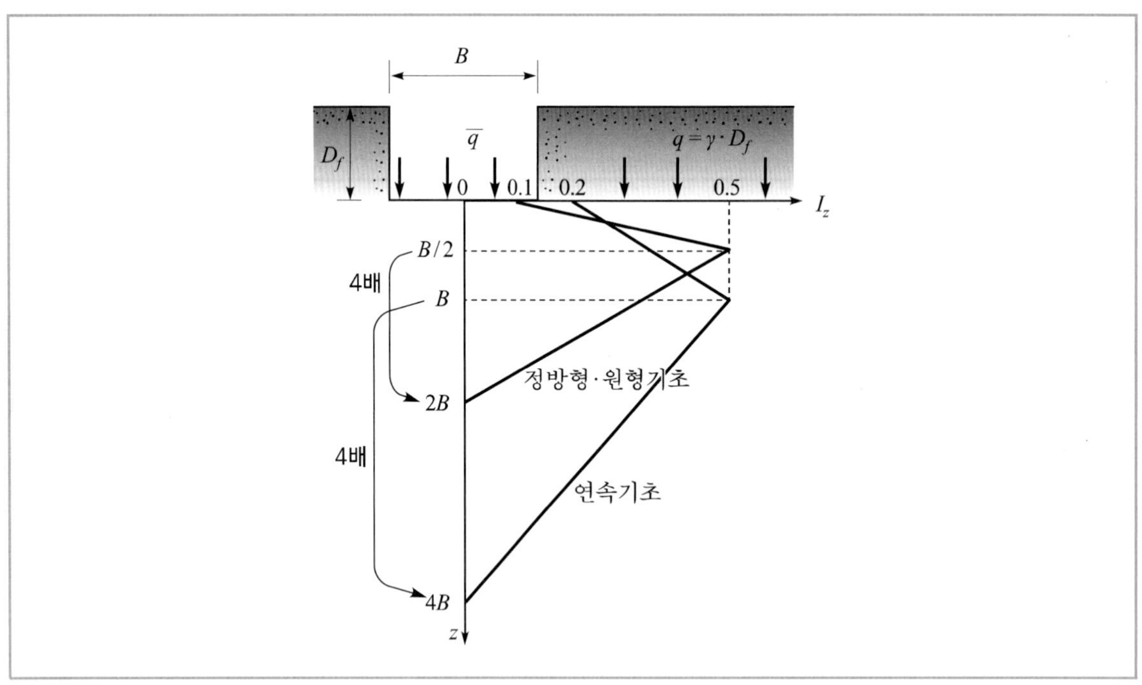

그림 13.26-2 Schmertmann & Hartman(1978)에 의한 방법에서의 한계깊이

13.26 한계깊이 개념

1 구조물기초설계기준(2018)에서의 한계깊이 그림 13.26-1

- 기초바닥면 아래 **지반 내 연직응력** σ_z **는 지반의 자중에 의한 응력** σ_{zg} 와 **구조물의 하중에 의한 응력** σ_{zp} **의 합**이다. 즉, $\sigma_z = \sigma_{zg} + \sigma_{zp}$

- 압축성 지층이 지표에 가까이 있고 두껍지 않으면 일상적인 방법으로 침하를 계산할 수 있다. 그러나 **압축성 지반이 충분히 두껍고 변형계수가 일정한 반무한 탄소성체인 경우**에 기초바닥 아래로부터 깊은 곳은 구조물에 의한 영향을 거의 받지 않는다. 따라서 지반의 압축성과 하중의 크기를 고려하여 상재하중에 의해 발생된 지반 내 응력이 지반의 자중에 의한 지반 내 응력(σ_{zg})의 20%가 되는 깊이를 그림 13.26-1에 나타낸 바와 같이 **한계깊이** z_{cr} (critical depth)라고 하며 $\sigma_{zp} \geq 0.2\sigma_{zg}$ **인 범위의 지반에 대하여 침하를 계산**한다.

- 암반과 같은 비압축성 지반이 한계깊이 이내에서 시작되면, 한계깊이는 비압축성 지반이 시작되는 깊이가 된다. 압축성이 아주 큰 연약한 지층이 한계깊이 위치에 분포할 경우는 한계깊이 이하에 있는 연약한 지층의 침하를 계산해야 한다. 실제로 한계깊이 하부에 있는 심층 지반은 상재하중의 영향이 매우 작아서, 그 부분의 압축량이 전체의 압축량에서 차지하는 비중이 매우 작다. 상재하중의 영향을 받는 깊이는 기초 크기가 클수록 깊어진다.

- **한계깊이는 대개 B ≤ z_{cr} ≤ 2B 사이에 있으며**, 등분포 접지압에서는 접지압이 커질수록 깊어진다. 지하수위가 높아서 부력이 작용하는 지반에서는 한계깊이가 커진다.

- 전면기초에서는 한계깊이가 $z_{cr} < B$ 일 수 있고, 큰 하중이 작용하는 폭이 좁은 연속기초에서는 $z_{cr} > 2B$ 일 수 있다. 인접상재하중의 영향에 의한 지반내 응력 증가량을 고려하며, 굴착깊이가 깊어서 기초에 작용하는 평균압력(σ_{om})이 굴착하중(γD_f)보다 작을 때에는 굴착하중을 고려하지 않고 기초바닥에서부터의 지반자중에 의한 지반 내 응력을 적용하여 한계깊이를 정한다. 한계깊이는 평균압력이 자중에 의한 응력보다 클 때에만 적용하며 **지반의 변형계수가 일정하지 않고 깊이에 따라 증가하는 경우에는 적용하지 않는다.**

2 Schmertmann & Hartman(1978)에 의한 방법에서의 한계깊이 그림 13.26-2

- Schmertmann & Hartman(1978)에 의한 방법에서는 **사질토 지반의 탄성침하량을 경험적**으로 산정하기 위해 한계깊이 개념을 이용하여 **변형영향계수(I_z)**의 분포를 제시하였다.

- 정방형 또는 원형기초의 경우는 $z = 2B$ 에서 $I_z = 0$, 연속기초에서는 $z = 4B$ 에서 $I_z = 0$ 이 된다.

- "13.28 변형계수를 이용한 사질토에서의 탄성침하량 산정"편에서 후술될 것임.

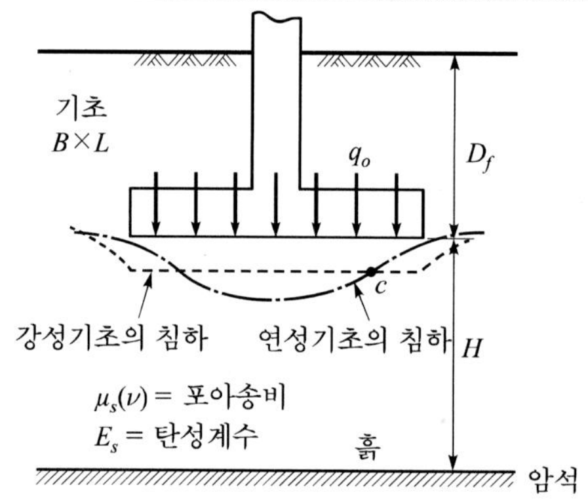

① 연성기초 모서리에서의 침하 : $s_i = q_{net} B \dfrac{1-\nu^2}{E} \dfrac{I}{2}$ 식 13.27-3

② 연성기초의 중심부에서의 침하 : $s_i = q_{net} B \dfrac{1-\nu^2}{E} I$ 식 13.27-4

③ 연성기초의 평균 침하량 : $s_i = q_{net} B \dfrac{1-\nu^2}{E} I_{avg}$ 식 13.27-5

④ 강성기초의 침하량 : $s_i = q_{net} B \dfrac{1-\nu^2}{E} I_{rig}$ 식 13.27-6

그림 13.27-1 얕은 기초의 탄성침하

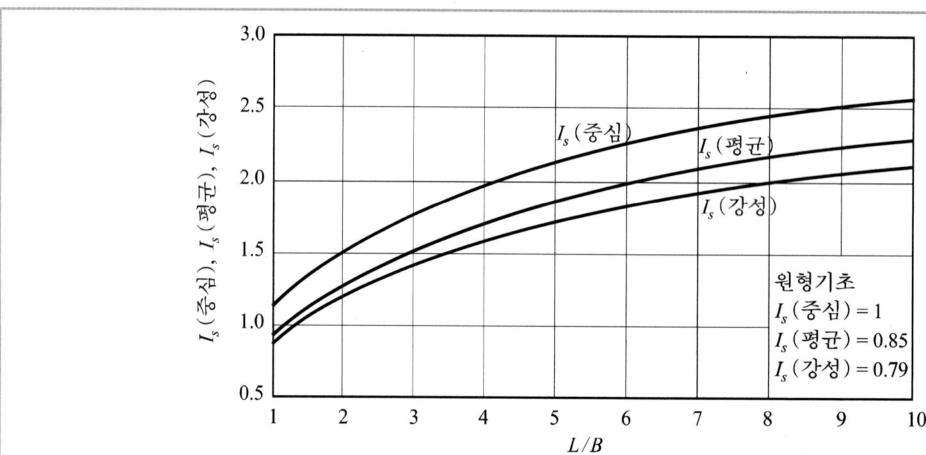

기초 구분		강성 기초	연성 기초				비고
			중심점	외변중점	모서리점	평균	
원형 기초		0.785	1.000	0.637	–	0.848	연성기초의 중심점의 영향치는 모서리점의 영향치의 2배임. 즉, 중심점의 침하량은 모서리점의 침하량의 2배임
정방향 기초		0.880	1.120	0.760	0.560	0.950	
장방형 기초	L/B=2	1.120	1.530	1.120	0.760	1.300	
	L/B=5	1.600	2.100	1.680	1.050	1.820	
	L/B=10	2.000	2.560	2.100	1.280	2.240	

그림 13.27-2 탄성침하의 영향계수 I_s

13.27 이론적인 방법에 의한 탄성침하량 산정방법(1)

1 탄성론에 의한 이론식

- 균질한 흙이 기초바닥 아래 무한한 깊이까지 존재한다고 가정하고, 깊이에 따른 변형률을 적분하여 구한 값이 식 13.27-1 같은 즉시침하량이다.

$$S_i = \int_0^z \varepsilon_z d_z = \int_o^z \frac{1}{E_s}\{\Delta\sigma_z - \mu(\Delta\sigma_x + \Delta\sigma_y)\}d_z \quad \text{식 13.27-1}$$

- 식 13.27-1 에 대해서는 지반공학이해Ⅰ 107p 및 지반공학이해Ⅱ 141p를 통해 이미 설명되었다 독자들은 반드시 연계학습하길 당부 드린다. **여기서 한가지 짚고 넘어갈 사항**은 지중응력증가량 $\Delta\sigma_z$, $\Delta\sigma_x$, $\Delta\sigma_y$가 생성된 하중조건은 **연성기초에 하중이 작용한 경우**이고, **지반은 균질한 탄성지반**이라는 사실이다.
- 식 13.27-1 은 사용하기 불편하므로 편리한 일반식으로 나타내면 식 13.27-2 같다.

$$S_i = \frac{q_{net} \times B}{E}(1-\mu^2)I_s \quad \text{식 13.27-2}$$

2 Harr(1966)의 탄성침하량 공식 → 사질토지반의 즉시침하량 산정방법

- Harr(1966)는 **기초의 강성에 따라 침하분포는 달라진다는 점**과 **강성기초의 경우 접지압의 분포가 일정하지 않다는 점**을 고려하여 식 13.27-2 를 이용하여 그림 13.27-1 같은 개념에서 **강성기초의 즉시 침하량을 산정하는 식과 도표를 제시**하였다.
- **강성기초의 즉시침하량 산정 개념**은 그림 13.27-1 같이 연성기초의 모서리부의 침하량은 중심에서의 침하량의 1/2정도이며, 강성기초와 연성기초의 침하가 c점에서 겹쳐진다는 점을 착안하여, 그림 13.27-2 같은 도표를 통해 연성기초의 침하량으로 부터 강성기초의 침하량을 산정하였다(강성기초 침하량=연성기초 중심침하량 × 80% 정도).

$$S_i = q_{net} B \frac{1-\nu^2}{E} I_s \quad \text{식 13.27-7}$$

여기서, S_i : 기초의 탄성침하량(근입깊이 D_f=0, 기초하부 지반 층두께 $H=\infty$ 일 경우)
q_{net} : 기초작용 하중(단위면적당 순하중), B : 기초의 폭, E : 지반의 탄성계수
ν : 지반의 포아송비(Poissons ratio), I_s : 탄성침하 영향계수 (그림 13.27-2 로부터 구함)

- 식 13.27-7 은 모래, 실트질 지반 및 배수가 원활하게 이루어지는 **사질토 지반의 탄성침하량을 구하는 데 적합**하다. **기초하부의 균질한 지반이 무한한 깊이까지 있다라고 가정**하고 임의점의 변형률을 $z=0$ 에서부터 $z=\infty$ 까지 적분하여 구할 수 있다. **암석과 같이 탄성계수가 큰 층이 기초하부에**

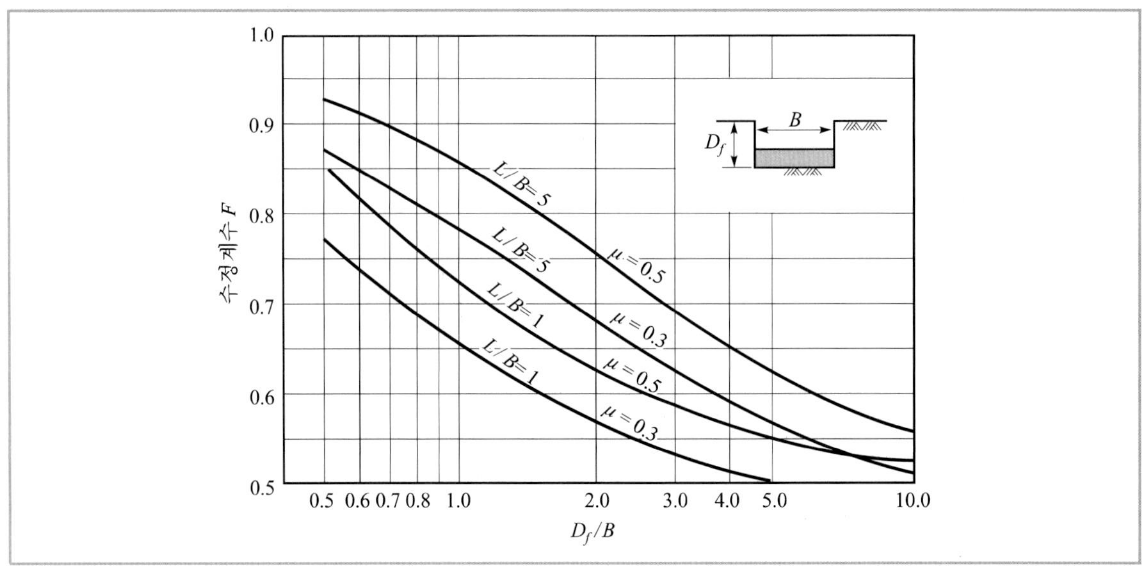

그림 13.28-1 기초의 근입깊이에 따른 수정계수 F

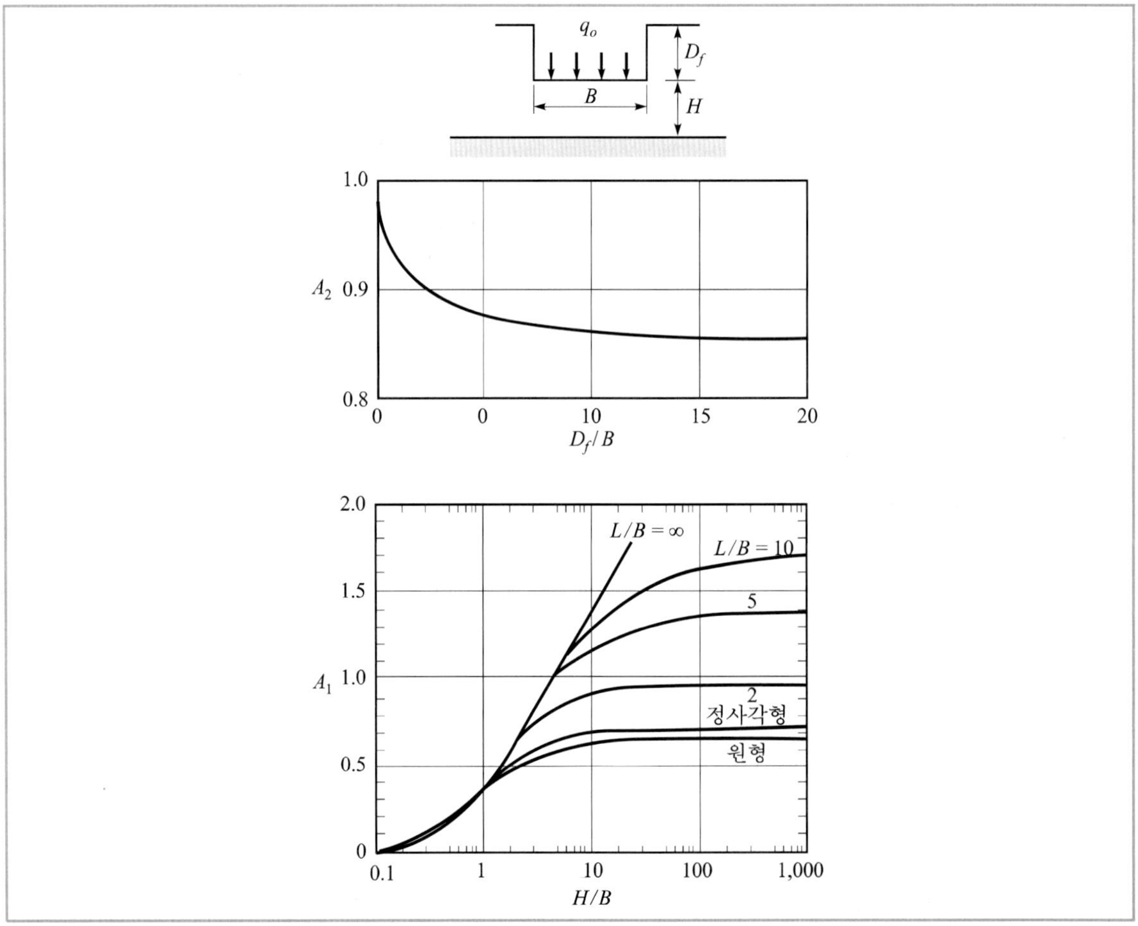

그림 13.28-2 Janbu의 도표에 의한 즉시 침하량 산정방법

13.28 이론적인 방법에 의한 탄성침하량 산정방법(2)

인접하여 위치할 경우는 실제 침하량은 식 13.27-7 으로 구한 값보다 작게 평가될 것이다. **기초가 지반에 근입될 경우**에는 식 13.27-7 을 아래의 식 13.28-1 과 같이 그림 13.28-1 **수정계수**F를 이용하여 기초의 침하량 S_f를 산정해야 한다.

$$S_f = S_i \times F \quad \text{식 13.28-1}$$

[2] Janbu의 탄성침하량 공식 → 포화된 점성토 지반의 소성침하량 산정방법

■ 탄성론에 의한 이론식으로 산정하는 방법

$$S_i = \frac{q_{net} \times B}{E_u}(1-\mu_u^2)\, I_s \quad \text{식 13.28-2}$$

여기서, E_u : 비배수 조건의 지반의 탄성계수, μ_u : 비배수조건의 포아송비(0.5)

■ Janbu의 탄성침하량 공식에 의한 방법

$$S_i = A_1 A_2 \frac{q_o \times B}{E_u} \quad \text{식 13.28-3}$$

여기서, S_i : 기초의 탄성침하량(포화점토지반, $\mu_u = 0.5$, 연성기초의 평균침하량 가정)

q_o : 기초작용 하중(단위면적당 순하중), B : 기초의 폭

E_u : 비배수조건으로 구한 탄성계수(보통 삼축압축시험으로 결정)

A_1 : 침하 가능 층두께를 고려한 영향계수 (그림 13.28-2 로부터 구함)

A_2 : 근입깊이를 고려한 영향계수 (그림 13.28-2 로부터 구함)

■ **포화점토에서 발생하는 침하**는 공기나 물이 빠져나가면서 발생하는 침하가 아니므로 **전체의 체적은 일정**하다. 즉, 압축방향으로 발생하는 체적만큼 횡방향으로 팽창하는 **소성침하**라고 할 수 있다. 포화된 점토지반에서의 즉시침하량은 전체침하량의 약 10% 정도로 실무에서는 보통 이를 무시하고 압밀침하량만 구하는 경우가 많다.

[3] 탄성론에 의한 침하량 공식 적용 시 유의사항

■ 지반의 균질성 : 탄성이론에서는 지반이 무한한 깊이까지 균질하다고 가정하였으나, 실제 지반은 균질하지 못하므로 이식으로 구한 침하량의 크기가 실제와 다를 수 있다.
(예 : 기초아래 깊지 않은 위치에 암반이 존재하면 실제 침하량은 탄성이론 식으로 구한 값보다 훨씬 작을 것이다)

■ 기초하중이 지중으로 영향을 미치는 깊이(한계깊이) : 줄기초 4B, 확대기초 2B

■ 순하중 : 기초의 매설깊이가 깊으면 순하중 q_{net}가 감소하므로 즉시침하량은 감소한다.

(순하중 = 접지압$-\gamma D_f$)

개념정리 ⑯ 식 13.27-7 Harr(1966)의 탄성침하량 공식에 대한 이해

1 Harr(1966)의 탄성침하량 공식

■ $S_i = q_{net} B \dfrac{1-\nu^2}{E} I_s$

S_i : 기초의 탄성침하량(근입깊이 D_f=0, 기초하부 지반 층두께 $H=\infty$ 일 경우)

q_{net} : 기초작용 하중(단위면적당 순하중), B : 기초의 폭, E : 지반의 탄성계수

ν : 지반의 포아송비(Poissons ratio), I_s : 탄성침하 영향계수 (그림 13.27-2 로부터 구함)

2 공식에 대해 이해

Harr(1966)의 탄성침하량 공식이 의미하는 바를 보면 침하량은 **기초에 작용하는 하중이 클수록, 기초의 크기가 크면 클수록 커지며**, 특히 **지반의 탄성계수에 반비례함**을 알 수 있다. 이를 다시 정리하면 아래와 같다.

① 식에서 $q = \dfrac{P}{B \times L}$ 로서 **기초의 크기를 크게 하면 할수록 접지압이 작아지므로 침하량은 작아지게 되나, 반대로 기초의 크기가 커질수록 침하량은 증가하게 되어, 상반된 효과를 갖게 됨에 유의**하여야 한다. 기초의 면적이 크면 클수록 침하량은 커지게 되므로 같은 접지압 조건에서 확대기초에 비하여 대상기초가 더 침하량이 큰 것은 당연할 것이다.

② 지표면에 가해준 하중이 연성기초에 작용되는 경우와 강성기초에 작용되는 경우에 따라 접지압이 다르거나 침하양상이 달라질 수 있다. **연성기초인 경우**에는 접지압은 일정하게 되나 침하양상은 다르게 되며, 일반적으로 중심부에서의 침하량이 모서리 부분보다 더 크다. **강성기초인 경우**의 접지압은 그림 13.25-3 과 같으며, 설계용으로는 일정하다라고 가정한다. 강성기초의 침하량은 중심부나 모서리부나 일정할 것이다. 일반적으로 같은 하중에 대하여 **강성기초에서의 침하량이 연성기초에서의 평균 침하량보다 작은 것**으로 알려져 있다.

③ **기초가 근입깊이(D_f)만큼 파묻혀 있다면**, 지표면에 놓인 경우와 비교하여 침하량은 작아지는 것으로 알려져 있다.

④ 침하량 예측에 있어서 가장 큰 영향을 미치는 것은 **지반의 탄성계수(E)이다. 탄성계수의 합리적 예측**이 무엇보다도 중요하다.

개념정리 ⑰ 기초의 지지력에 대한 안전율과 지반의 전단강도에 대한 안전율 개념비교 (I)

1 우측의 그림과 같이 점착력이 없는 사질토층이 깊게 분포되어 있는 지반에 정사각형 기초를 설계하였다. (기초폭 B=1.0m, $\gamma = 18kN/m^3$, shape factor(S_r)=0.6)

■ $q_{ult} = \dfrac{1}{2}\gamma B N_r S_r$ 이고, $q_o = 169kN/m^2$

내부마찰각	30°	32°	34°	36°	38°	40°	42°
지지력계수(N_γ)	15.7	22.0	31.1	44.4	64.1	93.7	139.3

개념정리 ⑱ 기초의 지지력에 대한 안전율과 지반의 전단강도에 대한 안전율 개념비교 (2)

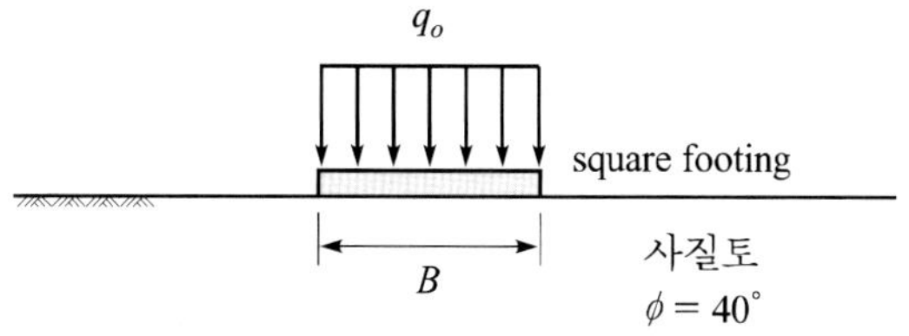

[2] 기초의 지지력에 대한 안전율 → $F_s = \frac{q_{ult}}{q_o}$ 에서

- $q_{ult} = \frac{1}{2}\gamma B N_r S_r = \frac{1}{2} \times 18 \times 1 \times 93.7 \times 0.6 = 505.98kN/m^2$, $q_o = 169kN/m^2$
- $F_s = \frac{q_{ult}}{q_o} = \frac{505.98}{169} = 2.99$

[3] 지반의 전단강도에 대한 안전율 → $F_s = \frac{\tau_f}{\tau_n}$ 에서

- 파괴면 작용하는 수직응력을 $q_0 = \sigma_n$ 생각하면, $\theta_f = 45^\circ + \frac{\phi}{2} = 45 + 20 = 65^\circ$
  - $\tau_f = c + \sigma_n \tan\phi = 0 + 169 \times \tan 40^\circ = 142km/m^2 \rightarrow \tau_f = \tau_n$
- $F_s = \frac{\tau_f}{\tau_n} = \frac{142}{142} = 1.0$

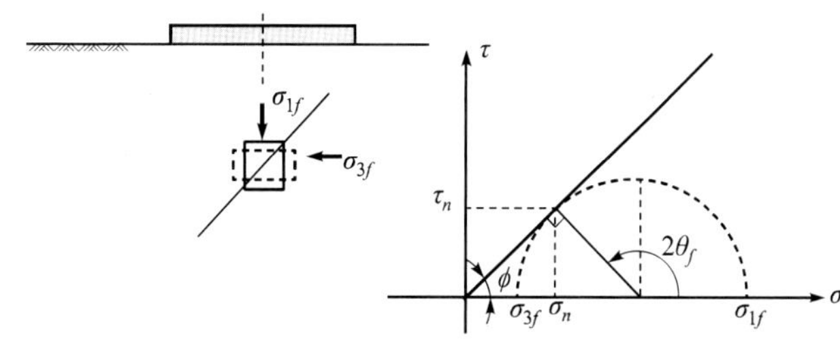

[4] 안전율이 다른 이유

- $q_{ult} = \frac{1}{2}\gamma B N_r S_r$ 에서 지지력계수 N_r의 과대평가($\phi = 40^\circ$), 형상계수S_r 적용은 3차원 개념으로 중간 주응력이 고려되었다는 의미
- 그러나 $\tau_f = c + \sigma_n \tan\phi$ 에서 강도정수ϕ는 중간주응력이 고려되지 않았기 때문에 지지력으로 산정된 안전율이 더 크게 나오게 된다.

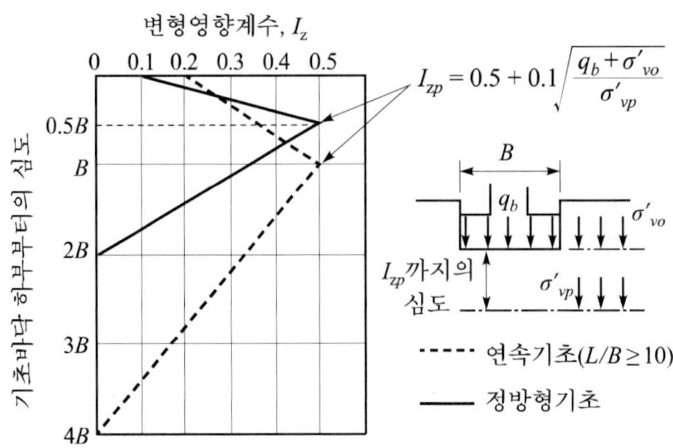

① 정방형 또는 원형기초의 경우($L/B = 1$ 인 경우)

$z = 0$에서, $I_z = 0.1$, $z = 2B$ 에서, $I_z = 0$ → **침하영향 깊이(한계깊이)** $z_{fo} = 2B$

$$z = 0.5B \text{ 에서, } I_z = 0.5 + 0.1\sqrt{\frac{q_b - \sigma'_{vo}}{\sigma'_{vp}}} \quad \text{식 13.29-1}$$

② 연속(띠)기초의 경우($L/B \geq 10$인 경우)

$z = 0$에서, $I_z = 0.2$, $z = 4B$ 에서, $I_z = 0$ → **침하영향 깊이(한계깊이)** $z_{fo} = 4B$

$$z = B \text{ 에서, } I_z = 0.5 + 0.1\sqrt{\frac{q_b - \sigma'_{vo}}{\sigma'_{vp}}} \quad \text{식 13.29-2}$$

그림 13.29-1 기초형상에 따른 변형영향계수의 산정방법

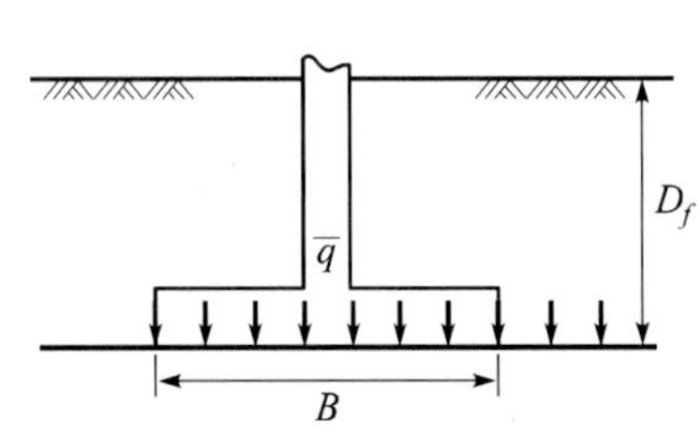

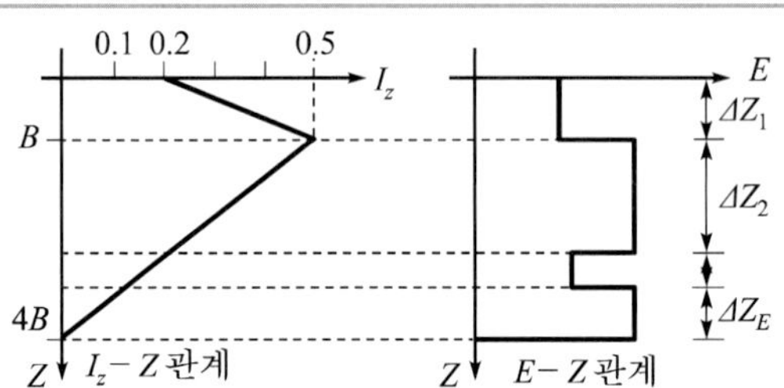

$$S_i = C_1 \cdot C_2\, q_{net} \sum_{1}^{n} \frac{I_z}{E} \cdot \Delta z \quad \text{식 13.29-3}$$

여기서, S_i : 기초의 침하량

C_1 : **기초의 근입깊이에 대한 보정계수**, $C_1 = 1 - 0.5\left(\frac{\gamma D_f}{q - \gamma D_f}\right)$ 단, $C_1 > 0.5$

C_2 : **흙의 크립(creep)에 대한 보정계수**, $C_2 = 1 + 0.2\log\left(\frac{t}{0.1}\right)$

t : 시간(년), $t \geq 0.1$년 , n : 토층 개수

I_z : 토층의 변형영향계수 , E : 토층의 탄성계수 , Δz : 토층의 두께

그림 13.29-2 변형영향계수를 사용한 탄성침하 산정

13.29 변형영향계수를 이용한 사질토에서의 탄성침하량 산정(경험적인 방법)

1 Schmertmann & Hartman(1978) 사질토 지반의 탄성침하량 공식

- Schmertmann & Hartman(1978)은 사질토 지반의 탄성침하를 구하기 위해 **변형영향계수를 제안**하였다. 이것은 지반 내의 연직응력분포 형태와 유사하게 변형분포를 경험적으로 근사화시킨 것이다.
- 그림 13.29-1 은 연속기초($L/B \geq 10$)와 정방형(원형)기초에 대한 변형영향계수를 보이고 있다. $1 < L/B < 10$인 경우에는 보간법을 사용한다. 이 방법에서 **CPT에서 얻어진 콘관입저항치(q_c)를 이용 지반의 탄성계수 분포를 결정**하므로 **불균질한 지반에도 적용이 가능**하다. 침하량 산정 순서는 다음과 같다.

2 침하량 산정순서

① 지반의 탄성계수 산정

콘 관입시험으로부터 구한 q_c를 이용하여 사질토의 탄성계수 E를 구한다 (탄성계수 E와 q_c와의 상관관계를 사용하여 탄성계수를 결정). 사질토의 탄성계수로 **정방형 기초에서는** $2.5q_c$, **연속기초에서는** $3.5q_c$를 사용.

② 하중에 의한 침하발생 범위 산정

기초하중에 의하여 침하가 발생하는 최대영향심도(z_{fo})까지 각 지층을 분할하여 탄성계수 E값을 결정한다.

③ 변형영향계수 분포 결정

변형영향계수(I_z)는 그림 13.29-1 같이 기초하부에서 0.1과 0.2사이 값에서 시작해 최대영향심도 z_{fo}의 1/4에서 최대값을 보이고 심도가 깊어짐에 따라 감소해 z_{fo}에서 0이 되는 분포를 보인다. 기초의 형상에 따른 변형영향계수(I_z)의 산정방법은 식 13.29-1 ~ 식 13.29-2 와 같다.

④ 탄성침하 산정

탄성침하를 계산하기 위해서는 탄성계수의 변화에 따라 토층을 그림 13.29-2 와 같이 구분하여 식 13.29-3 의 S_i 산정식에 대입하면 된다.

3 침하량 산정시 유의사항

식 13.29-3 는 Schmertmann 교수가 실험 결과에 근거하여 제안한 식으로 이 방법을 사용할 때에는 다음 사항을 유의해야 한다.

① 사질토의 경우 creep에 대한 보정계수 C_2는 과대한 값임

② $E = \alpha q_c$로 가정하는데, α의 변화폭은 1~8로 대단히 넓음

③ B가 큰 경우 S_i 가 대단히 크게 산정됨

④ t 값이 클수록 침하량은 커짐(실무적으로는 5~10년 정도를 최대기간으로 본다)

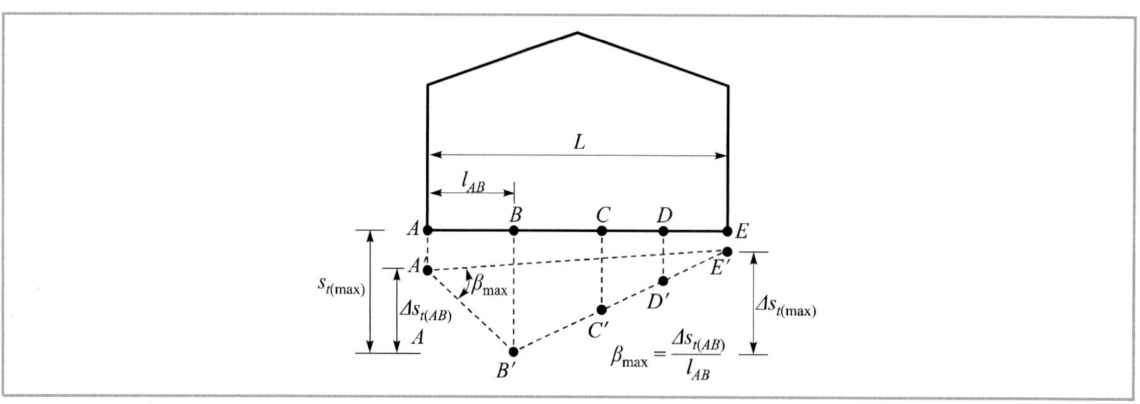

그림 13.30-1 전체침하 및 부등침하의 정의

항 목	변 수	크 기	비 고
사용성의 한계값 (Eurocode 1)	$S_{t(max)}$	25 mm	독립된 얕은 기초
		50 mm	전면 기초
	$\Delta S_{t(max)}$	5 mm	강성 철골
		10 mm	연성 철골
		20 mm	개방형 철골
	β_{max}	1/500	–
최대의 허용 가능한 기초의 변위 (Eurocode 7)	$S_{t(max)}$	50	독립된 얕은 기초
	$\Delta S_{t(max)}$	20	독립된 얕은 기초
	β_{max}	≈1/500	–

표 13.30-1 Euro code에서 제시한 허용침하량

1/10 1/100 1/200 1/300 1/400 1/500 1/600 1/700 1/800 1/900 1/1,000

침하에 민감한 기계의 허용 한계

라멘 구조의 손상 한계

균열 미발생 한계

내하벽의 균열발생한계

강성 높은 구조물의 기울어짐 육안 구별 한계

내하벽의 균열 대폭 확대

조적벽체의 안정한계(4 $H < L$)

일잔적인 구조물의 손상 한계

Pisa 탑의 기울어짐

그림 13.30-2 구조물의 허용부등침하(처짐각)(Bjerrum, 1963)

13.30 기초의 허용침하량

1 허용침하량과 부등침하량

- 구조물의 기능이나 안정성 및 미관이 해치지 않을 정도로 미소하여, 허용되는 절대 침하량을 **허용침하**(allowable settlement)라고 한다. 기초에 과다한 침하가 발생하면 상부구조물은 균열이 생기는 등의 손상을 입게 된다. 따라서 **상부구조물의 종류에 따라서 허용 가능한 침하량을 설계기준이나 시방서상에 제시**함이 일반적이다.
- 또한 전체침하량뿐만 아니라 기초와 기초사이에 발생하는 상대적인 침하, 즉 **부등침하량**(differential settlement)도 아주 중요하다.

2 그림 13.30-1, 표 13.30-1, 그림 13.30-2에 대한 설명

- 그림 13.30-1은 기초침하의 양상을 보여주고 있다. 그림에서 A, B, C, D, E는 각각 독립적인 기초의 저면을 가리키며 침하량의 정의는 다음과 같다.

> ① 기초의 전체 최대침하량 : $S_{t(\max)}$
>
> ② 기초 사이의 최대부등침하량 : $\Delta S_{t(\max)}$
>
> ③ 기초 사이의 최대각변위 : $\beta_{\max} = \left(\dfrac{\Delta S_t}{l}\right)_{\max}$

- **허용침하량**은 **균등침하**, **부등침하**, **각 변위** 등으로 **규정**할 수 있으며 구조물의 종류, 형태, 기능에 따라 별도로 정한다. 별도의 기준이 없는 경우에는 국제적으로 통용되는 기준을 준용할 수 있으며 각 나라, 각 기관마다 허용침하량 및 허용부등침하량을 용도에 맞게 제시하고 있다. 일례로 표 13.30-1는 유럽 연합(EU)에서 제시한 Euro code의 허용침하량의 예를 제시하고 있다. Eurocode에서는 한계상태 설계법으로 기준을 제시한다. 한계상태 설계법에서는 허용기준을 사용성 한계와 최대 허용 가능 변위값의 두 가지로 제시함이 일반적이다.
- 구조물에 하중이 가해져서 침하가 균등하게 발생하는 경우에는 구조물이 손상되기 보다는 구조물의 기능이 문제가 된다. 그러나 침하가 균등하지 않으면 이로 인한 힘이 구조물에 추가로 작용하게 되어 구조물이 손상되는 수가 있다. 이러한 부등침하로 인한 구조물의 손상은 구조물과 지반의 상대적인 강성도에 따라 다르므로 일반화하여 수치로 나타내기가 어렵기 때문에 **허용부등침하는 대개 경험적으로 정한다**. **부등침하는 처짐각으로 관리한다.** 구조부재에서 거리가 l인 두점 간의 부등침하가 Δs일 때에 그 처짐각($\Delta s/l$)이 $\Delta s/l$ 〈1/500이면 구조물이 손상되지 않으며, $\Delta s/l >$ 1/300이면 건물의 기능과 외형상 문제가 발생하고, $\Delta s/l >$1/150이면 구조적인 손상이 발생된다. 철근콘크리트는 $\Delta s/l >$1/50이면 균열이 발생한다.
- 그림 13.30-2는 Bjerrum(1963)이 조사한 구조물의 허용부등침하(처짐각)한계를 나타낸다.

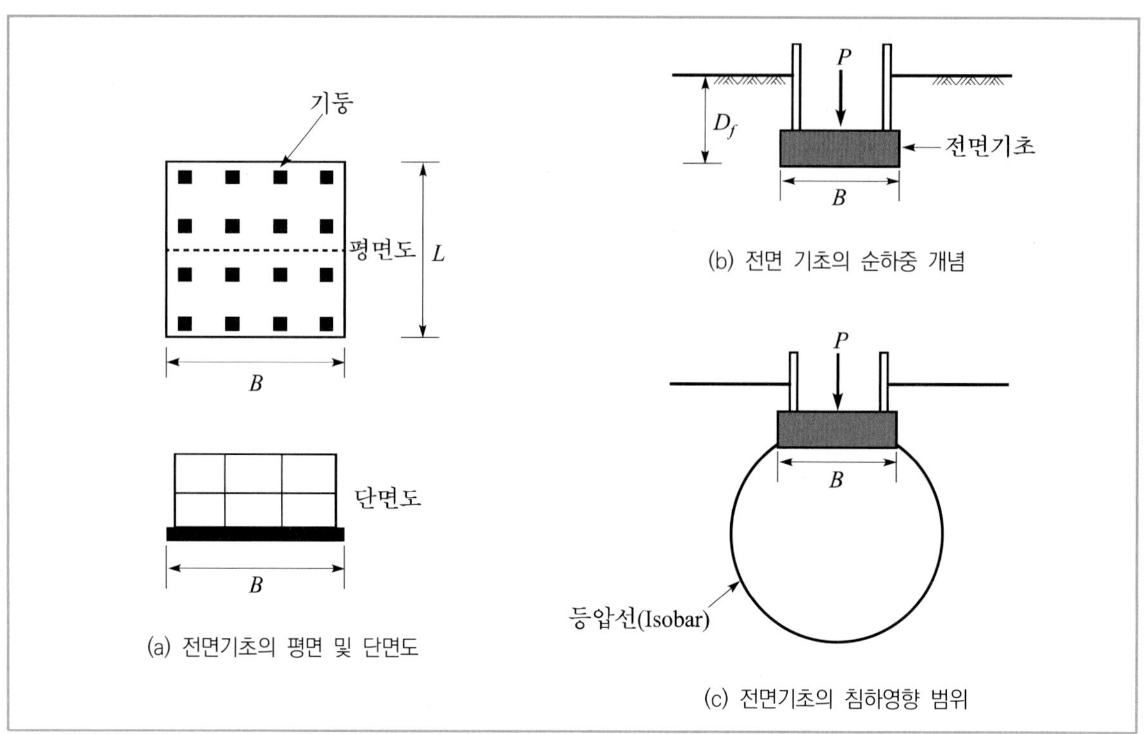

그림 13.31-1 전면기초

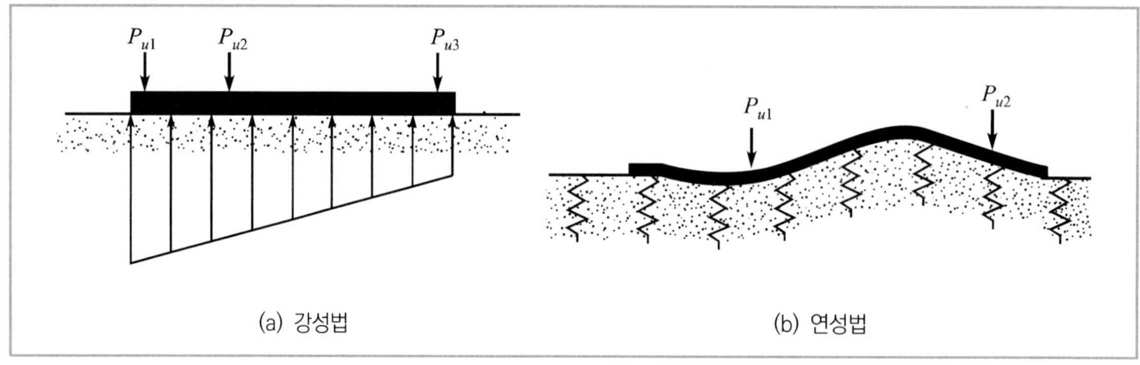

그림 13.31-2 전면기초의 강성법과 연성법

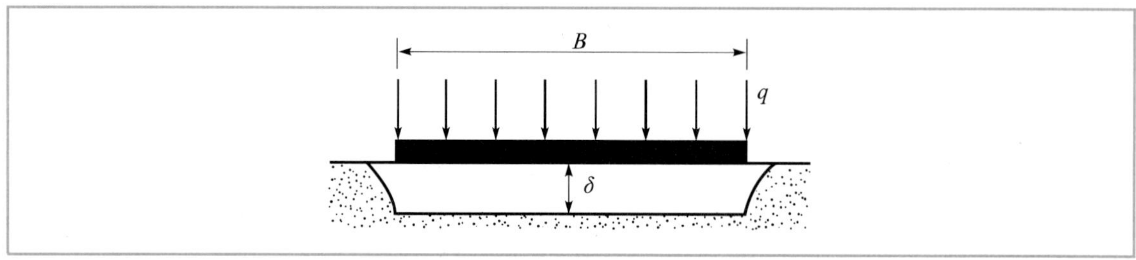

그림 13.31-3 지반반력 계수의 정의

13.31 전면기초

1 전면기초란?

- 지지력이 비교적 넉넉하지 않은 지반에서 상부구조물 기둥을 하나의 넓은 슬라브로 지지하는 그림 13.31-1 같은 복합기초이다. 모든 기둥을 다 수용하는 넓은 면적이므로 극한지지력은 기초의 크기가 크면 클수록 커진다는 원리에 따라 전면기초를 채택하게 되면 지지력 문제는 해결될 수 있다.
- 또한 **전면기초의 두께를 충분히 두껍게 하여 강성기초로 설계하는 경우 부등침하도 많이 줄일 수 있는 장점이 있다. 한가지 유의해야 할 사항**은 기초의 크기가 커질수록 상재하중의 영향을 받는 지반의 깊이가 깊어지게 되어 침하량은 증가하게 된다는 사항에 유의할 필요가 있다.

2 전면기초의 극한지지력

- 전면기초의 극한지지력은 Meyerhof의 일반적인 지지력을 이용하여 구할 수 있다.
- 식 13.10-1 에서 기초의 폭 B가 독립기초에 비하여 상당히 크기 때문에 세 번째 항인 $1/2\,\gamma B N_\gamma$ 항, 즉 흙의 무게 자체로 견디는 저항력이 매우 커지므로 전면기초의 극한지지력은 매우 크게 되어 지지력 파괴가 발생하는 경우는 흔하지 않다.

3 전면기초의 침하량

- 전면기초의 근입깊이가 D_f인 경우 γD_f 만큼의 흙은 파내게 된다. 따라서 침하에 영향을 미치는 하중은 순하중으로서 다음과 같이 될 것이다.

$$q_{net} = q - \gamma D_f = \frac{P}{A} - \gamma D_f = \frac{P}{B \cdot L} - \gamma D_f \quad \text{식 13.31-1}$$

여기서, P = 상부구조물의 전체 설계하중, A = 전면기초의 단면적$(= B \cdot L)$

- 구조물에 지하실을 설치하는 경우 순하중에 의한 하중 감소 효과를 고려해야 한다.

4 전면기초의 구조설계

전면기초의 구조설계는 강성법과 연성법으로 나눌 수 있다. **강성법**은 기초의 두께가 충분히 두꺼워서 강체로 작용하는 경우로서 **접지압은 직선분포로 가정**한다(그림 13.31-2a). 반면에 **연성법**은 기초의 두께가 충분히 두껍지 않아서 기둥과 기둥 사이에서 부등침하가 발생하는 경우로 **지반은 무수히 많은 스프링으로 이루어진다라고 가정**한다(그림 13.31-2b). 이 스프링 상수를 지반반력 계수(K_v)라고 한다. 그림 13.31-3 같이 폭 B인 기초가 단위면적당 하중 q를 받고 있을 때, 지반이 $\delta(=z)$만큼 침하하였다고 하자. 지반반력계수 K_v는 다음과 같이 정의된다.

$$K_v = \frac{q}{z} \rightarrow q = K_v \times z \rightarrow q = k \times z \rightarrow q = K_v \times B \times z \quad \text{식 13.31-2}$$

여기서, K_v = 지반반력 계수, $k = K_v \times B$ 스프링 계수

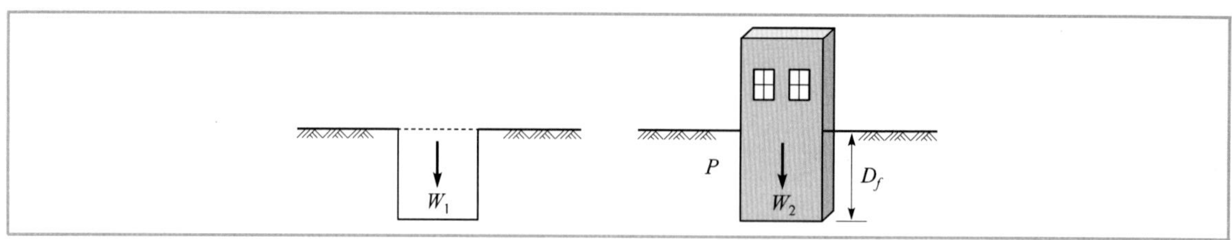

그림 13.32-1 보강기초의 원리

※ 보상기초(부분보상기초에서) 지지력 침하량 검토

① **지지력 검토** : $q \le q_a$에서 접지압과 허용지지력은 순하중(q_{net})의 개념이다.

따라서 접지압은 $q = q_{net} = \dfrac{W_2}{A} - \gamma D_f$ 이고, 허용지지력 또한 $q_{a(net)}$ 개념으로 산정해야 한다.

$$\therefore q \le q_a \rightarrow \frac{W_2}{A} - \gamma D_f \le \frac{q_{ult} - \gamma D_f}{F_s} + \gamma D_f$$

여기서 $q_a = \dfrac{q_{ult} - \gamma D_f}{F_s} + \gamma D_f$는 아래와 같이 유도될 수 있다.

$q_{a(net)} = \dfrac{q_{ult(net)}}{F_s} \rightarrow F_s = \dfrac{q_{ult(net)}}{q_{a(net)}} = \dfrac{q_{ult} - \gamma D_f}{q_a - \gamma D_f} \rightarrow q_a - \gamma D_f = \dfrac{q_{ult} - \gamma D_f}{F_s}$ 에서 식을 정리하면

$$q_a = \frac{q_{ult} - \gamma D_f}{F_s} + \gamma D_f$$

② **침하량 검토** : $S \le S_a$에서 S=즉시침하량+1차침하량+2차침하량이며,

1차압밀침하량 산정시 $S_c = \dfrac{c_c}{1+e_o} H_o \log \dfrac{p_o' + \Delta p}{p_o'}$ 에서 p_o'**는 굴착전 원지반의 유효상재압력을 적용**하고, Δp**는 순하중을 적용**하여야 한다. 즉, $\Delta p = \dfrac{W_2}{A} - \gamma D_f$

해설 13.32-1

구분		심층혼합처리공법	말뚝기초공법
개요도		지하차도 / 매립층(모래) / 심층혼합처리공법 / 최적층(점토) / 풍화토 / 풍화암	지하차도 / 매립층(모래) / 말뚝기초공법 / 최적층(점토) / 풍화토 / 풍화암
공법개요		• 시멘트 안정처리제를 저압 주입 • 교반기의 회전에 의한 기계교반으로 원주체를 형성하여 지반보강	• PHC말뚝을 기초지반에 항타 또는 굴착하여 지지층까지 근입함으로 지지력 발휘
안정성	부마찰력	• 지반보강으로 부마찰력 미발생	• 주변지반 침하로 부마찰력 발생
	히빙	• 굴착전 지반보강으로 히빙 안정성 확보	• 굴착시 히빙대책 필요
	부력	• 부력 앵커로 안정성 확보	• 말뚝 본수 증가 또는 부력앵커 추가
시공성		• 지상 굴삭시공으로 시공성 양호 • 형하공간 제한구역 효율적 대처 가능 → 일반구간과 통일 품질 확보	• 보조말뚝 사용 등 수직도 관리 곤란 • 형하공간 제한구역 잦은 이음 발생 → 이음개소 증가로 지지력 저하
경제성		1.0	1.8

표 13.32-1 심층혼합처리공법과 말뚝기초공법 비교

13.32 보상기초

1 보상기초란?

- 보상기초는 지지층이 매우 깊어서 상부구조물의 하중을 지지층까지 전달하기 어려울 때에 터파기로 감소되는 지중응력을 상재하중에서 저감하여 중간지지층(연약지층)에 기초를 설치하는 기초공법이다. 다시 말해서, 보상기초는 순하중을 고려한 얕은기초의 일종으로 순하중은 구조물의 무게에서 근입깊이에 해당하는 흙의 무게를 뺀 값이다.
- 독자들이 이해하기 쉽도록 다시 부연하자면 "**지반의 지지력이 부족을 상재하중으로 보상한다는 개념**"이 보상기초의 개념이다.

2 보상기초의 원리

- 그림 13.32-1은 보상기초의 원리를 설명하고 있다. 굴착된 흙의 중량(W_1)이 건축물의 중량(W_2)와 동일한 경우에 이러한 기초를 **완전보상기초**라 하고, $W_1 < W_2$ 일 경우를 **부분보상기초**라고 한다.

$$q_{net} = q - \gamma D_f = \frac{W_2}{A} - \gamma D_f = 0 \rightarrow \text{완전보상기초} \quad \text{식 13.32-1}$$

$$q_{net} = q - \gamma D_f = \frac{W_2}{A} - \gamma D_f > 0 \rightarrow \text{부분보상기초} \quad \text{식 13.32-2}$$

- 부분보상기초에 대한 침하는 얕은기초에 대한 침하량계산법에서 건물의 순압력 q_{net}을 적용하여 계산한다. **부분보상기초의 경우 지지력은 만족하더라도 침하량이 허용치를 초과할 수 있다.** 이 경우에는 지반을 개량한 후에 완전보상기초로 대안을 생각할 수도 있다. 지반개량방법에는 심층혼합 처리공법, 치환(자갈, 쇄석)공법 등이 있다.

3 보상기초(부분보상기초에서) 지지력 및 침하량 검토 → 해설 13.32-1 참조

4 실무에서의 보상기초 설계

- 실무에서는 구조물기초 설계 시 지반의 특성과 변형조건 및 제반 토질공학적 문제점을 정확히 파악한 후 설계가 되어야 하나, 무조건 말뚝기초로 설계하는 사례가 많다. 이러한 경우 진동, 소음, 공사비 과대, 긴 공기등의 문제점이 발생하게 된다. 따라서, 고층 빌딩의 기초나 지하차도 설계 시 시공성, 환경성 및 경제성 측면에서 유리한 보상기초를 적극 활용하는 것이 타당하다.
- 연약지반 상에 지하차도를 설치할 경우 굴착 흙 무게를 고려한 보상기초 개념을 도입하여 기초공법을 검토할 필요가 있으며 이때 **기초 지지력보다는 침하에 대한 문제해결이 중요하**다.
- 최근 **연약지반에서 지하차도 기초 설계시 말뚝기초공법 대안**으로 보상기초 개념으로 도입하여 **심층혼합처리공법**을 적용하고 있다.

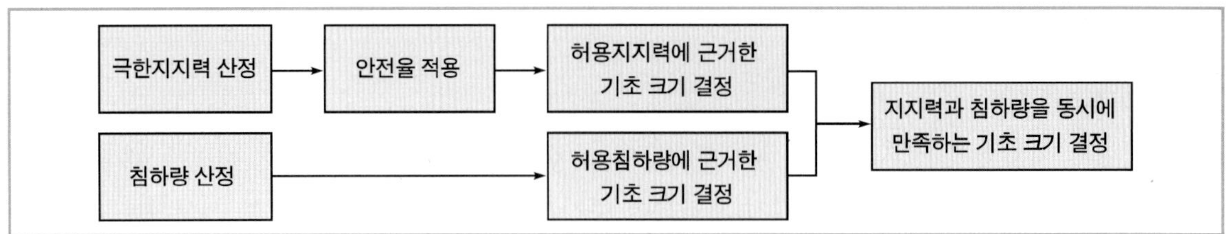

그림 13.33-1 얕은기초의 설계순서

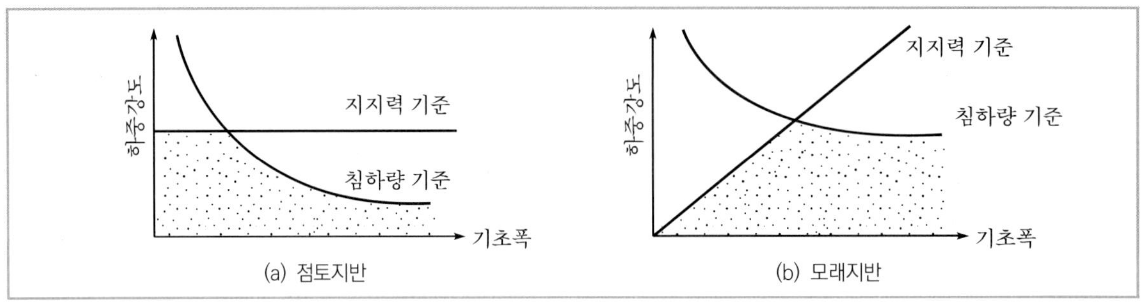

그림 13.33-2 허용지지력과 허용지내력의 개념

※ 그림 13.33-1에 대한 설명

① **허용지지력**은 지반강도의 한계를 의미하기도 하지만, 또한 지반의 침하가 상부구조 물에 균열 등 나쁜 영향을 미치지 않는 한계를 의미한다. 따라서 허용지지력과 허용침하량에 따른 지지력을 비교해서 적은 쪽을 **허용지내력**이라는 용어를 사용한다. 그림 13.33-2에서 **음영으로 표시된 부분은 허용지내력을 의미한다.**

② 그림 13.33-2a 같은 **점토지반**에서는 기초폭 작을 경우 큰 하중강도(kN/m^2)에서 침하가 발생하고, 기초폭이 클 경우에는 작은 하중강도(kN/m^2)에서도 침하가 발생된다.

③ 그림 13.33-2b 같은 **모래지반**에서는 기초폭 작을 경우 큰 하중강도(kN/m^2), 기초폭이 클 경우 작은 하중강도(kN/m^2)에서 침하가 발생된다. 그러나 점토지반에서 보다 하중강도의 Gap(차이)는 크지 않다.

④ 따라서 **기초의 크기가 작을 경우**의 기초의 허용지내력은 지반에 관계없이 지지력에 의해 결정되나, **기초의 크기가 클 경우**의 기초의 허용지내력은 침하량에 의해 결정된다.

해설 13.33-1

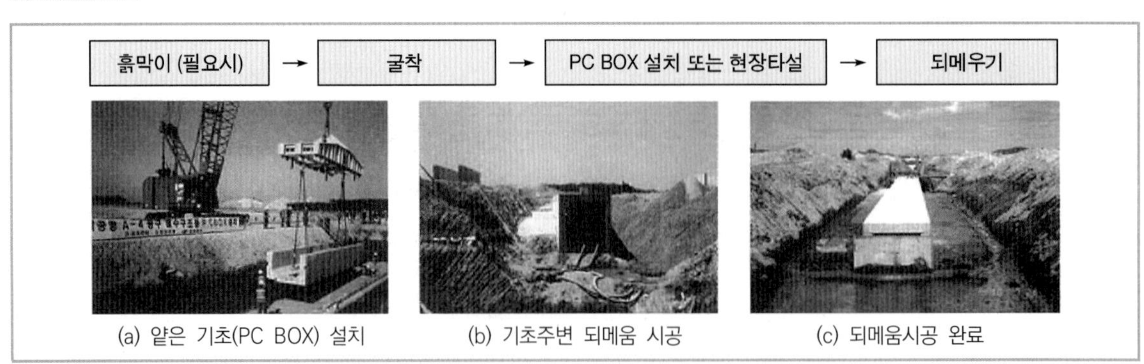

(a) 얕은 기초(PC BOX) 설치 (b) 기초주변 되메움 시공 (c) 되메움시공 완료

그림 13.33-3 얕은기초의 시공순서

13.33 얕은기초의 설계 및 시공

1 얕은기초의 설계순서

그림 13.33-1 참조, 구조물기초설계기준(2018)에서는 얕은기초의 설계는 다음 사항을 검토하여 결정한다.

① 기초지반이 전단파괴에 대하여 안전하도록 한다. → $q \leq q_a = \dfrac{q_{ult}}{F_s}$

② 과도한 침하나 부등침하가 발생하지 않도록 한다. → $S \leq S_a$

※ ①과②를 동시(허용지내력을 의미)만족 하도록 설계

③ 기초가 경사진 지반에 설치될 경우 기초하중에 의한 비탈면 활동이 발생하지 않도록 한다.
→ 지반의 경사를 고려한 지지력 검토 및 기초하중을 고려한 비탈면 활동을 검토하라는 의미

2 허용지지력과 허용지내력의 개념

그림 13.33-2 와 해설 13.33-1 은 허용지지력과 허용지내력의 개념을 설명한 것이다. 독자들은 얕은기초의 설계순서와 연계해서 이해하기 바란다.

3 얕은기초의 시공순서 → 그림 13.33-3 참조

4 얕은기초의 설계 및 시공시 주요문제점에 대한 고려사항

- 얕은기초 설계시 **기본적으로 갖추어야할 조건**은 지지력과 침하에 대해 안정해야 한다는 점이다. 위의 2가지 이외에도 **아래와 같은 사항에 대해 검토**하여야 한다.

① 양압력 및 부력에 대한 검토 → 13.34~13.36
② 동상에 대한 검토 → 지반공학이해 I 526~527p
③ 팽창성 지반, 붕괴성 지반에 대한 검토 → 13.37~13.38
④ 하부지반의 결함(공동)
⑤ 인접구조물의 시공 → 13.39
⑥ 세굴의 영향 및 지하수위 변동에 대한 검토
⑥ 급경사지 기초 → 13.39
⑧ 기초저면 지반형태에 따른 처리대책
⑨ 순하중 개념 적용여부에 대한 검토
⑩ 변형계수의 결정 → 지반공학이해 I 136p 및 허용침하량 기준의 결정

- 지금부터는 ①~⑩에 대하여 순차적으로 설명될 것이다. 이미 지반공학이해 I II를 통해 설명된 사항에 대해서는 반드시 독자들은 연계학습을 할 수 있도록 해당 페이지를 표시하였다.

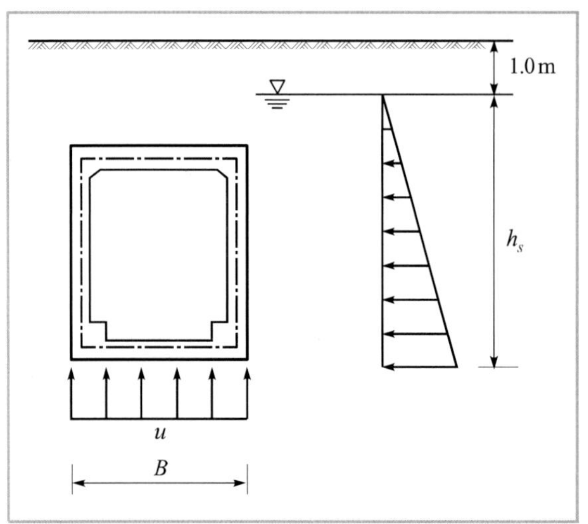

그림 13.34-1 구조물의 양압력

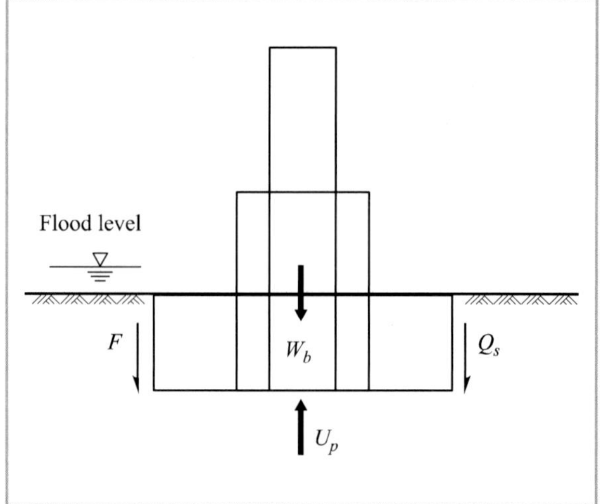

그림 13.34-2 기초가 부상하는 경우

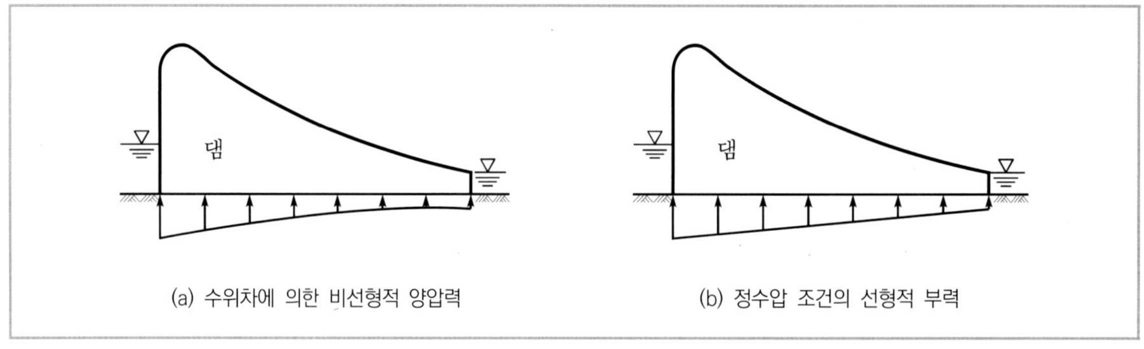

(a) 수위차에 의한 비선형적 양압력

(b) 정수압 조건의 선형적 부력

그림 13.34-3 댐에서의 양압력과 부력

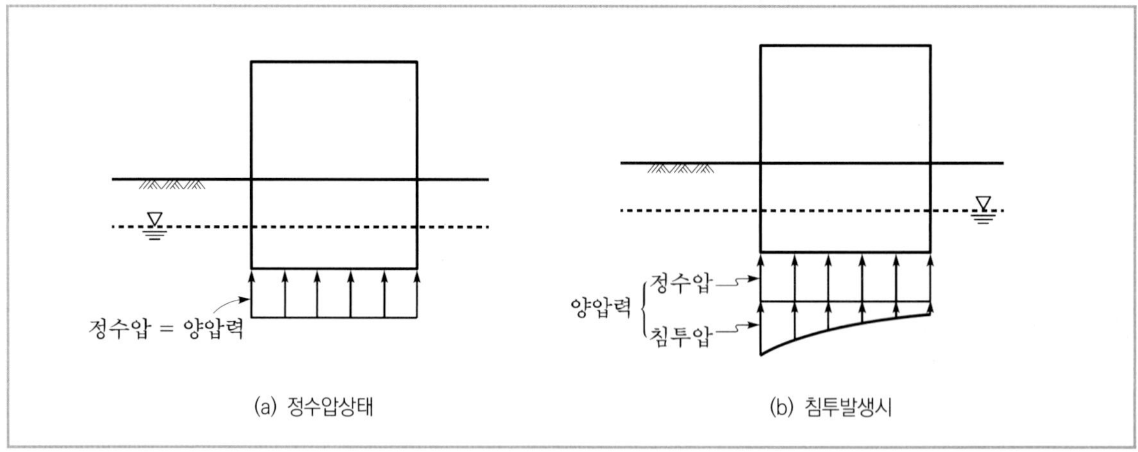

(a) 정수압상태

(b) 침투발생시

그림 13.34-4 양압력과 부력의 개념 차이

13.34 기초의 양압력(1)

1 지중구조물에 작용하는 상향수압

■ 양압력(Uplift pressure)

① 구조물이 지하수위 이하에 놓이게 되는 경우 구조물 하부에 상향으로 작용하는 물의 압력으로서 그림 13.34-4a 같이 **수위차가 없는 경우 양압력은 정수압과 같으나,** 그림 13.34-4b 같이 **수위차가 있는 경우에는 물의 흐름에 따라서 추가적인 양압력이 작용한다.**

그림 13.34-1 에서 $U_p = \gamma_w \times h_s \times B$

여기서, U_p : 양압력$(kN/m) \rightarrow u = \gamma_w \times h_s \ (kN/m^2)$

γ_w : 물의단위중량 (kN/m^3), h_s : 지하수의 심도(m),

B : 구조물에 작용하는 양압력의 폭(m)

② 댐과 같이 구조물 전후의 수위차가 있는 경우 양압력은 유선망에 의해서 침투압이 고려되어 얻어지고 유선망 형상에 따라서 그 크기가 달라지므로 그림 13.34-3a 와 같이 비선형적으로 나타난다.

■ 부력(Buoyancy)

지하수위 아래 물에 잠긴 구조물 부피만큼의 정수압이 상향으로 작용하는 힘으로서 물체 표면에 상향으로 작용하고 있는 물의 압력이다. 부력은 정수압에 의해서 구해지므로 그림 13.34-3b 같이 그 분포가 선형적이고 크기가 간단히 정해진다.

그림 13.34-3b 에서 부력$(B) = \gamma_w \times V$

여기서, γ_w : 물의단위중량 (kN/m^3), V : 유체 속에 잠긴 물체의 부피

■ 양압력(Uplift pressure)과 부력(Buoyancy)의 개념차이

① 그림 13.34-4 에서 정수압 상태시 : 양압력 = 정수압

② 그림 13.34-4 에서 침투수압 발생시 : 양압력 = 정수압+ 침투수압

2 양압력/부력의 발생원인

■ 구조물 공사는 지하수가 배제된 상태에서 시공하거나 또는 원지반에 구조물 축조 후 주변을 성토하여 구조물을 완성하게 된다. 이 경우 다음과 같은 지하수 상승원인으로 양압력/부력에 대한 피해가 발생하게 된다.

① 지하수위가 높은 지역에서 구조물 완성 후 배수를 중단할 경우

② 강우에 의한 지표수의 지하수위 상승 시

③ 구조물 주변에서 상수도관 파열로 지하수위 상승 시

④ 경사진 지반에 구조물이 설치되어 지하수의 흐름에 의해 양압력 발생

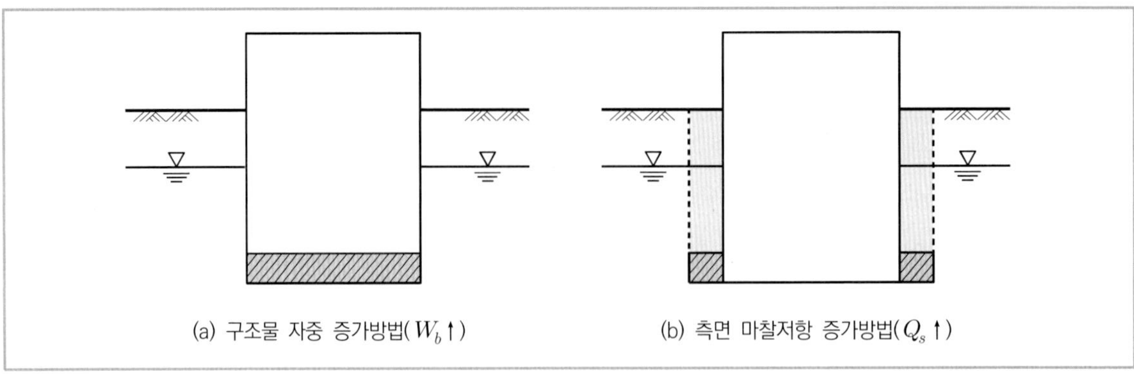

그림 13.35-1 사하중에 의한 방법

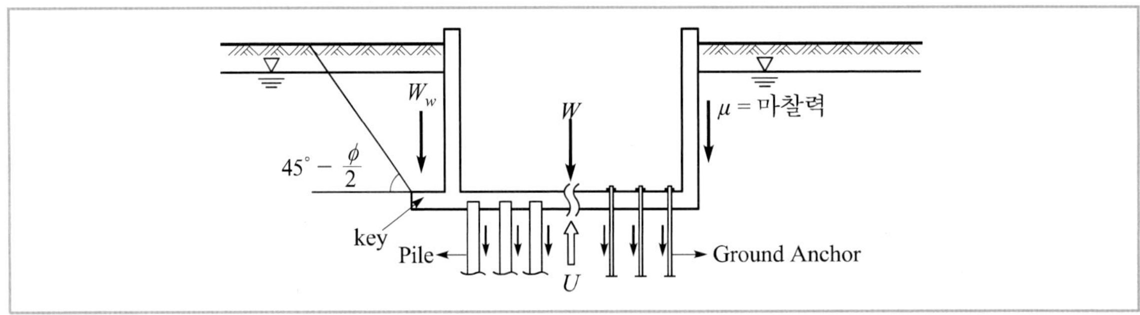

그림 13.35-2 영구앵커(부력앵커)에 의한 방법

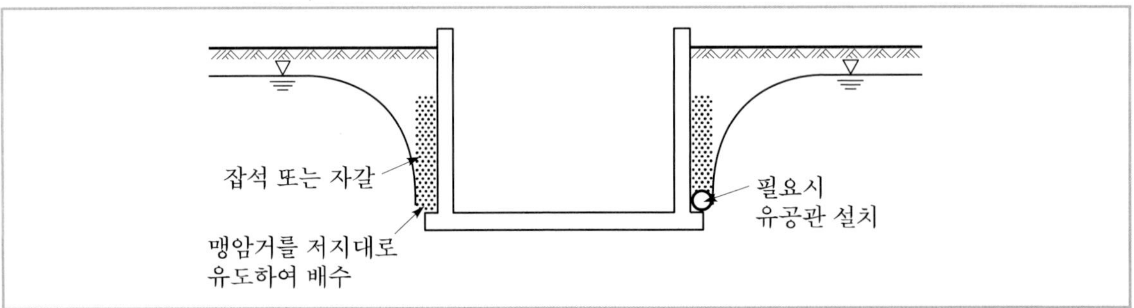

그림 13.35-3 외부 배수처리 방법

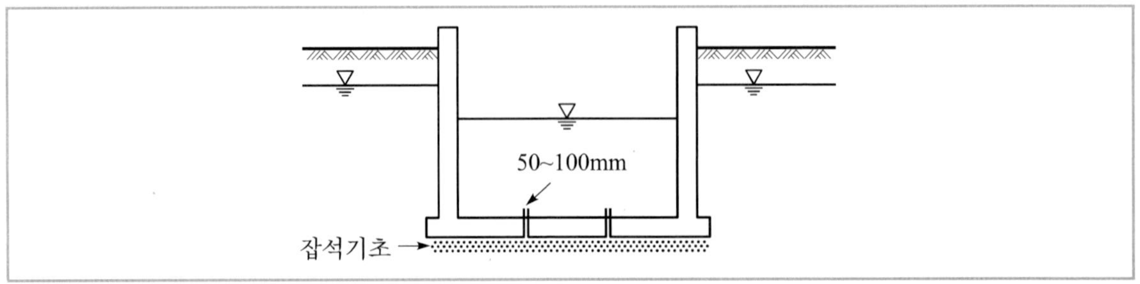

그림 13.35-4 내부 배수처리 방법

13.35 기초의 양압력(2)

3 부력(양압력) 안전율(영구조건에서 양압력 저항모델)

그림 13.34-2 에서 $F_s = \dfrac{W_b + Q_s}{U_p} \geq 1.2$

여기서, W_b : 각 시공단계별 구조물의 자중

Q_s : 흙의 전단저항 혹은 측벽과 흙의 마찰저항 (시공조건 등을 고려하여 적용여부 결정)

U_p : 각 시공단계별 기초구조물 저면에 작용하는 부력 또는 양압력

4 부력(양압력)에 대한 대책공법

■ 사하중에 의한 방법

① 건물의 순하중과 건물에 작용하는 마찰력이 부력(양압력)보다 크도록 설계하는 공법. 즉, 구조물 자중을 증가시키기 위해 기초를 mat기초로 하거나 지하실에 공간을 확보하여 잡석 등으로 채우는 방법이다(그림 13.35-1a). 구조물 측면에 저판크기를 크게 돌출시켜 흙 하중 증가와 토사와 토사의 마찰저항에 의한 방법이다(그림 13.35-1b).

②사하중에 의한 방법은 부력에 대한 안전율이 크게 부족한 경우는 단면이 커지고 굴착 깊이가 증가하게 되므로 안전율이 크게 부족하지 않은 경우에 적합하다.

■ 영구앵커(부력앵커)에 의한 방법

① 건물의 순수자중과 건물에 작용하는 마찰력이 양압력보다 작은 경우에 그 차이만큼을 기초바닥 아래 암반층에 앵커를 설치하는 공법이다. 그림 13.35-2 참조

② 부상방지 앵커는 강연선을 암반에 정착시키고 프리텐션을 도입하여서 기초에 하향압축력이 가해지게 함으로써 상향의 부력을 상쇄시키는 역할을 한다. **통상적인 앵커의 설계하중은** 500kN/ea으로 한다. 이때 가해지는 **프리텐션에 의해 연직압축하중이 증가하기 때문에 말뚝도 추가적으로 시공하여야 한다는 문제점**이 있다.

■ 외부 배수처리에 의한 방법

지하 벽체 외부의 소정 심도에 배수층을 만들어 유공관을 통하여 집수정으로 지하수를 모은 후 펌프에 의한 배수처리로 지하벽체에 작용하는 양압력을 감소시키는 공법이다. 그림 13.35-3 참조

■ 내부 배수처리에 의한 방법

기초 바닥에 인위적인 배수층을 만들고 유공관을 통하여 집수정으로 지하수를 모아 펌프에 의한 배수처리로 수압을 감소시키는 공법이다. 그림 13.35-4 참조

층수	지하 수위	전체 부력 (kN)	부상방지 앵커갯수	PHC 450 (설계하중:1000kN)		PHC 500 (설계하중:1200kN)		PHC 600 (설계하중:1500kN)	
				말뚝갯수	단위부력 (kN/ea)	말뚝갯수	단위부력 (kN/ea)	말뚝갯수	단위부력 (kN/ea)
지하1층	−1m	321.8	1	4(5)	80.5	4	80.5	3	107.3
	−2m	0	0	4	0	4	0	3	0
지하2층	−1m	2,450	5	5(7)	490.1	4(6)	612.6	3(5)	816.9
	−2m	1,720	4	5(7)	344.14	4(6)	430.2	3(5)	573.6
	−3m	990.8	2	5(6)	198.2	4(5)	247.7	3(4)	330.3
	−4m	261.9	1	5	52.4	4(5)	65.5	3(4)	87.3
	−5m	0	0	5	0	4	0	3	0

※ ( ) 안의 말뚝 개수는 부상방지앵커의 프리스트레스 도입에 따라 증가한 말뚝 개수이다.

표 13.36-1 지하주차장 및 말뚝에 작용하는 부력

말뚝	보강량	인발탄성 범위 (kN)	극한인발력 (kN)	허용인발력 (kN)	비고
PHC450	무보강	60	67	27	1차 연구
	강선남김	120	227 (슬립발생)	**91**	
	6-HD13	102	257	103	
	6-HD10	197	220	88	2차 연구
	4-HD13	192	251	**100**	
	HD13 U-bar	149	219	88	
	심철근방식 (32mm 전산볼트)	184	240	96	
PHC500	8-HD10	187	251	**100**	
PHC600	6-HD13	352	472	**189**	

표 13.36-2 말뚝 규격별 인발 탄성범위와 극한인발력

13.36 기초의 양압력(3)

5 설계시 고려사항

- 부력을 받는 구조물의 안정에 대한 안전율 $F_s \geq 1.2$ 이상으로 한다.
- 지하구조물의 부력에 대한 검토는 **공사 중 가장 불리한 조건**과 **완공 후 조건**에 대하여 각각 검토하고 부재 단면력은 불리한 조건에 대하여 부재설계를 한다.

> ① 시공 중 구조물 자중과 지하수위 고려
> ② 시공 완료시 구조물 자중 토피하중 측면 마찰저항 지하수위 고려

- 부력(양압력)에 대한 대책은 부력크기, 지반의 투수성, 유입량, 인근부지조건 등을 고려해서 선정하여야 한다.

5 부력이 발생되는 기초구조물 사례를 통한 이해(아파트 지하주차장)

- 부력을 받는 가장 대표적인 지중구조물은 아파트 지하주차장으로 통상적으로 지하 1층 또는 2층으로 이루어져 있으며 기둥 하나에 말뚝이 2~10개까지 배치된다. 설계예를 들면 말뚝의 제원인 PHC 450, 500, 600에 대해 말뚝 본당 작용하는 부력을 계산하면 표 13.36-1과 같다. 이때 계산된 부력은 지하주차장 구조물과 조경토의 무게를 뺀 것이다. 이때 부력은 안전율 1.2를 고려한 것이다. 또한, 부상방지 앵커의 인발지지력은 500kN/ea이다.
- 표 13.36-1에 따르면 지하주차장이 **지하 1층인 경우에는 부력이 그다지 크게 작용하지 않으나 지하 2층이 경우에는 부력이 꽤 크게 작용하기 때문에 부상방지 앵커도 상당 개수가 시공되어야 하며** 부상방지 앵커의 **프리스트레스의 도입에 따라 연직압축하중이 증가하여 말뚝의 소요개수도 증가**하는 문제가 발생하였다.
- 표 13.36-2는 **말뚝직경별 기초판과 말뚝 결합부 인장실험결과**이다. 표 13.36-2에서 극한하중과 탄성범위를 고려할 때 안전율 2.5를 적용하면 PHC 450의 허용인장하중은 대략 90~100kN, PHC 500은 100kN, PHC 600은 190kN 정도로 나타났다. 따라서, 표 13.36-1의 말뚝 본당 작용하는 부력과 비교해 보면 **지하 1층의 경우에는 별도의 부상방지 앵커를 사용하지 않아도 말뚝에 의해서 부력을 충분한 안전율을 가지고 받아 줄 수 있음이 나타났다.** 하지만 **지하 2층의 경우에는 지하수위가 −4m 이하에 위치하는 경우를 제외하고는 말뚝으로는 발생하는 부력을 다 받아 줄 수 없고 부상방지앵커를 추가 시공하여야 하는 것으로 나타나고 있다.** 물론 이때도 말뚝의 허용인장하중을 고려하면 기존 설계에서 부력방지앵커를 1~2개 절감할 수 있을 것이다.

  부상방지앵커를 시공하게 되면 말뚝공종 외에 앵커공종이 들어가기 때문에 공기와 비용이 많이 소요되고 프리스트레스 도입에 따라 말뚝의 시공 개수도 증가하는 문제점이 있다. 만약 부상방지앵커를 모두 생략하기 위해서는 말뚝의 허용인장력을 증가시킬 수 있는 방안이 고려되어야 할 것이다.

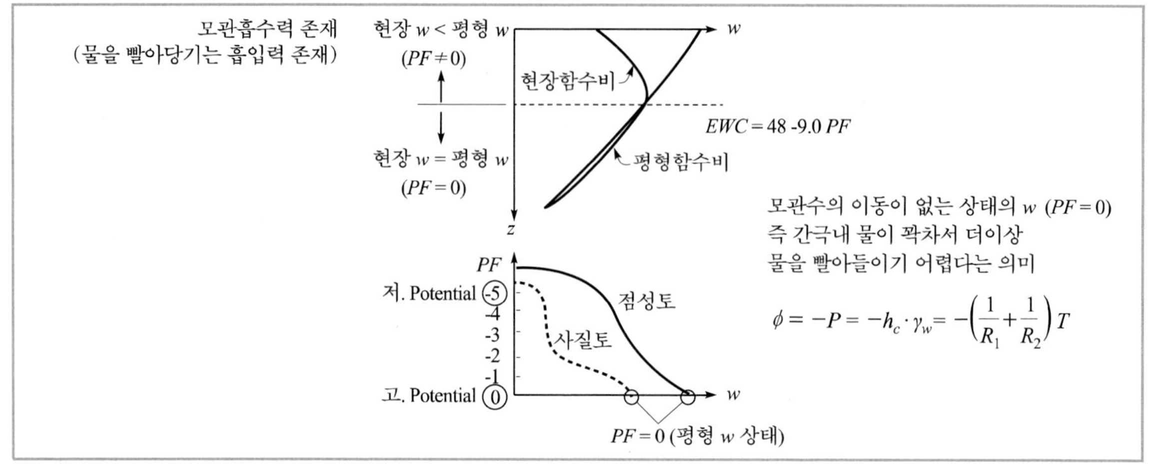

$$\phi = -P = -h_c \cdot \gamma_w = -\left(\frac{1}{R_1} + \frac{1}{R_2}\right)T$$

그림 13.37-1 평형함수비(현장w가 작을수록 팽창량이 큼)

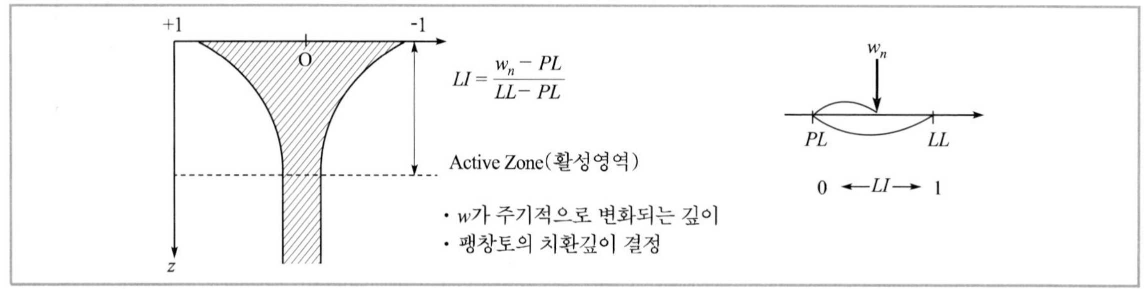

$$LI = \frac{w_n - PL}{LL - PL}$$

그림 13.37-2 Activity Zone(w가 주기적으로 변화는 깊이)

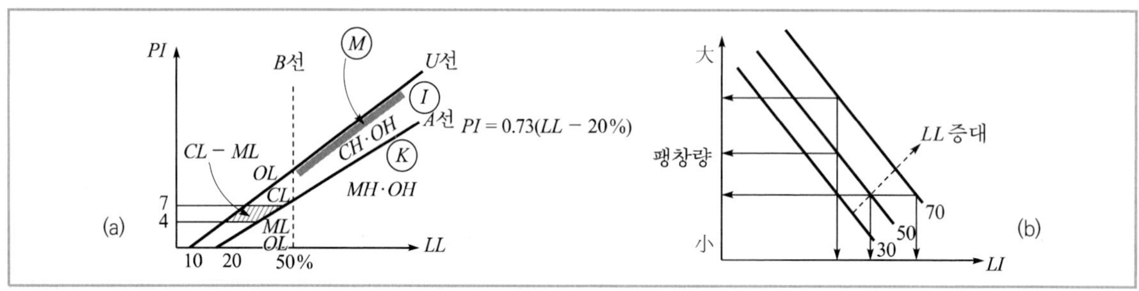

그림 13.37-3 점토광물의 종류 및 액성지수-팽창량과의 관계

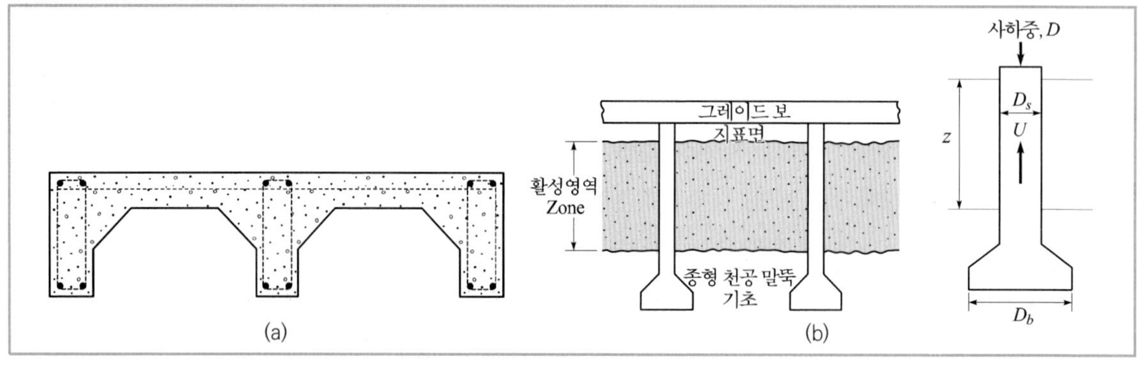

그림 13.37-4

13.37 팽창성 지반(Expansive soil)

1 팽창성 지반이란?

- 팽창성 지반은 물을 흡수하면 체적이 크게 증가하고 물이 증발되면 수축하는 특성을 지니고 있다. 즉, **습윤과 건조의 반복에 따라 체적변화가 큰 지반**을 말한다.
- 팽창성 지반은 활성도(A)가 크고, 비표면적이 큰 **몬모릴로나이트(Montmorillonite) 점토광물을 많이 함유한 흙**과 이암, 셰일, 편암, 사문암, 녹니암과 같은 **팽창성 연암**이 이에 속한다.

2 팽창성 지반상에 기초를 설치할 경우 문제점

- **팽창토**는 w**의 변화에 따라 체적이 달라진다**. 주기적으로 w가 변화하는 토층깊이를 **활성영역**(active zone)이라 하며 이 부근에서 상부하중을 가하면 급속히 붕괴된다. **활성영역에 기초를 설치할 경우 강우 또는 지하수위의 변동**에 따른 w**의 변화로 큰 체적변화를 유발**하여 **기초의 과도한 침하·파괴**를 일으킬 수 있다. 또한 **구조물에 팽창압이 발생**할 경우 심한 뒤틀림(distortion)이 발생할 수 있다.
- 따라서 기초지반이 팽창토인 경우에 반드시 지반조사 보고서의 **점토함유량, 액소성 한계, 자연함수비**를 검토하여 **팽창성 여부를 검토**해야 한다.

3 팽창성의 판단

흙의 물리적 특성으로 부터의 추정

① 함수비(w) : 현장함수비 < 평형함수비($EWC = 48 - 9.0\,PF$) 구간에서 팽창가능성이 크다.

② 액성지수(LI) : LI 클수록 팽창량 작고, 동일한 함수비(w)조건에서 LL이 클수록 팽창량이 크다. → 그림 13.37-3b

③ 활성도(A) : Montmorillonite를 많이 함유할수록 팽창성이 큼 → 그림 13.37-3a

Swelling(팽창시험)관련 시험방법 이용

- **압밀시험기 이용한 흡수팽창시험(흙 지반)** : ① 비구속 시험(팽창량) ② 구속시험(팽창압)
- **팽윤시험(암석)** : 팽윤압

4 대책공법

- 팽창성 흙의 치환 또는 팽창성 흙의 성질변화(습윤측다짐, 선행침수법, 차수벽 설치, 화학적 안정처리)
- 팽창압 조절이 가능한 그림 13.37-4a 같은 기초설치 및 융기에 견딜 수 있도록 구조물의 강도를 크게 하거나, 구조물이 파괴 되지 않고 부등융기에 견딜 수 있도록 구조물의 연성을 높인다.
- 활성영역 깊이 아래에 그림 13.37-4b 같은 종형 말뚝기초 설치

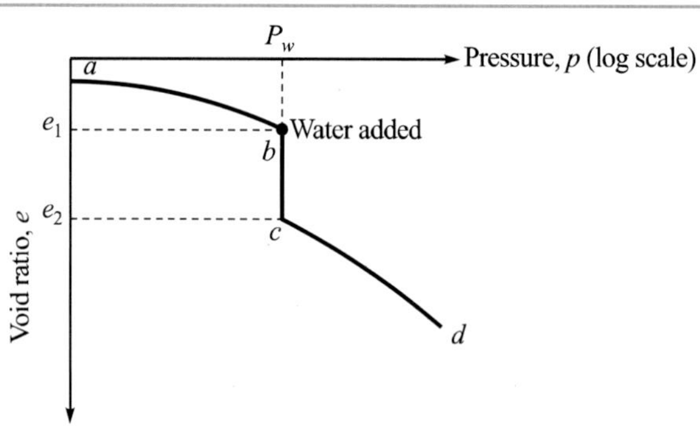

① 그림에서 ab는 자연함수비 상태의 시료에 대한 압밀시험결과이다.

② 자연상태에서는 압력수준 p_w 에서의 평형간극비는 e_1이지만, 시료를 포화시키면 흙 구조가 붕괴되어 압력 p_w 에서의 평형간극비는 e_2로 변한다.

③ 선 cd는 포화된 후 하중이 추가로 가해질 때의 $e-\log p$ 곡선이다.

그림 13.38-1 붕괴성 흙의 압력변화에 대한 간극비의 변화

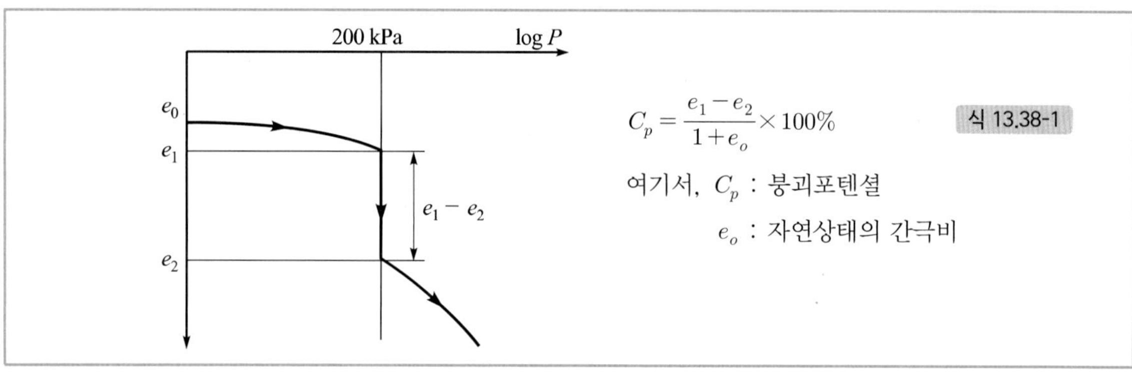

$$C_p = \frac{e_1 - e_2}{1 + e_o} \times 100\% \qquad \text{식 13.38-1}$$

여기서, C_p : 붕괴포텐셜

e_o : 자연상태의 간극비

그림 13.38-2 붕괴포텐셜에 의한 방법

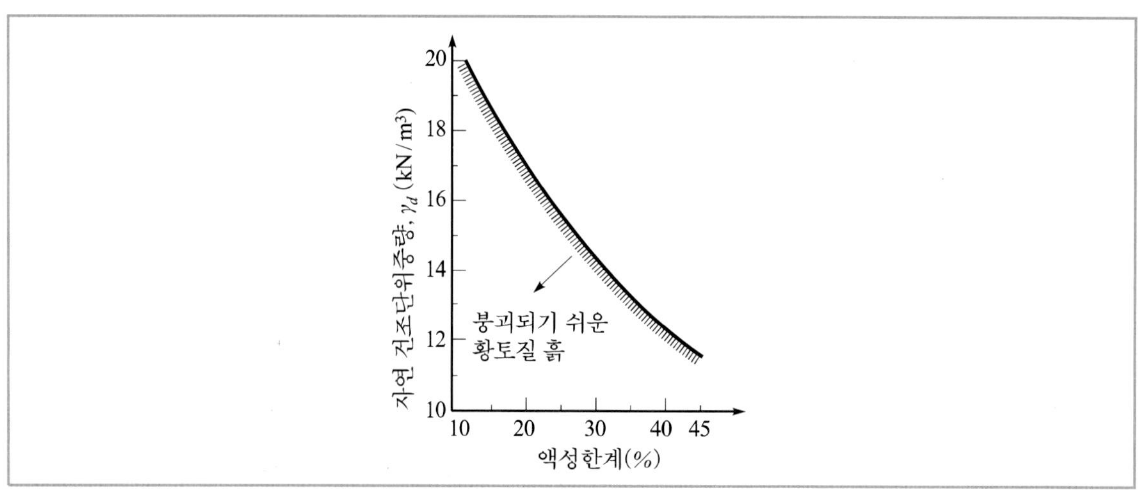

그림 13.38-3 액성한계-건조단위중량의 관계에 의한 방법

13.38 붕괴성 흙(Collapsing soil)

1 붕괴성 흙이란?

- 붕괴성 지반은 외적인 하중의 증가가 없더라도 함수비의 증가에 따라 체적감소가 큰 불포화토 흙으로, 바람에 의해 퇴적된 Loess(**황토**), **화산재**, 매우 느슨하게 고결된 모래나 실트, **화강암의 풍화잔류토** 등이 대표적이다.
- 붕괴성 지반에 기초를 설치할 경우 과도한 부등침하가 발생하여 구조물에 구조적 손상을 주어 안정성에 문제가 될 수 있다.

2 붕괴성 흙의 공학적 성질 및 거동

① 바람에 의해 운반 퇴적된 것으로서 입경이 실트크기(0.05mm 이하)로 매우 작다.

② 간극비가 크고, 단위중량이 적고, 점성이 없거나 적으며 붕괴가능성이 매우 크다.

③ 이러한 흙 위에 건설된 구조물의 기초는 물의 공급으로 흙이 포화되면 큰 침하가 발생하여 구조물에 구조적인 분제를 야기시킨다.

④ **붕괴성 흙의 거동**은 그림 13.38-1같이 간극비-하중곡선($e-\log p$)으로 쉽게 설명할 수 있다.

3 붕괴성 흙의 판단기준

- 붕괴포텐셜(C_p)에 의한 방법 : 붕괴가능성은 압밀링에 자연함수비의 불교란시료를 넣어서 결정한다. 시료의 하중을 단계적으로 압력 $200kN/m^2$까지 증가시키고 이 압력에서 시료를 포화시키기 위해 물을 붓고 24시간 동안 방치하는데, 물을 붓기 전후의 간극비 e_1 e_2를 구해서 붕괴가능성 C_p를 식 13.38-1 같이 계산한다. 붕괴포텐셜의 값이 클수록 공학적 성질이 나쁜데 C_p값이 5이상인 경우 기초지반으로서는 부적당하다.
- 액성한계-건조단위중량의 관계에 의한 방법 : 그림 13.38-3는 액성한계와 그에 상응하는 한계건조 단위중량의 관계를 보여준다. 어떠한 흙이라도 자연 건조단위중량이 한계선 밑으로 떨어지면 그 흙은 붕괴되기 쉽다.

4 붕괴성 흙(Collapsible Soil)의 기초설계 시 대책

① 기초터파기 부분에 규산나트륨이나 염화칼슘 등의 첨가제로 흙을 화학적으로 안정시킨 후 붕괴에 저항할 수 있도록 한다.

② 물에 잘 젖는 예상깊이가 지표로부터 약 1.5m ~ 2.0m인 경우에는 물을 뿌리면서 다짐을 실시한 후 다진 흙 위에 확대기초나 전면기초의 형식으로 기초를 설치한다.

③ 토층이 약 10m까지 수분에 민감할 때에는 기초를 설치하기 전에 진동다짐공법(Vibro Floatation 공법)으로 적당한 간격으로 수평방향의 진동을 일으켜서 생긴 빈틈에 모래나 자갈을 투입하여 다진 후 기초를 설치한다.

④ 붕괴성 흙이 깊게 분포하는 경우 하부지반의 양호한 지층까지 말뚝기초 설치

① 기존 기초보다 위에 신설기초를 설치하는 경우	② 기존 기초하부에 신설기초를 설치하는 경우
신설기초, m, 45°, z_f, 기존기초	굴착면, 기존기초, 팽창, 신설기초
• 신설기초의 침하방지를 위해 45° 이상의 이격거리 확보 필요($m > z_f$이어야 함)	• 응력해방에 따른 가시설의 횡방향 변위발생에 대한 안정검토 필요

③ 기존 기초에 인접하여 같은 심도에 신설 기초를 설치하는 경우	
기존기초, D, 신설기초, 침하 S, γD_f손실, 팽창	• 인접지반 굴착에 따른 기존 기초의 지지력 감소 및 굴착지반 융기가능 • 강널말뚝과 같은 고강성의 흙막이 벽체 필요

* 타인의 대지 침범 : 캔틸레버식, 복합기초로 변경 * 기초에서 45° 내에 신설 또는 기존 기초 피함

그림 13.39-1 인접 구조물에 근접시공 시 고려사항

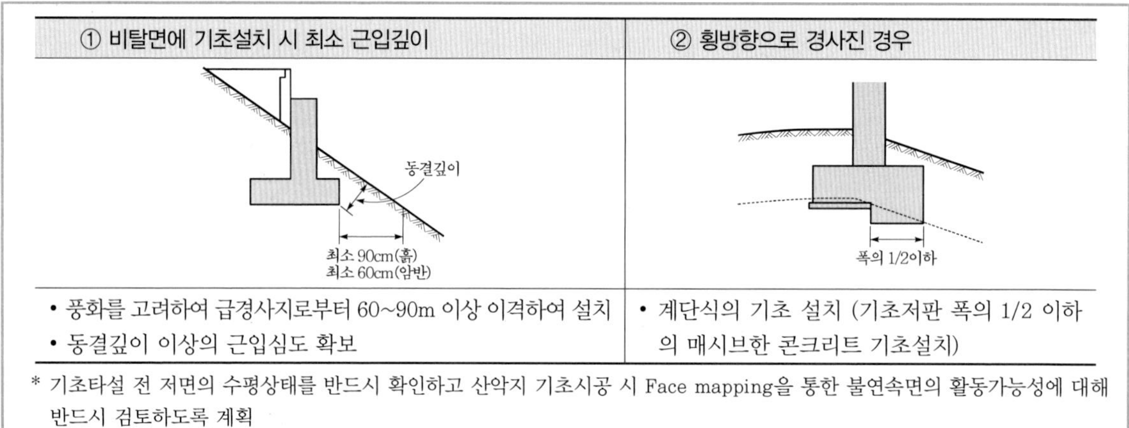

그림 13.39-2 급경사지 기초

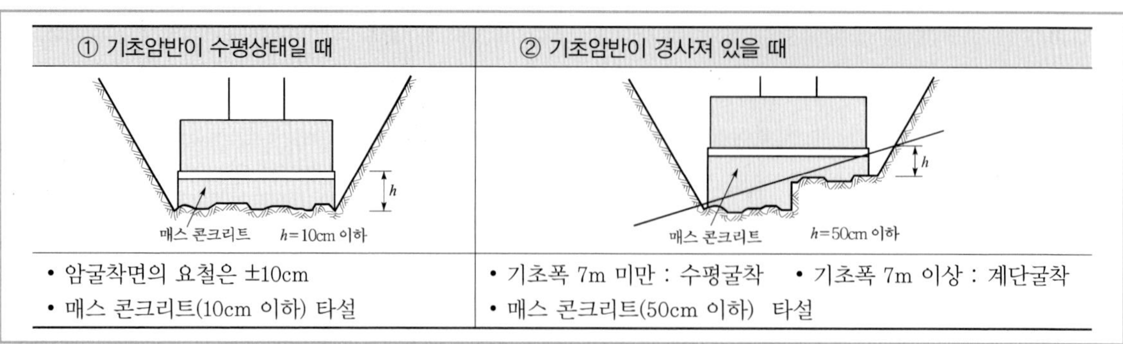

그림 13.39-3 기초저면 지반형태에 따른 처리대책

13.39 기타사항 및 실무적용시 유의사항

1 인접 구조물에 근접시공 시 고려사항 → 그림 13.39-1

2 급경사지 기초 → 그림 13.39-2

대형사고 가능성 크므로 지표지질조사, 불연속면 및 물성치를 정확히 파악해야 한다. 붕괴예상시 Soil nailing, Rock anchor, Grouting 대책 강구한다.

3 기초저면 지반형태에 따른 처리대책 → 그림 13.39-3

- 기초 타설전 버림콘크리트를 최소 5cm 타설하여 기초가 지반에 직접 접촉되지 않도록 유도한다. 지지층이 연암층인 경우과 굴착된 부분을 시멘트 몰탈로 충진한다.
- 기초가 기반암층에 놓이는 경우 암반의 강도를 측정 및 확인하여 허용지지력과의 비교검토 해야 한다.
- 기초 굴착시 노출된 불연속면을 관찰하여 이방성에 대한 강도변화가능성을 검토한다.

4 실무적용시 유의사항

- 얕은기초 하부지층이 아래의 항에 속할 경우 기초깊이를 깊게 설치하는 방법, 양질의 재료로 치환하는 방법, 연약지반처리방법 등에 대하여 안정성, 경제성을 비교·검토하여 적용하여야 한다.

> ① 팽창성 지반, 유기질토층, 교란된 지층, 다짐하지 않고 매립한 토층
> ② 유수에 의해 세굴이 예상되는 지층, 붕괴가 예상되는 지층

- 연약지반 상에 구조물을 설치하는 경우 구조물의 안정성을 고려하여 말뚝기초를 적용하는 경우가 가끔 있는데, 무조건 말뚝기초를 적용하기 보다는 다음과 같은 사항들을 검토하여 가능하면 Preloading에 의한 지반개량 후 직접기초를 적용하는 것이 경제적으로 타당하다. 이는 구조물과 주변지반의 잔류침하 차이(단차)로 인해 구조물의 이용성이 저하될 수 있기 때문이다.

> ① 구조물 **터파기 토사의 중량(W)이 구조물 설계하중(Q)보다 클 경우**는 직접기초(보상기초 또는 부동기초)를 적용하여야 하며, 이 경우 기초설치 깊이까지 굴착 시 원지반토가 교란되므로 장비주행성 확보를 고려한 양질의 재료로 치환(t=0.3~1.0m)한다.
> ② 만약, **터파기 토사의 중량(W)이 구조물설계하중(Q)보다 적은 경우**는 하부연약지반을 일부 치환하거나 또는 연약지반을 개량한 후 직접기초를 적용하는 것을 검토하여야 한다. 이때 치환 깊이가 깊어 공사가 어렵다고 판단되거나 치환공사비가 말뚝기초 공사비 보다 클 경우는 말뚝기초를 적용하여야 한다.

- 얕은기초 근입깊이는 세굴, 동결융해 또는 풍화의 영향을 받지 않는 위치에 설치하여야 한다.

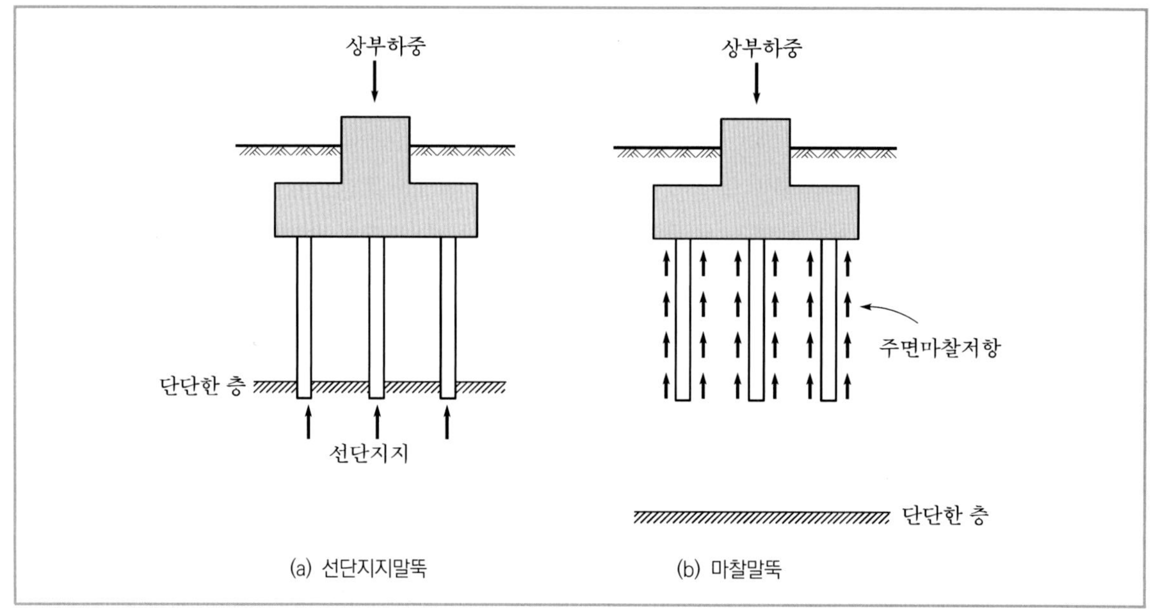

그림 13.40-1 선단지지말뚝과 마찰말뚝

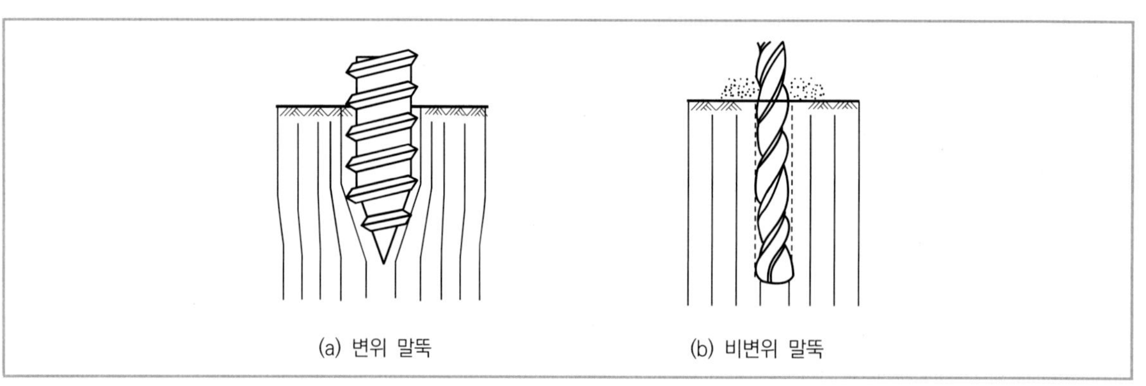

그림 13.40-2 변위 말뚝과 비변위 말뚝

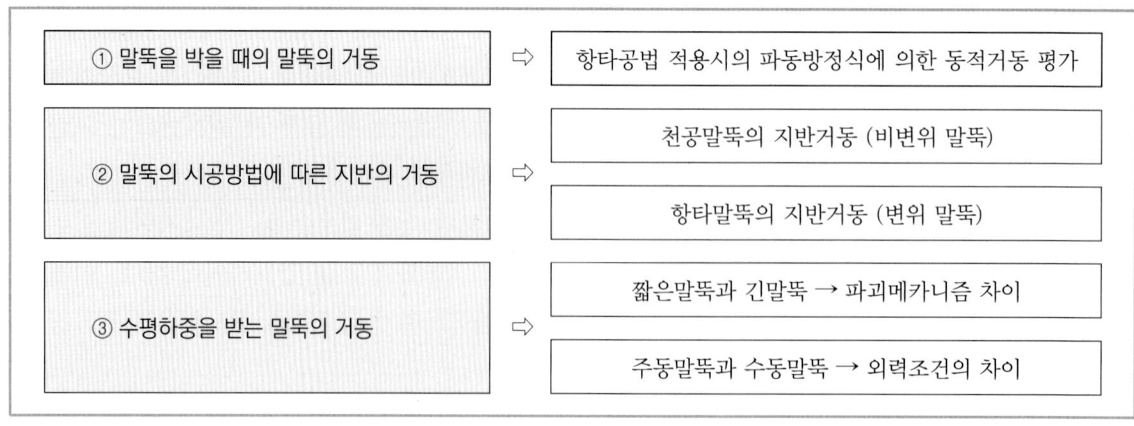

구분		내용
① 말뚝을 박을 때의 말뚝의 거동	⇨	항타공법 적용시의 파동방정식에 의한 동적거동 평가
② 말뚝의 시공방법에 따른 지반의 거동	⇨	천공말뚝의 지반거동 (비변위 말뚝)
		항타말뚝의 지반거동 (변위 말뚝)
③ 수평하중을 받는 말뚝의 거동	⇨	짧은말뚝과 긴말뚝 → 파괴메카니즘 차이
		주동말뚝과 수동말뚝 → 외력조건의 차이

표 13.40-1 말뚝의 거동과 관련된 사항들

13.40 말뚝기초의 개요

1 말뚝기초란?

지지력 부족 또는 과도한 침하 등의 이유로서 상부구조물을 얕은 기초로 지지할 수 없는 경우에는 그림 13.40-1a, b 같은 깊은 기초로 지지함이 일반적이며, 깊은기초의 대표적인 것이 말뚝기초(pile foundation)이다.

2 말뚝기초의 거동에 따른 구분

- 말뚝은 강재 또는 콘크리트로 만들어진 비교적 가늘고 긴 관(또는 기둥)을 **항타**로 흙속에 관입시키거나 또는 **구멍을 뚫어서** 설치한다. 일반적으로 **말뚝의 거동에 따라서 다음의 두 가지로 분류**하기도 한다.

① 첫째, 그림 13.40-1a 같이 상부지반은 아주 연약하고, 그 하부에 암반과 같이 단단한 층이 존재하는 경우 상부구조물에 의한 하중은 대부분 말뚝의 축방향을 통하여 단단한 지층에 전달된다. 말뚝의 선단부에서 거의 모든 하중을 지지하는 말뚝을 **선단지지말뚝**(end bearing pile)이라 한다.

② 반대로 그림 13.40-1b 같이 상부지반은 비록 얕은 기초로 견딜 수 있을 만큼 견고하지는 않더라도 아주 연약하지는 않고, 반대로 상당히 깊은 깊이까지 암반과 같은 단단한 층이 존재하지 않을 경우 상부구조물에 의한 하중을 주로 말뚝과 지반 사이의 저항력, 즉 부착력에 의하여 지지하게 되며 이를 **마찰말뚝**(skin friction pile)이라 한다.

③ 상부구조물에 대한 저항을 상대적으로 선단과 주면 중 어디에서 분담하느냐에 따라 선단말뚝 또는 마찰말뚝으로 구분하나 두 요소가 골고루 분담하는 경우도 많다.

- 말뚝을 지반에 설치해도 결국 **최종적으로 상부구조물 하중을 지지하는 것은 지반임을 명심**해야 한다. 앞에서 설명한 선단지지말뚝 또는 마찰말뚝이든지 지반이 지지하는 것이며, **지반이 지지력을 발휘하기 위해서는 말뚝과 지반 사이에 상대적인 변위 차가 있어야 하며**, 반드시 **말뚝의 침하량이 지반이 침하량보다 커야 한다.**

3 말뚝기초의 시공방법에 따른 구분

① **말뚝의 시공법**에 따라서 말뚝 시공 시 주변 흙의 거동에 따라 지지력에 영향을 미친다. 말뚝 시공시 그림 13.40-2a 같이 흙을 밀어내는 양상의 말뚝을 **변위 말뚝**이라고 한다. **타입 공법으로 시공되는 말뚝**이 이 범주에 속한다. 사질토(모래) 지반에 말뚝을 항타하는 경우, 주변 지반의 변위로 말미암아 지반은 다져지게 되어 지지력 향상 효과를 가져 온다.

② 이에 반해 말뚝 시공 시 변위가 거의 발생하지 않거나, 오히려 천공한 구멍 쪽으로 밀려들어오는 양상을 띠는 말뚝을 **비변위 말뚝**이라고 한다(그림 13.40-2b). **매입말뚝이나 현장타설말뚝**이 이 범주에 속하며 굴착 시 주변 지반이 이완되어서 비변위 말뚝은 지지력(특히 주면마찰력)이 감소하는 경향을 보인다.

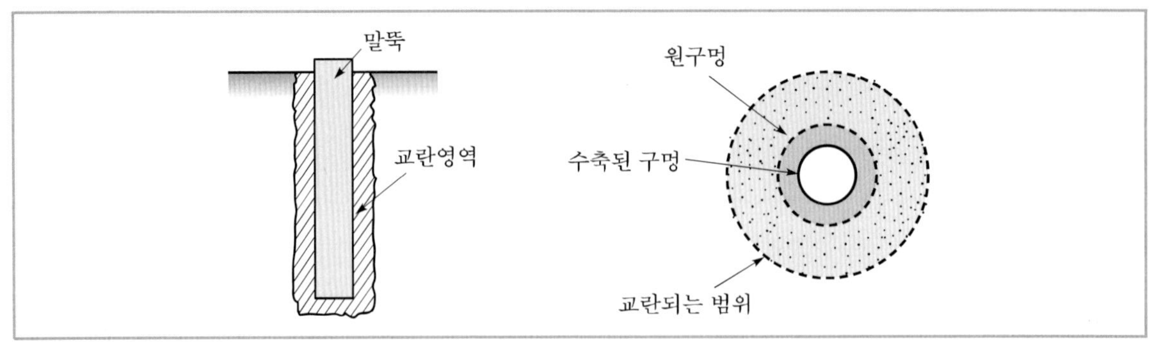

그림 13.41-1 매입(천공)말뚝의 지반거동

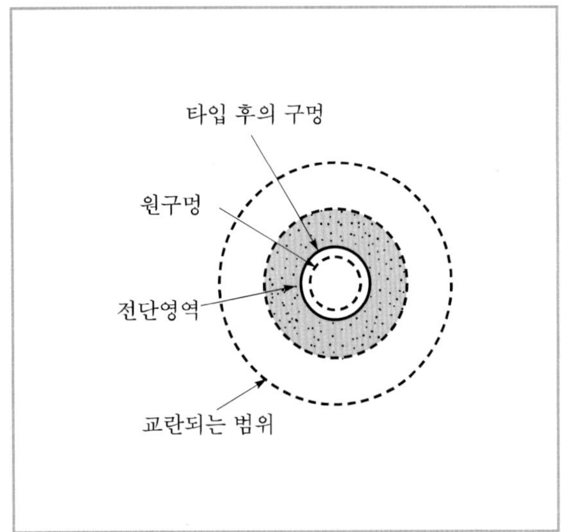

그림 13.41-2 항타말뚝

B B B B B
전반전단
관입전단

그림 13.41-3 말뚝 선단에서의 전단형태

말뚝
말뚝관입으로 인한 지반융기
극심한 지반교란 및 재형성
원통형 공동확장
구형 압력구근

그림 13.41-4 말뚝항타로 인한 지반변형

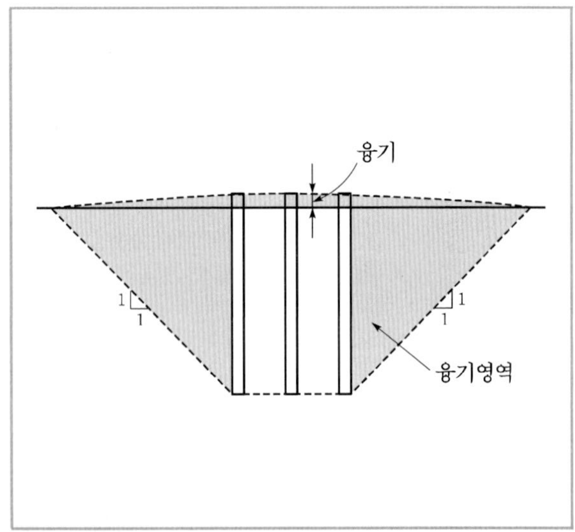

그림 13.41-5 점토지반의 항타로 인한 융기

13.41 말뚝의 시공방법에 따른 지반의 거동(흙의 영향)

1 매입(천공)말뚝의 지반거동

- 천공말뚝의 경우 대부분 지반변화는 주면에서 일어난다(그림 13.41-1). 천공으로 주변지반의 흙 구조가 파괴되어 주면마찰력이 저하되며, 약간의 횡방향 응력이완(구멍 안쪽으로 팽창)이 발생하며 단위중량이 감소한다.
- **점성토의 경우** 흙 구조가 파괴되어 강도가 저하되고, **모래의 경우** 공벽 붕괴로 주변지반 교란이 발생하여 강도가 저하된다.

2 항타말뚝의 지반거동

① 지반변화

말뚝을 직항타할 때에는 그림 13.41-2 같이 **천공 때보다 더 큰 교란**이 일어난다. 말뚝의 끝은 그림 13.41-3 같이 마치 작은 기초처럼 작용하고 계속적으로 전단파괴를 일으키면서 내려가 박히며 말뚝 둘레에는 B 내지 2B의 폭을 가진 교란된 흙의 영역이 생긴다.

점토지반	사질토지반
• 말뚝주변 극심한 교란발생 : 약 20m까지 • 과잉간극수압 발생 • 흙 구조 변화 : 재성형 상태 (면모구조 → 이산구조)	• 흙 입자의 재배치 • 상대밀도 변화 : 느슨지반 체적압축, D_r 증가 조밀지반 체적팽창, D_r 감소 • 말뚝선단부 : 구형 압력구근 형성 • 말뚝주변부 : 원통형 공동확장 • 지표면 : 융기

② 지반 융기(Heaving)

포화된 점토지반과 조밀한 사질토 지반에 말뚝을 항타하면 지반 융기가 일어나게 되며, 지반융기로 인해 이미 박혀진 말뚝을 30~60cm 횡방향으로 변위시킬 때도 있고, 말뚝이 박힌 체적만큼 지반이 지표면으로 올라가게 된다. 그림 13.41-5 같이 점토지반에 말뚝을 항타할 경우 지반융기는 말뚝선단으로부터 1 : 1 영역 범위내에서 발생한다.

③ 수평토압 증가

말뚝이 박힌 지반내에서는 흙이 횡방향으로 밀려나기 때문에 높은 수평토압이 생긴다. Vesic에 의하면 포화된 점토지반은 전 수평토압이 전 연직토압의 2배가 되고, 모래지반은 유효수평토압이 연직유효응력의 1/2~4배가 된다고 하였다.

④ 진동에 의한 영향

해머로 말뚝을 박는 경우 **인접 구조물에 진동**을 준다. 이때 **느슨한 사질토의 경우 액상화 발생**이나 **지반함몰의 원인**이 될 수 있으므로 유의하여야 한다.

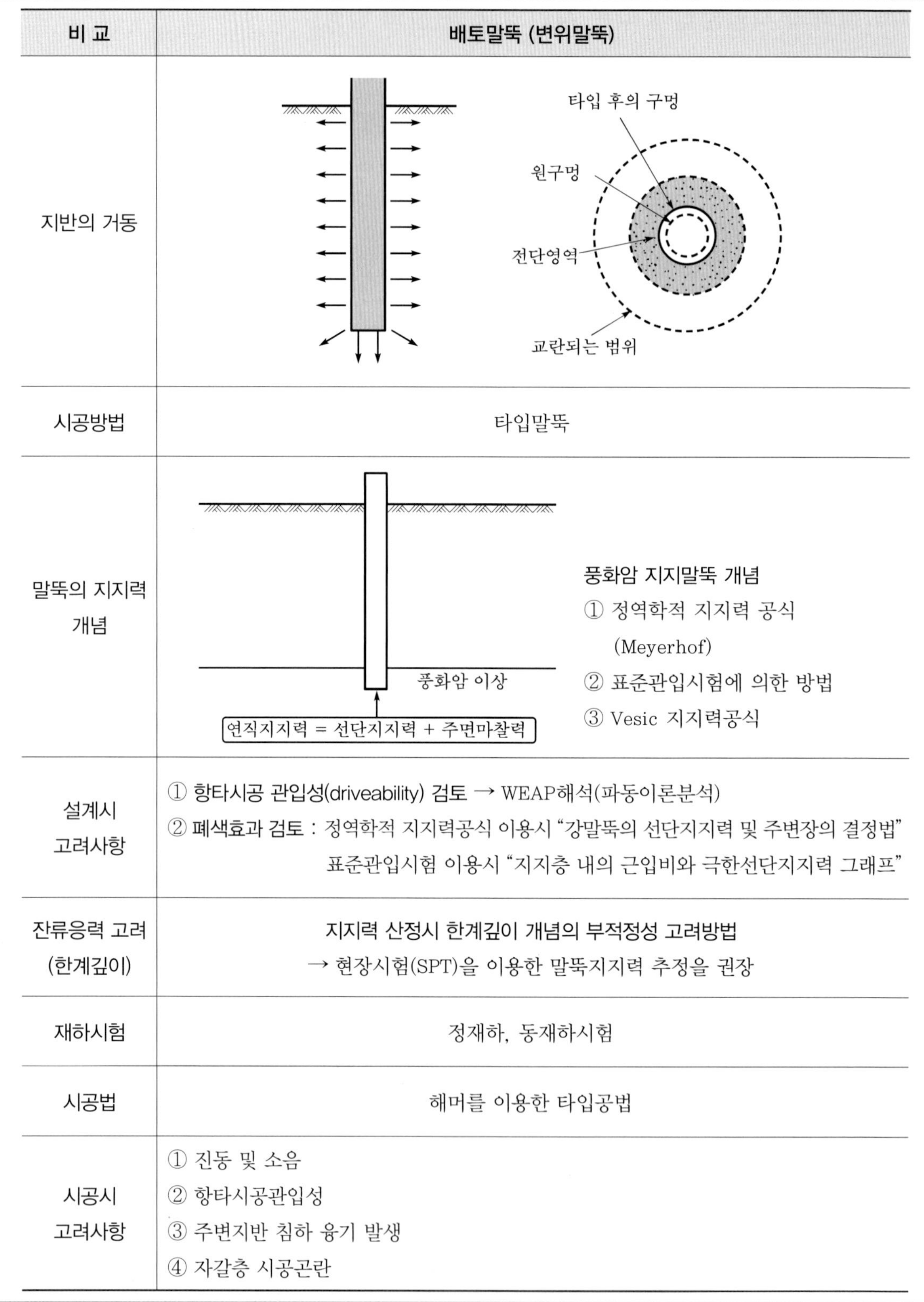

비 교	배토말뚝 (변위말뚝)
지반의 거동	타입 후의 구멍 원구멍 전단영역 교란되는 범위
시공방법	타입말뚝
말뚝의 지지력 개념	풍화암 이상 연직지지력 = 선단지지력 + 주면마찰력 풍화암 지지말뚝 개념 ① 정역학적 지지력 공식 (Meyerhof) ② 표준관입시험에 의한 방법 ③ Vesic 지지력공식
설계시 고려사항	① 항타시공 관입성(driveability) 검토 → WEAP해석(파동이론분석) ② 폐색효과 검토 : 정역학적 지지력공식 이용시 "강말뚝의 선단지지력 및 주변장의 결정법" 표준관입시험 이용시 "지지층 내의 근입비와 극한선단지지력 그래프"
잔류응력 고려 (한계깊이)	지지력 산정시 한계깊이 개념의 부적정성 고려방법 → 현장시험(SPT)을 이용한 말뚝지지력 추정을 권장
재하시험	정재하, 동재하시험
시공법	해머를 이용한 타입공법
시공시 고려사항	① 진동 및 소음 ② 항타시공관입성 ③ 주변지반 침하 융기 발생 ④ 자갈층 시공곤란

표 13.41-1

공 법	소배토말뚝(비변위말뚝)	비배토말뚝 (비변위말뚝)
지반의 거동		
시공방법	매입말뚝 (선굴착 최종항타)	현장타설말뚝
말뚝의 지지력 개념	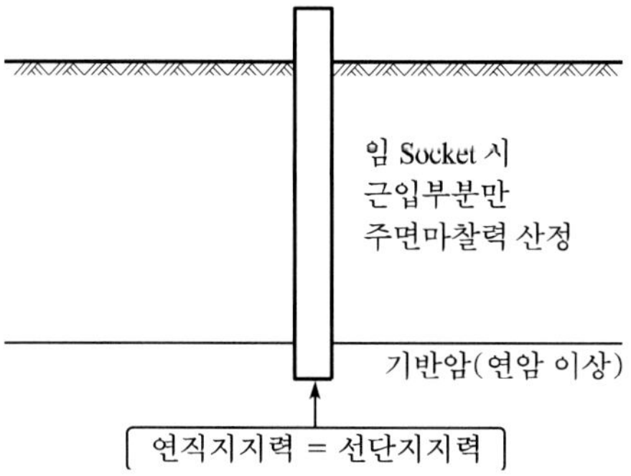	기반암(연암이상)에 지지된 말뚝(선단지지) ① Goodman방법 ② 구조물기초설계기준 제안식 ※ 풍화토, 풍화암에 근입된(매입된) 현장타설말뚝의 경우에는 IGM설계법 이용
설계시 고려사항	굴착방법, 주입방법, 굴착공벽 붕괴여부, 시멘트풀 주입효과에 따라 선단지지력 및 주면마찰력 크기의 변화정도 예측	암반소켓팅(rock socket)부의 주면마찰력 검토
잔류응력 고려 (한계깊이)	지지력 산정시 한계깊이 개념의 부적정성 고려방법 → "매입말뚝 및 현장타설콘크리트말뚝의 지지력 산정방법" 적용을 권장	
재하시험	정재하, 동재하시험	양방재하시험
시공법	SIP, SDA(DRA), PRD	RCD공법, 어스드릴공법, 올케이싱공법, PRD공법
시공시 고려사항	① 굴착중 공벽붕괴 ② 연직도 불량 ③ 배토불량	① 슬라임 조사 및 처리문제 ② 콘크리트 품질확보(현장타설말뚝의 건전도)

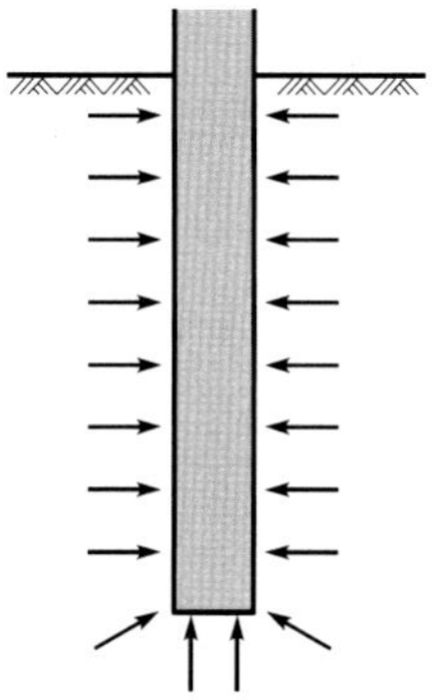

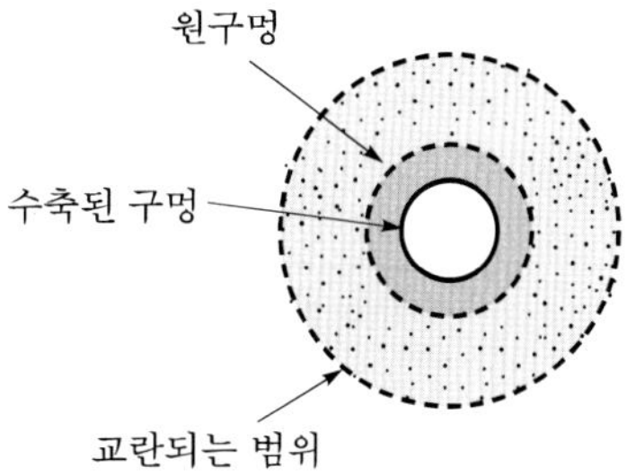

표 13.41-2

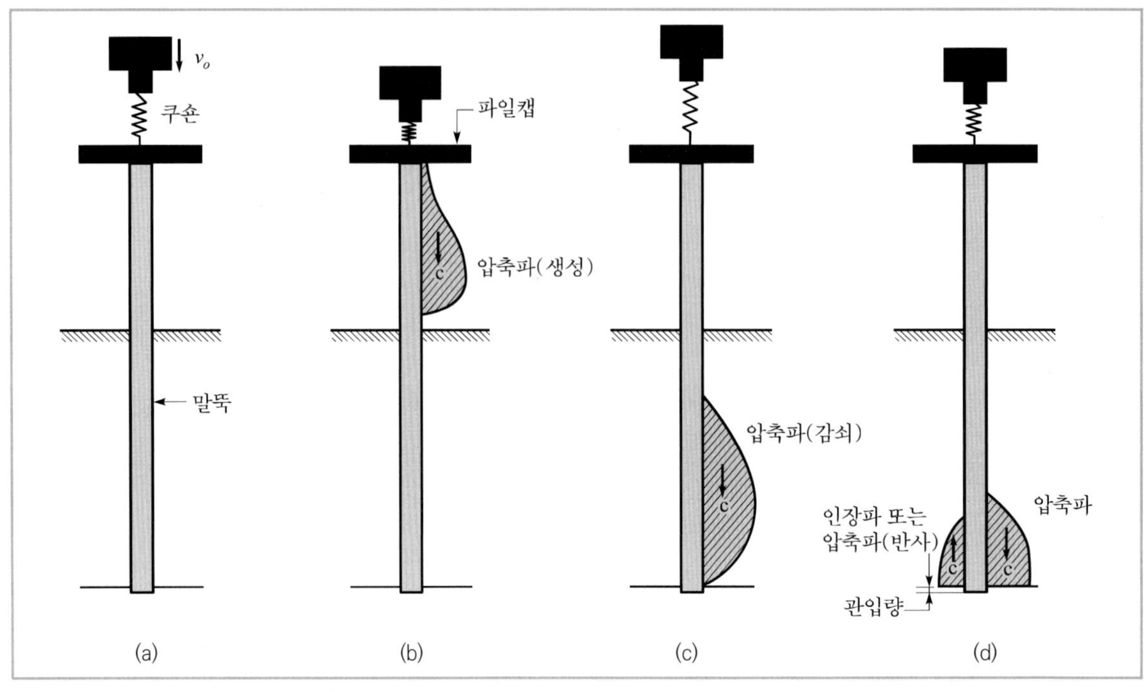

그림 13.42-1 항타시 말뚝 내에서의 파의 전달

① 항타시공 관입성 판단기준 → 타격당 관입량 $S=\dfrac{1}{BPM}$

여기서, BPM=말뚝 1m 관입에 소요되는 항타횟수

※ 강관말뚝의 경우 500($S=2mm$/타), PHC 말뚝의 경우 200($S=5mm$/타) 적용

② 말뚝 항타시 말뚝내에서 발생하는 항타응력 < 말뚝의 허용응력

이때, 말뚝의 허용응력은 말뚝 재료별로 압축응력과 인장응력으로 구분되어 있음

구분	말뚝종류	허용응력
허용압축항타응력	강말뚝	σ_y(강재의 항복강도)×90%
	기성콘크리트말뚝	σ_{ck}×60%
허용인장항타응력	강말뚝	σ_y×90%
	기성콘크리트말뚝	$0.8\sqrt{\sigma_{ck}}+\sigma_{ep}$(kPa)

③ 말뚝에서 인장파가 발생되는 경우는 언제일까?

말뚝이 연약지반에 타입되는 경우 선단이 연약하고, 주면저항도 작은 조건에서 말뚝내에는 항타에 의해 큰 인장응력이 발생될 수 있다. 따라서 말뚝 재료별로 말뚝의 허용응력을 압축응력과 함께 인장응력도 동시에 규정하고 있는 것이다.

해설 13.42-1

13.42 말뚝을 박을때의 말뚝의 거동

1 말뚝을 박을 때의 말뚝의 거동

- 말뚝이 매우 길고 말뚝을 박기가 힘들 때 말뚝의 거동은 대단히 복잡하다. **충격 순간 말뚝 상부는 하향으로 움직이고** 말뚝 아래 단면은 강성 압축이 일어나지만, **그 순간에 말뚝 앞 끝은 순간적으로 고정**되어 있다.
- 즉, 압축영역은 최초 충격이 있은 후 몇 분의 1초가 지난 다음에 말뚝 끝에 도달한다. 이와 같이 **압축파의 전달결과**로 말뚝 전체가 한꺼번에 아래로 움직이는 것이 아니고, 조금씩 연쇄적으로 내려간다.

2 그림 13.42-1에 대한 설명

- 해머에 의해 말뚝머리에 충격이 가해지면 역시 **압축파가 생성**된다. 이 압축파가 그림 13.42-1같이 지반에 관입된 부위에 도달하면 그 **변위와 속도는 지반의 저항력에 의하여 감소**된다. 이후 압축파가 선단부에 이르게 되면 말뚝주면과 선단부에서의 지반저항력의 크기에 따라 **말뚝머리 쪽으로 향하는 상향의 압축 또는 인장반사파를 유발**시킨다. 이 반사파가 말뚝머리에 다다르면 다시금 반사되어 하향의 압축 또는 인장파가 되며 가해준 에너지가 소진될 때까지 전술한 경로를 반복하게 된다.
- 결국 말뚝에 작용되는 속도가 '0'이 될 때까지 말뚝은 아래로 관입되며 이때의 마지막 관입량이 **타격당 항타관입량**($S = \dfrac{1}{BPM}$) 이다.

2 설계시 파동이론을 이용한 말뚝의 항타시공 관입성 평가

- **해머로 말뚝을 타격하면, 충격하중으로 인한 파가 생성**되며, 말뚝을 따라 전파된다고 하였다. 이와 같은 **파동이론으로 알 수 있는 것은 항타시 말뚝에 작용하는 응력**이다.
- **항타응력이 허용응력을 초과한다는 것**은 사용하고자하는 해머, **말뚝으로는 해당 지반의 소요깊이까지 관입시킨다는 것이 불가능함을 의미**한다.
- 해설 13.42-1은 설계 시 **파동방정식 해석(WEAP)**의 목적을 정리한 것이다 말뚝을 현장조건에서 시공해보는 것과 같은 효과를 얻을 수 있도록 항타해석 프로그램(WEAP)에

① (말)뚝조건 : 말뚝의 허용응력 ② (지)반조건 : $Q_u = Q_p + Q_s$ ③ 항타(장)비 조건 : 해머의 종류 및 장비규격

을 입력하여 **항타시공 관입성**을 설계 시 평가할 수 있다.

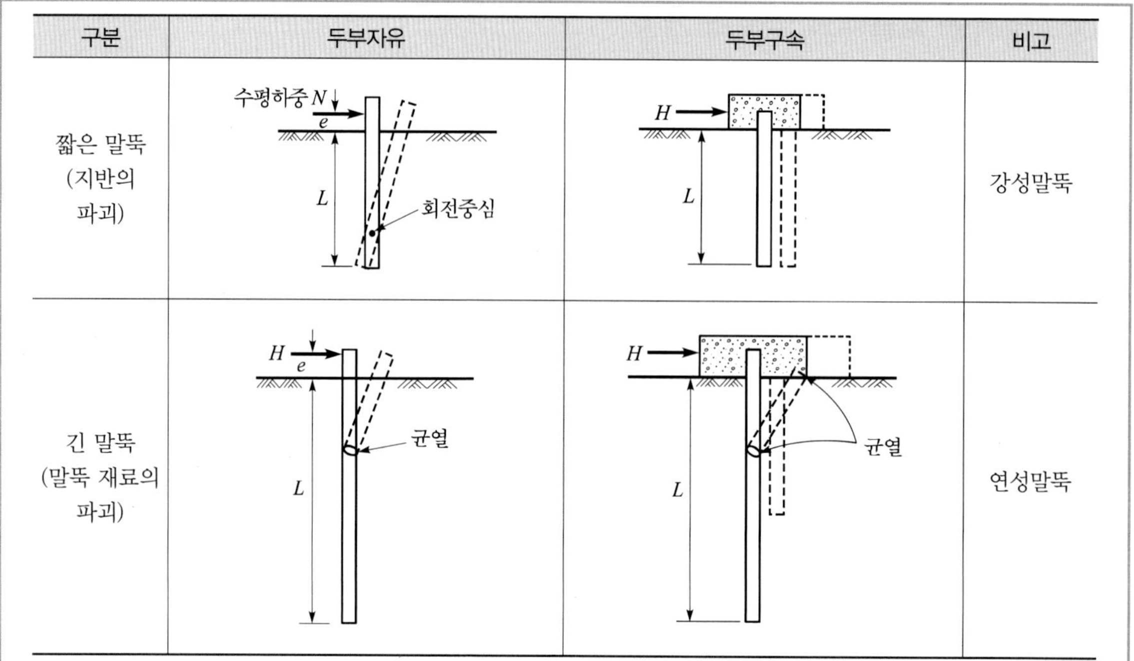

구분	두부자유	두부구속	비고
짧은 말뚝 (지반의 파괴)			강성말뚝
긴 말뚝 (말뚝 재료의 파괴)			연성말뚝

표 13.43-1

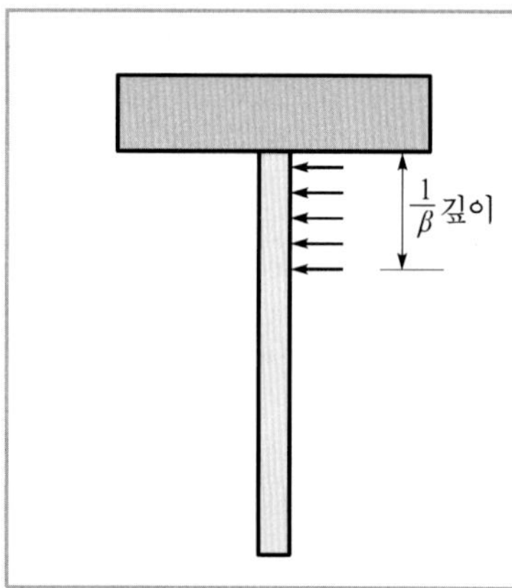

① 말뚝의 특성치의 역수, 즉 $\frac{1}{\beta}$ 되는 길이가 수평력저항 분담구간임(가상지지점) 따라서, 지반이 연약한 경우 $\frac{1}{\beta}$ 되는 길이의 K_h 평균치를 적용해야 함.

② $\frac{1}{\beta}$ 보다 깊은 지반까지 수평지반반력계수(K_h)를 고려하면 수평지지력을 과대평가하게 됨

※ 말뚝의 특성치$(\beta) = \left(\frac{K_h \times D}{4EI}\right)^{\frac{1}{4}}$, $K_h \times D = k_h$

그림 13.43-1 수평지지력 분담길이

구 분	짧은말뚝	긴말뚝
① 파괴거동	지반의 수동파괴	말뚝재료의 파괴
② 말뚝의 축변형	거의발생하지 않음	축변형 발생
③ 말뚝의 극한수평저항력	흙의 강도에 의해 지배	말뚝의 휨모멘트에 의해 지배
④ 횡방향 허용지지력	흙의 지반반력에 의해 결정	말뚝의 강도에 의해 결정

표 13.43-2 수평하중을 받는 말뚝의 거동 요약

13.43 수평하중을 받는 말뚝의 거동(1)

수평하중을 받는 말뚝의 거동은 말뚝머리의 고정상태, 말뚝의 길이 그리고 말뚝과 흙의 상대적 강성에 따라 달라진다. 짧은말뚝과 긴말뚝 조건에 따라 파괴거동이 달라짐을 Broms (1964)는 이론적으로 구분하였다. 여기서 **파괴거동의 차이는 말뚝의 극한수평저항력을 발휘하는 메커니즘이 다르다는 것을 의미**한다.

말뚝에 작용하는 수평하중의 외력조건에 따라 주동말뚝과 수동말뚝으로 구분하게 되며, **말뚝을 해석하는 방법이 완전히 다르다.**

1 수평하중을 받는 짧은말뚝과 긴말뚝의 거동

- **두부자유인 짧은말뚝**에서는 말뚝의 회전으로 인한 지반의 말뚝선단부 수동저항이 발생하며, 말뚝두부와 선단의 흙의 수동저항이 지나치게 크게 되면 **회전으로 인한 파괴**가 일어나고, 말뚝캡으로 **두부가 구속된 짧은말뚝**은 **수평이동에 의하여 파괴**된다.

- **긴말뚝의 파괴양상**은 짧은말뚝의 경우와는 매우 다르다. 말뚝하부의 수동저항이 매우커서 말뚝이 전혀 회전하지 않으므로 **말뚝의 하부는 연직상태이고 최대휨모멘트가 작용하는 곳에서 균열 발생으로 파괴.** 또 캡 바로 아래에서도 휨모멘트가 크게 발생하여 균열이 생길 수도 있다.

- **긴말뚝은 횡방향 외력을 받더라도 말뚝 밑 부분에는 거의 변위가 생기지 않으므로 이 부분에는**(말뚝의 특성치의 역수 β이하 구간을 의미) **지반반력의 변화도 없고, 외력에 대해 아무런 저항을 발휘하지 않는다.** 긴 말뚝의 경우 횡방향 외력에 대한 말뚝의 거동은 말뚝의 실제 근입길이에는 관계가 없으며, 말뚝 하부는 지반속에 고정된 형태를 갖는다.

- 그림 13.43-1 는 긴말뚝에서의 수평지지력에 대한 말뚝의 분담길이를 설명한 것이며, 표 13.43-1 은 수평하중을 받는 말뚝의 거동을 비교한 것이다. 이러한 **말뚝의 거동특성을 고려하여 횡방향 허용지지력 결정시** $y_o \le y_{allow}$, $\sigma_b \le \sigma_{allow}$ 2가지 조건을 모두 만족해야 한다.

말뚝의 특성치의 역수 (β)에 대해서는 지반공학이해 I 154~155p를 반드시 연계할 것

- **여기서 독자들은 두 가지 사항에 대해 짚고 넘어갈 사항이 있다.** 첫째는 지금까지 설명한 Broms (1964)는 이론에 근거한 짧은말뚝과 긴말뚝에 대한 말뚝의 거동은 13.44절에서 설명될 말뚝에 작용되는 수평하중이 상부구조물에 작용되는 하중에 기인하는 **주동말뚝**의 경우라는 점이며, 둘째는 수평하중을 받는 말뚝의 거동과 대비되는 **축하중을 받는 말뚝의 거동** 또한 이해가 필요한 말뚝의 거동에 해당된다. 그러나 이에 관해서는 **말뚝의 하중전이 메커니즘**과 연결해서 설명할 필요가 있기 때문에 별도로 설명될 것이기 때문에 여기서는 생략하였다.

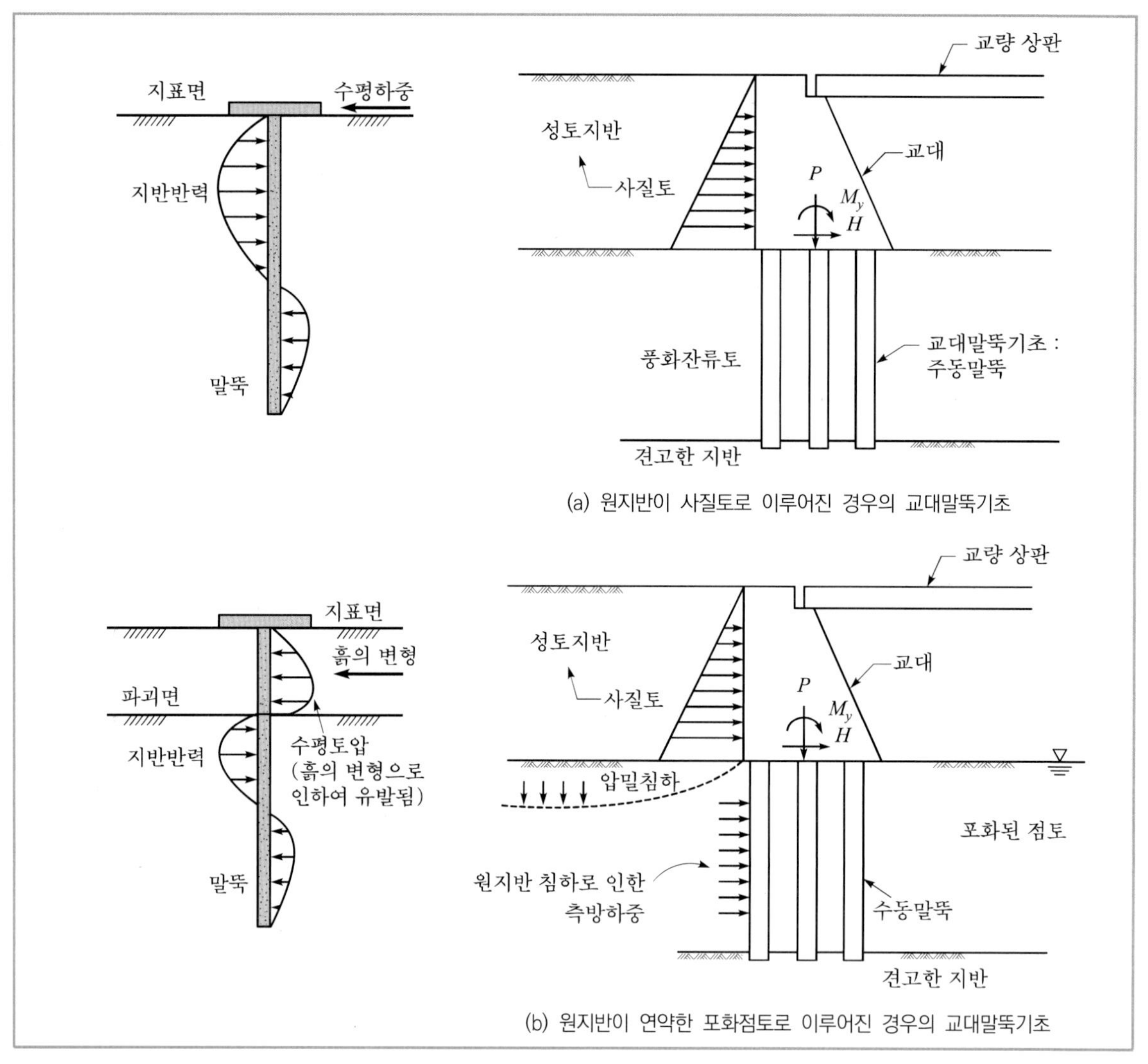

(a) 원지반이 사질토로 이루어진 경우의 교대말뚝기초

(b) 원지반이 연약한 포화점토로 이루어진 경우의 교대말뚝기초

그림 13.44-1 주동말뚝과 수동말뚝

구 분	주동말뚝	수동말뚝
말뚝에 작용되는 수평하중의 주체가 누구인가?	말뚝의 변위가 주변지반의 변형을 유발	말뚝주변지반이 먼저 변형하게 되고, 그 결과로 말뚝에 수평토압이 작용
말뚝의 횡방향 허용지지력 결정방법	$y_o \leq y_{allow}$, $\sigma_b \leq \sigma_{allow}$ 2가지 조건을 모두 만족해야 함	
	① 수평재하시험에 의한 방법 ② 해석적 방법 ─ 극한평형법 / 탄성지반반력법 / $p-y$곡선법 ③ PMT 결과 이용방법	① 간단한 판정법에 의해 **측방유동 가능성 평가** ② 측방유동압으로 인한 **말뚝의 안정성 검토**(수치해석법을 이용 변위검토와 함께 말뚝의 안정성 평가) ③ 수동말뚝을 포함한 **사면의 안정성 검토**

표 13.44-1 주동말뚝과 수동말뚝 비교

13.44 수평하중을 받는 말뚝의 거동(2)

② 주동말뚝과 수동말뚝의 거동

■ 주동말뚝의 거동

① 상부구조물에 작용되는 수평하중이 확대기초를 거쳐 말뚝머리에 작용되는 경우가 그림 13.44-1a의 **좌측 그림**이다. 즉, 말뚝에 작용되는 수평하중이 상부구조물에 작용되는 하중에 기인하는 경우로서 이를 **주동말뚝**이라고 한다.

② 그림 13.44-1a의 **우측 그림**과 같이 **교대 뒷채움은 사질토로 성토된 지반**이라고 하자 원지반 조건이 비록 얕은기초로는 교대를 지지할 만큼 충분한 지지력을 확보하기 어려워 말뚝기초로 계획되었으나 상대적으로 강성이 있는 풍화잔류토라 하면 교대 뒷채움 성토시에 미량의 즉시침하는 전부 발생하고, 교대 시공 후에는 원지반에 추가침하는 발생하지 않을 것이다. 따라서 교대말뚝에 작용되는 하중은 교량 상판하중 및 교대자중으로 인한 연직하중(P), 교대뒷채움 성토지반으로 인해 교대에 작용되는 주동토압으로 인하여 발생하는 수평력(H)와 모멘트(M_y)이다. 즉, 상부교대에 작용되는 하중으로 인해 말뚝에 수평하중이 작용된 경우이므로 이는 **주동말뚝**이다.

■ 수동말뚝의 거동

① 말뚝 주변지반이 먼저 변형을 하게 되어 지반의 변형으로 인한 하중이 말뚝에 작용하기도 한다. 즉, 말뚝에 작용되는 수평하중의 주체가(상부구조물에 의한 것이 아니라) 주변 지반의 변형에 기인하는 경우로서 주동말뚝과는 완전히 다르며, 이를 **수동말뚝**이라고 한다. 그림 13.44-1b의 **좌측 그림**은 수동말뚝을 나타낸 것이다.

② 그림 13.44-1b의 **우측 그림**과 같이 원지반에 연약한 포화점토가 존재한다고 하자. 교대 시공 후에 발생하는 추가침하를 발생시키지 않기 위해 당연히 원지반의 압밀을 촉진시킬 수 있는 공법을 사용하여(즉, $PBD + \text{Preloading}$) 압밀침하를 충분히 시킨 후에 교대시공 및 성토가 이루어져야 하나, 만일 원지반의 강도증진 없이 시공이 이루어 졌다면 우선, 그림 13.44-1a의 **우측 그림**에서 설명한 연직하중(P), 수평하중(H)와 모멘트(M_y)는 당연히 존재하며, 이에 추가로 반드시 고려해야 할 사항이 있다. 비록 교대 말뚝을 견고한 지반까지 근입한 이유로 교대 자체는 침하하지 않을 수 있으나, 뒷채움부의 성토지반은 성토지반하중으로 인하여 원지반에 서서히 압밀침하가 발생할 것이다. 그러면 단순계산으로 압밀침하량에 점토의 포아송비를 곱한 정도만큼 원지반은 수평방향으로 변위가 발생한다. 이를 **측방유동**이라 한다. 다만, 교대 말뚝기초가 존재하는 연고로 측방유동 대신 **말뚝에 측방(수평방향)하중이 작용**될 것이다. 즉, **수동말뚝으로 작용**할 것이다. 말뚝기초에 측방유동하중이 작용되어 말뚝이 수평으로 밀려가기 시작하면 잘 멈추지 않아서 교대 전체가 밀려나가는 무서운 거동 양상을 보여주게 된다.

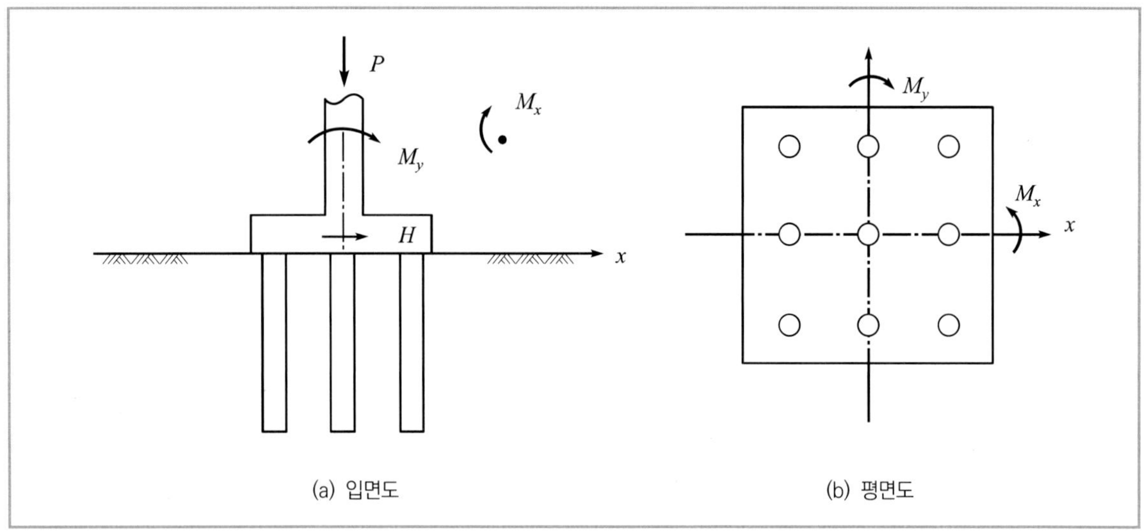

그림 13.45-1 말뚝기초에 작용되는 하중

<table>
<tr><th colspan="2">말뚝재료</th><th>허용응력</th><th>비고</th></tr>
<tr><td rowspan="3">기성 콘크리트 말뚝</td><td>RC 말뚝</td><td>$\sigma_{ck}/4$</td><td></td></tr>
<tr><td>PSC 말뚝</td><td>$\sigma_{ck}/4-\sigma_{ep}$</td><td rowspan="2">유효
프리스트레스 제외</td></tr>
<tr><td>PHC 말뚝</td><td>$\sigma_{ck}/4-\sigma_{ep}$</td></tr>
<tr><td rowspan="2">강말뚝</td><td>SPS400
강관말뚝</td><td>140</td><td rowspan="2">부식두께 공제한
유효면적 적용</td></tr>
<tr><td>SPS490
강관말뚝</td><td>190</td></tr>
<tr><td colspan="2">현장타설말뚝</td><td>$\sigma_{ck}/4(\leq 8.5)+0.4\sigma_y$</td><td>보강재 고려</td></tr>
</table>

[주] 1. 강관말뚝에 대한 허용압축응력을 검토할 때는 부식에 의한 유효단면적 감소(부식두께 공제 2mm)를 고려한다.
2. PSC 및 PHC 말뚝의 경우 종류별로 아래와 같은 유효 프리스트레스(σ_{ep})의 영향을 고려한다.
(A종 : $4MPa$, B종 : $8MPa$, C종 : $10MPa$)
3. σ_{ck}는 콘크리트 압축강도이다.
4. σ_y는 보강재의 항복강도이다.

표 13.45-1 말뚝기초에 작용되는 하중

13.45 말뚝기초의 설계의 개념(1)

1 말뚝에 작용되는 하중

- 기초설계용 하중 P가 기둥에 작용될 때, 이 하중은 사하중과 활하중을 더한 값이라고 하였다. 지반이 연약하여 얕은 기초로는 이 하중을 견딜 수 없을 때, 깊은기초인 말뚝기초로 계획하게 된다. 이때에도 그림 13.45-1 같이 확대기초 또는 파일캡은 두게 되며 그 하부에 수 개의 말뚝으로 견디도록 한다. **말뚝기초로 계획하는 경우는 확대기초(파일캡)에 의한 지지효과는 무시하는 것이 일반적**이다.
- **그 이유는** 기둥에 P의 하중이 작용되는 경우 그 하중이 주로 먼저 말뚝주면에 전달되며, 확대기초 하부가 지반과 완전히 밀착되었다고 확신하기 어렵기 때문이다. 이에 대한 것은 추후 하중전이 원리를 설명할 때 보다 상세히 서술할 것이다.
- 기둥하중 P를 견디기 위하여 n개의 말뚝을 설치한다고 하면 **연직하중** P가 기초의 중심에 작용되는 경우 각 말뚝에는 $P_i = P/n$ 의 하중이 작용될 것이며 편심하중이나 수평하중으로 인하여 파일캡에 모멘트가 작용되는 경우에는 각 말뚝이 분담하는 축하중은 식 13.45-2 같이 구할 수 있다. 한편 **수평하중** H**가** 기초에 작용된다면(주동말뚝에 해당), 이 수평하중이 각 말뚝에 고루 작용된다고 가정하여 식 13.45-3 같이 구할 수 있다.

> 단일말뚝에 작용되는 설계하중
>
> ① 단일말뚝의 설계 축하중 : $P_w = \max[P_i]$ 식 13.45-1
>
> 여기서, P_w : 단일말뚝의 설계 축하중, P_i : 각 말뚝에 작용하는 축하중
>
> $$P_i = \frac{P}{n} + \frac{M_y}{\sum x_i^2} x_i + \frac{M_z}{\sum y_i^2} y_i$$ 식 13.45-2
>
> ② 설계 수평하중 : $H_w = H_i = H/n$ 식 13.45-3
>
> 여기서, H_w : 설계 수평하중, H_i : 각 말뚝에 작용되는 수평하중, n : 말뚝 개수

2 말뚝 설계의 개념

- 말뚝설계를 위해서는 **먼저 단일말뚝으로 가정**하고, 단일 말뚝에 대한 분석이 이루어진 다음에 **무리말뚝 효과를 추가로 고려**한다.
- 지금까지 설명된 단일말뚝에 작용하는 설계하중에 대하여 말뚝은 **다음의 2가지 관점에서 설계**되어야 한다.
- 이 설계하중에 대하여 말뚝은 **첫째**, 말뚝재료 자체의 허용하중이 설계하중(working load)보다 커야 한다. 만일 말뚝에 작용되는 축하중이 말뚝 자체의 허용하중보다 크다면 말뚝 자체에 손상이 생기게

축방향 허용지지력	횡방향 허용지지력
$p_{i(\max)} \le Q_a = \dfrac{Q_u}{F_s}$ 또는 $\sigma_a \le \sigma_{allow}$ 중 작은값	$y_o \le y_{allow}$ $\sigma_b \le \sigma_{allow}$
$S \le S_a$	

표 13.46-1 말뚝의 거동에 따른 허용지지력 결정방법

■ 축방향 안정성 검토

① 말뚝기초의 축방향 극한지지력을 Q_u 라 하자. 얕은 기초에서의 정의와 마찬가지로 단일말뚝의 극한지지력이란 **말뚝에 하중을 계속적으로 증가시켜서 지반 자체에 전단파괴가 일어날 때의 하중**을 말한다. 이때 허용하중 Q_{allow} 은 극한지지력을 F_s 로 나눈 값이다. 따라서 첫째, 이렇게 구한 허용지지력보다 설계하중이 작아야 안전하다. → 독자들은 $\sigma_a \le \sigma_{allow}$ 와 비교 생각해보자.

$$P_w \le Q_{allow} = Q_u / F_s \quad \text{식 13.46-1}$$

② 둘째, 위의 조건과 병행해서 말뚝에 설계하중 P_w 가 작용되었을 때의 침하량을 S 라 하면 이 침하량이 허용침하량보다 작아야 한다.

$$S \le S_{allow} \quad \text{식 13.46-2}$$

설계단계	⇨	시공전 설계지지력 유효성 확인	⇨	시공시 관리
정역학적 지지력 공식 현장시험에 의한 방법 파동방정식 해석		정재하 시험 동재하 시험		동재하 시험

해설 13.46-1 말뚝의 축방향 안정성 검토

■ 수평방향 안정성 검토

말뚝의 수평방향 지지력은 다음의 두 가지 기준을 동시에 만족하도록 결정해야 한다.

① 말뚝에 발생하는 수평변위량(y_o)이 허용수평변위량(y_{allow})을 초과하지 말아야 한다.

수평변위량(y_o) ≤ 허용수평변위량(y_{allow}) 식 13.46-3

② 말뚝에 발생한 수평변위로 인하여 말뚝에 발생하는 최대휨응력 σ_b 가 말뚝재료가 허용하는 최대휨응력 σ_{allow} 를 초과해서는 안 된다.

최대휨응력(σ_b) ≤ 최대휨응력(σ_{allow}) 식 13.46-4

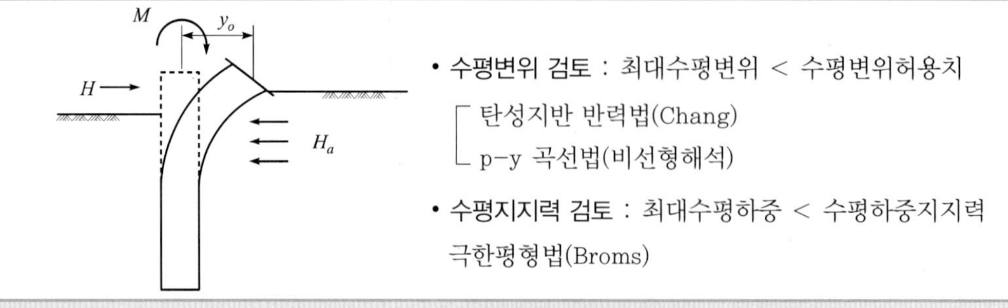

해설 13.46-2 말뚝의 수평방향 안정성 검토

13.46 말뚝기초의 설계의 개념(2)

된다. **얕은기초의 경우**에는 구조 설계용 하중은 $P_u = 1.4D + 1.7L$, 부재 설계용 접지압은 $q' = \frac{P_u}{BL}$ 을 근거로 **극한강도 설계법**으로 기초의 두께 및 소요철근량을 구하는 것이 일반적이나, **말뚝의 경우**는 기성제품을 사용하므로 제품생산업체에서 제공하는 **허용응력에 말뚝면적을 곱한 재료허용하중보다 큰 하중이 말뚝에 작용되지 않도록 해야 한다.** 다시 말하여 말뚝부재 설계는 **허용응력법**을 사용하고 있다(현장타설말뚝의 경우도 대부분 허용응력 설계법을 사용한다). **구조물기초설계기준해설(2018)에서 제시한 말뚝재료의 허용응력**은 표 13.45-1과 같다.

표에서 보여주는 바와 같이 기성 콘크리트말뚝은 콘크리트 압축강도의 1/4에다가 말뚝제조과정에서 가한 프리스트레스량을 제외한 응력을 허용응력으로 설정한다. 예로 압축강도 $50Mpa$인 A종 PHC 말뚝의 허용응력은 $50/4-4=8.5Mpa$이 된다. 강말뚝의 경우는 강재료에 따라 140 또는 $190Mpa$의 허용응력을 사용한다. 다만 **허용하중을 구하기 위해서 허용응력에 단면적을 곱하는 경우 철판의 두께를 실제 두께에서 $2mm$ 감한 두께를 사용한다.** 이는 철근이 장시간 거치되는 경우 부시됨을 감안한 것이다(즉, 부식두께 $2mm$로 가정한다). 표 13.46-1 같이 **연직방향 하중에 대해서는 허용압축응력을 검토**해야 하는 반면, **수평방향 하중에 대해서는 허용휨응력을 검토**하여야 한다.

- **둘째**, 상부구조물로부터 오는 하중은 일차적으로는 말뚝으로 전이되나, 궁극적으로 이 하중을 받아주는 것은 지반이다. 즉, 지반의 지지력이 충분하여야 한며, 지반의 지지력 검토는 아래와 같이 **축하중과 수평하중에 각각**에 대하여 이루어져야 한다.

[3] 축방향 안정성 검토

해설 13.46-1 같이 2가지 조건을 만족해야 한다. 단, 여기서 단일말뚝에 대한 설계 시 침하량에 대한 검토는 생략하기도 한다. 이는 말뚝에 작용되는 실 하중이 말뚝의 허용지지력보다 작으면 침하에도 큰 문제없다는 가정에 기인한다.

[4] 수평방향 안정성 검토

- 단일말뚝에 수평하중 H_w가 적용되는 경우, 연직하중과는 다른 거동을 보인다, 말뚝은 축방향으로 강체로 거동하며, 말뚝 자체는 탄성변위 정도만 수축된다. 이에 반하여 **수평하중을 받는 말뚝은 연성체(flexible structure)로 거동하여 작은 하중에도 수평변위은 상대적으로 크게 발생**한다. 수평하중을 받는 말뚝의 거동을 지배하는 것은 앞에서 설명한 말뚝에 작용되는 **휨응력과 함께 수평 변위**이다.
- 따라서 말뚝의 수평방향 지지력은 해설 13.46-2 같이 2가지 기준을 동시에 만족하도록 결정해야 한다.

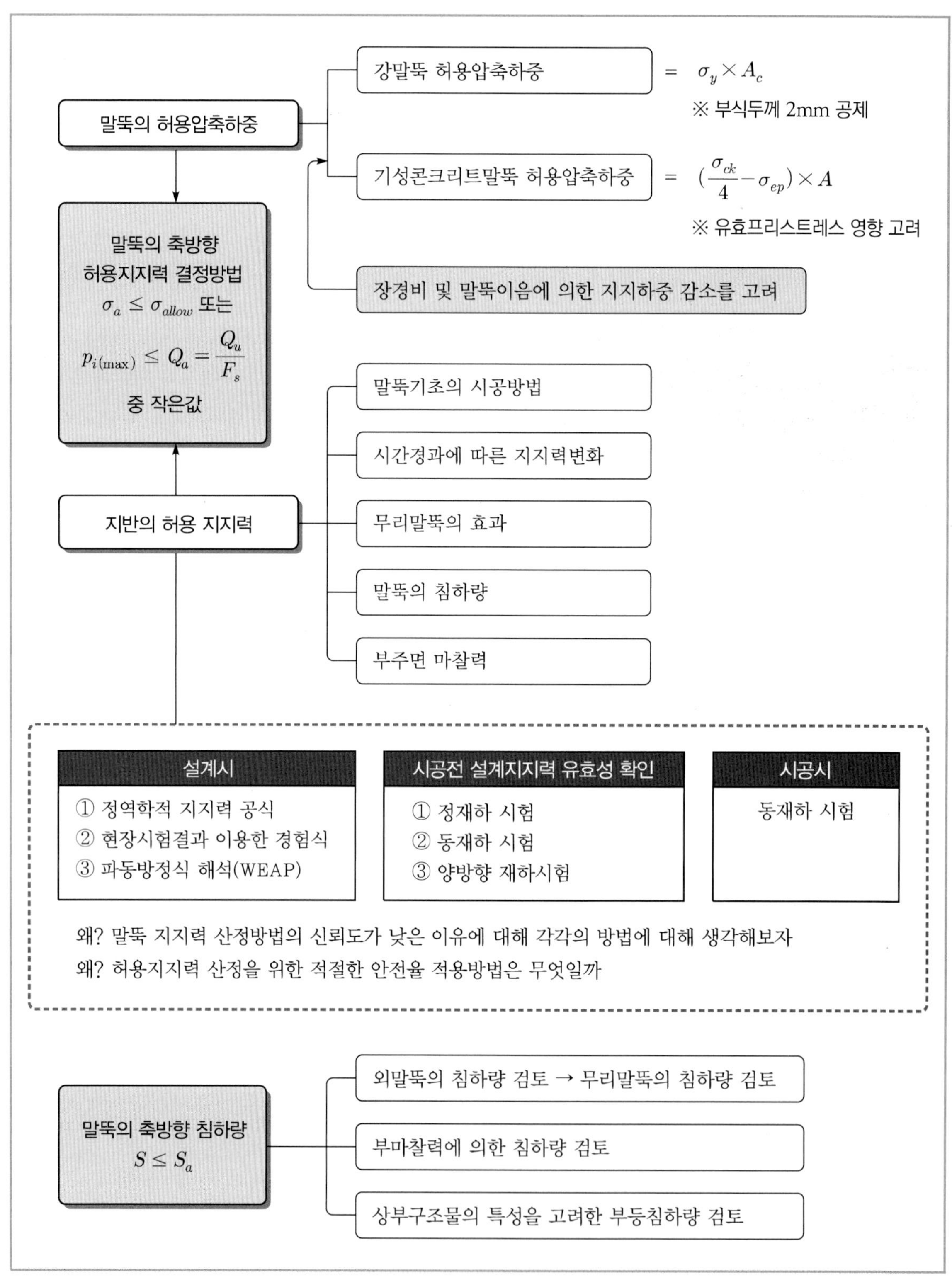

표 13.47-1 말뚝의 축방향 안정성 검토 FLOW 및 고려사항(출제자의 관점)

13.47 말뚝기초의 축방향 허용지지력 결정시 고려사항(1)

말뚝의 축방향 허용지지력은 **말뚝본체의 허용압축하중**과 **지반의 허용지지력 중 작은 값** 이하로 한다. 말뚝의 축방향 변위는 상부 구조물의 허용변위량 이내로 한다.

선진 외국에서는 말뚝재료의 허용하중에 상당하는 지반조건까지 말뚝을 시공하여 말뚝재료를 최대한 활용하는 최적 설계기법을 적용하는 경우도 있다. **반면, 국내의 경우** 과거에는 말뚝이 설치되는 지반의 허용지지력은 말뚝 시공상의 한계 때문에 말뚝재료의 허용하중과 비교하여 낮은 것이 보통이었으며 이에 따라 **말뚝의 축방향 허용지지력은 지반의 허용지지력에 의하여 결정되는 경우가 대부분이었다.** 그러나 말뚝 시공기술과 관리기술의 지속적인 향상에 힘입어 점차 설계에 적용하는 지반의 허용지지력은 증가하는 추세이다

1 말뚝의 축방향 허용지지력 결정시 고려사항 → 표 13.47-1 참조

- **말뚝재료의 허용하중 산정시**에는 말뚝재료의 허용 압축응력과 함께 장경비 및 말뚝이음에 의한 지지하중 감소를 고려해야 한다.

① 말뚝이음에 의한 허용하중 감소율

이음방법	용접이음	볼트이음	충전식이음
감소율	5%/개소	10%/개소	• 최소 2개소 : 20%/개소 • 3개소째 : 30%/개소

※ 천공말뚝 시공시 타입말뚝에 비해 감소율을 절반정도까지 줄일 수 있음

② 장경비에 의한 지지하중 감소 → $\mu = \left[\frac{L}{d} - n\right]$ 여기서, L/d (말뚝길이/말뚝직경=장경비)

말뚝종류	하한값(L/d)	상한값(L/d)	저감율
PC말뚝	80	105	(L/d−80)%
PHC말뚝	85	110	(L/d−85)%
강관말뚝	100	130	(L/d−100)%
H말뚝	70		

– 하한값 이하의 세장비에 대하여는 저감율 고려치 않음
– 상한값보다 큰 세장비의 말뚝은 설계불가

③ 장경비가 크며 이음부가 있는 경우

장경비가 큰 말뚝으로서 이음부가 있는 경우에는 이음과 장경비에 의한 각각의 감소율의 합을 허용응력의 감소율로 본다.

- **지반 허용지지력 산정시**에는 말뚝기초의 시공방법 (타입말뚝, 매입말뚝, 현장타설 콘크리트 말뚝), 시간경과에 따른 지지력 변화, 무리말뚝 효과, 부주면 마찰력, 말뚝의 침하량을 고려하여야 한다.

① **극한지지력** : 지반의 극한지지력은 말뚝에 사용하중이 가해졌을 때 지반이 최대로 견딜 수 있는 능력을 말한다. 즉, 전단파괴가 일어나는 순간의 지지력으로 **선단지지력과 주면마찰력의 합**으로 이루어진다.

$$Q_u = Q_p + Q_s = q_p \times A_p + \sum f_s \times A_s$$ 식 13.48-1

여기서, Q_u : 외말뚝의 축방향 극한지지력

Q_p : 말뚝의 선단 극한지지력, A_p : 말뚝의 선단지지 면적

Q_s : 말뚝의 주면 극한지지력, A_s : 말뚝의 주면적

$f_s = C_a + K_s \sigma_v' \tan\delta$ 단위면적당 주면마찰력(kN/m^2)

② **허용지지력** : $Q_a = \dfrac{Q_u}{F_s}$ 또는 $Q_a = \dfrac{Q_y}{F_s}$ 식 13.48-2

여기서, Q_u : 극한지지력, Q_y : 항복하중

해설 13.48-1 말뚝의 축방향 극한지지력과 허용지지력

① **지반조사상의 문제점** : 기초설계를 위하여 실시되는 지반조사는 **한정된 위치**에 **한정된 수량**만 시행되기 때문에 실제 말뚝이 시공되는 위치의 지반조건과는 차이가 있을 수 있다. 또한, **지반조사 방법 자체의 한계**에 의해서도 실제말뚝의 조건과는 차이가 있을 수 있다.

② **지지력 산정방법상의 문제점** : 지금까지 말뚝지지력 산정을 위하여 개발된 각종 이론적, 경험적 방안들은 무수히 많이 존재하고 있다. 그러나, 이들 많은 지지력 산정식들 중 **모든 지반조건에 사용할 수 있는 범용성이 없는 실정**이다.

③ **항타시공관입성(Driveability) 미고려** : 말뚝을 항타공법으로 시공하는 경우, **말뚝재료-지반-시공장비의 3가지 조건으로 결정**되는 항타시공관입성(Driveability)이 필수적으로 고려되어야 하는데 파동이론분석을 제외한 나머지 방법에서는 이를 고려할 수 없으며 따라서 실제 말뚝지지력과는 차이가 있을 수밖에 없다.

④ **매입말뚝공법의 경우** 굴착공벽붕괴 여부 및 그로 인한 선단지지력 변화와 시멘트풀 주입효과로 기대할 수 있는 주면마찰력 값은 실제시공을 하지 않고서는 예측이 거의 불가능하다.

⑤ **현장타설 콘크리트말뚝**에서 소켓팅부의 주면마찰력 산정에 관한 각종 제안식들 및 선단지지력 산정공식들의 경우 공식에 따라 그 변화폭이 10배 이상 차이가 있기 때문에 실제 말뚝지지력과는 큰 차이가 있다.

해설 13.48-2 각종 말뚝지지력 산정방법의 신뢰도가 낮은 이유

구분	기준 안전율(F_s)	비고
정역학적 지지력 공식	3	
항타공식에 의한 방법	Hilley : 3, ENG. : 6	
현장시험에 의한 방법	3	SPT, PMT, CPTu
정재하시험에 의한 방법	• 극한지지력 : 3 • 항복응력 : 2 • Davisson 방법 : 2 • 침하량 기준 : 2~3	전문가 판단 하에 적절한 값 사용 가능
동재하시험에 의한 방법	• CASE 방법 : 3, CAPWAP방법 : 3	

표 13.48-1 말뚝 축방향 허용지지력의 신뢰도에 따른 기준안전율

13.48 말뚝기초의 축방향 허용지지력 결정시 고려사항(2)

CHAPTER 12 13 14 15 16 17 18

2 말뚝기초 설계 현실

■ 현재 국내 말뚝기초 설계의 경우 거의 대부분 시험시공을 실시하지 않고 말뚝지지력을 산정하고 있다. 그 결과 **말뚝본체의 허용압축하중의 40~60% 정도만을 설계에서 활용하고 있는 실정**이다. 반면, 외국에서는 말뚝본체의 허용압축하중의 거의 100%에 근접하는 설계가 보편화되어 있다.

■ 최근 우리나라도 구조물기초설계기준에서 일정규모 이상의 공사에서는 **설계를 위해 시험말뚝설치 및 압축재하시험을 실시토록 개선**했다. 이때는 반드시 말뚝의 극한축방향지지력을 확인하도록 하여야 하는데 **말뚝재하시험을 실시할 때는 시간경과효과 등을 반영**하여야 한다.

3 각종 말뚝지지력 산정방법의 신뢰도가 낮은 이유

■ 말뚝의 축방향 허용지지력을 산정하는 데에는 실제로 **말뚝을 시험시공하지 않는 경우** 정역학적 방법, 원위치 시험결과를 이용하는 방법, 경험식에 의한 방법, 파동이론 분석에 의한 방법 등이 있다.

■ 그러나 이들 방법은 어떤 것을 사용하더라도 해설 13.48-2 같은 사유(약자: 지·방·관·매·현)로 그 **신뢰도는 매우 낮으며 실제 말뚝기초의 지지력과는 차이**가 있다.

4 말뚝의 축방향 허용지지력 산정시 적정한 안전율 적용방법

■ 외말뚝의 기준 축방향 허용지지력은 원칙적으로 축방향 극한지지력을 안전율(F_s)로 나눈 값이다 즉, 해설 13.48-1의 식 13.48-2. 축방향 극한지지력을 산정하는 방법의 **신뢰도에 따라** 표 13.48-1같이 **각각 다른 안전율 값을 적용**한다.

■ 대규모 이상 공사의 경우 반드시 설계단계에서 시험시공을 실시하여 재하시험을 실시하여 설계지지력 산정해야 하고, 소규모공사의 경우 설계단계에서는 정역학적지지력 공식, 현장시험에 의한 방법에 의해 지지력을 산정하고 시공 초기단계에 재하시험을 실시하여 지지력을 확인해야 한다.

■ **항타공법으로 시공하는 경우 파동방정식 해석**을 통하여 항타장비 선정, 항타시공관입성, 지반의 축방향 극한지지력 등을 검토하고, 시험말뚝 시공시 동적거동측정(동재하시험)을 실시하여 이를 확인하여야 한다.

■ **설계시** 정역학적 방법, 현장시험결과 이용, WEAP 전산해석을 하여 종합검토하고 항타시공성을 고려한 말뚝지지력을 결정한다.

■ **시공 초기단계**에서 정재하시험을 실시하여 설계지지력을 확인하여야 하며, 규모가 큰 현장에서 동재하시험을 활용코자 하는 경우는 사전에 정재하시험과 비교하여 상관성을 분석해야한다.

개념정리 ⑲ 허용지지력 산정을 위한 적절한 안전율 적용 (I)

1 안전율의 적용

- 외말뚝 조건에서 지반의 기준 축방향 허용압축지지력은 원칙적으로 축방향 극한압축지지력을 안전율 3.0으로 나눈 값이다.
- 그러나 지반의 극한압축지지력은 앞서 설명한 대로 산정하는 방법에 따라 신뢰도에 차이가 있으므로 허용지지력을 결정하기 위한 안전율 적용에 이를 고려하는 것이 합리적 설계의 근간이 되며 아래와 같이 안전율 적용의 기본원칙을 요약한다.

2 안전율 적용의 기본원칙

- 지반조사와 토질시험 결과를 바탕으로 정역학적 지지력공식을 이용하여 극한지지력을 계산하는 경우에는 안전율 3.0이상을 적용한다.
- 지반조사와 표준관입시험 결과를 이용한 경험공식을 이용할 때에는 안전율 3.0이상을 적용한다.
- 실제시공에 앞서 시험시공의 말뚝의 재하시험 결과로부터 기준 축방향 허용지지력을 결정할 경우에는 원칙적으로 극한지지력을 안전율 3.0으로 나눈 값으로 한다. 이것은 **지반의 극한파괴현상에 대하여 안전율을 3.0으로 본다는 뜻**으로 **항복현상에 대해서는 2.0정도의 안전율**이 될 것이다.
- 구조물 기초로 실제 시공된 말뚝기초의 설계 축하중 허용압축지지력을 재하시험울 실시하여 확인하는 경우에는 시험의 현장 대표성과 시험결과인 하중–침하량 관계를 검토하여 적절한 안전율을 적용하도록 한다. 말뚝재하시험이 실시되는 말뚝의 현장 대표성은 재하시험 횟수와 관계된다. 정재하시험의 경우 일반적으로 **지반조건이 비교적 큰 변화가 없으며 동일 구조물에 많은 말뚝이 시공되는 경우**에는 **말뚝 250개당 1회의 비율**로 말뚝재하시험을 실시한다. **동일 구조물에서도 지반조건이 변화하는 경우에는** 각 지반조건별 1회 실시하며, **지반조건이 유사한 경우에도 구조물별로 최소 1회** 말뚝재하시험을 실시한다. 이와 같은 경우에 말뚝의 축방향 허용압축지지력은 원칙적으로 극한지지력을 안전율 3.0으로 나눈 값으로 한다. 그러나 **말뚝재하시험 횟수가 일반적인 기준보다 많이 실시되었고 지반조건이 큰 변화가 없는 동일 현장에서 많은 횟수의 시험이 실시되는 경우에는** 지반공학 전문가의 판단을 얻어 안전율을 3.0보다 작게 적용할 수 있다.

3 구조물기초설계기준해설(2018)에서 제시하고 있는 표 13.48-1 같은 기준안전율 적용시 문제점

① 하중에 대한 지지력만 고려할 뿐 **침하량**은 고려되지 못한다.
② 말뚝의 **하중전이 메커니즘을** 제대로 고려되지 못한다.
③ 획일적인 안전율 적용은 **비경제적**이다.

4 기준안전율($F_s = 3.0$) 보다 낮은 안전율을 적용할 수 있는 방법

- 동일한 변위에 대한 지지력을 유도할 수 있는 **부분안전율 적용**

$$Q_a = \frac{Q_p}{3} + \frac{Q_s}{1.5}$$

개념정리 ⑳ **허용지지력 산정을 위한 적절한 안전율 적용 (2)**

- 많은 횟수의 **말뚝재하시험을 통한** 지반공학 전문가의 판단 : 안전율을 3.0보다 작게 적용할 수 있다.
- **하중-저항설계법** : $\phi \times Q_n \geq \sum r_i \times L_i$
- 말뚝재하시험 결과에 의한 허용지지력 결정방법에서 **항복하중 기준 적용시** :
  극한하중에 대해서는 $Q_a = \dfrac{p_u}{3}$ 를 적용하나 → 항복하중에 대해서는 $Q_a = \dfrac{p_y}{2}$ 를 적용
- 말뚝재하시험 결과에 의한 허용지지력 결정방법에서 **잔류침하량(순침하량)을 기준**에서 :
  말뚝직경의 2.5%에 해당되는 순침하량이 도달하였을 때의 하중을 극한하중으로 볼 경우에는 안전율 2.0을 적용할 수 있다.
- 말뚝재하시험 결과에 의한 허용지지력 결정방법에서 Davisson**의 방법을 기준 적용시** : 안전율 2.0을 적용할 수 있다.

※말뚝재하시험 결과에 의한 허용지지력 결정방법

① 극한하중 또는 항복하중을 안전율로 나누어 구하는 방법 : $Q_a = \dfrac{p_u}{3}$ $Q_a = \dfrac{p_y}{2}$

극한하중 결정방법

(1) Hansen의 90% 개념 : 극한하중 해당 침하량 = 극한하중의 90%에 해당 침하량×2배
(2) 전침하량 기준 : 말뚝두부의 전침하량이 말뚝직경×10%일 때의 하중을 극한하중으로 봄

항복하중 결정방법

(1) $s-\log t$　　(2) $ds/d(\log t)-P$
(3) $\log P-\log S$　　(4) 잔류침하량에 의한 $\log P-\log S$

② 잔류침하량(순침하량) 기준에 의한 방법 :
항타말뚝의 경우 **잔류침하량이 말뚝직경의 2.5%일 때의 하중을 기준으로 안전율 2를 적용**. 말뚝의 길이가 길고, 재하하중이 큰 경우 지반 및 말뚝본체의 탄성적인 변형 중에는 특히 말뚝의 탄성변형이 차지하는 비율이 크다. 이러한 탄성변형량을 포함하는 전침하량에서 극한하중을 구한다는 것은 문제가 있으므로 전침하량에서 탄성변형량을 뺀 잔류침하, 즉 소성침하에 의하여 극한하중을 판정하는 방법이다.

③ Davisson의 판정법
Davisson의 판정법은 순침하량(소성침하량)의 측정없이 말뚝과 지반의 탄소성 거동을 판정할 수 있는 해석법으로, 최근 서구에서는 가장 합리적인 말뚝의 허용지지력 판정법으로 인정받고 있다.

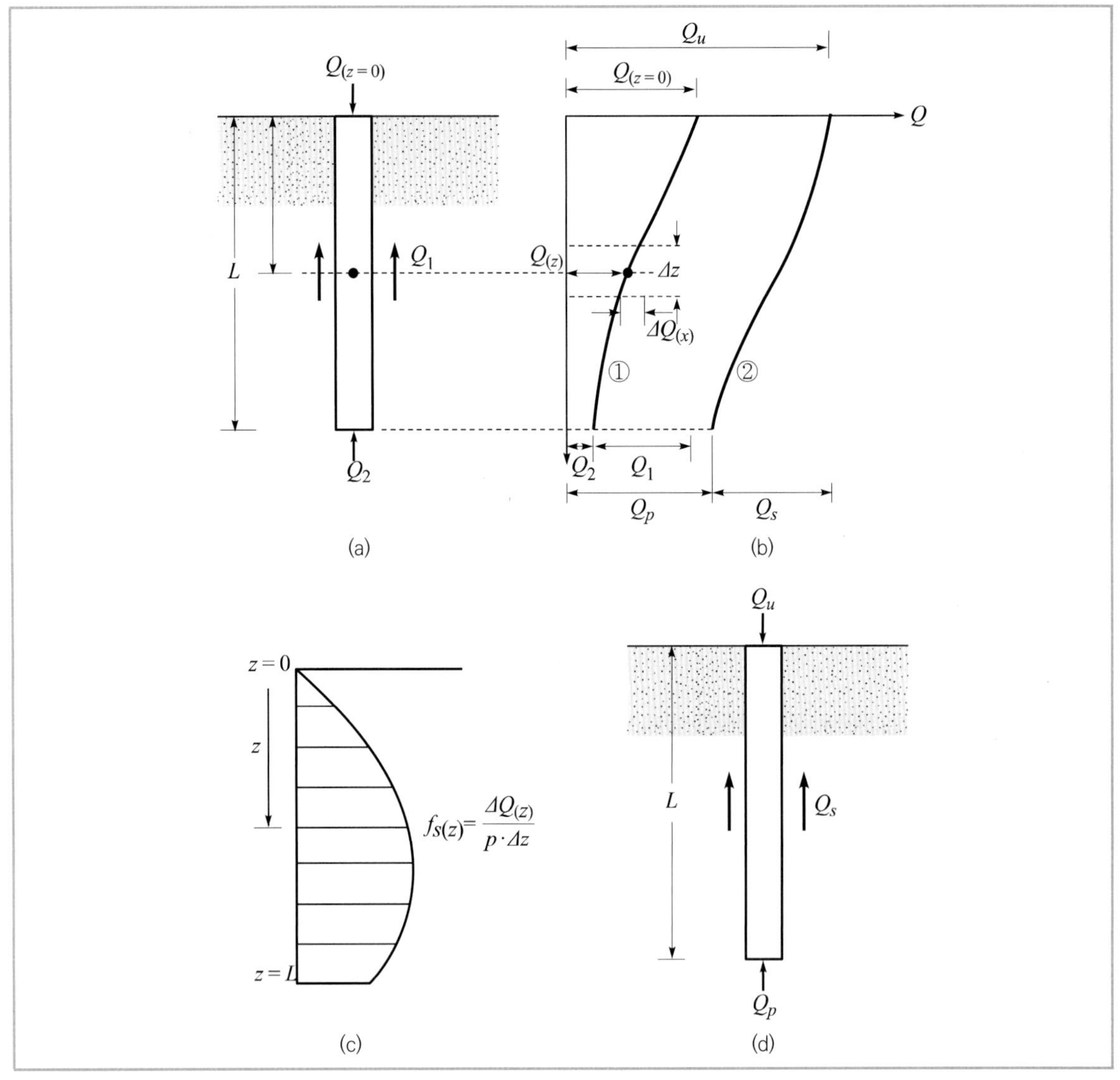

그림 13.49-1 말뚝의 하중전달 미케니즘(Load-transfer mechanism of piles)

※ 그림 13.49-1에 대한 이해(말뚝기초에서 하중전이 메커니즘)

① $Q_{(z=0)}$을 100ton 이 작용된다라고 가정해보자.

② 말뚝머리에 가해진 하중 100ton은 Q_s에 의해 80ton만큼 줄어든다라고 가정하면 결국 말뚝하단에는 하중 20ton만 전달된다. 여기서 그림 13.49-1b에서 ①곡선은 주면마찰력으로 80ton만큼 하중이 감소됨을 나타낸 것이고, $Q_{(z=L)} = Q_2$는 말뚝하단에 작용되는 하중 20ton을 나타내는 것이다.

③ 따라서 임의의 깊이(Δz)에서의 단위면적당 주면마찰저항 $f_{s(z=\Delta z)}$에 단면적 $A_s = p \times \Delta z$를 곱하면 즉, $f_{s(z=\Delta z)} \times A_s = \Delta Q$가 되고, 여기서, **$\Delta Q$는 말뚝머리에서 임의의 깊이($\Delta z$)까지 감소된 하중을 의미**하게 된다.

해설 13.49-1 말뚝의 축방향 극한지지력과 허용지지력

13.49 말뚝의 축방향 하중전이 메커니즘과 안전율 개념(1)

1 하중전달 메케니즘(Load-transfer Mechanism)

- 그림 13.49-1a 에서 보여주는 바와 같이 말뚝머리에 축하중 $Q_{(z=0)}$ 를 가하면 이 하중에 대하여 **우선은** 말뚝과 주변 흙 사이의 접촉마찰로 인해 유발되는 **주면마찰저항력** Q_1 에 의하여 저항하고 (그림 13.49-1b 의 곡선①), **그 나머지**를 말뚝선단에서 Q_2 의 값만큼 저항한다. 물론 Q_1 과 Q_2 를 합하면 말뚝머리에 작용되는 하중 $Q_{(z=0)}$ 와 같다.
- 말뚝머리에 가해진 $Q_{(z=0)}$ 에 대해서 주면마찰저항이든, 선단저항이든 궁극적으로 이 하중을 지지하는 것은 지반이며, **말뚝이 주변 지반보다 더 많이 침하를 해야 저항력을 발휘할 수 있다**. 즉, **말뚝과 주변지반 사이에 상대변위가 존재**해야 한다.

2 단위면적당 주면마찰저항

- 그림 13.49-1b 의 곡선 ①에서 보여주는 바와 같이 말뚝에 작용되는 하중은 깊이가 깊어짐에 따라 $z=0$ 에서 $Q_{(z=0)}$ 로부터 주변지반과 말뚝 사이의 주면마찰저항에 의하여 $z=z$ 에서는 $Q_{(z=z)}$ 로 줄어들게 되며, 결국 선단에까지 전달되는 하중이 Q_2 가 된다. 이때 미소깊이 Δz 에서 유발되는 단위면적당 주면마찰저항 $f_{s(z=z)}$ 는 다음과 같다.

$$f_{s(z=z)} = \frac{\Delta Q_{(z)}}{p \cdot \Delta z} \qquad \text{식 13.49-1}$$

여기서, $p=$ 말뚝 단면적의 윤변(perimeter)

- 식 13.49-1 로 구한 단위면적당 주면마찰저항의 변화도는 그림 13.49-1c 와 같다.

3 축방향 극한지지력의 정의 및 구성

- 이제 말뚝머리에 작용되는 하중 $Q_{(z=0)}$ 를 점차 증가시키어 말뚝의 주변지반에서(말뚝주면 및 선단부분) 지지력 파괴가 일어났을 때의 하중은 Q_u 가 되며 이 하중을 축방향 극한지지력이라고 한다 (그림 13.49-1b 의 곡선②).
- 이때의 Q_1 값은 $Q_1 = Q_s$ 로서 극한 주면마찰저항력으로 불리며, Q_2 값은 $Q_2 = Q_p$ 로서 극한 선단지지력으로 불린다(그림 13.49-1d 를 참조). 즉, 말뚝의 축방향 극한지지력은 극한 선단지지력 Q_p 와 극한주면마찰저항력 Q_s 의 합으로 이루어진다.

$$Q_u = Q_p + Q_s \qquad \text{식 13.49-2}$$

여기서, $Q_u=$ 말뚝의 축방향 극한지지력, $Q_p=$ 말뚝의 극한선단지지력

$Q_s=$ 말뚝의 극한주면마찰저항력

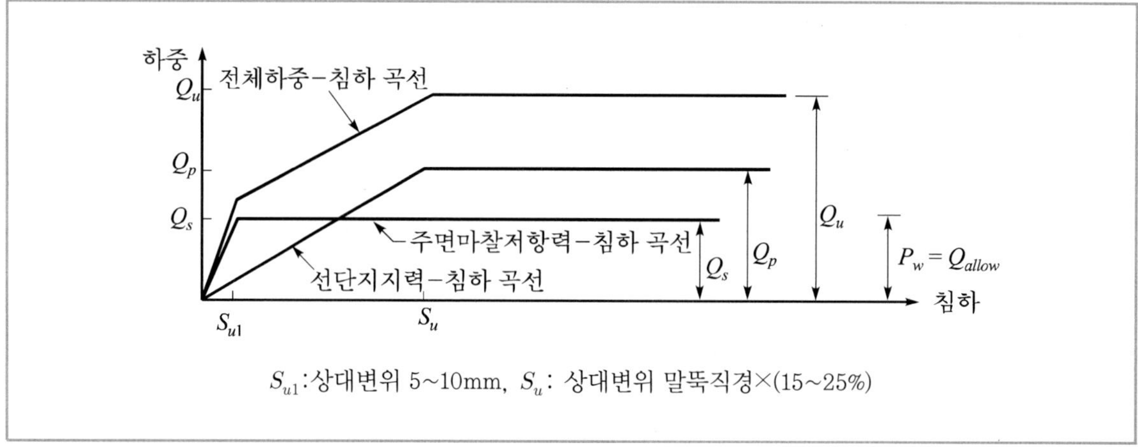

그림 13.50-1 말뚝의 축하중-침하 곡선

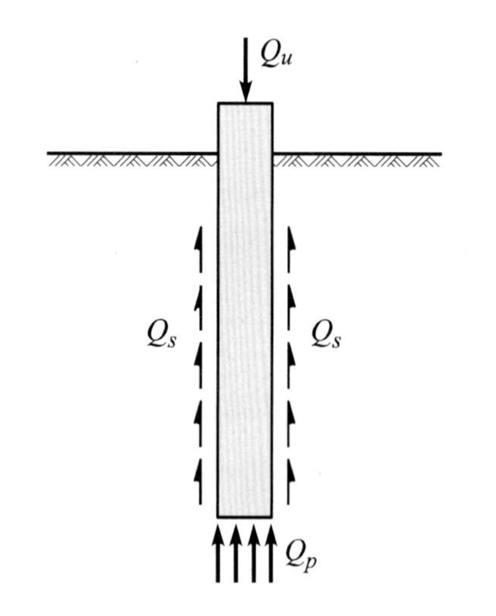

■ 기존 설계하중 결정방법

허용설계하중은 극한지지력(또는 항복하중)을 전체안전율로 나누어 구한다.

$$Q_a = \frac{Q_u}{F_s} \text{ 또는 } Q_a = \frac{Q_y}{F_s}$$

여기서, Q_u : 극한지지력 → $F_s = 3.0$

Q_u : 항복하중 → $F_s = 2.0$

■ 기존 설계하중 결정방법의 문제점

① **주면마찰력과 선단지지력의 특성이 고려되지 못한다.** 주면마찰력은 말뚝과 흙사이의 약간의 상대변위(5 ~10mm)로 최대값 발휘되나 선단지지력은 주면마찰력 보다 훨씬 큰 변위(말뚝직경의 10%)에서 최대값 발휘

② 말뚝의 설계하중은 말뚝이 파괴에 대하여 안전하여야 한다는 측면만이 고려되었을 뿐, **실제 말뚝에 하중이 재하되었을 때 침하량이 허용된 범위 이내가 되어야 하는 조건은 고려되지 못한다.**

③ 최근의 기초 구조물 설계에서는 지지력뿐만 아니라 구조물의 침하량이 보다 중요한 요소로 고려되고 있은 추세이며, 이 경우 **말뚝의 설계하중 결정에는 전체지지력 보다도 주면마찰력과 선단지지력을 별도로 고려하는 설계개념**이 설득력을 얻고 있다.

해설 13.50-1 기존 설계하중 결정방법의 문제점

13.50 말뚝의 축방향 하중전이 메커니즘과 안전율 개념(2)

4 극한주면마찰저항력과 극한선단지지력이 유발될 때의 변위

- 비록 전체 극한지지력 Q_u 는 극한주면마찰저항력 Q_s 와 극한선단지지력 Q_p 의 단순합으로 구하게 되나, Q_s 와 Q_p 에 도달하는 시기는 워낙 다름에 유의할 필요가 있다. 먼저 **극한주면마찰저항력 Q_s 는** 일반적으로 말뚝의 제원에 상관없이 말뚝과 주변 흙 사이에 **상대변위가 5~10mm 사이에서 충분히 최대값을 발휘**한다. 이에 반하여 **극한선단지지력**이 최대로 발휘되는 시점은 완전히 다르다. 말뚝선단에서, **말뚝직경의 15~25% 정도 침하가 이루어져야** 최대값에 이르게 된다(예를 들어서 ϕ500 말뚝의 경우 50mm 이상).

- 그림 13.50-1에서 보면 Q_p 값은 Q_s 값보다 크지만 극한주면마찰저항력 Q_s 는 말뚝이 침하량 S_{u1} (통상 5~10mm)에 최대에 도달하여 추가침하에도 더 이상 증가하지 않는다. 이에 반하여 극한선단지지력 Q_p 는 침하량 S_u (말뚝 직경의 10% 이상)에 도달해야 최대치에 이른다. 이때 $Q_u = Q_p + Q_s$ 로서 축방향 극한지지력을 구할 수 있다.

- 만일 축방향 극한지지력에 대한 안전율 $F_s = 3$ 으로 가정하면 허용지지력은 $Q_{allow} = Q_u / 3$ 로서 그림 13.50-1의 경우에는 극한주면 마찰저항력 Q_s 보다 약간 크다. 말뚝에 실제로 적용되는 설계 축하중 P_w 값을 $P_w = Q_{allow}$ 로 가정하면, 설계 축하중이 말뚝에 작용될 때에는 주면마찰저항으로 주로 저항하며, 선단에서 분담하는 저항력은 극소하다. 즉, 다음의 관계에 유의하길 바란다.

$$Q_u = Q_p + Q_s \quad \rightarrow \text{ 그림 13.50-1의 경우 } Q_s < Q_p \qquad \text{식 13.50-1}$$

$$P_w = Q_{wp} + Q_{ws} \quad \rightarrow \text{ 그림 13.50-1의 경우 } Q_{ws} > Q_{wp} \qquad \text{식 13.50-2}$$

여기서, Q_{ws} = 말뚝머리에 설계 축하중 P_w 를 작용시켰을 때의 주면마찰저항력
Q_{wp} = 말뚝머리에 설계 축하중 P_w 를 작용시켰을 때의 선단지지력

5 부분 안전율의 개념

- 해설 13.50-1 같이 정리된 기존 설계하중 결정방법($Q_a = \dfrac{Q_u}{F_s}$)의 문제점은 위 4에서 설명된 주면마찰력과 선단지지력의 하중전이 특성을 고려하지 못하고 있다. 선단저항이 극한상태로 되려면 상당히 큰 침하량이 필요하다.

- 만일 $F_s = 3$ **으로 잡았다면 실제의 작용하중 하에서는 주면마찰력은 극한 상태에 도달할 수 있지만 선단지지력은 일부밖에 동원되지 않을 수도 있을 것이다.** 이러한 사실을 독자들은 그림 13.50-1을 통해 이해하여야 할 것이다.

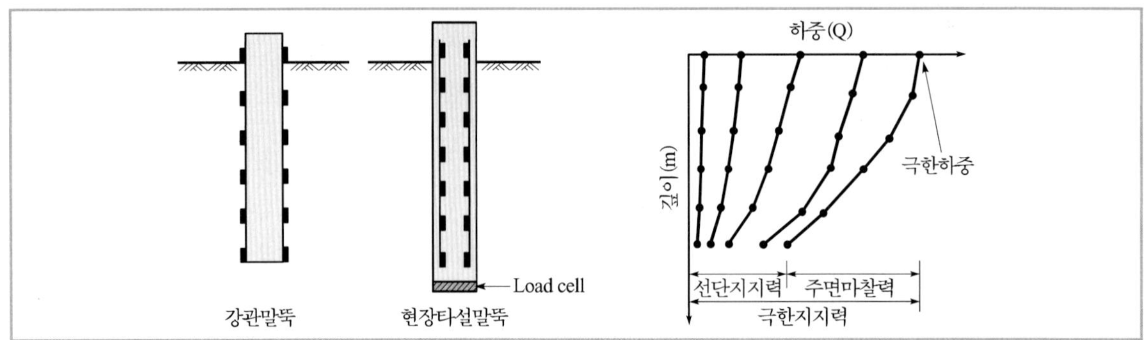

그림 13.51-1

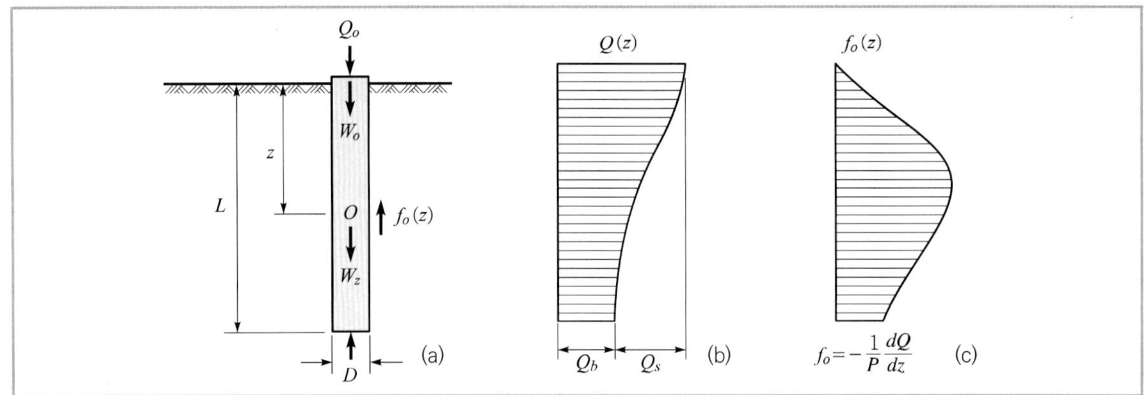

그림 13.51-2

※ 그림 13.51-2에 대한 이해(하중전이함수를 이용한 하중전이 해석)

① 그림(a) 직경D, 관입깊이L의 말뚝두부에 수직하중 Q_o가 재하된 말뚝 모습

② 그림(b) 함수 $Q(z)$는 말뚝 선단까지 전달된 하중을 나타내므로, 말뚝선단($z=L$)에서 Q_b는 말뚝 선단까지 전달된 축하중을 나타내고, $Q_s(=Q_o-Q_b)$는 말뚝 주면마찰력의 합을 나타낸다. 그리고 주면장 p로 나눈 축하중 곡선의 z방향에 대한 기울기는 말뚝 몸체부를 따라 생기는 단위 주면마찰응력(f_o)이며 $f_o(z)=-\dfrac{1}{p}\dfrac{dQ(z)}{dz}$ 같이 나타낼 수 있다. 여기서, $f_o(z)$는 깊이 z에서의 단위면적당 주면마찰력, p는 말뚝주면장, $\dfrac{dQ(z)}{dz}$는 하중-깊이곡선의 기울기이다.

③ 그림(c)같이 $Q(z)$가 깊이 z에 따라 감소하면 주면마찰응력 f_o는 양의 값을 갖는다. 즉, 깊이에 따라 감소된 축하중($Q_o-Q_{(z=z)}=\Delta Q(z)$)= z깊이까지의 주면마찰력과 같다는 뜻, 식으로 나타내면 $\Delta Q(z)=f_o(z=z)\times p\times \Delta z$로 나타낼 수 있다.

④ 만약, 단면적(A)과 말뚝축의 변형계수(E_p)를 알고 말뚝머리의 수직변위(w_o)를 알면 실험에서 측정된 말뚝 축하중 분포곡선 $Q(z)$를 이용하여 깊이 z에서의 말뚝 수직변위 $w(z)$를 다음 식으로부터 구할 수 있다. $w(z)=w_o-\dfrac{1}{AE_p}\displaystyle\int_0^z Q(z)dz$ 여기서, $Q(z)$는 깊이z에서의 축하중을 나타내며, $w(z)$는 깊이 z에서의 말뚝의 수직변위를 나타낸다.

해설 13.51-1

13.51 말뚝의 축방향 하중전이 메커니즘과 안전율 개념(3)

■ 따라서, 선단지지력과 주면마찰력의 하중전이 특성을 고려 아래와 같이 부분안전율을 적용하여 설계하중을 결정하는 것이 타당하다.

부분안전율 개념을 도입한 설계하중 결정방법

$$Q_a = \frac{Q_p}{F_{s1}} + \frac{Q_s}{F_{s2}}$$ 식 13.51-1

여기서, Q_p : 극한 선단지지력, Q_s : 극한 주면마찰력

F_{s1} : 선단지지력에 대한 안전율 (보통 3.0적용)

F_{s2} : 주면마찰력에 대한 안전율 (보통 1.5적용)

※ 이와 같이 안전율을 분리하였을 때 말뚝의 허용지지력은 동일한 침하에 대한 것이어야 하므로 F_{s1}은 크게, F_{s2}는 작게 적용해야 한다.

■ 국내 말뚝설계의 경우 대부분 Q_s은 무시하고 Q_p만으로 말뚝의 지지력을 계산하지만 실제로는 대부분 Q_s이 하중을 지지하고 있다. 따라서, **Q_s과 Q_p의 특성을 고려한 부분안전율 개념을 도입하여 설계하중을 결정함이 합리적이다.**

6 하중전이 해석방법

■ 그림 13.49-1 같은 말뚝기초에서 하중전이 메커니즘을 알 수 있는 그래프를 과연 어떻게 산정할 수 있었을까? 그 답은 **하중전이해석**을 통해 산정한 것이다. 하중전이 해석방법은 ① 실험적인 방법 ② 하중전이함수 방법 ③ 탄성-고체법 ④ 유한요소해석 방법 등이 있고 **이 중 가장 확실한 하중전이해석 방법은 실험적인 방법이다.**

■ 그림 13.51-1 은 말뚝에 계측장치를 부착한 후 재하시험을 통해 축하중 분포를 나타낸 것이며, 그림 13.51-2 및 해설 13.51-1 은 **하중전이해석 방법**을 나타낸 것이다.

① $t-z$**곡선** : $f_o(z)$는 $w(z)$의 함수로 나타낼 수 있는데 이를 $t-z$곡선이라고 하고,

② $q-z$**곡선** : 단위선단 지지력$Q_b(z)$는 $w(z)$의 함수로 나타낼 수 있는데 이를 $q-z$곡선이라 한다.

③ **실험적인 하중전이 해석방법**은 말뚝하중을 직접측정 하여 $t-z/q-z$곡선을 분석해 내어 말뚝의 Q_p, Q_s 발현 정도를 예측하는 방법이다.

④ 말뚝 축하중을 직접측정하지 못하는 경우는 **지반의 종류에 따라 이미 알려져 있는** $t-z/q-z$ **곡선을 활용**하여 **해석적인 방법**에 의존할 수밖에 없다. 대표적인 프로그램이 $APILE^{PLUS}$이다.

⑤ 하중전이해석은 말뚝의 축방향 지지력뿐만 아니라 말뚝의 침하량도 산정하는데 활용할 수 있으므로 그 중요성은 매우 크다.

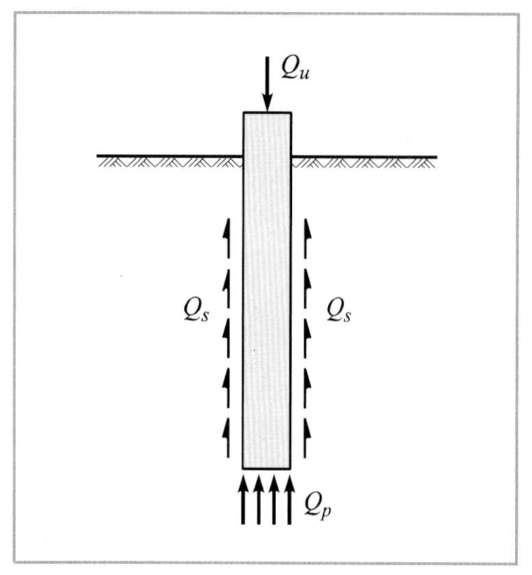

그림 13.52-1

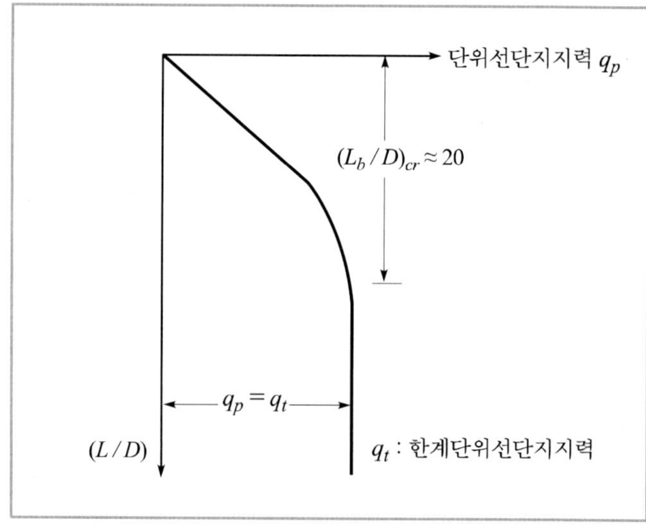

그림 13.52-2 균질한 사질토 지반에서의 단위선단지지력의 변화형상

$$Q_u = Q_p + Q_s = q_p A_p + \sum f_s A_s$$ 식 13.52-1

여기서, Q_p : 극한선단지지력, Q_s : 극한주면마찰력

A_p : 말뚝선단 지지면적 A_s : 말뚝 주면적

q_p : 단위면적당 극한선단지지력, $q_p = \sigma_v{}' N_q + c N_c$ 식 13.52-2

N_c, N_q : 깊은기초의 지지력계수

c : 말뚝지지층의 점착력

f_s : 단위면적당 극한주면마찰력, $f_s = c_a + K_s \overline{\sigma_v{}'} \tan\delta$ 식 13.52-3

$\sigma_v{}'$: 말뚝선단 깊이의 유효상재압, $\overline{\sigma_v{}'}$: 말뚝주변 지층의 평균 유효상재압

c_a : 말뚝과 주변 흙 사이의 부착력, δ : 말뚝과 주변 흙 사이의 마찰각

K_s : 말뚝면에 작용하는 법선토압계수

해설 13.52-1

ϕ(°)	26	28	30	31	32	33	34	35	36	37	38	39	40
N_q(타입말뚝)	10	15	21	24	29	35	42	50	62	77	86	120	145
N_q(현장타설말뚝)	5	8	10	12	14	17	21	25	30	38	43	60	72

표 13.52-1 내부마찰각(ϕ)과 지지력계수(N_q)의 관계(NAVFAC, 1982)

13.52 말뚝의 축방향 극한지지력을 결정하는 정역학적 지지력공식(1)

1 정역학적 지지력공식의 활용 및 문제점

- 정역학적 지지력 공식은 토질주상도를 이용하여, 말뚝기초의 설계시, ① **예비적인 지지력 추정**, ② 항타해석(WEAP)시 말뚝에 작용하는 **축하중 분포(Q_p과 Q_s의 분담율)**를 판단하는 지반의 입력자료 ③ **말뚝의 길이를 추정**하는 데 활용된다.
- 그러나 정역학적 지지력공식은 논리적으로 타당하나 ① **경시효과**를 고려하지 못하고, ② 지(지반특성변화), 말(말뚝재료 특성), 장(항타 장비 조건)과 관련된 **항타시공관입성**을 고려하지 못한다. ③ 또한 **시공방법(타입말뚝과 매입말뚝)에 따른 지지력 평가**가 곤란하다. ④ 따라서 **실제 지지력과 차이가 발생**됨에 유의해야 한다.
- 설계단계에서 정역학적 지지력공식으로 허용지지력을 결정한 경우 시공초기단계에서 반드시 재하시험을 실시하여 지지력을 확인하여야 한다.

2 정역학적 극한지지력공식

외말뚝의 축방향 극한지지력(Q_u)은 해설 13.52-1 의 식 13.52-1 으로 표시된다.

3 말뚝의 극한 선단지지력

- 말뚝의 선단지지력은 식 13.52-1 에서 $Q_p = q_p \times A_p$이며 q_p는 $q_p = \sigma_v{}' N_q + c N_c$ 같다. 이 식에서 사용한 지지력계수 N_c, N_q를 어떻게 구하느냐 하는 것이 관건인데, 이는 ϕ의 함수이다. **q_p 산정방법**을 아래와 같이 정리하였다.

> 사질토의 경우 $c = 0$ 이므로 단위선단지지력은 → $q_p = \sigma_v{}' N_q$
>
> ① N_q는 말뚝선단부에서의 ϕ함수로서 표 13.52-1 을 이용하여 구할 수 있다. q_p은 파일 시공법에 따라서 또한 달라질 수밖에 없다. 사질토에 시공되는 타입말뚝의 경우 다짐효과에 기인하여 현장타설말뚝의 지지력보다 더 크다. 결국 N_q 값은 현장재하시험 결과를 근거로 역산해서 얻는 것이 가장 신뢰할 만하다고 볼 수 있다.
>
> ② $q_p = \sigma_v{}' N_q$ 에 의하면 q_p은 말뚝의 관입깊이가 깊어지면 $\sigma_v{}'$ 증가로 인하여 계속 증가되는 것으로 되어 있으나, 실내 및 현장 실험 결과에 의하면 그림 13.52-2 같이 **어느 한계깊이까지는 증가하되, 한계깊이 이하에서는 일정한 것으로 알려져 있다.**
>
> ③ **실무목적으로는 한계관입깊이를 말뚝 직경의 20배 정도** 즉, $\sigma_v{}' \le \gamma' L_b = \gamma'(20D)$ 로 볼 수 있다. 하지만 최근 연구에서는 말뚝 관입과정에서 발생하는 **잔류응력**(residual stress)을 고려치 않고 재하 시험결과를 해석함으로써 주면마찰력의 크기 및 분포가 실제와 차이를 유발하여 선단지지력이나 주면마찰력발휘에 한계 값이 있는 것으로 잘못 분석될 수 있어 한계관입깊이 개념적용이 적절치 않으므로, 현장 재하시험결과 분석 시 잔류응력 분석 등에 대한 추가적인 해석 수행이 필요하다.

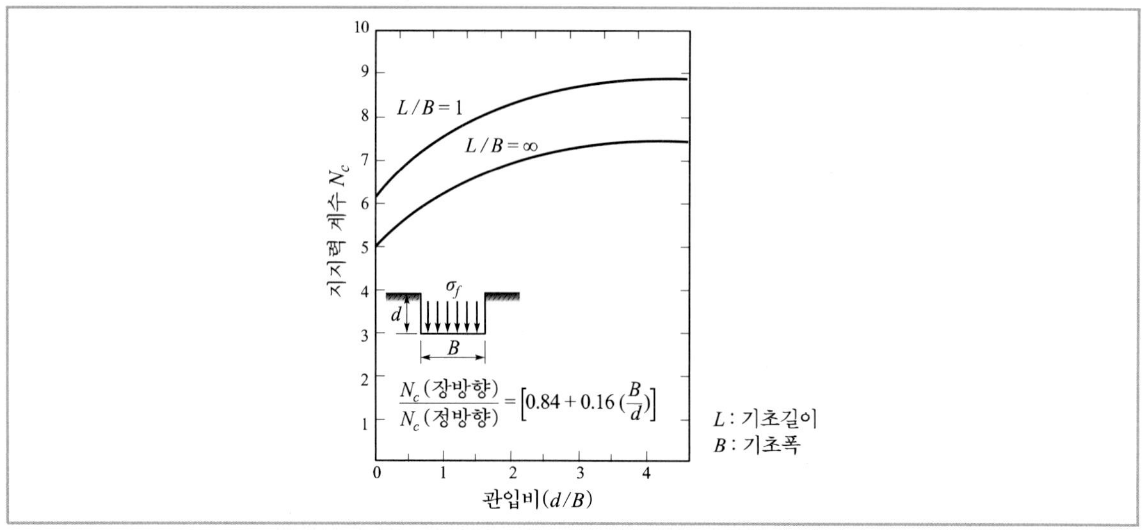

그림 13.53-1 지지력 계수 N_c* (Skempton, 1951)

말뚝형태	K_s	
	느슨한 모래	촘촘한 모래
타입 H말뚝	0.5	1.0
타입치환말뚝	1.0	1.5
타입치환 쐐기형말뚝	1.5	2.0
타입사수말뚝	0.4	0.9
굴착말뚝($B \leq 1,500$mm)	0.7	

표 13.53-1 말뚝주면마찰력 산정을 위한 토압계수 K_s (Meyerhof, 1976)

말뚝재료	δ
강말뚝	20°
콘크리트말뚝	$(3/4)\phi$

표 13.53-2 말뚝표면과 흙의 마찰각 δ (Aas, 1966)

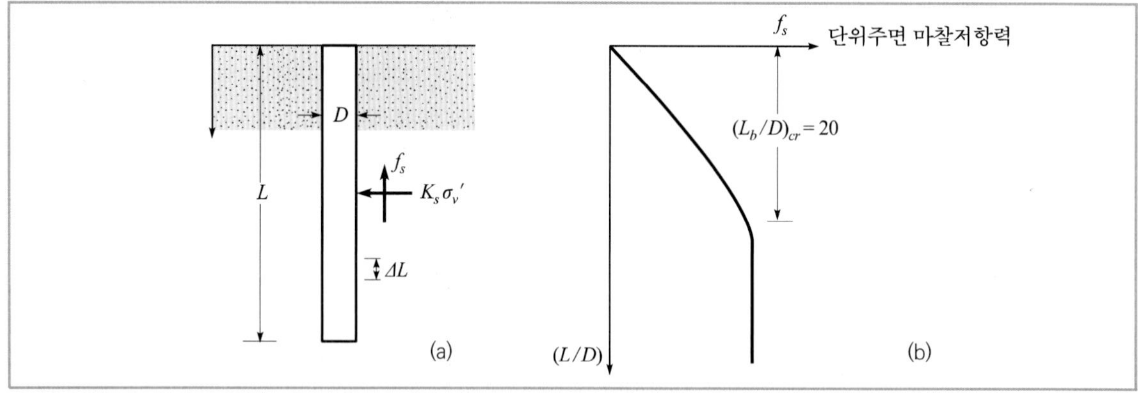

그림 13.53-2 사질토에 근입된 말뚝의 단위주면마찰저항력

13.53 말뚝의 축방향 극한지지력을 결정하는 정역학적 지지력공식(2)

> 점성토지반(비배수조건 포화점성토) $\phi_u = 0$ 이므로 단위선단지지력은 → $q_p = c_u N_c$
>
> ① 지지력계수 N_c 값은 기초의 폭, 형태 및 관입비에 영향을 받는다. 그림 13.53-1은 Skempton (1951)이 제안한 N_c 값인데, 말뚝기초의 경우 일반적으로 정방형 또는 원형단면이며 관입비 또한 4이상이므로, N_c=9 를 적용할 수 있다. 따라서 $q_p = 9 \times c_u$
>
> c 와 ϕ 를 모두 고려하는 경우(배수조건)
>
> ① $q_p = \sigma_v{}' N_q + c N_c$ 에 N_q 및 N_c 값을 대입하여 $\phi \le 30°$ 를 적용하는 것이 보통이다.

4 말뚝의 극한 주면마찰력

■ 식 13.52-1 $Q_s = \sum f_s A_s$ 에서 f_s 는 식 13.52-3 $f_s = c_a + K_s \overline{\sigma_v{}'} \tan\delta$ 같다. **사질토 지반에서의** $f_s = K_s \overline{\sigma_v{}'} \tan\delta$ **산정방법**을 아래와 같이 정리하였다.

> 사질토의 경우 $f_s = c_a + K_s \overline{\sigma_v{}'} \tan\delta$ 에서 $c_a = 0$ 이므로 → $f_s = K_s \overline{\sigma_v{}'} \tan\delta$
>
> ① 여기서, K_s 는 말뚝면에 작용하는 법선토압계수로서 표 13.53-1 같은 추천 값을 사용한다. 타입식으로 시공된 말뚝의 주면저항력이 다짐효과로 인하여 천공식으로 시공된 저항력보다 크다.
>
> ② $f_s = K_s \overline{\sigma_v{}'} \tan\delta$ 에서의 토압계수 K_s 는 말뚝 타입 시의 다짐도에 따라 달라지며 예가 표 13.53-1 에 표시되어 있다.
>
> ③ δ 값은 일반적으로 $(0.5 \sim 0.8)\phi'$ 정도로, 표 13.53-2 를 참조하면 될 것이다.
>
> ④ **선단지지력의 경우와 마찬가지로 주면마찰저항력도 깊이가 깊어짐에 따라 계속 증가하는 것이 아니라 한계깊이에 도달하면 일정한 것으로 알려져 있다.** 한계깊이는 말뚝 직경의 10~30배 정도로 알려져 있으며, 설계목적으로는 그림 13.53-2 같이 (D 는 말뚝직경) 정도로 보면 될 것이다. 즉, $\sigma_v{}' \le \gamma'(20D)$를 한계로 한다.

■ **점토지반에서의** $f_s = c_a + K_s \overline{\sigma_v{}'} \tan\delta$ 산정하는 방법에는 아래와 같이 **전응력 해석법인 α 계수법과 유효응력 해석법인 β 계수법** λ방법이 있다

> α 방법(비배수 조건)
>
> ① 말뚝이 포화 점토층에 박혀있을 때 비배수 조건에서는 ϕ_u =0이므로 따라서 δ =0이 된다. 따라서 주면마찰력은 흙과 말뚝의 부착력만으로 표시된다.
>
> $$f_s = c_a = \alpha c_u \quad \text{식 13.53-1}$$
>
> 여기서, c_a 부착력　　c_u : 비배수 점착력　　α : 부착력 계수

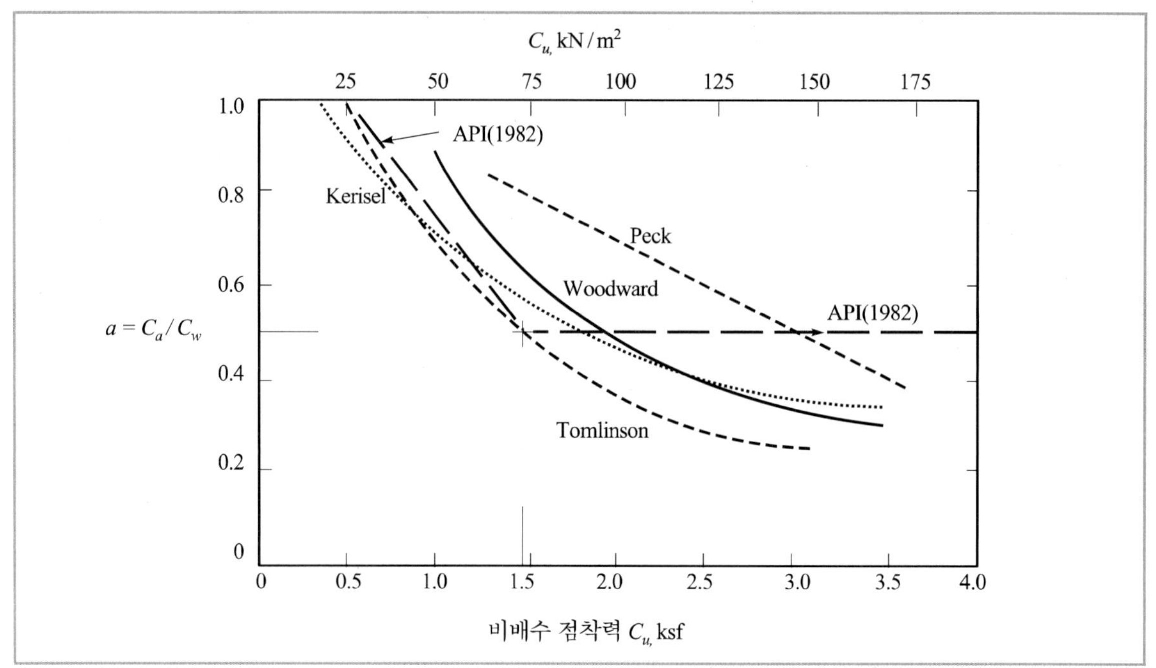

그림 13.54-1 타입말뚝의 부착력 계수, α

점토형태	부착력 형태	값	참조물
London 점토	c_a/c_u	0.25~0.7 (평균 0.45)	Golder and Leonard(1945) Tomlison(1957) Skempton(1959)
예민한 점토	c_a/c_r	1	Golder(1957)
팽창성 점토	c_a/c_u	0.5	Mohan and Chandra(1961)

※ 주) c_r : 재성형 시료의 비배수전단강도

표 13.54-1 현장타설말뚝의 부착력 계수, α

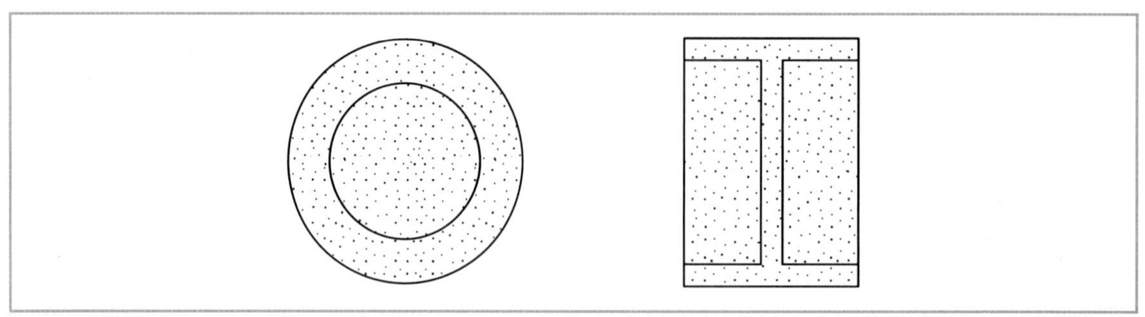

그림 13.54-2 강말뚝의 선단지지면적

13.54 말뚝의 축방향 극한지지력을 결정하는 정역학적 지지력공식(3)

② α 값은 타입말뚝의 경우 비배수전단강도 c_u 의 함수로점토층의 굳기와 말뚝종류, 크기, 시공법, 지층상태 등에 따라 그 값이 달라진다, c_u 값이 클수록 α 값은 작아지는 경향을 볼 수 있다(그림 13.54-1 참조). 육상말뚝의 경우는 Woodward 곡선을, 해상말뚝은 API 곡선을 주로 사용한다(Hunt, 1986). 현장타설말뚝의 경우는 α 계수값에 대한 자료는 타입말뚝과 비교하여 많지 않다. 표 13.54-1를 참조하기 바란다.

β 방법 (유효응력 해석법)

① 말뚝 관입에 의하여 말뚝 주위 지반이 교란되며 과잉간극수압이 발생되지만 어느 정도 시간이 경과하면 과잉간극수압이 소산되면서 흐트러졌던 지반이 재압밀 된다. 말뚝시공 후 과잉간극수압이 소산된 다음에 하중이 재하 된다면 말뚝의 주면에 발생하는 마찰력은 주변 지반의 배수전단강도로 표시된다. 이 경우 유효응력 해석법을 이용할 수 있는 바, 저항력은 다음 식으로 표시할 수 있다.

$$f_s = c_r' + K_s \overline{\sigma_v'} \tan\phi_r' \quad \text{식 13.54-1}$$

여기서, c_r : 교란된 점토가 재압밀된 후의 점착력

ϕ_r' : 교란된 점토가 재압밀된 후의 배수전단저항각

$\overline{\sigma_v'}$: 마찰력이 작용하는 지층의 평균 유효상재압

K_s : 토압계수, $K_s = K_o = 1 - \sin\phi_r'$(N.C) 또는 $(1 - \sin\phi_r')\sqrt{OCR}$ (O.C)

② 재성형된 점토의 점착력 $c_r' \approx 0$ 이므로 식 13.54-2 는 다음 식으로 간략화 된다.

$$f_s = K_s \overline{\sigma_v'} \tan\phi_r' = \beta \overline{\sigma_v'} \quad \text{식 13.54-2}$$

여기서, β 는 β 계수로 불리며 다음 식과 같다.

$$\beta = K_s \tan\phi_r' \quad \text{식 13.54-3}$$

β 값은 ϕ_r' 값에 따라 달라지나, 주로 0.25~0.32 사이에 분포(단, ϕ_r' 값이 25~30°사이인 경우).

λ 방법 (전응력+유효응력을 조합하여 마찰력을 구하는 방법)

$$f_s = \lambda(q' + 2s_u)$$

5 강말뚝 선단지지면적 및 주변장의 결정법

- 선단에 슈(shoe)가 없는 개단말뚝이라도 **말뚝이 지지층 속으로 $5D$(말뚝의 직경) 이상 관입한 경우**에는 즉, $L_B/D > 5$. 강말뚝의 선단지지면적으로서 그림 13.54-2 같이 **폐쇄면적을 취한다**. 따라서 주면장으로서 폐쇄면적의 외주만을 취한다.
- 그러나 지지층 내(L_B) 근입비(L_B/D)가 **말뚝직경의 5배 이하인 경우**에는 즉, $L_B/D < 5$. 13.55절의 그림 13.55-1 을 참고하여 감소 적용하여야 한다.

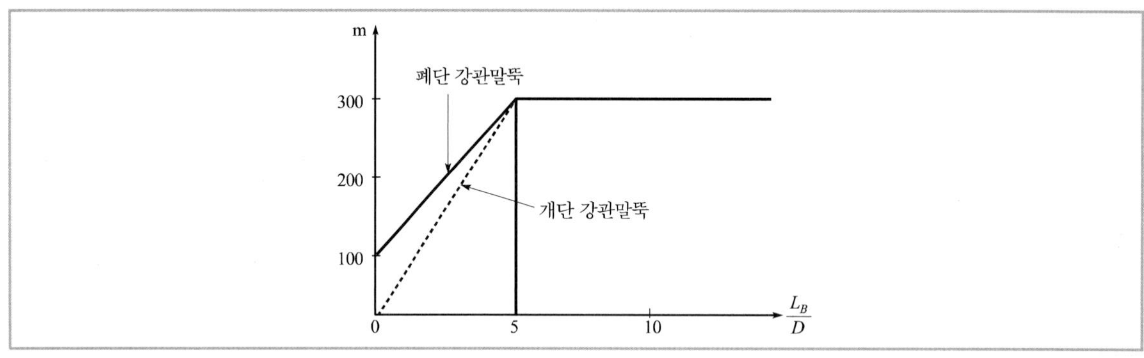

그림 13.55-1 지지층 내의 근입장과 극한선단지지력의 관계

구분	단위면적당 극한선단지지력 $q_p(kN/m^2)$	단위면적당 극한주면 마찰력 $f_s(kN/m^2)$	비고
매입말뚝	$200N(\le 12,000)$(사질토) $6c_u(\le 12,000)$(점성토)	$2.5N(N\le 50$(사질토) $0.8c_u$ (점성토)	도로교설계기준해설 (2008) 및 건축기초구조설계기준(2005)
	$250N(N\le 60)$	$2.0N_s$ (사질토) $5.0q_u$ (점성토)	주택공사, 말뚝기초설계개선지침 (2008)
현장타설 콘크리트 말뚝	$57.4N$(미보정 $N\le 75$) 4309.2(미보정 $N>75$) (극한값 또는 선단 직경의 5% 침하량에서의 값)	$f_s=\beta\sigma_v'$ (미보정 $N\ge 15$) $\beta=1.5-0.245\sqrt{z}$, $0.25<\beta<1.20$ z, σ_v' 은 각각 임의토층 중앙부 위치의 깊이 및 유효응력, f_s 의 한계값은 200kPa	O'Neill & Reese(1999)
	$q_p=100\overline{N}$ (사질토) $\overline{N}$:말뚝선단에서 아래로 D, 위로 D 사이의 평균 N값 (D:말뚝지름) $q_p=6c_u$ (점성토)	$f_s=3.3N$ (상한 N=50)(사질토) $f_s=c_u$ (상한 c_u=1,000)(점성토)	건축기초구조설계지침 (일본건축학회, 2004)

N : SPT N값, c_u : 비배수 강도(kPa), q_u : 일축압축강도(kPa)

표 13.55-1 매입말뚝 및 현장타설 콘크리트말뚝의 지지력 산정방법

※ 현장시험결과에 의한 방법 적용시 주의사항

① 현장시험결과에 의한 방법이 정역학적 지지력공식보다 실용성이 있다.
(사질토 지반의 **시료채취의 곤란** 및 **한계깊이 개념의 부적정성**을 생각하라)

② **예비적인 지지력 판단에만 적용**하는 것이 바람직하며, 시공시는 반드시 재하시험을 통해 현장조건과 부합 여부를 확인하여야 한다.

③ **항타시공 관입성이 고려되지 못한다.** 따라서 항타분석 프로그램(WEAP)으로 항타시공 관입성을 검토하여야 한다.

④ **현장타설말뚝과 매입말뚝에서 지지력 차이가 크게 됨**에 유의해야 한다.

⑤ **시간경과에 따른 지지력변화를 반영하지 못한다.**

해설 13.55-1

13.55 표준관입시험결과를 이용한 축방향 극한지지력 산정방법

1 현장시험결과를 이용한 축방향 극한지지력 산정의 타당성

- 앞에서 제시한 정역학적 극한지지력은 기본적으로 극한지지력 이론을 근간으로 유도되었으며 지지력을 구하는 데 필요한 필수요소가 ϕ', K_s, δ 등의 지반정수이다. 이러한 지반정수를 구하기란 쉽지가 않다. 더욱이 말뚝선단 부근에서 ϕ'값을 구하는 방법이 별로 없다. 이런 연유로 현장시험 결과를 그대로 이용하여 극한지지력을 예측하는 방법들이 더 신뢰성 있고, 특히 실제 조건에 맞는 것으로 생각할 수 있다.
- 말뚝설계에 대표적으로 이용될 수 있는 현장시험은 **표준 관입시험**(SPT)과 **콘 관입시험**(CPT), **프레셔미터시험**(PMT)등이 있다.

2 Meyerhof(1976) 제안식

- 사질토지반에 설치된 말뚝의 지지력을 표준관입시험 값을 이용하여 추정하는 데는 Meyerhof(1976)가 제안한 식 13.55-1 이 이용된다.

$$Q_u = q_p A_p + \sum f_s A_s - m N_{60} A_p + n \overline{N_{60}} A_s \quad \text{식 13.55-1}$$

여기서, Q_u : 말뚝의 극한지지력(kN)

m : 극한선단지지력을 결정하는 계수 A_p : 말뚝선단면적(m^2)

n : 극한주면마찰력을 결정하는 계수 A_s : 말뚝 주면장(m^2)

N_{60} : 말뚝선단 부근에서의 효율을 60%로 보정한 N값

$\overline{N_{60}}$: 말뚝주면부 사질토지반의 평균 N값

- 타입말뚝

$$m = 60\left(\frac{L_B}{D}\right) \le 300, \text{ 여기서 } m N_{60} \le 15{,}000 kPa \quad \text{식 13.55-2}$$

$$n = 2, \text{ 여기서 } n\overline{N_{60}} \le 100 kPa \quad \text{식 13.55 -3}$$

표준관입시험결과 N값을 사용하여 개단강관말뚝의 극한선단지지력을 산정할 때는 폐색효과를 감안하여 식 13.55-1 의 계산값을 보정한다, 실무에서 이를 고려할 때는 그림 13.55-1 에 나타낸 것과 같이 말뚝선단부가 지지층 내에 근입된 깊이를 결정하여 극한선단지지력을 보정하도록 한다,

- **매입말뚝과 현장타설말뚝** : 매입말뚝과 현장타설말뚝은 표준관입시험 N값을 이용하여 산정할 때는 식 13.55-1 및 표 13.55-1 을 이용하여 구할 수 있다.

3 적용시 유의사항 : 해설 13.55-1 을 참조할 것

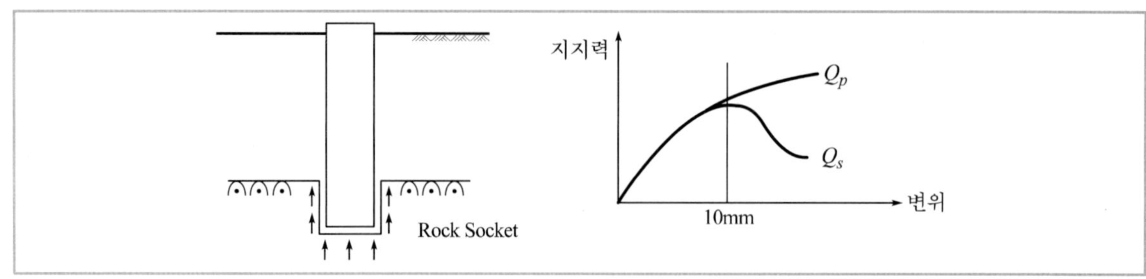

그림 13.56-1 현장타설말뚝의 하중전이 메커니즘

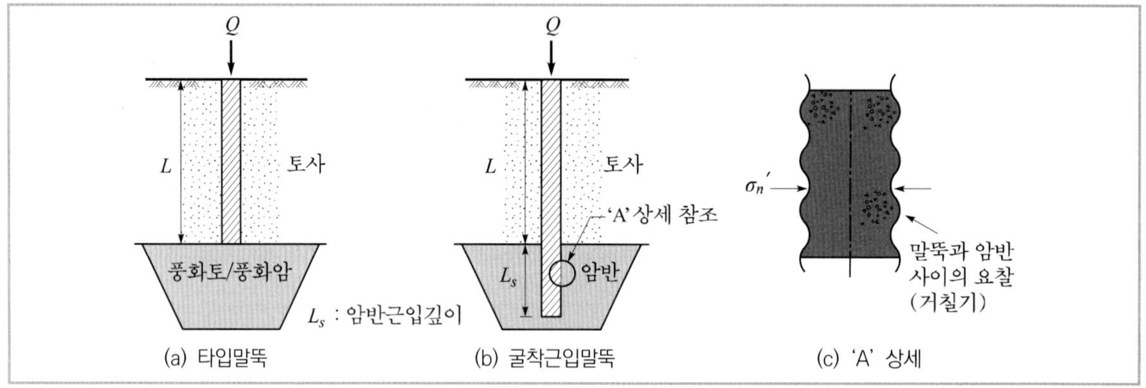

그림 13.56-2 암반에 근입된 말뚝

구 분	제안자	경험식
단위 면적당 선단 지지력	Rowe and Armitage(1987)	$q_p = 2.7\,q_u$
	Zhang and Einstein(1998)	$q_p = 4.83\,q_u^{\;0.51}\,(MPa)$
	Canadian Foundation Engineering Manual(2006)	$q_p = 3\,q_u K_{sp} d\,(MPa)$, $K_{sp} = \dfrac{3+s_d/D}{10\sqrt{1+300\,t_d/s_d}}$ 공내재하시험의 한계압 이용 $q_p = K_b(p_l - p_0) + \sigma_v$
단위 면적당 주면 마찰력	NAVFAC(1982)	$f_s(kPa) = (6.0-7.9)\,f_w{'}^{0.5}$: 말뚝직경 > 400mm $f_s(kPa) = (7.9-10.5)\,f_w{'}^{0.5}$: 말뚝직경 < 400mm
	FHWA(1999)	매끈소켓 $f_s = 0.65\,p_a(\dfrac{q_u}{p_a})^{0.5}$ $\leq 0.65\,p_a(\dfrac{f_c'}{p_a})^{0.5}$ 거친소켓 $f_s = 0.8[\dfrac{\Delta r}{r}(\dfrac{L'}{L})]^{0.45} q_u$ (그림: L, L' = Distance along socket, r, Centerline, Δr)
	Canadian Foundation Engineering Manual(2006)	$f_s = \mu\,p_a(\dfrac{q_u}{p_a})^{0.5}$, $f_s = 0.05\,f_c'$

주) q_u : 암석의 일축압축강도, p_a : 대기압, f_w' : 암석과 콘크리트의 일축압축강도 중 작은 값,
f_c' : 콘크리트 28일 압축 강도, μ : 마찰계수(매끈한소켓=0.63, 중간소켓=1.42, 거친소켓=1.9)

표 13.56-1 매입말뚝 및 현장타설 콘크리트말뚝의 지지력 산정방법

13.56 암반에 근입된 말뚝의 축방향 극한지지력 산정방법(1)

1 현장타설 말뚝의 하중전이 메커니즘

그림 13.56-1 같이 **소켓부 침하량 변위 10mm 이하이면 Q_s만 발휘**되고 10mm **이상인 경우에만 $Q_s \rightarrow Q_p$ 하중전이에 따라 선단지지력이 발휘**된다.

2 암반에 근입된 말뚝의 시공방법

- 그림 13.56-2 같이 암반에 근입된 말뚝의 선단지지력 및 주면마찰력은 토사의 경우와 사뭇 다르다. **실제로 타입말뚝의 경우 암반에 근입되도록 타입하는 것은 불가능하다.** PHC 말뚝은 주로 풍화토/풍화암 경계면까지 타입되는 것이 최대이다. 강관말뚝은 PHC 말뚝보다는 더 깊은 곳까지 타입이 가능하나 풍화암에서 근입이 더 이상 되지 않는다.
- **암반에 말뚝을 근입시킬 수 있는 것**은 **매입말뚝**과 **현장타설말뚝**이다. 시공성이 향상된 천공장비를 이용하여 연암까지도 근입이 가능하다.

3 암반에 근입된 현장타설 콘크리트말뚝의 지지력 산정

- 암반 근입부(Rock socketing)의 극한선단지지력 및 극한주면마찰력은 실무에서는 다음과 같이 산정할 수 있다.

> ① 정역학적 지지력 공식을 이용
>
> - 암석의 일축압축강도: Q_p = 일축압축강도$(q_u) \times (\frac{1}{5} \sim \frac{1}{8})$
> - 불연속면 조사(간격, 틈새 등) 통한 지지력 산정 : $Q_s = \pi D L_s \times f_s$
>
> 여기서 f_s는 암반 굴착면의 거칠기 고려한 FHWA제안식 적합
>
> ② RQD에 의한 지지력 산정 : 경험도표 이용($RQD\uparrow$ 허용지지력 큼)
>
> ③ 공내재하시험(PMT)에 의한 지지력 산정

- 현장타설 콘크리트말뚝의 극한지지력은 일축압축강도를 토대로 제안된 경험식인 표 13.56-1 의 단위면적당 선단지지력과 주면마찰력을 추정하여 앞에서 기술한 말뚝의 **정역학적 지지력공식**으로 극한지지력을 산정할 수 있다.
- 지지층 암반의 일축압축강도를 구할 수 있을 때는 일축압축강도의 20%를 최대 허용지지력으로 볼 수 있다. 실제로 지중의 암반의 강도는 현장에서 채취한 작은 직경의 암코아를 사용하여 실험실에서 측정한 값과는 상당한 차이를 보이고 있으므로 압축시험결과 측정한 강도는 암반의 균열, 절리 및 구조적인 불연속성 등에 따른 영향을 반영하기 위하여 소정의 감소율을 곱하여 사용하여야 한다. 즉, **암코아의 일축압축 시험강도의 1/5~1/8을 허용지지력으로 본다.**

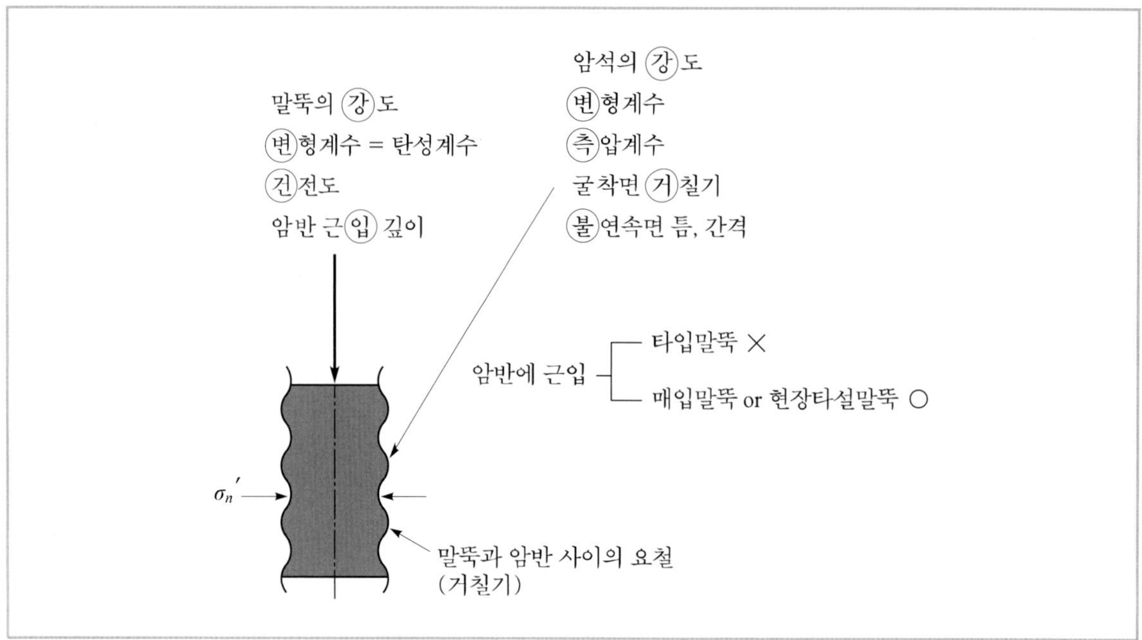

그림 13.57-1 암반에 근입된 현장타설콘크리트말뚝

개념정리 ㉑ 말뚝의 축방향 극한지지력 추정식 적용의 한계 (I)

1 축방향 극한지지력 추정식 이란?

- 정역학적 지지력공식 또는 현장시험결과를 이용한 말뚝의 축방향지지력 추정방법을 말한다. 이러한 방법들은 실제 시공을 하지 않고 **경험식을 이용하는 방법**으로 **실제 시공되는 말뚝조건과는 차이가 있을 수밖에 없다.**
- 여러 가지 요인들 중에서 특히 아래의 내용들은 **말뚝의 축방향지지력에 미치는 영향**이 크기 때문에 설계하중 결정에 필히 고려하여야 한다.

2 시공관입성

- 말뚝의 축방향지지력은 말뚝이 설치되는 지반조건(말뚝 선단부 및 주변부의 지반조건)에 따라 결정된다. 정역학적 공식 또는 현장시험결과를 이용한 축방향지지력 추정방법은 근본적으로 말뚝이 지표면으로부터 얼마나 깊은 위치까지(견고한 지층까지) 관입될 수 있는지에 대한 판단을 전제로 하고 있다. 즉 **말뚝의 축방향지지력 결정에 가장 핵심적인 관입깊이는 설계기술자의 판단을 전제**로 한다.(**지반조사 및 시험결과를 근거로 결정**)
- **타입말뚝에 대한 시공관입성**(driveability)은 **말뚝재료 특성**, **시공장비 특성** 및 **지반조건**에 의해 결정되는 것으로 이를 기술자의 경험에 의존하기에는 한계가 있다. 따라서 타입말뚝 설계를 위해서는 **컴퓨터 프로그램에 의한 시공관입성 분석(파동방정식 해석)**이 실시되어야 하며 설계의 신뢰도를 높이기 위해서는 설계단계에서의 시험시공이 실시되어야 한다.

13.57 암반에 근입된 말뚝의 축방향 극한지지력 산정방법(2)

- 현장타설 콘크리트말뚝을 암반속으로 관입시켰을 때에는 주면마찰력을 고려할 수 있으나, 현장시험에 의하지 않을 경우에는 신빙성 있는 허용부착응력(f_s)을 구하기가 어렵다. 특히 **주면마찰력은 암반 굴착면의 거칠기에 따라 크게 차이가 나는 것**으로 국외 기준에는 마찰계수(μ)를 암반 소켓면의 거칠기 상태에 따라 0.63~1.90 정도를 달리 적용하고 있다. 이들 산정식의 국내 암반 적용성 검토를 수행하여 보고된 연구 결과, 암반과 현장타설 콘크리트말뚝 주면의 단위면적당 극한주면마찰력 산정을 위해 여러 제안식 중에서 **FHWA(1999)에서 제안한 식이 적합**한 것으로 평가된다.
- 실무에서는 ①~③ 종합적으로 고려하여 산정함이 타당할 것이다.

4 암반에 근입된 현장타설 콘크리트말뚝에 영향을 미치는 요소

- 그림 13.57-1 같이 암반의 영향(강,변,층,거,불)과 말뚝의 영향(강,변,건,입)으로 구분하여 생각할 수 있다.
- 특히, 지층 구성상 지층의 상부가 충적층과 같은 연약한 점성토층이 있는 경우에는 **부마찰력을 반드시 고려**하여 지지력을 산정하여야 한다.

개념정리 ㉒ 말뚝의 축방향 극한지지력 추정식 적용의 한계 (2)

3 말뚝의 경시효과에 따른 지지력 변화

- 토질역학 이론에 의하면 말뚝의 축방향지지력은 지반의 유효응력의 함수로 표시된다. 지반의 유효응력은 간극수압에 영향을 받기 때문에 점성토에서의 말뚝의 축방향지지력은 말뚝을 시공한 후 경과한 시간에 따라 변화하는 것으로 해석된다.
- 사질토에 있어서는 말뚝 시공으로 인한 간극수압 변화가 극히 짧은 시간내에 해소되기 때문에 **시간경과에 따른 말뚝지지력 변화는 없는 것으로 해석**되어 왔다. 그러나 국내외의 연구에 의하면 사질토에서도 말뚝의 타입 시공한 후 경과한 시간에 따라 주면마찰력이 크게 증가하는 경우들이 확인되고 있다. 이와는 상이한 현상이지만 **시간이 경과함에 따라 말뚝의 선단지지력이 감소하는 지반조건도 존재**하는 것으로 보고되고 있다. 이와 같은 시간경과에 따른 말뚝지지력 변화는 현재의 기술수준으로는 사전에 확인할 수 있는 방안이 없는 실정이다. 따라서 **시간경과에 따른 말뚝지지력 변화에 효율적으로 대처하고 설계 및 시공의 부실을 방지하기 위해서는 설계단계에서 시험시공을 실시하는 것이 가장 바람직하다.**

4 국내 암반특성

암반에 대한 경험적, 정역학적 지지력 산정식들은 대부분 외국의 방법이다. 편마암, 화강암, 안산암 등 국내 주요 암반의 경우에는 암석의 강도는 높으나 **풍화 및 절리 등이 많이 발달**하여 이들 산정식의 국내 적용 시 많은 주의가 필요하다.

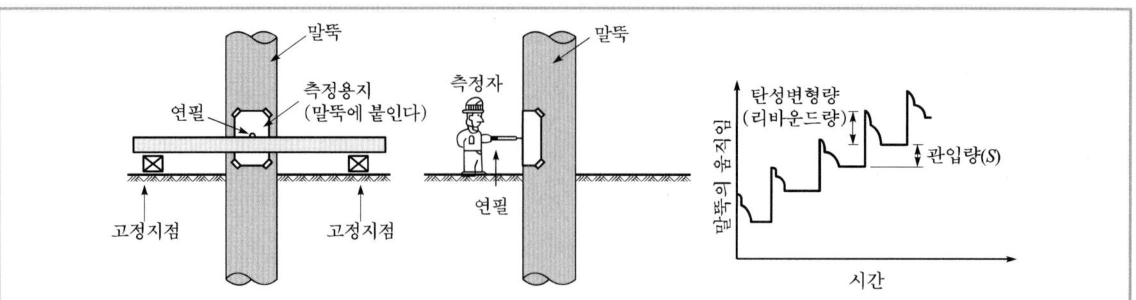

말뚝의 타격당 관입량은 현장에서 손쉽게 구할 수 있다. 말뚝이 예정소요깊이 근처까지 타입되면 그림에서와 같이 말뚝표면에 측정용지를 붙이고 항타 시 말뚝의 항타궤적(pile dri ving trace)을 측정하여 구할 수 있다. 그림에 표시된 측정결과를 보면 항타에 의하여 관입되었다가 탄성변형량 만큼은 리바운드(rebound) 된다. 전체관입량에서 리바운드 양을 뺀값이 관입량 s 이다. 보통은 항타 시 관입량을 여러 번 측정하고 이를 평균하여 타격당 관입량(set)으로 결정한다.

그림 13.58-1 말뚝관입량 S의 측정

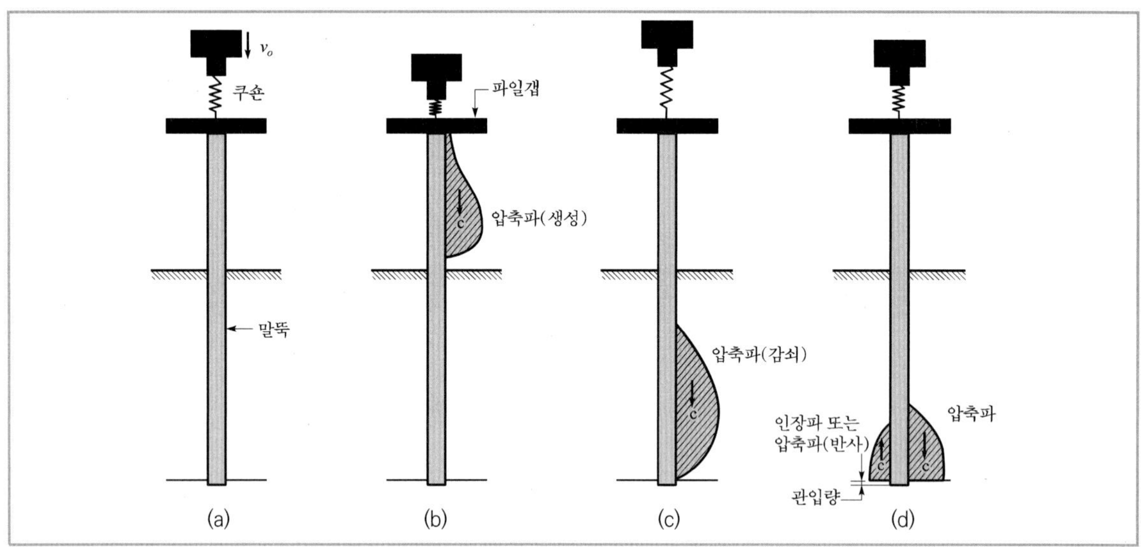

그림 13.58-2 항타 시 말뚝 내에서의 파의 전달

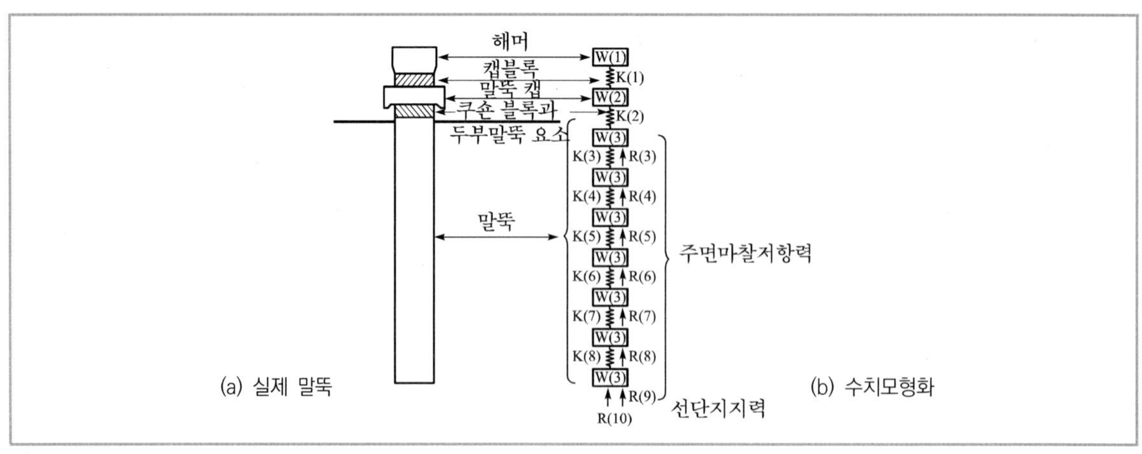

그림 13.58-3 말뚝항타에 의한 파전파의 수치모형

13.58 항타공법 적용시의 동적거동 평가(1)

1 동적거동을 이용하는 3가지 방법

- 말뚝의 시공법으로서 타입식을 선택하는 경우, 해머 또는 램(ram)으로 말뚝을 항타하게 된다. 말뚝을 항타하면 말뚝머리에 동하중이 작용되며, 이때 간단한 계측으로 그림 13.58-1 같이 **항타 시 말뚝의 관입량(말뚝이 지반에 관입된 양)**을 구할 수 있다.

- 정하중과 순간 동하중의 차이는 동하중이 작용되면 관성력(inertia force=질량×가속도)이 동하중 작용방향과 반대방향으로 작용되며, 또한 그림 13.58-2 같이 파가 매질을 따라 전달된다는 점이다. 이러한 동적 하중을 잘 이용하면 **항타 시 지지력 예측** 및 **말뚝에 작용되는 응력을 예측**하여 **항타시공 가능성을 평가**한다. **동적 거동을 이용하는 방법**에는 다음의 세 가지가 있다.

① 항타공식(driving formula) 이용 : 항타에너지와 관입량을 이용하여 항타공식을 유도하는 방법(시공관리의 목적, 그림 13.58-1 참조)

② 파동이론(wave equation) 이용 : 해머를 이용하여 말뚝머리에 충격을 가하면 종파(longitudinal wave)가 생성되어 말뚝을 따라 전파된다. 이 파동 전파이론을 이용하여 지지력 및 항타 시 응력을 이용하는 방법 → 2절에서 설명

③ 동재하시험(dynamic pile loading test)을 이용하는 방법 : 해머를 이용하여 말뚝머리에 충격을 가할 때, 말뚝에 변형률계와 가속도계를 설치하고, 계측을 통하여 지지력 및 항타시 응력을 이용하는 방법으로 파동이론에 근간을 둔 것은 ②와 같으나 실측치를 통해 분석한다는 점이 다르다. → 13.60 ~ 13.62에서 별도로 설명

2 파동이론에 의한 항타 분석 → 항타시공관입성 분석

- 항타 시 해머에 의해 **말뚝머리에 충격을 가해 압축파가 생성**되고 이 압축파가 그림 13.58-2 같이 지반에 관입부에 도달하면 그 **변위와 속도는 지반의 저항력에 의하여 감소**된다. 이후 압축파가 선단부에 이르게 되면 말뚝주면과 선단부에서의 지반저항력의 크기에 따라 다시 **말뚝머리 쪽으로 향하는 상향의 압축 또는 인장반사파를 유발**시킨다. 이 반사파가 말뚝머리에 다다르면 다시 반사되어 하향의 압축 또는 인장파가 되며 가해준 에너지와 소진될 때까지 전술한 경로를 반복한다. 이와 같은 초기 압축파와 이로 인한 계속되는 반사파에 의해 말뚝선단부에는 변위가 계속적으로 발생된다. 결국 말뚝에 작용되는 속도가 '0'이 될 때까지 말뚝은 아래로 관입되며 이때의 마지막 관입량이 타격당 항타관입량(set)이다. 말뚝(강봉)이 지반 속에 관입되어 있고, 항타 시 지반은 주면마찰저항으로 또한 선단지지로 저항하므로 **파동방정식**은 식 13.58-1 과 같다

$$\frac{\partial^2 D}{\partial t^2} = \frac{E_p}{\rho}\frac{\partial^2 D}{\partial z^2} \pm R \qquad \text{식 13.58-1}$$

여기서, R은 주변 지반의 저항력

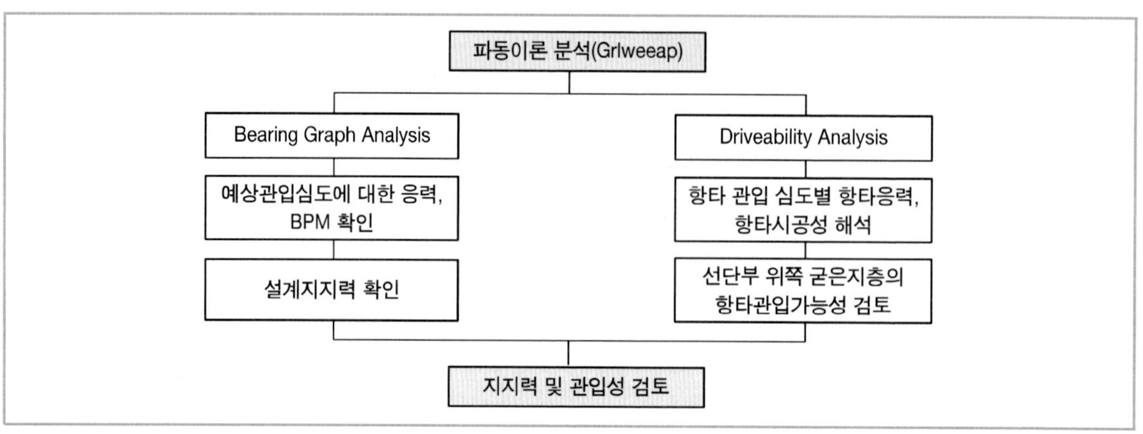

그림 13.59-1 파동이론 분석 흐름도

항타장비조건	지반조건	말뚝조건
• 램의 낙하고 및 중량 • Cap Block의 Stiffness 값 • Cap의 반발계수 • Cushin의 Stiffness 값 • 해머비율	• 말뚝근입길이 • 지반의 탄성병형량(Quake) • 지반의 Damping 계수 • 말뚝 주면마찰력 분포형태 및 극한지지력과의 비율	• 총길이 및 단면적 • 말뚝의 단위중량 • 말뚝의 탄성계수 • Cushin의 반발계수

표 13.59-1 해석프로그램(WEAP) 입력자료

구 분	말뚝종류	허용 항타응력
허용압축항타 응력	강말뚝	강재의 항복강도 × 90%
	기성콘크리트말뚝	콘크리트의 압축강도 × 60%
허용인장항 타응력	강말뚝	강재의 항복강도 × 90%
	기성콘크리트말뚝	프리스트레싱값(MPa) + 0.25 $\sqrt{f_c}$ (f_c: 콘크리트의 압축강도, MPa)

표 13.59-2 말뚝 재료별 허용 항타응력

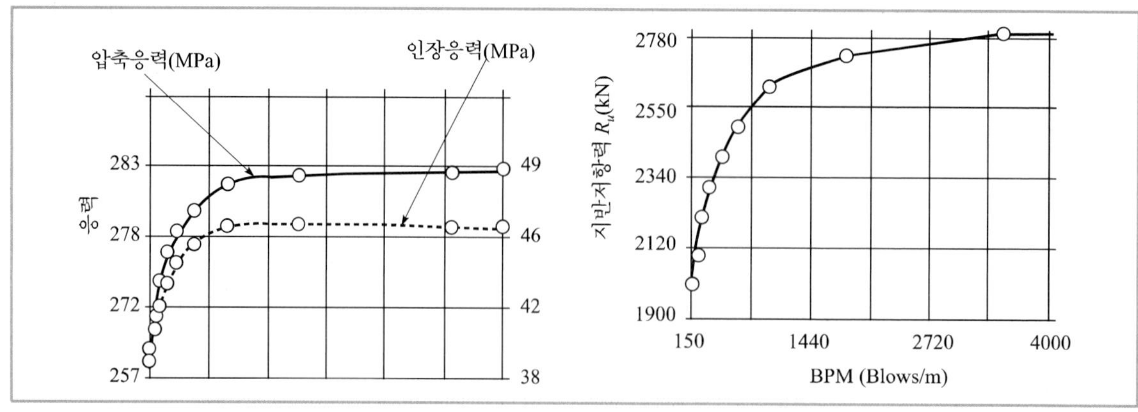

그림 13.59-2 파동해석 결과 예시

13.59 항타공법 적용시의 동적거동 평가(2)

■ 식 13.58-1 을 이론해로 풀기는 거의 불가능하며 말뚝과 지반을 수 개의 요소로 나누어서 유한차분법을 이용한 수치해석을 이용한다. 유한차분법을 이용한 수치모형화의 개요는 그림 13.58-3 과 같다.

■ 파동방정식 해석결과로부터 다음과 같은 내용들을 검토할 수 있다. → 그림 13.59-1 참조

① 해당 지반조건에 따른 여러 종류의 해머, 쿠션, **말뚝을 최적 조합으로 설계**

② 지지력 검토를 실시하여 말뚝에 발생하는 항타응력(BPM)이 말뚝재료의 허용범위(표 13.59-2)를 초과하지 않고 타격당 최종 관입량이 실제로 시공 가능한 범위가 되는 **2가지 조건을 모두 만족시키는 지지력으로부터 설계하중을 결정**

※ 시공성의 판단기준인 BPM은 강관말뚝 500($S=2mm/$타), PHC말뚝 200($S=5mm/$타)을 적용

③ 관입성 검토(driveability analysis)를 실시하여 관입깊이별 항타응력 및 관입저항을 분석하여 **말뚝의 시공관입 가능성 검토**

④ 파동해석을 이용하면 지반의 극한저항력 R_u 를 프로그램에서 우리에게 결과물로서 제공하는 것이 아니다. 그 반대로 파동해석시에 R_u 값을 입력치로 미리 프로그램에 입력값으로 제공된다. 프로그램을 실행시킨 결과로 제공되는 결과물은 입력된 R_u 에 소요되는 단위길이 관입에 필요한 항타회수 이며, 이를 통상 BPM으로 부른다. 타격당 관입량 S 는 BPM의 역수로 구할 수 있다(즉, $S=1/BPM$ 이다). 이와 함께 말뚝에 가해지는 최대압축응력 및 인장응력도 파동해석 결과물로 얻을 수 있으며, 그림 13.59-2 같이 R_u 값은 작은 값으로부터 큰 값으로 증가시켜가며 입력변수로 제공하고, 각각의 R_u 값에 대하여 파동해석을 실시하면, 각각의 S 값을 구할 수 있다.

■ 파동방정식에 의한 해석의 한계성

① 파동방정식 해석은 표 13.59-1 같이 말뚝재료, 지반조건 및 항타장비 조건을 컴퓨터에 입력하여 실제로 말뚝을 시공하지 않고서도 말뚝 관입깊이를 예측 및 설계하중을 결정하고 시공관리 기준까지도 추정할 수 있기 때문에 **타입말뚝 설계에서는 필수적**이다.

② 그러나 전산 프로그램 해석의 한계인 **입력자료의 신뢰도 정도가 분석결과에 가장 큰 영향을 미친다**. 즉, 항타장비 특성에 대한 현실성 차이, 지반자료의 대표성, 타입말뚝 지지력의 **시간경과효과(set up 또는 relaxation)** 반영 여부 그리고 해석기술자의 능력에 따라 영향을 받으므로 설계시 이러한 사항을 고려하여 판단하여야 한다.

③ 파동방정식 해석은 **항타시 응력 검토, 항타 시 지지력, 항타 시공관입성** 등은 신뢰할 수 있으나, 그 결과로부터 말뚝의 설계하중을 결정하는 것은 바람직하지 않다. 파동방정식 해석의 한계를 극복하기 위해서는 설계단계에서 시험시공을 실시하고 시공시 동적거동측정인 **동재하시험을 실시**하는 방안이 있다

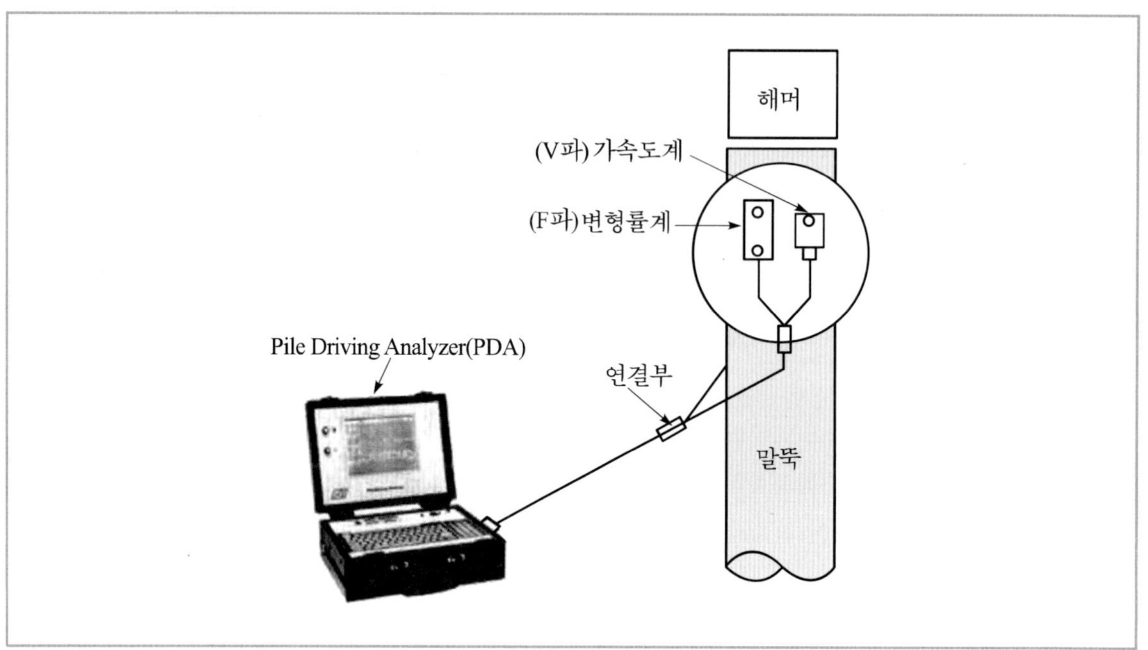

그림 13.60-1 동재하시험장치 개요도

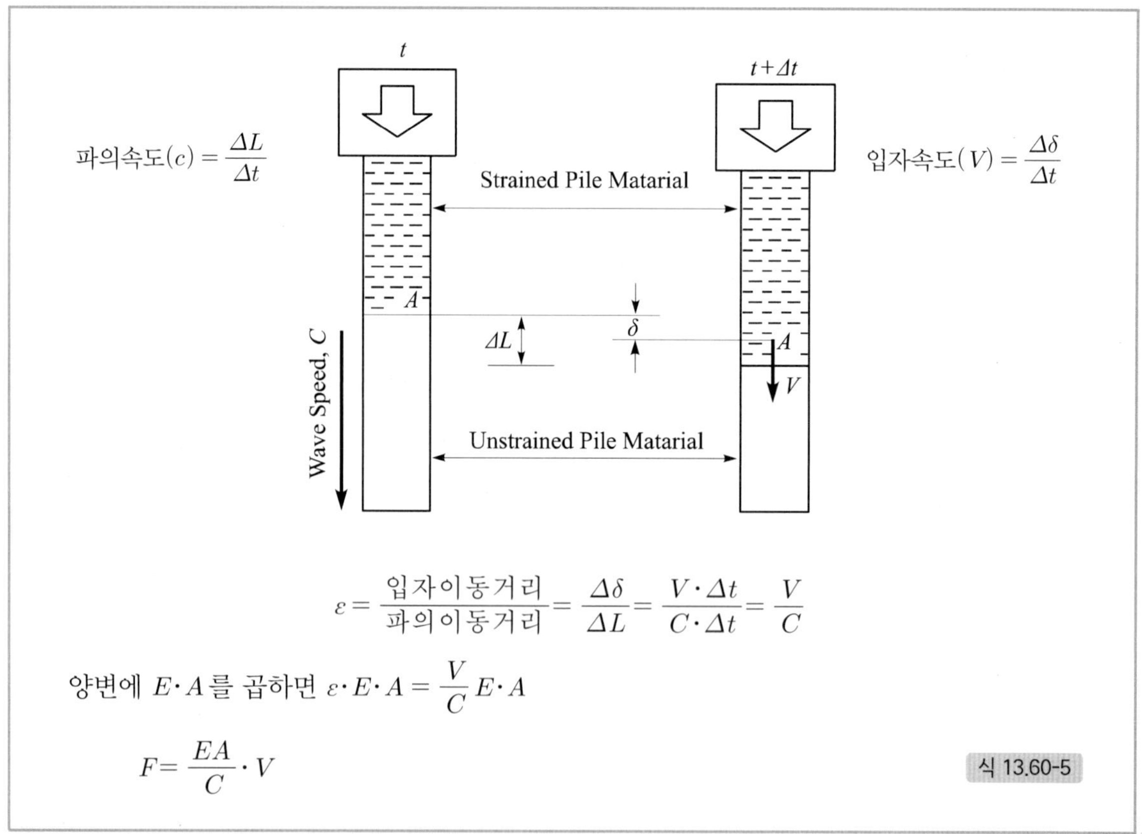

$$\varepsilon=\frac{\text{입자이동거리}}{\text{파의이동거리}}=\frac{\Delta\delta}{\Delta L}=\frac{V\cdot\Delta t}{C\cdot\Delta t}=\frac{V}{C}$$

양변에 $E\cdot A$를 곱하면 $\varepsilon\cdot E\cdot A=\dfrac{V}{C}E\cdot A$

$$F=\frac{EA}{C}\cdot V$$ 식 13.60-5

그림 13.60-2 힘(F)과 속도(V)의 비례관계

13.60 동재하 시험에 의한 방법(1)

1 힘과 속도의 비례관계(Proportionality)

- 어떤 질량을 갖는 물체 또는 해머가 말뚝두부를 타격하는 경우(단, 이 말뚝은 어떠한 저항력도 받고 있지 않으며 단면적이 일정한 것으로 가정) 그림 13.60-2처럼 **말뚝두부**는 압축상태에 놓이게 되며 이로 인해 **압축변형(ε)과 압축력(F)이 발생**한다. 이 힘(F)은 다시 말뚝을 따라 아래 방향으로 전달되면서 인접한 **말뚝입자를 차례로 압축**하게 된다. 말뚝재료가 압축됨에 따라 말뚝입자들은 변위를 일으키며 이러한 **말뚝입자의 변위속도를 입자속도(Particle Velodty, V)라고 부른다**.

- **질량 m을 갖는** 말뚝의 **한 입자가 Δt의 시간 동안** 어떤 크기의 **변위속도 V**를 갖게 되면 이 입자는 가속되어 **관성력($(V/\Delta t)\cdot m$)을** 유발하게 된다. 이 관성력은 압축력과 균형을 이루게 되는데 말뚝의 입자들이 가속화되기까지에는 얼마간의 시간이 소요되므로 변형(Strain)은 어떤 속도c로 이동하게 되며 이를 **파의 속도라 부른다.**

- 그림 13.60-2 같이 타격으로 인해 발생한 파가 시간 Δt 동안 ΔL 거리만큼 이동하였다면, ΔL은 식 13.60-1 로 표현할 수 있다.

$$\Delta L = \Delta t \cdot c \qquad \text{식 13.60-1}$$

이러한 파의 전파에 따른 어떤 점에서의 말뚝입자 A 의 변위량을 δ라 하면 변형률(ε)은

$$\varepsilon = \frac{\delta}{\Delta t} = \frac{\delta}{\Delta t \cdot c} \qquad \text{식 13.60-2}$$

한편 입자 A는 Δt 의 시간 동안 δ 만큼 이동하였으므로 식 13.60-3 으로 표현되는 입자속도(Particle Velocity) V를 갖는다.

$$V = \frac{\delta}{\Delta t} \qquad \text{식 13.60-3}$$

식 13.60-2 과 식 13.60-3 으로부터 식 13.60-4 를 얻을 수 있다.

$$\varepsilon = \frac{V}{c} \qquad \text{식 13.60-4}$$

식 13.60-4 의 양변에 말뚝의 탄성계수(E)와 단면적(A)를 곱하면 식 13.60-5 가 얻어진다.

$$F = \frac{EA}{c} V \qquad \text{식 13.60-5}$$

- 식 13.60-5 은 PDA를 이용한 동적해석의 기본이 되는 식으로, 비례계수 EA/c를 **말뚝의 임피던스**(impedance)라고 한다. 윗 식으로부터 **말뚝내 어느 한 점에서의 힘은 동일한 점에서의 입자속도에 비례**한다는 것을 알 수 있으며 **이를(힘과 속도의) 비례관계**(Proportionality)**라 규정**한다.

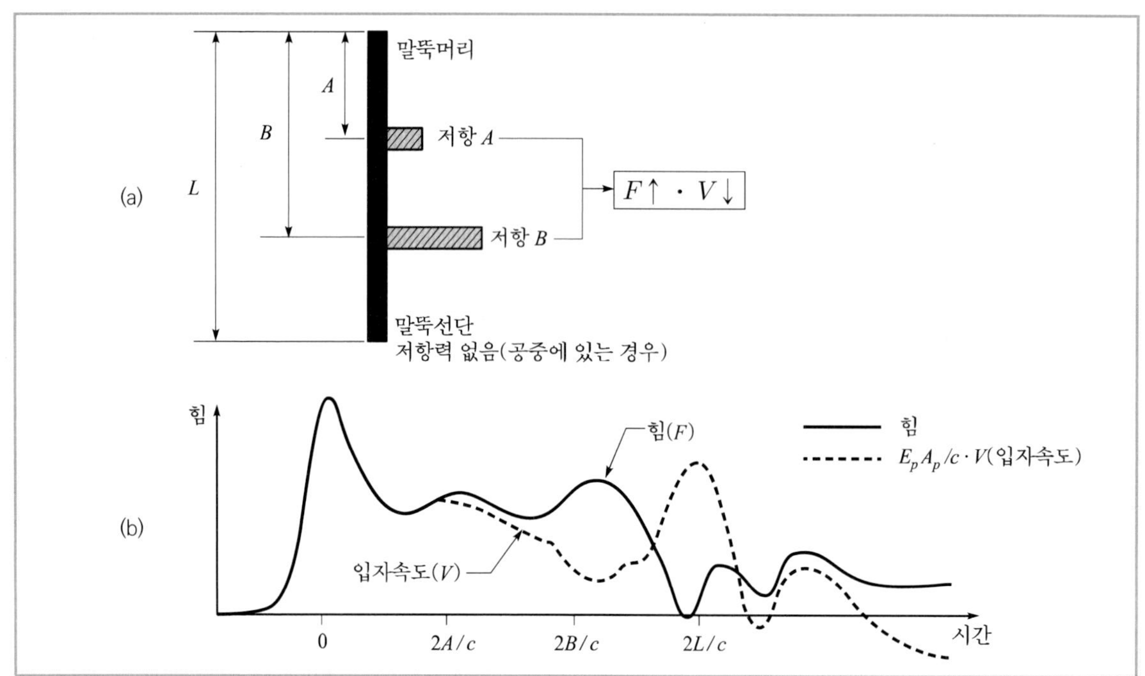

그림 13.61-1 힘과 파형에 대한 저항력의 영향

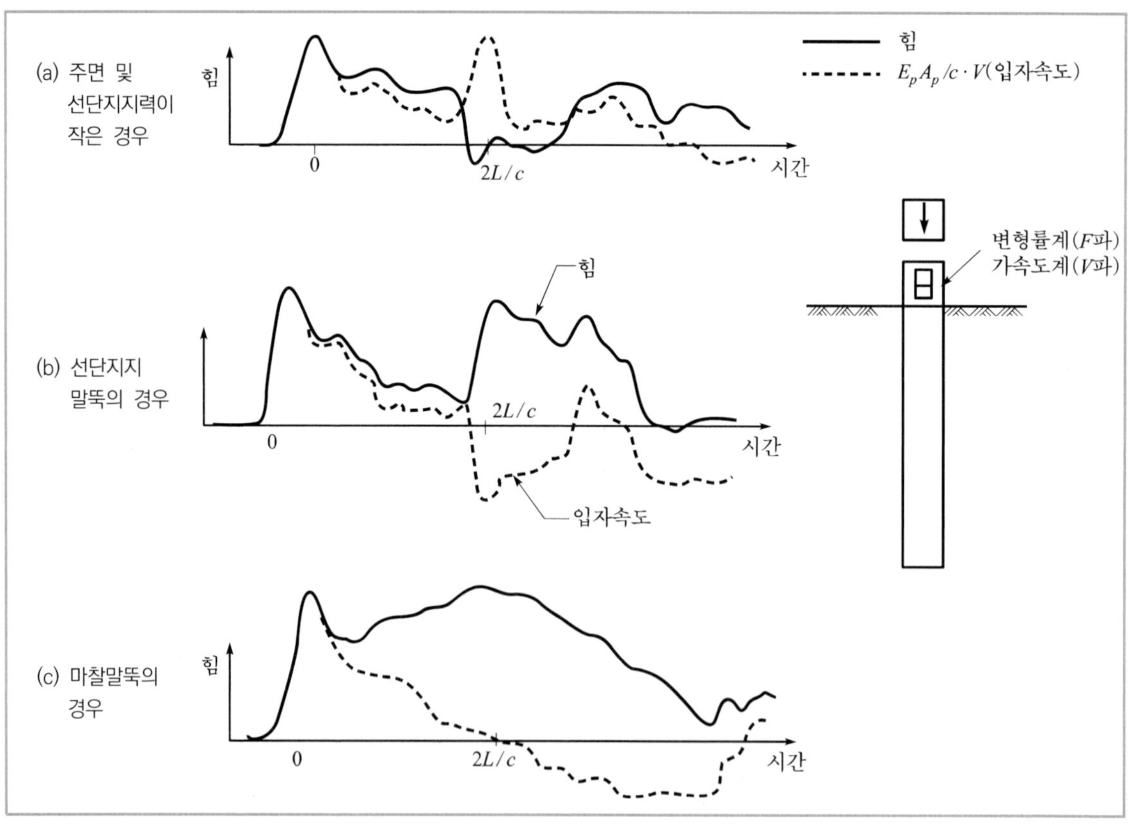

그림 13.61-2 힘과 속도 파형에 미치는 영향

13.61 동재하 시험에 의한 방법(2)

2 힘과 속도파형에 대한 지반저항력의 영향

- **변형률(F: 힘)** 및 **가속도(V: 속도)**는 계측기가 부착된 말뚝머리 부근에서만 계측되기 때문에 힘 및 속도의 파형은 초기에는 하향의 압축파에 의하여 생성되고 이후로는 지반의 저항으로 인하여 반사되는 상향파에 의해 주로 영향을 받는다. **흙의 저항력은 힘의 파형에 대해서는 증가를 가져오며, 속도는 저항요소에 의하여 감소를 가져온다.**(즉, 저항구간에서 $F\uparrow, V\downarrow$)

- 가장 단순한 경우로서 그림 13.61-1a에서와 같이 말뚝(강봉)깊이 A 및 B 지점에 저항요소가 있다고 하자. A 지점에서 저항요소로 인하여 반사파가 돌아오는 시간은 $2A/c$이다. 또한 B 지점으로부터 반사되어 오는 시간은 $2B/c$, 선단에서 반사되어 오는 시간은 $2L/c$이다.

- 말뚝머리에서 계측된 힘과 속도 파형을 그림으로 나타내면 그림 13.61-1b와 같다. 처음에는 힘과 속도가 같은 곡선이다가 **A 저항요소가 반사되어 오는 시간 $2A/c$에서** 힘은 저항요소로 인하여 증가하고 속도는 감소한다. **더 큰 B 저항 요소가 반사되어 오는 시점 $2B/c$에서는** 힘과 속도의 차는 더 크게 벌어질 것이다. 파가 말뚝선단 **L에 도달하면 선단에서는 저항요소 없이 공중에 노출되어 있으므로** 자유단으로서 인장파가 반사되며, 이 인장파는 앞의 경우와 반대로 힘은 감소시키고, 속도는 증가시킨다. 이는 그림 13.61-1b에서 시간 $2L/c$에 잘 나타나 있다.

- 실제로 그림 13.61-2 같이 말뚝이 지반에 근입되어 있는 경우 지반조건에 따라서 전혀 다르게 측정된 3가지 파형 예가 그림 13.61-2에 표시되어 있다. **힘과 속도의 파형으로부터 지반조건을 유추해보면** 다음과 같다.

① 주면마찰저항과 선단저항이 크지 않은 경우(그림 13.61-2a)

마찰저항이 크지 않으므로 시간 t_1 부터 시간 t_2 $(= t_1 + 2L/C)$ 까지 힘과 속도에 대한 파형분리가 크지 않고, 파가 선단부에에 이르러서는 힘의 파는 급격히 감소하고 속도는 증가하였다. 이는 주면마찰력이 크지 않은 지반에 관입되었으며, 선단은 아직도 견고한 층에 다다르지 못하였다고 유추할 수 있다.

② 선단지지말뚝의 경우(그림 13.61-2b)

힘과 속도에 대한 파는 주면부 $(0 \leq t < 2L/C)$에서는 크게 분리되지 않고 있으나 선단부($(t \approx 2L/C)$)에 이르자 힘의 파는 크게 증가하고, 속도의 파는 거의 0이 됨을 알수 있다. 주면마찰력이 크지 않은 선단지지말뚝으로 유추할 수 있다.

③ 주면지지말뚝의 경우(그림 13.61-2c)

초기부터 힘과 속도에 대한 파의 분리가 크게 발생한 경우로서 주면마찰력이 큰 마찰말뚝의 경우이다.

구분	CASE 방법	CAPWAP 방법
개요	• 계측결과를 간단한 공식에 대입하여 말뚝의 지지력을 예측하는 방법	• PDA 측정 파형과 계산파형이 일치될 때까지 경계조건(지지력, 흙의 저항분포, Quake, Damping)을 변화시키며 반복 계산
특징	• 현장에서 바로 결과 확인이 가능 • 간단한 계산식으로 해석	• 약산 공식이 아닌 프로그램 계산으로 신뢰성 증가 • 정재하시험의 10~15% 정도의 신뢰도를 보임
결과 이용	• **개략적 지지력 확인**(RMX, RSP, RAU) • 하중과 침하량 관계 확인 (Set value, RMX, EMX) • **항타시 말뚝재료 성능 및 거동 측정** (CSX, TSX, BTA) : 항타응력 측정 - 편타, 재료손상방지, PHC 인장응력 • 건전도 확인	• **선단지지력, 주면 마찰력**, 관입 깊이별 마찰력 분포 확인 가능 • **부주면마찰력 추정시** 항타(EOID) 및 재 항타(Restrike)에 따른 주면마찰력 및 관입 깊이별 지지력 분포 결과로 확인 • **정재하 시험 결과와 비교 분석** : 분석결과 정재하 시험 모사

표 13.62-1 동재하시험결과 해석 방법

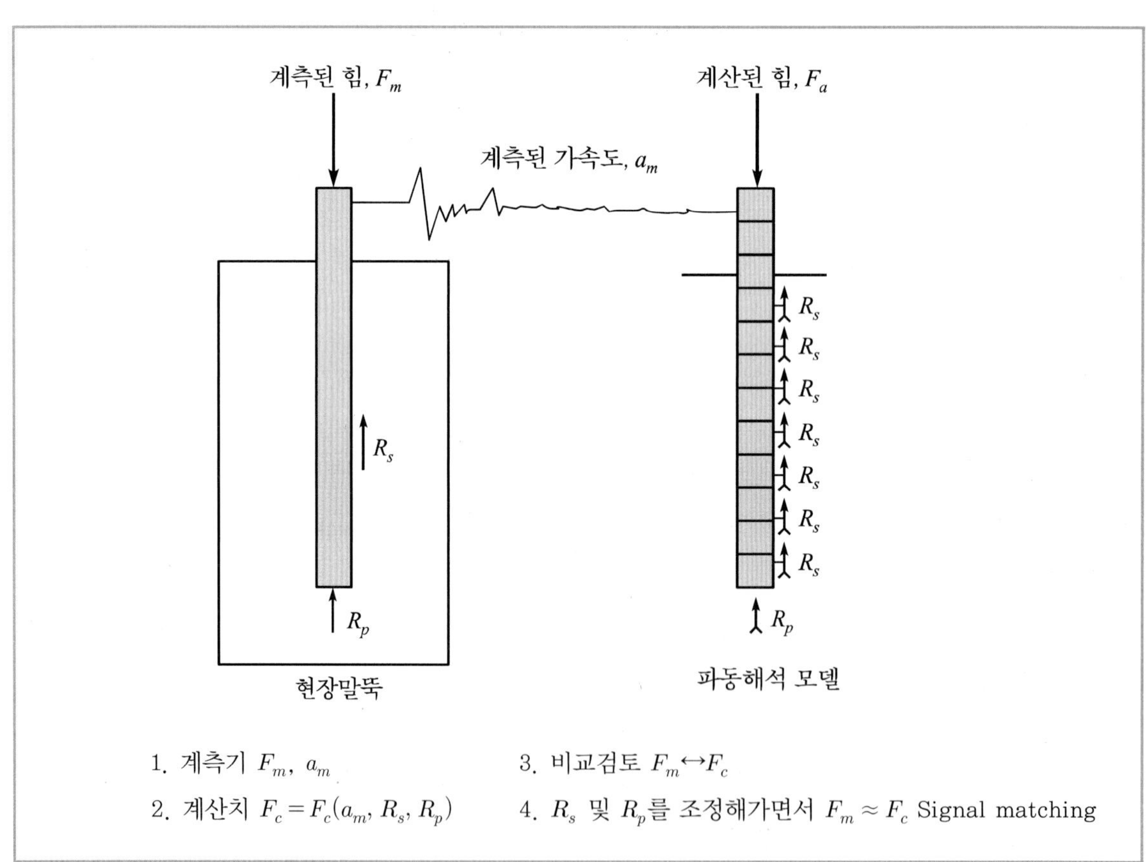

그림 13.62-1 CAPWAP 방법의 개념도

13.62 동재하 시험에 의한 방법(3)

③ 시험 결과의 분석 및 이용

■ 동재하시험 결과로 얻을 수 있는 것은 힘(F)과 속도(V)의 파형이다. 이를 이용하여 **말뚝의 관입저항력**을 구할 수 있는 간편식이 개발되었으며 **CASE 방법**이라고 불린다.

■ 한편 파동해석을 이용하여 측정된 힘과 힘과 계산되어진 힘에 대한 signal matching을 이용하여 지지력 및 **말뚝에 작용되는 응력**, **주면마찰저항력**의 분포 및 크기, **선단지지력**의 크기 등을 구할 수 있는 **CAPWAP 방법**이 있다. CAPWAP 방법의 개념도가 그림 13.62-1에 표시되어 있다.

■ 그림에서 보여주는 바와 같이 계측된 가속도 파형(a_m), 주면마찰저항력(R_s), 선단지지력(R_p)을 입력변수로 하여 파동해석을 실시하여 구한 힘의 파형(F_c)이 계측된 파형(F_m)과 같아질 때까지 반복적인 계산에 실시한다. **동재하시험 결과로서 다음의 결과물을 얻을 수 있다.**

> ① 말뚝의 축방향 극한저항력
> ② 항타응력을 이용하여 재료의 파손 가능성 검토
> ③ 지반조건 확인-주면마찰저항력 분포 예측
> ④ 선단지지력과 주면 마찰력 분리 가능
> ⑤ **시간경과 효과 확인**

■ 말뚝의 극한저항력에는 **시간경과 효과(set-up 혹은 relaxation)**가 있다고 하였다. 동재하시험을 항타 시에(EOID, End of Initial Driving) 먼저 실시하고, 추가로 일정시간이 경과한 후에 재항타(restrike)로 시험을 실시하여 결과를 비교하면 시간경과 효과를 비교적 명확히 알 수 있다.

■ 동재하시험은 정재하시험보다 훨씬 간편 신속하고 저렴한 비용으로 시험을 할 수 있기 때문에 위에서 설명한 파동방정식 해석의 여러 가지 한계를 극복하고 신뢰도 높은 설계를 할 수 있다. 특히 **시간경과에 따른 말뚝지지력 변화를 확인하는 방법으로는 거의 유일한 방안**이 된다.

■ 동적거동측정은 말뚝지지력 측정뿐만 아니라 항타 중에 말뚝에 발생하는 응력과 항타에너지를 결정하고 해머 효율을 관리하며 말뚝결함을 확인할 수 있는 장점을 갖고 있기 때문에 말뚝의 시공관리에 필수적이다. 그러나 이 시험법을 이용할 때에는 파동방정식 이론 및 동적거동측정 시험법에 숙달된 기술자의 참여가 바람직하며, 입력자료와 해석결과는 현장의 여타 토질특성을 고려하여 검토가 이루어져야 한다.

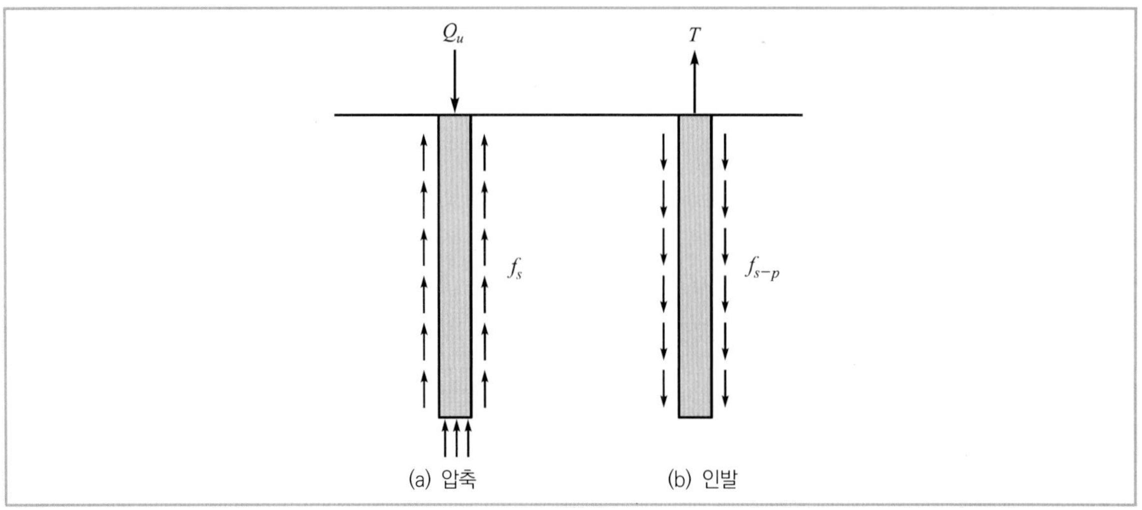

그림 13.63-1 압축지지력과 인발저항력

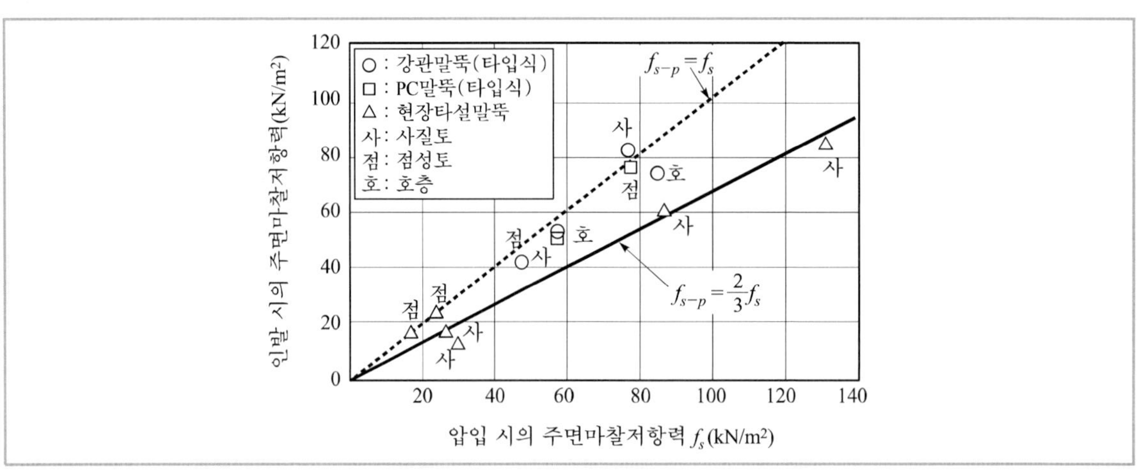

그림 13.63-2 압입 시와 인발 시의 주면마찰저항력 비교

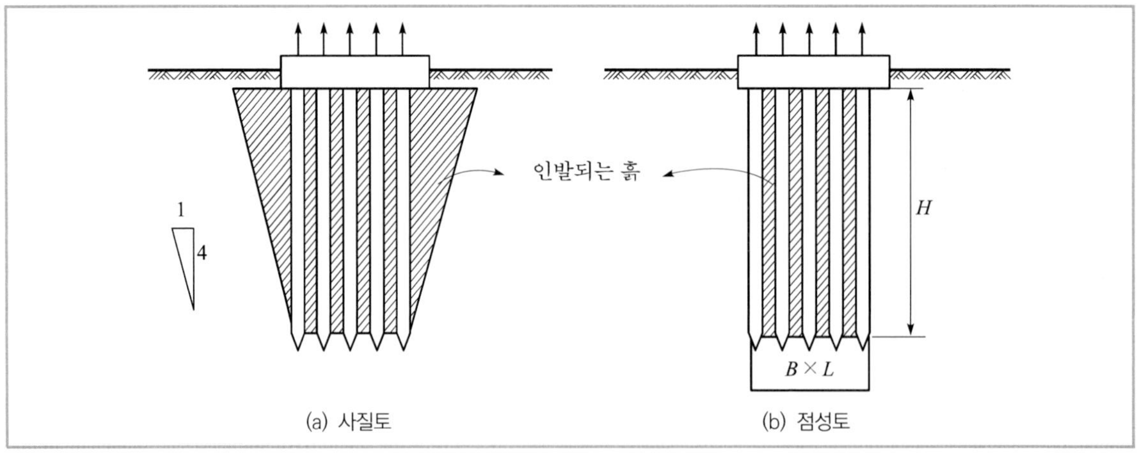

그림 13.63-3 무리말뚝의 인발저항력 추정

13.63 말뚝의 인발저항력

1 외말뚝의 인발저항력

■ 말뚝의 압축방향(下방향) 극한지지력은 그림 13.63-1a 과 같지만 현장 여건에 따라서 말뚝에 압축하중 대신 그림 13.63-1b 와 같이 인발력이 작용되는 경우도 종종 존재한다. 예를 들어서 **부력을 방지할 목적으로 설치된 말뚝**은 인발력이 작용되는 대표적인 경우이다. **인발저항력 역시 말뚝주면에서 작용되는 주면마찰저항력이다.**

■ 단, 저항력의 작용방향이 압축의 경우와 반대이다.(下방향). 그림 13.63-2 를 참조하면 인발시의 단위주면마찰력은 압입시의 단위주면마찰력의 (2/3~1) 사이로 보고되고 있다. 따라서 단**위인발저항력은 보수적인 관점에서 하한값이 2/3를 사용하면 다음 식으로 구할 수 있다.**

① 사질토의 경우

$$f_{s-p} \cong 2/3\, K_s \sigma_v{}' \tan\delta \quad \text{식 13.63-1}$$

② 점토의 경우

$$f_{s-p} \cong 2/3\, \alpha c_u \quad \text{또는} \quad f_{s-p} \simeq 2/3 \beta \sigma_v{}' = 2/3\, K_s \tan\phi_r{}' \quad \text{식 13.63-2}$$

③ 극한인발저항력은 결국 다음 식으로 표시되며, 설계자에 따라서 단위인발저항력을 단위주면마찰력의 80~90% 정도로 간주하기도 한다.

$$T = \sum p\, \Delta L\, f_{s-p} + W \quad \text{식 13.63-3}$$

여기서, W : 말뚝의 무게, p : 말뚝단면의 윤변 , ΔL : p와 f_{s-p}가 일정한 곳에서의 말뚝의 길이, f_{s-p} : 깊이 z에서의 말뚝의 단위인발저항력

2 무리말뚝의 영향을 고려한 무리말뚝의 인발저항력 산정방법

사질토의 경우에는 아래의 두 가지 중에서 작은 값을 택한다.

① 무리말뚝을 이룬 각 말뚝의 외말뚝으로서의 허용인발저항력

② 그림 13.63-3a 에 빗금으로 표시된 부분의 무게

점성토의 경우에는 다음 두 가지 중에서 작은 값을 택한다.

① 무리말뚝을 이룬 각 말뚝의 외말뚝으로서의 허용인발저항력의 합

② $T_u = H(B+L)\overline{C_u} + W$ 식 13.63-4

여기서, T_u :무리말뚝의 극한인발저항력, H : 말뚝머리 아래의 무리말뚝 깊이, B : 무리말뚝의 작은 폭, L : 무리말뚝의 큰 폭, $\overline{c_u}$: 점착력의 평균치, W : 무리말뚝에 포함된 흙 무게의 합

허용인발저항력을 구하기 위한 안전율 단기하중 2.0, 장기하중 3.0을 사용한다.

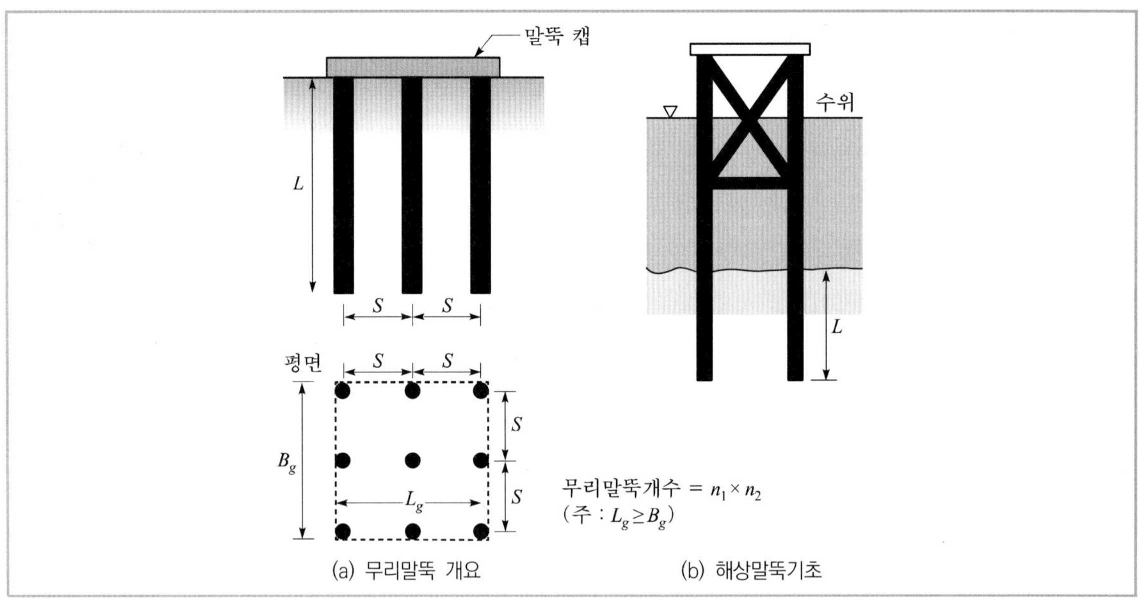

그림 13.64-1 무리말뚝 효과

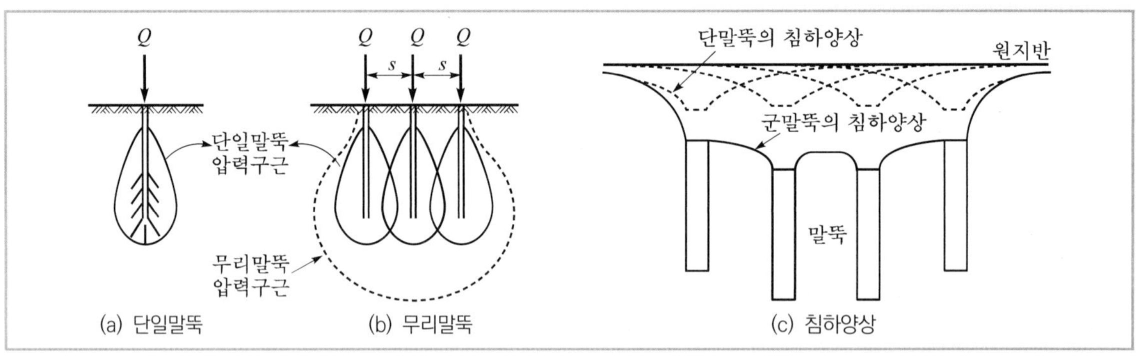

그림 13.64-2 마찰말뚝에서 단일말뚝과 무리말뚝의 압력구간, 침하양상

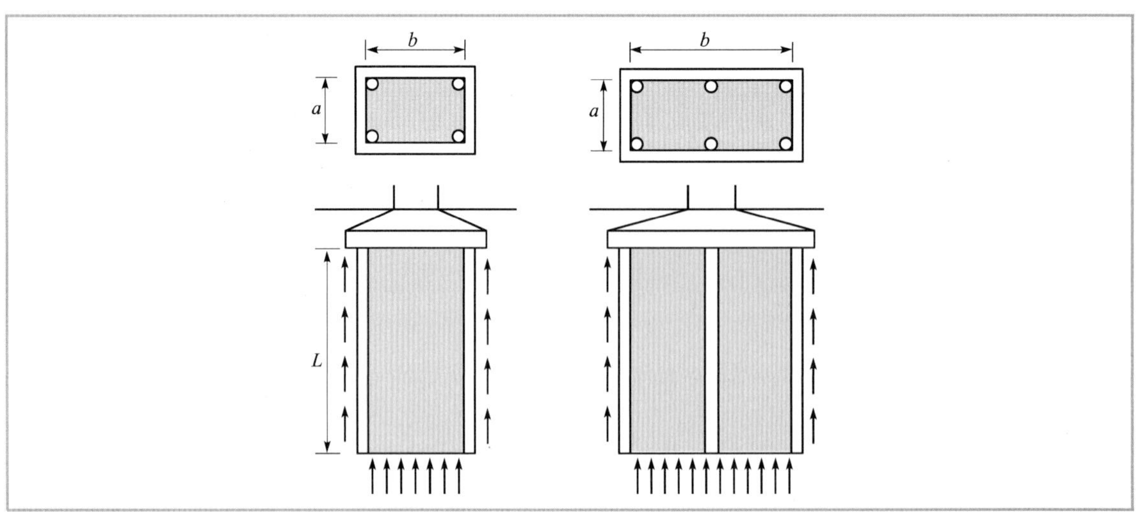

그림 13.64-3 무리말뚝의 지지력 산정

13.64 무리말뚝의 극한지지력(1)

1 무리말뚝(군) 효과 → 응력의 중첩으로 Q_s ↓ 현상 → 2가지 방법으로 무리말뚝 효과 고려

■ 대부분의 경우 말뚝은 그림 13.64-1a 같이 말뚝 캡을 설치하고 그 하부로 무리말뚝(group pile)으로 지지하는 것이 보통이다. 말뚝기초에서 말뚝간의 간격이 충분히 이격되어 있지 않으면 하중재하 시 간섭효과가 발생하여 단말뚝의 경우보다 안정성이 저하되는데 이를 **무리(군)말뚝 효과**라 한다. 대부분의 경우에는 말뚝 캡은 그림 13.64-1a 와 같이 지표면과 접촉하고 있으나, 해상 플랫폼과 같이 지면보다 위에 돌출되어 있는 경우도 있다(그림 13.64-1b).

■ **말뚝을 근접하여 설치**하는 경우 말뚝에 의해서 흙으로 전달되는 **응력이 겹치게 되어 말뚝의 지지력은 감소**할 수 있다. 무리말뚝 영향을 최소화하기 위하여 **말뚝 중심 간 간격을 말뚝 직경의 2.5배 이상이 되도록 설계**함이 보통이다. 그림 13.64-2 와 같이 무리말뚝의 경우는 응력에 영향을 받는 범위가 단일말뚝에 비하여 넓고 깊어서 **침하에는 더 많은 영향**을 받을 것이다.

■ **무리말뚝 효과를 우선적으로 정리**해보면 다음과 같다.

① 극한선단지지력은 관입전단파괴 형상이므로 말뚝 간격에 영향을 거의 받지 않는다.

② 결국 **무리말뚝 효과에 영향을 받는 것은 극한 주면마찰저항력**이다.

③ **사질토지반에 타입 공법으로 시공된 말뚝**은 타입 시 다짐 효과로 인하여 극한주면마찰저항력은 오히려 커지는 것이 보통이다. 안전 측 설계 관점에서 사질토에 타입된 말뚝은 **무리말뚝 효과를 고려할 필요가 없다.**

④ 결국 **무리말뚝 효과에 영향을 받는 말뚝은 매입 공법으로 시공된 말뚝**과, **점토지반에 근입된 말뚝**이다. 무리말뚝의 효율은 이 경우에 국한하여 주로 서술할 것이다.

⑤ 그림 13.64-1a 에서, 말뚝 캡 하부지반과 말뚝 캡 저면에서의 지지력(이것은 얕은 기초의 지지력과 같은 원리이다)도 있을 수 있다. 대부분의 경우 **실제 설계 시에는 다음의 이유로 저면에서의 지지력은 고려하지 않는다.**

- 캡 저면이 하부지반과 완전히 접촉되어 있다고 확신하기 어렵다.
- 접촉되어 있다고 하더라도, **말뚝과 비교하여 말뚝캡 저면에서 침하가 훨씬 많이 발생되어야 저면에서 저항력을 발휘할 수 있다.** 즉, 말뚝의 축하중-침하 곡선보다도 더 완만한 곡선을 이루기 때문에 설계하중 작용 시에 캡 저면에서의 저항력은 아주 작다. 단, 마찰 말뚝의 경우 말뚝캡 저면과 지반의 접촉을 완벽하게 해주어서 말뚝뿐만 아니라 캡에서의 저항력도 고려해주는 설계법도 존재하는 바, 이를 **말뚝지지 전면기초** 또는 **뜬 기초**(piled raft foundation)라고 한다. **설계하중은 캡으로 저항**해주고, **하부 말뚝은 침하저감용으로 이용하는 개념**이다.

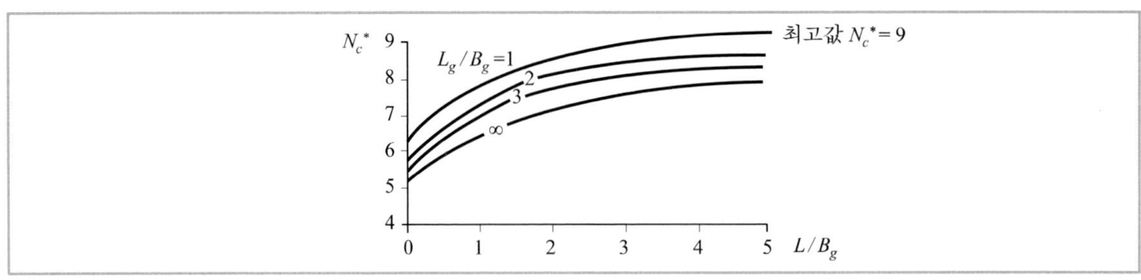

그림 13.65-1 L_g/B_g 및 L/B_g에 따른 N_c^*의 변화

<table>
<tr><th>구분</th><th>군말뚝효과 고려 방법</th></tr>
<tr><td>도로교 설계기준
(2001)</td><td>• 말뚝 중심 간격이 2.5D 이상이라면 단말뚝의 수평방향 지반반력계수 사용
• 말뚝 중심 간격이 2.5D 이하인 경우 수평방향 지반반력계수에 감소계수를 적용
• μ = 1−0.2(2.5−L/D) , (L<2.5D) 여기서, L : 말뚝 중심간격(m), D : 말뚝지름(m)</td></tr>
<tr><td>구조물기초설계기준
(2003)
캐나다기초설계지침
(1992)</td><td>• 하중작용 직각방향에 대해서는 말뚝간격이 2.5D 이상이면 군말뚝 효과를 고려하지 않음
• 하중이 작용하는 방향의 말뚝중심간 거리가 말뚝직경의 8배 이하일 경우 수평방향 지반반력계수 감소계수를 적용하는 방법으로 군말뚝의 영향을 고려함
<table>
<tr><td>말뚝간격</td><td>8D</td><td>6D</td><td>4D</td><td>3D</td></tr>
<tr><td>감소계수</td><td>1.00</td><td>0.70</td><td>0.40</td><td>0.25</td></tr>
</table></td></tr>
<tr><td>FHWA
Federal Highway
Administraion</td><td>• 미연방도로국(FHWA) 설계지침서에서는 Brown(1988)과 McVay(1995)에 의하여 시행된 현장시험과 원심모형시험 시험결과로부터 군말뚝효과를 다음과 같이 제시
<table>
<tr><th rowspan="2">지반종류</th><th rowspan="2">시행시험</th><th rowspan="2">말뚝
중심간격</th><th colspan="3">말뚝열에 따른 감소계수(Pm)</th><th rowspan="2">전체
감소계수</th></tr>
<tr><th>1열</th><th>2열</th><th>3열이후</th></tr>
<tr><td>매우조밀한 모래</td><td>현장시험</td><td>3D</td><td>0.8</td><td>0.4</td><td>0.3</td><td>75%</td></tr>
<tr><td rowspan="2">보통조밀한 모래</td><td rowspan="2">원심모형시험</td><td>3D</td><td>0.8</td><td>0.4</td><td>0.3</td><td>74%</td></tr>
<tr><td>5D</td><td>1.0</td><td>0.85</td><td>0.7</td><td>95%</td></tr>
<tr><td>느슨한 모래</td><td>원심모형시험</td><td>3D</td><td>0.65</td><td>0.45</td><td>0.35</td><td>73%</td></tr>
</table></td></tr>
<tr><td>Lymon C.
Reese(1996)</td><td>• 하중작용방향과 하중직각방향 말뚝간격과 군말뚝효과의 관계를 시험결과로부터 제시하였으며, 군말뚝효과는 고려하지 않아도 되는 말뚝간격은 다음과 같음
<table>
<tr><th rowspan="2">하중직각방향
말뚝간격의 영향</th><th colspan="2">하중작용방향 말뚝간격의 영향</th></tr>
<tr><th>첫번째열</th><th>뒷열</th></tr>
<tr><td>Group Efficiency – s/b
○ Cox et al
□ Wng and Reese
● Liang
$\beta_a = 0.5292(s/b)^{0.5669}$ for $1 \le s/b \le 3.28$
$\beta_a = 1.0$, $s/b \ge 3.28$</td><td>Group Efficiency – s/b
○ SCHMIDT85
□ SCHMIDT81
● Cox et al
$\beta_{bL} = 0.7309(s/b)^{0.2579}$ for $1 \le s/b \le 3.37$
$\beta_{bL} = 1.0$, $s/b \ge 3.37$</td><td>Group Efficiency – s/b
○ SCHMIDT85
□ SCHMIDT81
● Cox et al
■ Lieng(dense)
$\beta_{bT} = 0.5791(s/b)^{0.3251}$ for $1 \le s/b \le 5.37$
$\beta_{bT} = 1.0$, $s/b \ge 5.37$</td></tr>
<tr><td>3.1 D</td><td>3.37 D</td><td>5.37 D</td></tr>
</table></td></tr>
<tr><td>적용</td><td>
<table>
<tr><th>구분</th><th>일반적인 설계</th><th>군말뚝을 고려한 수치해석</th></tr>
<tr><td>군말뚝효과
감소계수</td><td>말뚝 간격이 2.5D 이상이므로
군말뚝 효과를 고려하지 않음</td><td>말뚝 간격이 2.5D~3.0D이므로
수평방향 지반반력 감소계수 적용</td></tr>
</table></td></tr>
</table>

표 13.65-1 수평하중을 받는 말뚝의 무리말뚝효과 고려 방법

13.65 무리말뚝의 극한지지력(2)

2 무리말뚝의 효율

■ 무리말뚝의 축방향 압축지지력은 외말뚝의 축방향 압축지지력에 말뚝 및 지반조건(사질토, 점성토, 암반 등)에 따라 적합한 무리말뚝효과를 고려하여 산정한다. 무리말뚝의 효율(η)은 식 13.65-1 같이 정의한다.

$$\eta = \frac{Q_{g(u)}}{\sum Q_u} \qquad \text{식 13.65-1}$$

여기서, $Q_{g(u)}$: 무리말뚝의 극한지지력, $\sum Q_u$: 외말뚝들의 지지력 합

3 사질토지반에 타입된 무리말뚝($\eta \fallingdotseq 1$) → 사질토 지반에 매입된 무리말뚝 ($0 < \eta < 1$)

■ 모래 자갈층에 타입된 선단지지 말뚝의 경우에는 지지층 내의 응력집중이 크게 문제 될 것이 없으므로 무리말뚝의 효과를 고려하지 않으며

■ 모래층에 타입된 마찰말뚝의 경우에는 말뚝관입 시에 주변 모래를 다져서 전단강도를 증가시키게 되는데, 이렇게 증가한 지지력과 무리말뚝 효과에 의하여 감소되는 지지력이 상쇄되어 역시 무리말뚝 효과를 고려하지 않는 경우도 있다.

4 점성토지반에 근입된 무리말뚝

■ 점성토지반에서 무리말뚝의 지지력은 **외말뚝 지지력의 합(ΣQ_u)**과 **말뚝무리의 바깥면을 연결한 가상케이슨의 극한지지력($Q_{g(u)}$)**을 구하여 **그 중 작은 쪽을 택한다**. 이 가상 케이슨의 지지력은 케이슨 바닥면에서의 극한지지력과 케이슨 벽면 마찰저항력의 합으로 구한다. 즉,

$$Q_{g(u)} = q_p A_g + \overline{f_s} A_s \qquad \text{식 13.65-2}$$

여기서, $Q_{g(u)}$: 무리말뚝을 케이슨으로 간주했을 때의 극한지지력

q_p : 케이슨 바닥면의 단위면적당 극한선단지지력($q_p = c_u N_c^*$)

(지지력 계수 N_c^* 는 L_g / B_g 및 B_g / L 의 함수로서 그림 13.65-1 이용)

A_g : 케이슨 바닥면의 면적(그림 13.64-3 에서 $a \times b$)

$\overline{f_s}$: 평균 단위면적당 극한주면마찰력

A_s : 가상케이슨의 주면적(그림 13.64-3 에서 $2(a+b)L$)

5 암반에 근입된 무리말뚝($\eta \fallingdotseq 1$)

■ 경사진 암반에 무리말뚝이 시공된 경우에는 기초저면 암반의 활동파괴에 대한 검토가 필요하며 지지력에 대해서는 무리말뚝 효율을 고려하지 않는다.

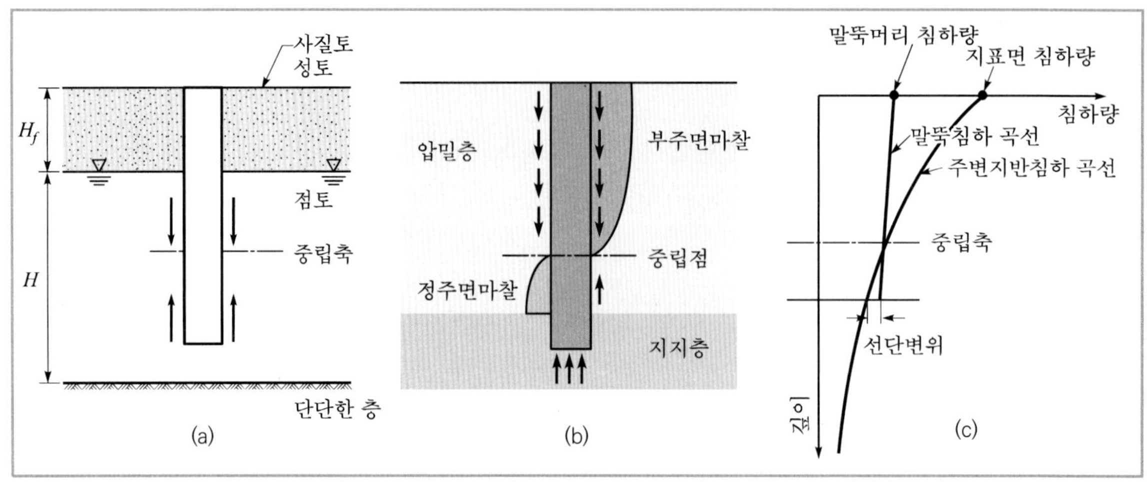

그림 13.66-1 말뚝의 부주면마찰력

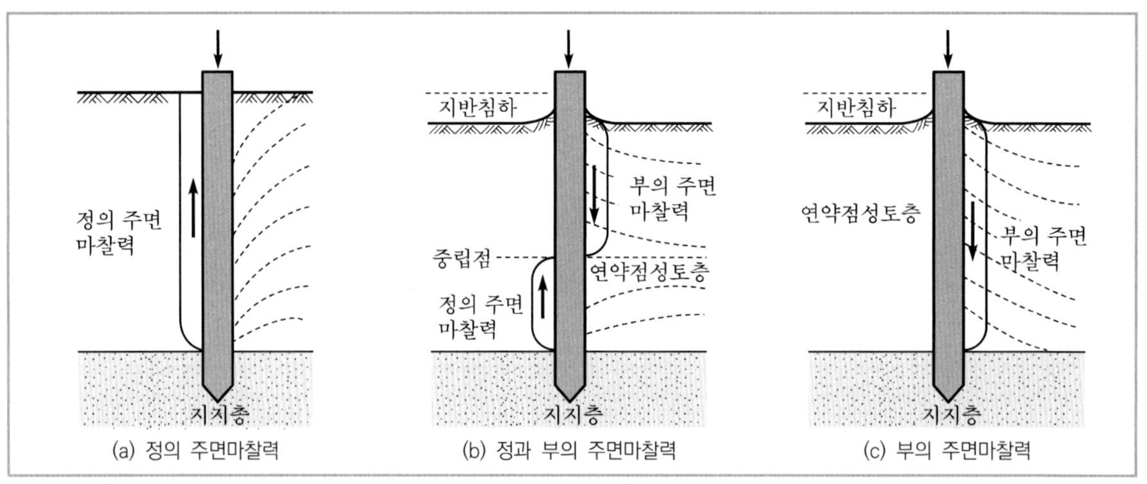

그림 13.66-2 부마찰력의 진행과정

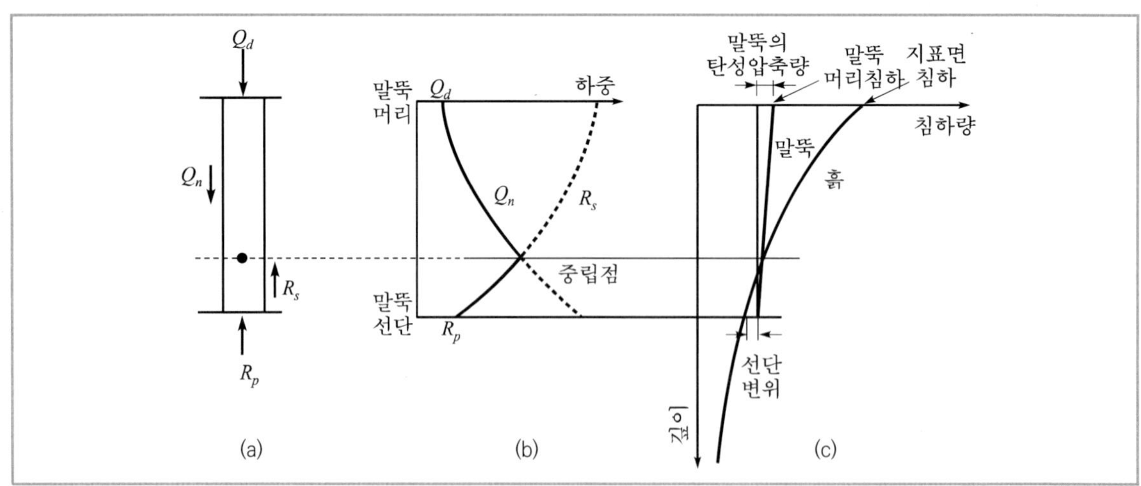

그림 13.66-3 말뚝의 중립점 결정 방법(캐나다 지반공학회, 2006)

13.66 말뚝의 부주면마찰력(1)

1 부주면마찰력 이란?

CHAPTER 13

- 말뚝이 포화된 점토층을 관통하여 지지되어 있는 경우에는 포화된 점토층 위에 성토를 하거나 지하수위가 저하되면 **점토층에 압밀침하가 발생하고 침하하는 지층은 말뚝에 대해서 하향의 마찰력을 유발시킨다.** 이러한 마찰력은 상향의 주면마찰력과는 반대로 말뚝에 재하되는 하중으로 작용하게 되며 이를 부주면마찰력이라 한다. **주변 지반이 말뚝 자체보다 더 많이 침하하는 경우**를 그림 13.66-1c 에 나타내었다. 그림에서 포화된 점토지반 위에 두께 H_f 만큼 사질토로 성토를 하게되면 점토지반은 압밀침하를 하게 된다. 만일 압밀침하가 완료되기 전에 말뚝을 설치하면, 말뚝설치 이후에도 주변지반은 압밀침하를 계속하기 때문에 말뚝주면에는 하방향으로 부주면마찰력이 발생된다.

- **부주면마찰력은 말뚝의 지지력에 관한 문제**라기보다는 말뚝과 주변지반 간의 상대변위 발생으로 인하여 **말뚝에 작용하는 최대하중의 크기와 작용위치가 달라지는 문제**로 취급되어야 한다. 따라서 **부주면마찰력의 크기**는 말뚝과 지반의 상대침하량, **중립점(면)의 위치를 고려하여 산정**하고, 부주면마찰력을 받는 말뚝은 **말뚝재료의 허용하중, 지반의 허용지지력, 말뚝의 허용침하량을 모두 만족**하여야 한다.

2 부주면마찰력의 크기

중립축의 위치 결정

- **부주면마찰력을 구하기 위해서 제일 먼저 알아야 하는 것**이 중립축의 위치이다(그림 13.66-1b). 말뚝주면 압밀침하량은 지표면에서 최대이고 깊이에 따라 점차 감소하여 압밀층 최하단 에서는 영이 된다. 따라서 압밀층 내의 한 면에서는 **지반침하와 말뚝의 침하가 같아서 상대적 변위가 없는 중립면이 있고 부주면마찰력은 이 중립면 위에서만 발생한다.** 중립면의 위치는 말뚝이 박혀 있는 지지층의 굳기와 주변 지반의 침하량에 따라 달라진다. **부주면마찰력이 발생하면 말뚝에 작용하는 최대하중은 중립면에 위치하므로 말뚝이 손상될 가능성은 항상 중립면 부근에서 존재한다.** 따라서 무엇보다도 중립면의 결정이 선행되야 한다. 중립면의 깊이는 다음 중 한 방법으로 결정한다.

① 말뚝의 근입깊이에 따른 말뚝과 주변지반과의 침하해석(Canadian Geotechnical Society, 2006) (그림 13.66-3c 참조)

② 부주면마찰력에 의한 말뚝두부로부터의 축하중 곡선과 정주면마찰력을 고려한 지지력 곡선의 교차점 결정 (그림 13.66-3b 참조)

③ 경험식의 적용(H : 압밀층의 두께) → 독자들은 아래의 경험값에 대해 고민해 보라.
- 마찰말뚝이나 불완전지지말뚝의 경우 : 0.8H
- 보통의 모래, 모래자갈층에 지지된 경우 : 0.9H
- 암반이나 굳은 지층에 완전 지지된 경우 : 1.0H

구분	점토	실트	모래
β	0.20 ~ 0.25	0.25 ~ 0.35	0.35 ~ 0.50

표 13.67-1 β 값의 대표치

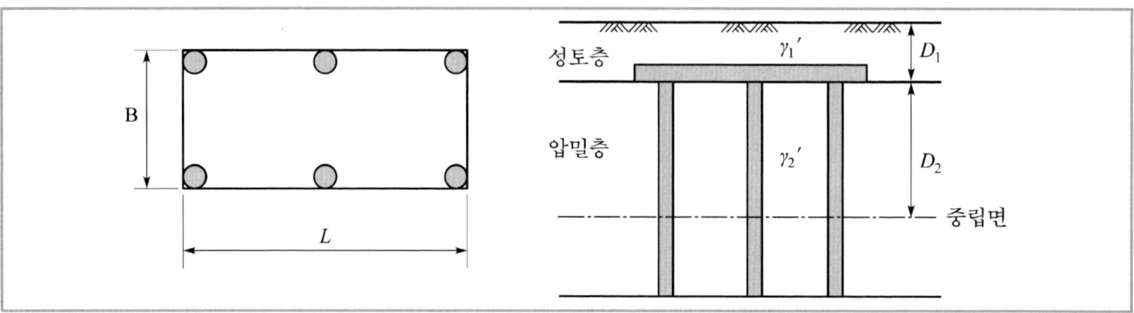

그림 13.67-1 무리말뚝의 부주면마찰력

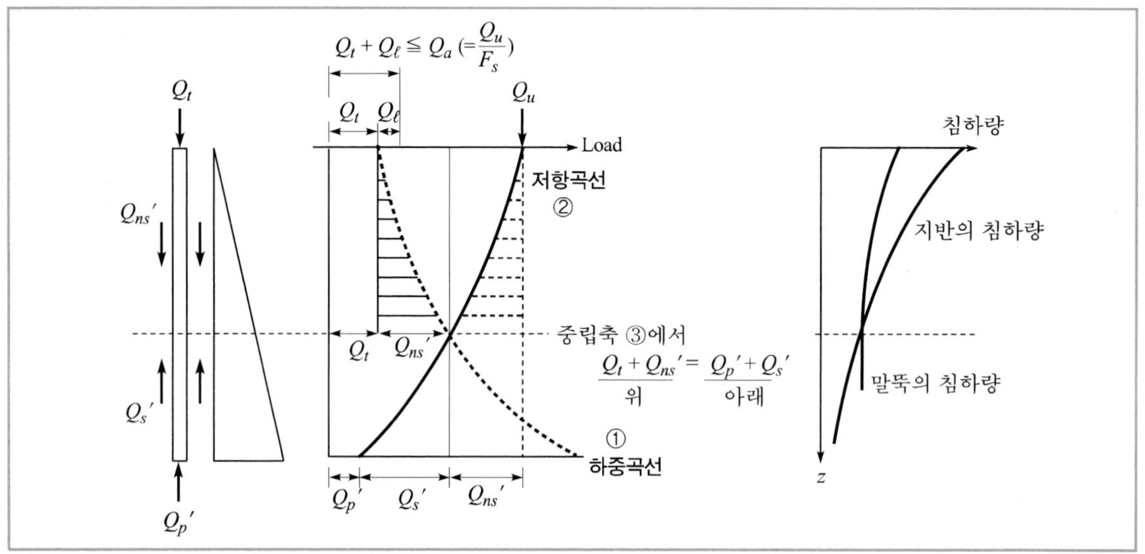

그림 13.67-2 중립면의 정의와 사용하중 조건에서 말뚝의 하중 및 지지력 분포

※ 그림 13.67-2에 대한 이해

① 하중곡선 : Q_t에서 시작하는 곡선

② 저항곡선 : Q_u에서 시작하는 곡선,

③ 중립축 위치 : 곡선①과 곡선②의 교점 → 그런데 왜? 하중곡선은 사하중(Q_t)만 고려하고 활하중(Q_l)을 포함하지 않을까? → 중립축 위치가 올라가면 부마찰력의 크기는 감소됨을 생각

④ 중립축 위에서 말뚝에 걸리는 하중($Q_t' + Q_{ns}'$) = 중립축 아래에서 지반의 저항력($Q_p' + Q_s'$)

④ 말뚝에 두부에 걸리는 사하중+활하중($Q_t + Q_l$) ≤ $Q_a \left(= \frac{Q_u}{F_s}\right)$

해설 13.67-1

13.67 말뚝의 부주면마찰력(2)

부주면마찰력 크기 산정

① 외말뚝

$$Q_{ns} = f_n A_s$$ 식 13.67-1

여기서, Q_{ns} : 부주면마찰력, A_s : 부주면마찰력이 작용하는 부분의 말뚝 주면적

f_n : 단위면적당 부주면마찰력

– α 계수법 : $f_n = \alpha c_u$ (비배수조건, 점토와 점토질실트의 **단기거동 해석**)

– β 계수법 : $f_n = \beta \sigma_v{}'$ (배수조건, 점토와 사질토의 **장기거동 해석**)

※ 여기서 β값의 대표치는 표 13.67-1 을 따른다.

② 무리말뚝

무리말뚝의 경우 외말뚝의 부마찰력에 말뚝수를 곱한 값과 무리말뚝의 부마찰력 최대값($Q_{ng(\max)}$)중 작은 값을 선택한다. **무리말뚝에 작용하는 총 부주면마찰력은 외말뚝의 부주면마찰력의 합보다 작고** 무리말뚝 내에서도 외부말뚝보다는 내부말뚝의 부주면마찰력이 훨씬 작다. 그러나 현재까지 외말뚝에 비하여 무리말뚝 내 개개 말뚝들의 중립면 및 부주면마찰력 산정에 대하여 확립된 기준은 없다. 근사적으로 **무리말뚝에 작용하는 부주면마찰력의 최대값은 무리말뚝으로 둘러싸인 흙덩어리와 그 위의 성토 무게를 합한 것이다.** 즉

$$Q_{ng(\max)} = B \times L(\gamma_1{}' D_1 + \gamma_2{}' D_2)$$ 식 13.67-2

여기서, $Q_{ng(\max)}$: 무리말뚝의 부주면마찰력 최대값(그림 13.50-1 참조)

B : 무리말뚝의 폭, L : 무리말뚝의 평면상 길이

$\gamma_1{}'$: 성토된 흙의 유효단위중량, D_1 : 성토층 두께

$\gamma_2{}'$: 압밀토층의 유효단위중량, D_2 : 중립층위 압밀토층의 두께

3 부주면마찰력 작용 시 말뚝의 축방향 허용지지력에 대한 2가지 다른 개념

① 부마찰력은 정마찰력과 반대 방향으로 작용하므로 지지력을 감소시킨다.

$$Q_a = \frac{Q_p + Q_{ps}}{FS} - Q_{ns}$$ 식 13.67-3

$$Q_a = \frac{1}{F_s}(Q_p + Q_{ps} - Q_{ns})$$ 식 13.67-4

여기서, Q_a : 허용지지력, Q_p : 극한 선단지지력

Q_{ps} : 중립면 하부에서 저항하는 극한 정주면마찰력

Q_{ns} : 중립면 상부에 작용하는 극한 부주면마찰력

F_s : 안전율(극한지지력에 대하여는 3.0, 항복지지력에 대하여는 2.0을 적용)

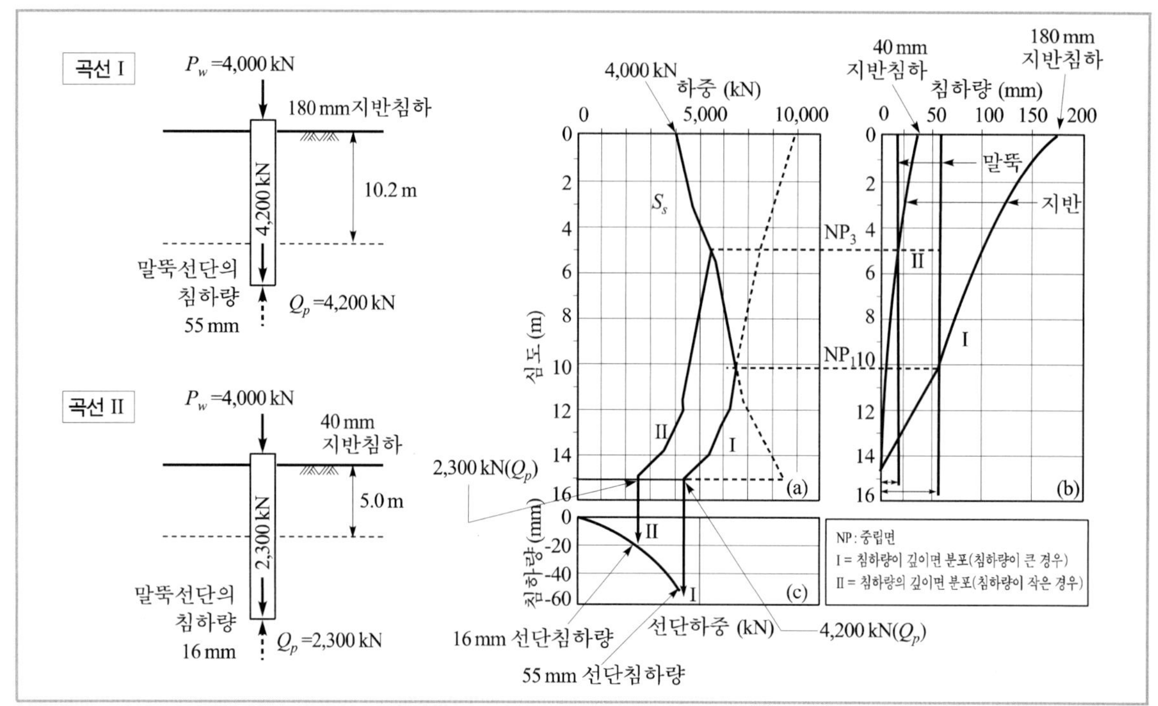

그림 13.68-1 지반의 침하량 커질수록 부주면마찰력 증가하고, 말뚝의 침하량 커진다.

※ 그림 13.68-1에 대한 이해

① **부주면마찰력이 커지면 말뚝의 침하량도 커진다.** 그림 13.68-1은 일정한 사하중이 작용할 때 지반의 침하량 크기에 따라 부주면마찰력과 침하량이 어떻게 변화는가를 보여주는 자료이다.

② 그림(a)의 곡선 I 은 단일말뚝에 사하중 $4,000kN$이 작용하였을 때 지표면의 침하가 $180mm$ 발생한 경우에 대해 축력의 변화를 보여주고 있고, $10.2m$의 깊이에서 **축력이 최대로 증가**하였는데 이 증가량은 **지반의 침하로 기인한 부주면마찰력**이다. 이 위치가 **중립면**이 된다.

③ 중립면 아래에서는 마찰력이 상향으로 작용함으로써 축력이 감소하였다. 그림(b)를 보면 말뚝머리에서 말뚝의 침하량은 $60mm$ 이상 발생하였지만 중립면에서는 말뚝과 지반의 침하량이 동일하게 $60mm$ 정도 침하했고 말뚝선단의 침하량은 $55mm$ 발생하였다(그림(c)). 이것은 말뚝이 하중을 받아 수축하였기 때문이다. 한편, 곡선 II와 같이 지표면의 침하량이 $40mm$ 정도 발생하였을 때는 중립면은 곡선 I 보다 훨씬 위에서 나타났고 선단에서의 하중은 $2,300kN$으로 측정되었다. 이 값은 곡선 I 의 선단에서의 하중 $4,200kN$에 비해 훨씬 낮다. 그림(b)를 보면 말뚝머리의 침하량은 $20mm$이지만 말뚝선단에서는 $16mm$로 측정되었다(그림(c)).

④ 그림(c)는 말뚝선단으로 전이된 하중과 침하량과의 관계를 보여주고 있다. **지반의 침하량이 클수록 중립면은 아래로 놓이고, 말뚝의 선단으로 전이된 하중이 커지며** 이에 따라 **침하량도 커진다**는 것을 보여주고 있다.

해설 13.68-1

13.68 말뚝의 부주면마찰력(3)

- 식 13.67-3 은 암반층에 근입된 대구경의 강성 말뚝과 같이 구조물에 의한 상재하중으로 발생되는 말뚝의 침하가 작을 경우에 안전측으로 허용하중을 산정하는 방법이며, 식 13.67-4 는 구조물에 의한 상재하중으로 말뚝의 침하가 어느 정도 예상될 때 사용하는 방법으로, 상부 구조물에 손상이 발생하지 않는 허용침하량 이내로 침하가 예상될 경우 사용된다.

② 부주면마찰력은 **말뚝축력을 증가시키는 하중으로 작용하여 침하와 재료성능의 문제**이지 말뚝의 **부주면마찰력으로 인해 말뚝의 지지력을 감소시키지 않는다.**

$$Q_a = \frac{1}{FS}(Q_p + Q_s) > Q_t + Q_l \quad \text{식 13.68-3}$$

$$(Q_t + Q_{tns}) = (Q_{tp} + Q_{tps}) \quad \text{식 13.68-4}$$

여기서, Q_a : 허용지지력, Q_p : 극한 선단지지력, Q_s : 극한 주면마찰력

Q_t : 말뚝에 작용하는 고정하중

Q_l : 말뚝에 작용하는 활하중

Q_{tns} : 고정하중 Q_t 에 대한 중립면 상부의 부주면마찰력

Q_{tp} : 고정하중 Q_t 에 대한 중립면 하부의 선단지지력

Q_{tps} : 고정하중 Q_t 에 대한 중립면 하부의 정주면마찰력

4 부주면마찰력 작용 시 말뚝의 허용하중의 결정

부주면마찰력은 **말뚝에 대해 하중으로 작용하므로 말뚝재료의 구조적 손상을 발생**시킬 수 있다. 따라서 말뚝재료의 허용압축하중($\sigma_y \cdot A_t$)은 다음을 만족하여야 한다.

$$\sigma_y \cdot A_t \geq (Q_t + Q_{tns}) \times F_s \quad \text{식 13.68-5}$$

여기서, σ_y : 말뚝재료의 항복응력(강관은 항복응력, PHC는 압축강도의 1/2 적용)

A_t : 말뚝의 순단면적

Q_t : 말뚝에 작용하는 고정하중

Q_{ns} : 중립면에 작용하는 극한 부주면마찰력

F_s : 안전율(정확한 지반강도 및 중립면 산정시에는 1.0, 그 외에는 1.2적용)

5 부주면마찰력이 말뚝의 침하량에 끼치는 영향

- 그림 13.68-1 및 해설 13.68-1 을 통해 설명되어 있다. 이를 통해 독자들은 **부주면마찰력**은 지지력의 문제라기보다는 **말뚝기초의 침하량을 증가시키므로 침하해석이 중요하다는 사실을 반드시 이해**하기 바란다.

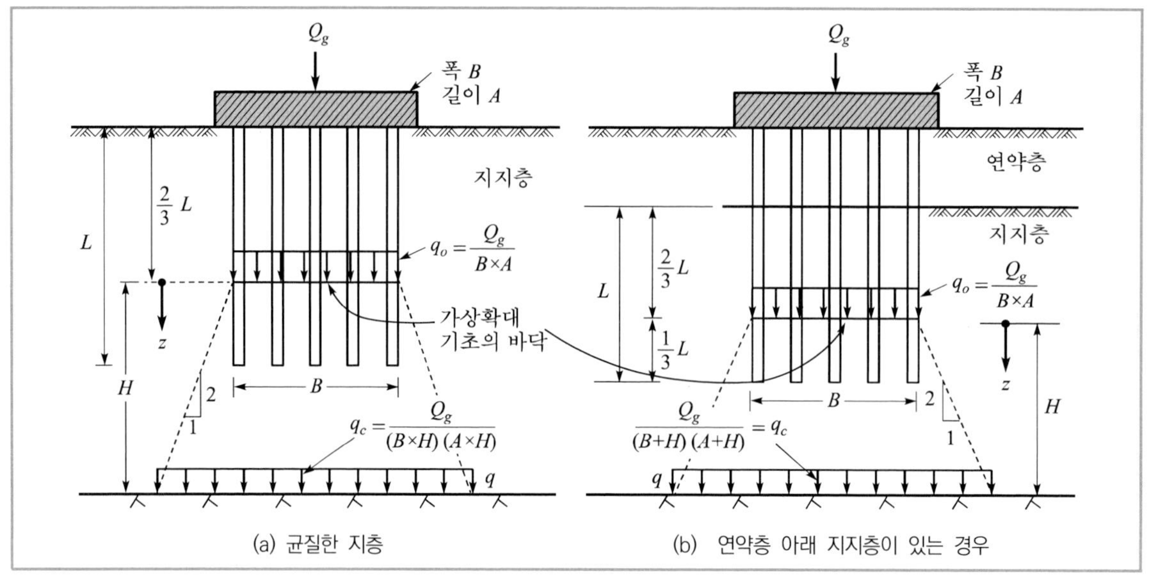

그림 13.69-1 등가피어 방법(Tomlinson, 1994) → H를 연약층으로 가정(따라서 침하량 계산시 $\frac{H}{2}$ 기준)

부마찰력 저감대책	부주면마찰력 측정방법
① Preloading을 가해 지반침하를 미리 발생시킴 ② 이중관 말뚝사용 ③ 말뚝에 역청재료도포 ④ 표면적이 작은말뚝을 사용(예: H형말뚝) ⑤ 확대선단말뚝+벤토나이트 슬러리채움 ⑥ Preboring+벤토나이트 슬러리를 채운 후 말뚝설치 ⑦ 군말뚝설치(점토지반) ⑧ 전기삼투를 이용하여 말뚝주변에 물막이 층을 형성	부주면마찰력 발생이 우려되는 지반조건에서는 반드시 **선단지지력과 주면마찰력을 분리 측정**하여 설계 허용지지력을 추정 하여야 한다. ① 정재하시험 재하시험시계측기(변형률계)를 설치하여 말뚝의 변형분포 측정 → 이중관식 재하법 ② 동일말뚝에 압축재하시험과 인발재하시험을 실시하여 추정 ③ 동재하시험을 실시 ④ 양방향재하시험 또는 Osterberg시험

표 13.69-1

개념정리 ㉓ 부주면마찰력을 받는 말뚝기초의 새로운 설계방향

① 부마찰력은 허용지지력을 감소시키지 않는다.
② 부마찰력을 받는 말뚝은 가능한 한 마찰말뚝으로 설계하는 것이 경제적이고 합리적이다.
③ 부마찰력은 말뚝기초의 침하량을 증가시키므로 침하해석이 중요하다.
④ 말뚝기초에 대한 사용하중을 증가시키면 경제적인 설계가 된다(creep pile의 개념).
⑤ 부마찰력은 말뚝구조체에 하중을 증가시킨다.

위 ①~⑤는 김상규 교수님이 한국지반공학학회지에 기고한 기술기사 "**부마찰력의 진실(부마찰력은 허용지지력을 감소시키지 않는다)**" 내용을 근거한 것이다. 독자들은 반드시 이 기술기사를 참고하기 바란다.

13.69 말뚝의 부주면마찰력(4)

6 부주면마찰력과 관련한 허용침하량 규정

- **부주면마찰력은 하중으로 작용하므로 말뚝의 침하량을 증대**시킨다. 말뚝의 허용지지력과 말뚝재료의 허용하중이 만족되었더라도 부주면마찰력이 작용할 경우 말뚝침하량은 부주면마찰력이 작용하지 않을 때에 비해 크게 나타난다. 따라서 **하향력이 없는 일반적인 경우에 말뚝의 허용하중은 지반의 지지력파괴에 의하여 지배되나 하향력이 작용할 경우에 말뚝의 허용하중은 대부분 말뚝의 허용침하량에 의하여 지배된다.**

- 허용침하량으로는 Terzaghi-peck의 24.4mm, Tomlinson의 **말뚝직경의** 10%를 적용하나 그 외 **상부구조물이 허용할 수 있는 침하량 이내**로 말뚝의 침하가 발생하는지 검토가 필요하다(일반적으로 허용하는 균등침하량은 벽돌구조인 경우 75mm, 뼈대구조인 경우 100~150mm를 허용값으로 정한다). **여기서 한 가지 유념해야 할 것**은 실제구조물의 시공 중에는 말뚝에 작용하는 고정하중이 증가하므로 부주면마찰력은 점차로 감소하므로 **부주면마찰력으로 발생하는 침하는 구조물 완공 후 장기적으로 발생할 수 있는 유지관리상의 문제로 이해**해야 한다.

7 부주면마찰력 작용시 침하해석 방법

- **부마찰력을 받는 말뚝기초의 설계는 지지력보다도 침하량의 크기에 지배된다.** 이미 설명한 바와 같이 부마찰력은 하중으로 작용하며 허용지지력을 감소시키지 않기 때문이다. 실제의 말뚝기초는 여러 개의 말뚝으로 지지하기 때문에 무리말뚝에 대한 침하량을 먼저 계산해야 한다. 일반적으로 무리말뚝은 그림 13.64-2c 같이 중앙에서 침하량이 가장 크다. 그러나 말뚝이 강성이 큰 캡, 또는 래프트로 연결되어 있으면 침하량이 균등해지며, 강성이 작은 경우에도 말뚝길이나 간격을 조정하여 침하량을 균등하게 발생하도록 할 수 있다.

- **무리말뚝에 대한 가장 쉬운 침하량 계산방법은 등가피어 방법을 이용하는 것**이다. 이 방법으로 계산하면 침하량의 평균치를 얻을 수 있다. 마찰말뚝에 대해서는 그림 13.69-1 같은 Terzaghi & Peck (1967)의 방법을 이용할 수 있다. **이 방법은 말뚝의 아래 2/3 깊이에 피어가 놓여있고 하중은 2:1로 아래로 분포한다고 가정하여 침하량을 구하는 것이다.** 등가피어에 놓이는 하중은 사하중만이며 활하중은 포함하지 않는다. **등가피어가 놓이는 위치는 중립면과 일치한다고 가정**하고 있으므로 말뚝머리의 침하량은 중립면까지의 말뚝의 탄성침하량(말뚝 직경의 0.5~1%)을 보태어야 한다.

8 부주면마찰력 저감대책과 측정방법

- 표 13.69-1 참조

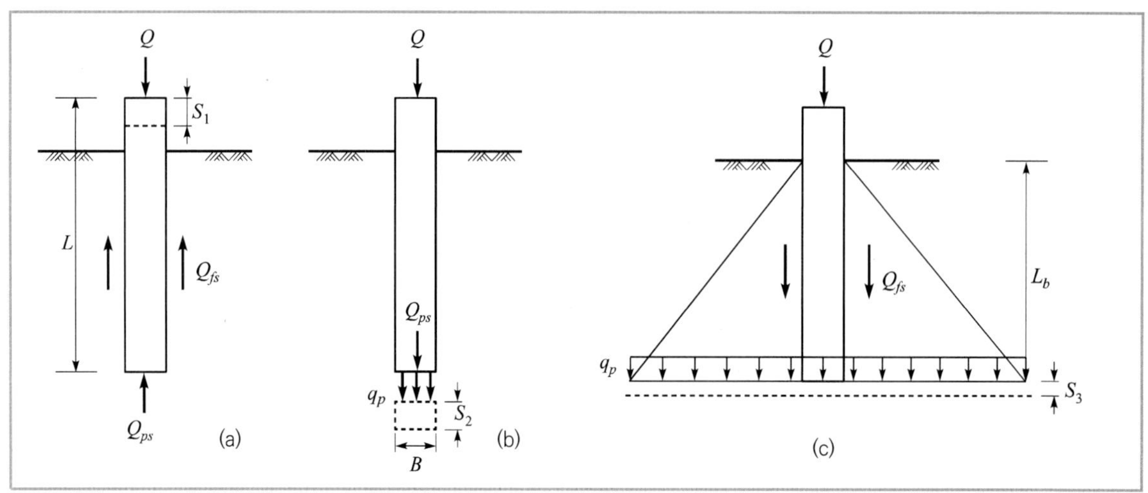

그림 13.70-1 말뚝의 탄성 침하

※ 그림 13.70-1에 대한 이해

$$S_t = S_1 + S_2 + S_3 \quad \text{식 13.70-1}$$

여기서, S_1 : 말뚝 자체의 탄성침하량(말뚝 자체의 길이방향 변형)

S_2 : 말뚝선단에 전달되는 하중에 의한 말뚝침하량

S_3 : 말뚝주면마찰력에 의해 지반에 전달된 하중에 의한 말뚝침하량

해설 13.70-1

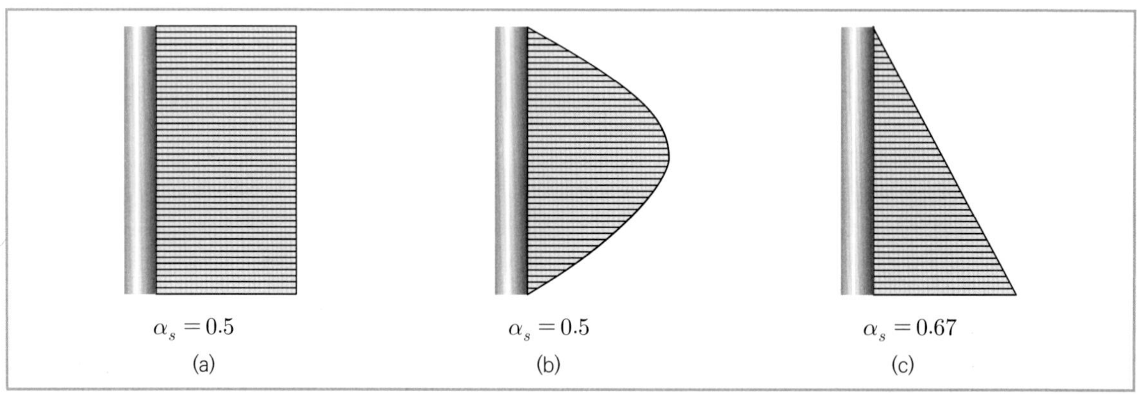

그림 13.70-2 말뚝주면의 단위주면마찰력의 분포에 따른 α_s 값

지반의 종류	타입말뚝	굴착말뚝
모래(조밀~느슨)	0.02~0.04	0.09~0.18
점토(굳음~연약)	0.02~0.03	0.03~0.06
실트(조밀~느슨)	0.03~0.05	0.09~0.12

표 13.70-1 C_p 값

13.70 말뚝기초의 침하(1)

말뚝기초의 침하에 의한 구조물의 안정성을 판정할 때에는 외말뚝의 침하량, 무리말뚝의 침하량, 부주면마찰력에 의한 외말뚝 및 무리말뚝의 침하량 및 부등침하량뿐만 아니라 상부 구조물의 특성도 고려하여야 한다.

허용침하량은 상부 구조물의 구조형식, 사용재료, 용도, 중요성 및 침하의 시간적 특성 등에 의해 정한다. 외말뚝의 침하량은 압축 정재하시험을 실시하여 판정하는 것이 가장 바람직하다. 압축 정재하시험 결과를 얻을 수 없는 경우에는 침하량 산정 공식이나 해석적 기법을 이용하여 추정할 수 있다.

1 외말뚝의 침하

말뚝머리에 설계하중 P_w가 작용될 때 말뚝의 침하는 주로 탄성침하가 발생하며, 해설 13.70-1의 식 13.70-1 같이 나타낼 수 있다. 여기서 각각의 탄성침하량은 다음의 3가지 요인에 의하여 발생한다고 가정한다.

① 말뚝 자체의 길이방향 탄성변형(S_1) 그림 13.70-1a

$$S_1 = (Q_{ps} + \alpha_s Q_{fs}) L / A_p E_p \rightarrow \sigma = \frac{P}{A} = E \cdot \varepsilon = E \cdot \frac{S_1}{L} \text{ 이용} \qquad \text{식 13.70-2}$$

여기서, Q_{ps} : 설계축하중하에서 말뚝선단에 전달된 하중

Q_{fs} : 설계축하중하에서 주면마찰력으로 전달된 하중

α_s : 말뚝의 주면마찰력 분포에 따른 계수 (그림 13.70-2)

L : 말뚝길이, A_p : 말뚝의 단면적(재료의 순단면적), E_p : 말뚝의 탄성계수

② 말뚝선단부의 하중에 의한 침하량(S_2) 그림 13.70-1b

$$S_2 = C_p Q_{ps} / B q_p$$

여기서, C_p : 흙의 종류와 말뚝시공법에 따른 경험계수(표 13.70-1 참조)

Q_{ps} : 말뚝에 설계하중이 재하되었을 때 말뚝선단부에 전달되는 하중

B : 말뚝의 폭 또는 직경, q_p : 말뚝의 단위면적당 극한선단지지력

③ 주면마찰력에 의한 말뚝선단부의 침하량(S_3) 그림 13.70-1c

$$S_3 = C_s Q_{fs} / L_b q_p$$

여기서, C_s : $(0.93 + 0.16 \sqrt{L_b / B}) C_p$

Q_{fs} : 말뚝에 설계하중이 재하되었을 때 말뚝주면부의 하중

L_b : 말뚝의 근입깊이

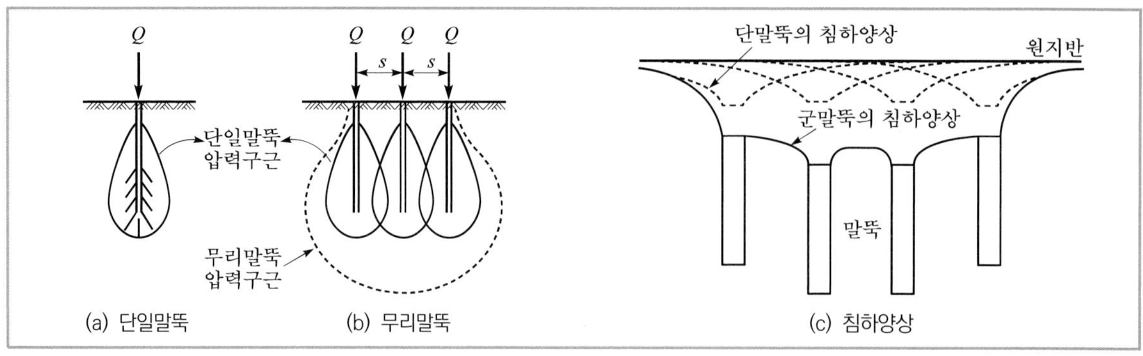

그림 13.71-1 마찰말뚝에서 단일말뚝과 무리말뚝의 압력구근, 침하양상

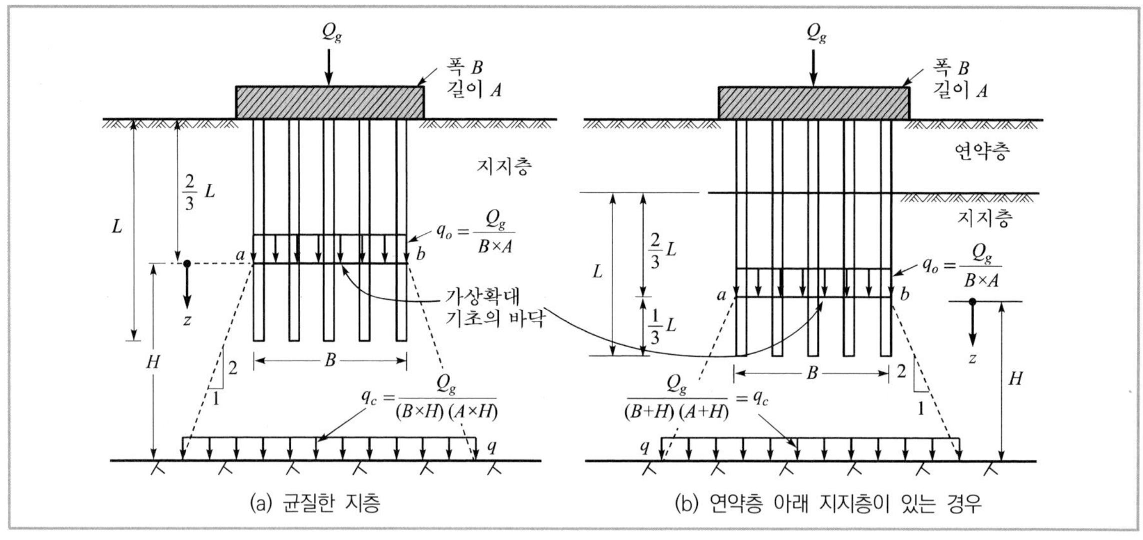

그림 13.71-2 무리말뚝의 압밀침하

개념정리 ㉔ 이해를 위한 무리말뚝 침하량 예제문제 → 연약층의 두께 H 가정함 유의해라

① 무리말뚝의 침하량 : 말뚝은 균질한 연약층에 타입하게 되므로 가상 확대기초의 바닥은 말뚝머리로부터 2/3거리인 $8m$ 하단부터 응력증가가 작용하는 것으로 한다.

② 초기 지중응력 :

$$\sigma_{vo}' = (16 \times 2) + (20 - 10) \times (6 + \frac{8}{2}) = 132\,kN/m^2$$

③ 지중응력 증가량 :

$$\Delta\sigma_v \times (B_g + z)(L_g + z) = Q_g$$

$$\rightarrow \Delta\sigma_v = 10.8\,kN/m^2$$

④ 정규압밀점토 압밀침하량 :

$$s_c = \frac{c_c}{1+e_o} \times H_o \times \log\frac{\sigma_{vo}' + \Delta\sigma_v}{\sigma_{vo}'} = 2.7\,cm$$

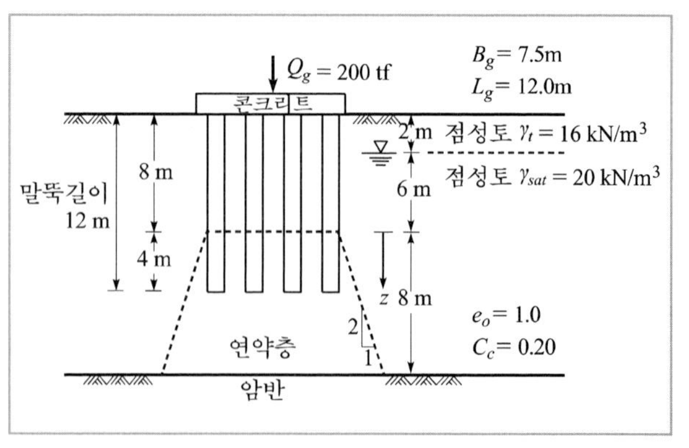

13.71 말뚝기초의 침하(2)

2 무리말뚝의 침하

■ 사질토의 탄성침하량 : Vesic 방법에 의하여 계산

① 그림 13.71-1c 를 보면 단일말뚝에 비하여 무리말뚝에서는 응력 범위가 훨씬 넓고 깊게 분포한다. 이는 그림에서 보여주는 바와 같이 더 이상 단일말뚝으로 거동하는 것이 아니라 하나의 큰 블록으로 작용하기 때문이다. 영향 범위가 깊으면 깊을수록 침하량은 커진다. 이는 얕은 기초에서 기초의 크기가 클수록 침하는 커지는 원리와 같다. 사질토인 경우에 무리말뚝의 탄성침하량은 단일말뚝의 침하량으로부터 다음 식으로 유추할 수 있다.

$$S_g = S_o \sqrt{B_g / D} \qquad \text{식 13.71-1}$$

여기서, S_g : 무리말뚝의 탄성침하량

S_o : 단일말뚝의 탄성침하량

$B_g =$ 무리말뚝 단면의 폭

$D =$ 단일말뚝의 직경

② 식 13.71-1 으로 유추해보면, 블록의 폭은 말뚝직경의 수배이므로 탄성침하량은 단일말뚝침하량의 몇 배까지 커질 수 있다는 것이다. 단, 식 13.71-1 **이 적용되는 지반조건은 토사에 근입된 말뚝으로서 지반의 탄성계수가 깊이에 따라 크게 변하지 않는 경우에 한한다**. 말뚝 선단부에 견고한 지층이 존재하는 경우는 무리말뚝효과는 아주 극소하다.

■ 점성토의 압밀침하량 : Terzaghi and Peck(1967) 방법에 의하여 계산

① 말뚝기초가 그림 13.71-2 같이 포화된 점토층에 타입 되었다면 앞에서 서술한 대로 무리말뚝의 영향 범위가 크기 때문에 말뚝기초 하부에서 발생하는 압밀침하를 반드시 고려하여야 한다.

② 무리말뚝의 침하량을 구함에 있어서 그림 13.71-2 의 ab 면에 q_{net} 의 응력이 작용된다면, 이로 인하여 점토층에서 추가되는 응력의 증가량 $\Delta\sigma$ 를 구하여야 한다. 이때 **말뚝선단 위 $l/3$ 지점에 가상기초 바닥면을 설정하고 응력의 분포는 2(연직) : 1(수평) 로 가정하여 기초의 침하를 압밀침하량 공식**으로 구하는 방법이 널리 사용된다.

③ 그러나 이 방법에 의하여 계산된 침하량은 실제 침하량보다 상당히 크다는 것이 여러 학자들에 의해 문제점으로 제기되고 있다. 이러한 경험식을 바탕으로 한 외말뚝과 무리말뚝의 침하량 산정 방법은 간편하여 널리 사용되고 있으나 여러 가지 제한사항과 문제점으로 인하여, **실제 설계 시에는 유한요소해석과 같은 지반-구조물의 연속성이 고려된 전산 정밀 해석의 침하량 산정방법으로도 검토할 필요가 있다.**

구분	무리말뚝효과 고려 방법
도로교 설계기준	1) 말뚝 중심간격이 2.5D 이상이라면 단말뚝의 수평방향 지반반력계수(K_h)를 그대로 사용하여도 별 지장이 없는 것으로 판단하고 있음 2) 말뚝 중심간격이 2.5D 이하인 경우 수평방향 지반반력계수에 다음의 감소계수를 적용하는 방법으로 무리말뚝의 영향을 고려함 $\mu = 1 - 0.2\left(2.5 - \dfrac{L}{D}\right)[D < 2.5D]$ L : 말뚝 중심간격(m), D : 말뚝지름(m)
구조물 기초설계기준	1) 하중작용이 직각방향에 대해서는 말뚝간격이 2.5D 이상이면 무리말뚝에 대한 효과를 고려하지 않음 2) 하중이 작용하는 방향의 말뚝중심간 거리가 말뚝직경의 8배 이하일 경우 수평방향 지바반력계수(K_h)의 감소계수를 적용하는 방법으로 무리말뚝의 영향을 고려함
문제점	기존 방법은 하중의 작용방향 및 직각방향에 대한 영향을 정밀하게 고려할 수 없을 뿐 아니라, 무리말뚝의 수평 방향에 대한 안정성을 지나치게 과소평가하거나 과대평가하는 극단적인 경향을 보이고 있음
대책	현장시험, 원심모형시험사례 등을 통해 보다 합리적인 무리말뚝고려방법 적용이 필요함

표 13.72-1 횡방향 허용지지력 산정시 무리말뚝의 효과 고려방법

개념정리 ㉕ 말뚝의 축방향 하중곡선 이해를 위한 예제문제 (I)

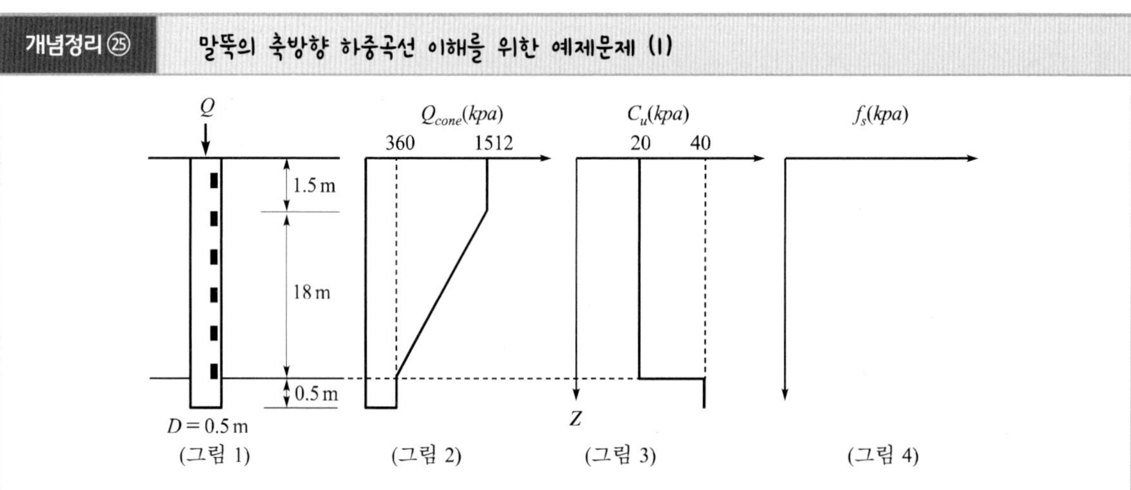

질문 위 그림 1 과 같이 직경 0.5m의 현장타설말뚝(Drilled Pier)을 시공하고 재하시험을 수행하였다. 극한하중(Q)을 가하여 계측기로 측정한 콘크리트응력 분포는 그림 2 와 같다. 이 지반의 비배수강도(c_u)는 상부층(두께 19.5m)에서 20kPa, 하부층에서 40kPa이다(그림 3). 이 콘크리트 응력 분포로부터

1 주변마찰저항(f_s)을 구해 그림 4 에 나타내시오.

2 축하중지지력을 α방법으로 계산($f_s = \alpha \times c_u$)할 경우 α값은 얼마인가?

3 α값을 사용하여 극한하중(Q)을 구하시오.

답

1 주변마찰저항(f_s)을 구해 그림 4 에 나타내시오.

13.72 무리말뚝의 효과 고려방법

1 무리말뚝의 거동

■ 그림 13.71-1 를 보면 ① **응력중첩으로 말뚝의 지지력은 감소** → 말뚝의 축방향 허용지지력 및 횡방향 허용지지력에 대한 무리말뚝의 효과 고려 필요 ② 지중응력의 영향범위 증가 → **말뚝의 침하량 증가**하게 된다.

■ 따라서 설계시 무리말뚝의 효과를 반드시 고려하여야 한다. 실무에서는 교량의 무리말뚝효과 검토 단면은 교대와 교각에 대해 하중조합이 큰 단면에 대해 검토를 수행하여야 한다.

2 허용지지력에 대한 고려방법

■ 축방향 허용지지력 : $2.5D$ 이하(말뚝간격) 경우 → 고려방법

① 무리말뚝 효율 $\eta = \dfrac{Q_{g(u)}}{\sum Q_u}$ 13.65의 식 13.65-1

- 사질토 지반 : 타입말뚝 $\eta = 1$ 미고려(다짐효과), 매입말뚝 $\eta < 1$ (고려)
- 점성토 지반 : 가상케이슨 $Q_{g(u)}$ 또는 $\sum Q_u$ 중 작은 값
- 암반지반 : $\eta = 1$ 미고려 (단, 경사진 암반의 무리말뚝이 시공된 경우 기초면 저면 암반의 활동파괴에 대한 검토 중요)

② 가상케이슨 방법 $Q_{g(u)} = q_p A_g + \overline{f_s} A_s$ 13.65의 식 13.65-2

■ 횡방향 허용지지력

① 말뚝 중심간격이 $2.5D$ 이상일 경우(미고려) → 수평지반반력계수(K_h) 그대로 사용

② 말뚝 중심간격이 $2.5D$ 이하일 경우(고려)
→ 수평지반반력계수(K_h)를 표 13.72-1 같이 감소계수를 적용하여 무리말뚝의 효과를 고려

③ 하중이 작용하는 방향의 말뚝중심간 거리가 말뚝직경의 8배 이하인 경우(고려)
→ 수평지반반력계수(K_h)를 감소계수를 적용하여 무리말뚝의 효과를 고려

3 무리말뚝의 침하량에 대한 고려방법

① 무리말뚝의 탄성침하량 산정시
$S_g = S_o \sqrt{B_g / D}$ 13.71의 식 13.71-1 을 이용 (고려)

② 무리말뚝의 압밀침하량 산정시
$\triangle \sigma_v$ 작용깊이를 중립축의 위치와 동일하다는 가정하에 $\frac{2}{3}L$ 지점으로 놓고 계산함으로써 무리말뚝의 효과를 (고려)

개념정리 ㉖ **말뚝의 축방향 하중곡선 이해를 위한 예제문제 (2)**

$f_{s(z=z)} = \dfrac{\Delta Q_{(z)}}{p\ \Delta z}$ 의 개념을 이용하여($kPa = kN/m^2$)

$\rightarrow (1{,}512 - 360) \times \dfrac{\pi}{4}(0.5)^2 = 226kN \rightarrow f_s = 8kPa$

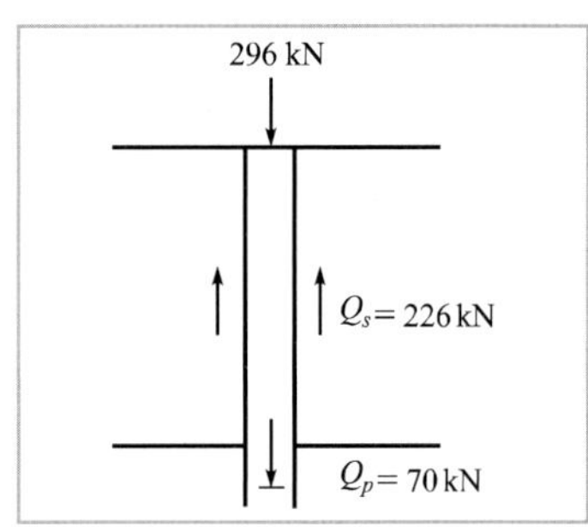

2 축하중지지력을 α방법으로 계산($f_s = \alpha \times c_u$)할 경우 α값은?

$f_s = \alpha \times c_u$에서 $8 = \alpha \times 20$이므로 $\rightarrow \alpha = 0.4$

3 α값을 사용하여 극한하중(Q)은?

$Q_u = Q_p + Q_s = 70 + 226 = 296 \rightarrow Q_a = \dfrac{70}{3} + \dfrac{226}{3} = 23.3 + 75.3$

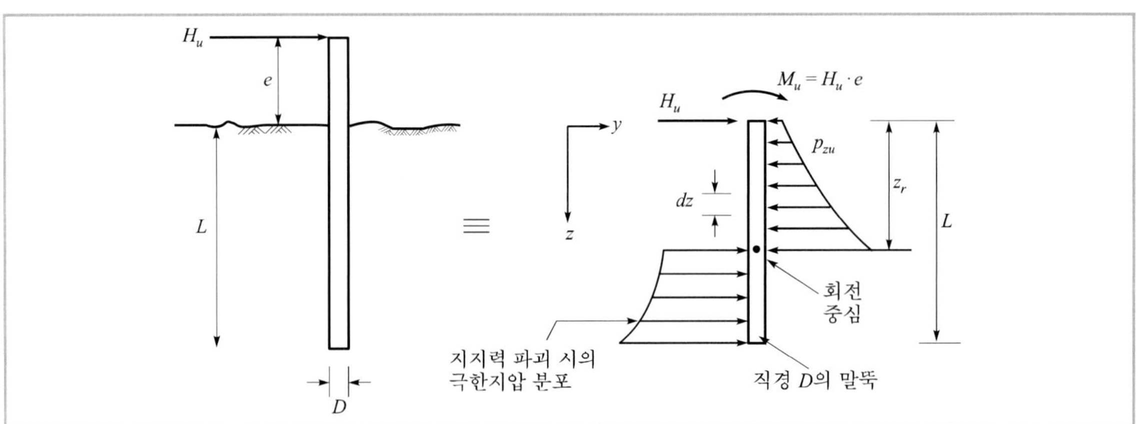

그림 13.73-1 말뚝의 수평방향 극한지지력 개념

※ 그림 13.73-1에 대한 이해

$$\sum F_y = 0\ ,\ \ H_u - \int_{z=0}^{z=z_r} p_{zu} dz + \int_{z=z_r}^{L} p_{zu} dz = 0 \qquad \text{식 13.73-1}$$

$$\sum M_o = 0\ ,\ \ H_u \cdot e + \int_{z=0}^{z=z_r} p_{zu} \cdot z\,dz - \int_{z=z_r}^{L} p_{zu} \cdot z\,dz = 0 \qquad \text{식 13.73-2}$$

해설 13.73-1

구분	점성토	사질토
짧은말뚝	$\beta L \le 2.25$	$\eta L < 2.0$
중간말뚝	–	$2.0 \le \eta L \le 4.0$
긴말뚝	$\beta L > 2.25$	$\eta L > 4.0$

L : 말뚝길이, $\beta = (\dfrac{K_h B}{4EI})^{\frac{1}{4}}$, $\eta = (\dfrac{n_h}{EI})^{\frac{1}{5}}$, K_h : 수평 지반반력계수, n_h : 수평지반반력상수 $n_h = \dfrac{K_h \cdot D}{z} = \dfrac{k_h}{z}$

표 13.73-1 긴말뚝과 짧은말뚝의 구별(Broms, 1964)

13.73 말뚝의 수평저항력(1)

수평하중을 받는 말뚝의 거동에 대해서는 13.43과 13.44를 통해 이미 설명되었다. 지금부터는 말뚝의 횡방향 허용지지력 결정방법에 대하여 구체적으로 설명될 것이다.

말뚝의 횡방향 허용지지력은

① 말뚝에 발생하는 휨응력이 말뚝재료의 허용휨응력 이내가 되는 값이며

$(\sigma_b \leq \sigma_{allow})$

② 말뚝머리의 횡방향 변위량이 상부구조에서 정해지는 허용 변위량을 넘어서지 않는

$(y_o \leq y_{allow})$

2가지 조건을 동시에 만족시키는 가장 큰 값으로 한다(구조물기초설계기준2018).

말뚝의 횡방향 허용지지력 결정방법

① 수평재하시험에 의한 방법

② 해석적인 방법
- 극한평형법 : 말뚝근입부 지반전체가 소성파괴 된다고 가정
- 탄성지반반력법 : 지반을 탄성체로 가정
- $p-y$곡선법 : 말뚝하부 근입지반은 탄성체이고 말뚝상부 근입지반은 소성파괴 된다고 가정

③ PMT 결과를 이용하는 방법

1 극한평형법

■ 극한평형법의 기본개념

① 그림 13.73-1 같이 말뚝에 수평하중 H를 계속적으로 증가시켜서, $H = H_u$에 다다랐을 때 지지력 파괴가 발생하면, 수평하중은 지상으로 e 만큼 돌출된 말뚝머리에 작용되므로 지표면에는 $M = H \cdot e$의 모멘트가 작용되며, 지지력 파괴시 최대 $M_u = H_u \cdot e$의 모멘트가 작용된다.

② 지지력 파괴시 $z = z_r$에서 말뚝이 회전되었다고 가정하고, 수평지지력 파괴시의 극한지압 p_{zu}의 분포만 알면 식 13.73-1 과 식 13.73-2 를 연립으로 풀어서 H_u와 z_r을 구할 수 있다. **H_u가 수평방향 극한지지력**이다.

■ Broms(1964) 이론

① 극한평형법은 지반의 극한상태에 대한 힘의 균형조건에 의해 말뚝의 수평지지력을 결정하는 방법이며, 지반의 변형양상은 고려되어 있지 않으므로 일반적인 말뚝구조물의 변형문제를 다루는 것은 불가능하다. 이 방법의 대표적인 해법으로 Broms(1964)의 이론을 들 수 있다.

② **Broms는 횡하중을 받는 연직말뚝을 긴 말뚝과 짧은 말뚝으로 나누어 각각의 파괴형태를 가정**하고 말뚝의 응력-변형 및 필요한 근입길이를 구하는 설계방법을 제안하였다. 13.43절의 표 13.43-1 같이 두 말뚝의 거동이 다르기 때문이다. **짧은말뚝과 긴말뚝의 구별**은 표 13.73-1 과 같다.

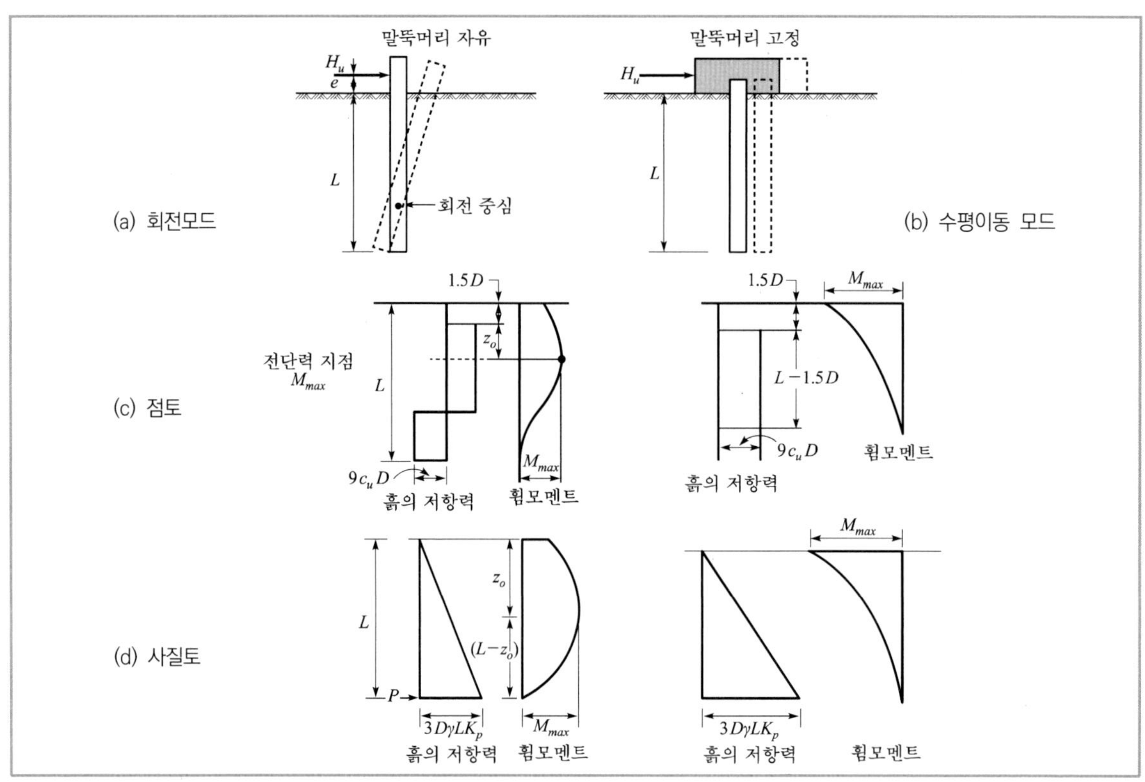

그림 13.74-1 짧은 말뚝의 수평방향 극한저항력분포

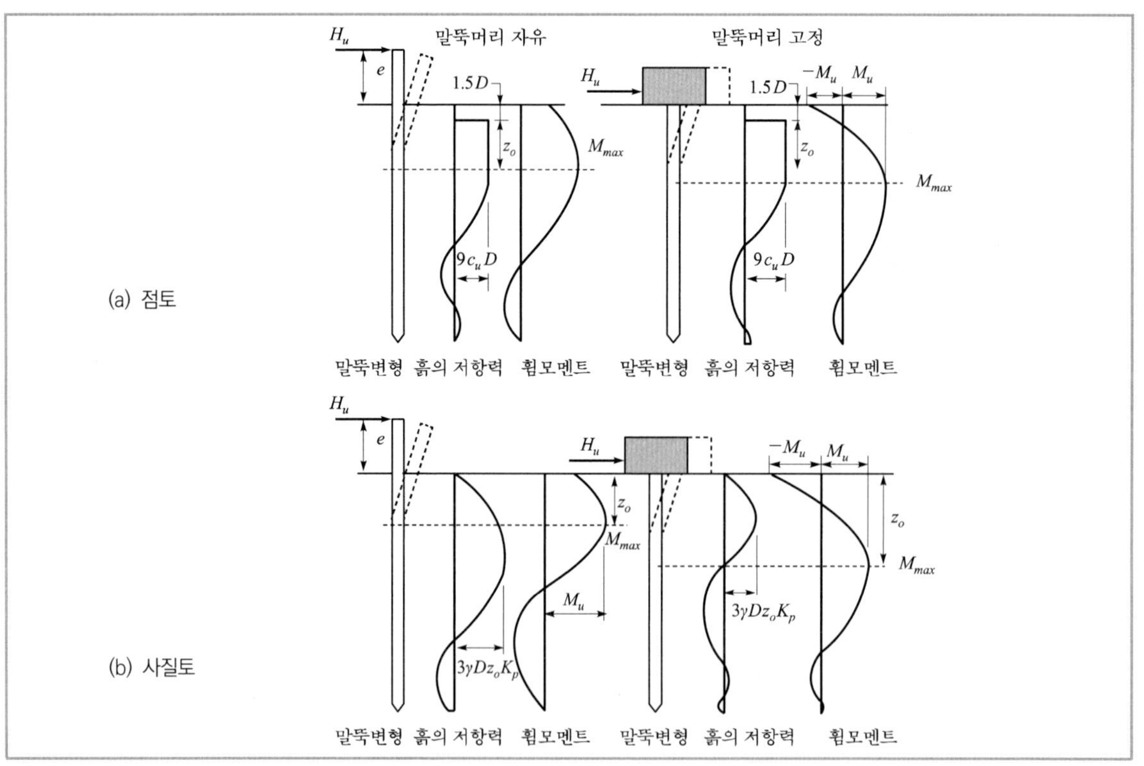

그림 13.74-2 긴 말뚝의 수평방향 극한저항력분포

13.74 말뚝의 수평저항력(2)

■ 짧은 말뚝의 수평변위 양상과 극한저항력 분포 → H_u 및 $M_{\max}$ 산정

① 말뚝의 거동 : **짧은 말뚝은 비교적 강체(rigid)로 거동**

② 극한저항력 분포 : 식 13.73-1 및 식 13.73-2 에서 p_{zu}

- 점토지반 : 비배수전단강도의 9배 → $p = 9 \times c_u D$
- 사질지반 : 수동토압의 3배 → $p = 3 \times K_p \sigma_v D = 3 \times K_p \gamma z D$

③ 그림 13.74-1 극한저항력 분포로부터 식 13.73-1 및 식 13.73-2 의 힘의 평형과 모멘트평형 조건을 이용하여, 수평방향 극한지지력 H_u 및 최대 휨모멘트 $M_{\max}$를 구할 수 있다.

■ 긴 말뚝의 수평변위 양상과 극한저항력 분포 → H_u 및 $M_{\max}$ 산정

① 말뚝의 거동 : **긴 말뚝은 연성(flexible) 재료로 거동**

② 극한저항력 분포 : 식 13.73-1 및 식 13.73-2 에서 p_{zu}

짧은 말뚝과 동일 그러나 긴 말뚝은 기본적으로 연성체로 작용하므로 **말뚝 자체의 변형양상에 따라 흙의 저항력이 달라짐에 유의해야 한다.**

③ 그림 13.74-2 극한저항력 분포로부터 식 13.73-1 및 식 13.73-2 의 힘의 평형과 모멘트평형 조건을 이용하여, 수평방향 극한지지력 H_u 및 최대 휨모멘트 $M_{\max}$를 구할 수 있다.

■ 극한평형법의 문제점

극한평형법은 다층토지반이나 일반토사지반($c-\phi$지반)에는 적용이 불가능하며, 극한평형법(Broms 방법)은 지반반력만으로 극한지지력을 결정하므로 **말뚝머리의 변위에 대해서는 고려하지 못하는 단점**이 있다.

2 탄성지반반력법

■ 탄성지반반력법의 기본개념

① 지반이 탄성체이고 지반반력이 말뚝의 변위에 선형 또는 비선형적으로 비례한다고 가정하여 지반반력을 구하는 방법이다. **극한상태의 지반반력을 구할 수 없기 때문에 극한지지력을 구할 수 없다.**

② **반면에 주어진 허용변위량에 대한 허용지지력을 구할 수 있다.** 이 방법은 말뚝근입부 전체에 대해서 지반파괴가 일어나지 않는(즉, 변위가 비교적 크게 허용되는) 말뚝에 적용할 수 있다. 비선형탄성 지반반력법에서는 미분방정식을 풀기가 쉽지 않아서 유한 차분법 등을 적용하며, 기준말뚝에 대한 기준곡선으로부터 상사법칙을 적용해서 계산하는 실용적인 방법이 적용되고 있다.

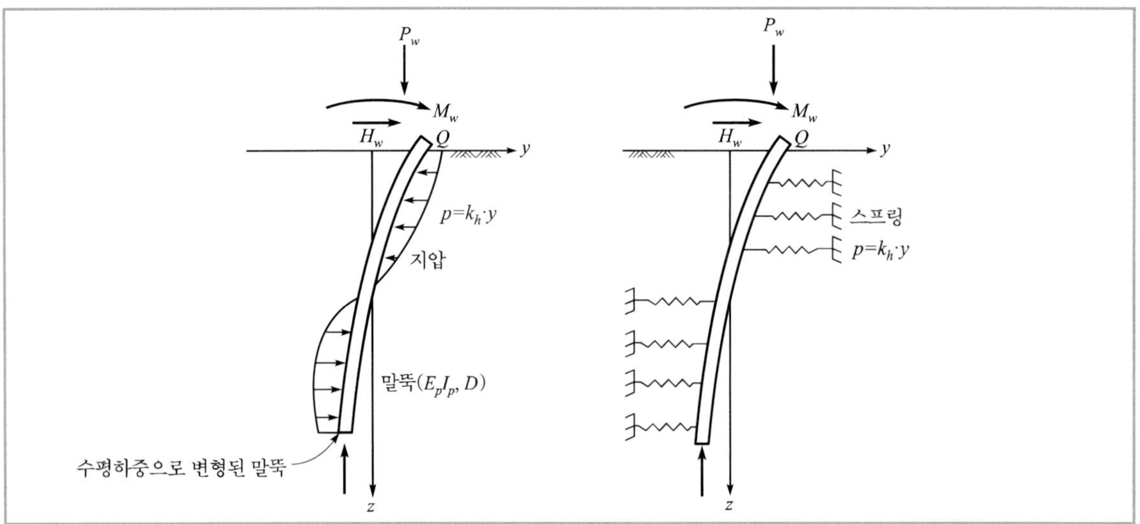

그림 13.75-1 탄성지반반력법의 기본개념(Chang의 방법)

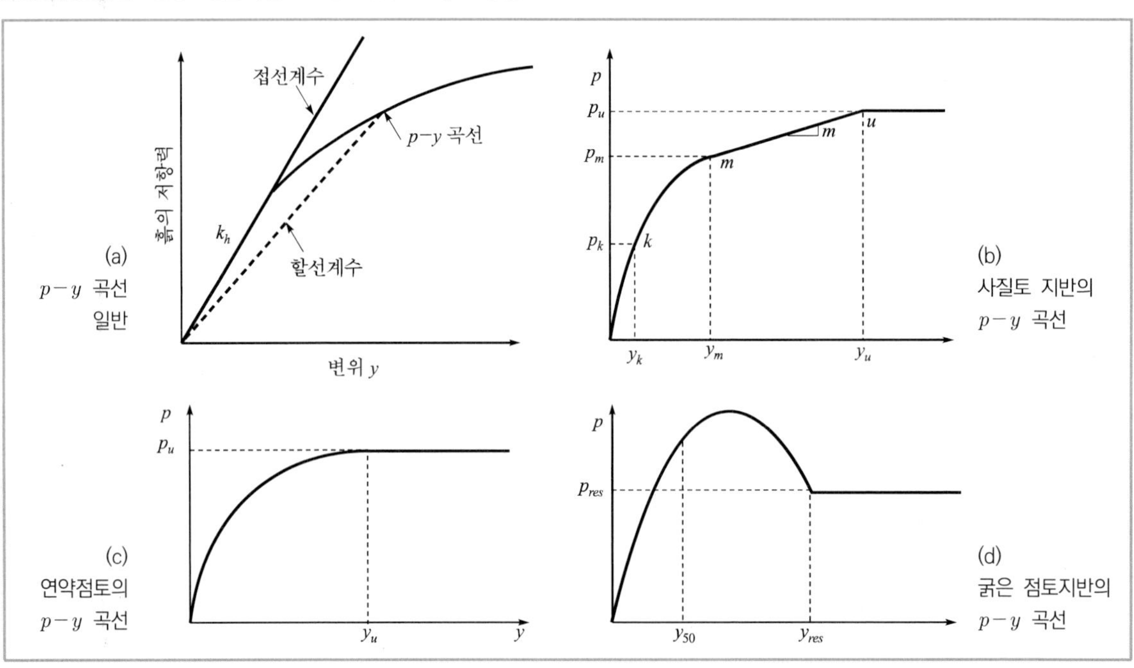

그림 13.75-2 $p-y$ 곡선의 개요

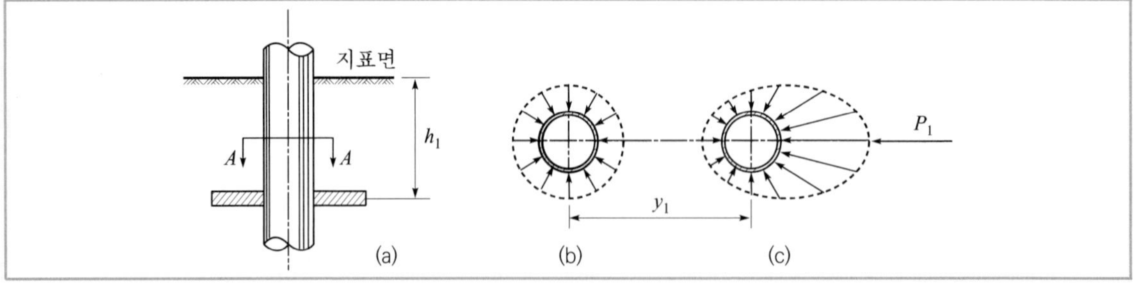

그림 13.75-3 말뚝주면의 응력분포(Reese et al, 1974)

13.75 말뚝의 수평저항력(3)

■ 탄성지반반력법의 기본방정식

① 탄성지반반력법은 그림 13.75-1 에서 보여주는 바와 같이 말뚝에 수평설계하중 H_w 및 설계 모멘트 M_w 가 말뚝머리에 작용될 때, 지반을 윙클러 기초로서 스프링으로 가정한다. 윙클러 기초의 기본 방정식은 다음과 같다.

② $E_p I_p \dfrac{d^4 y}{dz^4} - p = 0$ 또는 $E_p I_p \dfrac{d^4 y}{dz^4} + k_h y = 0$ 식 13.75-1

③ 이 방법은 **지반반력이 말뚝처짐에 비례($p = k_h y$)한다고 가정**한다. K_h **가 일정하거나** ($p = K_h \cdot D \cdot y$) **깊이** z **에 비례하고**($p = n_h \cdot z \cdot y$ **여기서** $n_h = \dfrac{k_h}{z} = \dfrac{K_h \cdot D}{z}$) 말뚝의 EI가 일정하며 근입길이가 충분히 길 경우에 대하여 이론해가 구해진다.

3 $p-y$ 곡선법을 이용한 지반반력법

■ $p-y$ 곡선법을 이용한 지반반력법 기본개념

① 탄성지반반력법의 기본방정식인 식 13.75-1 을 적용할 수 있는 기본가정은 $p = k_h y$ 로서 **흙의 저항력** p **와 말뚝의 수평변위 사이에 선형(linear) 비례관계**가 성립한다는 것이다. 즉, 그림 13.75-2a 에서 y 의 변위가 크지 않아서 기본적으로 k_h **는 이 곡선의 접선계수 또는 할선계수를 사용할 수 있는 경우이다.**

② 그러나 만일 **설계수평하중** H_w **가 커서 상당히 큰 변위가 유발되는 경우**는 더 이상 $p = k_h y$ 의 관계식을 사용할 수 없다. 이 경우에는 지반반력법에서 p 와 y 의 관계식을 선형으로 보지 않고 **비선형 곡선을 그대로 사용하여 해석하는 지반반력법을 이용**한다. 사질토, 연약한 점토, 굳은 점토의 $p-y$ 곡선의 개략도가 그림 13.75-2b, c, d 에 나타나 있다.

■ $p-y$ 곡선법을 이용한 지반반력법의 기본방정식

① $p-y$ 곡선을 이용하는 경우는 기본방정식으로서, 식 13.75-1 을 그대로 사용할 수 없다. 그림 13.75-1b 에서 보면 y 변위가 비교적 큰 경우는 설계축하중 P_w 로 인하여 말뚝에 가해주는 휨모멘트를 무시할 수 없다. 따라서, 윙클러 기본방정식은 다음과 같이 수정되어야 한다.

$$E_p I_p \frac{d^4 y}{dz^4} + \frac{d^2 M}{dz^2} - p = 0, \text{ 즉}$$

$$E_p I_p \frac{d^4 y}{dz^4} + P_w \frac{d^2 y}{dz^2} - p = 0 \quad \text{여기서, } p = k_h \cdot y = K_h \cdot D \cdot y \qquad \text{식 13.75-2}$$

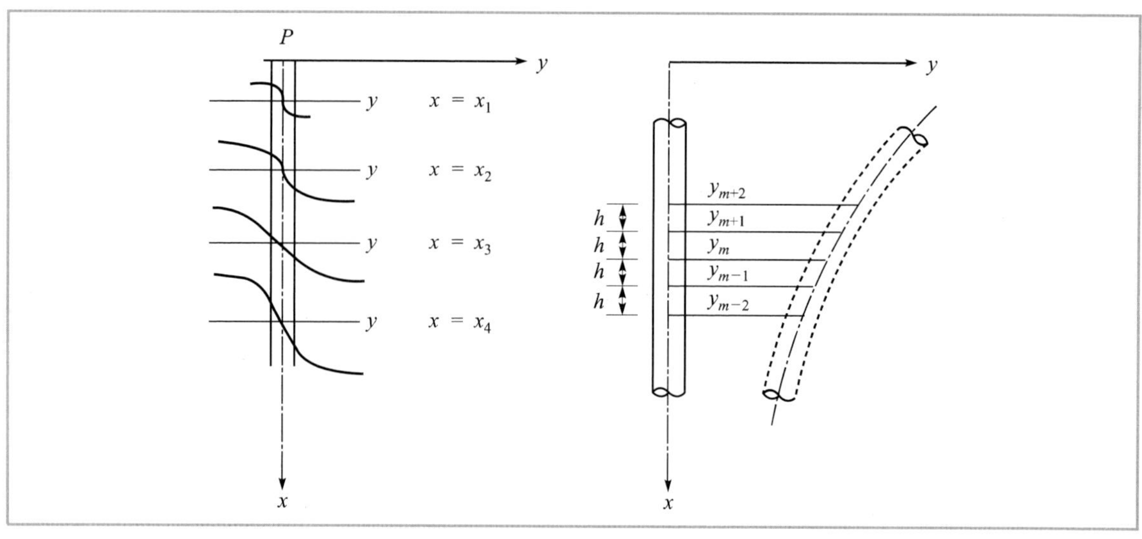

그림 13.76-1 각 깊이별 $p-y$ 곡선 및 말뚝변위(Reese, 1974)

탄성지반반력법

$$E_p I_p \frac{d^4 y}{dz^4} - p = 0$$

- 지반 : 탄성체 가정
- 지반반력 :
  ① k_h가 깊이에 따라 선형적으로 증가하는 경우 → $p = n_h\, z\, y = \frac{k_h}{z} z\, y$
  ② k_h가 깊이에 무관하게 일정한 경우 → $p = K_h D\, y = k_h\, y$

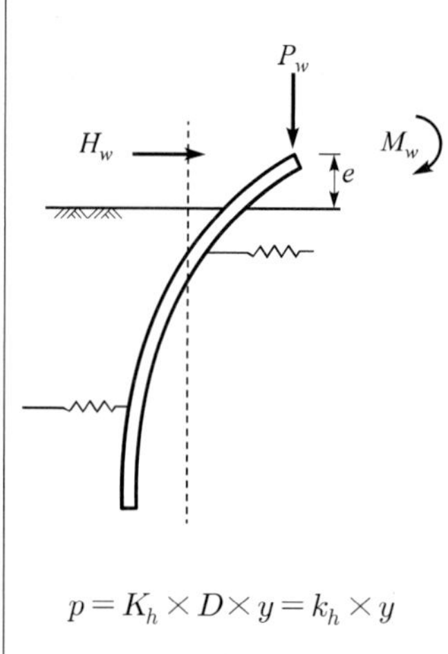

$p-y$ 곡선법

$$E_p I_p \frac{d^4 y}{dz^4} + P_w \frac{d^2 y}{dz^2} - p = 0$$

- 지반 :
  ① 말뚝상부지반은 소성상태로→ 극한지반반력법
  ② 말뚝하부지반은 탄성상태로→ 탄성지반반력법
- 지반반력 : 지반의 층상구조를 고려할 수 있게 깊이에 따른 k_h의 변화 고려

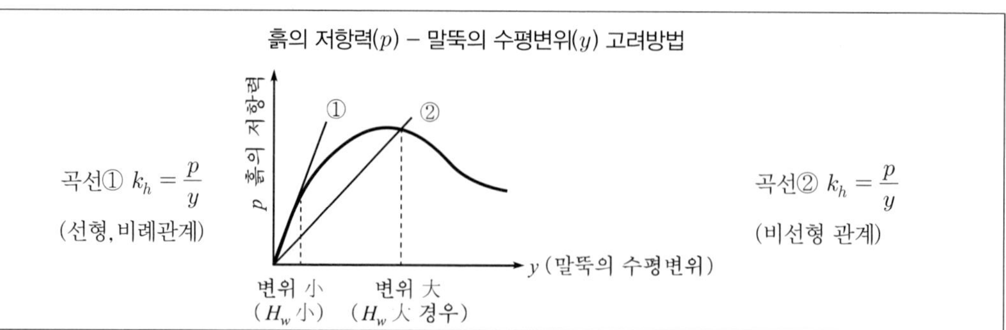

표 13.76-1 탄성지반 반력법과 $p-y$ 곡선법을 이용한 지반반력법 비교

13.76 말뚝의 수평저항력(4)

② 앞의 식에서 사용되는 p와 y의 관계는 그림 13.75-2b, c, d의 비선형 곡선을 이용한다. 이 책에서는 식 13.75-2 의 풀이는 생략하고자 한다.

③ 그림 13.75-2는 말뚝주면의 응력 분포를 도시한 것으로 (b)는 초기상태, (c)는 횡방향변위가 발생한 상태를 나타낸다. 그림 13.76-1은 이러한 가정을 토대로 하여 구한 각 깊이별 $p-y$ 곡선 및 말뚝의 변위를 보여주고 있다.

4 탄성지반 반력법과 $p-y$ 곡선법을 이용한 지반반력법 비교

- 표 13.76-1 같이 실제지반의 $k_h = \frac{p}{y}$는 비선형이 타당하다. 그러나 실무에서는 탄성지반반력법(chang 방법)을 **편리성 측면에서 이용**하면서 이러한 **불합리성의 한계를 극복**하려고 매우 **보수적인** y_{allow} **(말뚝직경×1% 또는 최대 15mm)기준을 설계시 적용**하고 있다.

- $p-y$ 곡선법을 이용한 $k_h = \frac{p}{y}$의 **비선형을 고려할 수만 있다면** y_{allow}**를 ASSHTO 38mm 기준 적용이 가능**할 것이다.

말뚝의 횡방향 변위기준

① 횡방향 하중을 받는 말뚝의 횡방향 기준은 일반적으로 상부구조 및 말뚝부재의 안정성이 확보되는 변위까지로 규정하고 있다.

② 횡방향 변위 기준은 아래 표와 같이 국외의 경우 주로 38mm 이내, 국내의 경우 기초폭의 1% 이내로 규정하고 있다.

구분	국내 규정
국내설계반영기준	• 말뚝머리의 수평방향 변위량이 상부구조에서 정해지는 허용변위량을 넘어서지 않는 조건을 만족 • 말뚝의 허용수평변위는 **기초폭의 1%**이며, **최소** 15mm, **최대** 50mm로 함
구분	**국외 규정**
AASHTO LRFD Bridge Design Specifications(2007)	• 말뚝의 수평변위는 Barker 방법 또는 $p-y$ 해석 절차 적용 • 수평변위는 지반-말뚝 상호작용을 고려하여야 함 • 말뚝의 수평변위는 선택된 허용수평변위 이내 • **수평방향 변위는 38mm로 제한**
AASHTO Standard Specification for Highway Bridges(1996)	• 말뚝의 수평변위 기준은 연직변위와 수평변위를 결합시킬 수 있는 경우, 수평변위를 25mm 이하, 연직변위가 작은 경우 수평변위는 50mm 이하로 규정 • 예측 변위가 위의 규정을 초과하였다면, 정밀분석이 필요함
Canadian Foundation Engineering Manual(2006)	• 수평지지력은 3가지 조건에 의해 제한 • 그 중 말뚝머리 변위에 의해 상부 구조의 존립이 가능하여야 함
FHWA-IF-99-025 Drilled Shafts(1999)	• 교대 수평 변위는 연직변위보다 구조물 손상에 더 큰 영향을 미치며, 사용성 예측에 의해 38mm보다 작아야 함

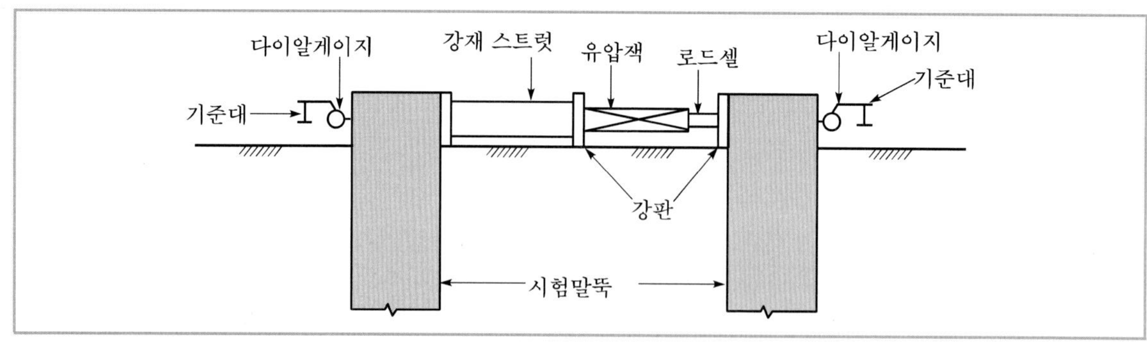

그림 13.77-1 수평재하시험의 개략도

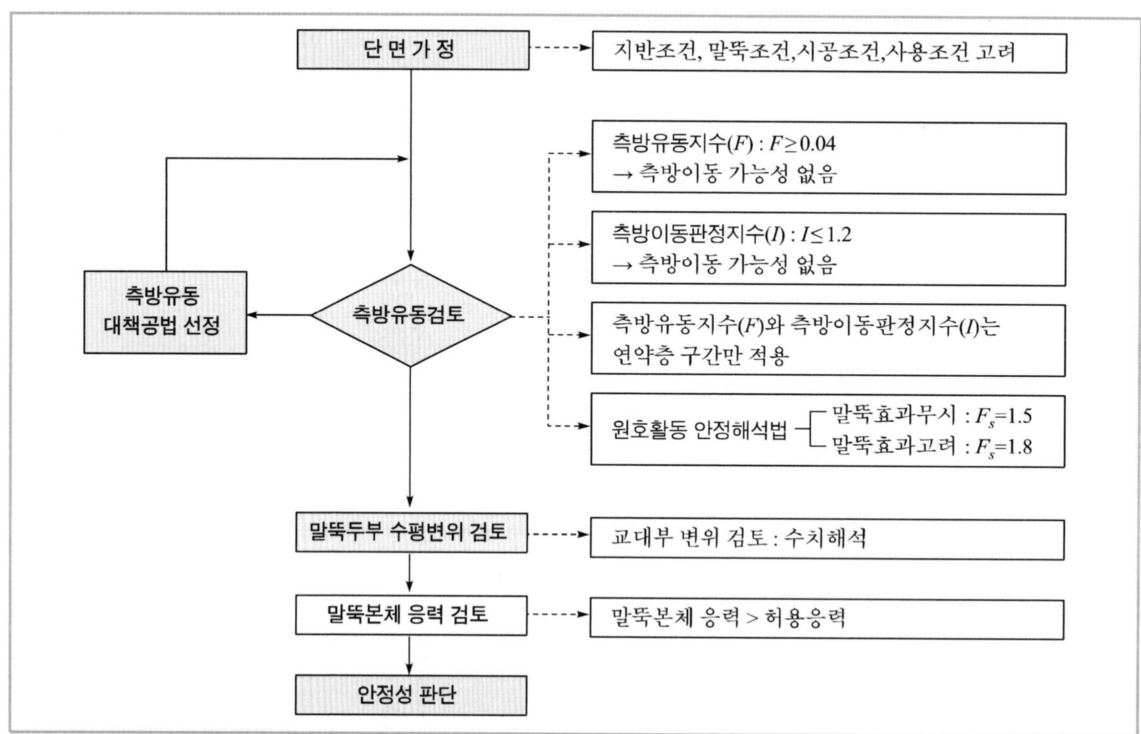

그림 13.77-2 교대부 측방이동 검토흐름

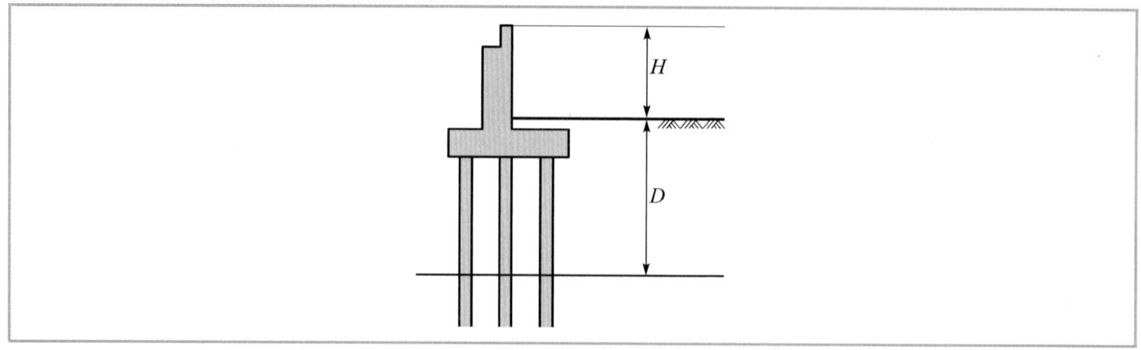

그림 13.77-3 측방이동 유동지수(F)에 의한 방법 개요도

13.77 말뚝의 수평저항력(5)

5 말뚝의 수평재하시험에 의한 말뚝의 횡방향 허용지지력 결정방법

- 수평재하시험의 개략도는 그림 13.77-1 과 같으며 축방향 정재하시험과 비교하여 비교적 쉽게 시험을 수행할 수 있다. 그림에서 보는 것처럼 말뚝 2개를 설치하고, 각각의 말뚝을 반력말뚝으로 이용한다.
- 여기서 **한가지 독자들은 짚고 넘어갈 사항이 있다.** 그림과 같은 **수평재하시험의 목적**은 수평하중-말뚝머리에서의 p_y, p_u를 구하는 것이 목적이 아니라는 점이다. **첫 번째 목적**은 말뚝머리의 허용변위량을 제한하기 위하는 것이고, **두 번째 목적**은 수평지반반력계수 K_h를 구해 앞에서 설명된 말뚝의 횡방향 허용지지력 결정방법에서 해석적인방법을 시행하기 위함이다.
- 다시 부연하면 말뚝머리의 변위량으로서 설계하중 작용 시에 변위량이 허용치 이내에 있는지 여부를 1차로 평가할 수 있다. 보다 더 중요한 것은 재하시험 결과로부터 지반반력 계수 K_h 등을 현장 여건에 맞게 역산하는 것이다.

6 측방이동

측방이동과 관련한 수동말뚝의 해석에 관해서는 지반공학이해 I 171p 2.45절을 통해 이미 설명된바 있다. "말뚝의 수평저항력" 주제속에 6측방이동을 포함시킨 것은 수동말뚝은 말뚝에 작용하는 수평저항력에 대한 해석방법이 지금까지 주되게 설명한 주동말뚝과 완전히 다르기 때문이다.

수동말뚝 해석의 근간은 다음의 순서로 진행됨이 보통이다.
① 먼저 간단한 판정법으로 **측방유동 가능성을 평가**하고, 가능성이 있는 경우,
② 측방유동으로 인한 말뚝의 **안정성을 평가**한다.
③ 마지막으로 **수동말뚝을 포함한 사면의 안전성을 평가**한다.

측방유동 가능성이 있는 경우, 유한요소법과 같은 수치해석법을 이용하여 **변위검토와 함께 사면안정해석법을 병행**하여 말뚝의 안전성을 평가한다.

- 측방이동 가능성 평가방법

① 측방유동지수(F)에 의한 가능성 평가 그림 13.77-3

$$F = \frac{\overline{c_u}}{\gamma \cdot H \cdot D} \quad \text{식 13.77-1}$$

여기서, F : 측방유동지수(m^{-1}), $F < 0.04$이면 측방유동 가능성 있음
$\overline{c_u}$: 연약점토층 평균 비배수전단강도(kN/m^2), γ : 성토재 단위중량(kN/m^3)
H : 교대배면성토고(m), D : 연약 점토층의 두께

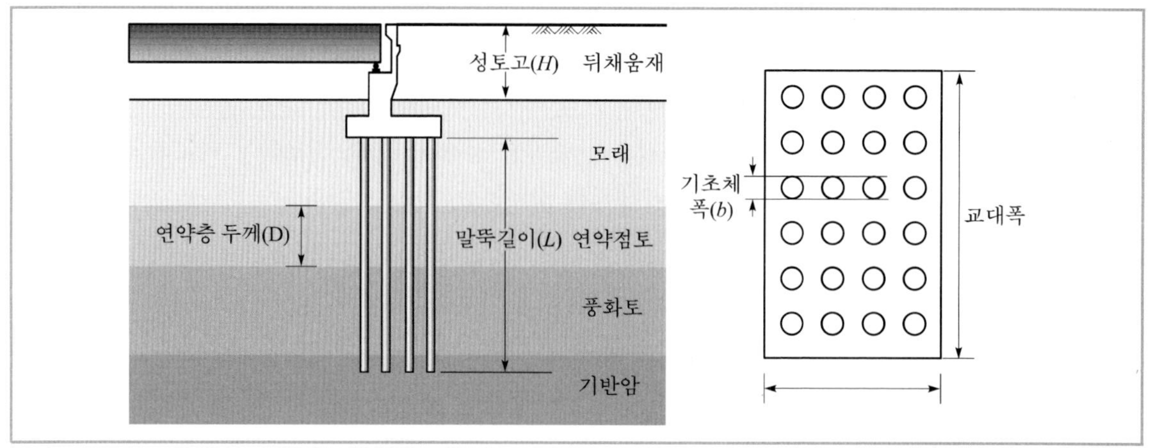

그림 13.78-1 측방이동 판정지수(I)에 의한 방법 개요도

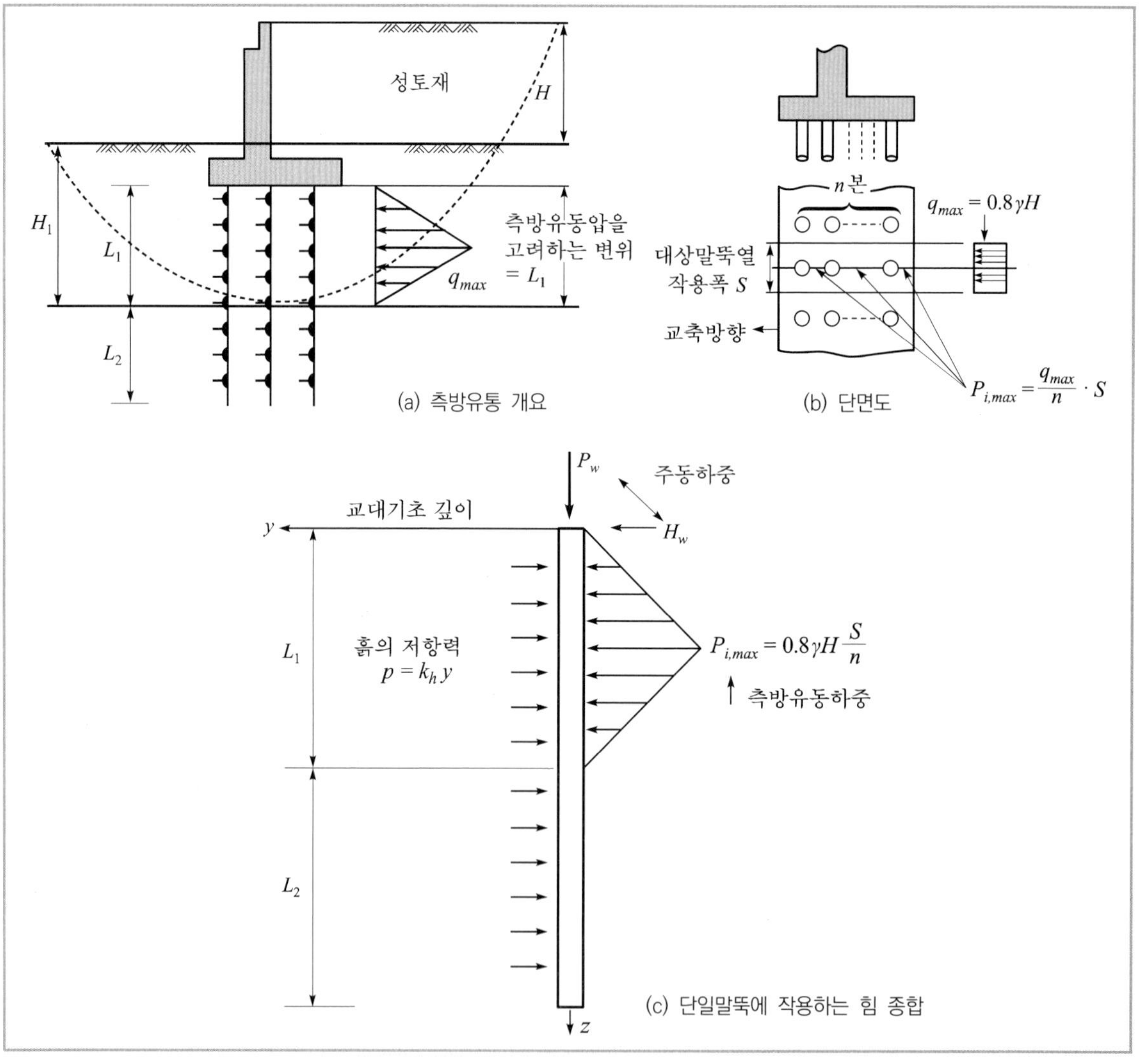

성토재
H
H_1
L_1
L_2
측방유동압을 고려하는 변위 $= L_1$
q_{max}
(a) 측방유통 개요

n본
$q_{max} = 0.8\gamma H$
대상말뚝열 작용폭 S
교축방향
$P_{i,max} = \frac{q_{max}}{n} \cdot S$
(b) 단면도

P_w
주동하중
H_w
교대기초 깊이
y
L_1
흙의 저항력
$p = k_h y$
$P_{i,max} = 0.8\gamma H \frac{S}{n}$
측방유동하중
L_2
z
(c) 단일말뚝에 작용하는 힘 종합

그림 13.78-2 교대말뚝기초의 측방유동

13.78 말뚝의 수평저항력(6)

② 측방이동 판정지수(I)에 의한 가능성 평가 그림 13.78-1

$$I = \mu_1, \mu_2, \mu_3 \frac{\gamma H}{c}$$ 식 13.78-1

여기서, I : 측방이동 판정지수, $I > 1.2$: 측방이동 우려 있음

μ_1 : 연약층 두께에 관한 보정계수 ($\mu_1 = D/L$)

μ_2 : 연약층 두께에 관한 보정계수 ($\mu_2 = b/B$), B : 교대폭

μ_3 : 연약층 두께에 관한 보정계수 ($\mu_3 = D/A$), A : 교축방향 교대길이

■ 측방유동에 의한 말뚝의 안정성 평가

① 교대기초는 우선적으로 축하중(P), 수평하중(H) 및 모멘트(M_y)를 받을 것이다. 상부구조물 하중에 의하여 말뚝에 작용되는 하중(주동하중) 외에 추가로 그림 13.78-2과 같이 연약한 점토층의 **측방유동으로 인한 측방유동압**을 구한다.

② 측방유동이 일어나는 점토층의 깊이 H_1은 말뚝이 설치되지 않았다는 가정 하에 사면안정 해석을 실시하여 사면파괴에 대한 안전율이 1.25이하로 되는 활동면의 최대심도로 한다. 즉, 안전율이 $F <$ 1.25 이하이면 측방유동 가능성이 있는 것으로 간주한다. 말뚝기초에 작용되는 측방유동압은 그림 13.78-2에서 보여주는 바와 같이 범위에서 삼각형 분포로 가정할 수 있으며, 최대 측방유동압은 다음 식으로 구할 수 있다.

① $$q_{max} = 0.8\gamma H$$ 식 13.78-2

여기서, $q_{max} =$ 교대 직각방향으로 단위 폭당 하중(응력)

② 그림 13.78-2b에서와 같이 말뚝 사이의 간격을 S라고 하고 폭 S에 해당되는 줄에 n개의 말뚝이 설치되었다면, 각 말뚝에 작용되는 최대하중(폭 S당 하중, 단위 : 하중/길이)은 다음 식으로 된다.

$$p_{i,\,max} = \frac{q_{max} \cdot S}{n} = 0.8\gamma H \frac{S}{n}$$ 식 13.78-3

여기서, $p_{i,\,max} =$ 각 말뚝에 작용되는 최대작용하중(kN/m)

$S =$ 말뚝의 교축 직각방향 폭(m)

$n =$ 교축 직각방향 1열의 말뚝개수

③ 단일말뚝에 작용되는 하중의 개략을 그려보면 그림 13.78-2c와 같다. 이 하중에 의하여 발생하는 말뚝의 변위, 휨응력, 전단응력이 허용변위, 허용휨응력, 허용전단응력 이내이어야 말뚝은 안전하다.

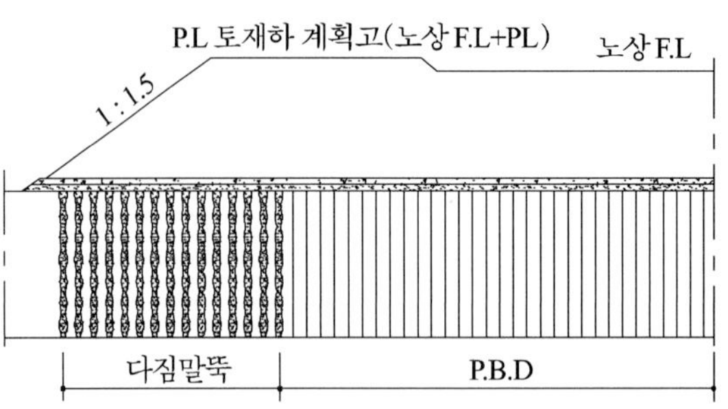

(a) 일반구간은 PBD 타설. 교대구간은 다짐말뚝 (모래 또는 쇄석)타설하여 프리로딩 재하

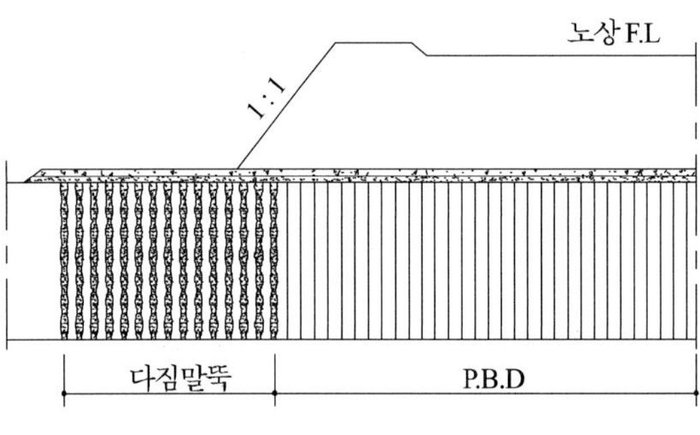

(b) 프리로딩제거

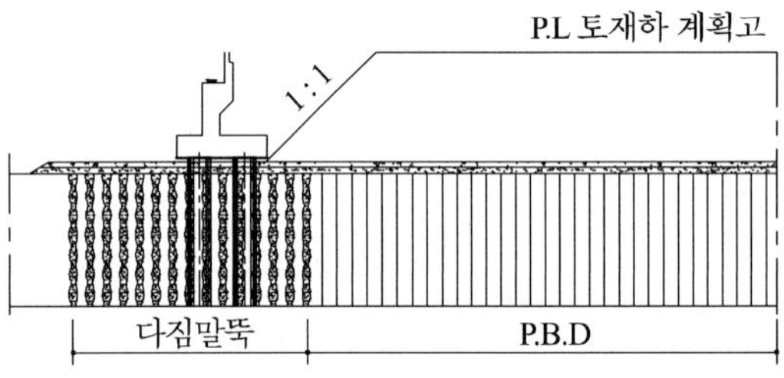

(c) 강관 또는 현장 타설말뚝 시공 후 교대시공

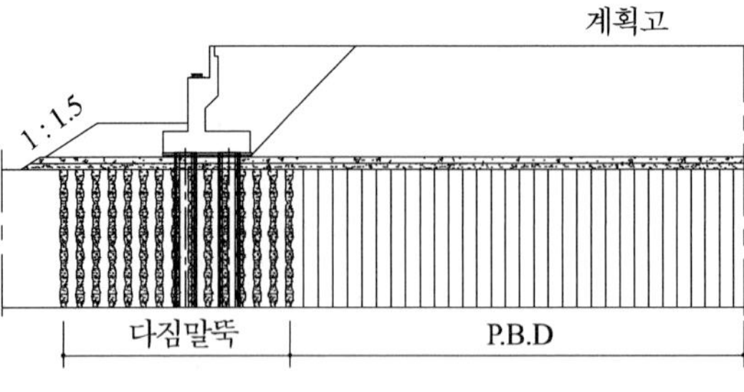

(d) 압성토 및 교대배면 되메움

그림 13.79-1 측방유동 대책공법 사례

13.77 말뚝의 수평저항력(7)

■ 수동말뚝을 포함한 사면의 안전성 평가

① 주동하중 및 측방유동하중에 대하여 말뚝이 안정한 것으로 판명되면, 마지막으로 수동말뚝을 포함하는 사면활동에 대한 안정성을 평가한다. 그림 13.78-2a 에서 제시된 가상파괴면에 대하여 L_2 부분에서의 극한수평지지력 H_u 에 의한 모멘트가 저항 모멘트로 추가된다. 사면에 대한 안전율은 다음 식으로 계산된다.

$$F_s = \frac{M_r}{M_d} = \frac{M_{rs} + M_{rp}}{M_d}$$ 식 13.79-1

여기서, M_{rs} = 지반 자체의 전단저항으로 인한 저항 모멘트

M_{rp} = 수동말뚝의 극한수평지지력(H_u)에 의한 저항 모멘트

M_d = 작용 모멘트

② 수동말뚝을 고려한 사면의 안정성 평가(원호활동 안정해석)시 **말뚝효과를 무시한 경우** F_s=1.5, **말뚝효과를 고려한 경우** F_s =1.8을 적용한다.

■ 교대구조물에서의 측방유동 대책공법 사례 → 그림 13.79-1 참조

※ 교대구조물의 이동량이나 지표침하량에 의한 측방유동 판정 방법

① **FHWA 기준**

- 교대구조물의 측방이동량(mm) = 0.25 ×배면성토 지반의 침하량(mm)

② **교대의 수직 및 수평변위를 이용하는 방법**(캐나다 시방서)

- S_v >100mm 이고 S_H >50mm : 유지관리상 문제가 있음
- 50mm≤ S_v ≤100mm 이고 25mm≤ S_H ≤50mm : 상당한 변형이 있음
- S_v <50mm 이고 S_H <25mm : 유지관리상 문제가 없음

③ **원호활동에 대한 안전율(F_s)과 압밀침하량(S_c)에 의한 방법**

- F_s >1.6 이고 S_c <10cm : 측방유동 가능성 없음
- F_s <1.2 이고 S_c >50cm : 측방유동 가능성 있음

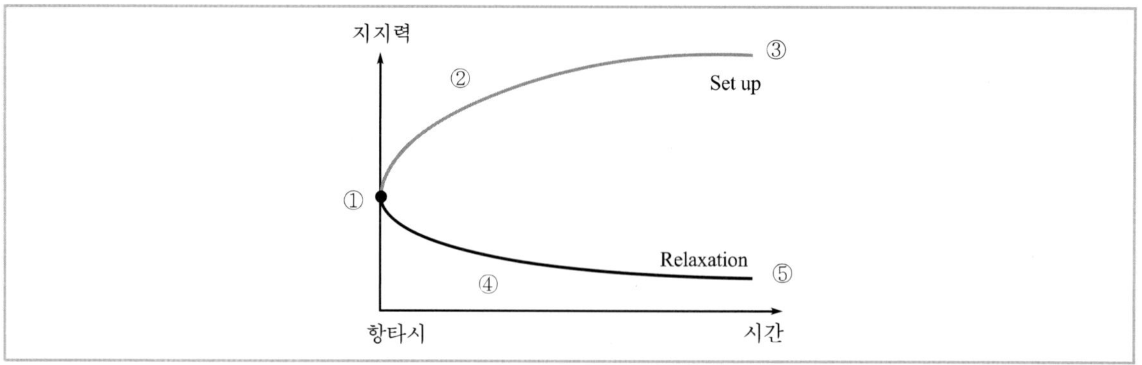

그림 13.80-1 말뚝의 시간경과에 따른 지지력 변화

① **기성말뚝 시공법**으로는 **타입말뚝공법**과 **매입말뚝공법**이 대표적이다. 국내 타입말뚝공법(항타말뚝)의 설계·시공기술은 여전히 뒤떨어져 있다. 말뚝재료의 내력기준으로 국내 강관말뚝의 설계·시공은 말뚝재료 허용내력의 50%정도, 콘크리트말뚝은 말뚝재료 허용내력의 64%정도만을 활용하고 있다(조천환, 1998). 특히 **강관말뚝**은 고강도 콘크리트말뚝에 비해 재료강도가 크므로 운반, 취급 및 항타시 재료손상이 적고, 이음시공의 신뢰도와 지지력은 고강도 콘크리트 말뚝에 비해 높다. 그럼에도 불구하고 **내력기준으로 콘크리트말뚝에 비해 작은 설계지지력을 채택할 수밖에 없는 것**은 설계자가 합리적인 시공관리기준을 제시하지 못하고 **말뚝지지력의 시간경과 효과를 제대로 반영하지 못하기 때문**이다.

② **타입말뚝의 지지력 특성**은 크게 지반조건, 말뚝조건, 해머조건에 의해영향 받으며 이들 조건이 최적으로 조합되어야 만 말뚝의 재료 허용하중을 충분히 활용할 수 있는 최적설계가 가능하다. 타입말뚝에 있어 최적설계의 개념을 도입하기 위해서는 현재 기술로는 재하시험을 제외하면 **파동이론해석(WEAP)**을 이용 설계방법이 가장 바람직하다(한국지반공학회 등, 1997). 그러나 **WEAP해석이나 재하시험으로 더욱 신뢰성 있는 결과를 얻기 위해서는 지지력의 시간경과효과를 반영**할 수 있는 정량적 자료가 필요하다.

③ **점성토 지반에서 말뚝을 항타하면** 지반에는 과잉간극수압이 발생하게 되어 말뚝의 관입이 어려워지게 된다. 따라서, **과잉간극수압의 소산에 의해 말뚝이 관입**하게 되는데 이러한 현상은 항타관입 과정중에 관찰된다. 즉, 말뚝주변에 간극수가 유출되는 것을 육안으로도 쉽게 확인할 수 있다. 이러한 간극수압은 시간이 지남에 따라 소산되면서 지반내에 유효응력과 전단강도를 증가시켜 말뚝의 지지력에 영향을 주고 있다.

④ 한편 **사질토 지반에서는** 높은 투수계수로 인해 과잉간극수압이 발생된다 하더라도 즉시 소산되기 때문에 말뚝의 지지력이 변화하지 않는다는 것이 정설이었다. 그러나 **초기 항타시의 최종관입량이 일정시간이 경과한 후에는 현저히 감소되는 현상**으로 **사질토 지반에서도 시간경과 효과가 있다는 것이 실무에서 확인**하고 있다. 다만 항타분석기에 의한 동재하시험이 발전되기 전에는 이를 정량적으로 파악하기 곤란하여 실무에 반영하는 것이 어려웠다. 그러나 최근에는 항타분석기의 활용으로 체계적인 연구가 가능하게 되었다.

해설 13.80-1

13.80 말뚝의 시간경과에 따른 지지력 변화(1)

1 말뚝의 시간경과에 따른 지지력 변화에 대한 올바른 이해

- 지반내에 말뚝을 항타하게 되면 주변지반은 극심한 변화를 겪게 되며 이로 인해 지반의 강도와 지지력이 시간경과에 따라 변화하게 되는데, 이를 **말뚝지지력의 시간경과효과**(Time effect)라 한다. 시간경과 효과로 말뚝의 지지력은 증가 또는 감소 형태로 나타나는데 항타 후 시간경과에 따라 **지지력이 증가하는 현상을** Set up(①→③), **감소하는 현상을** relaxation(①→⑤)이라 한다. 시간경과 효과는 대부분 Set up현상이 일반적이나 경우에 따라서는 relaxation이 발생하는 경우도 있으므로 시험시공 등을 통해서 반드시 이를 확인하여야 한다.
- 위에 설명한 사항은 말뚝의 경시효과와 관련 그림 13.80-1의 내용을 설명한 것으로 독자들은 익숙할 것이다. 그러나 실제적으로 말뚝의 경시효과와 말뚝의 축방향 허용지지력 결정방법과 연계된 이해는 못하는 경우가 많다.

$$p_{i(\max)} \le Q_a = \frac{Q_u}{F_s} \text{ 또는 } \sigma_a \le \sigma_{allow} \text{ 중 작은값} \rightarrow \text{물론 } S \le S_{allow} \text{ 동시만족}$$

- 따라서 해설 13.80-1을 통해 **왜? 말뚝의 경시효과에 대한 고려가 필요한가**에 대해 우선적으로 이해해야 할 것이다.

2 그림 13.81-1을 통한 그림 13.80-1에 대한 이해

- 그림 13.81-1은 그림 13.80-1의 set-up 현상과 Relaxtion 현상이 일어나는 대표적인 지반을 구분하여 표시한 것이다. 그림 13.81-1를 정리 해보면

① 타입말뚝의 경우
- **정규압밀 점토지반과 느슨한 모래지반** 모두 set-up **현상**이 발생될 수 있다.
- **과압밀 점토지반, 조밀하고 포화된 가는 모래층과 실트층, 층상의 퇴적풍화토층(이암층)**에서는 Relaxtion 현상(슬레이킹과 swelling 연계)이 발생

② 매입말뚝의 경우 : 시멘트풀의 양생에 의해 주면 마찰력이 증가하고 아울러 전단지지력은 시간경과 효과를 나타낸다.

③ 현장타설 콘크리트 말뚝의 경우 : 콘크리트 양생에 의해 본체의 강도와 이에 따른 지지력이 달라진다.

- 따라서 구조물기초설계기준해설(2018)에서는 재하시험은 말뚝을 설치한 후 즉시 시행할 수 없으며 충분한 시일이 경과 한 후 시험하도록 규정하고 있다.

말뚝재하시험 시기 : 말뚝설치 시와 말뚝설치 후 **일정한 시간(최소 1~2주일 후) 경과**한 후 2회에 걸쳐 재하시험을 실시하여 시간경과효과를 확인. 예를 들어 동재하시험 경우 초기 시항타(압축·인장응력+Q_p 확인) → 1~2주 경과 후 재항타(경시효과+Q_s 확인)

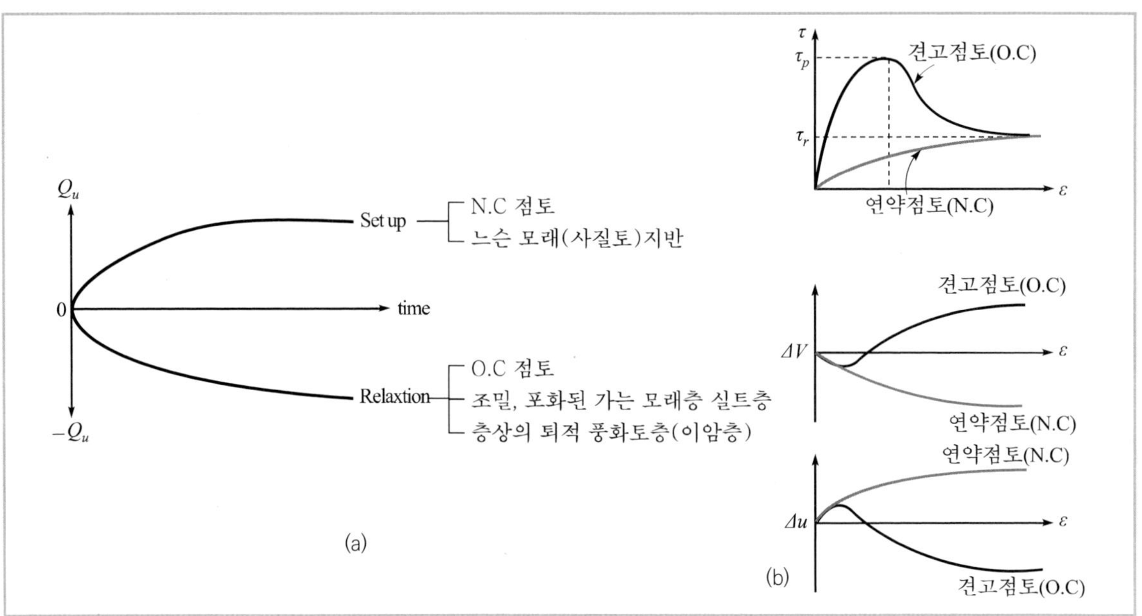

그림 13.81-1 항타 후 말뚝지지력의 시간경과 효과 및 해당되는 지반의 전단특성

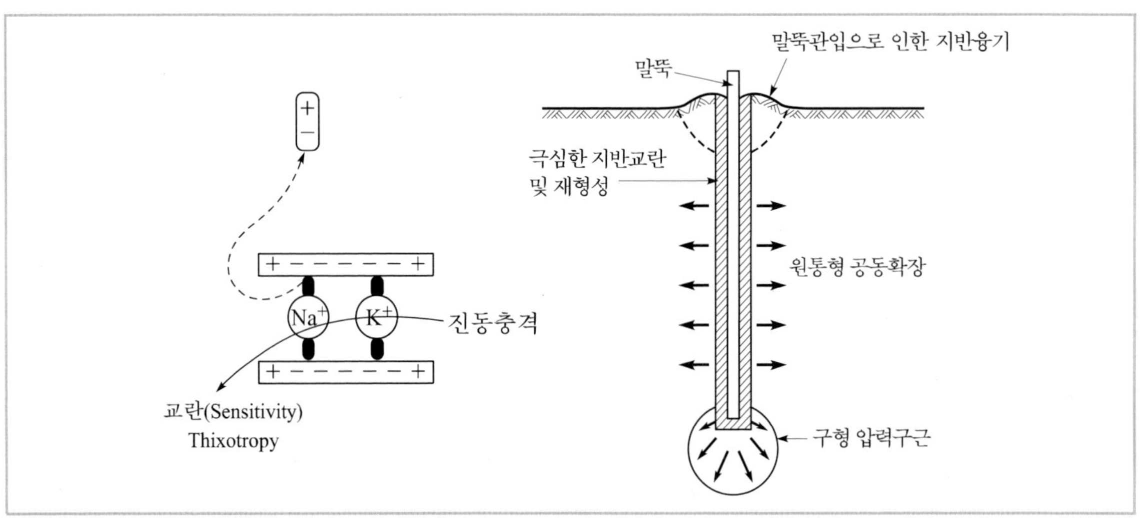

그림 13.81-2 점성토지반에서의 시간경과 효과

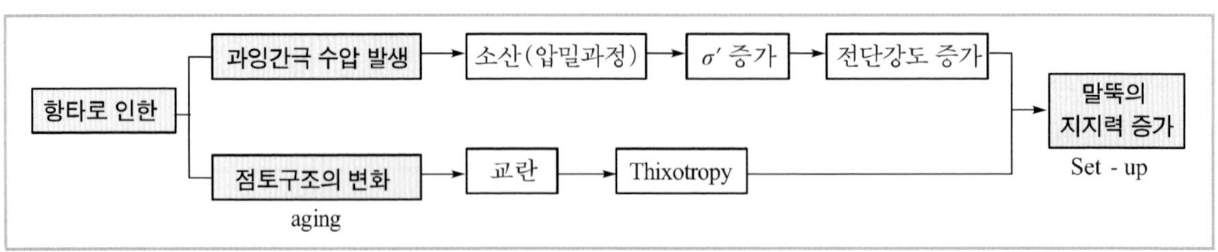

그림 13.81-3 점성토지반에서의 시간경과 효과에 의한 set-up현상 메커니즘

13.81 말뚝의 시간경과에 따른 지지력 변화(2)

■ 그림 13.81-1a 에 대한 이해를 위해서는 우선적으로 그림 13.81-1b 에 대한 이해가 필요할 것이다.

3 점성토 지반에서의 시간경과 효과

■ 점성토지반에 말뚝을 타입하면 그림 13.81-2 와 같은 지반변형이 발생한다. 말뚝이 지반에 관입되면 말뚝선단부 부근에서는 **구형 압력구근이 형성**되며 말뚝주면부에서는 **원통형 공동확장**(cylindrical cavity expansion)과 유사한 지반거동을 유발시킨다. 이때 말뚝주면부와 인접한 구간(그림에서 빗금친 부분)에서는 **심한 지반교란이 발생**하며, **흙구조는 재성형**(remoulding) **상태에 도달**하게 된다. 이와 동시에 말뚝관입 및 타입으로 인한 지반진동 영향으로 간극수계에도 심한 변화가 유발되어 상당히 큰 **과잉간극수압이 발생**한다. 항타로 인한 이러한 지반조건변화는 말뚝지지력을 결정하는 영향요소들을 변화시키고 따라서 말뚝의 지지력도 변화하게 된다.

■ 항타로 인한 말뚝주변 지반의 교란, 재성형 과정이 말뚝의 주면마찰력에 미치는 영향은 크게 ① 과잉간극수압 발생 및 시간경과에 따른 소산 ② 과잉간극수압 소산에 따른 1차 압밀효과 ③ 1차 압밀완료후의 2차 압밀효과로 나누어 생각할 수 있다.

■ 그림 13.81-3 을 자세하게 부연 설명하면 아래와 같다.

① 항타시 발생한 Δu은 지반내의 σ'을 감소시키며, 시간이 경과하면 Δu의 감소에 따라 지반내의 σ'이 증가하게 된다. 정역학적 지지력공식은 $q_p = \sigma_v{}' N_q + c N_c$, $f_s = c_a + \sigma_v{}' K_s \tan\delta$ 같이 지반의 유효상재압의 함수인 바, 시간경과에 따를 지반내의 σ'증가는 결국 말뚝지지력의 증가를 가져오게 된다.

② 항타로 인한 Δu 발생과 시간경과에 따른 Δu 소산은 지반내의 σ' 변화뿐만 아니라 점성토지반의 흙구조의 변화를 유발하게 된다. Δu의 소산은 지반내의 함수비 저하를 가져오게 되고 이로 인한 지반의 τ 증가가 나타나게 된다. Randolph and Worth(1982)는 w 저하로 인하여 40~60% 정도의 τ가 나타남을 보고하였다. 지반의 τ 증가는 결국 말뚝의 주면마찰력과 선단지지력을 증가시키게 된다.

③ 이상은 항타로 인한 Δu 발생과 소산과정에서 지반내의 σ'증가, 압밀에 따른 w 저하와 이로 인한 지반의 τ 특성이 시간경과에 따라 말뚝지지력 증가를 가져오게 됨을 설명한 것이다. 그러나 Δu이 완전히 소산된 후에도(1차압밀이 완료) 점성토지반에서는 2차압밀(secondary consolidation)이 나타나게 된다. 2차압밀은 점성토지반의 흙구조를 변화시키며 이로 인한 지반의 전단강도 증가 및 말뚝지지력 증가가 나타나게 된다(Walker 등, 1973).

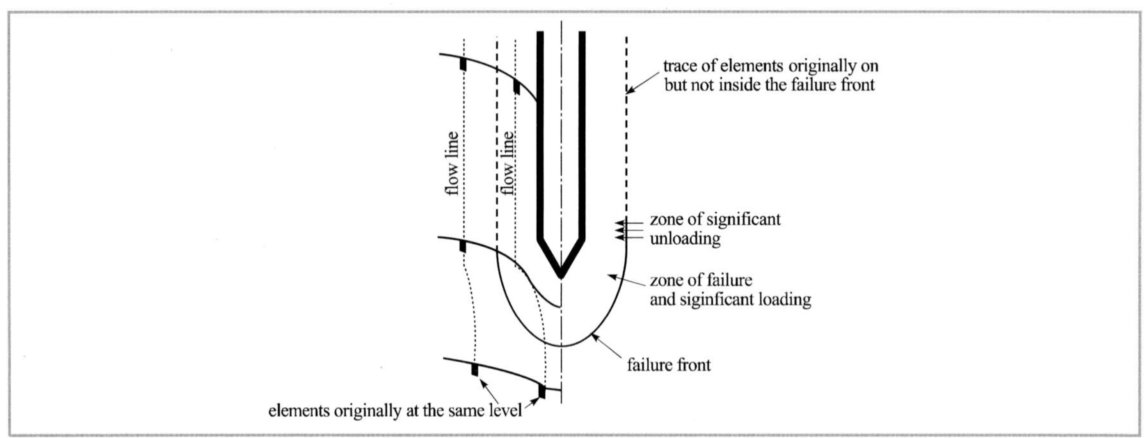

그림 13.82-1 사질토지반에서의 말뚝관입으로 인한 지반변형(Al Awkati, 1975)

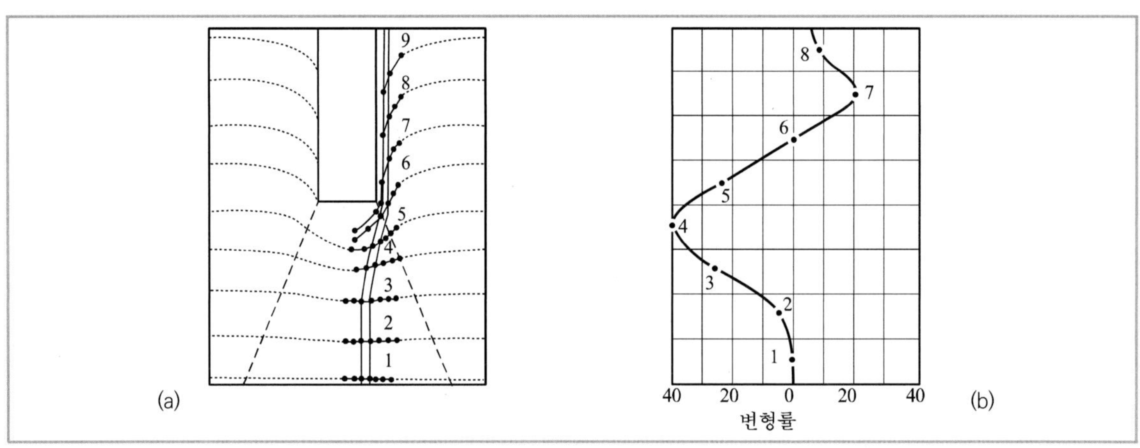

그림 13.82-2 사질토지반에서 말뚝관입으로 인한 (a) 지반변형 (b) 변형율

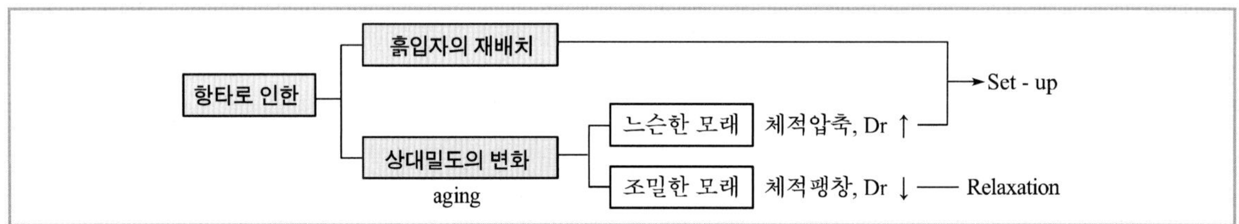

그림 13.82-3 사질토 지반에서의 시간경과 효과에 의한 set-up현상 메커니즘

① **시간경과별 지지력을 예측하는데 있어 동재하시험의 효용성**은 대단히 크며 또한 정재하시험 결과와 비교한 상관성도 우수하다.

② set-up효과의 원인은 점성토의 경우 크게 간극수압의 소산과 aging효과로 구분할 수 있으며, **사질토**는 aging에 대한 원인이 아직도 명확하게 이루어지지 않고 있다.

③ 일반적으로 set-up효과는 토질특성 및 말뚝특성에 좌우되는데 **사질토에서보다 점성토에서 크게 나타난다**. 동일한 현장에서 얻어진 set-up효과에 있어서도 차이가 있을 수 있으므로 제안된 예측식들은 현장에서 반드시 확인될 필요가 있다.

해설 13.82-1

13.82 말뚝의 시간경과에 따른 지지력 변화(3)

4 사질토 지반에서의 시간경과 효과

- 사질토지반에 말뚝을 관입시키면 그림 13.82-1 같은 지반변형이 발생하게 된다(Al Awkati, 1975). 사질토지반 내에 말뚝이 관입되면 다짐효과로 인하여 흙입자의 재배치(rearrange ment), 상대밀도 변화 또는 입자파쇄 등이 발생한다.

- 따라서 **느슨한 사질토지반에서는** 말뚝주위에 원지반 상태보다 상대밀도 값이 높은 지반조건이 형성된다. 반대로 **조밀한 사질토지반에서는** 말뚝관입으로 체적팽창(dilation)이 일어나게 되고 원지반 상태보다 낮은 값의 상대밀도를 갖는 지반조건이 형성된다.

- 그림 13.82-2 는 obinsky and Morrison(1964)이 납구슬을 매설한 인공지반에서 말뚝을 관입시키며 발생하는 지반변형을 X-ray로 관측한 결과이다. 그림에서 나타난 바와 같이 말뚝선단부 아랫쪽에는 상당히 큰 압축변형이 나타나고 있으며 말뚝선단부보다 윗쪽의 지반에서는 인장변형이 나타나고 있다. 이와 같은 지반변형에서는 간극수압 또한 반응하여 변화를 보여 주지만 사질토지반에서는 투수계수가 상당히 크기 때문에 과잉간극수압 소산에 많은 시간을 요하지 않는다. 따라서 **사질토지반에서 말뚝의 관입으로 일어나는 지반의 변화는 흙입자의 재배치와 상대밀도 변화로 요약**할 수 있다. 그러나 이와 같은 지반변화가 말뚝이 설치된 시간경과에 따라 점성토지반에서와 같이 추가적인 지반변화를 유발시키지는 않은 것으로 알려져 왔다.

- 즉 이제까지는 사질토지반에 설치된 말뚝의 지지력은 시간경과에 영향을 받지 않으며 따라서 실무에서 이를 고려하지 않는 것이 정설로 받아들여지고 있었다. 그러나 근래에 들어 **사질토지반에서의 aging효과**에 대한 각종 연구결과는 시간경과가 사질토지반의 전단강도에 미치는 영향이 상당히 큰 것으로 보고하고 있다(Skempton, 1986, Schmertmann, 1991).

- 사질토지반에서의 **aging효과**에 대한 연구결과들은 사질토지반에 설치된 말뚝의 지지력이 시간경과에 따라 상당한 변화가 있을 수 있음을 시사해준다. 국내에서도 최근 이명환 등(1994), 이원제 등(1995)에 의해 시간경과에 따른 타입말뚝의 지지력 변화 연구가 수행된 바 있다. 이에 의하면 지지력증가의 대부분은 말뚝시공 후 7일 이내에 나타나는 것으로 보고하고 있다. 또한 이영남 등(1997)은 사질토에서도 상당한 set-up효과가 일어난 사례에 대해서 보고하였다

5 시간경과 에 따른 말뚝의 지지력증가(set-up)에 대한 요약

해설 13.82-1 과 같이 정리할 수 있다. 항타 후 **시간경과에 따른 지지력을 예측하는 것은 설계지지력을 결정**하고 **재하시험의 적절한 시간을 선정**할 수 있다는 점에서 매우 경제적이고 유익하다고 할 수 있다.

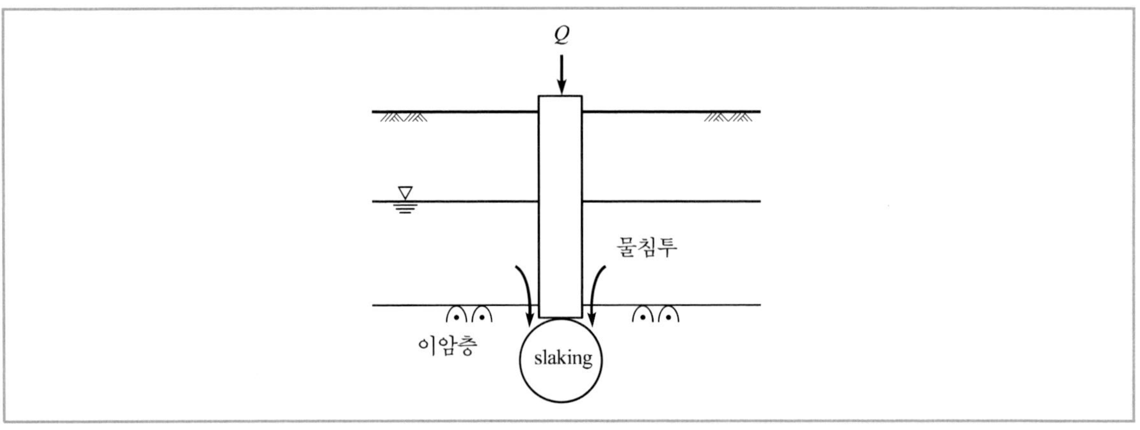

그림 13.83-1 이암층의 Slaking 현상에 따른 지지력 감소

점토지반에서의 말뚝거동을 이해하여 설계에 활용하고자 한다. 정규압밀점토(NC-Clay)와 과압밀점토(OC-Clay)에 그림과 같이 말뚝설치시, 안정화시, 그리고 파괴시까지 3영역으로 구분하여 A점에 대하여 전응력경로(TSP: Total Stress Path)와 유효응력경로(ESP: Effective Stress Path)를 $p'-q'$ 좌표에 각각 그리고 설명

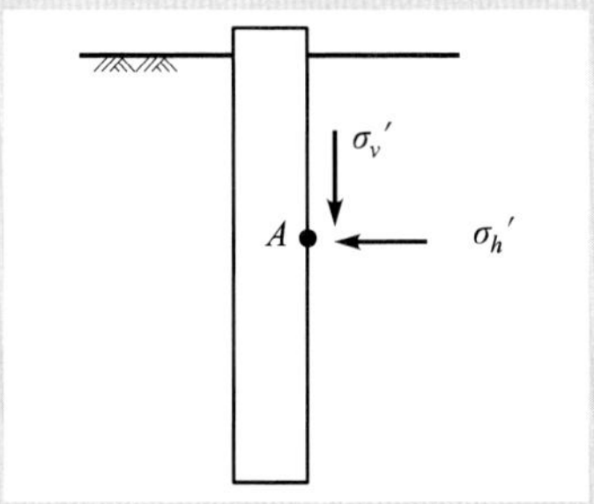

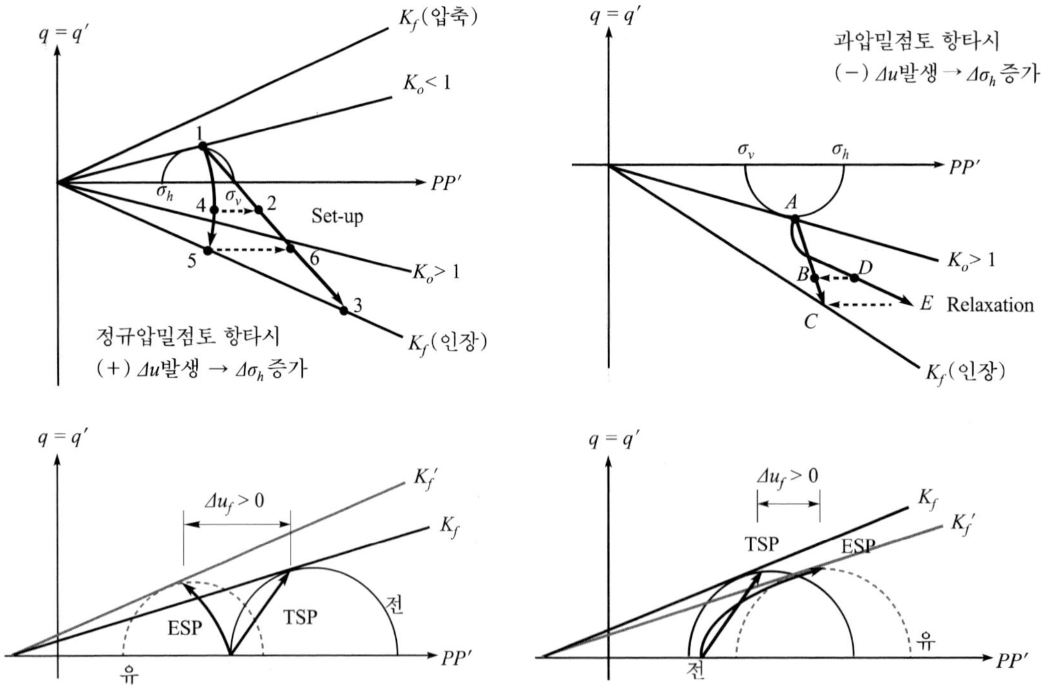

그림 13.83-2 말뚝의 시간경과에 따른 지지력 변화를 응력경로 이용하여 그려보자

13.83 말뚝의 시간경과에 따른 지지력 변화(4)

5 Relaxation 현상의 원인

- **조밀하고 포화된 가는 모래층, 실트층의 경우** 기초지반이 조밀하고 포화된 가는 모래층, 실트층의 경우 말뚝항타로 인해 다져졌던 모래나 실트가 이완되면서 Relaxation현상이 발생되며, **시간경과에 의한 다짐효과가 이완되는 지질학적 문제로 인한 주면지지력의 감소가 주원인**이다.
- 그림 13.83-1 같이 층상퇴적풍화토층(이암)에 관입된 말뚝의 경우는 이암층과 말뚝의 접촉면에 물이 흘러 들어가 Swelling **현상 및** Slaking **현상으로 지지력이 감소하게 되며 선단지지력의 감소가 주원인**이다.

6 시간경과효과 분석방법

현재의 기술로는 시간경과에 따른 말뚝지지력 변화를 사전에 예측하는 것은 불가능하다. 따라서 말뚝을 시공 중 또는 시공 후에 **정재하시험 또는 동재하시험을 실시하여 시간경과에 따른 지지력 변화를 분석**할 수밖에 없다.

7 말뚝의 시간경과에 따른 지지력 변화를 응력경로 이용하여 그려보자

- 그림 13.83-2 참조 → 지반공학이해Ⅱ 335p 10.69연계

8 실무설계 및 시공 시 유의사항

- 느슨한 모래와 정규압밀점토 지반은 Set up현상이, 조밀한 모래와 과압밀점토 지반은 Relaxation 현상이 주로 일어난다.
- 시간경과에 따른 말뚝지지력 변화에 효율적으로 대처하고 설계 및 시공의 부실을 방지하기 위해서는 설계단계에서 시험시공을 실시해서 재하시험에 의한 설계지지력을 결정하는 것이 바람직하다.
- 시간경과에 따른 말뚝지지력 변화는 구조물의 안전 및 공사비에 지대한 영향을 미친다.

① **Set-up 효과 미고려 시** : 과다설계로 비경제적인 설계가 될 수 있음 ② **Relaxation 미고려 시** : 위험 측 설계가 될 수 있음

- 사례에 의하면 Shale, Mudstone(이암) 지역에서 Relaxation이 확인되고 있으므로, 이런 지역에 말뚝기초를 설계할 경우 사전에 충분한 검토가 필요하다.

제14장에 대한 목차

제14장

암반 및 터널이론

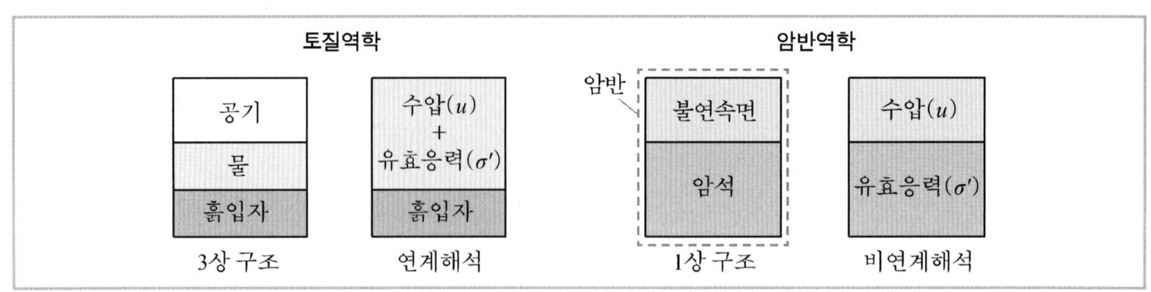

그림 14.1-1 토질역학에서의 3상과 암반역학에서의 2상

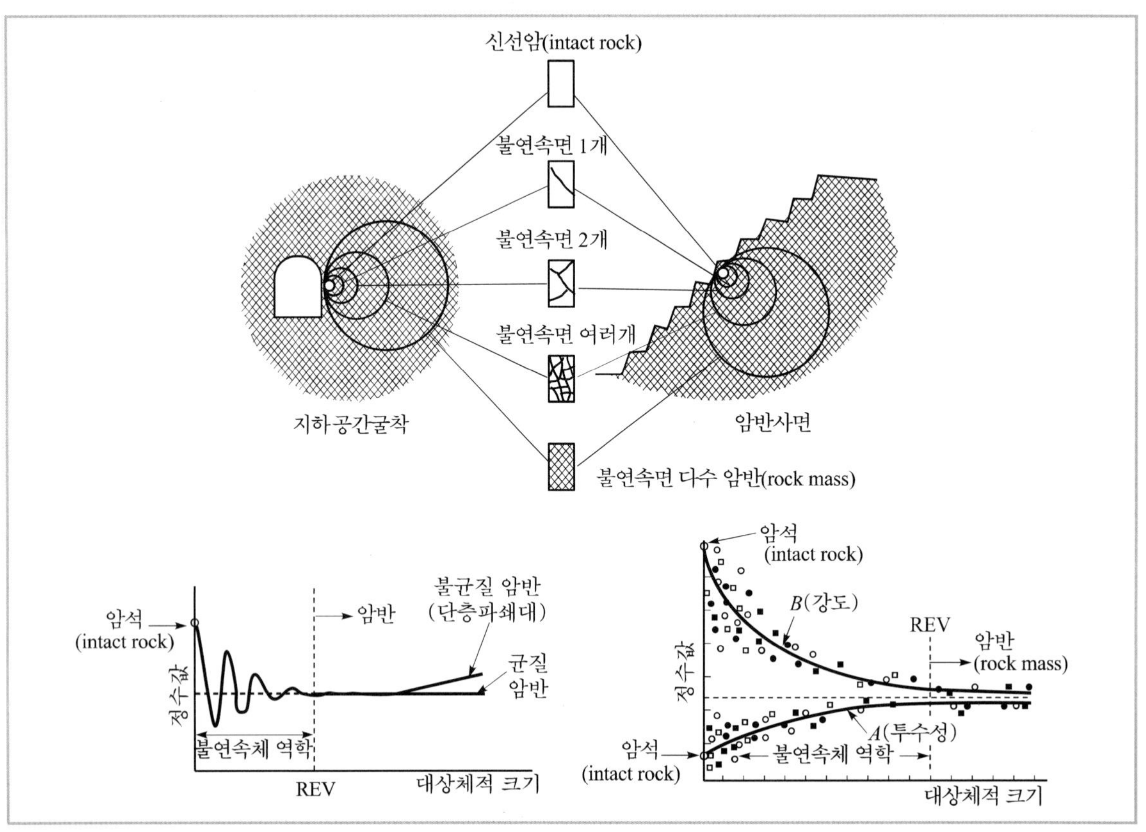

그림 14.1-2 대상체적의 크기에 따른(REV) 암석/암반의 고려방안

대상체적의 크기	불연속면 규모	지배적 거동	분석방법
① 아주 좁은 체적	신선암만 존재 불연속면이 없음	응력지배	연속체역학에 근거한 응력해석
② 적당한 체적 (대표단위체적 REV 이하)	체적안에 수개의 절리(1~5정도) 존재	지질구조 지배	불연속체역학에 근거한 지질구조해석
③ 대상체적이 큰 경우 (대표단위체적 REV 이상)	절리가 수많이 존재	응력지배	연속체역학에 근거한 응력해석

표 14.1-1 대상단위체적(REV)에 따른 암반의 거동분석 개념

14.1 암반역학과 토질역학의 근본적인 차이점

1 Terzaghi 유효응력방정식 적용?

- 지반공학은 원래부터 존재하고 있던 지반에서 일어나는 문제들을 다루기 때문에 in-situ mechanics 라는 관점에서 토질역학과 암반역학은 동일하나 그림 14.1-1 같은 관점에서는 다르게 취급되어야 한다.

- **토질역학은 3상역학**(지하수위가 존재하는 경우 2상역학)으로 흙입자와 물이라는 두 재료를 Terzaghi **유효응력방정식을 이용하여 동시에 분석**한다.(연계해석이라 함) **예를 들어서 한 입자에 작용하는 수직응력이 유효응력과 수압 둘이라는 점이다.**

- 그러나 **암반역학의 경우는 암석 자체만을 재료로 하는 1상역학**(여기서 1상은 암반을 의미)으로 작용하는 경우가 대부분이다. 물론 암반에 불연속면이 존재하고 이 불연속면에 물이 차있는 경우 수압을 고려해야 하나, 이 물은 **기하학적으로 다른 물체**로 보아야지, 암석 자체가 2상으로 거동한다고 볼 필요는 없다. **따라서 암반역학에서는 불연속면을 포함한 암반에 작용하는 유효응력과 수압을 별개로 각각 분석**한다. (Terzaghi 유효응력방정식을 이용할 수 없으므로 비연계해석이라 함) 따라서 암반역학이 토질역학과 근본적으로 다른 점 첫 번째는 **토질역학에서 적용하는 Terzaghi 유효응력방정식을 암반역학에서는 적용할 수 없다**는 점이다.

2 암반역학이 토질역학과 근본적으로 다른 점

- 암반역학이 토질역학과 근본적으로 **두번째 다른 점은 암반은 재료자체가 불연속면 또는 절리(joint)가 존재한다는 점**이다. 절리와 절리 사이의 암석(intact rock)은 강재료와 같이 단일 재료역학으로 거동하게 되나, 절리면이 존재하는 경우, 암반 전체의 거동이 이 불연속면에의 거동에 의해 지배되는 경우가 많다. 따라서 **토질역학은 재료적으로 2상(또는 3상)거동**을 하는데 반하여 **암반역학은 기하학적으로 2상구조**를 갖는 역학으로 볼 수 있다. **이 불연속면에서의 역학이 다른 재료에서는 볼 수 없는 암반만의 독특한 현상이다.**

- 암반역학은 암석/암반의 구성요소에 따라 그림 14.1-2 같이 아래의 세 가지 관점에서 분석되어야 한다.
  ① 암석(intact rock) : 불연속면이 없는 암석 자체를 분석하는 경우로서, 공학적 대상이 **완전히 신선암(intact rock)으로 이루어진 경우**
  ② 불연속면 역학(discontinuity) : **대상지역에 몇 개의 불연속면이 존재하는 경우**, 대상 암반은 대부분 불연속면의 성질에 의하여 지배받게 된다.
  ③ 암반(rock mass) : **불연속면이 아주 많이 발달**하여 불연속면들을 포함한 전체 암반 덩어리의 거동이 중요한 경우

- 표 14.1-1 은 대표단위체적(REV)에 따른 불연속면을 포함한 **암반의 분석방법**에 대하여 정리되어 있다.

개념정리 ① **토질역학과 암반역학을 비교 정리해보자 (1)**

1 지반의 상태정의

지반의 상태정의는 왜 필요하고, 어떻게 지반의 상태를 정의할 수 있을까?

지반재료의 거동은 대체로 비가역적이며, **응력경로 의존적이다. 즉, 과거의 응력이력(stress history)이 앞으로의 거동에 영향을 미친다.** 따라서 **지반의 상태정의는 지반의 향후 거동 예측에 중요하다.** 지반의 상태정의에 필요한 요소는 아래와 같다.

① 지층구성(지층의 기하학적 공간적 변화상태) ② 지질구조(절리, 단층, 엽리, 층리 등)
③ 기초물성(w, G_s, γ, e, D_r, Atterberg 한계, 입도분포 등)
④ 초기지중응력과 응력이력(σ'_{vo}, σ'_{ho}, K_o)
⑤ 역학적 특성(강성, 강도 파라미터) ⑥ 수리특성(투수계수 k)
⑦ 시간 의존적 거동특성, 동적 거동특성

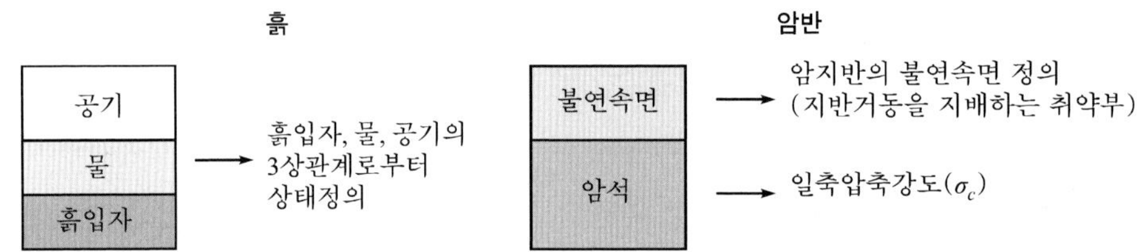

흙 지반의 상태정의	암 지반의 상태정의
■ w, G_s, γ, e, $D_r \rightarrow G_s w = S e$ ※ 지반공학이해 I 458~459p 연계 ■ 점성토지반의 상태정의 : Atterberg 한계 → N.C O.C ■ 사질토지반의 상태정의 : 상대밀도 → 조밀, 느슨	■ 암지반의 원위치 상태정의 요소 : RQD, TCR ■ 암지반의 불연속면 정의 : ① 지질구조 ; 절, 단, 엽, 층 ② 불연속면의 방향성 : 주향, 경사, 경사방향 ③ 불연속면의 조사항목에 따른 공학적 특성 (ISRM) : 방, 연, 간, 거, 괴, 투, 물, 새 + 면강도 및 불연속면 종류 수

2 공학적 해석방법

흙 지반의 해석방법	암 지반의 해석방법
■ 미시적 관점 (불연속체) : 흙의 기본적인 성질파악 → 점토광물이론 ■ 거시적 관점 (연속체) : 지반의 거동 파악→투수, 전단, 압밀이론 ■ 수리거동과 역학거동의 결합여부 : **연계해석방법** (Terzaghi 유효응력방정식을 적용하여 연계)	■ 암지반을 그림 14.1-2 같이 불연속체 및 연속체로 해석 ■ 수리거동과 역학거동의 결합여부 : 터널설계의 경우 지반과 지하수를 따로 분석하고 이를 조합하여 고려하는 **비연계 해석방법** (Terzaghi 유효응력방정식을 적용할 수 없음)

※ 지반공학이해 I 45p 1.16 지반해석법-수치해석법(2), 46p 개념정리⑨ 52p 개념정리⑮~⑯의 암반의 모델링(연속체모델과 불연속체 모델)과 반드시 연계학습 할 것

개념정리 ② **토질역학과 암반역학을 비교 정리해보자 (2)**

3 공학적 분류

흙 지반의 분류방법 및 공학적 활용	암 지반의 분류방법 및 공학적 활용
■ 통일분류법과 AASHTO분류법 ■ 흙의 물리적 성질을 이용해서 역학적 성질을 추정하는데 공학적 분류가 이용되며, 이 추정을 근거로 필요한 역학시험을 통해 지반설계파라미터가 결정됨 ※ 지반공학이해 I 387p 4.25 연계	■ RMR분류법과 Q-System분류법 ■ 공학적 분류에 의한 지반분류를 통해 ① 표준 지보Patton결정 ② 안정·변형해석에 필요한 강도정수 및 변형계수 산정 ※ 지반공학이해 I 232~241p 연계

흙 지반의 분류와 암 지반의 분류방법이 차이가 나는 이유에 대해 생각해보자 ?
흙 지반의 변형거동은 입자구조의 연속된 변형에 의해 지배된다(이 부분은 지반공학이해 I 346p 4.6을 통해 설명됨) 일반적으로 입자크기, 입도, 연경도(consistency), 상대밀도 등이 물리적 성질을 지배하므로 이들 요소가 분류의 기준이 된다.(예 통일분류법) 반면, 암 지반은 암석과 불연속면, 지하수의 복합재질로서 변형이 불연속면(지반거동을 지배하는 취약부)에 집중되는 거동을 보인다. 따라서 **암지반의 분류는 암석, 불연속면, 지하수 상태를 종합 고려하는 방법(예 RMR분류법)으로 이루어진다.** 결국 거동을 지배하는 요소가 무엇인가에 따라 지반분류인자와 분류방법이 달라짐을 알 수 있다.

4 지중응력

구분	흙 지반의 분류방법 및 공학적 활용	암 지반의 분류방법 및 공학적 활용
지중응력개념	■ 상재압력의 개념 $K_o = \dfrac{\sigma'_{ho}}{\sigma'_{vo}} < 1$ ■ 흙 지반의 경우 풍화 퇴적과정에서 지질구조응력이 제거되고 대체로 자중에 의해 도입된 초기응력상태 유지	■ 초기지중응력 개념 $K_o = \dfrac{\sigma'_{ho}}{\sigma'_{vo}} > 1$ ■ 암 지반의 경우 지질구조응력이 내재되어 있어 흙 지반보다 더 불규칙한 응력상태 유지
	※ 지반공학이해 II 420~421p 개념정리③~④ 흙 지반과 암 지반의 K_o개념 차이에 대한 이해와 반드시 연계학습 할 것 ①정의 → ②개념 → ③K_o비교 → ④산정방법 → ⑤공학적 이용 → ⑥퇴적토와 풍화토의 응력경로를 통한 이해	
탄성이론에 근거한 지중응력	※ 지반공학이해 I 414p 그림 5.11-1 하중재하 조건에 따른 지중응력 증가량과 연계할 것	※ 지반공학이해 II 414~415p 개념정리 ①~② Kirsh의 해(탄성지반에서 원형터널 굴착후 암반의 응력상태와 연계학습 할 것

개념정리 ③ 토질역학과 암반역학을 비교 정리해보자 (3)

5 파괴거동

구분	흙 지반의 파괴거동	암 지반의 파괴거동
파괴 개념	• 흙의 입자체로서의 변형특성 : 흙의 변형은 외력(축차응력)에 의해 생기며 이는 입자간 접촉면에 수직응력과 전단응력을 발생시킨다. 즉 흙에 큰 변형이 발생하면 전단파괴로 이어진다. ※ 지반공학이해 I 345p 4.6 흙의 입자체로서의 중요한 거동 특성과 연계할 것	• 암반 블럭파괴 : 지질구조의 지배문제 저심도 터널 및 암반사면 • 암반 응력유발파괴 : 응력지배의 문제 대심도 터널 ─ 연약암반 : squezzing / 경암암반 : 취성파괴 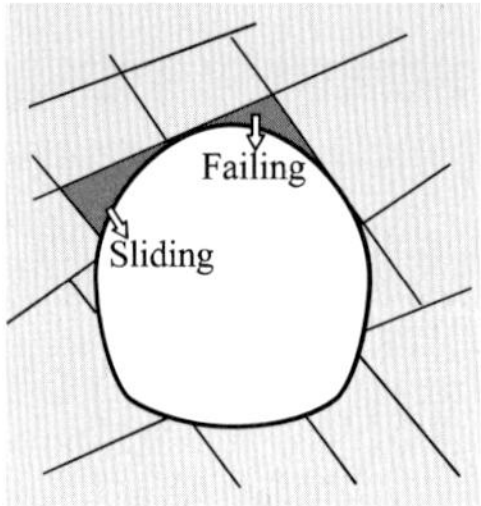 Failing Sliding 암반블럭파괴  응력유발파괴
파괴 기준	• Mohr-coulomb의 파괴기준 $\tau_f = c' + \sigma_n \tan\phi'$ ※ 지반공학이해 II 230p 10.22 전단강도의 본질로부터 파괴기준 및 응력경로와 연결해서 이해하기와 연계학습 할 것	• Hoek and Brown의 파괴기준 $\sigma_{1f} = \sigma_3 + \sigma_c \left\{ m_b \frac{\sigma_3}{\sigma_c} + s \right\}^a$ ① σ_c 암석의 일축압축강도 ② m_b, s, a : 불연속면의 발달정도에 따라 달라지는 값으로 RMR분류법을 통하여 구한 GSI(지질강도지수)에 의해 결정 실무에서는 Hoek and Brown의 파괴기준으로부터 Mohr-coulomb의 파괴기준을 역산하여 강도정수 (c', ϕ')를 결정 • 불연속면의 전단거동특성을 고려한 불연속면의 전단강도 Model 이용 ① Patton의 선형모델 ② Baton의 비선형모델 실무에서는 ①과 ②의 제시된 강도모델을 Mohr-coulomb 강도정수로 바꾸어 이용 ※ 지반공학이해 II 264p 그림 3.35-2 와 연계학습 할 것

개념정리 ④	토질역학과 암반역학을 비교 정리해보자 (4)

CHAPTER 14

6 변형거동

구분	흙 지반의 변형거동	암 지반의 변형거동
변형 해석 방법	• 탄성이론에 근거한 즉시침하량 : $S_i = q_{(net)} \times B \times \frac{(1-\mu^2)}{E} \times I$ 변형계수(E)와 포아송비(μ)와 같은 지반물성 필요 ※ 지반공학이해 II 141~147p 9.59~9.62 흙의 탄성변형이론과 연계학습 할 것 • 흙의 지반(시간)의존성 거동(배수조건의 영향)을 고려한 압밀침하량 : $S_c = \frac{C_c}{1+e_o} H_o \cdot \log \frac{\sigma_o' + \Delta\sigma'}{\sigma_o'}$ 압축지수(C_c)와 같은 지반물성 필요 ※ 지반공학이해 I 65p 그림 1.22-1과 연계학습 할 것	• 대표단위체적(REV)를 넘는 암반의 (의사)연속체 모델 : 응력지배의 문제 ① 불연속면 고려방법 : 암반의 정량적 분류(RMR, Q-System)를 통해 불연속면에 대한 영향을 **암시적으로 고려** 한 후, 암석과 불연속면을 합하여 단일재료의 연속체로 보고 유한요소법(유한차분법) 해석 ② 즉, 등방탄성체로 가정한 변형해석 이때 암반의 변형계수(E_m)필요 • 대표단위체적(REV)를 이하의 불연속면 암반의 불연속체 모델 : 지질구조 지배문제 ① 불연속면 고려방법 : 3~4개 불연속면이 지반거동을 지배하므로 **불연속면을 직접 명시적으로 고려**. 불연속체해석 방법으로 응력해석과 변형해석을 동시에 할 수 있는 개별요소법(DEM)을 이용 ② 이 경우 불연속면의 변형을 고려한 등가 연속체모델로 가로축 등방모델을 이용 ※ 지반공학이해 I 47~48p 개념정리⑩~⑪과 연계학습 할 것
변형 계수 산정	• 흙과 암반의 변형계수 산정방법 : ※ 지반공학이해 I 144p 표 2.34-1 흙과 암반의 변형계수와 연계학습 할 것 • 암반에서의 변형계수 적용 ① 완전등방 탄성거동 암반의 변형해석 : 암반의 (의사)연속체 모델 여기서 요구하는 지반물성은 탄성계수(E)와 포아송비(μ)가 대표적이다. 이를 이용하여 산정된 전단탄성계수($G = \frac{E}{2(1+\mu)}$), 체적탄성계수($K = \frac{E}{3(1-2\mu)}$)가 변형해석에 적용. ② 완전 이방성(비등방성) 탄성거동 암반의 변형해석 : 불연속체 모델 **불연속면의 변형을 고려한 등가 연속체모델로 가로축 등방모델을 적용하여 변형 해석.** 이때 요구하는 지반물성은 - 암석 : 탄성계수(E), 포아송비(μ), 전단탄성계수(G) - 불연속면 : 수직강성계수(K_n), 전단강성계수(K_s) ※ 지반공학이해 I 47~48p 개념정리⑩~⑪과 연계	

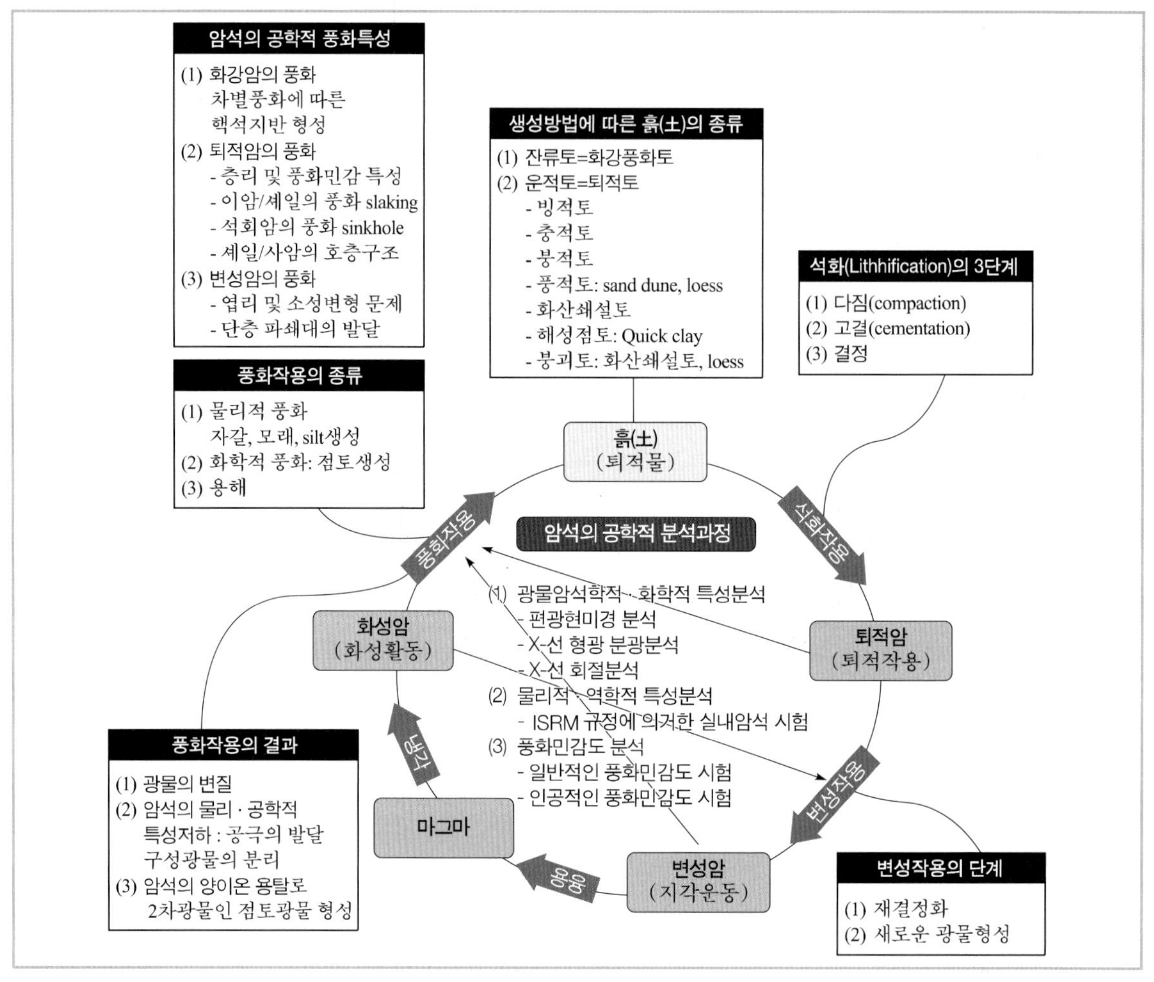

그림 14.2-1 암석의 순환(Rock cycle)

※ 그림 14.2-1 의 암석의 순환작용에 대한 설명

- 그림 14.2-1 같이 화성암은 마그마가 식어서 고결되어 생성된 것으로 지구표면하에 존재하는 것을 마그마, 지표면 밖으로 나온 것은 용암이라 한다.
- 지표면에 노출된 암석(화성암, 퇴적암, 변성암)은 끊임없는 풍화작용과 침식작용을 받아 원암에서 분리된 퇴적물 또는 용액으로부터 침전된 침전물이 석화 또는 고체화되어 생성된 암을 퇴적암이라고 한다. 퇴적암이 생성되기 위해서는 운반 및 퇴적 → 석화(lithification) 과정을 거치게 된다.
- 변성작용이란 화성암이나 퇴적암이 풍화가 미치지 못하는 지하 깊은 곳에서 고온, 고압하에 놓이게 되면 입자의 크기나 광물자체가 새로운 암석으로 변하게 되는데 이를 변성작용이라 하며, 변성작용으로 생긴 암이 변성암이다. 변성작용은 접촉변성암(고온)과 광역변성암(고온+고압)이 있으며, 이에 따라 변성암의 종류가 결정된다. 대표적 암석으로는 화성암은 **현무암 및 화강암**, 퇴적암은 **이암 및 역암**, 변성암은 **편암 및 편마암**이 해당된다.

해설 14.2-1

14.2 암석론 (흙과 암의 생성과정에 대한 이해)

구분	흙(土)=퇴적물	암(岩)=화성암+퇴적암+변성암
생성원인	• 풍화작용(weathering) ① 물리적 풍화 : 자갈, 모래, 실트 생성 ② 화학적 풍화 : 점토 생성 ③ 용해	• 화성암 : 화성활동 • 퇴적암 : 석화(lithification) • 변성암 : 변성작용
생성방법에 따른 분류	• 잔적토 : 화강풍화토 풍화속도 > 침식, 운반 속도 → 제자리에서 퇴적 • 운적토 : 퇴적토 풍화속도 < 침식, 운반 속도 → 운반퇴적 ① 빙적토 : 호상점토, 층상점토 홍적점토, 충적점토 ② 충적토 ③ 붕적토 ④ 풍적토 : loess(실트퇴적) sand dune(모래퇴적) ⑤ 화산쇄설토 ⑥ 해성점토 ⑦ 붕괴토 : 화산쇄설토, loess • 팽창토	• 화성암 → 핵석층 존재 ① 분출암 : 지표면에서 급속, 냉각, 고결 → 주상절리 ② 관입암 : 내부에서 서서히 냉각, 고결 → 판상절리 • 퇴적암 → 풍화민감특성, 층리존재 ① 쇄설성 퇴적암 : 이암(미사+점토가 굳어짐), 셰일 역암(자갈+모래+점토가 굳어짐) 사암(모래가 굳어짐) ② 화학적 퇴적암 : 석회암 $Ca^{+2}+2HCO_3^- \rightarrow CaCO_3+CO_2+H_2O$ • 변성암 → 단층·파쇄대 및 엽리존재 ① 접촉변성암 : 고온 ② 광역변성암 : 고온+고압 쇄설성 퇴적암 → 변성작용 → 점판암, 천매암, 편암, 편마암 화강암 → 변성작용 → 편마암

구분	화성암	퇴적암	변성암
공학적 문제점	불규칙적인 풍화단면 형성, 즉, 핵석지반의 존재로 ① 핵석지반 강도 평가 ② 굴착난이도 평가(암판정)에 대한 검토가 필요	① 차별풍화 : 층리·호층구조 존재 퇴적지층의 풍화에 대한 암석의 저항성이 달라 풍화정도가 다른 것을 차별풍화라 하며, 퇴적암의 경우 매우 뚜렷한 차별풍화 구조(층리)를 보임 ② 풍화민감 특성 : slaking 이암, 셰일과 같은 이질암의 경우 점토광물의 특성으로 자연에 노출되는 경우 쉽게 풍화되어 잘게 부스러지는 특성(slaking)을 갖는다.	① 엽리의 발달 : 지각운동에 의해 광물입자의 방향이 뚜렷한 방향성을 띠는 것을 엽리라 하며 풍화는 엽리면을 따라 진행되며 이방성이 문제가 됨 ② 소성변형 : 과지압의 문제 발생 ③ 단층·파쇄대의 존재 : 건설공사시 대규모의 붕괴 및 지하수 유입의 문제 발생

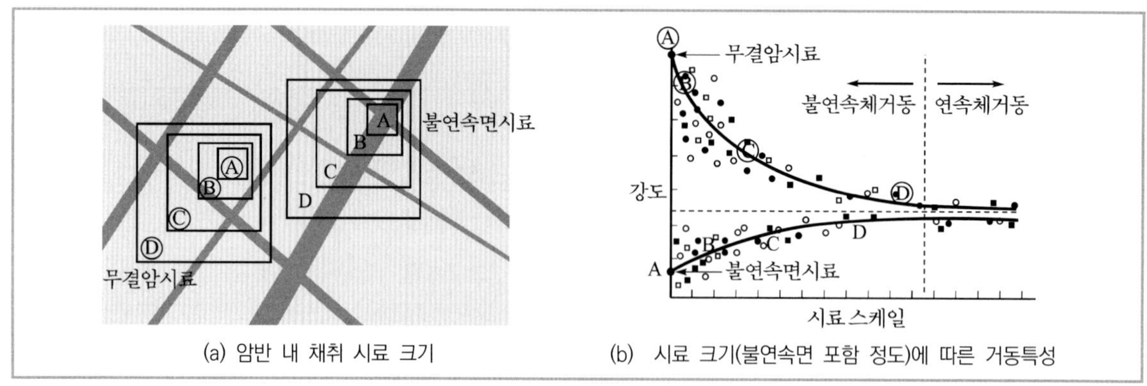

(a) 암반 내 채취 시료 크기 (b) 시료 크기(불연속면 포함 정도)에 따른 거동특성

그림 14.3-1

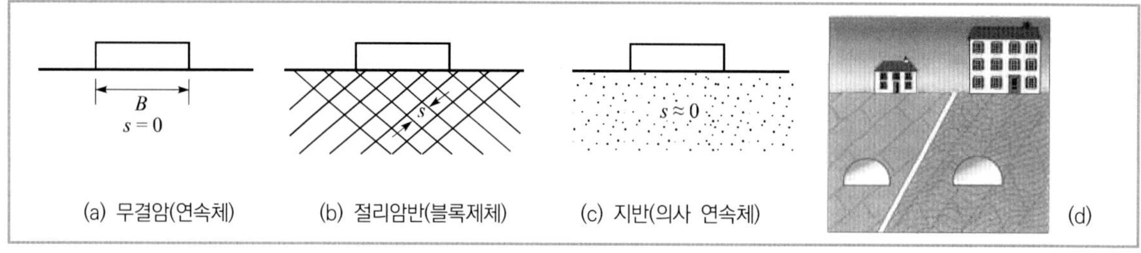

(a) 무결암(연속체) (b) 절리암반(블록제체) (c) 지반(의사 연속체) (d)

그림 14.3-2

※ 그림 14.3-1, 2에 대한 설명

- 지반을 연속체로 볼 것인지, 불연속체로 볼 것인지는 지반모델링 시 매우 중요한 문제이다. 그림 14.3-1을 통해 상대규모(**불연속면의 간격과 구조물의 상대적 크기**)의 의미를 생각해보자.
- 암반에서 매우 작은 시료(A)부터 아주 큰 시료(D)를 채취하여 강도 시험을 실시하였다고 가정하자. 시료가 작은 경우 무결암으로만 구성된 시료는 매우 큰 강도Ⓐ를, 불연속면을 포함한 시료는 아주 작은 강도A를 나타낼 것이다. 만일, 불연속면 측 시료를 점점 더 크게 취하면(A→B→C→D), 무결암의 비율로 시료 규모와 함께 강도도 증가할 것이다. 반면 무결암 측 시료를 크게 취하면(Ⓐ→Ⓑ→Ⓒ→Ⓓ) 불연속면을 더 많이 포함하게 되면서 강도는 감소하여 시료의 크기가 어떤 규모가 되면 거의 일정한 값을(Ⓓ) 나타낼 것이다.
- 이 일정한 값이 무결암과 불연속면의 영향이 조합된 평균적 암반 강도라 할 수 있다, 이 경계가 불연속 거동 여부의 경계가 된다. 실제로 이런 방법의 실험이 용이하지 않으므로 정량적인 경계를 제시하기 어렵다. 따라서 **실무적으로 구조물이 불연속면의 간격보다 충분히 큰 경우에만 암 지반을 연속체로 가정할 수 있다.**
- 그림 14.3-2 (a)같이 무결암인 경우는 연속체 해석이 가능하다. 하지만 (b)같이 s가 B와 크게 차이나지 않는 경우라면 거동이 절리에 집중될 것이므로 불연속체 해석이 필요하다. 만일 (C)같이 s가 B에 비하여 현저히 작은 경우라면 연속체로 가정하여 해석 할 수 있다.
- 독자들은 (d) 그림을 통해 불연속면의 간격과 구조물의 상대적인 크기에 대해 생각해 볼 것

해설 14.3-1

14.3 암 지반의 거동에 대한 이해

1 암 지반을 구성하는 요소

- 암 지반을 구성하는 요소는 **무결암 암석**(intact rock), 무결암 암석블록의 경계를 이루는 취약부에 해당하는 **불연속면**, 단층·파쇄대등에 존재하는 **지하수**이며 이를 포괄적으로 **암반**(Rock mass)이라고 하며 **암반은 블록구조 갖는다.** 암반의 강도와 강성은 구성 무결암 암석의 강도와 불연속면의 특성에 영향을 받는다.

- 여기서 **암반(Rock mass)이 블록구조를 갖는다는 것은 특성 및 거동이 불연속적인 특성을 가진다는 의미**로서 층리나 엽리와 같이 일정한 방향으로 체계적으로 발달하는 불연속면은 이방적 거동을 가지게 한다. 이방성은 역학적 성질이 방향에 따라 달라진다는 것을 의미한다.

- 대부분의 경우 **불연속면**은 암반의 전체적인 강도, 변형파괴의 위치 및 메카니즘을 좌우하며 **암반의 거동에 가장 큰 영향을 미치는 취약면을 만든다.** 화강암이나 규암과 같이 무결암의 블록이 블록의 경계면보다 높은 강도를 가진 암반에서는 이러한 불연속면이 암반 전체의 강도에 큰 영향을 미친다. 하지만 연약한 암반, 즉 이암, 세일 또는 이회암과 같은 경우에는 무결암과 불연속면의 강도의 차이가 크지 않기 때문에 암반의 전체적인 거동은 무결암의 특성에 따라 좌우되기도 하며, 역학적 성질 또한 단층·파쇄대와 같은 특정 불연속면의 존재 유무에 따라 많은 영향을 받는다.

2 암반(Rock mass)의 공학적 거동에 영향을 미치는 요소를 정리해보면

① 무결암(intact rock)의 강도와 변형특성 → 암석의 물리적·역학적 성질에서 설명
② 불연속면의 특성 → 불연속면에 대한 이해편에서 설명
③ 암반(rock mass)이 받고 있는 응력상태 → 초기지중응력에서 설명
④ 풍화정도
⑤ 지하수의 상태

- 암반의 역학적 거동은 위의 모든 조건의 복합적인 결과이며 각각 처해있는 조건에 따라 그 결과가 변화한다. 예를 들어 지표면 근처에서는 불연속면과 풍화작용이 역학적 거동에 매우 크게 영향을 미치는 반면(**지질구조의 지배문제**), 지하 깊은 곳에서는 암반이 받고 있는 초기지중응력 상태 및 크기가 암반의 역학적 거동에 매우 크게 영향을 미친다(**응력지배의 문제**).

- 지하수는 무결암과 불연속면의 역학적 거동에 영향을 준다. 간극수압을 발생시켜 무결암의 강도를 감소시키고, 암반의 불연속면에 침투하여 암반의 강도를 감소시킨다.

- 따라서 암반공학의 문제를 해결하기 위해서는 각 구성요소의 거동을 개별적으로, 상호작용 관점으로도 이해할 수 있어야 한다. **즉 실무적으로 암반(rock mass)의 지반물성(강도, 강성)은 무결암과 불연속면의 특성을 반영한 값이어야 함을 의미한다.**

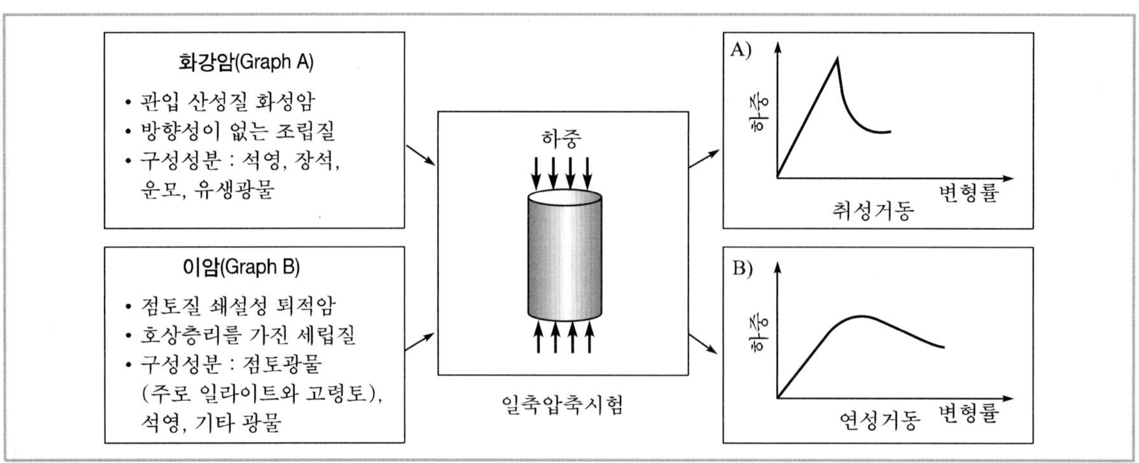

그림 14.4-1 암석의 취성, 연성거동

구분	물성	결정법
물리적 성질 (판별과 분류물성)	광물성분	광학 및 전자 현미경 X-ray **회절법**
	구조와 조직	
	입자크기 및 색	
	공극률(n)	실내시험
	단위중량(γ)	
	함수비(w)	
	투수율(투수계수 k)	투수시험
	내구성	**슬레이크 내구성시험(Slake Durability Test)**
	변질성(변질지수)	
역학적 성질	**일축압축강도(σ_c)**	**일축압축시험, 점하중 시험, 슈미트해머 시험**
	인장강도(σ_t)	직접인장시험, 간접인장시험
	탄성파속도(V_p, V_s)	탄성파속도의 실내시험
	강도(c, ϕ)	삼축압축시험
	변형계수(정적, 동적탄성계수 : E, ν)	일축압축시험, 탄성파속도 시험

표 14.4-1 암석의 시험

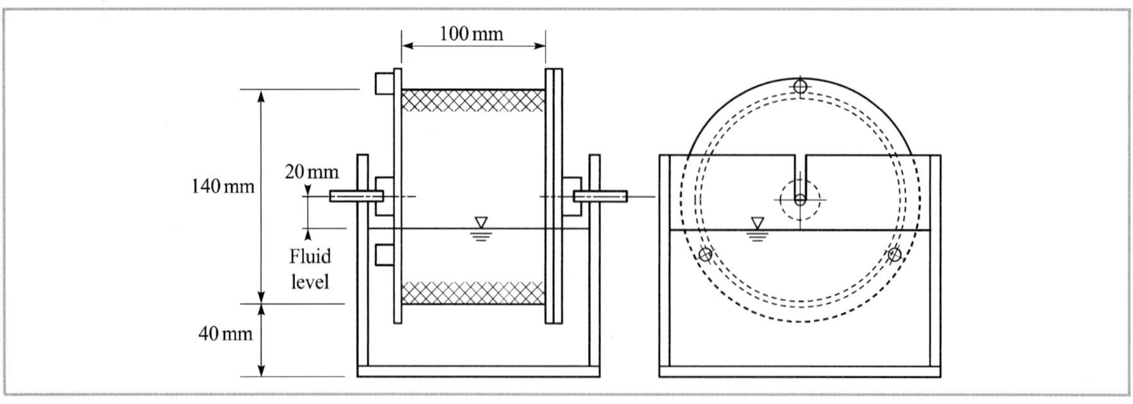

그림 14.4-2 슬레이킹 내구성 시험장비

14.4 암석의 물리적, 역학적 성질(1)

무결암의 강도와 변형특성은 암석의 물성(물리적·역학적 성질)에 의해 좌우된다. 암석의 물성은 광물조성과, 변질, 풍화작용을 포함한 암석이 겪었던 지질학적, 환경적 변형의 결과로 나타난다. 암석간의 물성의 차이는 매우 크며, 암석에 가해진 힘에 대한 강도나 변형계수 또한 다양하게 나타난다. 예를 들면 그림 14.4-1 같이 신선한 화강암은 높은 하중하에서 취성을 가진 탄성체로 거동하지만 이암은 낮거나 중간정도의 하중에서 연성의 거동을 보인다. 무결암의 물성과 결정법은 표 14.4-1 과 같다.

1 공극률(n)

- $n = \frac{V_v}{V} \times 100\%$ 공극률(n)은 암석의 강도와 역학적 특성에 가장 많은 영향을 미치는데 일반적으로 강도와 밀도에 반비례하고 변형성에 비례한다.
- 또한 **공극률은 암석의 풍화정도를 가장 확실하게 반영할 수 있는 물리적 특성지수**이다. 풍화가 진행됨에 따라 공극률이 증가된다. 공극률의 증가는 풍화에 의해 2차광물인 점토광물이 형성되고 이에 따라 광물 입자간 결합력이 약화되고 입자경계가 분리되고 화학적 풍화작용에 의해 용해균열이 형성·확장되며 광물의 팽창에 의한 쐐기효과에 의해 미세균열이 증가한다.

2 투수계수(k)

- 암석, 암반의 투수계수는 실내시험과 현장시험에 따라 그 기본적인 개념이 다르다. 실험실에서 구한 투수계수는 암석자체의 투수계수로서 대부분의 암석은 불투수성에 가깝다(물론 일부 사암과 같은 퇴적암의 투수계수는 상당히 큰 경우도 있다) 현장시험으로부터 구한 투수계수는 REV이상의 암반을 대상으로 하기 때문에 암반의 투수계수로 볼 수 있으며 절리로 인한 투수성을 포함한 연고로 투수계수가 실내실험결과에 비해 상당히 크다.
- 대상암반의 체적이 0~REV 사이인 경우 절리사이로의 흐름을 고려하여야 할 경우도 있다. 불연속면의 틈새를 e라 할 때 불연속면에서의 투수계수는 간극의 세제곱에 비례($k \propto f(e^3)$)하는 것으로 알려져 있다. 실무적으로 투수분석에 관한한 불연속면 흐름을 개별적으로 전부 고려하는 것은 드물고 **대상 체적이 REV이상인 경우 암반의 등가투수계수 값을 이용하여 토질역학에서와 마찬가지방법으로 "Darcy의 법칙+연속성 법칙"에 근거한 투수분석을 하는 경우가 대부분이다.**

3 내구성

- **내구성**(durability)은 암석에서 **약화**(weakening)**와 분리과정에 대한 저항의 정도**를 나타낸다. 이것은 또 다른 표현으로 **변질도**(alterability)라고도 하는데 이는 암석의 구성이나 구조가 파괴되는 정도를 나타낸다.

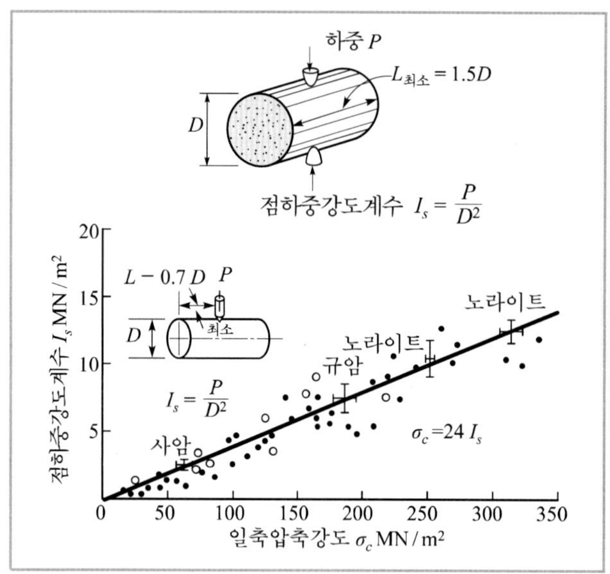

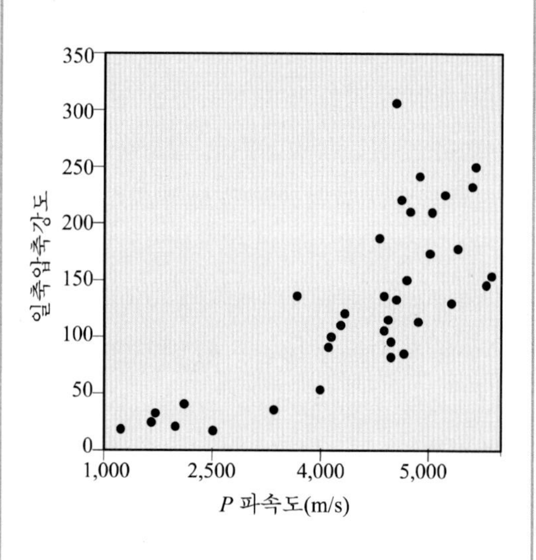

그림 14.5-1 점하중 강도 I_s와 암석의 일축압축강도와의 관계

그림 14.5-2 $V_p - \sigma_c$ 상관관계

개념정리 ⑤ TBM을 이용한 기계화 시공에서 굴진율(속도)

1 굴진율(속도)?

TBM을 이용한 기계화 시공에서 최대의 관심사는 하루에 굴착할 수 있는 터널의 길이일 것이다. 이를 굴진율(속도)이라 한다.

$$NPR(m/hr) = P(mm/rev) \times RPM(rev/\min) \times \frac{60}{1000}$$

여기서, NPR = 시간당 순 굴진율, P = 디스크커터 1회전당 관입깊이,
RPM = 커터헤드의 분당 회전속도

2 굴진율(속도)에 대한 예측방법

■ 예비설계단계(간편법)

① 일축압축강도를 이용한 방법

$NPR(m/hr) = -0.909\,l_n(\sigma_c) + 7.2349$

② 합경도를 이용한 방법

$NPR(m/hr) = -0.202\,H_T + 3.754(m/hr)$, H_T를 합경도라 한다.

■ 상세설계단계(NTNU법)

시추조사 결과와 암석시험결과를 이용하여 암반의 절리상태를 평가하는 방법

3 실무적용

■ 간편법은 암반의 불연속면과 지하수의 특성이 고려되지 않기 때문에 특히 쉴드 TBM공법에서는 NTNU법과 같이 시추조사 결과를 이용한 불연속면과 지하수의 특성이 고려된 굴진율(속도)에 대한 예측이 이루어져 한다.

14.5 암석의 물리적, 역학적 성질(2)

- 예를 들어 **상당한 양의 점토광물을 포함하는 이회암, 이암, 셰일과 같은 암석**들은 대기나 물에 노출되면 쉽게 풍화되어 강도특성이 저하됨에 따라 자주 공학적 문제를 야기 시킨다. 따라서 이러한 암석이 대기나 물에 노출되어 시간이 경과할 때 강도가 어떻게 변화하는지 파악해야 한다. 이러한 부분에 대한 평가가 이루어지지 않는다면 굴착, 터널, 제방과 같은 지질공학적 적용 시에 그 강도가 과대평가될 가능성이 높다.

- 내구성은 **슬레이크 내구성시험**(Slake Durability Test)에 의해 측정된다. 이는 실험실에서 미리 조각낸 암석을 평균 10분 동안 건조(drying)와 습윤(wetting)과정을 반복한다. 조각낸 암석시편은 먼저 ovendry로 건조한 후 무게를 재고 그림 14.4-2 에 시험기의 2mm체(mash) 망으로 둘러싸인 드럼에 넣는다. 그리고 드럼의 회전축 이하 깊이의 수조에 드럼을 넣고 10분간 회전한다. 드럼 내에 남아있는 시편을 회수하여 oven에서 건조하고 무게를 잰 다음 과정을 다시 반복함으로써 측정한다.

$$I_D(\%) = \frac{\text{1회 혹은 2회 시험과정 후의 건조중량}}{\text{시료의 최초 건조중량}}$$

4 강도(간이시험법에 의한 방법)

- 현장에서의 점하중 강도시험(point load test) : $I_s = \dfrac{P}{D^2}(MN/m^2)$

  암석의 일축압축강도(σ_c)와 I_s 사이에는 $\sigma_c = 24 \times I_s\ (MN/m^2)$와 같은 비례관계가 있다.

- 현장에서의 슈미트해머 시험(Schmidt hammer test)

- 합경도(Total hardness) : $H_T = \text{반발경도} \times \sqrt{\text{마모경도}}$

  여기서, 반발경도는 슈미트해머의 반발경도, 실험실에서 연마석을 이용한 암석의 마모경도

- 위 3가지 방법은 간이시험에 의한 암석의 강도를 파악하는 방법이다. **암석의 강도시험법에 의한 방법**으로는 ① 일축압축강도 시험 ② 간접인장강도 시험(Brazillian test) ③ 삼축압축시험이 있다. 이에 대해서는 후술될 것이다.

5 탄성파속도

- 암석 내부를 전파하는 탄성파의 속도 V_P, V_s를 측정함으로써 암석의 공극률, 강도($V_p - \sigma_c$) 및 동탄성 계수($E_d = \rho V_s^2(1+\nu_d)$)등을 추정할 수 있다.

- 화성암은 5,000m/s, 변성암은 3,500m/s 이상의 값을 가지며, 퇴적암의 경우는 1,500~4,500m/s의 값을 갖는다.

- **신선한 화강암은 6,000m/s을 나타내나 풍화된 화강암의 속도는 1/2~1/3로 감소한다.** 암석에서 속도의 차이는 주로 공극률이나 광물조성에 따른 밀도의 차이이다.

개념정리 ⑥ 셰일의 슬레이킹현상 (I)

1 개요

- 셰일은 입자 크기가 63㎛ 보다 작은 세립질 점토광물로 이루어져 있으며, 주요 점토광물에는 몬모릴로나이트(montmorillonite), 카올리나이트(kaolinite), 일라이트(illite)등이 있다. 셰일은 주로 해저면에서 **세립질 물질이 오랜 시간에 걸쳐 퇴적이 되고 압력을 받아 만들어진** 수성암으로, 성층면을 따라 **얇고 평행하게 쪼개지는 성질**을 가지며 **풍화에 취약**하고 **수분을 흡수하는 경우에 팽창하는 경향**이 있어 토목공학적으로 많은 문제점을 야기시킬 수 있다.
- **국내에는 포항 · 울산 분지 주변에서 신생대 3기 퇴적암인 셰일이 산재**되어 있으며 이 지역에서 지지구조물에 셰일을 이용하는 경우 풍화의 위험성으로 인해 설계, 시공, 유지관리에 특별한 주의가 필요하다.

2 슬레이킹 현상

- 셰일과 같이 점토질 광물을 많이 함유하고 있는 암석은 다른 광물을 포함하고 있는 암석에 비해 물에 의해 강도와 거동이 크게 영향을 받는 슬레이킹이 발생한다. **슬레이킹이란?** 함수비의 변화에 의해 무결암(intact rock) 상태에서 **구조적인 풍화작용**에 의해 더 작은 입자들로 변화하는 과정으로 정의할 수 있다(Akai, 1993).

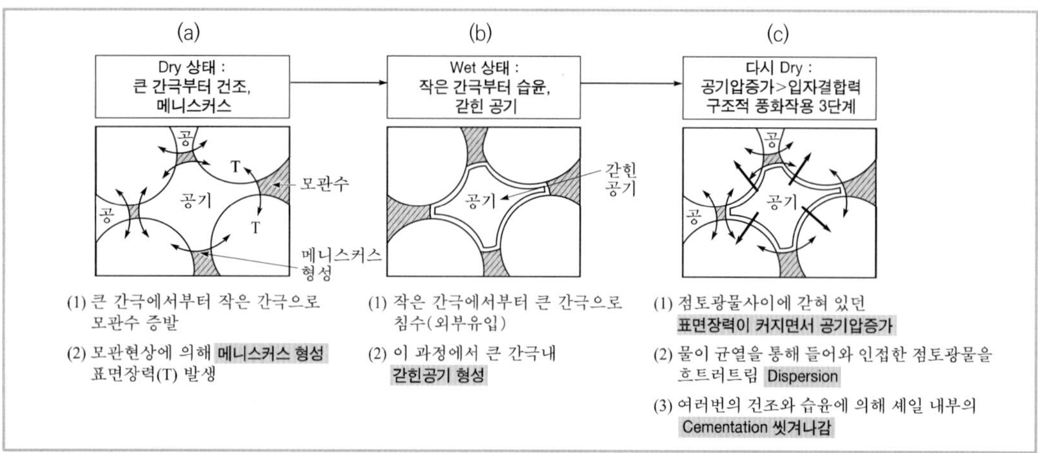

그림 개념 ⑥-1 구조적 풍화작용이 발생하는 원인(슬레이킹발생 메카니즘)

- **구조적인 풍화작용이 발생하는 원인**을 알기 위해 셰일을 습윤-건조시키는 과정에서 발생하는 공기와 간극수의 흐름 이해가 필요하다. **셰일 건조 시** 간극수가 증발하게 되는데 모세관 현상에 의해 작은 간극의 간극수를 증발시키는데 더 큰 힘이 필요하기 때문에 상대적으로 큰 간극의 간극수부터 증발하고 그 후 작은 간극수가 증발된다. 이 때 셰일이 완전하게 건조되지 않는다면 **작은 간극에는 모세관 현상에 의한 meniscus가 형성된다.** 또한 증발이 지속됨에 따라 모세관 현상에 의해 간극의 크기가 점차 줄어들게 되고 증발에 필요로 하는 힘이 점차 증가하게 된다. 이는 셰일 내부 혹은 점토 내부에 있는 간극수를 완전히 증발시키는 것이 왜 어려운 것인지를 설명해 주고 있다. 또한 수분은 셰일의 외부부터 증발하고 내부에서 가장 마지막으로 증발하게 된다. **물을 셰일에 공급하게 되는 경우**에는 건조에서 발생한 순서와 반대로 작은 간극부터 물이 차게 되며 내부가 아닌 외부로부터 물이 공급 되게 된다. 따라서 내부로부터 공기들이 완전히 빠져나가지 못하게 되는 현상이 발생하게 된다.

개념정리 ⑦ 셰일의 슬레이킹현상 (2)

- **셰일에서 슬레이킹이 발생하는 이유**는 크게 3가지로 나눌 수 있다. 첫 번째, 점토질 셰일의 풍화는 점토광물이나 사질광물 사이에 갇혀 있던 **공기압이 증가**. 둘째, 물이 균열을 통해 들어와 인접한 점토광물을 흐트려서 dispersion **발생**. 마지막으로 건조-습윤의 반복으로 셰일 내부의 **시멘테이션(cementation)이 씻겨나가게 됨으로써 발생**하게 된다.
  ① 셰일을 완전히 수침시킴으로써 모세관 현상에 의한 동시 다발적인 물의 흡수가 셰일 내부에서 공기가 빠져나가지 못하게 방해함
  ② 공기가 큰 간극에 갇힌 경우 셰일 내부의 간극수의 흐름이 우회하게 되어 공기가 빠져나오지 못하고 갇혀 있음 (그림 개념 ⑥-1b)
  ③ 큰 간극에 갇힌 공기는 주변의 작은 간극에 발생한 모세관 현상에 의한 표면장력에 의해 압축을 받게 됨 (그림 개념 ⑥-1c)
  ④ 이러한 메커니즘에 따라 **셰일의 중간에 갇혀 있는 공기의 압력은 셰일이 건조됨에 따라서** 모세관 현상에 의해 점점 커지게 됨에 따라 공기압이 입자간의 결합력보다 크게 되면 셰일의 파괴가 발생하게 되는데 셰일의 경우 존재하고 있는 균열이 많아 더 쉽게 파괴된다. **결론을 정리하자면 압축을 받은 공기압이 입자간 결합력보다 크게 되면 슬레이킹이 발생하게 된다.**

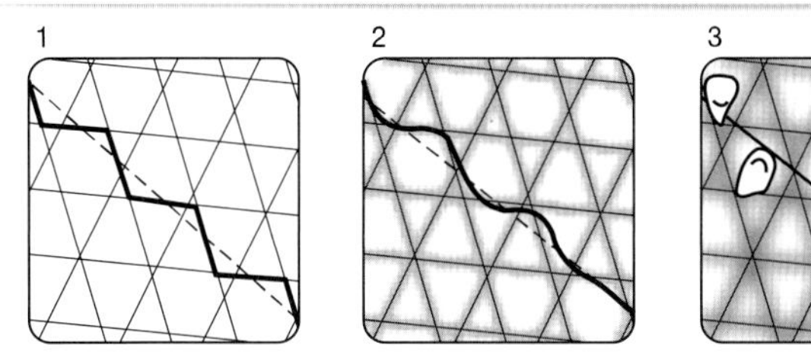
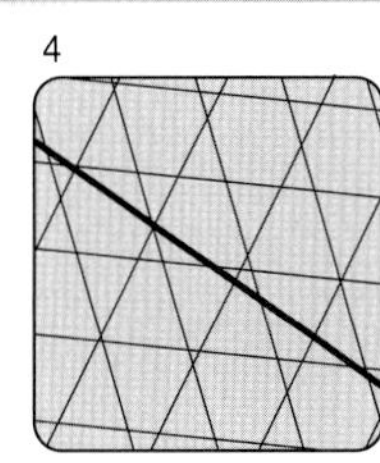

그림 개념 ⑦-1 균열된 점토질 셰일의 점진적 파괴형상

3 균열과 슬레이킹과의 관계

- 그림 개념 ⑦-1 은 균열과 슬레이킹의 관계에 대하여 Botts(1986)이 설명한 것으로 그림의 **얇은 실선은 기 존재하고 있는 균열**이며 **굵은 실선과 점선은 가능한 파괴단면**이다. 또한 **균열 주변에 음영지역은 균열을 통한 물의 공급에 의해 연약화된 부분을 의미**한다.
- 1단계에서는 점토 셰일의 강도는 균열의 강도와 형상에 의해서 결정이 되고 셰일의 전단면은 균열을 연결시키면서 확장하며 발생할 것이다. 물론 낮은 구속압에서는 균열의 영향이 더 크고 구속압이 커지면 균열이 닫히며 균열의 영향이 점점 작아진다. **이는 지표면에 드러나지 않고 구속압이 유지되는 상태에서 지하수의 이동에도 불구하고 셰일의 슬레이킹 현상이 발생하지 않는지를 설명해 주고 있다.**
- 균열이 벌어지고 습윤단계에 오게 되면 균열을 따라 물이 유입되어 2단계와 같이 균열 주변이 연약화되게 되며, 그 범위는 물의 유입이 증가되고 시간이 흐름에 따라 증가하게 된다.
- 3단계에 이르러서는 파괴 전단면이 기 존재하는 균열의 영향을 받는다기 보다는 연약화된 셰일의 강도와 그 범위에 의해 결정하게 된다.
- 전체적인 습윤이 이루어진 4단계에서는 완전히 연약화가 된 것으로 판단된다.

개념정리 ⑧ 셰일의 슬레이킹현상 (3)

4 슬레이킹에 대한 암의 내구성 산정

■ 암의 내구성을 측정하는 방법에는 **동적인 방법인** slake durability test와 **정적인 방법인** jar slake test 등이 있다.

Group Name	% Ratained after one 10min cycle (dry weight basis)	% Ratained after two 10min cycles (dry weight basis)
Very high durability	> 99	> 98
High durability	98 – 99	95 – 98
Medium high durability	95 – 98	85 – 95
Medium durability	85 – 95	60 – 85
Low durability	60 – 85	30 –60
Very low durability	< 60	< 30

표 개념⑧-1 Gamble의 SDI에 의한 내구성 (Gamble, 1971)

■ **Slake durability test**는 ISRM과 ASTM에서 준용하는 방법으로 연암의 내구성을 평가하는데 주로 사용된다. 시험방법을 소개하면 약 10개의 50g 암시편을 준비하여 110°C 오븐에서 24시간 동안 건조시킨 후 2mm 격자망으로 만들어진 원통 안에 위치시켜 수침시킨 상태에서 20RPM으로 10분간 회전을 시킨다. 이 후 원통 안에 남아 있는 시료를 다시 건조시킨 후 무게를 측정하고, 시험 이전의 건조시료의 무게와 시험 이후의 건조시료의 무게의 비를 구하게 되는데 이 값이 바로 slake durability index (SDI)이다. Gamble (1971) 이 제안한 표 개념⑧-1을 이용 암의 내구성을 판단하게 되는데 SDI의 경우 건조-습윤의 과정을 일반적으로 1번이 아닌 2번 반복시험을 통한 SDI를 사용하고 있다.

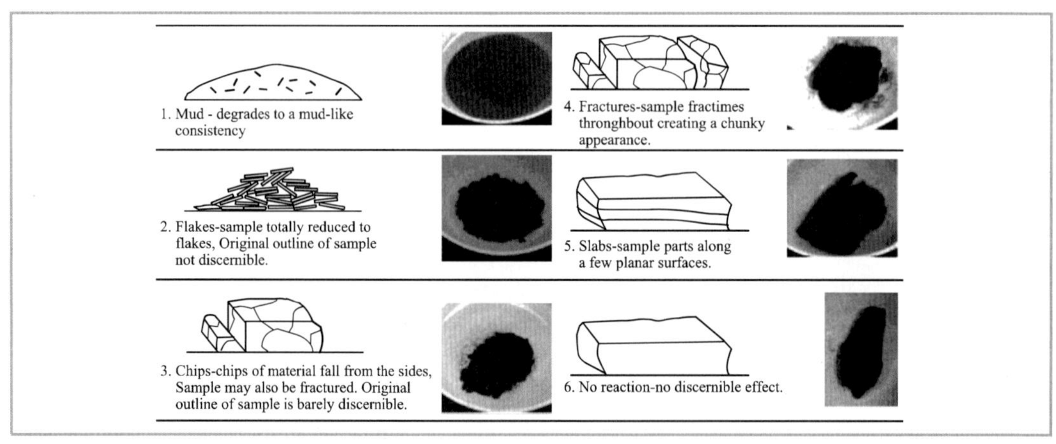

그림 개념⑧-1 Jar slake test에서의 6가지 슬레이킹 모드 (Walkinshaw and Santi, 1996)

■ **Jar slake test**는 셰일과 같은 연암이 공기 중에 노출되는 경우 간단한 방법을 통해 내구성 평가를 할 수 있도록 USBR(2006)에서 제시하고 있다. 일반적인 jar slake test는 시료를 완전히 건조시킨 후에 수침시켜 24시간 후 시료의 상태에 따라서 내구성을 판단하는 방법이다. Walkinshaw와 Santi (1996)는 그림 개념⑧-1을 이용 6가지 슬레이크 형상에 따라 내구성을 판단하도록 제시하고 있다. Jar slake mode의 수가 클수록 슬레이킹에 대한 내구성이 큰 암으로 판단할 수 있다. 매우 간단한 시험이지만 때에 따라 많은 정보를 얻을 수 있는 시험이다.

개념정리 ⑨ 이암 굴착비탈면의 안정성

1 개요

- 신생대 지층은 **고결정도가 약하여 상대적으로 취약한 암반을 형성**하고 있으며, 특히 이암층의 경우 풍화에 매우 민감하고, 수분함유 시 팽창하는 특성을 가지고 있어 암반 구조물설계 시 주의가 요구된다.
- 또한, **미고결 상태인 경우에는 풍화나 변질에 민감**하여 암반 구조물에 대한 안정성 확보에 특히 유의해야 하며, **이암지역 비탈면절취 시에는 풍화방지 및 층리면을 따라 발생하는 비탈면 안정성을 신중히 검토 후 대책을 강구해야 한다. 우리나라 대표적 이암지역은 경북포항**이다.

2 공학적 특성

이암은 **점토광물(Montmorillonite)을 많이 함유**하고 있으므로 환경변화에 따른 **건조 및 습윤의 반복에 의하여 내구성이 급속히 저하**되며 이에 따라 **본래의 조직이 파괴되는 현상(슬레이킹 현상)**을 보인다.

3 깎기작업시 안정성 문제

이암지대에서 발생하는 비탈면붕괴는 대부분 Slaking현상과 층리면의 공학적 특성에 지배되며, 각각의 붕괴현상은 다음과 같다.

- **Slaking현상에 의한 붕괴**
  ① Slaking은 굴착에 의해 노출된 암반에서 발생하는 강도저하 및 입자간의 결합력 약화에 의해 암반이 세립화되는 현상을 말한다.
  ② 대개 슬레이킹은 균열과 팽창현상이 먼저 관찰된 후에 발생하며 암석이 셰일인 경우 박리가 확대되면서 공간이 발생하고 마치 책이 낱장으로 분리되는 형태와 같은 분리현상이 발생한다.
  ③ **건습의 반복작용으로 공기중에 노출된 이암에 슬레이킹 현상이 발생하면 표면부터 진행성으로 붕괴가 일어나며, Slaking이 어느 정도 진행되면 작은 파괴에너지에도 쉽게 붕괴가 된다.**

- **층리면의 공학적 특성에 따른 붕괴**
  ① 이암지역은 불연속면의 특성에 따라 대부분 평면파괴의 형태를 보인다.
  → 절리면의 특성이 대부분 Bedding(층리)면으로 이루어져 있으며 긴 연장선을 보이기 때문
  ② 절리면 사이에 점토 충진물이 협재되어 있어 비탈면의 붕괴는 암석의 강도특성보다 점토충진물의 전단강도에 지배 된다.
  ③ 풍화 및 Slaking이 심한 경우 토사와 같은 원형파괴 발생 가능이 있다.

4 이암지역의 깎기비탈면 안정성을 확보하기 위한 대책방안

① 노출면에서 급속하게 진행되는 풍화방지 → 깎기비탈면 보호공 실시
② 절리면의 특성에 따른 붕괴조건 제거 → 절리방향성을 고려한 비탈면 절취
③ 보강공법에 의한 적극적인 대처 : Rock Bolt, Soil Nailing, Anchor 등
④ 배수로 정비 : 산마루측구, 도수로, 집수정 암거 등 설치

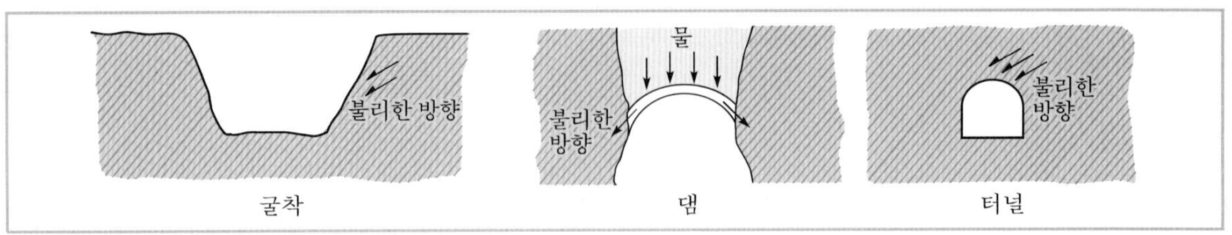

그림 14.6-1 불연속면의 상대적인 방향성

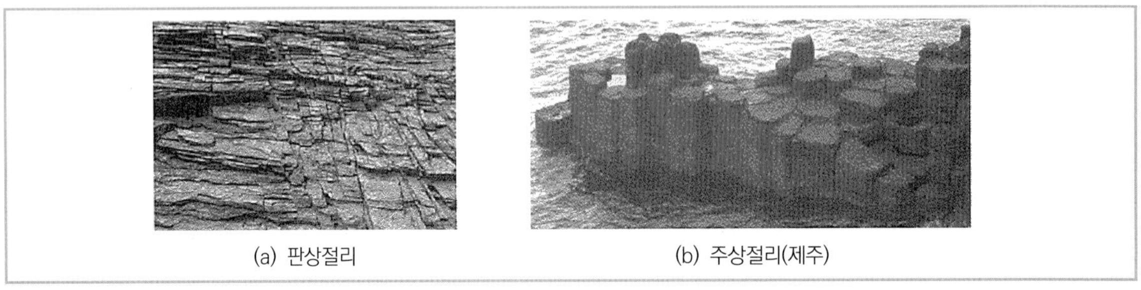

(a) 판상절리 (b) 주상절리(제주)

그림 14.6-2 절리

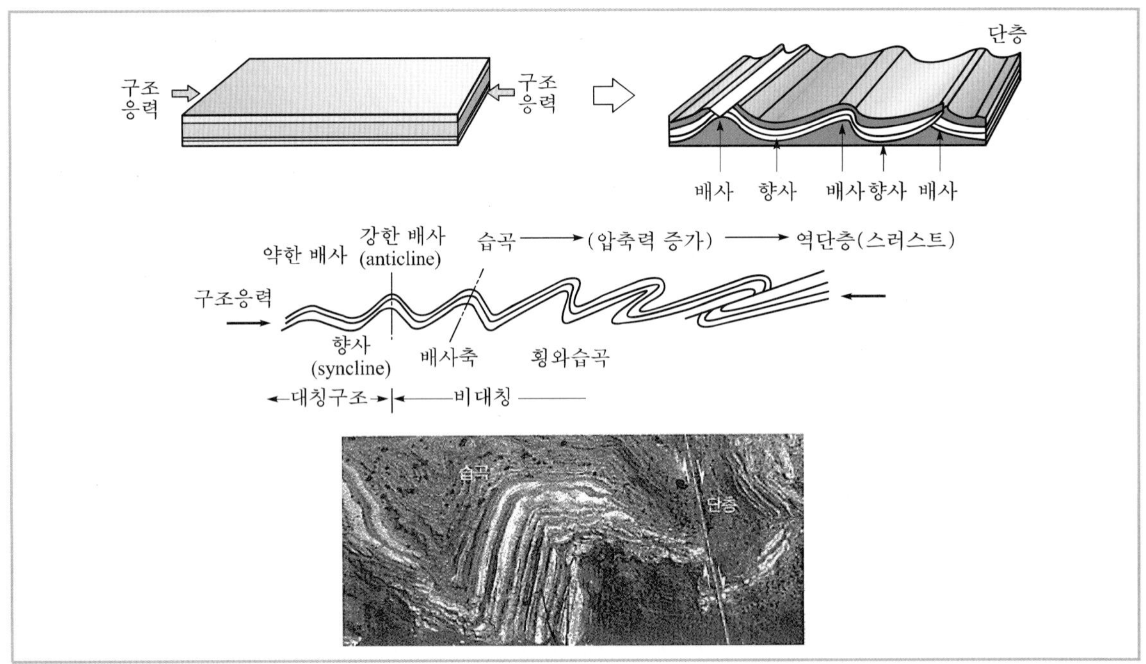

그림 14.6-3 습곡과 단층

그림 14.6-4 층리

14.6 지질구조와 불연속면의 종류(1)

1 지질구조란?

■ 지질구조란 지층의 특정적인 형상이나 조직이 연속적으로 형성된 것을 말한다. 지반공학에서는 지질구조를 암반내에 연속성이 없는 면, 즉 분리된 면을 의미하는 관점에서 **불연속면**이라 하며 불연속면은 퇴적기원의 층리나 엽리, 구조적 기원의 단층·파쇄대 및 절리 등을 포함한다. **절리**는 모든 암반내에 존재하며, **층리**는 주로 퇴적암에 존재하고, 변성암에 존재하는 **엽리**, 대규모 지질구조와 관련한 **단층 · 파쇄대** 등은 변성암에 존재하게 된다.

2 지질구조가 공학적으로 중요한 이유

■ **지질구조가 공학적으로 중요한 이유**는 **지반거동을 지배하는 취약부**가 될 수 있기 때문에 불연속면은 암반의 강도, 변형, 수리특성 등 암반의 거동에 영향을 미친다. 암반은 불연속면에 의하여 불연속성 및 이방성 등의 특성을 가지며, 이에 따른 강도의 저하 및 변형성의 증대는 설계시 암반의 역학적 거동평가를 어렵게 한다. 따라서 반드시 설계해석 시 공학적 영향을 고려해야 한다.

■ 불연속면은 지하수의 유통경로로 쉽게 활용되며 풍화 및 파괴 등이 우선적으로 일어날 수 있는 분리면으로 작용한다. 예로서 암반에서의 굴착 및 기초의 안정성은 불연속면의 방향성 및 강도에 좌우된다. 굴착 및 기초 등과 같은 실무에 있어서 **불연속면의 상대적인 방향성**은 그림 14.6-1 같이 지반의 안정성 여부를 좌우한다. 지표 굴착에 의한 사면안정성은 불연속면에 대한 사면의 방향에 따라 달라진다. 아치형 댐에서는 댐과 물에 의해 형성되는 합력의 방향과 평행한 불연속면이 존재한다면 안정성 관련문제가 유발될 수 있다. 또한, 터널에서 터널축이 불연속면의 주방향과 일치하는 경우는 안정성에 유리하지 않다. 특히 낮은 마찰각과 조밀한 간격의 절리군이 다수 존재하는 경우 절리방향의 중요성은 더욱 강조된다. 서로 다른 방향으로 존재하는 절리군의 개수에 따라 암반의 파쇄정도와 암반블럭의 형상 및 크기가 결정될 것이다.

3 불연속면의 종류

■ 절리(joints) 암반의 생성 시 온도수축이나 지각변동 과정에서 힘을 받아 나타나는 **상대적인 이동이 거의 없는 암석의 갈라진 틈(균열)을 말한다.** 주로 인장파괴로 발생하며, 눈에 띄는 상대변위와 충진물이 없는 암반상의 갈라진 면이다. 절리는 모든 암반내에 존재하며 절리를 통한 지하수의 유입으로 풍화가 촉진된다.

■ 습곡(fold)과 단층(faults) 지층이 횡압력을 받아 휘어진 구조를 습곡이라 한다. 습곡은 연속구조이지만 휨 변형에 따른 층간 분리가 일어나는 경우가 많다. 그림 14.6-3 같이 위로 볼록한 구조(∩)를 배사, 아래로 볼록한 구조(∪)를 향사라 한다. **습곡은 연성지질구조이나 지층이 횡압력을 견디지 못하고 파단이 일어난 취성지질구조인 단층이 된다.**

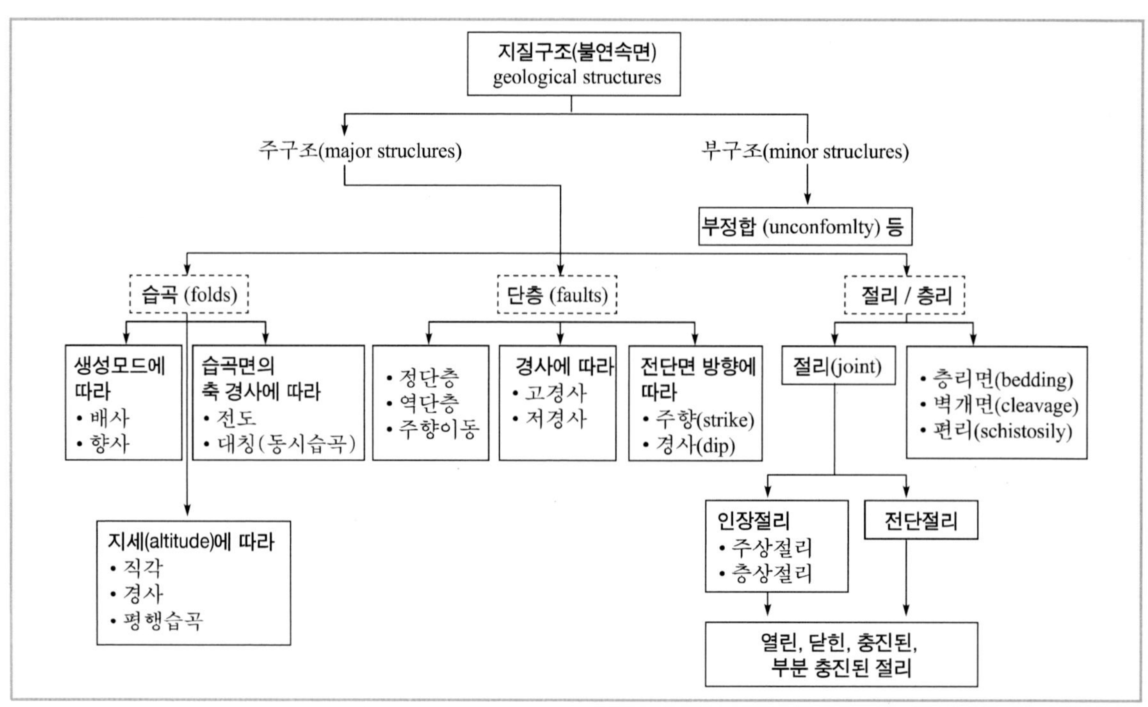

그림 14.7-1 지질구조의 분류

관점	암석 무결암	불연속면 암반내 존재하는 취약한면 (대표단위체적 REV이하)	암반 다양한 불연속면을 포함 (대표단위체적 REV이상)
지질학적 (암석의 생성과 구성)	• 암석의 생성 : 화성암, 퇴적암, 변성암 • 암석의 물리적 · 역학적 성질	• 지질구조(불연속면): 절리, 습곡 및 단층, 층리	• 암반의 정성적 분류 RQD에 의한 암반분류 풍화정도에 따른 암반분류 • 한국의 지질연대 특성
역학적	• 암석의 변형특성 : 암석의 변형특성으로부터 암반의 변형특성을 추정 • 암석의 파괴특성 : 연성파괴 및 취성파괴 전단파괴 및 인장파괴	• 불연속면의 특성(성질) : 방·연·간··괴·투·물·새+ 불연속면의 종류수 및 벽면강도 • 불연속면의 조사방법 • 불연속면의 전단거동	• 암반의 공학적 분류 : RMR분류법, Q-분류법 • 암반의 변형계수 : ① 현장시험 ② 암석시험으로부터 추정 ③ 암반분류법을 이용한 경험적인 방법 • 암반의 파괴기준 : Hoek and Brown 파괴기준 • 초기지중응력 • 지하수의 상태
공학적	• GEO-RISK : 암종별 공학적 문제점	• 암반사면 : 불연속면의 기하학적 특성을 이용한 평사투영법	• 터널 및 지하공간
모델링	연속체해석	불연속체 해석 (지질구조 지배문제)	연속체해석 (응력지배 문제)

표 14.7-1

14.7 지질구조와 불연속면의 종류(2)

단층은 지층이 횡압력을 받아 특정부위에서 상대적 변형이 크게 발생하여 지층의 연속성이 어긋난(파단된) 지질구조이다. 단층은 습곡변형, 취성파단, 융기 및 침식등의 오랜 시간동안 진행된 지각변동의 결과로서 절리와 달리 연장성이 크며 상대적 변위를 일으킨 현저한 전단변형이 발생한 지질구조로서 변성암에서 주로 존재한다. **단층은 공학적으로 취약한 불안정한 지반구조를 야기하여 건설공사시 기초의 지지력, 사면안정, 터널 천단부 안정에 지대한 영향을 미칠 수 있다.**

- 단층파쇄대 : 단층면을 따라 암석이 파쇄되어 지하수등으로 풍화된 띠를 형성하는 것
- 단층파쇄대 구간의 거동특성
  ① **불연속면 거동(단층파쇄대 ZONE 방향성)** : 굴착 중 거동특성
  ② **단층 충전물(단층점토)의 거동** : 굴착 후 장기거동 특성
- 층리(bedding plane) 수평면으로 쌓인 지반재료의 경계, 또는 시기적으로 구분 가능한 퇴적경계면을 층리라 하며, 퇴적구조의 가장 주요한 특징이다. 색깔과 입자의 변화로 층리를 확인 할 수 있다. 층리는 노출된 퇴적암 층에서 쉽게 눈에 띈다. 퇴적층의 층리는 주로 침식작용으로 드러난다. 상대변위가 없는 층리는 퇴적암에서만 발생되고 불연속면 관점에서 절리로 분류될 수 있다.
- 그림 14.7-1 은 지질구조의 분류를 나타낸 것이며, 표 14.7-2 은 대표적인 불연속면의 특징에 대해 비교한 것이다. 또한 향후 이해의 흐름을 돕고자 표 14.7-1 을 통해 암석, 불연속면, 암반에 대해 지질학적, 역학적, 공학적 관점에서 중요사항을 정리하였다.

구분	절리	습곡	단층	층리
공통점	암반내 존재하는 취약한 면, 분리된 면으로서 매우 작은 인장강도를 갖거나 인장강도가 없다. 그리고 이방성 특징을 띰			
생성원인	암석생성시 온도수축, 지각변동 (낮은응력하 발생)	연성 지질구조 지각변동 횡압력 (높은응력하 발생)	취성 지질구조 지각변동 파단	퇴적작용
발생암석	모든암	변성암		퇴적암
연장성	작음	큼		큼
상대변위	없음	큼		없음
공학적 문제점	균열로서 지하수유입으로 풍화 촉진 절리방향의 영향으로 비탈면, 터널의 불안정과 절리 발달 빈도의 영향은 암반의 강도정수에 영향을 미침	초기지중응력의 차이 발생으로 인한 응력의 집중문제를 야기시킴	단층·파쇄대 등 건설공사에 치명적인 문제발생	이방성 및 지하수흐름에 큰 영향을 미침

표 14.7-2 불연속면의 특징

개념정리 ⑩ 단층의 공학적 중요성 (1)

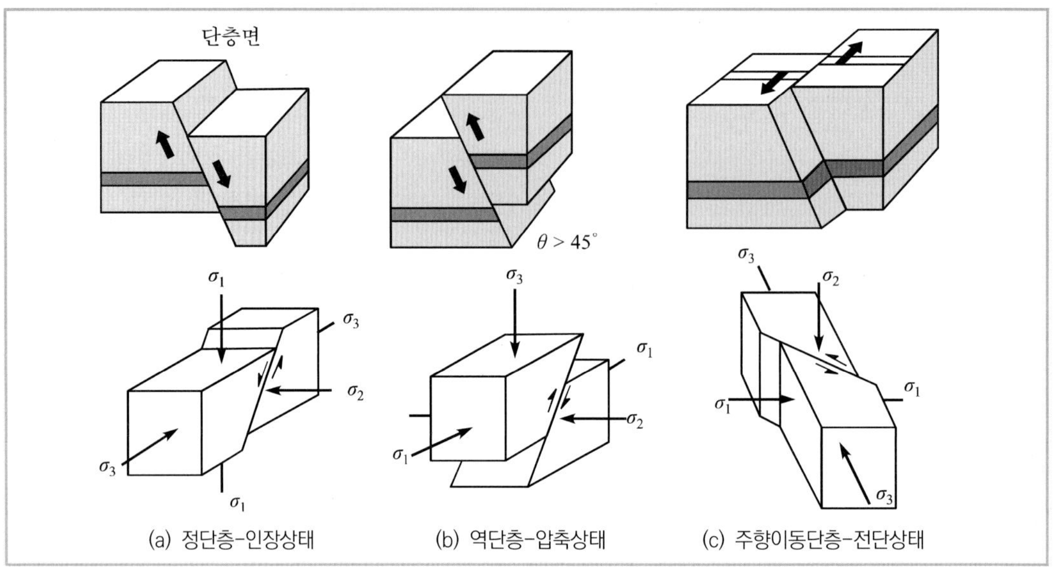

그림 개념 ⑩-1 단층의 생성 메카니즘

1 단층의 생성 메카니즘에 따른 종류

- **정단층** : 천장부가 아래로 이동한 경사이동단층을 말한다. 일반적으로 지각상부는 온도가 낮고, 구속압력이 적어 인장력을 받을 경우 쉽게 파단되는데, 이때 단층구조가 생성되기 쉽다. 정단층는 인장상태가 존재하였음을 의미한다. 정단층은 규모가 작은 수 미터 수준이다.
- **역단층** : 천장부가 위로 이동하는 경사이동단층이다. 압축환경에서 발생하며 경사각이 45도 이상인 경우 역단층, 45도 이하인 경우 스러스트 단층이라고 한다. 통상 대규모로 나타난다.
- **주향이동단층** : 대규모 주향이동단층을 변환단층이라고도 한다. 지각 판의 경계에 따라 수직한 방향으로 나타난다.

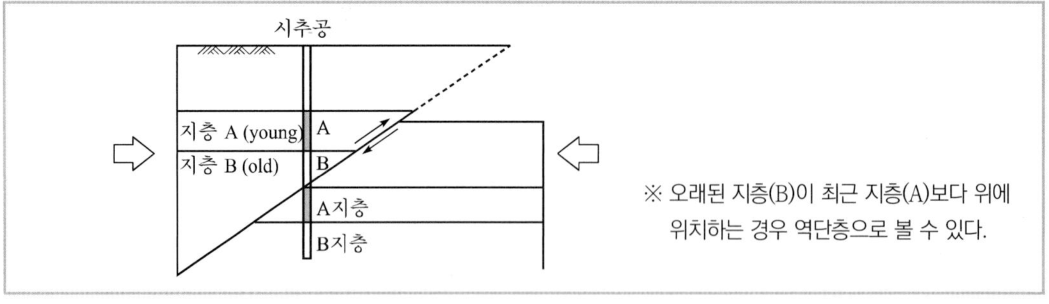

그림 개념 ⑩-2 시추조사를 통해 정단층과 역단층을 구분하는 예

2 단층의 특성

- **단층면** : 단층이 발생한 얇은 전단파괴면

개념정리 ⑪ 단층의 공학적 중요성 (2)

■ **단층가우지(단층점토)** : 단층운동에 의해 생긴 암석의 파쇄편들은 풍화작용 열수작용을 받아 점토광물로 변화된다. 이와 같이 생성된 점토를 단층점토라 한다.

■ **단층경면(slickenside)** : 상대변위가 진행되는 과정에서 매끈하게 닳아진 단층면

■ **단층파쇄대=단층면+지하수위** : 반복적인 파괴에 따라 파괴면이 밀집되어 어느 한 방향으로 방향성을 갖는 zone을 단층파쇄대라 한다.

① 단층파쇄대의 방향성을 갖는 zone의 거동관점 : 불연속면과 암반구조물의 방향성의 문제

② 단층 충전물의 장기거동관점에서 : 단층점토 충전물이 터널 용수에 의해 포화되면 급속한 열화발생 → 경면형성 → 불연속면의 강도가 급격하게 저하되는 굴착이후의 장기적 거동에 영향을 미친다.

■ 이러한 특성 때문에 단층면은 역학적으로 취약한 경우가 많으며 재하(loading)시 전단면을 형성할 가능성이 매우 크다.

3 단층이 암반구조물에 미치는 영향

■ **깍기비탈면, 지하굴착, 터널굴착 시 활동파괴 가능성이 매우 높음** : 단층파쇄대의 방향성을 갖는 zone의 거동관점→불연속면과 암반구조물의 방향성의 문제

■ **단층파쇄대를 따라 터널 굴착시 과도한 수압이 발생** : 투수대(지하수 이동통로) 역할에 따라 터널에서 막장안정성 저하 및 Dam에서 파이핑 발생

■ **터널의 장기적 거동에서 암반의 약화에 따른 큰 소성지압 발생** : 단층 충전물의 거동관점→불연속면의 강도가 급격하게 저하되는 굴착이후의 장기적 거동

■ **암반비탈면에서 비탈면 붕괴의 주원인** : 단층파쇄대는 비탈면 노출에 따라 강도가 약화되고, 침투수의 통로역활로 신선한 암반에 대해 불연속면이 되므로 비탈면 붕괴의 주원인이 됨.

■ 이와같이 단층은 공학적으로 취약한 불안정한 지반구조를 야기하여 건설공사 시 기초의 지지력, 사면안정, 터널 천단부 안정에 지대한 영향을 미치므로 사업대상 부지가 단층을 포함하고 있으면 이에 대한 기하학적, 역학적, 수리적 영향이 반드시 검토되어야 한다.

4 지반공학이해 I 47p 개념정리⑩ Review

■ 만약, 다수의 불연속면이 존재하는 즉, REV이상인 응력지배 문제에 해당하는 **연속체 해석의 개념에서도 단층파쇄대와 같은 지질구조 문제에 해당하는 특정 1~2개의 불연속면에 대해서는 따로 취급해서 불연속체 해석을 하여야 함**을 지반공학 I 에서 설명한 바 있다. (유한요소법 범용 프로그로그램에서도 이 부분을 고려할 수 있도록 매뉴얼화 되어 있음)

■ 그림 개념 ⑪-1는 이와 관련한 개념도로서 반드시 연계하여 이해할 필요가 있다.

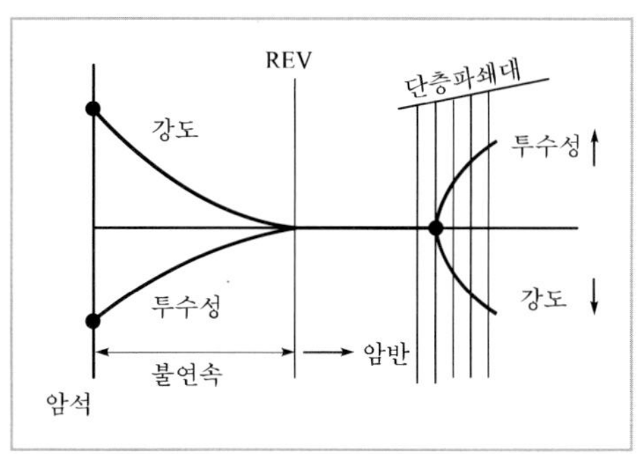

그림 개념 ⑪-1 단층파쇄대와 연속체 해석의 관계

그림 14.8-1 한반도의 지질구조

※ 연약한 암반지역에 대한 이해

그림 14.8-1에서 ⑩번과 같은 신생대층들은 퇴적분지에서 퇴적물이 퇴적된 후 채 고결되지 않은 상태에서 지반의 융기 등의 작용을 받은 상태이며, 현재 동해안 일대에서 주로 나타난다. 특히 이암(mudstone)의 경우는 주 구성광물이 몬모릴로나이트, 일라이트, 카올리나이트 등의 점토광물로 구성되어 있기 때문에, 이들 광물의 특성상 지표에 드러나면 풍화가 급속히 진행되며, 일부는 슬레이킹도 일어나는 극히 불안정한 연약암반층이다. 연약암반 지역의 주 구성암석은 이암, 미사암, 응회암, 현무암, 용암류, 화산암류, 기타 미고결 퇴적층 등이다.

해설 14.8-1

14.8 한국의 지질특성(지반공학적 특성)

1 산지

- **경기육괴 지역 :** 그림 14.8-1 6번, 대부분이 변성암류로서 화강암질 편마암 및 이에 협재되는 편암과 규암으로 이루어진 변성암 복합체
- **옥천 습곡대 :** 그림 14.8-1 7번, 북동부 지역(7-1)은 쇄설성 퇴적층이 대부분(사암→규암, 셰일→점판암으로 약간 변성된 상태). 남서부(옥천계) 지역(7-2)은 변성, 퇴적암류로 천매암, 녹니석편암, 운모편암, 규암, 각섬암으로 구성
- **영남육괴 지역 :** 그림 14.8-1 8번, 영남육괴를 일는 것은 변성암퇴적암류로 경기육괴와 마찬가지로 주로 편마암류와 편암류이다. 지리산을 중심으로 한 육괴의 서남부는 주로 화강편마암, 육괴의 북동부는 각종의 호상편마암, 편마암, 편암류로 구성
- **경상 누분지 지역 :** 그림 14.8-1 9번, 화산암류를 수반한 두꺼운 퇴적층으로 역암, 사암, 셰일(shale), 이암 및 이회암의 호층으로 구성된다. 경상 누분지 하부에는 얇은 석탄층이 불연속적으로 협재되어 있으며, 상부에는 화산암류가 발달되어 있다.
- **연약한 암반지역 :** 그림 14.8-1 10번, 신생대 3~4기층에 해당하며 주 분포지는 동해안을 따라 소규모로 산재 분포한다. 이들은 강원도 북평지역, 경북 영해지역, 경북 포항지역, 경북 영일지역, 경남 울산지역 및 제주도 서귀포지역에 주로 분포하며 포항~영일지역이 가장 넓다.
- **제주지역의 신생대 4기의 화산암류 :** 그림 14.8-1 11번, 대부분 천층부의 현무암 아래에 화산쇄설물과 암반층이 반복

2 해안

- **남해안(낙동강 하류지역) :** 대심도의 미압밀 지역이 대부분이며 연약한 해성점토층이 면모구조로 존재하고 있으며, 연약지반개량시 과도한 침하량이 발생하는 지역이다. 명지지구, 부산 신항만 지역 등이 시공실적이 있으며, 주로 CH
- **남해안(섬진강 하류지역) :** 대심도의 연약한 해성점토층이 면모구조로 존재하고 있는 지역이다. 포스코, 광양항만, 여천산업단지 등의 시공실적이 있으며, 주로 CL, CH
- **서해안(영산강 하류지역) :** 대심도의 연약한 해성점토층이 면모구조로 존재하고 있는 지역이다. 대불산업단지, 영산강 방조제 등의 시공실적이 있으며, 주로 MH, CL, CH
- **서해안 :** 서해안은 리아스식 해안으로 침식, 운반, 퇴적활동이 활발하고, 조석차에 의한 세립질의 2차 운반 및 퇴적이 이루어지고 있는 지역이다.

  ① **금강하류 지역 :** 금강 하구언, 새만금 방조제 등, 주로 CL, MH, ML

  ② **평택항 지역 :** 주로 ML, MH, SC　　③ **영종도 지역 :** 주로 ML, SM, SC

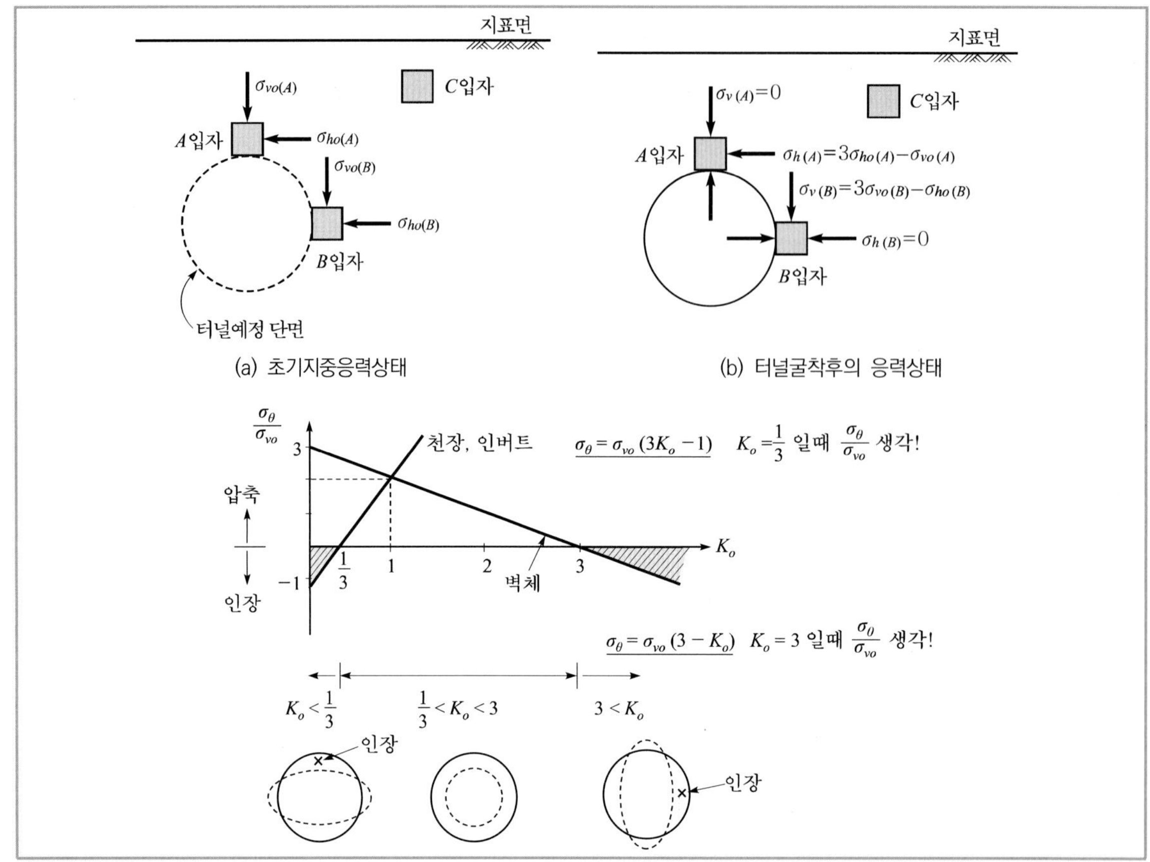

그림 14.9-1 터널굴착 전후의 응력상태

① A입자의 응력변화

연직응력 : $\sigma_{vo(A)} \rightarrow \sigma_{v(A)} = 0 \rightarrow \Delta\sigma_{v(A)} = \sigma_{v(A)} - \sigma_{vo(A)} = -\sigma_{vo(A)}$

수평응력 : $\sigma_{ho(A)} \rightarrow \sigma_{h(A)} = 3\sigma_{ho(A)} - \sigma_{vo(A)} \rightarrow \Delta\sigma_{h(A)} = \sigma_{h(A)} - \sigma_{ho(A)}$

$\sigma_{h(A)} = \sigma_\theta = \sigma_{vo}(3\frac{\sigma_{ho}}{\sigma_{vo}} - 1) = 3\sigma_{ho} - \sigma_{vo}$ 여기서, $\sigma_{ho} = \sigma_{ho(A)}$, $\sigma_{vo} = \sigma_{vo(A)}$

따라서, $\sigma_{h(A)} - \sigma_{ho(A)} = 3\sigma_{ho(A)} - \sigma_{vo(A)} - \sigma_{ho(A)}$

$\Delta\sigma_{h(A)} = 2\sigma_{ho(A)} - \sigma_{vo(A)}$ $\therefore \Delta\sigma_{h(A)} > 0$

② B입자의 응력변화

연직응력 : $\sigma_{vo(B)} \rightarrow \sigma_{v(B)} = 3\sigma_{vo(B)} - \sigma_{ho(B)} \rightarrow \Delta\sigma_{v(B)} = \sigma_{v(B)} - \sigma_{vo(B)} = 2\sigma_{vo(B)} - \sigma_{ho(B)}$

$\sigma_{v(B)} = \sigma_\theta = \sigma_{vo}(3 - K_o) = \sigma_{vo}(3 - \frac{\sigma_{ho}}{\sigma_{vo}}) = 3\sigma_{vo} - \sigma_{ho}$ 여기서, $\sigma_{ho} = \sigma_{ho(B)}$, $\sigma_{vo} = \sigma_{vo(B)}$

수평응력 : $\sigma_{ho(B)} \rightarrow \sigma_{h(B)} = 0 \rightarrow \Delta\sigma_{h(B)} = \sigma_{h(B)} - \sigma_{ho(B)} = -\sigma_{ho(B)}$

따라서, $\sigma_{v(B)} - \sigma_{vo(B)} = 3\sigma_{vo(B)} - \sigma_{ho(B)} - \sigma_{vo(B)}$

$\Delta\sigma_{v(B)} = 2\sigma_{vo(B)} - \sigma_{ho(B)}$ $\therefore \Delta\sigma_{v(B)} > 0$

해설 14.9-1 그림 14.9-1에 대한 이해

14.9 암반의 지중응력 개념(1)

1 지중응력 2가지 요소 및 공학적 의미에 대한 Review

- 지반공학은 'in-situ mechanics'로서 창세기 전부터 지중응력을 갖고 있다는 것이 구조공학과 상이한 점이다. 지반공학에서의 지중응력의 2가지 요소 및 공학적 의미에 대해 지반공학이해 I 403p를 통해 이미 설명되었다. 다시한번 반복 학습하기 바란다.

2 초기지중응력

- 토질역학에서는 자중에 의하여 생긴다는 개념에서 상재압력이라고 한다.

  $\sigma_{vo} = \gamma \times z$

  $\sigma_{ho} = K_o \times \gamma \times z$의 응력을 받고 있으며, K_o값은 대부분의 토질에서 1보다 작으며, 느슨한 흙의 경우 $K_o = 1 - \sin\phi$로서 예측할 수 있다.

- 그러나 **암반역학에서는 지중응력이 다르다**. 처음부터 암반지역이 존재하여 생긴 응력이라는 점에서는 토질역학과 같으나 지중응력이 단순히 흙위의 흙무게에 의하여 생긴다는 **상재압력(overburden pressure)개념**보다는 처음부터 존재하였다는 **초기응력(initial stress)의 개념**이 더 강하다. 이와 관련 지반공학이해 II 413p를 통해 설명된 사항을 반복 학습하기 바란다. 암반역학은 토질역학과 달리 σ_{ho}이 σ_{vo}에 비해 작은 값을 띠는 경우도 있으나 훨씬 크게 작용하는 경우가 많다. 따라서 **암반역학에서는 초기지중응력의 적절한 예측이 무엇보다 중요함을 우선 강조코자 한다.**

3 지중응력의 증가량

- 암반역학의 경우에 응력의 변화분은 토질역학의 경우와 많이 다르다. 물론 암반위에 구조물을 새로 설치하는 경우는 위의 경우와 흡사하나, 암반역학에서의 구조물은 지하구조물(터널이나 유류저장고 등)이나 사면구조물이 대부분 차지한다. 터널을 예를 들어보면 원래부터 존재하던 지반 한 가운데에 구조물을 설치하는 것이 아니라 오히려 그림 14.9-1 같이 지반의 일부를 제거하여 생기는 응력의 변화이다. 하중을 제거한다는 의미에서 터널을 '음의 구조물'이라고 부르는 사람이 많다.

- 그림 14.9-1a 는 터널굴착하기 전의 초기지중응력상태이며, 그림 14.9-1b 는 터널을 굴착한 후의 응력상태를 지반공학이해 II 개념정리①~②에서 설명한 Kirsh의 해를 이용하여 나타낸 것이다. **결과를 요약하면,** A입자는 터널굴착으로 인해 연직응력(반경방향응력)=0으로 줄어들고, 수평방향(접선방향응력)은 오히려 집중되어 커질 것이다. B입자는 터널굴착으로 연직응력(접선방향응력)은 크게 증가되고, 수평방향(반경방향응력)=0 줄어든다. 이와같이 터널을 굴착하면, 응력이 바뀌고 이로 인해 입자에 변형도 발생될 것이다. **이 응력변화로 인해 암반에 파괴가 발생 되는 문제를 다루는 것이 암석/암반의 전단강도이며,** 반면에 **이러한 응력변화로 인하여 암석/암반은 변형을 할 수밖에 없는 바이 변형문제를 다루는 것이 암석/암반의 변형계수를 구하는 것이다.**

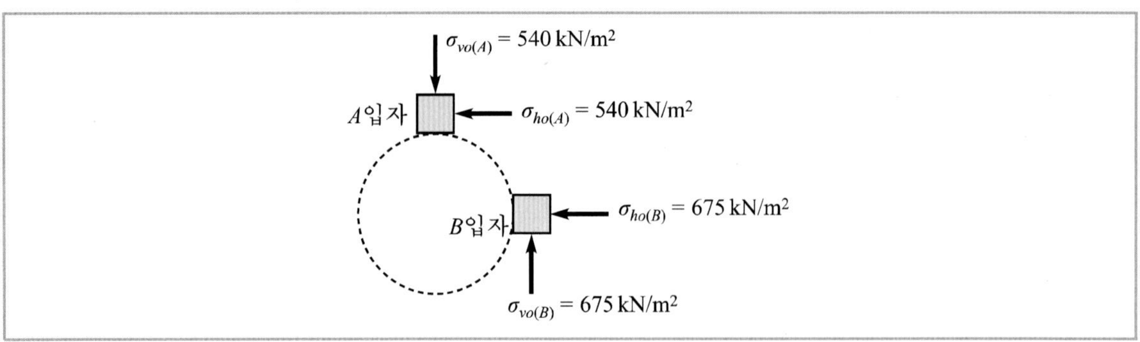

그림 14.10-1

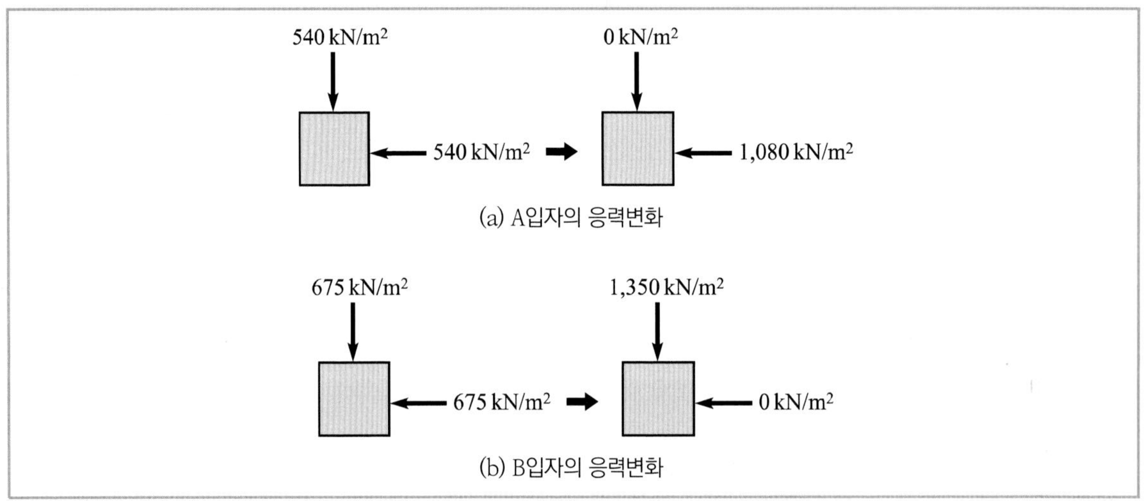

그림 14.10-2

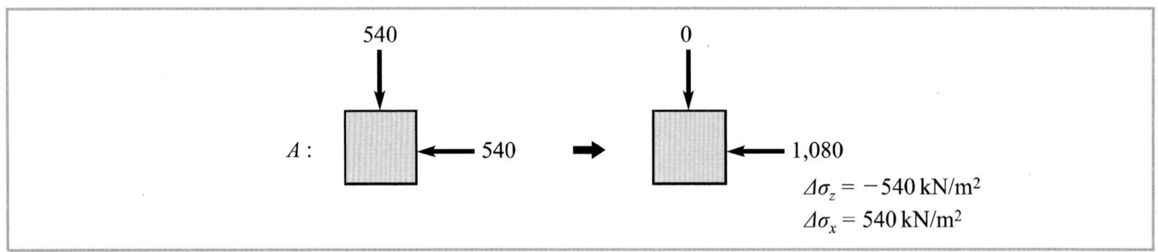

그림 14.10-3

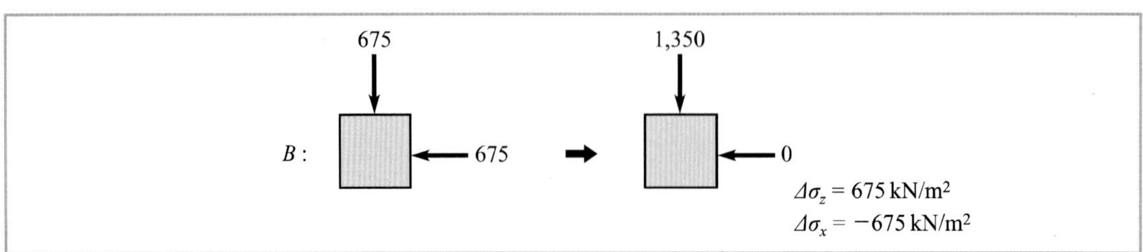

그림 14.10-4

14.10 암반의 지중응력 개념(2)

그림 14.10-1 같이 연직응력과 수평응력이 동일한 지반에 터널을 굴착하여 응력이 바뀌게 되었다. 다음 질문에 답하라 단, 암 자체는 절리가 전혀 없는 신선한 암이며, 이 암석의 일축압축 강도는 $\sigma_c = 80,000kN/m^2$이고 포아송비 $\mu = 0.3$이다.

1 A, B 각 입자에서 터널굴착 후의 응력, 응력의 증가량을 구하라 그림 14.10-2

- 우선 지반공학이해 I 403p 토질역학의 문제에 상재압력과 응력의 증가량을 고려하는 방식에 대해 상기해보면 전단강도는 초기의 응력에 증가량을 합한 총 응력이 파괴여부를 결정하는 반면에, 변형을 유발하는 것은 오직 응력의 증가분임을 숙지하고 있어야 한다.
- A 입자는 터널굴착으로 인해 연직응력은 0이 되고, 수평응력은 커진다.

$$\sigma_{v(A)} = 0\ ,\ \sigma_{h(A)} = 3\sigma_{ho(A)} - \sigma_{vo(A)} = 3\times540 - 540 = 1,080kN/m^2$$

- B 입자는 터널굴착으로 인해 수평응력은 0이 되고, 연직응력은 커진다.

$$\sigma_{h(B)} = 0\ ,\ \sigma_{v(B)} = 3\sigma_{vo(B)} - \sigma_{ho(B)} = 3\times675 - 675 = 1,350kN/m^2$$

2 각각의 입자의 파괴여부를 밝혀라, 단 터널 종방향 응력은 무시하고 2차원 응력만 고려하라

- A : $1,080kN/m^2 < 80,000kN/m^2\ (=\sigma_c)$
  B : $1,350kN/m^2 < 80,000kN/m^2\ (=\sigma_c)$
- 각각의 일축압축응력이 주어진 일축압축강도보다 작으므로 안전하다.

3 이 암석의 탄성계수 $E = 1,000,000kN/m^2$이라고 할 때, A, B각 입자에서 반경방향의 변형률을 구하라

- 먼저 본 문제는 평면변형율(plane strain, $\varepsilon_y = 0$) 조건이다.
- $\varepsilon_y = \frac{1}{E}(\Delta\sigma_y - \mu\Delta\sigma_x - \mu\Delta\sigma_z) = 0 \rightarrow \Delta\sigma_y = \mu(\Delta\sigma_x + \Delta\sigma_z)$

  $\varepsilon_z = \frac{1}{E}(\Delta\sigma_z - \mu\Delta\sigma_x - \mu\Delta\sigma_y) = \frac{1}{E}(\Delta\sigma_z - \mu\Delta\sigma_x - \mu^2(\Delta\sigma_x + \Delta\sigma_z))$

  $\varepsilon_x = \frac{1}{E}(\Delta\sigma_x - \mu\Delta\sigma_z - \mu\Delta\sigma_y) = \frac{1}{E}(\Delta\sigma_x - \mu\Delta\sigma_z - \mu^2(\Delta\sigma_x + \Delta\sigma_z))$

- A입자(그림 14.10-3) $\varepsilon_z = \frac{1}{1,000,000}\{-540 - 0.3\times540 - 0.3^2(540-540)\} = -0.000702$

  여기서, (-)부호는 변형방향이 터널 내부 방향임을 뜻한다.

- B입자(그림 14.10-4) $\varepsilon_x = \frac{1}{1,000,000}\{-675 - 0.3\times675 - 0.3^2(-675+675)\} = -0.0008775$

  여기서, (-)부호는 변형방향이 터널 내부 방향임을 뜻한다.

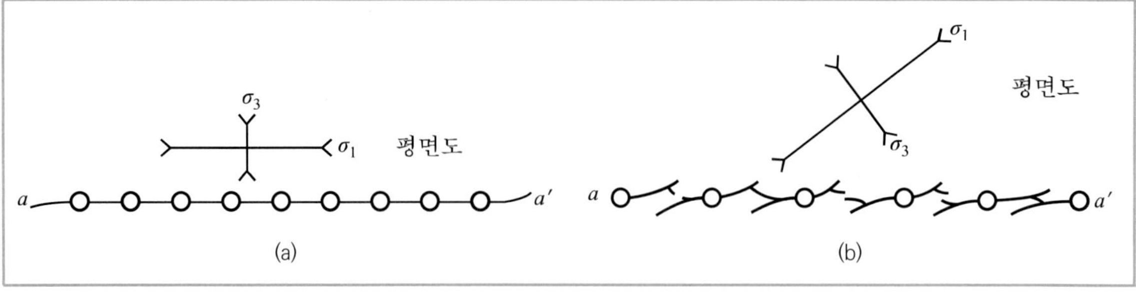

그림 14.11-1

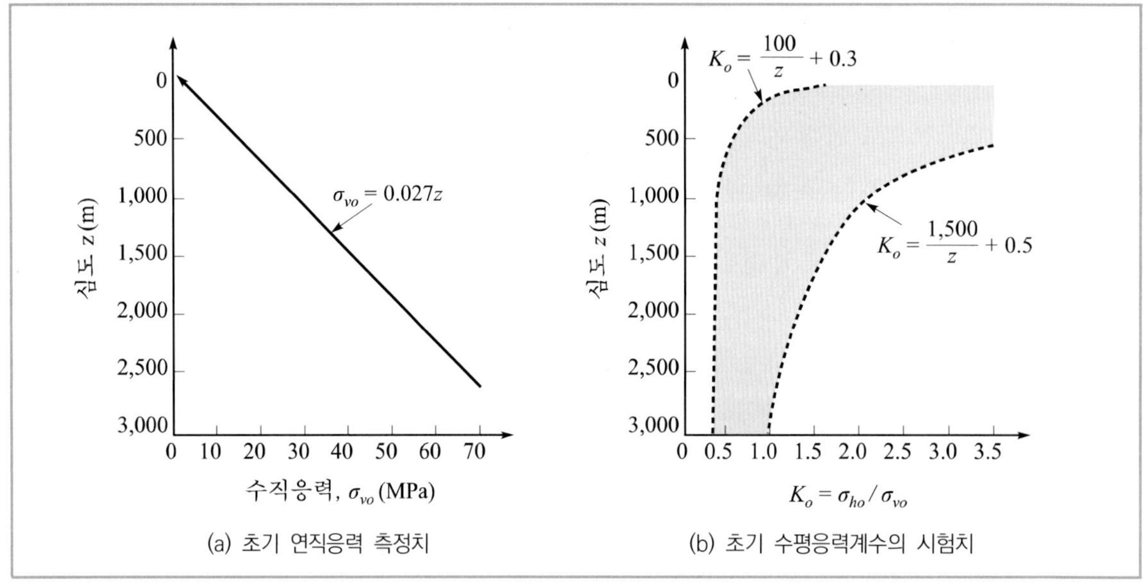

그림 14.11-2

개념정리 ⑫ **실무 수치해석에서 K_o에 대한 파라미터 스터디를 하는 경우가 많은데 그 이유?**

- K_o값은 지반의 초기응력상태를 규정하므로 **지반거동 예측시 매우 중요한 요소**이다. K_o값을 파악하기 위해서는 암반의 경우 Flat Jack Test, Hydration Fracturing Method, Over coring method등의 원위치 시험을 수행해야 하나 이는 비용이 많이 드는 문제가 있다. 비용문제가 아니더라도 시험법의 한계와 암반구조의 복잡성으로 응력의 3차원 분포를 파악하기란 용이하지 않다.

- 이에 따라 K_o값의 영향을 포괄적으로 검토하기 위해 K_o값의 가능 영역(예 0.5~2.0)을 설정하여 파라미터 스터디를 수행하는 방식으로 초기응력의 불확실성을 검토하는 방법이 차선책으로 이용되고 있다. 안 하는 것보다 낫겠지만, 이런 방법을 보편적으로 적용하는 것이 적절한 공학적 접근인지 재고해볼 문제이다.

14.11 초기지중응력의 예측의 중요성

1 암 지반의 초기지중응력의 예측의 중요성

- 암반의 경우, 수억 년에 걸친 지각변동으로 구조응력이력이 내재되어 현재의 응력상태(특히, 수평응력)는 생성상태(흙 지반과 같은 정지지중 응력상태)와는 거의 무관한 응력상태에 있다. 즉, **흙 지반의 경우** 풍화, 또는 퇴적과정에서 구조응력이 제거되고 대체로 자중에 의해 도입된 초기응력상태를 유지하나, **암 지반의 경우** 지각변동 등의 지질작용 영향이 내재되어 흙 지반보다 훨씬 더 불규칙한 응력상태를 나타낸다.

- 흙 지반 : $\sigma'_{vo} = \gamma' z \rightarrow \sigma'_{ho} = K_o \gamma' z \rightarrow K_o = \dfrac{\sigma'_{ho}}{\sigma'_{vo}} =$ 일정 , 일반적 $K_o < 1$

  암 지반 : $\sigma'_{vo} = \gamma' z \rightarrow \sigma'_{ho} \neq K_o \gamma' z \rightarrow K_o = \dfrac{\sigma'_{ho}}{\sigma'_{vo}} \neq$ 일정 , 일반적 $K_o > 1$

- **암 지반에서 초기지중응력의 파악은 공학적으로 매우 중요하다.** 예를 들어 설명하면
  ① 마그마의 관입, 수압할렬등은 최소 주응력에 수직한 방향으로 일어나므로 지반의 주응력 상태를 조사하면 지질구조 분석에도 도움이 된다.
  ② 암반 초기응력상태는 지하공간 구조물 설계에 매우 중요한 정보이다. 수평응력이 클수록 ($K_o > 1$) 넓은 규모의 공동 굴착이 가능하다.
  ③ 그림 14.11-1 같이 암반은 충격을 받았을 때 최소주응력의 직각방향으로 쪼개지는 성질이 있으므로 주응력의 크기와 방향을 알면 효율적으로 발파설계가 가능하다.

  결론적으로 **초기지중응력의 크기와 방향에 대한 파악없이는 암반거동에 대한 정확한 예측이 불가능하다.**

2 암반 내 초기응력

- 일반적으로 암반의 K_o값은 1보다 훨씬 큰 경우가 많으며, 이것은 흙 지반과 암 지반의 가장 큰 차이중의 하나이다.

- 암반의 초기응력에 대한 경험공식
  ① 초기 지중 연직응력 : $\sigma_{vo} = 0.027z(Mpa),\ z = m$
  ※ 암반의 단위중량(대부분의 경우=$2.7t/m^3 = 27kN/m^3 = 0.027MN/m^3$
  ② 초기 지중 수평응력 : $\sigma_{ho} = K_o \sigma_{vo}$, 여기서 $(\dfrac{100}{z} + 0.3) < K_o < (\dfrac{1500}{z} + 0.5)$

- 그림 14.11-2 을 통해 알 수 있듯이 지역에 따라 판 구조작용에 의한 암반의 수평방향의 편차가 대단히 큼을 알 수 있다. K_o의 분포 범위가 넓어 위 식으로 수평응력을 추정하는 것은 용이하지 않다. 암 지반의 경우 현장 측정이 아니면 신뢰할 만한 초기 지중응력 정보를 얻기 어렵다.

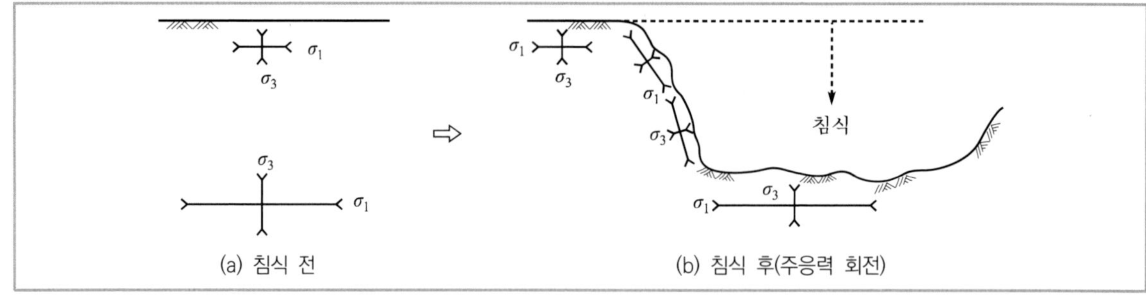

그림 14.12-1 침식작용이 암지반의 초기지중응력에 미치는 영향(주응력의 회전)

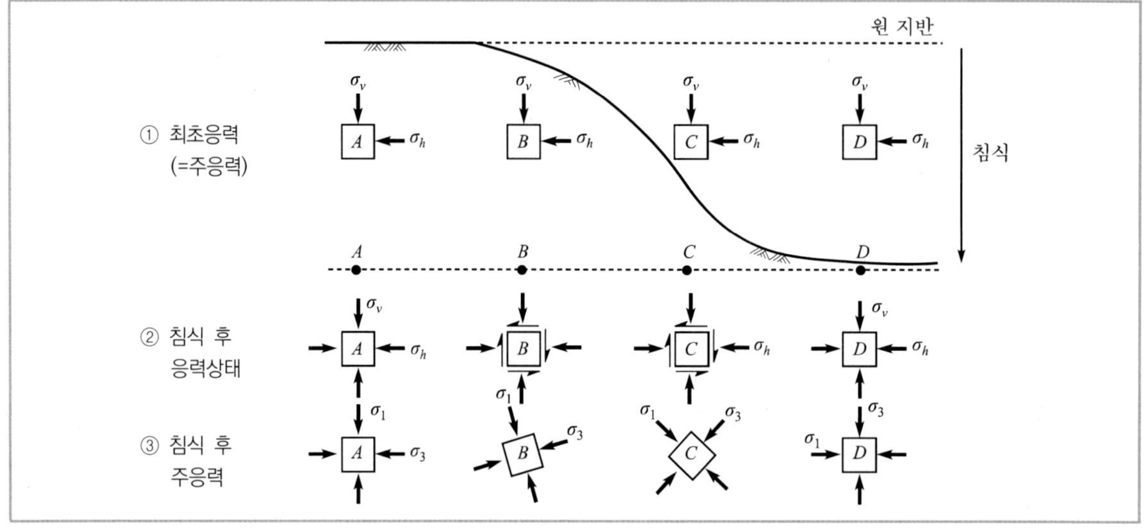

그림 14.12-2 수평이었던 암 지반이 침식이 일어날 경우 침식으로 인한 주응력의 회전 예

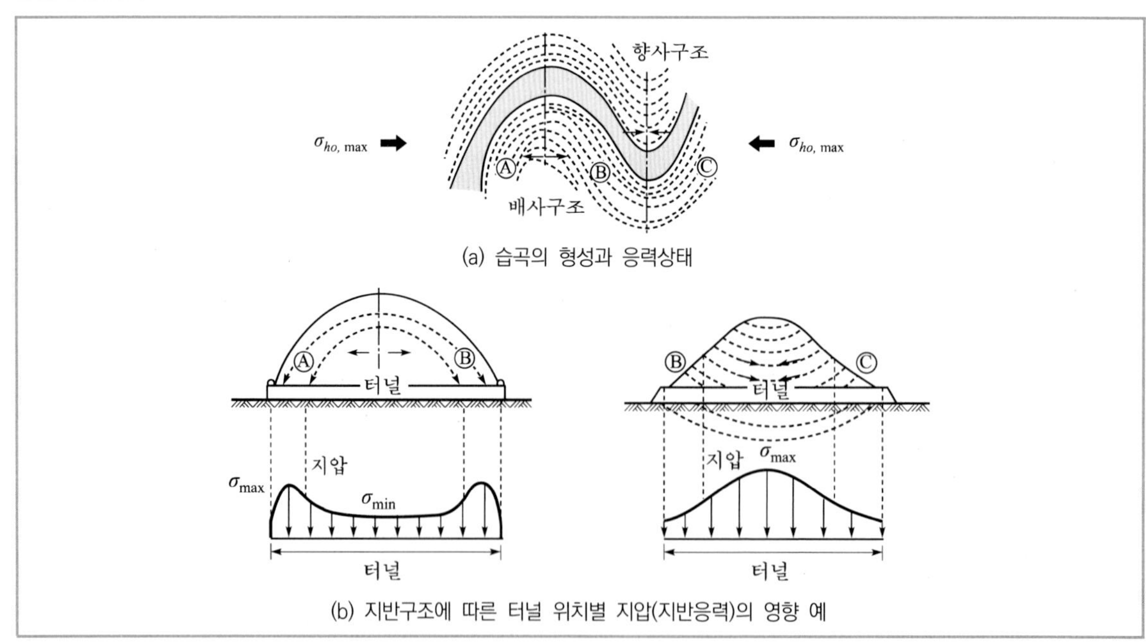

그림 14.12-3 습곡작용이 암지반의 초기지중응력에 미치는 영향($\sigma_{vo}/\gamma z \neq 1$)

14.12 지질구조작용이 암 지반의 초기지중응력에 미치는 영향(1)

암 지반의 내재적 응력은 지질구조작용에 기인한다. 침식, 습곡, 단층작용 등의 지질작용이 지반응력 상태에 미치는 영향을 살펴보자.

1 침식작용의 영향(주응력의 회전)

- 퇴적지반이 동결융해와 침식작용을 받아 상부토층이 상실되는 수평침식이 일어났다면, 침식면에 수직한 방향으로는 변형이 일어나므로 응력이 해방('0')될 것이다. 반면에 침식면에 평행한 방향은 변형이 여전히 구속되어 있으므로 침식 전과 비교하여 응력이 크게 변화하지 않을 것이다. 침식이 상당히 깊게 일어나면 침식면에 평행한 방향의 응력이 수직응력보다 커져 주응력방향이 연직에서 지표면에 평행한 방향으로 바뀌는 주응력 회전이 일어난다. 지표에 노출된 많은 침식 암반에서 $K_o > 1$인 응력 상태를 보이는 이유가 이 때문이다.

- 그림 14.12-1은 침식이 일어났을 때, 침식면에 평행한 응력은 그대로 있고 수직응력은 감소('0')하여 주응력 회전이 일어난 예를 보인 것이다. 계곡면에 수직인 방향으로 응력해방($\sigma_n{}' \simeq 0$)이 일어나 최대주응력은 계곡면에 평행한 방향으로 형성된다.

- 그림 14.12-2는 수평이었던 암 지반이 침식이 일어날 경우 침식으로 인한 주응력의 회전 예를 보여주고 있다. 침식 전 동일 심도 z에 위치하는 요소 A, B, C, D를 생각하자, 침식후 A점 응력은 변화가 없고, B와 C는 침식으로 인한 지표경사로 인해 요소에 전단력이 발생하며, 이 응력상태에 상응하는 주응력변화, 즉 회전이 일어난다.

2 습곡작용의 영향

- 횡방향 압축력에 의해 습곡구조를 갖는 지층(암반)의 경우(그림 14.12-3a), **상대적으로 변형의 구속이 덜한 배사구간**은 지표 쪽으로 볼록한 변형이 일어나 응력이 해방되어 작아지고, **향사부분은 하부의 변형이 구속되므로 압력 집중이 일어나 연직응력이 크게 나타난다.**

- 그림 14.12-4은 습곡구조를 갖는 암반의 경우, 연직응력이 $\sigma_{vo} = \gamma z$와 다름을 나타내고 있다. 습곡구조의 **향사부분은 압력이 집중되어 연직응력이 $\sigma_{vo} = \gamma z$보다 크고, 배사부분은 반대로 연직응력이 $\sigma_{vo} = \gamma z$보다 작음을 보여주고 있다.**

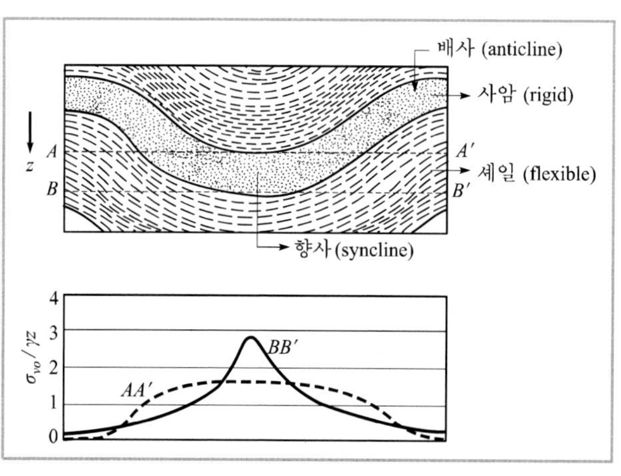

그림 14.12-4

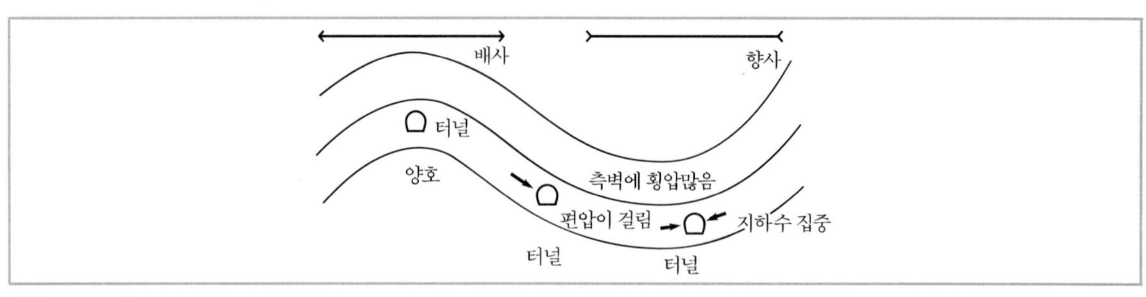

그림 14.13-1

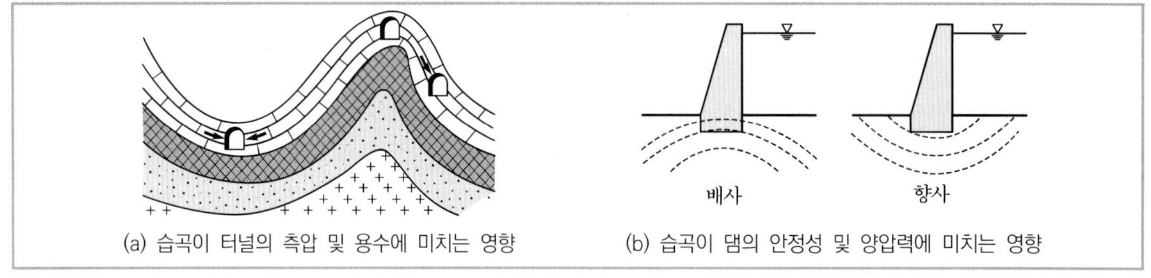

(a) 습곡이 터널의 측압 및 용수에 미치는 영향　　(b) 습곡이 댐의 안정성 및 양압력에 미치는 영향

그림 14.13-2

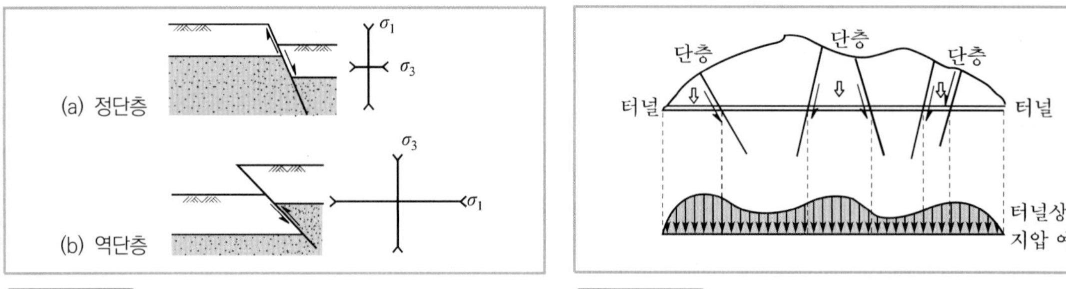

그림 14.13-3 단층생성시 응력상태

그림 14.13-4 단층대 통과 터널건설위치의 작용지압 예

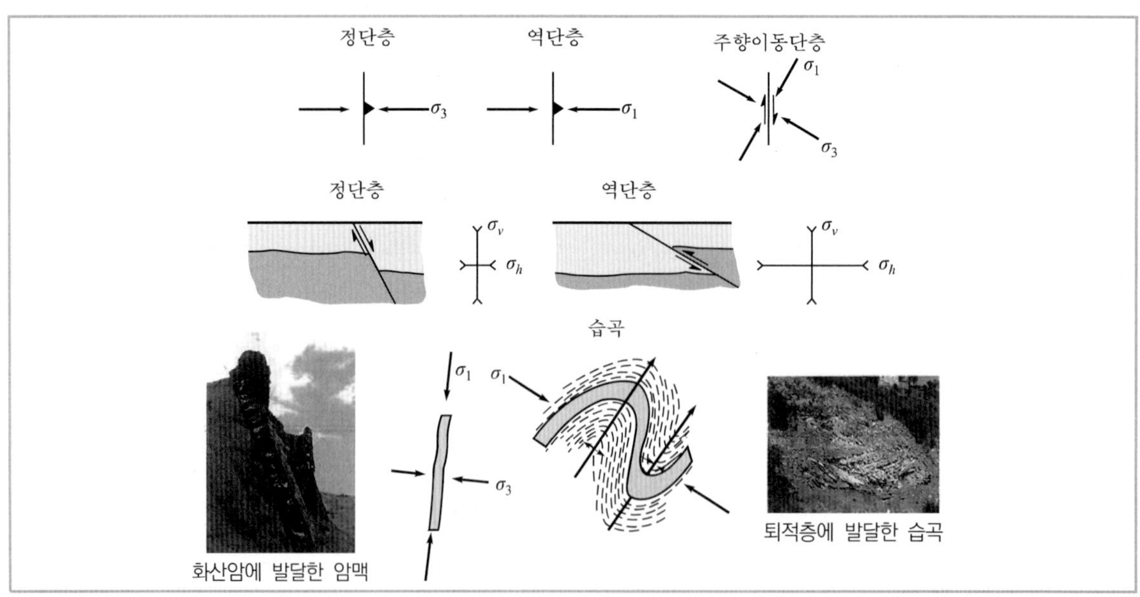

그림 14.13-5

14.13 지질구조작용이 암 지반의 초기지중응력에 미치는 영향(2)

※ 습곡이 구조물에 미치는 영향

① 터널이 배사 또는 향사축을 횡단하는 경우

터널을 굴착할 때 그림 14.12-3b 같이 배사부에서는 아칭작용으로 양단(갱문부근)에 지압이 집중되고, 향사부에서는 터널의 중심부에 지압이 집중될 것이다. (지압이 큰 부분에서 굴착 시 더 큰 변형이 일어난다)

② 터널이 배사 또는 향사축과 평행한 경우

그림 14.13-1 같이 터널은 배사부에서 평행하게 굴착하는 것이 양호하다. 터널의 향사부에서 향사축과 평행하게 굴착하는 경우 터널의 측벽에 횡압이 크게 작용하여 지보설계에 어려움이 있고, 또한 그림 14.13-2a 같이 지하수의 집중으로 용수량이 많다. 터널의 배사부와 향사부의 중간지점에 축과 평행하게 굴착하면 편압이 크게 작용한다.

③ 댐의 안정성 및 양압력에 미치는 영향

그림 14.13-2b 같이 배사축 부근의 댐은 기초의 활동에 대한 안정성이 우려되고, 향사축 부근의 댐의 경우는 지하수의 집중으로 인하여 양압력의 증대와 누수가 우려된다.

3 난층구조와 응력상태

- 그림 14.13-3 에 단층으로 초래되는 응력상태를 보였다. 단층이 발생한 후의 응력상태 단층변형이 진전되면서 최소주응력은 다소 증가하고 최대주응력은 다소 감소한 상태에서 변형을 멈추고 평형이 유지되었을 것이다.
- 그림 14.13-4 는 광역단층대에 계획된 터널노선에 따른 지압의 형상을 예시한 것이다. 하향거동을 하는 토체에 더 큰 지압이 작용하게 된다.

4 초기수평응력의 방향

- 지질구조는 응력의 방향을 지시하며 따라서 현장지질조사로부터 가능한 응력의 방향에 대한 정보를 제공받을 수 있다.
- 수평응력에는 최대 및 최소주응력의 2가지가 존재한다($\sigma_{ho,\max}$, $\sigma_{ho,\min}$).
- 정단층의 경우는 단층면의 수직방향으로 최소수평응력($\sigma_{ho,\min}$)이 작용하게 된다.
- 역단층의 경우는 단층면의 수직방향으로 최대수평응력($\sigma_{ho,\max}$)이 작용하게 된다.
- 주향이동단층의 경우는 단층면이 밀려가는 방향에 가깝게 최대수평응력이 그 직각방향으로 최소수평응력이 작용한다.
- 파쇄대에 수직방향으로 최소수평응력이 작용한다.(관입은 최소주응력에 수직한 방향으로 일어나므로)
- 습곡이 작용된 방향이 대부분 최대수평응력의 작용방향이 된다.

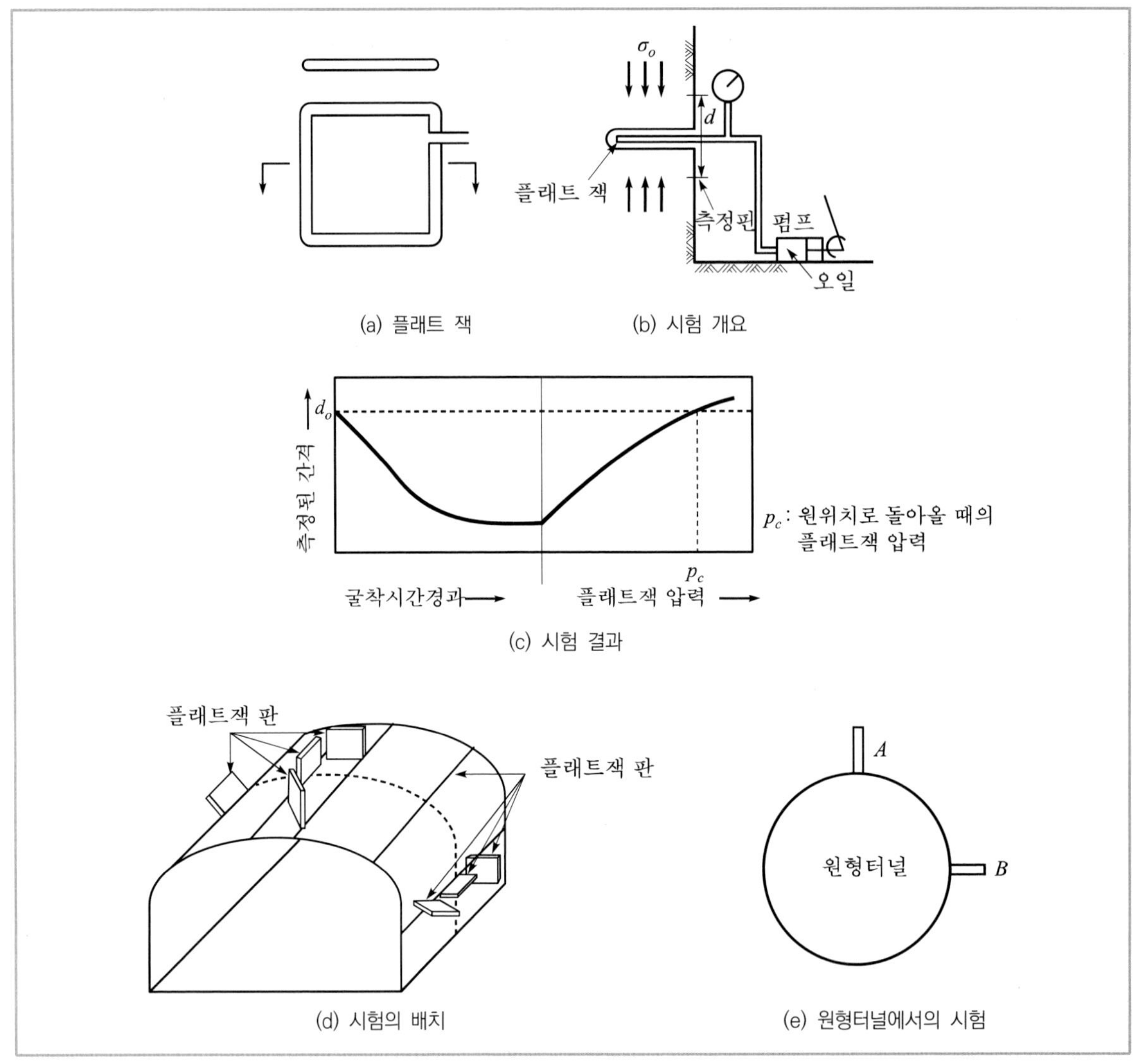

그림 14.14-1 평판잭 시험(Hatjack test) 개요

※ 시험의 순서는 아래와 같다.

① 먼저 측정핀을 설치한다.(초기 간격 d_o)

② 암반을 평평한 얇은 판으로 굴착한다. 이때 응력은 이완되고 측정핀 간격은 d_o에서 점점 작아질 것이다. (그림 14.14-1c)

③ 플래이트잭(그림 14.14-1d)을 굴착면에 삽입하고 압력을 가하여 측정판의 거리가 d_o로 되돌아가게 한다 (그림 14.14-1c). 이때의 플래이트압력을 기록한다(p_c). 이 압력은 그 지점에서의 접선응력(σ_θ)이 될 것이다.

해설 14.14-1

14.14 초기지중응력 산정방법(1)

암반에 대해 초기지중응력을 예측하는 방법은

① 이론적인 방법 :

탄성론에 의한 방법(심도 미고려) $K_o = \dfrac{\mu}{1-\mu}$

열적거동 모델에 의한 방법(심도 고려) $K_o = 0.25 + 7E_u(0.001 + \dfrac{1}{z})$

② 현장시험에 의한방법 :

평판잭시험(Flatjack test), 수압파쇄법, 응력해방법(오버코어링법), AE법

③ 실내시험에 의한방법 :

AE(Acostic Emission), DRA(Deformation Rate Analysis)

④ 계측결과를 이용한 경험식 : Hoek and Brown

$\sigma_{ho} = K_o \sigma_{vo},$ 여기서 $(\dfrac{100}{z} + 0.3) < K_o < (\dfrac{1500}{z} + 0.5)$

[1] 평판잭시험(Flatjack test)

- 이 시험법은 근본적으로 암반의 표면에서 시행하는 방법으로 그림 14.14-1 같이 이미 상당한 정도의 **지하구조물이 건설한 다음, 즉 이미 시공된 터널의 벽면에서 행한다.**

- 이 시험법으로 구한 압력은 초기응력이 아니라는 점이다. 터널을 굴착하게 되면, 이로 인하여 응력은 초기지중응력으로부터 변하게 되며, **이 시험법으로 구한 압력은 이 터널 굴착후의 응력이 된다는 점에 유의**해야 한다. 따라서 초기지중응력은 측정된 잭압력으로부터 탄성역학을 이용하여 아래와 같이 다시 구하여야 한다.

- 그림 14.14-1e 같이 천정 및 측벽에 각각 플래이트잭 시험을 실시하여 $\sigma_{\theta(A)} = \sigma_{h(A)}$, $\sigma_{\theta(B)} = \sigma_{v(B)}$ 이라 하자, **이 응력은 터널 굴착 후의 응력이며, 우리가 구하고자 하는 초기응력은 σ_{vo}, σ_{ho} 이다.** 만일 A점 및 B점에서의 초기응력이 거의 같다고 가정하면 초기응력과 계측응력 사이의 관계에는 다음과 같이 될 것이다.

$$\sigma_{\theta(A)} = 3\sigma_{ho} - \sigma_{vo}$$
$$\sigma_{\theta(B)} = 3\sigma_{vo} - \sigma_{ho}$$

이 식을 행렬로 표시하면 $\begin{Bmatrix} \sigma_{\theta(A)} \\ \sigma_{\theta(B)} \end{Bmatrix} = \begin{bmatrix} -1 & 3 \\ 3 & -1 \end{bmatrix} \begin{Bmatrix} \sigma_{vo} \\ \sigma_{ho} \end{Bmatrix}$

따라서, 행렬을 계산하면 초기응력은 다음과 같이 구할 수 있다.

$$\sigma_{vo} = \frac{1}{8}\sigma_{\theta(A)} + \frac{3}{8}\sigma_{\theta(B)}, \quad \sigma_{ho} = \frac{3}{8}\sigma_{\theta(A)} + \frac{1}{8}\sigma_{\theta(B)}$$

- 이 시험법은 비교적 간편하고 다른 시험법과 달리 암반의 변형계수를 추정하는 데에도 사용할 수 있는 장점이 있다.

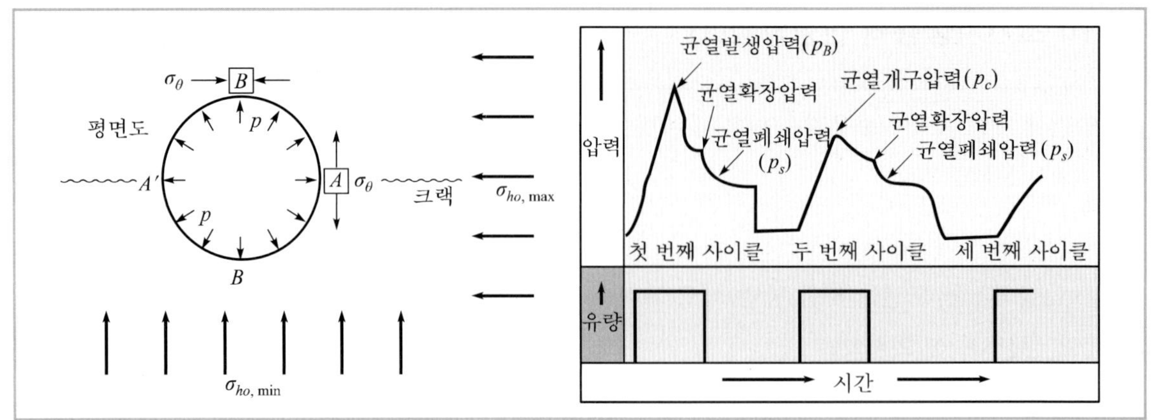

그림 14.15-1 수압파쇄시험

※ 그림 14.15-1에 대한 설명

① **시추공에 주입된 유압이 시추공 주위의 암석의 인장강도(σ_t)에 도달하면 암석은 균열이 발생하게 된다** (균열 발생시압력 p_B). 이때 균열이 생기는 면은 그림 14.15-1a 같이 최소주응력($\sigma_{ho,\min}$)에 수직이 될 것이다. → 따라서, **수압파쇄시험으로 구하는 초기지중응력**은 $\sigma_{ho,\max}$과 $\sigma_{ho,\min}$이다.

② 그림 14.15-1b 같이 만일 계속하여 압력을 가하고 있으면 균열은 더 벌어지게 되며 압력은 균열확장압력 → 시추공 내에 물 주입을 중지하면 균열폐쇄압력으로 떨어지면서 평형상태에 도달하게 된다. 이때의 압력을 shut−in−pressure(균열폐쇄압력 p_s)라 한다.

③ 만일 압력을 완전히 줄였다가 다시 증가시키면 이미 균열이 형성된 상태이므로 압력이 p_B 까지 상승하지 못하고 p_c(균열개구압력=균열이 다시 열릴때의 압력)까지만 상승하게 될 것이다.

④ **시추공 작업 후 A입자에 작용하는 접선응력** $\sigma_\theta = 3\sigma_{ho,\min} - \sigma_{ho,\max}$

※ $\sigma_\theta = \sigma_{vo}(3-K_o) = 3\sigma_{vo} - \sigma_{ho} = 3\sigma_{ho,\min} - \sigma_{ho,\max}$

⑤ **만일 내압p를 작용시키면 접선응력** $\sigma_\theta = 3\sigma_{ho,\min} - \sigma_{ho,\max} - p$

⑥ 위의 식에서 암석에 균열이 형성되는 경우는 p값이 계속 상승하여 σ_θ가 암석자체의 인장강도보다 큰 인장력을 받게 되는 경우일 것이다. 즉, 암석의 인장강도를 σ_t라 하면 **균열이 발생될 조건**은 :

$$\sigma_\theta = 3\sigma_{ho,\min} - \sigma_{ho,\max} - p_B = -\sigma_t \quad \text{식 14.15-1}$$

⑦ 일단 균열이 발생된 경우 균열부위에서 $\sigma_{ho,\min}$의 압력을 p_s(shut−in−pressure)가 저항하여 평형을 이루므로 $\sigma_{ho,\min}$는 $\sigma_{ho,\min} = p_s$ 이를 식 14.15-1 에 대입하면 $\sigma_{ho,\max}$를 구할 수 있다.

$$\sigma_{ho,\max} = 3\sigma_{ho,\min} + \sigma_t - p_B \quad \text{식 14.15-2}$$

⑧ 문제는 암석의 인장강도이다. σ_t는 후술될 브라질리언시험등의 인장강도실험으로부터 구할 수도 있으나 수압파쇄시험 결과를 이용하여 쉽게 예측이 가능하다. 그림 14.15-1b에서 **초기의 균열발생압력 p_B와 두 번째 균열개구압력 p_c의 차이가 인장강도가 될 것이다.**

해설 14.15-1

14.15 초기지중응력 산정방법(2)

2 수압파쇄시험(Hydraulic fractutring test)

- 이 시험법은 지반조사를 목적으로 굴착하여 놓은 **시추공을 통하여 원위치 응력상태를 측정하는 시험법**으로 지반조사 시에, 즉 설계 시에 미리 시험할 수 있다는 장점과 시추가 가능한 깊이까지 할 수 있어 비교적 깊은 곳까지 실험할 수 있다는 2가지 장점을 갖고 있다. 수압파쇄시험을 통해 시추공과 수직인 면에 대한 최대 및 최소주응력의 방향과 크기에 대한 정보를 얻을 수 있다.

- 이 시험법에 대한 중요한 개념을 설명하면 아래와 같다.

  ① 시추공에 팩커를 설치하고 안에서 밖으로 물을 주입하여 유압(p)을 계속 증가시키면서 시추공 주위 암반에 균열을 발생시키는 방법으로 수행된다. 따라서 **수압파쇄시험은 불투수성 암반에서 주로 적용**될 수 있다. 만일 압력 가할 시 누수가 발생되면 p_B가 뚜렷하게 나타나지 않는다.

  ② 시험과정을 통하여 균열의 발현, 성장, 유지 및 재열개에 필요한 압력이 측정된다. 각각에 상응하는 압력은 시추지역에 존재하는 원위치 주응력의 크기와 관련되어 있다.

  ③ 시추공의 축방향은 주응력 중 한 방향(일반적으로 수직응력은 지층의 상재압과 같다라고 가정 $\sigma_{vo} = \gamma z$)과 일치하는 것으로 가정하며, 나머지 2개 주응력은 수압파쇄에 의한 균열면이 방향을 이용하여 산정된다. **따라서 수압파쇄시험으로 구할 수 있는 초기응력은 $\sigma_{ho,\max}$ 과 $\sigma_{ho,\min}$ 이다.**

  ④ 이 방법은 탄성이론에 기초하여 탄성, 균질, 등방의 특성을 갖는 암반의 특성을 갖는 암반에 적용할 때 더욱 적합할 수 있다. 따라서 **시험구간에서 균열이 존재하지 않는지에 대한 사전점검(시추공 영상촬영에 의한 조사)이 반드시 이루어져야 한다.** 시추수행 시에는 불연속면의 위치와 방향성을 확인하고 실내시험을 수행하기 위한 암석시료 확보되어야 한다.

  ⑤ 현장을 대표할 수 있는 초기응력자료를 확보하기 위해서는 시추공의 다양한 심도에 대한 수회의 시험이 수행되어 심도에 대한 변화곡선이 작성되어야 한다.

3 응력해방법(overcoring)

- 이 시험법은 그림 14.16-1 같이 기본적으로 먼저 암반에 시추공을 뚫고 시추공 안에 변형을 잴 수 있는 게이지를 설치한 다음 시추공 밖으로 더 큰 직경으로 굴착을 하여, 외부의 시추시 안쪽 시추공 안에 설치되어 있는 변형게이지의 변형양상을 계측하여 이를 토대로 초기 지중응력을 예측하는 방법이다. 초기응력을 산정하는 기본원리는 **실험실에서 얻어지는 탄성계수와 포아송비를 알 때** 현장에서 응력해방법으로 측정된 변형률을 응력성분으로 전환하여 탄성이론을 적용하여 산정한다.

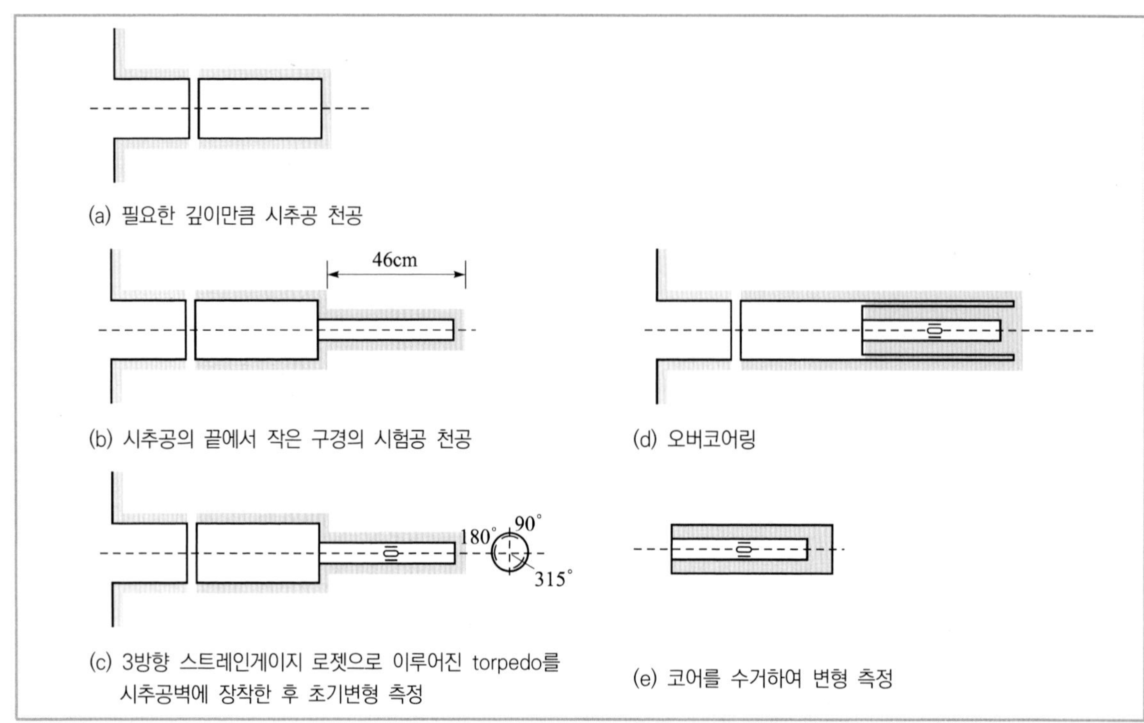

그림 14.16-1 응력해방법

개념정리 ⑬ 수압파쇄시험 계산문제를 통한 이해 (I)

질문 화강암으로 이루어진 지반에 2회에 걸쳐 수압파쇄시험을 실시한 결과 다음과 같을 때 각각 지점에서 초기응력을 예측하라 단, $\sigma_t = 10Mpa$

깊이(m)	균열발생시의 압력(p_B) (Mpa)	shut-in-pressure(p_s) (Mpa)
500	14.0	8.0
1,000	24.5	16.0

답

■ **시험1** $\sigma_{vo} = \gamma z = 0.027 \times 500 = 13.5Mpa$, $\sigma_{ho,\min} = p_s = 8.0Mpa$

$$\sigma_{ho,\max} = 3\sigma_{ho,\min} + \sigma_t - p_B = 3 \times 8.0 + 10 - 14.0 = 20Mpa$$

$$K_{oavg} = \frac{\frac{1}{2}(\sigma_{ho,\min} + \sigma_{ho,\max})}{\sigma_{vo}} = \frac{\frac{1}{2}(8.0 + 20)}{13.5} = 1.04$$

■ **시험2** $\sigma_{vo} = \gamma z = 0.027 \times 1,000 = 27Mpa$, $\sigma_{ho,\min} = p_s = 16Mpa$

$$\sigma_{ho,\max} = 3\sigma_{ho,\min} + \sigma_t - p_B = 3 \times 16.0 + 10 - 24.5 = 33.5Mpa$$

$$K_{oavg} = \frac{\frac{1}{2}(\sigma_{ho,\min} + \sigma_{ho,\max})}{\sigma_{vo}} = \frac{\frac{1}{2}(16.0 + 33.5)}{27} = 0.92$$

14.16 초기지중응력 산정방법(3)

■ 이 방법 또한 플래이트잭 방법과 마찬가지로 지하구조물을 어느 정도 시공해 놓고, 시공된 암반표면에서 시추공을 뚫게 된다. 다만, 지하구조물 시공으로 인한 응력변형 효과를 최소화하기 위해 시추공을 적어도 시공된 터널의 직경 이상 깊이로 시추한 뒤, 그 곳의 초기지중응력을 계측하게 된다.

4 현장시험에 의한 암반의 초기지중응력 산정방법 비교

■ 표 14.16-1에 비교 설명하였다.

구분	평판잭시험(응력회복법) Flat jack test	수압파쇄법 Hydraulic fractutring test	응력해방법 overcoring
응력-변형률 관계	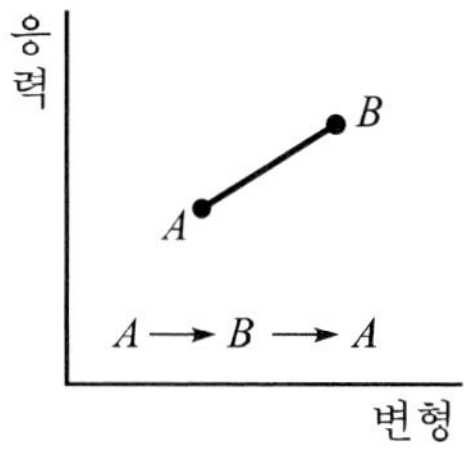 응력 / 변형 / A, B / A → B → A	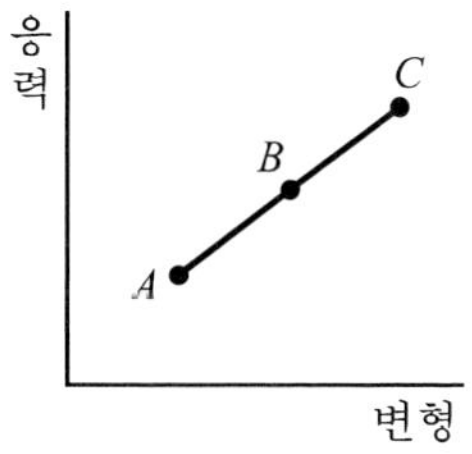 응력 / 변형 / A, B, C	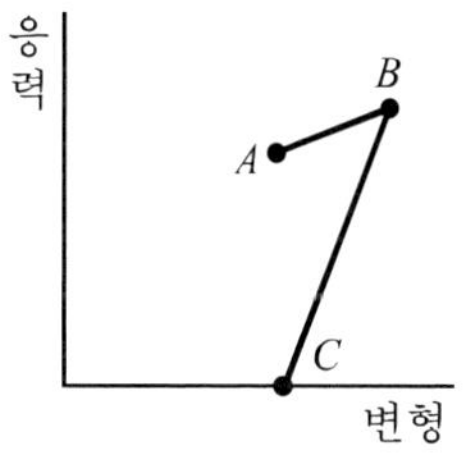 응력 / 변형 / A, B, C
시험방법	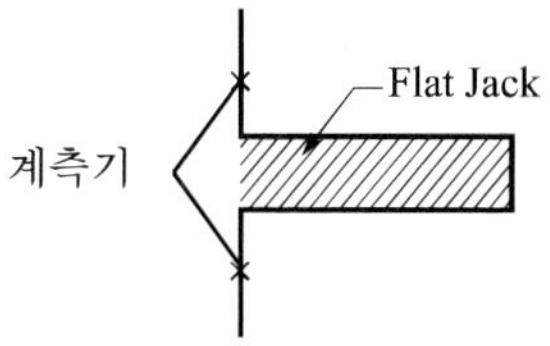 계측기 / Flat Jack	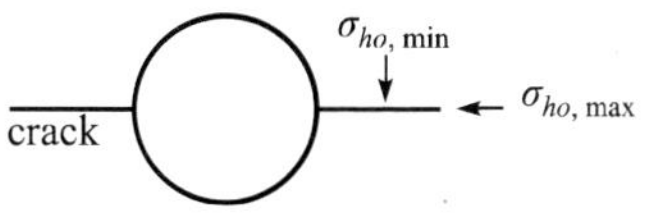 crack / $\sigma_{ho,\,min}$ / $\sigma_{ho,\,max}$	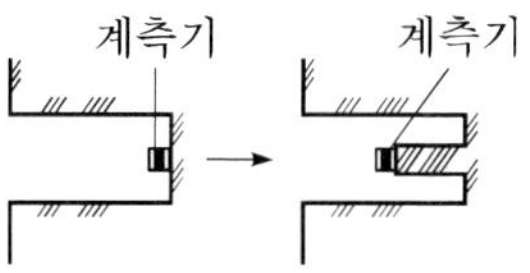 계측기 → 계측기
특징	• **굴착 후의 암반의 응력 값을 이용 암반의 초기응력을 추정** • 암반의 변형계수 산정이 가능	• 시추공을 이용 터널굴착 전의 암반의 초기응력 측정 및 시추공내 불연속면 위치, 방향성 그리고 실내암석시험을 위한 시료 채취 가능 • **시추공내 영상촬영 필요**	• 굴착 후의 암반의 변형 값을 측정하여 암반의 초기응력을 추정 • **실내 암석시험에서 얻은 변형계수, 포아송비 필요**
실무적용	암반의 변형계수 산정	설계시 초기지중응력 산정	수압파쇄법과 비교

표 14.16-1 현장시험에 의한 암반의 초기지중응력 산정방법

구분	AE(Acostic Emission)	DRA(Deformation Rate Analysis)
측정방법	• Kaiser 효과를 이용하여 암석시료에 하중을 가해 AE가 급증하는 하중을 측정 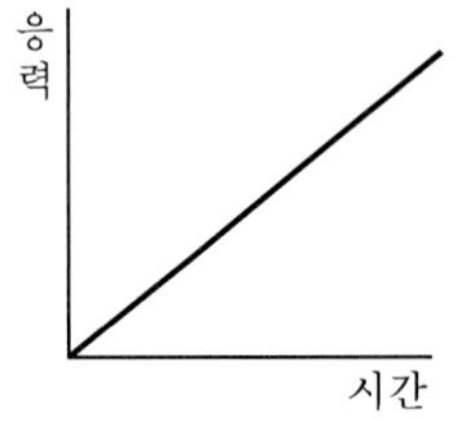 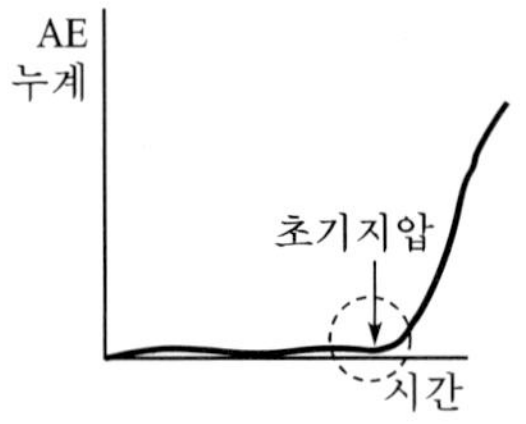 (그래프: 응력–시간; AE 누계–시간, 초기지압) • Kaiser 효과 : 이전에 작용했던 최대 응력을 초과할 때까지 AE의 발생이 적고 초과응력에 대해 AE가 크게 발생되는 현상 • AE(Acoustic Emission) : 암석이 하중을 받으면 미소균열이 발생되고 이때 생기는 미소파괴음	• 최대응력 이전의 하중에서는 첫 번째 가압보다 두 번째 가압시 변형하기 쉬움(반복재하효과) • 최대응력 이후의 하중에서는 두 번째 가압보다 첫 번째 가압시 변형하기 쉬움(처녀하중 효과) • 암석시료에 같은 하중을 단계적으로 가함 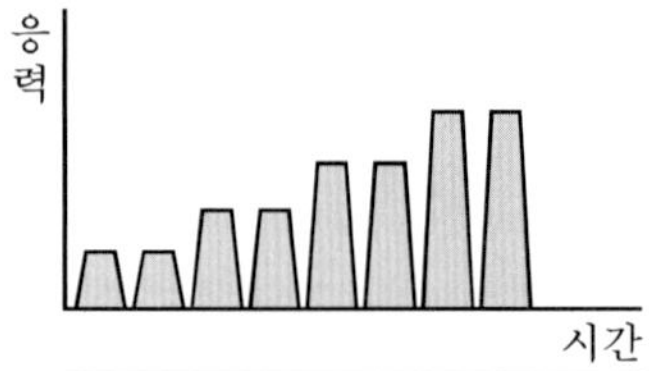 (그래프: 응력–시간) 1가압 / 2가압 / 변형률차: 1 / 1.5 / 0.5 2 / 3 / 1 3 / 4.5 / 1.5 4 / 5 / 1 5 / 5.5 / 0.5 (그래프: 변형률차–응력, 초기지압)
특징	① 실내시험으로 간단 ② 암석시료 필요 ③ 최대, 최소 수평방향 파악 불가 ④ 다른 방법들은 모두 측정시점의 지압을 구하지만, 이 방법은 과거에 받았던 응력이력 사이에서 최대응력을 구하는 유일한 방법이다.	

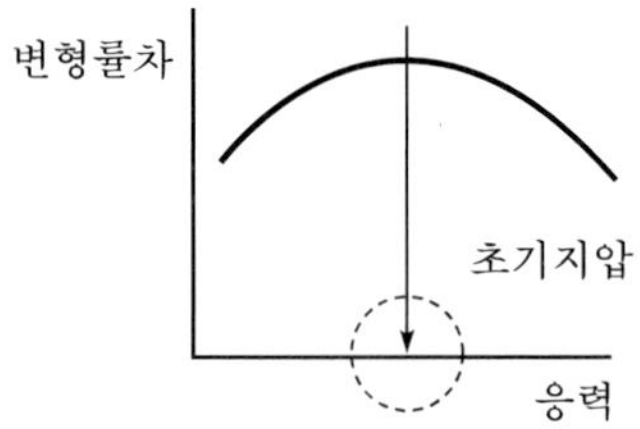

표 14.17-1 실내시험에 의한 암반의 초기지중응력 산정방법

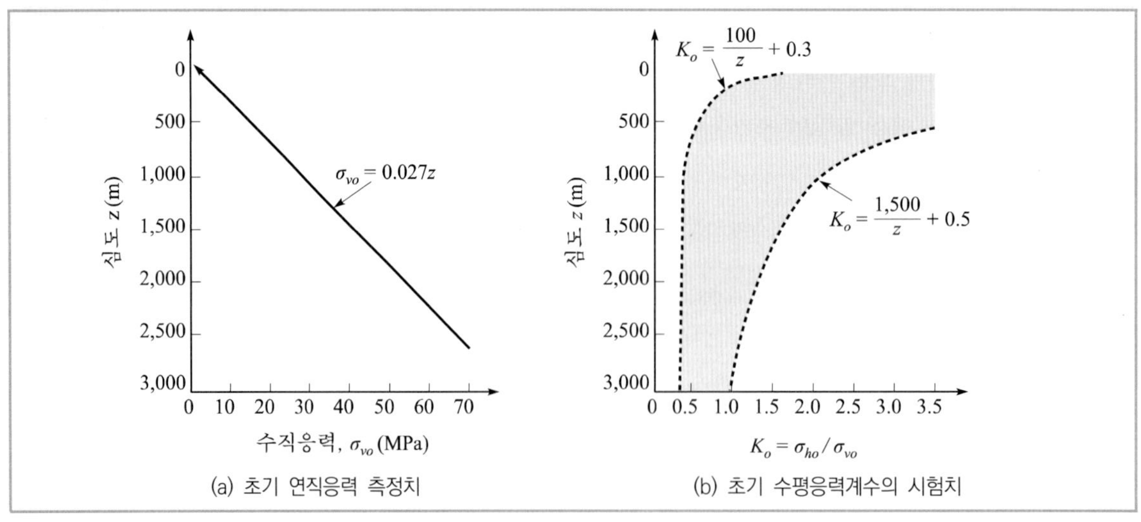

그림 14.17-1 계측결과에 의한 암반의 초기지중응력 예측방법

14.17 초기지중응력 산정방법(4)

CHAPTER

13

14

15

5 실내시험에 의한 암반의 초기지중응력 산정방법(AE, DRA) 비교

■ 표 14.17-1 에 비교 설명하였다.

6 계측결과를 이용한 경험식 : Hoek and Brown

■ Hoek and Brown(1980)은 전 세계에서 계측된 연직 및 수평응력을 집대성하여 그림 14.17-1 과 같이 나타내었고, 초기수평응력계수는 다음의 범위에 있음을 식으로 제시하였다.

$$\sigma_{ho} = K_o \sigma_{vo,} \text{ 여기서 } (\frac{100}{z} + 0.3) < K_o < (\frac{1500}{z} + 0.5) \quad \text{식 14.17-1}$$

■ 우리나라에서도 최근 들어 많은 시험을 행해진 바 이를 바탕으로 국내실험결과를 정리하여 다음과 같은 수식을 제시하였다.

$$\sigma_{vo} = \gamma z, \quad \gamma = 27kN/m^3$$

$$K_o = 0.889 + \frac{48.04}{z}, \quad z = m \quad \text{식 14.17-2}$$

■ 지반공학 I 253~255p에 국내 제안된 경험식을 수록되어 있음 참고하기 바란다.

7 실무적용시 유의사항

■ 암반의 측압계수(K_o)는 국내측정치에 의하면 0.5~4.0의 범위에 있으며 이는 현장시험 위치에 따라 절리 및 강도 특성의 영향을 민감하게 받기 때문이다.

■ **현장시험의 경우 2개 이상의 다른 방법으로 측정 후 비교**하는 것이 중요하며, 기존공동의 영향을 배제할 수 있도록 **공동부 폭의 2배 이상 이격하여 측정하는 것**이 바람직하다.

■ 문헌치의 개략적인 값은 일반구간 1.5~2.5, 대심도 구간은 1.5~2.0 정도이다.

■ 따라서 **설계시 현장시험인 수압파쇄법과 실내시험인 AE/DRA시험 결과를 문헌치와 상호 비교하여** 적용하여야 하며

■ **실 굴착시에는 터널 내 시험 및 계측자료를 이용하여 역해석함**으로써 좀 더 정확한 거동을 예측을 할 수 있는 암반의 측압계수(K_o)를 산정 할 수 있다.

> 침식·습곡·단층이 암반의 초기지중응력에 미치는 영향 → 왜? 암반의 초기지중응력을 알아야 할까? → 그럼 어떻게 암반의 K_o를 결정할까? → 설계시 암반의 K_o결정시 주의사항

지표면
$\sigma_{vo(A)}$
C입자
A입자
$\sigma_{ho(A)}$
$\sigma_{vo(B)}$
$\sigma_{ho(B)}$
B입자
터널예정 단면
(a) 초기지중응력상태
지표면
$\sigma_{v(A)}=0$
C입자
A입자
$\sigma_{h(A)}=3\sigma_{ho(A)}-\sigma_{vo(A)}$
$\sigma_{v(B)}=3\sigma_{vo(B)}-\sigma_{ho(B)}$
$\sigma_{h(B)}=0$
B입자
(b) 터널굴착 후의 응력상태

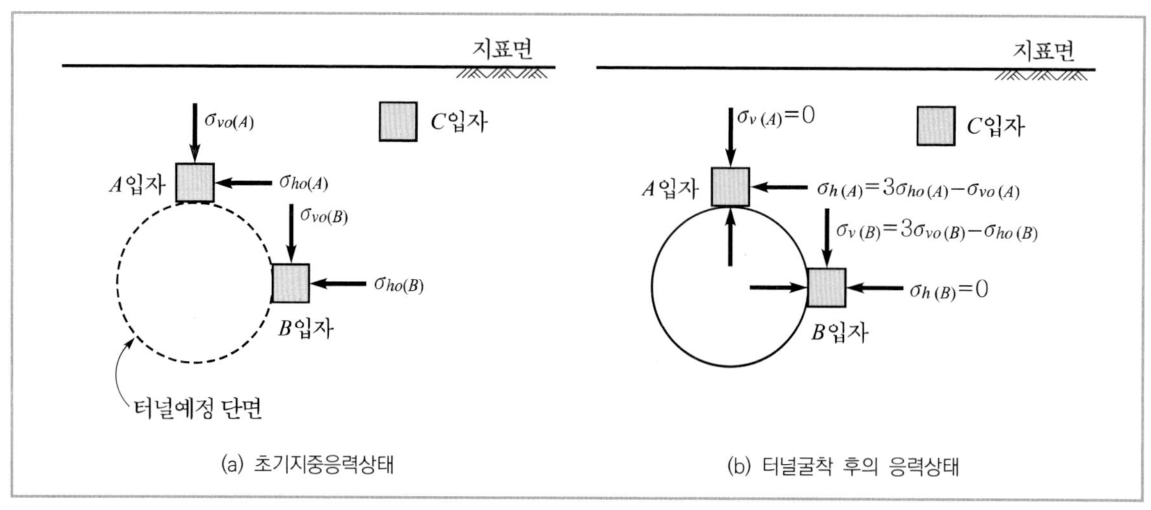

그림 14.18-1 터널굴착 전·후의 지중응력의 변화

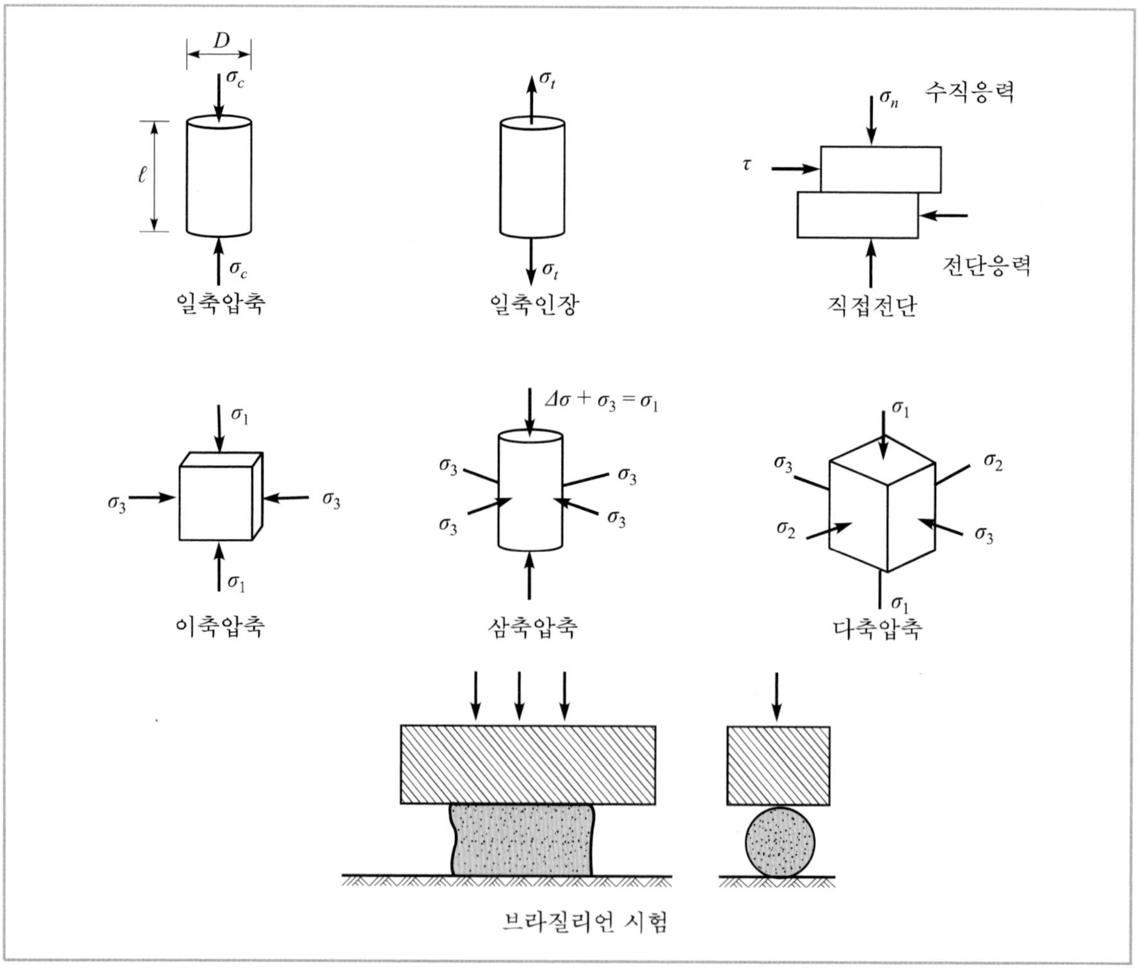

D
σ_c
ℓ
σ_c
일축압축
σ_t
σ_t
일축인장
σ_n 수직응력
τ
전단응력
직접전단
σ_1
σ_3
σ_3
σ_1
이축압축
$\Delta\sigma + \sigma_3 = \sigma_1$
σ_3
σ_3
σ_3
σ_3
삼축압축
σ_1
σ_3
σ_2
σ_2
σ_3
σ_1
다축압축
브라질리언 시험

그림 14.18-2 암석강도시험의 종류

14.18 암석의 강도와 변형-개요

1 초기지중응력 Review로부터 향후 설명될 내용에 대한 preview

- 지하암반은 초기지중응력을 받게 되고, 지하구조물 등의 새로운 구조물이 건설될 때 응력의 변화가 생기게 된다. 예를 들면 그림 14.18-1 같이 A 및 B입자는 **초기의 3축응력조건으로부터 반경방향의 응력은 0에 접근하는 1축조건(또는 2축조건) 비슷한 응력을 받게 된다.** 반면에, C입자는 **초기의 3축응력 조건에서 터널굴착으로 인한 응력증가량으로 인하여 응력에 변화가 오게 되나, 굴착 후의 응력도 3축조건과 비슷할 것이다.**

- 암석이 흙과 다른 점 중 하나는, 흙은 인장응력을 전혀 받을 수 없으나, 신선한 암석의 경우 콘크리트와 마찬가지로 어느 정도 인장응력을 받을 수 있다는 것이다. 따라서, **암석의 인장강도도 중요한 역할**을 한다.

- 암석/암반에 응력의 변화가 생기면, 응력증분으로 인하여 지반은 변형을 하게 된다. 암석/암반이 응력을 가할 때(응력의 증가량이 있을 때) 응력-변형률 곡선의 대표적인 양상에 대해서는 14.21~14.22에서 변형 문제와 함께 상세하게 다룰 것이다.

- 하나의 입자가 응력의 변화로 인하여 새로운 응력으로 자리 잡았을 때, 이 입자가 파괴기준을 초과하는지 아닌지를 평가하는 것이 주요함은 말할 필요가 없을 것이다. 이를 평가하는 기준이 파괴기준이다. 토질역학에서는 주로 Mohr-Coulomb의 파괴기준이 사용된다는 것을 독자들은 이미 알고 있을 것이다. 14.25~14.28에서 파괴기준에 대해서 상세히 설명할 것이다.

2 암석의 강도와 변형시험의 종류

- 지금부터는 암석의 강도를 구하기 위한 시험의 종류와 특징에 대해 설명될 것이다. 그림 14.18-2 에서 **직접전단시험**은 암석/암반역학에서는 거의 실시하지 않고 주로 **불연속면역학에서의 전단강도를 구할 때와 변형특성을 나타내는 전단강성계수(K_s), 수직강성계수(K_n)을 구할 때 이용**하는 시험이다. K_s와 K_n의 공학적 이용에 대해서는 지반공학 I 48p **개념정리⑪**을 통해 설명된 바 있다.

- 일축인장시험도 암석의 인장강도를 가장 잘 나타내는 시험이기는 하나, 시험의 번거로움으로 잘 사용되지 않으며, 대신 **브라질리언시험**(Brazilian test)이 주로 행해진다.

- 따라서 지금부터는 일축압축강도, 브라질리언시험, 삼축압축시험에 대하여 주로 설명할 것이다.

- **여기에서 한 가지 짚고 넘어갈 사항은** 직접전단시험을 제외한 시험들은 신선한 암(intact rock) 시편에 대하여 실시하는 것으로서 암석강도에 해당되며, 암반강도는 아니라는 점이다. 암반(rock mass)의 강도에 대해서는 암반의 파괴기준편에서 다룰 것이다.

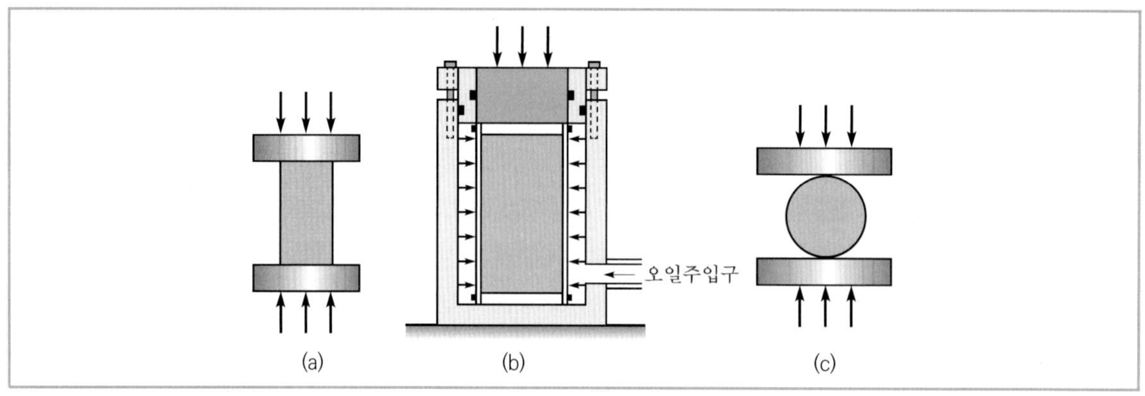

그림 14.19-1 (a) 일축압축시험 (b) 삼축압축시험 (c) 간접인장시험(브라질리언 시험)

<table>
<tr><th>UCS (Mpa)</th><th>ISRM (1981)</th><th>BS 5939 (1999)</th><th>Bieniawski (1973)</th><th>예</th></tr>
<tr><td>< 1</td><td colspan="4">흙</td></tr>
<tr><td>< 1.25</td><td rowspan="2">매우 연약</td><td>매우 약함</td><td rowspan="4">매우 낮음</td><td rowspan="4">암염, 이암, 실트, 이회암, 응회암, 석탄</td></tr>
<tr><td>1.25 - 5</td><td>약함</td></tr>
<tr><td>5 - 12.5</td><td rowspan="2">연약</td><td>보통 약함</td></tr>
<tr><td>12.5 - 25</td><td rowspan="2">보통 강함</td></tr>
<tr><td>25 - 50</td><td>보통 강함</td><td>낮음</td><td>편암, 셰일</td></tr>
<tr><td>50 - 100</td><td>강함</td><td>강함</td><td>중간</td><td>편암질 변성암, 대리석, 화강암, 편마암, 사암, 다공질 석회암</td></tr>
<tr><td>100 - 200</td><td rowspan="2">매우 강함</td><td>매우 강함</td><td>높음</td><td>단단한 화강암과 변성암, 많이 고화된 사암, 석회암, 백운암</td></tr>
<tr><td>> 200</td><td rowspan="2">극도로 강함</td><td rowspan="2">매우 높음</td><td rowspan="2">규암, 반려암, 현무암</td></tr>
<tr><td>> 200</td><td>극도로 강함</td></tr>
</table>

표 14.19-1 일축압축강도(UCS)를 이용한 암석의 분류

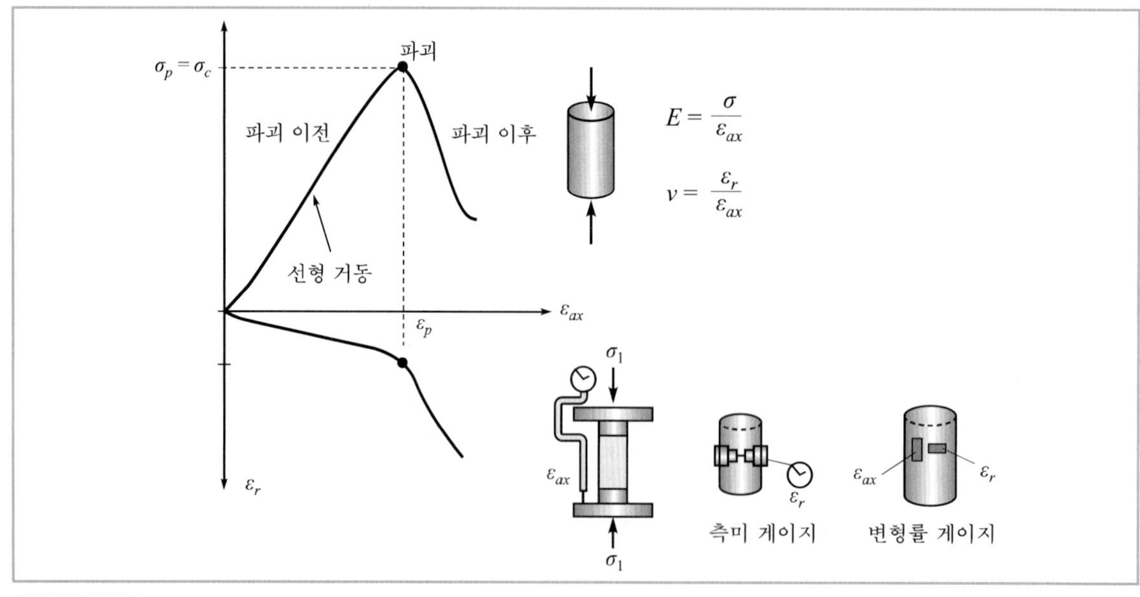

그림 14.19-2 일축압축시험으로부터 얻어진 응력-변형률 곡선

14.19 암석의 강도와 변형을 측정하는 실내시험(1)

그림 14.19-1 같이 실무에서 가장 많이 사용되는 암석의 강도와 변형성을 측정하는 시험방법은 어떤 파괴기준을 이용하는 가와는 무관하다. (무슨 뜻일까?) 시험의 목적은 응력을 증가시키며 응력-변형률 관계를 얻고, 파괴가 일어나는 순간의 응력을 측정하여 강도 및 변형에 관계되는 여러 가지 지반물성을 얻는 것이다.

시험방법		얻어지는 물성
강도 (strength)	일축압축	일축압축강도(σ_c), 영률(ε), 포아송비(ν)
	삼축압축	점착력(c), 최대내부마찰각(ϕ_p), 잔류마찰각(ϕ_r)
	직접인장	인장강도(σ_t)
	간접인장	인장강도(σ_t)
변형성 (deformability)	일축압축	정적변형탄성계수(E, ν)
	속도	동적변형탄성계수(E_d, ν_d)

1 일축압축시험

- 이 시험은 구속압을 가하지 않은 상태에서 측정되며 대상 암석의 **일축압축강도(σ_c)와 탄성계수인 영률(E), 포아송비(ν)를 측정할 수 있다.** 여기서 얻어지는 강도(strength)는 암석의 분류(표 14.19-1)에 사용되며, 탄성계수는 암석의 변형성의 평가에 사용된다. 이 시험에서의 응력의 조건은 $\sigma_1 \neq 0$, $\sigma_2 = \sigma_3 = 0$이다.

- $\sigma_c = \dfrac{P}{A}$ 이때 시편은 원주형으로 $\dfrac{l}{D} = 2.0 \sim 2.5$을 만족하여야 한다.

- 그림 14.19-2 는 일축압축시험에서 측정된 응력-변형률 곡선을 나타내고 있다. 이 곡선을 살펴보면 최대강도(peak strength), σ_c까지 증가하는 부분과 그 이후에 강도가 감소하는 것을 알 수 있다. 이론적으로 압축력이 가해져 최대강도에 도달했을 때 암석이 파괴되는 것으로 가정되지만, 실제시험의 결과를 살펴보면 실제 파괴 즉 미세 균열의 발생은 σ_c의 50~95% 사이에서 발생한다.

- 응력-축변형률($\sigma_a - \varepsilon_{ax}$)곡선이 증가하는 부분에서 이 두 값이 선형관계를 가지는 부분이 있고 여시에서는 Hooke의 법칙이 유효하며 영률($E = \sigma/\varepsilon$)은 상수가 된다. 선형탄성체에서 힘이 가해지면 변형이 원래상태로 복원된다면 영률은 상수이다. 대부분의 암석은 거의 탄성적으로 거동한다. 탄성적이라는 의미는 힘이 가해지면 변위가 일어나고 가해진 힘이 제거되면 변위가 0이 되어 변형이 사라진다는 뜻이다. 하지만 아주 적은 종류의 암석만이 선형탄성체로 분류되며, 많은 다른 암석들은 변형(탄성)계수(E)가 상수이지 않고 시험하는 동안 계속 변화한다. 정적탄성계수는 시험에서 얻어진 응력-변형률의 값으로부터 구해진다. $E = \sigma / \varepsilon_{ax}$, $\nu = \varepsilon_r / \varepsilon_{ax}$

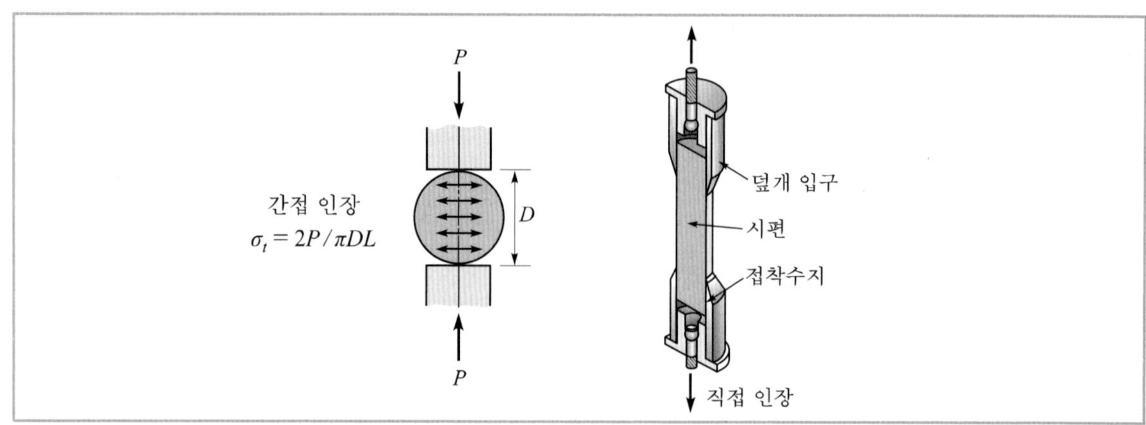

그림 14.20-1 간접인장(브라질리언) 시험

암석	σ_c (Mpa)	σ_c/σ_t	암석	σ_c (Mpa)	σ_c/σ_t
사암	73.8	63.0	석영운모편암(90°편리)	55.2	100.4
사암	214.0	26.3	규암	320.0	29.1
미사암	122.7	41.5	대리암	62.0	53.0
석회암	245.0	61.3	대리암	66.9	37.4
석회암	51.0	32.3	화강암	141.1	12.1
석회암	97.9	25.0	화강암	226.0	19.0
백운암	86.9	19.7	휘록암	241.0	21.1
백운암	90.3	29.8	현무암	148.0	11.3
셰일	35.2	167.6	현무암	355.0	24.5
셰일	75.2	36.3	응회암	11.3	10.0
편마암(45°엽리)	162.0	23.5			

표 14.20-1 암석의 일축압축강도(σ_c)와 인장강도(σ_t)의 상관관계

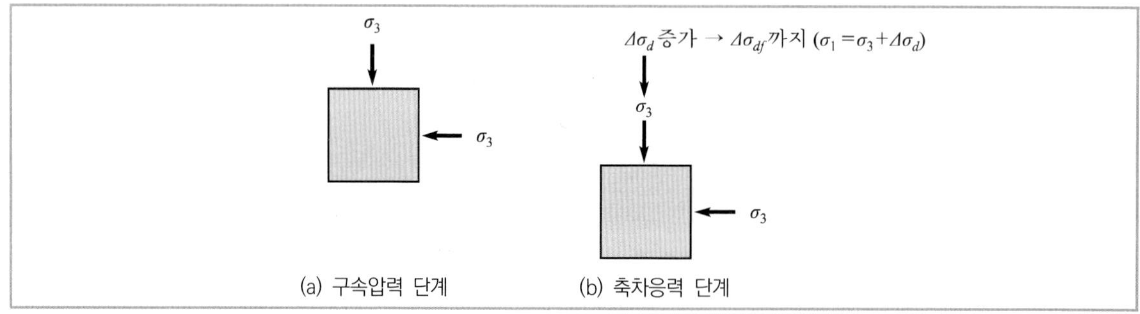

그림 14.20-2 암석의 삼축압축시험 원리

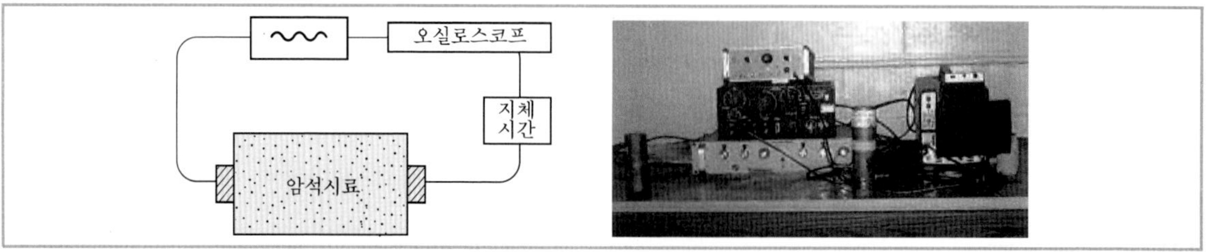

그림 14.20-3 암석의 속도 측정기기

14.20 암석의 강도와 변형을 측정하는 실내시험(2)

2 간접인장(브라질리언)시험

- 이 시험은 암석의 일축인장강도를 간접적으로 측정하는 시험으로서 그림 14.20-1 같이 암석이 한 방향은 압축, 그리고 다른 방향으로 인장응력이 가해지는 이축응력상태에 있을 때 인장방향으로 파괴가 발생한다는 현상을 이용한 것이다. 압축응력이 인장응력에 비해 3배 이하인 경우에 사용할 수 있다.
- $\sigma_t = \dfrac{2P}{\pi D l}$ 여기서, D : 시편직경, l : 시편의 길이
- 일축인장시험(직접인장)은 시편에 존재하는 미세균열이 쉽게 결과에 반영되는데 반하여 간접인장(브라질리언)시험은 그렇지 못하여, 일반적으로 간접인장강도 시험결과는 직접인장시험 결과보다 큰 것으로 알려져 있다.
- 표 14.20-1 는 암석의 일축압축강도와 인장강도의 상관관계를 나타낸 표이다. 앞에서 신선한 암석의 경우 어느 정도 인장응력을 받을 수 있고, 암석의 인장강도는 중요한 역할을 한다라고 설명되었다. 향후 설명될 암석/암반의 거동은 취성거동, 취성-연성거동, 연성거동을 나타낸다. 여기서 **취성파괴의 메카니즘은 인장균열에 의한 파괴로서, 암석이 취성거동을 정의하는 지표로서 취성지수를 일반적으로 이용하고 있다.** ($\dfrac{\sigma_c}{\sigma_t} > 10$이면 취성거동하는 암석으로 판단)

3 삼축압축시험

- 암석에 대한 삼축압축시험법의 원리는 그림 14.20-2 같이 토질역학에서의 시험법과 동일하다. 이 시험은 실무적으로 이용하는 차원보다는 **암석의 응력-변형률 관계를 파악목적으로 이용된다.**
- 구속압력 단계 (등방하중을 가한 현장에서의 초기지중응력을 묘사화하기 위한 과정)
  : 이때, σ_3로 인한 체적변형률 $\varepsilon_v = \varepsilon_1 + 2\varepsilon_3$
- 축차응력 단계 (등방압력 σ_3는 그대로 유지한채 축차응력 $\Delta\sigma_d$를 가하여 암석의 파괴를 유도, 파괴 후에도 계속하여 응력-변형률을 계측) : 축차응력을 가할 때의 시험결과는, 축차응력-연직방향 변형률, 축차응력-체적변형률로 나타낸다.

4 암석의 실내동적시험

- 그림 14.20-3 같이 암석에 동적인 충격하중을 가하여 수신점에 이르는 도달시간으로부터 P파 및 S파의 파 전파속도를 측정, **암석의 탄성계수 및 포아송의 비**를 구한다.

$$E_d = {V_p}^2 \rho \;, \quad G = {V_s}^2 \rho \;, \quad \nu_d = \frac{1}{2}\left(\frac{{V_p}^2}{{V_s}^2}\right) - 1$$

- 동적시험은 변형량이 극소한 범위에서 실시하므로 $E_d > E$ 이 일반적이다.
- 암석의 속도는 RQD와 함께 암석의 품질(rock quality)을 나타낸다.

개념정리 ⑭ 암석의 강도와 변형을 측정하는 현장 원위치시험 (I)

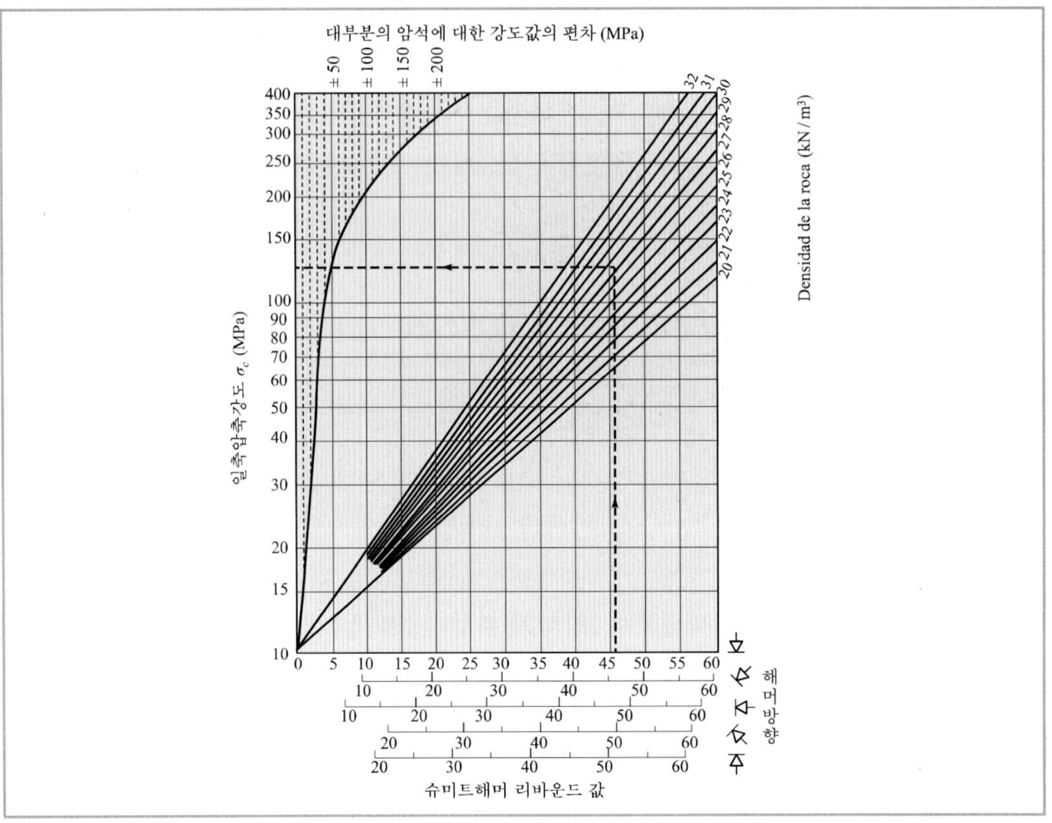

그림 개념 ⑭-1 슈미트해머 시험으로부터 일축압축강도 추정

1 슈미트해머 시험

- 그림 개념 ⑭-1 같이 암석의 **일축압축강도에 대한 개략적인 추정값을 얻는데 사용**된다. 주된 응용은 암석의 **무결암**을 대상으로 하지만, **불연속면**에도 사용할 수 있다.
- 각 측점 지점에서 표면에 손상을 주지 않는 범위에서 10번의 해머타격이 수행된다. 타격 이후 하위5개 값들은 삭제되며, 나머지 상위 값을 평균하여 사용한다.
- 리바운드 값은 암석의 단위중량, 해머의 축과 시험면의 이루는 각도와 연관되어 일축압축강도와 상관성을 가지므로 그림 개념 ⑭-1 을 이용하여 일축압축강도를 추정 할 수 있다.

  (단위중량 $27kN/m^3$ 암석에 대한 일축압축강도 추정 예)

  ① 해머의 리바운드 값 : 49, 46, 45, 45, 44, 50, 48, 46, 43, 44

  ② 10회 타격값에 대해 최저5개는 무시하고 나머지 5개의 평균값을 산정 : 46, 46, 48, 49, 50
  → 평균 리바운드 값은 48

  ③ 암석표면에 대한 해머의 타격 방향에 따라 그림 개념 ⑭-1 의 x축에서 평균리바운드 값을 취하여 상응하는 암석의 단위중량선에 도달한 후 수평으로 y축과 교차할 때 확인되는 값으로부터 일축압축강도가 추정 될 수 있다. → 추정된 일축압축강도 값은 125Mpa

개념정리 ⑮ 암석의 강도와 변형을 측정하는 현장 원위치시험 (2)

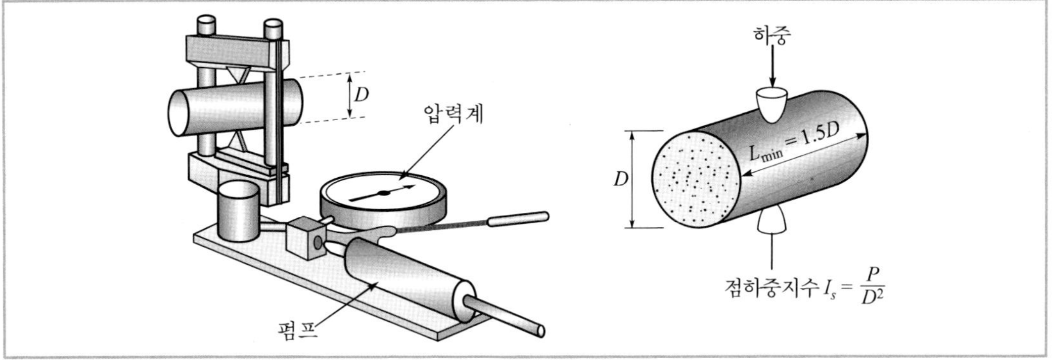

그림 개념 ⑮-1 점하중 강도시험

2 점하중 강도시험(Point load test)

- 일축압축강도-점하중강도지수(I_s)의 상관관계를 이용 **일축압축강도를 추정하기 위한 시험**으로서 그림 개념 ⑮-1 같이 휴대가 간편한 장비로 수행할 수 있다.

  ※ 독자들은 지반공학이해 Ⅰ 232p 2 RMR 변수 및 평점과 반드시 연계할 것

- 점하중 강도시험 $I_s = \frac{P}{D_e^2}$ 구해 → 일축압축강도 추정 $\sigma_c = 24 \times I_s$ → 강도에 의한 암석의 분류

  단, 이 경우 정의되는 $I_{s(50)}$는 D=50mm의 직경방향 시험에 의한 값이므로 다른 경우에는 크기에 대한 보정이 필요하다.

3 슈미트해머 시험과 점하중 강도시험의 실무에서의 적용

- 불연속면의 전단강도를 나타내는 Barton model

  $\tau = \sigma_n \tan\left[\phi_b + JRC\log_{10}(\frac{JCS}{\sigma_n})\right]$ 에서

  ① **기본마찰각(ϕ_b)** : Tilt시험에 의해 산정

  절리면은 풍화에 취약하므로 잔류마찰각(ϕ_r) 적용 시 $\phi_r = (\phi_b - 20°) + 20\frac{r}{R}$

  여기서, R은 신선하고 건조한 면에서 측정된 슈미트 해머의 반발지수를 이용 잔류마찰각(ϕ_r)을 추정 할 수 있다.

  ② **절리면의 압축강도(JCS)** : 절리벽면이 풍화를 받지않은 상태라면 무결암의 일축압축강도(σ_c)를 사용할 수 있으나, **풍화된 상태라면 슈미트 해머를 이용 JCS값을 얻을 수 있다.**

- 암반의 Hoek and Brown 전단강도 파괴기준

  $\sigma_{1f} = \sigma_3 + \sigma_c\left(m_b\frac{\sigma_3}{\sigma_c} + s\right)^a$ 에서

  ① 암석의 일축압축강도(σ_c) 산정 : **현장의 슈미트해머 및 점하중 강도시험을 이용 추정**

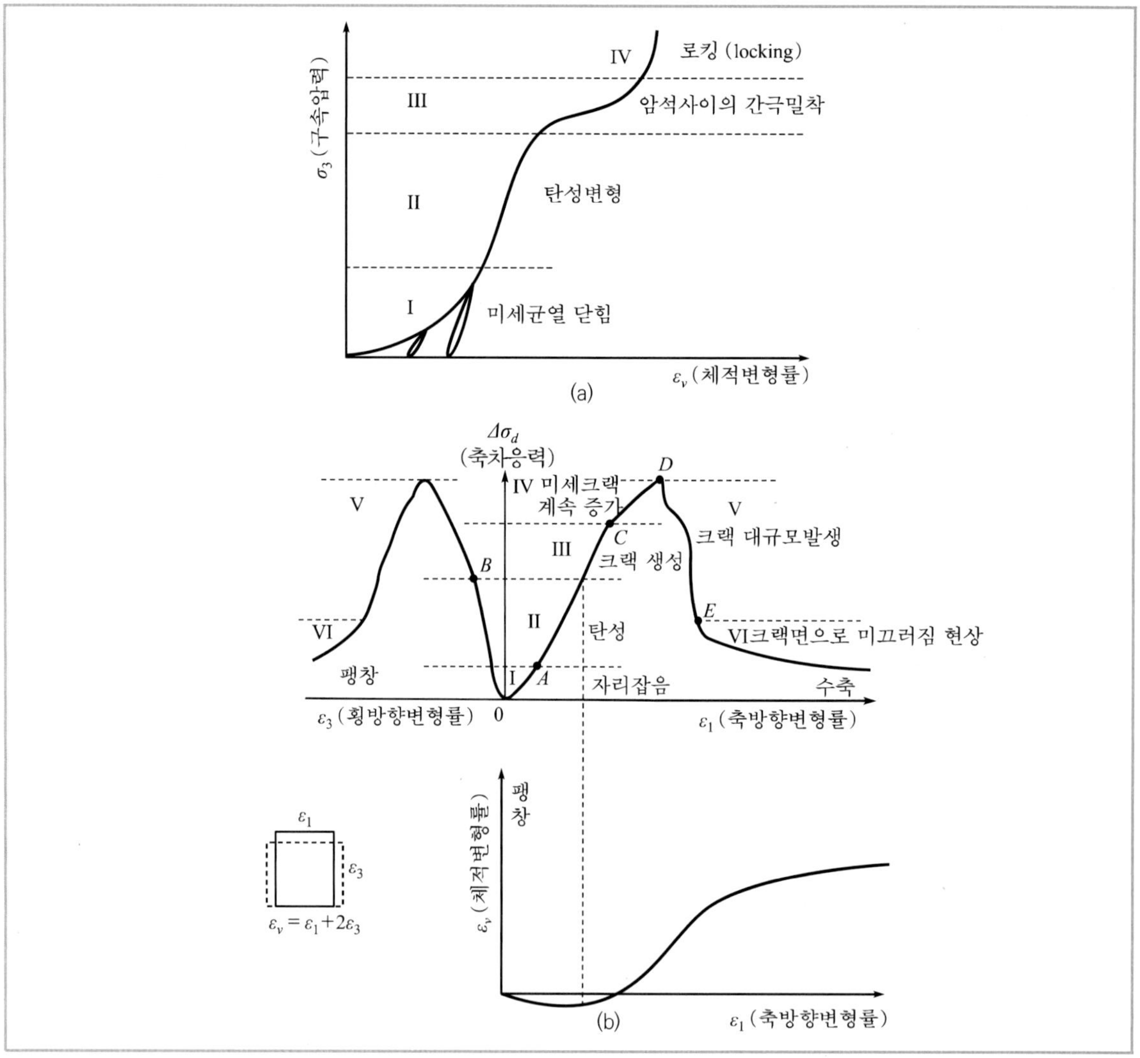

그림 14.21-1 삼축압축 시험 중 (a) 구속압력 작용시 (b) 축차응력 작용시 응력-변형률 관계

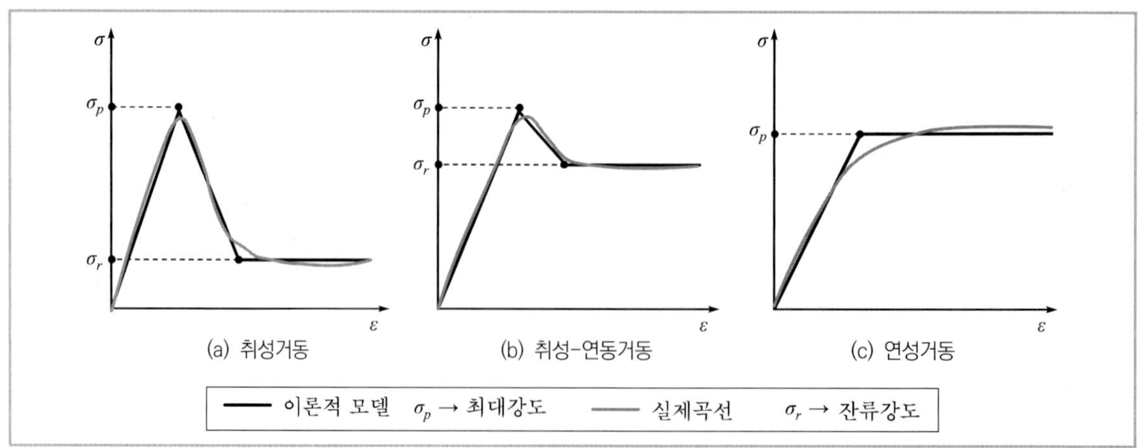

그림 14.21-2 암석의 취성거동과 연성거동

14.21 암석의 응력-변형률 관계(1)

1 삼축압축시험에서의 응력-변형률 관계(그림 14.21-1)

등방하중 작용시 응력-체적변형률 곡선(a)	축차하중 작용 시의 응력-변형률 관계(b)
• Ⅰ구간 : 처음 압력을 가하면 암석에 존재하고 있던 미세균열의 밀착으로 체적변형이 큼	• Ⅰ구간 : 초기에 미세균열의 밀착으로 변형이 약간 크다.
• Ⅱ구간 : 탄성구간으로서 이때의 기울기가 체적변형계수(K)이다	• Ⅱ구간 : 탄성구간
• Ⅲ구간 : 고압을 가하면 암석 내부에 존재하는 간극이 완전 밀착되어 완전고체가 됨	• Ⅲ구간 : 축차응력이 어느정도 가하게 되면, 암석 내부에서 새로이 균열이 생기게 되며, 'B'점을 시작으로 하여 발생된 균열로 인하여 횡방향 변형률이 증가하게 된다. 또한 이 단계에서부터 균열발생으로 인하여 체적도 팽창하게 된다.
• Ⅳ구간 : 암석 자체에 간극이 전혀없이 완전고체가 되면 등방하중에 큰 저항력을 갖게 될 것이다.	• Ⅳ구간 : 'c'점은 항복점으로서 축차응력이 항복점을 넘으면 본격적으로 균열수가 증가하게 된다.
	• Ⅴ~Ⅵ구간 : 축차응력이 'D'점에 다다르면, 시편은 파괴에 이르게 된다. 파괴가 되었다고 해서 저항력이 아주 없어지는 것이 아니고 그림에서와 같이 잔류강도는 있게 된다. **암석/암반역학에서 이 잔류강도는 아주 중요한 역할을 하게 됨을 우선 밝혀둔다. 이를 암석 파괴후의 거동이라고 한다.**

표 14.21-1

2 왜? 암석의 응력-변형률 관계를 알아야 할까

■ **암석의 응력-변형률 관계**로부터 ① 파괴에 도달하기 전의 거동, ② 파괴의 발생 형태, ③ 파괴후의 거동을 파악 할 수 있고, 이로부터 암석시료에 하중이 작용할 때의 변형 및 파괴메카니즘을 나타내는 **3가지 응력-변형률 거동모델을 결정** 할 수 있다.

■ **취성거동 (그림 14.21-2a)**

취성거동은 소성변형이 일어나지 않는 탄성변형으로서 파괴가 일어날 때 암석의 강도가 급격하게 감소하고 심지어 0에 근접한 값을 갖는 경우를 말한다. 강도가 매우 높은 **경암에서 주로 발생**한다. 취성거동은 **최대 및 잔류강도가 크게 다르고 강도가 급격히 감소**한다. 취성거동에서는 실질적으로 최대강도에서의 변형의 크기와 잔류강도에 도달했을 때의 변형의 크기 사이에 큰 차이가 없다.

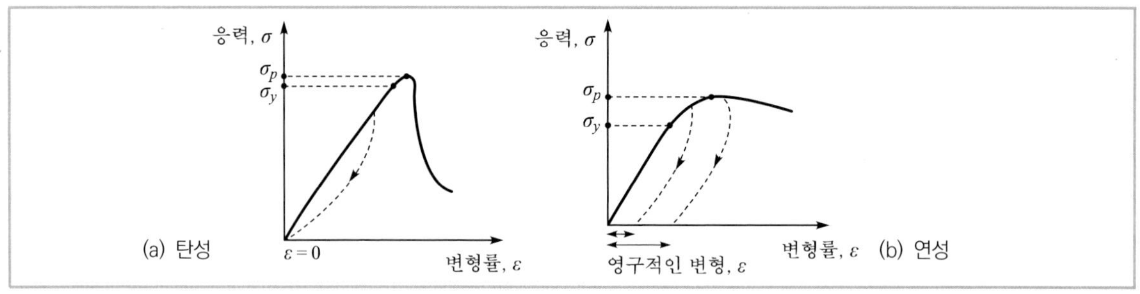

그림 14.22-1 탄성(취성암석)과 소성(연성암석)의 비교

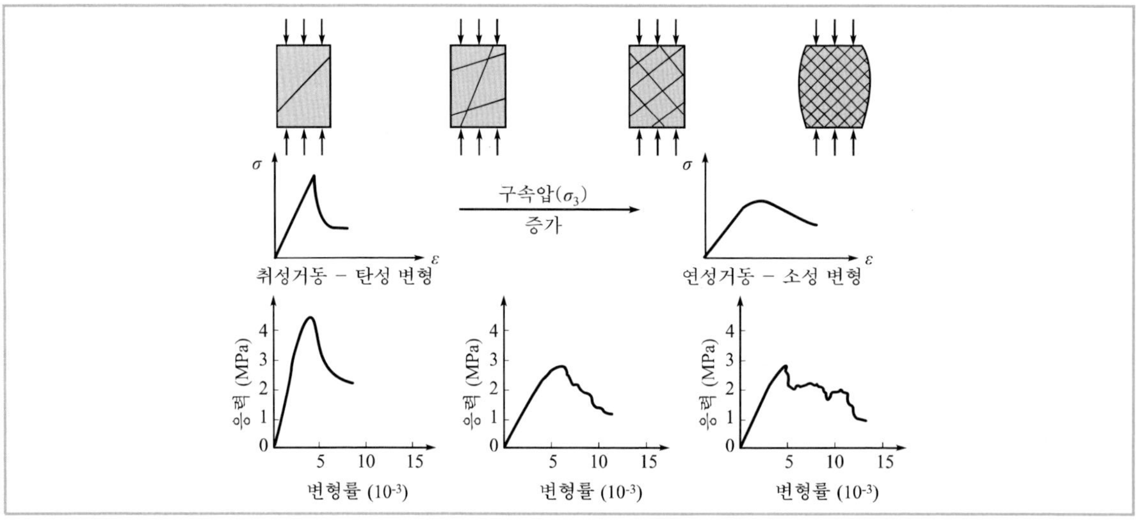

그림 14.22-2 구속압(σ_3)크기에 따른 취성 → 연성거동 전이

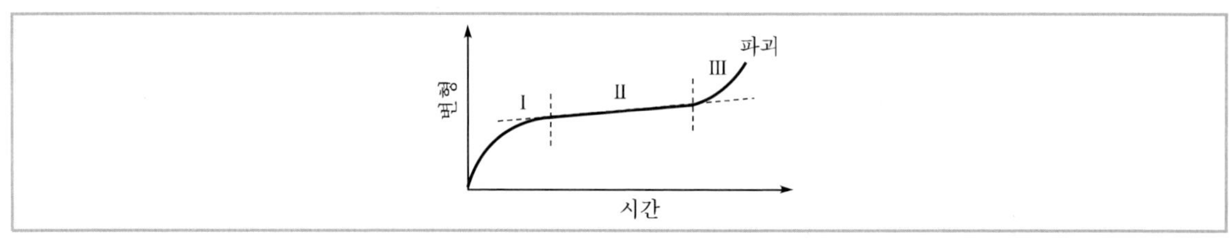

그림 14.22-3 암석의 시간의존적 거동(Creep)

※ 그림 14.22-3 에 대한 설명

실제로 많은 암석이 응력을 가하면 즉각적인 탄성변형과 장기간의 크리프(creep) 변형이 조합된 점탄성거동을 보인다. 그림 14.22-3 은 시간에 따른 다른 변형형태를 보여주는 크리프곡선의 이론적인 모델이다. 초기에 하중을 가하면 즉각적인 탄성변형이 발생하고 변형이 시간이 지남에 따라 서서히 줄어드는 양상을 보인다(1차) 어떤 암석에서는 이 이후의 변형이 일정한 기울기를 갖고 증가하는 정상상태(steady-stste)를 보인다(2차). 만약 주어진 응력이 최대응력에 가까워지면 급격한 변형의 증가로 파괴를 유발한다(3차). 암염을 제외하고는 크리프를 보이는 물질은 광산이나 터널에서와 같이 대부분 고압·고온조건 때문에 발생한다. 과압밀된 이암이나 변성 셰일의 경우 연약면이나 풍화면을 따라서 크리프가 발생하기도 한다. 이암의 경우에는 비교적 낮은 응력에서도 크리프가 발생하며 공극률이 낮은 경암의 경우는 미세균열이 그 원인이다.

해설 14.22-1

14.22 암석의 응력-변형률 관계(2)

- 취성-연성거동 (그림 14.21-2b)

  매우 큰 변형이 일어난 뒤에도 암석의 강도가 특정한 값까지만 감소하는 경향을 보이기도 하는데 이를 취성-연성거동이라 한다. 즉, 탄성과 영구적인 소성변형이 일어나며, **연암에서 주로 발생**한다.

- 연성거동 (그림 14.21-2c)

  변형이 강도의 손실없이 계속해서 증가하는 경우를 말하며, 강도는 큰 규모의 변형 후에도 일정한 값을 유지한다. 여기서 변형의 대부분은 영구적인 소성변형이고, **연성거동에서는 최대 및 잔류강도가 동일하다.**

③ 그림 14.22-1 ~ 그림 14.22-3에 대한 이해

- 그림 14.22-1a 같이 탄성한도 내에서 시료에 변형을 유발하는 힘을 제거하면 초기 상태로 돌아온다. 하지만 암석이 허용변형을 초과하면 탄성거동을 유지할 수 없고, 연성 또는 취성변형이 시작하는 변곡점을 **항복점**(yield point)이라 하며 여기에 도달하면 더 이상 응력과 변형률의 선형관계는 유효하지 않다. 이때의 강도를 σ_y로 표현한다. σ_y을 지난 후 최대상도(σ_p)에 도달까지 암석은 상당한 변형을 받는다. **취성암석에서 σ_y와 σ_p의 값은 유사 · 동일하나** 그림 14.22-1b **같이 연성암석에서는 그 차이가 상대적으로 크다.**

- 그림 14.22-1b 같이 탄성한계를 초과하면 적용된 힘을 완전히 제거해도 암석의 변형은 원래대로 회복되지 않는다. **연약지반에 구조물을 시공시 중요하게 알아야 할 사항**은 항복점 값(σ_p)과 응력수준에 대한 변형의 정도이다. 왜냐하면 연약지반은 연성거동을 보이기 때문에 최대강도보다 낮은 응력에서도 영구적인 변형이 일어나기 때문이다. 항복점(σ_p) 이후에 매우 작은 하중증가라도 지반의 파괴가 점진적으로 진행된다. 또한 비록 항복점(σ_p)보다 낮은 하중이 일정하게 작용 하더라도 풍화의 진행과 시간이 지남에 따라 영구적인 강도의 손실이 일어날 수 있다. 탄성 혹은 소성 거동은 암석의 고유한 강도특성 및 구속압, 온도, 간극수 등의 현장조건에 의해 좌우된다. 그림 14.22-2 같이 **암석이 미치는 구속압(σ_3)이 커지면 취성에서 연성으로 거동 변화를 야기한다.**

- 지금까지 언급한 거동모델은 짧은 기간에 일어나는 변형반응으로, 암석의 장시간의 거동에 미치는 시간의 영향은 고려하지 않았다. 그러나 그림 14.22-3 같이 일부 종류의 **암석에서는 시간 의존적 과정인 크리프(creep: 일정한 응력 하에서 변형률의 지속적인 증가)** 그리고 완화(relaxation : 일정한 변형률 하에서 응력의 지속적 감소)이 일어난다. **이러한 사실은 일정하게 유지된 장시간의 하중과 변형조건에서도 파괴가 일어날 수 있다는 것을 의미**하기 때문에 매우 중요하다. 가장 대표적인 크리프의 예는 암염과 같은 증발암에서 두드러지고, 변화양상은 느리고, 지속적이며, **시간종속적인 점성거동**을 보인다.

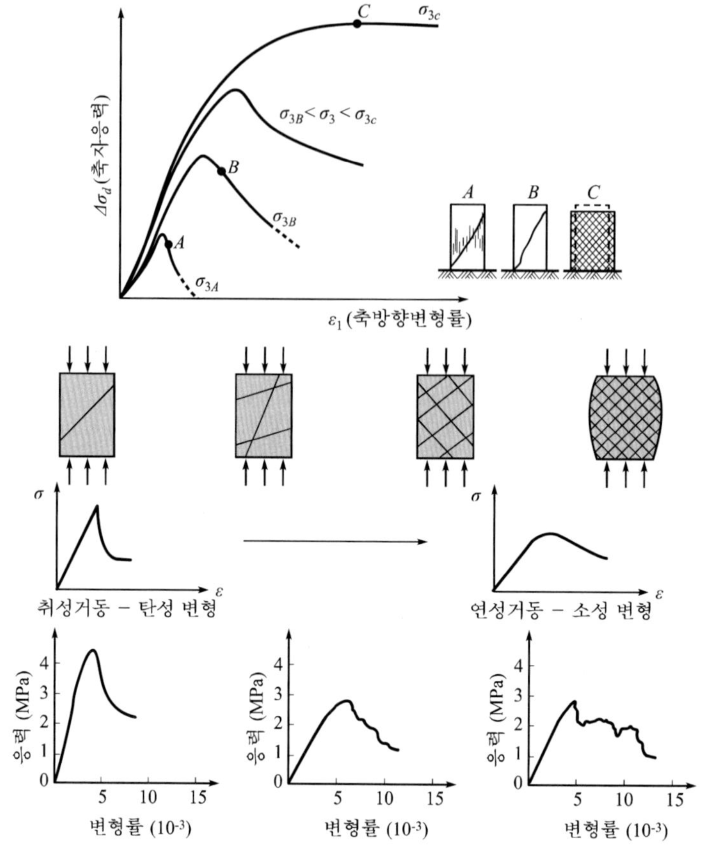

그림 14.23-1 구속압력이 암석의 강도에 미치는 영향

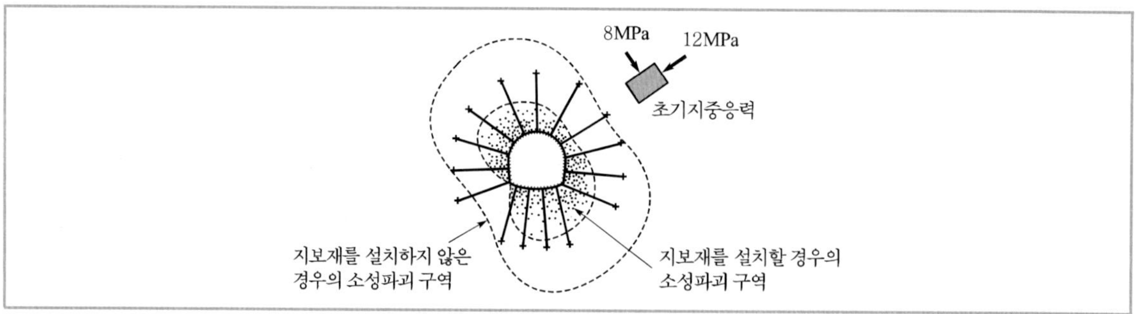

그림 14.23-2 터널지보재가 소성파괴 구역에 미치는 영향(토상흑연성 천매암, 지하 600m 터널)

암석의 종류	구속압력 (MPa)
암염	0
백악	< 10
셰일	0 ~ 20
석회석	20 ~ 100
사암	> 100
화강암	≫ 100

표 14.23-1 취성거동에서 연성거동으로 바뀌기 위한 구속압력

14.23 암석의 강도에 영향을 미치는 요소(1)

1 구속응력의 영향

■ 삼축압축시험에서 $\sigma_3 = 0$인 경우가 일축압축강도시험이다. 일축압축강도시험과 같이 구속압력이 작은 경우는 콘크리트와 마찬가지로 **취성거동**을 하게 된다. 즉, 일축압축응력이 압축강도에 도달하자마자 **암석은 완전히 쪼개지어 급격하게 응력이 감소**하게 된다. 이와 반대로, 구속압력 σ_3를 크게 가하고, 축차하중으로 시편을 파괴시키는 경우 **σ_3가 크면 클수록 연성경향을 보인다. 즉, 파괴 후에도 상당한 잔류강도를 갖게 된다. 구속응력의 영향은 다음의 두 가지로 요약할 수 있다.**

① 구속압력이 크면 클수록, 전단강도는 증가한다.(이 사실은 토질역학의 경우와 동일)

② 구속압력이 없는 경우는 취성현상을 보이고 그림 14.23-1의 A시료와 같이 연직방향으로 균열이 발달되는 양상으로 파괴되나, B시료와 같이 구속압력이 어느정도 증가되면 마치 토질과 같은 거동을 보이며, 시편은 토질에서와 같은 파괴면을 보인다. **만일 C시료와 같이 구속압력이 큰 경우는 연성 또는 소성거동을 보여 파괴점에 이른 후에도 크게 강도저하 현상을 보이지 않으며**, 암석의 거동은 연약한 점토의 거동과 마찬가지로 파괴면을 뚜렷이 보이지 않고, 위·아래로 찌그러지는 현상만을 보인다.

■ 구속응력의 2가지 영향에 대한 예를 들어보자 그림 14.18-1**에서 A 및 B입자는 반경방향의 응력이 '0' 이므로 구속압력이 없기 때문에 강도가 작고 취성현상을 보일 수밖에 없으나, 만일 터널안쪽에서 내압 p를 가하면 구속압력 상승으로 전단강도는 증가할 뿐 아니라, 터널주위가 비록 파괴기준에 도달하였다 하더라도, 소성거동으로 강도를 어느 정도 계속 유지할 수 있게 된다.** 예를 들어서 **록볼트(rock bolt)등으로 터널을 보강**하면 터널의 안정성을 가져올 수 있다.

■ 그림 14.23-2에 보강으로 인한 안정성 증대의 예가 제시되어 있다. 이 현장은 토상흑연성 천매암에 터널을 설치한 경우로서 만일 터널에 아무 지보재도 설치하지 않을 경우는 외각의 점선 부분까지도 암반이 소성(또는 파괴)상태에 이르게 되어 불안한 구조가 될 수밖에 없으나, **그림에서와 같이 록볼트(rock bolt) 또는 케이블볼트(cable bolt)로 지보재 보강을 하게 되면 터널 내부로부터 내압을 가한 효과로 인하여 강도가 증가하여 소성파괴구역이 대폭 감소했음을 볼 수 있으며**, 볼트의 길이는 영향을 받지 않는 구역까지 길게 설치하여, 매다는 효과를 갖게 하여 터널구조물이 안정화될 수 있을 것이다.

■ 암석의 종류에 따라 취성파괴에서 연성파괴로 바뀌는 구속압력의 크기가 다르다. 대체적인 경계점들을 표 14.23-1에 표시해놓았다. 표에서 보듯이 암염은 처음부터 연성현상을 보이는 대표적인 암석이며, 화강암의 경우 구속압력이 $100Mpa$ 이상이 되어야(실무에서는 일축압축강도의 1/2하중) 연성거동을 보인다.

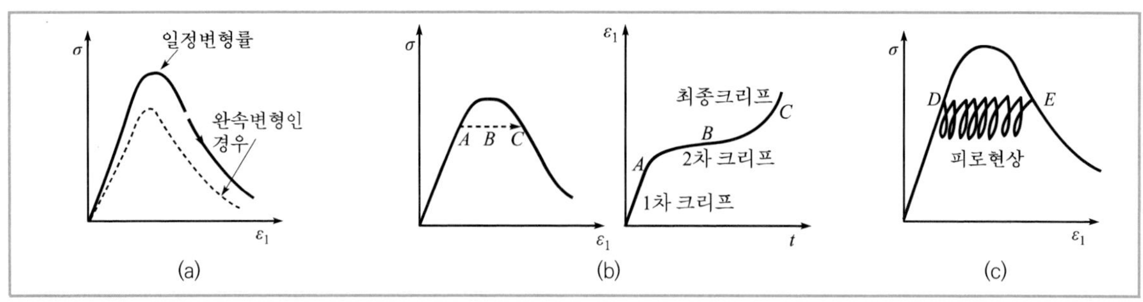

그림 14.24-1 하중재하속도의 영향

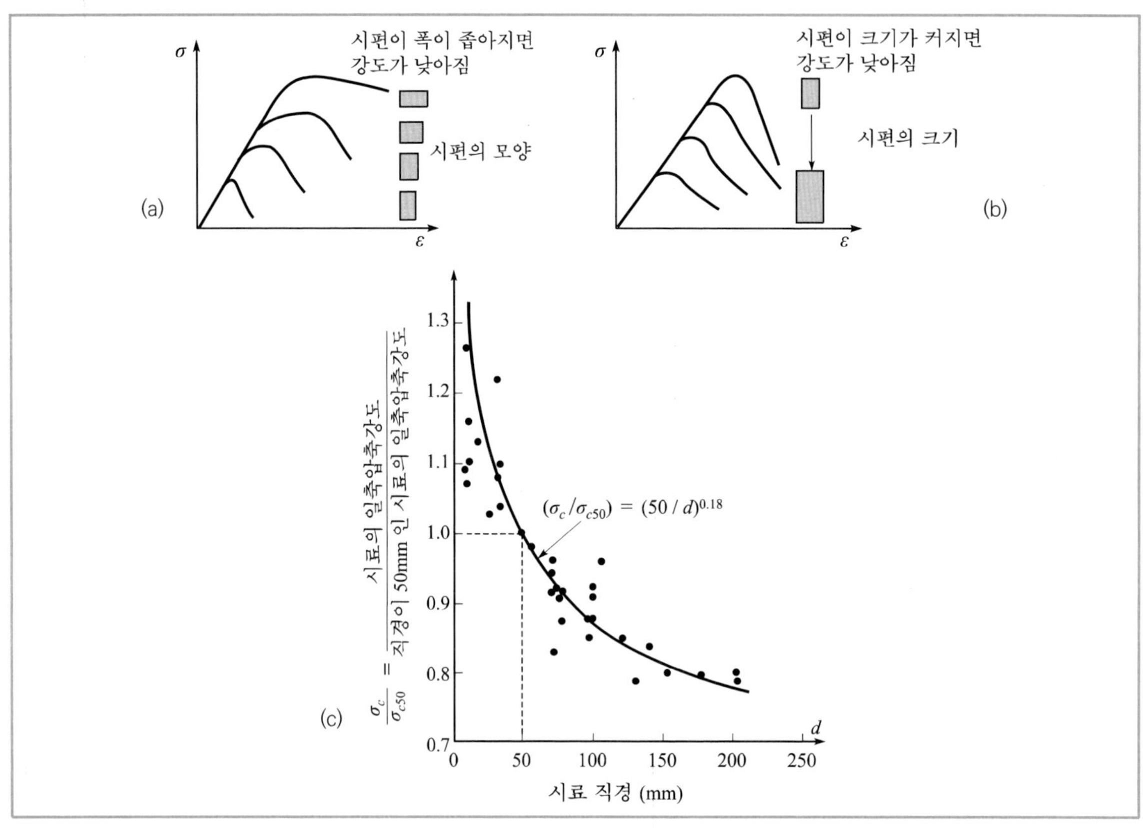

그림 14.24-2 암석크기의 영향

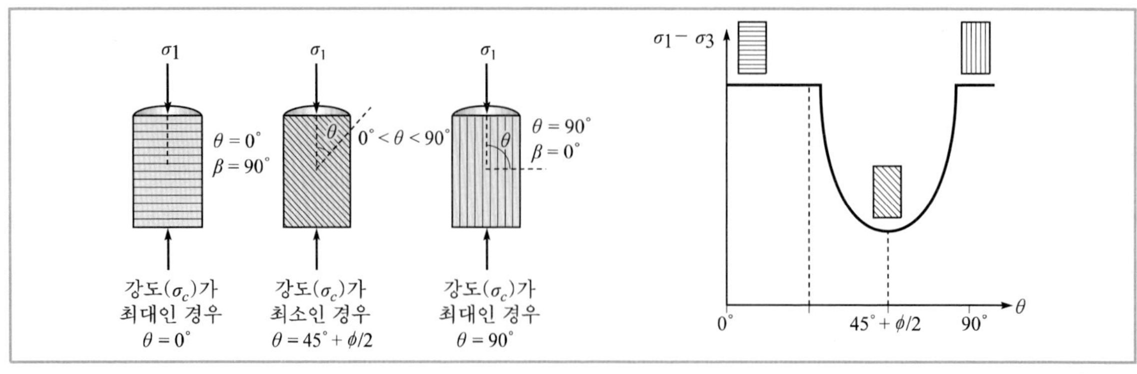

그림 14.24-3 암석의 이방성이 강도에 미치는 영향

14.24 암석의 강도에 영향을 미치는 요소(2)

[2] 재하속도의 영향

- **변형률속도의 영향** : 암시편에 하중을 가하는 속도(변형률 속도)가 암석의 강도와 변형계수에 영향을 미친다. 그림 14.24-1a에서 보면, 변형률이 작을수록, 즉 하중을 천천히 가할수록 암석의 강도는 작아진다.
- **크리프(creep)** : 그림 14.24-1b같이 하중을 증가시키다가 A에서 멈추고, 하중을 가한체로 장기간 계속 놓아두면 변형이 계속 일어나 C점에 이를 것이다. C점은 그림 14.21-1**에서 Ⅴ, Ⅵ 구간에 해당되는 파괴 후의 거동에서 보여주는 응력-변형률 곡선상에 놓여 있는 점이다.**
- **반복하중** : 그림 14.24-1c같이 하중을 D점에서 멈추고 계속적으로 반복하중을 가하면 역시 변형률이 증가하여 E점에 이르게 된다. 크리프의 경우와 같이 결국 파괴 후의 거동을 나타내는 곡선상에 놓이게 된다.

[3] 암석 크기의 영향

- 그림 14.24-2a, b같이 암석시편의 폭이 좁아질수록, 크기가 크면 클수록 암석 내에 미세균열의 숫자가 많아지게 되어 결국 암석의 강도가 작아질 것이다. 이 영향을 가장 잘 보여주는 것이 그림 14.24-2c이다. 암석시편의 직경 $D=50mm$를 기준으로 하고, 여러직경의 암석시편에 대하여 일축압축강도를 구하여 $D=50mm$일 때의 강도(σ_{c50})와 비교한 것이다. 그림에서 보듯이 당연히 직경이 커질수록 $\sigma_c = \sigma_{c50}(\frac{50}{D})^{0.18}$식으로 일축압축강도가 감소함을 알 수 있다.
- 여기에서 분명히 밝혀둘 사항은 그림 14.24-2c에서 제시된 시료들은 근본적으로 주된 절리가 없는 신선암이라는 것이다. 단지 시편속에 미세균열만이 존재하는 암석임에도 불구하고 그 영향이 무척 큼을 알 수 있다. **만일 암석에 절리(joint)가 존재하면, 암석의 강도는 완전히 이 절리에 의하여 지배받을 것이다.**

[4] 암석의 이방성이 강도에 미치는 영향

- **암석은 벽개, 층리, 엽리, 편리 등으로 인하여 이방성을 갖는다.** 그 이방성으로 인하여 암석의 강도가 달라진다. 그림 14.24-3에 이 영향의 예가 제시되었다. 그림에서 보면 엽리의 방향과 하중작용방향이 같거나, 직각인 경우가 강도가 가장 크고, θ값이 50° 근처에서 최소가 됨을 알 수 있다. 신선암의 경우도 이방성에 의하여 강도가 크게 차이가 나는 것을 보면 암석에 절리가 있는 경우의 영향 정도는 미루어 짐작할 수 있을 것이다.

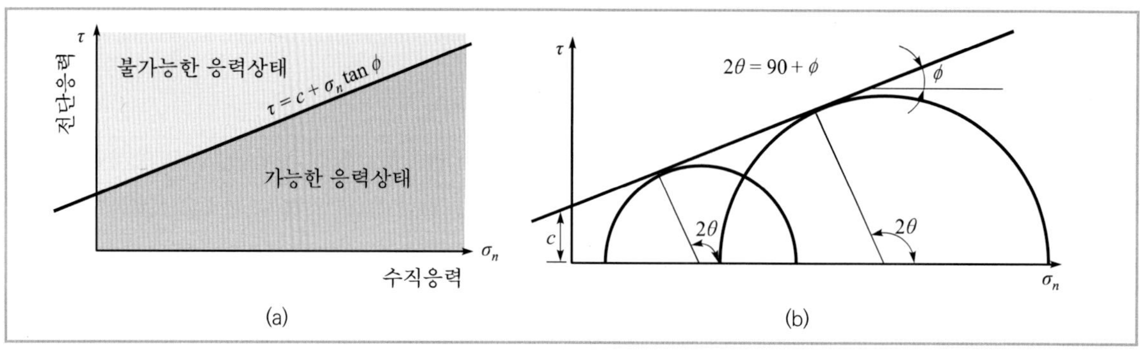

그림 14.25-1 Mohr-coulomb의 선형 파괴기준

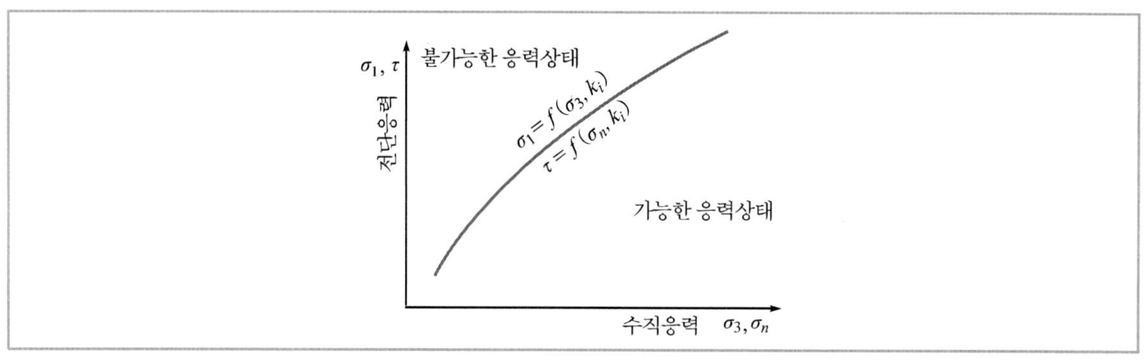

그림 14.25-2 Hoek-Brown의 비선형 파괴기준

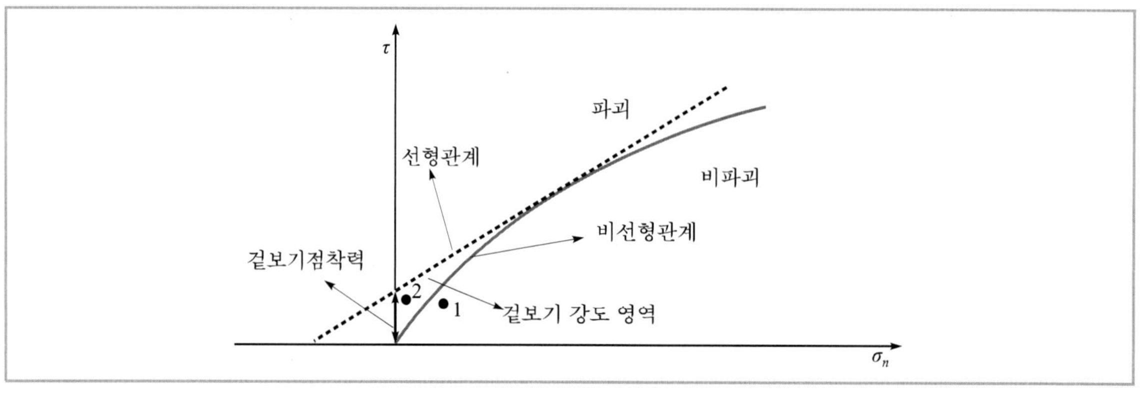

그림 14.25-3 선형 및 비선형 파괴기준 비교

※ 그림 14.25-3에 대한 설명

이 그림은 선형 그리고 비선형 파괴포락선을 보여주고 있다. 그림에서 점1이 위치하는 영역에서는 두 기준 모두에서 안정된 응력상태를 보여주고 있다. 만약 간극수압이 존재한다면 응력상태는 점2의 위치로 이동한다. 이 상태는 선형 기준에 의해서는 안정된 상태로 평가되지만 비선형 기준에서는 암석강도를 초과하게 된다. 이런 경우 선형기준을 이용하게 되면 문제가 생길 가능성이 높다.

해설 14.25-1

14.25 암석/암반의 파괴기준(1)

암반구조물로 인하여 응력에 변화가 있었을 때, 이제까지의 여러 암석강도 이론 및 시험에 근거하여, 응력변화 이후의 응력이 파괴에 이르렀는지 아닌지를 판단할 수 있는 파괴기준을 설정하여야 한다. 토질역학 및 암석역학에서의 파괴기준은 ① **전단강도로 설정하는 Mohr-coulomb의 파괴기준**을 주로 이용하고, 암석/암반역학에서는 ② **주응력의 차에 의하여 결정하는 Hoek-Brown의 파괴기준**을 주로 이용한다.

CHAPTER

14

1 전단강도(shear strength)로 설정하는 방법 → 그림 14.25-1 참조

- **파괴가능면을 먼저 가정**하고, 그 면에서의 전단응력 τ(shear stress)와 전단강도 τ_f(shear strength)를 비교하여 결정하는 방법

  $\tau < \tau_f$ 이면 안정

  $\tau > \tau_f$ 이면 파괴 또는 소성상태

- 여기서, 전단강도 τ_f는 $\tau_f = c + \sigma_n \tan\phi$로서 최대로 버틸 수 있는 저항력을 나타내며 이를 Mohr-coulomb의 파괴기순이라고 한다.

2 주응력차에 의하여 결정하는 방법 → 그림 14.25-2 참조

- 지중입자에 작용되는 최대주응력 σ_1및 최소주응력 σ_3를 구하여 축차응력 $\Delta\sigma_d = \sigma_1 - \sigma_3$가 기준강도를 초과하는지 여부로 결정하는 방법 $f = \sigma_1 - \sigma_3 - k = 0$ 또는 $\sigma_1 - \sigma_3 = k$로 보면, 다음이 파괴인지 아닌지를 판단하는 기준으로 사용

  $\sigma_1 < \sigma_3 + k$ 이면 안정

  $\sigma_1 > \sigma_3 + k$ 이면 파괴 또는 소성상태

- 이 경우에 **파괴기준은** $\sigma_{1f} = \sigma_3 + k$로 나타낼 수 있을 것이며 이를 Hoek-Brown의 **파괴기준**이라고 한다.

3 선형파괴기준 및 비선형 파괴기준 → 그림 14.25-3 참조

- 흙과 달리 암석의 역학적 거동은 낮은 응력상태에서도 비선형 거동을 보이기 때문에 선형 파괴기준인 Mohr-coulomb의 파괴기준을 이용시 낮은 응력상태에서 잘못된 결과를 얻을 수 있다. Mohr-coulomb의 파괴기준은 자연상태의 암석이나 암반 또는 불연속면들의 실제적인 거동에 사용하기에는 적절하지 않다.

- 시험결과를 통해 살펴보면 구속압의 증가에 따른 강도의 증가는 선형기준에서 예측한 것보다 실제에서는 더 작은 것으로 나타난다. 그러므로 비선형 파괴기준인 Hoek-Brown의 파괴기준이 암석/암반역학에서는 더 적합하다.

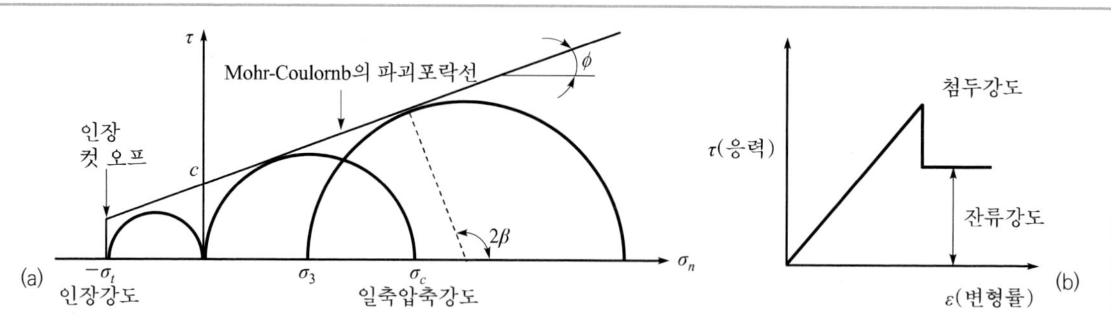

① 첨두강도를 사용하여 Mohr-coulomb의 파괴기준을 표시하면

$$\tau_f = \tau_{f(peak)} = c + \sigma_n \tan\phi$$

② 잔류강도를 사용하여 Mohr-coulomb의 파괴기준을 표시하면(절편값 $c_{res} \fallingdotseq 0$)

$$\tau_f = \tau_{f(res)} = c_{res} + \sigma_n \tan\phi_{res} \fallingdotseq \sigma_n \tan\phi_{res}$$

그림 14.26-1 전단강도로 표시한 Mohr-coulomb의 선형 파괴기준

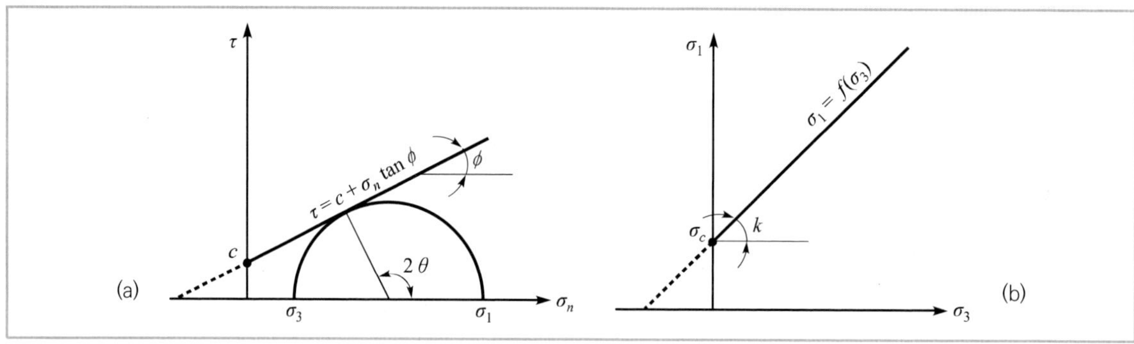

그림 14.26-2 주응력으로 표시한 Mohr-coulomb의 선형 파괴기준

그림(a) $\tau_f = c + \sigma_n \tan\phi$ 를 그림(b) $\sigma_{1f} = \sigma_c + k\sigma_3$로 아래와 같은 방법에 의해 정리할 수 있다.

$$\sin\phi = \frac{\dfrac{\sigma_1 - \sigma_3}{2}}{(c\cot\phi + \dfrac{\sigma_1 + \sigma_3}{2})} \rightarrow \{2c\cot\phi + (\sigma_1 + \sigma_3)\}\sin\phi = \sigma_1 - \sigma_3$$

$$2c\cos\phi + \sigma_1\sin\phi + \sigma_3\sin\phi = \sigma_1 - \sigma_3$$

$$(1 - \sin\phi)\sigma_1 = (1 + \sin\phi)\sigma_3 + 2c\cos\phi$$

$$\sigma_1 = \frac{1 + \sin\phi}{1 - \sin\phi}\sigma_3 + \frac{2c\cos\phi}{1 - \sin\phi} = k\sigma_3 + 2c\sqrt{k}$$

여기서, 우측 둘째항 $\sigma_c = \dfrac{2c\cos\phi}{1 - \sin\phi} = 2c\sqrt{k_p}$, 우측 첫째항 $k_p = \dfrac{1 + \sin\phi}{1 - \sin\phi} = k$ 이다.

따라서 c, ϕ와 σ_c, k의 관계식은

$$\sin\phi = \frac{k - 1}{k + 1}, \quad c = \frac{\sigma_c}{2\sqrt{k}}$$

해설 14.26-1

14.26 Mohr-coulomb의 파괴기준

1 전단강도(shear strength)로 표시한 Mohr-coulomb 파괴기준

■ 암석에 대하여 인장시험, 일축압축강도시험, 삼축압축강도시험을 실시하여 그 결과들로 Mohr원을 그려, Mohr-coulomb의 파괴포락선을 그림 14.26-1a 같이 나타낼 수 있다. 그림 14.21-1 과 연계해보면 암석의 강도에는 첨두강도(peak strength)와 잔류강도(residual strength)가 있고, 잔류강도는 전단파괴후의 거동특성을 이해하는데 중요한 요소가 된다고 하였다. 그림 14.21-1 을 단순화시키면 그림 14.26-1b 와 같을 것이다.

■ 그림 14.26-1a 는 암석에 대한 시험값을 첨두강도 기준으로 Mohr-coulomb의 파괴기준을 나타낸 것이다. **토질역학에서의 Mohr-coulomb의 파괴이론과 근본적인 차이는 암석은 인장력도 받을 수 있기 때문에 τ축 왼쪽에도 파괴포락선이 존재한다는 것이다.** 암석역학에서의 Mohr-coulomb의 파괴기준에 대하여 다음의 2가지 문제점을 이해하기 바란다.

① 그림 14.26-1a 의 파괴기준은 암석의 실내시험값을 배경으로 Mohr원을 그렸으므로 암석의 전단강도로 보아야 하며, 대형 현장시험을 실시하지 않는 한 실내시험 결과만을 가지고 암반(rock mass)의 파괴기준을 설정하는 것은 불가능하다. 다만, 바로 설명될 Hoek-Brown의 파괴기준은 암석뿐만 아니라 암반에서도 적용할 수 있도록 제안되었다. **Hoek-Brown의 파괴기준으로부터 역산하여 Mohr-coulomb의 파괴기준을 예측**할 수 있다.

② 실제로 시험결과를 정리하여 보면, 그림 14.26-1a 에서 보여지는 것과 같이 파괴포락선이 직선으로 나타나지 않고 곡선으로(포물선)되는 것이 보통이다. 그러나 대부분 실무에서는 최소자승법 등을 사용하여 곡선을 직선으로 가정하고 c, ϕ값을 구함이 보통이다.

2 주응력으로 표시한 Mohr-coulomb 파괴기준

■ Mohr-coulomb의 파괴기준은 전단응력으로 표시하는 것이 일반적이기는 하나, **수치해석에서 쉽게 응용할 수 있도록 주응력으로 표시하기도 한다.** 주응력으로 표시한 암석에 대한 Mohr-coulomb의 파괴기준은

$$\sigma_1 = \frac{1+\sin\phi}{1-\sin\phi}\sigma_3 + \frac{2c\cos\phi}{1-\sin\phi} = k\sigma_3 + 2c\sqrt{k} \qquad \text{식 14.26-1}$$

식 14.26-1 같은 식으로 나타낼 수 있고, 그림 14.26-2b 같이 주응력차에 의한 파괴기준으로 표시할 수 있다.

■ 식 14.26-1 에 대한 유도과정은 해설 14.26-1 에 설명되어 있다. 반드시 유도과정을 숙지하길 당부 드린다.

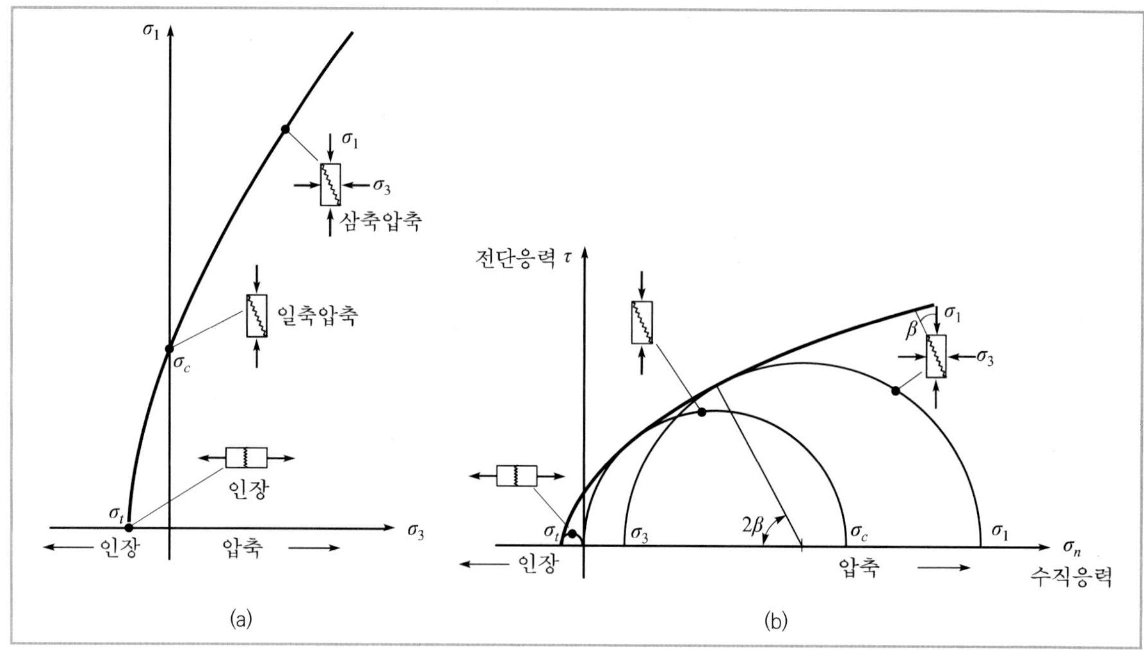

그림 14.27-1 주응력 및 전단강도로 표시한 Hoek-Brown의 비선형 파괴기준

※ **그림 14.27-1을 이용한 암석 및 암반의 파괴기준식**

① 암석(intact)의 파괴기준 : $\sigma_{1f} = \sigma_3 + \sigma_c(m_i \dfrac{\sigma_3}{\sigma_c} + 1)^{0.5}$ 식 14.27-2

신선한 암인 경우, $m_b = m_i$, $s = 1$, $a = 0.5$임을 알 수 있다. 여기서, m_i는 **암석계수**로서 암석의 종류에 따라 경험적인 값을 표로 제시되어 있다, m_b는 신선한 암석인 경우 m_i가 되나 암반인 경우 m_i보다 작은 값을 갖게 되고, s 역시 신선한 암에서는 1의 값을 갖으나, 암반에 절리가 많으면 많을수록 0에 접근하는 값을 갖게 되는 계수이다.

② 암반(rock mass)의 파괴기준 : 식 14.27-1 $\sigma_{1f} = \sigma_3 + \sigma_c(m_b \dfrac{\sigma_3}{\sigma_c} + s)^a$을 이용한다. 단, m_b, s 값을 구하기 위하여 ***GSI*** **(지질강도지수)**를 새로이 도입하였다. 여기서 *GSI* (지질강도지수)는 암반분류법의 하나인 **RMR값과 밀접한 관계**가 있다.

$$m_b = m_i \exp(\frac{GSI - 100}{28})$$

$GSI > 25$ 인 경우 $s = \exp(\dfrac{GSI - 100}{9})$, $a = 0.5$

$GSI \le 25$ 인 경우 $s = 0$, $a = 0.65 - \dfrac{GSI}{200}$

(*GSI*와 RMR 사이의 관계식은 지반공학이해 I 239P에 설명되어 있음)

해설 14.27-1

14.27 Hoek-Brown의 파괴기준(1)

1 개요

- 암석강도 시험결과 무결암의 강도가 직선이 아닌 곡선으로 나타남에 따라, 비선형적인 파괴기준이 보다 더 유용할 것이라는 차원에서 삼축응력 조건에서 무결암 강도를 추정을 위한 Hoek-Brown의 비선형적 파괴기준이 제시되었고,

- 이 기준은 암석/암반에 대한 실제적인 모델로 볼 수 있으며, 다음의 특징을 갖고 있다.
  ① 기본적으로 수많은 시험을 집대성하여 제시된 경험을 바탕으로 한 기준이다.
  ② 암석(intact rock)뿐만 아니라 암반(rock mass)에도 적용할 수 있는 유일한 기준이다.
  ③ Hoek-Brown의 파괴기준으로부터 Mohr-coulomb의 파괴기준을 역산할 수 있는 방법들이 제시되었다.

2 Hoek-Brown의 파괴기준식

- 그림 14.27-1 같이 암반 시험치들을 $\sigma_1 - \sigma_3$그래프 상에 나타내었을 때 파괴 시의 주응력 σ_{1f}와 최소 주응력σ_3 사이에는 아래와 같은 식으로 표현이 가능함을 알 수 있다.

$$\sigma_{1f} = \sigma_3 + \sigma_c (m_b \frac{\sigma_3}{\sigma_c} + s)^a \quad \text{식 14.27-1}$$

여기서, m_b, s , a**는 계수**로서 암반의 종류와 **불연속면의 발달정도(불연속면에 대한 영향을 정량적으로 반영하는 계수임을 이해할 것)**에 따라 달라진다. 물론 σ_c**는 암석의 일축압축강도**로서 실내에서의 일축압축강도시험 및 현장에서의 점하중 강도시험을 통해 구할 수 있다.

- 식 14.27-1 에서 편의상 $a = 0.5$로 가정하고, $\sigma_{1f} = 0$으로 놓으면 암반의 인장강도 σ_{tm}은 다음식으로 구할 수 있다.

$$0 = \sigma_3 + \sigma_c (m_b \frac{\sigma_3}{\sigma_c} + s)^{0.5} \quad \text{식 14.27-3}$$

$\sigma_3 = -\sigma_{tm}$을 식 14.27-3 에 대입하고, σ_{tm}에 관하여 풀면

$$\sigma_{tm} = -\frac{\sigma_c}{2}(m_b - \sqrt{m_b^2 + 4s}) \quad \text{식 14.27-4}$$

3 Hoek-Brown의 파괴기준으로부터 Mohr-coulomb의 파괴기준을 예측하는 방법

- $\sigma_{1f} = \sigma_c + k\sigma_3$은 암석(intact rock)에 대한 Mohr-coulomb의 파괴기준을 주응력으로 나타낸 것이다. $\sigma_{1f} = \sigma_c + k\sigma_3$를 일반화하여 암반(rock mass)에 대한 Mohr-coulomb의 파괴기준을 다음과 같은 주응력으로 나타낸 식으로 표시할 수 있다.

$$\sigma_{1f} = \sigma_{cm} + k\sigma_3 \quad \text{식 14.27-5}$$

여기서, σ_{cm}은 암반의 일축압축강도

CHAPTER 12 13 14 15 16 17 18

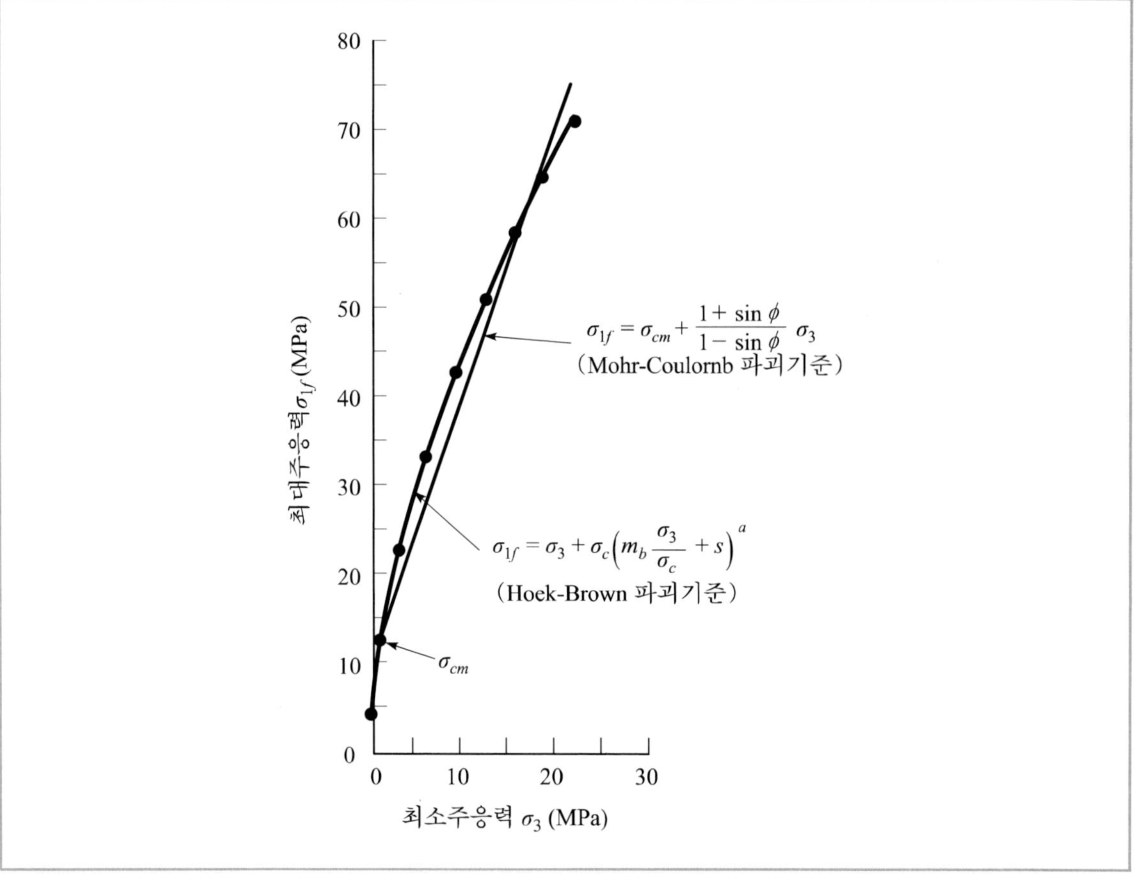

그림 14.28-1 Hoek-Brown의 비선형 파괴기준과 Mohr-coulomb의 선형 파괴기준 비교

※ Hoek-Brown의 파괴기준으로부터
Mohr-coulomb의 파괴기준식의 강도정수 c, ϕ를 구하는 회귀분석 방법

① Hoek-Brown의 파괴기준이 구해지면 $0 < \sigma_3 < 0.25\sigma_c$범위에 있는 임의의 σ_3값들에 대하여 σ_{1f}값을 구하고 식 14.27-1 $\sigma_{1f} = \sigma_3 + \sigma_c(m_b\frac{\sigma_3}{\sigma_c}+s)^a$ 이용 이를 $\sigma_{1f}-\sigma_3$ 그래프상에 그린다.

② 그림 14.28-1에 표시된(σ_3, σ_{1f})값들에 대하여 선형회귀 분석법으로 직선식을 구한다. 이 직선식의 기울기가 k, 절편이 σ_{cm}이 된다.

③ 위에서 구한 k , σ_{cm}값을 $\sin\phi = \frac{k-1}{k+1}$, $c = \frac{\sigma_{cm}}{2\sqrt{k}}$ 식에 대입하여 c, ϕ값을 구한다. 이때 Mohr-coulomb의 파괴기준은 $\tau_f = c + \sigma_n\tan\phi$로 표시될 수 있다.

해설 14.28-1

14.28 Hoek-Brown의 파괴기준(2)

여기서, 해설 14.26-1 을 통해 $\sigma_{cm} = \dfrac{2c\cos\phi}{1-\sin\phi}$, $k = \dfrac{1+\sin\phi}{1-\sin\phi}$ 임을 알 수 있다.

따라서 $\sin\phi = \dfrac{k-1}{k+1}$, $c = \dfrac{\sigma_{cm}}{2\sqrt{k}}$ 이다. 여기서, σ_{cm} 은 암반(rock mass)의 일축압축강도를 나타낸다.

■ 그림 14.28-1 에서 식 14.27-1 $\sigma_{1f} = \sigma_3 + \sigma_c(m_b\dfrac{\sigma_3}{\sigma_c} + s)^a$ 과 식 14.27-5 $\sigma_{1f} = \sigma_{cm} + k\sigma_3$ 을 비교하여 보면 Hoek-Brown의 파괴기준은 곡선식인데 반하여, Mohr-coulomb의 파괴기준식은 직선식이다. Hoek-Brown의 파괴기준으로부터 Mohr-coulomb의 파괴기준식으로 바꾸는 즉, Mohr-coulomb의 파괴기준식의 강도정수 c , ϕ 를 구하는 가장 실제적이고, 손쉬운 방법은 회귀분석법을 이용하는 방법으로 해설 14.28-1 을 통해 설명되어 있다.

4 회귀분석 방법으로 얻어진 Mohr-coulomb의 강도정수 c , ϕ 를 이용한 실무적용 사례

구분	내용	지배적거동	해석모델	파괴기준
터널	지반의 분류를 통해 얻어진(즉, 표준 지보패턴에 근거한 초기설계를 의미) 설계된 터널단면에 대한 응력해석(파괴에 대한 안정성 해석)을 할 경우	응력지배 문제	연속체 해석	회귀분석법으로 산정된 강도정수 c , ϕ 를 이용(즉, Mohr-coulomb의 파괴기준식을 이용하여) 파괴에 대한 안정성 해석을 수행
	지반공학이해 I 241p 개념정리⑪에 설명된 내용과 연계학습 필요			
암반 사면	암반사면에 대한 예비해석 결과 평사투영법-원형파괴 또는 SMR 평가-5 등급에 해당하는 경우 본해석으로 한계평형 해석을 할 경우	응력지배 문제	연속체 해석	회귀분석법으로 산정된 강도정수 c, ϕ 를 이용(즉, Mohr-coulomb의 파괴기준식을 이용하여) 절편법($F_s = \dfrac{\tau_f}{\tau_n}$)으로 암반사면의 안정성 해석을 수행
	지반공학이해 I 53p 개념정리⑯에 설명된 내용과 연계학습 필요			

표 14.28-1

■ **위의 2가지 실무적용 사례는 연속체 해석 모델에서의 실무적용 사례이다.** 이에 반해 불연속면을 따라 일어나는 암반의 c , ϕ 에 대한 대푯값을 얻을 수 있는 불연속체의 경우에는 불연속체 해석 모델로서 불연속면의 전단거동 특성을 고려한 Patton의 선형모델 및 Barton의 비선형모델로부터 얻어진 강도정수 c, ϕ 를 이용한 Mohr-coulomb의 파괴기준으로 터널 및 암반사면의 안정성 해석을 수행하게 됨을 향후 서술 될 것이다.

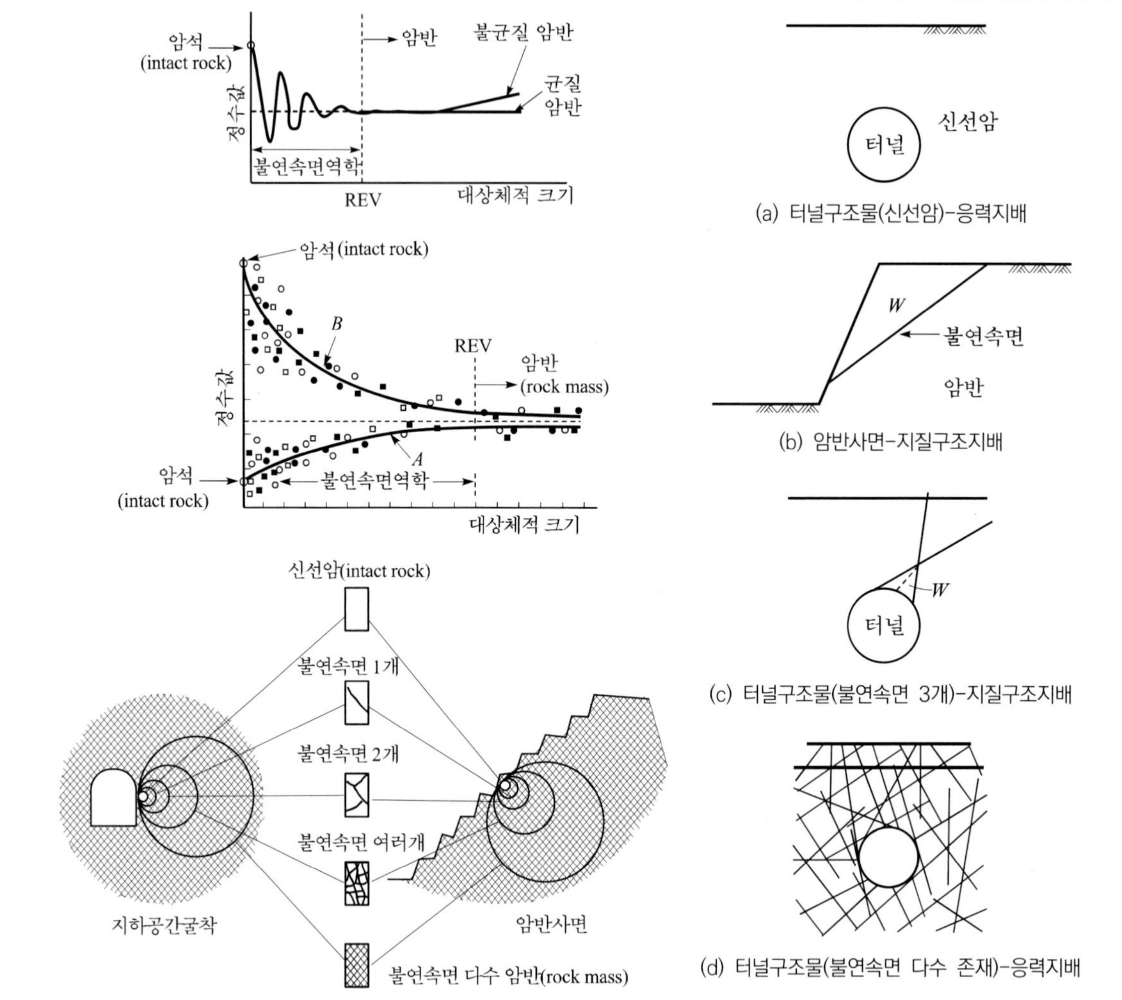

(a) 터널구조물(신선암)-응력지배

(b) 암반사면-지질구조지배

(c) 터널구조물(불연속면 3개)-지질구조지배

(d) 터널구조물(불연속면 다수 존재)-응력지배

그림 14.29-1 응력지배 문제(연속체 역학)와 지질구조지배 문제(불연속체 연속)

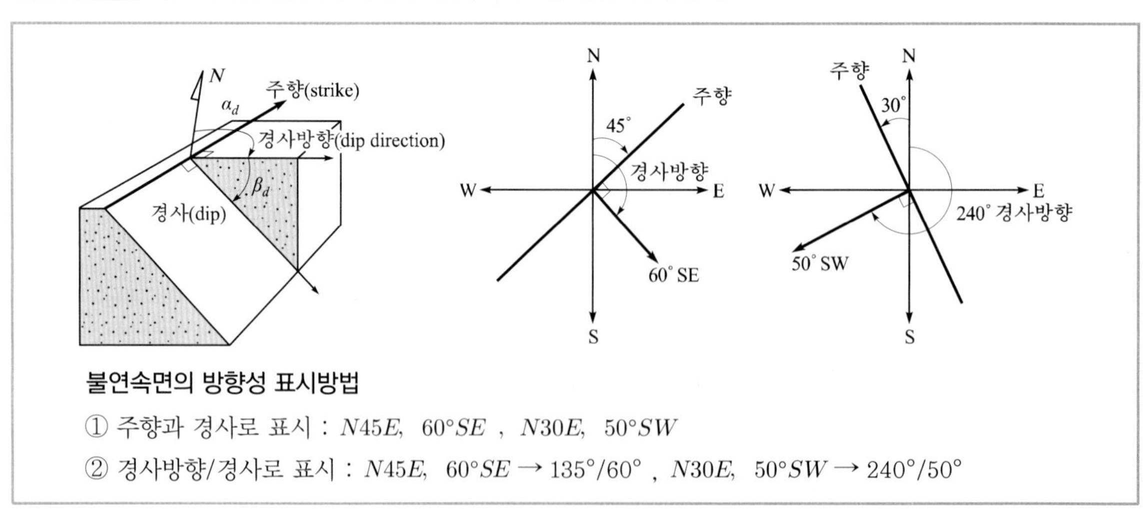

불연속면의 방향성 표시방법

① 주향과 경사로 표시 : $N45E,\ 60°SE$, $N30E,\ 50°SW$

② 경사방향/경사로 표시 : $N45E,\ 60°SE \rightarrow 135°/60°$, $N30E,\ 50°SW \rightarrow 240°/50°$

그림 14.29-2

14.29 불연속면 역학에 대한 기본개념 이해

1 불연속면 역학

- 암반지반에 불연속면 몇 개가 존재하여 전체 시스템을 지배하는 인자가 불연속면의 분포양상 및 강도가 되는 경우를 불연속면 역학으로 명명하며, 이는 **지질구조에 의해 지배받는 경우**라고 하였다.
- 불연속면 역학에서 무엇보다도 중요한 것이 현장조사를 통하여 불연속면의 방향과 경사, 크기들을 조사하고 분석하는 것이다. 이 조사자료 들에 대한 분석은 역학이라기보다는 일종의 기하학으로 이루어져 있다. 지금부터는 **불연속면의 조사 및 정리방법**을 먼저 설명하고, **불연속면에서의 전단강도**를 설명 할 것이다.
- 이 불연속면 역학이 주된 역할을 하는 경우는 그림 14.29-1에서 그림(b) 암반사면의 문제와 그림(c) 지하구조물의 굴착에서 몇 개의 불연속면으로 블록을 형성하고, 이 블록중량에 의한 전단응력이 전단강도를 초과할 가능성이 있는 문제를 분석할 때로 보면 될 것이다.

2 불연속면에서의 용어 정리

지질학적 관점에서의 용어	기하학적 관점에서의 용어
① **단층** : 양쪽의 암반과 암반 사이에 뚜렷한 상대변위가 있는 불연속면을 단층으로 보면 되고 이 단층은 지질구조상의 응력 등으로 인하여 이 접촉면에서의 전단응력이 전단강도를 초과하여 큰 상대변위가 발생된 경우이다	① **주향** : 불연속면과 수평면의 교선방향을 나타내며, 북쪽을 기준으로 표시한다. *N45E* : 교선의 방향이 북동방향으로 45°인 경우 *N30W* : 교선의 방향이 북서방향으로 30°인 경우
② **절리** : 두 개의 암반과 암반 사이에 상대변위가 없거나 아주 미세한 경우의 불연속면 ③ **층리** : 주로 퇴적암에서 보여주는 것으로 퇴적시의 입자의 배열, 광물 등으로 생긴 층상구조를 말한다.	② **경사(dip)** : 불연속면의 최대 경사각도를 나타내며 수평면으로부터 아랫방향으로 이루어진 각도(β_d). 경사의 방향과 주향은 반드시 직각을 이룬다. 60°SE : 경사각이 60°이며, 경사방향은 남동쪽 (이때의 주향은 *N45E* 등의 북동방향이다) 50°SE : 경사각이 50°이며, 경사방향은 남서쪽 (이때의 주향은 *N30W* 등의 북서방향이다)
④ **벽개** : 운모 등과 같이 켜로 되어 있는 원인으로 생긴 현상을 말한다. ⑤ **미세균열** : 암석(intact rock)에 존재하는 아주 미세한 균열을 말한다.	③ **경사방향** : 경사(dip)를 수평면에 투사하여 북쪽으로부터 시계방향으로 잰 각도를 말한다.(α_d) 135° : 주향이 *N45E*인 경우의 경사방향은 90°+45°=135° 240° : 주향이 *N30W*인 경우의 경사방향은 360°−30°−90°=240°
⑥ **불연속면군** : 같은 방향을 갖고 있는(즉, 주향과 경사가 거의 같은) 불연속면들을 말함	④ **불연속면의 방향성을 표시하는 방법** : 공학문제에서는 "경사방향/ 경사"가 많이 사용된다.

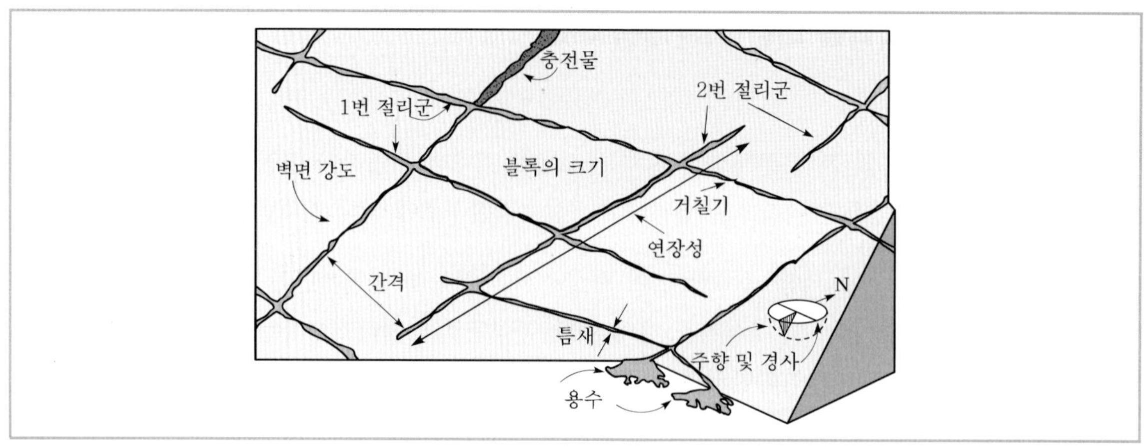

그림 14.30-1 불연속면의 특성(ISRM 10개 조사항목)

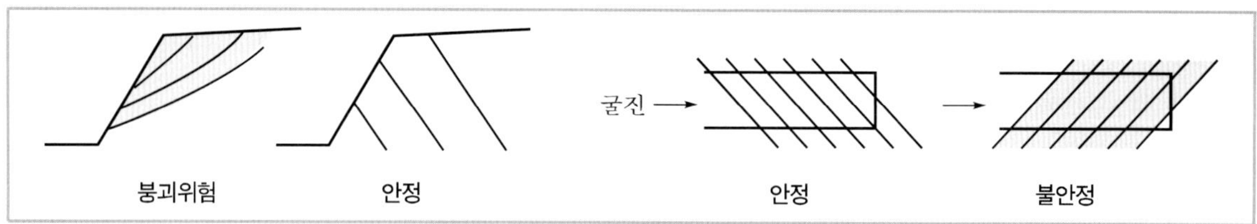

그림 14.30-2 사면 및 터널에서의 불연속면의 방향성에 따른 붕괴가능성

연장성	길이
매우 낮은	< 1m
낮은	1 – 3m
중간	3 – 10m
높은	10 – 20m
매우 높은	> 20m

표 14.30-1 연속성의 기술방법(ISRM 1981)

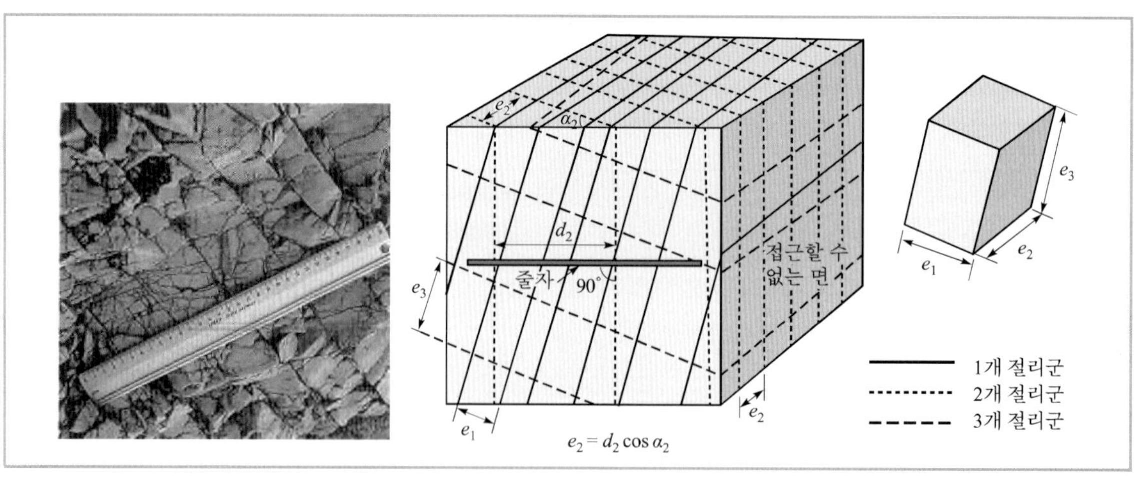

그림 14.30-3 노두에서 관찰을 통안 절리의 간격 측정(ISRM 1981)

14.30 불연속면 조사항목에 따른 공학적 특성(1)

불연속면은 암반의 성질, 강도, 변형 거동 및 수리적 거동에 결정적인 역할을 하므로, 절리가 있는 암반의 강도를 결정하는 주된 요소는 불연속면의 전단강도이다. 이 전단강도를 평가하기 위해서는 **불연속면의 특성 및 성질을 정의할 필요가 있다.** ISRM에서 **불연속면의 특성 및 성질을 파악하기 위한 10개 조사항목을 제안**하고 있다.

항 목	정의방법	중요성
① 방향성	경사방향/경사 그림 14.29-2	• 불연속면 방향의 관점에서 불리한 방향으로의 공사는 암반의 불안정성을 증가시키고, 구조물의 파괴를 유발한다. • 그림 14.6-1 및 그림 14.30-2 참고
② 연속성	주향 및 경사방향의 길이로 측정 표 14.30-1	• 불연속면의 면적으로 볼 수 있다. 연속성은 암반의 파괴과정에 무결암이 포함될 것인지에 대한 여부를 결정하며, 암반의 전반적인 강도에 얼마나 영향을 미칠지를 결정한다. • **연속성이 크면 위험하고 불연속면 전단강도가 작다.** 불연속면은 보통 점착력이 없고 내부마찰각만 고려하나 연속성이 적으면 점착력도 고려할 수 있음
③ 간격	두 불연속면 사이의 수직거리 그림 14.30-3	• 개별 불연속면간의 평균수직거리이다. 이는 무결암 블록의 크기를 결정하며 전체적인 암반의 거동에 영향을 미친다. • **간격이 조밀할수록 암반의 강도는 더욱 감소한다.** 불연속면의 간격은 암반의 투수율에 중요한 역할을 담당한다.
④ 거칠기	*JRC* (거칠기계수)	• **거칠기를 측정하는 주된 목적은 불연속면의 전단강도를 평가하기 위함**이다. • 거칠기가 클수록 불연속면의 전단강도는 커지나, 틈새의 증가나 충전물의 두께증가는 전단강도를 감소시킨다. • 현장에서 Profile gauge, 실내에서 Tilt test 측정 • 그림 14.31-1 참고
⑤ 암괴크기	불연속면 군의 숫자, 방향, 간격 및 연장성	• 암괴의 크기(블럭크기) 역할은 암반의 거동과 강도, 변형 특성을 지배하기 때문에 매우 명확하다. • 블록의 크기와 형태는 불연속면 군의 숫자, 방향, 간격 및 연장성에 의하여 결정된다.
⑥ 투수성	투수계수	• 불연속면의 투수율은 틈새의 크기와 충전물의 종류에 좌우된다. 틈새는 암반의 응력상태에 의해 결정된다. 따라서 투수율은 원위치 응력상태와 긴밀한 관계가 있다. • 불연속면에 존재하는 물은 전단강도를 감소시킨다.

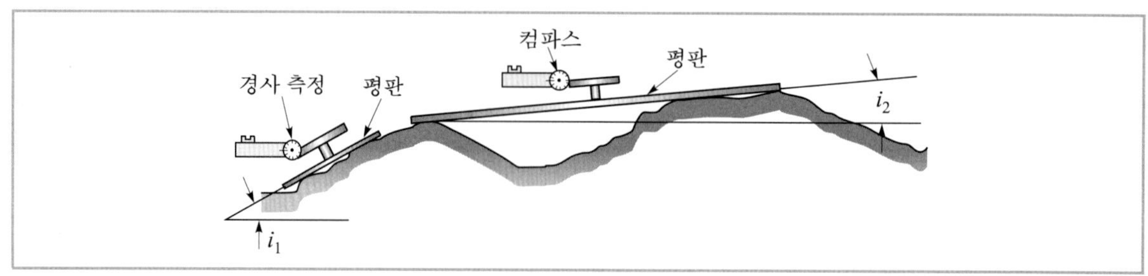

그림 14.31-1 불연속면의 거칠기를 측정하는 평판(ISRM 1981)

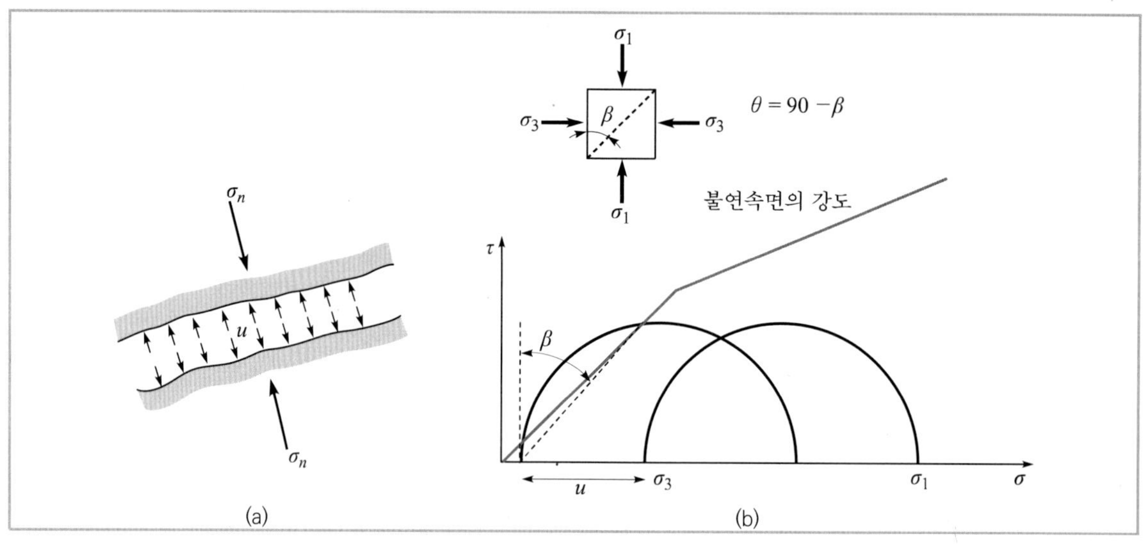

그림 14.31-2 (a) 절리면에 작용하는 수압 (b) 간극수압에 의한 유효응력
(θ는 최대주응력방향과 불연속면의 방향 사이의 각도이며, ϕ는 불연속면의 마찰각)

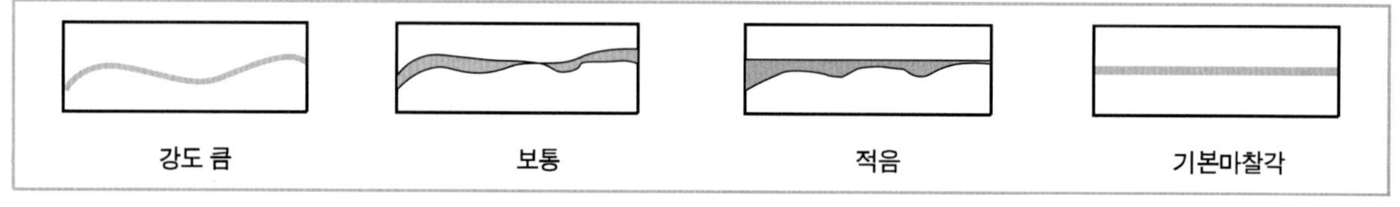

그림 14.30-3 틈새의 크기

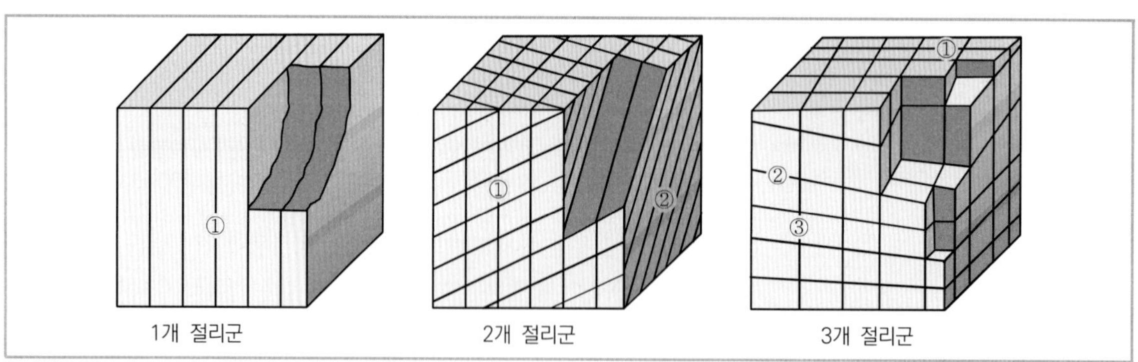

그림 14.31-4 불연속면 군을 보여주는 블록 다이어그램

14.31 불연속면 조사항목에 따른 공학적 특성(2)

<table>
<tr><th>항 목</th><th>정의방법</th><th>중요성</th></tr>
<tr><td>⑦ 충전물</td><td>두께 및 종류</td><td>• 불연속면의 틈새에 잇는 충전물(점토, 실트, 암편 등)에 따라 전단강도, 변형특성, 투수성에 영향을 줌
• **대체로 충전물이 있는 경우 불연속면의 전단강도가 작고 변형량이 크다.**</td></tr>
<tr><td>⑧ 틈새</td><td>충전물이 없이 분리된 벽면사이의 수직거리</td><td>• 불연속면 벽면 사이에 충전물이 없이 분리된 벽면사이의 수직거리이다.
• 틈새크기는 불연속면의 전단강도에 매우 큰 영향을 미친다. 그림 14.31-3 참조
• **틈새에는 보통 충전물이 있게 되고, 틈새로 풍화가 시작 된다.**</td></tr>
<tr><td>⑨ 벽면강도</td><td>압축강도</td><td>• 불연속면의 벽면압축강도는 무결암의 종류와 불연속면의 풍화정도 및 충전물의 존재여부에 따라 달라진다. 따라서 벽면의 강도를 측정할 때 무결암의 풍화정도도 같이 평가되어야 한다.
• **현장에서 불연속면에 직접 슈미트해머를 적용하여 측정**한다.</td></tr>
<tr><td>⑩ 불연속면 군의 갯수</td><td>군의 개수</td><td>• 암반의 역학적 거동, 변형성 및 파괴 메카니즘은 불연속면군의 개수에 따라 조절된다.
• 암반은 아래 표 같이 불연속군의 숫자로 분류될 수 있다.
<table>
<tr><th>암반의 종류</th><th>군의 개수</th></tr>
<tr><td>I</td><td>가끔 불규칙 절리가 있는 괴상</td></tr>
<tr><td>II</td><td>하나의 절리군</td></tr>
<tr><td>III</td><td>불규칙 절리와 하나의 절리군</td></tr>
<tr><td>IV</td><td>두 개의 절리군</td></tr>
<tr><td>V</td><td>불규칙 절리와 두 개의 절리군</td></tr>
<tr><td>VI</td><td>세 개의 절리군</td></tr>
<tr><td>VII</td><td>불규칙 절리와 세 개의 절리군</td></tr>
<tr><td>VIII</td><td>4개 이상의 절리군</td></tr>
<tr><td>IX</td><td>토양과 같이 파쇄됨</td></tr>
</table>
• 위 분류는 화강암과 같은 괴상의 암반 혹은 1개의 주된 불연속면이 있는 암반으로부터, 습곡과 절리가 심하게 발달된 슬레이트 모두처럼 모든 절리군이 주요한 4개 혹은 그 이상의 절리군이 있는 암반까지 다양하다. 퇴적암에서는 서로 직각인 3개의 주된 불연속면이 분포하는 것이 매우 흔하며, 그 중의 하나는 층리이다.
• 불연속면군은 그림 14.31-4 같이 블록 다이어그램을 이용하여 그림으로 나타낼 수 있다.</td></tr>
</table>

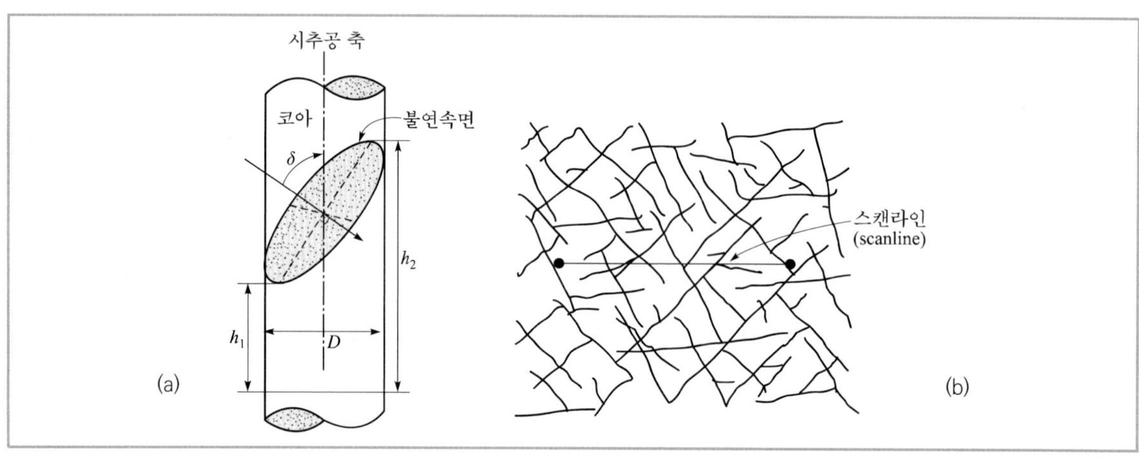

그림 14.32-1 (a) 시추공 샘플링 (b) 스캔라인 샘플링

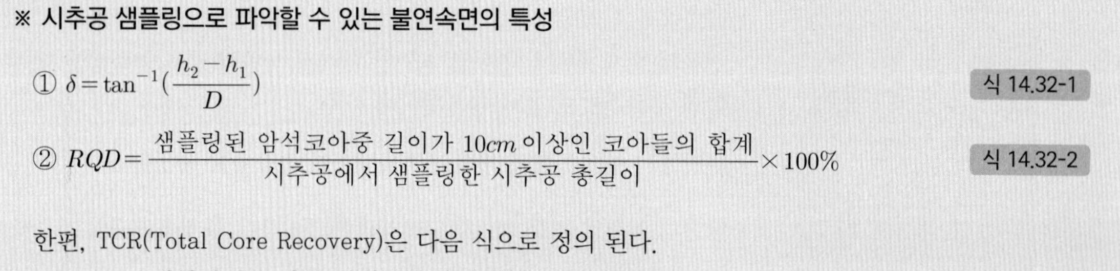

※ 시추공 샘플링으로 파악할 수 있는 불연속면의 특성

① $\delta = \tan^{-1}\left(\dfrac{h_2 - h_1}{D}\right)$ 식 14.32-1

② $RQD = \dfrac{\text{샘플링된 암석코아중 길이가 } 10cm \text{ 이상인 코아들의 합계}}{\text{시추공에서 샘플링한 시추공 총길이}} \times 100\%$ 식 14.32-2

한편, TCR(Total Core Recovery)은 다음 식으로 정의 된다.

③ $TCR = \dfrac{\text{샘플링된 코아중 암석부분의 총길이}}{\text{시추공에서 샘플링한 시추공 총길이}} \times 100\%$ 식 14.32-3

해설 14.32-1

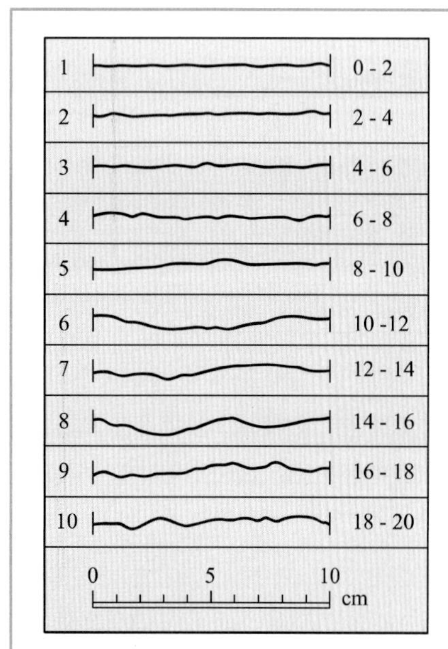

그림 14.32-2 Baton의 거칠기계수표

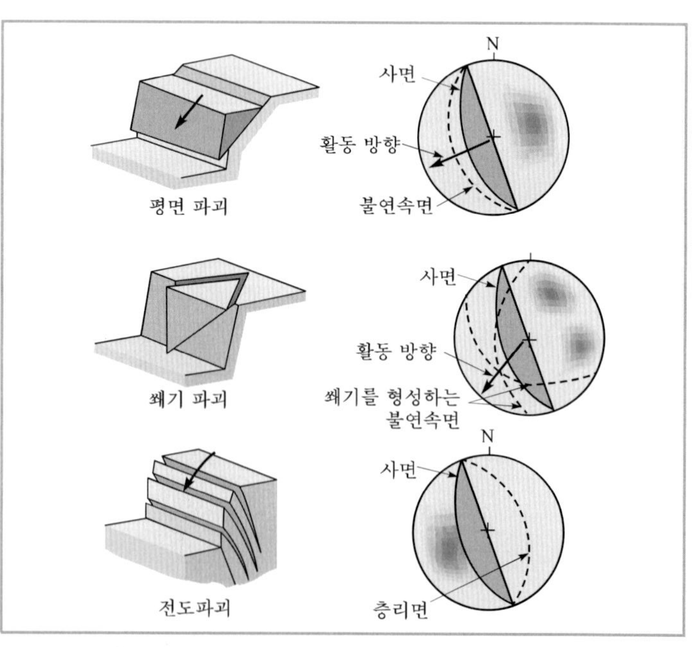

그림 14.32-3 불연속면의 평사투영 결과

14.32 불연속면 특성의 조사방법 및 불연속면의 방향성 정리방법

1 불연속면 특성의 조사방법

시추공 샘플링

■ 지반조사 시에 흔히 사용되는 시추작업을 실시하여 샘플링한 암석코아를 면밀히 검토하여 불연속면의 방향을 조사하는 방법이다. 절리면의 수직벡터와 연직축이 이루는 각도 δ는 식 14.32-1 로 구할 수 있다. 시추공 샘플링으로 사실상 불연속면의 방향을 예측하는 것은 쉽지 않다. 코아의 방향이 현장에서의 원래의 방향과 정확히 맞아야 하기 때문이다. 최근에는 시추작업 완료 후 특수카메라를 시추공 내 삽입하여 시추공의 사진을 찍어 지반상태를 조사하는 방법들이 사용되기도 한다. 이와 관련해서 지반공학이해 I 285p BIPS 연계학습 할 것

■ 코아재료를 가지고 얻을 수 있는 가장 중요한 자료는 RQD(Rock Quality Designation)이다. 이에 대해서는 지반공학이해 I 316p **개념정리㉚**을 통해 설명된 바 있음.

스캔라인 샘플링

■ 일종의 지표면 지질조사방법으로서, 암반의 노두가 잘 나타나 있는 면을 택하고, 이 면에 줄자를 설치한다(이를 스캔라인이라고 한다) 이 스캔라인을 따라서 불연속면의 특성을 측정하여 기록하게 된다.

■ **스캔라인 샘플링을 실시하는 암반표면에 대한 정보**는 아래와 같다.

① 불연속면의 방향성 : 경사방향과 경사

② 불연속면의 연장성 : 길이

③ 불연속 길이 끝 부분의 상태 – I (1) : 불연속면의 끝이 신선한 암에서 끝남
– A(2) : 불연속면 끝이 다른 불연속면과 만남
– O(3) : 불연속면 끝의 상태가 모호함

④ 불연속면의 굴곡의 정도 : 굴곡도 (웨이브의 길이가 100mm 이상인 경우 해당됨)

⑤ 거칠기 : 웨이브의 길이가 100mm 미만인 불연속면의 거칠기를 나타낸다. **현장에서 Profile gauge를 이용**하여 불연속면의 프로파일을 잴 수 있으며 **Barton이 제시한 JRC 추정을 위한** 그림 14.32-2의 **거칠기계수표와 비교**하여 거칠기를 평가한다.

⑥ 기타 : 불연속면의 종류, 간격, 충전물질, 지하수 존재여부 등

2 불연속면의 방향성 정리방법

현장에서 시추공 샘플링이나, 스캔라인 샘플링을 통하여, 각종 불연속면의 경사방향과 경사를 측정하였을 때, 이 데이터를 정리하여 표현하는 방법은 ① 평사투영법, ② 벡터해법을 이용하는 방법으로 **평사투영법은 연속체 모델의 암반사면의 예비적 해석**에, **벡터해법은 불연속체 모델의 암반사면 및 터널 수치해석에 이용**된다. 이에 관해서는 지반공학 I 53p **개념정리⑯**와 연계학습 할 것

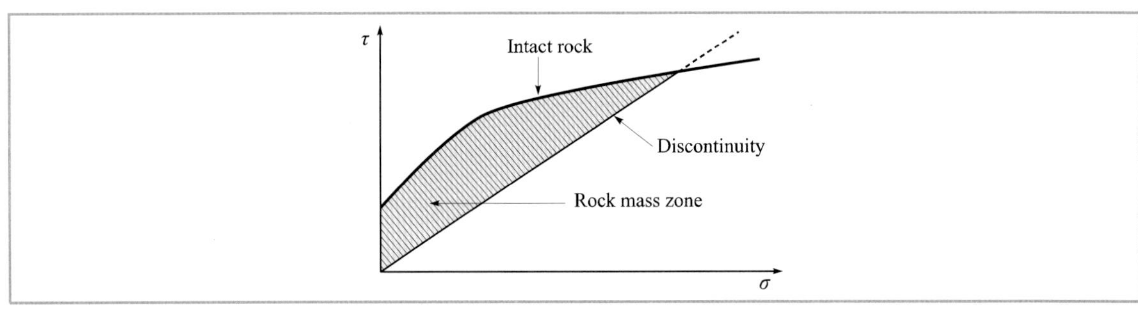

그림 14.33-1

현장시험

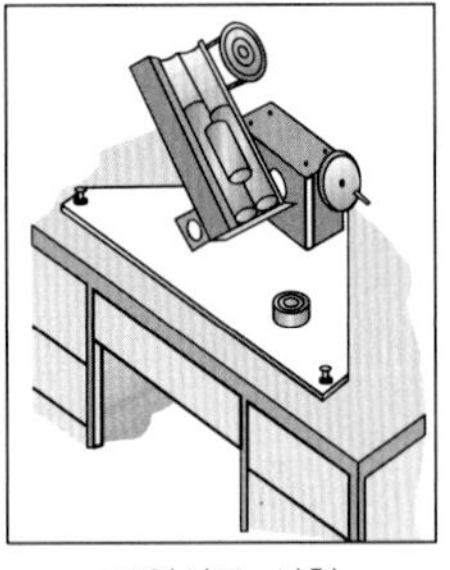

코어시료 시험

① **불연속면의 기본마찰각(ϕ_b)** : 불연속면이 완전히 평평한 암석에 대해 틸트시험을 하여 내부마찰각(α)을 구하면 주어진 암석의 α중 최소값을 나타낼 것이다. 이때의 α을 암석절리의 기본내부마찰각(ϕ_b) 이라 한다. 이 마찰각은 불연속면의 거칠기 효과는 완전히 무시한 암석의 종류에 따라서만 달라질 수 있는 정수이다. 즉, $\alpha \fallingdotseq \phi_b$

② **잔류마찰각(ϕ_r)추정** : 일반적으로 절리 벽면은 풍화에 취약하므로 잔류마찰각(ϕ_r)의 크기는 신선암의 기본마찰각(ϕ_b)보다 낮을 것이다. ϕ_r을 추정하는 공식은 $\phi_r = (\phi_b - 20^\circ) + 20\dfrac{r}{R}$이다. 여기서, **R은 신선하고 건조한 면에서 측정된 슈미트해머 반발지수**이다. **r은 건조 또는 습윤상태에 상관없이 원위치상태의 절리벽면에 대한 반발지수**이다. 신선한 불연속면은 $\phi_r = \phi_b$이다.

③ 절리면의 거칠기계수(JRC)를 산정 : $JRC = \dfrac{\alpha - \phi_r}{\log(\dfrac{JCS}{\sigma_n})}$

그림 14.33-2

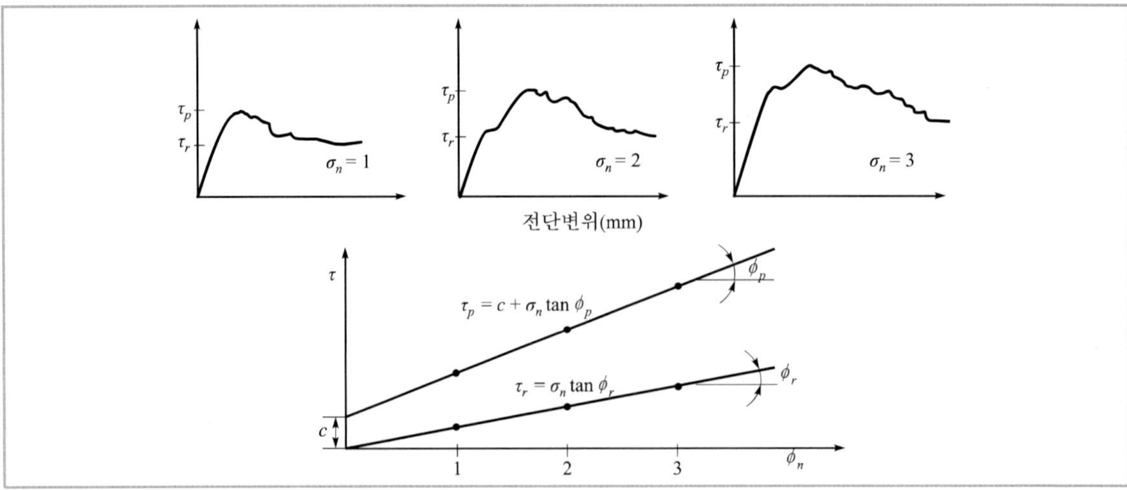

그림 14.33-3 직접전단시험으로부터 불연속면의 강도정수 c , ϕ 산정

14.33 불연속면의 전단강도 시험 및 전단거동 특성(1)

암석의 강도와 암반의 강도에 대해서는 14.23~14.28을 통해 설명 되었다. **지금부터는 절리가 확연히 존재하여 절리면에서의 전단강도가 암반지반의 거동을 지배하는 경우에 해당하는 불연속면의 전단강도에 대하여 설명할 것이다.**

불연속면의 전단강도는 수직응력, 절리면의 점착력 및 마찰각에 의하여 결정되는데, 일정한 수직응력 하에서는 점착력과 마찰각으로 표시할 수 있다. 지하에 존재하는 암반은 절리, 균열, 엽리, 단층, 파쇄대 등을 포함하는 불연속체이며, 불연속면의 전단강도는 암석자체의 전단강도보다 적다. 이들 불연속면이 암반자체의 강도 보다는 터널과 같은 암반구조물의 안정성에 실제로 결정적인 영향을 끼친다.

따라서, 절리가 없는 암석을 대상으로 삼축압축시험이나 직접전단시험을 통하여 구한 점착력과 마찰각은 구조물 설계에 사용하기에는 너무 값이 크다. 암석, 불연속면, 암반의 전단강도개념을 그림으로 나타내면 그림 14.33-1과 같다.

1 불연속면의 강도 시험법

- 불연속면은 이미 확연히 존재하는 파괴가능면 이다. 따라서 절리면을 경계로 한 직접전단시험이 가장 적절한 시험법으로 생각할 수 있다.
- 실내시험으로는 틸트시험(tilt test), 직접전단시험, 삼축압축 시험이 있다. 현장시험으로는 슈미트해머 시험이 있다. **여기서 중요한 점은 불연속면의 전단거동특성을 모두 나타낼 수 있는 강도시험법은 없기 때문에 불연속면의 전단강도는 Patton의 선형모델 및 Barton의 비선형모델을 이용하여 불연속면의 전단강도를 결정하게 된다는 점이다. 여기서 주목할 사항은 그럼 실내시험 및 현장시험의 결과를 어떻게 불연속면의 전단강도 모델에 이용하는가 하는 부분이다.** 이에 대해서는 바로 후술될 것이다.

틸트시험(tilt test)

- 그림 14.33-2과 같은 기울림시험(tilt test)은 불연속면의 마찰각이나 부드러운 ① **불연속면의 기본마찰각(ϕ_b)을 추정**하여 ② **잔류마찰각(ϕ_r)**과 절리면의 ③ **거칠기계수(JRC)를 산정**하기 위해 수행한다.
- **여기서 한 가지 주의할 사항**은 틸트시험도 일종의 직접전단시험으로 전단파괴면에 수직응력σ_n을 가하여 τ를 증가시켜서 전단피괴를 시키는 시험이나, 수직응력을 유발시키는 요소가 암석의 자중에 불과하므로, **아주 작은 σ_n에 맞는 ϕ_b값을 구할 수 있다는 점이다. σ_n이 큰 경우의 ϕ_b값은 구할 수 없다.**

슈미트해머 시험

절리면의 압축강도(JCS) : 절리벽면이 풍화를 받지 않은 상태라면 무결암의 일축압축강도(σ_c)를 사용하나, **풍화된 상태라면 실무적으로 슈미트해머 시험을 이용 JCS값을 얻을 수 있다.** 이때 $\log_{10} JCS = 0.88\,\gamma\,R + 1.01\ (Mpa)$식 이용. R=슈미트해머 반발계수

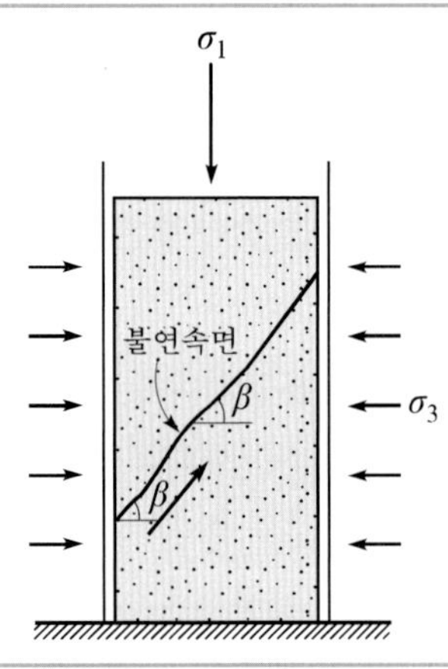

① 이 시험은 토질역학에서의 삼축압축시험이나, 신선한 암(intact rock)에서의 삼축압축시험과 근본적으로 다른 것이 있다.

② 토질역학에서 삼축압축시험은 처음부터 파괴 가능면이 먼저 설정되는 것이 아니며, 축차응력을 증가시키면 시료 안에서 자연적으로 파괴면이 형성된다. (최대 주응력면과 $45^\circ + \frac{\phi}{2}$의 각도로 파괴)

③ 그러나, 불연속면에 대한 삼축압축시험은 좌측 그림과 같이 파괴가능면(또는 불연속면)의 각도 β를 미리 설정해 놓고 파괴 시키게 된다. 따라서 β의 각도에 따라 불연속면에 작용되는 수직응력이 다르게 된다. 즉, β의 각도에 따라 파괴 시의 축응력 σ_{1f}가 다르다.

그림 14.34-1 불연속면을 포함하는 암석의 삼축압축시험

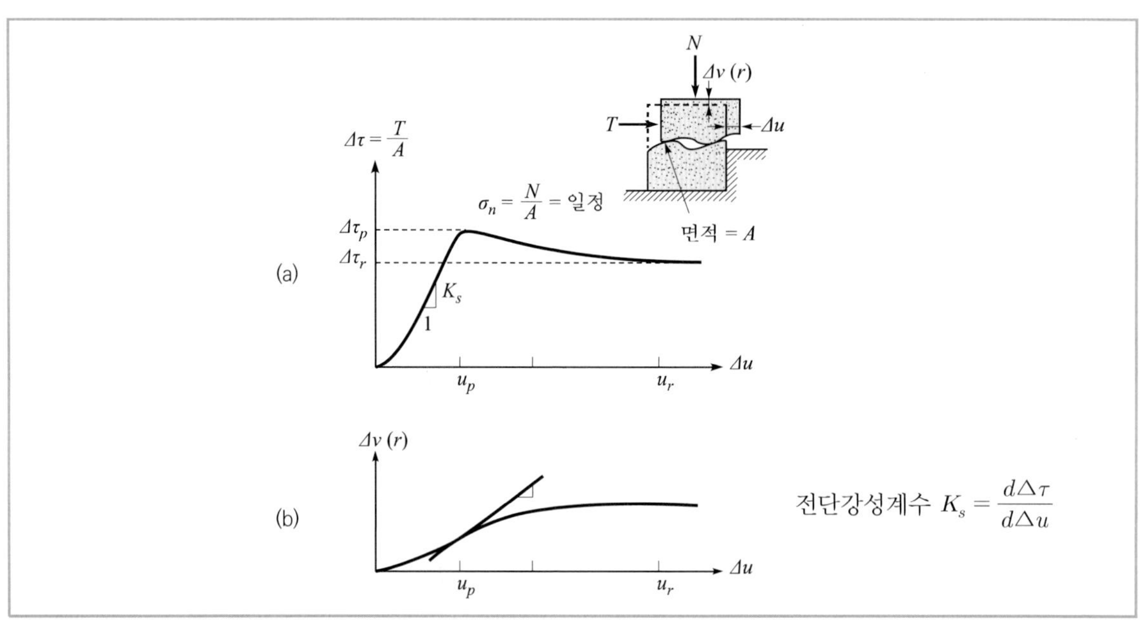

그림 14.34-2 직접전단시험시의 응력-변형률 거동

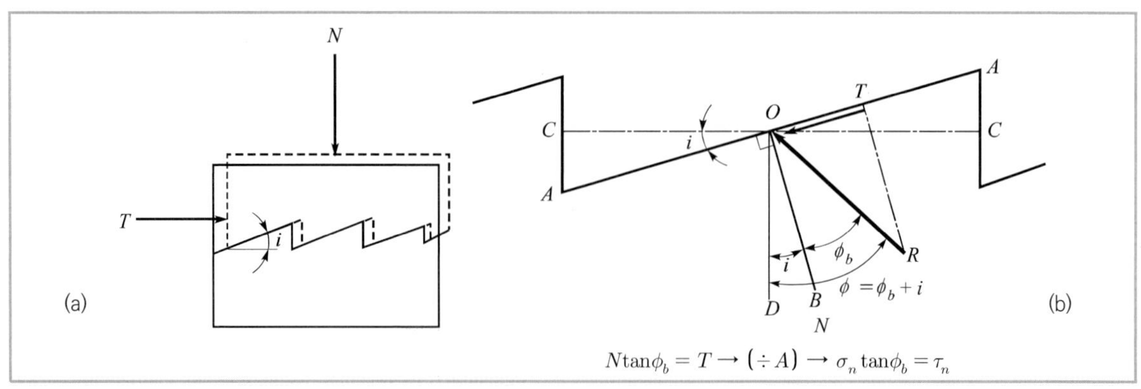

그림 14.34-3 Patton의 톱니모델

14.34 불연속면의 전단강도 시험 및 전단거동 특성(2)

직접전단 시험

- 직접전단시험은 불연속면에 작용하는 수직응력의 함수로 표현되는 잔류 및 최대전단강도에 대한 정보를 제공한다. 불연속면을 포함하는 암석시료의 상하부에 상대적인 변위가 발생할 때까지 전단응력이 가해진다. 수직하중 σ_n은 시험 전과정에 걸쳐서 일정하게 유지된다. 전단응력과 전단변위 관계로부터 얻어진 자료를 해석하여 c , ϕ와 관련된 최대 및 잔류강도정수가 산정된다. 그림 14.33-3 참조

- 여기서 추가로 연계할 부분은 그림 14.34-2 같은 직접전단시험의 전단응력-전단변형률 곡선의 기울기 K_s를 **전단강성계수**라고 한다. **K_s은 불연속체 모델에서 불연속면의 변형을 고려한 등가연속체 모델에서 요구하는 변형계수 중 하나임**을 14.44 불연속면에서의 변형에서 설명 될 것이다.

삼축압축시험

삼축압축시험은 불연속면의 전단강도시험법으로 실무에서 잘 쓰이지 않는다. 다만, 이시험은 연구목적으로 주로 실시된다. 이 실험은 그림 14.34-1 같이 σ_3를 등방하중으로 가하고 축응력을 파괴가 될 때까지 증가시키는 시험법이다.

2 불연속면의 전단거동 특성

직접전단시험시의 응력–변형률 거동 → 전단변형시 팽창거동

- 그림 14.34-2 에 직접전단시험 결과로 얻을 수 있는 전단응력-전단변위의 거동특성과 이때의 수직변위의 양상을 나타내었다. 그림에서 보면 전단응력-전단변위의 거동특성은 토질에서의 직접전단시험 결과와 유사하다. 다만 **불연속 암반에서의 거동이 토질과 다른 것**은 암반의 불연속면은 거칠기 또는 굴곡이 있으므로 그림과 같이 **전단응력을 가하여 전단변위가 점점 증가하게 될 때 불연속면 위의 암석이 아래쪽의 암석을 타고 올라가게 되어 수직방향으로 팽창하게 되는 현상이 존재한다**는 것이다(그림 14.34-2b), 전단방향으로만 밀려가는 것이 아니라, 절리의 굴곡부를 타고 올라가게 되는 효과로 인하여, **절리면의 거칠기가 크면 클수록 전단강도는 증가하게 된다**. 거칠기의 영향을 고려하는 방법은 후술될 것이다.

- 그림 14.34-2 의 전단응력-전단변위 곡선의 기울기 K_s를 **전단강성계수**라고 한다. 이 전단강성계수는 암반의 변형에서 집중적으로 서술되는 불연속면에서의 변위 예측에 긴요하게 사용되게 된다. 즉, **K_s은 불연속체 모델에서 불연속면의 변형을 고려한 등가연속체모델에서 요구하는 변형계수 중 하나임.**

- 전단강성계수 K_s는 $K_s = \dfrac{d\Delta\tau}{d\Delta u}$ 로서 정의되며, 단위는 응력/변위(kN/m^3)임에 주의하여야 한다.

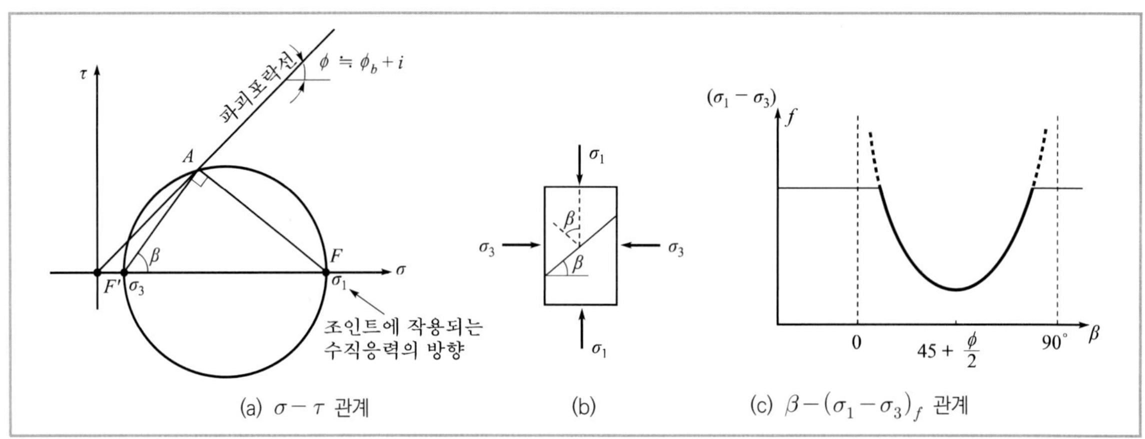

그림 14.35-1 β값에 따른 삼축압축강도

※ 그림 14.35-1에 대한 이해

① 최대 및 최소주응력이 σ_1, σ_3일 때, 불연속면에서의 전단응력 및 수직응력은 다음과 같다

$$\tau = \frac{1}{2}(\sigma_1 - \sigma_3)\sin 2\beta \quad \text{식 14.35-2}$$

$$\sigma_n = \frac{1}{2}(\sigma_1 + \sigma_3) + \frac{1}{2}(\sigma_1 - \sigma_3)\cos 2\beta \quad \text{식 14.35-3}$$

② σ_1을 계속적으로 증가시키어 불연속면이 파괴되었다고 하면, 이때의 전단응력은 전단강도가 된다. 블연속면에서의 전단강도는 다음 식과 같으므로 (여기서, $\phi = \phi_b + i$)

$$\tau_f = \sigma_n \tan\phi \quad \text{식 14.35-4}$$

③ 식 14.35-2, 식 14.35-3을 식 14.35-4에 대입하고 $(\sigma_1 - \sigma_3)$에 관하여 풀면 전단파괴시의 축차응력은 다음 식으로 표시된다.

$$(\sigma_1 - \sigma_3) = \frac{2\sigma_3 \tan\phi}{(1 - \cot\beta\tan\phi)\sin 2\beta} \quad \text{식 14.35-5}$$

해설 14.35-1

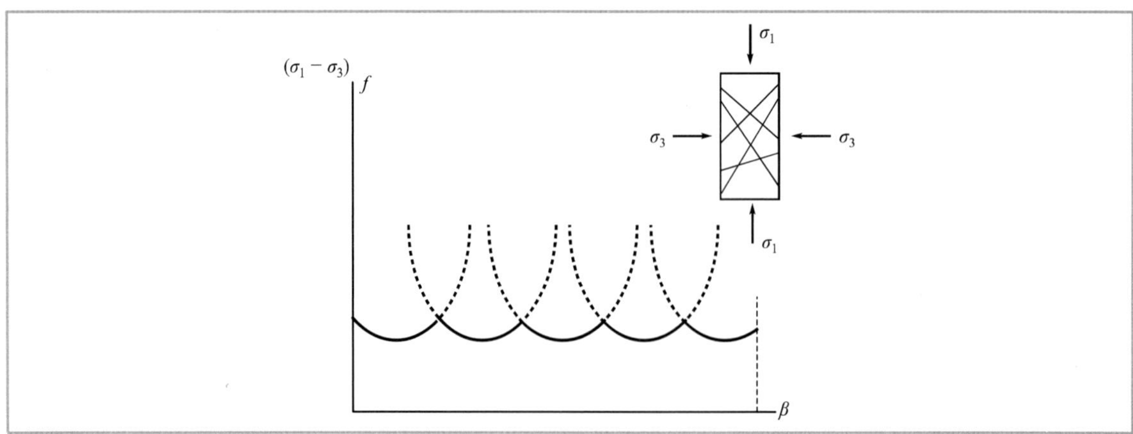

그림 14.35-2 여러개의 불연속면을 갖는 암석의 삼축압축강도-암반강도

14.35 불연속면의 전단강도 시험 및 전단거동 특성(3)

불연속면 거칠기의 영향 → $\phi = \phi_b + i$

- 불연속면이 완전히 평평한 암석에 대한 틸트시험으로 구해지는 암석의 기본내부마찰각ϕ_b는 암석의 종류에 따라 달라질 수 있는 정수이다. 대략 $\phi_b = 30°$ 근처로 보면 될 것이다.

- 불연속면의 거칠기를 이상화하여 그림 14.34-3 같이 규칙적인 톱니모양을 하고 있다고 하자(단, 톱니의 각도는 i) 이 암석의 기본내부마찰각은 ϕ_b이므로 AA면에서의 전단저항력 R은 OB면과 ϕ_b의 각도를 이룬다. 그림에서 전체적인 전단면은 CC이므로 전단저항력 R의 방향은 불연속면에 수직인 단면 OD와 '$\phi_b + i$'의 각도를 이룬다.

- 즉, 기본내부마찰각은=ϕ_b, 거칠기 각도=i인 불연속면은 내부마찰각이 $\phi = \phi_b + i$와 같은 값을 띠는 것으로 생각할 수 있다. 이 값은 그림 14.34-2 에서 설명한 굴곡부를 타고 올라가는데, 필요한 내부마찰각 증가효과와 같은 의미를 갖고 있다. 따라서, 거칠기 각도 i, 기본내부마찰각 ϕ_b를 갖는 불연속면의 전단강도는 다음과 같이 표현할 수 있다.

$$\tau_f = \sigma_n \tan(\phi_b + i) \qquad \text{식 14.35-1}$$

위의 톱니모델은 Patton(1996)이 제한한 모델이다.

삼축압축시험을 이용한 전단강도 모델 → 최대주응력면과 불연속면이 이루는 각(β)

- 삼축압축시험은 그림 14.35-1 같이 최대주응력면과 불연속면이 이루는 각도를 임의로 β로 정해 놓고 축하중을 가하는 시험이다.

- 전단파괴시의 축차응력을 나타내는 해설 14.35-1 의 식 14.35-5 에서 β값에 따른 $(\sigma_1 - \sigma_3)_f$의 값을 그림 14.35-1c 에 표시해 놓았다. 이 그림으로부터 다음의 사실을 알 수 있다.

  ① 불연속면과 최대 주응력면이 이루는 각도가 0°또는 90°이면, 불연속면의 영향이 최소가 되어 전단강도가 최대치에 이르고,

  ② 반면에 두면이 이루는 각도가 $\beta = 45° + \frac{\phi}{2}$에 이르면 전단저항력이 최소가 된다.

- 한편 불연속면이 5개 이상인 경우, 전단저항력이 그림 14.35-2 같이 되어 결국 불연속면의 방향에 관계없이 전단저항력이 최소값에 접근한다. 바로 이 조건이 암반(rock mass)의 강도로 볼 수 있다.

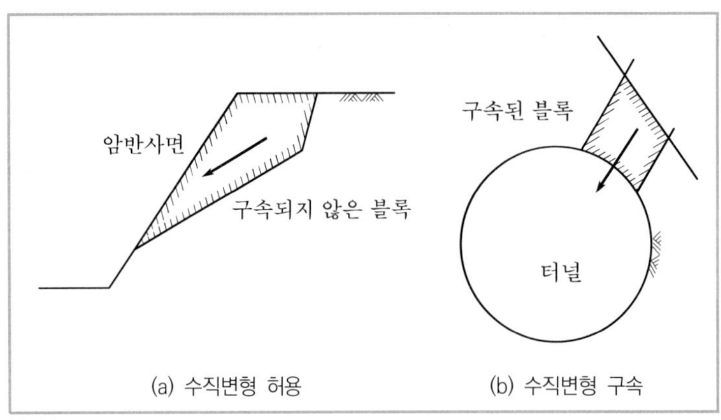

그림 14.36-1 전단응력과 구속조건

암반 보강은 암반에
구속압을 주는 효과를 가져옴
록 볼트
숏크리트
불연속면

그림 14.36-2 불연속 암반사면에서의 록볼트 효과

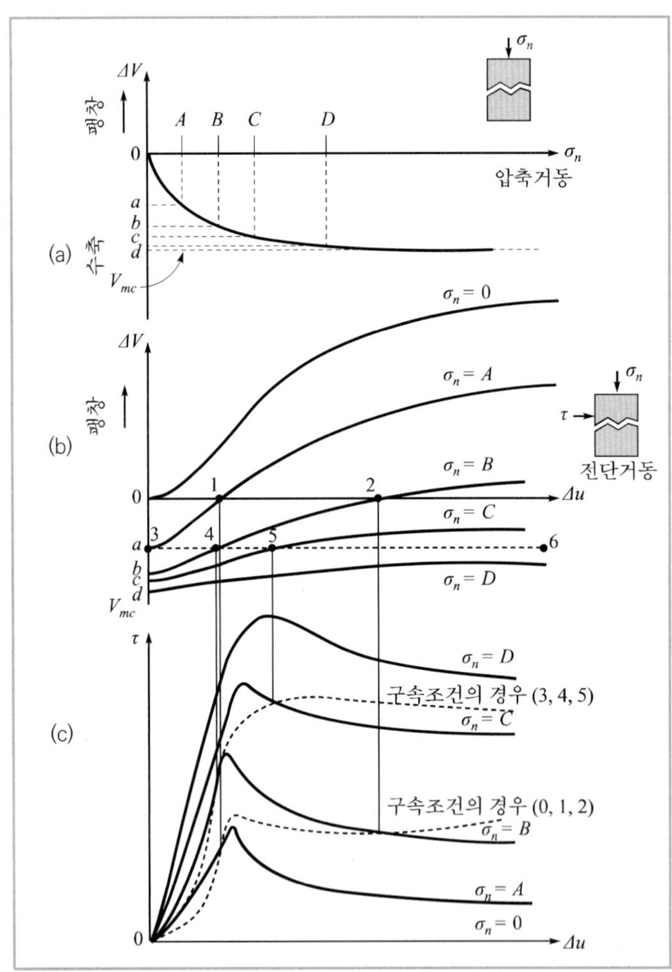

그림 14.36-3

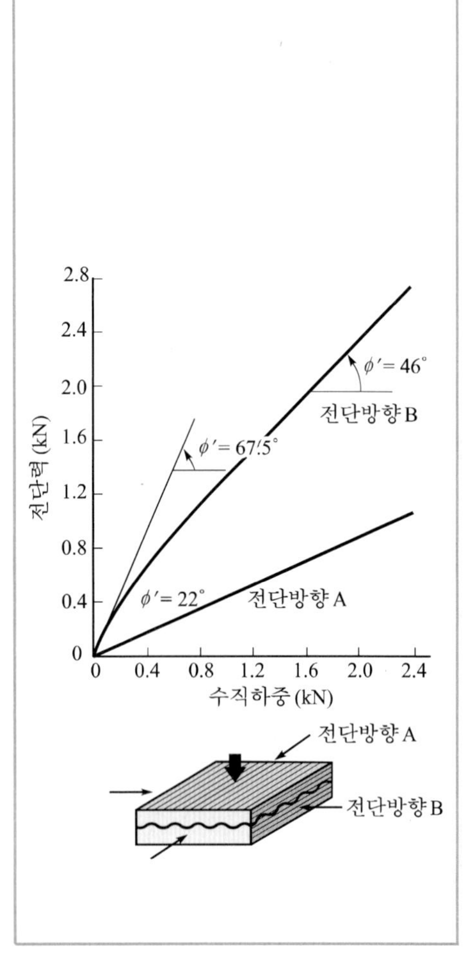

그림 14.36-4

14.36 불연속면의 전단강도 시험 및 전단거동 특성(4)

구속조건하의 전단강도 → 구속조건에 따른 수직응력 상승

■ 불연속면에 전단응력이 작용되면 전단변형과 동시에 팽창변형도 발생한다. 그 한 예가 그림 14.36-1a에서와 같이 불연속면을 갖는 암반사면일 것이다. 반면에 그림 14.36-1b에서와 같이 불연속면이 완전히 블록으로 구속되어 있는 경우는 다른 거동을 보일 것이다. 전단변형 시에 불연속면에 수직방향으로 팽창을 하고자 하나, 수직방향이 완전히 구속되어 있으므로 팽창하는 대신 수직응력의 상승을 가져온다. 이에 관해서는 14.23 1 구속응력영향에서 설명되었다. 이를 다시 한 번 정리하면 다음과 같다.

① 전단강도는 파괴가능면에 작용되는 수직응력에 비례하므로($\tau_f = \sigma_n \tan\phi$), **구속된 불연속면 블록은 전단변형이 발생되면서 전단강도가 증가한다.**

② 전단파괴면에 작용되는 **수직응력이 증가할수록** 전단 시에 소성거동을 보이게 된다. 즉, **첨두강도(peak strength) 후에도 강도의 저하가 크지 않다.**

■ 앞의 2가지 중요한 사실은 암반사면의 안정법으로서 록볼트(rock bolt)의 효용성을 잘 말해준다. 그림 14.36-2 같이 불연속면에 의한 암반사면 파괴를 방지하기 위하여 록볼트를 설치하게 되면 물론 록볼트와 암반사이의 부착력으로 저항력을 증가시켜 주게 되나, 부가적으로 전단변형시의 구속효과로 인하여 불연속면에서의 강도를 증가시켜 주게 된다.

■ 구속효과에 따른 전단거동을 그림 14.36-3을 통해 이해해 보자, 이 그림은 여러 개의 수직응력에 대한($\sigma_n = O, A, B, C, D$) 전단거동 특성을 나타내고 있다.

(a)그림 : 절리를 갖고 있는 암석시편에 수직응력을 가했을 때의 수직응력-체적수축 관계를 나타내는 그림

(b)그림 : (a)에서 가한 σ_n의 수직응력상태에서 직접전단시험을 실시할 때의 수평변위-체적변형 관계를 나타내는 그림

(c)그림 : 이 때의 수평변위- 전단응력의 관계를 나타내는 그림

■ 그림 14.36-3에서 보여준 전단거동은 그림 14.36-1a를 묘사하는, 즉 구속효과가 없는 경우의 거동으로 볼 수 있다. 이 시험결과를 이용하여 그림 14.36-1b의 경우와 같이 구속조건 하의 전단거동을 묘사할 수 있다. 그림 14.36-3b에서 만일 구속조건으로 인하여 수직방향으로 팽창이 불가능하다면 $\sigma_n = 0$인 경우 $0 \to 1 \to 2$, $\sigma_n = A$인 경우 $3 \to 4 \to 5$의 경로를 따라갈 것이다. 그림 14.36-3c에서 이 경로에 맞는 전단변형-전단응력 값들을 선택하여 연결하여 보면 그림에서 점선으로 표시된 전단변형-전단응력의 거동을 보일 것이다. 전단강도의 큰 증가와 함께, 소성거동의 좋은 예를 보여준다.

■ 이와 같은 결과는 전단변위의 방향이 불연속면 벽면의 요철에 직교하는 경우 유효하다. 전단변위의 방향이 그림 14.36-4의 A방향과 같이 요철에 평행한 경우에는 거칠기는 절리면의 강도에 아무런 영향을 미치지 못할 것이다.

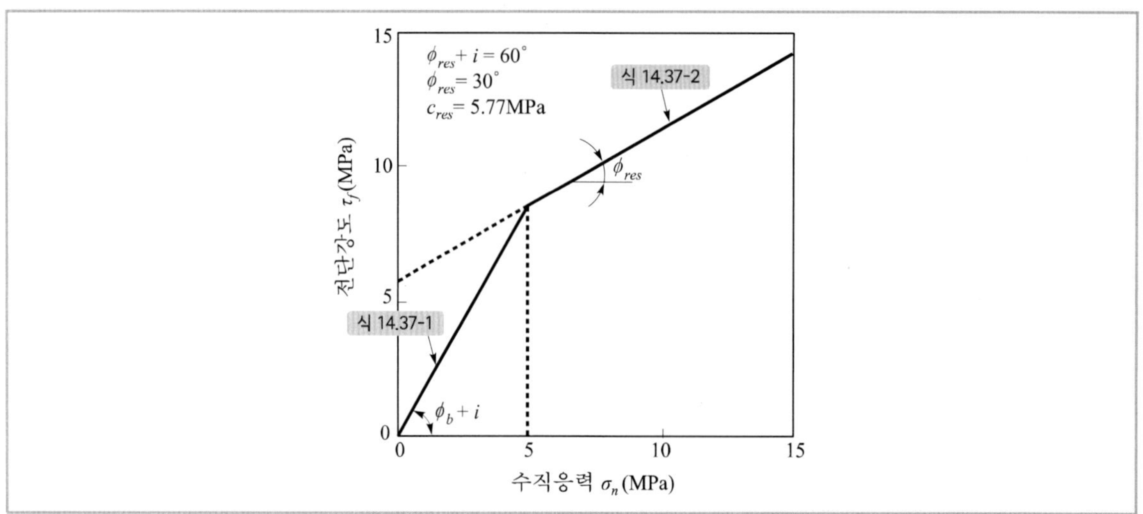

그림 14.37-1 Patton의 선형모델

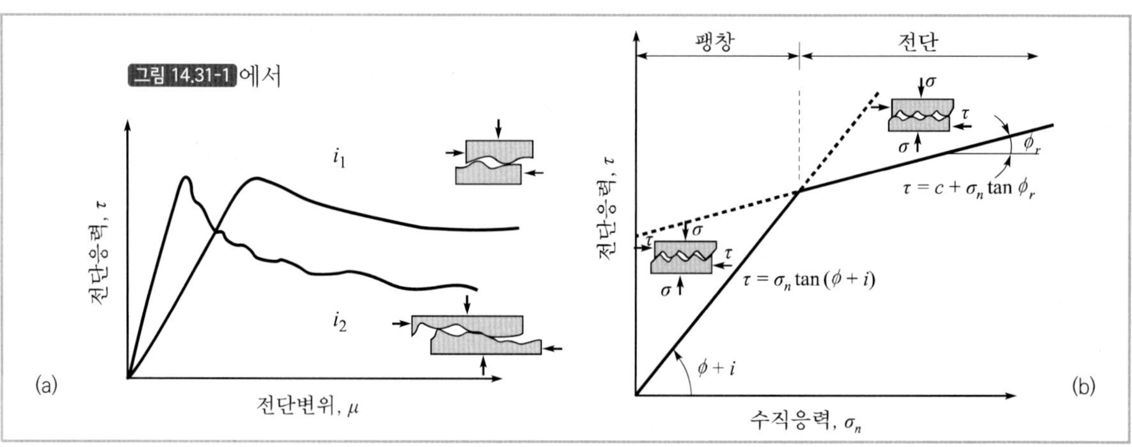

그림 14.37-2 거친 불연속면에 대한 전형적인 전단응력-전단변위 곡선 및 이중선형 파괴기준

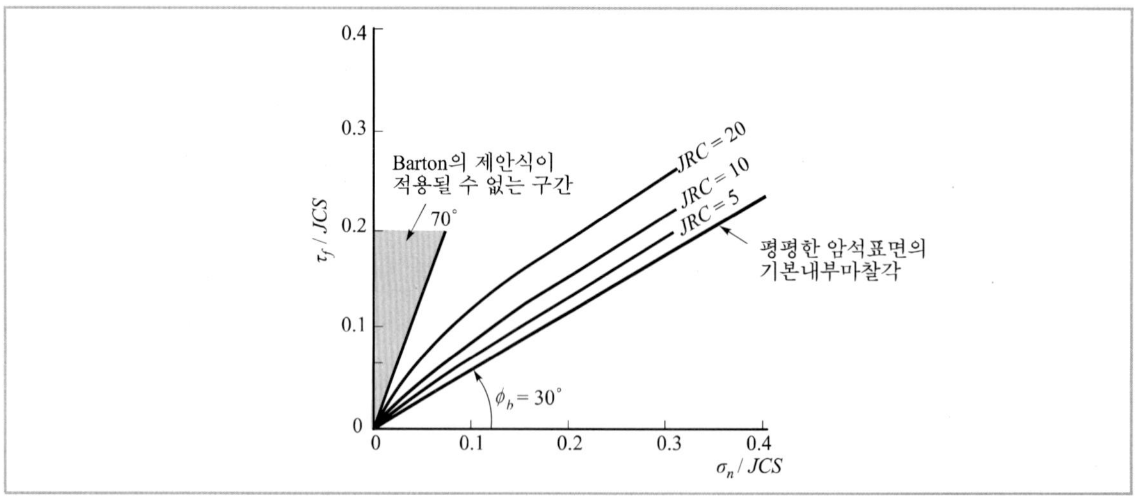

그림 14.37-3 Barton의 비선형모델

14.37 불연속면의 전단강도 Model(1)

앞에서 설명한 불연속면의 전단강도 시험 및 전단거동 특성들을 근거하여 불연속면에서의 전단강도 모델 Patton의 선형모델 및 Barton의 비선형모델에 대해 설명 할 것이다. 다시한 번 강조하면 불연속면의 전단거동 특성을 모두 반영하는 불연속면의 전단시험은 존재하지 않는다. 따라서 불연속면의 전단강도 모델을 이용하여 **불연속면의 전단강도 파괴기준을 설정하게 되고 설정된 파괴기준에 필요로 하는 요소들은 불연속면의 전단강도 시험을 통해 얻어지는 값들을 이용하게 된다는 점을 우선 이해하기 바란다.**

1 Patton의 선형모델

- Patton은 톱니모델을 이용하여 $\phi = \phi_b + i$로 내부마찰각을 표시할 수 있다고 14.35를 통해 설명하였다. 전단거동 시에 톱니각도 i를 타고 올라가는 데 필요한 효과를 고려한 것이 i값이다. **다만, 위에 제시된 내부마찰각은 수직응력(σ_n)이 비교적 작을 때에만 적용될 수 있다. 수직응력이 아주 클 경우에서 전단응력을 가하면 전단 시 톱니를 타고 올라가는 것이 아니라, 오히려 톱니가 부러지게 되어** 그림 14.34-3**의 CC면으로 밀려가게 된다.** 이 때의 내부마찰각은 ϕ_{res}로서 잔류강도를 나타낸다. 따라서 Patton은 그림 14.37-1 같이 선형모델을 제시하였다 즉,

$$\tau_f = \sigma_n \tan(\phi_b + i) \quad \rightarrow \quad \sigma_n \text{이 작을 때} \qquad \text{식 14.37-1}$$

$$\tau_f = c_{res} + \sigma_n \tan\phi_{res} \quad \rightarrow \quad \sigma_n \text{이 클 때} \qquad \text{식 14.37-2}$$

- ϕ_{res}값은 ϕ_b값과 거의 같은 것으로 알려져 있다.

2 Barton의 비선형모델

- Patton은 선형모델을 제시하였으나, 실측 결과에 의하면 전단시의 실제거동은 선형보다는 비선형을 띤다고 알려져 있다. Barton(1976)은 불연속면 전단강도의 비선형 모델을 다음과 같이 제시하였다. (아래의 2가지 식은 개념적으로 동일함)

일반식 $$\tau = \sigma_n \tan\left[\phi_b + JRC\log_{10}\left(\frac{JCS}{\sigma_n}\right)\right] \qquad \text{식 14.37-3}$$

거친 절리면에 대한 유사식 $$\tau = \sigma_n \tan\left[\phi_r + JRC\log_{10}\left(\frac{JCS}{\sigma_n}\right)\right] \qquad \text{식 14.37-4}$$

여기서, JCS : 불연속면 부근 암석의 압축강도

JRC : Barton의 거칠기계수 → 그림 14.32-2에 제시된 표

- 식 14.37-3 및 식 14.37-4에서 **불연속면의 강도는 3가지 요소에 의해 지배**된다. ① 마찰에 의한 요소 $\phi_r \fallingdotseq \phi_b$ ② JRC에 관계된 기하학적 요소 ③ $\dfrac{JCS}{\sigma_n}$비에 의해 제어되는 돌출부 요소 등이다.

개념정리 ⑯ 불연속면의 전단강도 모델에 대한 이해를 위한 계산문제

질문 불연속면을 갖는 미사암에 대하여 틸트시험을 실시한 결과 기울기가 53°에서 미끄러져 내렸다. (단 이때의 미사암의 접촉면적=89.3cm^2 , 미사암 시편의 질량=2.06kg , 부피=738cm^3) 한편, 평평한 밑면을 갖는 미사암을 택하여 틸트시험을 실시한 결과 $\phi_b = 32°$ 를 얻었다. 현장 불연속면에 대하여 슈미트해머 시험을 실시한 결과 R=19.5를 얻었다.

(1) 틸트시험 결과를 이용하여 JRC값을 예측하라

(2) $\sigma_n = 85kPa$ 일때의 전단강도를 구하라

(3) Barton의 식을 이용하여 전단강도-수직응력 곡선을 그려라

(4) (3)의 곡선으로부터 Patton의 선형모델을 구하라

풀이

(1) 틸트시험 결과를 이용하여 JRC값을 예측

① 질량=2.06kg=20.2N ($20.2 \times 10^{-3} kN$) ,

② $\sigma_n = \dfrac{W\cos\phi}{A} = \dfrac{20.2 \times 10^{-3} \times \cos 53°}{89.3 \times 10^{-4}} = 1.36kPa$

③ $\tau_f = \dfrac{W\sin\phi}{A} = \dfrac{20.2 \times 10^{-3} \times \sin 53°}{89.3 \times 10^{-4}} = 1.81kPa$

④ 미사암의 단위중량 $\gamma = \dfrac{W}{V} = \dfrac{20.2 \times 10^{-6}}{738 \times 10^{-6}} = 0.0274MN/m^3$

⑤ 위에서 구한 σ_n , τ_f , γ를 $\log_{10} JCS = 0.88\,\gamma\, R + 1.01\ (Mpa)$에 대입하면

$\therefore JCS = 30.2\,MPa$

⑥ $\tau = \sigma_n \tan\left[\phi_b + JRC\log_{10}\left(\dfrac{JCS}{\sigma_n}\right)\right] \rightarrow 1.81 = 1.36\tan\left[32 + JRC\log_{10}\left(\dfrac{30.2}{1.36 \times 10^{-3}}\right)\right]$

$\therefore JRC = 4.83$

(2) $\sigma_n = 85kPa$ 일때의 전단강도를 구하라

$$\tau = \sigma_n \tan\left[\phi_b + JRC\log_{10}\left(\frac{JCS}{\sigma_n}\right)\right] \rightarrow \tau = 85\tan\left[32 + 4.83\log_{10}\left(\frac{30.2}{1.36 \times 10^{-3}}\right)\right] = 83.0kPa$$

(3) Barton의 식을 이용하여 전단강도-수직응력 곡선을 그려라

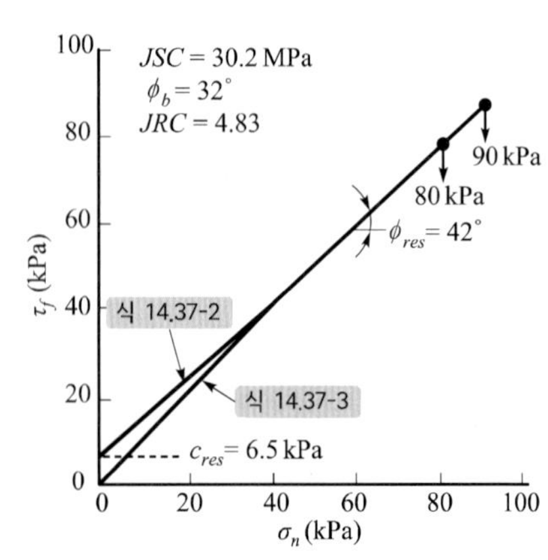

(4) (3)의 곡선으로부터 Patton의 선형모델을 구하라

$\sigma_n = 80 \sim 90kPa$범위에서 직선을 그리면

$c_{res} = 6.5kPa,\ \phi_{res} = 42°$

14.38 불연속면의 전단강도 Model(2)

■ 여기서 돌출부와 기하학적 요소는 거칠기 i를 표현한 것이다. Patton의 식 14.37-1 과 Barton의 식 14.37-3 을 비교해보면 $i = JRC\log_{10}(\frac{JCS}{\sigma_n})$ 로서 Patton식의 경우 i값은 일정한 값이나, Barton 식의 경우 σ_n의 함수로서 비선형을 띠고 있음을 알 수 있다.

■ $\frac{JCS}{\sigma_n} = 1$인 경우와 같이 높은 수직응력 하에서 거칠기에 의한 부피팽창은 무시된다.

■ 전체적인 마찰각은 $\phi = \phi_b + i$ 또는 $\phi = \phi_r + i$이며, 일반적으로 70°이하이다. 70°이상인 불연속면인 경우는 잘 맞지 않는다. 즉, 그림 14.37-3 에서 빗금친 부분

■ Barton 비선형모델에서 요구하는 요소들 산정방법에 대해 정리해 보면 아래 표 14.38-1 와 같다.

Baton 비선형모델 요구 요소	구하는 방법	연계학습
① 잔류마찰각(ϕ_r) 추정 ($\phi_r = \phi_b$)	$\phi_r = (\phi_b - 20^\circ) + 20\frac{r}{R}$ 여기서, ϕ_b는 틸트시험에 의한 값 R : 슈미트해머 반발지수	개념정리⑯ 그림 14.33-2
② 절리면 압축강도 (JCS) : 불연속면 근처의 암석의 σ_c	• 점하중 시험을 이용하거나 • 슈미트해머 시험을 이용한 경험식 $\log_{10} JCS = 0.88\gamma R + 1.01\ (Mpa)$	개념정리⑯ 14.33
③ 절리면 거칠기계수 (JRC) :	• 틸트시험을 이용한 경험식 $JRC = \frac{\alpha - \phi_r}{\log(\frac{JCS}{\sigma_n})}$ • Barton제시한 거칠기계수표	그림 14.33-2 그림 14.32-2

표 14.38-1

3 전단강도 모델의 적용

■ Patton식은 선형, Barton식은 비선형으로 제시하였다. 이 불연속면의 전단강도 모델은 암반사면의 안정해석 및 터널의 불연속체 수치해석 등에 사용하게 된다. 실제로 암반사면 안정문제에서 강도모델을 적용할 때는 비선형 또는 선형식으로 모델을 제시하기 어렵다. 따라서, 단순히 Mohr-Coulomb의 전단강도 모델을 사용함이 일반적이다. 즉, $\tau_f = c + \sigma_n \tan\phi$ 의 식을 사용한다.

■ 따라서 식 14.37-1 ~ 식 14.37-4 으로 제시된 강도모델을 Mohr-Coulomb의 강도정수 c, ϕ로 바꾸어야 한다. 이때, 실제현장에서 불연속면에 작용하는 수직응력 σ_n을 구하고, 이 수직응력에서의 접선의 기울기와 절편값으로 $\tan\phi$ 및 c값을 산정하여 공학적인 문제를 풀어야 한다.

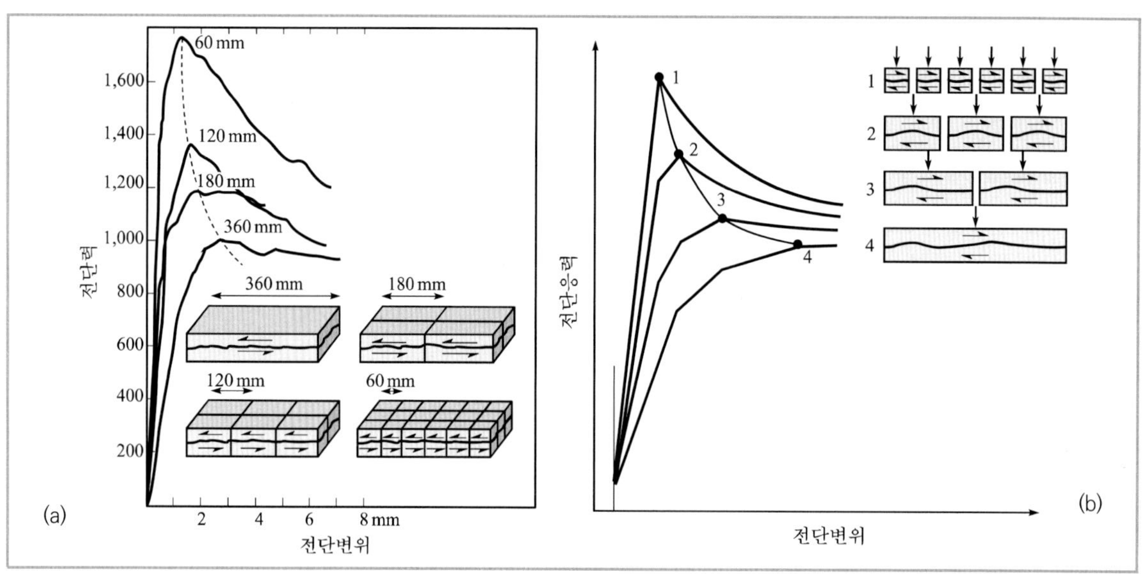

그림 14.39-1 불연속면의 크기효과(scale effect)

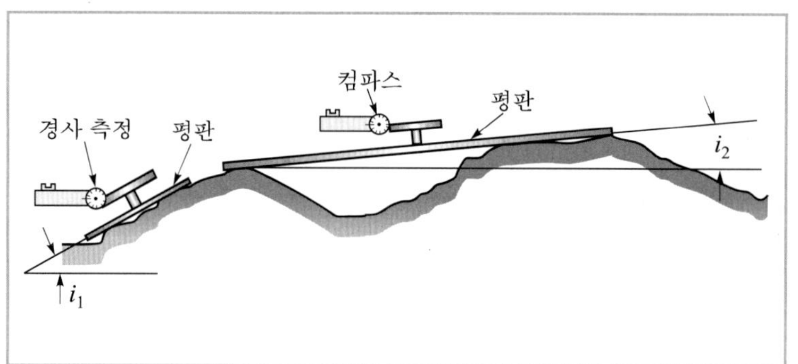

그림 14.39-2 $i_2 < i_1$

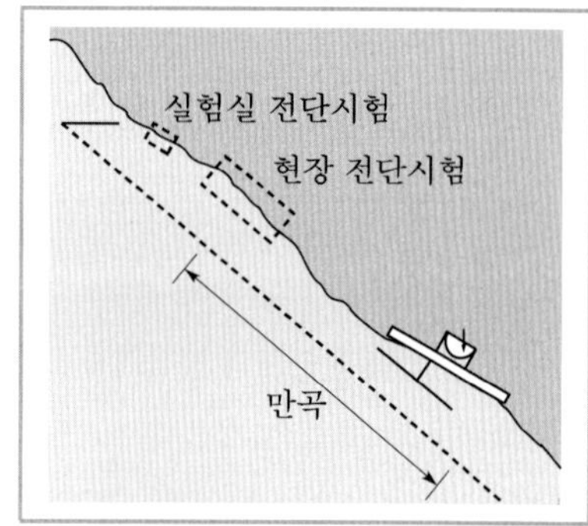

그림 14.39-3

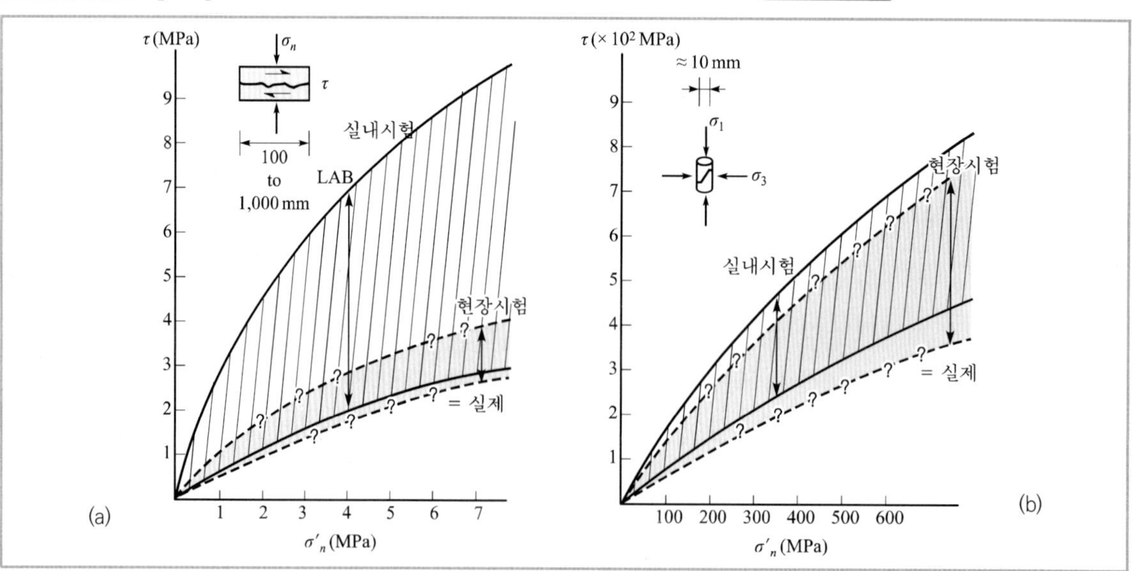

그림 14.39-4 응력의 크기에 따라 예측되는 크기효과(scale effect)

14.39 불연속면의 전단강도와 관련한 크기효과(scale effect)

1 크기효과(scale effect)

- Barton의 전단강도 모델에서 JRC, JCS는 그림 14.39-1 같이 시료의 크기에 영향을 받으며 이를 **크기효과(scale effect)**라 한다. 불연속면의 전단강도는 주로 거칠기에 영향을 받으므로 시료의 면적(크기)에 영향을 받는다고 할 수 있다.
- 불연속면의 거칠기는 그림 14.39-2 같이 큰 규모(cm~m)의 1차 거칠기인 만곡(waviness)과 작은 규모(mm~cm)의 2차 거칠기인 돌기·요철을 포함하는 넓은 개념이다.
- **크기가 증가함에 따라 만곡의 영향으로 i값이 낮아지게 된다.** 이러한 사실은 그림 14.39-2 에서 확인할 수 있다. **큰 평판을 사용하면 작은 평판을 사용할 때 보다 거칠기의 각은 작아짐.** ($i_1 > i_2$)
- 그림 14.39-3 같이 현장시험에서는 큰 규모의 거칠기가(i_2) 고려될 수 있는데 반하여 실내시험에서는 소규모 거칠기(i_1)만 고려된다. ($i_1 > i_2$)

2 불연속면의 역학적 거동에 영향을 미치는 크기효과(scale effect)에 대한 정리

- **시료의 면적이 증가함에 따라** → 그림 14.39-1 을 보고 이해하라.
  ① 전단강도(τ_p)는 감소한다.
  ② 응력-전단변위 곡선의 모양은 취성에서 연성으로 전이 된다.
  ③ 최대전단변위는 증가한다.
  ④ 절리 전단강성계수(K_s)는 감소한다.
- 불연속면의 전단강도에 미치는 크기효과는 비구속조건 하에서는 뚜렷해지나, 구속조건 하에서는 크기효과의 영향은 줄어든다. 즉,
  ① **불연속면의 부피팽창이 허용되는 조건**에서는 이에 따른 $\phi = \phi_b + i$는 감소하게 되며,
  ② **부피팽창이 허용되지 않는다면** 크기효과(scale effect)는 소멸된다.
  ③ 또한 JCS값과 이에 따른 JCS/σ_n 성분도 크기가 증가함에 따라 감소하게 된다.
- 그림 14.39-4 는 **서로 다른 크기의 시료에 대한 실내시험 및 현장시험을 통하여 불연속면의 전단강도에 미치는 유효수직응력의 영향을 고찰**한 것이다.
  ① 그림(a)같은 **낮은 수직응력 조건의 100~1,000mm 길이 시료에 대한 실내시험 결과**에서 시료의 크기효과(scale effect)는 명확하게 나타나며, **시료크기가 비교적 큰 현장시험에서는 시료크기의 영향이 적어진다.**
  ② 그림(b)같은 높은 수직응력 조건에서 직경 10mm 시료에 대한 실내시험 및 현장시험 결과에서 시료의 크기효과(scale effect)는 소멸됨을 확인할 수 있다. 이는 **불연속면에 가해지는 σ_n 증가함에 따라 τ 값과 K_s값이 증가하며 불연속면의 전단강도에 미치는 거칠기 영향이 억제되기 때문이다.**

개념정리 ⑰ 축척효과(scale effect)가 하중조건에 따라 경계면 전단강도에 어떠한 영향을 미치는가? (I)

1 구조물의 하중조건

- 암반사면의 활동, 터널의 블록거동, 록볼트의 인발 또는 암반에 근입된 현장타설 콘크리트 말뚝의 하중재하에 의한 주면마찰력 등은 암 절리면 사이 또는 암과 그라우팅체의 경계면, 암과 콘크리트의 경계면의 거칠기 및 강도특성, 응력상태에 따라 크게 영향을 받는다.

- 이들 구조체의 거동, 극한하중, 안전율 등을 파악하기 위해서는 이 **경계부의 강도특성 파악이 필수적**이며 이를 위해 **현장조건이 적절히 모사된 전단시험이 필요**하다. **경계면의 전단강도에는 축척효과(크기효과)가 작용하는데 이는 하중조건에 따라 달라진다.** 하중조건은
  ① **일정하중조건**(constant normal load condition : CNL) → **크기효과 중요**
  ② **일정강성조건**(constant normal stiffness condition : CNS) → **크기효과 보다 K_n 중요**

- **암반사면의 활동**과 같이 일정중량의 암 블록이 활동될 경우 암괴는 거동에 따라 상부에 구속력을 받지 않고 활동되므로 전단면에서 그림 개념 ⑰-1의 왼쪽과 같이 CNL 조건이 형성되며,

- **터널의 블록 활동, 록볼트 인발, 암반에 근입된 현타말뚝의 주면마찰력 발현**은 전단면에 연직한 방향으로 암괴나 콘크리트가 구속을 받게 되는데 그 구속의 크기는 암반의 변형계수 또는 콘크리트의 변형계수와 경계면 돌출부의 높이에 따라 변하므로 전단면에서 그림 개념 ⑰-1의 오른쪽과 같이 CNS 조건이 형성된다.

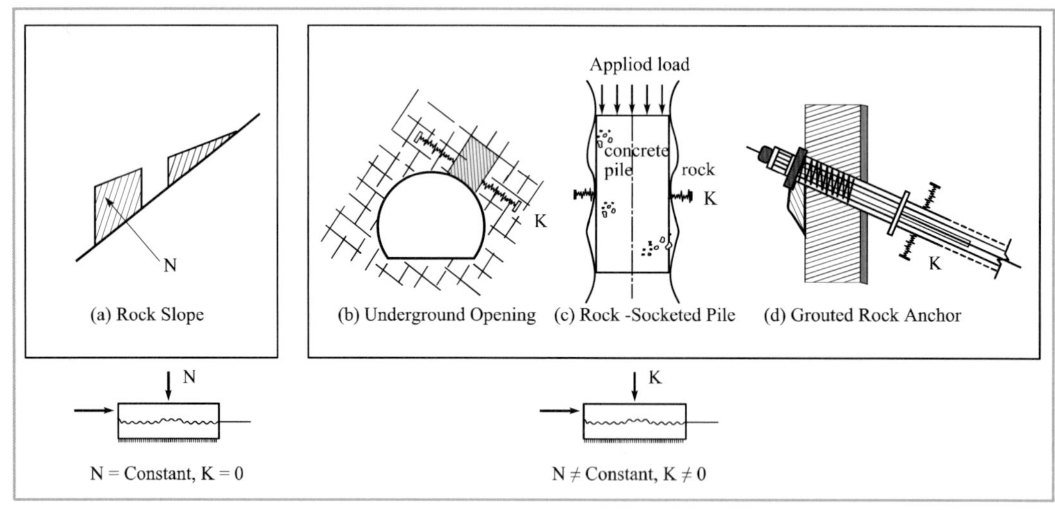

그림 개념 ⑰-1

2 암반사면의 축척효과(크기효과)

- 사면에서의 축척효과는 Barton과 Bandis(1982)가 동일 절리에 대한 크기별 시험을 실시하여 **절리면 거칠기(JRC)와 절리면 압축강도(JCS)는 축척이 커짐에 따라 작아진다**는 식을 제안하였다. 이에 따라 전단강도는 Barton의 전단강도식 (3)에 이 두변수(1), (2)를 대입하여 구할 수 있다.

개념정리 ⑱	축척효과(Scale effect)가 하중조건에 따라 경계면 전단강도에 어떠한 영향을 미치는가? (2)

$$JRC_n = JRC_o(\frac{L_n}{L_o})^{-0.02JRC_o} \quad (1)$$

$$JCS_n = JCS_o(\frac{L_n}{L_o})^{-0.03JCS_o} \quad (2)$$

$$\tau = \sigma_n \tan\left[\phi_b + JRC\log_{10}(\frac{JCS}{\sigma_n})\right] \quad (3)$$

- 여기서 JRC_o, JCS_o, L_o는 100mm의 시험실 시료의 값이며, JRC_n, JCS_n, L_n는 현장의 암괴크기를 나타낸다. 단 Barton과 Bandis의 실험은 CNL 상태에서 수행된 결과로서, **암반블록이 전단에 의한 수직팽창(dilatancy)에 대하여 자유로운 상태에만 국한되는데 암반사면 활동의 문제에 잘 적용된다.**

- CNL 상태에서 거칠기는 주로 돌출부의 평균 경사각의 크고 작음이 전단강도에 가장 큰 영향을 주나 CNS 상태에서는 돌출부의 평균경사각 뿐 아니라 평균높이가 전단강도에 가장 큰 영향을 미친다. 즉, CNL 상태는 동일한 시편의 경우 거칠기의 평균 기울기가 같으면 거칠기가 같으나 시편의 길이가 커지면 거칠기가 상대적으로 감소한다.

3 암반에 근입된 현장타설말뚝의 축척효과

- **록 소켓된 말뚝은 CNS 상태로서,** CNS 상태에서는 거칠기의 경사각이 같더라도 돌출부의 정점 높이, 즉 **돌출부의 평균 높이가 높은 것이 전단강도가 크게 발휘된다.** 이것은 전단시 전단변위에 따른 다일러턴시 발생량이 달라져 수직응력이 팽창량에 일정한 수직강성(K)를 곱한 만큼 증가함으로 인하여 거칠기 평균 높이가 큰 쪽이 더 큰 전단강도를 발휘하게 된다.

- 암반에 근입된 현장타설 말뚝에서의 암반 거칠기 효과에 의한 전단강도의 증대를 말뚝의 지지력 증대로 고려할 수 있는 지지력 산정에 관한 연구가 다음과 같이 수행되었다. 기반암을 천공하여 소켓이 만들어진 상태에서 콘크리트를 타설 한 후, 소켓의 이상화된 단면을 그림 개념 ⑱-1에 나타내었다.

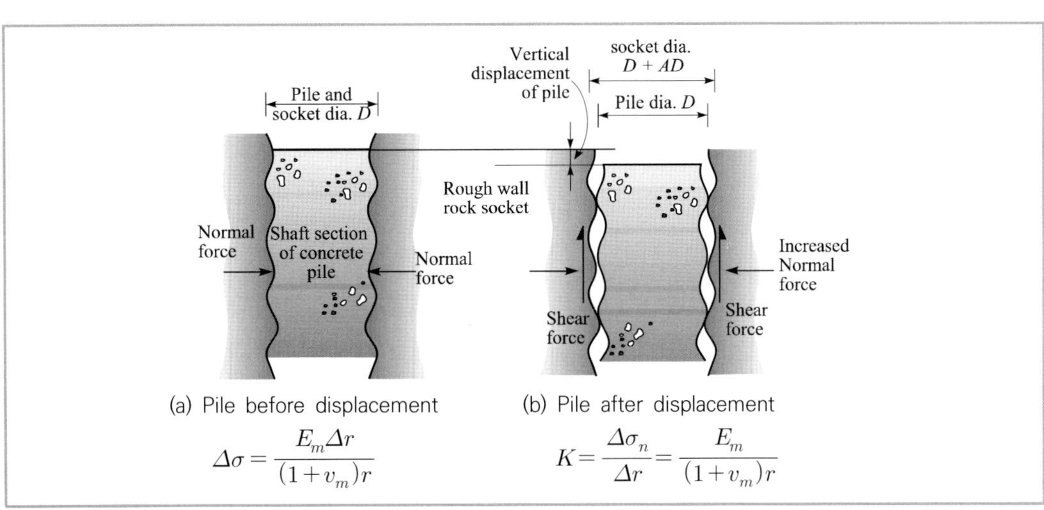

그림 개념 ⑱-1

개념정리 ⑲ 축척효과(scale effect)가 하중조건에 따라 경계면 전단강도에 어떠한 영향을 미치는가? (3)

- 암반에 접한 콘크리트에 의해 초기응력이 가해진 상태에서 상부구조물의 하중이 말뚝을 통해 축하중으로 작용하면 접합면에서 전단응력이 발생하고 슬라이딩이 발생하게 된다. 이때 말뚝과 암반은 탄성적으로 변형할 것이다.

- 기하학적인 구속 상태에서 슬라이딩 변형에 의해 **콘크리트와 암반의 경계부에 팽창이 발생**하고 이에 따라 암반이 주변으로 밀려나게 되면서 **경계부에서의 수직응력이 증가**하게 된다(Johnston and Lam, 1989).

- 소켓의 팽창은 무한 탄성공간에서 무한 실린더형 공동 확장이론으로 근사되어 수직응력 증가량은 접촉면의 팽창량과 관련시킬 수 있다

$$\Delta\sigma = \frac{E_m}{(1+\nu_m)} \times \frac{\Delta r}{r} \tag{4}$$

여기에서 r은 소켓 반지름, E_m, ν_m은 암반의 변형계수와 포와송비이다. 수직강성 K는

$$K = \frac{\Delta\sigma_n}{\Delta r} = \frac{E_m}{r(1+\nu_m)} \tag{5}$$

- 따라서, 암반에 근입된 말뚝 소켓의 거동은 CNS조건에 지배되는 것으로 모델링할 수 있다. 경계부의 슬라이딩이 시작되면 콘크리트와 주변암반 사이의 접촉면적은 전단변위에 따라 감소하며, 그림 개념 ⑲-1과 같이 2차원 톱니 요철 모델로 표현하면 국부 수직응력은 접촉면적의 감소와 CNS 전단에 의한 팽창으로 인해 증가한다.

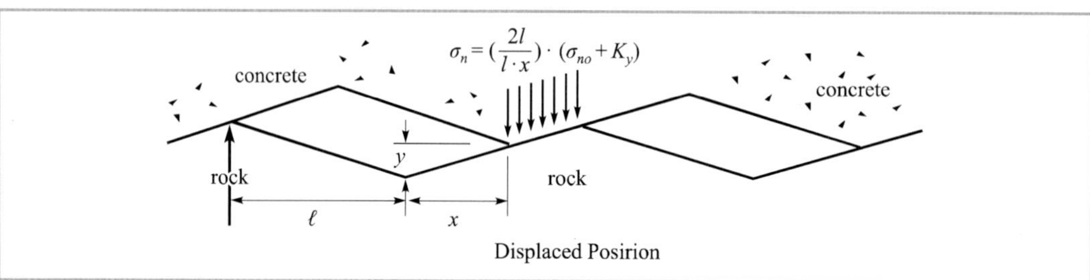

그림 개념 ⑲-1

- Johnston and Lam은 슬라이딩으로 인한 요철부에 발생하는 전단응력을 콘크리트와 암사이의 마찰각과 소켓축에 대한 경계부 요철의 경사의 함수로서 다음과 같이 표현하였다.

$$\tau = \sigma_n \tan(\phi + \theta) \tag{6}$$

- Seidel(1993)은 실제의 소켓에서 n개의 요철부를 갖는 총면적 A의 소켓에 대하여 각각의 접촉면적과 국부수직응력으로 슬라이딩 전단응력을 다음과 같이 계산하였다.

$$\tau = \frac{1}{A}\sum\left[(a_1\,\sigma_{n,}\tan(\phi + \theta_1))\right] \tag{7}$$

개념정리 ⑳ 축척효과(scale effect)가 하중조건에 따라 경계면 전단강도에 어떠한 영향을 미치는가? (4)

- 만일 동일한 암반에 동일한 거칠기를 생성하는 굴착장비로 직경을 다르게 굴착하여 동일 심도에 콘크리트를 타설 한다면 두 말뚝의 암반과의 경계부에서 기본마찰각 ϕ와 요철부 평균경사각 θ는 동일한 조건이며 요철부의 높이 또한 동일하다. 이때 변수는 말뚝의 직경뿐이다.

- 이 상태에서 전단강도의 축척효과는 거칠기의 효과가 아닌 강성의 축척효과에 의해 나타난다. 즉, 식 (5)와 식 (6)에서 말뚝 직경에 의한 변화는 수직응력 σ_n에 포함된다.

- 그림 개념 ⑲-1의 식, $\sigma_n = \dfrac{2l}{l \cdot x}(\sigma_{no} + K_y)$에서 동일한 거칠기를 갖기 때문에 l, x, y 그리고 σ_{no}는 동일하다. 그러나 수직강성 K는 무한 탄성공간에서 무한 실린더형 공동확장이론에 의해 식 (5)와 같이 말뚝의 반지름 r에 반비례하게 된다.

- 따라서 **암반에 소켓된 말뚝에서의 축척효과는 거칠기의 형태와 높이가 동일한 경우 직경의 크기에 의한 수직강성의 감소로 인하여 주면마찰력이 주면적의 크기에 비례하여 커지지 않는다.**

4 요약정리

- 불연속면의 전단강도에 영향을 미치는 **크기효과(scale effect)**를 설명하면 **시료의 면적이 증가**함에 따라
  ① 전단강도(τ_p)는 감소한다.
  ② 응력-전단변위 곡선의 모양은 취성에서 연성으로 전이 된다.
  ③ 최대전단변위는 증가한다.
  ④ 절리 전단강성계수(K_s)는 감소한다.

- 그러나 **이러한 크기의 영향은 σ_n낮은 불연속면에 부피팽창이 일어나는 경우 유효하고, 반대인 경우는 크기의 영향은 소멸된다.**

구분	일정하중조건=CNL (constant normal load condition)	일정강성조건=CNS (constant normal stiffness condition)
① 조건	수직하중 일정(비구속 상태)	수직강성이 일정(구속상태)
② 크기효과 (scale effect)	유효 (시료 크기가 클수록 거칠기 감소)	소멸 (수직강성효과 중요)
③ 전단시 변위	팽창	없음(수직응력증가)
④ 적용	암반사면	암반근입말뚝 및 터널 록볼트

표 개념 ⑳-1

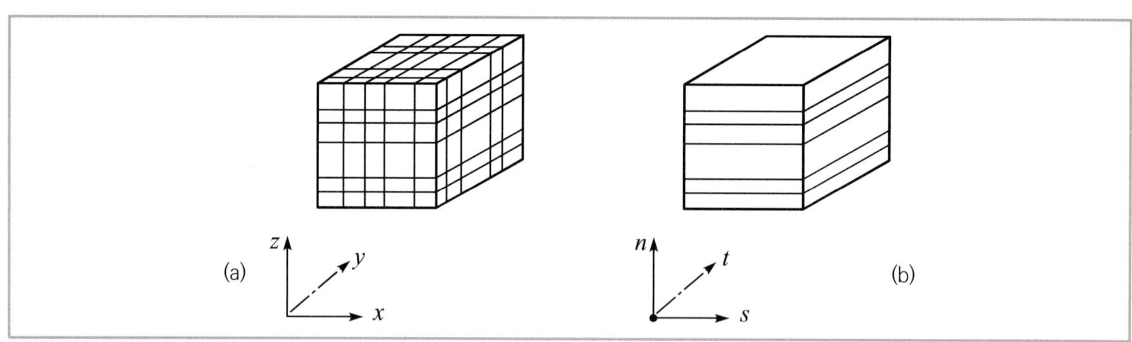

그림 14.40-1 Orthotropic 대칭과 가로축 등방

<table>
<tr><th>구분</th><th colspan="3">암 지반</th></tr>
<tr><td>1. 구분</td><td>암석의 탄성계수 E</td><td colspan="2">암반(불연속면 포함)의 변형계수 E_m</td></tr>
<tr><td rowspan="2">2. 시험 방법</td><td rowspan="2">• 일축압축시험 및 삼축압축시험 :
E , ν
• 동적실험에 의한 방법(탄성파속도 이용) :
E_d , ν_d

※ 취성과 높은 강도를 가진 암석은 연성을 가진 연약한 암석보다 탄성계수가 크고 포아송비가 낮다. 그리고 일반적으로 $E_d > E$</td><td>실내</td><td>• 직접전단시험
┌ 수직강성계수(K_n)
└ 전단강성계수(K_s)</td></tr>
<tr><td>현장</td><td>• 공내재하시험
• 평판재하시험
• 보어홀 잭 시험
• dilatometer시험
• 플래트잭 시험</td></tr>
<tr><td>3. 경험적인 방법</td><td colspan="3">• 실내시험에서 구한 암석의 E로부터 추정
암석시편에 대한 일축압축·삼축압축시험으로 구한 암석의 E에 적절한 감소계수를 곱하여 암반의 E_m를 추정하는 방법
$E_m = E \times f(RQD)$

• 암반분류법(RMR, Q-system)에 의한 방법
$E_m = 2 \times \text{RMR} - 100\ (\text{RMR} > 50)$, $E_m = 10\left(\frac{\text{RMR}-10}{40}\right)(\text{RMR} \leq 50)$
$E_m = 10 \times Q^{\frac{1}{3}}$
$E_m = \sqrt{\frac{\sigma_c}{100}}\, 10^{\left(\frac{GSI-10}{40}\right)}$, $\sigma_c < 100Mpa$</td></tr>
<tr><td>4. 산정시 고려사항</td><td colspan="3">① 초기지중응력
② 암석의 강도
③ 불연속면의 특성
④ 현장의 암반특성
(현장시험을 통해 현장 암반특성이 반영된 변형계수 산정이 중요)</td></tr>
<tr><td>5. 활용</td><td colspan="3">• 터널 수치해석을 위한 입력물성
① REV넘는 암반역학 : 변형해석(유한요소법) 입력자료
② REV이하 불연속면 역학 : 응력과 변형을 함께 검토하는 DEM(개별요소법) 입력자료</td></tr>
</table>

표 14.40-1 암반지반의 변형계수 산정방법

14.40 변형해석을 위한 실무에서 암지반에 대한 가정 및 변형계수 산정법

암 지반의 변형해석을 위한 실무에서 암반에 대한 가정은 지반공학이해Ⅰ 47p 개념정리⑩에서 이미 설명된 바 있다. 다시 정리하면 실무에서는 **암반 지반을 대부분 등방 탄성체로 가정**하고 암반변형에 대한 해석을 함이 보통이나, **층상암반과 같이 이방성을 고려한 거동해석이 필요한 경우**에는 **1개의 불연속면군을 갖는 등가의 암반으로 묘사하기 위한 2축 직교 이방성(가로축 등방) 모델을 이용**한다.

암 지반의 변형계수 산정방법에 대해서는 지반공학이해Ⅰ 144p 표 2.34-1을 통해 정리 되어 있다. 함께 연계 학습하길 당부 드린다.

1 완전등방 탄성거동을 하는 암반으로 가정 : 2개의 기본 탄성정수 필요

① 전단탄성계수 $G = \dfrac{E}{2(1+\nu)}$ ② 체적탄성계수 $K = \dfrac{E}{3(1-2\nu)}$

2 이방성을 갖는 탄성거동을 하는 암반으로 가정 : 비등방 탄성모델이 필요

① Orthotropic 대칭 : x, y, z축의 직교면 방향으로 비등방의 경우이다. 실제로는 x, y, z축에 평행하여 각각 절리군이 존재하는 경우, 절리를 고려하여 등가의 암반으로 가정하여 암반역학 문제를 풀고자 할 때 사용 → 그림 14.40-1a

② 2축 직교 이방성(가로축 등방) : 이 경우는 두 방향, 즉 한 평면으로는 등방이고 3축방향으로만 비등방인 경우이다. **이 모델은 암석자체는 등방이나, 불연속면이 평행으로 일정한 간격으로 존재하는 경우, 불연속면을 포함한 연속체로 모델링하기 위한 목적**으로 쓰인다. → 그림 14.40-1b

3 비등방 탄성모델의 적용성

- 암반역학에서 비등방 모델을 실무에 작용하는 것은 그리 쉽지 않다. 재료의 특성이 필요한 암반정수를 5개 이상 설계시 예측하는 것은 사실상 너무 어렵기 때문이다.
- 이보다 더 심각한 문제가 있다. 신선한 암석만을 취급하는 암석역학에서는 암석시험을 통해 제반 탄성정수들을 구할 수 있으나, 많은 불연속면을 동반하는 암반역학에서의 탄성정수 예측은 너무나 많은 불확실성을 내포하고 있기 때문에 암석자체가 갖고 있는 이방성으로 인한 불확실성보다 훨씬 큰 문제를 안고 있다.
- 따라서 **실무에서는 대부분 등방 탄성체로 가정하고 암반변형에 대한 분석을 함이 보통**이다. 다만, 앞서 설명한것과 같이 **가로축 등방의 경우**는 하나의 불연속면군을 갖는 등가의 암반을 묘사하는데 사용되며, Orthotropic **대칭의 경우**는 상호 직각을 이루는 세 개의 불연속면군을 갖는 등가의 암반을 묘사하는 데 이용되는 정도이다.

4 암 지반의 변형계수 산정방법 → 표 14.40-1

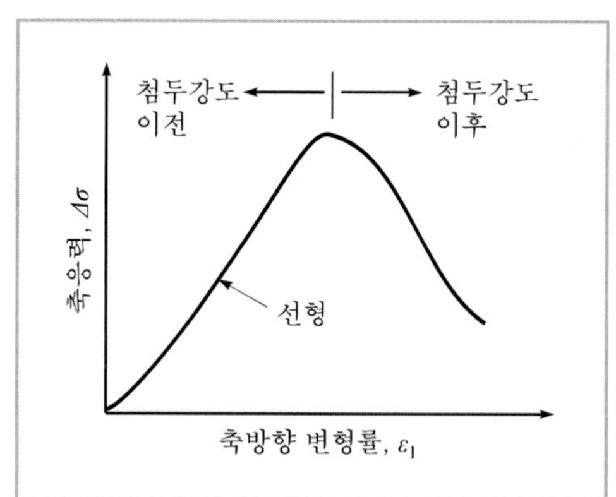

그림 14.41-1 응력-변형률 곡선

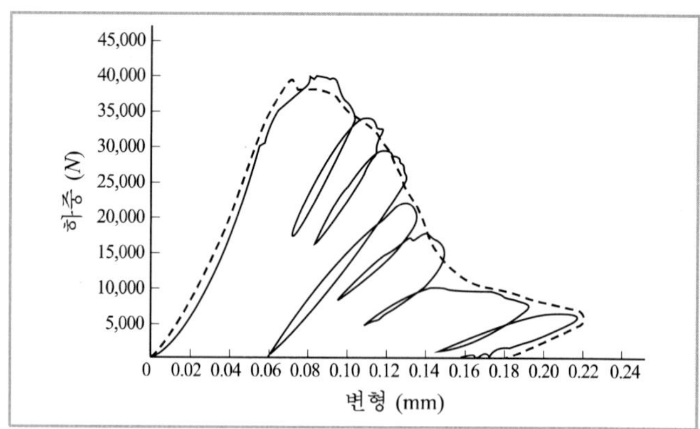

그림 14.41-2 파괴후의 제하-재하시험결과 곡선

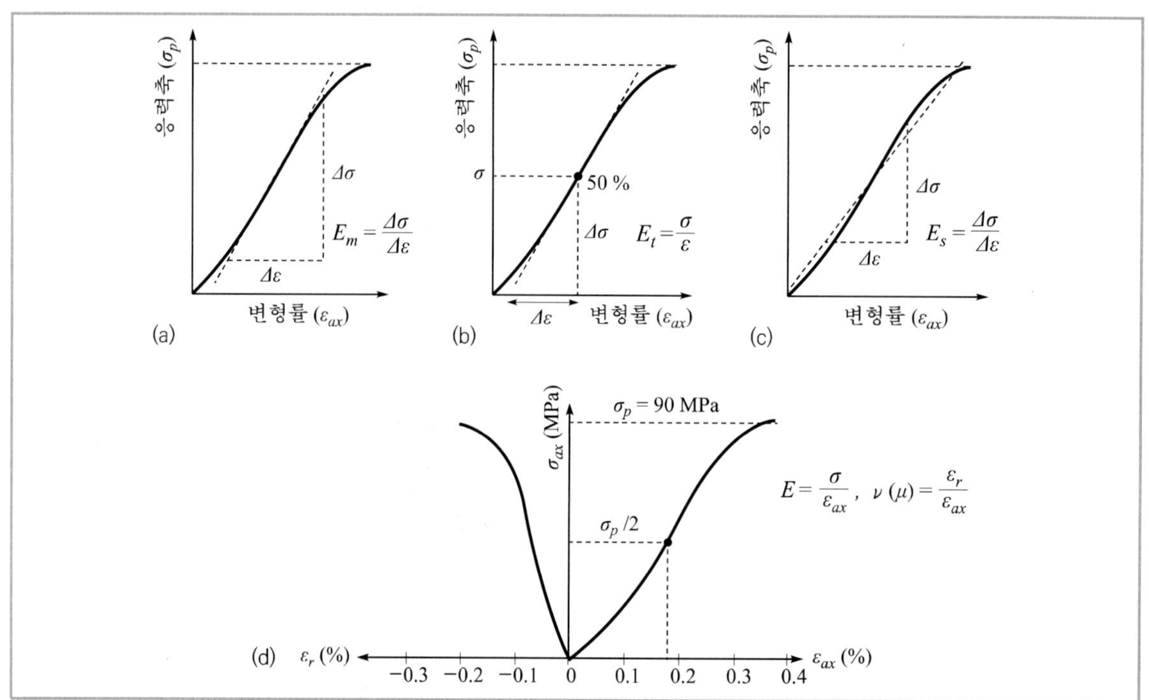

그림 14.41-3 암석의 탄성계수와 포아송비를 $\sigma - \varepsilon$ 곡선에서 구하는 방법

암석	E/σ_c	μ	암석	E/σ_c	μ	암석	E/σ_c	μ
사암	261	0.38	백운암	505	0.34	대리암	773	0.40
사암	183	0.46	백운암	565	0.34	대리암	834	0.25
사암	264	0.11	셰일	157	0.25	화강암	523	0.22
미사암	214	0.22	셰일	148	0.29	화강암	312	0.18
경사암	253	0.08	편마암	331	0.34	휘록암	339	0.28
석회암	260	0.29	석영운모편암	375	0.31	편마암	236	0.32
석회암	559	0.29	규암	276	0.11	편마암	236	0.29
석회암	570	0.30				응회암	323	0.29

표 14.41-1 암석의 종류에 따른 탄성계수와 포아송비

14.41 암석의 탄성계수

- 암석(intact rock)의 탄성계수(E)와 포아송비(ν)는 일축압축강도 시험이나, 그림 14.21-1 같이 삼축압축시험 중 축차응력 작용시 연직방향 변형률과 수평방향 변형률을 계측하여 구할 수 있다. 이를 간략히 그려보면 그림 14.41-1 같이 나타낼 수 있다.

- 암석의 응력–변형률 곡선에 대한 이해를 위해, 앞서 설명한 "14.21 암석의 응력–변형률 관계(1)"편을 다시 한번 연계학습하길 바란다.

- 파괴 후의 거동을 분석하기 위하여 파괴 후에 제하(unloading) 및 재하(reloading)를 반복하여 실험한 결과의 예가 그림 14.41-2에 표시되어 있다. **응력–변형률 곡선에서 초기재하시의 곡선의 기울기가, 제하–재하시의 곡선의 기울기보다 더 큰 것이 보통이다. 초기재하 시에 회복이 가능한 변형량 뿐만 아니라 회복이 불가능한 소성변형도 발생되기 때문이다.**

- 여기서 응력–변형률 곡선의 기울기를 암석의 **탄성계수(E)라 하고, 정적변형계수(E)**는 일축압축시험 및 삼축압축시험으로부터 구해진 응력–변형률 곡선에서 **첨두강도 이전의 기울기를 의미**하고, **동적변형계수(E_d)**는 탄성파속도를 이용한 동적시험으로 구해진 응력–변형률 곡선에서 **첨두강도 이후의 기울기를 의미한다.**

- 동적변형계수(E_d) 산정과 관련해서는 앞서 설명한 "14.20 ③ 암석의 실내동적시험" 편을 다시 한번 연계학습하길 바란다.

- 그림 14.41-3은 암석의 탄성계수와 포아송비를 응력–변형률 곡선에서 구하는 방법을 설명한 것이다.

  (a)**그림** : 평균 탄성계수 : 응력–변형률 곡선중 직선부분의 기울기

  $$E_{avg} = \frac{\Delta\sigma}{\Delta\varepsilon} \qquad \text{식 14.41-1}$$

  (b)**그림** : 접선계수 : 응력–변형률 곡선중 한점(주로 $\sigma_p/2$인 점)에서의 기울기

  $$E_t = \frac{\sigma}{\varepsilon} \qquad \text{식 14.41-2}$$

  (c)**그림** : 할선계수 : 시작점과 파쇄점 사이를 잇는 직선의 기울기

  $$E_s = \frac{\Delta\sigma}{\Delta\varepsilon} \qquad \text{식 14.41-3}$$

  (d) 횡변형률–축변형률 곡선중 직선구간에서 포아송 비를 계산

  $$\nu = -\frac{\varepsilon_r}{\varepsilon_x} = -\frac{0.07}{0.19} = -0.4$$

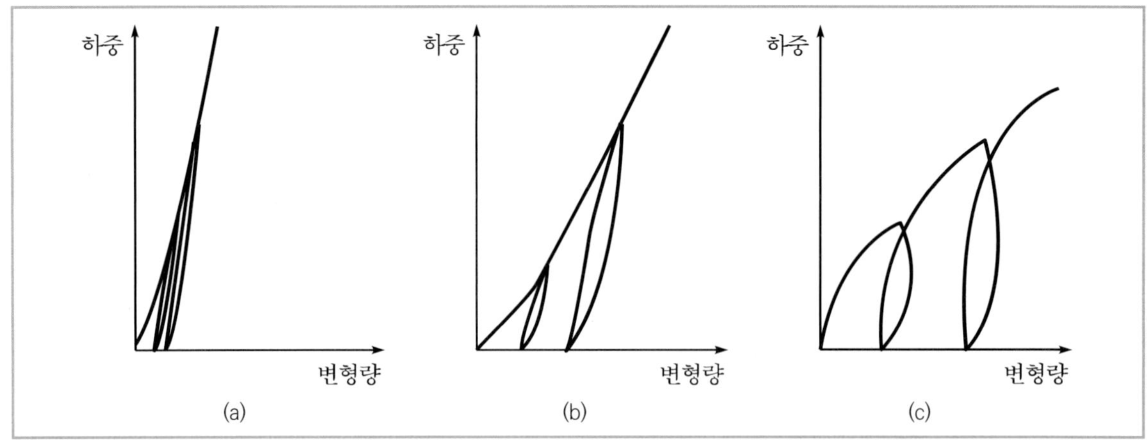

그림 14.42-1 암반의 응력-변형률 곡선의 형태

※ 그림 14.42-1 에 대한 설명

- **그림 (a)** : 응력-변형률 곡선의 직선성이 강하고 잔류 변형량이 작으며 탄성적 성질이 강하다. 이러한 경우는 **경암**으로 구성되어 있고 **절리의 틈이 작거나 틈에 느슨함이 없는 암반에 주로 나타난다.**
- **그림 (b)** : 하중 증가에 따라 변형성이 적고 초기재하곡선은 아래로 볼록하다. **초기 재하곡선과 반복재하곡선의 차이가 크고** 다짐효과가 강하게 나타난다. **절리의 틈이 느슨해진 암반에서 많이 나타난다.**
- **그림 (c)** : **하중 증가에 따라 초기재하곡선의 구배가 저하되고 반복재하에 의한 잔류 변형량도 많다. 연암에서 자주 볼 수 있는 형태**이며 암석강도가 낮기 때문에 하중의 증가에 따라 서서히 내부 파괴가 진행되는 양상이다.

해설 14.42-1

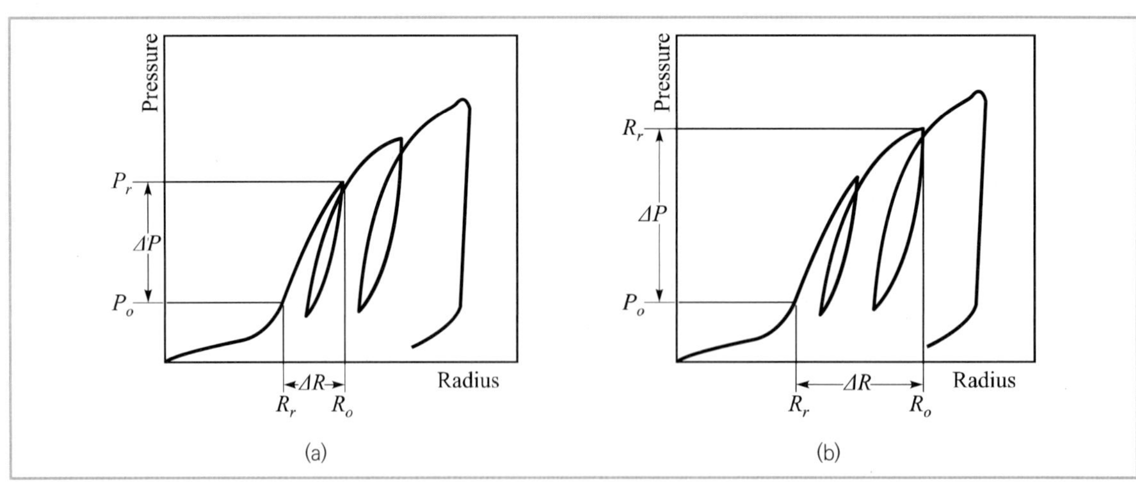

그림 14.42-2 탄성계수와 변형계수의 구분

14.42 암반의 탄성계수(1)

암반의 변형성은 가해진 응력과 이에 따른 변형률에 의하여 정의되며 **변형계수**(moulus of deformation)**로 표현**된다. 암반의 여타 다른 특성의 경우에서와 같이 암반의 변형성은 이방성 및 불연속성이 내재되므로 이를 측정하는데에 어려움이 따른다.

암반의 변형은 무결암과 불연속면의 변형특성에 좌우되며 무결암보다는 항상 작게 나타난다.

(1) **암석의 변형성**은 탄성계수($E_i = \dfrac{\sigma}{\varepsilon}$)와 포아송비($\nu = \dfrac{\varepsilon_r}{\varepsilon_x}$)를 이용하여 정의된다.

(2) **불연속면의 변형성**은 불연속면의 수직강성계수($K_n = \dfrac{\sigma}{v}$)를 이용하여 정의한다.

따라서 간격이 s인 한 개의 불연속면 군이 존재하는 암반에서 불연속면에 수직방향으로의 변형은 무결암과 불연속면에서 발생되는 변형 즉, $\dfrac{\sigma}{E_i}$와 $\dfrac{\sigma}{K_n}$의 합으로 나타낸다.

암반이 탄성거동을 한다고 가정하면 **암반의 변형계수**는 $\dfrac{1}{E} = (\dfrac{1}{E_i}) + (\dfrac{1}{K_n S})$ 정의된다.

암반의 변형계수는 암반의 역학적 거동을 나타내는 요소로서, 지하공동주위의 응력과 변위를 검토하기 위한 **수치해석에 있어서 중요한 입력상수로서 암반역학의 핵심**이라 할 수 있다. 지금부터는 암반의 변형해석에 필요로 하는 암반의 변형계수 산정방법을 중점적으로 설명할 것이다.

1 암반의 탄성계수와 변형계수 개념

- 암반의 변형성은 암반을 구성하는 암석의 성질, 암반내에 존재하는 불연속면, 응력상태 및 지하수에 의한 간극수압 등에 의해 좌우된다. 현지암반의 변형시험에서 나타나는 응력-변형률 곡선의 대표적인 패턴은 그림 14.42-1 같다.

- 그림 14.42-1 의 어느 응력-변형률 곡선에서나, 반복재하단계에서 잔류변형량은 점차 축적되어 증가하지만 각 단계에서의 곡선의 기울기 변화는 적다. 따라서 **현장암반에 대해서는 소성 잔류변형량을 포함하느냐 하지 않느냐에 따라 변형계수 및 탄성계수로 구분할 때가 있다.**

- 즉, 그림 14.42-2 같은 응력-변형률 곡선에서, 2차 이후의 각 재하단계별 응력-변형률 곡선에서 직선성을 보이는 구간의 기울기 그림 14.42-2a 에서 $\Delta P / \Delta R$를 탄성계수라 하며, 전체 응력-변형률 곡선에서 직선성을 보이는 구간의 기울기 그림 14.42-2b 에서 $\Delta P / \Delta R$를 변형계수라 한다.

- 암반의 탄성계수(E_m) 산정방법은 14.40 표 14.40-1 에 정리된 사항을 참고하기 바란다. 여기서는 중요한 몇 가지 사항에 대해서만 설명 할 것이다.

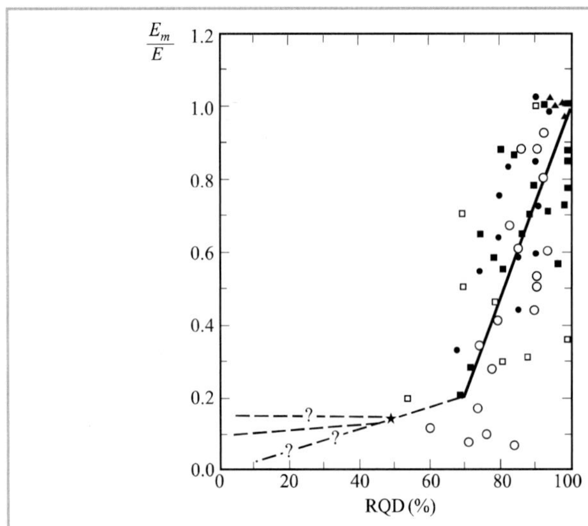

$$E_m = E \times f(RQD)$$

여기서, E_m : 암반의 탄성계수

E : 암석의 탄성계수

$f(RQD)$: RQD값에 따른 감소계수

그림 14.43-1 암반의 탄성계수(E_m)-RQD 사이의 관계

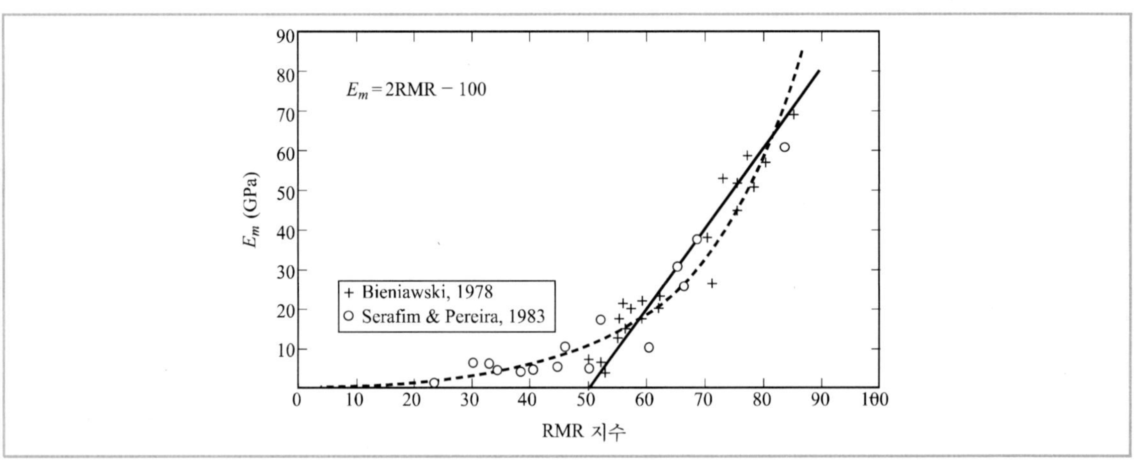

그림 14.43-2 암반의 탄성계수(E_m)-RMR 지수사이의 관계 → 양호암반(RMR > 50)

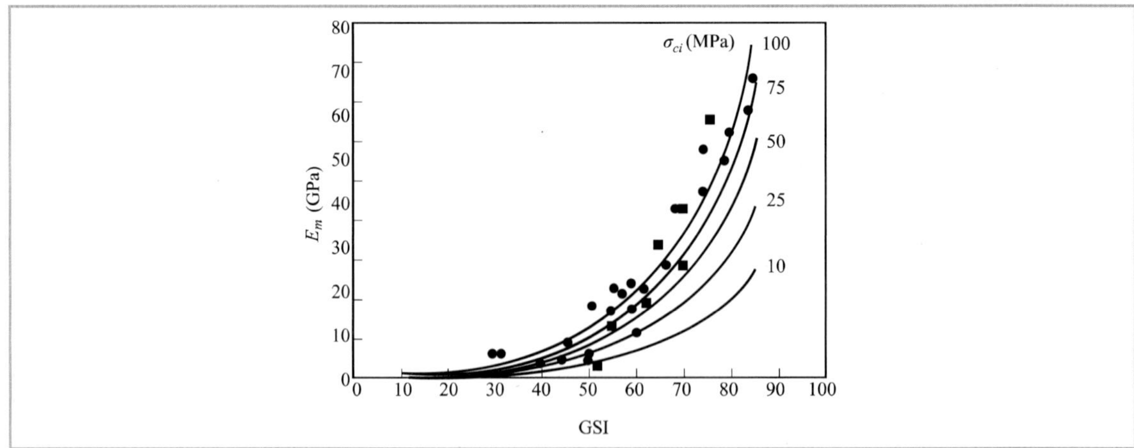

그림 14.43-3 암반의 탄성계수(E_m)-GSI 지수사이의 관계 → 연약암반 (RMR < 5, $\sigma_c < 100MPa$)

14.43 암반의 탄성계수(2)

2 현장시험 관련

- 작은 시료에 대한 실내시험(암석의 탄성계수 의미)은 암반의 성질을 예측 할 수 없으므로 현장시험의 필요성이 증대되지만 비용과 시간이 많이 소요된다. 뿐만 아니라 현장시험 결과값의 대표성에 의문이 제기된다. 암반의 탄성계수에 대한 현장 및 실내시험 결과값의 비 $\frac{E_{situ}}{E_{lab}} = 0.35$ 이다.
- 암반의 변형성은 변동성을 수반하므로 **현장시험으로 산정된 E_{situ}값은 최대와 최소의 범위로 제공하는 것이 바람직**하다. 즉, $E_{\min} = 0.2 \times E_{situ}$와 $E_{\max} = 0.4 \times E_{situ}$이다.

3 실내시험 관련

- 실내시험으로 구한 암석의 탄성계수(E)의 이용은 **직접전단시험**으로부터 **수직강성계수(K_n), 전단강성계수(K_s)를 구해 불연속면 변형해석에 이용**하는 경우와,
- 그림 14.43-1 을 이용하여 **암반의 탄성계수(E_m)를 추정하는 경우**이다. 이 경우 추정된 값(E_m)을 평균값으로 취급 되어야 하고, 또한 적용을 위해 **암반변형의 이방적인 특성이 고려되어야 하는 이유**는 다음과 같다.
  ① RQD가 100%라도 균열이 존재할 수 있으그로 E_m은 E보다 낮을 것이다.
  ② RQD는 암반의 탄성계수에 미치는 여러 영향요인 중 단지 하나이다.
  ③ 불연속면 상태가 고려되어 있지 못하였다.

4 암반분류법(RMR, Q)에 의한 방법 관련 → 경험식의 적용성에 유의해라

> 등방 탄성거동을 하는 암반으로 가정한 암반의 변형해석에 적용되는 탄성계수(E_m)는 RMR, Q등과 같은 암반분류에 의한 방법을 가장 많이 이용하고 있다. **여기서 주의해야 할 사항은 아래와 같이 설명할 경험식의 적용성이다.** 원지반의 암반상태에 적합한 경험식을 이용하여 암반의 탄성계수(E_m)를 추정하여야 함을 강조한다.

- 그림 14.43-2 을 이용한 $E_m = 2\times\text{RMR}-100$ 경험식은 **RMR > 50인 양호 등급의 암반의 경우에만 유효**하고,
- **RMR < 50이거나 $\sigma_c < 100Mpa$ 이하인 연약암반의 경우**에는 그림 14.43-3 을 이용한 $E_m = \sqrt{\frac{\sigma_c}{100}}\,10^{\left(\frac{GSI-10}{40}\right)}$, $\sigma_c < 100Mpa$ 경험식을 적용함이 타당하다.
- $E_m = 10 \times Q^{\frac{1}{3}}$ **경험식은 절리가 발달한 암반에 적합**하다.

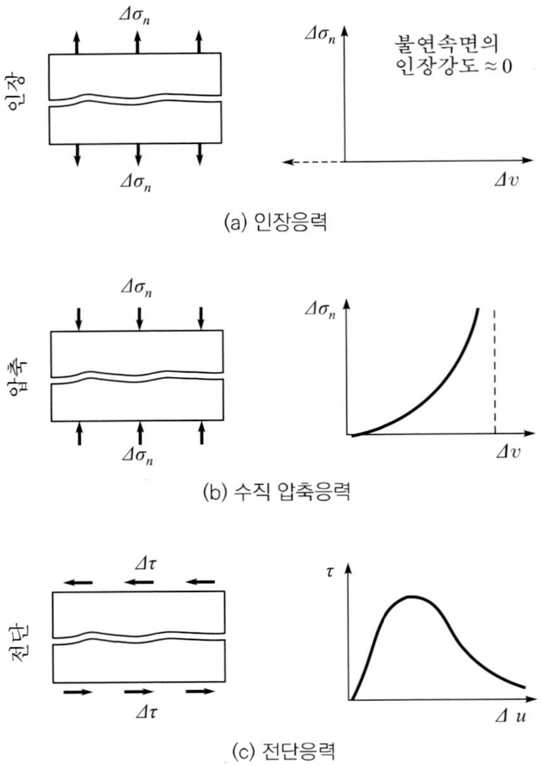

인장

$\varDelta\sigma_n$

불연속면의
인장강도 ≈ 0

$\varDelta v$

(a) 인장응력

압축

$\varDelta\sigma_n$

$\varDelta v$

(b) 수직 압축응력

$$\triangle v = \frac{\triangle \sigma_n}{c + d(\triangle \sigma_n)}$$ 식 14.44-1

$$K_n = \frac{d(\triangle \sigma_n)}{d(\triangle v)}$$ 식 14.44-2

$$(K_n = kN/m^3)$$

$$K_s = \frac{d(\triangle \tau)}{d(\triangle u)}$$ 식 14.44-3

전단

$\varDelta\tau$

τ

$\varDelta u$

(c) 전단응력

그림 14.44-1 불연속면에서의 응력-변형률 곡선

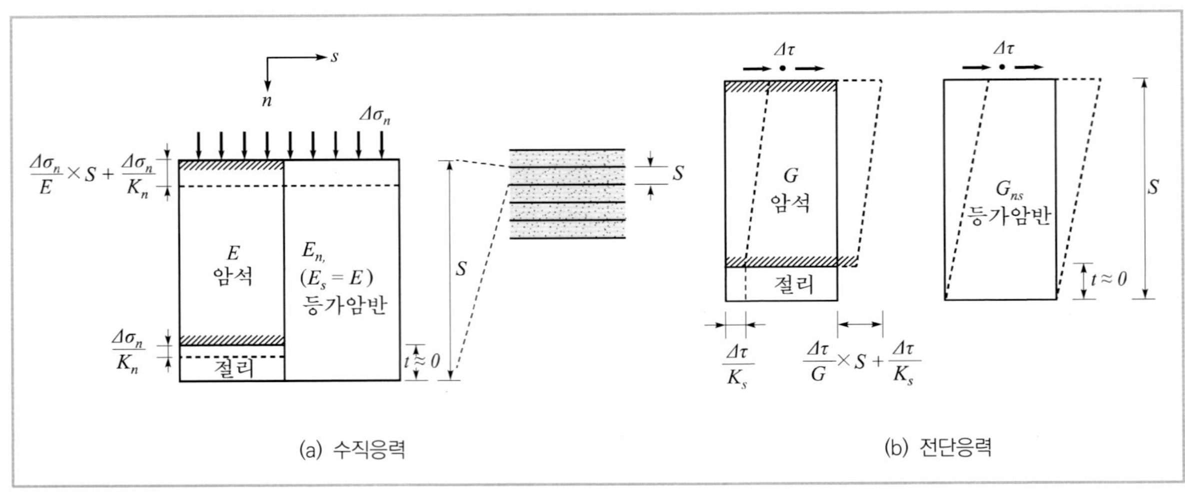

그림 14.44-2 불연속면의 변형을 고려한 등가 연속체 모델(가로축 등방모델)

14.44 불연속면에서의 변형(1)

이제까지는 암석(intact rock) 또는 암반(rock mass)에서의 변형 양상과 변형계수(탄성계수)를 구하는 문제들을 설명하였다. **물론 암반의 변형계수에서는 이미 불연속면의 영향이 포함되어 있는 것으로 이해**하면 된다. 이에 관해서는 지반공학 I 46p **개념정리⑨**를 통해 연계 확인할 것.

암석역학과 암반역학은 모두 연속체역학에 근간을 둔다고 이미 밝힌 바 있다. 대부분의 실무 문제에서는 암석/암반역학도 연속체로 가정하고 분석하는 것이 일반적이다. 그러나 때때로 불연속면의 전단강도 문제뿐만 아니라, **변형문제도 불연속면역학으로 해결할 필요성**이 있다. 이에 관해서는 터널에서 후술될 **암반의 거동이 지질구조지배를 받는 불연속체 해석을 의미**한다.

불연속면에서의 변위를 구할 수 있는 프로그램(**개별요소법-UDEC**)도 실용화 되어있다. **불연속면에서의 변형문제를 분석하기 위해서는, 불연속면에 응력이 작용될 때의 응력-변형률곡선의 양상을 먼저 알 필요가 있다.** 불연속면에 수직응력, 인장응력, 전단응력이 작용될 때의 응력-변형률 양상이 그림 14.44-1에 그려져 있다 지금부터는 이 부분에 대해서 구체적으로 설명할 것이다.

[1] 불연속면에 인장응력이 작용된 경우

그림 14.44-1a 같이 불연속면은 인장응력에 대한 저항력이 전무하므로 불연속면이 완전히 벌어지고 말 것이다.

[2] 불연속면에 수직압축응력이 $\Delta\sigma_n$ 작용되는 경우

- $\Delta\sigma_n - \Delta v$의 곡선은 그림 14.44-1b 같으며, 처음에는 불연속면이 닫히는 효과로 인하여 수직변위 Δv가 비교적 많이 발생하나 점점 변위가 줄어들게 된다. 그림과 같이 곡선은 비선형성을 보이며, 곡선식은 식 14.44-1 과 같이 표시하기도 한다.
- 단 실무에서는 대부분 기울기가 일정하다라고 가정하며 이때의 기울기를 **수직강성계수(K_n)**이라 식 14.44-2 같이 정의한다.

[3] 불연속면에 전단응력이 $\Delta\tau$ 작용되는 경우

- 이 경우는 "14.34 불연속면의 전단강도 시험 및 전단거동 특성(2)" 그림 14.34-2 직접전단시험시의 응력-변형률 거동에서 이미 설명된 사항이므로 여기서는 생략한다.
- **전단강성계수(K_s)**는 식 14.44-3 같이 정의된다.

※ 그림 14.44-2에 대한 이해

① 탄성계수 : $\frac{1}{E_n}=\frac{1}{E}+\frac{1}{K_n S}$ 유도

- 그림 14.44-2a에서 s방향의 탄성계수 E_s는 E와 같다. 즉, $E_s = E$(한 평면으로는 등방) 한편, n방향으로는 비등방인 경우 이를 고려한 등가탄성계수 E_n은 다음으로부터 구할 수 있다. **수직응력 $\Delta\sigma_n$이 작용될 때의 수직변위는 암석에서의 변위와 불연속면에서의 변위를 합한 값이다.**
- 암석에서의 수직변위 : $\frac{\Delta\sigma_n}{E}\times S$ (여기서 $\frac{\sigma}{E}=\varepsilon \rightarrow \frac{\sigma}{E}=\frac{\Delta\ell}{\ell} \rightarrow \frac{\sigma}{E}\times\ell=\Delta\ell$)
- 불연속면에서의 수직변위 : $\frac{\Delta\sigma_n}{K_n}$

계 $\frac{\Delta\sigma_n}{E}\times S+\frac{\Delta\sigma_n}{K_n}$ --------- (1)

- 등가모델에서의 변위 : $\frac{\Delta\sigma_n}{E_n}\times S$ --------- (2)
- (1)=(2)이므로, 다음 식으로 **등가의 수직방향 탄성계수**를 구할 수 있다.

$$\frac{1}{E_n}=\frac{1}{E}+\frac{1}{K_n S}$$ 식 14.45-1

② 포아송비 : $\nu_{ns}=\frac{E_n}{E}\nu$ 유도

- s방향의 수직응력을 가할 때 n방향의 변형률을 나타내는 포아송비 ν_{sn}은 ν과 같다. 즉, $\nu_{sn}=\nu$ 한편, n방향에 수직응력을 가할 때 s방향의 변형률을 나타내는 ν_{ns}는 수직방향의 탄성계수 $\frac{E_n}{E}$에 비례하므로 다음 식과 같다.

$$\nu_{ns}=\frac{E_n}{E}\nu$$ 식 14.45-2

③ 전단탄성계수 : $\frac{1}{G_{ns}}=\frac{1}{G}+\frac{1}{K_s S}$ 유도

- 그림 14.44-2b에서 등가전단계수 G_{ns}는 다음으로부터 구할 수 있다. **전단응력 $\Delta\tau$가 작용될때의 전단변위는 암석에서의 전단변위와 불연속면에서의 전단변위를 합한 값이다.**
- 암석에서의 전단변위 : $\gamma_{ns}\,S=\frac{\Delta\tau}{G}\times S$
- 불연속면에서의 전단변위 : $\frac{\Delta\tau}{K_s}$

계 $\frac{\Delta\tau}{G}\times S+\frac{\Delta\tau}{K_s}$ --------- (1)′

- 등가모델에서의 전단변위 : $\frac{\Delta\tau}{G_{ns}}\times S$ --------- (2)′
- (1)′=(2)′이므로, 다음 식으로 **등가의 전단탄성계수**를 구할 수 있다.

$$\frac{1}{G_{ns}}=\frac{1}{G}+\frac{1}{K_s S}$$ 식 14.45-3

해설 14.45-1

14.45 불연속면에서의 변형(2)

3 불연속면의 변형을 고려한 등가 연속체 모델

- 1개(set)의 불연속면군을 갖고 있는 암반의 경우, **암석과 불연속면을 따로 고려하지 않고, 두 효과를 동시에 고려한 등가 연속체모델을 만들 수 있다.** 이 경우의 **등가모델은 가로축 등방모델로 귀착**된다.
- 그림 14.44-2 같이 간격 S인 불연속면이 반복적으로 나타나는 암반지반이 있다고 하자. 암석과 불연속면의 정수값은 다음과 같다.
  ① 암석 : 탄성계수(E_s), 전단탄성계수(G), 포아송비(ν)
  ② 불연속면 : 수직강성계수(K_n), 전단강성계수(K_s)
- 수직응력에 대한 등가모델
  ① 탄성계수 : $\dfrac{1}{E_n} = \dfrac{1}{E} + \dfrac{1}{K_n S}$ 식 14.45-1
  ② 포아송비 : $\nu_{ns} = \dfrac{E_n}{E}\nu$ 식 14.45-2
- 전단응력에 대한 등가모델
  ③ 전단탄성계수 : $\dfrac{1}{G_{ns}} = \dfrac{1}{G} + \dfrac{1}{K_s S}$ 식 14.45-3

개념정리 ㉑ 개별요소법(DEM)에 의한 수치해석시(UDEC) 입력 지반물성?

1 **불연속면 역학이 지배하는(지질구조 지배문제) 터널의 해석 방법**

- 지반공학이해 I 46P 개념정리⑨를 "2 불연속체로 간주되는 암반의 경우"통해 설명하였다. 다시한번 연계학습 하길 바란다.
- 터널 변형해석의 경우에는 **응력과 변형을 함께 검토할 수 있는 개별요소법(DEM)이 이용**되며 실무적으로 UDEC프로그램을 많이 사용한다.

2 **수치해석 프로그램(UDEC) 입력 지반물성**

- 불연속면의 특성 : ① 방향(경사와 경사각) ② 연장성(길이) ③ 간격
- 불연속면의 전단강도와 관련된 지반물성 : ① *JRC* ② *JCS*
- 불연속면의 변형특성과 관련된 지반물성 : ① 수직강성계수(K_n), ② 전단강성계수(K_s)
- 불연속면의 파괴기준으로 사용되는 Mohr–Coulomb식에 필요한 입력물성(c, ϕ)
  : Barton의 비선형 전단강도 모델을 이용하여 구한다.
- 암반의 지반물성 : ① 탄성계수(E_m) ② 포아송비(ν)
  ③ Hoek and Brown 파괴기준을 이용하여 암반에 대한 c, ϕ산정
- 무결함 암석에 대한 물성 : ① 밀도(γ) ② 일축압축강도(σ_c) ③ 인장강도(σ_t)

개념정리 ㉒ 터널지보재 설계방법

1 이론적 설계방법

- 이론적 방법은 탄성이론 및 어떤 특정한 응력이 도달될 때까지는 터널의 변형양상이 탄성을 보이다가 이후에는 소성을 보인다는 가정을 바탕을 둔다. 응력과 굴착면의 반경방향 변형 사이의 관계는 **지반반응곡선** 혹은 **지보재 특성곡선**에 의하여 나타내어진다.
- 선정된 지보재는 이 응력을 지지할 수 있어야 한다. 지보재의 응력-변형관계가 알려져 있으므로 두 곡선이 만나는 지점이 평형상태를 규정하게 된다.
- 이에 대해서는 **탄소성해석법에서 구체적으로 향후 설명**될 것이다.

2 수치해석에 의한 설계방법

- 수치해석방법은 **유한요소법, 유한차분법, 개별요소법**에 의하여 암반을 잘게 나누는 것을 바탕으로 한다. 이 방법들은 굴착의 결과로 지반에 영향을 주는 변형과정의 상세한 모델링 및 터널건설과 관련되어 영향을 주는 다른 인자 혹은 변수들의 분석을 가능하게 한다.
- 설계 결정단계 혹은 굴착단계에서 발생할 수 있는 터널 불안정과 같은 문제들에 대한 적절한 설계기준이 확립되고 적용될 수 있다.

3 경험적 혹은 계측에 의한 관찰방법

- 관찰방법은 터널굴착 중에 측정되는 응력과 변형값을 기초로 하는데 지보재의 적절성은 수치해석 혹은 이론적 방법의 도움으로 계산된다. 가장 대표적인 관찰방법은 NATM이다.
- 경험적 방법들은 터널 지보재 선정을 가능하게 하지만 설계방법으로 간주되지는 않는다. 그러나 이 방법들은 파쇄된 암반의 공학적 특성 및 필요한 지보재 선정을 결정하는 수단으로 매우 유용하다.
- 이 방법들은 또한 **터널설계의 예비단계에서 효과적으로 사용할 수 있다. 지보재를 추정하는 경험적 방법들은 RMR과 Q분류법을 기초로 한다.** 이 방법들을 적용할 경우에는 다음과 같은 사항을 고려되어야 한다.
  ① 선택된 지질·역학적 분류법이 적절한지 먼저 분석되어야 한다. 이것은 지질자료, 암반의 응력-변형양상, 적용되는 건설과정을 토대로 한다.
  ② 암반분류방법에 의하여 권장된 지보재는 특정 터널구간의 평균 상태를 대표하는 파쇄대 혹은 카르스트, 증발암, 팽창성 또는 압착성 암석과 같은 특별한 상태는 고려하지 못할 수 있다.
- RMR 분류법에 의한 터널 지보재 설계에 대해서는 지반공학이해 I 243p "3.25 지반조사보고서 사례분석을 통한 이해 (RMR) 터널구간 분류법의 이용①"편에 설명된 사항을 연계학습하기 바란다.
- Q분류법에 의한 터널 지보재 설계에 대해서는 지반공학이해 I 247p "3.27 지반조사보고서 사례분석을 통한 이해 (Q-System) 터널구간 분류법의 이용"편에 설명된 사항을 연계학습하기 바란다.

14.46 암반의 분류법

지금까지 설면한 사항은 **암반역학은 암석**(intact rock), **불연속면역학**(discontinuity), **암반**(rock mass) **각각의 관점에서 다루어야 한다는 점이다.** 이중 암석은 완전 연속체역학으로 문제를 분석하면 되며, 불연속면역학은 불연속면의 기하학적 평가(불연속면의 특성에 대한 조사를 의미)와 함께, 강도론을 종합적으로 분석하여 문제를 해결 할 수 있다. **암반사면 안정검토는 대부분 불연속면 역학에 근거한다.**

문제는 암반의 경우이다. 그저 절리가 다수 존재하여 REV를 넘어가는 지반을 암반으로 본다는 원칙만을 설정하였지 암반의 평가방법에 대한 언급은 없었다. **암반의 경우에도 암석의 일축압축강도가 다르고, 더욱이 불연속면의 성질이 제각각일 것이다.**

지금부터 설명될 암반분류법은 이러한 제반요소를 종합적으로 평가하여 암반의 상태를 정량적으로 나타내고자 하는 방법이라고 볼 수 있다. 실제로 터널 및 지하공간의 설계자는 제반의 지반정수를 총 망라한 설계를 한다는 것은 실제로 불가능하므로 지금부터 설명될 **암반분류법**을 이용하여 **총체적인 암반상태를 평가**하고 이에 근거하여 **기본적인 설계**를 하고, 필요시 집중적인 **안정성 분석 등을 통한 상세설계**를 하는 것이 일반적이다. 실제 현재 전 세계적으로 가장 통용되고 있는 분류법은 **RMR분류법**(Rock Mass Rating)과 **Q분류법**(Q-system)이다.

[1] 암반분류법에 대한 올바른 이해?

- 암반분류란 암반의 공학적 특성파악을 위해 암반을 구성하는 암석강도, 풍화 및 변질정도, 암반 틈새의 상태, 암반의 불균질성과 불연속면의 특성에 관한 사항을 **일정한 기준**에 따라 암반을 등급으로 나누어 **암반의 상태를 정량적으로 나타내는 것**이다.
- 여기서 "**일정한 기준**"에는 역학적 및 지질학적 기준이 포함되므로 암반분류법은 지질·역학적 분류이며, "**암반의 상태를 정량적으로 나타낸다는 의미**"는 REV를 넘어가는 암반에 대한 연속체해석의 개념에서 원지반 암반의 상태를 평가한다는 뜻이다.
- 따라서 암반분류를 통해, ① **터널 지보재의 설계**, ② **터널해석에 필요한 강도정수와 변형계수 산정**을 할 수 있다.

[2] RMR분류법과 Q분류법

- 두 분류법에 대해서는 지반공학이해 I 231p 3.24 지반조사보고서 사례분석을 통한 이해(터널구간 성과분석②) 및 개념정리⑧~⑭를 통해 설명된 내용을 연계학습을 하기 바란다.

[3] 암반분류법의 공학적 활용

- 두 분류법에 대해서는 지반공학이해 I 239p 개념정리⑮~⑰를 통해 설명된 내용을 연계학습을 하기 바란다.

분류기호	지하구조물의 종류	굴착지보비(ESR)
A	일시적으로 유지되는 터널	2~5
B	지하수로	1.2~2.0
C	지하저장소, 소형터널	1.2~1.3
D	지하발전소, 지하터널, 방공호	0.9~1.1
E	지하원자력발전소, 지하정류장, 지하정거장	0.5~0.8

표 14.47-1 지하구조물의 중요도에 따른 분류

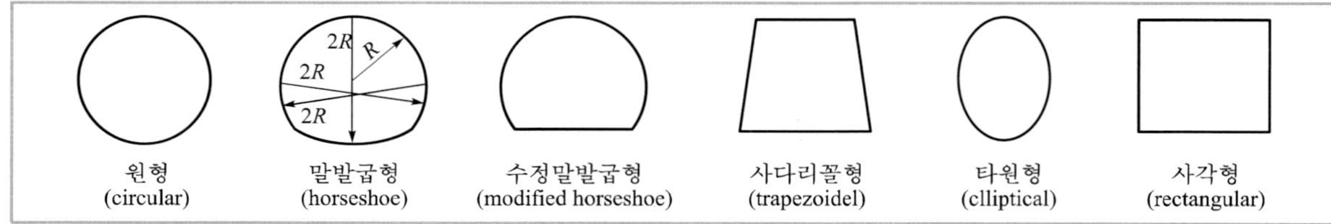

그림 14.47-1 터널의 형상

공법			개략도 횡단면	개략도 종단면	적용조건 (지반 및 단면의 크기)	비고
전단면공법 (Full face cut)					• 소단면에서 일반적인 공법 • 양호한 지반에서 중단면 이상도 가능 • 전단면을 1회에 굴착	• 제반조건 변화에 대한 순응성이 낮음
분할굴착공법	수평분할	Long bench Cut 공법			• 비교적 양호한 지반에서 중단면 이상의 일반적 시공법	• Bench길이 L>30m
		Shot bench Cut 공법			• 보통 지반에서 중단면 이상의 일반적인 공법	• 1D<L<30m
		Ring Cut			• 연약한 지반에서 중·소 단면일 때	• 1D 미만
		Multi bench Cut 공법 (다단계벤치)			• 중단면 이상에서 막장의 자립성이 극히 불량한 경우	• 벤치 3개 이상
		가인버트 공법			• 중단면 이상에서 Bench의 길이를 크게 할 필요가 있는 경우	
	연직분할공법 (중벽분할공법)				• 연직방향으로 분할 • 지반상태가 불량하고 단면적이 큰 경우에 적용	
	측벽선진 도갱공법 (Pilot or side Pilot)			① ②	• 대단면에서 지반이 비교적 불량한 경우 • 침하를 극소화할 필요가 있는 경우	

표 14.47-2 굴착공법의 종류 및 지반조건

14.47 터널과 지하공간 기본사항 정리(1)

1 지금까지 공부한 내용에 대한 Review

암반공학이 적용될 수 있는 가장 주요한 분야는 터널과 지하구조물일 것이다. 터널과 지하공간의 해석 및 설계에 필요한 기본요소는 14.1~14.46을 통해 설명 되었다. 즉, 지금까지는 암반역학에 대해서 공부한 것이다. 지금부터는 암반역학의 원리가 어떻게 터널과 지하공간의 공학적 문제(암반공학)를 해결하는데 필요한지를 중점적으로 설명할 것이다.

2 지하구조물의 굴착지보비(ESR)에 따른 분류

지하구조물은 그 중요도에 따라 표 14.47-1 같이 **굴착지보비(ESR)**에 따라 분류할 수 있다. A→E 갈수록 중요도가 있는 지하구조물로 보면 될 것이다.

3 지하구조물의 형상

- 지하구조물의 형상은 현장지반의 지질개요, 초기지중응력의 크기와 방향, 굴착방법, 구조물의 기능, 구조물에 작용되는 이완응력의 양상에 따라 달라지게 마련이다. 빈번하게 이용되는 형상은 그림 14.47-1에 나타내었으며, 중요사항을 열거하면 다음과 같다.
- 팽창성(swelling)이나 압착성(squeezing)을 지는 지반, 또는 연약한 토사층이나 수압을 받는 구조로 설계되는 터널은 될수록 원형을 선택한다. 또는 TBM(Tunnel Boring Machine)으로 굴착되는 터널도 어쩔 수 없이 원형이다.
- 발파굴착으로 시공되거나 비교적 양호한 지반에서는 수정 말발굽형이 흔히 채택된다.
- 수평토압이 상대적으로 크게 작용되는 지반에서는 말발굽형이나 원형이 사용된다.
- 타원형 터널은 초기수평응력이 연직응력보다 상대적으로 적은 지반인 경우는 **연직방향으로 장변**이 되도록 한다. 반대로 초기수평응력이 상대적으로 큰 지반은 **수평방향이 장변**이 되도록 하여 **응력집중을 최소화할 목적으로 사용**된다.
- 사다리꼴 또는 사각형 형상은 광산용 지하구조물에서 사용되는 경우로서 토목구조물에서는 잘 사용하지 않는다.

4 굴착방법과 공법

- **굴착방법**으로는 암반을 굴착하는 경우에는 발파굴착(drill-and blast)을 하게 되며, 연약지반의 경우는 로드헤더 등의 굴착장비를 이용하기도 한다. **통상 기계화 시공이란?** NATM공법에 대응하는 TBM공법을 뜻하고, **Open TBM**은 굴착 후 지보재 및 콘크리트 라이닝을 설치하는 공법을 말하며, **쉴드 TBM**은 TBM에 의한 굴착과 동시에 segment라이닝을 설치하는 공법을 말한다.
- **굴착공법**으로는 표 14.47-2 같이 지반조건 및 시공여건에 따라서 전단면을 한꺼번에 굴착할 수도 있고 분할하여 굴착할 수도 있다.

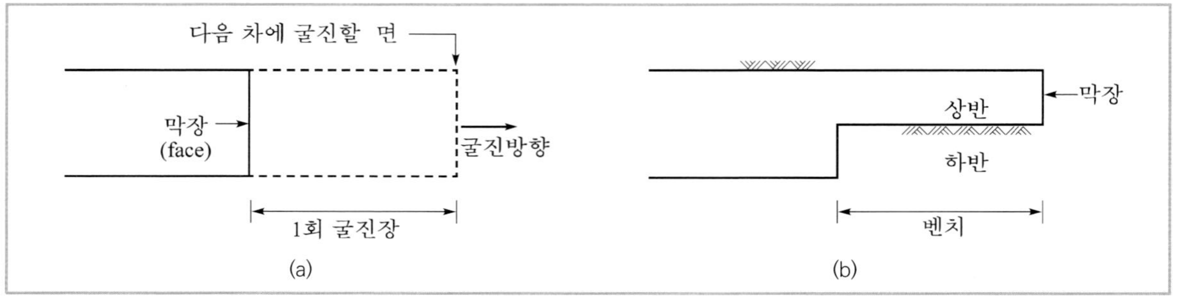

그림 14.48-1 1회 굴진장 및 벤치(bench)

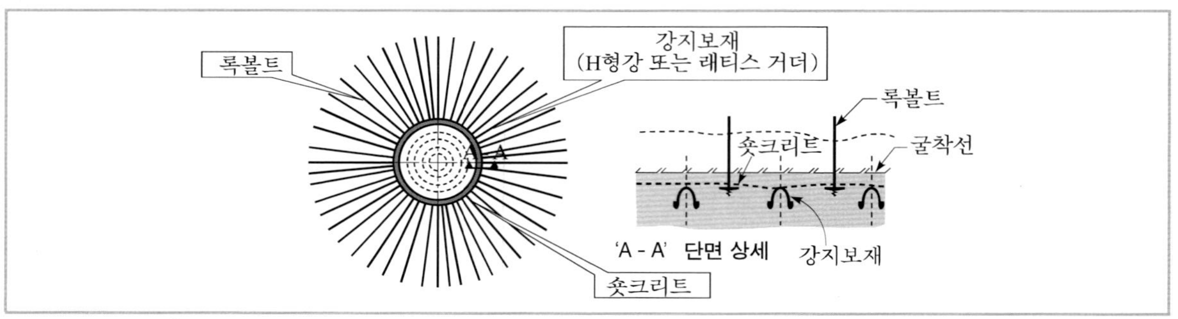

그림 14.48-2 지보재 설치 개요

※ 그림 14.48-2에 대한 설명

■ 숏크리트(shotcrete)이 기능

① 지반의 이완을 방지하여 원지반 강도 유지
② 콘크리트 아치로서 하중을 분담 : 내압작용원리로서 가장 중요한 기능
③ 응력의 국부적인 집중 방지
④ 암괴의 이동방지 및 낙반의 방지
⑤ 굴착면의 풍화방지

■ 락볼트(rock bolt)의 기능

① 봉합작용 : 발파 등에 의해 이완된 암괴를 이완되지 않은 원지반에 고정하여 낙하를 방지
② 보형성작용 : 터널 주면의 층을 이루고 있는 지반의 절리면 사이를 조여줌으로써 절리면에서의 전단력의 전달을 가능하게 하여 합성보로서 거동시키는 효과
③ 내압작용 : 록볼트의 인장력과 동등한 힘이 내압으로 터널벽면에 작용하면 2축응력상태에 있던 터널 주변 지반이 3축 응력상태로 되는 효과가 있다. 이것은 3축 압축시험 시 구속압력의 증대와 같은 의미를 가지며, 지반의 강도 혹은 내하력 저하를 억제하는 작용을 한다.
④ 지반보강 작용 : 지반 내에 록볼트를 타설하면 지반의 전단저항능력이 증대되어 지반의 내하력을 증대시키고 지반의 항복 후에도 잔류강도 향상을 도모한다.

해설 14.48-1

14.48 터널과 지하공간 기본사항 정리(2)

① **전단면 굴착** : 지반의 자립성과 지보능력이 충분한 경우로서, 주로 지반상태가 양호한 중소단면의 터널에 적용할 수 있다.

② **수평분할 굴착** : 주로 지반상태가 양호하고 단면적이 큰 경우에 시공성을 높이기 위하여 적용하거나, 지반상태가 다소 불량한 경우에 막장의 자립성을 높이기 위하여 적용한다.

③ **연직분할 굴착** : 주로 지반상태가 불량하고 단면적이 큰 경우에 적용할 수 있으며 안전성 측면에서 임시 지보재를 설치할 수 있다.

④ **선진도갱굴착** : 주로 단면적인 크거나 하저 통과 등 특수한 조건하에서 막장전방의 지반 및 지하수 상태를 확인하면서 굴착하여야 하는 경우에 작용할 수 있다.

5 1회 굴진장과 벤치(bench)

■ **1회 굴진장이란?** 재래식 터널공법은 종단방향으로 일정한 길이만큼만 천공–발파로 굴착하게 된다. 1회에 굴착하는 종단상의 길이를 1회 굴진장이라 한다. 그림 14.48-1a

■ **벤치(bench)란?** 분할굴착을 하는 경우 어느 단면이 이미 굴착되었고, 남아 있는 단면도 있을 것이다. 그림 14.48-1b 같이 상하반 분할굴착의 경우 상반은 이미 굴착이 완료된 상태일 때, 남아 있는 하반을 벤치라고 한다.

6 지보재

■ 지보재라 함은 지하구조물 굴착 후 안정성 증대를 도모하여 새로운 평형조건에 이르도록 인위적으로 설치하는 **숏크리트**(shotcrete), **락볼트**(rock bolt) **및 강지보재**(steel rib)를 말하며, **1차 지보재**로 불린다. 또는 터널의 안정성에 직접적으로 영향을 미치므로 **주 지보재**(primary support)라고 명명하기도 한다. 반면에 터널의 굴착이 완료된 후에 설치되는 **콘크리트 라이닝**은 2차적인 기능을 주목적으로 하므로 **2차 지보재**라고 불린다.

■ 각 지보재의 특징 및 기능을 요약하면 아래와 같다.

① 숏크리트(shotcrete) :

숏크리트란 압축공기를 이용하여 굴착된 지반면에 뿜어 붙여지는 몰탈 혹은 콘크리트를 말한다. 지반 자체를 터널의 지보재로 활용하는 터널공법에서 가장 중요한 지보부재이며 굴착면에 시공되어 콘크리트 아치를 형성함으로써 해설 14.48-1과 같은 기능 발휘를 목표로 한다. 이와 같은 기능을 발휘하기 위해서는 굴착면에 밀착 시공하는 것이 필수적이다. 숏크리트는 지반면에 뿜어 붙인 후에 다시 탈착되는 양(이를 리반운드량이라고 한다)을 최소로 함이 중요하다. 이를 위하여 보통 첨가재(조강재)를 콘크리트재에 포함함이 일반적이다.

※ 그림 14.48-2에 대한 설명

■ 강지보재(steel rib)의 기능

① 숏크리트 타설 후 경화 시까지 임시 보강재 기능
② 무지보지반의 직접보강 및 숏크리트 라이닝 하중분산 작용
③ 휘폴링, 파이프 루프 시공 시 지지대 역할
④ 터널 내공 확인, 발파 천공의 지표(guide)역할

■ 콘크리트라이닝의 구조체로서의 역학적 기능을 발휘하게 되는 경우 → ㉻, ㉲, ㉽, ㉶

① 숏크리트 등으로 형성된 주지보재가 영구구조물로서 충분한 안전율이 없는 경우로서 지반응력이 콘크리트 라이닝에 전달되는 경우
② 현장여건으로 인하여 지반변위가 수렴되기 전에 콘크리트 라이닝을 시공하는 경우
③ 토피가 작은 토사지반 등에서 주변 환경의 영향을 받기 쉬워 상재하중을 반영한 역학적 검토가 필요한 경우
④ 비배수형 터널의 경우

해설 14.49-1

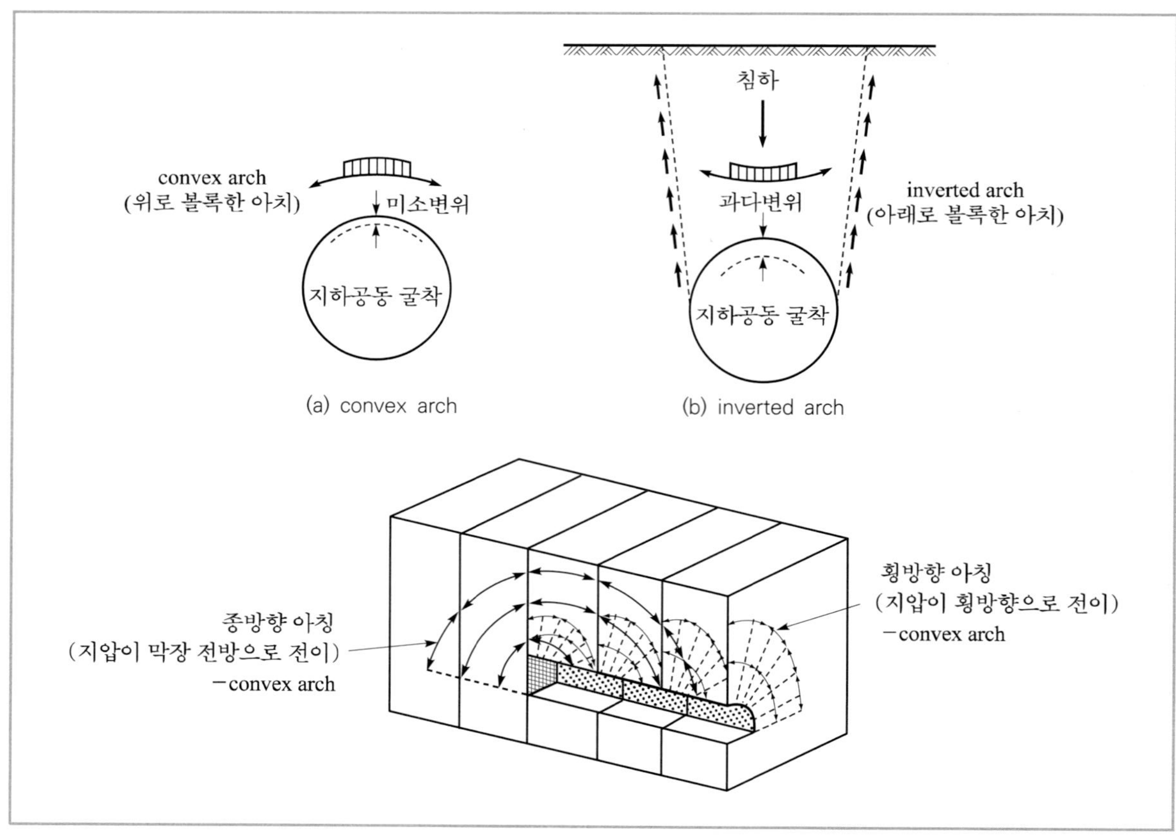

그림 14.49-1 지하공동 굴착 시의 지반거동

14.49 터널과 지하공간 기본사항 정리(3)

② 락볼트(rock bolt) :

록볼트는 이형철근 모양의 강재를 터널 지하공간 주위로 설치하는 것으로 해설 14.48-1 과 같은 기능 발휘를 목표로 한다. 록볼트의 정착방법은 선단정착형과 전면접착형이 있으며, **선단정착형**은 선단을 정착시킨 후 프리스트레스를 주어 지반의 붕락을 방지하는 방법이며, 절리와 균열이 적은 암반층에 효과적이다. **전면접착형**은 록볼트의 전면을 지반에 접착시키는 것으로서, 접착재로는 레진 혹은 시멘트 몰탈이 주로 쓰인다.

③ 강지보재 :

강지보재는 숏크리트가 경화할 때까지 즉시 지보효과를 발휘하며 숏크리트가 경화한 후에는 숏크리트와 연합하여 지지효과를 증진시킨다. 그 역할을 정리하면 해설 14.49-1 과 같다.

④ 콘크리트 라이닝 :

콘크리트 라이닝은 2차 지보재로 불리며, 그 사용목적에 따라 구조체의 역학적인 기능, 비배수형 터널에서의 내압기능, 영구구조물로서의 내구성 확보 및 미관유지기능 등을 가진다. 구조체로서의 역학적 기능을 발휘하게 되는 경우는 해설 14.49-1 과 같다.

7 터널형성의 원리에 대한 기본개념

- 그림 14.49-1 같이 지중에 공동을 굴착할 때 공동위의 지반이 하중으로 작용하지 않도록 하는 것이 중요하다. 즉, **지하공동 굴착 전의 지중응력상태에서 굴착 후에 새로운 평형상태가 되도록 유도하는 것이 중요하다**, 새로운 평형상태를 유지하며, 지반의 붕괴를 방지하기 위해서는 지하공동 굴착 후, 주변지반에 과도한 변위가 생기지 않도록 하는 것이 중요하다.

- 그림 14.49-1a 같이 **지하공동을 굴착하였을 때 지반변위가 미소한 경우**는 새로운 평형조건으로 응력이 convex arch**를 그리면서 공동 주위로 회전하므로 방사방향으로 작용하는 응력이 극소**하다. 만일의 경우 공동 주위의 지반 일부가 소성상태에 이르렀다고 하더라도 변위가 과도하지 않도록 제어된다면, **소성상태로서 새로운 평형에 이를 수 있다**.

- 반면에 그림 14.49-1b 같이 **지하공동을 굴착 시 변위가 크게 발생하는 경우**는 공동위에 존재하는 지반의 무게에 의하여 **지하공동에 상대적으로 큰 하중이 작용**될 수 있다. 이를 **이완하중(또는 붕괴하중)**이라 하며, 공동위 지반의 상재하중에서 그림과 같이 경계면에서의 전단저항력을 제외한 압력이 이완하중으로 작용한다. 그림과 같이 이 경우의 아치모양은 아래로 볼록한 inverted arch이다. 이완하중을 견디기 위해서는 과도한 지보재로 버텨주어야 한다. 따라서 비경제적인 경우가 많다.

- 결국 지하공동의 설계/시공은 되도록 공동굴착 후에도 **새로운 평형상태가 되도록 유도함**이 경제적이다.

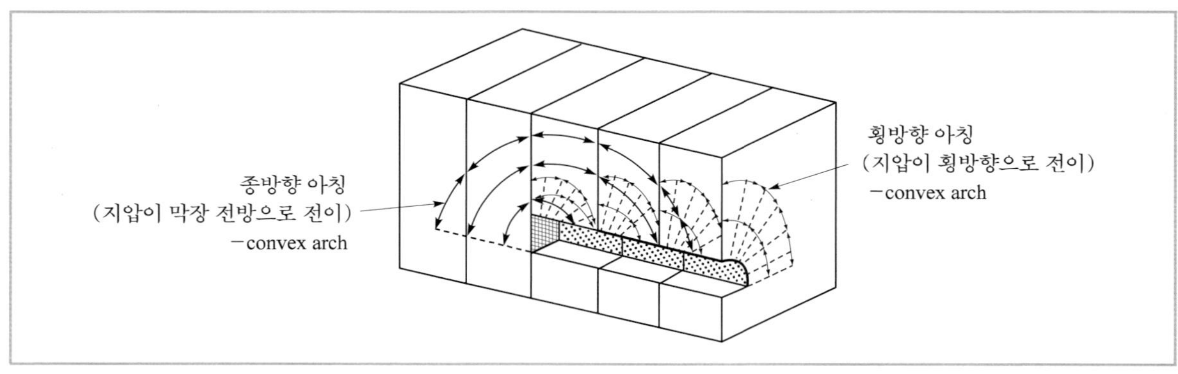

그림 14.50-1 지하공동 굴착 시의 지반거동

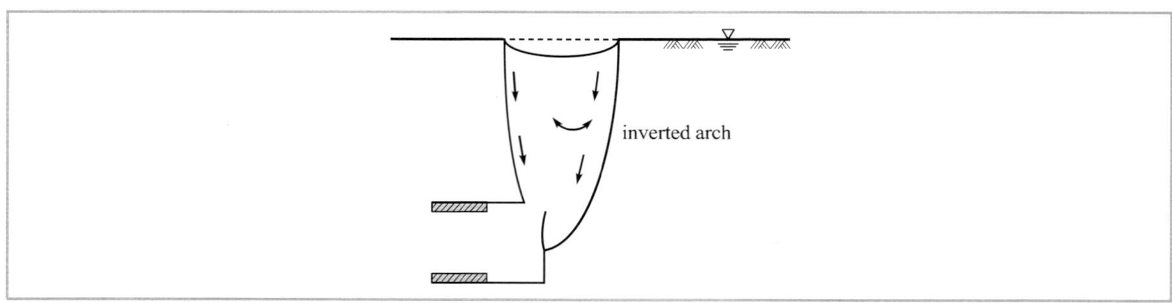

그림 14.50-2 막장 전방 파괴 양상

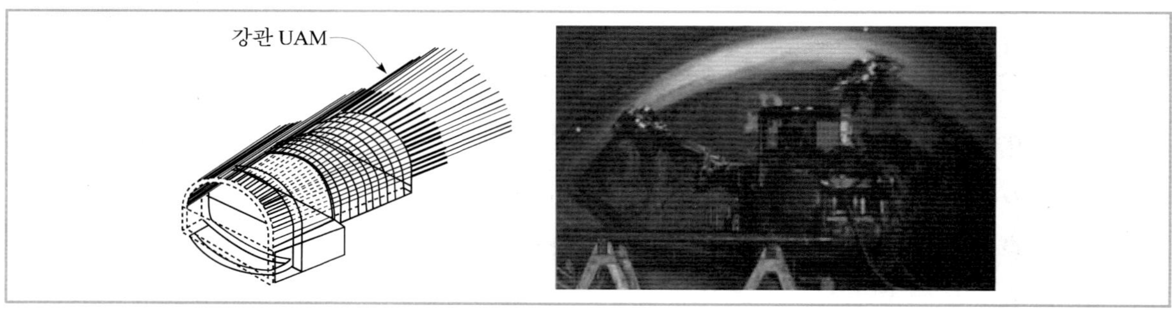

그림 14.50-3 Umbrella Arch Method (UAM)

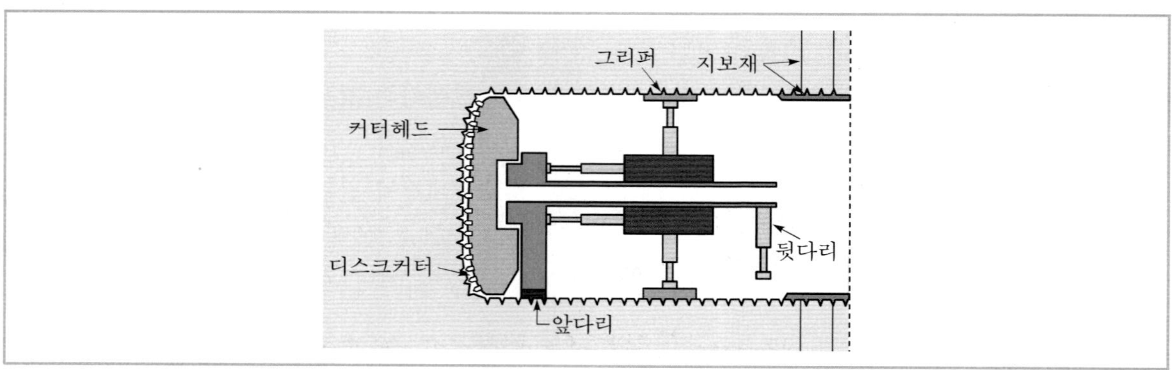

그림 14.50-4 Open TBM 구조도

14.50 터널과 지하공간 기본사항 정리(4)

8 정통적인 터널시공법에서의 터널형성원리 및 지보재

■ **NATM 공법에서 가장 중요한 것이 지하공동 굴착 시에 내공변위(터널벽면에서 발생하는 변위)가 과도하지 않도록 제어하는 일**이다. 내공변위를 제어하는 기본이론을 **내공변위-제어법**이라고 한다. 내공변위-제어법은 향후 14.62~14.65에서 좀 더 심도 있게 다룰 것이다.

■ 터널굴착 시 지반의 거동은 그림 14.50-1 같이 3차원적인 관점에서 보아야 이해하기 쉽다. 터널 한 막장을 굴착함과 동시에 막장전방 방향으로 X 중응력이 전이되며, 남은 응력은 횡방향으로 재분배된다(이때의 아칭은 convex arch 형태이어야 한다).

■ 굴착과 버럭처리를 마치면 S/C, R/B 및 강지보재 등의 1차 지보재를 설치한다. 이후에 종단방향으로 **한 막장을 더 굴착하게 되면 막장전방 방향으로 전이되었던 하중이 되돌아오게 되고, 이를 기 설치한 지보재의 저항력으로 새로운 평형이 되게 하는 것이다.**

■ 한 막장을 굴착하였을 때, 그림 14.50-1 같이 막장전방 방향으로 convex arch가 형성되어야 평형상태를 유지할 수 있으나, **천층 연약지반 굴착의 경우 막장전방에서의 변위가 과도할 수 있으며,** 이렇게 거동하는 경우 아치모양은 그림 14.50-2 와 같이 inverted arch 모양을 그리면서 막장전방의 지반이 하중으로 작용된다. 즉, 막장 전방이 파괴될 수도 있다. 따라서 **막장전방의 안정성을 반드시** 검토해야 한다. 막장전방 안정성 검토방법은 따르 상세하게 향후 설명될 것이다. 막장전방 안정성 문제가 있을 경우는 안정성 증가를 위해 그림 14.50-3 같이 막장전방으로 마치 우산살과 같은 강관 등으로 보강을 하고 굴착을 하여야 한다. **막장 전방 보강방법을 Umbrella Arch Method**라고 한다.

9 기계화 시공법에서의 터널형성원리

■ 기계화 시공은 TBM 장비를 이용하여 터널을 굴착하는 공법으로 전면에 커터헤드가 있어서 이를 회전시키어 굴진한다. 기계화 시공법에서의 터널형성 원리는 Open TBM과 밀폐형 TBM이 다르다고 할 수 있다.

■ 먼저 Open TBM은 그림 14.50-4 같이 그리퍼를 이용하여 추진력을 얻을 뿐 커터헤드에 의해 터널을 굴착한 후에 상당히 후방에서 지보재를 설치하므로 지보가 전혀없는 구간이 상대적으로 길다. 따라서 무지보 구간에서 침하가 필연적이므로 NATM에서와 마찬가지로 굴착과 동시에 막장 전방방향으로 convex arch가 일어난다. 커터헤드에는 굴착된 버럭 반출을 위해 개폐구멍이 존재하므로 전면이 열려있는 것으로 보아야 한다. 즉, 막장 전방에서 안정성 부족으로 파괴될 수가 있으므로 Open TBM은 이런 현상이 나타나지 않을 정도로 절리가 적고 견고한 암반층 굴착에 국한하여 사용되어야 한다.

■ 이에 반해 **밀폐형** TBM은 터널막장에 작용되는 토압 및 수압을 견디기 위해 굴진면쪽으로 압력을 가하면서 굴진하는 방법이다. **밀폐형 TBM에는 토압식 쉴드TBM과 이수식 쉴드TBM 있으며,** 이 중 토압식 쉴드TBM의 굴진면 지지원리는 그림 14.51-1 와 같다.

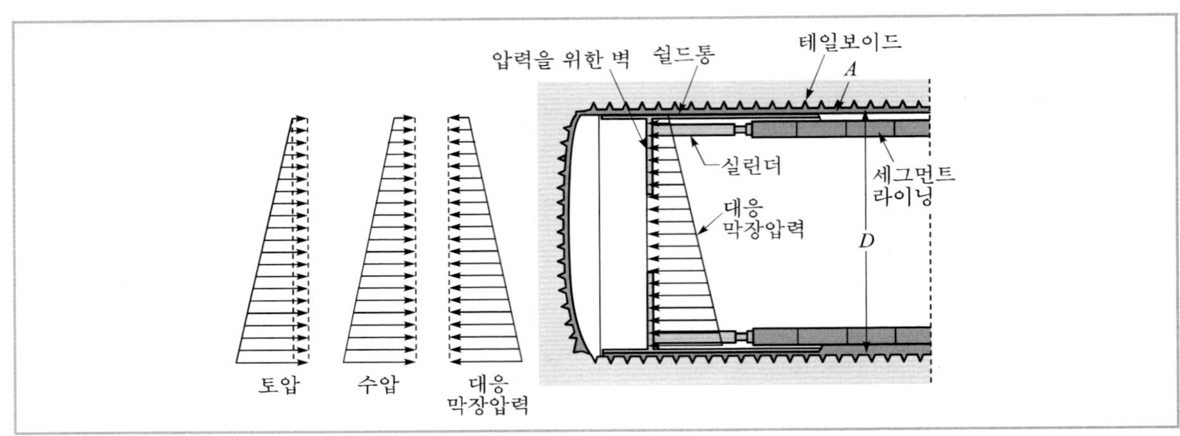

그림 14.51-1 토압식 쉴드 TBM 굴진면 지지원리

해석법		설계법	
		이론에 근거한 설계법	경험적인 설계법
붕괴(collapse)하중 또는 이완하중에 근거한 해석			Terzaghi의 이완하중에 의한 설계법
평형이론에 근거한 터널해석	지질구조 지배(structurally-controlled)의 경우-불연속면 역학	• 스테레오 투영법 이용 • 벡터해법 • 블록이론 이용	
	응력지배(stress-controlled)의 경우-연속체역학에 근거한 평형 • 탄성 평형 • 탄소성 평형 • 점탄성 평형	• NATM(New Austrian Tunnelling Method) – 지반반응곡선 (ground reaction curve)의 원리에 근거한 지보재 설계	• RMR 분류표에 근거한 경험 설계법 – NATM • Q-분류법에 근거한 설계법 – NMT(Norwegian Method of Turnnelling)

표 14.51-1 터널 및 지하공간의 해석 및 설계법

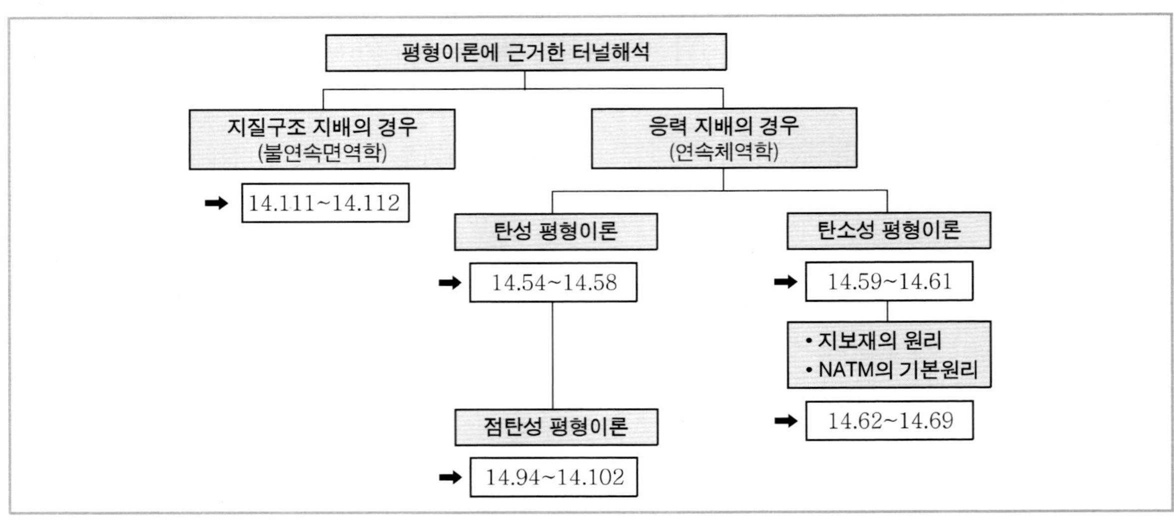

그림 14.51-2 향후 학습할 터널해석 관련내용 Flow

14.51 터널과 지하공간 기본사항 정리(5)

- 또한 커터헤드 바로 뒤 쉴드통이 있기 때문에 앞부분에서는 인근 지반의 변위가 크지 않다. 따라서 원지반을 거의 그대로 유지하면서 굴착한다고 할 수 있다. 막장압이 원지반의 압력과 동일하다면, 지반변위는 이론적으로 거의 없고, 막장압이 과도한 경우는 반대로 지반쪽으로 변위가 발생할 수도 있으며, 이 경우는 지반압이 오히려 증가할 수도 있다.

- 쉴드통 끝단(이를 **테일보이드**라고 한다)에 도달하면 곧이어 세그먼트 라이닝을 설치하게 되는데, 세그먼트 라이닝의 직경이 쉴드통 직경보다 작기 때문에 그림 14.51-1의 'A'부분에서는 필연적으로 침하가 발생할 수밖에 없다. **침하가 크지 않다면 터널 단면 횡방향으로 convex arch가 발생하여서, 새로운 평형상태를 이루어 세그먼트 라이닝에 크지 않은 압력만이 작용하게 되나, 침하가 과도한 경우 inverted arch가 발생하여 이완하중이 라이닝에 작용할 수도 있다.** 이에 관한 자세한 사항은 향후 설명될 것이다.

⑩ 터널 및 지하공간의 해석 및 설계법

- 지하구조물에 작용되는 응력은 기본적으로 다음의 2가지 조건이 있다.

- 붕괴하중(collapse load) 또는 이완하중 → 표 14.51-1에서 Terzaghi가 제안한 설계법
  주로 전통적인 재래식터널 설계에서 작용된 하중으로 터널을 굴착하면 지반조건에 따라 터널천정위에 존재하는 **지반이 이완되어 터널구조물에 하중으로 작용되는 경우**이다. 이완하중을 견디기 위하여 재래식터널에서는 본격적인 지보재를 설치하여야 한다.

- 새로운 평형상태의 응력 → 표 14.51-1에서 평형이론에 근거한 터널해석
  터널을 굴착하였다 하더라도, **초기지중응력상태에서 새로운 평형상태가 되도록 유도하는 개념**으로서, 이는 새로운 평형상태로 바꾸어 갈 뿐, 지반의 붕괴와는 거리가 멀다. 터널굴착 시 붕괴를 방지를 위해, 어떤 방법이든 지반에 과도한 변위가 생기지 않도록 하는 것이 중요하다. 만일경우, 터널 **굴착 시 부분적으로 소성상태에 이르렀다 하더라도** 14.21에서 설명한 **잔류강도는 계속 유지한 채로, 소성평형을 이루도록 유지**하여야 하며, 과도한 변형을 방치하여 붕괴가 되지 않도록 해야 한다. 주지보재의 중요성이 여기에 있다. 터널굴착 즉시 S/C를 타설해 주어, 지반에 과도한 변형없이 평형상태가 되도록 유지해 주어야 하며, R/B설치로 봉합작용을 해주어 지반의 강도를 증진시키고, **취성파괴 지반을 연성파괴 거동지반으로 바꾸어 주어 잔류강도를 갖도록 해 주어야 한다.**

  이렇게 **초기평형상태에서 새로운 평형상태를 이루도록 유도하는 터널설계법을 소위 NATM이라고 한다.** 14.46에서 설명한 RMR 및 Q-분류법에 근거한 경험적인 터널설계법도 새로운 평형상태를 이룰 수 있도록 지보재를 설계하는 방법임을 개념정리㉒를 통해 이해하여야 한다.

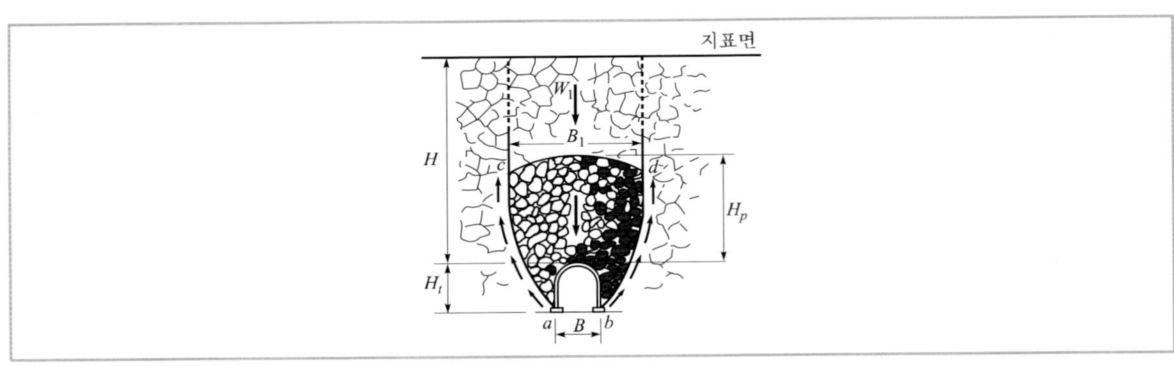

그림 14.52-1 Terzaghi가 제안한 이완영역

암반상태	암반하중 H_p(m)	비고
1. 견고하고 신선함	0	낙석이나 암석의 벗겨짐 현상이 있는 경우 부분적인 경지보
2. 견고한 층상 또는 편리	0~0.5B	경지보, 주로 낙석 방지, 하중이 장소마다 불규칙하게 변함
3. 보통 절리의 괴상	0~0.25B	
4. 보통정도의 블록상 및 균열상	0.25B~0.35$B(B+H_t)$	측압이 없음
5. 심한 블록상 및 균열상	(0.35~1.10)$(B+H_t)$	측압이 없거나 조금 있음
6. 완전파쇄	1.10$(B+H_t)$	측압이 심하며 터널바닥이 유출수에 의해 약화되므로 지보 하부를 연결하거나 원형지보 설치
7. 압착성 암반(보통 심도)	(1.10~2.10)$(B+H_t)$	심한 측압작용, 인버트 시공 필요, 원형지보 요망
8. 압착성 암반(깊은 심도)	(2.10~4.50)$(B+H_t)$	
9. 팽창 암반	76m까지 $(B+H)$와 무관하게 하중작용	원형지보 필요, 팽창성이 심한 경우 가축지보 필요

표 14.52-1 터널에 작용되는 이완하중 영역(Terzaghi가 제안, 강아치 지보재인 재래식 터널)

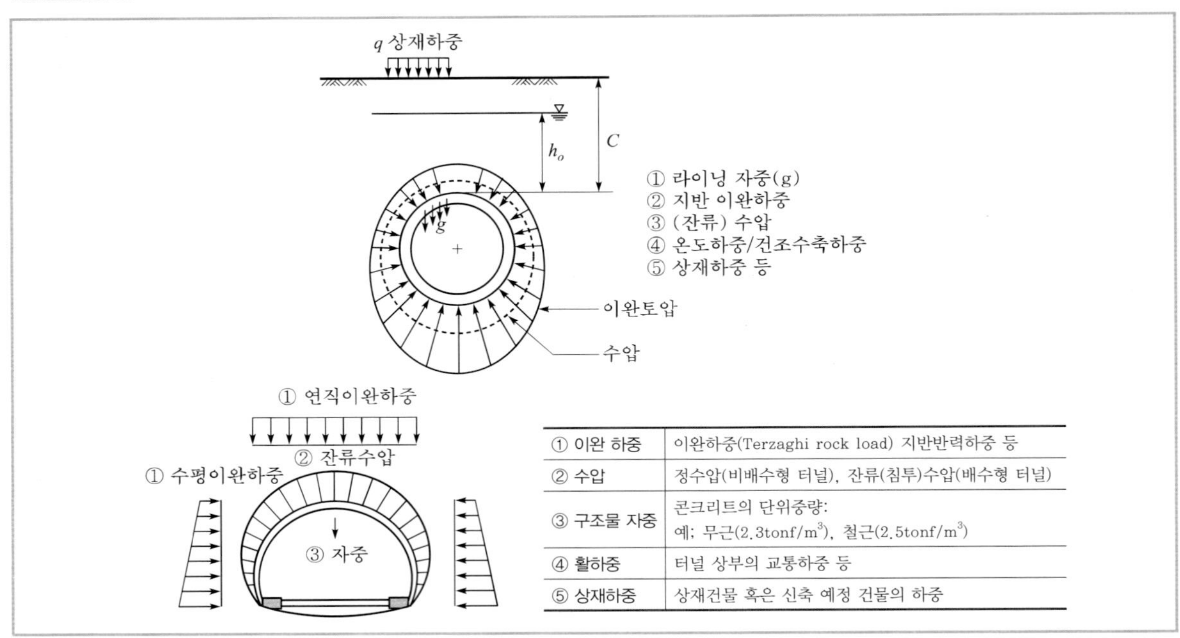

① 이완 하중	이완하중(Terzaghi rock load) 지반반력하중 등
② 수압	정수압(비배수형 터널), 잔류(침투)수압(배수형 터널)
③ 구조물 자중	콘크리트의 단위중량: 예; 무근(2.3tonf/m^3), 철근(2.5tonf/m^3)
④ 활하중	터널 상부의 교통하중 등
⑤ 상재하중	상재건물 혹은 신축 예정 건물의 하중

그림 14.52-2 터널 콘크리트라이닝에 작용하는 하중 예

14.52 경험적인 터널설계법(1)

1 Terzaghi의 이완하중

- 재래식터널 설계에 이용되어 왔던 경험적인 방법은 표 14.51-1 에서 붕괴이론(이완하중)에 근거한 설계법이다. 재래식터널이므로 강지보재가 주지보재이다. 터널의 굴착에 의해 그림 14.52-1 같이 **높이=H_p, 폭=B_1의 지반이 터널에 하중으로 작용되는 것으로 고려**한다. 각 지반조건에 따른 H_p값의 개략은 표 14.52-1 에 제시되어 있다.
- 여기서 **실무적으로 이해하고 넘어갈 사항이 있다.** 현재 경험적인 터널설계법으로 붕괴하중 또는 이완하중에 근거한 해석을 시행하지 않는다. 평형이론에 근거한 해석으로서 RMR분류법 및 Q-분류법을 이용하고 있다.
- 그림 그림 14.52-1 및 표 14.52-1 과 같은 **암반이완하중은 실무적으로 어떤 의미를 갖는 것인가?** 지금부터는 이에 대해 설명할 것이다.

2 NATM터널 콘크리트라이닝 설계하중

- NATM터널의 콘크리트라이닝은 터널의 기능을 장기간 유지하기 위한 구조물로서 하중을 지지하는 지보재로서의 기능과 유지관리상의 기능을 갖는다.(14.49 해설 14.49-1 에서 설명됨)
  S/C,와 R/B 등의 1차 지보재가 터널의 유지기간동안 암반이완하중을 충분히 지지한다면 2차 지보재인 콘크리트라이닝은 단순히 미적 혹은 심리적인 영향만을 고려하여 설계될 수 있다. 그러나, 지반조건이 열악하거나 S/C의 부식 등으로 **1차 지보재가 지보능력을 상실할 경우에 대비하여** 콘크리트라이닝을 설계하여야 한다.
- **NATM터널의 콘크리트라이닝 설계시 암반이완하중, 잔류수압**, 온도하중, 건조수축하중, 그리고 내진설계가 필요한 경우 응답변위법이나 동적해석법에 의해 추가로 **지진하중** 등을 적절히 반영하여야 한다. 그림 14.52-2
- 여기서 콘크리트라이닝 설계에 가장 큰 영향요소는 암반이완하중과 잔류수압이다.
- 이때 **암반이완하중은 1차 지보재의 기능 상실할 경우를 대비하여 콘크리트라이닝을 설계**하여야 한다. **잔류수압**은 지하수 처리방식에 따라 비배수형 터널의 경우 정수압을 고려하면 되나, 배수형 터널의 경우에는 콘크리트라이닝 배면에 배수층을 설치하므로 원칙적으로 수압을 고려하지 않아도 되나 부직포 등의 **배수층의 장기적인 배수기능 저하가 우려될 경우에는** 적절한 잔류수압을 고려하여 설계하게 된다.
- 암반이완하중 산정방법
  ① Terzaghi의 암반하중 분류표: 표 14.52-1 → Rose(1983)에 의해 수정 표 14.53-1a
  이 분류표는 절리상태 등에 따라 9등급으로 구분하나 너무 개괄적이어서 암질의 객관적인 평가가 곤란한 단점이 있다. 각 등급의 평균 예측값을 그래프로 나타내면 표 14.53-1b 와 같으며, 0~2.0MPa의 범위를 보이고 있다.

암반 상태	RQD	암반 하중 H_p(ft)	비고
1. 경질의 무결암	95~100	0	스폴링이나 포핑이 일어날 경우에만 얇은 라이닝
2. 경질의 층상 혹은 평상(schistose)	90~99	$0 \sim 0.5B$	스폴링 방지를 목적으로 간단한 지보, 암반 하중은 위치에 따라 불규칙하게 변할 수 있음
3. 괴상, 보통 전도, 절리가 발달	85~95	$0 \sim 0.25B$	
4. 보통 정도의 블록상, 균열상	75~85	$0.25B \sim 0.20(B+H_t)$	측압이 없음
5. 심한 블록상, 균열상	30~75	$(0.20 \sim 0.60)(B+H_t)$	측압이 아주 작거나 없음
6. 완전히 파쇄되었으나 화학적으로는 신선암 6a. 모래와 자갈	3~30 0~3	$(0.60 \sim 1.10)(B+H_t)$ $(1.10 \sim 1.40)(B+H_t)$	상당한 측압-지하수 유출로 터널 바닥이 약화되는 경우, 철재 지보의 바닥 받침대를 설치하거나 원형 철재 지보를 설치해야 함
7. 압착성 암반, 보통 정도 심도	NA	$(1.10 \sim 2.10)(B+H_t)$	큰 측압이 작용하며, 인버트 버팀대가 필요. 원형 철지보를 사용한 것이 좋음
8. 압착성 암반, 대심도	NA	$(2.10 \sim 4.50)(B+H_t)$	
9. 팽창성 암반	NA	$(B+H_t)$값에 관계없이 250ft까지	원형 철재 지보가 필요. 극단적인 경우 가축성 지보를 사용

(a)

(b)

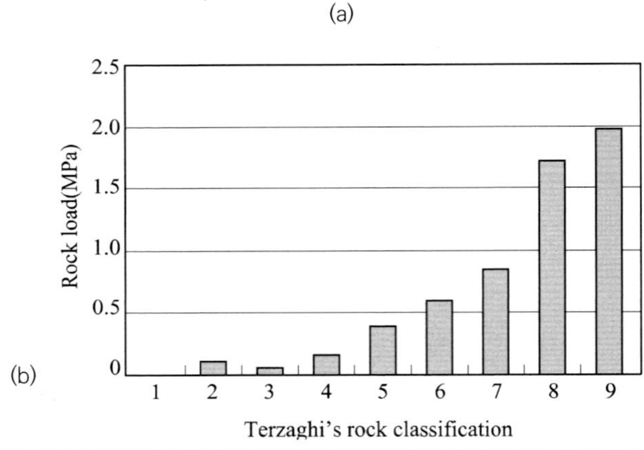

표 14.53-1 Terzaghi's rock load classification(Rose 1982)

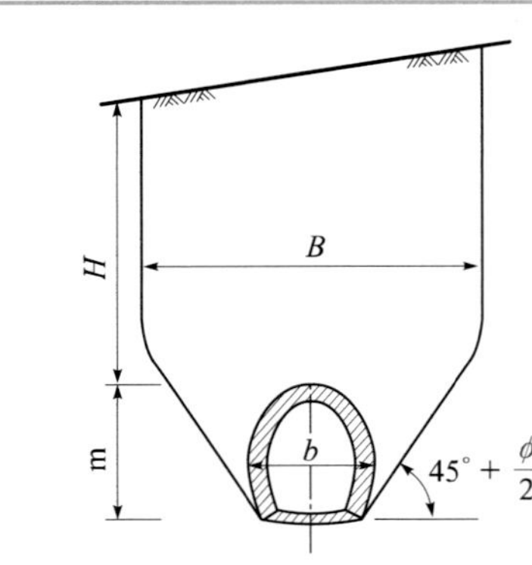

얕은심도 $P_{roof} = \dfrac{\gamma B}{2K\tan\phi}\left(1 - e^{-K\tan\phi\frac{2H}{B}}\right)$ **식 14.53-1**

여기서, $B = 2\left[\dfrac{b}{2} + m \times \tan\left(45 - \dfrac{\phi}{2}\right)\right]$

γ : 지반단위중량, K : 토압계수, ϕ : 내부마찰각
b : 터널폭, m : 터널높이, H : 토피,
B : 지반이완범위

깊은심도 $P_{roof} = \dfrac{\gamma B}{2K\tan\phi}$ (일정) **식 14.53-2**

그림 14.53-1 Terzaghi의 이론식

14.53 경험적인 터널설계법(2)

② Terzaghi의 이론식 : 그림 14.53-1

Terzaghi의 이론식 식 14.53-1 을 살펴보면 암반하중-토피, 암반하중-내부마찰각의 관계를 나타낸다. 내부마찰각이 일정한 경우 토피가 증가함에 따라 암반하중은 증가하나 증가율이 점차 감소하면서 일정한 값에 수렴함을 알 수 있다. 또한, 토피가 일정한 경우 내부마찰각이 증가함에 따라 암반하중은 직선적으로 감소한다.

③ 암반분류를 이용하는 방법 (RMR분류법 및 Q-분류법)

- RMR분류법 : $P = \dfrac{100 - \text{RMR}}{100} \times \gamma \times B$ (여기서, γ : 암반단위중량, B : 터널직경)

  ※ "지반공학이해 I 243p 3.25 ② 지보하중의 환산" 연계학습

- Q-분류법 : $P = (\dfrac{2.0}{J_r}) \times Q^{-1/3}$

④ 수치해석에 의한 방법

3 RMR 분류법 및 Q-분류법에 근거한 경험 설계법

- 표 14.51-1 에서의 경험 설계법이란? "지반공학이해 I 241p 개념정리⑰에서 설명되었듯이 '**지반분류**'**를 통해 초기설계를 위한 표준지보패턴을 결정하는 것**을 말한다.

- 여기서 **지반분류란?** 한국도로공사 설계기준의 경우 여러가지 요소를 고려한 종합적인 **지반분류 기준**(RMR+Q값+RQD+탄성파속도+일축압축강도+TCR)을 통해 지반을 6개로 분류, 즉, Ⅰ(경암), Ⅱ(보통암), Ⅲ(연암), Ⅳ(풍화암), Ⅴ(풍화토), Ⅵ(갱구부) 분류하여 **초기설계를 위한 표준지보패턴을 제시**하고 있다.

- **NATM 터널공법**은 주로 **RMR분류법을 이용**하고, **NMT 터널공법**은 **Q-분류법을 이용**한다. 지반공학이해 I 246p 표 3.27-2 는 NMT를 기준으로 제시된 도표임을 이해할 것. NATM과 NMT에 대해서는 향후 14.89~14.90에서 비교 설명될 것이다.

- 물론 경험 설계법에 의해 제시된 표준지보패턴에 근거한 초기 설계된 터널단면은 그림 14.53-2 같은 설계절차를 통해 **응력해석과 변형해석 수행을 통해 안정성을 검토하게 됨을 반드시 이해**하기 바란다.

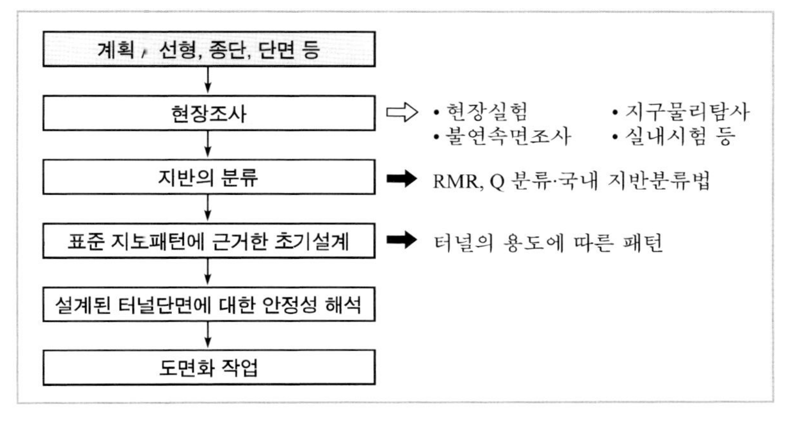

그림 14.53-2

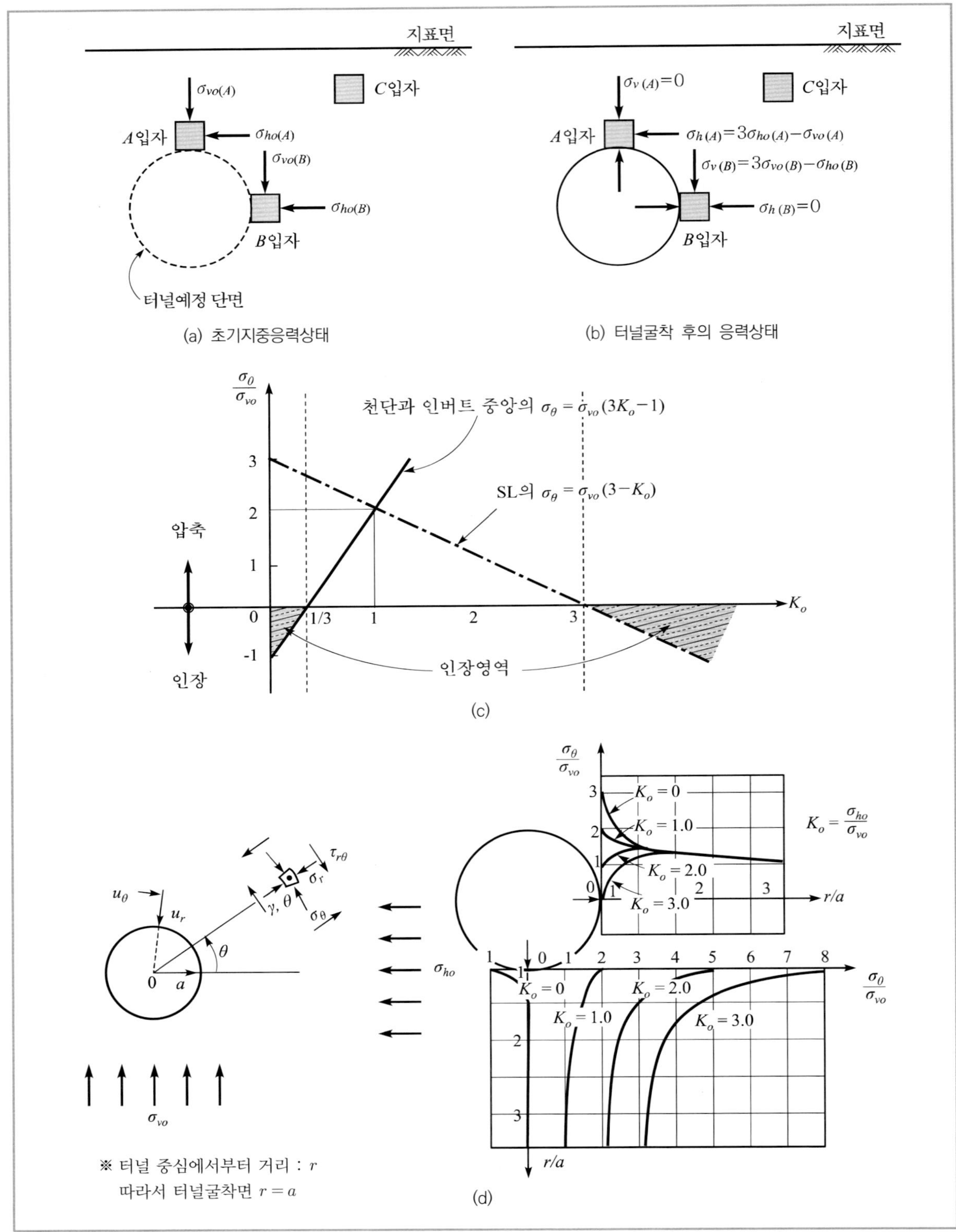

그림 14.54-1 Kirsh의 해

14.54 탄성 해석법(1)

탄성해석법 및 탄소성해석법은 지하공간의 거동에 영향을 미치는 것이 연속체로서 응력의 지배를 받게 되는 경우 중, **터널굴착으로 인하여 응력구조가 바뀌게 되었어도 탄성상태를 그대로 유지하거나(탄성해석법에 해당)**, 아니면 **일부 구간이 소성상태에 이르렀다고 해도 새로운 소성상태로 평형상태를 이루어(탄소성해석법에 해당) 붕괴를 방지한다라는 개념**의 터널이론 해석법이다. 즉, 지하공동을 굴착하였다 하더라도 굴착 전의 평형상태에서 굴착 후에도 평형상태를 유지하는 것이 중요하다는 의미이다.

우선 탄성해석법에 대해서는 지반공학이해Ⅱ 414~415p 개념정리① ~ 개념정리②를 통해 탄성지반에서 원형터널 굴착 후 암반의 응력상태를 알 수 있는 "**Kirsh의 해**"를 설명하였다. 지금부터는 탄성해석법에 대하여 다시 한번 요약정리 후 **탄소성 해석법**에 대해 설명할 것이다.

1 Kirsh의 해를 이용한 터널굴착 후의 응력변화

■ 그림 14.54-1 조건 : 등방탄성 지반(초기지중응력 σ_{vo}, σ_{ho})에 원형터널(반경 a) 굴착

① 반경방향 응력 : $\sigma_r = \frac{1}{2}\sigma_{vo}\left\{(1+K_o)(1-\frac{a^2}{r^2}) - (1-K_o)(1-4\frac{a^2}{r^2}+3\frac{a^4}{r^4})\cos 2\theta\right\}$ 식 14.54-1

② 접선응력 : $\sigma_\theta = \frac{1}{2}\sigma_{vo}\left\{(1+K_o)(1+\frac{a^2}{r^2}) + (1-K_o)(1+3\frac{a^4}{r^4})\cos 2\theta\right\}$ 식 14.54-2

③ 전단응력 : $\tau_{\gamma\theta} = \frac{1}{2}\sigma_{vo}\left\{(1-K_o)(1+2\frac{a^2}{r^2}-3\frac{a^4}{r^4})\sin 2\theta\right\}$ 식 14.54-3

④ 반경방향 변위 : $u_r = \frac{\sigma_{vo}\, a^2}{4Gr}\left\{(1+K_o) - (1-K_o)(4(1-\mu) - \frac{a^2}{r^2})\cos 2\theta\right\}$ 식 14.54-4

⑤ 접선방향 변위 : $u_\theta = \frac{\sigma_{vo}\, a^2}{4Gr}\left\{(1-K_o)(2(1-2\mu) + \frac{a^2}{r^2})\sin 2\theta\right\}$ 식 14.54-5

■ 식 14.54-2 접선응력 σ_θ의 양상 → 그림 14.54-1의 (c)와 (d)를 통해 공감하라.

① 접선응력은 터널부근에서 응력이 집중됨을 알 수 있다.

② K_o값이 0에 가까울수록 측벽부에서의 접선응력은 집중되며, 반대로 천정(또는 인버트)에서의 접선응력은 감소된다.

③ K_o값이 커질수록 천정(또는 인버트)에서의 접선응력은 증가하며, 반대로 측벽부에서의 접선응력은 감소된다. → 그림 14.54-1c, d 참조

■ 터널벽면($r=a$)에서의 응력 양상 → 식 14.54-1 및 식 14.54-2에서 $r=a$ 대입

$\sigma_r = 0$, $\sigma_\theta = \sigma_{vo}\{(1+K_o) + 2(1-K_o)\cos 2\theta\}$, $\tau_{r\theta} = 0$

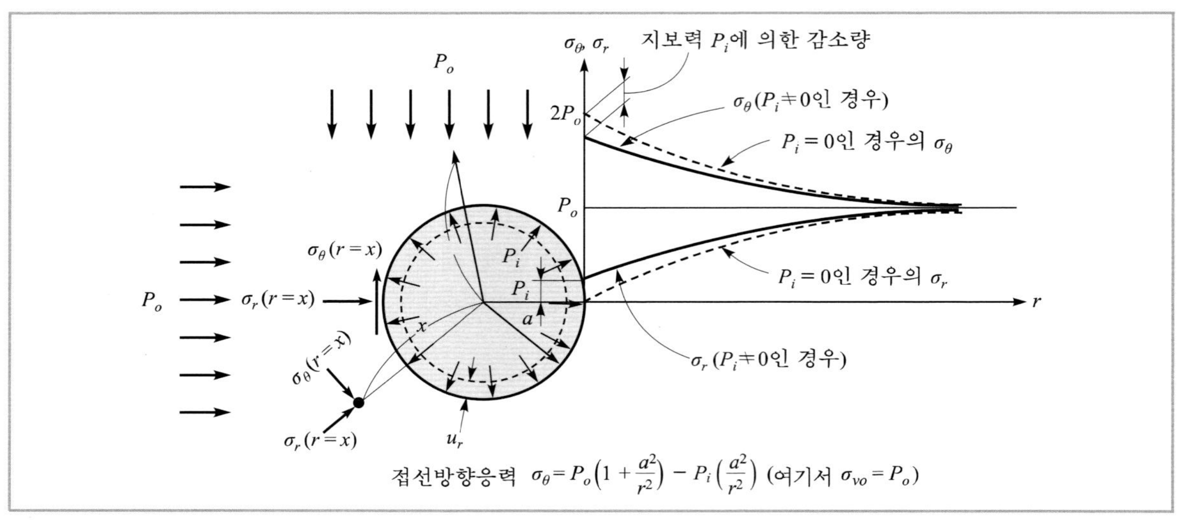

그림 14.55-1 탄성해석법을 이용한 지보재의 지보효과 설명

※ 그림 14.55-1 **에 대한 설명**

■ **$K_o = 1$인 경우** 굴착 후 응력과 변위의 양상

① $\sigma_r = \sigma_{vo}\left\{\left(1-\frac{a^2}{r^2}\right)\right\}$ 식 14.54-1 에서 $K_o = 1$

② $\sigma_\theta = \sigma_{vo}\left\{\left(1+\frac{a^2}{r^2}\right)\right\}$ 식 14.54-2 에서 $K_o = 1$

③ $u_r = \frac{\sigma_{vo}\, a^2}{2Gr}$ 식 14.54-4 에서 $K_o = 1$

■ 만일, **터널 안쪽에서 내압$=p_i$를 터널벽면에 작용시킬 경우**

$\triangle\sigma_r = p_i\left(\frac{a^2}{r^2}\right)$, $\triangle\sigma_\theta = -p_i\left(\frac{a^2}{r^2}\right)$, $\triangle u_r = -\frac{p_i\, a^2}{2Gr}$

따라서, $K_o = 1$이고, 터널 내에서 내압 p_i가 작용되는 경우의 응력은

① $\sigma_r = \sigma_{vo}\left\{\left(1-\frac{a^2}{r^2}\right)\right\} + p_i\left(\frac{a^2}{r^2}\right)$ $\rightarrow \sigma_r \neq 0$ 증가됨 주목 식 14.55-1

② $\sigma_\theta = \sigma_{vo}\left\{\left(1+\frac{a^2}{r^2}\right)\right\} - p_i\left(\frac{a^2}{r^2}\right)$ $\rightarrow \sigma_\theta$ 감소됨 주목 식 14.55-2

③ $u_r = \frac{\sigma_{vo}\, a^2}{2Gr} - \frac{p_i\, a^2}{2Gr} = \frac{a^2}{2Gr}(\sigma_{vo} - p_i)$ $\rightarrow u_r$ 감소됨 주목 식 14.55-3

해설 14.55-1

14.55 탄성 해석법(2)

■ $0 \leq K_o \leq 1$에서의 측벽과 천정에 작용하는 접선응력의 양상 → 그림 14.54-1c 참조

$$\text{천정부 } \frac{\sigma_\theta}{\sigma_{vo}} = (3K_o - 1), \quad \text{벽체부 } \frac{\sigma_\theta}{\sigma_{vo}} = (3 - K_o)$$

① 터널굴착으로 인하여 터널벽면에서 응력집중이 매우 큼을 알 수 있다.

② **$K_o = 0$일 때**, 측벽부에서는 초기지중응력(σ_{vo})의 3배의 응력집중이 발생되고, 천정부에서는 $-\sigma_{vo}$의 인장응력이 발생된다.

③ **$K_o = 1$인 경우**, 즉, 초기지중응력의 방향에 관계없이 일정한 경우, 응력집중은 2배로 발생된다.

④ **$K_o < \frac{1}{3}$이면**, 천정 및 인버트에서 인장응력이 발생된다.

2 내압 p_i가 터널벽면에 작용할 경우($K_o = 1$)

■ 그림 14.55-1 같이 여기서 "**내압 p_i가 터널벽면에 작용된다**"는 것이 물리적으로 의미하는 바는 **터널굴착 직후에 터널벽면에 지보재($S/C, R/B$)를 설치하여 내압을 유도하는 경우**이다.

■ $S/C, R/B$와 같은 지보재를 설치하는 것이 어떻게 내압을 가하는 효과와 같게 되는지에 대한 이론적 근거는 탄소성 해석법의 "해"에 해당하는 "**지반-지보재 반응곡선**"을 이용하여 후술될 것이다.
여기서, 독자들이 연계할 개념은 **탄성 해석법·탄소성 해석법은 지보재의 지보효과를 개념적으로 설명**할 뿐 지반-지보재의 상호작용을 고려할 수 없으므로 지보재의 실질적인 단면력 정보를 얻기 어렵다. **이런 실무적인 점을 고려하는 이론적 방법**이 바로 지반-지보재의 반응곡선을 이용하는 "**내공변위 제어 이론**"이다.

3 터널굴착으로 인한 영향범위

■ 그림 14.54-1 에서 보여주는 바와 같이 **터널굴착으로 인하여 터널주변에서 응력집중이 가장 많이 발생되며, 터널로부터 멀어질수록 영향을 벗어나서 $r = \infty$에서는 초기지중응력과 같게 된다.** 터널 굴착후의 응력과 초기지중응력의 차이가 크면 클수록 영향을 받게 된다. **예를 들면 5%의 영향범위를 고려하여 보면 다음의 응력차를 갖는 범위를 영향권으로 보면 될 것이다.**

$$|\sigma_{after} - \sigma_o| \geq 0.05\sigma_o \quad \text{식 14.55-4}$$

■ 여기서, σ_{after} : 터널굴착후의 응력 , σ_o : 초기지중응력 $K_o = 1$인 경우($\sigma_{vo} = \sigma_{ho}$)

$$\sigma_{after} = \sigma_\theta = \sigma_{vo}\left\{1 + \left(\frac{a^2}{r^2}\right)\right\} \text{ 이므로 } |\sigma_{after} - \sigma_{vo}| = \left|\sigma_{vo}\left\{1 + \left(\frac{a^2}{r^2}\right)\right\} - \sigma_{vo}\right| = \sigma_{vo}\left(\frac{a^2}{r^2}\right) \geq 0.05\sigma_{vo}$$

$$\therefore r_{5\%} = a\sqrt{20} = 4.47a \text{ (즉, 터널중심에서 } 4.47a \text{ 범위가 영향범위)} \quad \text{식 14.55-5}$$

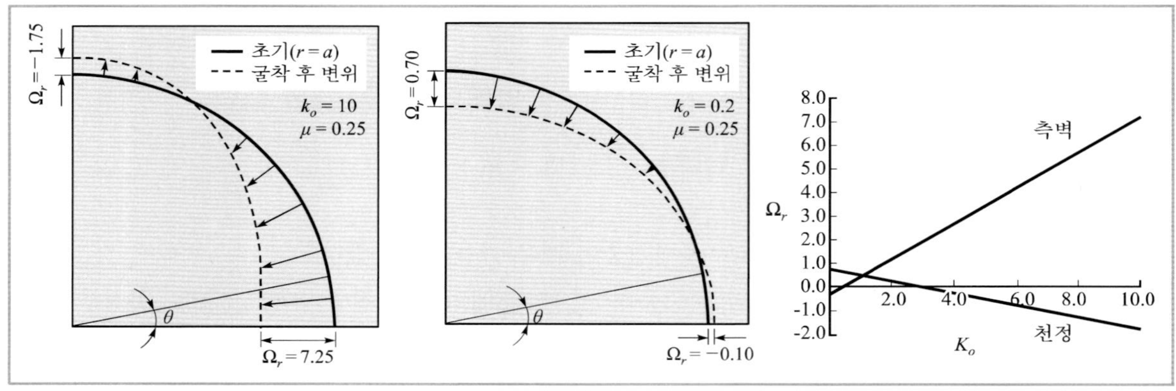

그림 14.56-1 초기응력비에 따른 내공변위 양상

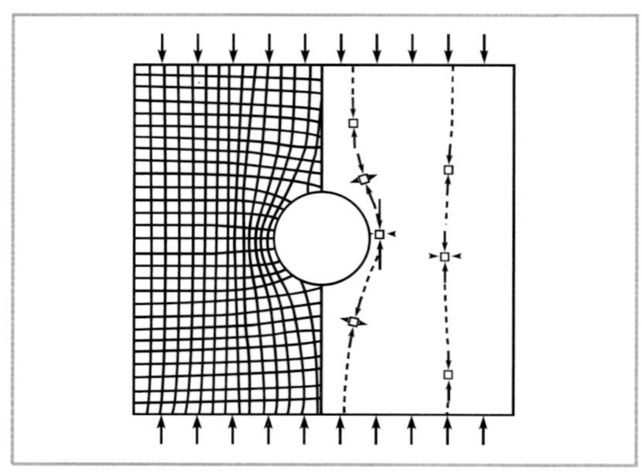

그림 14.56-2 주응력의 궤적($K_o = 0$인 경우)

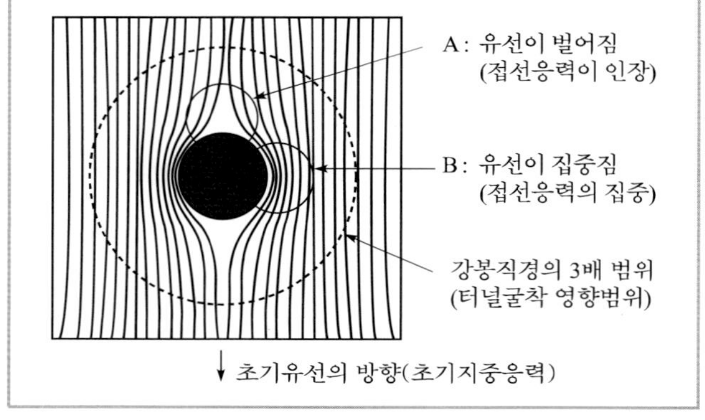

그림 14.56-3 유선을 이용한 응력분석

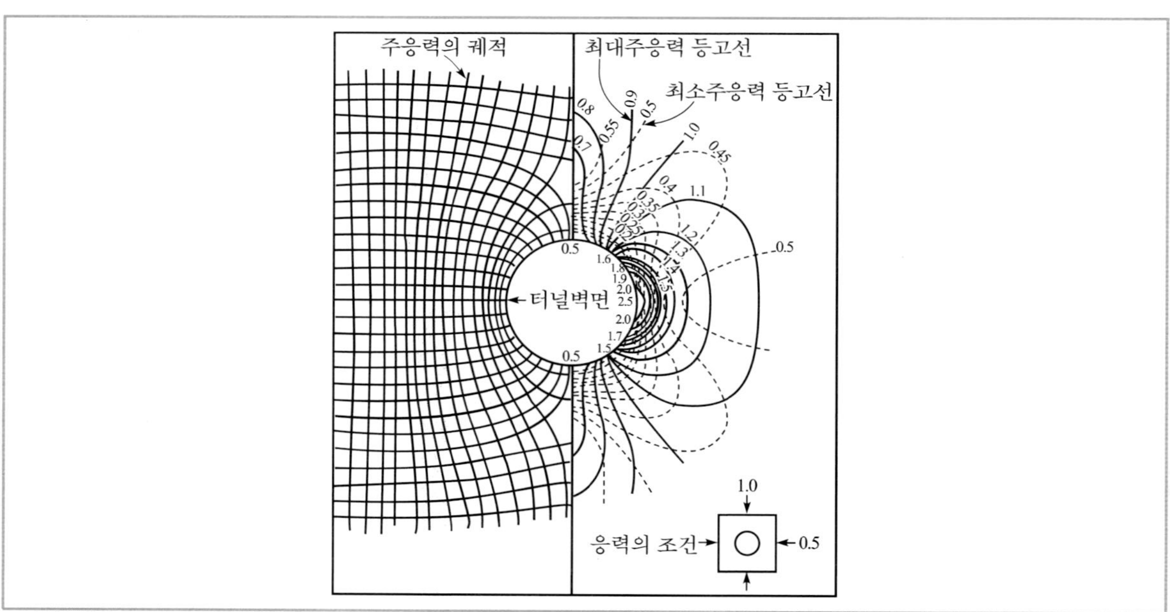

그림 14.56-4 주응력 궤적과 주응력 등고선($K_o = 0.5$인 경우)

14.56 탄성 해석법(3)

4 터널벽면에서의 변위양상

■ 터널벽면($r=a$)에서의 반경방향의 변위는 식 14.54-4 에서

$$u_r = \frac{\sigma_{vo}\, a^2}{4G\, r}\left\{(1+K_o)-(1-K_o)(4(1-\mu)-\frac{a^2}{r^2})\cos 2\theta\right\} \quad r=a\text{이므로}$$

$$u_r = \frac{\sigma_{vo}\, a^2}{4G\, r}\{(1+K_o)-(1-K_o)(3-4\mu)\cos 2\theta\} \qquad \text{식 14.56-1}$$

■ 여기서 암반의 $\mu=0.25$ 가정하고, $K_o=0.2$와 $K_o=10.0$인 경우의 각각에 대하여 변위를 무차원 값을 다음 식 $\Omega_r = \frac{u_r\, G}{\sigma_{vo}\, a}$ 으로 구한 결과를 그림으로 나타낸 것이 그림 14.56-1 이다. 그림 14.56-1 으로부터 다음과 같은 현상을 알 수 있다.

① **K_o값이 0에 접근하도록 작은 경우**에는 천정에서의 침하량이 큰 반면에 측벽에서의 변위는 미세하다.(측벽에서는 오히려 바깥쪽으로 변위가 발생할 수도 있다.)

② **K_o값이 3보다 큰 값으로서 과다할수록** 측벽에서의 내공변위는 증가하고 천정부에서는 오히려 융기(상방향 변위)가 발생될 수 있다

5 주응력의 궤적

■ **지하에 터널구조물을 굴착하였을 때의 응력양상은 주응력의 궤적을 이용하여 표현**할 수 있다. 예를 들면 그림 14.56-2 같은 $K_o=0$인 지반에, 즉 연직응력만 작용되는 지반에 터널을 굴착하였을 때, 주응력의 궤적을 그린 것이다. 연직방향으로의 주응력이 터널 주위에 이를수록 회전을 하게 되면, 측벽부에서는 주응력 벡터가 상당히 커진 것을 알 수 있다.

■ 그림 14.56-3 같이 물이 하방향으로 흐르고 있을 때, 원형의 강봉을 수중에 설치하였다고 하면, 물은 아래로 흐르다가 A부분에서 멀어지게 된다. $K_o<\frac{1}{3}$인 경우 천정부에서 인장응력이 작용되는 현상을 쉽게 이해할 수 있다. 이때 퍼져나간 유선은 B부분에서는 집중적으로 모이게 된다. 이는 $K_o<\frac{1}{3}$인 경우 측벽부분에서 접선응력 증가가 커지는 현상을 설명할 수 있다.

■ 지반에 원형터널을 굴착하였을 때의 응력변화 양상은 주응력 등고선을 그려보면 쉽게 물리적인 의미를 이해할 수 있게 된다. 그림 14.56-4 의 오른쪽 부분이 $K_o=0.5$인 경우의 주응력 등고선이다.

① 실선 : 최대주응력 등고선(즉, σ_θ 의미)이다. 천정부에서는 최대 주응력이 연직응력의 1/2, 측벽부에서는 2.5배임을 알 수 있다.

② 점선 : 최소주응력 등고선(즉, σ_r 의미)이다. 터널 주위에서의 최소주응력은 0이며(반경방향 응력 $\sigma_r=0$), 외곽으로 나갈수록 증가한다.

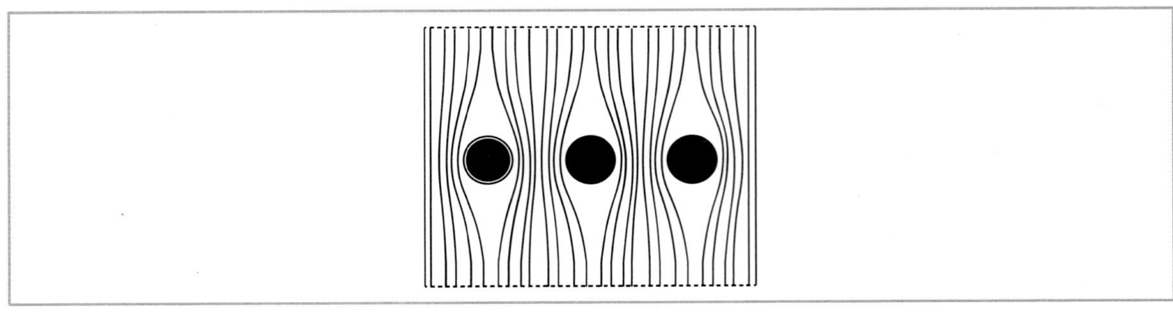

그림 14.57-1 병설터널의 응력집중(유선을 이용한 분석)

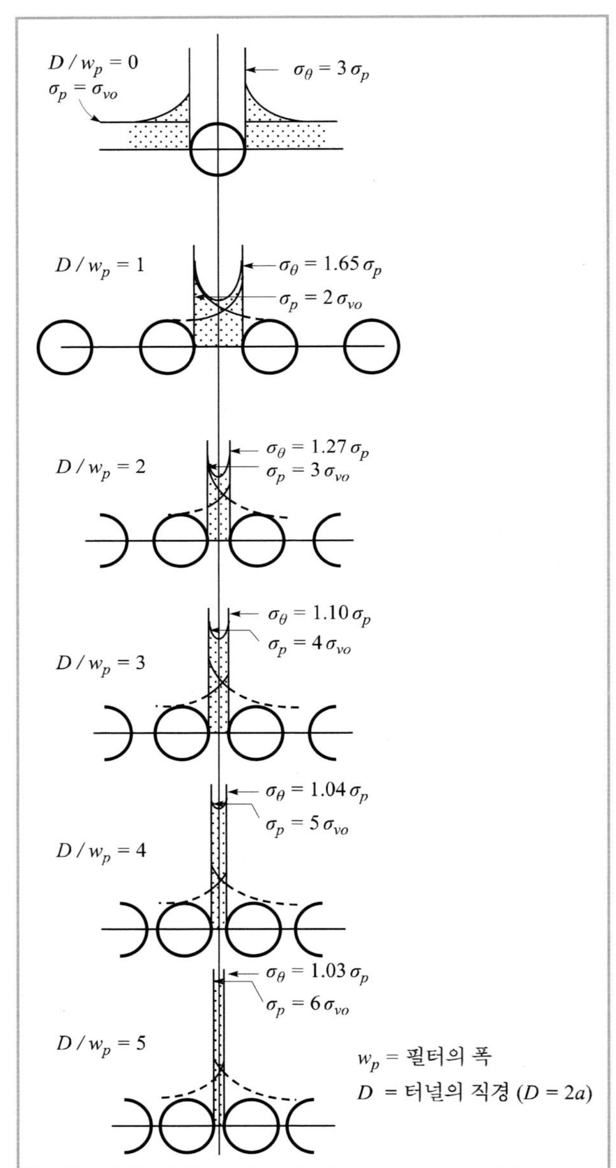

그림 14.57-2 쌍굴터널의 응력집중 양상

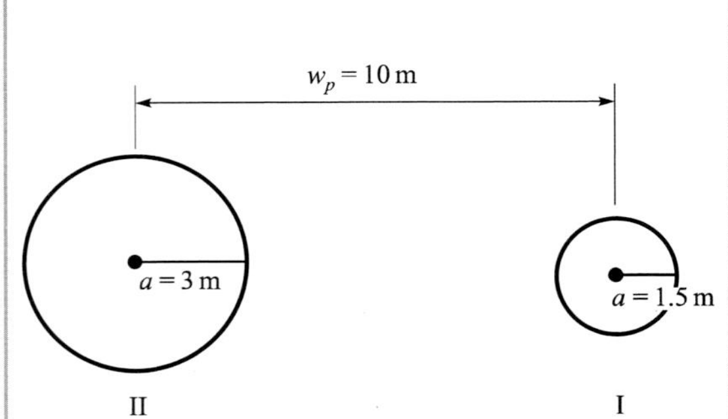

지하 450m 깊이의 암반지반에 직경 3m의 터널을 굴착하였다(터널 I). 암반은 절리가 없는 신선암이며, $\gamma = 26kN/m^3$, $\sigma_c = 60Mpa$, $\sigma_t = 3Mpa$이다.

(1) $K_o = 0.3$, $K_o = 2.5$ 인 경우 암석의 파괴 여부를 판단하라

(2) 직경 6m의 터널(II)을 먼저 굴착한 터널(I)의 수평방향으로 터널중심간격=10m 이격하여 추가 굴착하였다(터널II), 위의 두가지 경우 각각에 대하여 터널 I 의 굴착 전 K_o의 변화 및 굴착 후 파괴 여부를 판단하라.

※ 독자들은 이 문제를 통해 그림 14.54-1 (c)의 Graph를 좀 더 확실하게 이해하길 바란다.

그림 14.57-3

14.57 탄성 해석법(4)

6 쌍굴터널 굴착 시의 응력

- 두 개의 터널을 근접하여 굴착하게 되면, 상호간섭 효과로 인하여 쌍굴터널 사이에 응력이 집중하게 된다(이 부분을 **필러(pillar)**라고 함). 이 효과는 그림 14.57-1 같이 유선개념을 이용하면 쉽게 이해할 수 있다. 원형강보(원형터널) 사이에는 둘이 집중되게 모일 수밖에 없다.

- 두 쌍굴터널의 근접효과가 그림 14.57-2 에 잘 표시되어 있다. 그림에서 w_p**는 필러의 폭**, D는 터널의 직경을 의미한다. 그림으로부터 다음과 같은 사실을 알 수 있다.
  ① **터널이 근접할수록 필러에 작용되는 평균연직응력 σ_p는 증가한다. 즉, 응력집중이 발생한다.**
  ② **터널이 근접할수록 σ_θ/σ_p , 즉 터널면에 작용되는 접선응력과 필러에 작용되는 연직응력의 비는 감소한다.**

7 그림 14.57-3 을 통해 지금까지 설명한 내용을 복습해보자.

- 14.54 터널벽면($r=a$)에서의 굴착 후의 응력 양상에서

$\sigma_r = 0$ 식 14.54-1 에서 $r=a$

$\sigma_\theta = \sigma_{vo}\{(1+K_o)+2(1-K_o)\cos 2\theta\}$ 식 14.54-2 에서 $r=a$

$\sigma_{vo} = \gamma \times z = 26 \times 450 = 11.7Mpa$

(1) $K_o = 0.3$일 경우 → 천정과 측벽에서 파괴에 이르지 않음

$$\sigma_{\theta(sidewall)} = 11.70\{(1+0.3)+2(1-0.3)\cos 0^\circ\} = 31.59Mpa < 60Mpa(\sigma_c)$$

$$\sigma_{\theta(roof)} = 11.70\{(1+0.3)+2(1-0.3)\cos 180^\circ\} = -1.17Mpa > -3.0Mpa(\sigma_t)$$

※ $K_o < \frac{1}{3}$일 경우 → 천정부에서는 인장응력, 벽체부에서는 압축응력이 발생됨을 확인할 수 있음

(2) $K_o = 2.5$일 경우 → 천정(또는 인버트)에서 일축압축강도를 초과하여 소성상태에 이름

$$\sigma_{\theta(sidewall)} = 11.70\{(1+2.5)+2(1-2.5)\cos 0^\circ\} = 5.85Mpa < 60Mpa(\sigma_c)$$

$$\sigma_{\theta(roof)} = 11.70\{(1+2.5)+2(1-2.5)\cos 180^\circ\} = 76.05Mpa > 60Mpa(\sigma_c)$$

※ $\frac{1}{3} < K_o < 3$일 경우 → 천정부, 벽체부 모두에서 압축응력이 발생됨을 확인할 수 있음.

- 14.55 3 터널굴착으로 인한 영향범위 식 14.55-6 $\therefore r_{5\%} = a\sqrt{20} = 4.47a$ 을 이용

터널 Ⅰ의 영향범위 $\therefore r_{5\%} = 4.47 \times 1.5 = 6.7m$

터널 Ⅱ의 영향범위 $\therefore r_{5\%} = 4.47 \times 3.0 = 13.4m$

※ 독자들은 선행T/L과 후행T/L 사이의 아칭(Arching) 개념을 연계해 볼 것

개념정리 ㉓ 초기지중응력 영향에 따른 터널의 형상 = 터널의 형상이 접선응력에 미치는 영향

- 터널의 곡률반경이 감소할수록 접선응력은 집중된다. → 원형단면이 유리한 이유
- $K_o = 1$인 경우 : 원형터널이 가장 응력집중을 적게 발생되는 터널 형상
- $K_o \neq 1$인 경우 : 초기지중응력비와 같은 장·단축비를 갖는 난형(계란형) 또는 타원형이 역학적 안정
- $K_o = \dfrac{\sigma_{ho}'}{\sigma_{vo}'}$ 와 $\dfrac{\text{터널폭}(B)}{\text{터널높이}(H)}$ 갈도록 터널형상을 설계할 경우 응력집중을 최소화 할 수 있다.

① $K_o < 1(\sigma_{ho}' < \sigma_{vo}')$

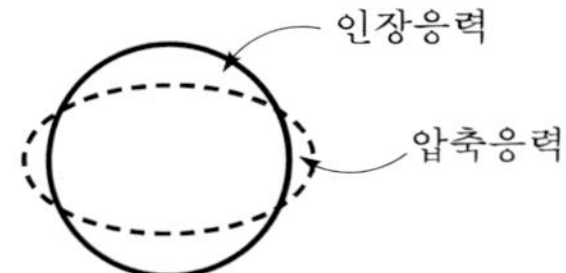

천장, 인버트부 보강 필요

$K_o = \frac{1}{2} < 1$ $B=1$ $H=2$

② $K_o = 1(\sigma_{ho}' = \sigma_{vo}')$

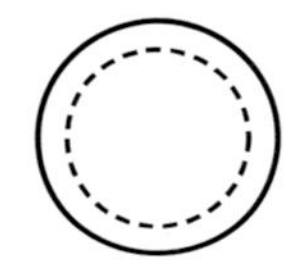

$K_o = \frac{1}{1} = 1$ $B=1$ $H=1$

③ $K_o > 1(\sigma_{ho}' > \sigma_{vo}')$

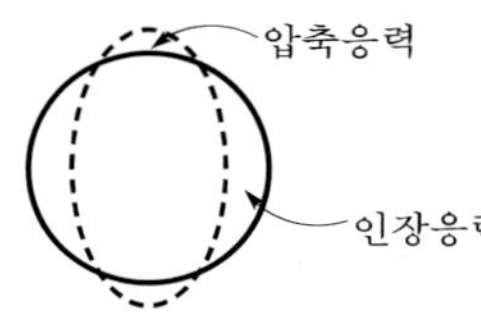

측벽부 보강 필요

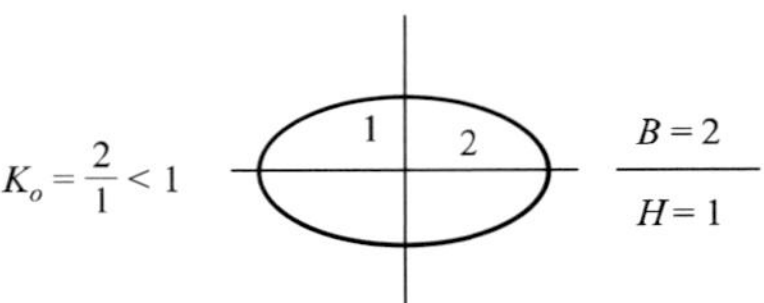

- K_o 아주 낮은 경우 ($K_o < \dfrac{1}{3}$ 경우) : 터널의 형상과 관계없이 인장응력을 받는 부분이 항상 존재한다.
- 터널 굴착에 따른 응력재분배에 대한 결론

$K<1$ ($\sigma_v > \sigma_h$ 조건)	$K=1$ ($\sigma_v = \sigma_h$ 조건)	$K>1$ ($\sigma_v < \sigma_h$ 조건)
측벽 : 압축 응력	측벽 : 압축 응력	측벽 : 인장 응력
천단, 바닥 : 인장 응력	측벽 : 압축 응력	천단, 바닥 : 압축 응력
천단, 바닥부 인장 측 보강	소성 영역 최소	측벽부 인장 측 보강

14.58 탄성 해석법(5)

■ 이격거리 $w_p = 10m$이므로 **터널Ⅱ의 굴착으로 인하여 터널Ⅰ이 영향을 받을 것이다.** 터널Ⅱ의 굴착으로 인하여 **터널Ⅰ의 중심부에 작용되는 최종응력(즉 $r = 10m$)**은 다음과 같다.

(1) $K_o = 0.3$: 터널Ⅰ 굴착 전 초기지중응력임에 유의

14.54의 식 14.54-1 ~ 식 14.54-3 에서 $\theta = 0^\circ$, $a = 3m$, $r = 10m$, $K_o = 0.3$을 대입하면

$$\sigma_r = \frac{1}{2} \times 11.7 \times \left\{ (1+0.3)(1-\frac{3^2}{10^2}) - (1-0.3)(1-4\frac{3^2}{10^2}+3\frac{3^4}{10^4})\cos 0^\circ \right\} = 4.20Mpa$$

$$\sigma_\theta = \frac{1}{2} \times 11.7 \times \left\{ (1+0.3)(1+\frac{3^2}{10^2}) + (1-0.3)(1+3\frac{3^4}{10^4})\cos 0^\circ \right\} = 12.48Mpa$$

$$\tau_{r\theta} = 0$$

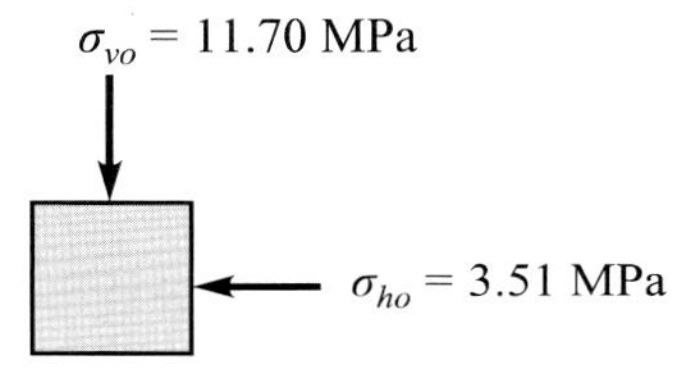

초기지중응력($K_o = 0.3$)

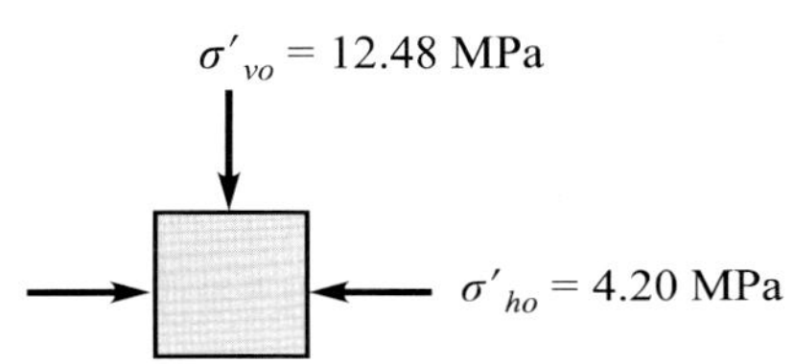

터널II 굴착후의 터널I 굴착전 초기지중응력

터널Ⅱ의 굴착은 터널Ⅰ의 중심부에 작용되는 초기지중응력을 위와 같이 변화시키는 효과가 있다.

따라서 $K_o = \dfrac{\sigma_{ho}'}{\sigma_{vo}'} = \dfrac{4.2}{12.48} = 0.336$

터널 I 굴착후의 측벽과 천정에 작용되는 접선응력은 14.54의 식 14.54-2 에서 $r = a$ 대입하면

$\sigma_\theta = \sigma_{vo}\{(1+K_o)+2(1-K_o)\cos 2\theta\}$이고, 여기에 $K_o = 0.336$ 대입하여 구할 수 있다.

$$\sigma_{\theta(sidewall)} = 12.48\{(1+0.336)+2(1-0.336)\cos 0^\circ\} = 60.05Mpa > 31.59Mpa$$

$$\sigma_{\theta(roof)} = 12.48\{(1+0.336)+2(1-0.336)\cos 180^\circ\} = 33.25Mpa > -1.17Mpa$$

※ $K_o = 0.3 \rightarrow K_o = 0.333$변화로 터널Ⅰ 굴착후 벽체부 압축파괴 발생

(2) $K_o = 2.5$:

같은 방법으로 풀면 터널Ⅱ로 인한 터널Ⅰ에서의 굴착전 변화된 초기지중응력은 다음과 같다.

$$\sigma_{vo}' = \sigma_\theta = 13.33Mpa \ , \ \sigma_{ho}' = \sigma_r = 24.46Mpa \rightarrow K_o = \frac{\sigma_{ho}'}{\sigma_{vo}'} = \frac{24.46}{13.33} = 1.84$$

$$\sigma_{\theta(sidewall)} = 13.33\{(1+1.84)+2(1-1.84)\cos 0^\circ\} = 15.53Mpa > 5.85Mpa$$

$$\sigma_{\theta(roof)} = 13.33\{(1+1.84)+2(1-1.84)\cos 180^\circ\} = 60.05Mpa < 76.05Mpa$$

※ $K_o = 2.5 \rightarrow K_o = 1.84$변화로 터널Ⅰ 굴착후 천정부·벽체부 모두 압축파괴 미발생

개념정리 ㉔ 2-Arch 터널 (I)

1 2-Arch 터널이란 ? (쌍굴터널 형식에서 pillar 안정검토 결과 N.G시 대안터널형식)

- 최근 도심지 지역에서의 용지매입 제한, 민원환경 문제가 심각하므로 병설 터널간 이격거리가 상당히 근접된 형태로 터널이 계획

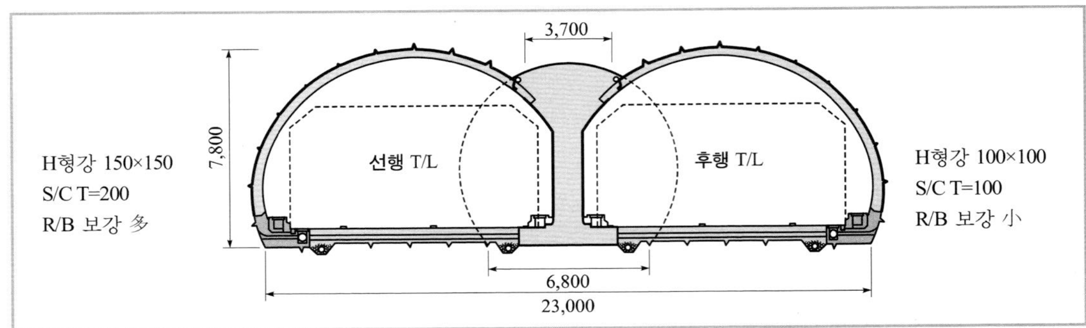

그림 개념㉔-1

- 근접 터널에서는 중앙 **필라부(pillar)의 안정성**이 터널의 형식을 결정하는 중요한 요소로 작용
- 일반적으로 국내에서는 **터널 이격거리를 터널 굴착폭의 1~2배 이상 확보**토록 권고하고 있으나, **적정이격거리를 확보하지 못할 경우에는 2-Arch 터널로 계획**하고 있다.

2 2-Arch 터널의 문제점

- 2-Arch 터널은 기존의 터널시공에 **중앙터널 굴착 및 벽체 시공이라는 추가공정이 포함**되어 시공성 및 공기에 불리하고, **중앙벽체의 복잡한 방·배수로 인한 누수**와 **유지관리상의 문제점** 등을 가지고 있다.

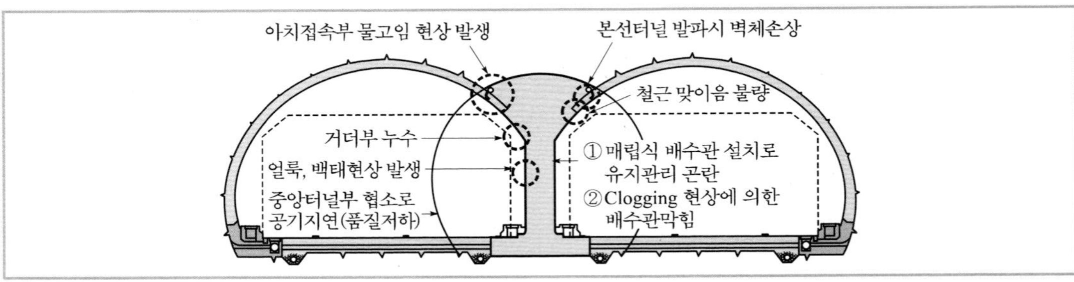

그림 개념㉔-2

3 쌍굴 터널에서 pillar

- 쌍굴 터널에서 터널과 터널의 외부 이격거리를 pillar라고 한다. pillar의 두께가 $1.0D$ 이하인 경우 응력집중이 현저하게 증가하며, $2.0D$ 부근에서 수렴하므로 터널간 거리가 가까워 질수록 응력집중에 의한 진행성 파괴 위험이 있다.
- 쌍굴 터널에서 pillar에 작용하는 응력에 대한 공학적 대책 그림 개념㉕-1

  ① pillar부 콘크리트 타설　　② pillar부 록볼트 체결

  ③ pre-stress 록볼트 체결　　④ pre-stress 록볼트 체결+강관다단 그라우팅

개념정리 ㉕ 2-Arch 터널 (2)

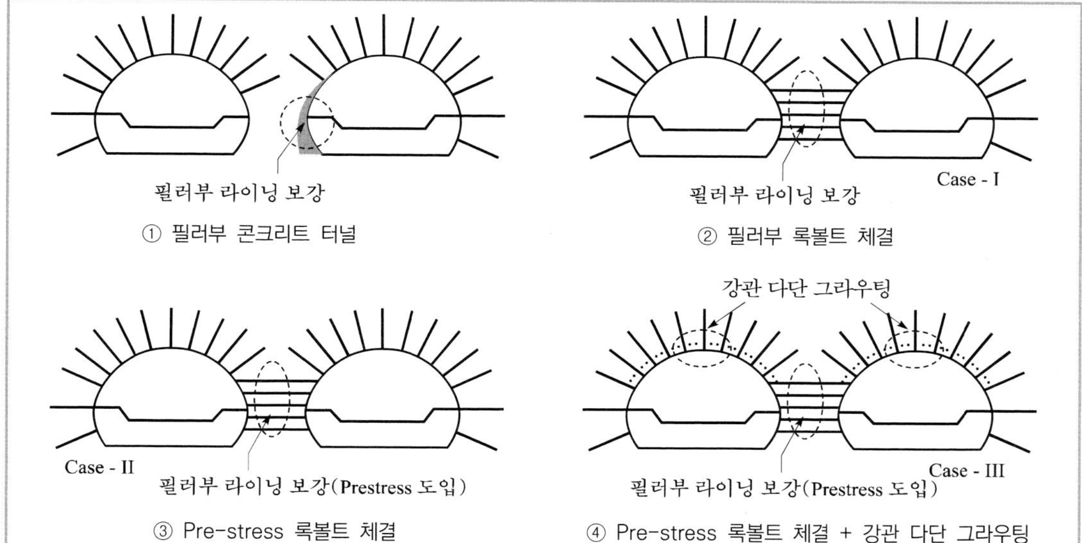

그림 개념㉕-1

4 쌍굴 터널 굴착시 인접 지반내 응력의 변화

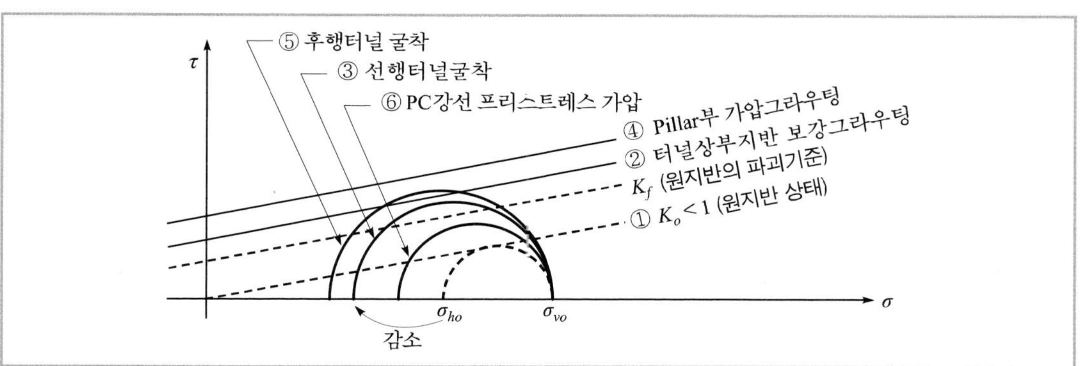

그림 개념㉕-2

① 원지반 상태 : $K_o = \dfrac{\sigma_{ho}}{\sigma_{vo}}$ 조건으로 풍화토일 때 $K_o = 0.6$ 정도$(\sigma_{vo} > \sigma_{ho})$

② 터널상부 지반보강 그라우팅 : σ_{vo} 일정, σ_{ho} 증가 → 그라우팅에 의한 점착력 c의 증대

③ 선행터널 굴착 : σ_{vo} 일정, σ_{ho} 감소 → ②번 파괴포락선에 근접

④ 필라부 가압 그라우팅 : σ_{vo} 일정, σ_{ho} 증가 → 그라우팅에 의한 점착력 c의 증대

⑤ 후행터널 굴착 : σ_{vo} 일정, σ_{ho} 감소 → ④번 파괴포락선에 근접

⑥ pc강선 프리스트레스 가압 : σ_{vo} 일정, σ_{ho} 증가 → ④번 파괴포락선에서 멀어짐

개념정리 ㉖ 2-Arch 터널 (3)

5 pillar 안정성 평가방법

① peck의 방법 : $F_s = \dfrac{\sigma_p}{S_p}$

필라에서 발생하는 평균응력(S_p)을 필러 암반의 일축압축강도(σ_p)와 비교함으로써 필라의 안정성을 평가하는 방법.

여기서, $S_p = \gamma H(1+\dfrac{D}{P})$, $\sigma_p = \dfrac{2c\cos\phi}{1-\sin\phi}$ (H는 토피고, D는 터널 폭, P는 필라 폭)

② Matsuda(1998)의 방법 : $F_s = \dfrac{q_u}{S_p}$ 그림 개념㉖-1

토피고(H)가 터널 폭(D)보다 작은 경우 그림 개념㉖-1에서 음영 표시된 이완대의 전하중이 필라에 작용하는 것으로 제안. 필라에서 생기는 평균응력이(S_p), 필라부 암반의 강도(q_u)보다 작으면 필라는 안정성을 확보하는 것으로 취급한다.

여기서, $H > D$ 경우 $S_p = \gamma \times D \times \dfrac{B}{P}$

$H < D$ 경우 $S_p = \gamma \times H \times \dfrac{B}{P}$

③ 강도/응력비 방법 : $strength/stress\,ratio = \dfrac{\sigma_3 - \sigma_{1f}}{\sigma_3 - \sigma_1}$ 그림 개념㉖-2

그림 개념㉖-2 같이 Mohr-Coulomb 파괴조건에 따라 필라 암반의 안정성을 수치해석적으로 평가하는 방법 여기서는 필라에 작용하는 주응력을 이용하여 강도/응력비를 구함으로써 해당조건에서 필라 안정성을 평가한다.

즉, 필라의 소성파괴는 $\sigma_{1f} = \sigma_{cm} + k\sigma_3$같은 파괴조건에 따라 발생한다라고 가정하며, 이때 암반의 일축압축강도(σ_{cm})와 파괴조건식의 기울기(k)는 $\sigma_{cm} = \dfrac{2c\cos\phi}{1-\sin\phi}$, $k = \dfrac{1+\sin\phi}{1-\sin\phi}$

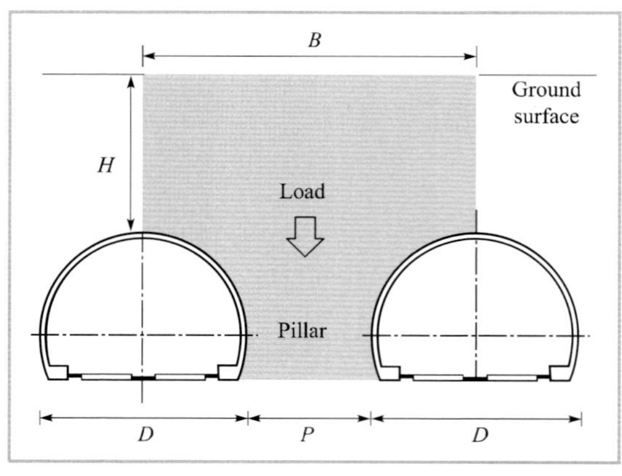

그림 개념㉖-1

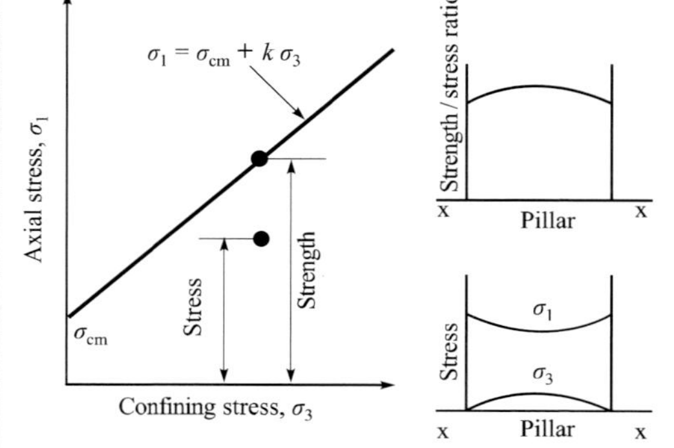

그림 개념㉖-2

6 개선된 2-Arch 터널의 설계방안

- 중앙 벽체부 상단과 본선터널 상단부 라이닝 콘크리트 연결부로 터널 배면수가 유입되어 누수 되면서 노면결빙 및 천단부에 고드름 발생으로 통행 차량의 안전운행 저해 및 주변부 콘크리트의 추가적인 부식을 유발한다.

- 시공시 문제점을 개선하기 위한 노력들이 진행되고 있는데 설계단계에서는 초기 지반이완의 최소화를 도모하기 위해 중앙터널의 굴착단면을 축소하거나 콘크리트 구조체인 중앙 필러부를 본선터널 굴착 후 설치되는 강지보 및 숏크리트의 지지점으로 활용한다.

- 또한 지보패턴 계획단계에서 본선 선행터널의 숏크리트 두께를 후행터널에 비해 증대시키거나 후행터널 굴착에 의해 선행터널로 전이되는 이완하중을 감소하기 위해 선행터널측에서 중앙부로 록볼트를 추가 설치하는 등의 안정성 확보방안도 시행되고 있다.

- 새로운 2-Arch터널형식의 제안

구분	내용
개념도	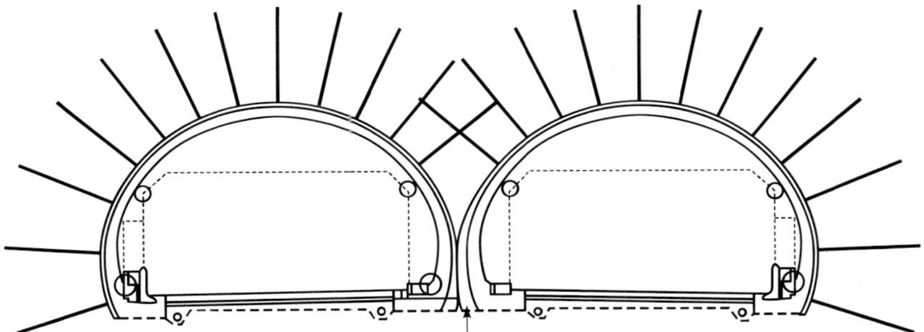 숏크리트 보강
시공순서	• 선행 본선터널 굴착 → 선행터널 측벽 임시지보 → 후행 본선터널굴착 → 방수쉬트 설치 → 라이닝 타설
발파공법	• 중앙벽체 및 방수쉬트 손상문제 근본적 해결
중앙벽체	• 중앙벽체 없음, Steel Rib와 Shotcrete로 터널보강
시공성	• 중앙터널을 굴착하지 않음으로서 시공주기 및 시공성 향상 • 선행터널은 2차로 터널에 준하여 굴진장 적용 • 후행터널은 3차로 터널에 준하여 굴진장 적용
방수 및 유지관리	• 공정을 과감히 축소(공기가 기존형식에 비해 30~50% 축소가능) • 계측을 강화하여 공사관리 • 선행터널에 응력집중을 고려하여 지보보강 • 선행터널 측벽에 임시지보재 설치 • 기존 2-Arch터널의 누수문제 근원적 해결

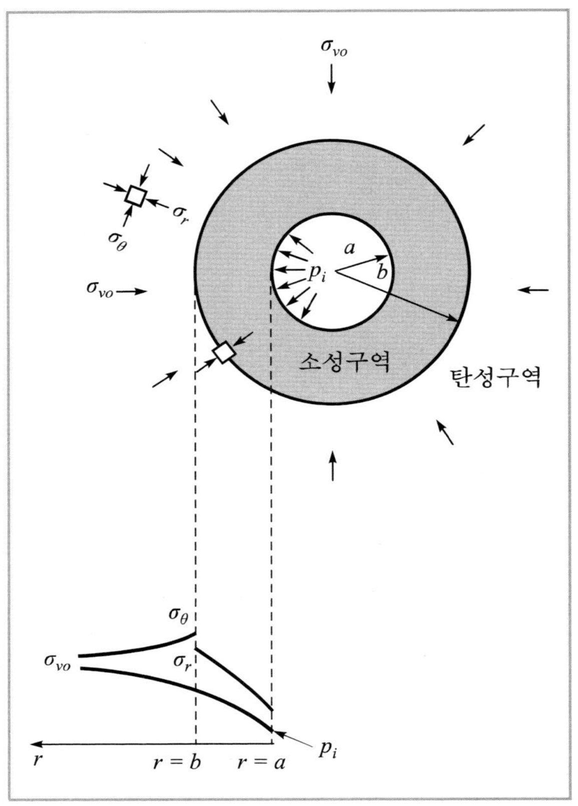

그림 14.59-1 터널의 탄소성 이론

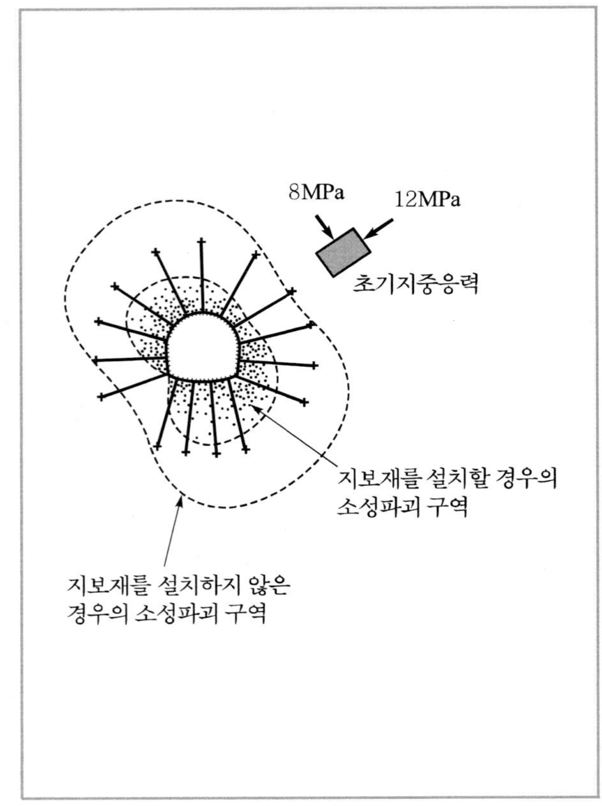

그림 14.59-2 터널지보재가 소성파괴 구역에 미치는 영향

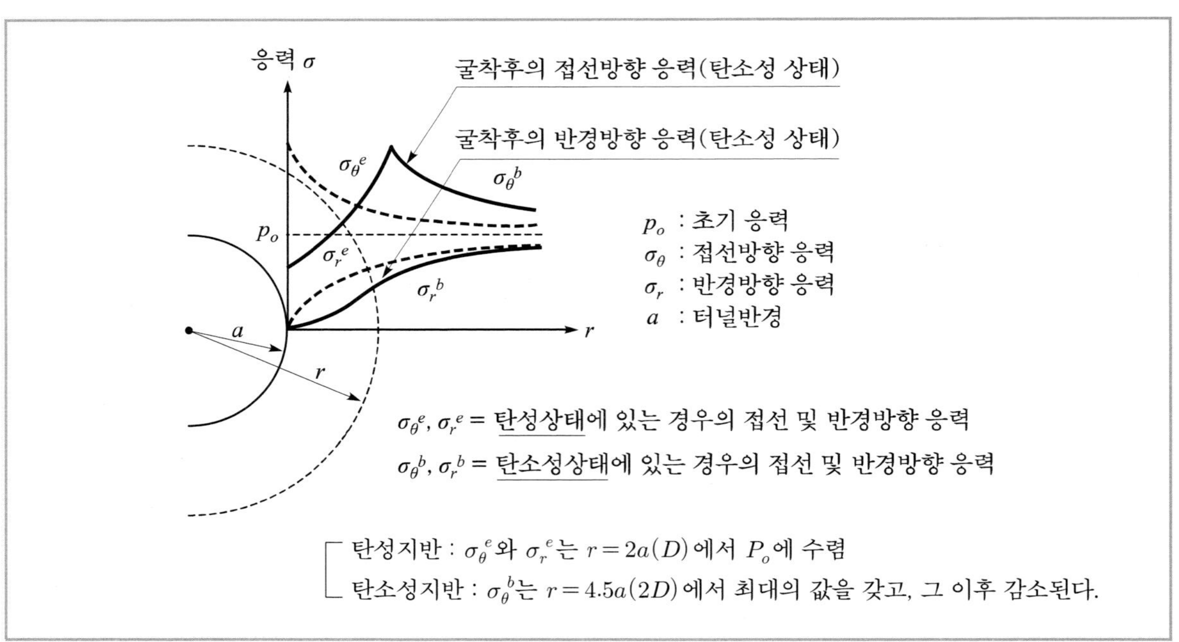

그림 14.59-3 탄소성 상태의 터널 주변응력

14.59 탄소성 해석법(1)

1 탄소성 지반에서의 평형이론

■ 터널주변의 암석/암반이 비교적 연약한 편이기 때문에 그림 14.59-1 같이 원형터널 굴착으로 인하여 $r=a$부터 $r=b$**까지는 암석이 파괴되어 소성상태**가 되었다고 하자. 앞에서 설명되었듯이 비록 소성상태가 발생되었다고 하더라도, **파괴 후의 거동으로서 잔류강도가 존재하는 한**, 터널이 완전히 **붕괴되는 것이 아니며** 다만 **탄성의 경우에 비하여 변형이 크게 발생되는 정도로 보면 된다.**

■ 바꾸어 말하면, **현대의 터널이론은 붕괴역학에 근거하지 않고 탄소성으로 새로운 평형상태에 이르도록 하는 탄소성평형이론에 근거한다.** 터널 주위가 소성상태에 이르게 될 가능성이 감지될 때, 소성영역을 최소화하는 방법은 그림 14.59-2 같이 터널에 **적절한 지보재를 설치**하여 **내압** p_i**를 증가**시켜 주는 것이다. 내압 p_i의 작용원리는 지반-지보재 반응곡선을 이용하여 설명 될 것이다.

2 응력이론

소성구역 내에서의 평형이론($a \le r \le b$)

■ $a \le r \le b$인 구역은 이미 소성상태에 이르렀으므로 반경방향응력 σ_r 및 접선방향응력 σ_θ은 Kirsh의 해를 따르지 않는다. 즉 식 14.54-1 과 식 14 54-2 를 사용할 수 없다.

■ 반경방향응력 σ_r은 최소주응력, 접선방향응력 σ_θ는 최대주응력이 된다. Mohr-Coulomb의 파괴이론을 채택하면 파괴 후의 잔류강도 이론으로부터 σ_r과 σ_θ사이에는 (소성구간 내에 한해서는) $\sigma_{1f}=\sigma_c+k\sigma_3$식으로부터 다음 식이 성립되어야 한다.

$$\sigma_\theta = \sigma_{c(res)} + k_{res}\,\sigma_r \qquad \text{식 14.59-1}$$

↑ 파괴시 최대주응력 ↑ 파괴시 최소주응력

■ 소성구역 내에서의 응력 σ_θ, σ_r은 소성평형이론으로 구할 수 있다.

① $$\sigma_r = (p_i + c_{res}\cot\phi_{res}) \times \left(\frac{r}{a}\right)^\alpha - c_{res}\cot\phi_{res} \qquad \text{식 14.59-2}$$

여기서 $\alpha = \dfrac{2\sin\phi_{res}}{1-\sin\phi_{res}}$

② σ_θ은 식 14.59-1 을 이용하여 구할 수 있다.

> 탄성해에서는 터널주위에서 접선응력 σ_θ가 최대가 되면($\sigma_\theta = 2\sigma_{vo}$) r값이 증가할수록 감소하는 현상을 보이나, 소성이 발생되면 그림 14.59-1 같이 소성영역 내에서는 r값이 증가할수록 σ_θ이 증가하여 **소성영역과 탄성영역 경계부에서** σ_θ**값은 최대가 된 후, 탄성영역 이후부터는** σ_θ **값은 감소하는 것이 특징이다.**

※ 그림 14.59-3 **에 대한 설명**

- 터널 굴착으로 인해 지반 매체에 형성되는 응력상태가 탄성한계를 초과할 경우 지반은 소성변형을 일으킨다.
- 이완영역(소성영역)에서는 탄성지반에서 보다 훨씬 큰 접선응력이 발생하며, 최대 응력 집중은 터널벽면이 아니라 이완영역(소성영역) 밖에서 발생함을 알 수 있다. 이는 **이완영역(소성영역)이 크면 클수록 응력재분배로인해 터널주변응력이 초기응력보다 현저히 크게 됨을 의미한다.**
- **이러한 경향은 병설터널이 굴착될 경우 큰 의미를 가진다.** 즉, 터널 굴착시 응력 상태가 탄성영역내에 있는 지반의 경우 두 터널의 이격거리는 두 터널 중 큰 터널의 직경에 해당하는 거리($w_p = D$ 이상)로 유지하면 되나, 이완영역(소성영역)이 발생하는 지반의 경우 응력 중첩으로 인한 이완영역(소성영역) 확장을 고려하여 이보다 현저히 넓은 이격거리($w_p = 2D$ 이상)를 유지하여야 한다.

해설 14.60-1

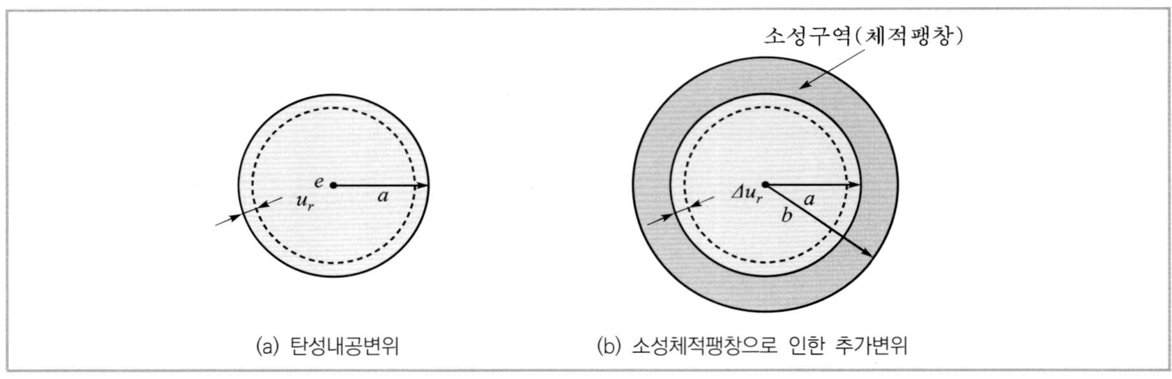

그림 14.60-1 터널의 내공변위

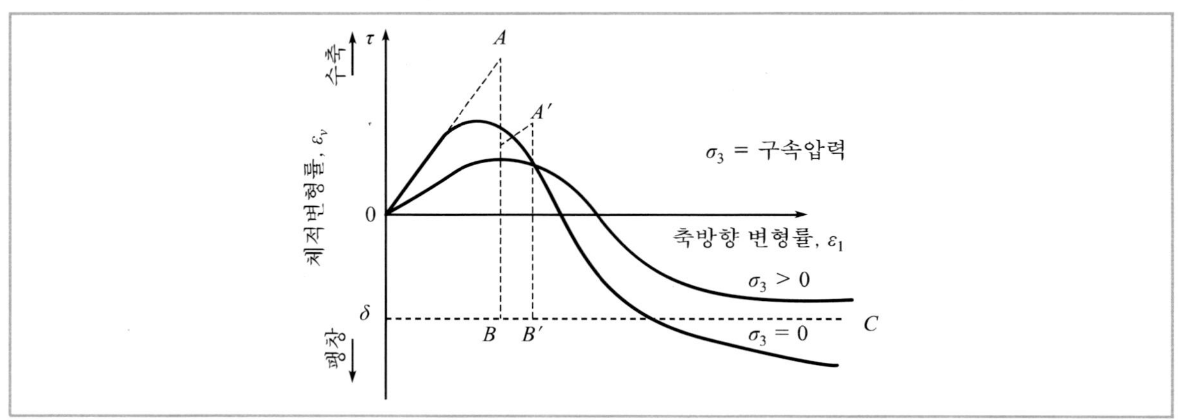

그림 14.60-2 암석의 파괴로 인한 체적팽창

14.60 탄소성 해석법(2)

탄성영역에서의 평형이론($r \geq b$)

$$(\sigma_r)_{r=b} = \sigma_{vo}(1-\sin\phi) - c\cos\phi \qquad \text{식 14.60-1}$$

$r=b$에서의 연속성 법칙

- 소성론에 근거하여 $r=b$에서의 $(\sigma_r)_{r=b}$값을 구해보면 식 14.60-2 에 $r=b$를 대입하면

$$(\sigma_r)_{r=b} = (p_i + c_{res}\cot\phi_{res}) \times (\frac{b}{a})^{\alpha} - c_{res}\cot\phi_{res} \qquad \text{식 14.60-2}$$

- $r=b$에서 식 14.60-1 = 식 14.60-2 이어야 하므로

$$p_i = [\sigma_{vo}(1-\sin\phi) - c\cos\phi + c_{res}\cot\phi_{res}] \times (\frac{a}{b})^{\alpha} - c_{res}\cot\phi_{res} \qquad \text{식 14.60-3}$$

여기서 $\alpha = \dfrac{2\sin\phi_{res}}{1-\sin\phi_{res}}$

> ※ 식 14.60-3 이 의미하는 바
> ① p_i와 b는 상호 연관되어지는 함수로서 터널에 가해주는 내압 p_i에 따라 소성영역의 반경 b가 달라진다.
> ② **내압 p_i를 크게 줄수록 b값은 작아진다. 즉, 소성영역이 좁아진다.**

3 변형이론

- 자연지반 한 가운데 원형의 터널을 굴착하면 탄성변형으로 인하여 터널 안쪽 방향으로 지반이 밀려들러올 것이다. 그림 14.60-1a. 만일 터널주변 지반이 $(b-a)$의 두께로 **소성영역**에 다다르면 암반의 경우 암반이 깨지게 될 것이다. **암반이 파괴**되어 깨지게되면 **암반의 체적은 필연적으로 팽창**하게 될 것이며, 팽창된 체적으로 인하여 **내공변위는 추가로 발생**할 것이다. 그림 14.60-1b. 그렇다면 개념적으로 **터널굴착으로 인하여 내공변위**는 탄성변위에다가 소성상태 시에 발생하는 체적팽창으로 인하여 추가로 발생하는 변위 증가량을 합한 것으로 단순화할 수 있다. 다만 소성론에 의한 소성변형은 체적변형뿐만 아니라 전단변형도 발생하며, 이로 이하여 내공변위가 발생한다.
- 앞서 설명한 대로 "**내공변위=탄성변위+소성평창**"으로 인한 내공변위 증가량으로 단순식으로 유도할 수 있다.
- $(u_r)_{r=a} = (u_r^e)_{r=a} + (\Delta u_r)_{r=a}$

  여기서, $(u_r^e)_{r=a}$: $r=a$에서의 탄성변형으로 인한 내공변위

  $(\Delta u_r)_{r=a}$: 파괴 시 체적팽창으로 인한 내공변위 증가량

- 총 내공변위량은

$$(u_r)_{r=a} = (u_r^e)_{r=a} + (\Delta u_r)_{r=a} = \frac{a}{2G}(\sigma_{vo} - p_i) + \frac{(b^2-a^2)\times\delta}{2a} \qquad \text{식 14.60-4}$$

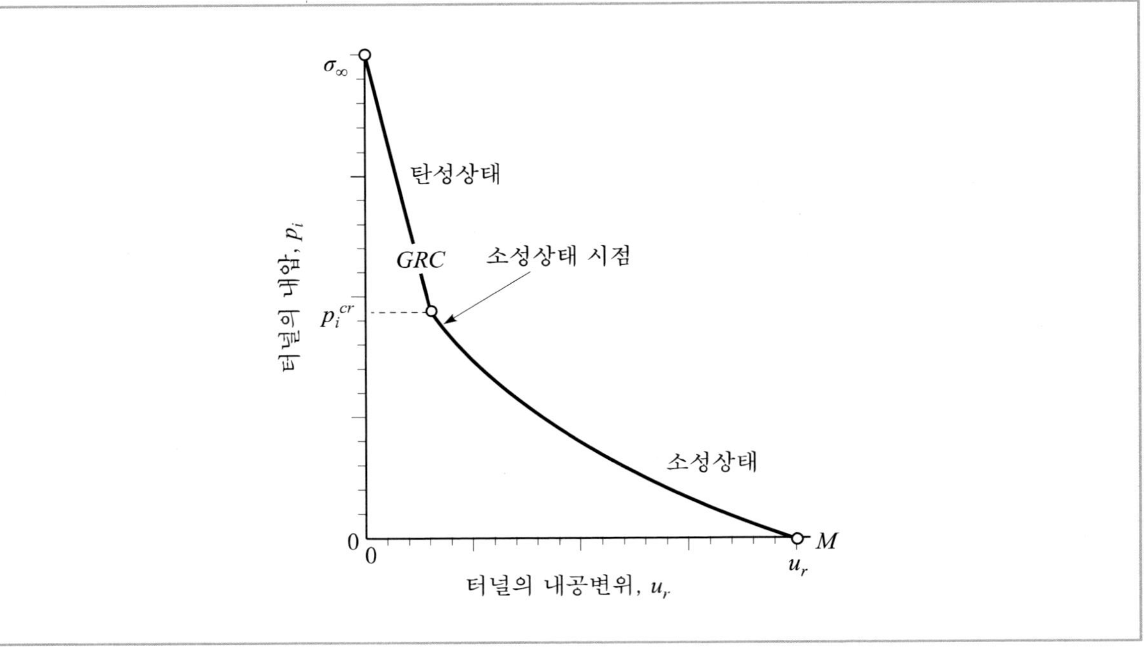

그림 14.61-1 지반반응곡선(GRC)

※ 그림 14.61-1과 같은 지반반응곡선을 그리는 방법

■ 기본자료

① 초기지중응력 : σ_{vo}

② 지반의 탄성물성치 : 탄성계수(E), 전단탄성계수(G), 포아송비(μ)

③ 지반의 소성물성치 :

- 소성 파괴시 체적변형률(δ) , 체적팽창각(ψ)
- Mohr-Coulomb의 파괴기준 이용시 c , ϕ , c_{res}, ϕ_{res}

■ 그리는 순서

① p_i값을 가정한다. (단, $0 \le p_i \le \sigma_{vo}$로서 큰 값을 먼저 취한다)

② b를 구한다. → 식 14.60-3 을 이용

③ 터널의 내공변위 $u_{r(r=a)}$를 구한다. → 식 14.60-4 를 이용

④ $u_{r(r=a)}-p_i$를 그래프상에 표시한다.

⑤ 새로운 p_i값에 대하여 ①~④를 반복한다.

해설 14.61-1

14.61 탄소성 해석법(3)

4 응력이론에서의 식 14.60-3 과 변형이론에서의 식 14.60-4, 두 식이 의미하는 바

식 14.60-3 $p_i = [\sigma_{vo}(1-\sin\phi) - c\cos\phi + c_{res}\cot\phi_{res}] \times (\frac{a}{b})^{\alpha} - c_{res}\cot\phi_{res}$

여기서 $\alpha = \dfrac{2\sin\phi_{res}}{1-\sin\phi_{res}}$

식 14.60-4 $(u_r)_{r=a} = (u_r^e)_{r=a} + (\Delta u_r)_{r=a}$

$$= \frac{a}{2G}(\sigma_{vo} - p_i) + \frac{(b^2-a^2)\times\delta}{2a}$$

① 초기지중응력 σ_{vo}를 받고 있던(σ_{ho}도 역시 σ_{vo}와 동일) 암반에 터널을 굴착하면 반경방향 응력은 감소하기 마련이며, **지반이 완전탄성으로 거동한다면** 터널벽면에서(즉, $r=a$에서) **$\sigma_r = 0$가 될 것이다.**

② 만일 암반지반이 비교적 연약하여 터널 주위로 $a \le r \le b$ 범위에 **소성파괴의 가능성이 존재하면 터널의 안쪽으로부터 내압 p_i를 가해주어 소성평형을 이루도록 해야 하며**, 이때의 지반에서의 반경방향응력은 $\sigma_{vo} \to 0$로 감소하는 것이 아니라, **$\sigma_{vo} \to (\sigma_r)_{r=a} = p_i$ 까지만 감소되는 효과**로 보면 될 것이다. → p436 그림 14.59-1 을 통해 이해하라

③ **내압 p_i의 값에 따라서 소성영역의 범위가 정해진다.** 즉, **p_i가 증가할수록 b의 값은 작아진다** (즉, 소성영역이 좁아진다). 물론 **p_i가 증가할수록 내공변위 $(u_r)_{r=a}$도 작아지게 된다.**
→ p436 그림 14.59-2 를 통해 이해하라

④ 지반반응곡선 : **터널에서 가해준 내압 p_i와 $(u_r)_{r=a}$의 관계식**을 지반반응곡선이라고 하며, NATM설계법의 기초가 되는 이론이다(즉, 탄소성 해석법 → 지반반응곡선 각도 → 내공변위제어법 → 지반–지보재의 상호작용을 고려 → 지보재의 실질적인 단면력 정보를 파악). 터널 측벽부에서의 지반반응곡선의 예가 그림 14.61-1 에 예시되어 있다.

5 지반반응곡선

■ 지금까지는 지반반응곡선을 구하는 이론적인 배경에 대해서 설명한 것이다. 앞에서 정의한 대로 지반반응곡선은 초기응력 σ_{vo}를 받고 있던 지반에 터널을 일순간 굴착하고, 동시에 내압 p_i를 가하였을 때 내압 p_i와 그때의 u_r의 관계 그래프를 의미하며, 그림 14.61-1 같다. **그림에서 보듯이 내압 p_i 작을수록 내공변위 u_r은 커지게 마련이며 특히 내압 p_i^{cr}보다 작게 되면 두께 $(b-a)$의 소성영역이 발생하며, 소성변위(소성팽창)로 인하여 내공변위는 더욱 커지게 된다.** 즉,

① $p_i^{cr} < p_i < \sigma_{vo}$이면 지반은 탄성상태이며

② $p_i \le p_i^{cr}$이면 터널주위로 $(b-a)$만큼의 소성구역이 존재한다.

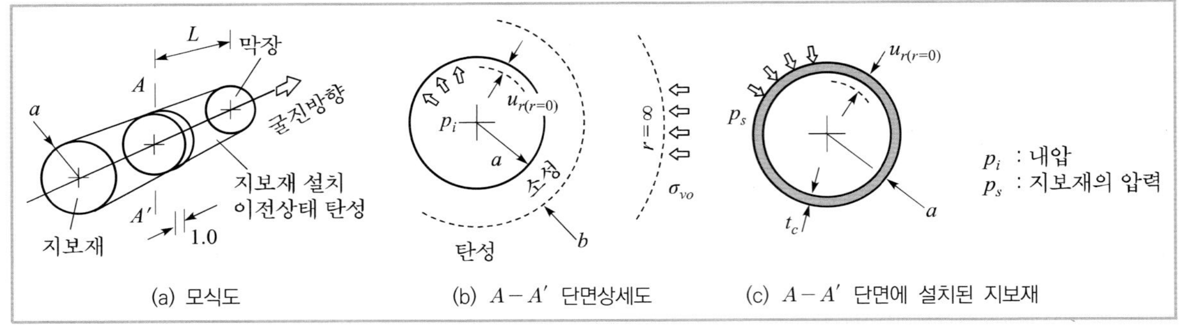

그림 14.62-1 암반에 굴착된 원형터널

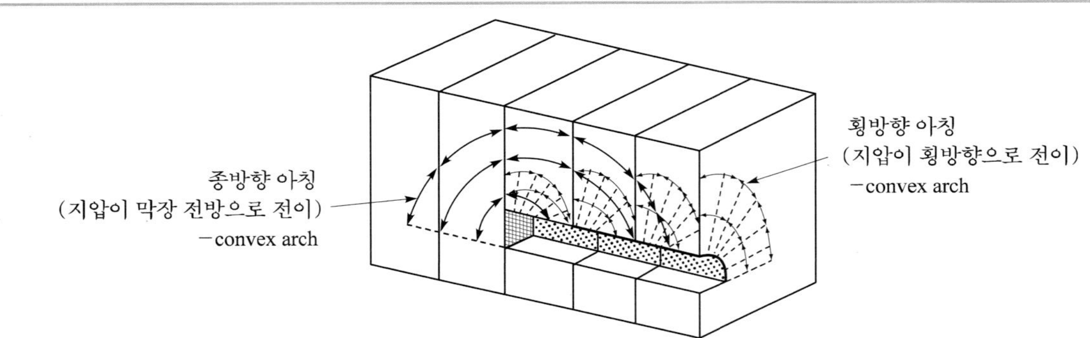

- 아칭현상(Arching)은 지반 내에서 한 부분의 변위가 많이 발생되고 한 부분은 그렇지 않을 때 움직이는 쪽에서 보유하고 있던 압력을 움직이지 않는 쪽으로 전이시키는 현상이다. 터널에서의 횡방향 아칭현상은 convex arch(위로 볼록한 아칭) inverted arch(아래로 볼록한 아칭)이 있다. 터널에서의 아칭현상에 대해서는 지반공학이해Ⅱ 11.63~11.66을 통해 설명된 내용을 연계학습 할 것을 당부 드린다.

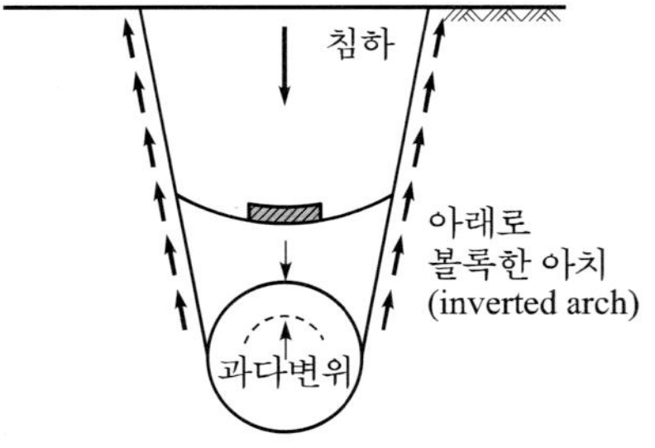

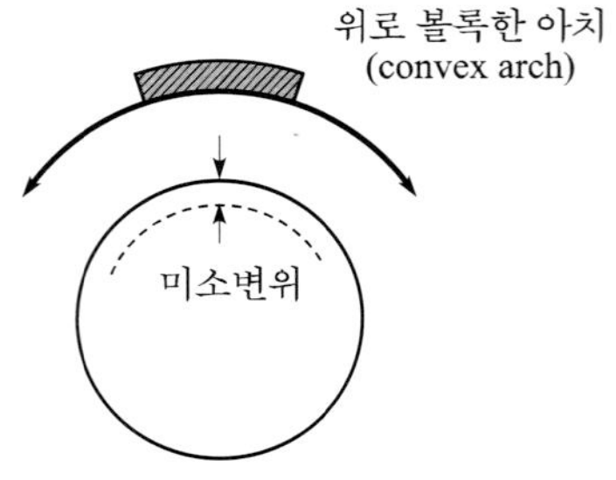

- inverted arch(아래로 볼록한 아칭)
  터널상부의 변위가 과다하면 터널 상부의 지반이 아래로 침하하게 되어 상대적으로 침하가 적은 지반에서 전단력으로 하중을 어느 정도 경감시켜 주는 아칭이다. **이 경우는 중심부가 더 많이 침하되므로 아래로 볼록한 아치 모양이 될 것이다.**

- convex arch(위로 볼록한 아칭)
  지중에 터널을 굴착하면 터널 상부에서의 하중이 접선방향으로 돌아가는 아칭이다. 당연히 아칭의 모양은 위로 볼록한 형태이며 **접선방향의 응력이 최대 주응력이 될 것이다.**

그림 14.62-2 터널굴착 시의 아칭효과

14.62 내공변위-제어법(1)

NATM 공법에서 **가장 중요한 것이 내공변위가 과도하지 않도록 제어**해야 하며, 내공변위를 제어하는 기본이론을 **내공변위-제어법**이라고 하며, 내공변위 제어법이 NATM의 근간원리로서, 지보재와 지반의 상호작용을 설명할 수 있는 터널굴착 거동이론이다. S/C, R/B 및 강지보재 등의 **1차 지보재의 설치목적이 내공변위 제어에 있음**을 재삼 밝혀둔다.

내공변위-제어법은 ① **종단변형곡선(LDF)**, ② **지반반응곡선(GRC)**, ③ **지보재특성곡선(SCC)** 3대 요소로 이루어진다. 지금부터는 이 부분에 대하여 설명될 것이다.

1 터널굴착의 일반적인 양상

- **내공변위-제어법**은 터널막장 부근에서 지보지 설치 후 발생하는 변위를 제어함으로써 터널의 안정을 도모하는 기본원리를 말하며, **터널 지보재의 작용원리의 근간**을 이루는 것이다. 지보재가 없으면 터널의 내공변위가 계속 증가하다가 붕괴까지 갈 수밖에 없으나 지보재로 인하여 이 변위가 제어된다는 의미로 붙여진 이름이다.
- 이 원리를 설명하면 그림 14.62-1a에 전체적인 양상이 그려져 있다. 터널 막장에서 L만큼 후방까지 지보재가 설치된 상태이다. 즉, L은 터널의 1회 굴진장으로 볼 수 있다. 그림 14.62-1b는 내압 p_i가 터널에 가해진 상태를 보여주는 그림으로서, 소성영역의 두께는 $(b-a)$로서 반경 b에까지 이르렀음을 알 수 있다. 그림 14.62-1c는 지보재(S/C 예)의 예를 보여주며, 지보재에 p_i의 압력이 작용되고 있다.
- **내공변위-제어법을 적용하기 위한 기본가정**은 아래와 같다.
  ① 지반의 초기수평응력계수 $K_o = 1$이다. 즉, 등방의 압력 $\sigma_{vo} = \sigma_{ho}$가 작용한다.
  ② 터널의 형상은 원형이다.
- 대부분 경우 위의 두 조건을 만족하는 경우에 한하여 이론해가 존재한다. 예를 들어서 원형터널이 아닌 경우나, 또는 $K_o \neq 1$인 경우는 해를 따로 구할 수 없어 **수치해석에 의존**할 수밖에 없다.

2 지보재 압력작용의 원리

- 터널 굴착 후 S/C, R/B, 강지보를 설치하면 터널에 p_i의 내압을 주는 효과가 있다고 하였다. 만일 완전히 전구간에 걸쳐 터널굴착을 완료한 후에 S/C를 타설하였다면 타설된 지보재는 오히려 자중으로 인하여 천정부에서는 하중으로 작용될 뿐, 터널 바깥쪽 방향으로 압력 p_i가 작용될 리가 없다.
- 지보재 압력은 터널굴착 시 3차원 상에서 그림 14.62-2 같은 아칭현상이 발생하기 때문에 가능하다. 따라서 **지보재 설치로 인하여 내압을 주는 효과를 얻으려면, 지반의 아칭현상(arching effect)을 십분 이용하여야 한다.**

(a) 시간 t0
지보재
단위폭
굴진방향
막장
a
L
x
A
A′
ps o = 0
ur o
Lt = 2L
(b) 시간 t
지보재
굴진방향
막장
ps t
ur t
(c) 시간 tD
지보재
ps D
ur D

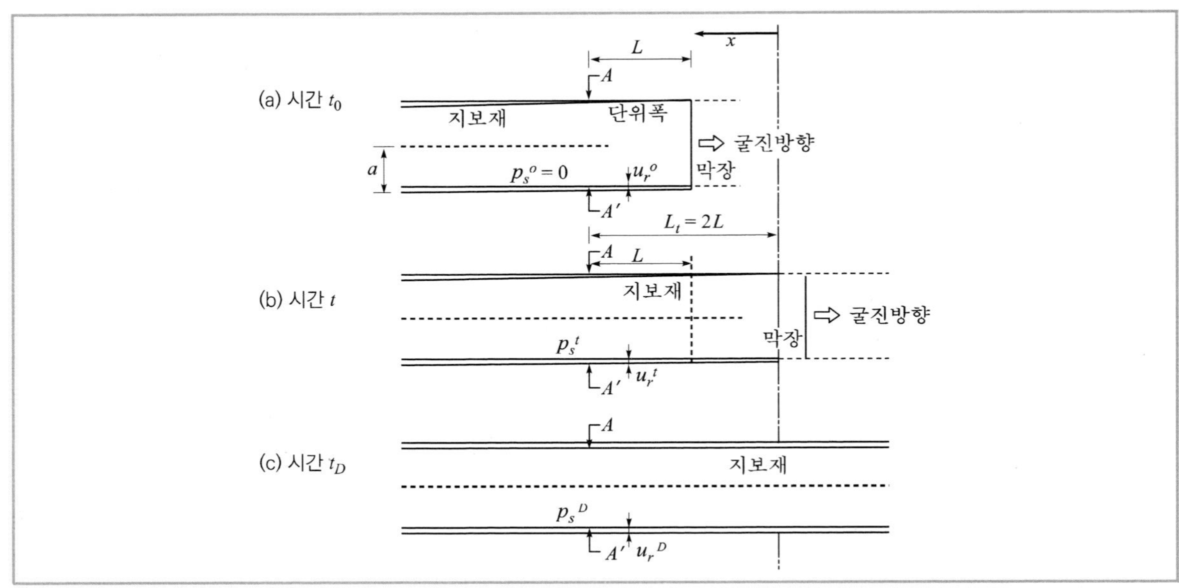

그림 14.63-1 터널막장의 굴진에 따른 지보재에 작용되는 압력의 변화양상

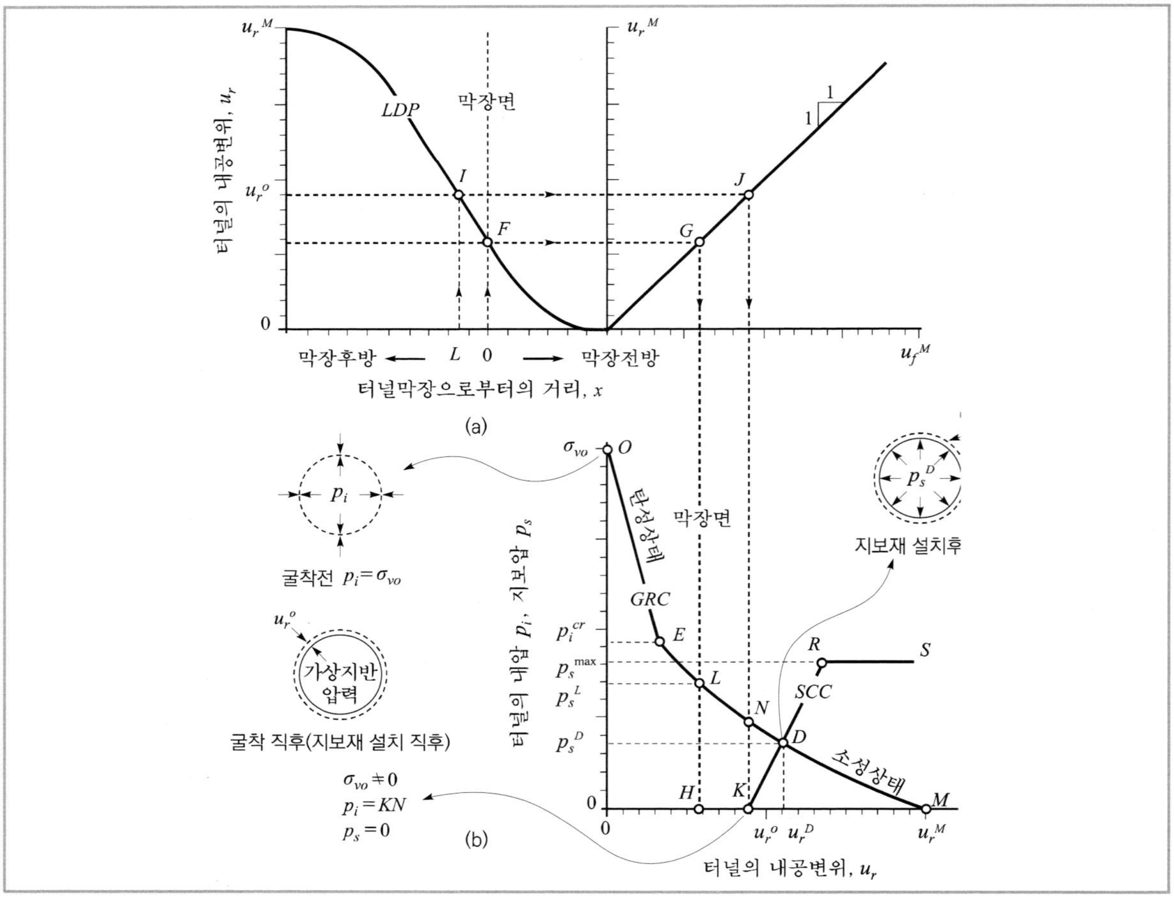

ur M
터널의 내공변위, ur
LDP
막장면
I
F
J
G
1
1
0
막장후방
L
0
막장전방
uf M
터널막장으로부터의 거리, x
(a)
σvo
O
탄성상태
막장면
pi
굴착전 pi=σvo
ur o
가상지반 압력
굴착 직후(지보재 설치 직후)
σvo ≠ 0
pi = KN
ps = 0
터널의 내압 pi, 지보압 ps
GRC
pi cr
ps max
ps L
ps D
E
L
N
D
R
S
SCC
H
K
M
소성상태
ps D
지보재 설치후
0
ur o
ur D
ur M
(b)
터널의 내공변위, ur

그림 14.63-2 내공변위-제어법의 3가지 요소

14.63 내공변위-제어법(2)

3 그림 14.63-1 터널막장의 굴진에 따른 지보재에 작용되는 압력의 변화양상

단계1 (그림(a)) : $t = t_o$

- 터널굴착 직후로서 지보재는 L후방의 AA'단면까지 설치되어 있다.
- 터널굴착으로 인하여 u_r^o의 내공변위 발생, 초기 변형이 발생한 후에 AA'단면부터 막장면까지(길이 L) 지보재를 설치한다. 이때에 **지보재에 작용하는 지보압** $p_s{}^o = 0$

단계2 (그림(b)) : $t = t$

- 굴착된 L구간에 추가로 지보재 설치 후, 한 막장을 더 굴착한 경우로서(즉, $L_t = 2L$) 막장을 추가로 굴착하면 막장전방으로 전이되었던 지압이 어느 정도까지는 되돌아오게 되며, 되돌아온 지압이 재분배되면서 추가로 변위가 발생하게 된다. (즉, 변위는 u_r^t로 증가한다.)
- 이때 추가로 발생되는 변위는($u_r^t - u_r^o$)가 되며, **이변위로 인하여 지보재에는 압력이 적용**한다. 한편 **지보재에 작용하는 지보압=** p_s^t **이다.**

단계3 (그림(c)) : $t = t_D$

- 터널굴착이 몇 막장 더 이루어지면 전이되었던 지압은 전부 되돌아오게 되어 AA'단면에서의 변위와 지보압은 다음과 같다.
- 변위는 u_r^D로 수렴하며 굴착 직후로 부터의 추가변위는 ($u_r^D - u_r^o$)가 된다. **지보재에 작용하는 지보압은** $p_s{}^D$ **로 되며**, 이 지보압을 지보재가 견딜 수 있어야 한다.

4 종단변형곡선(LDP)

- 그림 14.63-2a 같은 **종단변형곡선은 지보재가 전혀 설치하지 않았다고 가정하고 터널막장을 중심으로 터널종단방향으로 전후방에 대한 내공변위를 그린 것이다.** 지반의 변위가 발생하는 것은 **막장전방 $2D$(D는 터널직경)에서부터 발생하기 시작하며, 막장후방 $4D$정도에 이르러서야 추가변위 없이 변위가 수렴**됨이 보통이다. 그림 14.63-2a 에서 각점이 의미하는 것은 다음과 같다.
- F점 : 터널굴착 직후 막장면에서의 내공변위
- I점 : 터널막장 후방 L에 위치한 곳에서의 변위를 나타내는 점=u_r^o
- u_r^M점 : 내공변위 수렴된 후의 최종변위, **이 변위량은 지보재를 전혀 설치하지 않은 경우의 최종 내공변위로서 터널굴착 후에 지보재가 설치되는 경우는 최종 내공변위가 u_r^D로 줄어듦**

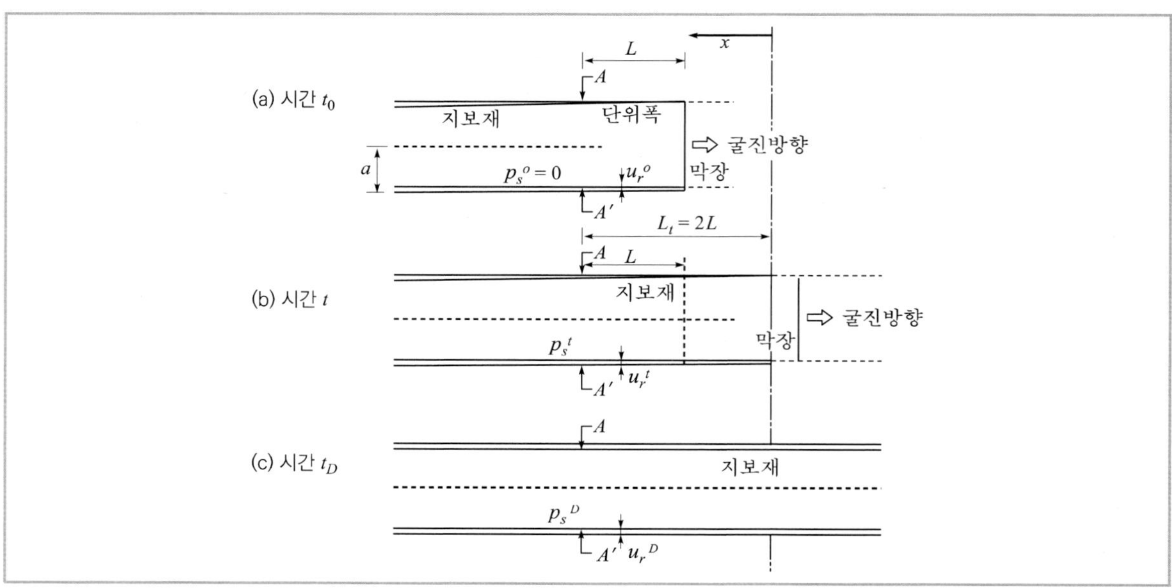

그림 14.64-1 터널막장의 굴진에 따른 지보재에 작용되는 압력의 변화양상

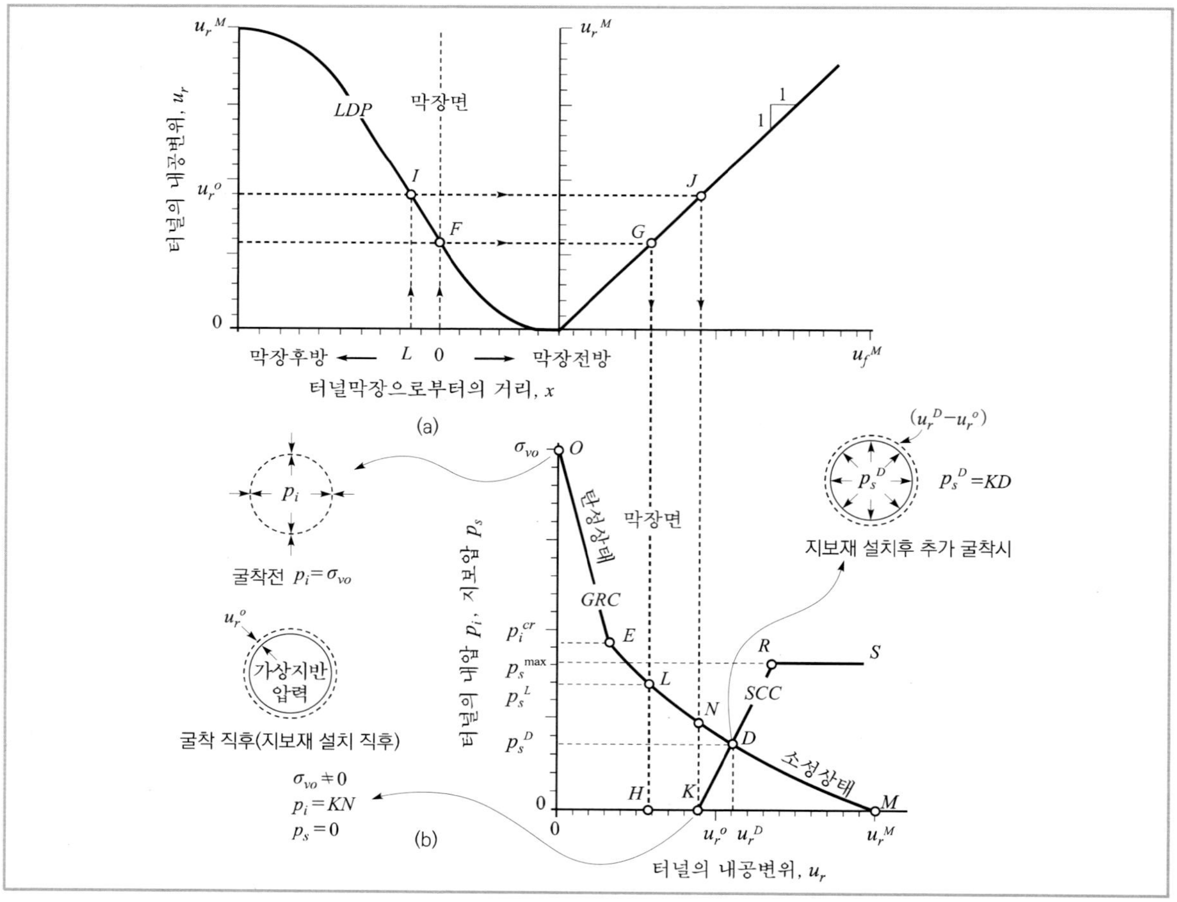

그림 14.64-2 내공변위-제어법의 3가지 요소

14.64 내공변위-제어법(3)

5 지반반응곡선(GRC)

- 지반반응곡선은 터널의 내압 p_i을 원래지반의 지압인 σ_{vo}로부터 감소시켜갈 때, 내공변위(u_r)의 증가양상을 보여주는 곡선이다. **p_i값이 σ_{vo}와 동일하면 u_r =0가 되며**, p_i값이 작아질수록 u_r값은 증가하게 되어 그림 14.64-2b 같이 p_i=0이면 내공변위는 u_r^M까지 증가한다. **여기서 반드시 이해할 개념은 "가상지반압력"**이다. 지반반응곡선은 단순히 터널 전 길이를 일순간에 굴착하고, 굴착과 동시에 p_i의 내압을 가할 때의 내공변위를 나타내는 것으로서, 터널의 전 길이를 한순간에 굴착하는 것도 불가능하고 더욱이, 이와 동시에 내압 p_i를 한 순간에 가하는 것도 불가능하다. 어느 경우에도 터널을 굴착한 시점에 터널벽면에 작용되는 반경방향응력($\sigma_{r(r=a)}$)은 0이 되기 때문이다.

- 그림 14.64-2a, b 에서 보면 터널굴착 시 L 후방에서 (그림 14.64-1a 의 경우)의 초기 내공변위는 u_r^o가 되며, 당연히 터널벽면에는 아무 응력도 작용하지 않는다. (그림 14.64-2b 의 K점). **그렇다면 N점은 무엇인가?** 지반반응곡선 상으로 보면 N점에서 제시된 p_i내압은 아칭효과로 인하여 막장 전방에서 보유(hold)하고 있는 응력을 말하며, 이를 **"가상지반압력"**이라고 한다.

- 그림 14.64-2b 에서 각 점을 설명하면 다음과 같다.
  - O점 : 초기조건, $p_i = \sigma_{vo}$, $u_r = 0$
  - M점 : 지보재를 전혀 설치하지 않은 경우의 최종 도달점 $p_i = 0$, $u_r = u_r^M$
  - E점 : 터널 주위 지반에 소성영역이 발생하기 시작하는 시점 ($p_i = p_i^{cr}$)

    $p_i > p_i^{cr}$: 터널은 탄성거동 (Kirsh의 해 적용 가능)

    $p_i \le p_i^{cr}$: 터널은 탄소성거동($r = b$까지는 소성영역, $r \ge b$에서는 탄성거동)

- N점 : 지보재 설치시점 (그림 14.64-1a 의 경우)이서의 **가상지반압력**

- 즉, KN = **시간 t_o에서 아칭작용에 의하여 터널막장 전방에서 추가로 보유하고 있는 응력** : 실제로 터널 굴착시 $r = a$에서의 $\sigma_{r(r=a)}$=0

6 지보재 특성곡선(SCC)

- 지보재 특성곡선은 터널의 내공변위가 증가함에 따라 지보재에 작용하는 지보압(p_s)의 증가 양상을 보여주는 곡선으로서, 그림 14.64-2b 에 이 곡선을 나타내고 있다.

- 터널에 발생한 내공변위 중에서 지보재에 압력으로 작용되는 변위는 그림 14.64-1a, b 로부터 ($u_r^t - u_r^o$)이다.

CHAPTER 12 13 14 15 16 17 18

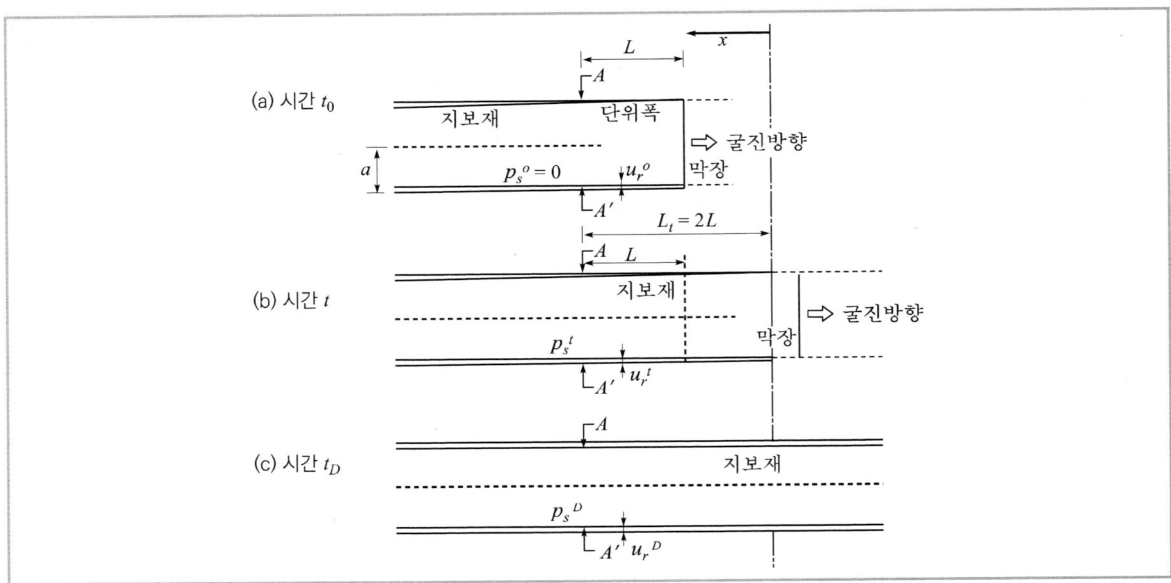

그림 14.65-1 터널막장의 굴진에 따른 지보재에 작용되는 압력의 변화양상

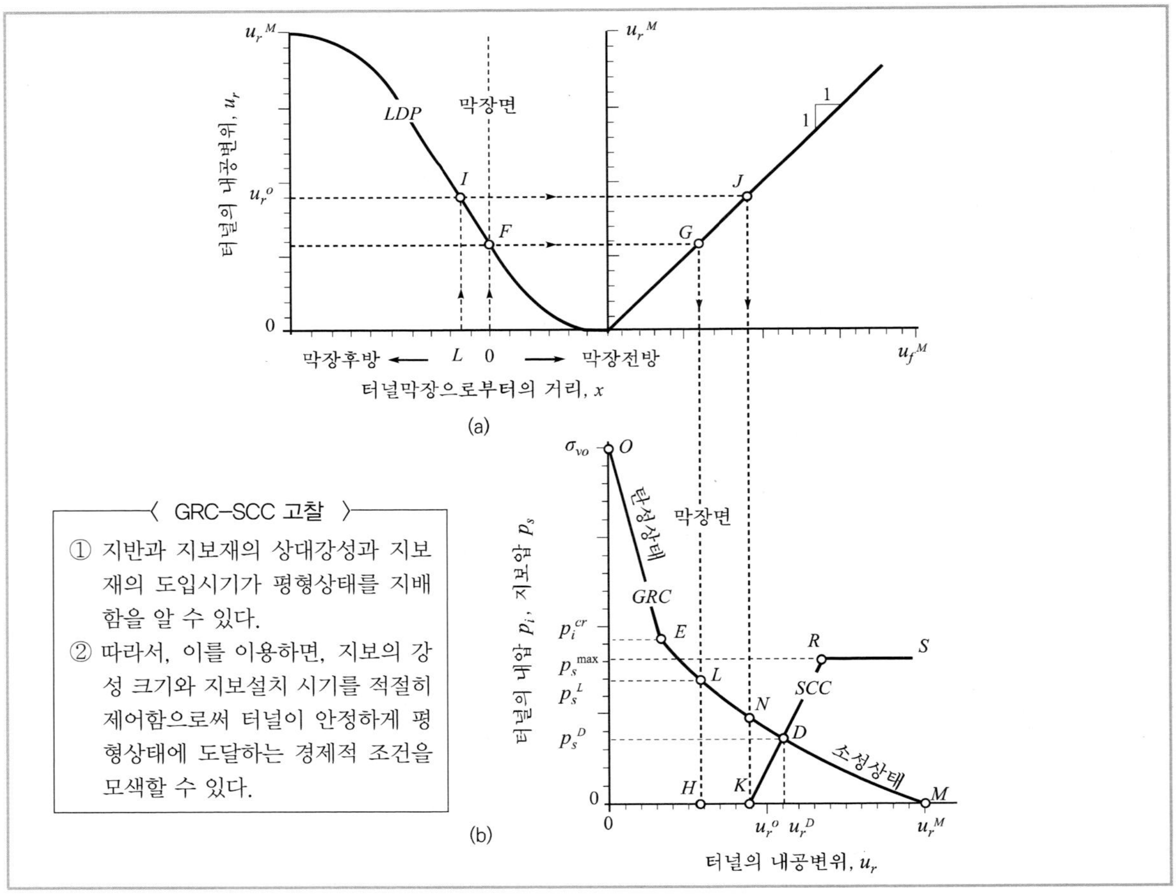

〈 GRC-SCC 고찰 〉

① 지반과 지보재의 상대강성과 지보재의 도입시기가 평형상태를 지배함을 알 수 있다.

② 따라서, 이를 이용하면, 지보의 강성 크기와 지보설치 시기를 적절히 제어함으로써 터널이 안정하게 평형상태에 도달하는 경제적 조건을 모색할 수 있다.

그림 14.65-2 내공변위-제어법의 3가지 요소

14.65 내공변위-제어법(4)

■ 지보재 특성곡선상의 각점의 의미는 다음과 같다.

- K점 : 지보재 설치 시 (그림 14.65-1a $t = t_o$)의 지보재 상태, $p_s^o = 0$, $u_r = u_r^o$
- R점 : 지보재가 항복응력에 도달한 시점, $p_s = p_s^{\max}$
- D점 : **지보재 설치 후 추가굴착으로 인하여 지보재에 압력이 작용된 경우**

7 LDP-GRC-SCC 상호관계

■ 그림 14.65-2에 표시된 3가지 곡선에 대하여 그림 14.65-1에서 보여준 3단계와의 연관성을 이용하여 3가지 곡선의 상호관계를 나타내면 다음과 같다.

■ 터널굴착 즉시 $A-A'$단면의 상태(그림 14.65-1a)
- 그림 14.65-2a의 I점(LDP 상의), $x = L$에서 $u_r = u_r^o$
- 그림 14.65-2b의 K점(SCC 상의), $p_s = 0$
- 그림 14.65-2b의 N점(GRC 상의) = **가상지반압력**

■ 추가로 터널굴착 시의 $A-A'$단면의 상태(그림 14.65-1b)
- 그림 14.65-2b의 K와 D사이(SCC 상의), p_s의 증가
- 그림 14.65-2b의 N과 D사이(GRC 상의), **가상지반압력 감소**

■ 터널굴착 시 $4D$이상 이루어진 경우 (그림 14.65-1c)
- 그림 14.65-2b의 D점, 막장 전방에서 보유하고 있던 가상지반압력은 완전히 소멸되며, $p_i = p_s^D$에서 평형상태 이룸
- 지반압력 = 지보재압력 = p_s^D
- 내공변위 = u_r^D

8 지보재 특성곡선의 해

■ 지보재 특성곡선은 그림 14.65-2b에서 $K-D-R-S$에 이르는 곡선을 말한다. 지보재의 지보압과 내공변위 사이에는 다음의 관계식이 성립한다.

$$p_s = K_s(u_r - u_r^o) \rightarrow p_s \leq p_s^{\max} \quad \text{식 14.65-1}$$

여기서, p_s : 지보압, K_s : 지보재의 강성 (kN/m^3), u_r : $u_{r(r=a)}$로서 터널벽면에서의 내공변위

u_r^o : $u^o_{r(r=a)}$로서 터널굴착 직후 터널후방 L지점에서의 내공변위 (지보재 설치시점에서의 내공변위)

$p_s^{\max}$: 최대지보압으로서 지보재 항복응력의 함수

■ **지보재의 종류에 따라(S/C, R/B, 강지보) 지보재강성(K_s)과 최대지보압($p_s^{\max}$)이 달라질 것이다.**

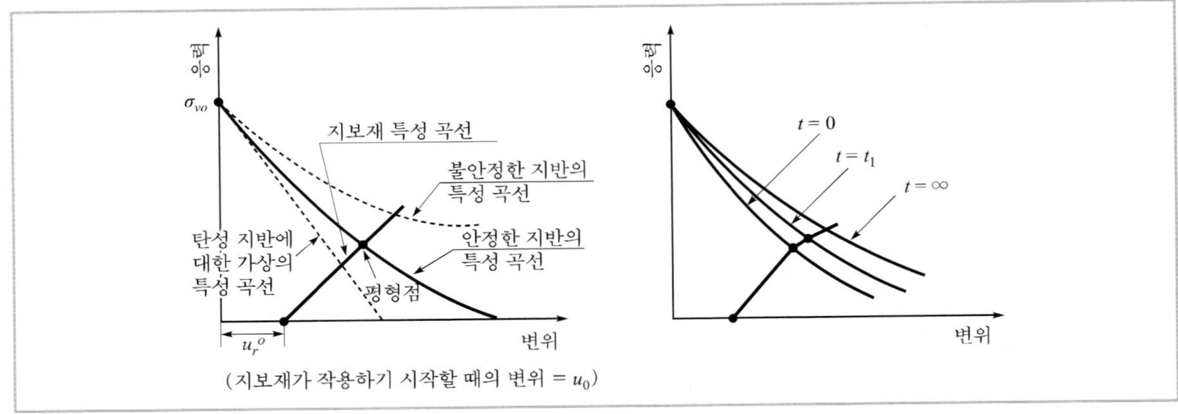

그림 14.66-1 지반-지보재의 상호거동(지반과 구조물의 상호거동)

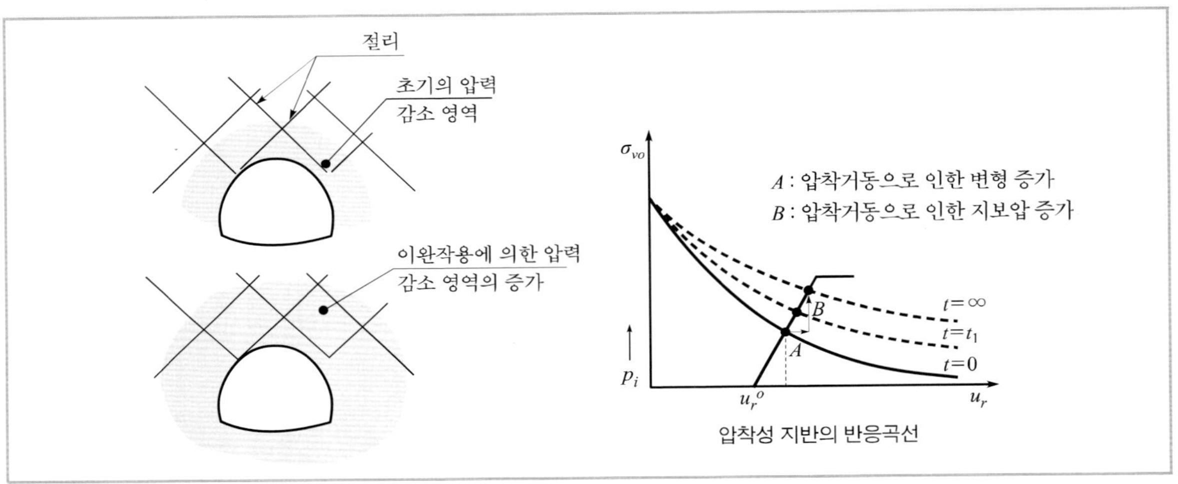

그림 14.66-2 터널 굴착 후 지반의 이완에 따른 지보재 특성곡선의 변화

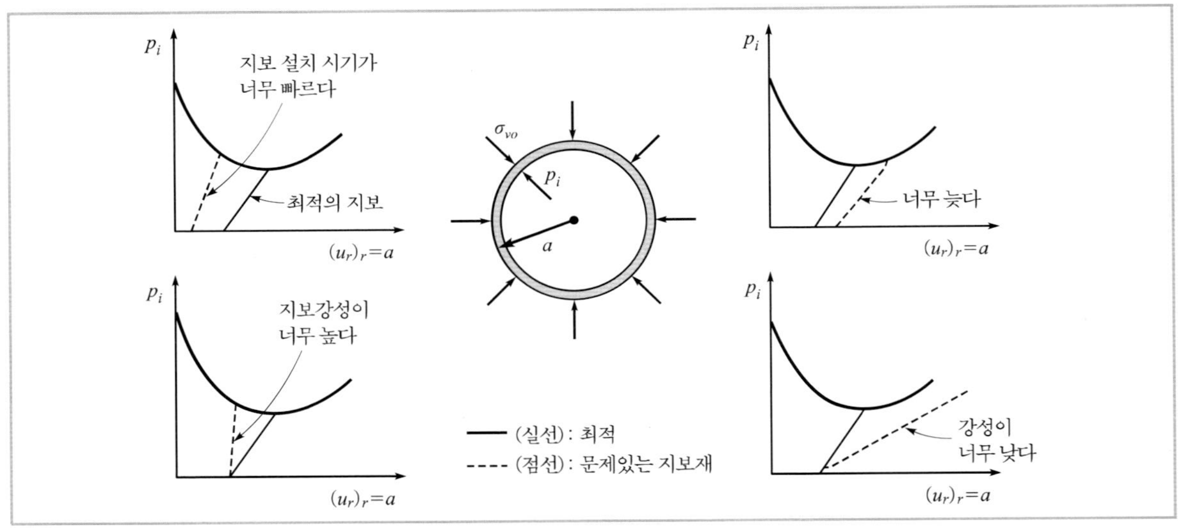

그림 14.66-3 지보재 설치의 기본원칙(적당한 시기+적당한 강성)

14.66 NATM의 기본원리 이해(1)

1 지보재 설치의 원리로부터 NATM의 기본원리 이해하기

■ 지반굴착은 항상 지반에 응력이완과 응력감소를 일으키게 하는데, 지보재가 설치되었을 때는 부분적인 응력이완을 가능하게 하여 그림 14.66-1 같이 비교적 작은 평형 응력상태에 도달하게 된다. 터널굴착이 수행될 때 변위발생과 응력경감에 의하여 압력이 저하된다. **지반반응곡선은 지반을 탄성체로 가정하면 직선이다. 탄성체가 아니라면 곡선으로 나타나고, 굴착부가 불안정하면 변위(u_r)축에 평행하게 된다.** 지보재는 u_r^o의 변위가 발생한 후 설치되며(이 말의 의미를 아칭현상과 연계하여 이해할 것) **지보재 특성곡선을 갖게 되는데, 압력이 증가하면서 변위가 증가하게 된다. 두 개의 곡선이 만나는 지점이 굴착 평형점**이다. 추후에 시간이 경과함에 따라 지반과 지보재의 변형정도가 달라지므로 이 평형점은 다소 변할 수도 있다.

■ 그림 14.66-2 같이 암 지반은 발견되지 않은 특이사항을 포함할 수 있으므로 (파쇄등의 불연속면 발달 및 연약한 암반 존재) 지반반응곡선이 최저점에 도달하기 전에 내압 p_i가 발휘되도록 해야 하며, 저점을 지나도록 지보재의 기능이 발휘되지 못하면 터널은 소성평형상태를 넘어 붕괴상태로 갈 수 있다. 따라서 **터널굴착 즉시 강성이 있는 지보재를 설치하여 가능한 암 지반에 최소변형을 발생시키는 굴착이 요구된다. 이때 S/C가 가장 중요하다.** S/C는 비교적 강성이 커서, 변위를 받는 즉시 압력이 작용될 수 있는 재료이므로 굴착 즉시 타설하면 강성도 비교적 이른 시기에 발휘되기 때문이다.

■ 표 14.51-1 에서 설명된 새로운 터널의 설계개념은 붕괴역학이 아니라 **소성평형이론에 근거한 설계법이 NATM이다.** NATM은 한마디로 표현하여, 이완하중 이론에 근거하여 설계되던 재래식 터널에 반하여 **탄성 또는 탄소성상태로서 새로운 평형상태에 이르게 유도**하는 이론에 기초한 방법으로 볼 수 있다. 이때 **새로운 평형상태에 이르도록 유도하는 이론이 바로 지반반응곡선의 원리에 근거한 지보재 설계이다.**

2 합리적인 NATM설계의 개념(지보재의 역할과 지반의 거동특성)

NATM 터널의 기본개념은 지반을 주지보재로 하고 S/C, R/B, 강지보재 등의 1차 지보재로 보강을 하여 암반이 최대한 이완되지 않도록 하는 것이다. 터널을 굴착하면 어느 정도의 응력이완은 불가피한데 시간이 지날수록 소성영역이 증대한다(그림 14.66-2). 따라서, **적당한 시기에 적당한 강성**을 가진 지보재를 설치하여 지반이 파괴되지 않도록 해야 한다.

① 변위를 허용하는 **가축성 지보재**를 사용하여 변위를 허용하되 **지반자체의 지보능력을 상실하지 않는 범위에서 지보력**과 **지보재 작용응력**이 **평형상태**가 되도록 설계한다.

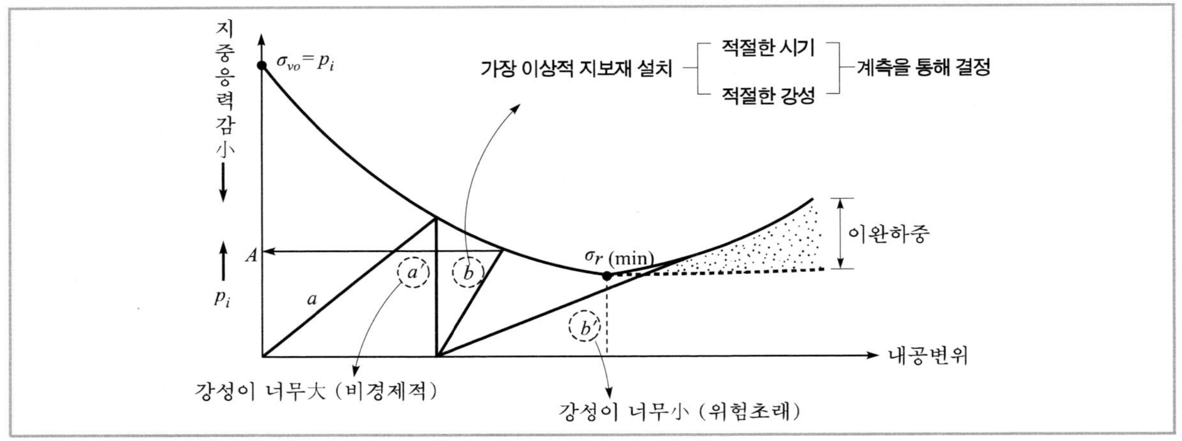

그림 14.67-1 그림에서 이완하중이란? 지반 자체의 지보능력 상실을 의미함.

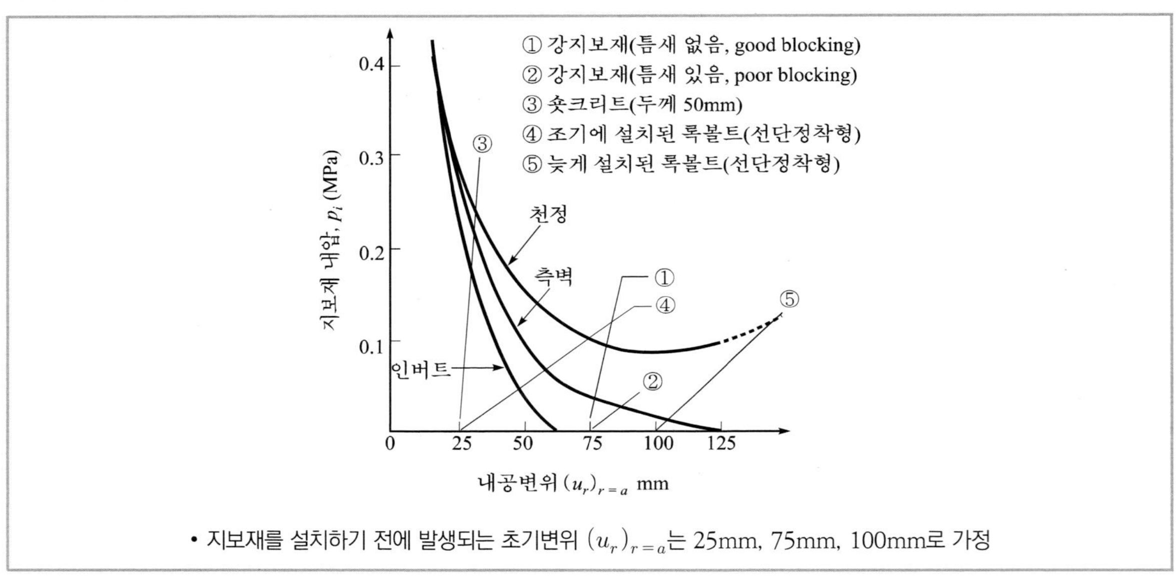

• 지보재를 설치하기 전에 발생되는 초기변위 $(u_r)_{r=a}$는 25mm, 75mm, 100mm로 가정

그림 14.67-2 지보재의 종류와 설치시기에 따른 지보재의 역할(거동)

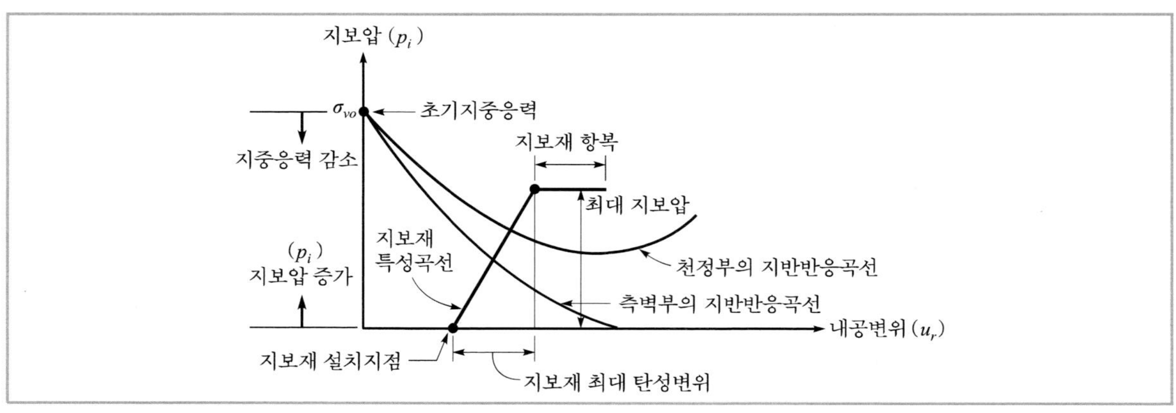

그림 14.67-3 NARM 설계에서 전형적인 지반반응-지보재 특성곡선

14.67 NATM의 기본원리 이해(2)

② 터널굴착 시 지반의 변형은 최대한 억제하여야 한다. 그러기 위해서는 지보재를 **적절한 시기**에 설치하여야 한다. 너무 빨라도, 너무 늦어도 안 되며, **지보의 강성** 또한 너무 커도, 너무 연해도 안 된다. 어느 경우에도 지반반응곡선의 저점을 넘도록 변형이 발생 되서는 안 된다. 그림 14.66-3

그림 14.67-1 에서

(1) 적절한 시기에 해당하지 못하는 경우 : a

너무 빠른 지보재 설치로 과다설계에 해당하는 경우

(2) 적절한 시기에 해당는 경우 : a' , b , b'

(a') : 강성이 너무 큰 지보재가 설치된 경우(과다설계)이고,

(b') : 강성이 약한 지보재 설치로 변위가 한계치를 넘어 파괴가 발생된 상태

(b) : **적당한 시기(변위), 적당한 강성의 지보재가 설치된 가장 이상적인 경우임.**

이러한 이유로 **적절한 강성을 지닌 1차 지보재를 적절한 시기에 설치**되어 지반의 안정상태에 이르렀을 경우 **2차 지보재인 라이닝콘크리트에는 지반이완하중이 작용하지 않는다.**

③ 터널을 지보하는 것은 근본적으로 주변지반 자체이다. 따라서 터널은 지보재와 지반이 일체화된 구조물이다. 그러므로 **암반은 원래부터 가지고 있던 강도를 될 수 있으면 손상하지 말아야 한다.**

④ 지반자체가 주지보재로서 S/C, R/B, 강지보재 등은 지반의 주지보재가 되도록 보조해주는 수단임 따라서 지보재의 설치시기는 **현장에서 계속적인 계측**으로 지보의 효과와 지반의 거동상태 등을 파악하여 그에 따라 최적으로 결정해 주어야 한다.

※ 그림 14.67-3 은 NATM설계에서 전형적인 지반반응-지보재특성 곡선을 나타낸 것이다.

3 지보재의 종류와 설치시기에 따른 지보재의 역할의 예 그림 14.67-2

- ③, ④는 초기변위 25mm가 발생되었을 때, 각각 S/C, R/B를 설치한 경우이다. R/B로 이루어진 ④의 경우는 이상적인 지보재 거동으로 볼 수 있으나, ③의 S/C는 강성이 너무 커서 지보재 응력 p_i가 과다하다.
- ①, ②는 초기변위 75mm가 발생되었을 때, 강지보를를 설치한 경우이다. ①의 경우엔 지보에 큰 무리가 없으나 ②의 경우는 지보재 강성이 작아서 지보재 응력을 충분히 발휘하지 못하는 경우이다.
- ⑤는 초기변위 100mm가 발생된 후에, R/B를 설치하였으므로 천정에서는 이미 과다변위가 발생되어 지보재가 제 역할을 하기 전에 붕괴가 발생한 경우이다.

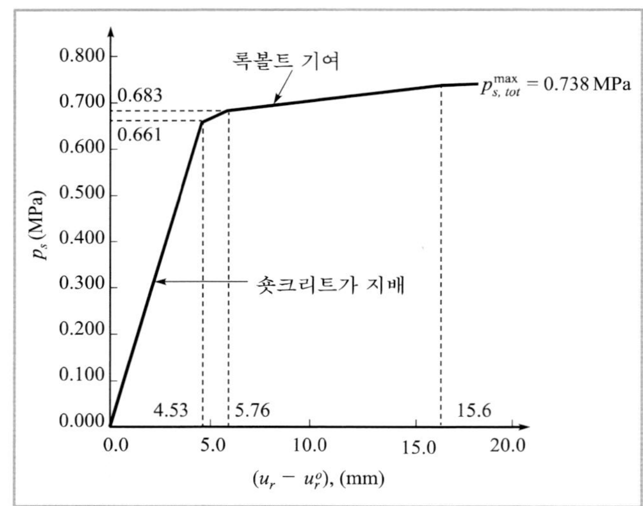

그림 14.68-1 지보재를 동시에 설치하였을 경우

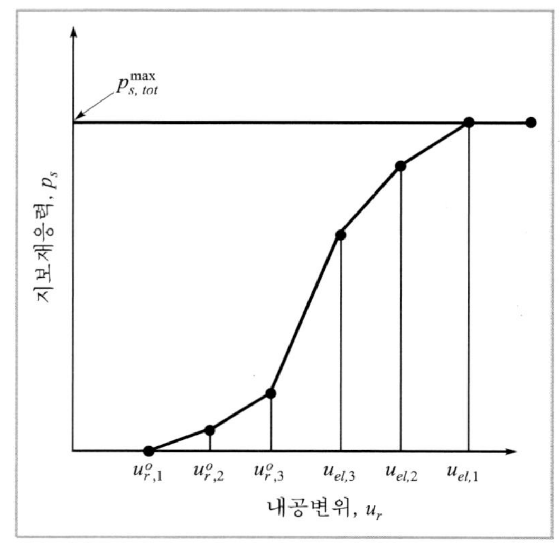

그림 14.68-2 지보재 설치시기가 다른 경우

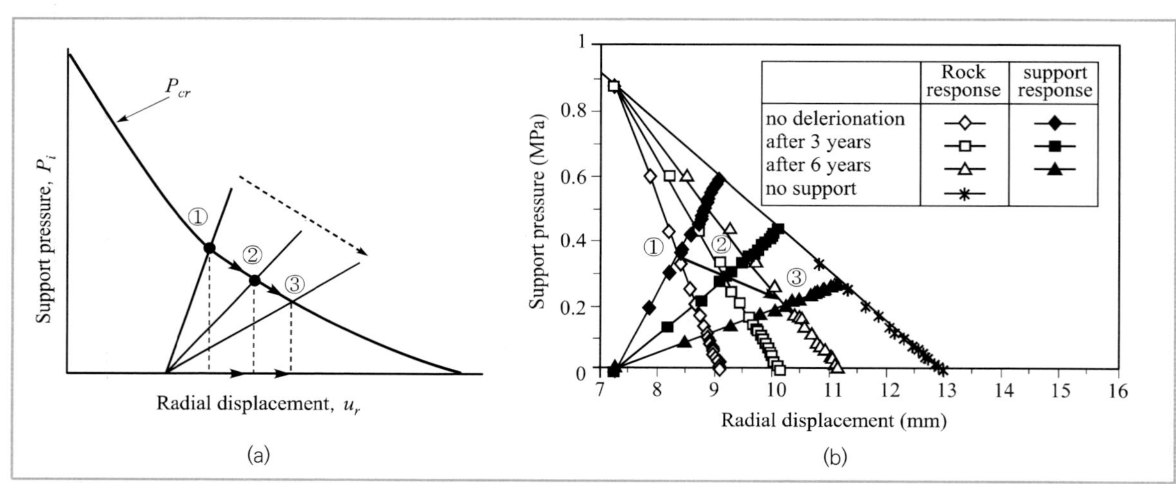

그림 14.68-3 NATM 설계에서 1차 지보재(주지보재)의 기능상실 및 암반의 시간의존성 거동

※ **그림 14.68-3에 대한 설명**

① 지반공학이해 I 64p **개념정리⑱**과 연계되는 내용으로서,

② (a)그림은 NATM터널에서 **1차 지보재의 강성저하(기능상실)**를 나타내는 지반반응-지보재 특성 곡선이다.

③ (b)그림은 지반(암반) 시간의존성 거동에 따른 1차 지보재의 지보압 변화를 나타내는 지반반응-지보재 특성 곡선이다. 굴착직후 설치된 숏크리트는 점①에서 지반과 지보재가 평형을 이루지만 시간이 지남에 따라 **암반의 시간의존성 거동**으로 1차 지보재에 지보압이 증가되어(지보압증가에 따라 1차 지보재의 강성저하 발생) 응력평형점은 ②점 ③점으로 이동하게 된다.

해설 14.68-1

14.68 지보재 특성곡선에 대한 이해(1)

1 지보재의 조합

■ 각 지보재의 강성이 아래와 같을 때 지보재를 동시에 설치하였을 경우와, 설치시기가 다른 경우를 비교하여 보자.

$$S/C : K_{s(shot)} = 127.82MN/m^3,\ p_{s(shot)}^{\max} = 0.579MPa,\ (u_r - u_r^o)_{\max} = 4.53mm$$

$$\text{강지보재} : K_{s(set)} = 12.51MN/m^3,\ p_{s(set)}^{\max} = 0.072MPa,\ (u_r - u_r^o)_{\max} = 5.76mm$$

$$R/B : K_{s(bol)} = 5.58MN/m^3,\ p_{s(bol)}^{\max} = 0.087MPa,\ (u_r - u_r^o)_{\max} = 15.6mm$$

■ 지보재를 동시에 설치하였을 경우에는 : 그림 14.68-1 같이 강지보는 항복변위가 S/C와 비슷하면서 상대적으로 강성이 작기 때문에 지보재 특성곡선에 그다지 기여하지 못함을 알 수 있으며, 반면에 R/B는 S/C에 비해 상대 강성은 작지만 항복변위가 크기 때문에 S/C가 항복하고 난 이후(6mm 이후)의 지보재 특성곡선에 기여함을 알 수 있다. **그럼 여기서 지보재의 각자의 역할은 무엇일까?**

① S/C의 $K_{s(shot)}$ 및 $p_{s(shot)}^{\max}$는 R/B나 강지보재에 비해 월등히 커서 지보압의 대부분을 분담한다.

② 강지보재는 S/C가 경화될 때까지 낙반방지 효과를 발휘, S/C가 경화된 후에는 S/C와 연합하여 지지효과를 증대시킨다.

③ R/B는 지반봉합으로 인한 암 지반의 일체화의 역할을 담당한다.

■ 지보재의 설치시기가 다른 경우에는 : 지보재는 동시에 설치하는 것이 아니라, 시간 간격을 두고 설치할 수 있다. **예를 들어 터널 굴착 후 1차S/C 및 R/B를 설치한 뒤, 한 막장 더 굴착한 뒤에 2차 S/C를 설치하는 예가 그렇다.** 지보재 설치시기가 다른 세 개의 지보재로 이루어진 지보시스템에 대한 지보재 특성곡선의 예가 그림 14.68-2에 표시되어 있다. 각 지보재 설치시의 지반변위는 각각 다름을 알 수 있다.

2 1차 지보재와 2차 지보재의 상호거동(콘크리트 라이닝의 역할?)

■ NATM에 근거한 터널설계법 에서는 터널공사 시 설치되는 S/C, R/B, 강지보재를 1차 지보재라 명명하여 사실상 터널을 지탱하는 주 지보재로 사용된다. 이에 수반하여 터널의 굴착이 완전히 끝나고 내공변위가 수렴된 후에 2차 지보재로서 콘크리트 라이닝을 타설하게 된다. 이 콘크리트 라이닝은 양질의 암반지반에서는 무근으로 30cm 두께로 타설함이 일반적이며, 풍화암 이하의 비교적 연역한 지반이나 차후에 지하수압이 작용될 확률이 있는 지반에서는 철근콘크리트로 설계·시공한다.

■ 지금부터 생각해 볼 문제는 "**이 2차 지보재의 뚜렷한 역할이 무엇인가?**" 하는 문제이다.

■ NATM의 개념이 도입된 초기에는 앞에서 설명한대로 1차 지보재가 주 지보재라는 개념으로 출발하였으나, 지금의 개념에서는 궁극적으로 그림 14.68-3 같이 **1차 지보재가 그 기능을 잃을 수도 있다는 가정 하에 1차 지보재는 굴착 시공 중에 안정성을 확보하는 차원에서만 이용하고 영구지보재로서는 2차라이닝이 하중을 담당하도록 하는 개념이 더 많이 채택되고 있다.** 1차 지보재의 열화는 우선 S/C는 알카리 골재반응이 주된 원인이며, R/B는 철근의 부식 또는 정착제의 열화가 원인이 될 수 있다.

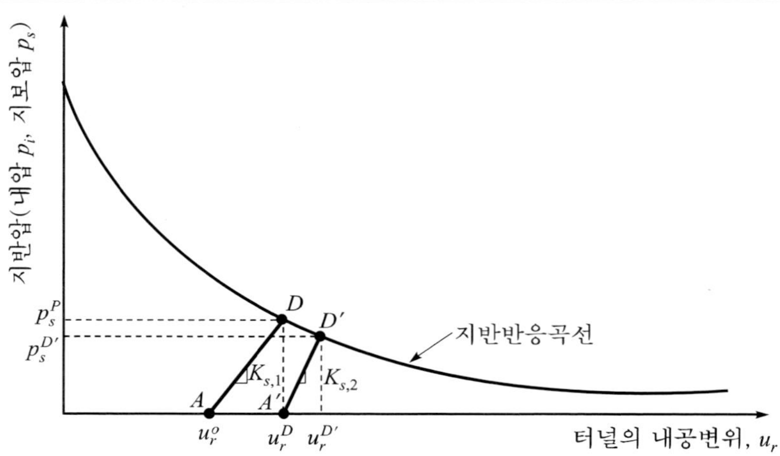

D' 점에서 새로운 평형상태에 도달하였다는 의미?

비록 1차 지보재의 기능상실로 2차 지보재인 콘크리트 라이닝이 하중을 받게 되나 이는 새로운 소성평형을 의미하며 아직도 convex arch를 이루고 있음을 의미한다. 즉, inverted arch에 근거한 Terzaghi 이완하중에 비하여 그림 14.69-1의 D' 점에서의 압력 $p_s^{D'}$ 의 압력만을 견디도록 콘크리트 라이닝을 설계하여도 됨을 의미한다.

그림 14.69-1 1차 지보재 열화로 인한 지보능력 상실 → 2차 지보재의 거동 → 새로운 평형상태 도달(D')

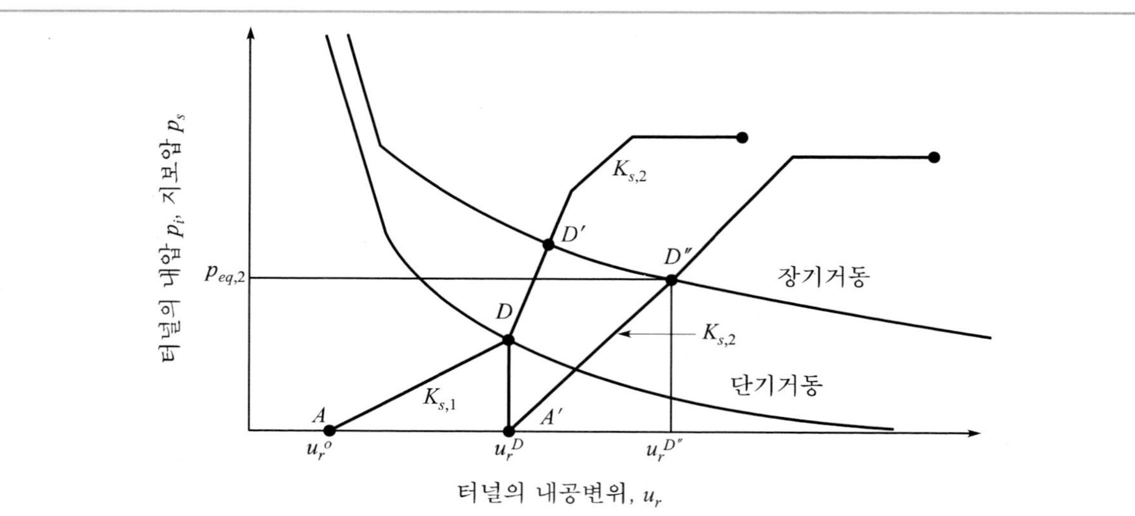

① AD : 1차 지보재의 지보재 특성곡선 → u_r^D 의미? 단기적 관점에서 평형상태의 내공변위

② ADD' : 지보시스템(즉, 1차+2차 지보재)의 거동

③ $A'D''$: 1차 지보재의 기능은 궁극적으로 상실된다라고 가정하여 2차 지보재가 주 지보재로 작용하여 장기거동을 견디는 경우 → $u_r^{D''}$ 의미? 장기 거동관점에서 평형상태의 내공변위

그림 14.69-2 1차 지보재의 기능상실 여부에 따른 2차 지보재의 역할(거동)

14.69 지보재 특성곡선에 대한 이해(2)

- 대부분의 경우 콘크리트 라이닝도 외부 하중을 견딜 수 있도록 설계·시공되고 있다. 현재 2차라이닝에 적용하는 암반이완하중으로 Terzaghi 이완하중을 적용하는 것이 일반적이나 Terzaghi 이완하중은 붕괴이론에 근거한 재래식 터널에 적용하던 하중으로서 터널이 inverted arch에 도달한다는 가정에 근거하므로 하중이 과다하다.

- 따라서 14.53 2 NATM터널 콘크리트라이닝 설계하중–암반이완하중 산정방법을 비교 검토하여 적용함이 타당하다. 재삼 밝히건대, NATM의 근간은 지반자체가 convex arch를 이루어야 한다는 것이다. 그림 14.65-2b에서 D점에서 새로운 평형을 이루어야 한다.

- 그림 14.69-1에서 터널굴착 후 1차 지보재 설치시점은 A. 이때 내공변위 u_r^o이다. 이제 1차 지보재를 설치하고 한 막장을 추가로 굴착하면 전이되었던 하중이 되돌아오고 이 지반압을 지보재가 받게 되며(지보재의 강성계수 $K_{s,1}$) **D점에서 평형**을 이룬다. 이때의 내공변위는 u_r^D가 되며 이때의 내압과 지보압은 p_s^D가 될 것이다.

- 만일 **터널을 시공이후 1차 지보재의 열화로 지보능력을 상실하게 되면 지보압은 $p_s^D \to 0$으로 감소하게 된다. 이 점이 A'이다. 이때부터 2차 지보재인 콘크리트라이닝이 압력을 받게 되어서(지보재의 강성계수 $K_{s,2}$) 지보압이 점점 증가하여 D'점에서 새로운 평형**을 이루게 된다. 이때의 지보압을 $p_s^{D'}$, 내공변위는 $u_r^{D'}$이 된다.

- 여기서, D'점에서 새로운 평형상태에 도달하였다는 의미에 대해서는 그림 14.69-1을 통해 설명되어 있다 반드시 이해하길 바란다. 그림 14.69-1에 표시한 거동은 역학적 기본원리를 설명하기 위한 것이며, **실제로 콘크리트 라이닝에 작용하는 하중은 수치해석을 이용**하여 구할 수 있다.

- 만일 터널 건설대상 **지반이 시간의존적 거동**을 하거나, **암반이 계속 풍화**되어 물성치가 계속 나빠져서 장기적으로 지반반응곡선이 그림 14.69-2 같이 상승하게 되면, **장기안정을 위한 2차 지보재의 역할은 매우 중요하다.**

- 1차 지보재의 강성을 $K_{s,1}$, 2차 지보재의 강성을 $K_{s,2}$라고 한다면 그림 14.69-2에서 **DD'부분의 강성은 $(K_{s,1}+K_{s,2})$가 될 것이다. 즉, 1차+2차 지보재가 동시에 역할을 할 것이다. u_r^D는 단기적인 관점에서 터널이 평형에 이른 상태에서의 내공변위를 의미한다.**

- 만일 1차 지보재가 궁극적으로 그 기능을 상실한다고 가정하면 이 경우에도 결국 **장기거동은 2차 지보재로만 지지할 수 있어야 할 것이다.**

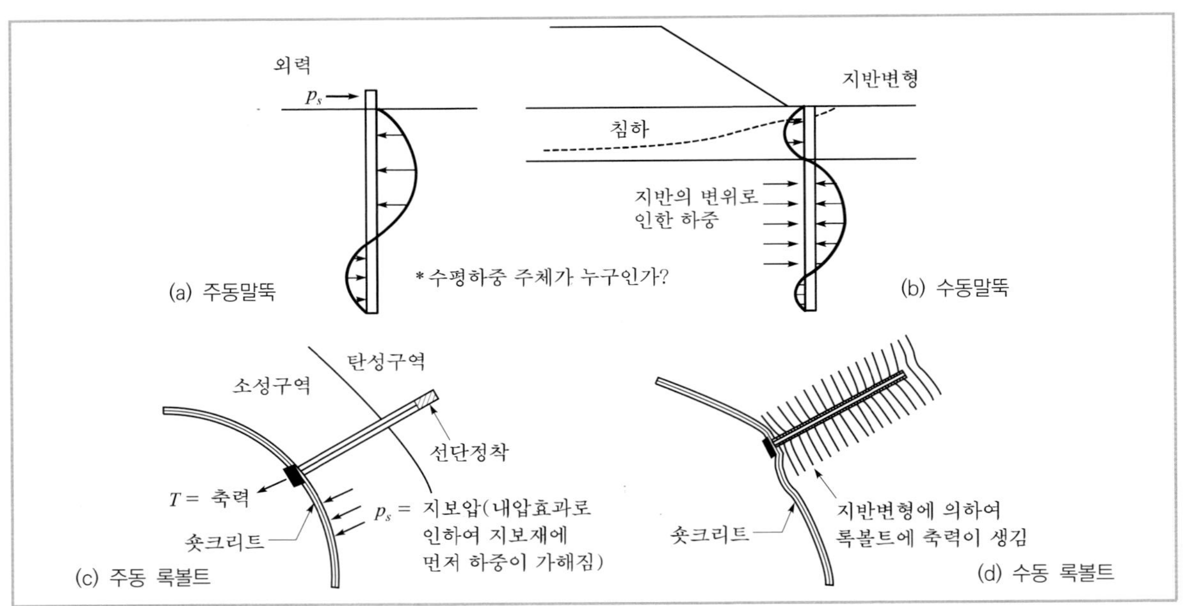

그림 14.70-1 말뚝과 록볼트의 거동 상호관계

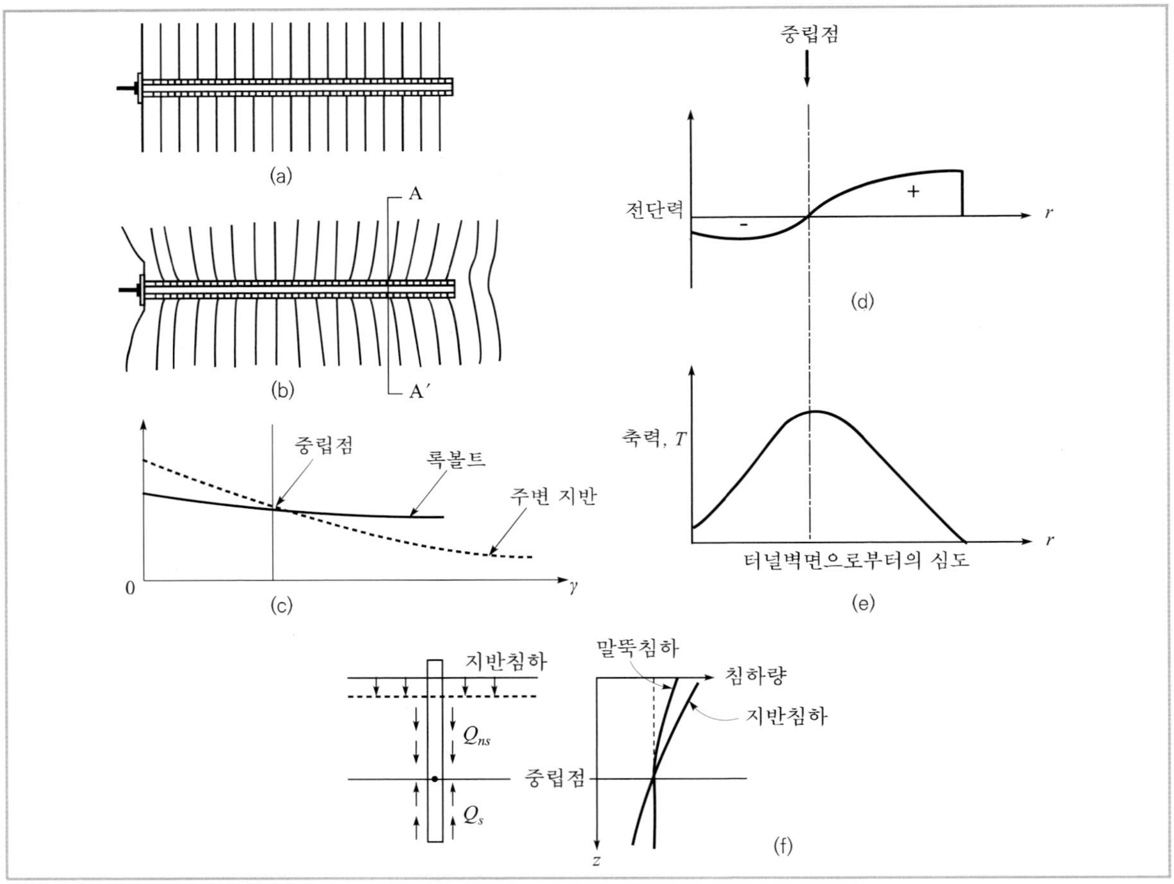

(a)

A

(b)

A′

중립점

록볼트

주변 지반

0

γ

(c)

중립점

전단력

\+

\-

r

(d)

축력, T

r

터널벽면으로부터의 심도

(e)

지반침하

Q_{ns}

중립점

Q_s

말뚝침하

침하량

지반침하

z

(f)

그림 14.70-2 록볼트의 작용 메커니즘(전면접착형)

14.70 록볼트의 보강개념(1)

록볼트는 선단을 정착시킨 후 프리텐션을 주는 **선단정착형 록볼트**와 록볼트 전면을 지반에 접착시키는 **전면접착형 록볼트**가 있다.

선단정착형 록볼트를 **주동형 볼트**, 전면접착형 록볼트를 **수동형 볼트**라고 한다.

1 선단정착형과 전면접착형 록볼트 거동개념 비교

- **전면접착형 록볼트**는 상대적으로 **연약한 암반지반에 많이 이용**되며, 최근에는 사용이 점차 확대되고 있다. 대부분의 도심지 등의 비교적 얕은 지층에 터널을 건설하는 경우는 전면접착형 록볼트를 이용한다. 이 볼트는 내압효과로 인하여 지보재에 먼저 지보압 p_s가 가해져서 록볼트에 변위가 생기는 선단정착형 록볼트와 달리, 터널주위지반의 변형으로 인하여 하중이 록볼트에 전달되는 메커니즘을 갖는다. **하중의 주체가 지반변형이라는 관점에서 수동볼트**라고 하기도 한다.

- **주동볼트(선단정착형 볼트)와 수동볼트(전면접착형 볼트)의 개념적인 차이**는 말뚝의 수평하중 메커니즘을 생각하면 쉽게 이해할 수 있다. 수평하중 메커니즘은 그림 14.70-1a, b에 잘 나타나 있다. **그림(a)는 주동말뚝으로서**, 말뚝머리에 수평하중이 먼저 작용됨으로써 말뚝이 지반을 밀게 되고 지반이 저항을 함으로써 평형상태에 이르게 된다.

- 반면에 그림(b)는 지반침하로 인하여 침하량에 포아송비를 곱한 정도의 변위가 수평방향으로 발생하여 이 수평변위로 인하여 말뚝이 밀려가는 현상이 일어나는 말뚝을 수동말뚝이라고 한다. **즉, 수동말뚝에서의 하중의 근원은 지반의 수평변형이다.** 같은 개념이 그림 14.70-1c, d에 표시되어 있다. 먼저 **그림(c)는 주동볼트를 나타내는 것**으로 선단정착부는 소성영역 바깥쪽에 위치하여야 하며 소성영역에서의 변위에 저항하여 지보재에 p_s의 지보압이 발생하고 이 지보압을 주로 선단정착부에서 인발저항력으로 버티게 된다. 반면에 **그림(d)는 수동볼트를 나타내며** 볼트전면이 지반과 모르타르나 수지로 접착되어 있기 때문에, 먼저 소성거동으로 인하여 지반에 변형이 발생하면 이 변형으로 인하여 볼트에 하중이 전달되는 상황이 발생한다. 볼트에 하중을 가해주는 주체가 지반과 볼트와의 상대변위이다.

2 전면접착형 록볼트의 거동 메커니즘

- 수동볼트에 작용되는 힘의 메커니즘을 좀더 상세히 설명하면 그림 14.70-2 같다. **그림(a)는 록볼트 설치직후** 그림 14.63-1a의 상태를 나타내며, 이 때의 지반에 변형이 없다. **그림(b)는 터널 추가굴착** 그림 14.63-1b으로 인하여 지반에 변형이 발생한 상황을 나타낸다.

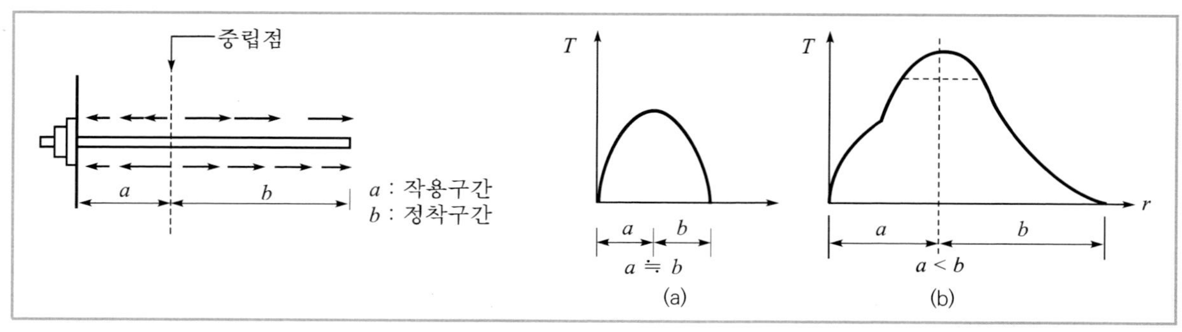

그림 14.71-1 전면접착형 록볼트에 작용되는 축력의 분포도

구분	Rock Bolt	Cable Bolt
1. 공통점	NATM 설계법에서 지보재 개념	
2. 재질	이형철근	PC강연선
3. 강성	상대적 큼	상대적 작음 (Rock Bolt에 비해 지보효과가 떨어지기 때문 Cable Bolt에 긴장력을 가함)
4. 인장강도	상대적 작음	상대적 큼
5. 길이	5.0m이하	4~40m (협소한 공간에서 장공의 설치 가능, 터널단면이 큰 경우나 지하대공간과 같은 큰 경간에서 강도와 길이의 증가 가능)
6. 경제성		상대적 저렴
7. 실무설계	Cable Bolt는 Rock Bolt와 병행하여 보조지보재로서 설계함이 바람직	

표 14.71-1 Rock Bolt와 Cable Bolt 비교

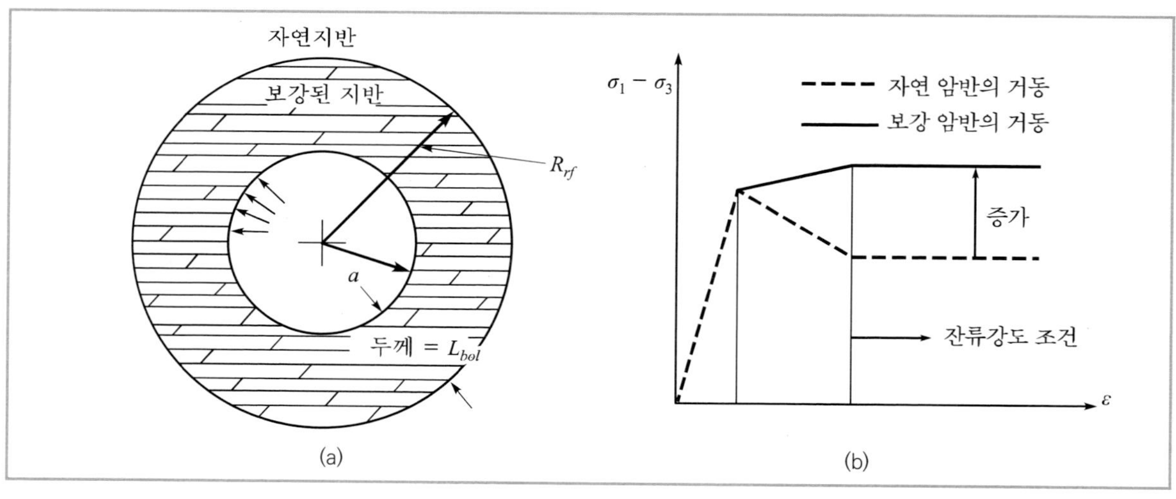

그림 14.71-2 전면접착형 록볼트로 보강된 지반 및 록볼트 설치로 인한 강도증진효과

14.71 록볼트의 보강개념(2)

- 이때 지반과 록볼트에서 상대변위가 발생하는바, **그림(c)같이 중립점**(지반의 변형과 록볼트의 변위가 같은 점)을 **중심으로 왼쪽에서는 지반 자체의 변위가 록볼트의 변위보다 더 크며**(그림(f)같이 말뚝에서 부마찰력 발생 메커니즘과 동일) **오른쪽에서는 오히려 록볼트의 변위가 더 크게 된다.** 따라서 록볼트에 발생되는 전단력분포는 그림(d)와 같이 (−)에서 출발하여 (+)로 증가되며, 이를 적분하면 볼트에 작용되는 축력이 그림(e)와 같이 구해진다. **축력은 중립점에서 최댓값에 이른다.** 록볼트에 작용하는 축력의 평균값은 다음 식과 같다.

$$T_{mean} = \frac{1}{L_{bol}} \int_0^{L_{bol}} (T) dr \quad \text{식 14.71-1}$$

- **전면접착형 록볼트를 소성영역 내에 설치하게 되면** 그림 14.71-1a 같이 중립점을 중심으로 축력이 대칭을 이루는 것으로 알려져 있다. **록볼트의 길이를 충분히 길게 하여 탄성영역까지 설치하게 되면** 중립점 오른쪽 부분이 더 길게 되며, 축력의 분포도 그림 14.71-1b 와 같은 모양을 띠게 된다. 물론 록볼트가 지보재로서 제 기능을 발휘하려면 그림(b)의 경우가 되어야 한다.

- 이러한 개념에서 표 14.71-1 같이 **록볼트의 길이의 제한성을 극복하기 위해** Cable Bolt를 **록볼트와 병행하여 사용**하고 있다.

3 전면접착형 록볼트의 보강지반 개념

- 전면접착형 록볼트의 경우에는 지보재 특성곡선을 구하기가 쉽지 않다. 지보재에 작용되는 지보압이 지반변형과 상호 맞물려 있기 때문이다. 오히려 역학적인 관점에서 보면 이 **록볼트의 역할은 지보재로 보기보다는 지반자체의 보강재로 보는 것이 더 합리적**일 수도 있을 것이다. 이러한 개념을 도입한 것이 Oreste(1994)의 논문이다.

- 록볼트의 설치로 인하여 **록볼트 길이만큼인 $r = R_{rf}$까지 지반의 강도가 증대**되는 것으로 본다(그림 14.71-2a). 강도증진 효과의 가장 중요한 원리는 그림 14.71-2b 같이 볼트의 설치로 인하여 취성현상을 보이던 암반이 소성현상을 보여 파괴점에 이른 후에도 강도가 저하되지 않는 것으로 본다. 또한 록볼트에 작용되는 축력으로 인하여 지반에 **$\Delta\sigma_r$의 구속압을 증가시켜주는 효과**도 발생한다. 구속압의 증가량 $\Delta\sigma_r$은 아래의 식으로부터 구할 수 있다.

$$\Delta\sigma_r = \frac{T_{mean}}{s_t \times s_l} \quad \text{식 14.71-2}$$

여기서, T_{mean} : 록볼트에 작용되는 축력의 평균값

s_t : 터널 횡단면 상의 볼트간격

s_l : 터널 종단상의 볼트간격

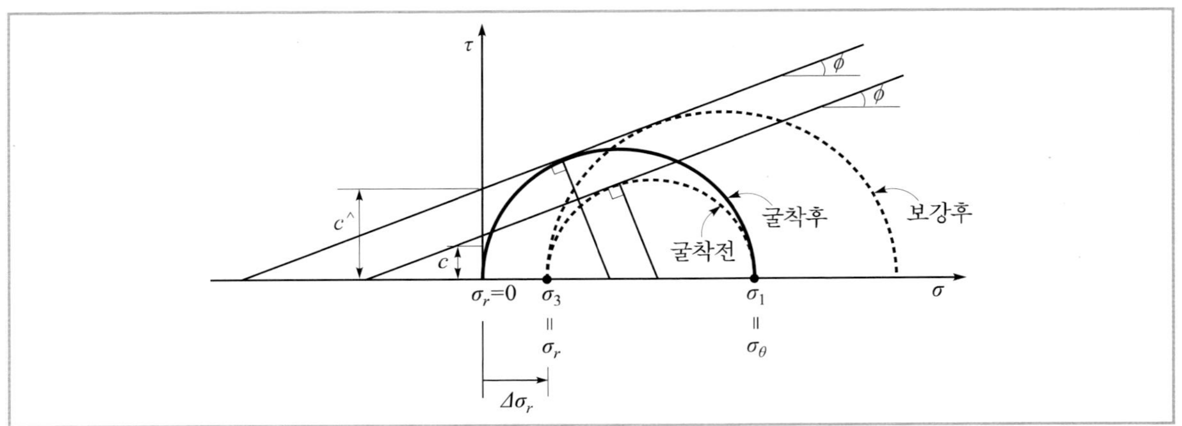

그림 14.72-1 전면접착형 R/B의 전단강도 증가 효과 → 구속압의 증가($\triangle\sigma_r$)

※ 그림 14.72-1에 대한 설명

$$\left(c^{\wedge}\cot\phi + \frac{\sigma_\theta + 0}{2}\right)\sin\phi = \frac{\sigma_\theta - 0}{2} \rightarrow 2c^{\wedge}\cos\phi + \sigma_\theta\sin\phi = \sigma_\theta$$

$$\left(c\ \ \cot\phi + \frac{\sigma_\theta + \triangle\sigma_r}{2}\right)\sin\phi = \frac{\sigma_\theta - \triangle\sigma_r}{2} \rightarrow 2c\ \cos\phi + \sigma_\theta\sin\phi + \triangle\sigma_r\sin\phi = \sigma_\theta - \triangle\sigma_r$$

좌측항에 대하여 연립방정식을 풀면

$$2\cos\phi(c^{\wedge} - c) - \triangle\sigma_r\sin\phi = \triangle\sigma_r \rightarrow c^{\wedge} - c = \frac{(1+\sin\phi)\triangle\sigma_r}{2\cos\phi} \rightarrow \triangle c = \frac{\sqrt{K_p} \times \triangle\sigma_r}{2}$$

$$\therefore c^{\wedge} = c + \frac{\sqrt{K_p} \times \triangle\sigma_r}{2}$$ 식 14.72-2

해설 14.72-1

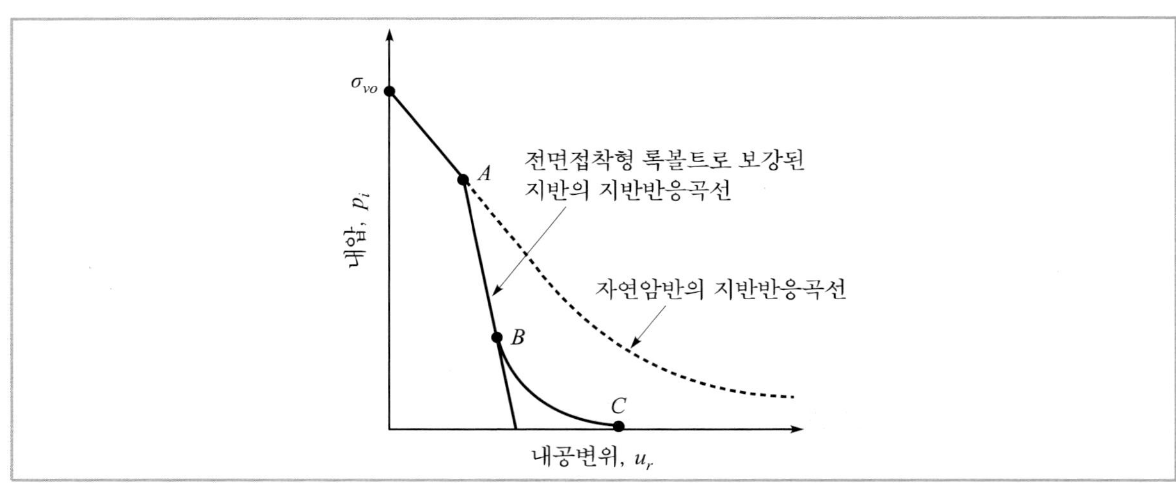

그림 14.72-2 원지반과 전면접착형 R/B 보강지반의 지반반응곡선 비교

14.72 록볼트의 보강개념(3)

- **구속압의 증가량 $\triangle \sigma_r$로 인한 전단강도 증가효과는 점착력이 증가되는 것으로 가정한다.** 그림 14.72-1 을 이용하여 해설 14.72-1 같이 유도하여 점착력 증가량 $\triangle c$을 식 14.72-1 , 점착력 록볼트로 보강된 지반의 $c^\wedge$을 식 14.72-2 같이 구할 수 있다.

$$\therefore \triangle c = \frac{\sqrt{K_p} \times \triangle \sigma_r}{2}$$ 식 14.72-1

$$\therefore c^\wedge = c + \frac{\sqrt{K_p} \times \triangle \sigma_r}{2}$$ 식 14.72-2

- 록볼트로 강화된 지반은 소성현상으로 인하여 지반의 파괴점에 이른 후에도 강도가 줄어들지 않는다. 즉, 잔류강도는 더 이상 존재하지 않으며 첨두강도를 그대로 쓰면 될 것이다. 어찌되었든지, **록볼트로 인하여 지반이 보강되었으므로 바뀌는 것**은 지보재 특성곡선이 아니라, **지반반응곡선**이다. 원 지반에 대한 지반반응곡선과 수동볼트로 보강된 지반에 대한 지반반응곡선을 비교하여 그린 것이 그림 14.72-2 이다. 록볼트 설치로 인하여 변위가 크게 줄어든 것을 볼 수 있다.

- 그림 14.72-3 은 **전면접착형 록볼트와 선단정착형 록볼트의 지반반응곡선-지보재특성 곡선을 개념적으로 비교하여 표시**한 것이다.

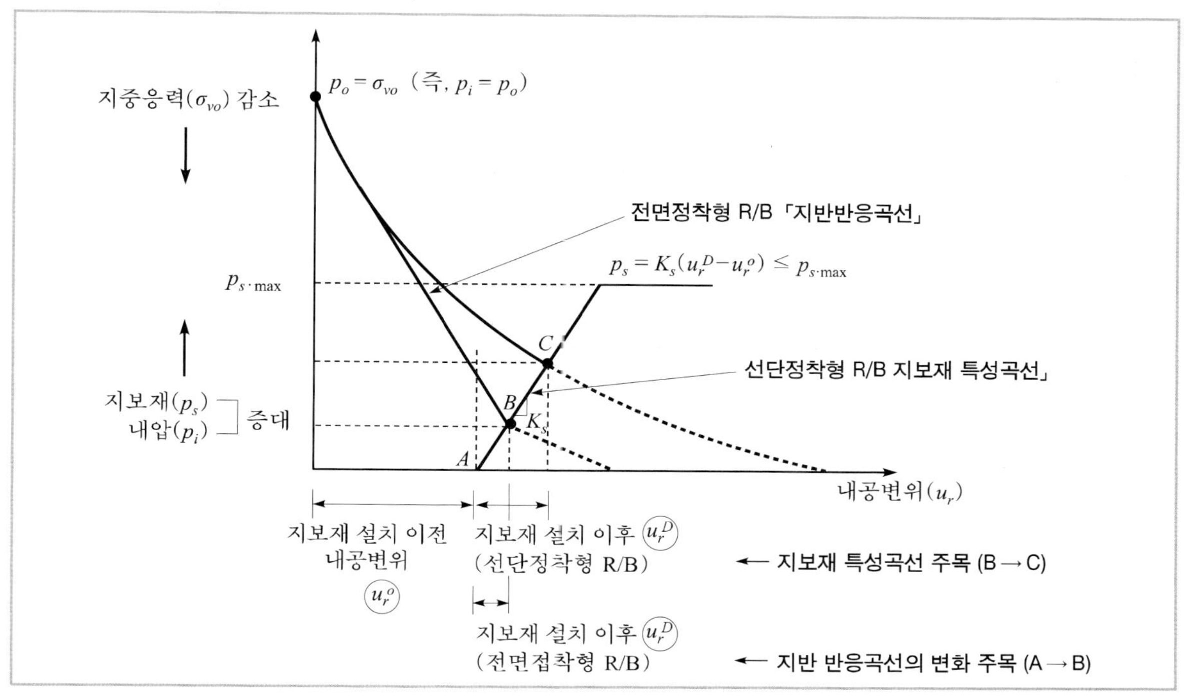

그림 14.72-3

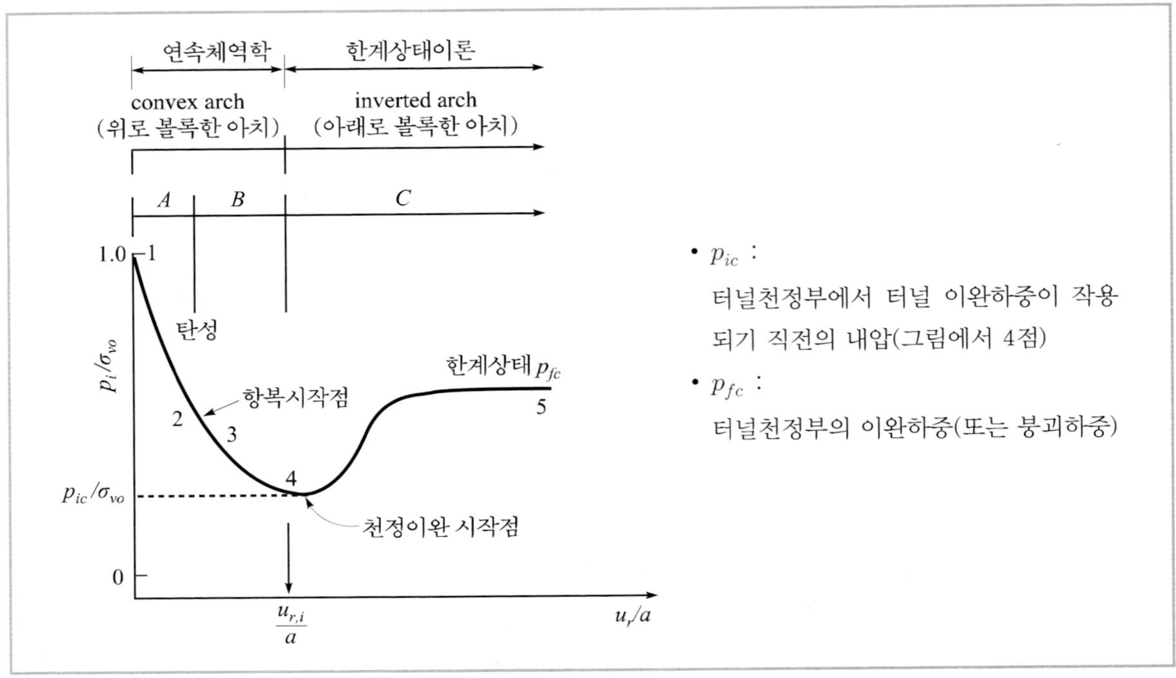

그림 14.73-1 터널 천정부 지반반응곡선(연약지반=천층토사터널)

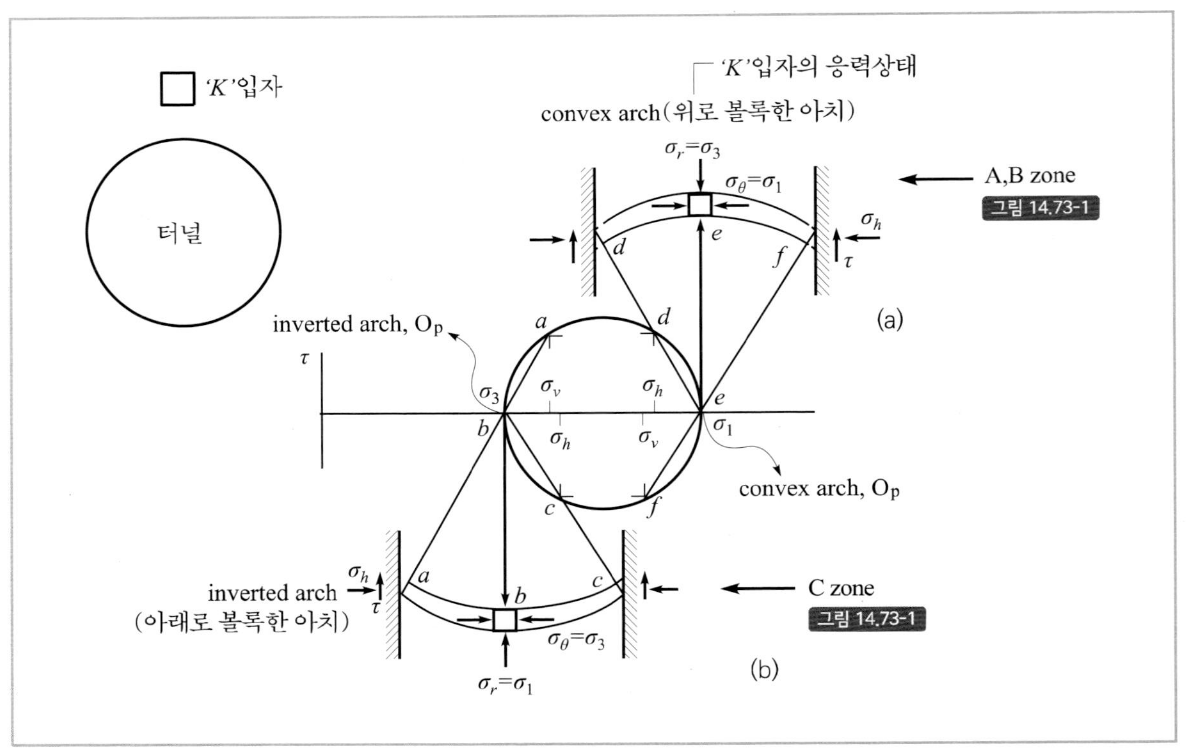

그림 14.73-2 터널 천정부에서의 아칭 메카니즘

14.73 NATM터널에서 연약지반 터널의 안정성(1)

[1] 천정부의 지반반응곡선

■ 이제까지 일관되게 설명한 지반반응곡선의 예는 대부분 암반터널을 염두해 두고 유도된 것이었다. (즉, 원지반의 지보능력을 가지고 있는 암반) 재심 반복하건대 NATM의 기본개념은 적절한 시기에 지보재를 설치하여 지보압으로 인하여 그림 14.65-2b의 D점에서 **새로운 소성평형**을 이룬다는 것이다. 그러기 위해서는 **내공변위가 반드시 u_r^D이하로 제어**되어야 한다. 그림 14.65-2b**에 표시된 지반반응곡선(GRC)은 측벽부에 해당**된다고 하였다. 측벽부에서는 지보재를 설치하지 않은 경우에 변위가 u_r^M까지 발생하며 $p_i = 0$로 평형조건에 이를 것이다.

■ **천정에서의 지반반응곡선은 위와 다르다**. 지보재를 적절히 설치하여 새로운 소성평형을 이룬 경우에는 D점에서 $u_r = u_r^D$, $p_i = p_i^D$로 변위 및 응력이 제어되나, 터널천정에서 변위가 과도하게 발생한 경우는 (즉, inverted arch 경우) 그림 14.73-1 같이 **천정 상부 부분의 지반이 완전 이완되어 오히려 이완하중으로 작용되어 p_{fc}까지 압력이 증대**하게 된다(원지반의 지보능력이 상실됨을 의미). 즉, 그림 14.73-1에서 A, B구간에서는 연속체역학으로 거동하나 C구간은 더 이상 연속체역학이 적용될 수 없으며, 한계상태에 이르렀으므로 토질역학에 많이 적용되는 한계평형이론으로 하중을 구할 수밖에 없다. 이러한 현상은 특히 **연약층 잔층지반에 터널을 건설하는 경우(천층토사터널) 빈번하게 발생**할 수 있다.

[2] 응력상태

■ 터널천정 윗부분인 K점(그림 14.73-2)에서의 응력상태를 내공변위에 따라 구해보면 다음과 같다. 터널설치로 인하여 **연속체역학으로 소성평형을 이룬 경우**는 그림 14.73-2a와 같이 접선응력이 최대주응력이 되며, 반경방향응력은 최소주응력이 된다. 아치의 모양은 그림과 같이 위로 볼록(convex arch)한 아치모양을 이루어 상당한 부분의 연직하중을 터널 양쪽으로 옮겨준다.

■ 반면에 **변위가 과도하여 극한상태에 이르면 지반 자체가 하중으로 작용**되어 그림 14.73-2b와 같이 연직방향응력(또는 반경방향응력으로 90° 회전하게 된다. 이때는 아래로 볼록한 아치(inverted arch) 모양을 이루게 된다.

[3] 이완영역의 발달과정

터널의 천정부에서 소성영역이 발생한 후 추가로 터널에 변형이 발생하면, 그림 14.73-3 같이 이완영역이 계속 증가하다가 천층터널의 경우 이완영역이 지표면까지 발달한다. 물론 이완영역의 지표면까지 발달은 어느 경우나 발생하는 것이 아니며, 천층 토사터널로서 특히 수평토압계수가 작을수록($K_o < 1$) 쉽게 발달한다.

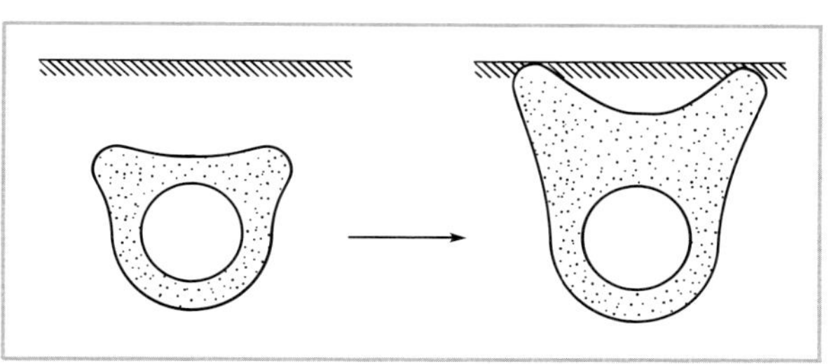

그림 14.73-3 이완영역의 발달과정($K_o = 1$)

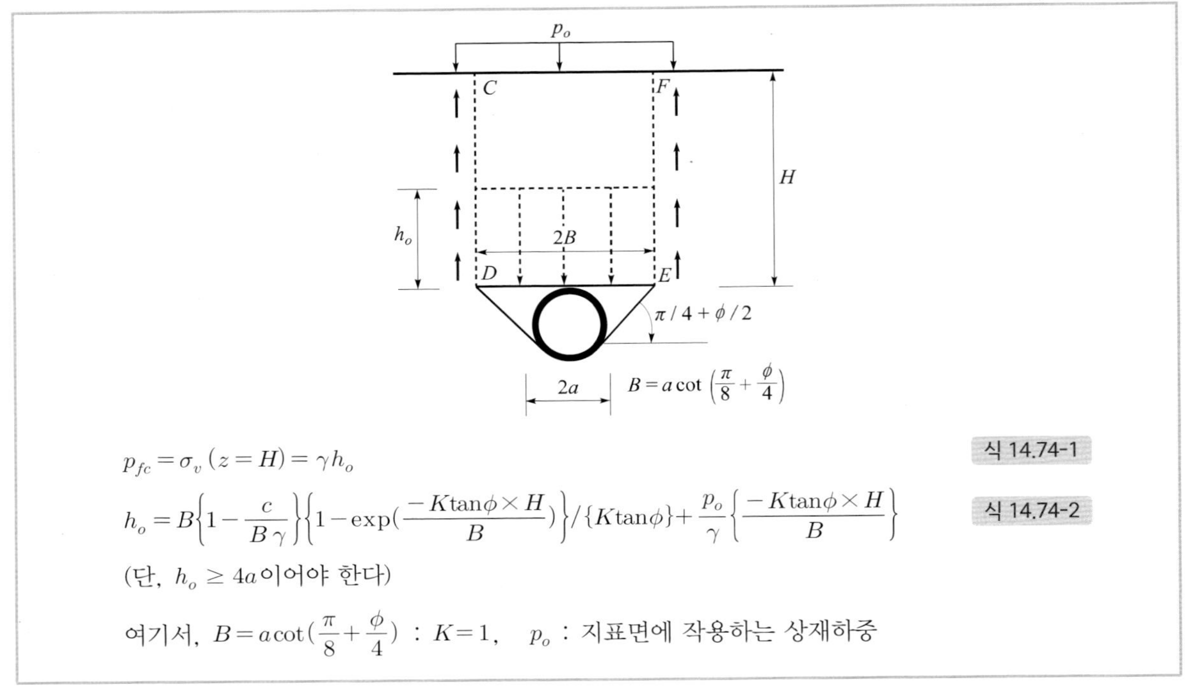

$$p_{fc} = \sigma_v\,(z=H) = \gamma h_o \qquad \text{식 14.74-1}$$

$$h_o = B\left\{1-\frac{c}{B\gamma}\right\}\left\{1-\exp\left(\frac{-K\tan\phi\times H}{B}\right)\right\}/\{K\tan\phi\}+\frac{p_o}{\gamma}\left\{\frac{-K\tan\phi\times H}{B}\right\} \qquad \text{식 14.74-2}$$

(단, $h_o \geq 4a$ 이어야 한다)

여기서, $B = a\cot\left(\frac{\pi}{8}+\frac{\phi}{4}\right)$: $K=1$, p_o : 지표면에 작용하는 상재하중

그림 14.74-1 Terzaghi의 이완토압(천층터널로서 이완영역이 지표면까지 발달한 경우)

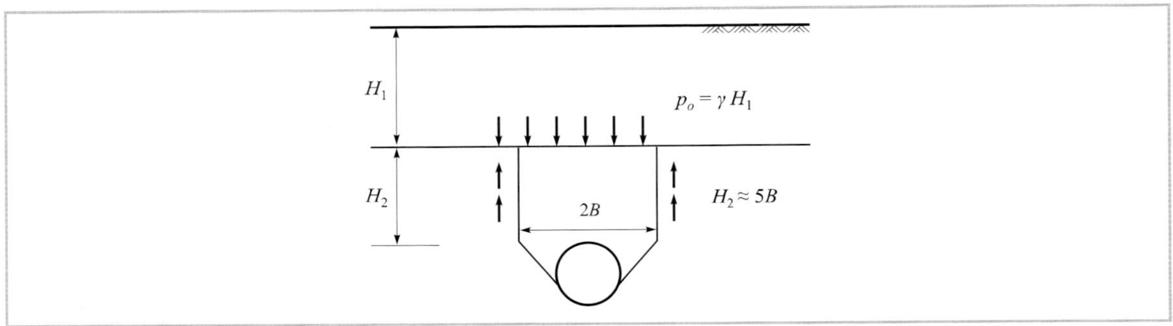

그림 14.74-2 터널이 비교적 깊은 위치에 있어 이완영역이 지표면까지 발달되지 않은 경우

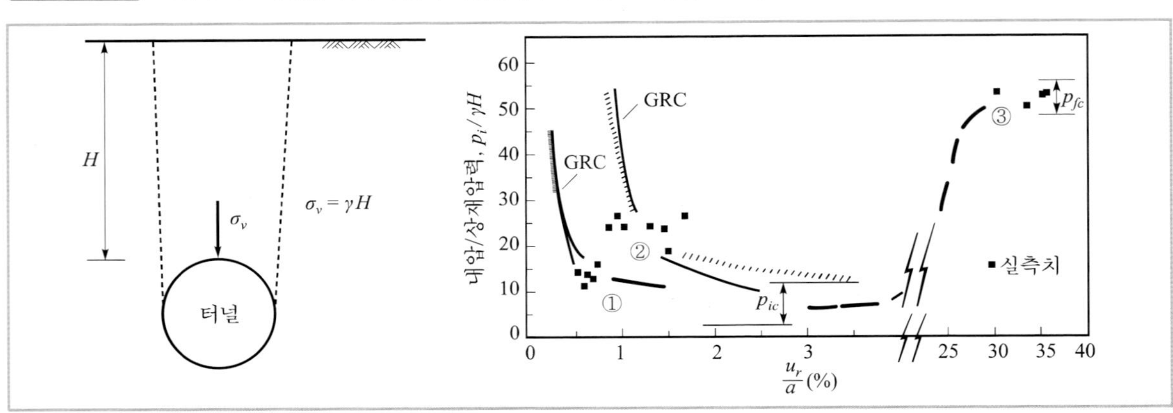

그림 14.74-3 실제터널에서의 지반반응곡선 실측 예

14.74 NATM터널에서 연약지반 터널의 안정성(2)

4 이완토압산정(p_{fc}의 이론해)

- Terzaghi는 그림 14.74-1 같이 터널천정 상부의 폭 $2B$부분이 이완토압으로 터널에 작용된다고 가정하였다. 만일 CDEF 부분의 침하량이 주변보다 크다고 가정하면 CD, EF면에는 그림과 같이 상방향의 전단응력이 작용될 것이다.

- 식 14.74-1 , 식 14.74-2 는 **천층터널로서 이완영역이 지표면까지 발달한 경우에 적용될 수 있는 식이다. 한편, 터널이 비교적 깊이 위치해 있어 지표면까지 발달하지 않는 경우는** 그림 14.74-2 같이 $H_2 = 5B$ 정도까지 이완영역이 발달하는 것으로 가정하며, 그 위에 있는 H_1 깊이에 작용되는 하중은 $p_o = \gamma H_1$의 상재압력으로 생각하면 될 것이다. 즉, 식 14.74-2 에 $H = 5B$, $p_o = \gamma H_1$을 대입하여 h_o를 구하고 이를 이용하여 식 14.74-1 에 계산하면 된다.

5 실제터널에서의 이완토압

- 만일에 그림 14.74-3a 같이 터널시공시 **내공변위가 과도하여 터널천정부가 이완된 경우 천정부에 작용하는 하중은 연직토압(즉, $\sigma_v = \gamma H$)이 다 작용될 것인가? 그렇지 않다.** 터널 천정상부는 침하가 발생하고 그 주위는 큰 변형이 없는 경우에 천정부가 갖고 있는 하중을 아칭작용으로 인하여 터널 양쪽으로 전이시키기 때문이다.

- 그림 14.74-3 같이 Kennedale 터널에 대한 실측자료를 분석해보면
  ① 이완하중으로 변화되는(즉, 그림 14.73-1 의 4점) 점의 변위는 $\frac{u_{ri}}{a} \simeq 1.5 \sim 3.5\%$ 정도이다. **즉, 내공변위가 터널반경의 1.5~3.5%에 이르면** 더 이상 연속체역학으로 터널이 거동하는 것이 아니라 극한상태로서 이완하중으로 작용된다.
  ② 이완하중은 터널상부 상재하중의 50~70%정도이며 70%를 넘는 경우는 드물다. 다시 말하여, 아무리 **이완하중을 고려하여 터널을 설계한다고 해도 상재하중을 그대로 터널에 작용되는 것으로 가정하면 너무 과설계가 될 확률이 크다.**

6 천층터널에서의 지반특성과 설계시 고려사항

- 천층터널은 **터널 자체의 안정은 물론, 지표의 시설물에 미치는 영향을 고려해야 하는 터널로 정의**할 수 있음. 천층터널은 사회적 요인(이용편의, 정거장 공사비 절감), 터널기술의 발달(막장보강기술, 제어발파, 수치해석, 안전관리기술, 경험축척) 등으로 증가 추세이다.

- **천층터널의 지반특성으로 인한 공학적인 문제점**을 정리해보면 그림 14.75-1 같다.

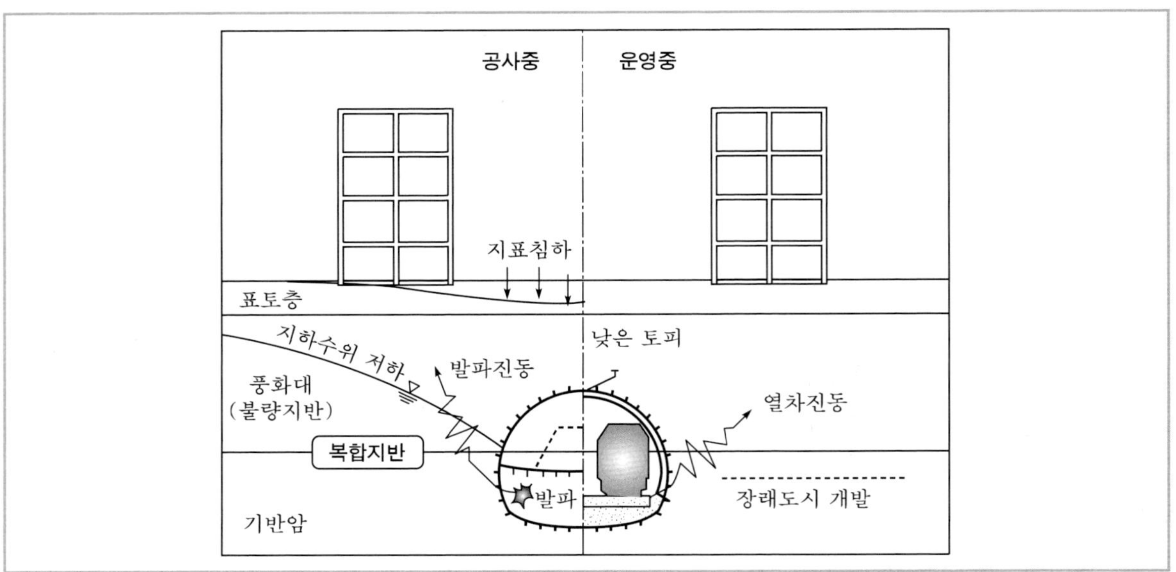

그림 14.75-1 천층터널의 지반특성으로 인한 공학적 문제점 → 낮은 심도+불량지반+복합지반

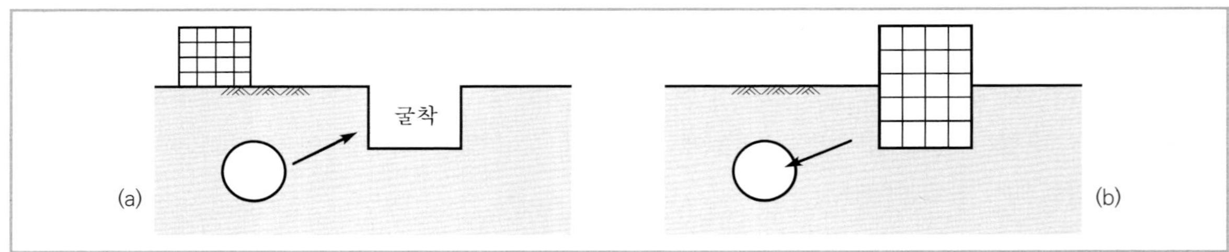

그림 14.75-2

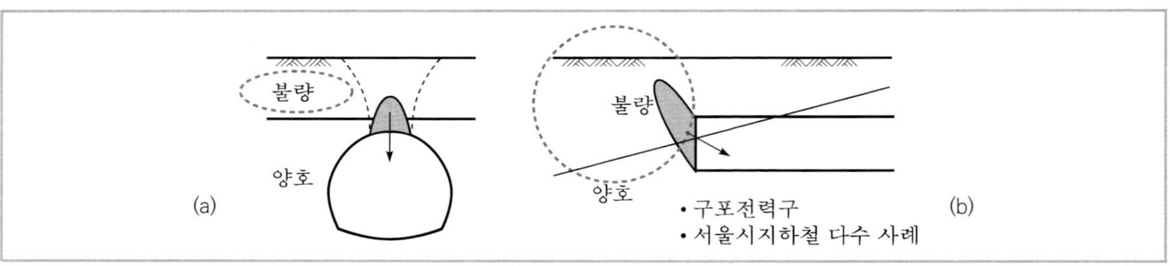

그림 14.75-3

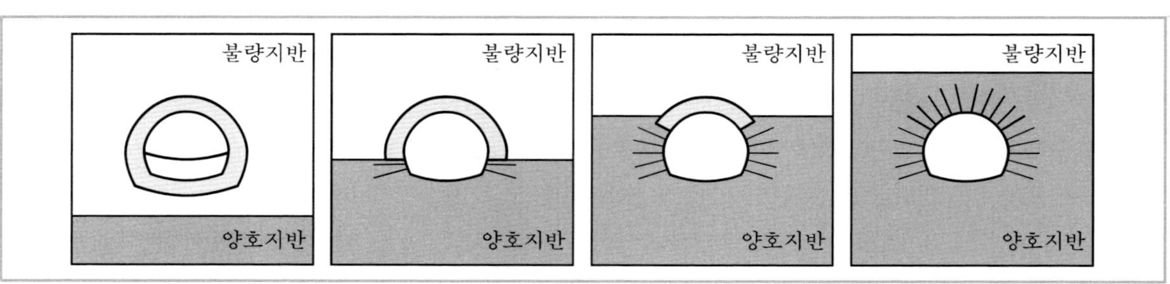

그림 14.75-4

14.75 NATM터널에서 연약지반 터널의 안정성(3)

※ 그림 14.75-1 ~ 그림 14.75-4에 대한 설명

낮은 심도

① 높은 수준의 터널안정 필요하다. 즉, 터널의 파괴는 지표까지 영향이 미치게 되므로 변형억제를 위한 충분한 지보가 요구된다.

② 터널과 기존 구조물 간의 이격거리 부족으로 글착 중 발파진동문제가 발생되므로 허용 진동치 고려한 장약량 감소, 제어발파, 굴진장 감소가 요구된다.

③ 운영 중 열차진동으로 사람, 구조물 피해가 예상되는 바 진동원 저감방법(방진패드, 중량 증가), 진동전파경로차단(방진구, 강성벽체)이 요구된다.

④ 장래 시설물 근접시공시 그림 14.75-2a 같이 터파기 공사 시 응력해방으로 외향변위 및 인장력이 발생될 수 있고, 그림 14.75-2b 같이 건축 축조공사 시 응력추가로 내향변위 및 압축력이 발생될 수 있다,

불량지반

① 충적층은 보통 모래~자갈 등으로 투수성이 크므로 지하수 유입, 터널붕괴 가능함 풍화토, 풍화암층은 비교적 강도가 작고 변형이 크게 되고 지하수 유입시 연약화 되기 쉬움. 따라서, 차수보강과 지반강도 보강이 거의 필수적으로 요구됨

② 지표침하는 굴착 및 수위저하가 원인이 된다.

③ 계측은 갱내천단침하보다 지표침하관리가 중요함 이는 굴착 외에 수위저하 등 지반변화가 포함되기 때문이다.

복합지반

① 그림 14.75-3a 같이 양호한 막장임에도 굴진 중 천장부에서 붕괴 가능함에 따라 막장 및 연직방향 지층변위에 주의를 요하고

② 그림 14.75-3b 같이 불량지층의 두께 증가로 막장 붕괴 가능성이 높음

③ 복합지반에 대한 굴착과 지보의 패턴은 그림 14.75-4 와 같다.

- 천층터널은 지층불량, 지하수위 높음, 지표에 기존 시설물이 있게 되므로 터널안정은 물론, 변위로 인한 영향에 주의해야 한다. 따라서 설계시 이들은 고려한 굴착과 지보가 필요하고 지반 및 차수보강이 필수적이며, 발파진동, 열차진동의 영향을 고려하고 지표침하에 대한 계측이 중요하다.

7 시공 중 막장에서의 안정성

- 잔층 연약토사터널에서 더욱 중요한 것은 **시공 중 막장의 안정성**이다. 연약지반을 한 막장 굴착하게 되면, 지보재를 설치하기도 전에 막장이 붕괴될 수 있기 때문이다. 그림 14.76-1 은 **RMR 값에 따른 무지보 자립시간을 보여준다.** RMR 값이 작을수록, 스팬(span, 굴진장)이 클수록 자립시간이 0에 가까움을 알 수 있다. 즉, 즉시 붕괴가 일어날 수 있음을 알 수 있다.

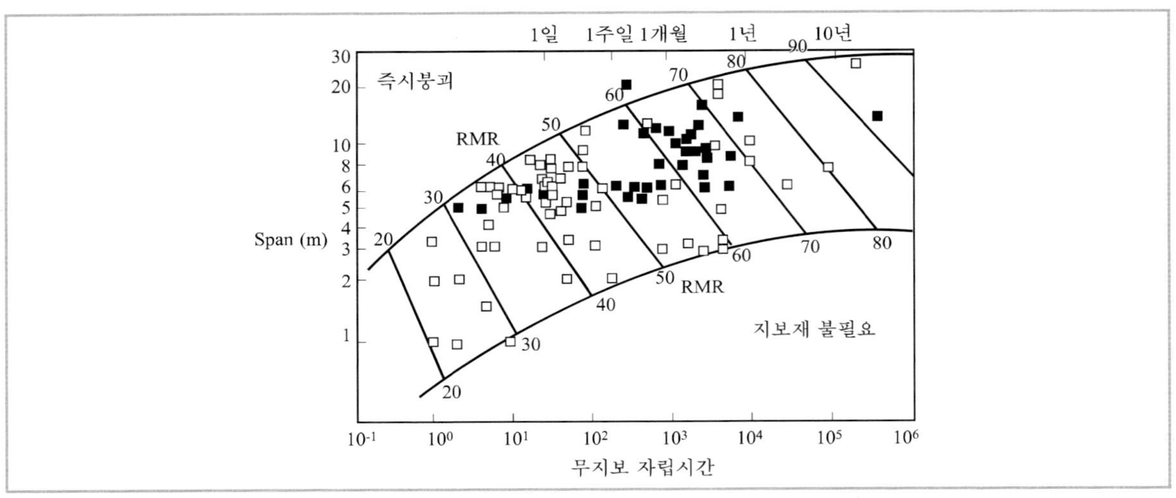

그림 14.76-1 RMR과 터널의 자립시간

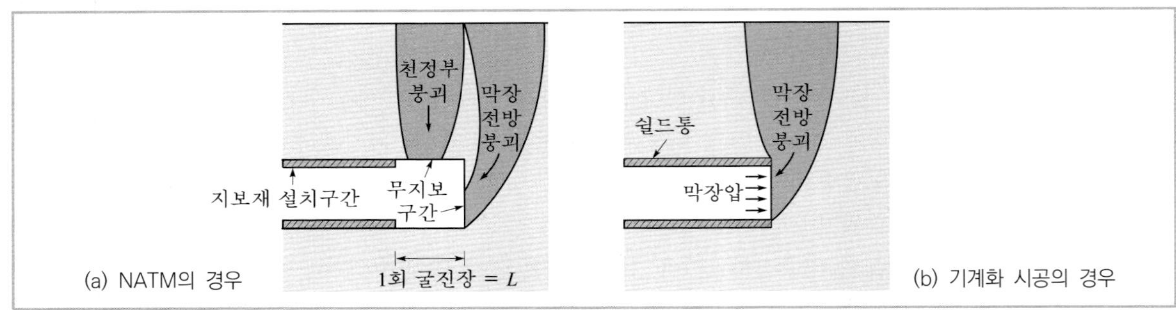

그림 14.76-2 터널막장에서의 붕괴 양상(NATM 터널과 쉴드-TBM 터널 비교)

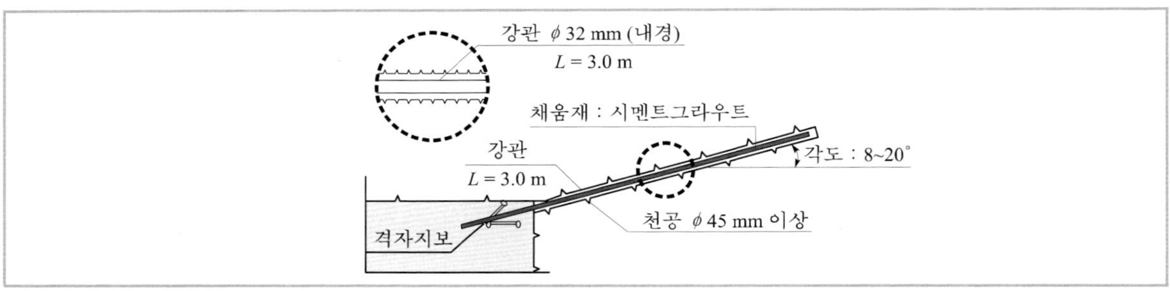

그림 14.76-3 훠폴링의 개요

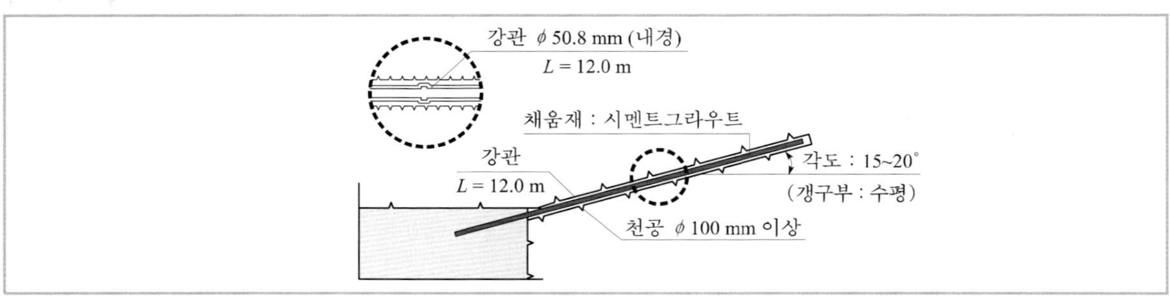

그림 14.76-4 파이프루프의 개요

14.76 NATM터널에서 연약지반 터널의 안정성(4)

- **막장전방의 파괴양상**은 그림 14.76-2 에 이미 그 개략도를 그려놓았다. 그림 14.76-2a 같이 한 막장을 굴착하게 되면 새 굴진장 L구간은 아무 지보재가 설치되지 않은 상태이므로 무지보 구간이 된다. 따라서 inverted arch**가 발생하므로 무지보 구간 천정부와 막장전방에서 파괴가 발생**할 수 있다. **NATM에서의 막장부근의 파괴양상과 기계화 시공에서의 막장전방 파괴양상은 조금은 다르다. NATM의 경우**는 그림 14.76-2a 같이 무지보 구간으로 파괴가 발생할 수 있으므로 무지보구간 천정부가 쏟아져 내리지 않게 함이 중요하나, **쉴드 공법을 주요 근간으로 하는 기계화 시공에서는** 쉴드통이 막장까지 삽입되어 있으므로 천정부에서의 파괴는 없이 전방부가 쏟아져 내리게 된다. 더욱이 막장전방 파괴가 발생하지 않도록 하기 위하여 소요되는 **막장압을 예측하는 것이 주된 목적**이다. 이에 반하여 NATM의 경우에 막장부근에서의 파괴 가능성이 존재하는 경우, 먼저 보강을 한 연후에 다음 막장굴착을 해야 한다. **보강의 목적은 2가지**로 볼 수 있다. ① **첫째는 시공 중 붕괴가 일어나지 않도록 하는 것이며**, ② **둘째는 시공 후의 전체 거동이 convex arch로 나타나도록 유도하는 것이다.**

- **NATM에서의 막장 전방부 보강은 크게 2가지로 대별**된다. ① **첫째는 천정부 붕괴를 방지하기 위한 보조공법**이고, ② **둘째는 막장면 안정공법**을 들 수 있다. 지금부터는 이 2가지 보강법의 개요와 원리를 설명할 것이다.

  ① 천정부 붕괴를 방지하기 위한 보조공법 ; 훠폴링(Fore-poling), 파이프루프, 강관다단그라우팅, 강관 동시삽입형 수평제트 그라우팅 등이 있음. 우산살을 펼쳐놓은 것 같은 Umbrella Arch Method(UAM)의 일종인 면에서는 동일하나 길이 및 시공방법에 차이가 있다.

> 훠폴링(Fore-poling) : 훠폴링은 일시적 지보재로서 굴착 전 터널 천정부에 종방향으로 설치하여 굴착천정부의 안정을 도모하고 막장전방의 지반보강 및 느슨함을 방지한다(그림 14.76-3 참조). 일반적으로 훠폴링의 직경은 200mm이하로 이상인 파이프루프와 구분된다. 길이는 3m를 많이 사용하며, 횡방향 설치간격은 500mm이하가 보통이다.
>
> 파이프루프/강관다단그라우팅 : 파이프루프/강관다단 그라우팅 공법은 터널굴착에 따른 변위를 최대한 억제하고 상부 시설물 보호 및 터널의 안정성 확보를 위해 적용하는 공법이다(그림 14.76-4 참조). 시멘트 주입횟수에 따라 1회주입시는 파이프루프, 다단주입 시는 강관다단그라우팅 공법으로 구분한다. 삽입재료는 강관대신 FRP를 사용하기도 한다. 파이프루트의 길이는 일반적으로 12m를 많이 사용하며 횡방향 설치간격은 300~600mm 정도를 적용한다. 시공순서는 천공 → 강관삽입 → 주입구 코킹 → 강관삽입부실링 → 다단식 주입 순으로 시공한다. 12m정도의 파이프루프 설치후에 굴착을 진행하며 12m중 30~40%정도는 중첩하도록 한다. 즉, 3.6~4.8m의 거리를 남기고는 새로운 파이프루프를 설치해야 한다.

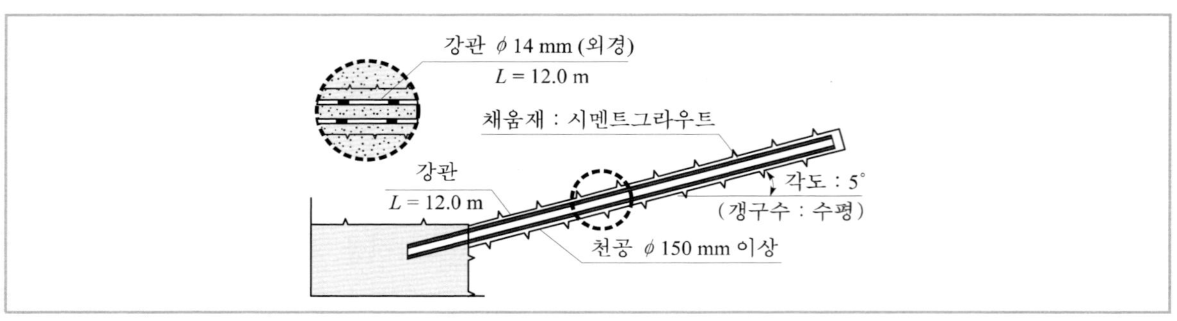

그림 14.77-1 대구경 강관보강그라우팅 개요

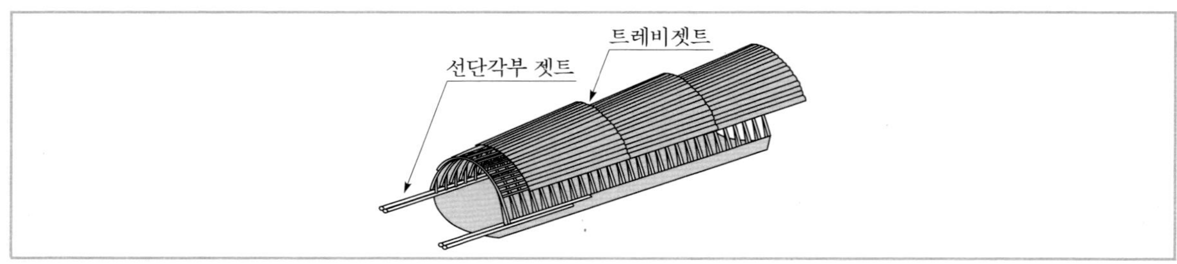

그림 14.77-2 강관 동시삽입형 수평제트 그라우팅 개요

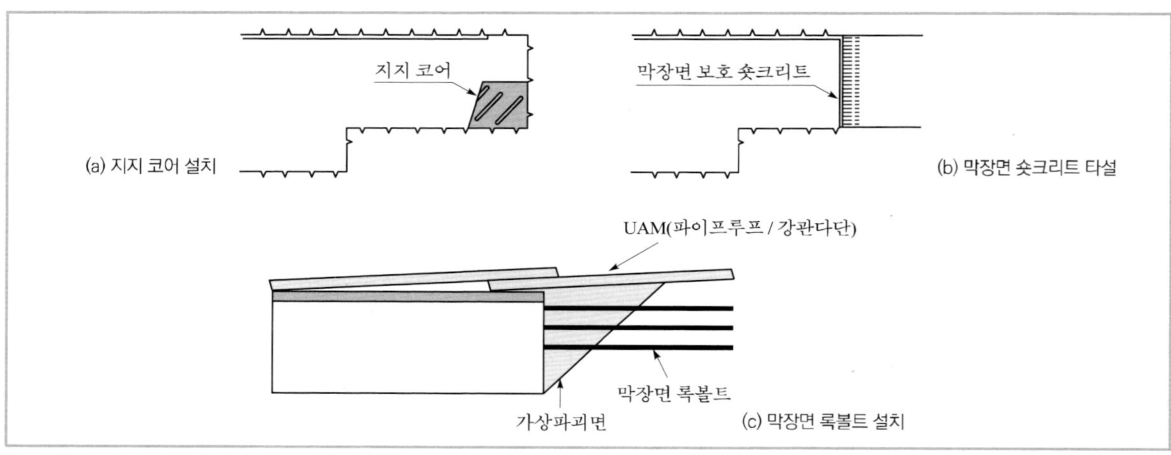

그림 14.77-3 막장면 자립공법

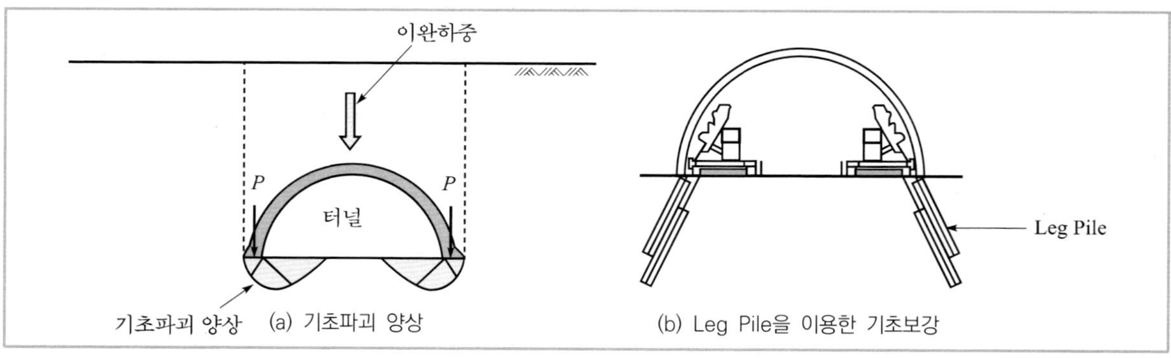

그림 14.77-4 측벽부 기초의 지지력 파괴 양상 및 측벽부 기초보강 방법

14.77 NATM터널에서 연약지반 터널의 안정성(5)

대구경 강관보강 그라우팅 : 대구경 강관보강 그라우팅 공법은 연약한 토사지반을 통과하는 터널굴착 시 천단변위를 최대한 억제하고 상부 시설물 보호 및 터널의 안정성확보를 위해 적용하는 공법이다(그림 14.77-1 참조). 길이는 12m이상이고, 횡방향 설치간격은 300~600mm 정도를 적용한다.

강관 동시삽입형 수평제트 그라우팅 : 천공과 동시에 대구경강관(ϕ 114mm)을 삽입하고 고압분사를 실시하여 강관 주변에 원주형 개량체를 형성하는 시멘트계 그라우팅 공법을 의미한다(그림 14.77-2 참조) 40Mpa이상의 고압제트로 지반을 절삭하여 분사·교반하여 경화재와 치환하는 공법이기 때문에 토사에 혼입된 시멘트계 슬라임이 발생하며 분사압력에 의해 절삭이 가능한 지반에서만 적용할 수 있다.

② **막장면 안정공법** : 연약한 지반에 터널이 의치하면 앞에서 설명한 대로 천정부의 붕괴뿐만 아니라, 막장면도 자립하지 못하여 막장면 붕괴가 예상되는 구간에 막장면의 안정을 도와주는 공법을 말한다.

그림 14.77-3a같이 **지지코어를 남겨두는 방법**과 그림(b)같이 **막장면에 S/C를 타설**하여 안정성을 도모할 수 있다. 더 적극적인 방법으로는 그림(c)같이 **막장면에 록볼트를 설치**하기도 한다. 천정부는 앞서 설명한 UAM으로 안정화시킨다고 해도 파이프루프 아래부분에서는 사면파괴가 발생할 수 있으므로 이를 방지하기 위해 록볼트를 설치하되 이 록볼트는 추후 굴착시 절단이 용이하도록 fiberglass 재료를 주로 이용한다.

8 측벽기초의 안정성

- 그림 14.49-1b같이 시공 중 과다변위가 발생하면 터널은 inverted arch거동을 보일 수 있으며, 이때 터널 상부의 지반은 이완하중으로 작용한다. 이완토압은 앞에서 설명되었다. 특히, 상반 시공 중에 그림 14.77-4a같이 **터널 상부의 이완토압으로 인해 하중이 작용되면 이 하중은 측벽기초에 작용**되고 이 하중으로 인해 기초의 파괴가 발생할 것이다. 한마디로 **기초의 지지력 파괴**이다.

- **연약 천층터널의 상반을 시공하는 중에 기초파괴가 발생하는 현장이 종종 존재**한다. NATM의 개념으로 잘못 이해하여 기초에 하중이 작용될 거라는 생각을 하지 않은 결과이다. 물론 상반뿐만 아니라 하반까지 굴착이 완료된 다음에도 기초파괴는 일어날 수 있다. 기초파괴가 염려되는 경우는 기초부를 보강하기 위해 그림 14.77-4b같은 leg pile 또는 **자천공볼트(또는 소일네일)**, **고압분사공법** 등의 지반보강을 이용한 기초 보강 공법이 사용된다. 물론 하반 굴착 후에도 같은 방법으로 인버트 측벽 기초부분을 보강해 주어야 한다.

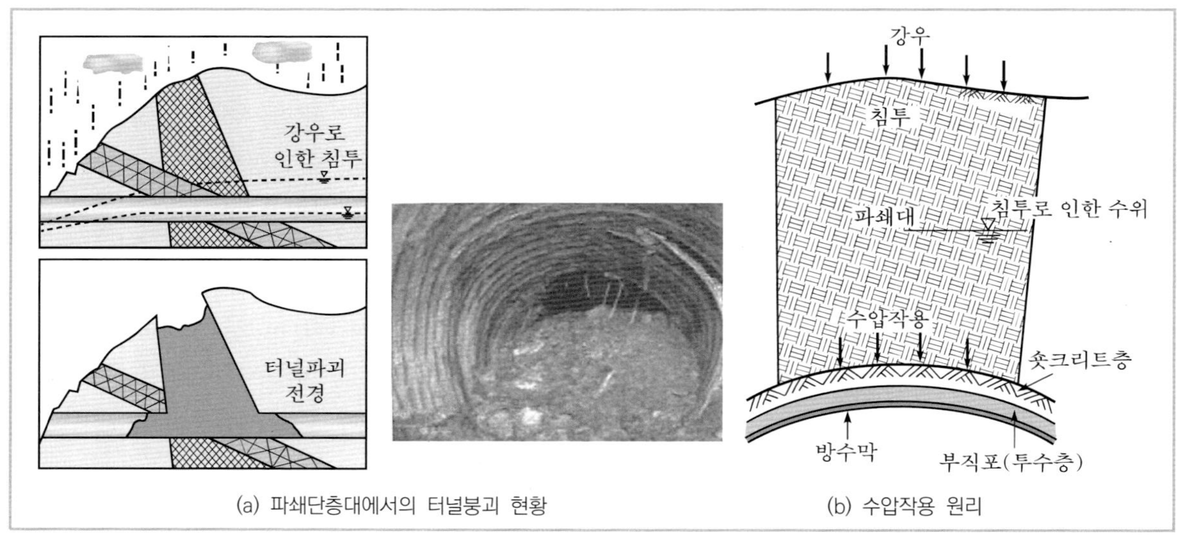

(a) 파쇄단층대에서의 터널붕괴 현황 (b) 수압작용 원리

그림 14.78-1 파쇄대에서 수압작용으로 인한 터널 붕괴 예(→ NATM 터널에서 보강의 2가지 목적과 연계시켜라)

개념정리 ㉘ 토피 얕은 터널에서 지표침하 원인과 대책 (1)

1 지표침하의 원인

(1) 지하수 배수에 의한 원인 : 터널 굴착에 따라 지하수가 갱내로 유출되며 이에 따른 지하수위 저하로 인하여 유효응력 증가와 상부의 토사는 재배열이 된다. 이때 지하수가 메우고 있던 간극을 재배열되는 토사가 메우게 되고 유효응력 증가로 침하 발생 및 토사유출

(2) 막장자립성 불량에 의한 원인 : 토사지반의 경우 막장의 자립성이 매우 불량하여 터널 굴착과 동시에 지보를 설치하더라도 지표침하를 방지하기는 어렵다. 따라서 인근 구조물에 피해를 주지 않는 범위에서 가능한 침하를 최소화할 수 있도록 해야 한다.

(3) 소성영역의 증대에 의한 원인 : 토피가 얕은 터널의 경우 터널굴착 이완하중에 의한 소성영역이 지표에까지 이를 수 있으며 이에 의한 지표침하를 발생케 함

(4) 지지력 부족에 의한 침하 : 굴착 저면의 지지력이 약할 경우 터널측벽이 침하되며 이 경우 터널 상부의 전토피하중이 지보재에 전달되므로 침하는 계속진행 되며 터널붕괴에 이르기도 함

2 지표침하의 대책

(1) 지하수에 대한 대책

약액주입공법(L.W, 우레탄주입공법, S.G.R주입공법 등)을 적용하여 지하수의 유출을 차단

(2) 자립성 불량에 대한 대책

막장 자립성을 증대시킬 수 있는 보조공법을 적용하여 막장의 안정성을 증진

① 강관다단 그라우팅 ② 분할굴착공법 적용 ③ Forepoling 공법 ④ 수발공 ⑤ 막장면 숏크리트 등

14.78 NATM터널에서 연약지반 터널의 안정성(6)

■ 한편, 굴착과 1차 지보재 시공이 완료될 때까지는 convex arch로 잘 거동하다가, 상당히 시간이 흐른 뒤에 2차 콘크리트 라이닝 시공전에 inverted arch로 바뀌어서 이후에 터널 붕괴를 가져오는 경우가 있다. 예를 들면 **터널시공시 단층파쇄대를 조우한 경우에도 과다변위 없이 무난히 굴착은 하였으나 이후에 터널 상부 파쇄대에 강우 등으로 인하여 침투가 일어나고 이 침투된 지하수의 배수가 원활하지 않아서 순간적으로 수압으로 작용되는 경우** convex arch → inverted arch로 바뀌어서 1차 지보재의 붕괴 또는 기초파괴 등이 더불어 수반될 수 있다.

■ 그림 14.78-1a는 터널굴착 중에는 convex arch로서 무난히 굴착과 1차라이닝을 마쳤으나, 굴착 후 1년여쯤 경과 시 집중된 강우로 인하여 이 강우가 파쇄대로 침투, 이 지하수가 수압으로 작용된 예를 보여 주고 있다. 이를 개념적으로 그려보면 그림(b)와 같다. 강우 집중으로 인하여 침투된 지하수위는 크게 상승하였으나 NATM터널에서는 S/C 투수계수가 상대적으로 너무 적어서 배수층인 부직포층으로 침투되지 못하고 그대로 수압이 작용되어 inverted arch로 바뀌어서 터널 붕괴가 발생한 것으로 유추할 수 있다.

개념정리 ㉙ 토피 얕은 터널에서 지표침하 원인과 대책 (2)

(3) 소성영역 증대에 대한 대책

막장 자립성을 증대시킬 수 있는 보조공법을 적용하여 막장의 안정성을 증진

① 강관다단 그라우팅 ② 분할굴착공법 적용 ③ Forepoling 공법 ④ 수발공 ⑤ 막장면 숏크리트 등

(4) 지지력 부족에 의한 대책

① 상반측벽 하부에 확대기초 설치하거나 Steel-Rib 사이에 H-Beam을 삽입시켜 받치는 공법적용

② 측벽에 Anchor체를 형성시킨 후 인장력을 발휘케 하여 침하를 방지

③ 측벽하부에 지지말뚝 기초역할을 할 수 있는 보강 Grouting 적용

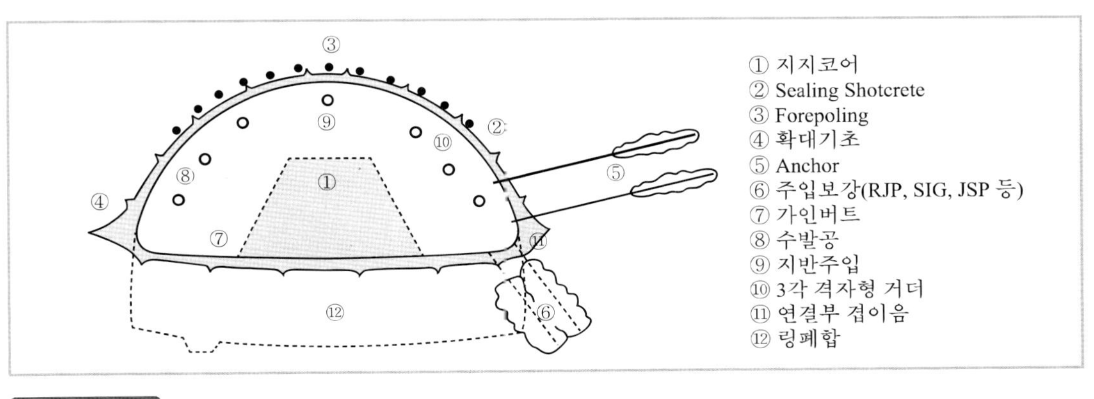

그림 개념㉙-1 연약지반에서 터널의 지보대책

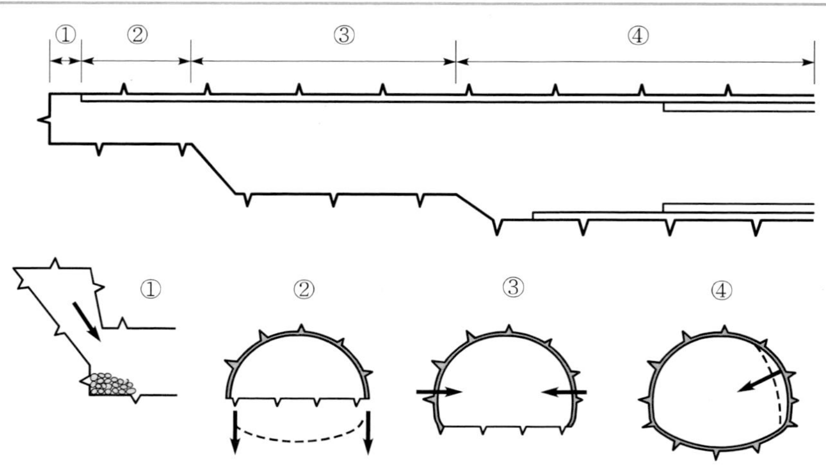

① 막장면에서 붕괴 : 지반조건, 지하수 유입, 기능공의 숙련도에 의해 좌우

② 상반구간에서 붕괴 : 무지보 막장과 강성차이에 의한 응력집중, 지보지지력 한계상태

③ 하반굴착 구간에서 붕괴 : 상·하반 연결부 취약, 과다굴진 영향

④ 인버트 링폐합 구간에서 붕괴 : 취약부에서 파괴

그림 14.79-1 굴착단계별 파괴 유형

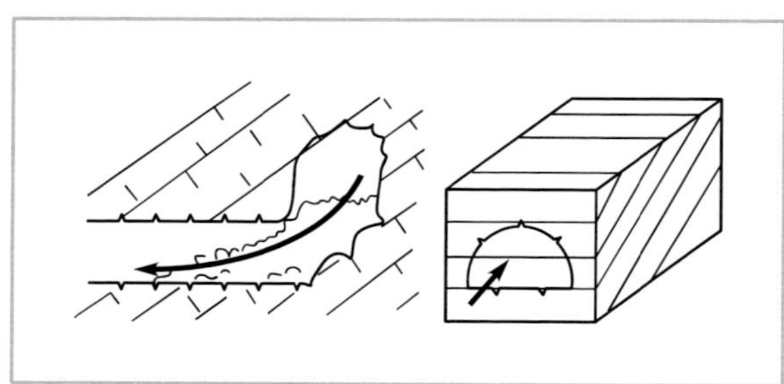

그림 14.79-2 막장면에서의 쐐기파괴

그림 14.79-3 터널 측벽에서의 쐐기파괴

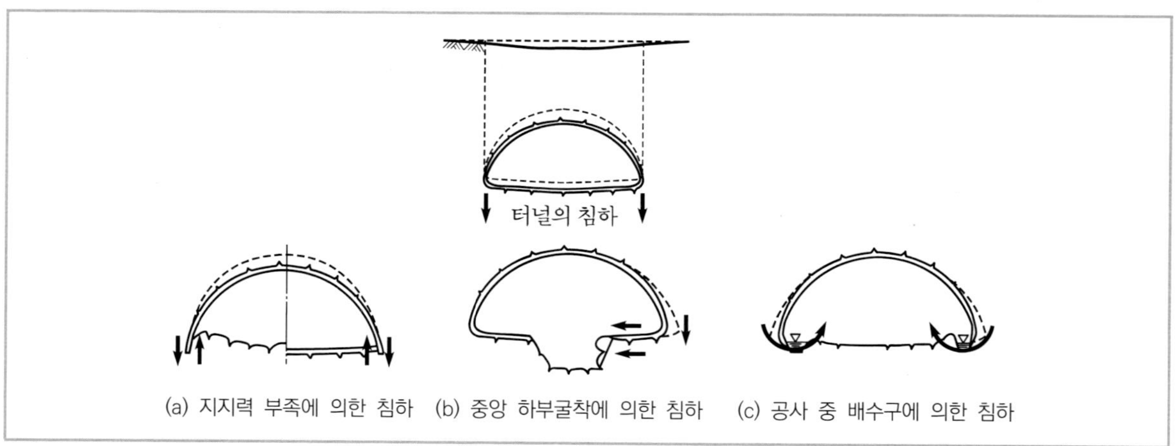

그림 14.79-4 침하에 따른 전단파괴

14.79 NATM터널에서 터널의 붕괴 유형과 대책(1)

1 굴착단계별 붕괴특성

그림 14.79-1 같이 굴착단계별 4가지의 붕괴특성 중 막장면에서의 붕괴가 가장 많이 일어난다. ① 막장면, 천정부에서 붕괴는 **1차 지보재 타설전의 붕괴**로 쐐기파괴 가장 많다. ②,③ 상반구간과 하반굴착구간에서 붕괴는 **1차 지보재 타설후 지보재 폐합전 붕괴**에 해당한다. ④ 인버트 링폐합 구간에서 붕괴는 **1차 지보재 타설후 지보재 폐합후 붕괴**에 허당한다.

2 파괴개념별 붕괴특성

■ Sliding Failure(or Wedge Failure)

① **붕괴위치는** 그림 14.79-2 같이 불연속면의 방향이 터널축과 직교하고, 경사가 20~40°상향으로 발달된 지층을 굴착할 경우 발생되는 **막장붕괴**와 그림 14.79-3 같이 불연속면의 방향이 터널축과 거의 평행하고 경사가 굴진방향과 거의 평행할 경우 발생되는 **측벽붕괴**로 나눌 수 있다.

※ 지반공학이해 Ⅰ권 233p "4 절리와 주향경사와 터널방향과의 관계" 연계

② **붕괴원인은** ① 지반조사 시 단층파쇄대층 확인이나, 절리방향 확인 소홀, ② 터널굴착 시 막장관찰에 따라 굴착공법과 지보패턴을 탄력적으로 변경하지 않았을 경우, ③ 기능공 숙련도·이해도 부족으로 지보순서와 지보방법을 적절하지 않았을 경우이다.

■ 침하에 따른 전단파괴(Shear Failure)

붕괴원인은 그림 14.79-4 같이 ① 굴착저면 지반의 지지력 부족 ② 공사중 배수구를 측벽에 인접하여 설치하거나, 원활한 배수를 하지 않아 지반의 지지력이 저하된 경우 ③ 장비의 원활한 운용을 위해서 터널 중앙하부를 굴착할 경우 ④ 토사층에 작은 토피를 남기고 터널을 굴진한 경우 등이다.

■ 진행성 파괴(Progressive Failure)

① **터널 막장면은 무지보 상태이기 때문에 지반이 연약하거나 지하수 유입이 과다하게 되면 시간경과에 따라 지반의 지지력이 저하되면서 수십분 내지 수시간에 걸쳐 진행성 파괴가 일어난다.** 서울 지하철 붕괴의 절반은 이와 같은 진행성 파괴에 기인한 것으로 판단된다. → 최근 도로터널의 붕괴유형을 조사결과 활동파괴가 85%를 차지한다.

② **붕괴원인은** ① 지반조건이 불량하여 자립시간이 지보설치 시간보다 짧을 경우 ② 터널내 용수량이 과다하여 굴착지반이 지지력을 약화시키고 1차지보설치를 곤란하게 할 경우 → 계곡부 통과시 발달한 파쇄대 등으로 집중호우로 인한 계곡수 과다유입(14.78에서 설명된 그림 14.78-1 과 연계) ③ 굴착 즉시 Sealing Shotcrete 타설이 제대로 이행되지 않는 경우 ④ 굴착공법과 지보패턴이 지반조건에 부적합하게 설계.시공되는 경우이다. ⑤ 기능공의 숙련도와 이해도가 낮아 굴진장, 지보순서 및 지보방법을 제대로 이행하지 않은 경우 등이 있다.

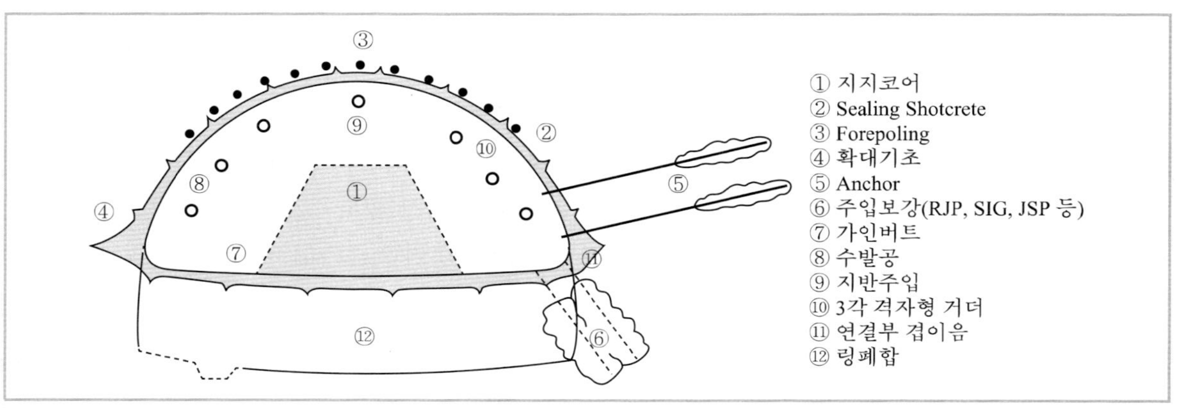

그림 14.80-1 연약지반에서 터널의 지보대책

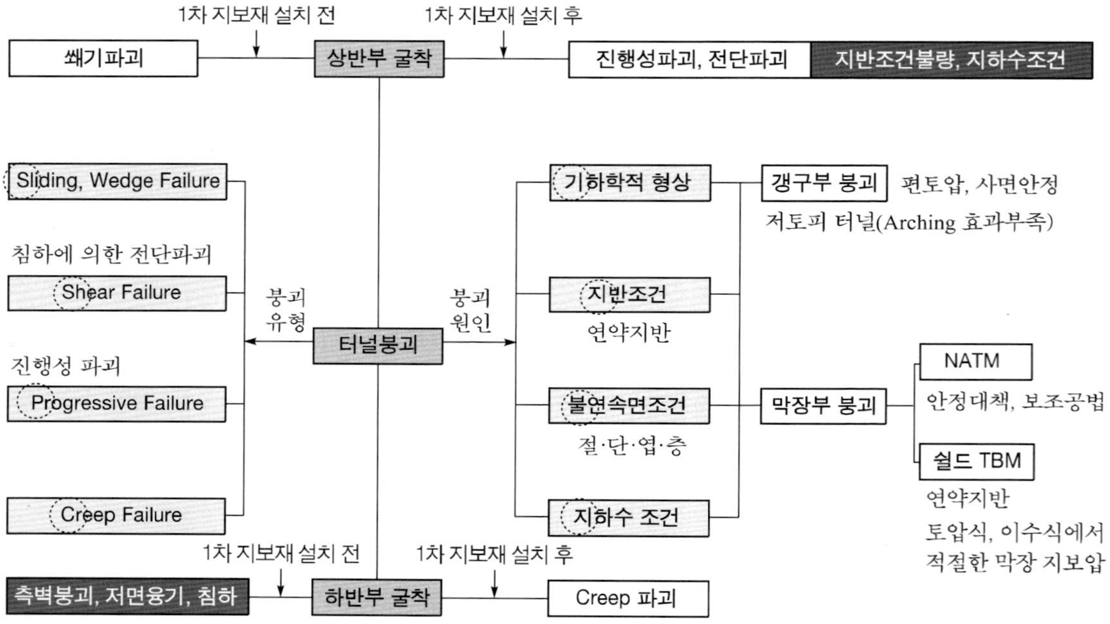

1차 지보재 설치 전 / 1차 지보재 설치 후

쐐기파괴 — 상반부 굴착 — 진행성파괴, 전단파괴 | 지반조건불량, 지하수조건

터널붕괴

붕괴 유형:
- Sliding, Wedge Failure
- 침하에 의한 전단파괴 — Shear Failure
- 진행성 파괴 — Progressive Failure
- Creep Failure

붕괴 원인:
- 기하학적 형상 — 갱구부 붕괴: 편토압, 사면안정, 저토피 터널(Arching 효과부족)
- 지반조건 — 연약지반
- 불연속면조건 — 절·단·엽·층
- 지하수 조건

막장부 붕괴:
- NATM — 안정대책, 보조공법
- 쉴드 TBM — 연약지반, 토압식, 이수식에서 적절한 막장 지보압

1차 지보재 설치 전 / 1차 지보재 설치 후

측벽붕괴, 저면융기, 침하 — 하반부 굴착 — Creep 파괴

- 터널붕괴발생 특성
  ① 위치특성 : 갱구부, 막장부
  ② 시기특성
    - 1차 지보재 타설 전 붕괴 : 막장면의 붕괴, 천정부 붕괴
    - 1차 지보재 타설 후 붕괴 : 지보재 폐합 전, 후 발생되는 붕괴
- 터널붕괴발생 유형별 원인
  ① Sliding Failure(or Wedge Failure) =지반조건+불연속면 조건
  ② 침하에 따른 전단파괴(Shear Failure) =기하학적 특성
  ③ 진행성 파괴(Progressive Failure) =지반조건+지하수 조건
  ④ Creep Failure

그림 14.80-2 터널붕괴 발생특성 정리

14.80 NATM터널에서 터널의 붕괴 유형과 대책(2)

■ Creep Failure

① 터널은 1차지보에 의해서 링폐합이 이루어지면 안정된 상태로 회복되는 것이 일반적이다. 그러나, 인위적으로 설치한 1차 지보재는 시간이 경과함에 따라 지지력이 저하하기 때문에 이에 따른 균형유지를 위해서 장시간에 걸쳐 주변지반에 Creep 거동을 하게 되며 때로는 터널의 붕괴까지도 초래하게 된다.

② **붕괴원인은** ① 1차 지보재의 품질이 적절하지 못하거나, 설치가 부적절할 경우 ② 굴착면 주변 지반의 응력이 넓은 범위까지 이완된 경우 ③ 터널의 장기적인 배수기능 저하 ④ 터널주변 구조물 신축 등으로 하중조절이 달라진 경우 ⑤ 상하반 연결부 시공이음 불량한 경우이다.

3 대책

■ 굴착 대책 : 중벽분할공법, 선진도갱공법

■ 지보 대책은 연약지반에서 터널의 지보대책으르 아래 표 14.80-1과 같이 정리할 수 있다.

굴착시기	붕괴유형	대책공법
1 상반 굴착시 : 무지보상태 그림 14.79-1 에서 ①해당	발생하는 붕괴유형으로 막장면 붕괴가 해당됨 지하수 유입, 지반붕괴 등 원인으로 발생 Sliding Failure	• 천정부 붕괴방지 보조공법 ③,⑨ • 막장면 안정공법 ①,② • 지하수배제 ⑧
2 상반 굴착시 : 지보완료상태 그림 14.79-1 에서 ②해당	• 지반조건에 비해 지보가 부족한 경우로 당초 설계 지반보다 불량한 경우 • 풍화 발달한 편마암으로 이방의 편토압에 의한 경우 침하에 따른 전단파괴(Shear Failure) • 저면지반 지지력 부족으로 침하발생 • 공사 중 배수불량에 의한 지반 연약화로 침하발생	• 상반측벽 하부 확대기초 설치 ④ • 측벽하부에 Anchor 설치하여 침하방지 ⑤ • 측벽하부에 보강 Grouting ⑥ • 가인버트⑦ 설치하여 링폐합 ⑫
3 하반 굴착시 : 무지보상태 그림 14.79-1 에서 ③해당	• 하반을 굴착으로 터널 직경은 상반 굴착 후의 직경보다 2배 정도 커지므로 막장, 하부측벽의 불안, 저면 융기의 가능성이 있음 • 막장은 상반굴착시 붕괴가능성이 있던 것이 단면이 커져 발전하고 하부측벽, 저면의 지반 불량으로 하반굴착에 따른 지보재의 침하, 변형 예상	• 막장면 안정공법 ①,② • 측벽하부에 보강 Grouting ⑥ • 신속한 배수처리 ⑧ • 막장관찰을 실시하고 이에 따른 지보대책 수립 • 조속한 링폐합 ⑫
4 하반 굴착시 : 지보완료상태 그림 14.79-1 에서 ④해당	• 1차지보에 의해 Ring 폐합이 되면 터널이 안정하게 됨 따라서, 일반적으로는 붕괴발생이 적으나 지반불량으로 Creep 변형에 의한 장기변형, 변위가 수렴되지 않을 수 있음 Creep Failure	터널 주변지반에 대해 우레탄 주입, 강관다단 Grouting 등으로 Arch가 형성 ③,⑤,⑨ 계측관리를 철저히 하고 변형 수렴 후 2차 Lining 설치되도록 함

표 14.80-1

개념정리 ㉚ 막장에서의 불연속면 방향성의 영향 (I)

1 막장면전방의 불연속면 영향

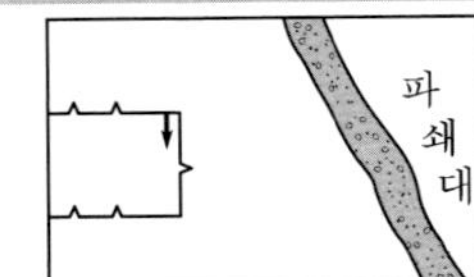

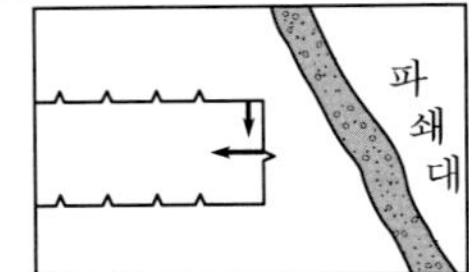

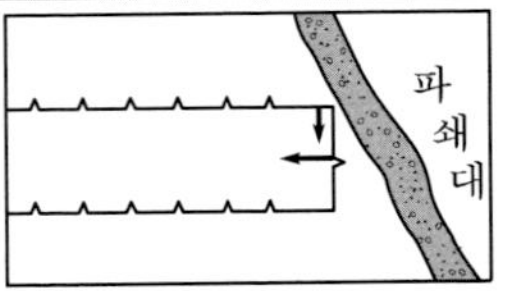

그림 개념 ㉚-1

① 막장전방에 파쇄대가 존재할 때 하중전이효과에 의해 변위가 달라짐을 보여주는 그림임

② 적당 거리 유지시 연직변위가 발생하고 Arching에 의해 막장부 응력 증가됨

③ 파쇄대로 막장이 좀더 접근되면 Arching 미약으로 연직변위가 증가되고 파쇄대 구속응력 감소로 종방향 변위도 증가함

④ 파쇄대와 근접하면 이완하중으로 연직변위가 증가되고, 막장 불안정으로 종방향 변위도 커짐. 이때 연직변위보다 종방향 변위가 더 크게 됨

2 지반반응곡선 및 지보재특성곡선 예

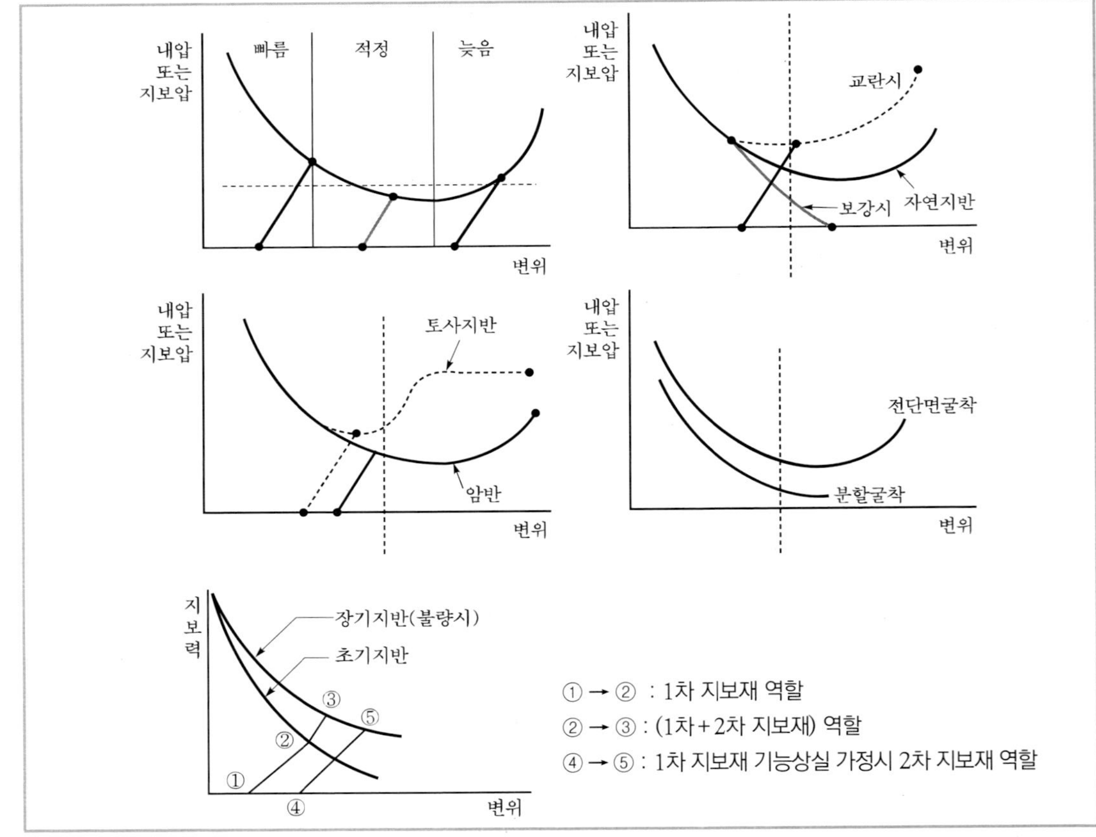

그림 개념 ㉚-2

3 터널 굴진방향과 불연속면 방향과의 안정성 관계

같은 단층이라도 터널굴착방향으로 향하여 경사진 단층이 붕괴위험이 있으나 터널굴착방향과 경사진 단층은 붕괴될 위험이 적음

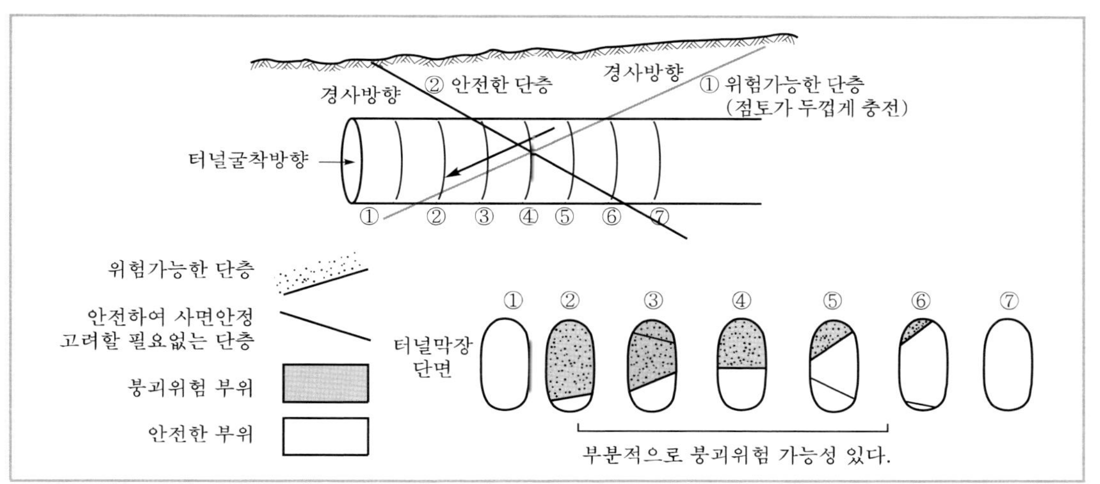

그림 개념 ㉛-1 터널막장에서 Face Mapping으로 위험단층을 파악하는 모식도

4 터널굴진과 불연속면의 경사와의 관계(지반공학 이해 I 권 233p 연계)

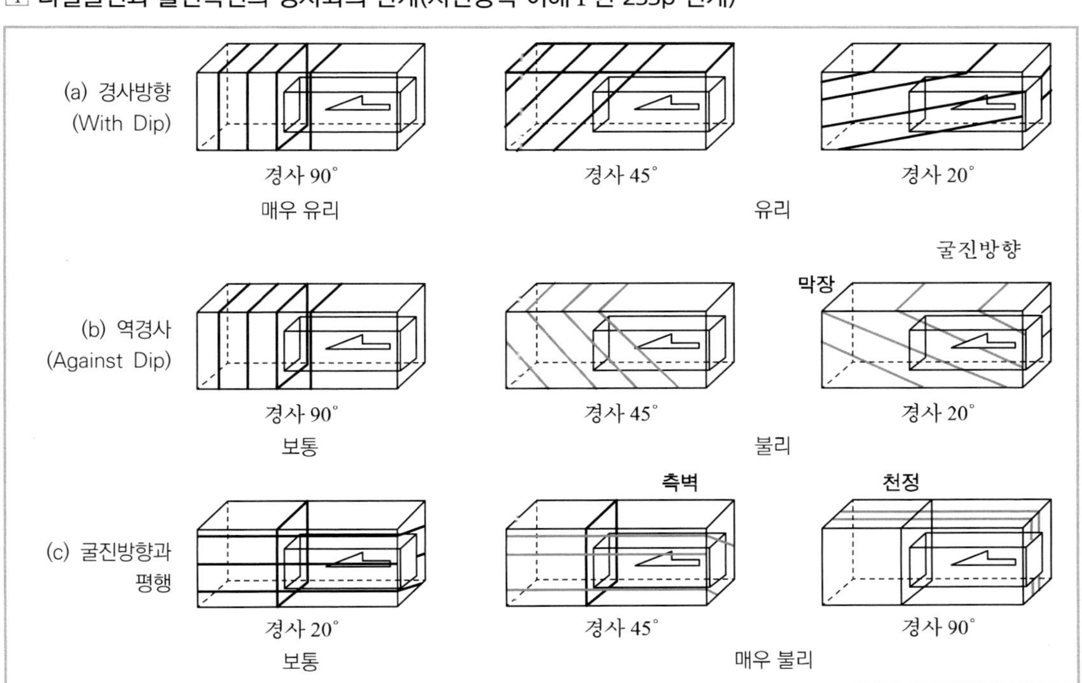

그림 개념 ㉛-2 터널굴진과 불연속면의 경사와의 관계

개념정리 ㉜ 막장에서의 불연속면 방향성의 영향 (3)

5 불연속면 방향에 따른 보강방안

① Rock Bolt 등 보강배치 변경

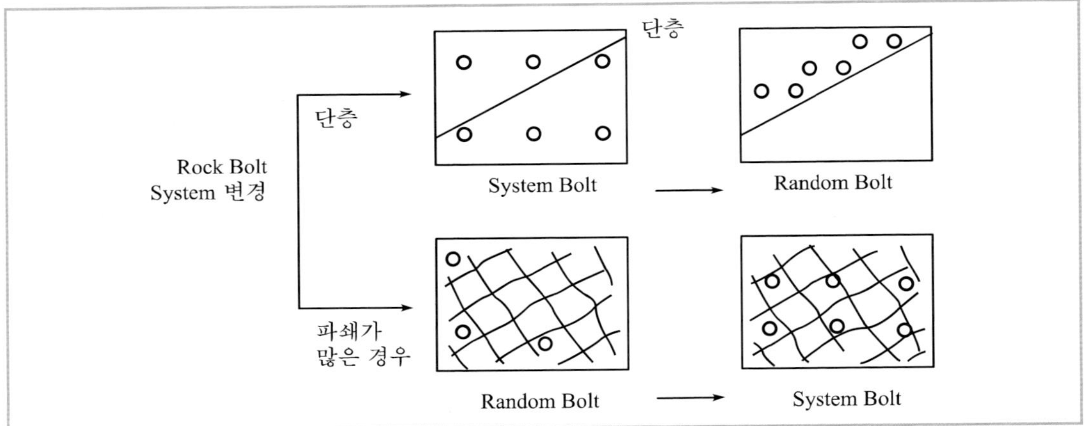

그림 개념 ㉜-1

② 방향을 고려한 보강형태

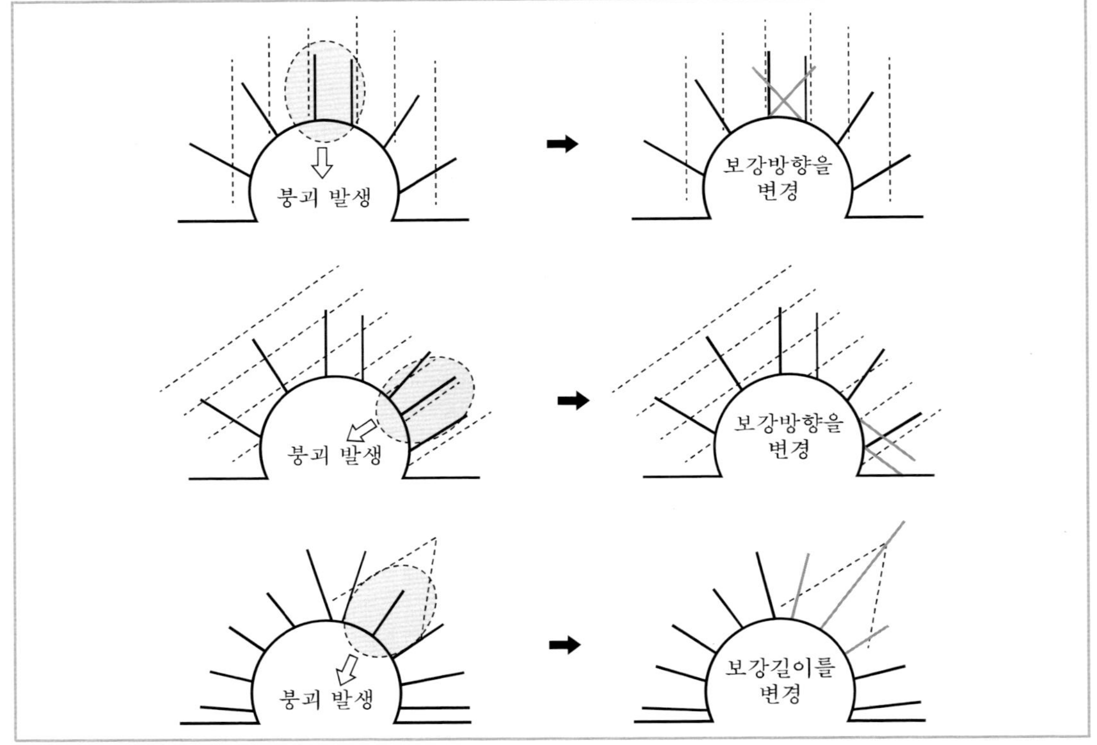

그림 개념 ㉜-2

14.81 NATM터널과 관련한 향후 설명될 내용

1 터널 굴착 시 지반변형과 지보재 응력

- 그림 14.63-2의 **내공변위-제어법**으로부터, 개념적으로 터널굴착 시 터널에서의 내공변위 및 그때의 지반-지보재의 상호작용을 고려한 지보재에 작용하는 응력을 구하고, 이로부터 지보재의 실질적인 단면력 정보를 파악할 수 있었다. 그러나 이 경우는 지반은 균질지반, $K_o = 1$, 터널은 원형이라는 기본가정하에 계산된 것으로써 **실제적인 값이라기보다는 NATM의 기본개념 이해를 위한 것이 주목적이다**. 또한 **터널의 내공변위 예측도 중요하지만, 터널굴착으로 인한 지표면 침하예측도 반드시 필요한 요소**이다. 지표면 침하로 인하여 상부구조물에 미치는 영향등도 반드시 분석되어야 하기 때문이다.
- 터널굴착은 한 막장씩 굴착하는 반복과정이다. 보통 상/하반 분할굴착을 및 부분굴착을 한다. 또한 막장안정을 위해 UAM같이 천정보강공법을 채택한다. 이 경우 UAM에 의한 보강효과도 터널굴착 시 지반거동 및 지보재 응력검토에 포함시켜야 한다. **이러한 일련의 과정들을 합리적으로 고려하기 위해서는 수치해석을 이용할 수밖에 없다**. 앞으로 별도로 수치해석 개요와 함께 굴착 모델링을 설명할 것이다. 우선적으로 다음의 기본개념을 이해하기 바란다.

  ① 터널굴착은 근본적으로 有→無로 굴착하는 것으로 **제하(unloading)과정**이다.

  ② 터널굴착은 한 막장씩 단계적으로 이루어지므로 근본적으로 3차원상의 제하과정이다. **3차원 굴착과정을 2차원으로 간략화하는 방법**에 대해 설명 될 것이다.

  ③ 굴착 시 **단계마다 굴착-지보재 설치를 적절하게 모델링** 할 수 있어야 한다.

2 터널의 거동에서 지하수의 영향

이제까지 설명한 NATM의 기본원리는 지하수의 영향이 없는 가정을 염두해 두고 설명된 것이다. 만일 터널이 설치되는 곳이 지하수위 밑이라면 터널굴착 시 지하수의 영향을 고려해야 한다. **지하수의 영향을 이해하려면 먼저 투수(흙속의 물의 흐름)에 대한 이해가 필수적**이고, 지하수의 영향은 터널과 지하수편에서 상세하게 설명될 것이다.

3 터널의 구조 지질학적 접근

- 이제까지 설명한 NATM의 기본원리는 지반자체가 연속체라는 가정하에 이루어진 것으로 토사 지반조건, 신선한 암석으로 불연속면이 없는 지반조건, 암반조건으로 비록 암반이기는 하나 불연속면이 무수히 많이 존재하여서 연속체로 볼 수 있는 경우가 이 범주에 속한다.
- 이에 반하여 기본암석은 강도가 크고 신선하나, 불연속면이 수 개(1~5개) 존재해서 불연속면이 이루어지는 블록의 낙반만이 주로 문제가 되는 경우도 있다. 이 경우는 연속체 해석은 거의 의미가 없고, 불연속면 기하구조의 안정성을 검토하는 것이 더 유용하다. 깊은 심도에 존재하는 터널이나 캐번 등에도 이러한 거동을 하는 경우가 많다. 이를 **구조 지질학적 해석**이라고 하며 향후 14.111~14.112 터널의 **구조지질학적 해석**편에서 설명될 것이다.

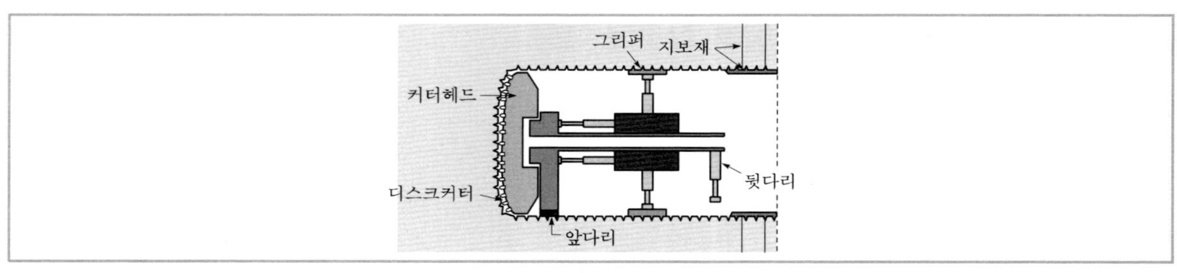

그림 14.82-1 Open TBM 구조도

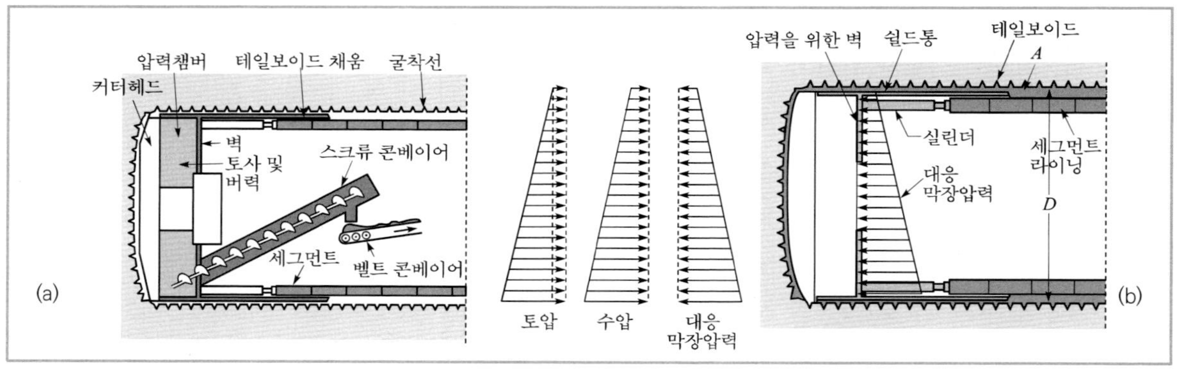

그림 14.82-2 토압식 쉴드 TBM 구조도 및 굴진면 지지원리

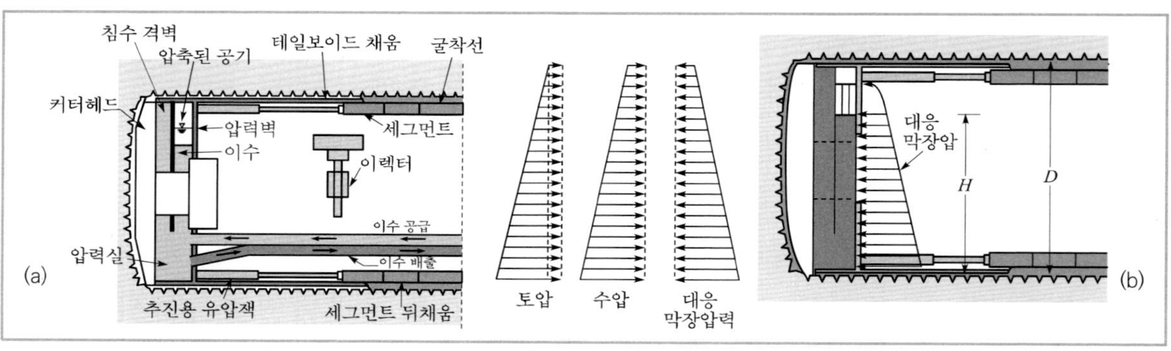

그림 14.82-3 이수식 쉴드 TBM 구조도 및 굴진면 지지원리

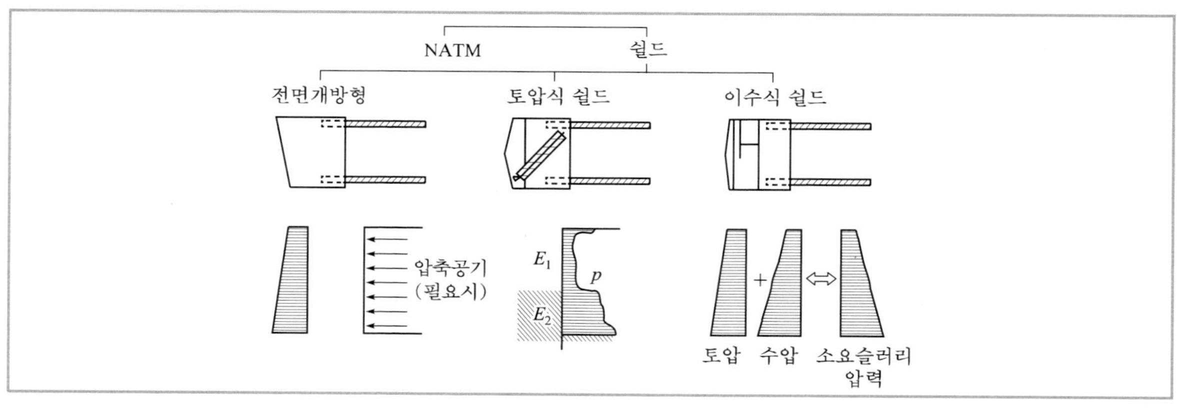

그림 14.82-4 연약지반에서의 터널굴착공법

14.82 기계화 시공법의 분류 및 개요

NATM공법은 암반지반인 경우 발파굴착을 근간으로 하는 공법이다. NATM공법에 대응하는 시공법이 기계화 시공(TBM을 이용한 공법)이다.

TMB을 이용한 공법에는 **Open TBM**(TBM으로 굴착한 후에 지보재 또는 콘크리트라이닝을 설치하는 경우)과 **쉴드 TBM**이 있다. 쉴드 TBM은 TBM 굴착과 동시에 세그먼트라이닝을 설치하는 공법을 말하며, **토압식 쉴드 TBM**과 **이수식 쉴드 TBM**이 있다. 연약지반에서의 터널 굴착공법을 그림 14.82-4 같이 분류하였다.

1 Open TBM

Open TBM의 모식도는 그림 14.82-1 같다. Open TBM은 **막장면에 막장압을 따로 주지 않으므로** 굴착 시 지반의 자립이 가능한 견고한 지반에서만 적용할 수 있다. 또한 Open TBM에는 쉴드가 없으므로 지보가 필요없을 만큼 양호한 지반에 적용함이 원칙이다.

2 토압식 쉴드 TBM

- **토압식 쉴드 TBM은 밀폐형 TBM이다.** 즉, Open TBM과 달리 커터헤드 후면에 **챔버를 굴착한 토사 또는 버럭으로 가득 채우고 챔버 내에서 압력을 가하여서 막장의 안정성을 도모하는 공법**이다. 이 압력을 막장압이라고 한다. 모식도는 그림 14.82-2a 같다.
- 또한 막장면 지지원리를 설명하면 굴진에 필요한 추진력은 그림 14.82-2b 같이 추진 실린더를 이미 시공된 세그먼트라이닝에 지지해서 얻어지는 반력을 이용하여 갖게 된다. 굴착된 토사 및 버럭은 그림에 표시된 바와 같이 경사지게 설치된 스크류콘베이어에 의하여 배출된다. 굴착토(또는 버럭) 양은 커터헤드의 회전속도에 비례하여 증가된다. 따라서 두 속도의 적절한 선택을 통하여 굴착토 및 배출토의 밸런스를 유지할 수 있을 것이다. 또한 막장압의 콘트롤도 TBM 전진속도와 스크류콘베이어의 회전속도에 의하여 조절된다.

3 이수식 쉴드 TBM

- **이수식 쉴드 TBM은 챔버 내에 토압식에서의 굴착토 대신 이수(slurry)를 가압/순환시킴으로써 굴착면에 막장압을 가하여 굴착면을 안정**시키며, 굴착한 토사 또는 버럭 또한 이수의 유동에 의하여 배출시킨다. 이수식 쉴드 TBM의 모식도는 그림 14.82-3a 같다. 또한 막장면 지지원리는 그림 14.82-3b 에 표시되어 있다.
- **이수식 쉴드 TBM은 점성이 높은 이수를 이용하여 굴진면의 안정성 도모하므로 토압식에 비하여 안정성이 높기 때문에 연약지반 뿐만 아니라 해저 또는 하저터널과 같이 고수압이 작용되는 지반에 이용된다.** 하지만 이수처리를 위한 지상 설비가 필요하므로 넓은 지상부지를 필요로 한다는 단점이 있다.

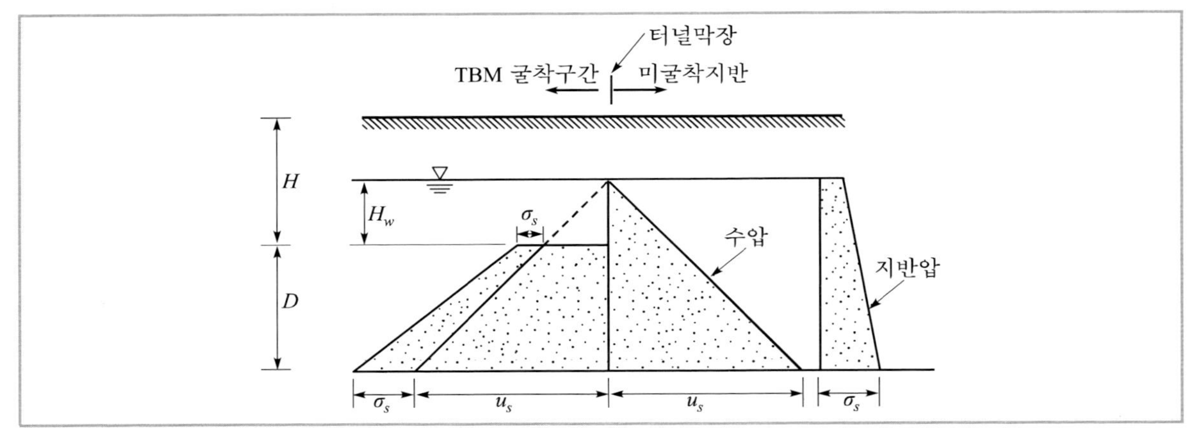

그림 14.83-1 막장안정에 필요한 소요지보압=수압(u_s)+유효지보압(σ_s)

■ 이론적인 막장압

$$\sigma_T = \sigma_s + u_s \quad \text{식 14.83-1}$$

여기서, σ_T = 소요지보압, σ_s = 지반의 유효응력에 의한 지보압, u_s = 수압

■ 실제적인 관점에서 최적의 막장압

$$K_a\sigma_v' + u_s < \sigma_T < K_o\sigma_v' + u_s \quad \text{식 14.83-2}$$

여기서, K_a = Rankine의 주동토압, u_s = 수압

네덜란드 터널협회에서 제시하는 소요막장압

$$\sigma_T < K_a\sigma_v' + u_s + 20kPa \quad \text{식 14.83-3}$$

■ 막장압의 상한값

$$\sigma_{T(upper)} < \sigma_v = \sigma_v' + u_s \rightarrow \text{상재압력보다 작게} \quad \text{식 14.83-4}$$

■ 막장압의 하한값

$$\sigma_T = F_s \times \sigma_{s(\min)} + u_s \approx F_s \times 20kPa + u_s \quad \text{식 14.83-5}$$

여기서 $F_s \times \sigma_{s(\min)} = \sigma_s$로서 σ_s는 지반의 유효응력해석에 근거한 설계지보압으로 그림 14.84-1 같이 터널막장에 작용하는 안정성을 한계평형이론으로 구한 값을 말한다.
(막장의 안정성검토에서 설명될 것임)

$F_s = 2.0$ 가정하면

$$\sigma_T = 2.0 \times 20kPa + u_s = 40kPa + u_s \quad \text{식 14.83-6}$$

그림 14.84-2a 에서 점착력이 존재하는 조건에서 $\phi \geq 30°$ 의 조건에서 식 14.83-5 에서 $\sigma_{s(\min)} \simeq 0$이므로

$$\sigma_{T(Lowwer)} \geq u_s \rightarrow \text{수압보다 크게} \quad \text{식 14.83-7}$$

해설 14.83-1

14.83 밀폐형 TBM에서 막장압에 대한 이해(1)

> **토사지반과 같이 연약한 지반을 굴착하는 경우나 또는 절리가 많은 암반을 굴착하는 경우,** 막장의 안정성을 도모하기 위해 토압식 쉴드 TBM 또는 이수식 쉴드 TBM과 같은 밀폐형 TBM을 채택하게 된다.
>
> 밀폐형 TBM의 경우 그림 14.82-2 와 그림 14.82-3 에서 보여주는 것과 같이 막장 전방에서 TBM 쪽으로 작용되는 **토압 및 수압을 대응할 수 있는 막장압을 가하여서 막장 안정을 도모**한다.

[1] 막장압에 대한 기본개념

막장 전방에서의 압력 및 소요지보압의 개략도는 그림 14.83-1 같다. 식 14.83-1 에서 **수압은 그대로 지보압으로 견디어주어야 한다.** 다만, **지반으로 인한 지반압에 버티기 위한 유효지보압을 어떻게 설정해주느냐가 관건**으로, 이를 중점적으로 설명할 것이다.

[2] 이론상 최적의 막장압과 상한값 및 하한값

- **굴착 전 원지반의 수평방향 압력은 정지토압+수압** 으로서 "$\sigma_{ho} = K_o\, \sigma_{vo}' + u_s$"로 표시할 수 있다. 이론적인 관점에서 보면 TBM을 굴착하면서, 식 14.83-1 같이 막장압을 $\sigma_T = \sigma_{ho}$로 가하면, 지반에서의 응력은 동일하므로 지반에 영향을 주지 않고 굴착할 수 있게 된다. 이론적으로는 그렇다 하더라도 실제 문제에서는 그리 간단하지 않다. 우선 **지반의 K_o를 정확하게 파악**하기 곤란하다. 연약지반의 경우 막장압이 과다하여 지반이 융기하거나 이수식 쉴드 TBM의 경우 **이수가 지상으로 분출**되기도 한다. 또한 시공상의 문제로서 **터널 굴착 막장압을 크게 주면 줄수록 굴진속도가 오히려 더뎌지며**, 실제로 큰 막장압을 주는 것이 시공적 관점에서 쉬운 일은 아니다.
- 실제적인 관점에서 막장압 식 14.83-2 같이 **정지토압과 주동토압 사이에서 관리**하게 되면 막장 안정성에 큰 문제가 없는 것으로 알려져 있다. 네덜란드 터널협회에서 제시하는 소요막장압 식 14.83-3 을 보면 소요막장압은 Rankine의 주동토압보다 20kPa 정도 증가시키어 식 14.83-2 의 범주에 들어감을 알 수 있다.
- 막장압의 상한값 과다한 지반융기를 방지하기 위하여 **어느 경우에도 막장압은 상재하중보다 커지면 안된다.** 즉, 상한값은 식 14.83-4 같은 식으로 정의한다.
- 막장압의 하한값 초연약지반을 제외하면 지반의 ϕ는 30°이상은 되므로 그림 14.84-2 같이 거의 모든 지반에서 **터널막장 전방에서의 붕괴를 방지하기 위한 유효압력**은 $\sigma_{s(\min)} = 20kPa$정도이므로 $F_s = 2.0$가정시 막장압은 식 14.83-6 같이 표시할 수 있다. 즉, **수압에다 $40kPa$ 정도만 추가한다면 붕괴방지 목적으로의 막장압으로는 충분**할 것이다. 지반에 약간의 점착력이 존재한다면 $\phi \geq 30°$의 조건에서 붕괴방지의 목적의 소요지보압은 0에 가깝다. 따라서 지보압의 하한값은 식 14.83-7 같이 수압으로 보면 될 것이다.

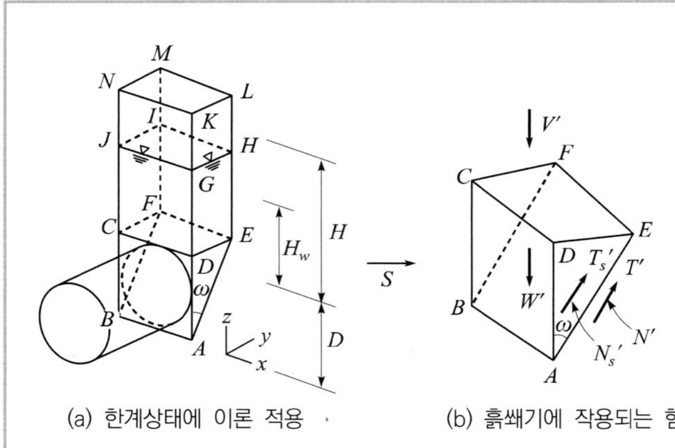

단순화된 막장전방에 대하여, 유효응력으로 인한 막장의 안정성을 한계평형이론으로 구하는 방법

$$\sigma_{s(\min)} = \frac{S}{(ABCD)}$$

$S = ABCD$면에 작용시켜주어야 하는 지보력

$$F_s = \frac{\sigma_s}{\sigma_{s(\min)}}$$

σ_s : 설계지보압

$\sigma_{s(\min)}$: 소성붕괴시 지보압

그림 14.84-1 터널막장에 작용되는 안정성 검토 메카니즘

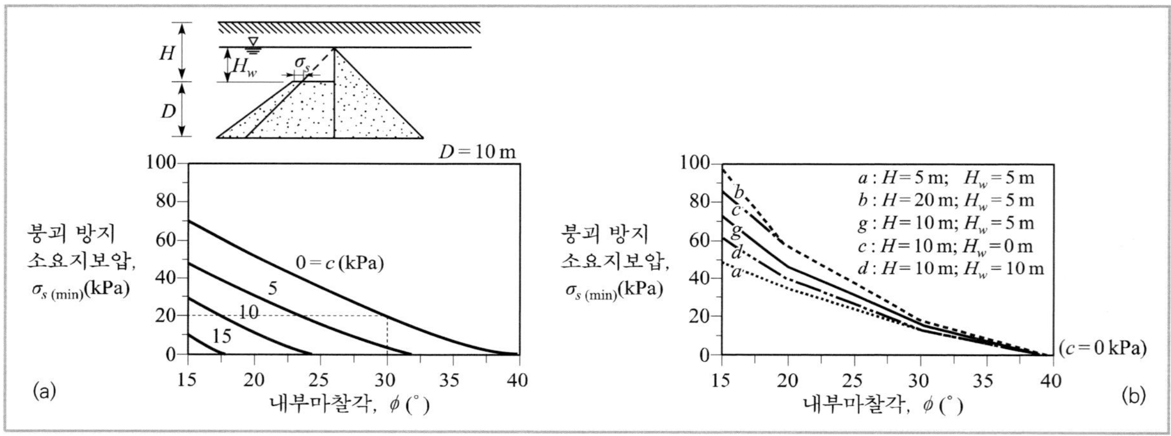

그림 14.84-2 그림 14.84-1의 식을 이용한 막장안정에 필요한 소요지보압 산정 (Anagnostou와 Kovari, 1994)

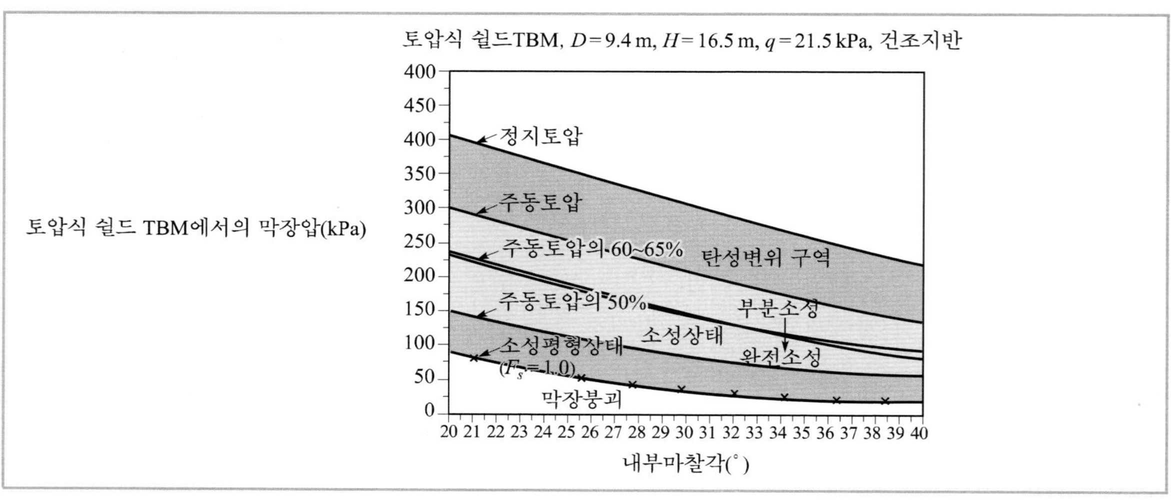

그림 14.84-3 막장압의 크기에 따른 막장 전방 소성영역 발생 정도

14.84 밀폐형 TBM에서 막장압에 대한 이해(2)

3 설계지보압의 선택

- 14.83을 통해 **지보압의 상한과 하한은 다음과 같다고 정리**할 수 있다.

  ① 상한값 $\sigma_{T(upper)} < \sigma_v = \sigma_v' + u_s$ 상재압력보다 작게 식 14.83-4

  ② 하한값 $\sigma_{T(Lowwer)} \ge u_s(수압)$ 수압보다 크게 식 14.83-7

  즉, $\sigma_{T(Lower)} \le \sigma_T < \sigma_{T(Upper)}$

- **실제적인 관점에서는 막장압이 정지토압을 초과하는 것이 바람직하지 않으므로** 다음과 같이 설정할 수 있다.

  $u_s \le \sigma_T < K_o \sigma_v' + u_s$ 식 14.84-1

  여기서, 좌측 u_s =최저수위의 수압, 우측 u_s =최고수위의 수압

- 여기서 한가지 분명한 사실은 지보압이 정지트압에 가까울수록 굴착 시 지반변형이 작아지고, 지보압이 붕괴방지에 필요한 정도로 작게 줄수록 지반변형이 커질 것이다. 그림 14.84-3은 **막장압에 따른 지반의 거동 양상을 보여주고 있다.** 이 그림은 지하수가 전혀 없는 건조지반을 대상으로 하였으며, 지반거동은 수치해석에 근거한 것이다.

- 그림 14.84-3으로부터 다음과 같이 정리할 수 있다.
  ① 설계 막장압이 주동토압 이상인 경우($\sigma_{Ka} \le \sigma_T \le \sigma_{Ko}$) 막장 전방에 소성영역이 거의 생기지 않으며, 탄성변형만 발생하므로 지반침하는 크지 않다.
  여기서 $\sigma_{Ka} = K_a \cdot \sigma_v' + u_s$, $\sigma_{Ko} = K_o \cdot \sigma_v' + u_s$
  ② 설계 막장압이 주동토압의 60~65% 즉, $\sigma_T \ge (60 \sim 65\%) \times \sigma_{Ka}$ 이상으로 제어되면 막장 전방에서의 소성영역이 발생하기는 하나 부분적으로만 발생하므로 과도한 지표면 침하는 발생하지 않는다.
  ③ 설계 막장압이 주동토압의 반 정도 50% 즉, $\sigma_T \simeq 0.5 \times \sigma_{Ka}$인 경우 막장 전방의 소성영역이 지표면까지 다다르게 되어 막장전방은 완전히 소성영역이 될 것이다.
  ④ 그림에서 제일 밑단에 있는 곡선은 소성평형상태를 말하며($F_s = 1$) 이보다 적은 막장 압에서는 막장붕괴가 일어나게 된다.

- **막장 전방에서의 소성영역 발생을 최소화하여 과도한 지표면 침하를 방지하기 위해서는** 설계막장압을 다음 값 정도이어야 한다.

$$\sigma_T > (0.6 \sim 0.65)\sigma_{Ka}' + u_s = (0.6 \sim 0.65) K_a \sigma_v' + u_s$$ 식 14.84-2

CHAPTER 12 13 14 15 16 17 18

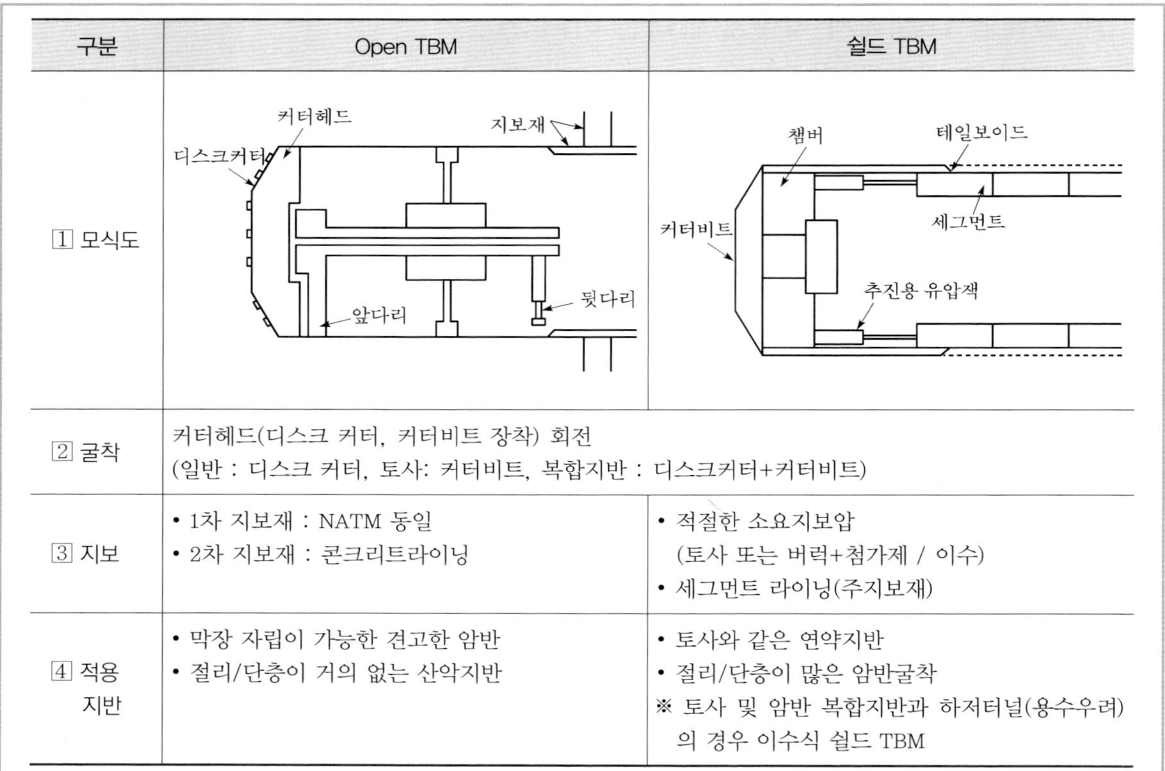

구분	Open TBM	쉴드 TBM
[1] 모식도	커터헤드, 지보재, 디스크커터, 앞다리, 뒷다리	챔버, 테일보이드, 세그먼트, 커터비트, 추진용 유압잭
[2] 굴착	커터헤드(디스크 커터, 커터비트 장착) 회전 (일반 : 디스크 커터, 토사: 커터비트, 복합지반 : 디스크커터+커터비트)	
[3] 지보	• 1차 지보재 : NATM 동일 • 2차 지보재 : 콘크리트라이닝	• 적절한 소요지보압 (토사 또는 버럭+첨가제 / 이수) • 세그먼트 라이닝(주지보재)
[4] 적용 지반	• 막장 자립이 가능한 견고한 암반 • 절리/단층이 거의 없는 산악지반	• 토사와 같은 연약지반 • 절리/단층이 많은 암반굴착 ※ 토사 및 암반 복합지반과 하저터널(용수우려)의 경우 이수식 쉴드 TBM

표 14.85-1 Open TBM과 쉴드 TBM의 비교

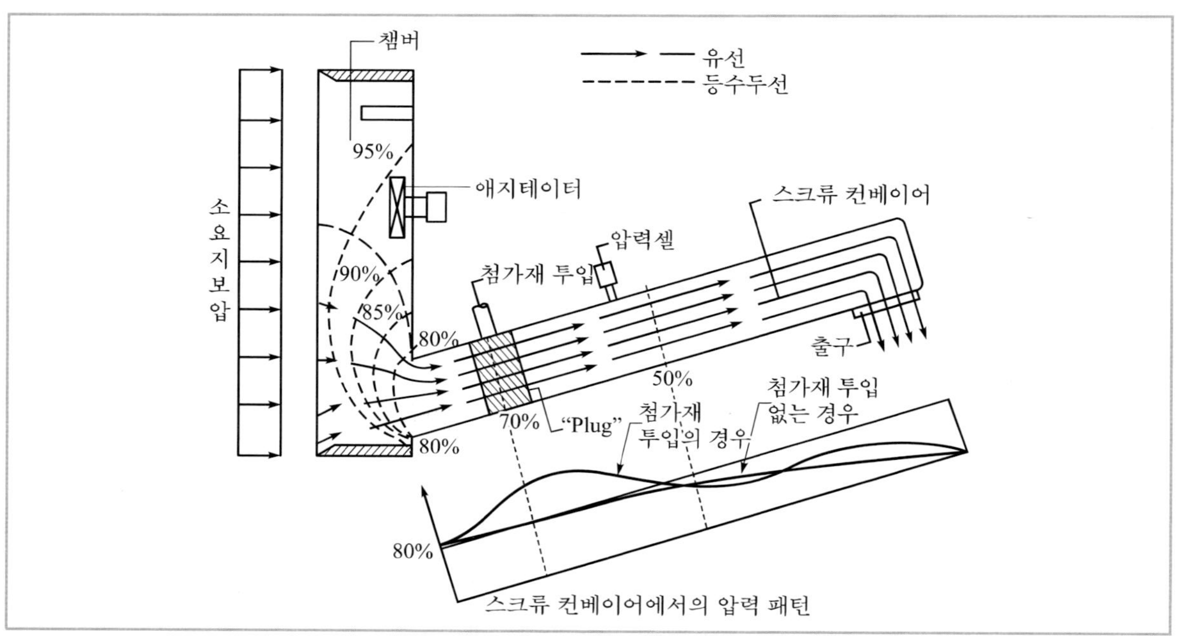

그림 14.85-1 토압식 쉴드 TBM에서 챔버-스크류컨베이어에서 지보압 감소패턴

14.85 토압식 쉴드 TBM에서 적정한 막장안정성(1)

1 토압식 쉴드 TBM에서 첨가제의 역활

■ 토압식 쉴드 TBM은 막장에서 굴착된 토사 및 버럭을 챔버내에 가득 채우고 이를 counter weight로 사용하여 막장압을 가하기 때문에 굴착토가 너무 고체 같은 상태이면 이를 이용하여 막장압을 가하기가 쉽지 않다. 굴착토에 소요의 첨가제를 첨가하는 등의 방법으로 **액체와 고체의 중간 형태(소성유동화 상태 또는 점성을 가진 유체)로 만들어야 막장압이 쉽게 가해질 수 있다.**

■ 이와 함께 **스크류컨베이어에서의 점진적인 압력감소 패턴도 아주 중요한바, 이를 위해서도 굴착토를 소성유동화 상태로 만드는 것이 중요하다.** 이를 위해 그림 14.85-1 같이 스크류컨베이어에다가 첨가제를 투여하기도 한다. 이 그림은 막장에 가해준 막장압이 스크류컨베이어로 배출되면서 발생하는 압력감소 패턴의 개요를 보여준다. 챔버 안에서도 굴착토의 유동에 따라 압력이 서서히 감소하며(그림에서 100%→80%까지 감소), 나머지는 스크류컨베이어에서 점차 감소하여 출구에서는 '0'이 된다. 그림에서 실선은 유선, 점선은 등수두선으로 표기는 하였으나, 엄밀히 말하여 이는 흙입자는 정지상태에서(즉, 움직이지 않는 상태에서) 지하수만 흐르게 되는 투수와는 근본적으로 다르다. **지하수와 범벅이 된, 즉 소성유동화된 굴착토 자체가 배출되는 것이다. 어느 경우에도 지하수만 배출되는 일은 없어야 한다.**

첨가제의 역할＝균일한 막장압 유지	커터 헤드 투입 : 지하수 유입 방지
	스크류 컨베이어 투입 : 압력감소 방지

2 토압식 쉴드 TBM에서 적정한 설계지보압

■ 한편, 토압식 쉴드 TBM은 절취한 토사나 버럭으로 챔버를 채우기 때문에 막장 전방으로부터 챔버내로 지하수 유입이 가능할 때도 있다(앞에서 구한 소요지보압은 지하수 자체는 정수압으로 작용한다고 가정하였다). 따라서 지하수의 유입 여부에 따라 다음과 같은 경우가 생길 수 있다.

① 비교적 지반의 투수계수(k)가 작고 터널굴진이 빨라서 아예 지하수의 유입이 없다고 가정할 경우 : 이 경우는 앞에서 서술한 것과 같이 정수압이 적용된다라고 가정할 수 있다. 따라서 소요지보압은 σ_T는 '**유효지보압+수압**'이 된다.

② 비교적 지반의 투수계수(k)가 크고 터널굴진이 비교적 느려서 막장전방으로 침투가 일어나는 경우 : 이 경우는 터널막장에서 가해주어야 하는 총 소요지보압은 '유효응력에 대한 소요지보압+터널막장 전방에서 작용되는 침투수압'이다. 즉, 수압 대신에 침투수압을 견디도록 막장압을 가하여야 한다. 그림 14.86-1 같이 침투수압은 터널의 굴진속도가 빠르면 빠를수록 배수가 원활하지 않기 때문에 증가한다. 따라서 최악의 조건으로 총 소요지보압은 '**유효지보압+(정수압의 80%)**'정도로 볼 수 있다. 즉, **침투가 발생하면 오히려 소요막장압을 적게 주어야 한다.**

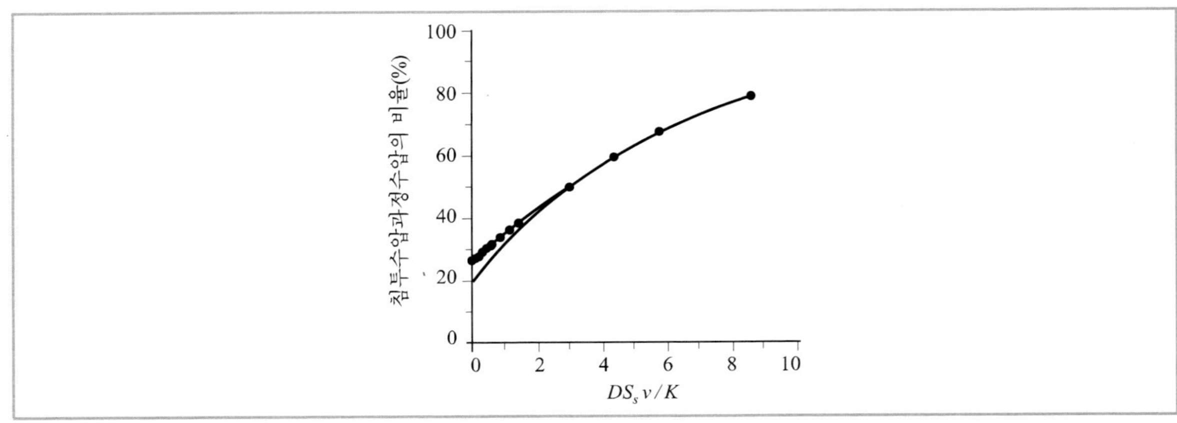

그림 14.86-1 터널굴진율에 따른 침투수압 증가효과

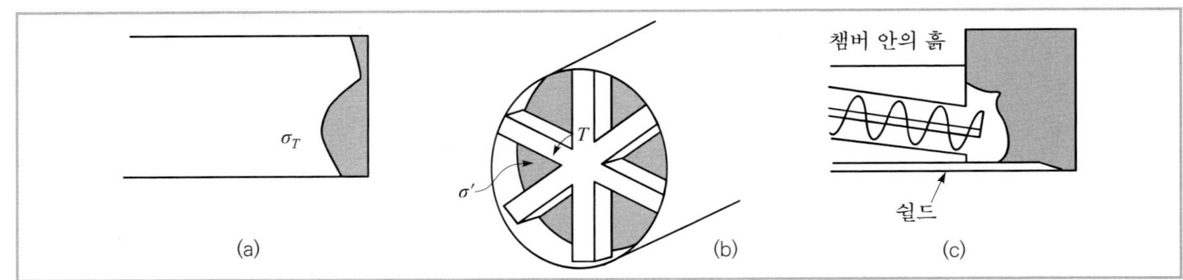

그림 14.86-2 토압식 쉴드 TBM에서 지보압이 큰 경우에 발생되는 문제점 = 불균질 + 굴진속도 + 배출토

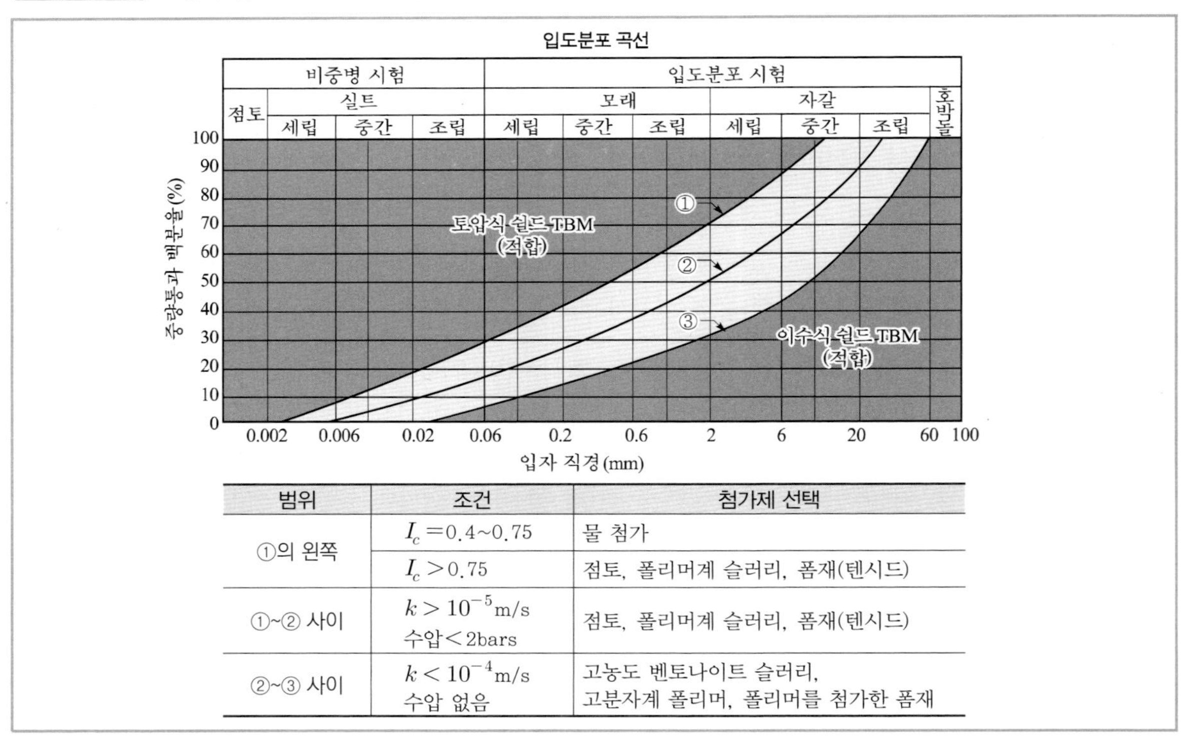

범위	조건	첨가제 선택
①의 왼쪽	$I_c = 0.4 \sim 0.75$	물 첨가
	$I_c > 0.75$	점토, 폴리머계 슬러리, 폼재(텐시드)
①~② 사이	$k > 10^{-5}$m/s 수압 < 2bars	점토, 폴리머계 슬러리, 폼재(텐시드)
②~③ 사이	$k < 10^{-4}$m/s 수압 없음	고농도 벤토나이트 슬러리, 고분자계 폴리머, 폴리머를 첨가한 폼재

표 14.86-1 토사지반에서 토압식 쉴드 TBM의 적용범위

14.86 토압식 쉴드 TBM에서 적정한 막장안정성(2)

3 토압식 쉴드 TBM에서 시공시 유의사항

- **여기서 반드시 짚고 넘어갈 사항이 있다.** 토압식 쉴드 TBM의 경우, 앞서 설명한 대로 **지반의 투수계수(k)가 크다면 챔버 내부로의 침투가 일어나는 것은 어쩔 수 없다 하더라도 과도한 지하수 유입은 금물**이다. 유입된 지하수가 굴착토와 잘 섞여서 소성유동화되는 정도까지만 유입을 허용해야 한다. 과도한 유입으로 인하여 유입된 지하수 그대로 스크류컨베이어로 흐르도록 하는 현상은 반드시 없도록 해야 한다. **지하수 유입량을 최소화하기 위한 방법 중 하나가 첨가제의 투입이다. 이 첨가제는 커터헤드 전면의 지반으로 직접 투입해야 한다.**

- **토압식 쉴드 TBM의 경우 될수록 총 소요지보압 σ_T를 적게 하여야 공사를 원활히 할 수 있다.** 지보압이 너무 크면 그림 14.86-2 같은 문제점이 생길 수 있다.

  ① 지보압이 과다하면 챔버 안에 있는 흙(muck)의 점성을 가진 유체로 거동하기 어렵다. 따라서 지보압이 그림(a)에서와 같이 불규칙한 형태를 이루어 지보압이 상대적으로 작은 부분으로 막장이 밀려들어올 수 있다.

  ② 지보압이 과다하면 그림(b)의 커터헤드의 wheel이 굴착토 또는 버력(muck)의 저항력으로 인하여 회전하는데 큰 토크가 필요하게 된다.

  ③ 굴착토 또는 버력(muck) 자체가 그림(c)같이 아칭현상으로 자립하게 되어 이를 배출하기는 쉽지 않게 된다.

4 토압식 쉴드 TBM의 적용범위 및 첨가제 선택

- 토사지반을 굴착하는 경우의 **토압식 쉴드 TBM이 적용가능한 입도분포조건**과 그때의 첨가제 선택의 개요가 표 14.86-1에 표시되어 있다. 그림에서 보듯이 토압식 쉴드 TBM은 실트 및 모래지반에서 표 14.86-1의 ①왼쪽부분) 가장 적합한 것으로 알려져 있다.

- 200번체 통과량이 적어도 10%는 되어야 하며, 지반의 투수계수 $k = 1 \times 10^{-5} m/sec$이하인 지반에 주로 적용한다. 그 외 구간에서는 적절한 첨가제를 첨가하며 굴착하여야 한다. 그림에서 ③의 오른쪽 부분은 입자의 크기가 너무 커서 사실상 토압식 쉴드 TBM으로 굴착하는 것이 불가능한 지반을 가리킨다(이수식 쉴드 TBM 적합).

> ① 세립분(#200체=75μm 통과량 20% 이상)인 지반 → ② 왼쪽부분
> 토압식 쉴드 TBM 적합(지하수 제어 및 plug 형성 용이)
> 이수식 쉴드 TBM 부적합(slurry와 굴착토 분리가 어려움)
> ② 세립분(#200체=75μm 통과량 10% 이하)인 지반 → ③ 오른쪽부분
> 이수식 쉴드 TBM 적합

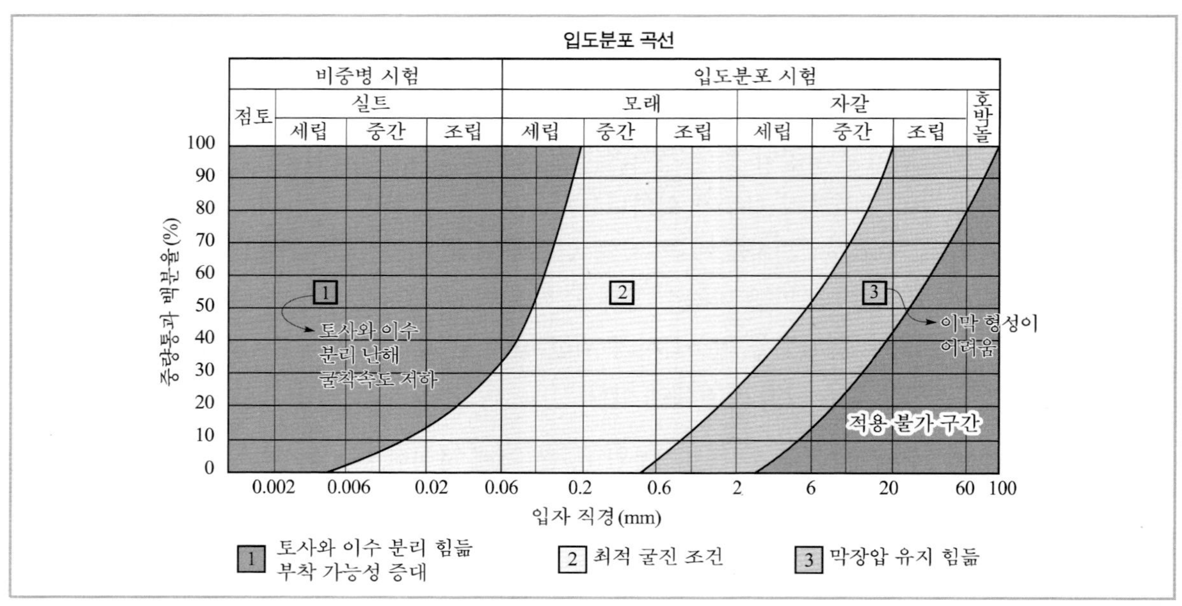

표 14.87-1 토사지반에서 이수식 쉴드 TBM의 적용범위

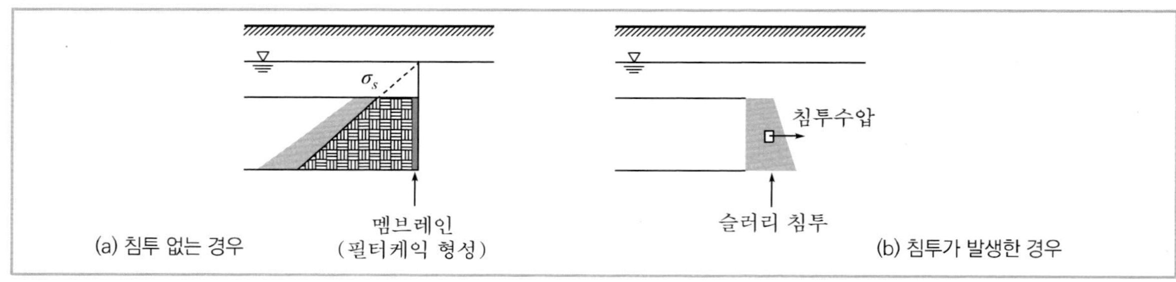

그림 14.87-1 벤토나이트 슬러리를 이용한 막장안정화

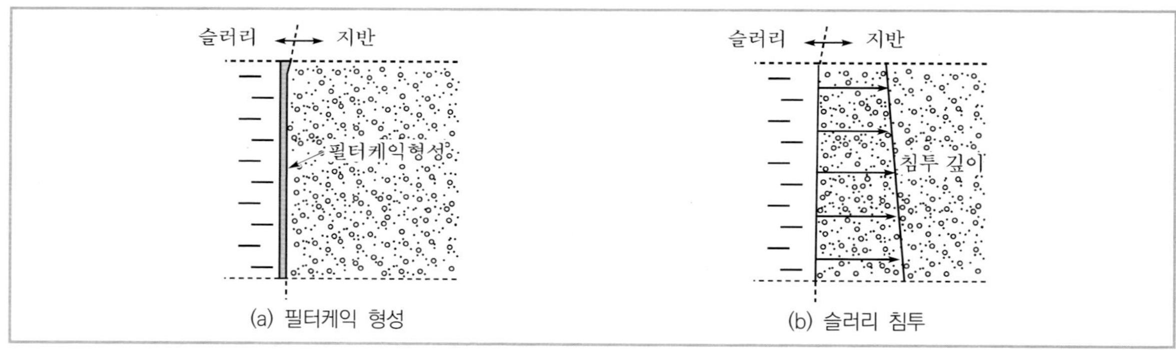

그림 14.87-2 슬러리 침투 양상

$$f_{so} = \frac{\sigma_s}{e}$$ 식 14.87-1

여기서 σ_s = 설계지보압, e = 슬러리의 침투깊이

해설 14.87-1

14.87 이수식 쉴드 TBM에서 적정한 막장안정성(1)

1 개요

■ 이수식 쉴드 TBM에서는 **이수(벤토나이트 슬러리)를 이용**하여 소요의 지보압을 가함으로써 굴진면의 안정을 도모한다. 또한 비중이 크고 점성이 높은 이수를 사용하여서 굴진면의 안정성을 도모하므로 **토압식 쉴드 TBM과 비교하여 보다 안정성을 증가**시킬 수 있다.

2 이수식 쉴드 TBM의 적용범위

■ 토압식 쉴드 TBM의 입도분포 곡선(표 14.86-1)과 이수식 쉴드 TBM의 입도분포 곡선(표 14.87-1)과 비교해보면 **이수식은 비교적 투수계수가 큰 지반에서도 적용이 가능함**을 알 수 있다. 일반적으로 **지반의 투수계수 $k = 1 \times 10^{-5} m/\sec$ 이상인 지반에 이수식 쉴드 TBM을 적용한다. 그림 1구간**에서와 같이 입자의 크기가 작은 구간에서는 토사와 이수의 분리가 힘들 뿐만 아니라, 점착성이 높은 지반에서는 점토의 부착력 때문에 커터헤드의 회전이 원활하지 않을 수 있다. 따라서 일반적으로 **200번체 통과량이 20%이하인 경우에 이수식 쉴드 TBM을 적용**한다. 특히 3 **구간과 같이 입경이 큰(즉, 투수계수가 큰) 지반에서는** 막장압을 유지하기가 용이하지 않다. 이는 이수가 막장면에서 압력으로 작용되는 것이 아니라 지반 속으로 이수가 침투하기 때문이다(즉, 이막=filter cake 미형성).

3 슬러리의 침투효과

■ 소요의 지보압은 슬러리가 막장 표면에 완전한 막을 형성하여(멤브레인 형성) 가해준 압력이 그대로 지반에 전달된다는 가정하에 구한 힘이다(그림 14.87-1a). 그러나 현실적으로는 (그림 14.87-1b)에서와 같이 **슬러리는 지반 속으로 침투**하게 된다. **이 경우에서 막장면에 압력이 작용되는 것이 아니라 그림에서와 같이 침투수력이 지반에 작용**된다. 즉, 슬러리로 인한 유체압력이 아니라, **침투수력인 유효응력이 지반에 작용된다.**

■ 슬러리의 침투 양상은 그림 14.87-2와 같다. **그림**(a)는 슬러리가 지반에 침투하지 않고 막장에 필터케익의 막이 잘 형성된 경우로서 가장 이상적인 경우이다(이막에 의한 막장안정). 이에 반하여 **그림**(b)는 슬러리가 지반으로 침투된 경우로서 당연히 슬러리가 침투수압으로 작용된다(침투력을 이용한 막장안정).투수성이 큰 사질토 지반은 그림(b)같이 이막은 형성되나 어느 정도 침투가 일어난다. 하지만 투수계수가 상당히 큰 사력지반은 이막형성 없이 침투가 과하게 일어날 수 있다. 이수가 과도하게 침투하면 이 침투수압이 막장에 유효하게 작용하지 않으며, 침투수력도 활용할 수 없다.

4 슬러리의 지체경사

■ 슬러리가 지반에 침투한 침투거리를 e라고 한다면, 동수경사에 대응되는 값으로서 슬러리의 지체경사는 식 14.87-1 으로 정의된다.

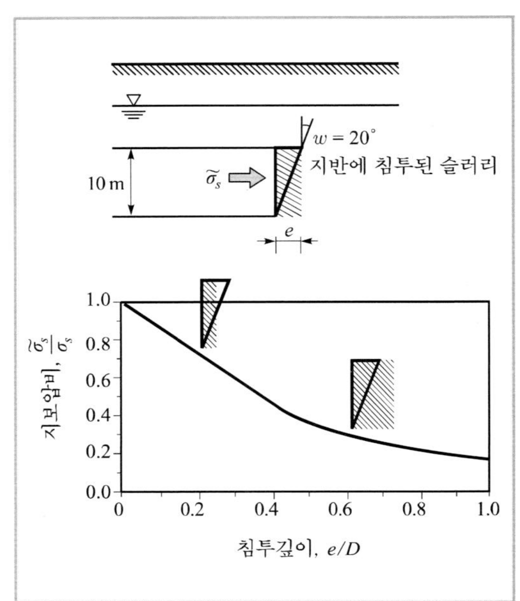

그림 14.88-1 슬러리의 침투깊이에 따른 지보압 감소 효과($w = 20°$ 인 경우)

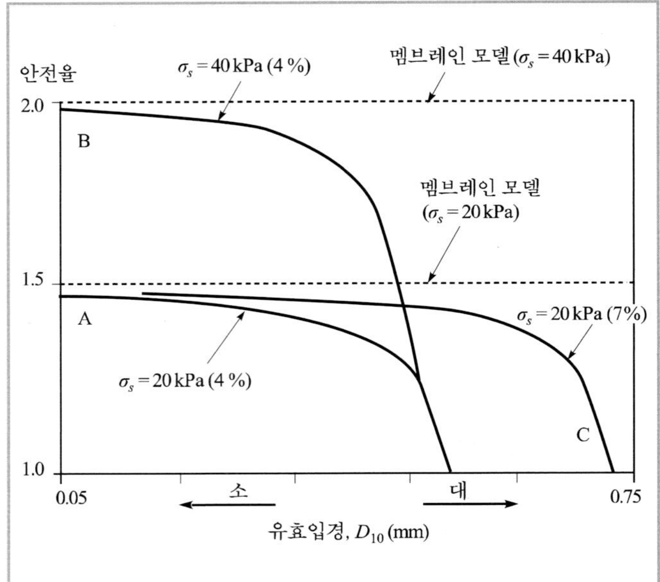

그림 14.88-2 지반의 입경, 설계 지보압, 슬러리·농도의 영향 ($\phi = 37.5°$)

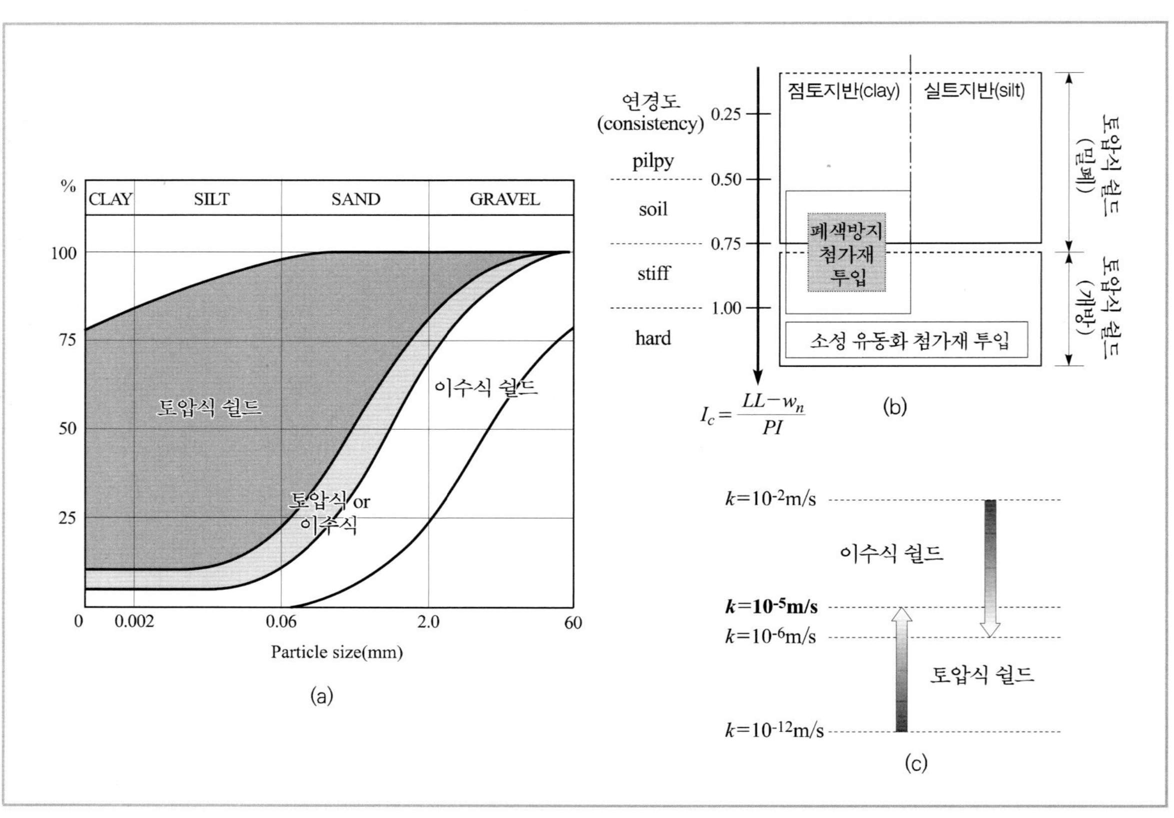

그림 14.88-3 토압식과 이수식 쉴드 TBM 적용성 비교 방법

14.88 이수식 쉴드 TBM에서 적정한 막장안정성(2)

■ 침투깊이 e가 증가할수록 지체경사 f_{so}는(동수경사 i와 비슷한 개념($i=\dfrac{\Delta h}{L}$) 작아지므로, 침투 수력은 감소한다. 따라서 멤브레인 모델에서의(즉, $e=0$인 경우) 지보압을 σ_s라고 한다면 침투로 인한 지보압은 그림 14.88-1 같이 감소한다. (즉, f_{so} 기울기가 감소됨을 느껴라)

5 **지반의 입경, 설계지보압, 슬러리의 농도의 영향 →** 그림 14.88-2 참조

■ 그림 14.88-2 는 $\phi=37.5°$의 사질토에 대하여 흙입자 입경, 슬러리 농도, 설계지보압을 변경시켜가며, 막장안정에 대한 안전율을 구한 결과이다.

■ **곡선 A 및 B는 슬러리의 농도는 같게 하고(4%) 설계지보압 σ_s는 2배의 차이가 나게** 하며 안전율을 구한 결과를 보여주고 있다. 여기서 알 수 있는 것은 **흙의 입자가 아주 작을 때는**(미세사 혹은 실트 이하) **설계지보압을 크게 하여주는 효과가 뚜렷**하나, **입자의 크기가 크면 클수록 침투깊이 증가로 인하여 그 효과가 줄어든다**는 것이다.

■ **곡선 A 및 C는 반대로 설계지보압 σ_s는 $20kFa$로 같게 하고 슬러리의 농도는 4%(A곡선), 7%(C곡선)으로 차이**가 나게 한 효과를 보여주고 있다. **흙입자의 크기가 크면 오히려 농도 효과가 큰 것**을 알 수 있다.

■ 그러나 실험의 결과 입자가 큰 흙인 경우 슬러리의 농도를 크게 하는 것만으로는 역시 안전율을 마냥 크게 할 수 없음을 알 수 있다. 유효입경 D_{10}인 0.75mm 이상인 지반에서는 슬러리에 작은 골재 크기의(#100~#200번체의 크기의 골재) 첨가제를 넣어야 안전율 증가효과를 얻을 수 있다. 이는 표 14.87-1 의 적용 범위 그래프와도 일치함을 알 수 있다. 그림에서 보면 $D_{10}>0.75mm$는 구간 3 임을 알 수 있다.

※ 터널의 굴진속도의 영향

터널은 계속적으로 굴진하기 때문에 슬러리 또한 굴진하는 동안만 막장안정을 유지하면 된다. 슬러리로 지보하는 시간이 짧을수록 슬러리의 침투깊이는 짧아지므로 막장안정에는 안전한 요소로 작용한다. 즉, **굴진속도가 빠를수록 안전율은 증가하게 된다.**

〈토압식 쉴드 TBM과 이수식 쉴드 TBM의 현장적용성에 대해 어떻게 비교 설명할까?〉

① 그림 14.88-3 의 그림(a), 그림(b), 그림(c)를 이용하라.

② 이수식 쉴드 TBM 10% 이하 ← No200체=$75\mu m$통과량 → 20% 이상 토압식 쉴드 TBM

※ 막장지보압 유지와 slurry와 굴착토 분리관점에서 생각하라.

③ 토압식 쉴드 TBM에서 첨가제 사용은 연경도(↔액성지수) 관점에서 생각하라.

④ 토압식 쉴드 TBM 이하 ← 투수계수($k=10^{-5}m/s$) → 이상 이수식 쉴드 TBM

구분	토압식 쉴드 TBM	이수식 쉴드 TBM
1 모식도	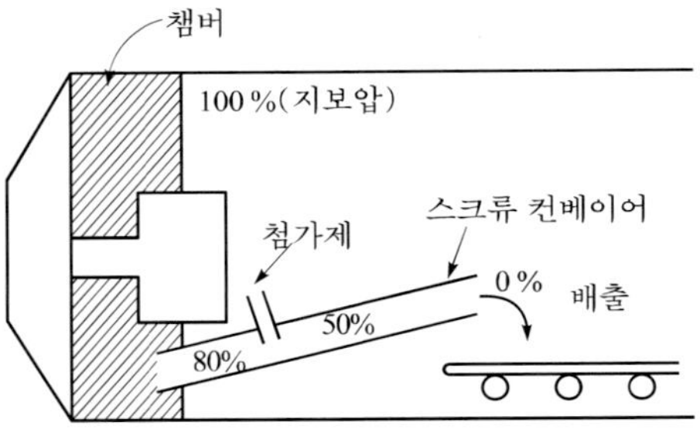 챔버 100%(지보압) 첨가제 스크류 컨베이어 0% 배출 50% 80%	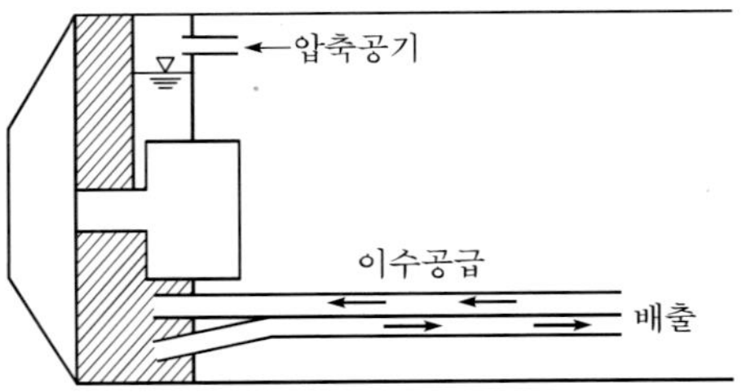 압축공기 이수공급 배출
2 적용지반	(496p 그림 14.88-3 참조)	(496p 그림 14.88-3 참조)
3 막장안정 (지보)	• 토사 및 버력+ 첨가제 ※ 막장안정과 버력처리의 원활을 위한 첨가제 관리가 중요	• 이수(벤토나이트 슬러지) ※ 비중크고 점성높은 슬러리가 막장 표면에 이막 형성이 중요
4 적정한 막장압 산정 시 고려사항	첨가제의 중요성 ① 굴착토+첨가제 :액체와 고체의 중간 형태로 **막장압을 형성** ② 챔버와 스크류컨베이어까지 점진적으로 **지보압 감소(100→0%)** 패턴이 중요한바, 이를 위해서도 굴착토를 소성유동화 상태로 만드는 것이 중요 (490p 그림 14.85-1 참조) 막장전방으로부터 지하수 유입여부 ① 지하수 유입이 없다고 가정시 : $\sigma_T = \sigma_s' + u_s \rightarrow u_s$는 정수압 적용 ② 막장전방으로 침투가 일어나는 경우 : $\sigma_T = \sigma_s' + u_s \rightarrow u_s$는 침투수압 (정수압의 80%) 적용 즉, 침투가 발생하면 소요막장압을 적게 주어도 된다. (491p 2 ② 참조) 시공시 유의사항 • 과도한 유입으로 인하여 지하수 그대로 스크류컨베이어로 흐르는 현상은 반드시 없어야 한다. • 토압식 쉴드의 경우 될수록 총소요 지보압 σ_T를 적게 하여야 공사를 원활하게 수행할 수 있다.	슬러리의 침투효과 소요의 지보압은 슬러리가 막장표면에 완전한 막을 형성하여 가해준 압력이 그대로 지반에 전달된다고 가정하여 구한 힘이다. 그러나 현실적으로 슬러리가 지반속으로 침투하게 된다. 이 경우에는 막장면에 압력이 작용되는 것이 아니라 침투수력이 지반에 작용된다. (494p 그림 14.87-1 참조) 슬러리의 지체경사 $f_{so} = \frac{\sigma_s}{e}$ 여기서, σ_s=설계지보압, e=슬러리의 침투깊이 침투깊이 e가 증가할수록 지체경사 f_{so}는 작아지므로, 침투수력은 감소한다. 따라서 지보압 σ_s는 침투로 인하여 감소하게 된다(즉, 안전율 저하를 의미). 따라서 e 적정관리로 막장안정 도모하여야 하다. (496p 그림 14.88-1 참조) 지반의 입경, 설계지보압, 슬러리의 농도의 영향 (496p 그림 14.88-2 참조)

표 14.88-1 토압식 · 이수식 쉴드 TBM의 비교

개념정리 ㉝ 터널에서 보조공법 이란?

1 개요

터널에서 보조공법이란? 한마디로 굴착시 불량 암질 및 용수에 의해 시공이 곤란한 경우나 지보효과가 저하가 예상되는 경우 **1차 지보재와 병용하여 사용하는 공법**을 의미 한다.

2 굴착보조공법의 적용 검토가 필요한 구간

① 토피가 작고, 지반이 연약하여 지반의 자립성이 낮은 경우($RQD \leq 25$)
② 터널 인접구조물 보호를 위하여 지표나 지중변위를 억제해야 할 경우
③ 용출수로 인한 토사유출 및 지반이완이 진행될 수 있어 터널의 안정성 확보가 필요한 경우
④ 편토압 또는 심한 이방성 지반 등 특수한 조건에서 터널을 시공하는 경우

3 보조공법의 종류

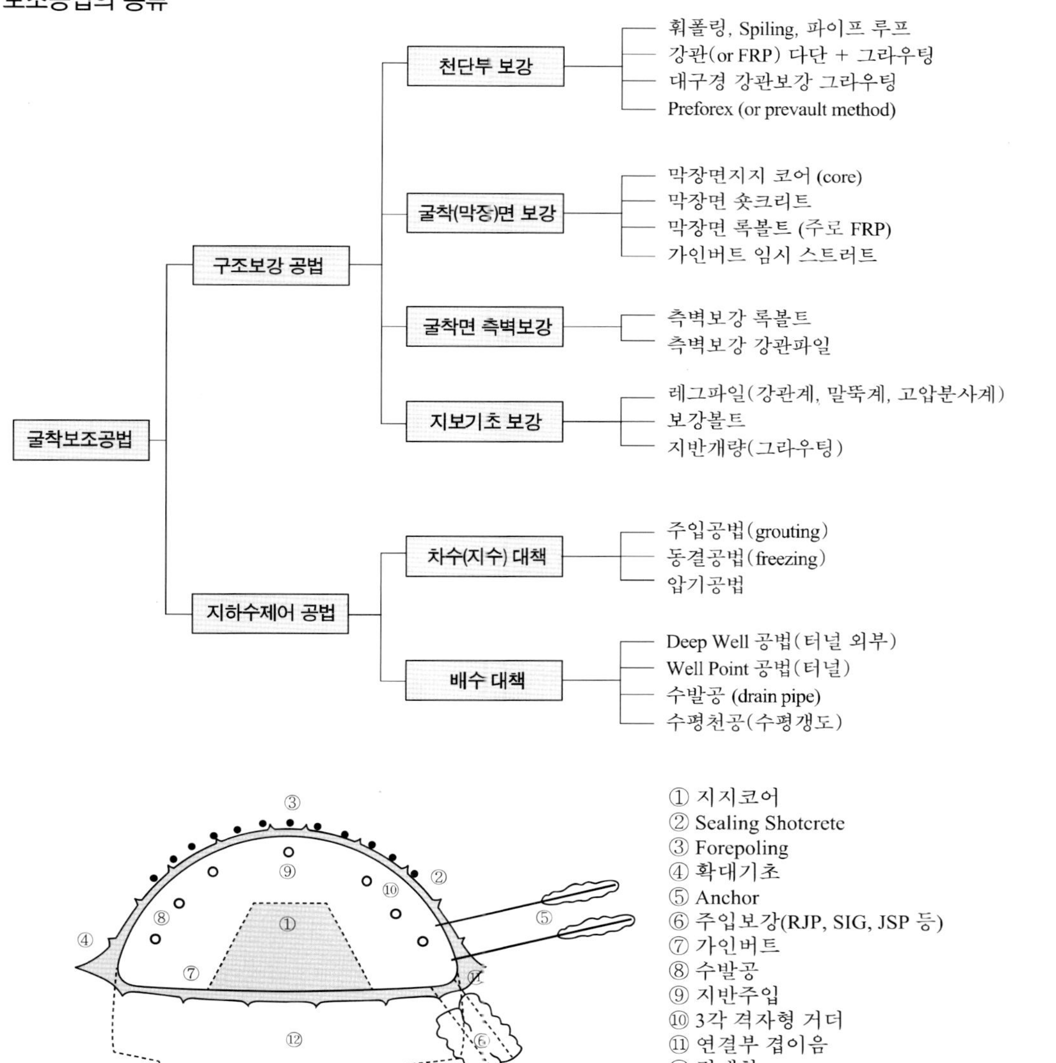

구분	연약지반(토사)에서의 터널시공시 막장의 붕괴 (시공 중인 터널막장에서 지반자체의 저항력 부족으로 인한 붕괴)	
	NATM	쉴드 TBM
1 막장에서의 붕괴형태	천정부 붕괴 막장 전방 붕괴 지보재 설치구간 무지보 구간 1회 굴진장 = L	쉴드통 막장 전방 붕괴 막장압
	convex arch → inverted arch시 무지보구간 천정부 및 막장전방 붕괴	막장 전방 파괴 발생
2 설계주요사항	굴착 후 응력상태가 새로운 평형상태에 유도되도록 터널 굴착 시 지반변형과 지보재 응력에 대한 **내공변위-제어법**, **수치해석법**을 통한 **지보재 설계가 중요** 452p 그림 14.67-3	**적절한 막장압의 예측** **굴착시 변형량(지표침하) 예측** **세그먼트 라이닝 설계**가 중요 486p 그림 14.83-1
3 터널의 3차원 굴착과정의 2차원 모델링	하중제어법으로 수치해석시 **경험적 파라미터인 하중분담률을 이용**	변위제어법으로 수치해석시 **경험적 파라미터인 Gap Parameter을 이용**
4 막장보강개념	• NATM의 경우는 한 막장을 굴착하게 되면 새 굴진장 L구간은 아무 지보재도 설치되지 않은 무지보 구간으로 invered arch가 발생하면서 천정부와 막장전방에서 파괴가 발생한다. 따라서 막장부근에서 파괴가능성이 존재하는 경우, 먼저 보조공법으로 보강후에 다음 막장굴착을 해야 한다. • **보강의 목적**은 첫째, **시공중 붕괴**가 일어나지 않도록 하는 것이며, 둘째는 **시공 후의 전체 거동이 convex arch가 되도록** 하는 것이다.	• NATM의 경우는 무지보 구간으로 파괴가 발생할 수 있으므로 무지보 구간 천정부가 쏟아져 내리지 않게 함이 중요하나 **쉴드 TBM공법을 주요근간으로 하는 기계화 시공에서는 쉴드통이 막장까지 삽입되어 있으므로 천정부에서의 파괴는 없이 전방부가 쏟아져 내리게 된다.** • 쉴드터널은 막장전면에서 기계식으로 굴착하므로 막장에의 접근이 불가능하여 보조공법 적용이 불가능하다. 따라서 막장 전방 파괴가 발생하지 않도록 **소요되는 막장압을 예측하는 것이 중요**하다.

표 14.88-2 막장의 안정성에 대한 비교(1)

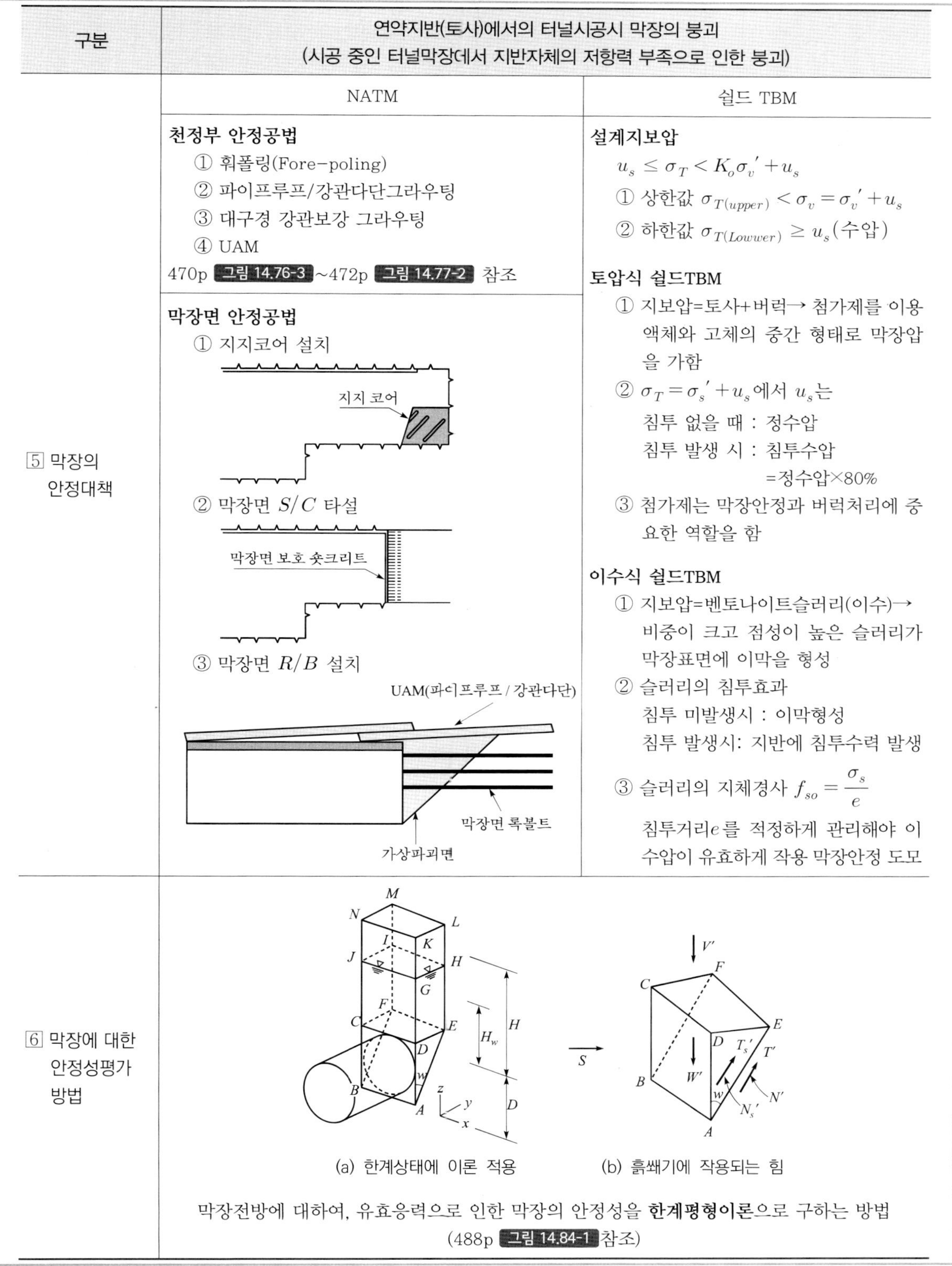

구분	연약지반(토사)에서의 터널시공시 막장의 붕괴 (시공 중인 터널막장데서 지반자체의 저항력 부족으로 인한 붕괴)	
	NATM	쉴드 TBM
5 막장의 안정대책	**천정부 안정공법** ① 휘폴링(Fore-poling) ② 파이프루프/강관다단그라우팅 ③ 대구경 강관보강 그라우팅 ④ UAM 470p 그림 14.76-3 ~472p 그림 14.77-2 참조 **막장면 안정공법** ① 지지코어 설치 지지 코어 ② 막장면 S/C 타설 막장면 보호 숏크리트 ③ 막장면 R/B 설치 UAM(파이프루프 / 강관다단) 막장면 록볼트 가상파괴면	**설계지보압** $u_s \leq \sigma_T < K_o\sigma_v{}' + u_s$ ① 상한값 $\sigma_{T(upper)} < \sigma_v = \sigma_v{}' + u_s$ ② 하한값 $\sigma_{T(Lowwer)} \geq u_s$(수압) **토압식 쉴드TBM** ① 지보압=토사+버력→ 첨가제를 이용 액체와 고체의 중간 형태로 막장압을 가함 ② $\sigma_T = \sigma_s{}' + u_s$에서 u_s는 침투 없을 때 : 정수압 침투 발생 시 : 침투수압 =정수압×80% ③ 첨가제는 막장안정과 버력처리에 중요한 역할을 함 **이수식 쉴드TBM** ① 지보압=벤토나이트슬러리(이수)→ 비중이 크고 점성이 높은 슬러리가 막장표면에 이막을 형성 ② 슬러리의 침투효과 침투 미발생시 : 이막형성 침투 발생시: 지반에 침투수력 발생 ③ 슬러리의 지체경사 $f_{so} = \frac{\sigma_s}{e}$ 침투거리e를 적정하게 관리해야 이 수압이 유효하게 작용 막장안정 도모
6 막장에 대한 안정성평가 방법	(a) 한계상태에 이론 적용 (b) 흙쐐기에 작용되는 힘 막장전방에 대하여, 유효응력으로 인한 막장의 안정성을 **한계평형이론**으로 구하는 방법 (488p 그림 14.84-1 참조)	

표 14.88-3 막장의 안정성에 대한 비교(2)

<table>
<tr><th>구분</th><th colspan="2">암반에서의 터널시공시 막장의 붕괴
(시공 중인 터널막장에서 불연속면의 특성에 의한 막장붕괴)</th></tr>
<tr><td rowspan="3">1 막장에서의 붕괴형태</td><td>막장전방 키(Key) 블록으로 인한 붕괴</td><td>단층·파쇄대 수압작용으로 인한 붕괴</td></tr>
<tr><td> 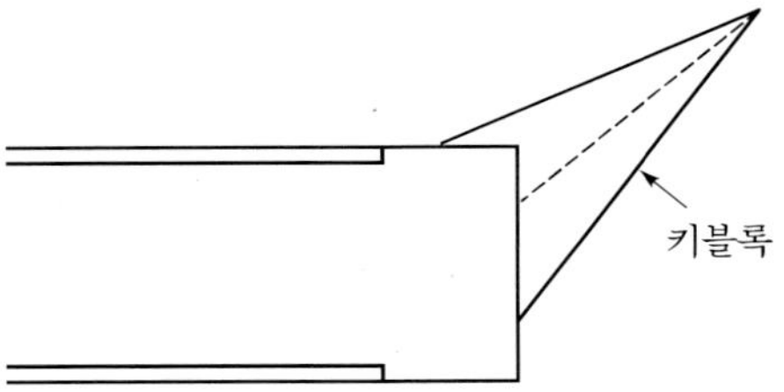키블록</td><td> 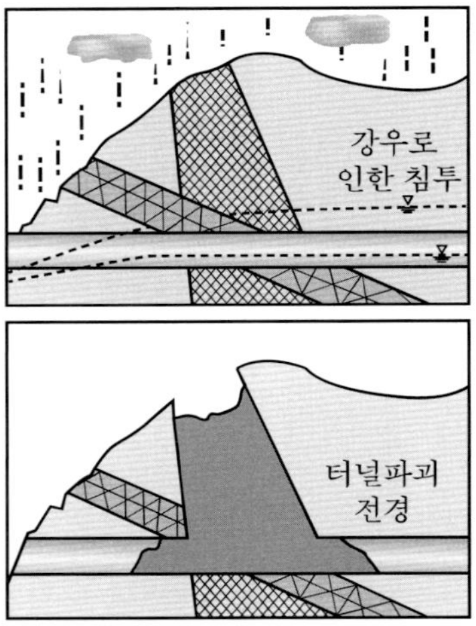강우로 인한 침투
터널파괴 전경</td></tr>
<tr><td>막장부의 절리면이 막장진행방향과 반대인 경우로서(against dip) 막장전방에서의 키블럭 형성으로 인한 붕괴</td><td>터널굴착 중에는 convex arch로서 무난히 굴착과 1차라이닝을 마쳤으나, 굴착 후 집중된 강우로 인하여 이 강우가 파쇄대로 침투되어 수압작용으로 인한 붕괴</td></tr>
<tr><td>2 설계주요사항</td><td>• 이 경우는 깊은 심도에 건설되는 터널 또는 풍화가 거의 진행되지 않은 산악터널과 같이 지질구조가 터널의 안정성을 지배하는 경우로서
• 불연속면 역학을 통해 불연속 모델을 적용해야 하는 경우임</td><td>• 단층파쇄대(단층면+지하수위)의 거동
① 불연속면 거동 : 단층파쇄대면과 터널구조물의 방향성 문제로 굴착 중 막장 안정성 저하의 주된 요소이다
② 단층 충전물의 거동 : 단층점토 충전물 지하수에 의해 불연속면의 강도가 급격하게 저하 터널 굴착 중 뿐만 아니라 굴착이후 장기거동의 원인이 된다.
• 불연속면이 다수 존재하여 단위체적(REV)이 넘는 연속체모델이 적용되는 응력지배를 받는 암반(Rock Mass)이라 하더라도 단층파쇄대과 같은 주요 불연속면은 따로 취급함이 더 합리적이다.</td></tr>
<tr><td>3 터널의 3차원 굴착과정의 2차원 모델링</td><td colspan="2">NATM터널의 범주로서 하중제어법으로 수치해석시 경험적 파라미터인 하중분담률을 이용</td></tr>
</table>

표 14.88-4 막장의 안정성에 대한 비교(3)

<table>
<tr><th>구분</th><th colspan="2">암반에서의 터널시공시 막장의 붕괴
(시공 중인 터널막장에서 불연속면의 특성에 의한 막장붕괴)</th></tr>
<tr><td rowspan="2">④ 막장에 대한 조사방법</td><td>막장전방 키(Key) 블록으로 인한 붕괴</td><td>단층·파쇄대 수압작용으로 인한 붕괴</td></tr>
<tr><td colspan="2">암반 지반의 예비적인 안정성평가 : Face Mapping
암반 지반의 시공 중 전방지질 예측
<table>
<tr><th>선진천공(LIM,DRISS)</th><th>선진수평시추</th><th>탄성파탐사(TSP)</th></tr>
<tr><td>근거리 조사:10~20m</td><td>중거리 조사: 50~100m</td><td>장거리 조사 : 100~200m</td></tr>
<tr><td>굴착속도</td><td>코아획득</td><td>탄성파 속도차이</td></tr>
<tr><td>Graph(속도, 토오크)</td><td>육안검사, 강도특성</td><td>단층파쇄대 위치방향 특성</td></tr>
</table></td></tr>
<tr><td>⑤ 막장의 안정대책</td><td colspan="2">• 기본적으로 NATM과 동일 → 단층파쇄대의 위치별 보강대책을 구분하면
• 단층파쇄대가 터널 상부에 위치한 경우 : 굴착 시에는 상부쐐기가 막장내로 밀려들어 오거나 붕락될 우려가 있으므로 상·하반 분할굴착 및 제어발파 또는 기계굴착 등 미진동 굴착공법을 적용하는 것이 바람직 하다.
• 단층파쇄대가 터널 막장면에 위치한 경우 : 굴착공법으로는 코어지지(Ring Cut), 상하분할굴착, 중벽분할(CD), 선진도갱이 바람직하고, 수발공, 록볼트설치 및 보강그라우팅 측벽안전 확보를 위해 가축성 지보재 설치 필요
• 단층파쇄대가 터널 하부에 위치한 경우 : 터널하부 지지파일 또는 앵커, 케이블볼트 등에 의한 하부지지력 확보 및 터널하부그라우팅</td></tr>
<tr><td>⑥ 막장에 대한 안정성평가 방법 (수치해석)</td><td>블록이론을 이용한 터널의 안정성 평가
단순히 Key블록을 찾아내고 Key블록에 대한 안전율을 구해서 블록이동 가능성을 평가 하는 방법
① 현장조사를 통해 대표절리군 결정
② 이동 가능한 블록(Key블록)을 구함
③ 키 블록의 체적과 중량을 구해 이로부터 미끄러진면에 작용하는 전단응력과 전단강도를 구함 즉, F_s 산정
④ 구한 F_s이 소요 F_s에 미치지 못할 경우 R/B, S/C등으로 지보재 보강

개별요소법 이용한 터널의 안정성 평가
블록이론을 적용하면 키 블록 안정성에 대한 안전율을 구할 수 있으나, 이 블록으로 인한 변위를 알 수 없다. 안정성과 함께 변위를 검토할 수 있는 방법이 개별요소법이다.</td><td>유한요소법 이용한 터널의 안정성 평가
유한요소 프로그램에서 연속체와 함께 단층파쇄대와 같은 1~2개 불연속면을 포함 되도록 수치해석 수행</td></tr>
</table>

표 14.88-5 막장의 안정성에 대한 비교(4)

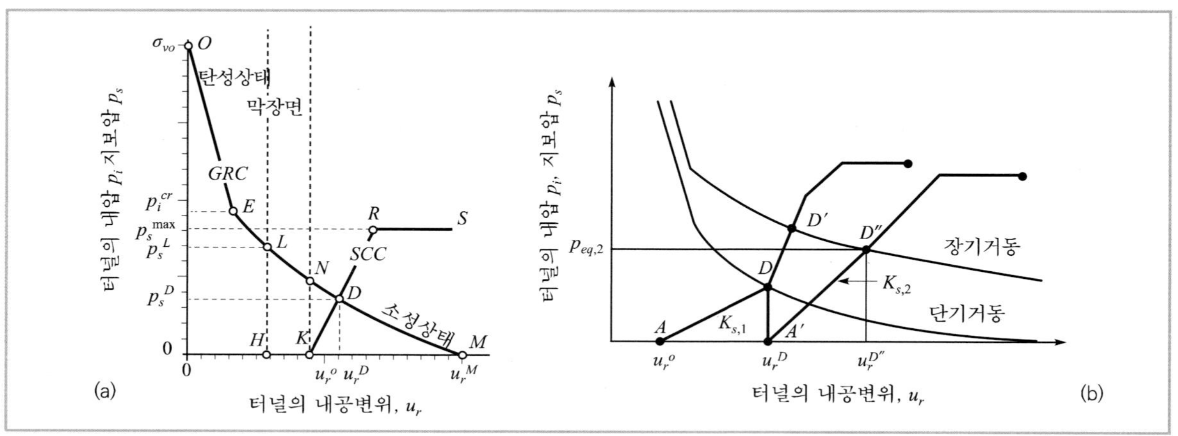

그림 14.89-1 NATM 설계법에서 내공변위-제어법

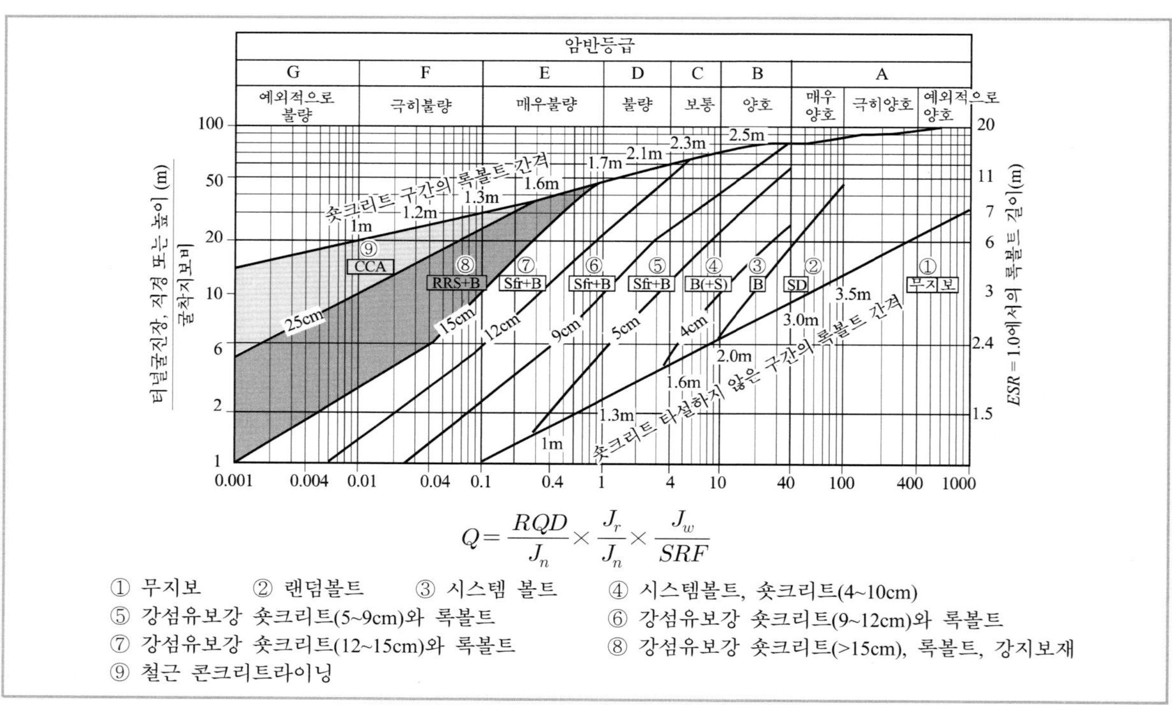

그림 14.89-2 Q-분류법에 근거한 터널지보재 설계(NMT 근간)

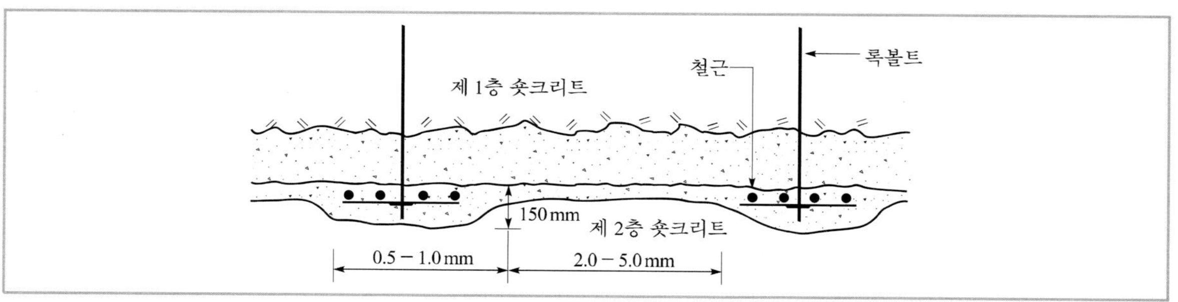

그림 14.89-3 RSS 개요도

14.89 NATM과 NMT의 비교(1)

1 개요

- Barton박사를 위시한 노르웨이 터널공학자들 중심으로 소위 Norwegian Tunnelling Method (NMT)를 독자적으로 개발하여 북유럽 중심으로 터널설계/시공에 적용하고 있다.

- 내공변위–제어법에서 지반반응–지보재특성곡선의 개념을 이용하여 적절한 시기에 적정한 지보재를 설치하여 지보압으로 인하여 그림 14.89-1a의 D점에서 새로운 평형상태를 유지시켜주어 convex arch를 이루도록 유도하는 설계법으로서, NMT는 NATM과 동일하나, **NATM은 RMR분류법에 기반**을 둔 반면, **NMT는 Q–분류법에 기반**을 둔다는 점과 지보의 구조적인 차이가 있다.

2 NMT 기본원리 : Q–분류법에 근거한 표준지브패턴

- 그림 14.89-2 같이 Q값에 근거한 표준지보패턴을 보면 'zone9'를 제외하고는 콘크리트 라이닝을 사용하지 않는다. 이를 소위 **'Single shell' 구조**라 한다. **록볼트와 강섬유보강 S/C가 주 지보재로 사용**된다.

  ① **록볼트** : 영구지보재로서 내부식성과 수지에 의한 전면접착식을 사용
  ② **강섬유보강 숏크리트** : 고강도의 강섬유보강 S/C 필요

- 'zone8'에서는 RRS(rein forced rib of shotcrete)는 강섬유보강 S/C와 R/B를 일체로 거동하도록 유도하는 구조를 말한다. 그림 14.89-3 참조

3 NATM에서 Double Sell 구조

- NATM에서는 S/C와 2차 콘크리트라이닝 사이에 방수공을 겸한 isolation(방수쉬트+부직포)이 시공되어, 양자간에 전단력이 전달되지 않는 **이중구조(double shell 구조)**를 이룸이 보통이나, 콘크리트라이닝을 무근으로 타설하는 경우 이 2차 지보재의 역할이 모호하여서 그 효율성이 계속 논란이 되어왔다. 대단면 터널의 경우 라이닝의 자중 자체를 견디지 못하여 파괴되는 현상이 있는 경우도 있었다. 이에 반하여 철근콘크리트라이닝이 설계/시공되는 경우는 라이닝이 또 하나의 지보재로 작용되어 이완하중, 잔류수압 등을 견딜 수 있으므로 오히려 그 역할이 뚜렷하다고 할 수 있다.

- 대만 고속철도용 터널의 경우 지반이 워낙 **연약하여 1차 지보재는 시공시의 자립에 필요한 임시 지보재의 개념을 가지며 터널의 완공후의 하중은 2차 지보재인 철근콘크리트라이닝이 받도록 설계된** 것을 볼 수 있었으나 이 경우에도 이미 1차 지보재로서 그림 14.89-1b D점에 이르렀다면 이미 평형에 이르렀으므로 설계기본개념과는 상관없이 2차 콘크리트라이닝은 역시 creep, 잔류수압, 이완하중 등의 추가적인 하중을 주로 받게 될 것이다(그림 14.89-1b에서 DD'). 다만, 1차 지보재가 S/C의 파괴 등으로 그 기능을 상실하는 경우에는 (그림 14.89-1b에서 A'D'')가 나타내는 것과 같이 소요의 모든 하중을 콘크리트 라이닝이 받게 될 것이다.

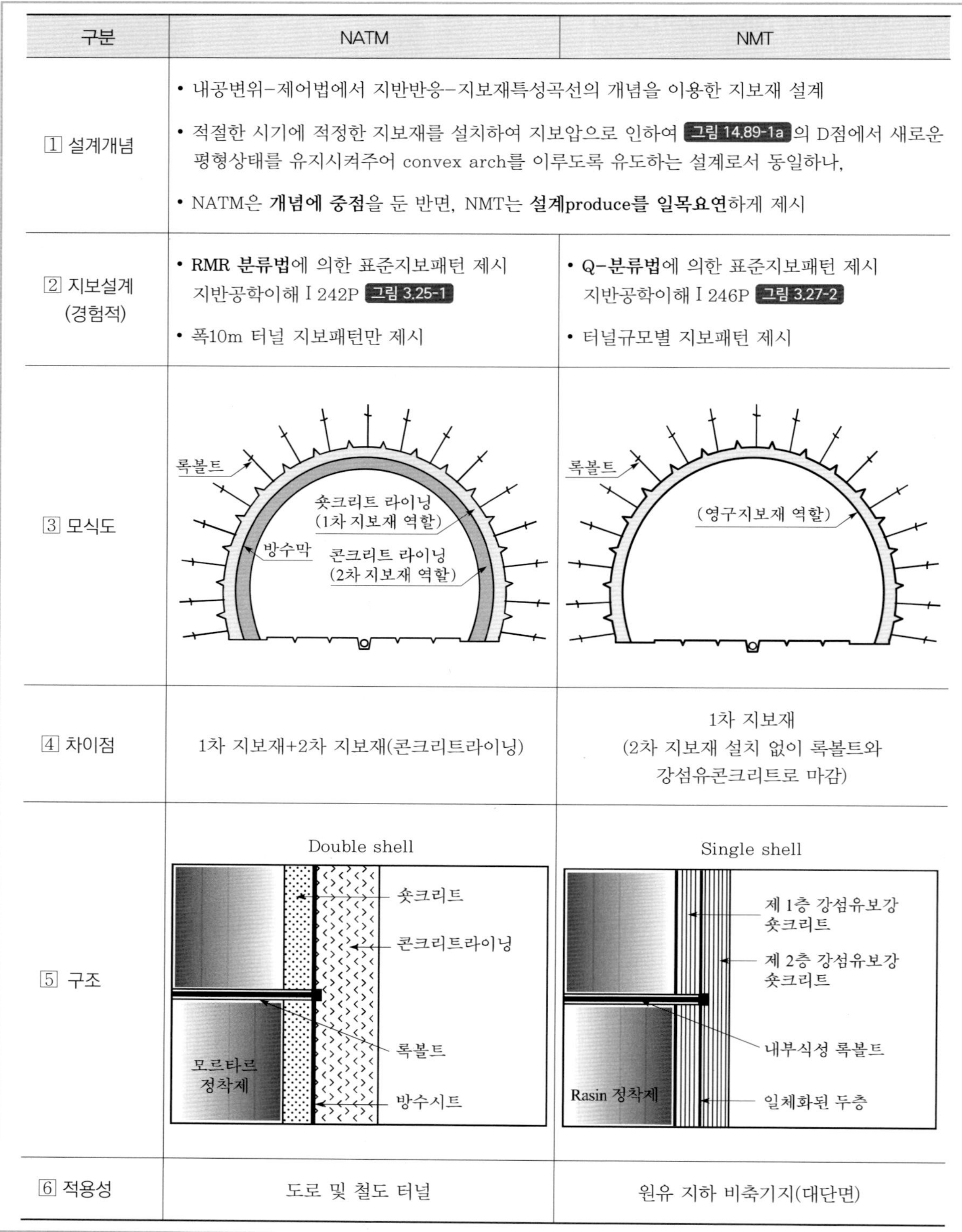

구분	NATM	NMT
1 설계개념	• 내공변위-제어법에서 지반반응-지보재특성곡선의 개념을 이용한 지보재 설계 • 적절한 시기에 적정한 지보재를 설치하여 지보압으로 인하여 그림 14.89-1a 의 D점에서 새로운 평형상태를 유지시켜주어 convex arch를 이루도록 유도하는 설계로서 동일하나, • NATM은 **개념에 중점**을 둔 반면, NMT는 **설계produce를 일목요연**하게 제시	
2 지보설계 (경험적)	• **RMR 분류법**에 의한 표준지보패턴 제시 지반공학이해 I 242P 그림 3.25-1 • 폭10m 터널 지보패턴만 제시	• **Q-분류법**에 의한 표준지보패턴 제시 지반공학이해 I 246P 그림 3.27-2 • 터널규모별 지보패턴 제시
3 모식도		
4 차이점	1차 지보재+2차 지보재(콘크리트라이닝)	1차 지보재 (2차 지보재 설치 없이 록볼트와 강섬유콘크리트로 마감)
5 구조		
6 적용성	도로 및 철도 터널	원유 지하 비축기지(대단면)

표 14.90-1 NATM과 NMT

14.90 NATM과 NMT의 비교(2)

4 NMT에서 Single Sell 구조

- 이에 반하여 NMT의 경우에는 대부분의 경우 콘크리트라이닝의 설치를 생략하므로 지보재로서 R/B 및 강섬유보강 S/C를 주 지보재로 하며, 이 지보재 내에 방수쉬트 등의 전단력의 전달을 방지하는 재료를 포함하지 않는 지반과 일체화된 구조의 터널로 계획되어 이를 Single Shell 구조라 한다.
- NATM과 Single Shell 구조 각각의 모식도가 표 14.90-1에 표시되어 있고, NATM과 NMT에 대한 개념적인 비교를 표 14.90-1 같이 정리되어 있다.

RMR분류법과 Q-분류법에 대한 Review

① RMR= $\sum_{i=1}^{5}$ (암반분류 요소에 따른 점수)+불연속면의 방향성 효과에 따른 보정

㉠ 신선한 암반으로서의 일축압축강도

㉡ RQD(암질지수)

㉢ 불연속면의 간격

㉣ 불연속면의 상태

㉤ 지하수 상태

㉥ 불연속면의 방향

각 매개변수에 대한 암질의 상태에 따른 등급별 점수를 할당하고 이들 변수에 대한 점수의 합계에 대해 절리와 주향과 경사에 대한 굴착 진행방향을 고려하여 이에 대한 점수를 보정한 값을 RMR값에 의한 암반의 전체적인 평가기준으로 제시하고 있다.

② Q= $\dfrac{RQD}{J_n} \times \dfrac{J_r}{J_a} \times \dfrac{J_w}{SRF}$

㉠ RQD : 암질지수

㉡ J_n :절리의 수

㉢ J_r :절리의 거친계수

㉣ J_a :절리의 변질계수

㉤ J_w :지하수에 의한 계수

㉥ SRF : 응력에 의한 계수

Q-System은 많은 터널시공 예를 분석한 자료를 기초로 개발된 것으로서 **정량적인 암반분류 체계일 뿐 아니라 터널보강설계가 가능한 측면이 고려된** 분류이다.

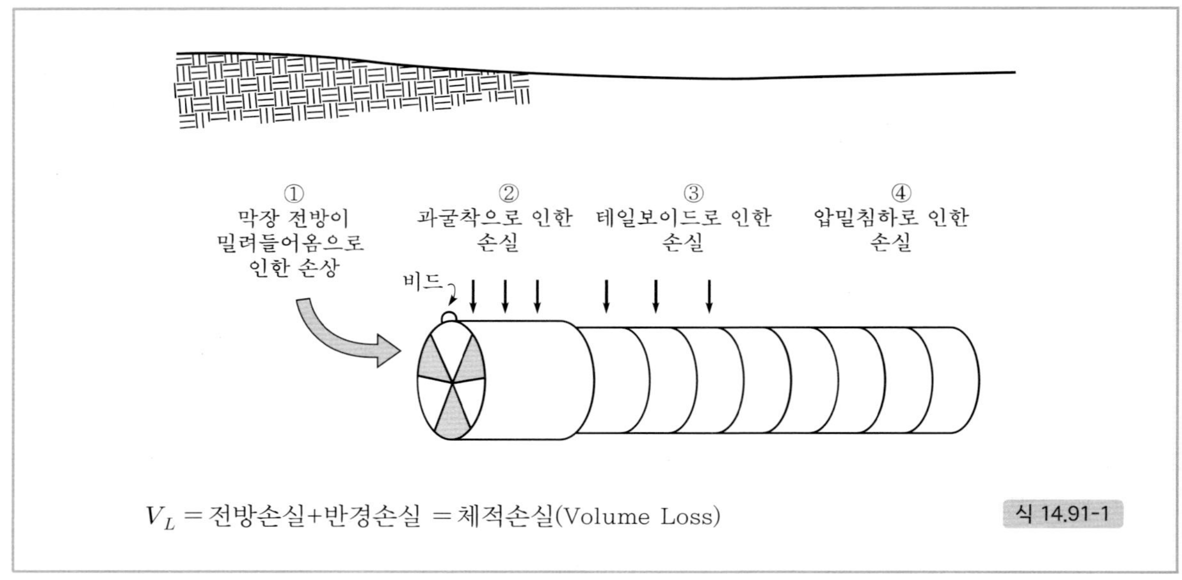

$$V_L = \text{전방손실} + \text{반경손실} = \text{체적손실(Volume Loss)}$$ 식 14.91-1

그림 14.91-1 밀폐형 쉴드 TBM에서의 침하 원인(체적손실의 원인)

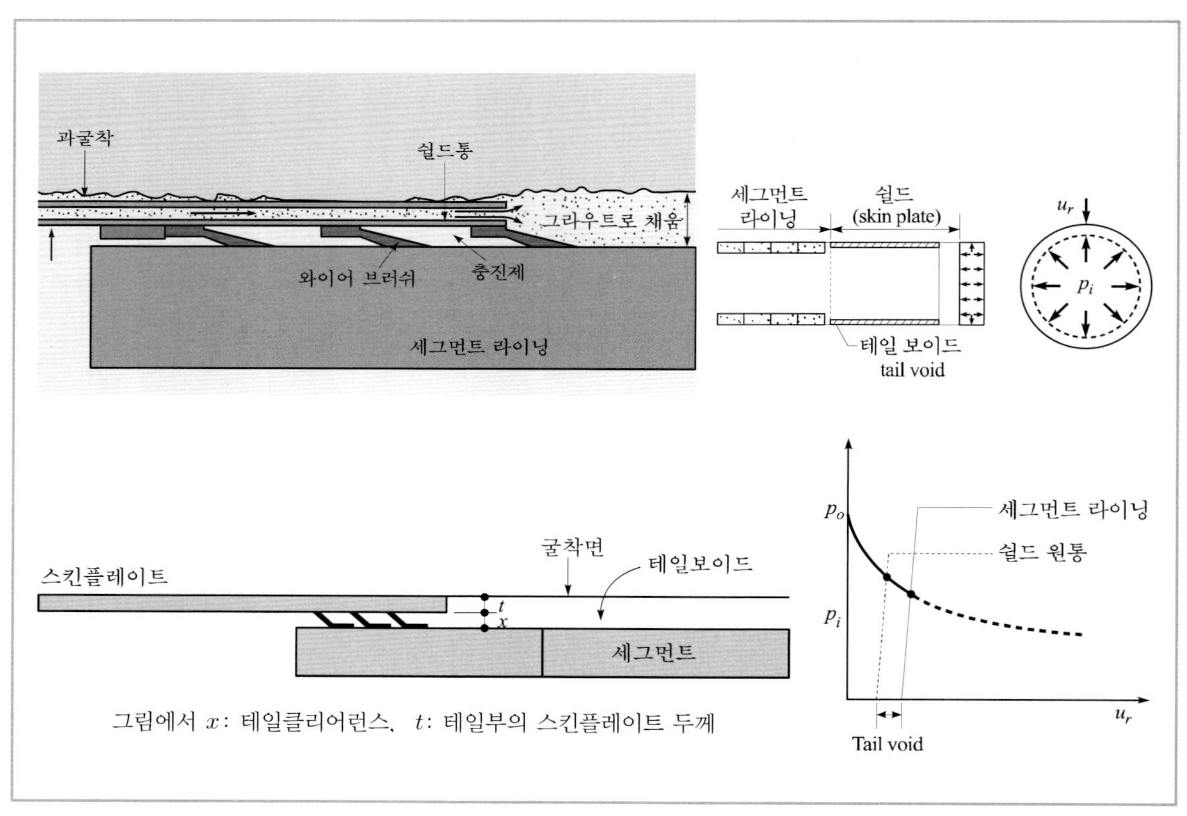

그림 14.91-2 테일보이드(tail void), 쉴드 TBM(수동지지 라이닝), 지반반응곡선과 지보특성곡선

14.91 쉴드 TBM으로 굴착 시 지표면 침하양상(1)

1 NATM과 쉴드 TBM에서의 지반변형 예측

- **NATM공법에서의 지반변형**은 주로 **지반굴착에 따른 하중이완**에 의하여 발생한다. In-situ mechanics인 지반을 없앰으로써(굴착), 즉 제하(unloading)시킴으로써 변형이 발생한다. 물론 굴착만 있는 것이 아니라, 한 막장 굴차 → 지보재 설치 → 다음 막장 굴착 등의 일련이 과정을 반복해야 하므로 **이론해로 변형량을 구하기 어렵기 때문에 수치해석을 이용**한다.

- 그러나 **기계화 시공의 경우**에는 수치해석을 이용한다고 해도 TBM을 이용한 터널굴착을 모사하는 것은 쉽지가 않다. **굴착에 의한 지반변형이 하중이완에 의한 것이라기보다는 기계적인 요인이 크기 때문이다.** 따라서 기계화 시공의 경우에는 **체적손실(Volume Loss)이라는 경험적 요소에 근거**하여 변형 정도를 평가하는 것이 실무에서는 더 일반화 되어 있다.

- **체적손실이란** 실제로 소요되는 터널굴착 단면보다 더 큰 체적의 지반을 굴착함으로써 발생하는 추가적인 체적을 말하며, 굴진방향의 단위 길이당 추가굴착량으로 다음과 같이 정의 한다.

$$V_L = \frac{\text{과굴착량}}{\text{터널 단면적}} \times 100\% \quad \text{여기서, } V_L = \text{체적손실(Volume Loss)} \qquad \text{식 14.91-1}$$

- 실제로 기계화 시공을 수치적으로 모델링할 때에도 **주어진 지반조건에서 체적손실량을 미리 가정**한 다음, **체적손실에 의한 변형 양상을 파악**하는 정도이므로 **사실상 수치해석에 큰 의미를 부여하기 어렵다.**

2 체적손실

- 체적손실(Volume Loss, V_L)은 **전방손실**과 **반경손실**의 합으로 이루어진다. 그림 14.91-1 같은 체적손실 원인에 대해 설명하면 다음과 같다.

> 전방손실
>
> **그림①과 같이** 막장 전방에서 내부로 지반이 밀려들어옴에 따라 발생하는 체적손실로서. Open TBM의 경우에는 전방손실량이 상대적으로 큼, 밀폐형 쉴드 TBM의 경우에는 그 양이 훨씬 적다. 특히 막장압을 작게 가할수록 전방손실량은 증가할 것이다.
>
> 반경손실
>
> - 원활한 TBM굴진을 위한 과굴착 : 쉴드 TBM의 경우에 커터헤드 바로 뒤에 쉴드통이 있어서 같이 굴진한다. **커터헤드 외경이 쉴드통 외경보다 약간 커야 굴진이 용이**할 것이다. 실제로 커터헤드 끝에 비트를 부착하여서 외경을 약간 크게 한다. 이렇게 되면 **그림②와 같이** 커터헤드 후방 쉴드통에서 지반이 밀려들어와서 그 틈새로 메꾸어 줄 것이다. 이로 인하여 체적손실이 발생한다.

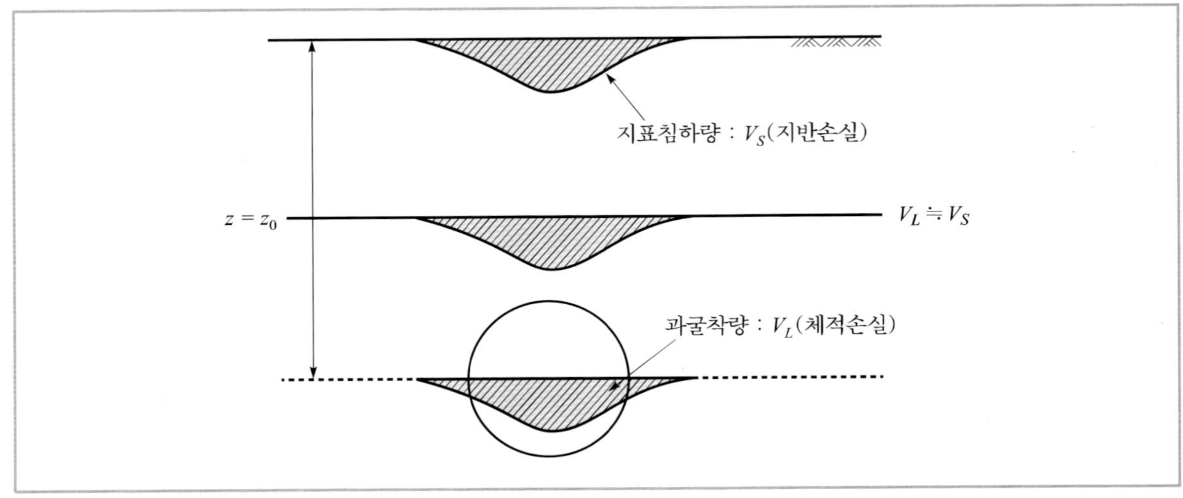

그림 14.92-1 터널굴착시 체적손실로 인한 지표면 침하양상

개념정리 ㉞ 쉴드 TBM 터널에서 지반침하의 원인 및 대책?

1 NATM과 쉴드 TBM에서의 지반변형 예측

구분	NATM	쉴드 TBM
지반변형 원인	암반의 하중 이완	굴착장비의 기계적 요인
변형예측 방법	이론해로 변형량을 구하기 어렵기 때문에 수치해석 이용	체적손실(Volume Loss)이라는 경험적 요소에 근거하여 변형 해석 (※ 수치해석시 GAP Parameter이용)

2 쉴드 TBM에서 체적손실(V_L) 발생원인 및 지표침하 양상

① 체적손실(V_L) : V_L = 전방손실 + 반경손실 그림 14.91-1 또는 그림 14.93-1 이용 설명

② 지반손실 (V_S) : 그림 14.92-1 이용 설명

③ 터널 굴착 시 체적손실(V_L) → 지반손실 (V_S)

④ 경험적 변형해석시 $V_L = V_S$ 가정

3 대책방안

① 전방손실 : 적절한 지보압 관리 $u_s \le \sigma_T < K_o \sigma_v' + u_s$

상한값 $\sigma_{T(upper)} < \sigma_v = \sigma_v' + u_s$, 하한값 $\sigma_{T(Lowwer)} \ge u_s$(수압)

② 반경손실 : Tail void 조기 그라우팅(쉴드 추진과 동시 주입), Tail void 단면축소

③ 압밀침하 : 주변지반 개량, 막장에서의 용수유출 방지

④ GAP parameter 이용한 침하예측

14.92 쉴드 TBM으로 굴착 시 지표면 첨하양상(2)

- 쉴드통과 세그먼트 외경 차이로 인한 과굴착 : 그림 14.82-2와 그림 14.82-3에서 보여주는 것과 같이 커터헤드 회전을 통하여 지반을 굴착한 다음 후방에서 영구지보재로서 세그먼트라이닝을 조립하여 설치한다. 이때 세그먼트라이닝 거치에 필요한 공간 확보를 위하여 필연적으로 **세그먼트라이닝의 외경은 쉴드통의 외경보다 작을 수밖에 없다**. 쉴드통 맨 끝단을 테일보이드(tail void)라고 하며, 테일 보이드 상세는 그림 14.91-2같다, 쉴드통 외경과 세그먼트 외경 차로 인하여 이곳에서도 역시 체적손실이 발생할 수밖에 없다(그림③) 물론 테일보이드를 그대로 빈 채로 놓아두는 것이 아니라 그림 14.91-2같이 테일보이드를 그라우팅으로 주입해 채워주게 된다. **그라우팅을 해주는 시기가 늦으면 늦을수록**, 또는 주입된 그라우팅재가 경화될 때까지는 지반이 미려 들어와서 공간을 메워줌으로써 체적손실이 발생한다.
- 압밀현상으로 인한 장기침하 : 포화된 점토지반을 굴착하는 경우 과잉간극수압이 발생할 수 있으며, 생성된 과잉간극수압이 소산되면서 장기적인 압밀침하가 발생할 수 있어서 장기적인 **체적손실(그림④)**의 원인이 되기도 한다.

3 쉴드 TBM굴진시 지표침하 양상

- **TBM 굴진 시 터널 주변에 발생하는 체적손실(V_L)은 지반손실(V_S)로 이어진다**. 쉴드 TBM굴진시 굴착하는 심도에서 터널 주변에 발생하는 체적손실(Volume Loss , V_L)로 인하여 지반은 터널천정 상부에서도 연속적으로 침하가 발생하여 급기야 지표면에서도 그림 14.92-1같이 침하가 일어난다.
- 그림에서 종단상의 단위 길이당 지표면 침하 트러프의 면적을 지반손실(Ground Loss, V_S)이라 정의한다. 그렇다면 **체적손실(V_L)과 지반손실(V_S)사이에는 어떤 관계가 있을 것인가?**
- 우선, 터널천정 상부의 지반이 터널굴착 시에도 체적이 전혀 변하지 않는다면 두 값은 같아야 한다. 즉 $V_L = V_S$이다. 그러나 만일 지반팽창이 유발된다면(예를 들어 매우 조밀한 사질토 등), 지반팽창 효과로 인하여 지표면 침하체적량은 오히려 적어질 것이다(즉, $V_S < V_L$). 이와 반대로 느슨한 사질토 층으로서 지반압축이 발생하며 체적손실에 더하여 지반압축으로 인하여 침하되는 체적은 더 커질 수도 있다($V_S > V_L$).
- 앞에서 설명된 대로 **체적손실량이 어차피 과거 경험에 근거한 경험치이며, 특히 실제로 현장에서 계측되는 값은 지표면 침하로부터 체적손실이그로 V_S일 확률이 크다**. 따라서 대부분의 경우 $V_L = V_S$로 가정하며, V_S와 V_L을 통칭하여 체적손실로 정의하기도 한다. 지금부터 침하양상에서는 지표면 침하 트러프 체적을 체적손실로 통칭한다

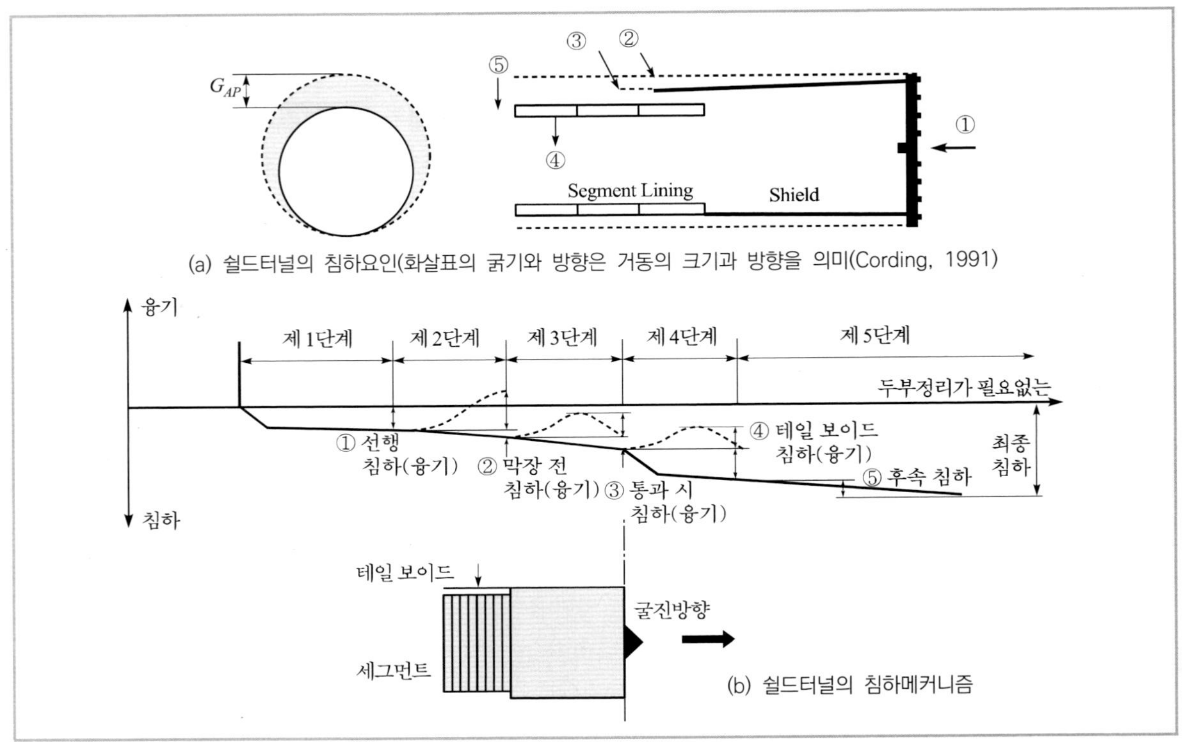

그림 14.93-1 쉴드 TBM에 의한 지반변형특성

개념정리 ㉟ GAP parameter란?

1 GAP parameter의 정의

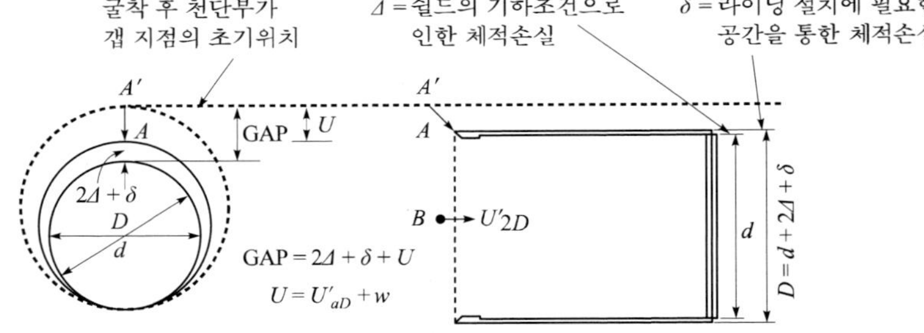

체적손실(V_L) 개념 = GAP = $2\Delta + \delta + U$

여기서, $2\Delta + \delta$=tail void, U=막장 천정부 침하+쉴드기 시공오차에 따른 변위

2 GAP parameter 이용한 침하예측

① GAP parameter는 쉴드 TBM 설계에서 수치해석에 필요한 입력 자료로서

② 쉴드터널 굴진에 따른 터널주변의 이완영역, 지반변위 또는 지표침하 등 지반손실 산정

③ 체적손실에 대한 Segment의 추가적 하중 산정

④ 배면그라우팅 주입량 예측

14.93 쉴드 TBM으로 굴착 시 지표면 침하양상(3)

■ 이제 **체적손실 V_L만 가정하면 지표면에서 침하 트러프 체적을 알 수 있다($V_L = V_S$). 문제는 침하가 발생하는 양상**이다. 물론 그림 14.92-1 같이 터널 중심 상부에서의 침하가 가장 크고, 터널 중심축에서 멀어질수록 작아질 것이다. 지금부터는 쉴드 TBM 굴진시 종단면 침하과정에 대해 설명할 것이다.

4 쉴드 TBM굴진시 굴착면 변형특성

많은 연구가 쉴드 TBM 굴진시 침하과정을 원인별로 5단계로 분류하여 제시하고 있는데, 단계별 침하 메커니즘은 그림 14.93-1 같다.

① 1단계 : 막장면 전면부 선행침하

쉴드 막장의 전방에서 발생하는 침하로 지하수위 저하에 따른 유효응력 증가에 따른 압축(즉시) 또는 압밀침하이다.

⇨ 챔버 내 압력을 '(토압+수압)×1.10'수준으로 관리하여 침하를 억제할 수 있다.

② 2단계 : 막장면 도달직전 침하, 굴진면 전면부 침하(융기)

쉴드 도달 직전에 발생하는 침하 또는 융기로서, 막장의 압력 불균형이 주 원인이다. 막장 용수나 세그먼트의 누수, 사행수정, 곡선여굴 등도 이의 원인이다.

⇨ 챔버내 버럭 반출량, 스크류콘베이어의 속도제어, 챔버압 관리등으로 부분제어

③ 3단계 : 쉴드 통과시 침하

쉴드가 통과할 때 굴착에 따른 응력해방, 스킨 플레이트 단면감소 영향 등으로 인해 발생하는 침하 또는 융기이다.

⇨ 굴진시 폴리머의 주입 및 점성관리로 여굴부(상하 40mm) 침하를 부분제어

④ 4단계 : Tail void부 침하(융기)

쉴드 테일이 통과한 직후에 생기는 침하 또는 융기로서, 스킨 플레이트로 지지되고 있던 지반이 테일보이드의 응력해방으로 인해 유발되는 침하(침하의 대부분을 구성하며, 응력해방에 따른 탄소성 변형)이다.

⇨ 동시주입방식 채용 및 적절한 뒤채움 주입관리(주입량, 주입압)를 통해 침하를 제어

⑤ 5단계 : 세그먼트부 침하, 후속침하

주로 연약 점성토 지반에서 나타나는 침하 또는 융기로서, 세그먼트 설치 후 지반응력 재배치, 과도한 주입압 등에 기인한다. 테일 통과 후 불균형 지압이 라이닝 변형을 야기하여 지반침하를 유발할 수 있으며, 특히 세그먼트 이음 볼트의 조임이 불충분할 때 세그먼트 링의 변형이 쉽게 일어날 수 있다.

⇨ 2차 뒤채움 주입을 통해 침하발생을 억제

개념정리 ㊱ 라이닝 구조해석에 대한 이해 (I)

1 터널 라이닝의 설계요구조건

- **터널 라이닝은 설계 수명기간동안 발생 가능한 외부(하중)영향을 안전하게 지지하고(안정성), 운영 중 요구기능(사용성)을 만족하여야 한다.** 라이닝은 대부분 (철근)콘크리트 구조물로 계획되는 터널의 목적물로서 외부하중을 적정 안전율로 지지하여야 하며, 지진하중에 대하여도 붕괴에 안전하고, 기능수행에 지장이 없어야 한다.
- 라이닝(**NATM의 경우** 콘크리트 라이닝, **쉴드 TBM의 경우** 세그먼트 라이닝)은 터널의 설계수명 기간 중 작용하중에 대하여 충분한 지지저항을 가져야 한다.

2 터널 안정검토 체계

- 터널건설의 요구조건으로서 **굴착 중 안정성확보**와 **설계수명기간동안 작용 가능한 최대 하중을 라이닝이 안전하게 지지**하여야 한다. **굴착 중 안정성 확보**는 지반 또는 지반-지보(1차)시스템의 붕괴에 대한 저항성을 검토하는 것으로, 지상구조물에서는 고려하지 않아도 되는 터널에서만 발생하는 유형의 안정 문제라 할 수 있다.
- 반면, **라이닝 구조 안정검토**은 일반 지상구조물과 마찬가지로 설계수명기간 동안 작용가능한 최대 외부영향에 대하여 안정을 유지하도록, 라이닝 단면을 결정하는 것이다.

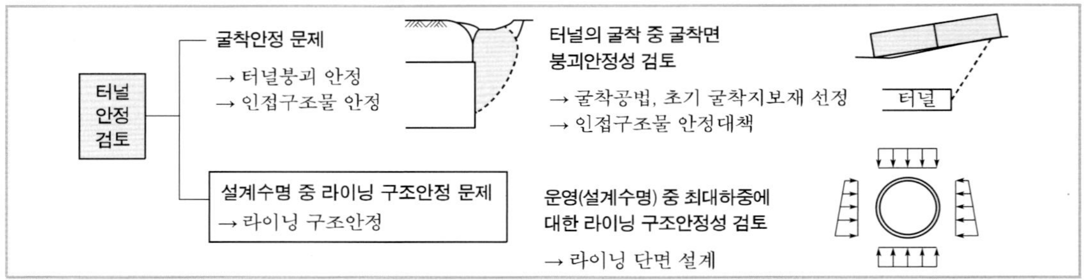

그림 개념 ㊱-1 터널안정검토 = 굴착 중 안정검토 + 라이닝 구조해석

3 터널공법에 따른 지지개념과 라이닝구조

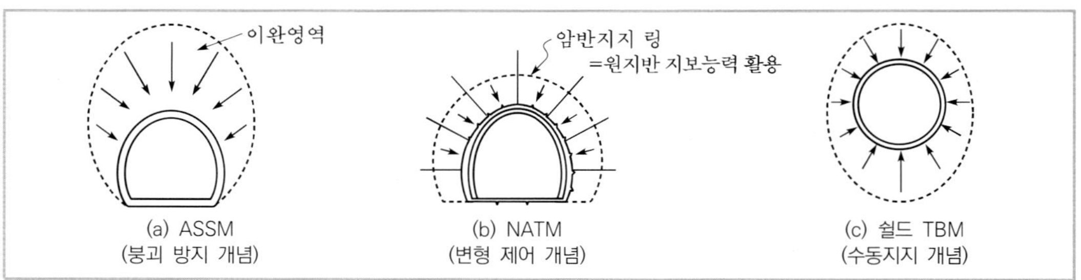

그림 개념 ㊱-2 터널공법에 따른 지지개념

- **붕괴방지개념(ASSM)** : 지반하중을 모두 지보(라이닝)가 부담한다는 매우 보수적 설계개념
- **암반 지지링(bearing ring) 개념(NATM)** : 암반의 자립능력을 감안한 지지링 개념, 양호한 암반의 경우 라이닝은 암반이완하중과 잔류수압만을 지지하도록 하는 설계개념

개념정리 ㊲ 라이닝 구조해석에 대한 이해 (2)

※ 지지링 개념 : 터널의 지반과-라이닝의 상호작용에 의해 평형을 이룬다는 내공 변위 제어법 개념

■ **수동지지 개념(쉴드 TBM)** : 세그먼트 라이닝은 하중산정에 있어 이완토압과 수압을 고려하는 수동 지지 개념에 가깝다.

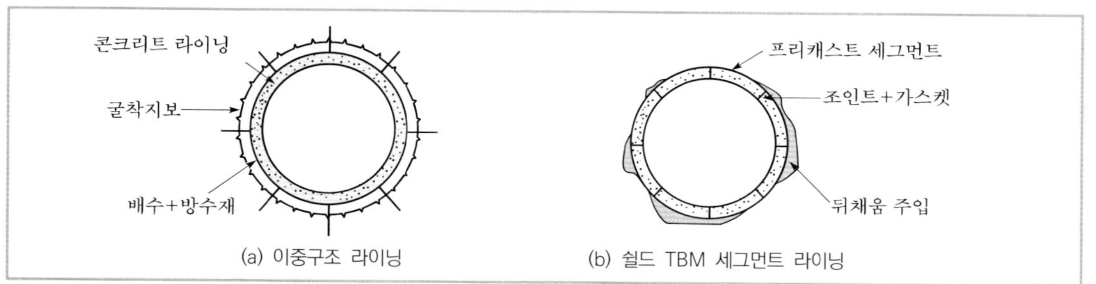

그림 개념 ㊲-1 라이닝 구조

■ NATM은 1차지보와 2차라이닝으로 구성되는 **이중구조 라이닝(더블쉘)**이며, NMT는 **싱글쉘**, 쉴드 TBM의 세그먼트라이닝은 **단일구조 라이닝**에 해당한다. 여기서 **구조안정검토 대상 라이닝**은 NATM에서 **2차 지보재인 콘크리트라이닝, 쉴드 TBM에서 세그먼트라이닝**이다.

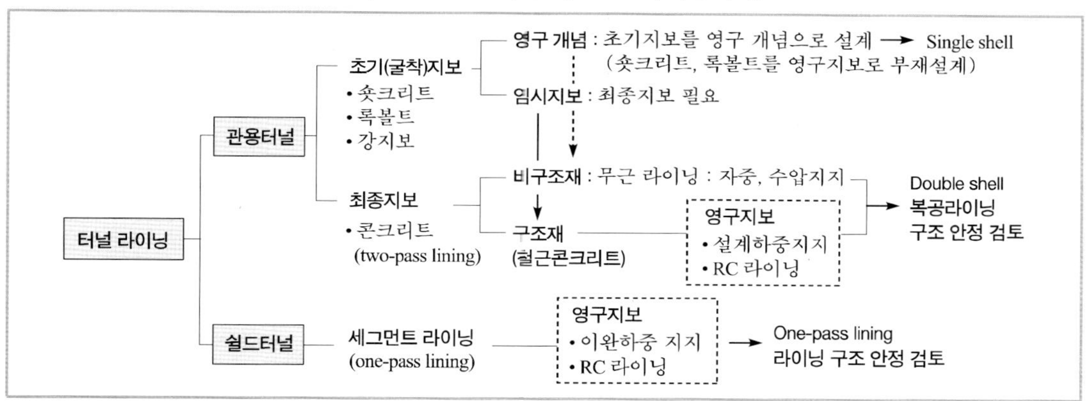

그림 개념 ㊲-2 터널 라이닝 안정검토 개념

3 라이닝 구조해석 및 단면결정 절차

■ 라이닝 구조해석은 지반-구조물 상호거동을 고려한 수치해석 → 대부분 실무설계는 **빔스프링모델 사용**

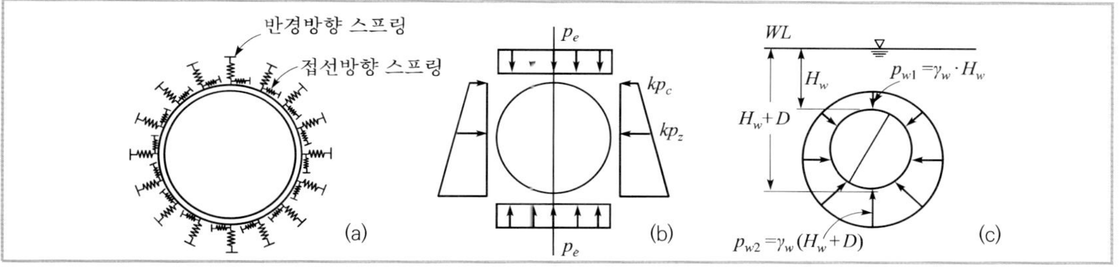

그림 개념 ㊲-3 하중의 평가 → 라이닝 단면 가정 → 라이닝 구조 해석

개념정리 ㊳ 라이닝 구조해석에 대한 이해 (3)

4 터널 라이닝 작용하중

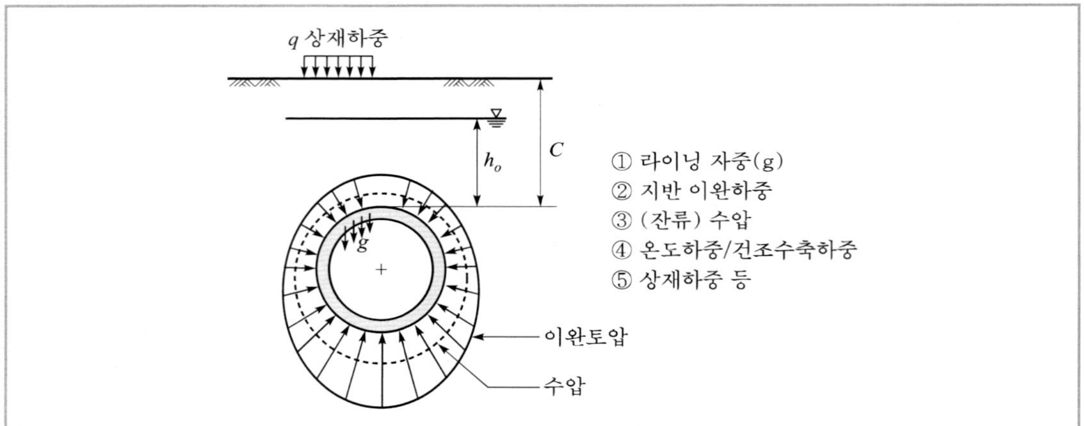

그림 개념㊳-1 터널 라이닝에 작용하는 하중 예

- **터널 라이닝에 작용하는 하중**은 암반이완하중, 수압, 자중, 지진하중 등을 포함한다.

- **암반이완하중의 경우** 토사지반과 같이 얕은 터널의 경우 전 토피하중으로 작용할 수 있다. 하지만 심도가 깊어질수록 지반-구조물의 상호작용과 지반아칭에 의해 이완영역은 터널 주변에 한정된다.

  ① NATM공법은 1회 굴진장의 절반정도 범위로 지반이 이완되는 것으로 알려져 있다.
  ② 쉴드 TBM공법은 굴착면이 원형으로 응력집중이 일어나지 않고 진동도 거의 없어 **발파굴착보다 주변 지반의 이완이 현저히 작으므로 NATM공법의 1/2 수준이다.**

- **수압하중의 경우는 배수터널에서는** 원칙적으로 수압작용을 무시할 수 있으나 우기 시 지하수위 상승에 따른 통수능 한계초과, **수리열화에 따른 배수재의 통수능 저하를 고려하여 NATM 배수터널에서 2차라이닝에 잔류수압을 작용할 수 있다.** 실무설계에서는 통상 터널 높이의 1/2~1/3정도의 수두를 잔류수압으로 고려한다. **비배수터널의 경우** 터널 위치의 **정수압이 고려**되어야 한다.

5 세그먼트라이닝 작용하중의 기본개념

- **NATM공법**에서의 콘크리트라이닝은 **2차 지보재**로서 근본적으로 하중을 지지하는 요소가 아닌데 반하여 **쉴드** TBM에서 설치되는 세그먼트라이닝은 유일한 지보재로서 하중을 지지하는 **주 지보재**이다.

- 쉴드의 추력은 추력실린더를 이미 시공된 세그먼트라이닝에 지지해 반력을 얻는바 **세그먼트라이닝은 시공 시 이 추력에 소요되는 반력에 충분히 견딜 수 있어야 한다.**

- **또한 세그먼트라이닝은 운영 중 작용하는 지반하중과 수압을 지지하도록 해야 한다.**

개념정리 ㊴	라이닝 구조해석에 대한 이해 (4)

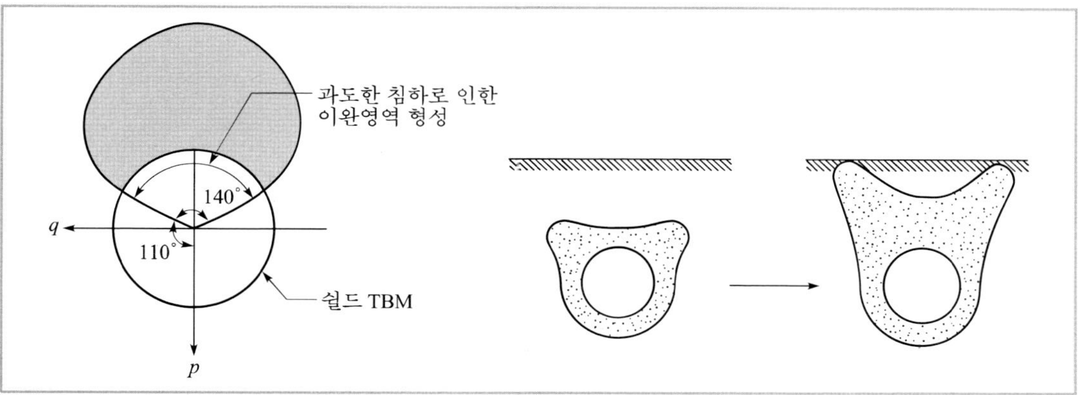

그림 개념 ㊴-1 쉴드 TBM에서의 이완영역 가정

- 우선 지반하중은 터널굴착 시에 침하가 크지 않다서 터널 횡단면에서 convex arch가 발생한다면, 새로운 평형상태를 이루도록 작은 양의 지보압이면 충분하다. 그러나 침하가 과도한 경우 inverted arch가 발생하여서 이완하중이 세그먼트라이닝에 작용할 수 있다(그림 개념 ㊴-1 참조). 대부분의 현장에서는 (특히 천층 연약지반의 경우) 최악의 상황을 고려하여 이완하중을 견디도록 설계해야 한다. 이완하중은 **14.74에서 설명한 Terzaghi의 이완토압을 주로 적용**한다.
- 또한 **세그먼트라이닝은 방수구조이므로 라이닝에 정수압이 전부 작용**한다. 사질토 지반, 모래성분을 갖고 있는 점성토지반은 유효응력에 기인한 토압과 수압을 별도로 계산하며, 반면에 투수성이 극히 적은 완전점토에서는 비록 점토가 포화되었다고 해도 수압이 라이닝에 작용되기 어려우므로 γ_{sat}의 포화단위중량에 근거한 전응력해석으로서 토압만을 적용할 수도 있다. 그러나 이 경우는 수압이 라이닝에 작용되지 않는다는 확신이 있는 경우에만 채택하여야 하며, 보통의 점성토 이상에서는 전자와 같이 토압과 수압을 따로 취급하는 것이 안전하다.

구분	NATM에서 콘크리트라이닝	쉴드 TBM에서 세그먼트라이닝
① 지보재 기능	2차 지보재 역할	주 지보재 역할
② 지지개념	암반 지지링(bearing ring) 개념	수동지지개념
③ 라이닝 구조	이중구조 라이닝(더블쉘)	단일구조 라이닝
④ 라이닝 역할	• 1차 지보재의 안전율저하(기능상실) • 지반변위 수렴전에 라이닝 시공(점소성 거동) • 토피가 낮은 토사지반(암반이완하중) • 비배수형 터널(수압고려)	• 시공 시 이 추력에 소요되는 반력 • 운영 중 작용하는 지반하중과 수압을 지지
⑤ 적용하중	암반이완하중, 잔류수압, 자중, 지진하중 등	지반이완하중, 수압, 자중, 지진하중 천층터널 전토피하중

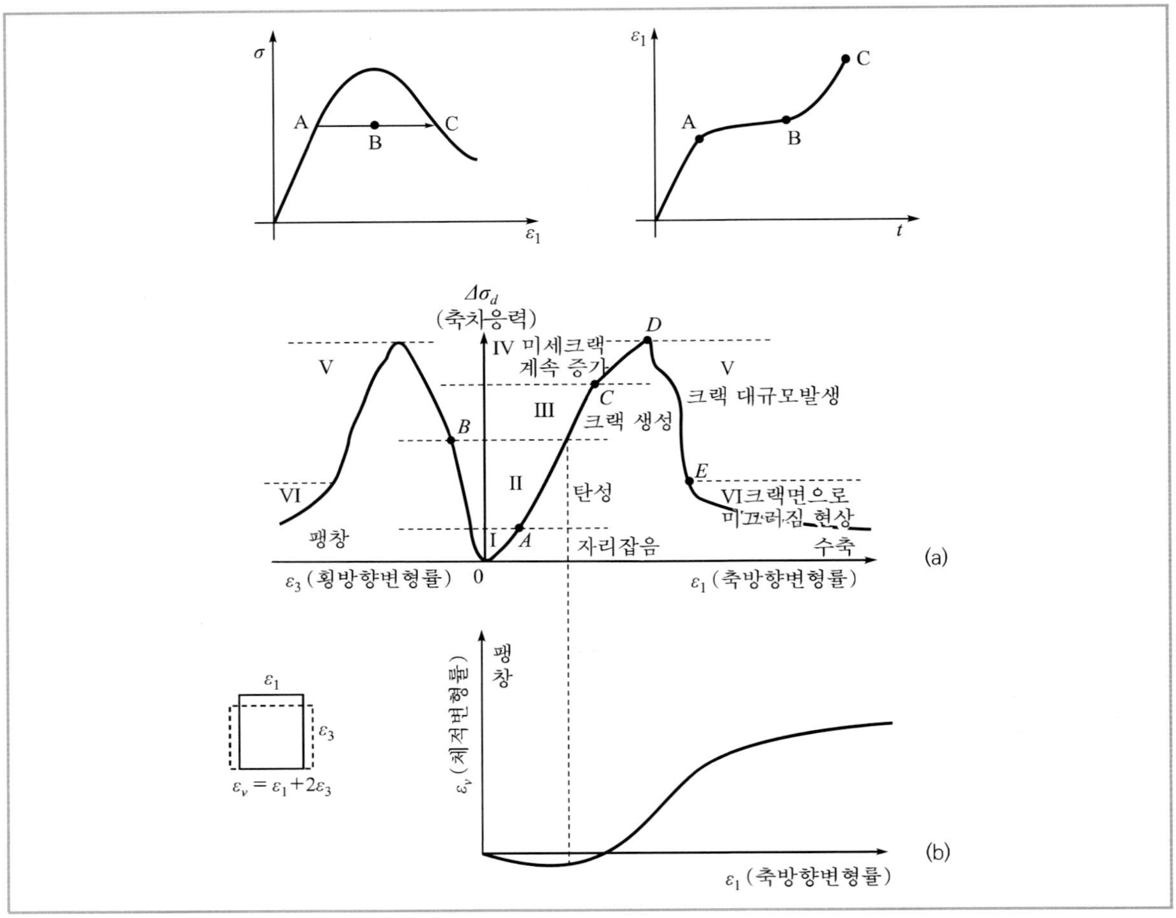

그림 14.94-1 암석의 응력-변형률 관계로부터 암석의 creep 현상 이해

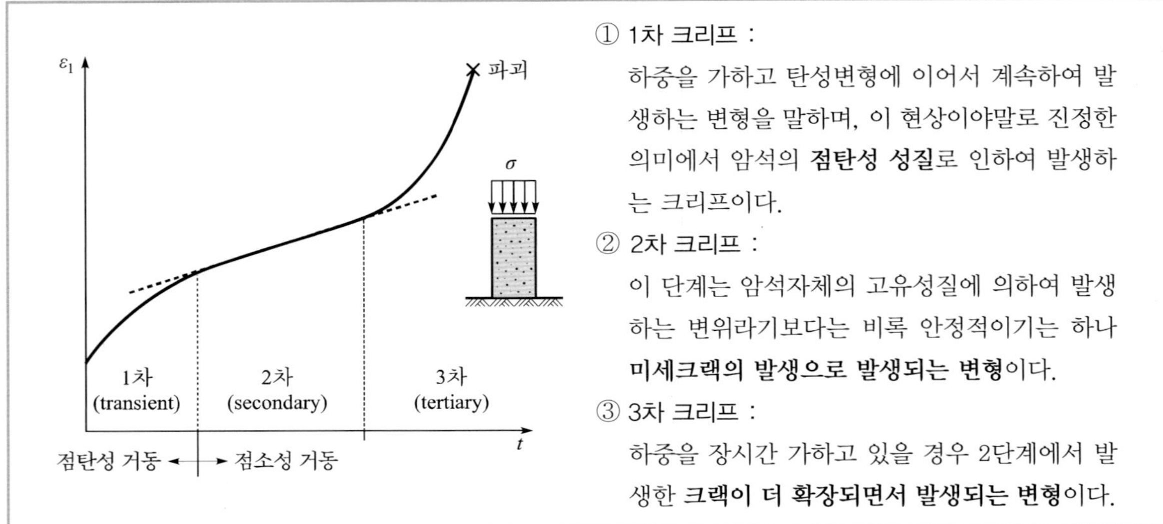

① 1차 크리프 :
하중을 가하고 탄성변형에 이어서 계속하여 발생하는 변형을 말하며, 이 현상이야말로 진정한 의미에서 암석의 **점탄성 성질**로 인하여 발생하는 크리프이다.

② 2차 크리프 :
이 단계는 암석자체의 고유성질에 의하여 발생하는 변위라기보다는 비록 안정적이기는 하나 **미세크랙의 발생으로 발생되는 변형**이다.

③ 3차 크리프 :
하중을 장시간 가하고 있을 경우 2단계에서 발생한 **크랙이 더 확장되면서 발생되는 변형**이다.

그림 14.94-2 creep 현상의 3단계

14.94 터널의 시간의존성 거동 관련사항 Review

1 암석에서의 크리프(creep)현상

- 지반공학이해Ⅱ 137p 2차 압밀현상을 고려한 비선형 압밀해석(1)에서 **점토의 크리프(creep)현상**에 대해 설명한 바 있다. 그림 14.94-1a 같이 "**같은 응력을 장시간 가해주면 점토는 시간이 지남에 따라 계속하여 변형량이 증가하여 결국에는 파괴**"가 되기도 하는 현상이다. **암석의 종류에 따라 암석도 크리프현상을 보이게 된다.**

- 대표적으로 **암염**은 작은 압력이 작용되어도 시간의존성을 보이는 것으로 알려져 있다. **화강암이나 석회석 같은 단단한 암석**은 작은 압력 하에서는 크리프현상은 보이지 않으나, 예를 들어 가해주는 **압축응력이 암석의 일축압축강도의 1/3 이상이 되면 크리프현상을 보일 수 있다.**

- 이와 같은 사실은 이미 설명된 14.21 암석의 응력-변형률 관계로부터 확인할 수 있다. 그림 14.94-1 같이 압축응력이 **압축강도의 1/2에 이르면 암석에는 균열이 발생되며, 이 압력을 장기간 가할 경우, 계속 균열이 확장되면서 크리프현상을 보인다.**

2 크리프(creep)현상의 재조명

- 크리프현상은 그림 14.94-2 같이 세단계로 정리할 수 있다.

- 결론적으로, **2차 및 3차 크리프**는 새로이 암석에 크랙이 발생하므로 야기되는 변형으로서 크랙발생 및 전파는 에너지 손실을 유발하므로 **점탄성이 아니라 점소성 거동으로 보아야 한다.** 즉 이는 소성거동(소성파괴)으로 보아야 하며, 단지 소성파괴가 하중을 가함과 동시에 발생되는 것이 아니라 시간이 흐른 뒤에 발생한다는 것이 소성거동과 점소성 거동이 다른 것으로 이해하면 된다.

3 암석의 장기거동

- 여기서 "같은 응력을 장시간 가해주면 점토는 시간이 지남에 따라 계속하여 변형량이 증가하여 결국에는 파괴"라는 **크리프의 정의를 다시한번 음미해보자.**

- **같은 응력이란?** 일반적으로 일축압축강도의 반($\frac{q_u}{2}$)을 의미하며, **시간이 지남이란?** 점탄성·점소성 거동을 의미하며, **변형량이란?** 소성거동을 의미한다,

- **결국에는 파괴란?** 암석에서의 크리프란 (암염과 같이 진정한 의미에서 점탄성거동을 보이는 암석을 제외하고는) 하중을 가해주는 시간이 아주 장시간일 때, 비록 초기에는 파괴가 발생하지 않으나 종국에 가서는 파괴되는 현상을 말한다.

- 즉, 암석의 장기거동을 의미하며, 앞으로 설명할 **초기지중응력이 큰 대심도 터널(과지압 암반)에서 암반의 시간의존성 거동 발생에 따른 파괴(취성파괴 및 스퀴징)가 일어날 수 있음을 시사하고 있다.**

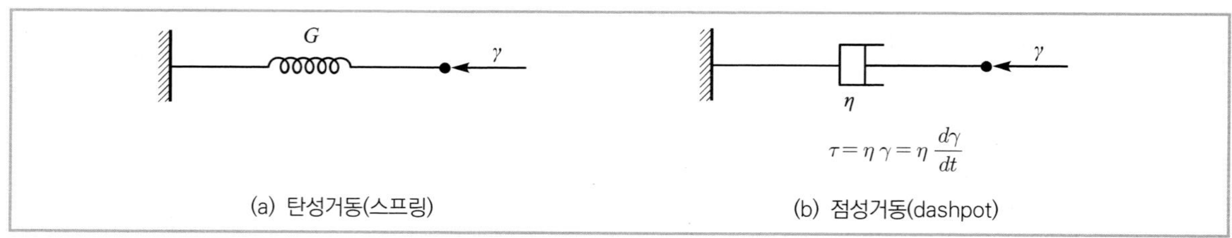

(a) 탄성거동(스프링)　　(b) 점성거동(dashpot)

그림 14.95-1 탄성거동과 점성거동

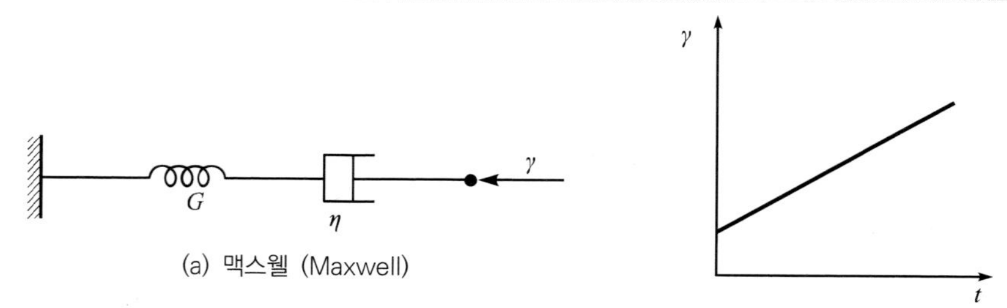

(a) 맥스웰 (Maxwell)

맥스웰(Maxwell)모델 ; 스프링과 dashpot를 직렬로 연결한 모델로서 탄성거동 후 점성거동이 **순차적으로 발생**됨을 나타내는 모델이다.

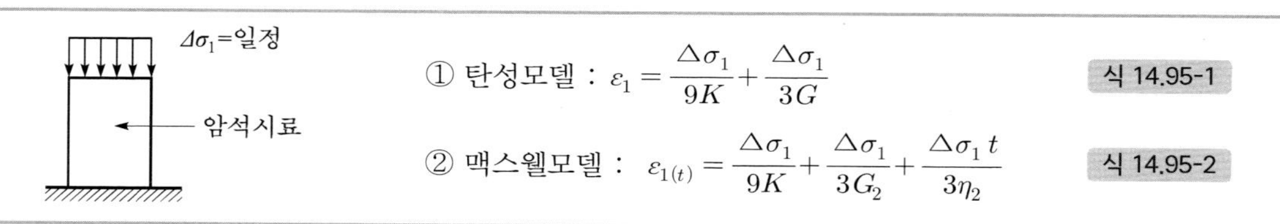

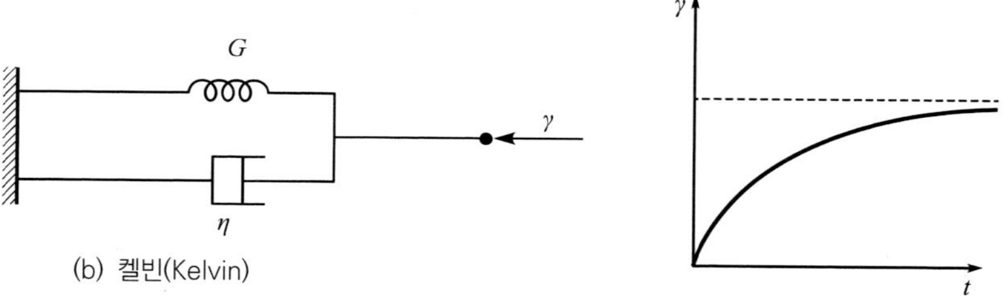

(b) 켈빈(Kelvin)

켈빈모델(Kelvin)모델 ; 스프링과 dashpot를 병렬로 연결한 모델로서 탄성거동 과 점성거동이 **동시에 발생**됨을 나타내는 모델이다.

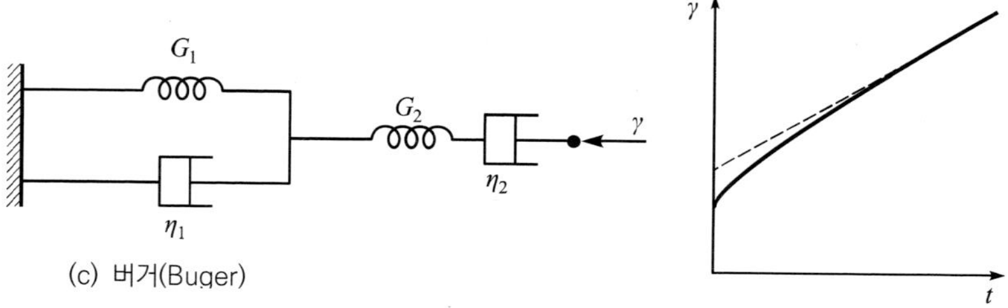

(c) 버거(Buger)

버거(Buger)모델 ; 켈빈모델(Kelvin)모델+맥스웰(Maxwell)모델을 조합한 모델이다.

그림 14.95-2 점탄성모델

14.95 시간의존성 모델

1 탄성과 점성의 기본모델

- **탄성**은 그림 14.95-1a 같이 용수철로 표현할 수 있는 현상으로 가한 즉시 변형이 발생하며, 더 이상의 변위는 없는 현상을 말한다. 반면에 **점성**은 그림 14.95-1b 같이 dashpot으로 표현할 수 있는 현상으로 **응력을 가한 즉시에는 변형이 발생되지 않으나 시간이 흐름에 따라 지속적으로 변형이 일어나는 거동**을 보이는 현상을 말한다.

- 다시 부연하면 **시간의존적이지 않은 탄성거동**은 원인(하중)과 결과(변위)가 동시에 발생하고, **점성거동**은 원인(하중)과 결과(변위)가 **시간의존적으로 발생**한다.

- 점탄성모델은 탄성계수항이나 전단계수항 각각이 점탄성거동을 보이는 것으로 모델링할 수 있으나 암석의 경우는 체적변형은 시간의존성을 갖지 않는 것으로 보아도 무리가 없으므로(즉, 체적계수 K는 탄성으로 가정한다는 뜻) 전단계수항만이 점탄성거동을 하는 것으로 가정한다. 따라서 그림 14.95-1 에서, **그림(a)의 탄성모델은 $\tau = G\gamma$로 모델링할 수 있고, 반면에 그림(b)의 점성모델은 $\tau = \eta\dot{\gamma} = \eta\dfrac{d\gamma}{dt}$로 모델화할 수 있다.**

2 점탄성모델

- 대표적인 점탄성모델은 그림 14.95-2 같이 맥스웰(Maxwell), 겔빈(Kelvin), 버거(Buger)모델이 있다.

- 여기서 다시한번 확인할 사항은 암석시료에 $\triangle\sigma_1 = const$ 하중을 가한채로 계속 있을 때 점탄성모델로 각각 설명하면 **체적변형 성분은 시간의존성이 없다고 가정하고 전단변형의 경우만 시간의존성을 띤다고 보게 되므로** 기본적인 탄성모델식은 식 14.95-1 같이 $\varepsilon_1 = \dfrac{\triangle\sigma_1}{9K} + \dfrac{\triangle\sigma_1}{3G}$ 유도될 수 있다. 여기서 탄성정수는 K, G이다.

- **점탄성모델로 맥스웰(Maxwell)모델의 기본식**은 식 14.95-1 에서 체적변형을 나타내는 항인 $\dfrac{\triangle\sigma_1}{9K}$항은 탄성거동을 하므로 불변이며, 두 번째 항이 시간의 함수로 변하게 된다.

- 따라서 기본 식은 식 14.95-2 $\varepsilon_{1(t)} = \dfrac{\triangle\sigma_1}{9K} + \dfrac{\triangle\sigma_1}{3G_2} + \dfrac{\triangle\sigma_1 t}{3\eta_2}$ 유도될 수 있다.
  여기서, 소요지반정수는 K, G_2, η_2이다.

3 점소성모델

- 점소성모델에 대해서는 14.96 탄성·점소성 모델의 수학적 모델링 편에 별도로 설명될 것이다.

- 독자들은 지반해석모델(수치해석시 수치구성식 모델)로서 탄·점성 및 점탄성모델에 대해서는 지반공학이해 I 67p를 다시한번 연계 반복학습하길 당부 드린다.

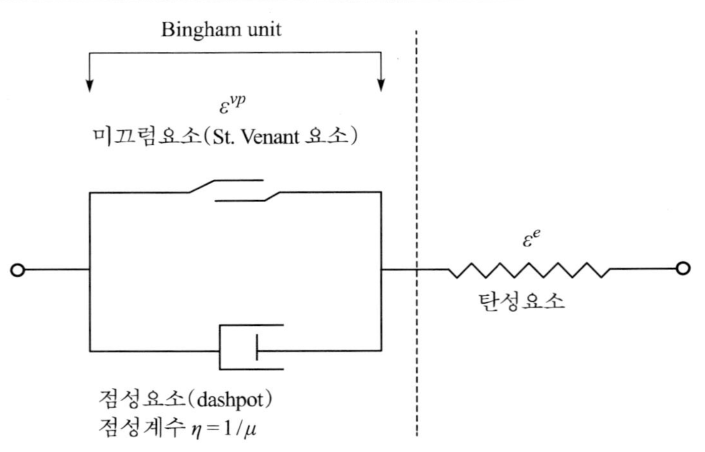

스프링1개와 소위 Bingham unit가 직렬로 연결된 모델을 사용한다. 여기서 **Bingham unit**은 그림 왼쪽과 같이 **미끄럼요소 한 개와 점성요소 한 개를 병렬로 연결한 것을 말한다.** Bingham unit를 설명하면 아래와 같다.

① 미끄럼 요소는 **파괴강도에 다다른 경우에는 움직이고**, 강도 이하에는 움직이지 않는 거동을 보인다.
② 점성요소(dashpot)는 미끄럼요소와 병렬로 연결된 것으로 **미끄럼요소는 그 성질상 일단 파괴강도에 이르면 너무 변형이 빨리 일어날 수 있으므로 이 점성요소를 이용하여 변형률을 조절**한다.

그림 14.96-1 탄성-점소성모델

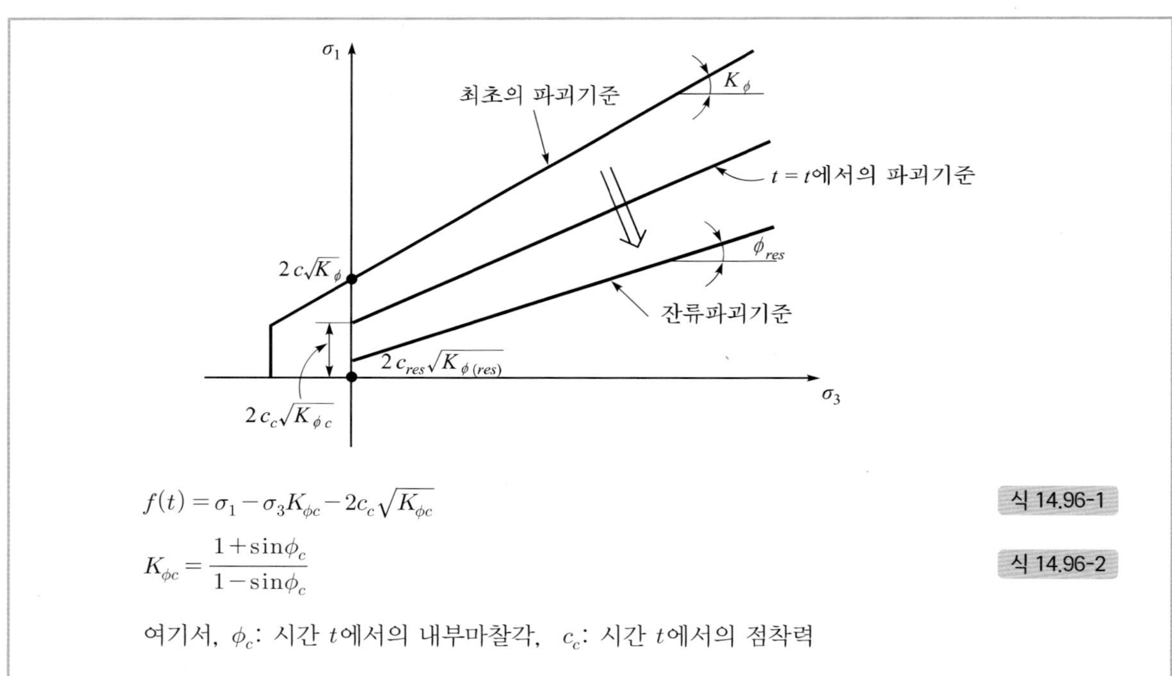

$$f(t) = \sigma_1 - \sigma_3 K_{\phi c} - 2c_c\sqrt{K_{\phi c}}$$ 식 14.96-1

$$K_{\phi c} = \frac{1+\sin\phi_c}{1-\sin\phi_c}$$ 식 14.96-2

여기서, ϕ_c: 시간 t에서의 내부마찰각, c_c: 시간 t에서의 점착력

그림 14.96-2 점소성이론에서의 파괴기준면이 첨두강도 → 잔류강도로 시간에 따라 감소

14.96 탄성·점소성 모델의 수학적 모델링

[1] 점탄성모델을 이용한 콘크리트라이닝과 암반지반에 작용하는 시간의존적 응력과 변형

- 점소성 모델에 대한 설명 이전에, 앞에서 설명한 **점탄성 모델에 대한 적용 예**를 생각해보자, 일반적으로 터널의 굴착을 완료한 후에 최종적으로 2차 지보재로서 콘크리트라이닝을 설치하게 된다. 따라서, **굴착을 완료한 시점은 이미 탄성변형이 완료된 상태로서 콘크리트라이닝에는 자중을 제외하고는 응력이 작용되지 않는다.**

- 결론적으로 말하여 그림 14.95-2c의 버거(Buger)모델에서 스프링 $G_2 = 0$로 가정해도 무리가 없을 것이다. **라이닝이 설치된 터널의 경우 비록 시공초기에 콘크리트라이닝에 작용되는 응력은 거의 없다고 해도 시간이 흐름에 따라 암반은 점탄성으로 인하여 반경방향으로 변형하고 싶어 하나, 라이닝으로 인하여 쉽게 변형이 발생하지 못하는 대신 라이닝에 시간에 따라 압력이 증가되는 양상**으로 작용될 것이다. 따라서 **점탄성모델을 통해 콘크리트라이닝과 암반지반에 작용되는 시간의존적 응력과 변형을 구할 수 있다.**

[2] 탄성-점소성 모델

- Malan(1999, 2002)은 호주의 심부에 존재하는 광산터널이 시간의존성 거동을 보이기는 하나 아주 신선하고 단단한 암반지반에 터널이 위치하기 때문에, 이 암반이 점탄성거동을 하지 않는 것에 착안하여 **파괴기준이 시간에 따라 변한다는(첨두강도 → 잔류강도) 가정에 근거**하여 탄성-점소성거동을 수학적으로 모델링함으로써 **심부터널의 시간의존성 거동을 규명**하고자 하였다. 탄성-점소성 모델의 모델링 개요는 다음과 같다.

- 탄성-점소성 모델 : 그림 14.96-1
  탄성-점소성모델 = 탄성요소+Bingham unit = 탄성요소+(미끄럼 요소+점성요소)로 구성

- 파괴기준과 : 그림 14.96-2
  ① **점소성이론과 소성이론이 다른 것 중 하나는 소성이론에서는** 일단 응력상태가 파괴면에 다다르면 더 이상 이 파괴면 이상의 응력을 가질 수 없었는데 반하여, **점소성 모델에서는** 파괴기준면이 첨두강도로부터 잔류강도로 시간에 따라 계속 감소하게 되므로, 응력의 상태가 파괴면 상태에서의 응력보다 더 커질 수 있다는 것이다. 파괴기준은 식 14.96-1, 식 14.96-2 같이 유도될 수 있다.
  ② 초기조건($t=0$)은 첨두강도를 사용하므로 식 14.96-1, 식 14.96-2에서 $\phi_c = \phi$, $c_c = c$를 사용하고, 최후조건($t=\infty$)은 궁극적으로 잔류강도에 다다르므로 식 14.96-1, 식 14.96-2에서 $\phi_c = \phi_{res}$, $c_c = c_{res}$ 사용한다. 또한 **내부마찰각은 시간에 따라 변하지 않는 것으로 가정하고, 대부분의 경우 점착력만 감소되는 것으로 본다.**

암석의 시간의존성 성질		암반의 시간의존성 변형거동
1 팽창성(swelling)		1 팽창성 암(swelling Rock)
암석이 물을 동반한 화학반응이나 응력이완을 받았을 때, 팽창하는 성질을 말하며 다음과 같은 요소에 의해 발생된다. ① 팽창성을 갖는 **점토광물**(montmorillonite)에 물이 첨가될 때 ② 경석고의 수화작용 ③ 황철광의 산화작용 ④ **위의 작용이 응력이완과 맞물렸을때**	⇨	팽창성 암은 단순히 **암석이 팽창**하므로 말미암아 체적이 증가하여 터널 지보재를 밀어주는 거동을 하는 암석을 말한다.
2 압착성(squeezing)		2 압착성 암(squeezing Rock)
암석이 시간의존성 전단변위를 보이는 성질을 말하며 **크리프**(creep)가 주요원인이다.		① 압착성 암도 결국 터널지보재에 작용되는 하중을 증가시킨다는 결과 자체는 팽창성 암과 동일하나 압착성 암은 암의 체적팽창으로 발생되는 것이 아니라 **시간의존적 전단거동**으로 인하여 터널 지보재에 작용되는 하중을 증가시키는 암석을 말한다. ② 이러한 현상은 상대적으로 천층에 존재하는 천매암, 이암, 미사암, 암염등의 **연약한 암석**에서 발생되는 것으로 알려져 있으며, 화성암과 변성암도 풍화되었거나 암석이 전단응력을 받고 있는 경우 압착현상(squeezing)이 일어날 수 있다.

표 14.97-1 팽창성(swelling)과 압착성(squeezing) 비교

구분	상세분류	지반거동 특성
탄성 (Elastic)	• Non Squeezing	• 무지보 상태에서도 안정성을 확보하는 상태
낙반 (Raveling)	–	• 지반굴착 후 천단부 및 측벽부의 느슨한 영역에서 암괴 및 박편이 떨어지는 상태
압착 (Squeezing)	• Mild Squeezing : u/a=1~3% • Moderate Squeezing : u/a=1~3% • High Squeezing : u/a>5% (u:반경방향 변위, a:터널반경)	• 암반의 압착으로 소성상태에 도달하는 경우 • 압착성 정도는 지중응력에 의존하며, 점토 등을 함유한 경우는 토피고가 얕아도 발생 • 토피고가 높은 단단한 지반인 경우 굴진면 및 굴착면 후방에서 압착성 발생
팽창 (Swelling)	–	• 수분을 함유한 점토지반의 체적팽창
유동 (Running)	–	• 조립지반의 급경사 사면이 노출되어 안정성을 확보하지 못하는 경우
흐름 (Flowing)	–	• 지반이 지하수를 만나 천단, 측벽, 바닥부 배면의 토사가 물의 흐름에 따라 유실되는 경우
파열 (Rock burst)	–	• 과지압으로 인해 단단한 암반이 갑작스런 파열을 일으키는 경우

표 14.97-2 암반의 시간의존적 거동에 따른 터널의 변상의 분류

14.97 터널의 시간의존성 거동특성 이해하기(1)

1 터널에서의 시간의존성 변형거동에 따른 문제

- **산악지역에 건설되는 터널**은 지반조건이 양호하여 도심지역에 계획되는 터널에 비해 안정성 확보 측면에서 유리하다. 그러나 산악터널이라 할지라도 **대심도에 계획**되며, 원지반의 강도가 상대적으로 낮고, 초기지압이 크며, 지하수 영향 등의 특별한 외적 조건에 의해 **팽창**(swelling)**과 압착**(squeezing)**현상**이 발생하는 터널의 경우에는 상황이 다르다.

- 이러한 지반조건에 건설되는 터널을 계획할 때에는 상세한 지반조사를 수행하여 원지반의 강도와 변형특성을 면밀히 평가하고 그 결과를 반영하여 다양한 방법을 통해 **시간의존적 변형특성을 보이는 장기소성변위 발생 정도를 평가하는 것이 매우 중요**하다. 장기소성변위는 터널내공에 발생하는 전체 변위량도 중요하지만 이보다 얼마만큼의 시간동안 어떠한 속도로 발생하는가가 더욱 중요한 문제로 대두된다.

- 이를 정확하게 평가하지 못한다면 **장기소성변위 발생에 의해 이미 시공된 1차 지보재와 콘크리트 라이닝의 기능이 점차적으로 저하되어 결국에는 터널의 안정성 확보에 문제점을 야기시킨다.** 이러한 장기소성변위 발생에 따라 터널 계획단면이 축소되어 1차 지보재가 손상되거나 최종 구조물인 콘크리트라이닝을 타설 할 수 없게 되는 경우는 국내·외 대심도에 건설되는 터널에서 이와 같은 장기소성변위 발생으로 인한 문제가 종종 보고되고 있다.

2 암반의 시간의존성 변형거동 개념

- 일반적으로 NATM의 설계개념은 지반이 1차 지보재 역할을 하여 초기에 발생하는 지반의 변형을 수용하고 굴착 후 타설되는 2차 지보재는 남아있는 주변지반의 외력(암반이완하중)과 평형을 이루어 안정을 찾도록 하는 것이다. 특히 터널 주변 지반의 강성이 적거나 초기지압이 크게 작용하는 조건에서는 터널굴착 이후에도 주변지반의 외력이 상당부분 남아있어 시간경과에 따라 터널에 지속적인 외력으로 작용하게 된다. 이런 특성을 보이는 **암반에서 장기적으로 발생하는 변형거동을 암반의 시간의존성 변형거동**이라 하며, 대표적 거동형태로 **팽창**(swelling)**과 압착**(squeezing)**현상**이 있다.

- 표 14.97-1 같이 **암반의 팽창현상**은 퇴적암 계열의 암석이 팽창함으로 인해 체적이 증가되고 이로 인해 터널의 경우 지보재가 추가적인 외력이 작용하여 과다변형을 유발하는 거동을 의미한다.

- 표 14.97-1 같이 **암반의 압착현상**은 터널에서 지보재에 외력이 증가된다는 점에서 팽창성과 유사한 개념을 보이나 압착성 암반의 외력증가는 팽창성 암반과 같이 체적팽창에 기인 한 것이 아니라 **시간의존적인 장기소성변형에 의해 발생**한다는 것이 차이점이라 할 수 있다. 일반적으로 터널에 발생하는 시간의존성 거동특성에 따른 분류는 표 14.97-2 와 같으며, 이는 암반 터널의 장기소성변위 발생에 따른 변형-응력상호관계 분석을 위한 기초자료로 활용할 수 있다.

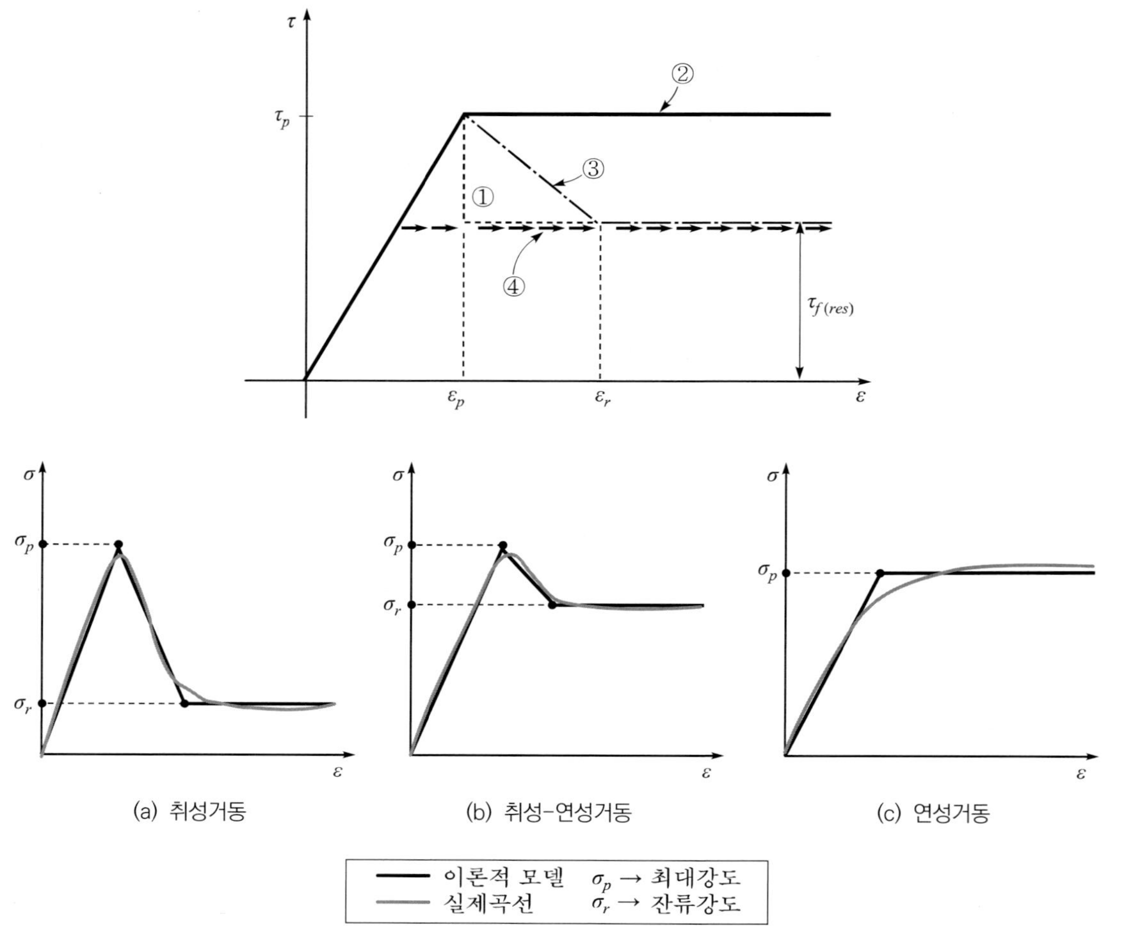

(a) 취성거동 (b) 취성-연성거동 (c) 연성거동

이론적 모델 $\sigma_p \rightarrow$ 최대강도
실제곡선 $\sigma_r \rightarrow$ 잔류강도

그림 14.98-1 암석의 응력-변형률 거동

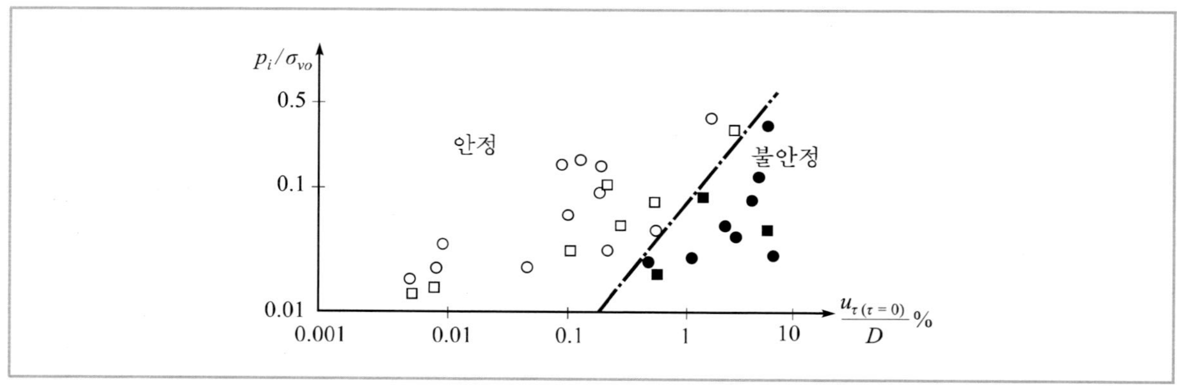

그림 14.98-2 잔류강도에 이르는 내공변위와 내압과의 관계

14.98 터널의 시간의존성 거동특성 이해하기(2)

3 점소성 역학에 의한 장기소성변형 거동 개념

■ 강도시험결과와 크리프실험결과의 상관관계

① 기본적으로 가정했던 파괴거동은 취성거동으로서 암석은 첨두강도(ϕ, c)에 이르자마자 잔류강도(ϕ_{res}, c_{res})로 줄어든다는 개념이었다(그림 14.98-1에서 ①). 이에 반하여 완전소성은 일단 첨두강도에 이르면 변형이 계속 발생되더라도 강도(ϕ, c)는 계속 유지되는 것으로 보면 될 것이다(그림 14.98-1에서 ②).

② 실제문제에 있어서는 암석거동은 변형률 연화(strain–softening) 거동으로서 (그림 14.98-1에서 ③)에 나타낸대로 변형률이 증가함에 따라 완전소성→잔류강도로 변해가는 과정을 보일 것이다. 한편 크리프실험은 (그림 14.98-1에서 ④)같이 단기강도의 일정비율(첨두강도의 60%)의 하중을 계속 가하는 경우이다.

③ 그림 14.98-1에서 암석의 변형율이 ε_p 정도가 되면 파괴상태에 이르며 변형이 더 발생하여 ε_r 에 이르면 잔류강도로 강도가 저하될 것이다. 물론, 첨두강도(ϕ, c)가 잔류강도(ϕ_{res}, c_{res})로 변할 때, 내부마찰각과 점착력이 둘 다 줄어들 수 있으나 **대부분의 경우 내부마찰력은 크게 변하지 않으며, 점착력이 줄어들게 된다.**

④ 어찌 되었는지 암석의 변형율이 과도하게 되면 이 암석은 점착력을 상실하게 되고 과도한 변형으로 인하여 터널라이닝에 하중을 가중시켜 **압착거동(squeezing 현상)**을 유발하게 된다.

■ 점소성역학에 의한 압착성(squeezing 현상) 검토

그림 14.98-1에서 횡축을 변형률(ε) 대신에 시간(t)축으로 전환하면 점소성이론에 의한 압착성은 그림 14.98-2같이 ①~③ 정리될 수 있다.

① 점소성을 띠는 암반은 탄성영역에서는 크리프 현상이 없는 것으로 가정하며, **소성 상태에 이른 영역에서만 크리프 현상이 발생한다고 본다.**

② 소성상태에 이른 암반은 시간이 경과함에 따라 변형률이 계속 발생하여 잔류상태에 이르면 암반은 점착력을 점점 상실하며, **저하된 강도로 인하여 소성영역은 점점 확장되며, 이로 인하여 터널 라이닝에 작용되는 하중은 점점 커진다.**

③ 잔류강도에 이르는 변형률은 암반의 종류 및 현장여건에 따라 다르나, $\frac{u_{r\,(r\,=\,a)}}{D}$=2~6% ($D$는 터널직경) 정도에 이르면 잔류거동을 보이는 것으로 알려져 있으며, $\frac{u_{r\,(r\,=\,a)}}{D}$ 값은 그림 14.98-2같이 p_i/σ_{vo}의 함수인 것으로 알려져 있다.

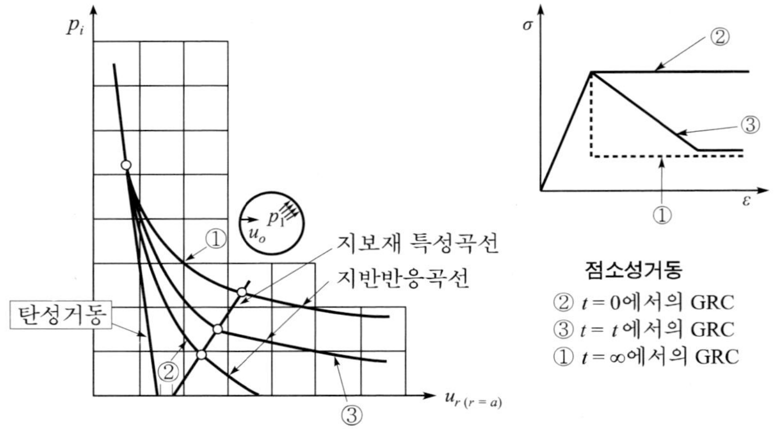

점소성거동
② $t = 0$에서의 GRC
③ $t = t$에서의 GRC
① $t = \infty$에서의 GRC

(a) 지반반응곡선

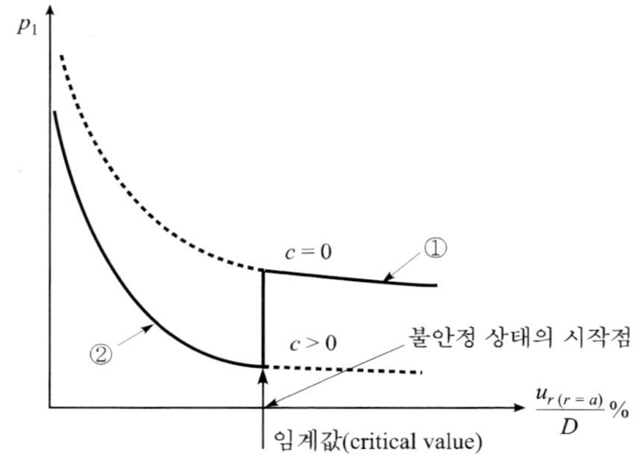

(b) 임계값 불안정상태의 시작점

그림 14.99-1 점소성거동에서의 지반반응곡선

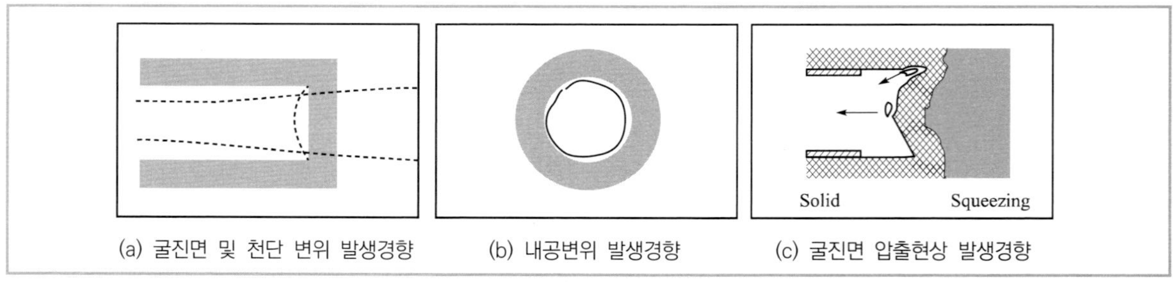

(a) 굴진면 및 천단 변위 발생경향 (b) 내공변위 발생경향 (c) 굴진면 압출현상 발생경향

그림 14.99-2 압착특성(squeezing)을 보이는 터널 굴진면 거동 개요

장기소성변위 발생	Mid	Moderate	High
판정기준 (내공변위/터널직경)	1~3%	3~5%	5%

표 14.99-1 내공변위를 이용한 장기소성변위 발생여부 판정기준

14.99 터널의 시간의존성 거동특성 이해하기(3)

■ 점소성거동에서의 지반반응 곡선

① 그림 14.98-1a 우측에서 ①, ②, ③ 각각의 경우에 대한 지반반응곡선이 그림 14.98-1a 좌측에 표시되어 있다. 이를 시간개념으로 보면 ②는 $t=0$인 경우, ③은 $t=t$인 경우, ①은 $t=\infty$인 경우로서 점소성은 곡선 ②에서→곡선 ①로 변해가는 현상을 말하며,

② 결국 그림 14.99-1b에서와 같이 처음에는 ②곡선의 거동을 하다가 변형률이 한계변형률에 이르면 수직으로 점프하여 그 이후에는 ①의 곡선을 따라 거동할 것이다.

4 시간의존성 특성을 보이는 터널의 거동특성

■ 시간의존성 특성을 보이는 지반에 건설되는 **터널은 굴착 및 지보재 설치 이후에도 장기적으로 발생하는 터널 내공변위에 의해 지반의 붕락과 지보재의 성능저하가 가장 큰 문제로 야기되고 있으며,** 이러한 현상은 터널 주변지반 이완영역의 확대, 지반균열부위의 용수영향 등으로 인한 풍화의 가속화 등의 지속적인 문제발생으로 터널 안정성을 저하시킨다.

■ 특히 **과다하게 발생하는 터널의 내공변위**는 계획된 설계단면을 침범하여 콘크리트라이닝 등의 구조물 시공을 어렵게 하고 설치된 지보재의 변형을 유발하여 추가보강 및 추가굴착 또는 이미 설치된 지보재의 재시공이 필요하게 되어 궁극적으로는 공사비 및 공기의 증가 요인으로 작용하게 된다. 그림 14.99-2는 압착특성(squeezing)을 보이는 터널 굴진면 거동에 대한 개요도를 보여주고 있다.

5 장기소성변위가 발생하는 터널의 거동특성 평가

■ 경험적 방법 을 통한 장기소성변위 평가 → 암기 : Ⓠ-Ⓗ, Ⓝ, ㊏, ㊋

① Q값과 토피고(H)를 이용하는 방법 : Q값과 토피고(H)로부터 압착성(squeezing)과 비압착성의 경우를 식 14.99-1 같은 직선식에 의해 구분

$$H = 350Q^{\frac{1}{3}}(m)$$ 식 14.99-1

② 암반계수(N)를 이용하는 방법 : 식 14.99-2 같이 응력크기에 무관한 Q값으로 결정할 수 있으며, 터널의 심도(H), 폭 또는 직경(B) 및 암반계수(N)의 관계는 식 14.99-3 같이 나타내었다.

$$N = (Q)_{SRF} = 1$$ 식 14.99-2

$$H = (275N^{0.33})B^{-1}(m)$$ 식 14.99-3

③ 내공변위를 이용한 방법

경험적인 방법으로 현장의 계측결과를 이용하여 내공변위 발생량을 기준으로 표 14.99-1 같이 장기소성변위 발생여부를 판정할 수 있으며, 이를 이용하면 현장에서 신속하게 장기소성변위 발생여부를 개략적으로 평가할 수 있다.

장기소성변위 발생	Highly	Moderately	Mildly	None
$N_c = \frac{\sigma_{cm}}{p_o} = \frac{\sigma_{cm}}{\gamma H}$	<0.4	0.4~0.8	0.8~2.0	>2.0

표 14.100-1 (암반의 일축압축강도/토피고에 따른 응력의 비)를 이용한 장기소성변위 발생여부 판정기준

↓ ANALYSIS →		Geostructural →		암반의 지질구조적 거동 지질구조 취약성(RMR 감소 →)				
Tensional ↓				RMR				
변형특성 ↓	δ_o(%)	R_p/R_o	거동구분 ↓	I	II	III	IV	V
탄성 ($\sigma_\theta < \sigma_{cm}$)	무시할 만함	–	a	안정				
			b		INSTABLE			붕락
탄소성 ($\sigma_\theta \geq \sigma_{cm}$)	<0.5	1–2	c		WEDGES			
	0.5–1.0	2–4	d					
	>0.5	>4	e	암파열				SQUEEZING
			(f)			→ 굴착면 붕괴		

표 14.100-2 터널의 내공변위와 RMR을 이용한 터널의 거동특성 분석 도표

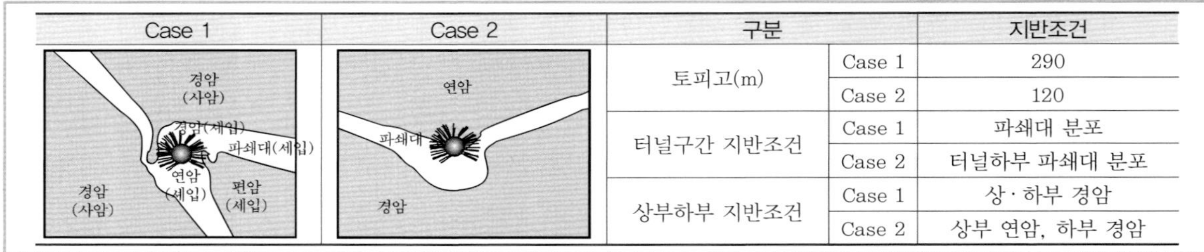

Case 1	Case 2	구분		지반조건
		토피고(m)	Case 1	290
			Case 2	120
		터널구간 지반조건	Case 1	파쇄대 분포
			Case 2	터널하부 파쇄대 분포
		상부하부 지반조건	Case 1	상·하부 경암
			Case 2	상부 연암, 하부 경암

표 14.100-3 Case 1(평균토피고 290m), Case 2(평균토피고 120m)의 지반조건

구분	변형계수(ton/m^2)	포아송비(ν)	단위중량(ton/m^3)	점착력(ton/m^2)	내부마찰각(°)
파쇄대	10,000	0.33	2.0	5	31
연암층	100,000	0.31	2.2	16	32
경암층	300,000	0.26	2.4	40	36

표 14.100-4 Case 1과 Case 2의 지반특성치

구분		경험적 방법				해석적 방법	
평가인자		Q값과 토피고	암반계수	내공변위	지반강도비	터널변형률	내공변위와 RMR
Case1	검토	Q : 1.2 H : 290	암반계수 : 1 H : 356	4.5%	0.87	ε_t : 4.5% σ_{cm}/p_o : 0.18	분류등급 "d" RMR "IV"
	판정	일부 압착성	Mild	Moderate	Mildy	압착성	압착성
Case2	검토	Q : 1.04 H : 120	암반계수 : 1 H : 147	4.6%	2.11	ε_t : 4.6% σ_{cm}/p_o : 0.18	분류등급 "d" RMR "IV"
	판정	비압착성	Non	Moderate	None	압착성	압착성

표 14.100-5 장기소성변위 발생량 예측과 압착성 판정결과

14.100 터널의 시간의존성 거동특성 이해하기(4)

④ 지반강도비를 이용한 방법

Jethwa등(1984)은 장기소성변위 발생특성을 개략적으로 예측하기 위한 지표로 암반의 일축압축 강도/토피고에 따른 응력의 비를 이용하여 표 14.100-1 같이 제안하였다.

$$N_c = \frac{\sigma_{cm}}{p_o} = \frac{\sigma_{cm}}{\gamma H} \qquad \text{식 14.100-1}$$

■ 해석적 방법을 통한 장기소성변위 평가 → 암기 : (변), (내-R)

> 경험적인 방법이외에도 수치해석을 이용한 원지반 강도비와 터널변형률과의 상관관계를 분석하여 장기소성변위를 평가하는 방법과 RMR, 소성영역 범위 및 내공변위 발생량 등을 이용하여 지반의 거동특성을 예측하는 해석적 방법이 있다.

① **터널변형률을 이용한 방법** : 터널의 반경방향 변형률(ε_t)과 원지반강도비(σ_{cm}/p_o)를 이용하여 장기소성변위 발생가능성을 정량적으로 평가하는 해석적인 방법으로 축대칭 유한요소법을 이용한 터널 변형률 산정방법을 제안하였다.

② **내공변위와 RMR 이용한 방법** : 내공변위와 RMR을 이용한 방법은 RMR, 소성영역 범위 및 내공변위 발생량 등을 이용하여 터널의 다양한 거동특성을 예측하는 방법으로 유럽 Torino지역의 산악터널에 적용하여 장기소성변위 발생가능성을 평가하였다. 표 14.100-2 은 내공변위 RMR을 이용하여 유럽 Torino지역의 산악터널의 거동특성을 분석하는데 적용된 도표를 보여주고 있다.

6 소성범위와 장기소성변위의 예측

■ 표 14.100-3 같이 CASE 1과 CASE 2를 가정하여 터널 시공에 따른 소성범위와 장기소성변위를 예측하였다. 평균 토피고는 각각 290m와 120m이다. 검토구간에 적용한 지반특성치는 표 14.100-4 와 같다.

■ 검토조건을 이용하여 장기소성변위와 소성범위 발생 특성을 예측하였다. 장기소성변위 발생량 예측결과에 따라 압착성(squeezing)발생 가능성을 평가하였으며, 압착성 발생 가능성 평가방법은 앞서 언급한 **장기소성변위 예측을 위한 경험적인 방법과 해석적 방법을 이용**하여 예측한 장기소성 변위와 **압착성 판정결과**를 표 14.100-5 에서 보여주고 있다.

■ 이론식과 경험식을 이용하여 소성범위 분포영역을 개략적으로 예측하였다. 이론식을 이용한 소성범위 산정결과 0.2~6.3m로 나타났으며, 경험식을 이용한 소성범위 산정결과 5.8~10.3m로 나타났다. 장기소성범위는 지반의 시간의존성 거동에 기인하기 때문에 지반의 크리프거동을 고려한 이론식을 이용한 산정결과가 기타의 방법을 이용한 결과 보다 지반의 압착성에 의한 변형특성을 잘 반영하고 있는 것으로 판단된다. 표 14.101-1 은 이론식 및 경험식을 이용한 **소성범위 산정결과**를 보여주고 있다.

구분	이론식을 이용한 산정결과				경험식을 이용한 산정결과			
	크리프거동	탄성론	탄소성론	Terzaghi	Unal	Bieniawski	Barton	Grimstad
이완영역(m)	3.2	0.2	5.7	6.3	8.9	10.3	5.8	8.8

표 14.101-1 이론식 및 경험식을 이용한 소성범위 산정결과(1)

구분	이론식(크리프거동)	수치해석(평균)	적용
개요도	3.2m	5.6m, 6.9m	5.6m, 6.9m, 3.2m
천단부	3.2	6.9	6.9
측벽부	3.2	5.6	5.6

표 14.101-2 이론식 및 수치해석에 의한 소성범위 산정결과(2)

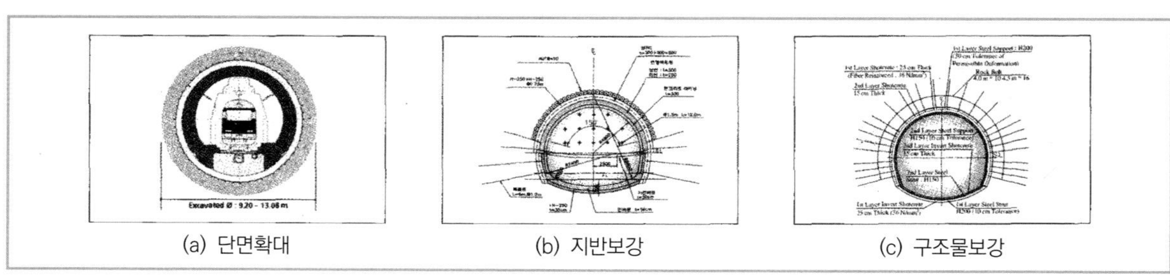

(a) 단면확대 (b) 지반보강 (c) 구조물보강

그림 14.101-1 장기소성변위 발생에 따른 대책공법 적용사례 = 단면확대+지반보강+구조물보강

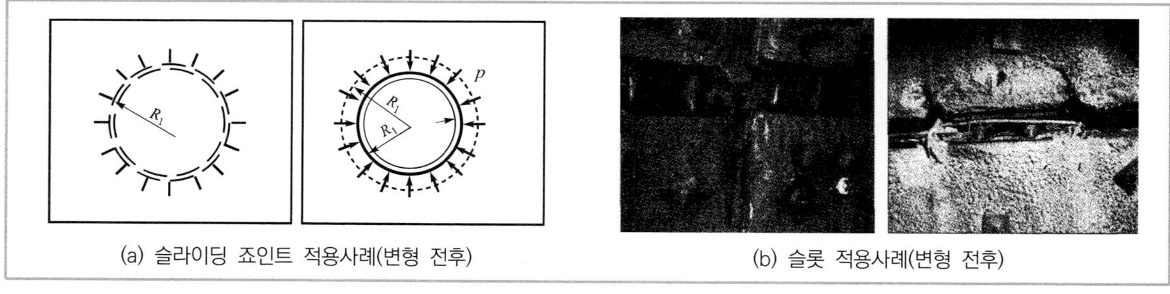

(a) 슬라이딩 죠인트 적용사례(변형 전후) (b) 슬롯 적용사례(변형 전후)

그림 14.101-2 강지보재 연결부위의 슬라이딩 죠인트 및 슬롯 적용사례

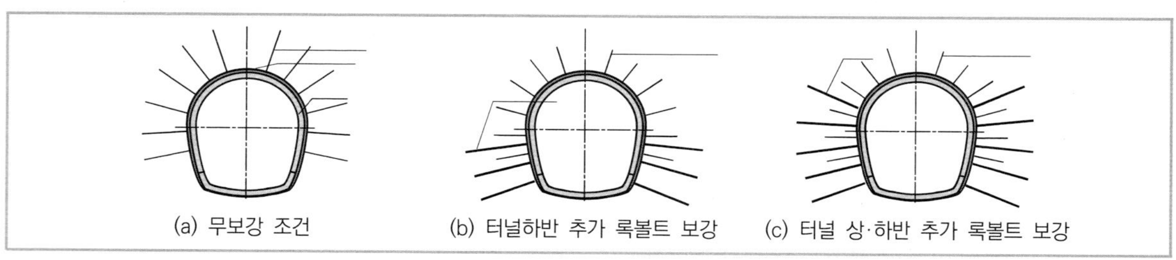

(a) 무보강 조건 (b) 터널하반 추가 록볼트 보강 (c) 터널 상·하반 추가 록볼트 보강

그림 14.101-3 대책공법 적용계획

14.101 터널의 시간의존성 거동특성 이해하기(5)

■ 장기소성변위가 발생하는 터널의 거동은 일반적인 지반조건에 시공되는 터널의 거동과 상이할 것으로 예상되며, 터널의 안정성 확보측면에서 더욱 취약할 수 있다. 따라서 **장기소성변위가 발생하는 터널에서 소성범위는 여러 가지 조건을 고려하여 안전측으로 결정하고 이를 지보패턴 및 보강공법 설계에 반영하여야 할 것으로 판단된다.** 크리프 거동을 고려한 이론식과 수치해석을 이용하여 소성범위를 산정하고 이 두가지 경우에서 얻어진 소성범위를 종합적으로 고려하여 설계에 적용할 최종 소성범위를 결정하였다. 표 14.101-2은 이와 같은 방법으로 얻어진 소성범위 산정결과를 보여주고 있으며, 수치해석으로 예측한 소성범위가 이론식으로 예측한 소성범위보다 전반적으로 크게 나타난다. 다만 측벽하부와 터널하부에서 발생하는 소성범위는 이론식에 의해서 얻어진 소성범위가 더 크게 발생하였으므로 실제 설계에 반영할 소성범위는 이를 고려하여 산정하는 것이 바람직할 것으로 판단된다.

7 장기소성변위발생에 따른 대책공법 검토

장기소성변위발생을 최소화하거나 억제하기 위해 적용하는 대책공법은 크게 그림 14.101-1 같이 **단면확대, 지반보강, 구조물보강을 이용하는 방법** 등이 있다.

① **단면확대를 이용하는 방법**은 장기 추가변위 발생량을 정량적으로 예측하여 목표하는 터널단면을 변위발생량 만큼 확대하여 계획하는 방법이며, 이 방법을 적용하기 위해서는 지반조사, **현장계측 결과 등을 이용하여 터널의 장기소성변위 발생량을 최대한 정확하게 예측**하고 이를 토대로 터널단면 확대량을 사전에 결정하는 것이 중요하다.

② **지반보강을 이용하는 방법**은 추가 R/B 설치, 강관보강 그라우팅 설치, 약액 및 시멘트 주입을 이용한 지반보강 그라우팅 등이 있으며, 이러한 방법을 적용하기 위해서는 터널 주변지반의 **이완영역 범위를 예측하여 보강공법의 적용영역을 정확히 산정**하는 것이 중요하다, 국외사례의 경우 터널 주변지반의 이완영역 범위를 고려하여 장척(L=12m)의 록볼트를 적용하거나 강성증가, 보강효과 증대 및 천공홀의 자립성을 개선하기 위해 자가천공방식의 자천공형 록볼트를 적용하기도 한다.

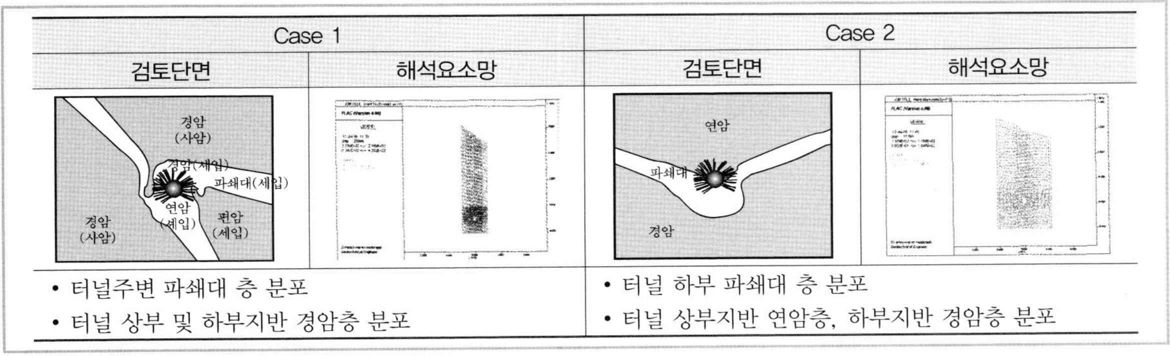

그림 14.101-4 대책공법 적용에 따른 보강효과 검토조건

구분		무보강		터널하반 추가 록볼트		터널상 · 하반 추가 록볼트	
		K_o=2.0	K_o=2.5	K_o=2.0	K_o=2.5	K_o=2.0	K_o=2.5
Case 1	내공변위(mm)	98.0	98.0	43.0	41.0	35.0	31.0
	감소율(%)	–	–	56	58	64	68
Case 2	내공변위(mm)	98.0	98.0	42.5	23.5	29.2	17.1
	감소율(%)	–	–	57	76	70	83

표 14.102-1 대책공법 적용에 따른 터널 안정성 검토결과

개념정리 ㊵ **14.97~14.102 터널의 시간의존성 거동특성 이해하기 요약정리**

(1) 암반터널에서 **압착(squeezing)현상**은 **시간의존적인 장기소성변형**에 의해 발생하며, **장기소성변위 발생량**과 **소성범위의 평가**를 위해 지반의 강도와 변형특성을 상세히 평가하는 것이 중요하다.

(2) 암반의 시간의존성 거동은 **변형률 연화 및 크리프 현상**을 보이며, 이는 **변형률이 증가함에 따라 완전 소성에서 잔류강도로 변화하는 과정을 의미**하는데 단기강도의 일정 비율의 강도가 계속 작용하면, 암반의 변형률이 소성상태 이상으로 발생하여 **점착력을 상실하게 되고 과도한 변형의 발생**으로 인하여 **지보재에 추가하중이 작용하고 터널의 안정성에 영향을 미친다.**

(3) **터널의 장기소성변위 발생 및 압착성을 평가하는 방법**은 경험적 방법과 해석적인 방법이 있다. **경험적 방법**은 Q값과 토피고(H)를 이용하는 방법, 암반계수(N)를 이용한 방법, 내공변위를 이용한 방법, 지반강도비를 이용한 방법 등이 있으며, **해석적 방법**은 터널변형률을 이용하는 방법과 내공변위와 RMR값을 이용한 방법 등이 있으나 원지반 강도특성과 토피고, 내공변위와의 상관성을 분석하고 비교한다는 점에서는 그 원리를 같이한다.

(4) 장기소성변위가 발생하는 터널의 거동은 일반적인 지반조건에 시공되는 터널의 거동과 상이하며, 터널의 안정성 확보측면에서 더욱 취약할 수 있다. 따라서 **장기소성변위가 발생하는 터널에 있어서 소성범위의 산정**은 이론적, 수치해석적 방법 등을 이용한 다양한 평가방법을 통하여 안전측으로 결정하고 **이를 지보패턴 및 보강공법 설계에 반영**하여야 한다.

(5) 장기소성변위 발생을 최소화하거나 억제하기 위해 적용하는 **대책공법**은 단면확대, 지반보강, 구조물 보강을 이용하는 방법 등이 있으며, 장기소성변위 발생특성을 고려하여 합리적으로 적용해야 한다.

(6) 장기소성변위가 발생할 것으로 예상되는 지반조건을 예를 들어 이 구간에 추가 록볼트 타설을 통한 지반보강공법을 대책공법으로 적용하고 보강효과를 검토한 결과 무보강 조건에 비해 내공변위가 56~83%감소하는 것으로 나타나 터널의 안정성 확보에 많은 기여를 하는 것으로 나타났다.

14.102 터널의 시간의존성 거동특성 이해하기(6)

③ **구조물보강을 이용하는 방법**은 콘크리트라이닝에 철근을 보강하는 방법과 터널 인버트를 곡선형으로 계획하는 방법 등이 있으며, 이러한 방법을 적용하는 목적은 철근의 보강으로 콘크리트라이닝의 균열과 취성파괴를 최대한 방지하고 곡선형 인버트의 적용으로 원활한 응력재분배와 국부적인 응력집중을 방지하기 위함이다.

■ 그림 14.101-1 은 장기소성변위 발생에 따른 대책공법 적용사례에 대한 개요도를 보여주고 있다.

■ 이 같은 방법 이외에도 장기소성변위 발생에 브다 능동적으로 대처하고 변위발생에 대한 지보재의 보강기능을 최대한 유지하기 위해 **가축성의 강지보재 적용과 강지보재 연결부위에 상호거동을 수용할 수 있는 슬라이딩 죠인트나 슬롯을 계획하는 방법**이 있으며, 이러한 방법을 적용하면 장기소성변위 발생에 따른 지보재의 손상을 최대한 방지하고 지보기능을 유지하여 터널의 안정성을 확보할 수 있을 것으로 판단된다. 그림 14.101-2 는 강지보재 연결부위에 슬라이딩 죠인트 및 슬롯이 적용된 사례를 보여주고 있다.

8 대책공법 적용에 따른 보강효과 검토

■ 지반의 압착이 발생할 가능성이 있는 터널의 대책공법 선정은 **장기소성변위 평가결과**와 **소성범위 산정결과를 종합적으로 반영**하여야 하며, 선정된 대책공법에 대해서는 **수치해석 등의 방법을 통한 터널의 안정성 검토를 수행하여 대책공법의 적정성을 검증한 이후에 시공을 수행하여야 한다.**

■ 그림 14.101-3 은 지반의 장기소성변위 발생특성과 소성범위 예측결과를 반영하여 선정된 대책공법이다. 장기소성변위가 발생하는 지반에 계획하는 터널은 천단변위 발생에 대한 영향보다 내공변위 발생에 대한 영향이 터널의 안정성에 더 큰 영향을 미칠 것으로 판단되며, 이러한 경향은 장기소성변위가 발생하는 대부분의 터널은 **토피고가 높아 횡방향 초기지압이 커서 측압계수(K_o)가 1.0보다 크게 나타나기 때문이다.** 따라서 장기소성변위 발생에 대한 대책공법으로 추가 록볼트를 보강하는 지반보강 공법을 적용하였으며, **추가 록볼트 타설위치는 측벽부에 집중적으로 계획**하였다. 그림 14.101-3 과 같은 대책공법 적용에 따른 보강효과를 검증하기 위해 2가지 경우에 대한 보강계획을 수립하고 무보강 조건을 기준으로 보강효과를 분석하였다.

■ 그림 14.101-4 는 대책공법 적용에 따라 보강검증효과 검증을 위한 검토조건을 보여주고 있다. **보강효과 검토결과 측벽부에 추가 록볼트 보강시 무보강 조건에 비해 내공변위가 56~83% 감소하는 것으로 나타나** 장기소성변위가 발생하는 지반에 대책공법을 적용함으로써 터널의 안정성 확보에 많은 기여를 하는 것으로 나타났다.

■ 표 14.102-1 은 대책공법 적용에 따른 터널안정성 검토결과이다.

구분	저심도에서 건설되는 암반구조물	고심도에서 건설되는 암반구조물
1 암반파괴	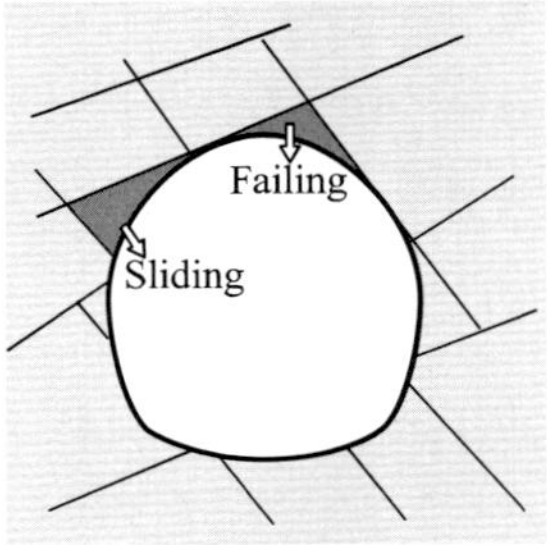 Failing Sliding 블록파괴	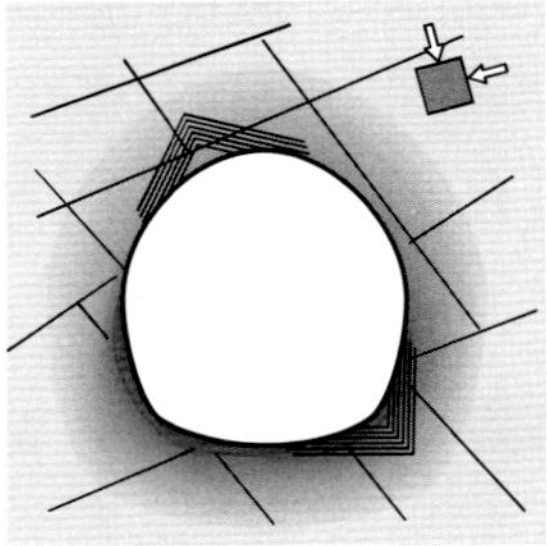 취성파괴 및 스퀴징에 의한 파괴
2 지배인자	• **지질구조의 지배문제** • 단층이나 절리 등 암반 내 존재하는 불연속면이 굴착 후 공동 경계면과의 교차에 의해 블록을 형성하여 자중에 의해 떨어지거나 미끄러지는 구조적인 형태의 파괴	• **응력지배의 문제** • 불연속면 거동은 높은 지압에 의해 억제되므로 **과지압에 의한 암반거동이 문제**가 됨
3 파괴 메카니즘	• 암반의 강도는 **높은 구속압에서 우세한 파괴 메카니즘**을 갖는다. • 불연속면으로 이루어진 블록의 전단파괴 메카니즘	• 암반의 강도는 **낮은 구속압에서 우세한 파괴 메카니즘**을 갖는다. • 높은 초기응력과 굴착에 따른 2차 유도 응력이 암반의 강도 초과할 경우 발생

표 14.103-1 심도에 따른 암반의 파괴거동 차이

구분	취성파괴	스퀴징(Squeezing)
1 정의	암반이 충분한 강도를 지니고 있음에도 과지압으로 인해 **작은 변형률이 발생하는 동안 급격하게 강도가 감소하거나 소성변형을 보이지 않고 파괴되는 현상**	토피가 높고 암반강도가 약한 (연약암반)경우 굴착으로 유도되는 응력이 주변암반의 한계강도를 초과하여 **내공변위가 크게 발생하여 지보재의 파괴를 유발하는 현상**
2 지배인자	암반의 강도와 굴착에 인한 2차응력에 크게 좌우	**전형적인 암반의 시간의존성 거동**으로서 연약암반의 변형률과-강도특성과 단층·파쇄대 조우시
3 파괴 메카니즘	암반이 충분한 강도를 갖는 경우라도 암반의 응력유발파괴를 발생할 정도로 충분히 큰 굴착에 의한 2차유도응력이 작용되는 경우	초기지중응력에 비해 상대적으로 암반의 강도가 약한 경우 굴착에 의한 2차유도응력이 주변 연약암반의 한계강도를 초과하는 경우
	높은 초기지중응력 + 굴착으로 인한 큰 2차유도응력에 의한 응력집중 > 암반의 강도	
4 파괴유형	• **경암지반**에서 점진적, 연속적인 스폴링(spalling), 슬래빙(slabbing) 및 급작스런 암반돌출 파열(Rock bust)	• **연약한 암반**에서 시간의존성 압착(Sque ezing) 파괴

표 14.103-2 → 그림 14.106-1에서 계속

14.103 과지압 암반(1)

1 과지압 암반이란?

- 과지압 암반이란? 단순히 암반 내 지압의 크기가 큰 경우를 의미하는 것은 아니며(대심도에서 건설되는 터널을 뜻함) **굴착된 터널 주변의 암반이 지압수준에 비하여 상대적으로 강도가 작을 경우**이거나(**스퀴징**을 의미), **암반이 충분히 강한 경우일지라도**(**취성파괴**를 의미) 이러한 **암반의 파괴를 유발 할 정도로 충분히 큰 지압이 작용하는 경우** 문제를 야기한다.
- 이와 관련한 **과지압에 의한 대표적인 암반거동**으로는 크게 Spalling, Rock burst(**취성파괴**), Squeezing(**팽창**)이 있다.

2 취성파괴와 스퀴징의 비교

- **저심도와 고심도에서 건설되는 암반구조물의 파괴의 차이점**을 표 14.103-1 같이 비교하였고, 표 14.103-2 같이 **과지압에 의한 대표적인 암반거동인 취성파괴와 스키징**에 대하여 개념적인 비교를 하였다.
- 이와 관련하여 추가적으로 취성파괴 및 스퀴징에 대한 파괴메카니즘, 파괴 가능성 평가방법, 보강대책에 대해서는 후술 비교 설명될 것이다.

3 실내시험에서 발생되는 취성파괴와 현장에서 발생되는 취성파괴의 차이점

- **실내시험에서 발생하는 취성파괴**는 일축압축 또는 구속압이 작은 삼축압축시험에서 최대강도이후 작은 변형률이 발생하는 동안 급격히 응력이 감소하는 형태의 파괴를 말한다(14.21~14.22에서 설명된 사항). 암석과 같은 취성재료는 **일축압축 혹은 구속압이 작은 삼축압축을 받으면 응력의 증가에 따라 균열이 생기며 최대하중에 도달하는 순간 파괴되어 재료로서의 능력을 상실**하게 된다. **취성지수**$=\dfrac{\sigma_c}{\sigma_t}>10$를 이용 암석의 취성재료 여부 판단.
- **현장에서 관찰되는 취성파괴**는 암반이 충분한 강도와 지지력을 가지고 있음에도 불구하고 초기응력의 크기가 크거나, 터널의 형상과 초기응력의 방향에 의해 암반의 강도를 초과하는 굴착 후 2차 유도응력에 의한 응력집중이 발생하는 경우 나타날 수 있으며, 이러한 상태를 과지압 상태라 일컫는다. 여기서 **과지압이란?** 단순히 암반 내 초기응력의 크기가 큰 경우를 의미하는 것이 아니라 굴착된 터널 주변의 암반이 **초기응력수준에 비하여 상대적으로 강도가 작을 경우이거나(스퀴징 조건), 암반이 충분히 강한 경우일지라도(취성파괴 조건) 이러한 암반의 파괴를 유발할 정도로 충분히 큰 굴착 후 2차 유도응력이 작용하는 경우를 말한다.**
- 현장에서 관찰되는 취성파괴는 암반강도 및 굴착 후 2차 유도응력의 크기에 관련하므로 실내시험에서 발생되는 재료적인 성질인 취성파괴와 달리 **거동(behavior)으로 이해하는 것이 타당**하다. 따라서 실내시험으로 얻어진 취성지수 대신 거동개념인 **손상지수(D_i)**를 이용 암반의 취성거동 여부를 판단할 수 있다.

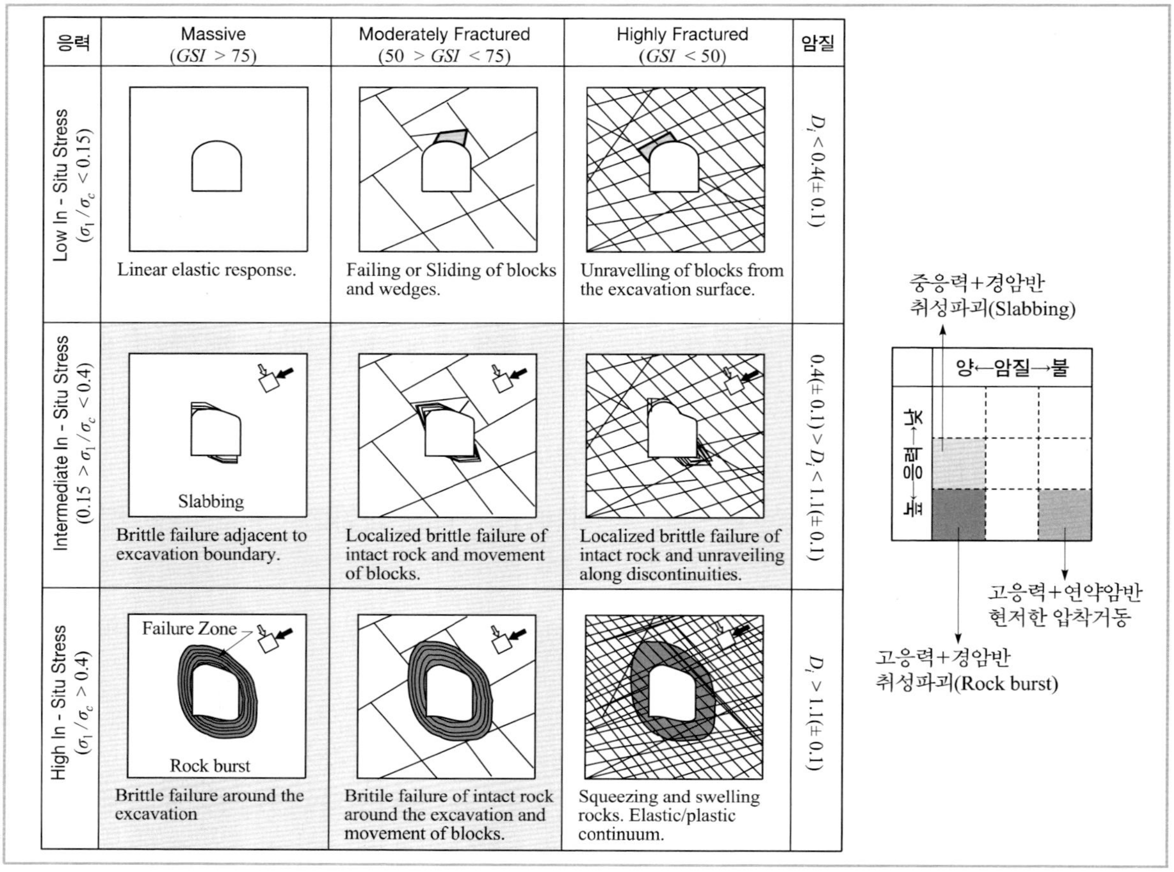

응력	Massive ($GSI > 75$)	Moderately Fractured ($50 > GSI < 75$)	Highly Fractured ($GSI < 50$)	암질
Low In - Situ Stress ($\sigma_1/\sigma_c < 0.15$)	Linear elastic response.	Failing or Sliding of blocks and wedges.	Unravelling of blocks from the excavation surface.	$D_i < 0.4(\pm 0.1)$
Intermediate In - Situ Stress ($0.15 > \sigma_1/\sigma_c < 0.4$)	Slabbing Brittle failure adjacent to excavation boundary.	Localized brittle failure of intact rock and movement of blocks.	Localized brittle failure of intact rock and unraveiling along discontinuities.	$0.4(\pm 0.1) > D_i < 1.1(\pm 0.1)$
High In - Situ Stress ($\sigma_1/\sigma_c > 0.4$)	Failure Zone Rock burst Brittle failure around the excavation	Britile failure of intact rock around the excavation and movement of blocks.	Squeezing and swelling rocks. Elastic/plastic continuum.	$D_i > 1.1(\pm 0.1)$

중응력+경암반
취성파괴(Slabbing)

양←암질→불

저←응력→고

고응력+연약암반
현저한 압착거동

고응력+경암반
취성파괴(Rock burst)

그림 14.104-1 지하공동의 파괴모드(Martin 등 2001)

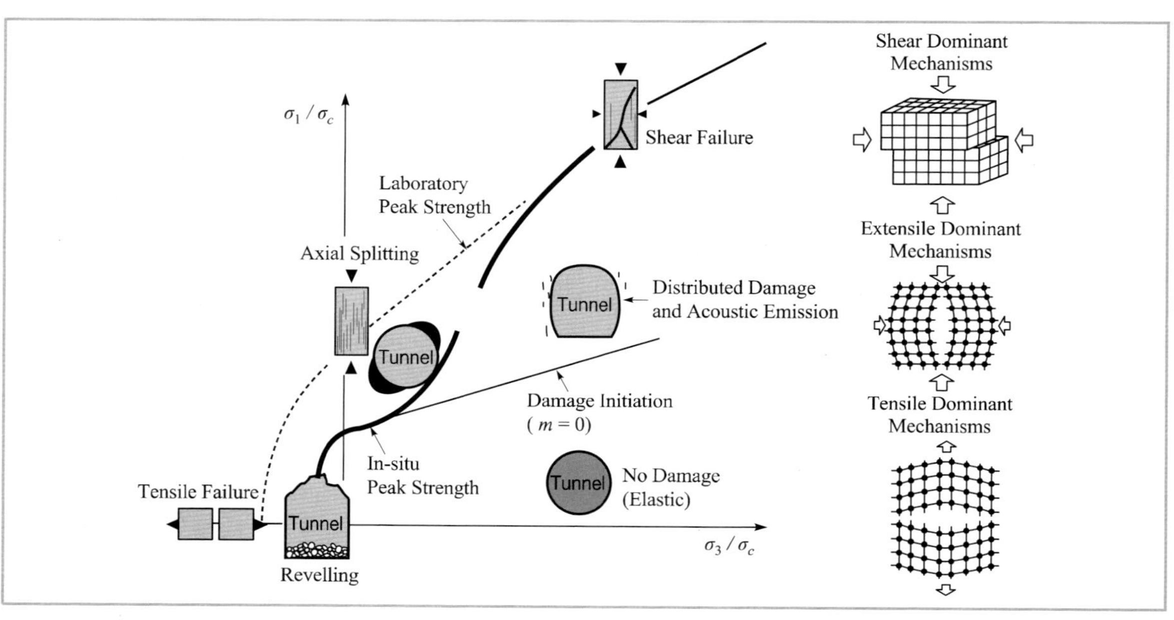

그림 14.104-2 구속압에 따른 암반파괴 형태

14.104 과지압 암반(2)

4 그림 14.104-1에 대한 이해

- 이 그림은 **암질 및 응력조건에 따른 취성파괴의 양상의 변화**를 나타내고 있다. 취성파괴의 양상을 보면 **낮은 초기응력 상에서의 파괴과정**은 암반 내 불연속면의 분포에 영향을 많이 받지만 (표 14.103-1에서 저심도에서 건설되는 암반구조물) 초기응력이 증가함에 따라 파괴과정은 굴착 후 2차 유도응력에 의한 파괴의 형태(표 14.103-1에서 고심도에서 건설되는 암반구조물)로 바뀌게 된다(거동 behavior). 이러한 파괴과정을 일반적으로 취성파괴라 한다(Martin, 1999).
- 그림을 보면 중간정도의 심도에서는 이러한 파괴영역이 터널 주변에 국부적으로 발생하였으나 깊은 심도에서는 굴착면의 경계부분 전체에 걸쳐 파괴영역이 발달하고 있음을 볼 수 있다.
- 이 그림에서 Spalling(취성파괴)의 가능성을 정량화하고자, **손상지수(D_i)**를 Martin은 제안하였다. $D_i = \frac{\sigma_{\max}}{\sigma_c}$, 여기서 $\sigma_{\max}$은 원형공동 경계면에서의 최대 접선응력, σ_c는 신선암의 일축압축강도이다. 취성파괴는 $D_i < 0.4$ or $\frac{\sigma_1}{\sigma_c} < 0.15$ 의 조건에서 발생하지 않는 것으로 나타난다.

5 그림 14.104-2에 대한 이해

- 이 그림은 **구속조건과 관련된 2개의 파괴 메카니즘**를 나타내고 있다. 그림과 같이 **상대적으로 낮은 구속조건에서는** 확장균열의 우세로 인한 인장형 파괴가 발생하여 축방향의 쪼개짐(splitting)이나 벽개(cleveage)형태의 파괴형태를 보이고(과지압에 의한 암반거동을 의미), 다른 하나는 **높은 구속조건으로서** 이 경우에는 전단파괴 메카니즘에 의해 전단파괴가 발생한다.
- 낮은 구속조건하에서 암반의 약화 및 취성파괴의 발생은 **압축에 의한 확장균열**에 의한 파괴로 보는 것이 타당하다.
- 이 그림에서 보듯이 일반적으로 사용되고 있는 Mohr-Coulomb이나 Hoek and Brown의 파괴기준과 같이 전단파괴에 의해 취성파괴를 예측하는 경우 오류를 범할 수 있음을 나타내고 있다.
- 일반적으로 사용하고 있는 Mohr-Coulomb 및 Hoek and Brown과 같은 전통적인 파괴기준식의 압축조건에서의 파괴는 전단미끄럼이 발생할 때만 일어나는 전단파괴 메카니즘이 주된 파괴 메카니즘이 된다. 그러나 **취성파괴 과정에서 관찰되는 주된 파괴 메카니즘은 인장파괴 메카니즘이다.** 따라서 전단파괴 메카니즘은 높은 구속조건에서는 타당할 것이나, 낮은 구속압 조건에서는 타당하지 않음을 이해해야 할 것이다. 즉, 전통적인 전단파괴기준을 취성파괴 기준으로 사용시 잘못된 설계를 유발할 수 있기 때문에 다른 파괴기준(삼중직선 파괴기준을 이용하는 방법 또는 CWFS모델을 이용하는 방법)을 사용하여야 한다.

취성파괴 대책
팽창성 볼트
강섬유보강 숏크리트
두께증가(5 cm → 10 cm)
굴진장 축소(3.5 m → 2.0 m)
지반압 (MPa)
0.7
0.6
0.5
0.4
0.3
0.2
0.1
0.0
지보재 조기설치
0.00
0.25
0.50
0.75
1.00
반경방향 변위 (mm)
(a)
(b)

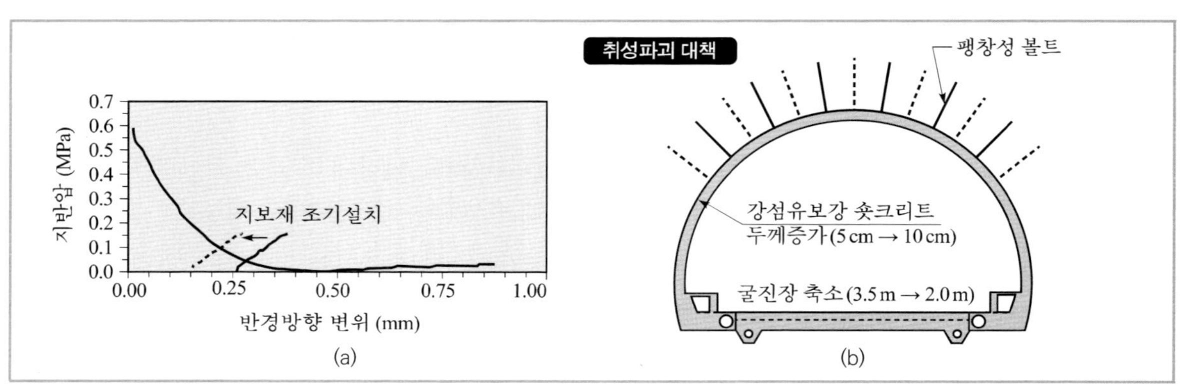

그림 14.105-1 취성파괴에 대한 보강대책

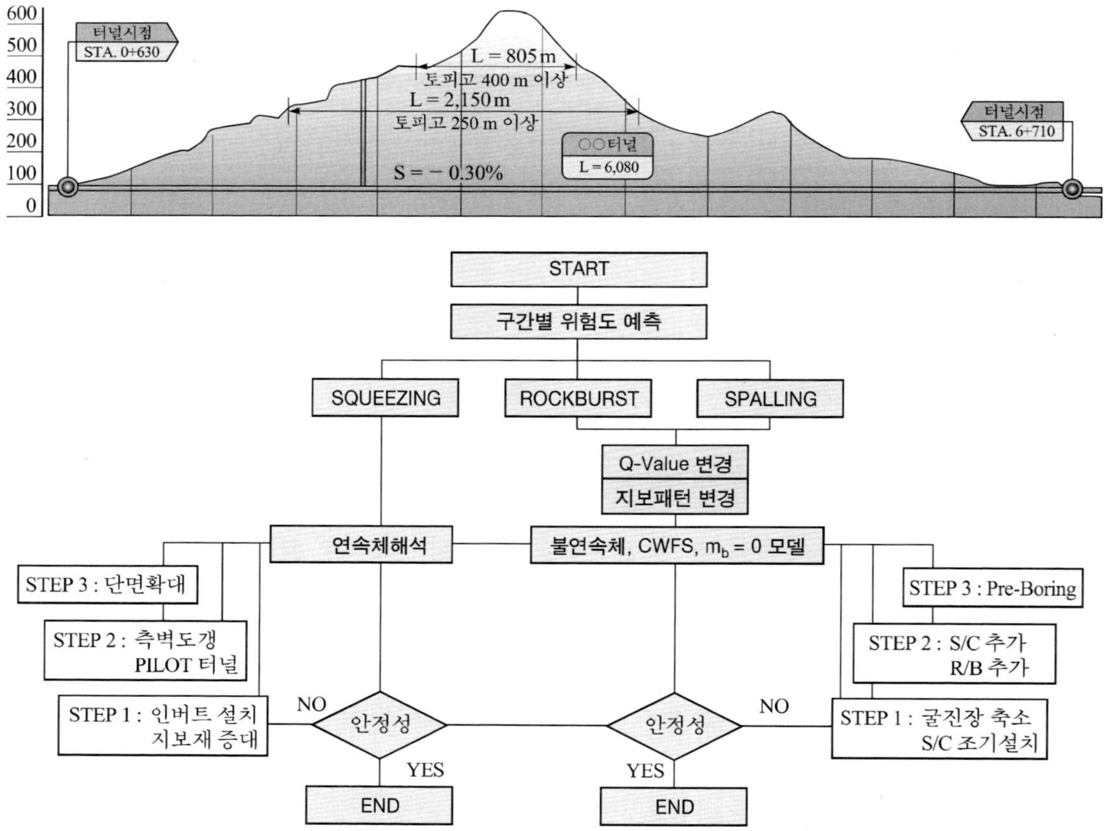

600
500
400
300
200
100
0
터널시점
STA. 0+630
L = 805 m
토피고 400 m 이상
L = 2,150 m
토피고 250 m 이상
○○터널
L = 6,080
S = − 0.30%
터널시점
STA. 6+710
START
구간별 위험도 예측
SQUEEZING
ROCKBURST
SPALLING
Q-Value 변경
지보패턴 변경
연속체해석
불연속체, CWFS, m_b = 0 모델
STEP 3 : 단면확대
STEP 2 : 측벽도갱 PILOT 터널
STEP 1 : 인버트 설치 지보재 증대
NO
안정성
YES
END
안정성
NO
YES
END
STEP 3 : Pre-Boring
STEP 2 : S/C 추가 R/B 추가
STEP 1 : 굴진장 축소 S/C 조기설치

설계단계	시공단계	
	예측방안	문제발생시 대책방안
• 경험적 분석방법에 의한 위험도 예측 • $m_b = 0$ 또는 CWFS 모델에 의한 안정성 평가 → 단계별 대책 적용	• 지속적인 모니터링 : AE계측, 변위계측 등 • 막장 전방 탐사 : TSP 등 → 설계조건과의 부합성	• 설계시 선정한 단계별 대책 적용 – Squeezing : 인버트 폐합, 지보재 증대 – Rockburst, Spalling : 와이어메쉬+록볼트 강섬유보강 숏크리트

그림 14.105-2 대심도 구간 통과에 따른 터널의 안정성예측과 이에 따른 시공 및 보강계획 수립

14.105 과지압 암반(3)

CHAPTER 12 13 14 15 16 17 18

6 취성파괴 가능성 평가

암반돌출 파열(Rock burst)과 스폴링(Spalling)은 동시에 발생할 수 없으므로, Rock bust 발생 가능성과 Spalling, Slabbing 발생가능성을 모두 검토한 후 선택적으로 결과를 취하여 예측한다.

■ Spalling, Slabbing 발생가능성 검토방법

① **최대주응력과 일축압축강도비를 이용한 방법**(Ortlepp 등, 1972)

- 최대주응력과(σ_1)과 일축압축강도(σ_c)의 관계식
- $\frac{\sigma_1}{\sigma_c}$ ≥0.2인 경우 발생가능성 높음

② **손상지수(D_i)를 이용한 방법**(Martin 등, 1999)

- 벽면경계의 최대접선응력(σ_{max})과 일축압축강도(σ_c)와의 관계식
- $D_i = \frac{\sigma_{max}}{\sigma_c}$ ≥0.4인 경우 발생가능성 높음

■ Rock burst 발생가능성 검토방법

① **응력지수(Si)를 이용한 방법** (Nakano, 1974)

- $S_i = \frac{\sigma_c}{\gamma H}$ < 2.0인 경우 발생가능성 매우 높음

② **Rockburst 발생 가능성에 대한새로운 규준 제안**(Lee 등, 2003)

- $B_i = \frac{\sigma_c}{\sigma_t}$ ≥12.7인 경우 발생가능성 매우 높음

7 취성파괴에 대한 보강대책

■ 최소주응력과 최대주응력의 차이가 클 경우 발생하므로 그림 14.105-1a 같이 조기에 지보재를 설치하여 내압을 작용시키는 개념이 적절하므로,

■ 그림 14.105-1b 같이 굴진장 축소로 지보재 조기 설치하고 숏크리트 파괴시 탈락방지를 위해 강섬유 보강숏크리트 적용.

8 대심도 암반특성을 고려한 터널 위험도 분석 및 설계 Flow

■ 대심도 암반을 통과하는 터널에서 발생될 수 있는 과지압 암반거동특성을 설계시 고려하여야 한다. 이에 대한 설계개념 Flow를 그림 14.105-2 같이 표시하였다.

■ 스퀴징(Squeezing), Spalling, Rock burst 발생 가능성을 정량적으로 검토한 후 이에 대한 적절한 보강방법을 제시하여야 한다.

구분	취성파괴	스퀴징(Squeezing)
5 발생가능성 평가방법	**Spalling, Slabbing 발생 검토방법** ① $\frac{\sigma_1}{\sigma_c} \geq 0.2$ ② $D_i = \frac{\sigma_{\max}}{\sigma_c} \geq 0.4$ **Rock bust 발생가능성 검토방법** ③ $S_i = \frac{\sigma_c}{\gamma H} < 2.0$ ④ $B_i = \frac{\sigma_c}{\sigma_t} \geq 12.7$	① Q값과 토피고(H)를 이용하는 방법 $H = 350Q^{\frac{1}{3}}(m)$ ② 암반계수(N)를 이용하는 방법 $H = (275N^{0.33})B^{-1}(m)$ ③ 지반강도비를 이용한 방법 $N_c = \frac{\sigma_{cm}}{p_o} = \frac{\sigma_{cm}}{\gamma H}$
6 해석모델	불연속체, $m_b = 0$ 또는 CWFS모델	연속체 해석모델
7 대책공법	① 굴진장 축소, S/C 조기설치 ② S/C추가, R/B추가 ③ Pre-Boring	① 인버트 설치, 지보재 증대 ② 측벽도갱, PILOT터널 ③ 단면확대

표 14.106-1 표 14.103-2에서 계속되는 내용

구분	연속체 모델	불연속체모델
적용지반	• 토질역학 • 암석역학(신선한 암) • 절리가 많이 존재하는 암반역학의 경우	• 불연속면이 몇 개 존재하는 암반역학의 경우
특징	• 입자의 결합이 약하여 불연속면의 영향을 크게 받지 않음 • 응력지배 : 초기지중응력이나 응력변화에 크게 영향 받음	• 불연속면의 특성이 안정성을 지배 → 절리면의 방향과 절리면의 전단강도가 지배적임 • 주요지배요소 : 암반의 무게 • 초기지중응력이나 응력변화에 무관
해석방법	• 한계평형법 : Slope/w, Talen • 수치해석법 – FLAC : 유한차분법을 이용 – Pentagon : 유한요소법을 이용	• 개별요소법 : UDEC
적용(예)	토사 / 심한파쇄층 / 불연속면내에 위치	절리 / 절리 / 단층대

표 14.106-2 연속체 모델과 불연속체 모델의 비교

14.106 터널의 수치해석 기본개념

1 터널해석에서 수치해석의 필요성

- 이론해로서 해를 구할 수 없는 경우, 수치해석을 이용하면 공학적인 목적으로 충분한 정도의 근사해를 구할 수 있다. 특히 터널해석에서 이론해(탄성해, 탄소성해)로 문제를 해결할 수 있는 경우는 아주 제한적이다.
- 예를 들어 K_o=1인 등방조건, 균질한 지반에 원형터널을 굴착하는 경우에 국한된다. 초기지중응력이 등방인 경우도 흔하지 않고 더욱이 TBM으로 건설되는 터널 등을 제외하고는 터널형상이 원형인 경우는 흔하지 않다. 발파굴착으로 시공되는 경우 굴착의 형편상 말발굽형이나 계란형으로 시공될 수밖에 없다. 굴착 또한 전단면보다는 반단면이나 부분단면으로 이루어지는 경우가 허다하다.

2 대표단위체적(REV)과 수치해석의 종류

이론해는 2가지 다른 관점에서 접근하였다. 즉, 신선암/암반의 경우는 응력지배로서 연속체역학으로, 3~4개의 불연속면으로 블록이 형성된 경우는 불연속면역학으로 분석해야 한다. 수치해석 경우도 같은 맥락으로 토사터널이나 혹은 대표단위체적을 넘는 암반(rock mass)에 터널을 굴착하는 경우는 **연속체역학**으로서 **유한요소법 · 유한차분법을 이용**하여 터널을 해석하게 되며, **불연속면역학이 지배**하는 터널의 해석은 벡터해법 또는 블록이론을 이용하여 공학적인 문제를 불연속면역학을 중심으로 검토하되 응력과 함께 변형도 같이 검토하고자 하는 경우에는 **개별요소법(DEM)을 이용**하여야 한다.

3 터널에서의 비연계해석

- 고체역학과 지반공학의 크게 다른 점 하나는 고체역학은 1상역학인 데 비해 지반공학은 2상역학이라는 점이다. 예를 들어 응력을 표현할 때, 고체역학은 단순히 응력, $\{\sigma\}$으로 표시하면 되나, 토질역학은 전응력을 유효응력과 수압으로 분리 $\{\tau\} = \begin{pmatrix} \sigma' \\ u \end{pmatrix}$ 으로 표시해야 한다. **전응력을 유효응력과 수압으로 나누어서 같이 해석하는 방법을 연계해석**이라 한다.
- 지반공학이해 I 45p 1.16편에서 설명된 바와 같이 토질역학에서는 연계해석을, 암반역학에서는 비연계해석을 주로 이용한다. 따라서 **터널 수치해석시 지반과 지하수를 따로 분석**하고 (지반을 연속체역학으로 유한요소화 하고 수압은 지하수 흐름 문제로 따로 고려) 두 해를 **추후에 연합하여 문제를 해결하는 비연계해석을 주로 이용**한다.
- 수치해석에서 터널의 굴착과정 모델링에 대해 생각해보자, 쉴드 TBM의 경우 터널굴착을 현실성 있게 모사하는 것은 거의 불가능하다. 대부분의 경우 수치해석은 체적손실(V_L)을 먼저 가정하고, 이 체적손실에 따른 변위와 응력을 검토한다. 공학적으로 큰 의미가 없다고 판단된다. 이에 반하여 NATM 굴착모사의 경우는 굴착으로 인한 응력해방과 지보재 설치로 인한 하중부담효과(하중분담률)를 적절히 모사한 것이 가능하다.

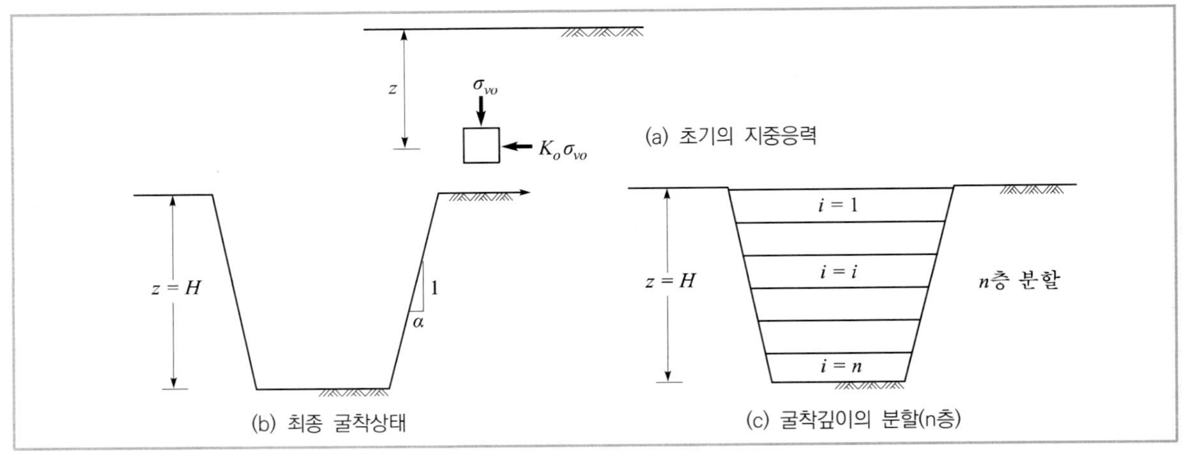

그림 14.107-1 초기상태와 최종굴착상태

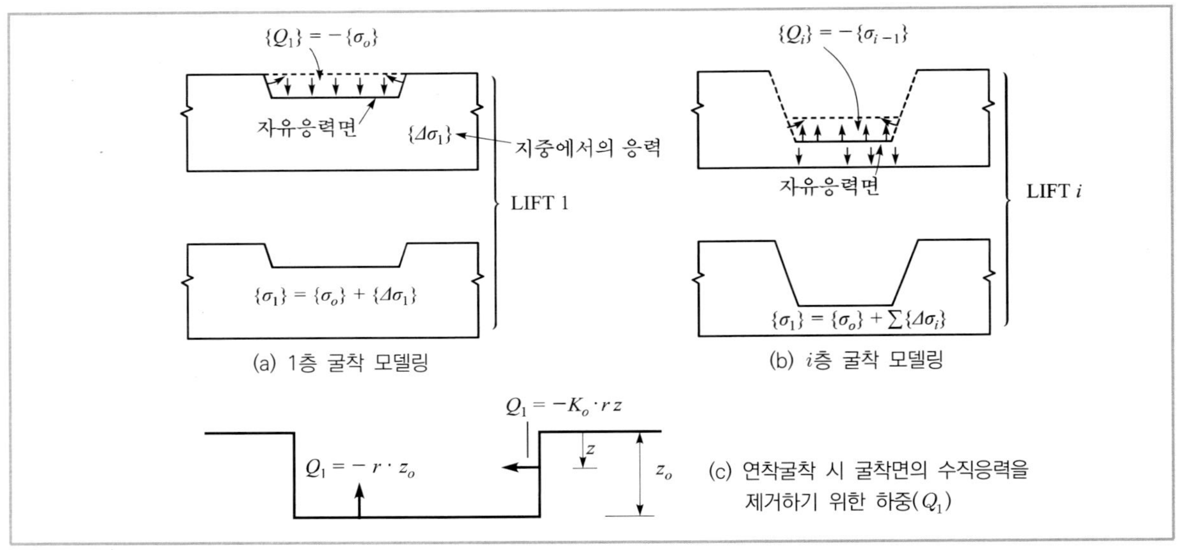

그림 14.107-2 굴착모델링

※ 그림 14.107-2b에서 i층의 굴착

① 다음 식으로 $\{q_i\}$를 구한다,

$$[K]_e\{\triangle q_1\}=\{Q_1\}=-\{\sigma_{i-1}\} \quad \text{식 14.107-5}$$

② $\{\triangle q_i\}\rightarrow\{\triangle\varepsilon_i\}\rightarrow\{\triangle\sigma_i\}$으로 변형률과 응력의 증가량을 구한다.

③ i층 굴착 후의 변위와 응력은 다음식으로 될 것이다.

$$\{q_i\}=\{q_o\}+\sum_{j=1}^{i}\{\triangle q_j\} \quad \text{식 14.107-6}$$

$$\{\sigma_i\}=\{\sigma_o\}+\sum_{j=1}^{i}\{\triangle\sigma_j\} \quad \text{식 14.107-7}$$

해설 14.107-1

14.107 수치해석에서 굴착의 모형화

> 터널굴착은 plane strain조건(즉, y방향으로는 길게 늘어져 있어 y방향으로는 변형이 없다고 가정하는 경우)과는 달리 3차원 아칭효과를 고려하여야 하기 때문에 유한요소 모델링시 고려하여야 할 요소가 많다. 단순한 예로서 plane strain조건 하에서 지반을 굴착하는 경우를 유한요소법으로 모델링하는 방법을 생각해보자.

1 초기응력상태 및 최종굴착상태

$$\{\sigma_o\} = \begin{Bmatrix} \sigma_{zo} \\ \sigma_{xo} \\ \tau_{zoxo} \end{Bmatrix} = \begin{Bmatrix} \sigma_{vo} \\ K_o \sigma_{vo} \\ O \end{Bmatrix} \quad \text{식 14.107-1}$$

만일 $1:\alpha$ 의 경사를 가지고 깊이 $z=H$까지 굴착한다면 굴착 후의 상태는 그림 14.107-1b 같이 될 것이다. 유한요소해석에서는 실제로 굴착 모델링에 맞게 한 번에 굴착는 하는 것이 아니라, 그림 14.107-1c 같이 H를 n개의 층으로 나누어 한층 한층 굴착이 이루어지는 것으로 모델링한다.

2 1층 굴착

- 그림 14.107-2 같이 최상층($i=1$)의 굴착을 모델링하고자 하며, 굴착 후에는 굴착면에 수직으로 작용하는 수직응력 $\sigma_n=0$이 될 것이다. 지표면에서의 수직응력이 '0'이 되도록 하기 위하여 초기지중응력 상태에서 굴착예정면에 작용되는 수직응력을 먼저구하고, 수직응력만큼을 그림 14.107-2a 에서와 같이 반대방향 하중으로 가해주면 굴착면에 수직응력이 '0'이 될 것이다.
- 가장 단순한 예로 연직으로 굴착하는 경우는 그림 14.107-2c 같이 초기조건에서 수직응력을 쉽게 구할 수 있기 때문에 수직응력을 '0'으로 만들기 위한 $\{Q_1\}$값은 쉽게 얻어진다.

① 최상층 굴착으로 인한 변위는 다음 식으로 구한다,

$$[K]_e\{\Delta q_1\} = \{Q_1\} \quad \text{식 14.107-2}$$

단, $\{Q_1\}$값은 $-\{\sigma_o\}$로서 값 자체가 음수(−)를 띨 것이다.

② $\{\Delta q_1\} \rightarrow \{\Delta\varepsilon_1\} \rightarrow \{\Delta\sigma_1\}$으로 변형률과 응력의 증가량을 구한다.

③ 1층 굴착 후의 변위와 응력은 다음식으로 될 것이다.

$$\{q_1\} = \{q_o\} + \{\Delta q_1\} \quad \text{식 14.107-3}$$

$$\{\sigma_1\} = \{\sigma_o\} + \{\Delta\sigma_1\} \quad \text{식 14.107-4}$$

여기서, $\{\sigma_o\}$은 식 14.107-1, $\{\Delta\sigma_1\}$값은 실제로 (−)임

3 i층 굴착

i층 굴착예정선에서 지표면에 작용되는 수직응력이 '0'이 되기 위해서는 $\{Q_1\} = -\{\sigma_{i-1}\}$이 되어야 한다(그림 14.107-2b). 해설 14.107-1 를 참고할 것

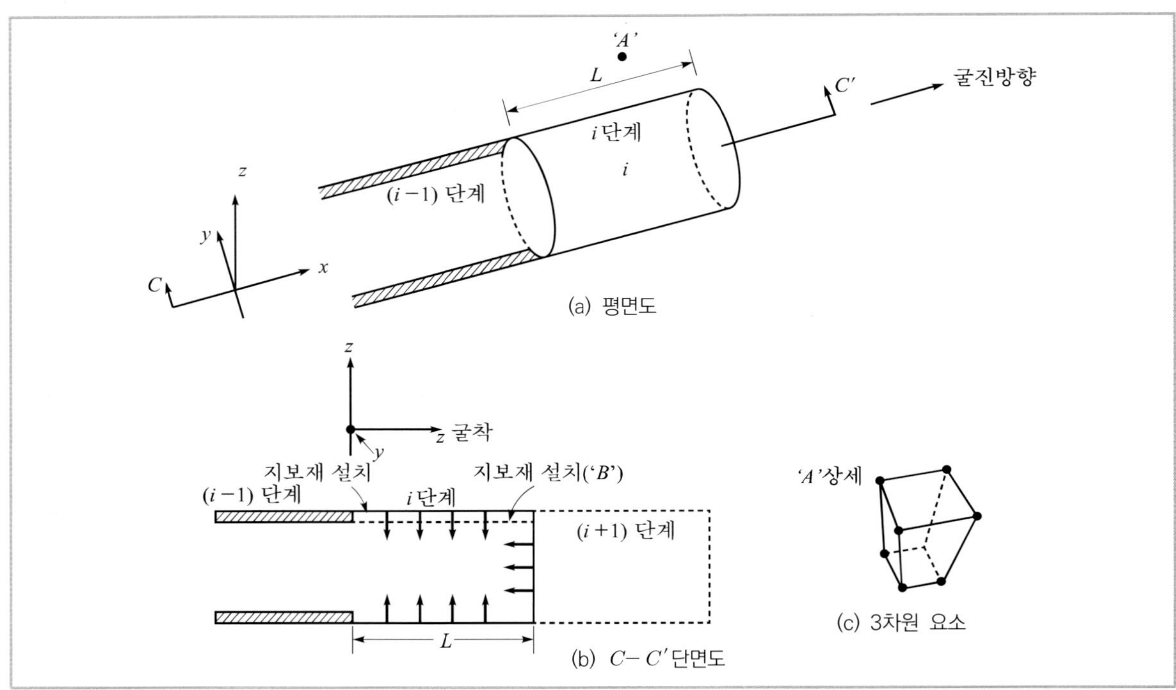

그림 14.108-1 터널의 굴착모델링(3차원 단면)

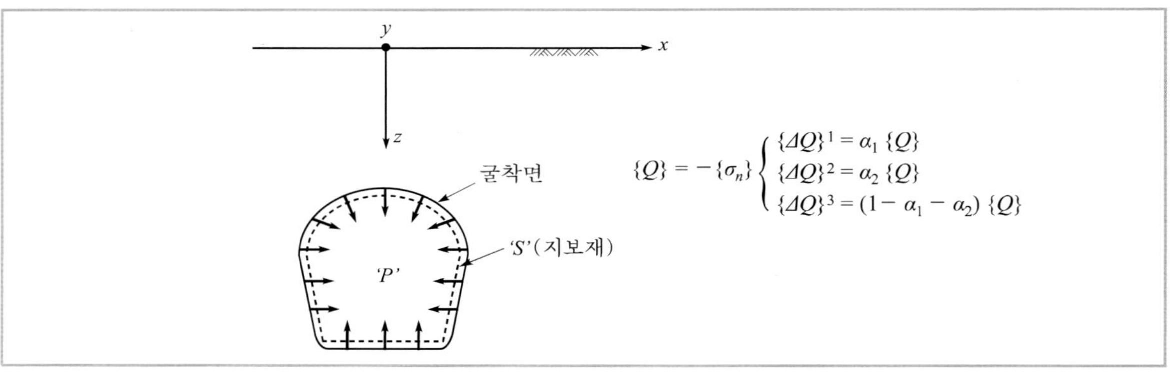

그림 14.108-2 터널의 2차원 해석

※ 그림 14.108-2에서 하중분담률의 정의

터널의 2차원 해석시 굴착이 진행되는 단계에 따라 천정부의 변위를 기준으로 굴착–S/C 타설의 2단계 또는 3단계로 나누어 각 단계에 대응하는 변위를 최종변위에 대한 %로 표시한 것

(예1) 30% : 70%
터널굴착 시 30% 변위 발생
(70%는 전방으로 하중전이)
S/C 타설 후 100% 변위 발생

(예2) 30% : 40% : 30%
터널굴착 시 30% 변위 발생(70%는 전방으로 하중전이)
1차 S/C 타설 시 70% 변위 발생(30%는 전방에 남아 있음)
R/B 설치 및 2차 S/C 타설 시 100% 변위 발생

해설 14.108-1

14.108 터널의 수치해석에서 터널굴착 모델링(1)

CHAPTER 14

1 개괄

- 터널 굴착은 14.107에서 설명한 굴착을 유한요소 해석으로 모형화하는 기본틀과 비슷한 과정으로 이루어진다. 그림 14.107-1b 의 굴착단면에 대해 $\alpha = 0$으로 가정하고 이를 90°회전하여 수평으로 놓은 단면에 대한 굴착으로 생각하면 된다. 다만, 그림 14.107-1b 는 plane strain 조건인 경우로서 y방향으로는 한없이 길게 굴착하는 경우를 뜻하나 터널은 그림 14.108-1 같이 3차원으로 굴착이 이루어지는 것이 다르다.

- 그림 14.108-1 의 굴착을 그대로 모사화하기 위하서는 3차원 해석이 불가피하며, 다음의 단계로 터널 시공을 모델링 한다.

  ① 그림 14.108-1 의 i부분을 굴착한다(1회 굴진장=L), 굴착은 굴착면에서 수직응력이 '0'이 되도록 굴착 직전의 수직응력=$\{\sigma_{i-1}\}$의 반대방향으로 하중을 가한다. 즉, $\{Q_i\}=-\{\sigma_{i-1}\}$

  ② 해설 14.107-1 의 식 14.107-5 ~ 식 14.107-7 으로 굴착 후의 변위와 응력을 구한다.

  ③ 지보재를 설치한다. 그림 14.108-1b 의 $'B'$부분

  ④ $(i+1)$단계를 굴착하면서 지보재 및 주변 지반에서의 응력과 변위를 구한다.

2 터널해석의 2차원 모델링

- 터널을 2차원으로 해석하기 위한 단면도는 그림 14.108-2 같다. 다만, 2차원 해석은 어쩔 수 없이 plane strain 조건하에서 해석할 수밖에 없다. 즉, y방향으로는 굴착이 처음부터 무한대로 이루어진다는 조건으로 해석을 하게 된다. plane strain 조건에서는 굴착 즉시 모든 지반에 변위가 발생하나 실제로 터널 굴착시에는 아칭효과로 인하여 **굴착 즉시에는 전체 변위의 30%가량만 발생하며 터널직경의 4배 후방에 가서야 변위가 수렴하게 된다.** 따라서 2차원으로 터널을 해석할 때에는 $\{Q\}=-\{\sigma_o\}$의 불평형력이 한꺼번에 굴착면에 작용되는 것으로 보아서는 안 되며, 터널 천정에서의 변위발생 정도에 따라 그 일부분만이 하중으로 작용된다고 가정하며 이를 **하중분담률**이라고 한다. 즉, 하중분담률은 해설 14.108-1 같이 정의할 수 있다.

- 2차원 해석단계를 요약하면 아래와 같다(하중분담률=$\alpha_1 : \alpha_2 : (1-\alpha_1-\alpha_2)$인 경우)

  ① 터널굴착을 모사하기 위하여 굴착예정면에 작용시킬 하중을 계산 : $\{Q\}=-\{\sigma_o\}$

  ② 그림 14.108-2 에서 $'P'$부분을 굴착한다. 이때의 굴착하중은 $\{\Delta Q\}^1 = \alpha_1\{Q\}$만이 굴착면에 작용되는 것으로 가정한다.

  ③ 식 14.107-5 ~ 식 14.107-7 으로 터널굴착 후의 변위와 응력을 구한다.

  ④ 지보재를 설치한다(그림 14.108-2 에서 $'S'$부분). 단 1차 S/C 만 타설하는 것으로 모델링한다.

개념정리 ㊶ 터널의 3차원 굴착과정의 2차원 모델링 (1)

1 3차원의 터널거동의 2차원 모델링 방법

표 개념㊶-1 같은 경험적인 파라미터를 이용하고 있다. NATM설계에는 **하중분담률법**을 **쉴드 TBM설계에는 변위제어법**을 이용하고 있다.

모델링 방법		제어 파라미터	라이닝 타설 전 상태 정의	References
하중제어법(하중분담률법)		굴착 상당력	$\{R_i\}=\alpha\{R\}$	Panet and Guanot(1982)
강성제어법(강성감소법)		굴착단면의 강성	$E_i=\beta E_o$	Swoboda(1979)
변위 제어법	Gap 파라미터법	천단변형(주변변형)	G_{ap} : 천단변형	Rowe et al.(1983)
	지반 손실율법	지표침하체적	V_l : 지반손실	Addenbrookde(1996)

표 개념㊶-1

2 하중제어법(하중분담률법)

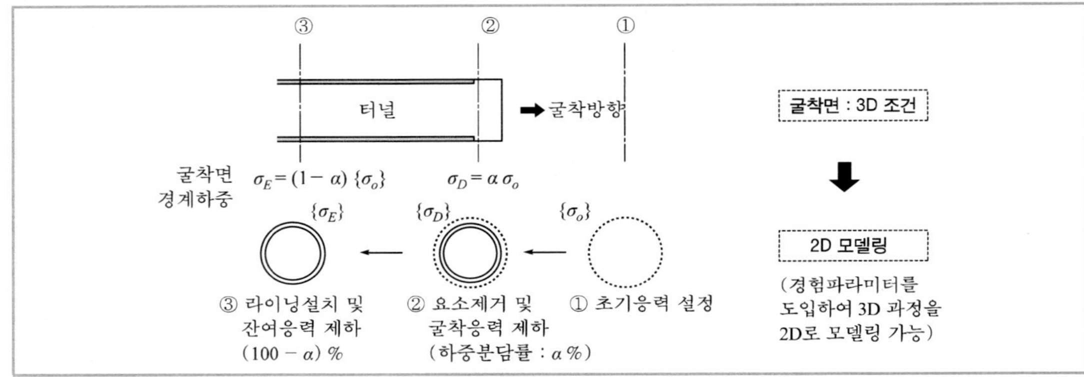

그림 개념㊶-1

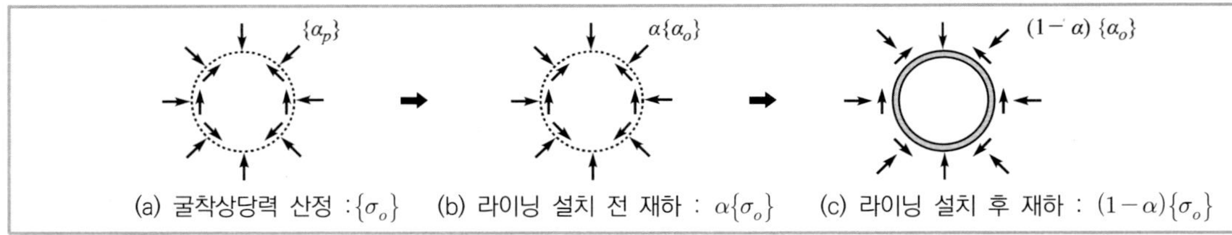

그림 개념㊶-2

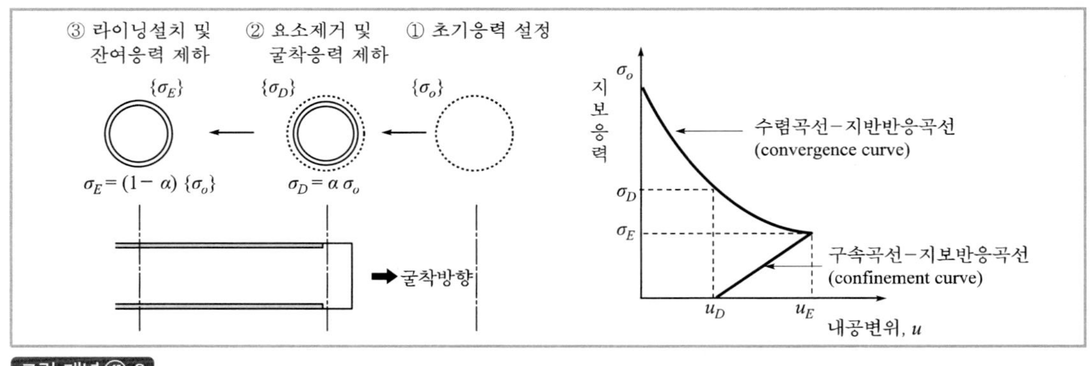

그림 개념㊶-3

14.109 터널의 수치해석에서 터널굴착 모델링(2)

⑤ $\{\Delta Q\}^2 = \alpha_2\{Q\}$를 추가로 굴착면에 작용시킨다.

⑥ 식 14.107-5 ~ 식 14.107-7 으로 터널굴착 후의 변위와 응력을 구한다.

⑦ 지보재를 추가로 설치한다.

⑧ 하중 $\{\Delta Q\}^3 = (1-\alpha_1-\alpha_2)\{Q\}$를 추가로 굴착선에 작용시키고 지보재 및 주변지반에서의 변위와 응력을 구한다.

3 불연속면의 모형화

- 지금까지 설명된 유한요소 모형화는 근본적으로 연속체를 대상으로 한 것이다. 토사지반이나 단위체적(REV)을 넘는 암반(rock mass)을 기본가정으로 하였다. 암반이란 불연속면이 다수 존재하는 경우로서(암석+불연속면)을 합하여 단일재료의 연속체로 본 것이다.

- **아무리 불연속면을 암반으로 모형화한다고 해도 '단층 · 파쇄대'와 같은 주요 불연속면은 따로 취급함이 더 합리적일 것이다.** 지반을 주요 대상으로 하는 유한요소 프로그램에서는 연속체와 함께 1~2개의 불연속면을 포함할 수 있도록 된 것이 많다. 불연속면모델을 적용하기 위해서는 14.44~14~45에서 설명한 불연속면의 **수직강성계수(K_n)와 전단강성계수(K_s)를 물성치로 구해야 한다.**

개념정리 ㊷ 터널의 3차원 굴착과정의 2차원 모델링 (2)

- 그림 개념㊷-1 은 굴착면 3차원 거동을 2차원으로 모델링한 개념을 예시한 것이다. 굴착하중을 라이닝 설치 전과 설치 후로 구분하여 굴착과정을 2차원으로 모사화 할 수 있다.

- 그림 개념㊷-2 은 굴착으로 유발되는 굴착경계면에서의 경계력과 건설과정을 고려하는 하중분담률법의 개념을 예시한 것이다.

- 그림 개념㊷-3 은 하중분담률 개념과 지반반응곡선을 보인 것이다. α를 적절히 선택함으로써 3차원 터널 진행과정을 2차원으로 모사화 할 수 있다. **α는 경험파라미터로서 아래와 같은 방법으로 결정**하여야 한다.
① **유사지반의 대표해석을 활용한 α결정법** : 계측결과를 아는 지반에 대한 역해석을 수행

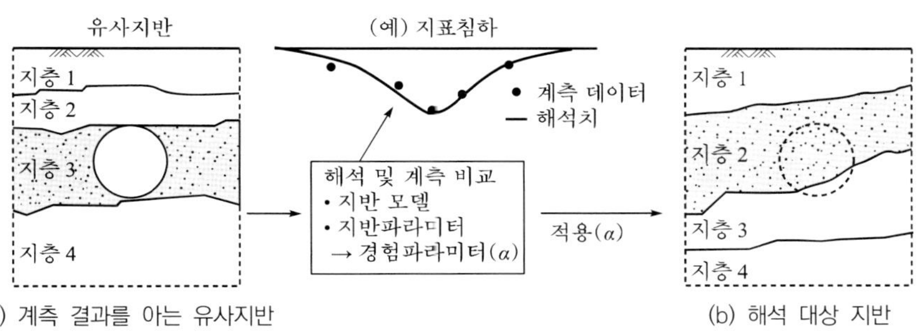

(a) 계측 결과를 아는 유사지반　　　(b) 해석 대상 지반

개념정리 ㊸ 터널의 3차원 굴착과정의 2차원 모델링 (3)

② 3차원 대표해석 결과를 활용한 α결정법 : 대표단면에 대한 3차원 해석결과 이용

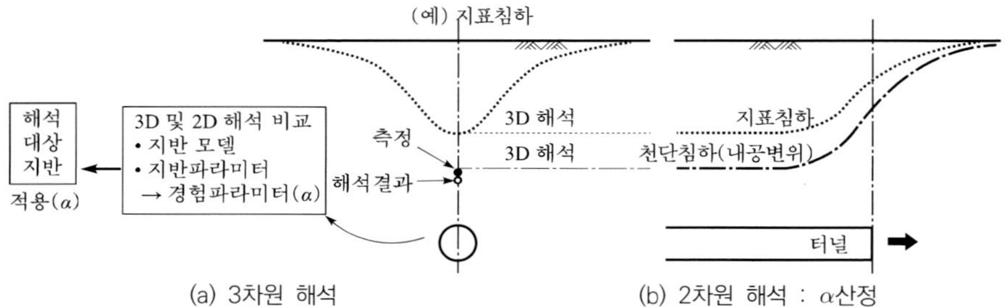

③ 경험적인 방법 : 굴착단계(30~50%) → 1차S/C(25~35%) → 2차S/C(25~35%) 여기서 굴착 상당량은 굴착으로 인해 발생하는 불균형 하중의 크기로 터널 굴착면 초기응력을 기준으로 굴착경계면의 각 절점에서 계산되는 하중이다, 각 단계별 하중분담률의 합은 100%이어야 한다.

3 변위제어법

① 체적손실율법(V_L) : 경험적인 변형해석에서 요구하는 요소

② GAP 파라미터법 : 수치해석(변형해석)에 이용되는 변형파라미터

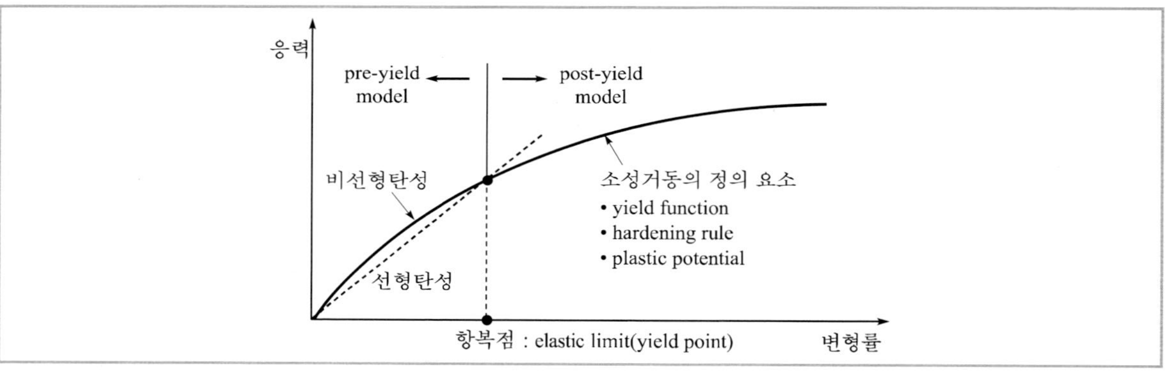

그림 14.110-1 지반재료의 응력-변형률 거동과 모델링

지층조건		초기응력 파라미터	탄성 파라미터 (선형탄성 모델)		강도 파라미터 (Mohr–Coulomb)	
		γ_t(tonf/m^3)	E(tonf/m^2)	ν	c(tonf/m^2)	ϕ
잔류토	잔류토	1.7	4.8×10^2	0.3	2.2	15.7
풍화토-A/B	풍화토A	1.8	1.51×10^3	0.28	0.0	33.0
	풍화토B	1.9	2.92×10^3	0.28	3.0	35.0
풍화암	풍화암	2.0	4.7×10^4	0.25	5.0	37.0
연암	연암·경암	2.5	2.09×10^5	0.20	300.0	40.0
경암 / 그라우트	그라우트존	2.3	8.5×10^4	0.20	25.0	원지반

표 14.110-1 지반의 지층구성과 물성분포(선형탄성+Mohr-Coulomb모델)

14.110 터널의 수치해석에서 지반구성모델과 지반파라미터(물성)

1 터널 주위지반에 대한 지반구성모델과 지반파라미터(물성)

- 지반공학이해 I 68p 개념정리⑲~⑳에서 설명되었듯 **흙 지반의 경우**는 "비선형탄성+Mohr-Coulomb 모델"을 주로 이용하나, **암 지반의 경우**는 "선형탄성+Mohr-Coulomb모델" 또는 "선형탄성+Hoek-Brown모델"을 사용한다.

- 실제로 상용 프로그램에서는 암반에만 국한되는 Hoek-Brown파괴기준 보다는 **토사와 암반에 고루 적용될 수 있는 Mohr-Coulomb의 파괴기준을 채택하는 경우가 많다.**

- **구성모델 선택은 사용입력 파라미터를 요구한다.** "선형탄성+Mohr-Coulomb모델" 및 "선형탄성+Hoek-Brown모델"에서 요구하는 지반파라미터(물성)는 아래와 같다.

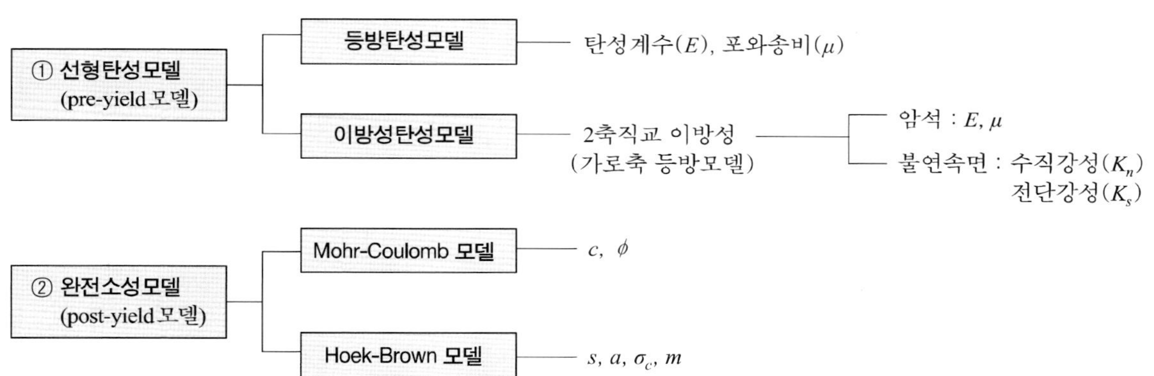

2 구성모델이 요구하는 지반파라미터(물성) 결정

- 표 14.110-1 은 지반 구성모델이 선형탄성+Mohr-Coulomb 모델인 경우 요구되는 지반파라미터(물성)을 예시한 것이다.

- 구성모델이 요구하는 지반파라미터는 **지반조사와 시험**을 통해 적절히 제공되어야 하며, 요구되는 지반파라미터는 예상 **응력경로와 일치하는 시험법**으로 평가하여야 한다.

- 일례로 **터널 천정부의 지반요소는 삼축인장시험 결과와 유사**하며, **스프링라인 근처의 요소는 수평하중이 감소하므로 삼축압축시험의 응력경로와 유사**하다. 위치마다 다른 응력경로를 모두 고려하기는 어려우므로 터널에 지배적인 영향을 미치는 대표적인 응력경로와 유사한 응력경로의 시험을 고려한다.

수평
α_{ia}
하반투영
N_f
N_f
N_f
α_{ia}
N_f
N_f
상반투영
α_{ia}
α_{ia}
α_{ia} : 경사투영각
(inclination angle)

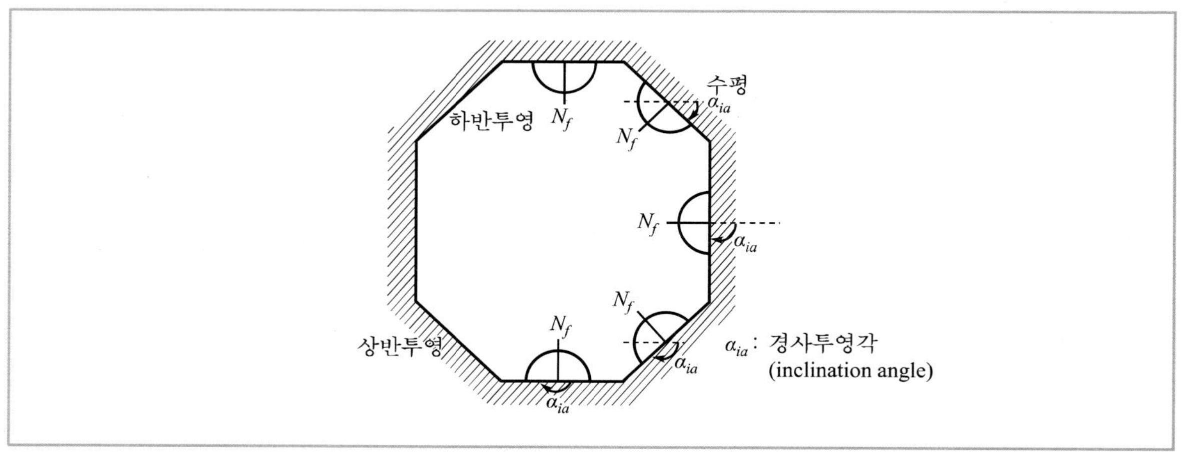

그림 14.111-1 터널의 단순화(8각형 터널)

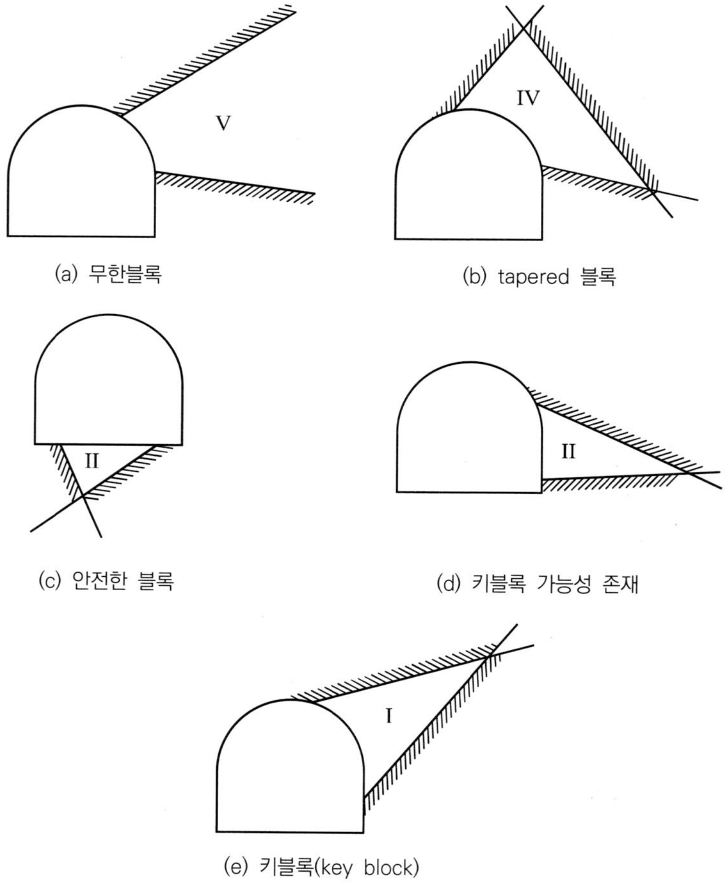

V
(a) 무한블록
IV
(b) tapered 블록
II
(c) 안전한 블록
II
(d) 키블록 가능성 존재
I
(e) 키블록(key block)

그림 14.111-2 블록의 형상과 키블럭

14.111 터널의 구조지질학적 해석 개요

지금까지 설명된 터널의 기본이론은 근본적으로 연속체역학에 근간을 둔 경우로서 불연속면이 거의 존재하지 않는 신선한 암(intact rock)이거나, 아니면 이와 정반대로 절리가 아주 많이 발달되어 있는 암반(rock mass)으로 볼 수 있는 지반 또는 토사터널을 염두해 둔 이론 전개였음을 다시 한 번 밝혀둔다. 연약지반에 건설하는 도심지 터널은 주로 이 범주에 속한다.

반면에, 지질구조가 지하구조물의 안정성을 지배하는 경우는 역시 지하공간 상에 몇 개의 불연속면이 존재하는 경우이며, 이 **불연속면의 조합으로 이루어지는 블록의 이동가능성으로 안정성을 검토**하게 된다. 이 경우는 깊은 심도에 건설되는 지하 구조물, 또는 풍화가 거의 진행되지 않은 산악에 터널을 굴착하는 경우 등이 해당된다. 물론 이 경우 암반사면 안정해석과 마찬가지로 불연속면역학이 안정해석에 주로 사용된다. 그러나 **암반사면에서의 불연속면역학 적용에 비하여 지하구조물에서의 불연속면역학 이용은 근본적인 차이가 존재한다.**

1 암반사면과 지하구조물에서의 불연속면역학 이용의 차이점

- 암반사면에서는 사면의 경사각이 일정한 경우이다. 즉, 자유면(또는 절취면)의 경사각이 하나이다. 그러나 터널의 경우 폐합형으로 이루어져 있으므로 자유면의 경사각도가 위치마다 따라 계속 변한다. 예를 들어서, 지하구조물의 형상을 편의상 그림 14.111-1 같이 8각형으로 보는 경우에도 자유면의 경사각은 천정부터 인버트까지 계속 변한다는 것이다. 불연속면의 조합으로 이루어진 블록은 최소3개 이상의 불연속면과 1개 이상의 자유면으로 이루어진다. 이때, 모든 블록의 파괴가능성을 갖는 것이 아니다. 그림 14.111-2 에서 보여주는 것과 같이 블록의 형상은 여러모양이 가능하며, 이때 문제가 되는 것은 그림 14.111-2e 의 **키블럭(key block)**이다.

- **암반사면에서 사면파괴 가능성**은 **스테레오 투영(평사투영법)**에 의하여 평가하고, 파괴가능한 파괴형태에 대하여 **힘의 평형을 이용하여 안정해석**을 하는 '**운동학적 평가+안정성 해석**' 방법을 간편성 때문에 가장 빈번히 이용한다. 이 방법은 사면의 경우 전술한 대로 자유면의 경사각이 하나이기 때문에 가능했고, 자유면이 수없이 많은 지하구조물의 경우는 이 방법을 적용하기가 쉽지 않다. 천정부 이외의 절취면에서의 안정 가능성을 위해서는 필히 **블록이론을 근간으로 한 벡터해법을 이용하여 블록의 이동 가능성을 평가하고 안정성 해석을 할 수밖에 없다.**

- **블록이론은 단순히 키블록을 찾아내고 키블럭에 대한 안전율을 구하는 것**으로, 이 이론을 적용하여도 터널에서의 변위를 구할 수가 없다. **지반을 '블록+불연속면'으로 모델링하여 응력뿐만 아니라 변위 예측도 가능한 것이 소위 개별요소법이다.**

개념정리 ㊹ 개별요소법(DEM)

1 개별요소법이란?

- '**블록이론**'**은** 이동 가능한 블록을 찾아내고 이 블록에 대한 역학적 안정성을 검토하여(즉, 작용력과 저항력을 비교하여) 필요시 지보재로서 저항력을 증가시켜주는 일종의 역학(또는 응력)이론이다.
- 블록이론을 작용하면 키블록 안정성에 대한 안전율은 구할 수 있으나 이 블록으로 인한 변위는 알 수가 없다. **안정성과 함께 변위를 검토할 수 있는 방법이 소위 개별요소법이다.**

2 개별요소법 적용을 위한 기본물성

- 불연속면의 분포특성 ① 불연속면의 경사와 경사각 : *BIPS*을 이용하여 측정
  ② 불연속면의 연장성(길이)
  ③ 불연속면의 간격과 빈도
- 불연속면의 물성 : ① *JRC* ② *JSC*
- 불연속면의 강성 : ① 수직강성계수(K_n) ② 전단강성계수(K_s)
- 불연속면의 강도 : 불연속면의 파괴기준으로 사용하는 Mohr-Coulomb식에 필요한 입력물성치 c, ϕ를 Baton의 비선형모델로부터 구한다.
- 암반의 물성 ① 변형계수(E_m) : RMR과 Q-system을 이용하여 구함
  ② 포아송비(μ)
  ③ c, ϕ : Hoek and Brown 파괴기준을 이용
- 암석의 물성 : 무결암의 σ_c및 밀도

개념정리 ㊺ 터널의 수치해석 모델에서의 경계조건(해석영역 범위) 및 해석의 기본

1 해석영역의 범위

그림 개념㊺-1 같이 터널굴착 시 지반의 응력 및 변화가 거의 없는 영역까지 확장하여 경계조건으로 설정. **터널폭의 3배 이상, 하부는 2배 이상, 상부는 지표면까지**

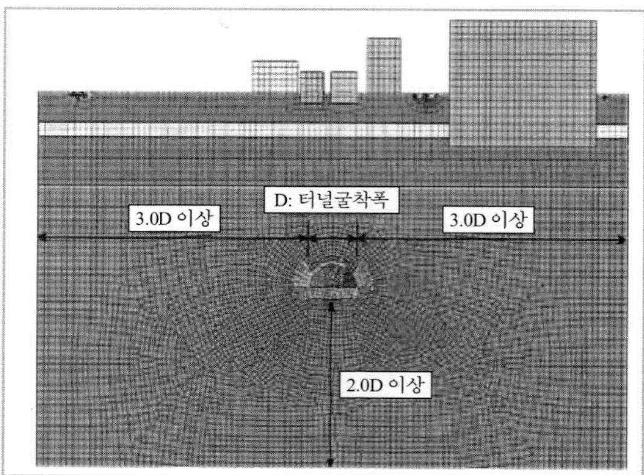

그림 개념㊺-1

2 해석의 기본

해석은 굴착과 굴착에 따른 지하수 변화에 의한 영향을 동시에 반영이 가능한 방법으로 수행한다. 대표단면에 대해 안전측 해석방법인 2차원 해석을 기본으로 수행하며, 정거장 터널 및 수직구 등 3차원적인 거동하는 경우 3차원 해석을 수행한다.

14.112 블록이론을 이용한 터널의 안정성 평가

1 개괄

- 블록이론을 적용하기 위해서는 불연속면에 대한 평가가 먼저 이루어져야 하며 다음을 기본물성으로 구해야 한다,

① 대표적인 불연속면의 경사방향 및 경사
② 가능하면 불연속면의 간격과 빈도
③ 불연속면의 전단강도(c , ϕ)

- **블록이론이란? 이동 가능한 블록을 찾아내고, 이동 가능한 블록에 대하여 힘의 평형조건으로부터 안정성을 정량적으로 평가**하며, 안전율이 부족할 경우 록볼트나 숏크리트로서 보강을 해주어 소요의 안전율이 확보되도록 하는 방법이다.

2 구조 지질학적 안정성 검토단계

- 1단계 : 현장조사를 토대로 대표 절리군 결정
- 2단계 : 소요 지하구조물에 대하여 **이동 가능한 블록(즉, 키블록)을 구함**

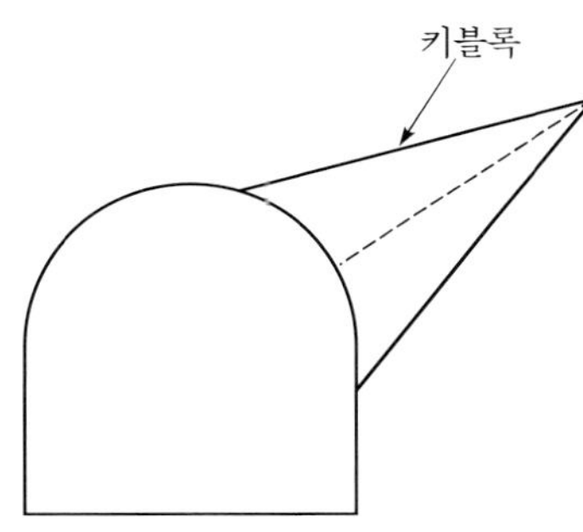

- 3단계 : 2단계에서 구한 키블록의 체적과 중량을 구하고 이로부터 미끄러짐 면에 작용하는 전단력과 전단저항력을 구함. 이렇게 구한 전단력과 전단저항력으로부터 안전율을 구함.
- 4단계 : 3단계에서 구한 안전율이 소요 안전율에 미치지 못할 경우 록볼트나 숏크리트 등으로 지보재 보강
- **스테레오 투영법을 이용하여 이동 가능한 블록을 평가하는 방법이 위의 4단계 중 2단계**이며, 이 단계에 대한 평가도 스테레오 투영법을 이용하는 것은 쉽지가 않다, 더욱이 3, 4단계를 스테레오 투영법을 이용하여 분석하는 것은 더더욱 어렵다. 따라서 **2~4단계를 일련하여 벡터해법으로 이용하여 분석하는 것이 일반적이다. 벡터해법을 이용한 프로그램이 'UNWEDGE'이다.**

※ 투수의 기본방정식에 대한 Review

1 3차원 흐름의 기본방정식

$$K_x\frac{\partial^2 h}{\partial x^2}+K_y\frac{\partial^2 h}{\partial y^2}+K_z\frac{\partial^2 h}{\partial z^2}=\frac{1}{1+e}\left(e\frac{\partial S}{\partial t}+S\frac{\partial e}{\partial t}\right)$$ 식 14.113-1

구분	내용
e, S 일정	• 흙의 체적변형도 없고 포화상태인 경우로 **정상상태흐름**
e는 변량, $S=1$	• 포화된 경우로 물의 흐름에 따라 체적변형 발생, 계속되는 물의 공급이 없이 물이 빠져나가기만 하는 경우로 **압밀**이 해당됨
e는 일정하고 S가 변함	• 물이 흐르면서 포화도가 계속하여 변하는 경우 **불포화토 흐름**
e와 S가 모두 변함	• 포화도와 간극비가 모두 변하는 복잡한 흐름

① **정상류 흐름 기본방정식** : 한 입자에서의 **유입량=유출량** 같다는 원리로 유도되는 기본방정식

$$K_x\frac{\partial^2 h}{\partial x^2}+K_y\frac{\partial^2 h}{\partial y^2}+K_z\frac{\partial^2 h}{\partial z^2}=0$$ 식 14.113-2

여기서, h=전수두 , K_x, K_y, K_z=투수계수

② **부정류 흐름 기본방정식** : **유입량-유출량=체적수축** 원리로 유도되는 기본방정식으로 경계면에서 q의 유입량이 추가로 더 있다고 가정하면 아래의 식과 같다.

$$K_x\frac{\partial^2 h}{\partial x^2}+K_y\frac{\partial^2 h}{\partial y^2}+K_z\frac{\partial^2 h}{\partial z^2}+q=S_s\frac{\partial h}{\partial t}$$ 식 14.113-3

여기서, S_s=비저류계수, q=단위체적당 유입(또는)유출량

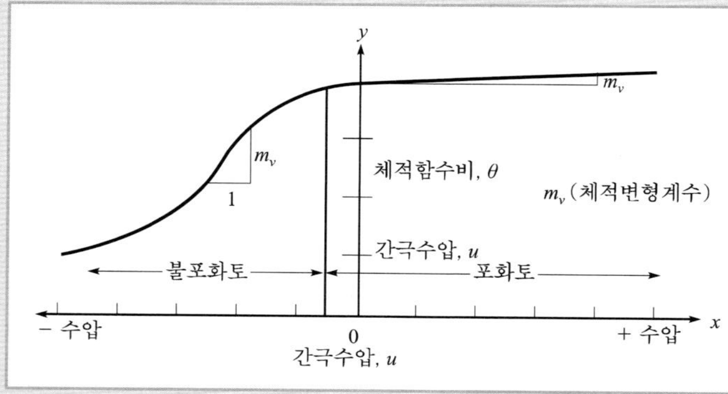

좌측 함수특성곡선에서 오른쪽은 지하수위 하에 존재하여(+)수압에 대한 기울기로서 지반의 체적변형계수 m_v와 같다. 따라서 터널 주변의 흐름과 같이 포화 자유수의 흐름인 경우 $S_s=m_v\gamma_w$(물의단위중량×지반의 체적변형계수)를 사용하면 될 것이다.

2 2차원 흐름방정식 : plane strain 조건하의 흐름 즉, y축 방향의 흐름을 무시

① **정상류 흐름** : $K_x\frac{\partial^2 h}{\partial x^2}+K_z\frac{\partial^2 h}{\partial z^2}=0$ 식 14.113-4

② **부정류 흐름** : $K_x\frac{\partial^2 h}{\partial x^2}+K_z\frac{\partial^2 h}{\partial z^2}+q=S_s\frac{\partial h}{\partial t}$ 식 14.113-5

해설 14.113-1

14.113 터널과 지하수 개론

지반공학적인 문제에서 물(지하수)과 동반된 문제가 가장 위험하고 취급하기 어렵다. 14.106 **터널의 수치해석 기본개념에서 설명한 대로** 지반은 2상역학으로 풀어야 하나, 2상역학의 기본 메카니즘이 워낙 복잡하여 **지반과 지하수를 따로 분석하고 나중에 이를 조합하여 고려**하는 **비연계해석**이 주로 이용된다.

지하수와 연관된 지하구조물 설계에는 2가지 문제가 고려되어야 한다. 그 **첫째는 유입량을 예측하는 문제**이다. 시공 중 유입량이 너무 과다하면 터널 시공자체가 어려워지게 되며, 터널유지에 필요한 집수정 설계도 결국 터널 내로의 유입량에 따라 결정되어야 한다. **둘째는 지하수가 존재할 때, 결국 전응력(유효응력+수압)의 두 요소로 이루어지는바, 터널에 작용되는 응력체계가 달라진다.** 터널시공 시에 지하수 유입량이 과다하면 차수 그라우팅으로 물의 유입을 무조건 막고 터널을 시공하면 된다고 생각할지 모르나 하중체계에서 보면, 물은 막으면 막을수록 오히려 그라우팅영역 외곽으로 수압이 작용하여 파괴가능성은 더욱 증가된다.

위의 관점에서 연계하여 지하수 흐름의 원리를 먼저 설명하고, 지하수 유입량산정법을 설명한 뒤 지하수 존재시의 응력해석법에 대해 설명할 것이다. 역학의 2대 요소인 응력과 변형문제에서 보면 지중에 작용되는 지중응력은 지반정수에 크게 영향을 받지 않으나, 변형문제는 특히 탄성계수에 절대적으로 의존하게 된다. 같은 논리로, 지하수 흐름문제에서 유입량 예측에는 투수계수의 크기가 절대적으로 영향을 주게 되나 수압(또는 전수두) 예측에는 투수계수의 영향이 적다.

앞서 설명한 대로 **밀폐형 쉴드** TBM은 기본적으로 막장압을 통해서 지반압과 수압에 대응압력을 가하면서 굴착을 하며(물론 토압식 쉴드 TBM에서는 지반의 투수계수가 큰 경우 막장면으로 투수가 발생하기도 한다), 특히 세그먼트라이닝에 정수압이 작용한다. 이에 반하여 **NATM의 경우 배수형과 비배수형**이 있고, 배수형의 경우는 당연히 터널로의 지하수 유입이 발생하며, 비배수인 경우도 운영중에는 비배수로 거동하나 터널 시공중에는 배수가 일어난다. 따라서 투수에서 기본 메카니즘을 이해하는 것이 중요하다.

1 투수의 기본방정식

- 해설 14.113-1 에서 식 14.113-2 및 식 14.113-3 와 같은 3차원 투수방정식을 이론해로 풀 수 있는 경우는 아주 제한적이기 때문에 어쩔 수 없이 유한요소법/유한차분법과 같은 수치해석법에 의존할 수 밖에 없다. (예를 들어 *SEEP*/*W* 등)
- 지반공학이해 I 571P "7.6 일반적인 3차원 투수방정식 이해하기"를 독자들은 다시한번 연계학습하길 당부 드린다.

③ **비저류계수(S_s)에 대한 설명**

① 식 14.113-3 은 원칙적으로 피압수(불투수층 사이에 존재하는 지하수로서 압력을 받고 있는 상태)에 대하여 적용되는 식이다. 비저류계수($S_s = m^3/m^3/m = L$)는 '단위 전수두 저하에 따른 피압수층의 단위 부피당 배출되는 물의 양'으로 정의 된다. 피압대수층의 경우 $10^{-5} \sim 10^{-7} m$

② $S_s = \dfrac{(dV_w/V_o)}{dh} = \dfrac{1}{V_o}\dfrac{dV_w}{dh}$ 여기서, V_o : 전체적, V_w : 지하수 체적, h : 전수두

함수특성곡선에서 체적함수비는 $\theta = \dfrac{V_w}{V_o}$ 정의되고, 체적변형계수 m_v는 함수특성곡선의 기울기로서

$m_v = \dfrac{(dV_w/V_o)}{du} = \dfrac{\frac{1}{V_o}(dV_w)}{du} = \dfrac{d\theta}{du}$ 정의된다. 여기서, $du = \gamma_w dh$관계가 성립한다.

$\rightarrow m_v = \dfrac{(dV_w/V_o)}{du} = \dfrac{1}{V_o}\dfrac{(dV_w)}{\gamma_w\, dh} = \dfrac{S_s}{\gamma_w}$ 따라서, 비저류계수(S_s)는 자유수(피압수에 대응되는 개념) 포화-불포화토 흐름에서 정의되는 m_v와 $S_s = m_v \gamma_w$ 관계가 성립된다.

해설 14.114-1

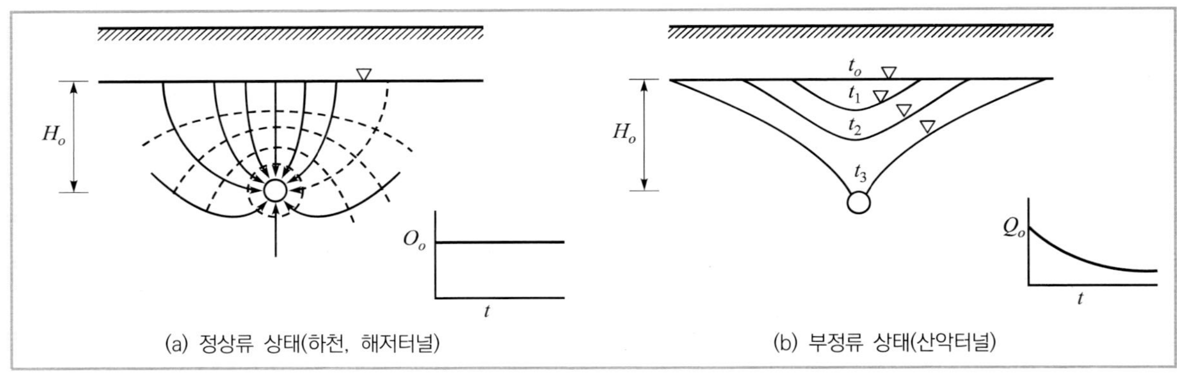

그림 14.114-1 배수터널에서의 지하수 흐름조건

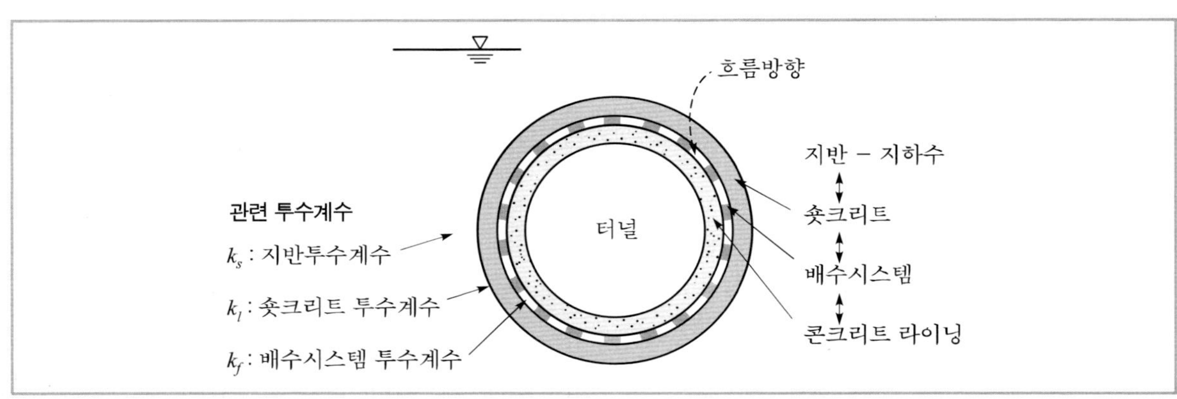

그림 14.114-2 터널의 수리거동 영향요소와 구조-수리 상호작용

14.114 터널에서의 투수(1)

1 정상류와 부정류

- 지하수가 상존해 있는 지반에 터널을 건설하고자 하면, 지하수의 처리에 대한 설계가 이루어져야 한다. 아예 터널을 방수처리하여 터널 내로 지하수가 전혀 유입되지 못하게 설계/시공되는 터널을 **비배수형 터널**이라고 하며, 유입되는 지하수를 집수정에서 집수하여 펌프를 이용하여 양정하는 터널을 **배수형 터널**이라고 한다.
- 배수형 터널의 경우 터널 내로 유입되는 지하수는 숏크리트층과 콘크리트라이닝 사이에 설치된 배수층을 따라 터널측면 하단과 인버트의 배수관으로 유도되어 배수된다. 비록 터널 내로 지하수가 유입된다 하더라도 지하수의 공급이 충분하여 지하수위의 변화가 없게 되면 지하수의 흐름은 정상류(steady state flow)가 되며 지하수의 공급이 제한되어 있는 경우에는 부정류(trasient flow)가 된다. **터널주위 지하수의 흐름이 '정상류인가' 아니면 '부정류인가'를 판단하는 것은 터널의 배수형식을 결정하는 주요한 요건**이 된다. 그렇다면 실제 현장의 조건은 어떨 것인지 생각해 보자.
- 만일, 하저, 해저터널 등과 같이 아예 수위선이 지표면보다 높은 경우에는 당연히 정상류 조건이다. 한편, 산악 부근과 같이 비록 지하수위가 처음에 존재하였다 해도 터널굴착으로 인하여 지하수가 저하될 수 있는 여지가 많은 현장조건은 시간이 감에 따라 그림 14.114-1b 같이 지하수위가 계속 저하될 것이다.

2 투수방정식의 이론해

Goodman(1965)등은 정상류 조건의 원형터널에 대하여 유입량을 구할 수 있는 이론해를 아래와 같이 제시함. 이때 $k = k_x = k_z$로 등방이며 깊이에 따라서도 투수계수가 일정한 경우에만 해를 구할 수 있었다. 즉, plane strain 조건 하의 흐름방정식인 식 14.113-2 에서 $k = k_x = k_z$로 가정한 방정식의 이론해를 식 14.114-1 같이 구하였다.

$$Q = \frac{2\pi k H_o}{l_n(2H/a)} \qquad \text{식 14.114-1}$$

여기서, Q : 유량($m^3/sec/m$), k : 투수계수(m/sec), a : 터널반경(m)
H_o: 터널중심으로부터 지하수위까지의 수두차(m), H : 지하수의 침투거리(m)

3 터널의 수압-유입량 관계와 구조-수리 상호작용

- 식 14.114-1 같이 구해진 유입량에 대한 이론해는 **배수터널의 자유유입 조건을 가정**한 것이다. 터널건설은 굴착과 지보재(라이닝)설치를 포함하므로, 배수터널에서 터널로 유입되는 지하수의 흐름경로는 그림 14.114-2 같이 2개 이상의 매질을 통과하게 된다. 560p 그림 14.115-2 같이 완전배수와 비배수는 터널 **수리경계조건**의 두 극단적인 경우에 해당한다. **만일 굴착면에 지반보다 투수성이 작은 S/C가 타설된다면** 흐름은 일어나지만 흐름저항이 발생하여 유입(q)이 줄고, 그에 상응하여 S/C에는 수압($p = u$)이 작용하게 될 것이다.

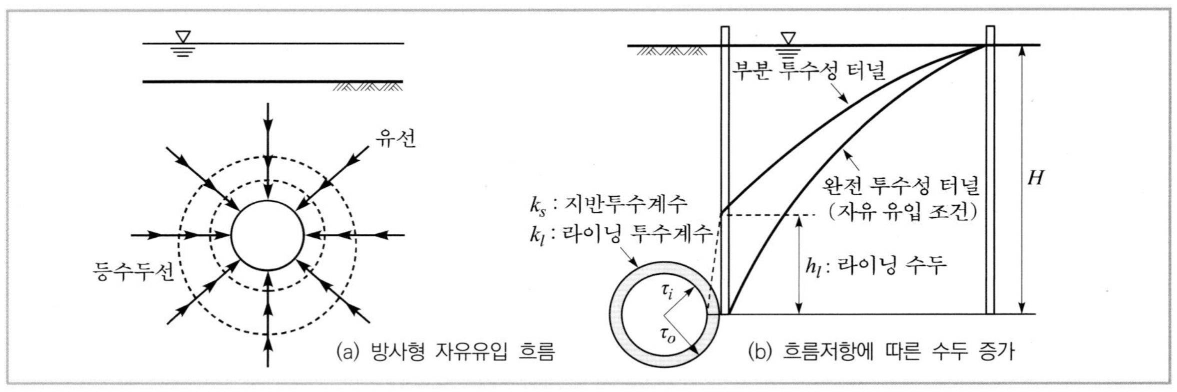

그림 14.115-1 터널 주변의 흐름거동

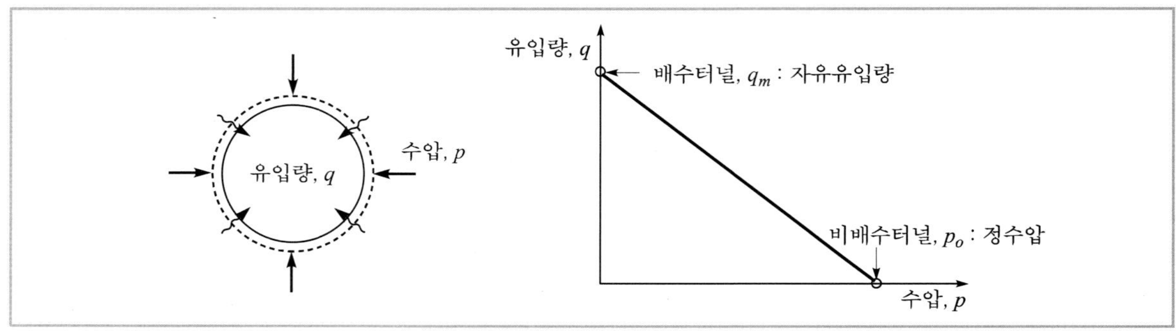

그림 14.115-2 터널의 수압(p)-유입량(q)관계 (수리경계조건)

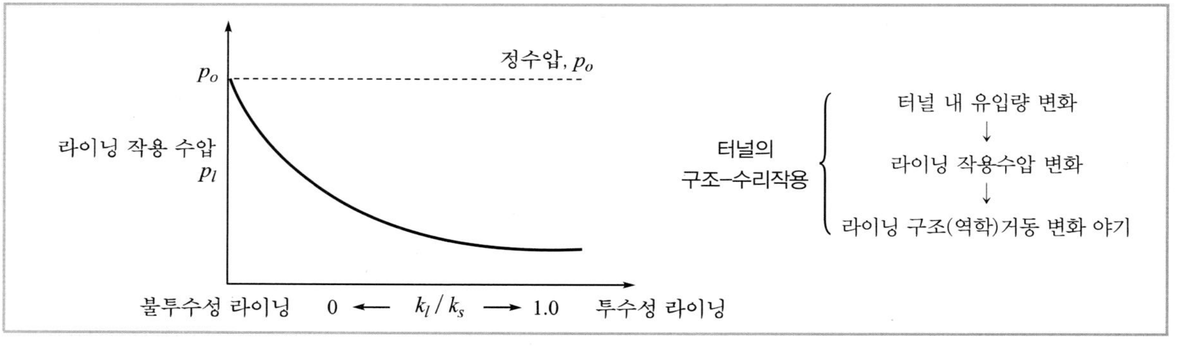

그림 14.115-3 상대투수성에 따른 라이닝 작용수압

개념정리 ㊻ 터널-지반의 상호작용을 나타내는 상대강성과 상대 투수성

터널-지반의 역학적 상호작용에 따른 변형거동이 터널과 지반의 **상대강성**(relativeness stiffness)에 지배되는데 비해, 지반과 터널(혹은 배수시스템)의 수리학적 상호작용은 유입경로의 **상대투수성**(relative permeability)에 지배된다. 터널을 향한 지하수의 흐름경로가 '지반-숏크리트-배수층'에 이르는 다수의 재료를 통과하면 경계조건도 불특정하기 때문에 수리적 상호작용은 역학적 상호작용보다 훨씬 더 복잡한 양상을 나타낸다.

14.115 터널에서의 투수(2)

- 그림 14.115-1a는 배수터널의 자유유입조건을 예시한 것이다. 만일 **라이닝 투수성이 지반보다 작다면**, 흐름저항이 발생하여 유입이 줄고, 그림 14.115-1b같이 라이닝 배면에 수두 h_l이 유발된다. 흐름저항으로 인하여 라이닝에 유발된 작용수압 p_l의 크기는 지반과 라이닝의 상대투수성(k_s / k_l)에 의존함을 알 수 있다.

- 즉, 라이닝 투수성이 지반보다 작아질수록 라이닝 작용수압은 증가한다. 그림 14.115-2에서 알 수 있듯 유입량 q가 감소할수록 작용수압 p가 증가함을 알 수 있다.

- 투수계수가 작은 재료에서 큰 재료로 흐름이 일어나는 경우, 재료경계에서 흐름저항은 거의 발생하지 않는다. **하지만 흐름이 투수성이 큰 재료에서 작은 재료로 형성될 때**, 투수계수가 큰 재료를 통과한 유량이 투수계수가 작은 재료를 모두 통과하지 못하므로, 흐름저항이 유발되며, 이는 수압상승으로 나타난다.

- **터널내 유입량의 변화는 라이닝 작용수압의 변화를 야기**하고, 수압변화는 라이닝에 구조(역학)거동을 야기하게 된다. 이를 **구조-수리 상호작용**이라 한다.

- 그림 14.115-3같이 **라이닝 작용수압의 크기는 지반에 대한 라이닝의 상대투수성 k_l / k_s에 반비례한다**. 이 관계의 극단적인 경우로서, 비배수조건은 상대투수성이 '0'에 해당하므로, 수압은 정수압 p_o가 된다.

4 터널의 수리거동의 수치해석에서 투수계수의 모델링

- 지하수 흐름경로에 위치하는 모든 재료의 투수성을 실제거동에 부합하게 모델링하여야 한다. 배수터널에서 지하수는 '지반→숏크리트→배수재'의 경로를 따라 흐르므로, **숏크리트와 배수재의 투수성도 고려**하여야 한다.

- 숏크리트와 배수재의 투수성은 터널로 유입되는 지하수는(NATM의 경우) 숏크리트와 배수재를 통과한다. 일반적으로 잘 타설된 숏크리트의 투수성은 일반 콘크리트와 크게 다르지 않는 것으로 알려져 있다. 치밀하게 타설된 콘크리트의 경우 대략 $10^{-9} \sim 10^{-10} m/\sec$의 투수성을 갖는다.

- 하지만 숏크리트 타설 시 공극발생 등 불균일 요인이 많아 투수성을 특정하기 쉽지 않으며, 굴착안정을 위한 임시지보재로서 장기적으로 열화한다고 보아 **숏크리트의 투수성을 지반과 같은 수준으로 고려하는 경우가 많다.**

- 터널 배수재로 많이 사용되는 부직포의 투수성은 0.008m/sec 정도로 매우 크다. 그러나 라이닝 콘크리트 타설 시 **유동성 콘크리트의 횡압에 따른 압착** 또는 **토립자 침적 등에 따른 폐색**(clogging)으로 투수성이 현저하게 감소될 수 있다(따라서 실제 숏크리트 배면에 상당한 수압이 걸릴 수 있다)

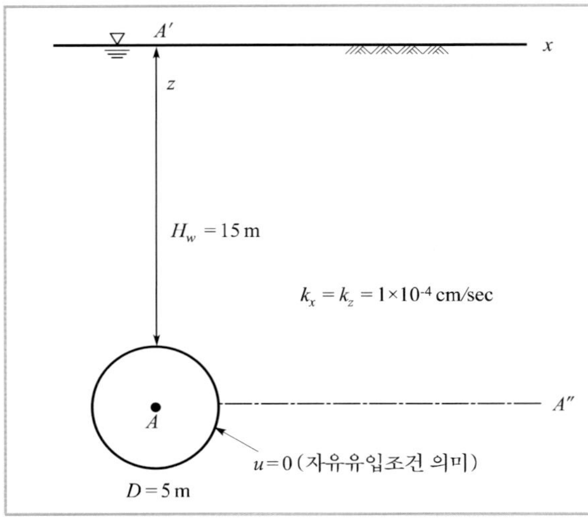

투수방정식을 이론해로 구하는 것은 극히 제한적일 수 밖에 없으므로 대부분의 경우 배수형 터널의 투수해석은 유한요소해석 프로그램을 의존할 수 밖에 없다. 다음에 범용 유한요소프로그램을 이용하여 해석한 예들을 제시한다.

정상류 흐름해석 예제 : 14.116
정상류 흐름해석 예제 : 14.117
(차수그라우팅 실시)
부정류 흐름해석 예제 : 14.118

그림 14.116-1 정상류 흐름해석 예제

문제 범용 유한요소 프로그램을 이용하여 다음을 구하여라.

[1] 전수두 profie을 구하라
[2] 터널내로 유입되는 유량
[3] $A-A'$ 단면과 $A-A''$ 단면에서의 수압의 profie

〈유한요소망〉

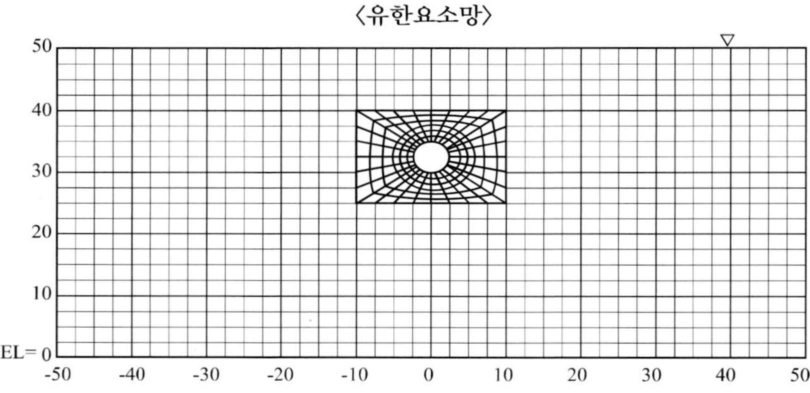

조건
① 해석영역 : 좌우 -50~+50m
② 터널의 중심좌표 (0, 32.5)로 설정
③ 터널시공으로 인한 영향 범위보다 해석영역이 큰 것으로 생각하여 상하 좌우 경계면의 전수두를 50m로 고정하였다,
④ 터널 바닥면에 배수구를 가정하여 터널 바닥면의 node에는 압력수두=0값으로 고정 (자유유입조건으로 가정한다는 뜻)
⑤ 터널벽면에 대하여서는 review boundary를 적용
⑥ 터널시공시 저하된 지하수위가 터널 완공 후 다시 처음과 같은 상태(50m)로 회복되었다고 가정하여 해석(정상상태흐름조건으로 가정한다는 뜻)

14.116 예제를 통한 유한요소 해석 개념이해(1) – 정상류 흐름해석

1 **전수두 profie을 구하라**

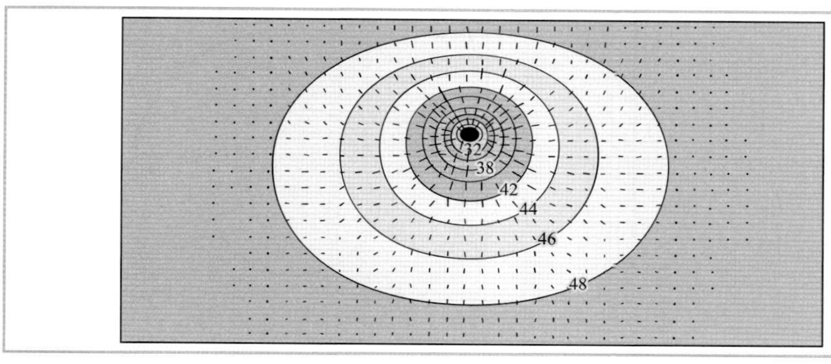

초기의 전수두=50m 로 부터, 터널에 가까울수록 전수두가 감소한다.

2 **터널내로 유입되는 유량 :** $Q = 4.181 \times 10^{-5}(m^2/\sec) = 3.61(m^3/m/day)$

3 $A-A'$ **단면과** $A-A''$ **단면에서의 수압의 profie**

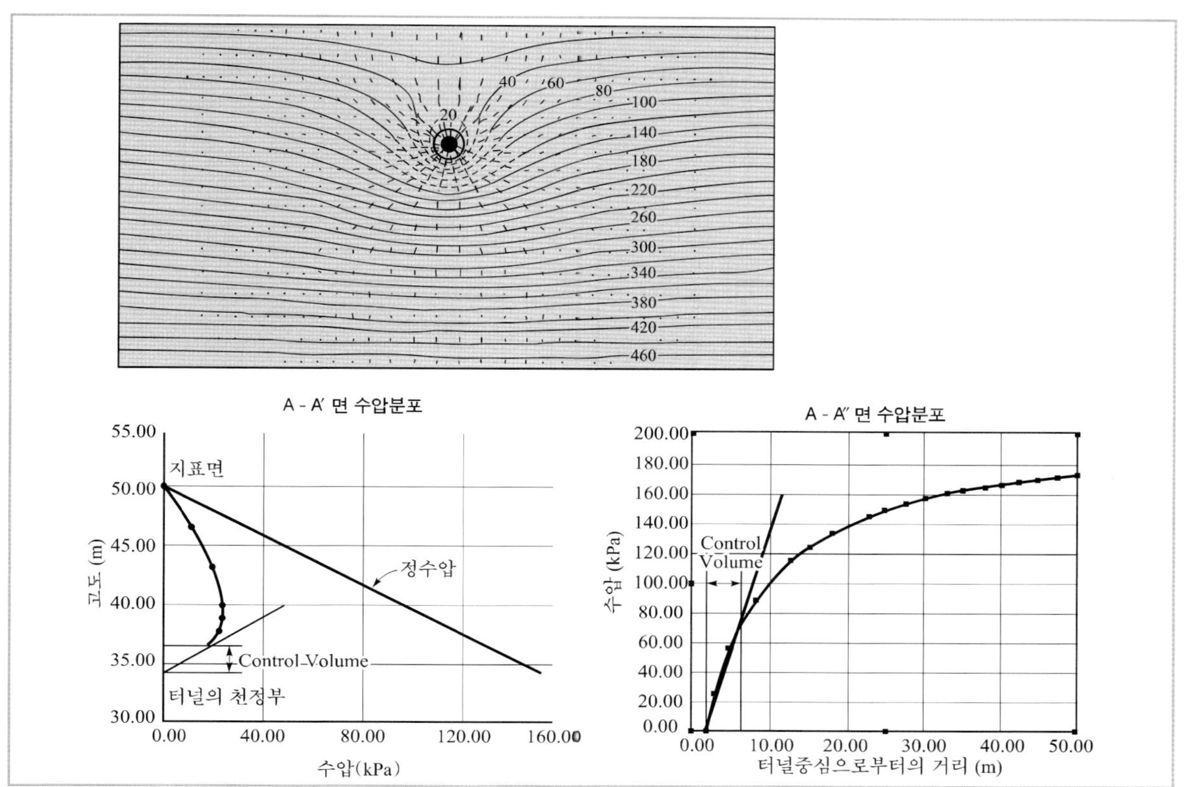

- $A-A'$ 단면에서의 수압분포를 살펴보면, 지표면부터 깊이가 깊어짐에 따라 수압이 증가하기 시작하다가, 깊이 13m에서부터 가장 급격하게 수압이 감소함을 보여준다.
- 한편, $A-A''$ 단면에서의 수압분포를 살펴보면, 터널 측면으로부터 3.2m 떨어진 지점까지 급속하게 수압이 증가함을 알 수 있다.

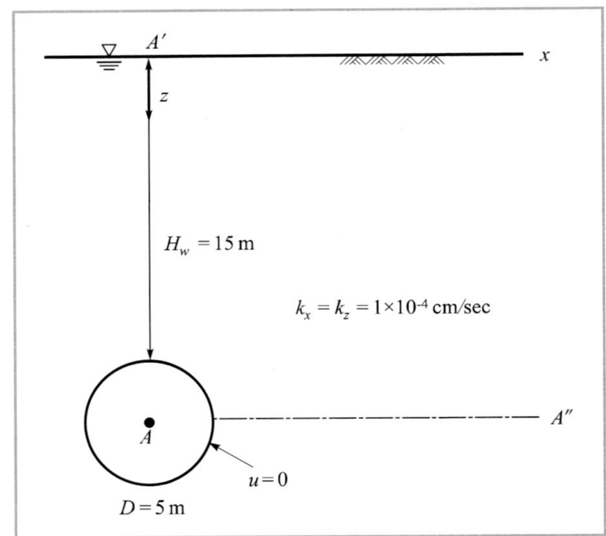

그림 14.117-1 차수그라우팅 실시 터널에 대한 정상류 흐름해석 예제

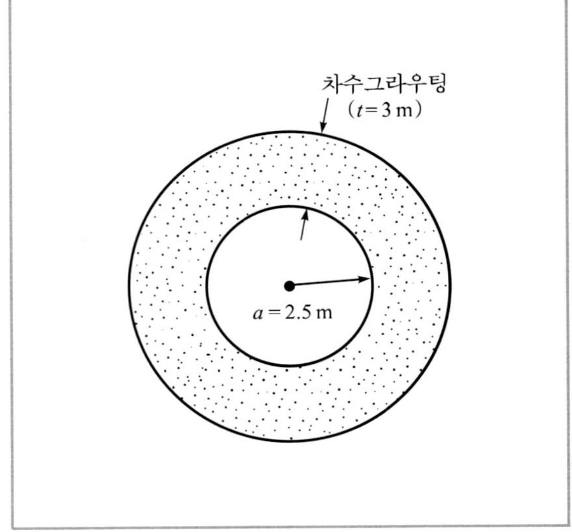

그림 14.117-2

문제 범용 유한요소 프로그램을 이용하여 다음을 구하여라.

1 전수두 profie을 구하라

2 터널내로 유입되는 유량

3 $A-A'$ 단면과 $A-A''$ 단면에서의 수압의 profie

조건 그림 14.117-1과 동일한 조건에서 그림 14.117-2에서와 같이 터널주위로 두께 3m의 차수그라우팅을 실시하였다고 할 때 1~3에서 제시된 문제에 답하라. 단, 그라우팅의 투수계수는 자연지반 투수계수의 1/20로 가정한다.

〈유한요소망〉

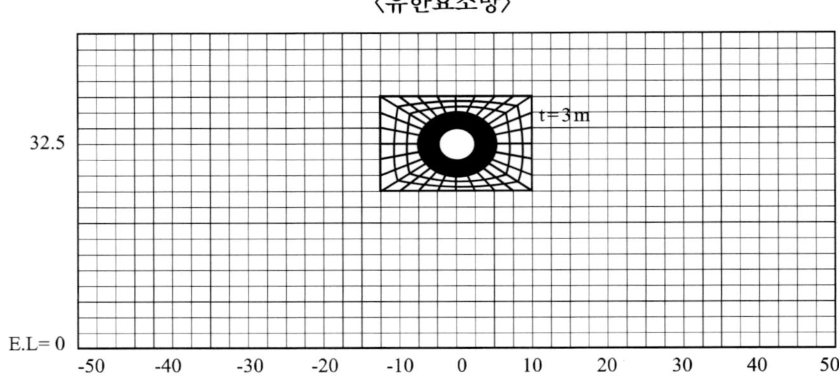

$t=3m$ 구간에 대하여 투수계수를 1/20을 설정한 외에는 562~563p 14.116과 동일하다

14.117 예제를 통한 유한요소 해석 개념이해(2) – 정상류 흐름해석(차수그라우팅조건)

1 **전수두 profie을 구하라**

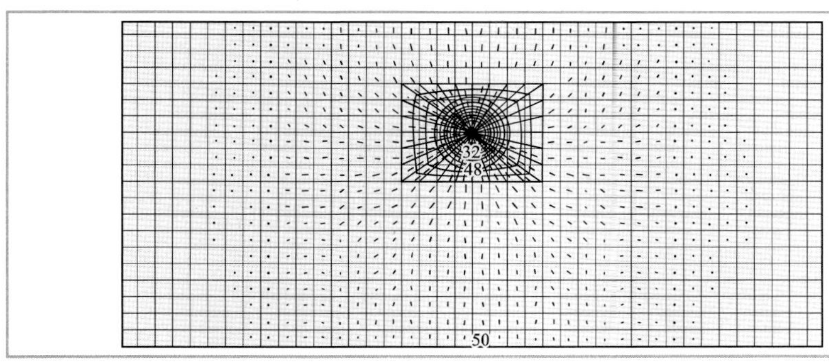

터널 주위의 그라우팅영역에서 집중적으로 전수두가 감소한다.

2 **터널내로 유입되는 유량 :** $Q = 5.959 \times 10^{-6}(m^2/\mathrm{sec}) = 0.515(m^3/m/day)$

※ 그라우팅이 없는 조건에 비해 1/7정도로 유입량 감소

3 $A-A'$**단면과** $A-A''$**단면에서의 수압의 profie**

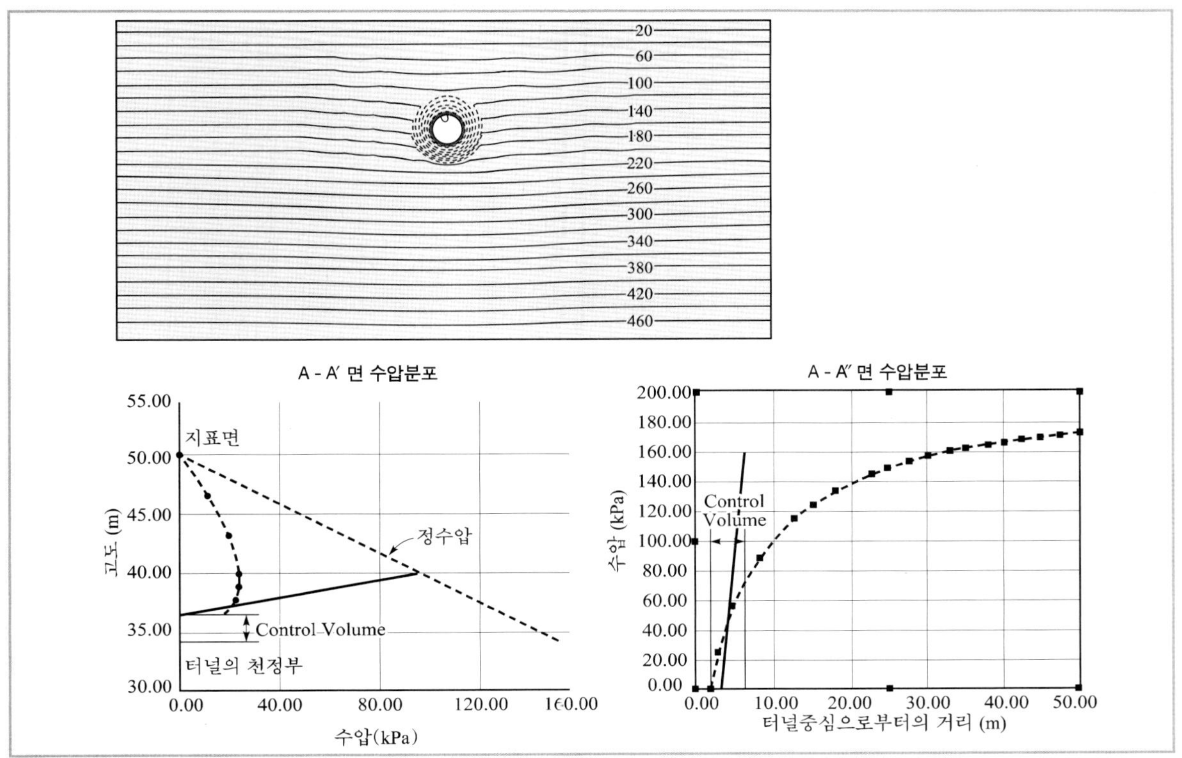

■ $A-A'$ 단면의 수압분포를 살펴보면, 지표면부터 깊이 12m까지 그라우팅 영역인 지표하 12~15m (터널벽면) 사이에서 수압이 크게 변화하는 것으로 알 수 있다.

■ 한편, $A-A''$ 단면의 수압분포를 살펴보면, 터널 측면으로부터 3m되는 곳부터 정수압에 근사한 수압분포를 갖게된다. 즉, 수압의 감소는 그라우팅 영역에서만 거의 발생.

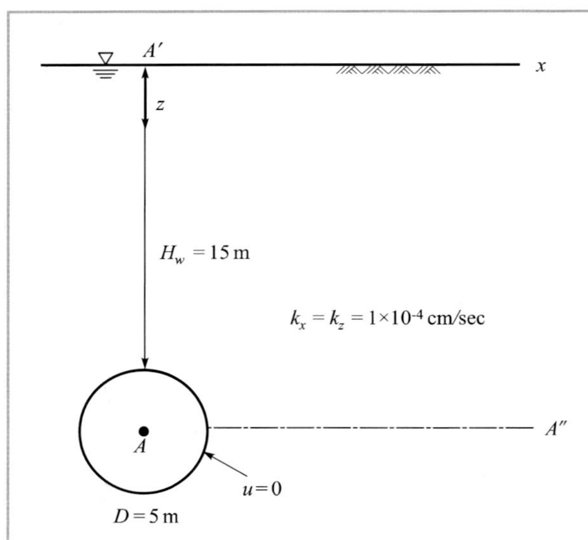

그림 14.118-1

문제 그림 14.118-1 같이 동일한 조건의 터널에서 다음과 같이 터널벽면에서의 수압이 시간 $t=0^{+}$에서 갑자기 '0'으로 떨어졌다고 가정하고 시간경과에 따른 지하수 위치를 그려라.

단, 이 현장에서는 추가적인 지하수의 공급은 없어서 지하수가 유출되는 만큼 지하수위은 저하된다고 가정한다.
(즉, 부정류 흐름조건을 의미한다.)

조건 ① 함수특성곡선 : 아래그림 참조
② $x=\pm 30m$ 위치에서 지하수 위치는 변하지 않음
③ 시간$t=0^{-1}$에서는 정수압
④ 시간$t=0^{+}$에서는 터널벽면에 수압=0

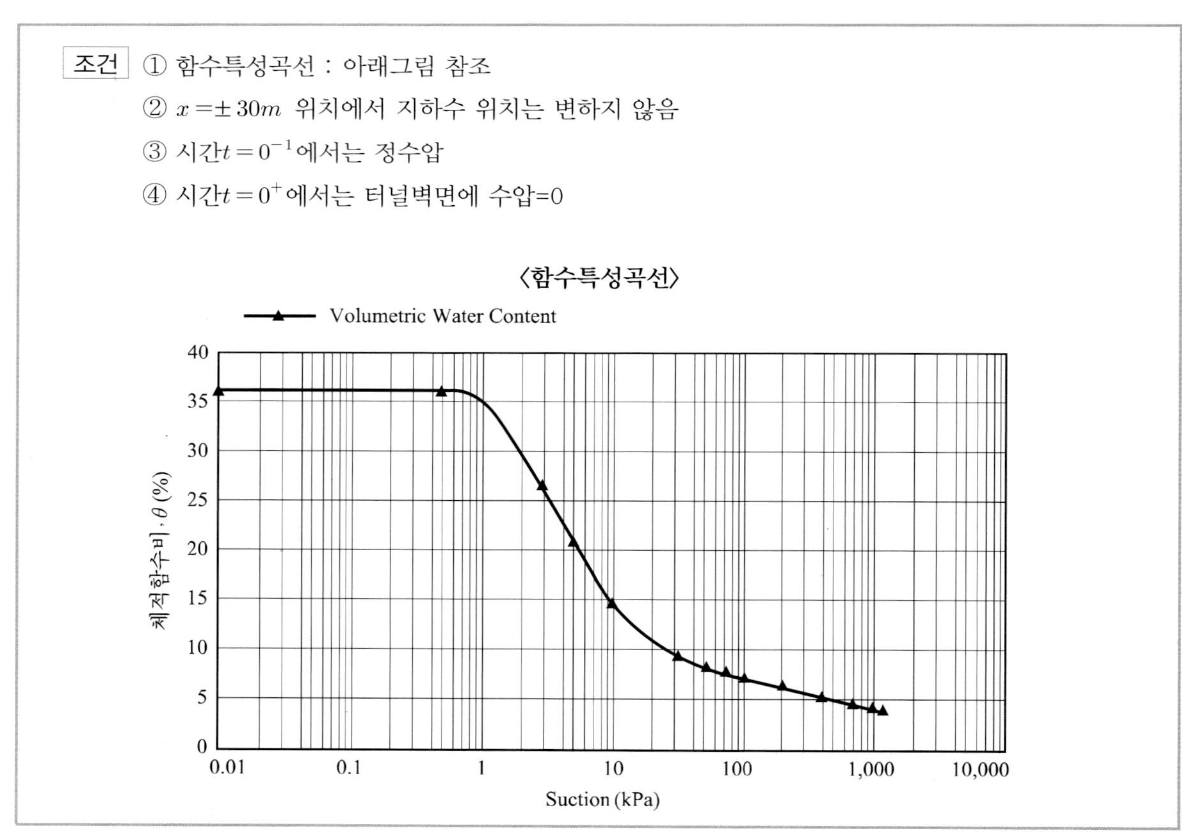

그림 14.118-2 풍화토의 $SWCC$곡선

14.118 예제를 통한 유한요소 해석 개념이해(3) – 부정류 흐름해석

1 제반사항

■ 이 문제는 부정류 흐름이므로 식 14.113-3 을 풀 수 있는 유한요소 프로그램 $SEEP/W$ 를 역시 이용하였다. 여기서, 식 14.113-3 $K_x \dfrac{\partial^2 h}{\partial x^2} + K_y \dfrac{\partial^2 h}{\partial y^2} - K_z \dfrac{\partial^2 h}{\partial z^2} + q = S_s \dfrac{\partial h}{\partial t}$

■ 식 14.113-3 에 소요되는 S_s 는 그림 14.118-2 에 제시된 곡선의 기울기인 m_v 에 γ_w 를 곱한 값이다. 그림에서 보면 suction≤1kPa에서는 기울기가≒0 이다. 즉, 풍화토가 포화되면 수압의 변화가 있어도 체적변화는 없다.

■ 유한요소망 : 유한요소망은 앞의 예제(14.116)와 동일하다.

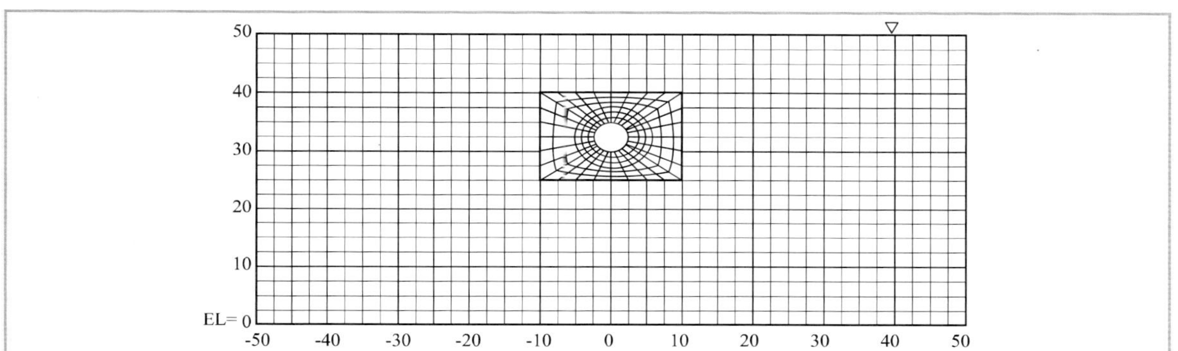

■ 경계조건 : $x = \pm 50m$ 의 좌우 경계부에 고정수두 50m를 갖도록 경계조건을 설정한다.

2 해석결과 : 시간 경과에 따른 지하수위 위치

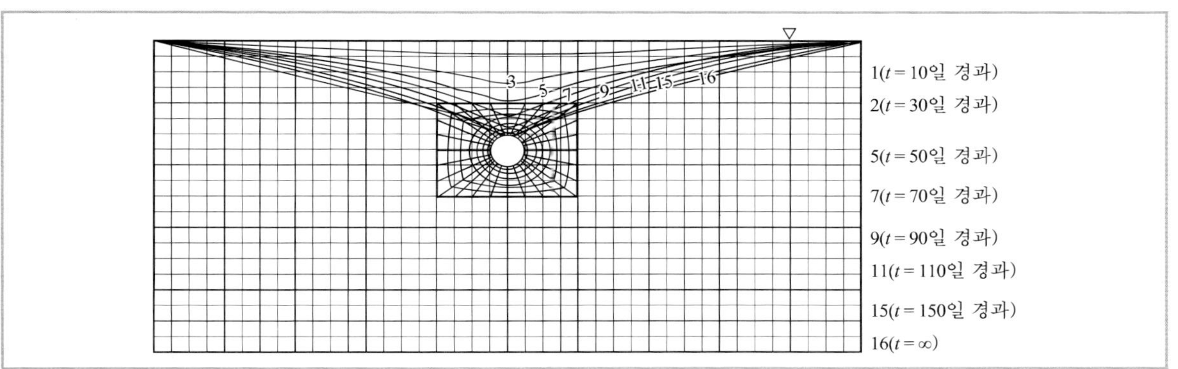

그림 14.118-3 시간에 따른 지하수위

■ 유한요소 해석 결과로부터 수압이 '0'이 되는 위치들을 연결하면 각 시간별 지하수의 위치를 할 수 있으며 그 결과는 그림 14.118-3 과 같다.

■ 터널 굴착 후 약 10일까지는 지하수위의 변화가 미미하고, 그 뒤부터 지하수위의 변화가 크게 나타나며, 지하수면이 터널의 천단까지 하강하는 데에는 약 70일의 시간이 필요함을 보여준다.

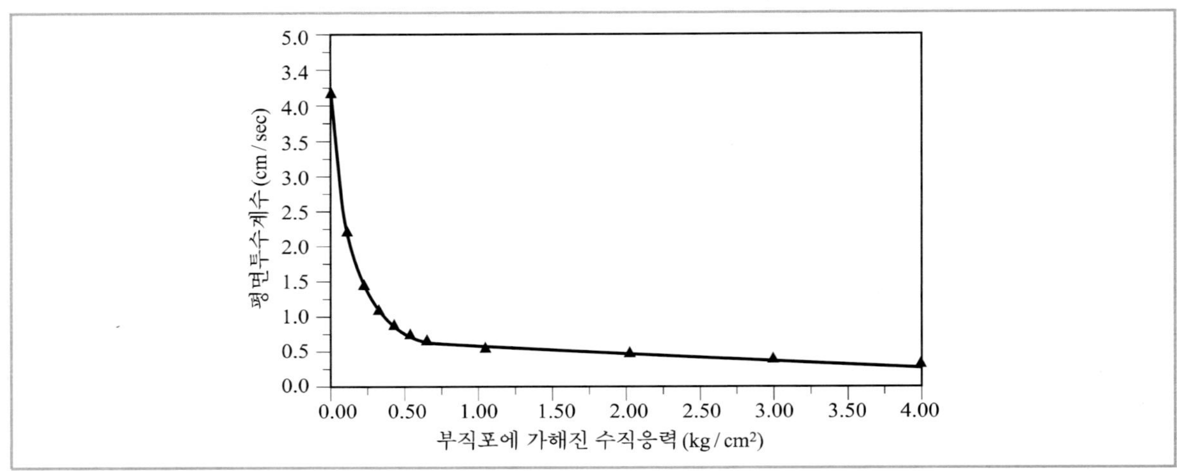

그림 14.119-1 부직포에 가해준 압축응력에 따른 평면투수계수의 감소효과

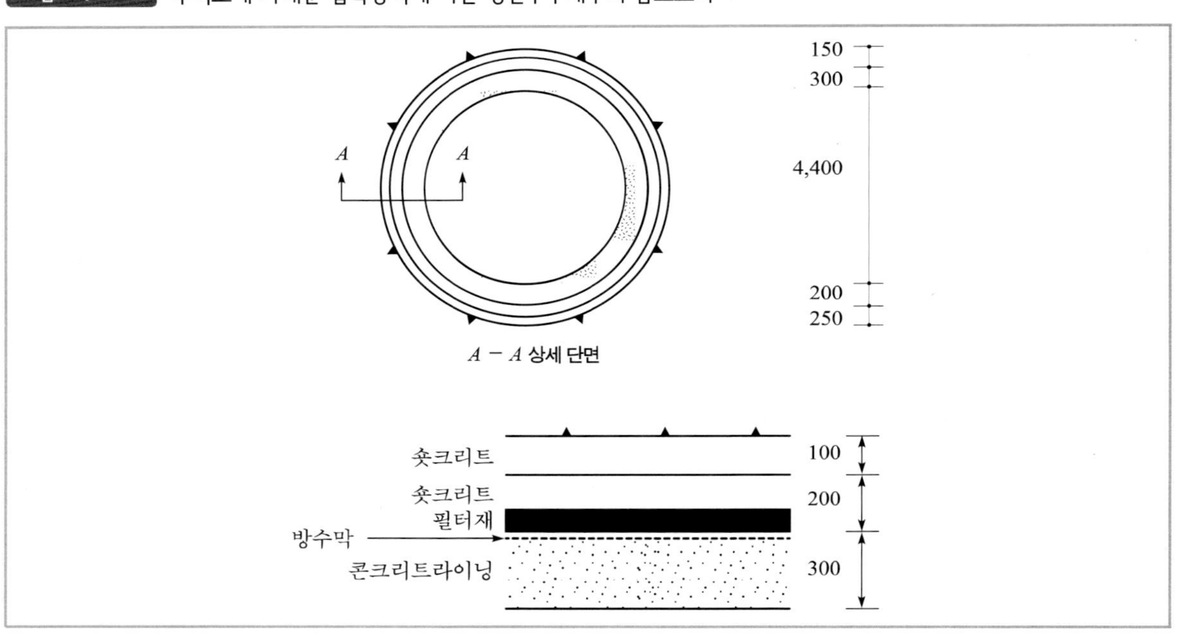

그림 14.119-2 NATM 터널 단면 상세 예

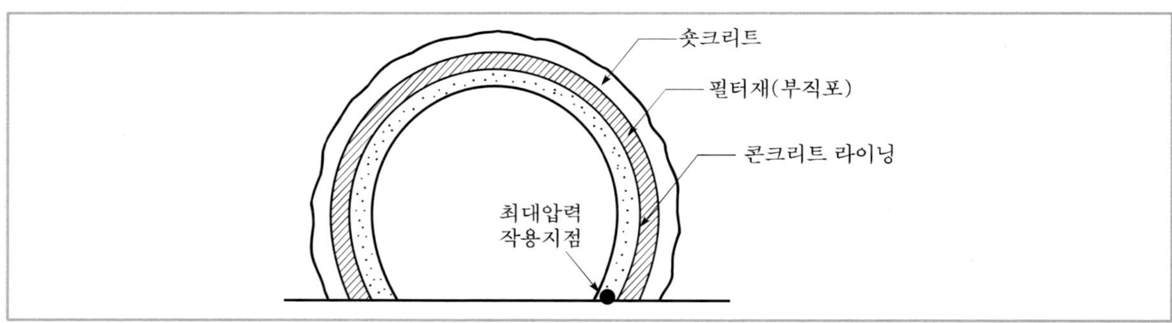

그림 14.119-3 콘크리트 타설로 인하여 필터재에 작용되는 압력

14.119 터널 유도 배수층의 통수능력(NATM 배수형 터널)

1 NATM 배수형 터널에서 S/C의 투수계수 저하

■ NATM 배수형 터널에서 공사가 완료된 후에는 콘크리트라이닝과 1차지보시스템에서 주된 역할을 하는 S/C, 사이에 설치된 부직포로 이루어진 유도 배수층으로 지하수가 유입되고 이 유도층을 따라서 터널 저부에 있는 측방배수관 또는 중앙배수관까지 흐르게 되며, 배수관으로 유입된 지하수는 다시 집수정으로 흘러서 집수정으로부터 펌핑작업으로 외부로 배출된다. 여기에서 **주목해야 할 문제**들이 있다.

■ **첫째는** 라이닝-S/C 사이에 설치된 부직포가 지하수를 유도 배수하기에 **충분한 통수능력이 있는가 하는 점**이다. 만일 2~3mm의 두께로 된 부직프에 외부로부터 압력이 가해져 **압착되는 경우 급격히 통수능력이 떨어진다.** 또한 **둘째로** 과연 S/C **층이 투수문제에 어떠한 영향을 주는가 하는 문제**이다. S/C는 손상만 되지 않는다면 거의 불투수층에 가깝기 때문에 터널 내로 유입되는 양을 줄여주는 데 기여할 것이다. 그러나 만일 **S/C가 거의 불투수층이 되면 S/C외곽으로는 수압이 작용되어 S/C와 부직포에 압력을 가하여 부직포는 압축응력을 받게 되어 통수능력이 줄어들 것이다. 또한 S/C 외곽에 작용되는 수압이 과다한 경우 부직포가 모든 에너지를 흡수하지 못하면 압력의 일부가 2차 콘크리트라이닝에도 작용될 수 있는 가능성을 배제할 수 없다.** 혹자는 어차피 S/C는 궁극적으로 크랙이 생길 수밖에 없어 차수층으로서의 역할은 거의 없다고 믿기도 한다. 만일 그렇다면 **S/C는 1차 지보재로서의 기능을 상실할 수 밖에 없다는 문제가 발생**한다. 따라서 **실무에서는 터널 주변의 투수해석 시 S/C에 의한 투수계수 저하효과는 고려하여 주지는 않는다.**

2 NATM 배수형 터널에서 부직포의 통수능력 저하 = 2차라이닝 타설+침투수력+이완하중

■ 부직포가 압축응력을 받게 되면 두께가 감소하게 된다. 부직포의 두께변화는 배수능력에 현저한 영향을 미친다. 이러한 사실은 그림 14.119-1로브터 확인할 수 있다. **터널필터재에 압축응력이 가해지는 원인**으로는 다음과 같은 요인이 있다.

① 터널 시공 시 그림 14.119-2같이 필터재는 S/C와 방수막 사이에 설치되어 방수막 시공이 끝난 후 콘크리트라이닝을 설치하는바, **라이닝을 타설할 때** 그림 14.119-3과 같이 터널바닥부에서 최대의 압축응력이 부직포에 작용할 것이다.

② 상존 지하수위가 터널보다 높은 지반조건의 경우 중에서 시공 중에는 지하수위를 저하시켜 놓은 상태에서 터널공사를 하는 경우, 시공이 완료된 후에는 지하수위가 원래의 수위로 복원될 것이다. 지하수위가 복원된 경우 정상류 침투가 터널을 향하여 발생할 것이다. **정상류 침투가 발생하면 지하수가 흐르는 방향으로 침투수력이 발생**하고, 이 침투수력에 의하여 부직포는 압축력을 받을 수 있다(침투수력 효과에 대한 상세한 사항은 후술 될 것이다)

③ **지반에 이완하중이 작용되는 경우**도 이 이완하중이 압축응력으로 부직포에 작용될 수 있다.

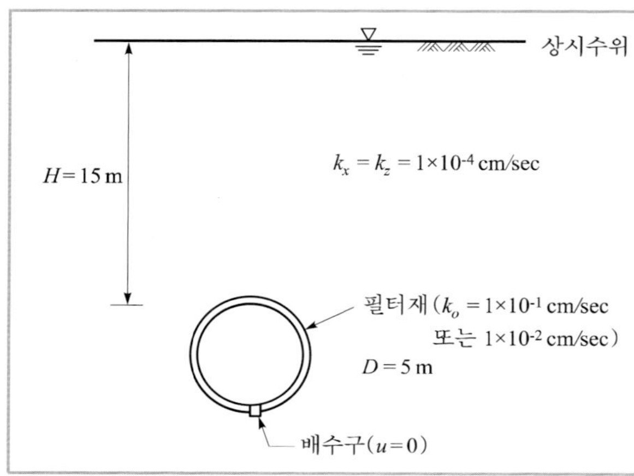

그림 14.120-1과 같이 지하15m에 직경 5m의 터널에 대하여 방수막과 숏크리트 사이에 존재하는 배수 필터재도 지반과 함께, 요소로 모델링하여 투수해석을 실시하고 물음에 답하여라. 단, 부직포의 두께는 3mm로서 평면투수계수는

$1 \times 10^{-1} cm/\sec(\sigma_n = 0kg/cm^2$ 인 경우)

$1 \times 10^{-2} cm/\sec(\sigma_n = 0.5kg/cm^2$ 인 경우)

로 가정하고 모델링하라, 단 배수구는 인버트에만 존재한다고 가정하라.

그림 14.120-1

문제 범용 유한요소 프로그램을 이용하여 다음을 구하여라.

1 배수구에서의 유입량을 구하라

2 터널 주위로 부직포에 작용하는 수압의 분포도를 그려라

(부직포가 너무 얇아서 유한요소화하는 데 문제가 있을 수 있으므로 부직포를 역간 두껍게 모델링하고 대신 투수계수를 줄여줄 것)

조건

① 범용 유한요소 프로그램인 *SEEP/W*를 사용

② 지반조건은 동일한 하나의 지반이고, 투수계수는 주어진 $k_z = k_x = 1 \times 10^{-4} cm/\sec$ 를 사용하였고, 터널 외부에 두께 3mm의 부직포는→300mm로 크게 모델링하고 이를 고려해서 투수계수는 1/100배인 $0.001 cm/\sec \rightarrow 0.0001 cm/\sec$ 를 사용

③ 터널내부의 수압=0이므로 수치해석시 터널 인버트 부분에 전수두는 압력수두=0인 위치수두만 주고, 나머지 터널 내부 경계면에는 review boundary를 주어서 수치해석

④ 터널의 지하수 해석은 지하수위가 저하하는 경우와 한강 밑과 같은 하저터널의 경우 계속적인 유량의 유입이 존재하여 지하수위가 변동 없는 경우가 존재한다. 이 문제의 경우 하저터널로 가정하여 지하수위가 변동이 없다고 가정

〈유한요소망〉

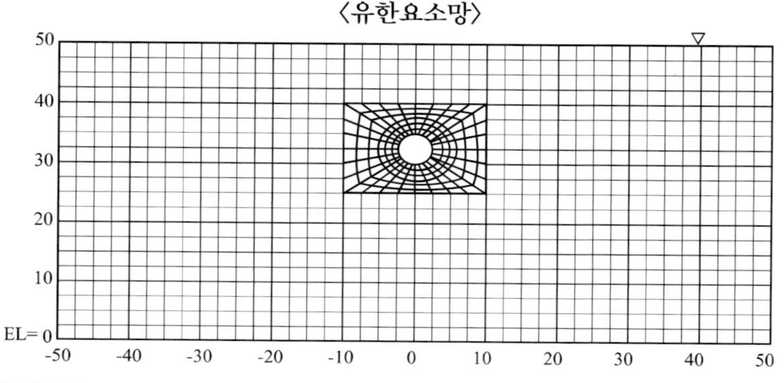

14.120 예제를 통한 유한요소 해석 개념이해(4) - 부직포의 통수능력 저하

1 배수구에서의 유입량을 구하라

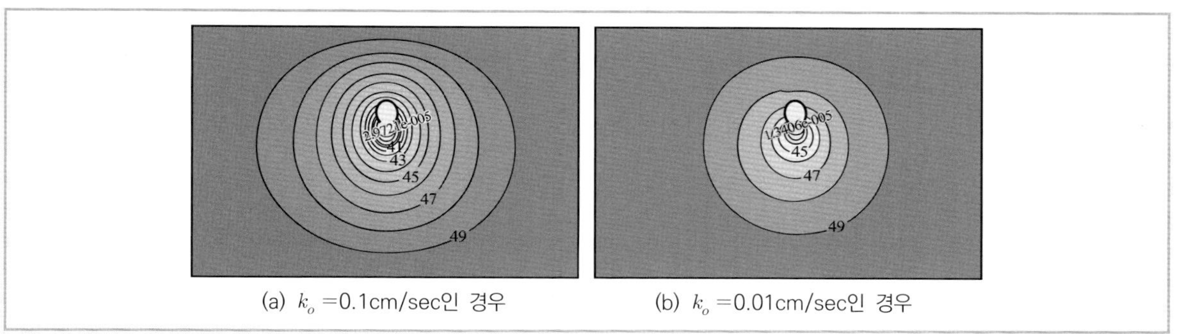

(a) k_o =0.1cm/sec인 경우 (b) k_o =0.01cm/sec인 경우

① $k_o = 0.1cm/\sec \;\rightarrow\; Q = 2.542\ \ \mathrm{m^3/m/day}$

② $k_o = 0.01cm/\sec \;\rightarrow\; Q = 1.158\ \ \mathrm{m^3/m/day}$

2 터널 주위로 부직포에 작용하는 수압의 분포도를 그려라

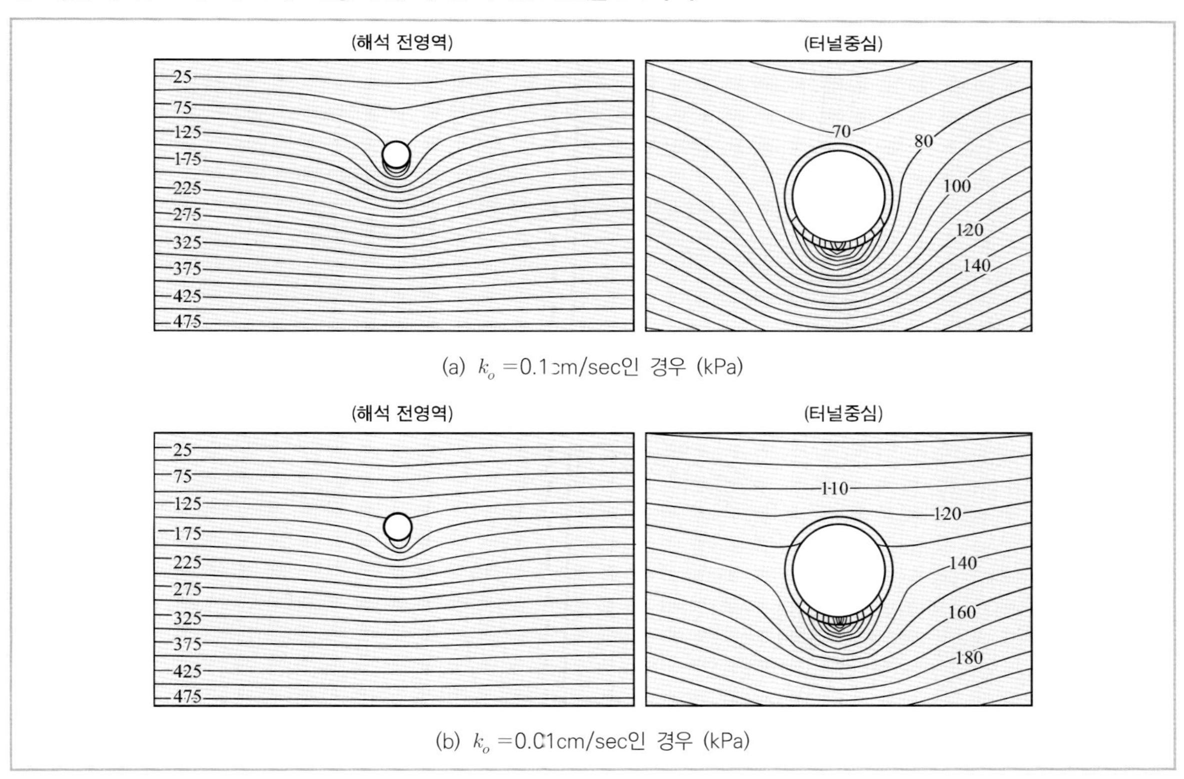

(a) k_o =0.1cm/sec인 경우 (kPa)

(b) k_o =0.01cm/sec인 경우 (kPa)

① 위 그림을 보면 부직포의 통수능력이 충분하지 못하여 배수구가 설치된 인버트 부분을 제외하고는 **터널주위로 수압이 '0'으로 떨어지지 않고 잔류수압이 존재함을 알 수 있으며,**

② 이 현상은 부직포의 통수능이 작을수록 심해짐을 알 수 있다.

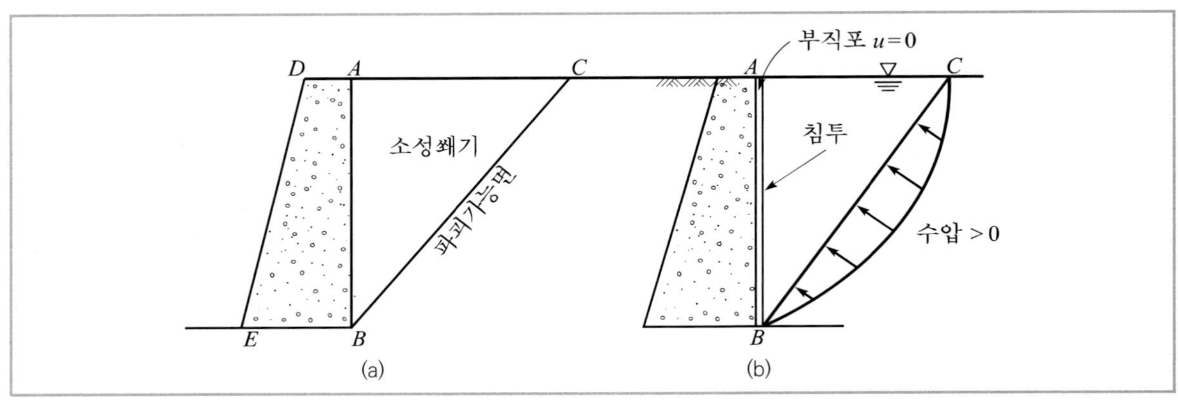

그림 14.121-1 옹벽구조물의 control volume

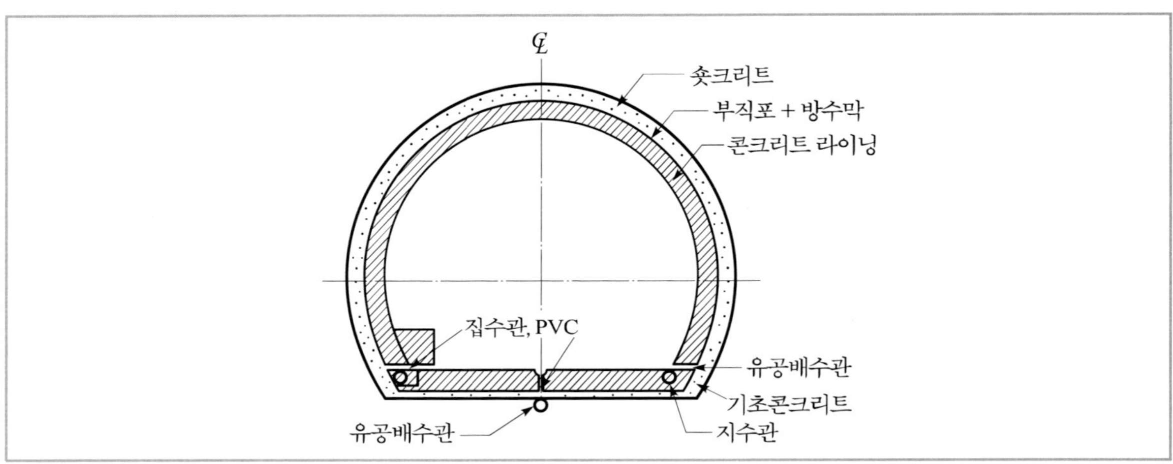

그림 14.121-2 내부 배수형 단면 개념도

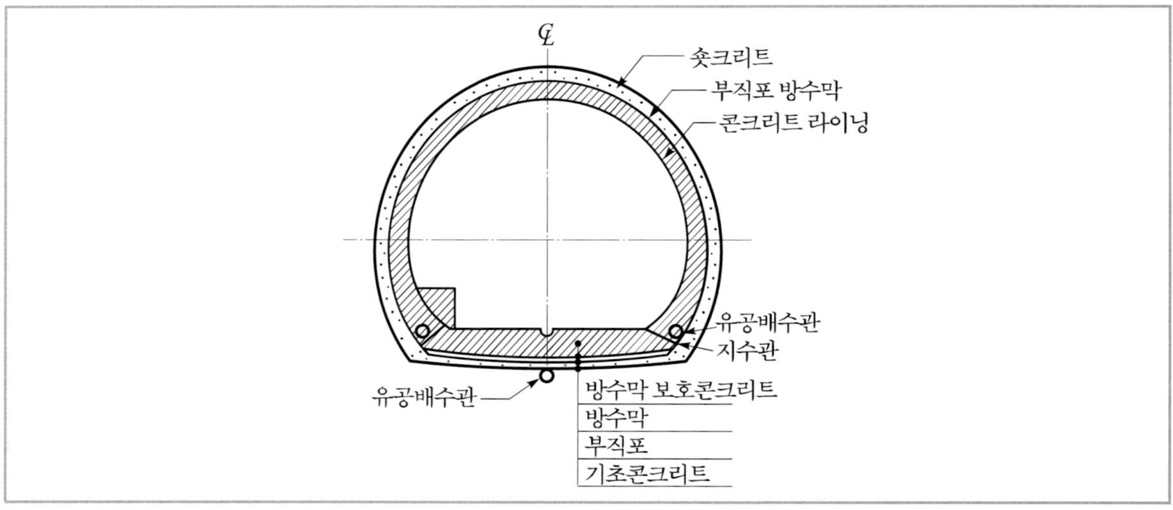

그림 14.121-3 외부 배수형 단면 개념도

14.121 지하수를 고려한 설계의 기본개념(1)

1 옹벽구조물에서의 control volume의 개념

- 지금까지는 배수터널에서 투수해석을 실시하여 터널주변에서의 전수두(또는 수압)와 침투유량을 구하는 방법에 대해 설명되었다. 지하수위 조건이 달라지면 필연적으로 수압이 달라지며 수압이 변하면 터널에 작용되는 압력도 변할 수밖에 없기 때문에 터널설계에서 지하수위 역할을 이해하는 것이 아무리 강조해도 지나치지 않을 것이다.
- 먼저 지반구조물에 대한 이해를 바로 하는 것이 무엇보다도 중요하다. 구조역학에서의 구조물 개념과 달리 지반구조물은 구조물 자체만으로는 의미가 전혀 없으며, **그 구조물과 같이 거동하는 지반자체도 구조물로 보아야 한다는 것이다.** 가장 쉽게 이해할 수 있는 구조물이 옹벽일 것이다. 옹벽구조물이라 함은 단순히 콘크리트로 시공된 옹벽 자체만이 아니라 옹벽의 거동을 지배하는 배면지반도 옹벽구조물의 일부이다. 그림 14.121-1 같이 옹벽에 작용되는 토압의 근원이 $\triangle ABC$로 이루어지는 소성상태에 이른 쐐기라고 하면 **옹벽구조물은 '옹벽+$\triangle ABC$지반'으로 보아야 한다.** 쐐기 $\triangle ABC$가 소성파괴에 이르면 '$\triangle ABC$'의 흙무게가 AB면에 작용되는 주동토압의 근본원인이 되기 때문이다. 다시 말하여 **옹벽의 거동을 지배하는** control volume 모두를 옹벽으로 모아야 한다.
- 같은 원리로써 터널구조물의 경우 콘크리트 라이닝은 개념상 2차 지보재에 불과하므로 이를 터널이라 볼 수 없으며, 터널을 형성하는 주요역할을 터널 주위 지반이 convex arch를 이루며 담당하는 것이므로, **convex arch작용이 일어나는 주변지반을 터널구조물로 보아야 한다.** 따라서, **지하수를 고려한 지반구조물 설계시에는 control volume 전체적인 관점에서 지하수가 구조물에 미치는 영향을 분석**하여야 한다.
- 가장 단적인 예가, 옹벽 배변에 설치된 연직배수재의 경우이다. 옹벽 배면에서의 수압은 '0'이라 하더라도 뒷채움재에 지하수가 지표면까지 차오른 상태라 그림 14.121-1b 같이 옹벽 배면으로 침투가 발생되는 경우 침투수압의 영향으로 옹벽에 압력이 추가로 작용된다. 즉, AB의 수압은 '0'이라 하더라도 BC면에는 수압이 작용되어 BC면→AB면으로 이동하면서 비록 수압은 소멸되나 지하수가 흐르는 방향으로 투수에 의하여 차고 나가는 압력이 발생된다. 위의 침투수에 의한 영향을 터널구조물 설계시에도 반드시 고려해야 함을 우선 밝혀둔다. **침투수의 영향을 고려한 터널설계개념**에 대해서는 자세하게 후술될 것이다.

2 배수형 터널과 비배수형 터널의 선택

- 지하수의 처리에 대한 기본개념에 따라 터널은 배수형과 비배수형 터널로 구분한다. 배수형을 선택할 것인지 아니면 비배수형 터널을 선택할 것인가의 판단여부는 쉽지가 않다. 실제로 큰 개념없이 비배수형으로 설계/시공되었으나 누수로 인하여 원래의 목적대로 유지관리를 하지 못하고 터널 저부에 설치된 유공관으로 배수시키는 외부배수형으로 변경된 경우가 허다하다.
- **배수형 및 비배수형 터널의 선택시 고려해야 할 사항과 이에 따른 문제점들에 대해서 정리**하고자 한다.

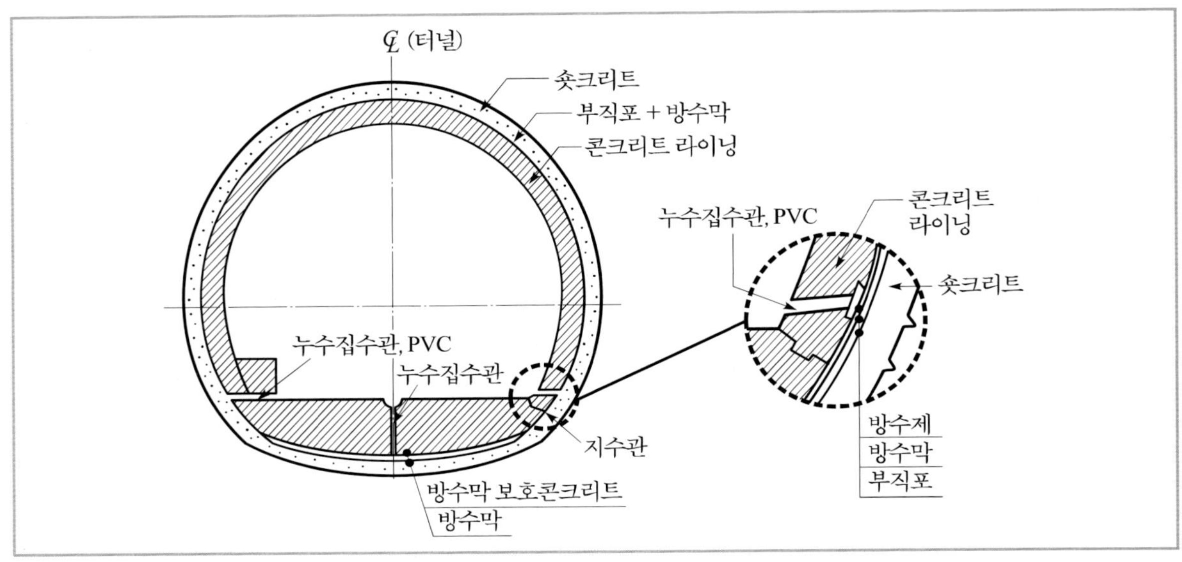

그림 14.122-1 비배수 단면 개념도

<table>
<tr><th>구분</th><th>시스템</th><th>적용조건</th><th>적용시설</th><th>특징</th></tr>
<tr><td rowspan="2">배수형 터널
(높은 수압, 양호한 지층에서 사용)</td><td>내부유도 배수형</td><td>교통이나 방수처리 시설물을 수용하는 공간으로서 습기나 누수를 허용하는 조건</td><td>지하철, 철도, 도로 등의 대단면 일반터널(지하수 저하에 대한 영향이 없는 여건)</td><td>시공성이 용이하고 공사비 저렴, 보수보강이 용이</td></tr>
<tr><td>외부 배수형</td><td>비교적 습기에 민감한 시설물, 저장물 등을 수용하는 공간으로서의 터널</td><td>통신구, 전력구 등 다소의 습기와 누수가 허용되는 터널(지하수 저하에 대한 영향이 없는 여건)</td><td>정교한 시공이 요구되며 배수 시스템의 유지관리가 필요. 하자 발생시 조치 곤란</td></tr>
<tr><td rowspan="2">비배수형 터널
(낮은 수압, 지하수가 많고 지층이 불량한 구간에서 사용)</td><td>누수 유도처리</td><td>교통이나 방수처리 시설물을 수용하는 공간으로서 다소의 습기나 누수를 허용하는 조건</td><td>통신구, 전력구 등 다소의 습기와 누수가 허용되는 터널</td><td>수밀 콘크리트 사용, 누수유도장치를 하여 과다 누수 시 수압 해소</td></tr>
<tr><td>누수 차단처리</td><td>습기에 민감한 시설물, 저장물 등을 수용하는 공간으로서의 누수에 대한 제한이 엄격한 조건</td><td>주거공간, 습기에 민감한 시설, 건조 저장물의 터널</td><td>수밀 콘크리트, 2중방수막 등 특수재료의 사용과 정교한 시공으로 고가의 공사비, 하자 발생 시 조치 곤란</td></tr>
</table>

표 14.122-1 터널 설계기준에서의 방·배수 구분기준

14.122 지하수를 고려한 설계의 기본개념(2)

■ 배수형 터널의 선택=지반조건에 따른 유입수량+환경적 문제

① **배수형 터널은 근복적으로 콘크리트라이닝에 수압이 작용하지 않도록 하는 터널의 구조개념**이다. 이 형식은 터널의 배수시설을 수명 기간동안 유입수를 원활히 처리할 수 있도록 계획하여야 한다.

② **배수형 터널**은 배수방식에 따라 **내부배수형**과 **외부배수형으로 구분**하며, 그림 14.121-2 **같은 내부배수형**은 콘크리트라이닝 내부에 배수로를 설치하여 배수하는 형식이며, 그림 14.121-3 **같은 외부배수형**은 콘크리트라이닝 밖에 배수로를 설치하여 배수하는 형식을 말한다. (터널내부를 완전히 건조한 상태로 유지하거나 내부에 습기가 민감한 시설물이 있을 경우 또는 유해 지하수로부터 콘크리트라이닝을 보호해 주어야 하는 경우에는 외부배수형을 채택하는 것이 바람직하다. 이 경우에는 배수로 유지관리 대책을 수립하여야 한다.)

③ 배수형 터널은 유입수 처리 및 시설물 유지관리비를 증가시키기 때문에 **유입수량을 최대로 억제**해주는 시공법을 병행하여야 하며 터널의 내구연한 동안 배수시설의 기능이 충분히 유지되어 가능할수록 **콘크리트라이닝에 수압이 작용하지 않도록 고려**해야 한다. 특히, 터널필터재로서의 부직포 선택은 매우 중요하다.

④ **배수형 터널은 유입수량이 적거나 지하수위 저하가 심각하지 않아 환경적인 문제를 야기하지 않는 경우에 채택**한다. 특히, 지하수위 수두가 높은 경우일지라도 지반의 투수성이 적어 터널내부로의 유입수가 소량일 것으로 판단되는 지역은 모두 이러한 배수터널을 채택하여야 한다. **강이나 하천하부 등과 같이** 지하수 유입이 많을 것으로 예상되는 지반조건에서는 적극적인 차수그라우팅을 실시하여 유입수량을 현격히 감소시켰을 경우에도 배수형 터널을 적용하도록 한다. **산악지에 터널을 건설하는 경우와 같이** 터널의 지하수가 일단 배제되고 나면 지하수위가 쉽게 하강할 수 있는 지반에서도 배수형 터널을 선택한다.

■ 비배수형 터널의 선택=수압의 크기+환경적 문제

① 지하수위 저하로 인한 터널주위의 지반의 침하가 발생하고 주요 시설물에 영향을 미쳐 사회·경제적인 손실발생이 우려되어 지하수위를 보존하여야 하거나, 차수공법으로는 지하수의 유입량을 감소시킬 수 없거나 고가의 유지비를 장시간 지불하여야 할 경우에는 지하수를 인위적으로 배수시키지 않은 비배수형 터널을 채택한다.

② 이 경우에는 터널 굴착시 일시적으로 저하되었던 지하수위가 시간이 경과되면서 원래의 상태로 복원되기 때문에 지하수압이 콘크리트라이닝에 작용하게 되므로 이에 대한 적합한 조치를 취하여야 한다.

③ 특히, **콘크리트 품질을 확보**하고 **시공중 방수막이 손상**되지 않도록 하여야 하며 **시공 이음부 및 개착구조물과의 이음부 방수**에 대한 상세 보완이 필요하다. 비배수형 터널의 개념을 그림 14.122-1 에 나타내었다.

구분	배수형 터널(NATM)	비배수형 터널(쉴드 TBM)
1 수리 경계조건	q 유입량 : q_o(자유유입) **라이닝작용수압 : 0**	p_0 유입량 : 0 **라이닝작용수압 : p_o(정수압)**
2 특징	• **수압은 고려하지 않으므로 구조적으로 얇은 무근콘크리트라이닝도 가능** • 비원형, 대단면의 시공 가능 • 누수시 보수 용이 • 초기 시공비 적어 경제성 양호 • 터널구배로 자연배수가 불가능한 경우에 배수 비용 증가로 유지비 과다소요 • **지하수위 저하로 인해 주변 지반침하와 지하수 이용에 문제발생 가능**	• 유입수 처리비용 감소로 유지비 적음 • 터널내부로 청결하며 관리가 용이 • **지하수위에 영향을 주지 않으므로 지하수환경 유지에 유리** • 터널구조체 및 내부시설 내구연한 증가 • 초기건설비 고가, 완전방수 구현 어려움 • 대형 대단면에 적용이 곤란 • **콘크리트라이닝 보강 필요**
3 적용	• **지하수위 저하가 문제되지 않는 지반** • 지하수두가 높고, **유입수량이 적은 지반조건** (일반적으로 수두>60m)	• **지하수위 저하가 문제가 되는 지반** • 지하수두가 비교적 낮고,(일반적으로 수두<60m), 지하수의 유입이 과다할 것으로 예상되는 경우
4 단면	마제형	원형
5 방배수 공법	• 방수막과 부직포를 천정부와 측벽부에 설치하고 유입수를 터널 내로 유도하여 집수정에 집수하고, 펌프를 이용하여 지상 배수처리	• 터널 전단면에 방수막과 부직포에 의한 방수막을 설치하여 지하수의 유입을 완전 차단
6 장기 수리 열화	• 배수재 폐색 및 압착 → 배수성능 저하 → 유입량 감소 → **라이닝에 잔류수압 작용**	• 구조물 균열, 방수막 손상 → 방수성능 저하 → 누수(유입 발생) → 작용수압 저하

표 14.123-1 배수형 터널과 비배수형 터널 비교(일정수위, 정상류 조건)

14.123 지하수를 고려한 설계의 기본개념(3)

④ 현행의 방수설계 시스템으로는 실제로 비배수형으로 시공되기는 거의 불가능하다. 단순히 방수막 한 장을 터널주위로 시공하였다고 해도, 방수막 손상으로 누수를 피할 수 없기 때문이다. 다시 말하여 방수를 위한 **실제적인 상세설계가 필요**하다. 상세설계에 포함되어야 할 사항은 다음과 같다.

- 수밀콘크리트 사용
- 2중 방수막 사용
- 시공 이음부에 대한 지수상세 보완 등

⑤ 비배수형 터널은 라이닝이 수압을 받는 구조로 설계되어야 하므로 작용수압에 한계가 있을 수밖에 없다. 외국의 경우를 보더라도 **비배수형 터널은 일반적으로 작용수압이** 0.4MPa**을 한계로 적용**하며, 수압이 그 이상 되는 터널에서는 배수형을 채택한다. 실제적으로 0.4MPa 이상의 수압을 라이닝이 견디도록 설계하는 것은 어렵다.

3 배수조건에 따른 터널의 설계개념

- 지금까지는 배수형 터널과 비배수형 터널 선택의 기본에 대해 설명하였다. **비배수형 터널은 어차피 물을 인위적으로 막는 구조이므로 수압이 전부 콘크리트라이닝에 작용되게 되므로 개념상으로 명백**해진다.

- 반면에 **배수형 터널의 경우, 분명히 부직포를 통해 지하수를 배제시키므로 부직포의 통수능력이 충분한 한 터널주위에서의 수압을 '0' 으로 될 것이나 주변지반에서의 지하수 조건은 여러 경우가 될 수가 있다.**

- 가장 극단적인 예로 지하수를 배제시킴으로 인해 지하수위 자체가 완전히 저하되는 경우는 실제로 지하수위 영향이 거의 없어 **완전 배수형**이라 명명하며, 반대로 지하수의 공급원이 충분한 경우는 (하저,해저 터널) 아무리 터널필터재에서 지하수가 소량 배제된다고 해도 지하수위는 일정하게 유지될 것이고 결국 **터널중심부로 향하여 계속 침투가 일어나게 될 것**이다. 비록 터널주위로의 수압은 동일하게 '0'이 된다 하더라도 지하수위가 아예 바닥으로 저하된 경우와 반대로, 지하수위는 항상 동일한 경우로서 그 역학적 메카니즘이 완전히 다르다.

- 결론부터 말하면, **전자의 경우는** 지하수의 영향으로부터 해방된 경우임에 반해, **후자의 경우는** 비록 터널주위에서 수압이 '0'이기는 하나 control volume의 관점에서 볼 때 터널구조물은 지하수의 영향을 받고 있는 것이다. 그림 14.121-1의 옹벽설계 개념과 유사하다.

구분		배수형 터널		비배수형 터널
		완전배수개념	침투를 고려한 배수개념	비배수개념(완전방수개념)
개념		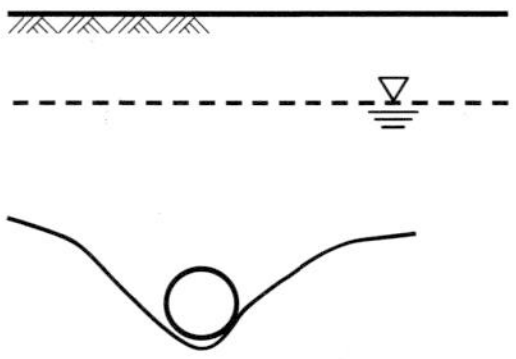	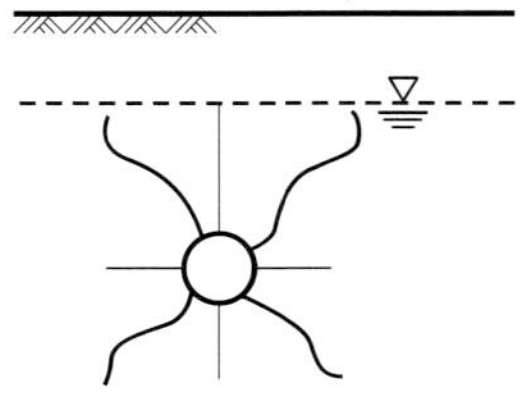	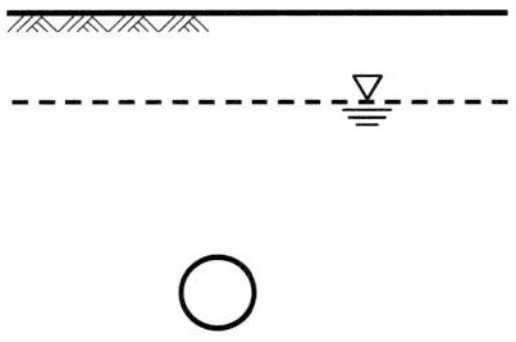
지하수위		배수에 의한 강하	변동 없음	변동 없음
침투		발생	발생	발생 없음
해석조건	해석경계부	전응력(=유효응력)	유효응력+정수압	유효응력+정수압
	지중응력	유효응력(=전응력)	유효응력+침투수압	유효응력+정수압
	라이닝에 작용하는 수압	0	0	정수압

표 14.124-1 배수형, 비배수형 터널의 해석 개념

구분	완전배수개념	비배수개념 (완전방수개념)	침투를 고려한 배수개념
경계부 응력	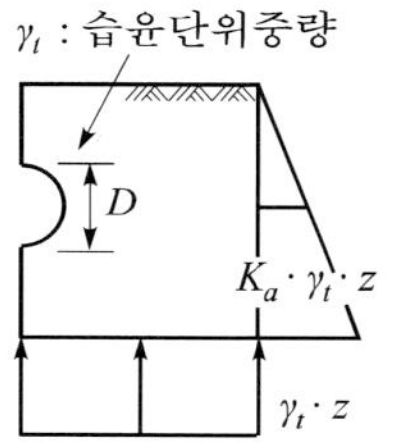	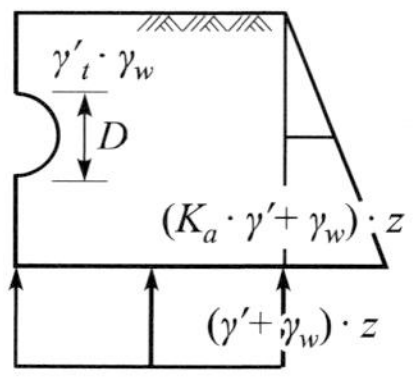	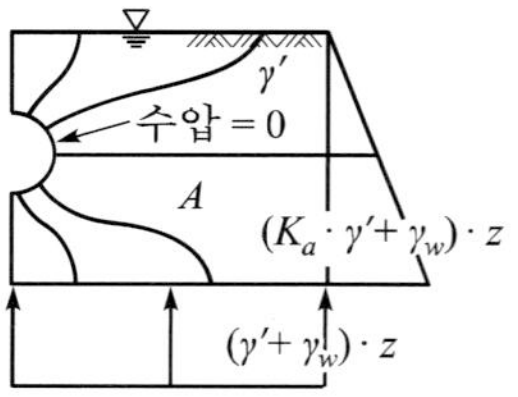
라이닝에 작용하는 수압	0	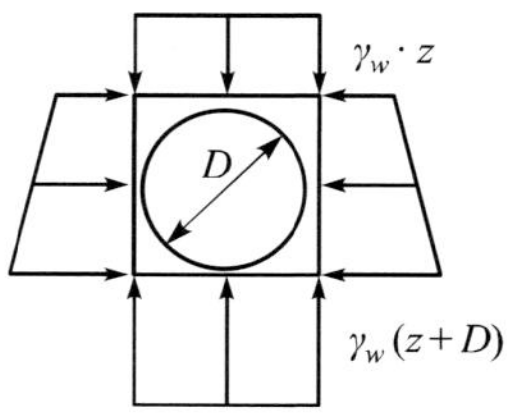	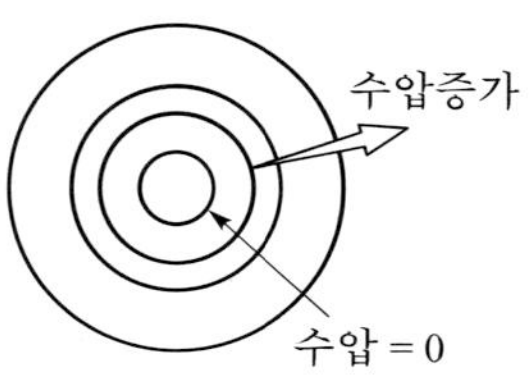

표 14.124-2 배수개념에 따른 경계부 응력과 라이닝에 작용되는 수압

14.124 배수형 비배수형 터널의 해석개념(1)

1 완전배수 개념의 터널

- 완전배수개념의 경우에는 표 14.124-1 같이 **지하수위가 터널 인버트 근처까지 저하된 경우**로서 건조상태의 터널과 같은 개념으로 해석하면 될 것이다.
- 수압이 존재하지 않으므로 '**전응력=유효응력**'이 되며 단위중량은 **습윤단위중량을 사용**하면 된다.

2 비배수 개념의 터널

- 비배수 개념의 터널에서는 표 14.124-1 같이 수압이 정수압이 존재하므로 지중응력으로는 '**유효응력+정수압**'이 작용된다. 우선, 지반자체(즉, 흙 입자)는 유효응력만 받으므로 **1차 지보재 설계를 위한** 터널해석은 **단위중량으로서 수중단위중량을 사용**하고 **이 유효응력에 대하여는 1차 지보재가 모든 응력을 담당**하는 것으로 한다.
- 따라서, **정수압은 2차 지보재인 콘크리트라이닝이 모두 하중을 받는 것으로 해석**한다.

3 침투를 고려한 배수개념의 터널

- 지하수위 변동이 없어 표 14.124-1 같이 터널중심부로 정상류의 투수가 계속 발생되는 경우는 물론 라이닝에 작용되는 수압은 '0'이나 표 14.124-2 같이 **경계부**에서는 비배수인 경우와 마찬가지로 '**유효응력+정수압**'이 작용되며, 그림의 **'A'점에서는** 지중응력으로서 '**유효응력+침투수압**'이 작용한다.
- 유효응력은 지반의 단위중량에서 오는 압력이므로 아칭이 발생하나, 침투수압은 $(i \cdot z \cdot \gamma_w)$의 힘을 가진 응력으로 물이 차고 나가는 힘이기 때문어 지반자체에 전달되는 유효응력의 일종이며, 아칭작용이 없기 때문에 침투수력은 지하수가 흐르는 한 지속적으로 발휘된다.
- **침투수력의 크기는$(i\gamma_w vol)$으로서 결국 control volume의 크기에 비례하여 커진다.** 문제는 control volume의 크기를 어떻게 설정하느냐가 관건이다. 터널의 직경만큼의 지반은 터널로 보아 터널직경두께 정도의 링을 control volume으로 보는 것도 하나의 방법이다.
- 어차피 동수경사 i는 전수두차에 의하여 생기므로 그림 14.125-1 같이 터널주위의 수압분포도를 그려서 수압이 정수압으로부터 감소하기 시작하는 범위를 control volume으로 보아도 무리가 없을 것이다.
- 만일 위와 같이 control volume을 가정하게 되면 **control volume 경계면에서의 수압이 반대로 침투수압으로 지반자체에 작용되게 된다.** 이 침투수압은 터널에 항상 반경방향응력으로 작용할 것이다. '**유효응력+침투수압'이 작용되는 터널에 대한 해석**은 다음과 같이 할 수 있을 것이다.

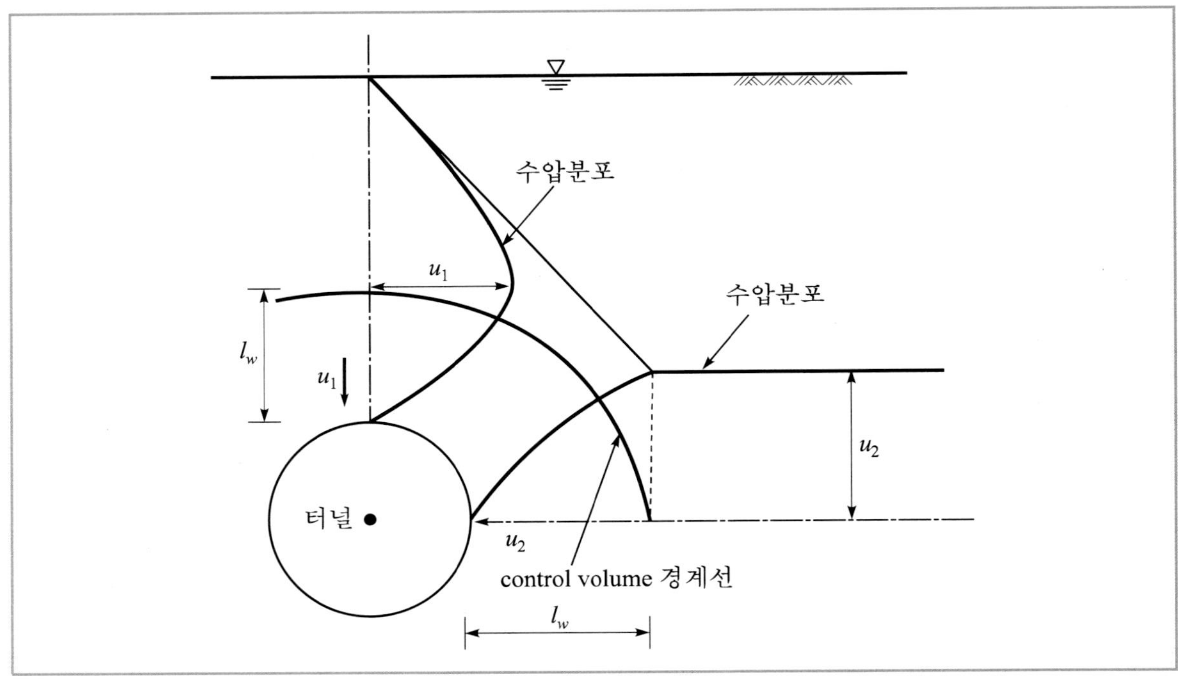

그림 14.125-1 control volume 설정과 침투수압

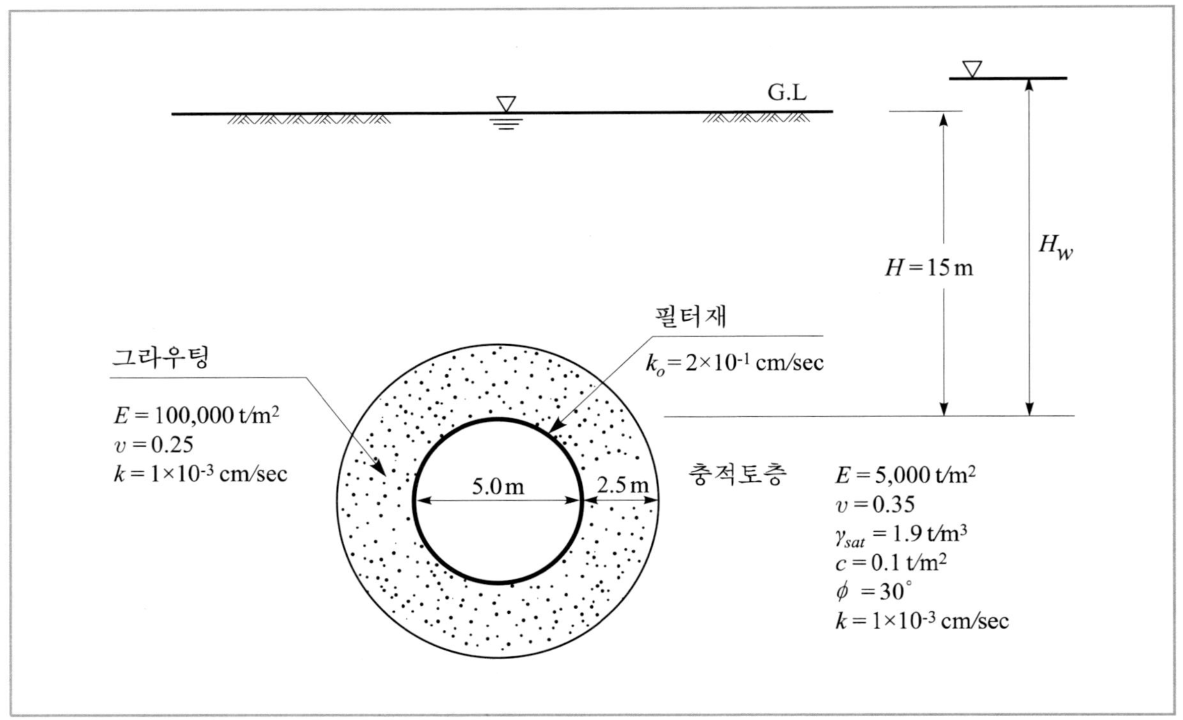

그림 14.125-2 5 배수조건별 터널해석 사례에 대한 해석조건

14.125 배수형 비배수형 터널의 해석개념(2)

[4] '유효응력+침투수압'이 작용되는 터널에 대한 해석

■ 단순해석 방법–비연계해석 개념

① 지반의 단위중량을 γ'으로 가정하고(즉, 유효응력으로) 터널해석을 하여 1차 지보재에 작용되는 응력 및 변위 등을 구한다(연속체 해석).

② 그림 14.125-1에서 구한 침투수압을 지보재(1차 지보재+콘크리트라이닝)에 작용시켜 지보재에 작용되는 총 응력과 변위 등을 구한다(합성 지보재의 구조해석).

③ 단, 1차 지보재에 작용되는 총 응력은 위의 ①단계+②단계에서의 응력의 합으로 구할 수 있으며, 변위도 두 단계에서의 변위를 합해야 한다.

④ 한걸음 더 나아가 해석을 더욱 간편하게 하기 위해서는 **유효응력에 의한 하중은 1차 지보재가 전부 담당하고, 침투수압은 2차 지보재인 콘트리트라이닝에 작용한다라고 가정**해서 해석할 수도 있다. 이것은 안전측 설계가 될 것이다.

■ 유한요소법을 이용한 해석방법–연계해석 개념

몇 단계의 유한요소해석을 조합하면 앞에서와 같이 지보재에 대해서만 구조해석을 하는 것이 아니라 연속체역학으로 문제를 풀 수 있다.

① **시공 시에는 지하수위가 완전히 저하된 것으로 가정**하고 $\gamma = \gamma_{sat}$ **(포화단위중량)을 사용**하여 터널해석을 실시하고 안정성을 검토한다.

② **완공 후에는 '유효응력+침투수압'이 작용**한다.
- 투수해석으로 각 요소에 작용되는 침투수력을 구한다. (침투수력$= i\,\gamma_w\, vol$)
- 빔 요소로 라이닝을 모델링하고, 침투수력으로 인하여 라이닝에 작용되는 축력 및 모멘트를 구하여, 라이닝 안정성을 검토한다.

■ 지금까지 설명한 **침투를 고려한 배수개념은 기본적으로 S/C층의 투수계수와 원지반의 투수계수가 같다는 것을 전제로 한 것**이며, 또한 **배수재인 부직포의 통수능력은 충분하다는 조건에서 적용**할 수 있다. 그렇지 못한 경우로서 다음의 경우도 있음을 밝혀둔다.

① S/C층의 투수계수가 지반 자체의 투수계수보다 크기가 작게 작용할 경우 **S/C배면에 침투수압이 작용**할 수 있다.

② 배수재(부직포)의 통수능력이 충분하지 못한 경우 **콘크리트라이닝에도 수압이 잔류수압으로 작용**할 수 있다.

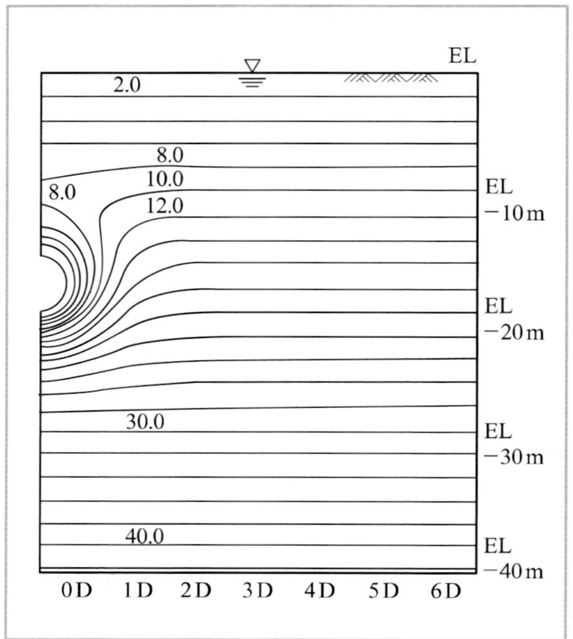

그림 14.126-1 지하수의 정상류 흐름시 수압분포

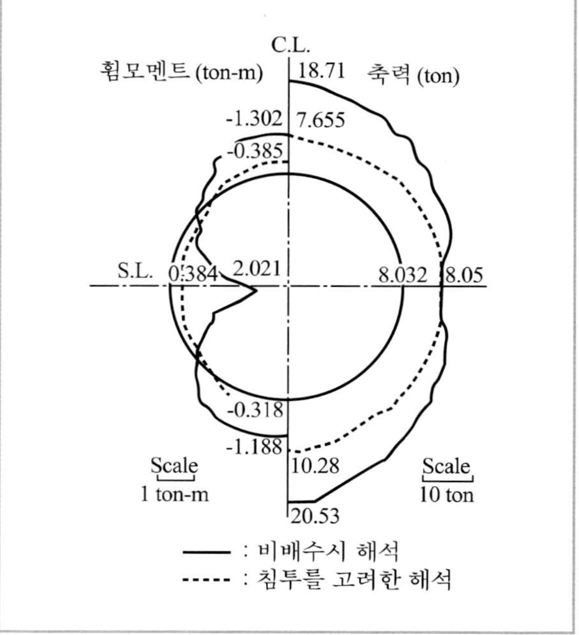

그림 14.126-2 배수조건에 따른 라이닝의 축력 및 휨모멘트

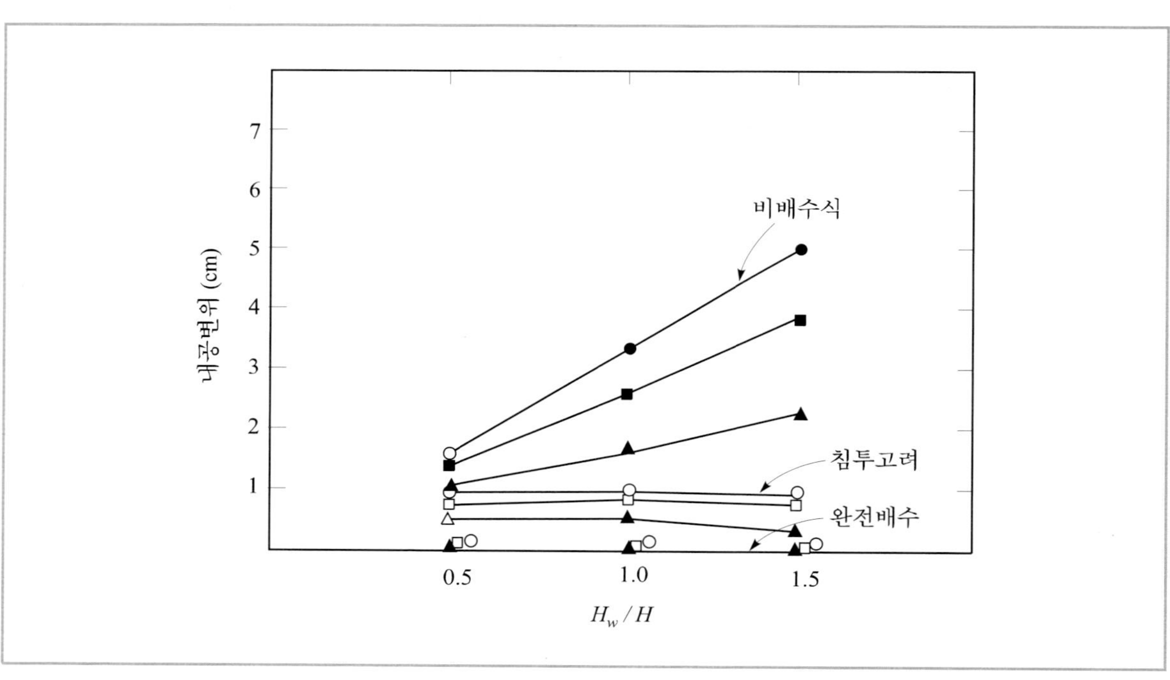

그림 14.126-3 터널 천정부의 수직변위

14.126 배수형 비배수형 터널의 해석개념(3)

5 배수조건별 터널해석 사례

■ 지반조건 및 굴착모델링 그림 14.125-2 참조

① 지반은 충적토로 구성된 사질토로서, 지반상수는 그림 14.125-2에 나타내었다. 토사구간에 NATM개념으로 시공하기 위하여 터널주변 0.5D를 그라우팅으로 보강하였으며, 투수계수는 주변지반과 동일한 값을 사용하여 균일한 흐름조건이 되도록 하였다(만일 그라우팅 영역의 투수계수를 작게 설정하면 침투수력은 더욱 증가할 것이다).

② 해석에 적용된 하중분담률은 굴착시 30%, soft S/C타설시 40%, hard S/C타설 및 콘크리트라이닝 설치전에 30%를 적용하였다.

■ 해석결과 그림 14.126-1 ~ 그림 14.126-3 참조

① 그림 14.126-1은 지하수 정상류 흐름시 수압의 분포를 나타낸 것으로 터널굴착 및 배수에 의해 지하수위가 터널 하단부로 저하되지 않는 경우, 굴착경계면과 지하수위까지의 수두차에 의한 침투수압이 발생하게 된다. 그러므로 **지중 응력상태에는 '유효응력+침투수압'이 되며, 침투를 고려한 배수조건에서는 이러한 지중응력 상태에서 라이닝에 작용하는 응력 및 변위를 검토하였다.**

② 결과를 도시화 하면 그림 14.126-2 ~ 그림 14.126-3에 나타낸 바와 같으며 결과에서 알 수 있듯이 배수조건에 따라 라이닝에 작용하는 하중 및 변위는 큰 차이를 보인다.

③ 수압을 고려하지 않고 **지중응력을 '전응력(=유효응력)'으로 고려한 배수개념 해석**에서는 라이닝에 거의 하중이 작용하지 않으며,

④ 지중응력을 **'유효응력+정수압'으로 고려한 비배수 개념의 해석**에서는 라이닝에 상당히 큰 하중이 작용한다.

⑤ **정상류 상태의 지하수 흐름을 고려한 배수개념 해석**에서 라이닝에 작용하는 축응력은 동일한 비배수 조건의 10~50% 정도의 크기가 작용한다. 또한 배수조건에 터널 천정부의 변위도 큰 차이를 보이며 결과는 그림 14.126-3에 도시한 것과 같다.

■ 결과 분석

① **해석결과와 같이 지하수위의 저하가 크지 않은 지하수가 풍부한 배수터널에서 수압의 영향을 고려하지 않고 라이닝의 설계하는 해석방법은 상당한 위험측의 설계임을 알 수 있다.**

② 지하수를 고려한 터널의 합리적인 설계를 위해서는 터널의 배수조건에 따른 타당한 지중응력상태를 해석에 반영하여야 한다.

③ 단, 이 해석에서의 기본가정은 S/C와 콘크리트라이닝 사이가 완전히 밀착되어 있다고 가정한 경우이다. 이 둘 사이에 존재하는 부직포가 쿠션으로 작용하는 경우 응력은 줄어들 것이다.

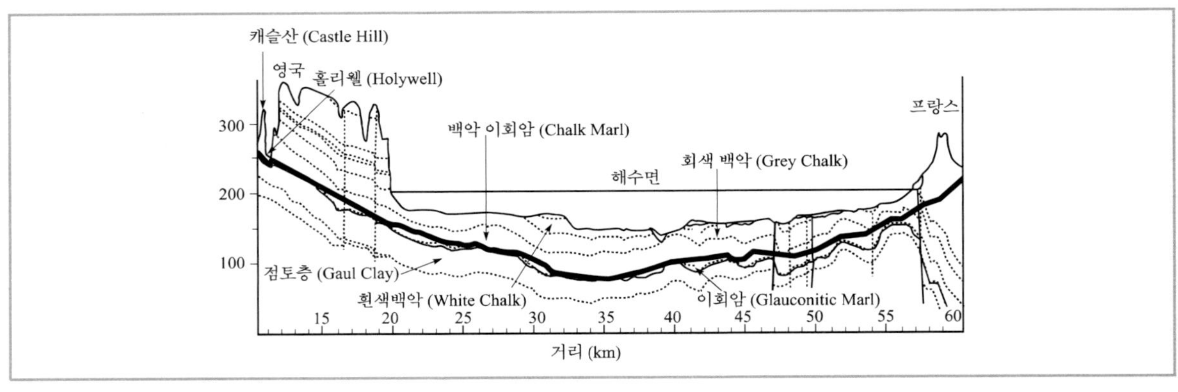

그림 14.127-1 Channel 터널의 지질개요

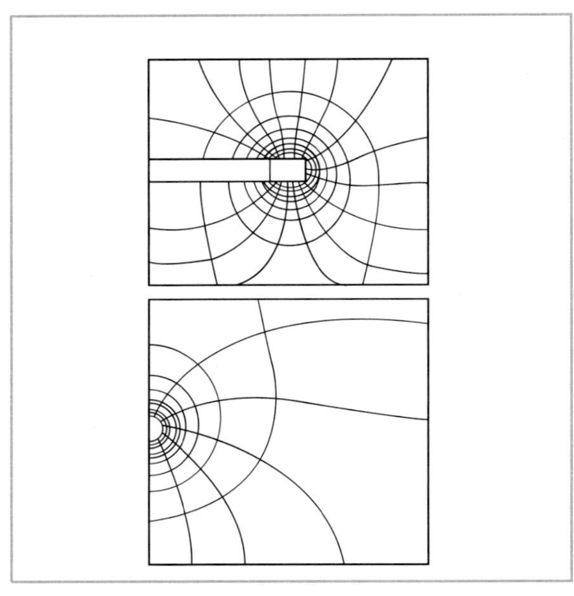

그림 14.127-2 Channel 터널의 침투류 해석

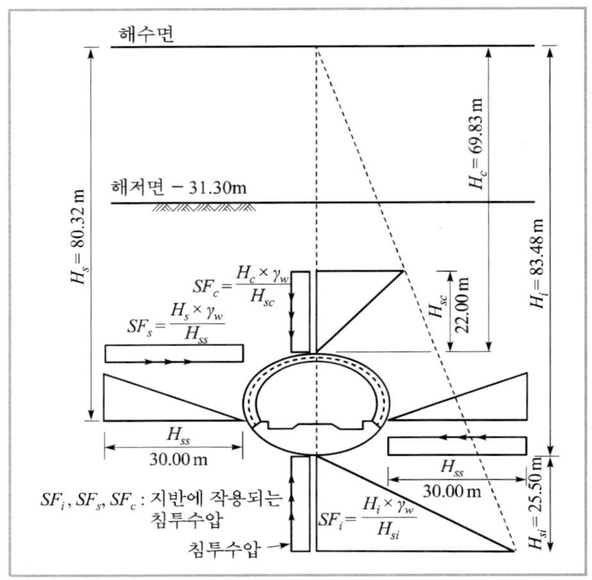

그림 14.127-3 Channel 터널에 작용하는 침투수압

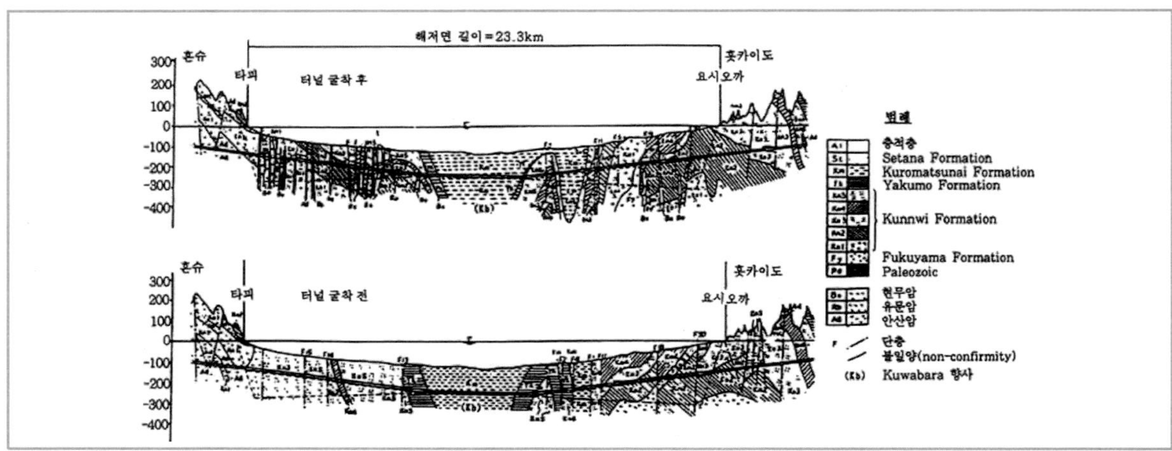

그림 14.127-4 세이칸 터널의 지질개요

14.127 외국의 하저·해저터널 시공사례(1)

1 Channel 터널(유로터널)=비배수 개념+침투를 고려한 배수개념(지반조건 이용)

- 터널은 가능한 깊지 않은 곳에 뚫어야 길이가 짧아지므로 경제적이다. 그러나 터널의 종단을 무한정 천층에 설치할 수만은 없다. 얕은 지층일수록 지반자체가 풍화가 많이 진행되어 시공이 어렵고, 지하수 유입량도 많아지게 되기 때문이다. 물론 이 경우 완전방수로 계획할 수 있지만 아무리 천층에 터널을 설치한다고 해도 그 수압은 대단하므로 라이닝의 두께가 상상할 수 없을 정도로 두꺼워야 한다는 문제가 대두된다.

- Channel 터널은 그 지질구조가 비교적 안정되고 간단하여 천층에 터널이 계획된 경우이다. 그림 14.127-1 같이 지층은 주로 백악(chalk)으로 이루어져 있으며, 특히 지표 하 40m되는 곳의 투수성이 급격히 감소하여 배수터널로 설계하더라도 유입량이 극소할 것으로 판단되는 백악 이회암층이 존재한다. 따라서 본 터널은 백악 이회암층에 건설되었고, 또한 해저수위는 지표면으로부터 25~30m 정도에 불과하였다. 이 경우에도 그 양이 많지는 않을지라도 지하수는 계속하여 터널 내로 유입할 수밖에 없고, 따라서 Channel 터널설계시 그림 14.127-2 같은 침투류 해석을 실시하였다.

- Channel 터널은 일부구간은 완전방수로 일부구간은 배수터널로 설계·시공되었으며, 배수터널 해석 시에 그림 14.127-3 에서 보여주는 바와 같이 침투수압이 설계에 반영된 것을 알 수 있다.

2 세이칸 터널=침투를 고려한 배수개념(Grouting 시공)

- 이번에서 시공한 세이칸 터널에 대한 설계의 기본개념은 전술한 Channel 터널과 판이하게 다르다. 우선 이 지역의 지질상황은 그림 14.127-4 와 같이 아주 복잡하고, 배수터널로 설계할 경우 유입량 또한 만만치 않은 것으로 판단되었다. 따라서, 비교적 안정된 지층까지 이르고자 지표하 100m 정도에 터널이 설치되는 것으로 계획되었으며, 수위선은 지표면으로부터 140m까지 이르는 악조건인 것으로 알려져 있다. 물론 이 경우 비배수 터널로 설계하는 것은 불가능하다. 최악의 경우 2.4MPa 까지에 이를 수도 있는 엄청난 수압을 라이닝이 받아 주는 것이 불가능하기 때문이다.

- 따라서, 그림 14.128-1 같은 방법으로 터널 주의로 그라우팅을 해주어 터널 내로 유입되는 지하수 양을 최대로 막고, 최후로 유입되는 누수량만을 집수정에 모아 유출시킨다는 개념을 도입하였다. **여기에서 한가지 반드시 기술적으로 검토할 사항이 있다. 터널 주위로 그라우팅 작업을 해 주면 그라우팅 실시지역은 여타의 지역보다 상대적으로 불투수성 성향이 크므로 그림 14.128-2 와 같이 오히려 그라우팅 링 외부에 $\gamma_w z$ 에 육박하는 큰 수압이 작용될 수 있다는 점이다. 이러한 큰 수압이 그라우팅 영역을 지나면서 소산되어 이 영역에 큰 침투수력이 작용되는 결과를 가져오게 된다.** 따라서, 그라우팅 두께에 대한 설계는 유입량이 작아지는 정도뿐만 아니라, 그라우팅 영역 외부에 작용되는 수압으로 인하여 발생되는 변위를 제어할 수 있는 정도까지 두껍게 해 주어야 한다는 2가지

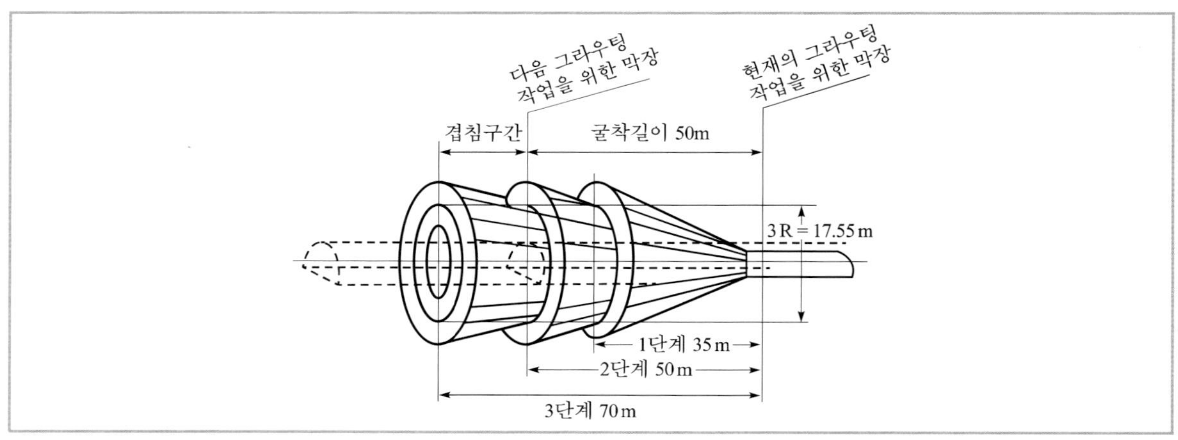

그림 14.128-1 세이칸 터널의 그라우팅 개념도

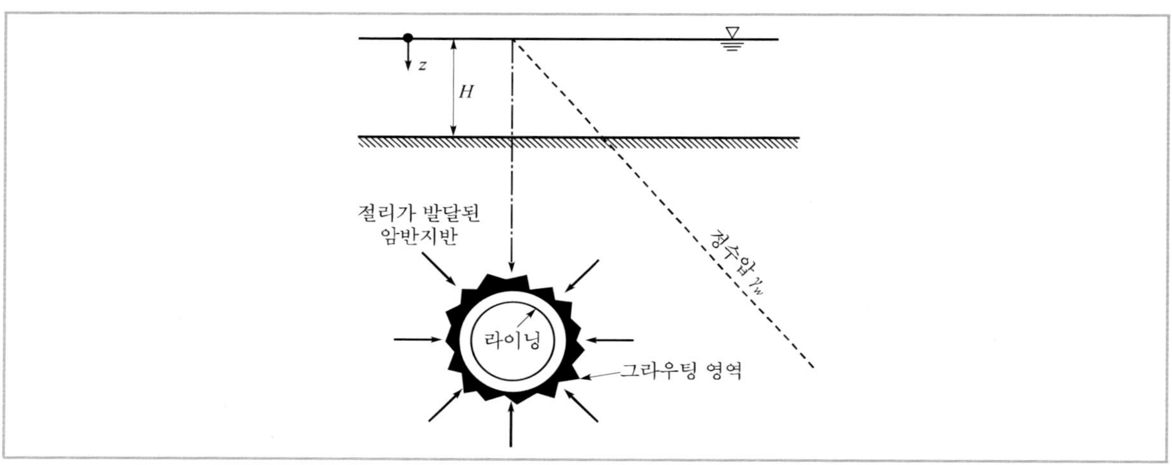

그림 14.128-2 그라우팅 링 외부에 작용하는 수압(세이칸 터널)

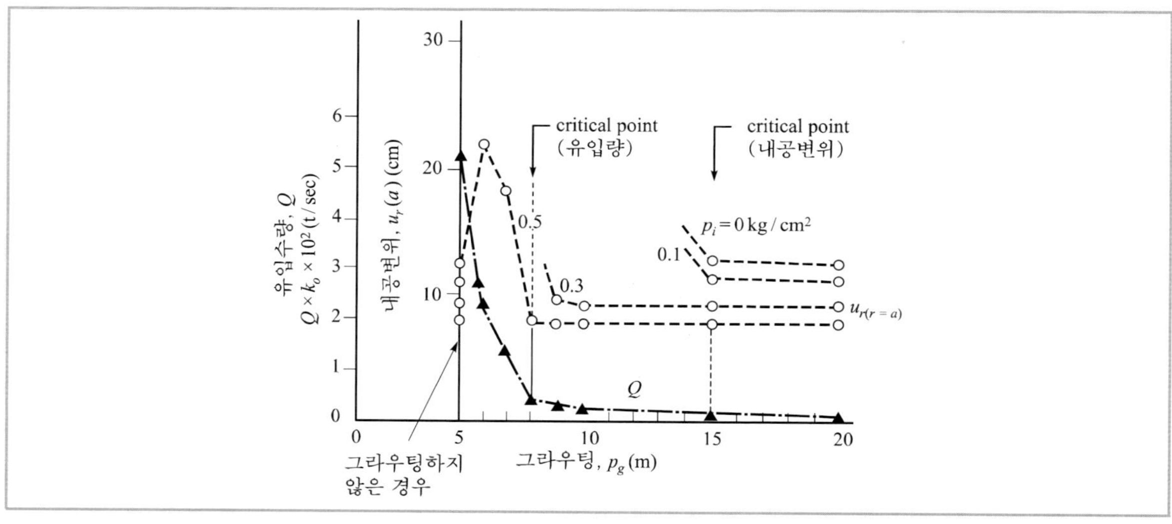

그림 14.128-3 그라우팅 두께 결정

14.128 외국의 하저·해저터널 시공사례(2)

요건을 만족시키는 방향으로 이루어졌음을 말해 준다. 즉, 터널에 작용되는 침투수력이 전체 터널 설계를 지배하는 큰 인자가 되었다는 결론에 도달한다. 그라우팅 범위 결정을 위한 해석결과를 요약하면 아래와 같다. 그림 14.128-3 참조

① **유입량을 줄인다는 관점**에서 $\rho_g = 8m$이면 충분하나 **내공변위의 관점에서** 보면 최대로 $\rho_g = 15m$까지 확장되어야 함을 보여준다(단, 지보재 압력이 0.3MPa 이상이면 $\rho_g = 9m$ 정도로 줄게 된다).

② **불충분한 두께로 그라우팅 작업을 해주면** 그라우팅으로 인하여 역학적으로 불리하게 작용될 수도 있다. 예를 들어서, $p_i = 0.5$MPa인 경우에 대하여 그라우팅을 전혀 실시하지 않은 경우는 $u_{r(r=a)} = 10cm$ 정도이나, $\rho_g = 6.5m$로 약 1.5m 두께로 그라우팅 작업을 하는 경우 $u_{r(r=a)} = 22cm$ 정도로 내공변위가 크게 증가되어 안정성에 오히려 불리하게 됨을 알 수 있다.

터널 라이닝 변상원인 및 변상형태에 대한 정리

1. **터널변상이란?**
   터널의 기능이 저하된(변화된) 상태 또는 가까운 장래에 저하될(변화될) 가능성이 있는 상태
2. **NATM 터널에서 주지보재(1차 지보재) 변상을 파악하는 방법?**
   2차 지보재(콘크리트 라이닝)의 변상을 통해 파악 → 인장균열·압좌·전단균열·박리박락 및 백태, 누수
3. 콘크리트 라이닝(2차 지보재) 변상현상을 통해 어떻게 변상원인을 추정(파악)할 수 있을까?
   콘크리트 라이닝이 비구조재 → 구조적 거동을 하는 경우와 연계시켜라(㉠, ㉡, ㉢, ㉣)

인장균열 압좌 백태 지하수 유출 전단균열 박리·박락 지반융기 ⇦ 힘의 방향

4. 터널의 변상원인들 간의 관계

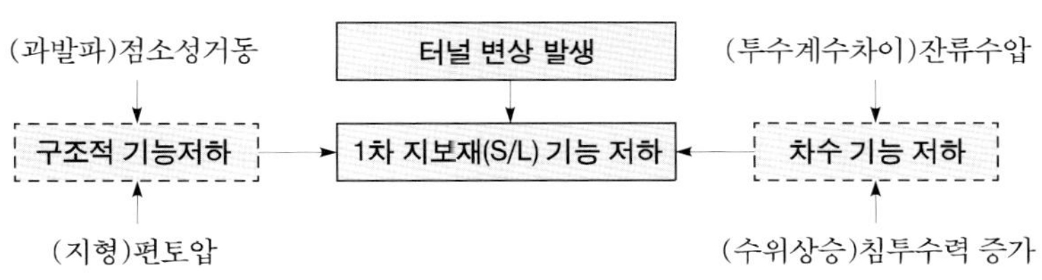

개념정리 ㊼ **배수터널의 방배수 원리 (I)**

1 **배수터널의 수리와 방배수 개념**

■ 터널주변의 흐름거동은 배수형 터널에서만 발생한다. 터널 주변 침투수는 터널주면 흐름 후 배수관으로 유입되어 집수정을 거쳐 배출된다. 아래 그림은 배수터널의 배수체계와 흐름특성을 보인 것이다.

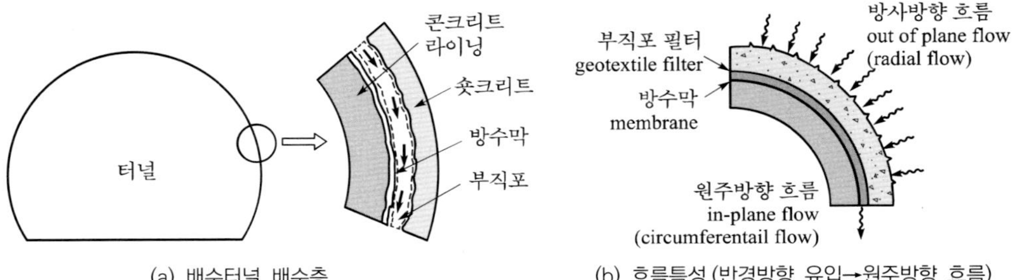

(a) 배수터널 배수층 (b) 흐름특성 (반경방향 유입→원주방향 흐름)

■ **배수터널의 방배수 관련 수리설계요소**는 유입량 및 집수정 규모산정, 침투력 및 침투력이 터널에 미치는 영향 검토, 라이닝 잔류수압 및 복공라이닝 구조안정성, 배수시스템 열화와 수압증가 등이다.

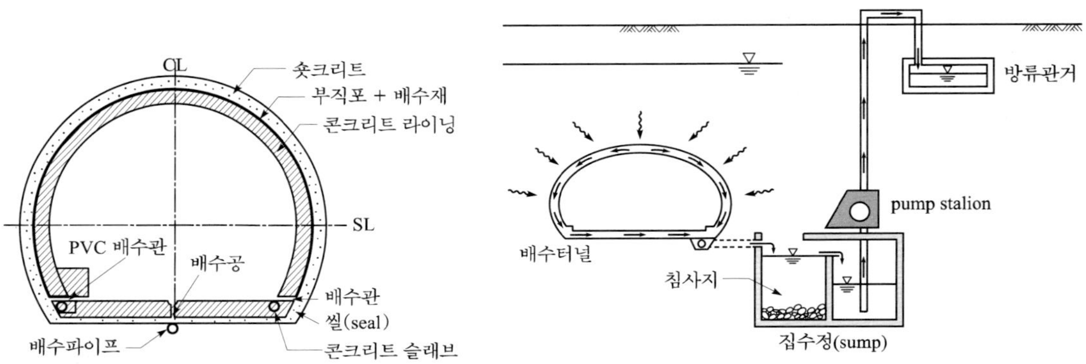

2 **배수터널의 유입량 및 침투수력 산정**

■ **배수터널의 유입량 산정은 자유유입조건으로 가정**

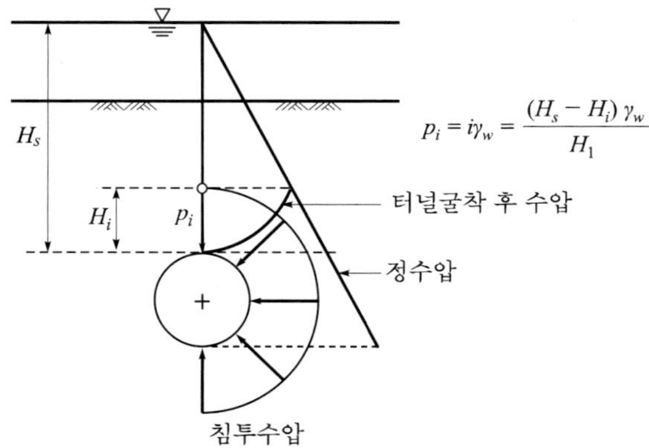

개념정리 ㊽	배수터널의 방배수 원리 (2)

- 라이닝에 작용하는 침투력 하중 산정 예는 좌측 하단 그림과 같이 정수압이 굴착부를 향해 급격히 줄어드는 굴착면간 수두차이(Δh)를 두 위치 간 거리로 나눈 값을 평균동수구배($i_{ave} = \Delta h/L$)라 할 수 있으며, **침투력은 $p_i = \gamma_w \times (\Delta h/L)$로 산정**할 수 있다.

3 이중구조 라이닝의 수압작용 특성

- NATM공법의 배수터널은 S/C와 콘크리트라이닝 사이에 배수재 및 방수막이 위치하는 이중 라이닝구조로서 '지반→S/C→배수재→배수공'의 경로로 지하수가 유입된다. 투수성이 큰 재료에서 작은 재료로 흐를 때 수리저항, 즉 수압이 발생하므로 '지반→S/C→배수재'의 **상대 투수성에 따라 다양한 수압조건이 형성**될 수 있다.

- 아래 그림과 같이 S/C의 투수계수가 지반투수계수보다 작다면 S/C라이닝에 흐름저항에 따른 수압이 발생한다. 만일, 배수층이 폐색되어 배수층의 투수성이 S/C 라이닝보다 작아지면, 배수층의 흐름저항이 수압증가로 나타나며, 이 수압은 방수막에 작용하므로 콘크리트 라이닝의 수압하중이 된다.

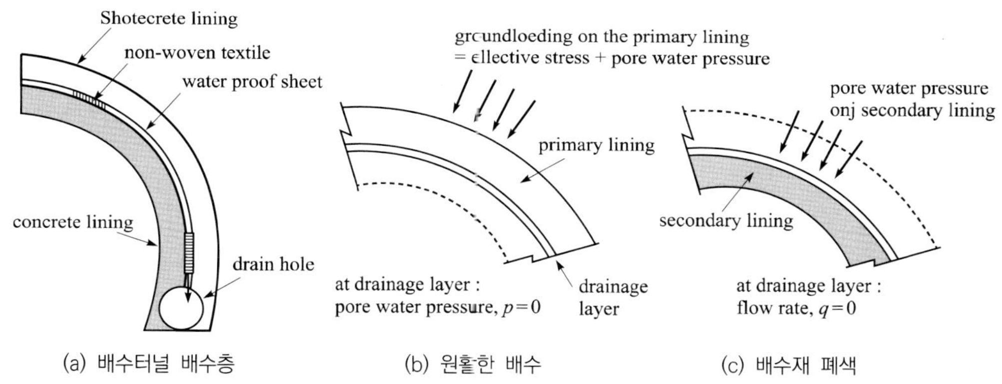

(a) 배수터널 배수층 (b) 원활한 배수 (c) 배수재 폐색

- 이중구조라이닝(NATM)의 경우 라이닝에 작용하는 수압은 '지반(k_s)−1차S/C 라이닝(k_l)−배수층(k_f)' 간 **상대투수성**에 따라 아래 그림과 같은 경우의 수가 가능하다. $k_s > k_l$ 이면서, $k_l > k_f$인 경우, 또는 $k_s < k_l$이면서 $k_l > k_f$인 경우 콘크리트라이닝에 수압이 작용할 수 있다(배수터널이라 해서 무조건 수압$=0$인 조건이 성립되는 것이 아님을 유의할 것)

지반–숏크리트 투수성 상관관계	숏크리트–배수층 투수성 상관관계	작용수압	
		숏크리트	콘크리트 라이닝
$k_s > k_l$	$k_l > k_f$	○	○
	$k_l < k_f$	○	×
$k_s < k_l$	$k_l > k_f$	×	○
	$k_l < k_f$	×	×

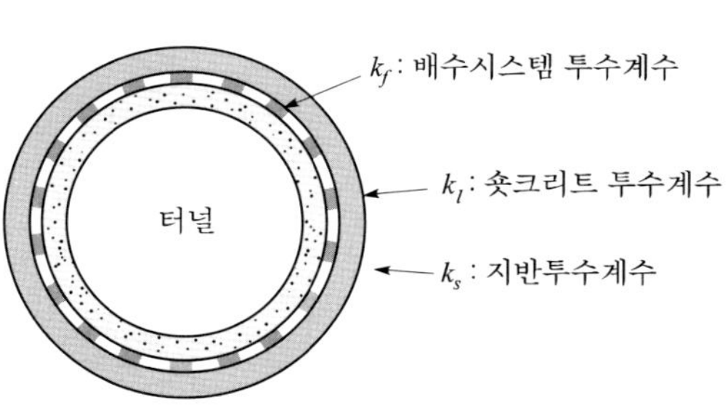

개념정리 ㊾ 배수터널의 방배수 원리 (3)

- S/C의 두께는 20~50mm정도이며, 흔히 S/C 배면수압은 무시한다. 그러나 잘 타설된 S/C는 절리암반보다 투수성이 훨씬 작아 상당한 침투수압이 걸릴 수 있다. 대략 정수압의 30%정도이다.
- 배수터널의 설계개념이 지속가능하다면 콘크리트라이닝 작용수압은 언제나 '0'이지만 배수층의 투수성 저하, 배수공 막힘 등의 **수리열화 현상**이 일어나거나, 지하수위가 상승하여 배수재의 통수능 한계를 초과하면 흐름저항이 일어나고, 이는 콘크리트라이닝에 하중으로 작용한다. 이를 '**잔류수압**'이라고 하며, 방수막에 작용하므로 **콘크리트라이닝이 지지하여야 할 하중이 된다**. 경험적으로 아래 그림과 같이 터널높이(H_1)의 1/2~1/3을 적용한다.

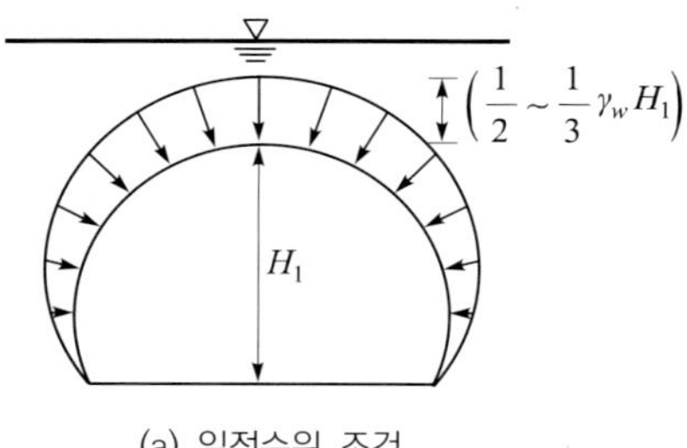

(a) 일정수위 조건

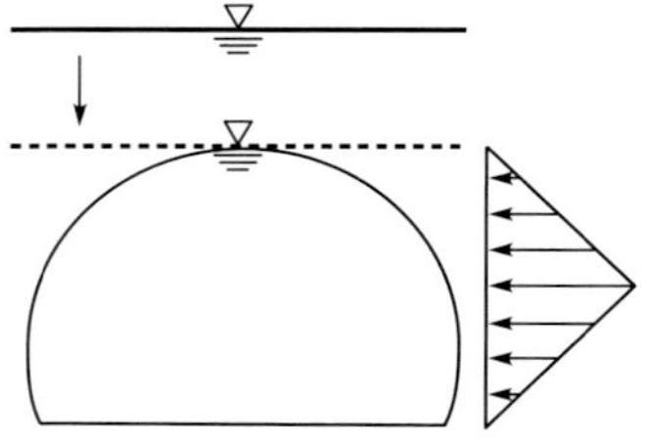

(b) 수위가 천장까지 저하

※ 잔류수압 정의? 지반과 구조체 사이의 투수성 차이에 의해 발생되는 수압

4 배수터널의 유입량 제어 : 그라우팅

- 고수압 조건에서는 과대한 수압을 지지하기 어려우므로 배수터널로 설계하되, 경제적 운영을 위해 일반적으로 유입량 저감대책을 채택한다. 유입량 저감은 아래 그림과 같이 터널 주변지반의 그라우팅을 통해 가능하다. 흐름은 '지반 → 그라우팅 zone → 라이닝'의 경로로 일어나므로 그라우팅 zone에 작용하는 수두를 h_g, 라이닝 외곽에 작용하는 수두를 h_l이라 하면, 원지반에서는 $H-h_g$만큼의 수두손실이 일어난다. 그라우팅 zone에서는 h_g-h_l의 수두손실이 일어나며, 이는 **침투력으로서 그라우팅 zone이 부담**(지지)하게 된다.

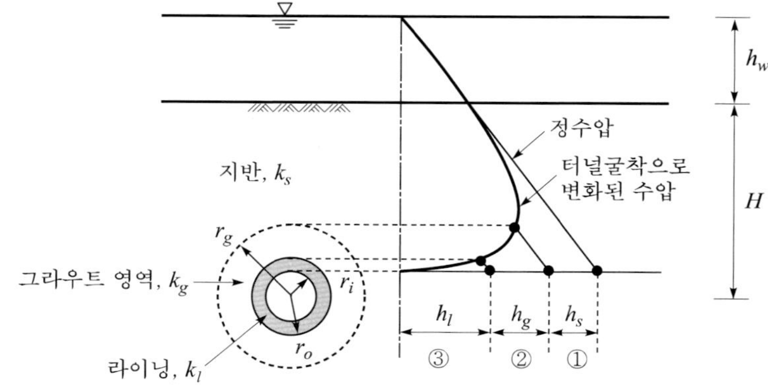

① 원지반의 부담 수두 : $h_s \fallingdotseq H+h_w-h_l-h_g$
② 그라우트 존의 부담 수두 : h_g
③ 라이닝의 부담 수두 : h_l

개념정리 ㊿	터널의 수리열화 거동 (I)

1 개요

터널은 운영 중 라이닝 열화, 지반의 풍화, 그라우트재의 용탈 등으로 인해 설계 시 계획한 방배수 성능의 장애가 일어나는데, 이를 **수리열화**라 한다. 터널의 수리열화요인과 영향을 아래 그림에 예시 하였다.

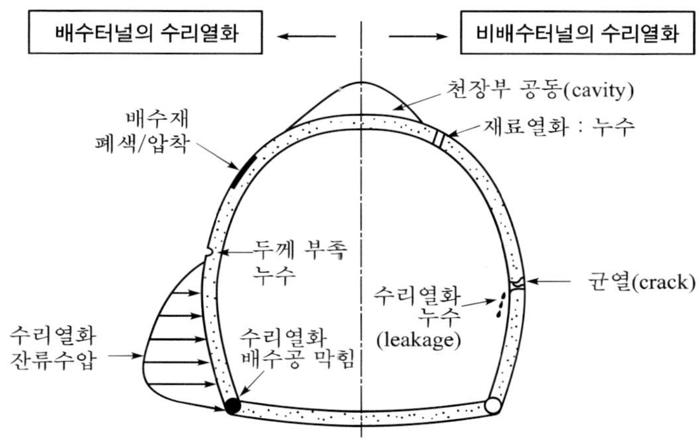

2 배수터널의 수리열화

■ 수리열화가 없는 배수터널은 아래 그림(a)와 같이 터널 주변에서 수두가 '0'에 가깝다. 배수시스템 열화에 따라 투수성이 저하되면, 수두선은 상승하며 라이닝에 h_l에 해당하는 수압이 작용한다. 배수터널의 수리열화 거동은 아래 그림(b)와 같이 유입량의 감소($\triangle q$)또는 라이닝 작용수압의 증가($\triangle p$)로 나타난다.

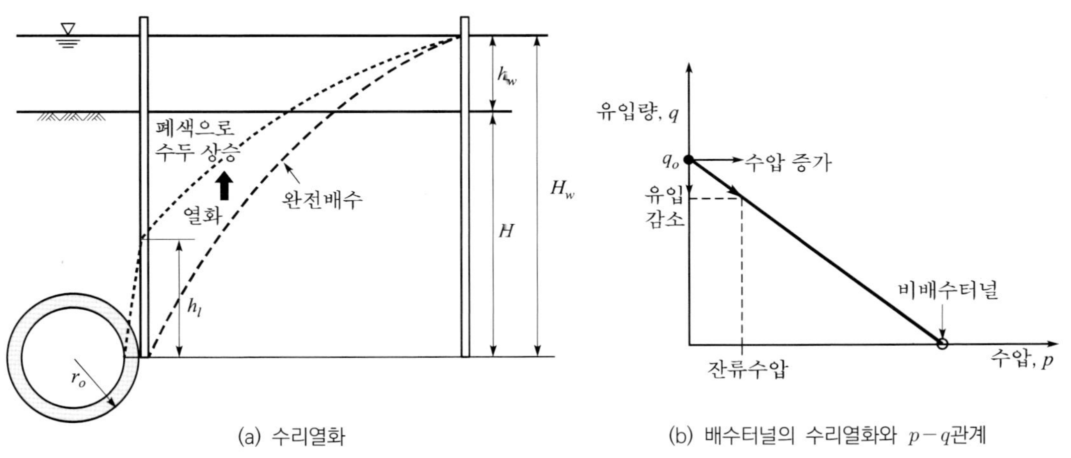

(a) 수리열화 (b) 배수터널의 수리열화와 $p-q$관계

■ 배수터널의 수리열화는 '배수기능열화 → 유입량감소 → 라이닝 작용하중의 증가(터널의 변상원인과 연계)'의 과정으로 진행된다. 배수기능 열화는 외부로부터 압력이 가해져 배수재인 부직포가 '**압착**'되거나 주변지반에서 유출된 토립자가 부직포의 간극에 침적되는 '**폐색**'에 기인한다.

개념정리 ⑤1 터널의 수리열화 거동 (2)

■ **압착거동**은 라이닝 타설시 유동성 콘크리트의 횡압력, 인접 건설공사, 지반의 풍화작용에 따른 배면하중 증가등에 의해 발생될 수 있다. 배수재에 사용되는 부직포는 응력이 증가하면 두께가 감소하여 투수성이 현저히 감소한다.

■ 지속적인 지하수 유출은 그라우트재의 용탈, 미립토사의 이동을 초래하고 이들을 배수층에 선형침적시켜 배수경로를 막는 '**폐색현상**'을 야기할 수 있다. 배수터널의 폐색메커니즘은 아래 그림과 같다.

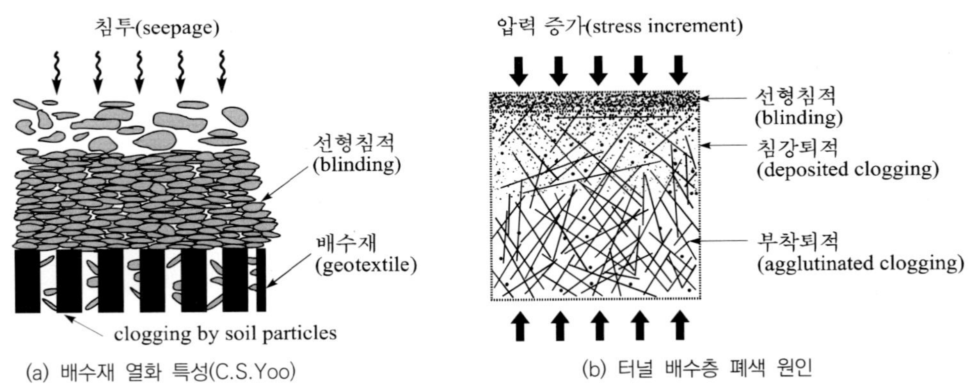

(a) 배수재 열화 특성(C.S.Yoo)　　(b) 터널 배수층 폐색 원인

■ 아래 그림은 지반과 배수재의 상대투수성의 영향을 보인 것이다. 상대투수성(k_l/k_s)의 감소는 배수터널의 수리열화를 의미한다. 배수층의 투수성 저하(k_l/k_s의 감소)에 따라 라이닝에 작용하는 하중이 증가함을 알 수 있다. 일례로, 상대투수성(k_l/k_s)이 0.1인 경우, 정수압의 약 20%에 해당하는 수압이 라이닝에 작용함을 알 수 있다.

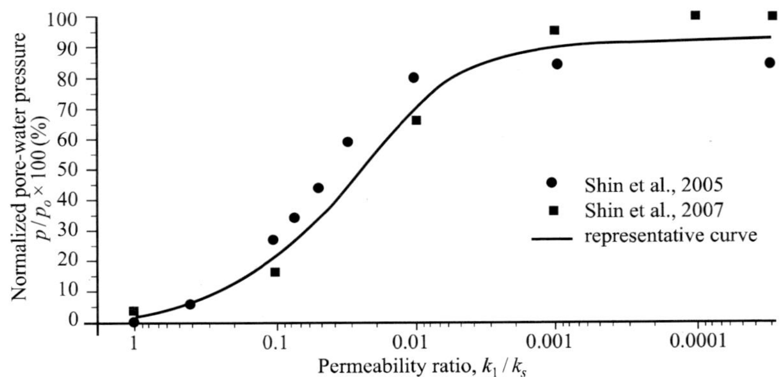

3 비배수터널의 수리열화

■ 비배수터널의 수리열화는 일반적으로 '라이닝 균열(조인트 누수) → 수압하중 감소 → 유입량 증가(배수처리 용량 부족)'로 이어진다.

개념정리 ㊾ 터널의 수리열화 거동 (3)

■ 비배수터널의 열화 과정을 수두곡선으로 나타내면 아래의 그림(a)와 같이 당초 비배수 조건의 정수압 수두선이 수리열화에 따라 하강하여 라이닝 작용수두가 $h_o \rightarrow h_l$로 변화한다. 비배수터널의 수리열화를 수압-유입량관계($p-q$)로 고찰하면 아래의 그림(b)와 같이 누수량이 $\triangle Q$만큼 증가하고, 작용수두가 $\triangle h$만큼 감소하는 것으로 이해할 수 있다.

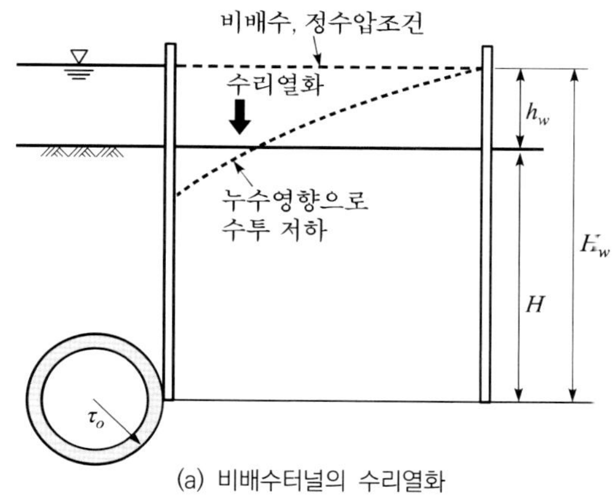

(a) 비배수터널의 수리열화

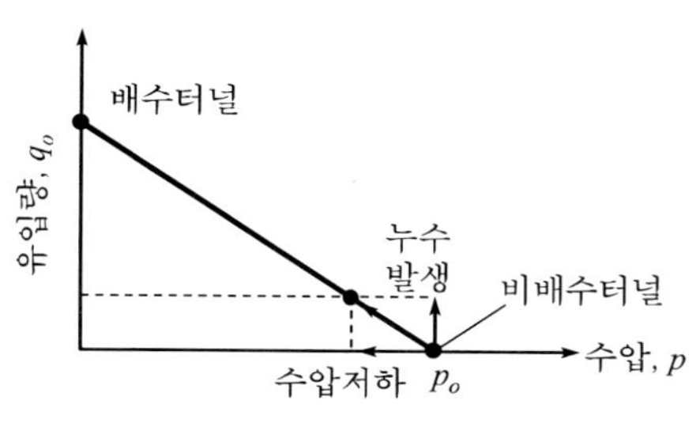

(b) 비배수터널의 수리열화와 $p-q$관계

비배수터널의 형상

비배수터널의 설계시 가장 중요한 요소는 인장응력이 발생하지 않도록 정수압 지지를 위한 터널 단면형상과 라이닝 두께를 결정하는 것이다. 등방 수압하중에 대하여 인장력이 발생하지 않는 원형 단면이 구조적으로 가장 바람직하므로, 쉴드 TBM터널의 원형 세그먼트라이닝은 비배수조건에 잘 부합한다. 하지만 NATM공법 적용 시 원형터널은 시공성이 떨어지므로, 대안으로 계란형 또는 모서리가 둥근 마제형 단면을 주로 채택한다. 아래 그림은 터널형상에 따른 라이닝 응력을 비교한 것이다. 난형과 마제형의 경우 모서리에서 인장응력이 발생한다. 특히, 마제형의 경우 압축응력의 2배에 해당하는 인장응력이 발생하였으며, 원형터널(쉴드 TBM터널의 세그먼트라이닝)은 전단면에 걸쳐 거의 일정한 압축응력이 발생하였다. 이러한 사실은 수압영향에 대한 단면형상의 중요성을 의미한다.

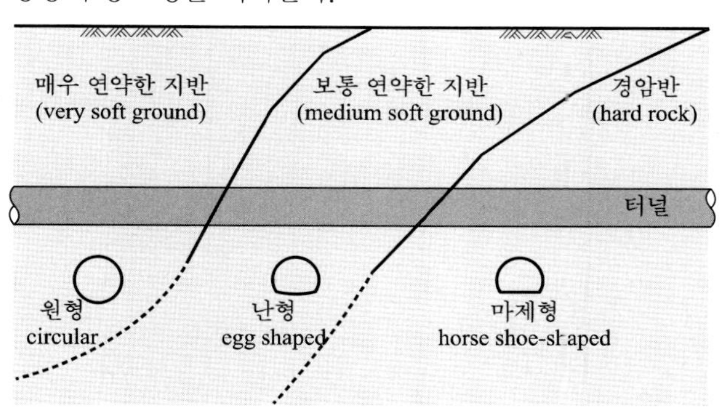

지반물성
- Specific weight(kN/m³) : 21.0
- Cohesion(kPa) : 150.0
- Internal friction angle(°) : 33
- Modulus of elasticity(MPa) : 500
- Dilatancy angle(°) : 15
- Poisson's ratio : 0.3
- Coeffecient of permeabiliy(m/sec) : 9.1×10^{-7}

라이닝 물성
- Area(m²) : 0.3
- Modulus of Inertia(m⁴) : 0.00225
- Young's modulus(KPa) : 21.0
- Poisson's ratio : 0.2

제15장에 대한 목차

제15장

보강토옹벽

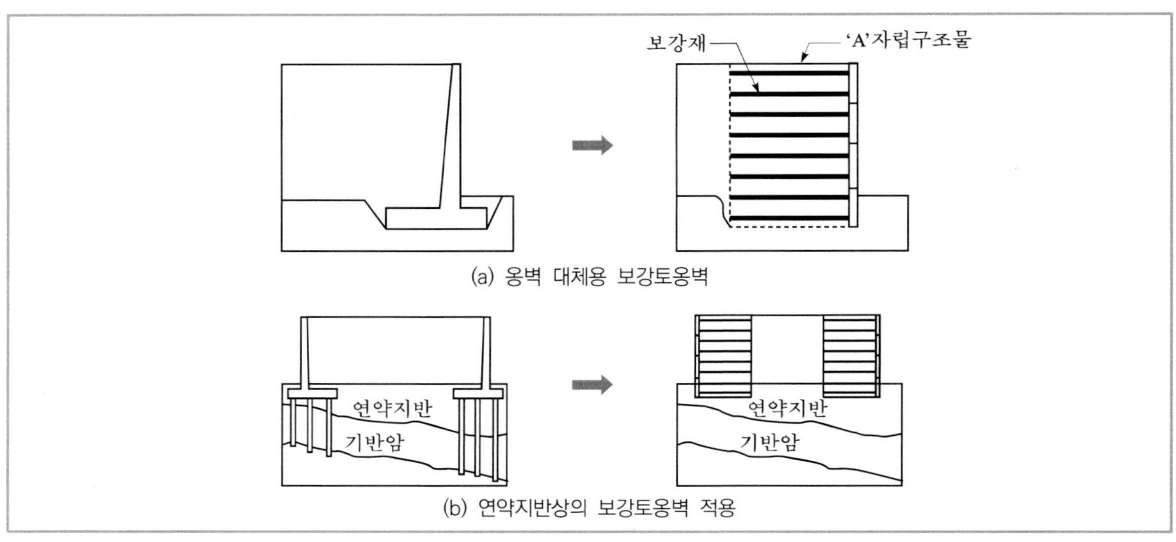

그림 15.1-1 보강토옹벽 적용 예

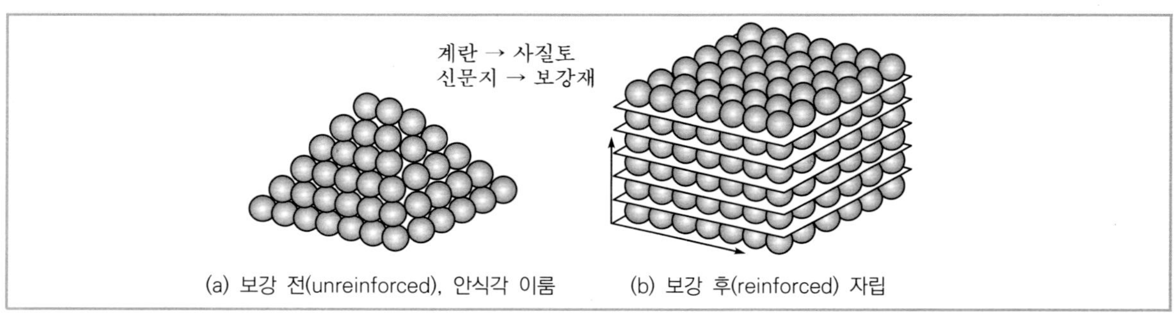

그림 15.1-2 보강토 공법의 기본원리

개념정리 ① 보강성토 사면

- 성토사면의 안전성 평가결과 사면파괴에 대한 안전율이 소요 안전율에 이르지 못한다면 사면을 어떤 형태로든 보강하여야 한다. 성토 다짐 시에 그림 개념 ①-1에 보여주는 바와 같이 보강재를 층층으로 깔아주면, 사면안정을 증진시킬 수 있으며, 보강재가 삽입된 사면을 **보강성토 사면**(reinforced earth slope) 이라고 한다.

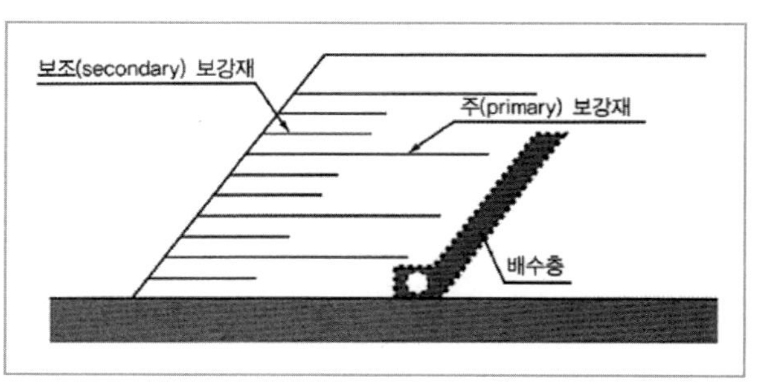

그림 개념 ①-1 보강성토 사면

- 성토체 내부에 보강재를 삽입한다는 측면에서는 보강토옹벽과 동일하지만 **벽면의 경사가 적어도 70° 이상 또는 완전 연직에 가깝도록 구조물 개념으로 보강하는 것이 보강토옹벽**이며, **사면 경사 70° 이하로서 보강재로 사면안정성을 도모한다는 관점에서 보강성토 사면**으로 불린다.

15.1 보강토옹벽의 기본개념(1)

1 보강토(reinforced earth)의 정의

■ 건설재료로서의 흙(soil matrix)의 특징은 흙은 삼상재료로서 흙입자, 공기, 물의 matrix로서 결손력이 작기 때문에(즉, 고체가 아니기 때문에) 인장력 및 모멘트에 대한 저항력이 전무하며, 오로지 전단응력에 대한 저항력인 전단강도만이 있다. 이렇게 결손력이 약한 재료에 연속체로서 인장력에 견딜 뿐 아니라 흙과의 결손력이 큰 보강재를 수평으로 삽입하여 **결손력이 개선된 흙을 보강토**(reinforced earth) 라고 한다.

보강토(결속력이 개선된 흙) = 흙(결속력이 약한 재료) + 보강재(흙과의 마찰력이 탁월하며 강성이 큰 수평연속요소)

■ **그림 15.3-2** 같이 보강토의 적용성은 다양하나, 옹벽을 대신할 수 있는 보강토옹벽을 중심으로 설명할 것이다. 참고로 **개념정리①**을 통해 보강성토 사면의 개요를 설명하였다.

2 보강토옹벽

■ 토체 내부에 수평보강재를 삽입하면 복합토체가 되며, 이 복합토체는 **일체로 된 구조물**과 같이 거동하여 **수평변형이 억제**되므로 토류구조물로 저항할 수 있다. 보강토옹벽은 **그림 15.1-1a** 같이 옹벽을 대체할 수 있는 구조물이다. **보강재로 보강된 전체('A'부분 전체)를 옹벽구조물**로 보면 될 것이다. 그 거동 원리를 설명하면 다음과 같다.

■ **그림 15.1-2a** 같이 표면이 약간거친 계란이라 하더라도 차곡차곡 쌓을 수는 없으며, 안식각을 가지고 쌓을 수 있다. 그러나 **그림 15.1-2b** 같이 층과 층 사이에 신문지를 깔고 쌓으면 차곡차곡 쌓을 수가 있다. **그림 15.1-2a** 는 계란이 무너질 수밖에 없어서 계란상자에 담으면 계란에 의해서 상자에 압력이 전달된다. 계란을 마찰력을 가진 사질토로 보면 상자는 토압을 막아주는 옹벽으로 볼 것이다. 그러나 **그림 15.1-2b** 의 신문지로 보강된 계란들은 그 자체로서 자립할 수 있다. 즉, 수평방향으로 하중을 전달하지 않아도 된다. **계란은 사질토**로, **신문지는 보강재**로 보면 **수평보강재로 보강된 토체는 토압을 자체적으로 수용**하기 때문에 **자립**하게 되며 **수평방향으로 토압을 전달하지 않는다**. 이것이 **보강토옹벽의 원리**이다.

■ 따라서 **보강토가 성공적으로 적용된다면 그 자체로서 자립이 되어야 하며**, 따라서 공학적으로 검토해야 하는 것은 흙 자체로는 자립이 불가능하여 토압만큼 다른 구조물(옹벽구조물)에 기댈 수밖에 없었는데, 이 **토압을 보강재와 흙 사이의 마찰저항으로서 그 자체로서 다 수용할 수 있는지의 여부를 판단**하는 것이다. 이에 대한 상세한 사항은 차차 설명될 것이다.

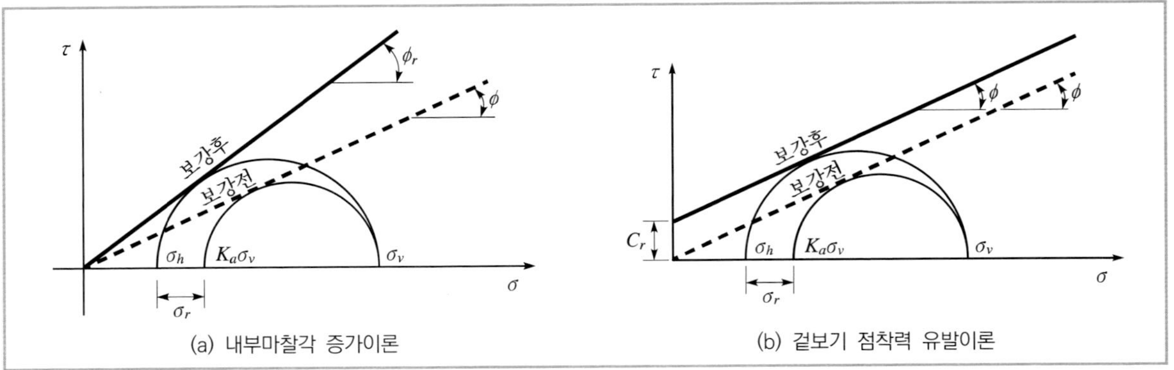

그림 15.2-1 보강토 옹벽의 보강개념

※ 식 15.2-2 에 대한 설명 : 그림 15.2-1b 에서

$$(c_r\cot\phi + \frac{\sigma_v+\sigma_h}{2})\sin\phi = \frac{\sigma_v - \sigma_h}{2} \rightarrow 2c_r\cos\phi + \sigma_v\sin\phi + \sigma_h\sin\phi = \sigma_v - \sigma_h$$

$$2c_r\cos\phi + (1+\sin\phi)\sigma_h = (1-\sin\phi)\sigma_v \rightarrow \sigma_v = \frac{1+\sin\phi}{1-\sin\phi}\times\sigma_h + 2c_r\times\frac{\cos\phi}{1-\sin\phi}$$

$$\sigma_v = K_p\sigma_h + 2c_r\sqrt{K_p}$$

여기서, $\sigma_h = K_a\sigma_v - \sigma_r$ 이므로

$$\sigma_v = \sigma_v - K_p\sigma_r + 2c_r\sqrt{K_p} \rightarrow 2c_r\sqrt{K_p} = K_p\sigma_r \qquad \therefore c_r = \frac{K_p\sigma_r}{2\sqrt{K_p}} = \frac{\sigma_r\sqrt{K_p}}{2} \qquad \text{식 15.2-2}$$

해설 15.2-1

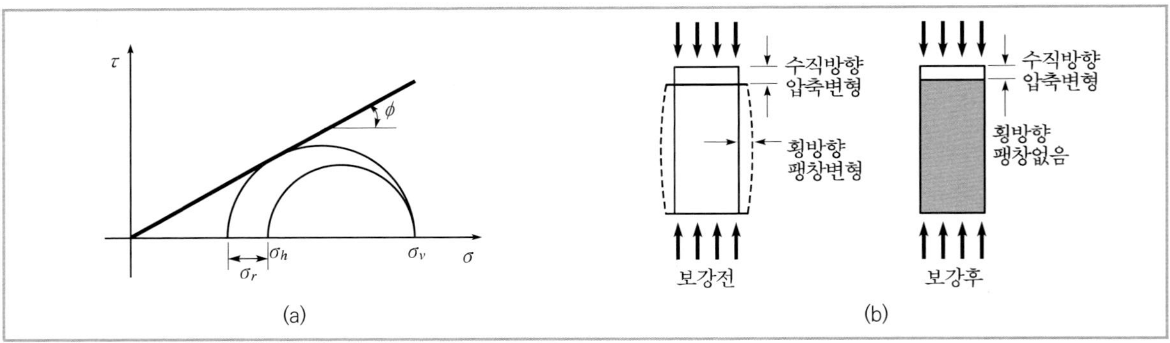

그림 15.2-2 보강재에 의한 보강토체의 횡방향 변위 구속(Swiger, 1978)

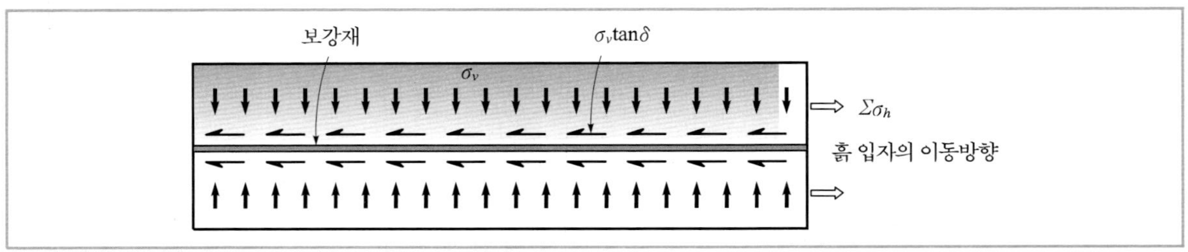

그림 15.2-3 보강토체의 흙의 횡방향이동 저항

15.2 보강토옹벽의 기본개념(2)

3 공법의 토질공학적 이론

보강재 삽입시 흙의 전단강도가 어떻게 개선되는 지를 고전적인 토질공학이론으로 이해하려 한 결과, 보강재가 삽입된 흙 입자의 횡방향 이동의 억제는 흙 자체 마찰계수의 증가(내부마찰각 증가이론) 또는 점착성분의 증가(겉보기 점착력 유발이론)로 인한 **수평응력의 감소효과**로 해석하였다.

실험결과 **마찰계수의 증가는 낮은 응력상태에서 뚜렷**하고 **점착력의 증가는 높은 응력상태에서 나타난다는 사실이 입증**되었으며 최근에는 대부분의 연구자에 의하여 점착력의 증가이론이 더욱 설득력을 얻었다. 다만 이때 증가되는 점착력성분은 보강재가 제거되면 바로 소멸되는 겉보기점착력이다.

■ 내부마찰각 증가이론 : 낮은 응력상태

이 이론은 그림 15.2-1a 같이 보강토체 내의 **수평응력 감소효과를 내부마찰각의 증가($\phi \rightarrow \phi_r$)로 보는 이론**이다. 즉 보강재가 마찰에 의하여 흡수한 수평력 σ_h의 크기만큼 수평력이 감소하여 새로운 응력상태로 된다는 이론이다.

$$\sigma_r = f \times K_a \cdot \sigma_v \quad \text{식 15.2-1}$$

여기서, σ_r : 보강재에 의하여 감소된 수평응력, f : 흙–보강재의 마찰계수

■ 겉보기 점착력 유발이론: 높은응력상태

이 이론은 보강토체의 **수평응력 감소효과를 새로운 점착력의 발생으로 해석하는 이론**이다. 즉, 보강토체 내의 수평응력이 감소한 새로운 응력상태를 그림 15.2-1b 같이 추가로 유발된 겉보기점착력 c_r의 발생에 기인한 것으로 간주한다.

$$c_r = \frac{\sigma_r \sqrt{K_p}}{2} \quad \text{식 15.2-2}$$

■ 구속응력 증대이론

그림 15.2-2 같이 일반적으로 다져진 시료에 수직응력을 작용시키면 횡방향으로 팽창된다. 그러나 **보강재를 삽입한 시료는 수직응력에 의하여 발생한 보강재와 흙과의 마찰력 때문에 횡방향 팽창이 억제**된다. 만약 횡방향 팽창이 발생하지 않는다면 보강토 내부의 흙 입자가 보강재와의 마찰력에 의하여 완전 구속되었다고 가정할 수 있다. 그러면, 억제된 수평응력은 $\sigma_h = K_o \times \sigma_v$가 된다. 여기서 K_o는 정지토압계수이다.

4 실무에서의 이론

■ 보강재와 토립자 사이의 마찰력($\tan\delta$)

전술한 고전적 이론으로 판형 또는 Grid형태의 현대적 보강재가 삽입된 보강토체를 해석하기에는 충분

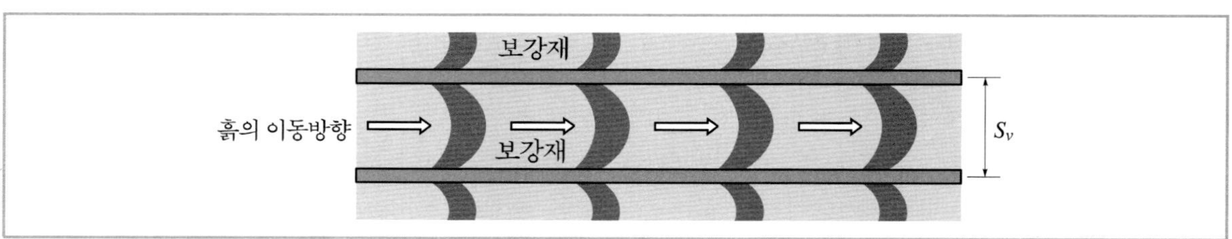

그림 15.3-1 보강재의 Arching 현상(마찰력 전달 효과)

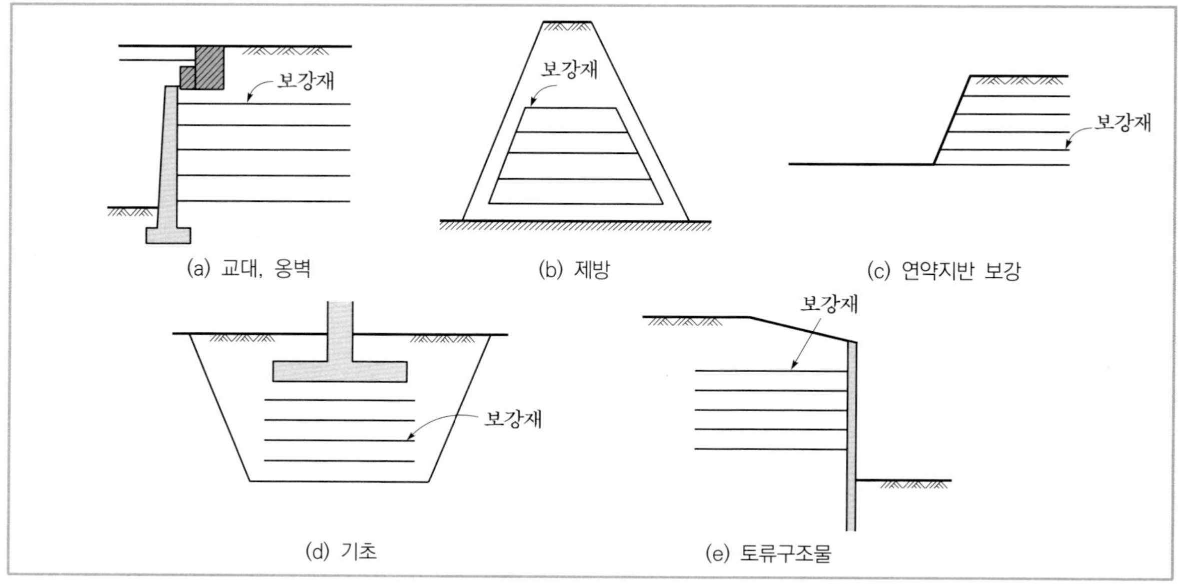

그림 15.3-2 보강토 옹벽의 적용범위

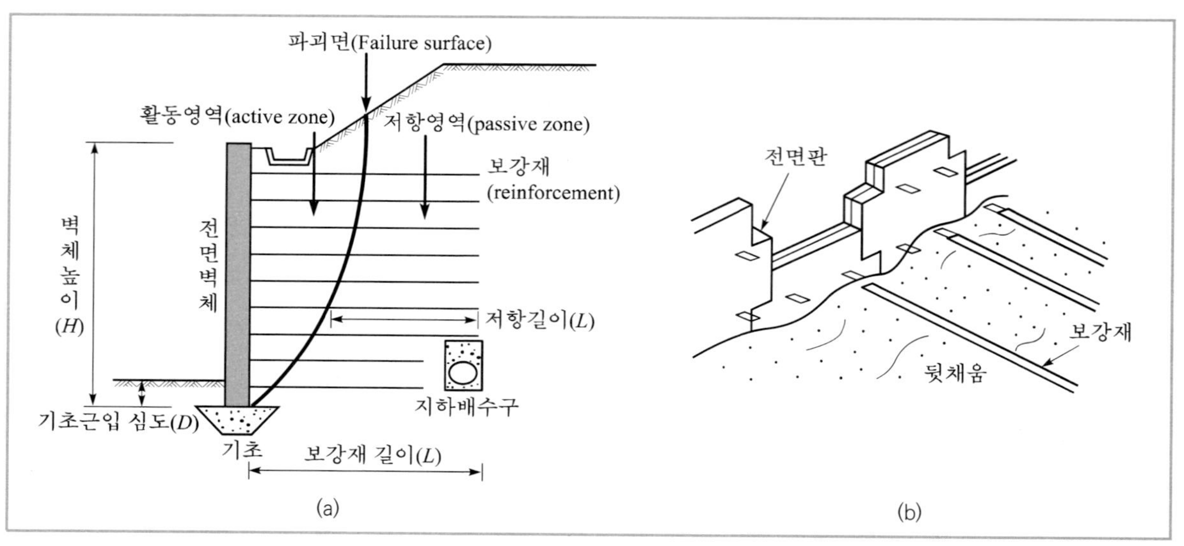

그림 15.3-3 보강토 옹벽의 구성요소

15.3 보강토옹벽의 기본개념(3)

치 않다. 따라서 **흙과 보강재의 상호작용으로부터 나타나는 흙입자의 횡방향 구속현상**을 그림 15.2-3 과 같이 설명할 수 있다.

① **수평응력(σ_h)** : 보강재가 설치된 토체에는 흙의 자중에 의하여 수직응력(σ_v)이 작용하며, 이 수직응력에 의해 발생하는 수평응력은 흙의 토질정수 ϕ와 c의 함수인 소위 토압계수(K)에 의하여 결정되며 **흙입자를 횡방향으로 이동시키려는 능동적인 힘**이다.

$$K = f(\phi, c) \rightarrow \sigma_h = K \times \sigma_v \quad \text{식 15.3-1}$$

② **마찰력(σ_r)** : 흙 속에 삽입된 판형 보강재의 상하에는 동일한 크기의 수직응력이 작용하며, **보강재의 접촉면에서 마찰력이 발생**하게 된다.

$$\sigma_r = \sigma_v \times \tan\delta \fallingdotseq f^* \times \sigma_v \quad \text{식 15.3-2}$$

$$\delta = f(\phi, c, \varepsilon) \rightarrow \delta = (\frac{1}{3} \sim \frac{2}{3}) \times \phi(\text{조밀한 모래}), \quad \delta = \phi(\text{느슨한 모래})$$

여기서, $\tan\delta$: 흙과 보강재의 마찰계수, f^* : 흙과 보강재의 결속 저항계수,
ε : 보강재의 형상계수

이러한 **마찰력은 변위를 일으키려는 응력이 발생하여야 나타나는 수동적인 힘**이다. 또한 흙과 보강재의 접촉면에서 발휘할 수 있는 최대의 마찰력은 횡방향 이동이 발생하기 직전에 최대로 나타나며, 이동이 시작되면 감소하는 특징을 갖는다.

③ **안정성판단** : 만약, 수동으로 나타나는 수평저항력(마찰력)이 흙의 수평응력보다 크거나 같다면 안정한 상태이고 반대로 수평저항력이 흙의 수평응력보다 작으면 불안정한 상태가 된다.
즉, **안정적인 토체** : $\sum\sigma_r \geq \sum\sigma_h$, 불안정적인 토체 : $\sum\sigma_r \leq \sum\sigma_h$

■ Arching 현상(마찰력 전달효과)

① 그림 15.3-1 같이 보강재로 보강한 토체는 여러층의 보강재로 구성된다. **보강재 사이의 흙 입자는 아칭현상에 의하여 중앙부분의 수평응력이 보강재 쪽으로 전이하여 수평변위가 감소**하게 되는데 보강재의 간격이 어느 한계를 벗어나면 아칭현상을 상실하게 된다.

② 따라서 **보강재의 수직간격**을 어느 정도로 설계하느냐가 중요한 관건인데 아직 이론적으로 규정된 것은 없다. 다만 경험적으로 뒤채움재료가 양질의 토사인 경우 1.0m **까지 가능**하다는 것이 정설이다.

5 보강토옹벽의 구성요소

보강토옹벽의 주요 구성요소에는 그림 15.3-3 같이 **전면벽체(facing)**, **보강재** 및 **뒤채움 토사**가 있다. 지금부터는 보강토옹벽의 설계개념에 대해 집중적으로 설명 할 것이다.

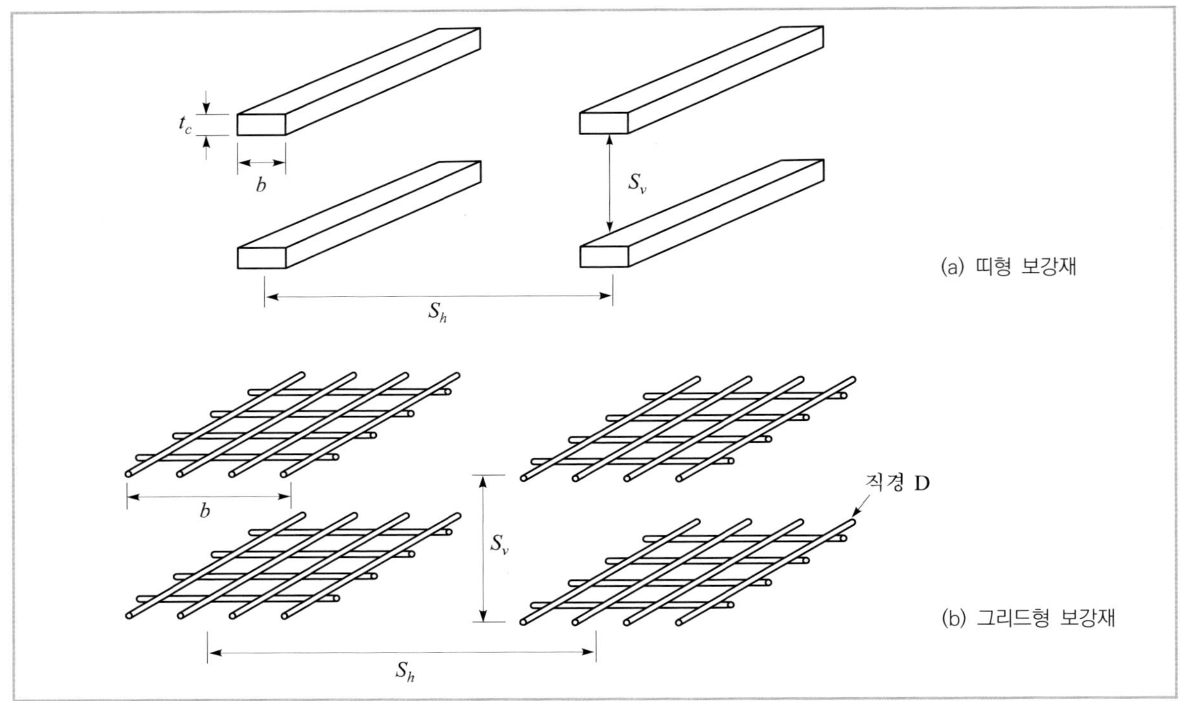

그림 15.4-1 강재보강재

※ 식 15.4-1 **에 대한 설명**

$$T_a = (0.48 \sim 0.55) \times \frac{\sigma_y A_c}{S_h} \quad \text{식 15.4-1}$$

여기서, T_a = 보강재의(보강토 단위폭당) 허용인장강도(kN/m)

σ_y = 보강재의 항복응력(kN/m^2)

S_h = 보강재의 수평 간격(m)

① 그림 15.4-1a 같은 **띠형 보강재** 경우

$$A_c = b \cdot t_c$$

여기서, A_c = 부식량을 제외한 보강재의 유효 단면적(m^2)

b = 보강띠의 폭(m)

t_c = 부식두께를 제외한 보강띠의 두께(m)

② 그림 15.4-1b 같은 **그리드형 보강재** 경우

$$A_c = (\text{그리드에서 종방향 강봉의 개수}) \cdot \frac{\pi}{4} D^2$$

여기서, D = 부식에 의한 손실을 제외한 강봉의 직경(m)

해설 15.4-1

15.4 보강토옹벽의 보강재(1)

1 보강재의 종류

- 보강재는 재질에 따라 표 15.4-1 같이 **금속성 보강재(비신장형 보강재)**와 **토목섬유 보강재(신장형 보강재)**가 있다. 금속성 보강재는 원재료가 강(steel), 알루미늄 등과 같은 금속성 재료인 보강재를 말한다. 금속성 보강재는 **흙속에서 쉽게 부식된다는 단점**이 있다. 따라서 보강토의 수명(100년)을 보장하기 위하여 **2mm 정도의 부식두께를 추가로 고려**한다. 섬유(geosynthesis) 보강재는 그 원재료가 합성섬유인 보강재로서 PE(폴리에틸렌), PET(폴리에스터), PP(폴리프로필렌) 등을 원재료로 하여 제조된다.
- 보강재는 또한 형상에 따라 띠형(strip), 그리드형(grid type), 쉬트형(sheet type) 보강재 등이 있다. **띠형 보강재**는 두께 3~4mm, 폭 60~150mm의 띠형모양을 하며, **그리드형 보강재**는 보강재 자체에 개구부가 있어서 보강재의 상·하부의 흙입자들이 개구부에서 마주쳐서 상호 결속된다. **쉬트형 보강재**는 개구부 없이 전면적에 걸쳐 포설된다.
- 앞으로 서술할 보강토옹벽의 안정성 부분에서 상세히 서술하겠지만, 이제까지 일관되게 설명한 바와 같이 **보강재로 보강된 옹벽은 그 자체로서 자립**이 되어야 한다(이를 '**내적 안정성**'이라 한다). 자립이 되기 위해서 필요한 가장 중요한 사항은 아래의 2가지이다. 지금부터는 이 2가지 사항을 설계 관점에서 설명할 것이다.
  ① 첫째로 **보강재 자체의 인장강도**가 소요강도 이상이어야 하며,
  ② 둘째로 보강재와 흙 사이의 마찰력이 충분하여 **보강재의 인발 저항력**이 소요인발력 이상 되어야 한다.

2 보강재의 인장강도

- 강재보강재의 허용인장강도
  ① 그림 15.4-1 같은 강재보강재의 경우 재료의 항복강도 σ_y **의 48%(그리드형) 또는 55%(띠형)**를 허용인장강도로 사용한다.
  ② 금속보강재는 내구연한에 따른 부식두께를 제외한 나머지 두께에 대해 **장기설계인장강도**를 평가한다.

$$T_a = (0.48 \sim 0.55) \times \frac{\sigma_y A_c}{S_h} \qquad \text{식 15.4-1}$$

- 토목섬유보강재의 허용인장강도
  ① 토목섬유의 **감소계수(reduction factor)를 적용한 장기설계인장강도** 산출법이 적용될 수 있다. 이는 토목섬유의 내구성에 따른 강도감소 요인을 고려한 것이다. 따라서 설계에 입력되는 토목섬유 보강재의 장기설계인장강도(T_a)는 통상 3가지 항목별 감소계수(RF_D , RF_{ID} , RF_{CR})를 고려하여 계산한다.

※ 식 15.5-1 및 식 15.5-2 에 대한 설명

$$T_a = \frac{T_d}{F_s} \cdot \frac{1}{S_h}$$ 식 15.5-1

$$T_d = \frac{T_{ult}}{RF_D \cdot RF_{ID} \cdot RF_{CR}}$$ 식 15.5-2

여기서, T_a = 보강재의(보강토 단위폭당) 장기 허용인장강도(kN/m)

T_d = 보강재의 장기 설계강도(kN)

T_{ult} = 보강재의 극한인장강도(kN)

F_s = 여러 가지 불확실성을 고려한 안전율(보통 1.5)

RF_D = **재료의 내구성**을 고려한 감소계수(1.0~2.0)

RF_{ID} = **시공 시 손상**을 고려한 감소계수(1.0~3.0)

RF_{CR} = **재료의 크립 특성**을 고려한 감소계수(PET 2.0~2.5, PP 4.0~5.0, PE 2.5~5.0)

S_h = 보강재의 수평방향 간격

해설 15.5-1

구분	비신장형 보강재	신장형 보강재
강성 구분	**보강재의 극한 인장강도에서의 변형률**이 **흙의 변형률**보다 작은 경우를 비신장형 보강재라 하고 이보다 더 큰 경우를 신장형 보강재라 함.	
종류	• 철제 띠형보강재 (아연도강판, 알루미늄합금 스테인레스강)	• 섬유 띠형보강재 • 일체형 지오그리드 • 직조형 지오그리드
특징	• 옹벽 높이 30m 이내 • 전면판과 보강재를 볼트와 너트로 고정 • creep 발생하지 않음 • 인장강도 유리 • 내구성 떨어짐(부식) • 신장률 적음	• 옹벽 높이 15m 이내 • 보강재를 전면판 위에 올려놓음 • creep 발생 • 인장강도 불리 • 내구성 우수 • 신장률 큼 • 자외선에 약함
장기 설계 허용 강도	$T_d = (0.48 \sim 0.55)\sigma_y \cdot A_c \times \frac{1}{S_h}$ 여기서, σ_y : 보강재의 항복응력 A_c : 보강재의 유효단면적 ($A_c = b \cdot t_e$)	$T_a = \frac{T_d}{F_s} \times \frac{1}{S_h}$, $T_d = \frac{T_{ult}}{RF_D \cdot RF_{ID} \cdot RF_{CR}}$ 여기서, T_{ult} : 보강재의 극한강도 RF_D : 내구성 감소계수 RF_{ID} : 시공성 감소계수 RF_{CR} : 크리프 감소계수

표 15.5-1 보강재의 재질에 따른 구분

15.5 보강토옹벽의 보강재(2)

② 상기 항목별 감소계수는 보강재의 재질 및 특성에 따라 다르며 재료별로 특성시험을 거쳐 결정한다. 또한 구조물의 형상과 뒤채움재의 특성, 보강재의 특성, 외부작용하중등의 불확실성 및 구조물의 중요도를 고려한 **안전율(F_s)를 사용**하여, **토목섬유보강재의 장기설계인장강도**를 사용하도록 한다. 이때 안전율(F_s)은 통상 1.5를 적용한다.

$$T_a = \frac{T_d}{F_s} \cdot \frac{1}{S_h} \qquad \text{식 15.5-1}$$

$$T_d = \frac{T_{ult}}{RF_D \cdot RF_{ID} \cdot RF_{CR}} \qquad \text{식 15.5-2}$$

③ 식 15.4-1 및 식 15.5-1 에서 구한 **허용인장강도**는 보강토옹벽 단위폭당 값이다(kN/m 당). 단위폭당 값으로 계산하는 것이 실제 설계 시에 편리하다.

3 보강재의 내구성에 영향을 미치는 요소 → 식 15.4-1 + 식 15.5-2 로부터 찾아라

■ 금속보강재

① 금속보강재에서 가장 문제가 되는 것은 **부식**이며 부식의 원인은 물과 뒷채움재의 화학적 성분등 이다. 따라서 필수적으로 **용융아연도금**을 실시하여야 하며, 일반적으로 내구연한을 고려한 **부식두께** 2mm를 추가하여 제작된다.

② **보강재의 최소길이는 2.4m로 한다.**

■ 토목섬유보강재

① 토목섬유보강재는 금속보강재보다 내구성이 훨씬 강한 보강재이긴 하지만 자외선에 약하고 또 장시간 하중을 받으면 **크리프(creep)현상으로 인해 강도가 저하**된다. 일반적으로 토목섬유보강재에 영향을 미치는 요소로는 균에 대한 저항, 화학성분에 대한 저항, 자외선에 대한 저항, 기계적 마모에 대한 저항(토공 다짐시 손상), 크리프(creep), 강도 등을 들 수 있다.

② 부식에 따른 내구성이 금속보강재의 문제점으로 지적되고 있어 최근에는 내구성이 우수한 고인장성의 섬유가 출현됨에 따라 토목섬유보강재가 더욱 실용화되는 추세이다. **토목섬유보강재는 부식에 따른 내구성면에서는 금속보강재보다 우수하나 신장률이 금속보강재보다 상대적으로 크기 때문에 시공 중 또는 시공 후에 금속보강재보다 상대적으로 큰 변형이 발생할 수 있으므로 주의**해야 한다.

③ 그러나 영구구조물이 아닌 단기 가설구조물이나 뒷채움 지표면에 과대한 상재하중이 재하되지 않기 때문에 역학적인 저항성이 크게 강조되지 않는 단기구조물에서는 경제성 및 시공성의 이점때문에 **지오텍스타일**(geotextile)을 사용하기도 한다.

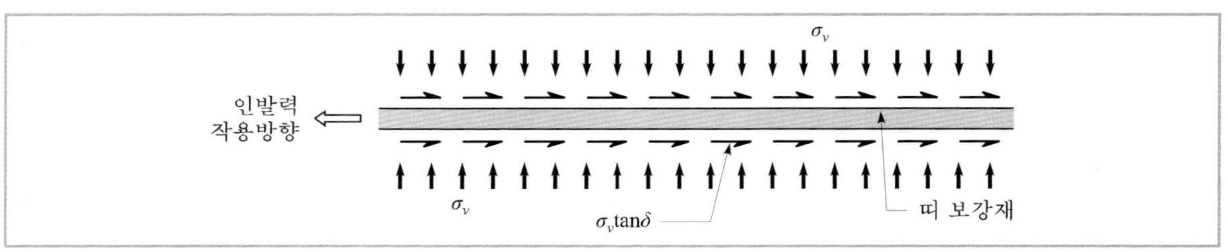

그림 15.6-1 띠 보강재의 인발저항

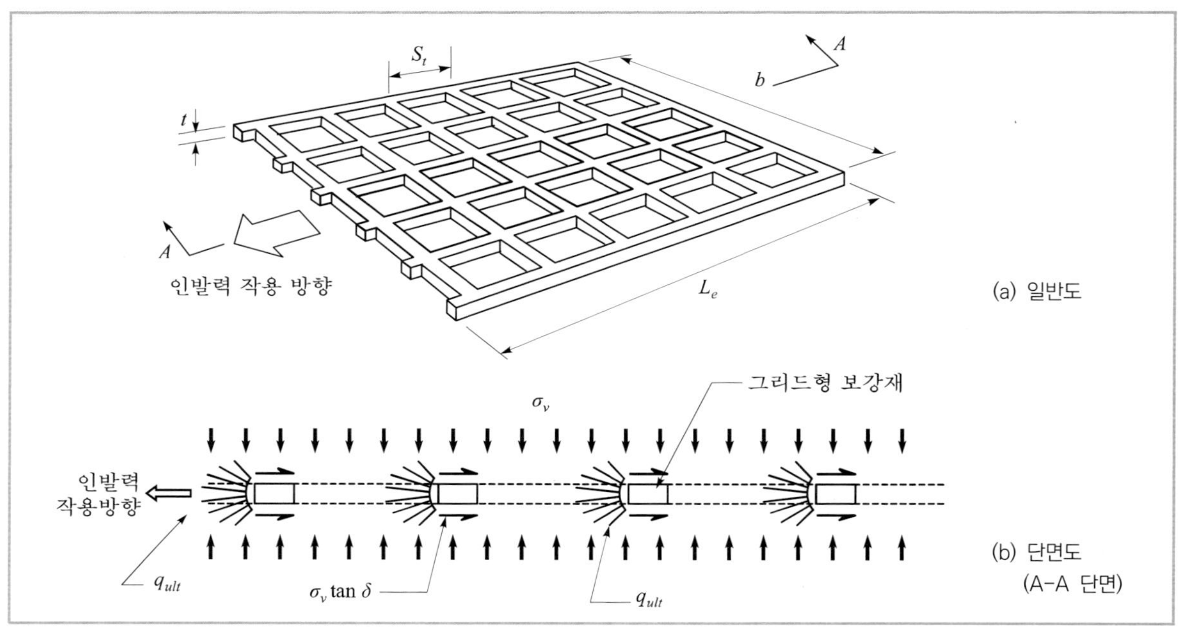

그림 15.6-2 그리드형 보강재의 인발저항

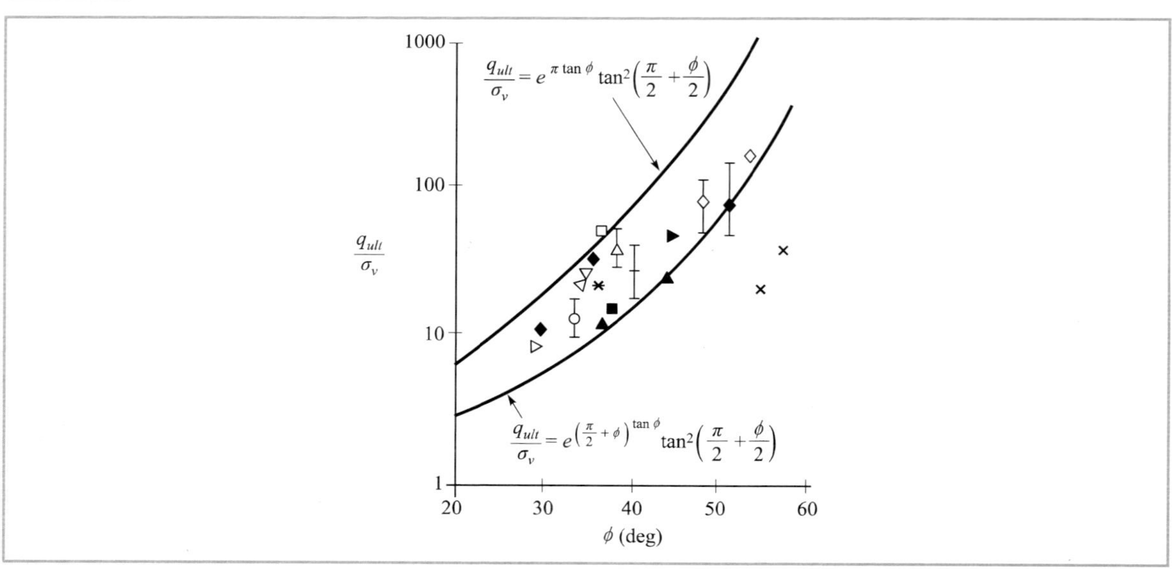

그림 15.6-3 그리드형 보강재의 지지력 저항

15.6 보강토옹벽에서 보강재의 극한인발저항력(1)

보강토옹벽이 자립할 수 있는 두 번째 요소는 뒤채움 흙에 삽입된 **보강재와 뒤채움 흙 사이의 인발저항력**이다.

1 띠보강재의 극한인발저항력

- 그림 15.6-1 같이 **연직응력 σ_v를 받고 있는 띠보강재의 인발저항력**은 보강재와 흙 사이의 마찰저항으로 발생하며 다음 식으로 구할 수 있다(단, 단위폭당 인발저항력).

$$T_{pull} = 2\,\sigma_v \tan\delta \cdot L_e \cdot b \cdot \frac{1}{S_h} \quad \text{식 15.6-1}$$

여기서, σ_v = 보강재의 작용하는 연직응력

L_e = 보강재의 길이, b = 보강재의 폭

δ = 보강재와 흙 사이의 벽면 마찰각

S_h = 보강재의 수평방향 간격

- 뒤채움 흙의 내부마찰각을 ϕ이라고 하면 **마찰효율**을 다음 식으로 정의할 수 있다.

$$C_{fr} = \frac{\tan\delta}{\tan\phi} \quad \text{식 15.6-2}$$

- 따라서, 식 15.6-1 은 다음과 같이 표현된다.

$$T_{pull} = 2 \cdot \sigma_v \cdot C_{fr} \cdot \tan\phi \cdot L_e \cdot b \cdot \frac{1}{S_h} \quad \text{식 15.6-3}$$

- 흙과 보강재 사이의 **인발마찰계수**를 다음과 같이 정의하면,

$$f^* = \tan\delta = C_{fr}\tan\phi \quad \text{식 15.6-4}$$

여기서, f^* = 인발마찰계수

- 식 15.6-3 은 다음과 같이 표시할 수도 있다.

$$T_{pull} = 2 \cdot \sigma_v \cdot f^* \cdot L_e \cdot b \cdot \frac{1}{S_h} \quad \text{식 15.6-5}$$

2 그리드형 보강재의 극한인발저항력

- 그리드형 보강재의 인발저항력은 띠 보강재와 다르다. 그리드형 보강재의 개요도(특히 섬유 보강재의 경우)가 그림 15.6-2a 에 표시되어 있다. 그림과 같이 인발력을 가하면 **첫 번째 저항요소는 얇은 띠에서의 마찰저항력**으로서 앞의 띠보강재와 같다. 즉, 다음 식으로 표시될 수 있다.

※ 식 15.7-3 에 대한 설명

① 말뚝의 극한지지력을 설명할 때, 비록 축방향 극한지지력은 극한주면마찰저항력과 극한선단지지력을 더하여 구하게 되나, **극한주면마찰저항력은 상대적으로 작은 변위**에도 완전 발휘되지만 **극한선단지지력이 완전히 발휘되기 위해서는 많은 변위**가 있어야 한다고 설명하였다.

② 그리드형 보강재의 인발저항력 또한 같은 원리가 적용된다. T_{fric} **은 작은 변위에서 발휘**되나 $T_{bearing}$ **은 상대적으로 큰 변위에서 완전 발휘**된다.

③ 여기서 주지할 사실은, **보강토옹벽은 어느 정도 변위를 허용하는 구조물**이므로 $T_{bearing}$ 이 완전히 발휘되는 데 큰 문제가 없으며 일반적으로 $T_{bearing}$ 값이 T_{fric} 값보다 월등히 크다. 즉, **그리드의 인발저항력은 지지력 성분에 의하여 대부분 지배된다.**

해설 15.7-1

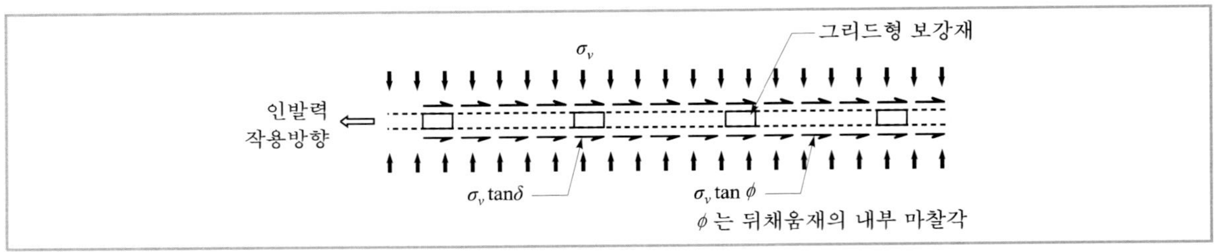

그림 15.7-1 그리드형 보강재의 전단파괴 유형

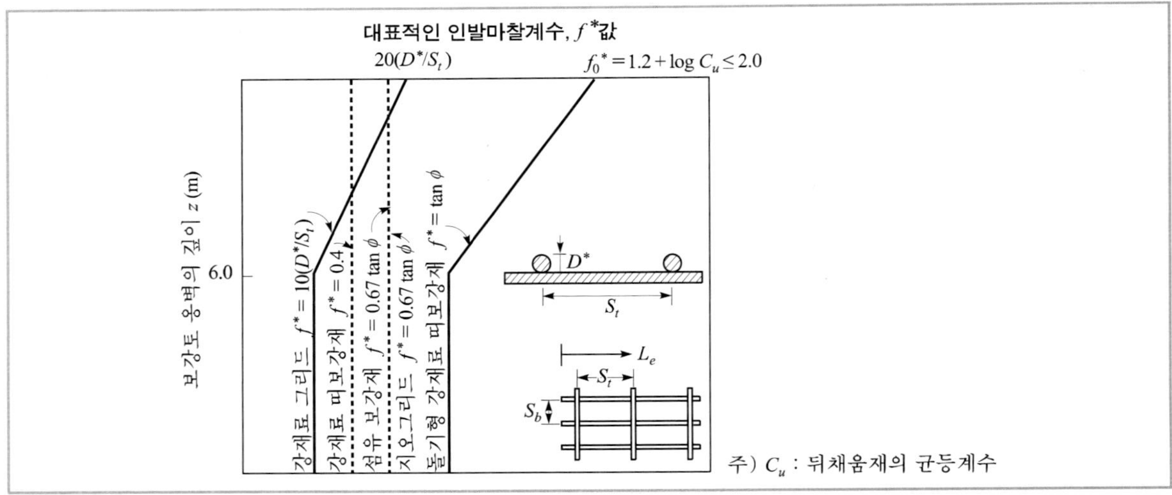

그림 15.7-2 보강재의 종류별 인발마찰계수 f^*값

※ 식 15.7-4 에 대한 설명

한 가지 유의할 사항은 위의 식에서 b는 그리드의 전체 폭이므로 인발저항력은 띠보강재와 비교하여 매우 크다고 할 수 있다. 이는 그림 15.7-1 에서 보여주는 바와 같이 마찰저항파괴 및 지지력 파괴의 조합 그림 15.6-2b 보다는 **완전히 마찰저항파괴로 보는 개념**과도 일맥상통한다.

해설 15.7-2

15.7 보강토옹벽에서 보강재의 극한인발저항력(2)

$$T_{fric} = 2 \cdot \boldsymbol{\alpha_s} \cdot \sigma_v \cdot \tan\delta \cdot \boldsymbol{L_e} \cdot \boldsymbol{b} \cdot \frac{1}{S_h} \qquad \text{식 15.7-1}$$

여기서, α_s = 전체면적 중(즉, 면적=$L_e \cdot b$ 중에서) 보강재의 면적이 차지하는 비율

b = 그리드의 전체 폭

- **두 번째로는 횡방향 띠의 옆면은 인발력이 작용되면 마치 얕은기초의 지지력과 같이 지지력이 발생**할 것이다(그림 15.6-2b). 즉, 폭이 t 인 줄기초의 극한지지력 비슷한 지지력이 발생할 것이다(그리드를 90° 회전시키고 인발력을 아래 방향으로 주는 경우로 생각하라). 이때의 극한지지력을 q_{ult} 라고 하자(얕은기초의 지지력으로 생각하면 된다). 뒤채움흙의 내부마찰각에 따른 극한지지력 비, q_{ult}/σ_v 가 그림 15.6-3에 표시되어 있다. **지지력 저항에 의한 인발저항력**은 다음 식으로 구할 수 있다.

$$T_{bearing} = \frac{L_e}{S_t} \cdot \boldsymbol{\alpha_b} \cdot \boldsymbol{b} \cdot \boldsymbol{t} \cdot q_{ult} \cdot \frac{1}{S_h} \qquad \text{식 15.7-2}$$

여기서, α_b = 그리드의 폭 중에서 지지력 저항이 발휘되는 부분의 비율

S_t =그리드의 간격, t =그리드의 두께

- 전체 인발저항력은 앞의 두 요소를 더한 것과 같다. 즉,

$$T_{pull} = T_{fric} + T_{bearing} \qquad \text{식 15.7-3}$$

여기서, T_{fric} = 인발저항력 중에서 표면 마찰저항 성분

$T_{bearing}$ = 인발지항력 중에서 극한지지력에 의한 저항 성분

- 식 15.7-3 은 이론적인 접근으로부터 유도된 식이다. 실제설계 시에는 마찰저항력 요소 T_{fric} 과 극한지지저항력 $T_{bearing}$ 을 구분하여 실무에서 적용하는 것은 쉽지 않다. 따라서 **실무에서는 두 요소를 합하여서 마찰저항 성분으로 나타내어 적용**한다. 즉,

$$\begin{aligned} T_{pull} &= 2 \cdot \sigma_v \cdot \boldsymbol{C_{fr}} \cdot \tan\boldsymbol{\phi} \cdot L_e \cdot b \cdot \frac{1}{S_h} \\ &= 2 \cdot \sigma_v \cdot \boldsymbol{f^*} \cdot L_e \cdot b \cdot \frac{1}{S_h} \end{aligned} \qquad \text{식 15.7-4}$$

여기서, 섬유 보강재로 이루어진 그리드를 선택하는 경우 C_{fr} 값은 0.7~1.0 사이에 분포(설계목적으로는 2/3 사용). 인발마찰계수 f^* 는 실험에 의하여 구함이 원칙이나, 개략적인 대푯값들이 그림 15.7-2 같이 제안한 값이며, 초기설계에 이용할 수 있다.

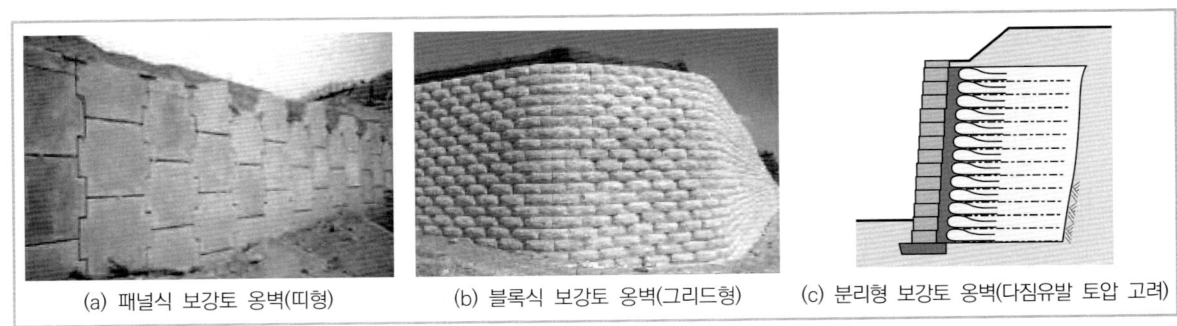

그림 15.8-1 보강토옹벽의 종류

체 번호	입경(mm)	통과율(%)	비고
–	100	100	
No.40	0.425	0~60	
No.200	0.075	0~15	No.200>15% 사용불가(예외규정 적용)
예외 규정 (No.200체 통과율이 15%이상인 경우)	0.015	10% 이하	사용 가능
		10~20	$\phi \geq 25°$ 이고 $PI \leq 6$ 이면 사용가능
		20% 이상	사용 불가

표 15.8-1 보강토옹벽 뒤채움 재료의 입도기준(구조물기초설계기준 해설, 2018)

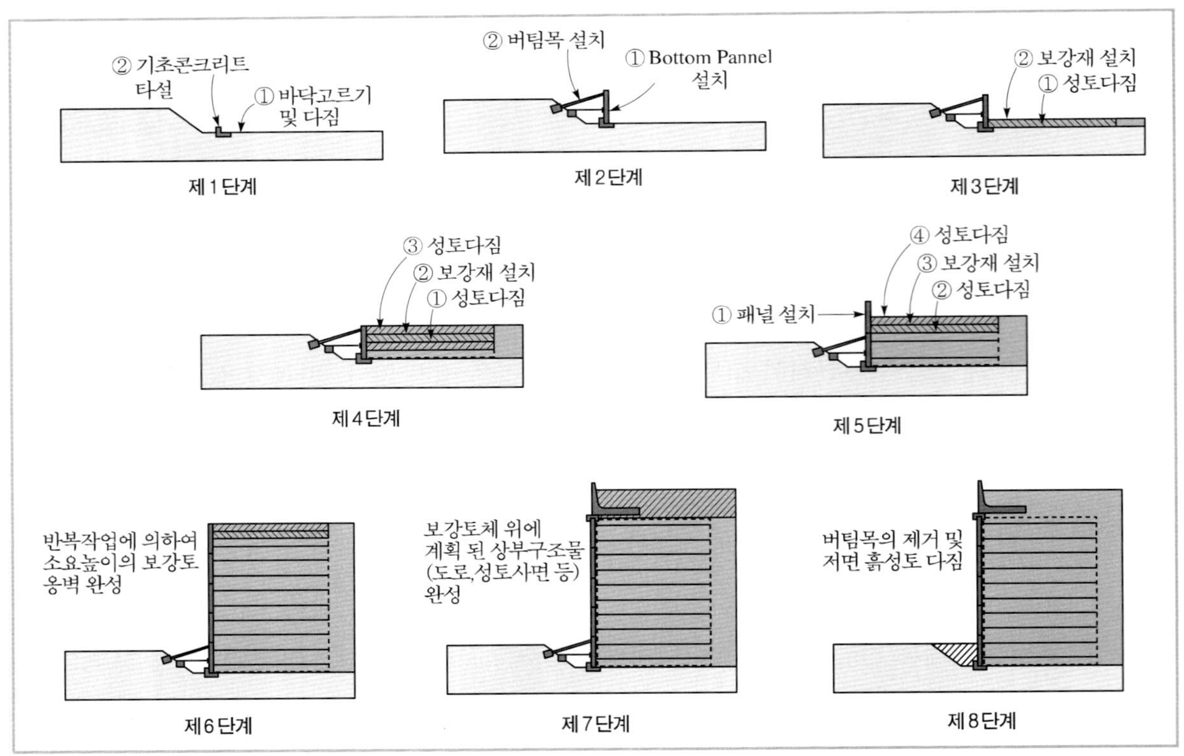

그림 15.8-2 보강토옹벽의 시공순서도

15.8 보강토옹벽에서 전면벽체 및 뒷채움재

[1] 전면벽체

■ 앞에서 설명한 대로 **보강토구조물은 그 자체로서 자립**이 되어야 한다. 다시 말하여 흙 자체의 무게 및 상재하중으로 인한 **수평토압을 보강재가 전부 수용**할 수 있어야 한다(이것을 보강토옹벽의 '**내적 안정성**'이라고 한다). 이점이 수평토압을 콘크리트 구조체가 받아주어야 하는 기존의 옹벽과 다른 점이다. 따라서 전면 벽체는 구조적 기능을 발휘하는 구조체가 아니다. **전면 벽체의 주요역할**은 보강재의 고정 및 국부적인 토체의 이완 방지 또는 벽체로서의 미관 등으로 볼 수 있다.

■ 보강토옹벽은 그 구성요소에 따라서 몇 가지 그룹으로 분류될 수 있는 바, 대표적인 것이 패널식 보강토옹벽과 블록식 보강토옹벽이다. **패널식 브강토옹벽**은 콘크리트 전면판과 주로 띠형 보강재를 사용한다(그림 15.8-1a). **블록식 보강토옹벽**은 전면벽체로서는 몰탈블록을 사용하며 보강재로는 전면포설형(주로 그리드형)을 사용한다(그림 15.8-1b). 세 번째로는 **분리형 보강토옹벽**이다(그림 15.8-1c). 그림과 같이 섬유 보강재를 사용하여 보강토체를(자립형으로) 먼저 형성한 다음 나중에 전면 블록을 설치하는 분리 시공법이다.

■ 기존의 보강토옹벽은 벽체 및 보강재 설치와 함께 뒤채움 작업을 순차적으로 진행함으로써 뒤채움 다짐 시에 발생하는 **다짐유발토압**에 의하여 벽면의 변형이 과도하게 발생할 수 있다(다짐유발토압은 지반공학이해 I 693p 8.21 참조). **분리형 보강토**는 **보강토체와 전면벽체를 분리하여 시공**함으로써 **시공 중에 발생하는 변형을** 전면벽체를 시공하기 전에 **합리적으로 수용**할 수 있는 공법이다. 물론 분리시공이 가능한 것은 보강토체 자체로서 자립이 가능하다는 것에 그 근본 원리가 있다.

[2] 뒷채움 흙

■ 뒤채움 재료로서의 흙은 흙과 보강재 사이에 마찰저항을 극대화할 수 있는 재료이어야 하므로 다음의 요건을 갖추어야 한다.

① 흙과 보강재 사이의 마찰효과가 큰 흙

② 배수성이 양호한 흙

③ 입도분포가 양호한 흙 (표 15.8-1 참조)

④ 보강재의 내구성을 저하시키는 화학성분이 적은 흙

■ 뒤채움은 세립분이 섞인 흙을 사용할 경우 $FI < 6$이어야 하며 표 15.8-1과 같은 기준을 만족하여야 한다. 다만 200번체(0.0075mm) 통과율이 15%이상이더라도 0.015 mm 통과율이 10% 이하이거나 또는 0.015mm 통과율이 10~20%이고 $\phi > 25^\circ$ 이상이면 뒷채움 흙으로 사용이 가능하다. 또한 이 기준을 만족하지 못하는 경우에도 시험시공을 통하여 뒤채움 재료의 적정성을 결정 할 수 있다.

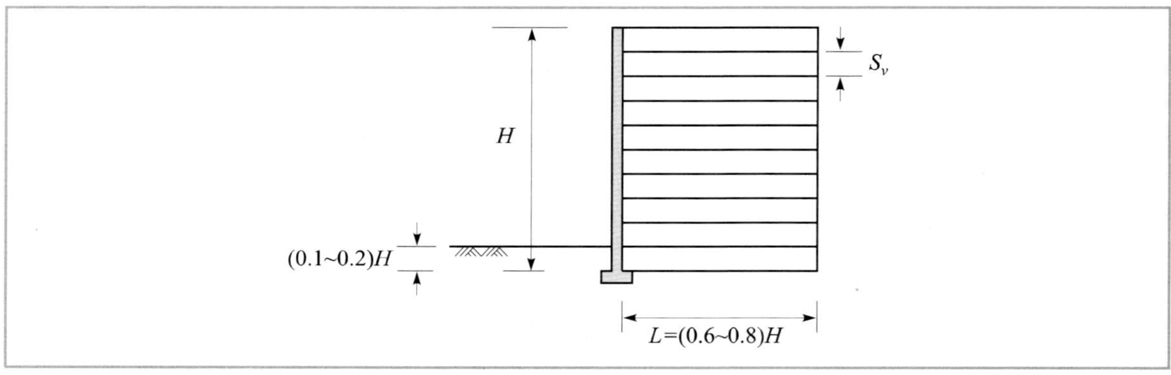

그림 15.9-1 보강토옹벽의 예비단면($H \cdot L \cdot S_v$ 가정)

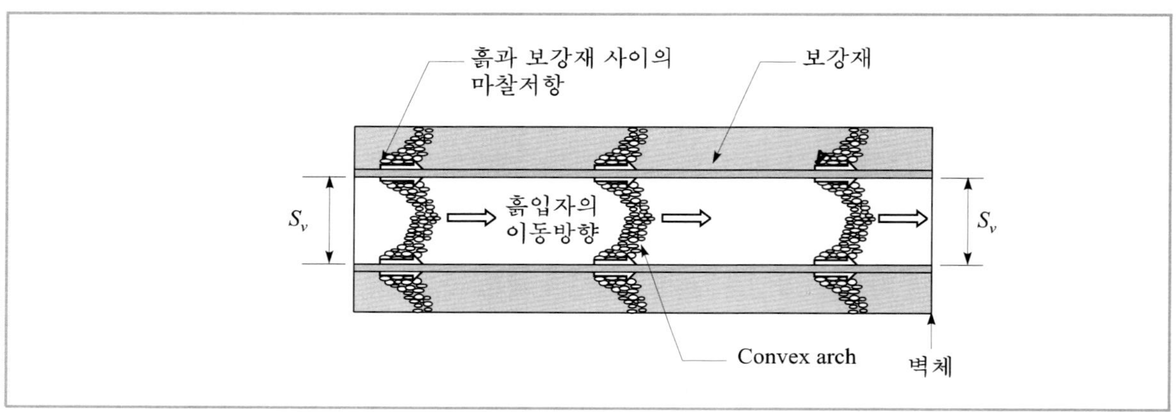

그림 15.9-2 보강재 사이 흙 사이의 convex arch 현상

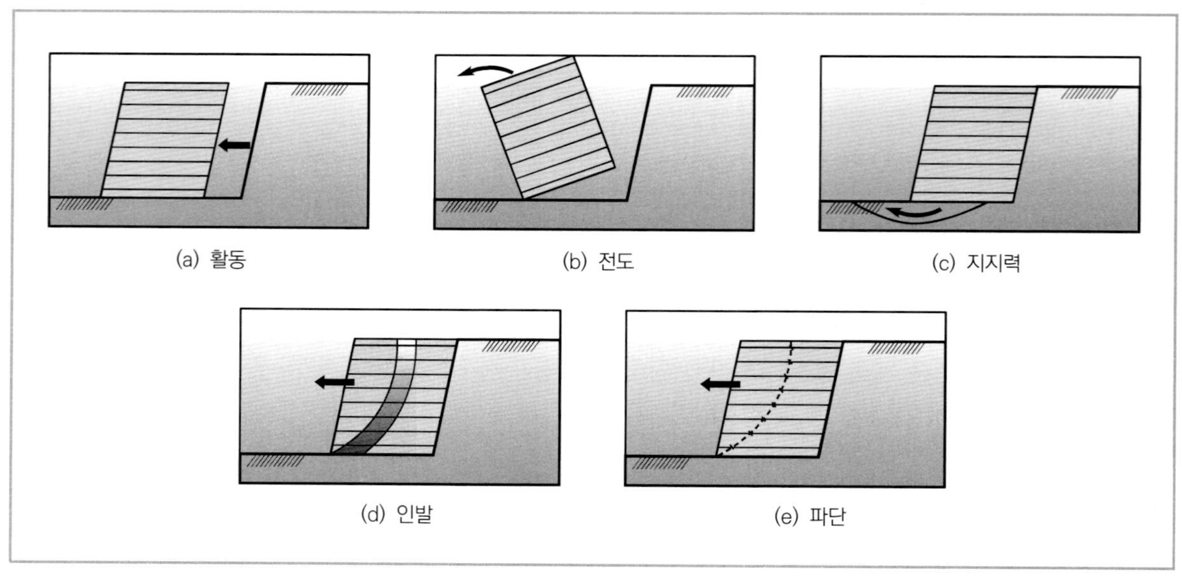

그림 15.9-3 보강토옹벽의 파괴형태

15.9 보강토옹벽 설계의 근간(1)

보강토옹벽 설계도 여타의 토류구조물과 마찬가지로 처음부터 해석에 의존하여 이루어지는 것이 아니라 먼저 현장 현황에 근거하여 전면벽체의 형식과 보강재를 선택하고, **예비설계 단면을 먼저 가정**하게 된다. 예비 단면으로서, 먼저 **옹벽의 높이와 보강토체의 폭을 가정**하여야 한다.

1 예비단면 개요

예비단면

옹벽의 높이를 H 라고 하면, **보강체의 폭**은 보통 $L = 0.6 \sim 0.8H$ 의 길이로 설정한다. 두 번째 로는 **보강재의 간격**이다. 연직방향 간격을 S_v , 수평방향 간격을 S_h 라고 할 때, 보통의 설계 수순은 **연직방향의 간격을 예비 단면에서 먼저 가정**해 주고, **수평방향 간격**은 이어서 설명할 **내적안정**(보강토옹벽 토체가 스스로 자립할 수 있도록)을 **만족하드록 추후에 설정**한다. 예비단면은 그림 15.9-1과 같다.

보강재의 연직방향 간격, S_v

- 앞에서 일관되게 서술한 대로 보강토옹벽은 뒤채움 흙의 토압을 전면벽체로 전달시키지 않도록 보강재의 마찰저항으로 토압을 견디어주는 구조시스템이다. 그러기 위해서는 그림 15.9-2 같이 보강재 사이의 흙이 벽체 쪽으로 움직이려고 할 때, 이 **토압을 보강재 쪽으로 옮겨주어야 하며**, 이렇게 **응력전이가 일어난 토압을 마찰저항으로 견디어야 한다**. 다시 말하여 보강재 사이의 흙은 그 자체로서 'convex arch'로서 평형을 유지해야 한다.
- 보강재의 연직 방향간격 S_v 가 너무 크면 convex arch가 형성되지 않아서 흙이 벽체 쪽으로 이동하여 궁극적으로 벽체에 토압이 작용될 수 있다. convex arch를 형성하기 위해서는 S_v **는 1m를 넘어서는 안 되는 것**으로 알려져 있다. **실무적으로는 0.8m 이하로 설계함이 일반적**이다.

2 보강토옹벽에 대한 안정성 검토 개요

(1) 외적안정성 검토 : 기초지반 침하에 더한 안정검토 및 옹벽과 동일한 방법으로 전도, 활동, 지지력에 대한 안정성 검토 그림 15.9-3a, b, c

(2) 내적안정성 검토 : 그림 15.9-3d, e

① **실용설계법** : 현재 실용화되어 있는 보강토옹벽의 설계법은 **복합중력식법**과 **마찰 쐐기법**이 있으며 이런 구분은 보강재와 흙과의 상대적인 강성에 따른다.

② **선단활동파괴에 대한 안정검토** 그림 15.10-1

(3) 전체 사면활동에 대한 안정검토 그림 15.10-2

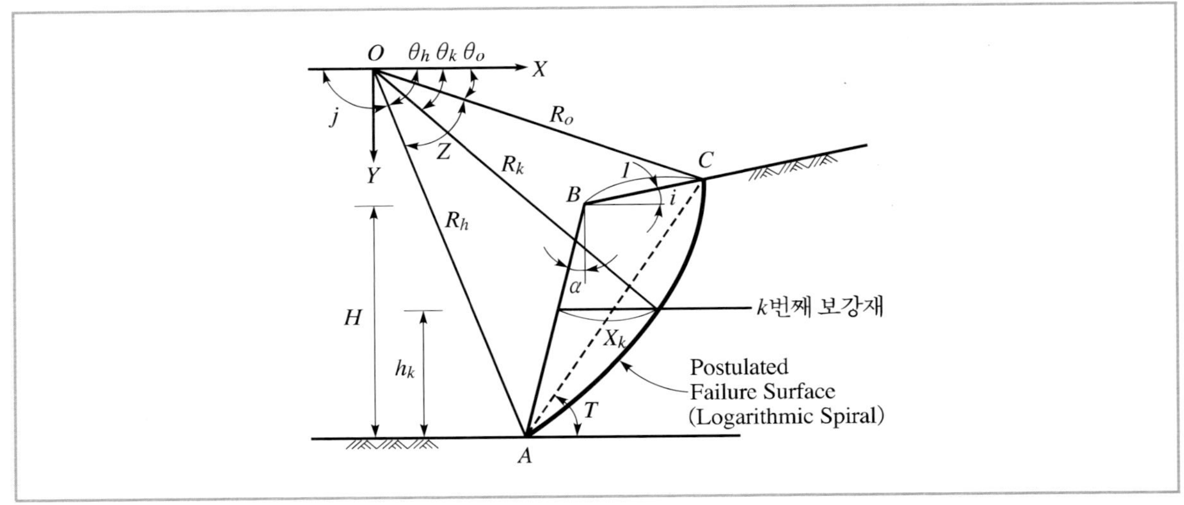

그림 15.10-1 선단활동파괴에 대한 내적안정조건

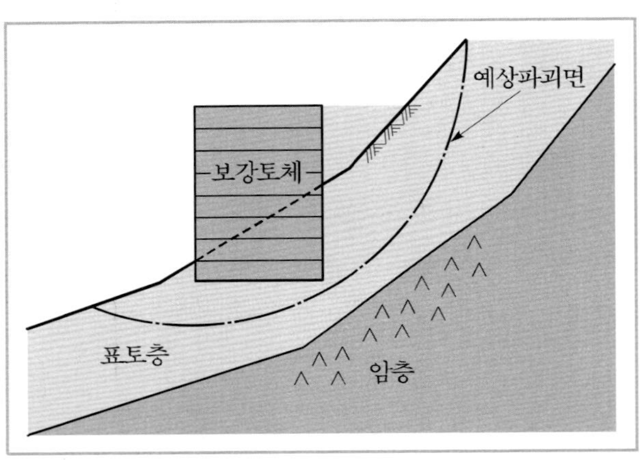

그림 15.10-2 전체 비탈면활동에 대한 안정 검토

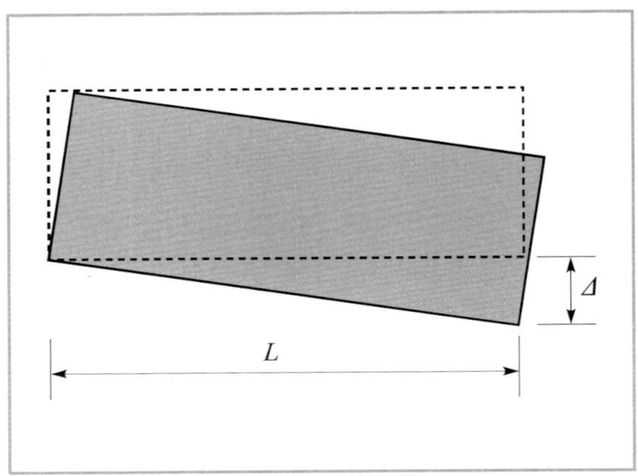

그림 15.10-3 기초지반의 부등침하

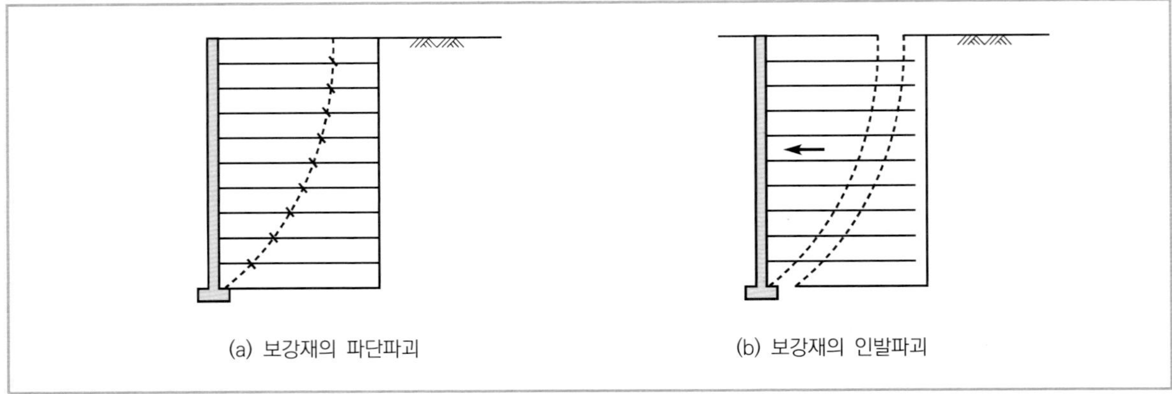

그림 15.10-4 보강토옹벽의 내적파괴 유형

15.10 보강토옹벽 설계의 근간(2)

3 외적안정성 검토

예비단면이 결정되면 우선적으로 수행해야 하는 것이 보강토옹벽에 대한 **외적안정성 검토**이다. 즉, 보강토옹벽은 '**높이×폭 = $H \times L$** '인 **하나의 토체로 보고**(즉, rigid body로 가정) 일반옹벽과 동일방법으로 전도, 활동, 지지력을 검토한다.

그림 15.9-3a, b, c에 **외적 안정성 검토를 하여야 하는 파괴유형**을 보여준다. 일반적으로 보강토옹벽은 그 토체 자체가 자립할 정도로 안정하기 때문에 보강토옹벽 토체 내부를 통과하는 사면활동 파괴는 일어나지 않으며, 토체 저부에 연약대가 존재하지 않는 한 전체 사면활동 파괴 또한 쉽게 발생하지 않는다. 또한 보강토옹벽은 하나의 토체로 보기는 하나 **연성구조물이므로 기초부 원지반에 침하가 발생할 시 잘 순응한다**. 따라서 **허용 침하량도 일반 기초구조물보다 훨씬 크다**.

기초지반 침하에 대한 안정검토

- **보강토 옹벽은 일반 옹벽에 비하여 상대적으로 큰 침하에도 안정성을 유지할 수 있다**. 그러나 침하의 가능성이 큰 지반일 경우는 이에 대한 영향을 검토하여야 한다. 잔류침하량이 허용침하량 이상일 때는 사용목적 및 설치지반에 적합한 대책공법을 병용해야 한다 (**전체침하를 10~20cm 이하가 되도록 해야 함**).
- 그림 15.10-3 같이 기초지반의 부등침하가 예상되는 경우, 이 부등침하량이 전면벽체의 안정에 영향을 끼치는가에 대해 검토해야 한다(**부등침하에 의한 연직면의 기울기는 1/100 이하로 함, 블록식의 경우 1/200**).

일반옹벽과 동일한 방법으로 지지력, 활동, 전도에 대한 안정검토

4 내적안정성 검토

예비 단면으로 가정한 보강토옹벽이 외적안정성에 문제가 없으면 다음단계로 **내적안정성을 검토**한다. 이는 **보강토체가 자립하는 데 필요한 보강재의 상세설계**로 보면 된다. 내적파괴는 그림 15.10-4에서 보여주는 것과 같이 보강재에 작용되는 인장력에 의하여 **보강재가 파단되어서도 안 되며**(그림 15.10-4a), **인발파괴가 일어나서도 안 된다**(그림 15.10-4b).

현재 실용되고 있는 **보강토옹벽 설계법(내적안정성 검토)**은 **복합중력식법**과 **마찰쐐기법**으로 **가상파괴면을 직선으로 가정**하고 한계평형해석에 근거하여 보강토체의 내적안정성을 검토하였으나, 최근에는 그림 15.10-1 같이 **가상파괴면을 대수나선 형태의 연속함수로 가정**하여 모멘트 평형조건을 토대로 한 토목섬유 보강토 벽체의 **선단파괴면에 대한 안정해석법**이 제시되었다.

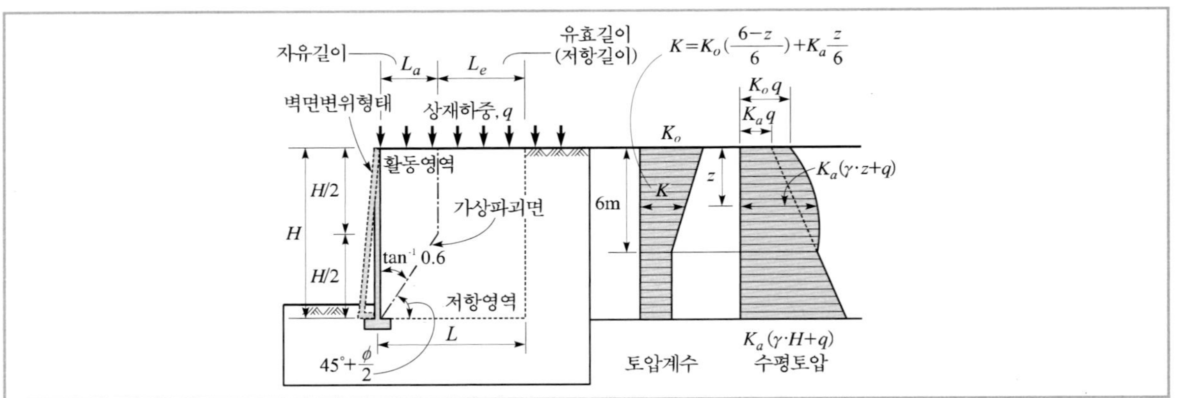

그림 15.11-1 보강토옹벽에 작용하는 토압-복합중력식 방법

※ 그림 15.11-1에 대한 설명

보강재로서 신장성이 적은(보통 보강재의 축방향 변형률이 1% 미만) 재료를 사용하는 경우는 보강토옹벽 상부에서의 변위가 크지 않아서 그림 15.11-1에서 보여 주는 바와 같이 벽체의 변형이 상부를 힌지로 하부로 갈수록 커진다고 가정한다. **최상부에는 정지토압이 z = 6m지점부터 그 아래로는 주동토압이 작용**되는 것으로 가정하고 파괴면도 그림과 같이 가정한다. **강재 보강재는 비신장성**이므로 이 경우의 파괴면과 토압은 그림 15.11-1를 이용한다. **띠형 섬유 보강재인 경우도**, 상부에서의 변형이 비교적 적음으로 이 경우로 설계하는 것이 좋다.

해설 15.11-1

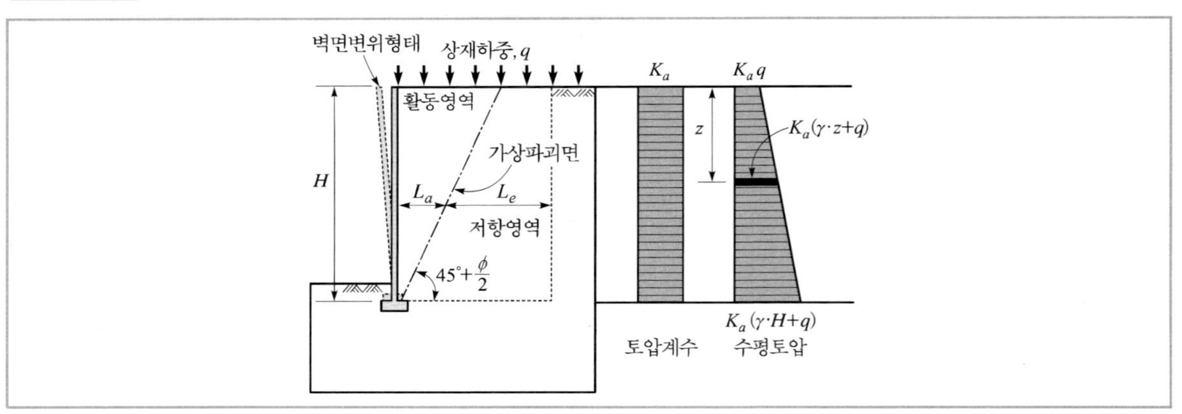

그림 15.11-2 보강토옹벽에 작용하는 토압-마찰쐐기법(타이백 웨지법)

※ 그림 15.11-2에 대한 설명

비교적 신장성이 큰(축방향 변형률 1% 이상) 재료를 사용하는 경우는 옹벽의 경우와 같이 벽체의 변형이 하부를 힌지로 상부로 갈수록 커진다고 가정한다. 이 경우는 파괴면이 당연히 역 삼각형 분포를 이루고, **토압은 Rankine의 주동토압을 이용하면 된다. 보강재로서 섬유재를 사용하는 경우(그리드형 또는 전면형)** 이 방법으로 설계한다.

해설 15.11-2

15.11 보강토옹벽 설계의 근간(3)

보강토옹벽의 자립

- 외적안정성 검토한 후 다음으로 검토해야 하는 옹벽의 안정성은 보강토옹벽 토체 자체가 자립해야 한다는 것이다. 그림 15.9-1의 보강재가 없다면 자체 무게에 의하여 벽체 전면으로 토압이 작용되려고 한다. **이 토압이 전면으로 가지 못하도록 보강재를 설치하여 보강재가 토압을 100% 다 받아주어야 한다.**

- 즉, 여러 개의 층으로 포설된 **각 보강재가 받는 인장력을 구해야 한다**(보통 이 인장력은 옹벽 단위 폭당의 힘으로 구한다 kN/m). 보강재에 작용되는 인장력으로 인하여 **보강재가 파단** 될 수도 있으며 (그림 15.10-4a), **보강재가 뽑힐 수(인발파괴가 발생할 수)도** 있다(그림 15.10-4b).

- **보강재의 인장강도와 극한인발저항력을 구하는 방법**은 이미 15.6~15.7절에서 상세 히 설명하였다. 지금부터는 먼저 **보강토옹벽에 작용될 수 있는 토압으로 인하여 보강재에 작용되는 인장력**(T_{max})을 구할 것이다.

보강토옹벽 내에서의 파괴 단면과 토압 분포

- 보강토옹벽은 뒤채움재로 층마다 다져서 성토한다. 앞에서 서술한 대로 뒤채움재는 초기에는 다짐유발토압이 발생한다. 이후에 수평방향으로 변위가 어느 정도 발생하면, 특히 **상부의 변형이 큰 경우** 주동토압이 발생하며, 파괴면은 '$45° + \frac{\phi}{2}$'의 각도로 볼 수 있다(그림 15.11-2). 그러나 **변형이 상대적으로 적다면** 오히려 정지토압만큼 커질 수도 있다(그림 15.11-1).
- 따라서 **내적안정성을 검토하려면 먼저 토체의 가상파괴면과 보강재에 작용하는 수평응력(인장력)을 얻기 위한 토압계수를 가정**하여야 한다. **실제로** 보강토체 내부의 파괴면은 토체로 부터 분리되어 나가려는 주동영역과 그 힘에 저항하려는 수동영역으로 나누며 그 경계면은 **대수나선형태를 보인다.**

- 그러나 현재 실용설계법에서 사용되고 있는 보강토옹벽설계용 파괴단면과 토압은 그림 15.11-1과 그림 15.11-2와 같이 계산의 편리를 위해 **가상파괴면을 한 개 또는 두 개의 직선으로 가정**하여 내적안정성을 검토를 한다. 즉, **복합중력식 방법** 및 **마찰쐐기법(타이백 웨지법)** 2가지로 나누어 구해진다. **이러한 구분은 보강재와 흙과의 상대적인 강성에 따른 것**이다.

- 과거에는 위에서 설명된 바와 같이 계산의 단순화를 위하여 **가상파괴면을 직선으로 가정**하고(복합중력식 방법 또는 마찰쐐기법(타이백 웨지법)을 의미) 한계평형해석에 근거하여 보강토체의 내적안정성을 검토하였으나, 최근에는 그림 15.10-1같은 **가상파괴면을 대수나선 형태의 연속함수로 가정**하여 모멘트 평형조건을 토대로 한 토목섬유 보강토 벽체의 **선단파괴면에 대한 안정해석법**이 제시되고 있다.

※ 식 15.12-1 에 대한 설명

① **비신장성 보강재를 사용하는 경우** 그림 15.11-1

$$K = \begin{cases} K_o - (K_o - K_a)\dfrac{z}{6} & , z \leq 6m \\ K_a & , z > 6m \end{cases}$$ 식 15.12-2

② **신장성 보강재를 사용하는 경우** 그림 15.11-2

$$K = K_a$$ 식 15.12-3

또한, T_{max} = 보강재에 작용되는 단위폭당 인장력(kN/m)

σ_v = 보강재 위에 작용하는 연직응력(kN/m^2)

S_v = 보강재의 연직간격 (m)

S_h = 보강재의 수평간격($S_h = 1m$ 로 사용)

K_o = 정지토압계수 $\approx 1 - \sin\phi$

K_a = 주동토압계수 $\approx \tan^2(45° - \frac{\phi}{2})$

해설 15.12-1

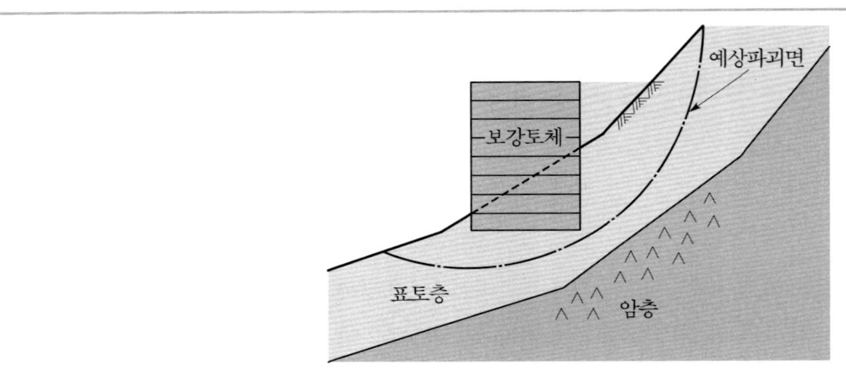

그림 15.12-1 전체 비탈면활동에 대한 안정 검토

※ 그림 15.12-1 에 대한 설명

① 풍화도가 깊은 경사면에 보강토 토류벽을 설치하면 사면의 예상파괴면이 보강토체 밖에서 나타날 수 있으므로 **보강토체를 포함한 전체성토 사면에 대한 안정성 검토**해야 한다.

② 보강토체를 포함한 성토 전체의 사면활동 파괴에 대한 검토는 **원호활동법으로 해석**된다. 이 경우 보강재가 배치되는 범위는 보강재에 의하여 보강효과가 기대될 수 있기 때문에 가상활동면은 보강범위를 벗어나는 것으로 간주한다.

③ 일반적으로 사면 안정해석 프로그램과 연계하여 최종적으로 안정성을 검토한다면 쉽게 해결할 수 있다(수정Bishop법, Janbu의간편법, Spencer법등).

해설 15.12-2

15.12 보강토옹벽 설계의 근간(4)

보강재의 안정성 검토

■ 보강재에 작용되는 인장력

그림 15.11-1 및 그림 15.11-2와 같이 **보강토 내에서 작용되는 토압분포와 파괴단면이 정해지면, 각 층 보강재에 작용되는 인장력**은 다음 식으로 구한다. 단, $S_h = 1m$ 로 가정하고 계산한다.

$$T_{\max} = K \cdot \sigma_v \cdot S_v \cdot S_h \quad \text{식 15.12-1}$$

여기서, K는 토압계수로서

■ 보강재의 파단파괴에 대한 안정성

① **보강재의 단위폭당 허용인장강도**는 603p 식 15.4-1 의 (강재 보강재의 경우)와 605p 식 15.5-1 및 식 15.5-2 의 (섬유 보강재의 경우)에 이미 제시하였다.

② 식 15.12-1 **로 구한 인장력이 허용인장강도보다 작아야 파단에 안전**하다. 즉, 파단파괴에 대한 안정성 검토는 식 15.12-4 를 만족하도록 해야 한다.

$$T_{\max} \leq T_a \quad \text{식 15.12-4}$$

■ 보강재의 인발파괴에 대한 안정성

① 그림 15.11-1 및 그림 15.11-2에서 보강재가 **주동파괴 영역 밖에 있는 길이 L_e 만이 인발력에 대하여 저항**할 수 있다.

② **보강재의 단위폭당 인발저항력**은 607p 식 15.6-5 의 (띠보강재의 경우)과 609p 식 15.7-4 의 (그리드형 보강재의 경우)에 이미 제시하였으며 이 수식을 사용하기 위한 인발마찰계수, f^*는 그림 15.7-2 를 참조하면 될 것이다.

③ 인발파괴를 방지하기 위해서는 식 15.12-5 를 만족하여야 한다.

$$T_{\max} \leq \frac{T_{pull}}{F_{s(pull)}} \quad \text{식 15.12-5}$$

5 전체사면 활동에 대한 안정성 검토 (해설 15.12-2 참조)

보강토옹벽을 포함한 지반전체의 사면활동 파괴에 대한 검토를 일반옹벽의 경우와 마찬가지로 수행될 수 있다. 이 경우 보강재가 설치된 범위는 보강재에 의하여 보강효과가 기대될 수 있기 때문에 가상 활동면은 보강범위를 벗어난 것으로 간주한다.

개념정리 ② 구조물기초설계기준 해설(2018)에서의 보강토옹벽의 내적안정성검토 내용정리 (1)

보강 토체의 **내적안정성 검토**는 **파단파괴와 인발파괴**에 대하여 검토한다. 토체 내부 비탈면 파괴에 대한 안정은 **내부의 예상 파괴면**에 대하여 검토한다.

1 **내적안정에 대한 검토 시 파괴면**은 토체로부터 분리되어 나가려는 영역과 그 힘에 저항하려는 수동영역으로 나누어 고려한다.
① 가상파괴면을 한 개 또는 두 개의 직선으로 가정하는 방법 ?
② 가상파괴면을 대수나선 형태의 연속함수로 가정하는 방법 ?

2 상재하중 고려시 상재 성토면이 비탈면을 형성하고 있을 때에는 환산 등분포 하중법이나 가상벽고에 의한 방법을 적용할 수 있다.

3 보강토체 내부의 수평토압은 주동토압계수를 적용한다. 단, 신장성이 작은 보강재(예 강철띠형 및 섬유띠형)의 경우에는 벽체의 상단에서 $6m$까지 정지토압계수에서 주동토압계수로 직선적으로 변화시키고, $6m$ 이상의 깊이에서는 일정한 주동토압계수를 적용한다.
수평토압은 **복합중력식 방법** (그림 15.11-1)과 **마찰쐐기법(타이백 웨지법)** (그림 15.11-2) 2가지로 나누어 구해진다. 이러한 구분은 보강재와 흙과의 상대적인 강성에 따른 것임

4 **파단파괴에 대한 안정성 확보**를 위해 보강재의 허용 인장강도는 **해당 보강재가 받아야 할 수평토압**보다 커야 한다. 각 **보강재의 허용 인장강도**는 재료에 따라 합리적이고 적절한 안전율을 적용하여 구한다.
① $T_{\max} \leq T_a$ 식 15.12-4
② $T_a = (0.48 \sim 0.55) \times \dfrac{\sigma_y A_c}{S_h}$, $T_a = \dfrac{T_d}{F_s} \cdot \dfrac{1}{S_h}$ 식 15.4-1, 식 15.5-1

구분	검토항목	평상시	지진시	비고
외적안정	활동	1.5	1.1	
	전도	2.0	1.5	
	지지력	2.5	2.0	
	전체 안정성	1.5	1.1	
내적안정	인발파괴	1.5	1.1	
	보강재 파단	1.0	1.0	

• 전도에 대한 안정은 수직합력의 편심거리 e에 대한 다음 식으로도 평가할 수 있다.
평상시, $e \leq L/6$: 기초지반이 흙인 경우, $e \leq L/4$: 기초지반이 암반인 경우
평상시, $e \leq L/4$: 기초지반이 흙인 경우, $e \leq L/3$: 기초지반이 암반인 경우
• 보강재 파단에 대한 안전율은 보강재의 장기설계인장강도를 적용하므로 1.0으로 한다.

주1) 침하에 대한 지반공학적 분석결과, 무제가 없는 경우 지반지지력 안전율은 2.0을 사용할 수 있다.

표 개념②-1 보강토옹벽 설계안전율

개념정리 ③ 구조물기초설계기준 해설(2018)에서의 보강토옹벽의 내적안정성검토 내용정리 (2)

5 **인발파괴에 대한 안정성 확보**를 위해 보강재와 흙의 결속 허용 저항력의 크기는 **해당 보강재가 받아야 할 수평토압**보다 커야 한다. **보강재와 흙의 결속 허용 저항력**은 재료에 따라 합리적이고 적정한 안전율을 적용하여 구한다.

① $T_{\max} \le \dfrac{T_{pull}}{F_{s(pull)}}$ 식 15.12-5

② $T_{pull} = 2 \cdot \sigma_v \cdot f^* \cdot L_e \cdot b \cdot \dfrac{1}{S_h}$ (띠보강재) 식 15.6-5

③ $T_{pull} = 2 \cdot \sigma_v \cdot C_{fr} \cdot \tan\phi \cdot L_e \cdot b \cdot \dfrac{1}{S_h} = 2 \cdot \sigma_v \cdot f^* \cdot L_e \cdot b \cdot \dfrac{1}{S_h}$ (그리드형 보강재) 식 15.7-4

6 하중계수를 적용하여 설계할 경우에는 해당 설계기준에서 제시하는 저항계수를 적용한다.

① **한계상태설계법**($LRFD$)에 의한 보강토옹벽 설계 : 유럽의 여러나라와 미국의 한계상태설계법을 적용하여 구조물을 설계하고 있으며 이는 기존의 허용응력설계법의 단점을 보완하여 모든 구성재료의 특성을 고려하여 가장 경제적인 구조물을 설계할 수 있는 방법이다.

$\phi\, Q_n \ge \gamma_i\, L_i$

② **강도감소계수**(ϕ) : 보강토 옹벽의 경우에는 보강재의 허용인장력 계산에 감소계수의 항이 들어 있음, 흙은 양질의 사질토를 사용하므로 내브마찰각에 대한 감소계수는 1.0을 사용함

③ **하중계수**(L_i) : 대표적인 예로 프랑스 MOT 지침의 하중계수는 다음과 같다.

하중		하중조합(Ⅰ)	하중조합(Ⅱ)	하중조합(Ⅲ)
사하중	배면토압	1.35	1.35	1.00
	보강토체	1.35	1.00	1.00
	상재하중	1.35	1.00	1.00
상재 활하중		1.60	1.60	1.20

여기서, 하중조합(Ⅰ, Ⅱ) : 보강토 옹벽의 내적 및 외적안정성 검토시 적용
하중조합(Ⅲ) : 보강토 구조물의 침하량 산정시에만 적용

④ **하중계수 적용시 보강토옹벽의 안전율** : 보강재 파단에 대한 안전율에서 보강재의 강도는 극한강도를 기준으로 함

보강재 종류	내적안정		외적안정			전체안정
	보강재 파단	보강재 인발	활동	전도	지지력	
철재보강재	1.5	1.35	1.2	1.5	2.5	1.3
섬유보강재	1.5	1.35	1.2	1.5	2.5	1.3

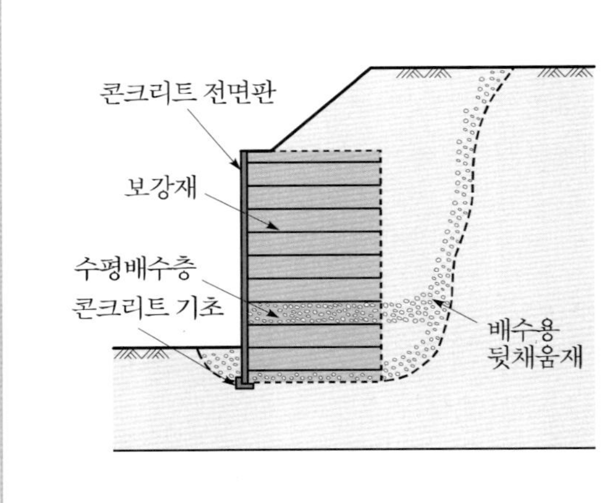

일반배수(평상시)

보강토체에 이용되는 뒤채움재료는 비교적 배수성이 양호하고 전면배수공이 충분한 양질의 토사이나, 다량의 배면 유입수로 **뒤채움 흙이 포화되면 흙의 전단 강도가 급격히 저하하여 불안한 상태가 될 수 있으므로** 배면용출수의 유무, 수량의 과다에 따라 그림과 같은 배수시설을 하여야 한다. 보강토체의 저면 이외에는 지오텍스타일, 지오멤브레인 형의 배수재를 대체하여 시공할 수 있다. 특히 계곡부에 설치되는 보강토 토류벽은 반드시 일반 성토시와 동일하게 적정한 크기의 배수구를 설치하여야 한다.

그림 15.13-1 보강토옹벽의 배수시설

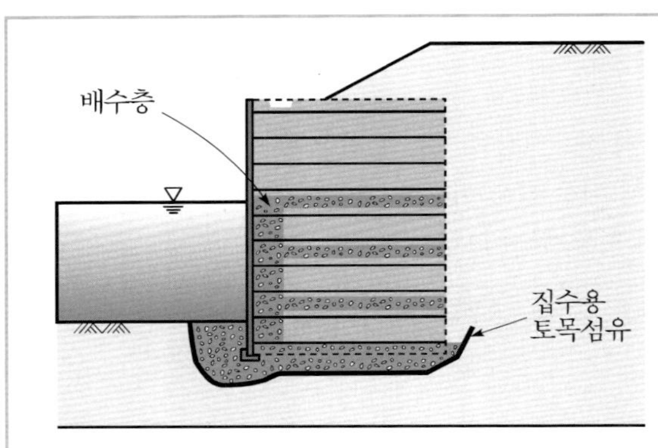

침수대책

보강토체가 수중에 잠기는 경우 그림과 같이 수위의 급격한 변동에도 **보강토 옹벽 내외 수면이 같아지도록 투수성이 양호한 뒤채움재를 이용**하여야 하며, 보강토체 전면판의 이음부에는 투수성이 좋은 필터재를 설치하여 배수를 원활히 하는 반면 토립자가 유실되지 않도록 하여야 한다.

그림 15.13-2 침수지역 보강토옹벽의 배수시설

그림 15.13-3

그림 15.13-4

15.13 보강토옹벽 설계 및 시공시 유의사항(1)

1 뒷채움 재료확보 여부 → 610p 표 15.8-1 참조

- 보강토 공법을 성공적으로 수행하기 위해서는 양질의 뒤채움 흙의 확보가 필수적이다. 만약 가까운 거리에서 보강토 공법에 필요한 뒤채움 재료를 충분히 확보하지 못한다면 경제적인 보강토공법의 계획이 불가능하다. 우리나라는 성토재로서 많이 이용되는 **화강암 풍화토**가 표면적의 **65%를 차지할 만큼 풍부**하지만 앞에서 언급한 바와 같이 일반 **기준에서 요구하는** 75μm**체 통과량** 15% **미만인 화강토는 불과 15%에도 미치지 못함으로 현장유용토의 적용이 쉽지 않다.**

- 다행히 최소기준이 되는 15μm **통과량이 10% 미만인 화강토는 전체의 55% 정도**이며 대부분 내부마찰각 ϕ값이 25°이상이므로 사용이 가능하다. 다만 현장에서 15μm**의 입도시험이 간단치 않다. 그러나 75**μm**체 통과량이 35% 미만인 경우라면 대부분 이 조건**($\phi \geq 25$**이고,** $PI \leq 6$)**을 만족**한다고 알려져 있으므로 기술자의 적절한 판단에 따라 적용여부를 결정하여야 할 것이다.

2 배수문제 → 그림 15.13-1 및 그림 15.13-2 참조

- 보강토옹벽은 보강재와 흙의 상호마찰에 의하여 결속되어 있는 구조체 이므로 **수압의 지나친 상승**으로 인해 **유효응력이 감소**하거나 **배면토압이 증가**하지 않도록 **충분한 배수계획을 수립** 하여야 한다. 보강토 옹벽은 구조특성상 전면체를 구성하는 블록 또는 패널 등의 이음매와 토목섬유의 틈새를 통하여 원활한 배수가 되기 때문에 별도의 배수공을 설치하지 않을 수도 있다.

- 그러나 **침수가능성이 있을 경우**에는 수압의 지나친 상승으로 유효응력이 감소하여 뒤채움 흙의 전단저항 및 보강재와 흙 사이의 마찰저항이 감소할 수 있으므로 이를 방지하기 위해 **배수 및 필터처리**를 하여야 하며, 이때 **옹벽배면에 표면 배수시설** 또한 고려하여 설계한다.

3 곡선부 및 코너부의 문제

- 국내 블록식 보강토옹벽의 **시공 후 발생된 균열 및 부분파괴** 중 상당수가 **코너부에서 발생**되었다. 코너부는 토압의 작용방향이 엇갈리게 되며, **토압의 중첩**이 이루어지는 등 구조물 거동이 복잡하게 되는 위치이며 곡선으로 처리된 구간에서는 옹벽을 따라 **축압축 또는 축인장이 발생**하게 된다. 따라서 이 부분에서 보강재를 추가로 설치하되 보강재가 겹치는 부분이 직접 닿지 않고 흙의 결속력을 통해 응력이 분산되도록 하는 관리가 필요하다.

- 그림 15.13-3은 Inside Curved Corner**에서 발생된 배부름 및 균열 현상**이며, 그림 15.13-4 **코너부가 작은원형**(rounding)**처리된 곳**에서 보강재의 배치사례이다.

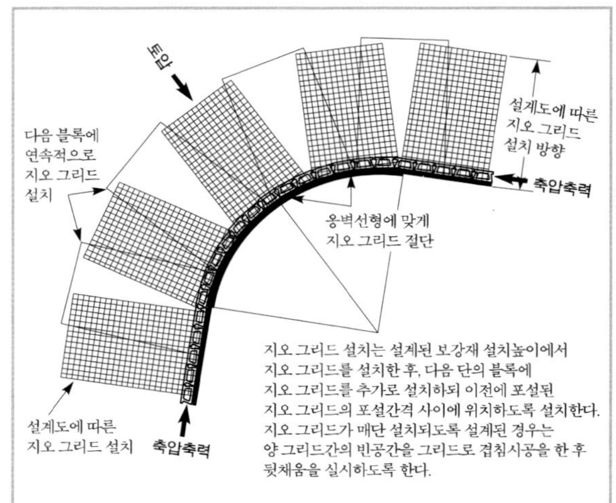

그림 15.14-1 Inside Curved Corner 부분에서의 지오그리드 설치

그림 15.14-2 Outside Curved Corner 부분에서의 지오그리드 설치

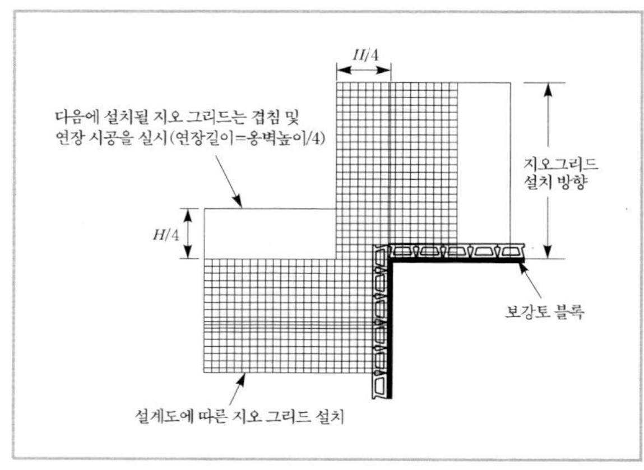

그림 15.14-3 Inside Corners 부분에서의 지오그리드 설치

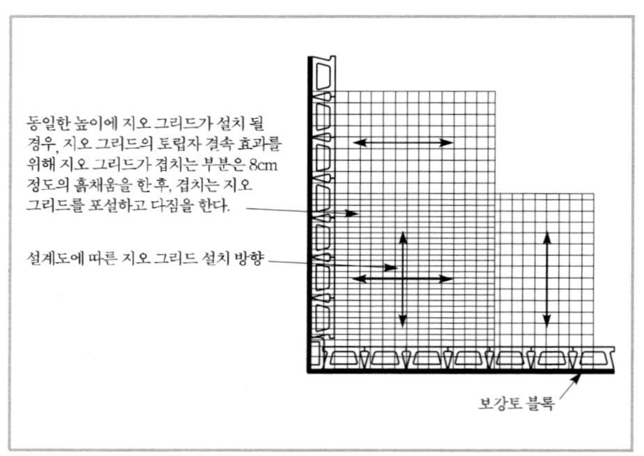

그림 15.14-4 Outside Corners 부분에서의 지오그리드 설치

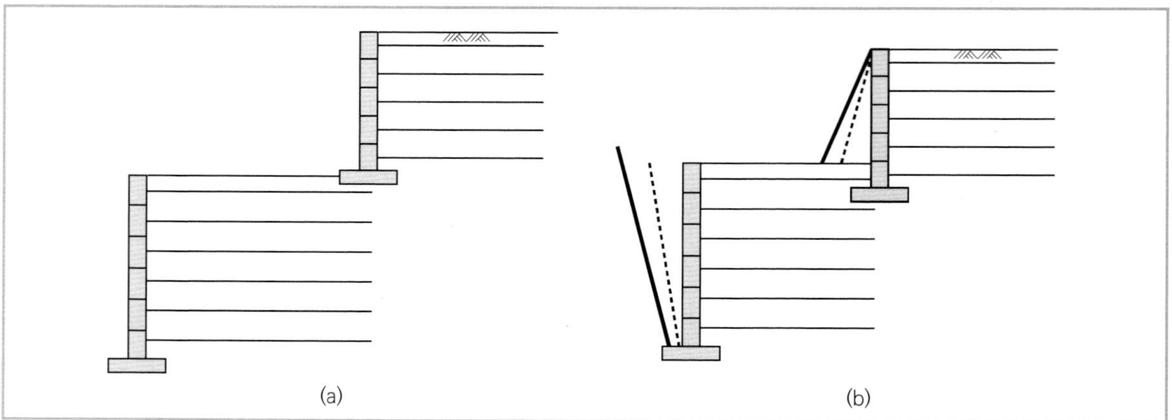

그림 15.14-5 다단식 보강토옹벽의 정의 및 거동특징

15.14 보강토옹벽 설계 및 시공시 유의사항(2)

- 곡선부에서의 보강재 포설 : 오목한 곡선부 보강재 포설시 "▽"형 비보강 부분은 다음 층 포설시 메꾸어 주며, 볼록한 곡선부 포설시 전체적으로 겹치는 부분은 마찰력 저하를 고려해 겹치는 부분을 최소 8.0cm 이상의 뒤채움 흙을 포설하여 보강재의 마찰력이 발현될 수 있도록 한다.

- 코너부분에서의 보강재 포설
  그림 15.14-3 및 그림 15.14-4 같이 90°각진 코너부분은 짝수층 및 홀수층의 주 보강 방향을 교대로 포설한다.

4 뒤채움재의 포설 및 다짐

- 뒤채움재의 포설 및 **다짐시 전면판의 변위에 주의**해야 한다.

※ 다짐작업 및 토공기계를 사용할 때 유의할 사항

① 하단 전면판의 앞쪽은 될 수 있는 한 빨리 매립하고 다짐을 하여 우수 등으로 세굴되지 않도록 처리한다.
② 연결볼트의 하부나 금속스킨의 상부는 포설이 불충분하기가 쉬우므로 필히 확인한다.
③ 다짐기계는 11톤급 이하의 그다지 무겁지 않는 것으로 선정하며 소정의 다짐도를 얻기 위한 작업기준은 사전에 시험성토를 실시하여야 한다.
④ 토공기계 5원칙(다짐 작업시)
- 벽면에서 1.5m 이상 떨어져 주행할 것
- 다짐작업은 전면판 쪽부터 보강토체 방향으로 실시할 것
- 벽면에 평행하게 주행할 것
- 뒤채움재의 포설은 벽면측에서부터 순차적으로 할 것
- 현장 내에서 급정지, 급선회를 피할 것
- 뒤채움 재료가 포설되어 있지 않은 보강재 위를 직접 주행하지 말 것

⑤ 벽면에서 1.5m 이내의 포설은 인력으로 하고 소형 진동롤러나 진동다짐으로 신중하게 다진다.
⑥ 하루의 작업을 마무리 지을 때는 필히 다짐작업을 완료하며, 강우가 예상될 경우 임시배수로를 설치함과 동시에 성토 다짐면에 방수막을 깔아서 뒤채움 흙으로 유수가 침투하는 것을 방지한다.
⑦ 뒤채움재료가 동해로 인한 피해를 받을 우려가 있는 지역에서는 전면판 배면에 동결의 영향을 고려하여 배수(예:잡석)층을 설치하여야 한다.

5 다단식 보강토옹벽 설계

- 다단식 보강토 옹벽이란? 그림 15.14-5a 같이 적당한 이격거리를 두고, 상부,하부에 독립적인 보강토 옹벽을 설치하는 보강토 옹벽임. 거동특징으로는 이격거리가 충분하면 별개 거동을 하지만 그림 15.14-5b 같이 **이격거리가 좁아짐에 따라 하단 옹벽의 변위가 상단옹벽에 영향을 미친다.**

개념정리 ④ 보강토옹벽 연약지반 설치 문제와 대책

운행 중인 철도노선 인근의 **연약지반에** 높이 10m의 **보강토옹벽을 축조**한 후 배면을 토사로 성토하도록 설계되어 있다. **문제점 및 대책**에 대하여 생각해보자

1 보강토옹벽의 안정성 문제

① **사면안정** : 연약지반의 전단강도와 두께에 따라 다르겠으나 성토고가 10m로 비교적 높으므로 사면활동의 가능성이 충분히 큼

② **장기침하** : 연약지반에 10m 성토를 하였다고 가정하면 장기적인 원지반침하가 발생

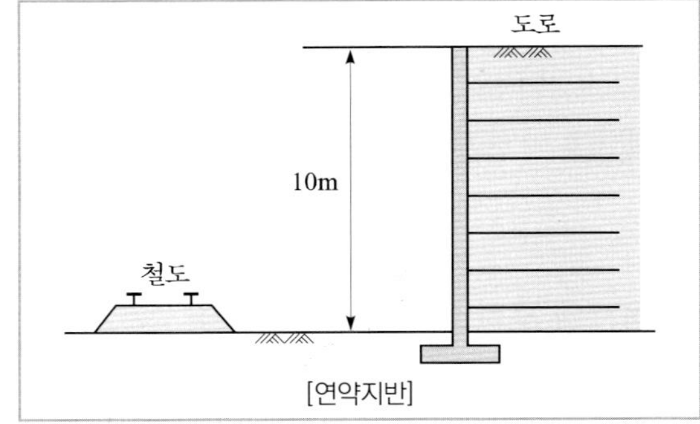

그림 개념 ④-1

2 철도의 안정성 문제

① 사면안정

② **측방유동에 의한 지반 변형** : 보강토 옹벽의 침하가 크면 보강토쪽으로 지반변형이 생기고 침하가 적으면 보강토에서 멀어지는 쪽으로 측방변형이 생기게 되며 측방유동 형태와 크기는 다음과 같음

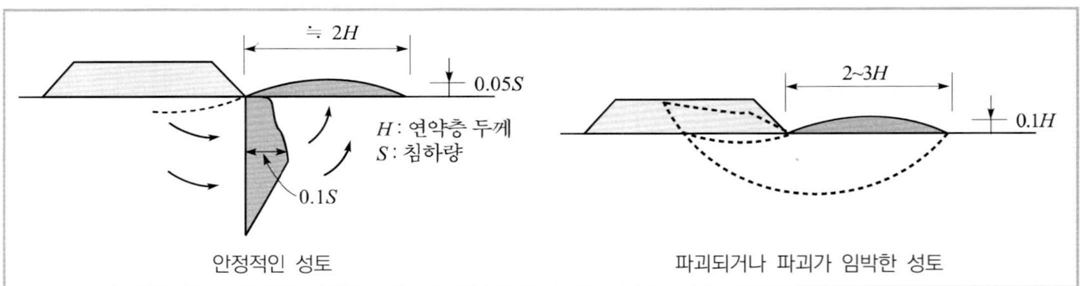

그림 개념 ④-2

3 대책

① **보강토 옹벽**을 지반강도증진과 침하 촉진을 위한 **지반개량 후 시공**하는 방안

② 보강토 옹벽을 **말뚝기초**로 처리하는 방안
항타시 영향거리를 검토하여 Preboring, 현장타설말뚝을 선정하고, **압밀침하에 따른 부마찰력을 고려**해야 함

③ 보강토 옹벽을 경량성토재인 EPS로 변경함

④ **수치해석에 의해 지반변형 양상을 파악**하고 시공시 경사계와 변위 말뚝 등에 의해 지반거동의 동태를 파악함. 변형이 계속 크게 되는 경향이면 Sheet pile, Slurry wall, 심층혼합처리 등으로 측방유동 차단벽의 설치를 검토하며 이 경우 차단벽이 측방유동에 의한 토압을 저항하는 개념이 아님에 유의해야 함

⑤ 사면활동 안전율은 보통 1.3을 적용하나 이 경우는 측방유동 가능성이 크고 S.C.P 등을 사용하는 경우 1.5정도로 상향함이 요망됨

15.15 보강토옹벽 설계 및 시공시 유의사항(3)

■ FHWA(Fedral Highway Association) 에서는 그림 15.15-1 같이 이격거리에 따라 설계기준을 제시하고 있다. 다단식 보강토옹벽은 **하단옹벽의 높이가 상단옹벽의 높이보다 크게 하는 것이 바람직**($H_1 > H_2$)하고, **전체사면활동파괴에 대한 안정성검토가 중요**하다.

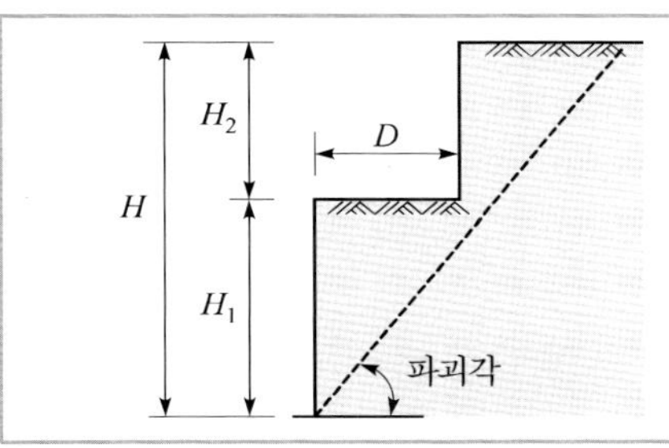

상단옹벽이 파괴각 내에 있고 거리(D)가 $\frac{1}{2}H$보다 큰 조건

① 상단 보강재 길이 : $0.7H_2$ 이상

② 하단 보강재 길이 : $0.6H$ 이상

③ 상단옹벽부 상재하중 영향을 고려하여 외적, 내적 안정검토

④ 파괴각 고려하여 자유길이 산정

그림 15.15-1 이격거리가 적당한 경우

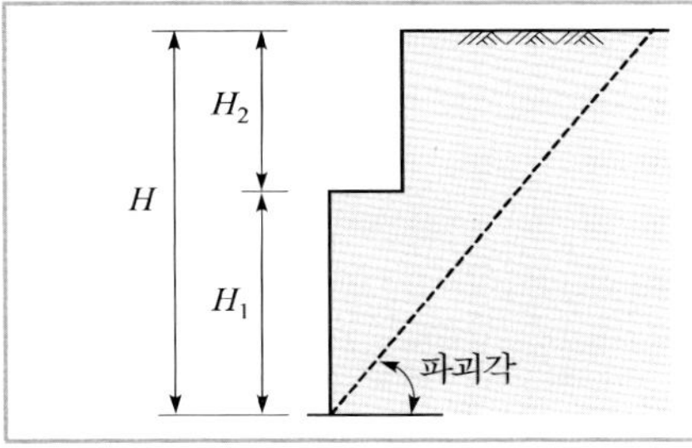

상단옹벽이 파괴각 내에 있고 거리(D)가 $\frac{1}{2}H$보다 작은 조건

단일옹벽으로 취급

그림 15.15-2 이격거리가 가까운 경우

■ 그림 15.15-3 에서 **다단계 보강토옹벽에서 중요한 설계내용**은 다음과 같다.

① 외적안정 및 내정안정의 파단안정 검토시 가상의 등사각형(폭 L_o, 높이 H) 설계단면으로 해석 수행

② 등가사각형의 폭(L_o)은 $0.7H$ 이상

③ 최소길이는 $0.4H$ 또는 $2.5m$ 이상, 각 단의 길이 차이는 $0.15H$ 이하

④ 인발안정 검토는 L_1, L_2, L_3 등에 대해 각각 수행

⑤ 사면안정해석을 통한 전체활동파괴에 대한 안정검토 실시

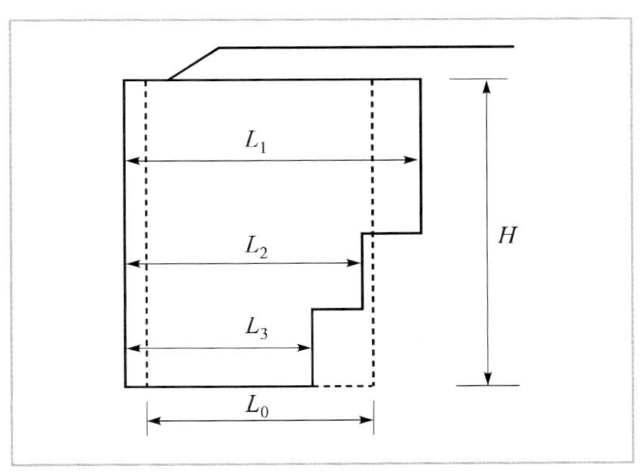

그림 15.15-3 사다리꼴 모양의 보강토옹벽 설계 예

(a) 벽체 균열 (b) 전도 (c) 전면벽체 붕괴 (d) 벽체 열과

그림 15.16-1 보강토옹벽에서 발생되는 문제점

① 전면벽체 손상 · 이격 ② 배부름 ③ 전도 ④ 뒤채움재 유실 ⑤ 부등침하

⑥ 보강재 차단 및 벽체 붕괴 ⑦ 배수시설 손상 ⑧ 기초부 세굴 ⑨ 전면벽체 누수 · 열화 ⑩ 활동파괴

(a)

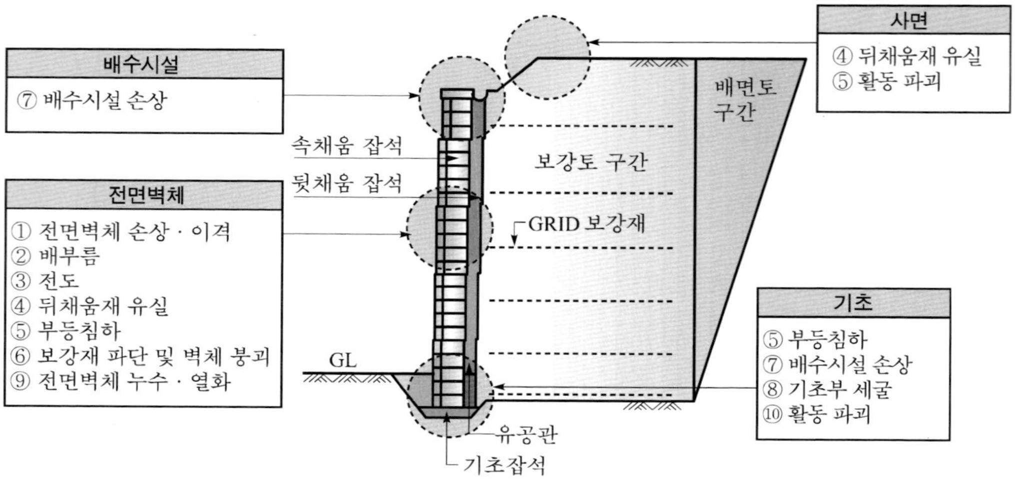

배수시설
⑦ 배수시설 손상

속채움 잡석
뒷채움 잡석

전면벽체
① 전면벽체 손상 · 이격
② 배부름
③ 전도
④ 뒤채움재 유실
⑤ 부등침하
⑥ 보강재 파단 및 벽체 붕괴
⑨ 전면벽체 누수 · 열화

GL
유공관
기초잡석
GRID 보강재
보강토 구간
배면토 구간

사면
④ 뒤채움재 유실
⑤ 활동 파괴

기초
⑤ 부등침하
⑦ 배수시설 손상
⑧ 기초부 세굴
⑩ 활동 파괴

(b)

그림 15.16-2 보강토옹벽의 손상유형 개요도

15.16 보강토옹벽 손상 유형과 원인분석 그리고 해결방안(1)

1 보강토옹벽의 문제점

그림 15.16-1 같이 **보강토옹벽의 문제점은 대부분 유지관리시에 발견**되고, 관찰된 현상에 대해 **설계 및 시공시에 어떠한 문제가 있었는지 역추적**하여 대책을 제시하고 있다. 옹벽 구조물의 일종인 보강토옹벽은 2011년에 시설물의 안전 및 유지관리에 관한 특별법 개정으로 **부대시설이 아닌 독립시설로 변경**되어 그 중요도는 더욱 높아지고 있는 실정이다.

2 보강토옹벽의 상태등급

> 정밀안전진단 세부지침의 상태등급
> A(우수/손상없음) B(양호/비진행성 경미한 손상) C(보통/진행성 경미한 손상) D(미흡/구조적 안정성에 영향 있는 심한 손상) E(불량/붕괴수준으로 안전성 불량)

3 보강토옹벽에 발생하는 손상유형

보강토옹벽에서 발생할 수 있는 손상유형을 정리하면 그림 15.16-2a 같으며 이와같은 손상은 그림 15.16-2b 에 명시 한 바와 같이 다양한 형태로 여러 부위에서 나타난다.

4 손상유형별 원인분석 및 해결방안

> 보강토옹벽의 손상에 대한 원인은 **설계 및 시공** 단계에서 내재된 결함과 **부적절한 유지관리**로 인하여 보상토옹벽의 손상이 주로 발생 하는 것을 알 수 있다. 그리고, ① **상부 및 내부 배수체계 불량**, ② **부적절한 뒤채움 및 보강 재료 사용, 뒤채움 다짐 부족**, ③ **부적절한 유지관리**가 주요한 원인으로 나타났다.

① 배수 문제로 인한 손상 : **보강토옹벽과 관련된 손상은 배수 문제로 인한 손상이 대부분**이다. 이에 대한 원인은 보강토옹벽 국가기준 (건설공사 보강토옹벽 설계· 시공 및 유지관리 잠정지침, 2013) 개정전, 배수시설 구조 세목 미비로 인한 배수시설 누락 또는 오용으로 볼 수 있으며, 이로 인해 배수시설 누락시 벽체손상, 배부름, 전도, 세굴 등의 문제가 발생된다 (그림 15.17-1).

이에 대한 해결방안은 그림 15.17-2 및 그림 15.17-3 같이 배수관련 설계기준 준수 및 합리적인 배수설계를 수행하는 것이다.

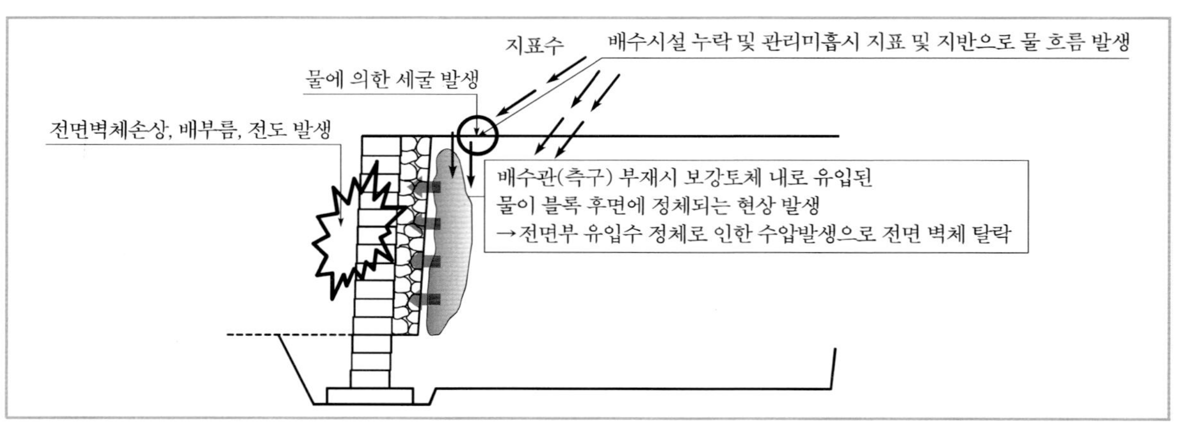

그림 15.17-1 배수시설 누락시 손상 개요도

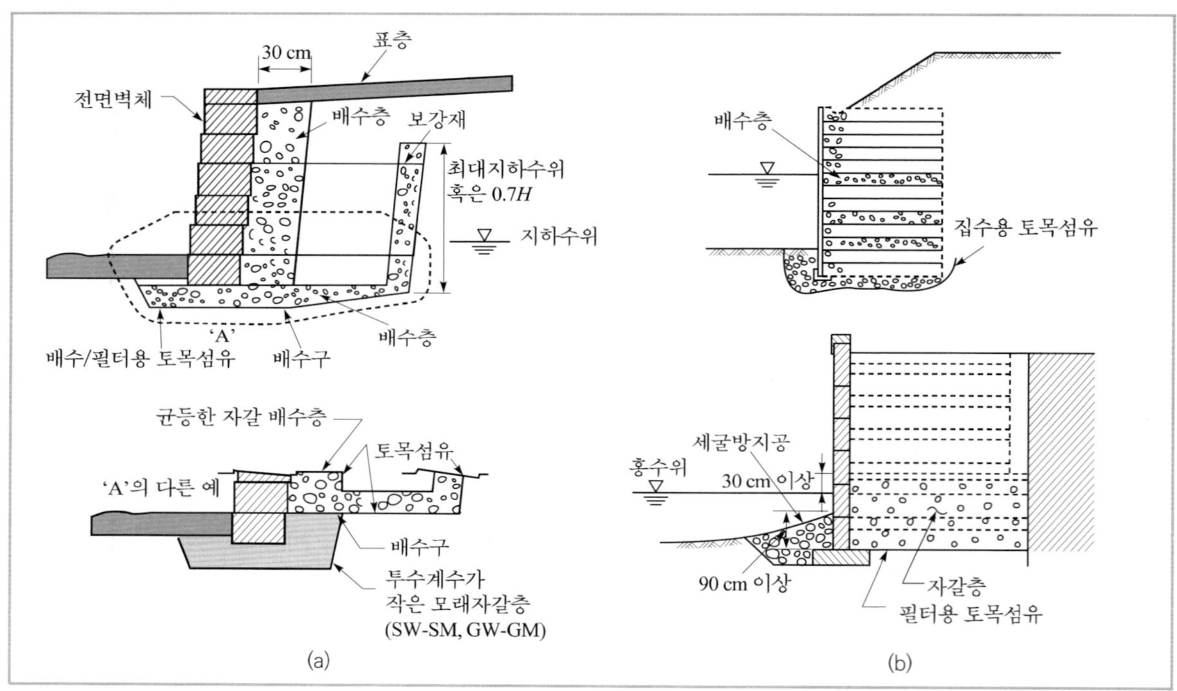

그림 15.17-2 일반지역 보강토옹벽의 배수시설(좌) 및 침수지역 보강토옹벽의 배수시설(우)

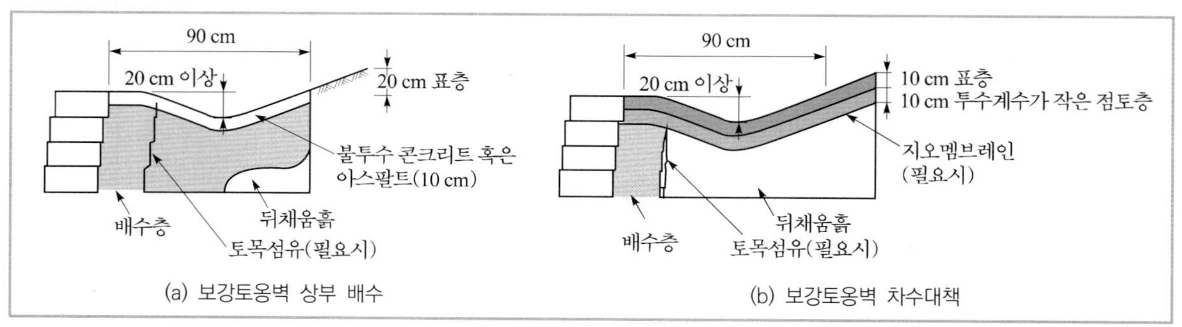

그림 15.17-3 보강토옹벽 상부배수 및 차수대책

15.17 보강토옹벽 손상 유형과 원인분석 그리고 해결방안(2)

② 부적절한 뒤채움재료 사용에 의한 손상 : 보강토옹벽 뒤채움 재료로 부적절한 재료의 사용으로 인한 손상이 문제가 되기도 한다. 현장에서는 양질의 뒤채움재료 수급이 어려울 경우 현장유용토를 주로 사용한다. **현장유용토는 세립분 함유량이 높은 경우** 보강재와 뒤채움재와의 마찰저항 감소, 투수성 저하로 수압 작용, 전단강도 감소 및 동결융해 취약, 시공중 다짐도 확보가 어려우며 공용중 장기변형이 발생 가능하다. 반대로 **현장유용토 입경이 19~102mm로 큰 경우**에는 다짐시 보강재가 손생될 우려가 있다.

따라서, 해결방안으로는 뒤채움재료로 현장유용토 사용시 뒤채움재료 기준 준수하고, 현장 유용토 입경이 19~102mm인 경우 그림 15.17-4 같은 보강재의 시공손상평가 필요하다.

(a) 보강재 포설

(b) 뒤채움재 다짐

(c) 보강재 추출

(d) 인장강도 시험

그림 15.17-4 보강재 시공손상평가 방법

③ 배수관련 유지관리 미흡시 발생되는 손상 : 보강토옹벽 유지관리시 배수와 관련된 관리가 미흡할 시에도 손상이 발생될 수가 있다. 이는 보강토옹벽 상세 유지관리 기준 부재로 배수에 대한 중요성 인지 부족으로 배수로 정비, 보수 등 배수관련 유지관리 소홀로 인해 다양한 손상이 발생되고 있다. 또한 이와 같은 손상은 방치시 기초부 세굴, 배부름, 전도, 벽체열화 등으로 악화될 수도 있다.

이에 대한 해결방안으로는 관련기준 수립, 교육 등을 통하여 배수시설 관리에 대한 중요성을 인지하고, 주기적인 점검 및 즉각적인 보수를 통하여 예방적 유지관리를 실현하는 것이다.

5 개선사항

보강토옹벽은 시공성 및 경제성이 상당히 유리한 공법이므로 앞으로 계속해서 쓰여질 잠재력이 큰 구조물이다. 이미 **시공된 보강토옹벽 구조물은 배수와 관련된 철저한 유지관리**를 통하여 공용수명을 증대시키고, 설계 및 시공 단계에 있는 것은 배수관련 상세를 반드시 반영하고, 적정한 재료를 적용하는 등의 기본적인 원칙 준수부터 필요하다.

구분	도형기호	정의
분리기능 (separation)	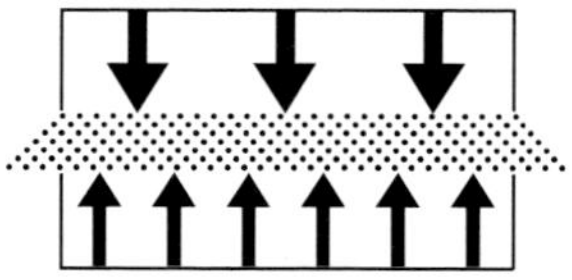	• 지오텍스타일을 이용하여 인접한 흙이나 채움재가 서로 섞이지 않도록 방지함 (**조립토와 세립토의 혼합방지**) • 철도선로의 분니현상 방지 • sand mat
여과(필터)기능 (filtration)	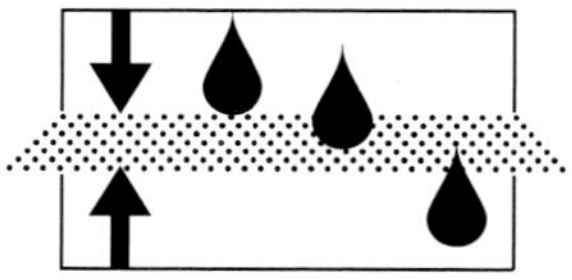	• 유체가 지오텍스타일을 통과하여 흐를 때 수리역학적 힘에 의해서 **흙 또는 입자를 억제하고, 물만 통과시킴(과잉간극수압 발생 억제)** • 맹암거, 옹벽, 유공관
배수기능 (drainage)	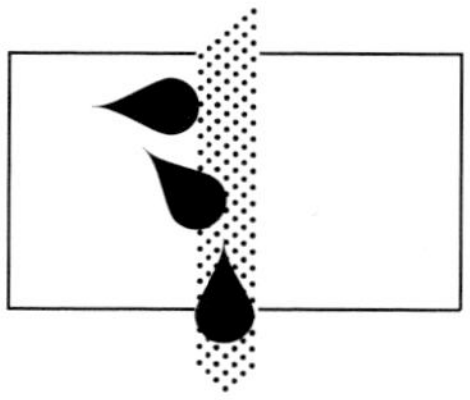	• 강우, 지하수 기타 유체가 지오텍스타일의 **평면을 따라 접수되고 물을 배출** • 옹벽, 수직 및 수평 배수재 • Plastic Board Drain • 폐기물 매립장
차단(차수)기능 (barrier)	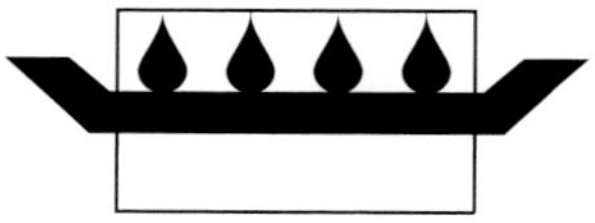	• 지오신세틱을 이용하여 **물의 이동을 방지하거나 제한함** • 매립장 Liner, 터널방수
보강기능 (reinforcement)	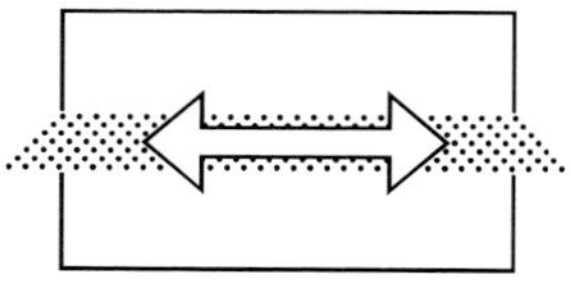	• 지오텍스타일의 **인장강도 특성을 이용**하여 토체 또는 건축 재료의 역학적 특성을 향상시킴 • 보강토 옹벽, 보강사면 • 성토지지말뚝
보호기능 (protection)	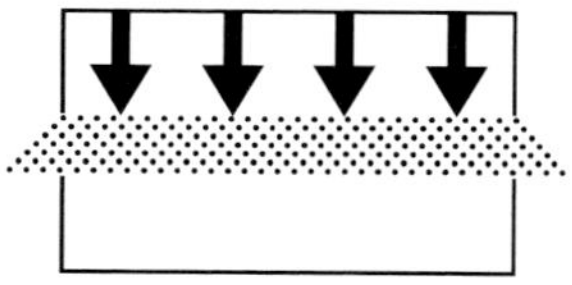	• 지오텍스타일을 이용하여 주어진 요소 또는 재료의 손상을 방지하거나 제한함 • 일시적인 침식방지, 영구적인 침식방지
표층침식방지 (surface erosion control)	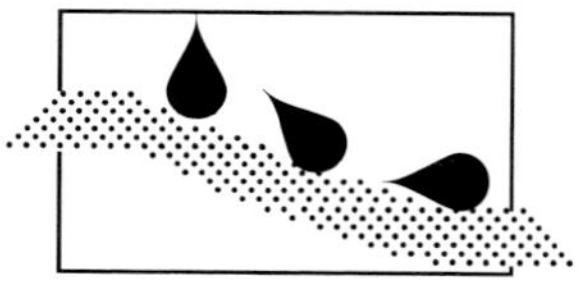	• 지오텍스타일을 이용하여 표층(사면)에서의 흙이나 입자의 유동성을 방지하거나 제한함

표 15.18-1 토목섬유의 주요기능 및 정의(KS K ISO 10318)

15.18 토목섬유에 대한 정리(1)

1 토목섬유의 개요

- KS K ISO 10318에 따르면 토목섬유(geosynthetics)는 "**지반, 토목공학에 적용되는 흙 또는 타 재료와 함께 사용 되고 합성재료나 천연재료로 만들어진 쉬트, 띠 또는 3차원 구조 제품**"으로 정의된다. 볏짚, 버들가지, 갈대 등과 같은 천연재료는 오래 전부터 각종 토목공사에 지반 보강재 또는 필터재로 사용된 기록이 있으나, 이러한 천연섬유재료들은 강도, 내구성, 품질관리 등과 관련된 문제점으로 많이 사용되지는 못하였다. 그러나, 천연섬유재료의 단점을 보완하여 고분자 합성섬유제품들이 개발되면서, 1950년대 말에는 **지오텍스타일(geotextile)을 하천제방이나 사면을 보호하기 위한 필터용으로 적용**하기 시작하였고, 1970년대 초에는 **샌드드레인 대신에 지오컴포지트 배수재를 사용**하고, **연약지반상 성토제체의 보강을 위하여 플라스틱 네트와 부직포(nonwoven fabrics)가 사용** 되었으며, **옹벽의 뒷채움재를 지오텍스타일로 보강하는 방법**이 제시되었다.
- 그 이후 토목섬유의 종류 및 기능이 다양해지면서 그 적용분야 또한 넓어지고 있으며, 현재는 지오텍스타일(geotex-tile), 지오그리드(geogrid), 지오네트(geonet), 지오신세틱 차단재(geosynthetic barrier), 지오컴포지트(geocomposite)등 다양한 토목섬유 제품들이 지반공학 분야의 각종 건설현장에서 **분리, 배수, 여과, 보강, 보호, 차단막 등 다양한 기능으로 광범위하게 사용**되고 있다.

2 토목섬유의 기능 → 약자 : ㉿분, 배, 여, 보, 보, 차, 표

- **토목섬유의 대표적인 기능**은 분리(separation), 여과 (filtration), 배수(drainage), 보강(reinforcement), 액체/가스 차단막(fluid/gas barrier), 침식방지(erosion protection) 등이며, KS K ISO 10318에서는 표 15.18-1 같이 토목섬유의 주요기능을 정의하고 있다.
- 토목섬유의 적용은 그 주요기능에 따르는 것이 일반적이며, 토목섬유가 어떤 분야에 적용되는 경우, 그 주요기능 외에도 하나 또는 그 이상의 부차적인 기능을 발휘할 수 있다. 예를 들어, **함수비가 높고 세립분이 많은 지반에서 공사용 가도를 낼 때**, ① **분리기능**을 주목적으로 성토체와 원 지반 사이에 포설된 지오텍스타일은 그 주목적인 분리기능 외에도 ② **여과기능**을 발휘하여 하부지반 속에서 과잉간극수압이 발생하는 것을 억제할 수 있고, 또한 ③ **보강기능**을 발휘하여 도로의 지지력을 증가시킬 수 있다.

3 토목섬유의 주요 적용분야

도로분야 그림 15.19-1

① 지반이 연약하여 차량통행이 어려운 공사현장의 임시도로 또는 비포장도로에 지오텍스타일, 지오그리드와 같은 토목섬유를 사용 → 하부 연약지반과 성토지반을 **분리**하고, 연약층을 **보강**하며 차량바퀴에 의한 **하중을 분산시킴** → Sand mat

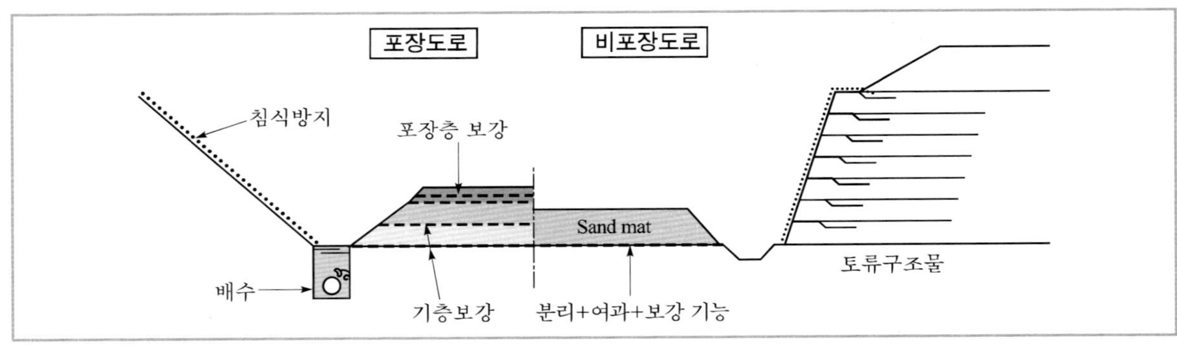

그림 15.19-1 도로분야 토목섬유 적용 예

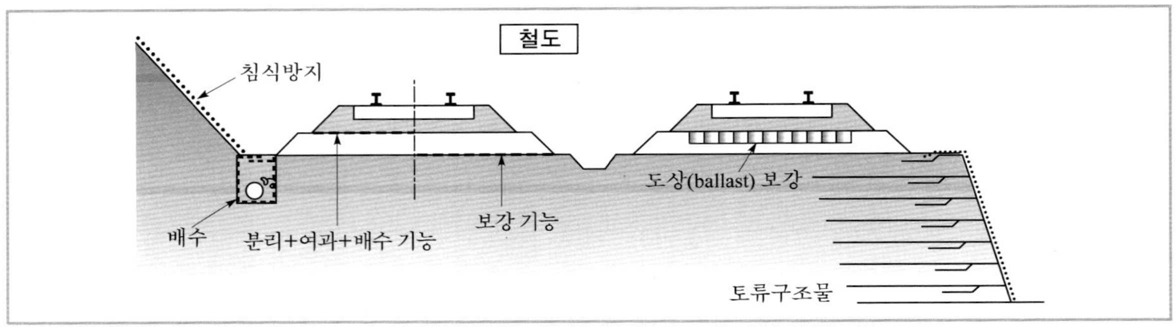

그림 15.19-2 철도분야 토목섬유 적용 예

철도선로의 분니현상(Mud Pumping)

① 정의 : 반복되는 열차진동에 의해 도상(ballast) 표면에 세립분이 물과 함께 분출하는 현상

② 영향 : 도상 및 노반의 연약화 → 궤도 틀림, 침하

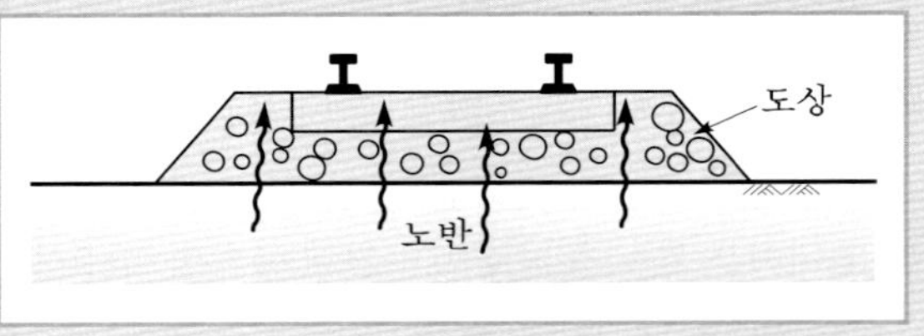

③ 대책 : 도상(세립분 재료 유입방지), 노반(세립분이 적은 투수성 재료), 배수시설 필요

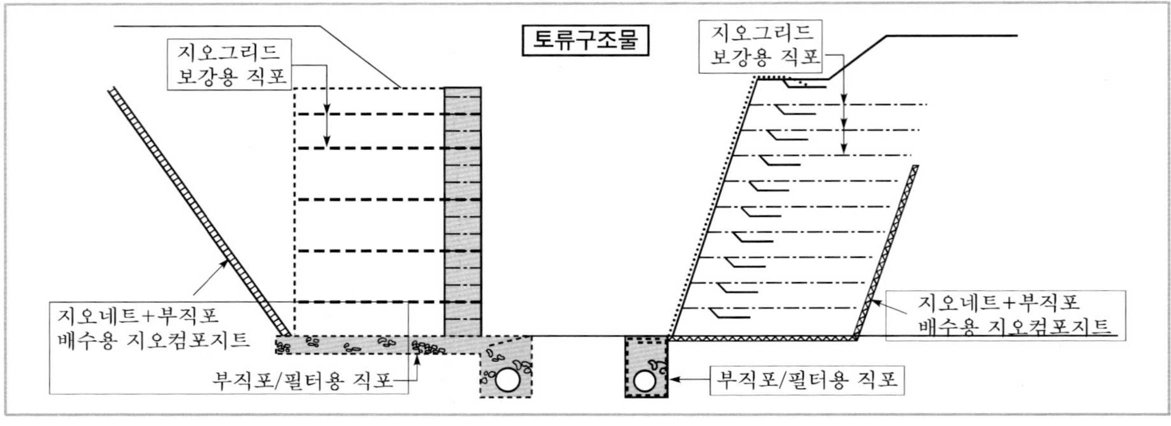

그림 15.19-3 토류구조물에 토목섬유 적용 예

15.19 토목섬유에 대한 정리(2)

② 도로의 기층에 토목섬유를 적용 할 경우 → 기층의 기능 향상(**보강기능**)시켜 노상으로 전달되는 하중을 저감. **토목섬유를 사용하면 기층이나 보조 기층의 두께를 줄일 수 있으므로** 공기단축과 비용절감 효과를 얻을 수 있다.

③ 도로의 기층이나 보조기층 이외에도 도로용 제방의 축조에도 **보강토 옹벽**, **보강성토사면** 등에 토목섬유를 적용 할 수 있고, **성토 또는 절취사면의 침식방지**를 위해 토목섬유 제품이 사용될 수 있다.

■ 철도분야 그림 15.19-2

① 철도분야에 토목섬유를 적용하기 시작한 초기에는 주로 부직포 지오텍스타일을 노반(또는 원지반)과 자갈도상 사이에 수평으로 설치 → **여과 또는 분리기능**으로 적용 되었다. 그 이후 낮은 신장율에서도 높은 인장응력을 부담 할 수 있는 토목섬유가 개발 및 생산으로 자갈 도상에 **보강기능**으로도 사용되고 있다.

② 그림 15.19-2 같이 철도노반이나 도상으로부터 흘러나오는 물을 배수시키기 위한 배수시설에 토목섬유를 적용할 수 있으며, 이 때 토목섬유는 주로 지반과 배수재료 사이 또는 배수재료와 배수유공관 사이에 설치→ **필터층의 역할**을 한다.

③ 레일 위를 기관차가 지나갈 때 침목에는 움직임이 발생 하고, 그에 따라 하부의 세립분이 자갈도상 속으로 올라 올 수 있으며(**철도선로의 분니현상**), 이러한 경우 자갈 도상의 강도와 배수능력이 저하될 수 있다. **자갈도상과 하부지반 사이에 토목섬유를 설치하면 자갈도상과 하부지반이 뒤섞이는 것을 방지할 수 있어서** 자갈도상의 두께와 본래의 특성을 유지 할 수 있어 궤도의 수명을 연장시킬 수 있다.

■ 보강토옹벽 및 보강성토사면 그림 15.19-3

보강토 옹벽이나 보강성토사면 → convex arch**가 형성에 따른 보강기능**의 토목섬유가 사용되며, 보강토체 배면의 지하수를 배수시키기 위한 배수구조물에 **필터용 토목섬유를 사용**할 수도 있다.

$$T_d = \frac{T_{ult}}{RF_D \cdot RF_{ID} \cdot RF_{CR}}$$

식 15.5-2

토목섬유보강재는 금속보강재보다 내구성이 훨씬 강한 보강재이긴 하지만 자외선에 약하고 또 장시간 하중을 받으면 **크리프(creep)현상으로 인해 강도가 저하**된다. 따라서 보강재의 장기 설계강도 산정시 재료의 내구성, 시공시 손상, 재료의 크립특성을 고려한 감소계수를 적용

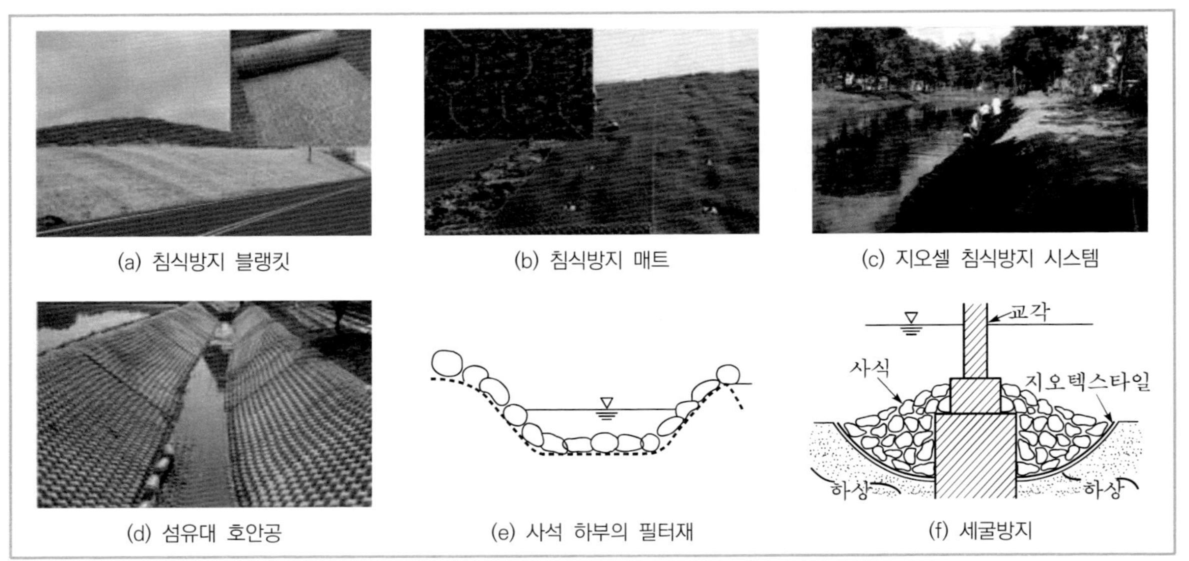

그림 15.20-1 침식방지 시스템의 적용예

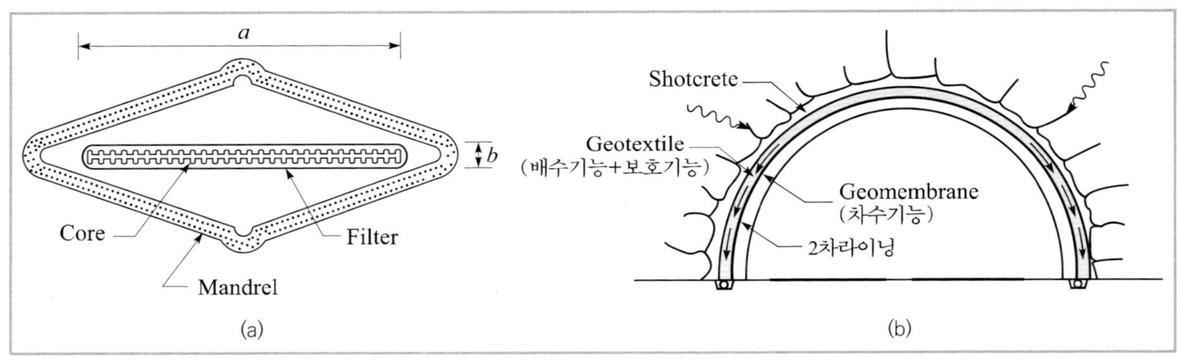

그림 15.20-2 PBD와 Mendrel 및 터널에 토목섬유 적용예(Koerner, 2000)

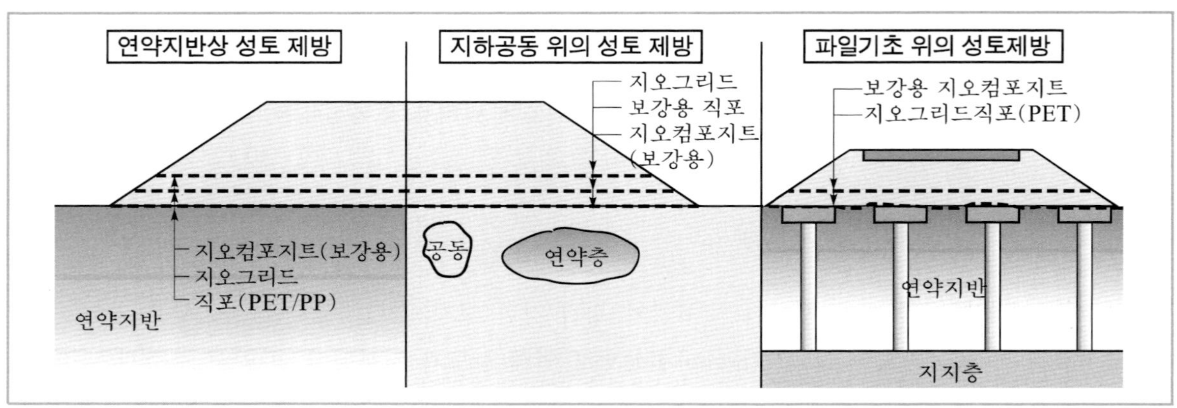

그림 15.20-3 연약지반상 성토제방에 토목섬유 적용예

15.20 토목섬유에 대한 정리(3)

■ 침식방지 시스템 (그림 15.20-1)

■ 배수시스템 (그림 15.20-2a)

① 토목섬유를 사용한 배수시스템은 다양하게 적용될 수 있다. 지하수의 배수를 위한 맹암거 시설에 투수성 재료를 감싸는 필터재로서 토목섬유를 적용할 수 있으며, 옹벽 구조물 배면의 지하수 **배수를 위한 배수층으로 drain board와 같은 배수용 토목섬유를 적용**할 수 있다.

② 또한 연약지반을 처리할 경우 **토목섬유 배수재를 수직배수공으로 적용하여 배수를 촉진**시킬 수 있다.

■ 터널 및 지하구조물 (그림 15.20-2b)

그림 15.20-2b 같은 터널의 라이닝 시스템은 보통 숏크리트층, 두꺼운 부직포, 지오멤브레인, 콘크리트 라이닝 등으로 구성되며, 여기서 **지오멤브레인은 차수막 역할을 하여 터널 내부로 지하수가 유입되는 것을 방지**하며, **지오텍스타일은 암반층으로부터 흘러나온 지하수의 배수로 역할을 한다. 지오텍스타일은 배수층역할 뿐만 아니라 지오멤 브레인을 보호하는 완충재 역할도 동시에 수행한다.** 부직포 대신에 배수용 지오네트를 사용할 수도 있다.

■ 연약지반상의 성토제방

① 연약지반 상에 제방을 축조할 경우 하부지반이 충분한 전단강도를 가지고 있지 않다면 파괴가 일어날 수 있지만, 이러한 연약지반 상에 제방을 축조하기 전에 고강도의 토목섬유를 수평으로 포설한 후 제방을 축조하면 제방의 안정성을 증가시키고, 부등침하를 감소시킬 수 있다.

② 성토지반 하부에 공동(void)이나 부분적으로 연약층이 존재하는 경우에도 토목섬유를 사용하여 성토제체를 보강 할 수 있으며, 이 때 토목섬유는 연약층 또는 공동을 넘어 가는 교량역할을 한다.

③ 성토지반의 지반 아칭형상을 이용하여 성토하중을 말뚝을 통해 직접지지층에 전달시킴으로서 성토구조물의 안정 을 도모하고 침하를 근본적으로 억제하는 말뚝지지 성토 공법에 말뚝 상부의 연약지반과 성토지반 경계부에 토목 섬유로 보강하여 말뚝으로 전달되는 하중을 증가시킬 수 있다. 이렇게 **성토지지말뚝을 토목섬유로 보강하면 설치 할 말뚝의 수를 감소시킬 수 있고, 말뚝 두부의 크기를 감소킬 수 있으며, 경사말뚝을 설치할 필요가 없어지므로, 결과적으로 공사기간을 단축시킬 뿐만 아니라 공사비를 절감할 수 있다.**

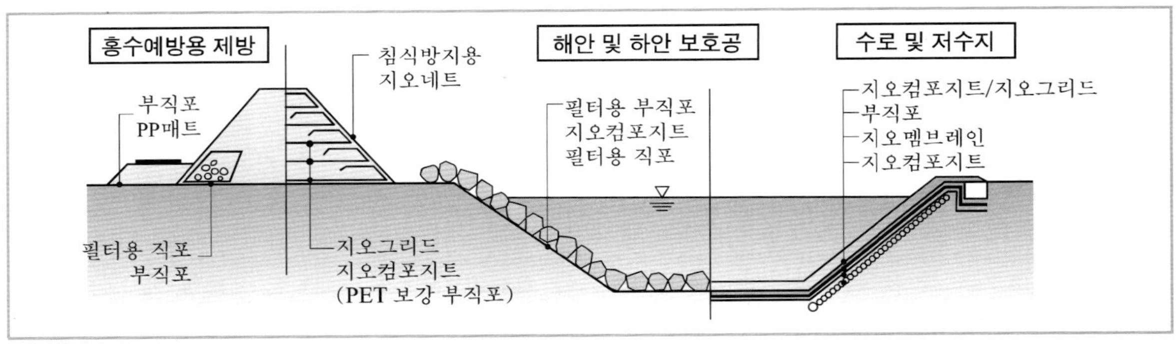

그림 15.21-1 해안/하안 및 수로/저수지에 대한 토목섬유 적용예

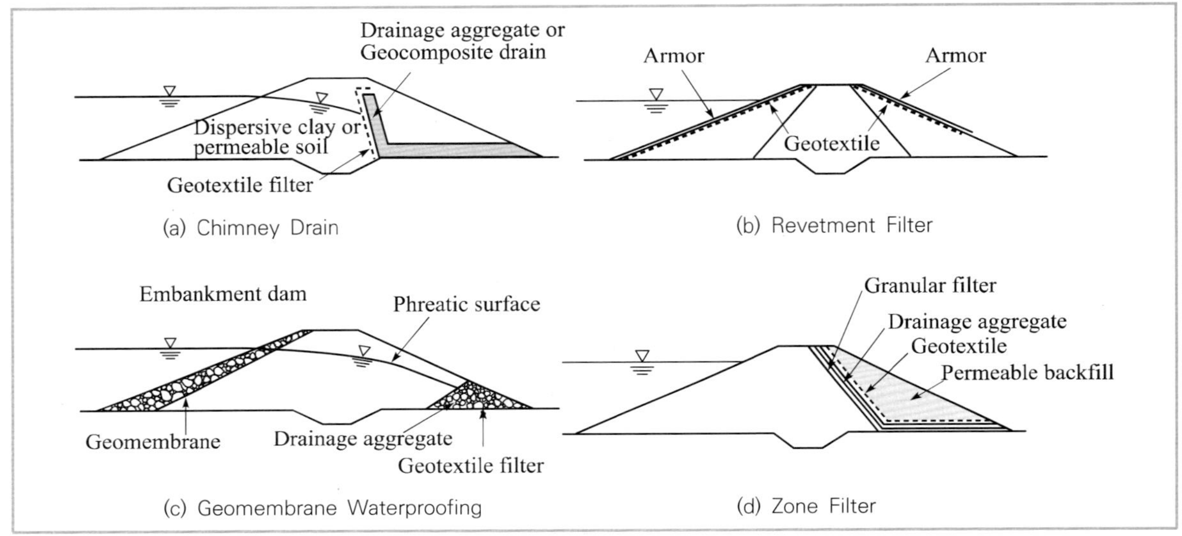

그림 15.21-2 댐에서 토목섬유의 적용예

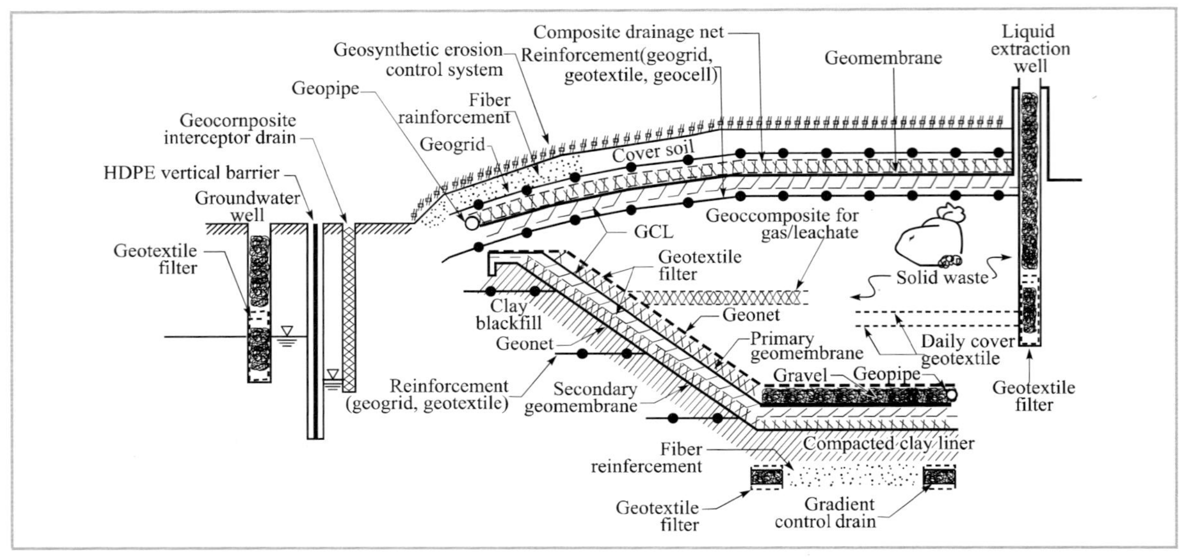

그림 15.21-3 폐기물 매립지 적용예를 통해서 본 토목섬유의 다양한 기능들(Zornberg and Christopher, 2007)

15.21 토목섬유에 대한 정리(4)

토목섬유 보강 성토지지말뚝의 하중전이 메커니즘

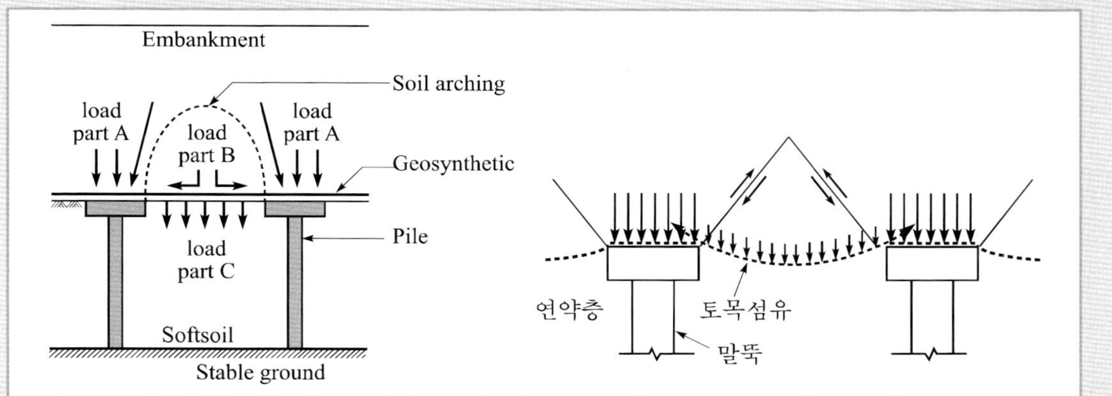

① **하중A** 는 성토체 내부에서 발현된 지반 아칭을 통해 **말뚝 상부로 직접 전달되는 하중**이다. 발현된 지반 아칭의 하부선을 그림에서 점선으로 표시하였다. 하중A는 점선을 표시된 지반 아칭의 상부에서 작용하는 하중을 분담한다고 가정한다.

② **하중B**는 지반 아칭을 통해 말뚝으로 전달되지 못한 하중의 일부가 토목섬유를 통하여 **말뚝두부로 다시 전달되는 하중의 크기**이다.

③ **하중C** 는 하중A 또는 하중B의 형태로 말뚝 두부에 전달되지 못하고 연약지반에 직접 전달되는 하중의 크기이다. **말뚝으로 전달되는 총 하중은 하중A와 하중B의 합**이다. 만약 주변 재료의 물성이 일정한 상태에서 토목섬유의 인장강성이 증가하면 토목섬유가 분담할 수 있는 하중B의 크기가 증가할 것이다. 이때 하중B의 증가량 만큼 하중C는 감소할 것이고 말뚝으로 전달되는 총 하중은 증가할 것이다.

④ 이러한 관점에서 본다면 토목섬유의 인장강성 증가는 하중을 말뚝으로 보다 많이 전달시키기 위한 효과적인 방법이다. 위 설명에서 **지반 아칭**이란?

① 말뚝과 연약층 상부 성토지반의 상대적인 침하차이로 인한 아칭효과와

② 토목섬유에서 발생하는 인장력의 수직성분이 말뚝에 전달되는 아칭효과를 의미

- 해안 및 하안 그림 15.21-1

- 저수지와 댐 그림 15.21-2

- 폐기물 매립지 그림 15.21-3

폐기물 매립지는 바닥층, 폐기물 매립층, 최종복토층 등으로 구성되며, 복합적인 오염물질을 포함하고 있는 폐기물 매립지 침출수의 유출을 차단하기 위해 바닥층은 무엇보다 도 중요하다. 이러한 폐기물 매립지에 **여과, 분리, 보호, 차단막, 보강 등 다양한 기능을 가진 토목섬유 제품을 적용**하면 환경적, 구조적으로 안전한 매립지를 건설할 수 있고, 바닥층 및 최종복토 층의 두께를 감소시킴으로서 폐기물 매립공간을 최대화할 수 있을 뿐만 아니라 매립지 건설비용도 절감할 수 있다.

제16장에 대한 목차

제16장

연약지반

구분	연약층 두께(m)	N치	q_c(kPa)	q_u(kPa)
점성토 및 유기질토	D ≤ 10	4 이하	800 이하	60 이하
	D ≥ 10	6 이하	1,200 이하	100 이하
사질토		10 이하	-	-

표 16.1-1 연약지반 판정기준(한국도로공사)

N	상대밀도(%)
0 ~ 4	대단히 느슨 (15)
4 ~ 10	느슨 (15~35)
10 ~ 30	중간 (35~65)
30 ~ 50	촘촘 (65~85)
50 이상	대단히 촘촘 (85~100)

표 16.1-2 사질토에 대한 연약지반 판정

굳기	N값	일축 압축강도, q_u(kPa)
대단히 연약	< 2	< 25
연약	2 ~ 4	25 ~ 50
중간	4 ~ 8	50 ~ 100
견고	8 ~ 15	100 ~ 200
대단히 견고	15 ~ 30	200 ~ 400

표 16.1-3 점성토에 대한 연약지반 판정

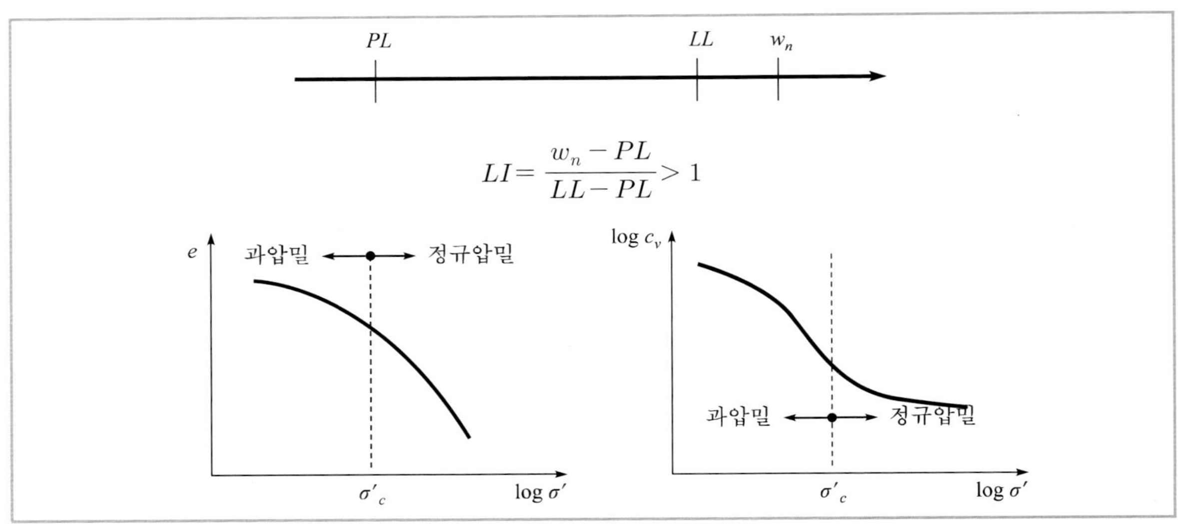

그림 16.1-1 연약지반의 공학적 특성

16.1 연약지반의 개요(1)

연약지반이란 상부구조물을 지지할 수 없는 상태의 지반을 말하며, 일반적으로 **연약한 점토, 느슨한 사질토, 유기질토, 느슨한 매립층, 쓰레기 매립지**등 이에 속한다.

연약한 점성토나 유기질토로 구성된 지반위에 도로, 교량, 건물 등이 그대로 놓여진다면 침하량이 과대해지고, 지지력이 부족하여 구조물에 손상을 발생시킬 수 있다. 또한 **느슨한 사질토의 경우** 지진이나 폭파와 같은 진동이 전달될 때 갑작스런 침하 또는 활동이 발생할 수 있다.

구조물 기초처리 관점에서 볼 때 연약지반은 그 위에 축조되는 구조물의 규모나 하중강도에 따라 변하므로 **연약지반에 대한 평가는 절대적이 아닌 상대적인 의미로 해석**하는 것이 바람직하다.

CHAPTER 12 13 14 15 16 17 18

1 연약지반의 정의

- 역학적 성질 개념 : 전단강도가 작고, 압축성이 큰 연약한 흙으로 이루어진 지반
- 지반 공학적 개념 : 축조된 상부 구조물의 하중을 지지할 수 없는 지지력과 침하에 문제가 있는, 지반개량을 필요로 하는 지반을 의미

2 판정기준 표 16.1-1 ~ 표 16.1-3

- 절대적 기준 : 점성토 $N \le 4$, 사질토 $N \le 10(D_r \le 35\%)$
- 상대적 기준 : 상부구조물의 하중을 지지할 수 없는 상태의 지반

3 연약지반의 공학적 특성 그림 16.1-1

- 물리적 성질
  ① 자연함수비가 크다 (자갈 약 20% → 모래 30~40% → 연약점토 약 100% → 유기질토 100~300% → 이탄토 약 300%)
  ② 액성한계(LL)보다 자연함수비가 높다 → $LI > 1$
  ③ 간극비가 크다 ($e_o > 1.0$)
  ④ 단위중량이 작다 (점토 14~17kN/m^3, 모래 16~20kN/m^3)

- 역학적 성질

압밀특성	전단특성
① 압축지수(c_c)가 크다 ② 침하량이 크다(대부분 1차압밀침하량) ③ 압밀압력증가에 따라 압길계수(c_v)가 일정 또는 증가한다.	① 전단강도(τ_f)가 작다 ② 예민비가 크다 ③ 액성지수(LI) 1.0이상 ④ 정의 간극수압 : $A_f > 0$

구분	전단(안정)		압밀(침하)	
성토·구조물재하	① 기초지반의 전단에 따른 성토체의 변화 또는 파괴	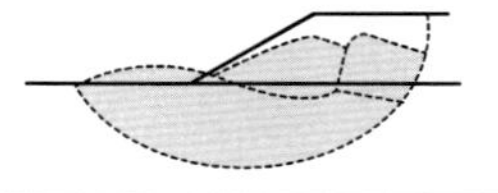	① 과대침하 또는 부등침하에 의한 성토체의 변화	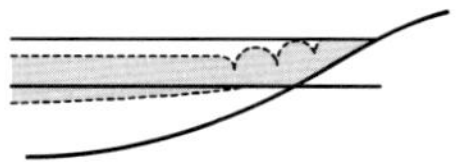
	② 기초의 지지력 부족에 의한 구조물의 변화 또는 파괴	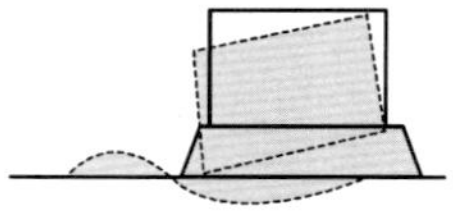	② 과대침하 또는 부등침하에 의한 구조물의 변화	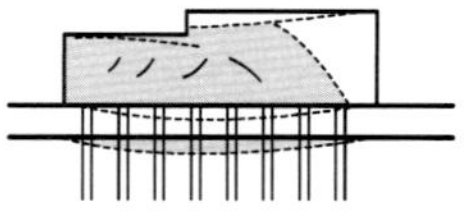
	③ 편재하중 또는 토압에 의한 구조물 및 기초의 변위, 경사 또는 파괴	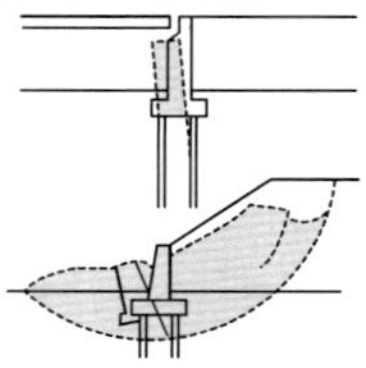	③ 구조물과 성토체 등 각 구조물간에 생기는 부등침하 또는 부등변형에 의한 단차, 변화	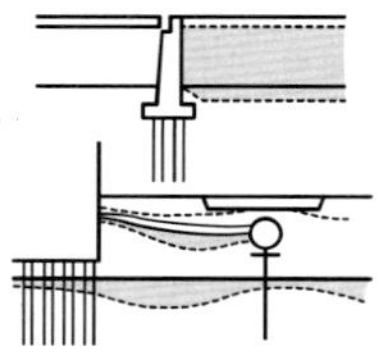
	④ 성토 또는 구조물 하중에 의한 측방지반의 유동, 융기	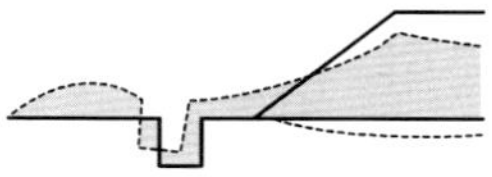	④ 성토 또는 구조물 하중에 의한 측방유동, 압밀 침하와 변위	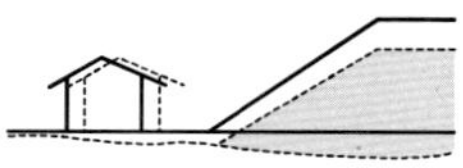
개착·지중굴착	① 전단에 따른 굴착비탈면의 붕괴와 굴착저면의 히빙	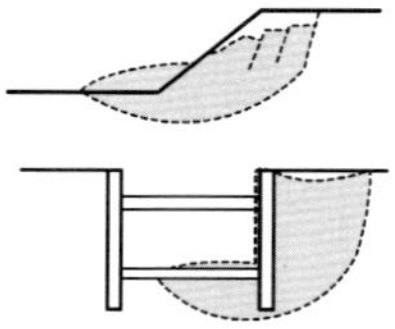	① 팽창, 토압변화에 따른 굴착비탈면 흙막이 벽의 변화	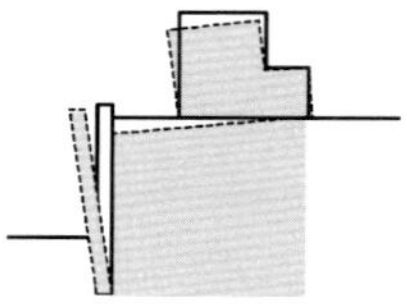
	② 굴착시 응력 해방, 이완등에 따른 측방 또는 윗방향 지반의 변형	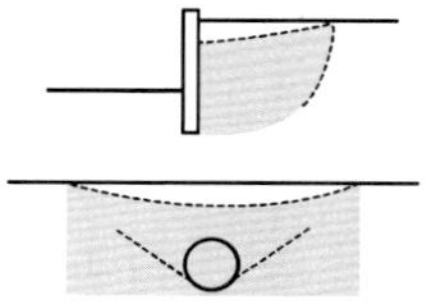	② 굴착시 지하수위 저하에 따른 주변지반의 침하	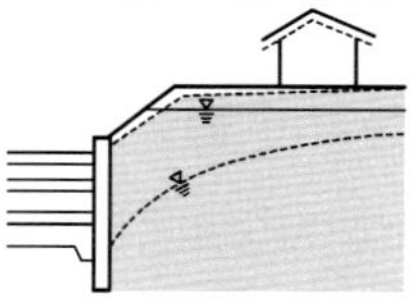

그림 16.2-1 연약지반에서 발생되는 공학적 문제점 구체적 예시

개념정리 ① **해성점토 (I)**

1 해성점토란 ?

- 충적토는 유수에 의해 운반, 퇴적된 흙으로 퇴적환경에 따라 다음과 같이 세분화 된다.
  ① **해성점토** : **해수**의 환경에서 퇴적된 흙
  ② **하구점토** : 델타점토라고도 하며 크고 긴 강이 바다로 흐르면서 가는 물질을 운반하여 **하구**에 이르러 퇴적된 흙.
  ③ **호성점토** : **담수**의 환경에서 퇴적되었다, 해양과 소통되지 않고 빙하에 의해 압축되었던 내륙에 빙하의 용해로 인해 호수가 형성되어 퇴적된 것.

- **해성점토**는 해수의 환경에서 퇴적된 것으로 유수에 의해서 강이나 하천을 지나 파도작용이 심하지 않은 **고요한 바다에 퇴적된 흙**으로서 입자가 가늘고 두께가 얇고 **바다에 존재하는 염분** 때문에 입자들이 엉성하게 엉켜서 **면모구조**를 띤다.

16.2 연약지반의 개요(2)

4 대표적인 연약지반

① 해성점토(Quick Clay) → 압밀침하 및 지지력, 활동문제

$S_t = 8 \sim 64$, $N \leq 4$, $LI > 1.0$, $w_n > 45\%$, $LL < 40\%$

② 느슨한 모래층 → Liquefaction 문제

$N \leq 10$, $D_r \leq 35\%$

③ 유기질토 → 2차 압밀침하 문제

유기물 함유량≥5%

5 연약지반에서 발생되는 공학적 문제점 → 그림 16.2-1 참조

■ 과도한 침하

① 연약지반상에 주로 건설되는 항만이나 공항 등의 시설물은 구조물의 표고 유지가 엄격하게 요구된다. 광양항 건설공사의 경우는 초기간극비(e_o)가 1.75~2.5인 점토(CH)가 20m 내외로 발달하여 침하량이 $6cm$ 정도까지 발생한다.

② 이 경우에는 **실제 침하량의 정확한 예측**이 필요하며, 또한 큰 침하량으로 인한 **구조물간의 부등침하문제**도 고려하여야 한다.

■ 강도부족에 의한 지지력 및 활동

① 연약지반에 재하를 하면 지중의 전단응력이 증가하여 어느 한도를 넘으면 지반전체가 파괴된다. **지반파괴를 일으키는 최대하중의 강도를 지지력**이라 한다.

② 흙의 전단강도가 깊이 방향으로 일정한 경우에 점토지반에서는 전단강도만으로 지지력이 결정되고, 모래지반에서는 재하면적에 비례하여 증가한다. **연약지반 상에 흙쌓기를 하거나 굴착할 경우에 지중의 전단응력이 증가하여 전단강도를 초과하면 활동이 발생한다.**

■ 말뚝기초에서의 부마찰력 발생문제

■ 액상화 발생문제

포화된 느슨한 모래지반에 진동이나 충격시 **비배수 조건**일 경우 검토대상이다.

■ 투수의 문제

가설 흙막이 구조물에서의 굴착저면의 **보일링** 및 **히빙현상** 등의 발생문제

개념정리 ② 해성점토 (2)

- 해성점토는 간극비와 압축성이 크고 대단히 연약하여 가벼운 하중을 지지할 수 있는 능력밖에 없으며 **우리나라에서는 서해, 남해, 동해안에 걸쳐서 20m 내지 50m까지 이르는 해성점토층이 존재한다.**

2 지질학적 특성

① 국내 연약지반은 내륙지역의 충적층과 해안지역의 연약해성층으로 존재하고 있다, 특히, 그림 개념 ②-1a 같이 **해안선을 따라 연약한 실트질 해성점토 지반이 넓게 분포**되어 있다.

② **층상구조를 갖는다.** 해성점토의 생성과정은 그림 개념 ②-1b 같이 해수면 변동과 관련한다. **해수면의 상승과정에서 점토층 퇴적**되고, **해수면의 하강과정에서 모래층 퇴적**된다. 따라서 실트질 모래가 풍화토층 위에 퇴적되고, 그 위에 실트질 점토층이 놓여 있는 층상구조를 이룬다, 낙동강 하구는 점토층 사이에 협재된 sand seam**이 존재**하기도 한다.

③ **점토광물을 다량 함유하고 있다.**

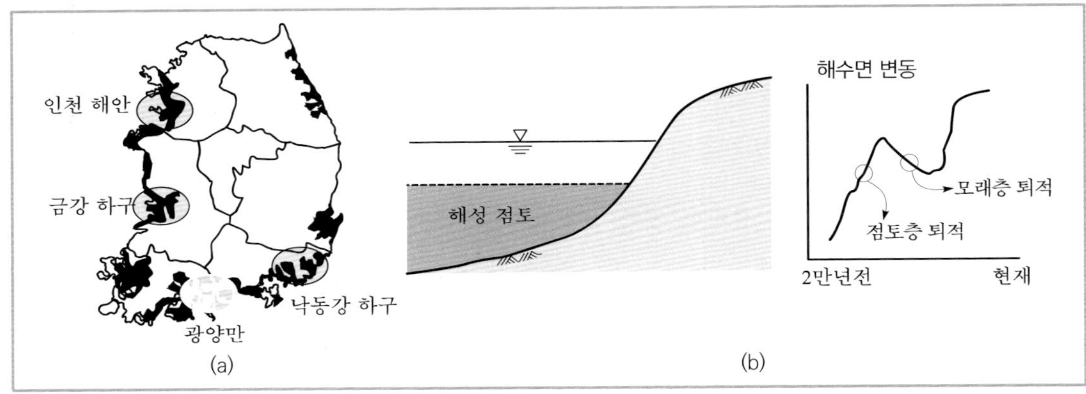

그림 개념 ②-1

3 공학적 특성

- 우리나라의 경우 해성점토를 통일분류법으로 공학적 분류시 **화성암**이 우세한 **인천해안과 금강하구는 CL, ML에 해당**하고, **퇴적암**이 우세한 **광양만과 낙동강 하구는 CL, CH에 해당**된다.
- 해성점토는 해수의 환경에서 퇴적된 흙으로, 염분의 영향으로 **이중층 두께가 얇기 때문에** 입자가 가늘고 두께가 얇은 **면모구조**를 띠고 있다. 따라서 **간극비와 압축성이 크고 대단히 연약하여 압밀침하량이 큰 연약지반**으로서 연약지반의 공학적 특성 파악이 중요하다.
- 점토광물의 종류와 구성은 연약지반의 공학적 특성에 크게 영향을 미친다. **인천해안과 금강하구**는 Kaolinite 함량이 많고, **광양만과 낙동강 하구**는 Montmorillonite 함량이 많다. 점토광물 중 **Montmorillonite 함량이 많을수록 세립분의 함량이 크고, 소성지수(PI)도 크다. 따라서 활성도(A) 또한 크게 된다.**
- **과압밀비(OCR)**는 대부분 **정규압밀 상태** 또는 약간의 과압밀 상태

개념정리 ③ 해성점토 (3)

■ **자연함수비(w_n)**의 경우 점토광물특성상 흡착수와 층간수를 다량으로 함유할 수 있는 Montmorillonite 함량이 클수록 크게 된다. 연약지반의 변형특성을 평가함에 있어 중요한 **압축지수(c_c)** 역시 자연함수비(w_n)와 마찬가지로 세립분의 함량과 그리고 점토광물의 종류 및 함량에 연관된다.

참고사항 **하구점토에 해당되는 낙동강하구 점토층의 생성과정**

① 낙동강하구 퇴적층의 경우 **퇴적층이 균질하지 않다.**

② 바닥의 모래·자갈층은 해수면 상승전에 빠른 유속에 의해 퇴적 되었고 (퇴적속도 빠른 경우 모래·점토 퇴적), **하부 점토층**은 해수면이 상승시 해안선이 후퇴하면서 퇴적연대가 긴(15,000년 이전) **홍적점토 퇴적.**(퇴적속도가 느릴 경우 점토·실트 퇴적)

③ **중간 모래층(sand seam)**은 다시 **해수면이 하강시 해안선이 발달하면서 퇴적된 후**, 다시 **해수면이 상승시 퇴적연대가 짧은(10,000년 이후) 충적점토가 퇴적**

④ **지표면의 경우 느슨한 모래층이 두껍게** 이루고 있다.

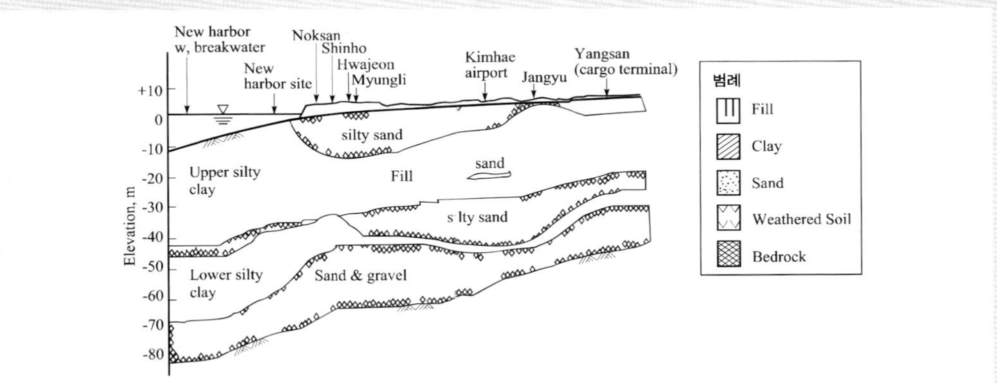

⑤ 공학적 거동 특성을 보면 **홍적점토**는 연대가 길기 때문에 cementation, 2차압밀 등 aging영향에 따른 유사 과압밀 상태와 같은 O.C거동을 보이나, **충적점토**는 연대가 짧기 때문에 N.C 거동을 보인다. 지표면의 느슨한 모래층은 지진과 같은 진동하중의 작용을 받으면 치명적인 재앙(Liquefation)을 초래할 수 있다.

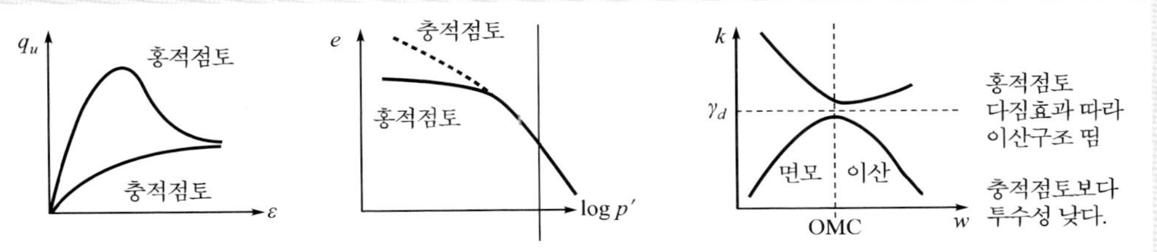

개념정리 ④ 해성점토 (4)

4 해성점토에서 Quick clay가 생성되는 기구한 과정

- quick clay가 생성되는 '기구한' 과정을 개념적으로 간단히 기술하면 다음과 같다. 점토는 대부분 그 입자의 형상이 얇은 판 모양을 하고 있으며 단부에는 양(+) 전기를 띠는 반면, 면 표면에는 음(−)전기를 띠고 있다. 점토 입자들이 바닷물 속에서 부유(brown 운동)하다가 **단부와 면이 만나면 서로 결합하게 되는데 이러한 결합이 계속되면서 해저에 침전하게 되면 해성점토가 된다.**
- 이러한 점토는 **면모구조**를 하고 간극비가 대단히 크므로 함수비가 매우 큰 상태에 있게 된다. 이 점토가 **해수면 위로 융기한 다음** 빗물에 의해 세척되면 **용탈현상(leaching)**이 생겨 입자간 접촉부의 전기화학적 결합력은 상실되고 함수비는 대단히 큰 상태가 된다.
- **이러한 점토는 예민비와 함수비가 모두 대단히 크므로** 지진, 발파 등 동적에너지가 가해지면 강도를 잃어버리고 액체처럼 흘러내리게 되는데 이것이 곧 **quick clay**이다.
- 점토는 교란되면 강도가 감소되지만 시간이 경과함에 따라 서서히 강도가 회복된다. 그러나 본래의 강도까지는 회복되지 못한다. 이와 같이 교란되면 강도가 감소하고 그 후 다시 강도가 회복하는 특성을 **틱소트로피** (Thixotropy)라 한다.

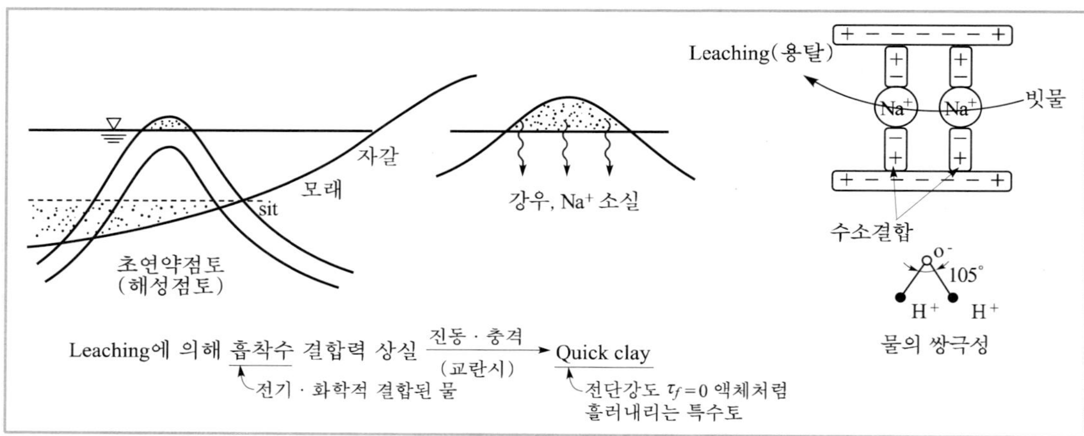

그림 개념 ④-1

5 실무에서 유의해야 할 사항

- 설계시 우선적으로 검토해야 할 사항은 **매립공사시 호안의 사면안정, 매립 성토시 압밀침하** 및 **측방유동, 교대 구조물 설계시 말뚝기초의 부마찰력** 및 **측방이동**
- 시공시 계측 및 시공관리를 통해 설계확인과 필요시 공법변경, 설계내용이 수정되어야 한다.
- 예민비가 큰 점토가 교란되면 강도저하가 크게 발생하므로 지반강도 평가시 반드시 이를 감안해야 한고, **시료교란을 최소화**해야 한다.
- **말뚝재하시험, 연약지반 개량정도 파악**을 위한 현장시험, 베인전단시험 시 틱소트로피(Thixotropy)에 의한 **강도증가를 고려** 일정 시간 경과 후에 시험을 실시한다.

개념정리 ⑤ 유기질토 (I)

1 유기질토란 ?

- 유기질토는 동·식물의 부패물이 함유되어 있는 흙을 말한다. 흙 속의 유기물은 동식물의 잔해와 흙과의 분해과정에서 생긴다.
- 비교적 한랭하고 습한 지역에서 잘 발달되며, 해안지방과 빙하작용을 받은 지역에서 주로 나타난다. 우리나라 동해안 해안지역은 유기질토 발생에 적합한 환경여건을 가지고 있으며 전국적으로 약 $103.4km^2$ 분포한다.

● 유기질토 분포지역

지 역	분포 위치	분포면적 (km^2)
경기	평택, 포승, 현덕	1.4
강원	강릉, 삼척, 원주	0.5
전북	이리, 김제, 함열	98.1
제주	서귀포	3.4
계	10개소	103.4

그림 개념 ⑤-1 국내 유기질토 분포지역

2 지질학적 생성과정

- 빙하기 이후 해수면 변화의 영향을 받아 이루어진 연약토층은 충적세 전·후반 의 해수면 상승기에 생성된 **해성점토를 주로 하는 하부 점토층**과 후반의 절정기 전·후에 생성된 **육성점토, 유기질토, 이탄 등으로 된 상부 점토층**으로 나눌 수 있다. 유기질토란? 습한 늪지대 등에 서식하는 수중 및 수서식물 등과 같은 식물체가 일부 부패하여 분해된 Peat, OH, OL 등이 있다. 즉, 유기질토는 **식물의 생육량이 부패와 부식된 분해량 보다 많은 환경여건에서 형성**된다.
- 유기질토는 주로 **분해가 안 된 섬유질로 구성**되어 있어 용수력 및 팽창성이 특히 크며, 건조시에는 수축성이 큰 특징을 가지고 있어 유기질토 지반은 응력해석이 복잡한 지반으로 유기질토로 구성된 지반 위에 도로 및 교량구조물, 건축물 등이 건설된다면 **침하량이 크게 발생**하고, **지지력이 부족**하여, **구조물 시공시 지반 안정성에 문제가 발생**한다.

3 판정방법

① 지각을 이용하는 방법 : 유기질토는 독특한 냄새가 나며, 암회색 또는 암갈색을 띤다.

② 액성한계에 의한 방법 : 노건조시료의 액성한계를 측정하여 판별한다.

$$\frac{LL\ oven\ dried}{LL\ not\ dried} \leq 0.75$$

개념정리 ⑥ **유기질토 (2)**

4 통일분류법(소성도표)에서 유기질토 분류

① (LL, PI)가 A-선 및 A-선 위쪽(빗금부분포함)이면 OL, OH : **organic clay (유기질 점토)**
즉, LL≤25.5% 이면 PI≥4, LL>25.5% 이면 PI≥0.73(LL−20) → OL, OH

② (LL, PI)가 A-선보다 아래쪽이면 OL, OH : **organic silt(유기질 실트)**
즉, LL≤25.5% 이면 PI<4, LL>25.5% 이면 PI<0.73(LL−20) → OL, OH

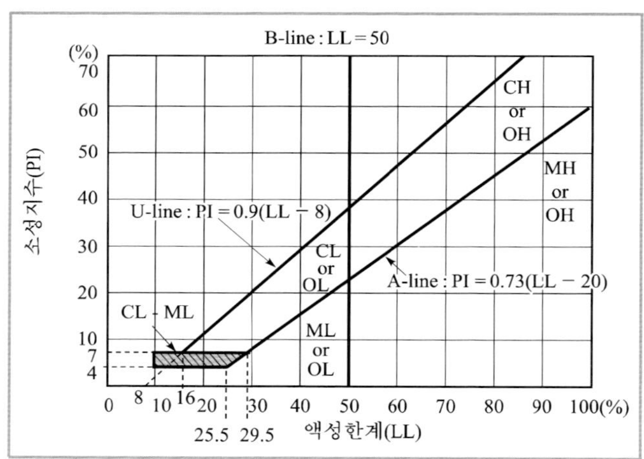

그림 개념 ⑥-1 소성도표

5 유기물 함유량 시험

■ 강열감량시험(유기물함량 50% 이상인 흙)과 중크롬산법(유기물함량 50% 이하인 흙)

흙의 유기물함유량 시험에는 강열감량시험과 중크롬산법이 있다. 유기물함유량을 파악하는 시험은 유기질토의 공학적 특성을 판단하는데 중요하며, **유기물함유량이 많게 되면 비중이 감소하고, 흡수성 및 보수성은 증가하여 흙의 물리적 성질이나 역학적 성질에 큰 영향을 미친다.** 따라서 유기물함유량을 알아냄으로써 흙의 공학적 성질의 파악 및 지반개량의 기초적 지식을 얻을 수 있다.

■ pH시험

흙의 pH는 광물조성, 유기물량, 비표면적, 간극수 중의 용존성분 등의 물리·화학적 성질과 함께 흙의 공학적 특성을 이해하기 위해 필요한 측정항목이다. **유기물 함유량이 많을수록 pH도 커지는 경향**을 나타낸다.

6 공학적 특성

■ 유기물함유량과 자연함수비의 관계

자연함수비가(w_n)가 높을수록 유기물함유량이 급격히 증가하는 것을 볼 수 있다.

■ 자연함수비와 컨시스턴시의 관계

KS F2324 및 ASTM(D 2487) 등에서는 노 건조 후의 액성한계가 건조 전 자연상태 에서 측정한 액성한계의 0.75보다 작은 경우에는 유기질 실트 또는 유기질 점토로 분류한다. 국내에서 발표된 김상규 등(1996)은 함수비와 액·소성한계의 관계는 자연함수비 상태의 액성한계가 노건조상태에서 실시한 것 보다 1.5～4배이고 함수비가 높을수록 커지는 경향이 있다고 하였다.

개념정리 ⑦ 유기질토 (3)

■ 유기물함유량과 비중, 건조단위중량의 관계

유기물함유량과 비중은 밀접한 관계가 있다. **유기물 함유량이 클수록 비중은 작아지고,** 유기질토의 유기물은 분해되어 흙의 단위구조를 형성하므로 흙의 보수성이 증대하여 자연함수비(w_n)가 커지고 상대적으로 **건조단위중량(γ_d)은 유기물함유량이 증가함에 따라 감소**된다.

■ 유기물함유량과 일축압축강도의 관계

유기물 함유량이 많을수록 단립구조 발달이 양호하고 간극비가 크므로 일축압축강도(q_u)는 감소하며 축 변형량에 비례하여 응력이 증가하는 경향을 나타낸다. 응력-변형률의 관계는 변형률 15%까지 축차응력이 증가하는 진행성파괴 양상을 보이며, 유기물함유량이 증가함에 따라 감소하는 경향이 나타낸다. 이는 유기질토의 특성이라 할 수 있다. 일반적으로 **유기질토는 함수비(w_n)가 높고 압축성이 크며, 강도가 작으므로** 실내시험으로 강도를 구하는데 많은 문제점이 있다.

7 전단강도 특성

■ 자연함수비와 점착력의 관계

유기질토의 경우 압밀비배수(c_u)전단시험을 실시하면 정규압밀토에서는 약간의 점착력(c_u)이 존재하나, 정규압밀토가 점착력(c_u)을 갖는지의 여부는 유기물의 형태와 특성에 달려 있다. 자연함수비가 크면 점착력은 감소하는 경향으로 나타낸다.

■ 유기물함유량과 내부마찰각의 관계

유기물함유량이 많을수록 내부마찰각이 크게 나타나는 것으로 현재까지의 연구결과에 나타나고 있는데 그 이유는 유기질토의 인장특성 때문인 것으로 판단된다. 따라서 유기질토의 전단강도는 내부마찰각(ϕ)에 의해 좌우된다.

8 압밀 특성

■ 유기질토의 침하는 무기질 점토에 비해 **압밀침하량이 크고,** 입자 자체가 큰 압축성을 갖고 있다. 압밀시에 실제 문제가 되는 것은 과잉공극수압이 영(zero)이 되어도 압밀이 끝나지 않고 계속되는 유효응력상태(effective stress)에서 발생되는 **2차 압밀침하량 등 많은** 공학적인 문제가 일어난다.

■ 초기간극비와 유기물함유량, 자연함수비의 관계

유기물함유량이 많을수록 초기간극비(e_o)는 증가하는 경향을 나타내며, 자연함수비(w_n)가 높을수록 초기간극비는 직선적으로 증가하는 경향을 나타낸다.

■ 압축지수와 액성한계, 초기간극비의 관계

압축지수(c_c)는 점토지반의 특성에 따라 달라지는 계수로서 액성한계로부터 압축지수 추정은 Terzaghi & Peck이 정규압밀된 점성토를 대상으로 압밀시험을 통해 $c_c = 0.009(LL-10)$ 의 관계가 있으며, **유기질토의 경우 액성한계가 클수록 압축지수가 커진다.**

개념정리 ⑧ 유기질토 (4)

압축지수와 초기간극비의 관계는 **초기간극비가 클수록 압축지수가 증가하는 경향을 보이며**, 이러한 경향은 유기질토가 압축성의 섬유질함유량이 많고 흡수성이 크기 때문이다.

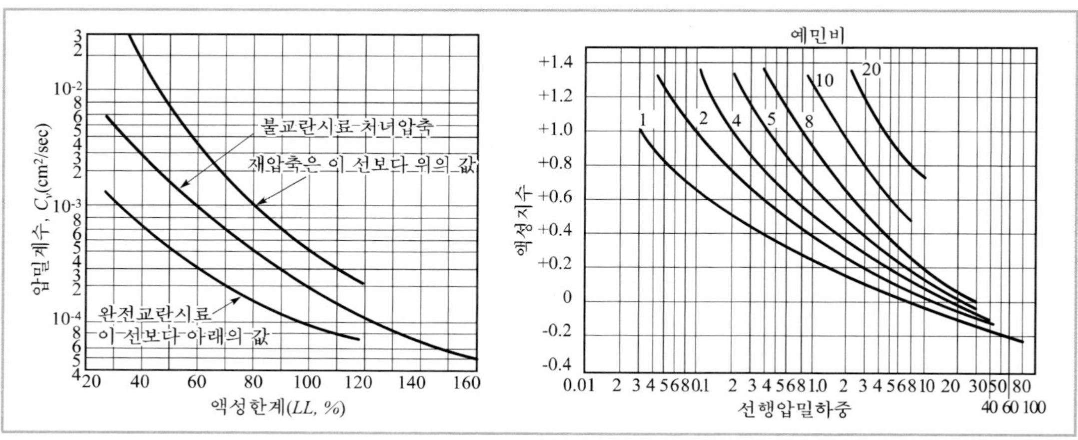

그림 개념 ⑧-1 액성한계와 압밀계수 사이의 관계, 액성지수와 선행압밀하중과의 경험적인 관계

■ 압밀계수와 압밀하중, 투수계수의 관계

압밀계수(c_v)는 압밀하중이 증가할수록 압밀계수가 작아진다. 압밀계수는 체적압축계수 m_v 와 투수계수 K 를 써서 다음과 같이 정의된다. 투수계수가 크거나 압축성이 낮으면 c_v 는 크고 압밀은 빨리 끝난다. 투수계수와 압밀계수 사이에는 투수계수가 증가할수록 압밀계수도 약간 증가하는 경향이 나타났다.

$$c_v = \frac{K}{\gamma_w}\frac{1+e}{a_v} = \frac{K}{m_v\,\gamma_w}$$

■ 자연함수비와 2차 압밀계수, 유기물함유량의 관계

유기질토 지반의 경우 1차 압밀침하량 외에 장기적인 2차 압밀침하가 크게 발생된다. 2차 압밀은 간극비의 감소로 생성된 점토입자의 구조적 교란으로 인하여 흙의 안정된 배열을 이루려는 점토의 점진적 현상과 같다. 그림 개념 ⑨-1 같이 자연함수비와 2차 압밀계수의 관계를 살펴보면 **유기물함유량이 많을수록 2차 압밀계수가 증가함**을 알 수 있다.

압축지수와 2차 압밀계수의 관계

① Mesri(1973)는 점토와 유기질토에 대한 2차 압밀계수와 압축지수의 관계는 초기함수비에 비례하여 증가하는 직선적 경향이 있다는 개념에서, c_α/c_c 의 값을 제시하고 고유기질토 일수록 c_α/c_c 의 값은 크다고 발표.

② 실무에서는 주로 무기질 점토와 실트에 대해서는 c_α/c_c=0.04 이용, 유기질토인 경우는 이 값보다 커지며, 압축지수가 증가할수록 2차 압밀계수가 크게 증가하는 경향을 나타내고 있다.

개념정리 ⑨ 유기질토 (5)

9 정리

- 유기물 함유량이 많아질수록(2~4% 이상) 공학적 성질에 좋지 않은 영향을 미친다.
  ① 유기물 함유량이 많을수록 pH 커져 콘크리트나 강재의 부식을 초래한다.
  ② 함수비가 높아(w_n=200~300%) 소성지수(PI)와 액성한계(LL)가 크다.
  ③ 비중이 낮아 단위중량이 작다. ($\gamma_d = \frac{G_s}{1+e} \times \gamma_w$ 에서 γ_d 줄어듬)
  ④ 투수성이 매우 낮고($K \leq 10^{-7}$cm/sec) 무기질토 흡착 유기물의 흐름을 방해한다.

- **유기물 함유량이 많아지면 자연 함수비와 간극비가 커져서 2차 압밀침하가 크게 나타나므로** 세립토의 **압축성을 증가**시키고 **강도가 저하**하여 안정을 감소시킨다.

- 유기질토는 주로 미분해된 섬유질로 구성되어 있어 보수력 및 팽창성이 특히 크며, 탈수시에는 수축성이 큰 특징을 가지고 있어 **유기질토 지반은 변형해석이 어려운 지반**이다. 유기질토의 압밀은 일반점토에 비해 압밀침하량이 크고, 입자 자체가 압축성을 갖고 있다. 압밀시에 실제 문제가 되는 것은 과잉간극수압이 영(zero)이 되어도 압밀이 끝나지 않고 계속되는 소위 **유효응력하에서 발생되는 2차 압밀침하량 등 많은 공학적인 문제**가 일어난다.

- 유기물함량 10% 이상의 유기질토는 성토재료로 사용이 불가함.

- Arman(1969)은 유기물 함유량이 20% 이하인 저유기질토의 경우 Terzaghi (1927) 압밀이론이 잘 적용된다고 하였으며, 20% 이상인 경우 압밀거동은 유기질 부분의 거동에 의해 크게 지배를 받는다고 하였다.

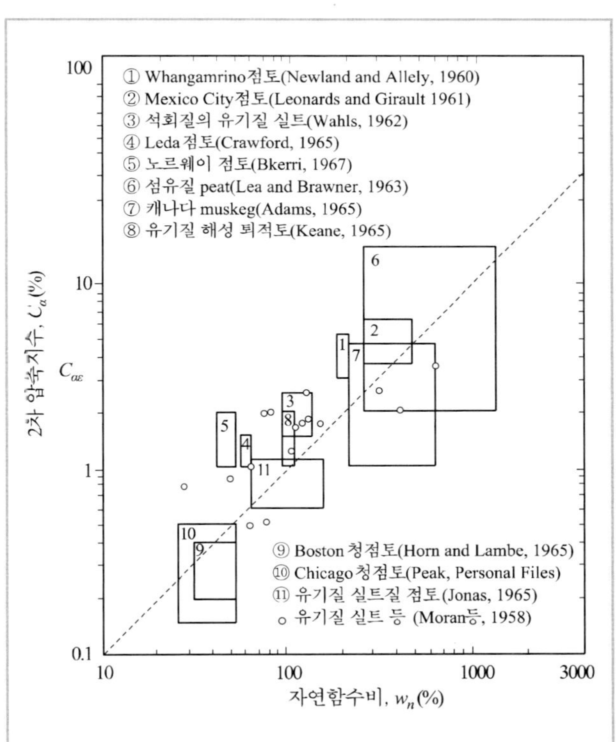

그림 개념 ⑨-1 함수비와 2차 압축비 사이의 관계

구분	개량원리	주요공법		개량목적	적용대상지반
표층 처리	표층보강	Sand(또는 stone) mat		작업인력 진입성 확보, 차량의 주행성 확보, 지중간극수 지표배출	점성토 지반
		토목섬유			
		대나무네트			
	표층배수 및 건조	PTM			
		NCM(천층배수건조)			
		진공수평배수			
지반 개량	치환	굴착치환공법		활동파괴 방지, 침하 감소, 지반 전단변형의 억제	점성토 지반 유기질토 지반
		강제치환공법			
	배(탈)수	Preloading		압밀침하 촉진, 지반 강도증가 촉진, 활동파괴 방지	점성토 지반 유기질토 지반
		연직 배수재 공법	PBD 공법		
			Sand Drain 공법		
			Pack Drain 공법		
		지하수위 저하 공법	Well Point 공법		사질토 지반
			Deep Well 공법		점성토 지반
		생석회 Pile 공법			
	다짐	Sand Compaction Pile 공법		침하 감소, 액상화 방지, 활동파괴 방지	점성토, 사질토, 유기질토
		Vibroflotation 공법			사질토 지반
		Vibrotamper 공법			
		쇄석 Pile 공법			점성토, 사질토 지반
		유압다짐, 동다짐(압밀)공법			사질토 지반
	고결	심층혼합처리공법		활동파괴 방지, 침하 감소, 지반 전단변형 방지, Piping 방지	점성토 지반
		분사교반공법 (JSP, RJP, SIG)			점성토, 사질토 지반
		동결공법			
	지수, 보강	약액주입공법(LW, SGR)		지반토 측방유동방지, 지수	사질토 지반
		압밀보강공법(CGS)			점성토, 사질토 지반
		지수널말뚝공법			사질토, 유기질토 지반
성토 구조	하중 균형 경감	압성토공법		활동파괴 방지, 측방유동 방지	점성토, 사질토 지반 유기질토 지반
		성토보강공법			
		Pile Slab공법			

표 16.3-1 연약지반 개량공법 종류

구분	시험항목	시험목적	얻어지는 값	실시기준
현장시험	정적콘관입시험(CPT)	• 토층굳기/다짐정도파악 • 지반개량효과	• 콘관입저항치(q_c) (연속적으로 측정)	• ASTM D3441에 의거 매 5.0cm 간격으로 측정
	표준관입시험(SPT)	• 다짐정도 파악/교란시료채취 • 지반개량효과 확인	• N치 (30cm 관입된 타격수)	• KSR2307, 2318에 의거 매 1.0m 심도로 측정
	밀도시험(FDT)	• 현장의 흙의 밀도파악 • 다짐정도 추정	• 건조밀도 γ_d(kN/m^3) • 상대밀도 R_c(%)	• KSF2311에 준용 – 0.4m마다(시굴심도까지)
지반거동	체적변화 측정	• 다짐효율 파악	• 개량효율	• 계측기 설치

표 16.3-2 연약지반 개량효과 확인

16.3 연약지반 개량공법 및 개량효과 확인

1 지반공학이해 I 655p 8.2절 Review

■ Lambe는 **지반특성을 변화시켜 지반의 공학적 성질을 개선하는 것**을 **지반개량**이라 정의하고 지반개량의 예로 **강도를 증가시키는 것**(포장의 노반에 대해), **압축성을 저하시키는 것**(구조물의 기초에 대해), **투수성을 저하시키는 것**(댐 기초에 대해)등이 있다라고 설명하였다. 여기서 지반개량공법 중 가장 많이 사용하고 중요한 방법은 **밀도의 증대(densification) 방법**으로서 ① 다짐(진동롤러 등 다짐기계이용) ② 선행재하(preloading) ③ 탈수(간극수의제거-PBD공법 및 간극수압 저하) 등이다.

■ **Lambe의 지반개량의 정의로부터 주목해야 할 점**은 ①~③방법을 이용한 밀도의 증대를 통해 **강도의 증가, 압축성의 감소, 투수성의 저하**를 의미하는 지반개량을 도모한다는 것이다. 결국 **연약지반의 개량 목적**에 대해서는 지반개량의 결과로부터 찾을 수 있을 것이다.

> 연약지반 개량의 목적
> 압축성 감소, 투수성 저하, 유효응력 증가 → 전단강도 증가 → 기초지반의 지지력 증대
> → 비탈면에서의 안정성 증대

2 연약지반 개량공법의 종류

■ 표 16.3-1 과 같이 **토질상태에 따라 모래지반**에서는 사질토는 조밀한 정도 즉 상대밀도에 따라 전단강도나 간극비가 좌우되므로 **다짐**을 통해 입자간격을 조밀하게 하는 방법이 적합하고, **점토지반은** 동적인 충격, 진동에 의해 교란이 쉽게 되고 교란되면 강도저하, 투수성 감소가 수반되므로 **정적인 방법으로 함수비를 줄이는 방법**이 적합하다.

■ **지층조건**에 따라서는 **연약층 두께가 얇을 때는** 치환, 표층다짐, 표층처리, 재하공법이 유효하며, **연약층이 두꺼울 때는** 심층다짐, 연직배수, 심층혼합처리 등이 유리하다. **모래층이 적당한 두께로 분포하고 그 아래에 점성토층이 있을 때**는 침하문제가 주된 검토 사항으로 Vertical Drain공법, 재하중공법이 적용 된다.

■ **구조물조건에 따라 흙쌓기의 경우에는** 쌓기 계획고가 높고 지반의 안정이 위험하면 비탈면안정대책과 압밀배수촉진공법이 필요하며, 구조물과 토공의 접속부는 잔류침하에 의한 단차 발생 방지를 위해 세심한 연약지반 대책이 필요하다.

3 연약지반 개량효과의 확인

■ 표 16.3-2 같이 **사질토 지반은 주로 N값 및 밀도값**으로, **점성토 지반은 비배수전단강도(c_u)를 이용**하는 방법으로 개량효과를 확인할 수 있다.

■ 여기서 반드시 연계할 사항은 지반공학이해Ⅱ 359p 10.80절에서 설명한 **비배수전단강도의 증가를 예측하는 강도증가율에 대한 개념**이다. 연계학습하길 당부 드린다.

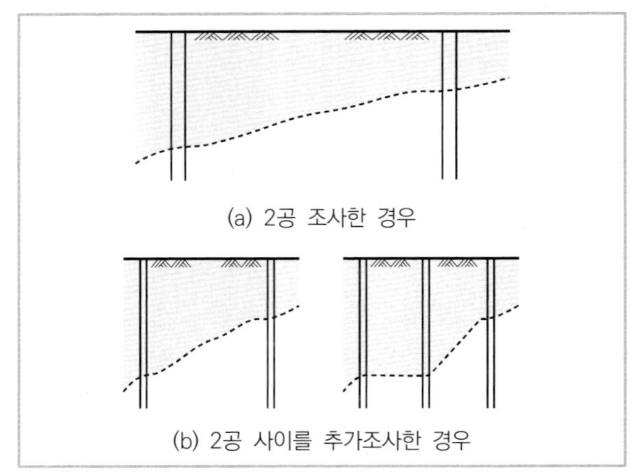

그림 16.4-1 시추조사 수량 부족

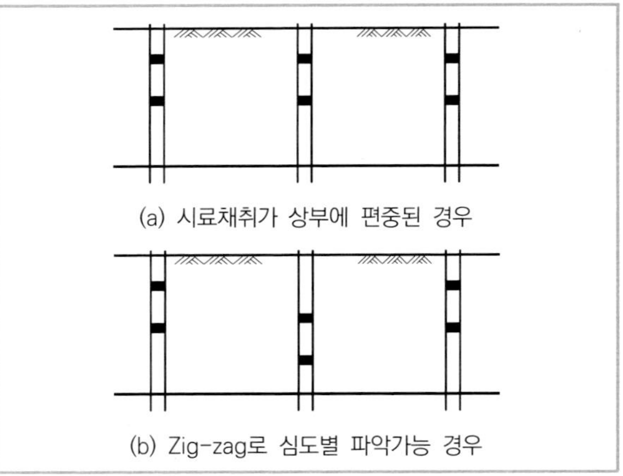

그림 16.4-2 자연시료 채취

조사 대상	배치 간격	비고
단지 조성, 매립지, 공항 등 광역부지	• 깎기 : 100~200m 간격 • 연약지반 쌓기 : 200~300m 간격 • 호안, 방파제 등 : 100m 간격 • 구조물 : 해당 구조물 배치 기준에 따름	대절토, 대단면 등과 같이 횡단 방향의 지층 구성 파악이 필요한 경우에는 횡방향 보링을 실시함
지하철	• 개착 구간 : 100m 간격 • 터널 구간 : 50~100m 간격 • 고가, 교량 등 : 교대 및 교각에 1개소씩	상동
고속전철, 도로	• 깎기 : 깎기고 20m 이상으로 150~200m 간격 • 연약지반 쌓기 : 100~200m 간격 • 교량 : 교대 및 교각에 1개소씩 • 터널(산악) : 갱구부 2개소씩으로 1개 터널에 4개소 실시하며, 필요시 중간 부분도 설치함 • 갱구부 보링 간격은 30~50m, 중간 부분은 100~200m 간격	상동
건축물, 정차장, 하수처리장	• 사방 30~50m 간격, 최소한 2~3개소	상동

표 16.4-1 시추공의 배치간격

구분	원위치시험(Sounding)	실내시험
① 시료의 크기	큼	작음
② 응력 제어	불가	조절가능(σ_1, σ_3)
③ 수위 제어	불가	UU, CU, CD 가능
④ 교란 영향	작음	큼
⑤ 비용	작음	큼
⑥ 정확성	큼	작음
⑦ 목적 (왜?)	현장시험 시점에 대한 결과값만 알 수 있다.	환경변화(지진, 홍수)에 대한 지반의 변화를 찾아서 대응책을 마련할 수 있다.

※ 응력제어, 수위제어를 통해 지반의 변화를 고려

표 16.4-2 현장원위치시험과 실내시험의 비교

16.4 연약지반 조사 및 시험(1)

지반공학이해Ⅰ 197p 3.8절을 통해 1 지반조사란, 2 지반조사의 목적, 3 지반조사의 단계에 대하여 이미 설명된 바 있다.
지금부터는 **연약지반에 대한 지반조사 관점**에서 **조사단계에서의 문제점 설계단계에서의 문제점**에 대하여 중점적으로 설명 될 것이다. 당부드릴 사항은 지금부터 설명될 내용과 관련된 지반공학이해Ⅰ의 내용을 함께 연계학습하길 당부 드린다.

1 연약지반 조사단계에서 문제점(약자 : 수·위·현·실)

① 시추조사 수량 부족

그림 16.4-1a 같이 조사간격이 넓거나 부족하여 지층구성 상태, 연약층두께, 위치별 변화 파악이 곤란하다. **100~200m 간격으로 실시**하고 지층변화 위치는 그림 16.4-1b 같이 추가 조사하여 지반 상태 파악이 되도록 한다.

※ 지반공학이해Ⅰ 275p 3.40절 3 시추공의 간격 및 심도 등 조사범위 연계학습

② 자연시료 채취

심도별 시료채취가 되지 못하거나 그림 16.4-2a 같은 심도에 여러 개(최소한3~5개)의 시료가 채취되지 못해 시험값이 없는 경우 합리적 물성치 파악이 곤란하다. 시료채취는 그림 16.4-2b 같이 심도별 물성치가 파악되도록 해야 하며 후술하는 현장시험과 대비가 필요하다.

※ 지반공학이해Ⅰ 187p 개념정리③ 2 지반공학적 특성치 산정방법과 연계학습

③ 현장원위치 시험

더치콘 관입시험, 베인시험, 피조콘 관입시험, Dilatometer, 공내재하시험 등을 실시하여 **실내시험과 현장시험결과의 종합검토** 자료가 되도록 한다.

※ 지반공학이해Ⅰ 287p 3.46절과 288p 표 3.47-2 현장원위치-실내시험의 비교와 연계학습

④ 실내시험

물성시험만 실시하거나 삼축압축시험을 생략하는 경우 시험의 의미가 없으므로 물성시험, 일축압축시험, 삼축압축시험(UU, $\overline{CU}$ 시험), 압밀시험을 반드시 실시한다. **모든 실내시험은 심도별로 대표물성치가 파악되도록 해야 한다.**

※ 여기서 물성이란? 지반공학이해Ⅰ 334p 표 4.1-1 에서 **지반상태를 정의하는 지반물성**을 의미하고, 일축압축시험, 삼축압축시험, 압밀시험은 **지반거동의 수학적 모델링에서 요구하는 지반물성**(파라미터)을 의미한다.

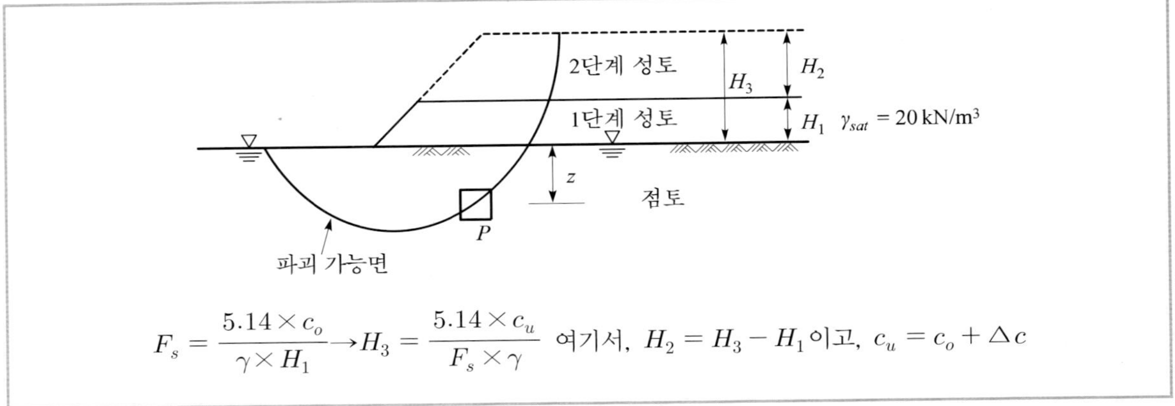

그림 16.5-1 단계 흙 쌓기

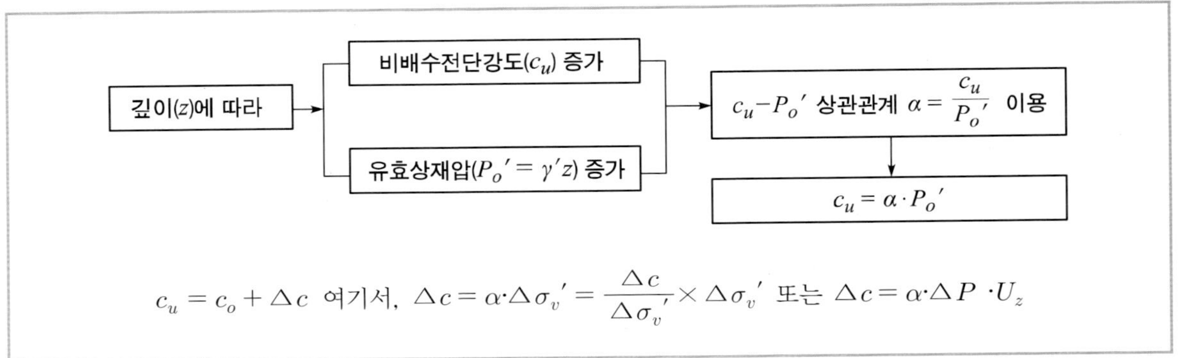

그림 16.5-2 강도증가율(α) 산정 개념

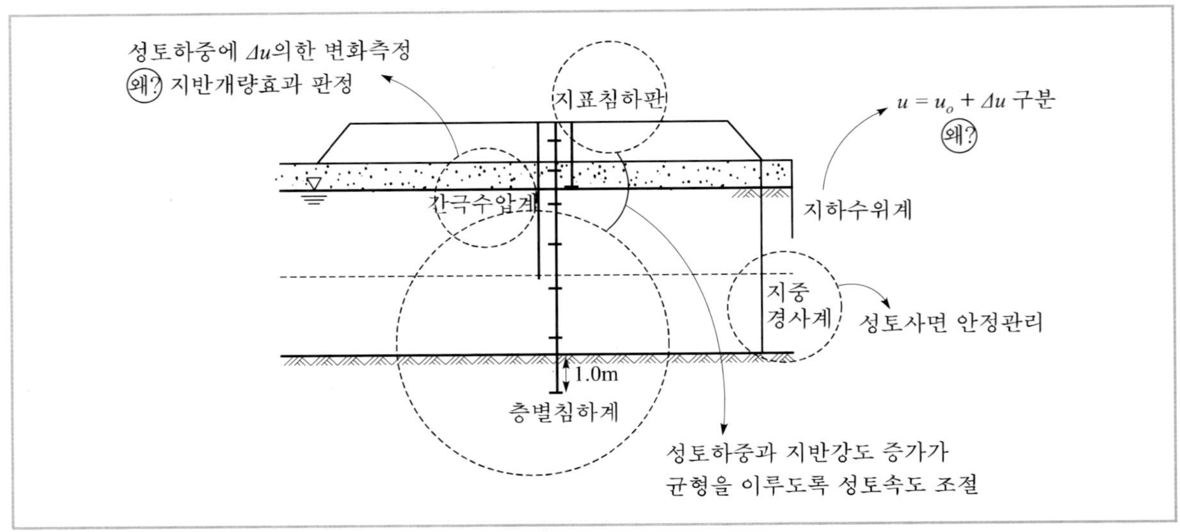

그림 16.5-3 계측기 설치

16.5 연약지반 조사 및 시험(2)

2 연약지반 설계단계에서 문제점(약자 : ㉽, ㉢, ㉥, ㉭, ㉾, ㉿)

① 표층처리

장비 진입성 확보 및 압밀 배수시 배수처리를 위한 Sand Mat **두께결정**이 필요

> ※ Sand Mat 두께 결정방법에 대해서는 향후 설명될 지반공학이해 III 16.39~16.40과 연계학습

② 흙 쌓기

흙 쌓기 중 가장 중요한 것은 비탈면활동이 발생하지 않는 것이다. 연약지반의 전단강도를 고려한 한계 흙 쌓기 고를 파악하여 계획한다. 흙 쌓기 고가 높은 경우 단계 흙 쌓기가 필요하고 이때 강도증가 적용을 위한 **강도증가율(α), 지중응력 증가량($\Delta\sigma_v$), 임의 위치의 압밀도(U_z)** 등을 합리적으로 고려해야 한다.

> ※ **단계 흙 쌓기에 대해서는** 지반공학이해 II 356p 2 단계성토시의 유효응력 증가와 연계학습, 또한 단계 흙 쌓기시 강도증가율(α), 지중응력 증가량($\Delta\sigma_v$), 압밀도(U_z)에 대해서는 지반공학이해 II 287p 10.48절 3 비배수전단강도(c_u)와 강도증가율(α) 상관관계, 341p 10.72절 5 단계성토시 강도증가율 산정방법, 357p 10.79절 359p 10.80절을 함께 연계학습

③ 비탈면안정 대책

시공완료 후 뿐 아니라 시공 중에도 비탈면안정이 되어야 하므로 이에 대한 검토가 필요하다. 단계성토시 매 단계별로 안정한 단면유지를 위해 단계 흙 쌓기 고를 그림 16.5-1 같이 사면안정검토로부터 결정함이 원칙이고 고강도 토목섬유 이용 포설시, 장기안정을 고려해서 허용인장강도를 적용해야 한다.

④ 압밀침하시 대책

- 모래재료는 입도(75μm체 통과량 3%이하), 투수계수(1×10^{-3}cm/sec 이상)가 만족되도록 계획. PBD 등 공장 기성제품은 통수능 확보, Clogging에 대해 확인토록 한다.
- **배치간격 고려시 Smear 영향, Well 저항을 반드시 고려**해야 한다.

> ※ PBD공법에 대해서는 향후 설명될 지반공학이해 III 16.41~16.45와 연계학습

⑤ 계측 및 개량확인 계획

- 계측관리는 ① **비탈면 안정관리**(층별 침하계, 지중 경사계, 변위말뚝), ② **침하관리**(지표 침하판, 층별 침하계, 간극수압계, 지하수위계) 목적으로 시행된다.
- 층별 침하계, 지중 경사계는 하부 견고한 지반에 근입하고, 간극수압계는 층별침하계 사이에 위치토록 설치한다. 또한, 지하수위계는 흙 쌓기 외측에 배치한다.
- **계측관리와 함께 개량확인을 위한 시추조사, 현장 sounding 시험을 계획**한다. 이 경우 설계단계시 실내시험과 현장시험과의 대비를 파악해두면 개량확인분석에 유용하다.

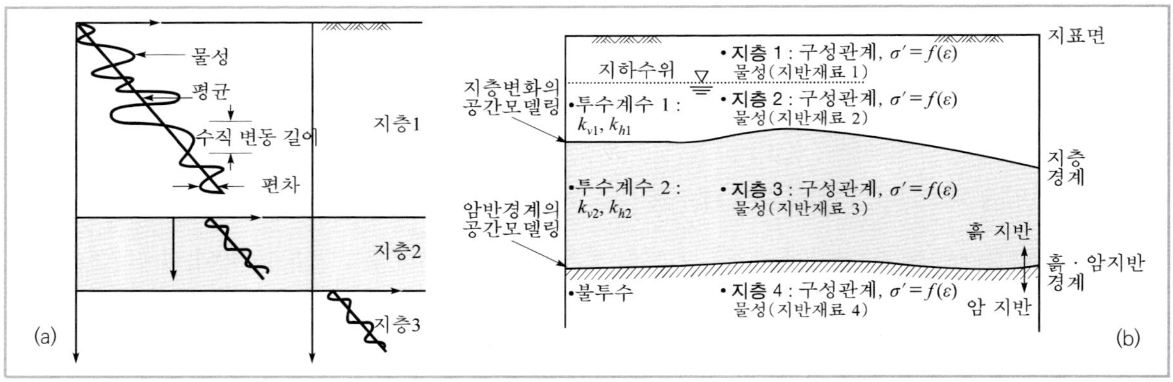

그림 16.6-1 지층과 지반물성의 변동성 및 설계해석을 위한 지반모델링

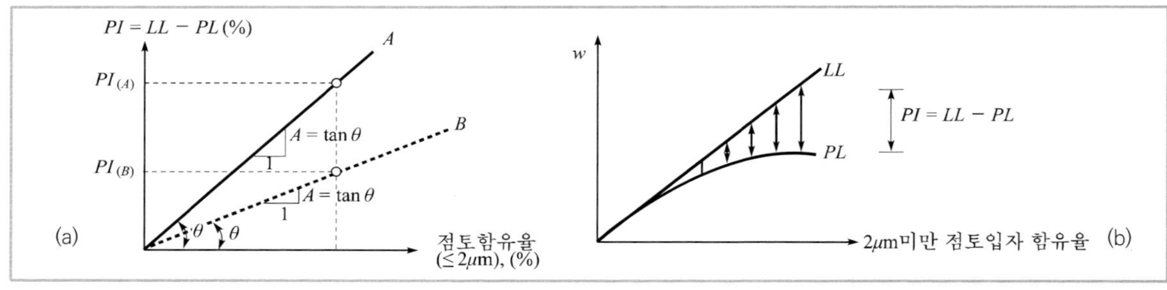

그림 16.6-2 활성도(A)식의 개념

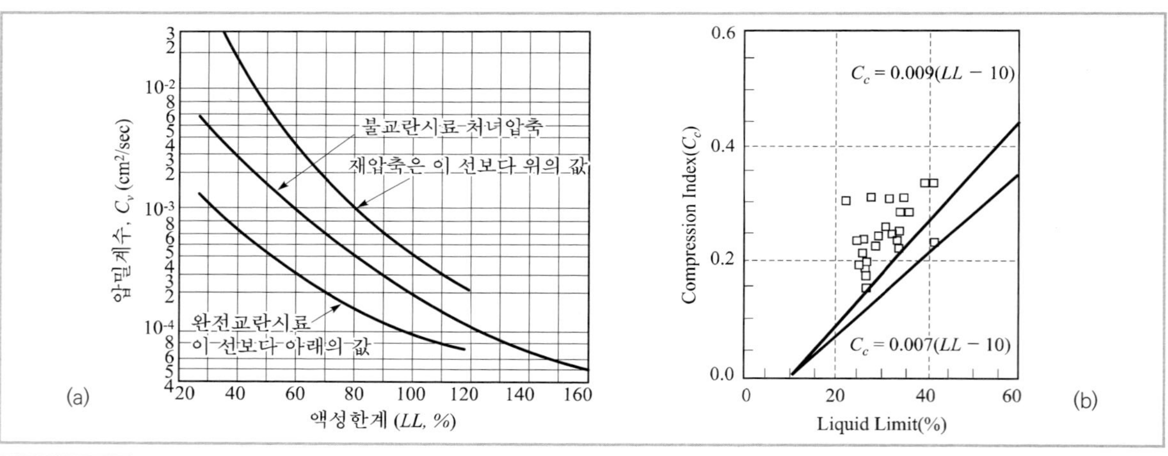

그림 16.6-3 액성한계를 이용한 압밀특성 추정

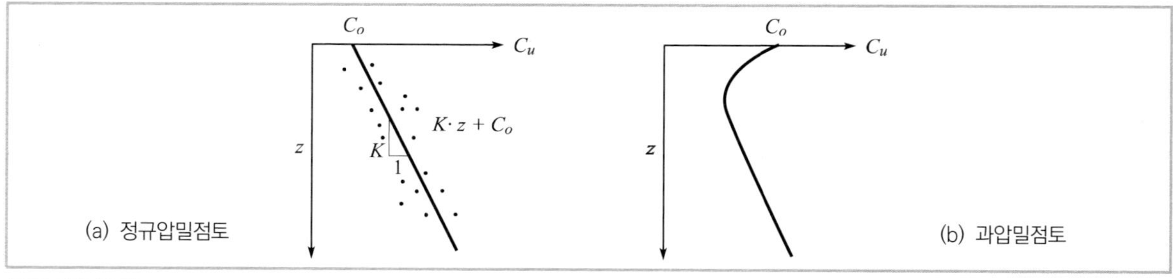

그림 16.6-4

16.6 연약지반 조사 및 시험(3)

3 연약지반 조사시 시료채취 중요성

CHAPTER

12 13 14 15 16 17 18

■ 설계시 필요한 자료

① 위치별 **지층상태**, 특히 **연약층 분포 두께**(H_o)

② **깊이별 물성치**$(w, LL, PI,$ 입도 $, c, \phi, q_u, c_c, c_v, e, \sigma_c', OCR, \gamma, LI, c_\alpha)$ 파악

- 위치별 지층상태와 깊이별 물성치 파악에 관해서는 지반공학이해 I 19p 1.5절 1 지반의 불확실성과 2 지반모델링과 연계해야 학습할 것 → 그림 16.6-1 참조
- 연약층의 분포 두께(H_o), 깊이별 물성치 파악은 아래의 관련 공식과 연계해서 생각할 것

$$OCR = \frac{\sigma_c'}{\sigma_o'} \rightarrow c_c = 0.009 \times (LL - 10\%), c_c = 0.007 \times (LL - 10\%) \rightarrow S_c = \frac{c_c}{1+e_o} \times H_o \times \log \frac{\sigma_o + \Delta\sigma}{\sigma_o},$$

$$S_s = \frac{(\frac{c_\alpha}{c_c}) \times c_c}{1+e_p} \times H_p \times \log \frac{t}{t_p}$$

$$c' \ \phi' \rightarrow \tau_f = c' + \sigma' \tan\phi', \tau_f = c_u \rightarrow F_s = \frac{\tau_f}{\tau_n}$$

③ **물성치의 상관성** : 흙의 간단한 물리시험으로 얻어진 물리적 성질 → 각종 경험식에 적용 → 흙의 개략적인 역학적 성질을 추정

- $w - LL \quad w -$ 전단강도 → 지반공학이해 I 374p 그림 4.19-1 과 연계
- $w - 2\mu m$ 점토입자 함유율 → 지반공학이해 I 372p 그림 4.18-1 과 연계
- 액성한계-압축지수 → 그림 16.6-3b
- 액성한계-압밀계수 → 그림 16.6-3a
- 유효상재하중-전단강도 → 지반공학이해 II 287p 10.48절 강도증가율 개념과 연계
- 실내시험과 현장시험대비

  (압밀침하) 지반공학이해 II 167p 9.69~9.72절 "설계시 예측침하량≠현장 실측침하량" 내용과 연계

  (전단강도) 지반공학이해 II 365p **개념정리㉘~개념정리㉚** "삼축압축시험 얻은 흙의 강도 ≠현장 흙의 강도" 내용과 연계

■ 불교란 시료로부터 얻어진 지반파라미터를 이용한 지반해석시 예상되는 문제점

① **비탈면안정 검토결과 부정확**

- 비탈면안정 검토를 위한 지층 구분이 필요하그 각 지층에 대해 단위중량, 점착력, 전단저항각, 강도증가율 등이 필요하다.
- 깊이별 물성치 파악이 곤란하게 되고 각 심도에 대한 대표적 물성치 판단이 불가하다.
- 따라서, 비탈면안정 검토결과가 부정확하게 되므로 한계 흙쌓기고, **단계 흙쌓기 계획, 비탈면 안정대책 공법 검토 등이 부실**하게 된다.

개념정리 ⑩ 샌드심(Sand Seam) (1)

1 정의

- **Sand Seam이란** 점성토 토층속에 Sand 성분이 층상으로 존재하는 것을 의미하며, 점토가 침강·퇴적하는 과정중에 하천범람이나 비탈면붕괴 등에 의해 Sand 성분이 유입되어 생성된다.
- **Sand Seam이 존재하는 경우 Sand의 투수계수는 점토의 100~1,000배에 달하므로 압밀배수거리를 단축시켜 압밀이 촉진되며**, 이에 따라 전체적인 압밀특성이 크게 변화되므로 반드시 설계단계에서 상세한 지반조사를 실시하여 Sand Seam층 의 규모 및 연속성을 확인해야 한다.
- 서해안에 많이 분포(최근 영종도 신공항에서 다수 발견)하며, 통일분류방법에 의한 지반분류상으로 ML 저소성 실트(Silt) 또는 ML-CL 저소성 점토(Silty Clay)의 분포를 나타낸다.

2 Sand Seam 조사방법

- 피조콘관입시험(CPTu), DMT, 전기비저항콘과 시추조사 등을 통해 **sand seam을 파악**할 수 있다.
- **피조콘시험 시** 원추관입저항력(q_c)이 주변에 비해 급격히 증가하거나, 간극수압(u)이 급격히 저하되며, 마찰저항력(f_s)이 증가되는 지점은 sand seam지층으로 판단할 수 있다(최종민, 2000).
- **전기비저항콘의 사용 시**에는 전기비저항이 주변에 비해 크게 산정된다(윤형구등, 2010).

3 Sand Seam 추정방법

- 육안조사 : 흙을 말렸을 때 연하게 나타나는 부분(**Foil Sampler** 사용)
- 피에조콘 시험 : 지반을 연속적으로 조사 가능하므로 대단히 유용하다.
  ① 원추관입저항력이 주변에 대하여 급격히 증가하는 지점
  ② 간극수압이 주변의 분포보다 급격히 감소하는 지점
  ③ 마찰슬리브의 저항력인 마찰저항력이 증가하는 지점
  ④ 토층분석 결과 샌드성분이 우세한 층

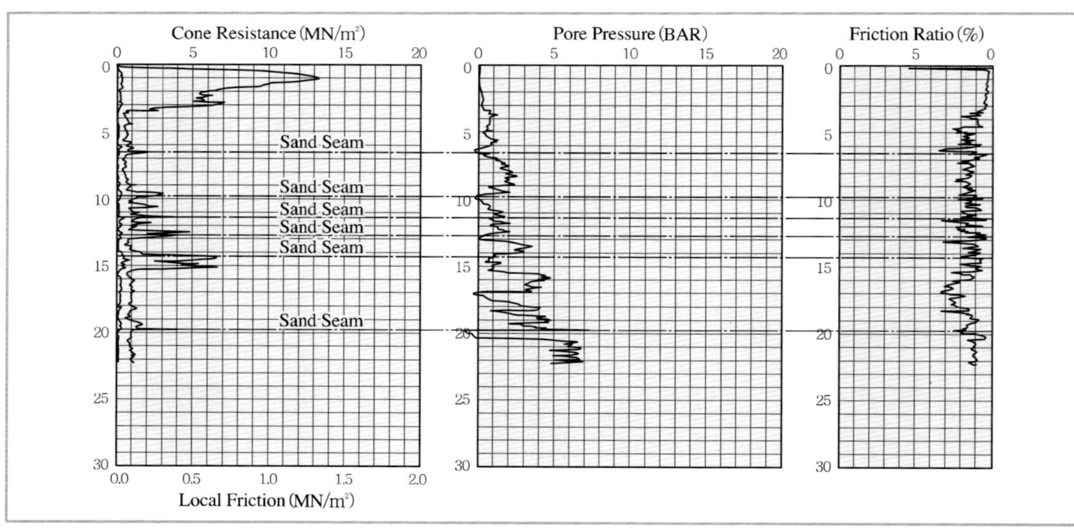

그림 개념 ⑩-1 Piezo Cone을 이용한 Sand Seam 분석

16.7 연약지반 조사 및 시험(4)

② **침하량과 침하 소요시간 결과 부정확**

- 침하량과 침하소요시간을 계산하기 위해 각 지층에 대해 단위중량, 간극비, 압축지수, 과압밀비, 선행압밀하중, 압밀계수 등이 필요하다.
- 1~2개의 시험으로 각 지층의 물성치 변화를 추정하기 곤란할 뿐 아니라 각 층의 대표치를 판단하기 곤란하다.
- 따라서, 압밀특성과 관련된 검토가 미흡하게 되며 **지반개량공법 선정에서도 과소 또는 과대한 설계**가 될 수밖에 없게 된다.

■ 대책(올바르게 지반해석을 위한 연약지반 조사시 시료채취 방안)

① **각 지층별 합리적 물성치 결정을 위한 시료채취 및 시험**

- 각 지층별로 물성치가 파악되도록 3~5m 간격으로 시료채취가 필요하며
- 같은 심도 또는 비슷한 심도에서 최소3~5개의 시험치가 파악되도록 시료채취를 계획한다.

② **시추조사**

- 사업부지 규모에 따라 100~200m 정도로 계획하고 지층이 변화되는 경우 추가 조사토록 한다.
- **시료채취시 교란을 최소화하기 위해** 면적비, 내경비, 시료채취율, Sampler 관입, 채취, 운반, 성형 등에 유의해야 한다.
- **지중응력해방에 따른 대책**은 K_o압밀, 현장수직응력의 1/2~2/3로 등방압밀과 SHANSEP 시험방법이 있다.(교란도 극복)

③ **현장원위치시험**

- 현장원위치시험은 시료채취가 곤란하고 배수 또는 응력상태를 제어할 수는 없지만 교란을 피하고 연속적인 지층 파악에 유용한 방법이다.
- 따라서, Dutch Cone Penetration Test, Vane shear 시험, Piezo Cone 관입시험, Dilatometer 시험 등을 **시추조사 인근 또는 시추조사 사이에 실시하여 물성치가 올바로 파악**되도록 한다.
- 특히, **피조콘 관입시험**은 **간극수압소산시험**을 하여 **수평방향압밀계수를 측정**할 수 있어 연직배수공법 적용시 유용한 자료가 되게 된다.

④ **실내시험**

- 물성시험실시(함수비, 비중, 액성한계, 소성한계, 입도분석)
- 일축압축시험실시, 삼축압축시험실시(UU, CU시험)
- 압밀시험실시(표준압밀시험, Rowe Cell 압밀시험, 일정변형율 압밀시험)

개념정리 ⑪ 샌드심(Sand Seam) (2)

④ Sand Seam의 영향

압밀침하량 감소, 수평방향 투수계수 증가, 압밀배수공법 적용 시 지반개량기간 단축 등의 영향이 있어 경우에 따라서는 연직배수공법의 적용여부 판단이 곤란할 수 있다.

⑤ Sand Seam 관련제안

① **합리적이고 과학적인 조사장비 적용**

CPTu(Piezocone penetration test), DMT(Dilatometer test), CRP(Cone resistivity penetro meter test, 전기비저항콘) 등을 활용하고 가능한 초소형의 콘적용 및 콘선단에 간극수압계 부착이 요망됨. 또한 광섬유센스가 부착된 초소형 전기비저항콘의 적용이 필요함.

② 그림 개념 ⑪-1에 제시된 Robertson(1990)의 분류표를 참고적으로 활용하여 비교할 필요가 있다.

③ **과학적인 샘플링기법의 적용**

Sand Seam 층이 존재하는 경우 All sampling(Split sampler 사용)을 실시하고 중요 프로젝트의 경우는 대구경 샘플러를 적용하며, 대표적 지점에서 2~3m 간격으로 복수의 시료채취가 필요하다.

④ **Sand Seam 영향을 고려한 압밀해석 실시필요**

Sand Seam의 입도분포, 두께, 간격 및 연속성을 고려하여 합리적인 수치해석의 실시가 요망된다. 즉, **두께가 얇고 연속성이 없으며, 그 간격이 좁은 경우**에는 점성토의 수평방향 압밀계수만 증가시키면 되나 **두께가 두껍고 연속성이 확실한 경우**에는 수평방향 배수층 으로 그 역할을 인정하여 해석을 실시하여야 한다.

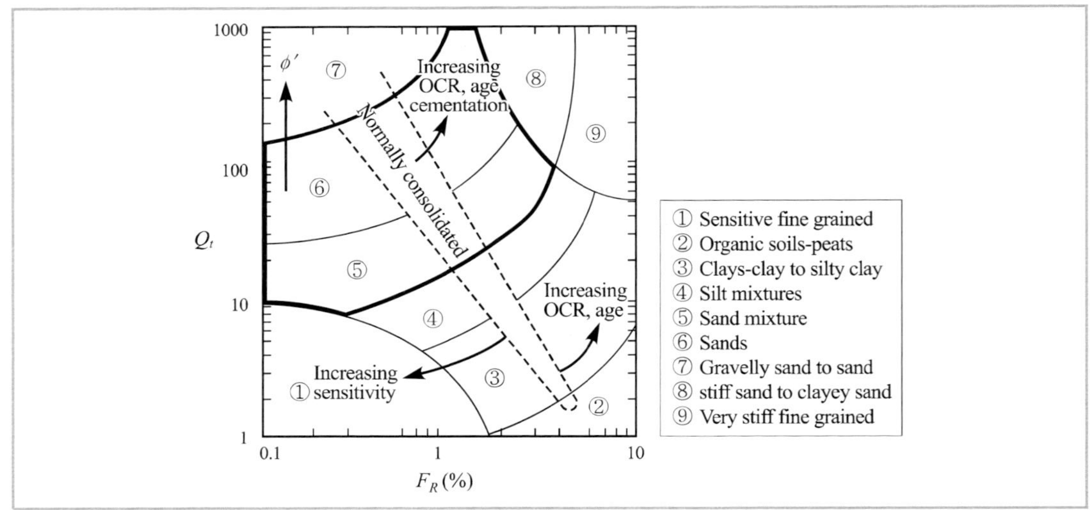

그림 개념 ⑪-1 정규화된 CPTu 자료를 이용한 흙의 분류표(Robertson, 1990)

지반공학이해Ⅱ 166p 표 9.69-2 sand seam과 피압대수층 지반 비교와 연계학습

개념정리 ⑫ 화강풍화토의 공학적 특성 (I)

1 화강풍화토란 ?

■ 화강풍화토는 우리나라에 가장 널리 분포되어 있는 흙으로, 모암인 화강암 또는 화강편마암 등이 여러 원인들에 의하여 풍화되어 잔류된 흙이다.
= **잔류토(Residual soil)**

■ 통일분류법(SM,SC)에 해당 75㎛체 통과량 15~40% 우세

■ **모래(sand)와 점토(clay)의 중간자적 성격**을 띠며 그 거동이 아직도 완전히 규명되지 않은 상태이다.

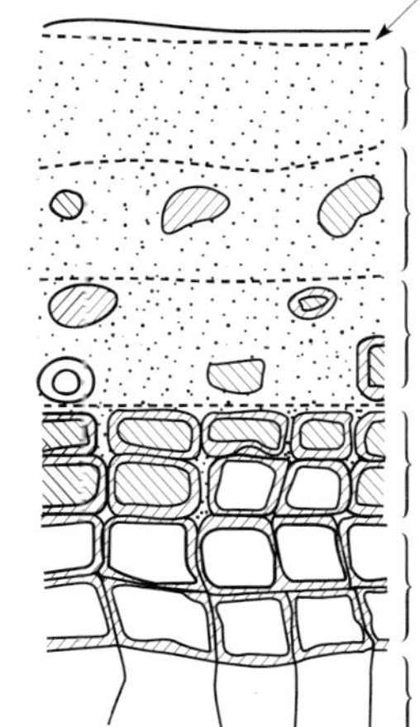

2 물리적 특성

■ **통일분류법** : SM, SC 그러나 NO.200체 통과량 15~40%

■ **Atterberg Limits**는 일반적으로 비소성이거나 소성지수 낮다. 그러나 풍화가 매우 심하게 진행된 곳에서는 점토와 같은 성질을 나타내며 소성지수가 매우 크게 나타나는 경우도 있다.

■ **풍화정도를 나타내는 방법** : 강열감량법, 화학적풍화지수(CWI), X선-회절분석, 간극율의 변화 등

$$\text{화학적풍화지수 CWI} = \frac{Al_2O_3 + Fe_2O_3 + TiO_2 + H_2O}{\text{모든화학성분}} \times 100\%$$

■ **역학적 특성**의 경우 풍화의 진행에 따라 암석의 파쇄와 변질로 인해 세립율이 증가하므로 풍화정도에 따라 역학적 특성이 변화한다.

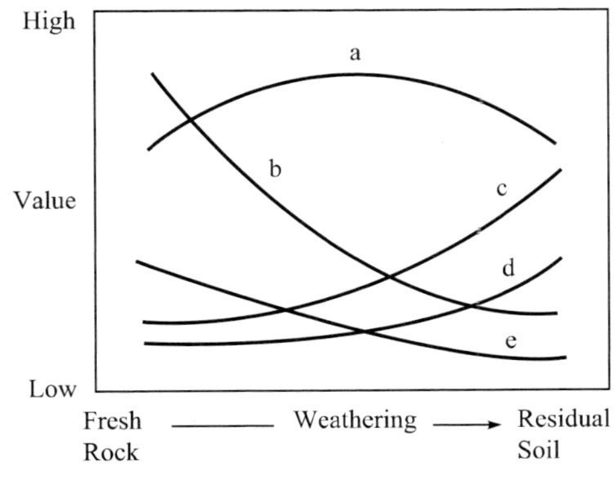

a : Permeability
b : Peak friction angle Density
c : Cohesion intercept Fine content
d : Compressibility Void ratio
e : Ultimate friction angle Specific gravity

3 공학적 특성

① 조성광물의 함유량과 풍화정도에 따라 그 공학적 성질이 달라지는 흙으로서 모암의 풍화특성 파악이 중요하며, **차별풍화에 따른 핵석지반 분포** 가능함에 유의

개념정리 ⑬ 화강풍화토의 공학적 특성 (2)

→ 핵석지반 분포로 공학적 문제가 되는 사항은 **차별풍화 단면(암반선) 정확한 추정이 어렵다.** 따라서, 실무적으로 **굴착난이도평가(암판정)** 및 핵석 주변의 풍화토와 풍화암에 대한 **강도정수 산정이다.**

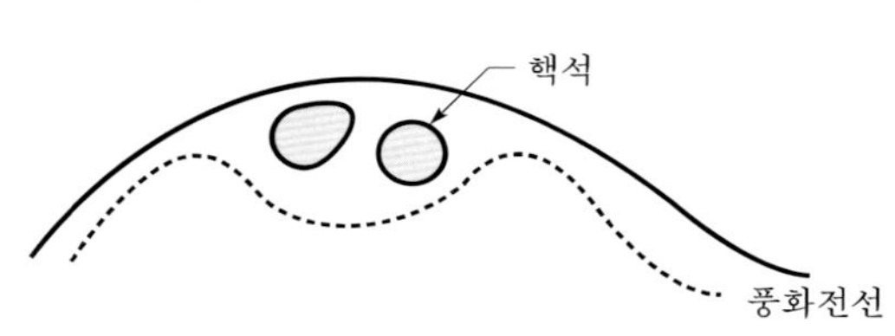

② 화강풍화토는 우리나라의 경우 75㎛체 통과량이 35%미만은 55%, 15% 미만은 불과 15%에도 미치지 못하므로 75㎛체 통과량이 클 경우 **성토재료로 부적합할 수 있다.**

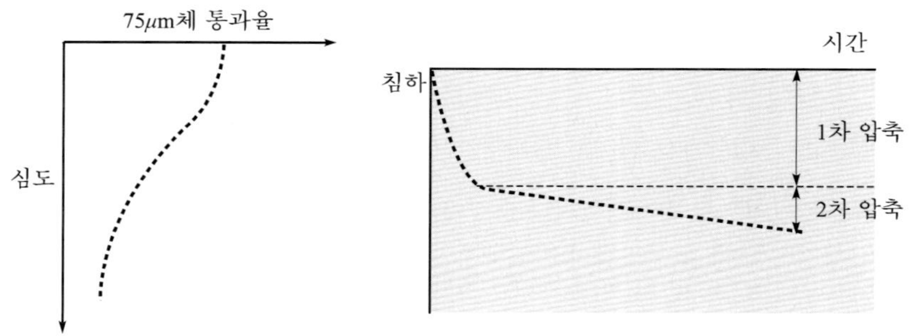

③ **투수특성은 사질토에 가깝고**, 화학적 풍화작용에 의해 생성된 점토광물 영향으로 Creep변형에 따른 2차압밀 발생등 **압밀특성은 점성토에 가깝다.**

④ **대표적인 불포화토 거동특성을 보이는 흙**으로서 건기시에는 불포화토로 모관흡수력에 의해 안정된 상태로 있으나 **우기시 집중호우로 인해 강우침투로 모관흡수력을 상실**하여 비탈면파괴가 발생될 수 있음 → 깎기시 구배는 1:1~1:1.5 정도가 요구되며 **강우시 침투로 인한 비탈면붕괴**가 발생되기 쉬우므로 표면보호, 표면보강, 지표수 배제, 지하수 배제 등 조치가 필요함

- 토립자와 물과의 결합특성이 특이하다. 화강풍화토는 일반적으로 산지나 구릉지대에 있기 때문에 지하수위 이상의 지반을 구성하고 불포화상태로 존재하여 모관흡수력에 의해 안정된 상태로 있으나, 우기시 집중호우로 빗물이 지면속으로 침투하게 되면 포화상태로 변하게 되면서 모관흡수력이 상실하게 됨에 따라 불안정한 상태가 된다.
- 지반정수 산정시 건기시에는 불포화상태로 모관흡수력에 의해 안정된 상태로 있으나, 우기시 집중호우로 인해 빗물이 지표아래로 침투하게 되면 모관흡수력을 상실하여 불안정한 상태가 되므로, 현실적으로는 현재의 공사시점에서 이를 **성토재료로 이용할 경우**와 **자연상태로 두고 이용하는 경우**(절토사면의 안정, 구조물기초 지지력, 원지반상태의 강도정수 등) **로 나누어 적용**하고자 하는 **강도정수의 산정방법**을 선정하여야 한다.

개념정리 ⑭ **화강풍화토의 공학적 특성 (3)**

⑤ 응력-변형률 거동은 **높은 구속압에서는 취성파괴, 낮은 구속압에서는 연성파괴** 거동을 보임

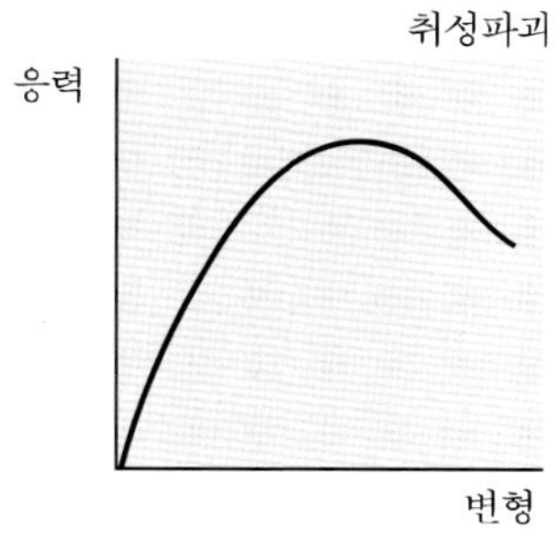

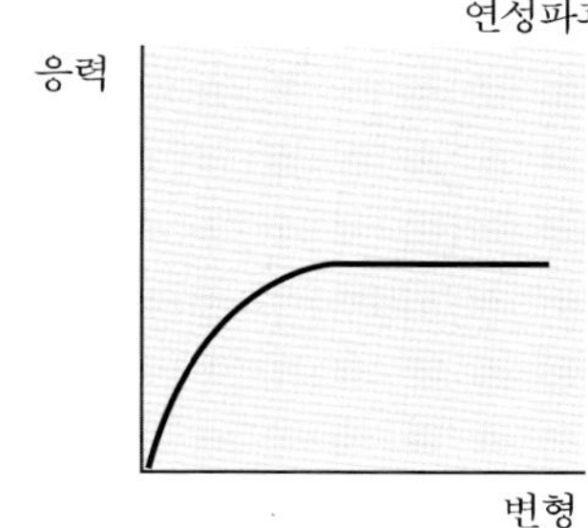

⑥ 다짐에너지를 크게 하여 다지면 **과다짐이 발생**하여 **전단강도가 감소**

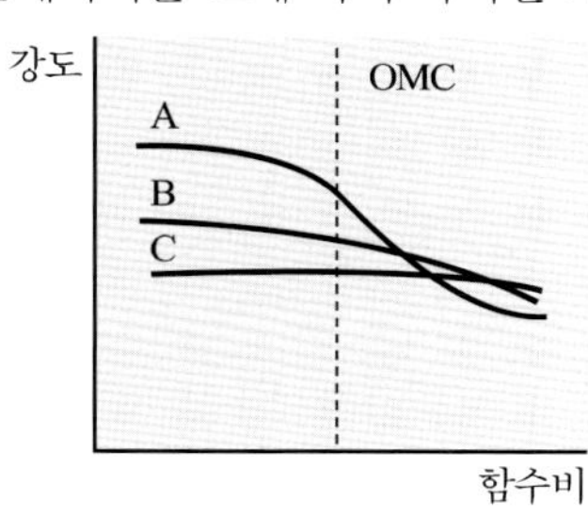

㉮ C → B → A : 다짐에너지가 큰 순서

㉯ 건조 측에서는 다짐에너지 증가시 강도증가 발생

㉰ 습윤 측에서는 다짐에너지에 따라 전단강도가 비슷한데, 이유는 큰 에너지에서 **과다짐 (over compaction)에 의한 입자파쇄로 세립분이 증가**되기 때문

④ **화강풍화토의 생성과정에 대한 응력경로**

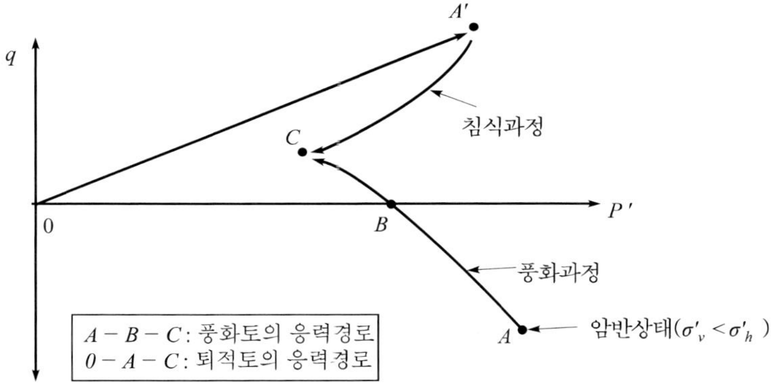

① **풍화토 A → B → C** : 암반의 응력상태가 풍화가 발생하는 지표면 근처에서는 횡방향응력이 연직응력보다 크다는 점을 감안할 때 풍화초기에는 $K_o > 1$ 로 존재하다가 풍화가 심화되면서 K_o값이 감소하게 되며 A → B → C의 응력경로를 따르며, C점의 위치는 풍화정도에 따라 달라질 것이다.

② **퇴적토 O → A' → C** : 흙이 퇴적되어 쌓이면서 형성되기 때문에 횡반향 변위가 구속된 1차원 압밀조건에서 퇴적과 함께 연직응력(σ_v')이 계속 증가하고, 이에 따라 횡방향응력(σ_h')은 K_o상태에서 증가하게 되며(O → A'), 침식 또는 굴착 등의 연직하중 감소로 과압밀될 경우에는 K_o가 증가하면서 (A' → C) O → A' → C의 응력경로를 따르게 된다.

구조물기초설계기준해설(2018)

3.9.1 실제지반의 특성과 조사결과로부터 얻은 지반정수 사이에는 차이가 날 수 있으므로 다음 사항을 고려하여 지반정수를 평가한다.

(1) 응력수준과 변형상태
(2) 흙의구조
(3) 시간효과
(4) 흡착수로 인한 강도 약화
(5) 동적거동에 의한 약화
(6) 지반구조물의 설치방법
(7) 인위적으로 조성하는 지반 또는 개량지반에서 기능공의 숙련도의 영향

해설 16.8-1

구조물기초설계기준해설(2018)

3.9.2 신뢰할 수 있는 지반정수를 얻기 위해서는 다음의 항목을 고려한다.

(1) 유사한 지반조건에서 실시한 시험들에 대한 문헌정보
(2) 설계정수들의 편차 파악에 필요한 조사 및 시험의 수량
(3) 관련 문헌의 값, 일반적인 경험치 및 지역적인 경험치, 정수 간의 상관관계
(4) 현장 시험으로부터 얻은 결과와 실제 시공현장에서 측정한 계측 결과
(5) 두 종류 이상의 시험을 했을 경우 얻은 결과들의 상관관계
(6) 내진설계를 위한 동적특성치

해설 16.8-2

구조물기초설계기준해설(2018)

3.9.6 점성토의 배수조건에 따라 비배수전단강도와 배수 전단강도로 구분하고 다음의 영향요소를 고려하여 결정한다.

(1) 현장과 실내시험의 응력상태 차이
(2) 시료의 교란이 미치는 영향
(3) 강도의 이방성
(4) 단단한 점성토의 균열
(5) 변형속도의 영향
(6) 시간의 영향
(8) 포화도
(7) 시료의 불균질성
(9) 시험결과로부터 전단강도를 구하는 이론의 신뢰도(특히 현장시험의 경우)

해설 16.8-3

16.8 지반의 지반정수 평가(1)

> 지반정수 평가와 관련된 사항은 지반공학이해Ⅰ 제3장 지반물성평가·지반조사편을 통해 설명된바 있다. 지금부터는 구조물기초설계기준해설(2018)의 관련내용과 지반공학이해 ⅠⅡ에서 연계되는 내용을 함께 학습할 수 있도록 정리할 것이다. 아무튼 올바른 이해를 위해 함께 연계학습하길 당부 드린다.

1 토사지반의 정수 평가

■ 해설 16.18-1 에 대해서는

> 지반공학이해Ⅰ 193~195p 3.6~3.7 지반정수 평가시 고려해야 할 사항을 연계

■ 해설 16.18-2 에 대해서는

> 지반공학이해Ⅰ 191p 3.5 신뢰할 수 있는 지반정수를 결정하는 방법과 연계

■ 해설 16.18-3 에 대해서는 아래의 사항들과 연계

(1) 현장과 실내시험의 응력상태 차이

> 지반공학이해Ⅰ 557p 6.51 샘플링과 삼축압축시험의 응력경로

(2) 시료의 교란이 미치는 영향

> 지반공학이해Ⅰ 327p 3.65~3.66 시료의 교란이 지반설계정수에 미치는 영향

(3) 강도의 이방성

> 지반공학이해Ⅱ 283p 10.46 8 비배수전단강도의 이방성을 고려한 ADP 개념

(4) 단단한 점성토의 균열

(5) 변형속도의 영향

(6) 시간의 영향

(8) 포화도

> 지반공학이해Ⅱ 279p 10.44~10.47 점성토의 전단강도에 영향을 미치는 요소

(7) 시료의 불균질성

> 지반공학이해Ⅲ 개념정리⑩~⑪ 샌드심(Sand seam)

(9) 시험결과로부터 전단강도를 구하는 이론의 신뢰도(특히 현장시험의 경우)

> 지반공학이해Ⅱ 365p 개념정리㉘~㉚ 삼축압축시험에서 얻은 흙의 강도는 현장에서의 흙의 강도와 일치하는가?
> 지반공학이해Ⅱ 329p 10.66~10.67 c_u와 UU, CIU, CK_oU 시험에 대한 Review 를 연계

구조물기초설계기준해설(2018)

3.9.7 흙의 강성은 변형계수와 전단탄성계수로 나타내며 다음사항을 고려하여 측정한다.

(1) 주요고려사항

① 배수조건 ② 초기유효응력 수준 ③ 전단변형률 또는 전단응력수준 ④ 응력이력

(2) 응력-변형률 관계를 선형 혹은 대수 선형 관계로 가정할 수 있으나 이 경우 실제 흙은 일반적으로 비선형 거동을 보이므로 주의하여야 한다.

해설 16.9-1

구조물기초설계기준해설(2018)

3.9.8 압밀정수와 투수계수는 지반의 불균질성, 이방성, 균열이나 단층, 계획 하에서 응력변화를 고려하여 산정한다.

3.9.9 실내시험에서 측정한 투수계수 값은 현장의 상태를 대표하지 못할 수도 있으므로 현장상태보다 크게 유효응력이 증가하는 경우의 투수계수 변화 가능성을 고려하여야 한다. 투수계수는 입경과 입도분포에 의해서 산정될 수도 있다.

해설 16.9-2

구조물기초설계기준해설(2018)

3.10.1 암반지반의 정수평가 시 고려사항은 다음과 같다.

(1) 암석 및 암반의 특성을 평가하는 경우 코어시료에서 측정되는 암석의 거동과 구조적인 불연속면을 가지는 훨씬 큰 암반의 거동차이를 구분하여야 한다. 구조적인 불연속면은 층리면, 절리, 파쇄대, 용해공동을 포함한다. 절리에 대해서는 다음의 요소를 고려해야 한다.

① 간격 ② 방향성 ③ 틈새 ④ 연속성 ⑤ 치밀성
⑥ 절리면 거칠기 ⑦ 절리 틈새 채움 ⑧ 강도 ⑨ 지하수 특성 ⑩ 블록의 크기

(2) 암석 및 암반의 특성을 평가하는 데 있어서 필요시 다음의 사항을 고려하여야 한다.

① 현장 초기응력

④ 풍화환경에서 다공질 연암의 연화현상

⑥ 점토광물이 함유된 팽창성 암반

(4) 공학적 목적의 암반 평가 시 RQD 를 이용하여 평가 할 수 있다.

해설 16.9-3

구조물기초설계기준해설(2018)

3.10.3 암반의 전단면은 일반적으로 절리, 층리, 벽개 등을 따라 형성된다. 암석의 전단강도 평가 시 다음 사항을 고려한다.

해설 16.9-4

16.9 지반의 지반정수 평가(2)

■ 해설 16.9-1 (1)항에 대해서는

지반공학이해 I 129p 2.28 변형계수를 왜? 정적-동적변형계수로 구분하여 산정하는가? 지반공학이해 I 118p 표 2.23-1 변형계수와 지반반력계수의 비교를 연계

■ 해설 16.9-1 (2)항에 대해서는

지반공학이해 I 75p 2.2 실제지반의 거동과 응력-변형률 관계 지반공학이해 I 77p 2.3 응력변형률 관계와 강성의 정의를 연계

■ 해설 16.9-2 3.9.8에 대해서는

지반공학이해 II 121p 9.50~9.51 표준압밀시험으로 구한 압밀특성을 나타내는 지반 정수의 불확정성과 지반공학이해 II 167p 9.69~9.72 설계시 예측침하량과 현장 실측 침하량의 차이가 발생되는 원인을 연계

■ 해설 16.9-2 3.9.9에 대해서는

지반공학이해 I 583p 7.12 투수계수의 신뢰성과 연계

2 암반지반의 정수 평가

■ 해설 16.9-3 (1)항에 대해서는

지반공학이해 III 309p 14.3 암 지반의 거동에 대한 이해, 지반공학이해 III 319p 14.6~14.7 지질구조와 블연속면의 종류 지반공학이해 III 371p 14.30~14.31 불연속면 조사항목에 따른 공학적 특성과 연계

■ 해설 16.9-3 (2)항 ①에 대해서는

지반공학이해 III 331p 14.11 초기지중응력의 예측의 중요성, 지반공학이해 III 337p 14.14~14.17 초기지중응력 산정방법과 연계

■ 해설 16.9-3 (2)항 ④,⑥에 대해서는

지반공학이해 III 314p 개념정리⑥~⑧ 세일의 슬레이킹현상과 지반공학이해 III 317p 개념정리⑨ 이암 굴착면의 안정성을 연계

■ 해설 16.9-3 (4)항에 대해서는

지반공학이해 III 375p 14.32 불연속면 특성의 조사방법 및 불연속면의 방향성 정리방법, 지반공학이해 I 316p 개념정리㉚를 연계

■ 해설 16.9-4에 대해서는

지반공학이해 III 377p 14.33~14.36 불연속면의 전단강도 시험 및 전단거동 특성, 지반공학이해 III 385p 14.37~14.38 불연속면의 전단강도 model, 지반공학이해 III 389p 14.39 불연속면의 전단강도와 관련한 크기효과(scale effect)와 연계

N치의 신뢰도 및 의존도는 어느 정도인가?

1 N치 인식에 대한 오류

- 표준관입시험(SPT) 측정치(N)는 지반의 연경정도를 표준관입 기구의 타격횟수로 측정한 값이다. 시험장비, 측정자, 지반종류 등에 따라 편차가 큰 측정치 임에도 불구하고, 모든 측정치를 대신할 수 있는 것으로 잘못 인식되고 있다.

> ※ 사질토 연경정도 N파악 → D_r → ϕ추정,
>
> 점성토 연경정도 N파악 → $q_u = \dfrac{N}{8}$ → $c_u = \dfrac{N}{16}$ $(N < 15)$ 추정

- 표준관입시험(SPT)은 원위치 시험으로서 시추조사와 병행하여 시험이 수월하고 **지층의 연속적인 자료를 제공한다는 점에서는 큰 의미**가 있다.
- 지반강도정수 산정시 N치 관련 경험적인 관계식이 오랫동안 적용됨에 따라 이러한 관계식들이 합리적이고 검증된 것으로 오인되고 있다.

> ※ N값 : ① 느슨한 사질토에서 다짐효과로 과대평가 ② 초연약 점토($N < 4$)점토에서 교란으로 과소평가(따라서 Vane-Test타당) ③ 자갈·전석이 포함된 지반에서 과대평가(따라서 PMT타당) ④ 점성토지반에서 c_u추정은 타당성이 없음(따라서 CPT_u, 일축압축시험, uu시험 병행이 타당)

2 현황

- 측정장비나 장비효율 확인, 측정값 보정에 대한 인식 부족하고 N치를 거의 모든 설계인자에 활용되고 있다 실제로 실무에서는 설계에 필요한 대부분의 지반정수(c, ϕ, 변형계수 등)를 N치에 절대적으로 의존

3 개선방향

- N치 측정장비 효율, 측정값 등 보정사항을 확인(N_{60} 값으로 보정한 결과를 이용)
- 측정값은 가급적 **지층구분** 등의 참고자료로만 활용 따라서 N치 측정 수량은 필요에 따라 축소가 타당하며, 필요한 다른 측정항목으로 대체
- 지반종류나 구조물 특성에 맞는 설계인자를 측정하여 활용. 지반의 강도정수, 변형계수, 투수계수 등 적정한 현장시험을 활용

> 지반공학이해 I 제3장 291p 3.48~3.49와 연계

해설 16.10-1

① 지지층 근처는 시추공 공벽유지가 양호해 재하시험이 용이한 반면 상부층은 대체로 공벽유지가 힘들어 재하시험 수행이 어려움에 따라 시험은 활용도가 떨어지는 하부 암반층을 측정하고 설계 시 에는 N치 등을 이용하여 추정 설계함

② 따라서 시추공 공벽유지가 어려운 지반의 경우 **자가굴착식** PMT등을 적용함이 타당하다.

해설 16.10-2

16.10 지반조사시 간과하기 쉬운 항목에 대한 이해(1)

1 지반조사의 근본적인 목적에 대한 이해

- 지반조사의 근본적인 목적은 필요한 지반의 역학적, 물리적 값을 측정하고 지층의 구조 등 지반정보를 파악하여 안전하고 경제적인 설계 및 공사를 수행하기 위함이다.

> 지반공학이해Ⅰ 제3장 197p 3.8 지반조사개요와 연계

- 그러나 지반조사가 시추조사와 표준관입시험 위주로 대부분 시행되고 있으며, 단순 **지층구성 확인이 주요 목적**으로 되고 있음. **가장 중요한 설계를 위한 지반설계정수의 결정과 분석자료가 미흡**하고 부족한 실정이며 측정 항목 및 방법도 천편일률적임
- 지반조사의 주 목적이 단순 지층파악에서 탈피하여 표준관입시험(SPT) 이외에도 불교란시료를 채취하여 강도정수 산정, 변형계수 산정 및 지표침투율 측정 등 실제 필요한 항목들을 측정하여 활용해야 한다.

2 N치의 신뢰도 및 의존도는 어느 정도인가?

- 해설 16.10-1 을 참고

3 지반 변형계수의 중요성과 의미, 측정방법들

- 지반은 강이나 콘크리트보다 변형이 크므로 모든 설계에서 지반의 변형(침하, 변위)예측이 가장 중요하다. 모든 구조물은 지반과 접하여 설치되므로 지반의 변형은 구조물 거동에 직접적인 영향을 줌. 변형계수는 구조물기초 수평변위 및 침하량 검토시 사용되는 지반설계정수로서, 실제 거동시 지반의 변형은 탄소성, 점탄성영역으로 복잡하기 때문에 실무설계에서는 대부분 탄소성 거동까지 고려하여 설계되고 있다.

> 지반공학이해Ⅰ 제1장 57p 1.18~1.21 탄소성모델, 65p 1.22~1.23 탄성·점성 및 점·탄성모델에 대해 설명되어 있음 연계

- 실무에서 변형계수의 중요성이나 특성 자체를 인식하지 못하는 경우가 많기 때문에 조사단계에서 해설 16.10-2 같이 적합한 측정 부위나 측정법들을 제대로 인지하지 못하는 경우가 대부분이다. 실무에서는 **변형계수 측정법 및 필요 부위 등에 대한 이해**를 바탕으로 시험을 실시하여 설계에 활용되어야 한다. 예를 들면 **말뚝기초 연직변위**는 지지층 근처의 변형계수가 가장 큰 영향을 주고, **말뚝기초의 수평지지력 산정**은 상부층에서의 변형계수가 중요하다. 말뚝의 경우 상부 지반의 수평방향 변형계수가 중요 설계인자임에도 불구하고 대부분의 경우 하단 선단부에서 변형계수를 측정하므로 측정값을 암 판정 참고 자료 정도로만 활용하는 실정임.
- 실무 설계시 용도에 맞는 지반변형계수를 측정하여 활용함이 매우 중요하다. **현장에서의 지반변형계수 측정방법**에 대해서는 지반공학이해Ⅰ 220p 개념정리⑥을 연계

1 예민비에 의한 교란정도 파악

① **예민비**는 교란에 의한 강도저하의 정도를 나타내는 것으로 교란시료에 대한 불교란 시료의 강도비로 표현된다. 예민비가 클수록 교란의 영향을 받아 공학적 성질이 불량하며, 점토의 분류에 사용된다.

② **틱소트로피**는 교란된 흙이 시간경과에 따라 그 강도의 일부를 회복하는 현상을 말한다.

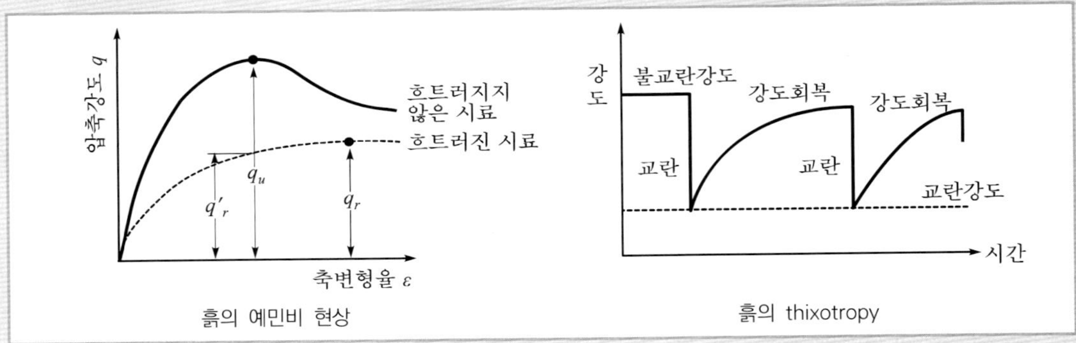

흙의 예민비 현상　　　흙의 thixotropy

※ **시료의 교란도 평가방법에 대해서는 지반공학이해 I 323p 3.63~3.64와 연계**
예민비와 틱소트로피에 대한 공학적 거동에 대해서는 지반공학이해 I 367p **개념정리 ⑥~⑧** 과 연계

2 불교란 시료 채취 및 시료 성형방법

① 불교란 시료란 채취된 시료로부터 지반의 강도, 압축성, 투수성 등을 결정 할 수 있을 정도로 교란이 적게 된 시료를 말하며, 원지반의 강도특성을 대표할 수 있어야 한다.

② Block Sampling 방법이 교란이 더 심하며, Thick(or Thin) Wall Sampling을 사용하는 것이 근본 취지에 적합하다.

- Thick Wall Sampling : 점성토의 불교란 시료 채취
- Thin Wall Sampling : 점성토 및 사질토의 불교란 시료 채취

해설 16.11-1

1 같은 지반에서 강도정수는 어느 경우에나 같다? → *NO*

흙의 성질은 본질적으로 비균질, 비등방성이며, 흙의 거동은 응력뿐만 아니라 시간과 환경에도 의존함.

2 강도정수 측정이 어렵고 활용도가 떨어진다. → *NO*

① 점성토에 있어서는 시료채취와 시험방법이 비교적 용이

② 사질토의 경우 주로 N치나 Duch cone 시험 값 등 현장시험 결과를 이용하여 간접적으로 강도정수를 결정하는 방법을 많이 이용하고 있으나 전단시험을 수행하여 강도정수를 결정하는 것이 훨씬 더 정확함.

해설 16.11-2

16.11 지반조사시 간과하기 쉬운 항목에 대한 이해(2)

CHAPTER

12 13 14 15 16 17 18

4 불교란(UD) 시료의 중요성 및 측정

■ 지반은 교란(Disturb), 불교란(UnDisturb) 상태에 따라 거동 특성이 크게 차이가 나며, 그 차이는 지반의 종류에 따라 다르다. 거의 모든 경우 교란, 불교란 상태 지반을 접하게 된다. **교란시료(대표적으로 SPT 샘플링 시료)**는 토질의 물리적 특성(흙의 입도, 컨시스턴시, 흙의 공학적 분류)을 파악하는데 이용되며, **불교란 시료**는 원래의 흙입자 배열과 구조가 보전되고 원위치의 역학적 특성을 가진 시료로서 역학적 특성(강도, 압밀, 투수특성)을 측정하기 위하여 사용된다.

> 지반공학이해 I 223p 3.20 1 토질시험의 종류 및 결과이용
> 지반공학이해 I 317p 3.60 시료채취(sampling)과 연계

■ **개선방향으로** 지반조사 및 시험시 불교란 시료를 채취하여 필요 지반물성 및 지반파라미터를 산정토록 유도해야 한다. ① 시료채취가 가능한 토사층 에서는 층별로 2조 이상의 불교란 시료를 채취하여 필요 물성(특히 강도정수)를 산정하고, ② 원위치에서는 공내전단시험이 불교란 시료의 강도측정 방법으로 개념적으로 적합하나 아직 기준의 표준 및 통일이 필요한 부분이 있으므로 적용 시에는 보조적인 방법으로 활용하는 것이 바람직하다. ③ 불교란 시료 채취방법으로는 해설 16.11-1 같이 Block Sampling 방법보다 교란이 적은 Thick(or Thin) Wall Sampling 사용이 합리적, 효율적임.

5 지반 강도정수(c , ϕ)의 중요성·한계 및 측정방법

■ 지반의 강도정수(c , ϕ)는 지반과 구조물 설계에 필수적인 인자로서 강도정수(c , ϕ)는 같은 흙에서도 여러 조건에 따라 다르다. 거의 모든 경우 조사단계에서 지반의 강도정수(c , ϕ)를 측정하지 않고 있다. 이와 같은 현상은 해설 16.11-2 같이 강도정수(c , ϕ)는 정확한 개념이해가 되어있지 않기 때문이다.

> 지반공학이해 II 231p 10.22 전단강도의 본질로부터 파괴기준 및 응력경로 연결해서 이해 및
> 지반공학이해 II 291p 10.50 현장응력체계에 따른 전단강도시험과 연계

■ 원지반의 강도정수가 필요한 경우는 반드시 불교란 시료를 이용한 실내시험(일축, 직접, 삼축) 또는 현장시험(공내전단, 베인)을 실시한다.

6 거동특성에 적합한 조건에서의 강도정수 측정

■ 함수비에 따른 강도정수 측정 → 해설 16.12-1 참조

① 사면안정해석을 위한 토사층의 강도정수 측정 시에는 강우 침투가 예상되는 층의 경우(그림 16.12-1) 같이 '불포화상태' 와 '포화상태' 함수비에서의 강도정수를 측정하며, 포화상태 함수비는 시험시료의 수침에 의해 도달하는 최대 포화도에서 측정한다.

> 지반공학이해 II 385p 10.88~10.91와 연계

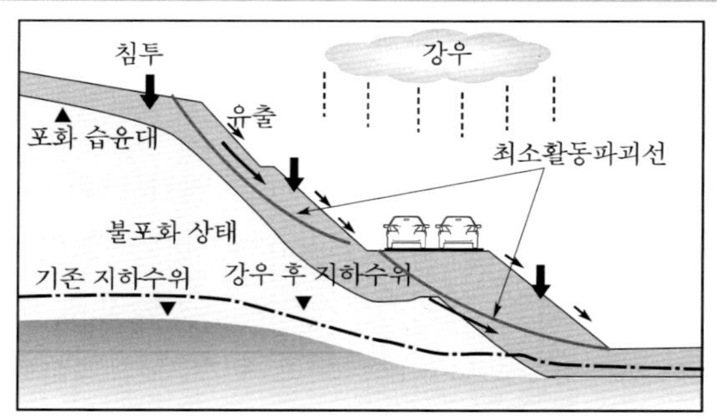

① 포화습윤대 : 포화상태 강도정수
② 불포화대 : 불포화 상태 강도정수
③ 지하수위 이하 : 포화강도정수+간극수압

그림 16.12-1

토사 구분 입경 크기와 실제 지반 구성 입경 차이

- 토사로 구분하는 입경기준이 국가나 기관마다 차이가 있다. KS의 경우 모든 토질시험이나 강도정수 등 시험은 주로 2mm이하 입경으로 규정하고 있으나 실제지반은 더 큰 입경을 가지는 성분이 상당수이며, 이 성분이 지반거동에 더 큰 영향을 준다.
- 따라서 실제지반의 구성 토사 입자를 가지고 조사 및 실험을 하는 것이 타당하다.

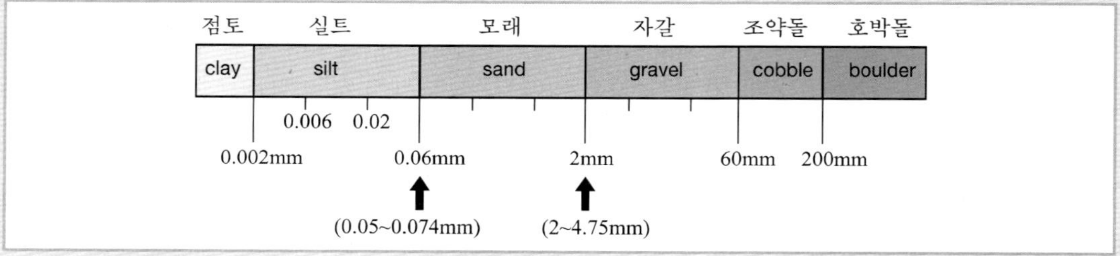

화강풍화토의 거동

- 토사는 일반적으로 교과서적으로 구분되는 사질토, 점성토로 명확하게 구분되는 거동을 하지 않는다. 교과서적인 유효응력, 전단응력 강도정수가 실제에서 괴리가 나는 이유이다.
- **우리나라에서 가장 흔하게 존재하는 풍화 잔류토에 해당하는 화강풍화토 경우는** 투수성 측면은 사질토, 압축성 측면은 점성토 거동을 보이므로 일명 Headache soil이라 불린다. **통일분류는 SM, SC로 분류되며 75μ m 통과량은 15～40%가 우세하므로 전체적으로 점성토에 가까운 거동을 보인다.** 우리나라 산지의 최상부층은 일반적으로 풍화가 발달된 화강암이나 화강편마암의 풍화잔류토로, 우기시를 제외하고는 대부분 불포화 상태로 존재한다. 이러한 풍화 잔류토는 건기시는 불포화상태로 모관흡수력에 의해 안정된 상태로 있으나, 우기시 집중호우로 인해 빗물이 지면속으로 침투하게 되면 모관흡수력을 상실하여 비탈면파괴가 일어나므로 주의해야한다.
- 이와 관련해서는 지반공학이해 I 390p 개념정리⑬~⑭ 기초지반의 공학적 특성치 결정에서 세립분 함량에 따른 배수조건에 따라 구분해서 결정하는 경우와 지반의 포화도, 투수성, 재하조건과 배수조건에 따라 구분해서 결정하는 방법에 대해 설명된 바 있다. 지반공학이해 I 390p 내용과 연계·구분해서 이해하길 당부 드린다.

해설 16.12-1

16.12 지반조사시 간과하기 쉬운 항목에 대한 이해(3)

② 화강풍화토에 있어 함수비는 ϕ보다는 c값에 보다 큰 영향을 미치며, c는 함수비가 증가함에 따라 점차 감소함

■ 재하속도에 따른 강도정수 측정

① 토사의 강도정수 측정은 대부분의 경우 직접전단시험으로도 가능하고 연약토 등 꼭 필요한 경우에만 삼축압축시험을 시행하는 것이 객관적이고 합리적임

② 점성토 거동을 하는 화강풍화토의 경우 강도정수 측정 시 전단속도는 과잉간극수압이 발생하지 않도록 충분히 낮은 속도로 완속 전단시험을 수행하는 것이 실제거동에 적합하다. 점성토의 직접전단 시험의 경우 KS에 명확한 속도기준은 없으므로(삼축압축시험 UU 1%/분) 외국기준 '0.05mm/분' 적용이 타당하다.

지반공학이해Ⅱ 283p 10.46 7 전단속도와 변형률의 크기 그림 10.46-1 과 연계

■ 토질종류 및 실제 성상을 고려한 강도정수 측정 → 해설 16.12-1 참조

① 실제 지반의 토사입자가 표준시험기의 치수에 적합하지 않은 큰 입경들이 많이 포함되는 경우 **'대형전단시험기'등을 이용하여 강도정수**를 측정해야 한다.

② 대형전단 시험은 일반 전단시험과는 달리 큰 하중을 재하 할 수 있는 유압 전자제어시스템을 이용하여 아스팔트 및 모래, 쇄석 등의 전단 시험에 적합하다.

7 암반(석)의 강도 의미 및 용도

■ 지반은 입자로 이루어진 흙과 암반(석)을 모두 취급 시 당연히 흙과 암반(석)의 거동은 크게 차이가 나며, 흙과 암반(석)의 주요강도 인자도 다르다. 암반의 거동은 암반내 분포되는 불연속면에 의해 좌우되므로 **암석자체의 강도보다 암반내 불연속면의 강도정수가 중요하다.**

■ 흙과 암반의 강도정수(c, ϕ) 성분 비중이 크게 다르며, 암반이나 굳은 지반으로 갈수록 강도정수 중 점착력(c)이 주된 지배 인자임. **흙에서는 강도정수 중 ϕ가 큰 비중을 차지하지만 암에서는 c값이 큰 비중을 차지한다.** 암반의 경우 c의 측정이 매우 어려워 적정 추정치를 적용하여 탄소성모델로 분석하는 것이 합리적임 또한 암반의 경우 절리를 포함한 전체 거동을 예측하는 것이 매우 중요하므로 강도 개념보다 절리 특성이나 변형계수가 특히 중요한 의미를 갖는다.

8 비탈면 안정해석시 강우와 관련된 조사 및 시험항목

■ 16.13절에서 별도 설명

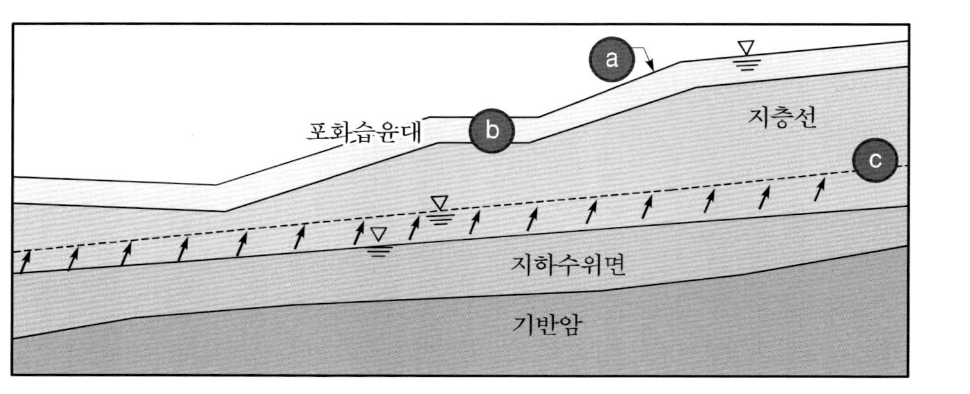

그림 16.13-1 강우를 고려하는 방법

- 첫 번째는 **강우시 비탈지표면을 지하수위로 상정하는 것**이다. 그림 16.13-1ⓐ는 최근까지 비탈면 해석에 가장 많이 사용되는 조건으로 강우시(집중호우) 지하수위가 비탈 지표면까지 차오르는 것으로 상정한 것이다. 이것이 실제 거동과 많은 차이를 보이는 경우로 실제 지하수위는 지표면 아래 몇 미터 아래에 존재하고 있다. 그러나 이와 같이 **지표면 근처에 지하수위면을 고려하는 경우는 가장 위험한 경우를 가정한 것이므로** 실제 집중호우가 발생하여도 쉽게 나타나는 현상이 아닐 뿐더러 **과다 설계의 원인**이 된다. 즉 **현재 지하수위 위치와 상관없이 비탈면 조건을 지하수위로 상정하는 것 자체가 실제 거동을 모사하기에는 무리가 있고**, 실제 현장에서 수치해석 오류로 인한 문제가 빈번히 발생함에도 불구하고 현재까지 비탈면 안정 검토시 강우 조건을 상정하는 방법으로 가장 많이 적용되고 있다.

- 두 번째는 그림 16.13-1ⓑ의 경우로 **강우가 오면 지표면으로 침투되는 강우거동을 모사하여 비탈면 안정 검토를 수행하는 방법이다**. 이 방법은 논리상으로 실제 거동과 부합하는 방법이다. 그러나 이 방법은 복잡한 강우 침투이론과 그에 대한 이해 부족과 분석도구의 미흡으로 아직까지 제대로 분석이 수행되는 경우가 드물다. 이 방법의 변형된 형태로 정밀한 **강우 침투해석 대신 강우시 침투되는 습윤대 두께를 산정하고 그 습윤대에 일정 정도의 간극수압비**($\gamma_u = \dfrac{u}{\gamma h} = \dfrac{u}{\sigma_v} \simeq 0.25$(평균))**를 적용하는 방법**이 쓰이기도 한다. 이 방법은 침투 거동을 반영하기는 하지만 실제 거동과는 많은 차이가 있을 수밖에 없는 경험적인 인자들과 가정이 개입되어 여전히 부적합한 방법이다.

- 세 번째는 그림 16.13-1ⓒ와 같이 **강우가 지반에 침투되어 기준의 지하수위가 일정높이까지 상승한 것을 가정하여 비탈면 안정해석을 수행하는 것**으로 ⓑ의 경우와 마찬가지로 suction에 의해 지하수위가 상승한 것을 가정한 것이다. 이 경우 흡수력의 발생은 지반의 투수계수를 고려하여 적용한다.

해설 16.13-1 그림 16.13-1 강우를 고려하는 방법에 대한 설명

16.13 비탈면 안정해석시 강우와 관련된 조사 및 시험항목(1)

[1] 문제점

■ 사면안정에 가장 큰 영향을 미치는 인자는 강우 영향이다. 강우의 영향을 제대로 예측하기 위해서는 조사·시험이 반드시 필요하나 거의 모든 경우 간과되고 있다.

■ 즉, 비탈면안정검토시 **강우 침투거동** 및 **지반 강도정수 적용**에 대한 이해가 부족하여 **강우 침투를 고려한 비탈면안정해석을 위한 조사 · 시험 전혀 이루어지지 않고 있는 실정**이다.

[2] 강우의 침투해석을 통한 비탈면 안정해석 중요사항

■ 강우시 비탈면 설계 기본 방향

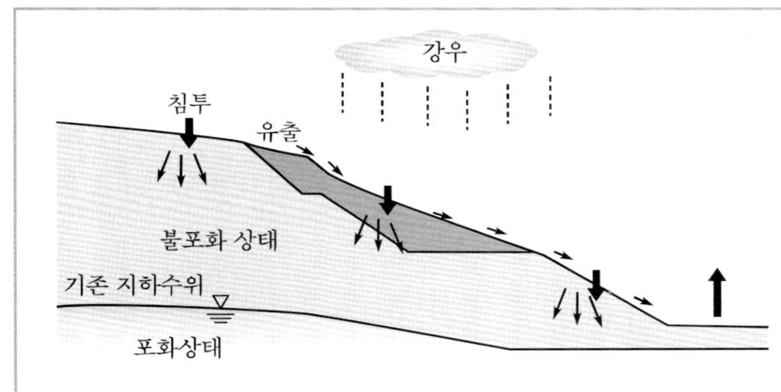

일반적으로 지표면에 조성된 비탈면은 **건기 시에는 불포화 상태**로 존재하게 된다. 이때 **지표로부터 침투되는 강우가 하강하여 습윤대가 형성**된다. 강우 초기에는 강우의 지표 침투량이 대부분이고 일정 시간 경과 후에는 대부분이 지표 유출되며, 강우 전체양으로 볼 때 대부분이 지표 유출이 된다.

① 위 그림과 같이 **강우가 지반에 침투되는 거동을 모사한 후** 비탈면 안정 해석을 그림 16.13-1ⓑ 같이 수행하는 것이 실제 거동에 부합하는 합리적인 검토기법 이라는 것에는 반론의 여지가 없다.

② 그럼에도 불구하고 최근까지 그림 16.13-1ⓒ 방법의 적용이 잘 시도되지 않거나 시도되는 경우에도 잘못 수행되는 여러 이유 중 하나는 **강우의 지반 침투거동에 대한 이해가 부족**한 것이 한 원인이다.

※ 독자들은 해설 16.14-1 에 대하여 반드시 이해하길 당부 드린다.

■ 강우시 비탈면 설계를 위한 주요 조사 시험

① 지반조사 단계에서 반드시 필요한 조사 시험을 수행하는 것이 원칙이다. 대부분 관례적으로 N값에 의한 추정, 참고문헌 근거로 설계 입력치를 산정하는 것은 잘못된 것이다.

② **지표침투율**, 불교란시료(성토시는 예정 다짐시료)의 **불포화, 포화상태 잔류 또는 완속 강도정수 측정**은 기존 관례적인 조사 시험과는 다른 주요 조사·시험 항목이다.

■ 강우를 고려한 올바른 비탈면안정해석 방법

① 강우를 고려한 올바른 비탈면 해석의 기본은 **2차원 한계평형 해석**을 적용하는 것을 전제로 **침투해석에 의해 비탈면 안정 해석을 수행**하는 것이다.

강우시 비탈면 파괴 메커니즘(강우에 의한 비탈면 파괴는 지하수위 상승에 의해 발생한다?)

- 일반적으로 자연비탈면의 경우 강우로 인한 지하수위 상승은 미미하다. 즉, 비탈면 활동 파괴 거동은 지하수위로 인한 간극수압에 의한 요인이 아니라, **강우로 인해 지표면 습윤대 형성층에서 해당 지반 강도정수(특히 점착력) 감소에 의한 것이 주원인**이다.

- **습윤대 내 지표면 얕은 파괴가 강우 시 실제 주로 발생하는 파괴 거동**이며 이 파괴가 진전 되면서 **깊은 파괴로 진행**되기도 한다. 따라서 초기에 발생하는 지표면 얕은 파괴를 예방하는 것이 중요하다.

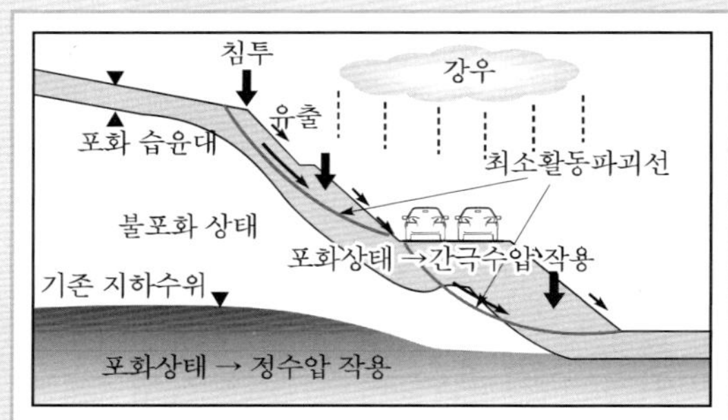

그림 16.14-1 실제 강우 침투 및 파괴 거동

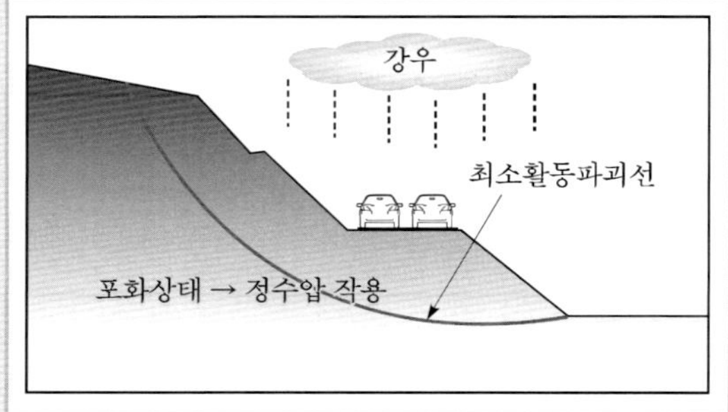

그림 16.14-2 지하수위 지표면 가정시 파괴 거동

- 그림 16.14-1 $F_s = \dfrac{\tau_f}{\tau_n}$ 에서 $\tau_f = c' + (\sigma - u_a)\tan\phi + (u_a - u_w)\tan\phi^b \rightarrow \bar{c} = c' + (u_a - u_w)\tan\phi^b$ 의 감소가 비탈면 **얕은파괴 발생원인**

- 그림 16.14-2 $F_s = \dfrac{\tau_f}{\tau_n} = \dfrac{\sum c' l + \sum (w\cos\theta - ul)\tan\phi'}{\sum w\sin\theta}$ 에서 강우에 의해 지표면까지 지하수위 상승으로 간극수압(u) 상승과 분모의 w이 $\gamma_t \rightarrow \gamma_{sat}$ 전단응력증가로 비탈면 **깊은파괴를 가정**

비탈면 설계기준의 올바른 이해

① 건기시 비탈면안정해석 : $F_s > 1.5$ 원지반 지하수위
② 우기시 비탈면안정해석 : $F_s > 1.2$ 지하수위가 상승하여 지표면과 일치한다 라고 가정
③ 강우의 침투해석을 통한 비탈면안정해석 : $F_s > 1.3$

- 비탈면 설계기준에서 ① 지반내 지하수위를 임의로 가정하는 방법과 ② 강우 침투를 Simulation 하여 지하수위 및 간극수압 분포를 적용 시키는 방법이 설계기준에 명시되어 있다,

- 관례적으로 ① 기준을 사용 강우시 지하수위를 지표면에 일치시키거나 또는 지표면-3m 등으로 지하수위를 조정하거나, 지반의 강도정수(특히 c)를 조정하거나, 안전율을 건기시(1.5) 보다 작게 잡는(1.3)등의 방법은 기본적으로 **강우시 비탈면의 거동이 실제와 일치되지 않는 방법**이다. 따라서 2006년 비탈면 설계기준에서는 강우시 분석방법을 ① 수십년전의 관례적 방법에 추가하여 ② 실제 거동에 맞는 최신의 **침투 해석적 방법을 적용** 가능토록 변경 하여 점차로 **②의 경우를 적용토록 유도**하였다.

해설 16.14-1

16.14 비탈면 안정해석시 강우와 관련된 조사 및 시험항목(2)

② 첫 번째로 **강우 시 침투해석**의 가장 중요한 요점은 **강우량 및 강우 지속시간** 산정과 **해당지반의 함수/수리 특성 곡선의 결정**이다.

③ 두 번째로 침투해석을 수행 후 한계평형해석에 의한 비탈면 안정해석시 가장 주요한 요점은 **지반 강도정수를 실제의 침투해석 결과에 부합되도록 포화 습윤대, 불포화대, 지하수위 이하로 구분하여 산정**하는 것이다.

3 강우 침투해석

■ 강우량과 강우지속시간

① 실무에서 강우 침투해석 시 입력자료 로서 그림 16.15-1같이 **확률강우강도와 강우지속시간 4시간을 적용**하고 있으나 이는 **잘못된 오해**로서 확률강우강도 방법은 해당지역의 지표로 유출되는 양을 예측하여 배수용량 등을 결정하고자 할 때 사용된다.

② 비탈면 안정성에 영향을 주는 강우는 강우 중 **지표면으로 침투되는 강우량**으로서 단위만 같을 뿐 다른 영향인자이다. 불포화토의 지표면에 침투하는 양은 투수계수와는 다른 침투능의 값이며 이를 나타내는 인자는 **지표침투율**이다. 즉, 지표침투율은 강우가 불포화상태 지반에 침투할 수 있는 최대능력이다. **지표침투율 이하의 강우는 지반으로 침투되며 그 이상의 강우는 유출되게 모사하면 된다.** (지표침투율 이하 강우? 50년동안 해당지역 최대 강우기록, 가장 불리한 48HR)

③ 이 값은 지반조사 시 쉽게 현장시험으로 측정이 가능하며 지반별로 그 차이가 그리 크지 않아 추정값 적용으로도 안정해석결과에 큰 영향을 미치지 않으므로 측정치를 일반적으로는 사용 가능하다.

지표침투율은 불포화토 상태 지반의 지표에서의 강우시 침투속도를 측정하는 것으로 포화상태의 투수계수와는 단위만 동일(*cm*/sec)할 뿐 다른 개념이다. 지표침투율 측정은 ASTM D3385를 이용하거나 아래 표를 이용한다.

Soil type	Basic infiltration rate(mm/hour)
sand	less than 30
sandy loam	20 – 30
loam	10 – 20
clay loam	5 – 10
caly	1 – 5

(BASIC INFILTRATION RATES FOR VARICUS SOIL TYPES FIELD INFILTRATION TEST (FAO Land and Water Development Division) FAO – FOOD AND AGRICULTURE ORGANIZATION OF THE UNITED NATIONS)

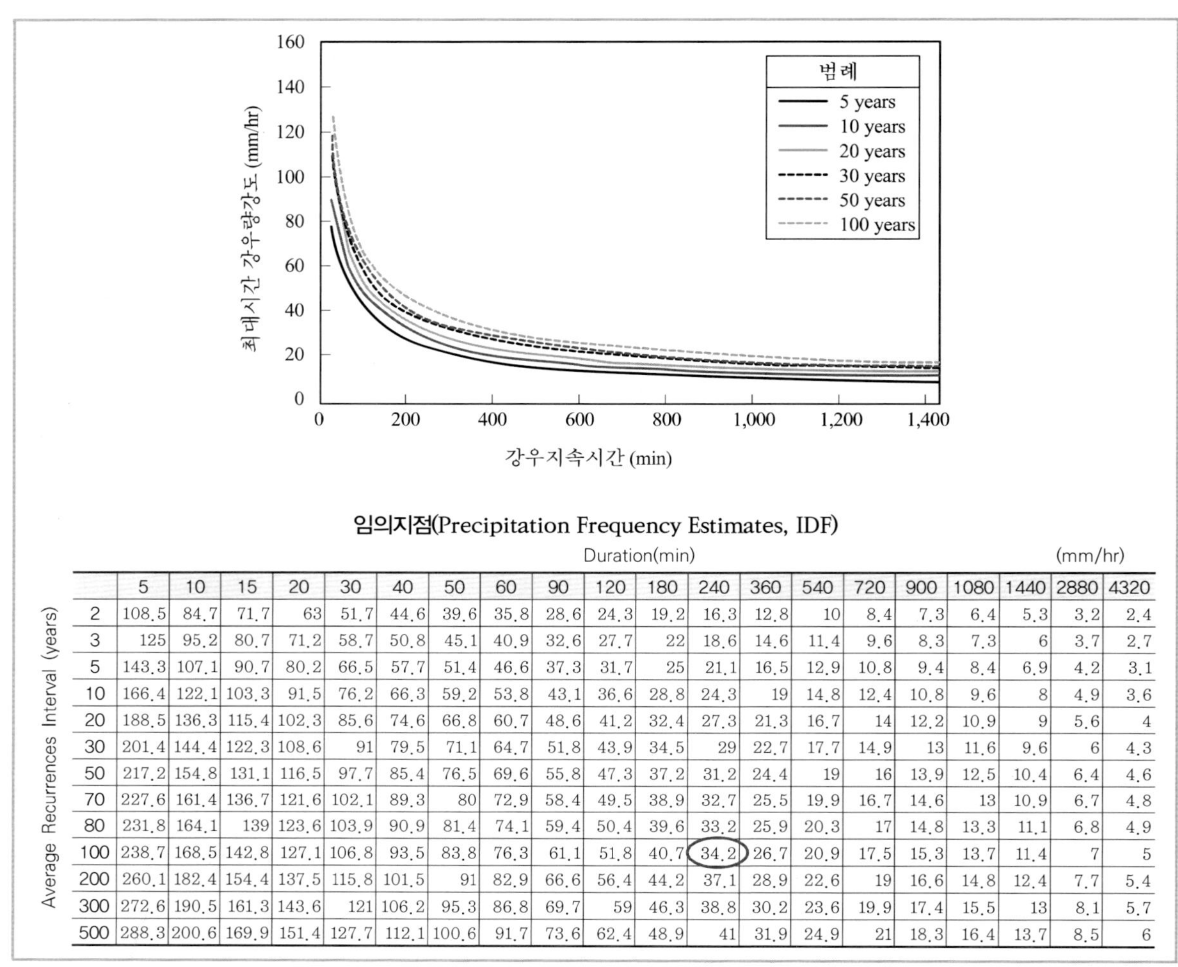

임의지점(Precipitation Frequency Estimates, IDF)

Duration(min) (mm/hr)

Average Recurrences Interval (years)	5	10	15	20	30	40	50	60	90	120	180	240	360	540	720	900	1080	1440	2880	4320
2	108.5	84.7	71.7	63	51.7	44.6	39.6	35.8	28.6	24.3	19.2	16.3	12.8	10	8.4	7.3	6.4	5.3	3.2	2.4
3	125	95.2	80.7	71.2	58.7	50.8	45.1	40.9	32.6	27.7	22	18.6	14.6	11.4	9.6	8.3	7.3	6	3.7	2.7
5	143.3	107.1	90.7	80.2	66.5	57.7	51.4	46.6	37.3	31.7	25	21.1	16.5	12.9	10.8	9.4	8.4	6.9	4.2	3.1
10	166.4	122.1	103.3	91.5	76.2	66.3	59.2	53.8	43.1	36.6	28.8	24.3	19	14.8	12.4	10.8	9.6	8	4.9	3.6
20	188.5	136.3	115.4	102.3	85.6	74.6	66.8	60.7	48.6	41.2	32.4	27.3	21.3	16.7	14	12.2	10.9	9	5.6	4
30	201.4	144.4	122.3	108.6	91	79.5	71.1	64.7	51.8	43.9	34.5	29	22.7	17.7	14.9	13	11.6	9.6	6	4.3
50	217.2	154.8	131.1	116.5	97.7	85.4	76.5	69.6	55.8	47.3	37.2	31.2	24.4	19	16	13.9	12.5	10.4	6.4	4.6
70	227.6	161.4	136.7	121.6	102.1	89.3	80	72.9	58.4	49.5	38.9	32.7	25.5	19.9	16.7	14.6	13	10.9	6.7	4.8
80	231.8	164.1	139	123.6	103.9	90.9	81.4	74.1	59.4	50.4	39.6	33.2	25.9	20.3	17	14.8	13.3	11.1	6.8	4.9
100	238.7	168.5	142.8	127.1	106.8	93.5	83.8	76.3	61.1	51.8	40.7	34.2	26.7	20.9	17.5	15.3	13.7	11.4	7	5
200	260.1	182.4	154.4	137.5	115.8	101.5	91	82.9	66.6	56.4	44.2	37.1	28.9	22.6	19	16.6	14.8	12.4	7.7	5.4
300	272.6	190.5	161.3	143.6	121	106.2	95.3	86.8	69.7	59	46.3	38.8	30.2	23.6	19.9	17.4	15.5	13	8.1	5.7
500	288.3	200.6	169.9	151.4	127.7	112.1	100.6	91.7	73.6	62.4	48.9	41	31.9	24.9	21	18.3	16.4	13.7	8.5	6

그림 16.15-1 확률강우강도(100년 빈도) 및 강우지속시간 4시간 → 34.2mm/hr

(단위 : mm)

관측일시	01시	02시	03시	04시	05시	06시	07시	08시	09시	10시	11시	12시	13시	14시	15시	16시	17시	18시	19시	20시	21시	22시	23시	24시
2011-07-21																								
2011-07-22												0.4	0.4	0.4	0.4	0.4	0.4	0.4	0.4	0.4	0.4	0.4	0.4	0.4
2011-07-23																								
2011-07-24	0.5	4.0	11.0	21.5	22.5	22.5	24.0	34.0	40.0	40.5	40.5	40.5	40.5	40.5	40.5	40.5	40.5	40.5	40.5	40.5	40.5	40.5	40.5	41.0
2011-07-25	8.0	15.0	16.0	16.5	16.5	22.5	29.5	32.5	34.0	34.0	34.0	34.5	34.5	34.5	34.5	34.5	34.5	34.5	34.5	34.5	34.5	34.5	34.5	34.5
2011-07-26																								
2011-07-27	26.5	45.0	82.5	89.0	89.0	89.0	89.0	89.0	89.0	89.0	89.0	94.5	95.0	108.5	108.5	108.5	120.0	159.5	190.0	197.0	206.5	206.5	206.5	209.0
2011-07-28	1.0	1.5	2.0	3.0	3.5	4.0	4.0	5.5	8.5	26.0	33.0	33.5	33.5	33.5	33.5	33.5	34.0	34.5	34.5	37.0	41.5	43.5	43.5	43.5
2011-07-29		0.5	0.5	0.5	0.5	0.5	0.5	0.5	0.5	0.5	0.5	0.5	0.5	0.5	0.5	0.5	0.5	0.5	0.5	0.5	0.5	0.5	0.5	0.5
2011-07-30																								
2011-07-31									1.5	5.0	18.0	20.5	24.5	32.5	38.5	40.0	40.5	41.0	41.0	41.0	41.0	41.0	41.5	41.5
2011-08-01	0.5	1.0	1.5	1.5	1.5	2.0	2.0	2.0	2.0	2.0	2.5	2.5	2.5	2.5	2.5	2.5	2.5	2.5	2.5	2.5	3.0	3.0	3.0	3.0
2011-08-02																		0.0	0.0	0.0	0.0	0.0	0.0	0.0
2011-08-03												3.0	8.5	25.5	54.5	55.5	55.5	67.5	67.5	67.5	67.5	67.5	67.5	67.5
2011-08-04			0.0	0.0	0.0	0.5	0.5	3.5	11.5	18.5	32.5	37.5	42.5	47.0	47.0	47.0	47.0	47.0	47.0	47.0	47.0	47.0	47.0	47.0

그림 16.15-2 강우기록 예(강화관측소)

16.15 비탈면 안정해석시 강우와 관련된 조사 및 시험항목(3)

④ 다음으로는 **강우지속시간을 어떻게 산정** 하느냐 하는 문제를 들 수 있다. 불규칙하고 간헐적으로 지속되는 강우의 양과 지속시간을 예측하는 가장 합리적인 방법은 **과거의 가장 불리한 경우의 강우기록을 적용**하는 방법이다. 그림 16.15-2 같이 현장 주변의 주요 관측소 강우기록은 누구나 쉽게 활용할 수 있으므로 연구대상 혹은 해석대상 현장에 근접하여 위치한 관측강우량을 대상으로 한다. 부득이한 경우 기술적 판단에 의해 충분한 여유치를 두고 **강우지속시간(1~3일)과 지표침투량 이상의 강우를 산정하는 방법을 적용**한다면, 지표면 지하수위로 강우조건을 산정하는 방법보다 훨씬 실제 거동에 부합하는 안정성 검토가 가능하다.

⑤ 지금까지 설명된 내용을 정리하면 다음과 같다.

확률강우강도는 넓은 면적의 지표수 유출량을 추정하기 위한 인자이다. 단기간(최대2~3일 정도) 강우에 의한 비탈면 침투량이 중요한 경우에는 해당 토사 최대 지표침투 가능양인 **지표침투율**을 적용하거나 **실제 강우기록을 적용**하는 것이 타당하고 충분히 더 안전측이다.

지표침투율 이하 강우는 모두 침투되지만 **지표침투율 이상 강우강도**는 모두 유출된다. 즉, **비탈면 안정해석시 확률강우강도는 큰 의미가 없으며** 다음의 방법을 적용한다.

① 강우량 : **지표침투율**, 강우지속시간 : **1~3일 연속강우**

※ 지표침투율과 확률강도는 전혀 별개의 개념임 지표침투율 이상 강우가 1~3일 연속내리는 발생경우는 거의 불가능

② 강우량/강우지속시간 : 해당 인근지역의 **과거 최대 불리한 강우기록**을 적용.

※ 지표침투율 이상 강우는 지표침투율 값을 적용 이 부분에서 착오가 많음

■ 함수/수리 특성곡선

① 일반적인 토질역학에서 다루는 **지반중의 물의 거동을 나타내는 인자인 투수계수는 지반이 포화상태에서의 흐름을 나타내는 인자이다.** 이는 주로 Darcy의 법칙에 기본을 두고 제체에서의 물의 흐름을 다루는데 주로 사용된다. 이 경우 수면 아래에서의 지반 중 물은 주로 정(+)수압으로 작용하는 경우가 대부분이며 토질기술자들에게 친숙하다.

② 반면 불포화토에서의 물의 거동은 이보다 더 복잡하다. 불포화토에서의 물의 흐름은 **수리특성곡선**으로 표현되며, 이는 흙의 체적함수비(θ), 흙의 입도특성과 관련이 있고 따라서 흙의 간극수압과 연관이 있다. 즉, **불포화상태 지반에서의 물의 거동을 알기 위해서는 해당 지반의 수리특성곡선을 알아야 하고,** 이는 흙의 함수특성곡선과 연관이 있으므로 이 개념을 간편히 적용하기 위해 흙의 **함수특성곡선에서 수리특성곡선을 예측하는 방법이 쓰이고 있다.** 지반공학이해 I 517p 6.34~6.36을 통해 흙의 함수특성곡선은 **불포화토의 역학적 특성을 규명하는 가장 기본적인 요소** 중 하나임을 이미 설명한 바 있다.

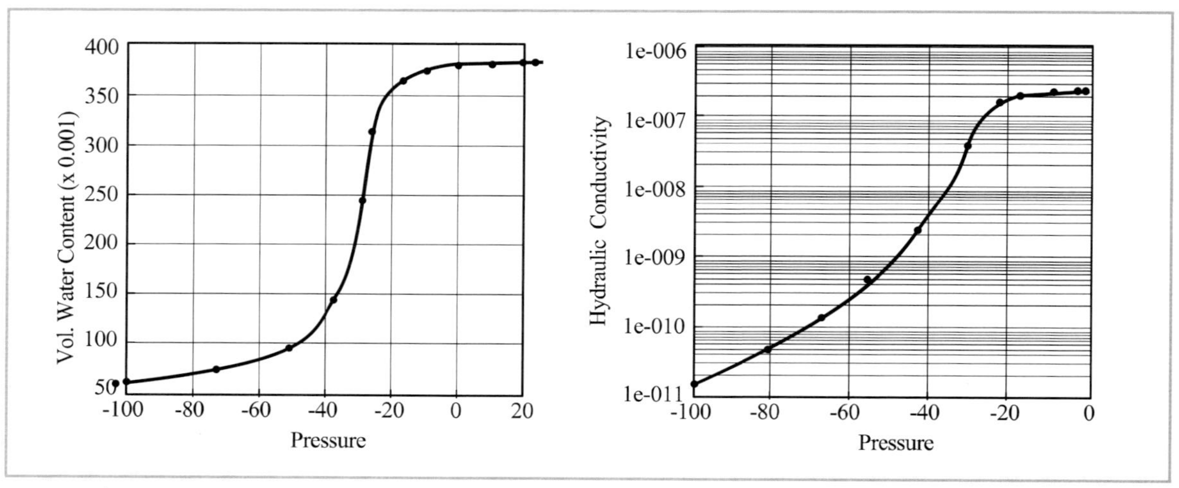

그림 16.16-1 함수특성곡선과 수리특성곡선

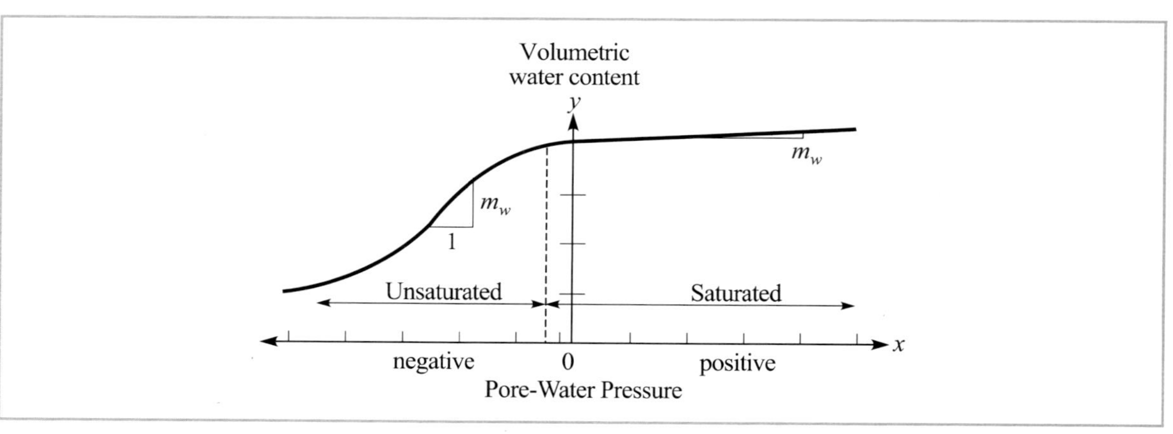

그림 16.16-2 체적함수비와 간극수압 관계 (S/W 매뉴얼 참고)

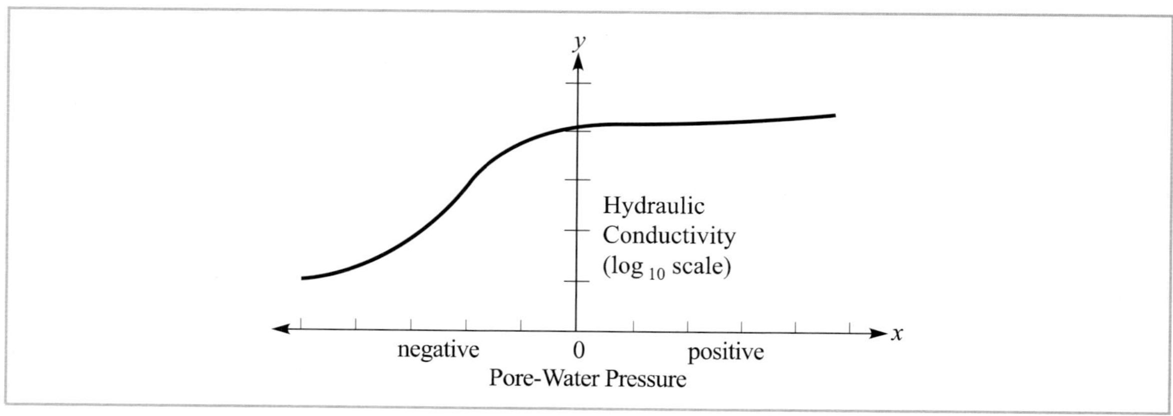

그림 16.16-3 수리 특성곡선과 간극수압 관계(S/W 매뉴얼 참고)

16.16 비탈면 안정해석시 강우와 관련된 조사 및 시험항목(4)

③ **비탈면에서 강우의 침투**는 이처럼 **불포화된 지반에 침투하는 거동**이므로 그림 16.16-1 같이 함수특성곡선→**수리특성곡선**을 아는 것이 중요하다. 즉, **침투해석시 불포화토의 침투거동 특성을 나타내는 주요인자는 수리특성곡선**이다.

④ 수리특성곡선의 결정은 원론적으로 실험을 통해 그 값을 알 수 있으나 실무적용 시 활용이 적합지 않다. 따라서 일반적으로 Seep/W에서 제공하는 지반의 종류별 수리특성곡선 DB로부터 수정하여 적용하고 있다. 범용해석 프로그램인 Seep/W 사용설명서상의 이들 관계를 나타내 보면 그림 16.16-2, 그림 16.16-3 같다.

■ 비탈면 침투해석 시 지반의 함수 · 수리특성을 합리적으로 선정하는 방법

① 단계

조사된 지하수위 상태에서 절취 전 단면을 설정

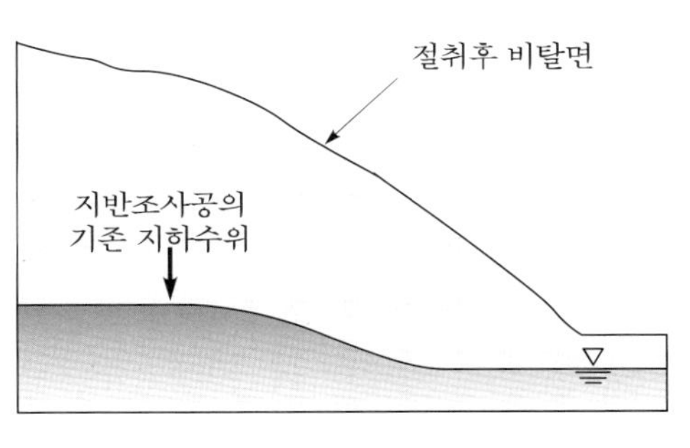

② 단계

- 강우 없이 토층의 함수특성 곡선, 함수비 등 지정, 1~3일 **지속강우 침투해석 실시(1~3일 지속강우 조건에서의 지표침투율 정도)**
- 지하수위가 변동이 크게 없어야 함
- 실제 거동에 맞는 1~3개 정도의 함수특성곡선을 선정할 수 있음

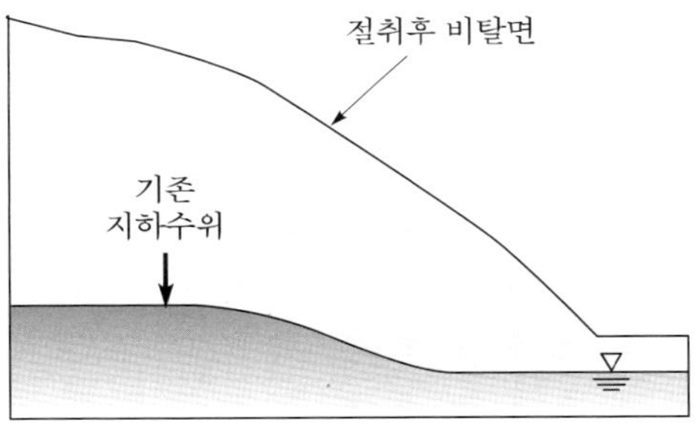

③ 단계

- 선정된 함수특성곡선에 대해 **실제 강우기록상 불리한 강우기록 1~3일 강우 시 침투해석 수행**하여 적합한 함수특성곡선 선정
- 지하수위 상부 수m 이내/지표면 까지 도달하지 않아야 함. 실제 과거 강우시 지하수우가 지표면까지 도달한 것이 확인된 경우는 예외로 함.
- **강우시 지표로부터 수m 이내까지 침투가 발생하며 습윤대를 형성** 대부분의 경우 실제 거동에 맞는 함수특성곡선을 결정할 수 있음

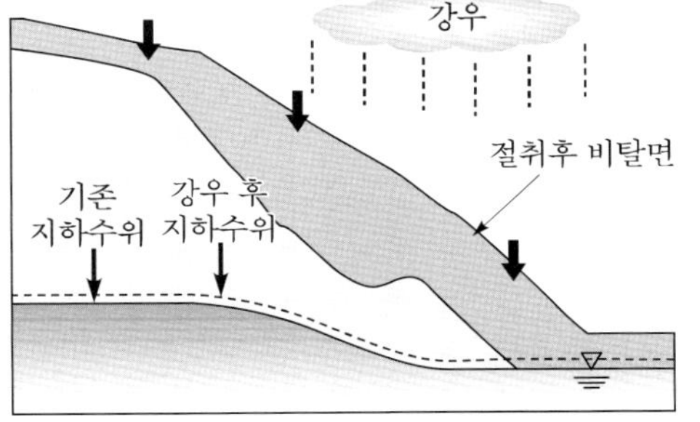

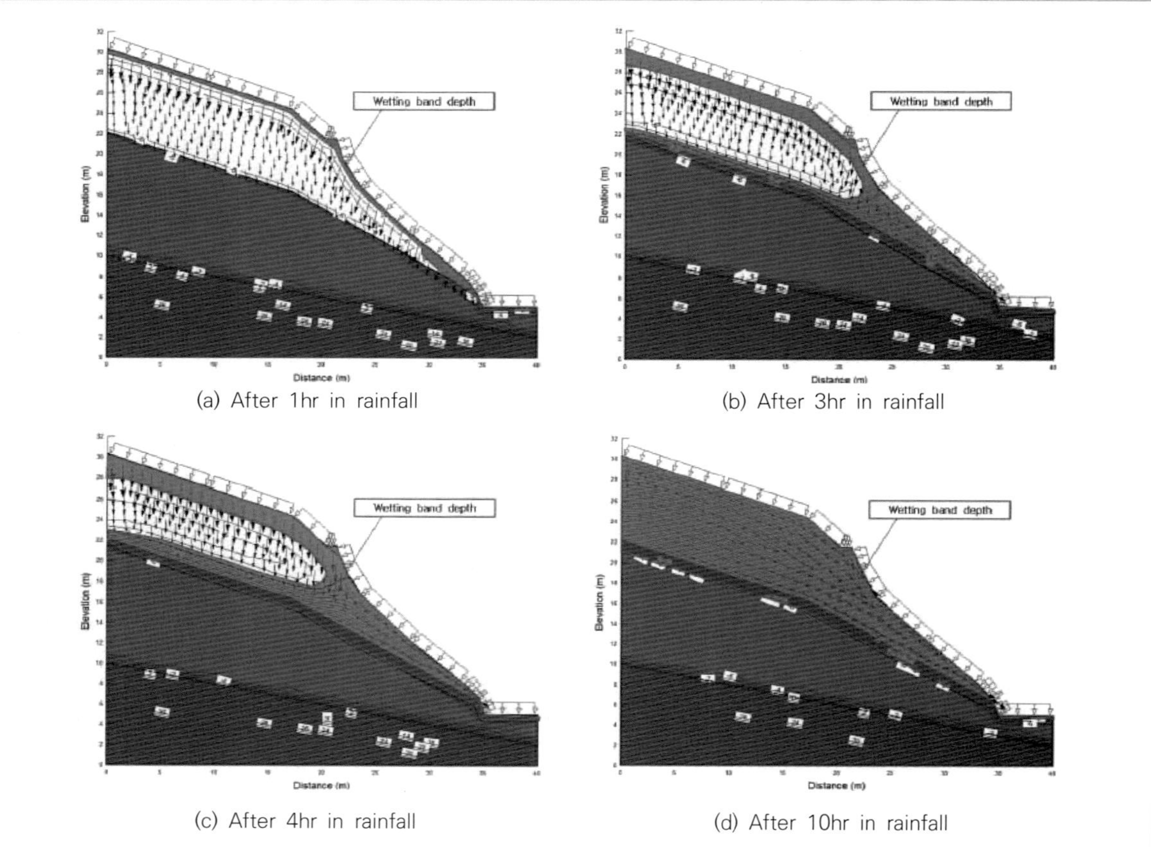

(a) After 1hr in rainfall (b) After 3hr in rainfall
(c) After 4hr in rainfall (d) After 10hr in rainfall

강우지속시간이 1시간일 때 (a)에는 사면의 경사와 평행한 모양으로 포화깊이가 깊어지고 있었지만 3시간(b) 이후부터는 사면의 아래쪽이 먼저 포화되고 연암층은 거의 포화가 되지 않았다. 4시간 이후의 침투경향은 불포화 붕적토층이 서서히 작아짐을 보였고(c) 지속시간이 10시간에는 붕적토 층이 모두 포화되어 연암층과의 경계부근에서 사면파괴의 가장 취약한 면을 형성한다(d).

그림 16.17-1

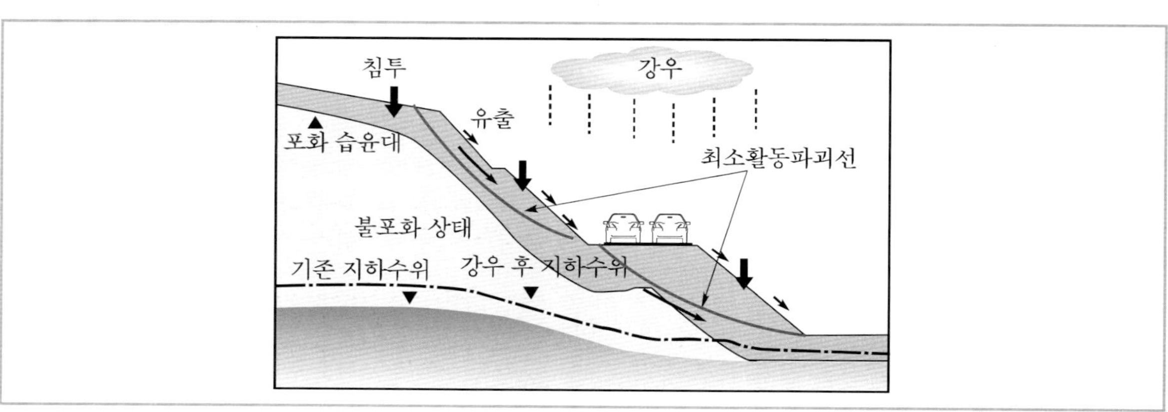

그림 16.17-2

16.17 비탈면 안정해석시 강우와 관련된 조사 및 시험항목(4)

④ 단계

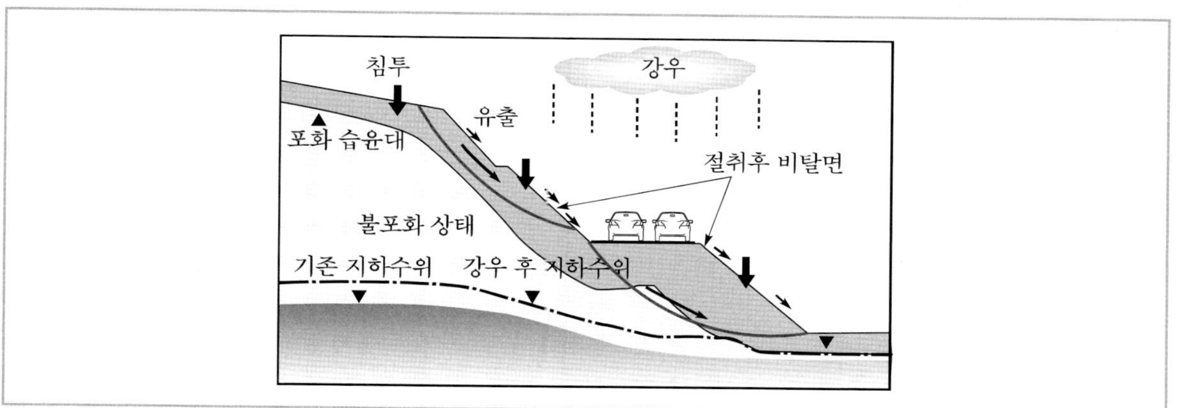

- 선정된 함수특성곡선에 대해 설계자의 판단에 따라 **지표침투율 이상 강우가 1~3일간 지속적으로 오는 경우** 또는 **과거 가장 불리한 강우지속 결과를 산정하여 침투해석 수행**
- 지표면으로부터 침투에 의한 습윤대와 지하수위 상승상태가 만나지 않은 상태를 가정한 경우,
- 강우지속시간을 과도하게 상정하면 지표면까지 지하수위가 차오르게 모사되기도 한다. 실제 과거 해당 지역 그런 현상이 발생하지 않은 경우 실제거동과 부합하지 않는 것으로 판단할 수 있다.
- 그림 16.17-1 같이 강우 시 침투해석을 통해 강우지속시간에 따른 **지표면 포화대(습윤대) 형성 유무 및 두께, 간극수압의 및 체적함수비의 분포를 파악**할 수 있다.

4 비탈면 안정해석

■ 불포화토의 전단강도

① 실제 습윤 흙(불포화토)은 유효응력 강도정수로 표현($\tau_f = c' + \sigma' \tan\phi'$)되는 포화토 강도정수 이론영역과 일치하지 않는 다른 거동을 하는 영역이며 그 차이는 상당히 크다.

② 일반적인 **불포화토 강도이론**에 대해서는 이미 지반공학이해Ⅱ 377p 10.84~10.87을 통해 설명한 바 있다. 불포화토의 파괴기준식을 통해 건조상태의 비탈면은 강우 시 포화상태로 변함에 따라 $\tau_f = c' + (u_a - u_w)\tan\phi^b + (\sigma - u_a)\tan\phi'$ 식에서 **모관흡수력($u_a - u_w$)의 상실로 인해 전단강도가 감소되고 비탈면 파괴(얕은파괴)가 유발됨을 이해할 수 있다.**

③ 즉, **비탈면 활동 파괴 거동**은 지하수위로 인한 간극수압에 의한 요인이 아니라, **강우로 인해 지표면 습윤대 형성층에서 해당 지반 강도정수(특히 점착력) 감소에 의한 것이 주원인이다.**
→ 해설 16.14-1 을 연계해서 이해할 것.

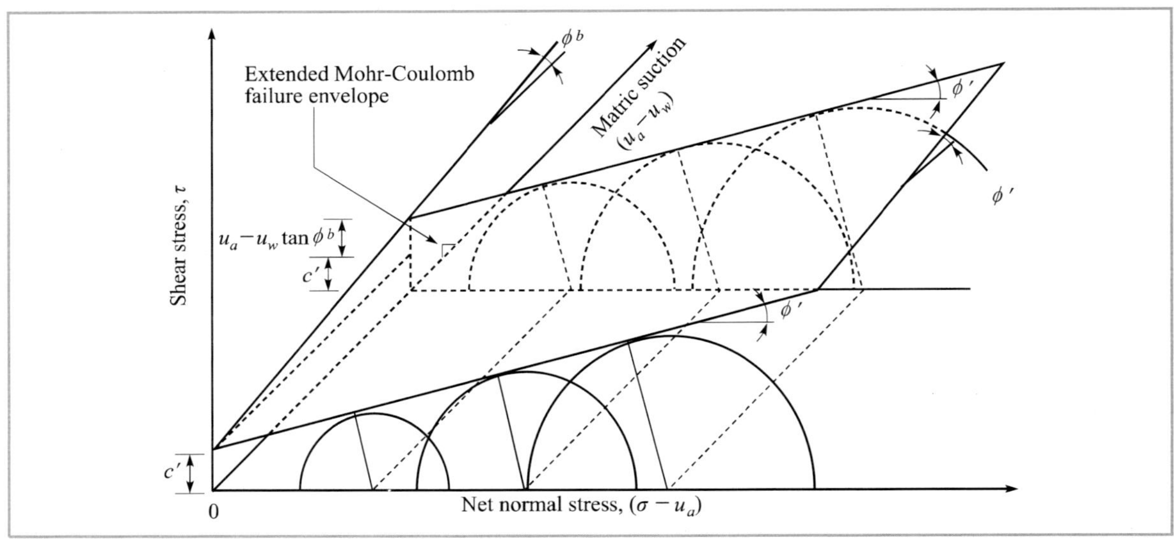

그림 16.18-1 불포화토에 대한 Mohr-Coulomb 파괴포락선의 확장(Fredlund and Rahardjo, 1995)

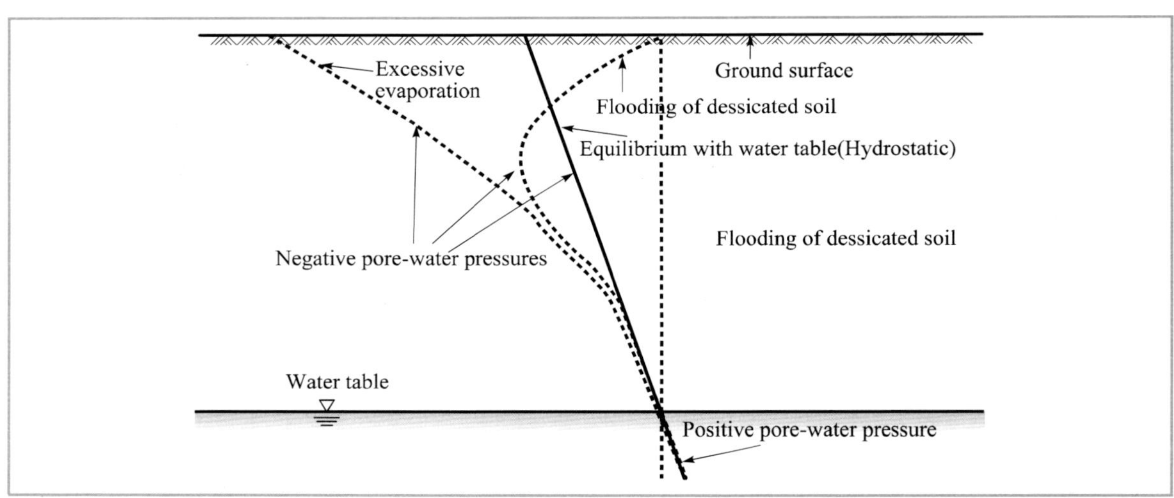

그림 16.18-2 불포화토 지반내 Matriction 분포형태 (Fredlund and Rahardjo, 1995)

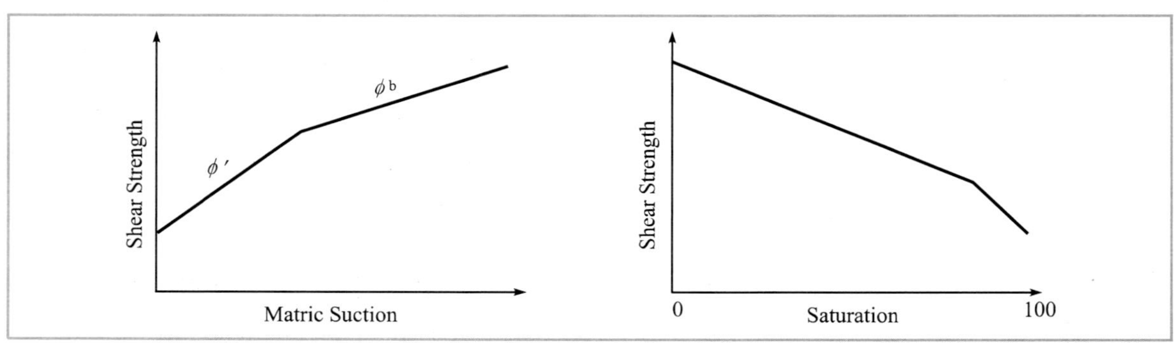

그림 16.18-3 전단강도와 함수비 관계(Fredlund and Rahardjo, 1993)

16.18 비탈면 안정해석시 강우와 관련된 조사 및 시험항목(4)

■ 강우 침투에 의한 습윤대 변화에 따른 지반강도정수 변화

① 그림 16.17-2 에서 지표면으로부터 형성되는 **습윤대(wetting band) 구간**은 포화도가 100%가 아닌 대략 85%정도로서 **습윤대가 두껍다 할지라도 그 두께만큼 (+)간극수압이 작용하지 않는다.** 습윤대가 하강하면서 지하수위면 이나 불투수층을 만나서 수위화 될 경우에만 (+)간극수압이 작용하게 된다. 따라서 지표면 부위 포화 습윤다와 지하수위 아래 부분은 포화도가 거의 같은 완전포화상태라 하더라도 간극수압은 그림 16.18-2 같이 전혀 다르다.

② 바로 이 습윤대 영역은 **불포화토 파괴기준**이나 포화토로 가정한 Terzaghi의 **유효응력에 근간을 둔** Mohr-coulomb의 **파괴기준** 개념이 대응하지 못하는 영역이다.

■ 강우의 침투해석을 통한 비탈면 안정해석시 강도정수 산정

강우 침투에 의한 비탈면안정 해석시 **포화 습윤대 구간**은 포화상태 강도정수, **불포화대는** 불포화상태 강도정수, **지하수위 이하는** 포화강도정수+간극수압을 적용함이 합리적이고 실제적이다.

강우 해석시 중요한 지표층의 습윤 강도정수 산정방법

① 그림 16.17-2 같이 강우시의 흙은 지하수위면 아래를 제외하고는 불포화 상태이다. 강우침투에 의해 포화가 진행되어도 지하수위화하기 전에는 완전포화상태에 도달하지 않는다. 즉, **강우시 활동파괴가 발생하는 토체의 대부분은 불포화 상태에서 전단을 일으키게 된다.** 따라서, **강우시 불포화상태의 포화도에 따른 해당 함수비 상태에서의 전단강도를 적용하는 것이 실제거동을 모사**하는 게 합리적이다.

② **강우 시 지반의 강도정수**는 자연 상태인 불포화 상태에서 **강우침투로 인한 함수비가 증가하면서 강도정수가 저하**되는 거동을 보인다.

③ 그림 16.18-1 의 **불포화토 강도이론은** 불포화상태에서 함수비가 감소하면 일정정도의 유효응력 강도정수가 증가하는 것을 의미한다. 실제 지반내 거동은 불포화 자연함수비 상태에서 더 함수비가 증대하는 쪽으로 변화하지만 실제 자연 상태에서는 강우침투로 인해 완전포화상태에 이르지 않는다. 유효응력 강도정수를 측정하여 변화하는 함수비에 따라 변화하는 강도정수를 반영하는 방법과 전응력 상태의 함수비 변화에 따른 강도정수를 측정하여 적용하는 방법 중 **수침 전 후의 전응력 상태의 강도정수를 측정하는 방법이 보다 명확하고 편리하며 실제거동에서의 진행 방향과도 일치한다**(따라서 **지표층 습윤대의 포화강도정수는 직접전단시험을 통해 구함**).

④ 이와 같이 실제 적용강도 측정 시에도 자연함수비 상태와 습윤상태에서의 전응력 강도정수를 각각 측정하는 것이 편의성 측면에서도 유리하고, 실제 거동과도 부합된다. 즉 **자연함수비 상태의 강도정수가 강우침투로 인해 저하되는 경향을 반영한 것이다.**

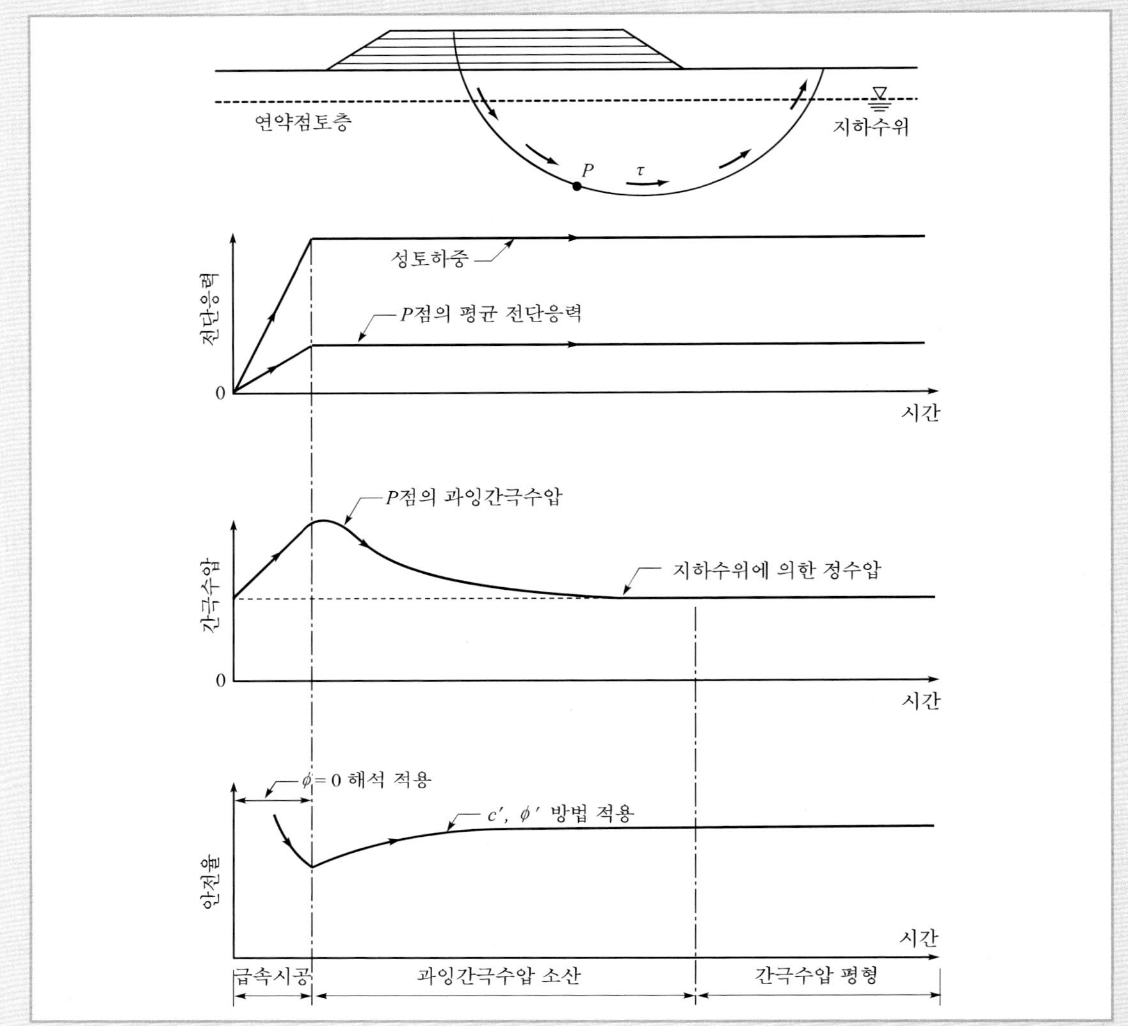

- 연약한 점토층에 비교적 낮은 높이의 성토를 할 경우, **성토사면 자체는 매우 안정적일지라도 기초지반에서 활동파괴가 발생할 수 있다.** 이 경우에 대해 위 그림은 예상파괴면 상의 한 점 P에 작용하는 전단응력, 과잉간극수압 및 안전율의 시간에 따른 변화를 보이고 있다.

- 성토하중에 의해 P점에서 발생하는 **전단응력**은 제방의 시공기간 동안 선형적으로 증가하다가 시공이 완료되면 일정한 값을 보인다. **과잉간극수압**은 시공기간 동안 급격히 증가하여 성토완료 시 최대값을 보인 후 시간의 경과에 따라 서서히 감소하여 최종적으로는 지하수위에 의한 정수압과 같아지다. 한편, **사면활동에 대한 안전율**은 성토 중 급격히 감소하여 시공 완료 시 최소값을 보이고, 그 이후에는 과잉간극수압이 소산됨에 따라 안전율이 점진적으로 증가하여 최종적으로는 일정한 값에 수렴된다. 따라서 **연약지반상의 급속 성토시 활동에 대한 파괴 가능성이 가장 높은 시점은 성토완료 시가 된다.** 이 시점에서의 안정해석은 **$\phi=0$해석이 편리**하다.

해설 16.19-1

16.19 연약지반 성토구조물(제방 등)에 대한 이해 Review(1)

CHAPTER

교통망의 주요부분을 구성하는 도로 또는 철도는 점토지반을 통과하는 경우가 많이 있다. 이런 경우에는 **구조물이나 제방을 점토지반 위에 축조**하지 않으면 안 된다. 하천 제방, 호안, 방파제 등도 대부분 연약지반 상에 놓인다.

견고한 지반에 놓이는 성토구조물(제방 등)도 높이가 증가하거나 경사가 가파르면 사면활동으로 파괴될 수 있다. 이와 같이 성토구조물(제방 등)에 대한 안정해석 방법은 자연 및 인공사면, 흙댐과 사력댐(Rock fill Dam)등에 대한 안정해석과 근본적으로 동일하다.

※ 성토구조물(제방 등) → 제방으로 통일하여 설명할 것임

그러나 제방이 점토지반과 같은 연약지반위에 놓일 때에는 하중의 증가하면 제방을 지지하는 **점토지반이 침하하고 횡방향으로 변위**가 발생한다. 제방하중이 극한치에 이르면 그 아래 점토지반은 주로 **원호활동으로 파괴**된다.

점토지반의 침하에 관해서는 지반공학이해Ⅱ 제9장 압밀이론을 통해 학습한 사항이다. 지금부터는 점토지반위에 놓인 제방의 **횡방향 변위** 즉, **측방유동**에 대하여 다음과 같은 질문에 답을 할 수 있도록 설명될 것이다.

① 측방유동이라는 **변형거동 과정**은 어떻게 되지?

② 그럼 **측방유동 판정**은 어떻게 할까?

③ 안전한 시공과정을 모사화 한 **제방성토 설계**는 어떻게 할까?

③ **관련된 적용공법**은 무엇이 있을까?

④ **시공 시 계측**은 어떤 목적으로 무슨 계측을 해야 할까?

①과 ②에 관한 사항은 변형거동에 관한 사항이다. 변형거동 학습 전 이해할 부분은 전단강도에 관한 사항으로서 지반공학이해Ⅱ 339p 10.71~10.72 **포화점토 지반 위 제방축조 시 시간의 흐름에 따른 안정해석**에 대한 사항과 지반공학이해Ⅱ 357p 10.79 **점성토지반 성토시의 전단강도**에 대한 사항이다. 독자들은 이에 대해서는 반드시 연계학습을 하길 당부 드린다.

1 포화점성토 지반 위 제방 축조 시 시간의 흐름에 따른 안정해석

- 해설 16.19-1 은 지반공학이해Ⅱ 339p 대한 Review로서 함께 연계학습을 할 것.
- 여기서 언급하고 있는 사면안정해석 방법으로 $\phi = 0$ 해석은 전응력해석으로 지반공학이해Ⅱ 301p 10.55 전응력해석과 유효응력해석편을 함께 연계학습을 할 것.
- **독자들은 여기서 주목해야 할 사항**은 그럼 $\phi = 0$ 해석($F_s = \dfrac{\sum c_u l}{\sum w sin\theta}$)에서 **비배수전단강도($c_u$)를 어떻게 결정할 것인가 하는 문제**이다. 이 부분에 대해서는 지반공학이해Ⅱ 제10장 286p 표 16.48-1 관련 내용을 다시한번 정리할 것이다(제10장의 중요성을 독자들은 느껴라).

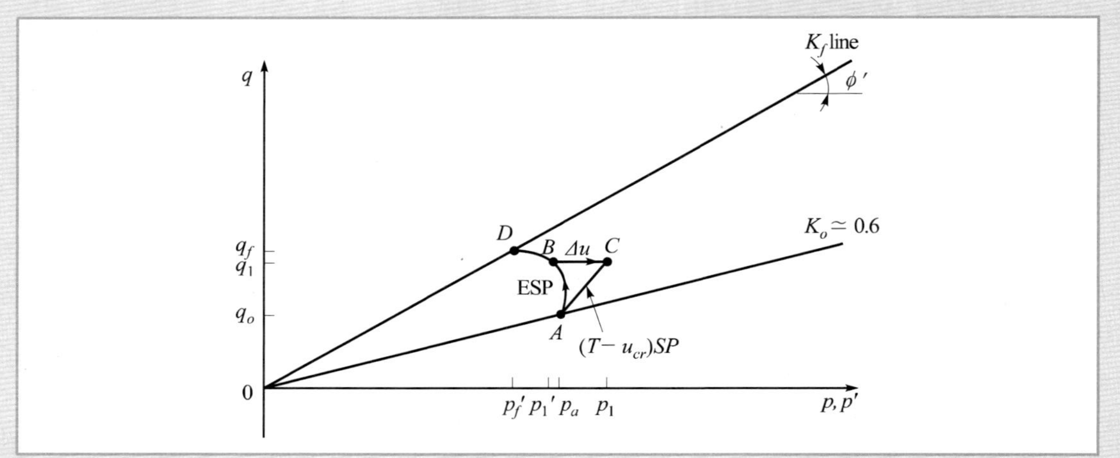

① 정규압밀점토에서 $K_o < 1$(약 0.6), 지반에서 초기응력상태는 점A로 표시된다. 제방하중에서, 수평응력은 약간 증가하지만 거의 일정하다고 가정한다. 그러면, **전응력경로(TSP)는 AC의 직선경로를** 따른다.

② 시공이 끝난 시점의 전응력 상태는 점 C가 된다. 물론, 정규압밀점토이므로 발생된 과잉간극수압은 (+)이고, 따라서, **곡선AB와 같이 유효응력경로(ESP)는 TSP의 왼쪽으로 구부러진 형태를 나타낸다.** BC의 길이는 제방하중에 의해 제방아래 지반은 전단응력이 $q_o \to q_1$으로 증가하게 되고 발생된 과잉간극수압과 수치적으로 같게 된다. 계속해서 하중이 증가해서 q_f에 도달하게 되면, ESP는 K_f선과 접하게 되고, 파괴가 발생하게 된다. 이와 같이 **제방하중 등의 재하시는 시공직후 ESP상의 B점이 가장 위험한 상태가 된다.**

③ 하중이 작용한 후에 더 이상 추가로 하중이 작용하지 않았다면, 과잉간극수압의 소산으로 인해 점토지반이 압밀되기 시작하고 ESP는 BC선을 따라 진행하게 된다. 압밀이 100% 완료되었다면, 과잉간극수압은 완전히 소산되고, 제방하중과 평형을 유지하고 점C에 도달하게 된다. 아직까지 작용한 전단응력은 q_1이고, $p = p' = p_1$ 인 상태가 된다. 제방하부에 과잉간극수압이 완전히 소산되었기 때문에, **C점에서 K_f선과 가장 멀리 떨어지게 되어 안전**하게 된다.

④ 이처럼 실내에서 실시된 **삼축압축 실험에서의 A_f를 바탕**으로 **제방하중에 의한 응력증가시 발생된 간극수압을 예측**할 수 있고, **이를 바탕으로 현장 시공시의 안정성을 평가**할 수 있다.

해설 16.20-1

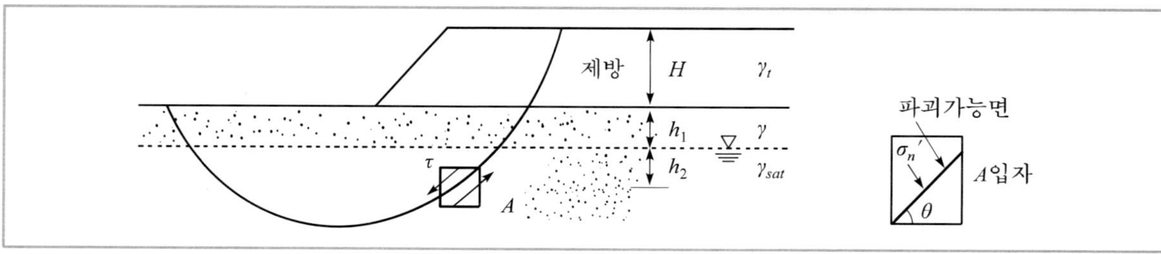

그림 16.20-1

16.20 연약지반 성토구조물(제방 등)에 대한 이해 Review(2)

2 포화점성토 지반 위 제방 축조 시(재하시) 응력경로

- 연약한 점토지반위에 도로제방이 시공되는 경우를 생각해보자. 먼저 점토는 거의 100% 포화되었고, 정규압밀된 점토라고 하자. 이러한 경우는 축방향으로 압축하중을 받고 있는 상태(지반공학이해Ⅱ 336p 그림 10.70-1 에서 AC에 해당)라고 할 수 있다.
- 엄밀하게 말하면, 제방이 진행방향으로 길게 놓여진 평면변형율 조건($\varepsilon_y = 0$)이지만, 실용적인 목적으로 보통 삼축압축시험을 실시한다. 이러한 경우에 대한 응력경로를 그린 것이 해설 16.20-1 이다.

3 그림 16.20-1 를 통한 비배수전단강도(c_u)의 이해

- 그림 16.20-1 과 같이 점성토 지반위에 제방을 쌓게 되면 A 입자에 전단응력이 증가하여, 전단파괴가 발생될 가능성이 있다고 하자.

- 만약 점성토 지반이 아닌 **사질토지반이라고 가정하면** 제방을 쌓는 동안에 **A 입자에서 과잉간극수압은 쉽게 소산되므로 A 입자에서의 응력의 증가량은 모두 흙이 받아주게 되어 유효응력이 증가하게 될 것이다.** 따라서 이 경우 전단강도는 유효응력으로 표시하면 될 것이다. $\tau_f = c' + \sigma_n{}' \tan\phi' = c' + (\sigma_n - u)\tan\phi'$ 여기서, **$\sigma_n{}'$는 A 입자에서 가상파괴면에 작용하는 유효수직응력을 뜻하며, 원래의 사질토에 의한 상재압력과 제방설치로 인한 응력증가 효과를 한꺼번에 고려한 응력이다.**

- 물론 응력의 증가량은 탄성론으로 구해야 하나, 초기 설계단면의 약산법으로서 성토높이가 전부 응력의 증가가 되었다면 그림 16.20-2 와 같이 구할 수 있다.

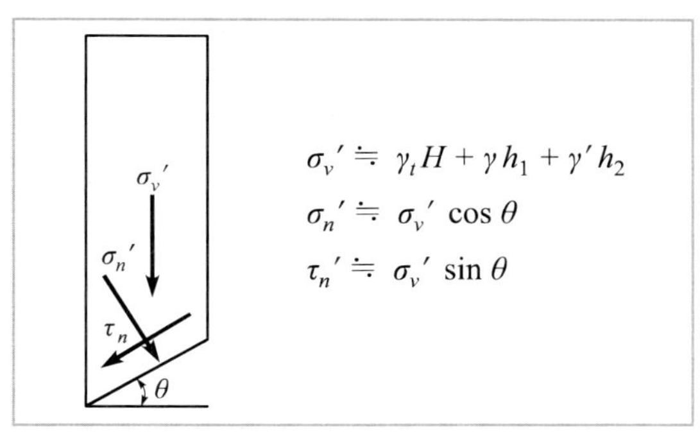

그림 16.20-2

- 원래의 조건이 **점성토지반일 경우**에는 사질토의 경우와 완전히 다르다. 제방을 쌓음으로 인하여 하중이 증가하므로 A 입자에는 전단응력 τ_n은 앞과 동일하게 증가한다. 문제는 전단저항력이다. 비록 제방하중이 증가되었다고는 하나, 성토직후에는 과잉간극수압 상승으로 인하여, A 입자의 유효응력이 거의 증가되지 않는다(즉, 비배수조건) 따라서 **성토직후의 안정계산에 사용하는 전단강도는 비배수전단강도(c_u)이다.** $\tau_f = c_u$ 단, 성토 후에 시간이 흘러 생성되었던 과잉간극수압이 완전히 소산되었다면, 점토입자에 작용하는 유효응력도 증가하게 되므로 전단강도는 유효응력으로 표시한 전단강도이다.

- **비배수전단강도(c_u)의 개념**에 대해서는 지반공학이해Ⅱ 287p 10.48을 연계할 것

비배수전단강도 산정방법		문제점
실내시험	일축압축시험	• 시료교란의 영향으로 비배수전단강도 과소평가 • 구속압이 없어($\sigma_c = 0$) UU시험보다 작은 비배수전단강도 산정
	UU	• 비배수전단강도는 파괴시 흙의 함수비에 결정된다는 유일관계를 가정한 시험이나 지중응력해방에 따른 교란의 문제발생
	CU	• 비배수전단강도는 선행압밀하중에 의해 결정된다는 가정하에 비배수전단강도와 구속응력의 유일관계를 가정한 시험이나 $K_o \neq 1$인 경우 지반응력조건을 재현하지 못함
현장시험	베인전단시험	• 대체로 과대평가되는 경우가 많으며 심도가 깊어질수록 유효상재압의 영향을 받으므로 이에 대한 보정필요
	콘관입시험	• 보통 연약지반에서는 q_c값이 작게 측정됨
경험식	액성한계이용	• 저소성의 점토에서는 실제보다 작게 산정됨 $\alpha = \dfrac{c_u}{\sigma_v{}'} = 0.45LL$
	소성지수이용	• 비배수전단강도 변화 근사적으로 평가 $\alpha = \dfrac{c_u}{\sigma_v{}'} = 0.11 + 0.037PI \ (PI > 10)$
SHANSEP방법		• UU시험의 시료교란영향, CU시험의 등방압밀의 문제점을 모두 고려한 방법으로 가장 정확
• 비배수전단강도의 크기비교 $CIU-test > Vane-test > CAU-test > UU-test >$ 일축압축시험		

표 16.21-1 비배수전단강도(c_u) 산정방법

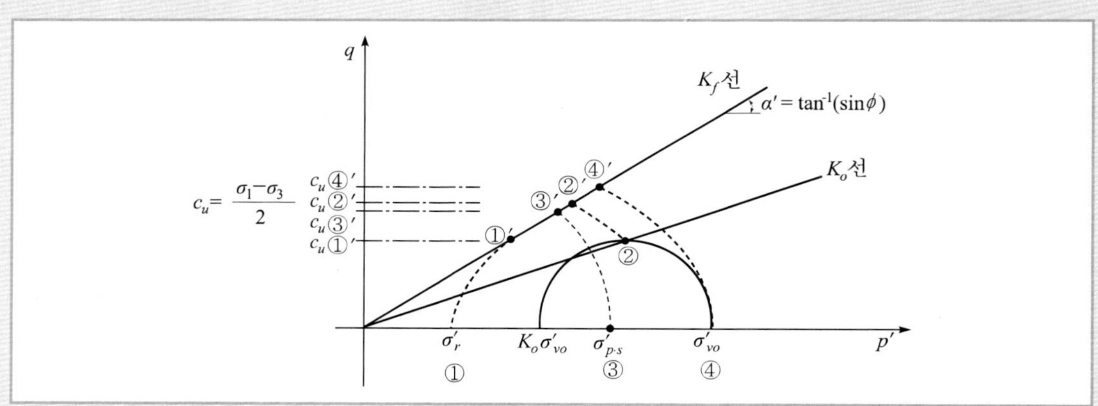

- ①–①′은 uu시험의 응력경로이다
- ②–②′는 CK_oU시험의 응력경로이다
- ③–③′과 ④–④′는 CIU시험의 응력경로이다. ④–④′는 구속압력 σ_3를 연직유효응력 $\sigma_{vo}{}'$로 가해준 경우로서 압밀시 배수로 인하여, 이 시험으로 구한 비배수전단강도는 가장 과도하다. ③–③′은 이를 보완하기 위하여 $\sigma_3 = \sigma_{p.s}{}'(\sigma_{p.s}{}' \simeq 0.67\sigma_{vo}{}')$의 구속압력을 가한 경우이다. 비배수전단강도는 ①과 ④의 중간정도이며 ②인 CK_oU결과와 비슷하면 좋다.
- $\overline{CK_oU} = \overline{CIU} \times \{K_o + (1-K_o) \times A\}$ =85~90% 정도의 값

해설 16.21-1 비배수전단강도(c_u) 산정방법에 따른 c_u 값 크기 비교

16.21 연약지반 성토구조물(제방 등)에 대한 이해 Review(3)

3 실무에서의 비배수전단강도(c_u) 적용방법

■ 전응력해석($\phi = 0$해석법)에 $F_s = \dfrac{\sum c_u l}{\sum w sin\theta}$에서 요구하는 c_u는 표 16.21-1과 같은 방법으로 구할 수 있다. **여기서 중요한 사항을 다시 한 번 정리해보면** 다음과 같다.

■ **일축압축시험**으로 구한 $c_u = \dfrac{q_u}{2}$는 포화·균질점토에서만 적용 할 수 있으며, $\sigma_c = 0$인 조건의 시험이므로 교란의 영향으로 과소평가된 결과값을 얻게 된다. 실무에 c_u산정방법으로 일축압축시험을 **가장 많이 이용하는 이유**는 비교적 간단하고, 경험이 풍부한 시험방법으로서 **과소평가**된 결과 값을 적용 시 안전 측 설계가 이루어지기 때문이다.

■ uu**시험** $c_u = \dfrac{\Delta\sigma_{df}}{2}$값은 샘플링 시에 시료교란 효과가 없고, 시료의 수분상태가 완벽하게 보전되었다면(즉, 시료의 함수비=현장의 함수비) 현장 흙과 시험실 흙의 강도는 일치할 것이라는 가정으로 얻어진 값이다. 그러나 실제로 샘플링 한 흙은 함수비상태가 원지반과 일치된다고 하더라도 **응력해방에 따른 교란** 및 공시체 시료성형, 이동, 운반 등에 의한 **추가적인 교란**으로 유효응력은 $\sigma_r{}' = \{\sigma_{ho}{}' + A(\sigma_{vo}{}' - \sigma_{ho}{}')\} < \sigma_{vo} = \gamma' z$ 같이 실제 원지반의 유효응력보다 작게 될 것이다. 따라서, **c_u값은 시료의 교란으로 과소평가**될 것이다(일축압축시험 < uu시험 < cu시험) 여기서, **uu시험의 공학적 이용 목적**을 살펴보면 불포화점토, 사질성분이 많은 점토, fissured clay는 $\phi \neq 0$이므로 일축압축시험으로 구한 $c_u = \dfrac{q_u}{2}$는 타당성이 없으므로 실무에서는 uu시험으로 구한 $c_u = \dfrac{\Delta\sigma_{df}}{2}$가 더 타당하다. (지반공학이해Ⅱ 243p 10.28과 연계)

■ cu**시험** $c_u = \dfrac{\Delta\sigma_{df}}{2}$값은 시료가 받는 유효응력이 현장에서 받고 있는 유효응력과 같다는 조건을 전제(cu→등방압밀단계(c)에서 현장 원지반의 유효응력을 재현)로 하는 시험이다. 압밀단계에서 현장의 연직유효응력 값으로 압밀시킴으로서 현장조건(응력이력)을 만족시킨다 하더라도 문제는 등방압밀(CI)을 가하므로 $K_o = 1$조건에서만 타당하다. 실제 현장은 비등방 조건($K_o \neq 1$)이므로 cu시험(CIU)시험으로 얻은 값은 실제 원지반의 강도보다 **과대평가** 될 것이다. 이러한 점을 개선한 시험방법이 CK_oU시험이다.

cu시험의 공학적 이용 목적을 살펴보면 지반공학이해Ⅱ 251p 10.32절에서 설명되었듯이 다음의 3가지임을 다시 한번 반복 설명한다.

1 $uu-cu$시험으로 얻어진 비배수전단강도의 차이점

① cu시험으로부터 얻은 강도정수 c_{cu}, ϕ_{cu}는 비배수전단강도임에 틀림없으나, uu시험에 의한 비배수전단강도와 다른 점이 있다. cu시험에서는 $\sigma=\sigma_3$로 구속압력을 가하여 압밀을 완료한 후에, 비배수조건으로 축차응력을 가하게 되나, uu시험에서는 압밀을 하지 않기 때문에 흙입자에 가해지는 유효응력이 각각 다르다는 점이다. 즉, 축차응력 이전의 유효응력은 각각 다음과 같을 것이다.

② cu시험 ; $\sigma'=\sigma_3$=구속응력, uu시험 : $\sigma'=\sigma_r'$=잔류유효응력

③ 만일 cu시험에서 $\sigma'=\sigma_3$를 가했을 때 **흙 입자에 체적수축이 없다면** c_{cu}, ϕ_{cu}는 현장에서 σ'을 받고 있는 흙의 비배수전단강도로 볼 수 있다. 그러나 보통은 현장에서 받고 있던 상재압력을 구속응력으로 가해도 시료의 **체적수축으로 비배수전단강도가 크게 된다**.

2 cu시험으로 얻어진 비배수전단강도의 이용

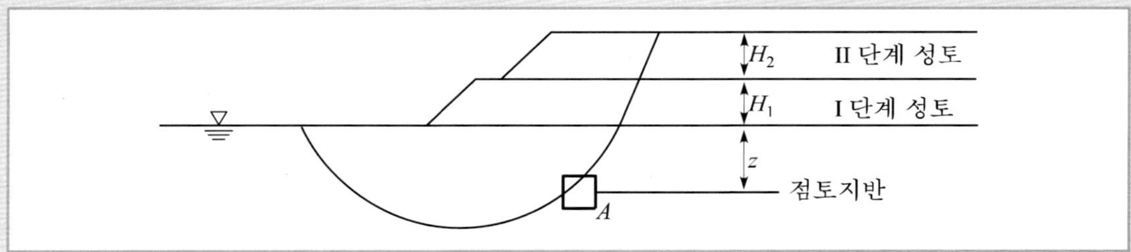

① 일반적으로 cu시험으로부터 구한 비배수전단강도는 다음과 같은 경우에 쓰인다. 위 그림과 같이 포화된 점토지반 위에 제방 I 을 쌓았으나 제방높이가 높지 않아 사면안정에는 큰 문제가 없다고 하자. **제방 I 을 쌓은 후 압밀이 완료된 시점에서, 제방 II 를 쌓게 되는 경우의 사면안정 평가를 하고자 한다.** A입자는 처음에는 $\sigma_o'=\gamma'\times z$의 상재압력을 받고 있었으나, 제방 I 을 쌓고 과잉간극수압이 완전히 소산되었다면 $\sigma'=\sigma_o'+\Delta\sigma=\gamma' z+\gamma H_1$만큼 유효응력이 증가될 것이다. 유효응력이 증가된 상태에서, 제방 II 를 쌓게 되므로 제방 II 를 쌓는 동안의 전단강도는 역시 비배수전단강도(c_u)를 사용해야 하나, 이때의 비배수전단강도는 초기의 값(c_o)보다 클 것이다.

② 이러한 경우의 비배수전단강도(c_u)는 다음과 같이 2가지 방법으로 구할 수 있다.

③ **첫 번째 방법** : cu시험으로 얻은 비배수전단강도(c_u)를 사용
제방 II 하중 작용 전 제방 I 의 하중으로 인해 압밀완료 증가된 점토지반 A의 유효응력을 구한 값을 구속응력으로 cu시험을 실시하여 파괴 시 축차응력 $\Delta\sigma_{df}$를 측정

$\rightarrow c_u=\dfrac{\Delta\sigma_{df}}{2}$를 구해 $\rightarrow \phi=0$해석 $F_s=\dfrac{\sum c_u l}{\sum w sin\theta}$에 이용

해설 16.22-1 CU 시험의 공학적 이용 목적 (1)

16.22 연약지반 성토구조물(제방 등)에 대한 이해 Review(4)

① 단계성토시 안정검토($\phi = 0$해석법)

단계성토시 안정검토($\phi = 0$해석법)에 대해서는 해설 16.22-1 및 해설 16.23-1을 통해 부연 설명

② 수위급강하 직후의 흙댐의 사면안정검토($\phi = 0$해석법)

③ $CU \rightarrow \overline{CU} \fallingdotseq CD$ 시험의 대체

$c' = c_d$, $\phi' = \phi_d$와 같이 간극수압을 알고 있을 때 유효응력해석법에 이용된다.

■ $vane-test\ c_u = \dfrac{T}{\pi D^2(\frac{D}{6}+\frac{H}{2})}$값은 현장시험(sounding)을 통해 구해지는 값으로서 **시료채취가 곤란한 초연약점성토 지반의 비배수전단강도와 예민비를 구하기 위해** 실시하며 실내시험보다 시료교란의 영향을 적게 받는다. **대체로 큰 값의 c_u값이 구해진다. 주된 이유**는 ① 재하속도는 실제의 전단속도보다 빠르기 때문이며 이는 소성지수가 클수록 더 큰 영향을 받는다. 따라서 산정된 c_u값은 소성지수에 대한 보정을 해주어야 한다. ② 점토층에 Sand seam이나 실트층이 존재하면 비배수전단강도가 과대평가 된다. (지반공학이해Ⅱ 265p 10.37과 연계)

■ **CK_oU시험을 이용한 SANSEP의 방법은** 기존 시험의 비배수전단강도 결정방법의

① 일축압축시험, uu시험 → 시료 교란의 둔제 해결

② CIU시험 → 등방압밀에 따른 강도의 과대평가 문제

③ $vane-test$ → 전단속도가 빠르기 때문에 발생하는 강도의 과대평가 문제의 **문제점을 해결**한, 원지반의 가장 정확한 c_u값을 얻을 수 있는 방법으로서 지반공학이해Ⅱ 262p **개념정리⑨~⑩**과 연계학습하길 바란다.

■ 일반적으로 **각 시험 방법별 c_u값의 크기를 비교**해보면

$CIU > vane-test > CK_oU(SHANSEP) > uu$(일축압축시험)과 같고 응력경로를 이용하여 나타내 보면 해설 16.21-1 같다.

■ **경험적인 방법** Skempton은 정규압밀점토의 c_u는 유효상재압력에 비례하고 소성지수에 영향을 받는다는 점에 착안 $\dfrac{c_u}{\sigma_v'} = 0.11 + 0.0037PI$, c_u산정의 경험식을 제안하였다. 이 경험식은 주로 **강도증가율(α)을 경험적으로 구해 압밀에 의해 증가된 비배수전단강도(c_u)를 구하는 방법에 주로 이용**되고 있다(실제와 잘 일치되기 때문에 실무적으로 가장 많이 사용).

$$c_u = c_o + \Delta c \quad \therefore \Delta c = \alpha \times \Delta\sigma_v' = \frac{\Delta c_u}{\Delta\sigma_v'} \times \Delta\sigma_v'$$

이와 같은 방법으로 c_u를 결정할 때 가장 어려운 점은 단계성토의 경우 전 단계 하중에 의한 압밀정도(평균 압밀도$\overline{U}$)를 파악하여 구속응력을 결정하는 문제이다. (참고로 수위급강하 직후의 $\phi=0$해석을 위해 c_u를 결정할 경우에는 제체에 대한 배수정도의 파악 문제임)

④ **두 번째 방법** : cu시험으로 얻은 전응력원과 유효응력원으로부터 강도증가율(α)구해 c_u를 산정

ⓐ 전응력원을 이용하는 방법-지반공학이해Ⅱ 358p **개념정리㉒**와 359p 10.80 2 연계

ⓑ 유효응력원을 이용하는 방법-지반공학이해Ⅱ 340p 그림 10.72-3과 연계

⑤ 구해진 강도증가율(α)를 이용 → $c_u = c_o + \Delta c \quad \therefore \Delta c = \alpha \times \Delta\sigma_v' = \dfrac{\Delta c_u}{\Delta\sigma_v'} \times \Delta\sigma_v'$

→ 제방Ⅰ 성토압밀로 증가된 Δc를 구하고 → $c_u = c_o + \Delta c$ → $F_s = \dfrac{\sum c_u l}{\sum w sin\theta}$에 이용

⑥ 경험적인 방법을 이용하여 강도증가율(α)를 구해 압밀로 인해 증가된 c_u를 구하는 방법도 함께 연계해서 이해할 것.

해설 16.23-1 CU 시험의 공학적 이용 목적 (2)

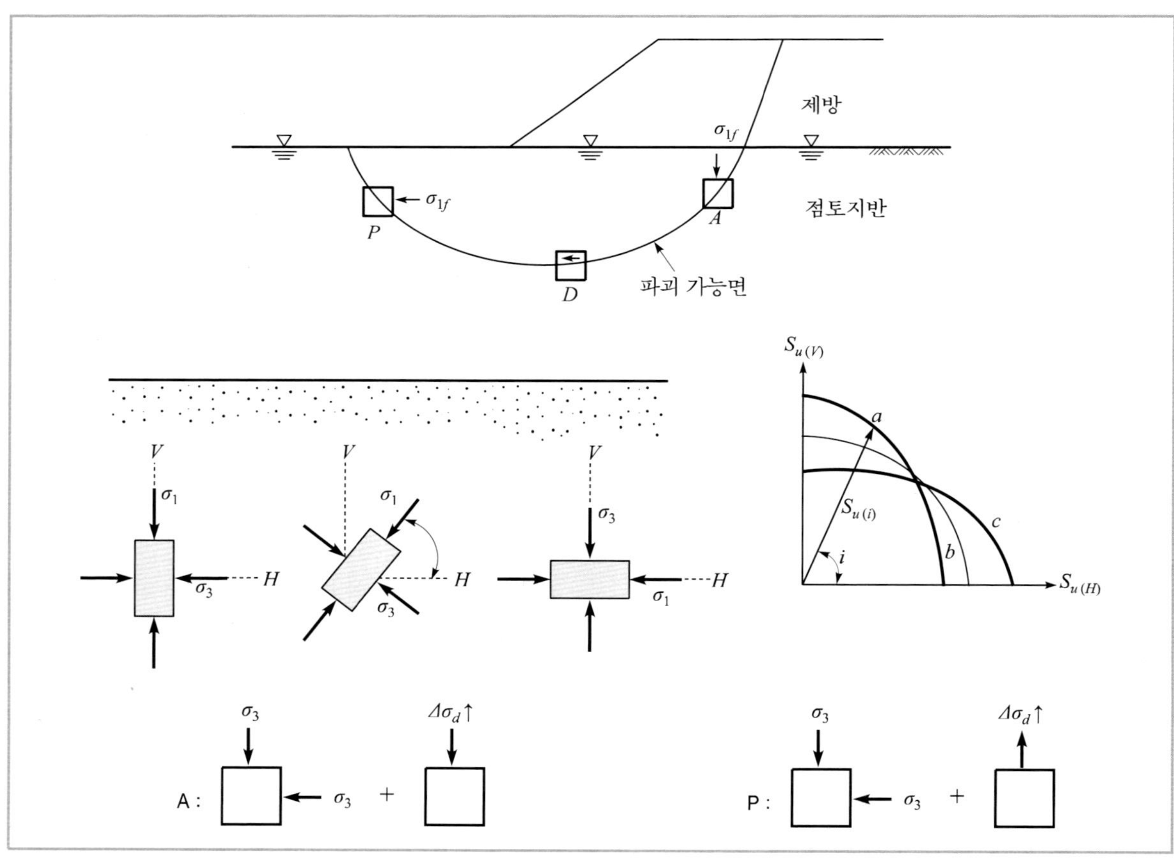

그림 16.23-1 비배수전단강도(c_u)의 이방성

16.23 연약지반 성토구조물(제방 등)에 대한 이해 Review(5)

CHAPTER

12 13 14 15 16 17 18

4 비배수전단강도(c_u)의 이방성

- 그림 16.23-1에서 **파괴 가능면(원호 활동면)이 존재하는 비배수전단강도는 동일할까?** 이 문제에 대해서는 지반공학이해Ⅱ 219p 10.18 및 지반공학이해Ⅱ 283p 10.46을 통해 이미 언급된바 있다. 올바른 학습을 하지 못하는 독자들을 위해 다시 한번 정리해 보자.

- 그림 16.23-1에서 보여주는 것과 같이 포화된 점토지반에 제방성토를 함으로 말미암아 사면안정검토가 필요하다고 하자. 그림에서 A, D 및 P**에서는 각각 다른 전단강도가 필요하다**(왜? 그럴까 모르는 독자들은 다시 지반공학이해Ⅱ를 정독하라).

  ① A : (주동전단강도)로서 연직방향이 최대 주응력이 되고, 수평방향은 최소주응력이다, 이에 상응하는 강도시험은 삼축압축(TC)시험이다. 즉, 구속압력을 가하고 그림 16.23-1 같이 연직방향으로 축차응력을 가하여 파괴 시킨다.

  ② D : (직접전단강도)로서 D부근에서는 직접전단으로 파괴가 발생한다. 이에 상응하는 강도시험은 Direct simple shear rest(DSS)로서 점토에 행해지는 전단시험이다.

  ③ P : (수동전단강도)로서 수평방향이 최대 주응력이 되고, 연직방향은 최소주응력이다, 이에 상응하는 강도시험은 삼축인장(TE)시험이다. 삼축압축시험기로는 수평방향으로 추가하중을 가할 수 없기 때문에 그림 16.23-1 같이 구속압력을 가한 뒤에 연직방향의 응력을 감소시킴으로써 축차하중이 발생 되도록 한다.

- **위의 세 가지 다른 이방성을 총칭하여 'ADP'전단강도라고 불리기도 한다.** 대부분의 경우 주동강도가 제일 크고, 직접전단>수동강도의 순으로 강도가 작아진다.

- 설계 비배수전단강도

  그림 16.23-1 같이 파괴 가능면 에서의 비배수전단강도는 주동, 직접전단, 수동강도가 고르게 혼재되어 있으므로 설계 비배수전단강도는 이들의 평균으로 보면 될 것이다("이인모저 토질역학 특론"에서 제안).

  즉, $Design\ c_u = \dfrac{A+D+P}{3}$ 식 16.23-1

  현장 $vane-test$로 구한 점토의 비배수전단간강도는 ADP 강도의 평균치와 비교적 잘 일치하는 것으로 알려져 있다.

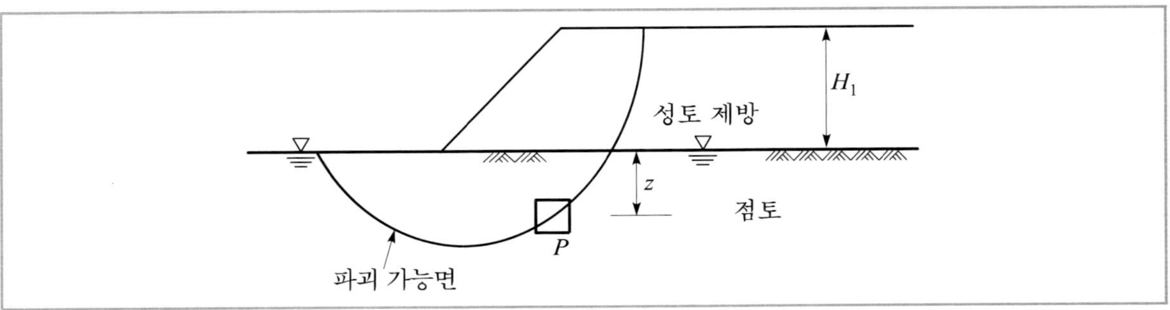

그림 16.24-1

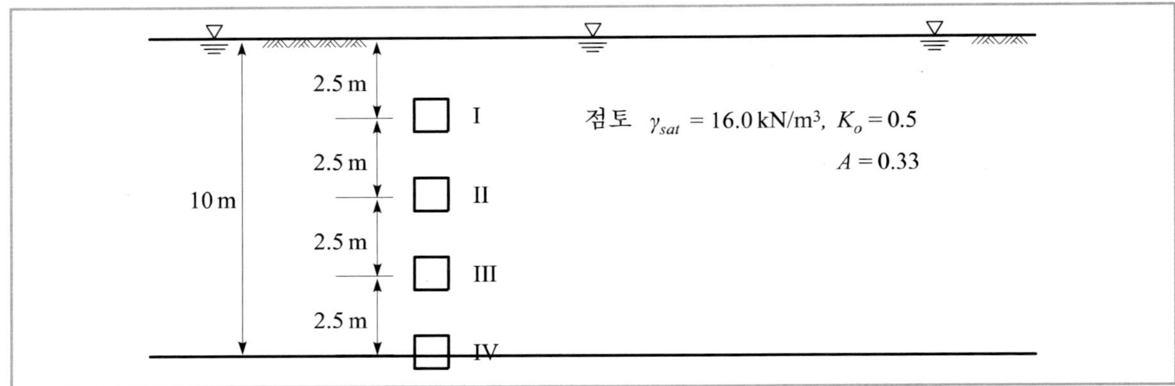

그림 16.24-2

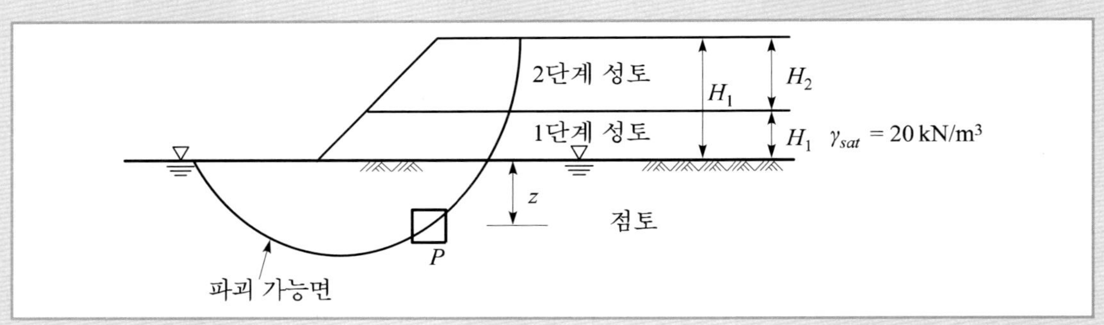

① 그림 16.24-2 깊이 5m 시료Ⅱ에서의 연직유효응력

$\sigma_{vo}{}' = (16-9.8)\times 5 = 31.0kPa$

※ $\sigma'_{p.s} = \sigma_{vo}{}'\{K_o + A(1-K_o)\} = 31\times\{0.5+0.33(1-0.5)\} \simeq 0.67\sigma_{vo}{}' = 20kPa$

※ 무한등분포하중으로 가정하고 $H_1 = 5m$ 가정 시

② **압밀도 100% 가정 시** $\sigma_v{}' = \sigma_{vo}{}' + \Delta\sigma_v = 31kPa + 20\times 5 = 131kPa$

③ **압밀도 50% 가정 시** $\sigma_v{}' = \sigma_{vo}{}' + 0.5\Delta\sigma_v = 31kPa + 0.5\times 20\times 5 = 81kPa$

해설 16.24-1

16.24 연약지반 성토구조물(제방 등)에 대한 이해 Review(6)

5 점토지반에 제방 성토 시 비배수전단강도(c_u)의 산정 예 Review

■ 문제의 제기 : 그림 16.24-1 → 지반공학이해Ⅱ 357p 10.79 1 연계

① 사질토에서는 제방을 성토하는 동안 파괴를 유발하는 전단응력이 증가하나 이와 동시에 유효수직응력도 증가하여 전단강도 $\tau_f(s) = \sigma_n' \tan\phi'$ 도 증가하게 된다.

② 반면, 포화된 점토위에 제방성토를 하는 동안 원 점토지반에서 지하수가 배수되지 않으면(비배수 상태) 과잉간극수압의 상승효과만 있어서 불리한 여건이 된다. 따라서 **비배수전단강도란 처음부터 배수가 되지 않는다고 가정하고 구한 원지반의 전단강도**이다.

③ 즉, **최악의 조건에서의 강도**로 볼 수 있다. 비배수전단강도는 최악 조건에서의 전단강도이므로 대부분의 점토지반에 대한 프로젝트에서는 비배수전단강도를 설계 강도로 사용 한다.

■ 비배수전단강도 uu 또는 cu : 그림 16.24-2

① 그림 16.24-1의 점토지반 위에 차후에 제방성토가 계획되어 있으므로, 원지반에 대한 비배수전단강도를 구하고자 한다. 원지반은 그림 16.24-2와 같이 10m의 두께로 이루어져 있다고 하자, 점토층은 비교적 균질하다고 하자, 균질한 점토라 하더라고 정규압밀점토의 경우는 깊이가 깊어짐에 따라 전단강도가 증가하는 경우가 있으므로 시료채취는 등간격으로 계속적으로 이루어져야 한다(그림은 2.5m 간격). 여기에서는 $z = 5\text{m}$ 깊이에서 채취한 불교란 시료 P를 중심으로 설명하고자 한다.

② 이제 P지점에서 불교란 시료를 채취하였다고 하자, 채취된 시료는 파라핀으로 처리하여 원지반 함수비의 변동이 없다. 비등방 유효응력을 받고 있는 지중의 흙 입자를 시료교란이 전혀 없이 **perfect sampling 하였다면 시료 흙은 $\sigma'_{p.s}$의 등방유효응력을 받는다.**

$$\sigma'_{p.s} = \{\sigma_{ho}' + A(\sigma_{vo}' - \sigma_{ho}')\} = \sigma_{vo}'\{K_o + A(1 - K_o)\}$$

또는 $\sigma'_{p.s} \fallingdotseq 0.67 \times \sigma_{vo}'$ 　　식 16.24-1

③ 채취된 시료가 등방유효응력 $\sigma'_{p.s}$을 보유하기 위해서는 perfect sampling이 이루어져야 한다. 즉, 함수비가 그대로 보존되어야 할 뿐 아니라, 가장 중요한 것이 샘플링 시 시료교란이 전혀 없어야 한다. 그러나 이는 이상적인 시료 채취를 의미하고, 실제 문제에서는 시료교란이 피할 수 없으며 **실제로 시료가 보유하고 있는 잔류유효응력을 σ_r'이라고 표현**한다. 실험실 시료가 가장 이상적이려면 다음의 2가지 조건을 동시에 만족해야 한다.

- 시료의 함수비가 현장의 함수비와 같을 것 → UU시험 기본가정
- 시료가 보유한 유효응력이 현장에서 받고 있는 유효응력과 같을 것 → CU시험 기본가정

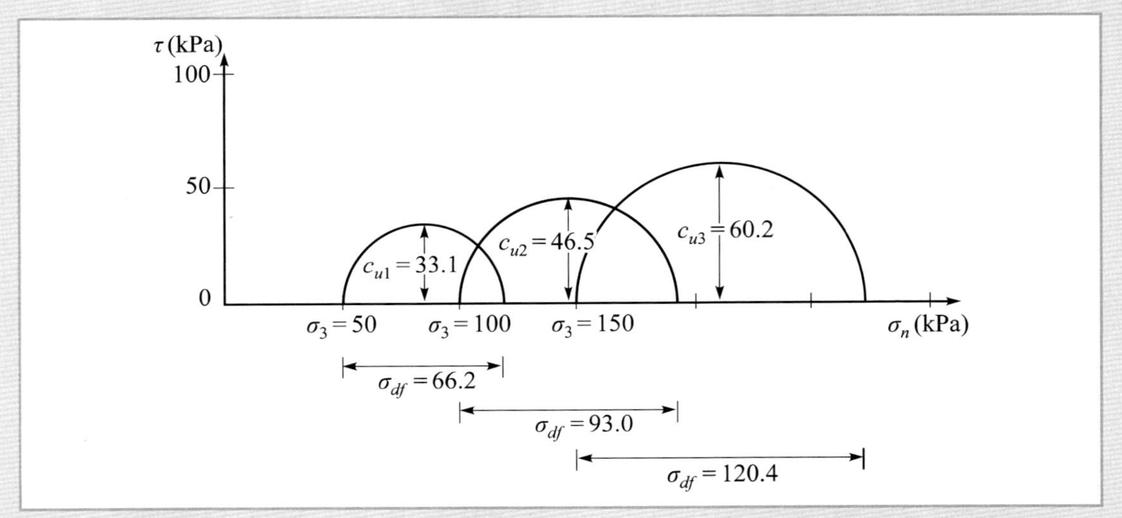

① 대표적으로 깊이 5m 곳에서 채취한 시료Ⅱ부터 삼축압축시험에 필요한 시료 5~6개 준비

② 우선 2~3개는 uu, cu시험으로부터 점토의 원지반의 비배수전단강도(c_o) 구한다.

③ 나머지 3개의 시료애 대해 cu시험을 실시→이때 구속압력 $\sigma_3=50, 100, 150\ kPa$을 가하고 압밀시킨 다음, 비배수 상태로 파괴될 때까지 축차응력을 가하여 각각의 경우에 대한 비배수전단강도를 구한다.

$$\sigma'_{p.s}=50\,kPa=0.67\sigma'_{vo}\rightarrow\sigma_{vo}'=74.6\,kPa \qquad c_{u1}=\frac{\Delta\sigma_{df1}}{2}=33.1$$

$$\sigma'_{p.s}=100\,kPa=0.67\sigma'_{vo}\rightarrow\sigma_{vo}'=149.2\,kPa \qquad c_{u2}=\frac{\Delta\sigma_{df1}}{2}=46.5$$

$$\sigma'_{p.s}=150\,kPa=0.67\sigma'_{vo}\rightarrow\sigma_{vo}'=223.9\,kPa \qquad c_{u3}=\frac{\Delta\sigma_{df1}}{2}=60.2$$

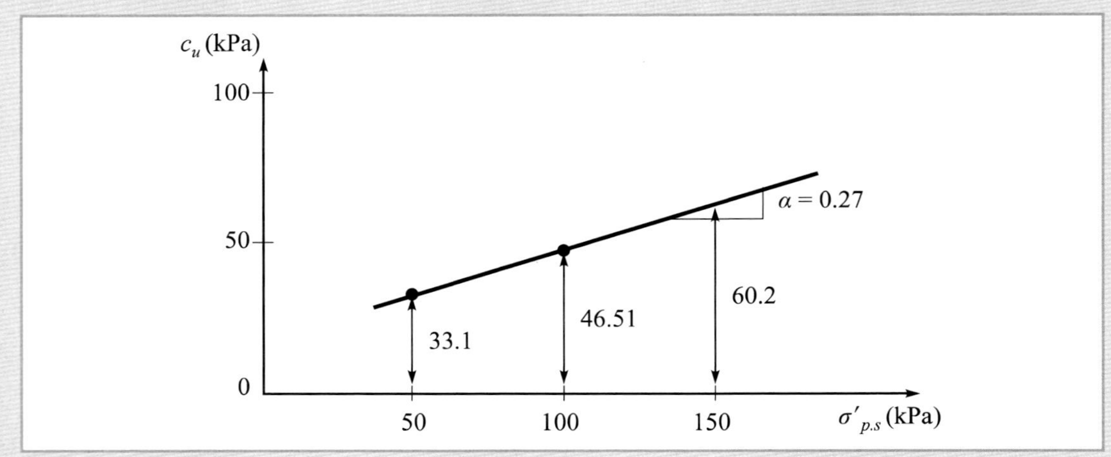

해설 16.25-1

16.25 연약지반 성토구조물(제방 등)에 대한 이해 Review(7)

④ 그러나 위의 두 조건을 동시에 만족하는 것이 사실상 불가능하다. 점토의 비배수전단강도를 구하기 위한 대표적인 삼축압축시험이 uu 시험과 cu 시험이다. 이 중 **uu 시험은 위의 두 조건 중에서 전자에 충실한 시험**이며, 반면에 **cu 시험은 후자에 관점을 맞춘 시험**이다.

■ **uu 시험을 통한 비배수전단강도 예측** : 지반공학이해Ⅱ 329p 10.66 [1] 연계

① 이론적인 관점에서 uu 비배수전단강도를 택하는 또 다른 이유는 점토의 비배수전단강도는 이방성(ADP)을 원칙적으로 고려하여야 하기 떄문이다. 대부분 사면안정 문제에서는 ADP 전단강도의 평균정도가 적당하다.

② 그러나 실무에서는 이 세가지 실험을 모두 하는 경우는 거의 없다. uu 비배수전단강도는 삼축압축시험으로 얻은 값이므로 주동강도이다. 주동강도는 직접전단/수동강도 보다 큰 것이 일반적이다. **이방성 효과의 고려를 위해서라도 비배수전단강도(c_u) 적용방법에서 작은 강도가 산정되는 uu 비배수전단강도를 사용하는 것이 바람직하다.**

■ **cu 시험을 통한 비배수전단강도 예측** : 지반공학이해Ⅱ 331p 10.67 연계

■ **비배수전단강도 증가 예측** : 지반공학이해Ⅱ 357p 10.79 [2] 359p 10.80 연계

해설 16.24-1 및 해설 16.25-1, 해설 16.25-2에서 설명하고 있음

④ 해설 16.25-1 그림에서 직선의 기울기를 α라고 하면, $\alpha = 0.27$이다.

⑤ 유효응력 증가에 따른 비배수전단강도 증가량은 → $\Delta c_u = \alpha \times \Delta\sigma_{p.s}{}'$

⑥ 이 식을 연직유효응력 증가에 대한 식으로 바꾸어 주면 → $\Delta c_u = \alpha \times \dfrac{\Delta\sigma_{p.s}{}'}{\Delta\sigma_v{}'} \times \Delta\sigma_v{}'$

→ $K_o = 0.5, A = 0.33$ 가정 시 → $\Delta\sigma_{p.s}{}' \simeq 0.67\,\Delta\sigma_v{}'$ 이므로 → $\Delta c_u = 0.67\alpha \times \Delta\sigma_v{}'$

⑦ P입자의 $\sigma_{vo}{}' = \gamma' \times z = (16.0 - 9.8) \times 5 = 31.0\,kPa$

⑧ $\Delta\sigma_v = \gamma \times H_1 \times (90\%) = 20 \times 5 \times 0.9 = 90\,kPa$

⑨ $\Delta c_u = 0.67\alpha \times \Delta\sigma_v{}' = 0.67 \times 0.27 \times 90 = 16.3\,kPa$

⑩ $c_u = c_o + \Delta c = 25.0 + 16.3 = 41.3\,kPa$

⑪ $F_s = \dfrac{\sum c_u l}{\sum w sin\theta}$ 에 이용

해설 16.25-2

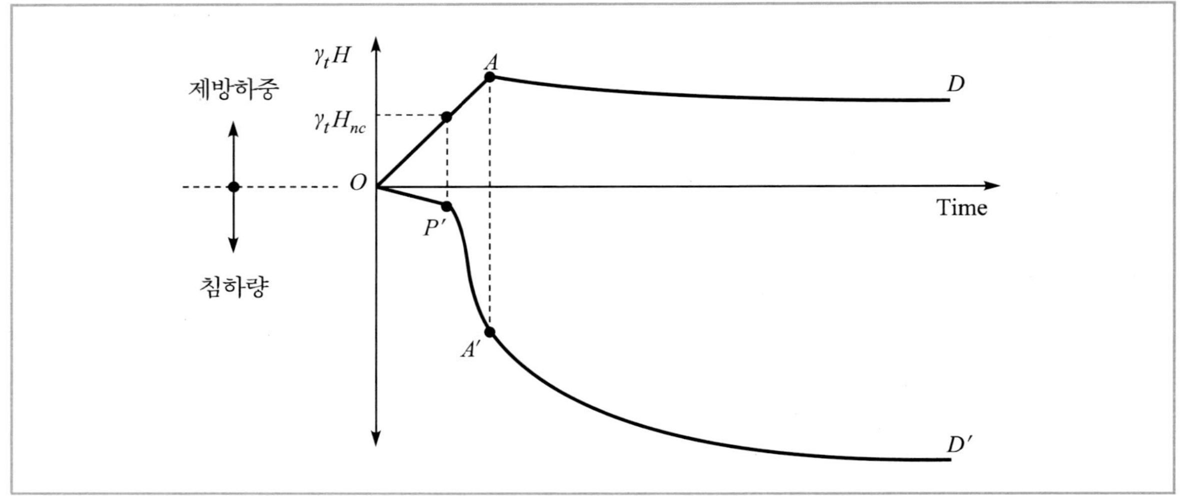

그림 16.26-1 제방하중 증가에 따른 침하량의 변화(Leroueil 등,1990) → 한계제방하중의 정의를 찾아라

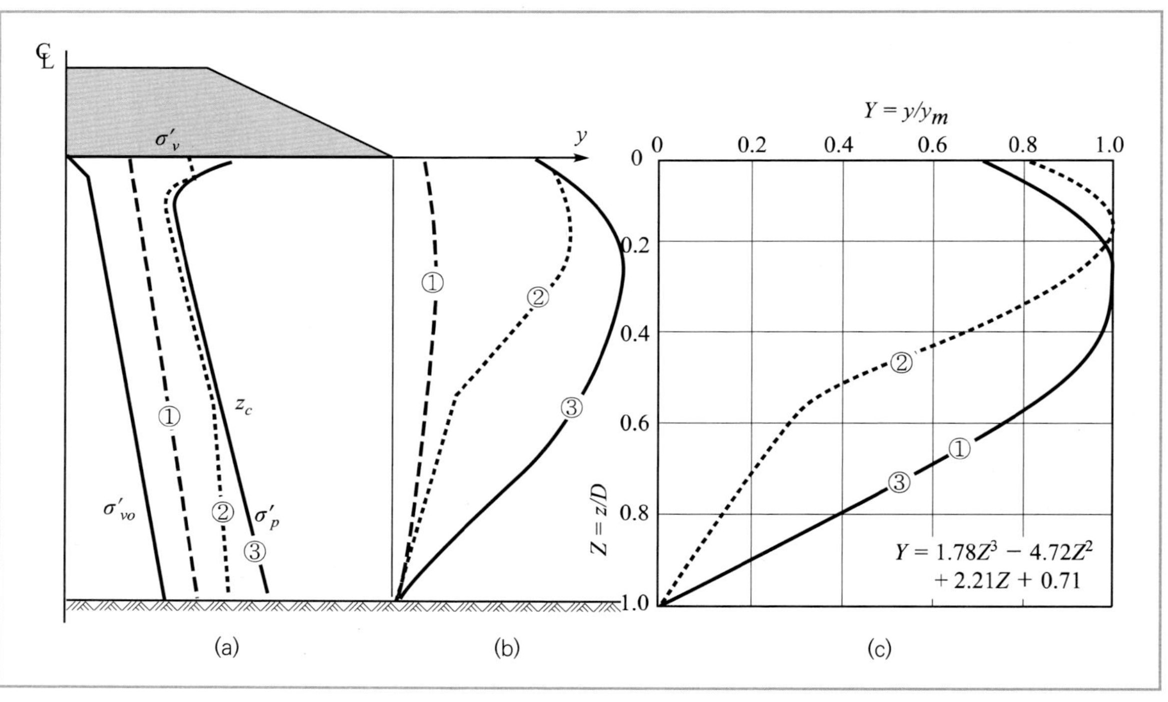

그림 16.26-2 (a) 제방 중심아래 깊이에 따른 토층압력(σ_{vo}')과 선행압밀압력(σ_p')의 분포
(b) 횡변위 곡선
(c) 정규화했을 때의 황변위 분포곡선(Travenas 등 1969)

※ 그림 16.26-2a에서 ③번 선행압밀압력(σ_p')을 이해하지 못하는 Amoeba 분들은 758p **개념정리 ㉑**을 먼저 선행학습 후 백영식 "강의식으로 풀어쓴 토질역학" 593p를 참조할 것.

16.26 연약지반 성토구조물(제방 등) 시공 중 및 시공 이후의 변형거동 이해(1)

1 제방의 시공 중 시공 이후의 침하

- 제방은 사다리꼴 하중이 작용하므로 지반으로 전달되는 **연직응력**은 제방 중앙에서는 크지만 연단으로 갈수록 줄어든다. 따라서 **침하량**도 이에 상응하여 중앙부분에서는 크고 연단으로 갈수록 감소한다.

- 그림 16.26-1은 제방하중의 증가와 침하량과의 관계를 도시한 것이다. 침하는 시공 중과 시공 후로 나눌 수 있다. **시공을 시작한 후** 본래의 연직 지반응력과 제방하중으로 유발된 응력의 증가가 풍화대의 **선행압밀압력에 도달될 때까지는** 침하량이 크지 않다(그림 16.26-1의 OP'). 풍화대의 지반은 과압밀 점토이기 때문이다. 점토지반이 지표면에 노출되면 Desiccation이나 풍화로 인해 풍화대가 형성되며, 이 지층은 과압밀 점토의 거동을 보인다. 점토층이 수중에서 퇴적되었을 경우에는 이 풍화대 층은 물론 존재하지 않는다. **풍화대의 두께는 점토층의 선행압밀압력이 최소가 되는 깊이**이다. **선행압밀압력 σ_p'에 대응하는 제방하중은 $\gamma_t H_{nc}$가 된다.** 여기서 H_{nc}는 **제방하중으로 유발된 지반응력과 토층하중이 σ_p'보다 더 커지기 시작하는 한계제방고**이고, $\gamma_t H_{nc}$는 **한계제방하중**이다.

- 제방하중이 이 값보다 커지면 제방의 시공이 완료될 때 까지 침하량은 제방하중의 증가로 말미암아 급격하게 증가한다(그림 16.26-1의 $P'A'$). 이것은 마치 압밀압력이 σ_p'보다 커져서 정규압밀상태가 되는 경우와 비슷하다. 그러나 정규압밀상태가 되더라도 **시공 기간에 발생하는 침하는 본질상 비배수상태이므로 준탄성적인 거동을 보인다. 따라서 이 침하는 배수로 인한 압밀침하가 아니라는 것에 유의해야 한다.**

- **시공이 완료된 후**에 제방하중이 일정하게 되면 이 하중으로 인해 **압밀침하가 발생**한다(그림 16.26-1의 $A'D'$). 물론 2차압밀침하도 여기에 포함된다. 만일 제방이 침하로 인해 지하수위 아래로 내려간다면 지하수 아래 흙은 전체단위중량은 수중단위중량으로 변하므로, 제방하중은 침하와 더불어 부력을 받는 값만큼 감소한다.

2 시공 중에 발생하는 횡방향 변위

- 제방 중심 아래 지반에서는 연직응력이 최대주응력이 되지만, 법면 아래에서는 제방 외측으로 향하여 주응력의 방향이 회전한다. 다시 말하면, 제방 법면은 경사하중처럼 작용하여 횡방향으로 응력이 가해지므로 연직방향의 침하와 함께 횡방향으로도 변위가 발생한다.

- 그림 16.26-2a는 제방 아래 균질한 점토지반에서 깊이의 증가에 따른 토층압력 σ_{vo}'와 선행압밀압력 σ_p'의 분포를 보여주고 있다. 처음의 시공단계에서는 제방하중으로 유발된 지반응력이 풍화층의 선행압밀압력 σ_p'를 초과하지 않으므로 횡변위는 크지 않다.

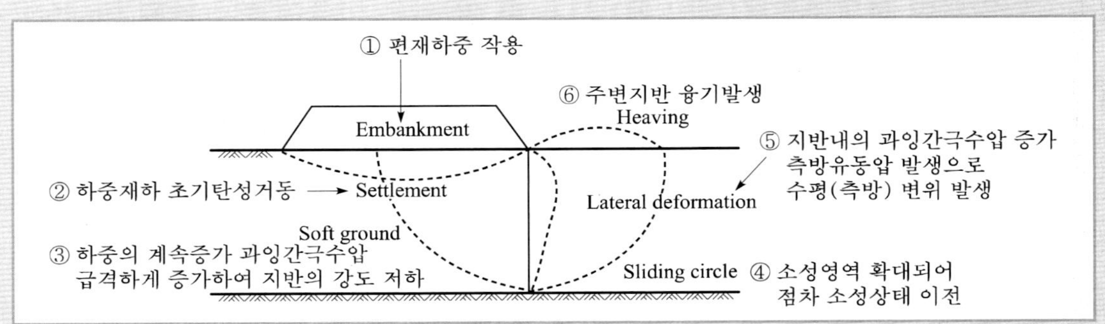

그림 16.27-1

- 연약한 점성토 지반상에 제방성토하중을 재하하면 이 성토하중은 연약지반에 ① 편재하중으로 작용되어, 지중응력이 증가하고 간극수압이 변화되면서 지반침하와 측방유동이 발생
- 이러한 지반의 변형은 하중재하 초기에는 ② 탄성거동을 보이다가 ③ 하중이 계속 증가하여 어느 시점에 이르면 과잉간극수압이 급증하여 지반강도가 저하되고 ④ 소성영역이 확대되어 점차 소성상태로 이전된다. 즉, 간극수압의 소산에 필요한 충분한 시간이 지나기 전에 재하하중을 지속적으로 증가시키면 과잉간극수압이 증가되어 ⑤ 측방유동압이 발생되고 이로 인해 수평방향으로 측방변위와 ⑥ 주변지반의 융기현상이 함께 발생된다.
- 이러한 지반변형은 종국적으로 활동 파괴를 유발시켜 기존 구조물의 안정에도 영향을 미친다.

해설 16.27-1 제방성토 하부 연약지반의 측방유동 및 활동파괴 현상 개략도

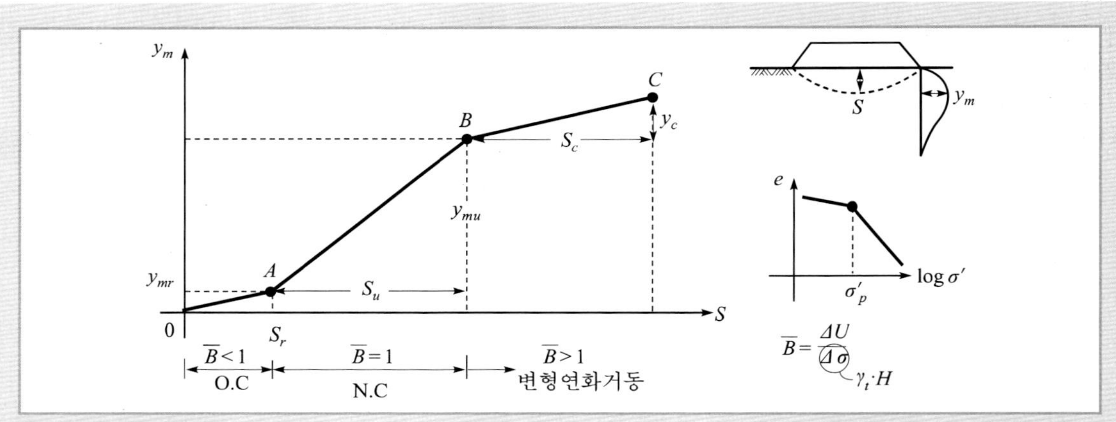

그림 16.27-2

① $\overline{OA}$: 제방하중 재하시점부터 **한계하중(A점)**까지의 과압밀상태 거동을 보이는 구간
간극수압의 소산이 없는 K_o상태로 탄성적인 침하만 발생

② $\overline{AB}$: **극한하중(B점)**까지의 정규압밀상태의 거동을 보이는 측방유동이 발생하는 구간
하중의 증가에 따라 유효응력이 증가하여 어느 한계치(A점)를 넘게 되면 토립자가 항복하여

해설 16.27-2

(그림 16.26-2a와 그림 16.26-2b의 곡선① 참조) 여기서 횡변위는 법면 선단(toe) 아래에서 계측한 값이라는 것을 유의해야 한다.

- 제방하중의 증가에 따라 지중응력이 커져서 전 깊이에 걸쳐 $\sigma_p{}'$과 동일하게 되면 횡변위의 분포는 그림 16.26-2b의 ③과 같이 된다. 물론, 제방하중이 증가할수록 횡변위는 더 증가하지만 시공 중 배수가 되지 않는다면 유효연직응력은 그림 16.26-2a 같이 $\sigma_p{}'$을 초과하지 않는다. 그림 16.26-2c의 $Y=\frac{y}{y_m}$, $Z=\frac{z}{D}$로 정규화한 그림에서는 위의 두 경우에 대한 변위곡선이 한 개의 공통된 곡선으로 나타난다(그림 16.26-2c의①, ③). 횡변위의 크기는 지표면 가까운 깊이에서 최대(y_m)가 되고 위와 아래로 갈수록 감소한다. 여기서 y**는 점토층의 임의의 깊이에서의 횡방향 변위이고,** D**는 점토층의 두께**이다.
- 만일 시공 중 제방응력이 z_c의 깊이까지만 먼저 $\sigma_p{}'$에 도달한다면(그림 16.26-2a의 곡선②), z_c의 깊이 위의 곡선형상은 전자와 동일하지만 그 아래에서는 횡변위의 증가가 지연된다. 점토지반이 균질하지 않고 아래 지층의 강성이 더 클 때에도 이와 같은 곡선형상이 나타난다.

3 침하량과 횡변위의 관계

- 그림 16.27-1은 지금까지 설명된 제방성토 하부 연약지반의 측방유동 및 활동파괴 현상에 대한 **메카니즘을 도식화하여 나타낸 그**림이다.
- 그림 16.27-2은 계측결과를 근거로 하여 제방의 **시공 중 및 시공 후**에 이르기까지 **제방의 침하량에 대한 최대 횡변위와의 관계를 개략적으로 표시한 것**이다.
- **제방하중이 한계하중** $\gamma_t H_{nc}$**를 초과하기 전**까지 y_m/S는 일정한 비율로 증가하지만, 그 값은 크지 않다(OA). **제방하중이 한계하중을 초과하면** 최대 횡변위는 침하량의 크기와 거의 동일한 값만큼 증가한다(AB). **시공이 완료된 후**에도 이 값은 일정하게 증가하지만 그 비율은 훨씬 낮다(BC) 물론 이 그림은 제방을 안전하게 시공 하였을 때의 전형적인 y_m/S의 증가경향을 보여준 것이다. 만일 시공 중 사면이 불안정하게 되면 그 시점부터 침하량의 증가보다도 횡변위의 증가가 더 커진다.
- **시공 중에 발생하는 최대 횡방향 변위** y_{mc}를 한계하중을 중심으로 과압밀영역과 정규압밀영역으로 나누어 표시하면 다음과 같다.

$$y_{mc}=y_{mr}+y_{mu} \quad \text{식 16.27-1}$$

여기서, y_{mr} : 시공 중 과압밀영역에서 발생하는 최대 횡방향 변위

y_{mu} : 시공 중 정규압밀영역에서 발생하는 최대 횡방향 변위

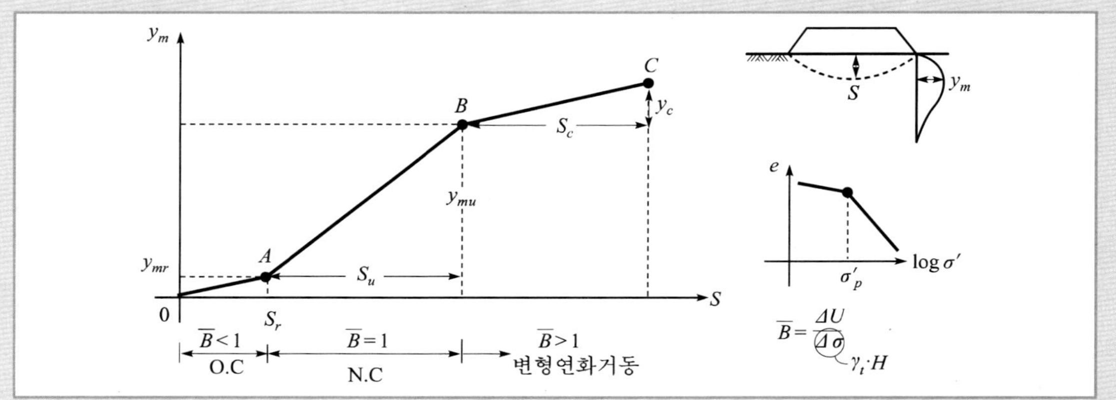

압축성이 급증함과 더불어 측방 변위량의 증가가 시작, 대부분의 측방유동은 이 구간에서 발생된다. 이와 같이 지반이 탄성의 상태에서 소성의 상태로 바뀌는 시 점의 응력을 **한계하중**으로 규정할 수 있다.

※ 한계하중이란? 선행압밀압력($\sigma_p{}'$)에 대응하는 한계제방하중($\gamma_t H_{nc}$) → Tschebotarioff는 전단변형이 시작되는 항복하중으로 정의 $P_y = 3 \times c_u$

- $\overline{BC}$: 극한하중 이후의 장기배수 거동을 보이는 압밀침하가 발생하는 구간

※ 극한하중이란? 소성상태에서 지반 침하량과 측방 변위량이 극단적으로 증대하여 국부적인 활동파괴를 나타내는 하중

Tschebotarioff(1973)는 **전단변형이 시작되는 점(A점)의 응력을 한계하중으로 규정**하고 그 이후부터는 측방 변위량이 급격한 증가경향을 나타낸다고 하였다. 이러한 **한계하중**은 점성토지반의 비배수전단강도를 기준으로 정의하고 편재하중이 한계하중을 초과할 경우 측방유동의 가능성이 있다고 판정한다. 또 **소성상태에서 지반의 침하량과 측방 변위량이 극단적으로 증대하여 국부적인 활동파괴를 나타낼 때의 하중**을 극한하중(B점)으로 규정하였다.

해설 16.28-1

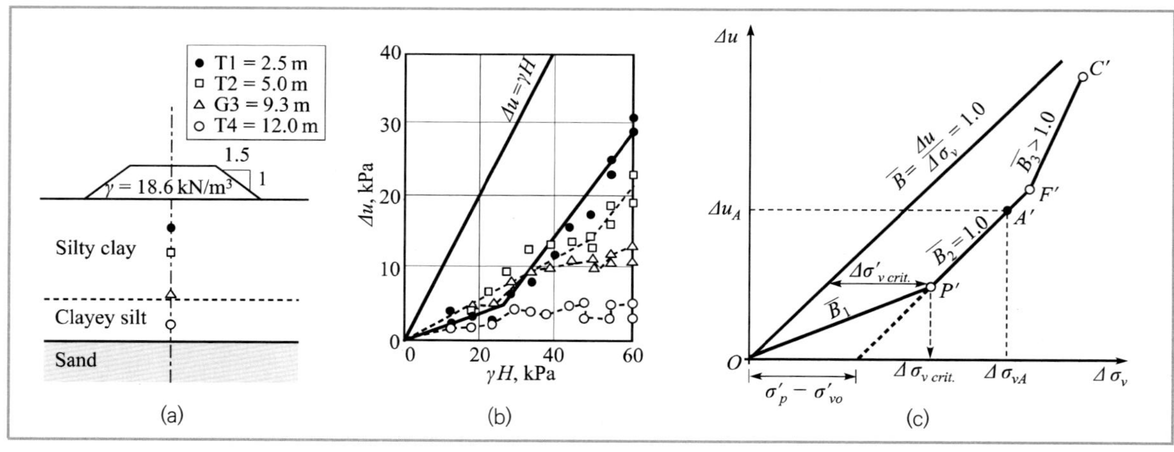

그림 16.28-1

16.28 연약지반 성토구조물(제방 등) 시공 중 및 시공 이후의 변형거동 이해(3)

- **침하량과 횡변위의 관계를 경험식**으로 나타낼 수 있다. Tavenas 등(1979)은 계측자료를 정리하여 다음과 같은 경험식을 발표하였다.

과압밀영역에서 발생하는 횡변위 : $y_{mr} = (0.18 \pm 0.09)\, S_r$ 식 16.28-1

정규압밀영역에서 발생하는 횡변위 : $y_{mu} = (0.91 \pm 0.2)\, S_u$ 식 16.28-2

- 여기서, S_r과 S_u는 각각 과압밀영역과 정규압밀영역애서 발생하는 시공 중의 침하량이다. 한편 이 조사로부터 **시공 이후 압밀로 인해 발생하는 최대 횡변위도 압밀침하량의 크기**와 다음과 같은 관계가 있음을 밝히고 있다.

$y_c = (0.16 \pm 0.02)\, S_c$ 식 16.28-3

여기서, y_c는 시공 후에 발생하는 최대 횡변위이고, S_c는 압밀침하량이다.

4 시공 중에 발생하는 간극수압

- 그림 16.28-1a, b 같이 제방아래 여러 깊이에 간극수압계를 묻고 제방하중 증가에 따른 간극수압의 증가를 살펴보면 2.5m 깊이에서는 $\gamma H = 25kPa$, 5.0m 깊이에서는 $\gamma H = 48kPa$에 이르기까지 과잉간극수압의 증가는 미미하다. 그러나 그 이후에는 과잉간극수압이 갑자기 증가한다. 이 시험에서 간극수압의 증가는 한계제방하중 $\gamma_t H_{nc}$를 경계로 하여 그 아래에서는 증가가 작지만 그 이상에서는 갑자기 커진다. 다시 말하면, **한계제방하중에 이르기까지는 간극수압계수 $\overline{B}$가 1보다 훨씬 작고 정규압밀상태가 되면 $\overline{B}$값은 거의 1에 접근한다는 것이다**. 여기서 간극수압계수 $\overline{B} = \Delta u / \Delta(\gamma H)$로 정의된다. 파괴에 이를 때까지 시험한 다른 현장시험 결과를 보면, 제방하중이 증가하여 파괴에 이를 때에는 $\overline{B}$가 1을 훨씬 초과한다.

- 그림 16.28-1c 은 제방중심 아래 지중응력의 증가와 간극수압 증가의 상관관계를 그림으로 알기 쉽게 표시한 것이다. 이 그림을 보면 **한계제방하중 이내에서는 간극수압계수 $\overline{B_1} < 1$, 정규압밀상태에서는 $\overline{B_2} \simeq 1$, 제방이 파괴에 이르면 $\overline{B_3} > 1$이 된다는 것**을 보여주고 있다. 여기서 간극수압계수 $\overline{B}$의 첨자 1,2,3은 각각 제방하중으로 유발된 지중응력의 증가가 과압밀상태, 정규압밀상태, 파괴상태에 이르렀을 때를 의미한다.

- 그림 16.28-1c 은 제방하중이 한계제방고를 초과하는 P' 점부터 F' 점까지의 간극수압계수는 $\overline{B_2}$는 증가하였고 이와 함께 그림 16.27-2 에서 알 수 있듯이 침하량과 횡방향 변위(y_m)도 상당한 증가를 보여주고 있다. 제방하중이 $54kPa$를 초과했을 때에는 $\overline{B_3} = 2.5$로 큰 증가를 보이면서 침하량과 횡방향 변위도 크게 증가하여 파괴가 시작되었음을 시사하고 있다.

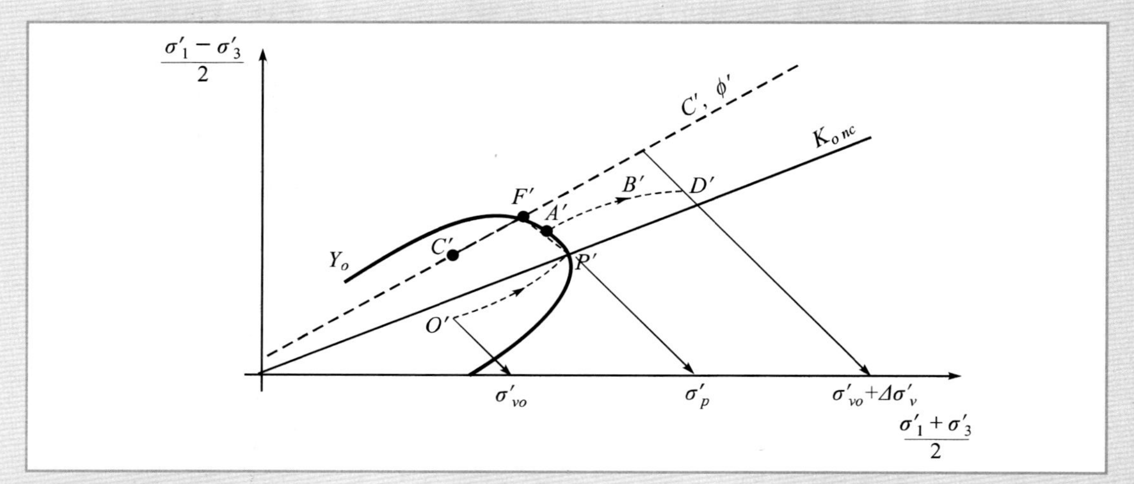

그림 16.29-1

① $S_i = S_r + S_u$ 식 16.29-1

여기서, S_i : 제방 시공 중 발생하는 침하량

S_r : 과압밀영역에서 발생하는 침하량

S_u : 정규압밀영역에서 발생하는 침하량

② S_r 값은 재압축 상태에서 발생하는 침하량이므로 압밀시험 시 재압축지수 C_r를 이용

$$S_r = \frac{C_r}{1+e_o} \times H_o \times \log(\frac{\sigma'_p}{\sigma'_{vo}})$$ 식 16.29-2

여기서, H_o는 과압밀된 풍화대 점토층의 두께

③ S_u 값은 Leroueil 등(1990) 제안한 경험공식을 이용

$$S_u = (0.07 \pm 0.03)(H_r - H_{nc})$$ 식 16.29-3

여기서, H_r는 제방의 두께, H_{nc}는 한계제방고

④ $OCR = \frac{\sigma'_p}{\sigma'_{vo}} = 1$, S_c : 1차압밀침하량

$$S_c = \frac{C_c}{1+e_o} \times H_o \times \log(\frac{\sigma'_{vo} + \Delta\sigma_v}{\sigma'_p})$$ 식 16.29-4

여기서, H_o 점토층의 두께

$\Delta\sigma_v$ 제방하중에 의한 지중응력 증가

σ'_p 선행압밀압력

해설 16.29-1 제방의 중심 아래 한 위치에 대한 제방시공부터 파괴까지 이르는 응력경로

16.29 연약지반 성토구조물(제방 등) 시공 중 및 시공 이후의 변형거동 이해(4)

CHAPTER 12 13 14 15 16 17 18

5 시공 중 및 시공 후의 제방의 응력경로

■ 그림 16.29-1 같이 제방시공의 시작부터 파괴에 이르기까지 응력이 변화하는 경로를 $p'-q$다이어그램으로 표시할 수 있다. 시공 중인 제방의 안정해석은 편의상 전응력해석을 적용하지만, 파괴상태에 이르는 과정은 유효응력으로 표시하는 것이 명확하다.

■ 제방하중이 가해지면 지반 내 최대 및 최소주응력이 증가하게 된다. 제방중심 아래 어느 한 점의 연직응력을 σ'_{vo}라고 하면, **최초의 (p, q)점은** 그림 16.29-1 에서 O'으로 표시될 수 있고, **연직응력이 선행압밀하중 σ'_p에 도달할 때까지** $O'P'$의 경로를 따라 K_o선으로 접근하게 된다. 이 경로는 과압밀상태에 놓이므로 $\overline{B_1}<1$이다. 또한 제방하중에 의한 침하량도 미소하다. **제방하중이 더 증가하면**, 유효응력 경로는 K_o선으로부터 $P'A'F'$를 따라 파괴포락선(ϕ'선)을 향하여 올라간다. 이 경로를 따라 발생하는 응력은 비배수상태에서 변화한다고 간주할 수 있으므로 간극수압 계수는 대략 1이다. 이 경로에서는 제방하중의 증가에 따라 간극수압도 동시에 증가하며, 소성유동으로 인한 침하가 발생한다. **응력경로 F'에 이르기 전 A'에서 제방의 시공이 완료되면** 이때부터 압밀침하가 발생하며 응력경로는 파괴포락선 아래에서 $A'B'D'$을 따라 이동한다.

■ 만일 응력경로가 A'에서 F'에 도달되면 간극수압계수 $\overline{B_3}>1$이 되며 국부적인 파괴가 시작된다. 그러면 곧 점토는 연화하면서 큰 간극수압을 보이고 전단강도의 경로는 파괴포락선의 $F'C'$을 따라 내려간다. **파괴에 이르기 전 압밀이 시작되면**, 유효응력 경로는 ϕ'선 아래에서 $A'B'D'$을 따라간다.

6 시공 중 및 시공 후에 발생하는 침하량

■ 해설 16.29-1 에서 **시공 중인 침하량**은 응력경로 **$O'P'$을 따라 발생하는 침하량**과 **$P'A'$을 따라 발생하는 침하량**으로 구분할 수 있다. 전자는 과압밀된 풍화층에서 지중응력이 선행압밀압력에 도달하기까지 발생하는 **압밀침하량**이고, 후자는 그 이후 발생하는 **즉시침하량**이다. 이것을 식으로 나타내면 식 16.29-1 과 같다.

■ 식 16.29-2 같은 시공 시 재압축으로 발생하는 침하량(S_r)은 사실상 점토층 두께의 2% 정도에 지나지 않으므로 풍화대의 두께가 얇다면 이 침하량은 거의 무시할 수 있다.

■ **시공 중 정규압밀상태에서 발생하는 침하량(S_u)은 본질적으로 비배수상태이고 소성유동으로 발생한다.** 따라서 이 침하량은 탄성침하로 해석하기보다 탄소성 레오로지 이론으로 해석하는 것이 합리적이나 너무 복잡하여 식 16.29-3 과 같은 경험공식을 이용한다.

■ **시공 후에는 과잉간극수압의 소산으로 인한 제방이 1차압밀침하량은** 식 16.29-4 **를 이용 구할 수 있다.** 물론 시공 후에는 2차압밀침하량도 발생한다. 그러나 일반적으로 제방은 시공 후 침하량을 상당히 허용하므로 2차압밀침하량은 문제가 되지 않는다.

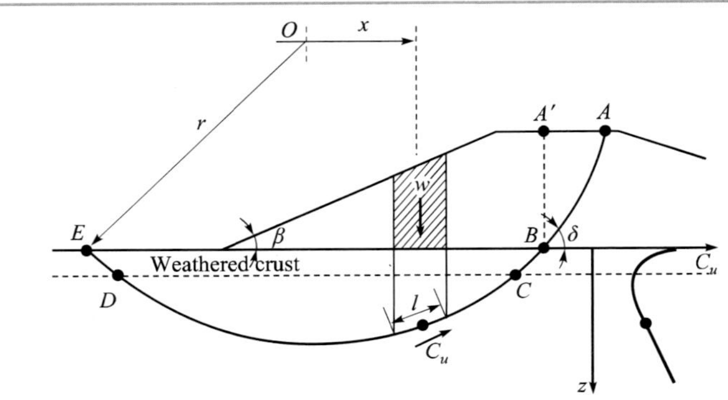

$$F_s = \frac{r\sum c_u \times l}{\sum w \times x}$$ 식 16.30-1

여기서, r : 원의 반경, c_u : 점토 또는 제체의 전단강도, l : 절편의 저면길이

w : 절편의 무게, x : 원의 중심으로 절편까지의 거리

그림 16.30-1 원호활동에 의한 사면의 안정해석방법

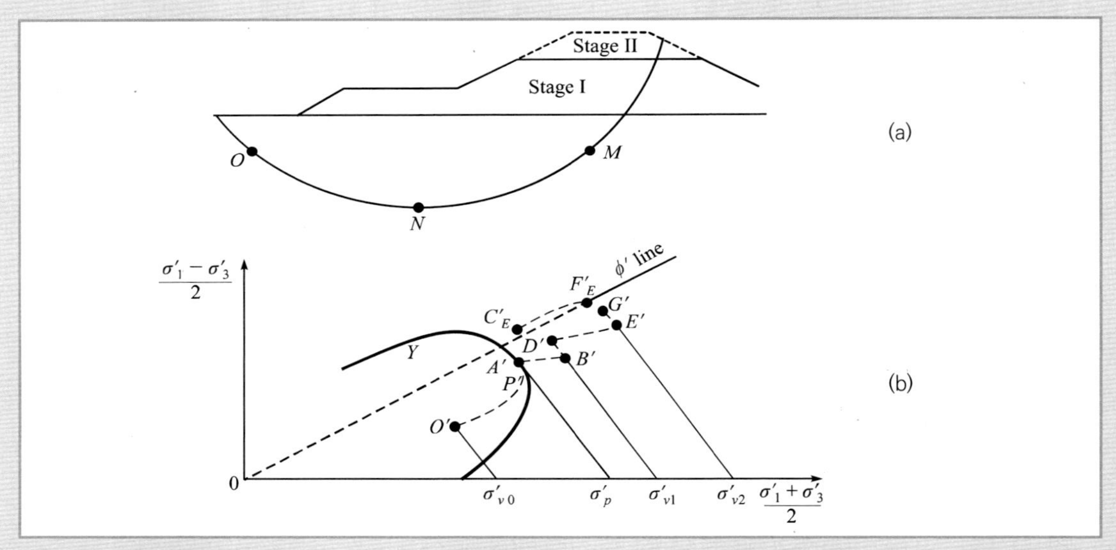

① 1단계의 시공 중 응력경로 : 제1단계의 제방하중이 선행압밀하중 σ'_p에 도달하기까지는 $O'P'$, 비배수 전단변형이 발생할 때에는 $P'A'$이 된다.

② 1단계의 시공 이후 충분한 기간 동안 방치 시 응력경로 : $A'B'$이 되고, 이로인해 유효 연직응력은 σ'_{v1}으로, 전단강도는 Δc_u만큼 증가할 것이다.

③ 2단계의 성토를 할 때의 시공 중의 유효응력경로는 $B'D'$이 되고, 압밀 시의 경로는 $D'E'$이 된다.

④ 만일, 그 다음 단계에서 과도한 하중이 가해져서 비배수전단파괴가 생긴다면 응력경로는 $E'G'F_E'$를 따라 파괴포락선에 이르게 된다.

해설 16.30-1

16.30 연약지반 성토구조물(제방 등) 시공 중 및 시공 이후의 변형거동 이해(5)

7 시공 중 및 시공 후에 발생하는 횡방향 변위

- 횡방향 변위에 대해서는 침하량의 계산처럼 쉽게 계산할 수 있는 방법은 아직까지 개발되지 않고 있다. 다만, 수치해석을 통해 추정할 수 있지만 이 방법은 실무적으로 사용하기에는 어려움이 많다. 시공 중에는 경사계를 이용하여 이것을 계측할 수 있지만, 설계 시에는 일반적으로 이의 계산을 요구하지 않는다. 그러나 필요하다면 Tavenas 등(1979)의 경험식을 이용하여 횡방향 변위의 크기를 추정해 두는 것이 좋을 것이다.
- 이미 설명한 바와 같이 **시공 중의 횡변위**는 식 16.28-1 과 식 16.28-2 을 사용하고, **시공 이후의 횡변위**는 식 16.28-3 을 사용하여 최대 횡변위를 추정 할 수 있을 것이다.

8 사면안정해석

- 제방의 높이, 폭, 경사가 결정되면 지반 내 전단응력의 증가로 인해 사면이 불안정한 상태가 되지 않는지 검토해야 한다. 이것은 활동에 대한 안전율을 계산하여 검토할수 있다. 안전율을 계산하기 위해서는 그림 16.30-1 같이 가상 활동면 내의 토괴를 여러개의 절편으로 나누고 각 절편의 무게와 활동면의 전단강도를 결정해야 한다. 원호활동에 대한 안전율은 저항모멘트를 활동모멘트로 나누어 식 16.30-1 같이 계산한다.
- **$\phi=0$ 해석법에 적용하는 절편법**은 보편적으로 Fellenius(1936) 방법 또는 Bishop (1965) 방법이 많이 사용되며, 전자의 방법으로 해석하면 안전율이 더 크게 산정되므로 안전 측이다. **제방의 안정해석에 있어서 해석방법보다 더 중요한 것은 제방재료와 점토지반의 전단강도의 합리적인 결정이다.**

9 단계시공 시의 응력경로와 강도증가

- 점토지반이 전단강도가 낮아서 계획된 제방을 일시에 시공할 수 없을 때에는 제방을 몇 단계로 나누어 시공할 수 있다. 단계시공을 계획할 때에는 하중단계를 먼저 정하고 **첫 단계 하중단계부터** 하중의 방치기간과 강도증가를 추정하고 시공 후의 압밀로 인한 전단강도의 증가와 압밀속도을 추정해 두어야 한다. **제2단계의 하중의 크기**는 강도증가를 고려한 안정해석을 하여 최소안전율이 확보되도록 하지 않으면 안 된다.
- 1단계 하중적용으로 압밀된 후의 강도증가는 **강도증가율(α)을 이용** $c_u = c_o + \Delta c \rightarrow \Delta c = \alpha \times \Delta\sigma_v \times \overline{U} = \alpha \times \Delta\sigma_v{}'$ 여기서 강도증가율(α)는 해설 16.31-1 과 같은 방법으로 구할 수 있다.
- 여기서 단계하중 설계 시 한 가지 유의할 점은 첫 단계의 제방높이를 가능한 최대로하면 그 다음 단계의 하중의 크기를 설계하는 데 유리하다는 것이다. 제방 양쪽에 압성토를 두면 제방 높이를 최대로 할 수 있다.
- 해설 16.30-1 은 **단계하중에 대한 M점의 응력경로**를 보여주고 있다.

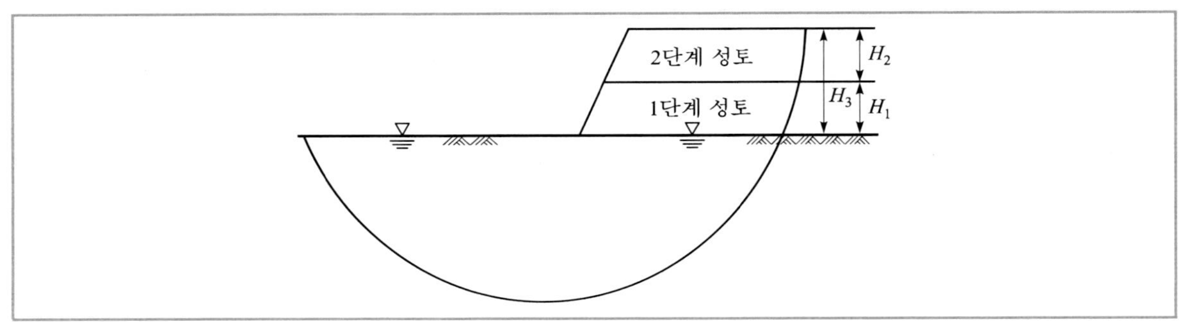

그림 16.31-1 완속재하공법=단계성토공법에서 단계성토고 결정방법

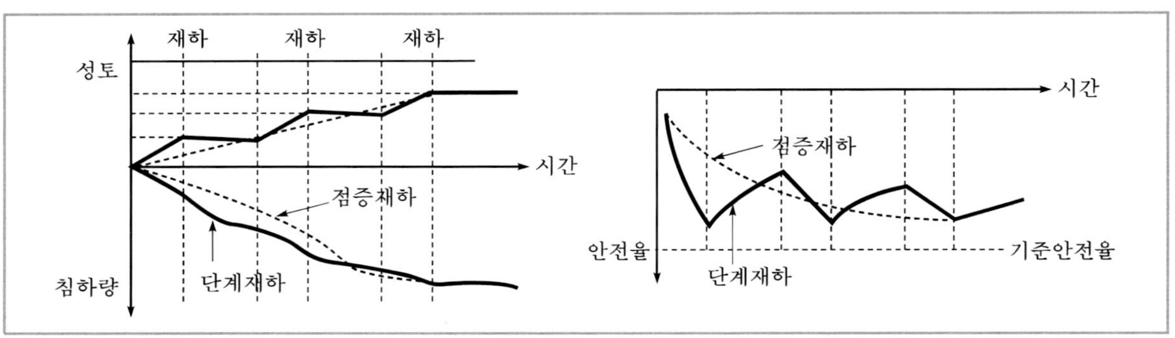

그림 16.31-2 완속재하공법과 안전율변화

단계성토시 강도증가율 산정방법(지반공학이해 II 341p 연계)

① 심도에 따른 비배수전단강도에 의한 방법(일축압축시험, UU시험, Vane 시험 등)

$$c_u = K\times z,\ \sigma_v{}' = \gamma' \times z \rightarrow \frac{c_u}{\sigma_v{}'} = \frac{K\times z}{\gamma'\times z} = \frac{K}{\gamma'}$$

② CU시험에서 간극수압을 측정해 유효응력원 이용 → 지반공학이해 II 340p 그림 10.72-3 연계

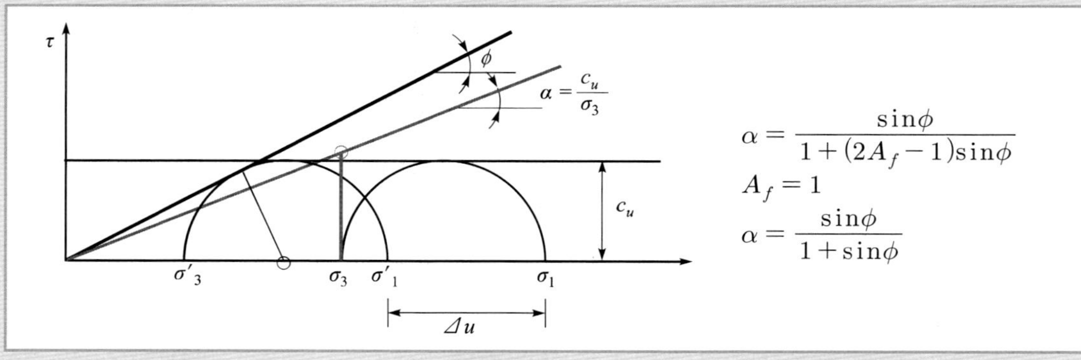

$$\alpha = \frac{\sin\phi}{1+(2A_f-1)\sin\phi}$$

$$A_f = 1$$

$$\alpha = \frac{\sin\phi}{1+\sin\phi}$$

③ CU시험 전응력원 이용하는 방법 → 지반공학이해 II 359p 연계

해설 16.31-1 단계성토시 강도증가율(α) 산정방법

16.31 완속재하공법(Stage Construction) = 단계성토 공법 (1)

1 정의 → 강도증가를 고려하여 흙쌓기를 실시하는 것

- 연약지반 위에 급속성토를 하게 되면 어느 시점에서 전단응력이 지반의 전단강도를 초과하여 비탈면의 활동파괴가 일어난다. 따라서, 전단응력이 지반의 전단강도를 초과하지 않도록 그림 16.31-2 같이 흙쌓기 시공속도를 적당히 조절하면서 완속시공 하여야 한다.
- **강도증가를 고려하여 흙 쌓기를 실시**하고 이것을 반복하여 필요한 흙 쌓기고 만큼 시공하는 방법(Increasing load method)을 **완속재하공법**이라 한다.

2 완속재하공법과 안전율의 관계

- 단계별 흙쌓기의 경우 각 단계별 재하완료 시점에서 소정의 안전율($F_s = 1.1,\ 1.2$)이 확보되도록 각 단계의 재하하중(높이)을 결정 한다. 즉, 그림 16.31-1에서 H_1, H_2**의 단계성토고 결정은 파괴가능면에 대한 사면안정검토**($F_s = \dfrac{\tau_f}{\tau_n}$)**로부터 결정함이 원칙**이다.
- 흙 쌓기 속도를 너무 빠르게 하면 비탈면 파괴가 일어나고 너무 느리게 하면 개량기간이 길어져 비경제적이 될 수 있으므로 흙쌓기 속도는 안전율 범위 내에서 가능한 신속히 하는 게 좋다.

3 그림 16.31-1에서 1단계 성토고 H_1의 결정

- $F_s = \dfrac{5.14 \times c_u}{\gamma \times H_1}$ 여기서, $c_u = c_o$로서 **원지반의 비배수전단강도를 의미**한다.
- 원지반의 비배수전단강도 $c_u = c_o$를 결정시 고려할 사항
  - **원리** : 비배수전단강도의 이방성(ADP)개념 → 지반공학이해 II 283P 연계
  - **실무** : 편리성 차원에서 삼축압축시험 → 보수적 설계 개념에서는 UU시험

4 방치기간 결정

- $t = \dfrac{T_v \times H^2}{c_v}$ → T_v의 결정방법 → 평균압밀도($\overline{U}$)$-T_v$ 관계를 이용
- $0 < \overline{U} \le 53\%$: $T_v = \dfrac{\pi}{4}(\dfrac{\overline{U}}{100})^2$, $53 < \overline{U} \le 100\%$: $T_v = 1.731 - 0.933 \times \log(100 - \overline{U})$

5 방치기간에 따른 비배수전단강도 증가량 산정 → 해설 16.31-1, 해설 16.32-1 참조

- $c_u = c_o + \Delta c = c_o + \alpha \times \Delta\sigma_v \times \overline{U} = c_o + \alpha \times \Delta\sigma_v{}' = c_o + \dfrac{\Delta c}{\Delta\sigma_v{}'} \times \Delta\sigma_v{}'$ 식 16.31-1
- CIU시험에 의한 강도증가율(α) 산정결과의 과대평가를 고려한다면 $c_u = c_o + \Delta c = c_o + 0.67 \times \alpha \times \Delta\sigma_v{}'$ 즉, $c'_{p.s} = 0.67 \times \sigma_{vo}{}'$개념을 이용

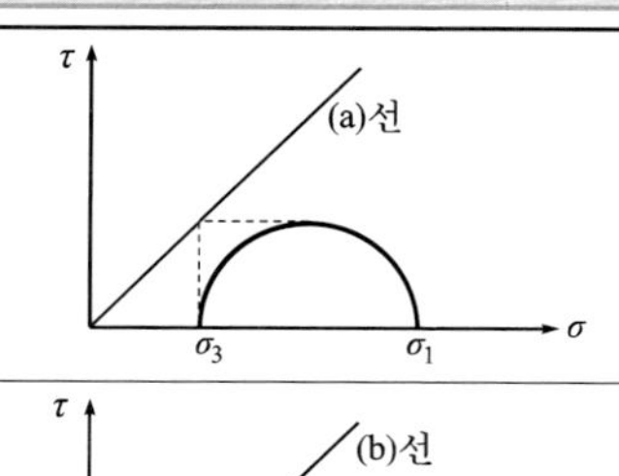	• **최대전단응력과 압밀압력(σ_3) 교차점을 연결한 선** • 압밀압력에 의한 강도증가율선이라는 의미에서 타당하나 파괴시 전단면상의 수직응력이 압밀압력과 같다는 조건이 필요하며 실제로는 같지 않음
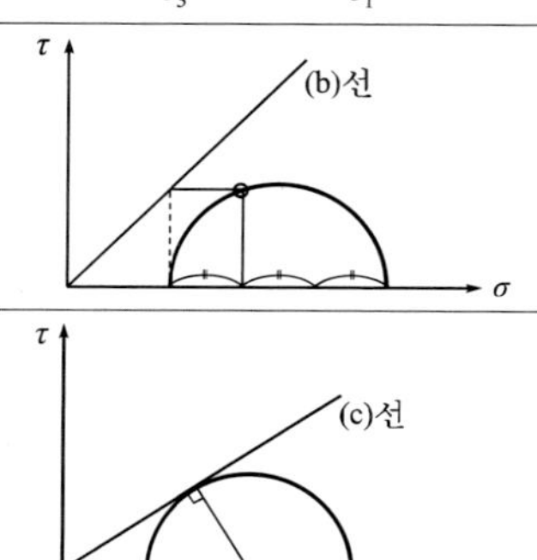	• **전단면상의 수직응력을 평균주응력 $\frac{1}{3}(\sigma_1+2\sigma_3)$으로 가정** • Mohr원 상의 직경 1/3점이 평균주응력과 같으므로 직경의 1/3점의 전단응력과 압밀압력의 연직선과의 교점연결로 실제와 잘 부합함
τ (c)선 σ	• **Mohr원의 접선을 연결한 선으로 접점이 파괴점이라 가정** • 이론적으로 합리성이 결여 되나 이용성이 좋아 실용적으로 많이 이용하는 방법임

④ 소성지수로부터 추정하는 방법(Skempton)
$\alpha = 0.11 + 0.0037PI(PI > 10)$ → 실제와 근사적으로 일치

⑤ 액성한계에 의한 방법(Hansbo) : $\alpha = 0.45 \times LL$

⑥ SHANSEP 시험이용 : 현장응력조건을 고려한 비등방압밀 삼축압축시험을 실시하거나 교란영향 및 현장응력조건을 고려한 SHANSEP 방법을 이용함이 바람직함.

⑦ Leroueil 등 (1990) 경험식 : $\Delta c = \alpha \times \Delta\sigma_v{}' = 0.25\,\Delta\sigma_v{}'$

※ $O.C$가 $N.C$에 비해 강도증가율이 작으나 실무에서는 $O.C$라 하더라도 $N.C$로 가정하여 강도증가율을 크게 평가해 경제적 설계를 도모함.

해설 16.32-1 단계성토시 강도증가율(α) 산정방법

지지안전율 $F_s = \dfrac{5.14\times c_u}{\gamma\times H_1}$의 정체

- Tschebotarioff(1973)의 비배수전단강도-성토높이와의 관계에서 전단파괴 기준

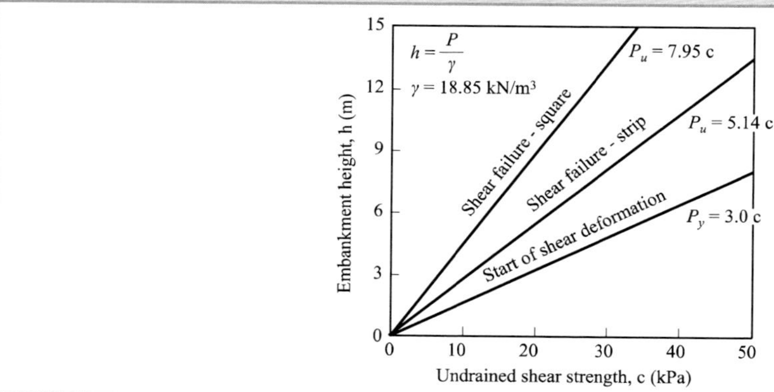

해설 16.32-2

16.32 완속재하공법(Stage Construction) = 단계성토 공법 (2)

6 그림 16.31-1에서 2단계 성토고 H_2의 결정

■ $H_3 = \dfrac{5.14 \times c_u}{F_s \times \gamma}$

여기서 $c_u = c_o + \Delta c$의 개념(강도증가율 $\alpha = \dfrac{\Delta c_u}{\Delta \sigma_v'}$ 이용), $H_2 = H_3 - H_1$

7 단계시공의 한계

■ 해설 16.31-1 및 해설 16.32-1 같이 강도증가율(α)을 구하는 여러가지 방법 중 하나를 선택하여 식 16.31-2 으로 계산한 증가된 전단강도를 가지고 안정해석을 하여 다음 단계의 제방높이를 결정할 수 있지만, **전단강도는 위치별 심도별로 일정하게 증가되지는 않는다는 것에 유의해야 한다.**

$$c_u = c_o + \Delta c = c_o + \alpha \times \Delta \sigma_v \times \overline{U} = c_o + \alpha \times \Delta \sigma_v' = c_o + \frac{\Delta c}{\Delta \sigma_v'} \times \Delta \sigma_v' \quad \text{식 16.32-1}$$

■ 예컨대 해설 16.30-1에 보인 제방의 중심(M)에서는 계산한 증가된 강도증가를 적용할 수 있다. 그러나 활동원 상의 N점에서는 제방 중량에 의한 응력의 증가량이 압성토의 무게보다 작고 또 주응력이 회전하므로 전단강도의 증가는 M점의 경우와 다르다. O점과 그 바깥에서는 아예 강도 증가가 없다. 다시 말하면, 단계하중의 설계는 강도증가율(α)을 이용하여 계산한(즉, 식 16.32-1 을 뜻함) 증가된 전단강도를 이용하지만, **가상 활동원의 위치에 따라 실제와 맞게 이 값을 예측하는 것이 대단히 중요하다.**

■ 연직 유효응력의 증가는 과잉간극수압의 소산에 의존한다. 그러나 **간극수압의 계측결과를 가지고 압밀도를 추정하면 침하량으로 추정한 경우보다 더 낮게 계산된다.**

■ **또 1차압밀해석에 있어서는 횡방향의 투수를 무시하지만, 실제로는 횡방향으로도 투수가 발생하므로 압밀이 더 촉진된다.** 특히 부산 점토와 같은 하구점토는 투수계수의 비등방성 때문에 압밀속도에 있어서 실제와 해석상의 큰 오차가 생길 수 있다. 그러나 이것은 결과적으로 압밀기간을 단축시키므로 더 유리하다.

■ 이러한 여러 가지 이유 때문에 단계시공에 있어서 강도증가나 압밀시간의 설계는 타당성 조사의 범주 정도로 간주해야 한다. 따라서 **제방의 설계 단계시공은 시공 중의 계측결과에 의존해서 설계를 수정해 나가는 수밖에 없다.**

■ **시공 시 강도증가를 검증하기 위해서는 현장 $vane-test$을 수행하는 것이 바람직하다.** 이 시험은 현장에서 간단히 수행할 수 있고 또 바로 결과를 알 수 있으므로 시공상황을 수시로 관리하는데 크게 도움이 된다.

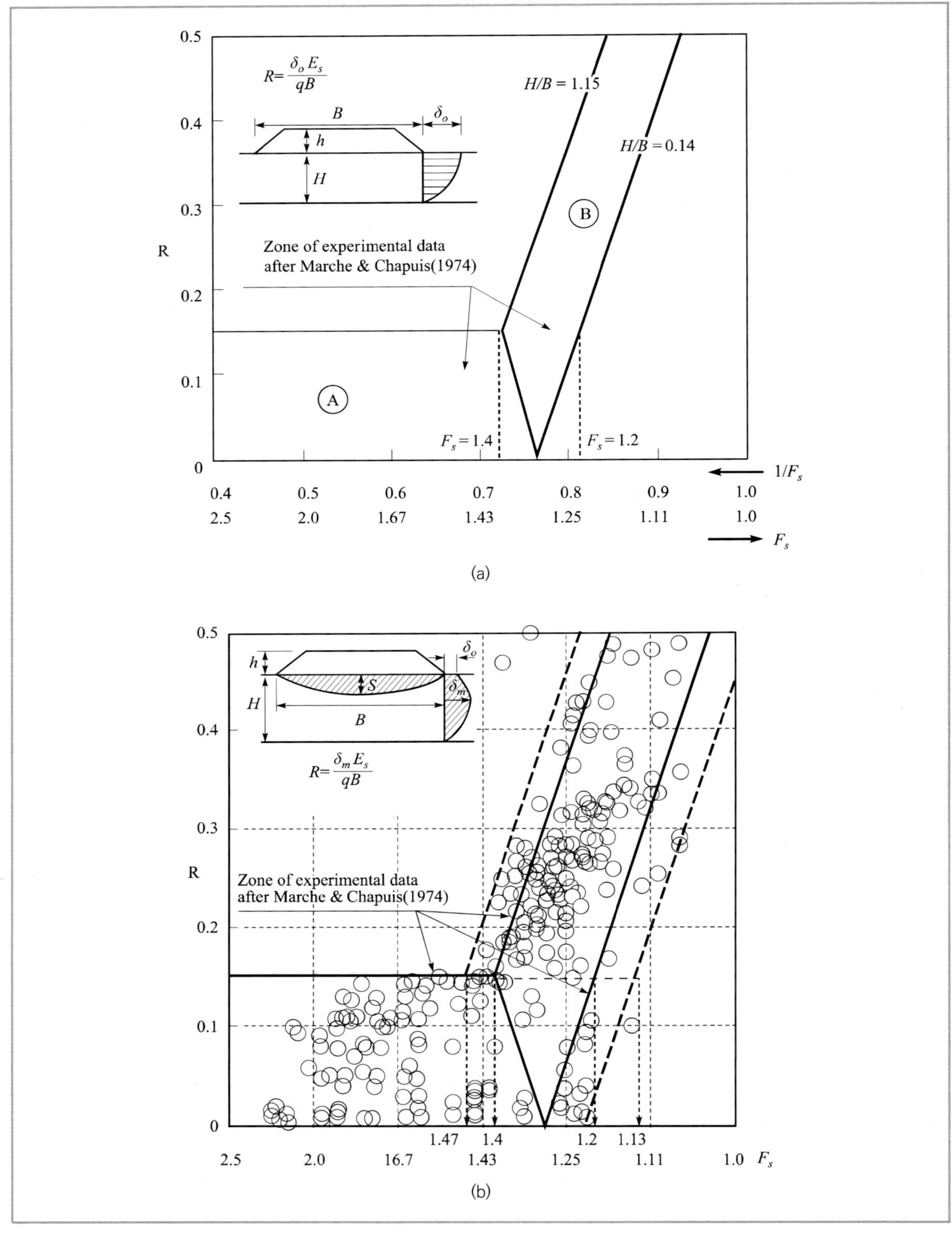

그림 16.33-1 사면안전율(F_s)과 무차원계수(R)의 관계

16.33 연약지반에서 측방유동 판정법 (1)

1 사면변형 판단법을 이용한 판정법

■ 그림 16.33-1 같이 사면안전율(F_s)과 무차원계수 R과의 관계(Marche & Chapuis 1974)를 이용하는 방법으로 무차원R은 다음과 같은 식으로 나타낼 수 있다.

① 그림(a) 성토사면 선단부의 지표면 수평변위(δ_o) 이용 : $R = \dfrac{\delta_o E_s}{qB}$ 식 16.33-1

② 그림(b) 지중최대 수평변위(δ_o) 이용 : $R = \dfrac{\delta_m E_s}{qB}$ 식 16.33-2

여기서, $q = \gamma h$: 성토하중, B : 성토저면폭, h : 성토고

■ 그림 16.33-1a 같이 연약지반의 두께와 성토폭에 차이는 있으나 대략적으로 $F_s < 1.4$가 되면 δ_o이 급격하게 증가되고 있음을 알 수 있다. 이 그림에 의하면 **A구역은 측방유동이 적게 발생되어 안정된 경우이며 B구역은 측방유동이 크게 발생되어 불안전한 경우에 해당된다.** 또한 성토규모(H/B)가 1.15로서 큰 경우는 $F_s < 1.4$이하일 때 무차원계수 R은 0.15 이상이고 성토규모(H/B)가 0.14인 경우는 $F_s < 1.2$이하일 때 R값이 0.15 이상으로 된다. 따라서 **측방유동을 방지하려면 성토규모(H/B)에 따라 사면안전율이 F_s=1.2~1.4이상이 되어야함을 보여주었다.**

■ Marche & Chapuis(1974)이 조사한 현장자료들은 수평 배수재 등의 연약지반개량공이 적용되지 않은 무처리 연약지반을 대상으로 연약지반의 수평변위를 조사한 관계로 최대수평변위가 지표면에서 발생되었으나, 연약지반에서는 수평배수재를 연직배수재 상부에 포설하여 시공한 경우에는 지표면에서의 수평변위가 상당히 구속되어 그다지 크게 발생되지 않는다. 즉, **연직배수재와 수평배수재를 설치한 연약지반에서는 최대수평변위는 지표면에서 발생되지 않고 연약지반 지중에서 발생된다.** 따라서 그림 16.33-1b 은 연약지반의 지표면수평변위 δ_o 대신 지중최대수평변위 δ_m을 적용하여 무차원계수 R을 산정하여 사면안전율과의 관계를 나타낸 그림이다. 이 그림에서 보는 바와 같이 연직배수재를 설치한 연약지반에서 계측한 지중최대수평변위 δ_m와 사면안전율의 관계는 Marche& Chapuis(1974)가 제시한 분석결과 그림 16.33-1a 와 약간 상이하기는 하지만 전반적인 경향은 일치하고 있음을 알 수 있다.

■ 따라서 **연직배수재를 설치한 연약지반에서 무차원계수 R과 사면안전율의 관계를 조사할 경우는 연약지반의 지표면수평변위량 δ_o보다는 지중최대변위량 δ_m을 적용하는 것이 바람직하다.**

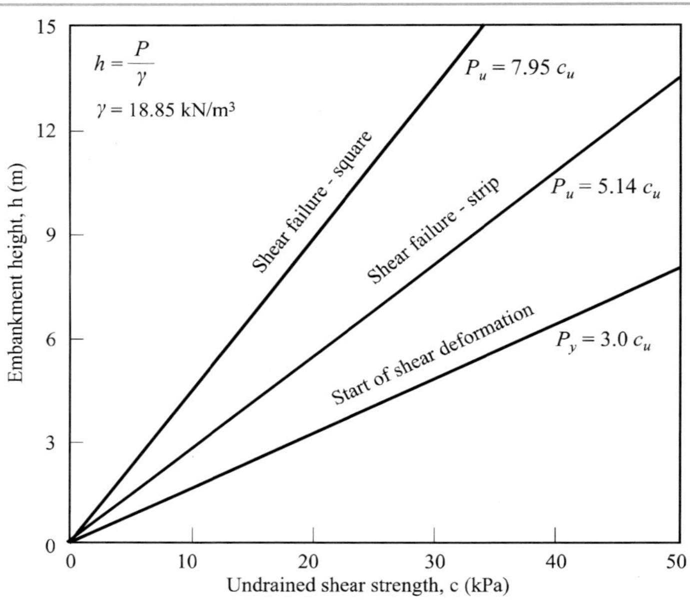

① Tschebotarioff(1973)는 위 그림에서 설명한 바와 같이 무처리 연약지반 상에 성토시 수평변위와는 관계없이 $P > 3c_u$ **되면 전단변형이 발생**하고, $P > 5.14c_u$ **되면 전단파괴가 발생**된다고 하였다.

② 전단파괴 기준(극한하중) : $P_u = 5.14c_u$

③ 전단변형 기준(한계하중) : $P_y = 3c_u$

그림 16.34-1 비배수전단강도와 뒤채움높이의 관계(Tschebotarioff,1973)

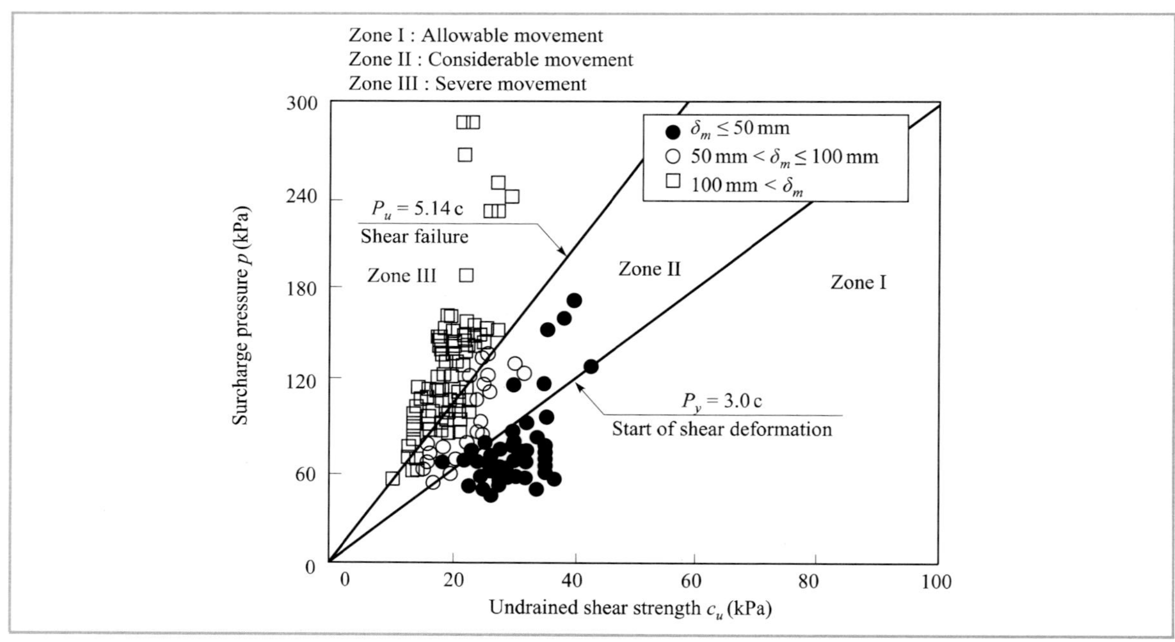

그림 16.34-2 비배수전단강도와 성토압의 관계

16.34 연약지반에서 측방유동 판정법 (2)

2 성토하중과 비배수전단강도의 관계를 이용한 판정법

- 연약지반의 비배수전단강도에 대응하여 연약지반 상에 교대뒤채움을 시킬 수 있는 최대높이를 결정하는 방법으로 그림 16.34-1을 이용할 수 있다.
- 뒤채움고의 증가에 따라 증가되는 **상재압($P=\gamma\times H$)이 연약지반의 비배수전단강도의 3배가 되면 ($P_y=3c_u$) 전단변형이 발생**되기 시작함을 표시하고 있으며,
- $P_u=5.14\sim7.95$ **배가 되면 전단파괴가 발생함을 예측**할 수 있다. 즉 전단파괴는 평면변형률상태의 성토에서는 연약지반 비배수전단강도의 5.14배 이상에서 발생되고 정방형상태의 성토에서는 7.95배 이상에서 발생된다.
- 그림 16.34-2는 **연직배수재가 설치된 현장에서 측정한 지반개량전 연약지반의 비배수전단강도와 성토압과의 관계를 도시한 결과이다.** 이 그림에서 연직배수재가 설치된 현장에서 계측한 지중최대수평 변위량을 50mm와 100mm를 기준으로 세 그룹으로 구분하여 설명 할 수 있다.

  ① 연약지반의 최대수평변위량이 50mm 이하로 발생하면 안전한 Zone I 구역으로 구분 :
  50mm 이하로 발생된 대부분의 경우는 $P<3c_u$로 나타나며, 이 구역은 전단변형이 발생하지 않으므로 **측방유동이 발생할 우려가 없다고 판단**된다.

  ② 연약지반의 최대수평변위량이 100mm 이상으로 크게 발생하면 Zone III 구역으로 구분 :
  100mm 이상으로 발생된 경우는 $P>5.14c_u$로 나타나며, 이 구역은 전단파괴가 발생한 후에도 수평변위가 계속 발생하므로 **측방유동이 발생할 가능성이 크다고 판단**된다. 이 구역에서는 즉각 대책을 강구한 후 성토를 계속 실시함이 바람직하다.

  ③ 연약지반의 최대수평변위가 50mm~100mm 다양한 경우는 Zone II 구역으로 구분 :
  50mm~100mm 사이로 발생된 경우는 $3c_u<P<5.14c_u$로 나타나며, 이 구역은 **시공 시 계측관리를 통한 안정관리가 필요하다고 판단**된다.

- 그림 16.34-1와 같이 Tschebotarioff(1973)법은 무처리 연약지반상에 도로성토 시 수평변위량과는 관계없는 **성토압과 비배수전단강도와의 관계로 전단변형시점과 전단파괴시점을 제안**하였으나,
- 연직배수공법이 적용된 연약지반상의 도로성토 시 수평변위량을 고려한 판정법과는 차이가 있으므로 연약지반의 수평변위량을 함께 고려하여 측방유동을 판정함이 바람직하다. 또한 측방유동을 방지하려면 전단파괴기준인 $P=5.14c_u$보다 작을 때 판정해서 대책을 강구해야 하므로 정량적인 판정법으로 적용상 문제가 있다.

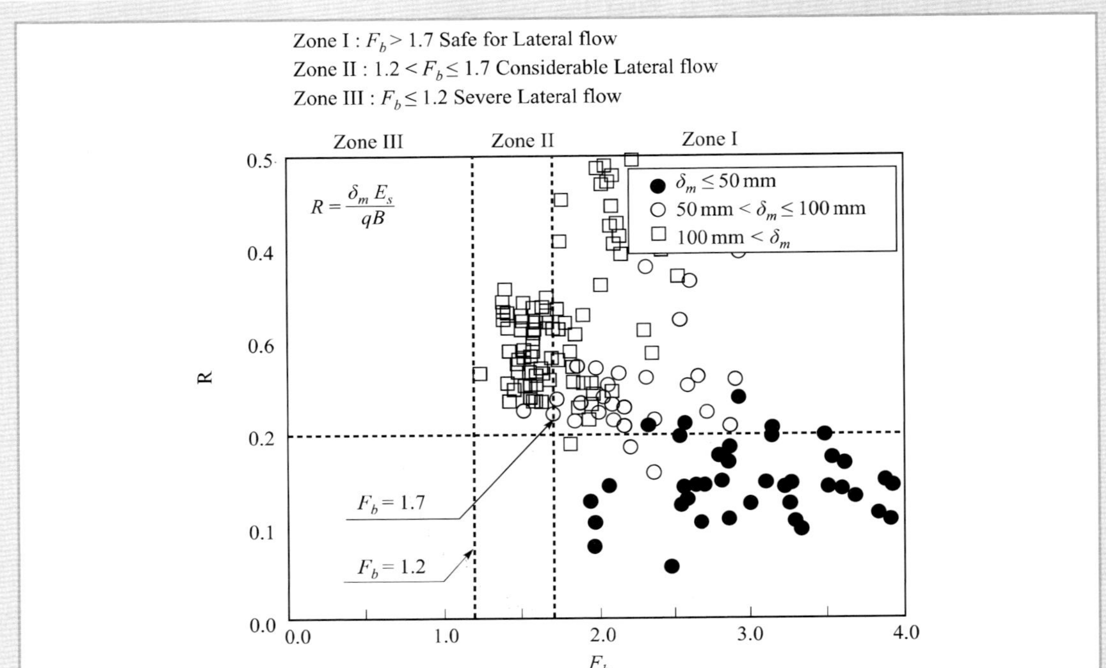

① 지지안전율(F_b) : $F_b = \dfrac{q_u}{P} = \dfrac{5.14\,c_u}{\gamma H}$ 여기서, 전단변형기준과 전단파괴 기준에 해당하는 성토압 $P = 3c_u$, $P = 5.14c_u$를 연약지반의 극한지지력 q_u에 대한 지지안전율로 나타내면

② 전단변형시 지지안전율 $F_b = \dfrac{5.14\,c_u}{3\,c_u} = 1.7$

③ 전단파괴시 지지안전율 $F_b = \dfrac{5.14\,c_u}{5.14\,c_u} = 1.0$

④ 그러나 실제 시공시에는 전단파괴가 발생하지 않게 시공을 실시하기 위해서는 20%의 여유율을 두어 **전단파괴 시 지지안전율을 1.0에서 1.2로 증가시킴**이 바람직하다.

⑤ 위 그림에서 $F_b > 1.7$이면 zone Ⅰ로 분류 : 이 구역에서는 **연약지반내에 전단변형이 없는** 안전한 성토 시공이 가능할 것이라고 예측할 수 있다.

⑥ 위 그림에서 $F_b < 1.2$이면 zoneⅢ로 분류 : 이 구역에서는 **연약지반에 전단파괴의 가능성이 예측**되므로 연약지반개량공법을 도입하여야 하며 지반개량 후 예상되는 비배수전단강도를 적용하여 산정된 지지안전율이 1.2이상이 되는지 여부를 확인할 필요가 있다

⑦ 위 그림에서 $1.2 < F_b < 1.7$이면 zoneⅡ로 분류 : 이 구역에서는 연약지반에 전단변형이 발생될 것이 예상되므로 **현장계측관리를 통하여 관찰을 지속적으로 실시하면서 성토를 실시할 필요**가 있다고 판단함이 합리적일 것이다.

해설 16.35-1 지지안전율(F_b)과 무차원 계수($R = \dfrac{\delta_m E_s}{qB}$)의 관계

16.35 연약지반에서 측방유동 판정법 (3)

3 기존 측방유동 판정법의 문제점

■ 연직배수재가 설치된 연약지반에서 측방유동발생여부를 판단하는데 Marche & Chapuis (1974)법 (1)과 Tschebotarioff(1973)법 (2)을 활용하기에는 부족한 점이 있다.

■ 먼저 (1)법은 연약지반개량을 위하여 각종 연직·수평배수재를 설치할 경우, 지표면 수평변위량(δ_o)을 적용할 경우 적절한 측방유동판정이 불가능하다. 그러나 연약지반개량 목적의 각종 배수재가 설치된 연약지반에서 최대수평변위량(δ_m)이 지표면에서 발생되지 않고 지중에서 발생되는 점을 감안하여 지표면 δ_o 대신 지중 δ_m을 적용하면 (1)법과 어느 정도 유사한 경향이 나타난다. 그러나 **성토 규모에 따른 기준사면안전율이 1.13에서 1.47로 넓게 나타났다. 이 결과는 (1)법에서 제시한 기준 사면안전율 1.2에서 1.4사이보다 너무 넓게 나타나서 (1)법)의 제안 값을 우리나라 연약지반의 측방유동판단에 그대로 적용하기가 적절하지 못함을 시사하고 있다.**

■ 한편, **(2)법은 연약지반의 수평변위량(δ)에 대한 정보없이 비배수전단강도와 성토하중 만으로 측방유동을 판정하고 있어 충분한 측방유동을 판정할 수 없다.** 물론 연약지반의 비배수전단강도와 성토압은 연약지반의 측방유동에 매우 큰 영향을 미치는 요소임에는 틀림 없으나 이들 요소만으로는 충분하다고 할 수가 없다. 연약지반의 측방유동현상에는 이들 요소 이외에도 수평변위량(δ), 성토폭(B) 및 연약지반의 지반변형계수(E_s)도 영향을 미친다. 따라서 이들 요소를 고려한 측방유동 판정법이 필요하다.

4 새로운 측방유동 판정법 (지지안전율에 의한 예측법)

■ 새로운 측방유동 판정법에서는 **연약지반의 c_u와 P을 함께 고려**할 수 있고 연약지반의 δ_m 연계할 수 있는 해설 16.35-1 같은 **지지안전율(F_b)에 의한 예측법**이다.

■ 지지안전율(F_b)는 성토압($P=\gamma H$)에 대한 연약지반의 극한지지력(q_u)의 비로 산정된다. 연약점토의 극한지지력(q_u)는 Terzaghi의 지지력 공식에서 $5.14c_u$로 산정되므로 비배수전단강도를 고려할 수 있게 된다. 결국 **지지안전율(F_b)도 성토압과 비배수전단강도를 동시에 고려한 지수**가 될 수 있을 것이다. 또한 이들 두 지수를 각각 연약지반의 수평변위와 연계시키기 위해 Marche & Chapuis (1974)가 도입한 무차원 계수 $R=\dfrac{\delta_m E_s}{qB}$를 도입할 수 있다. 다만 R값을 지중최대수평변위(δ_m)의 값으로 산정하여 활용한다.

■ **지지안전율(F_b)과 R의 관계로 측방유동 여부를 판정**하는 것이 보다 합리적일 것이다. 더욱이 R값은 연약지반의 최대수평변위 이외에도 성토폭B, 지반변형계수 E_s, 성토압 P로부터 산정되므로 이들 요소의 영향도 고려할 수 있는 장점도 있다고 할 수 있다.

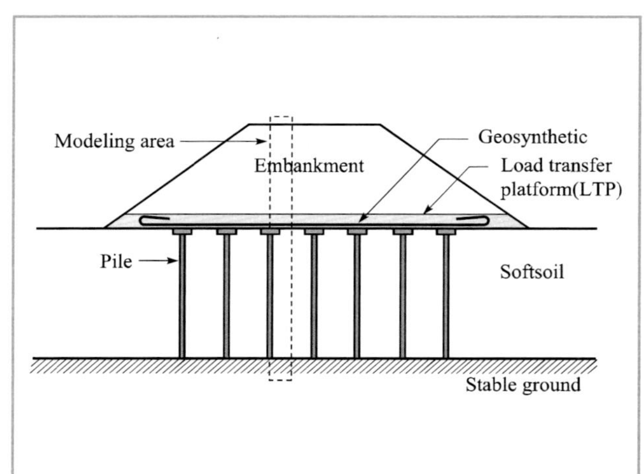

그림 16.36-1

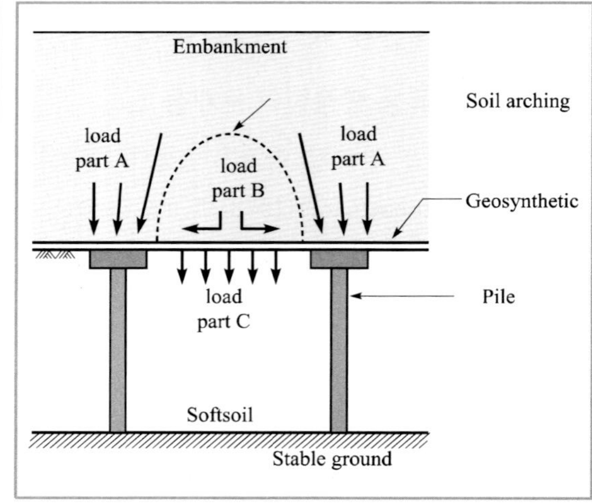

그림 16.36-2

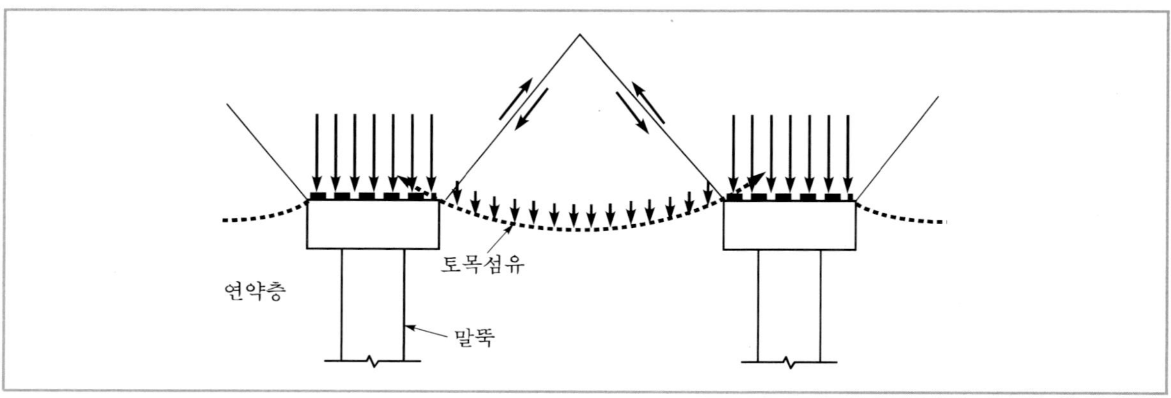

그림 16.36-3

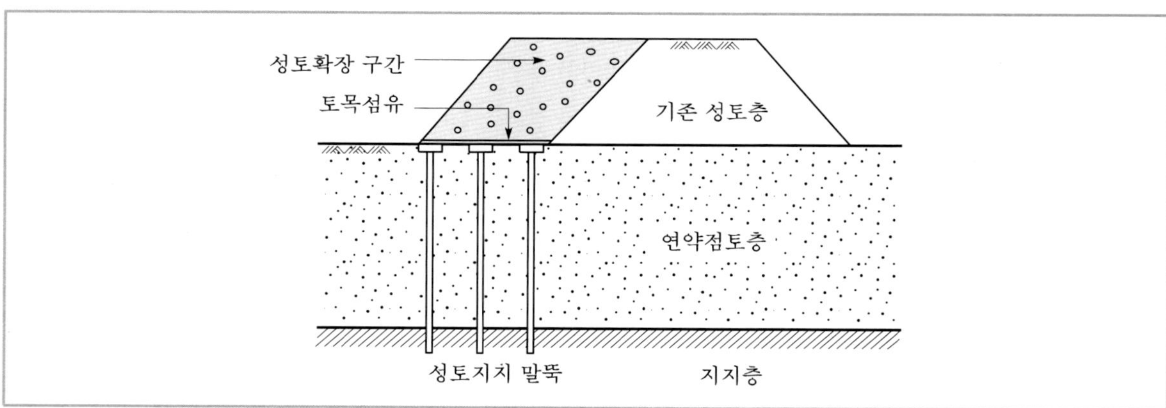

그림 16.36-4

16.36 성토지지말뚝공법

1 정의

- 성토지지말뚝공법은 그림 16.36-1 같이 말뚝의 강성, 성토체 내부의 아칭(arching), 그리고 토목섬유의 인장력을 이용하여 하중을 연약지반 하부의 지지층으로 전달시킴으로서 **연약지반으로 직접 전달되는 하중을 최소화 시키는 공법**이다.
- 따라서 대부분의 성토하중이 말뚝을 통해 견고한 지지층으로 전달됨에 따라 성토하중으로 인하여 유발된 **연약지반의 과다한 침하**와 **측방유동을 억지**시킬 수 있다.

2 토목섬유 보강 성토지지말뚝의 하중전이 메커니즘

- 성토체의 자중과 성토체 상부에서 작용하는 차량하중 등을 포함한 성토지지 말뚝구조에 작용하중은 그림 16.36-2 같이 하중A, B, C의 3가지 하중성분으로 나눌 수 있다.
- **하중A** (load part A)는 성토체 내부에서 발현된 지반 아칭을 통해 말뚝 상부로 직접 전달되는 하중이다. 발현된 지반 아칭의 하부선을 그림에서 점선으로 표시하였다. 하중A는 점선을 표시된 지반 아칭의 상부에서 작용하는 하중을 분담한다고 가정한다.
- **하중B** (load part B)는 지반 아칭을 통해 말죽으로 전달되지 못한 하중의 일부가 토목섬유를 통하여 말뚝두부로 다시 전달되는 하중의 크기이다.
- **하중C** (load part C)는 하중A 또는 하중B의 형태로 말뚝 두부에 전달되지 못하고 연약지반에 직접 전달되는 하중의 크기이다. **말뚝으로 전달되는 총 하중은 하중A와 하중B의 합이다.** 만약 주변 재료의 물성이 일정한 상태에서 토목섬유의 인장강성이 증가하면 토목섬유가 분담할 수 있는 하중B의 크기가 증가할 것이다. 이때 하중B의 증가량 만큼 하중C는 감소할 것이고 말뚝으로 전달되는 총 하중은 증가할 것이다.
- 이러한 관점에서 본다면 토목섬유의 인장강드 증가는 그림 16.36-3 같이 하중을 말뚝으로 보다 많이 전달시키기 위한 효과적인 방법이다.

> 위 설명에서 지반 아칭이란?
> ① 말뚝과 연약층 상부 성토지반의 상대적인 침하차이로 인한 아칭효과와
> ② 토목섬유에서 발생하는 인장력의 수직성분이 말뚝에 전달되는 아칭효과를 의미

3 실무적용 : 그림 16.36-4

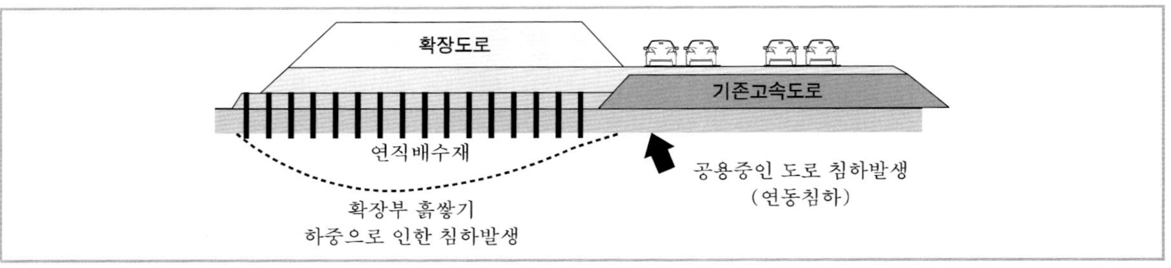

그림 16.37-1

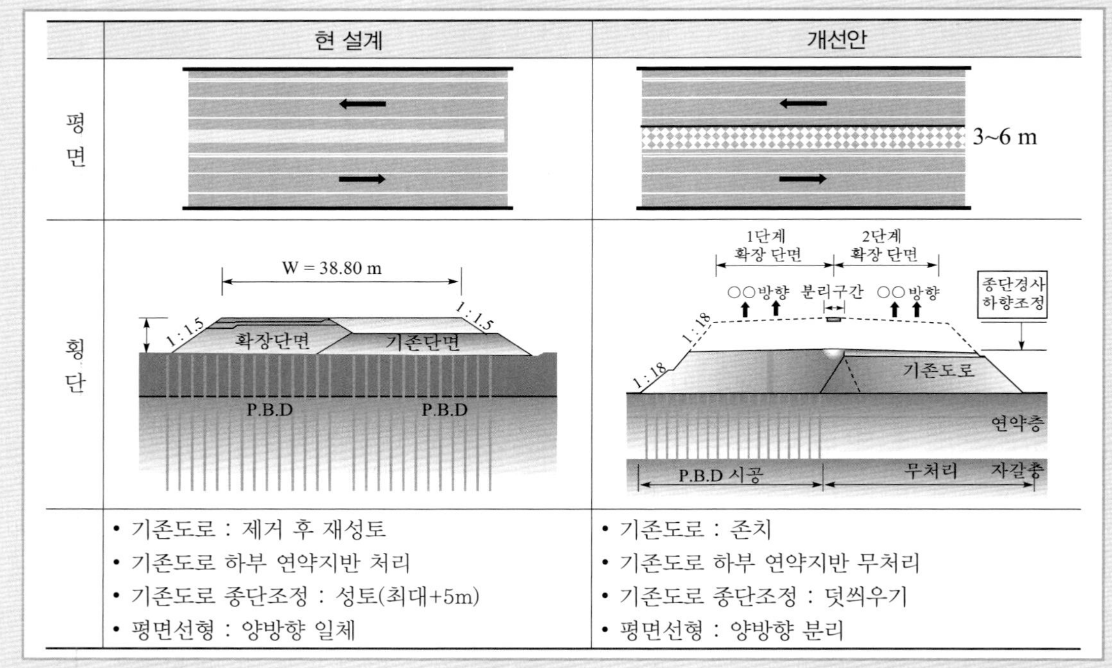

	현 설계	개선안
평면		3~6 m
횡단	W = 38.80 m 1 : 1.5 / 1 : 1.5 확장단면 / 기존단면 P.B.D / P.B.D	1단계 확장 단면 / 2단계 확장 단면 ○○방향 분리구간 ○○방향 종단경사 하향조정 1 : 18 / 1 : 18 기존도로 연약층 P.B.D 시공 / 무처리 / 자갈층
	• 기존도로 : 제거 후 재성토 • 기존도로 하부 연약지반 처리 • 기존도로 종단조정 : 성토(최대+5m) • 평면선형 : 양방향 일체	• 기존도로 : 존치 • 기존도로 하부 연약지반 무처리 • 기존도로 종단조정 : 덧씌우기 • 평면선형 : 양방향 분리

1 기존설계방법의 문제점

① **기존도로 제체 제거 후 성토에 따른 시공성 저하 및 사업비 증액** : 전체 확장되는 도로의 F.L을 상향 조정으로 성토재료의 수급이 불리할 경우 사업비 증가 예상

② **기존도로 PBD 시공 시 문제점** : 기존도로 제체를 제거 후 PBD 시공 시 원지반 아래 침하된 암버럭 및 조립질 재료저항으로 일반적 PBD 시공이 어려움 발생으로 별도의 천공굴착 시공이 필요(공기지연 및 사업비 증가 및 지반교란으로 인한 연동침하 발생)

③ **복합공종 다단계 시공에 따른 공기부족**

2 변경설계방법의 요약

① **기존도로 연약지반처리 공법변경** : 기존도로제거+PBD+Preloading ⇨ 무처리+Preloading

② **종단경사** : 상향조정 ⇨ 하향조정

③ 부등침하 피해 최소화를 위해 중앙부 녹지대 조성

해설 16.37-1

16.37 연약지반 도로확장공사 시 연동침하를 고려한 설계

(연약지반상의 기존도로를 편측으로 확장하고자 한다. 설계 시 고려사항)
평야지대를 통과하는 고속국도(B=23.4m)의 교통량이 증가하여 왕복 6차로 도로(B=30.6m)로 확장하고자 한다. **공사기간이 짧고 재료의 수급이 불리한 공사구간**에 가장 적용이 유리한 연약지반처리공법과 설계 시 유의사항 및 시공 시 고려사항

1 연동침하란?

- 고속도로 확장은 고속도로의 교통소통 기능을 유지한 상태에서 단계별 교통전환을 하면서 확장이 이루어진다. 연약지반 구간의 확장공사는 연약지반의 특성으로 인해 우선 시행되는 확장부 성토 시 발생되는 침하로 **기존고속도로에 연동침하가 발생**된다.
- 연동침하란, 도로 확장공사 시 확장구간 성토로 인한 하중의 증가로 기존도로의 변형이 발생하는 것으로 연동침하의 기본개념은 그림 16.37-1과 같다.

2 발생원인 → 그림 16.37-1 참조

- 지반은 직접 상부가 아닌 **인접지점의 재하에 의해서도 지중응력이 발생**한다. 포화된 점성토층의 경우 이 때 유발된 과잉간극수압의 소산으로 압밀침하가 일어나 위치별로 부등침하에 의한 단차 및 상부 균열 현상이 일어날 수 있다.

① 지중응력 영향범위의 증가 $I = \dfrac{\Delta\sigma_v}{q} < 1$

② 압밀침하량 증가 $S_c = \dfrac{c_c}{1+e_o} \times H_o \times \mathrm{lcg}(\dfrac{\sigma'_{vo} + \Delta\sigma_v}{\sigma'_{vo}})$

- 기존 도로부를 제거하고 연직배수재를 설치한 후 재성토하는 것으로 계획한 원 설계 역시 재성토 후 충분한 방치(압밀)시간을 둘 경우 부등침하는 문제가 되지 않을 수 있다. 하지만 확장공사의 특성으로 인해 **확장부와 기존 도로부 하부지반의 과압밀비가 다르고**, 또한 **재하이력에 차이**가 있어 위치별 부등침하 발생에서 자유롭지 않다.
- 또한 기존도로의 제체를 제거한 후 연직배수공법을 적용하게 되는데 여기에는 **제체 제거토의 사토장 및 운반의 어려움**, 제체 제거 후 Plastic Board Drain(P.B.D) 연직배수공법 적용을 위한 **항타작업 시** 매립층 재료로 사용된 자갈, 암버럭 등 조립질 재료의 저항으로 인한 **관입의 어려움**, 장기간 안정된 하부지반의 연직배수재의 재시공으로 **지반교란에 따른 강도저하** 등을 내포 하고 있다.

3 기존설계의 문제점 및 변경설계 방법 : 해설 16.37-1

종단경사의 하향조정의 목적에 대해서는 $\Delta\sigma_v$만큼 압밀침하가 발생된다라는 기본개념과 연계시킬 것

개념정리 ⑮ 연약지반상의 기존도로를 편측으로 확장 설계 시 안정검토사항과 계측

1 안정검토 사항 = 횡방향 지반조사+사면안정+침하

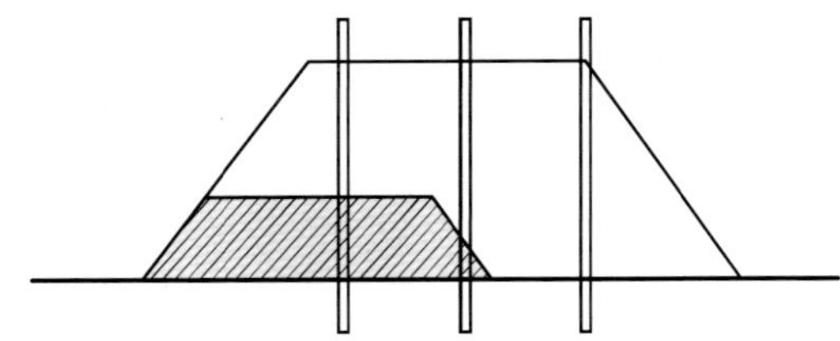

① **횡방향 지반조사** : 기존도로는 압밀진행으로 확장도로부와 압밀, 특히 전단특성이 다르므로 시추조사를 횡단방향으로 시행하고 물리시험, 압밀시험, 전단관련시험을 실시하여 지반정수를 결정해야 함

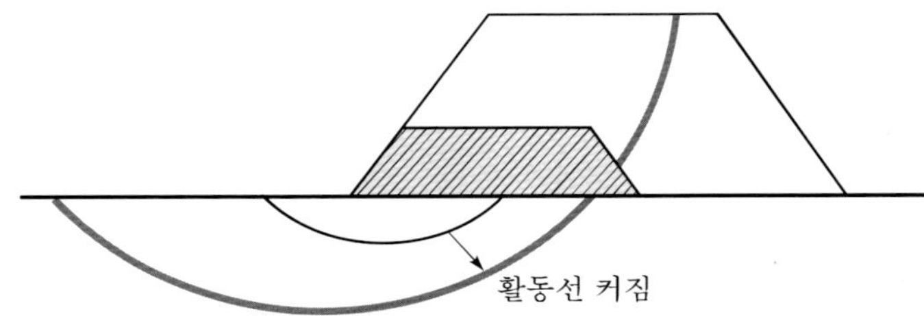

② **사면안정** : 성토단면이 커짐에 따라 사면활동선이 커지게 되어 하부 연약층까지 미치게 됨. 따라서 확장 도로를 고려하여 사면안정해석하고 안전율(예 : 1.3)이 부족하면 단계성토, 모래다짐말뚝(S.C.P), 압성토, 심층혼합처리 등을 검토. 기존도로와 확장도로의 접촉부에서 사면활동 가능성이 있으므로 이에 대해 사면안정 검토를 함

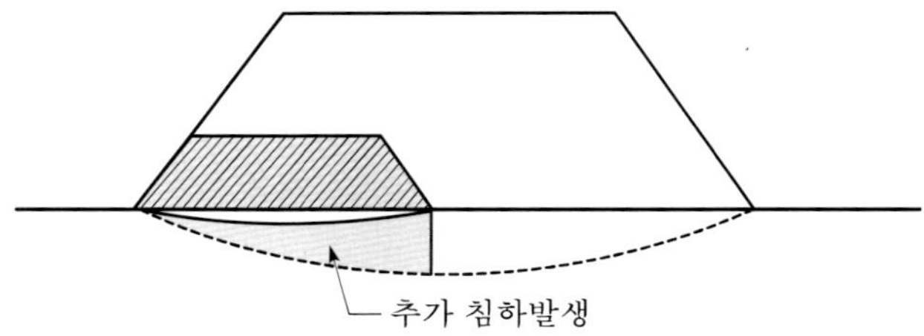

③ **침하** : 성토고가 높고 폭이 크므로 연약지반에 대한 지중응력이 커져 기존 도로부에 추가 침하가 발생되게 됨. 침하 안정성 검토결과 허용침하량(10~20cm)에 만족되면 좋으나, 만족하지 못하는 경우가 대부분이므로 침하촉진을 위한 Preloading+PBD 및 성토지지말뚝 등과 같은 공법을 검토

2 계측과 측방유동

① 침하계, 경사계, 간극수압계 등의 계측기를 매설하고 침하-안정관리를 하고 이에 따른 시공계획을 변경 또는 적정성 여부를 분석해야 함

② 주변지반에 시설물이 있는 경우 계측결과 측방유동이 생기게 되면 성토속도를 조절하거나 Sheet Pile, Slurry Wall, 심층 혼합처리공법 등 차단벽을 설치하여 지반침하 영향을 저감토록 함. 이 경우 차단벽이 사면활동을 근본적으로 해결한다는 개념은 무리임에 주의 요망

16.38 Preloading+PBD 설계에 대한 Introduction

지반공학이해Ⅰ 545P 6.45 '선행재하(preloading)에 의한 지반의 밀도증대(densification)'를 통해 preloading **공법의 목적** (본 공사를 시공하기 전, 임시로 하중을 가해 두면 장차 영구적으로 놓이는 구조물의 침하를 미리 발생시킬 뿐만 아니라 지반의 강도를 증대) 및 **설계에 관한 2가지 중요항목** (① 과재하중 σ_s의 크기결정, ② 제거시기 t_{sR}의 결정)에 대하여 설명하였다.

지반공학이해Ⅰ 545P 6.46을 통해 실무에서의 preloading **제거시기를 결정방법**에 대한 개념을 설명하고(① 목표침하량산정, ② 설계압밀도기준 ③ 허용침하량 기준), 지반공학이해Ⅱ 171P 9.71 '**설계 시 예측침하량과 현장 실측 침하량의 차이가 발생되는 이유**'에서 설계 시 작성된 최종침하량 곡선과 시공 중 계측결과를 이용해 작성된 장래침하량 곡선을 비교하여 preloading 제거시기를 결정방법 3가지(①~③)방법에 대하여 설명하였다.

현장에서의 연약지반처리공법을 살펴보면 Preloading+PBD 동시에 시공되는 사례가 대부분이다. 따라서 지금부터는 시공순서대로 다음과 같은 내용에 대해 중점적으로 설명 할 것이다.

① 첫 번째로 샌드매트(sand mat)공법에 대하여 설명한 후

② 두 번째로 **실제 설계과정에서 어떻게 ① PBD 타설간격(n)을 결정하여 ② 과재하중 σ_s의 크기 및 과재하중의 제거시기 t_{sR}를 결정**하는가에 대해 계산문제를 이용하여 구체적으로 설명할 것이다.

③ 세 번째로는 시공 중 계측결과를 이용한 **장래침하량 추정방법**에 대해 설명한 후

④ 네 번째로는 설계 시 예측한 침하곡선과 시공 중 계측결과로 얻어진 장래침하곡선을 이용하여 **잔류침하기준으로 과재하중 제거시기 t_{sR}를 결정개념**에 대해 설명할 것이다.

⑤ 마지막으로 계측관리에 해당하는 **침하관리**와 **안정관리**에 대해 설명 할 것이다.

실무적인 이해도를 높이기 위해 계산문제를 중심으로 설명을 한 후 설명과정에서 부분적으로 필요한 개념에 대해서는 개념정리를 통해 함께 설명 될 것이다.

지금부터 설명 구성되는 내용은 김상규 교수님의 '**연약지반의 공학적 이해**'와 최인걸·박영목 공저의 '**현장실무를 위한 지반공학**'의 내용을 참고하였음.

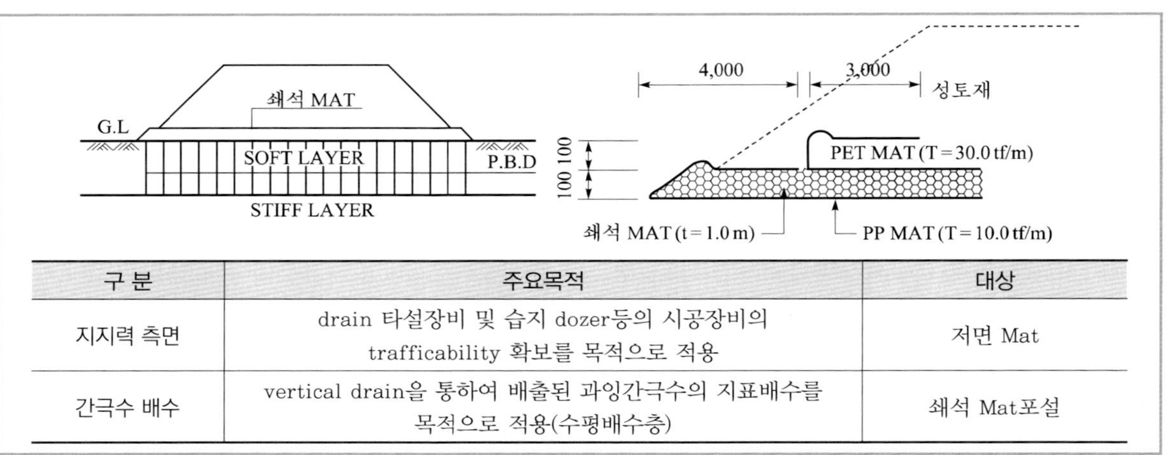

구 분	주요목적	대상
지지력 측면	drain 타설장비 및 습지 dozer등의 시공장비의 trafficability 확보를 목적으로 적용	저면 Mat
간극수 배수	vertical drain을 통하여 배출된 과잉간극수의 지표배수를 목적으로 적용(수평배수층)	쇄석 Mat포설

그림 16.39-1

표층의 콘 지지력 $q_c(kPa)$	sand mat 두께(cm)
200 이상	50
200~100	50~80
100~75	80~100
75~50	100~120
50 이하	120

표 16.39-1 표층부의 콘지지력별 sand mat 두께

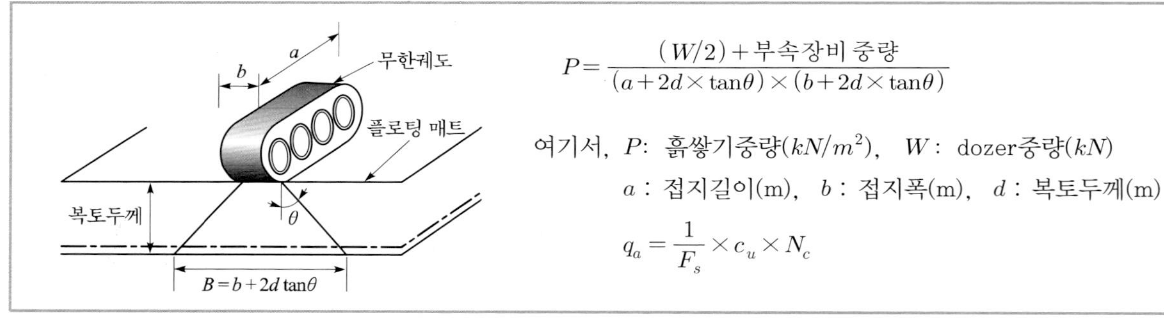

$$P = \frac{(W/2) + \text{부속장비 중량}}{(a + 2d \times \tan\theta) \times (b + 2d \times \tan\theta)}$$

여기서, P: 흙쌓기중량(kN/m^2), W: dozer중량(kN)
a : 접지길이(m), b : 접지폭(m), d : 복토두께(m)

$$q_a = \frac{1}{F_s} \times c_u \times N_c$$

그림 16.39-2 주행장비 접지압 산정 및 지지력공식에 의한 표층부 허용지지력 산정

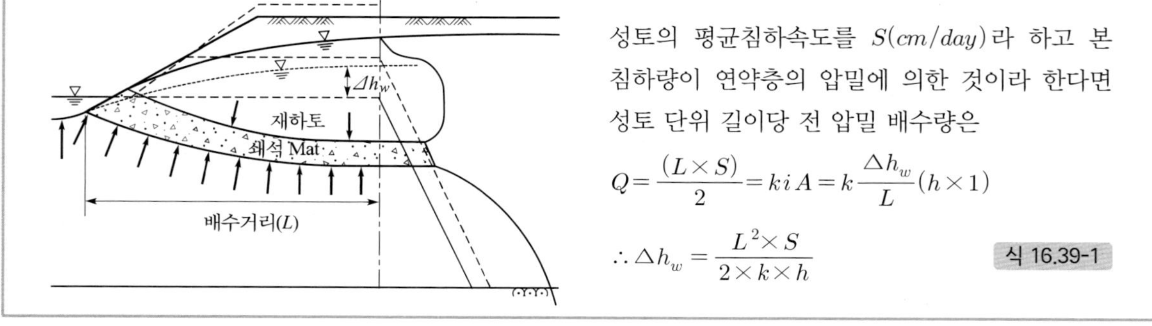

성토의 평균침하속도를 $S(cm/day)$라 하고 본 침하량이 연약층의 압밀에 의한 것이라 한다면 성토 단위 길이당 전 압밀 배수량은

$$Q = \frac{(L \times S)}{2} = k\,i\,A = k\frac{\Delta h_w}{L}(h \times 1)$$

$$\therefore \Delta h_w = \frac{L^2 \times S}{2 \times k \times h}$$ 식 16.39-1

그림 16.39-3 배수고려시 샌드매트 두께 산정방법

16.39 샌드매트(sand mat)공법(1)

1 샌드매트(sand mat)공법 이란?

- sand mat 설치는 연직배수재 타입시의 **주행성(trafficability)확보가 우선**이며 다음으로 압밀침하가 발생되는 **간극수의 배출에 목적**이 있다.
- 따라서 연약지반 정도에 따라 모래가 단독으르 사용되기 보다는 PET mat, PP mat와 조합으로 사용하는 것이 효과를 증대시킬 수 있다. sand mat의 대표적인 단면은 그림 16.39-1과 같다.

2 샌드매트(sand mat)의 두께결정 방법

① 경험적인 방법 : 연약지반 특성과 무관하게 육상은 50cm, 수중은 100cm 적용한다.

② 표층부의 콘지지력을 이용하는 방법 : 표 16.39-1 참조

③ 시공장비의 접지압에 의한 방법 : 샌드매트의 두께를 결정하기 위해서는 그림 16.39-2같이 샌드매트층 두께에 따른 분산된 시공장비의 접지압을 계산하고 **계산된 접지압**과 **지반의 허용지지력**을 **비교**하여 지지력이 접지압보다 크게 되도록 샌드대트의 두께를 결정한다(즉, 허용지지력 > 접지압 O.K)

④ 배수기능에 의한 샌드매트 두께결정 : 압밀에 의해 지표로 배수된 간극수는 sand mat을 통하여 수평방향으로 배출되며, sand mat의 두께, 수평배수거리는 압밀속도에 상당한 영향을 미친다. 그림 16.39-3 참조

3 실무설계 시 유의사항

- 연약지반의 표층부 전단강도와 시공장비의 주행성 및 배수성을 고려하여 포설두께가 산정되어야 한다. (**시공장비의 주행성이 우선**)
- 샌드매트 와 원지반 사이에 PP mat를 설치 하여야 한다. 설치이유는 연약층과 샌드매트의 혼입방지, 두께감소 방지, 국부적 침하 방지, 성토하중 균등배분하기 위함
- 모래는 입도가 75μm체 통과량이 15%이하, 투수계수가 1×10^{-3} cm/sec이상 되는 것을 사용한다.

4 투수성 불량시 문제점 및 대책

> 연직배수공법 적용에 의해 연직배수재로 이동된 간극수는 수평 배수층을 통해 성토체 밖 또는 집수정으로 배제되어야 하나, 투수성이 불량할 경우에는 과잉간극수가 원활히 배제되지 못하므로 지반의 **압밀침하가 지연**된다. 또한, **압밀지연 현상을 압밀완료로 오인**하여 포장 등 추후공정을 진행할 경우에는 장기침하 발생으로 과다한 잔류침하, 포장파손, 균열, 구조물과의 단차 등이 발생되어 하자보수의 요인이 될 수도 있다.

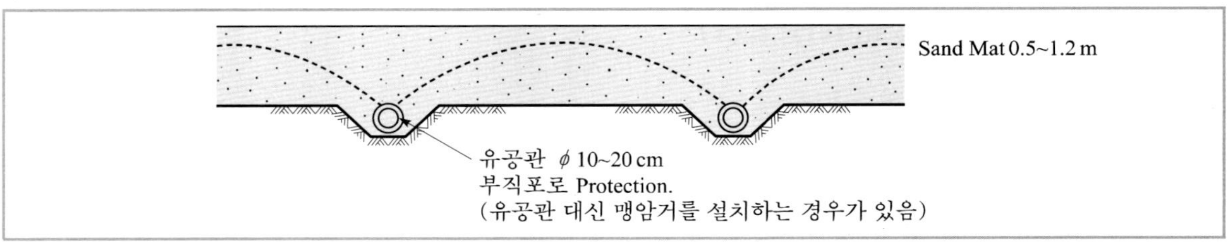

그림 16.40-1 sand mat내의 유공관 설치

① q_d 계산 : 접지압 계산 시에는 부대장비가 한 방향으로 집중될 경우 작용하중은 $P = 400/2 + 170 + 25 + 25 = 420kN$이며, sand mat 두께($h$)=50cm 가정한 경우 접지압은

$q_d = \frac{P}{A} \rightarrow q_d = \frac{420}{b(1.477m) \times a(4.577m)} = 62.13kN/m^2$ 여기서 $b = 0.9 + 2 \times 0.5 \times \tan 30°$, $a = 4.577$

② q_u 계산 : $q_u = 5.14 \times c_u = 92.5kN/m^2$

③ $F_s = \frac{q_d}{q_u}$ 계산

sand mat	극한지지력 (q_u, kN/m^2)	접지압 (q_d, kN/m^2)	안전율 (F_s)	판정	비고
0.5	$q_u = 5.14 \times c_u$ =92.5	62.13	1.48	N.G	c_u는 전단파괴구간의 평균 전단강도 적용
0.6		56.32	1.64	O.K	
0.7		**51.06**	**1.80**	**O.K**	

표 16.40-1 장비주행성에 따른 sand mat 두께별 안전율

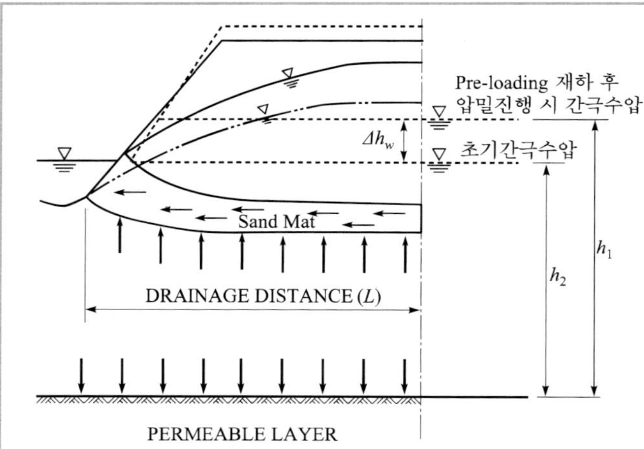

sand mat 두께(h)를 가정하여 식 16.39-1으로 Δh_w를 구한 후 이 값이 h보다 작으면 sand mat을 통하여 배수가 원활하게 이루어진다고 볼 수 있다.

$$\therefore \Delta h_w = \frac{L^2 \times S}{2 \times k \times h} = \frac{1.340^2 \times 0.11}{2 \times 823 \times 50} = 2.4cm$$

sand mat 두께 (cm)	평균배수거리 (cm)	평균침하속도 (cm/sec)	Δh_w (cm)	판정
50	1,340	0.11	2.4	O.K

표 16.40-2 sand mat 배수기능 검토

16.40 샌드매트(sand mat)공법(2)

- 배수단면을 확보하기 위해서는 규정두께 이상의 시공이 이루어져야 하며, 배수의 단절을 방지하기 위해서는 연속적인 포설이 이루어져야 한다.
- 성토하중으로 모래층이 압축되면 Sand mat의 투수계수는 저하되므로 사전에 성토하중에 대한 현장밀도 등으로 투수계수 관리가 필요(국내 양산택지개발시 투수계수가 성토 후 약 10배정도 감소한 사례보고가 있음).
- PP Mat는 자외선에 약하므로 포설 후 조기에 샌드매트를 포설해야 한다
- 그림 16.40-1 같이 Sand mat내에 유공관을 설치하여 배수거리를 단축시킴
- Sand mat내에 간극수압계를 설치하여 Sand mat내 압밀배출수의 배수효과를 측정

(개념이해를 위한 예제문제)

설계부지 연약지반의 비배수전단강도의 분포가 12~25kN/m^2 (평균 18kN/m^2)으로 지반강도가 약하여 토공장비가 진입이 어려워 주행성을 확보하고자 sand mat를 포설하는 경우 적절한 sand mat 두께를 산정하고 간극수배출 가능성을 검토하라. 단, 압밀도 50%에 해당하는 침하량 38cm, 압밀침하시간 354일에 따른 평균침하속도 $S = 0.11cm/day$이고, $k = 8.23m/\sec$, 수평 배수거리(L)은 1,340cm이다. 크레인 장비 구성에 따른 장비중량 400kN, leader 중량 170kN, casing 중량 25kN, vibro hammer 중량은 25kN

1) 타설가능심도 : 35.0m
2) PBD 장비 총 중량 : 620kN
3) 궤도제원 : a(4.0m)×b(0.9m)
4) 기준안전율(F_s) : 1.5
5) θ : 하중 분산각(30°)
6) h : Sand mat 두께
7) 한쪽의 무한궤도에 작용하는 접지압을 이용하여 검토

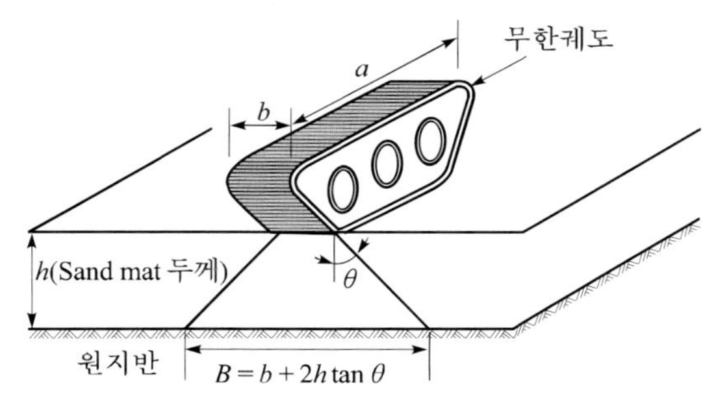

(1) 장비주행성에 따른 sand mat 두께별 안전율 검토 :

표 16.40-1 같이 sand mat는 0.6m를 포설해야 $F_s \geq 1.5$조건에서 주행성 확보가 가능

(2) sand mat 두께가 50cm로도 간극수 배출이 가능한지 여부 검토 :

표 16.40-2 같이 sand mat 두께는 장비의 주행성 측변에서 60cm, 투수능력 측면에서는 50cm가 적절한 것으로 판단되었으나 sand mat 두께는 주행성 확보 목적이 우선이므로 60cm를 포설해야 한다.

(3) 만일 투수성이 불량한 성토체인 경우 토체 내에 상승된 간극수두는 성토체 내부에 잔류되므로 지반개량 공기가 지연되는 mat resistance 문제가 발생하게 되므로 두께 산정 시 주의를 요한다.

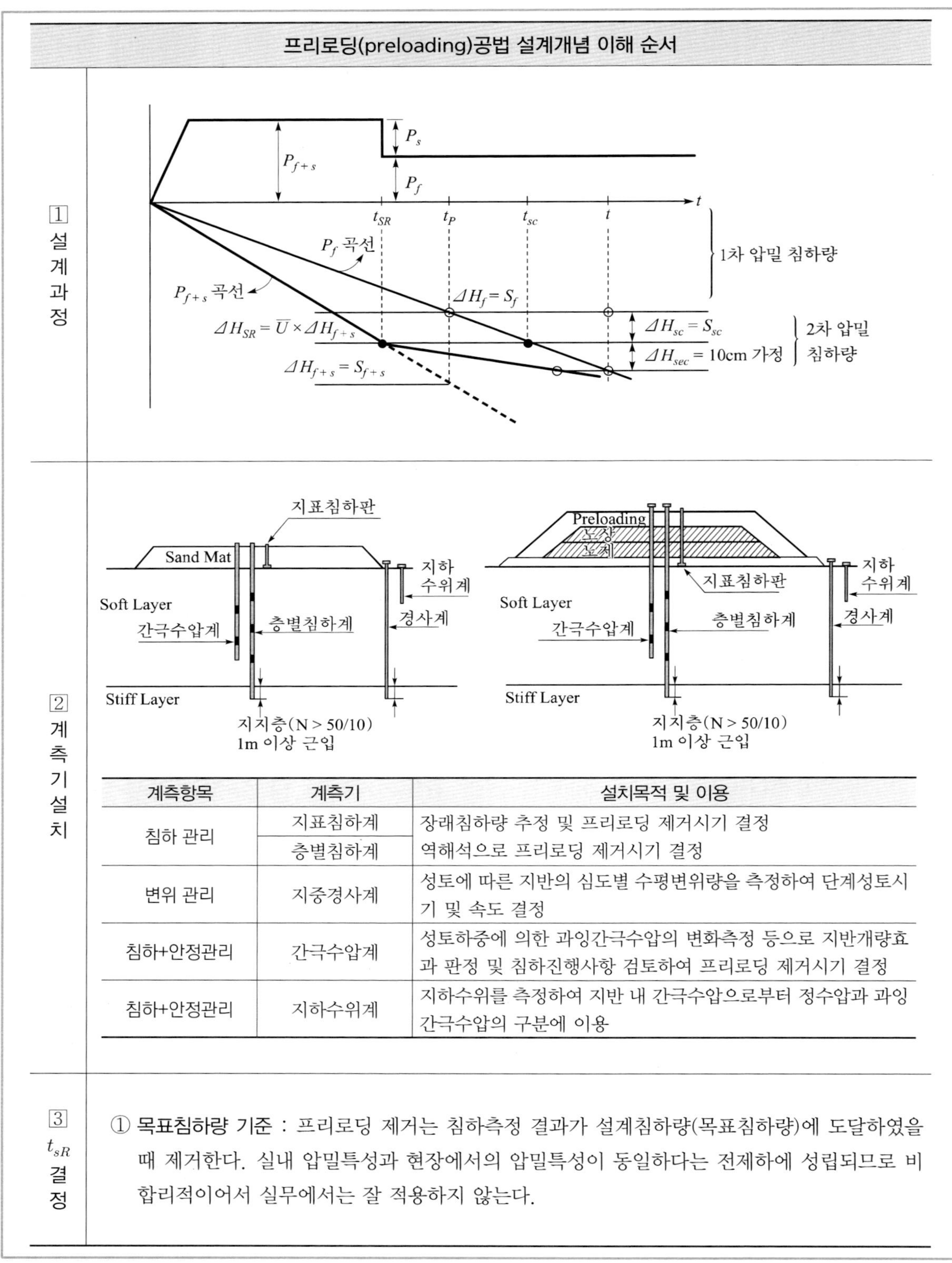

프리로딩(preloading)공법 설계개념 이해 순서

1 설계과정

2 계측기 설치

계측항목	계측기	설치목적 및 이용
침하 관리	지표침하계	장래침하량 추정 및 프리로딩 제거시기 결정
	층별침하계	역해석으로 프리로딩 제거시기 결정
변위 관리	지중경사계	성토에 따른 지반의 심도별 수평변위량을 측정하여 단계성토시기 및 속도 결정
침하+안정관리	간극수압계	성토하중에 의한 과잉간극수압의 변화측정 등으로 지반개량효과 판정 및 침하진행사항 검토하여 프리로딩 제거시기 결정
침하+안정관리	지하수위계	지하수위를 측정하여 지반 내 간극수압으로부터 정수압과 과잉간극수압의 구분에 이용

3 t_{sR} 결정

① **목표침하량 기준** : 프리로딩 제거는 침하측정 결과가 설계침하량(목표침하량)에 도달하였을 때 제거한다. 실내 압밀특성과 현장에서의 압밀특성이 동일하다는 전제하에 성립되므로 비합리적이어서 실무에서는 잘 적용하지 않는다.

표 16.40-3 프리로딩(preloading)공법 설계개념 순서(1)

	설명
1 설계과정	① 영구하중에 의한 최종압밀침하량 산정 = 1차 압밀침하량+2차 압밀침하량 $(\Delta H_f+\Delta H_{sc}+\Delta H_{sec}) = \frac{c_c}{1+e_o}\times H_o \times \log(\frac{\sigma'_{vo}+P_f}{\sigma'_{vo}}) + \frac{c_\alpha}{1+e_o}\times H_p \times \log(\frac{t}{t_p})$ ② 영구하중에 의한 목표침하량(ΔH_{sR}) 산정 = $(\Delta H_f+\Delta H_{sc}+\Delta H_{sec})$ −허용 잔류침하량(ΔH_{sec}=10cm 가정) ③ 설계압밀도($\bar{U}$)= $\frac{\Delta H_{sR}(\Delta H_f+\Delta H_{sc})}{\Delta H_f+\Delta H_{sc}+\Delta H_{sec}}$ ④ 영구+과재하중에 의한 최종압밀침하량(H_{f+s}) 산정 = 1차 압밀침하량 $\Delta H_{f+s} = \frac{c_c}{1+e_o}\times H_o \times \log(\frac{\sigma'_{vo}+P_f+P_s}{\sigma'_{vo}})$ ⑤ ③에서 구한 설계압밀도($\bar{U}$)에 의한 목표침하량(ΔH_{sR}) 도달시 t_{sR} 결정 → $\bar{U} = \frac{\Delta H_{sR}}{\Delta H_{f+s}}$ 여기서 ΔH_{f+s}**는 영구하중+과재하중 곡선에서 1차압밀 종료시점(**t_p**)에서의 침하량을 의미**하고 ΔH_{sR}은 영구하중 재하시 전체침하량(1차+2차압밀침하량)에서−허용 잔류침하량(10cm가정)을 뺀 **설계 시 목표로 하는 침하량**을 말한다.
2 계측기설치	① 원지반에 계측기 설치 및 초기치 설정 : 원지반이 연약하여 계측기 설치가 어려운 경우는 sand mat 포설 후 계측기를 설치하되 sand mat에 의한 침하량으로 계측결과를 역해석하여 원지반 침하량 추정 ② 프리로딩을 성토시공하면서 계측cable 연장 ③ **침하관리와 안정관리** : 지반 개량 후 상재하중에 의한 지반의 잔류침하를 예측하여 **과재하중의 제거시기(**t_{sR}**)를 결정(이때 장래침하량 추정 방법으로** ΔH_{f+s}**를 구함)**하는 **침하관리**와, 성토시공 중 성토체 및 원지반의 안정성을 평가하여 **성토에 의한 사면파괴, 원지반의 전단파괴** 등이 발생하지 않도록 시공 속도를 조절하는 **안정관리**가 있다. ④ **장래침하량 추정방법** : Asoka법, Hyperbolic(쌍곡선)법, Hoshino법이 있으며, 이중 Hyperbolic(쌍곡선)법 과 Hoshino법은 경험에 의한 것이고, Asoka법은 이론적으로 유도된 방법이다. Hyperbolic(쌍곡선)법은 초기 부분에서는 실측치에 비하여 값이 작게 산정되고 중반 이후에는 근사치에 일치하는 경향을 보인다. 따라서 실무적용시 안정측 관리를 위해 Hyperbolic(쌍곡선)법을 많이 이용하고 있으나 현장여건에 따라 타 방법과도 비교검토하여 적용하는 것이 바람직하다. ⑤ **안정관리 방법** : 수치해석에 의한 방법과 계측관리에 의한 방법이 있다. 현장에서는 주로 계측관리에 의한 방법을 주로 이용하고 있다.
3 t_{sR} 결정	① 설계침하량=목표 침하량(H_{sR}) → **100cm 가정시** → 침하측정결과(계측값) 100cm 도달시 제거 ② 설계압밀도($\bar{U}$)= $\frac{\Delta H_{sR}}{\Delta H_{f+s}} = \frac{\Delta H_f+\Delta H_{sc}}{\Delta H_f+\Delta H_{sc}+\Delta H_{sec}}$ → 1항의 분모·분자는 영구+과재하중

표 16.40-4 프리로딩(preloading)공법 설계개념 순서(2)

프리로딩(preloading)공법 설계개념 이해 순서

③ t_{sR} 결정

② 설계압밀도 기준 : **프리로딩에 의한 침하자료로부터 최종 침하량(ΔH_{f+s})을 예측**하고 현재 침하량과 최종 예측 침하량 비에 의하여 현재의 압밀도를 판단. 현장 계측에 의한 침하량거동이 설계 시 예측된 값보다 클 경우 과소평가 되는 문제가 있다. 프리로딩 제거는 현재의 압밀도가 설계 압밀도보다 클 경우 제거한다. **이때 현장에서는 실내조건과 다르게 측방유동분이 침하량에 포함될 수 있으므로 측방유동에 의한 침하량을 고려할 필요가 있다.**

③ 허용침하 기준 : **프리로딩에 의한 침하자료로부터 최종 침하량(ΔH_{f+s})을 예측**하고 현재 침하량과 최종예측침하량을 비교하여 잔류침하량이 허용침하량보다 적으면 프리로딩을 제거하고, 그렇지 않은 경우 프리로딩을 재하하는 기준이다. 본 기준은 잔류침하량을 프리로딩 재하에 대한 기준으로 관리하므로 안전측이며 실무에서 주로 이용한다.

④ 역해석에 의한 방법

> 평균압밀도($\overline{U}$)의 개념으로 과재하중의 제거시기(t_{sR})을 결정하는 논리는 시험실에서 압밀시험으로 얻어진 압밀특성을 나타내는 압밀정수를 이용 영구하중에 의한 침하곡선을 그린 후 이 영구하중에 의한 곡선 상에서 최종침하량 대비 목표침하량의 비 즉, $\overline{U} = \dfrac{\Delta H_f + \Delta H_{sc}}{\Delta H_f + \Delta H_{sc} + \Delta H_{sec}} \times 100\%$로 구한 이 **평균압밀도 개념을 계측결과로부터 구한 영구+과재하중의 침하곡선상에 동일하게 적용하는 것이다.** 즉, $\overline{U} = \dfrac{\Delta H_{sR}}{\Delta H_{f+S}} \times 100\%$ (허용 침하기준도 동일한 개념) 이와 같이 시험실에서 예측한 곡선상 에서의 평균압밀도 또는 허용침하량 기준을 실제지반의 계측으로 얻어진 곡선에 적용하기 위해서는 **기본적으로 장래침하량으로 추정한 ΔH_{f+s}곡선과 실내시험을 통해 계산으로 구한 ΔH_f곡선은 동일한 압밀특성을 가져야 한다는 점은 당연할 것이다.** 그러나 시험실에서 구한 압밀특성$\neq$실제지반의 압밀특성과 다르다. 따라서 **실무에서는 계측한 결과를 이용한 역해석을 통해** 실제지반의 압밀특성과 유사하게 압밀특성을 나타내는 압밀정수값을 구해 **이론적으로 계산에 의해 구해지는 침하곡선인 P_f 곡선을 수정하여 사용한다면**
>
> $\overline{U} == \dfrac{\Delta H_f + \Delta H_{sc}}{\Delta H_f + \Delta H_{sc} + \Delta H_{sec}} \times 100\% \simeq \overline{U} = \dfrac{\Delta H_{sR}}{\Delta H_{f+S}} \times 100\%$ 일치될 것이라는 논리에서 역해석에 의해 과재하중 제거시기를 결정하고 있다.

④ 평가

프리로딩(preloading) 재하 후 연약지반 개량 적정여부 평가는 기본적으로 16.3절의 표 16.3-2 연약지반 개량효과 확인 시험을 통해 판단할 수 있다. 또한 우측과 같이 계측결과를 활용하여 판단할 수 있다.

표 16.40-5 프리로딩(preloading)공법 설계개념 순서(3)

	설 명
③ t_{sR} 결 정	침하곡선에서의 각각 t_p및 t_{sR}에서의 침하량을 의미하고, 2항은 영구하중 침하곡선에서 각각 t및 t_{SC}에서의 침하량을 의미한다. - 설계시 예측한 영구하중 침하곡선에서의 평균압밀도는(ΔH_{sec} =10cm 가정시) $\bar{U}=\dfrac{\Delta H_f+\Delta H_{sc}}{\Delta H_f+\Delta H_{sc}+\Delta H_{\text{sec}}}=(100/110)\times 100\%=90\%$ - (예1) 장래침하량 추정곡선에서 1차압밀 종료시점(t_p)의 침하량이 90cm 가정시 현재 계측 된 침하량이 81cm라면 $\bar{U}=\dfrac{\Delta H_{sR}}{\Delta H_{f+s}}=(81/90)\times 100\%=90\%$ 설계시 예측한 침하곡선에서 얻어진 평균압밀도 이상이므로 O.K ③ (예1)에 대해 허용침하 기준으로 검토시 잔류침하량(90−81=9cm) < 허용침하량 (10cm) O.K - 그러나 (예2) 장래침하량 추정곡선에서 1차압밀 종료시점(t_p)의 침하량이 200cm 가정시 현재 계측된 침하량이 180cm라면 $\bar{U}=\dfrac{\Delta H_{sR}}{\Delta H_{f+s}}=(180/200)\times 100\%=90\%$ 설계시 예측한 침하곡선에서 얻어진 평균압밀도 이상이므로 설계압밀도 기준에서는 O.K 이지만 허용침하 기준으로 검토시에는 잔류침하량(200−180=20cm) > 허용침하량 (10cm) N.G ④ 여기서 독자들은 상기의 평균압밀도와 허용 침하기준은 **실내시험으로 얻어진 압밀특성과 실제 지반의 압밀특성이 동일하다는 가정조건하에서만 성립**된다는 사실에 유의해야 한다. 따라서 실무에서는 **계측결과를 이용한 역해석**을 통해 압밀정수(c_c, c_r, σ_c', c_v)를 구해 설계시 예측하는 **영구하중 침하곡선을 수정**하여 허용침하 기준으로 과재하중의 제거시기(t_{SR})을 결정하고 있다.
④ 평 가	① 사전, 사후 지반조사 확인 후 함수비 감소, 간극비 감소, 전단강도 증가여부 판단 ② 계측분석결과에 의한 침하량이 허용 침하량 이내에 있는지 여부 ③ 간극수압계에 의한 간극수압 소산여부 및 압밀도 ④ 층별침하계에 의한 압밀도 등을 종합적으로 평가하여 프리로딩 제거시기를 결정하여야 한다.

표 16.40-6 프리로딩(preloading)공법 설계개념 순서(4)

개념정리 ⑯ 과재하중의 제거되는 시점에서의 평균압밀도와 압밀도 (I)

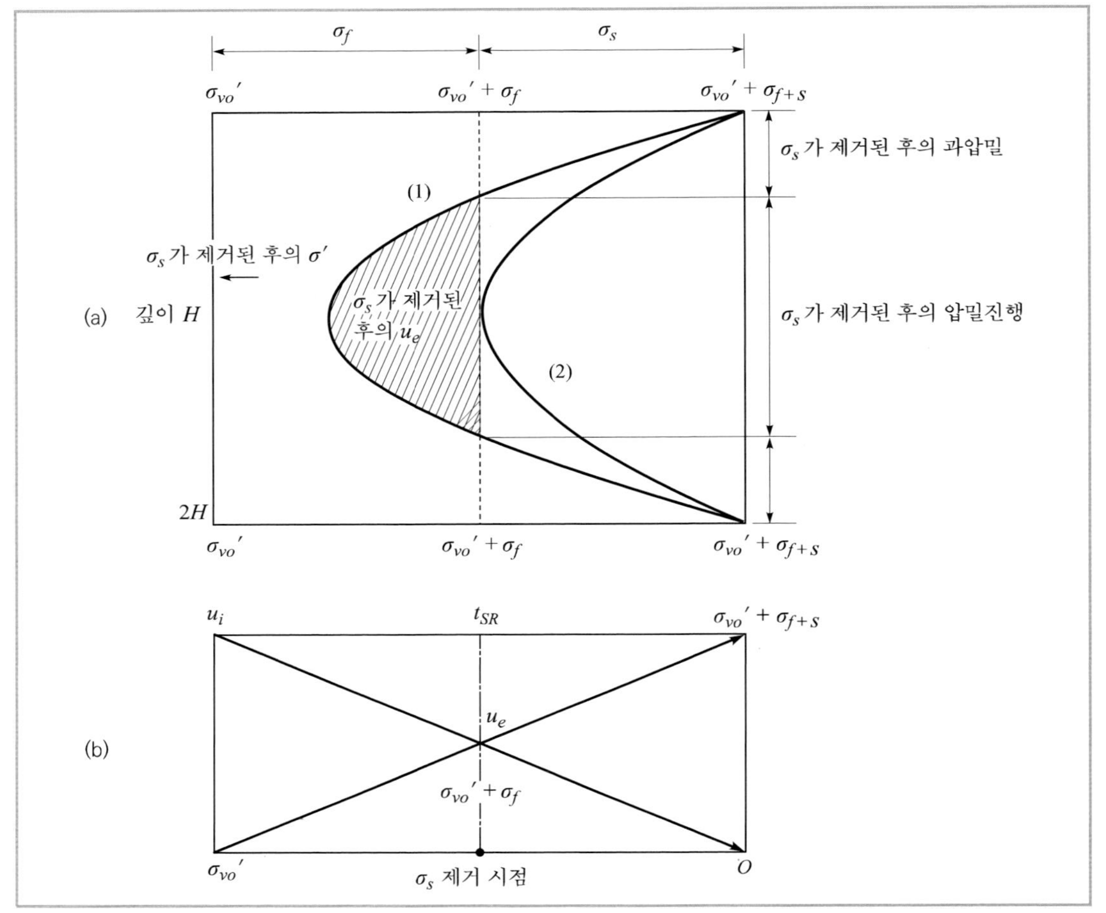

그림 개념 ⑯-1 과재하중이 제거된 시점에서의 간극수압의 분포(Mitchell, 1981)

1 그림 개념 ⑯-1a에 대한 이해

- σ'_{vo} : 영구하중+과재하중($\sigma_f+\sigma_s$) 재하직후 모든 하중을 물이 분담하므로 유효응력은 초기지중응력과 동일하고, 초기 과잉간극수압 u_i에 해당. 압밀도($U_z=0$)에 해당
- $\sigma'_{vo}+\sigma_f$: 영구하중에 의한 침하(S_f)에 따른 압밀완료로 유효응력이 σ_f만큼 증가
- $\sigma'_{vo}+\sigma_{f+s}$: 영구+과재하중에 의한 침하(S_{f+s})에 따른 압밀완료로 유효응력이 σ_{f+s}만큼 증가, 과잉간극수압은 $u_e=0$에 해당. 압밀도($U_z=1$)에 해당
- 그림 개념 ⑯-1b는 과재하중(σ_s)이 제거되는 시점(t_{sR})에서 영구하중+과재하중의 평균압밀도 $\overline{U_{sR}}$=50% 도달했을 때의 과잉간극수압 분포를 나타내는 그림이다. $\overline{U_{sR}}=\dfrac{S_f}{S_{f+s}}$ 여기서, $\overline{U_{sR}}$ 은 과재하중을 제거하는 시간에서의 평균압밀도

개념정리 ⑰ 과재하중의 제거되는 시점에서의 평균압밀도와 압밀도 (2)

2 평균압밀도($\overline{U}$)와 압밀도(U_z)

- 양면배수인 점토층인 조건에서 **과재하중(σ_s)이 제거되는 시점(t_{sR})의 과잉간극수압 분포도는** 그림 개념 ⑯-1 과 같다. 이 그림의 곡선(1)은 σ_s가 제거되는 시점의 평균압밀도에 대응하는 과잉간극수압 분포곡선인데, 연약층의 중앙부분에서는 평균압밀도보다 더 작게 압밀되었고 바깥쪽 부분은 평균값보다 더 많이 압밀 된다.
- 만일, **평균압밀도를 과재하중의 제거시기로 삼는다면** 중앙부분은 과잉간극수압이 남아있으므로, 영구하중의 작용 하에서도 계속해서 침하가 일어날 것이다. 반면, 점토층 상하의 바깥쪽 부분은 과압밀 되었으므로 하중제거와 동시에 팽창하려고 할 것이다. 이와 같은 서로 상반되는 거동 때문에 침하량은 어느 정도 상쇄되지만 압축지수(c_c)가 팽창지수(c_r)보다 커서 결과적으로 침하가 더 우세할 것이다.
- 따라서 σ_s의 제거시기의 기준을 평균압밀도로 삼는다면, 실제로는 과재하중을 제거한 이후 영구하중 조건하에서의 **허용 침하량보다 더 큰 잔류침하가 발생하게 될 것이다.**
- 이러한 문제 때문에 Johnson(1970)은 $\overline{U_{sR}}=\dfrac{S_f}{S_{f+s}}$의 평균압밀도 대신 **점토층의 중간층에서 압밀도를 구하여 프리로딩 설계할 것을(즉, 과재하중 제거시기를 결정) 권장**하고 있다. 이렇게 하였을 때에는 과잉간극수압 분포곡선은 그림 개념 ⑯-1 에서 곡선(2)와 같이 그려진다.
- **곡선(1)과 곡선(2)를 비교하여 과재하중의 제거시기(t_{sR})를 비교해보자**, 평균압밀도 기준에 해당하는 곡선(1)= $T_{v(1)}$, 압밀도 기준에 해당하는 곡선(2)= $T_{v(2)}$라고 하자 시간계수를 비교해 보면 $T_{v(1)}$는 $T_{v(2)}$보다 시간상으로 빠를 것이다.($T_{v(1)} < T_{v(2)}$)
- 따라서 $t_{sR}=\dfrac{T_v H^2}{c_v}$에서 $T_{v(1)}$ 작기 때문에→ $t_{sR(1)}$은 작아진다. 즉, 더 빠르게 과재하중을 제거시기를 결정하게 된다는 뜻이 된다. 반대로 압밀도를 이용해서 구한 $T_{v(2)}$→ $t_{sR(2)}$는 $t_{sR(1)}$보다 훨씬 더 길어지기 때문에 안전측 설계가 된다.
- 여기서 독자들은 앞서 학습한 내용을 상기해보라 평균압밀도(압밀도) 기준으로 과재하중의 제거시기를 결정할 경우에는 장래침하량 추정 곡선으로부터 구해진 평균압밀도(압밀도)가 설계압밀도(시험을 통해 계산으로 구해진 곡선에서)를 초과했다고 하더라도 잔류침하량이 허용 침하량보다 클 수가 있다는 점을 주의해야 한다.
- 따라서, 연약지반의 조사, 시험, 설계, 시공, 계측 및 유지관리 등의 과정에서 불확실한 요소가 많으므로 프리로딩 제거시기는 **허용 침하량 기준으로 실무에서는 적용하는 것이 바람직**하다. **물론 역해석을 통해 시험을 통해 계산으로 구해진 곡선의 보정은 필수이다.**

허용침하량과 잔류침하량의 정의를 구분해보자

연약지반이 종료(압밀침하완료)된 후 추가로 발생되는 침하를 잔류침하라 하며, 이 중 구조물의 기능상 허용할 수 있는 침하량을 허용침하량이라 한다.

개념정리 ⑱ 과재하중의 제거되는 시점에서의 평균압밀도와 압밀도 (3)

3 Jonson의 프리로딩 설계를 위한 압밀도를 구하는 도표

■ $\overline{U}_{f+s} = \dfrac{S_f}{S_{f+s}} = \dfrac{\dfrac{c_c}{1+e_o} H_o \log(\dfrac{\sigma'_{vo}+\sigma_f}{\sigma'_{vo}})}{\dfrac{c_c}{1+e_o} H_o \log(\dfrac{\sigma'_{vo}+\sigma_f+\sigma_s}{\sigma'_{vo}})} = \dfrac{\log(\dfrac{\sigma'_{vo}+\sigma_f}{\sigma'_{vo}})}{\log(\dfrac{\sigma'_{vo}+\sigma_f+\sigma_s}{\sigma'_{vo}})} = \dfrac{\log(1+\dfrac{\sigma_f}{\sigma'_{vo}})}{\log(1+\dfrac{\sigma_f}{\sigma'_{vo}}+\dfrac{\sigma_s}{\sigma'_{vo}})}$

위의 식을 다시 정리하면, $\overline{U}_{f+s} = \dfrac{\log(1+\dfrac{\sigma_f}{\sigma_{vo}'})}{\log\left[1+\dfrac{\sigma_f}{\sigma'_{vo}}(1+\dfrac{\sigma_s}{\sigma_f})\right]}$ 식 개념 ⑱-1

■ 위의 식에서 σ'_{vo}은 **양면배수인 경우 점토층의 중앙, 일면배수인 경우 점토층 바닥 깊이에서의 유효연직응력이란 것을 유의**해야 한다.

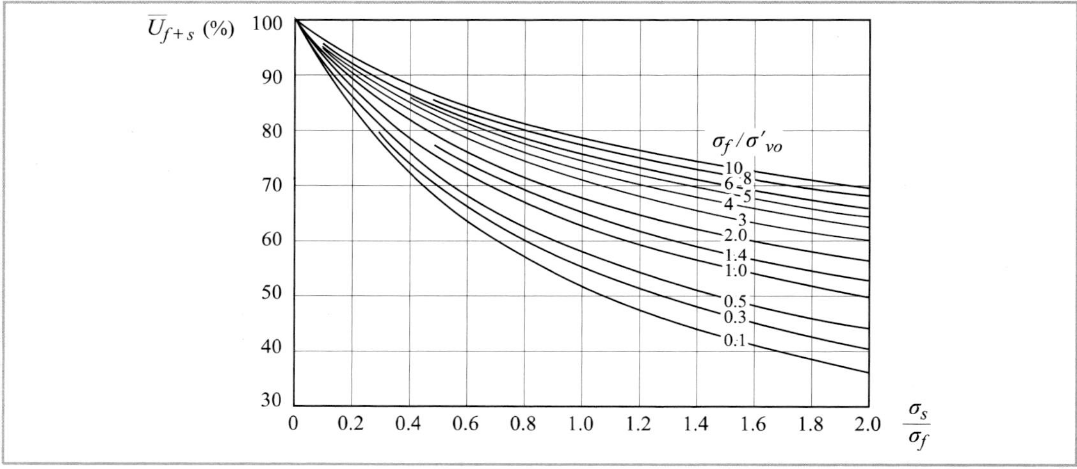

그림 개념 ⑱-1 Jonson의 프리로딩 설계를 위한 압밀도를 구하는 도표

■ 그림 개념 ⑱-1 은 식 개념 ⑱-1 를 근거로 하여 압밀도를 쉽게 구할 수 있도록 만들어진 도표이다.

■ 그림 개념 ⑱-1 또는 식 개념 ⑱-1 에서 압밀도를 구하면, 이것을 이용하여 그림 개념 ⑲-1 에서 $\dfrac{z}{H}=Z=1$에 대하여 시간계수 T_v가 구해지므로 σ_s의 제거시기 t_{sR}은 Terzaghi의 압밀이론에 의하여 다음 식 $t_{sR}=\dfrac{T_v H^2}{c_v}$으로 계산할 수 있다. 즉 그림 개념 ⑱-1 에서 구한 $\overline{U}_{f+s}$는, 그림 개념 ⑲-1 에서 압밀도 U_z를 의미한다.

4 2차 압밀침하량의 고려

■ 지금까지는 1차압밀에 대해서만 언급하였지만, 2차압밀을 고려 할 때에도 동일한 원리에 따라 과재하중의 크기와 하중제거 시기를 결정할 수 있다.(사실은 표 16.40-3 ~ 표 16.40-6 프리로딩공법 설계개념 순서를 설명할 때에는 2차압밀 침하량을 포함하여 설명되었음)

개념정리 ⑲ 과재하중의 제거되는 시점에서의 평균압밀도와 압밀도 (4)

- 유기질이 많은 점토나 이탄에 대해서는 이것을 절대로 무시해서는 안된다. 이것을 고려할 때에는 과재하중을 작용시켜 구조물의 수명동안 예상되는 1차 및 2차 압밀침하량을 합한 값만큼 미리 침하를 일으키게 하는 것이다. 2차 압밀 침하량의 산정방법에 대해서는 지반공학 이해Ⅱ 127p 9.53~9.54절을 연계할 것
- 2차 압밀을 고려하였을 때, 하중제거 시기의 결정을 위한 점토층 중심에서의 압밀도는 다음 식으로 계산한다.

$$(U_z)_{f+s} = \frac{S_f + S_s}{S_{f+s}} = \frac{S_f + \frac{(\frac{c_\alpha}{c_c}) \times c_c}{1+e_p} H_p \log(\frac{t}{t_p})}{S_{f+s}} = \frac{S_f + c_{\alpha\varepsilon} H_p \log(\frac{t}{t_p})}{S_{f+s}}$$

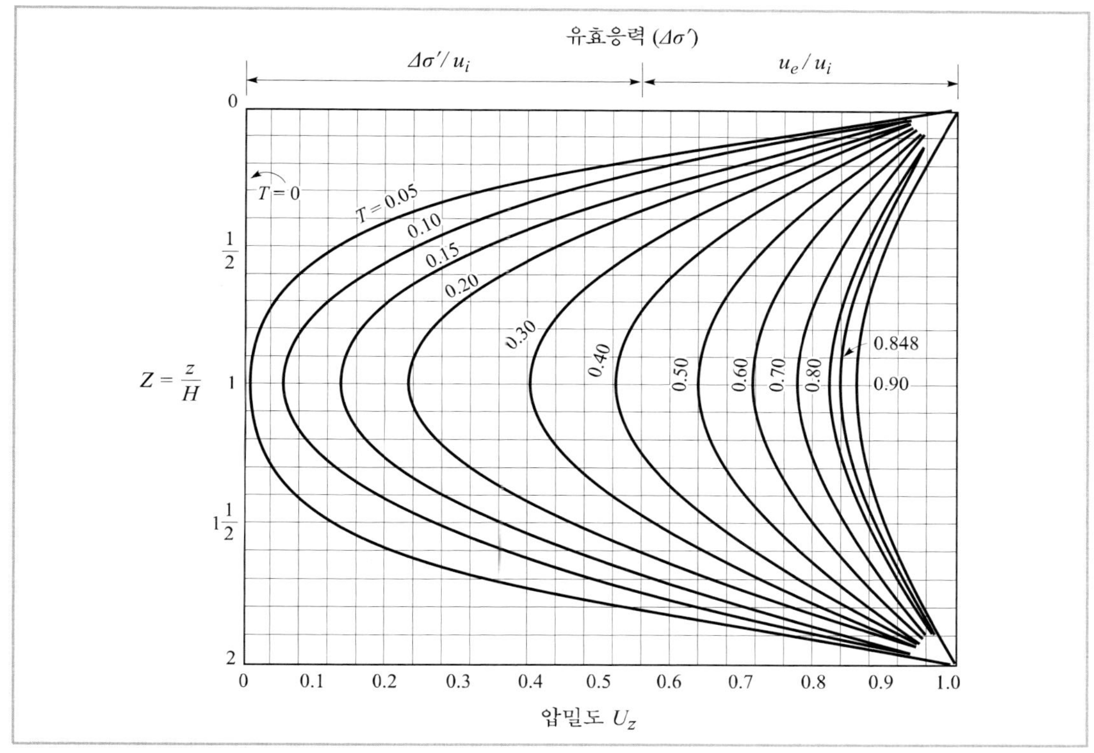

그림 개념 ⑲-1

5 실무에서의 평균압밀도 및 압밀도 기준의 적용

- **과재하중의 제거시기를 중간지점 압밀도 기준으로 이용할 경우**에는 그림 개념 ⑱-1의 Johnson의 도표를 이용하면 될 것이고,
- **평균압밀도를 기준으로 이용할 경우**에는 계산된 값의 85~90%로 사용하는 경우가 많다. 무슨 뜻일까?

  → 압밀도(U_z) < 계산된 평균압밀도($\overline{U}$) 값×(85~90%) 만족해야 한다는 뜻.

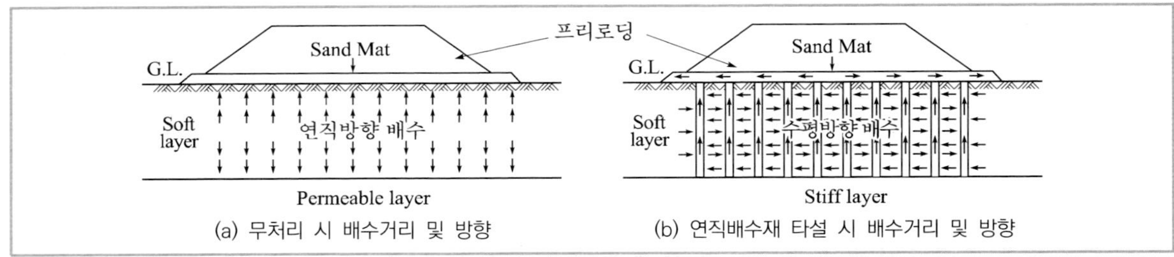

그림 16.41-1 무처리 시 및 연직배수재 타설시 배수방향 및 배수거리

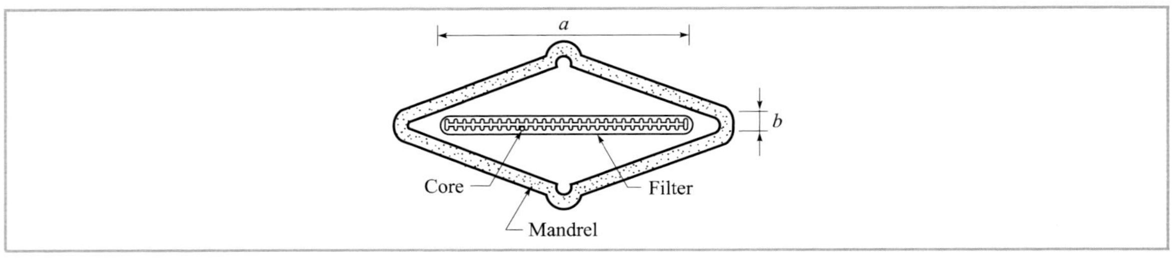

그림 16.41-2 PBD와 Mendre

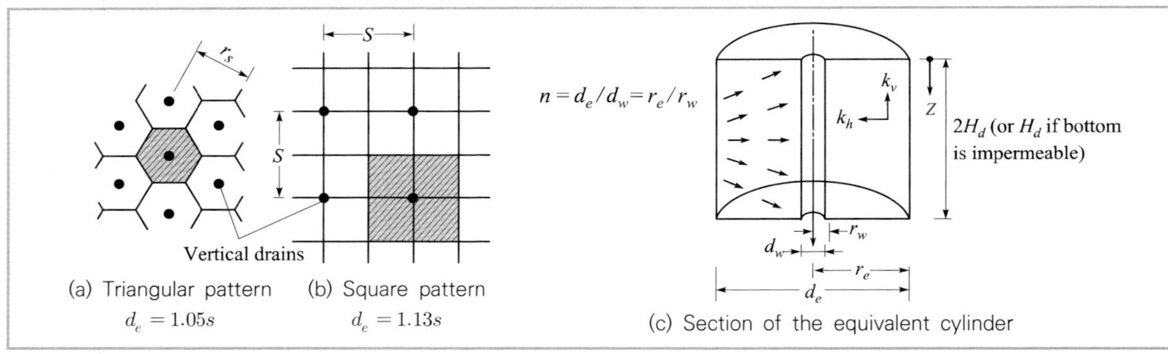

그림 16.41-3 (a)배수재의 삼각형 배치, (b)배수재의 정사각형 배치, (c) 등가유효원의 직경

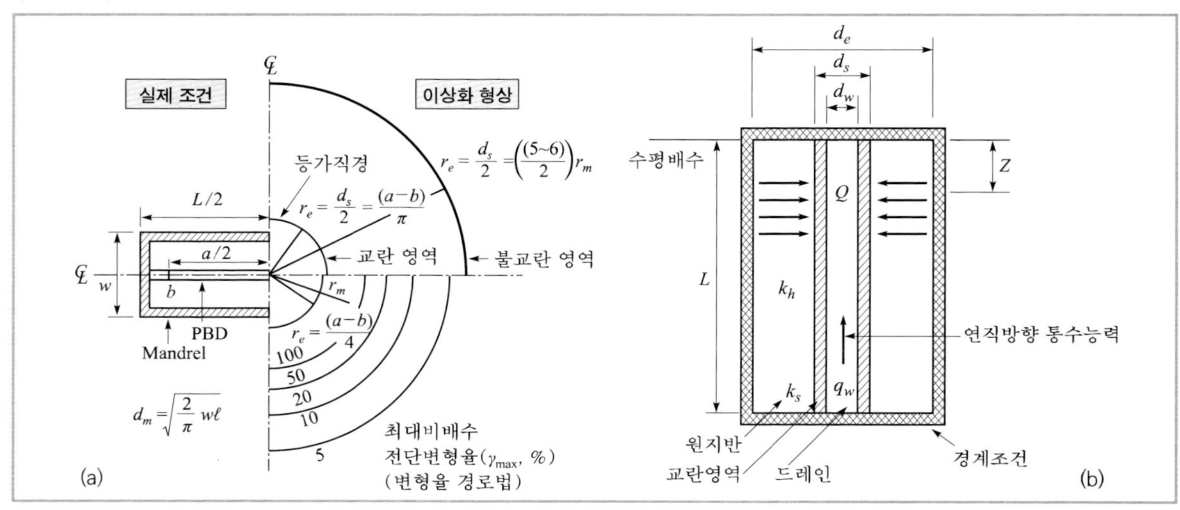

그림 16.41-4 Mendrel 주위의 smear zone

16.41 연직배수공법(PBD) (1)

1 개요

■ Terzaghi의 1차원 압밀이론에 의하면 점토층의 압밀시간은 최대배수거리의 제곱에 비례하므로 최대배수거리를 짧게 하면 압밀시간을 크게 단축시킬 수 있다. 이렇게 그림 16.41-1 같이 점토층내에 배수재를 설치하여 최대배수거리를 인위적으로 단축시켜 압밀촉진을 도모하는 공법이 연직배수공법이다. 더욱이 수평방향 압밀계수 c_h는 c_v보다 더 크다. $t = \dfrac{T_v \times H^2}{c_v} \rightarrow t = \dfrac{T_h \times d_e^2}{c_h}$

■ 연직배수공법은 단독으로 적용되는 경우는 드물며, 여성토공법 · 선행하중공법 · 지하수위 저하공법 · 대기압재하공법 등과 병행하여 사용되는 경우가 대부분이다.

2 용어의 정의

■ 등가직경(d_w)=배수재의 직경 : 그림 16.41-2 같은 띠 모양의 배수재에 대해서는 원형으로 가정한 등가직경(d_w)는 다음 식으로 계산 할 수 있다.

d_w=(a+b)/2 (Hansobo, 1987) 식 16.41-1

여기서, a : PBD의 폭, b: PBD의 두께

■ 배수재의 배치형상에 따른 등가유효원의 직경(d_e)=배수거리 : 배수재는 그림 16.41-3a, b 같이 삼각형 또는 정사각형으로 배치하며 원통으로 가정한 등가유효원의 직경은 다음과 같다. PBD 타설 시 삼각형 배치는 균등한 지반개량이 가능하나, 시동성이 저하되므로 시공성이 좋은 사각형배치를 적용하는 것이 합리적이다.

d_e=1.05×s (삼각형 배치) → A=C.986 식 16.41-2

d_e=1.13×s (사각형 배치) → A=2.25 식 16.41-3

■ 배수 간격비(n) : 그림 16.41-3c 같이

$$n = \frac{d_e}{d_w} = \frac{r_e}{r_w}$$ 식 16.41-4

■ 스메어 존 비(s) : 그림 16.41-4 같이 d_s는 smear zone의 직경으로서 보통 Mandrel의 직경(d_m)의 2배로 보거나($d_s = 2 \times d_m$), Mandrel의 영향은 고려하지 않고 단순히 배수재의 직경(d_w)과 smear zone의 직경(d_s)의 비를 1.5값을 사용하기도 한다($d_s = 1.5 \times d_w$).

$$s = \frac{d_s}{d_m} \text{ 또는 } s = \frac{d_s}{d_w}$$ 식 16.41-5

※ 朴(1994) 실내시험 d_s=2~3d_m, 현장시험 d_s=5~7d_m 제안

제안자	제안식	특징
Barron (1948)	$U_h(T_h)=1-\exp(\frac{-8T_h}{F(n)})$ →U_h : 수평방향의 평균압밀도 $F(n)=\frac{n^2}{n^2-1}\ln(n)-\frac{3n^2-1}{4n^2}$ → $n=\frac{d_e}{d_w}$(배수간격비) $T_h=\frac{c_h\times t}{d_e^2}$	① smear effect와 Well-Resistance 미고려 ② 압밀도 과대 평가
Yoshikuni (1979)	$U_h(T_h)=1-\exp(\frac{-8T_h}{F(n)+0.8L})$ $F(n)=\frac{n^2}{n^2-1}\ln(n)-\frac{3n^2-1}{4n^2}$ $L=\frac{32}{\pi^2}\times\frac{k_h}{k_w}(\frac{H}{d_w})^2$ → L : 배수저항계수 여기사, H : 배수재 길이(양면 $\frac{H}{2}$, 일면 H	① Well-Resistance 만 고려 ② 배수재의 통수능력이 작을 경우 압밀도 과대평가
Hansbo (1979)	$U_h(z,T_h)=1-\exp(\frac{-8T_h}{F(n)+F_s+F_r})$ $F(n)=\ln(\frac{d_e}{d_w})-\frac{3}{4}=\ln(n)-0.75$ → **배수재 타설간격에 따른 영향** $F_s=(\frac{k_h}{k_s}-1)\times\ln(\frac{d_s}{d_w})$→ **smer zone의 영향** $F_r=\pi z(L-z)\times(\frac{k_h}{q_w})$ → **Well-resistance의 영향** d_s : 배수재 주위의 교란영역 직경 d_m : Mendrel의 직경 d_w : 연직배수재의 직경 q_w : 배수재의 통수능력 k_s, k_h : 스메어 존 및 점토지반 각각의 수평투수계수 k_w : 연직배수재의 투수계수, z : 임의의 심도 L : 배수재의 배수길이(양면배수 L=H, 단면배수 L=2H)	① smear effect와 ② Well-Resistance 모두 고려 ③ 전체 평균압밀도 산정 곤란
Onoue (1988)	$U_h(T_h)=1-\exp(\frac{-8T_h}{F(n')+0.8L})$ $F(n')=\frac{(n')^2}{(n')^2-1}\ln(n')-\frac{3(n')^2-1}{4(n')^2}$ $n'=nS^{\eta-1}$, $\eta=\frac{k_h}{k_w}$, $S=\frac{d_s}{d_w}$ $L=\frac{32}{\pi^2}\times\frac{k_h}{k_w}(\frac{H}{d_w})^2$→ L : 배수저항계수 여기서, $n'=nS^{\eta-1}$, $\eta=\frac{k_h}{k_w}$, $S=\frac{d_s}{d_w}$, H : 배수재 길이	① smear effect와 Well-Resistance 모두 고려 ② 개략식을 사용할 경우 Well-Resistance가 배수재 길이와 무관하여 논리적으로 모순 있음

표 16.42-1 연직배수공법의 제안자별 압밀이론

16.42 연직배수공법(PBD) (2)

3 연직배수재가 설치된 지반의 축대칭 압밀해석

- 연직배수재가 설치된 지반의 압밀해석은 Barron(1948), Yoshikuni(1971), Hansbo(1981), Onoue (1988) 등에 의하여 표 16.42-1 같은 이론식이 제안 되었다.

- Baron(1948)은 점토층 내에서 발생하는 연직변형에 대하여 자유변형률과 일정(등)변형률 2가지 가정조건에 대하여 지반교란(smear effect)과 well resistance의 영향을 미고려한 평균압밀도($\overline{U_h}$)를 제안식을 제안하였다. Barron의 제안식은 Terzaghi 1차원 압밀방정식에 기초로 둔 것으로서 연직배수와 수평배수를 고려하여 점토의 투수계수 및 체적압축계수는 압밀중에 변하지 않는다는 가정하에 다음과 같은 식을 제안하였다.

$$\frac{\partial u}{\partial t} = c_v\left(\frac{\partial^2 u}{\partial z^2}\right) + c_h\left(\frac{\partial^2 u}{\partial r^2} + \frac{1}{r}\frac{\partial u}{\partial r}\right) \quad \text{식 16.42-1}$$

- 식 16.42-1 은 간극수가 연직방향 및 수평방향으로 흐를 경우의 압밀방정식이지만 일반적으로 연직배수재는 점토층의 두께에 비해 상당히 작은 간격으로 타설되기 때문에 연직방향의 흐름은 무시하고 수평방향의 흐름만을 고려하여 압밀해석을 수행하는 것이 일반적이다. 수평방향만의 흐름을 고려한 압밀방정식 및 그 해는 다음과 같다.

$$\frac{\partial u}{\partial t} = c_h\left(\frac{\partial^2 u}{\partial r^2} + \frac{1}{r}\frac{\partial u}{\partial r}\right) \quad \text{식 16.42-2} \quad \rightarrow \quad \text{'해'} \ \overline{U_h} = 1 - \exp\left(\frac{-8T_h}{F_{(n)}}\right) \quad \text{식 16.42-3}$$

압밀방정식 식 16.42-2 의 '해' 식 16.42-3 을 이용하여 연직배수에 의한 압밀속도를 산정할 수 있다.

- Yoshikuni는 well resistance만을 고려하여 평균압밀도($\overline{U_h}$)를 산정할 수 있는 근사식을 제안하였다.

- Hansbo는 방사상 흐름만을 가진 토층의 등연직변형률의 조건에 대한 해를 제시했다. 이 제안된 해는 교란이 없는 경우 Barron의 해와 동일하며, 교란을 고려한 경우 Hansbo는 교란된 흙을 Barron의 이론처럼 비압축성으로 가정하는 대신에 불교란된 흙과 동일한 압축성을 가진다는 가정에서 유도되었다. 또한 **Hansbo는 지반교란과 배수저항를 모두 고려한 해를 제시하였다.**

- Onoue는 지반의 평균압밀도에 영향을 미치는 흙의 방사방향의 압축성 증가보다는 오히려 교란된 흙의 투수성 감소가 더 영향을 준다고 결론지어, 등가 간격비(n')를 이용한 근사식을 제안하였다. 연직배수 이론에 대한 제안자별 이론식을 정리하면 표 16.42-1 과 같다.

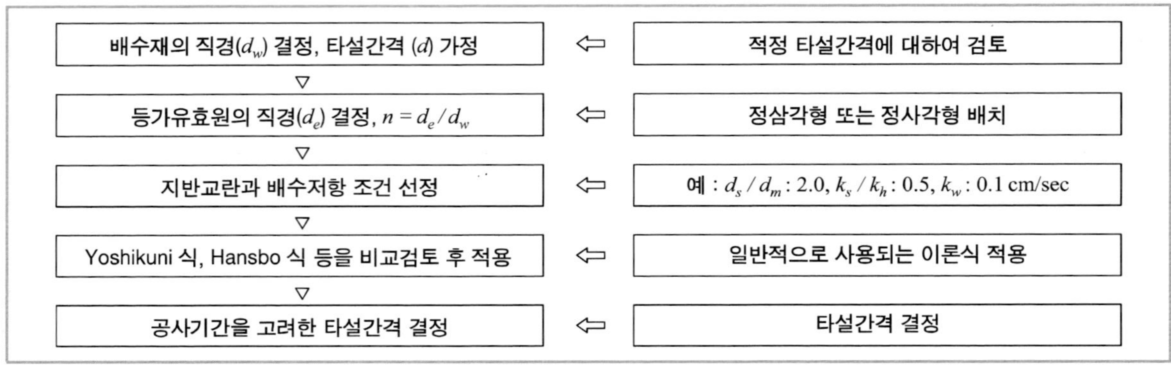

배수재의 직경(d_w) 결정, 타설간격 (d) 가정	⇦	적정 타설간격에 대하여 검토
▽		
등가유효원의 직경(d_e) 결정, $n = d_e / d_w$	⇦	정삼각형 또는 정사각형 배치
▽		
지반교란과 배수저항 조건 선정	⇦	예 : d_s / d_m : 2.0, k_s / k_h : 0.5, k_w : 0.1 cm/sec
▽		
Yoshikuni 식, Hansbo 식 등을 비교검토 후 적용	⇦	일반적으로 사용되는 이론식 적용
▽		
공사기간을 고려한 타설간격 결정	⇦	타설간격 결정

표 16.43-1 PBD 타설간격 결정

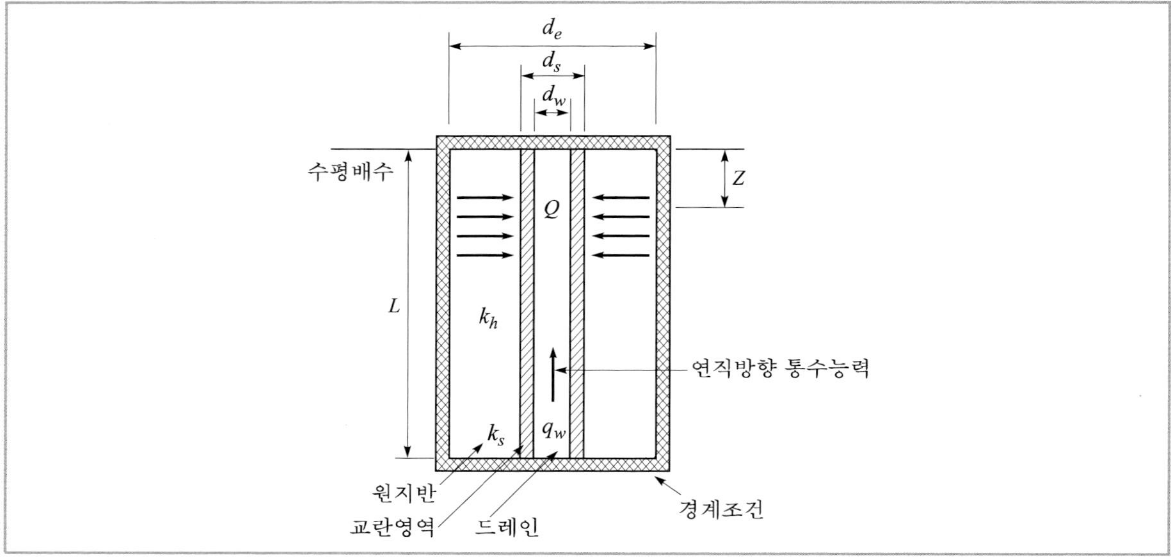

그림 16.43-1

① 설계시 수평방향 압밀계수(c_h)를 저감하여 사용하는 방법 → $c_v = \dfrac{k_v}{m_v \times \gamma_w}$ 생각 ($k_h > k_v$)

② 연직방향 압밀계수(c_v)를 적용하는 방법(Smear zone에 대해) → 왜?

③ 배수재의 직경을 감소하여 적용하는 방법 → $d_s = 1.5 \times d_w$ 생각할 것

④ 배수재의 타설간격을 0.8m 이하로 설치하지 않는다. → $n = \dfrac{d_e}{d_w}$ 생각

⑤ Smear와 Well저항 동시에 고려를 위해 실용적인 방법은 연직 압밀계수를 1/3~1/4 저감 (즉, $c_h = (1/3 \sim 1/4) \times c_v$)해서 사용할 수 있다. (일본시공사례)

⑥ Hansbo(1976)의 제안식 $F_s = (\dfrac{k_h}{k_s} - 1) \times \ln(\dfrac{d_s}{d_w})$ 이용 → smear zone의 영역 및 압밀 특성을 고려할 수 있는 식

해설 16.43-1 설계 시 smear effect에 대한 고려방법

16.43 연직배수공법(PBD) (3)

4 압밀속도에 영향을 미치는 요소

① Smear Effect → 스메어 존 비 $s = \dfrac{d_s}{d_m}$ 또는 $s = \dfrac{d_s}{d_w}$ 식 16.41-5

② 웰저항(Well resistance) → $q_w = \dfrac{Q}{i}$

③ 배수재 간격 (배수 간격비 $n = \dfrac{d_e}{d_w}$) → 표 16.43-1 참조

5 Smear Effect의 영향을 고려한 설계

- 지반중에 배수재를 연직으로 타설하는 경우, 간극수를 수평방향으로 이동하여 배수재 내에 유입되므로 압밀계산에서는 c_h를 이용하는 것이 합리적이다. 그런데 실제의 연직배수공법의 설계시 간편함 때문에 해설 16.43-1에서 **②방법과 같이 표준압밀시험으로 구한 c_v값을 사용하는 경우가 일반적이다.** 이것은 배수재 타설을 위하여 mandrel의 관입 및 인발과정 중에 주위지반이 교란되어 생기는 smear zone**의 영향으로 c_h가 일부 감소된 현상을 경험적으로 이용하는 것에 불과하다.**

- 해설 16.43-1에서 ④의 방법의 의미는 다음과 같다. 시공사례를 분석한 결과 PBD재의 타설간격을 0.8×0.8m 로 적용한 구간은 다른 타설간격에 비해 상대적으로 설계기간보다 압밀이 지연된다. 그 이유는 PBD 타설간격이 적어 mandrel 주위 지반교란에 의한 영향이 타 간격에 비해 크기 때문이다. 따라서 평균압밀도 90% 조건의 PBD 간격은 1.0×1.0~2.0×2.0m를 적용한 것이 바람직하다.

- mandrel을 사용하여 연직배수공법을 적용하는 경우 배수재 타설간격이 넓을수록 불교란 지반이 차지하는 부분이 상대적으로 증가하므로 지반의 평균적인 압밀계수는 커진다. 따라서 smear zone의 영역(d_s/d_w) 및 압밀특성(k_h/k_s)이 결정되면, smear zone과 불교란 zone의 영역의 수평방향 압밀계수를 사용하여 합리적인 설계가 가능하게 된다. Hansbo(1976)는 smear zone이 간극수 배제속도에 미치는 영향을 다음과 같이 식으로 제안하고 있다.

$$F_s = (\frac{k_h}{k_s} - 1) \times \ln(\frac{d_s}{d_w}) \quad \text{식 16.43-1}$$

- 연직배수재의 설치시 지반이 교란되는 것을 고려하여 통상 교란된 지반의 c_h ≒ 불교란시료로 표준압밀시험으로부터 구한 c_v로 보고 설계 및 시공관리를 시행하고 있으나, Hansbo가 제안한 식 16.43-1 같이 교란되는 영역에서의 지반의 흐름특성을 고려하여 설계하는 것이 바람직하다.

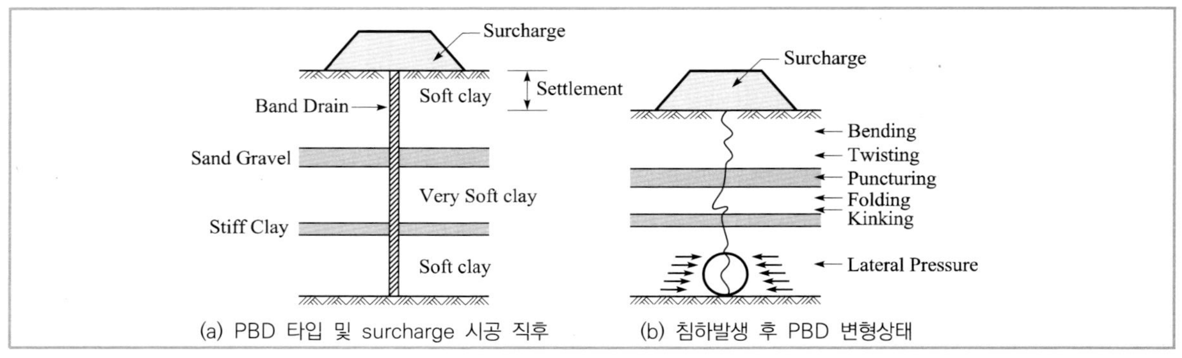

(a) PBD 타입 및 surcharge 시공 직후　　(b) 침하발생 후 PBD 변형상태

그림 16.44-1

구분	요소	메카니즘	Well resistance 영향치
외적요소	측압(σ_3)	PBD가 지반 중에 타설 후 단기간에 σ_3에 의한 통수 단면적 A_f의 감소	σ_3: 50kPa → 400kPa ; $Q_w \rightarrow (0.3 \sim 0.85)Q_w$
	PBD재의 변형	주위지반의 압밀에 기인하여 PBD재의 굴곡 등의 변형 발생으로 A_f의 감소 및 공기(기포)누적 가능	PBD 직립상태 → 2개소 강제 절곡 $Q_w \rightarrow (0.25 \sim 0.6)Q_w$
	지중온도(T)	물의 동점성계수 차이에 따른 통수능력 변화	T : 20℃~15℃　$Q_w \rightarrow (0.9)Q_w$
	세립자의 이동	PBD재 내부에 주위지반의 세립자 침입에 따른 영향	영양치 무시 가능
	공기(기포)	물의 상방향 이동에 따라 구속압의 해방에 기인하여 간극수속의 용존공기(기포)의 환원	PBD재의 굴곡부에 누적될 경우 그 영향이 심각함. 극단적으로 Q_w가 0까지 저하
	동수구배(i)	PBD재 속의 물의 흐름이 동수구배가 커지면 난류가 되어 통수능력의 저하 유발	i : 0.2 → 0.9 $Q_w \rightarrow (0.6 \sim 0.85)Q_w$
내적요소	재질	장기간 PBD필터의 흡수에 기인된 크리프 변형으로 통수단면적의 감소	Q_w → 2~60일 경과시 : $Q_w \rightarrow (0.55 \sim 0.7)Q_w$
	통수단면적(A_f)	PBD재의 내부의 겉보기 단면과 통수 가능한 순 단면적의 차이	$A_f \rightarrow (0.35 \sim 0.75)A_f$ $L_{CWR} \rightarrow (1.5 \sim 2.5)L_{CWR}$
	PBD 길이(H)	길이 증가에 따라 well resistance의 증가	H : 5m → 50m　$L \rightarrow (95)L$

표 16.44-1 PBD재의 Well resistance에 미치는 내·외적인 요인

① Smear와 Well저항 동시에 고려를 위해 실용적인 방법은 연직 압밀계수를 1/3 ~1/4 저감 (즉, $c_h = (1/3 \sim 1/4) \times c_v$)해서 사용할 수 있다. (일본시공사례)

② Hansbo(1976)의 제안식 $F_r = \pi z(L-z) \times (\frac{k_h}{q_w})$ 이용 → 여기서, q_w는 배수재의 통수능력

③ PBD재의 품질요구조건과 시험

필터의 요구조건
- 흙 입자 유출방지 조건 : 흙 입자가 필터를 통과해서는 안 된다.
- 투수규준 : 필터는 압밀이 진행동안 배수기능이 손상되지 말아야 한다.
- 막힘규준 : 필터내로 들어온 흙입자는 막힘없이 빠져 나가야 한다.

배수재의 통수능 : 배수재의 Well resistance를 모두 감안하여 실제로 배수시킬 수 있는 능력을 통수능 ($q_w = Q/i\ cm^3/\text{sec}$)이라고 함

해설 16.44-1

16.44 연직배수공법(PBD) (4)

6 Well resistance의 영향을 고려한 설계

- 프리로딩하중 재하시 지중의 간극수는 연직배수재를 통하여 배출되는데 동수구배가 작을 경우 간극수 배제가 원활하지 않아 저항을 받게 되는데 이를 웰 저항이라고 한다. 여기서 **동수구배가 작을 경우란?** 그림 16.44-1 같이 PBD가 높은 횡압을 받아 배수단면을 축소되는 경우와, 압밀진행에 의해 비압축성인 PBD가 꺾이게 되어 **배수단면이 축소되는 경우 등을 의미한다.**
- 따라서 연약지반에 깊은 심도의 배수재를 타설할 경우 배수재의 직경이 적은 것은(PBD, Pack drain) 웰 저항의 영향을 받기 쉬우므로 그림 16.44-1 같이 배수재의 단면이 축소되었다 하더라도 통수능력을 가진 재료를 선정해야 한다.
- 웰 저항는 주로 PBD 및 Pack drain 타설시 고려하여야하나 sand drain의 경우는 타설심도가 깊은 경우에는 웰 저항를 검토하나 타설심도가 깊지 않을 경우에는 압밀시간에 영향을 주지 않으므로 무시하여도 좋다.
- 표 16.44-1 은 다양한 실내시험을 통하여 **PBD재의 웰 저항에 영향을 미치는 내·외적인 요인**을 나타낸 것이다. 이 표를 이용하면 조건변화에 따른 통수능력의 변화특성 파악이 가능할 것으로 판단된다.
- 해설 16.44-1 은 **설계 시 웰 저항에 대한 고려방법**에 대하여 정리한 것이다.

7 PBD재의 품질 요구조건과 배수재의 통수능 관련시험

- PBD재의 품질 요구조건

첫째, 흙 입자가 필터를 통과해서는 안된다, 흙입자가 통과되면 필터에 인접한 지반에서 파이핑 현상이 발생할 수 있다. → **흙 입자 유출방지 규준**

둘째, 필터는 압밀이 진행되는 동안 배수기능이 손상되어서는 안 된다. → **투수규준**

셋째, 필터내로 들어온 흙 입자는 막힘없이 빠져 나가야 한다. 입자가 유로를 막으면 필터 내에서 수두 손실이 생긴다. → **막힘규준** (그림 16.45-1 시험)

※ 위의 필터의 투수성, 막힘현상, 파이핑 등에 대한 저항능력은 필터의 구멍크기(opening size)에 의존한다. 토목섬유의 구멍 크기는 AOS 즉, **흙 입자의 누적 통과율 95%에 대응하는 구멍의 크기 O_{95}로 정의** 된다. AOS는 말하자면 흙 입자의 입경 분포처럼 토목섬유의 구멍크기의 분포 기준이 된다. 예컨대 AOS O_{95}는 흙 입자의 누적통과율 95%에 대응하는 구멍크기이며 mm로 표시된다. 이것을 결정하는 시험방법은 ASTM D4751-87에 나와 있다.

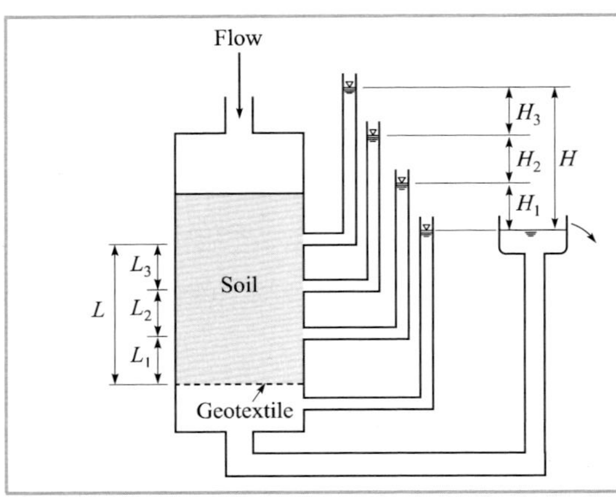

$$GR = \frac{\dfrac{H}{L_1}}{\dfrac{(H_2+H_3)}{(L_2+L_3)}}$$

$GR>1$ 필터가 막혀버리고, 일반적으로 3보다 커서는 안된다.

특히 $k>10^{-7}m/s$의 흙(실트, 점토질 및 실트질 모래)에 대해서는 $GR<3$이 만족스럽지만, 이보다 가는 입자의 흙에 대해서는 장시간에 걸친 막힘 저항시험을 수행하도록 권장하고 있다.

그림 16.45-1 GR값을 결정하는 시험

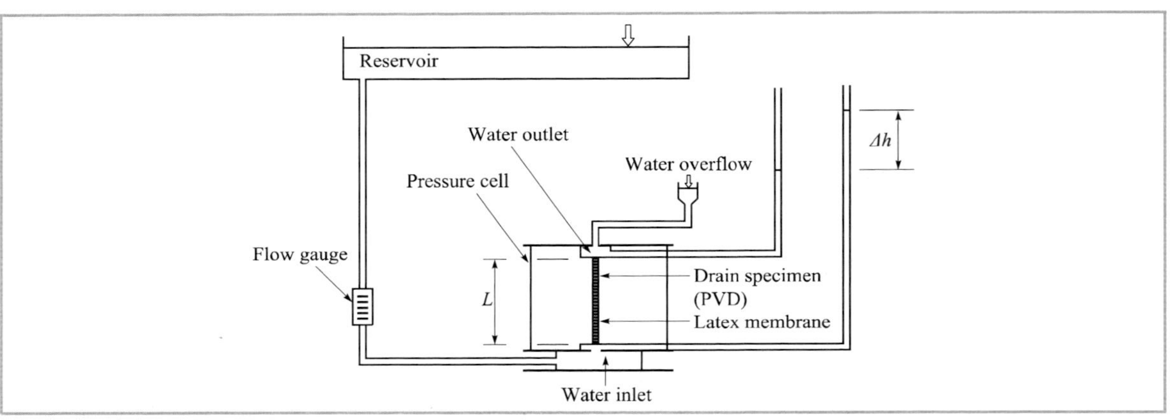

그림 16.45-2 Delft 시험

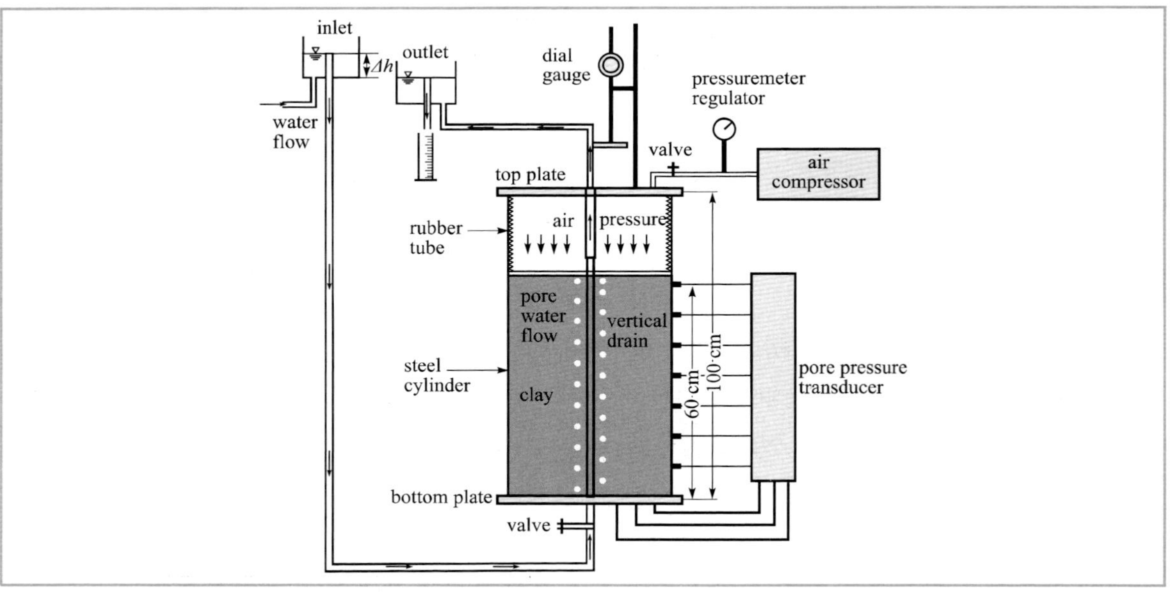

그림 16.45-3 복합통수능 시험기

16.45 연직배수공법(PBD) (5)

■ 배수재의 통수능

① Well resistance는 배수재가 지중에서 받게 되는 횡방향 응력(구속압력), 배수배의 휨(특히 배수재의 길이가 긴 경우), 코어 내의 미립자의 퇴적, 배수재의 노화 등에 의존한다. 이러한 배수재의 Well resistance를 모두 감안하여 실제로 배수시킬 수 있는 능력을 통수능이라고 정의한다.

② $q_w = \dfrac{Q}{i}\,(cm^3/\sec)$ → 최소 통수능력 $4cm^3/\sec$

③ **배수재의 통수능력을 저하 시키는 요인**

표 16.44-1 PBD재의 Well resistance에 미치는 내·외적인 요인 중에서 특히 측압, 동수구배, PBD재의 변형, 세립자의 이동이 주된 4가지 요인으로 작용된다. 따라서 배수재의 통수능 시험방법에서는 위의 4가지 요인을 고려하여 시험하게 된다.

- 동수구배(i) : 층류조건 구현 $i = 0.1 \sim 0.5$
- 구속압력(σ'_{vo}) : 측압
- 시험시간 : creep 변형영향 고려
- 통수능 시험 시 굴곡 변형조건 : 20~30% 자유변형조건

④ **Delft 시험**(그림 16.45-2)

직립조건 및 20%굴곡 변형조건에서, 동수구배 경사는 0.5, 구속압력은 50, 150, 250, 350kPa에 대해 각 구속압력 조건별로 7일 동안 시험을 실시하는 것.

⑤ **복합 통수능 시험**(그림 16.45-3)

배수재가 흙속에 타입된 상태에서 시험하는 것을 제외하고는 Delft 시험과 유사하게 시험을 실시하는 방법으로, 배수재가 타설될 지반의 흙을 이용하는 복합 통수능 시험이 최근 많이 이용되고 있음

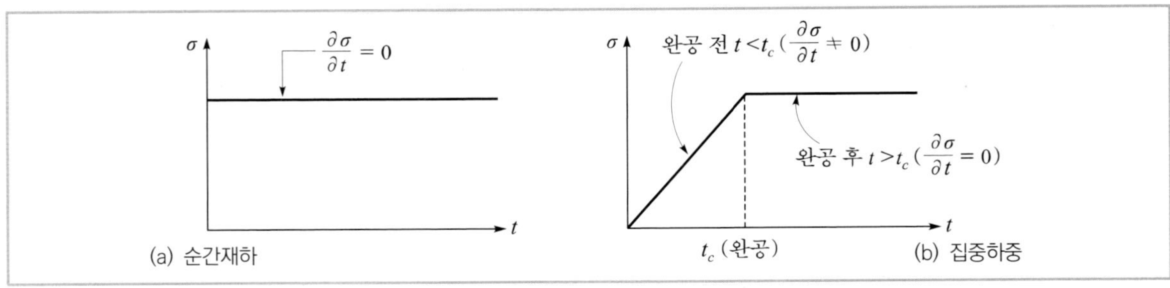

그림 16.46-1

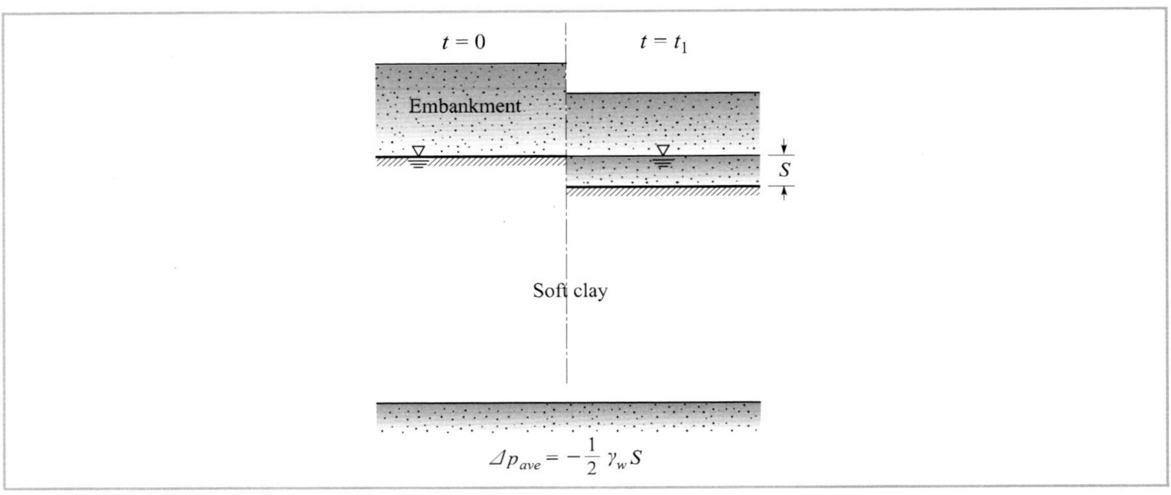

그림 16.46-2 성토완료 후 발생하는 침하로 인한 수정

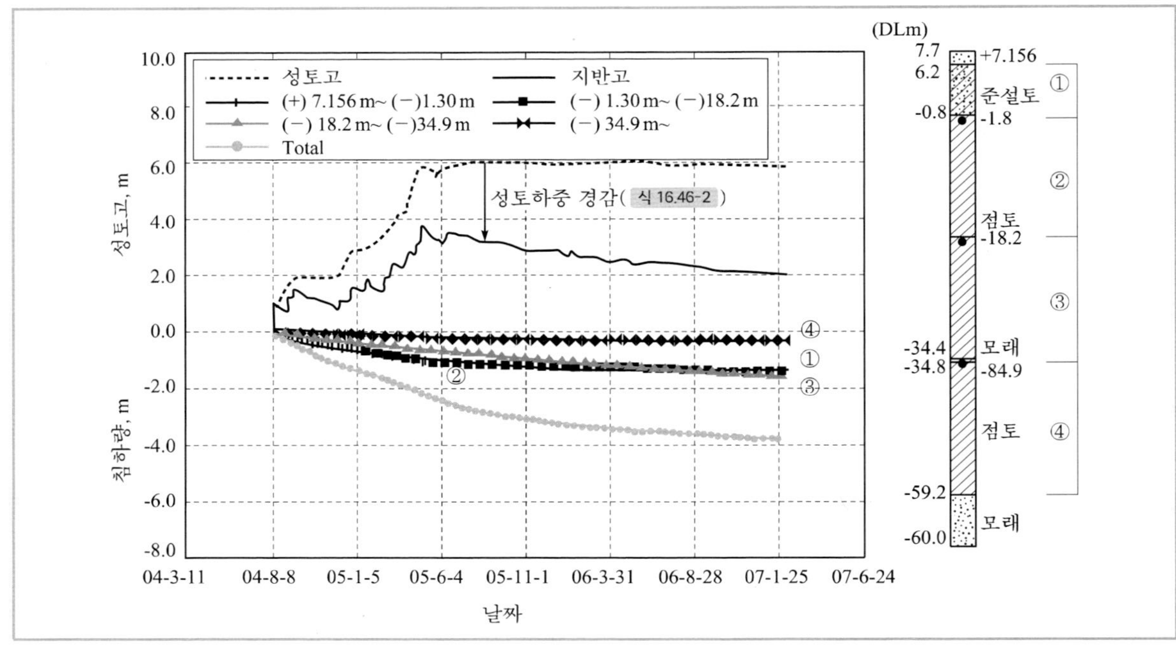

그림 16.46-3 부산 신항 배후단지 시험성토의 계측사례

16.46 선행압밀공법(Preloadig+PBD)에서 발생되는 실제적인 문제(1)

CHAPTER

12

13

14

15

16

17

18

1 시간 의존성 재하

■ 그림 16.46-1 같이 선행하중공법의 설계에 있어서 성토하중이 한꺼번에 가해진다고 가정하는 것이 편리하지만, 현장에서는 서서히 또는 단계적으로 수개월 또는 그 이상의 기간에 거쳐 최종하중까지 가하게 된다. 점증하중에 대한 시간–침하량 곡선은 일시하중에 대한 것과는 다르므로 이것을 수정하여야 한다, 그러나 최종침하량은 차이가 없다.

■ **점증하중에 대한 수정방법**은 백영식 교수 "강의식으로 풀어쓴 토질역학 6.7 점증하중에 의한 압밀침하"편을 참고하기 바란다.

2 압밀에 따른 성토하중의 감소

■ 점토지반에서는 지하수위가 일반적으로 지표면 또는 지표면 가까이 놓여 있다. 이런 경우에 **성토로 인해 압밀침하가 발생하면 시간이 경과함에 따라 지표면에 쌓은 성토의 아래 부분은 침하량 만큼 지하수위 아래로 가라앉게 된다.** 그러면 이 부분의 성토의 전체 단위중량은 포화 단위중량으로 바뀌고 부력을 받게 되어 하중이 감소된다. (그림 16.46-2 참조)

■ 여기서 추가해서 간극수가 성토 쪽으로 배출됨으로써 원 지하수위는 상승한다. 이로 말미암아 발생하는 침하량의 감소는 보정되어야 한다.

■ 성토를 완료한 후 $t = t_1$에서 S 만큼 침하가 발생했다면 이 침하는 점감하중(time-dependent decresing load)으로 기인된 것이다. 하중이 시간의 경과에 따라 직선적으로 감소된다고 가정하면 그 시점에서 성토하중의 평균 감소량은 다음과 같이 될 것이다.

$$\Delta p = -\frac{1}{2}(\gamma_t - \gamma') \times S = -\frac{1}{2}(\gamma_w) \times S + \frac{1}{2}(\gamma_{sat} - \gamma_t) \times S \quad \text{식 16.46-1}$$

위의 2항은 대단히 작은 값이므로 이것을 무시할 수 있다. 그러면

$$\Delta p = -\frac{1}{2}(\gamma_w) \times S \quad \text{식 16.46-2}$$

가 된다. 간극수의 배출로 인해 지하수위가 h_w만큼 상승한다면 이로 인한 성토하중의 응력 변화는 다음과 같이 쓸 수 있다,

$$\Delta p = (\gamma_{sat} - \gamma_t) \times h_w \quad \text{식 16.46-3}$$

개념정리 ⑳ 자유변형률과 일정(등)변형률

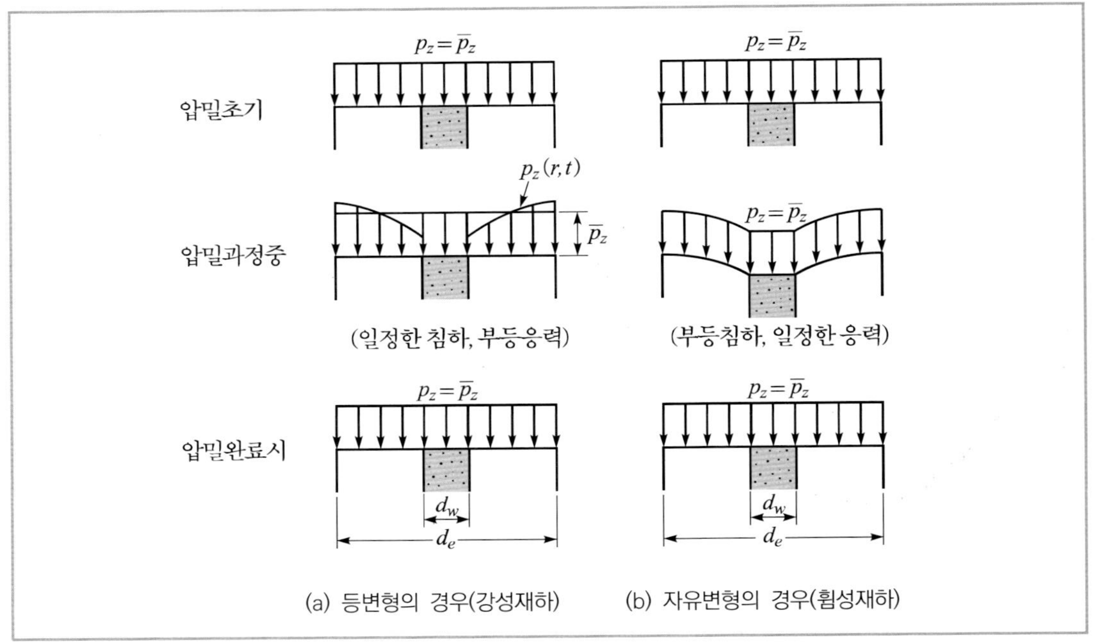

그림 개념 ⑳-1

- 그림 개념 ⑳-1b 같은 자유변형률은 지표면을 휨성기초로 가정한 지반의 침하가 불균질한 경우이고,
- 그림 개념 ⑳-1a 같은 등변형률은 지표면을 강성기초로 생각한 침하가 균질한 경우이다. 실제 연직배수 공법은 주로 등변형률에 의하여 해석한다.
- 점토층 표면의 재하중이 휨성이면 그림 개념 ⑳-1b 같이 재하중의 분포는 압밀과정 중 일정하나, 침하는 서로 다르게 발생하는데, 압밀이 빨리 진행하는 드레인의 가까운 부분이 먼저 침하하고 점차 드레인에서 멀리 떨어진 부분으로 침하가 파생하여 간다. 종국에는 일정한 침하가 된다.
- 반면에 재하중이 강성(예를 들면, 상당한 두께를 갖는 잘 다져진 토사)이면 그림 개념 ⑳-1a 같이 상단면은 평면을 유지하여 일정하게 침하한다. 그러나 상단면의 일정한 침하를 촉진하기 위해 당초 일정하였던 하중이 재배분배를 일으킨다.
- 즉, 압밀이 빨리 진행하는 드레인에 가까운 부분의 하중을 감소하고 그 감소분이 압밀이 늦은 드레인보다 먼 부분으로 전가된다. 그래서 압밀이 완료되어 감에 따라 당초의 일정 하중분포로 돌아간다.

16.47 선행압밀공법(Preloadig+PBD)에서 발생되는 실제적인 문제(2)

- 이 값은 성토하중을 증가시킨다. 그러나 전체 단위중량과 포화 단위중량의 차이는 거의 무시할 수 있고 이것을 무시한다 하더라도 안전 측에 속한다. 또 배출된 간극수로 인해 상승한 수위는 시간이 경과하면서 하향으로 침투하므로 이것을 지하수위와 혼동해서는 안 된다.

- 그림 16.46-3은 부산 신항 배후단지 시험성토어 대한 침하량 실측자료이다. 처음에 해면과 거의 일치하는 원 지반 위에 준설토로 7.0m 두께로 마 립을 하였다.
수년 후에 그 위에 1.5m 두께의 모래를 깐 다음 압밀을 촉진하기 위해 배수재를 타설 하였다. 다시 배수재 위로 6.0m 두께의 압성토(사질토)를 추가하여 해면 위 14.5m 까지 성토하도록 계획되었다.

- 그림 16.46-3에 보인바와 같이 성토를 하는 과정에는 물론 성토 완료 후에도 지속적으로 침하가 발생 하였다. 그림 16.46-3은 성토를 시작한 지 30개월 뒤에는 준설토층과 그 위의 성토로 인해 약 4.0m 가량 낮아졌다는 것을 보여주고 있다,

- 따라서 최초의 계획된 성토하중보다도 실제로는 식 16.46-2 $\triangle p = -\frac{1}{2}(\gamma_w) \times S$로 계산한 하중만큼 경감되므로 선행압밀공법을 설계할 때에는 이것을 고려해 두어야 한다.

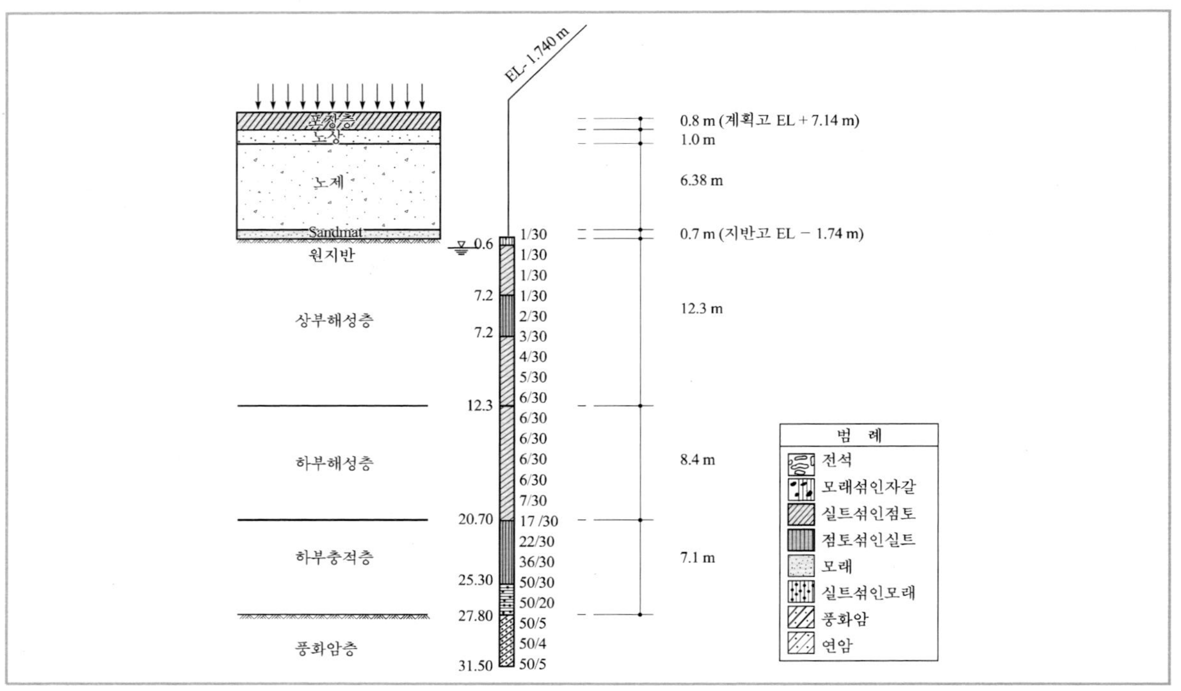

그림 16.48-1 대표 위치의 표준관입시험 결과 및 지층 상세도

구분	단위	설계입력치	비고
단위중량, γ_t	kN/m^3	18.9	
압축지수, C_c	–	0.249	
재압축지수, C_r	–	0.025	$C_r = C_c/10$
선행압밀하중, P_c	kN/m^3	68.8	$P_c < P_o + \Delta P$
초기간극비, e_o	–	1.074	
압밀계수, c_v	$cm^2/\sec$	5.5×10^{-3}	
2차압밀계수, $c_{\alpha\varepsilon}$	–	0.008	$w = 36\%$
연직투수계수, k_v	$cm/\sec$	5.30×10^{-5}	
수평투수계수, k_h	$cm/\sec$	1.06×10^{-6}	$k_h = 2.0k_v$

표 16.48-1 압밀 대상층 설계정수

구분		두께(m)	단위중량(kN/m^3)	사하중(kN/m^2)
사하중	포장층	0.8	21.0	16.8
	노상	1.0	19.5	19.5
	노체	6.38	19.0	121.2
	Sand mat	0.7	18.0	12.6
	계	–	–	170.1
활화중	DB-24	–	–	13.0
ΔP		–	–	183.1

주) ΔP : 공용하중($= \Delta P_d + \Delta P_l$), ΔP_d : 사하중(=포장하중+노상+노체+sand mat), ΔP_l : 활하중(DB-24 적용)

표 16.48-2 공용하중 계산

16.48 침하량 및 압밀소요시간, PBD간격, 프리로딩 높이 산정 계산문제(1)

개념이해를 위한 예제문제

침하량 산정을 대표할 수 있는 단면이나 위치를 그림 16.48-1과 같이 선정하여 지반조사를 실시하여 표 16.48-1 같은 압밀 대상층의 설계정수를 시험을 통하여 얻었다.

[1] 공용하중 조건에서의 예상 압밀침하량 산정하라

[2] 압밀소요시간을 계산하라

[3] 요구되는 공사기간을 6개월로 가정 시 압밀촉진을 위한 PBD 배치간격 및 프리로딩 높이를을 결정하라.

[1] 공용하중 조건에서의 예상 압밀침하량 산정

■ 계획구조물 건설로 인하여 예상되는 총침하량을 계산하여 허용침하량(**상부해성층** $S_a = 10.0cm$, **하부해성층** $S_a = 5.0cm$) 기준에 적합한지 여부를 파악하면 다음과 같다.

① **상부해성층에 대한 1차 압밀침하량 계산**

$$p'_o = 18.9 \times 0.6 + \left\{(18.9 - 10) \times (\frac{12.3}{2} - 0.6)\right\} = 60.7\,kN/m^2 \rightarrow OCR = \frac{p'_c}{p'_o} = \frac{68.8}{60.7} = 1.13$$

정규압밀점토로 보고 침하량을 계산하여 상부해성층의 허용침하량과 비교

$$S_c = \frac{c_c}{1+e_o} \times H_o \times \log\frac{p'_o + \triangle p}{p'_o} = \frac{0.249}{1+1.074} \times 12.3 \times \log\frac{6.07+18.31}{6.07} = 89.2cm > S_a = 10cm$$

계산된 침하량(89.2cm)이 허용침하량(10cm)를 초과하므로 연약지반 처리가 필요하다.

③ **하부해성층에 대한 1차 압밀침하량 계산**

$$p'_o = 18.9 \times 0.6 + \{(8.9) \times (12.3 - 0.6)\} + \left\{(8.9) \times (\frac{8.4}{2})\right\} = 152.9\,kN/m^2$$

하부해성층 $N = 5 \sim 7$이므로 과압밀 점토로 보고 침하량을 계산한다.

$$S_c = \frac{c_r}{1+e_o} \times H_o \times \log\frac{p'_o + \triangle p}{p'_o} = \frac{0.025}{1+1.074} \times 8.4 \times \log\frac{15.29+18.31}{15.29} = 3.5cm < S_a = 5cm$$

계산된 침하량(3.4=5cm)이 허용침하량(5cm)이내 이므로 연약지반 처리가 불필요하다.

④ **상부해성층에 대한 2차 압밀침하량 계산** → $t_p : 3\,year$, $t_{sec} = 30year$ 가정

$$S_s = c_{\alpha\varepsilon} \times H_p \times \log\frac{t_{sec}}{t_p} = 0.008 \times (12.3 - 0.892) \times \log\frac{30}{3} = 9.1cm$$

⑤ **총 예상침하량** = 1차 압밀침하량+2차 압길침하량 = 89.2+9.1= 98.3cm

개념정리 ㉑ 지층의 깊이에 따른 OCR 분포

개념이해를 위한 예제문제

현재 지하수위는 지표면과 위치하고 있고, 과거 지하수위는 지표아래 2.0m에 위치하였다면 깊이 5m까지 현재지반의 유효응력(p'_o), 선행압밀하중(p'_c), 과압밀비(OCR)를 계산하고 1m 깊이별로 OCR분포도를 그려라(단 $\gamma_t = 18kN/m^3, \gamma' = 10kN/m^3$이다).

① 지표면 5m까지의 유효응력(p'_o), 선행압밀하중(p'_c), 과압밀비(OCR)는 표 개념㉑-1 같다.

깊이	유효응력(P_o', kN/m^2) $=\gamma_{sub} \times H$	선행압밀하중 (P_c', kN/m^2)	과압밀비 (OCR$= P_c'/P_o'$)
GL. $-1m$	10 × 1.0 = 10	18 × 1.0 = 18	1.8
GL. $-2m$	10 × 2.0 = 20	18 × 2.0 = 36	1.8
GL. $-3m$	10 × 3.0 = 30	(18 × 2.0)+(10×1) = 46	1.53
GL. $-4m$	10 × 4.0 = 40	(18 × 2.0)+(10×2) = 56	1.4
GL. $-5m$	10 × 5.0 = 50	(18 × 2.0)+(10×3) = 66	1.32

표 개념㉑-1

② 깊이별 유효응력(p'_o), 선행압밀하중(p'_c), 과압밀비(OCR)의 분포는 그림 개념㉑-1 같다.

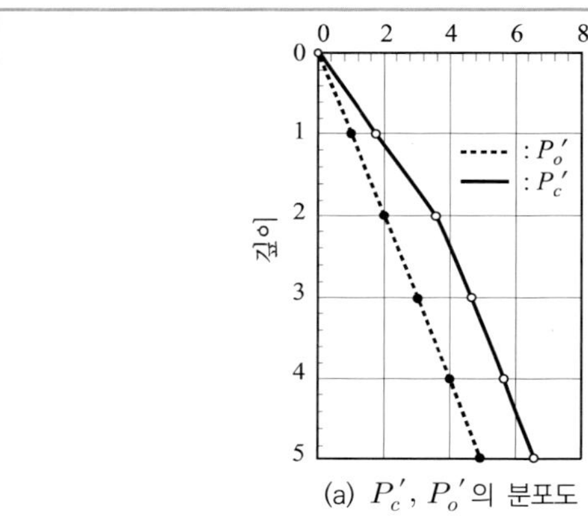

(a) P_c', P_o'의 분포도

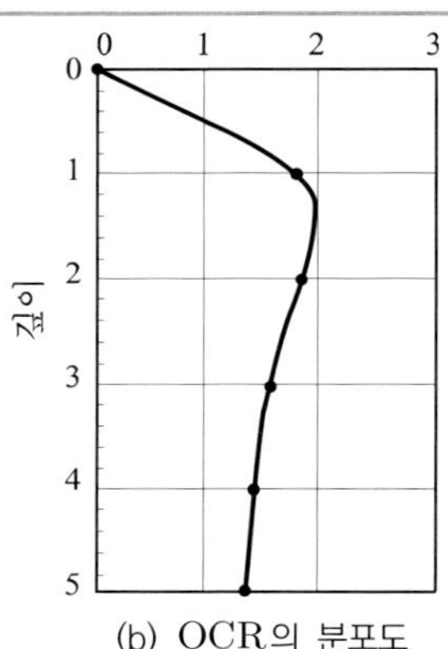

(b) OCR의 분포도

그림 개념㉑-1

③ 위 결과로부터 선행압밀하중(p'_c)은 유효응력(p'_o)과 동일하게 깊이(z)에 비례하고 깊이가 깊어질수록 $OCR \approx 1.0$에 수렴한다는 점을 파악할 수 있다.

④ **16.48 1 ③과 연계시켜 생각해보자.** 왜? 하부해성층 구간의 침하량 산정공식을 과압밀점토 기준($p'_o + \Delta p < p'_c$)으로 계산했을까? 우선 연약지반의 개략적 판정기준상 $D \geq 10m$, $N < 6$인 조건으로 상부·하부해성층은 연약지반에 해당하고, 상부해성층은 N=2~4 연약, 하부해성층은 N=4~8 중간굳기의 점토에 해당된다(16.1절 연계). 또한 문제에서 제시하지 않았지만 하부해성층 구간의 선행압밀하중(p'_c)은 상부해성층 구간의 p'_c=68.8tf/m^2보다는 클 것이 자명한 사실이다. 따라서 $OCR = \frac{p'_c}{p'_o} = \frac{68.8+\alpha}{152.9} > 1$ 될 것이다. 물론 $p'_o + \Delta p < p'_c$ 가정할 수 있다.

16.49 침하량 및 압밀소요시간, PBD간격, 프리로딩 높이 산정 계산문제(2)

2 압밀소요시간 계산

① 예상되는 압밀침하가 정해진 **공기 내(6개월)**에 최소한 **평균압밀도** $\overline{U}$ **= 90% 이상** 완료될 수 있는지 여부를 계산하여 침하기간이 공기를 초과 할 경우 압밀촉진공법 적용을 결정한다.

$$t = \frac{T_v \times H^2}{c_v} \rightarrow t = \frac{0.848 \times (1230cm)^2}{5.5 \times 10^{-3}\ cm^2/\sec} = 90\text{개월} > \text{공사기간 (6개월)}$$

여기서, 시간계수 $53\% < \overline{U} < 100\% \rightarrow T_v = 1.781 - 0.933 \times \log(100 - \overline{U}) = 0.848$ 적용

② 압밀소요시간이 90개월로서 공사기간 6개월을 초과하므로 연약지반개량(압밀촉진)공법 도입이 필요하다.

3 PBD 배치간격의 결정

- 각 배치간격별 F값과 압밀소요시간을 계산하고 소요 평균압밀도 $\overline{U}$=90%를 만족하는 배치간격을 선정하되, 이때 평균압밀도 $\overline{U_h}$는 Hansbo의 제안식을 적용한다.

$$\overline{U_h} = 1 - \exp(\frac{-8T_h}{F}) \rightarrow \text{여기서 } F = F_{(n)} + F_{(s)} + F_{(r)}$$

$F_{(n)}$의 계산 : $F(n) = \ln(\frac{d_e}{d_w}) - \frac{3}{4} = \ln(n) - 0.75 \rightarrow$ 표 16.50-1

여기서, n은 배수 간격비로서 식 16.41-4 적용 $n = \frac{d_e}{d_w}$,

d_e는 배수재의 배치형상에 따른 등가유효원의 직경(d_e)=배수거리로서

사각형배치의 경우 식 16.41-3 적용 $d_e = 1.13 \times s$

d_w는 연직배수재의 등가직경으로 식 16.41-1 적용 → 5.0cm 가정

$F_{(s)}$의 계산 : $F_s = (\frac{k_h}{k_s} - 1) \times \ln(\frac{d_s}{d_w}) \rightarrow$ 표 16.50-2

여기서, k_h는 원지반의 수평방향 투수계수 (cm/sec)

k_s는 스미어 존의 수평방향 투수계수 (cm/sec)로서 $k_s = 0.5 \times k_h$ 가정

d_s는 스미어 존의 직경(d_s)=2× d_m =28.1cm

d_w는 연직배수재의 등가직경으로 식 16.41-1 적용 → 5.0cm 가정

배수재 간격 $d(m)$	$d_e(m)$	$d_w(m)$	$F(n)$
1.1	1.24	5.0	2.46
1.2	1.36	5.0	2.55
1.4	1.58	5.0	2.70
1.6	1.81	5.0	2.84
1.8	2.03	5.0	2.95
2.0	2.26	5.0	3.06

표 16.50-1 배수재 간격별 $F_{(n)}$ 계산 결과 → 제한규정 1.0×1.0m 이하

$k_h(cm/sec)$	$k_s(cm/sec)$	$d_s(cm)$	$d_w(cm)$	F_s
1.06×10^{-5}	5.28×10^{-6}	28	14.0	1.73

표 16.50-2 스미어 양향에 의한 $F_{(s)}$ 계산 결과

$d(m)$	$F(n)$	F_s	F_r	F	T_h	t(월)
1.1	2.46	1.73	28.67	32.86	9.458	5.1
1.2	2.55			32.95	9.484	6.1
1.4	2.70			33.10	9.527	8.4
1.6	2.84			33.24	9.567	11.0
1.8	2.95			33.36	9.602	13.9
2.0	3.06			33.46	9.631	17.3

표 16.50-3 배수재 간격별 압밀소요시간

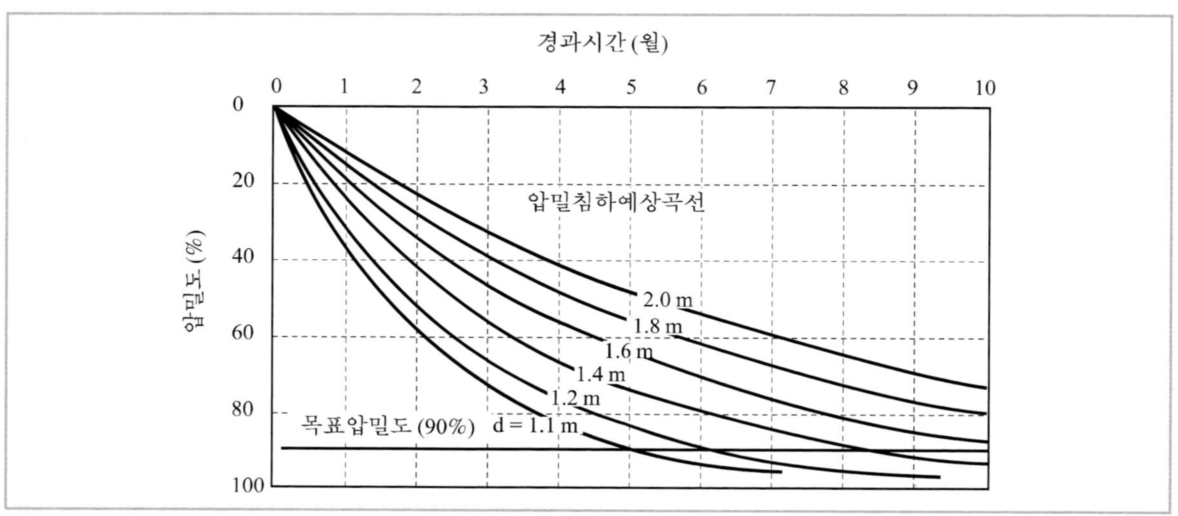

그림 16.50-1 PBD 간격별 경과시간-평균압밀도 곡선

16.50 침하량 및 압밀소요시간, PBD간격, 프리로딩 높이 산정 계산문제(3)

$F_{(r)}$의 계산 : $F_r = \pi z(L-z)\times(\frac{k_h}{q_w})$

여기서, z는 배수재의 배수거리(cm)=12.3+0.7=13.0m

L는 배수재의 길이(cm)로서 단면배수인 경우 $L=2z$ 적용

q_w는 배수재의 통수능력($i=1$)

$q_w = k_w(\pi\times d_e^{\,2})/4 = 0.1\times(\pi\times 5^2)/4 = 1.963\,cm^3/\sec$

k_w는 배수재의 투수계수(cm/sec)=0.1cm/sec

$F_r = \pi\times 13.0\times(2\times 13.0-13.0)\times(\frac{1.06\times 10^{-5}}{1.963}) = 28.67$

압밀소요시간 및 배치간격 결정 → 표 16.50-3

압밀소요시간 및 배치간격 결정은 평균압밀도 $\overline{U_h}$ =90%를 기준으로 할 경우

$\overline{U_h} = 1-\exp(\frac{-8T_h}{F}) = 90\%$, $t = \frac{T_h\times d_e^2}{c_h}$를 이용하여 산정한다.

$T_h = -\frac{F}{8}ln(1-\overline{U_h}) = \frac{-32.95}{8}ln(1-0.9) = 9.484$

$t = \frac{T_h\times d_e^2}{c_h} = \frac{9.484\times(1.356\times 100cm)^2}{1.1\times 10^{-2}cm^2/\sec} = 6.1$ 개월

- 위의 계산된 결과를 토대로 하여 개량공기가 6개월로 되어 있으므로 경제성을 고려하야 PBD 배치간격 d=1.2m를 선택한다.

4 프리로딩 높이(H)의 결정

- 목표침하량 = 총침하량 − 허용침하량 = 93.3−10=88.3cm → 여기서 목표침하량을 평균압밀도$\overline{U}$=90% 수준으로 발생시키려면 실제로 요구되는 침하량은 88.3/90%=98.1 cm이며 비다짐 성토두께를 고려하여 프리로딩 높이를 결정한다.
- **프리로딩높이 계산 :** $S_c = \frac{c_c}{1+e_o}\times H_o\times\log\frac{p'_o+\Delta p}{p'_o}$ →

$0.981 = \frac{0.249}{1+1.074}\times 12.3\times\log\frac{6.07+\Delta P}{6.07} \rightarrow \Delta P = 21.932\,tf/m^2$

$\therefore\quad H = \frac{\Delta P}{\gamma_t} = \frac{21.932}{1.9} = 11.543cm$ (비다짐 성토시 프리로딩 높이)

- 노체, 노상을 다져서 시공하는 것으로 계획하였으므로 노상 상단기준 프리로딩(H)

$H = \frac{(\Delta P_1-\Delta P_2)}{\gamma_t} = \frac{21.932-15.33}{1.9} = 3\ 5m$ $(\Delta P_2 = 1.95\times 1.0+1.9\times 6.38+1.8\times 0.7 = 15.33)$

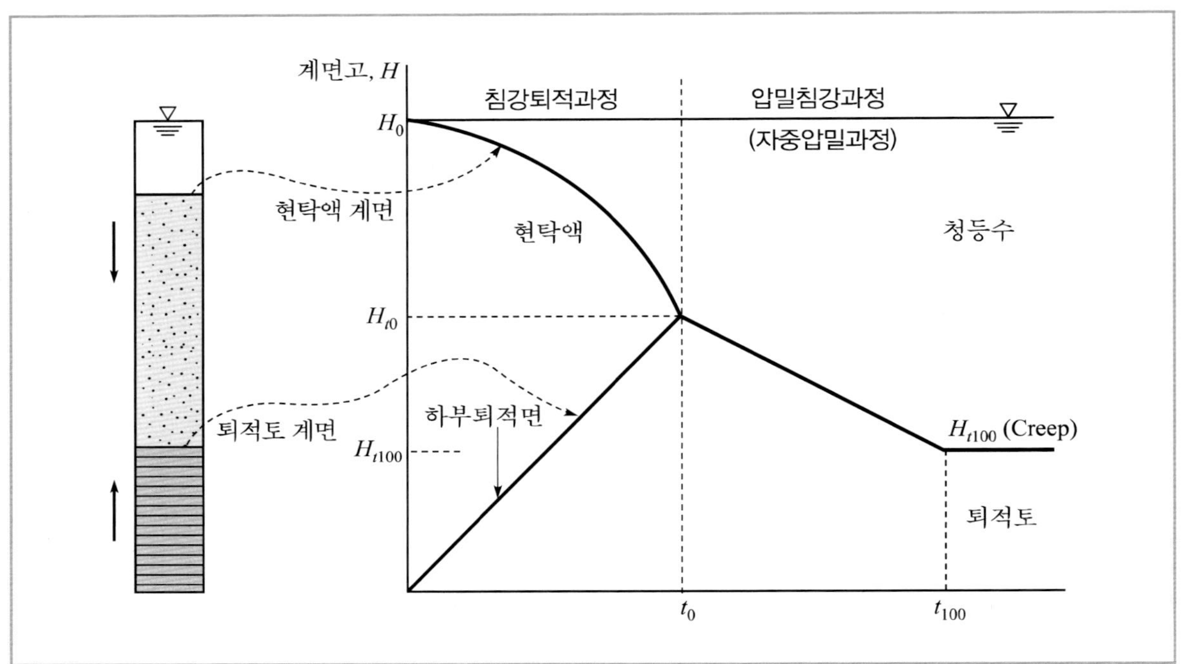

그림 16.51-1

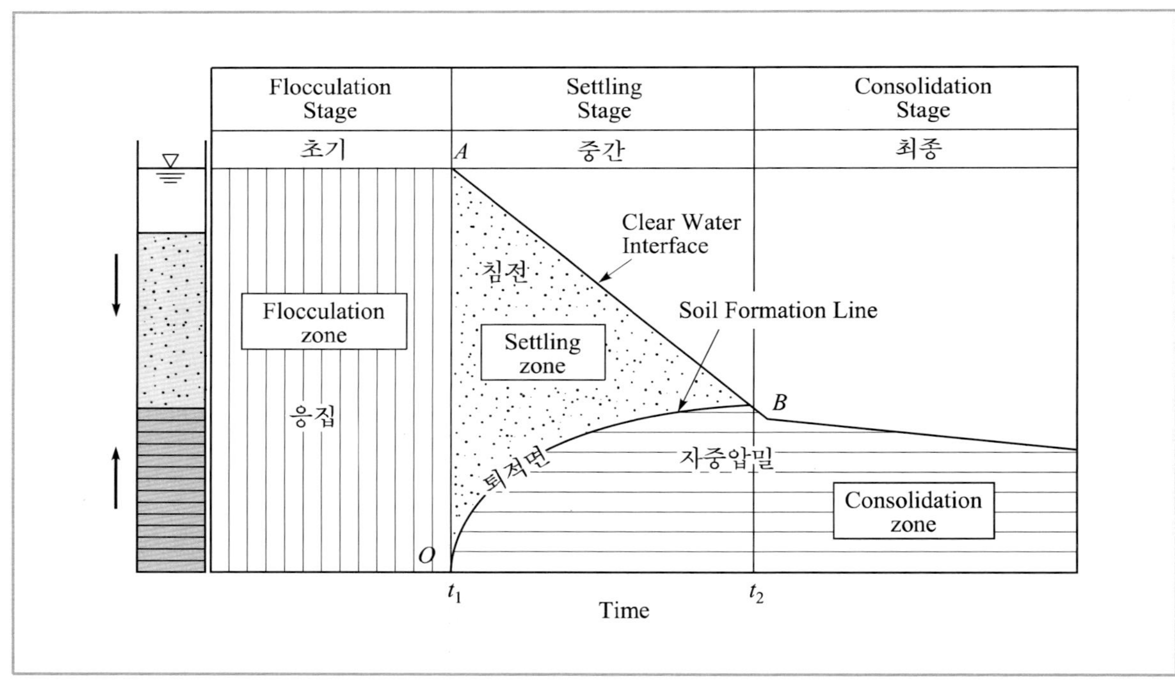

그림 16.51-2 준설토의 자중압밀 단계(응집→침강→퇴적→압밀)

16.51 해안매립공사 시(인공적 원인의 미압밀점토지반) 압밀해석 (1)

1 준설매립지반에서 유한변형률 압밀이론

- 해안매립사업의 수행 시 부지조성을 위한 지반성토는 필수적이다. 해상에서 점토 또는 세립토를 준설하여 매립하거나, 양호한 입도의 육상토를 운반, 다짐, 성토한 경우에 **준설매립토 자체의 압밀침하량** 또는 지반성토에 따른 **하부 연역지반의 압밀침하 거동에 대한 예측**은 효율적인 매립지설계 및 경제적인 시공 관리상 매우 중요하다.

- 기존의 Terzaghi 압밀이론을 사용하여 시간 경과에 따른 침하량을 예측하기에는 그 한계를 갖는다. **Terzaghi 압밀이론의 선형적인 유효응력-간극비 관계와 압밀 중 압축계수 및 투수계수 일정 등의 가정**들이 준설매립토의 거동에는 적합하지 않기 때문에 **유한변형률 압밀이론**이 사용되고 있다.

- 그러나 유한변형률 압밀이론을 적용하기 위해서는 **정확한 침강거동 파악(준설매립지반의 침하메카니즘)**은 물론, 특히 **자중압밀이 시작되는 시점에서의 간극비를 정확히 산정**하여야 한다. 이러한 **자중압밀 시점과 종점을 예측**하는데 침강·압밀곡선에 의한 이론인 *Yano* **의 방법(1985)**이 널리 사용되고 있다.

- **미소변형률 이론(선형압밀이론)**과 **유한변형률 이론(비선형 압밀이론)**에 대한 **차이점**은 이미 설명된 지반공학이해Ⅱ134~135p을 통해 연계학습 하길 당부 드린다.

2 준설토의 침강·퇴적특성

침강특성

- 매립지에 투기된 준설토는 그림 16.51-1 같이 니수상태에서 시간경과에 따라 침강퇴적, 압밀침강(자중압밀침하)과정을 거치는 체적감소현상이 발생한다. **해성점토를 펌프선으로 준설매립하는 경우** 니수농도는 함수비 500~2,000%의 범위이며, 더욱이 해수이기 때문에 점토입자가 응집하여 매립지 내에서는 침강과정은 극히 짧은 시간 내에 계면침강의 형태로 된다.

- 그림 16.51-2 는 퇴적, 압밀침강과정의 상태를 계면침강곡선에 의해 표시하고 있다. 점토 니수는 초기에 청등수와 현탁액과의 사이에 명료한 계면을 만들고 같은 속도로 계면이 침강한다. 침강한 퇴적토는 하층에서부터 상승하고 곧이어 현탁액의 계면과 일치하여 침강퇴적의 종료점으로 된다. 침강퇴적이 종료한 후는 자중에 의한 압밀침강이 진행하여 어떤 시점에서는 침강속도가 늦은 creep의 형태로 된다.

자중압밀의 공학적 개념

$\Delta\sigma$의 재하없는 상태에서, 자중에 의해 압밀이 진행, 준설토와 같이 퇴적과정에서 체적비가 커진 상태의 지반에서 주로 발생되는 압밀

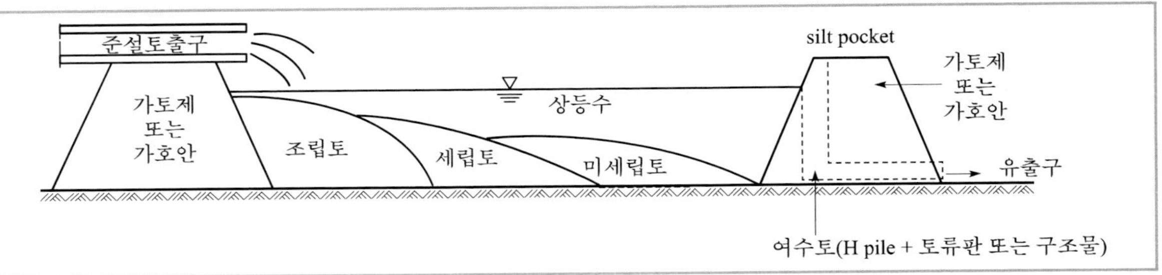

그림 16.52-1 준설토의 매립과정

개념정리 ㉒ silt pocket

1 정의

준설매립에 있어 송토관 출구방향으로 굵은 입경의 사질토, 중간 또는 세립경의 사질토, 실트순으로 토출구가 멀어짐에 따라 매립되게 되므로 실트는 물과 함께 흘러서 **여수토 부근으로 집중**되게 되기도 하고 **시공방법에 따라 예기치 못한 곳**에 **매립되어 연약지반을 형성**하게 되는 데 이를 실트 포켓이라 함

2 silt pocket 형성

- 매립을 진행함에 따라 유하거리가 길어지고 준설수와 함께 여수토로 배제되어야 할 부유토가 그림 16.52-1 같이 매립지내에 쌓여 실트 포켓이 불규칙하게 발생할 수 있음
- 준설토취장 조건 및 매립 진행 순서에 따라서 **송토관 토출구에서 유하거리가 멀어지거나** 모서리 구간에 **불량토가 퇴적되어 연약지반을 형성함**
- 세립분의 부유토가 물과 함께 흘러 **여수토 부근에 집중 매립**되어 실트포켓이 형성될 수 있음

3 silt pocket 처리대책

준설매립 진행 또는 **준설매립 후 불량준설매립토의 처리방법**은 **불량토의 퇴적두께에 따라** 크게 다음의 3가지 방법으로 처리할 수 있음

① **혼합공법** : 준설퇴적 두께가 약 1m 미만인 경우에 적용
불량토 위에 주행성확보를 위한 양질의 준설재료 매립→준설수를 이용하여 지반을 포화시킨 후 굴삭기를 이용 양질재료와 혼합하는 공법

② **씻어내기 방법** : 준설중 불량토의 퇴적 두께가 약 30㎝미만인 경우
여수토 부위를 준설수의 유속을 약 2~3㎝/sec 정도로 송수하여 씻어냄

③ **치환방법** :준설 후 불량토의 퇴적 두께가 2m미만인 경우로 상기방법 적용이 어려울 경우
불량토 전체를 굴삭기를 이용하여 전체적으로 굴착 치환하는 방법

4 시공시 유의사항

① 준설매립공사에서 연약지반의 형성(실트포켓의 형성)을 최소화시키기 위해서는 준설토 토취장 토사의 입경과 입도가 양호하여야 하며, 준설선의 압송능력과 철저한 시공관리가 병행되어야 함

② 백호 및 도저와 같은 습지방비를 이용하여 준설토가 한곳에 집중적으로 매립되지 않도록 균일하게 정지 매립하고, 불량토가 여수토로 유입되도록 유도함

16.52 해안매립공사 시 압밀해석 (2)

퇴적특성

- 그림 16.52-1 같이 비교적 균질하고 세립분이 많이 함유하고 있는 준설토를 펌핑에 의해 매립지내로 이송하는 경우 시간의 변화에 따른 퇴적상태는 **토출구의 위치에서 가까운 지역에서는** 조립토가 분리되면서 토립자의 중량에 의해 침강하는 현상과 투기속도에 의해 흘러가는 동안에 세립토가 입자간의 상호작용에 의해 floc을 형성하고 이것이 침강하는 현상으로 나타난다.

- **그 결과 매립지반을 구성하는 입도조성은 준설된 원지반과 다르게 되며** 대략적으로 다음과 같이 구분할 수 있다. 즉, 폰드 내 토출구 부근에서는 입도분리현상이 발생하고 그로 인해 조립분이 바로 퇴적하는 반면에 그 외 지역은 해수와 혼합된 고함수비의 세립분으로 이루어지게 된다. 또한, 매립지가 평면적으로 구획화되어 있고 구획간에 중간 여수토가 있는 경우에는 그 하류에 있는 매립지 또는 매립 침전지는 세사가 거의 혼합되어 있지 않는 세립분으로 이루어진 지반이 형성된다.

3 준설토 해석 및 강도특성

- **압밀변형이 큰 연약 점토에서는 투수계수나 압밀계수, 체적변화계수 등이 간극비나 응력상태에 따라 비선형적인 관계를 보이므로** Terzaghi의 압밀이론은 자중압밀을 해석하기에는 그 적용성이 떨어진다. 그러므로 Mikasa(1963)는 초기 간극비가 점토층의 깊이에 따라 일정하다는 조건하에 유한변형률 압밀지배방정식을 제안하였고 Gibson은 일정한 압밀함수 및 간극비–유효응력간의 지수함수를 사용한 압밀지배방정식을 제안

- **준설점토의 자중압밀 특성 평가를 위한 해석법**은 ① 대변형 압밀특성을 고려한 **유한변형률 압밀이론에 의한 수치해석법**과 ② 실내실험을 통해 얻어진 **침강 · 압밀 곡선을 이용하는 이론에 의한 경험적인 방법**으로 나눌 수 있다.

- 자중압밀해석 시 침강·압밀곡선에 의한 이론은 ***Yano*의 방법(1985)**이 있다. *Yano*는 슬러리 상태로부터 **압밀된 점토의 압밀정수를 구하기 위해 침투압밀시험기**를 개발하고 현장조건의 침하량 예측이 가능토록 이론을 제시하였으나 일일 투기고를 선형적으로 한계고까지 계산하므로 투기기간에 압밀효과를 고려하지 못하는 단점이 있다. 그럼에도 불구하구 **실무에서는 준설토의 자중압밀 침하량 예측시 *Yano*의 방법을 가장 많이 사용**하고 있다.

실무에서의 준설점토의 압밀해석 단계

실내 토조모형시험(Column test) → 침강·압밀곡선 획득 → *Yano*의 방법으로 이론적 방법으로 해석 → 자중압밀 시점의 간극비 추정 → *PSDDF* 입력파라미터 산정(유한변형률이론에 근거한 수치해석) → 침하량 산정 → 현장 계측결과와 비교·분석

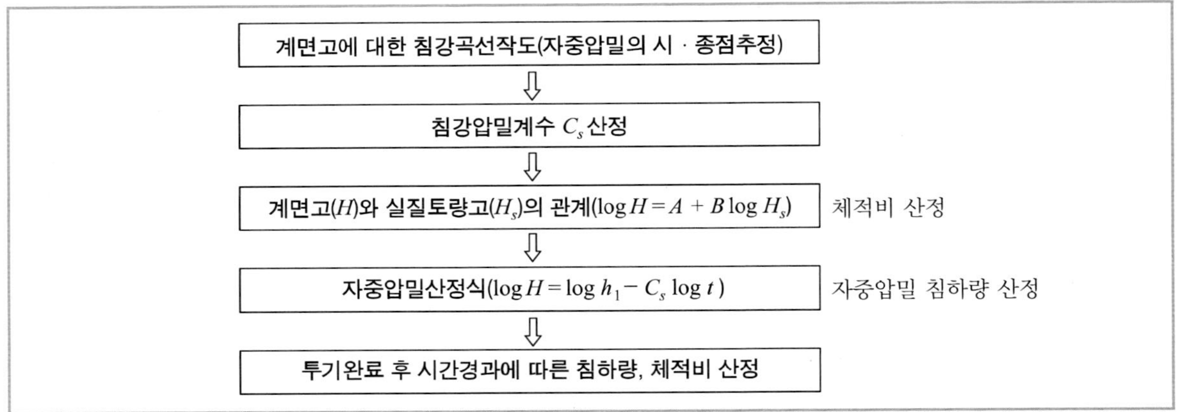

그림 16.53-1 *Yano*의 자중압밀침하량 산정방법

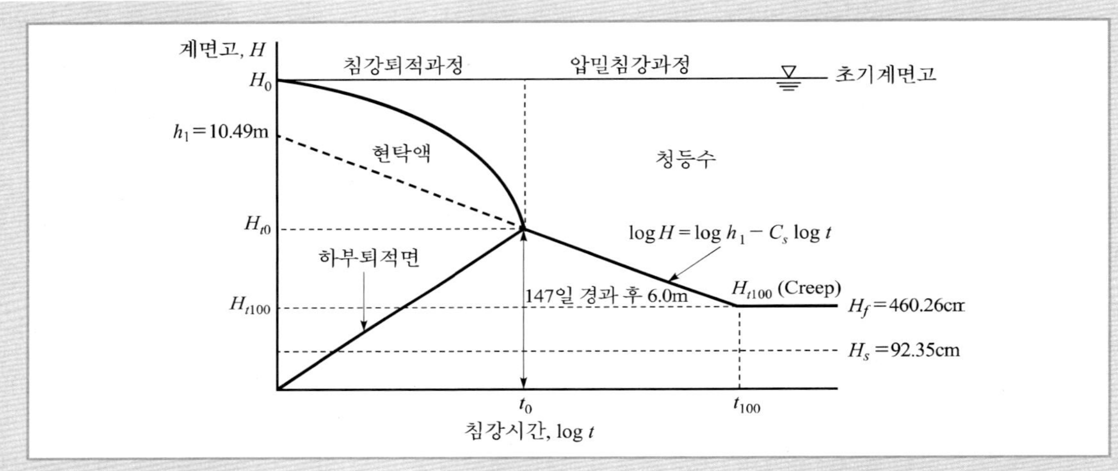

$$\log H = \log h_1 - C_s \times \log t$$ 식 16.53-1

여기서, h_1 : 가상의 자중압밀 시점($H = h_1$으로 되는 높이 상수)

H : 매립계면고(투기완료시점에서) C_s : 침강압밀계수

침강압밀계수(C_s)는 압밀시점 t_o와 자중압밀종점 t_{100}구간 사이의 기울기를 의미하며 다음과 같은 식으로 나타낼 수 있다,

$$C_s = \log\left(\frac{\Delta H}{\Delta t}\right)$$ 식 16.53-2

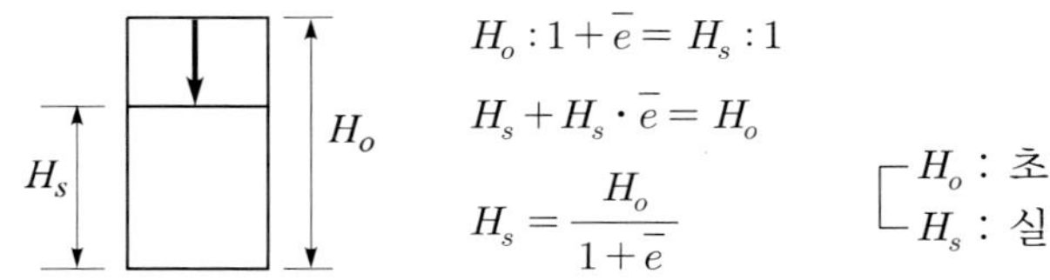

해설 16.53-1

16.53 해안매립공사 시 압밀해석 (3)

4 $Yano$의 방법(1985)

- **준설물량 산정을 위한** 자중압밀 종료 후의 **체적변화비** 및 **자중압밀 침하량 산정**시 실무에서는 주로 $Yano$가 제시한 경험적인 방법을 사용하고 있다. $Yano$는 실내 침강·압밀 곡선을 바탕으로 자중압밀 산정식을 적용하여 현장 준설 매립지반의 시간경과에 따른 자중압밀 침하량 및 체적변화비를 예측하기 위한 경험적인 방법을 제시하였다.

- 그림 16.53-1 **은 이 경험적인 방법을 흐름도**로 나타낸 것이다.

자중압밀의 시·종점

압밀의 구분은 유효응력의 존재 유무이지만 실제로 이것을 측정하기 매우 어렵기 때문에 침강곡선에서 속도의 변화를 보고 간접적으로 구할 수 있다. **압밀의 시작점**은 학자마다 다소 차이는 있지만 **일반적으로 침강곡선에서 침강속도가 느려지는 변곡점**으로 보고 있다.

침강압밀계수 (C_s)

① **실내에서 침강압밀실험**을 실시하면 투기된 준설점토는 침강퇴적, 압밀침강의 과정을 거친다. 점토 니수는 우선 floc를 형성하여 청등수와 현탁액과의 사이에 명료한 계면을 만들고 등속으로 계면이 침강한다. 침강한 퇴적토는 하층부터 상승하고 곧이어 현탁액의 계면과 일치하여 **침강퇴적의 종료점**으로 된다. **침강퇴적이 종료한 후 자중에 의한 압밀침강이 진행**하여 어떤 시점에서는 침강속도가 늦은 creep의 형태로 된다.

② 침강시간–침하량(계면고) 관계를 대수눈금으로 나타내면 침강곡선에서 자중압밀시점 t_o와 자중압밀 종점 t_{100}구간에서는 직선상을 나타내는데 이 관계를 직선식으로 나타내면 해설 16.53-1 의 식 16.53-1 같은 **자중압밀산정식**을 얻을 수 있다,

계면고와 실질토량고와의 관계

① 준설토 체적과 매립토 체적의 관계를 구하는 과정에서 계면고(H)와 실질토량고(H_s)의 관계도를 작성하고 실질 토량고에 의해 체적변화를 비교할 필요가 있다.

② 현장에서 채취한 시료를 이용하여 초기높이를 변화 시키면서 자중압밀 실험을 실시하면 식 16.53-3 같이 실제 준설토에 함유된 토립자의 양으로부터 구한 최종 퇴적고와 초기 준설고와의 관계를 나타낼 수 있다.

$$H_s = \frac{H_o}{1+\frac{G_s}{G_w}\times\bar{w}} = \frac{H_o}{1+\bar{e}} \quad \text{식 16.53-3}$$

여기서, H_o : 이수 초기 준설고, $\bar{e}$: 퇴적토의 평균 간극비, $\bar{w}$: 퇴적토의 평균 함수비

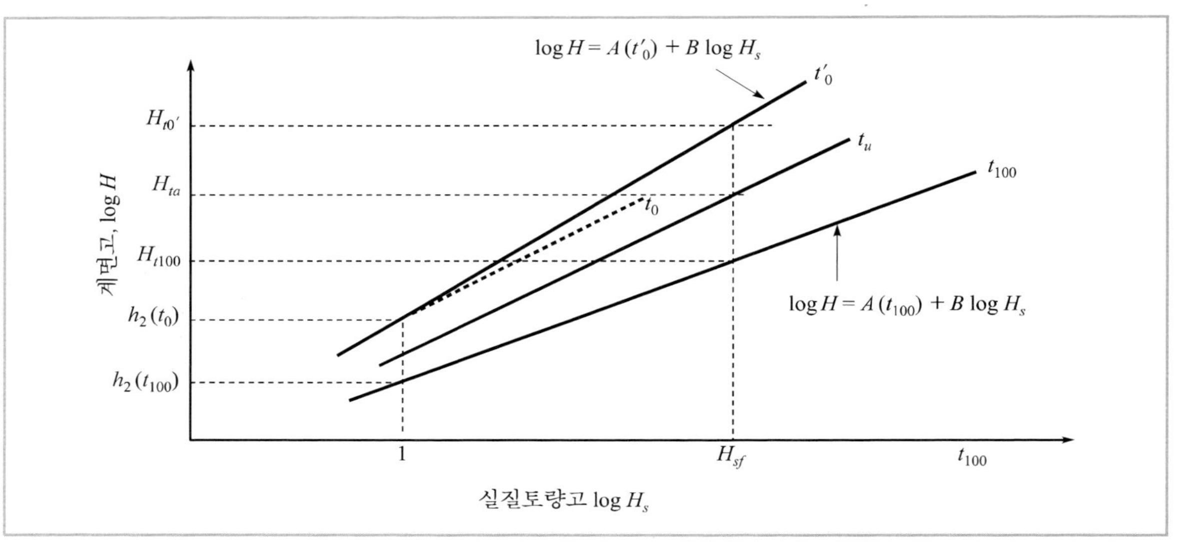

그림 16.54-1 계면고와 실질토량고의 관계

준설매립층의 **체적변화비** 및 **자중압밀침하량의 산정**은

① 해설 16.53-1 의 침강압밀계수(C_s)를 curve fitting하여 각 함수비에 대한 평균 **침강압밀계수**를 구하고, 실제 준설토에 함유된 토립자의 양으로부터 구한 실질토량고(H_s)와 초기계면고(H_o) 사이에는 식 16.53-3 $H_s = \dfrac{H_o}{1+\dfrac{G_s}{G_w}\times \overline{w}} = \dfrac{H_o}{1+\overline{e}}$ 의 관계가 있으므로 실내에서 결정된 **자중압밀 시 · 종점에 해당하는 계면고 및 그 때의 실질토량고를 산정**한다.

② 각 함수비별 자중압밀 시·종점의 실질토량고와 계면고를 대수눈금으로 나타냈을 때 직선적으로 변하는데 이 직선을 이용하여 **현장 매립지반의 초기 높이에 따른 실질토량고(H_s)**를 구할 수 있다. 또한 자중압밀 종점에서의 식 16.54-1 $\log H = A + B\log H_s$를 이용하여 **실질토량고에 대응하는 최대 압밀고(H_f)**를 구할 수 있다.

③ **투기 완료시까지의 소요된 시간과 그 때의 계면고 높이(즉, 매립계면고)에 대하여** 식 16.53-1 $\log H = \log h_1 - C_s \times \log t$을 이용하여 h_1을 구할 수 있으며, 산정된 h_1과 각 함수비에 해당하는 평균침강압밀계수(C_s)를 이용하여 투기 완료후의 **각 경과 시간에 대한 자중압밀 침하량을 구할 수 있다.**

④ 원지반의 간극비와 비중값을 실내시험을 통하여 산정하고, 투기완료 후 시간경과에 따라 예측된 각 준설매립층의 높이와 실질토량고를 통해 시간경과에 따른 지반의 평균 간극비와 함수비를 구할 수 있으며 또한 원지반의 체적에 대한 투기완료후의 각 시간에 해당하는 **준설매립토의 체적으로 체적비를 구할 수 있다.**

해설 16.54-1 반드시 771p [5] 개념 이해를 위한 예제문제와 연계 학습

16.54 해안매립공사 시 압밀해석 (4)

계면고와 실질토량고와의 관계

③ 초기함수비가 같고 높이가 다른 다수의 니수를 침강시켜 압밀침강개시 시간 t_o와 creep 변형에 들어갈 때의 시간 t_{100}에 대한 계면고를 $\log H - \log H_s$ 로 표시하면 그림 16.54-1 같이 직선적으로 변하는데 이러한 선형성을 이용하여 매립지반의 계획고에 대한 **실질토량고**를 구할 수 있고, 이들의 관계를 식으로 나타내면 다음과 같다.

$$\log H = A + B \log H_s \quad \text{식 16.54-1}$$

④ t_o시의 직선의 기울기 B가 t_{100}시의 기울기보다 약간 적은 경향이 있고, H가 크게 되면 t_o의 직선과 t_{100}의 직선이 교차하게 되어 불합리하다. 이 이유는 t_o의 직선은 침강퇴적과정에 대해서도 퇴적고의 상승에 따라 하층에서 압밀이 진행하고 있는 것을 의미하고 있다. 즉, 계면침강현상에서 압밀침하과정에 들어간 시간 t_o에서는 그 퇴적토의 평균압밀도가 0을 의미하지 않는다. 따라서 $\log H - \log H_s$ 의 관계에서의 직선의 기울기는 1이하가 되어야 한다.

침하량 및 체적변화비 예측

준설매립층의 **체적변화비** 및 **자중압밀침하량의 산정**은 해설 16.54-1 같은 방법으로 구할 수 있다. **실무를 위한 참고사항에 대해 요약하면** 다음과 같다.

① **함수비가 높을수록, 초기 계면고가 작을수록 자중압밀이 빨리 시작되며 자중압밀의 종료 즉, creep의 영역으로 들어가는 시간이 빨라진다.** 또한 시료의 초기함수비가 높은 경우 자중압밀이 개시되기 이전 침강과정에서 침하가 크게 발생한다.

② **자중압밀의 시점과 종점은 *Yano*가 제안한 log(계면고)−log(시간) 곡선에서 일직선이 시작되는 부분을 자중압밀의 시점으로 보고 시간 축에 평행하게 수렴하는 거동으로 들어가는 시점을 자중압밀의 종점으로 선정한다.** 일반적으로 함수비가 높을수록, 시료의 투기높이가 작을수록 자중압밀의 시종점이 빨리 나타난다.

③ **미소변형을 기본가정으로 하는 Terzaghi 압밀이론은 자중영향을 고려하지 않았으므로 변형이 큰 준설점토의 자중압밀 해석하기에는 부적합하다.**

④ 자중압밀단계는 유효응력이 매우 작은 영역이다.

⑤ 포화된 모래지반은 액상화를 일으킨 직후에 브이는 침하거동은 빠르게 진행하는 자중압밀로 볼 수 있다.

※ *Yano*의 방법은 **준설투기동안 자중압밀이 고려하지 않으므로** 현장 침하량 계측결과나 투기기간 중 **자중압밀을 고려한 수치해석 결과**에 비해 체적비가 크게 산정되는 경향이 있으므로 현장과 일치하지 않는다.

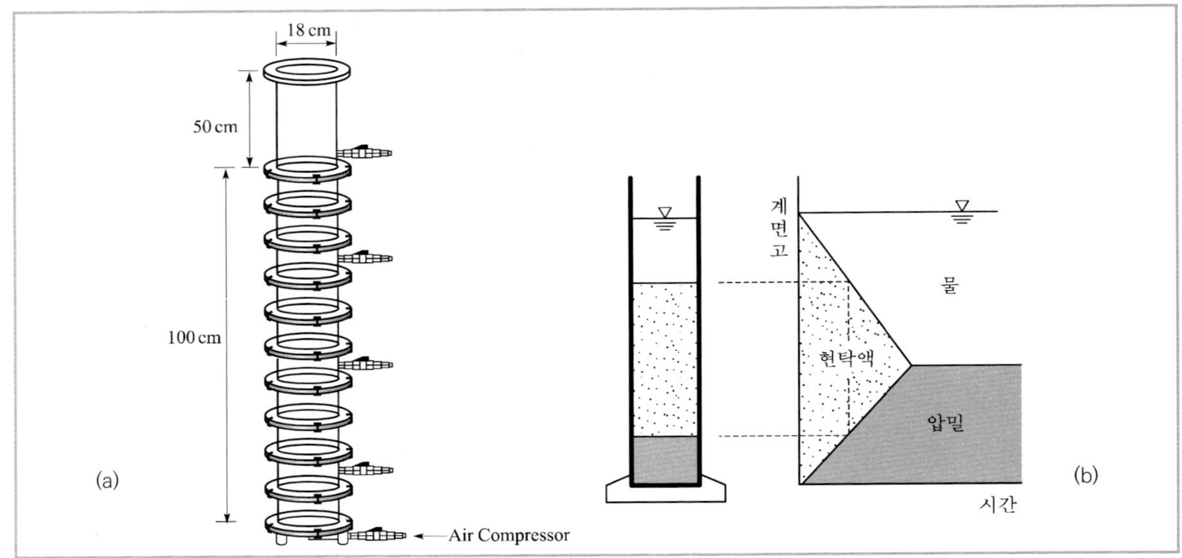

그림 16.55-1 자중압밀시험 개념도

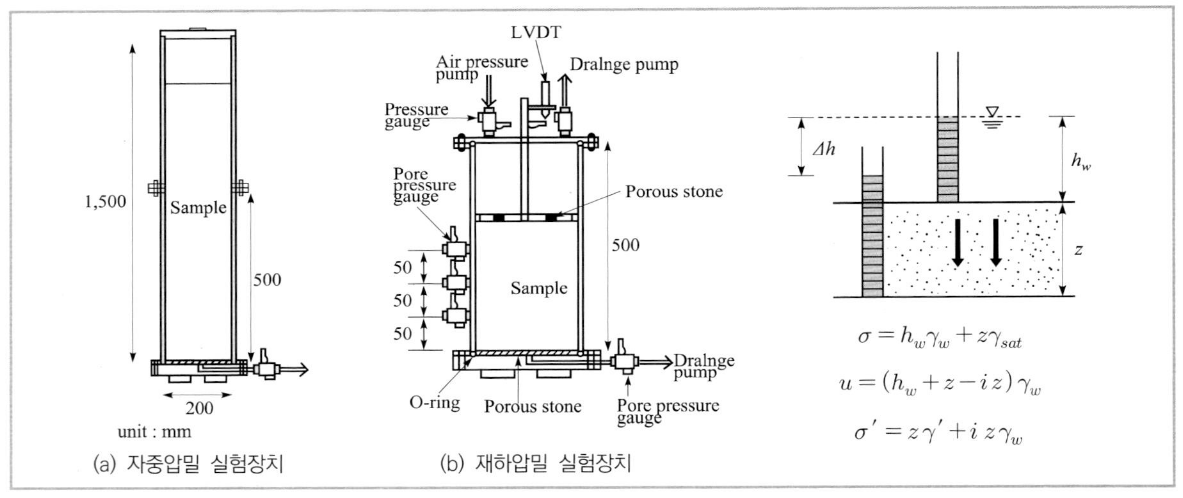

그림 16.55-2 침투압밀시험 개념도

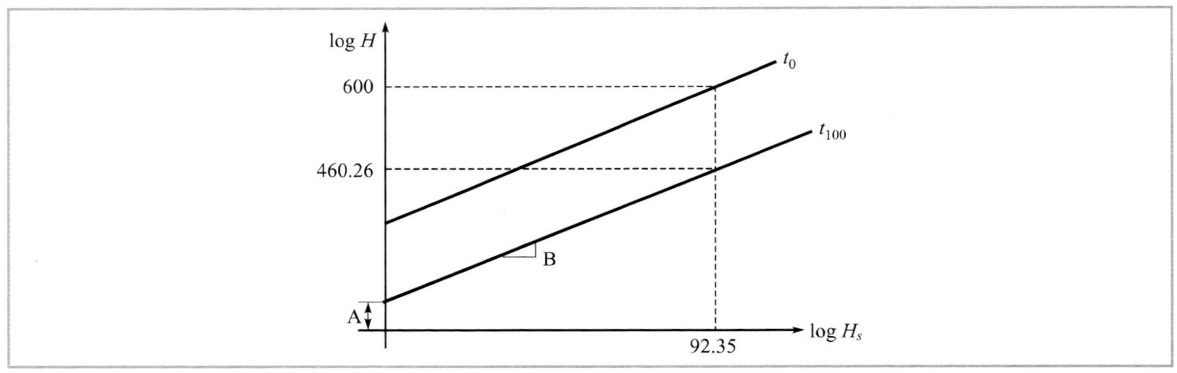

그림 16.55-3

16.55 해안매립공사 시 압밀해석 (5)

4 관련 시험방법에 대한 정리

■ 자중압밀시험 그림 16.55-1 참조

자중압밀시험은 준설매립을 목적으로 투기장내에 투기된 고함수비의 준설토가 자중에 의해 압밀되는 거동을 파악하기 위한 실험. 즉, 초기 간극비가 큰 준설매립토의 자중압밀특성을 실내시험에서 재현하여 현장 투기완료후의 **자중압밀 침하량**과 **체적변화비**를 구하기 위한 시험. **토조모형시험(Colunm test)이 이에 해당된다.**

■ 침투압밀시험 그림 16.55-2 참조

자중압밀시험이 완료될 때까지 상당히 오랜시간이 소요된다. **자중압밀시간을 단축하기 위해서 물의 침투압을 이용하는 방법**이 있은데, 연약점토지반의 상부와 하부에 수두차를 발생시켜 수두차에 의한 침투압을 압밀응력으로 이용한 방법이다. 침투가 발생하면 침투압만큼의 유효응력이 변화하는데 이것을 식으로 나타내면 다음과 같다.

$$\sigma_v{}' = \gamma' \times z + i\, z\, \gamma_w \qquad \text{식 16.55-1}$$

5 개념이해를 위한 예제 문제

토조모형시험(Colunm test)결과를 바탕으로 현장 투기완료 후의 자중압밀침하량 및 체적변화비를 구하는 예제임. 원지반의 비중 2.7, 간극비가 2.65, 준설매립토의 초기함수비가 600%, 침강압밀계수(C_s) 0.112cm/sec, **미립계면고 $H_i = 6.0m$, 투기완료시간을 147일**로 가정하고 자중압밀 시점(t_o)에서의 실질토량고와 이에 해당하는 자중압밀 종점(t_{100})에서의 관계식이 아래와 같다. → 그림 16.55-3 참조

$$t_o : \log H_i = 1.2738 + 0.7654 \log H_s \quad , \quad t_{100} : \log H_f = 0.9629 + 0.8650 \log H_s$$

① 준설 투기 후 365일(1년) 경과 시 자중압밀침하량 계산하라

② 체적변화비를 산정하라

■ $t_o : \log H_i = 1.2738 + 0.7654 \log H_s \rightarrow \log 600 = 1.2738 + 0.7654 \log H_s \;\rightarrow\; \therefore H_s = 92.35cm$

$H_s = 92.35cm$를 $t_{100} : \log H_f = 0.9629 + 0.8650 \log H_s$에 대입하면 → $\therefore H_f = 460.26cm$

식 16.53-1 $\log H = \log h_1 - C_s \times \log t \;\rightarrow\; \log 6.0 = \log(h_1) - 0.112 \log(147) \;\rightarrow\; \therefore h_1 = 10.49cm$

■ 준설투기 후 365일(1년) 경과 시 자중압밀침하량을 계산하면 준설토 투기완료시간 147일이 경과된 후 자중압밀이 발생하게 되므로

$\log H = \log(10.49) - 0.112 \log(147 + 365) \;\rightarrow\; \log H = 0.717 \;\rightarrow\; \therefore H = 5.22m$

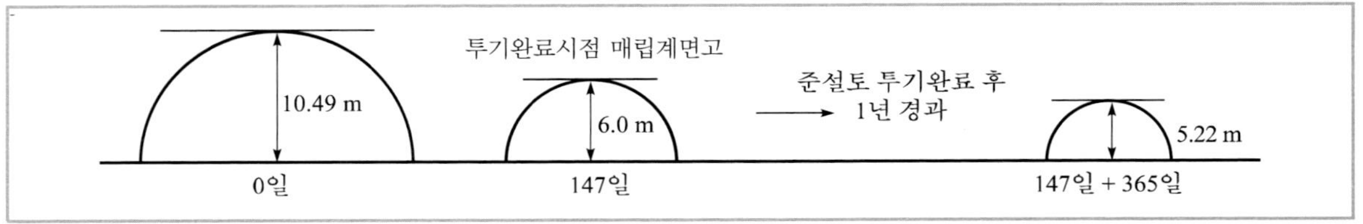

그림 16.56-1

침강시간 (일)	경과시간		$\log H$	매립고 (m)	간극비 (e_i)	함수비 (w_i)	체적변화비 (F_i)
	일	년					
147	1	0	0.78	6.00	$e_i=(H-H_s)/H_s$ $=(600-92.35)/92.35$ $=5.49$	203.33	$F_i=(1+e_i)/(1+e_0)$ $=(1+5.49)/(1+2.65)$ $=1.78$
327	180	0.49	0.74	5.49	4.94	183.00	1.63
512	365	1	0.72	5.22	4.65	172.22	1.55

표 16.56-1

토질	유보율(%)
점토 및 점토질 점토	70 이하
모래질 실트	70 ~ 95
자갈	95 ~ 100

표 16.56-2 토질별 유보율

입경(mm)	유실율(%)	입경(mm)	유실율(%)
1.2 이상	없음	0.3 ~ 0.15	20 ~ 27
1.2~0.5	5 ~ 8	0.15 ~ 0.075	30 ~ 35
0.6~0.3	10 ~ 15	0.075 이하	30 ~ 100

표 16.56-3 입경별 유실율

① 침강·압밀시험으로부터 시간에 대한 계면고의 침강곡선 작도

② 자중압밀 시점·종점을 추정하고 침가압밀계수(C_s) 산정

③ 계면고(H)와 실질 토량고(H_s)관계에서 A, B계수를 구한다.→ $\log H = A + B\log H_s$

④ $\log H = \log H_o - C_s \log t$으로 자중압밀 중 계면고 산정

⑤ 임의의 시간t에 대한 간극비 산정 → $e_t = \dfrac{V_v}{V_s} = \dfrac{H-H_s}{H_s}$

⑥ 시간에 대해 체적비 산정 → $F_t = \dfrac{1+e_t}{1+e_o}$

해설 16.56-1 체적비에 의한 준설물량 산정방법

16.56 해안매립공사 시 압밀해석 (6)

CHAPTER

12 13 14 15 16 17 18

- 위의 과정을 반복하여 준설매립 침강시간에 해당하는 매립고를 추정 할 수 있으며, 추정된 매립고와 실질 토량고를 이용하여 매립고에 대한 평균 간극비를 구할 수 있다.

- 표 16.56-1 은 준설매립토 투기높이 6.0m를 147일 동안 투기한 후 경과시간 1일 180일 265일에 따른 계면고 변화와 체적변화비를 나타낸 것이다 임의의 시간(t_i)에서 함수비(w_i) 체적변화비(F_i)는 다음과 같이 산정된다.

$$w_i = \frac{H - H_s}{G_s H_s} \quad \text{식 16.56-1}, \qquad e_i = G_s w_i \quad \text{식 16.56-2}, \qquad F_i = \frac{1+e_i}{1+e_o} \quad \text{식 16.56-3}$$

6 준설물량 산정방법

유보율의 개념

- 준설토사가 배사관을 통해 매립지에 운반·공급되는 과정에서 토사가 부유되어 계획된 매립지 외부로 유출되는 것을 유실이라 하고 계획된 구역내에 쌓이는 것을 유보량이라 한다.

- 유보율은 전체 준설토사량에 대한 잔류토사량의 백분율로 정의 된다.

즉, $\text{유보율}(\%) = \dfrac{\text{매립토 중량}}{\text{준설토 중량}} \times 100(\%) \rightarrow \text{유실률}(\%) = (100 - \text{유보율})\%$

- 환경적인 측면에서는 유보율을 100%로 하여 유실률을 최소화해야 한다.

준설물량 산정방법

- 펄프준설선으로 준설하여 매립하는 경우에 준설토를 굴착하여 배사관을 통해 매립지에 운반, 공급하는 과정에서 고함수비로 유지되기 때문에 부유토사와 혼합토의 외부유출이 불가피하다. 또한, 고압축성이기 때문에 침강과 자중압밀을 통하여 체적의 변화가 크다. 따라서 준설물량을 정확히 산정하는 것이 무엇보다 중요하다.

- **준설물량 산정방법**은 ① **유보율에 의한 산정방법**과 ② **체적비에 의한 산정방법**이 있다. '항만 및 어항 설계기준'에서는 유보율의 개념에 의해 준설물량을 산정하고 있다.

'항만 및 어항설계기준'에서 유보율에 의한 준설물량 산정방법

- 표 16.56-2 및 표 16.56-3 에 의해 유보율(p)를 산정하여 준설토물량(V)를 산정한다.

$$V = \frac{V_o}{p} \rightarrow p = \frac{V_o}{V} = \frac{\text{매립토 중량}}{\text{준설토 중량}} \quad \text{식 16.56-4}$$

체적비에 의한 준설물량 산정방법

- 해설 16.56-1 참조

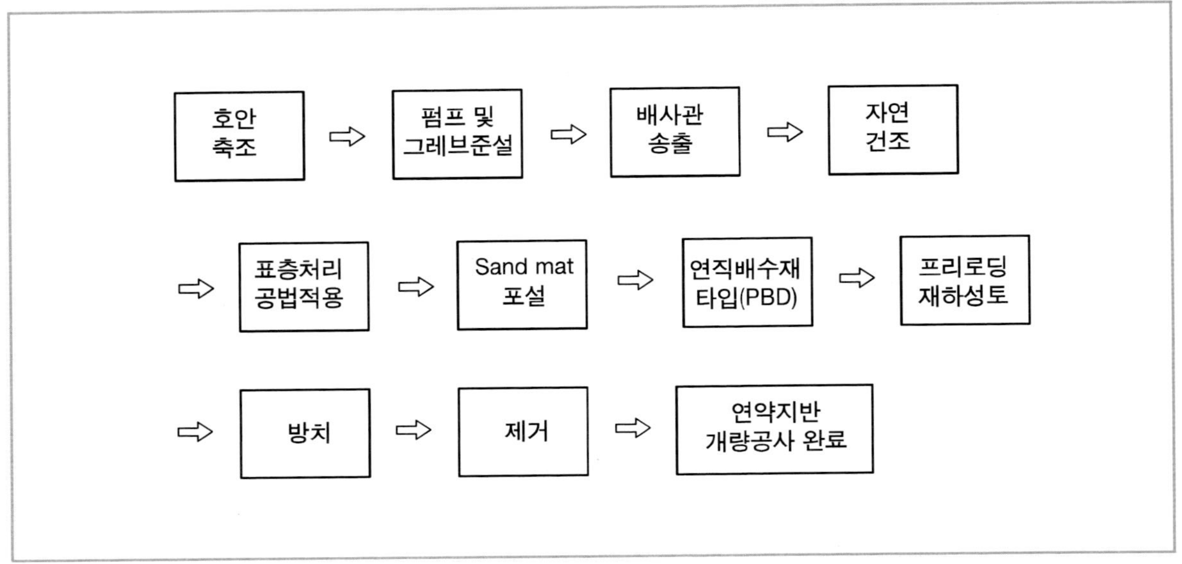

그림 16.57-1 준설매립 및 연약지반개량공사 흐름

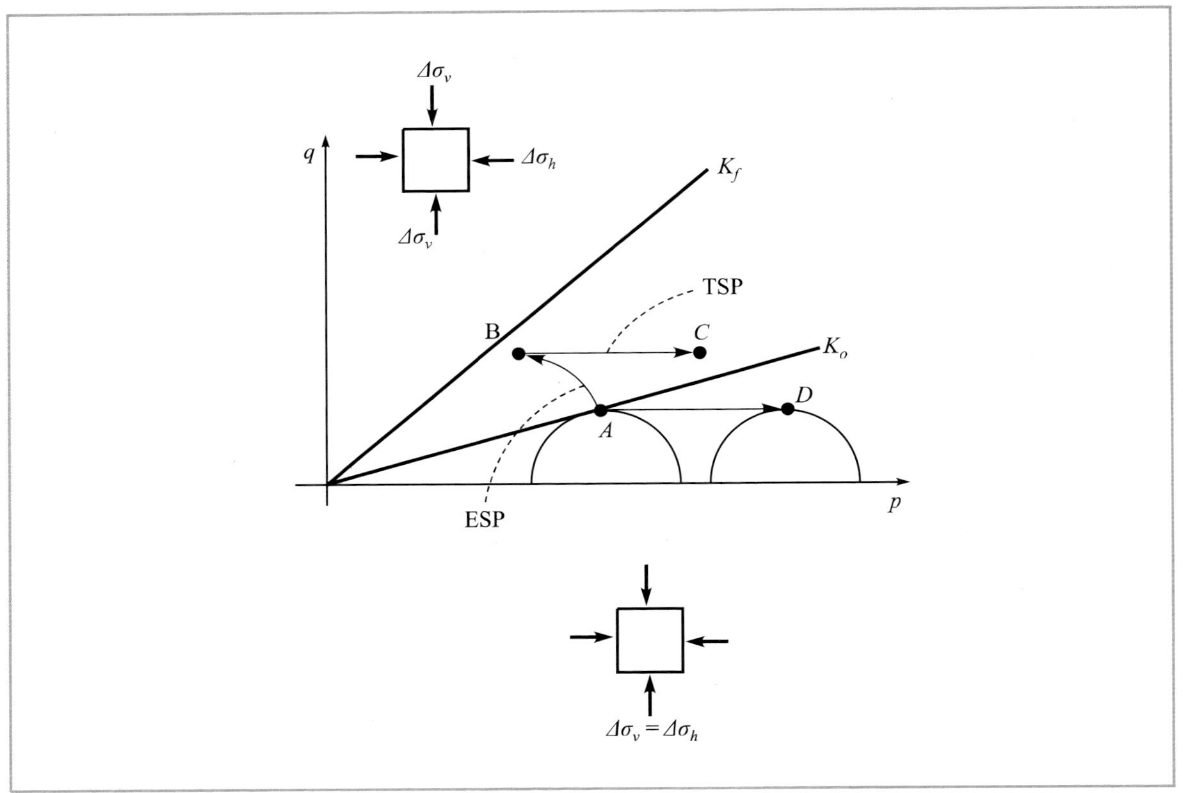

그림 16.57-2 프리로딩(preloading)과 진공압밀 비교

16.57 해안매립공사 시 압밀해석 (7)

7 실무적용시 유의사항

- 준설매립토의 방치기간에 따른 체적변화량 즉, 체적비는 준설투기량을 결정짓는 중요한 요소이다.
- 준설매립토층의 표층에 가까울수록 함수비가 크고, 매우 연약하여 방치기간을 길게 유지하더라도 5~10m 이하 부분은 함수비100% 이하로 낮추기가 곤란하다.
- **사례에 의하면 1년방치 후 전단강도는 $2kN/m^2$ 정도이므로 표층처리공법이 필요하다.**
- 실내시험에 의한 방법은 넓은 지역에서 장기간에 걸친 준설투기에 대한 효과를 제대로 반영하기 힘들므로 현장의 대형토조실험을 통해 실내시험을 검정하고, 계측을 실시하여 준설토침하량, 준설매립량, 물성치변화 등을 시공에 반영해야 한다.

8 준설매립 후 연역지반 개량

- 준설매립 및 연약지반개량공사 흐름
  고함수비의 준설토는 준설직후에는 슬러리 상태이므로 연직배수재 타입 및 프리로딩을 재하하는 연약지반개량공사를 하기 어려우므로 **표층처리를 한 후 지반개량공사를 해야 한다.** 그림 16.57-1은 고함수비를 준설하여 연약지반개량을 할 경우 흐름도를 나타낸 것이다.
- 준설매립 개량공법
  준설매립지반 개량공법으로는 **자중압밀공법, 침투압밀공법, 진공압밀공법** 등이 있다. 공법에 대한 구체적인 내용보다는 Terzaghi**의 유효응력의 원리에 입각해서 그 원리를 비교 이해하는 것이 중요**하다.

> Terzaghi의 유효응력의 원리 = ①유효응력방정식 + ②유효응력 물리적 의미
> ① 유효응력방정식 $\sigma' = \sigma - u$ 지반 중 간극수압이 감소되면 유효응력이 증가된다.
> ② 유효응력의 물리적 의미 유효응력의 증가=체적의 압축
>
> 그럼 유효응력(σ')을 어떻게 증가시킬 수 있을까?
>
> 대표적인 예로 프리로딩과 진공압밀을 비교 생각해보자 그림 16.57-2 참조
> ① **프리로딩(물배출)** : 성토하중재하 → 즉시 물이 하중을 모두 분담(Δu발생$A \rightarrow B$) → 압밀이 진행되면서(과잉간극수압 소산$B \rightarrow C$) → 유효응력 증가
> ② **진공압밀(공기+물배출)** : 지중 진공상태(공기제거)에 의한 대기압 재하 → 발생되는 과잉간극수압을 펌프에 의해 즉시배출(둘배출) → 모든 하중은 흙입자로 전달되어 유효응력이 급속하게 증가($A \rightarrow D$)

<table>
<tr><th colspan="2">공법</th><th>대상지반</th><th>압밀촉진을 위한 전응력 증가방법</th><th>해석방법</th><th>유효응력방정식</th></tr>
<tr><td colspan="2" rowspan="2">프리로딩</td><td>$N.C \quad O.C$</td><td>성토하중
($\Delta\sigma$)
에 따른 압밀</td><td>Terzaghi 1차원
압밀이론
(미소변형률이론)</td><td rowspan="2">증가 → $+u_e$
$\sigma = \sigma' + u$
압밀</td></tr>
<tr><td colspan="3">• 압축성이 큰 준설매립지와 같은 연약지반의 압밀침하량을 산정하기에는 한계가 있음</td></tr>
<tr><td rowspan="6">준설매립지반</td><td rowspan="2">자중압밀</td><td>초연약점토
준설매립지반</td><td>자중
($\Delta\sigma = 0$)
에 따른 압밀</td><td>유한변형률 이론
($Yano$의 이론)</td><td rowspan="2">등방압밀</td></tr>
<tr><td colspan="3">• 압밀완료 후 초연약지반 형성으로 장비진입을 위한 표층 처리공법 필요
• 자중압밀시험 및 현장 대형토조시험 필요
• 압밀시간이 길다 → 침투압밀공법</td></tr>
<tr><td rowspan="2">침투압밀</td><td>초연약점토
준설매립지반</td><td>하향침투수압
($i\,z\,\gamma_w$)으로 유효응력 증가
($\Delta\sigma = 0$)</td><td>유한변형률 이론
($Yano$의 이론)</td><td rowspan="2">$\sigma_v{}' = \gamma' \times z + i\,z\,\gamma_w$</td></tr>
<tr><td colspan="3">• 침투수압을 이용하므로 성토 등 재하중 필요없음
• 배수층 모래 및 연직으로 수직정과 배수Pump 필요
• 특히 수직정 훼손, 배수기능 저하시 대책 곤란</td></tr>
<tr><td rowspan="2">진공압밀</td><td>초연약점토
준설매립지반</td><td>대기압 차에
의한 등방압밀
($\Delta\sigma = 0$)</td><td>수치해석</td><td rowspan="2">증가
$\sigma = \sigma' + u$
일정 감소</td></tr>
<tr><td colspan="3">• 지반파괴 위험성 없음(등방압밀)
• 침하소요시간 2배 단축, 잔류침하가 거의 없다
• 과잉간극수압 발생 없음
• 재하중크기 제한(약 6ton/m^2) → 필요시 추가성토 필요
• 정교한 시공, 차단막, 진공펌프 등 필요</td></tr>
<tr><td colspan="2">지하수위저하</td><td>모래+점토지반</td><td>지하수위 저하에 따른 흙의 단위 중량 차이에 의한 압밀
$\gamma_w H$
($\Delta\sigma = 0$)</td><td>Terzaghi 1차원
압밀이론
(미소변형률이론)</td><td>증가 → $+u_e$
$\sigma = \sigma' + u$
압밀</td></tr>
</table>

표 16.57-1

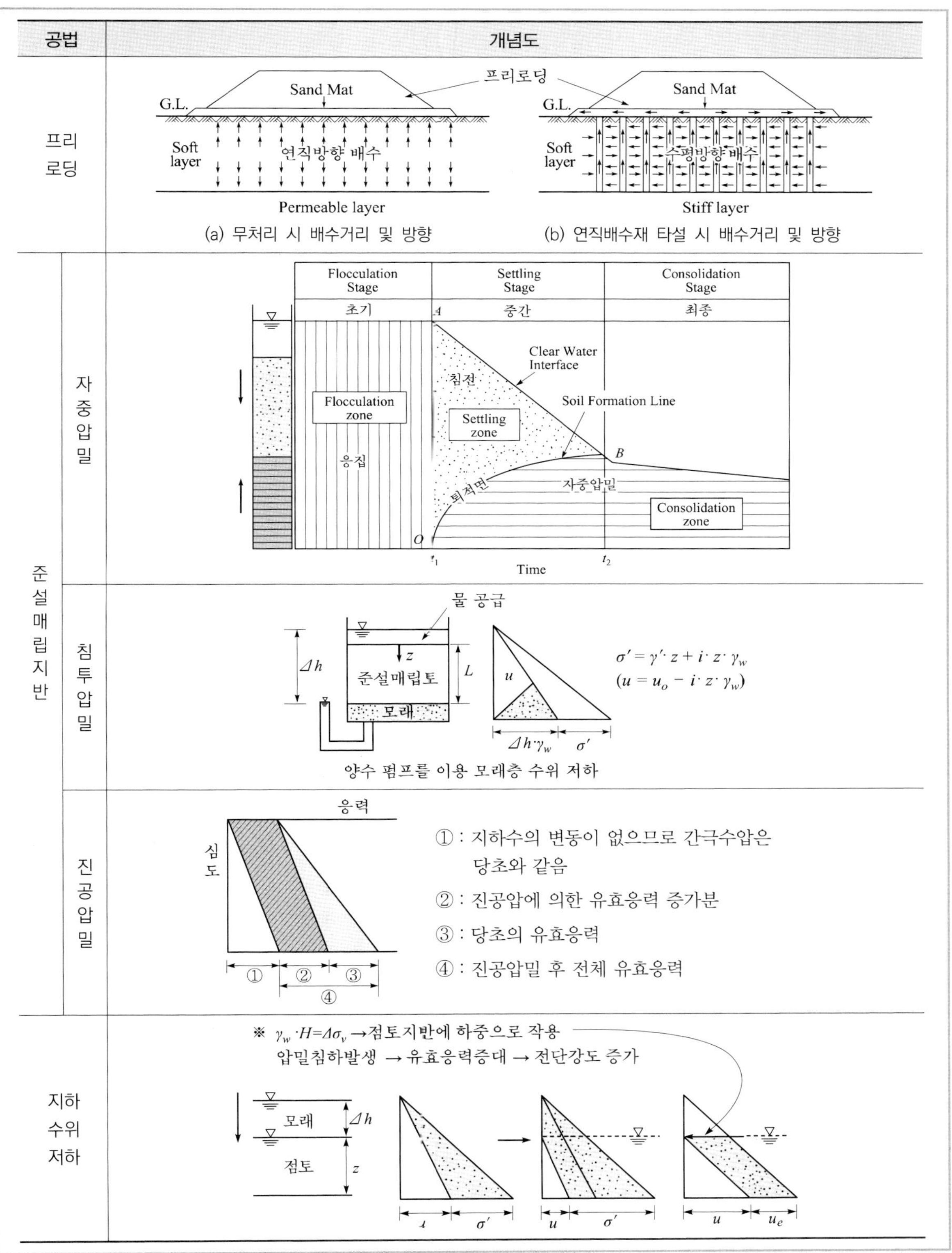
공법
개념도
프리로딩
프리로딩
Sand Mat
G.L.
Soft layer
연직방향 배수
Permeable layer
(a) 무처리 시 배수거리 및 방향
Sand Mat
G.L.
Soft layer
수평방향 배수
Stiff layer
(b) 연직배수재 타설 시 배수거리 및 방향
준설매립지반
자중압밀
Flocculation Stage
Settling Stage
Consolidation Stage
초기
중간
최종
A
Clear Water Interface
침전
Flocculation zone
Soil Formation Line
Settling zone
B
응집
퇴적면
자중압밀
Consolidation zone
O
t_1
t_2
Time
침투압밀
물 공급
Δh
z
준설매립토
L
모래
u
$\Delta h \cdot \gamma_w$
σ'
$\sigma' = \gamma' \cdot z + i \cdot z \cdot \gamma_w$
$(u = u_o - i \cdot z \cdot \gamma_w)$
양수 펌프를 이용 모래층 수위 저하
진공압밀
응력
심도
①
②
③
④
① : 지하수의 변동이 없으므로 간극수압은 당초와 같음
② : 진공압에 의한 유효응력 증가분
③ : 당초의 유효응력
④ : 진공압밀 후 전체 유효응력
지하수위저하
※ $\gamma_w \cdot H = \Delta\sigma_v$ →점토지반에 하중으로 작용
압밀침하발생 → 유효응력증대 → 전단강도 증가
모래
Δh
점토
z
σ'
u
σ'
u
u_e

표 16.57-2

개념정리 ㉓ 연약지반 침하관리 (I)

1 개요

- 점성토 연약지반에 Preloading 공법, Drain 공법 등으로 연약지반을 개량할 경우 이론식으로 구한 침하량은 실제와는 결과가 상이하므로 **침하판과 같은 계측기기로 침하량을 실측하여 장래 최종침하량을 추정**하게 된다.
- **설계침하량과 실측 침하량이 차이 나는 이유** → 지반공학이해Ⅱ 167p~173p
  ① 지반의 불균질성(가장 취약한 부분에서 시료채취)
  ② 토질실내시험오차(시료교란, 시험오차 등)
  ④ 2차 압밀
  ⑤ 이론식은 1차원 압밀로 가정, 실제는 다차원 압밀이 발생
  ③ Sand Seam의 존재

2 실측치를 이용한 장래침하량 예측방법

- 흙쌓기 시공 중에 현장계측에 의하여 얻어진 침하-시간 관계 곡선으로부터 장래침하량을 추정하는 방법에는 **쌍곡선법, Hoshino법, Asaoka법** 등이 있다. 쌍곡선법, Hoshino법은 경험에 준한 것이고, Asaoka법은 이론적으로 유도된 것이다.
- 일반적으로 쌍곡선법이 간단하여 가장 많이 사용되고 있다.

3 쌍곡선법(Hypoboric법)

- 이 방법은 "**침하의 평균속도가 시간에 대하여 쌍곡선으로 변한다**"는 가정하에 초기의 실측침하량 으로부터 장래침하량을 예측하는 방법이다.
- 그림 개념㉓-1 같이 $\dfrac{t-t_o}{s_t-s_o}$ 을 종축에, $t-t_o$를 횡축에 도시하면 종축절편 α와 기울기 β를 갖는 1개의 직선으로 표시 된다.

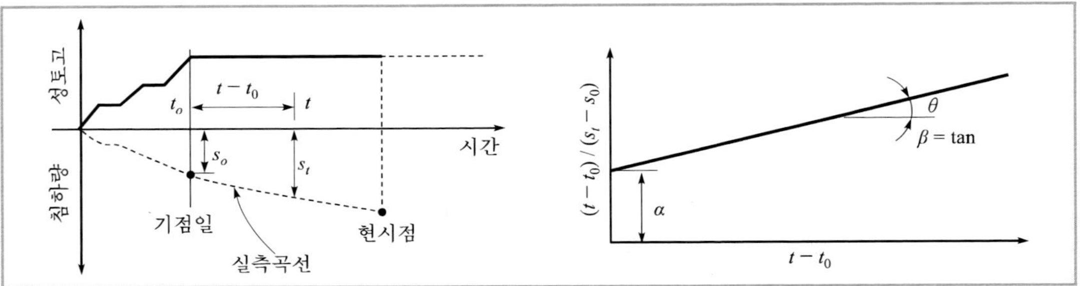

그림 개념㉓-1 쌍곡선법(Hypoboric법)에 의한 장래침하량 예측

- 그림 개념㉓-1 로부터 임의의 시간 t에서의 침하량은 다음 식으로 구할 수 있다.

$$s_t = s_o + \frac{t-t_o}{\alpha + \beta(t-t_o)}$$

여기서, s_t : 경과시간 t에서의 침하량, t_o: 성토종료 직후의 경과시간

s_o : 성토종료 직후의 침하량, t : 임의의 경과시간

- 만약 $t=\infty$ 라면 α는 무시할 수 있으므로 최종침하량은 $s_\infty = s_o + \frac{1}{\beta}$ 이다.
- 이 방법을 적용하여 추정한 침하량은 초기에는 실측치에 비하여 작고 후반부의 직선부분 에서는 일치하는 경향이 있으므로 압밀도가 약 50% 정도 도달해야만 어느 정도 근사치에 접근할 수 있는 것으로 알려져 있다.

4 **평방근법(Hoshino 법)**

- 이 방법은 **침하는 시간의 평방근 ($\sqrt{t}$)에 비례**한다는 가정 하에 장래침하량을 추정하는 방법이다.

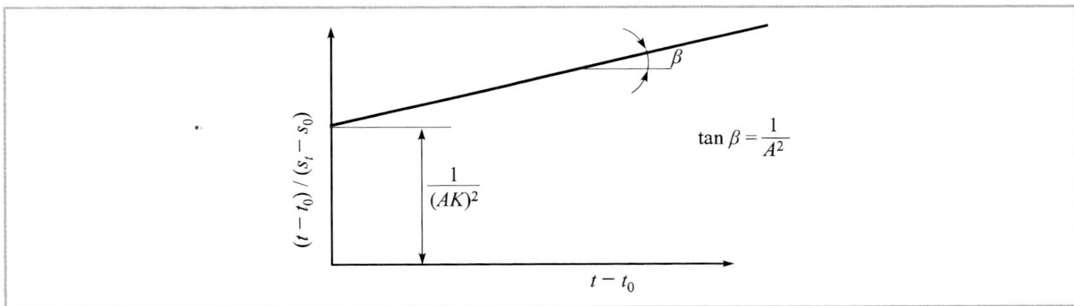

그림 개념㉔-1 평방근법(Hoshino 법)에 의한 장래침하량 예측

- 그림 개념㉔-1 같이 $\frac{t-t_o}{(s_t-s_o)^2}$ 을 종축에, $t-t_o$를 횡축에 도시하면 종축절편 α와 기울기 β를 갖는 1개의 직선으로 표시된다. 이 그림으로부터 임의의 시간 t에서의 침하량과 시간이 무한대 일 때의 최종침하량은 다음과 같은 식으로 추정할 수 있다.

$$s_t = s_o + \sqrt{\frac{t}{(\alpha+\beta t)}}$$

- 만약 $t=\infty$ 라면 최종침하량은 $s_\infty = s_o + A = s_o + (\frac{1}{\beta})^{\frac{1}{2}}$

여기서, s_t : 경과시간 t에서의 침하량, 이때의 경과 시간을 t

s_o : 흙쌓기 종료 직후의 침하량, 이때의 경과 시간을 t_o

- Hoshino법은 쌍곡선법에 비해 직선성은 좋으나, 일반적으로 정확성은 쌍곡선법에 비해 낮은 것으로 알려져 있다. 또한, 이 방법은 s와 t의 선정방법에 따라 추정결과가 달라지므로 회귀분석 시 직선성이 좋도록 계측결과를 수정 할 필요가 있다.

개념정리 ㉕ 연약지반 침하관리 (3)

5 Asaoka법 : 도해법으로 장래 침하량의 결정

- Asaoka는 1차원 압밀방정식을 이용하여 현장 침하자료로부터 임의의 시점에서의 침하량을 구할 수 있는 도식적 방법을 제안하였다.
- 측정된 침하자료를 일정한 시간간격으로 끊어서 이 때의 침하량을 각각 $s_1, s_2, s_3 \cdots\cdots s_n$라 하고, s_n을 종축에 s_{n-1}을 횡축에 도시한다.
- 도시된 $s_n - s_{n-1}$의 관계 직선과 45°선이 만나는 점의 종축(또는 횡축의) 값이 장래의 최종 침하량이다.

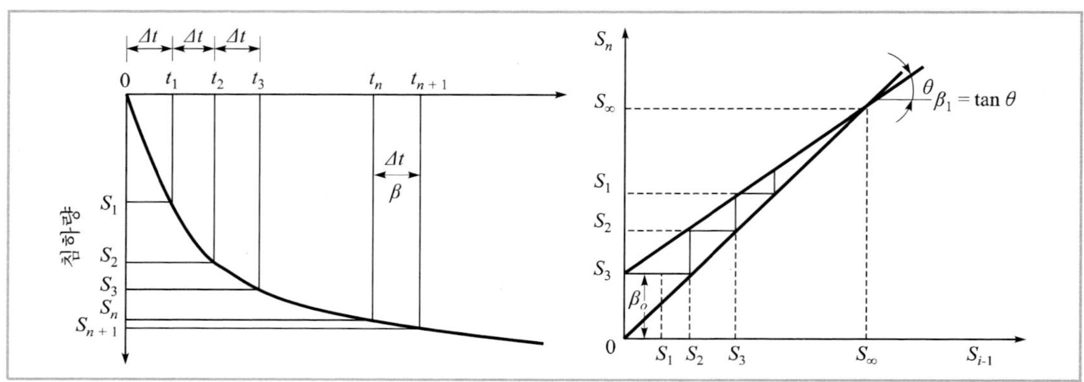

그림 개념㉕-1 Asaoka 法(도해법)에 의한 장래침하량 예측

- Asaoka 방법은 성토기간이 길면 β값이 커지는 결과를 가져온다. 또한 시간간격 Δt를 길게 잡을수록 정확도가 높다.
- 그리고, 압밀도 60% 정도에서도 비교적 장래침하량을 잘 예측할 수 있는 것으로 알려져 있다. 이 방법은 압밀계수(c_v)나 투수계수도 추정이 가능하다.

구분	쌍곡선법	Hoshino Method	Asaoka Method
개요	• 침하가 쌍곡선적으로 감소한다고 가정 • Miyakawa에 의해 제안됨	• 침하는 시간의 평방근에 비례한다는 원리 적용	• 압밀이론을 수학적으로 처리하여 최종침하량 구함 • Mikasa에 의해 편미분방정식→미분방정식 전환
장점	• 적용성이 양호하며, 단기침하 추정에 효과적 • 일반 현장에서 가장 많이 적용함	• 압밀도가 작은 단계에서도 예측이 가능	• 현장 압밀계수(C_v)를 산정할 수 있음(수직배수재도 가능)
단점	• 초기에는 실측치에 비해 작게 나타남	• 자료처리 과정이 쌍곡선법보다 불편함 • 이론적 근거가 불명확	• 기울기가 직선이 되지 않는 경우가 발생하기도 함

표 개념㉕-1 장래침하량 예측방법 비교

개념정리 ㉖ 연약지반 안정관리 (I)

1 개요

- 침하계 및 경사계 등의 계측기에 의해 측정된 자료는 시공 도중에 지반의 거동을 정성적 및 정량적으로 나타낼 수 있다.
- 이를 분석함으로 성토의 시공속도 관리, 지반의 변형량과 변형속도로부터 안정성 검토, 간극수압 발생 및 소산의 이상 유무 파악 및 압밀 진행상황 확인 등을 할 수 있어 성토에 따른 공사의 안정성, 경제성, 신속성을 높일 수 있다.
- 연약지반의 안정성 판단은 계측에서 측정된 지표면 침하량(S), 수평변위(δ), 성토하중(q) 등의 관계로부터 할 수 있으며,
- 이에는 $s-\delta$관리법, $s-\frac{\delta}{s}$ 관리법, $\frac{\Delta\delta}{\Delta t}-t$관리법 등이 주로 이용되고 있다.

2 정성적인 관리방법 : 지반파괴 및 불안정상태의 정성적인 경향은 다음과 같다.

- 흙쌓기체의 천단부나 법면에 인장균열이 발생하는 경우

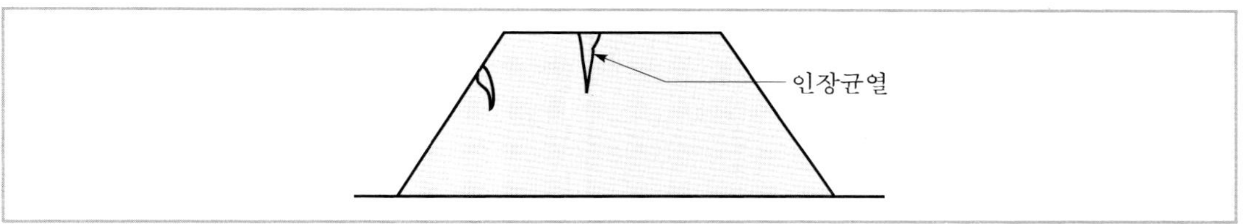

그림 개념㉖-1 비탈면 인장균열 발생

- 흙쌓기 중앙부의 침하가 급격히 증가하는 경우
  ① **안정된 상태** : 침하량이 일정한 값에 수렴
  ② **불안정 상태** : 침하량이 시간과 더불어 직선적으로 증가하거나, 침하속도가 급증하면서 파괴에 이른다.

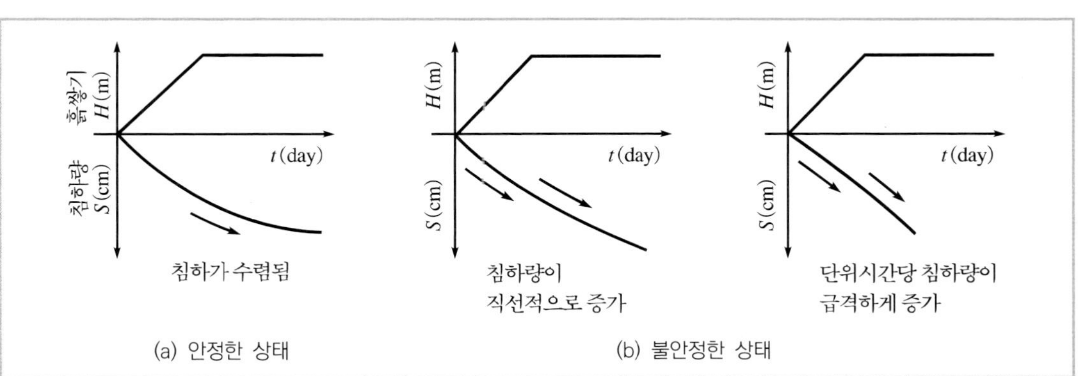

그림 개념㉖-2 지표침하량에 의한 안정관리

개념정리 ㉗ 연약지반 안정관리 (2)

■ 흙쌓기 법면 끝부분 지반의 수평변위가 흙쌓기 외측방향으로 급증하는 경우(변위말뚝으로 판정)

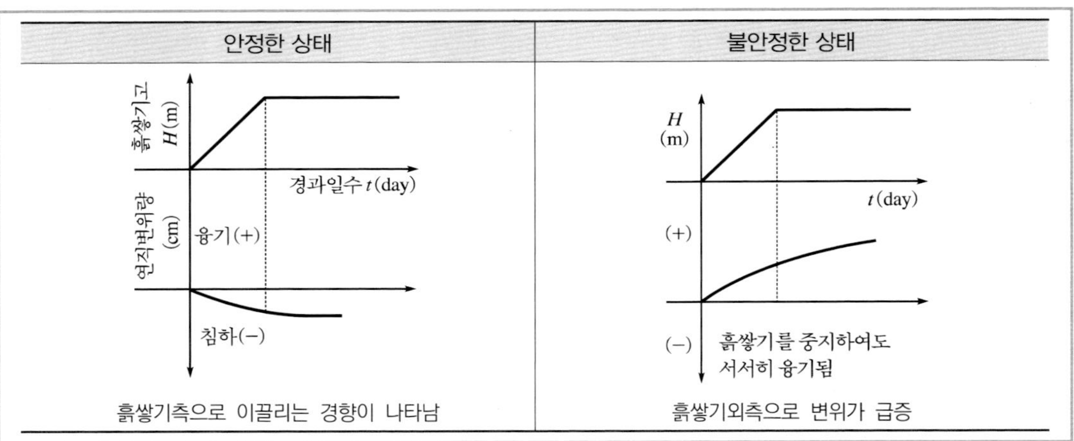

그림 개념 ㉗-1 흙쌓기 법면 끝부분 지반의 수평변위가 흙쌓기 외측방향으로 급증하는 경우

■ 흙쌓기 법면끝부분 지반의 수직변위가 상향으로 급증하는 경우

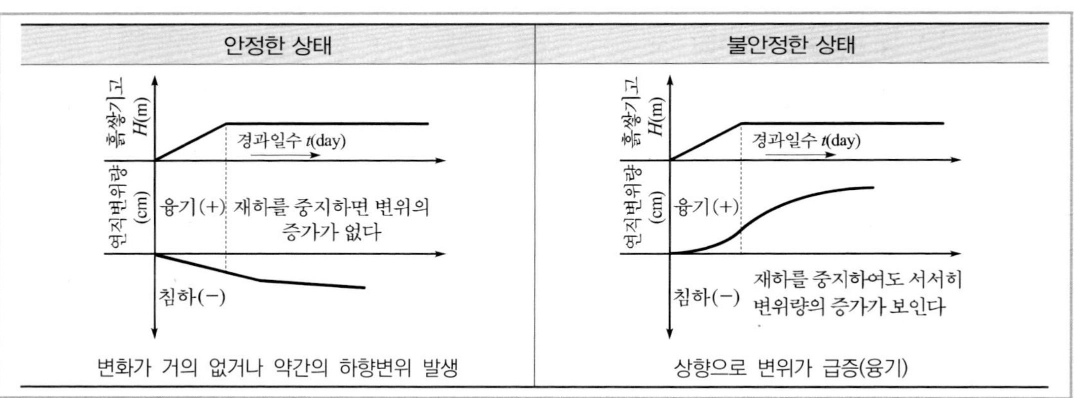

그림 개념 ㉗-2 흙쌓기 법면 끝부분 지반의 수직변위가 상향으로 급증하는 경우

3 정량적인 지표에 의한 방법

■ 과거부터 현장계측의 결과를 이용하여 흙쌓기체나 지반의 파괴를 정량적으로 예측하려는 연구가 꾸준히 진행되어 왔으며, 현재 흙쌓기공의 안정관리를 위한 정량적인 방법에는 $s-\delta$ 관리법, $s-\frac{\delta}{s}$ 관리법, $\frac{\Delta\delta}{\Delta t}-t$관리법 등이 주로 이용되고 있다.

■ 이 들의 방법은 흙쌓기 중앙부의 침하량(s)와 흙쌓기 법면 끝부분의 수평변위량(δ) 및 흙쌓기하중(q)를 이용하여 안정관리 한다.

개념정리 ㉘ **연약지반 안정관리 (3)**

4 $s-\delta$관리법(Tominaga-Hashimoto 방법)

- 흙쌓기 초기의 $s-\delta$관계는 s축에 대한 임의의 각도 α_1을 갖는 직선(E)으로 나타난다.(기준선, E선) 그런데 만약 흙쌓기를 계속하여 흙쌓기 제체가 불안정하게 되면 S의 증가량에 비해 δ의 증가량이 현저하여 기울기(α_2)가 가파르게 되어 위험 측으로 간다.

- 직선의 변곡점에서 수직선을 그려보면 α_1, α_2의 관계를 고려할 수 있는데, 변곡점 이후의 기울기 $\alpha_2 \geq 0.7$, 또는 $\alpha_2 \geq \alpha_1 + 0.5$이면 불안정한 것으로 판단한다.

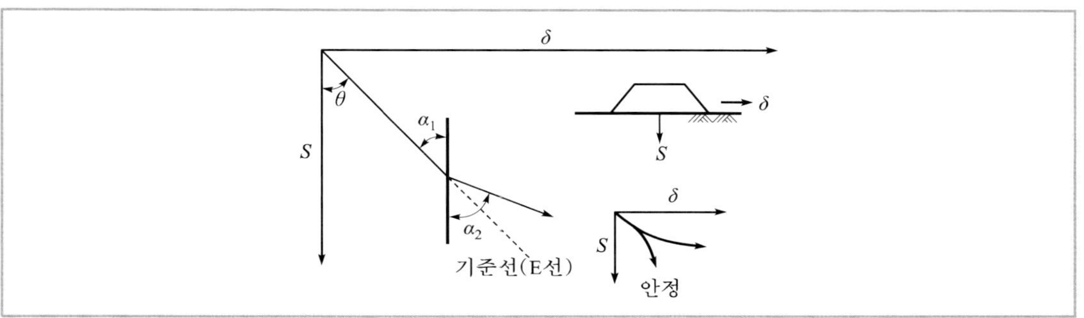

그림 개념 ㉘-1 $s-\delta$관리법(Tominaga-Hashimoto 방법)

5 $s-\frac{\delta}{s}$ 관리기준(MATSUS-KAWAMURA)에 의한 방법

- 흙쌓기 중앙부의 침하량(s)과 흙쌓기비탈면부의 수평변위(δ)를 계측하여 $s-\frac{\delta}{s}$ 관리도 위에 그릴 경우, 그 궤적이 접근하는 지 멀어지는지의 여브를 밝힘으로서 흙쌓기의 안정과 불안정을 판단 한다.

- $\frac{p_i}{p_f}=0.8$ (p_i: 임의의 하중, p_f : 파괴시의 하중)인 파괴규준선에 도달하면 시공 속도를 지연시키고, $\frac{p_i}{p_f}=0.9$에 도달하면 현장 시공을 중단시키며, $\frac{p_i}{p_f}=1.0$에 도달하면 지반파괴가 일어난다.

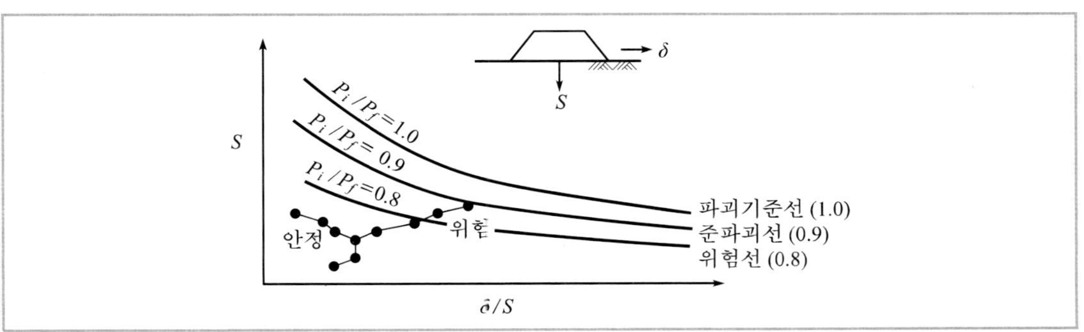

그림 개념 ㉗-2 $s-\frac{\delta}{s}$ 관리기준(MATSUS-KAWAMURA)에 의한 방법

개념정리 ㉙ 연약지반 안정관리 (4)

■ 이 방법의 근본적인 원리는 동일한 시간에 흙쌓기 중앙부의 침하량보다 수평변위량이 크게 되면 흙쌓기 체는 불안정한 상태로 된다는 것을 의미한다.

■ 이 방법은 흙쌓기 중앙부의 침하량이 40cm 이상일 경우에만 적용되어야 하는 단점이 있다.

6 $\frac{\Delta\delta}{\Delta t}-t$ 관리기준(Kurihara)에 의한 방법

■ 수평변위량(δ)의 일일변위량, 즉 수평변위속도($\frac{\Delta\delta}{\Delta t}$)의 시간적변화를 이용하여 안정관리하는 방법이다. 즉, 흙쌓기 비탈면 선단부의 수평변위속도($\frac{\Delta\delta}{\Delta t}$)가 어느 한계치를 넘지 않도록 시공관리하는 방법이다.

■ 1일당 변위속도($\frac{\Delta\delta}{\Delta t}$)의 한계치에 대한 값이 안정성 판단의 가장 큰 요소가 되지만, Kurihara 등은 이탄 지반상에 대한 안전관리지표를 $\frac{\Delta\delta}{\Delta t}\leq 2$ cm/day로 선정하였다. 이 방법은 흙쌓기 공사 후반 단계의 안정관리에 유효하다.

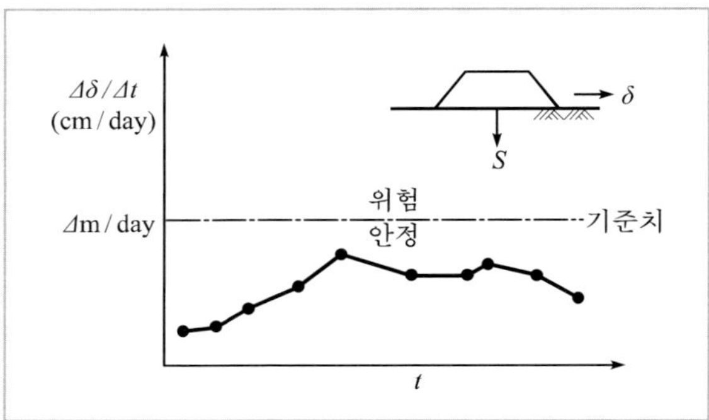

그림 개념㉙-1 $\frac{\Delta\delta}{\Delta t}-t$ 관리기준(Kurihara)에 의한 방법

7 응력경로를 이용하는 방법

초기응력상태가 점A인 지반에 흙쌓기를 하게 되면 응력경로가 B, C, D, E 등으로 변하게 된다. 이때 응력경로가 파괴포락선에 근접하게 되면 위험한 상태가 되므로 시공속도를 조절하여 응력경로가 파괴포락선에 접근하지 않도록 시공관리를 해야 한다.

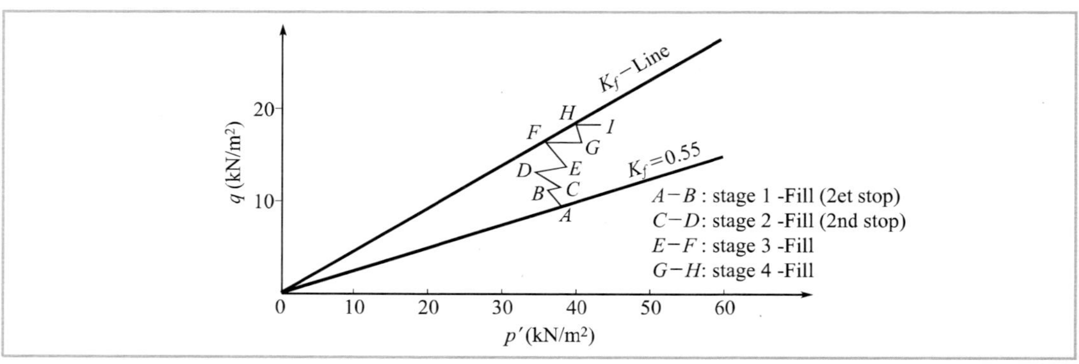

그림 개념㉙-2 응력경로를 이용하는 방법

개념정리 ㉚ **연약지반 안정관리 (5)**

8 실무적용 시 유의사항

- 흙쌓기체의 안전관리는 계측관리에 의한 방법뿐만 아니라 극한평형법 및 수치해석법으로 도 검토하여 종합적으로 판단함이 타당하다.
- 안정성을 검토한 결과 불안정한 징후가 발견되면 일단 시공을 중단하고 일정기간 방치한 다음 안정화의 경향이 확인되면 시공을 재개한다.
- 방치해도 불안정한 상태가 계속되고 파괴가 예상되는 경우는 재빨리 흙쌓기하중 경감 등의 대책을 세워야 한다. 또한 필요에 따라서 확인 보링이나 안정해석 등을 실시해서 본격적인 대책을 강구해야 한다.
- 반면에 안정관리에 충분히 여유가 있다고 판단되는 경우는 흙쌓기 속도를 상향 조정하여 공기를 단축할 필요가 있다.

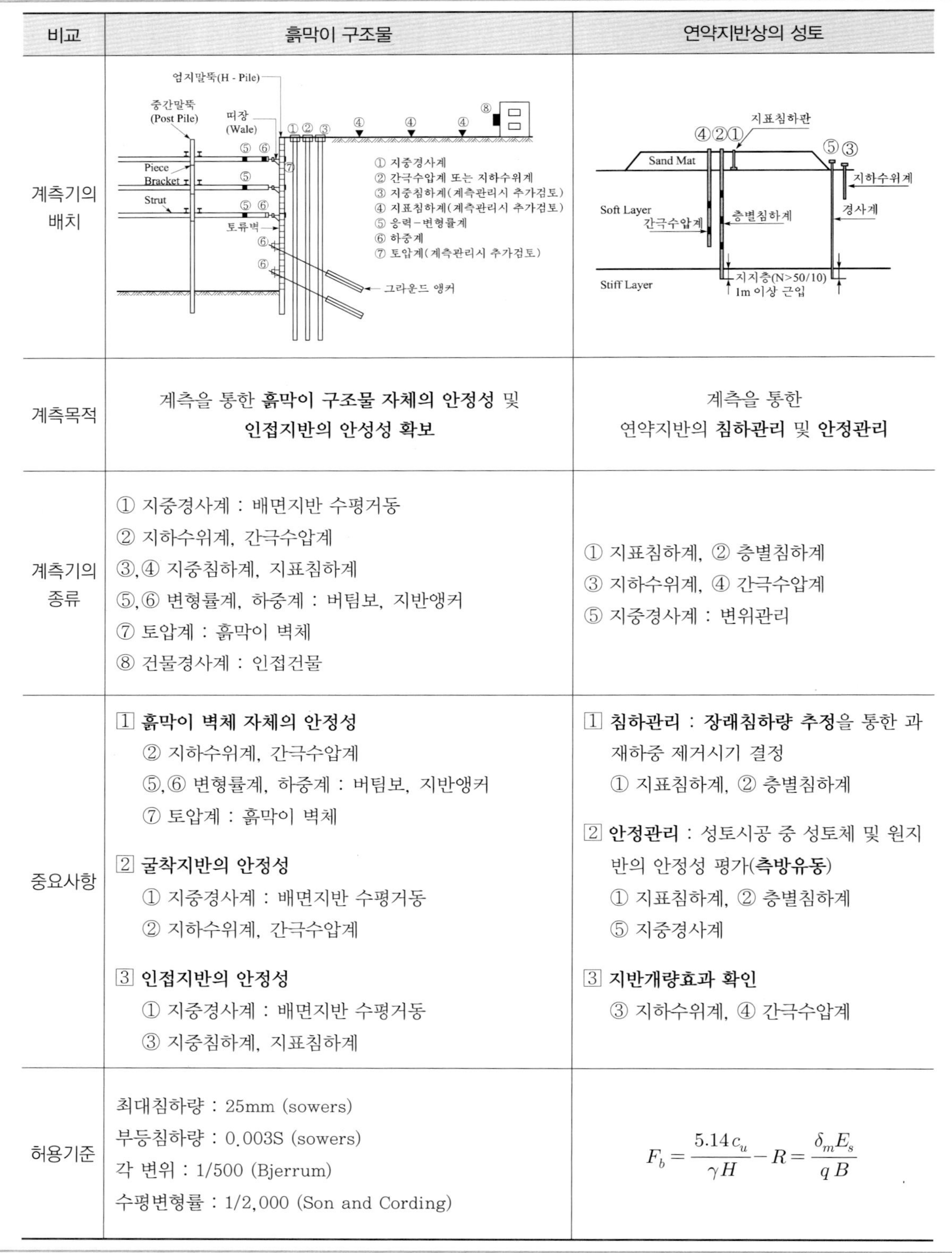

비교	흙막이 구조물	연약지반상의 성토
계측기의 배치		
계측목적	계측을 통한 **흙막이 구조물 자체의 안정성** 및 **인접지반의 안성성 확보**	계측을 통한 연약지반의 **침하관리** 및 **안정관리**
계측기의 종류	① 지중경사계 : 배면지반 수평거동 ② 지하수위계, 간극수압계 ③,④ 지중침하계, 지표침하계 ⑤,⑥ 변형률계, 하중계 : 버팀보, 지반앵커 ⑦ 토압계 : 흙막이 벽체 ⑧ 건물경사계 : 인접건물	① 지표침하계, ② 층별침하계 ③ 지하수위계, ④ 간극수압계 ⑤ 지중경사계 : 변위관리
중요사항	1 **흙막이 벽체 자체의 안정성** ② 지하수위계, 간극수압계 ⑤,⑥ 변형률계, 하중계 : 버팀보, 지반앵커 ⑦ 토압계 : 흙막이 벽체 2 **굴착지반의 안정성** ① 지중경사계 : 배면지반 수평거동 ② 지하수위계, 간극수압계 3 **인접지반의 안정성** ① 지중경사계 : 배면지반 수평거동 ③ 지중침하계, 지표침하계	1 **침하관리** : **장래침하량 추정**을 통한 과재하중 제거시기 결정 ① 지표침하계, ② 층별침하계 2 **안정관리** : 성토시공 중 성토체 및 원지반의 안정성 평가(**측방유동**) ① 지표침하계, ② 층별침하계 ⑤ 지중경사계 3 **지반개량효과 확인** ③ 지하수위계, ④ 간극수압계
허용기준	최대침하량 : 25mm (sowers) 부등침하량 : 0.003S (sowers) 각 변위 : 1/500 (Bjerrum) 수평변형률 : 1/2,000 (Son and Cording)	$F_b = \dfrac{5.14\,c_u}{\gamma H} - R = \dfrac{\delta_m E_s}{q\,B}$

표 16-1

비교	터널	사면
계측기의 배치	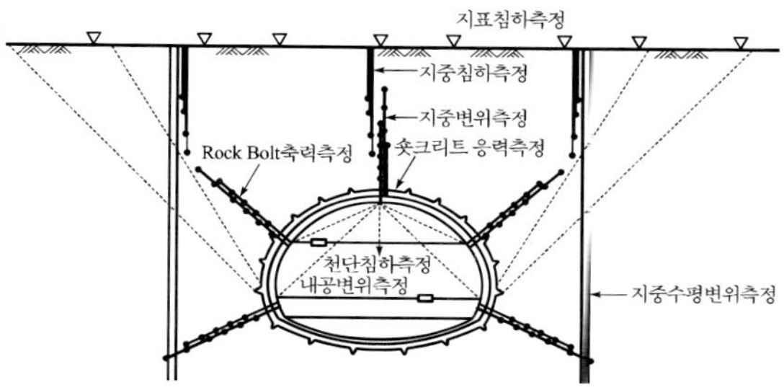 지표침하측정 지중침하측정 지중변위측정 Rock Bolt축력측정 숏크리트 응력측정 천단침하측정 내공변위측정 지중수평변위측정	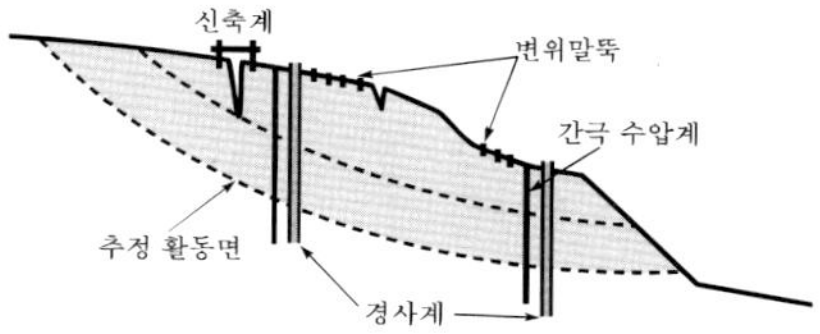 신축계 변위말뚝 간극 수압계 추정 활동면 경사계
계측목적	굴착공사시 **주변지반의 거동** 및 **각 지보재의 역학적 거동특성 파악**	**동태관측목적** 및 **대책공법의 유효성 확인**
계측기의 종류	① **지중침하계** : 심도별 지중 수직변위량 측정, 터널 이완영역의 범위 판단 ② **천단침하계** : 터널 천정부 지반 및 지보안정성 확인 ③ **내공변위계** : 변위량, 변위속고, 변위 수렴상태를 파악하여 주변지반의 안정성 확인 ④ **지중변위계** : 터널주변의 이완영역의 범위 파악 ⑤ **록볼트축력계** : 지보효과 확인 및 유효설계길이 판단 ⑥ **숏크리트 응력계** : 이완토압 및 축방향 응력 측정 ⑦ **지중수평 변위계** : 수평방향의 지반이완영역 및 절리 경사방향 판단	① 신축계 ② 변위말뚝 ③ 간극수압계 ④ 경사계
중요사항	• 주로 2차원 계측에만 의존하여 막장전방의 거동을 정확하게 파악할 수 없음 • 터널 구조물을 평면변형조건으로 가정하여 일정 간격의 횡단면에 대한 내공변위 및 응력 측정만 계획하고 종단방향의 계측은 계획하지 않는 것이 보통이다. 따라서 광파기를 이용한 3차원 내공변위 측정이 필요하다.	1 **동태관측 계측 시** : 붕괴조짐이 있는 것을 발견 후 즉시 필요한 계측기를 설치함. 2 **대책공 실시 계측 시** ① 대책공 실시전에 계측기를 매설하여 대책공의 효과, 변형량, 간극수압변화를 파악함. ② 말뚝에 경사계를 붙여서 실시하는 경우는 말뚝설치

표 16-2

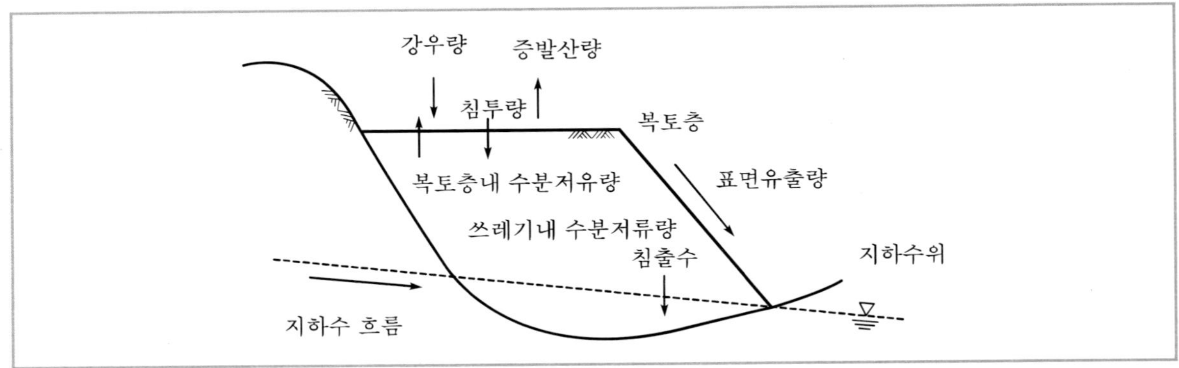

그림 16.58-1 폐기물 매립지내의 침출수 발생 모식도

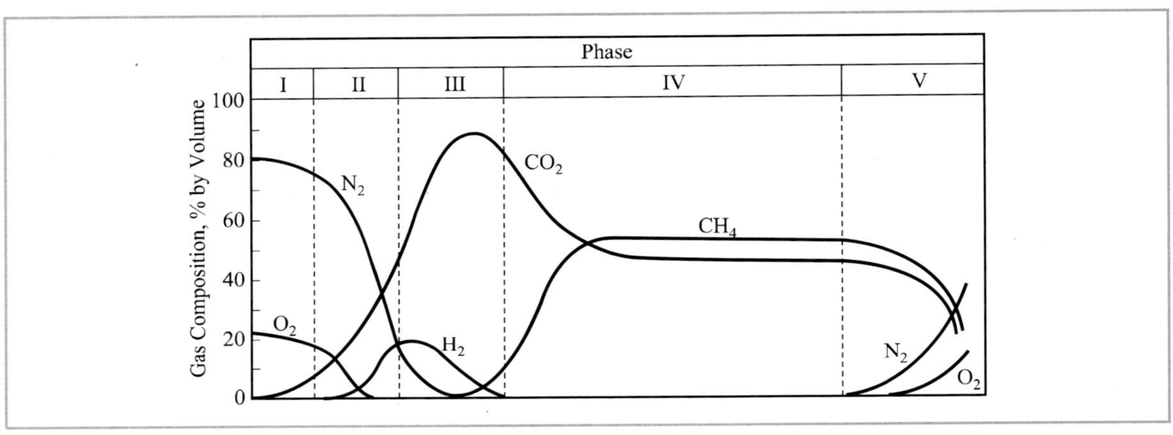

그림 16.58-2 폐기물 매립지의 안정화 과정(분해과정)

1단계 (호기단계) 매립 중 유입된 일정량의 공기에 의하여 **호기성 상태(공기중 산소가 필요)에서 미생물분해**가 이루어진다. CO_2 발생되고, 질소와 산소가 급격히 감소.

2단계 (혐기단계) 산소(O_2)는 고갈 CO_2와 H_2의 증가에 따라 혐기성 미생물이 서서히 활성화되기 시작.

3단계 (산 생성단계) 혐기성 미생물의 가속화된 활성화 CO_2의 최대 및 CH_4의 발생

4단계 (메탄 형성단계) 산 생성균에 의해서 생성된 산과 수소가스는 4단계에서 메탄과 이산화탄소로 전환된다(이러한 미생물을 메탄 생성균이라 함). 따라서 매립지내의 pH는 6.8~8.0정도로 약 알칼리성이 된다.

5단계 (숙성단계) 수분이 폐기물층을 계속 이동하면서 미처 분해되지 않은 유기물질이 계속하여 분해된다. 매립가스의 발생량은 5단계에서 급격히 감소하는데 이는 대부분의 영양물질이 앞 단계에서 침출수로 빠져나갔고 매립지에 남은 것은 대부분 난분해성 유기물이기 때문이다. 5단계에서 발견되는 주요 가스는 메탄과 이산화탄소이다.

해설 16.58-1 폐기물 매립지의 안정화 과정(분해과정)에 대한 이해

16.58 폐기물 매립층의 지반공학적 특성(1)

1 폐기물 매립지

- 폐기물 매립지는 장기간에 걸쳐 오염물질을 안정화, 무해화시킴으로써 주변환경에 악영향을 주지 않음과 동시에 일반토양과 같은 안정화된 구조를 가진 물질로 바꾸는 하나의 큰 용기라 할 수 있다.
- 따라서 **폐기물의 매립이 진행되고 있는 단계**에서는 **침출수**, **위생해충의 발생**, **매립지반 침하의 문제**가 있고 **매립 완료 후 사용종료 매립지의 문제점은 침출수**와 **가스발생에 따른 폭발가능성**이 주로 문제가 된다.

2 침출수

- 침출수는 주로 강우 시 매립지 복토면을 통해 침투되는 우수에 의해 발생되며 그밖에도 증발량, 증산량, 유출량, 폐기물 내 수분량 또는 폐기물 분해에 따른 수분 생성량, 폐기물 또는 복토의 수분 보유능력 등에 의해 영향을 받는다. 또한 매립되는 폐기물 층의 높이, 매립과정에서의 다짐밀도 등도 침출수 발생 영향인자로 작용할 수 있다.
- 그림 16.58-1 은 폐기물 매립지에서 발생되는 침출수의 발생경로 모식도를 나타낸 것이다.

3 폐기물 매립지의 안정화 과정(분해과정)

- 매립지 내의 생물학적 분해는 짧은 호기성 단계를 지나 혐기성 분해 과정에서 산 형성단계, 메탄 형성단계를 거치며 **매립가스를 생성하는 주된 메커니즘**으로 구성된다.
- Tchobanoglousetal.(1993)이 **매립지에서 발생되는 매립가스**는 미생물이 유기성 폐기물을 분해함으로써 생성되는 것으로 폐기물의 특성, 환경조건 등에 영향을 받지만 일반적으로 시간경과에 따라 그림 16.58-2 와 같이 5단계로 나눌 수 있다고 하였다.

4 폐기물 매립지의 물리적 특성

- **단위중량** : 폐기물 매립지의 단위중량은 다양한 지반공학적 평가 및 검토 시 입력정수로서 매우 중요하다. 매립지반은 다양한 종류의 폐기물로 구성되어 있으므로 폐기물 매립지의 단위중량은 $\gamma_i = \dfrac{W_i}{V_i}(kN/m^3)$ 같이 구한다. 동일한 매립지라 하더라도 매립물의 위치에 따라 비균질하기 때문에 다른 값을 보이며 분산정도가 매우 크다.
- **함수비** : 폐기물 매립지반의 함수비는 10%~50% 사이에 존재하며 강우량보다 증발량이 많은 지역에서는 함수비가 25% 수준이라고 하였다.
- **투수계수** : 폐기물 매립지반의 투수계수는 폐기물이 비균질하고 유로가 불규칙적으로 형성되기 때문에 일반토사보다 투수계수를 측정하는데 어려움이 많기 때문에 직접 구하기보다는 일반적으로 문헌과 개개 현장의 경험으로부터 추정된다. 평균적으로 $10^{-3}cm/\sec$ 정도의 값을 가진다.

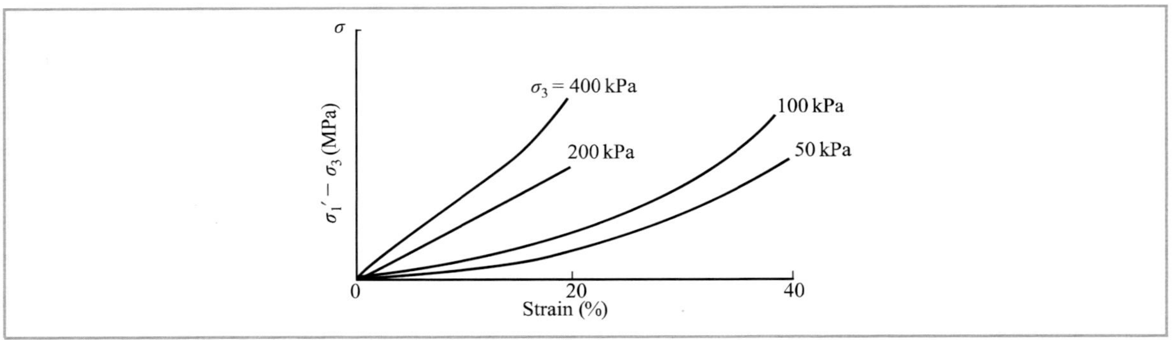

그림 16.59-1 도시 고형 폐기물의 삼축압축시험결과 예(Jessburger,1994)

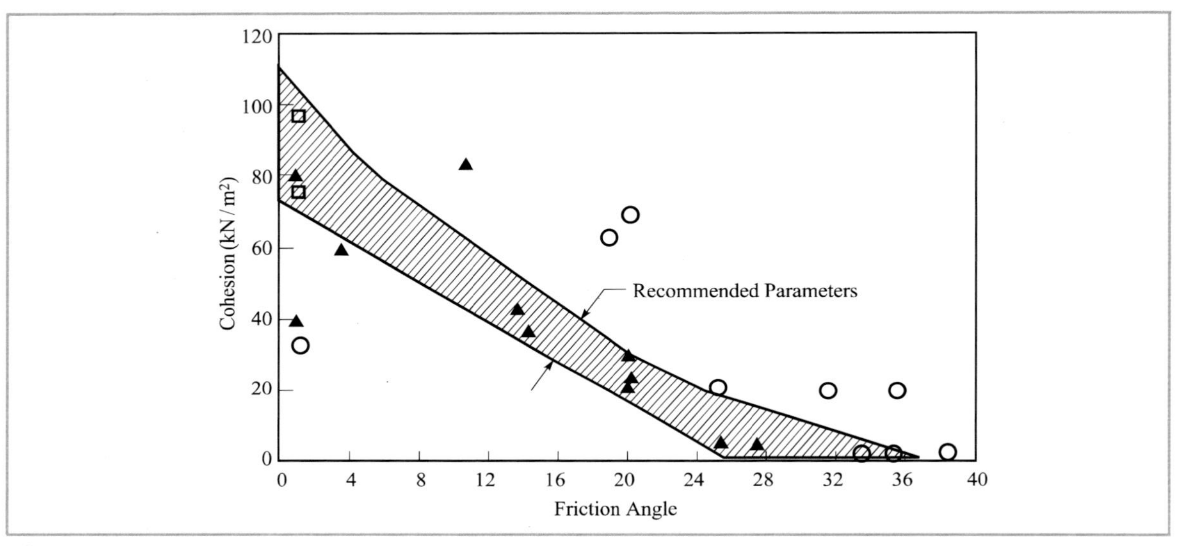

그림 16.59-2 폐기물의 마찰각과 점착력의 관계 (Singh and Murphy, 1990)

① 폐기물은 느슨하며 밀도가 낮다. 따라서 폐기물이 전단되는 동안 밀도가 수직응력의 크기에 따라 달라지며 이에 따라 시료는 내부적으로 구조배열이 서로 다른 상태에서 전단을 받게 되어 수직응력의 크기에 따라 강도에 많은 차이의 변화를 보인다.

② 강도곡선은 직선이 아니다. 곡선은 낮은 수직응력 범위에서는 내부마찰각이 크고 점착력은 작거나 0으로 나타나고, 큰 수직응력 범위에서는 상대적으로 낮은 수직응력 범위에 비하여 내부마찰각은 작고 점착력은 크게 나타난다.

③ 느슨한 폐기물은 최대강도에 이르기까지 일반 흙보다도 더 큰 변형범위를 나타내게 된다. 최대강도일 때의 변형률은 시료의 밀도에 따라 다르나, 파괴시의 변형률은 보통 20~50% 정도가 된다. 최대강도를 발휘하기까지의 변형률이 20~50%라는 사실은 대하중에 의해 파괴에 이르기까지 변형침하가 오래 지속될 가능성이 있다는 의미이다.

해설 16.59-1 폐기물 매립지의 직접전단 특성

16.59 폐기물 매립층의 지반공학적 특성(2)

- 간극비 : 매립된 폐기물의 간극비를 결정하는 것은 쉬운 일이 아니다. 폐기물은 서로종류가 다른 물질이 불규칙하게 섞여 있으므로 간극비를 산정하는 데 필요한 비중을 결정하기 어렵기 때문이다. Sowers(1973)는 폐기물의 간극비는 다짐정도에 따라 다르며 다짐이 불량한 경우 15, 양호한 경우 2의 범위에 있다고 하였다.

5 폐기물 매립지반의 강도 특성

- 폐기물 매립지의 전단강도는 일반토사와 마찬가지로 Mohr–Coulomb파괴 포락선을 이용하여 점착력과 마찰각을 표시될 수 있으며 삼축압축시험 또는 직접전단시험을 이용한 실내실험 결과와 현장계측, 현장실험 결과를 바탕으로 역산에 의한 방법으로 구할 수 있다. 실내실험의 경우 상대적으로 큰 시험 시편을 사용할 수 있으며 시험이 간편한 직접전단시험이 삼축압축시험 보다 보편화되어 있다.

- 그러나 실내 및 현장시험 방법 모두 매립지의 구성물질이 비균질성을 가지고 있기 때문에 그 적용성에 있어서 제한성이 매우 크다. 그림 16.59-1에 폐기물의 전형적인 삼축압축 강도시험의 결과를 도시하였다. 변형이 상당히 크게 발생하여도, 심지어는 변형율이 20% 혹은 40%에서도, 폐기물은 일반적으로 파괴에 이르지 않는다.

- 역산과 현장실험을 통해 다양한 조건의 폐기물로부터 구한 강도정수는 그림 16.59-2에 나타나 있다. 점착력은 약 $75 \sim 110kN/m^2$, 마찰각은 25°~36°의 범주에 있으며, 점착력과 마찰각의 최대값은 대립적으로 나타나는 경향을 보인다. 점착력은 입자간의 결합(bonding)에 기인한 것을 고려할 때, 폐기물이 진정한 의미에서 점착력을 발현하는 것은 아니며 측정된 폐기물의 점착력은 폐기물 구성 요소간의 결속(inter locking) 혹은 공간적 상치(overlapping)에 기인한다.

- 폐기물은 구성입자가 크기 때문에 직접전단 시 대형전단시험기를 이용하는 것이 바람직하다. 직접전단시험으로부터 얻은 강도 데이터를 해석하는데 있어서 많은 공학적 판단이 이루어져야 한다. **폐기물 매립지의 직접전단 특성**은 해설 16.59-1 같이 요약할 수 있다.

- Landva and Clark(1990)은 여러 종류의 폐기물에 대하여 287mm×434mm의 크기를 가진 직접전단시험기를 이용하여 강도를 측정하였다. 전단시험결과 대체적으로 강도정수 c와 ϕ는 각각 19~23 kPa과 35°~45°로 크게 나타나며 상대적으로 점착력은 작게 나타나 심지어 0인 경우도 있다고 보고하였다.

- 전술한 바와 같이 폐기물은 파괴에 이르기까지 변형율이 매우 크며, 변형이 30% 이상 발생하여도 파괴가 일어나지 않는 경향이 있다. 이는 폐기물 강도특성을 Mohr–Colomb 파괴론으로 설명하는 것이 적절하지 않다는 것을 의미하며, 동시에 폐기물매립시설의 설계의 경우에서와 같이 흙, 토목

① 폐기물 매립장의 안정해석에 있어서 또 하나의 문제점은 매립물의 적절한 강도정수를 결정하는 것이다. 통상의 매립물은 시간이 경과함에 따라 그 특성이 계속적으로 변화하는데 아직까지도 이러한 변화가 매립물의 강도정수에 어떠한 영향을 미치는가에 대하여 정량적으로 규명되어 있지 않다. 매립물의 강도를 측정하는 방법에는 실내시험, 현장시험 그리고 기존 매립장의 관측결과에 의한 역산방법을 사용한다.

② 실내시험에서 가장 일반적인 시험방법은 매립장에서 채취한 원 시료를 대상으로 대형 전단박스를 사용하는 직접전단 시험이다. 현장시험 방법에는 표준관입시험, 베인 전단시험, 콘 관입시험 등이 있으나 실내 및 현장시험 방법 모두 매립장의 구성 물질이 비균질성을 가지고 있기 때문에 그 적용성에 있어서 제한성이 크다. 매립물의 점착력과 내부마찰각을 정확하게 산정하기 위하여 평판재하시험 및 사면안정해석과 역산방법을 종합하여 판단하기도 한다.

해설 16.60-1 폐기물 매립지의 직접전단 특성

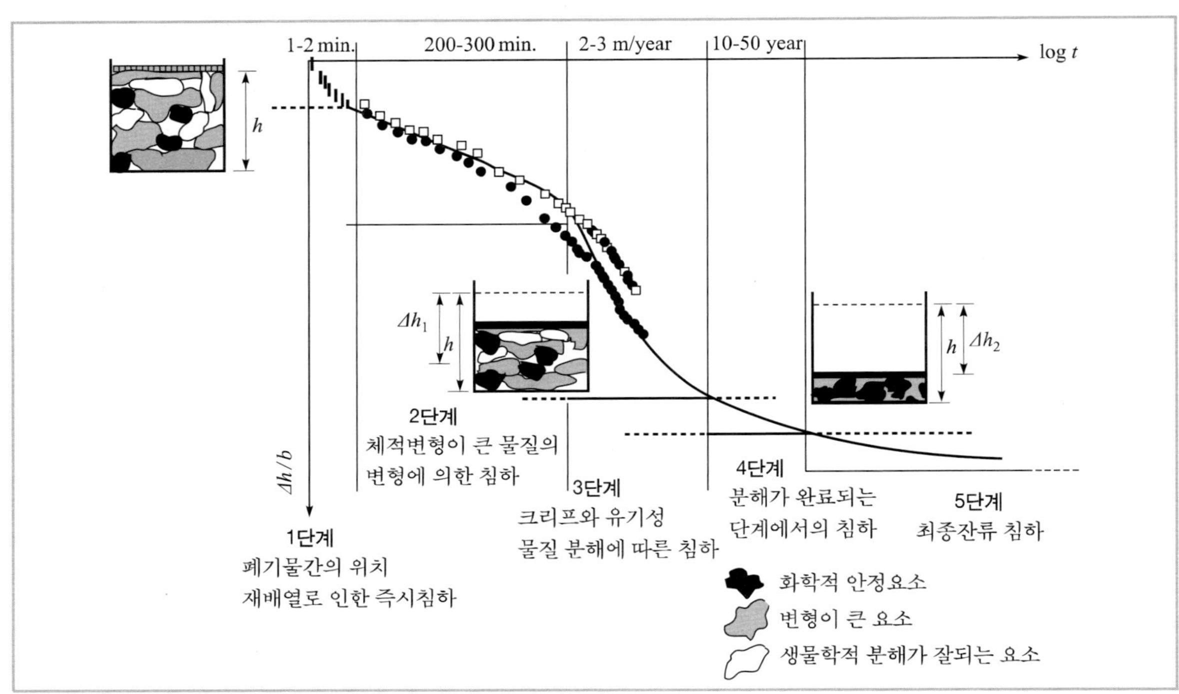

그림 16.60-1 매립지 폐기물의 침하양상(Grisolia and Napoleoni, 1995)

구 분	원인	기간	매립높이 대비 침하량	침하량 산정
초기침하	하중증가에 의한 탄성침하	수개월	약 5%	탄성계수, N치
압밀침하	하중에 대한 압밀침하	1년 정도	약 5%	압밀시험
부패침하	분해에 따른 침하	10~15년	약 25%	Sowes, Yen, 수치해석 및 계측결과

표 16.60-1 폐기물 매립지반의 침하량 비교

16.60 폐기물 매립층의 지반공학적 특성(3)

섬유 등과 함께 폐기물매립지를 구성할 때 폐기물 지반자체의 파괴는 다른 구성요소의 파괴에 비해 폐기물 구조체의 안정측면에서 결정적이지 않음을 말한다(Mitchelletal.1995).

- 폐기물 매립지의 안정해석 방법에 대해서는 해설 16.60-1 을 통해 설명하였다.

5 폐기물 매립지반의 침하 특성

- 폐기물 매립지반의 침하 메커니즘은 매우 복잡하며, 이러한 현상의 주된요인으로 **폐기물의 비균질성**과 **시간에 따른 폐기물의 분해**(decomposition)를 들 수 있다. 폐기물의 분해현상은 일반 토사지반의 침하와 다르게 폐기물 매립지반 침하에서만 나타나는 현상으로 침하에 크게 영향을 미치는 인자이다.

- 일반적인 토사지반의 침하는 상재하중이 가해지면 먼저 **즉시침하**가 발생하고 이어서 **압밀침하**가 발생하지만, 폐기물을 포함한 지반의 침하는 이러한 두 가지 종류의 침하와 더불어 **분해에 의한 침하가 추가로 발**생한다. 폐기물 지반에서 발생하는 침하는 토사지반에 비해 그 크기가 매우 클 뿐만 아니라 폐기물 성상의 비균질성으로 인해 침하량이 국부적으로 차이가 발생해 부등침하가 발생하기도 한다.

- 폐기물 매립지반의 침하 메커니즘은 그림 16.60-2 같이 나타낼 수 있으며, ① 폐기물 매립지반의 침하는 폐기물간의 위치 재배열로 인한 즉시침하, ② 체적변형이 큰 물질의 변형에 의한 침하, ③ 크리프와 유기성 물질 분해에 따른 침하, ④ 분해가 완료되는 단계에서의 침하, ⑤ 최종 잔류침하 등 순차적으로 다섯 단계로 구성된다.

- 폐기물 매립지반의 침하량에 대해서는 표 16.60-1 을 통해 비교 설명하였다.

6 일반적인 흙과 폐기물 매립지반의 압밀거동 차이점

- 일차와 이차 압축은 초기 간극비와 초기 매립고의 함수이지만 폐기물 매립지에서 이를 정확히 추정하기가 쉽지 않고, $e-\log\sigma'$ 또는 $e-\log t$ 관계에서 결정되는 C_c와 C_α는 매립지에서 상재하중과 시간경과에 따라 크게 변화하며

- 일차 침하는 폐기물 단위중량과 침출수의 누적여부에 의해서 영향을 받으므로 이에 대한 고려가 필요하다.

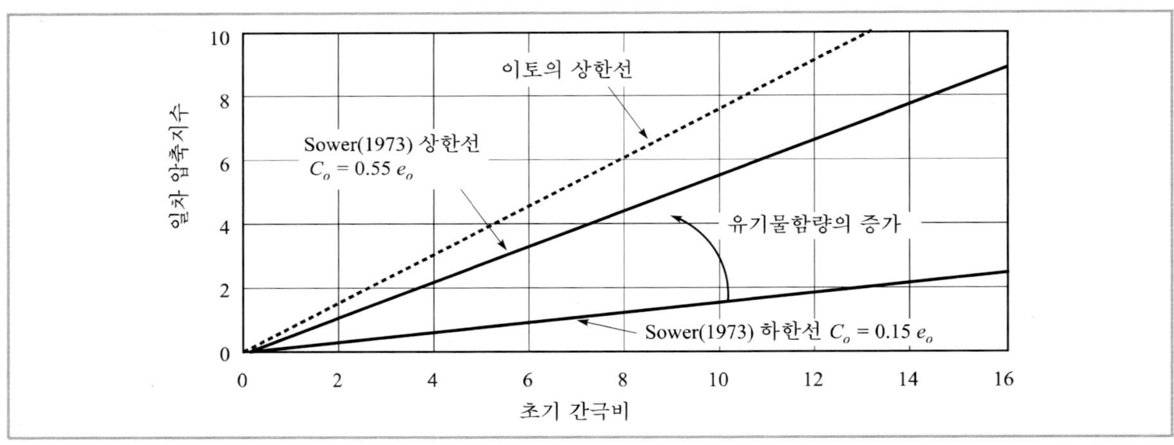

그림 16.61-1 초기간극비와 일차 압축지수 관계

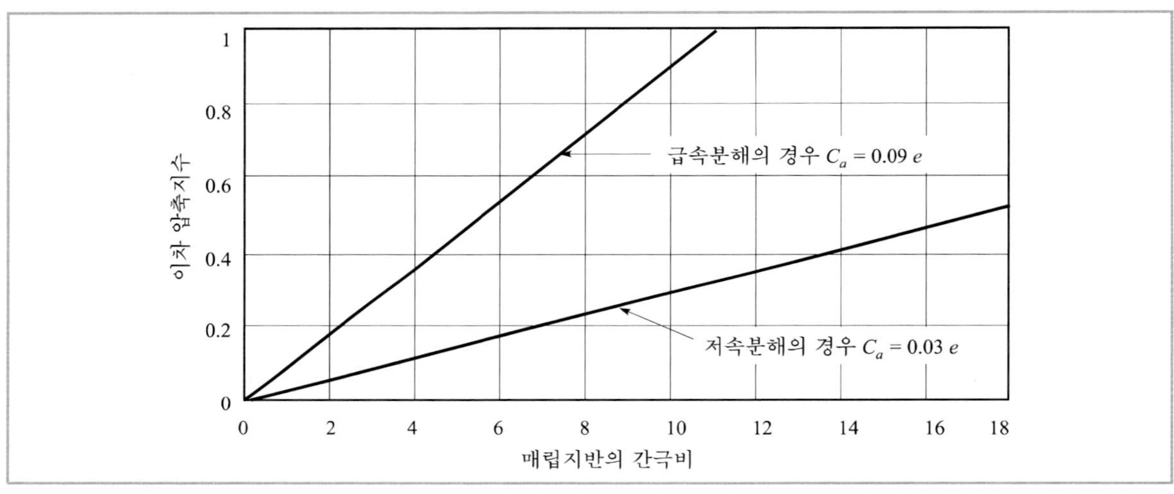

그림 16.61-2 매립지반 간극비와 이차 압축지수 관계

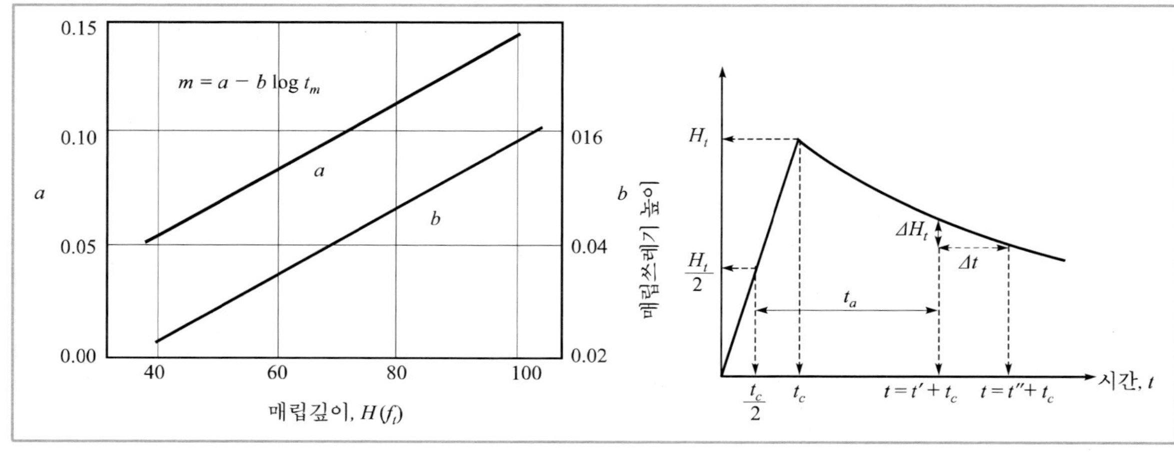

그림 16.61-3 침하율 매개변수 a와 b 및 시간경과에 따른 폐기물 높이의 변화 (Yen, 1975)

16.61 폐기물 매립층의 지반공학적 특성(4)

7 Sower(1973)에 의한 침하량 산정

■ Sower(1973) 등은 폐기물 매립지에서 침하를 유발하는 메카니즘은 그 형태에 따라서 크게 두개로 나눌 수 있으며, 첫째로 역학적인 침하요인과 생물학적인 분해에 의한 급격한 일차 침하량을 일차 압축지수를 이용하여 주정하였다. 둘째로 폐기물 구성물의 Creep과 물리, 화학작용 및 생화학적 작용에 의해 일정한 속도로 나타나는 연속적인 침하 즉, 이차 침하량을 이차 압축지수를 이용하여 추정하였다.

$$S_{pri} = \frac{c_c}{1+e_o} H_o \frac{p_o{}' + \Delta p}{p_o{}'}$$ 식 16.61-1

여기서, c_c : 매립지반의 일차 압축지수 → 그림 16.61-1 와 같은 초기 간극비와 압축지수의 관계로부터 구하게 되며 대체로 c_c는 유기물함량에 따라 초기 간극비 e_o에 0.15~0.55 사이에 값을 곱하여 구한다.

H_o : 매립층 두께, $p_o{}'$: 폐기물 하중

$$S_{sec} = \frac{c_\alpha}{1+e_o} H_p \frac{t_2}{t_1}$$ 식 16.61-2

여기서, c_α : 이차 압축지수 → 그림 16.61-2 와 같은 관계로부터 구하게 된다.

H_p : 일차 압축이 끝난 상태에서의 폐기물층의 두께

8 Yen과 Scanlon(1975)에 의한 침하량 산정

■ Yen과 Scanlon(1975)은 폐기물 매립지반의 침하율을 측정하기 위하여 미국 캘리포니아의 매립고 10∼40m 범위인 수 개의 매립지를 대상으로 매립이 완료된 후 9년동안 침하량을 관측하여 그 계측결과를 분석하고 이를 토대로 침하율을 산정하는 관계식을 다음과 같이 제시하였다.

$$m = a - b\log(t_1)$$ 식 16.61-3

여기서, a와 b는 침하율 매개변수로서 그림 16.61-3a 와 같고 a와 b는 매립깊이(H)와 선형적인 관계가 있으나 매립기간(t_c)과는 관계가 없는 것으로 나타났다.

■ 식 16.61-3 에서 t_1은 침하율 해석에 있어서 매립기간을 고려하기 위하여 도입된 매립칼럼의 중간시기라고 할 수 있는 수정기간이며, 이는 그림 16.61-3b 로부터 다음과 같이 정의된다.

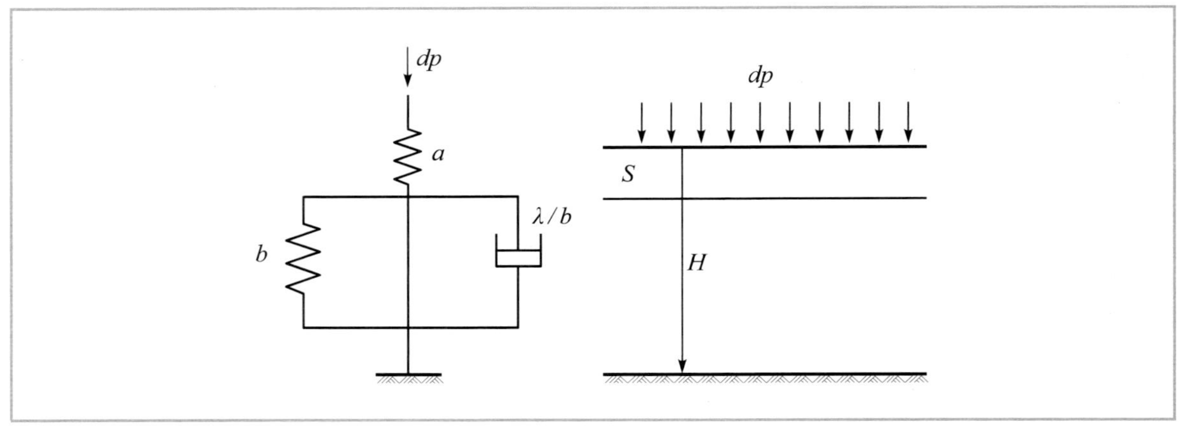

그림 16.62-1 Gibson and Lo의 모델

산정방법	개요	산정시 유의사항
Sower (1973)	c_c과 c_α를 이용 침하량 산정, c_c는 유기물함량에 따라 e_o에 0.15~ 0.55사이에 값을 곱하여 산정	• 현장의 초기간극비 산정이 어렵고, 유기물함량에 따라 산정된 계수들이 지나치게 개략적인 단점이 있음 • 따라서 침하의 경향분석은 가능하나 실제적으로 적용되기는 곤란
Yen과 Scanlon (1975)	침하율(m)을 이용하여 시간과−침하량의 관계를 선형화하여 침하량을 산정,	• 침하율(m)은 시간이 지남에 따라 감소하여야 하나, 계측결과 감소하지 않고 값이 계속되는 모습을 보임 • 따라서 매립지 침하의 정성적인 파악만이 가능할 뿐 정확한 침하량을 예측하기에는 한계가 있음
Morris and Woods (1990)	일반적인 지반에 사용되는 c_c와 c_α를 이용 c_c, c_α는 e_o와 비례한다는 가정하에 침하량 산정,	• c_c, c_α는 e_o와 비례한다는 가정에 문제점이 있다
점탄성 모델식	점탄성 모델식을 이용하여 매립지의 침하거동을 모사	• 유기질을 많이 함유한 지반의 2차 압축거동을 모사화 하는데 적당한 식으로 알려져 있다.
Power creep law (1990)	creep거동 경향을 이용하여 매립지의 침하량을 평가	• m, n의 결정이 어렵고, 일반적으로 2차압축의 영향을 과대평가

표 16.62-1 폐기물 매립지반의 침하량 산정방법 비교

16.62 폐기물 매립층의 지반공학적 특성(5)

$$t_1 = t - \frac{t_c}{t}$$ 식 16.62-1

여기서, t_1 : 매립칼럼의 중간시기

t : 매립초기로부터 매립이 진행되고 잇는 시점까지의 총 경과시간

t_c : 매립기간

9 Morris and Woods(1990)에 의한 침하량 산정

$$S = \frac{c_c}{1+e_o} H_o \frac{p_o' + \Delta p}{p_o'} + \frac{c_\alpha}{1+e_o} H_o \frac{t_2}{t_1}$$ 식 16.62-2

여기서, c_c : 일차 압축지수, c_α : ㄷ차 압축지수

c_c와 c_α는 e_o와는 비례한다라고 제안 $0.15\,e_o < c_c < 0.90\,e_o$, $0.03\,e_o < c_\alpha < 0.90\,e_o$

위의 식에서 사용되는 t_1은 이차압축이 시작되는 시간으로 보통 매립 완료 후 1개월로 한다.

10 점탄성 모델식에 의한 침하량 산정

- Gibson and Lo는 스프링 dashpot으로 구성된 모델을 이용하여 매립지의 침하거동을 모사화하는 식을 제안하였다. 그림 16.62-1 은 본 모델의 그성을 보여주고 있다.

$$S(t) = H_{\exists}(t) = H \times \Delta P \times \left[a + b(1 - \exp\frac{-\lambda}{b}t)\right]$$ 식 16.62-3

여기서, ΔP : 매립지내에 작용하는 추가된 하중

a, b, λ : 현장 계측치를 시간과 $\log(d_{\exists}/d_t)$ 의 관계로 나타낸 결과로부터 산정

11 Power creep law(1990)에 의한 침하량 산정

- creep경향을 이용하여 매립지의 침하량을 평가하는 식을 제안

$$S(t) = H \times \Delta P \times m(\frac{t}{t_r})^n$$ 식 16.62-4

여기서, m : 기준 압축성, n: 압축비, t_r : 기준시간

개념정리 ㉛ **다음의 질문에 답해보자 (1)**

질문 폐기물 매립지를 건설부지로 재활용하는 경우

1 예상되는 문제점

2 지반공학적 검토사항

3 구조물 기초처리방안

4 매립지반 처리방안에 대하여 설명하시오

답

폐기물 매립지반은 일반 토사 지반과는 다른 성질을 갖고 있기 때문에 부지 이용시 폐기물에 의한 공학적 및 환경적 문제에 대한 대책을 강구할 필요가 있다,

폐기물 매립지를 재활용하는 경우 지반침하, 가스발생, 침출수에 의한 지하수 오염, 기초파일 부식 등 많은 문제점이 발생한다.

따라서 폐기물 매립지를 부지로 재활용하는 경우 폐기물의 특성파악, 예상침하량 산정, 기초 구조물 보강, 폐기물지반 안정화 등에 대한 대책이 강구되어야 한다.

1 폐기물 매립지 재활용상의 문제점

① **지반성상의 비균질** : 폐기물 매립지반은 비균질성 및 이방성이 크다.

② **지반물성 변화** : 폐기물은 생화학적, 전기화학적, 물리작용에 의해 시간경과에 따라 자체의 구성상 및 물성이 변하게 된다. → 그림 16.58-2 **폐기물 매립지의 안정화 과정(분해과정) 연계**

③ **지반침하 과다** : 매립지의 매립되는 폐기물은 간극비 및 압축성이 크기 때문에 매립이 진행되는 동안뿐만 아니라 매립이 완료된 후에도 어느 일정 기간동안까지는 침하가 지속적으로 발생하게 된다. 일반지반의 경우는 상부건물의 하중에 의하여 즉시침하와 압밀침하가 발생하나 폐기물지반의 경우 상기의 2가지 침하 외에 폐기물의 생화학적 분해에 의한 부패침하가 추가적으로 발생하며 침하량이 과다하고, 국부적으로 간극비 압축성이 상이하므로 부등침하가 발생한다. → 그림 16.60-2 **매립지 폐기물의 침하양상(Grisolia and Napoleoni, 1995) 연계**

④ **지반지지력 부족** : 매립지반의 지지력이 부족하게 되므로 **폐기물 매립지반을 안정처리**함으로서 구조물 하부 매립지반의 지지력을 증가시킬 수 있다.

⑤ **Gas 및 열 발생** → 그림 16.58-2 **폐기물 매립지의 안정화 과정(분해과정) 연계**

⑥ **침출수 발생** → 그림 16.58-1 **폐기물 매립지내의 침출수 발생 모식도 연계**

⑦ **기초구조물 부식** : 매립지반내에 기초가 설치되면 기초구조물은 침출수 및 가스와 접촉하게 되어 부식이 발생될 우려가 있다.

⑧ **지반안정 장기화** : 폐기물은 장시간에 걸쳐 부패가 발생하기 때문에 자체적으로 안정화하는데 오랜 시간이 소요된다. 폐기물 매립지는 매립종료 후 2~5년 정도 지나면 침출수 발생량이 정지되거나 극소량으로 감소되나 가스발생, 침하 등을 고려하면 최소 20~30년 정도 경과된 후에 사용하는 것

이 바람직하다. 그러나 경우에 따라 조기에 사용하고자 하는 경우에는 매립지반을 인위적으로 안정시키는 작업이 필요하다.

2 지반환경공학적 검토사항

① 폐기물 매립지반에 대한 지반환경공학적 특성 조사내용

- 폐기물의 물리·역학적·화학적 특성 → 침출수, Gas 특성 → 매립지반 주변 오염특성 → 매립지반의 전단강도 및 침하거동 특성 → 상부구즈물의 기초형식 및 부식특성

> 폐기물 매립지 조사 및 시험내용
> ① 물리적 특성 : 단위중량, 함수비, 수분보유 능력, 다짐, 입도, 간극비 등
> ② 역학적 특성 : 내부마찰각, 점착력, 압축지수, 압밀계수, 투수계수 등
> ③ 현장특성 : 평판재하시험, 표준관입시험, 콘 관입시험 등
> ④ 환경특성 : pH, 유기물 함량, 온도, 가스 성분, 침출수 성분 등

② 폐기물 종류별 매립부지의 이용성 검토

③ 사용종료 매립지 경과년수에 따른 토지이용 판단

3 구조물 기초 처리방안

① 영향요소 검토 : 폐기물 매립지반에 설치되는 기초구조물 및 지하구조물을 설계할 때에는 **지반공학적 요소**(비중, 밀도, 함수비, 입도, 점착력, 내부마찰각, 압밀 등)에 **환경적 요소**(오염종류, 전단항치, pH, 이온농도, 박테리아 등)가 고려되어야 한다. → **구조믈의 내구성과 연관되는 사항**

② 기초형식 결정 :

얕은기초 → 부등침하를 견디기에 충분한 강성확보

깊은기초 → 말뚝의 부식 잠재력 및 부마찰력에 대한 안정성 확보와 항타시공 관입성에 대한 검토 필요

③ Gas 처리 : 가스가 확산되어 구조물에 스며드는 것을 방지하기 위해 지하실 및 기초구조물에 멤브레인 등을 설치

④ 관측수행

4 매립지 처리방안

> ■ 폐기물 매립지반의 처리방안은 2가지 측면에서 검토되어야 한다.
> 첫째는, 환경공학적 측면으로서 → 침출수, 가스 등에 대하여 위해성이 없어야 하며
> 둘째는, 지반공학적 측면에서 → 지반침하, 지지력 부족 등에 대한 안정성 확보
>
> ■ 폐기물 매립부지 개량에 그 동안 지반공학분야에서 사용된 재래식 지반개량공법
> ① 치환공법 ② 선행재하공법 ③ 동다짐공법 ④ 모래다짐말뚝 ④ 약액주입공법

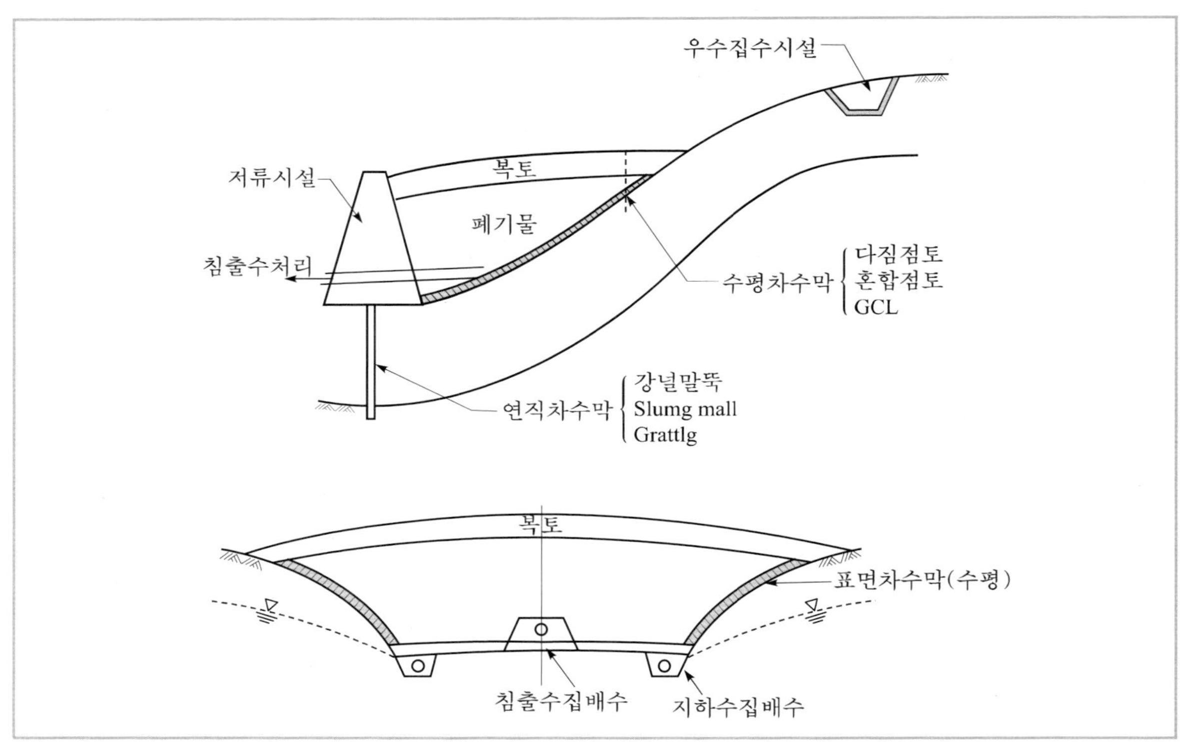

그림 16.63-1 폐기물 매립지 구조

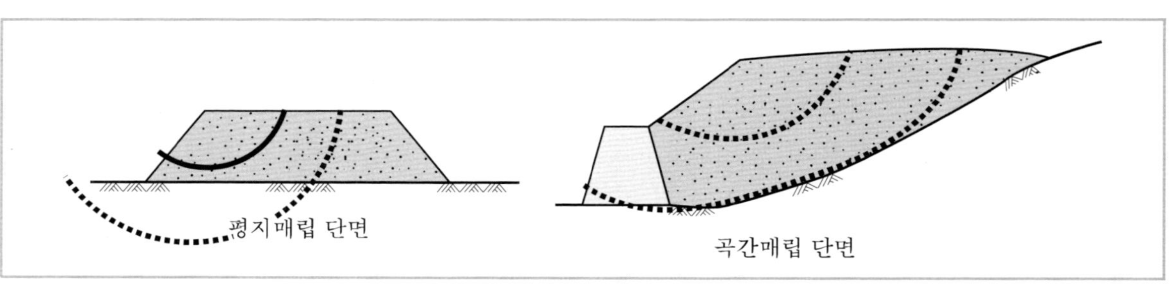

그림 16.63-2 폐기물 매립지 사면안정

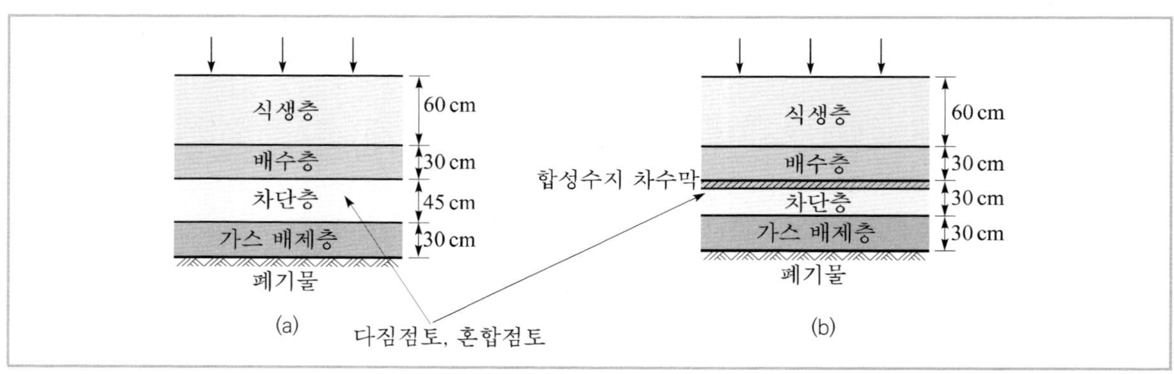

그림 16.63-3 복토단면 및 폐기물관리법 시행규칙에서의 차수시설

16.63 폐기물 매립장의 설계(1)

- 쓰레기 매립장은 쓰레기 매립을 위한 준비시설인 **기반시설공사**와 쓰레기를 매립하는 **매립공사**로 구분할 수 있음
- 매립장은 공사단계별로 구조적으로 안정한 시설 또는 붕괴 등이 발생되지 않아야 하고 환경오염발생이 되지 않게 해야 함 따라서 일반건설공사보다 환경 측면이 강조되고 세심한 배려가 필요함
- 기반시설공사시 검토항목 ① 사면안정 시설 ② 집 배수 시설 ③ 우수배제 시설 차수시설
- 매립공사시 검토항목 ① 복토(매일, 중간, 최종복토) ② 악취 및 해충 서식 ③ Gas 발생 ④ 처리수질관리 ⑤ 조경 ⑥ 오염감시체계

1 기반시설 공사시 검토내용 : 사면안정+집·배수+우수배제+차수시설

- **사면안정** : 매립장은 그림 16.63-2 같이 곡간매립과 해안가의 평지매립형태로 구분, 사면안정이 되기 위해서는 매립높이와 관련하여 사면안정검토를 수행하여 적정구배로 법면이 처리되어야 하고 옹벽과 같은 구조물로 하는 경우는 매립량을 더 많이 할 수 있음. 해안가 등의 연약지반인 경우 옹벽시설은 전체적 사면안정이 확보되어야 하므로 지반개량 등이 필요하기 때문에 매립량은 감소하나 구배로 조정함이 합리적임
- **집 · 배수시설** : 발생되는 침출수를 신속히 집수 배수하여 매립장내에 수위상승을 억제토록 해야 하며 수위가 올라가면 사면안정에 크게 불리하게 되므로 계획시 침출수 발생량 분석을 하여 침출수위를 고려한 사면안정 검토가 되야 함
- **우수배제시설** : 우리나라는 우기에 년 강우량의 대부분이 집중되므로 매립장 사면안정은 물론 침출수 발생을 최소화하기 위해 우수를 침출수와 구분하여 배제해야 함
- **차수시설** : 환경오염 측면에서 가장 중요한 사항으로 점토차수재, 혼합재차수재, Geomembrane차수재, GCL차수재, 토질안정차수재와 같은 **수평차수시설**과 Sheet Pile, 지하연속벽, Grouting과 같은 **연직차수시설**이 있음. 국내법규에 의하면 차수시설은 **합성수지차수막 점토사용** 및 이와 동등 이상으로 규정되어 있으며 **투수계수가** $1 \times 10^{-7} cm/sec$ **이하**로 엄격함에 유의해야 함

2 매립공사시 검토내용 : 복토+악취+Gas+침출수+조경+오염감시체계

- **복토** ① 매일복토 : 쓰레기 노출 방지 **비산 악취저감**을 위해 실시함
  ② 중간복토 : **진입로 부지정리** 우수배제구배 유지 매일복토기능을 위해 실시함
  ③ 최종복토 : 매립장 폐쇄 후 **식생 우수침투방지 가스확산 억제**를 위해 실시함

차수재의 종류	특징
점토 차수재	• 투수계수가 $1\times10^{-7}cm/sec$ (폐기물관리법) 이하인 재료가 매립지에 자연적으로 형성된 자연점토차수재. • 이 경우 층두께, 투수계수의 불균일한 경우가 예상되므로 투수계수측정 시험이 대상면적에 걸쳐 시행되어야 함
다짐점토 차수재	• 자연점토차수재가 없는 경우 토취장에서 구득한 다짐점토 차수재를 이용 • 이 경우 입도, 다짐시 투수계수, 다짐시 함수비 관리가 중요(습윤측 다짐 실시)
혼합점토 차수재	• 점토차수재+Bentonite 또는 cement
Geomembrane 차수재	• 합성섬유인 sheet로 HDPE가 대표적으로 많이 사용되고 sheet의 손상, 내구성 문제로 하부에 보조차수재를 두며 투수계수는 1×10^{-7}cm/sec 이하인 점토로 함 → 그림 16.63-3b • HDPE는 이음부에서 차수결함 발생가능성이 크므로 주의해야 하고 장비투입시 보호층이 포설되어 시공시 찢어짐이 없도록 해야 함
GCL(Geosynthetic Clay Liner) 차수재	• 토목섬유인 직포 또는 부직포 사이에 Na계 벤토나이트를 넣어 결합시킨 것으로 공장제품임 • 두께는 비교적 얇아 1cm 정도이며 다짐점토의 약1m 두께의 차수성능을 가짐, 접합은 단순히 겹치는 것으로 하며 흡수시 벤토나이트의 팽창으로 자동적으로 부착됨을 이용함 GCL 차수재 Bentonite 토목섬유
Spray 차수재	• 매립장 절토법면, 경사가 심한 바닥면에 점토차수재, 혼합차수재 또는 GCL차수재 등은 설치시공이 곤란하므로 이와 같은 경우에 사용되는 차수재임 • 포설시 균등한 두께가 되도록 하고 지하수의 유입을 막기 위해 배면에 filter 등을 두어 장기적으로 침출수 증가, 표면탈락을 막도록 해야 함
연직 차수재	• 연직 차수재는 불량 매립지의 오염확산 방지, 수평차수재에 대한 차수기능 저하를 극복하기 위해 매립장 둘레에 설치하는 차수재로 sheet pile, 지하연속벽 등이 있음 • 설치심도는 하부의 투수층을 통과해야 하고 이음부 지수가 되도록 해야 함

표 16.64-1 폐기물 매립지 차수재의 종류

16.64 폐기물 매립장의 설계(2)

폐기물 매립지 차수기준과 차수재 종류

폐기물 매립지 차수기준 : 그림 16.63-1 같이
① 차단층을 점토·혼합점토로 사용하는 경우와
② 합성수지 차수막+차단층을 점토·혼합점토로 사용하는 경우로 구분

차수재의 종류 : 표 16.64-1 같이

■ 오염감시체계

① 수질관리가 가장 중요하므로 매립장 주변에 지하수 감시정을 설치하고 주기적으로 지하수 오염 농도 오염거리 등을 관리함

② 악취 해충 수질 등에 대해 지속적으로 사후영향평가를 하여 주민생활에 피해가 되지 않도록 계획함

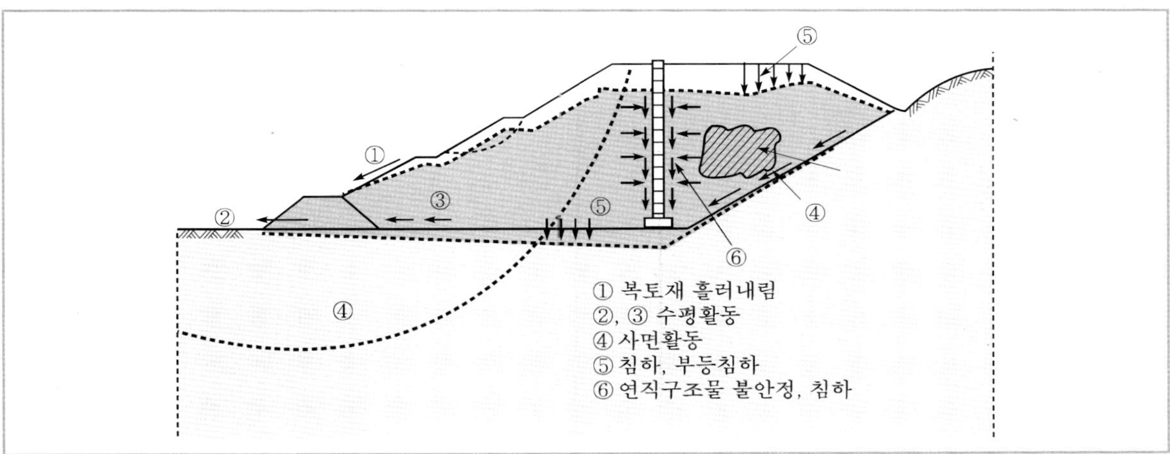

그림 16.64-1 매립지의 불안정성

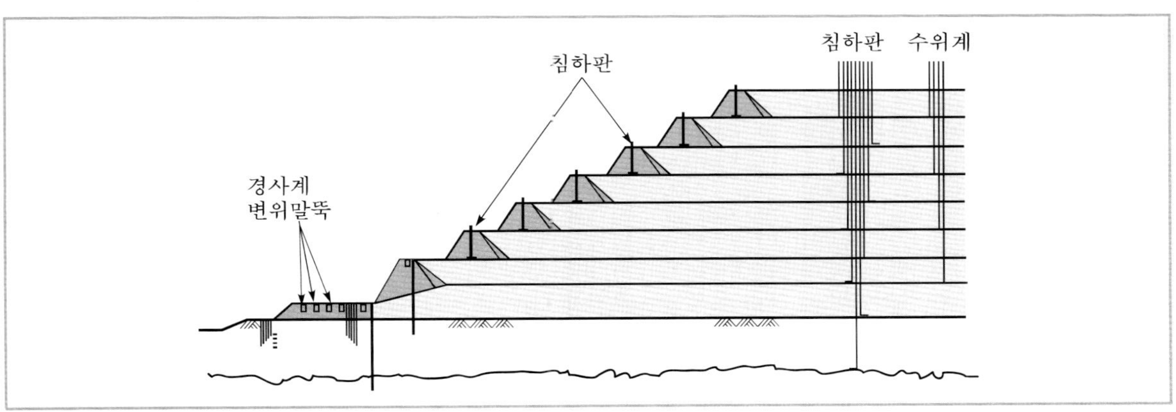

그림 16.64-2 계측기의 설치단면 예

제17장에 대한 목차

제17장

액상화(Liquefaction)

액상화 현상에서 유효응력 감소원인

① 상향 침투수압에 의한 Quick sand $u(\uparrow)=u_o+iz\gamma_w \rightarrow \sigma'(\downarrow) \rightarrow \tau_f \simeq 0$

② 매우 느슨한 포화된 사질토 지반에서 미소한 외력(**비배수 정적전단**)에 의한 액상화

③ 지진에 의한(**비배수 동적전단**) 사질토 지반에서 액상화

┌ **유동액상화**(Flow Liquefaction) → 급격한 파괴현상(**안정성 stability 문제**)

└ **반복변동**(Cycle Mobility) → 측방유동으로 대표되는 변형(**변형 deformation 문제**)

해설 17.1-1 액상화 현상에서 유효응력 감소원인 → 액상화 발생된 지반의 모습을 유추해보라.

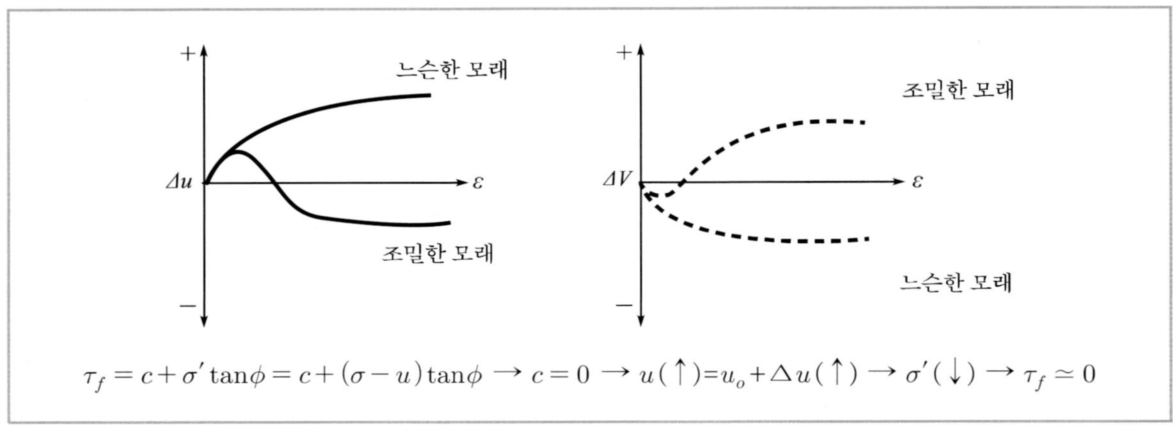

$$\tau_f = c+\sigma'\tan\phi = c+(\sigma-u)\tan\phi \rightarrow c=0 \rightarrow u(\uparrow)=u_o+\Delta u(\uparrow) \rightarrow \sigma'(\downarrow) \rightarrow \tau_f \simeq 0$$

그림 17.1-1 느슨한 모래지반에서 유효응력 감소로 인한 전단강도 상실 개념

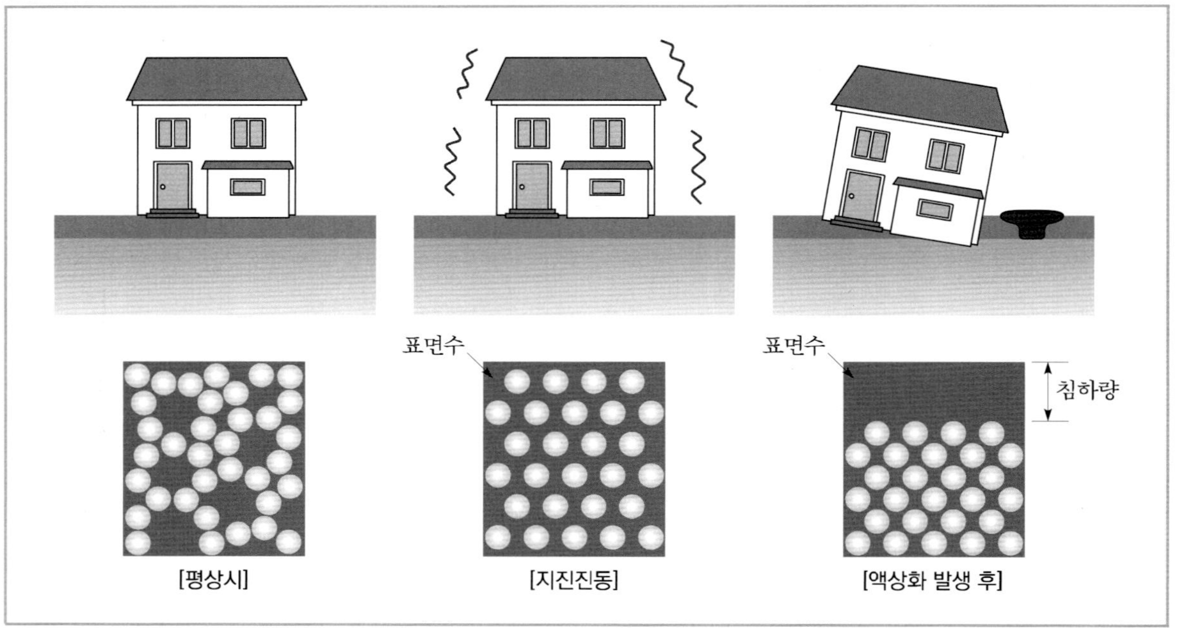

그림 17.1-2 액상화 현상 발생 시 지하수 · 흙 입자의 움직임 및 건축물 피해 모식도

17.1 액상화 현상의 정의 및 발생 메카니즘

1 액상화 현상의 정의

- 느슨한 사질토 지반의 경우 **지진과 같은 급속한 진동하중 발생시**, 순간적으로 **비배수상태**가 되어 **과잉간극수압의 증가로 유효응력이 감소**하게 된다. 진동하중이 계속되면 종국에는 **유효응력이 0에 가까워지면서 전단저항력을 잃게 되어** 액체처럼 거동하게 되는데, 이와같은 현상을 **액상화(Liquefaction)**라 한다. 즉, 유효응력 저하에 의한 파괴로서 동적하중으로 인한 포화 사질토 지반의 대표적인 **지반파괴 현상**이다.

- 액상화 현상의 대표적 증거? **분사현상, 지반침하, 측방유동** → 해설 17.1-1과 연계시킬 것

- 액상화는 크게 유동 액상화(Flow Liquefaction)와 반복변동(Cyclic mobility)으로 나눈다. **유동 액상화**는 **느슨한 모래지반**에서 지진이 계속되는 동안이나 끝난 후에 갑자기 발생하지만, **반복변동**은 지진 발생 중에 진행성 변형현상에 의해서 발생하며 **느슨한 모래와 조밀한 모래 모두**에서 일어난다.

2 액상화 현상 발생 메카니즘

- 액상화는 해설 17.1-1 같은 원인에 의하여 과잉간극수압 증가에 따른 유효응력 감소로 인하여 발생한다. 즉, 과잉간극수압이 점점 증가하여 유효응력이 0이 되면 흙이 저항력을 상실하여 파괴가 일어난다. 즉, $c'=0$인 사질토 지반이 $\sigma=u$인 상태가 되면, $\tau_f=(\sigma-u)\tan\phi'=0$된다.

※ 액상화 과정

느슨한 모래 또는 포화된 점토지반→급작스런 지진, 진동→ 그림 17.1-1 같이 (−)Dilitancy성향으로 (+)과잉간극수압 발생→유효응력감소→전단강도 감소→액상화 발생(지반파괴)

- 지진동 등의 반복하중을 받기 전의 지반은 지중 지반요소 위의 흙이 자중에 의해 구속을 받는다(그림 17.1-2a), 이러한 구속상태에서 **반복응력을 받게 되면 체적이 줄어들려는 경향이 있지만** 반복응력이 발생하는 동안에 **간극수압이 배수될 수 있는 시간적인 여유가 없어서** 체적의 감소가 바로 일어나지 않는다. **이렇게 체적이 감소하려는 사질토는 일정한 체적을 유지하면서 동시에 과잉간극수압을 발생하고, 유효응력을 감소**시키는 응력시스템의 변화를 발생시키게 된다. **간극수압이 증가하면서 유효응력은 계속 감소하게 되고 토립자의 상호간의 저항력을 잃게 되며 지반은 물처럼 거동하게 된다. 이러한 현상을 액상화**라고 한다(그림 17.1-2b). 액상화가 발생된 후에 토립자 사이의 간극수압이 소산되면 각각의 입자들은 다시 침하하여 다져지게 된다(그림 17.1-2c),

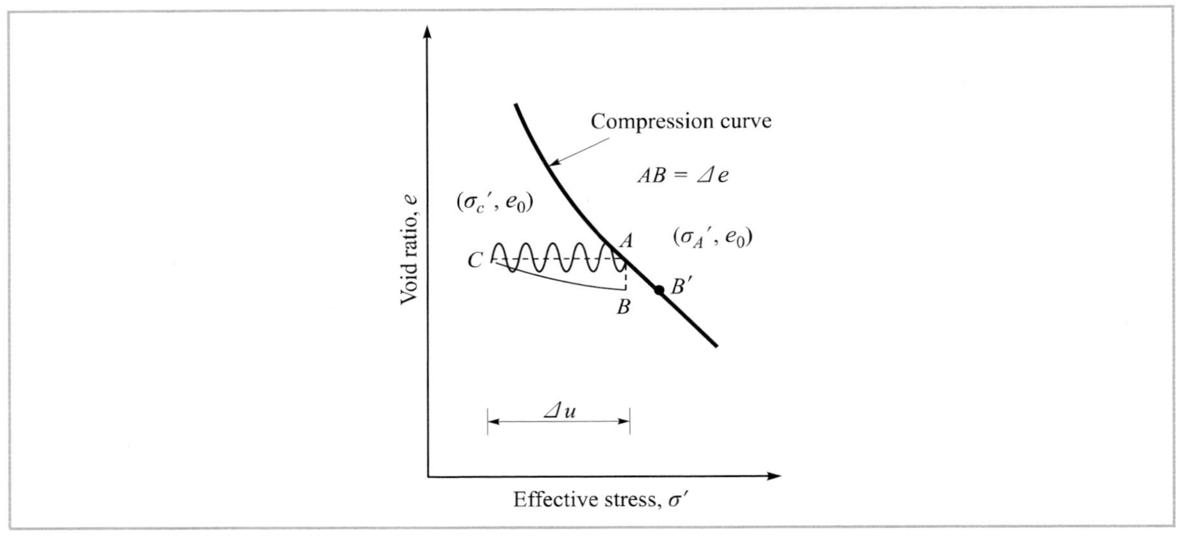

그림 17.2-1 액상화 발생시 유효응력 간극비의 변화

※ 그림 17.2-1 이해

$A \rightarrow B$: 급작스런 지진에 의해 지반은 조밀해지려는 경향이 있으나

$A \rightarrow C$: 급작스런 지진은 비배수조건에 해당하므로 $A \rightarrow B$ 거동이 아닌 $A \rightarrow C$ 거동 따라서 간극비는 변화가 없고 과잉간극수압 발생에 따라 유효응력은 감소

$C \rightarrow B$: 지진 후(액상화 발생 후) 지반은 침하발생

해설 17.2-1

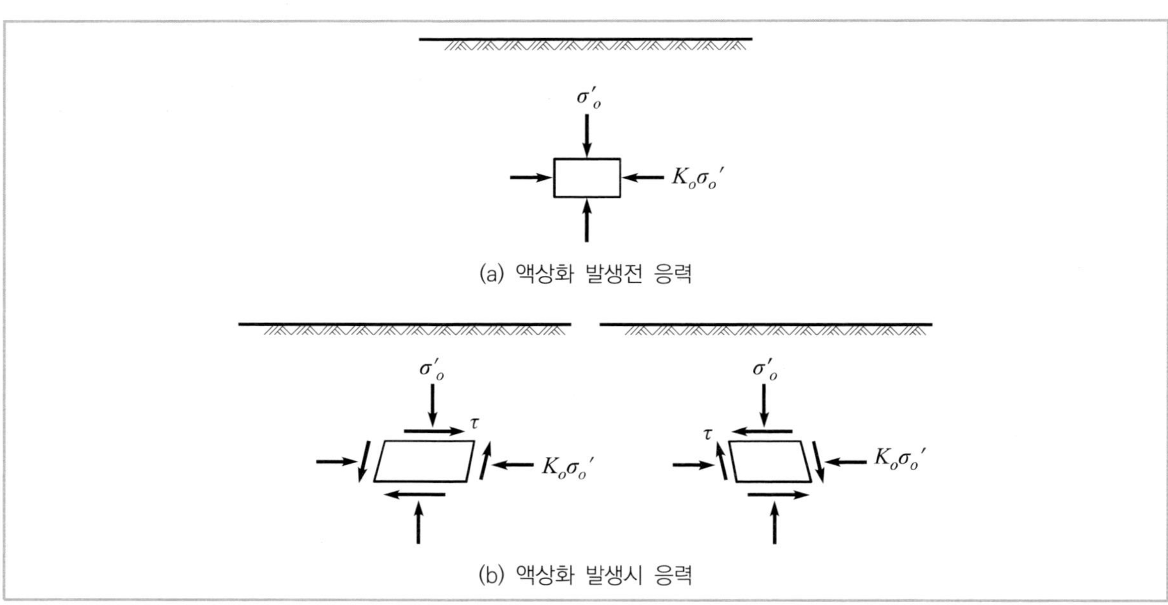

그림 17.2-2 액상화 발생시 지중응력 변화

17.2 액상화 발생 시 유효응력(간극비), 지중응력 변화 및 발생가능성 지반조건

1 액상화 발생 시 유효응력 간극비의 변화

- 그림 17.2-1에서 **배수가 자유롭게 허용된 상태**에서 진동하중이 가해지면 초기의 응력과 간극비를 나타내는 압축곡선상의 점 A는 간극수의 배수로 인하여 Δe만큼 발생하며 이때 점 A는 점 B로 이동하게 된다. (물론 유효응력증가를 동반하면 $A \rightarrow B'$ 이동하게 될 것임)
- 그림 17.2-1에서 **비배수 상태의 경우**에는 부피감소가 없으므로 과잉간극수압(Δu)의 증가로 인하여 유효응력이 점차 감소하여 응력상태는 점 C로 이동할 것이다. 즉, 액상화는 급속재하를 받을 때 발생하게 되는 과잉간극수압이 초기응력 상태와 같아짐에 따라 흙의 유효응력이 0이 되었을 때 발생한다고 볼 수 있다.

2 액상화 발생 시 지중응력의 변화

- 그림 17.2-2 참조

3 액상화 현상이 발생할 가능성이 있는 지반조건

- 지질학적 기준
  ① 느슨·포화·입도분포가 불량한 퇴적된 모래지반 → 하상퇴적토, 충적토, 붕적토, 풍적토
  ② 지하수위가 지표면으로부터 가까울수록

- 물리적 기준
  ① 오랫동안 액상화는 모래지반에서만 발생하는 것으로 생각되어 왔으나 최근에는 액상화 발생 가능한 입도기준의 폭이 넓어짐(세립토에서도 발생 가능)
  ② 점토크기($< 5mm$)의 함유량 15% 이하
  ③ $LL < 35\%$ 이하, $w_n > LL \times 90\%$, $LI < 0.75$

- 공학적 기준
  ① 한계간극비 ($e_o > 0.8$), ② $D_r < 50\%$
  ③ $N < 10$ ④ $n > 44\%$

4 액상화 검토를 생략할 수 있는 경우(KSD 17 내진설계 기준)

- $N > 25$ 이상인 지반(여기서, N값은 에너지 효율 보정 전의 값을 의미)
- 대상지반 심도가 20m 이상인 지반
- 소성지수가 18 이상이고, $w_n/LL < 0.8$ 이하인 지반
- 세립분 함유량이 35% 이상인 경우, $D_r > 80\%$ 이상인 지반
- 지하수위 상부 지반(여기서, 지하수위는 연중 최고지하수위 의미)

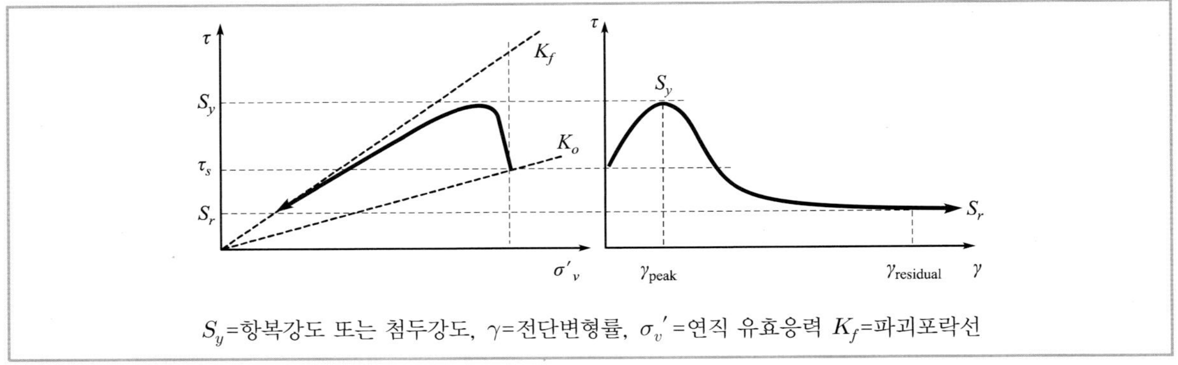

그림 17.3-1 느슨한 모래의 CU시험의 예

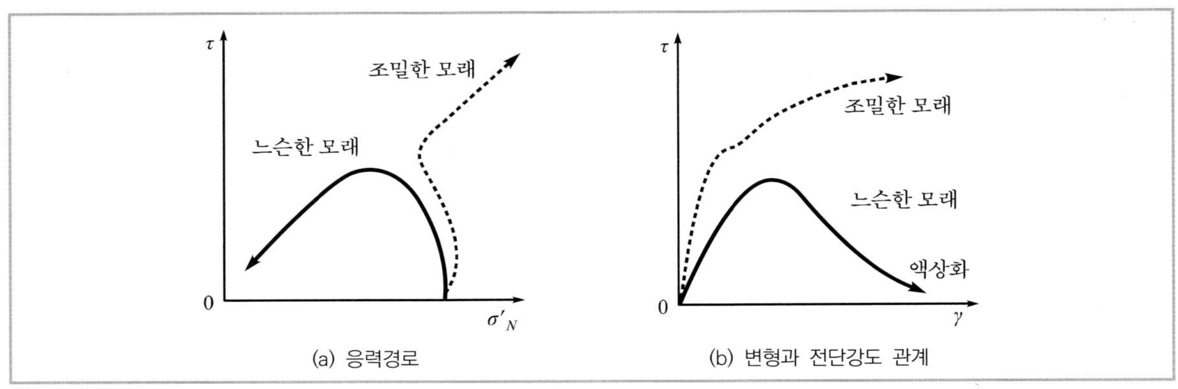

그림 17.3-2 조밀한 모래와 느슨한 모래의 응력경로 및 전단강도

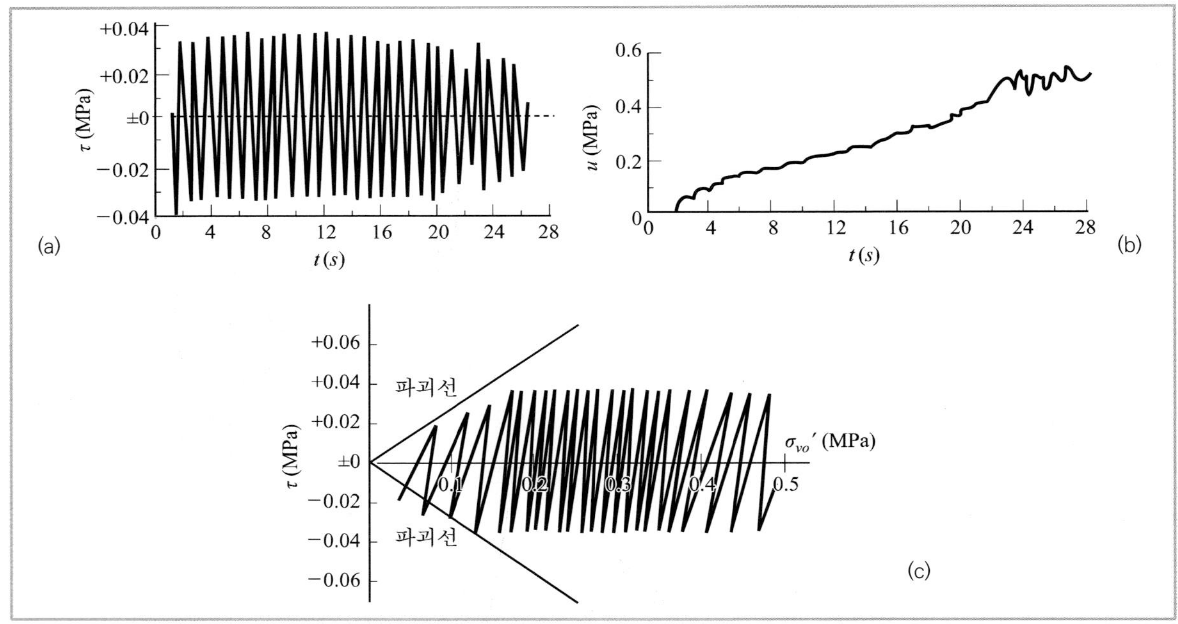

그림 17.3-3 반복하중 작용 시 전단응력, 과잉간극수압, 유효응력경로의 변화

17.3 액상화 현상의 종류 (유동액상화와 반복변동) (1)

1 단순증가하중의 경우=모래의 비배수 정적(전단)거동

- 골격구조가 불안정한 **느슨한 모래지반**은 단순하게 증가하는 하중만으로도 액상화가 쉽게 발생한다(즉, 정적전단응력 τ_n > 잔류전단강도 τ_f → 안정성의 문제).

- **느슨한 포화 모래에 대하여 압밀비배수전단시험(CU시험)을 실시**하여 전단시의 유효응력경로를 그려보면, 그림 17.3-1 같이 좌측으로 점점 이동하여 종국에는 원점까지 도달하게 된다. 이 상태에서는 유효응력이 0이기 때문에 모래는 이미 저항을 잃고 액체상태 즉 액상화가 발생한다(**유동액상화**를 의미한다).

- 그러나, 그림 17.3-2 같이 **조밀한 모래의 경우** 단순하게 증가하는 하중 하에서는 유효응력의 경로가 오른쪽으로 이동하게 되므로 전단강도가 오히려 증가하게 된다.

> ※ **단순증가하중 = 정적 전단응력을 의미 → 느슨한 모래 지반에서 유동액상화 발생**
> 정적전단응력(τ_n) > 잔류전단강도(τ_f) → 안정성(stability)의 문제

2 반복하중의 경우=모래의 비배수 동적(전단)거동

- **조밀한 모래지반**은 단순증가하중만(정적전단)으로는 액상화가 발생하지 않지만 비배수상태에서 그림 17.3-3a 같이 반복변형(동적전단)을 가하면 액상화가 발생한다(**반복변동**을 의미한다).

- 이것은 모래의 고유한 부의 다일러턴시에 의해 특히 전단방향이 몇 번이고 바뀐다면 그림 17.3-3b 같이 과잉간극수압이 축적되고 그림 17.3-3c 같이 유효응력이 점점 0으로 접근하기 때문이다.

- 즉 연직응력 σ_{vo}'가 일정한 상태에서 몇 번이그 방향을 바꾸는 주기적 전단응력을 받으면 과잉간극수압이 축적되기 때문에 유효연직응력 σ_{vo}'은 서서히 감소하여 그 유효응력경로는 좌측으로 진행하고 결국 파괴포락선에 도달하여 액상화가 발생한다.

- **반복변동**(Cyclic mobility)는 **조밀한 흙이나 느슨한 상태에 있는 흙에서 모두 발생**할 수 있다. KDS 17 내진설계기준에서는 반복변동을 반복연화(Cyclic softening)라는 용어로 정의하고 있다.

> ※ **반복하중 = 동적 전단응력을 의미 → 조밀한·느슨한 모래 지반에서 모두 반복변동발생**
> 정적전단응력(τ_n) < 잔류전단강도(τ_f) → 변형(deformation)의 문제
>
> ※ **반복하중 = 동적 전단응력을 의미 → 느슨한 모래 지반에서 유동액상화 발생**
> 정적전단응력(τ_n) > 잔류전단강도(τ_f) → 안정성(stability)의 문제

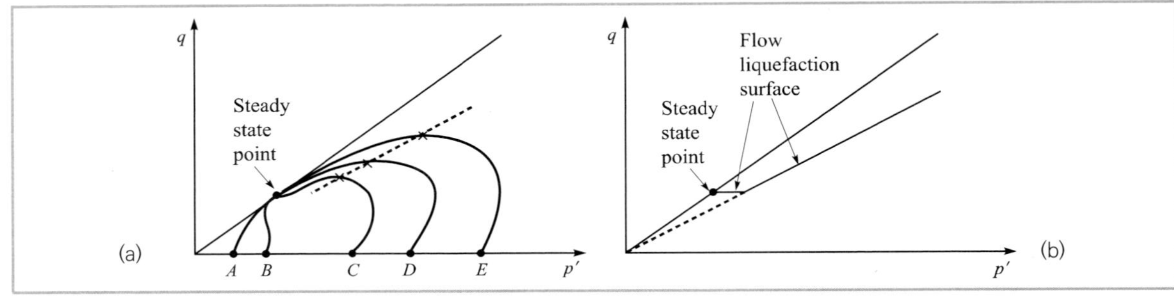

그림 17.4-1 정상상태와 유동액상화면(FLS)

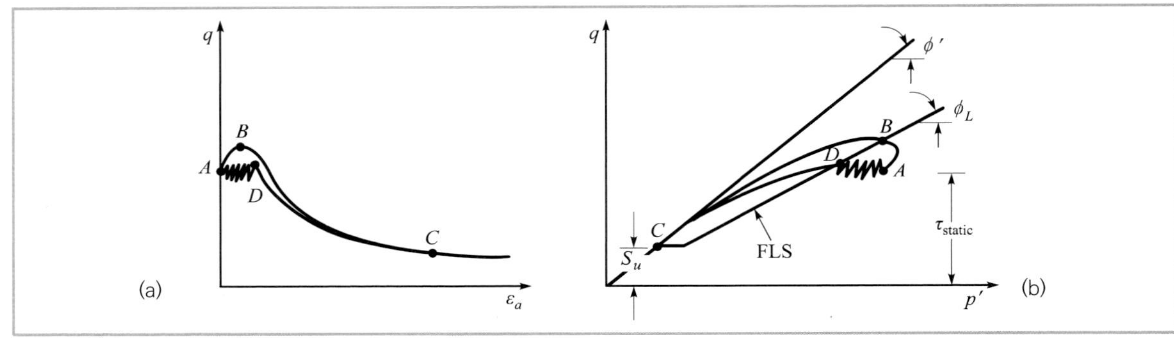

그림 17.4-2 정적·반복전단응력에 의한 유동액상화 발생

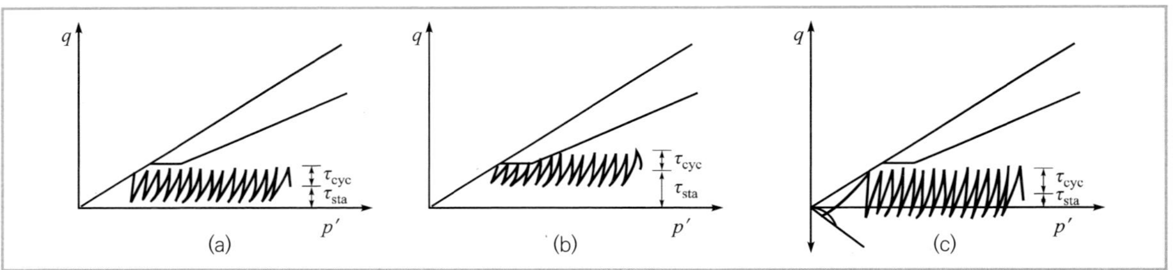

그림 17.4-3 반복전단응력에 의한 반복변동 발생

※ 그림 17.4-3 에 대한 이해

(a) $\tau_{sta}-\tau_{cyc}>0$, $\tau_{sta}+\tau_{cyc}<S_u$: 유효응력경로 좌로 이동하여 정상상태의 파괴포락선에 도달. 이 때 유효응력경로는 배수 파괴포락선 이상이 될 수 없으므로 응력경로는 포락선을 따라 상하로 움직일 뿐이다.

(b) $\tau_{sta}-\tau_{cyc}>0$, $\tau_{sta}+\tau_{cyc}>S_u$: 유효응력경로가 좌로 이동하고 유동액상화면에 도달하면 일시적으로 불안정한 상태가 일어난다. 이때 정적전단응력이 정적전단강도보다 크게 되었을 때 매우 큰 영구변형이 발생하게 된다.

(C) $\tau_{sta}-\tau_{cyc}<0$, $\tau_{sta}+\tau_{cyc}<S_u$: 반복재하시 전단응력의 방향이 변하며 압축과 인장을 포함하는 응력반전의 경우로서 응력반전의 정도가 커지면 커질수록 과잉간극수압의 발생률이 증가한다. 따라서 유효응력경로가 왼쪽으로 더 빨리 이동하여 배수 파괴포락선에 접하게 되고 파괴포락선의 압축과 인장부분을 따라 이동한다. 이 경우 또한 상당히 큰 영구변형이 누적되지만, 유동파괴는 일어나지 않는다.

해설 17.4-1

17.4 유동액상화면(Flow Liquefaction Surface, FLS)과 반복변동

1 유동액상화면(Flow Liquefaction Surface, FLS)에 대한 이해

- 유동액상화(flow liquefaction)는 **정적전단응력의 크기**가 정상상태 강도(**잔류전단강도**를 의미)**보다 커졌을 때** 발생하며 **비배수 전단시 포화된 느슨한 모래에서 발생**된다. 그림 17.4-1a는 크기가 다른 유효구속응력으로 모두 동일한 간극비가 되도록 압밀시킨 공시체의 단일재하(정적전단 의미) 비배수 응력경로를 나타낸 것이다. 이들 공시체는 서로 다를지라도 간극비가 모두 같으므로 **정상상태 변형**에서는 동일한 유효응력상태에 이르게 된다(steady state point).

> ※ **정상상태 변형**(암기 : 일·구·일·전-일·체·일·속)
> 일정한 구속응력과 일정한 전단응력하에서 일정한 체적과 일정한 속도로서 계속해서 일어나는 유동변형을 '정상상태변형'이라고 정의.

- 정상상태선 아래의 초기상태를 가진 A, B는(S.S.L 아래) 전단에 대해 팽창거동을 보이고, 정상상태선 위에 있는 공시체 C, D, E는(S.S.L 위) 첨두 비배수강도에 도달한 후 이들 첨두점(그림 17.4-2a의 x 표시점)에서 유동액상화가 시작되어 정상상태로 급히 변형하는 수축거동을 보여준다.

- 그림 17.4-1b같이 이들 유동액상화 시작점의 연결선은 직선이고 연장선은 원점을 통과한다. 응력경로 공간상에서 이 연결선을 '**유동액상화면(Flow Liquefaction Surface, FLS)**'으로 정의된다.

- 이러한 거동은 그림 17.4-2b같이 정적전단응력(τ_{static})이 액상화 상태(정상상태)의 전단강도(S_u)보다 큰 느슨한 모래에서 발생되며, **정적전단응력과 반복전단응력 모두에 의하여 일어난다.**

- 즉, 유동액상화면(FLS)은 비배수 전단시의 안정상태와 불안정상태의 경계선을 표시하며 만약 지반 내 한 점의 응력상태가 비배수 상태에서 유동액상화면에 도달하게 되면 재하 형태가 단일재하(**정적전단응력**$A \rightarrow B \rightarrow C$), 반복재하(**반복전단응력**$A \rightarrow D \rightarrow C$) 상관없이 유동액상화가 시작되어 정상상태로 감소하게 된다.

2 응력경로를 통해 알 수 있는 반복변동(Cyclic mobility)의 3가지 유형

- 싸이클릭 모빌리티(cyclic mobility)는 그림 17.4-3같이 **정적전단응력**이 흙의 **정상상태 전단강도**(**잔류전단강도**를 의미)**보다 작은 경우**에 발생하며, **느슨한 상태**로부터 **조밀한 상태** 모래까지 **범위에서 발생**된다.

- 싸이클릭 모빌리티는 **반복삼축시험**에서 일어나는 흙의 반응으로 설명할 수 있으며 해설 17.4-1같이 초기응력상태와 반복재하조건의 3가지 조건으로 설명된다.

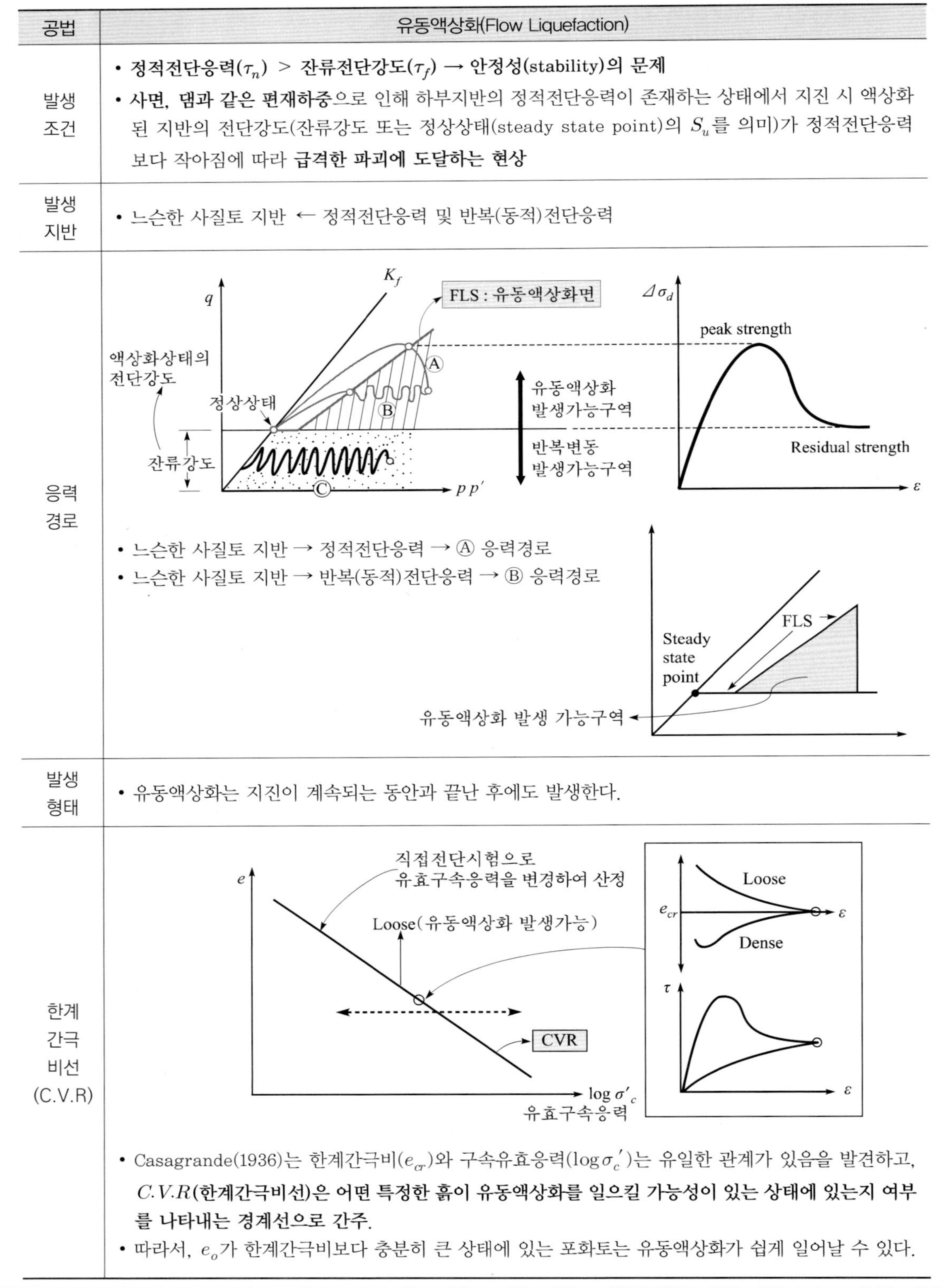

공법	유동액상화(Flow Liquefaction)
발생 조건	• **정적전단응력(τ_n) > 잔류전단강도(τ_f) → 안정성(stability)의 문제** • **사면, 댐과 같은 편재하중**으로 인해 하부지반의 정적전단응력이 존재하는 상태에서 지진 시 액상화된 지반의 전단강도(잔류강도 또는 정상상태(steady state point)의 S_u를 의미)가 정적전단응력보다 작아짐에 따라 **급격한 파괴에 도달하는 현상**
발생 지반	• 느슨한 사질토 지반 ← 정적전단응력 및 반복(동적)전단응력
응력 경로	• 느슨한 사질토 지반 → 정적전단응력 → Ⓐ 응력경로 • 느슨한 사질토 지반 → 반복(동적)전단응력 → Ⓑ 응력경로
발생 형태	• 유동액상화는 지진이 계속되는 동안과 끝난 후에도 발생한다.
한계 간극 비선 (C.V.R)	• Casagrande(1936)는 한계간극비(e_{cr})와 구속유효응력($\log\sigma_c'$)는 유일한 관계가 있음을 발견하고, **$C.V.R$(한계간극비선)은 어떤 특정한 흙이 유동액상화를 일으킬 가능성이 있는 상태에 있는지 여부를 나타내는 경계선으로 간주.** • 따라서, e_o가 한계간극비보다 충분히 큰 상태에 있는 포화토는 유동액상화가 쉽게 일어날 수 있다.

공법	반복변동(Cyclic mobility)
발생 조건	• **정적전단응력(τ_n) < 잔류전단강도(τ_f) → 변형(deformation)의 문제** • **해안 및 항만구조물의 경우** 포화된 사질트(조밀한, 느슨한 모두를 의미)가 일정한 함수비에서 반복된 하중을 받아 일어나는 진행성 연화현상, 유동액상화와 달리 정적전단응력이 액상화된 지반의 전단강도 보다 적은 상태로 반복전단응력에 의해 일어나는 **변형의 문제로 지진발생 도중에 점차로 증가되어 느슨한 모래, 조밀한 모래 모두에서 발생할 수 있다.**
발생 지반	• 조밀한, 느슨한 사질토 지반 모두 ← 반복(동적)전단응력
응력 경로	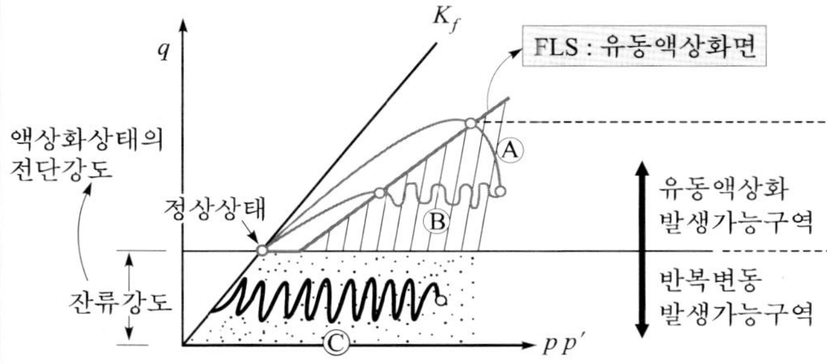 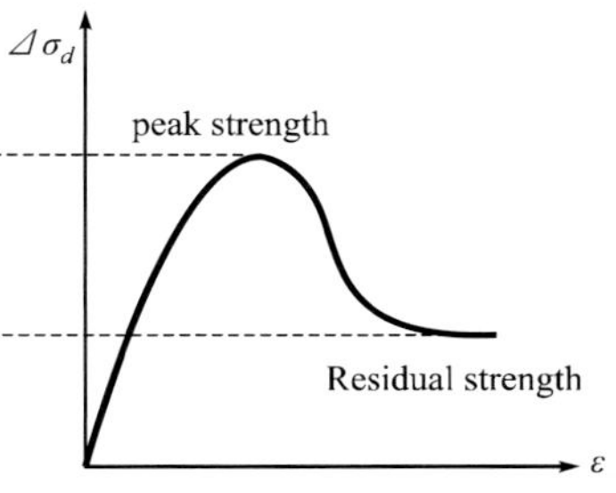 q, K_f, FLS : 유동액상화면, 액상화상태의 전단강도, 정상상태, Ⓐ, Ⓑ, Ⓒ, 잔류강도, p p′ 유동액상화 발생가능구역 반복변동 발생가능구역 $\Delta\sigma_d$, peak strength, Residual strength, ε • 조밀한, 느슨한 사질토 지반 → 반복(동적)전단응력 → Ⓒ 응력경로 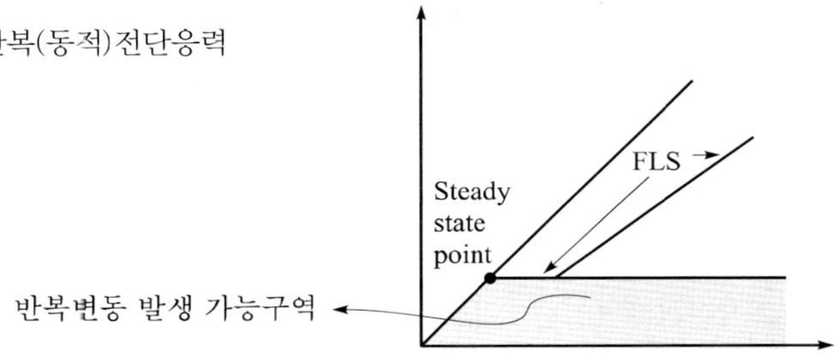 Steady state point, FLS, 반복변동 발생 가능구역
발생 형태	• 반복변동은 지진이 계속되는 동안에 발생되고, 끝난 후에는 발생되지 않는다.
정상 상태선 (S.S.L)	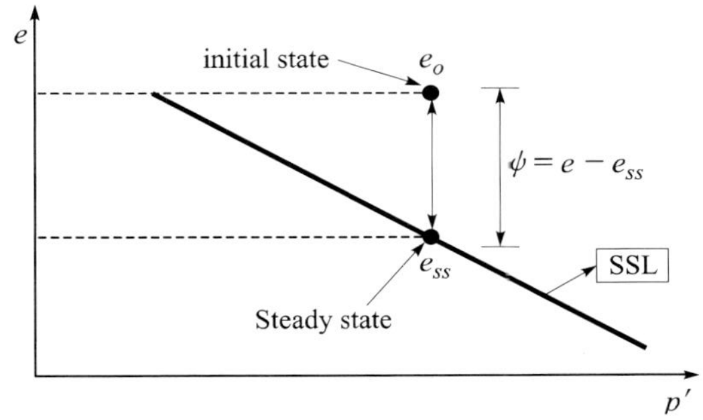 e, initial state, e_o, $\psi = e - e_{ss}$, e_{ss}, SSL, Steady state, p′ 상태정수 : $\psi = e_o - e_{ss}$ 초기간극비(e_o)가 정상상태선(S.S.L)으로부터 떨어진 거리 • $\psi = e_o - e_{ss} > 0$ → 흙은 수축거동을 보이기 때문에 유동액상화 발생 가능 • $\psi = e_o - e_{ss} < 0$ → 흙은 팽창거동을 보이기 때문에 유동액상화 발생하지 않음 • 정상상태선(S.S.L) 상부 또는 하부에 있는 모든 흙에서 반복변동은 일어날 수 있다. 즉, 반복변동은 조밀, 느슨한 상태에 있는 모든 흙에서 일어날 수 있다.

개념정리 ① 정상상태 변형과 상태정수 (I)

1 한계상태와 정상상태 변형

- Casagrande(1940)에 따르면 '한계상태'는 공시체가 배수상태에서 연속적으로 전단되는 동안 간극비와 연직응력, 전단응력이 일정하게 유지되는 상태를 의미하며 대변형에서 확인된다고 하였다. 또한 비배수 상태에서는 유효응력과 간극수압이 일정하게 유지되어야 한다고 하였다.

- **한계상태와 개념이 동일한 정상상태에 대하여** Pouls(1981)는 일정한 전단응력과 유효 구속응력 하에서 일정한 속도와 일정한 체적으로 지속적으로 일어나는 유동변형을 정상상태 변형이라고 정의하였다. 이 정상상태는 응력이력, 재하조건 및 흙 구조와 같은 초기상태가 모두 소멸된 이후에 대단히 큰 변형율 아래에서만 일어나게 되므로 유효구속응력과 흙의 밀도의 관계에 의해서만 결정되며 이 관계곡선은 정상상태선(Steady State Line, SSL)이라고 한다.

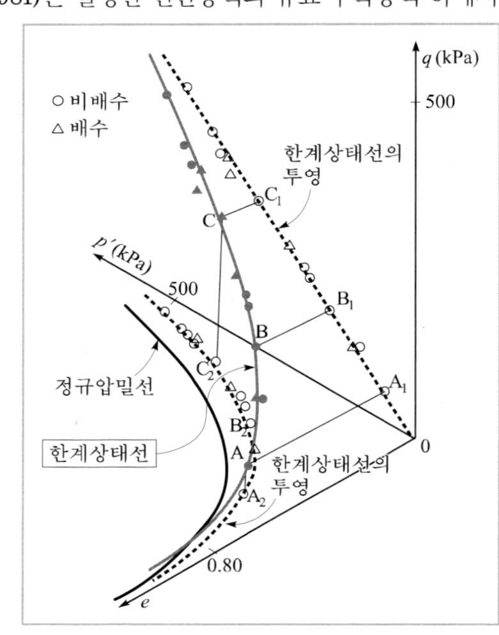

그림 개념 ①-1 $p' - q - e$ 공간에 유일한 곡선으로 표시되는 한계상태선(CSL)

- 정규압밀점토의 응력-변형률 관계에서는 축차응력이 증가하면서 전단변형이 발생하고, 변형률이 크게 증가한 이후 축차응력이 더 이상 증가하지 않는 상태에서 최대값에 이르게 된다. 동시에 체적의 변화 없이 전단변형이 증가하면서 파괴가 일어난다. 이를 한계상태 파괴라고 하며 한계상태 파괴 시의 축차응력을 한계상태 강도로 정의한다.

- 한계상태 강도는 잔류강도와 달리 체적변형률이 일정한 상태에서 파괴가 발생하는 특징을 가지고 있다.

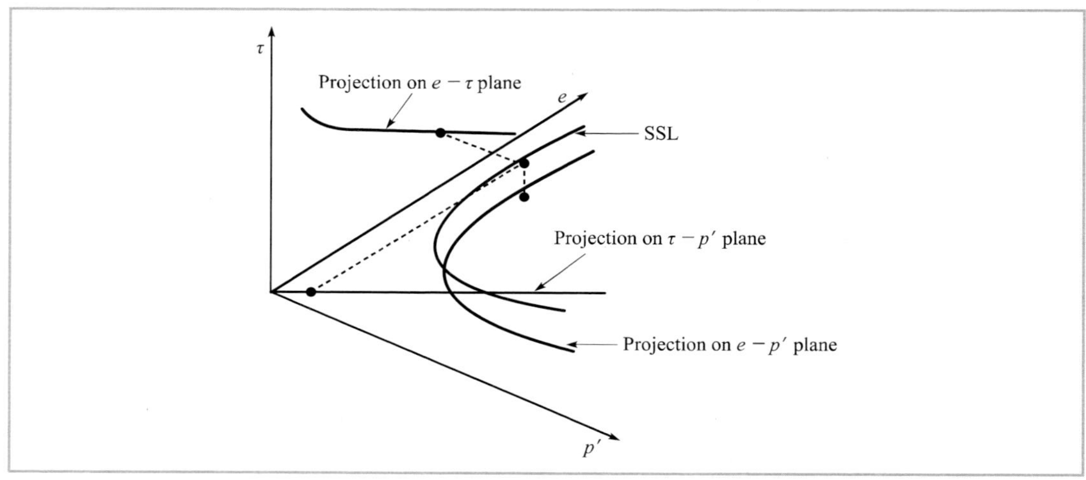

그림 개념 ①-2 $p' - q - e$ 공간에 유일한 곡선으로 표시되는 정상상태선(SSL)

개념정리 ② **정상상태 변형과 상태정수 (2)**

2 정상상태선(SSL)을 이용한 흙의 유동액상화 가능여부 판별

- 이때 대수눈금으로 표시한 **정상상태선은 흙의 유동액상화 가능 여부를 판별하는 기준**이 되며, 흙이 정상상태선 하부에 있으면 유동액상화가 일어나지 않는다. 그러나 상부에 있다 할지라도 정적전단응력이 정상상태 강도보다 클 경우에만 유동액상화의 발생이 가능하다.
- 한편 반복변동(Cyclic mobility)는 정상상태선의 하부 또는 상부에 있는 모든 흙에서 발생할 수 있으며 이는 조밀한 흙이나 느슨한 상태에 있는 모든 흙에서 발생할 수 있음을 의미한다.

3 상태정수

동일한 간극비를 갖는 흙이라 할지라도 구속응력의 크기에 따라서 유동액상화가 발생될 수도 있고, 발생되지 않을 수도 있다. 따라서 유동액상화의 발생여부는 흙의 간극비만으로 판단할 수는 없으며 그림 개념 ②-1 같이 동일한 구속 유효응력하에서 초기간극비가 정상상태선으로부터 떨어진 거리, 즉 정상상태 간극비(e_{ss})와의 차이를 상태정수(state parameter)라고 정의하였다. 이를 $\psi = e - e_{ss}$로 나타내고 **상태정수 $\psi > 0$면 흙은 수축거동을 보이고 유동액상화의 발생이 가능**하다. 반대로 **$\psi < 0$면 흙은 팽창거동을 보이고 유동액상화는 발생하지 않게 된다.**

- 비배수 등방압밀시험과 비배수 이방압밀시험을 통하여 정상상태선을 구하는 방법을 보였다. Positive state에 있는 시료들은 수축 거동(간극수압증가)을 보이면서 정상상태에 도달하게 되고 negative state에 있는 시료들은 팽창 거동(간극수압 감소)을 보이면서 정상상태에 도달하게 된다.

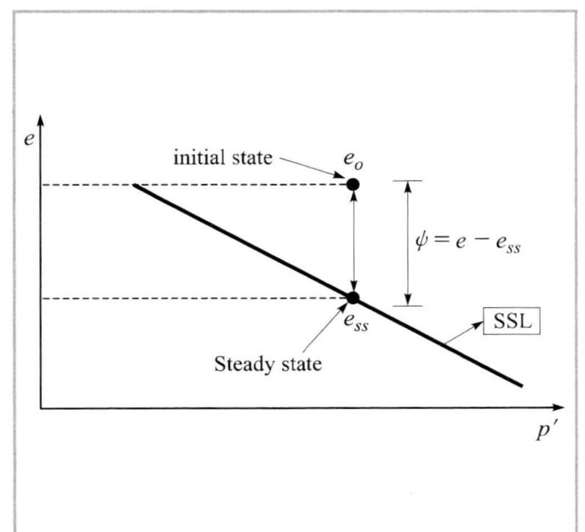

그림 개념 ②-1 상태정수(ψ)

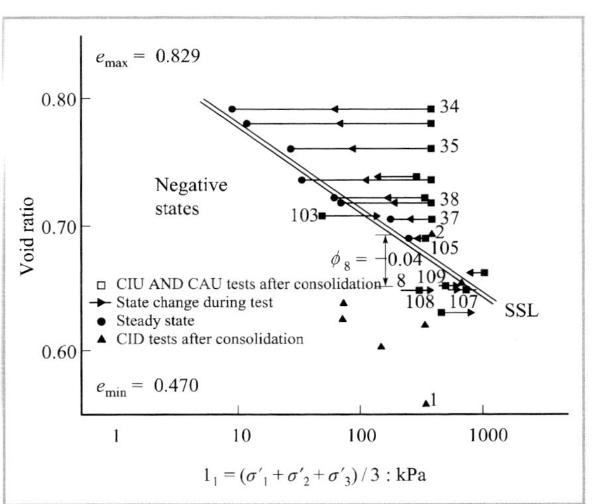

그림 개념 ②-2 비배수 등방압밀시험과 비배수 이방압밀시험을 통해 정상상태선을 구하는 방법

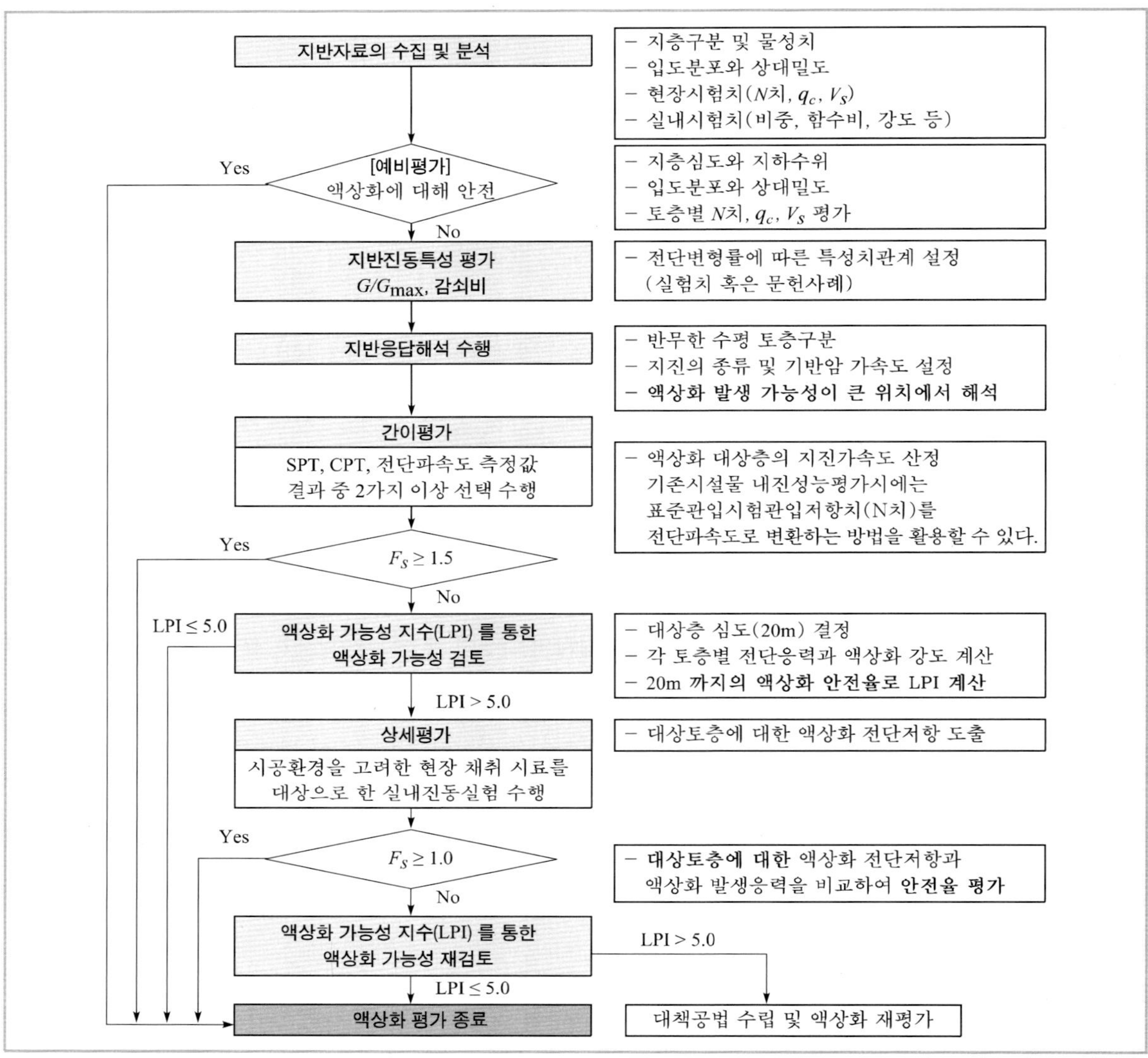

그림 17.5-1 액상화평가 흐름도

조사목적	시험	시험 측정치
물리적 특성	토질 기본 물성시험	w, G_s, Atterberg Limits, 입도분석(NO200체 통과율 중요), 통일분류법에 의한 흙의분류·상대밀도(D_r)
지층분포, 강도특성	표준관입시험	지층분포, N치
연약지반 특성	피조콘 관입시험	콘관입저항(q_c), 간극수압(u)
수리특성	공내 지하수위 측정	지하수위
동적특성	S-PS 검층, MASW 하향식 탄성파 탐사	심도별 전단파속도(V_s)동적물성치(G_d, E_d, K_d, ν_d)
	토사 공진주 시험	전단탄성계수(G), 감쇠비($D\%$)
	토사 진동삼축시험	전단저항응력비(CRR)

표 17.5-1 액상화 평가를 위한 조사·시험

17.5 액상화 평가 (1)

1 액상화 평가 개요

- 액상화 평가는 그림 17.5-1 같이 지진에 의한 영향(진동전단응력비 CSR)과 지반의 저항특성(진동저항응력비 CRR)을 비교하여 액상화에 대한 대상 지점에서의 깊이에 따른 안전율을 산정하는 것이 일반적이다.

- 국내에서 액상화를 평가하는 경우 설계 대상 전체지반에 대해 시추 및 기본 물성시험을 통하여 지반자료를 얻고 이를 분석하여 평가 구간을 선정한다. 표 17.5-1 는 액상화 평가를 위해 사용되는 값을 비롯하여 액상화 평가에서의 산정과정에서 사용되는 **지반 물성치를 산정하기 위해 수행되는 조사 · 시험을 정리**하였다.

- $F_s = \dfrac{CRR}{CSR} = \dfrac{\tau_l/\sigma_{vo}'}{\tau_{d(\max)}/\sigma_{vo}'}$ 식 17.5-1

- 이와 관련해서는 지반공학이해 I 123p 2.25 '내진설계에 필요한 동적물성치 및 지반조사'에서 표 2.25-1 을 통해 설명된 바 있다. 다시한번 정리하면 다음과 같다.

① 입도분포와 표준관입시험의 N값을 이용한 **액상화 평가(간이평가)에서 CRR(진동저항응력비) 산정** → 지반공학이해 I 300p 그림 3.52-1 그래프 이용

※ 간편예측법($F_s > 1.5$)에서 CRR 산정방법 : SPT, $CPTu$, V_s

② 실내시험인 진동 삼축압축시험을 이용한 **액상화 평가(상세평가)에서 CRR(진동저항응력비) 산정** → 지반공학이해 I 132p **개념정리⑪**에서 그림 개념 ⑪-2

※ 상세예측법($F_s > 1.0$)에서 CRR 산정방법 : 진동 삼축압축시험 그래프에서 지진규모 $M=6.5$에 해당하는 반복재하횟수 10에 해당하는 진동저항응력비(CRR) 산정

③ 지반응답해석을 통해 $a_{\max}$(**액상화평가 지층의 최대지반가속도**)를 구해 **액상화 평가에서 CSR(진동전단응력비) 산정** → 지반공학이해 I 301p 식 3.52-2

※ 식 17.5-1 의 $CSR \rightarrow \dfrac{(\tau_d)_{\max}}{\sigma_{vo}'} = 0.65 \times \dfrac{a_{\max(depth)}}{g} \times \dfrac{\sigma_{vo}}{\sigma_{vo}'}$

※ 내진설계기준에 의한 $a_{\max(depth)}$ 산정방법 : $a_{\max(depth)} = a_{Rock} \times s$

여기서, a_{Rock} : 해당지역의 암반노두 최대가속도 (즉, 설계지진계수=지진구역계수×위험도 계수)

s : 지반계수(V_s를 통한 지반분류를 통해 산정)

※ 지반응답해석에 의한 $a_{\max}$ 산정방법 : 심도별 최대 가속도 이력곡선 (V_s, $G/G_{\max}$, D)

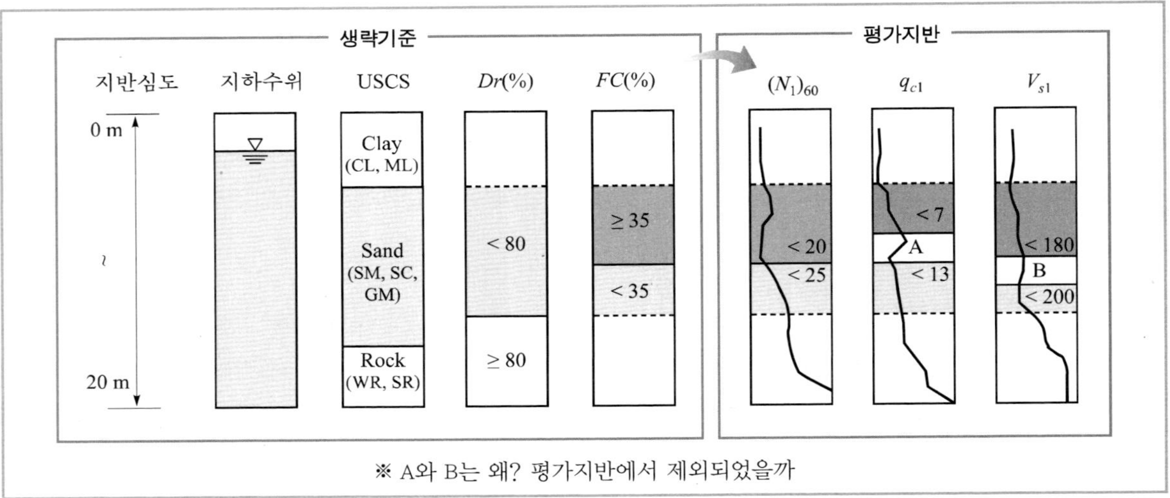

그림 17.6-1 액상화 평가 생략기준에 따른 평가지반

① 액상화 검토대상 지층이 지하수위 위에 있는 경우
② 액상화 검토대상 지층이 지표면을 기준으로 심도 20m보다 깊게 위치하는 경우
③ 상대밀도가 80% 이상인 사질지반
④ 주상도상의 표준관입저항치를 에너지효율 60%로 보정한 $(N_1)_{60}$**이 25 이상인 지반**
⑤ 주상도상의 콘관입 시험에서 얻어진 선단저항 q_{c1}**값이 13 MPa 이상인 지반**
⑥ 주상도상의 전단파속도 시험에서 얻어진 V_{s1}**이 200 m/sec 이상인 지반**
⑦ 대상층의 입도분포에서 **#200체 통과중량백분율이 35% 이상인 경우** 다음과 같은 조건을 하나라도 만족하면 액상화 평가를 생략할 수 있다.
※ $(N_1)_{60}$이 20이상인 지반, q_{c1}이 7MPa 이상인 지반, V_{s1}이 180 m/sec 이상인 지반

해설 17.6-1 25·13·200→20·7·180

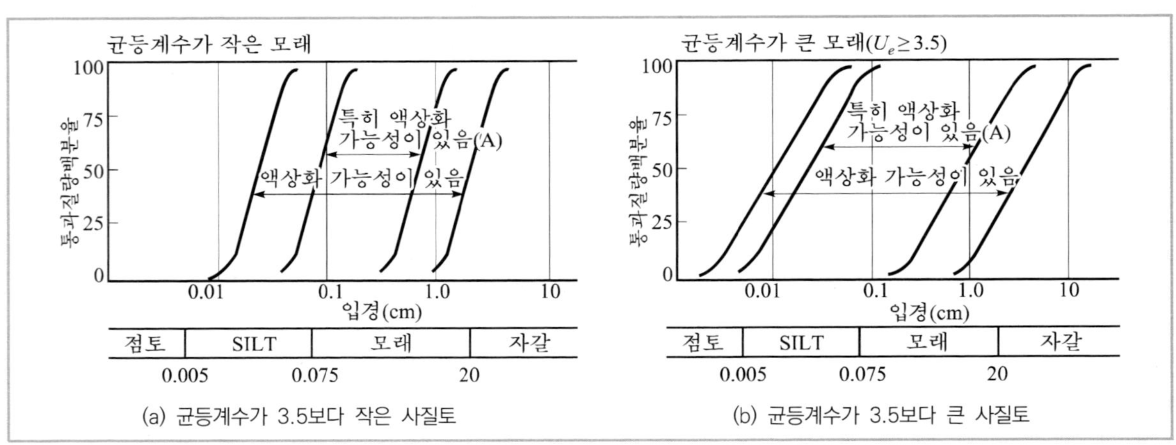

(a) 균등계수가 3.5보다 작은 사질토 (b) 균등계수가 3.5보다 큰 사질토

그림 17.6-2 균등계수에 따른 흙의 분류($C_u = \frac{D_{60}}{D_{10}}$, 자갈 > 4, 모래 > 6 양호)

17.6 액상화 평가 (2)

- 그림 17.6-1은 액상화평가시 필요로 하는 지반물성을 **생략기준**과 **평가지반**과 연계하여 설명한 것이다. 생략기준과 관련해서는 17.2 [4] '액상화 검토를 생략할 수 있는 경우'와 연계하고, 평가지반에 관해서는 그림 17.6-1과 연계할 것.

[3] 액상화 평가를시 고려사항

- 액상화의 예측 판정시 적용하는 지진동은 붕괴방지 수준에서의 값이다.
- 적용지진의 형태와 적용조건은 지진구역Ⅰ, Ⅱ모두 리히터 규모 6.5를 적용한다.
- 액상화 평가에 필요한 다음과 같은 자료를 확보한다.

① 토층구성 등 지반조건에 대한 자료
② 토층별 입도분포, 단위중량, 지하수위
③ 전단변형률 수준에 따른 각 지층의 전단탄성계수와 감쇠비 관계
④ 1.5m 심도 간격별 $(N_1)_{60}$와 q_{c1}값
⑤ 진동삼축시험과 같은 실내 지반시험자료
⑥ 검토시 적용할 지진규모(최대 지반가속도와 지속시간)
⑦ 대상지반의 주상도와 입도분포 자료로부터 액상화 평가가 필요한 지역으로 판단되면 대상지반에 대해 지반응답해석을 수행한다. 지반응답해석은 변형률 수준별 전단탄성계수 $(G/G_{\max})$ 및 감쇠비(D)를 이용하며 장주기 및 단주기를 포함한 실지진 및 인공지진 가속도 시간이력에 대하여 수행하여야 한다.
⑧ 지반응답해석을 통해서 **액상화 평가지층의 최대 지반가속도**를 산정한다.
⑨ 액상화 상세평가가 필요하다고 판단되는 경우 반드시 변형특성 평가시험 결과를 이용하여 지반응답해석을 수행하고, 액상화 CRR은 진동삼축시험 결과를 이용한다.
⑩ 기초지반위에 성토구조물이 놓인 경우, 성토부에 대한 액상화 평가는 반드시 실시

[4] 액상화 예비평가

- 액상화 예비평가는 설계위치에서 수집한 지반조건에 근거하여 액상화 가능성을 개괄적으로 판단하고, **액상화 가능성이 매우 낮은 지반조건으로 판명된 경우에는 간이평가 등은 생략 가능하다.**
- 액상화 예비평가는 입도에 의해 평가하며, 액상화 대상층이라고 판단되는 토층의 입도분포로부터 균등계수를 구한다. 균등계수 3.5를 기준으로 그림 17.6-2같은 그래프에 해당토층의 입도분포를 그려 넣어서 기준입도 범위 내에 들어가면 액상화 가능성이 있는 것으로 본다. **이러한 판단은** 지반의 입도가 **점성토인 경우** 입자의 크기와 구조상 지진하중 재하시에 입자의 재배열이 어려워 과잉간극수압의 발현이 어려운 것을 고려하고 있으며, **자갈지반** 등은 투수계수가 커서 과잉간극수압이 금방 소산되는 점을 고려하고 있는 것이다.

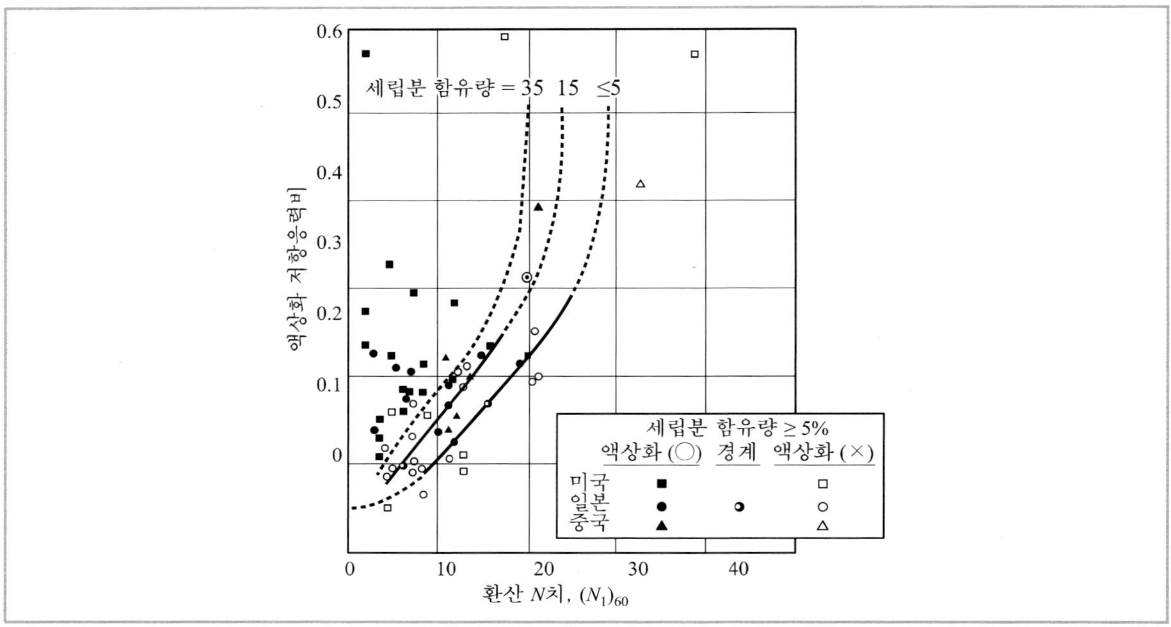

그림 17.7-1 환산 SPT-N치에 기초한 액상화 전단저항응력비(CRR) 산정곡선 (M=7.5)

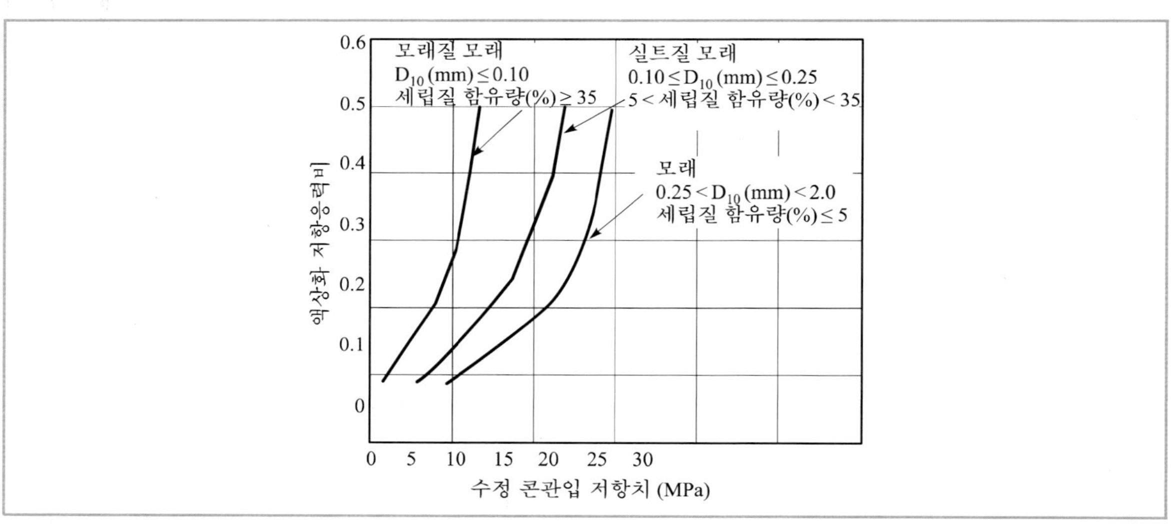

그림 17.7-2 $CPTu - q_c$에 기초한 액상화 전단저항응력비 산정곡선(CRR) 산정곡선 (M=7.5)

※ 그림 17.7-1 및 그림 17.7-2에 대한 이해

① CRR 산정시 NO200체 통과율 (%)이 중요한 입력변수 임을 그림을 통해 알 수 있다.

② 개념적으로 세립분 함량이 > 30% 되면, 모래입자사이의 세립분에 의한 효과가 약해짐과 동시에 입자끼리의 맞물림이 생기고 소성지수가 커짐에 따라 CRR값이 커지게 된다. 또한 실트질 모래의 압축성이 증가하기 때문에 침하량 발생이 증가할 수 있다.

해설 17.7-1

17.7 액상화 평가 (3)

5 간이평가

- 액상화 간편예측법에 의한 간이평가는 **표준관입시험의 N값, 콘관입시험의 관입저항값, 전단파속도 측정값 중에서 2가지 이상의 현장시험 결과를 이용하고**, 지반의 액상화 전단저항응력비(CRR)와 지진시 발생하는 진동전단응력비(CSR)의 비교를 통하여 **안전율이 1.5 이상이면 액상화에 대하여 안전한 것으로 판정하고**, 액상화 상세평가는 성략이 가능하다.

- 국내에서는 주로 표준관입시험 결과치인 N값을 이용하여 액상화 발생가능 여부를 평가하고 있다.

- 진동저항응력비(CRR) 산정 :

표준관입시험에 의한 방법

① 표준관입시험 결과치인 N값을 이용하여 진동저항응력비를 산정할 때에는 반드시 에너지 효율 및 **유효상재압에 대해 보정된 값**을 사용하여야 한다. → $(N_1)_{60}$

② 먼저, $(N_1)_{60}$값 및 **세립토 함유율을 이용**하여 지진규모 7.5에 대한 액상화 저항전단응력비를 구함. → $CRR = (\frac{\tau_l}{\sigma_v{}'})_{7.5}$

③ 그 다음, 지진규모 7.5를 기준으로 구한 값을 지진규모 6.5에 대한 값으로 보정해 주어야 함.
→ $CRR = (\frac{\tau_l}{\sigma_v{}'})_{6.5} = MSF \times (\frac{\tau_l}{\sigma_v{}'})_{7.5}$
여기서, MSF : 지진의 규모에 대한 보정값(M=6.5일 때, MSF=1.5)

④ 안정성평가 표준관입시험 결과치인 N값을 이용하여 구한 안전율이 1.5이상 이면 액상화로부터 안전한 것으로 판단한다. → $F_s = \frac{CRR}{CSR} = \frac{\tau_l/\sigma_{vo}{}'}{\tau_{d(\max)}/\sigma_{vo}{}'}$
$F_s \geq 1.5$: 액상화에 대하여 안정
$F_s < 1.5$: 액상화에 대하여 불안정 → LPI 평가 → 상세평가

⑤ 표준관입시험에 의한 CRR 산정시 유의사항
이 방법은 지반응답해석을 수행하여 지반의 각 층별 최대가속도($a_{\max}$)를 산정함으로써, 검토대상 지반의 동적특성을 반영한 CSR를 필요한 깊이에서 직접 구하고, CRR은 지반조사시 항상 실시하게 되는 표준관입시험치를 적용한다는 점에서 **편리성**이 있다. 그러나 SPT는 **오차가 큰 시험법**이므로 적절한 N치 보정이 이루어져야 하며, 최소한 심도방향으로 1.5m 간격으로 시험이 이루어져야 한다. 아울러 **동 방법은 모든 심도에서 이루어져야 하며, 각 심도에서의 액상화 안전율을 고려하여 대상지반의 액상화 발생 가능성을 종합적으로 평가하여야 한다.**

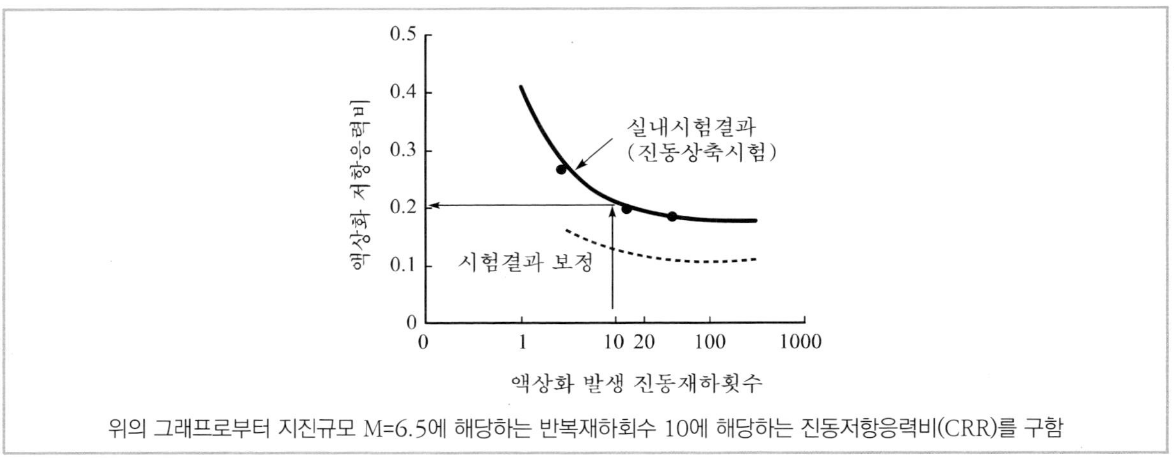

그림 17.8-1 진동삼축시험에 기초한 액상화 저항응력비(CRR) 산정과정(PHRI, 1997)

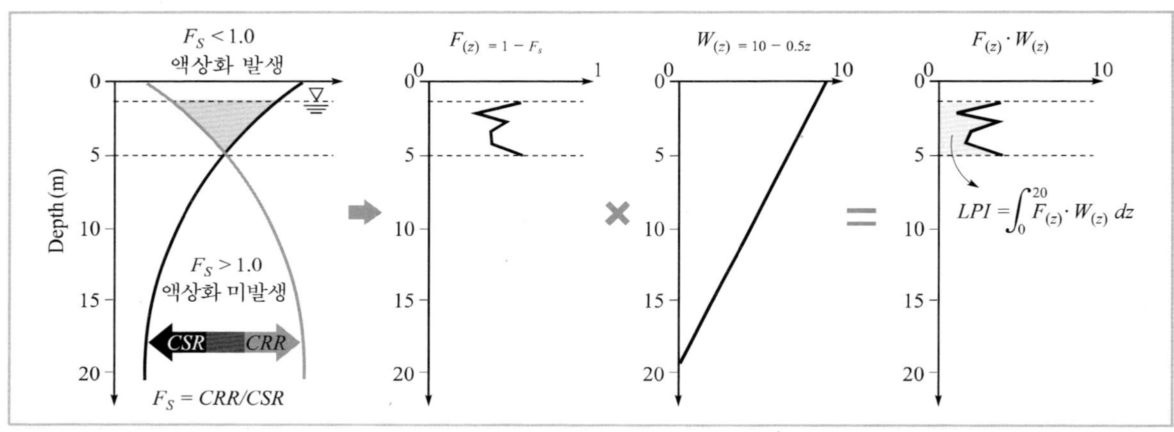

그림 17.8-2 액상화가능지수(LPI) 산정과정

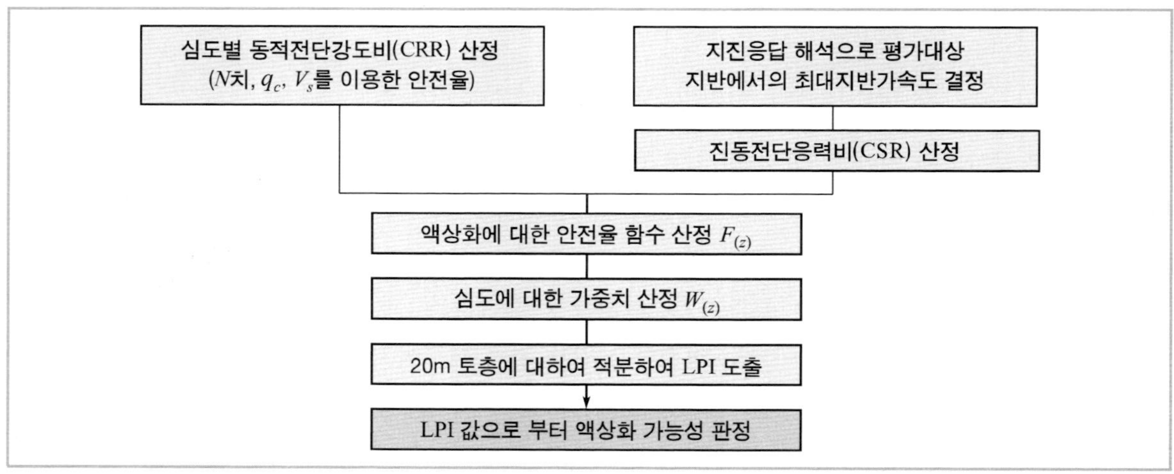

그림 17.8-3 액상화 발생 가능성 지수에 의한 평가 절차

CPT_u시험에 의한 방법

① **기본적으로 표준관입시험에 의한 방법과 동일**하다.

② 그러나 통상 **심도방향 2cm 간격으로 데이터가 얻어지므로** 층별로 표준관입시험에 의한 방법보다 세밀한 액상화 평가를 할 수 있고

③ 연약지반의 경우에는 SPT시험보다 CPT_u시험이 더 적절한 시험방법이라는 측면에서 **연약지반의 액상화 간이평가 방법으로 더 많이 사용**되어지고 있다.

④ 실무적으로는 $q_c = \frac{N}{18}$이라는 관계를 이용하면 그 값이 유사하므로 N치 혹은 q_c값이 결여된 곳에서 상호 보완적으로 적용될 수 있다.

※ CPT_u 시험과 PS검층은 심도별로 많은 데이터를 얻을 수 있는데 반하여 N치는 최소1.0m 간격으로 밖에 얻을 수 없으므로, 조사된 N치로부터 CRR을 구하는 경우 먼저 지층조건 등을 감안하여 적절하게 N치를 조정(Engineering Judgement)한 후 액상화 평가에 반영하는 것이 좋다.

■ **진동전단응력비(CSR) 산정** ; 지진력을 나타내는 CSR는 대상지반의 지반응답해석 또는 내진설계기준으로 산정한 최대가속도와 유효상재압을 이용 식 17.8-1 으로 산정

$$CSR = \frac{(\tau_d)_{max}}{\sigma_v'} = 0.65 \frac{a_{max\,(depth)}}{g} \frac{\sigma_v}{\sigma_v'} \quad \text{식 17.8-1}$$

여기서, $a_{max\,(depth)}$: 액상화평가 지층의 최대지반가속도, g : 중력가속도

σ_v: 액상화를 평가하고자 하는 지점에서의 총상재압

σ_v': 액상화를 평가하고자 하는 지점에서의 유효상재압

여기서, $a_{max\,(depth)}$ 산정방법

① 내진설계기준에 의한 방법 : $a_{max\,(depth)} = a_{Rock} \times s$

여기서, a_{Rock} : 해당지역의 암반노두 최대가속도

(즉, 설계지진계수=지진구역계수×위험도 계수)

s : 지반계수(V_s를 통한 지반분류를 통해 산정)

② 지반응답해석에 의한 방법 : 심도별 최대가속도 이력곡선 (V_s , G/G_{max} , D)

6 상세평가

■ 간이평가 결과 F_s <1.0 부분이 많고, LPI>5 경우와, 해석대상지반이 내진특등급과 같은 중요 구조물이 건설될 지반에 대해서는 상세평가로 액상화 가능여부를 평가하여야 한다.(왜? 반복연화를 고려한 검토개념)

$$LPI = \int_{0}^{20} F(z)\, W(z) d_z$$

식 17.9-2

여기서, $F(z) = 0$: for $F_s \geq 1.0$

$F(z) = 1 - F_s$: for $F_s < 1.0$

$W(z) = 10 - 0.5z$: for $z \leq 20m$

$W(z) = 0$: for $z > 20m$

① 액상화에 대한 안전율 함수는 간이평가에서의 심도별 안전율(F_s)을 이용한다.

② 이때 F_s가 1.0보다 작아서 액상화가 발생 한다고 판단된 경우 깊이 20m 범위의 전 층에 대해서 상기방법으로 F_s를 구한 후 식 17.9-1 로 적분하여 액상화지수(LPI)을 구한다.

③ 액상화에 대한 안전율(F_s)함수는 식 $F(z) = 1 - F_s$으로 구하며 이때 $F_s > 1.0$인 경우에는 1.0을 적용한다.

④ $W(z)$는 가중치로서 지반 심도가 깊어질수록 유효구속압의 영향 등으로 액상화 발생 가능성이 낮아지는 것에 기초한 것으로 식 $W(z) = 10 - 0.5z$과 같다.

해설 17.9-1

LPI 범위	액상화 위험도 등급
0	액상화 발생 가능성 없음
0 <LPI ≤5	액상화 발생 가능성 낮음
5 <LPI ≤15	액상화 발생 가능성 있음
15 <LPI	액상화 발생 가능성 높음

※ LPI>5 경우에는 액상화 대책을 수립하여야 하며, 0<LPI≤5 인 경우에도 시설물의 중요도를 고려 상세평가를 수행해야 하며, 평가결과에 따라 액상화 대책 등을 수립하여야 한다.

표 17.9-1 LPI 범위에 따른 액상화 피해정도 (Iwasaki et al., 1978)

① 액상화 상세평가결과로부터 액상화 대책이 필요한 경우에는 구조물의 기능유지를 위한 적절한 대책공법을 수립하여야 한다. 이때 연약지반 처리가 선행되는 경우, 이를 고려하여 대책공법을 선정한다. 액상화 발생방지 공법은 개량원리에 따라 **밀도증대, 고결, 입도개량 및 포화도 저하** 등으로 흙의 성질을 적극적으로 개량하는 방법과 간극수압 소산 및 저감, 전단변형 억제 등의 방법으로 구분된다.

② **밀도증대**는 지반내에 모래 또는 쇄석 다짐말뚝(SCP+GCP)을 조성하거나, 지반내에 수평 및 수직의 진동을 가하여 지반을 조밀화 시키는 공법이다.

③ **고결공법**은 심층혼합처리 및 고압분사 등의 공법으로 지반내에 시멘트를 혼합하여 강성이 큰 개량체를 조성하는 공법이며, **입도개량**은 액상화가 발생하기 쉬운 사질토를 액상화에 강한 점성토 및 자갈로 치환하는 공법이다.

④ 성토 및 배수공법을 적용하여 지하수위를 저하시키고 흙의 유효응력을 증가시키는 것도 액상화에 대한 효과적인 대책공법이다.

해설 17.9-2

■ 진동전단응력비(CSR) 산정 : 간편예측법과 동일함

■ 진동전단저항력응력비(CRR) 산정 : 불교란 시료에 대해 그림 17.8-1 같은 진동 삼축압축시험 수행

$$F_s = \frac{CRR}{CSR} = \frac{\tau_l / \sigma_{vo}'}{\tau_{d(\max)} / \sigma_{vo}'}$$ 식 17.9-1

$F_s \geq 1.0$: 액상화에 대하여 안정

$F_s < 1.0$: 액상화에 대하여 불안정 → 액상화 방지대책 수립 필요

7 액상화 발생 가능지수(Liquefaction Potential Index, LPI)

■ 액상화에 대한 안전율(Safety of Factor, F_s)는 동일한 위치에서도 심도에 따라 다르게 산정되며, 액상화 평가 지역에서 조사지점이 다수일 경우, 심도마다 다르게 나타나는 F_s를 하나의 대표할 수 있는 값으로 나타내야 한다.

■ 그림 17.8-2 와 같이 지표면에서부터 심도 20m까지 심도별 F_s와 두께를 함께 **심도를 고려한 가중치를 도입**하여 액상화 안전 여부와 액상화에 의한 피해 정도를 예측할 수 있는 LPI를 식 17.9-2 과 같이 제시하였다(Iwasaki et al., 1978).

① 액상화 발생 가능성 지수(LPI)는 **심도에 대한 영향인자를 고려**하여 같은 안전율을 가지더라도 깊은 심도보다는 얕은 심도에서 액상화가 발생하기 쉽다는 합리성을 내포하고 있다.

② 매립지반이나 성토지반에 국부적으로 액상화 발생이 예측된 경우이거나 일부 국한된 원지반에서 액상화 발생이 예측된 경우에는 액상화 발생 가능성 지수(LPI)의 산정을 통해 지반의 액상화 발생 가능성을 종합적으로 평가한다.

③ 즉, **액상화 간이평가는 심도별로 평가**가 이루어지므로 **지반 전체에 걸쳐서 액상화 평가가 되었음을 의미하는 것은 아니다.** 따라서 심도별 액상화 안전율을 적용하여 지표에서 20m 깊이 구간에 대해서 액상화 평가결과로 액상화 발생 가능성 지수(LPI)를 만들어 종합적으로 액상화 평가를 하는 방법이다.

④ 액상화 발생 가능성 지수에 의한 평가 절차는 그림 17.8-3 과 같다.

■ LPI의 범위는 0에서 100으로 표 17.9-1 같은 LPI 값에 따른 액상화 피해 정도의 상관 관계를 도출하였다.

■ 액상화 발생 가능성 지수(LPI)는 **과도하게 액상화를 평가하는 것을 방지하고**, 제한적인 단일부지뿐만 아니라 넓은 구역의 액상화 발생가능 정도를 예측하는 그림 17.9-1 같은 **재해도 작성**에도 널리 활용되고 있다.

■ 액상화에 대한 대책공법은 해설 17.9-2 와 같다.

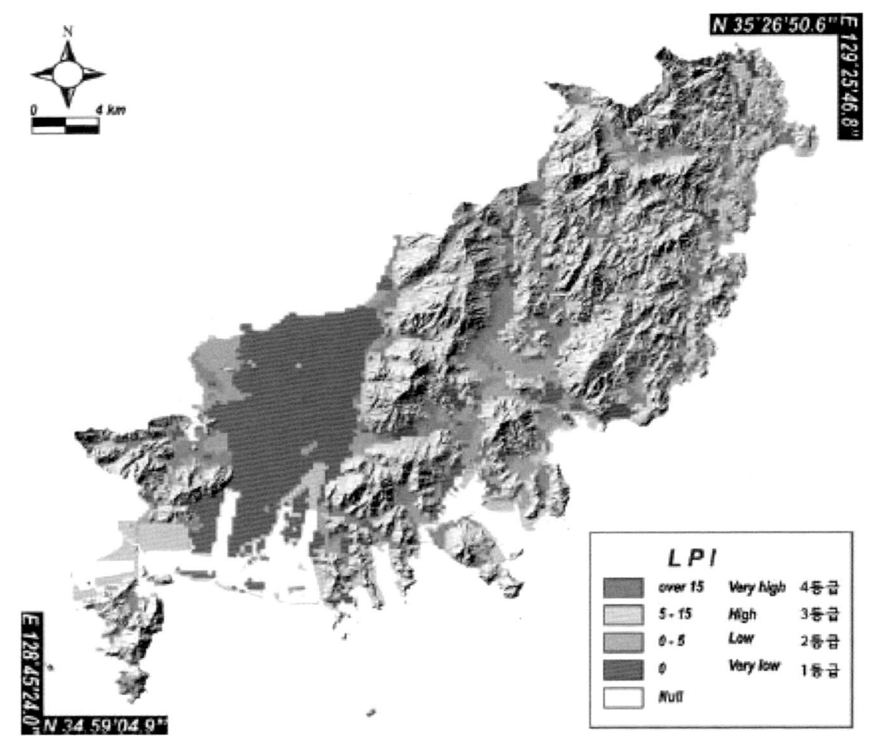

① 액상화 발생 가능성 지수(LPI)는 국부적으로 발생하는 **액상화에 대해 전체 지반의 심도로 평가하는 방법을 취함으로써 과도하게 액상화를 평가하는 것을 방지**할 수 있다

② 액상화 발생 가능성 지수(LPI)를 이용하여 작성된 **액상화 재해도**는 최대가속도에 따른 액상화 피해지역 범위의 예비확인에 효율적으로 활용되고 있다.

그림 17.9-1 액상화 발생가능성지수(LPI) 평가 목적(의도)

개념정리 ③ 인공동결공법을 이용한 불교란 시료채취 (I)

- **액상화 평가를 위한 실험의 경우 사질토의 불교란 시료채취**가 어렵고 경제적인 부담이 요구되기 때문에, 일반적으로 **교란상태로 시료를 채취한 후** 실험실에서 수중 낙하법, 습윤다짐법, 진동 다짐법 및 공중 낙하법 등으로 현장의 상대밀도 또는 응력상태로 재성형하여 시험을 수행하고 있다.
- **동결샘플링**은 지반을 인공적으로 동결시켜(시료채취시 지반온도 -15°c), 지반의 강성을 증가시킨 후 시료를 채취하는 기술로써 사질토 및 자갈질토 지반을 대상으로 한 불교란 시료채취 기술로 정의된다.
- 굴착·채취·운반 과정에서의 교란이 극소화되어 강도 및 변형특성을 정량적으로 평가할 수 있는 **고품질의 시료채취가 가능한 방법**으로 알려져 있다.

개념정리 ④ 인공동결공법을 이용한 불교란 시료채취 (2)

■ 동결샘플링 기술개발은 일본에서 1965년 시작되어 1983년 핵심기술의 개발이 완료된 상태이나 현재도 동결냉매를 최소화 하기 위하여 꾸준한 기술개발이 진행중이며, 동결 샘플링의 우수성이 여러 현장을 통해 입증되어 '건축기초구조설계지침', '도로교시방서 내진설계편', '철도구조물설계표준 내진설계'에 기준으로 채택되어져 있다.

그림 개념 ④-1 동결샘플링 개요도 및 현장 시료채취 전경(동경소일리서치)

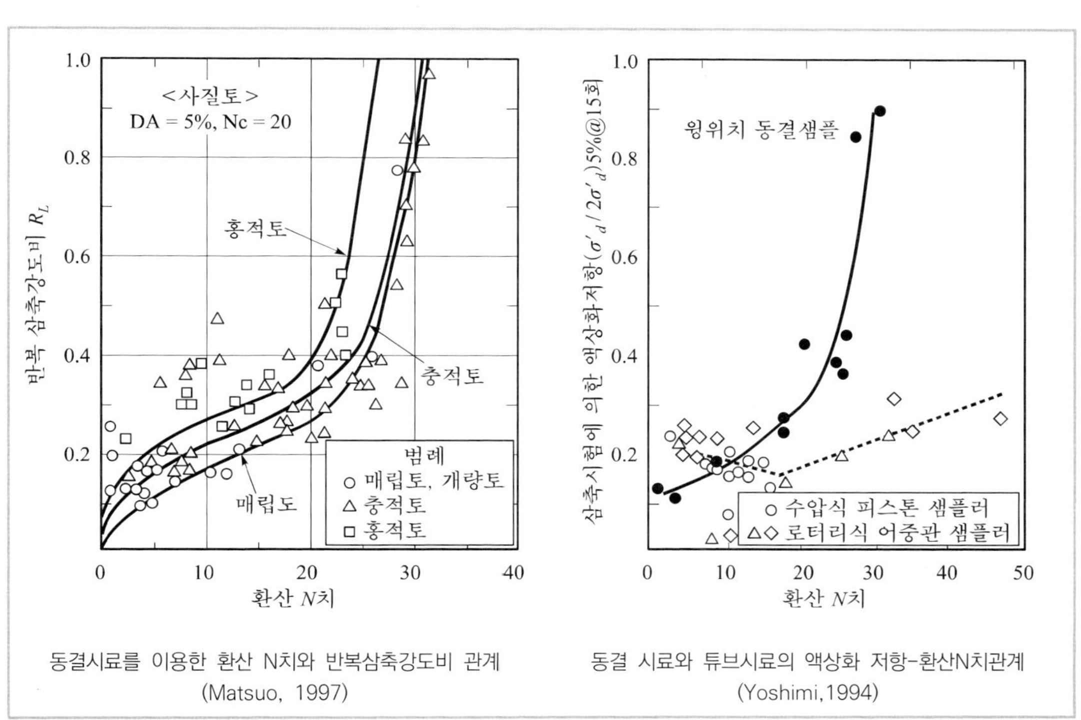

그림 개념 ④-2 인공동결공법을 이용한 불교란시료 채취기술 및 시험법 개발 최종보고서 (국토교통부, 국토교통과학기술진흥원), 2014

개념정리 ⑤ 액상화에 대한 깊이있는 이해 (I)

1 깊이있는 이해의 배경

- 현재 국내에서 지반 액상화에 대한 내진성능평가는 구조물 기초설계 기준과 기존 시설물(기초 및 지반)의 내진성능평가 요령 등을 근간으로 Seed and Idriss 간편법과 상세평가 시 진동삼축시험을 통한 사질토의 실험적 평가법을 표준으로 제시하고 있다.
- 해외의 경우, 주요 지진 발생시마다 지반 액상화에 대한 새로운 경험과 인식을 따라 다양한 신규 연구성과들이 속속 발표되고 있다. 예를 들어, **지진동 이후의 액상화로 인한 강도 저하를 고려한 액상화 후 사면안정 해석**이라든지, **간극 재배열(void redistribution)현상을 고려한 평가**, 그리고 소성지수값이 고소성(highly plastic)과 비소성(non-plastic) 사이에 분포하는 **중간토에 있어서의 액상화 평가, 예민 점토에 대한 연화 현상(cyclic softening)** 등에 대한 연구가 활발히 진행중이다. 따라서 현재 미국 등 액상화의 유발과 결과에 대한 연구를 선도하고 있는 그룹들의 다양한 논문들과 주요 흐름들을 정리해 보는 일은 우리 지반공학 분야의 발전에 있어 좋은 기회라 생각한다.

2 액상화 후 사면안정 변형

잔류강도와 정적 전단응력

- 지반 액상화의 결과는 주로 잔류전단강도(residual strength ; s_r)와 초기 정적전단응력(initial static shear stress : τ_s) 사이의 관계에 따라 **흐름(flow) 파괴로 대표되는 안정성(stability)의 문제**와 **측방유동(lateral spreading)으로 대표되는 변형(deformation)의 문제**로 대별될 수 있다.
- 여기서 정적 전단응력이라 함은 정적인 힘의 평형을 유지하기 위해 필요한 전단응력으로 정의하며, 주로 한계평형해석을 통해 계산할 수 있다(그림 개념 ⑤-1). 잔류전단강도는 한계상태 전단강도 또는 유사한계상태 전단강도 등 다양한 학자들에 의해 다양하게 불리어지나, 여기서는 간극 재배열과 토립자 혼합 등과 같은 매우 복잡한 양상까지를 포함하는 현장에서 매우 **큰 변형이나 변형율에서 파괴면에 발현되는 전단강도로 정의**한다.

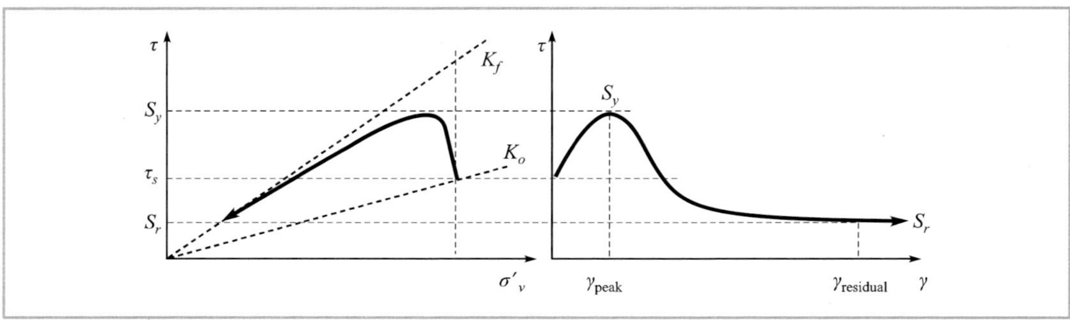

그림 개념 ⑤-1 변형율 연화거동 지반재료의 정적전단응력과 잔류강도

(주) s_y = 항복강도 또는 첨두강도, γ = 전단 변형율, σ_v' = 연직 유효응력,
K_o = 정지토압계수, K_f = 파괴시 토압계수

개념정리 ⑥ 액상화에 대한 깊이있는 이해 (2)

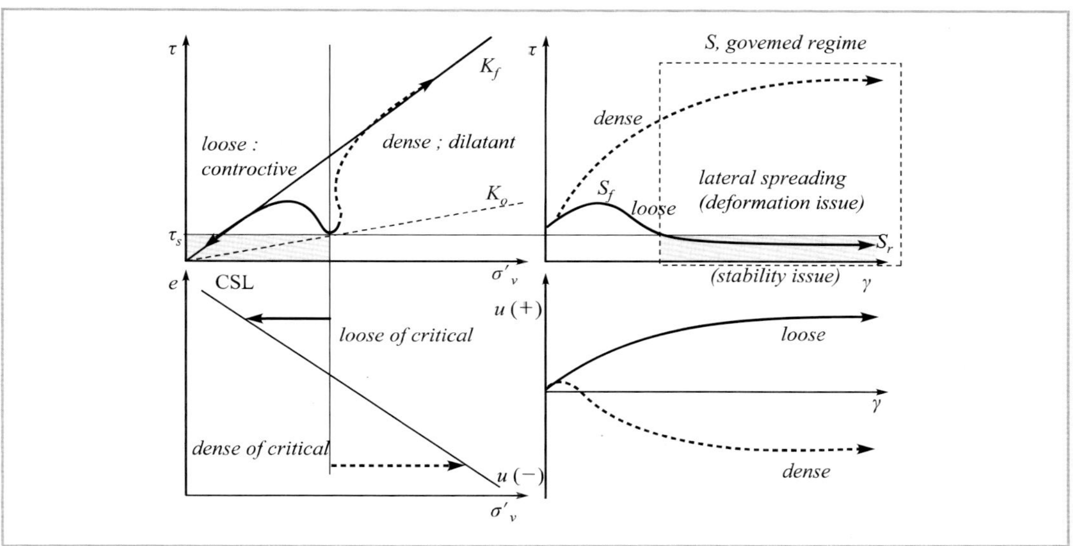

그림 개념 ⑥-1 비배수 전단 시험에서 한계상태 이론에 기초한 흐름 파괴와 측방유동 메커니즘
(주) CSL = 한계상태선, u = 간극수압

- **흐름 파괴**(flow failure)는 개념적으로 정적전단응력이 잔류전단강도보다 훨씬 더 클 때 중력에 의해 발생하게 되므로 **안정성의 문제**가 된다(그림 개념 ⑥-1). 반면에 **측방유동**(lateral spreading)은 정적 전단응력이 잔류전단강도와 유사하거나 작을 때 발생할 수 있으며, 따라서 변형량 추정이 보다 중요한 관심사가 되는 측방유동으로 대표되는 변형의 문제이다(그림 개념 ⑥-1).

잔류강도와 관입저항력 상관관계

- 액상화 연구의 주류를 이루는 많은 학자들은 **잔류전단강도와 SPT N치로 표현할 수 있는 관입저항력과의 관계에 기반하여 액상화의 결과를 이해하려고 노력해 왔다.** Poulos et al.(1985)과 Davis et al.(1988)은 활동토체가 비배수 정상상태 전단강도를 넘어서는 관성이 발생할 때 활동이 발생한다는 이론에 입각하여 잔류강도와 관입저항력의 상관성에 관한 연구 결과를 제시하였다. Seed and Harder(1990)는 역산한 잔류전단강도와 몇몇 실제 파괴 사례들로부터 얻은 관입저항력 사이의 관계를 제시하였으며, 이는 이후 다양한 학자들의 재해석에 대한 모태가 되었다. 초기 Seedand Harder(1990) 그래프는 이후 추가적인 데이터와 재해석에 의하여 Stark and Mesri(1992), Castroet al.(1992), Baziar and Dobry(1995)등이 업그레이드 하였으며, 특히 Wride et al.(1999)은 최소 관입저항력 개념을 사용하여 사례들을 재해석한 바 있다. 데이터의 보충에 있어 괄목할만한 성장은 Olsonand Stark(2002), Olson and Stark(2003), Olsonand Johnson(2008), Idriss and Boulanger (2007;2008)에 의해 이루어졌는데, 주된 재해석 기법은 Newmark 활동 블록 해석과 등가정적 사면 안정해석을 통해서 이루어졌다.

개념정리 ⑦ 액상화에 대한 깊이있는 이해 (3)

■ Park and Kutter (2009)와 Park (2013)은 지진 후 사면의 안정성 해석을 위해 주로 이용하는 다양한 학자들이 제시한 **잔류전단강도와 관입저항력의 관계 그래프들을 함께 고찰**하였는데, 결과적으로는 다양한 원인에서 기인하는 **불확실성이 매우 큼**을 알 수 있었다(그림 개념 ⑦-1). 그러나, 실내실험에서 재현하기 어렵고, 현장에서만 발생가능한 다양한 현상들을 포함하려는 노력들에 의해 개선된 최근의 연구 성과들은 참조할 필요가 있을 것으로 판단된다.

■ 향후 지반 액상화의 조사와 평가 지침 등에 대한 개정 연구시 주목할만한 연구결과는 그 중에서 **방대한 현장사례 데이터를 규합한** Olson and Johnson(2008) (그림 개념 ⑦-2)과 **간극 재배열의 개념**을 도입한 Idriss and Boulanger(2008)라 할 수 있겠다.

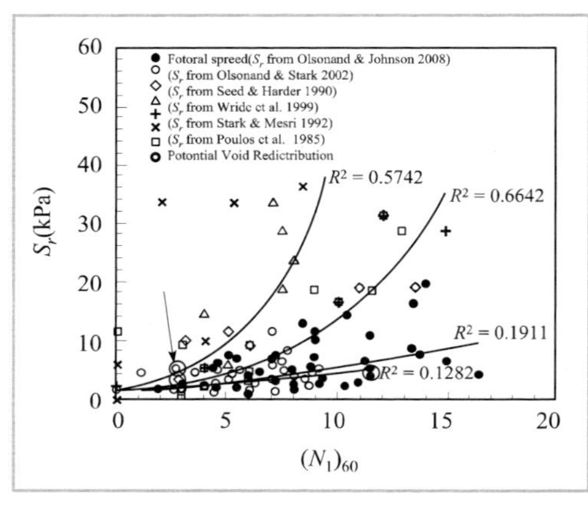

그림 개념 ⑦-1 다양한 학자들에 의한 s_r과 $(N_1)_{60}$ 사이의 관계

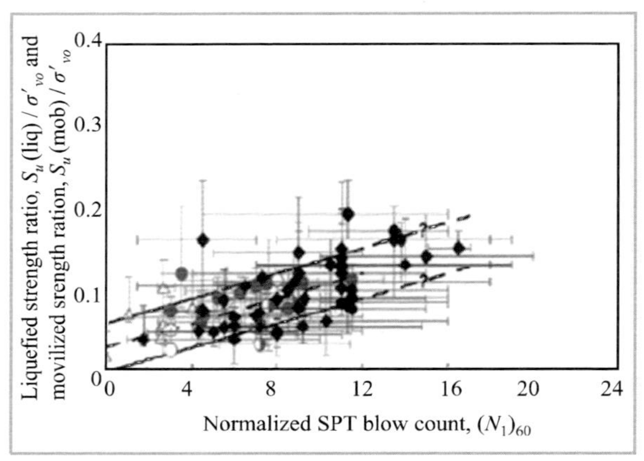

그림 개념 ⑦-2 잔류강도와 관입 저항력과의 관계 (Olson and Johnson 2008)

3 간극 재배열(Void Redistribution) 효과

■ 간극 재배열(void redistribution)은 지반 액상화 연구에 있어 비교적 최근에 인식, 연구되고 있는 개념이다. 간극 재배열은 간극수의 이동에서 기인하며, 1985년 Whitman에 의해 최초 소개된 바 있다.

■ 이 개념은 **상대적으로 낮은 투수성의 지반층이 액상화 가능한 사질토층 상부에 위치하는 경우를 기본 전제로 이해할 수 있다.**

■ 이 경우, **지진동이 발생**하면, **느슨한 사질토층**에서 **과잉간극수압이 발생**하고 **액상화가 유발**될 수 있으며, 사질토층 내에서는 **지진동이 멈춘 후 과잉간극수압의 소산**을 위해 **하부에서 상부로 간극수의 흐름이 발생**하게 되며, 이 간극수는 사질토층 위의 낮은 투수성의 흙을 통과할 수 없기 때문에 결과적으로 사질토층 상부에서 dilatancy와 연관된 얇은수막(water film)이 형성되고, **사질토층의 상부 간극은 팽창(dilation)으로 인해 보다 느슨해지고, 하부로 갈수록 수축(contraction)으로 인해 보다 조밀해 지는 간극의 재배열이 발생**하게 된다(그림 개념 ⑧-1).

개념정리 ⑧ 액상화에 대한 깊이있는 이해 (4)

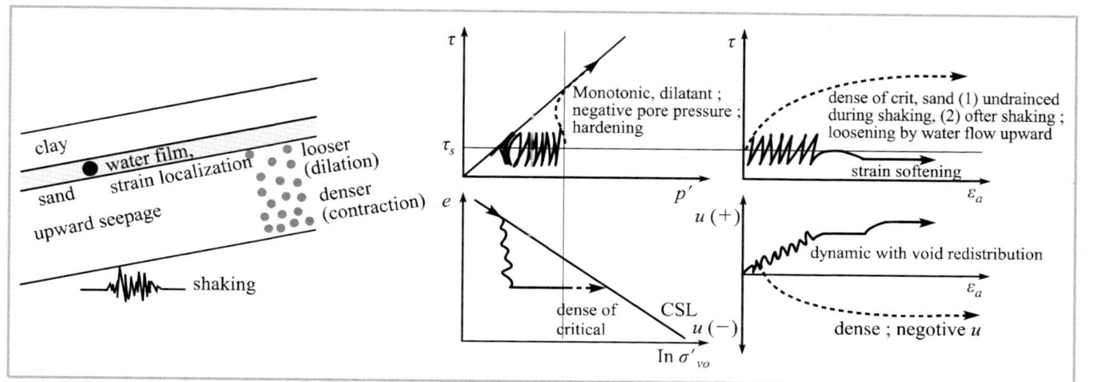

그림 개념 ⑧-1 지진동 작용 시 조밀한 모래의 간극 재배열에 의한 변형율 집중화 파괴 메커니즘

- 이 간극 재배열이 물리적으로 중요한 이유는 **조밀측 사질지반이라 할지라도 간극 재배열이 지배적인 지반인 경우** 수막층에서의 전단변형율 집중으로 대단히 **큰 변형율 연화가 발생할 수 있다는 점**에 있다.
- 상대적으로 낮은 투수성의 지반 아래에 상향 침투류로 인해 발생하는 수막현상 연구는 여러 원심모형실험 결과에서도 발견된 바 있다. 그림 개념 ⑧-2 같은 원심모형실험을 통해 상대적으로 낮은 투수성 지반 층 아래에 간극 재배열로 인해 형성된 팽창 존이 지진동에 의한 과잉간극수압의 소산을 저해할 수 있음을 보여주었다. **그 결과 지연된 변형율 집중화와 큰 변형이 발생함**을 발견하였다.

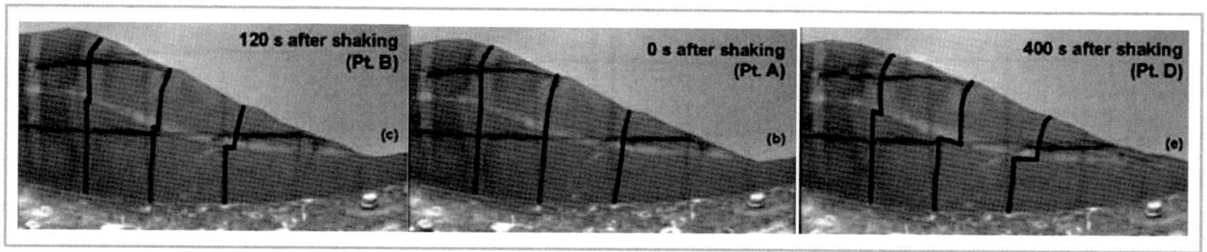

그림 개념 ⑧-2 원심모형실험에서 얇은 수막 형성에 따른 지진동 후 지연된 변형율 집중화 및 전단파괴 거동 (Malvick et al. 2008)

- **간극 재배열 현상이 지배적인 현장에서는 전단 파괴거동이 매우 얇은 수막을 따라 발생**하고 **심각한 강도손실과 대단히 큰 변형을 수반**하며, 간극수의 이동(과잉간극수압의 소산)에 시간이 필요하기 때문에 **지진동이 멈춘 후 어느 정도 시간 경과와 함께 매우 큰 변형이 발생**한다는 특징이 있게 된다.
- 실제 현장에서의 사례들에서도 이러한 간극 재배열 현상 즉, 수막의 형성에 의한 지진동 후 전단 변형율 집중화를 확인하는 몇몇 경우들이 보고되어 오고 있다 (Holzer et al. 1989; Kokusho 2003; Idriss and Boulanger 2008). Statk and Mestri(1992) 역시 **많은 현장의 지반 액상화로 인한 파괴가 물의 배수와 흐름과 관련이 있음을 언급하였다.**

개념정리 ⑨ 액상화에 대한 깊이있는 이해 (5)

- 잘 알려진 1971 San Fernando 지진 시 Lower San Fernando **댐의 흐름 파괴는 지진동이 멈추고 약 20초에서 30초 후에 발생하였다**(Idriss and Boulanger 2008). 이러한 큰 변형은 지진동 자체로 인한 것이라기보다는 정적 하중의 영향이었으며, 액상화가 발생한 투수성 지반으로부터의 물의 이동 결과로 인한 느슨해진 영역이 주 원인일 것으로 추정되고 있다.
- 간극 재배열 현상에 대한 연구는 특별히 제작된 실험 도구와 수치 모델링을 통해서도 이루어졌다(Boulanger and Truman 1996; Kokusho 1999). Kokusho (2003)는 1964년 Niigata 지진 시 낮은 투수성 지반층 아래에서 간극 재배열로 인해 전단응력의 격리와 함께 큰 흐름 파괴를 보였음을 제시하였다.
- 이러한 간극 재배열 현상은 통상적인 실내 실험에서 구현될 수 없는데, 이는 과잉간극수압의 소산에 따른 수막의 형성과 매우 얇은 전단 변형율 집중화를 모사할 수 없기 때문이다. 예를 들어 포화된 Toyoura 모래에 대한 ICU 시험에 따르면 상대밀도 38%에서 한계상태 전단강도는 약 7atm이었다. 이 경우, Idriss and Boulanger(2008)의 환산식에 의하면, $(N_1)_{60}$는 약 7에 상당한다. Olson and Jonson(2008) 도표에 의하면, 실내실험에서 얻은 한계상태 전단강도 값보다 현저히 낮은 잔류강도(s_r) 값을 산출하게 된다. 이렇게 경험적 도표와 실내실험 사이의 s_r값의 차이는 지진동 후 간극 재배열과 토립자의 혼합과 같은 복잡한 메커니즘의 결과에서 기인한다. Idriss and Boulanger(2008)는 이러한 간극 재배열이 심한 경우와 무시할 수 있는 경우를 구분하여 잔류전단강도비와 관입저항력 사이의 관계 도표 그림 개념 ⑨-1을 제시한 바 있다.

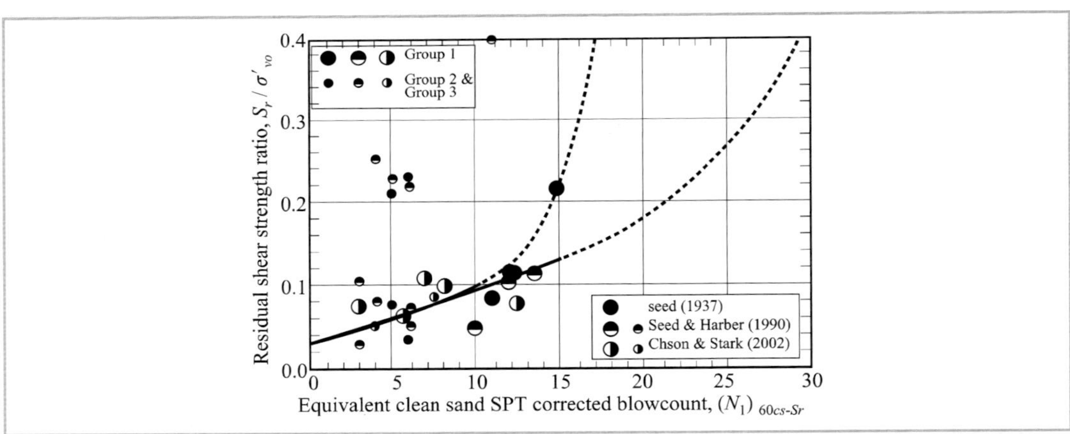

그림 개념 ⑧-1 잔류 전단강도비와 관입저항력과의 관계 곡선(Idriss and Boulanger 2008)

4 중간토 및 점성토의 동적 거동

- **간극 재배열 현상에 대한 이해**와 고려, 그리고 **지진 후 사면 안정성 검토를 위한 잔류 전단강도 특성** 연구외에 최근 **중간토 및 소성 점토의 동적 거동**에 대한 연구가 또한 활발하다.

개념정리 ⑩ 액상화에 대한 깊이있는 이해 (6)

■ 특별히 본 절에서는 최근 사질토의 지반 액상화 거동에 추가하여 중간토(intermediate soil)와 점토, 소성 실트의 동적 거동연구 내용들을 집약하여 정리한 EERI monograph(Idriss and Boulanger 2008) 내용을 간략히 소개하고자 한다.

지진 시 포화 점토와 소성 실트의 거동

■ **지진 시 점토층과 소성 실트(즉 "점성" 지반) 퇴적층에서 지반 파괴도 관찰되어 온 게 사실이지만**, 이러한 파괴는 포화 모래와 다른 비점성 지반 퇴적층에서 보다는 상당히 덜 보편적이다. 1964년 Alaska의 Prince William Sound 지진 당시 Anchorage의 Fourth Avenue 슬라이딩이 Bootlegger Cove 점토층에서 발생하였으며 수 미터에 이르는 횡방향 및 연직 방향 변위를 일으킨 바 있다(Idriss 1985). 기타 점토와 소성 실트층에서의 지반 및 기초 파괴 사례도 보고되어 오고 있다.

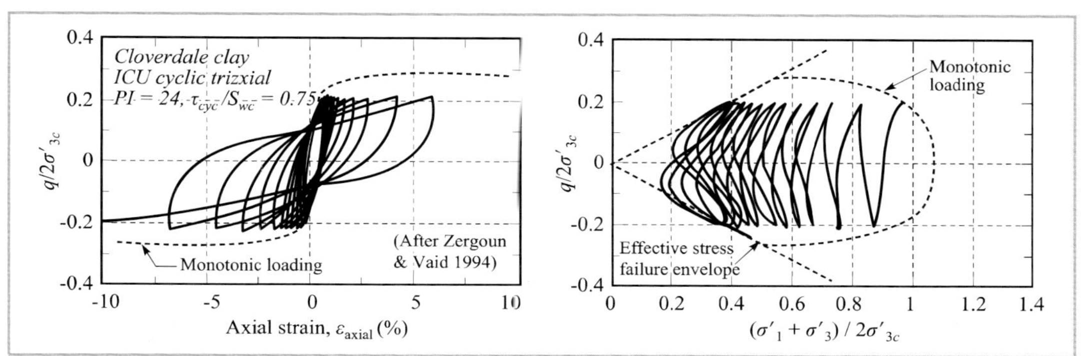

그림 개념 ⑩-1 비배수 반복하중 시험에서 Cloverdale 점토에 대한 응력-변형율 거동과 유효응력 경로 (Zergoun and Vaid 1994)

■ 포화 점토 지반에서 급격한 변형율 증가를 유발시키는 동적 반복하중 가능성은 그림 개념 ⑩-1에서 정규압밀 Cloverdale 점토에 대한 반복 삼축시험 결과 사례에서 찾아볼 수 있다(Zergoun and Vaid 1994). 전반적인 결과는 깨끗한 모래에서 보인 것과 유사하다. 그러나 응력-변형율 루프는 깨끗한 모래에서 관찰된 것보다 상당히 더 큰 에너지를 소산시켰다(즉 히스터레틱 루프는 더 넓어졌다). 게다가 점토에 대한 응력-변형율 루프는 모래에서 일시적으로 ru=100%에 도달한 후에 관찰되는 매우 평평한 중간부(즉 전단 강성이 0인 지점)가 발생하지는 않았다. 그럼에도 불구하고 이러한 유형의 응력-변형율 거동은 지진동 동안 심각한 지반 변형을 유발할 수 있으며, 이는 많은 경우 모래 지반의 액상화가 지반 변형을 일으킨 부지들에서 관찰된 지반 변위와 구분 짓기 어려울 수 있다.

■ 점토와 소성 실트의 특성은 정적, 동적 강도를 특징화하는 매우 다른 공학적 절차의 개발을 필요로 하기 때문에 모래와 같은 비점성 지반 특성과는 상당히 다르다. 따라서 Idriss and Boulanger(2008)는 포화된 모래와 기타 **비점성 지반에서 강도 저하와 변형에 연관된 용어**를 **"액상화(liquefaction)"**로 호칭하고, 반면에 **점토와 소성 실트에서 강도 저하와 변형에 관련된 사항은 "반복연화(cyclic softening)"**라는 용어를 사용하기로 하였다.

개념정리 ⑪ **액상화에 대한 깊이있는 이해 (7)**

세립질 지반에서 유사모래와 유사점토 거동의 점진적 변화

- 세립질 흙의 거동은 모래에 더 유사한 거동에서 점토에 더 유사한 거동에 이르기까지 상당히 좁은 애터버그 한계 범위에 걸쳐 점진적으로 변화한다. 이러한 점진적 변화의 한쪽면에는 주요 관점에서 본질적으로 비소성이면서 모래와 매우 유사하게 거동하는 세립질 지반이 있다. 이러한 흙은 샘플을 얻기가 어려우며 시료 교란에 강하게 영향을 받으며, 고유한(unique) 응력 이력으로 정규화된 강도정수를 나타내지 않는다. 이러한 유사모래 지반의 동적 강도는 현장시험에 기반한 액상화 상관관계의 틀 내에서 보다 적절히 추정될 수 있다.

- 점진적 거동변화의 다른쪽 면에는 보다 쉽게 시료를 얻을 수 있고, 시료 교란의 영향을 덜 받으며, 응력 이력으로 정규화된 강도 물성값들을 나타내는 점토와 소성 실트가 존재한다. 이러한 흙의 동적 강도는 현장시험, 실내시험, 그리고 그러한 흙의 정적 비배수전단강도를 평가하기 위해 만들어진 절차에 기초하거나 그와 유사한 경험적 상관관계에서 얻는 정보를 토대로 보다 적절히 추정할 수 있다.

- 따라서 유사모래에서 유사점토 거동으로의 점진적 변화는 지진 시 거동을 평가하기에 가장 적합한 공학적 절차 유형에 직접적인 연관성을 갖는다. 세립질 지반에서 유사모래와 유사점토 사이의 거동 변화는 의심할 여지없이 애터버그 한계의 좁은 범위에 걸쳐 일어나는데, 이는 실제 흙의 거동이 소성도 (또는 점토 성분)의 증가와 함께 부드럽게 점진적으로 변화할 것이기 때문이며, 또한 애터버그 한계와 같은 단순한 지수시험으로는 흙의 복잡한 응력-변형율 특성을 온전하게 연관지을 수 없기 때문에도 그러하다.

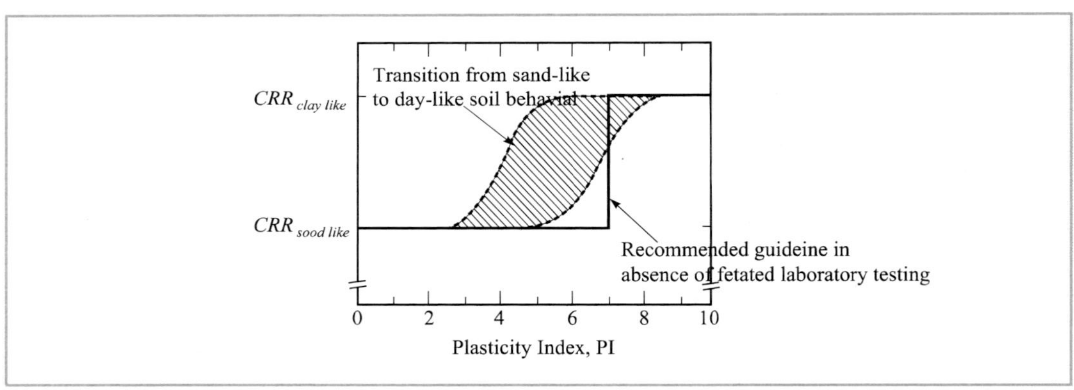

그림 개념 ⑪-1 유사모래에서 유사점토까지의 거동을 보여주는 도표와 거동변화에 있어 실무 추천 가이드라인 (Idriss and Boulanger 2008)

개념정리 ⑫ **액상화에 대한 깊이있는 이해 (8)**

- 그림 개념 ⑪-1 에는 이러한 점진적 변화를 도식적으로 나타냈는데, 이는 PI가 약 3에서 8까지 증가하는 동안 흙의 동적 강도가 어떻게 합리적으로 변화하는지를 보여주고 있다.

- Idriss and Boulanger (2008)는 실무에서는 세립질 지반의 경우 PI ≥ 7 일 때 유사점토 거동을 나타내는 것으로 합리적인 예측을 할 수 있다고 하였다. 이 기준은 정의에 의해 모든 CL 지반을 포함하며, 유사모래 혹은 유사점토 변화 간격을 다소 보수적으로 해석할 수 있게 해 준다. 만약 지반이 CL–ML로 도시된다면, 이 때 PI 기준은 1–2 정도 감소할 수 있으나 여전히 그림 개념 ⑪-1 의 데이터와 일치한다. 이러한 흙의 동적 강도는 현장시험, 실내시험, 그리고 그러한 흙의 정적 비배수전단강도를 평가하기 위해 만들어진 절차에 기초하거나 그와 유사한 경험적 상관관계에서 얻는 정보를 토대로 추정하여야 한다.

- 상기 기준을 충족하지 않는 세립질 지반은 상세한 현장시험 또는 실내시험을 통해 규명되지 않는 한, 유사모래 거동(즉 액상화 가능한 지반)을 나타낼 것으로 간주되어야 한다. 이러한 지반의 동적 강도는 현재 현장시험에 기초한 액상화 상관관계의 틀 안에서 추정되어야만 한다.

- PI 값이 3–6인 세립질 지반의 경우 동일한 SPT 또는 CPT 관입 저항력에서 비소성의 세립질 지반에 대한 동적 강도보다 더 큰 동적 강도를 지닌 중간토 거동을 나타내는 것으로 이해할 수 있다. 이 경우, 저소성 실트와 점토질 실트의 실내실험은 기존의 액상화 상관관계에 전적으로 의지하여 얻을 수 없는 상당한 장점들을 제공할 것이다. 따라서 위 기준은 지반의 불균질성, 지진 위험도의 수준, 그리고 기타 프로젝트 고유의 조건들을 함께 고려하는 보다 상세한 실내실험을 통해 부수적으로 가능한 잇점들을 평가할 수 있으며, 그 후에 합리적인 검토(screening) 지침으로 활용할 수 있다.

5 결론

- 지반의 액상화 연구와 관련 최근 중점적인 논의와 연구가 진행중인 동향을 Idriss and Boulanger (2008) 등을 중심으로 설명하였다.

- 첫째, **액상화 후 잔류 전단강도와 SPT N치로 대표되는 관입저항력과의 관계들**에 대해 고찰하였으며, 결과적으로 **사면의 안전성과 변형에 관련된 흐름파괴와 측방유동에 미치는 영향을 언급**하였다.

- 둘째, **사질토의 상대밀도에 관계없이 심각한 전단변형율과 강도손실을 유발할 수 있는 간극 재배열 현상의 메커니즘**과 증거, 실험적 연구 노력에 더해서도 요약, 설명하였다.

- 셋째, **고소성의 점성지반에서 발생할 수 있는 반복 연화 거동**과 **중간토에 있어서 동적 거동**에 대해서도 정리하였다.

제18장에 대한 목차

제18장 비탈면안정

그림 18.1-1 자연비탈면

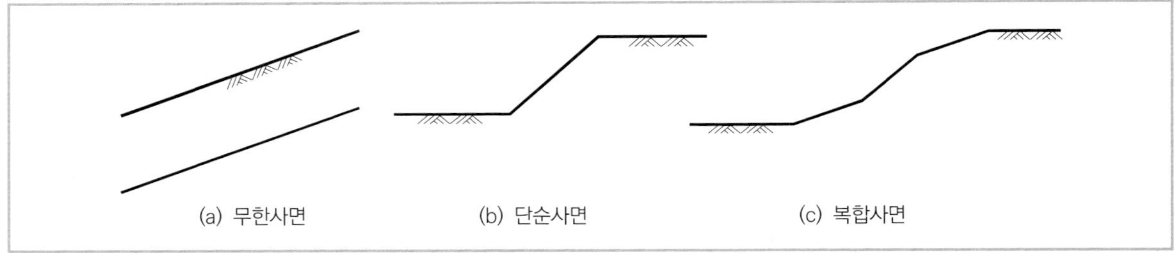

그림 18.1-2 형상에 따른 비탈면의 분류

토층심도율(soil depth ratio : SR) : 토층 심도(soil depth)와 사면 높이(slope height)의 비

① 토층심도는 토층의 두께로서 충적층 또는 $ISRM$ 풍화등급 6단계상 **풍화잔류토(RS)**와 **완전풍화암(CW)**을 대상으로 측정한다.

② $SR = \dfrac{soil\ depth}{slope\ height}$

③ $SR > 0.4$ 이면 토사사면, $SR \leq 0.4$ 암반사면으로 구분

④ $0.2 < SR < 0.4$ 이면 혼합사면으로 규정하여 토사사면과 암반사면의 특성을 모두 고려

구분		토층심도율	압축강도	블록크기비	주요 파괴유형	비고
토사사면		> 0.4	–	–	원호, 표층	
암반사면	연약암반사면	≤ 0.4	≤10 MPa	–	표면, 원호 평면, 쐐기	제3기층 등
	파쇄암반사면		>10 MPa	≤ 0.01	쐐기, 평면 원호, 전도	단층 파쇄대등
	절리암반사면			> 0.01	쐐기, 평면 전도, 낙석	일반 암반사면

해설 18.1-1

18.1 비탈면의 분류

1 비탈면 분류

- 비탈면의 형성과정에 따른 분류
  ① 인공비탈면 : 인공적으로 흙을 성토하여 축조한 비탈면(성토사면)인데 **제방과 흙 댐** 등이 여기에 속한다.
  ② 자연비탈면 : 그림 18.1-1 같이 산기슭이나 운하와 같이 자연적으로 형성된 사면으로서 **운하의 비탈면은 굴착에 의하여 형성(굴토사면), 산악지 도로의 절취면(절취사면)**도 공사로 형성되지만 두 경우 모두 비탈면 토체는 자연적으로 형성되므로 자연비탈면이라 할 수 있다.
  ※ 인공비탈면은 사면 내 흙의 구성을 알 수 있는데 반해 자연비탈면의 경우에는 흙의 구성상태를 알 수 없다.

- 형상에 따른 분류 → 그림 18.1-2 참조
  ① 무한비탈면 : 활동면의 깊이가 비탈면의 높이에 비해 상당히 얕게 일정한 경사로 길게 유지되는 비탈면으로서 파괴면은 얕은 곳에 위치하며 비탈면과 평행하다. → **산사태**가 무한비탈면 파괴의 대표적인 사례
  ② 유한비탈면 : 활동면의 깊이가 비탈면의 높이에 비해 깊은 비탈면

- 비탈면의 구성물질에 따른 분류
  ① 토사비탈면
  ② 암반비탈면

CHAPTER 12 13 14 15 16 17 18

2 토사사면과 암반사면의 구분

- 시설물의 안전 및 유지관리 실시 세부지침(국교통부, 국토안전관리원) 제14장 절토사면 14.4.1 상태평가기준에 따르면 해설 18.1-1 같이 **토층심도율**(SR)에 의해 비탈면을 **토사비탈면과 암반비탈면으로 구분**하고 있다.

$$SR = \frac{soil\ depth}{slope\ height} \qquad \text{식 18.1-1}$$

- 해설 18.1-1 에서 **암반의 블록크기 비**(BR)은 다음의 식으로 나타낸다.

$$BR = \frac{Brock\ size-index\,(Ib)}{slope\,height\,(H)} \qquad \text{식 18.1-2}$$

여기서, 블록크기 지수(Ib)는 절리군의 평균간격(Si)의 산술평균으로 정의할 수 있다.

$$Ib = \frac{\sum_{i=1}^{3} Si}{3} \qquad \text{식 18.1-3}$$

붕적토
지하수 흐름
매우 긴 무한 사면
풍화 암반
신선한 암석
지표층과 평행한 파괴
(a) 평면 파괴
(b) 원호형 하단부(또는 선단부) 파괴
(c) 원호형 깊은 파괴
약한 층
(d) 다각형의 파괴

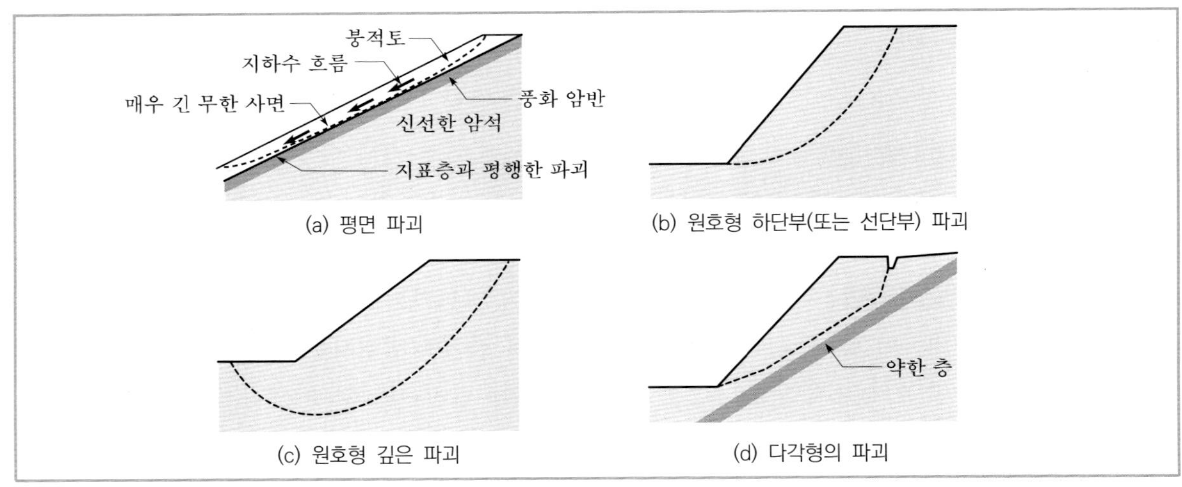

그림 18.2-1

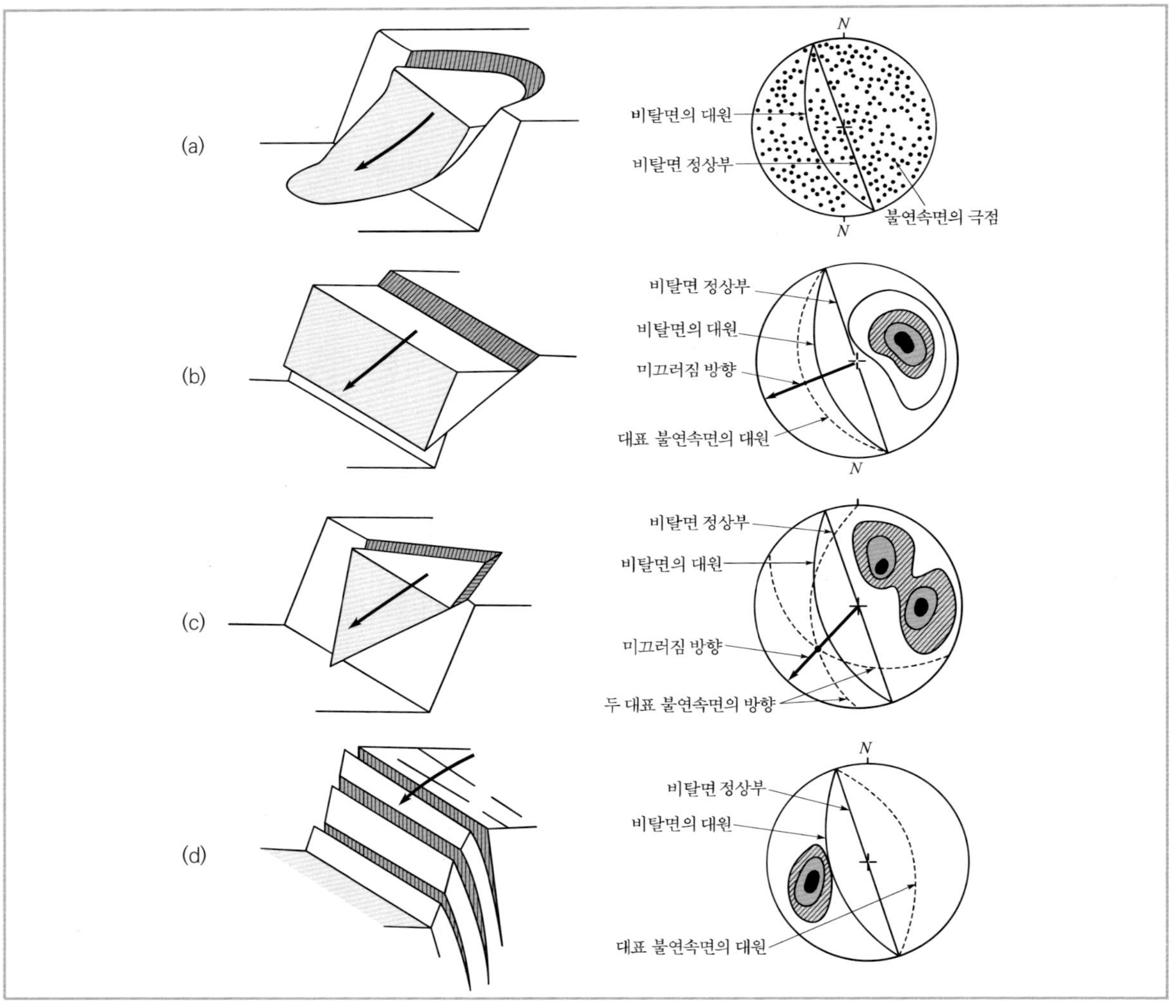

(a)
N
비탈면의 대원
비탈면 정상부
불연속면의 극점
N
(b)
비탈면 정상부
비탈면의 대원
미끄러짐 방향
대표 불연속면의 대원
N
(c)
비탈면 정상부
비탈면의 대원
미끄러짐 방향
두 대표 불연속면의 방향
(d)
N
비탈면 정상부
비탈면의 대원
대표 불연속면의 대원

그림 18.2-2

18.2 비탈면의 설계개념 및 안정에 영향을 미치는 인자

1 비탈면의 설계를 위한 비탈면 안정해석

■ **비탈면의 설계**는 안전율 등과 같은 **비탈면의 안정성 해석의 결과에 좌우**된다. 또한 이런 안정성해석은 실제 비탈면의 붕괴가 발생하거나 비탈면 붕괴가 예상되는 경우 **보호공법이나 보강공법의 설계를 위한 기초자료로 사용**한다. 따라서 사면의 설계를 위해서는 ① **비탈면 구성물질의 지질학적 및 공학적 특성**, ② **예상되는 붕괴 메카니즘**, ③ **사면불안정 유발요인** 등에 대한 이해가 필수적이다.

2 비탈면의 안정에 영향을 미치는 → 상태요인과 유발요인

■ 비탈면의 안정여부는 ① 사면의 높이와 경사 같은 **기하학적 특성**, ② 지층·암종 및 불연속면이나 이방성 같은 **지질학적 요인**, ③ **지하수 요인**, 그리고 ④ 강도, 투수성, 변형 등과 같은 **역학적 요인**에 의해 결정된다. 이러한 요인의 결합은 비탈면의 파괴조건을 결정하여 일정 규모의 흙 또는 암석이 움직일 수 있도록 한다. → 상태요인(약자 : ㉠기, ㉠지, ㉠지, ㉠역)

■ **흙에서는** 암종, 지층 그리고 수리지질학적 조건이 강도특성을 결정하며 따라서 비탈면의 거동을 결정한다. 한편 **단단한 암반에서는** 불연속면의 분포와 빈도 그리고 지각변동의 정도 등과 같은 지질학적 구조가 중요한 상태요인이다. 반면 **셰일·이암 같은 연약한 암반**에서는 풍화정도와 암종이 중요한 **상태요인(수동적인 요인)**이다.

■ 비탈면의 안정성에 영향을 미치는 상태요인과 달리 **유발요인(능동적인 요인)**은 주어진 조건이 갖추어지면 사면붕괴를 유발하는 요인이다. 이러한 외적요인은 흙과 암반에 작용하여 비탈면의 평형조건이나 특성의 변화를 유발한다.

비탈면 파괴(붕괴)의 형태

① 토사비탈면에서의 파괴(붕괴) → 그림 18.2-1 참조

- 토사비탈면의 파괴형태는 붕락(Fall), 활동(Sliding), 유동(Flow) 등이 있다.
- **활동(Sliding)**에는 무한비탈면의 병진활동에 해당하는 **평면활동**(그림 18.2-1a), 토질이 균질한 비탈면에서 발생하는 **원호활동**(그림 18.2-1b, c), 비탈면이 깊은 곳에 연약층이 존재할 때 발생하는 **복합곡선활동**(그림 18.2-1d)이 있다,

② 암반비탈면에서의 파괴(붕괴) → 그림 18.2-2 참조

- 암반비탈면은 토사비탈면과 달리 그 파괴형태가 다양하며 **원호파괴**(그림 18.2-2a), 뿐만 아니라 **평면파괴**(그림 18.2-2b), **쐐기파괴**(그림 18.2-2c) 및 **전도파괴**(그림 18.2-2d) 등이 발생한다.
- 암반의 파괴형태를 살펴보면 파쇄가 심하고 **불연속면이 불규칙하게 많이 발달된 암반비탈면**에서는 원호파괴가 발생하고, **2~3개의 불연속면이 일정한 방향성을 나타낼 경우에는** 각 불연속면의 경사방향과 경사각, 불연속면의 특성 및 비탈면의 방향과 경사와의 상관관계에 의하여 평면파괴, 쐐기파괴, 전도파괴가 발생한다.

개념정리 ① 비탈면의 안정에 영향을 미치는 상태요인과 유발요인 (I)

1 지층과 암종

- 비탈면 붕괴의 종류와 파괴면의 위치는 **암석의 종류, 풍화정도** 그리고 **연약층의 존재여부** 등에 영향을 받는다.
- **흙의 경우** 비탈면의 안정성은 다짐정도, 풍화정도 그리고 입자크기 등의 차이에 좌우되는 데 이러한 요소들은 **비탈면 일부 영역에 지하수의 흐름을 유발**하고 **연약면을 취약하게 만들기 때문**이다. 암반에서는 비탈면의 거동을 분석하는 것이 더 어려운데 이는 각각 다른 강도와 특성을 갖는 층들이 함께 존재하기 때문이다.

비탈면 구성물질의 낮은 강도와 비탈면내로 침투된 강우에 의해 붕괴된 붕적토와 심하게 풍화된 암석으로 구성된 사면

절리와 습곡이 발달한 셰일 비탈면내 붕괴

그림 개념 ①-1

2 지질구조와 불연속면

- **지질구조는 암반사면의 안정성에 결정적인 역할**을 한다. 특히 지질구조적 요소는 비탈면의 높이, 경사, 방향 등과 같은 **기하학적 요소와 결합**하여 **안정성의 문제를 유발**한다.
- 암반의 구조는 불연속면의 공간적인 분포에 의해 정의되며 불연속면은 무결암 등의 블록을 구분하는 역할을 하는데 특히 불연속면의 성질과 강도특성이 중요한 역할을 한다. **비탈면에서 경사진 연약면(층리, 절리, 단층 같은)의 발달은 비탈면 파괴가 쉽게 발생할 수 있는 불연속면이 존재한다는 것을 의미**하며 불연속면의 방향과 공간적 분포에 따라 비탈면 붕괴의 종류와 메카니즘이 결정된다. **불연속면의 존재는 이방성의 암반거동**과 **불연속면을 따라 비탈면 파괴가 발생**할 수 있음을 의미하다.

3 수리지질학적 조건

- 대부분 비탈면 파괴는 지표와 지반 내부에 발생하는 간극수압과 비탈면 물질의 침식을 포함한 물의 영향에 의해 발생한다. 물의 충분한 지질공학적 고려 없이 사면을 절취하는 인간의 행위는 비탈면의 안정성에 가장 악영향을 미치는 요소이다. **비탈면 내의 물의 존재는 불안정성을 유발하는 힘의 증가와 지반 강도의 감소를 유발하여 비탈면의 안정성을 저하**시킨다.

개념정리 ② 비탈면의 안정에 영향을 미치는 상태요인과 유발요인 (2)

- **물의 주요 영향을 정리하면 ①~⑥**
  ① 유효수직응력을 감소시켜 파괴면의 전단강도를 감소시킨다.
  $\tau_f = c + (\sigma_n - u)\tan\phi = c + \sigma_n{}'\tan\phi$
  ② 수압이 인장균열에 작용함에 따라 비탈면 아래쪽으로 작용하는 전단응력을 증가시킨다.
  ③ 포화에 의해 비탈면의 무게가 증가한다.
  ④ 함수비 증가로 인한 흙의 연화현상
  ⑤ 지반내 지하수의 흐름으로 내부 침식(파이핑 현상)
  ⑥ 흙과 암석의 광물학적 성분변화 및 풍화
  ⑦ 물의 동결에 의한 불연속면의 확장

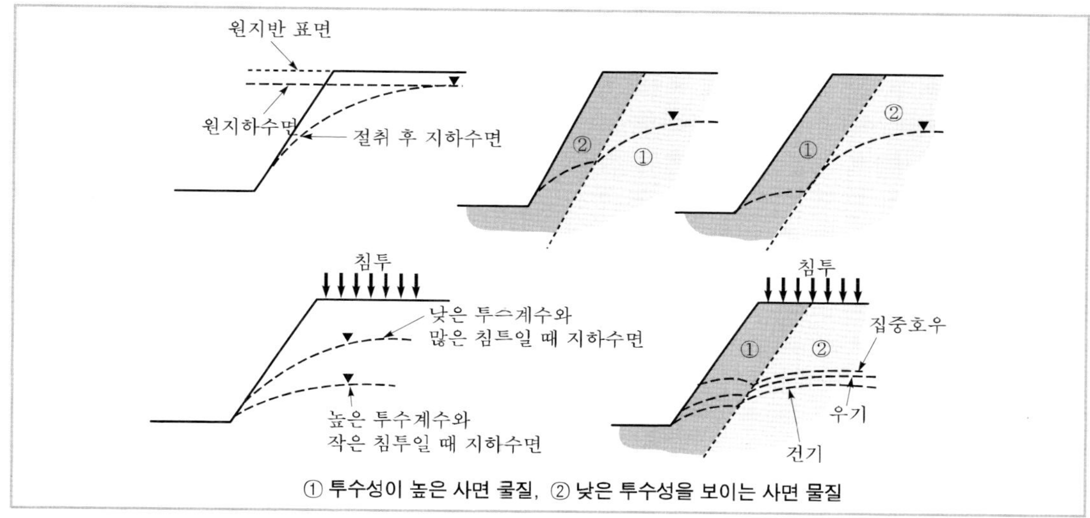

그림 개념 ②-1 비탈면 구성물질의 분포와 강우의 침투에 의한 비탈면내 지하수위 변화

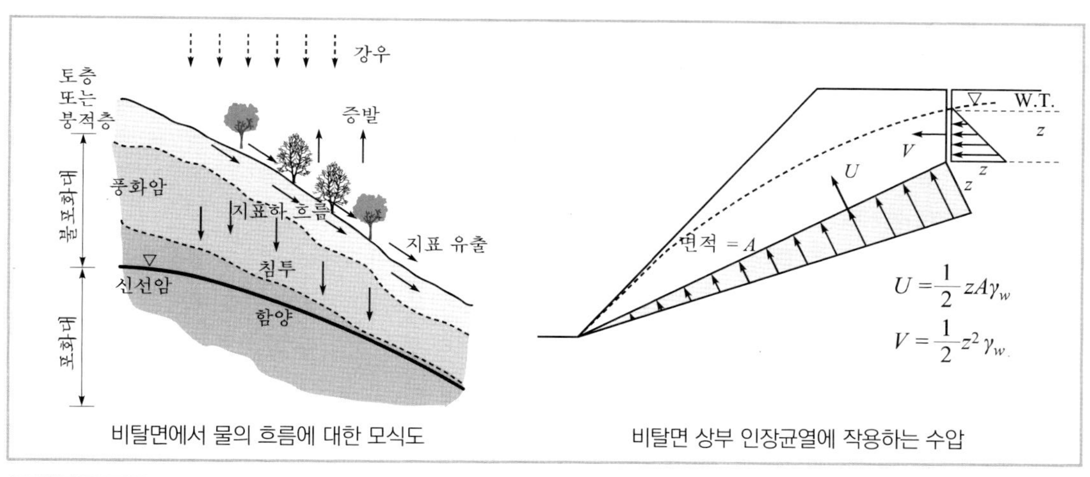

그림 개념 ②-2

개념정리 ③ 비탈면의 안정에 영향을 미치는 상태요인과 유발요인 (3)

4 흙과 암반의 역학적 특성

■ 비탈면에서 발생하는 파괴는 주로 구성물질의 전단강도에 좌우되며 이 전단강도는 점착력과 내부마찰각으로 표현되는 구성물질의 강도 값이다. **압밀, 침식, 속성작용, 원위치 응력, 풍화** 등과 같은 **지질학적 사건들**이 흙의 역학적 특성에 영향을 미치고 있다는 사실은 **전단강도를 나타내는 강도정수들을 결정할 때 지질학적 요인들을 고려**해야 함을 의미한다. 이회암질 점토층은 수백kPa의 일축압축강도와 높은 소성을 갖고 있지만 비탈면의 특성을 나타내는 강도정수는 이회암 점토층 내에 포함되어 있는 불연속면의 강도로 대표되는 잔류강도를 사용한다.

■ **암반의 역학적 특성**은 비탈면 구성 물질과 불연속면의 성질, 그리고 지각운동의 정도에 따라 차이가 나기는 하지만 주로 **무결암과 불연속면의 강도특성에 의해 결정**된다. 단단한 경암반의 거동은 암종과 지질학적 요인이 중요한 영향을 미치기는 하지만 불연속면의 특성에 주로 좌우된다. 연약면(즉, 불연속면)의 전단강도는 지하수, 충전물의 두께와 종류, 거칠기, 간격, 연장성, 연약면의 성질과 기원에 좌우된다. **불연속면의 전단강도는 암반의 안정성을 결정하는 가장 중요한 요소**로서 지반공학이해 Ⅲ 14.33 '불연속면의 전단강도 시험 및 전단거동특성'을 연계할 것.

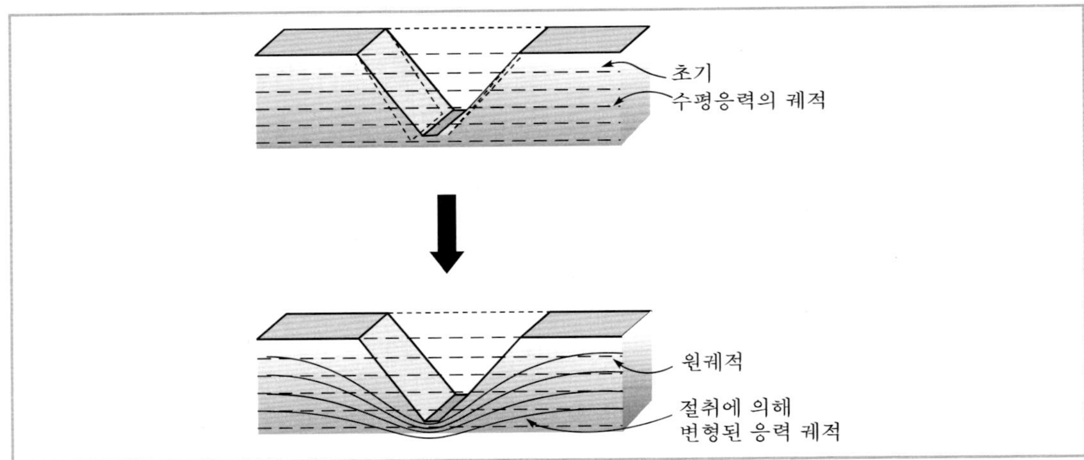

그림 개념 ③-1 절취에 의해 변형된 수평응력의 궤적

5 원위치 응력(초기지중응력)

■ **비탈면의 응력상태는 비탈면의 기하학적 형태와 절취이전의 응력상태에 좌우**된다. 그림 개념 ③-1 은 절취이후 비탈면에서 나타나는 응력분포의 변화를 보여준다. 매우 깊은 굴착의 경우 비탈면 하부나 특정부분에서 형성된 높은 응력이 불안정성을 유발하거나 연성의 변형을 유발 할 수 있다. 응력의 이방성 역시 비탈면의 상단부에 작용하면서 인장응력을 발생시켜 수직 균열의 확장을 초래할 수 있다. 절취에 의한 응력해방은 새로운 평형상태를 유도하며 불연속면의 확장 및 균열의 발달과 동시에 암반의 움직임을 유발한다. 이러한 요인들은 불안정화 되는 과정의 초기상태가 중요한 역할을 한다.

개념정리 ④ 비탈면의 안정에 영향을 미치는 상태요인과 유발요인 (4)

- 암반의 응력-변형률 관계는 50m 이상의 깊이로 굴착하는 경우와 같이 암반의 거동과 강도특성에 영향을 미치는 경우 안정성 해석 시에 반드시 고려되어야 한다. 특히 수직응력과 수평응력 사이의 비 $K_o = \frac{\sigma_h'}{\sigma_v'}$는 고려되어야 할 중요한 요소 중 하나이다.
- 이에 관해서는 지반공학이해 Ⅲ 14.11 '초기지중응력 예측의 중요성'~14.13 '지질구조작용이 암 지반의 초기지중응력에 미치는 영향'을 연계학습하기 바란다.

6 그 외 요인들

- 비탈면에 작용하는 **정적하중과 동적하중**은 비탈면 내 응력의 분포를 변화시키며 그로 인해 불안정성을 초래한다. 특히 지진이 빈번한 지역이나 다른 동적하중이 존재하는 지역에서의 이러한 힘을 비탈면안정해석에 포함시켜야 한다. **근사적인 계산을 위하여 동적하중을 포함**하여 **유사정적 해석**으로 계산되며 이때 지진에 의해 유발된 **최대수평가속도를 이용하여 해석**을 수행한다.
- **강우나 기후특성도 지반의 함수율에 영향을 미쳐 비탈면의 안정성에 영향**을 미친다. 반복적인 가뭄과 강우는 흙 구조의 변화를 유발하여 강도의 저하를 일으킬 수 있다. 따라서 비탈면 불안정성의 위험도 기준은 강우량에 기초하여 제안된다. 그림 개념 ④-1은 Lumb(1975)**에 의해 재안된 산사태 재해 기준**이다. 이 그림은 화강암 기원의 잔류토가 분포하는 홍콩에서 획득한 15일 동안의 강우강도와 붕괴발생 전날의 강우강도 사이의 상관관계이다.
- **풍화과정** 역시 특정 흙과 연암의 강도특성을 감소시키는 역활을 한다. 이러한 풍화는 굴착을 통해 주변환경에 노출된 비탈면 구성물질의 강도가 약화되고 조직이 교란되면서 발생한다.

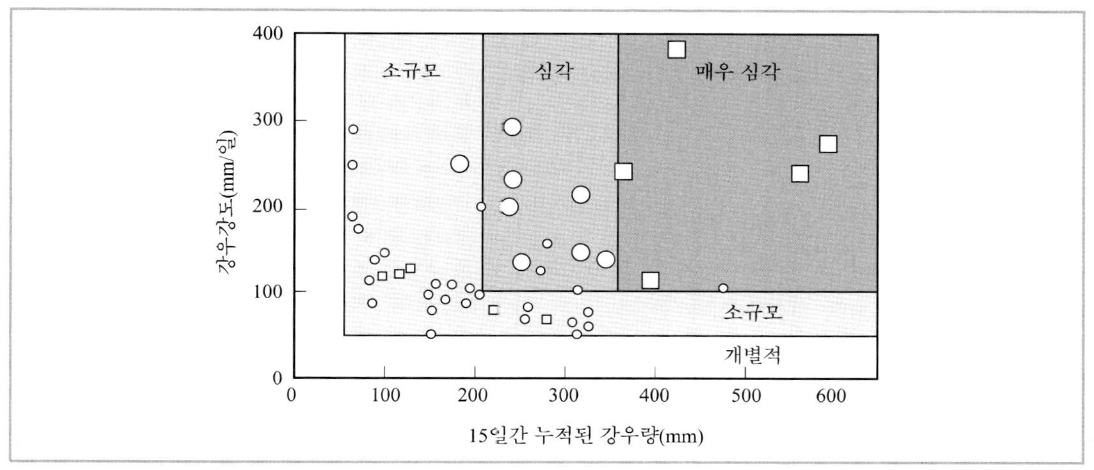

그림 개념 ④-1 누적강우량과 일일강우강도에 의한 홍콩의 산사태 재해기준

이러한 강도저하는 비탈면 표면부의 파괴를 유발하며 비탈면 하단부 같이 중요한 부위에 영향을 미쳐 대규모 비탈면 파괴가 발생하기도 한다.

상태요인(㉠, ㉧, ㉨, ㉧)	유발요인(㉻, ㉦, ㉠, ㉥, ㉬)
• 사면의 높이·경사(기하학적 특성)	• 정적 및 동적하중
• 지층·암종 및 불연속면·이방성(지질학적 요인)	• 수리지질학적 조건의 변화
• 수리지질학적 조건 및 비탈면 구성물질의 수리지질학적 거동(지하수 요인)	• 기후요소
• 물리적 특성, 강도 및 변형특성(역학적 요인)	• 비탈면형태의 변화
• 원위치응력 및 응력상태	• 풍화에 따른 강도의 저하

표 18.3-1 비탈면의 거동과 지반의 성질에 미치는 영향

$$F_s = \frac{c'l + (wcos\theta - ul)\tan\phi'}{wsin\theta}$$

전단응력의 증가요인(외적인 요인)	전단강도의 감소요인(내적인 요인)
① **외부하중증가** : 강우, 눈, 구조물설치, 추가 흙쌓기 등	① **점토의 팽창** : Montmorillonite 점토광물이 많이 함유된 점토는 팽창성이 크게 되어 Swelling, Slaking과 같은 현상이 발생하여 전단강도가 저하된다.
② **지형의 기하학적인 변화** : 인위적인 흙깎기, 유수에 의한 침식 등	② **용탈(Leaching)** : 결합재의 결합력 둔화
③ **인장균열 내 수압작용** : 인장균열부내 물이 차면 수압에 의한 활동력 증가	③ **인장균열발생** : 인장균열 깊이까지는 전단강도 발휘 못함. 지하수유입 경로 생성으로 세굴, 풍화가 급속하게 진행됨
④ **발파, 지진 등에 의한 충격** : 느슨한 사질토가 포화된 경우는 위험함	④ **예민한 흙속의 변형 및 진행성 파괴** : 전단저항이 발휘되는 상태가 부분적으로 다르게 되면 취약부 등의 결함이 있는 경우 취약부에 응력이 집중되어 최대강도를 지나 잔류강도에 이르게 되며 이와 같은 현상이 인근 지반으로 발달하여 진행성 파괴가 일어난다.
⑤ **단위중량 증가** : 함수비증가	⑤ **동결 및 융해**
	⑥ **강우시 지하수위 상승으로 간극수압 증가** : 강우가 지속되거나 강우 후 시간이 경과하면 상류 측 에서 지하수 유입 등으로 지하수면이 위로 상승하게 된다. 정(+)의 간극수압이 발생되게 되므로 비탈면안정성은 급격히 저하된다.
	⑦ **다짐불량 및 느슨한 토립자의 이동**

표 18.3-2 비탈면의 거동을 조절하는 요소

18.3 비탈면의 붕괴원인

1 표 18.3-1 과 표 18.3-2 에 대한 이해

- **비탈면의 거동에 영향을 미치는 요소**들은 지반에 작용하는 내력과 외력으로 구분할 수 있다. 이러한 요소들은 18.2 2 '**비탈면의 안정에 영향을 미치는 상태요인과 유발요인**'을 통해 설명되었다.

- 표 18.3-1 은 **비탈면의 거동과 지반의 성질에 미치는 영향**을 설명하고 있다. **상태(또는 수동적) 요소**들은 지반자체의 자연적인 성질, 구조 및 형태에 좌우되며, 일반적으로 거동형태를 결정한다. 반면 **유발(또는 능동적) 요소**들은 불안정성을 유발하거나 발생시키는 외적요소들이며 일반적으로 거동의 규모와 속도를 결정한다.

- 토층이나 암석의 지질 역학적 거동에 영향을 미치는 것과 관련하여 **비탈면의 거동을 조절하는 요소**들은 **전단강도 저하에 관여하는 요소**들과 **전단응력을 증가시키는 요소**들로 구분할 수 있다.

- 표 18.3-2 는 이러한 **비탈면의 거동을 조절하는 요소들**을 나타낸 것이다. 다양한 원인들이 비탈면 거동의 많은 경우에 기여하고 있으며, 비록 특정 발생요소(예 : 강우, 지진)의 직접적 영향이 있더라도 이러한 영향을 유도하는 기존의 조건 없이 비탈면의 불안정성이 발생할 수 없다.

- **물은(강우 의미) 간극수압을 발생**시킴으로 인해 **전단강도를 감소**시키고, 특정 형태의 흙을 연화시킨다. 물은 **지반의 무게를 증가**시키고, **인장절리와 불연속면 내에서 불안정한 힘을 발생**시킴으로서 **전단응력을 증가**시킨다.

2 비탈면붕괴 발생기구

흙깎기 비탈면

- **전단응력증가와 전단강도 감소에 따른 안전율 저하부분**과 우수에 의한 침식, 세굴부분으로 발생원리가 형성된다.

- **사질토 비탈면**은 **우수침식, 우수침투에 의한 단위중량 증가**로 **산사태**가 발생한다.

- **점성토 비탈면**은 미세균열, 인장균열, **수위상승에 따른 간극수압 증가**로 비탈면 붕괴가 발생된다.

흙쌓기 비탈면

- 우수침식에 의한 표면유실부분과 **원지반이 비배수조건에서 과잉간극수압 발생원리**가 형성된다.

- 별도의 대책공법이 적용되지 않은 경우 기초지반의 **전단강도에 따른 한계 흙쌓기 준수**, 또는 **강도증가를 기대한 단계흙쌓기가 필요**하다

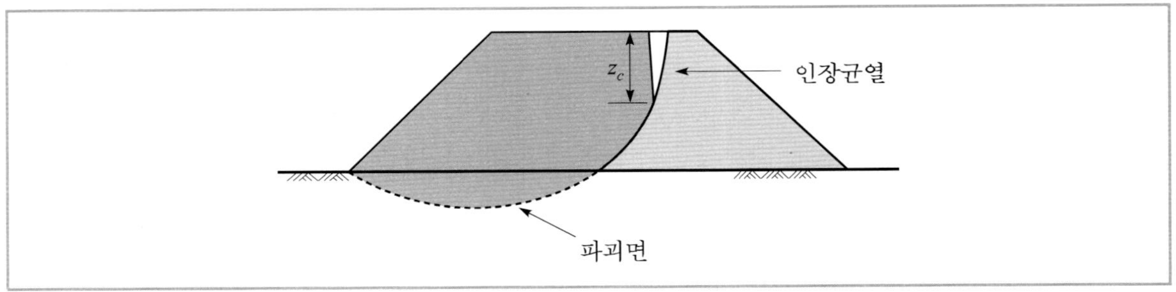

그림 18.4-1 인장균열이 활동면내 존재로 비탈면 안정성 저하

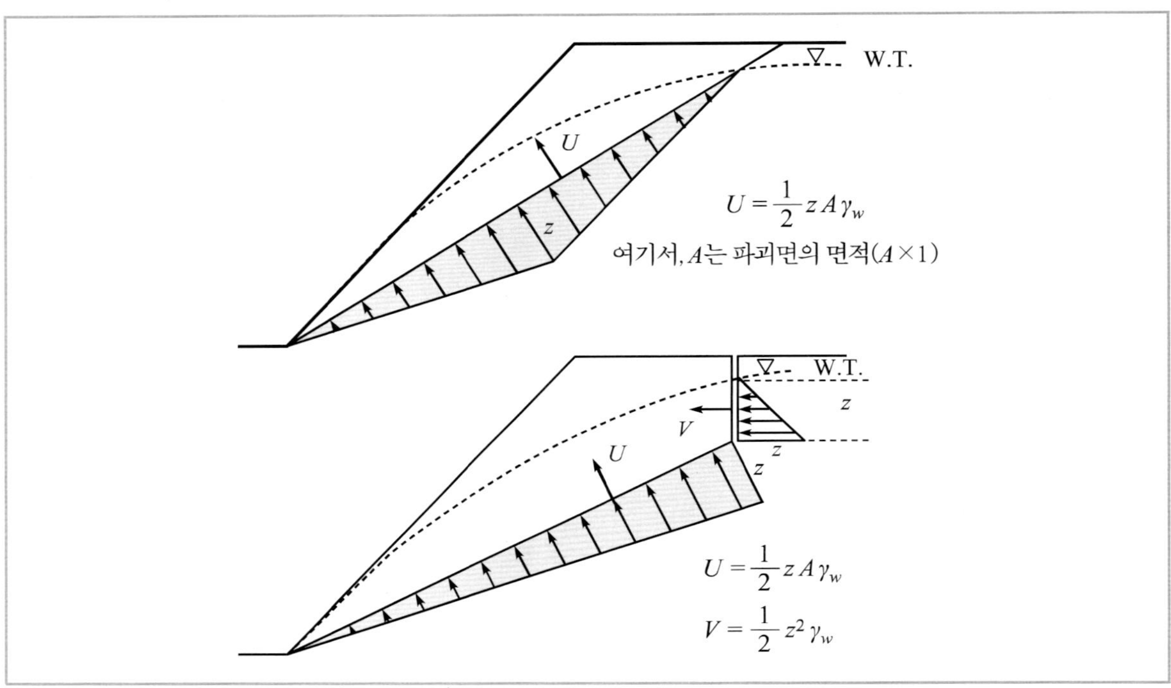

그림 18.4-2 단일불연속면에 작용하는 수압 및 비탈면 상부 인장균열에 작용하는 수압

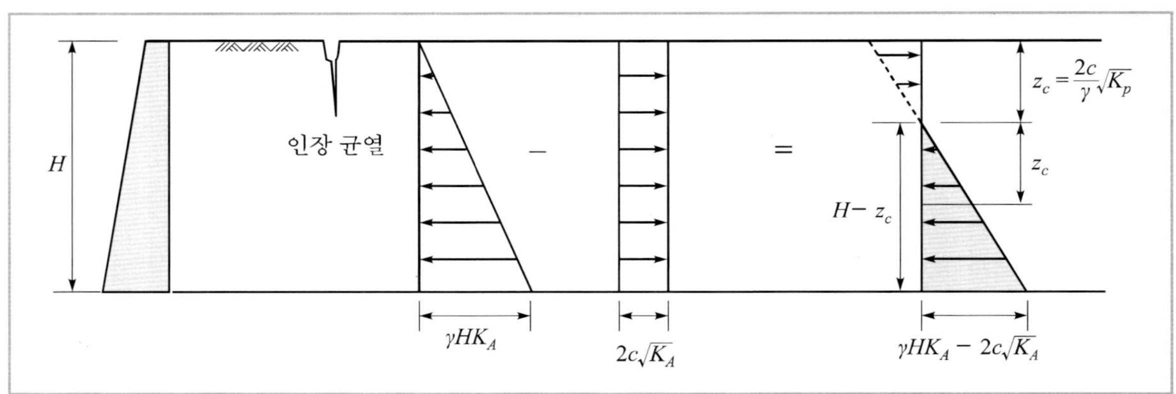

그림 18.4-3 점착력이 있는 경우 인장균열 깊이 및 한계깊이

18.4 인장균열

1 개요

■ 그림 18.4-1 같이 **점토비탈면에서 인장응력에 의해 비탈면 끝의 약간 후방부에서 발생하는 균열**을 **인장균열**이라 한다. **인장균열이 활동면내에 존재하면 비탈면안정성이 저하**된다.

■ 인장균열은 주동토압을 받는 구간에서만 발생하고 수동토압을 받는 구간에서는 발생하지 않는다. 이에 관해서는 지반공학이해Ⅱ 11.18~11.21 '뒷채움이 점성토인 경우의 Rankine의 주동토압이론'에서 설명하였다. 연계하기 바란다. → 그림 18.4-3 참조

2 인장균열 깊이

■ 인장균열 깊이(z_c)는 옹벽의 배면부에서와 동일하게 $z_c = \dfrac{2c}{\gamma}\sqrt{K_p}$ 이다.

① 그림 18.4-3 같이 주동토압이 음(−)이면 인장력이 작용하므로 인장균열이 발생한다. 인장균열 도달깊이 z_c는 $\sigma_{ho} = 0$이 되는 깊이이다.

② $0 = \gamma z_c \tan^2(45° - \dfrac{\phi}{2}) - 2c\tan(45° - \dfrac{\phi}{2})$

$$z_c = \frac{2c}{\gamma}\frac{1}{\tan(45° - \frac{\phi}{2})} = \frac{2c}{\gamma}\tan(45° + \frac{\phi}{2})$$

$$z_c = \frac{2c}{\gamma}\tan(45° + \frac{\phi}{2}) = \frac{2c}{\gamma}\sqrt{K_p}$$

3 실무적용시 주의사항

① 인장균열을 고려하여 비탈면안정해석을 할 경우 **가상활동원과 접하는 깊이까지는 전단강도가 없으므로** 활동은 이 점에서 시작하는 것으로 간주한다.

② 강우로 인해 **인장균열에 물이 채워진다면** 그 깊이까지 **정수압이 존재**하며 이 힘은 활동을 일으키는 모멘트로 작용한다. → 옹벽의 경우 전도와 활동을 일으키는 추가적인 요인이 된다.

③ **인장균열은 폭보다 깊이가 중요하다.** 따라서, 균열발생시 깊이가 깊어지지 않도록 **동태관찰**을 해야 하며 균열발생 후 물이 들어가지 않도록 주의해야 한다.

④ **인장균열이 비탈면의 안전율 계산에 미치는 영향은 미소하지만 균열을 통해 물이 침투함으로써 지반의 전단강도가 약화된다는 것이 중요하다.** 그림 18.4-2 참조

⑤ 우기 시 빗물이 침투하지 못하도록 상부에 도수로를 설치하거나 천막 등으로 덮어 주어야 하며, **신축계, 변위말뚝 등의 계측기를 설치하여 균열의 진행여부를 지속적으로 관찰**하여야 한다.

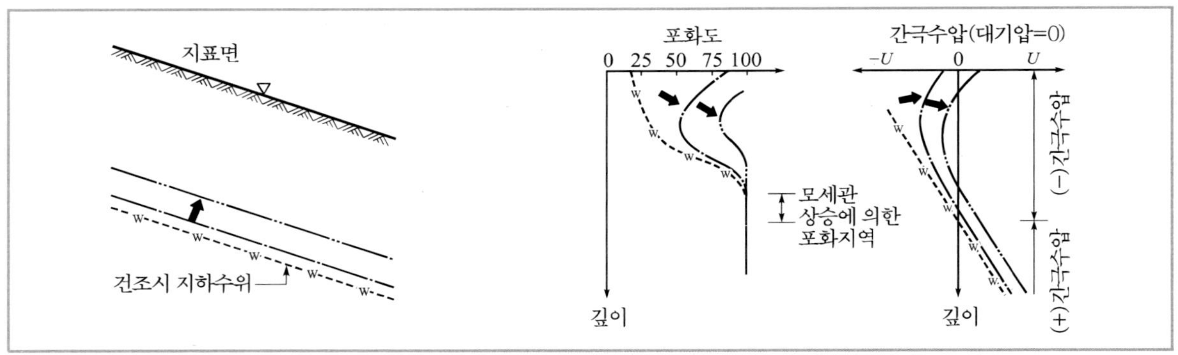

그림 18.5-1 강우 시 비탈면내의 간극수압(GCO, 2000)

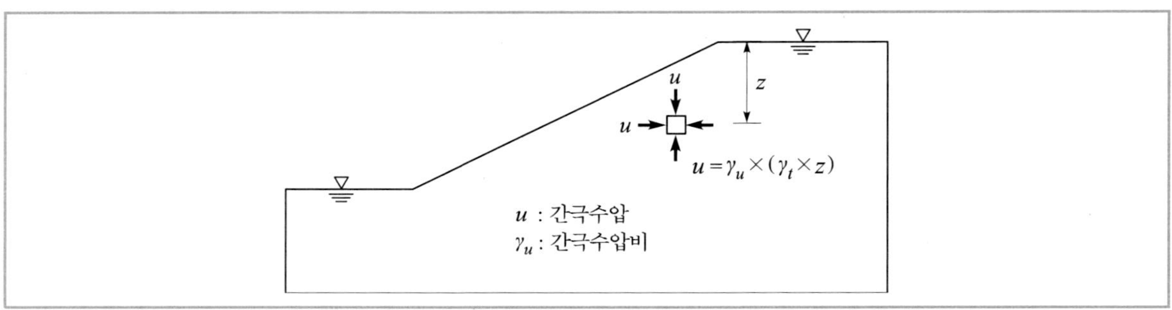

그림 18.5-2 간극수압비(강우로 인한 비탈면의 간극수압의 영향을 나타내는 비)

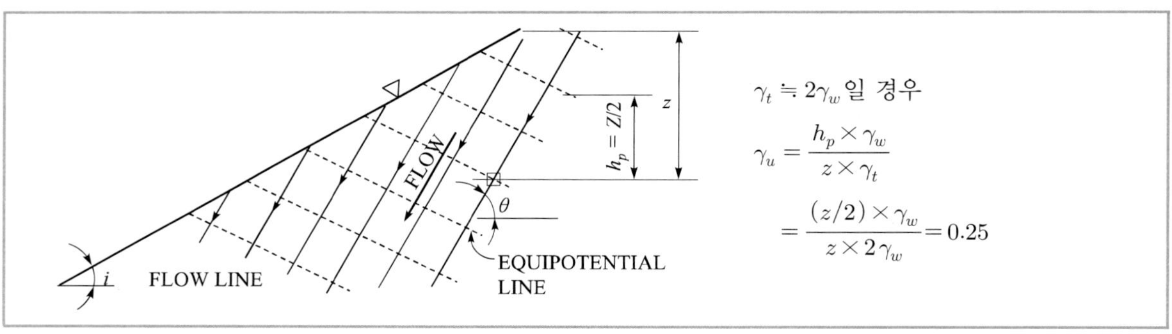

그림 18.5-3 간극수압 = 전응력 × 25%(γ_u)

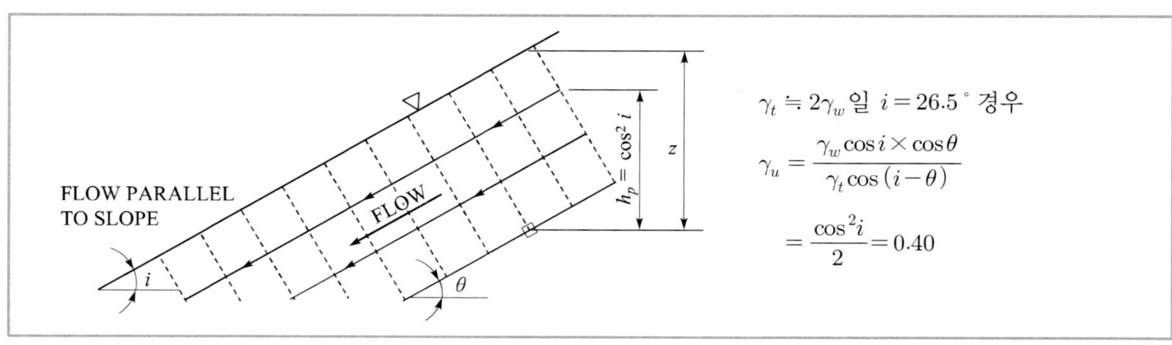

그림 18.5-4 간극수압 = 전응력 × 40%(γ_u)

18.5 강우 시 비탈면내의 침투특성(1)

1 간극수압의 변화

- 강우 시 비탈면내의 간극수압은 그림 18.5-1 같이 **강우 초기에는** 지표부근이 충분히 포화되지 않아 부(−)의 간극수압을 보이다가 **강우가 지속되면서 습윤대(wetting band)가 점차 확산**되어 지표부근에서는 양(+)의 간극수압을 나타내고 지하수위 부근은 모세관효과에 의해 부(−)의 간극수압을 나타낸다. 또한, **강우가 지속됨에 따라 습윤대가 점차 깊어지면서 지하수위상승이 발생** 한다. **지금 설명된 사항은** 이론적인 내용으로서 **실제 강우 시 비탈면의 거동과는 일치하지 않는다.** 즉, **습윤대 구간의 두께만큼 간극수압은 (+)의 간극수압을 띠지 않는다는 점에 유의**해야 한다(단, 지하수위를 만나거나 투수계수가 낮은 불투수층에 도달하면 양(+)의 간극수압을 띰).
- 이에 관해서는 이미 지반공학이해Ⅱ 387p 10.89 3에서 설명되었다. **우기시 비탈면안정해석 시 지하수위가 상승하여 지표면과 일치한다라고 가정 ($F_s > 1.2$)한 관례적인 설계적용의 부적정함**을 함께 연계학습을 하기 바란다.
- **비탈면안정해석 시 강우로 인한 간극수압의 영향은 간극수압비를 이용하여 간단하게 고려**할 수 있으며, 간극수압비(γ_u)는 그림 18.5-2, 식 18.5-1 같이 임의의 깊이(z)에서 발생하는 간극수압(u)에 대한 전응력의 비로 정의된다.

간극수압비(γ_u)

$$\gamma_u = \frac{u}{\gamma_t \times z} \quad \text{식 18.5-1}$$

여기서, z : 지표면에서 비탈면 임의의 위치까지의 깊이
u : 비탈면내 임의의 깊이에서 발생하는 간극수압
γ_t : 토체의 습윤단위중량

일반적으로 γ_u**는 0(최소)~0.5(최대)의 범위의 값을 가지며, 평균적으로 0.25를 사용한다**고 제안된 바 있다.

Lambe와 Silva-Tulla(1992)에 의하면 간극수압비의 크기는 유선이 직선일 경우 식 18.5-2와 같이 계산할 수 있으며 강우시 사면내의 침투양상에 따라 그림 18.5-3 ~ 그림 18.6-1 같이 결정할 수 있다.

$$\gamma_u = \frac{u}{\gamma_t \times z} = \frac{h_p \times \gamma_w}{\gamma_t \times z} = \frac{\gamma_w \cos i \times \cos\theta}{\gamma_t \cos(i-\theta)} \quad \text{식 18.5-2}$$

여기서, i: 사면경사, θ: 유선의 경사각

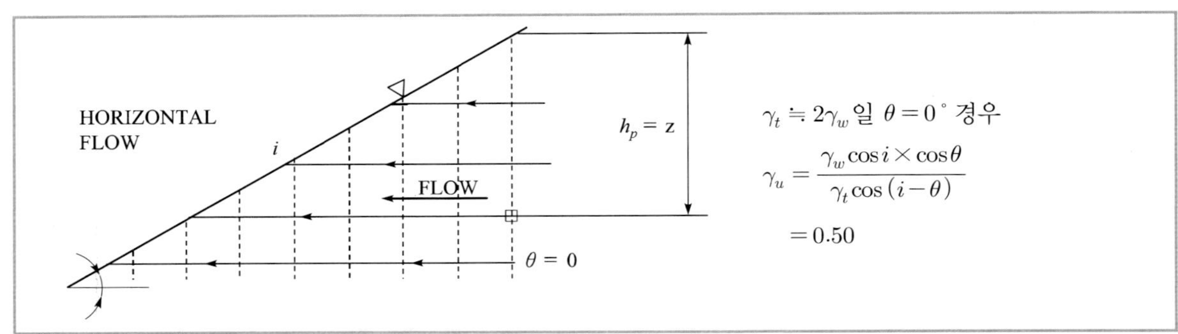

그림 18.6-1 간극수압 = 전응력 × 50%(γ_u)

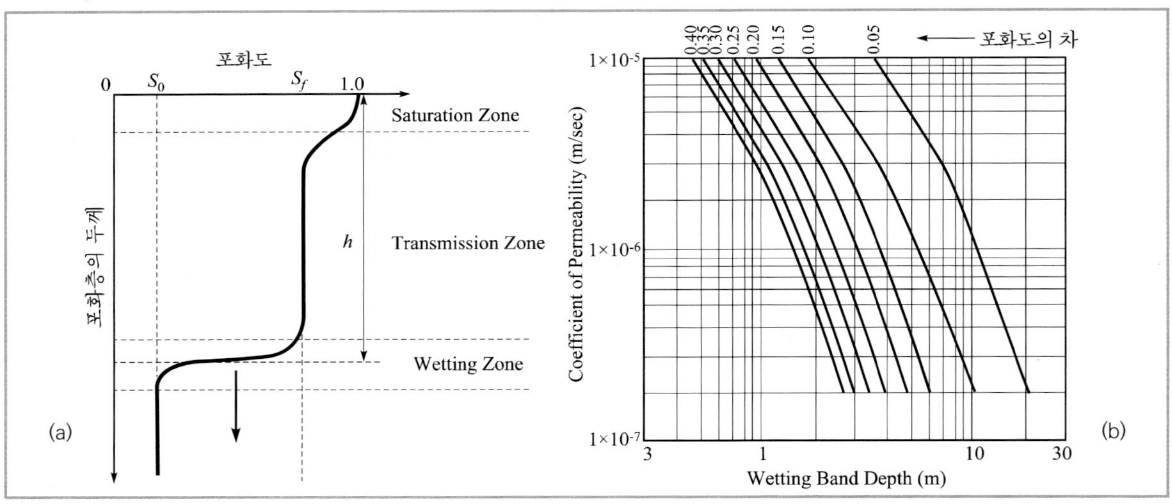

그림 18.6-2 강우시 습윤대의 형성(Lumb, 1976) 및 투수계수와 포화정도에 따른 습윤대의 두께

※ **그림 18.6-2에 대한 이해**

① (a) : 습윤대의 두께=침윤전선 깊이 산정

$$h = \frac{k \times t}{n \times (S_f - S_o)}$$ 식 18.6-1

여기서, h : 습윤대의 두께, n : 간극률

S_o : 강우전의 포화도, S_f : 강우후의 포화도

k : 토층의 포화투수계수, t : 강우지속시간

② (b) : 침윤전선 깊이를 도해적으로 구할 수 있는 도표-G.C.O(1984)

식 18.6-1 의 도해적해의 한 예로서 강우량의 50%가 표면유출 되며, 지반의 간극율은 40%인 조건에서 10년 주기의 강우를 기준으로 침윤전선깊이에 대한 포화투수계수 k_s와 유효포화도($S_f - S_o$)와의 관계를 도시한 것으로 **투수계수가 클수록 침윤전선 깊이가 증가함**을 보여주고 있다. **이러한 의미는 투수계수가 비교적 큰 흙일수록 빠르게 포화상태에 이르게 되나 일정심도 이후에는 투수특성보다 강우강도 및 지속시간에 보다 많은 영향을 받는다.**

해설 18.6-1

2 습윤대(wetting band)의 두께

- 강우 시 지표면으로부터 침투가 발생되면 지반 내 포화 및 불포화 흐름으로 인해 그림 18.6-2a 같이 포화대의 변화과정을 경험하게 된다. 지반이 무한히 깊은경우 지표면으로부터 **포화영역**(Saturation zone)이 형성된다. 여기서 **전이영역**(Transmi ssion zone)은 함수비가 거의 일정한 크기로 존재하여 완전 포화상태는 아니지만 거의 포화에 가까운 영역이다. 강우로 인해 지표부근은 완전히 포화되어 포화도가 1.0에 접근하나 중력의 영향으로 깊이가 깊어짐에 따라 점차 감소하다가 **일정깊이 이상에서는 일정한 포화도**를 나타내며 **습윤대**(Wetting band)를 **형성**한다(그림 18.6-2에서 h구간). 습윤영역(Wetting zone)은 모관력과 함수비의 사이에서 급작스런 변화가 있는 영역으로 이는 **강우강도와 강우지속기간과 밀접한 관계**를 갖고 있어 **습윤영역이 확대**됨에 따라 지반의 **모관흡수력** $(u_a - u_w)$**이 상실**되어 **비탈면의 안정을 해치게 된다.**

습윤대(Wetting band)에서의 간극수압과 전단강도

① **간극수압 : 습윤대 구간**은 포화도가 100%에 가깝다 하더라도 (+)양 간극수압을 띠지 않고, **(−)부의 간극수압을 띤다.** 단, 습윤대가 하강하면서 지하수위면이나 기반암과 같은 불투수층을 만나면 **수위화 되는 경우에만 (+)양 간극수압을 띰.**

※ 지반공학이해 II 387p 10.89 3 연계

② **전단강도 :** 습윤대 영역은 불포화토 파괴기준 $\tau_f = c' + (\sigma - u_a)\tan\phi' + (u_a - u_w)\tan\phi^b$ 에서 모관흡수력 $(u_a - u_w)$의 상실로 인해 전단강도의 감소로 비탈면의 붕괴가 발생한다는 측면에서 개념적으로는 설명이 가능하나, **습윤대 영역은 불포화토 파괴기준이나 포화토로 가정한 Mohr−Coulomb의 파괴기준이 대응하지 못하는 영역**이다. 따라서 실무에서는 직접전단시험으로부터 구한 포화강도정수를 이용하고 있는 실정임.

※ 지반공학이해 III 16.17 4 연계

- 습윤영역의 전면부분을 **침윤전선**(wetting front)라 하는데, 강우가 계속됨에 따라 침윤전선이 지반 내로 확산되고 이로 인해 지반 내 부(−)의 간극수압은 급격히 감소하게 된다. 이때 지표면으로부터 침윤전선까지의 깊이를 '침윤전선 깊이'라 한다.

- Lumb(1975)는 이와 같은 침윤전선의 깊이를 결정할 수 있는 간편식을 식 18.6-1 과 같이 제안한 바 있으며 토층의 투수계수와 포화정도에 따른 습윤대의 두께는 그림 18.6-2b 와 같다. 그런데 식 18.6-1 은 중력에 의해 물이 확산되는 경우, 즉 동수경사가 1인 경우인 연직흐름을 전제조건으로 한 것이며, 강우 중 지표의 이동은 무시한 것이다. **침윤전선 깊이를 측정하기 위해서는 강우강도, 강우지속시간, 유출량, 투수계수 및 포화도 등을 알아야 하는데, 특히 강우로 인한 포화도의 변화정도, 즉,** $(S_f - S_o)$**가 중요하다.**

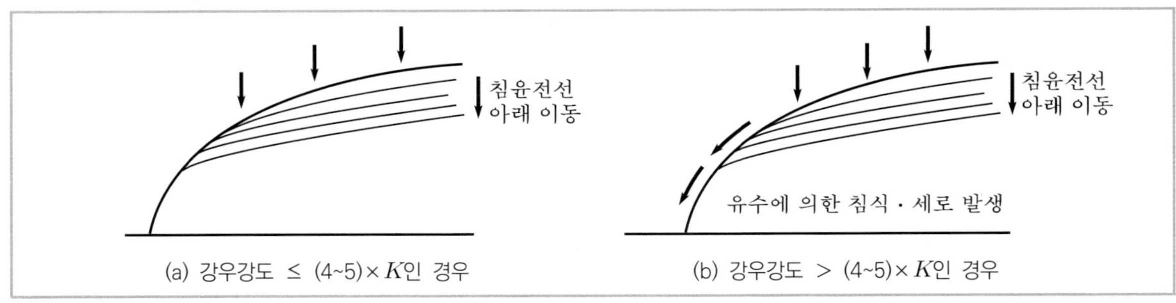

그림 18.7-1 강우초기 → 전단응력(τ_n) 증가

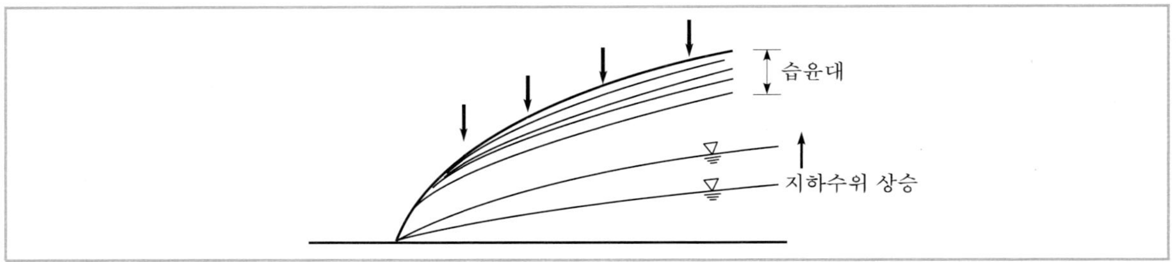

그림 18.7-2 강우지속 또는 강우시간 경과시 → 전단응력(τ_f) 감소

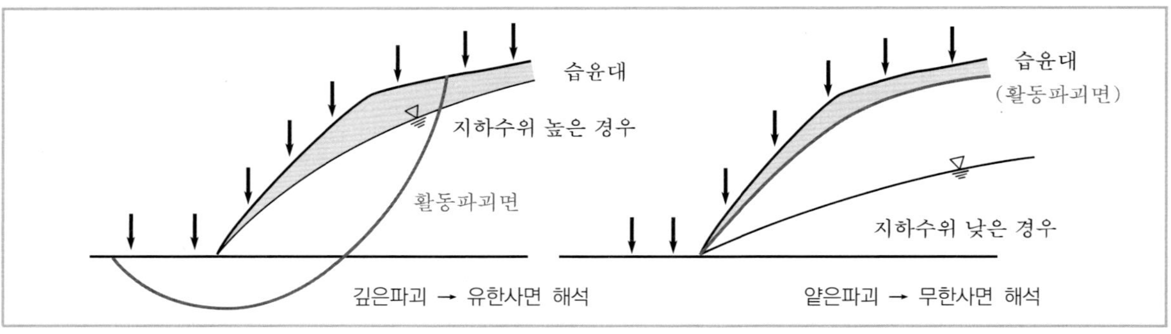

그림 18.7-3 강우시 지하수위에 따른 비탈면파괴 유형(깊은파괴·얕은파괴)

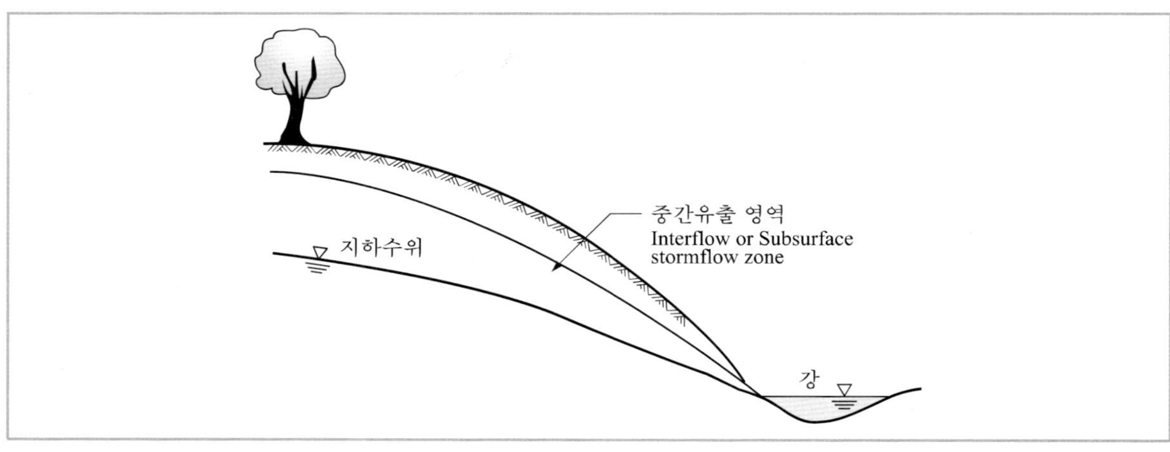

그림 18.7-4 지하수위가 낮은 경우 강우시 중간유출 영역

18.7 강우 시 비탈면내의 침투특성(3)

강우 전 지반의 상태가 건조한가 또는 이전의 강우, 즉 선행강우로 인해 함수비가 높은 상태인가에 영향을 받는다.

3 강우에 따른 비탈면내의 안전율의 변화

- 강우초기 그림 18.7-1 : 침윤전선이 아래로 이동, 강우초기 지하수 침투로 흙의 단위중량은 증가($\gamma_t \rightarrow \gamma_{sat}$)와 더불어 비탈면의 안정성은 감소되나 영향은 크지 않음.

$$F_s(\downarrow) = \frac{c'l + (w\cos\theta - ul)\tan\phi'}{w(\uparrow)\sin\theta}$$ → **전단응력 증가**

강우 시 지반투수성(K)에 따른 영향

① 강우강도 ≤ (4~5)×K인 경우 : 지반내에 흡수

② 강우강도 > (4~5)×K인 경우 : 지표를 통해서 유출 → 강우강도가 크더라도 침투되는 수량은 한계가 있음

③ 투수계수가 큰 지반에서는 습윤대 및 지하수위의 상승이 빠르게 발생한다.

- 강우지속 또는 강우시간 경과 그림 18.7-2 : 강우지속 또는 강우지속시간 경과에 따라 **지하수위 상승** 및 지반은 포화상태가 되어 **모관흡수력($u_a - u_w$) 상실**로 **전단강도가 급격하게 저하**되어 **비탈면의 안정성은 급격히 저하**됨.

$$\tau_f = c' + (\sigma - u_a)\tan\phi' + (u_a - u_w)\tan\phi^b \rightarrow (u_a - u_w) \simeq 0 \rightarrow \bar{c}(\downarrow) = c' + (u_a - u_w)\tan\phi^b \rightarrow \tau_f(\downarrow)$$

$$F_s(\downarrow) = \frac{c'(\downarrow)l + (w\cos\theta - u(\uparrow)l)\tan\phi'}{w\sin\theta}$$ → **전단강도 감소**

지하수위의 높이에 따른 비탈면의 파괴유형

① 그림 18.7-3a와 같이 **지하수위가 지표면 아래 1.0~2.0m에 위치하는 경우는** 집중호우에 의해 발생된 침투강우가 지속시간에 따라 다소 차이는 있으나 단시간에 지하수면에 도달하여 지하수위를 증가시킬 수 있으므로 **유한사면 해석을 실시**하여야 한다.

② 그러나 **지하수위가 낮은 비탈면**은 그림 18.7-2ɔ 같이 집중호우가 발생하더라도 습윤대가 기 형성되어 있는 지하수위에 쉽게 맞닿지 않아서 지하수위 증가에는 커다란 영향이 없으므로 침투강우에 의해 발생되는 **습윤대에 대한 안정성만 평가**하면 된다. 즉, 일반적으로 강우에 의한 습윤대는 강우강도, 강우지속시간, 토층의 투수계수 등에 따라 두께가 달라지나 사면높이에 비해 작고, 하부의 지하수위와 연계되지 않고 그림 18.7-4 같이 중간유출이 되므로 비탈면안정해석 시 **무한사면 해석을 실시하는 것이 바람직**하다.

비탈면 지반조건	투수계수	강우조건	
		집중호우시 (36mm/hr×7hr=252mm)	장시간 강우시 (0.36mm/hr×700hr=252mm)
사질토	$1\times10^{-3}cm/sec$	**파괴**	비파괴
점성토	$1\times10^{-5}cm/sec$	비파괴	**파괴**
비탈면경사=30°, 토층두께 = 0.5m, 비탈면길이=10m, γ=20kN/m^3, c_d=0, ϕ=40°, n_d= 0.5			

표 18.8-1 지반조건-강우조건에 따른 비탈면의 파괴유형

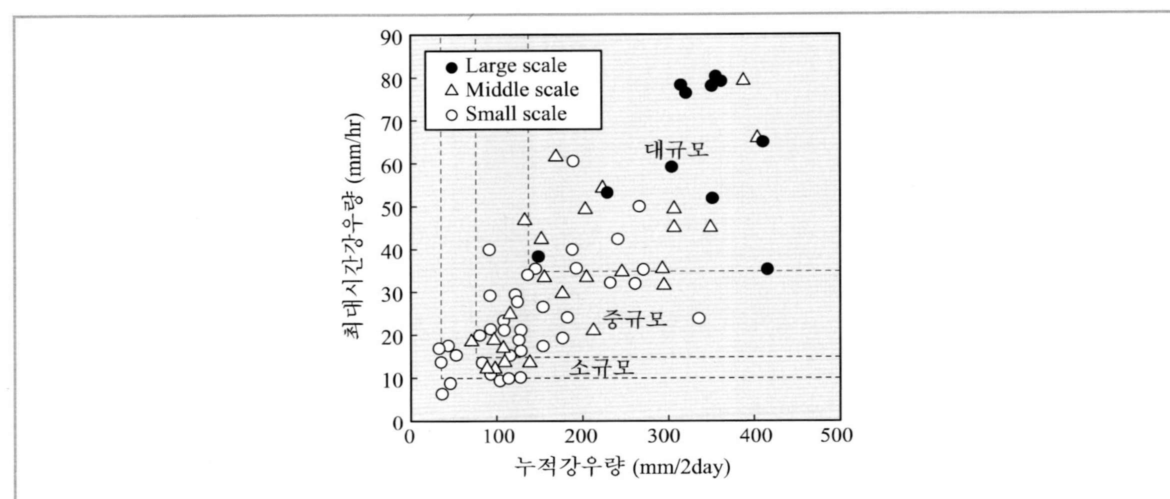

규모별 구분	소규모 (1~3회 산사태)	중규모 (4~19회 산사태)	대규모 (20회 이상 산사태)	비고
최대시간 강우 강도(mm/hr)	10	15	35	산사태 발생 10% 빈도
누적강우량(mm/2day)	40	80	140	

그림 18.8-1 강우강도와 지속시간에 따른 파괴형태 분류

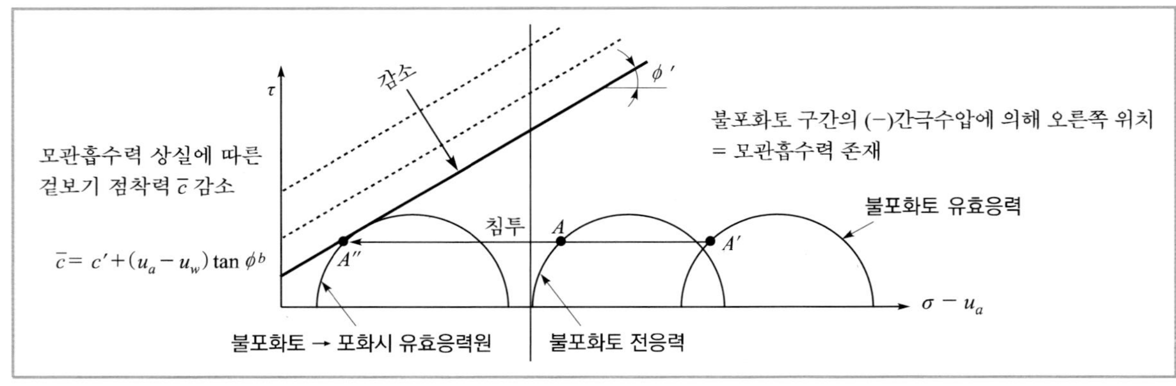

그림 18.8-2 강우침투로 인한 유효응력변화

18.8 국내의 강우특성(강우강도와 지속시간)에 따른 파괴형태 (1)

1 표 18.8-1 및 그림 18.8-1에 대한 이해

- 우리나라에서는 강우에 의한 침투로 크고 작은 비탈면파괴(**산사태**)가 빈번히 발생하고 있다.
- 지반조건-강우조건에 따른 비탈면의 파괴유형은 표 18.8-1과 같다.

지반조건-강우조건에 따른 비탈면의 파괴유형

강우시 지반의 투수성에 따른 영향을 살펴보면 **투수성이 양호한 사질토의 토사사면**의 경우는 **집중호우시 파괴가능성이 크며, 투수계수가 낮은 점성토의 토사사면**의 경우는 **장시간 지속되는 강우에 파괴가능성이 큰 것**을 알 수 있다.

- 강우강도와 지속시간에 따른 파괴형태를 살펴보면 그림 18.8-1과 같다.

강우강도와 지속시간에 따른 파괴형태

① **지속시간은 짧으나 상대적으로 강우강도 큰 경우 소규모 파괴가 많이 발생**한다.

② 지속시간이 길고 강우강도가 큰 경우 대규모 파괴가 발생하고,

- 소규모 산사태는 최대시간 강우강도가 10mm를 넘고 당일과 전일 2일간 누적강우량이 40mm를 넘으면 발생할 수 있다.
- 중규모 산사태는 최대시간 강우강도가 15mm를 넘고 2일간 누적강우량이 80mm를 넘으면 발생할 수 있다.
- 대규모 산사태는 최대시간 강우강도가 35mm를 넘고 2일간 누적강우량이 140mm를 넘으면 발생할 수 있다.

③ 풍화계열 비탈면의 경우

- 얕은 비탈면파괴의 경우 : **강우강도가 강한 경우 주로 발생**
- **깊은 비탈면파괴의 경우** : 강우지속시간이 길어짐에 따른 침투로 많이 발생

※ 그림 18.8-1의 표에서 누적강우량은 산사태 발생 당일과 전일(2일간) 누적강우량을 의미한다. 그러나 이러한 규모별 강우 분류는 임의의 강우가 발생할 때 산사태가 일어나는 회수의 차이로만 구분한 것이다. 이러한 기준은 산사태 발생빈도가 10% 정도인 통계적인 수치를 의미하며 안전측인 하한치로 규정한 것이다.

2 국내의 비탈면 붕괴의 특징

- 그림 18.8-2같이 강우 → 습윤대 형성 → 모관흡수력 상실 → 유효응력의 감소가 **주된 붕괴 원인**이며, 강우에 의해 1~2m 깊이 이내에서의 **얕은 파괴**가 많이 발생되고 있다.
- 바로 이러한 특징을 감안시 지반공학이해Ⅱ 385p 10.88~10.91 '**강우침투를 고려한 비탈면 안정해석의 올바른 이해**'가 매우 중요하다 할 수 있다.

강우 조건을 고려한 비탈면의 안정해석방법

1 강우 영향을 **지하수위**로 고려하는 방법

2 강우에 의한 습윤대를 산정하여 습윤 지반에 **간극수압비를 고려**하는 방법

3 불포화지반에서의 **강우 침투해석을 실시**하여 각 위치에서 지반의 간극 수압을 고려하는 방법이다.

※ 실제 거동을 가장 잘 반영할 수 있는 것은 3 세 번째 방법이다

- 실무에서는 1 **방법을 약간 변형한 수위면을 비탈면 지표면에 위치시켜** 사면내 지반 전체에 그 수두만큼의 정수압이 작용하는 것으로 산정하는 방법을 널리 이용하고 있다. 이 방법은 지하수위가 지표면과 근접한 경우가 아니면 일반 토층에서 거의 발생할 여지가 없는 조건을 묘사하는 것으로 **실제 거동과 크게 다른 결과를 나타내게 된다.**

- 다른 2방법은 **강우가 지표면으로부터 침투되어 습윤대가 아래로 하강 하는 거동을 고려**하여 지반의 포화도와 간극비, 침투, 투수계수 등을 이용하여 **포화 습윤대의 두께를 산정**하고, 그 습윤대에 **간극수압비**($\gamma_u = \dfrac{u}{\gamma \times z}$)를 적용시켜 사면 안정해석을 실시하는 방법이다. 이 방법은 강수의 지표면으로 부터의 침투 거동을 산정하기는 하였으나 **불포화대에서의 거동을 정확히 모사하지는 못하며** 특히 습윤대에서는 동일한 간극수압비를 적용하여야 하고 어느 정도 수준으로 적용할 것인지에 대하여는 경험적인 인자에 의존할 수밖에 없다.

- 따라서 강수 거동을 제대로 반영하기 위해서는 강우에 의한 불포화토 지반에서의 침투 거동을 먼저 해석하고 그로부터 얻어진 지반내의 간극수압을 적용하여 사면안정 해석을 수행하는 것이 가장 합리적인 방법이다. → **강우 침투를 고려한 비탈면 안정해석**(3 방법)

해설 18.9-1 강우 조건을 고려한 비탈면의 안정해석 방법

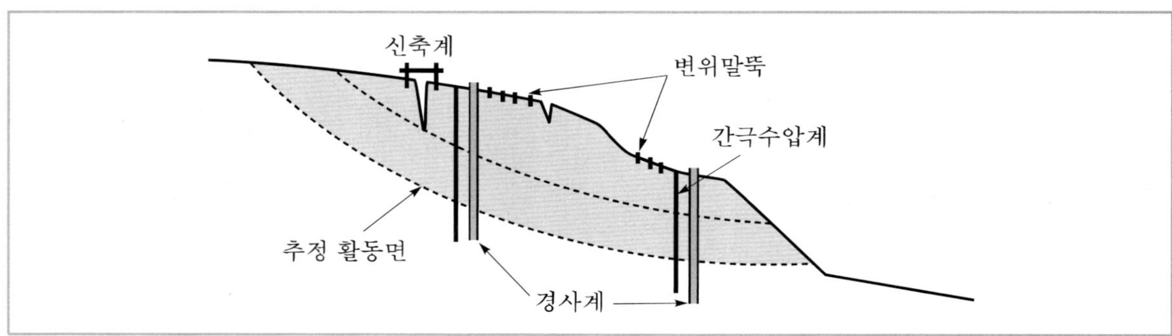

그림 18.9-1

18.9 국내의 강우특성(강우강도와 지속시간)에 따른 파괴형태 (2)

3 국내의 비탈면 붕괴와 관련하여 설계와 현장의 차이

- 18.2 2에서 설명된 **비탈면의 안정에 영향을 미치는 요소**(**상태요인**과 **유발요인**을 뜻함. 구체적으로 ① 사면의 높이와 경사 같은 **기하학적 특성**, ② 불연속면이나 이방성 같은 **지질학적 요인**, ③ **지하수 요인**, 그리고 ④ 강도, 투수성, 변형 등과 같은 **역학적 요인**)에 대한 인자들의 취급하는 어려움으로 **관례적으로 지하수위를 지표면 근처로 설정**하고 있다(지반공학이해 Ⅲ 16.13과 연계).

- **설계 시** 지하수위가 지표 근처로 최악조건으로 검토를 하나, **실제로는** 지표 근처까지 지하수위가 상승되지 않음에 따라 **설계는** 과도한 지하수위 적용으로 **큰 규모의 보강**(깊은파괴에 대한 보강을 의미)으로 계획되는 경우가 대부분이다. 과도한 보강을 하였음에도 **실제 현장**에서는 **우기 시 얕은 파괴**가 주류를 이루는 **산사태**가 많이 발생된다.

4 국내의 비탈면 붕괴와 관련하여 현실적인 해결방안

- 지반공학이해Ⅱ 385p 10.88~10.91 '**강우침투를 고려한 비탈면 안정해석의 올바른 이해**' 및 지반공학이해 Ⅲ 16.13~16.18 '**비탈면 안정해석시 강우와 관련된 조사 및 시험항목**'에서 이미 설명된 **강우의 침투를 고려한 비탈면 안정해석**을 실시하여야 한다.

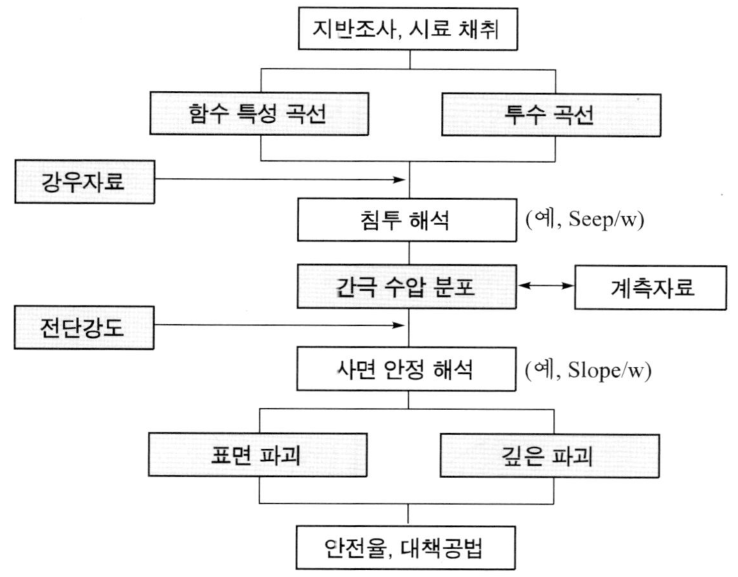

- 최근 비탈면 붕괴로 인한 인적 및 물적 피해가 날로 증가하고 있는 추세이다. 비탈면 붕괴는 내적 및 외적요인이 복합적으로 작용하여 발생하므로 이에 대한 원인규명에 많은 어려움이 따른다. 따라서, 비탈면 붕괴의 조짐이 있거나 산사태 위험지역 등에 그림 18.9-1 같은 **계측기를 설치**하여 비탈면 붕괴를 사전 감지하는 노력이 필요하다.

구분	Land Slide (우기시 발생하는 대부분의 산사태)
개요	• 토사비탈면의 경사가 30° 이상의 **급경사인 경우** 중력의 작용에 의하여 비탈면이 낮은 곳으로 이동하는 현상으로서 이동의 속도가 극히 빠르며 대부분이 순간적으로 일어난다. • 이러한 현상은 **호우나 지진** 등에 의하여 흙속의 전단응력이 증대하고 전단강도가 감소하면 발생하게 된다.
원인	• 전단응력 증가 (by 지진, 호우) → $F_s = \dfrac{c'l+(w\cos\theta-ul)\tan\phi'}{w\sin\theta} = \dfrac{\tau_f}{\tau_n(\uparrow)}$
발생 시기	• **호우 중 또는 호우 직후, 지진 시**
지형	• 급경사 (30°이상)
발생 형태	• 이동속도가 빠르고 순간적임 • 규모가 작음 • **강우강도의 영향이 큼**
지반 조건	• **모래, 점토, 암반**
대책	• 흙깎기, 압성토, 말뚝, E/A, Soil Nailing

개념정리 ⑤ 집중호우로 인한 산사태 (I)

1 정의

- 자연비탈면에 발생된 경비탈면의 붕괴 현상을 **산사태로 정의**하고 있다. **우리나라의 산사태는 우기철 집중호우로 인하여 주로 발생**하고 있으며, 일반적으로 길이 30m, 폭 6m, 깊이 0.8m 정도의 **소규모 형태로 발생**하는 것이 대부분이다.
- 집중호우로 인해 우수의 일부·전부가 지반 속으로 침투 → 단위중량(외적요인)과 간극수압 증가(내적요인) → 활동력이 증가하고 저항력은 감소 → 안전율이 급격히 떨어지면서 파괴 발생.
- **투수성이 양호한 토사비탈면(사질토)의 경우**에는 집중 호우시 파괴가능성이 크고, **투수계수가 작은 토사비탈면(점성토)의 경우**에는 장기간 지속되는 강우에 파괴가능성이 크다.

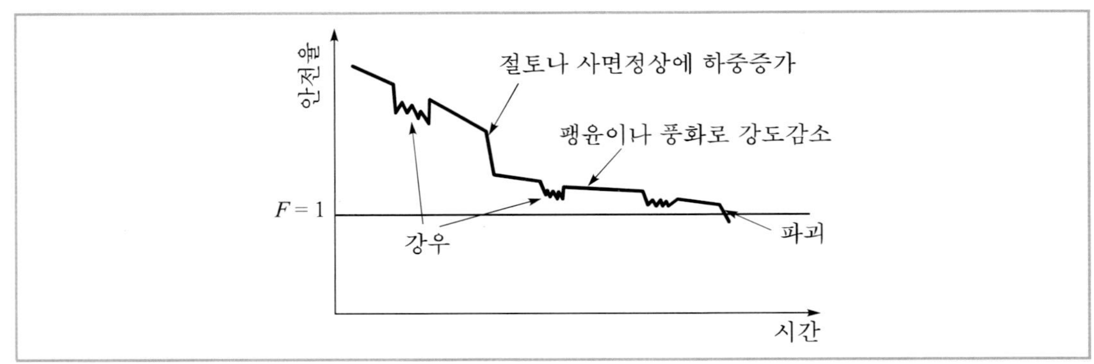

그림 개념 ⑤-1 집중호우시 시간에 따른 안전율 변화

구 분	Land Creep
개요	• 비탈면경사가 5~20°로 비교적 **완만한 경우** 중력의 작용에 의하여 낮은 곳으로 이동하는 현상으로서 주로 **풍화된층의 토사나 암층의 표층이 이동**하게 된다. • 이동의 속도가 완만하여 강우, 융설에 의한 **지하수위가 상승**하거나 **침식이 진행되는 과정**에서 발생하기 쉽다.
원인	• 전단강도 감소 (by 지하수위 상승) → $F_s = \dfrac{c'l+(w\cos\theta - ul)\tan\phi'}{w\sin\theta} = \dfrac{\tau_f(\downarrow)}{\tau_n}$
발생 시기	• **강우 후 시간경과**
지형	• 완경사 (5~20°)
발생 형태	• 이동속도가 느리고 연속적임 • 규모가 큼 • **지하수의 영향이 큼**
지반 조건	• **토사와 암반의 경계면**
대책	• 지하수 배수, 말뚝 등의 억지공

개념정리 ⑥ **집중호우로 인한 산사태 (2)**

2 발생요인

■ **내적요인**(잠재적 요인) : 절리, 균열, 단층파쇄대 등

■ **외적요인**(직접적 요인) : 강우, 절토, 배수불량, 토석류 등

① 침투수발생 – 전단응력증가 : 함수비 증가로 단위중량 증가, 우수에 의한 침식, 외부하중증가
– 전단강도감소 : 지하수위 상승으로 간극수압 증가

② 배수불량 : 도수로, 산마루 측구 등의 기능상실

③ 시공다짐불량 : 성토비탈면의 경우

3 산사태 발생기구

① Soil Suction 소멸로 인한 전단강도 감소

비교적 가파른 자연비탈면의 풍화잔적토층에 있어서 장기간의 강우나 집중강우 시 천층파괴가 자주 발생하는데, 이는 주로 Soil Suction에 의한 문제로 **평상시 표층부근에서는 음의 간극수압이 발생하여 비탈면의 안정성을 유지**하고 있다가 **강우로 표층부근이 점차 포화되면서 음의 간극수압이 소멸**되어 **전단강도가 저하**되기 때문이다.

② 습윤대 하강 및 지하수위 상승으로 전단강도 감소

강우로 인해 습윤대(wetting band)를 형성 → 강우가 지속되거나 중단될 경우에도 습윤대의 두께는 중력의 영향으로 점차 증가 → 습윤대가 지하수위를 만나거나 투수계수가 낮은 지층에 도달하면 양(+)간극수압을 나타내면서 지하수위를 상승시킨다. → 지하수위가 상승으로 비탈면의 안정성은 급격히 저하된다.

안전율 증가법(보강공법)	안전율 유지법(비탈면보호공, 억제공)
• 안전율 증가법에는 활동력을 감소시키는 공법과 활동저항력을 증가시키는 공법으로 대별된다. • 활동력 감소법은 **비탈면의 경사를 완만하게 조정**하거나, **비탈면 선단부에 성토**를 하여 안전율을 증가시키는 방법이며, • 활동력 증가법은 **억지말뚝, 옹벽, 앵커, 소일네일** 등을 이용하여 비탈면 안전율을 증가시키는 방법이다.	• 표층 안정공(주입공법) • 식생공(녹생토 등) • 블럭공 • 뿜기공(숏크리트) • 배수공 – 지표수 배제공 : 도수로, 산마루 측구 – 지하수 배제공 : 암거, 집수정, 배수공
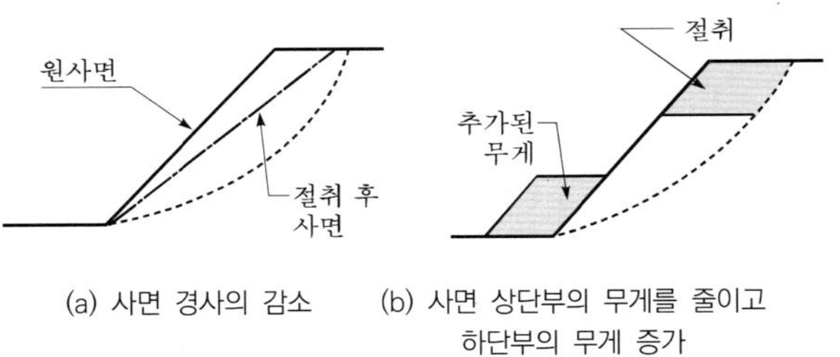 (a) 사면 경사의 감소 (b) 사면 상단부의 무게를 줄이고 하단부의 무게 증가 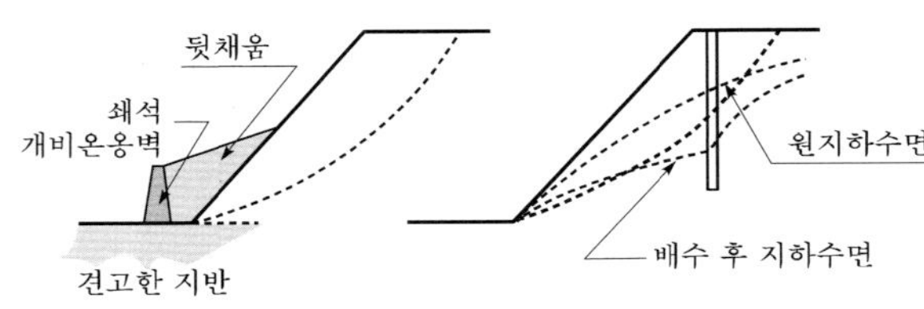 (c) 사면 하단부의 보강 및 무게증가 (d) 배수, 지하수위 낮추기 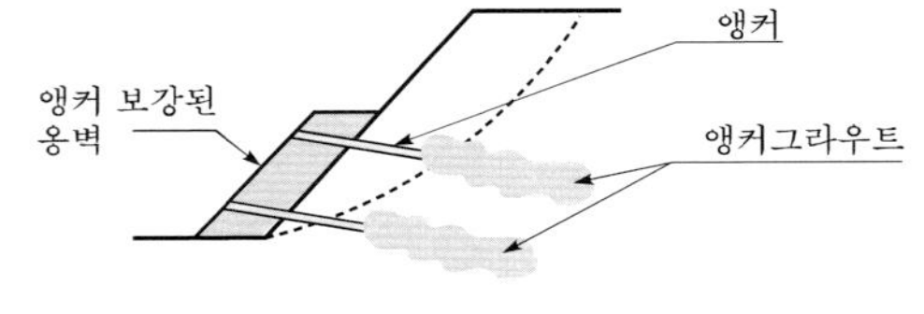 (e) 앵커와 옹벽을 이용한 보강	• 배수처리 방법은 비탈면으로 침출하여 나온 것을 비탈 표면에서 처리하는 경우와 비탈면 심부의 침투수를 물빼기 시추나 집수정으로 비탈면 밖으로 배출하는 경우가 있다. 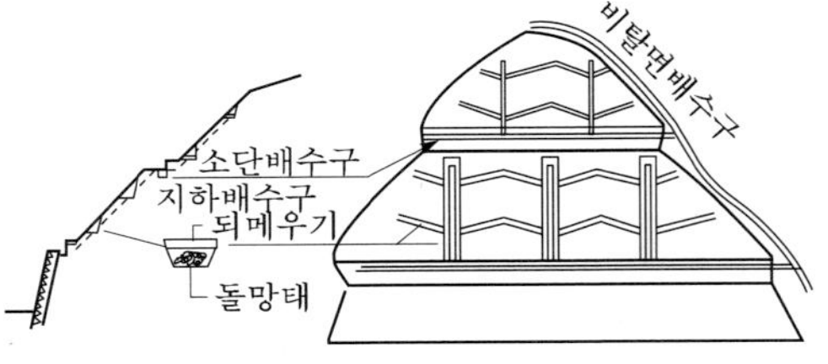 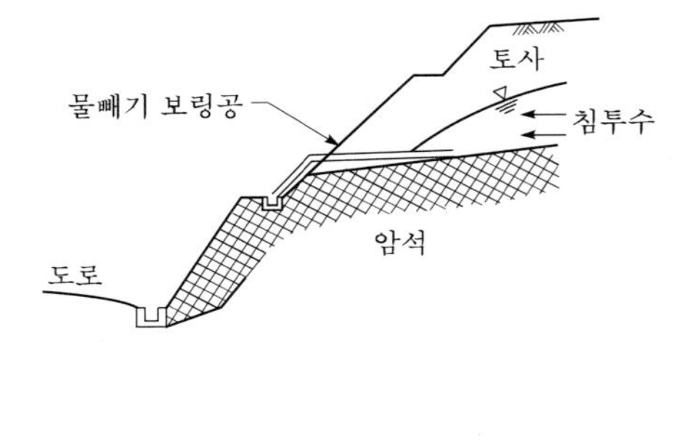

해설 18.10-1

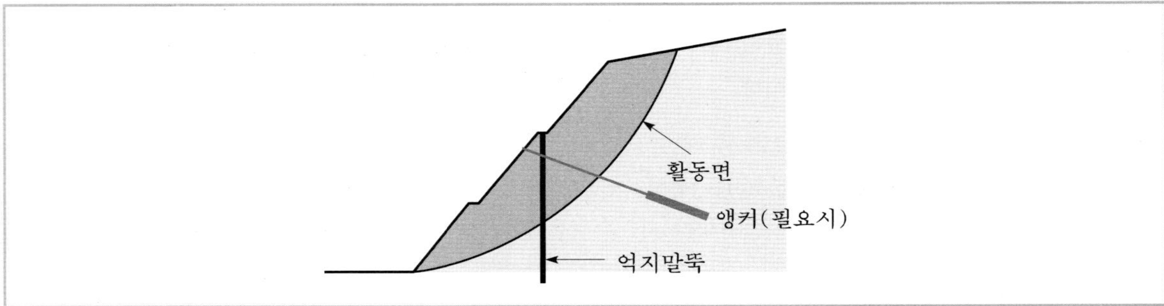

그림 18.10-1

18.10 비탈면 보강대책 공법(절토사면 중심)

1 개요

- 현장조사나 비탈면안정해석 등에서 비탈면이 불안정한 것으로 판명되면 보강대책을 수립해야 한다. 보강대책으로는 크게 해설 18.10-1 같이 **비탈면 보강공법**과 **비탈면 보호공법**으로 나눌 수 있는데, **전자는** 비탈면파괴의 잠재적 요인을 개선시키는 적극적인 대책공법인 반면 **후자는** 비탈면파괴를 일으키는 요인으로부터 보호해주는 소극적인 대책공법이라 할 수 있다.

- **보강대책의 유효성 확인**을 위해 신축계, 변위말뚝, 경사계, 간극수압계의 **계측이 반드시 필요함**을 유의하여야 한다. 860p 그림 18.9-1 참조.

2 억지말뚝공법

- 억지말뚝공법은 비탈면의 활동파괴면을 관통하여 부동지반까지 말뚝(강관파일, H-pile 등)을 박아 말뚝의 수평저항으로 비탈면의 활동력을 부동지반에 전달시키는 공법으로 개요도는 그림 18.10-1 과 같다.

- 시공순서는 ① 소요깊이까지 천공 ② 말뚝삽입(보통 강말뚝 이용) ③ 콘크리트 또는 시멘트 그라우팅 말뚝피복(영구 구조물 부식방지) ④ 두부연결(변위억제)

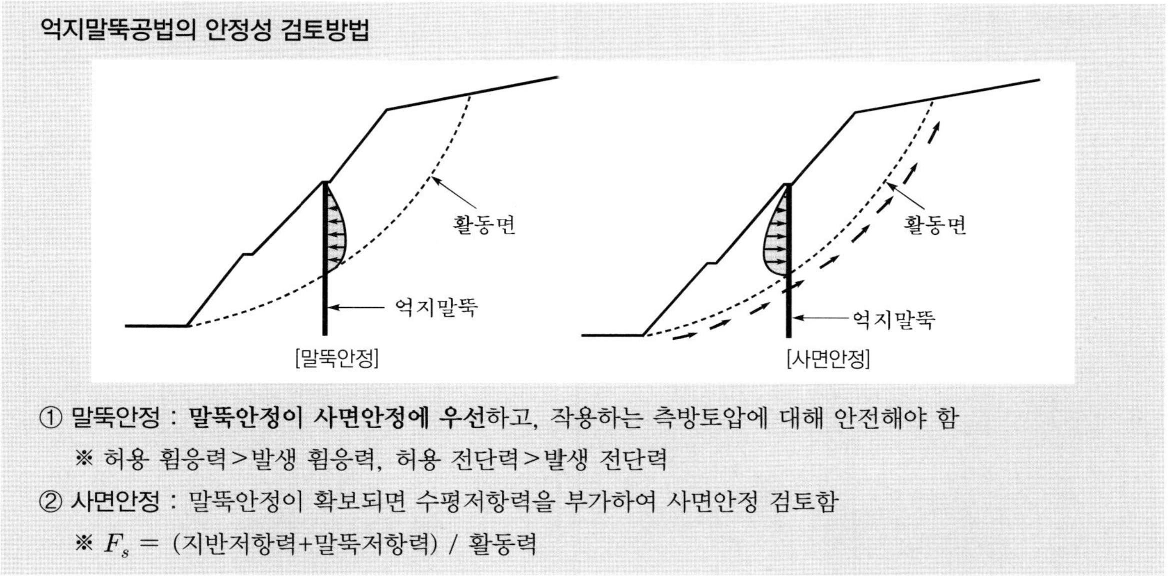

억지말뚝공법의 안정성 검토방법

① 말뚝안정 : **말뚝안정이 사면안정에 우선**하고, 작용하는 측방토압에 대해 안전해야 함
※ 허용 휨응력>발생 휨응력, 허용 전단력>발생 전단력

② 사면안정 : 말뚝안정이 확보되면 수평저항력을 부가하여 사면안정 검토함
※ F_s = (지반저항력+말뚝저항력) / 활동력

- 사면안정효과가 커 보급이 많아지고 있는 공법으로서 **적정한 측방토압산정이 억지말뚝공법에서 매우 중요함 → 측방토압 크게 산정**(말뚝 안전측, 사면 위험측 초래), **측방토압 작게 산정**(말뚝 위험측, 사면 안전측 초래)

- 두부를 구속하여 변위억제 및 말뚝 일체거동 유도 필요하고, 보강효과 확인을 위해 지표변위말뚝, 경사계, 지하수위계, 토압계 등의 계측관리 필요함

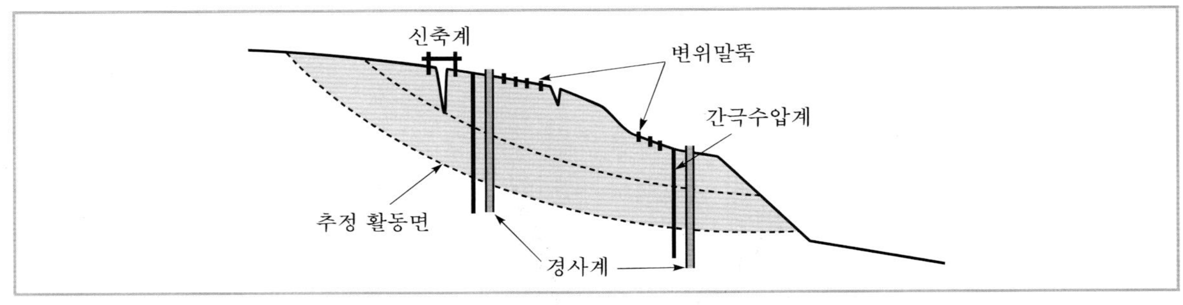

그림 18.11-1 비탈면계측기 설치모식도

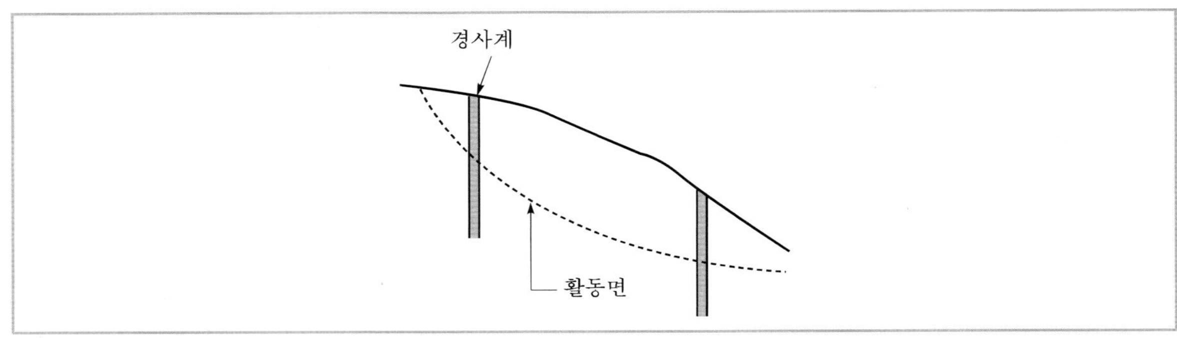

그림 18.11-2 경사계의 설치

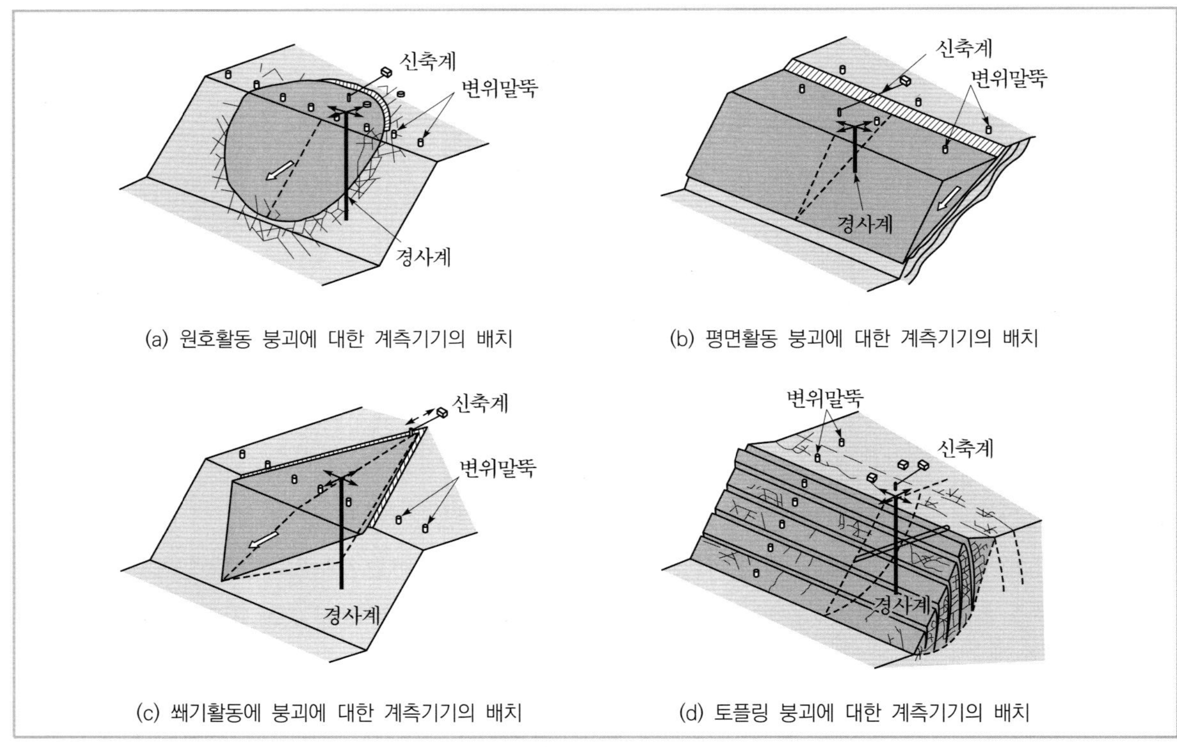

그림 18.11-3 비탈면붕괴유형에 따른 계측기 설치

18.11 비탈면 유지관리 계측

1 계측의 목적

① 비탈면이 붕괴조짐이 있어 **동태관측이 필요**하다고 판단되는 경우

② 비탈면이 붕괴되어 구배완화, 말뚝공, 앵커공, 지하수위 저하공 등을 실시한 후 **대책공법의 유효성확인**과 향후 진행과정을 파악하고자 할 때

③ 계측을 주기적으로 하여 만일 사태 발생 시 대책복구 강구, 주민대피, 건물 등 방호를 위해 **거동추이를 파악**하기 위한 경우

④ 계측결과 변위로부터 **역해석** 하기 위한 경으

⑤ **간극수압을 정확히 파악**하여 비탈면안정검토를 실시하려는 경우

2 설치시기

- 동태관측 계측 시 : 붕괴 조짐이 있는 것을 발견 후 즉시 필요한 계측기를 설치함.
- 대책공실시 계측 시

① 대책공 실시 전에 계측기를 매설하여 대책공의 효과, 변형량, 간극수압 변화를 파악함.

② 말뚝에 경사계를 붙여서 실시하는 경우는 말뚝설치 시에 함께 매설 함

3 계측기 종류 및 설치방법

- 신축계 : 균열의 발전양상을 알기위해 균열의 변화를 잴 수 있도록 균열 외부에 설치한다. 신축계는 표고, 좌표를 측정해 두고 균열간격도 계측 시 함께 측정해 인근 균열의 간섭을 고려할 수 있게 한다.
- 변위말뚝 : 토사지반은 말뚝을 박고 암반인 경우는 천공 후 철근등으로 약 5m이내 간격으로 설치하고 표고와 좌표를 측정한다.
- 간극수압계 : 간극수압계는 다층 측정용으로 하여 간극수압을 측정하는 부분과 측정치 않는 부분의 격리가 필요하다. 활동면에서 간극수압이 중요하게 되므로 간극수압 측정용 소자(Sensor)는 추정되는 활동면에 집중배치 필요하고 비탈면에서 간극수압 분포도가 그려지도록 설치한다. 측정 소자부분을 물이 잘 통하도록 모래로 채우고 소자 중간부분은 간극수압 격리를 위해 Bentonite로 잘 채워야 정확한 수압을 측정할 수 있음에 유의해야한다.
- 경사계 : 경사계는 지중의 수평변위를 깊이별로 측정하기 위한것으로 활동선 또는 지층구성을 파악하여 추정 활동선보다도 깊게 설치해야 함. 활동선보다 위에 설치하면 활동으로 전체가 이동하게 되면 경사변화를 측정하지 못하게 됨. 따라서 그림 18.11-2 같이 경사계 하부는 부동점이 되도록 설치해야 함

※ **비탈면 붕괴유형에 따른 계측기 설치위치**가 그림 18.11-3 에 도시되어 있음

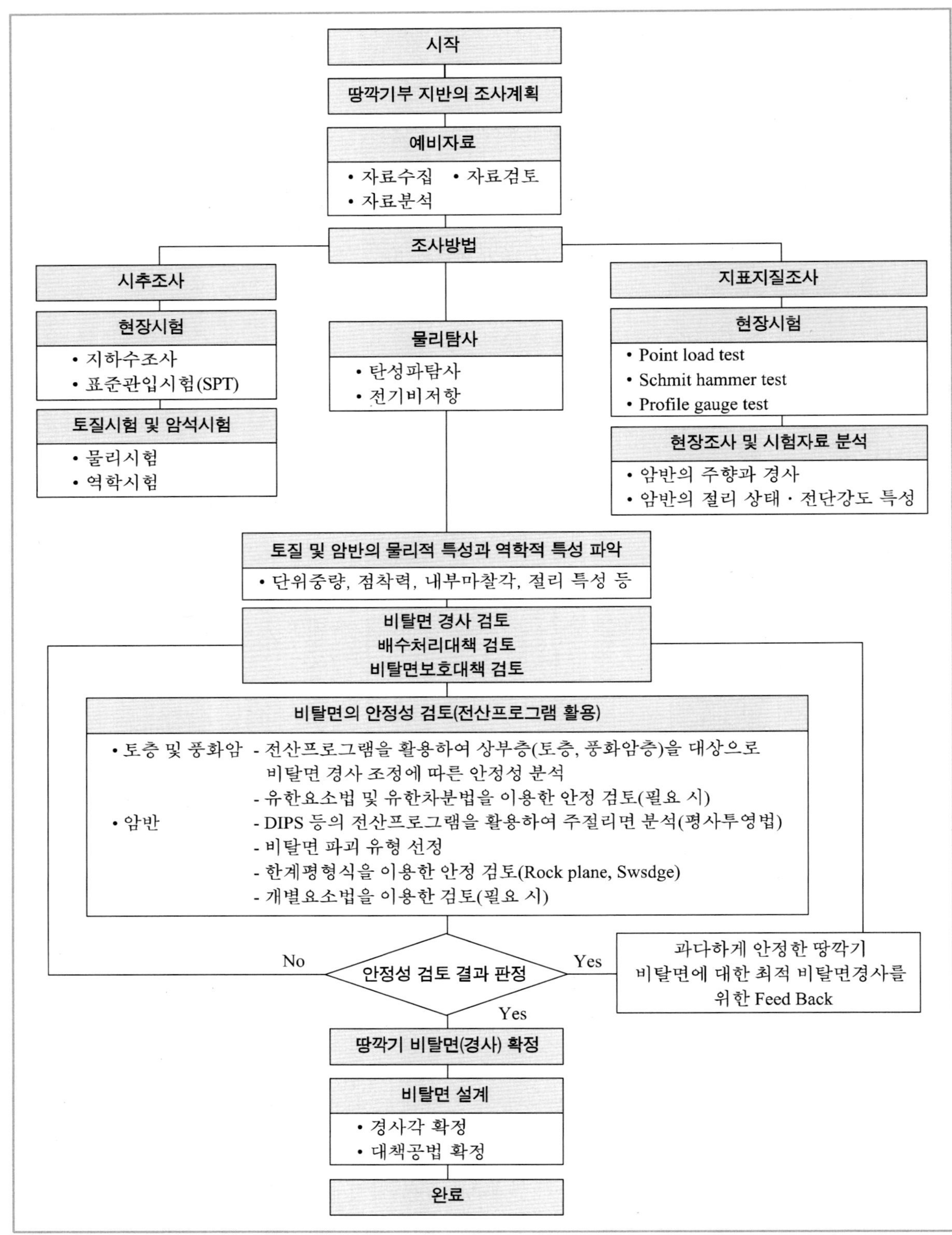

그림 18.12-1 땅깎기 비탈면 설계 순서

18.12 땅깎기 비탈면 설계를 위한 조사 및 시험(1)

1 땅깎기 비탈면 설계 순서 → 그림 18.12-1 참조

땅깎기 비탈면은 도로의 계획, 설계, 시공의 각 단계에서 **효과적인 조사를 실시**하여 → **비탈면 경사를 결정**해야 한다.

- 땅깎기 비탈면의 안정성 여부는 공사비와 공기는 물론 비탈면 하단부의 도로 구조물이나 통과 차량의 안전에도 큰 영향을 미칠 수 있으므로 **암석의 강도뿐만 아니라 불연속면에 대한 물성 및 공학적 특성을 충분히 고려**하여 합리적이고 경제적인 설계를 수행해야 한다.
- 지금부터 설명하게 될 땅깎기 비탈면의 지반조사 및 시험에 관한 자세한 사항에 대해서는 '한국도로공사의 도로설계요령(2020) 7. 땅깎기 비탈면' 을 참조하기 바란다.

2 땅깎기 비탈면의 지반조사 및 시험의 목적

땅깎기 비탈면에 관한 조사·시험은 비탈면을 구성하는 원지반의 물리적 특성과 역학적 특성을 파악할 수 있는 기초자료를 제공함으로써,

① **비탈면 경사 결정,** ② **굴착공법 결정,** ③ **보호대책 결정 및 안정성 검토** 등과 같은 땅깎기 비탈면 설계의 주요 결정과정에 합리적인 근거를 제시하기 위한 것이다.

즉, 땅깎기 비탈면의 계획, 설계, 시공 및 유지관리를 합리적이고 경제적으로 실시하기 위한 것이다.

3 지반조사 및 시험의 과정 → 그림 18.13-1, 그림 18.13-2 참조

땅깎기 비탈면의 조사·시험은 일반적으로 설계단계에서 예비조사·개략조사·정밀조사의 세단계로 나눌 수 있으며, 시공 중 조사 과정이 추가된다.

① **예비조사** : 자료수집 → ② **개략조사** : 비탈면 주변의 지형, 지질, 지하수 상황 등의 실태 파악이 주목적, 비탈면의 개략설계 → ③ **정밀조사** : **비탈면의 안정해석**, 설계, 시공, 대책공의 결정 등에 직접 관련된 자료를 파악하는 것을 목적, **조사 및 시험을 주로 실시** → ④ **시공 중 추가조사** : 시공 시 설계단계에서 가정한 지반 상태가 최종 굴착면의 굴착 상태와 일치하는지 여부를 재확인(face mapping)하여 기존 설계 비탈면의 적정성을 평가하고, 비탈면 붕괴를 예방할 수 있도록 비탈면 경사 조정 또는 보완 대책 수립을 위하여 수행한다.

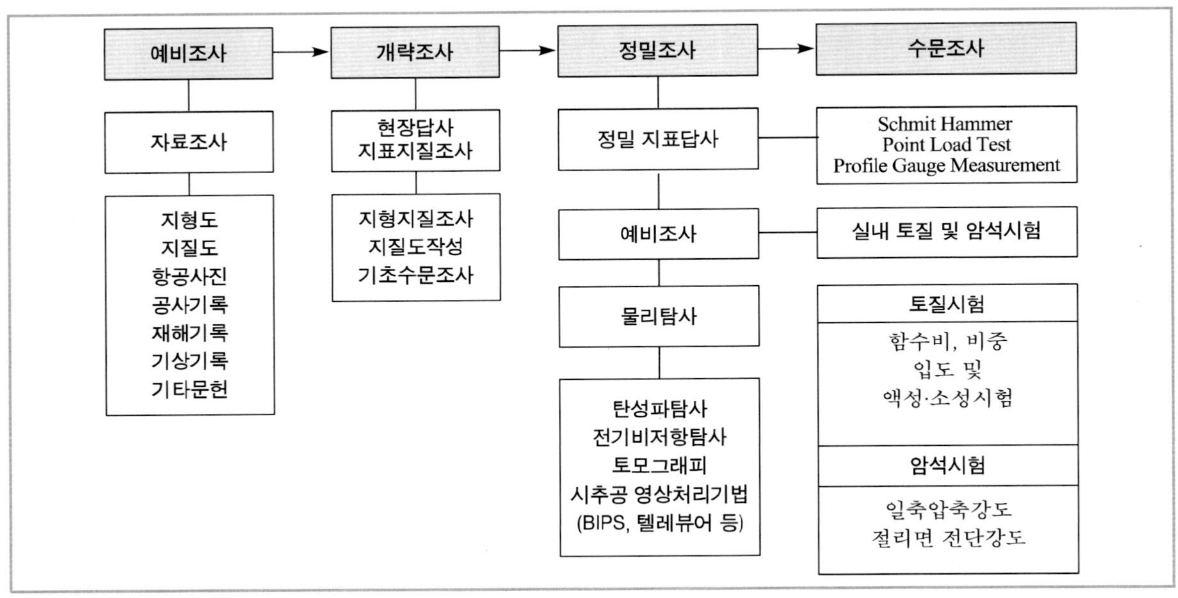

그림 18.13-1 설계단계에서 조사 및 시험 단계별 조사 방법

조사 · 시험방법	조사 · 시험 내용	조사항목
지표지질조사	• **암반의 풍화 상태, 절리의 방향성, 연속성, 간격 및 거칠기 등** • 충진물의 분포상태, 단층선등의 구조대 발달여부 • Schmit Hammer Test, Profile Gauge Measurement	• 지형·지질파악
시험굴	• 지반의 토층변화를 직접 확인	• 지반토층 파악
시추조사	• 지층분포 상태 • 절리면의 발달 상태(절리간격 및 경사각) • **암석 코아의 강도 및 RQD** • 파쇄구간의 존재 여부 • **시추공 전단강도시험(풍화암층 C, ϕ 측정)**	• 지질파악 원지반의 공학적·물리적 특성 파악 • 지하수 상황파악
물리탐사	• 탄성파 탐사, 전기비저항, 토모그래피 : 탄성파 속도 및 전기비저항 분포를 이용 지질구조 및 파쇄대의 존재 여부 파악 • 시추공 영상처리기법(BIPS, 텔레뷰어 등) : 불연속면의 방향성 파악	• 지질파악 원지반의 공학적·물리적 특성 파악 • 지하수 상황파악
현장시험	• 시추공 전단시험(풍화암층이 두꺼운 경우 필요 시) • 공내재하시험(지층별) • 투수 및 수압시험(투수계수 산정 필요 시)	• 원지반의 공학적·물리적 특성파악
실내시험	• 토성시험 : 함수비, 비중, 입도 및 액성·소성한계 등 • 암석시험 : 일축압축강도(풍화암 점하중시험으로 측정) 절리면 전단강도(C, ϕ 측정)	• 원지반의 공학적· 물리적 특성파악
성과 분석	• 주절리군의 방향성 • **암반의 공학적 특성** : 강도정수 산출(C, ϕ) • **암반비탈면의 경사 결정** : 예상파괴형태 및 구간별 안정성 검토 → **대책공법 선정**	

표 18.13-1 조사 및 시험의 방법 및 내용

18.13 땅깎기 비탈면 설계를 위한 조사 및 시험(2)

4 조사·시험의 항목 → 표 18.13-1 참조

땅깎기 비탈면의 **중요한 조사 · 시험 항목**으로는 ① 지형(불안정 지형), ② 지질(지질구성, 지질구조), ③ 원지반의 공학적 성질(흙, 연암, 풍화도, 균열,) ④ 원지반의 물성(물리·역학적 특성과 시간에 따른 변화) ⑤ 지하수 상황 등이다.

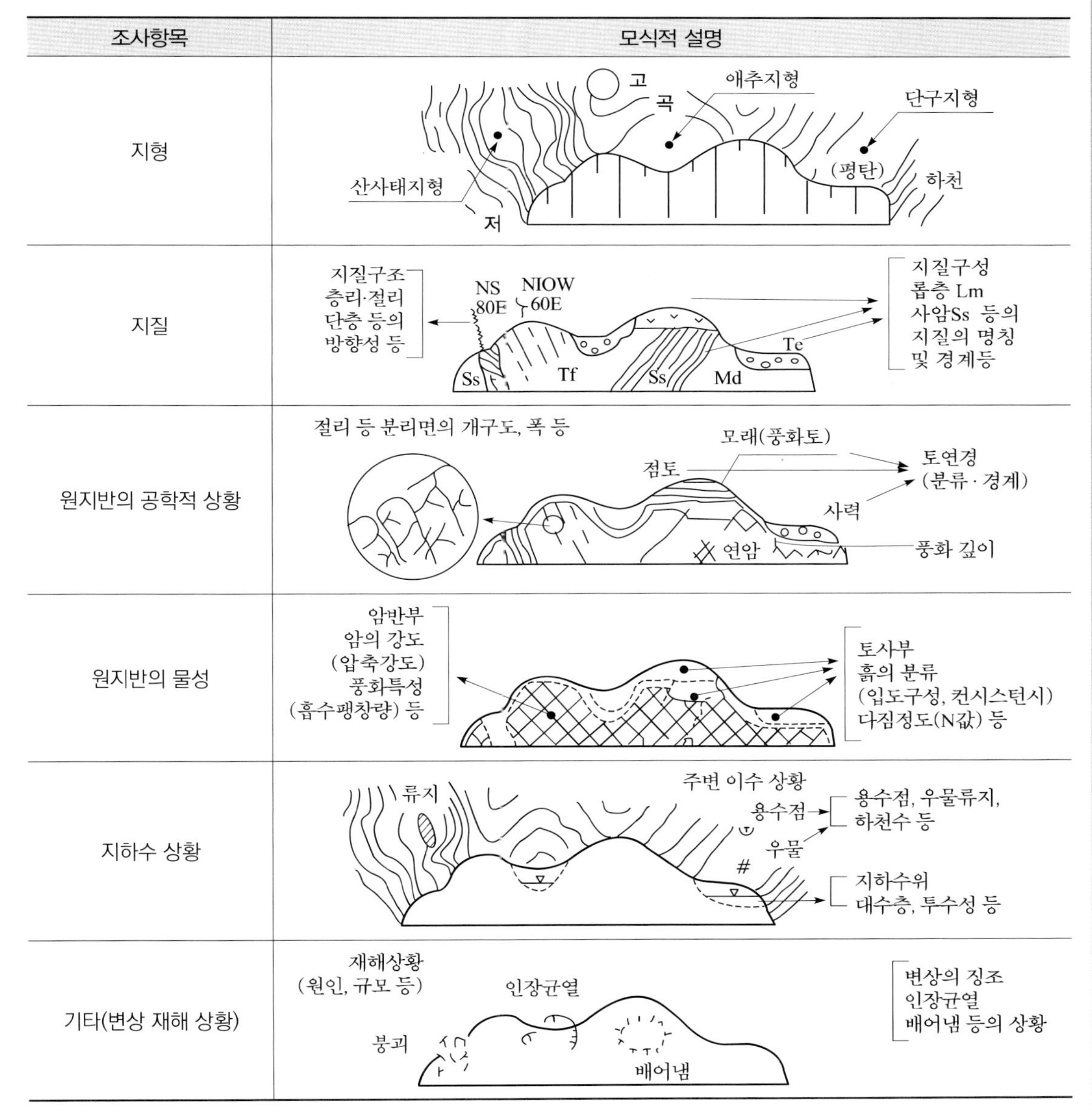

조사항목	모식적 설명
지형	고, 곡, 애추지형, 단구지형, (평탄), 하천, 산사태지형, 저
지질	지질구조 층리·절리 단층 등의 방향성 등, NS 80E, NIOW 60E, Ss, Tf, Ss, Md, Te, 지질구성 롬층 Lm 사암Ss 등의 지질의 명칭 및 경계등
원지반의 공학적 상황	절리 등 분리면의 개구도, 폭 등, 모래(풍화토), 점토, 토연경 (분류 · 경계), 사력, 연암, 풍화 깊이
원지반의 물성	암반부 암의 강도 (압축강도) 풍화특성 (흡수팽창량) 등, 토사부 흙의 분류 (입도구성, 컨시스턴시) 다짐정도(N값) 등
지하수 상황	류지, 주변 이수 상황, 용수점, 우물, 용수점, 우물류지, 하천수 등, 지하수위 대수층, 투수성 등
기타(변상 재해 상황)	재해상황 (원인, 규모 등), 인장균열, 붕괴, 배어냄, 변상의 징조 인장균열 배어냄 등의 상황

5 조사·시험의 방법 → 표 18.13-1 참조

① 붕적토, 강풍화 비탈면의 땅깎기

붕적토 · 애추 · 풍화암 등의 비탈면에서는 **고결도가 낮은 흙이 퇴적되며, 불안정한 비탈면 경사를 유지**하는 경우가 많다. 이런 불안정한 원지반을 깎는 경우는 현지답사 초기에 시추조사·탄성파탐사 등 물리탐사 및 토질시험을 실시하여 붕적토사, 풍화암의 층후와 분포, 기반암의 경사각, 지하수위, 입도분포 및 자연함수비 등 비탈면 안정을 좌우하는 요인을 충분히 조사할 필요가 있다.

② 침식에 약한 토질의 땅깎기

화강풍화토 등의 사질계의 토사는 고결도가 그다지 높지않기 때문에 **빗물이나 지하수에 의하여 침식되기 쉽고, 비탈면의 붕괴나 토사유출이 일어나는 경우가 많다.** 이와 같은 원지반을 깎는 경우에는 시추조사, 탄성파탐사, 토질시험, 토양경도시험, 세굴저항시험에서 토사의 층후와 분포·입도분포·고결도·내침식성 등을 조사하는 동시에 유사 토질로 구성된 기존 땅깎기 비탈면이나 자연 비탈면의 상황도 참고하여 종합적 견지에서 판단할 필요가 있다.

③ 풍화가 빠른 암의 땅깎기

제3기층의 **이암 · 셰일**이나 고결도가 낮은 **응회암 · 사문암** 등은 땅깎기에 의한 응력해방에 의하여 흡수팽창을 일으키기 쉽고, 또 땅깎기 후 시간의 경과와 함께 건조·습윤의 반복이나 동결·융해의 반복작용에 의하여 **강도가 저하되고 비탈면 붕괴가 발생하는 경우가 많다.**

④ 암에 균열이 많은 경우나 균열이 유발되는 경우의 땅깎기

원지반을 구성하는 암석자체는 단단하여도 균열(층리, 편리, 절리)이 많은 경우에는 균열을 따라서 붕괴가 생기기 쉽다. 이 경향은 중고생대의 **퇴적암이나 오래된 화성암 등 장기간 지각변동이나 풍화작용을 받은 암반지대**에서 많이 볼 수 있다. 특히 층리, 편리, 절리 등 일정방향으로 규칙성을 가진 균열이 발달하고 있는 경우는 그 경사방향과 같은 방향으로 균열의 경사각보다도 급한경사로 땅깎기할 경우 균열이 유발되어 붕괴를 일으키는 경우가 많으므로 정밀조사가 필요하다. **암반비탈면의 안정성에 가장 중요한 불연속면(균열)의 방향성은 시추조사만으로는 충분한 자료를 얻기가 거의 불가능하므로 시추공영상처리기법(BIPS, 텔레뷰어)을 적용해서 불연속면에 대한 자세한 정량적인 정보를 취득**해서 암반 비탈면 안정해석에 적용한다.

⑤ 구조적 약선을 가지는 비탈면의 땅깎기

단층 및 단층의 영향을 받은 파쇄대는 단층운동의 반복에 의하여 주위의 암석보다도 현저하게 취약하여지고, 이러한 약선을 따라서 붕괴를 일으키는 일이 많다. 특히 단층 파쇄대가 비탈면에 평행이든가 예각으로 만나는 경우에는 그 부분이 약선이 되어 붕괴하는 일이 있기때문에 주의가 필요하다. 단층 파쇄대는 보통의 암반에 비하여 침식에 대한 저항이 약하기 때문에 침식지형으로서 직선상의 골짜기나 직선상으로 늘어선 안부를 형성하기 쉽기 때문에 지형에서도 판단할 수 있는 경우가 있다. 조사는 현지답사에 의한 노두관찰, 시추코어 및 탄성파 탐사에서 단층 · 파쇄면의 겉보기 경사각, 파쇄 정도(균열 간격, 점토화의 유무), 층리 등의 분리면의 방향성 및 지하수 등의 정보를 얻도록 한다. 또한 시추조사의 심도는 계획고 하 1~2m에 구애 받지 말고 약선 파악을 위한 필요 깊이까지 수행해야 한다.

해설 18.14-1 붕괴성 요인을 가지는 지반(876p 표 18.16-2 연계)

18.14 비탈면설계를 위한 조사 및 시험(3)

6 **붕괴성 요인을 가지는 원지반 지반조사 시 유의사항** → 해설 18.14-1 참조(약자 : ㉧, ㉫, ㉭, ㉰, ㉱)

다양한 붕괴성 요인을 가지는 지형, 지질조건의 토대에서 원지반을 땅깎기하는 경우에는 비탈면 붕괴의 위험성이 높기 때문에 정밀한 조사가 필요하다.

7 **시추조사**

시추조사는 땅깎기 비탈면을 이루는 **원지반의 지질 및 지하수 상태를 확인 조사**하는 동시에 **실내 시험을 위한 시료 채취** 및 **시추공을 이용한 시험**을 수행하기 위한 선행 작업으로 수행한다.

8 **시험굴 시험**

시험굴 시험은 땅깎기 지반의 구성상태를 파악하기 위한 조사로 최소 200m 간격으로 1.2~1.5m 심도로 굴착하여 조사하며, 시험굴 시험으로 얻은 시료를 가지고 함수비시험·비중시험·체분석시험, 입도분석시험, 액성·소성한계시험, 다짐시험, 실내CBR시험 등을 수행하여 계획 노선 중 땅깎기 구간에서 발생될 토사층이 흙쌓기재료 또는 도로 **노반재로서의 사용가능성 여부**와 **흙의 다짐특성, 토량변화율 등을 파악**하기 위함.

9 **지표지질조사**

땅깎기 구간 **지표지질조사**는 땅깎기 비탈면이 계획된 구간의 지표에 **노출되어 있는 노두를 관**찰하여(클리노미터 및 슈미트 햄머 등을 이용), 절리 · 단층 · 엽리 · 층리 등의 **불연속면의 지질학적인 특성을 파악**하고, 측정된 자료를 이용하여 비탈면 안정해석 시 **평사투영** 혹은 **한계평형 해석 자료로 활용하는데 목적**이 있다. 또한, **지표지질조사도**를 작성하여 지질조건의 변화에 따른 안정한 비탈면 설계가 될 수 있도록 활용한다.

10 **물리탐사**

시추조사는 원지반의 **지층구성 상태**나 **파쇄대 위치파악** 및 **지하수 상황** 등을 경제적으로 얻을 수 있는 가장 일반적인 조사방법이지만, 특정지점의 조사이므로 불확실한 **지반상태(풍화정도, 파쇄 정도)의 연속적인 변화 특성을 파악하는데는 어려움**이 있어 **합리적인 암선추정에 한계**가 있다. 또한 암반 비탈면의 경우 안정성에 가장 큰 영향을 미치는 **불연속면의 방향성을 파악하는 것은 거의 불가능**하다. 따라서 이와 같은 **시추조사의 한계성을 극복**하고 비탈면의 합리적이고 경제적인 설계를 실시하기 위하여 **탄성파탐사, 전기비저항탐사, 토모그래피 및 시추공 화상정보시험**(BIPS, 텔레뷰어) 등과 같은 **물리탐사를 수행**한다.

원지반의 토질		땅깎기 높이	경사	분류기호 (통일분류)
모래	밀실하지 않고 입도 분포가 나쁜 것		1:1.5 ~ 5	SW, SP
사질토	밀실한 것	5m 이하	1:0.8 ~ 1:1.0	SM, SP
		5 ~ 10m	1:1.0 ~ 1:1.2	
	밀실하지 않고 입도 분포가 나쁜 것	5m 이하	1:1.0 ~ 1:1.2	
		5 ~ 10m	1:1.2 ~ 1:1.5	
자갈 또는 암괴 섞인 사질토	밀실하고 입도 분포가 좋은 것	10m 이하	1:0.8 ~ 1:1.0	SM, SC
		10 ~ 15m	1:1.0 ~ 1:1.2	
	밀실하지 않거나 입도 분포가 나쁜 것	10m 이하	1:1.0 ~ 1:1.2	
		10 ~ 15m	1:1.2 ~ 1:1.5	
점성토		0 ~ 10m	1:0.8 ~ 1:1.2	ML, MH, CL, CH
암괴 또는 호박돌 섞인 점성토		5m 이하	1:1.0 ~ 1:1.2	GM, GC
		5 ~ 10m	1:1.2 ~ 1:1.5	

주1) 실트는 점성토로 간주한다. 표에 표시한 토질 이외에 대해서는 별도로 고려한다.

주2) 표 속의 경사는 소단을 포함하지 않는 단일 비탈면 경사이다.

주3) 땅깎기 높이의 구체적인 예는 아래 그림과 같다.

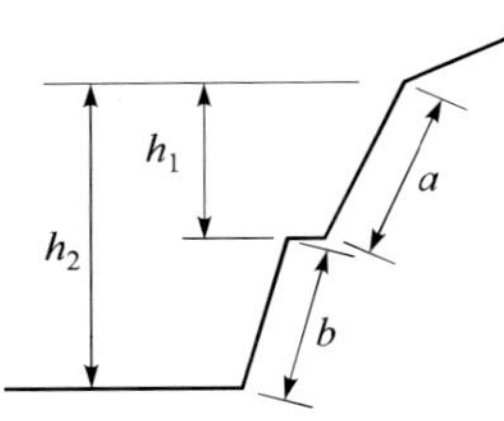

h_1 : a 비탈면 경사는 땅깎기 높이 h_1에 따라 결정된다.

h_2 : b 비탈면 경사는 땅깎기 높이 h_2에 따라 결정된다.

주4) 대규모 땅깎기 비탈면에 대해서는 7.11을 참조할 것.

주5) 1:1.5란 1:1.5보다 완만한 경사를 말한다.

해설 18.15-1

암반 구분	암반 파쇄 상태 NX 시추 시(BX) TCR(%)	암반 파쇄 상태 NX 시추 시(BX) RQD(%)	굴착 난이도	경사	소단 설치	비고
풍화암 또는 연·경암으로 파쇄가 극심한 경우	20% 이하	10% 이하	리핑암	1:1.0 ~ 1:1.2	H=5m마다 1.5m 소단 및 소단배수 (L5-1)	• 높이 10m 발파암 연결구간은 30m 소단 및 소단배수(L5) 설치 • 소단사이에 토사와 리핑 구분선이 발생시 많은 쪽 비탈면 경사를 적용 • 특수한 경우(지반조건, 지장물, 무한사면 발생 등) 발파암 구간 등의 소단폭원은 1~3m 범위에서 조정 가능하며, 소단폭원 조정시 낙석방지시설 별도검토 후 적용
강한 풍화암으로 파쇄가 거의 없는 경우와 대부분의 연·경암	20~40%	10~25%	발파암 (연암)	1:1.8 ~ 1:1.0	H=10m마다 3m 소단 및 소단배수 (L5)	
	40~60%	25~50%	발파암 (보통암)	1:1.7		
	60% 이상	50% 이상	발파암 (경암)	1:1.5		

해설 18.15-2

18.15 땅깎기 비탈면의 경사 (1)

땅깎기 비탈면 경사는 지반을 구성하는 지층의 종류, 상태 및 땅깎기 높이에 따라 **일반적인 토층**이라면 해설 18.15-1, 해설 18.15-2**의 값을 표준**으로 한다.

붕괴성 요인을 가진 토층부는 별도로 검토하여 종합적으로 판단해야 한다.

특히, **암반 비탈면의 경우는** 지표지질조사 및 시추조사, 시추공내시험에 의하여 파악된 절리의 방향성 및 발달 상태에 따라 각각의 비탈면에 대하여 안정해석을 실시하여 **비탈면 경사를 결정하는 것을 우선**으로 한다. 870p 그림 18.13-1 연계

1 표준 비탈면 경사

■ 원지반 토질에 따른 표준 비탈면 경사 → 해설 18.15-1

깎기 비탈면의 경사는 **별도의 안정해석을 수행하여 결정하는 것이 원칙**이나 **풍화암 이하의 강도를 갖는 비탈면의 경우**, 지반분야 책임기술자의 판단에 따라 해설 18.15-1과 같은 **표준경사**를 적용할 수 있다.

■ 암반의 특성에 따른 표준 비탈면 경사 → 해설 18.15-2

연암이상 암반비탈면의 경사는 암반내에 발달하는 단층 및 주요 불연속면의 경사 및 방향을 이용한 **평사투영해석을 실시하고 발생 가능한 파괴형태에 대한 안정해석을 실시하여 비탈면의 경사를 결정**하여야 한다. 다만, 해당구간 불연속면 등의 암반특성을 정확히 파악할 수 없을 경우 시추조사에 의해 파악된 암반특성(TCR, RQD 등)을 고려하여 해설 18.15-2같이 암반비탈면의 경사를 결정할 수 있으나 반드시 시공 중 조사 및 이를 반영한 안정해석을 통해 안정성을 확인하여야 한다.

① 자연지반은 아주 복잡하고 불균일하며. 더구나 땅깎기된 비탈면은 시공 후 시간의 경과와 함께 차차 불안정하게 된다. 따라서, 땅깎기 비탈면의 안정을 검토하는 경우, 안정 계산에 의미가 있는 경우는 아주 드물다고 생각하여도 좋다. 해설 18.15-1, 해설 18.15-2는 **경험적으로 구한 비탈면 경사의 표준치 범위를 표시**한 것이고, **비탈 표면에 침식을 방지하는 정도의 보호공을 전제로 한 표준 경사**이다.

② **발파 암반하부에 두꺼운 층의 리핑암이 나타나면** 상부 발파암도 하부 리핑암에 준하여 경사를 실시하되 안정성 검토를 실시하여 최종경사를 결정해야 한다.

③ **토질이 동일하지 않은 지역에서 대규모 땅깎기를 할 경우**는 아래 그림과 같이 비탈면 경사를 각 토질에 맞는 비탈면 경사로 하는 것이 바람직하다.

구분	비탈면 안전상의 문제점	안정을 지배하는 요인 및 공학적 성질	안정상 유의점 및 안정검토에 관한 자료
침식에 약한 토질	• **화강풍화토**는 겉보기의 전단강도는 크지만 물이나 지진에 대해서는 대단히 약하다. 건습·동결·침식 등의 반복으로 표면은 박리 혹은 침식을 받으며, 포화되면 점토화되어 큰 재해가 발생하는 경우가 있다. 침식은 비탈면 보호공사 시공 전의 비탈면이나 식생공의 활착도가 나쁜 비탈면에서 발생할 때가 많다.	• 세굴 되기 쉽기 때문에 원지반의 고결도나 경도가 문제가 된다. 〈공학적 성질〉 1. 토양 경도 2. 탄성파 속도	• 비탈면 및 주변의 배수처리를 정확히 한다. • 비탈면 보호공사를 조기에 시공하고 피복 효과에 기대한다. 〈안정검토 자료〉 • **화강풍화토**
고결도가 낮은 토사나 강풍화암	• 투수층과 불투수층이 서로 접하여 있고, 그 경계면의 경사와 비탈면이 같은 방향으로 되어 있을 경우 상부의 투수층만이 무너질 경우와 하부의 불투수층이 지하수로 인하여 약해져 먼저 불투수층의 비탈면 표층부가 미끄러져 점차 붕괴가 위로 파급해 가는 경우가 있다. 낭떠러지 등의 전자에 의해 붕괴되는 경우가 많다. 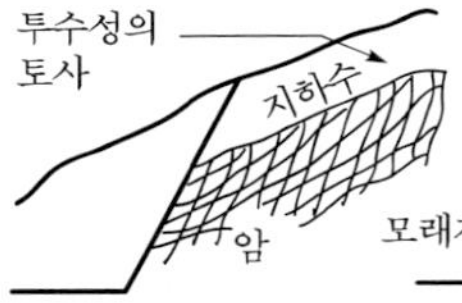 투수성의 토사 / 지하수 / 암 / 모래자갈층 / 지하수 / 모래자갈층 / 점토층 투수층 밑에 암반이 있을 때 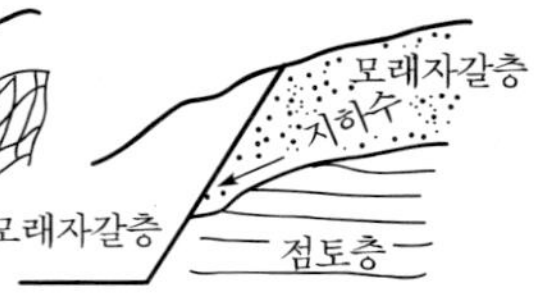 / 투수층과 불투수층이 서로 접하여 있을 때	• 상부 투수층의 고결도, 함수 상태 및 지반의 경사각 등이 문제가 된다. 〈공학적 성질〉 1. 지반 경사각 2. 붕적토의 두께 3. 자연함수비 5. 74μm체 통과량	• 투수층과 불투수층부의 경계에 넓은 소단을 만든다. • 투수층부의 비탈면 경사는 가능한 완만히 한다. • 배수대책을 세운다. 〈안정 검토 자료〉 1. **붕적토에서의 안정 검토**
풍화가 급속히 진행된 암석	• 강도가 낮은 지층 혹은 **제3기의 이암이나 응회암**에서 땅깎기 시에는 굳고 안정된 비탈면이라도 시간 경과에 따라 급속히 풍화가 진행되어 표층이 붕괴된다. 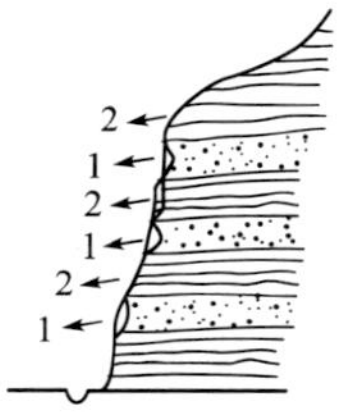 2 1 2 1 2 1 사암, 이암이 서로 접하여 있을 때 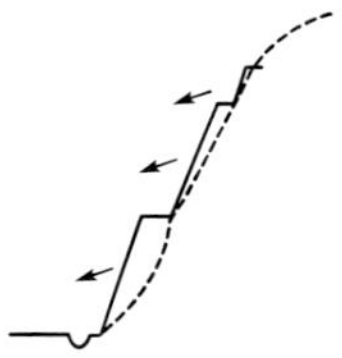 / 단일 지질일 때 • **사문암** 속에는 땅깎기 후 흡수팽창에 의한 풍화로 급격히 강도가 낮아져 무너지는 것도 있다.	• 풍화되기 쉽기 때문에 원지반의 고결도나 풍화되기 쉬운 정도가 문제가 된다. • 사문암은 고결도 및 풍화에 따른 강도저하상태가 문제가 된다. 〈공학적 성질〉 1. 토양 경도 2. 표면층 풍화대의 두께 3. 탄성파속도, 4. N값 5. 흡수팽창률 6. 건습반복시험에서의 취수량 증가율 7. 균열 간격, 8. R.Q.D 9. 일축압축강도	• 풍화가 진행되어도 붕괴되지 않기 위한 안정경사의 확보 • 붕괴가 발생되어도 피해를 최소한으로 막기 위한 소단 설치 〈안정 검토 자료〉 1. **풍화가 빠른 암석에서의 안정 검토** 2. 사문암에서의 안정 검토

표 18.16-1 땅깎기 비탈면의 문제점 및 유의사항 (1) → 872p 해설 18.14-1 연계

붕괴성 요인을 갖는 지질	대표지질
풍화가 빠른 암석	이암, 응회암, 셰일, 점판암, 사문암, 편암류 등
균열이 많은 암석	편암류, 셰일, 사문암, 화강암, 챠트, 안산암 등
바둑판 모양의 균열이 있는 암석	층리, 절리가 비탈면인 경사 방향과 일치한 편암류, 점판암 등
구조적 약선이 있는 지질	단층 파쇄대, 지반활동지역, 붕괴지 등

표 18.16-2 붕괴성 요인을 갖는 토질 → 872p 해설 18.14-1 연계

18.16 땅깎기 비탈면의 경사 (2)

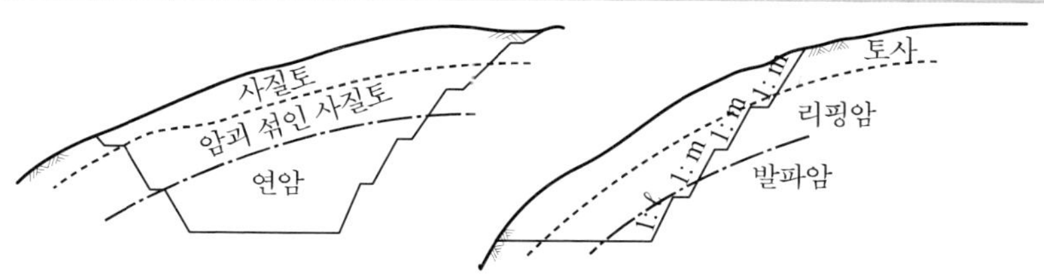

④ 소단과 소단사이에 토사와 리핑암 구분선이 발생할 때에는 많은 쪽의 비탈면 경사 적용을 원칙으로 하며, 미관 및 현장 시공 여건을 고려하여 조정 설치할 수 있다.

⑤ 경암으로 된 암반이라도 불연속면으로 인한 붕괴의 위험이 없으면 1:0.5 보다 더 급한 경사이어도 안전하며, 반면에 **경암이라도 불연속면으로 인한 붕괴위험이 예상되면** 경사를 1:0.5보다 낮추거나 보강공법을 시행해야 안전하게 되는 경우가 있다. 그러므로 비탈면 경사의 결정은 반드시 각각의 땅깎기 비탈면의 특성에 맞는 비탈면 설계로 최적의 땅깎기 경사를 결정해야 한다. **지표지질조사 및 시추조사에 의하여 파악된 절리의 방향성 및 발달상태에 따라 각각의 비탈면에 대하여 안정해석을 실시하여 땅깎기 비탈면 경사를 결정한다.** 그 예로 아래 그림의 **a-a′ 비탈면과 같이 붕괴의 위험이 없는 비탈면**은 경암층이라도 표준경사인 1:0.5보다 더 급한 경사이어도 안정성 확보가 예상되어지므로 feed back 작업을 통하여 합리적인 땅깎기 비탈면 경사를 적용한다. 또한 **b-b′ 비탈면과 같이 붕괴의 위험이 예상되는 비탈면**은 경암층이라도 표준경사인 1:0.5보다 더 낮추거나 보강공법을 시행해야 안정성 확보가 이루어질 수 있는 비탈면으로 분류하여 설계하도록 한다.

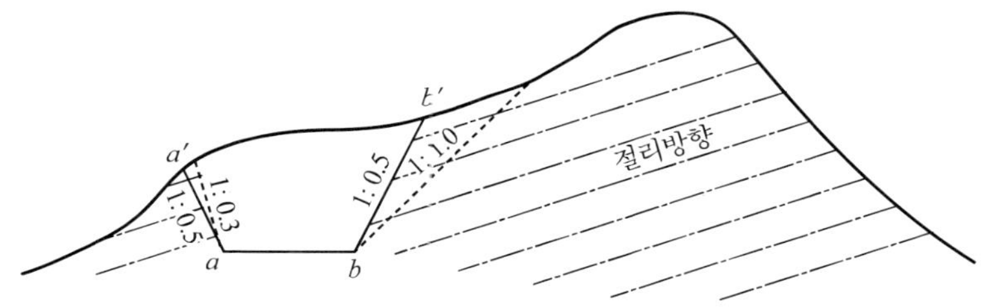

2 붕괴성 요인을 갖는 지질의 비탈면 경사

- 자연지반의 지질 및 지층 구조는 매우 복잡하고 변화가 많으며, 특히 표 18.16-2 같은 **붕괴성 요인을 갖는 지질의 원지반을 땅깎기하는 경우**는 비탈면 붕괴의 위험성이 높아서, 반드시 토질조사 또는 지질조사를 실시하여 비탈면 경사를 검토하고, 비탈면 안정에 대한 대책을 수립해야 한다.
  → 해설 18.14-1 연계

- **붕적토(collouvium)는** 중력에 의하여 퇴적된 지층으로서, 원암반이 풍화 잔류된 풍화토층에 비하여 치밀하지 못한 경향을 보여주며, 이러한 붕적토층의 특성을 감안하여 적정 비탈면 기울기는 표 18.16-4 와 같이 추천한다.

구분	비탈면 안전상의 문제점	안정을 지배하는 요인 및 공학적 성질	안정상 유의점 및 안정검토에 관한 자료
균열이 많은 양	• 편암이나 사문암 등에서 암반 속에 절리나 작은 단층이 발달한 지질에서는 균열에 따라 붕괴한다. 균열의 조합에 따라 붕괴의 형태는 다르나 쐐기 모양으로 무너질 때가 많다. 균열의 경사가 비탈면과 교차할 때도 붕괴한다. 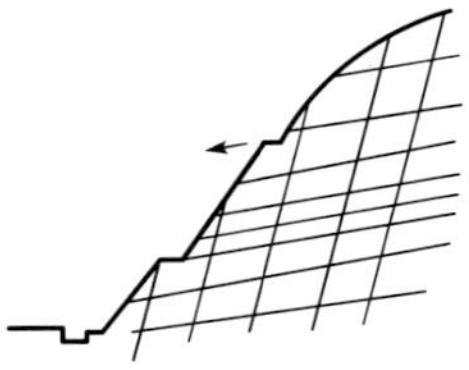 • 화강암은 풍화의 영향을 거의 받지 않는 경질로부터 서서히 풍화하여 나중에는 풍화토라 불리는 토사로까지 변화의 상태가 심하다. 기반암이 화강암인 표층은 풍화토가 덮고 있을 때가 많고, 땅깎기 후 호우 등에 의하여 표층의 풍화토가 붕괴한다.	• 절리, 층리의 발달정도 및 풍화나 동결융해에 따른 박리성이 문제가 된다. • 화강암은 풍화의 정도나 고결도 및 균열의 빈도가 문제가 된다. 〈공학적 성질〉 1. 탄성파 속도 2. 균열계수 3. 균열 간격 4. 토양 경도 5. R.Q.D	• 탄성파 속도가 2.0km/sec 이하, 균열계수가 0.8 이상 및 연질의 사문암이나 풍화 상태가 심한 화강암에서 비탈 높이가 10m 이상의 비탈면에서는 경사 결정에서 충분한 검토 필요 〈안정검토 자료〉 1. 탄성파 속도와 비탈면 경사 2. 균열계수와 비탈면 경사 3. 화강암에서의 안정 검토
균열에 따라 활동하는 암석	• 층리나 절리 등이 규칙적으로 발달한 결정편암이나 전판암 등은 그들의 층리나 절리가 바둑판 모양으로 되는 경우 빗물 등에 의하여 비탈면에 따라 큰 붕괴를 일으킬 때가 있다. 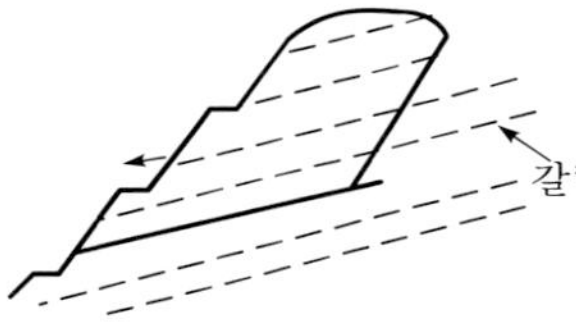 갈림줄	• 층리, 절리의 경사각과 비탈면 경사와의 관계가 문제가 된다. 〈공학적 성질〉 1. 균열의 겉보기 경사각	• 균열과 겉보기 비탈면이 25°~45° 사이이면 가장 붕괴되기 쉽고, 경사각과 같은 비탈 경사로 하는 것이 바람직하다. 〈안정 검토 자료〉 1. 활동 비탈면에서의 균열경사각과 한계 비탈면 경사
구조적 약선을 갖는 지질	• 단층면 및 단층의 영향을 받아서 파쇄되어 있는 지질은 일반적으로 약화되어 있어 단층면이나 파쇄대를 경계로 한 대규모적이고, 급격한 붕괴를 초래할 때가 있다. 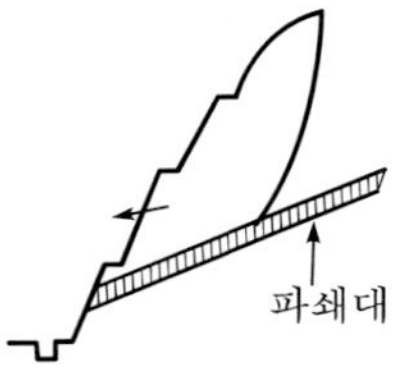 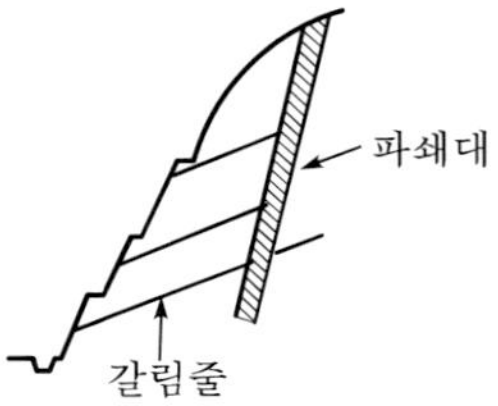 파쇄대 갈림줄 파쇄대	• 단층의 영향으로 강도 저하가 심할수록 붕괴 위험성이 높고 파쇄 정도가 문제가 된다. • 명백한 단층에서는 단층면의 경사각과 비탈면 경사의 관계가 문제가 된다. 〈공학적 성질〉 1. 균열 간격 2. 탄성파속도 3. 단층면의 겉보기 경사각	• 파쇄도가 심한 단층 파쇄대에서는 비탈면 경사가 1:1.2라도 안정을 확보하기가 곤란할 때가 많다. • 단층면의 외관상 경사각이 20°~60° 부근에는 비탈면 경사도 경사각과 같은 정도로 한다. 〈안정 검토 자료〉 1. 단층파쇄대의 안정 검토 2. 단층면의 경사각과의 비탈면 경사

표 18.16-3 땅깎기 비탈면의 문제점 및 유의사항 (2) → 872p 해설 18.14-1 연계

지하수 조건	경사
강우 시에도 지하수위가 깎기 바닥면보다 낮은 경우	1 : 1.2
강우 시에만 지하수위가 깎기 바닥면보다 높아질 경우	1 : 1.5
상시 지하수위가 깎기 바닥면보다 높은 경우	1 : 1.8 ~ 1 : 2.0

표 18.16-4 붕적토의 적정 비탈면 기울기

개념정리 ⑦	비탈면 안정해석 방법 (I)

1 개요

- 비탈면은 쌓기 비탈면과 깎기 비탈면으로 구분하는데, 깎기 비탈면의 안정해석 방법은 비탈면의 파괴양상에 따라 달라질 수 있으며, 일반적으로 **토사 및 풍화암에 대한 연속체 해석개념**과 **암반층에 대한 불연속체 해석 개념**을 대별할 수 있다.
- 쌓기 비탈면과 깎기 비탈면의 **토사(풍화암) 비탈면**에 대해서는 ① 한계평형해석과 ② 수치해석(FDM)을 주로 실시하고, **암반비탈면**은 ① 예비적인 해석 : 평사투영법, SMR, ② 본해석 : 한계평형해석, 수치해석(UDEC)을 주로 실시한다.
- 최근에는 컴퓨터의 발달로 파괴의 확률개념을 도입한 **확률론적 해석법**이 여러 전문가들에 의해 시도되고 있다.

> 위 설명과 관련해서는 독자들은 다음과 같은 질문에 답을 할 수 있어야 한다.
>
> **① 연속체 모델과 불연속체 모델이란 무엇인가?**
>
> **② 암반비탈면의 안정성 해석시 대표단위체적(REV) 개념에서 적용할 수 있는 해석모델로서 연속체 · 불연속체 모델로 구분하여 설명을 해보라**
>
> ※ 위 질문에 대한 올바른 답을 위해서는 지반공학0 해ㅣ 52~53P에 대한 연계학습이 반드시 필요하다.

2 한계평형해석법(결정론적 해석방법)

한계평형해석법의 개요

- **한계평형상태**란 아래 그림의 비탈면활동과 같이 **토괴의 활동력과 저항력이 평형한 상태**, 즉, 임계활동면을 따라 파괴가 일어나려는 순간을 의미하는 안전율이 1인 상태를 말한다. 이 방법은 안전율을 계산하여 비탈면의 안정성 여부를 판단한다.

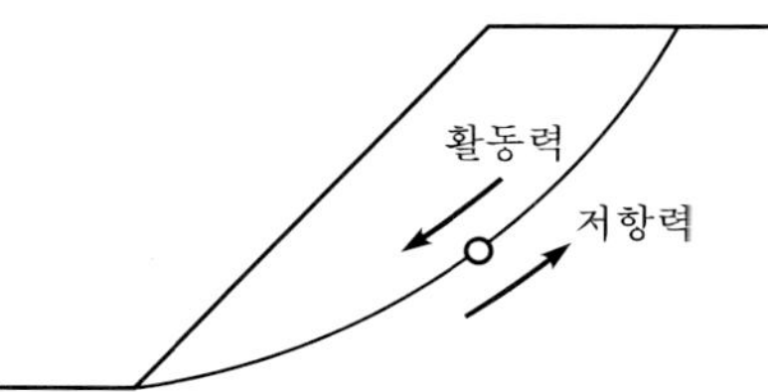

한계평형상태 : $F_s = 1.0$인 상태

즉, 안전율 $F_s = \dfrac{\tau_f}{\tau_n} = 1.0$

- 이 방법은 문제를 단순화하기 위하여 여러 가지 가정을 설정하여 정역학 이론으로 해를 얻게 되며 비탈면의 파괴는 비탈면내부 또는 기초지반의 전단강도를 초과하는 응력이 발생하고, 활동면에서 Mohr-Coulomb의 파괴규준이 만족 된다고 가정한다.
- 한계평형이론에 의한 비탈면안정 해석방법은 여러 가지가 있으나 그 정확성은 **강도정수**와 **비탈면의 기하학적 조건의 정확도** 및 **각 해석방법 고유의 정밀도**에 따라 좌우된다.

한계평형해석법의 종류

- 무한비탈면 안정해석
- 유한비탈면 안정해석 → 856p 그림 18.7-3 연계

개념정리 ⑧ 비탈면 안정해석 방법 (2)

한계평형해석법의 문제점

(1) 임계활동면의 정확성 문제

비탈면안정해석 시 얻어지는 임계활동면이 실제 비탈면의 활동면과 정확히 일치한다고 볼 수 없다.

→ 이에 반해 수치해석법은 파괴면과 파괴메카니즘을 자동으로 찾아줌

(2) 파괴면 전체에 대해 동일한 안전율 적용

실제 비탈면의 파괴는 진행성파괴가 일어나기 때문에 위치마다 안전율이 서로 다른데도 한계평형해석법에서는 파괴면 전체의 안전율이 동일하다고 보고 안정해석을 한다.

(3) 비탈면 전체에 동일한 최대전단강도(τ_{peak})가 발휘된다고 가정

① 비탈면 활동면에서 발휘되는 모든 위치의 전단강도는 각 재료의 특성에 관계없이 동시에 최대치의 전단강도가 발휘된다고 가정한다(즉, τ_{peak}를 사용).

② 그러나, **과압밀점토, 연약지반성토, 활동경력이 있는 비탈면의 경우는 국부적으로 응력이 집중되어 진행성 파괴가 발생**되므로 실제는 잔류강도, 또는 첨두강도와 잔류강도 사이의 강도도 존재한다(즉, 국부적인 응력이나 변형을 안정성검토에 반영하지 못함).

■ 최대강도와 잔류강도에 대한 파괴포락선 비교

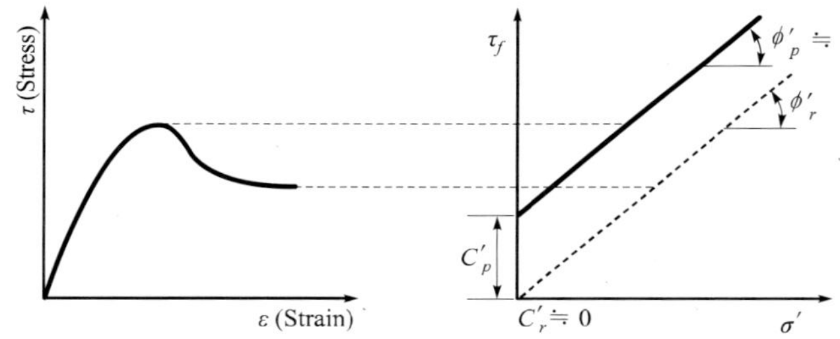

첨두강도

$\tau_f = c'_p + \sigma_n \tan\phi'_p$

잔류강도

$\tau_f = c'_r + \sigma_n \tan\phi'_r \fallingdotseq \sigma_n \tan\phi'_r$

■ 진행성파괴와 잔류강도에 대해서는 지반공학이해Ⅱ 221~225P에 대한 연계학습이 반드시 필요하다.

(4) 토체를 완전 강성소성체로 가정

① 토체를 완전강성소성체로 가정하여 파괴응력에 도달하기 전에는 변위가 없다고 간주하고 파괴응력에 도달하면 무한한 변위가 생긴다고 본다(적용: 토압, 지지력, 비탈면안정검토).

② 활동에 따른 변형을 무시하여 파괴에 이르는 응력-변형거동의 파악이 안 된다.

■ 지반을 완전강체소성체 가정에 대한 내용은 지반공학이해Ⅰ 61p 1.20 5 Mohr-coulomb 파괴규준의 문제점과 연계학습을 할 것

■ 실제는 변위가 생기므로 이를 극복하기 위해 적당한 안전율 개념을 도입하여 실용적으로 사용하고 중요한 경우는 **수치해석에 의한 변위검토**를 해야 한다. **여기서 중요한 경우란?** 변위 미고려에 따른 **측방유동과 같은 문제**에 대해서는 한계평형해석과 병행하여 변위에 대한 별도의 수치해석이 필요하다.

개념정리 ⑨ 비탈면 안정해석 방법 (3)

③ 한계평형해석법은 **비탈면의 변위에 대해서는 관심을 두지 않는다.** 즉, 비탈면이 전단력이나 활동 모멘트에 대하여 안전하면 경험적으로 변위는 허용범위 안에 있게 된다는 사실을 묵시적으로 인정하고 있는 것이다.

3 수치해석법

수치해석법의 개요

- 비탈면의 안정성은 일반적으로 2차원 한계평형해석법(LEM)을 사용하여 평가하고 있다. 그러나, 이 방법은 **과압밀점토, 연약지반성토, 활동경력이 있는 비탈면 등에서 발생하는 국부적인 응력 및 변형은 안정성검토에 반영하지 못하는 단점이 있다.**
- 따라서, 이런 한계평형해석법의 문제점을 해결하기 위해 수치해석기법(유한요소법, 유한차분법)으로 비탈면의 안정성을 평가하고 있는 추세이다.
- 수치해석기법은 한계평형해석법에서와 같이 가상 활동면을 강제로 정의할 수 없으므로 재료의 소성파괴가 발생될 때까지 **재료의 강도를 일정 비율로 감소시키거나 응력수준(Stress Level)을 일정비율로 증가시킨다.** 해석프로그램으로는 FLAC, MIDAS 등이 대표적이다.

수치해석의 방법

- **응력수준(Stress Level) 증가법**
- **전단강도감소기법(SSR : Shear Strenth Reduction)**

> - 전단강도감소기법(SSR : Shear Strength Reduction) →
>
> $$SRF = \frac{\text{입력전단강도}(peak\ strength)}{\text{실제 파괴시 전단강도}} \rightarrow c_r = \frac{c}{SRF},\ \phi_r = \tan^{-1}\left(\frac{\tan\phi}{SRF}\right)$$
>
> 실제 파괴시 전단강도란? 지반의 강도를 파괴시까지 감소시킨 강도

수치해석법의 특징

- 수치해석기법은 비탈면을 포함한 실제지반을 비교적 정확히 모델링할 수 있으며, **활동면에 대한 해석뿐 아니라 전 영역에 걸친 해석이 가능**하다.
- 비탈면에서의 전단파괴영역 및 소성범위를 확인할 수 있다
- **비탈면의 거동에 따른 변위 및 전단강도감소기법을 이용하여 안전율을 확인**할 수 있다
- 한계평형해석기법과의 **해석결과를 비교해보면 수치해석기법이 좀 더 신뢰성이 높은 것**으로 나타났다.
  ① 지층조건 및 비탈면의 형상이 단순한 경우 : 안전율이 거의 비슷함
  ② 지층조건 및 비탈면의 형상이 복잡한 경우 : 수치해석기법이 좀 더 신뢰성이 높음
- 수치해석기법(SSR기법)은 한계평형해석법과 달리 활동파괴면과 파괴메카니즘을 자동적으로 찾아준다는 큰 이점이 있다.

개념정리 ⑩ 비탈면 안정해석 방법 (3)

④ 한계평형해석법과 수치해석법 비교

구분	한계평형해석법	수치해석법
원리	안전율($F_s = \frac{\tau_f}{\tau_n} = 1.0$)의 개념	안전율의 개념에서 전단강도감소기법(SSR)을 적용 $c_r = \frac{c}{SRF}$, $\phi_r = \tan^{-1}(\frac{\tan\phi}{SRF})$
특징	(파) 파괴면(임계활동면)의 정확성 문제 (안) 파괴면 전체에 대해 동일한 안전율 적용 (피) 비탈면 전체에 동일한 최대전단강도(τ_{peak})가 발휘된다고 가정 (변) 비탈면의 변위에 대해서는 관심을 두지 않는다	(전) 활동면에 대한 해석뿐 아니라 전 영역에 걸친 해석이 가능 (변) 변위 및 전단강도감소기법을 이용하여 안전율을 확인 (신) 해석결과를 비교해보면 수치해석기법이 좀 더 신뢰성이 높은 것 (자) 한계평형해석법과 달리 활동파괴면과 파괴메카니즘을 자동적으로 찾아준다는 큰 이점
결과	최소의 안전율($F_s = \frac{\tau_f}{\tau_n}$)을 갖는 활동면을 결정할 수 있음	파괴활동면을 자동으로 결정하고 응력분포 및 변위를 고려할 수 있음
해석법	절편법	전단강도감소기법(SSR)
문제점	**지반물성치의 변동성에 대해서는 모두 고려하지 못함**	

⑤ 확률론적 해석법

구분	결정론적 해석방법	확률론적 해석방법
원리	• **안전율**($F_s = \frac{\tau_f}{\tau_n} = 1.0$)의 개념 • 여기서 안전율이란? **유발전단강도** (mobilized shear strength)의 개념이다. $F_s = \frac{\tau_f}{\tau_n} > 1$이면 $\tau_f > \tau_n$므로 비록 이때는 최대저항력(τ_f)이 τ_n보다 크다 하더라도 사면에 작용되는 전단응력(τ_n) 만큼만 파괴면에서 저항력으로 작용할 것이다.	• **파괴확률**($P(F)$)의 개념 • 여기서 **파괴확률**이란? **개념적으로는** 반복계산을 통하거나 확률론적 분석을 통해 획득한 안전율의 **확률분포곡선으로부터 안전율이 1보다 작을 가능성을 확률밀도의 면적으로 정의**한다. • 그러나 **실무에서는** 사면의 안정성을 정해진 파괴값인 1.0으로부터 평균안전율이 얼마나 떨어져 있는지를 **신뢰도지수**(β)를 이용하여 안전확률을 결정한다.

개념정리 ⑪ 비탈면 안정해석 방법 (4)

구분	결정론적 해석방법	확률론적 해석방법
원리	• 따라서 $F_s = \frac{\tau_f}{\tau_n} = \frac{\text{공급량}}{\text{요구량}}$ 개념으로, $\tau_n = \frac{\tau_f}{F_s} = \tau_m$로 나타낼 수 있다. • 즉, **힘의 평형을 유지하기 위해 전단강도의 현재 요구량에 대해 현재 발휘되고 있는 전단강도를 유발전단강도라고 한다.** $\tau_n = \frac{\tau_f}{F_s} = \tau_m = \frac{c' + \sigma' \tan\phi'}{F_s}$ $= \frac{c'}{F_c} + \sigma' \tan\left\{\tan^{-1}\left(\frac{\tan\phi}{F_\phi}\right)\right\}$ • 결론적으로 전단응력(τ_n)과 전단강도(τ_f)사이에는 안전율(F_s)로 나눈 관계가 있으며 이를 유발전단강도라 한다.	• **신뢰도지수**(β)$= \frac{(\mu_{FS} - 1)}{\sigma_{FS}}$ f_x, μ_{FS}, σ_{FS}, $\beta\sigma_{FS}$, F_S $P(F)$, 1.0, $\phi(-\beta)$, $\phi(\beta)$, β • **파괴확률** $P(F) = \phi(-\beta) = 1 - \phi(\beta)$
안정성 판단	$F_s = \frac{\tau_f}{\tau_n} > 1.0$	파괴확률 $P(F)$ > 기준확률 P_D
임계활동면의 결정	최소의 안전율에 대한 파괴면이 임계활동면이 됨	지반강도정수의 불확실성을 고려한 최대 파괴확률을 갖는 활동면이 임계활동면이 됨
차이점	**입력변수**(지질조건, 지반물성 등)의 **불확실성** 및 **다양성을 고려하지 못할 뿐만아니라** 검토대상사면에 대한 **위험도(Risk Level)를 제시하지 못하고 있다.**	**입력변수와 해석모델 내에 포함되어 있는 다양성 및 불확실성을 정량화하여 해석에 반영**할 수 있는 효과적인 방법
비교	확률밀도함수 $f(F_s)$ F_s=1.2 표준편차 = 0.1 F_s=1.5 표준편차 = 0.3 파괴확률 1, 2, F_s $F_s = 1.5$ 인 사면은 $F_s = 1.2$인 사면보다 과연 활동이나 붕괴가능성이 적은 것인가?	$F_s = 1.5$ 사면은 $F_s = 1.2$인 사면보다 과연 활동이나 붕괴 가능성은 적은 것일까? 이 질문에 대해 독자들은 지반공학이해 I 15p 안전율과 파괴확률의 차이? 연계학습을 통해 올바른 답을 찾길 기대한다.

구분		기준안전율	참조
장기	건기	$F_s > 1.5$	• 지하수가 없는 것으로 해석
	우기	$F_s > 1.2$ 또는 $F_s > 1.3$	• 연암 및 경암 등으로 구성된 암반비탈면의 경우, 인장균열 내 지하수 포화높이나 활동면을 따라 지하수로 포화된 비탈면 높이의 $\frac{1}{2}$ 심도까지 지하수를 위치시키고 해석을 수행하며 이 경우 F_s=1.2를 적용 • 토층 및 풍화암으로 구성된 비탈면의 안정해석은 지하수위를 결정하여 해석하는 방법 또는 강우의 침투를 고려한 방법 사용 가능 • **지하수위를 결정하여 해석하는 경우**에는 현장 지반조사 결과, 지형조건 및 배수조건 등을 종합적으로 고려하여 지하수위를 결정하고 안정해석을 수행하며, 지하수위를 결정한 근거를 명확히 기술(F_s=1.2) • **강우의 침투를 고려한 안정해석을 실시하는 경우**에는 현장 지반조사 결과, 지형조건, 배수조건과 설계계획빈도에 따른 해당지역의 강우강도, 강우지속시간 등을 고려하여 안정해석을 실시하며, 해석시 적용한 설계정수와 해석방법을 명확히 기술(F_s=1.3 적용)
	지진시	$F_s > 1.1$	• 지진관성력은 파괴토체의 중심에 수평방향으로 작용시킴 • 지하수위는 실제측정 또는 평상시의 지하수위 적용
단기		$F_s > 1.1$	• 1년 미만의 단기적인 비탈면의 안정성(시공중 포함) • 지하수 조건은 실제측정 또는 평상시의 지하수위 적용

* 비탈면 상부 파괴범위 내에 1, 2종 시설물의 기초가 있는 경우 : 별도 검토

표 18.17-1 땅깎기 비탈면 안정해석시 적용하는 기준 안전율

① **힘의 평형에 의한 방법** : 비탈면의 안전율은 임계활동면에 대한 저항력을 비탈면에 작용하는 활동력으로 나눈값이다. → $F_s = \dfrac{c_u l}{w\sin\theta} = \dfrac{\tau_f}{\tau_n}$, $F_s = \dfrac{c' l + (w\cos\theta - ul)\tan\phi'}{w\sin\theta} = \dfrac{\tau_f}{\tau_n}$

② **모멘트에 의한 방법** : 원호활동을 하는 비탈면에 주로 적용하며, 안전율은 임계활동면에 대한 저항모멘트를 비탈면에 작용하는 활동모멘트로 나눈 값이다.

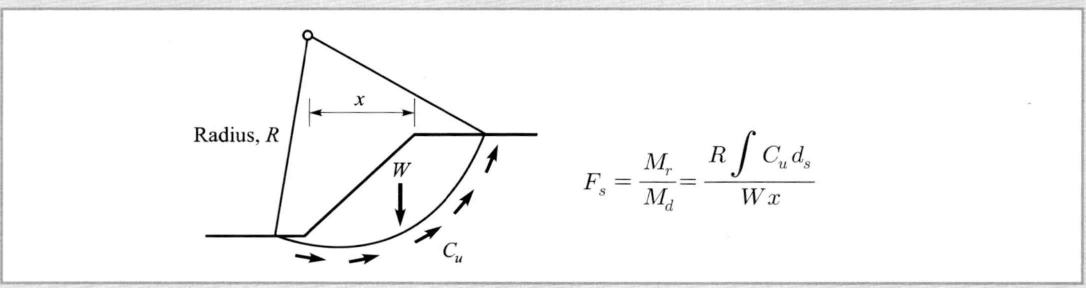

해설 18.17-1

18.17 땅깎기 비탈면의 안정해석방법 (1)

비탈면 안정해석시 지하수 조건은 지반조사 결과 및 지형조건 등을 종합적으로 고려하여 **지하수위를 결정**하고 안정해석을 실시한다.

※ 지반공학이해 Ⅲ 18.9 해설 18.9-1 에서 1 강우 영향을 지하수위로 고려하는 방법을 의미

강우의 침투를 고려한 해석을 실시할 경우, 현장 지반조사 결과, 지형조건, 배수조건 및 해당 지역의 **강우강도, 강우지속시간** 등을 고려하여 안정해석을 실시한다.

※ 지반공학이해 Ⅲ 18.9 해설 18.9-1 에서 3 불포화지반에서의 강우 침투해석을 실시하여 각 위치에서 지반의 간극수압을 고려하는 방법을 의미

토사 비탈면 안정해석은 비탈면내의 지하수위 및 시공속도에 따른 장·단기적인 배수조건을 고려하여 **유효응력해석** 또는 **전응력해석**을 수행한다.

※ 지반공학이해 Ⅱ 301p 10.55 '전응력 해석과 유효응력해석' 연계

불연속면에 기인한 파괴가 예상되는 **암반비탈면의 경우**에는 **불연속면의 전단강도를 이용**하여 안정해석을 수행한다.

※ 지반공학이해 Ⅲ 14.37~14.38 '불연속던의 전단강도 Model' 연계

1 안전율 기준

- 안전율은 비탈면 내부에 가정된 파괴면 또는 실제 발생한 파괴면에서의 전단강도와 전단응력 비율, 저항력과 작용하중의 비율 또는 저항모멘트와 작용모멘트의 비율로 계산한다. → 해설 18.17-1 참조
- 기준안전율은 **안정해석방법**과 **입력변수가 내포하는 불확실성을 감안**하여 경제성을 확보하면서 보수적인 설계를 유도하고자 설정하는 값으로서, 장기적인 비탈면의 안정성을 확보하기 위한 해석에서 적용하는 기준안전율은 표 18.17-1 과 같다
- **강우의 침투를 고려한 해석을 실시하는 경우** 지층의 투수계수, **최근 50년 동안 해당지역의 일 최대 강우량**이 발생한 시점을 기점으로 하여 **1개월 동안의 지속시간**을 **강우조건으로 입**력하도록 한다.
- 또한, 비탈면 높이에 비해 활동면 깊이가 작은 경우, 토층이 얇은 경우, 느슨한 사질토, 화강풍화토 구간은 비탈면 토사 유실이 발생하지 않도록 **강우 침투를 고려한 얕은파괴 해석을 수행**해야 한다(최근의 이상기후 변화에 따라 100년 빈도, 200년 빈도 등의 강우 조건으로 각종 구조물을 설계하는 경향이 있으나 이는 배수구조물에 대한 것이며, 사면설계 시 입력할 50년 동안의 강우자료는 실무자가 기상청 자료실에서 쉽게 구할 수 있는 자료이며 빈도에 따른 강우조건의 변화가 사면 안정에 미치는 영향은 크지 않은 편이다).

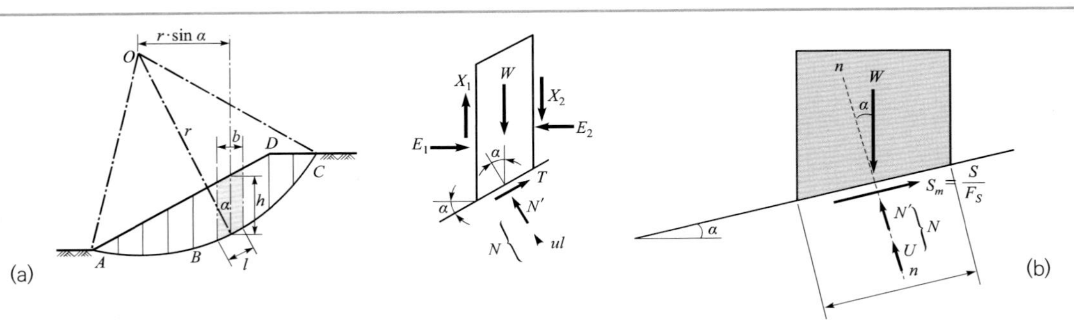

① 절편의 전체중량 : $W = \gamma \times b \times h$

② 절편 바닥에 작용하는 유효수직력 : $N' = N - U$

여기서, $N = W\cos\alpha$ 이고, $U = u \times l$ (간극수압×절편저변에 따르는 길이)

③ 저변에 따르는 전단력 : $T = \tau_m \times l$

④ 절편의 양측면에 작용한는 법선력 : E_1, E_2

⑤ 절편의 양측면에 작용하는 전단력 : X_1, X_2

⑥ Fellenius 해석방법(그림(b)) : $\sum F = 0 = W\cos\alpha - N' - U$ $\quad \therefore N' = W\cos\alpha - U = W\cos\alpha - ul$

$$F_s = \frac{M_R}{M_D} = \frac{\sum(c'l + N'\tan\phi')}{\sum W\sin\alpha} = \frac{\sum\{c'l + (W\cos\alpha - ul)\tan\phi'\}}{\sum W\sin\alpha} \rightarrow \phi_u = 0\text{이면 } F_s = \frac{\sum c_u l}{\sum W\sin\alpha}$$

그림 18.18-1 절편법에서 절편에 작용하는 힘

해석방법		기본가정	특징
간편해법	Fellenius	$X_1 - X_2 = 0$로 가정 $E_1 - E_2 = 0$로 가정	과소평가되며 유효응력해석시 오차가 크다
	Bishop	$X_1 - X_2 = 0$로 가정	실용상 충분한 해석방법
	Janbu	$X_1 - X_2 = 0$로 가정 E_1, E_2의 작용거리 가정	사실상 안전율이 같다고 볼 수 있으며, 정해와 ±5%이내 오차 밖에 없다.
정밀해법	Morgenstern and Price	$X_1 - X_2 = 0$로 가정 E_1, E_2의 경사각 가정	
	Spencer	$X_1 - X_2 = 0$로 가정 E_1, E_2의 경사각 일정하게 가정	

표 18.18-1 절편법 종류별(한계평형해석 방법) 기본가정과 특징

절편법의 특징

① 실무에서 가장 많이 사용한다.

② 활동면이 복잡해도 해석이 가능하다. (소단이 있는 경우, 구배가 변하는 경우 등)

③ 비균질 토질에도 적용이 가능하다.

④ 원호활동면은 물론 비원호활동면에도 적용이 가능하다.

⑤ 절편력에 대한 가정이 필요하다.

해설 18.18-1

18.18 땅깎기 비탈면의 안정해석방법 (2)

2 해석방법

깎기비탈면은 토사부분과 암반부분으로 구분하고 **파괴형태**, **지반조건** 및 **지하수조건**을 적절하게 모사할 수 있는 해석방법을 적용하며 비탈면의 중요도 및 필요한 결과에 따라 해석방법을 선택적으로 적용한다.

깎기비탈면에서 적용하는 안정해석방법은 다음 방법을 이용할 수 있다.

① **토사비탈면** : 한계평형해석법, 연속체해석(유한차분법, 유한요소법 등)

② **암반비탈면** : SMR방법, 평사투영해석, 한계평형해석, 연속체해석, 불연속체 해석(개별요소법 등)

※ 지반공학이해 Ⅰ 52~53p 10.55 개념정리⑮~개념정리⑯ 연계

비탈면에서 발생하는 변위 또는 지반내의 소성구간과 응력상태를 정밀하게 확인하고자 하는 경우에는 **연속체 해석을 수행**한다. 뚜렷한 불연속면 구조가 발달한 암반비탈면은 **개별요소법**을 적용할 수 있다.

※ 지반공학이해 Ⅲ 14.112 '블록이론을 이용한 터널의 안정성 평가' 및 개념정리 ㊸ '개별요소법(DEM)' 연계

3 토층 및 풍화암 비탈면 안정검토

깎기비탈면의 안정해석은 깎기비탈면에서 발생 가능한 파괴형태와 메커니즘에 적합한 해석방법을 선정하여 수행한다.

토사비탈면 안정해석은 **한계평형해석**에 근거한 안전율에 의해 판단하는 것을 기본으로 하며 중요도가 큰 비탈면에 대해서는 **유한요소법 및 유한차분법** 등의 해석기법을 적용하여 안정성을 판단한다.

한계평형해석법

- 절편법을 이용한 **한계평형해석법**은 여러 가지가 있으나 **강도정수**와 **비탈면의 기하학적 조건의 정확도** 및 **각 해석 방법 고유의 정밀도**에 따라 좌우된다.
- 절편법이란? 그림 18.18-1 같이 비탈면을 몇 개의 절편으로 나누고 각 절편에 대한 평형조건(힘의 평형조건, 모멘트 평형조건)을 만족하도록 하고, 각 절편에 대한 성분을 모두 합산하여 비탈면의 안정성을 평가하는 방법이다. **절편법의 가장 큰 문제**는 비탈면을 수 개의 절편으로 나누게 되면, 각 절편 양단에 절편력이 작용하게 되는데, 문제는 이 절편력을 정역학적으로 구할 수 없다는 점이다. 따라서 절편력에 대한 가정을 둘 수밖에 없으며, 가정을 어떻게 설정하느냐에 따라 절편법의 종류가 표 18.18-1 같이 나뉘게 된다. 절편법의 특징은 해설 18.18-1 과 같다.

토층 및 풍화암 비탈면 안정검토 해석방법 선택시 유의사항

① **활동면이 지표면과 평행한 평면**인 균일 대규모 땅깎기 비탈면에 대해서는 **무한 비탈면해석 방법**이 상당히 정확하다.

② **활동면이 깊이가 얕은 긴 평면**이며, **지표면과 평행하지 않는 경우**에 대해서는 **Fellenius방법이 간편하고 정확도도 좋다.**

③ **활동면이 2개 또는 3개의 평면으로 이루어진 경우, Janbu의 간편법**을 사용하면 정확도를 향상시킬 수 있다. 임계활동면과 안전율을 보다 정확히 결정하기 위해서는 Wegde혹은 Sliding Block 방법을 사용해야 한다.

④ **원호활동면인 경우 예비 해석단계에서는 안정도표(stability chart)를 이용**할 수 있다. 예비 해석단계에서 Fellenius 방법을 사용할 수도 있으나 활동면의 깊이가 깊거나 간극수압이 큰 경우 부정확한 결과가 얻어진다. **보다 정확한 해석을 위해서는 Bishop의 간편법**을 사용한다.

⑤ **활동면이 임의의 형상인 경우 예비 해석단계에서는 Janbu의 간편법을 사용**한다. 보다 정확한 해를 얻기 위해서는 보다 이론적인 방법(예, Janbu의 보편법, Spencer의 방법, Morgenstern and Price 방법, Fredlund and Krahn의 GLE 방법 등)을 이용한 컴퓨터 프로그램을 사용하며, 결과에 대한 신뢰성은 사용자가 확인해야 한다.

⑥ **비탈면 선단부에서 활동면의 경사가 급한 경우**에는 측면력의 분포를 예민하게 고려할 수 있는 방법을 선택해야 한다.

해설 18.19-1

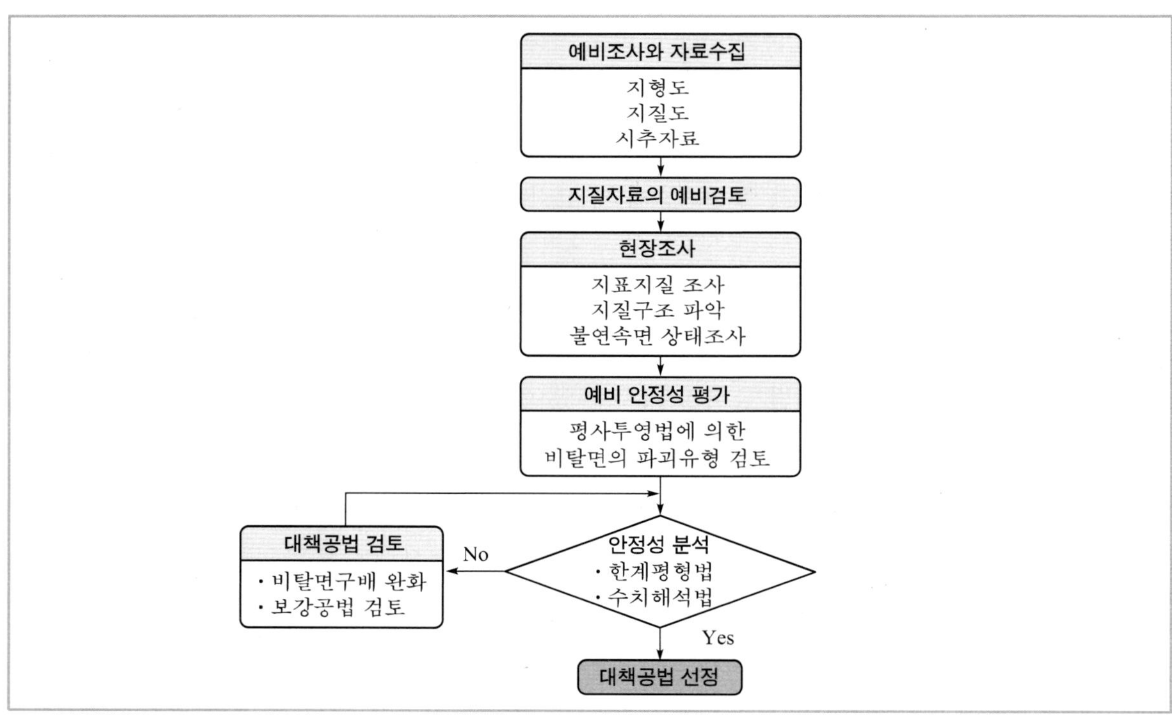

그림 18.19-1 암반비탈면의 안정성 검토 절차

18.19 땅깎기 비탈면의 안정해석방법 (3)

유한요소 및 유한차분해석 → 약자 : ㉨, ㉦, ㉳, ㉻, ㉱, ㉺

■ 비탈면 안정 해석에 있어서 변형에 대한 검토와 예측은 대단히 중요하며, 특히 **지진이나 차량하중과 같은 다양한 형태의 하중을 고려한 비탈면 안정해석의 경우**는 전단파괴에 대한 안전율보다는 비탈면에 발생하는 **변형이 안정성을 판단하는데 중요**한 요소가 된다.

■ 유한요소 및 유한차분 해석방법의 특징은 **굴착 및 강우에 따른 지하수의 거동 특성(침투 및 과잉간극수압)을 합리적으로 고려**할 수 있다는 점과 **시공단계별 안정 검토가 수행 가능**하고, **장기간의 안정에 대한 검토와 다양한 형태의 하중(동하중 등)을 고려**할 수 있으며, **국부적인 파괴를 일으키는 지역을 예측**할 수 있고 **변형벡터를 통해 파괴형태를 합리적으로 유추**할 수 있는 등의 장점이 있다. 그러므로 중요도가 높은 비탈면에 대해서는 이와 같은 해석기법을 적용하여 안정성을 파악해야 한다.

토층 및 풍화암 비탈면 안정검토 해석방법 선택시 유의사항

■ 해설 18.19-1 참조

4 **암반 비탈면 안정검토** → 그림 18.19-1 참조

암반비탈면에서의 파괴는 암석자체의 강도보다는 암반 내에 존재하는 불연속면의 특성이 중요하다. **불연속면의 특성**에는 충진물, 절리군의 수, 암반의 크기, 주향 및 경사, 연속성, 틈새, 거칠기, 강도, 등이 있으며, 이 중 불연속면의 방향(경사방향 및 경사각)과 불연속면의 마찰각이 암반비탈면의 안정성에 중요한 역할을 한다.
※ 불연속면 특성에 대해서는 지반공학이해 Ⅲ 14.30~14.32를 연계할 것

리핑암 및 발파암 등 **암반지반**의 안정검토는 현장의 노출암에 대한 지표지질조사, 시추조사 등에서 얻어지는 암반의 불연속면 특성을 이용 ① **평사투영법에 의한 개략적인 안정성 평가**를 실시하여 **파괴가능성과 파괴유형을 결정**하고, 이를 바탕으로 파괴가능성을 가진 비탈면에 대하여 **불연속면의 특성과 지하수조건을 고려한** ② **한계평형해석으로 안정해석을 실시**한다.

전체적인 암질과 불연속면 방향성을 고려한 **SMR분류법을 이용하여 예비적인 안정검토를 수행**할 수 있으며,

중요도가 큰 비탈면에 대해 **암반비탈면의 변형특성 등 상세한 거동을 확인**하고자 할 때에는 **개별요소법에 근거한 불연속체 해석**을 추가적으로 실시하여 안정성을 평가한다.

※ 그림 18.19-1 암반비탈면의 안정성 검토 절차에 대한 이해

① **설계단계에서 수행되는 비탈면안정성 검토**는 **지표지질조사**를 토대로 하여 전체적인 암반에 대한 **개략적인 검토**이므로 **시공단계에서** 굴착시공을 하면서 위험하다고 판단되는 위험 암괴에 대해서는 한계평형해석법으로 안전율을 계산한 후 불안정하다고 판단되는 암반에 대해서는 적절한 보강대책을 세워야 한다.

② 비탈면설계시에는 **기존의 시추조사에 추가하여 정밀지표지질조사**로 불연속면의 방향성과 특성을 파악하여 잠재적인 활동가능성이 있는 불연속면을 확인하고, **물리탐사기법**을 이용하여 **비탈면 계획지점의 지질상태를 연속적으로 파악**할 필요가 있다.

해설 18.20-1

구분 \ 종류	원호파괴	평면파괴
파괴 및 평사투영 형태		
특징	• 절리의 극점 분포가 매우 분산되어 나타남 • 불연속면의 방향성이 없이 매우 불규칙하게 발달된 경우(폐석, 심한 파쇄암반)	• 극밀도가 Daylight Envelope의 중앙에 존재 • 절취면과 비탈면의 경사 방향이 같고 그 주향은 비슷해야 함(층리가 발달된 암반)
구분 \ 종류	**쐐기파괴**	**전도파괴**
파괴 및 평사투영 형태		
특징	• 두 절리의 교선과 비탈면의 경사 발향이 같고, 각 절리면 주향이 비탈면의 주향과 비슷 • 극밀도가 Daylight Envelope의 양 측면에 각각 존재	• 절리면과 절취면의 경사 방향이 반대이고, 절리면의 주향과 절취면의 주향이 비슷 • 극밀도가 Toppling Zone에 존재

그림 18.20-1 암반비탈면의 일반적인 파괴형태

① 암반비탈면 지반에 대하여 RMR값(또는 GSI값)을 구한다. → m_b, s, a를 구한다.

② RMR(또는 GSI)값에 근거하여 Hoek-Brown의 파괴기준을 설정한다.

$$\sigma_{1f} = \sigma_3 + \sigma_c\left(m_b\frac{\sigma_3}{\sigma_c} + s\right)^a$$

③ Hoek-Brown의 파괴기준으로부터 등가의 Mohr-coulomb 파괴규준을 이용하여 c, ϕ값을 구한다.

※ 지반공학이해 Ⅲ 14.27 ③과 연계할 것

④ 위에서 구한 c, ϕ값으로 한계평형해석법(절편법등)으로 비탈면안정해석을 실시한다.

해설 18.20-2 응력지배를 받는 암반비탈면 해석법(원형파괴) → 연속체 모델

18.20 암반 비탈면 안정해석 개요

1 토사비탈면과 암반비탈면의 차이점

- **파괴형태의 다양성 및 복잡성** : 암석비탈면의 파괴형태는 그림 18.20-1 같이 원호파괴 외에도 평면파괴, 쐐기파괴, 토플링파괴 등 그 형태가 다양하고 복잡하여 이를 정확하게 모델링하는 것이 어렵다.
- **불연속면의 존재** : 암반 내에는 절리로 대표되는 불연속면이 존재하고, 이 불연속면들이 비탈면의 안정성에 대단히 큰 영향을 미친다. 문제는 이러한 절리들에 관한 입력자료들(암반내 절리의 분포상태, 절리면의 강도 등)의 결정이 어렵다는 것이다.
- **토사비탈면의 경우** 지반구성물질인 흙 자체의 전단강도(c, ϕ)가 불확실성을 포함하는 확률변수로 고려되는 데 반해, **암반비탈면의 경우 암반자체의 강도 외에도 불연속면의 기하학적 특성**. 즉, 연장, 방향성, 간격등과 전단강도 특성이 **확률변수로 고려**되어야 한다.

2 암반비탈면의 안정성에 영향을 미치는 요소

저항력을 감소시키는 요인	전단응력을 증가시키는 요인
① 불연속면의 존재 ② 풍화 ③ 수압 특히, 인장균열내 작용수압	① 상부 비탈면의 하중증가 ② 비탈면 굴착

3 암반비탈면의 안정해석 방법

암반역학은 응력지배 문제와 지질구조지배문제로 대별된다. 암반비탈면의 파괴형태 중 **원형파괴 형태만이 응력지배문제**로 볼 수 있고, 나머지 **평면파괴, 쐐기파괴, 전도파괴**는 1~2개의 불연속면군에 의하여 지배받는 **지질구조 지배문제로 취급**하여야 한다.

※ 지반공학이해 Ⅲ 14.1 그림 14.1-2, 표 14.1-1과 연계

- 응력지배를 받는 암반비탈면 해석법(원형파괴) → 연속체모델

  연속체 모델 암반비탈면에 대하여 **SMR평가를 실시한 결과 5등급으로 판명된 경우**에는 토사비탈면과 비슷하게 원형파괴가 발생되는데 이 경우의 안정성 평가는 토사사면과 같이 절편법을 이용한 사면안정법(예를 들면 Bishop의 간편법)을 사용하면 될 것이다. **비탈면안정 해석순서**는 해설 18.20-2 와 같다.

- 지질구조지배를 받는 암반비탈면 해석법(평면,쐐기,전도파괴) → 불연속체모델

  ① 예비적인 해석방법으로서 **운동학적 평가(평사투영법)** + ② 본 해석 방법으로 **힘의 평형을 이용한 안정성 해석(한계평형해석)**을 조합하여 분석한다. ③ 중요도가 큰 비탈면에 대해 **암반비탈면의 변형특성 등 상세한 거동을 확인**하고자 할 때에는 **개별요소법에 근거한 불연속체 해석**을 추가적으로 실시하여 안정성을 평가한다.

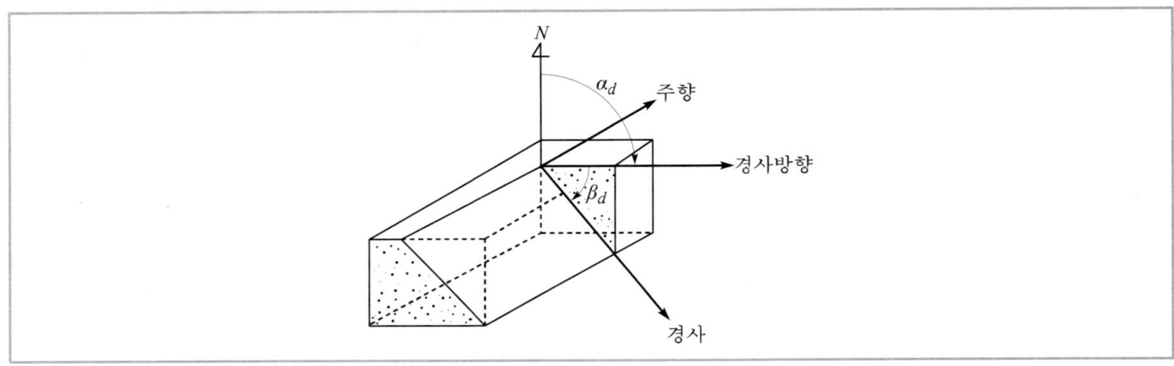

그림 18.21-1 면구조(절취면, 불연속면) 기하학적 용어

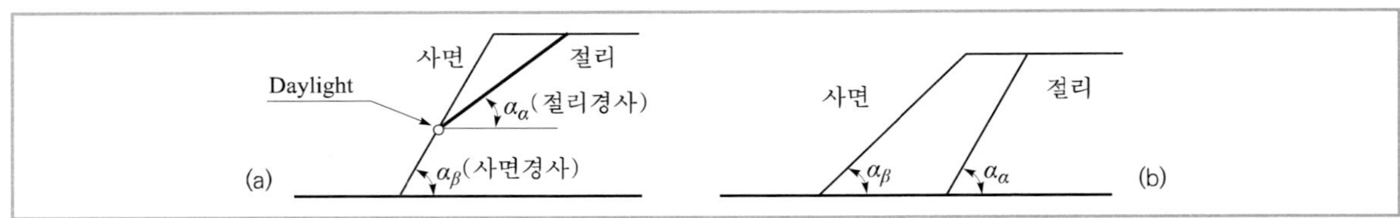

그림 18.21-2 Daylighting = 불안정한 영역

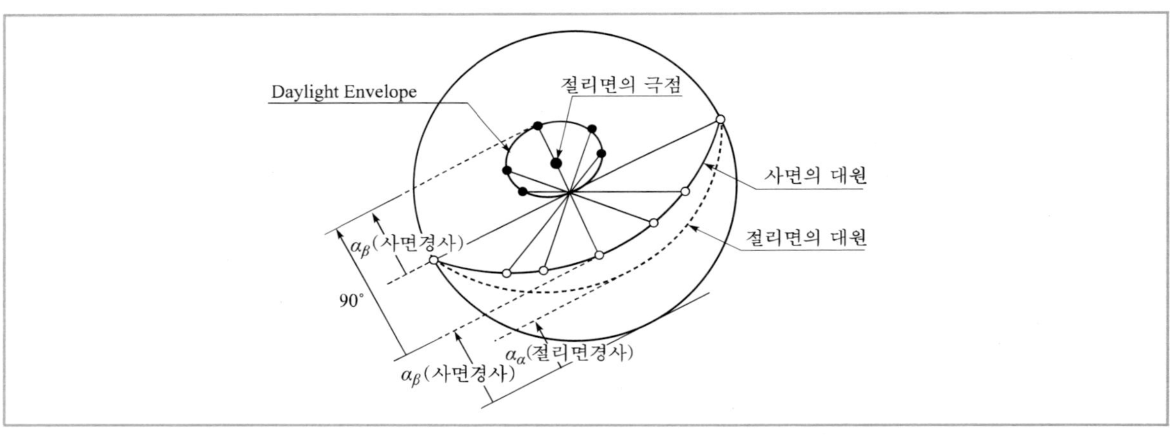

그림 18.21-3 Daylight Envelope 작도

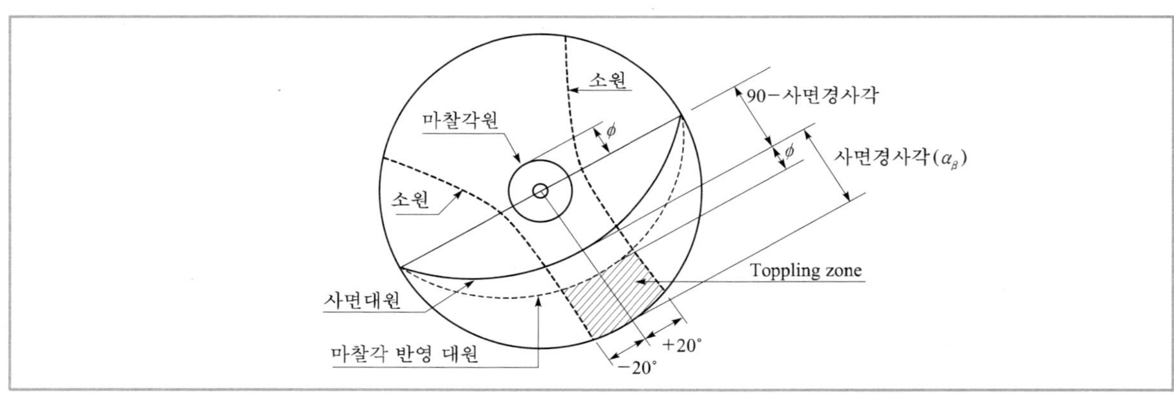

그림 18.21-4 Toppling Envelope 작도

18.21 평사투영법 해석(1)

1 개요

- 평사투영법은 **불연속면의 방향성(주향, 경사)** 및 **내부마찰각(ϕ)**과 **절취면의 방향성(주향, 경사)**, 등을 이용하여 암반비탈면의 안정성을 검토하는 방법으로 한계평형해석이나 수치해석 등에 앞선 **개략적이고 신속한 1차적인 해석방법**이다.

불연속면 방향성
절취면 방향성
불연속면 전단저항각
→ 평사투영망 이용 →
파괴 가능성 유무
파괴형태 판단

- 이 방법은 한마디로 3차원 공간에서 정의되는 불연속면이나 선을 2차원으로 표시하는 스테레오투영법을 이용하여 **암반비탈면의 파괴형태 등을 예측**하는 방법이다.
- DIPS**와 같은 전산프로그램을 이용**하면 편리하고 신속하게 분석할 수 있다.

2 평사투영의 기본원리

- 불연속면의 방향성 표시방법 → 그림 18.21-1

① 주향 : 불연속면과 수평면이 이루는 교선의 방향(북쪽 기준으로 표시) ② 경사방향 : 경사를 수평면에 투시하여 북쪽으로부터 시계방향으로 잰 각도로서 주향과 90°를 이루는 방향이다. ③ 경사 : 수평면 기준으로 잰 불연속면의 최대각도 ④ 불연속면의 방향성을 표시하는 방법 : 경사방향/경사(α_d/β_d)

- Daylighting = 평면, 쐐기파괴에 대해 불안정한 영역 → 그림 18.21-2

① **그림(a)** : 사면(절취면)의 경사가 α_β > 불연속면(절리면)의 경사각 α_α → 불연속면이 사면에 노출됨 → Daylighti가 발생하는 사면 ② **그림(b)** : 사면(절취면)의 경사가 α_β < 불연속면(절리면)의 경사각 α_α → 불연속면이 사면에 노출되지 않음 → Daylight가 사면발생하지 않는 사면

- Daylight Envelope 작도 → 그림 18.21-3

① 사면 대원(Great circle)의 각점에서 중심을 지나 90° 되는 지점 ② (절취)사면의 경사각보다 작은 범위 → 반지름(90°)−사면의 중심에서 거리= α_β ③ 사면의 경사각이 클수록 Daylight Envelope는 증대

- Toppling Envelope(전도파괴에 대해 불안정한 영역) 작도 → 그림 18.21-4

① 사면의 경사각(α_β)에서 내부마찰각(ϕ)을 뺀 값을 경사각으로 하는 대원을 작도 ② $\alpha_\beta-\phi$인 대원의 바깥부분과 WE선상에서 ±20° 이내인 Toppling Envelope 작도

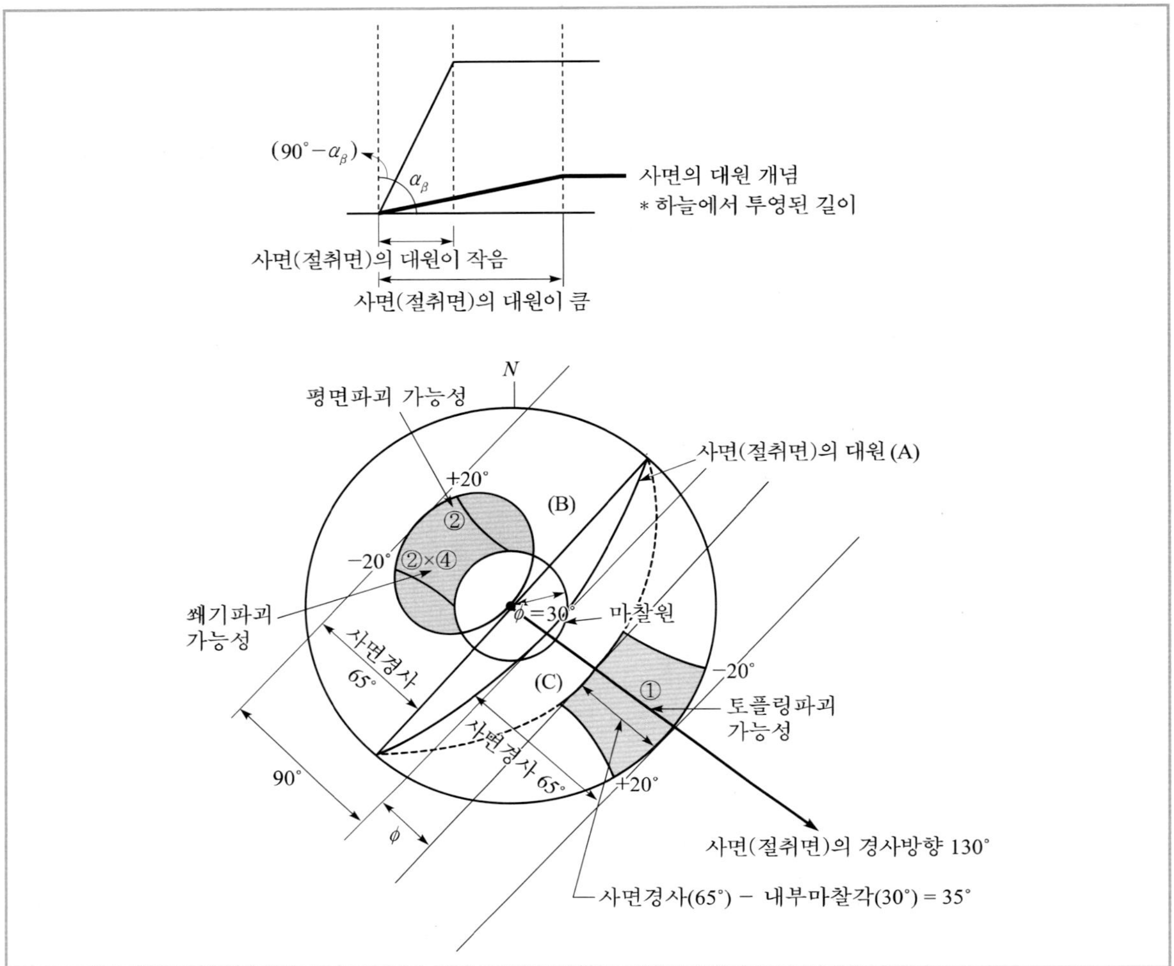

$(90^\circ - \alpha_\beta)$
α_β
사면의 대원 개념
* 하늘에서 투영된 길이
사면(절취면)의 대원이 작음
사면(절취면)의 대원이 큼

N
평면파괴 가능성
+20°
(B)
②
−20°
②×④
쐐기파괴 가능성
사면(절취면)의 대원 (A)
$\phi = 30^\circ$
마찰원
사면경사 65°
(C)
−20°
①
토플링파괴 가능성
90°
사면경사 65°
+20°
ϕ
사면(절취면)의 경사방향 130°
사면경사(65°) − 내부마찰각(30°) = 35°

그림 18.22-1 3 예제를 이용한 평사투영법에 대한 이해

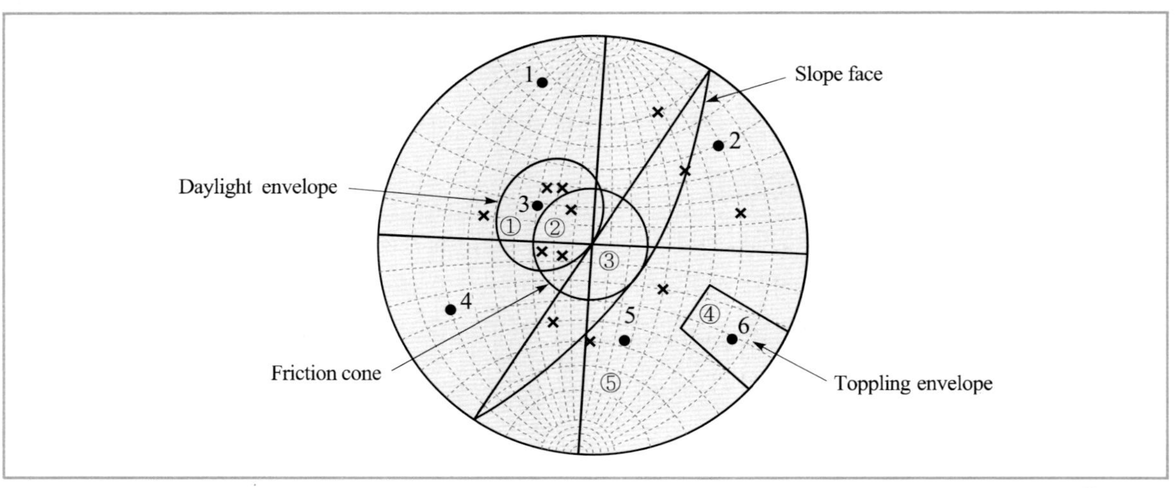

그림 18.22-2 4 파괴형태의 예측

18.22 평사투영법 해석(2)

3 예제를 이용한 평사투영법에 대한 이해 → 그림 18.22-1 참조

> 주어진 자료 : 사면의(절취면) 경사방향/경사=$\alpha_\psi/\psi=130/65$, 불연속면에서의 내부마찰각 $\phi=30°$, 5개의 불연속면 군이 존재하며, 이들의 경사방향/경사는 다음과 같다.
> ① 309/74 ② 148/60 ③ 345/31 ④ 50/66 ⑤ 275/75

① 사면의(절취면) 경사방향/경사 = $\alpha_\psi/\psi=130/65$의 대원을 작도한다. : (A)

그림 18.22-1a 같이 사면의 경사가 급하면 대원이 작게 그려지고, 만약 경사가 완만하면 대원이 크게 그려진다.

② Daylight Envelope를 작도한다. : (B)

사면의 경사가 급하면 Daylight Envelope가 크게 그려지고, 경사가 완만하면 Daylight Envelope가 작게 그려진다. **Daylight Envelope안에 불연속면의 극점이 위치하면** 사면의 경사각보다 불연속면의 경사각이 작은 경우를 의미(즉, Daylight 발생하는 사면)하며 평면, 쐐기파괴 발생가능성이 있다. 그림 18.22-1 에서 극점②는 **평면파괴 가능성**이 있고, 극점②×④는 **쐐기 파괴의 가능성**이 있다.

③ Friction Cone(마찰각원) 작도 : (C)

중심점에서 $\phi=30°$ 되는 원을 그린다. **불연속면이 Friction Cone내에 존재하는 경우에는 붕괴가능성에 대해 안정한 영역**이다.

④ Daylight Envelope를 WE선상에 놓고 경사방향 = $310°\ (130°+180°)\pm20°$ 를 표시한다.

⑤ Toppling Envelope 작도 : 사면의 경사각(65°)에서 내부마찰각(30°)을 뺀 값을 경사각(35°)으로 하는 대원을 작도한다. 그리고 경사 $\psi-\phi$인 대원의 바깥부분과 WE선상에서 $\pm20°$ 이내인 부분과의 공유지역인 엷은 색깔 칠한 부분을 표시한다. **불연속면이 이 구역 안에 존재하면 Toppling파괴 가능성이 있는 것으로 간주**한다.

4 파괴형태의 예측 → 그림 18.22-2 참조

① **지역** : 불연속면의 경사각이 마찰각보다 큰 Daylight로서 불안정한 지역임.
② **지역** : 불연속면의 경사각이 마찰각보다 작은 Daylight로서 안정한 지역임.
③ **지역** : 불연속면의 경사각이 마찰각보다 작으며, Daylight도 아닌 지역임.
④ **지역** : Toppling 붕괴의 위험성이 잠재된 불안정한 지역임.
⑤ **지역** : 불연속면의 경사각이 마찰각 보다 크더라도 Daylight나 Toppling Envelope가 아니므로 안정한 지역임.

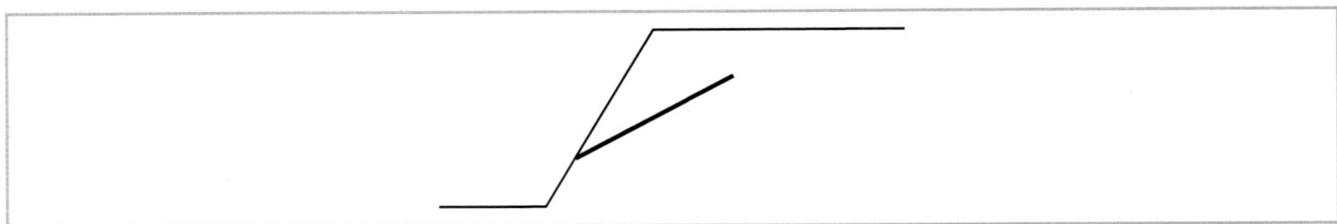

그림 18.23-1 파괴가능성으로 평가결과가 나왔지만 실제로는 안정

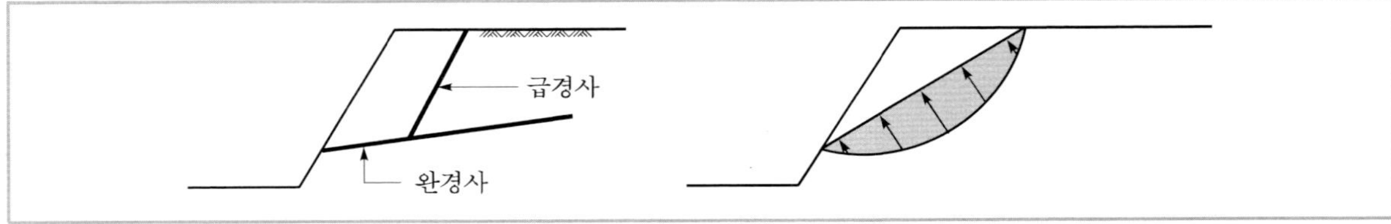

그림 18.23-2 안정평가결과가 나왔지만 실제로는 파괴

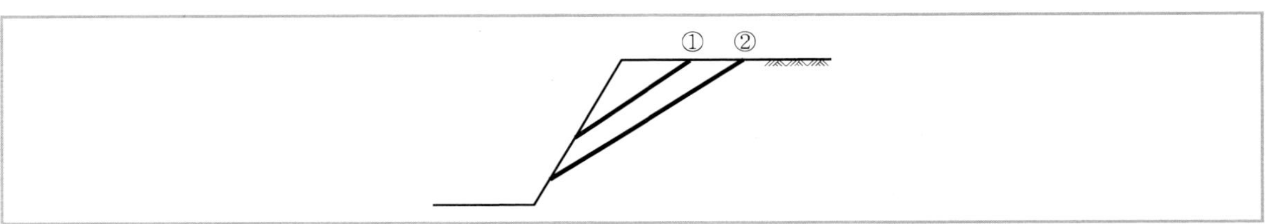

그림 18.23-3 위험 가능성이 같게 평가

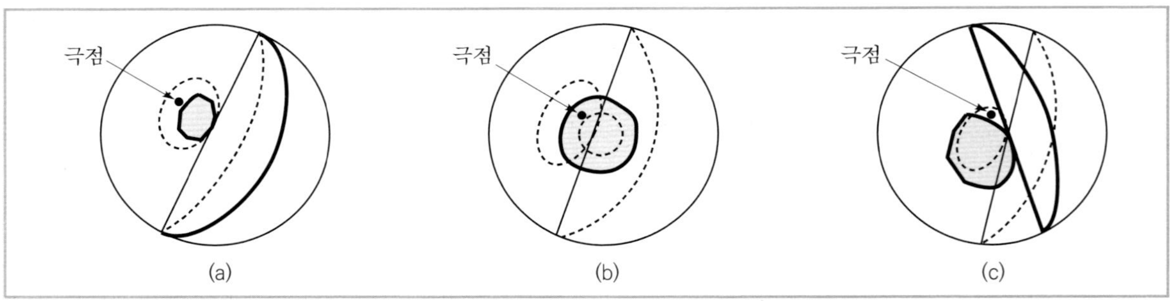

그림 18.23-4 평사투영법 결과의 응용

개념정리 ⑫ 평사투영법을 위해 필요한 조사 및 시험

1 사면(절취면) 및 불연속면의 방향성 파악 : 주향, 경사, 경사각

① 지표지질조사(scan line, window sampling) → ② 시추공 sampling (BHTV, BIPS)

2 불연속면의 전단저항각(ϕ) 측정

① Tilt시험 ② Barton Model 이용 $\tau = \sigma_n \tan(\phi_b + JRC \times \log\frac{JCS}{\sigma_n})$ → 이때 JRC는 Profile Test, JCS는 슈미트 해머, 점하중시험, 일축압축강도 시험 ③ 절리면전단시험

18.23 평사투영법 해석(3)

4 예비적인 해석인 평사투영법 해석결과와 실제 사면거동과의 차이 사례

- 그림 18.23-1 : **불연속면의 연장성이 적어 점착력이 충분한 경우** 실제 사면은 안정하게 됨
- 그림 18.23-2 : 완경사인 경우 Daylight 되지만 안정가능, 급경사시 Daylight 되지 않지만 복합작용으로 파괴됨. 불연속면에 대한 안정한 경우도 수압작용시 파괴 가능함
- 그림 18.23-3 : 평사투영법에 예비적인 해석 결과에서는 ①=②가 같다. 그러나 활동력과 전단강도에 의한 구체적 계산으로 한계평형해석 결과는 ①≠② 된다.

5 평사투영법 결과의 응용

- 그림 18.23-4a : **사면의(절취면) 구배를 완화**시키면 사면의 대원은 실선처럼 커지면서 Daylight Envelope는 축소된다.
- 그림 18.23-4b : **Rock bolt 시공으로 불연속면의 전단저항력 ϕ가 증가될 경우** 안정영역을 나타내는 Friction Cone의 크기가 점선에서 실선으로 커짐
- 그림 18.23-4c : **기존 사면에서 절취면 주향의 방향을 변경할 경우** 당초 점선에서 실선으로 변경됨에 따라 Daylight Envelope밖에 극점이 위치하게 됨

6 평사투영법의 문제점

- 불연속면의 전단강도(ϕ) 이외의 다양한 공학적 특성이 고려되지 못한다. : **불연속면의 공학적 특성 중 방향성만 고려**되고 **간격, 상태, 연속성, 충진물 등의 요소는 고려되지 않는다.** 같은 절리라도 절리의 틈새크기(Aperture)가 크면 위험도가 더 크고 절리 충전물질의 종류와 두께에 따라서 절리의 마찰력에 큰 차이가 있으나, 평사투영시에는 아무런 위험도의 차이가 없이 pole로만 고려
- 불연속면의 전단강도는 마찰력(ϕ)뿐만 아니라 점착력(c)에 의해서도 영향을 받으나 **평사투영법은 점착력이 고려되지 않는다.**
- 절리면에 가해지는 중력에 따라서 절리의 전단강도가 달라지므로 각 절리마다 가해지는 하중에 따라 각각의 전단저항각을 다르게 고려해야 하나, 평사투영법에서는 이에 관계없이 **일률적인 전단저항각을 적용**한다.
- **지하수 미 고려** : 지하수는 비탈면안정성을 감소시키는 중요한 요인이나, 평사투영법에서는 이를 고려하지 않는다.
- **암괴의 형태 미 고려** : 암반비탈면의 안정성은 절리의 경사와 절리면의 마찰력뿐만 아니라 판상, 입상, 괴상 등 암괴의 형태에 따라서도 달라지나, 평사투영법에서는 이러한 점이 고려됨이 없이 불연속면의 방향성만 고려한다.
- 식생등과 같은 **암반 외적요인을 고려하지 못한다.**
- **비탈면의 높이가 고려되지 않는다.**

분류	SMR	암반상태	안정성	붕괴	보강
I	81 ~ 100	매우 양호	매우 안정	없음	필요없음
II	61 ~ 80	양호	안정	일부 블럭	때때로 필요(국부적 볼팅)
III	41 ~ 60	보통	부분적 안정	일부 절리 혹은 많은 쐐기파괴	체계적인 보강 (숏크리트, 록볼트)
IV	21 ~ 40	불량	불안정	평면 또는 대규모 쐐기파괴	광범위한 보강 (앵커, 옹벽, 숏크리트)
V	20 이하	매우 불량	매우 불안정	대규모 평면파괴 또는 토층과 유사한 파괴	중력식 옹벽 또는 앵커보강 및 재굴착

표 18.24-1 SMR 분류법에 따른 대책방법

구분	*SMR*	평사투영법
예비평가 개념	대상사면 및 불연속면의 방향성과 RMR 점수로 **개략적(정량적) 안정성 평가**	지표지질조사 결과 대상사면 방향성, 불연속면의 방향성 및 불연속면의 전단저항각으로 **파괴가능성과 대표적인 파괴형태를 판단**함
평가인자	① 사면(절취면) : 주향, 경사방향, 경사 ② 불연속면 : 주향, 경사방향, 경사 ③ RMR : Ⓡ, ㉿강, ㉿지, ㉿불, ㉿간, ㉿상 ④ **굴착방법**	① 사면(절취면) : 좌동 ② 불연속면 : 좌동경사 ③ **불연속면 전단저항각(ϕ)**
방법	*SMR*값 산정을 통한 5개 등급화	도해법
결과	① 암반의 상태 ② 안정성 ③ 파괴형태 ④ **보강방안 제시**	① 붕괴가능성 판단 ② **붕괴시 파괴형태 제시** : ㉿원, ㉿평, ㉿쐐, ㉿전
단점	불연속면의 전단강도, 수직응력, 사면높이에 대한 직접적인 고려가 없음	18.23 6 평사투영법의 문제점
장점	불연속면의 특성에 대한 고려가 잘되어 있다.	불연속면의 전단강도에 대한 고려가 되어 있음
실무적용	암반비탈면의 안정해석에서는 평사투영법 및 한계평형해석의 중요요소인 절리면의 주향,경사, 강도특성 등의 파악이 중요한데, **설계단계에서 지표지질 조사 및 시추조사로는 파악의 한계**가 있으므로 **시공시 굴착면에 대한 Face Mapping을 수행하여 정밀한 안정검토를 시행**하고, **안정검토결과에 따라 비탈면의 경사변경 및 보강방법등이 강구**되어야 한다.	

표 18.24-2 SMR과 평사투영법 비교

18.24 SMR 분류법(Slope Mass Rating)

1 개요

- SMR분류법은 RMR분류법을 근거로 해서 비탈면에 대한 **4가지 요소들을 보정**하여 비탈면의 안정성을 평가하는 방법으로 Romana(1985)에 의해 제시되었다.
- 분류등급에 따라 비탈면의 파괴형태와 지보대책에 대한 방법을 제시하며, **암반비탈면의 1차적인 안정성을 평가하는 방법**이다.

2 SMR값 산정

- SMR은 기본 RMR값에 비탈면과 불연속면의 방향 및 경사각의 관계를 고려한 F_1 , F_2, F_3 요소를 곱한값과 굴착방법에 의한 보정요소 F_4를 더한 값이다.
- 즉, SMR = RMR basic$+(F_1 \times F_2 \times F_3)+F_4$

여기서, RMR basic : 일축압축강도, RQD, 불연속면의 간격, 불연속면의 상태, 지하수상태

F_1 : 비탈면과 불연속면 사이의 경사방향에 대한 보정치

F_2 : 평면파괴시 불연속면의 경사각에 대한 보정치

F_3 : 비탈면과 불연속면의 경사각의 차이에 대한 보정치

F_4 : 비탈면 굴착방법의 영향을 고려한 보정치

경우		매우 유리	유리	양호	불리	매우 불리
P T	$\lvert\alpha-\alpha_\psi\rvert$ $\lvert(\alpha-\alpha_\psi)-180°\rvert$	$>30°$	$30°-20°$	$20°-10°$	$10°-5°$	$<5°$
P/T	F_1	0.15	0.40	0.70	0.85	1.00
P	$\lvert\beta\rvert$	$<20°$	$20°-30°$	$30°-35°$	$35°-45°$	$45°$
P	F_2	0.15	0.40	0.70	0.85	1.00
T	F_2	1	1	1	1	1
P	$\beta-\psi$	$<10°$	$10°-0°$	$0°$	$0°$ to $-10°$	$<-10°$
T	$\beta+\psi$	<110	$110-120$	>120	−	−
P/T	F_3	0	−6	−25	−50	−60

P=평면파괴　　α_ψ=사면의 경사방향　α=절리의 경사방향

T=토플링파괴　　ψ=사면의 경사　　β=절리의 경사

굴착방법	자연사면	프리스플리팅	스무스블라스팅	보통발파	과발파
F_4	+15	−10	−8	0	−8

- 경험적으로 **SMR값이 20점 이하인 비탈면의 경우 대부분 쉽게 붕괴가 발생**하였고, 10점 미만의 점수를 갖는 비탈면은 드물게 분포한다.

3 SMR 분류법을 이용한 안정성 평가 및 보강방법 → 표 18.24-1 참조

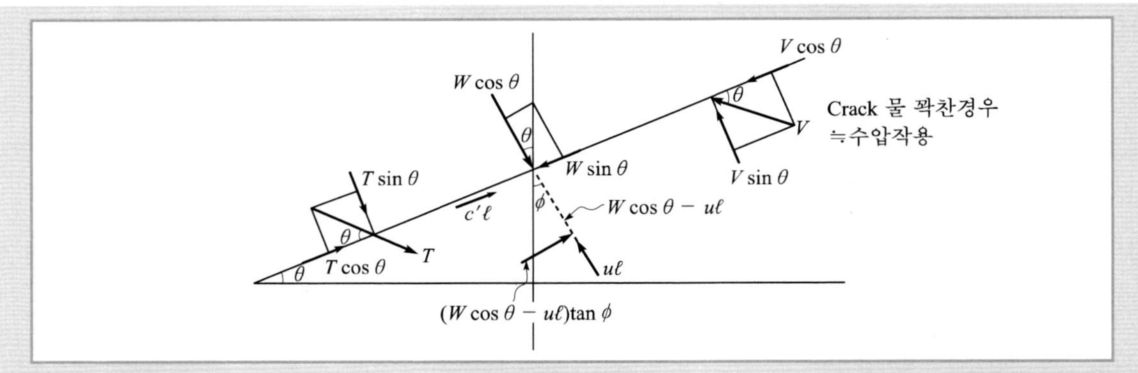

$$F_s = \frac{c'l + (w\cos\theta - ul)\tan\phi'}{w\sin\theta}$$

1 **R/B 보강시**

① 변위 발생 전 암반 보강 경우 → $\tau_f(\uparrow)$ $F_s = \dfrac{c'l + (w\cos\theta - ul)\tan\phi' + T\cos\theta}{w\sin\theta}$

② 변위 발생 후 암반 보강 경우 → $\tau_f(\uparrow), \tau_n(\downarrow)$ $F_s = \dfrac{c'l + (w\cos\theta - ul + T\sin\theta)\tan\phi'}{w\sin\theta - T\cos\theta}$

2 **사면내부에 crack발생으로 수압작용시** $F_s = \dfrac{c'l + (w\cos\theta - ul - V\sin\theta)\tan\phi'}{w\sin\theta + V\cos\theta}$

해설 18.25-1

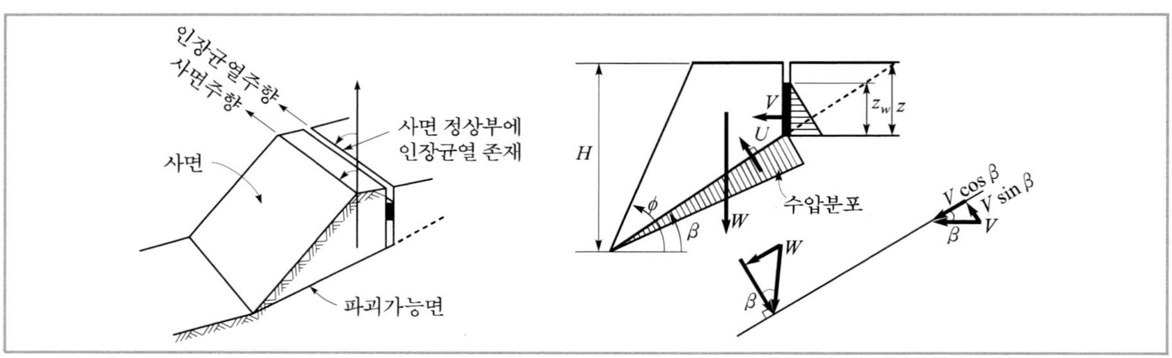

그림 18.25-1 인장균열 정상부에 존재

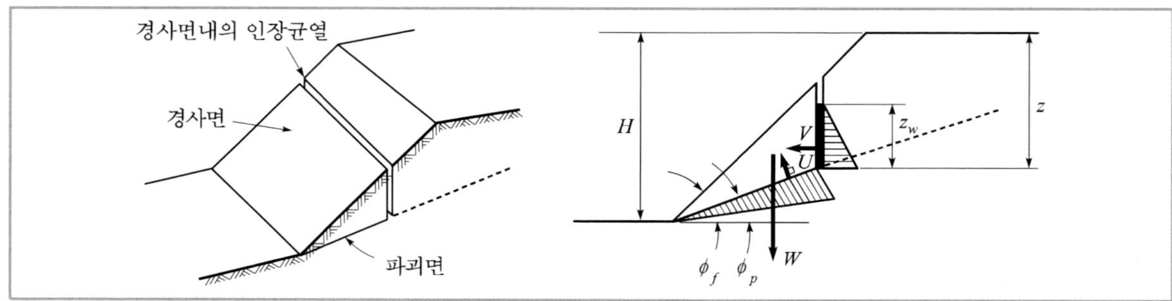

그림 18.25-2 경사비탈내에 인장균열을 가진 비탈면

18.25 힘의 평형을 이용한 한계평형해석

1 개요

- **평사투영법(운동학적 평가)** 평가에 의하여 평면파괴의 가능성이 존재하는 것으로 판명되면 **한계평형해석법**에 의한 **안정성평가**를 실시하고, 필요시 보강대책을 수립하여야 한다.
- 한계평형해석은 **힘의 평형조건을 이용**하여 안전율을 계산해서 비탈면의 안정성을 판단한다.

2 안정성해석을 위한 힘의 평형에 대한 기본원리 → 해설 18.25-1 참조

3 그림 18.25-1 및 그림 18.25-2에 대한 안전율 계산

$$F_s = \frac{c'A + (W\cos\beta - U - V\sin\beta)\tan\phi'}{W\sin\beta + V\cos\beta}$$ 식 18.25-1

여기서, c' : 절리면 점착력, ϕ' : 슬라이딩면의 마찰각

β : 가상활동면의 경사각

A : 슬라이딩면의 면적 $(H-z)\mathrm{cosec}\beta$

W : 암괴의 자중

① 인장균열이 비탈면 정상부에 있는 경우 :

$$W = \frac{1}{2}\gamma H^2\left\{(1-(\frac{z}{H})^2)\times(\cot\beta - \cot\phi)\right\}$$

② 인장균열이 비탈면에 있는 경우 :

$$W = \frac{1}{2}\gamma H^2\left\{(1-(\frac{z}{H})^2)\times(\cot\beta\times\tan\phi - 1)\right\}$$

U : 파괴면에 작용하는 수압 $U = \frac{1}{2}\gamma_w z_w (H-z)\mathrm{cosec}\beta$

V : 인장균열에 작용하는 수압 $V = \frac{1}{2}\gamma_w z_w^2$

- 건기 시 : 인장균열면이나 활동면을 따라 수압이 없음. 식 18.25-1 에서 $V=0$, $U=0$

$$F_s = \frac{c'A + (W\cos\beta)\tan\phi'}{W\sin\beta} = \frac{c'A}{W\sin\beta} + W\cot\beta\tan\phi'$$

- 우기 시 : 건조상태 후에 갑작스런 폭우가 내렸을 경우에는 인장균열면 에서 수압 증가 식 18.25-1 에서 $U=0$

$$F_s = \frac{c'A + (W\cos\beta - V\sin\beta)\tan\phi'}{W\sin\beta + V\cos\beta}$$

- 인장균열이 없고 비탈면 내에 활동면 만이 존재하는 경우 : 식 18.25-1 에서 $V=0$

$$F_s = \frac{c'A + (W\cos\beta - U)\tan\phi'}{W\sin\beta}$$

토질조건	비탈면높이	경사기준(국토교통부)	비고
토사 (사질토, 점흙쌓기)	5m 이상	1 : 1.5	
	5m 이하	1 : 1.2	
리핑암(풍화암)	전체	1 : 1.2	한국도로공사, 철도시설공단 등 1 : 1.0
발파암(연암, 경암)	전체	1 : 0.5	국토설계요령(TCR, RQD로 결정)

표 18.26-1 비탈면구배 기준

■ **비탈면의 보호공법**은 평상시 안전한 사면이라도 우수나 융설수의 침식작용, 풍화작용 등 자연적 원인에 의하여 사면의 안전성이 감소되어 사면파괴가 발생될 수 있으며 이러한 작용으로부터 사면을 보호하기 위해 사면을 공기 중에 노출시키지 않고 여러 가지 방법으로 피복하여 보호하는 공법을 말하며 ① **식생에 의한 비탈면 보호(식생공)**와 ② **구조물에 의한 비탈면 보호**로 구분된다.

구분	보호공	주요목적
식생공	씨앗 뿜어 붙어기공, 식색 매트공, 식생 줄떼공, 줄떼공, 식생판공, 식생망태공, 부분 객토 식생공, 목본류 식생공	식생에 의한 비탈면 보호·녹화, 구조물에 의한 비탈면 보호공과의 병용
구조물에 의한 보호공	콘크리트 블록 격자공, 모르타르 뿜어 붙이기공, 블록 붙임공, 돌 붙임공	비탈표면의 풍화 침식 및 동상 등의 방지
	현장타설 콘크리트 격자공, 콘크리트 붙임공, 비탈면 앵커공	비탈 표면부의 붕락 방지, 약간의 토압을 받는 흙막이
	비탈면 돌망태공, 콘크리트 블록 정형공	용수가 많은 곳 부등침하가 예상되는 곳 또는 다소 튀어나올 염려가 있는 곳의 흙막이
	블록 쌓기공, 돌 쌓기공	흙막이

■ 또한, **비탈면 보강공법**은 사면의 안전성이 충분하지 못하거나 사면이 붕괴된 경우에 안전율을 증가시킬 수 있는 대책공법을 말하며 사면의 **활동력에 대한 저항력을 증가**시키거나, 사면이 안전하도록 사면의 **활동력을 감소**시키는 방안이 있다.

종 류	적용성 및 유의사항
① 앵커공	경암 또는 연암의 비탈면에서 암반의 절리 등이 있어 붕괴할 염려가 있는 경우나 불안정한 암반 비탈면의 안정을 꾀할 경우에 사용한다.
② 락볼트공	록볼트는 암반과 기암의 일체화 혹은 불연속면을 경계로 한 여러 층을 일체화하여 보강하는 것을 목적으로 사용한다.
③ 네일공	네일공은 이형봉강 및 강봉 등의 강재를 사용하여 비탈면의 파괴에 대한 안정성을 확보하는 공법으로 설계수명기간 동안 보강된 비탈면의 변형과 파괴, 네일 구성 요소의 파손이 발생되지 않도록 주의해야 한다.
④ 억지말뚝공	억지말뚝공은 비탈면에 수직방향의 원형, H형 강재 등을 설치하여 활동 파괴력을 억지시키는 보강공법이다.

해설 18.26-1

18.26 비탈면 안정해석의 문제점 및 개선방안 (1)

1 설계단계 문제점 → 약자 : ㉟, ㉠, ㉥, ㉦

설계단계 문제점 → 약자 : (설), (추), (해), (표)

- 지반특성을 대표하는 설계정수(c, ϕ)의 선정이 어려움 : 설계 및 시공경험과 파괴사례에 대한 다양한 역해석을 통한 경험이 비축될 때 해소
- 시추조사의 한계성 : 암반비탈면의 경우 불연속면이 중요하므로 물리탐사와 정밀지표조사를 반드시 수행하여 비탈면 구간의 지질구조를 정확히 이해해야 한다.
- 비탈면해석 프로그램의 무분별한 사용
  - ① 토사비탈면과 암반비탈면을 구분없이 사용
  - ② 프로그램의 사용자의 지반공학에 대한 기초지식의 부족에 따른 해석입력치의 부정확한 선정
  - ③ 프로그램의 원리에 대한 이해의 부족과 해석결과에 대한 맹신
  - ④ 해석결과에 대한 분석능력의 부족으로 인한 부적절한 해석
- 깎기 비탈면의 표준경사의 불명확성 : 깎기 비탈면의 경사도에 관하여 설계기준이 명확하지 않고 단지 암반의 강도에 따른 설계기준을 제시하고 있다. 이는 국내의 대부분 깎기 비탈면이 암반의 불연속면 등의 약선대를 통하여 파괴된다는 점을 감안하여 조속히 해결되어야 할 것이다. → 표 18.26-1 참조

2 시공단계 문제점

- 획일적인 안정화 공법 적용 → 비탈면 보호 및 보강공법 관련 해설 18.26-1 참조
- 부적절한 공법선정 : 식생공 → 지역의 특성 무시하고 무분별한 품종 도입 → 수개월내 식물 말라죽어 무용지물
- 깎기비탈면공사에 대한 성공 및 실패사례 분석자료가 부족하여 기술력향상이 곤란.
- 설계단계와 시공단계의 유기적인 관계가 부족한 실정이다.

3 개선방안

지반조사 및 설계단계

- 암반내부에는 많은 불연속면을 포함하고 있으므로 깎기 비탈면의 경사를 완화하는 공법의 적용 시에는 **불연속면의 조사 및 시험 등에 매우 유의**하여야 한다.

> 불연속면의 방향성, 연속성, 간격, 거칠기, 충전물의 종류 및 특성 등에 대한 정확한 조사가 선행 되어야 한다.

- 암반내에 존재하는 단층면과 같이 주활동면으로 작용하는 불연속면에 대한 조사에서는 **단층점토의 전단특성** 등도 간과해서는 안된다.
- 비탈면붕괴원인 중 가장 중요하게 작용하는 요인 중 하나가 하절기의 **집중강우와 누적강우량**이다.

점검부위	진단항목	검사장비/방법
사면손상 상태조사	• 파괴 징후 조사 – 인장균열 : 유/무, 폭, 길이, 깊이, 균열의 진행성여부 – 지반변형 : 유/무, 변형범위, 변형방향, 최대 변위량 – 구조물변형 : 유/무, 구조물 유형/규모, 변형범위, 변형방향, 최대 변위량	줄자, 클리노컴파스, 균열측정기 육안조사 등
	• 파괴 현황 조사 – 파괴 유형 – 파괴부위의 위치 – 파괴 발생 규모 : 폭, 길이, 깊이, 높이	거리측정기, 카메라, 줄자, 클리노컴파스, 육안조사 등
사면파괴 요인조사	• 지반상태 – 토질 및 지반조건, 토층 두께 – 대표적인 절리의 특성 (주향/경사, 절리상태) : 길이, 틈새, 거칠기, 충전물, 풍화도	거리측정기, 클리노컴파스, 줄자, 프로파일게이지, 지질해머, 육안조사 등
	• 사면형상 – 사면경사, 집수지형	클리노컴파스, 육안조사 등
	• 자연적 외부요인 – 강우량(시간당 강우량, 1일 강우량, 누적강우량) – 지하수위	강우자료 참조 시추조사 육안조사 등
	• 인위적 외부요인 – 표면보호공 상태 – 절취 상태 – 사면 보강공 상태(옹벽 및 앵커의 경우 관련 세부지침 또는 유지관리 매뉴얼에 따라 조사 평가) • 계측기 점검(필요시) – 배수조건	육안조사 등
지표 · 지질 · 지반조사 및 시험	• 토질 및 암석 물성시험 – 암석 : 일축압축강도시험(코어시료 획득 불가시 점하중시험으로 환산), 절리면 직접전단시험(점착력, 내부마찰각), 단위중량, 탄성파 속도, 탄성계수, 포아송 비 – 토질 : 토사 전단강도(삼축, 직접) 시험, 표준관입시험, 토질 분류(함수비, 애터버그 한계, 비중, 입도시험) 등 • 지표, 지질조사 – 지질구조대(단층, 습곡, 파쇄대) 조사 – 선조사법(또는 창조사법)을 이용한 절리특성 자료획득 • 물리탐사 (법면의 상태를 관찰하기 어려운 경우 실시) – 전기비저항 탐사, 탄성파 탐사, GPR 탐사... 등 중 1가지 이상 실시 • 시추조사 – 시추코아 채취 – 지하수위 측정 – 시추공내 절리방향성 분석	물리탐사, 토질/암석물성시험, 시추조사, 선(창)조사법 육안조사 등

표 18.27-1 절토사면의 일반적인 정밀안전진단 항목 및 방법

18.27 비탈면 안정해석의 문제점 및 개선방안 (2)

지하에 유입된 지하수는 암반내의 불연속면을 따라 이동 → 이 불연속면은 활동면으로 작용하여 비탈면이 붕괴된다.

- 첨단화된 물리탐사장비의 활용도 극대화

시추공내 수직단면에 물리탐사기법 적용 및 **시추공내 영상처리장치**를 통한 불교란 암반을 직접확인

- 지역이나 지질 및 토질의 특성에 맞게 깎기 경사도를 설계

시공 및 보강공법

- 시공전의 비탈면설계는 예비설계로 간주하고 시공단계별로 노출되는 지반상태에 대한 추가적인 관찰조사를 실시하여 설계내용을 보완하면서 시공하여야 안정성이 확보될 것이다.

시공과정에서 노출되는 지반상태가 설계 시에 설정하였던 지반조건과 상이한 경우에는 전문가에 의한 현장조사를 다시 실시하고, 안정성해석을 수행하여 사전에 불안정 요인을 제거

유지관리 단계

- **일상점검과 정기점검**을 통해 지속적인 비탈면 안정확보가 필요
- 위험비탈면의 **계측관리** 제도화

4 설계 및 시공시 유의사항

- 국내의 깎기 비탈면은 약 75% 이상이 암반 깎기비탈면으로 구성, **위험 깎기비탈면의 79%가 암반비탈면**이다. 암반 깎기 비탈면에 대한 과학적, 정량적인 설계기준 및 시공기준이 결정되어져야 할 것이다.
- 비탈면붕괴의 주요 원인이 집중강우에 있으므로 **우리나라의 강우특성을 고려한 비탈면붕괴(예: 경보 시스템구축)**에 대한 연구가 필요하다.
- 지질특성 또한 비탈면 안정성의 주요 인자이므로 **지반조사, 현장시험 및 불연속면의 특성에 대한 체계적인 연구 및 조사의 체계화가 수립**되어야 할 것이다.
- 비탈면설계 시에는 **기존의 시추조사에 추가하여 정밀지표지질조사**로 불연속면의 방향성과 특성을 파악하여 잠재적인 활동 가능성이 있는 불연속면을 확인하고, 물리탐사기법을 이용하여 비탈면 계획지점의 **지질 상태를 연속적으로 파악**할 필요가 있다.
- **유지관리 시**에도 위험 가능성이 있는 **비탈면에 대하여는 계측계획을 수립하여 비탈면 거동을 체계적으로 감시할 필요**하며, 정기안전점검 및 정밀안전진단을 통해 지속적인 비탈면안정 확보가 필요

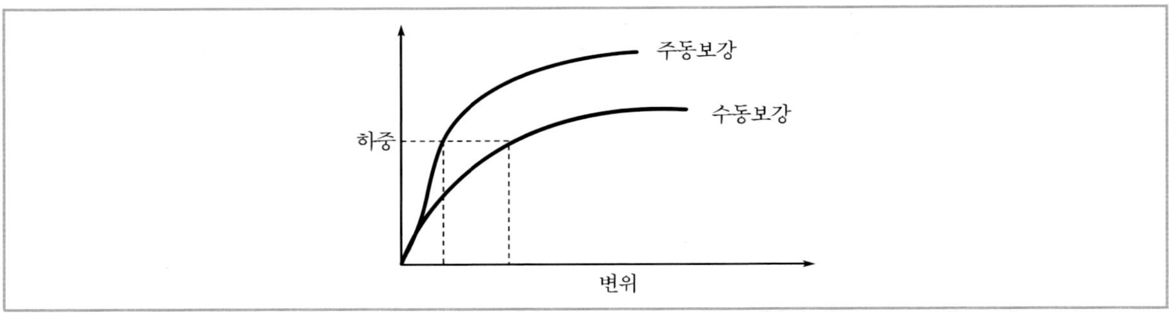

그림 18.28-1 주동보강 및 수동보강에 따른 하중-변위관계

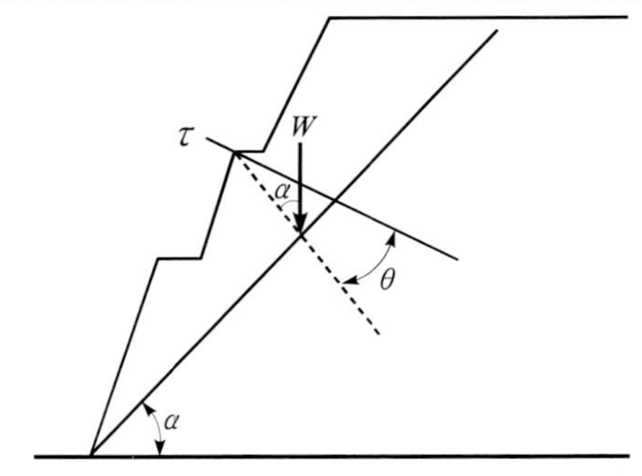

① 주동보강 앵커 설치시 : $F_s = \dfrac{c\,A + (W\cos\alpha + T\cos\theta)\tan\phi}{W\sin\alpha - T\sin\theta} = \dfrac{\tau_f(\uparrow)}{\tau_n(\downarrow)}$ 식 18.28-1

② 수동보강 앵커 설치시 : $F_s = \dfrac{(W\cos\alpha)\tan\phi + n\,C_h}{W\sin\alpha} = \dfrac{\tau_f(\uparrow)}{\tau_n}$ 식 18.28-2

여기서, C_h : 앵커 철근이 전단저항에 기여하는 크기, 위 식에서 점착력 항이 생략된 이유는 수동토압 앵커는 암체의 전단변위가 발생한 후에야 보강효과가 발휘되며 이때에는 점착력이 상실된다고 보기 때문

그림 18.28-2 주동보강 및 수동보강 앵커 설치시 안전율

개념정리 ⑬ 평사투영법과 수치해석법

- 앞에서 언급한 평사투영법 및 한계평형식에 의한 안정성 분석방법은 불연속면의 분포에 따른 기하학적 및 경험적 접근방법으로서, 현지 암반의 특성을 충분히 반영할 수 없다는 단점을 지니고 있다.
- 그러므로 중요도가 높은 비탈면에 대해서는 절리의 기하학적 분포현황 및 역학적 특성과 응력 및 변위 등 외부적인 조건에 따른 불연속면의 거동을 예측할 수 있는 수치해석기법을 적용하여 안정성을 검토해야 한다.

18.28 암반비탈면의 주동보강 및 수동보강

1 암반비탈면의 보강공법 및 보호공법

- 암비탈면의 안정대책 공법에는 암 비탈면 **보강공법**과 암 비탈면 **보호공법**으로 구분된다.

- 암 비탈면 보강공법은 암체 자체의 지지기능을 도와서 안정을 꾀하거나, 별도의 구조물을 이용하여 불안정한 암체를 지지하는 공법이 있는데 **전자는 록볼트나 록앵커**가 해당되고 **후자는 콘크리트 옹벽**이 해당된다.

2 록볼트의 주동보강 및 수동보강

- 록볼트나 케이블 볼트는 **시공 시에 미리 당겨서 초기 인장력을 가하는 경우**도 있고 당기지 않는 경우도 있다. 이때 록볼트를 미리 당기는 경우를 **주동보강**, 당기지 않을 경우에는 **수동보강**이라고 한다.

- 그림 18.28-1 같이 주동보강은 긴장을 미리 하므로 하중작용 시 변위가 적고, 수동보강은 변위가 필요하므로 같은 하중작용 시 주동보강보다 변위가 크게 발생한다.

- **주동보강 앵커의 설치**는 활동면의 수직응력을 증가(전단강도 증가)시키고 전단활동력을 감소시킴으로써 불안정한 비탈면의 안정성을 높혀준다. 이때 전단 활동력의 감소는 보강앵커를 당길 때 암체 활동방향과 반대 방향으로 분력이 생기기 때문에 발생하며, **이를 위해서는 앵커 보강 방향이 전단면에 직각인 방향보다 위쪽을 향해야 한다.** 그리고 인장 앵커가 효과를 발휘하려면 앵커체가 잠재 활동면 보다 안쪽에 위치하여야 한다. → 식 18.28-1 참조

- **수동보강 공법의 경우**에는 록볼트 또는 케이블 볼트를 암체에 설치한 후 초기 인장을 하지 않으며, 수동보강용 케이블전체를 시멘트로 그라우트 한다. 수동보강앵커는 설치 후에 서서히 보강효과가 발휘되는데 **보강 암체에 전단변위가 발생하견서 보강효과가 증가**한다. → 식 18.28-2 참조

개념정리 ⑭ **다음의 질문에 답해보자 (I)**

질문

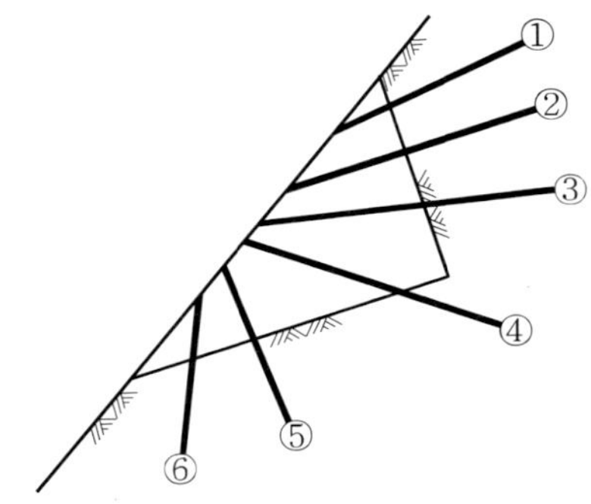

1 그림과 같이 Rockbolt 설치 각도에 따라 각 Rockbolt에 부가되는 힘의 종류, 변형 거동 및 최적의 설치방안

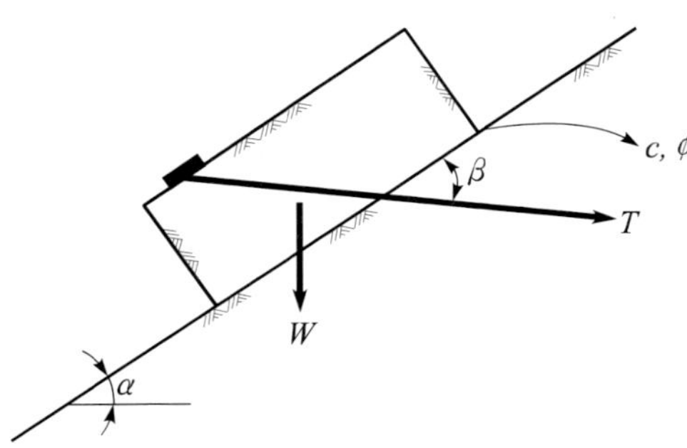

2 경사각이 α인 암반사면위에 무게 W인 암블럭을 고정시키기 위하여 β의 각도로 Rockbolt를 설치하고자 할 때 Rockbolt의 인장력(T)이 최소가 되는 β의 각도
(단, 경사면에 암반블럭사이의 Mohr-Coulomb 전단강도정수는 c, ϕ로 가정)

답

1 암반사면의 Rockbolt 메카니즘

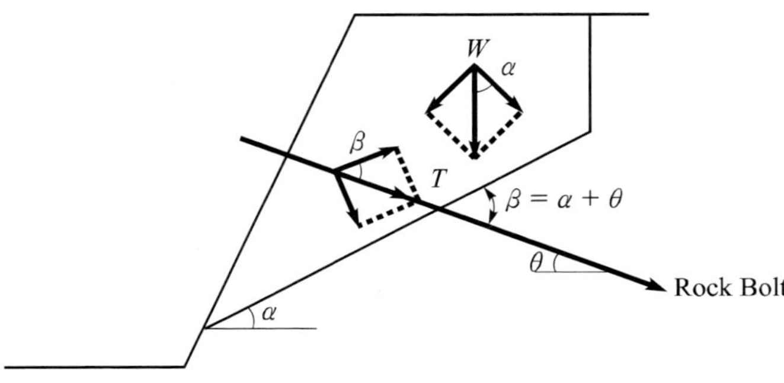

Rockbolt 설치각도 : 수평면 기준 θ이고, 절리면 기준 β 이다. 여기서 **$T\cos\beta$는 인장력으로 전단응력을 감소하는 목적**이고, **$T\sin\beta$는 압축력으로 수직응력 증대로 내압에 의한 구속압력이 상승**된다.

① $F_s = \dfrac{c\,A + (W\cos\alpha + T\sin\beta)\tan\phi}{W\sin\alpha - T\cos\beta} = \dfrac{\tau_f}{\tau_n}$

② 봉합작용(인장력) → 활동면에 평행성분으로 전단응력 감소→ $W\sin\alpha - T\cos\beta$

③ 내압작용(압축력) → 활동면에 수직성분으로 전단강도 증가→ $W\cos\alpha + T\sin\beta$

개념정리 ⑮ 다음의 질문에 답해보자 (2)

[2] Rockbolt 설치 각도에 따라 각 Rockbolt에 부가되는 힘의 종류, 변형거동 및 최적의 설치방안

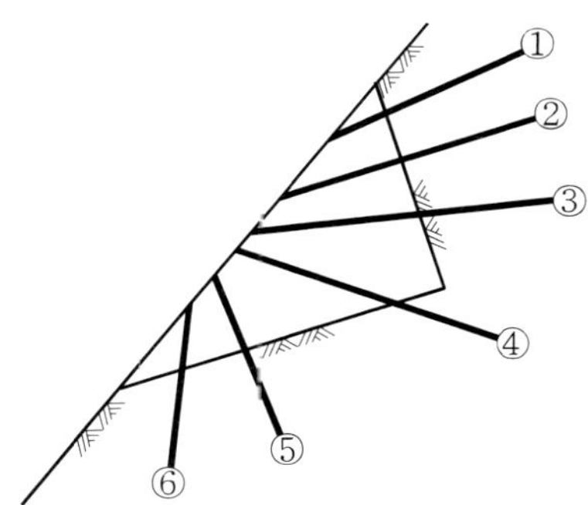

①,②,③번 설치 : 인장력만 작용

⑤,⑥번 설치 : 압축력만 작용

④번 설치 : 인장력+압축력이 동시에 작용 최적의 설치방안에 해당

[3] Rockbolt의 인장력(T)가 최소가 되는 β의 각도

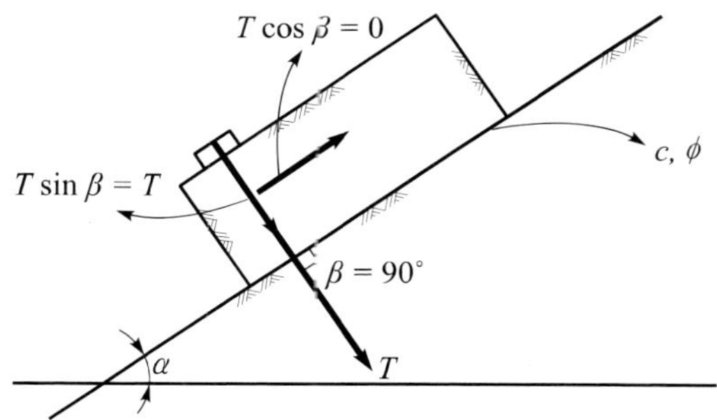

$\beta = 90^\circ$ 일 때에는

① $T\cos\beta = 0$ 으로 봉합작용이 없다(인장응력 최소)

② $T\sin\beta = T$로서 내압작용만 작용(압축력이 최대)

③ 따라서, $F_s = \dfrac{c\,A + (W\cos\alpha + T\sin\beta)\tan\phi}{W\sin\alpha - T\cos\beta} = \dfrac{\tau_f}{\tau_n}$

에서 전단강도는 증가하나, 전단응력 또한 증가하게 된다. 따라서 $\beta = 90^\circ$ 처럼 설치각도가 지나치게 크게 되면 전단응력이 증가하여 적절한 설치각도에 비해 F_s은 저하된다.

개념정리 ⑯ 다음의 질문에 답해보자 (I)

질문 균질한 토사 사면에서 **최소안전율을 갖는 파괴포락선을 아래 그림과 같이 직선**으로 가정하고 아래에 주어진 조건에 대한 사면의 안정성을 검토하시오. (토사의 전단강도는 GL−5m 의 평균치로 가정한다)

1 지하수위가 GL−10m이하로 하강한 건기시의 최소안전율을 산정

2 우기시 지하수위가 지표면까지 포화되었을 때의 최소안전율을 산정

3 지하수가 사면의 안전율에 미치는 영향을 설명하라

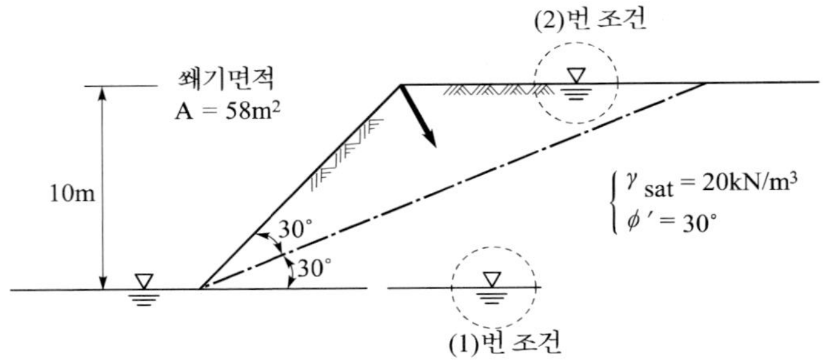

답

1 지하수위가 GL−10m이하로 하강한 건기시의 최소안전율을 산정하시오.

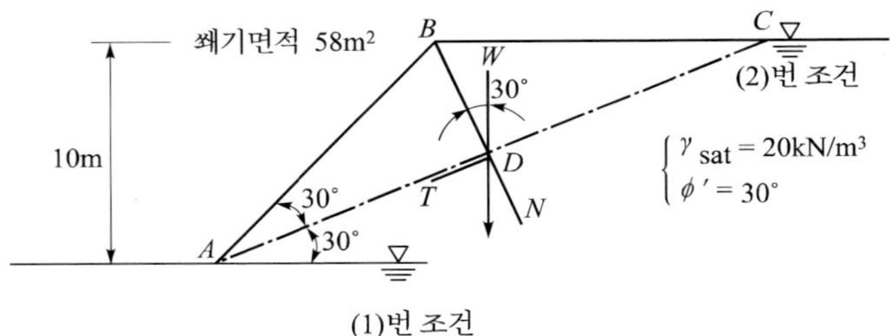

$$\cos 60^{\circ} = \frac{10}{AC} \rightarrow AC = 20m \rightarrow \tan 30^{\circ} = \frac{BD}{AC \times \frac{1}{2}} \rightarrow BD = 5.77m$$

검산 : $AC \times BD \times \frac{1}{2} = 20 \times 5.77 \times \frac{1}{2} = 57.7m^2$ (O.K)

① $W = \gamma_{sat} \times A \times 1m = 20 \times 58 \times 1 = 1{,}160kN$

② $W\cos i = 11{,}600kN \times \cos 30^{\circ} = 1{,}004.59kN \rightarrow N$

③ $W\sin i = 11{,}600kN \times \sin 30^{\circ} = 580kN \rightarrow T$

개념정리 ⑰ 다음의 질문에 답해보자 (2)

④ $\sigma_n = \dfrac{N}{AC} = \dfrac{1004.59}{20} = 50.23kN/m^2$

⑤ $\tau_n = \dfrac{T}{AC} = \dfrac{5,800}{20} = 29kN/m^2$

⑥ $F_s = \dfrac{\tau_f}{\tau_n} = \dfrac{\sigma_n' \times \tan\phi'}{29} = \dfrac{502.3 \times \tan 30^\circ}{290} = 1.0 < F_s = 1.5$ (N.G)

2 우기시 지하수위가 지표면까지 포화되었을 때의 최소안전율을 산정

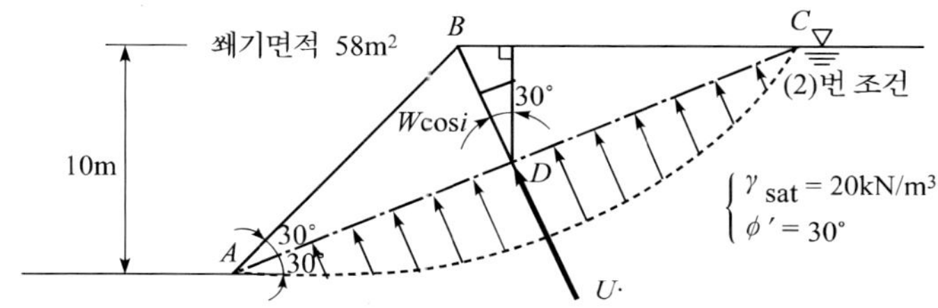

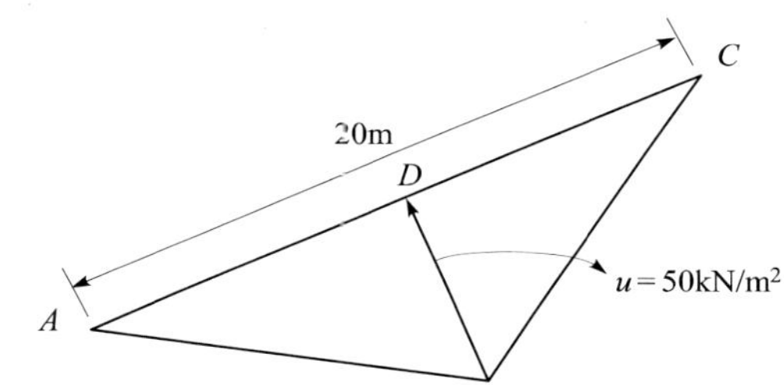

① $BD(5.77m) \times \cos 30^\circ = 5.0m \rightarrow z = 5.0m,\ u = \gamma_w \times z = 10kN/m^2 \times 5m = 50kN/m^2$

② $50kN/m^2 \times (20 \times 1m^2) \times \dfrac{1}{2} = 500kN \rightarrow \dfrac{500kN}{20m} = 25kN/m^2$

③ $F_s = \dfrac{\tau_f}{\tau_n} = \dfrac{\sigma_n' \times \tan\phi'}{290} = \dfrac{(502.3 - 25) \times \tan 30^\circ}{290} = 0.95 < F_s = 1.2$ (N.G)

3 지하수가 사면의 안전율에 미치는 영향을 설명하라

$F_s = \dfrac{\tau_f}{\tau_n} = \dfrac{\text{감소}}{\text{변화없음}}$ $\sigma' = \sigma - u$의 감소로 인한 전단강도 τ_f의 감소로 사면이 붕괴됨

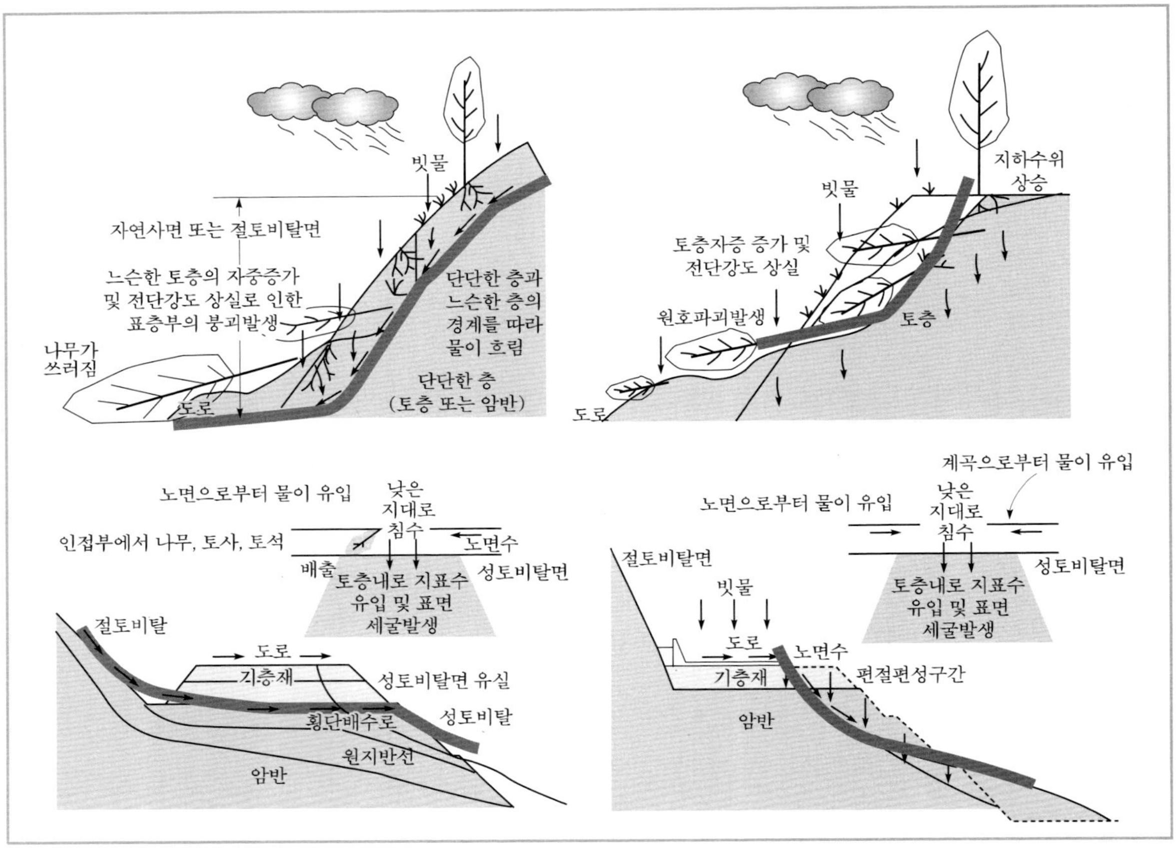

그림 18.29-1 토석류 발생 메카니즘

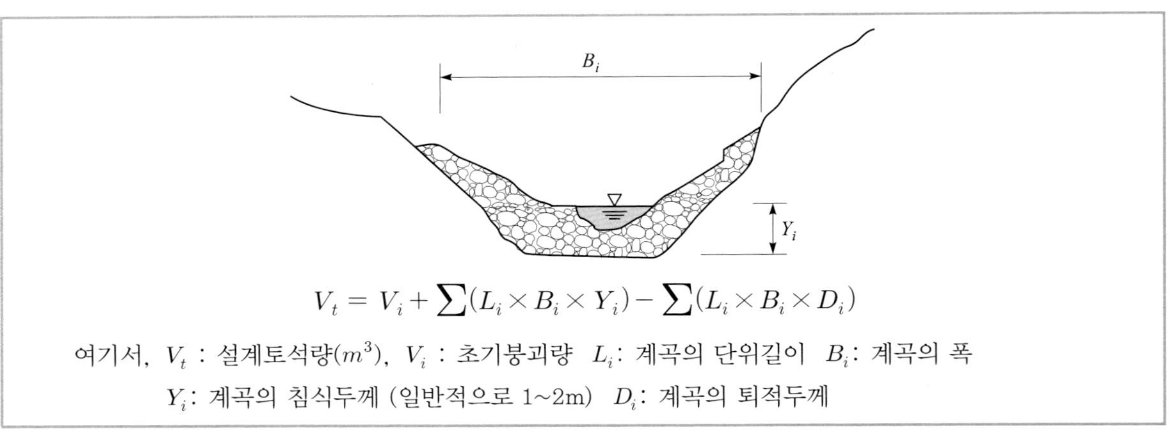

$$V_t = V_i + \sum(L_i \times B_i \times Y_i) - \sum(L_i \times B_i \times D_i)$$

여기서, V_t : 설계토석량(m^3), V_i : 초기붕괴량 L_i: 계곡의 단위길이 B_i: 계곡의 폭
Y_i: 계곡의 침식두께 (일반적으로 1~2m) D_i: 계곡의 퇴적두께

그림 18.29-2 설계토석량 산정

$$Q_p = v \times A$$

여기서, Q_p : 첨두토석량(m^3/sec), v : 토석류 평균흐름속도(m/s), A : 계곡부 수로의 단면적(m^2)

해설 18.29-1 첨두토석량 산정

18.29 토석류(Debris flow) (1)

CHAPTER 12 13 14 15 16 17 18

1 개요

- 토석류는 급경사의 산허리 지층 및 하상이 견고하지 않은 지역에서 호우가 발생하면 산사태 및 하상의 침식으로 **토석과 물이 함께 세차게 밀려 내려가는 현상**이다.
- 토석류는 호우에 의해 계곡류 주변의 비탈면이 붕괴하여 그 붕괴 토사가 하상퇴적물(River bed deposit)과 함께 흘러내리면서 **붕락한 토사가 계곡을 일시적으로 막고 그 뒤에 밀려오는 물에 의해 무너져서 같이 흐른다**. 그 유하 속도는 일반적으로 5~20m/s로 극히 빠르고, 순간적으로 하류에 떨어져서 큰 재난을 일으키기도 한다.

2 발생원인

- 내적요인 : 급경사지 지역의 V **계곡**, **암반위에 얇은 토층**이 있는 경우 주로 발생
- 외적요인 : **집중호우**(일 강우량 100mm이상, 강우강도 30mm이상)

3 발생메카니즘 → 그림 18.29-1 참조

① 발생유형 : 대부분 계곡부 (일부 사면부)

② 시작위치 : 지형경사 30~55°의 범위, 1m 미만의 표면파괴

③ 퇴적시작 : 계곡경사 10~15°

④ 구성재료 : 돌+자갈+토사+유목

⑤ 퇴적량 : 800 ~ 4,800m^3(도로에 쌓인 양)

⑥ 피해위치 : 절토부 사이 계곡, 횡배수로 설치된 계곡부

⑦ 일 강우량 250mm 이상, 강우강도 55mm 이상 시 대규모 파괴

4 토석류 특성치 용어

① 설계토석량 : 토석류 대책의 수립에 있어서 **대책공법의 규모**와 설치위치, 구조물 개수 등을 결정하는 가장 기본적이면서 중요한 변수 → 그림 18.29-2 참조

※ 설계토석량=초기 붕괴량+침식량−퇴적량

② 첨두토석량 : 임의 지점을 통과하는 토석류 최대유량, **기존수로의 용량을 초과하는 여부를 판단**하고 토석류의 속도, 충격력 등을 결정하는 데 필요 → 해설 18.29-1 참조

④ 흐름심도 : 토석류의 평균흐름심도를 나타내며 토석류 선단파의 최대높이는 아니다. 흐름심도는 **구조물의 높이를 결정**하는데 있어 필요한 변수로서 최대높이는 평균 흐름심도의 1.5배의 값으로 한다. $Q_p = v \times A = H \times B \times v \rightarrow H = Q_{p*}/(B \times v)$

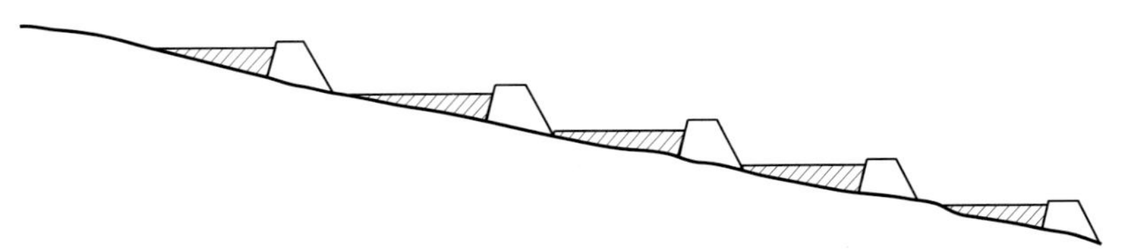

대책공법의 종류, 규모, 위치 등 **토석류 대책방안을 결정하기 위해서**는 발생하는 토석류의 규모, 유량, 속도 등과 같은 **토석류 특성 값**들을 구해야 한다. 이러한 **토석류 특성 값**은 유역 내 지형 · 지반 · 지질조건 및 식생 상태 그리고 강우량에 따른 토석류 발생의 시작 · 이동 · 퇴적의 복잡한 과정과 관련이 있으며, 대부분의 과거 토석류 발생 사례의 관찰과 조사 결과 그리고 간단한 이론과 접목된 반경험적인 방법들을 이용하여 구하게 된다.

토석류 대책시설의 설계 인자는 시설의 종류, 규모, 배치, 설계 조건을 결정하는데 사용할 수 있다. 대책시설 설계 시 고려해야 하는 인자는 최대 토석 부피, 토석류 첨두유량, 토석류 충격력, 토석류 단위 중량, 유속, 수심, 퇴적 경사 등이다.

① 설계토석량이 1,000m^3이고 방어구조물 저류량이 200m^3이라면 사방댐은 5개 필요하다.
② 여기서, **방어구조물의 저류량의 결정은 첨두토석량으로 결정**되고,
③ 방어구조물(사방댐)의 구조물 설계는 흐름심도와 충격량으로부터 결정된다.

그림 18.30-1 토석류 특성치로부터 방어구조물(사방댐) 설계개념

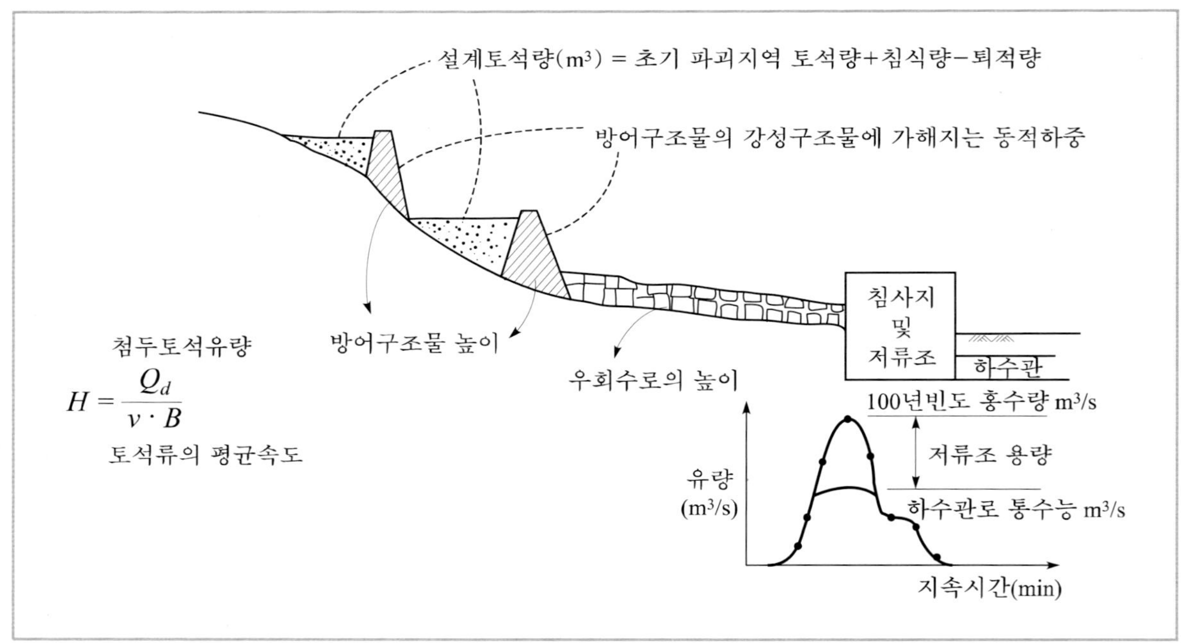

그림 18.30-2 토석류의 대책

18.30 토석류(Debris flow) (2)

⑤ 동적하중 : **토석류 흐름이 구조물에 가하는 충격력**을 나타내며 토석류의 단위중량과 흐름속도, 수로의 단면적의 함수로 표현된다. 추력은 힘(force)의 단위로서 구조물 설계에서는 단위면적당 힘으로 변환하여 적용한다.

5 토석류의 문제점

- 토석류에 의한 재해는 골짜기를 막을 정도로 규모도 크고 발생건수도 많지만 발생이 돌발적이기 때문에 예측이 곤란하다.
- 따라서, 우기철 집중호우 시 발생하는 토석류로 인해 계곡, 하천이 막히기도 하고, 다리, 옹벽 등의 시설물의 파손은 물론 가옥을 덮쳐 인명피해가 발생하는 경우가 자주 발생하고 있는 실정이다.

6 대책 → 그림 18.30-1 및 그림 18.30-2 참조

개념정리 ⑱ 안정수(N_s) (I)

1 개요

- Taylor(1937)는 가장 불안정한 단면에 대한 비탈면안정계산을 안정수를 이용하여 구하는 방법을 제안하였다.
- 비탈면의 경사 β, 비탈면의 높이가 H인 점토 비탈면에 대하여 **유발비배수전단강도 C_{um}와 안정수 N_s와의 관계식을 제안**
- 즉, $N_s = \dfrac{c_{um}}{\gamma \times H} = \dfrac{c_u}{F_s \times \gamma H} \leftarrow F_s = \dfrac{c_u}{c_{um}}$ 이므로

  여기서, N_s : 안정수 (무차원)

  c_{um} : 유발비배수전단강도

2 활용

- 한계비탈면 높이 계산 : 한계비탈면 높이는 안전율이 $F_s = 1.0$일 때이므로

  $\rightarrow N_s = \dfrac{c_u}{F_s \times \gamma H}$ 에서 $\rightarrow H_{cr} = \dfrac{c_u}{\gamma \times N_s}$

구분	방어시설			
형식	불투과형		투과형	
공법명	콘크리트 댐 (Concrete Dam)	데브리스 댐 (Debris Dam)	브레이커 댐 (Breaker Dam)	슬릿 댐 (Slit Dam)
기능	• 계곡 경사 완화 • 토석류 완전 퇴적 차단	• 계곡 경사 완화 • 토석류 완전 퇴적 차단	• 토석류의 부분적 방어·파쇄 • 부분적 퇴적	• 토석류의 부분적 방어 • 부분적 퇴적
사진				

구분	방어시설				
형식	투과형				
공법명	슬롯 댐 (Slot Dam)	데브리스 프레임 (Debris Frame)	데브리스 레이크 (Debris Rake)	데브리스 그릴 (Debris Grill)	연성형 차단시설 (Net)
기능	• 토석류의 부분적 방어 • 부분적 퇴적	• 물과 토석류의 여과 분리 • 거석·유목 차단 • 부분적 방어	• 유송잡물 방어 • 세립질 여과 • 부분적 방어	• 물과 토석의 분리 • 퇴적유도	• 토석류의 직접적 방어, 퇴적, 차단
사진					

표 18.29-1 토석류의 대책공법 방어시설

구분	방어시설				
형식	복합형	투과형		분리시설	우회시설
공법명	복합 적용	데브리스 디플렉터 (Debris Deflector)	데브리스 렉 (Debris Rack)	데브리스 핀 (Debris Fin)	데브리스 라이저 (Debris Riser)
기능	• 파쇄, 방어, 퇴적	• 유목의 우회 및 차단, 여과	• 유목의 차단, 여과	• 토석 및 유목 흐름의 분리, 유속 증가	• 여수로 형성
사진					

표 18.29-2 토석류의 대책공법 배수구조물 기능 유지시설

개념정리 ⑲ 안정수(N_s) (2)

■ **비탈면 안정해석** : 자세한 사항은 백영식 교수 강의식으로 풀어쓴 토질역학' 10.4 평면 파괴면에 대한 사면안정해석편을 참조하기 바란다.

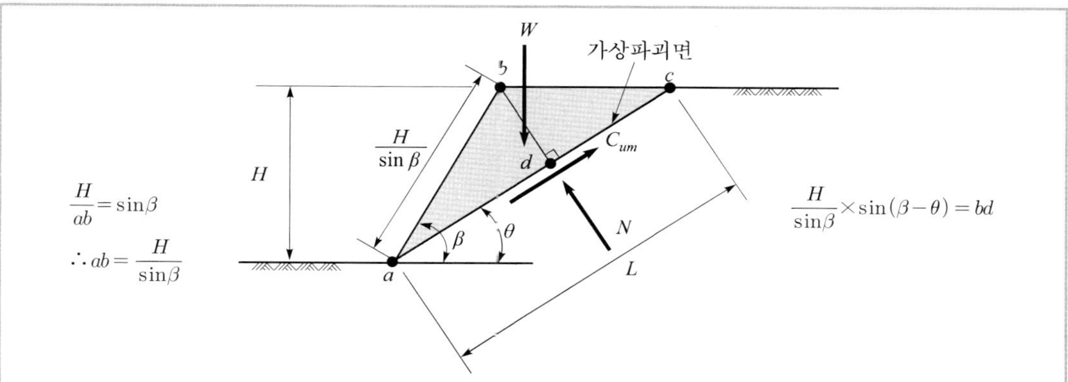

그림 개념 ⑲-1

(1) **임계활동면의 결정** : $\frac{c_{um}}{\sin\theta}=\frac{W}{\sin 90^\circ}$

$180=90^\circ-\theta+90^\circ+\bullet$

$\therefore \bullet=\theta$

$$C_{um}=c_{um}L=W\sin\theta=\left\{\frac{1}{2}\gamma L\frac{H}{\sin\beta}\sin(\beta-\theta)\right\}\sin\theta \rightarrow \frac{c_{um}}{\gamma\times H}=\frac{1}{2}\frac{\sin(\beta-\theta)\sin\theta}{\sin\beta}$$

정의 $N_s=\frac{c_{um}}{\gamma\times H}=\frac{c_u}{F_c\times\gamma H}=\frac{c_u}{F_s\times\gamma H}$ 안정수 → $\phi_u=0$이므로 $F_c=F_s$가 된다.

임계파괴면은 N_s가 최대 (즉, F_s가 최소)인 경우이므로 $\frac{\partial N_s}{\partial\theta}=0$에서 구할 수 있다. (생략)

$\therefore \theta_f=\frac{\beta}{2}$

(2) **안전율의 계산** : $\therefore \theta_f=\frac{\beta}{2}$를 $\frac{c_{um}}{\gamma\times H}=\frac{1}{2}\frac{\sin(\beta-\theta)\sin\theta}{\sin\beta}$에 대입하면

$$\frac{c_{um}}{\gamma\times H}=\frac{c_u}{F_s\times\gamma H}=\frac{1}{2}\frac{\sin\frac{\beta}{2}\sin\frac{\beta}{2}}{\sin\beta}=\frac{1}{2}\frac{\sin\frac{\beta}{2}\sin\frac{\beta}{2}}{2\sin\frac{\beta}{2}cos\frac{\beta}{2}}=\frac{1}{4}tan\frac{\beta}{2}$$

$$\therefore F_s=\frac{4c_u}{\gamma\times H}\cot\frac{\beta}{2}$$

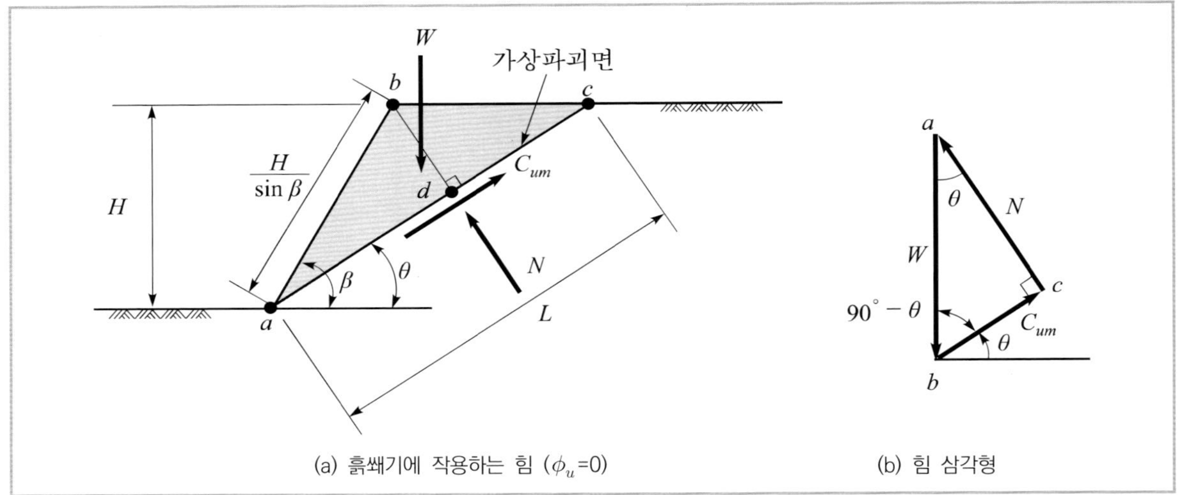

(a) 흙쐐기에 작용하는 힘 (ϕ_u=0)　　(b) 힘 삼각형

그림 18.31-1 Culmann의 방법($\phi_u=0$인 경우)

※ 그림 18.31-1에 대한 이해

① 자중 $W=\gamma\times\triangle abc=\gamma(\frac{1}{2}\times\overline{ac}\times\overline{bd})=\frac{1}{2}\gamma L\frac{H}{\sin\beta}sin(\beta-\theta)$ 크기, 작용방향 모두 known

② 점착력의 합력 $C_{um}=c_{um}\times\overline{ac}=c_{um}\times L=\frac{c_u L}{F_s}$

크기 unknown(F_s는 미지수), 작용방향 known, 수평면과 θ, 연직면과 $90^\circ-\theta$

③ $\overline{ac}$ 면에 작용하는 수직력 N : 크기 unknown, 작용방향 known

$\phi_u=0$이므로 $T=N\tan\phi_m=0$. 지금까지 R로 표시하던 합력이 N이 됨, 즉 $\phi_m=0$인 경우에는 $R=N$이 됨

④ 2 unknown(N, C_{um}의 크기) vs 2 equations($\sum H=0, \sum V=0$)

따라서, 힘 삼각형 폐합조건에서 N과 C_{um}의 크기를 결정할 수 있다.

⑤ 임계활동면의 결정 → 식 18.31-2

⑥ 안전율 F_s의 산정 → 식 18.31-3

⑦ 만약 사면내에 평면파괴면이 될 수 있는 얇은 연약층이 있으면 이 사면의 안전율은 이 연약층에 대한 안전율과 식 18.31-3으로 계산한 안전율 중 더 작은 값이 됨. 연약층을 파괴면으로 볼 때의 안전율은 식 18.31-1에서 구할 수 있는데 이 때 c_u는 연약층의 비배수 강도이고 ($\phi_u=0$), θ는 연약층이 수평면과 이루는 각도임(따라서 θ는 기지량)

해설 18.31-1

18.31 평면파괴에 대한 사면안정해석(Culmann의 방법)

1 개요

- 파괴면이 사면의 선단(toe)을 지나는 평면이라고 가정하고 해석하는 방법으로 사면의 안전율을 산정하는 방법으로 **Culmann의 방법**이라고 부르고 있다.
- 균질한 흙 사면은 평면파괴를 일으키는 일이 드물다. **파쇄대 또는 연약층이 존재하는 사면 등**에는 이러한 파괴가 발생할 수 있다.

2 $\phi_u = 0$인 사면에 대한 Culmann의 방법

- 그림 18.31-1a에서 사면의 선단 a를 지나 수평면과 θ를 이루는 가상파괴면 $\overline{ac}$를 그렸을 때 얻어지는 흙 쐐기 $\triangle abc$에 작용하는 힘은 해설 18.31-1과 같다.(역계1, 단 $u=0$)
- 임계활동면의 결정

그림 18.31-1b에 보인 힘 삼각형에 대하여 sin법칙을 적용하면 → $\dfrac{C_{um}}{\sin\theta} = \dfrac{W}{\sin 90^\circ}$

$$C_{um} = c_{um}L = W\sin\theta = \frac{1}{2}\gamma L \frac{H}{\sin\beta}\sin(\beta-\theta)\sin\theta$$

$$\frac{c_{um}}{\gamma \times H} = \frac{1}{2}\frac{\sin(\beta-\theta)\sin\theta}{\sin\beta} \quad \text{식 18.31-1}$$

정의 $N_s = \dfrac{c_{um}}{\gamma \times H} = \dfrac{c_u}{F_c \times \gamma H} = \dfrac{c_u}{F_s \times \gamma H}$ 안정수 → $\phi_u = 0$이므로 $F_c = F_s$가 된다.

N_s가 최대이면 가장 위험한 상태가 된다.(F_s가 최소가 됨)

임계파괴면은 N_s가 최대 (즉, F_s가 최소)인 경우이므로 $\dfrac{\partial N_s}{\partial \theta} = 0$에서 구할 수 있다.

$$\frac{\partial N_s}{\partial \theta} = 0 \to \frac{\partial}{\partial \theta}[\sin(\beta-\theta)\sin\theta] = 0 \to \sin(\beta-\theta)\cos\theta - \sin\theta\cos(\beta-\theta) = 0 \to \sin(\beta-2\theta) = 0$$

임계파괴면의 θ를 특히 θ_f라 표시하면 $\therefore \theta_f = \dfrac{\beta}{2}$ 식 18.31-2

- 안전율 F_s의 산정 → 식 18.31-2 을 식 18.31-1 에 대입하면

$$\frac{c_{um}}{\gamma \times H} = \frac{c_u}{F_s \times \gamma H} = \frac{1}{2}\frac{\sin\frac{\beta}{2}\sin\frac{\beta}{2}}{\sin\beta} = \frac{1}{2}\frac{\sin\frac{\beta}{2}\sin\frac{\beta}{2}}{2\sin\frac{\beta}{2}cos\frac{\beta}{2}} = \frac{1}{4}tan\frac{\beta}{2}$$

$$\therefore F_s = \frac{4c_u}{\gamma \times H}\cot\frac{\beta}{2} \quad \text{식 18.31-3}$$

CHAPTER 18

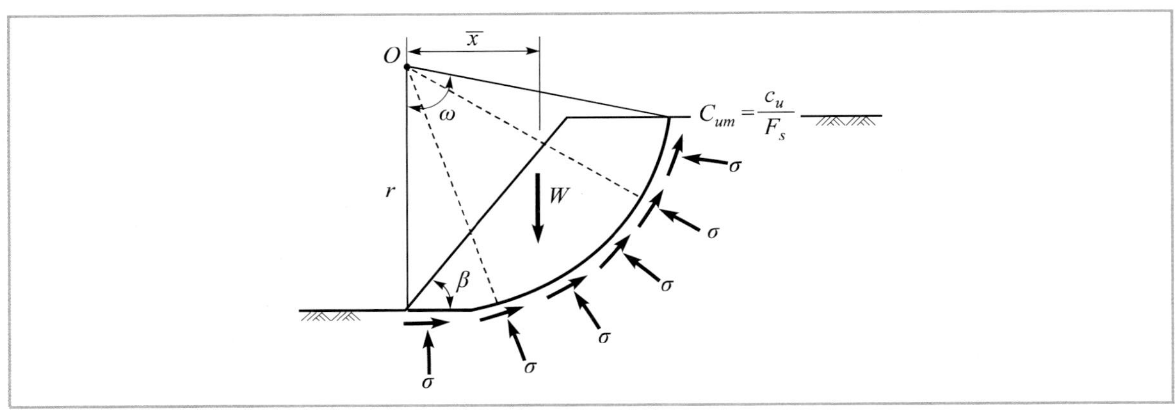

그림 18.32-1 원호활동면에 대한 $\phi_u = 0$ 해석법

그림 18.32-1에 대한 이해

① $\sum M_o = 0 \rightarrow M_{rm} - M_d = 0$

여기서, M_d : 활동모멘트, M_{rm} : 평형유지하기 위하여 현재 발휘되고 있는 저항 모멘트

② $M_d = W \times \overline{x}$

$$M_{rm} = c_{um} \times L_a \times r = c_{um} \times \omega r^2 = \frac{c_u}{F_s} \times \omega r^2$$

③ 식을 정리하면 $F_s = \dfrac{c_u \times L_a \times r}{W \times \overline{x}} = \dfrac{c_u \omega r^2}{W \overline{x}}$

여기서, r : 원호의 반경, ω : 원호의 중심각(radian으로 표시)

L_a : 원호의 길이 $= r \times \omega$, $\overline{x}$: W의 팔길이

또는 안전율 F_s는 $F_s = \dfrac{M_r}{M_{rm}} = \dfrac{M_r}{M_d} = \dfrac{c_u \omega r^2}{W \overline{x}}$

여기서, $M_r = c_u \times \omega \times r^2$: 발휘할 수 있는 최대 저항모멘트의 최대공급능력(capacity)

M_{rm} : 평형을 유지하기 위해 현재 발휘되고 있는 저항모멘트의 현재 수요량(demand)

④ 여기서 주의할 점은 그림 18.32-1에 제시된 활동면에 대하여 산정한 안전율이 이 사면의 안전율이 되기 위해서는 주어진 활동면이 임계활동면이어야 한다는 사실이다. 임계활동면은 이 사면에서 일어날 수 있는 모든 활동면 가운데 안전율이 최소가 되게하는 활동면이다. 전단강도 입장에서 보면 평형상태를 유지하기 위하여 발휘되어야 할(mobilized) 전단강도 c_{um}이 최대가 되는 활동면이다. 즉, 전단강도 c_{um}의 수요량(demand)이 최대가 되는 활동면이다. 안전율이 F_s인 임계활동면에 작용하고 있는 c_{um}은 $c_{um} = \dfrac{c_u}{F_s} = \dfrac{W\overline{x}}{\omega r^2}$ 이다. 따라서, 임계활동면에 대한 안전율은 안전율의 최소치이며 이 값이 곧 사면의 안전율이다. 그리고 이론상 실제파괴는 임계활동면을 따라 일어나거나 일어날 가능성이 가장 크다고 생각한다.

해설 18.32-1

18.32 원호활동면에 대한 사면안정해석

1 개요

■ 비교적 균질한 흙으로 이루어진 유한사면은 원호활동면을 따라 파괴가 일어난다. Culmann의 방법은 선단을 지나는 평면파괴면을 가정하고 있는데 이 경우 사면안정해석은 대단히 간편하지만 비현실적 가정 위에 성립된 해법이다. 그러므로 균질한 흙 사면은 원호활동면에 대하여 안전율을 계산하는 것이 보통이다.

■ 원호활동면에 대하여 사면의 안전율을 결정할 때에는 임계파괴면은 간단하게 결정할 수 없고 시행착오를 거듭하면서 반복계산을 실시하는 것이 필요하다. 그리고 사면의 안전율은 임계파괴면에 대한 안전율로 정의하고 있다.

2 $\phi_u = 0$인 사면의 원호활동면에 대한 안정해석 → 주어진 원호활동면에 대한 안전율 산정

■ 포화점토의 비배수 강도 $s_u = c_u$이고, 이때 $\phi_u = 0$이다. 이러한 강도정수를 이용하여 포화점토 사면의 안정성을 비배수상태에서 해석하는 방법을 $\phi_u = 0$ 해석법이라 한다. 이 방법에서는 전단강도는 전응력으로 정리한 값이므로 간극수압은 고려할 필요가 없고($u = 0$) 흙의 단위중량은 전체 단위중량이 된다. 그림 18.32-1은 원호활동면의 한 예를 보여주고 있다. 이 때 사면의 안전율은 원호의 중심 O에 대한 활동모멘트와 저항모멘트 사이의 비로 정의하는 것이 편리하다.

■ 활동토체의 평형에 관여하는 힘은 자중 W, 원호활동면을 따라 작용하는 점착력 c_{um}과 수직응력 σ이다. $\phi_u = 0$이므로 σ에 의한 $\tau = \sigma \tan\phi_{um} = 0$이다. 그런데 σ는 모두 그 작용선이 중심 O를 지나므로 모멘트 평형에는 영향을 미치지 못한다. c_{um}은 활동토체가 평형을 이루기 위해 현재 발휘하고 있는 비배수 강도이다. $\phi_u = 0$이므로 $F_c = F_s$이고 따라서, $c_{um} = \dfrac{c_u}{F_c} = \dfrac{c_u}{F_s}$이다. 이제 중심$O$에 대한 모멘트 평형조건에서 안전율을 구해보면 해설 18.32-1 같다.

3 $\phi_u = 0$인 사면의 원호활동면에 대한 안정해석 → Taylor의 사면안정도표($\phi_u = 0$인 경우)

■ 임계활동면을 찾아내는데 소요되는 막대한 시간과 노력을 절감하고 사면의 안전율을 간편하게 구할 수 있도록 Taylor(1937)는 그림 개념 ⑳-1 같은 사면안정도표를 발표하였다. Taylor는 무차원 계수인 안정수(stability number) N_s를 창안하여 사면안정도표를 간결하고 편리하게 작성하였다. $\phi_u = 0$인 경우에는 $F_c = F_s$이므로 안정수 N_s는 다음과 같다.

$$N_s = \frac{c_{um}}{\gamma \times H} = \frac{c_u}{F_c \times \gamma \times H} = \frac{c_u}{F_s \times \gamma \times H} \rightarrow F_s = \frac{c_u}{N_s \times \gamma \times H} \quad \text{식 18.32-1}$$

■ 식 18.32-1 에 대해서는 개념정리⑱을 통해 설명하였다.

개념정리 ⑳ Taylor의 사면안정도표($\phi_u = 0$인 경우) 이용한 원호활동면에 대한 안정해석

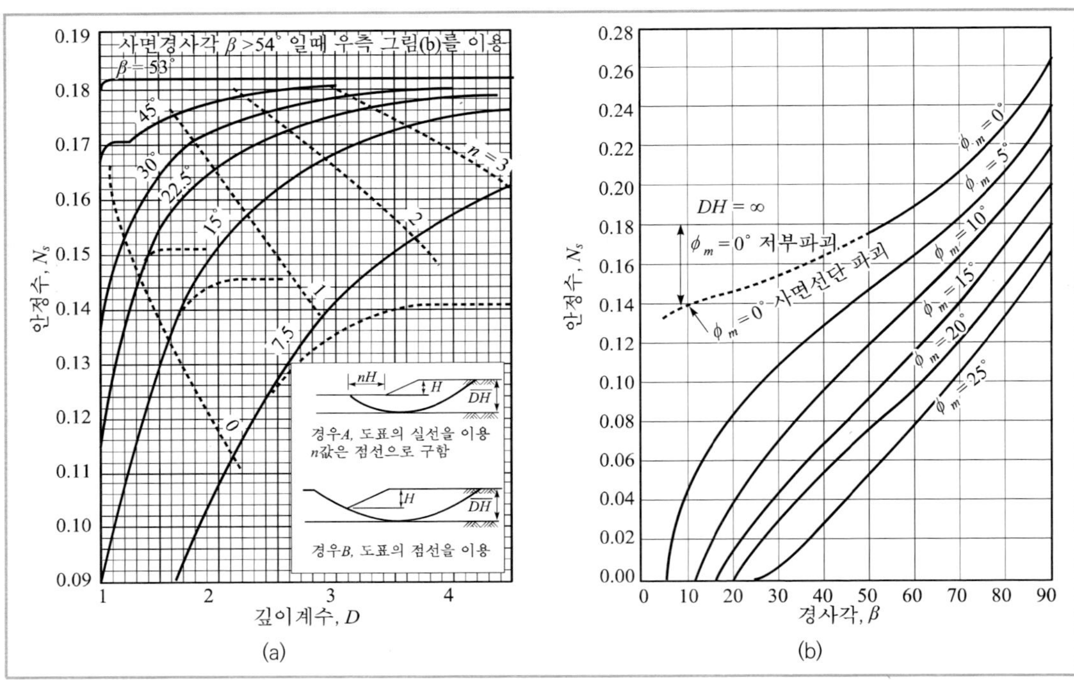

그림 개념 ⑳-1

- 사면의 경사각 β의 깊이계수 D를 알면 그림 개념 ⑳-1a에서 안정수 N_s를 결정할 수 있고 따라서, 안전율 F_s를 산정할 수 있다. 깊이계수 D는 다음과 같이 정의한다.
- $D = \dfrac{\overline{DH}}{H}$ 여기서, $\overline{DH}$: 사면천단면에서 견고한 토층까지의 깊이
- 특히 $\beta > 54^\circ$ 이면 사면선단파괴가 일어나게 되며 이 때에는 그림 개념 ⑳-1b에서 N_s를 구할 수 있다 ($\phi_m = 0$). 전응력 해석법($\phi_u = 0$ 해석법)이므로 간극수압은 고려하지 않으며 흙의 단위중량은 전체단위중량이 된다.
- 사면안정도표에 사용하고 있는 기호 및 안전율 결정순서는 그림 개념 ⑳-2에 설명되어 있다.

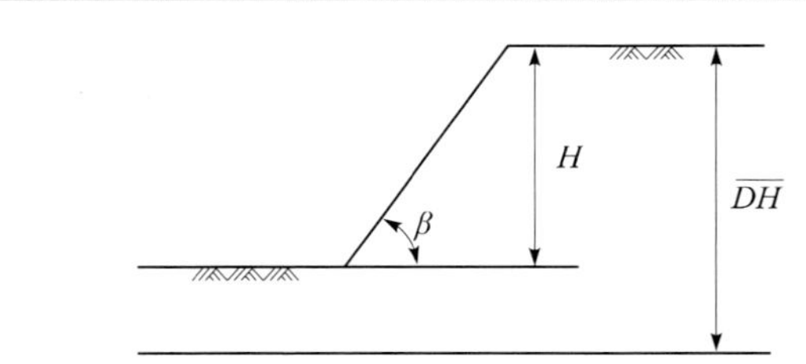

① 깊이계수 $D = \dfrac{\overline{DH}}{H}$ 계산

② 그림 개념 ⑳-1a로부터 N_s를 구함

③ 안정수 $N_s = \dfrac{c_u}{F_c \times \gamma H} = \dfrac{c_u}{F_s \times \gamma H}$

④ $F_s = \dfrac{c_u}{N_s \times \gamma H}$

그림 개념 ⑳-2

개념정리 ㉑ 다음의 질문에 답해보자

질문1 높이가 $5m$이고 경사각이 $53°$인 균질한 사면이 있다. 이 흙의 $\gamma=16kN/m^3$, $\phi_u=0$, $c_u=20kN/m^2$이다.

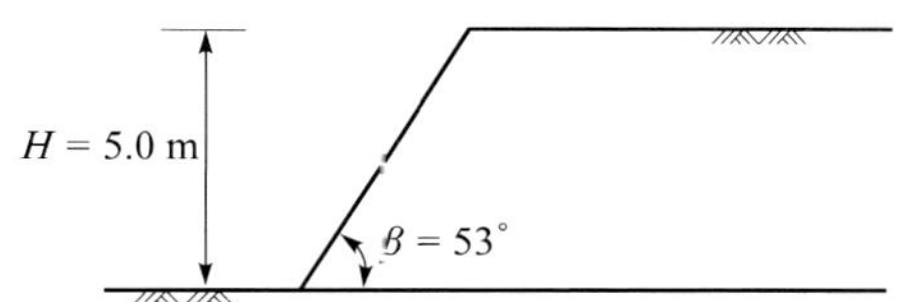

1 Culmann의 방법으로 이 사면의 안전율을 구하라

2 사면의 선단을 지나 수평면과 $25°$를 이루는 얇은 연약층이 지표면까지 분포되어 있다면 이 연약층을 파괴면으로 하였을 때의 안전율은 얼마인가? 단 연약층의 $\phi_u=0, c_u=5kN/m^2$

답1

1 Culmann의 방법 : 식 18.30-3 $\therefore F_s=\frac{4c_u}{\gamma\times H}\cot\frac{\beta}{2}=\frac{4(20)}{(16)(5)}cot\frac{53}{2}=2$

2 주어진 파괴면 θ에 대한 안전율 : 식 18.30-1 $\frac{c_u}{F_s\times\gamma\times H}=\frac{1}{2}\frac{\sin(\beta-\theta)\sin\theta}{\sin\beta}$

$$\rightarrow F_s=\frac{c_u}{\gamma\times H}\frac{2\sin\beta}{\sin(\beta-\theta)\sin\theta}=\frac{5}{(16)(5)}\frac{2\sin53°}{\sin(53-25)\sin25}=0.5$$

질문2

1 경사각 $\beta=45°$로 굴착하여 높이 $H=10m$인 단순사면을 만들면 안전율은 얼마인가?

2 높이 $H=10m$ 1와 안전율 $F_s=2$인 사면으로 절취, 굴토하려면 경사각 β는 얼마로 하면 되는가?

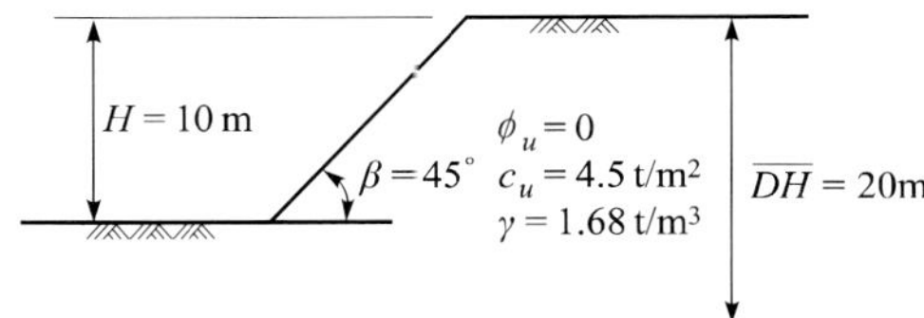

답2

1 사면의 안전율 F_s: $D=\frac{\overline{DH}}{H}=\frac{20}{10}=2 \rightarrow D=2, \beta=45°$ 그림 개념 ⑳-1a에서 $N_s=0.178$

$$N_s=\frac{c_u}{F_c\times\gamma H}=\frac{c_u}{F_s\times\gamma H}=0.178 \rightarrow F_s=\frac{45}{(0.178)(16.8)(10)}=1.5$$

2 $F_s=2$인 경사각 β : $N_s=\frac{c_u}{F_s\times\gamma H}=\frac{45}{2\times16.8\times10}=0.134 \rightarrow D=\frac{\overline{DH}}{H}=\frac{20}{10}=2$

$N_s=0.134, D=2$이면 그림 개념 ⑳-1a에서 $\beta=12°$

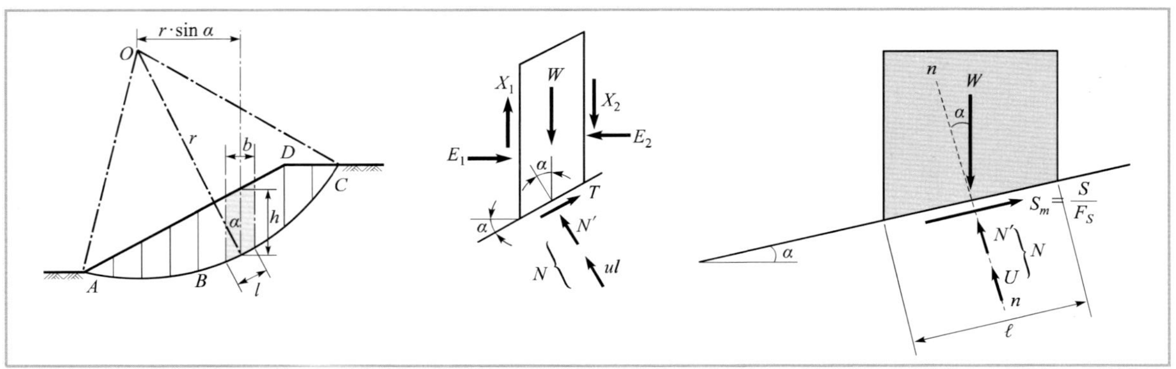

그림 18.33-1 Fellenius 방법에서의 설정 가정 및 힘의 평형

※ 그림 18.33-1에 대한 이해

① 절편의 전체중량 : $W=\gamma\times b\times h$

② 절편 바닥에 작용하는 유효수직력 : $N'=N-U$

여기서, $N=W\cos\alpha$ 이고, $U=u\times l$ (간극수압×절편저변에 따르는 길이)

③ 저변에 따르는 전단력 : $T=\tau_m\times l$

④ 절편의 양측면에 작용한는 법선력 : E_1, E_2

⑤ 절편의 양측면에 작용하는 전단력 : X_1, X_2

※ 정정화를 위하여 설정하는 가정 : 각 절편의 측면력 $E=0, X=0$으로 가정

⑥ Fellenius 해석방법(그림(b)) : $\sum F=0=Wcos\alpha-N'-U$ $\quad\therefore N'=Wcos\alpha-U=Wcos\alpha-ul$

$$F_s=\frac{M_R}{M_D}=\frac{\sum(c'l+N'\tan\phi')}{\sum W\sin\alpha}=\frac{\sum\{c'l+(Wcos\alpha-ul)\tan\phi'\}}{\sum W\sin\alpha}$$ 식 18.33-1

$\rightarrow \phi_u=0$이면 $F_s=\dfrac{\sum c_u l}{\sum W\sin\alpha}$ 식 18.33-2

해설 18.33-1

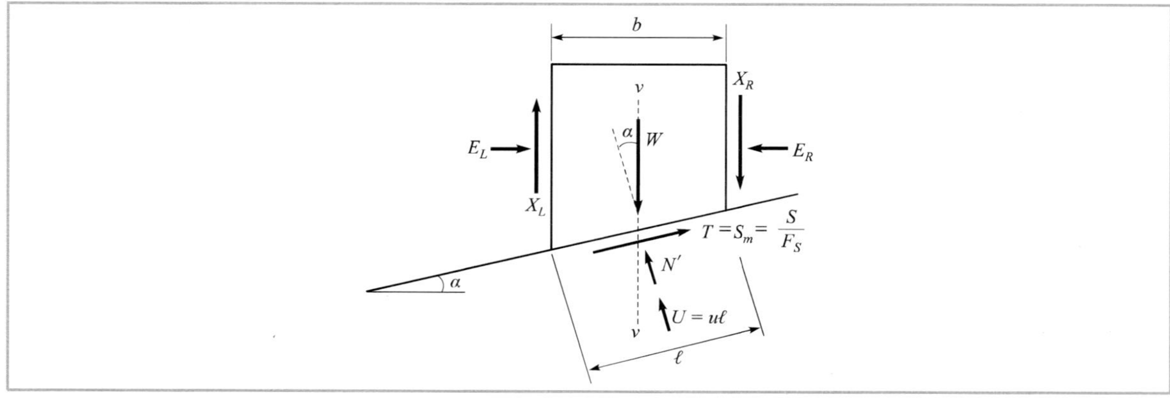

그림 18.33-2 Bishop의 간편법에서 설정하는 가정과 힘의 평형

18.33 원호활동면에 대한 절편법

1 Fellenius 방법

- 식 18.33-1 에서 절편 저면의 경사각α는 음(−)의 값이 될 수 있다. 이러한 현상은 활동원호의 끝부분에서 일어날 수 있다. $\alpha < 0$이면 $\sin\alpha < 0$, $\cos\alpha > 0$ 이 된다. 식 18.33-1 에서 $\sin\alpha < 0$인 절편이 존재하면 분모가 감소하므로 F_s는 증가하게 된다. 시각적으로 알 수 있는 것처럼 $\alpha < 0$인 절편은 활동모멘트를 억제하여(감소시켜) F_s를 증가시킨다.

- 이상의 논의는 유효응력해석법에 관한 것이다. 만약 $\phi_u = 0$(전응력해석법)을 사용하면 강도정수 c_u를 사용하고 간극수압은 $u = 0$으로 하면 된다. → 식 18.33-2

2 Bishop의 간편법

- 정정화를 위하여 설정하는 가정 : $X_1 - X_2 = 0$로 가정하고, 미지수인 E_L, E_R이 평형조건시에 포함하지 않는다. 따라서 그림 18.33-2 에서

- $\sum F_{v-v} = 0 : W - N'\cos\alpha - ul\cos\alpha - T\sin\alpha = 0$ 식 18.33-3

그런데 $T = S_m = \dfrac{S}{F_s} = \dfrac{c'l + N'\tan\phi'}{F_s}$ 식 18.33-4

- 식 18.33-4 를 식 18.33-3 에 대입하면

$$N'(\cos\alpha + \frac{\tan\phi'}{F_s}sin\alpha) = W - ul\cos\alpha - \frac{c'l}{F_s}sin\alpha$$ 식 18.33-5

$l = \dfrac{b}{\cos\alpha}$ 를 식 18.33-5 에 대입하고 N'에 대하여 정리하면

$$N' = \frac{W - ub - \dfrac{c'b\tan\alpha}{F_s}}{\cos\alpha(1 + \dfrac{\tan\phi'\tan\alpha}{F_s})} = \frac{W - ub - \dfrac{c'b}{F_s}tan\alpha}{M(\alpha)}$$ 식 18.33-6

여기서, $M(\alpha) = \cos\alpha(1 + \dfrac{\tan\phi'\tan\alpha}{F_s})$

- 식 18.33-6 을 $F_s = \dfrac{M_R}{M_D} = \dfrac{\sum(c'l + N'\tan\phi')}{\sum W\sin\alpha}$에 대입하여 정리하면

$$F_s = \frac{1}{\sum W\sin\alpha}\sum\left[(c'b + (W - ub)\tan\varphi') \times \left(\frac{1}{\cos\alpha(1 + \dfrac{\tan\phi'\tan\alpha}{F_s})}\right)\right]$$ 식 18.33-7

$$= \frac{1}{\sum W\sin\alpha}\sum\left[(c'b + (W - ub)\tan\phi') \times \left(\frac{1}{M(\alpha)}\right)\right]$$ 식 18.33-8

개념정리 ㉒ Bishop 간편법의 수치해석상의 문제점

- Bishop 간편법에서는 안전율 F_s를 구하는 식 18.33-7 및 식 18.33-8 과 유효 수직력 N'을 구하는 식 18.33-6 의 분모에는 모두 $M(\alpha)$가 포함되어 있다.

  $M(\alpha)=\cos\alpha(1+\dfrac{\tan\phi'\tan\alpha}{F_s})$ 따라서, $M(\alpha)$가 0이 되거나 0에 대단히 가까운 값이 되면 F_s와 N' 산정에 수치상의 문제점이 발생한다.

- **$M(\alpha)$=0인 경우** : 한 개의 절편이라도 여기에 해당되면 사면 전체의 안전율은 무한대가 되어 그 해는 발산하여 버린다. 물론 실제사면이 무한히 안전하다는 뜻은 절대 아니며 수치상 오류가 발생하였다는 뜻이다. $M(\alpha)$인 절편의 저면에는 무한히 큰 유효 수직력 N'이 작용($N'\rightarrow\infty$)하게 되는데 이것도 물리적 해석이 불가능한 불합리한 결과이다.

- **$M(\alpha)$가 절대치가 극히 적은 양(+)의 값일 때** : $M(\alpha)\rightarrow+0$ 이 때에는 $M(\alpha)$=0인 경우와 거의 같은 결과가 발생하게 된다($F_s\rightarrow+\infty, N'\rightarrow+\infty$).

- **$M(\alpha)$가 절대치가 극히 적은 음(−)의 값일 때** : $M(\alpha)\rightarrow-0$ 이 때에는 F_s는 절대치가 대단히 큰 음(−)의 값이 되고 N'도 대단히 큰 인장력이 된다($F_s\rightarrow-\infty, N'\rightarrow-\infty$). 절편 저면에 작용하는 유효 수직력이 인장이 되는 것은 물리적으로 문제점이 있다.

- 종합하면 $M(\alpha)$가 0 또는 0에 가까운 값이 되면 Bishop 간편법은 $+\infty$에서 $-\infty$에까지 급변하는 안전율과 N'을 산정하므로 수치해석상의 결함이 생기게 된다. 이때에는 Fellenius 해를 정해로 고려해 보는 것이 한 가지 방법이다.

- $M(\alpha)=0$이 되는 한 가지 예로 α가 절대치가 대단히 큰 음(−)위 값일 때를 들 수 있다.

  즉, $M(\alpha)=\cos\alpha(1+\dfrac{\tan\phi'\tan\alpha}{F_s})$ =0에서 $\tan\alpha=-\dfrac{F_s}{\tan\phi'}$ 가 되면 수치해석상의 문제점이 발생하게 된다. 예를 들면 $\phi'=40^\circ$, $F_s=1.2$로 가정하면 $\tan\alpha=-\dfrac{F_s}{\tan\phi'}=-\dfrac{1.2}{\tan 40^\circ}$ 따라서 $\alpha=-55^\circ$. 즉, 절편의 저면이 수평면과 −55°를 이루면 (또는 −55°에 대단히 가까우면) 수치적 문제점이 생기게 된다.

개념정리 ㉓ Janbu의 간편법

- $$F_s=\frac{1}{\sum W\tan\alpha}\sum\left[(c'b+(W-ub)\tan\phi')\times\left(\frac{1}{\cos^2\alpha(1+\frac{\tan\phi'\tan\alpha}{F_s})}\right)\right]$$

  $$=\frac{1}{\sum W\tan\alpha}\sum\left[(c'b+(W-ub)\tan\phi')\times\left(\frac{1}{n_a}\right)\right]$$

여기서, $n_a=M(\alpha)\cos\alpha=\cos^2\alpha(1+\dfrac{\tan\alpha\tan\phi'}{F_s})=\dfrac{1}{1+\tan^2\alpha}(1+\dfrac{\tan\alpha\tan\phi'}{F_s})$

개념정리 ㉔ **다음의 질문에 답해보자**

질문 $\gamma = 16kN/m^3, \phi_u = 0,\ c_u = 32kN/m^2$인 지반이 있다. 이 지반을 연직 굴착하여 높이 4m인 사면을 형성하였다(경사각 90°). Culmann의 방법에 의하여 임계파괴면 $\theta_f = \frac{\beta}{2} = 45°$ 이다. 또한 Rankine 토압이론에서도 $\theta_f = 45° + \frac{\phi_u}{2} = 45°$, 즉 파괴면은 수평면과 45°를 이룬다. 그러므로 그림에서 AC면은 임계파괴면을 나타내고 있다.

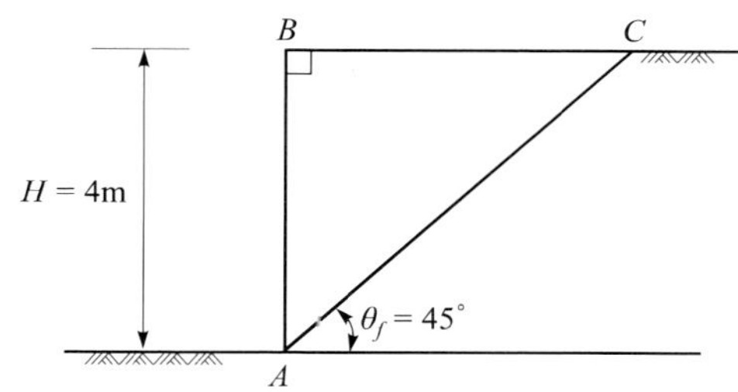

1 Culmann의 방법으로 이 사면의 안전율을 구하라.

2 Fellenius의 방법으로 이 사면의 안전율을 구하라.
(hint: 평면파괴면은 반경이 무한대인 원호파괴면으로 볼 수 있으며, 또 이 경우 $\triangle ABC$ 전체를 1개의 절편으로 보고 F_s를 산정할 수 있음.)

3 Bishop의 간편법으로 AC면에 대한 안전율을 구하라.

4 Janbu의 간편법으로 이 사면의 안전율을 구하라.

5 Rankine 토압이론을 응용하여 높이에 대한 안전율 F_H를 구하라.

답

1 Culmann의 방법 : 식 18.31-3 $F_s = \frac{4c_u}{\gamma \times H}\cot\frac{\beta}{2} \rightarrow F_s = \frac{(4)(32)}{(16)(4)}\cot\frac{90}{2} = 2$

2 Fellenius의 방법 : 식 18.33-2 $F_s = \frac{\sum c_u l}{\sum W\sin\alpha}$ 여기서 $W = \frac{1}{2}(16)(4)(4) = 128kN/m$,

$$l = 4\sqrt{2}m, \alpha = \theta_f = 45° \quad \therefore F_s = \frac{c_u l}{W\sin\alpha} = \frac{(32)(4\sqrt{2})}{(128)(\sin 45°)} = 2$$

3 Bishop의 간편법 : $F_s = \frac{1}{W\sin\alpha}(c_u b)\left(\frac{1}{\cos\alpha}\right) = \frac{(32)(4)}{(128)(\sin 45°)}\left(\frac{1}{\cos 45°}\right) = 2$

4 Janbu의 간편법 : $F_s = \frac{1}{W\tan\alpha}(c_u b)\left(\frac{1}{\cos^2\alpha}\right) = \frac{(32)(4)}{(128)(\tan 45°)} \times \frac{1}{c(os45°)^2} = 2$

5 Rankine 토압이론을 응용하여 높이에 대한 안전율 F_H :

흙막이 없이 연직굴착할 수 있는 최대깊이 $H_{cr} = \frac{4c_u}{\gamma} = \frac{(4)(32)}{(16)} = 8.0m$

$$F_H = \frac{H_{cr}}{H} = \frac{8}{4} = 2$$

reference

참고문헌

01. 백영식(2007), "강의식으로 풀어쓴 토질역학", 도서출판 구미서관
02. 김상규(2004), "토질역학(이론과 응용)", 청문각
03. 김팔규 외(2003), "최신토질역학상론", 학연사
04. 이인모(2021), "토질역학의 원리", 도서출판 씨아이알
05. 이인모(2018), "토질역학의 특론", 도서출판 씨아이알
06. BRAJA M.DAS(김영수 외4 공역), "토질역학", 도서출판 동화기술
07. 한국지반공학회(1997), "지반공학시리즈6 연약지반", 도서출판 구미서관
08. 이춘석(2011), "토질 및 기초공학이론과 실무", 예문사
09. 김재봉(2014), "토질 및 기초기술사(개념원리)", 성안당
10. 김용필 외5(2002), "지반공학시험법 및 응용", 세진사
11. 최인걸·박영목(2016), "현장실무를 위한 지반공학", 도서출판 구미서관
12. 최인걸·박영목,류용렬(2017), "SI단위 토질 및 기초공학 -이론과 실무-(상)", 도서출판 구미서관
13. 최인걸·박영목,류용렬(2021), "SI단위 토질 및 기초공학 -이론과 실무-(하)", 도서출판 구미서관
14. 한국지반공학회(2003), "구조물기초설계기준해설", 한국지반공학회
15. 천병식 외3(2010), "지반공학실험 및 조사", 도서출판 구미서관
16. 한국지반공학회(2003), "구조물기초설계기준해설", 한국지반공학회
17. 신종호(2015), "지반역공학1" 도서출판 씨아이알
18. 신종호(2015), "지반역공학2" 도서출판 씨아이알
19. 한국지반공학회, 학회지기술기사
20. 김용필 외5(2002), "지반공학시험법 및 응용", 세진사
21. 한국지반공학회, 학회지(2003년5월호, 2004년8월호) Q&A
22. 한국지반공학회, 학회지(2001년6월호) Q&A
23. 한국지반공학회(2002), "지반공학시리즈1 지반조사결과의 해석 및 이용", 도서출판 구미서관
24. 서울특별시(2006), "지반조사편람", 서울특별시
25. 이인모(2013), "터널의 지반공학적 원리", 도서출판 씨아이알
26. 이인모(2013), "암반역학의 원리", 도서출판 씨아이알
27. 이상덕(2017), "토질역학", 도서출판 씨아이알
28. T.W.LAMBE(신종호역), "토질역학", 엔지니어즈
29. 이인모(2014), "기초공학의 원리", 도서출판 씨아이알
30. Luis Gomzalez de Vallejo외 지질공학(장보안 외12 역), 도서출판 씨아이알
31. 김상규(2011), "연약지반의 공학적 이해", 청문각
32. 국토교통부(2016), "건설공사 비탈면 설계기준"

저자소개

안 세 천
(팔로우테르자기)

- 서울과학기술대학교 토목공학과 졸업(공학사)
- 서울시립대학원 경영학 계약회계 전공(경영학 석사)
- 토질 및 기초기술사(106회)
- (전)서울시설공단 23년 근무(부장)
- (현)대림대학교 겸임교수
- (현)국토교통부 · 서울특별시 인재개발원 교수
- (현)ISAN 전무
- (현)토질 및 기초기술사회 부회장

E-mail : sc419@hanmail.net

NAVER Blog 및 Cafe 이용안내

지반공학 이해 I, II, III의 내용 중 심화학습이 필요한 부분에 대한 관련 자료는 아래 주소의 NAVER Blog 및 Cafe를 이용하면 쉽게 찾을 수 있습니다.

① NAVER Blog 주소 https://blog.naver.com/scjh419
② NAVER Cafe 주소 https://cafe.naver.com/scjh419

지반공학회 학회지 및 공무원7급 기출문제 등 심화학습에 필요한 자료들이 정리되어 있으므로 독자들의 많은 이용을 부탁드립니다.
또한 지반공학 이해 I, II, III 내용 중 의문사항에 대한 질문을 올려주시면 답변드릴 수 있습니다.

(수정판) 지반공학 이해 III **정가 52,000원**

저자 : 안세천

발행인 : 임해진
발행처 : 도서출판 구미서관

발행 : 2022년 8월 12일 초판
2024년 7월 15일 수정판

등록 : 1979년 6월 29일 No.9-6호
주소 : 서울시 마포구 신촌로 2길 5-15 구미빌딩
전화 : 02-333-1101
팩스 : 02-335-2201
http://www.goomibook.com

ISBN 979-11-6257-290-0 (93530)